Schoner II

1 Fockrahtopp-Segelschoner
2 Zweimastschoner »ELSIE«, 1910
3 Zweimast-Gaffelschoner »ROMP«, 1847
4 Fünfmast-Schonerbark mit rahgetakeltem Mittelmast
5 Dreimast-Schonerbark
6 Schoneryacht »AMERICA«, 1851
7 Spantenriß der »AMERICA«
8 Brigantine
9 Sechsmast-Rahschoner
10 Siebenmast-Gaffelschoner
11–17 An Deck eines Seglers
11 Handwinde
12 Gräting
13 Gangspill
14 Mastfischung
15 Decksluke
16 Niedergang
17 Deckshau
18 Vier
19 Gal
20 Schc
21 Zwei

A. Dudszus · E. Henriot · A. Köpcke · F. Krumrey

Das große Buch der SCHIFFSTYPEN

Alfred Dudszus · Ernest Henriot
Alfred Köpcke · Friedrich Krumrey

Das große Buch der SCHIFFS TYPEN

Schiffe, Boote, Flöße unter Riemen
und Segel, Dampfschiffe, Motorschiffe,
Meerestechnik

pietsch
spezial

Teil 1
Schiffe, Boote, Flöße unter Riemen und Segel

Teil 2
Dampfschiffe, Motorschiffe, Meerestechnik

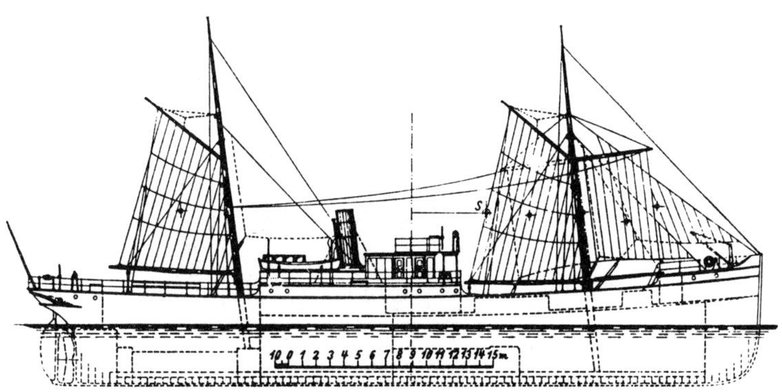

Das große Buch der Schiffstypen in zwei Bänden ist für die erfreulich vielen Freunde maritimer Literatur und für alle Leser geschrieben, die sich für Schiffe und Schiffahrt von den Anfängen bis in die Gegenwart interessieren. Schiffahrt und Schiffbau haben eine etwa 5000 Jahre zurückverfolgbare Vergangenheit. Seit den frühen Hochkulturen an Nil, Euphrat und Tigris, bei den Phöniziern, Griechen und Römern bis in unsere Zeit spiegelt die Entwicklung der Schiffstypen sowohl die historischen Hintergründe und gesellschaftlichen Bedürfnisse wie den jeweiligen Kenntnisstand und das schöpferische Vermögen zur Schaffung immer vollkommenerer Wasserfahrzeuge wider. Auf die Darstellung solcher interessanten Zusammenhänge mochten wir bei einer größeren Anzahl von Schiffen nicht verzichten und wählten deshalb keine strenge lexikografische Form mit etwa gleichgewichteter Behandlung aller Objekte, um bedeutenden Schiffstypen mehr Raum geben zu können. Entsprechend diesem Anliegen war es nicht möglich und wohl auch nicht sinnvoll, eine weitgehend vollständige Aufnahme aller jemals weltweit entstandenen Schiffstypen anzustreben. Wir wollten auch in unserer Zeit noch Wissenwertes hervorheben und nicht durch unnötigen Ballast verschütten. Den Autoren steht eine über Jahrzehnte entstandene und vervollständigte Schiffstypenbibliothek mit mehr als 4400 Objekten zur Verfügung, aus der etwa die Hälfte als geeignet zur Aufnahme in dieses Lexikon befunden wurde. Darüber hinaus gibt es noch mehr als 1000 Typen von Wasserfahrzeugen mit speziellen Bezeichnungen oder von lokaler Bedeutung, die sich entweder nur geringfügig unterscheiden oder deren besondere Merkmale nicht mehr bekannt sind. Wir bitten deshalb unsere werten Leser um Verständnis, wenn sie diese oder jene Bezeichnung oder einige Schiffstypen vermissen sollten, die sie aus ihrer Sicht aufgenommen hätten. Sollten sie bei den aufgenommenen und ausführlicher behandelten Schiffstypen an weiteren Einzelheiten interessiert sein, so soll das angeführte umfangreiche Quellen- bzw. Literaturverzeichnis sie bei diesem Vorhaben unterstützen.

Des weiteren war es uns ein besonderes Anliegen, dieses große Buch der Schiffstypen reichlich mit Skizzen, Zeichnungen, Grafiken, Fotoreproduktionen, Modellaufnahmen und Bildtafeln auszustatten. Damit nehmen Text- und Bildmanuskript jedoch einen Umfang an, der zwei Bände erfordert. Um zur alphabetischen Ordnung zusätzlich eine gewisse chronologische Untergliederung zu erreichen, enthält der erste Band die mit Muskel- und Windkraft angetriebenen Ruder- und Segelschiffe und der zweite Band die mit Maschinenkraft fahrenden Wasserfahrzeuge jeweils von A bis Z. Zur zeitlichen Orientierung wurden den alphabetischen Teilen kurze historische Übersichten vorangestellt.

Im Interesse unseres breit gefächerten Leserkreises waren wir soweit wie möglich bemüht, veraltete oder zu viele spezielle Fachbegriffe zu vermeiden oder, wenn sie unerläßlich waren, unmittelbar im Text zu erklären.

Obwohl wir den Titel Das Große Buch der Schiffstypen wählten, wurden zusätzlich zu den eigentlichen Schiffstypen auch Typen von Booten, Flößen und schwimmenden Geräten aufgenommen. Die wind- und muskelangetriebenen Wasserfahrzeuge sind dem ersten Band und die maschinenangetriebenen Fahrzeuge dem zweiten Band zugeordnet.

Durch die alphabetische Folge ist eine Einzeldarstellung der Schiffstypen bedingt, so daß es zweckmäßig erschien, verschiedene zeitliche, örtliche oder technische Gemeinsamkeiten zusätzlich hervorzuheben. In einigen Fällen haben wir uns daher für die Aufnahme zusätzlicher übergeordneter Begriffe entschieden, wie beispielsweise »Antike Großschiffe« oder »Römische Schiffe«, die somit Schiffsgruppen und nicht einzelne Schiffstypen umfassen. Eine andere Objektgruppe, auf die sich viele Angaben zur Entwicklung der Schiffstypen und anderer Wasserfahrzeuge stützen, sind die Schiffs-, Boots- und Modellfunde, Felsritzungen und Sgraffiti, Reliefs und andere historische Nachweise. In verschiedenen Fällen vermitteln diese Nachweise zusätzliche Erkenntnisse und lassen Zusammenhänge sichtbar werden, auf die wir ebenfalls nicht verzichten wollten, obwohl nur ein Teil direkt den Schiffstypen zuordenbar ist.

Weiter war über die Aufnahme einer begrenzten Anzahl berühmter Schiffe zu entscheiden, die erstmals einen Schiffstyp verkörpern, in der historischen Entwicklung einen exponierten Platz einnehmen oder eine interessante eigene Entwicklungsgeschichte aufweisen. Sofern eine alphabetische Einordnung sich nicht als zweckmäßig erwies, finden Sie diese Schiffe jeweils am Ende des Buchstabens, der mit dem Anfangsbuchstaben des Schiffsnamens übereinstimmt.

Schließlich möchten wir uns bei den Grafikern, Herrn Freitag und Herrn Rost, für die gestalterische Umsetzung bedanken. Besonderen Dank schulden wir den Gutachtern Herrn Dr. Meyer, Herrn Oesterle und Herrn Dr. Fethke für ihre jederzeit förderliche Arbeit. Dem Verlag, der dieses Vorhaben in jeder Hinsicht förderte und ermöglichte, sowie den beteiligten Mitarbeitern sind wir sehr verbunden.

Die Autoren

Der Bau von Wasserfahrzeugen und ihre Nutzung gehören zu jenen Tätigkeiten der Menschheit, deren Anfänge um Jahrtausende zurückliegen. In der Nähe von Binnengewässern, Flüssen und Meeresküsten entstanden frühzeitig günstige Bedingungen für Besiedelungskonzentrationen und von Menschenhand veränderte Schwimmhilfen. Erdgebiete wie Südostasien, Indonesien, die indischen und arabischen Küsten, Vorderasien, Mesopotamien, die Fluß- und Küstengebiete des östlichen Mittelmeeres, das Nilgebiet, die Karibik, verschiedene Gebiete Südamerikas sowie Polynesien gelten neben anderen als wahrscheinliche Entstehungsorte erster Urformen von Flößen und Booten. Im Unterschied zu den günstigeren klimatischen Bedingungen dieser Gebiete war eine Besiedelung Nordeuropas erst relativ spät nach der letzten Eiszeit und dem darauf folgenden milderen Klima etwa 10000 Jahre v. u. Z. möglich.
Unsere Kenntnisse über die frühe Entwicklungsgeschichte der Schiffahrt sowie zur Herstellung von Flößen, Booten und Schiffen beruhen auf verschiedenen ethnografischen Arbeitsergebnissen. Wenn auch manches aus den frühesten Zeiten noch unvollständig nachweisbar bleibt, so erbrachte die Altertumsforschung unwiderlegbare Beweise, daß die Entwicklung der frühen Hochkulturen durch vielfältige Wechselbeziehungen mit den Bewässerungsmöglichkeiten, dem Fischfang und dem Wassertransport verknüpft war. In den vielen Schiffs- und Bootsfunden und Darstellungen aus der ägyptischen Hochkultur am Nil, den frühen Siedlungen an Euphrat und Tigris, von den Küsten und Inseln des Mittelmeeres und des Schwarzen Meeres, den in die Nord- und Ostsee mündenden Strömen und insbesondere von den Küsten Skandinaviens spiegeln sich bedeutsame Entwicklungsstufen der verschiedenen Kulturkreise wider.
Des weiteren verdanken wir viele historische Nachweise dem Umstand, daß die Ablagerungen der Flüsse und die entstandenen Moorgebiete über Jahrtausende eine große Anzahl von Boots- und Schiffsresten vor dem Vermodern bewahrten.
Da Wasserfahrzeuge häufig in Kulthandlungen früherer Hochkulturen einbezogen wurden, tragen Grabbeigaben und Totenschiffe, Schiffsmodelle, Skulpturen, Reliefs und Ritzungen an Grabtempeln, Bauwerken und Felsen zum frühgeschichtlichen Gesamtbild bei.
Im Zusammenhang mit der Unterwasserforschung, der Regulierung von Binnengewässern, Kanal-, Hafen-, Küsten- und Wasserbauten können an jüngeren Boots- und Schiffsfunden frühere Annahmen überprüft und durch gesicherte Nachweise belegt werden.
Lange bevor die bedeutendsten physikalischen Gesetze des Auftriebs, der Schwimmfähigkeit, des Bewegungswiderstands im Wasser oder der Festigkeit des Boots- und Schiffsrumpfes erkannt waren, entstand eine Vielzahl ausschließlich auf eigener Erfahrung und Geschicklichkeit beruhender Schwimmhilfen, Flöße, Boote und Schiffe. Nach und nach lernte man, durch Bündeln von Bambus-, Strauch- und Schilfgewächsen sowie durch eine größere Menge von hohlen Fruchtschalen, Tonkrügen oder Tierbälgen, größere Flöße zu schaffen. Je nach den örtlichen Bedürfnissen, Kenntnissen, Baustoffen, Werkzeugen und Hilfsmitteln zum Bündeln, Flechten, Überspannen, Nähen oder Abdichten entstanden gleichzeitig oder nachfolgend Stammholzflöße aus einer oder mehreren Lagen miteinander verbundener Baumstämme, Korbboote, Rindenboote, tierhautüberzogene Gerüstboote und Einbäume.
Es folgten der Einbaum mit aufgesetzten Seitenplanken, das Setzbordboot, und schließlich das aus Planken in den verschiedenen Bauweisen und Formen gebaute Plankenboot. Flöße und Boote aus den verschiedenen Baustoffen bewährten sich je nach den Bedingungen der einzelnen Siedlungsräume über Jahrtausende. Dauerhafte, größere und seetüchtige Wasserfahrzeuge baute man bei geeigneten Waldbeständen jedoch schon sehr frühzeitig ausschließlich aus Holz. Die ständige Vervollkommnung der Plankenherstellung, die feste und wasserdichte Plankenbindung, die Aussteifung und Unterteilung der Schiffskörper durch Quer- und Längsverbände sowie günstige Verbindungen der Kiele und Steven kennzeichnen bedeutende Entwicklungsfortschritte der Boots- und Schiffstypen bis über die Mitte des 19. Jahrhunderts hinaus. Die zeitlich aufeinanderfolgenden Schiffe der Ägypter, Phönizier, Karthager, Griechen, Römer und Araber, die Galeeren, Galeassen, Naos, Karacken, Karavellen, Dschunken, Dauen und viele andere Schiffe der Frühzeit, der Antike und des Mittelalters waren holzgebaute Schiffe wie auch die Normannen- und Wikingerschiffe, die Koggen, Hulks, Fleuten, holländische, englische und französische Zwei- und Dreidecker, Fregatten und Vollschiffe, Briggs, Klipper und Barken oder die Großsegler bis in die zweite Hälfte des 19. Jh. Der allgemeine Übergang von der Holz- zur Kompositbauweise bzw. zum Eisen- und Stahlschiff setzte etwa um 1850 ein. Moderne Baustoffe wie Leichtmetall oder faserverstärkte Plaste haben erst seit der Mitte dieses Jahrhunderts bei verschiedenen Boots-, Yacht- und Schiffstypen an Bedeutung gewonnen.
Analog zu den markanten Entwicklungsstufen der Boots- und Schiffsgrößen, Formen und Bauweisen zeigen sich die Tendenzen und Fortschritte im aktiven Vortrieb der Fahrzeuge durch Muskel- und Strömungskräfte. Gewiß hat der beobachtende Mensch die Strömungskräfte des Wassers für Fahrten flußabwärts zeitig zu nutzen gewußt. Gegen die Strömung setzte er seine Muskelkraft, Stakstangen, Paddel und Riemen ein. Menschen oder Zugtiere schleppten auf Treidelpfaden Wasserfahrzeuge stromauf.
Mit den Pentekoren, Dieren, Trieren, Biremen, Triremen oder Polyeren gab es große Ruderschiffe im Altertum. Normannenschiffe, Wikingerschiffe und Galeeren des frühen Mittelalters waren vorwiegend geruderte Schiffe mit Segelunterstützung ebenso wie die Galeere des späten Mittelalters.
Erste Nachweise des Segels gibt es etwa seit 5000 v. u. Z. Der Weg vom einfachen Fell- oder Mattensegel zu den vielfältigen Segelformen verlief in vielen Zwischenstufen vom Ruderfahrzeug mit Segelunterstützung bis zu den »Segeltürmen« moderner mehrmastiger Großsegler oder den Hochsegeln neuzeitlicher Yachten.
Vieles Interessante wäre noch zur Entwicklungsgeschichte des Schiffsruders, zu den Schiffsgeschützen und ihren Reichweiten, zu den historischen Hintergründen der Entstehung der Schiffstypen oder den herausragenden Beiträgen vieler Nationen zu sagen. Unter den Hilfsmitteln, die sich der Mensch in langen Entwicklungsprozessen schuf, nimmt bis in unsere Zeit das Schiff eine besondere Stellung ein. Mit Schiffen entdeckte, erschloß und besiedelte der Mensch neue Erdteile, erforschte die Weltmeere und nutzt sie zur Gewinnung von Nahrungsmitteln, Rohstoffen und für den Güteraustausch.
Der bereits mehrere Jahrtausende währende Prozeß des Entstehens neuer Schiffstypen, ihrer Vervollkommnung und schließlich ihrer Ablösung durch wiederum neue Typen vollzieht sich ohne Stillstand. Trotz der Vielzahl markanter Entwicklungen und der Vielzahl heute existierender Schiffstypen trägt weiterhin jedes einzelne Schiff seinen unverkennbaren eigenen Namen. Kaum ein Schiff stimmt in allen Merkmalen und Eigenschaften völlig mit einem anderen überein, und auch heute noch entwickelt sich häufig ein besonderes Verhältnis von Mannschaft und Schiffsführung zu »ihrem« Schiff.

Zeittafel:
Bedeutsame Entwicklungsstufen, Ereignisse, Schiffsfunde und Fortschritte aus den Anfängen von Schiffahrt und Schiffbau bis zum Ende des 19. Jh.

um 9000 v. u. Z.
In günstigen Besiedlungsräumen wie Südostasien, Mesopotamien, am Nil u. a. sind erste Schwimmhilfen aus gebündelten Schilf- und Strauchgewächsen sowie Urformen von Holzstammflößen und Einbäumen möglich.

um 8000 v. u. Z.
Küsten- und Seegebiete der Nord- und Ostsee sowie Skandinaviens werden in der zweiten Hälfte der 4. Würmeiszeit eisfrei. An den Siedlungsplätzen der Jägerfischerstämme von Norddänemark werden Reste von Hochseefischen (Kabeljau und Schellfisch) nachgewiesen, deren Fang wahrscheinlich nicht mehr von Land aus erfolgte.

um 7500 v. u. Z.
Älteste nordeuropäische Originalfunde der Reste von Holzpaddeln zur Fortbewegung auf dem Wasser. Paddel von Star Carr, Seamer/Yorkshire, nach der Radiokarbon-Zeitbestimmung aus der Zeit 7535 ± 350 Jahre v. u. Z. stammend.

um 6300 v. u. Z.
Ältester nordeuropäischer Einbaumfund aus Pesse, Groningen/Niederlande aus den Jahren 6315 ± 275 v. u. Z.

um 6000 v. u. Z.
Fund eines Einbaumes aus einem Kiefernstamm in Perth/Schottland am Firth of Forth.
Robbenjäger Schottlands und Skandinaviens benutzen Fellboote mit leichten Stützgerüsten.
Auf indischen, mesopotamischen und afrikanischen Flüssen sind Korbboote bekannt, die mit Tierhäuten überzogen werden.

um 5000 v. u. Z.
Erster Nachweis des Segels in einer Felszeichnung aus Hodein-Magoll in der heutigen Nubischen Wüste. Die Darstellung eines Bootes mit Mast und Rahsegel auf einem Stier wird auf hamitische Hirtenstämme zurückgeführt, die vom 7. bis 6. Jt. aus Arabien in das seinerzeit fruchtbare Nordafrika einwanderten.

um 4200 v. u. Z.
Vereinigung Ägyptens unter einer Zentralregierung.

um 4000 v. u. Z.
Bootsförmige Papyrusflöße und bereits erste Plankenboote in der ägyptischen vordynastischen Periode auf dem Nil.

um 3500 v. u. Z.
Eridu-Bootsmodell aus Ton. Das im heutigen Irak etwa 60 km südlich der Euphrat-Tigris-Verzweigung an der Grabstätte des Eridu-Tempels gefundene, aus der Obed-Kultur um 3500 v. u. Z. stammende Bootsmodell weist einen Mastfuß und Befestigungen zur Mastabstagung auf.

um 3000 v. u. Z.
Dümmersee-Einbaumfund. Der 5,5 m lange, leichte Einbaum aus Weichholz gehört zu den ältesten Einbaumfunden Norddeutschlands.
- Ägyptische Siedlungen am Nil entwickeln sich zu Stadtstaaten.
- Darstellung und erste Modelle ägyptischer Totenschiffe aus der zweiten Negade-Kultur.
- Phönizier siedeln in Syrien und Nordpalästina.

um 2880 v. u. Z.
In Mesopotamien entstehen die Stadtstaaten Eridu, Ur, Uruk u. a.

um 2800 v. u. Z.
Schiffsdarstellungen auf der ägäischen Kykladeninsel Syros. Die Schiffe laufen vorn in einen Rammsporn aus und zeigen achtern einen hochaufragenden Achtersteven.

um 2650 v. u. Z.
Cheops-Bestattungsschiff. Weltältester erhalten gebliebener Schiffsfund. Das Plankenschiff hat mit 43,6 m Länge und 5,9 m Breite bereits beachtliche Abmessungen; außerdem läßt der hohe Stand der Holzbearbeitung auf längere vorangehende Erfahrungen schließen. Die weitgehende Verwendung von Zedernholz beweist die Seeverbindungen zum Libanon.
- In Ägypten werden ganze Flotten für den Tauschhandel und für Flottenexpeditionen nach Syrien gebaut.
- Ägyptische Ruder-Segelschiffe von etwa 30 m Länge mit A-Mast, Rahsegel, Trossengürtel und Spanntrosse.

um 2500 v. u. Z.
Pehenuka-Reliefdarstellung. Die Grabplatte vom Grabe des Pehenuka aus der V. Dynastie (2770 bis 2270 v. u. Z.) zeigt ein großes aus Planken gebautes Reiseschiff von etwa 80 ägyptischen Ellen (etwa 42 m), einen Zweibeinmast und schmale hohe Segel.
- **Sahu-Re-Reliefschiffe.** Die bei Abussir gefundenen Reliefs stellen ägyptische seegehende Ruder-Segelschiffe von etwa 18 m Länge und 4 m Breite dar. Pharao Sahu-Re sandte um 2500 Schiffe nach Syrien, Somalia und Ostafrika.
- Einführung drehbar aufgehängter Ruderriemen an ägyptischen Schiffen.
- Schiffsdarstellungen auf Gefäßen der Kykladeninseln aus der frühägäischen Kultur.

um 2400 v. u. Z.
Sakarra-Relief. Detaillierte Darstellung des Baues von Fahrzeugen und Werkzeugen aus Kupfer und Holz am Grabe des hohen ägyptischen Beamten Ti (2480 bis 2350) aus der V. Dynastie.

um 2300 v. u. Z.
Stromschnellen des ersten Nilkatarakts werden stromab für größere Schiffe befahrbar.

um 2200 v. u. Z.
- Allgemeine Verwendung des Segels in der Nilschiffahrt.
- In Ägypten häufigere Anfertigung vollausgerüsteter hölzerner Schiffsmodelle.

um 2040 v. u. Z.
- Expedition zum Lande Punt in der 11. Dynastie unter Pharao Mentuhotep. Dazu werden auseinandergenommene Schiffe von Koptos am Nil durch das Wadi Hammanat bis zur Küstenstadt Kosser geschafft.
- Die Sumerer graben in Mesopotamien einen 15 km langen Kanal von Ur zum Meer.

um 2000 v. u. Z.
- Fund von Jang-Shao beweist, daß in China bereits Querschotte bekannt waren.
- Pharao Senwosret läßt einen schiffbaren Kanal vom Nil zum Roten Meer graben.

um 1900 v. u. Z.
Frachtbriefe für Schiffsladungen auf Tontafeln mit Keilschrift in Mesopotamien.

um 1870 v. u. Z.
Erster Nilkatarakt durch 10 m breiten Kanal auch stromaufwärts befahrbar.

um 1850 v. u. Z.
Dahschur-Bootsfund. Nahe der Pyramide Sesostris' III. (1878 bis 1844 v. u. Z.) gefundene Holzboote von etwa 10 m Länge, die durch Querbalken ausgesteift sind.

um 1700 v. u. Z.
Die mesopotamischen Handelszentren (Mari u. a.) unterhalten ausgedehnte Handelsbeziehungen bis Zypern und Kreta und werden zu Hauptumschlagplätzen zwischen Südmesopotamien und dem Mittelmeer.

1694 v. u. Z.
In Babylon läßt der Herrscher Hammurapi eine Werft für den Bau von Lastschiffen errichten.

um 1500 v. u. Z.
Fresko von der Kykladeninsel Thera, das Schiffe mit hochgezogenen Steven und spornartigen Kielverlängerungen zeigt.

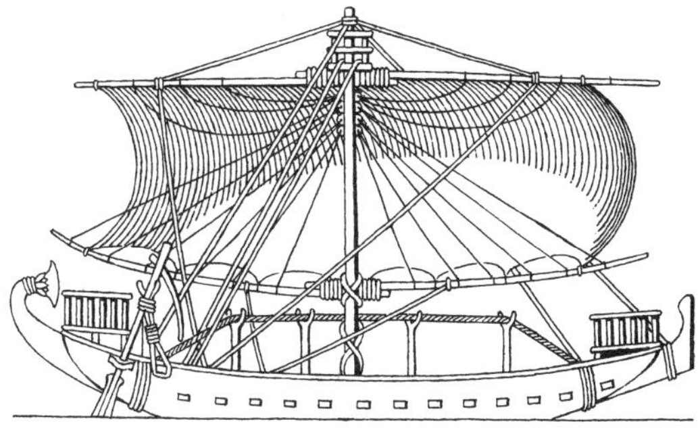

um 1490 v. u. Z.
Hatschepsut-Schiffsreliefdarstellung. Reliefdarstellung von fünf ägyptischen Schiffen, teilweise unter Segel, am Felsentempel Deir el Bahari in Theben nach einer z. Z. der Königin Hatschepsut um 1490 v. u. Z. durchgeführten erfolgreichen Reise zum Lande Punt. Die Schiffe sind auf Kiel gebaut und haben aussteifende Decksbalken, so daß der Trossengürtel nicht mehr vorhanden ist, jedoch noch eine durchgehende Längsspanntrosse.
- **Obelisken-Transportschiffe** zur Beförderung von bis zu 1200 t schweren Obelisken auf dem Nil.

um 1300 v. u. Z.
Häufige Benutzung von Schratsegeln (Längssegeln) im Mittelmeer.

um 1190 v. u. Z.
Seeschlacht Ramses' III. (1198 bis 1167 v. u. Z.) von Ägypten gegen »Völker von der See«.

1184 v. u. Z.
Vernichtung von Troja am Ende des Trojanischen Krieges (1193 bis 1184).

um 1150 v. u. Z.
Griechische Siedlungen in Kleinasien mit nachfolgender Städtebildung (980 v. u. Z.).

um 1000 v. u. Z.
- Die Phönizier errichten auf Zypern das Handelszentrum Kition.
- **Karstad-Bildstein-Schiffsdarstellung.** Am Nordfjord in Norwegen gefundene Runensteine zeigen eine Anzahl von Booten oder Schiffen mit Doppelsteven.
- **Brigg-Einbaumfund.** Der bei Brigg in Lincolnshire/England gefundene, aus einem Eichenstamm herausgearbeitete Einbaum hat eine Länge von 14,80 m und ist 1,37 m breit.

um 9. Jh. v. u. Z.
Erweiterte Berührung der griechischen und phönizischen Kulturen; weitere Besiedelung der Küste Kleinasiens von Troja bis Smyrna.

814 v. u. Z.
Gründung von Karthago am Golf von Tunis durch Phönizier aus Tyrus. Mit den nachfolgenden Kolonien werden die Phönizier zu einer das Mittelmeer beherrschenden Seemacht der ersten Hälfte des 1. Jt. v. u. Z.

um 800 v. u. Z.
Laibacher Schiffsfund. Im Moor bei Ljubljana/Jugoslawien gefundene Reste eines kraweelgebauten Flußlastschiffes von 40 m Länge.

8. Jh. v. u. Z.
- **Kujundschik-Relief.** Das an der Tempelruine am Tigrisufer gefundene Relief zeigt assyrische Flußboote und Flöße.
- **Ninive-Relief** mit dem Bug eines phönizischen Kriegsschiffes im assyrischen Dienst.
- Unterscheidung des phönizischen Lastschiffes (Gaulos) vom Kampfschiff (Hippos).

750 v. u. Z.
Griechische Städtebildungen auf Sizilien.

734 v. u. Z.
Griechische Kolonie auf Korfu.

705 v. u. Z.
Khorsabad-Schiffsrelief mit phönizischen Ruder-Segelschiffen; Kampfschiffe werden mit Rammsporn gebaut.

704 v. u. Z.
Berufung des Korinther Schiffbauers Ameinokles, dem die Erfindung des Riemen-Auslegers zugeschrieben wird, nach Samos.

681 v. u. Z.
Neapel entsteht als griechische Kolonie.

680 v. u. Z.
Gründung des makedonischen Staates in Nordgriechenland.

660 v. u. Z.
- In griechischen Machtkämpfen besiegt die Flotte von Korfu die Flotte von Korinth.
- Zweiarmige Schiffsanker werden aus Metall hergestellt.

658 v. u. Z.
Gründung von Byzanz.

537 v. u. Z.
Karthager und Etrusker besiegen die griechische Flotte in einer Seeschlacht bei Alalia, dem heutigen Aleria, vor der Ostküste Korsikas.
- Beendigung der griechischen Kolonisation im westlichen Mittelmeer.

518 v. u. Z.
Sparta vereinigt die südgriechischen Städte im Peleponnesischen Bund.

8.–6. Jh. v. u. Z.
Einreihige Ruderkampfschiffe *(Moneren)* bis zu Fünfzigruderern *(Pentekoren)* stellen die Hauptkräfte der Flotten griechischer Stadtstaaten.

6.–4. Jh. v. u. Z.
- **Akropolis-Schiffsrelief.** Attische Triere mit Auslegern.
- **Trieren** werden zu Hauptkampfschiffen des Mittelmeeres. vom 6. bis 3. Jh. v. u. Z.

492 v. u. Z.
Der erste Perserzug gegen Griechenland wird von einer phönizisch-ionischen Flotte von 600 Schiffen begleitet.

490 v. u. Z.
- Sieg Athens über die Perser bei Marathon.
- Ägyptenkanal vom Oberlauf des Nils zum Roten Meer erweitert.

483–480 v. u. Z.
Athen baut in schneller Folge eine große Anzahl Trieren.

480 v. u. Z.
Sieg Athens über die persisch-phönizische Flotte bei Salamis. 300 größtenteils neuerbaute attische Trieren besiegen die aus etwa 400 Schiffen bestehende persische Flotte.

477 v. u. Z.
»Attischer Seebund«; Athen ist mit seinen Trieren die beherrschende Seemacht des östlichen Mittelmeeres.

463 v. u. Z.
Bau von Getreideschiffen für die Versorgung von Athen. Im Jahre 440 v. u. Z. zählt Athen bereits 100000 Einwohner.

433 v. u. Z.
Seekampf von Korfu und Athen gegen Korinth.

4. Jh. v. u. Z.
- **Kyreneia-Schiffswrack.** Griechisches Frachtschiff von etwa 15 m Länge.
- Häufigere Verwendung dreieckiger Lateinsegel im Mittelmeer.

334–325 v. u. Z.
Niederwerfung Persiens durch Alexander den Großen.

um 300 v. u. Z.
Hjortspring-Bootsfund. Ein zu den ältesten Bootsfunden Nordeuropas zählendes schlankes und durch Paddel betriebenes Doppelsteven-Boot von 13,28 m Länge.
- Verwendung von Magneteisenerz als Richtungsweiser in China.

284–212 v. u. Z.
- Archimedes von Syrakus entdeckt grundlegende hydrostatische Gesetze.
- Sieg Roms über Syrakus (212 v. u. Z.).

264 v. u. Z.
Beginn des Ersten Punischen Krieges gegen Karthago und Aufstieg Roms zur Seemacht.

260 v. u. Z.
- Seesieg Roms über die karthagische Flotte vor Sizilien bei Mylae.
- Römische **Triremen** erhalten Enterbrücken.

um 200 v. u. Z.
Rom beherrscht das Mittelmeer.

150 v. u. Z.
North-Ferriby-Bootsfund. In der Humbermündung gefundenes Flußboot von 15 m Länge und 2,6 m Breite.

146 v. u. Z.
Zerstörung Karthagos und Korinths am Ende des Dritten Punischen Krieges.

1. Jh. v. u. Z.
- **Albenga-Schiffsfund.** Römisches Frachtschiff von etwa 35 m Länge und 12 m Breite.
- Nutzung der Wasserkraft für Getreidemühlen.

um 50 v. u. Z.
Pompeji-Sgraffito. Darstellung eines römischen Frachtsegelschiffes mit nachgeschlepptem Beiboot.

31 v. u. Z.
Seeschlacht bei Actium, Sieg des Octavian über die Flotten von Marcus Antonius und Cleopatra; Rom beherrscht erneut das Mittelmeer.

um die Zeitrechnungswende
Ostia-Fresko. Darstellung eines römischen Frachtschiffes im Hafen von Ostia während der Entladung von Getreide.

40 n. u. Z.
Nemisee-Schiffsfund. Prunk-Hausschiff von 70 m Länge und 17,5 m Breite des römischen Kaisers Caligula (37 bis 41).

1.–2. Jh.
Torlonia-Relief. Eine Corbita (römisches Frachtschiff) in Roms Hafen Ostia.

1.–3. Jh.
Blackfriars-Bootsfund. In der Themse gefundenes Flußboot aus der römischen Besetzungszeit Englands (43 bis 400).

2. Jh.
New-Guyse-Bootsfund. In der Themse gefundenes, kraweelgebautes flaches Eichenplankenboot von 12 m Länge aus der Zeit der Besetzung Englands durch Rom.

3. Jh.
Nydam-Bootsfund. In Schleswig-Holstein gefundenes kielloses Eichenplanken-Rojerboot von 22,84 m Länge für 28 Ruderer.

4. Jh.
Björke-Bootsfund. Ostschwedisches Setzbordboot (Einbaum mit aufgesetzten Seitenplanken) von 7,22 m Länge.

4.–5. Jh.
Frauenburg-Bootsfund. Segelbares Boot von 17,4 m Länge mit Balkenkiel der mittleren Ostsee.

5.–6. Jh.
Anfänge der Benutzung von Holzsägen in Mittel- und Nordeuropa.

6.–7. Jh.
Brügge-Schiffsfund. In Belgien gefundener einmastiger flachbodiger Wattensegler von 14,5 m Länge.

645
Aufbau einer arabischen Flotte.

655
Byzanz verliert die Seeherrschaft im Mittelmeer an die Araber.

673–678
Erfolgloser Angriff der arabischen Flotte auf Konstantinopel, zur Verteidigung der Stadt wird »Griechisches Feuer« verwendet.

7. Jh.
Kvalsund-Schiffsfund. Norwegisches klinkergebautes 20-Rojer-Schiff von 18 m Länge.

8. Jh.
Äskekarr-Schiffsfund. Nahe Göteborg gefundene Reste eines Wikingerschiffes.

762
Gründung von Bagdad am Tigris, das sich danach zu einem bedeutenden Handels- und Schiffahrtszentrum entwickelt.

um 790
Utrecht-Schiffsfund. Flachbodiges Flußschiff von 17,20 m Länge, möglicherweise eine Hulk-Urform.

um 800
- **Boro-Bodur-Schiffsdarstellung.** Dreimastiges, mehrstöckiges fernöstliches Floß, das möglicherweise bereits die Urform eines Richtungsweisers hatte.
- Wikinger und Normannen bauen schnelle seetüchtige, ruder- und segelbare Kielschiffe.

820
Wikingereinfall in Irland.

844
Wikinger dringen zur Westküste Spaniens vor.

8.–9. Jh.
- **Angkor-Bootsrelief.** Großes Ruderboot aus Kambodscha.
- **Roskilde-Schiffsfund.** Auf der dänischen Insel Seeland im Roskildefjord gefundene Wracks von Wikingerschiffen.

850
Oseberg-Schiffsfund. Großes fürstliches Ruder-Segelboot *(Karfe)* von 21,44 m Länge der Wikingerkönigin Åsa, Tochter des Königs Harald Rotbart.

851
Wikingereinfall in England, Eroberung von London und Canterbury, Plünderung und Abzug.

862
Entdeckung Islands durch Wikinger.

901
Entdeckung Grönlands durch Wikinger.

941
Russische Flotte erleidet große Verluste beim Angriff auf Byzanz.

10.–11. Jh.
- **Charbrow-Schiffsfund.** Am Lebasee gefundene Reste eines 13,5 m langen Bootes.
- **Baumgarth-Bootsfund.** Schlankes Doppelenderboot von 11,90 m Länge an der pommerschen Ostseeküste.

990
Der Stadtstaat Venedig baut eine starke Galeerenflotte.

1000
Mögliche Erstentdeckung Amerikas durch den Wikinger Leif Erikson.

11. Jh.
- Ausgangsformen der einmastigen klinkerbeplankten **Kogge.**
- Angkor-Bootsrelief, fernöstliches großes **»Drachenschiff«.**

um 1066
Bayeux-Teppich-Schiffsdarstellung. Darstellung der Invasion Englands (1066) mit Normannenschiffen durch Wilhelm den Eroberer.

1098
Beginn des ersten Kreuzzugs.

um 1200
Brösen-Schiffsfund. Klinkergebautes, mit Eisennieten und Holznägeln, jedoch noch mit Seitenruder gebautes Lastschiff.

1242
Heckruder erstmals an einem Schiffstyp, der **Kogge**, nachgewiesen.

Mitte 13. Jh.
- **Kalmar-Schiffsfund.** Offenes Segelboot von 11,2 m Länge und 4,6 m Breite mit eingepaßten Spanten und Querbalken.
- **Bergen-Schiffsfund.** Große Schiffswracks altnordischer und mittelalterlicher Schiffe.

1270
Ende der Kreuzzüge. Für den 8. und letzten Kreuzzug fahren hauptsächlich Schiffe von Venedig und Genua.

1291
Angriff einer chinesisch-mongolischen Flotte auf Japan.

um 1300
Falsterbo-Fund. Sechs prahmartige Lastkähne unterschiedlicher Größe von 13 bis 27 m Länge.

1306
Erster Nachweis des Kompasses aus der Kombination der Magnetnadel mit der Richtungsscheibe.

1340
- **Kogge** häufigster Schiffstyp Nordeuropas.
- Seeschlacht bei Sluys; Eduard III. von England besiegt die französische Flotte im ersten Jahr des Hundertjährigen Krieges.

1358
Erster Hinweis auf den Einsatz von »Pulverkanonen« auf Schiffen in Aragonien.

1370
Die Hanse hat die Vormacht in der Ostsee.

1372
Eine französisch-kastilische Flotte besiegt die englische Flotte in der Seeschlacht bei La Rochelle.

Ende 14. Jh.
Bremer Koggenfund. Schiffskörper einer aus Eichenplanken gebauten Kogge von 15,5 m Länge, 6 m Breite und 3,5 m Seitenhöhe.

1401
Die Hamburger Hanse besiegt die Flotte der »Liekedeeler«.

1418
Prinz Heinrich der Seefahrer von Portugal gründet eine Seefahrtsschule und beginnt mit der Aussendung von Schiffen zur Erkundung der afrikanischen Westküste.

15. Jh.
Erste zeichnerische Darstellungen von Schiffsrissen und -konstruktionen.

1460
Portugiesische Erkundungsschiffe erreichen an der afrikanischen Küste das jetzige Sierra Leone.

1462
Erstes großes Kraweelschiff »PETER VON ROSSELS« in der Ostsee (Gdansk) trägt zum Übergang zur Kraweelbauweise bei.

1492
Entdeckung Amerikas (Bahamas) durch Kolumbus.

1497–98
Der Portugiese Vasco da Gama umsegelt Afrika und erreicht Indien.

1498
John Cabot entdeckt Labrador, Neuschottland und Neufundland und nimmt sie für England in Besitz.

1500
Eine portugiesische Flotte von 12 Schiffen läuft unter Pedro Cabral nach Südamerika aus und begründet die portugiesischen Machtansprüche auf Brasilien. Danach segelt die Flotte zur Herstellung von Handelsverbindungen weiter nach Indien.

1509
Besiegung der arabischen durch eine portugiesische Flotte in indischen Gewässern.

1514
Die »GREAT HARRY«, eine viermastige englische Karacke von etwa 50 m Länge, bestückt mit 184 Kanonen aller Kaliber, läuft als seinerzeit größtes Kriegsschiff in der Grafschaft Kent in Wolwich vom Stapel.

1517
Andrade erreicht, von Portugal auslaufend, auf dem Seewege Südchina.

1519–1522
Eine Expedition unter Ferdinand Magellan (1480 bis 1521) läuft zur ersten Weltumseglung aus und entdeckt die Philippinen und Marianen.

1552
Portugiesische Schiffe erstmals in Japan.

1566
Großes Viermaster-Kriegsschiff der Hanse »ADLER VON LÜBECK« von Stapel.

1571
Seesieg der verbündeten »Heiligen Liga« über die türkische Flotte bei Lepanto.

16. Jh.
Höhere Masten werden aus Untermast, Großer Stenge und Bramstenge gebaut.

1577–1580
Francis Drake (1540 bis 1596) umsegelt bei seinen Kaperzügen mit der »GOLDEN HIND« als erster die Erde nach Magellan.

1585
John Davis erreicht auf der Suche nach einer nordwestlichen Durchfahrt die nach ihm benannte Davisstraße.

1588
Sieg der englischen Flotte über die spanische Armada im Ärmelkanal.

1594–1597
Der Holländer Willem Barents (1550 bis 1597) erreicht auf der Suche nach einer Nordwestpassage Nowaja Semlja; dieser Meeresteil zwischen Nordeuropa und Spitzbergen trägt seinen Namen.

1597
Der spanische Invasionsversuch auf England endet mit dem Verlust der spanischen Flotte.

1600
Gründung der englischen Ostindischen Kompanie.

1602
Gründung der holländischen Ostindischen Kompagnie.

1605
Entdeckung Australiens durch Jansson.

1606
Henry Hudson (um 1550 bis 1611) sucht nach einer nördlichen Durchfahrt zum Pazifik.

1609
H. Hudson landet bei seinem dritten Versuch an der Mündung des nach ihm benannten Hudson-Flusses bei der Insel Manhattan.

1610
Erster englischer Dreidecker »ROYAL PRINCE«, erbaut von Ph. Pett.

1612
England nimmt Besitz in Vorderindien (Hafenstadt Surat).

1618–1648
Dreißigjähriger Krieg

1620
- Die »MAYFLOWER« landet in der Nähe des heutigen Boston.
- Untersuchungen zur Stabilität von Schiffen durch Simon Stevin.

1625
Holland nimmt Guayana in Besitz.

1628
Das schwedische Kriegsschiff »WASA« kentert im Hafengebiet von Stockholm.

1635
Frankreich nimmt mehrere Antilleninseln in Besitz.

1636
Bau des französischen Zweideckers »LA COURONNE« mit 46 Breitseitgeschützen.

1637
Die »SOVEREIGN OF THE SEAS« läuft als Dreidecker der englischen Marine vom Stapel. Auf den drei Decks stehen 104 Kanonen.

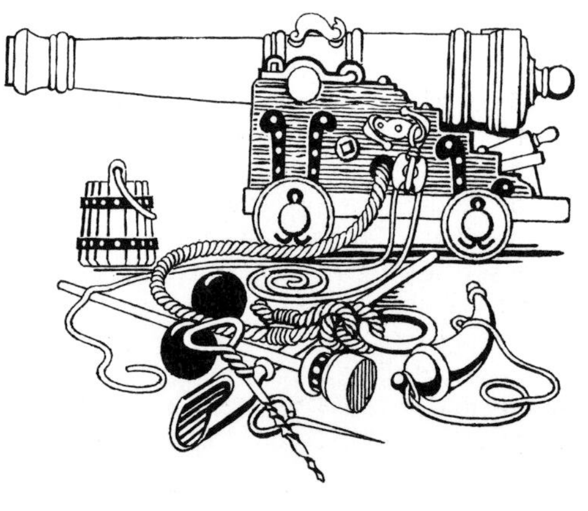

1639
Niederländisch-spanische Seeschlacht in den Downs vor Dover.

1640
Portugal sagt sich von Spanien los und wird unter João IV. selbständiges Königreich.

1642
Tasman entdeckt die Fidschiinseln.

1648
Schweden erhält deutsche Küstengebiete.

1650
- Einsetzen des über Jahrhunderte andauernden Auswandererstroms.
- Holland erhält Monopol für Sklavenlieferungen an das spanische Amerika.

1651
England verbietet mit der »Navigationsakte« die Einfuhr von Waren auf fremden Schiffen.

1659
Spanien verliert die Vormachtsstellung in Westeuropa an Frankreich.

1662–1683
Colbert modernisiert und erweitert die französische Flotte.

1663
Colbert veranlaßt die Gründung der »Académie des sciences« in Paris.

1664
Französische Ost- und Westindische Handelsgesellschaft gegründet.

1672
Die Königliche Afrikanische Gesellschaft Englands erhält das Monopol für den Sklavenhandel in Afrika.

1673
Erste Modell-Schleppversuche in Frankreich.

1676
Sternwarte Greenwich errichtet.

1691
Der Schwede Åke Classon Ralamb beschreibt in »Skeepsbyggeriet« Schiffstypen, Werkzeuge, Arbeitsgeräte und Waffen.

1695
Aufbau einer russischen Flotte.

1698
Barras de la Penne veröffentlicht in »Fabrica di galere« eine Konstruktionsbeschreibung der Galeere.

1720
Für bedeutende Leistungen zur Stabilitäts- und Widerstandstheorie von Schiffen werden erstmalig von der Pariser Académie des sciences Preise ausgesetzt.

1728
Der dänische Polarforscher Vitus Bering (1680 bis 1741) durchquert auf seiner Forschungsreise im Auftrage des Zaren Peter I. die Meeresstraße zwischen Alaska und Sibirien (Beringstraße) und beweist die Nichtexistenz einer Landverbindung zwischen den Erdteilen Asien und Amerika.

1749
Leonard Euler veröffentlicht in »Scientia Navalis« schiffstechnische Untersuchungen über Schiffswiderstand, Stabilität und Verdrängungsberechnung.

1755–1763
Englisch-französischer Kolonialkrieg, Kampf um die Vormachtstellung in den überseeischen Kolonien.

1765
»École unique des ingenieurs« in Paris gegründet.

1768
Fredrik Hendrik af Chapman gibt in seinem Tafelwerk »Architectura navalis mercatoria« Pläne und Zeichnungen unterschiedlicher Schiffstypen heraus.

1768–1771
James Cook unternimmt mit der barkähnlich getakelten »ENDEAVOUR« die erste dreijährige Entdeckungsreise in den Pazifik.

1775–1783
Nordamerikanischer Freiheitskrieg.

1787
Bau des ersten eisernen Hafenbootes von 21,5 m Länge durch J. Wilkinson in England.

1791
Von C. G. D. Müller erscheint als deutsche Übersetzung und Erweiterung einer Schrift von Louis de Hamel du Monceau »Elements de l'architecture navale« das Buch »Anfangsgründe der Schiffbaukunst«.

1798
Horatio Nelson zerstört eine französische Flotte im Hafen von Abukir.

1799
Lloyd's Register of British and Foreign Shipping (LR) in London gegründet.

1805
Englischer Seesieg unter Nelson bei Trafalgar über die vereinigte spanisch-französische Flotte.

1810
Erste Versuche zum Bau von Holz/Eisen-Kompositschiffen mit Eisenspanten und Holzplanken.

1811
School of Naval Architecture in Portsmouth eröffnet.

1812
Mit dem **Baltimore-Schoner** gewinnen nordamerikanische Staaten eine führende Position bei der Entwicklung kleinerer Schnellsegler.

1827
Besiegung der türkischen Flotte durch englische, französische und russische Geschwader in der Schlacht bei Navarino.

1828
Bureau Veritas in Antwerpen gegründet.

1830
Königliche Schiffbauschule in Stettin (Szczecin) eröffnet.

1831
Bestimmung der geografischen Lage des magnetischen Nordpols durch J. C. Ross.

1832
Bureau Veritas in Paris.

1845
In New York läuft der Klipper »RAINBOW« vom Stapel.

1849
- Aufhebung der englischen »Navigationsakte«. Schiffe jeder Flagge können von allen europäischen und überseeischen Ländern Waren nach England ein- und ausführen.
- Ausweitung des Welt-Seeverkehrs mit den Massengütern der Weltwirtschaft: Getreide, Kohle, Eisen, Salpeter, Baumwolle u. a.

1850
Erprobung des von Wilhelm Bauer entwickelten Tauchbootes »BRANDTAUCHER« in Kiel.

1851
Stapellauf des von Donald McKay entwickelten Klippers »FLYING CLOUD«.

1853
Stapellauf des größten holzgebauten Klippers »GREAT REPUBLIC«.

Mitte 19. Jh.
Die Dreimastbark wird zum häufigsten Schiff der nordeuropäischen Handelsflotten.

1861
Königliches Gewerbeinstitut in Berlin eröffnet.

1869
Eröffnung des unter Leitung des französischen Ingenieurs Ferdinand de Lesseps erbauten Suezkanals, der die Strecke London – Bombay fast um die Hälfte reduziert.

1870/74
Erste Modell-Schleppversuche von W. Froude in Torquay bei London; Schleppversuche der Korvette »GREYHOUND«.

1873
Herstellung des ersten Siemens-Martin-Stahles.

1893–1896
F. Nansen überwintert mit Forschungsschiff »FRAM« im Eis.

1904
Die »PREUSSEN«, einziges Fünfmast-Vollschiff der Welt, in Geestemünde für Reederei Laeisz erbaut.

1905
Der Dreimastschoner »ATLANTIC« von 56,4 m Länge und 1720 m^2 Segelfläche überquert den Nordatlantik in der Rekordzeit von 12 Tagen und 4 Stunden.

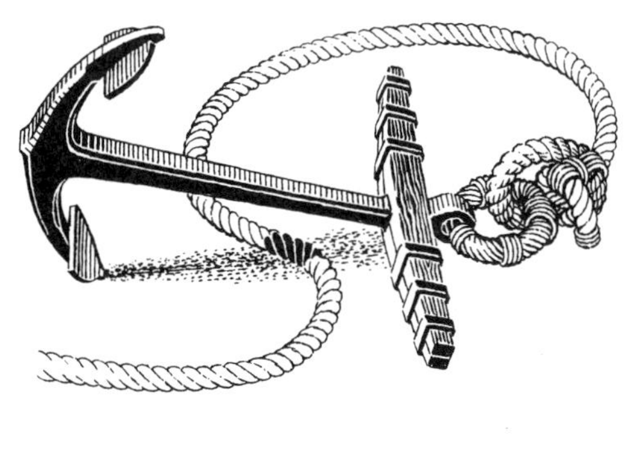

Allgemeines

Schiffe sind das Gemeinschaftswerk vieler Menschen und Berufsgruppen. In unserer Zeit müssen sich die Schiffbauer während des Baues der immer leistungsfähigeren und komplizierteren Schiffstypen untereinander wie auch mit den künftigen Eignern eindeutig verständigen können. Ist ein Schiff dann in Fahrt, so erfordert die Sicherheit von Schiff, Ladung und Besatzung schnelle unmißverständliche Verrichtungen. Insbesondere das Befahren begrenzter Schifffahrtswege, Kanäle und Schleusen, Anlege- und Festmachemanöver in den Häfen der Welt, die vielfältigen Aufgaben der Ladungsbeschaffung, des Güterumschlages und der Schiffsversorgung erfordern genaue Kenntnisse der Bauweise, des See- und Steuerverhaltens und der vielfältigen Ausrüstungen.

Droht dem Schiff auf See oder im Hafen unmittelbar Gefahr, dann sind tiefgründige Kenntnisse über das Verhalten des Schiffes beim jeweiligen Belastungszustand sowie sekundenschnelle Verständigung zur Abwendung der Gefahr auch bei schwerer See, Krängungen, Bränden oder Havarien von lebensentscheidender Bedeutung. Dieses Verständigungsbedürfnis brachte im Laufe der Jahrhunderte viele maritime Grund- und Fachbegriffe zur Bauweise und Ausrüstung von Schiffen, ihren Abmessungen, Eigenschaften und Umweltbedingungen hervor, die mehrere Bände füllen. Hinweise auf einschlägige maritime Fachlexika mit mehr oder weniger vollständigen Begriffserläuterungen finden Sie im Literaturverzeichnis dieses Buches.

In diesem Buch der Schiffstypen waren wir um eine möglichst allgemeinverständliche Darstellung unter Verwendung heute noch weitgehend gebräuchlicher Ausdrücke bemüht. Zusätzliche Fachbegriffserläuterungen wurden umittelbar in den Text eingefügt.

Somit werden nachfolgend nur einige einleitende Grundbegriffe
- zur Typensystematik,
- zur Holzbauweise,
- zu den Hauptabmessungen und Völligkeitsgraden,
- zur Schiffsvermessung,
- zur Bewaffnung und
- zur Besegelung

erläutert.

Zur Typensystematik

Unterscheidung nach dem Prinzip des Auftriebs

Die beachtliche Vielfalt unterschiedlicher Wasserfahrzeuge läßt sich nach verschiedenen Art- und Typenmerkmalen ordnen. Hinsichtlich der markantesten Eigenschaft, der Schwimmfähigkeit, stellt die Art der Auftriebserzeugung das primäre Unterscheidungsmerkmal dar. Danach gibt es
- Flöße,
- teilgetauchte Boote und Schiffe sowie
- vollgetauchte Schwimmkörper.

Flöße sind schwimmfähige Wasserfahrzeuge, bei denen der Auftrieb durch die geringe Dichte des eingetauchten Floßmaterials gegenüber der Dichte des Wassers entsteht. Dabei kann es sich um Schilf-, Strauch-, Bambus- bzw. Holzstammflöße oder auch um andere gebündelte oder starr verbundene Einzelauftriebskörper handeln. Im allgemeinen bilden bei solchen Flößen die Einzelschwimmkörper keine wasserdicht zusammengefügte Einheit, auch seitliche Wände sind meistens nicht vorhanden.

Im Unterschied zu Flößen beruht die Schwimmfähigkeit teilgetauchter Boote und Schiffe darauf, daß zumindest der getauchte und ein darüber liegender Teil des Hohlrumpfes eine wasserdichte Außenhülle haben. Die Außenhülle kann wie bei Haut- und Fellbooten aus Tierfellen, bei Korbbooten aus abgedichteten Geflechten oder wie bei der Mehrzahl aller Boots- und Schiffstypen aus Holzplanken, Metallplatten oder faserverstärkten Plasten bestehen. Die Fahrzeuge tauchen jeweils so tief ein, bis die Masse des verdrängten Wassers der Masse des gesamten Schwimmkörpers einschließlich aller Ladungen entspricht. Bei teilgetauchten Booten und Schiffen unterscheidet man weiter die Mehrrumpffahrzeuge (Auslegerboote, Katamarane, Trimarane) von den hauptsächlich gebauten Einrumpfschiffen.

Bei vollgetauchten Schwimmkörpern ist ein entsprechender Reserveauftrieb wie bei der Teiltauchung in Abhängigkeit vom Tiefgang nicht vorhanden. Die Massengleichheit wird jeweils durch Veränderung der Eigenmasse, wie Abwurf von festem Ballast bei den frühen Tauchbooten bzw. durch Wechseltanks (Luft – Wasser), erreicht.

Unterscheidung nach der Größe und dem Verwendungszweck

Im seemännischen Sprachgebrauch sind die Unterscheidungen zwischen den Bezeichnungen Boot und Schiff nicht immer einheitlich. Insbesondere werden in der Marine verschiedene Fahrzeugtypen als »Boote« bezeichnet, die alle Merkmale von Schiffen hinsichtlich der Größe und Bauweise aufweisen. Im allgemeinen Sprachgebrauch sind demgegenüber Boote kleinere, meistens ungedeckte (»offene«) oder mit Teil- bzw. Kajütendecks versehene Fahrzeuge für begrenzte Fahrbereiche. Auch bei Schiffen kennzeichnen der Fahrbereich auf Binnen- und Küstengewässern, den Randmeeren oder den Ozeanen neben der Schiffsgröße die Bauweise und den Verwendungszweck.

Schiffe haben hinsichtlich ihres Verwendungszweckes eine breit gefächerte Aufgabenpalette des Transports, der Erschließung von Nahrungsmitteln und Rohstoffen aus dem Meer, in der Technischen Flotte und der Marine zu erfüllen. Danach lassen sich die allgemeinen Hauptgruppen Handelsschiffe, Forschungs- und Fischereischiffe, Hilfsschiffe und Marinefahrzeuge unterscheiden. Jede dieser Hauptgruppen bildet sich aus mehreren Typengruppen, wie z. B. die Handelsschiffe. Sie können dem Transport von Personen, der Beförderung von Lebendgut oder Stückgütern, Schüttgütern oder Flüssigladungen dienen, also Fahrgastschiffe, Viehtransporter, Stückgut- oder Schüttgutfrachter, Wein-, Gas- oder Öltransporter oder kombinierte Schiffstypen sein.

Der ständige Anpassungsprozeß an die jeweiligen Handels- und Seetransportbedürfnisse führt zur ununterbrochenen Entstehung neuer Schiffstypen, zu ihrer Veralterung und wiederum zu Nachfolgetypen sowie zu einer fortschreitenden Spezialisierung und Kombination. So unterscheiden sich beispielsweise Passagierschiffe sowohl in ihrer Größe, dem Komfort und hinsichtlich des Einsatzes im Liniendienst, für Kreuz- und Erholungsfahrten, für Kurzstrecken oder Langreisen, für Fahrten in unterschiedlichen Temperaturzonen oder für kombinierte Passagier- und Frachtfahrten und andere Verwendungen. Eine solche Auffächerung ist in entsprechender Weise auch bei allen anderen Typengruppen vorhanden.

Unterscheidung nach Werkstoff und Bauweise

Die vorhergehenden Unterscheidungsmerkmale überlagern sich mit den vorwiegend für den Schwimmkörper verwendeten Werkstoffen. Wenn jedoch von den vielfältigen Werkstoffen anfänglicher Boote abgesehen wird, stellten über Jahrtausende verschiedene Holzarten den hauptsächlichen Schiffbauwerkstoff dar. In der ersten Hälfte des 19. Jh. folgten Kompositschiffe aus Holz und Eisen, Schiffe aus Eisen und einige Jahrzehnte später aus Stahl. Bis zur Mitte des 20. Jh. dominierte das genietete Stahlschiff. Vollgeschweißte Schiffe aus Stahl, Schiffskörper aus Leichtmetall oder faserverstärkten Plasten sind bis auf erste Vorläufer Typen der zweiten Hälfte dieses Jahrhunderts.

Mit der werkstoff- und verarbeitungsbedingten Bauweise sind jedoch diese Unterscheidungsmerkmale noch sehr unvollständig erfaßt. So stellen die Anzahl der Decks, die Konstruktion ihrer Verbände und Öffnungen, die weitere Unterteilung des Schiffskörpers durch Schotte, die Anordnung und Lage der Aufbauten und Deckshäuser, die Ausrüstung für die Schiffsführung und Ladungshandhabung u. a. m. weitere markante Unterscheidungsmerkmale der Schiffstypen dar.

Unterscheidung nach Art des Antriebs

Boote und Schiffe unterscheiden sich nach den grundsätzlichen Antriebsmöglichkeiten durch Nutzung von Muskel-, Strömungs- und Maschinenkräften. Dieser Band enthält jene Typen, die durch Paddel, Riemen, Staken, Zugtiere (Treidelschiffe), Wasserströmungen oder Segel angetrieben werden. Die Art der Riemenhandhabung als Einzel- oder Doppelriemen, die Anzahl der Ruderer bzw. der Ruderreihen bestimmt den Typ des jeweiligen Ruderschiffes wie bei den Dieren, Trieren, Galeeren u. a. In entsprechender Weise werden Segelschiffe nach der Art, Anzahl und Anordnung der Maste und ihrer Besegelung unterschieden.

Zur Holzbauweise

Der Entwicklungsweg zum holzgebauten Großsegler nahm mit dem zum Einbaum ausgehöhlten und an den Enden bearbeiteten Baumstamm seinen Anfang. Das Streben nach größeren oder seetüchtigeren Fahrzeugen führte zum Aufsetzen und Anbinden zusätzlicher Seitenplanken (dem Setzbord) und stellt damit den entscheidenden Übergangsschritt zu Booten dar, die aus mehreren Holzteilen zusammengebaut sind. Die Entwicklung gipfelt schließlich im Plankenboot oder Plankenschiff, bei dem der Schiffskörper mit seiner gesamten Beplankung aus einer entsprechend großen Anzahl angepaßter und wasserdicht miteinander verbundener Holzplanken besteht. Damit wurde ein möglichst paßgerechtes Behauen und späteres Sägen der Planken, die hinreichend feste Verbindung und die Abdichtung der Fugen und Stöße erforderlich. So waren bereits bei den älteren ägyptischen Holzschiffen wie dem Cheops-Bestattungsschiff (um 2650 v. u. Z.) die Planken an ihren Stößen miteinander verzargt und an den Längskanten durch Dübel verbunden. Über Jahrtausende bis zum Hjortspringboot (um 300 v. u. Z.), aber auch noch bis in das Mittelalter (15.Jh.), wurden Planken durch Faser-, Seil- oder Riemenbindungen verbunden oder »vernäht«. Dübel, Holznieten bzw. (aufgeschnittene und verkeilte Holznägel) später Nägel und Nieten aus Metall, bei denen sogenannte »Klinkscheiben« unter den Setzkopf der Nieten gelegt wurden, um den Anpreßdruck ohne Beschädigung der Planken zu erhöhen, unterstützten und ersetzten später das »Nähen«. Außer der immer besseren Passung und dem Dichtquellen erfolgte die Abdichtung der Planken untereinander durch Naturbitumen, wasserunlösliche Harze, Bastfasern, Tierhaare und andere Stoffe bis zum teergetränkten Kalfaterwerg.

Nach der Bauweise der Beplankung sind die Klinker- und die Kraweelbeplankung zu unterscheiden. Bei der geklinkerten Beplankung sind die Längsplanken dachziegelartig übereinander angesetzt und bei der Kraweelbauweise liegen die Längskanten der Planken unmittelbar aufeinander und ergeben eine glatte Außenfläche. Während die Kraweelbeplankung aus verschiedenen Gründen im Mittelmeerraum schon in frühester Zeit gebräuchlich war, fand sie in Nordeuropa erst im Verlaufe des 15. Jh. wegen der Vorzüge beim Bau größerer Schiffe Anwendung.

Je größer die aus Holz gebauten Schiffe wurden, desto bedeutungsvoller wurden aussteifende Verbände, um das »Herunterhängen« der Schiffsenden und Undichtigkeiten zu vermeiden. Im Altertum wurden daher bei den ägyptischen Schiffen Gürteltaue um den Schiffskörper gelegt oder Spanntrossen über Gabelstützen an Deck vom Vor- zum Achterschiff geführt. Bis in den späten Holzschiffbau (Chapman 1768, Snodgrass 1791, Seppings 1820) hatte man sich mit dem Nachlassen von Verbindungen und Dichtigkeit der Holzverbände zu beschäftigen und suchte das Problem durch Diagonalbänder bzw. Diagonalbeplankungen zu lösen, bis durch die Stahlskelettbauweise der Stahlverband die Längsfestigkeit erhöhte.

Daß man bereits versuchte, aus den gewonnenen Erfahrungen die Verbände beanspruchungsgerecht zu gestalten, zeigt sich schon an den Hauptspantquerschnitten von Fahrzeugen der Frühzeit. So wurde zunächst der oberste Plankengang, die Dollbordplanke, stärker ausgeführt und später auch der unterste Plankengang, der Kiel, gegenüber der übrigen Beplankung verstärkt. Kiel und Steven wandelten nach und nach ihre Formen vom ausgehöhlten Blocksteven über den Flachkiel bis zum mehr oder weniger ausgeprägten Balkensteven und Balkenkiel des Ruder-Segelschiffes oder des reinen Segelschiffes. Durchlaufende Decks, bei denen die Decksplanken zur Längsfestigkeit beitrugen, waren u. a. teilweise bereits bei den griechischen und römischen Kampfschiffen und dem römischen Lastschiff, der Corbita, vorhanden. Allgemein üblich wurden derartige wetterfeste Decksbeplankungen jedoch erst im Mittelalter mit der gedeckten Kogge.

Die Ägypter kannten auch bereits eine Möglichkeit der Queraussteifung des Schiffskörpers, durch die der Trossengürtel entfallen konnte. So zeigt die Schiffsdarstellung auf dem Hatschepsut-Relief (um 1490 v. u. Z.) Schiffe mit Decksbalken, die seitlich durch die Außenplanken hindurchgesteckt sind. Selbst einige frühe Einbäume weisen eine Art Schottspanten auf, die man bei der Aushöhlung stehen ließ. Bei Booten aus Nordeuropa ließ man an den Innenseiten der Planken Knaggen stehen, an die Krummholz-Querspanten angebunden wurden, ehe man zur direkten Verbindung von Planken und Spanten durch Nageln oder Nieten übergehen konnte.

Von derartigen naturgewachsenen Krummspanten, die etwa der Spantform entsprachen, über Spanten, die durch Behauen grob angepaßt wurden, bis hin zu zusammengesetzten Spanten der großen Schiffe wandelten sich im Laufe der Zeit auch die Queraussteifungen. Bei den Großseglern mit mehreren Decks wurde der untere Teil der Queraussteifung zur Bodenwrange. Daran schlossen sich an den Bordseiten bis zu 3 aufeinanderfolgende Auflangerspanten sowie ein Oberauflanger an, die mit den in der jeweiligen Spantebene befindlichen Querdecksbalken den Querrahmenverband bildeten. Durch sogenannte »Deckskníe« verband man die horizontalen Querdecksbalken mit den jeweiligen Spantauflangern.

Gutes Schiffbauholz war schon bei den Ägyptern und Griechen, besonders jedoch im 18. und 19. Jh. zur Zeit der großen aus Holz gebauten Segelschiffe sehr gefragt. Die erforderlichen dicken Holzverbände der Außenhaut- und Decksbeplankung, die aussteifenden Längs- und Querverbände und nicht zuletzt die Masten, Stengen und Rahen der jährlich zu Hunderten erbauten Schiffe lassen ahnen, wie viele Wälder für den Holzschiffbau gebraucht wurden.

Zu den Hauptabmessungen und Völligkeitsgraden

Durch die Hauptabmessungen wie Längen, Breiten, Seitenhöhen und Tiefgänge und ihre Relationen zueinander werden Größe und auch bestimmte Eigenschaften eines Schiffes charakterisiert. Im einzelnen werden unterschieden:

- L Länge des Schiffes zur allgemeinen Größenkennzeichnung, meistens entspricht die Länge L der Länge L_{KWL} oder L_{PP}.
- L_{OA} Länge über alles, das ist i. allg. die waagerechte Länge zwischen dem vordersten und hintersten festen Punkt des Schiffskörpers oder Decks ohne Bug- oder Heckspriet.
- L_{PP} Länge zwischen den Loten (Perpendikeln), gemessen zwischen den Schnittpunkten Mitte Ruderschaft oder Hinterkante Hintersteven und Vorkante Vorsteven mit der Wasserlinie bei Konstruktionstiefgang. Der Konstruktionstiefgang ist derjenige Tiefgang, dem die vorgesehene Verdrängung entspricht, er liegt bei einem unvertrimmten Schiff nahe der Voll-Ladelinie.
- L_{KWL} Länge in der Konstruktionswasserlinie entsprechend dem vorgesehenen Tiefgang (T_{KWL}), d. h. Länge zwischen Vorkante Vorsteven und Hinterkante Hintersteven in der Konstruktionswasserlinie (KWL).
- L_{WL} Länge in der Wasserlinie bei einem jeweiligen Tiefgang.
- L_K Kiellänge des geraden Kiels.
- B Breite des Schiffes zur allgemeinen Größenbezeichnung, meistens die Breite in der KWL oder Breite auf Spanten (B_{KWL}).
- B_{OA} Breite des Schiffes über alles, d. h. Breite über alle seitlichen festen Anbauten wie
- B bzw. Dollbord, Scheuerleisten u. a.
- B_{SPT} Breite zwischen den Außenkanten (Mallkanten) der Spanten an der breitesten Stelle in der KWL. Bei Holzschiffen auch die entsprechende Breite zwischen der Innenkante Außenhautbeplankung.
- B_{KWL} Breite in der Konstruktionswasserlinie.
- B_{WL} Breite in der jeweiligen Wasserlinie.
- B_D Breite an Deck auf Seitenhöhe D.
- D Seitenhöhe des Schiffes (engl. depth), gemessen an Seite Schiff auf halber Schiffslänge (0,5 L_{PP}) von der Unterkante Hauptdecksbeplattung bis zur Oberkante Kiel, i. allg. der Raumtiefe entsprechend.
- D_{FB} Freibord; das vorgeschriebene Mindestmaß, um das die Bordwände bei voller Beladung über die Wasseroberfläche noch bei Glattwasser ausgetaucht sein müssen, gemessen auf halber Schiffslänge (0,5 L_{PP}) von der Oberkante des »Freiborddecks«.
- T Tiefgang des Schiffes bei der jeweiligen Beladung; auf halber Schiffslänge gemessener Abstand von der Unterkante Kiel bis zur Schwimmwasserlinie.
- T_{KWL} Konstruktionstiefgang; auf halber Schiffslänge gemessener Abstand der Unterkante Kiel bis zur Konstruktionswasserlinie.

Neben den Hauptabmessungen wird die Form des Schiffsrumpfes durch verschiedene »Völligkeitsgrade« charakterisiert, die jeweils das Verhältnis von Spant- und Wasserlinienflächen ins Verhältnis zu den umschreibenden Rechtecken setzen oder Volumenverhältnisse darstellen. Die wichtigsten Völligkeitsgrade sind:

- C_M Völligkeitsgrad der Hauptspantfläche; Verhältnis des getauchten Teils der Hauptspantfläche zu dem umschreibenden Rechteck aus $B_{KW} \cdot T_{KWL}$.
- C_{KWL} Völligkeitsgrad der Konstruktionswasserlinienfläche; Verhältnis der Konstruktionswasserlinienfläche zum umschreibenden Rechteck aus $L_{PP} \cdot B_{KWL}$.
- C_B Völligkeitsgrad der Verdrängung bzw. Blockkoeffizient; Verhältnis der Wasserverdrängung des getauchten Teils des Schiffskörpers zu dem umschreibenden Quader aus $L_{PP} \cdot B_{KWL} \cdot T_{KWL}$.
- C_P Prismatischer Koeffizient bzw. Zylinderkoeffizient bzw. Längenschärfegrad; Verhältnis der Wasserverdrängung zu

dem aus der Hauptspantfläche und der Länge L_{PP} gebildeten umschreibenden prismatischen Körper.

Zur Schiffsvermessung

Seitdem die Schiffbauer i. allg. nicht mehr gleichzeitig Eigner des selbstgebauten Schiffes sind, sondern Schiffe im Auftrage von Reedern bauen, die im voraus Hauptabmessungen, Völligkeitsgrade, Verdrängungen, Trag- und Ladefähigkeiten für verschiedene Gutarten sowie die daraus resultierenden Kosten wissen möchten, sind möglichst genaue Angaben über das Schiff schon vor dem Baubeginn erforderlich. Diese Daten müssen neben vielen anderen Aufschluß geben über die Bau- und Betriebskosten, Kanal-, Hafen-, Liegeplatz- und Umschlaggebühren, Lohnkosten, Versicherungen und Abschreibungen.

Ein altes Maß für die Ladefähigkeit und damit für die Schiffsgröße war im Mittelalter das Faß, die Tonne. Größer als die Amphoren der Griechen und Römer, waren Tonnen die wichtigsten Transportgefäße. In ihnen wurden Öle, Fette, Früchte, Wein und Bier, selbst Gewürze und Pelzwerk verpackt und sicher verschlossen. Neben dem Schiffszimmermann gehörten Böttcher zahlenmäßig an den Werft- und Hafenplätzen zur stärksten Zunft.

Eine Hamburger Commerzlast hatte z. B. 3000 kg. Die Danziger und die Bremer Roggenlast entsprach etwa 2000 kg und hatte einen Raumbedarf von annähernd 3,25 m^3. In der Hansezeit war außerdem die »Rostocker Tonne« für gesalzene Heringe ein allgemein anerkanntes Maß. Der Raumbedarf für eine Heringslast betrug etwa 0,8 Roggenlasten.

Im Mittelmeer und in Westeuropa hingegen war die Frachten-Weintonne (tonneau) die übliche Maßeinheit für den erforderlichen Stauraumbedarf, diese Tonne entsprach etwa einer halben Roggenlast, also 1000 kg.

Seit 1872 erfolgen in den deutschen Ost- und Nordseegebieten anstelle der früheren Schiffsfrachtangaben in Lasten die Angaben der Schiffsfrachtmassen in Tonnen (t) zu je 1000 kg, des Stauraumbedarfs in m^3 und des Schiffs-Nutzraums in NRT.

Die bisher allgemein gebräuchliche internationale Einheit für die Raumvermessung von Schiffen ist die Registertonne (RT). Sie entspricht 100 englischen Kubikfuß (1 engl. Fuß = 0,3048 m = 12 Zoll) und beträgt somit 2,832 m^3. Beim Schiffsraum sind die Bruttoregistertonne (BRT) von der Nettoregistertonne (NRT) zu unterscheiden. Der in BRT angegebene Bruttoraum-inhalt des Schiffes umfaßt den gesamten Raum unterhalb des Vermessungsdecks sowie den Rauminhalt der Luken, Schächte und Aufbauten. Demgegenüber kennzeichnet der Nettorauminhalt den gewinnbringenden Nutzraum, d. h. alle Lade- und Fahrgasträume. Der Nettorauminhalt ergibt sich somit, wenn vom Bruttorauminhalt alle Navigations- und Betriebsräume, Wohnräume der Besatzung, Messen, Provianträume, Trinkwassertanks und sonstige Vorratsräume, Store und Lasten abgezogen werden. Da die Schiffsgebühren i. allg. auf den Nettorauminhalt bezogen werden, ist man stets bemüht, ihn im Verhältnis zur Tragfähigkeit möglichst günstig zu nutzen. Neue Vermessungsvorschriften befinden sich derzeitig in der Einführung.

Die Ladefähigkeit eines Schiffes kennzeichnet sowohl in Kubikmetern (m^3) als auch in Nettoregistertonnen (NRT) die raummäßige wie in Tonnen (t) die Nutzladung, die massenmäßig möglich ist. Demgegenüber ist die Tragfähigkeit DW (engl. deadweight) diejenige Masse in Tonnen zu 1000 kg, die ein Schiff unter Beachtung der Vorschriften und Sicherheiten an Ladungs- und Vorratsmassen, Besatzung und Fahrgästen laden kann.

Bei Kriegsschiffen wird statt der Angabe des Nutzraumes i. allg. die Masse des verdrängten Wassers – kurz Wasserverdrängung – in englischen tons (ts) zu je 1016 kg angegeben.

Die Verdrängung oder Wasserverdrängung ∇ gibt den Rauminhalt der vom getauchten Teil des Schiffskörpers verdrängten Wassermasse ohne Anhänge (Ruder u. a.) auf Mallkante Spant in Kubikmetern an. Bei Holzschiffen bezieht sich die verdrängte Wassermasse auf die Außenseite der Außenhaut.

Das Deplacement $\triangle$, $M_{\triangle}$ ist die Masse der vom eingetauchten Schiffskörper verdrängten Wassermasse in Tonnen zu je 1000 kg und entspricht damit gleichzeitig der Gesamtmasse des Schiffes einschließlich der jeweiligen Ladung, Tankfüllung und Vorräte. Die Größe des jeweiligen Deplacements ergibt sich aus dem Verdrängungsvolumen unter Berücksichtigung der Außenhaut und der in den einzelnen Seegebieten unterschiedlichen Dichte des Wassers. Die Differenz zwischen dem Deplacement $M_{\triangle}$ und der Tragfähigkeit DW entspricht der Masse des leeren betriebsklaren Schiffes M_{LS}.

Zur Bewaffnung

Vor der Verwendung des Schießpulvers stellten der Rammsporn, dessen Ursprung auf die Phönizier und Griechen zurückgeführt wird, Katapulte, leichte, mittlere und schwere Schleudermaschinen sowie das »Griechische Feuer« die wesentlichste Bewaffnung dar. Bereits im 13. Jh. setzte man sogenannte »Donnerbüchsen«, »Sperber« oder Falconetts ein, d. h. leichte Geschütze, die als Vorderlader oder Hinterlader in Gabeln gelagert von der Reeling oder aus dem Mars abgefeuert wurden. Im 14. und 15. Jh. kamen die ersten eigentlichen Schiffsgeschütze, die sogenannten »Kammerbüchsen« auf. Es waren Hinterlader, deren Rohr durch geschmiedete Eisenringe verstärkt und in einer Blocklafette gelagert war. Außerdem kamen die »Drehbassen«, leichte Schanzkleidkanonen, hinzu, die bis ins 18. Jh. beibehalten wurden. An leichteren Geschützen gab es vom 14. bis zur Mitte des 16. Jh. hauptsächlich noch die Bombardelle, ein Vorder- oder Hinterlader auf Zweiradlafette. Das schwerste Schiffsgeschütz dieser Jahrhunderte war die großkalibrige Bombarde auf schwerer Blocklafette. Im 14. und 15. Jh. wurden solche Bombarden bevorzugt als Vorder- oder Hinterladergeschütze auf Galeeren verwendet. Um in kürzerer Schußfolge feuern zu können, bestanden Hinterlader-Bombarden aus 2 Teilen. Während das Geschützrohr auf der Blocklafette festgezurrt war, konnte das Kammerstück nach demSchuß gegen ein außerhalb der Kanone neu geladenes Kammerstück ausgewechelt werden.

Durch die Reichweite der Geschütze veralteten frühere Strategien des Seekriegs. Ihre große Masse ließ Ruderschiffe zu schwerfällig werden. Die Schiffe wurden größer, erhielten mehr Segel, und wegen der hochgelegenen Geschütze waren insbesondere größere Schiffsbreiten oder mehr tiefgelegener Ballast notwendig. Neben der Aufstellung der Geschütze vorn und achtern als Verfolgungs- und Abwehrgeschütze, die nur annähernd in Schiffslängsrichtung abgefeuert werden konnten, war bereits im 15. Jh. die Breitseitsordnung von Schiffsgeschützen bekannt. Zunächst begnügte man sich mit runden Geschützöffnungen für das Geschützrohr in den Außenplanken, die noch keinen Verschluß erhielten. Um 1500 begann man verschließbare Geschützpforten einzuführen, die holländischen Meistern und dem französischen Schiffbaumeister Descharges zugeschrieben werden. Die Breitseitenaufstellung der Geschütze führte im Verlaufe des 17. Jh. zum Einsatz der Kampfschiffe in Kiellinie, bei der die als »Linienschiffe« bezeichneten großen Kriegsschiffe jeweils im Kielwasser des voransegelnden Schiffes segelten und versuchten, den ebenfalls parallel in Schußweite in Kiellinie fahrenden Gegner durch Breitseitenfeuer zu vernichten.

Seit dem 17. Jh. gab es eine veränderte Einteilung der Kanonen nach den Massen der Kanonenkugeln in Pfund, das Pfund zu je etwa 0,5 kg. Die Ganze Kanone hatte eine Eigenmasse von mehr als 2 t und ein Kaliber von 177 mm, die Halbe Kanone war ein 24-Pfünder, die Calverine ein 18-Pfünder und die Halbe Calverine ein 9-Pfünder. Bis etwa 1750 waren die meisten Schiffsgeschütze noch aus Bronze gegossen, danach beherrschte man erst allmählich die Herstellung eiserner Kanonenrohre.

Die Aufstellung der Geschütze auf mehreren Decks erforderte besonders versteifte Verbände des Holzschiffskörpers zur Aufnahme der Eigenlasten und Rückstoßkräfte. Um dem Rückstoß zu dämpfen, wurden die Kanonen durch Brooktaue über Ringe an der Bordwand gezurrt. Die starke Balkenbucht (Wölbung) der Batteriedecks erschwerte außerdem das Zurückweichen beim Schuß und erleichterte das Zurückschieben in die Feuerstellung. Um die Wirkung feindlicher Treffer zu mildern, wurden die seitlichen Schiffsverbände sehr stark gebaut, und in den Batteriedecks kamen Querabschottungen zum Einbau.

Neue Möglichkeiten des Baues leichter und schnellerer unbewaffneter Segelschiffe ergaben sich erst nach Überwindung der Piraterie und der Machtkämpfe mit Waffengewalt auf See.

Zur Besegelung

Segelschiffe sind außer den genannten Merkmalen hauptsächlich durch die Art der Segel sowie die Anzahl und Anordnung der Masten bestimmt. Die nachfolgenden Tafeln geben dazu sowie zu den wichtigsten Bezeichnungen Aufschluß. Die Zusammenhänge zwischen der Art der Besegelung, dem jeweiligen Segelschiffstyp und dem Deplacement aus der Blütezeit der Segelschifffahrt um 1900 verdeutlicht die Tabelle im Anhang.

Segelarten

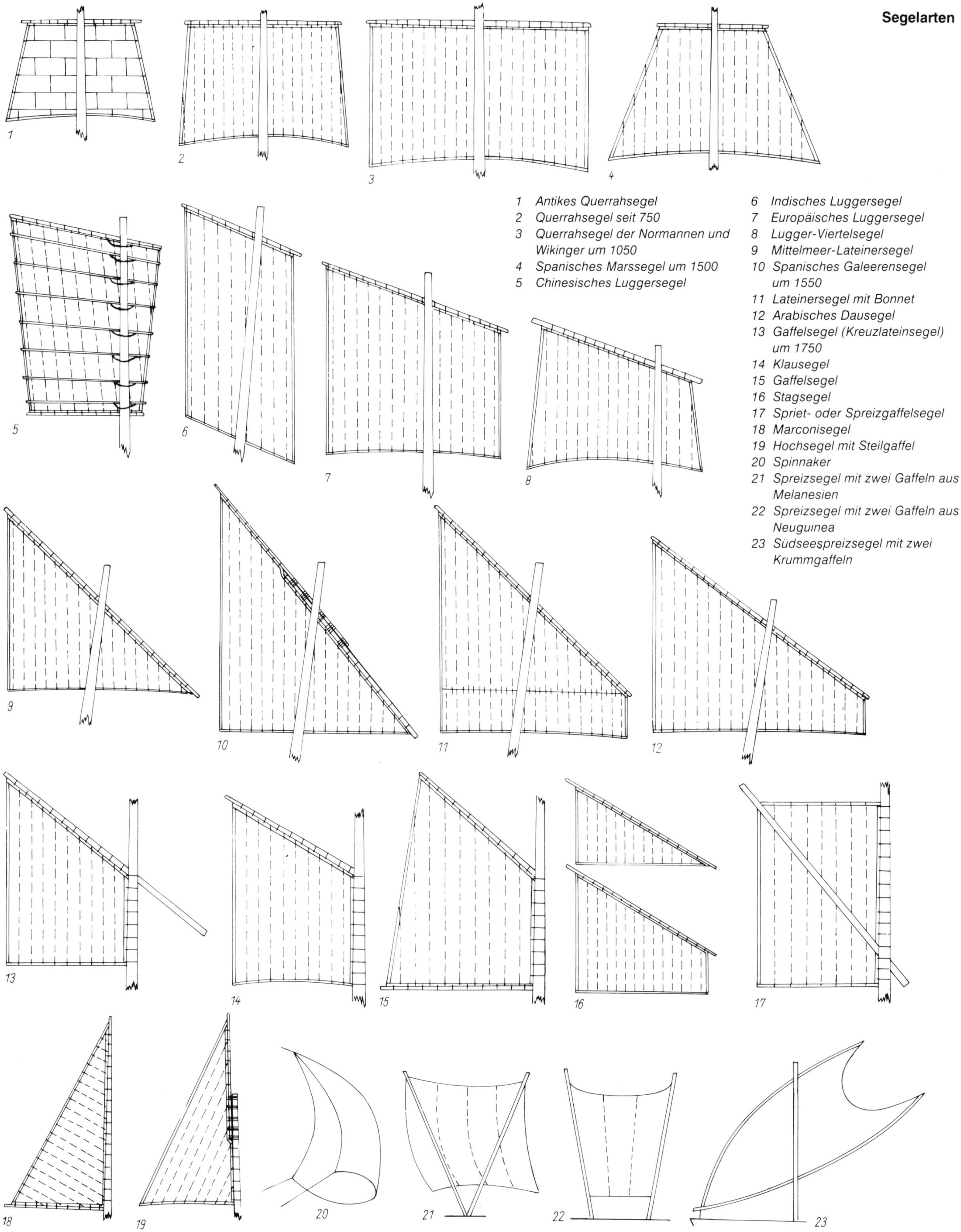

1 *Antikes Querrahsegel*
2 *Querrahsegel seit 750*
3 *Querrahsegel der Normannen und Wikinger um 1050*
4 *Spanisches Marssegel um 1500*
5 *Chinesisches Luggersegel*
6 *Indisches Luggersegel*
7 *Europäisches Luggersegel*
8 *Lugger-Viertelsegel*
9 *Mittelmeer-Lateinersegel*
10 *Spanisches Galeerensegel um 1550*
11 *Lateinersegel mit Bonnet*
12 *Arabisches Dausegel*
13 *Gaffelsegel (Kreuzlateinsegel) um 1750*
14 *Klausegel*
15 *Gaffelsegel*
16 *Stagsegel*
17 *Spriet- oder Spreizgaffelsegel*
18 *Marconisegel*
19 *Hochsegel mit Steilgaffel*
20 *Spinnaker*
21 *Spreizsegel mit zwei Gaffeln aus Melanesien*
22 *Spreizsegel mit zwei Gaffeln aus Neuguinea*
23 *Südseespreizsegel mit zwei Krummgaffeln*

Zweimaster und Dreimaster

1 Brigg
2 Brigantine
3 Schonerbrigg
4 Zweimast-Schnau
5 Zweimast-Fock- und Großrahtopp-Schoner
6 Fockrahtopp-Segelschoner
7 Zweimast-Gaffelschoner
8 Zweimast-Stagsegelschoner
9 Vollschiff
10 Dreimast-Bark
11 Dreimast-Schonerbark

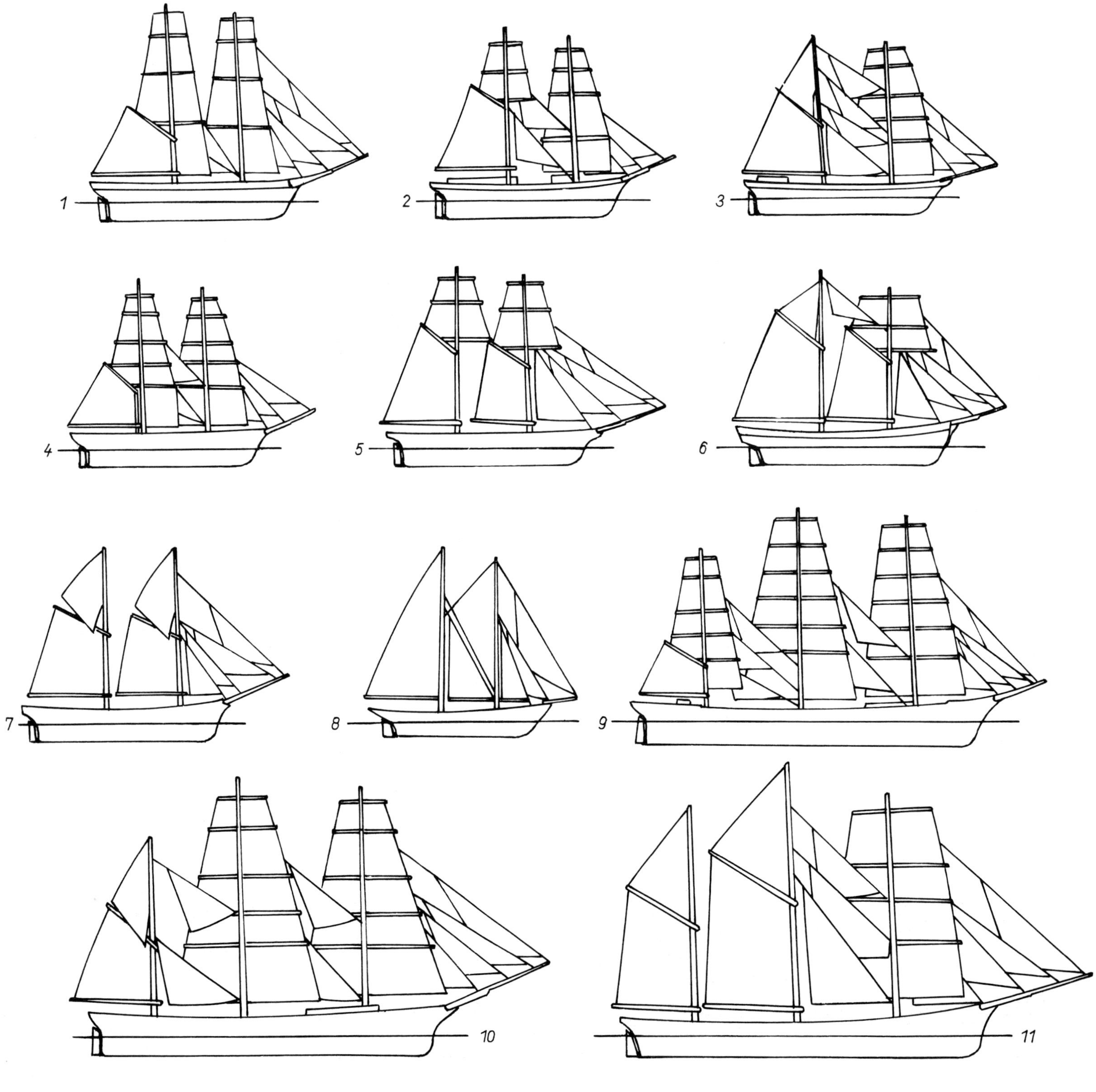

Dreimaster und Viermaster

1 Dreimast-Barkantine
2 Dreimast-Gaffelschoner mit Breitfock und Fockrahtopp
3 Dreimast-Gaffelschoner
4 Dreimast-Stagsegelschoner
5 Viermast-Vollschiff
6 Viermast-Bark
7 Viermast-Schonerbark
8 Viermast-Schonerbark mit rahgetakeltem Großmast (Jakassbark)

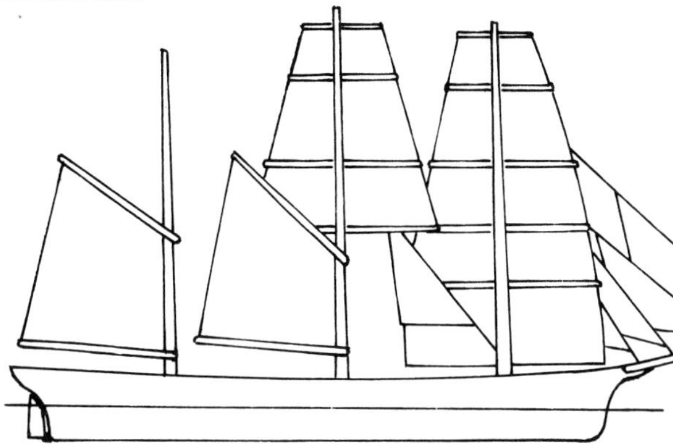
1

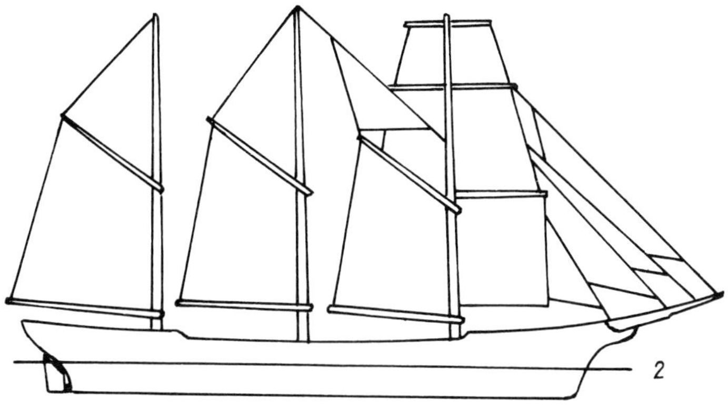
2

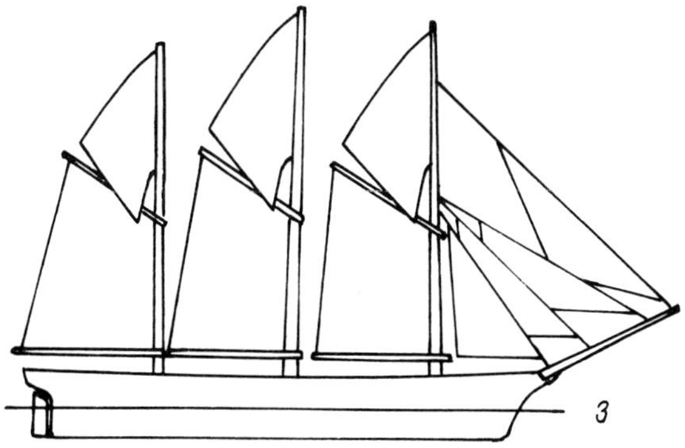
3

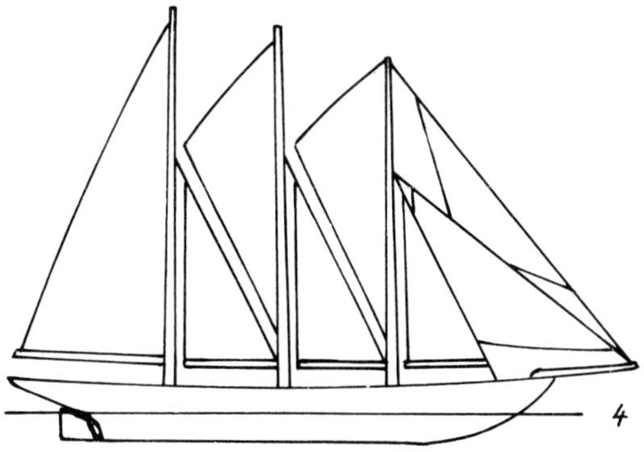
4

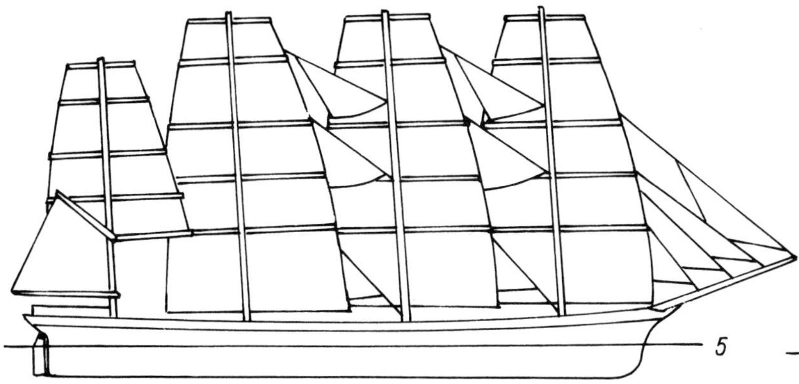
5

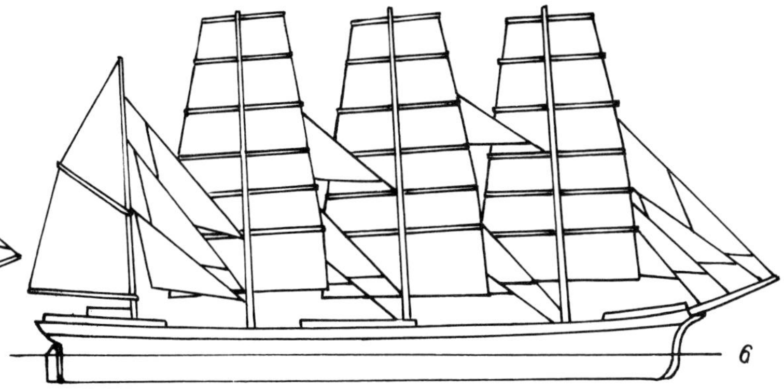
6

7

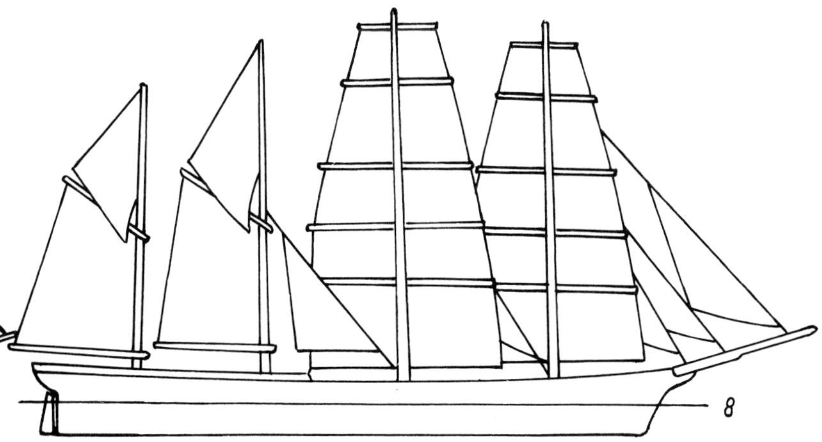
8

Viermaster und Fünfmaster

1 Viermast-Gaffelschoner mit Fockrahtopp
2 Viermast-Gaffelschoner mit Breitfock
3 Fünfmast-Vollschiff
4 Fünfmast-Bark

1
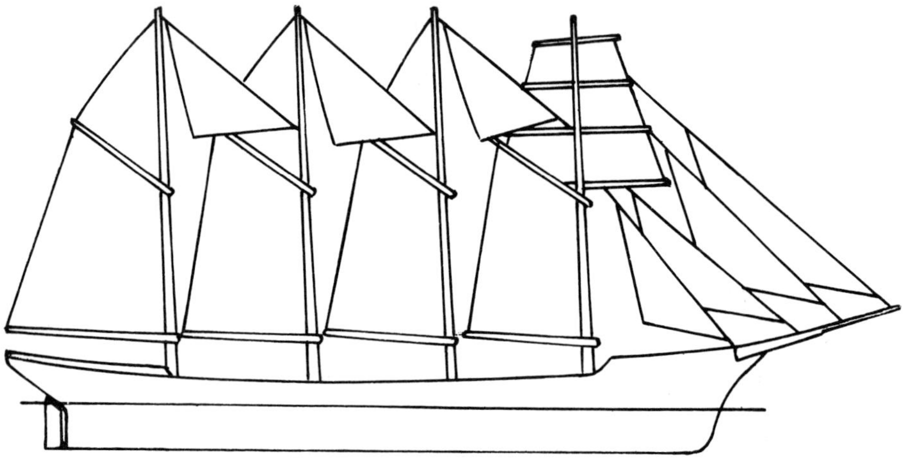

2
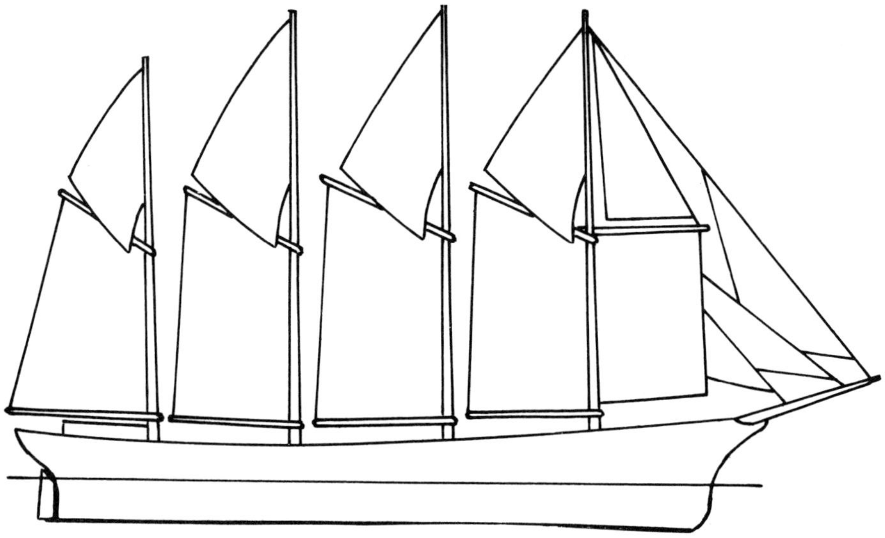

3

4
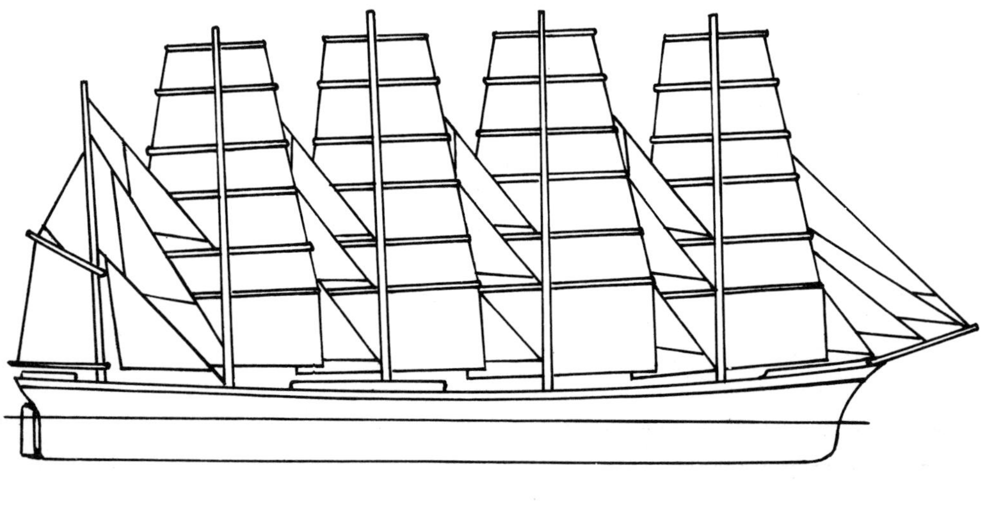

Fünfmaster

1 Fünfmast-Schonerbark
2 Fünfmastschoner mit Fock- und Mittelrahtopp (Vinnentakelung)
3 Fünfmast-Gaffelschoner

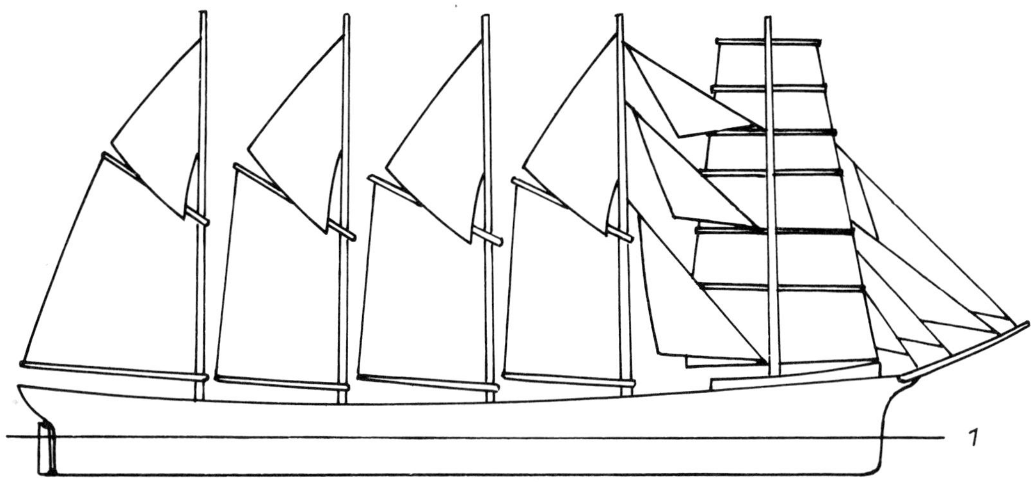

1

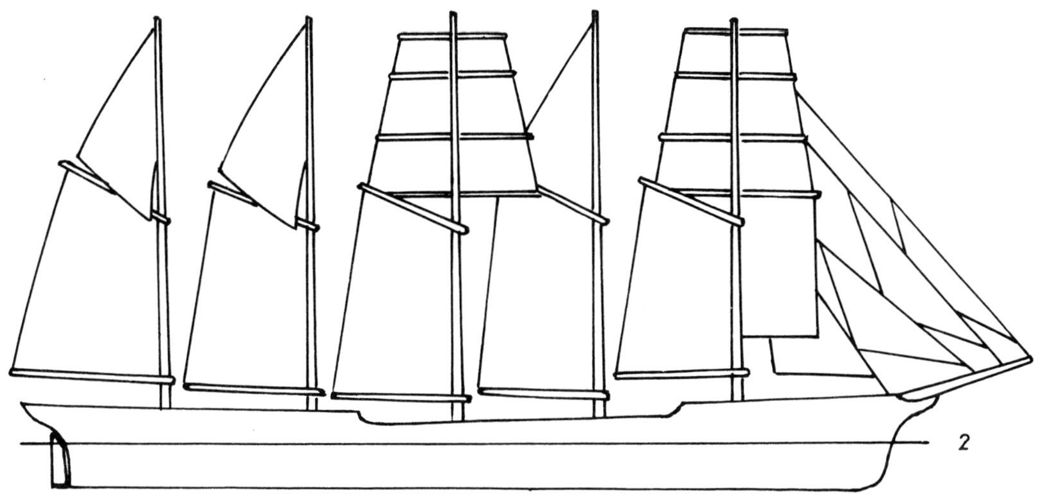

2

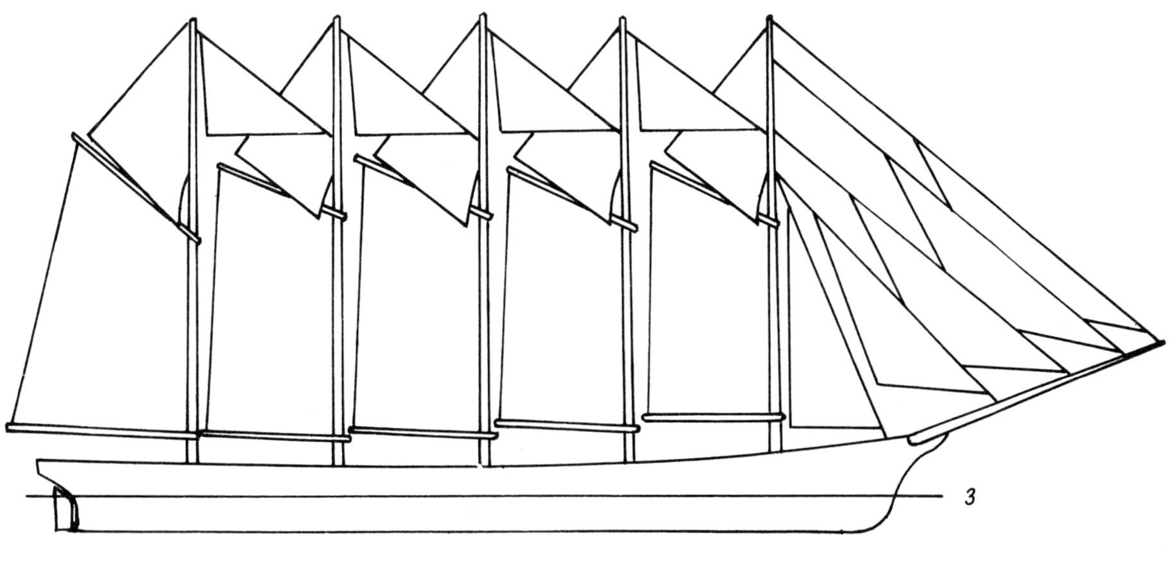

3

Mastbezeichnungen vom Zweimaster bis zum Sechsmaster

a *Brigg*
b *Brigantine*
c *Zweimast-Gaffelschoner*
d *Zweimast-Stagsegelschoner*
e *Dreimast-Bark*
f *Vollschiff*
g *Dreimast-Schonerbark*
h *Dreimast-Gaffelschoner*
i *Viermast-Bark*
j *Viermast-Vollschiff*
k *Viermast-Gaffelschoner*
l *Fünfmast-Bark*
m *Fünfmast-Gaffelschoner*
n *Fünfmast-Vollschiff*
o *Sechsmast-Schonerbark*
p *Sechsmast-Gaffelschoner*

1 *Fockmast*
2 *Großmast*
3 *Besanmast*
4 *Kreuzmast*
5 *Achter- oder Hauptmast, beim Fünfmast-Vollschiff auch Laeisz-Mast*
6 *Mittelmast*
7 *Jiggermast*
8 *Treibermast*

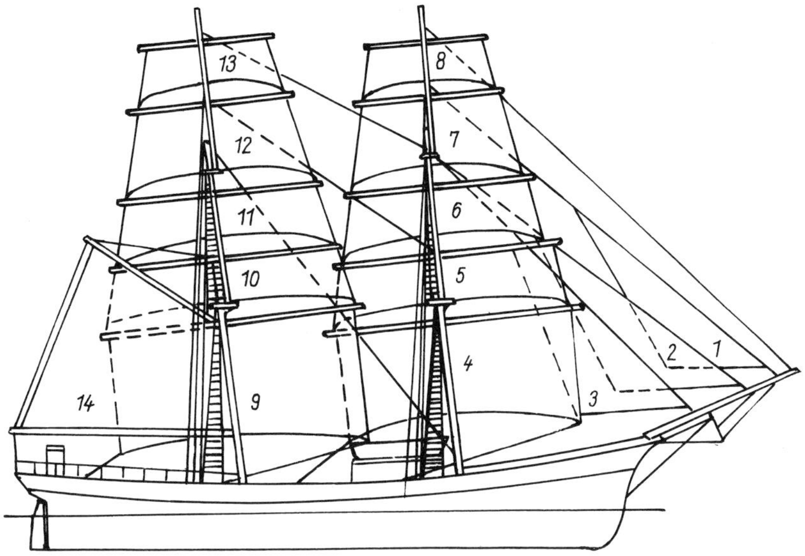

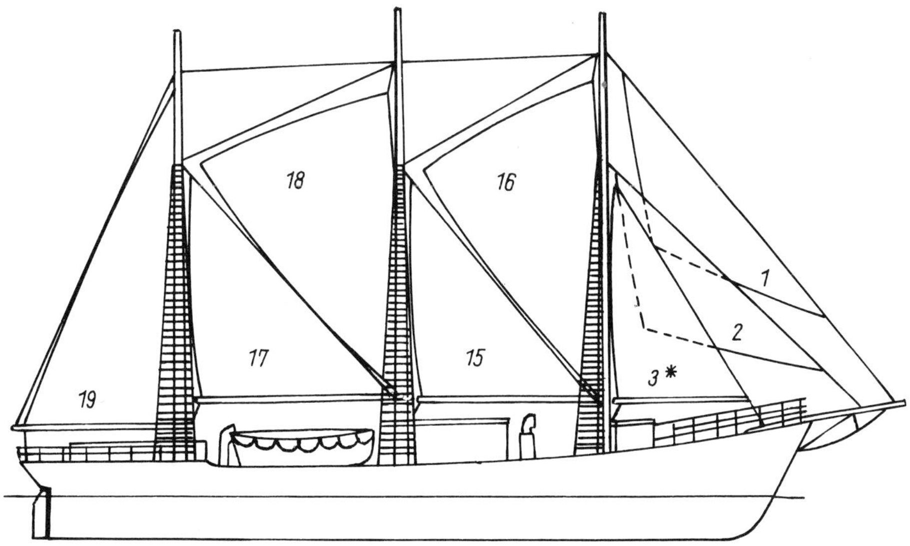

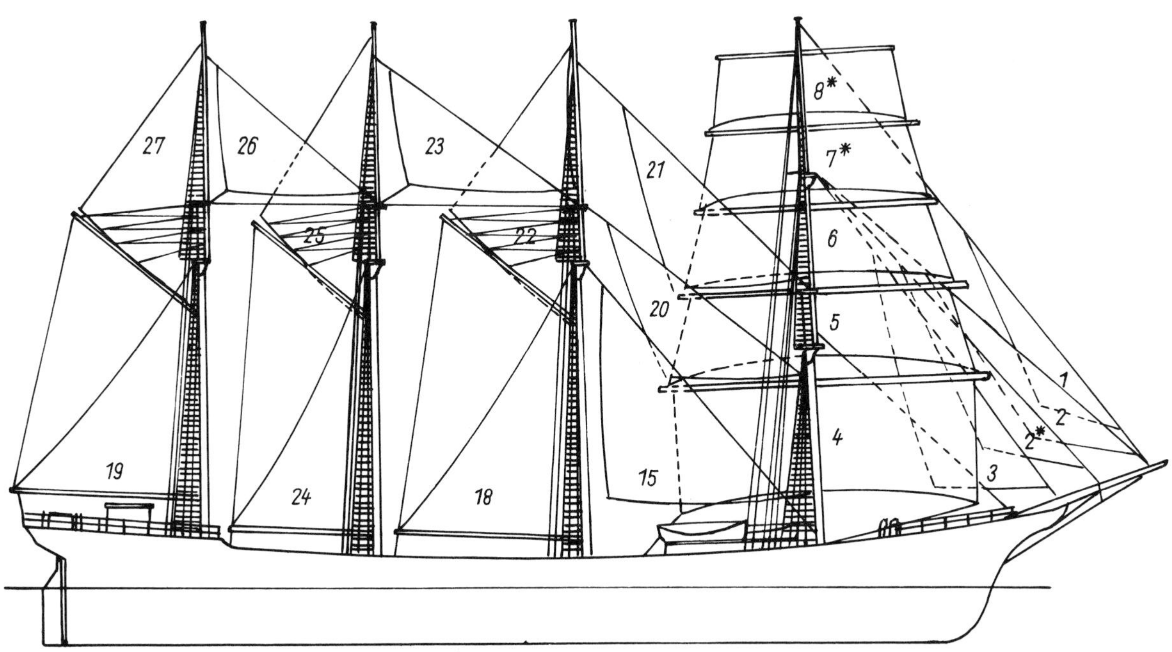

Segelrisse

Brigg

1 Außenklüver
2 Klüver
3 Vor-Stengestagsegel
4 Fock
5 Vor-Untermarssegel
6 Vor-Obermarssegel
7 Vor-Bramsegel
8 Vor-Royalsegel
9 Großsegel
10 Groß-Untermarssegel
11 Groß-Obermarssegel
12 Groß-Bramsegel
13 Groß-Royalsegel
14 Briggsegel

Dreimast-Stagsegelschoner

3 Stagfock*
15 Groß-Stagsegel
16 Schonersegel
17 Besan-Stagsegel
18 Großsegel
19 Besansegel

Viermast-Schonerbark

2 Innenklüver*
7 Vor-Unterbramsegel*
8 Vor-Oberbramsegel*
20 Mittel-Stagsegel
21 Großstenge-Stagsegel
22 Groß-Gaffeltoppsegel
23 Kreuz-Stengestagsegel
24 Kreuzsegel
25 Kreuz-Gaffeltoppsegel
26 Besan-Stengestagsegel
27 Besan-Gaffeltoppsegel

Segelriß eines Vollschiffes

1 *Außenklüver*
2 *Klüver*
3 *Vor-Stengestagsegel*
4 *Vor-Bramleesegel*
5 *Vor-Oberleesegel*
6 *Vor-Unterleesegel*
7 *Vor-Royalsegel*
8 *Vor-Bramsegel*
9 *Vor-Marssegel*
10 *Focksegel*
11 *Groß-Royalstagsegel*
12 *Groß-Bramstagsegel*
13 *Groß-Stengestagsegel*
14 *Groß-Royalsegel*
15 *Groß-Bramsegel*
16 *Groß-Marssegel*
17 *Großsegel*
18 *Flieger*
19 *Kreuz-Stengestagsegel*
20 *Kreuz-Royalsegel*
21 *Kreuz-Bramsegel*
22 *Kreuz-Marssegel*
23 *Begiensegel*
24 *Besan*
25 *Außenklüverhals*
26 *Unterliek*
27 *Segelbahnen*
28 *Außenklüverschot*
29 *Stagliek*
30 *Lögel*
31 *Achterliek*
32 *Niederholer*
33 *Außenklüverfall*
34 *Zeisings*
35 *Nock*
36 *Vor-Royalgording*
37 *Stehendes Liek*
38 *Unterliek*
39 *Schothorn*
40 *Vor-Bramgording*
41 *Vor-Marsrefftalje*
42 *Vor-Marsgording*
43 *Nockgording*
44 *Fockgording*
45 *Pender*
46 *Läufer*
47 *Zeisings*
48 *Reffband mit Reff*
49 *Reffknüttels*
50 *Mutt*
51 *Rahliek*
52 *Vor-Royalbrasse*
53 *Vor-Brambrasse*
54 *Vor-Marsbrasse*
55 *Fockrefftalje*
56 *Fockbrasse*
57 *Großschot*
58 *Fockschot*
59 *Royalstagsegelschot*
60 *Groß-Bramstagsegelschot*
61 *Groß-Stengestagsegelschot*
62 *Groß-Royalgording*
63 *Groß-Bramgording*
64 *Groß-Marsgording*
65 *Nockgording*
66 *Großgording*
67 *Groß-Royalbrasse*
68 *Groß-Brambrasse*
69 *Kreuz-Royalbrasse*
70 *Kreuz-Brambrasse*
71 *Groß-Marsbrasse*
72 *Groß-Marsrefftalje*
73 *Niederholer*
74 *Fliegerschot*
75 *Großbrasse*
76 *Groß-Refftalje*
77 *Kreuz-Stengestagsegelschot*
78 *Großschot*
79 *Kreuz-Royalgording*
80 *Zeisings*
81 *Kreuz-Bramgording*
82 *Kreuz-Marsbrasse*
83 *Zeisings*
84 *Kreuz-Marsrefftalje*
85 *Gaffelliek*
86 *Piek*
87 *Kreuz-Marsgording*
88 *Achterliek*
89 *Begienrefftalje*
90 *Nockgording*
91 *Besanreff*
92 *Besanschot*
93 *Unterliek*
94 *Begiengording*
95 *Begienschot*

Takelriß eines Vollschiffes

1 *Vor-Royalstag*
2 *Vor-Bramstag*
3 *Klüverleiter*
3a *Groß-Royalstag*
4 *Vor-Stengestag*
5 *Fockstag*
5a *Groß-Bramstag*
6 *Fußperden*
7 *Vortopp mit Flaggenknopf*
8 *Royalrack*
9 *Nock*
10 *Royalrah*
11 *Fußperden*
12 *Toppnant*
13 *Vor-Royalstenge*
14 *Vor-Royalgeitau*
15 *Vor-Royalfall*
16 *Bramrack*
17 *Handperden*
18 *Nock*
19 *Vor-Bramrah*
20 *Fußperden*
21 *Vor-Brasspender*
22 *Vor-Brambrasse*
23 *Vor-Royalschot*
24 *Vor-Brassblock*
25 *Vor-Bramtoppnanten*
26 *Vor-Bramstenge*
27 *Vor-Brameselshoofd*
28 *Vor-Bramwanten*
29 *Vor-Bramtopp*
30 *Vor-Bramfall*
31 *Dwarssaling*
32 *Bramlangsaling*
33 *Ausricker*
34 *Backen*

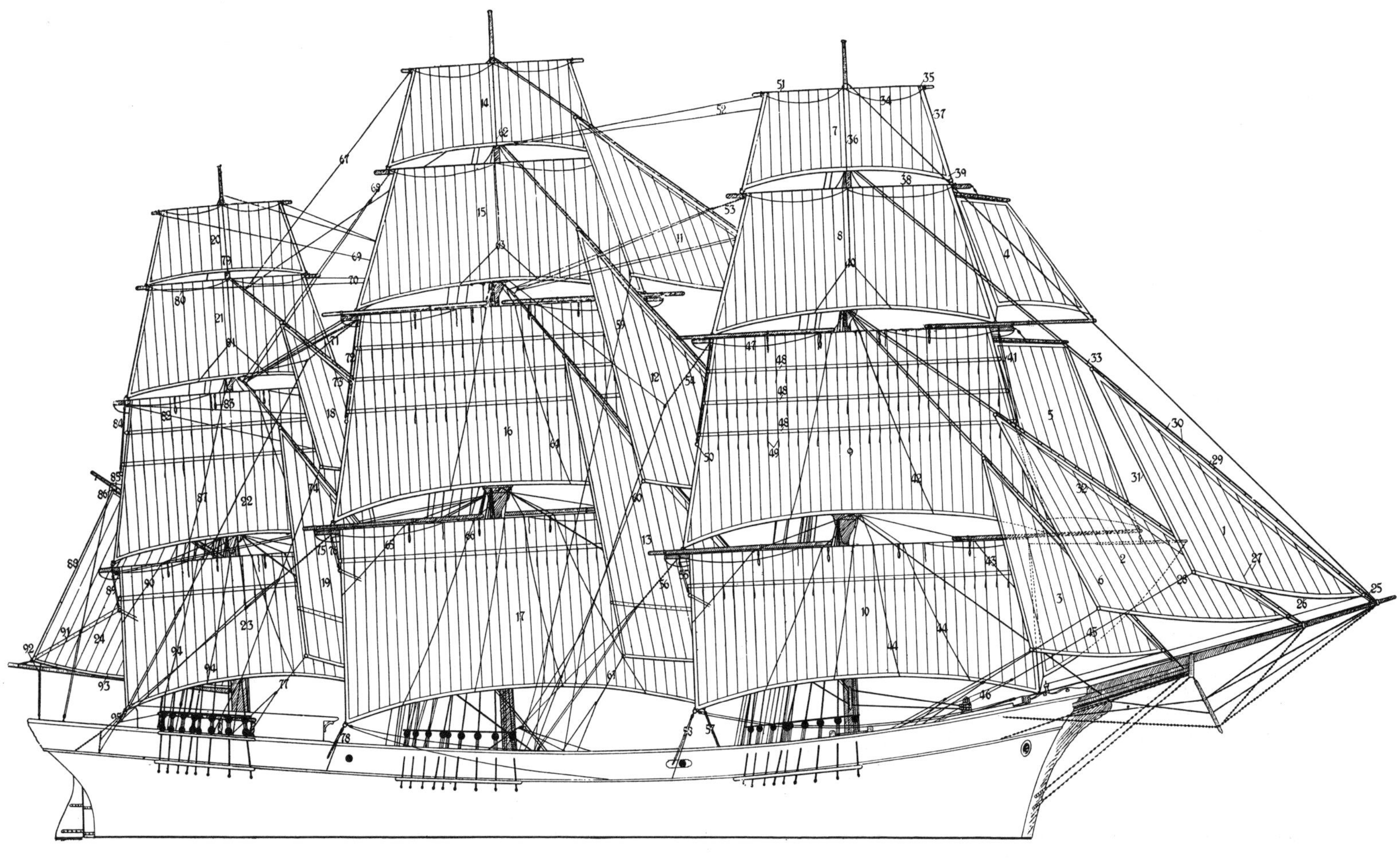

35 Tonnenrack
36 Handperden
37 Vor-Bramgeitau
38 Leesegelbügel
39 Vor-Bramleesegelspieren
40 Nockperden
41 Nock
42 Refftaljeblock
43 Brasspender
44 Fußperden
45 Vor-Marsrah
46 Springperden
47 Vor-Bramschot
48 Refftalje
49 Brassblock
50 Vor-Marstoppnant
51 Marsbrasse
52 Drehreep
53 Stengewanten
54 Vor-Marsstenge
55 Eselshoofd
56 Träger
57 Mantel
58 Topp
59 Vor-Mars
60 Mars-Langsaling
61 Backen
62 Püttingsband
63 Püttingswanten
64 Handperden
65 Focktoppnant
66 Vor-Marsgeitau
67 Leesegelbügel
68 Leesegelspier
69 Nock
70 Refftaljeblock
71 Nockperden
72 Refftalje
73 Brasspender
74 Brassblock
75 Springperden
76 Fockrah
77 Fußperden
78 Vor-Marsschot
79 Rackband
80 Rack
81 Refftalje
82 Fockbrasse
83 Fockmast
84 Stagklampen
84a Groß-Stengestag
84b Kreuz-Royalstag
84c Großstag
84d Kreuz-Bramstag
85 Mastgarten
86 Vor-Royalbrasse
87 Hanger
88 Vorholer
89 Vor-Stengepardunen
90 Vor-Brampardunen
91 Vor-Royalpardunen
92 Vor-Marsfall
93 Toppreep
94 Läufer
95 Festepart
96 Holpart
97 Fockgeitau
98 Pender
99 Großtopp mit Groß-Royalrah
100 Groß-Royalstenge
101 Groß-Bramrah
102 Groß-Bramstenge
103 Groß-Bramleesegel-Spieren
104 Groß-Marsrah
105 Groß-Marsbrasse
106 Groß-Marsstenge
107 Groß-Marsgeitau
108 Groß-Toppnant
109 Groß-Rack
110 Groß-Rah
111 Groß-Ober-Leesegelspieren
112 Groß-Marsschot
113 Groß-Brasse
114 Groß-Geitau
115 Groß-Royalbrasse
116 Groß-Royalgeitau
117 Groß-Bramsaling
118 Groß-Bramgeitau
119 Groß-Brambrasse
120 Groß-Mars
121 Groß-Marsfall
122 Webeleinen
123 Spreetlatte
124 Jungfern
125 Taljereep
126 Großmast
127 Kreuz-Royalbrasse
128 Kreuz-Royalgeitau
129 Kreuz-Royalstenge
130 Kreuz-Brambrasse
131 Kreuz-Bramstenge
132 Kreuz-Bramgeitau
133 Kreuz-Bramsaling
134 Kreuz-Marsbrasse
135 Kreuz-Marsgeitau
136 Begientoppnant
137 Kreuzmars
138 Begienbrasse
139 Klaue mit Klaufall
140 Begienrah
141 Begiengeitau
142 Kreuz-Stengestag
143 Kreuzstag
144 Groß-Stengepardunen
145 Groß-Brampardunen
146 Groß-Royalpardunen
147 Kreuz-Marsschot
148 Kreuzmast
149 Rüsten
150 Rüstbank
151 Kreuztopp mit Flaggenknopf
152 Kreuz-Royalrah
153 Kreuzbramrah
154 Monkeygaffel
155 Flaggleine
156 Kreuz-Marsrah
157 Besangaffel
158 Piek
159 Besanausholer
160 Piekfall
161 Flaggleine
162 Gaffelgei
163 Dirk
164 Kreuz-Marsfall
165 Besanbaum
166 Kreuzstengepardunen
167 Kreuzbrampardunen
168 Kreuz-Royalpardunen
169 Besanschot
170 Brassbaum

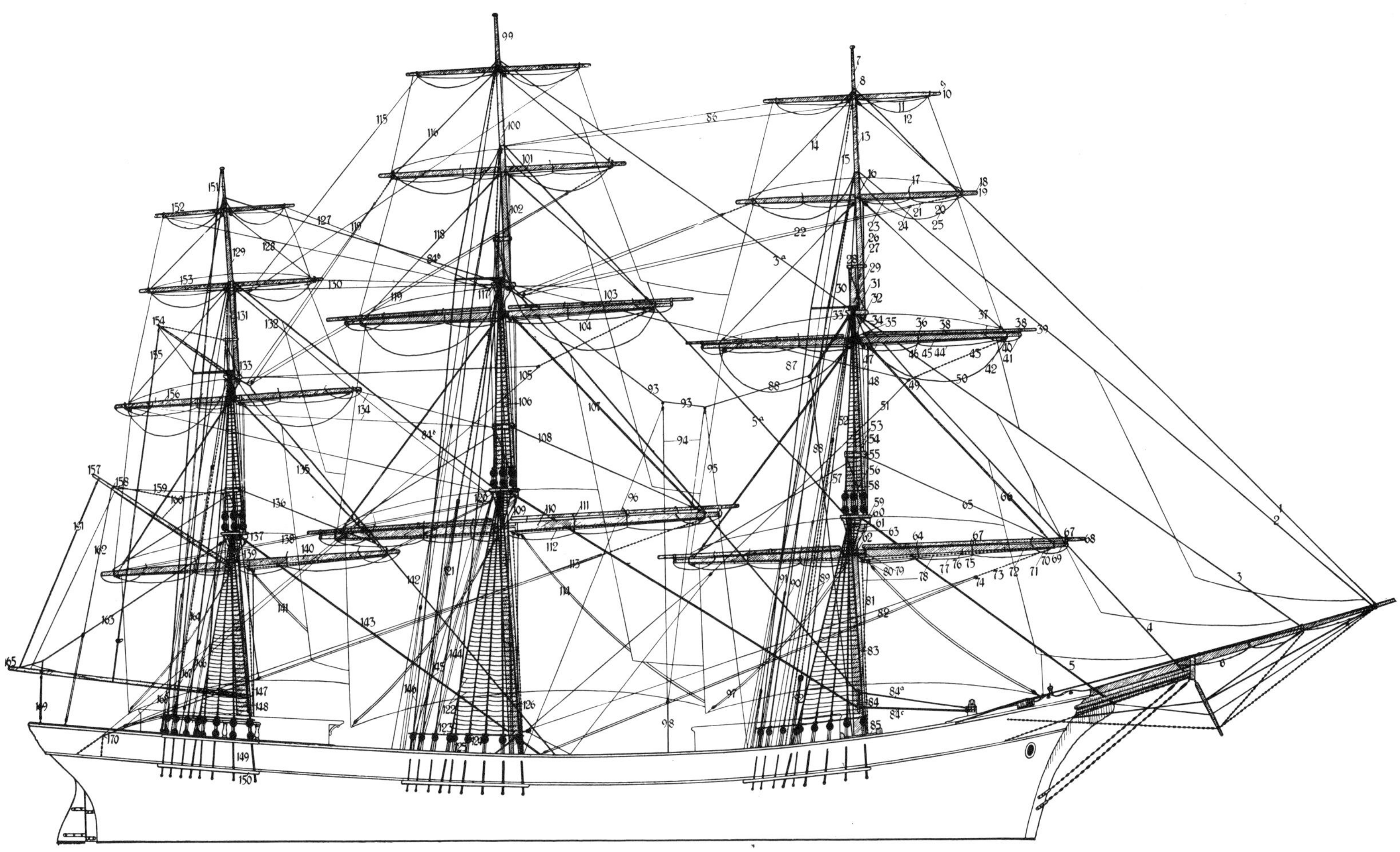

Holzschiffbau I

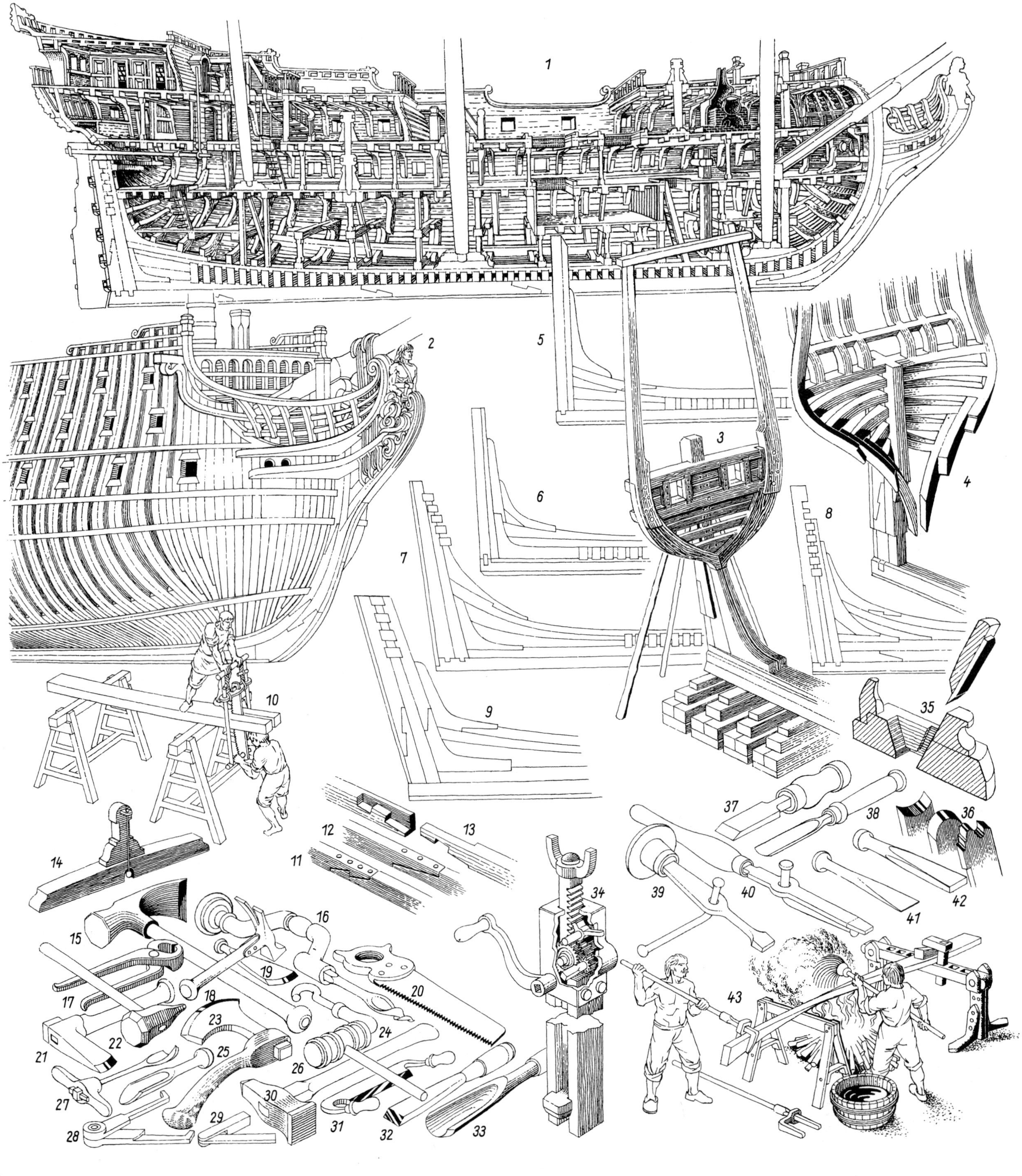

Holzschiffbau II

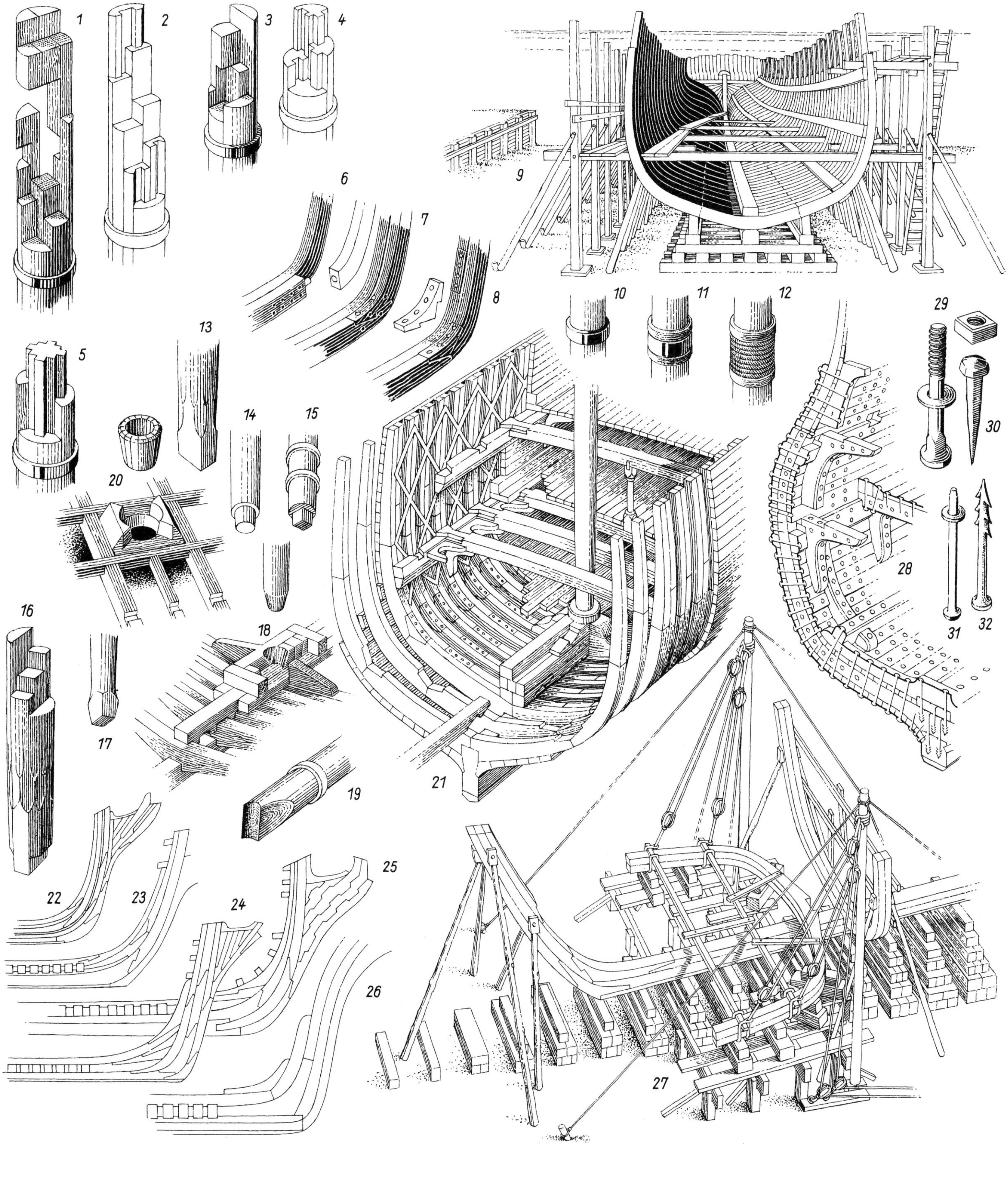

◀ **Holzschiffbau I**

1 *Längsschnitt durch eine Fregatte des 18. Jh.*
2 *Bugpartie bei einem Linienschiff I. Ranges, Darstellung in Spanten*
3 *Achtersteven und Heckgestaltung bei Plattgattheck*
4 *Arcasse für ein rundes Heck mit Randsom- und Gegenrandsomhölzern sowie Füllungsworpen*
5–9 *Bauformen des Achterstevens*
10 *Zimmerleute beim Kransägen*
11–13 *Laschen zur Verbindung von Balken und Planken*
11 *Hakenlasche*
12 *Gewöhnliche Lasche*
13 *Klinklasche*
14 *Lot zum Prüfen der Horizontalen*
15–42 *Werkzeuge, Meßzeuge, Hilfsmittel*
15 *Dechsel*
16 *Holländische Bohrkurbel und Bohreinsatz*
17 *Kneifzange*
18 *Klauenhammer*
19 *Kalfateisen*
20 *Englische Handsäge*
21 *Schwedisches Schrotbeil*
22 *Hammer*
23 *Zimmermannshandbeil*
24 *Werghaken*
25 *Kleiner Hohlbeitel zum Anschlagen der Bohrlöcher*
26 *Große Kopfkeule mit Eisenbändern (Pechhammer)*
27 *Stangenbohrer*
28 *Anreißer*
29 *Kleines Schrägmaß*
30 *Vorschlaghammer*
31 *Zugmesser*
32 *Englischer Beitel*
33 *Großer Hohlbeitel*
34 *Zahnstangenwinde*
35 *Hobel im Längsschnitt*
36 *Verschiedene Formen der Hobelmesser*
37 *Beitel*
38 *Flaches Hohleisen*
39, 40 *Schraubendreher*
41 *Scharfeisen*
42 *Rabateisen*
43 *Zimmerleute beim Formen einer Planke*

Holzschiffbau II

1–5 *Konstruktion gebauter Masten, zerlegt*
1,3 *Erste Hälfte 17. Jh.*
2,4,5 *Erste Hälfte 19. Jh.*
6–8 *Zusammenfügen der Spanten*
6 *Verfahren ab 18. Jh.*
7 *Alte Bauweise mit Hakenlasche*
8 *Altes Verfahren mit verschieden geformten Stoßkalben*
9 *Schema Baustapel und Baugerüst im 18./19. Jh.*
10–12 *Verbindung der gebauten Masten*
10 *Eisenreifen*
11 *Kombination von Eisen- und Holzreifen*
12 *Kombination von Holzreifen und Wuling*
13–17 *Verschiedene Formen von Mastfuß bzw. Spurzapfen*
18 *Mastfuß und Mastspur, z. T. zerlegt*
19 *Mastfuß beim Bugspriet*
20 *Mastfischung, bestehend aus: Mastbalken, Masthalbbalken Mastkalben und Mastschlingen, darüber Kranz aus Mastkeilen*
21 *Rumpf eines hölzernen Klippers*
22–26 *Bauformen des Vorstevens*
27 *Aufstellen der Spantrahmen*
28 *Zusammenbau mit Nägeln, Bolzen und Nieten bei einem Schiff des 18. Jh.*
29 *Bolzen mit Mutter*
30 *Nagel*
31 *Niet mit Klinkscheibe*
32 *Nagel mit Widerhaken*

Schiffsgeschütze ▶

1 *Lafette englischer Bauart, zerlegt, mit Richtkeil*
2 *Achtundsechzigpfünder*
3 *Hinterlader 1585 nach einer dänischen Artilleriehandschrift*
4 *Culverine, 16. Jh.*
5 *Aufstellung der Kanonen im Batteriedeck*
6 *Kanonentakel; Führung des Brooktaues: oben englische Methode, unten französische Methode*
7 *Vierundzwanzigpfünder, erste Hälfte 17. Jh.*
8 *Galeerengeschütz auf Lafette, 16. Jh.*
9 *Hinterlader auf einer Drehbasse (Kammerstück) 15. Jh.; Tower, London*
10 *Lafette für ein Galeerengeschütz 1697 nach Pâris*
11 *Kammerstück auf Drehbasse*
12 *Mörser auf schwenkbarer Bettung*
13 *Geschützbettung für einen Mörser auf einer Bombenketsch*
14 *Seefest gezurrtes Geschütz, Lafette nach engl. Bauart*
15 *Sperber des 13. Jh. (Museo delle armi antiche di San Marino)*
16 *Schwedisches Geschütz um 1630, mit Zubehör*
17 *Geschützpforte mit zwei Laden, 18. Jh.*
18 *Pfortendeckel aus waagerechten Laden, 19. Jh.*
19 *Verzierte Stückpforte, 17. Jh.*
20 *Verschiedene Geschoßtypen: Griechisches Feuer, Kettenkugeln, Stangenkugeln usw.*

Schiffsgeschütze

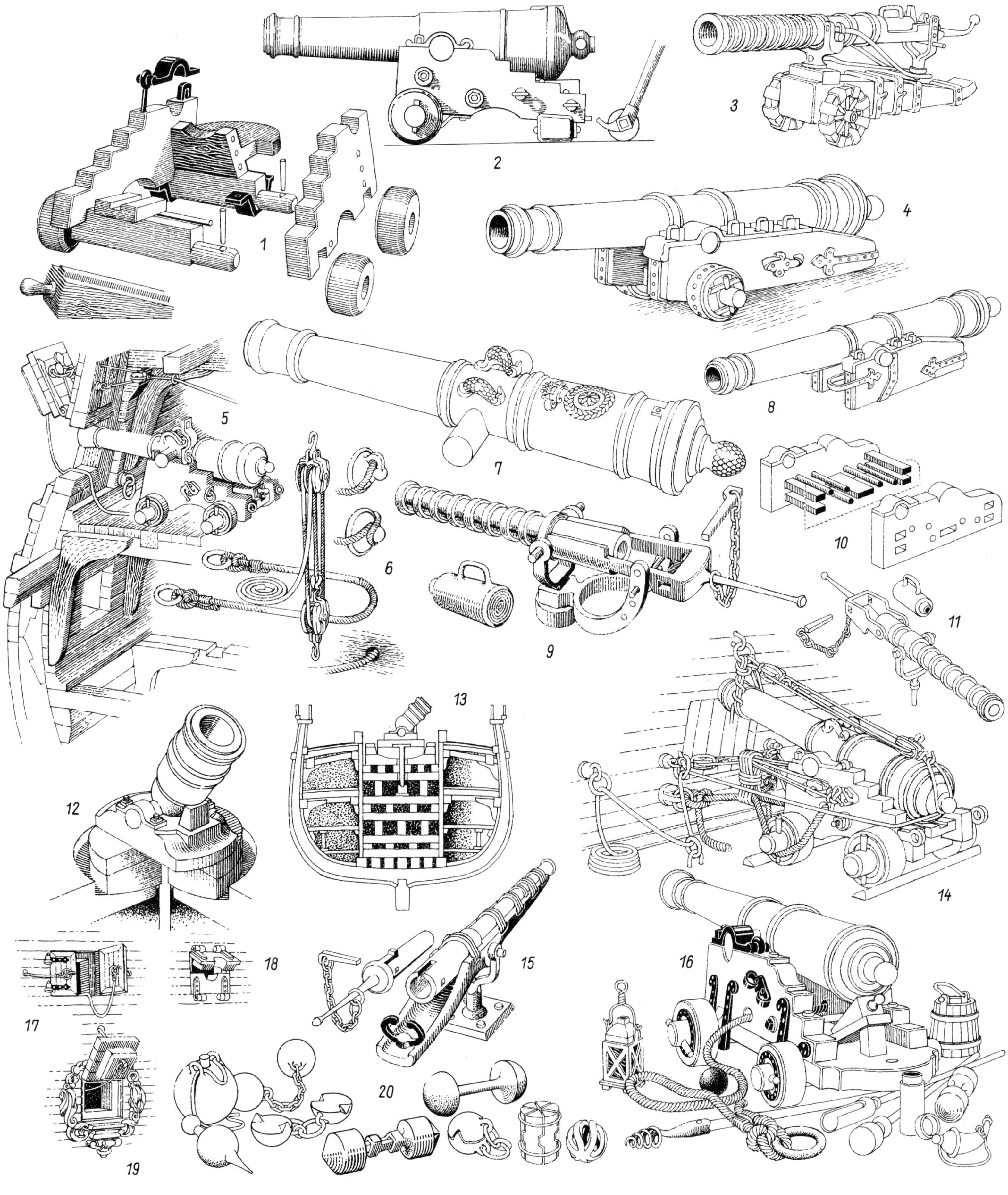

Takelage I: Spille, Knoten, Blöcke

1 *Bratspill des 17. und 18. Jh.*
2 *Pumpspill des 19. Jh., zerlegt*
3 *Ankerbeting, niederländ. um 1630*
4 *Ankerbeting, frz. um 1690*
5 *Beting auf dem Backdeck, Fallknecht*
6 *Knechte mit Nagelbank, frz. Kriegsschiff aus dem 18. Jh.*
7 *Ohrholz um 1690 mit Scheiben zur Führung des laufenden Gutes der Klüver- und Blindesegel*
8 *Kleines englisches Gangspill*
9 *Gangspill mit Barbotinring zum Aufnehmen der Kette*
10 *Holländisches Gangspill, Anfang 17. Jh.*
11–24 *Knoten*
11 *Zwei halbe Schläge*
12 *Kreuz- oder Reffknoten*
13 *Überhandschlag*
14 *Stopperstek*
15 *Einfacher Schotstek*
16 *Webleinenstek*
17 *Doppelter Schotstek*
18 *Slipstek*
19 *Zwei Halbe Schläge*
20 *Nackenschlag*
21 *Knebel*
22 *Roringstek*
23 *Achtknoten*
24 *Palstek*
25 *Reff-Führung mit einer Leine*
26 *Reff-Führung mit zwei Leinen*
27–29 *Legel an den Segellieken*
27 *Legel bis etwa 1600*
28 *Legel mit Kausch*
29 *Einfaches Taulegel*
30 *Doppelblock mit eisernem Kammstropp*
31 *Belegen eines Taues auf einer Klampe durch Kreuzschlag*
32 *Arbeitsschritte beim Belegen auf einem Belegnagel*
33 *Wantklampe*
34 *Kreuzholz für Großhals im Schnitt*
35 *Kreuzholz für das Fockschot (Ohrenklampe)*
36 *Kattdavit mit Eisenbeschlag*
37–40 *Augbolzen*
37 *Augbolzen mit Mutter*
38 *Augbolzen mit Splint*
39 *alter Augbolzen mit Gewinde*
40 *moderner Augbolzen mit Bodenplatte*
41 *Fuß- oder Kinnbacksblock*
42 *Slippschäkel*
43 *Nocklegel*
44 *Schotblock mit Klampe und Doppelhaken, 20. Jh.*
45 *Einscheibiger Stroppblock mit Keepe*
46 *Einfacher Kinnbackenblock mit durchgehendem Stropp*
47 *Fußblock mit Außenschiene und Wirbelhaken, 19. Jh.*
48 *Toppnantblock*
49 *Violinblock, 1600–1700*
50 *Spinnenjungfer*
51 *Einscheibiger Block mit doppeltem Stropp und Kausch*
52 *ovaler Stagblock*
53 *Dreischeibiger Violinblock mit Außenschiene und Spitzkausch zum Einspleißen einer Part*
54 *Dreifachblock*
55 *Doppelblock mit Keepen für doppelten Stropp*
56–58 *Schothornausführungen*
56 *Schothorn mit Zurring; Liektau umschließt eine Kausch*
57 *Schothorn mit äußerem Stropp*
58 *Schothorn mit Ring*
59 *Bugspriet eines Kriegsschiffes des 18. Jh. mit Klüver- und Blindesegeln und dazugehörigem stehendem und laufendem Gut*

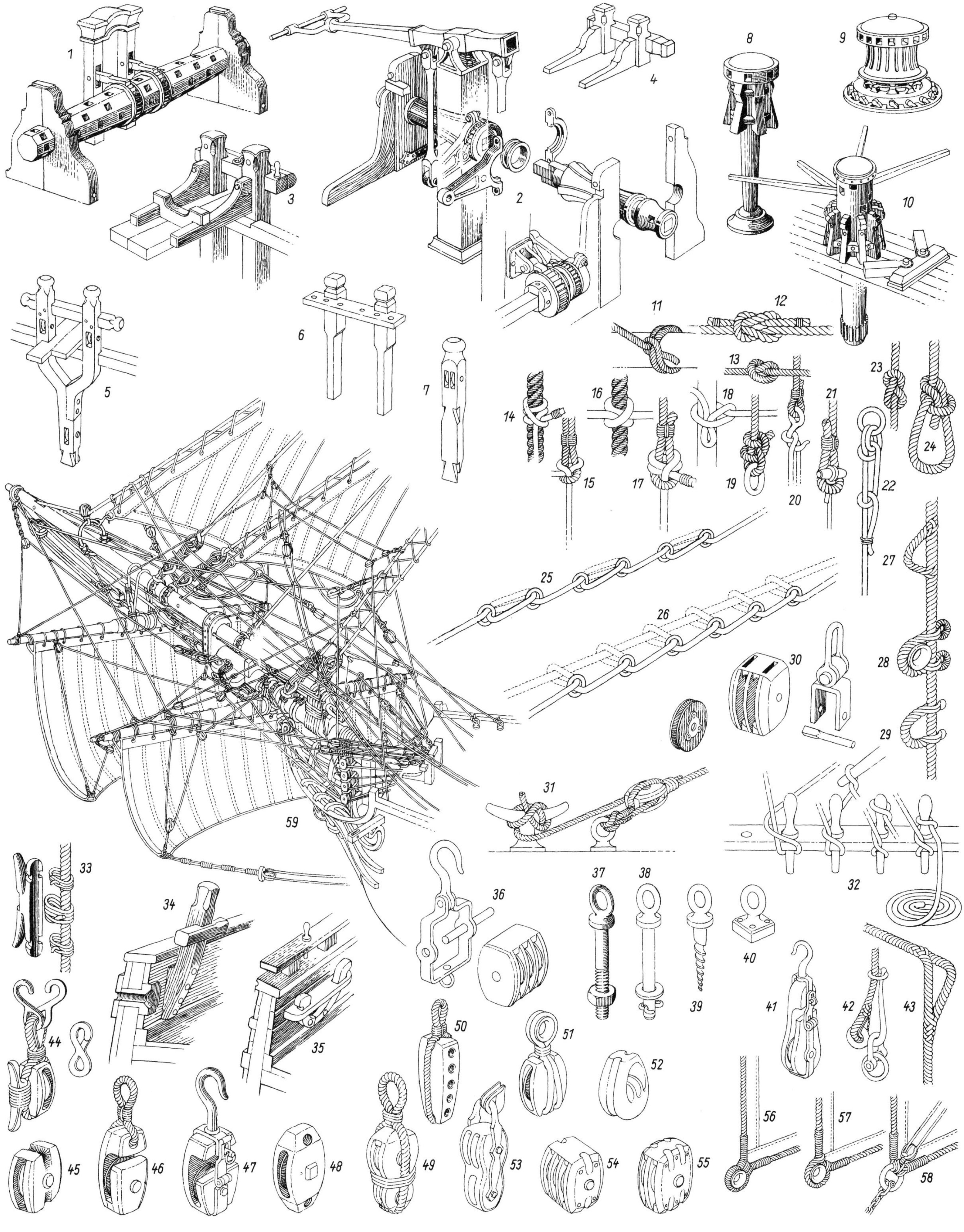
1
2
3
4
5
6
7
8
9
10
11
12
13
14
15
16
17
18
19
20
21
22
23
24
25
26
27
28
29
30
31
32
33
34
35
36
37
38
39
40
41
42
43
44
45
46
47
48
49
50
51
52
53
54
55
56
57
58
59

Takelage II: Fallen und Racks

1 Fall englischer Bauart aus dem 17. Jh. Führung über Fallknecht oder Block zum Spill
2 Marsrahfall von 1650; eine holende Part führt nach unten
3 Marsrahfall von 1650; stehende Part unten
4 Masttopp mit Eselshaupt und Marsstenge, englisch
5 Schwedisches Eselshaupt um 1630
6 Holländisches Eselshaupt, 17. Jh.
7 Eselshaupt französischer Bauart
8 Bramfall, englisch
9 Rah-Mittelteil: Polster für das Drehreep
10 Mittelteil einer englischen Rah vom Anfang des 19. Jh.
11 Variante zur Anbringung des Falls
12 Besanfall
13 Mast eines Schiffes aus dem 17. Jh. mit Schalstücken und Mastbacken
14 Hacke einer Marsstenge mit Scheibgat für das Schwertakel und Schloßholz
15 Belegen des Marsrahfalls
16 Fall französischer Bauart aus dem 17. und 18. Jh.
17–23 Püttingseisen für die Wantjungfern
17 Püttingseisen 16. Jh.
18 Püttingseisen um 1660 niederländisch
19 Püttingseisen nach 1670 englisch
20 Püttingseisen von einer Bark des 18. Jh.
21, 22 Püttingseisen im 19. und 20. Jh.
23 Verstärkungselement der Püttingseisen (Rüsteisen)
24 Mittelteil einer Rah vom Ende des 19. Jh.
25–34 Racks
25 Rack mit Scharnierband
26 Anbringen des Racks englischer Art an Untermasten
27 Besanrack mit Block, für Lateinrah
28 Einfaches Marsrack
29 Rack der Blinderah und der Oberblinderah
30 Einfaches Rack der Bram- und der Oberbramrah
31 Rack der Unterrah eines eisernen Mastes
32 Rack einer Unterrah aus drei Reihen Klotjes mit Schlieten
33 Kettenrack
34 Rack mit Muffe für Obermarsstengen

Takellage III: Marsen und Stage

1 Stagpinne (Hahnepot) mit Spinnenjungfer und Takel zum Nachspannen der Stage, 16. und 17. Jh.
2 Mars von 1630 bis 1650
3 Mars von 1600 bis 1620
4 Mars von 1600 bis 1700 mit Klötzchen
5 Mars um 1700
6 Mars des 14. und 15. Jh.
7 Fockmastkorb (Vormars) 1700–1800
8 Mars von 1670
9 Salinge einer Mars im 17. Jh. in Nordeuropa, Quersalinge gebogen
10 Topp des Fockuntermastes, holländ. um 1630
11 Mars eines Klippers von 1870
12 Salinge im 19. Jh. mit Auslegern zur Führung von oben kommenden laufenden Gutes
13 Marsstag-Flechting an einem neuereren Segelschiff, Ende 19. Jh.
14 Mastbacken, Längs- und Quersalinge, engl., 17. Jh.
15 Großmars (Teilschnitt) und Großmasttopp, holländ., um 1630
16 Mars einer französischen Fregatte von 1780
17 Quersaling einer Bark des 18. Jh.
18–24 Stagsegel-Anschlagmethoden
18 Hölzerne Stagreiter oder Legel
19 Anschlagen mit Reihleine
20 Einfacher eiserner Stagreiter
21 Stagreiter nach Karabinerart
22 Stagreiter nach Art der Kenterschäkel, offen und geschlossen
23 Metallreiter mit Feder
24 Einfacher Doppelhaken
25–27 Einrichtungen zum Steifsetzen der Stage
25 Jungfern
26 Blöcke, 16. und 17. Jh.
27 Dodshoofden
28 Befestigung des Kreuzstags am Großmast
29 Befestigung des Großstags an Deck (19./20. Jh.)
30 Befestigung des Großstengestags am Fockmast
31 Befestigung des Kreuzmarsstags an der Großmars-Flechting
32 Fockstengestag vor 1600
33 Fockstengestag niederländ. um 1600 mit Spinne
34 Fockstengestag engl. um 1690
35 Fockstengestag dänisch um 1650

Takelage IV: Schoten, Brassen, Geitaue Toppnanten

1 Obermarsschot
2 Untermarsschot
3 Rahsegelschot im 17. Jh., Schanzkleid beim Kreuzholz entfernt
4 Rahsegelschot im 18. Jh., Schnitt durch die Bordwand in Höhe des Scheibgats
5 Untersegel-Schot
6 Schotblock für Segel mit Bonnet
7 Fockbrasse
8 Untermarsbrasse
9 Bulinspruten
10 Nockgordings, kontinentale Form
11 Buggordings, Schlappgordings
12 Geitau der Marssegel
13 Laufstage, Perde, bei dieser Rah aus dem 19. Jh. am Jackstag befestigt
14 Geitau der Untersegel
15 Anschlagen eines Rahsegels mit Kopfzeisingen
16 Anschlagen eines Lateinsegels mit fortlaufendem Tau
17 Hals; Schnitt durch das Schanzkleid in Höhe des Halsloches
18 Geitaue der Lateinsegel
19 Dirk einer Besanrute mit Hahnepoten
20 Klüversegelschot (immer doppelt vorhanden)
21 Toppnanten, holländisch 17. Jh.; die holende Part läuft über eine Scheibe im Rahnockschotblock darüber; englische Form für das 18. Jh.
22 Toppnanten im 19./20. Jh.
23 Alte zweiteilige Rah
24 Einfache Nockklampe
25 Rahnock mit Rollenführung für eine Leesegelspiere
26 Marsrahnock alter Schiffe
27 Unterrah aus Kanteln, 17. Jh.
28 Rahnock mit Leesegelspierenbrille
29 Rahnock mit Rolle für Leesegel-Spiere

Takelage II: Fallen und Racks

Takelage III: Marsen und Stage

Takelage IV: Schoten, Brassen, Geitaue, Toppnanten

De »Hoffnung« wier hunnerd Dag ünnerwegs,
Se seilt von Hamborg na Valparaiso.

Se seilte goot un se seilte hart,
Se harr so'ne gode un kostbare Fracht.

Un as de Ool nu flucht un gnattert,
Dor keem de Düvel över de Reeling kladdert.

Wenn mi in tein Dag na'n Kanal du bringst,
Denn kriggst mien Seel, so woor as du stinkst.

De Pott leep negentein Milen toletzt,
Dor harr de Düvel de Skyseils besett.

Un as se nu kemen in'n Kanal to de Stell,
Dor seggt de Düvel, »Nu her mit de Seel!«

Dor seggt de Ool, »Nu lot di man Tiet,
Wi goot to Anker bi Cap St. Patrick.«

De Düvel de weer vör Freud ganz weg,
He leep op de Back, sett den Anker up Slip.

De ole Timm'mann harr grote Freud,
He harr den Düvel sien'n Steert mitvertäut.

»Un as de Anker nu suust an den Grund,
Suust de Düvel mit, disse Swienehund.«

Aak, *Aake:* anderthalbmastiges Segellastschiff der Fluß- und Küstenschiffahrt in der Nähe von Flußmündungen vom Mittelalter bis Ende des 19. Jh. Aaken werden nach Größe, Bauweise und Fahrtgebieten unterschieden. Vorwiegende Fahrtgebiete waren die Flüsse Rhein (Rhein-Aak), Maas (Maas-Aak) und Lahn (Lahn-Aak), auf denen der aus den dortigen Weinanbaugebieten stammende Wein transportiert wurde. Entsprechend den Bedingungen der Fluß- und Küstenfahrt hatten sie einen flachen Boden, i. allg. keinen Kiel und eine weniger völlige Form als andere Segellastschiffe der nördlichen Gebiete. Der Schiffskörper wurde aus Holz, später in Kompositbauweise (Stahl und Holz) gefertigt. Häufig hatte dieser Schiffstyp einen auffallend hohen Sprung. Kleinere Aaken gab es meistens in ungedeckter, größere in gedeckter Bauart. Eine spezielle Bauweise wies die *Stevenaak* mit ihrem fast klipperähnlichen Steven auf. Die Aaken hatten üblicherweise schwenkbare Seitenschwerter. Entsprechend ihren Fahrtgebieten wurden sie auf deutschen, niederländischen und belgischen Werften gebaut (z. B. die Dorstener Aak in Dorsten an der Lippe, die Brabanter Aak, die Hasselter Aak in Hasselt in Belgien). Eine Kahnaak mit 240 t Wasserverdrängung hatte eine Länge von 40 m und eine Breite von 6 m. Der Großmast war 24 m und der Gaffelbaum bis zu 20 m lang, die Segelfläche betrug dabei etwa 420 m². Nach dem Übergang von der Holz- zur Stahlbauweise wurden Aaken auch in Stahl gebaut.

Große Kahnaak um 1900

Aaljolle: Fischerboot mit Riemen und Luggersegel von etwa 8 m Länge für die Aalfischerei. Im 19. Jh. war es ein bekannter Bootstyp der Unterelbe, insbesondere in Altenwerder bei Hamburg.

Aalschokker: einmastiges Segel-Fischerboot mit speziellen Ausrüstungen für den Aalfang. So führte dieses Fischerboot ein Schleppnetz mit ovaler Öffnung und spitz auslaufendem Netzsack, das an einem Schokkerbaum (seitlicher Ausleger) ausgesetzt wurde. Der Aalschokker wurde vorwiegend bei der zu Beginn des 20. Jh. noch recht ergiebigen Rheinfischerei eingesetzt. Mit diesem Bootstyp wurde meistens nachts gefischt, wobei ein Boot in einer Nacht oft Fänge von 80 Korb (4 t) an Aal, Zander, Barsch und Karpfen erreichte.

Aalwadenboot: im norddeutschen Raum seit Mitte des 19. Jh. verwendetes plattbodiges klinkergebautes Boot für das Aufstellen der Reusen. Die Aalwadenboote waren bis zu 7,50 m lang und 1,60 m breit.

Ab-Goozar: Fährboot um 1800 in Hindustan im Flußbereich des Ganges.

Holländische Aak um 1800 (Modell)

Abiso: siehe Aviso

Acatium: Schaluppe oder Boot, das in der Antike von Seeräubern verwendet wurde.

Accon: Boot mit flachem Boden, das in der Gascogne (südfranzösische Küstenlandschaft im Südteil des Garonnebeckens) seit dem 18. Jh. zum Muschelfischen benutzt wird.

Achter: Kurzbezeichnung für ein Rennruderboot mit 8 Ruderern und einem Steuermann, der im Unterschied zu kleineren Rennruderbooten stets zur Mannschaft gehört.

Actuaria navis: schnelles Ruder- und Segelschiff der römischen Antike mit bis zu 30 Ruderern, geringem Tiefgang und niedriger Bauhöhe. Wegen seiner Beweglichkeit und des geringen Tiefgangs war dieser Schiffstyp für kürzere Küstenfahrten im Mittelmeerraum geeignet und wurde insbesondere zur Beförderung von Truppen, in Ausnahmefällen von Pferden und Kriegsgerät eingesetzt. Zwar schränkte die niedrige Bauweise die Verwendung als Kampfschiff ein, doch gab es auch Actuariae, die mit einem Rammsporn versehen waren und wegen ihrer Schnelligkeit und Wendigkeit für Kaperfahrten eingesetzt wurden.

Actuariolum: kleines und häufig verwendetes, bereits von CICERO erwähntes Mittelmeerfahrzeug mit Ruder- und Segelantrieb, das in Genua noch im 16. Jh. verwendet wurde.

Adjong: malayische Bezeichnung für *Dschunke*.

Admiralea: siehe Admiralschiff

Admiralitätsyacht: schnelles yachtartiges Segelkriegsschiff des 17. Jh., das die Admiralitätsflagge führte und für Flottenleitaufgaben, Nachrichtenübermittlung und Aufklärungsfahrten sowie bei Flottenparaden eingesetzt wurde. Einige Admiralitätsyachten waren für den speziellen Einsatz in flachen Küstengewässern zusätzlich mit schwenkbaren Seitenschwertern ausgestattet.

Admiralschiff: besonders großes, gut bewaffnetes, schnelles Kriegsschiff, auf dem der Admiral fährt und von dem er die ihm unterstellte Flotte leitet. Bei Flottenbesuchen läuft es traditionsge-

Admiralitätsyacht am Ende des 18. Jh.

mäß als erstes Schiff in den Hafen ein. Als äußeres Zeichen dafür führt das Admiralschiff die Admiralsflagge. Die wegen der Flaggenführung auch gebräuchliche Bezeichnung »Flaggschiff« wurde später auch von Handelsreedereien auf das bedeutendste Schiff der Flotte übertragen. Besonders berühmte historische Flaggschiffe sind u. a. das Flaggschiff des holländischen Admirals DE RUYTER »DE ZEVEN PROVINCIEN« und die *»VICTORY«* des englischen Admirals NELSON.

»DE ZEVEN PROVINCIEN«, Flaggschiff des holländischen Admirals DE RUYTER, 1666
Ausschnitt aus dem Gemälde von WILLEM van de VELDE d. Ä. [12]

Heckgalerie eines holländischen Kriegsschiffes um 1665

»DE ZEVEN PROVINCIEN« in der niederländisch-englischen Seeschlacht vom 11. bis 14. Juni 1666
Gemälde von WILLEM van de VELDE d. Ä.

Die »VICTORY«, Flaggschiff des englischen Admirals NELSON 1803, Modell

Adrya: griechische Bezeichnung für die noch im 18. Jh. aus einem ausgehöhlten Baumstamm hergestellten *Barken* oder Boote der Zyprioten.

Adviceboot, *Adviesyacht, Advieso:* siehe Aviso

After: mittelgroßer Weserkahn Mitte des 19. Jh. für etwa 20 bis 25 Lasten, die Last zu je 2 t. Für diese Schleppkähne waren auch die Namen »Achterhang« oder »Hinterhang« üblich.

Agenboot: siehe Argenboot

Aghaba: plumpes, einmastiges Segelschiff mit Lateinsegel und flachem Boden, mit dem auf dem Nil noch im 19. Jh. auch bei niedrigem Wasserstand Waren transportiert werden konnten.

Agitaki: im 18. Jh. gebräuchliche Bezeichnung für *Kanus*, die in großer Anzahl zum gemeinsamen Fischfang im Ostindischen Archipel verwendet wurden.

Akropolis-Schiffsrelief: Darstellung einer attischen *Triere* aus dem 6. bis 4. Jh. v. u. Z. Der noch erhaltene Teil des steinernen Flachreliefs wurde 1852 von LENORMAND entdeckt und aus den Ruinen der Akropolis in Athen geborgen. Der historisch wertvolle Fund befindet sich heute im Pariser Louvre.

Aktos: in der Antike Bezeichnung für ein kurzes Boot.

Albenga-Schiff: Fund eines römischen Handelsschiffes aus dem 1. Jh. v. u. Z. In der Nähe der Hafenstadt Albenga im Golf von Genua holten Fischer mit ihren Schleppnetzen wiederholt antike Amphoren vom Meeresgrund herauf. Anfang der 60er Jahre dieses Jh. begannen archäologische Forschungs- und Bergungsarbeiten an dem in 42 m Wassertiefe liegenden Schiffswrack, die von Helmtauchern mit Hilfe eines Tauchturms, eines Bergungsschiffes und eines Schwimmkranes ausgeführt wurden. Die Ladung dieses Schiffes hatte ausschließlich aus Amphoren bestanden. Obwohl der Schiffsrumpf stark zerstört war, konnte ein Teil des Laderaums

Akropolis-Schiffsrelief

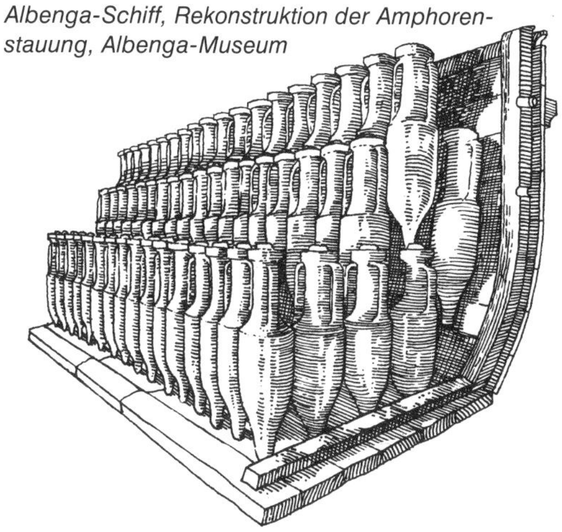

Albenga-Schiff, Rekonstruktion der Amphorenstauung, Albenga-Museum

zuverlässig rekonstruiert werden. Aus den Abmessungen der Amphoren und der erhalten gebliebenen Laderaumteile sowie der Art der Amphorenstauung ergaben sich eine Ladefähigkeit des Schiffes für 4000 bis 5000 Amphoren und dementsprechend eine Länge des Schiffes von etwa 35 m und eine Breite von 12 m. Da im Mittelmeerraum viele antike Amphoren geborgen wurden, können durch sie die Reisewege gesunkener Schiffe und ihr Alter bestimmt werden.

Allège: französiche Bezeichnung für einen *Leichter*, mit dem Schiffe auf Reede geleichtert werden, damit diese in einen Hafen oder einen Fluß bei geringerem Tiefgang einlaufen können. *Beiboote* auf großen Flußkähnen wurden ebenfalls Allège genannt.

Alligator: Bezeichnung einer Bootsart nordamerikanischer Holzflößer. Die Boote waren mit Winden und Tauwerk ausgerüstet.

Alsenboot: siehe Hjortspringboot

Alsterschute: offener, etwa 15 bis 20 m langer Lastkahn mit flachem Boden, ohne Eigenantrieb für den Transport von Personen, Schüttgütern, Ballenladungen und Kisten im Hamburger Bereich. Die Alsterschute wurde gestakt bzw. mit der Pekstange in den Fleeten verzogen.

Altägyptische Schiffe: siehe Antike Großschiffe, Cheops-Bestattungsschiff, Dahschur-Bootsfund, Genähtes Schiff, Hatschepsut-Schiffsreliefdarstellung, Pehenuka-Relief, Sahu-Re-Relief, Sakkara-Relief u. a.

Altenländer Jolle: vorwiegend für den Antransport von Obst und Gemüse vom Alten Land nach Hamburg eingesetzte *Jolle* des 19. Jh.

Altersklassenboot: allgemeine Bezeichnung für Sportsegelboote, die nach früher geltenden Vorschriften gebaut sind und den neueren Klassenanforderungen nicht mehr voll entsprechen, jedoch unter bestimmten Bedingungen noch für Segelwettbewerbe zugelassen werden. Solche zur Altersklasse zählenden Boote sind u. a. die 35-m^2-, 45-m^2-, 60-m^2- und 75-m^2-Kreuzer, die 20-m^2-Kielklasse, die 30-m^2-Binnenkielklasse, die 20-m^2-Wanderjolle, die 25-m^2-Einheitskielyacht und das Walboot.

Altgriechische Schiffe: siehe Attische Triere, Akropolis-Schiffsrelief, Diere, Monere, Nike-Statue, Triere u. a.

Altnordische Schiffe: siehe Bildstein-Schiffsdarstellungen, Brigg-Einbaumfund, Björke-Bootsfund, Felsritzungen, Hjortspring-Fund, Kvalsund-Schiffsfund, Nydam-Fund u. a.

Ambatschfloß: kleines, bootsähnliches Floß aus dem leichten Holz des Ambatschstrauches. Das vordere Teil wurde durch Bündelung zugespitzt und hochgezogen und ging in ein breiteres, muldenartiges Mittelteil über. Das Ambatschfloß gilt als Vorgänger des Schilfflоßes. Es war sehr leicht, jedoch wegen der verhältnismäßig schnellen Wasseraufnahme nur für kürzere Fahrten,

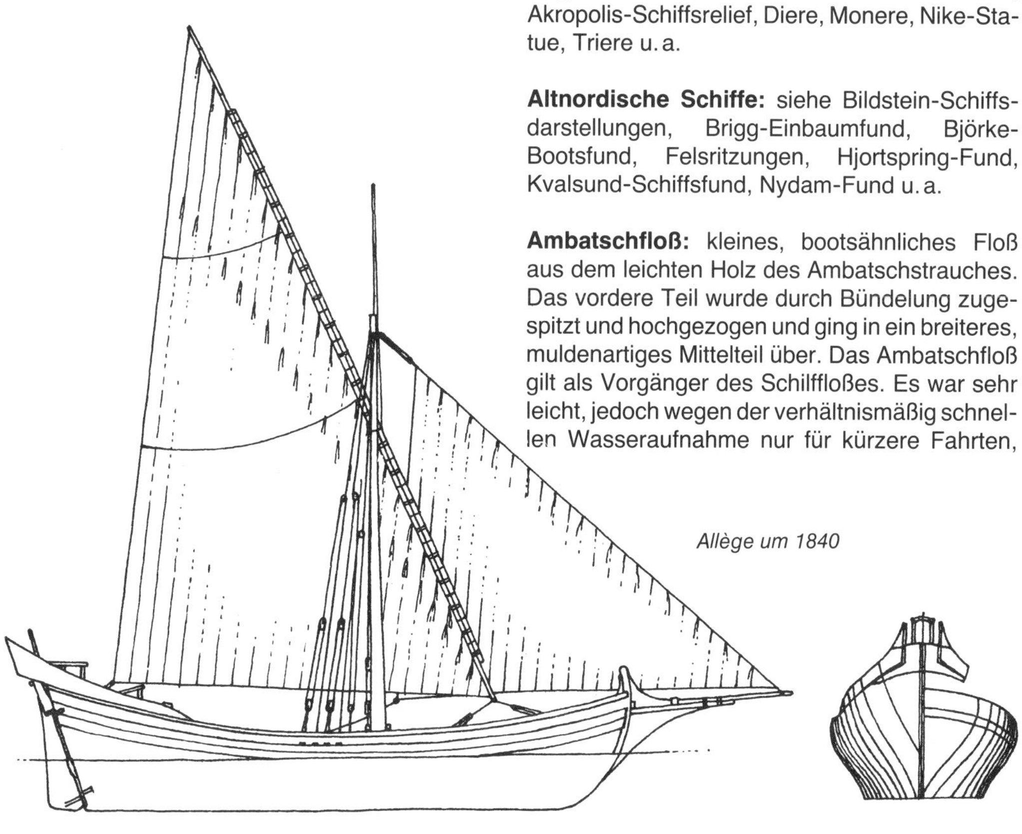

Allège um 1840

Alsterschuten in Hamburgs Fleeten um 1890

z. B. zum Fischfang, geeignet. Infolge des hohen Gerbsäuregehaltes des Holzes war es aber fäulnisbeständiger als *Papyrusflöße*. Verwendet wurde das Floß vorwiegend auf dem oberen Nil, in ähnlicher Form jedoch auch im heutigen Angola.

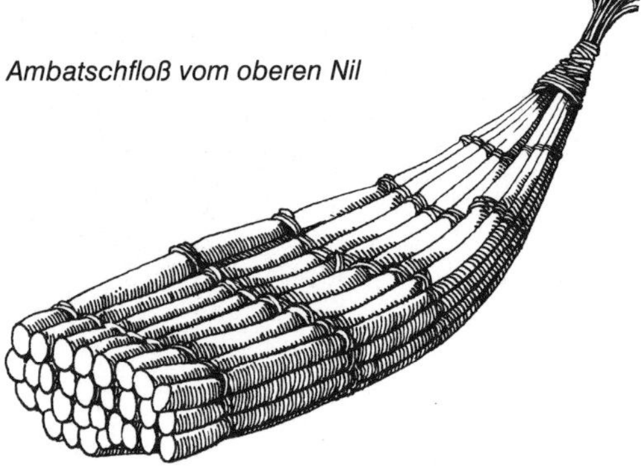

Ambatschfloß vom oberen Nil

Anderthalbmaster »EMANUEL«, Galeasse, erbaut 1796 in Rostock

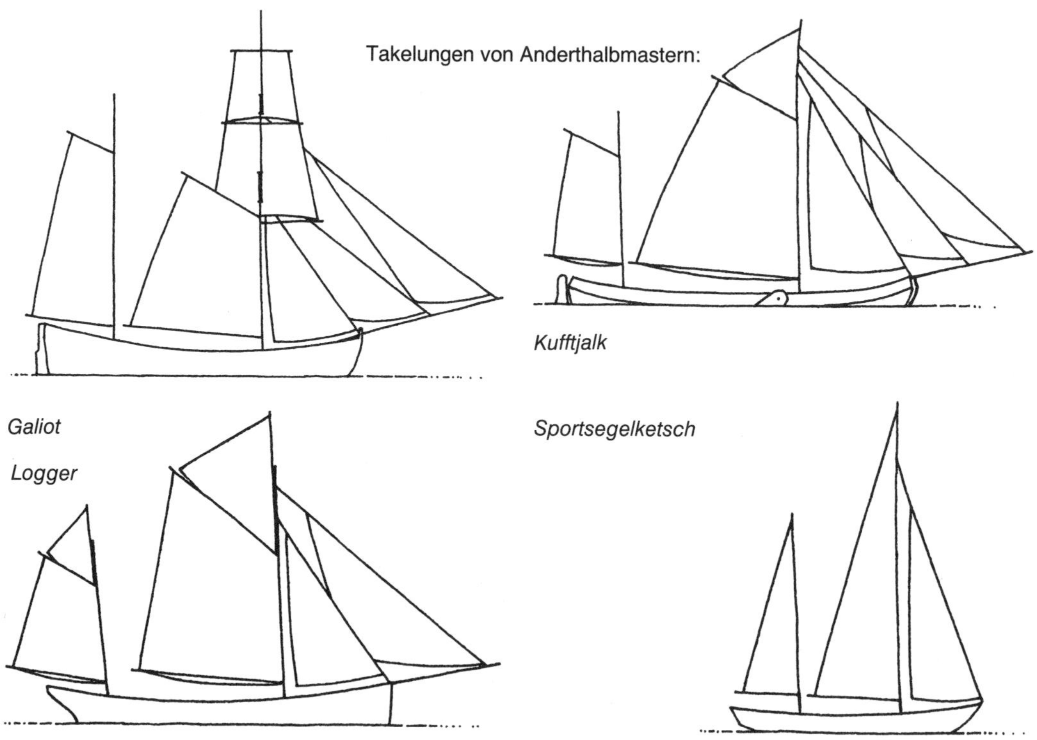

Takelungen von Anderthalbmastern:

Galiot

Kufftjalk

Logger

Sportsegelketsch

Ammonia: altgriechische Schiffe, um 425 v. u. Z. erwähnt, die für religiös-kultische oder staatliche Feierlichkeiten verwendet wurden.

Amphidrome, *Amphiprora:* Segelschiffe des 18. Jh., deren Körper und Takelage so ausgeführt waren, daß sie voraus und zurück segeln konnten, ohne wenden zu müssen. Im Unterwasserbereich hatten Vor- und Hinterschiff sehr ähnliche Form und jeweils ein Ruder. Zuweilen wurden *Korvetten* für Sonderaufgaben als Amphidrom-Schiff gebaut.

Anan: bis zu 8 m langes Birkenrindenboot der Feuerlandindianer noch um 1900. Einzelne Rindenstreifen waren mit Walfischbarten aneinandergenäht und mit Seegras gedichtet. Eine Holzdollbordseite verlief über den eingebundenen Spanten (s. a. *Rindenboot*).

Anchiromachus: im Mittelalter allgemeine Bezeichnung für ein schnelles, »scharf gebautes« Segelschiff, das Anker und Gerätschaften an Bord mitführte.

Anderthalbmaster, *Eineinhalbmaster:* Segelschiff mit einem größeren vorderen Mast (Großmast) und einem kleineren hinteren Mast (Besan- oder Treibermast). Von den Sportyachten gehören *Ketch* und *Yawl*, von den anderen Segelschiffen *Kuffen*, *Kufftjalken*, *Galeassen*, *Galioten*, *Ewer*, *Lugger* und *Schniggen* zu den Anderthalbmastern.

Angkor-Bootsrelief: Relief eines Bootes aus einer Seeschlacht im 11. Jh. zwischen Cham und Khmer an der südlichen Galerie der Tempelruine von Angkor. Angkor zählt zu den ältesten und berühmtesten fernöstlichen Ruinenstätten Kampucheas unweit der Grenze Thailands. Die Tempelruinen dieses buddhistischen Wallfahrtsortes weisen zahlreiche Inschriften auf und geben Zeugnis von einer großen Vergangenheit. Ein Relief zeigt ein großes *Drachenboot*, besetzt mit 26 Ruderern und Steuermann, der am Heck das Seitenruder bedient, sowie mit einer größeren Anzahl waffenschwingender Krieger.

Anglerboot: den Erfordernissen der Handangelei besonders angepaßtes, i. allg. leichtes Boot von unkomplizierter Form mit begrenztem Tiefgang, ausreichender Kenterstabilität und Steuerbarkeit. Neben traditionellen Holzbooten werden wegen der geringen Masse, des geringen Wartungsaufwandes und der günstigen Haltbarkeit zunehmend glasfaserverstärkte Plastboote verwendet. Blechboote dagegen beeinträchtigen oft die Fangmöglichkeiten durch ihre von der Schallabgabe ausgelöste Scheuchwirkung. In der gewerbsmäßigen Fischerei und als Fangboote auf Fischereischiffen *(Doriboote)* haben Anglerboote auch heute noch wirtschaftliche Bedeutung. In der Sportfischerei werden häufig auch Schlauch- und Faltboote als Anglerboote verwendet. Bootsgrößen und Ausrüstung sind den Fangbedingungen auf Flüssen, Binnen- oder Küstengewässern angepaßt. Als Antriebsmittel dienen – den Erfordernissen entsprechend – Staken, Riemen, Segel oder bei modernen Booten Außenbord- oder Einbaumotoren.

Anjeela: *Katamaran* von Sri Lanka (Ceylon), dessen auf 2 gleichartig gebauten Bootskörpern liegende Verbindungsplattform durch eine gewölbte Flechtmatte überdeckt war.

Antike Großschiffe: herausragende altägypti-

sche und altgriechische Schiffe für besondere Zwecke, deren Abmessungen und Tragfähigkeiten bedeutend die bis ins frühe Mittelalter üblichen Schiffsgrößen von 120 bis 200t übertrafen und in besonderer Weise vom Leistungsvermögen und vom Stand der frühen Schiffbaukunst zeugen.
Im altägyptischen Grabtempel von Deir el Bahari (Theben) der Königin HATSCHEPSUT (etwa 1500 v. u. Z.) ist die Darstellung eines Obeliskentransportschiffes erhalten geblieben. Die Originalabmessungen dieses Lastschiffes lagen etwa bei 84m Länge, 24m Breite und 2600 m^3 Verdrängung. Für große Obelisken waren derartige Abmessungen auch erforderlich, wie u. a. ein im Steinbruch bei Syene (Assuan) aufgefundener Obeliskenrohling aus Syenit (rötlicher Granit) von 41,7m Länge, 4,2m Seitenmaßen und einer Masse von 1168t erkennen läßt.
Nach historischen Schilderungen wurde quer unter dem liegenden Obelisken ein Wassergraben angelegt, so daß entweder ein einzelnes Schiff oder 2 dicht nebeneinander liegende Schiffe unter den Steinblock eingeschwommen werden konnten. Um den erforderlichen Tiefgang zu erreichen, wurden die Trägerschiffe vorher mit einer Menge Steinballast beladen, die größer war als die Masse des zu hebenden Obelisken. Nach dem Entfernen des Steinballastes hob der Schiffskörper durch sein Aufschwimmen den Obelisken an. Historische Quellen bekunden auch, daß es bereits mehrere Jahrhunderte vor unserer Zeitrechnung besonders große Schiffe für den Transport von Elefanten gab. Diese ungedeckten, stark gebauten Schiffe mußten eine große Breite und geringen Tiefgang erhalten, um das Be- und Entladen der Tiere zu erleichtern und flache Küstengewässer befahren zu können.
Auf die altägyptischen folgten altgriechische Großschiffe. So soll um 250 v.u.Z. unter dem makedonischen Heerführer PTOLEMÄUS ein gewaltiges Ruderschiff mit 40 Ruderbankreihen (s.a. *Tessakontere*) von 124m Länge und 17m Breite gebaut worden sein.
Eines der berühmtesten antiken Großschiffe entwickelte der griechische Mathematiker, Ingenieur und Schiffbauer ARCHIMEDES von Syrakus im Jahre 230 v. u. Z. Der griechische Schriftsteller ATHENAOIS berichtete, daß ARCHIMEDES im Auftrage des Königs HIERON II. von Syrakus (306 bis 215 v. u. Z.) als Geschenk für den ägyptischen König PTOLEMÄUS PHILADELPHUS das Riesenschiff »SYRAKUSIA« entwarf und dessen Bau überwachte. Die Länge des Schiffes soll 180m, seine Breite 31m betragen haben. Da zu dieser Zeit nahezu ausschließlich Holz als Baumaterial verfügbar war, erscheinen diese gewaltigen Abmessungen fast unglaublich. Der Schiffskörper, durch mehrere Decks unterteilt, soll 8 fünfstöckige Gefechtstürme getragen haben. In der Schiffsmitte soll sich eine riesige Götterstatue mit einem großen Brennspiegel befunden haben, um damit entfernte Ziele in Brand setzen zu können. Außerdem war das Schiff mit 2 großen Wurfmaschinen, die 75kg schwere Steinbrocken 150m weit schleudern konnten, und einer Menge kleinerer Werfer ausgerüstet. An Bord des Schiffes soll Platz für 3000 Soldaten, 4000 Ruderknechte und eine größere Anzahl von Pferden gewesen sein. Für den Aufenthalt und die Bewirtung hoher Gäste standen prunkvoll eingerichtete Festsäle, Bibliotheken und Küchen mit Fischbassins zur Verfügung. Das Riesenschiff hatte angeblich eine Tragfähigkeit von über 2600t. Als Ladung wurden 60000 Keramia (etwa 1320t) Getreide, 10000 Keramia (etwa 310t) Pökelfleisch in Fässern, 20000 Talente (etwa 524t) Wolle und 20000 Talente (etwa 524t) sonstige Stückgüter aufgeführt. Das dazugehörige Boot, das der damaligen Gewohnheit entsprechend nachgeschleppt wurde, soll eine Tragfähigkeit von etwa 80t gehabt haben. Da das Schiff für alle sizilischen und italischen Häfen zu groß war, kann angenommen werden, daß von Anbeginn Alexandria als ständiger Hafen vorgesehen war.

Darstellung eines Ruderbootes auf einem der Flachreliefs am Tempel von Angkor

Ein weiteres »Riesenschiff« ließ der ägyptische König PTOLEMÄUS PHILOPATER (231 bis 204 v.u.Z.) als Prunkschiff von 128 m Länge, 17 m Breite und 22 m Höhe erbauen. Speisesaal und Gemächer sollen mit kaum vorstellbarem Prunk, mit Elfenbein und Schnitzarbeiten aus edlen Hölzern ausgestattet gewesen sein. Das Lustfahrzeug, das nur zur Feier prächtiger Feste erbaut worden war, soll eine *Tessakontere,* d.h. ein Vierzigbänker oder Vierzigreiher, gewesen sein.
Vom ägyptischen Weizensegler »ISIS« berichtet der griechische Schriftsteller LUKIAN (165 u.Z.). Dieses Segelschiff soll regelmäßig Fahrten zwischen Alexandria und Rom durchgeführt haben. Nach LUKIANS Angaben hatte es 55m Länge, 14m Breite, 13,3m Höhe und damit eine Verdrängung von mehr als 1200t.
Auch die auf Veranlassung des römischen Kaisers CALIGULA (37–41 u.Z.) für den Nemisee (s.a. *Nemisee-Schiffsfund*) erbauten Lustschiffe waren mit 70 m Länge und 17,5 m Breite für die damaligen Verhältnisse ungewöhnlich groß. Eines dieser Schiffe war ein Prunk-Hausboot, von den Römern als *»Thalamegi«* bezeichnet. Es war wie ein Palast mit Säulenhallen, prunkvoll geschmückten Speisesälen, Tempeln, Schlafgemächern sowie kunstvoll angelegten Gärten und Teichen ausgestattet.

Aphrakte Schiffe: altgriechische »ungedeckte« Ruderschiffe einer älteren Bauweise (vor dem 5. bis 4. Jh. v.u.Z.), die nur mit einem schmalen mittleren Decksstreifen (Laufsteg) versehen waren, so daß beide Schiffsseiten über den Ruderplätzen ungedeckt blieben. Durch spätere Bauweisen entstanden *kataphrakte* und *katastrome Schiffe.*

Arbe: im Adriatischen Meer in der Antike anzutreffender Schiffstyp.

Arbeitsboot, *Arbeitsbeiboot:* ein an Bord mitgeführtes kleines oder mittelgroßes breites Ruderboot von einfacher Form, das für Arbeiten am Schiff im Hafen und auf Reede benutzt wird.

Arche: ein kastenförmiges Schiff. Die Bezeichnung stammt vom lateinischen »arca« (Kasten). Allgemein bekannt ist die »ARCHE NOAH«. Sie wurde – der biblischen Geschichte entsprechend – von NOAH vor der einbrechenden Sintflut erbaut, um seine Familie und alle Tiergattungen zu retten. Der Überlieferung nach erfolgte der Bau aus Zypressenholz. Die Arche soll 300 hebräische Ellen lang und jeweils 30 Ellen breit und hoch, dreistöckig und mit vielen Kammern, sowie von innen und außen mit Pech abgedichtet gewesen sein. Schiffbautechnisch sind die Abmessungen durchaus realistisch, u.a. bewiesen durch einen Nachbau im Jahre 1694 durch den schottischen Kaufmann LIVERN.

Argenboot, *Agenboot:* einfaches, in der ostfriesischen Küstenfischerei verwendetes Wasser-

Mittelalterliche Darstellung vom Bau der Arche aus H. SCHEDEL, »Weltchronik«, 1493

fahrzeug. Es war kastenförmig mit schräger Vorderwand gebaut und etwa 5 m lang und 2 m breit. Der Vortrieb erfolgte mittels Wriggriemen.

Argonautenschiff: einer der ersten größeren Ruderschiffstypen der frühen griechischen Antike. Die Bezeichnung wird auf den Namen des Griechen ARGO zurückgeführt, der für den Bau des Schiffskörpers erstmalig das Holz der damals in den Wäldern Griechenlands wachsenden Roten Kiefer (Xylon dynaton) verwendete. Die Besatzungsmitglieder des Schiffes wurden danach als »Argonauten« bezeichnet. Die Rumpfform des Schiffes war, wahrscheinlich aus kultischen Gründen, dem Delphin nachgebildet. Es soll bei einer Länge von etwa 20 m sehr leicht gewesen sein. Bis zu 50 Ruderer bewegten jeweils zu zweit einen Riemen.

Aske: Ruderboot, das im 5. bis 9. Jh. im Frankenreich und in den angelsächsischen Königreichen verwendet wurde. Die Aske war wahrscheinlich ein Einbaum aus Eschenholz (denn »aske« bedeutet Esche) mit aufgesetzten Seitenplanken. Die Mitglieder der Besatzung nannten sich Askenmänner.

Äskekärr-Schiffsfund: Reste eines *Wikingerschiffes* aus der Zeit um 800. Der 1933 nördlich von Göteborg am Götafluß bei Äskekärr (Schweden) gemachte Fund konnte zeitlich sicher eingeordnet werden. Eine Konservierung oder Restauration war jedoch nicht mehr möglich.

Aslamka: Mitte des 19. Jh. einmastiges Flußlastschiff der unteren Wolga und des Kaspischen Meeres. Die Takelung bestand aus einem hohen, schmalen Rahsegel, und die seitliche Abstagung des Mastes erfolgte auf halber Mastlänge. Die Schiffslänge betrug in der Wasserlinie etwa 10 bis 12 m, das Fahrzeug hatte Spiegelheck und einen ziemlich stark ausfallenden Vorsteven.

Asping: siehe Esping

Attische Triere: siehe Triere

Augmentationsschiff: Handelsschiff, das in Kriegszeiten für Kohlen- und Munitionstransport oder als Lazarettschiff im Bereich der Marine eingesetzt wurde.

Ausgleich-Klassenboot, *Ausgleicher:* Vertreter einer Gruppe älterer Sportsegelbootstypen oder Yachten, deren Bauart sich von den neueren einheitlichen Booten unterscheidet, die jedoch mit entsprechender Zeitvergütung noch an Rennen teilnehmen dürfen. Diese Zeitgutschrift wird auch als Altersvergütung bezeichnet. Die früher üblichen grob ermittelten Zeitgutschriften werden heute unter Berücksichtigung der Vermessung und sonstiger Konstruktionsmerkmale durch Berechnungsformeln präziser bestimmt, so daß eine bessere segelsportliche Vergleichsmöglichkeit und ein exakteres Bewerten des konstruktiven Entwicklungsstandes gegeben sind, s. a. *Altersklassenboot*.

Auslegerboot: vorwiegend in der Inselwelt Südostasiens und im Pazifik gebräuchlicher Segeleinbaum mit seitlichem Ausleger zur Gewährleistung der Sicherheit gegen Kentern. Der Ausleger besteht meistens aus einem vorn und hinten zugeschärften Baumstamm, der etwas kürzer ist als das Boot und an Querstangen in einem bestimmten Abstand parallel zum Bootskörper befestigt wird. Um die Kräfteübertragung vom schwimmenden Ausleger auf den Bootskörper zu dämpfen, wird für die hintere Querstange ein gekrümmter Ast aus elastischem Holz verwendet. Durch diese elastische Bauweise kann der Ausleger dem Wellengang gut folgen. Der geringe Tiefgang ist für das Anlanden an flachen Küsten vorteilhaft. Streben und Querstangen werden durch festes Tauwerk miteinander verbunden. Die durch den Ausleger vergrößerte Querstabilität ermöglicht die Verwendung größerer Segel; der Mast wird an der vorderen Querstange befestigt und verspannt. Früher wurden Segel aus Blättern des Sagobaumes oder Blattstreifen der Pandunaspalme verwendet.
Auslegerboote haben besonders gute Segeleigenschaften, wenn seitlicher Wind von der Auslegerseite her einfällt. Bei entgegengesetzter Windrichtung taucht der Ausleger dagegen tiefer ein und erhöht den Widerstand beträchtlich.
In einigen Gebieten Westindonesiens (s. a. *Südseeboote*) sind auch Doppelauslegerboote mit Auslegern an jeder Bordseite gebräuchlich, die so angeordnet werden, daß jeweils der dem Wind zugewendete Ausleger bereits bei geringen Neigungen austaucht. In Einzelfällen wurden Auslegerboote gebaut, in denen 300 bis 400 Personen Platz fanden (s. a. *Caracora*).
In den zwanziger Jahren des 20. Jh. wurden während einer Übergangszeit vom früher üblichen Ruderboot mit Riemen, die in Dollen in den Seitenwänden geführt wurden, auch solche Rennruderboote als »Auslegerboote« bezeichnet, die sehr schlank gebaut waren und deren Riemen oder Skulls an seitlichen Stützgerüsten (den sog. »Auslegern«) drehbar in Ruderdollen lagerten, wie es heute allgemein üblich ist.

Auslegerboot von den Bora-Bora (Gesellschaftsinseln) [11]

Austernfischer: einmastiges, ausgesprochen flachbodiges Wattenschiff von etwa 0,75 m Tiefgang, 12 m Länge und 3 m Breite. Es fuhr mit Giek- und Gaffeltoppsegel sowie Stagfock und

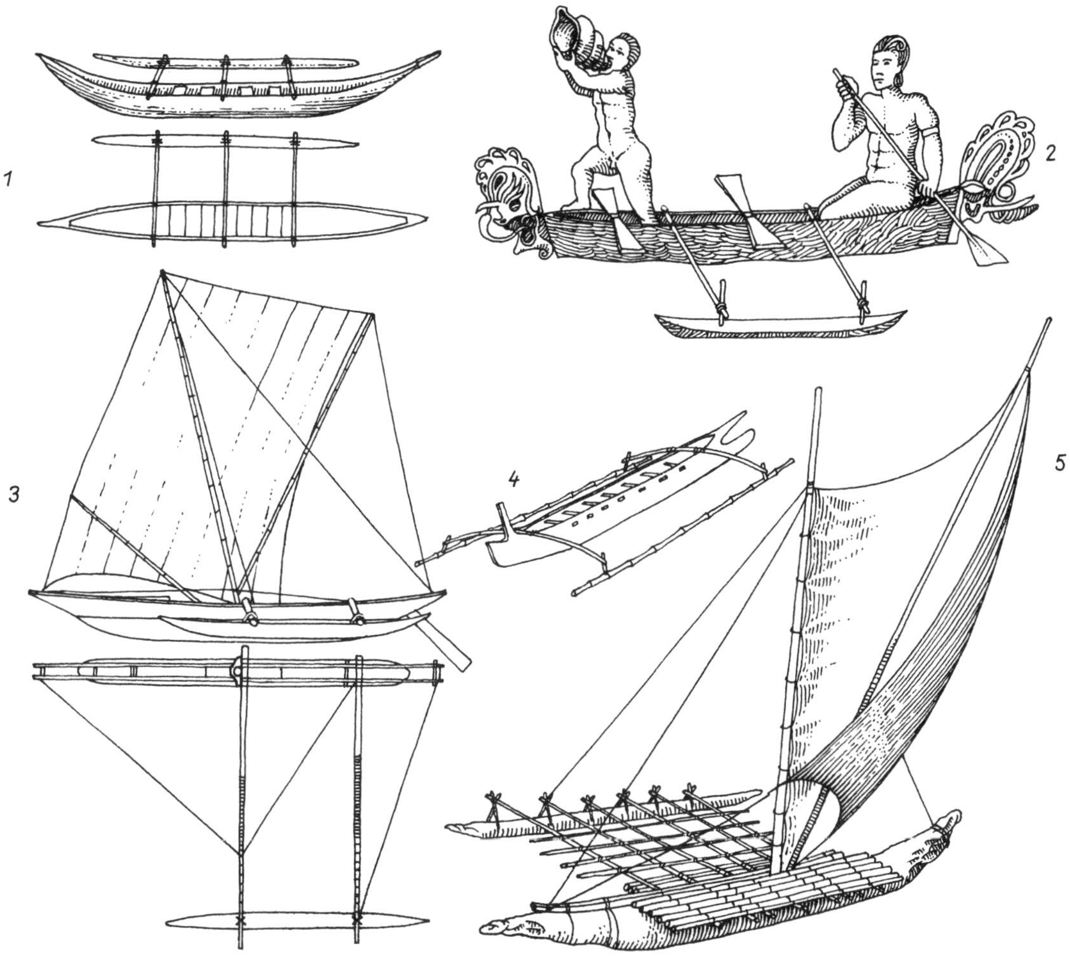

Auslegerboote der Südsee

1 Boopaa, kleine Südsee-Piroge mit Einzelausleger
2 Auslegerboot ohne Segel nach Darstellung von A. TASMAN
3 Neuzeitlicheres Auslegerboot von den Philippinen
4 Kleine Piroge mit Doppelausleger von Java
5 Ausleger-Segelkanu von Neuguinea

Doppelauslegerboot von den Philippinen

Klüver getakelt und war teilweise mit Seitenschwertern ausgerüstet. Die Austernkurren wurden an der Steuerbordseite geschleppt.

Auswandererschiffe: seit Beginn des 17. Jh. eingesetzte Seeschiffe für die Beförderung von Auswanderern, vorwiegend nach Amerika. Portugiesen und Spanier beförderten die ersten Kolonisatoren mit den von ihnen allgemein verwendeten *Karavellen* und *Naos* in die neuentdeckten Länder.
Berühmt wurden insbesondere Auswandererschiffe für die Siedler in Nordamerika, wie das 100 t große Jaghdschiff »HALVE MAEN«, mit dem im Jahre 1610 der Engländer HUDSON bei Manhattan landete und Neu-Amsterdam, das heutige New York, gründete, sowie die 180 t große »MAYFLOWER«, mit der die Pilgerväter aus England im Jahre 1620 in der Nähe des heutigen Boston landeten. Andere frühe Auswandererschiffe waren von ähnlicher Größe.
Um 1650 begann der große Auswandererstrom nach Amerika; bis zur Mitte des 19. Jh. war die französische Stadt Le Havre der Hauptauswanderungshafen. Das in Frankreich zu hoher Blüte entwickelte Fregattschiff *(Fregatte)* wurde zum bedeutendsten Auswandererschiffstyp. Er wurde um 1850 allgemein für 600 Roggenlasten und 400 Commerzlasten, d. h. für rund 1200 t Tragfähigkeit, gebaut. Bei normalen Witterungsbedingungen beförderte ein solches Schiff in 38 bis 40 Tagen bis zu 420 Auswanderer von Le Havre nach New York, bei ungünstigen Bedingungen dauerten die Reisen allerdings erheblich länger, wobei die Verhältnisse an Bord für die vielen auf engstem Raum untergebrachten Menschen häufig katastrophal waren. Nach 1850 wurde der Auswanderungshafen Le Havre von den Häfen Bremen und Hamburg in den Auswandererzahlen übertroffen.
In den deutschen Seehäfen und in England entstanden bereits in den zwanziger Jahren des 19. Jh. die Anfänge regelrechter Liniendienste für Auswanderer- und Posttransport.
Seit 1833 wurden bereits vereinzelt Dampfschiffe als Auswandererschiffe eingesetzt; aber bis etwa 1875 waren noch Segelschiffe vorherrschend. Ab Beginn des 20. Jh. befuhren fast nur noch Dampfschiffe die Auswandererlinien.
Die Auswandererzahl betrug oft mehrere Hunderttausend je Jahr. Den Auswandererstrom allein der deutschen Auswanderer veranschaulichen folgende Zahlen: 625968 Personen von 1871 bis 1880, 1342423 von 1881 bis 1890, 529875 von 1891 bis 1900, 279875 von 1901 bis 1910, 92161 von 1911 bis 1920, 567293 von 1921 bis 1931. Während der ersten Jahrzehnte der Dampfschiffahrt waren die Zustände für die Auswanderer an Bord nicht besser als die auf den Segelschiffen. Erst in den sechziger und siebziger Jahren des 19. Jh. setzten sich einige Verbesserungen durch. Für den Bau und die Einrichtung der Schiffe wurden nach und nach Verordnungen und Gesetze erlassen, die die wasserdichte Unterteilung des Schiffes, den Raumbedarf für jeden Passagier, die Menge des Proviants, den Bau der Schlafstellen, Belüftung, Beleuchtung, sanitäre Einrichtungen, medizinische Betreuung, die Schiffssicherheit und Rettungsausrüstungen regelten.
Die Beförderung der Passagiere erfolgte nach Klassen unterteilt. Am ungünstigsten waren die Bedingungen in der dritten Klasse, der »Zwischendecksklasse«. Das Zwischendeck war für Familien mit Kindern durch Verschläge unterteilt, aber unverheiratete Personen hatten in der Massenunterkunft des Zwischendecks nur einen Liegeplatz. Die Verpflegung der Auswanderer bestand an Bord vorwiegend aus Hülsenfruchtsuppen mit Speck und Salzfleisch; oft mußten die Auswanderer sich selbst verpflegen. Infolge unhygienischer Zustände und der Überbelegung traten viele Todesfälle während der Reisen auf.

Aviso, *Abiso, Adviceboat, Adviesyacht, Advieso:* yachtähnliches kleines, schnelles Segelschiff für Depeschen- und Nachrichtenübermittlung, Vorposten-, Aufklärungs- und Meldefahrten (franz. avis, span. aviso, Nachricht, Ankündigung). In der Übergangszeit vom Segel- zum Dampfschiff fuhr dieser Schiffstyp auch mit voller Takelage und Seitenradantrieb. Nach Einfüh-

Raumunterteilung um 1850 auf dem Auswandererschiff »THEONE«, Modell

rung der Schiffsschraube wurde unter der Bezeichnung »Aviso« die yachtähnliche Bauweise beibehalten. Die Schiffe wurden jedoch wesentlich größer gebaut und besonders für den Auslandsdienst eingesetzt.

Holländischer Aviso, Ende des 18. Jh.

* * *

»ADLER VON LÜBECK«, *»DER GROSSE ADLER VON LÜBECK«:* einer der großen Viermaster des 16. Jh. Das auch als »LÜBSCHER ADLER« bekannte Schiff wird in den verschiedenen zeitgenössischen Quellen unterschiedlich benannt. Im Vergleich zu den vorher üblichen Fahrzeugen war es mit den charakteristischen 4 Masten ein großes Schiff. Fock- und Großmast waren rahgetakelt, Besan- und Bonaventuremast fuhren mit Lateinsegeln. Der ursprünglich im Jahre 1565 als Kriegsschiff auf Stapel gelegte und im März 1566 abgelaufene »ADLER VON LÜBECK« hatte die Abmessungen: Länge des Kiels 62 Ellen (36 m), Länge von Steven zu Steven 85 Ellen (49 m), Länge von der Galion bis zur Galerie 111 Ellen (64 m), Breite Binnenbords 48 Fuß (13,84 m), Höhe des Vorderstevens 24,5 Ellen (14,13 m), Höhe des Achterstevens 20 Ellen (11,55 m), hintere Höhe von Kiel bis Heckbord 37,5 Ellen (21,50 m). Eine Neuerung des 16. Jh. war die Unterteilung der Masten. Zusammengesetzt waren Untermast, große Stenge, Bramstenge und Flaggenstock des Großmastes 108 Ellen (62,15 m) über dem Kiel. Die große Rah war mit 57 Ellen (34 m) um das Mehrfache breiter als das Schiff selbst. Die Bewaffnung mit 122 Kartaunen und die dazugehörige kriegsmäßige Besatzung von über 1000 Mann war nach dem Friedensschluß 1570 überflüssig; das Schiff wurde einem Reederkonsortium für Handelszwecke überlassen. Entsprechend der neuen Verwendung baute man die ausgesprochen hohen Aufbauten nach einem Leckschlagen des Schiffes auf der ersten Ausreise um 4 Meter ab. Da das Schiff jedoch als Frachtschiff zu aufwendig war, wurde es in Lissabon zur anderweitigen Nutzung der Schiffshölzer abgewrackt.

* * *

»VICTORY«: berühmtes englisches *Admiralschiff*. Als Schiff 1. Ranges (»first rate«) wurde der Dreidecker am 23. Juli 1759 auf der Marinewerft Chatham auf Kiel gelegt. Noch vor dem Stapellauf erhielt das Schiff als 5. Fahrzeug der englischen Marine am 30. Oktober 1760 den Namen »VICTORY«. Am 7. Mai 1765 lief die »VICTORY« vom Stapel, und 1769 folgten die See-Erprobungen des als *Vollschiff* getakelten *Linienschiffes*. 1778 war der erste Einsatz als Admiralschiff und Flaggschiff des Kanalgeschwaders unter Admiral KEPPEL. Die »VICTORY« hat danach mehr als einem Dutzend englischer Flottenführer als Admiralschiff gedient, deren berühmtester Admiral HORATIO NELSON war. Die technischen Daten der »VICTORY« sind: Länge des Schiffsrumpfes 69,0 m, Länge des Batteriedecks 56,5 m, Länge des Kiels 46,5 m, Breite 17,5 m, Seitenhöhe 10,0 m, Tiefgang etwa 6,0 m, Deplacement etwa 3000 t.

1780 wurde das Schiff mit 3923 Kupferplatten beschlagen. Nach Einsätzen vor allem im Mittelmeer unter den Admiralen HOWE (1782), HOOD (1793), HOTHAM (1795) und JERZVIS (1797) wurde die »VICTORY« im November 1797 aus dem aktiven Dienst entlassen und in den folgenden beiden Jahren als Hospitalschiff für Kriegsgefangene verwendet. 1800 bis 1803 erfolgte eine Generalreparatur, u. a. verbunden mit dem Umbau des Hecks, wobei die bisherigen offenen 2 Heckgalerien entfernt wurden. Am 11. April 1803 setzte NELSON seine Flagge auf der »VICTORY« als Kommandierender der Mittelmeerflotte. Das Schiff war zu diesem Zeitpunkt mit 30 Stück 12-Pfünder auf dem Oberdeck, 12 Stück 12-Pfünder auf dem Quarterdeck, 2 Stück 12-Pfünder auf der Back, 2 Stück 68-Pfünder-Kanonen auf der Back, 30 Stück 32-Pfünder im Batteriedeck und 28 Stück 24-Pfünder im Zwischendeck bestückt und hatte 850 Offiziere, Matrosen und Seesoldaten an Bord. Am 21. Oktober 1805 kam es bei Trafalgar zu der entscheidenden Schlacht, bei der NELSON seine 27 Linienschiffe und 6 *Fregatten* von der »VICTORY« aus siegreich gegen die Linienschiffe und 6 Fregatten der vereinigten spanischen und französischen Flotte führte, wobei er selbst tödlich verwundet wurde.

Nach Ausbesserung der bei Trafalgar erhaltenen Beschädigungen wurde die »VICTORY« jetzt als Schiff 2. Ranges (»second rate«) wieder Admiralschiff bis zur Außerdienststellung im November 1812. Im Jahre 1817 wurde das Schiff nach Reparatur und Umbau wieder als Schiff 1. Ranges eingestuft und war von 1824 bis 1847 wieder Admiralschiff als stationäres Schiff des Hafenadmirals von Portsmouth und von 1848 bis 1869 stationäres Flaggschiff des Oberkommandierenden der Flotte. Danach war es dann Tender eines neuen Flaggschiffes bis 1891. Von 1891 bis 1922 wurde der »VICTORY« wieder die Funktion des

»ADLER VON LÜBECK« ein Viermaster der Hanse im 16. Jh. (Modell) [15]

stationären Flaggschiffes übertragen, dann war jedoch der Zustand der Verbände des Schiffskörpers so schlecht, daß es einer Reparatur von mehr als 6 Jahren bedurfte, bis das Schiff im Juli 1928 wieder dem Aussehen vor der Schlacht bei Trafalgar entsprach. Seitdem hat die »VICTORY« ihren Liegeplatz als Traditionsschiff und Museum im ältesten Trockendock der Welt, im Dock Nr. 2 in Portsmouth. (Bild S. 38)

Admiralschiff »DE GOODEN LEEUW« (DER GOLDENE LÖWE): Das Gemälde des jüngeren VAN DE VELDE (1633 bis 1707) zeigt die »GOODEN LEEUW« 1680 im Hafen von Amsterdam. Das Schiff wurde im Auftrage der Amsterdamer Admiralität während des zweiten englisch-holländischen Krieges (1665 bis 1667) auf der Werft der Admiralität als 80-Kanonen-Linienschiff erbaut. Die »GOODEN LEEUW« war ein Dreimaster mit jeweils 2 Maststengen am Fock- und Großmast. Beide vordere Maste waren rahgetakelt, am Fockmast wurden die Fock, das Vormars- und das Vorbramsegel gefahren und am Großmast das Großsegel, das Großmars- und das Großbramsegel. Der Besanmast trug ein Lateinsegel und darüber ein Kreuzsegel, und das Bugspriet hatte als Segel die Ober- und Unterblinde.
In der Seeschlacht bei Kijkduin im Jahre 1673 war die »GOODEN LEEUW« das Flaggschiff des berühmten holländischen Admirals CORNELIUS TROMP (1629 bis 1691). Im Gefecht wurde das Schiff schwer beschädigt, jedoch wieder instand gesetzt. Wegen Überalterung stellte man die »GOODEN LEEUW« im Jahre 1686 außer Dienst. (Bild S. 37)

Badeschaluppe vom Ende des 19. Jh.

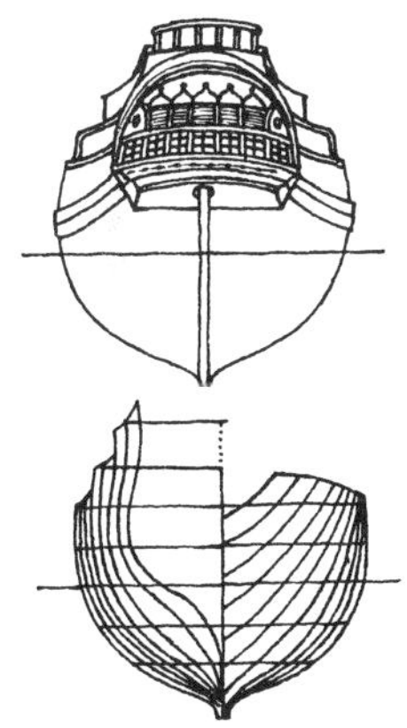

Bagalla vom Anfang des 19. Jh. aus dem Golf von Oman [13]

B

Baartze, *Baardse:* ein- bis dreimastiges Segelschiff mit zusätzlichen Rudermöglichkeiten (bis zu 40 Riemen) im 14. bis 16. Jh. in den Niederlanden. Es hatte nahezu gleiche Bug- und Heckformen, ähnlich der frühen *Kogge.*

Bachot: französische Bezeichnung für eine kleine Flußfähre. Der Fährmann wird als »Bachoteur« bezeichnet.

Backdeckkreuzer: kleines bis mittelgroßes Sportsegel-Kajütboot oder auch Motorkreuzer mit langer, verhältnismäßig hoher Back, unter der sich die Kajüte oder andere Räume befinden. Der hintere, niedrige Teil des Bootes ist meistens ungedeckt. Kombinierte Motor-Segel-Boote und Motorboote werden häufig mit Backdeck gebaut. Im Unterschied zum Backdeckkreuzer werden große Kreuzeryachten wegen des glatten, ohne Unterbrechung in einer Ebene durchlaufenden Decks als »Glattdeckboote« bezeichnet.

Badeschaluppe: bis Ende des 19. Jh. in Seebädern an der Nord- und Ostseeküste verwendete *Schaluppe* mit einem Aufbau oder einer Hütte, die als Badekabine diente. Die flachgehenden Fahrzeuge konnten auch an der Küste entlangsegeln.

Bagalla, *Baggalat:* anderthalbmastiges arabisches Fischerei-, Fracht- und Kriegsschiff mit einer Wasserverdrängung zwischen 100 und 400 t im Zeitraum Ende 16. bis 19. Jh. Einige Schiffe dieses Typs gab es sogar noch bis zur Mitte dieses Jahrhunderts. Die Bagalla führte am Großmast und am kleinen hinteren Mast trapezförmige Segel. Der Schiffskörper hatte runde Spantformen und einen stark geneigten, weit ausladenden Vorsteven, dessen Länge bis zu 1/3 der Schiffslänge betrug. Die Heckaufbauten waren mit Fenstern, Galerien und Balkonen ausgestattet und mit Schnitzereien und bunter Bemalung verziert. Auf Kriegs- und Seeräuberschiffen wurden die Karonaden (leichte Kanonen ohne Rücklauflafette) an Deck aufgestellt; das Schanzkleid war durch Geschützpforten unterbrochen. Um den drohenden Eindruck zu verstärken, wurde an den Bordseiten häufig eine zweite Reihe Geschützpforten markiert. Geschütze konnten jedoch unter Deck wegen der geringen Seitenhöhe nicht aufgestellt werden. Ähnliche arabische Schiffe, jedoch anderer Größenordnung, waren *Sambuke, Pattamar* und *Ghanja.*

Bagger: siehe Schwimmbagger

Baggerow, *Baglo:* arabisch-indisches Segelkriegsschiff, noch bis zur Mitte des 19. Jh. gebräuchlich, das i. d. R. mit 2 Kanonen bestückt wurde. Im Vergleich zur *Dau* waren die Schiffe völliger gebaut. Die indischen Schiffe hatten Planken aus Teakholz, das noch beständiger als Eiche ist und bis zu einhundert Jahren der Einwirkung des Seewassers widersteht.

Baida, *Baidarka:* ein auf dem Don im 19. Jh. gebräuchliches Fährboot für 10 bis 12 Personen mit stark hochgezogenem, flach auslaufendem Bug und Heck, um das Auflaufen auf flaches Ufergelände zu ermöglichen. Der Antrieb erfolgte mittels Staken oder durch eine Art Lateinersegel an langer Rute und kurzem Mast.

Baidak: russisches Flußschiff mit großem Ruder.

Baidara: offenes Eskimoboot, dessen Gerippe aus mit Lederriemen verknüpften Walknochen und Holzstäben besteht. Das Gerüst wird mit Seehund- oder Walroßleder überspannt und der biegsame Kiel durch unterbrochene Bodenbretter verstärkt. Die gleichbedeutende Bezeichnung *Umjak* (bzw. Umiak, Frauenboot) bürgerte sich ein, weil es vorwiegend als Transportboot für die Familie benutzt und von Frauen gerudert wurde. Die Männer begleiteten das Transportboot in dem kleineren gedeckten *Kajak.* Die Baidara wurde auch zum Walfang und zur Jagd auf andere größere Meerestiere in größerer Entfernung von der Küste benutzt. Dazu konnte die Seefähigkeit durch seitlich angebundene, aufgeblasene See-

Ostsibirische Baidara

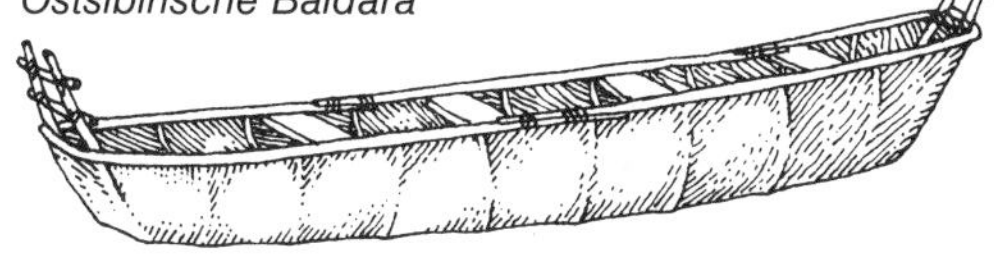

hundbälge erhöht werden. Die größeren Boote waren 10 m lang. Das etwa 10 m^2 große Rahsegel bestand aus zusammengenähten Darmhäuten. Baidaraähnliche Boote wurden als *Fellboote* (Fellbespannte Boote) auch in Nordasien und Nordamerika benutzt.

Baikak: Typ eines hölzernen Binnenlastkahns von etwa 20 m Länge, wie er auf dem Dnjepr um die Mitte des 19. Jh. verwendet wurde. Der Baikak verfügte entweder über langgestreckte und flache Steuerruder oder sehr lange Steuerriemen. Die ein- oder zweimastigen Fahrzeuge waren unterschiedlich mit Gaffel-, Rah- und Sprietsegel getakelt.

Baikak, Binnenlastkahn auf dem Dnepr, Mitte 19. Jh.

Bakinka: hochbordiger zweimastiger Lastsegler, der Mitte des 19. Jh. auf der Wolga und dem Kaspischen Meer verkehrte.

Balander, *Belander, Bilander:* holländisches einmastiges Segelschiff des 18. und 19. Jh. für die Küsten- und Flußschiffahrt. Bei Flußfahrten wurden hauptsächlich Kohleladungen von 150 bis 200 t gefahren. Die Fahrzeuge waren mit flachem Boden gebaut und fuhren meist trapezförmige Segel.

Baleiner: französische Bezeichnung für ein Walfang-Segelschiff, das mit den kleinen geruderten Fangbooten auf Waljagd ging.

Balinger: ein von der Hanse im 15. Jh. besonders im Nordseebereich für verschiedene Aufgaben verwendetes Segelschiff, dessen Tragfähigkeit etwa 80 Lasten (160 t) betrug. Dieser Schiffstyp wurde auch häufig als Walfänger, zuweilen auch als Kaper- und Kriegsschiff verwendet, s. a. *Baleiner*.

Balkenfloß: siehe Floß

Ballantrae-Boot: Klinkerboot mit steil ansteigendem Vorsteven und rundem Heck, das an der englischen Westküste am Ende des 19. Jh. für die Fischerei auf den Ballantrae-Bänken gebaut und eingesetzt wurde.

Ballastewer, *Ballastschute:* breites Leichterfahrzeug mit flachem Boden, dem *Ewer* oder der *Schute* ähnlich, vorwiegend zum Laden und Löschen von Ballast. Segelschiffe, die mit wenig Ladung fuhren, benötigten für eine ausreichende Stabilität zusätzlichen Ballast. Nach Möglichkeit verwendete man dazu nutz- oder absetzbare Waren, wie Mauersteine, Steinkohle, Kreide, Salz oder Düngemittel. Schüttfähiger Ballast hatte den Vorzug, daß er gleichmäßiger in den Laderäumen verteilt werden konnte; er erforderte jedoch zusätzliche Maßnahmen, um ein Übergehen der Ladung zu verhindern. Die Ballastmasse sollte möglichst wenig Raum einnehmen und keine Verschmutzung der Laderäume hervorrufen. Leicht übergehender Ballast, wie Sand oder brenn- und schmelzbares Gut, wurde nur ungern verwendet. Als groben Ballast benutzte man besonders Steine, aber auch ausgediente Kanonen, Kanonenkugeln und anderes Altmaterial. Später wurden besondere, aus Grauguß gegossene »Ballastgewichte« mit Einzelmassen bis zu 50 kg verwendet. Der Ballast wurde durch kleine Wasserfahrzeuge, wie Ballastewer und Ballastschuten, zu den Segelschiffen gebracht. Die Ballastschuten machten seitlich an den Schiffen fest und übernahmen oder übergaben den Ballast durch kleine Pforten über dem Wasserspiegel, die sogenannten »Ballastpforten«. Die Hafenbehörden hatten ständig zu überwachen, daß überflüssiger Ballast von den Schiffen nicht eigenmächtig über Bord gegeben wurde und damit allmähliche Verringerungen der Fahrwassertiefen eintraten. Für die Ballastewer und -schuten wurden deshalb Orte außerhalb der Hafenreviere festgelegt, an denen sie Ballast einnehmen oder verschütten konnten.

Balon: in Hinterindien (besonders Burma, Thailand, Laos) vom 17. bis 19. Jh. verwendetes Prunk-Flußschiff mit reichem Bug- und Heckschmuck und einer Art Throntempel im Mittelbereich. Die Schiffslänge konnte bis zu 30 m betragen. Auch lange, schmale siamesische Ruderboote mit einem turmähnlichen Aufbau wurden als Balone bezeichnet. Solche Balone sollen aus einem einzigen Stamm gefertigt und sehr leicht gewesen sein. Der französische Abbé CHOISY berichtete bereits 1685: »Alle diese Balone waren goldüberzogen und hatten sehr fein gearbeitete, schwer vergoldete Glocken. 60 Mann ruderten auf jeder Seite mit kleinen vergoldeten Riemen, die sich alle im gleichen Takt auf und nieder bewegten.«
In Burma wurden hohe Ehrengäste auf vergoldeten Balonen und balonähnlichen *Barken* mit großem Prunk empfangen. Die Prunkschiffe waren mit zahlreichen bunten Fabelwesen aus der burmesischen Geschichte verziert. Teilweise waren Balone auch geschleppte Fahrzeuge ohne eigene Riemen oder Segel. Sie wurden von mehreren, bis zu 15 m langen Ruderbooten geschleppt, in denen die Ruderer standen und mit einer besonderen Rudertechnik arbeiteten. Die Entwicklung der Balone ist vermutlich auch durch die Entwicklung der chinesischen *Drachenboote* beeinflußt worden.

Balor, *Balour:* größeres Seeräuberschiff des Molukkengebietes, das mit sechs- bis achtpfündigen Bug- und Heckkanonen und einigen Kanonen an den Schiffsseiten bestückt war. Seine Größe reichte aus, um bis zu 300 bewaffnete Männer aufzunehmen. Diese großen Seeräuberschiffe wurden i. allg. von kleineren Booten, den sogenannten *»Piahiaps«*, begleitet, mit denen die Seeräuber an flachen Küsten zum Plündern landeten.

Balsa: vom südamerikanischen Volksstamm Chimu (nordperuanische Küstenkultur der Vor-Inka-Zeit) aus Ton, Tierhäuten, Schilf und Binsen gefertigte Schwimmgefäße und Wasserfahrzeuge. Die Balsa waren mitunter so klein, daß sie im Reitsitz gerudert wurden; sie erreichten aber auch solche Größe, daß die spanischen Eroberer sogar ihre Pferde damit transportieren konnten. Die kleineren Fahrzeuge nannten die Spanier

Baleiner beim Aussetzen eines Fangbootes, Gemälde von F. G. ROUX, um 1850

Caballitos (Seepferdchen). Bei Ausgrabungen hat man solche Caballitos, für die auch die Bezeichnung »Huampu« gebräuchlich war, auf Trinkgefäßen der altperuanischen Zeit dargestellt gefunden. Größere Fahrzeuge wurden auch aus Totora-Schilf, ähnlich dem Prinzip der altägyptischen Papyrusflöße, hergestellt. Nach Abbildungen auf Gefäßen hatten diese Balsa abgebundene Enden, die doppelstevenähnlich ausliefen. Auf dem Titicacasee werden noch heute Schilfbündelflöße *(Totora)* mit Mast und Segel benutzt. Größere Balsa verwendete man auch zum Bau schwimmender Brücken. So bestand an einem Zufluß des Titicacasees bis zum Jahre 1857 eine aus vielen Schilfflößen errichtete schwimmende Brücke, über die sogar Fuhrwerke verkehren konnten. Die Einzelflöße waren untereinander verbunden und mit einer dichten Grasmatte belegt. Diese Brücke wurde instandgehalten, indem alle 2 Jahre ein Teil der Flöße erneuert wurde. Der amerikanische Kupferstecher G. SQUIER zeichnete diese Pontonbrücke 1875 kurz vor der Zerstörung.

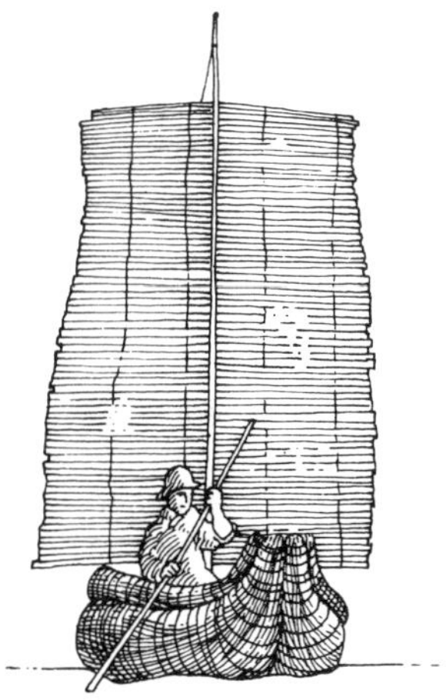

Balsa-Schilfbündelfloß auf dem Titicacasee

Balsa-Floß, *Balse:* mit Segel und zum Teil mit Hütte versehenes peruanisches Holzstammfloß. An den Küsten Perus wurden Flöße aus dem Holz des Balsa-Baumes von den einheimischen Indianern bereits viele Jahrhunderte vor der Entdeckung Amerikas als Küstenfahrzeuge gebaut. Das Holz dieses in den tropenfeuchten Wäldern Ekuadors wachsenden Baumes ist mehr als 1/6 leichter als andere Holzarten. Das Floß wurde i. allg. aus einer ungeraden Anzahl getrockneter Stämme in 2- oder mehr Lagen zusammengebunden, mit einer einfachen palmblattgedeckten Hütte, einem Mast mit rechteckigem Segel und einer Feuerstelle versehen. 1947 ließ der norwegische Forscher T. HEYERDAHL nach alten Vorbildern ein Balsa-Floß bauen, das er nach einer indianischen Sonnengottheit »KONTIKI« nannte. Das Floß bestand aus 9 ungleich langen Stämmen (größte Länge etwa 13,5 m) und einer darüberliegenden Querlage von etwa 8 m Länge. Mit einer Fahrt von der Westküste Südamerikas nach den polynesischen Inseln wollte er erforschen, ob vor rund 1500 Jahren mit einem so einfachen Floß bereits Fahrten von Osten nach Westen und damit Besiedlungen möglich waren. Am 28. April 1947 lief das Fahrzeug mit 6 Mann Besatzung vom Hafen Callao der peruanischen Hauptstadt Lima aus, benutzte die Humboldt-Strömung und landete nach 101 Tagen und einer Seereise von über 4300 Seemeilen an einer der Tuamotu-Inseln. Der Franzose E. DE BISSCHOP unternahm 1958 mit einem ähnlich gebauten Zypressenholzfloß »TAHITI-NUI-II« eine Fahrt nach Westpolynesien.

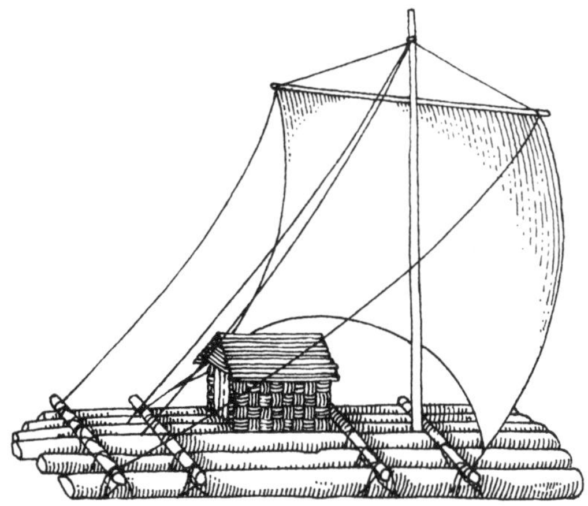

Balsa-Holzstammfloß von der peruanischen Küste

Baltimore-Schoner, *Baltimore-Klipperschoner:* in Baltimore (Chesapeake Bay, USA) entwickelter und erstmals um 1812 gebauter Schonertyp von 90 bis 200 t Tragfähigkeit, einem Schiffskörper von besonders schlanker Form und sehr scharfen Wasserlinien, um höhere Geschwindigkeiten zu erzielen. Mit vergrößertem achteren Tiefgang (Kielfall), einer starken Aufkimmung mittschiffs und dem damit verbundenen Übergang zu V-förmigen gegenüber den üblichen runden bzw. U-förmigen Spantformen stellte diese Schiffsform einen revolutionierenden Entwicklungsschritt dar. Charakteristische äußerliche Kennzeichen dieses Schiffstyps waren weit überragende Bug- und Heckformen. Diese Konzeption wurde von den späteren *Schoneryachten* übernommen. Der Schiffstyp wurde auch unter der Bezeichnung »Virginia-Lotsenboot« bekannt. Der Baltimore-Schoner führte an den beiden Masten unter den oberen Rahsegeln Gaffelsegel, kam aber auch als *Schonerbrigg* getakelt vor. Wegen der günstigen Formgebung und der vorzüglichen Segeleigenschaften bei einfacher Segelhandhabung wurde er zu einem Vorbild für verschiedene spätere Segelschiffstypen. Die Jahre von 1835 bis 1850 gelten als Blütezeit der Baltimore-Schoner. Während dieser Zeit entstanden auch die Bezeichnungen Baltimore-Klipperschoner oder Baltimore-Klipper. Von den später entstandenen *Klippern* unterscheiden sie sich aber grundsätzlich in der Größe, der Mastenanzahl, -anordnung und Besegelung.

Baluk-Kaik: leichtes und schnelles Ruderboot, das bis ins 19. Jh. zum Personentransport in den türkischen Gewässern verwendet wurde. Die Fortbewegung erfolgte durch bis zu 6 stehende Ruderer.

Bambus-Floß: aus Bambusstäben zusammengebundenes Floß, das vorwiegend in Ostindien, im Malayischen Archipel und in Brasilien von den Ureinwohnern als Transportmittel verwendet wurde. In China waren Bambusflöße unter der Bezeichnung »Chupai« gebräuchlich.

Barcane, *Barcone*: zwei- oder dreimastiges, etwa 20 m langes Fischerei-Segelschiff des Mittelmeeres. Die Bezeichnung ist abgeleitet vom italienischen barca, *Barke*.

Barcheta: sizilianischer Nachen zur Schwammfischerei. Als spezielle Vorgänger der *Barke* wurden Barchetas bereits im 13. Jh. benutzt.

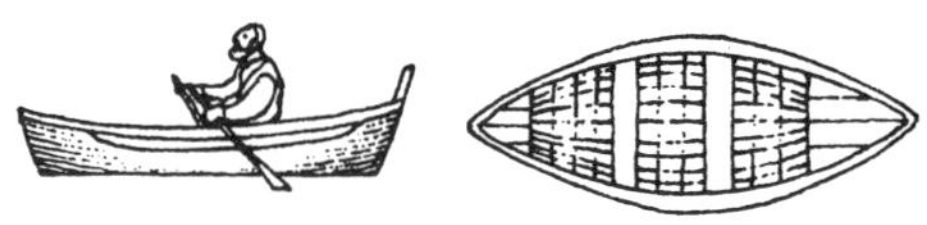

Geruderte Barcheta von Sizilien, Mitte 19. Jh.

Barge: im Verlauf der Geschichte des Schiffbaues in verschiedenen historischen Formen für unterschiedliche Schiffstypen angewendete Bezeichnung, zunächst für ein europäisches Ruderboot mit kräftigen Barghölzern (besonders verstärkte obere Plankengänge). Im 11. Jh. entstanden die Namen »bardinn«, später »bargiea«, »bardza», »barsa«. Um 1350 wurde mit »Bardze« ein Boot mit 12 Ruderduchten bezeichnet. In englischen Hanseakten von 1403 findet sich für die entsprechenden Boote die Typenbezeichnung »bargea«, »bargiza« und »bardisa«. Im 15. Jh. bezeichnete man mit »Barga« im Mittelmeerbereich ein Beiboot. Im 16. Jh. wurden auch kleine Kriegsschiffe von rund 100 t als Bargen bezeichnet. Im 19. Jh. benannte man auf englischen *Admiralschiffen* das an Bord befindliche acht- bis zwölfrudrige Galaboot als »Barge«. Seltener verstand man unter einer Barge auch andere große Riemenboote, die aber i. d. R. nur auf *Flaggschiffen* gefahren wurden. Die gleiche Bezeichnung hatten in Frankreich flachbodige 7 bis 10 m lange Mehrzweck-Flußkähne mit Segel und Ruder. Besonders waren Leichterfahrzeuge auf der Themse als Barge bekannt.
Jetzt wird diese Bezeichnung allgemein für schwimmende Leichter und Schubprahme verwendet, die auch auf speziellen Leichtertransportschiffen (engl. Bargecarrier) als Ladungseinheiten transportiert werden.

Barinho: ein etwa 20 m langer und bis zu 4 m breiter Flußkahn, der mit Lateinsegel an einem

Baltimore-Schoner, Linienriß

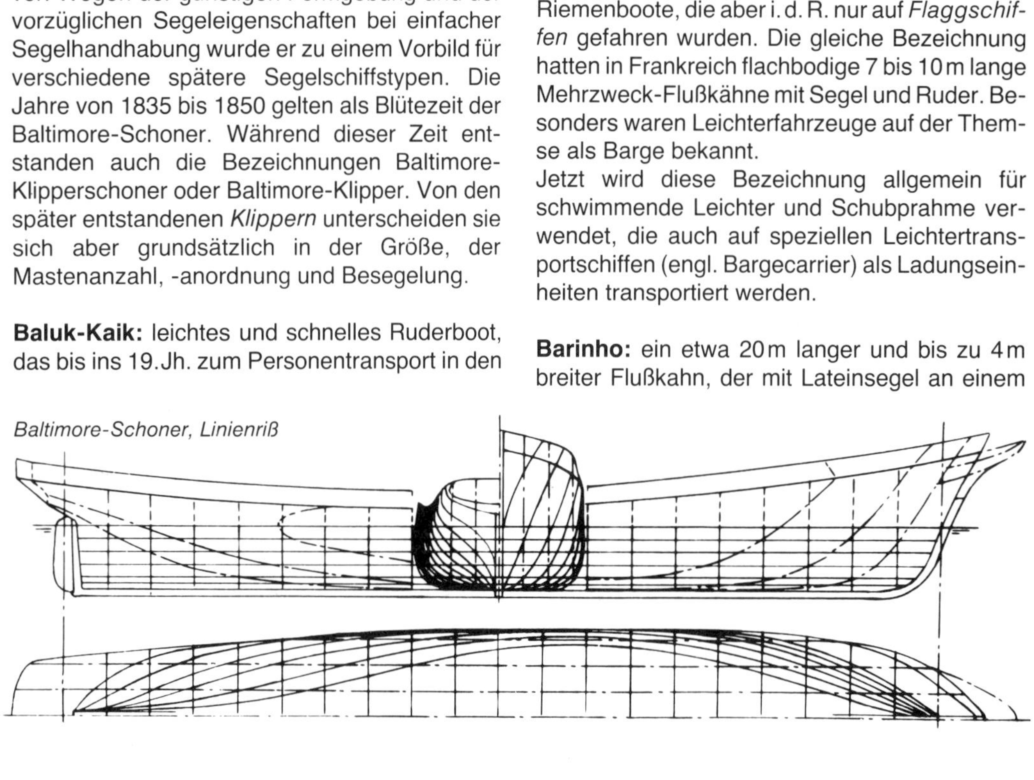

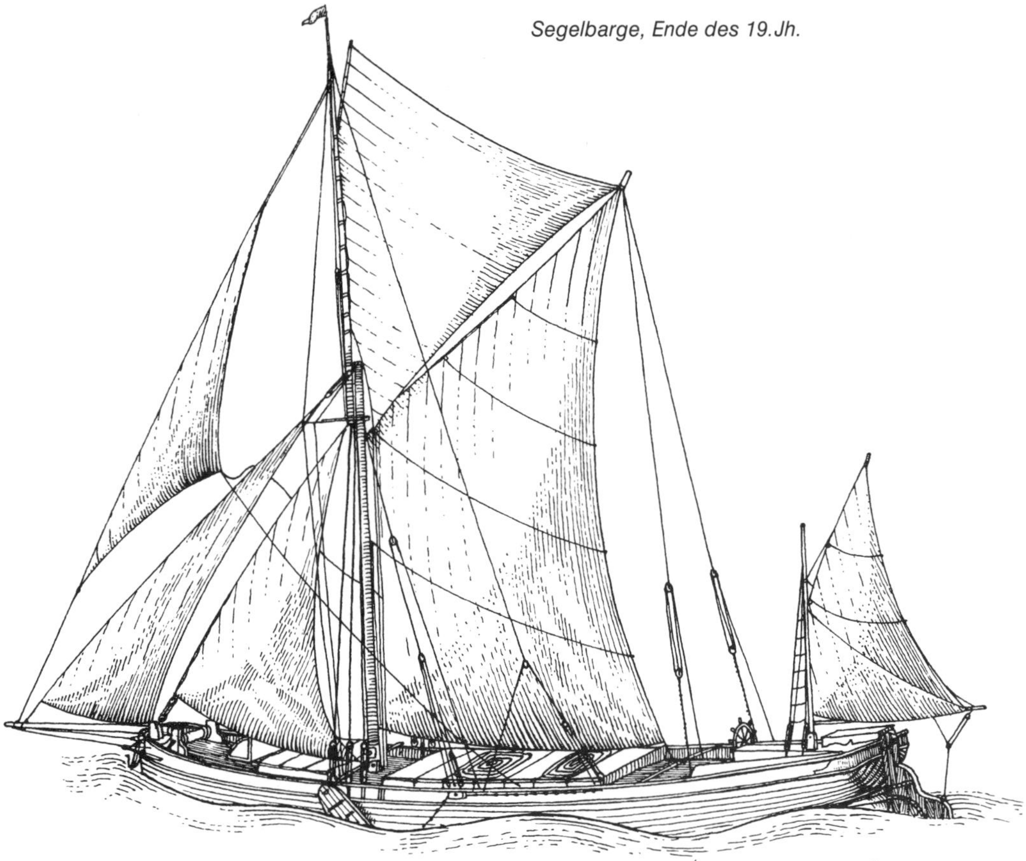

Segelbarge, Ende des 19.Jh.

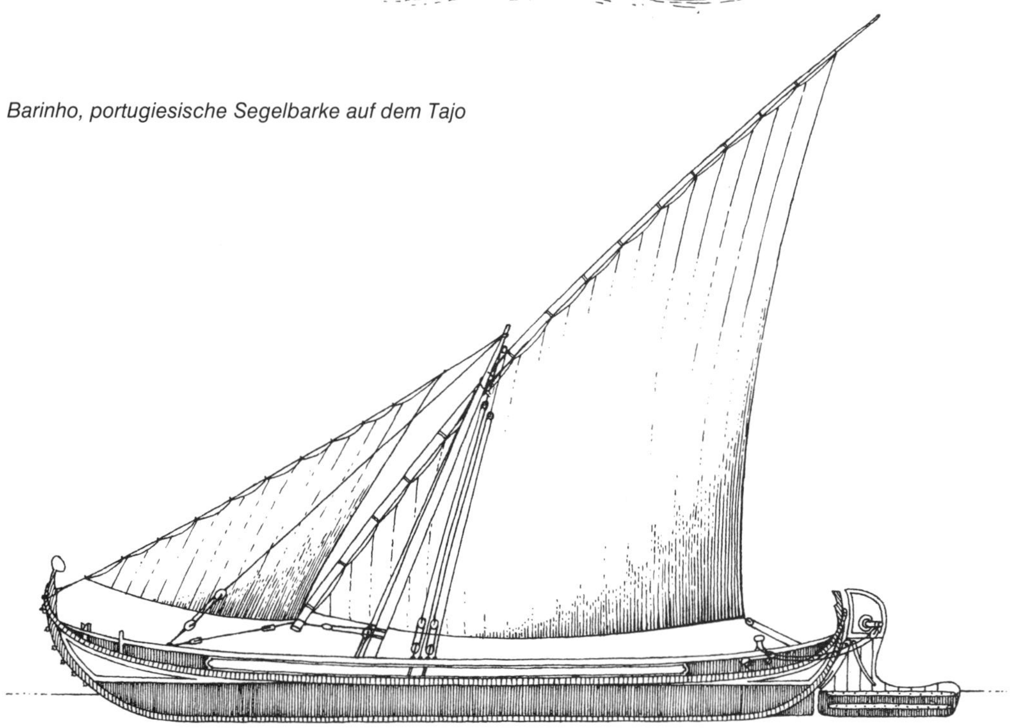

Barinho, portugiesische Segelbarke auf dem Tajo

kurzen, stark nach hinten geneigten Mast noch zu Anfang des 20.Jh. besonders auf dem Tajo (Portugal) gefahren wurde.

Bark, *Barkscniff, Barque:* Segelschiff mit mindestens 3 Masten, bei dem nur der hintere Mast (Besanmast) Schratsegel führte, während die anderen Masten rahgetakelt waren. Besonders häufig war die dreimastige Bark. Zusätzlich konnten Längssegel (Schratsegel) zwischen dem vorderen Mast und dem Bugspriet sowie zwischen den beiden vorderen Masten gefahren werden. Im Unterschied zum Vollschiff, bei dem alle 3 Masten rahgetakelt waren, verwendete man die Bezeichnung Bark oder Barkschiff i. allg. für dreimastige Segelschiffe, bei denen die vorderen Maste (Fock- und Großmast) mit Rahen und Quersegel getakelt waren und der Besanmast wegen der leichteren Bedienung Schratsegel führte. Die Abstimmung der Segelfläche und der Lateralplanfläche (Fläche der Seitenprojektion des getauchten Teiles des Schiffskörpers, etwa Länge × Tiefe) ermöglichte günstigere, völligere Vorschiffs- und schlankere Hinterschiffsformen. Die Dreimastbark wurde im 19.Jh. zu einem der wichtigsten Schiffstypen der nordeuropäischen Handelsflotten, insbesondere für Transporte über größere Seestrecken, für die vorher die *Brigg* eingesetzt war. Die Anfänge der Barktakelung reichen bis ins 14.Jh. zurück, mit dem Unterschied, daß der dritte Mast anstelle des Gaffelsegels ein Lateinsegel führte. Aus den ungeteilten Marsrahen wurden zur einfacheren Bedienung später geteilte Marsrahen und unterteilte Segel. Die übliche Tragfähigkeit lag zwischen 120 und 300 Lasten, d.h. zwischen 240 und 600t. Um 1860 betrug die Durchschnittsgröße der Barkschiffe entsprechend dem Stauraumbedarf der Ladungsgüter ca. 500 BRT. Dieses häufig verwendete Handelsschiff konnte infolge seiner einfacheren Segelhandhabung mit einer relativ kleinen Besatzung von 15 Mann zuverlässig gesegelt werden. Auch spätere große Segelschiffe, u.a. *Klipper*, waren teilweise Barkschiffe, überwiegend jedoch *Vollschiffe*. Ende des 19.Jh., Anfang des 20.Jh. war die Entwicklung der Bark durch den Übergang von der Holzbauweise auf die Stahl-Holz-Kompositbauweise gekennzeichnet. Kompositbauweise, vergrößerte Abmessungen und höhere Tragfähigkeit führten zu einem sehr bekannten Segelschiffstyp der letzten Blütezeit, der Viermastbark. Diese Schiffe erreichten eine Länge von etwa 95m, eine Breite von 14m, eine Vermessung von 3000 bis 3400 BRT bei einer Segelfläche von etwa 3000m^2. Allgemein bekannte Viermastbarken aus der sogenannten *Flying-P-Line* waren die »PAMIR« (erbaut 1905; 3102 BRT), die »PASSAT« (erbaut 1911; 3183 BRT), die »PRIWALL« (erbaut 1920; 3185 BRT) und die »PADUA« (erbaut 1926; 3064 BRT). Gute Schnellsegler waren auch die vom Norddeutschen Lloyd 1900 bis 1902 für Ausbildungszwecke in Dienst gestellten Viermastbarken »HERZOGIN CHARLOTTE« und »HERZOGIN CECILIE«.

Erste auf deutschen Werften gebaute Fünfmastbarken waren die »MARIA RICKMERS« (erbaut 1892; 3822 BRT) und die »POTOSI« (erbaut 1894; 4026 BRT). Die »POTOSI« war eines der schnellsten Segelschiffe, das über längere Strecken mit Geschwindigkeiten von über 16 Knoten fuhr. Sechsmastbarken wurden nur noch in geringer Anzahl (nachweislich nur 6 Schiffe) gebaut.

Barkantine, *Barkentine:* um 1800 entwickeltes, meistens dreimastiges, der Bark in Größe und Bauweise ähnliches Segelschiff. Im Unterschied zur *Bark* (Fock- und Großmast rahgetakelt, Besan mit Gaffelsegel) werden bei der Barkantine

Schonerbark »Carl Max«, gebaut 1873 in Rostock

Bark – Segel und Takelung einer Dreimastbark
(Maste, Rahen und Segel)

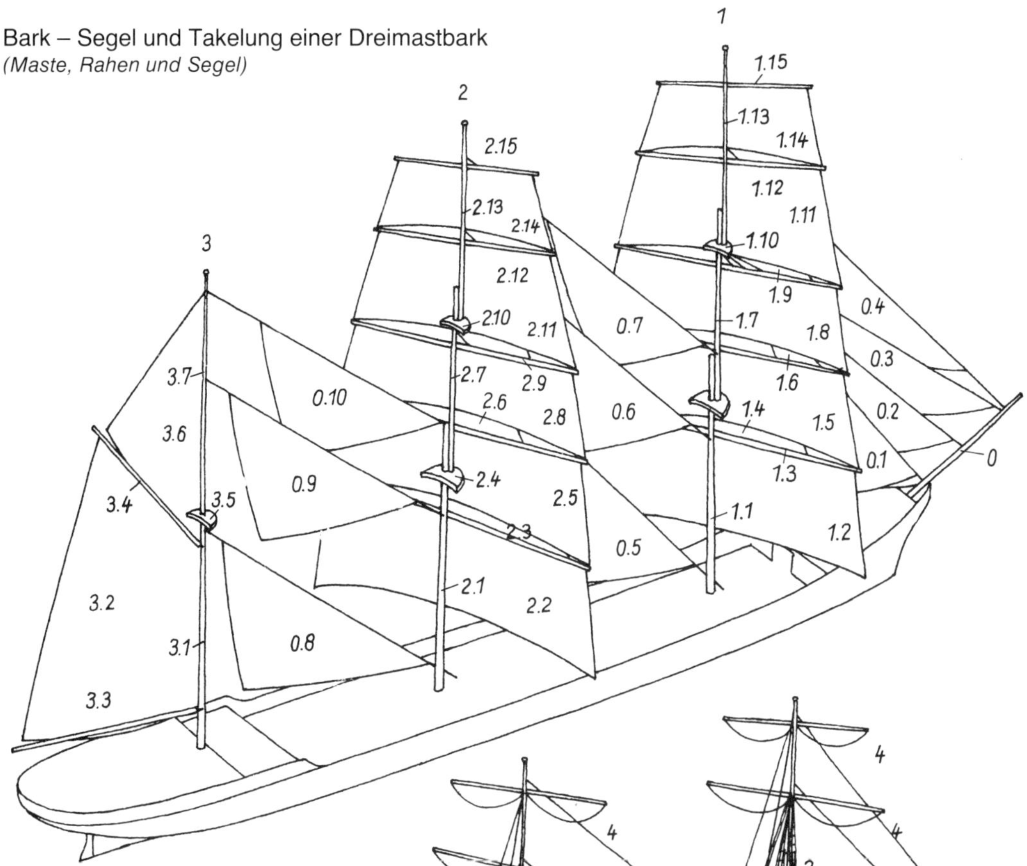

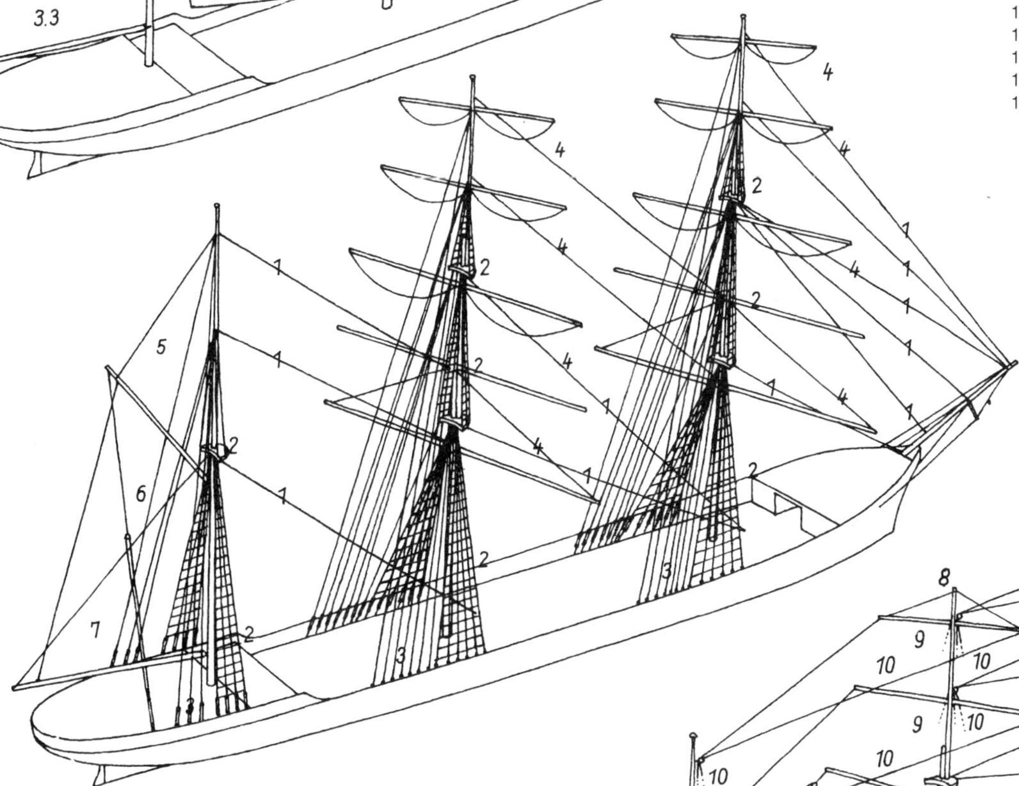

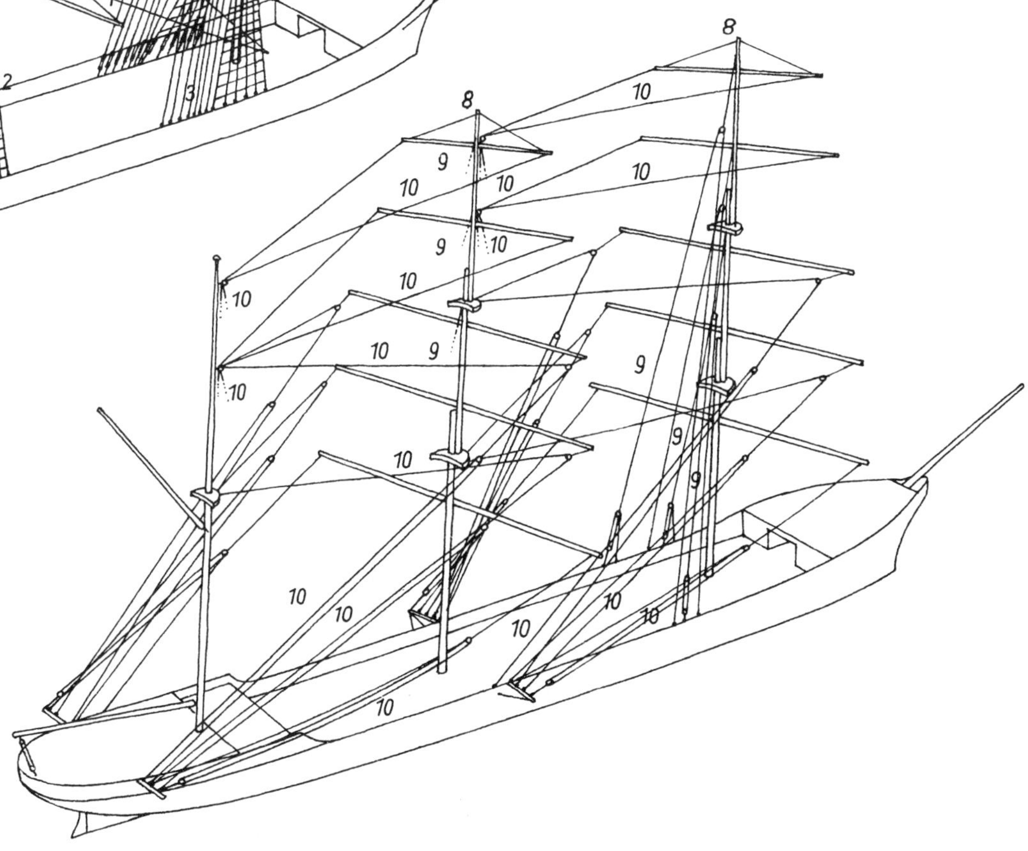

Segel

0 Bugspriet und Klüverbaum einteilig
0.1 Vorstengestagsegel
0.2 Innenklüver
0.3 Außenklüver
0.4 Jager
0.5 Großstengestagsegel
0.6 Großbramstengestagsegel
0.7 Großoberbramstengestagsegel
0.8 Besanstagsegel
0.9 Besanstagstengesegel
0.10 Besanbramstengestagsegel

1 Fockmast
1.1 Fockuntermast
1.2 Focksegel
1.3 Fockrah
1.4 Vormarssaling
1.5 Voruntermarssegel
1.6 Voruntermarsrah
1.7 Vormarsstenge
1.8 Vorobermarssegel
1.9 Vorobermarsrah
1.10 Vorbramsaling
1.11 Vorunterbramsegel
1.12 Voroberbramsegel
1.13 Vorroyalstenge
1.14 Voroberbramsegel
1.15 Vorroyalrah

2 Großmast
2.1 Großuntermast
2.2 Großsegel
2.3 Großrah
2.4 Großmarssaling
2.5 Großuntermarssegel
2.6 Großuntermarsrah
2.7 Großmarsstenge
2.8 Großobermarssegel
2.9 Großobermarsrah
2.10 Großbramsaling
2.11 Großunterbramsegel
2.12 Großoberbramrah
2.13 Großroyalstenge
2.14 Großoberbramsegel
2.15 Großroyalrah

3 Besanmast
3.1 Besanuntermast
3.2 Besansegel
3.3 Besanbaum
3.4 Besanuntergaffel
3.5 Besansaling
3.6 Besanstenge
3.7 Besantoppsegel

Stehendes und laufendes Gut

1 Stage
2 Wanten
3 Pardunen
4 Dirk
5 Geeren
6 Gaffelpiekfall
7 Geitau
8 Toppnant
9 Rahfall
10 Brasse

außer am Fockmast nur noch am Großmast eine rahgetakelte Großstenge und am Großuntermast Gaffelsegel gefahren. Die Dreimast-Schonerbark hatte nur den Fockmast vollrahgetakelt und an den anderen beiden Masten und ihren Stengen Gaffelsegel.
Dreimast-Rahschoner mit Gaffelsegel am Fockuntermast, Rahsegeln nur an der Fockmaststenge und Gaffelsegel an den anderen hinteren Masten und Stengen hießen Dreimast-Toppsegelschoner bzw. Dreimast-Focktopp-Rahschoner.

Barkarole, *Barkarolle:* kleines Ruderfahrzeug für 4 bis 6 Personen ohne Besegelung für Vergnügungsfahrten im Mittelmeergebiet, besonders bevorzugt in Italien (Venedig). Die Bootsbezeichnung wurde auf die Lieder der Bootsführer, der venezianischen Gondolieri, übertragen.

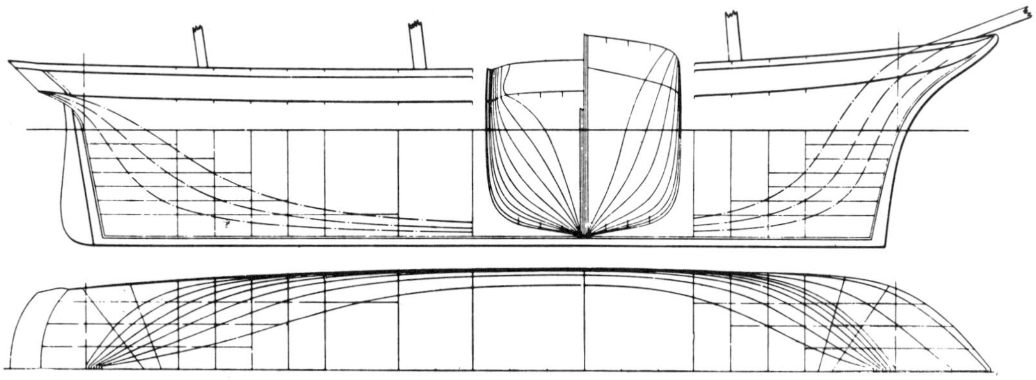

Bark – Linienriß

Dreimastbark »SINGAPORE«, 1864 erbaut in Sunderland, 922 BRT [21]

Fünfmastbark »MARIA RICKMERS«, 1892; Länge 115 m, Breite 14,5 m, 3822 BRT (nach Zeichn. ARENHOLD)

Barkasse: besonders breit gebautes wichtiges Beiboot auf Kriegsschiffen. Auf den Segelkriegsschiffen wurde die Barkasse gewöhnlich mit der *Pinasse* auf dem Oberdeck zwischen Fock- und Großmast gefahren. Sie wurde zum Ausbringen schwerer Anker, zu Fahrten an Küsten und Häfen sowie zur Versorgung mit Trinkwasser benutzt. Die Barkasse einer *Fregatte* war etwa 12 m lang, hatte 14 bis 16 Ruderer und führte 2 Masten. Barkassen wurden auch mit kleinen Geschützen (Landungslafetten und 8-cm-Kanonen) ausgerüstet und auch als Landungsboote und zum Geschütztransport verwendet. Bei Landungen faßten sie bis zu hundert Mann. Barkassen waren sowohl als Ruderboote als auch als kombinierte Ruder-Segel-Boote anzutreffen. Die spezielle Barkassentakelung bestand aus 2 kleinen Masten mit Luggersegeln sowie einem kleinen Stagfock zum Vorsteven ohne Bugspriet. Die Ruderer arbeiteten zu zweit an den Riemen. Die Seitengänge einer Barkasse waren i. allg. nicht durch Barghölzer, sondern durch aufgesetzte Leistengänge verstärkt. Die Barkasse fand ihre Weiterentwicklung in Dampf- und Motorbarkassen. Heute werden Verkehrsboote in Hafenbereichen als Hafenbarkassen bezeichnet.

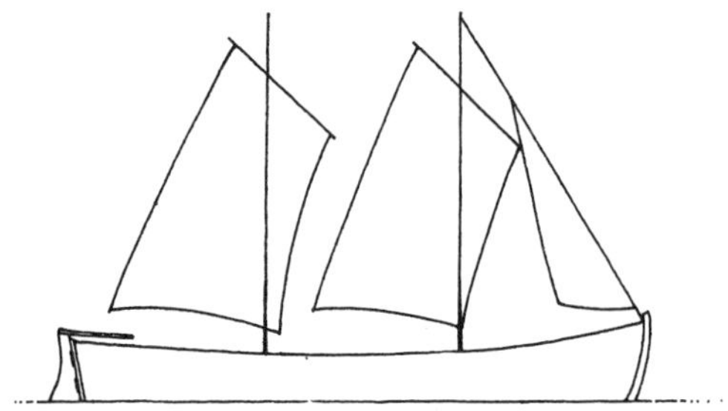

Barkassentakelung

Barke: allgemeine Bezeichnung für kleine Boote ohne Segel, wie sie vorwiegend im Mittelmeergebiet und auf dem Nil (Nilbarke) seit langem verwendet werden. Die Bezeichnung ist schon aus der Antike (griechisch barika, lat. barca) nachweisbar. Noch Ende des 19. Jh. wurden als Barken bezeichnete kleine Boote vorwiegend für die Schwammfischerei bei Sizilien verwendet. Die Bezeichnung Barke findet sich aber auch seit dem 14. Jh. in der Nordsee für meistens dreimastige leichte Kaperschiffe mit Glattdeck und etwa 100 t Tragfähigkeit. Häufig wurden diese Barken nur mit einem großen Fock- und einem kleineren Besanmast gefahren. Im Mittelmeer wurden Barken auch in Kriegsflotten verwendet; i. d. R. führten sie jedoch als Hilfsschiffe nur einige Signalgeschütze (s. a. *Staatsbarke*).

Barkerole, *Barquerolle*: siehe Barkarole

Barketta, *Barquette*: kleineres Ruder-Segelboot vorwiegend im Bereich des östlichen Mittelmeeres. Im französischen Sprachgebrauch wird mit Barquette allgemein ein Hafenruderboot bezeichnet. Im 17. und 18. Jh. wurden ähnliche kleine Boote auch für die Fischerei verwendet.

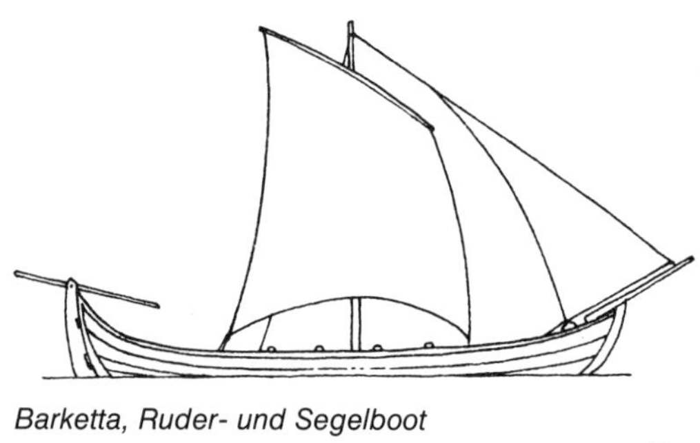

Barketta, Ruder- und Segelboot

Barkkuff: Anfang des 19. Jh. bis zur Jahrhundertmitte in Holland zuweilen gebauter kombinierter Schiffstyp, dessen Körper die Formen einer großen *Kuff* hatte, während die Takelung

Geruderte Staatsbarke, Ende des 17. Jh.

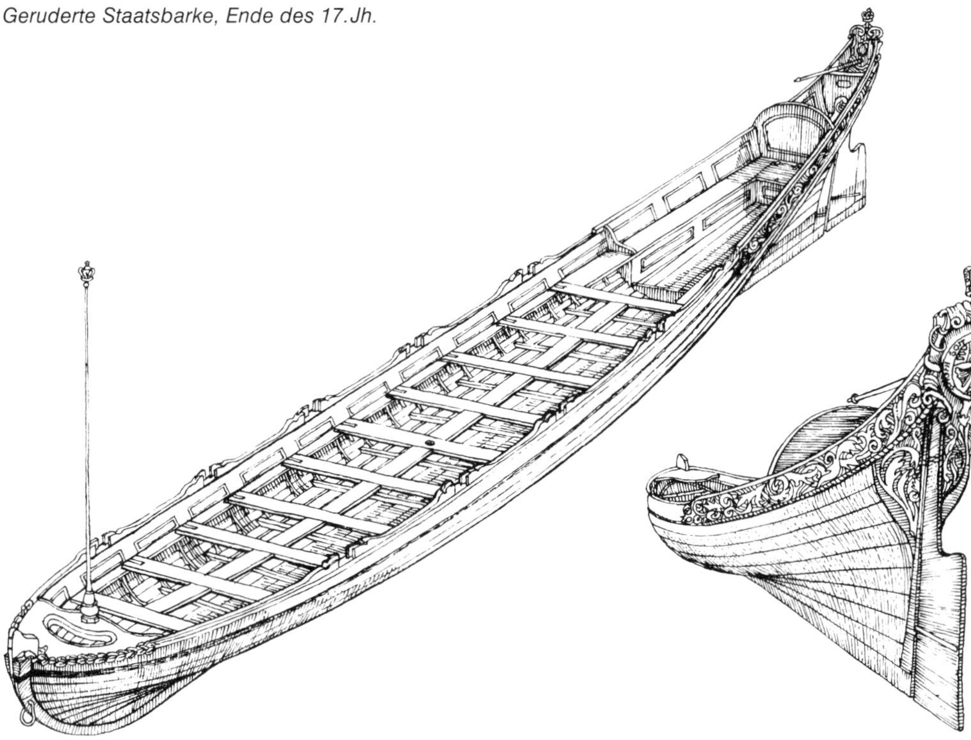

einer Dreimastbark (2 rah- und 1 gaffelgetakelter Mast) entsprach.

Barkschoner: siehe Barkantine

Barse: an der Wesermündung im 17. und 18. Jh. eingesetztes einmastiges Lastschiff zum Aussetzen von schwimmenden Wasserbegrenzungen und Seezeichen.

Batel: zweimastiges Frachtschiff mit 35 bis 100 t Tragfähigkeit, wie es an der Küste von Malabar (Indien) auch noch heute fährt. Die Bezeichnung Batel war jedoch auch an den Küsten Kaliforniens für dort gebräuchliche kleinere Küstensegler gebräuchlich. In der Küstenfischerei, insbesondere im iberischen Bereich, fand die Bezeichnung auch allgemein für kleinere Boote mit oder ohne Besegelung Verwendung.

Battela: arabisch-indischer Küsten- und Hochseesegler aus der Dau-Gruppe *(Dau)* für Frachttransporte und Fischerei. Die Rumpfform der zweimastigen und hochseetüchtigen arabischen Battela ähnelt der einmastigen kleinen und älteren *Zaruk*. Im Unterschied zur Zaruk hat die Battela jedoch ein durchlaufendes Deck und ein erhöhtes Achterdeck. Der Großmast hat einen starken Vorfall (etwa 20°) und der Besanmast steht etwa um 6° nach vorn geneigt. Sowohl am Groß- als auch am Besanmast werden trapezförmige Dausegel gefahren.
Die indische Battela ist ebenfalls ein zweimastiger Küstensegler, insbesondere im Küstenbereich von Bombay bis Karatschi, dessen beide Masten etwa einen Vorfall von 6° haben. Auch dieses Schiff fuhr mit dem trapezförmigen Dausegel, jedoch hatte es als einziger Dautyp die Schrägrahen wechselweise steuerbord und backbord am Groß- und Besanmast. Bei diesem Schiffstyp sind verschiedene arabische und europäische Einflüsse, so bei der Gestaltung des Bugspriets, des Achterstevens und des Spiegelhecks, vorhanden.

Batos: schmaler Einbaum der Fischer und Jäger Nordsibiriens und Kamtschatkas.

Bauer-Tauchboot: siehe Brandtaucher

Baumfloß, *Baumstammfloß:* siehe Floß und Balsa-Floß

Baumgarth-Bootsfund: 1899 an der Pommerschen Ostseeküste bei Baumgarth gefundenes kleines einmastiges Boot ohne Rudereinrichtung. Die Länge des Bootes ist 11,90 m, die Breite 2,52 m. Es ist ein schlanker *Doppelender*, bei dem Vor- und Hintersteven gleich spitz zulaufen. Es hat einen Balkenkiel und klinkerartig angesetzte Planken. Die Spanten sind den Innenseiten der Planken sägenartig angepaßt (auch als »Fischung« bezeichnet), ähnlich den in *Kvalsund* aus dem 6. und 7. Jh., in *Ladby* aus dem 9. und 10. Jh. und *Kalmar* aus dem 13. Jh. gefundenen Booten. Die Planken wurden mit den Spanten und in Längsrichtung vernietet. Das Boot entspricht der im 10. und 11. Jh. im Ostseeraum üblichen Bauweise.

Bazar-Kaik: im 17. und 18. Jh. großes Ruderboot am Bosporus. Es diente vorwiegend an den Markttagen zur Beförderung von bis zu 30 Personen oder zum An- und Abtransport entsprechender Warenmengen.

Bayeuxteppich-Schiffsdarstellung: ein zunächst in der Kathedrale von Bayeux und heute im Museum der Stadt Bayeux in der Normandie aufbewahrter 70 m langer und 50 cm breiter Wandteppich mit 76 Bilddarstellungen. Auf weißem Leinenuntergrund sind mit 8 Farben durch Wollstickerei Szenen aus der Eroberung Englands durch die Normannen unter WILHELM DEM EROBERER mit insgesamt 1512 Objekten aller Art dargestellt. Der Teppich besitzt großen künstlerischen und historischen Wert. Er wurde wahrscheinlich im Auftrage des Bischofs ODO, eines Bruders Wilhelms, von Klosterfrauen hergestellt. Da auf dem Teppich in häufiger Wiederholung ein etwas völlig gebauter Schiffstyp eingestickt wurde, kann angenommen werden, daß es sich um das typische Transportschiff der Normannen handelt. Die Invasion Englands fand im Jahre 1066 statt. Die Flotte Wilhelms soll aus insgesamt 3000 Schiffen mit einem großen Anteil von Lastschiffen bestanden haben. Die Anzahl der eigentlichen Kriegsschiffe wird mit 696 angegeben. Es sollen 30 000 Menschen und 2000 Pferde übergesetzt worden sein.

Becasse: im 19. Jh. prachtvolle spanische *Barke* ohne Deck mit auffällig hohem Vorschiff, besonders gebräuchlich im Bereich von Cadiz. Die Be-

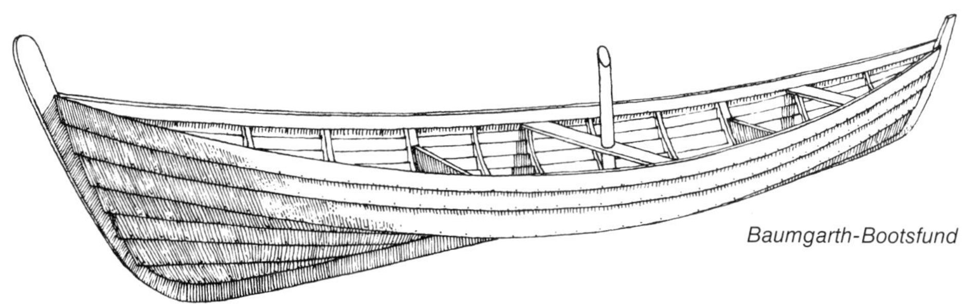

Baumgarth-Bootsfund

Bazar-Kaik vom Bosporus

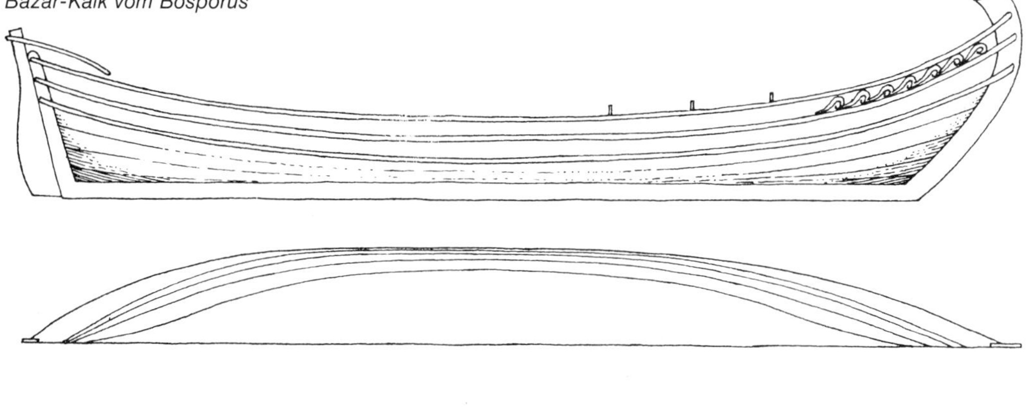

Bayeuxteppich, Ausschnitt mit Normannenschiffen

casse hatte nur einen Mast, an dem ein Rahsegel gefahren wurde. Als Hilfsantrieb konnte das Fahrzeug mit bis zu 16 Riemen gerudert werden.

Beiboot: ein zum Schiff gehörendes, beigegebenes, meistens an Bord oder im Schlepp mitgeführtes Ruder- oder Segelboot zum Aufrechterhalten der Verbindung zwischen Schiff und Land bzw. zwischen Schiffen. Bis Ende des 18. Jh. führte man oft nur ein einziges Boot mit, das häufig nachgeschleppt wurde. Erst bei starkem Wind und Seegang wurde das Boot an Bord geholt. Auf großen Segelschiffen wurden dazu an den Stagen 2 Takel (schwere mehrscheibige Seil- und Flaschenzüge, sog. »Taljen«) befestigt, mit denen andere schwere Lasten an Bord geholt wurden; außerdem wurden an den unteren Rahen solche Taljen zusätzlich angeschlagen. Auf *Schonern* und *Kuttern* wurden die Taljen an den heruntergefierten Gaffeln angebracht. Durch Schwenken des Gaffelbaumes konnten die Beiboote ebenfalls an Bord gehievt werden. Schiffe mit einfach gestaltetem Spiegelheck, wie *Brigg*, *Schoner* oder *Kutter*, hatten mitunter einen leicht geschwungenen Heckbalken und darin eingelassene Holzscheiben, um das Boot hochzuziehen und zu vertäuen. Alle diese Einrichtungen zum Anbordnehmen und Aussetzen von Booten erforderten viel Zeit und waren für die Verwendung als Rettungsboote deshalb wenig geeignet. Erst um 1800 kamen in England Klapp- und Drehdavits in Gebrauch. Beide Davitarten waren geeignet, Boote schnell auszusetzen, so daß eine größere Bootsanzahl mitgeführt werden konnte.
Während im 17. Jh. höchstens 2 Beiboote auf jedem Schiff mitgeführt wurden, erhöhte sich die Zahl der mitgeführten Boote verschiedener Größe auf 5 bis 6 je Schiff. So führten englische und französische Kriegsschiffe ab Ende des 17. Jh. je nach Rangordnung die in der Tabelle genannten Boote an Bord, wobei die Rangordnung die unterschiedliche Größe und Bewaffnung des Schiffes kennzeichnet.

Rang	etwa Größe des Schiffes in t Wasserverdrängung	etwa Besatzungsstärke in Personen	mitgeführte Boote
I	1520	600	Langboot, Pinasse, Jolle
II	720	260	Langboot, Pinasse, Jolle
III	550	140	Langboot, Pinasse
IV	290	100	Langboot, Pinasse
V	185	60	Langboot

Entsprechend dem Range eines Kriegsschiffes wurden auch verschiedene Beibootklassen unterschieden. Beim *Langboot* betrug die Länge 7 bis 16 m, bei der *Pinasse* 6,5 bis 11 m und bei der *Jolle* 6 bis 8 m. Während der Blütezeit der Segelschiffahrt wurde die Zahl der Boote auf *Briggs*, *Barken* und *Klippern* durch gesetzliche Bestimmungen weiter erhöht. Das größte und wichtigste Beiboot wurde die *Barkasse*, darauf folgten die *Schaluppe* und die *Jolle*. Das kleinste Beiboot wurde als *Gig* bezeichnet. Die große, völlige *Barkasse* war Transportboot für Waren aller Art in Fässern, Kisten und anderen Behältnissen. Sie wurde auch als *Leichter* für den Transport von der Reede zum Hafen oder zu den Küsten und für Ankermanöver eingesetzt. Die Schaluppe war ein vielriemiges, schnelles Ruderboot, das besonders für den Lasttransport und auf Walfangschiffen auch als Fangboot verwendet wurde. Die kurze, aber breite Jolle war vorwiegend *Arbeitsboot* zur Verrichtung von Arbeiten am Schiff; die Gig diente hauptsächlich dem Kapitän und der Schiffsführung und trug dementsprechend auch häufig die Bezeichnung »Kapitänsgig«. Für andere Aufgaben wurden auch weitere kleine Boote an Bord mitgeführt. Das allerkleinste Boot an Bord nannten die Matrosen scherzhaft »Mosesboot«. Je nach Anzahl und Größe waren die mitgeführten Boote zur Ausbildung der Schiffsbesatzung und als Rettungsboote mit Segeln, Riemen und Proviant ausgerüstet. Zur Besegelung wurde vorwiegend das leicht bedienbare Luggersegel, später das Gaffelsegel verwendet. An Bord wurden die Boote auf großen Schiffen mittschiffs auf dem Großluk oder auf Grätingen (Holz- oder Metallgitter) vertäut. Die später an Davits hängenden Boote waren verzurrt und gesichert. Im Laufe der Zeit entstand eine Vielzahl von Verbesserungen an den Bootsaussetzungsvorrichtungen.

Beischiff: Bezeichnung für kleinere Schiffe, die größeren Schiffen für verschiedene Hilfeleistungen als *Tenderschiff* zur Verfügung stehen.

Belem: langgestrecktes, gondelähnliches Ruderboot für den Personentransport im Irak. Vor- und Hintersteven sahen schneckenförmig eingerollt aus.

Bequartierungsschiff: ein Wohnschiff zur vorübergehenden Unterbringung von Schiffsmannschaften. Entsprechend den Vorschriften dei meisten Seeflotten durfte die Mannschaft während der Bestückung des Schiffes mit Kanonen, der Ausrüstung im Arsenal und während einer Dockung nicht an Bord ihres Schiffes wohnen.

Bergantine, *Bergantin:* italienisches Ruder-Segelschiff aus dem 17. Jh., dessen Anfänge bis ins 13. Jh. zurückreichen. Der Schiffstyp stellte eine kleinere Art der *Galeere* für Kurierdienste mit bis zu 16 Riemen an jeder Seite und einem Ruderer je Riemen dar. Im 16. und 17. Jh. gab es auch den Schiffstyp mit 2 Ruderern je Riemen. Die Takelage bestand aus einem Mast mit Lateinrute und Lateinsegel.

Bergen-Schiffsfund: verschiedene Reste von altnordischen und mittelalterlichen Schiffen, die im alten Hafengebiet von Bergen in Norwegen in jüngerer Zeit entdeckt wurden. Die Mehrzahl der Funde stammt aus der Mitte des 13. Jh., da im Jahre 1278 die Hanse eine Handelsniederlassung in Bergen gründete. Zwei von den Schiffswracks ähneln dem *Kalmar-Schiffsfund*. Verschiedene andere Wracks sind nur unsicher bestimmten Schiffstypen zuzuordnen. Den Maßen nach handelt es sich bei einer Länge von 26 m und einer Breite von 9 m um auffällig große Schiffe für die Zeit des 13. Jh. Einige Historiker nehmen auch an, daß es sich bei den Funden um Schiffe von H. HAKONSSON handelt. Urkundlich ist erwiesen, daß dieser 1262 bis 1263 die berühmte »KRISTSUDIN« oder auch »KRISTAUDIN« für 37 Ruderer in Bergen bauen ließ. Ein früherer, bereits 1925 im Sumpf bei Möre gemachter Schiffsfund stammt aus der Zeit um 800. Für diese Schiffsfunde ist typisch, daß die Bearbeitung der Planken ausschließlich mit Beil und Dechsel (Queraxt) erfolgte. Die Markierungen sind noch gut erkennbar. Damals wurde in den nordischen Ländern noch nicht gesägt.

Bermuda-Segelyacht: mit Hoch- oder Spitzsegel getakelte Hochseeyacht. Ähnliche, auf den Bermudas gebräuchliche Hochtakelungen wurden in Europa in der ersten Hälfte des 19. Jh. bekannt. Aus Erfahrungen mit den dreieckigen Lateinsegeln auf schnellsegelnden Mittelmeerschiffen vermutete man bereits eine günstige Vortriebswirkung langer Luvkanten-Segellieks. Diese Erkenntnis setzte sich auch bei den bis in das 20. Jh. in Nordeuropa bevorzugten gaffelgetakelten Yachten mehr und mehr durch. Aus der Gaffeltakelung mit Gaffeltoppsegel entstand die heute noch anzutreffende Steilgaffel. Mit dem Ansetzen der großen dreieckigen Hochsegel bis zur Mastspitze an verlängerte Hochmasten ohne Steilgaffel vollzog sich dann der Übergang zum heutigen Hochsegel. Seit den olympischen Spielen 1920 in Amsterdam nahmen Hochseeyachten mit Bermudasegeln an den Regatten teil. 1936 fand nach einer speziellen Bermuda-Vermessungsformel ein Ozean-Yachtrennen zwischen den Bermudainseln und dem Feuerschiff »Elbe I« statt.

Bermudasloop: zu Ende des 17. Jh. auch als »Jamaicasloop« bezeichnetes einmastiges Segelschiff, das vorwiegend in den Gewässern um Jamaica für Kaper- und Schmuggelfahrten benutzt wurde. In Europa gab es die Bermudasloop noch bis zum Ende des 19. Jh. Es war ein Glattdecker von etwa 20 m Länge bei zurückfallendem Vorsteven, jedoch einem außergewöhnlich langen Bugspriet von fast einer Schiffslänge. An dem stark nach hinten geneigten Mast fuhr man ein großes Gaffelsegel, eine Breitfock, ein Toppmastsegel sowie Stagfock, Klüver und Jager.

Besanewer: ein als *Anderthalbmaster* getakelter *Ewer* der Nordseeküste mit Seitenschwertern für die Küstenschiffahrt und Fischerei. Der Vorgänger hatte als kleiner Ewer nur einen Pfahlmast, so daß er als »Pfahlewer« oder »Giekewer« bezeichnet wurde. Demgegenüber führte der Besanewer, erstmalig 1849 als Weiterentwicklung des *Pfahlewers* nachweisbar, einen weiteren kleineren Mast, den Besan. Der Besanewer hatte insgesamt etwa 170 m^2 Segelfläche.

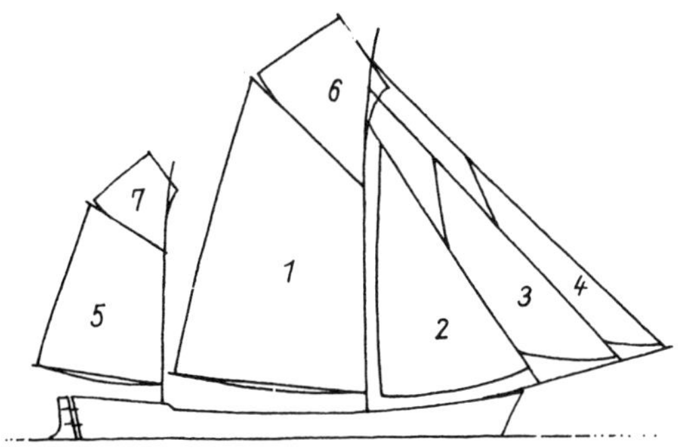

Takelung des Besanewers: 1 Großsegel – 2 Stagfock – 3 Klüver – 4 Jager – 5 Besan – 6 Großgaffeltoppsegel – 7 Besangaffeltoppsegel

Besankutter: ein als *Anderthalbmaster* getakelter *Kutter*, der neben einem Großmast am Heck noch einen kleinen Treibermast, den Besanmast, führte. Die Mehrzahl der Segel-Fischkutter war wegen der günstigen Steuereigenschaften und der einfachen Bedienung als Besankutter getakelt. Allgemein wird eine als Kutter getakelte Yacht, die außer dem Großmast noch einen kleineren Besanmast für ein Steuersegel führt, als Besankutter oder *Yawl* bezeichnet.

Besanyacht: im 17. Jh. kleine schonergetakelte

Besanewer um 1880

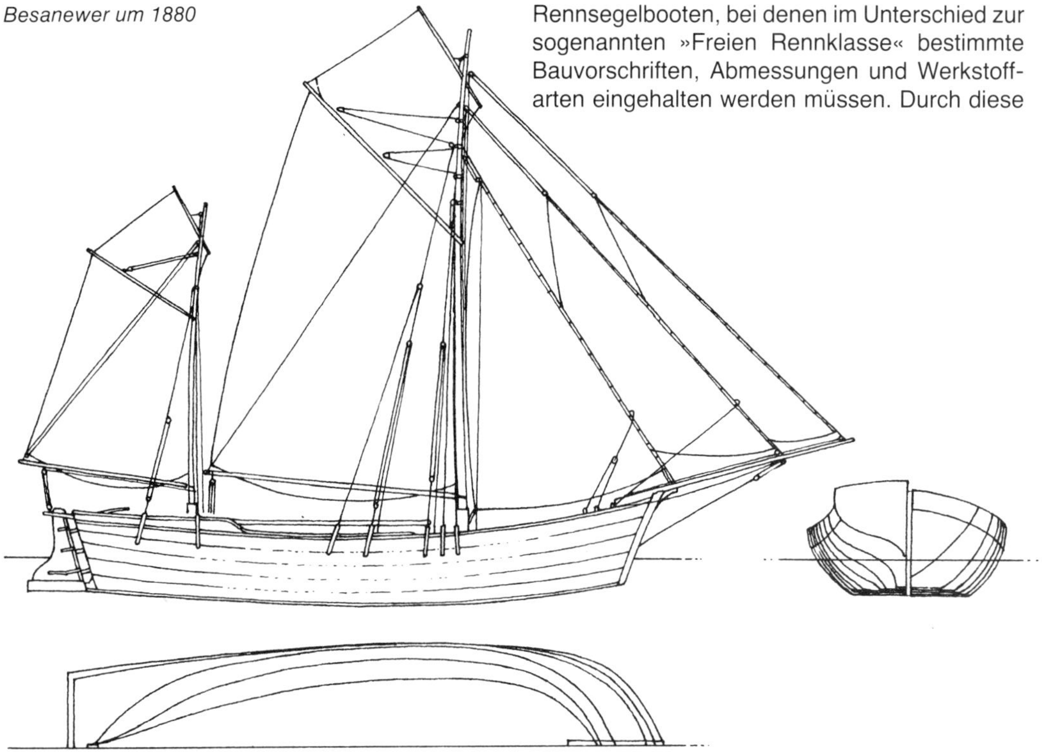

ein- und zweimastige Yacht in Holland. Eine Besonderheit waren die auffällig kurzen, hoch am Mast gefahrenen Gaffeln, die zum Teil nicht gerade, sondern gekrümmt waren. Diese besondere Art der Gaffelsegel nannten die Holländer »Bezaan«.

Beschränkte Rennbootsklase: Klasse von Rennsegelbooten, bei denen im Unterschied zur sogenannten »Freien Rennklasse« bestimmte Bauvorschriften, Abmessungen und Werkstoffarten eingehalten werden müssen. Durch diese Beschränkungen sollen die Typenvielfalt begrenzt, die Vergleichbarkeit der Fahrzeuge und die Anwendung geeigneter Konstruktionen auf Nutzboote verbessert werden.

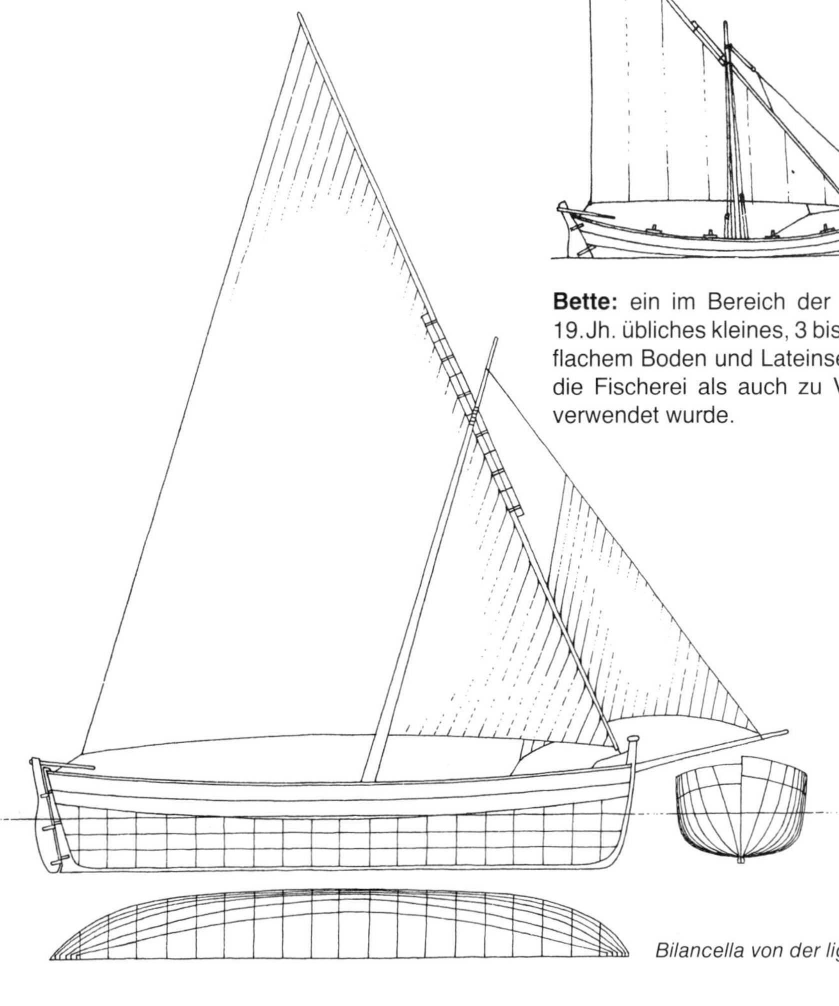

Bilancella von der ligurischen Küste, 19 Jh.

Bette von der Rhonemündung, 19. Jh.

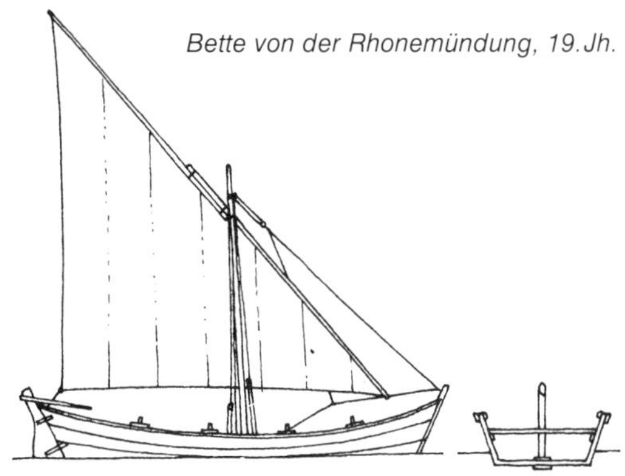

Bette: ein im Bereich der Rhonemündung im 19. Jh. übliches kleines, 3 bis 6 m langes Boot mit flachem Boden und Lateinsegel, das sowohl für die Fischerei als auch zu Vergnügungsfahrten verwendet wurde.

Bilancella: Fischerboot der ligurischen Küste (Genua) mit Lateinsegel an einem stark nach vorn geneigten Mast. Das gedeckte Boot war bis zu 20m lang und etwa 4,5m breit.

Bilander: zweimastiges briggähnliches Segel-Handelsschiff *(Brigg)*, das im 17. und 18.Jh. besonders in Holland, Schweden und England für den Warentransport in Flachwassergebieten der Küsten- und Binnenschiffahrt mit flachem Schiffsboden gebaut wurde. Der vordere Mast war voll rahgetakelt, der achtere, i.allg. größere Mast führte unter den oberen Rahsegeln ein als »Bilandersegel« bezeichnetes trapezförmiges Segel. Im Unterschied zum Bilander führt der als kleiner Bilander bezeichnete Schiffstyp zweimastige, aber wesentlich kleinere Luggertakelung. Ende des 19., Anfang des 20.Jh. wurden auch Binnenlastkähne als Bilander bezeichnet.

Bilander, Mitte 18.Jh.

Bildstein-Schiffsdarstellung: den *Felsritzungen* (Hällristningar) ähnlich dargestellte Schiffe und Runenzeichen auf Einzelsteinen. Einer der ältesten in Nordeuropa gefundenen Bildsteine, nach seinem Fundort benannt, ist der Karstad-Runenstein. Er stammt aus der Zeit um 1000 v.u.Z. und wurde 1927 von einem Lehrer aus Nordfjord in Norwegen gefunden. Der Stein enthält außer Runen eine Anzahl Schiffsbilder mit Doppelsteven.
Aus dem 9.Jh. stammt die Schiffsdarstellung auf dem Häggeby-Stein. Es wird ein schwungvoll gezeichnetes Wikingerschiff mit gleicher Bauart des Vor- und Achterstevens mit 12 Ruderbänken und eine Schute oder Karfe dargestellt. Dieser Bildstein befand sich in der Kirche des schwedischen Ortes Häggeby und gehört jetzt zum Bestand eines Stockholmer Museums.
In einem Steingrab bei Kivik (Schonen, Südschweden) sind Steinplatten aus der älteren Bronzezeit erhalten geblieben. Auf einer dieser Platten ist ein Schiff mit Doppelsteven stilisiert dargestellt.
Eine weitere bekannte, schottische Bildstein-Schiffsdarstellung befindet sich im Museum in Edinburgh, die aus der zweiten Hälfte des 13.Jh. stammt und einen koggenähnlichen Schiffstyp zeigt.

Binnenjolle: eine für Binnengewässer im Vergleich zur Küstenjolle leichter gebaute *Segeljolle*. Zu den bekanntesten ältesten Binnenjolle-Klassebooten gehörte die 22-m^2-Nationale Binnenjolle.

Bildstein aus Häggeby, Schweden [3]

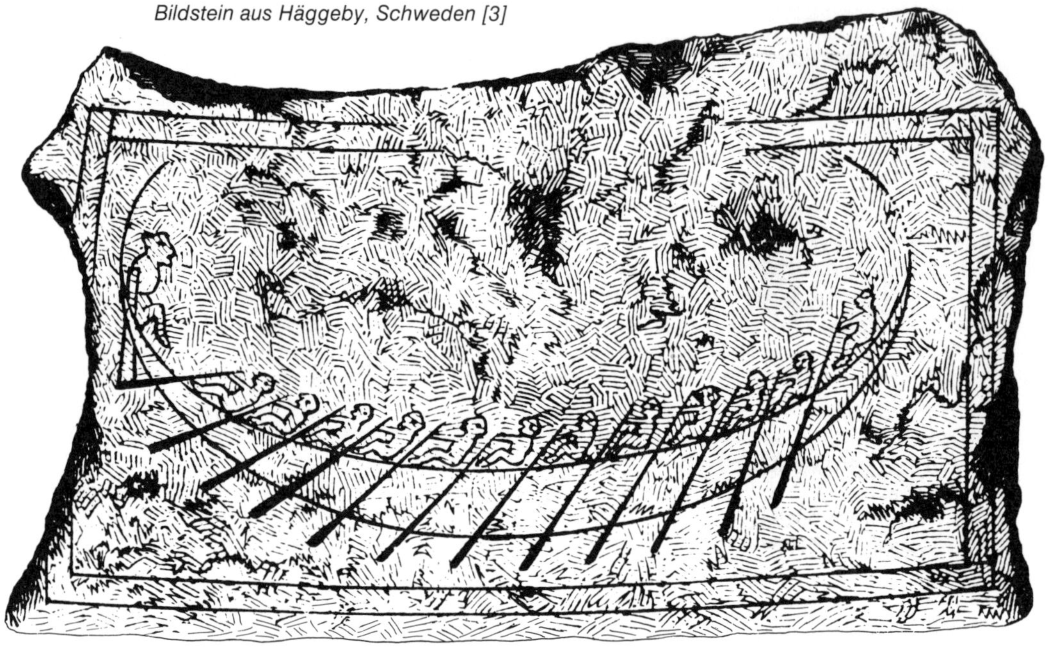

Binsenboot: Verkehrsmittel der Indianer auf dem Titicacasee, das sehr geschickt aus mehreren rollenförmigen Binsenbündeln zusammengesetzt wird. Da der Auftrieb wie bei einem Floß erfolgt, handelt es sich eigentlich um bootsförmige Binsenflöße, s.a. *Balsa*. Die Fahrzeuge sind i.allg. 3 bis 4m lang und tragen 4 bis 6 Personen. Das Segel besteht aus Binsenmatten und ist an einem einfachen Stangenmast befestigt.

Binta: im 18. und 19.Jh. vorwiegend von Piraten benutztes zweimastiges Schiff im Malayischen Archipel mit zusätzlichem Riemenantrieb nach Art der *Biremen* und 2 seitlichen Steuerrudern im Heck.

Bireme: altrömisches Kriegsschiff im Mittelmeerbereich. Die Bireme wurde mit Riemen in 2 übereinander angeordneten Reihen von Ruderbänken auf beiden Schiffsseiten angetrieben, wobei jeder Riemen von 1 oder 2 Ruderern bedient wurde. Darstellungen z.B. am Palast des SANHERIB (704 bis 661 v.u.Z.) im Libanon und an der Trajansäule (TRAJAN 53 bis 117) sowie auf griechischen Skulpturen lassen die räumliche und zeitliche Verbreitung der Biremen im Altertum erkennen (s.a. *Diere*).

Binta, malayisches Piratenschiff, 19.Jh., Modell

Bisquine: im Mittelmeer für die Fischerei und Küstenfahrt verwendetes kombiniertes Ruder- und Segelfahrzeug mit etwa 30t Tragfähigkeit, 2 Masten und einem Bugspriet. Der Fockmast war meistens vorgeneigt, und der größere Pfahlmast führte ein fliegendes Toppsegel.

Römische Bireme, Reliefdarstellung um 30v.u.Z. [11]

Römische Bireme, Relief an der Trajansäule in Rom

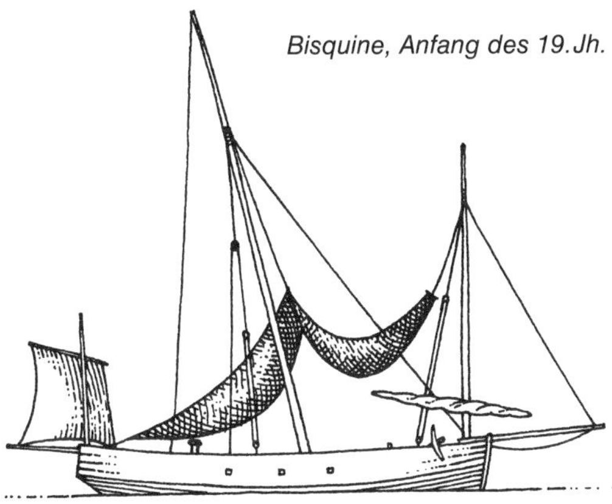

Bisquine, Anfang des 19. Jh.

Björke-Bootsfund: bei Björke in Ostschweden 1947 im Kanalbett zwischen dem Hille- und Jus-See gefundenes Setzbordschiff aus dem 4. Jh. Es stellt einen Einbaum mit an beiden Schiffsseiten aufgesetzten Seitenplanken dar. Die muldenförmig ausgearbeitete Bodenplanke hat eine Länge von 5,22 m, eine größte Breite von 0,7 m und eine Dicke von etwa 4 cm. Am Plankenboden vorn und hinten sind kielähnliche, 1,5 m lange Rippen ausgehauen. An den in Klinkerbauart aus Lindenholz gefertigten aufgesetzten Borden wurden, ähnlich wie beim *Nydam-Boot*, beim Aushauen Klampen stehen gelassen. Diese dienen zum Anbinden der Seitenplanken. Das Anbinden erfolgte durch Weidenzweige an Querspanten aus Tannenholz. Das Setzbordschiff stellt eine Urform der altnordischen Segelschiffe dar, die in den Sagas als »skegg« (Verdickung) bezeichnet werden. Beim Björke-Bootsfund ist jedoch ein Mastfuß nicht erkennbar. An jeder Bordseite war ein Plankengang von 0,35 m breiten und 2 cm dicken Planken aufgesetzt. Die Planken wurden untereinander mit Eisennieten und untergelegten Scheiben verbunden. Alle Planken sind nur mit Beil und Dechsel bearbeitet und nicht gesägt worden. Im Boden befand sich Feldsteinballast von 67 kg. Dieser Ballast kann zur Stabilitätserhöhung und als Ankerstein gedient haben. Das Boot hat mit den aufgesetzten Planken eine Länge von 7,22 m, eine Breite von 1,24 m und eine Seitenhöhe von 0,94 m. Bei 4 Mann Besatzung einschließlich Waffen und Proviant kann es einen Tiefgang von 15 cm gehabt haben.

Björke-Bootsfund

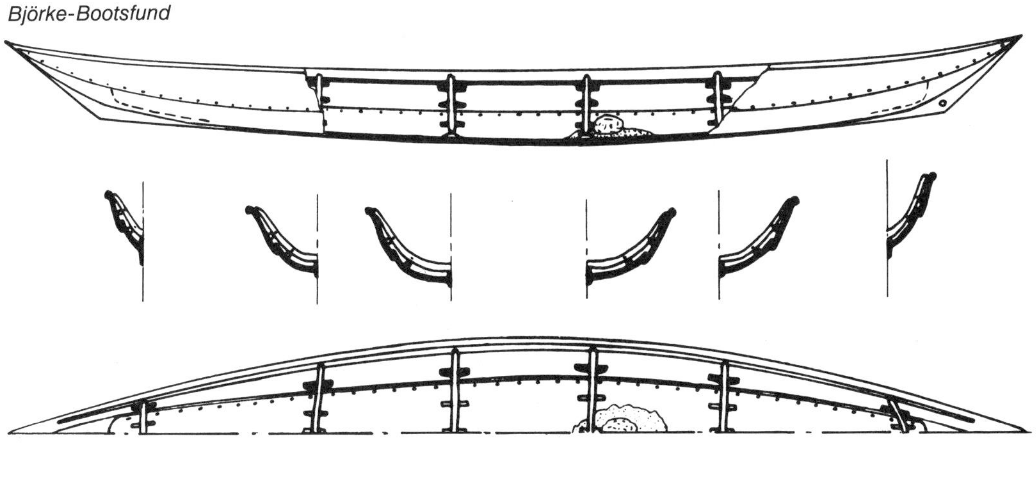

B-Klasse-Boot: zur B-Klasse oder -Gruppe von Sportsegelbooten zählende ältere Boote einer *Konstruktionsklasse*. Um vergleichbare Wettbewerbsbedingungen zu schaffen, erfolgte ihre Zulassung und Bewertung unter der Zusatzbezeichnung »B-Klasse«.

Blackfriars-Bootsfund: in London 1962 bei Baggerarbeiten in der Themse gefundene Bootsreste aus Eichenholz. Nach eingehender Untersuchung konnte festgestellt werden, daß es sich um ein Boot aus der Zeit der Unterwerfung Englands durch die Römer (43 bis 400 u. Z.) handelt. Beim Wrack befanden sich Hunderte Scherben römischer Keramikgefäße. Der Laderaum enthielt Steine, deren Herkunft einwandfrei aus einem Steinbruch am Medway-Fluß bei Maidstone in Kent nachweisbar ist. Das Boot hatte einen flachen Boden, der aus 2 durchgehenden, 65 cm breiten und 7,5 cm dicken Planken bestand. Ein Kiel war nicht vorhanden. Die bis zu 5 cm dicken Seitenplanken waren durch 2 cm dicke Eichenholzpflocks und Eisennägel in diesen Pflocks mit den Bodenplanken und untereinander verbunden. Die mit den Planken vernagelten Bodenwrangen waren teilweise besonders stark: bis zu 21 cm dick und 30 cm breit. Die Abdichtung der Längsfugen zwischen den Seitenplanken erfolgte durch eingepreßte Haselnußzweige; eine Mastspur (Fußlagerung eines Mastes) war nicht vorhanden.

Blazer: einmastiges und in der Weiterentwicklung auch zweimastiges niederländisches Fischereifahrzeug. Als Einmaster war der Schiffskörper gedrungen und mit starken Holzverbänden auf Kiel gebaut. Die Takelung bestand aus dem dicken, nicht abgestagten Pfahlmast, Großsegel, Stagfock und Klüver. Der Blazer ist wahrscheinlich erst in der zweiten Hälfte des 19. Jh. entstanden. Die Vermutungen darüber, aus welchem Typ er sich entwickelt hat, gehen auseinander. Er kann die Weiterentwicklung des sehr alten Kaag-Typs *(Kaag)* oder eine Variante des *Texel-Leichters* sein, der auf der Reede von Texel Ladungen von Seeschiffen übernahm. Eine andere Annahme besagt, daß der Blazer aus dem *Botter* hervorgegangen sei, indem man diesen Typ für die Fischerei auf den nördlichen Teilen der Zuidersee vergrößert habe. Die Abmessungen des Blazers sind unterschiedlich. Die größten zweimastigen Schiffe mit einer Länge über alles von 17 m und mehr waren auf Texel beheimatet. Vom nördlichen Teil der Zuidersee hat sich der Blazertyp bis nach Zeeland und Antwerpen verbreitet.

Blockschiff: Schiffskörper eines Segelschiffes ohne Mast und Takelage. Nicht mehr seetüchtige Kriegsschiffe wurden nach Entfernen der Takelage des öfteren an Eingängen von Flüssen und Häfen oder an den Zollstationen der Ströme als Zoll- und Wachschiffe verankert. In Kriegszeiten

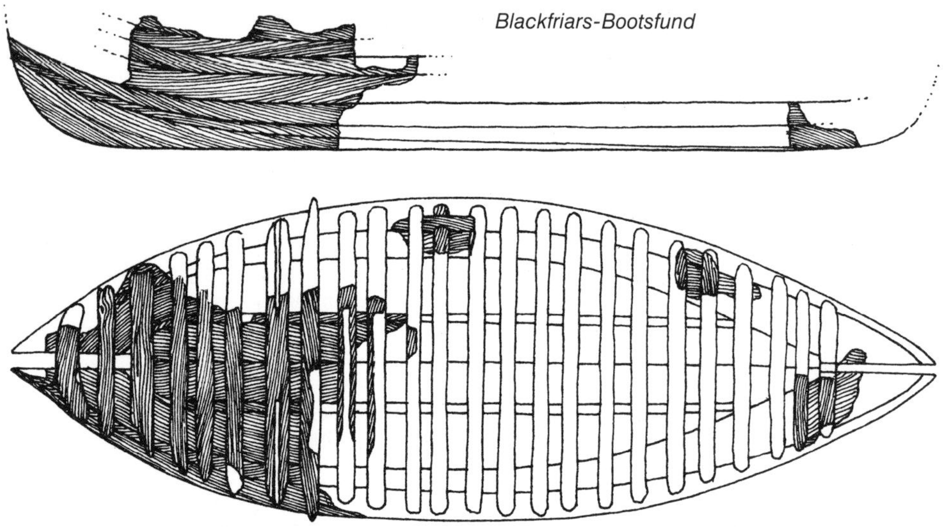

Blackfriars-Bootsfund

wurden mit Geschützen armierte Blockschiffe zusätzlich zum Schutz und zur Sperrung von Strommündungen und Häfen als schwimmende Batterieschiffe genutzt oder ohne Armierung als Hafensperren versenkt. Auch als Kohlen- und Proviantlager, schwimmende Magazine oder Arsenale, Kasernen-, Lazarettschiffe oder als Schiffskirchen wurden Blockschiffe verwendet. Zuweilen wurden sie sogar als schwimmende Gefängnisse genutzt.

Bock: die größten Weserkähne, die im vorigen Jahrhundert als »Böcke« bezeichnet wurden. Die Abmessungen betrugen etwa 36m Länge und 2,7m Breite für Lasten bis zu 80t. Die mittelgroßen nannte man *»After«*, auch Achter- oder Hinterhänge, weil sie an den Bock angehängt wurden. Die kleinsten der Weserkähne wurden »Bullen« genannt. Zusammen machten die 3 Kahnarten beladen und gekoppelt eine sogenannte »volle Last«, d.h. eine Ladungspartie eines Tiefseeseglers aus. Die Lastkähne wurden von Bremen bis Hameln durch 40 bis 70 »Lienlooper« (Leinenläufer) getreidelt und von dort bis Minden von Pferden geschleppt.

Bojer, *Boi, Boier, Boeijer, Boeyjer, Booyer:* ein aus Holland stammendes, flachgehendes, rundgebautes kleines Küsten- und Watten-Segelschiff mit flachem Boden und breiten Seitenschwertern zum Legen von Bojen und zum Frachttransport. Das anfänglich einmastige, nur mit Mast- und Sprietsegel versehene Schiff wurde zu einem *Anderthalbmaster* mit Spriet- und Lateinsegel weiterentwickelt. In dieser Form zählte der Bojer zu den bekanntesten Küstenseglern der nordeuropäischen Gewässer des 16.Jh. Merkmale dieses größeren seegehenden Bojertyps waren der Fortfall der Seitenschwerter, der weniger flache Schiffsboden, ein plattes Spiegelheck und eine kleine Hütte. Später wurde am Großmast zusätzlich ein kleines Topprahsegel gefahren, der kleinere Besanmast behielt das Lateinsegel, und am Bugspriet befand sich eine Blinde (Rahsegel). Anfang des 17.Jh. wurde das Sprietsegel durch ein Gaffelsegel ersetzt. Zu dieser Zeit war der Schiffstyp an der friesischen und deutschen Nordseeküste allgemein verbreitet. Seine breite, völlige Formgebung beeinflußte offensichtlich die nachfolgenden Schiffstypen *Kuff*, *Tjalk*, *Galiot* u.a. Mit Gaffeltakelage behauptet sich der Bojer unter der Bezeichnung »Bojeryacht« bis heute als Gebrauchs- und Sportfahrzeug bei Fahrzeuglängen von 7 bis 13m

Anderthalbmastiger Bojer mit Spriet- und Lateinsegel, 16.Jh.

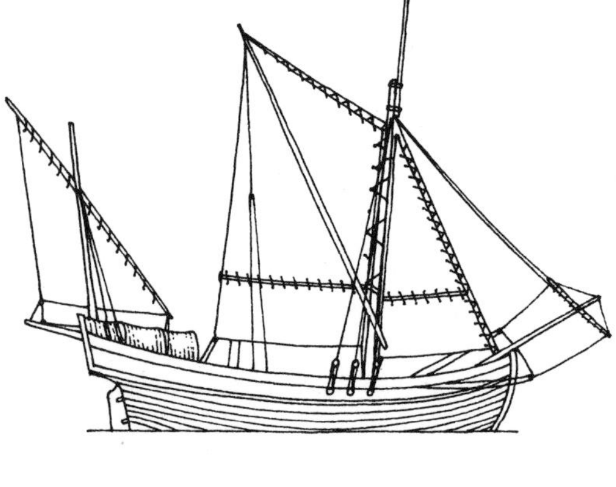

Bombarde, *Bombardiere, Bombardiergaliote, Bombardierprahm, Bombardierketsch, Bombardierschiff:* ursprünglich mit Mörsern bestücktes Fahrzeug des Mittelmeerraumes, das anfangs einen Großmast mit Rahsegeln und einen Treibermast mit kleinem Gaffelsegel führte. Vom 16. bis 18.Jh. gab es in den Flotten bereits sogenannte Bombardiergalioten als *Anderthalbmaster*, die mit mehreren kleinen Mörsern bestückt waren. In Frankreich entwickelte man im 18.Jh. den Bombardierprahm. Diese völligen Prahme ohne Mast und Segel wurden von Ruderbooten oder anderen Schiffen geschleppt. In einem französischen Bericht von 1787 wird ein solcher *Prahm* beschrieben, der an Deck 26 Stück 36-

Einmastiger Bojer mit kurzer Krummgaffel, Mitte des 19.Jh.

Bojeryacht Anfang des 18. Jh., Modell

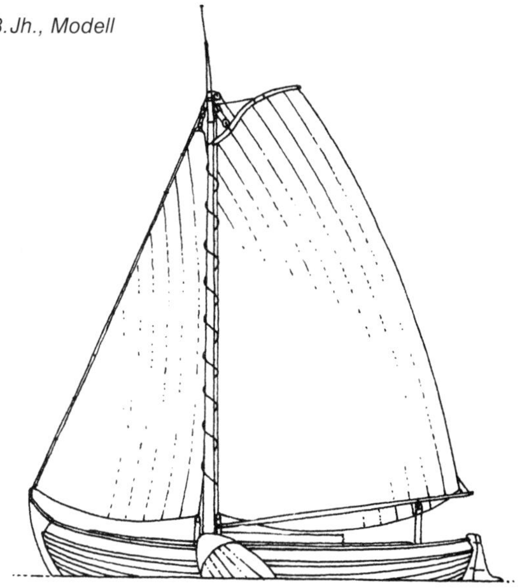

Holländische Bomme des 19. Jh., Modell

pfündige Kanonen (36 frz. Pfund sind 16,4 kg) und 2 Mörserwurfgeschütze von je 12" (305 mm) hatte. Preußische Bombardierprahme aus dem 18. Jh. besaßen 20 bis 22 Stück 24-Pfünder (je rund 11 kg) und 6 Stück 6-Pfünder (je rund 2,75 kg) sowie verschiedene Mörser. Derartige Bombardierprahme wurden hauptsächlich zum Beschießen von Landzielen eingesetzt. 1682 verwendeten Franzosen eine Bombardierketsch während der Belagerung und Beschießung von Algier. Die Bombardierketsch hatte 2 schwere Mörser, deren Größe alle bisherigen Schiffsmörser weit überstieg. Es wurden Geschosse von etwa 200 englischen Pfund (rund 90 kg) abgefeuert. Die bekannten Schiffsgeschütze der damaligen Zeit waren für 48 englische Pfund (rund 22 kg) gebaut. Für die schweren Mörser, die im Unterschied zu einem Geschütz nicht im direkten Beschuß, sondern wie Granatwerfer schräg nach oben abgeschossen wurden, mußten die Schiffsverbände besonders stark gebaut und gut abgestützt werden. Bombardiergalioten waren später vorwiegend zweimastige Schiffe von mittlerer Größe, mit plattem Boden und flachgehend, damit sie sich dem Lande so weit wie möglich nähern konnten. Die Mörser waren auf Bettungen im vorderen Schiffsteil aufgestellt und wurden über den Bug abgefeuert, damit während des Beschusses nicht die ganze Schiffsseite dem Lande zugewandt war. Die aus Großmast und Besanmast bestehende Takelage wies wegen der Mörseraufstellung einige Besonderheiten auf. So stand der Großmast sehr weit hinten, zuweilen sogar hinter der halben Länge des Schiffes. Für das Mörserschießen mußten dennoch alle Vortakelagen bis auf das aus einer starken Kette bestehende Vorstag entfernt werden, damit das Schiff nicht in Brand geriet. Vereinzelt gab es auch dreimastige Bombardiergalioten. Diese Schiffe feuerten die Mörser seitlich ab. Als ein Erfinder der Bombardiergalioten gegen Ende des 17. Jh. wird der Franzose B. RENAUD genannt. Im 19. Jh. bezeichnete man auch Frachtsegelschiffe mit Polackertakelage *(Polacker)* als Bombarde.

Bomme, *Bomschuit:* niederländisches Fischereifahrzeug des 17. und 18. Jh. mit flachem Boden, so daß es direkt auf den Strand auflaufen kann, ohne Schaden zu nehmen. Meistens waren es Anderthalbmaster mit Gaffelsegeln. Die Schiffslänge konnte bis zu 10 m und die Tragfähigkeit bis zu 18 Lasten (32 t) betragen.

Bons: kleines bis zu 10 m langes plattbodiges Fischerboot der Zuidersee, das heute nur noch selten anzutreffen ist. Es hatte Ähnlichheiten mit dem *Schokker* und wurde für den Fang von Anchovis und Hering verwendet.

Boopa: kleine Südsee-*Piroge* mit Ausleger.

Boot (Ruder- und Segelboot): allgemeine Bezeichnung für ein kleines, meistens ungedecktes, durch Muskel- oder Windkraft angetriebenes Wasserfahrzeug. Unterscheidungen sind üblich sowohl nach dem Baumaterial, z. B. Leder- oder Fellboot, Rinden- oder Plankenboot, oder auch nach Form und Bauart, z. B. Rundboot oder Aus-

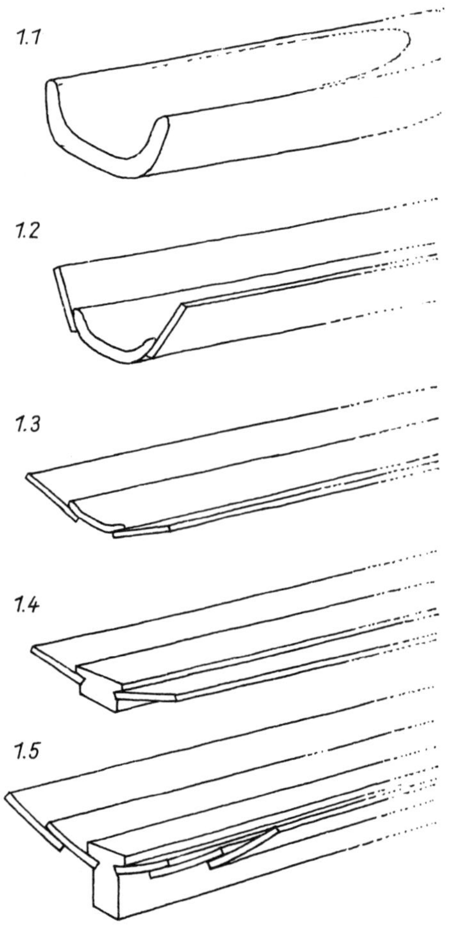

leger-, Doppelboot bzw. Planken- oder Bretterboot. Die Verbreitung ist naturgemäß abhängig von den örtlichen Gegebenheiten und den zur Verfügung stehenden Baumaterialien. In einzelnen Gebieten blieben bestimmte Bootsarten, wie Fell- und Rindenboote über Jahrhunderte und Jahrtausende von gleichbleibender Form und wurden aus den gleichen Werkstoffen mit gleichbleibenden Verbindungsmitteln hergestellt und zu den gleichen Zwecken genutzt. Demgegenüber gibt es andere Bootstypen wie Planken- und Kielboote, die von ursprünglich einfachen Formen abgeleitet und weiterentwickelt wurden. Die Verbindung der einzelnen Bootselemente untereinander erfolgte auf verschiedenartige Weise.

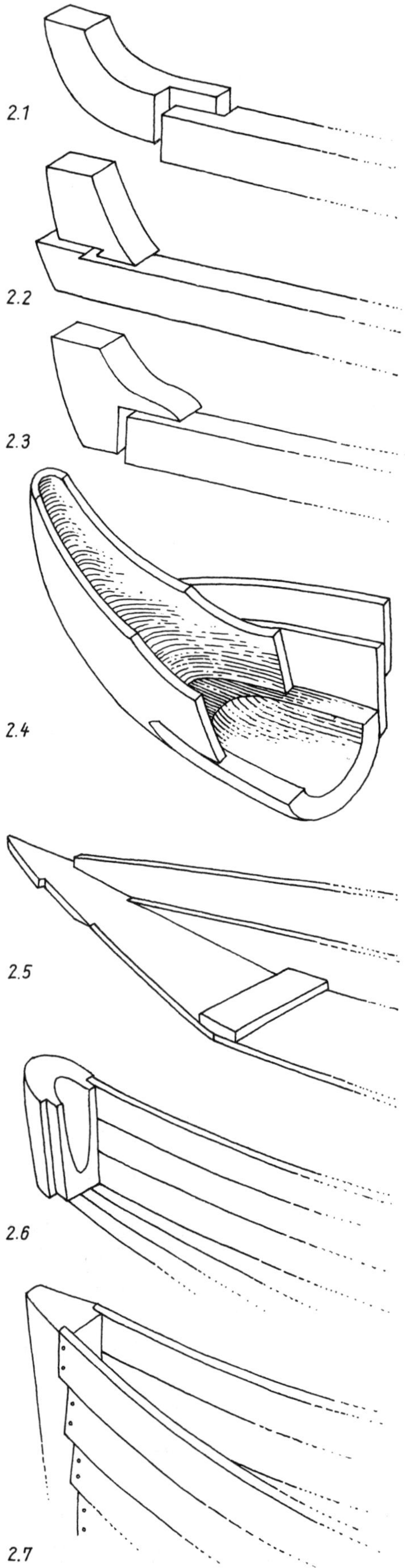

Die inneren Aussteifungen können durch Bindungen, Nageln oder Nieten befestigt worden sein, oder die Verbindung der einzelnen Teile des Bodens und der Bordwände erfolgte durch Nähen, Binden oder Dübeln.
Bootstypen wie Fellboote gab es vorwiegend in Gebieten der Arktis. Rindenboote kamen hauptsächlich im Malayischen Archipel, an der Ostküste Australiens, an der mittel- und südamerikanischen Westküste sowie in den nördlichen Gebieten Nordamerikas vor. Bretter- oder Plankenboote kamen überall dort vor, wo entsprechendes Holzmaterial zur Verfügung stand und die erforderlichen Fertigungskenntnisse vorhanden waren.
Bei Nutzung der Armkraft erfordern das Staken und Paddeln keine Widerlager am Boot, beim Wriggen und Pullen sind jedoch eingeschnittene oder aufgesetzte Dollen erforderlich. Erfolgt der Antrieb durch Segel, so sind für den Mast geeig-

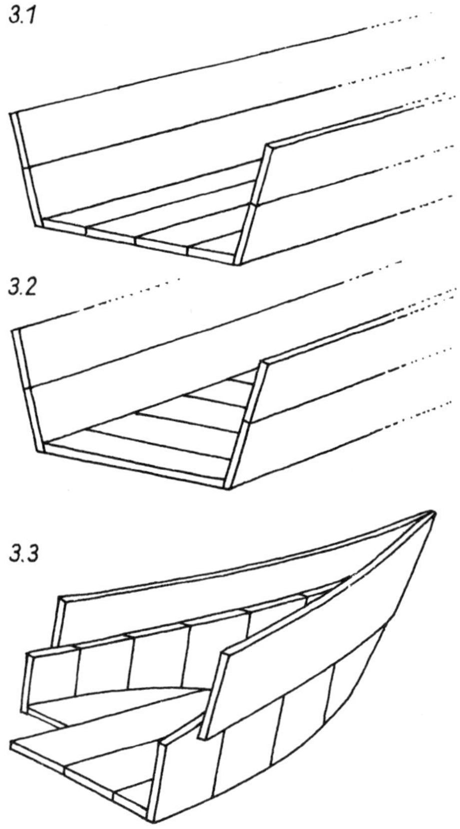

Kiel-Bodenplanken-Verbindungen

1.1 Einbaum
1.2 Einbaum mit Setzborden (Piroge)
1.3 Ausgehölte Bodenschale mit Bodenplanken
1.4 Flacher Balkenkiel
1.5 Balkenkiel

Steven-Kiel-Verbindungen

2.1 Seitenlasche
2.2 Hakenlasche
2.3 Aufsetzlasche
2.4 Ausgehöhlter Blocksteven
2.5 Quersteven
2.6 Block-Steilsteven
2.7 Balkensteven

Plankenboot

3.1 Boden-Längsplanken
3.2 Boden-Querplanken
3.3 Seiten-Vertikalplanken an den Bootsenden

Planken- und Spantenverbindungen

4.1 Klinkerbeplankung mit Knaggenbindung
4.2 Genietete oder genagelte Klinkerbeplankung mit angepaßten Spanten
4.3 Genietete oder genagelte Klinkerbeplankung mit eingepaßten Keilstücken

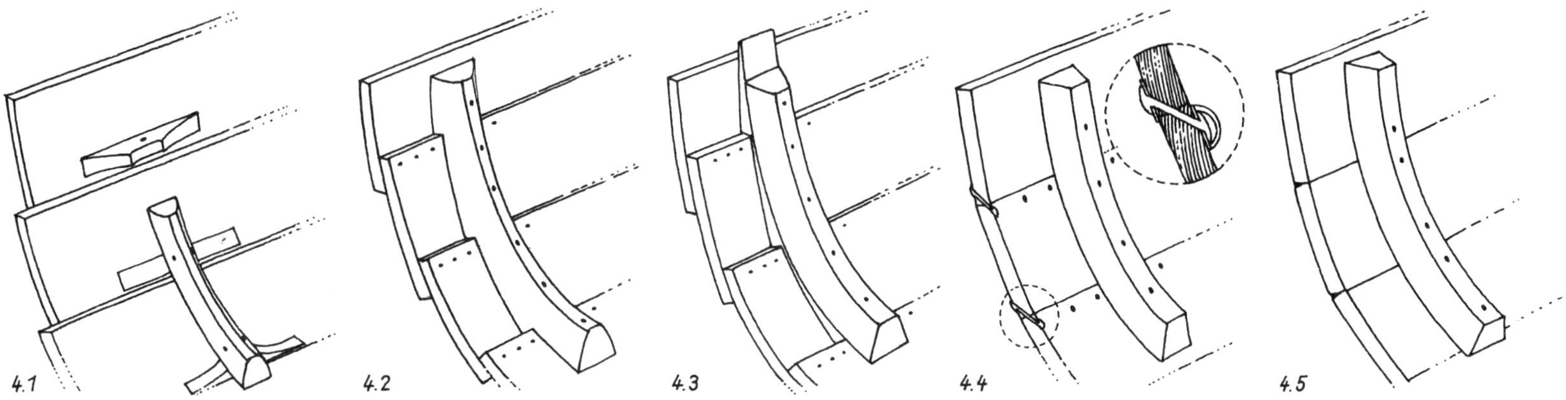

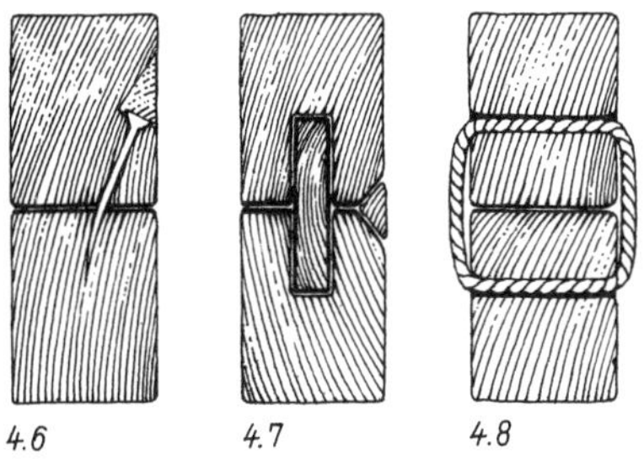

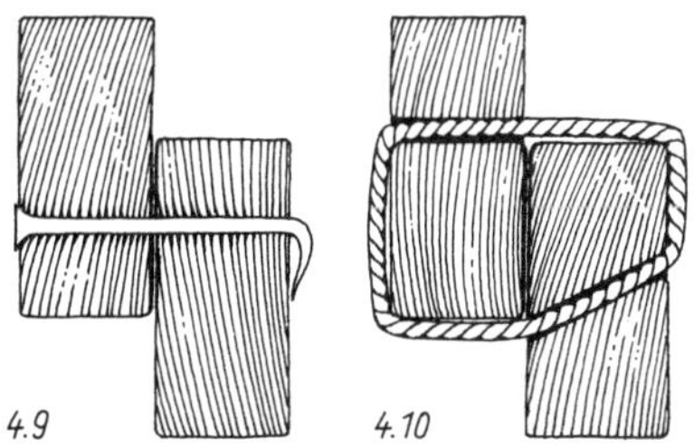

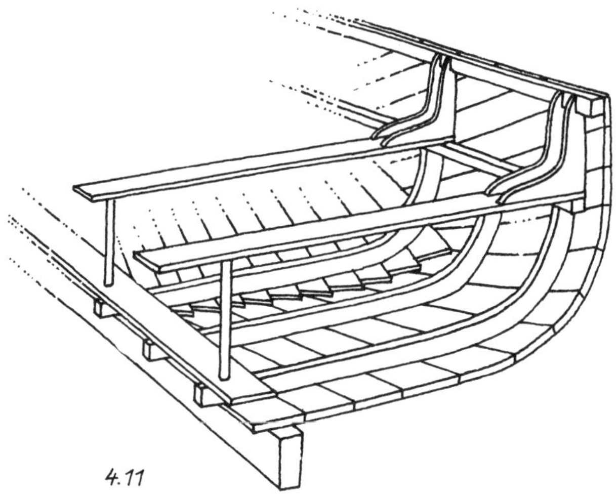

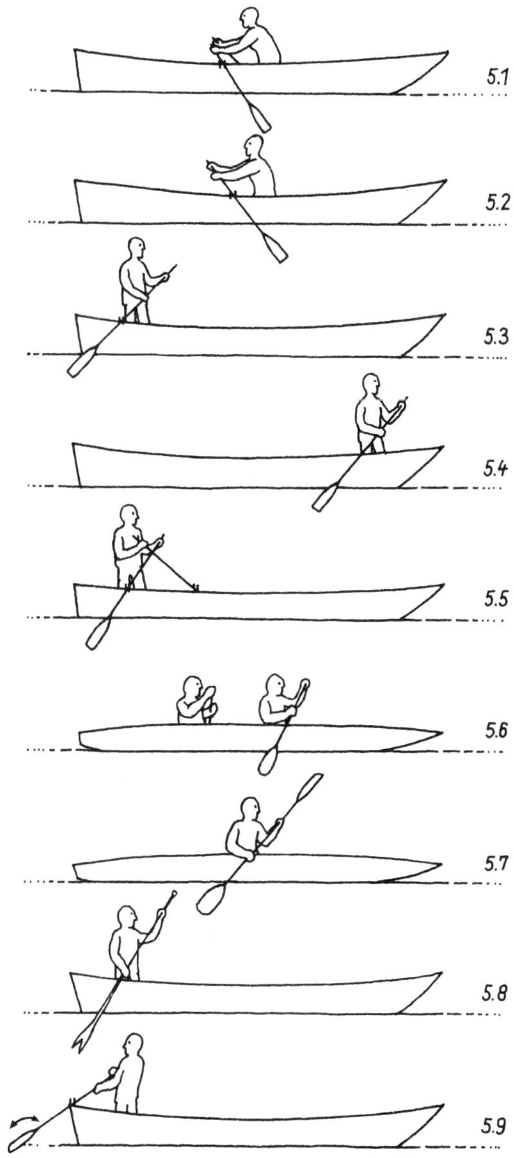

4.4 Kraweelbeplankung mit Schrägnieten
4.5 Kraweelbeplankung mit Kalfaterfuge
4.6 Schräg genagelte Kraweelnaht
4.7 Gedübelte Kraweelnaht
4.8 Gebundene oder genähte Kraweelnaht
4.9 Genagelter Klinkerverband
4.10 Gebundener oder genähter Klinkerverband
4.11 Diagonal-Doppelkraweelbeplankung

Handhabung von Skulls, Riemen, Paddeln und Staken

5.1 Sitzend, ein Paar Skulls
5.2 Sitzend, Einzelriemen
5.3 Stehend hinten in Fahrtrichtung, Einzelriemen in Dolle gestützt
5.4 Stehend vorn, Einzelpaddel ungestützt
5.5 Stehend in Fahrtrichtung, gekreuzte Skulls
5.6 Zweier-Paddelboot
5.7 Einer-Doppelpaddel
5.8 Hinten stehend, Staken
5.9 Hinten stehend, Wriggriemen gestützt

Holländisches Bootsschiff um die Mitte des 18. Jh., Modell

nete Abstützungen etwa in Höhe des Bordes und ein Mastfuß unter Beachtung der Aussteifungen des Bootskörpers nötig (s. a. Tafel *Sportsegelboote*).

Bootsschiff: dreimastiger holländischer Schiffstyp, insbesondere des 18. Jh., der auch kurz als Boot bezeichnet wurde. Das Heck war als plattes Spiegelheck ausgebildet. Das Schiff wurde vorwiegend als Küstenschiff in der Handelsfahrt und zum Heringsfang eingesetzt. Durch eine Barktakelung *(Bark)* stellt es eine Kombination zwischen *Galiot* und *Fluite* dar. Die Bezeichnung Bootsschiff war bereits im 15. Jh. bekannt, und im 16. Jh. bezeichnete man damit verschiedene Küstenschiffe. Im Verlauf des 17. Jh. kamen Bootsschiffe von etwa 28 m Länge und etwa 7 m Breite stärker in Gebrauch.

Bording, *Bordinger:* bis ins 20. Jh. Bezeichnung für ein plattbodiges Leichterfahrzeug *(Leichter)* an der Unterweichsel. In der Vorwikinger- und Wikingerzeit wurde mit »Byrdinger« ein Handels- und Frachtschiff bezeichnet, und seit dem 14. Jh. tauchte der Begriff »Bordinger« auf. Während der Hansezeit war der Bording in Norddeutschland als Küstenfrachtschiff und Leichterfahrzeug bekannt.

Bornachen, *Bohrnachen:* zum Transport der Weintrauben früher auf der Mosel verwendete Kähne von kräftiger Bauart mit plattem, jedoch relativ schmalem Boden. Der Bug war spitz und das Heck rund gebaut. Die Länge betrug bis zu 24 m bei einer Breite bis zu 6 m; entsprechend ergab sich die Tragfähigkeit von 30 bis 50 t.

Boro-Budur-Schiffsrelief: Reliefdarstellung eines zweimastigen Schiffes oder Floßes mit Auslegern an den Außenmauern des Boro-Budur-Tempels in Mitteljawa. Der im 8. bis 9. Jh. erbaute Tempel wurde mit Reliefdarstellungen von mehreren Kilometern Länge verziert. Ähnlich den ägyptischen Reliefdarstellungen stellt eine der Skulpturen ein mehrstöckiges Wasserfahrzeug nach gelungener Fahrt dar. Es ist mit einer Art Luggersegel getakelt und trägt auf dem Heck eine Figur, von der angenommen wird, daß es sich um eine Art Kompaß oder Südweiser handelt.

Botter: dem holländischen *Bojer* ähnliches einmastiges, flachgehendes Küstensegelschiff mit Seitenschwertern. Im Unterschied zu anderen Schiffsformen war der Übergang vom flachen Schiffsboden zu den nach oben gezogenen Schiffsseiten wesentlich weniger abgerundet, sondern hatte ausgeprägte Kanten, der Bug war jedoch rund hochgezogen. Die Bezeichnung kann vom niederländischen »bot« abstammen, was soviel wie »plump« oder »stumpf« bedeutet. Dieser Schiffstyp kam im 16. oder 17. Jh. am südlichen Teil der Zuidersee auf, später war er in nahezu allen Zuiderseehäfen anzutreffen. Es gab keinen einheitlichen Typ, die Botter vom Süd-, Nord- oder Ostufer unterschieden sich. Die kleineren Botter wurden vorwiegend für den Fischfang in Küstennähe benutzt. Eine größere Variante mit Längen bis zu 15 m war der Nordseebotter. Dieser Botter hatte ein hohes, breites Vorschiff mit gekrümmtem, vorragendem Steven und ein verhältnismäßig schmales Achterschiff mit geringem Freibord, um das Aussetzen und Einholen der Netze zu erleichtern.
Als Yacht erhielt der Botter einen etwas größeren Freibord; eine Besonderheit war weiter das große Vorsegel, die sogenannte Botter- oder Seemannsfock. Im allgemeinen wurde der Botter aus Holz gebaut, es gab ihn aber auch noch aus Stahl. Wegen seiner Seetüchtigkeit und seiner guten Segeleigenschaften kommt der Botter noch als Yacht bei Sportseglern vor.

Botteryacht: flachbodiger und völliger Bootstyp mit Kajüte. Botteryachtähnliche Nachbauten sind heute noch als Sportsegelboote gebräuchlich. Der Ursprungsform entsprechend werden sie mit Seitenschwertern ausgerüstet.

Bovo: anderthalbmastiges sizilianisches Küstenschiff bis zum Ende des 19. Jahrhunderts. Das auch unter der Bezeichnung »Stierboot« (ital. bove, Ochse) bekannte Fahrzeug war 12 bis 18 m lang, besonders scharf gebaut, und konnte als Lastfahrzeug bis zu 40 t tragen. Es wurde aber auch für die Fischerei und in Einzelfällen mit einem Buggeschütz bestückt in der Marine verwendet. Beide Masten waren mit Lateinsegel getakelt, und am langen Bugspriet fuhr man eine fliegende Fock

Relief eines Ruder- und Segelschiffes am Tempel in Boro-Budur, Java, 8. Jh. [11]

Kleiner holländischer Botter des 19. Jh., Modell

Sportsegel-Botteryacht, traditionsgemäß mit Seitenschwertern und kurzer Krummgaffel, Modell

Bradderkahn: plumper Fischerkahn um 1800 an der Ostseeküste. Andere Bezeichnungen am Kurischen Haff waren »Keitelkahn« oder »Kurrenkahn«.

Bragazzo: gedecktes zweimastiges Fischereifahrzeug im Adriagebiet, das besonders bei den Bewohnern von Chioggia, am Südeingang der Lagune von Venedig, in Gebrauch war. Die Fahrzeuge hatten einen geringen Tiefgang sowie runde Vor-und Achterschiffe bei unterschiedlichen

Bovo von Sizilien, 19. Jh.

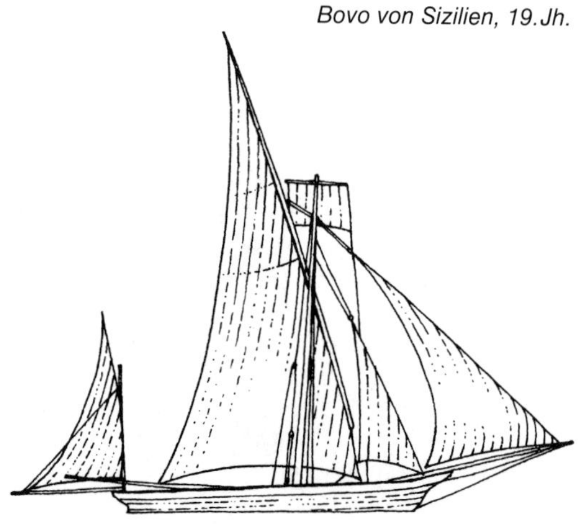

Längen zwischen 9 und 15 m. Beide Masten waren mit Luggersegeln mit Baum getakelt.

Bramsegelschoner: siehe Rahschoner

Brander: Boote und Schiffe verschiedener Größe, die mit brennbaren, schwer zu löschenden Stoffen wie Öl, Pech oder Teer beladen und möglichst unbemerkt oder bei günstigem Wind an die gegnerischen Schiffe herangebracht wurden. Die brennbaren Stoffe und das Schiff wurden in Brand gesetzt, um Takelagen und Schiffe des Gegners zu vernichten. Eine Kunst der Flottenführung bestand darin, eine solche Position einzunehmen, daß der Wind die Brander auf die feindliche Flotte zutreiben konnte. Sie wurden u. a. als Kampfmittel 1304 beim Seegefecht zwischen Franzosen und Flamen eingesetzt. Die Niederländer verwendeten bei der Verteidigung Antwerpens gegen die Spanier 1585 ebenfalls Brander. Eine besondere Berühmtheit erlangte das Sprengboot »FORTUNA«. Es zerstörte mit 18000 Pfund Pulver eine sperrende Schiffsbrücke. In der Seeschlacht bei Gravelines setzten die Engländer zu Beginn des Kampfes gegen die spanische Armada in der Nacht vor dem 28. Juli 1588 mit großem Erfolg Brander gegen die ankernde spanische Flotte ein. In ähnlicher Form wurde der Brander bis in die Mitte des 19. Jh. verwendet.

Brander in »Die Besiegung der spanischen Armada zwischen Dover und Calais«, 1588, Radierung [22]

Brandskog-Bootsdarstellung: eine der vielen auf der skandanvischen Halbinsel zu findenden Felszeichnungen von Booten. Es handelt sich um ein gepaddeltes oder stehend gerudertes Boot, mit 6 Paddlern an der Backbordseite dargestellt. Bug- und Hecksteven laufen im oberen Teil in Pferdeköpfe aus.

Brandtaucher: Bezeichnung für das erste von BAUER erbaute und nach ihm benannte »Bauer-U-Boot«, eine der bekanntesten frühen Tauchbootentwicklungen. Gegenüber dem *Brander*, der über Wasser eingesetzt wurde, sollte der Brandtaucher Sprengkörper unter Wasser an feindlichen Objekten anbringen. W. BAUER (geb. 1822 in Dillingen, Bayern; Drechsler, Unteroffizier) führte diese Aufgabe im Auftrage der schleswig-holsteinischen Armee aus. Ein zunächst angefertiges Modell von 27 Zoll Länge, 11 Zoll Höhe und 7 Zoll Breite aus Kupferblech bezeichnete er als »SEEHUND«. Die Wasseraufnahme sollte durch bewegliche Kolben erfolgen, um den Auftrieb zu vergrößern oder zu mindern. Damit war eine Möglichkeit gefunden, den Apparat im Wasser schweben, sinken oder steigen zu lassen. Die Flügelschraube sollte ursprünglich durch ein Federwerk angetrieben werden. Der Bau des Tauchbootes begann in der Maschinenfabrik HOLLER in Rendsburg. Das Boot wurde später in Kiel von der Eisengießerei SCHWEFFEL & HOWALDT fertiggestellt. Nach einigen gelungenen Tauch- und Fahrversuchen im Jahre 1850 versank das als Brandtaucher vorgesehene Tauchboot »SEEHUND« im Kieler Hafen auf 15 m Tiefe infolge Ballastverlagerung. Der Bootskörper wurde durch Wasserdruck seitlich eingedrückt. BAUER und sein Begleiter konnten sich jedoch retten. 1887 wurde bei Erweiterungsbauten des Kieler Hafens das Boot gehoben. Es befindet sich heute nach Restaurierung im Dresdner Armeemuseum. Es ist 7,9 m lang, 3 m breit und 3 m hoch. Der Rauminhalt beträgt 25 m^3. Es ist mit 2 Treträdern versehen, die über Mehrfachzahnradübersetzung die Schiffsschraube antreiben. Nach mißglückten Bemühungen in Deutschland, Österreich, England und Frankreich, seine Ideen zu vervollkommnen, ging

Steuerbordansicht des rekonstruierten Brandtauchers

Tretradantrieb des Brandtauchers

BAUER als Ingenieur nach Rußland. Das dort von ihm erbaute Boot hatte eine Länge von 16m, eine Breite von 3,5m und eine Höhe von 4m. Es besaß 5 Behälter für Wasserballast, 2 Pumpen und eine Tauchkammer mit wasserdichter Tür. 20kg Massezunahme durch Wasseraufnahme bewirkten je Minute eine Absenkung von etwa 0,8m. Am 1. November 1858 wurde das Boot am Newakanal der russischen Admiralität übergeben. BAUER arbeitete noch am Plan einer Unterseekorvette mit 47 Mann Besatzung und 24 Kanonen. 1876 verstarb er in München.

Brandungsboot: kielloses oder auf flachem Kiel gebautes breites, gegen Stoß- und Schlagbeanspruchung besonders widerstandsfähiges Schiffsbeiboot mit scharf auslaufendem überragendem Bug und Heck, das im 18. und 19. Jh. auf Schiffen mitgeführt wurde, um Fahrgäste oder Ladung an flacher Küste außerhalb der Häfen durch die Brandung hindurch anzulanden oder an Bord zu nehmen.

Brazzera: kleines bis mittelgroßes ein- bis zweimastiges venezianisches und auch dalmatinisches Segel-Fischereischiff der Adriagebiete, Mitte des 19. Jh. mit 15 bis 80t Tragfähigkeit. Der Schiffstyp führte rechteckige Halbrahsegel, die oben an einer einseitigen Rah befestigt wurden. Klüver wurden nicht verwendet. Die Besatzung bestand aus 4 bis 6 Mann; wenn nötig, konnte das Fahrzeug auch noch gerudert werden.

Brazzera, Frachtsegler und Fischereischiff der Adria

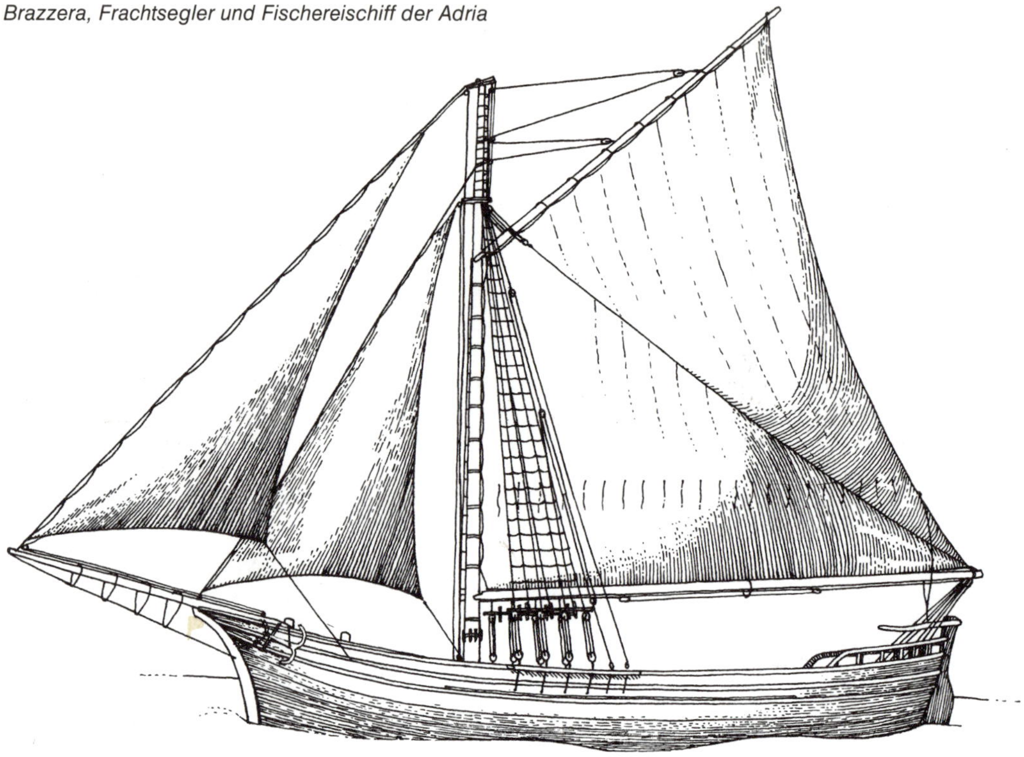

Breitseitenschiff: im 17. bis 19. Jh. übliche Bezeichnung für das mit seitlicher Geschützanordnung fahrende (»in Linie«) und mit seinen Geschützen rechtwinklig zur Fahrtrichtung feuernde Schiff. Im Unterschied dazu schossen die *Galeere* und das Ruderkanonenboot mit Buggeschützen in Fahrtrichtung. Auf Breitseitenschiffen waren die Geschütze auf fast der gesamten Länge des Batteriedecks an jeder Bordseite aufgestellt. Erst in der zweiten Hälfte des 19. Jh. entstand das Kasemattschiff, bei dem die Geschütze mittschiffs drehbar in gepanzerten Kasematten aufgestellt wurden. Zu den ersten Kasemattschiffen gehörten u.a. zwei 1861 von Stapel gelassene Schiffe.

Bremer Koggenfund: in der Nähe von Bremen 1962 bei Baggerarbeiten an der Weser gefundener Schiffskörper eines hanseatischen Frachtschiffes von 25,5m Länge, 6m Breite und einer Deckshöhe von 3,5m über Kiel. Wie sich herausstellte, handelt es sich um eine *Kogge* aus dem Ende des 14. Jh. (um 1380), die noch vor Indienststellung durch eine Flutkatastrophe abgetrieben wurde und gesunken ist. Nachdem zunächst durch Taucher Teile geborgen worden, waren, wurde 1965 ein Taucherglockenschiff zur Bergung eingesetzt. Der Grund wurde auf einer Fläche von 1400 m^2 systematisch unter Verwendung moderner Geräte abgesucht, die auch Metallteile bis zu einem Meter Tiefe im Flußgrund anzeigten. Nach Abtragung einer 3 bis 4 Meter dicken Sandschicht konnten etwa 550 Einzelteile geborgen werden. Aufgrund der Rekonstruktion der gefundenen Teile ergibt sich für die Kogge eine Tragfähigkeit von rund 65 Lasten, also von 130t. Baumaterial war vorwiegend Eichenholz, das bekanntlich wegen seiner hohen Festigkeit und Fäulnisbeständigkeit sowie seiner guten Bearbeitbarkeit im Norden Europas bevorzugt verwendet wurde. Entsprechend den Erfahrungen bei der Konservierung von dänischen und schwedischen Schiffsfunden wurden die Holzteile zum Verhindern des Austrocknens in Wasserbehältern aufbewahrt, bis sie später mit einem wasserlöslichen Polyäthylenglykolpräparat endgültig imprägniert wurden, um Schrumpfungen zu verhindern. Die Altersbestimmung der Kogge erfolgte sowohl nach der Radiokarbon-Methode, die eine näherungsweise Bestimmung mit einer Genauigkeit von etwa ±150 Jahren gestattet, als auch der Dendro-Methode, wodurch das Alter des Holzes auf ein bis zwei Jahrzehnte genau bestimmt werden kann. Letztere Methode beruht auf der Abhängigkeit der Jahresringbreite gewachsenen Holzes von der Sonnenaktivität. Zur Altersbestimmung von mittelalterlichen Hölzern wurde in Deutschland in langjähriger Arbeit eine nahezu vollständige Jahresringchronologie, die bis zum Jahre 942 zurückgeht, für einheimische Hölzer aufgestellt. Man benutzte dazu Holzproben von alten Bauten und Bäumen. Diese Altersbestimmungsmethode für Holz wurde zuerst von dem Amerikaner A. E. DOUGLAS entwickelt, der den Zusammenhang zwischen Sonnenfleckperiodik und der Jahresringbildung an über 3000jährigen Mammutbäumen untersuchte.

Bremer Koggenfund, Seitenbeplankung

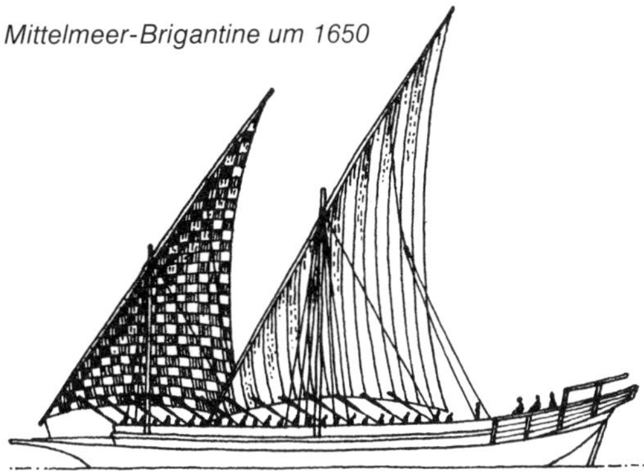

Mittelmeer-Brigantine um 1650

Brigantine »PETER I.« um 1700

Russische Schwarzmeer-Brigantine, 1859

Nordeuropäische Brigantine mit Rahtoppsegeln am Großmast, Neufundlandsegler 1860

200-t-Schonerbrigg, Ende des 19. Jh.

Brigantine, *Dreiviertelbrigg, Zweimast-Rahschoner:* ursprünglich ein halbgedecktes, ruderbares Segelkriegsschiff des 16. Jh. im Mittelmeerraum mit 8 bis 12 Ruderbänken an jeder Bordseite und Lateinbesegelung. Wegen seiner Wendigkeit wurde dieser Schiffstyp von 200 bis 300 t Tragfähigkeit bevorzugt auch von Seeräubern benutzt. Seine durch einen großen Decksprung erhöhten Enden boten gegenüber der flacheren *Galeere* verbesserte Angriffs- und Verteidigungsmöglichkeiten und ergaben günstigere Seeeigenschaften. Die Bezeichnung Brigantine wurde häufiger auch für ähnliche schnelle seegehende Ruder-Segelschiffe verwendet. Seit Ende des 17. Jh. ist die Bezeichnung im nordeuropäischen Raum (Niederlande, Frankreich, England) für zweimastige Segelschiffe üblich, die anfangs an beiden Masten Rahtakelung führten. In Frankreich hat sich wegen der auf Mittelmeerbrigantinen häufiger am hinteren Mast gefahrenen Lateinsegel für das hintere untere Segel die Bezeichnung »Brigantino« erhalten. Seit dem 19. Jahrhundert wird ein Zweimast-Rahschoner mit vollrahgetakeltem Fockmast und rahgetakelter Großmaststenge über dem Gaffelgroßsegel als Brigantine oder als Dreiviertelbrigg bezeichnet. Die Schonerbrigg, auch Halbbrigg genannt, ist ein Zweimast-Rahschoner mit vollrahgetakeltem Fockmast mit Mars- und Bramstenge und gaffelgetakeltem Großmast.

Ein Zweimast-Rahschoner, der an beiden Untermasten Gaffelsegel und darüber an Fock- und Großstenge Rahsegel führte, hieß Toppschoner, Briggschoner, Zweimastrahtopp-Schoner oder Hermaphrodit-Brigg (Zwitterbrigg).

Fuhr der Zweimast-Rahschoner an beiden Untermasten Gaffelsegel und über der Breitfock nur an der Vorstenge Rahsegel, war es eine Toppsegelbrigg, ein Rahtoppschoner bzw. ein Zweimast-Fockrahtoppschoner. Fockrahtoppschoner mit großem Marssegel oder festem Untermars-, fierbarem Obermars- und kleinerem Bramrahsegel wurden Marssegelschoner genannt. Bramsegelschoner waren Zweimast-Fockrahtoppschoner mit einem großen Fockbramsegel ohne zusätzliche Bramstenge.

Einen modernen Neubau einer Schonerbrigg stellt das im VEB Warnowwerft Warnemünde erbaute und am 26. Mai 1951 dem ersten Präsidenten der DDR, WILHELM PIECK, übergebene Segelschulschiff »WILHELM PIECK« dar. Dieses in Niet- und Schweißkonstruktion erbaute Schiff hat eine Länge über alles von 41 m, eine Breite von 7,70 m und einen Tiefgang von 3,55 m und damit 235 t Wasserverdrängung. Die 433 m^2 große Segelfläche setzt sich aus 13 Einzelsegeln zusammen und ermöglicht eine Geschwindigkeit unter Segeln von 11 kn. Zur üblichen Besatzung gehören 13 Personen Stammpersonal und 24 auszubildende Matrosen. (Bild S. 111)

Brigg, *Briggschiff:* zweimastiges Segelschiff, dessen beide Masten voll mit Rahsegeln gefahren wurden. Zusätzlich trägt der achtere Mast (Großmast) ein großes Gaffelsegel (Briggsegel oder Besan). Bei günstigem Kurs vor dem Wind konnten auch noch Leesegel an Leesegelspieren (Verlängerung der Rahen) gesetzt werden. Die Brigg war im 19.Jh. der am häufigsten gebaute Schiffstyp auf deutschen Werften. Ein Hauptverbreitungsgebiet der Brigg lag in den Ostseegebieten. Nach H. SZYMANSKI gehörten im Jahre 1860 zur Rostocker Flotte 189 Briggs in Größen von 400 bis 600t. Besondere Merkmale der Brigg waren ein schlanker Rumpf und seit der Mitte des 19.Jh. ein Klippersteven. Die Wirtschaftlichkeit dieser relativ kleinen Segelschiffe ergab sich durch den damals noch geringen Ladungsanfall.
Um 1800 fuhren die Briggs mit Größen von 140 bis 340 BRT und besaßen 1 bis 2 Decks. Im Jahre 1834 konnte z.B. eine 340-BRT-Brigg mit 11 Mann Besatzung neben der Ladung noch weitere 100 Auswanderer nach Amerika befördern. Trotz ihrer verhältnismäßig geringen Tonnage erfolgte der Einsatz der Brigg nicht nur in europäischen Seegebieten, sondern auch in der großen Fahrt, ferner für den Walfang und den Robbenschlag. In den großen Marinen der damaligen Zeit, beispielsweise in England, den USA, in Frankreich und den Niederlanden, kam sie auch als sogenannte Kriegsbrigg mit etwa 20 Geschützen zum Einsatz. In den letzten Jahrzehnten vor der Jahrhundertwende baute man auch Briggs mit doppelten Marsrahen und an Deck geführte Brassen, um die Besatzungsstärke weiter zu verringern. Die erste deutsche eiserne Brigg, die »HOFFNUNG«, entstand 1844 auf einer Werft in Duisburg/Ruhrort. In den 60er Jahren des 19.Jh. begann die Ablösung der Brigg durch die größere, dreimastige *Bark*. Nach 1880 war der Bau von Briggschiffen in mecklenburgischen Werften beendet.

Brigg-Einbaumfund: bei Brigg in Lincolnshire (England) 1886 gefundene Bootsreste aus der Eisenzeit (ca. 1000 v.u.Z.). Es handelt sich um einen Einbaum von 14,80m Länge und 1,65m Breite, der aus einem großen Eichenstamm herausgearbeitet war. Es wird angenommen, daß dieser Einbaum bis zu 30 Personen tragen konnte. Zu dieser Zeit waren Riemen im Norden noch nicht bekannt; die Fortbewegung erfolgte wahrscheinlich durch Paddel.

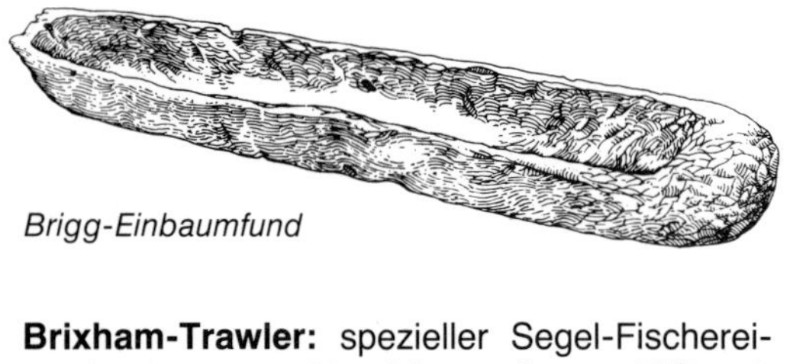

Brigg-Einbaumfund

Brixham-Trawler: spezieller Segel-Fischereitrawler von etwa 20m Länge, dessen Blütezeit Mitte des 19.Jh. lag. Von diesen in der Grafschaft Devon (Südengland) beheimateten Fischerei-

18-Kanonen-Kriegsbrigg, erste Hälfte des 19.Jh.

Brigg »WUSTROW«, 1885 gebaut in Rostock von W. ZELTZ, 144 Lasten [21]

Linienriß einer russischen Handelsbrigg um 1860

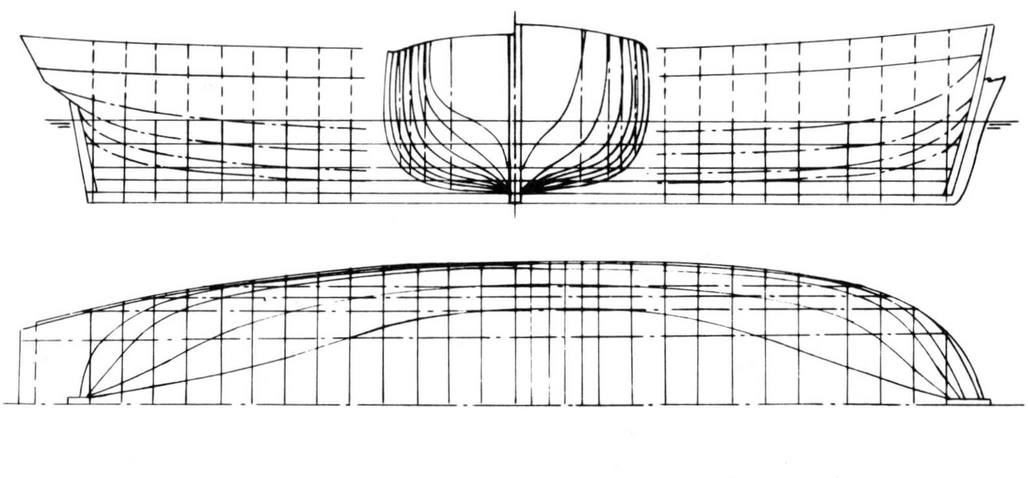

Brixham-Trawler, Linienriß

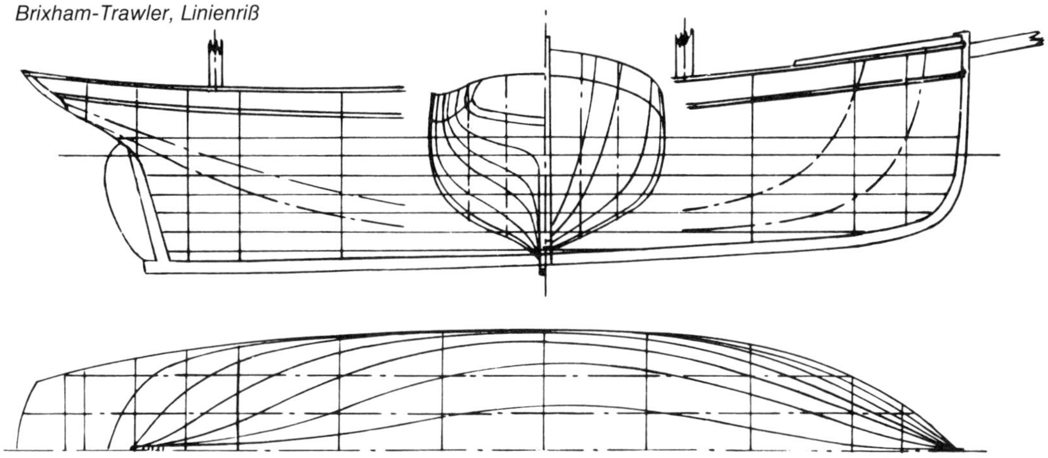

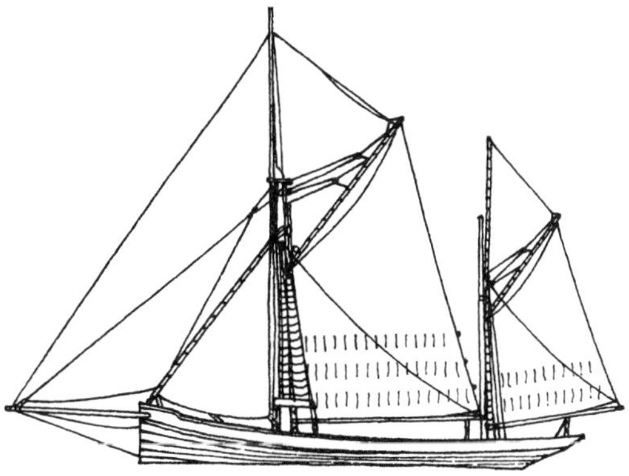

Takelung des Brixham-Trawlers

fahrzeugen sind infolge ihres ausgezeichneten Seeverhaltens und ihrer hervorragenden Segeleigenschaften einige Schiffe bis heute erhalten geblieben und dienen als Schulschiffe.

Broighter-Bootsmodell: Modell eines Bootes aus dem 1. Jh. aus Gold, aufgefunden in Broighter (Grafschaft Derry in Irland). Da das Modell aus der Anfangszeit der von 43 bis 400 u. Z. dauernden römischen Besetzung stammt und es aus dieser Zeit nur wenige einheimische Nachweise gibt, sind römische Einflüsse sehr wahrscheinlich. Das Modell stellt ein tonnenförmiges Boot mit 9 Riemen an jeder Seite, Ruderbänken und einem einzelnen Steuerriemen seitlich am Heck dar. Außerdem hat es einen mittschiffs stehenden Mast mit einer Rah, sonst auf nordischen Schiffen zu dieser Zeit noch nicht gebräuchlich.

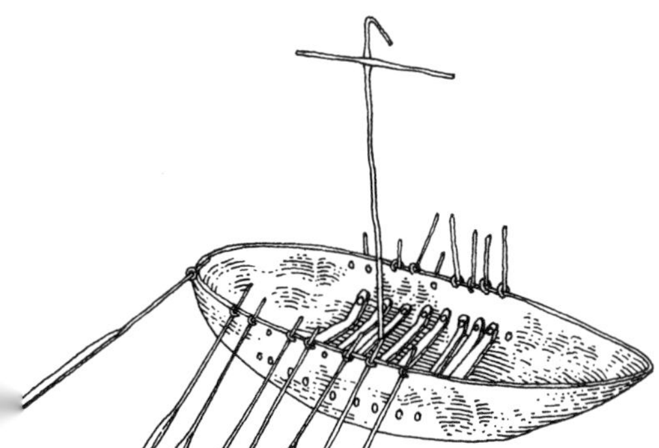

Broighter-Bootsmodell, 1. Jh.

Brösen-Schiffsfund: im Jahre 1872 bei Brösen nördlich von Danzig (Gdańsk) bei Hafenbauarbeiten gefundener, gut erhaltener klinkergebauter Schiffskörper. In einer Zeichnung und einem Bericht aus dem Jahre 1873 wird ausgesagt, daß der Schiffskörper aus 4 cm dicken, gespaltenen, nicht gesägten Eichenplanken hergestellt war. Die Planken waren untereinander durch Eisennieten verbunden und mit Holznägeln an den Spanten befestigt. Die Schiffsform lief vorn und achtern gleichmäßig spitz zu. Ein Heckruder konnte nicht festgestellt werden, so daß der Fund in die Zeit vor 1240 (erste Nachweise eines Heckruders bei nördlichen Schiffen) datiert werden kann. Der Boden des Schiffes war flach. Über dem Kiel war eine Rinne zum Ablauf des Wassers eingearbeitet. Es liegen auch Anzeichen vor, daß das Schiff für den Transport von Getreide bereits eine Innenverkleidung hatte. Die Länge des Schiffes betrug rund 17,5 m und die Breite 4,9 m. Das Längen-Breiten-Verhältnis von etwa 3,5:1 läßt darauf schließen, daß es sich um ein Frachtsegelschiff (*Nef* oder *Kogge*) handelte.

Brückenschiff: von dem russischen Ingenieur K. A. SCHILDER 1834 gebautes Trägerschiff für das ebenfalls von ihm entwickelte 6 m lange und rund 16 t Wasserverdrängung aufweisende Tauchboot. Das als Brückenschiff bezeichnete Trägerschiff hatte die Aufgabe, das Tauchboot wegen des begrenzten Aktionsradius in die Nähe des Einsatzortes zu bringen.

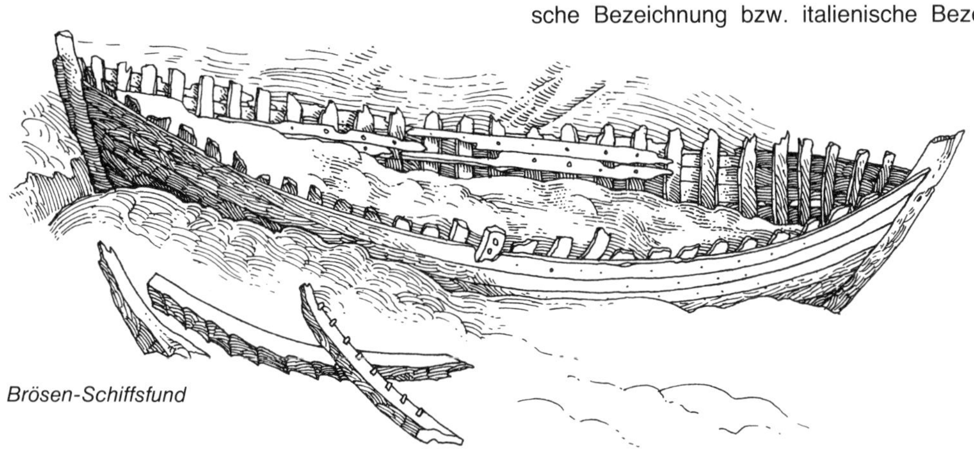

Brösen-Schiffsfund

Brügge-Schiffsfund: im Jahre 1899 beim Hafenbau bei Brügge in Belgien gefundenes Schiff mit flachem Boden, das wahrscheinlich aus dem 6. bis 7. Jh. stammt. Es ist ein einmastiges Segelschiff mit einem 4,3 m langen Steuerriemen. Bug und Heck sind gleichermaßen mit leicht vorfallendem Steven spitz geformt (Doppelender). Die Länge des Schiffes beträgt etwa 15 m, die Breite 3,5 m. Der Mast war 8,3 m lang und vermutlich rahgetakelt. Das Schiff könnte einen Tiefgang von etwa 1,35 m gehabt haben. Dieses Schiff wird als Urtyp des niederdeutschen *Ewers* angesehen. Wegen seines flachen Bodens und seiner Abmessungen handelt es sich um einen ausgesprochenen Watten-Frachtsegler.

Brûlot, *Brulotte:* im 16. bis 18. Jh. die französische Bezeichnung bzw. italienische Bezeichnung für die entweder durch die Strömung treibenden oder mit dem Wind auf den Gegner laufenden *Brander*.

Buanga, *Bonanga:* zweimastiges Piratenschiff des Malayischen Archipels von etwa 30 m Länge mit aufrollbaren großen Matten-Rahsegeln. Bemerkenswert ist der zusätzliche Vortrieb durch 3 Reihen gestaffelt nach außen höher sitzende Ruderer. In jeder Reihe saßen 25 Mann hintereinander. Dazu kamen noch auf beidseitig außerhalb des Riemenbereiches angebrachten Auslegern jeweils 20 Mann mit Paddeln, so daß insgesamt 190 Mann an Riemen und Paddeln arbeiteten.

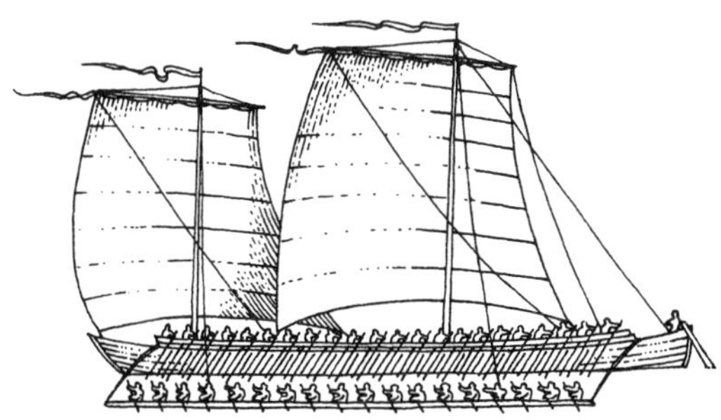

Buanga, schnelles malayisches Schiff, 18./19. Jh.

Die Ruderer saßen dabei auf einem außerhalb der Bordwand treppenförmig in 3 Stufen anstei-

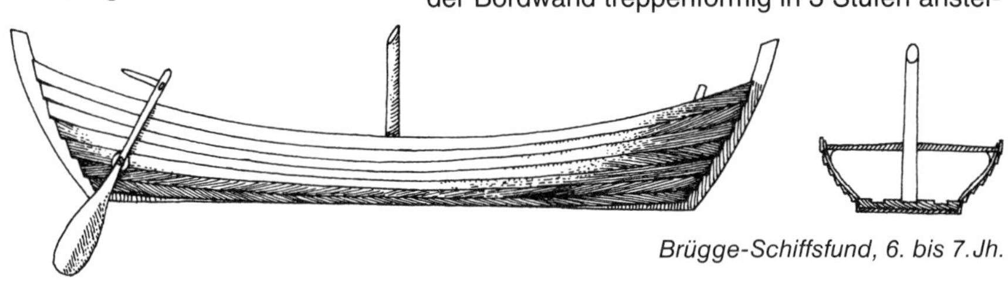

Brügge-Schiffsfund, 6. bis 7. Jh.

genden Strebengerüst. Ein derartiges Fahrzeug kam erstmalig 1767 mit französischen Expeditionsschiffen in Berührung.

Bucintoro, *Bucentoro:* bekannte mittelalterliche Prunkgaleere der Republik Venedig. Auf dem Bucintoro fuhr alljährlich am Himmelfahrtstag der Doge von Venedig unter großen Feierlichkeiten zur St.-Nicolas-Lido-Einfahrt auf das Meer. Dort wurde unter vielen Zeremonien und Beifall der begleitenden Boots- und Gondelbesatzungen vom Dogen ein Fingerring mit den symbolischen Worten »Meer, wir vermählen uns mit dir zum Zeichen der unbegrenzten Herrschaft« in das Meer geworfen. Dieser Brauch geht bis in das 10.Jh. auf die Brandschatzung von Istrien, Dalmatien und verschiedenen Inseln durch die Narranter zurück. Nach einem Feldzug der Venezianer unter dem Dogen ORSEOLA wurde der Siegestag, der »Sensa«, jährlich gefeiert. An dem Sieg waren verschiedene Arten von Kampfschiffen beteiligt, unter denen sich der Bucintoro als ein besonders starker Galeerentyp zur Piratenbekämpfung bewährte.
Während anfänglich übliche Kampfschiffe (*Galeeren)*, besonders geschmückt, am Siegestag benutzt wurden, wurde 1311 der erste speziell nur für diese Feier bestimmte Bucintoro gebaut. Die Bezeichnung ist abgeleitet aus »Schiff mit goldenem Gürtel« (bu-cin-toro). Der letzte Bucintoro wurde 1729 gebaut und 1798 zerstört. Reste dieses Prunkschiffes befinden sich im Museo Civico Correr sowie im Arsenal Venedigs. Die Bucintoro von 1520, 1605 und 1729 sind die berühmtesten und unterscheiden sich vorwiegend hinsichtlich des verschwenderischen Prunks.

Bucintoro zu Anfang des 18.Jh., Modell [18]

Die Ausfahrt des Bucintoro, Gemälde von ANTONIO CANALE (1697 bis 1768) [11]

Budarka: ein flachgehender, mit 1 oder 2 Masten versehener Kahn des 19.Jh. im Bereich der Wolga und des Kaspischen Meeres. Der Vorsteven der Budarka war weit ausladend flach hochgezogen.

Budarka, russischer Kahn im 19.Jh.

Bug-Einbaumfund: im Jahre 1937 von dem sowjetischen Forscher R.A.ORBELI im Unterlauf des Bug gefundener, etwa 2500 Jahre alter Einbaum, der sich heute im Zentralen Marinemuseum in Leningrad befindet. Der Einbaum wurde aus einem 7m langen Eichenstamm ausgehauen und ausgebrannt.

Bullboot: ein mit Büffel- oder Bisonhaut überspanntes Korbboot bei nordamerikanischen Indianerstämmen. Das leichte und nur zum Überqueren von Flüssen benutzte Boot ist rund oder oval und dem nordenglischen und irischen *Coracle* sehr ähnlich.

Bulle: kleinster Typ der Weserkähne, siehe *Bock*. Außerdem nannte man *Prahme*, mit denen Segelschiffe gekrängt wurden, Bulle.

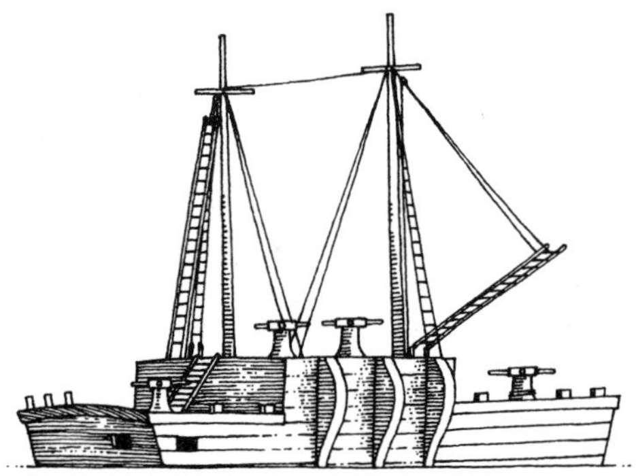

Bulle, Prahm zum Schiffskrängen

Bumboot: frühere Bezeichnung des englischsprachigen Raums für ein Boot (Verkaufs-, Marketender- oder Kleinhändlerboot), das die im Hafen, auf Reede oder in Flüssen liegenden Schiffe aufsuchte, um einheimische Lebensmittel und Erzeugnisse sowie ausländische Waren zu verkaufen. Vielfach wurden auch Boote, die der Wasserversorgung dienten, als Bumboote bezeichnet.

Bünnboot: Fischereiboot mit besonderen Einrichtungen zur Aufbewahrung von lebenden Fischen. Die Bünn, der Fischraum des Bootes, ist besonders abgeschottet und durch Löcher in der Außenhaut mit dem Seewasser in Verbindung. Während der Fahrt durchspült das Seewasser den Fischraum. Etwa mittschiffs ist eine mit einem Süll versehene Luke vorhanden, die so groß ist, daß der Fang bequem mit dem Kescher aus dem Fischraum entnommen werden kann.

Kauffahrteibüse zu Ende des 18. Jh.

Heringsbüse um 1800, Modell

Burghello: kleiner *Bucintoro* im 19. Jh. mit einer Galerie in der Mitte. Es war ein beliebtes Fahrzeug für Vergnügungsfahrten in Venedig.

Büse, *Buse, Büsse, Busse, Buise, Buyse, Buza, Bussa:* kleines Kauffahrteischiff mit einer besonders langen Entwicklungsgeschichte. Im Mittelmeerraum bezeichneten im 12. Jh. »buza«, »bucia« und »bucius« ein schwerfälliges Ruderschiff für Handelszwecke. Es ist aber anzunehmen, daß dieser Schiffstyp im Mittelmeer wesentlich älteren Ursprungs ist und die Bezeichnung im 10. oder 11. Jh. nach dem Norden gebracht wurde. Seit Anfang des 11. Jh. kommt die Bezeichnung »buza« oder »buzur« als Typenname für skandinavische Langschiffe vor. Bekannt ist unter dieser Bezeichnung das für König H. HARRAADE um 1060 erbaute Schiff, das aber auch als »skeid« oder »dreki« bezeichnet wurde. Im 12. Jh. war die Buza in Skandinavien ein reines Segelschiff ohne zusätzlichen Antrieb durch Riemen. Im 13. Jh. fand es als Bussa Handelsschiffsverbreitung. Die erste schriftliche Erwähnung erfolgte 1303 in Lyn (England) als Bezeichnung eines Wismarer Schiffes. Während der Hansezeit wird im 15. Jh. in Abrechnungen aus dem Nordseeraum oft die Büsse erwähnt. Die Tragfähigkeit betrug 30 bis 50 Lasten (60 bis 100 t). Als völliges, mit Rundgatt gebautes Schiff war die Büse fast bis zum Ende der Segelschiffszeit als zweimastiges Handelsschiff anzutreffen. Die Büse fand mit gleicher oder veränderter Takelung auch eine besonders verbreitete Verwendung als Fischerei- und zuweilen auch als Kriegsschiff. Als Heringsfänger war sie in Holland bis ins 19. Jh. im Gebrauch. Zahlreiche Wortkombinationen von Bau- und Fangorten mit diesem Schiffstyp wie Enkhuyser-Buis, Vlardinger-Buis, Emder Büse u. a. sowie die Vielzahl ähnlicher Bezeichnungen veranschaulichen die allgemeine Verbreitung. Bei diesen vorn und achtern völlig gebauten Schiffen waren unterschiedliche Takelungen anzutreffen. Die kleineren Büsen, z. B. die Emder Büse um 1805, führten einen umlegbaren Großmast mit einem einfachen Rahsegel und einen kleineren achteren Mast mit Gaffel. Die größten Büsen hatten bis zu 3 Masten und waren rahgetakelt, der Besanmast trug ein Rutensegel. Als Herings- und Makrelenfänger hatte die Büse eine Verdrängung von etwa 80 t. Es ist anzunehmen, daß der bekannte holländische »Heringsbuiser« ebenfalls aus der Büse entstanden ist. In der englischen Fischereiflotte kannte man ebenfalls »en hering busses« (CHAPMAN 1768).

Bushnell-Tauchboot: von D. BUSHNELL (Nordamerika, 1742 bis 1824) entwickeltes und erbautes Tauchboot. Als einer der Pioniere auf dem Gebiet der Unterwasserfahrzeuge schuf er während des Unabhängigkeitskrieges 1775 ein eiförmiges Unterwasserfahrzeug von 2,5 m Durchmesser, die »TURTLE« (Schildkröte). Durch Handantrieb konnte über 2 Schraubenräder (horizontal und vertikal angeordnet) das Fahrzeug fortbewegt werden. Der Zweck dieser Entwicklung sollte sein, eine mitgeführte Sprengpulverladung unter dem englischen Flaggschiff zu befestigen. Der erste Versuch 1776 vor New York blieb erfolglos, da BUSHNELL offenbar nur mit hölzernen, nicht aber mit gekupferten Planken der britischen Schiffe gerechnet hatte.

Buttaak: plattbodiges Fischerfahrzeug mit Rundgatt, Bünn und einem umlegbaren Klappmast, an dem Großsegel an der Gaffel gefahren wurden. Ferner fuhr das Schiff Stagfock und an einem losen Bugspriet ein Klüversegel. Der Bug war stark hochgezogen und gedeckt.

Buttjolle: ein mit einer Bünn versehener Fischerei-Schwerwettersegler des vorigen Jahrhunderts, von etwa 8 m Länge und 2,50 m Breite, dessen Vorschiff gedeckt war. Die Takelung bestand aus einem hohen und spitzen Luggersegel sowie Stagfock. Der Mast war leicht nach vorn geneigt. Ursprünglich benutzte man 2 Seitenschwerter, später wurden sie durch ein Mittelschwert ersetzt (s. a. *Jolle*).

Byrdinger: skandinavisches Handels- und Frachtschiff der Wikingerzeit. Der Name kommt von altnordisch »byrdingr« und dieser von »byrdr« (Bürde, Last) oder auch von »bord« oder »bording« (Planken), entsprechend dem Aufbau des Schiffes aus Planken. Es war ursprünglich ein Einbaum mit aufgesetzten Seitenplanken, also ein sogenanntes Setzbordschiff. Der *Björke-Bootsfund* (Ostschweden) könnte ein Byrdingr gewesen sein. Dieser Schiffstyp wurde vorwiegend im Küstenverkehr, gelegentlich aber auch für Fahrten über See, z. B. nach den Färöern oder Island, verwendet. In der Bauart ähnelte er wohl dem Vorgänger, der *Knorre*. Zur Besatzung werden 10 bis 12 Personen gehört haben. Für größere Byrdinger wird auch eine Zahl von 20 bis

30 Mann genannt. Man ließ sie auch als Proviant- und Transportschiffe (»vista byrdingr«) den Kriegsschiffen folgen. Nach dem 14. Jh. wird die Schiffsbezeichnung Byrdinger im Norden nicht mehr verwendet und durch die Bezeichnung *Bording* und *Bordinger* abgelöst.

Byrsopagis: Lederfahrzeug bei Römern und Armeniern.

* * *

»BOUNTY«: eines der bekanntesten Schiffe; berühmt durch den Auftrag, Brotbaumstecklinge von Tahiti nach Jamaica zu bringen; berüchtigt durch die am 28. April 1789 erfolgte Meuterei eines Teiles der Besatzung gegen Kapitän W. BLIGH. Das Schiff wurde ursprünglich 1784 in England als Handelsschiff »BETHIA« gebaut und hatte 200 t Tragfähigkeit. Bei einer Länge von 27,5 m auf Deck und einer Breite von 7,3 m hatte der vollgetakelte *Dreimaster* 45 Mann Besatzung. Er wurde von der englischen Admiralität angekauft und ging im Dezember 1787 unter Kapitän W. BLIGH von Spithead in See. Nachdem in Tahiti die Stecklinge geladen waren, wurde die Reise bis zur Meuterei im April 1789 fortgesetzt. Kapitän W. BLIGH wurde von den Meuterern mit 18 Mann im offenen Großboot der »BOUNTY« auf hoher See in der Gegend der Tongainseln ausgesetzt und erreichte nach 3600 Seemeilen Fahrt Timor. Die »BOUNTY« lief unter dem I. Offizier CH. FLETCHER zunächst nach Tahiti und wurde später nach der Insel Pitcarn gebracht, wo sie 1790 strandete. Nach Bergung aller nutzbaren Geräte und Teile wurde das Schiff verbrannt, um alle Spuren zu vernichten. Der letzte Überlebende der 8 Besatzungsmitglieder, 6 Tahitier und 12 Frauen wurde 1808 von der *Fregatte* »TOPAZ« entdeckt. Er durfte im Unterschied zu den 14 nach Bekanntwerden der Meuterei durch die englische Fregatte »PANDORA« in Tahiti aufgegriffenen Meuterern, von denen 3 durch das Kriegsgericht zum Tode durch den Strang verurteilt wurden, sein Leben auf Pitcarn in Frieden beschließen.

1960 erfolgte für die Verfilmung ein Nachbau »BOUNTY II« des leicht bewaffneten Schiffes (4 Vierpfünder und 10 Halbpfünder-Reelingskanonen). Das vollgetakelte Schiff hatte etwa 950 m² Segelfläche bei einer Verdrängung von etwa 120 t. Die Länge über alles betrug 51,4 m, die Länge z. d. Loten 33,6 m bei 9,2 m Breite und einer Seitenhöhe von 6,3 m. Während die Originalbesatzung 1789 aus 45 Mann bestand, waren auf dem Nachbau nur 26 Mann erforderlich. Das Schiff liegt jetzt als Museumsschiff in Florida, St. Petersburg.

* * *

»KRUSENSTERN«: eines der letzten großen Segelschiffe und die letzte Viermastbark, die für den frachtfahrenden Verkehr als »Flying-P-Liner« der Segelschiffs-Reederei F. LAEISZ am 24. Juni 1926 unter dem Namen »PADUA« von Stapel lief. Nach der Übernahme durch die Sowjetunion erhielt das Schiff den Namen des russischen Admirals und Hydrographen I. F. KRUSENSTERN (1770 bis 1846), der 1803 bis 1806 die erste russische Weltumsegelung mit großem wissenschaftlichen Erfolg durchführte. Das Schiff dient noch heute als Schulschiff für die

Nachbau der »BOUNTY«, 1960 [19]

Ausbildung des seemännischen Nachwuchses. Die technischen Daten der »KRUSENSTERN«, die als das größte sowjetische Segelschiff vom Ministerium für Fischwirtschaft mit Heimathafen Riga unterhalten wird, sind: Länge über alles 114,5m und 14,0m Breite. Die Höhe des Großmastes über Deck beträgt 55m; die Großrah ist 29m lang. Das Schiff ist als sogenanntes »3-Inselschiff« gebaut, d.h. als Aufbauten sind Back, Brücke und Poop oder Hütte vorhanden, die jeweils miteinander durch Laufbrücken verbunden sind. Die Besatzung besteht aus 50 Mann Stammbesatzung und 200 Kursanten. Die Gesamtsegelfläche von 3427m^2 ist auf den Fockmast mit 845m^2, den Großmast mit 874m^2, den Kreuzmast mit ebenfalls 874m^2 und den Besanmast mit 144m^2 aufgeteilt, die restlichen Flächen bestehen aus Stagsegeln. Als Hilfsantrieb wurden 2 Dieselmotoren mit 588kW eingebaut, so daß im Falle einer Flaute oder bei Manövrieren in engen Gewässern Vortriebsmöglichkeit besteht. Ohne Motor hat das Schiff bei seinen früher durchgeführten Fahrten zwischen Europa und Amerika sowie Europa und Australien gute und bemerkenswert gleichmäßige Fahrtzeiten erreicht. Eine Rekordfahrt machte das Schiff 1933 bis 1934 von Hamburg nach Port Lincoln (Australien) in 67 Tagen.

* * *

»PASSAT«: Viermastbark der Hamburger Segelschiffsreederei LAEISZ, ein Schiff der berühmten *Flying-P-Liner*. Die stählerne Viermastbark wurde am 2. März 1911 auf Kiel gelegt und war am 28. November 1911 seetüchtig. Die technischen Daten sind: Länge über alles 115,0m, Länge z.d. Loten 98,0m, Breite 14,4m, Raumtiefe 8,1m, Tiefgang etwa 6,7m, Tragfähigkeit 4750t. Die 34 Teilsegel und Vorsegel ergeben eine Gesamtsegelfläche von 4100m^2. Der Großmast hat eine Höhe von 52,0m über Deck. Urspünglich hatte die »PASSAT« keinen Hilfsantrieb, nur unter Segel wurden Geschwindigkeiten bis zu 16,4kn erreicht. Das Schiff war für die Salpeterfahrt bestimmt und machte bis August 1914 insgesamt 6 Reisen. Die Heimreise von der sechsten Fahrt konnte jedoch erst 1921 zur Ablieferung an Frankreich erfolgen. Nach Rückkauf im Dezember 1921 und Instandsetzung wurde die »PASSAT« bis 1927 wieder in der Salpeterfahrt eingesetzt. 1927 erfolgte ein weiterer Umbau zum frachtfahrenden Schulschiff. Nach Kollisionen und anschließender Reparatur erwarb die finnische Reederei G. ERIKSON das Schiff und setzte es bis 1939 in der Australienfahrt ein. Von 1939 bis 1944 war es aufgelegt und von 1944 bis 1946 verwendete man es als stationären Getreidespeicher in Stockholm. 1951 sollte die »PASSAT« abgewrackt werden, sie wurde jedoch von Reeder SCHLIEVEN angekauft und einer gründlichen Überholung und Modernisierung unterzogen, ein Hilfsmotor von 660kW und wasserdichte Schotte wurden eingebaut. Die Besatzung betrug nach diesem Umbau 80 bis 90 Mann, darunter etwa 50 Auszubildende. Seit 1957 ist die »PASSAT« Wohn- und Museumsschiff in Travemünde.

Cadet, kleine 2-Mann-Sportsegeljolle

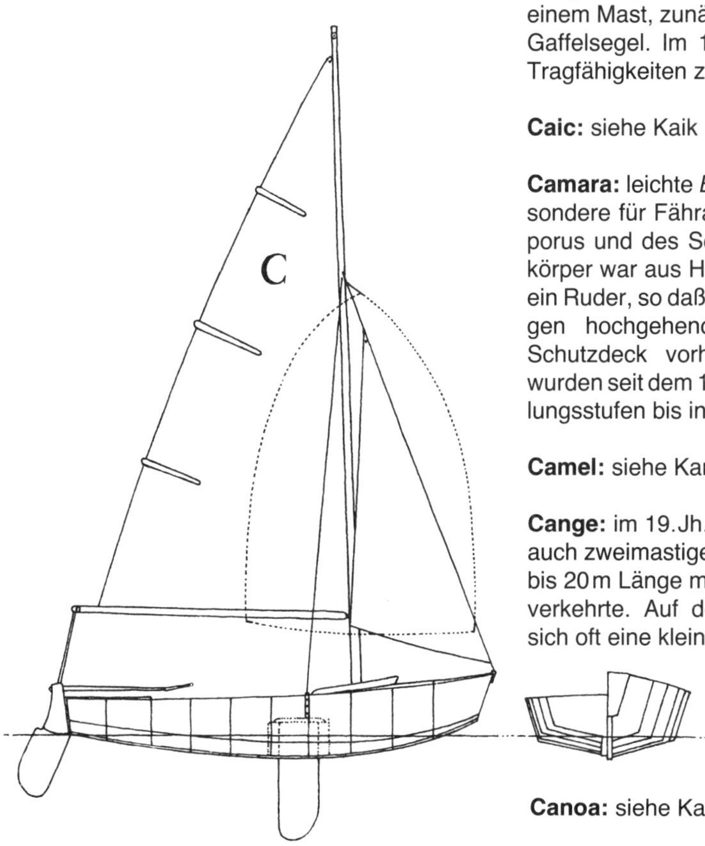

C

Caballito: siehe Balsa

Caboteur, *Cabotier:* ein- oder zweimastiges kleines schnellsegelndes Küstenfrachtschiff des 19.Jh. im Mittelmeergebiet. Außerdem ist »Cabotier« die französische Bezeichnung für ein Schiff in der Kabotagefahrt (Küstenfahrt).

Cadet-Segelbootsklasse: kleine 2-Mann-Sportsegeljolle der internationalen Jugendklasse, 1956 vom englischen Konstrukteur J. HOLT eingeführt. Die *Jolle* ist ein 3,22m langes und 1,27m breites Schwertboot, mit einem Tiefgang ohne Schwert von etwa 0,17m und mit ausgeschwenktem Schwert 0,75m bei einer Wasserverdrängung von etwa 159kg. Der Bootskörper wird in Knickspantbauweise hergestellt. Es werden die Ausführungen A (mit Spanten) und B (ohne Spanten) unterschieden. Die Segelfläche ohne Spinnaker beträgt 5,10m^2. Das Segelzeichen ist ein großes schwarzes »C«. Bei Regattasegeln ist das Führen eines Spinnakers erlaubt.

Cagh, *Kagh:* niederländisches Fluß- und Küstenfahrzeug des 17. und 18.Jh. von etwa 15m Länge; mit plattem Boden, Seitenschwertern und einem Mast, zunächst mit Spriet- und später mit Gaffelsegel. Im 19.Jh. erreichte der Schiffstyp Tragfähigkeiten zwischen 80 und 100t.

Caic: siehe Kaik

Camara: leichte *Barke* des Mittelmeeres, insbesondere für Fähraufgaben im Bereich des Bosporus und des Schwarzen Meeres. Der Bootskörper war aus Holz und besaß vorn und hinten ein Ruder, so daß Wendemanöver entfielen. Gegen hochgehende See war ein gewölbtes Schutzdeck vorhanden. Ähnliche Fahrzeuge wurden seit dem 1.Jh. in verschiedenen Entwicklungsstufen bis ins Mittelalter verwendet.

Camel: siehe Kamel

Cange: im 19.Jh. kleines einmastiges, zum Teil auch zweimastiges schlankes Segelboot von 16 bis 20m Länge mit Lateinsegel, das auf dem Nil verkehrte. Auf dem hinteren Bootsteil befand sich oft eine kleine Hütte.

Canoa: siehe Kanu

Canonnière: französische Bezeichnung für *Kanonenboot*. Vom 17. bis 19.Jh. waren es Ruder- oder Segelfahrzeuge und im 19. und 20.Jh. Ruder-, Segel- oder Dampfschiffe.

Canot: französische Bezeichnung für *Kahn* oder kleines Boot.

Carabus: römisches Leder- oder *Fellboot*, insbesondere im römischen Heer zu Zeiten CÄ-

Canot, französischer Segelkahn mit Luggersegel

Französische Canonnière von 1792

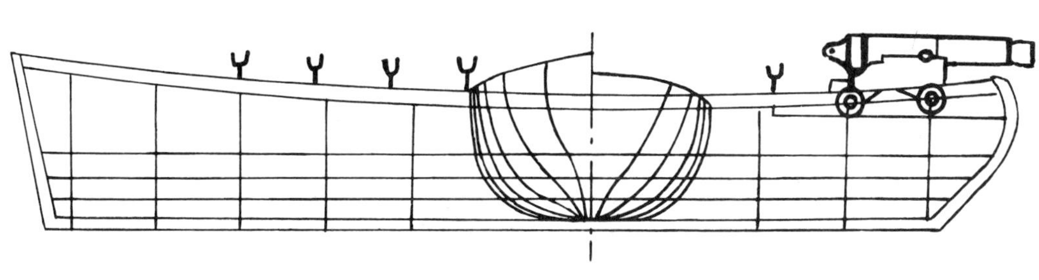

SARS, für Flußüberquerungen gebräuchlich. Der Kiel und die Rippen wurden aus leichtem Holz hergestellt, mit Weiden verflochten und mit Leder oder Häuten überzogen. Das Boot soll aus dem Bereich des italienischen Flusses Po stammen. Ähnliche Fahrzeuge sind aber aus verschiedenen Erdteilen und Ländern bekannt, so u.a. die Eskimoboote oder die irischen *Coracles*.

Caracke: siehe Karacke

Caracora, *Caracore, Corocora, Corocore:* schlankes kombiniertes Segel-Ruder-Boot im Bereich der Molukken. Die Boote waren unterschiedlich groß. Die größten hatten eine Länge bis zu 35 m, eine Breite von 4 bis 5 m und einen Tiefgang von 1,7 m. Sie waren noch im 19. Jh. für Kriegszwecke ausgerüstet und faßten ungefähr 90 Personen. An jeder Schiffsseite arbeiteten hintereinander je 12 Ruderer in 3 Reihen nebeneinander. Die Ruderer saßen auf seitlichen auslegerartigen Stangengerüsten. Die großen Schiffe führten 2 Segel an einem kurzen Mast oder an bockartigen Spieren. Die kleineren Caracoras hatten nur 2 Reihen Ruderer an jeder Seite und führten nur ein Segel an einem kurzen Mast.

Caracora mit Doppelausleger, erste Hälfte 19. Jh.

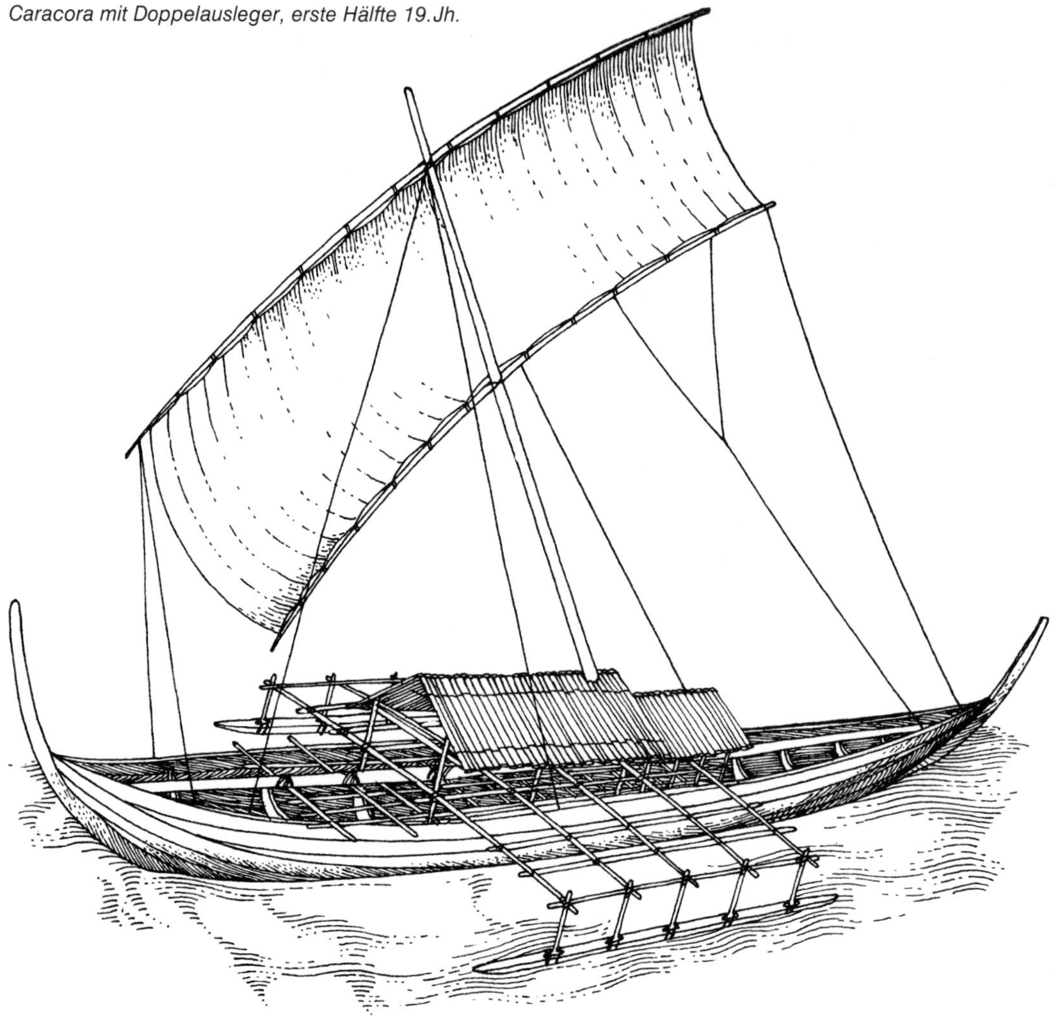

Caravelle: siehe Karavelle

Carebe: zwei- bis dreimastiges arabisches Segelschiff des 19. Jh., etwa 12 bis 15 m lang und 3 m breit. Die Mastanordnung wies einige Besonderheiten auf, der Großmast war stark rückwärts geneigt und führte ein luggerähnliches Segel. Der Fock- und der Kreuzmast waren fast lotrecht oder nach vorn geneigt und führten ein Lateinsegel.

Carebe der tunesischen Küste, 19. Jh.

Cat: siehe Kat

Catamaran: siehe Katamaran

Celox: schnelles Mittelmeer-Ruderschiff um 400 bis 1000 u.Z., das für den Nachrichtendienst und häufig auch als Seeräuberschiff benutzt wurde. Der kleine Schnellruderer hatte bis zu 10 Riemen. Die Bezeichnung hat Beziehung zum lat. celer (schnell) und nimmt außerdem auf das griechische Verb »kelevein« (treiben) und somit auf das Kommandogeben an die Ruderer Bezug.

Chabek: siehe Schebeke

Chaland: gerudertes französisches Fluß- oder Küstenboot für den Güterverkehr, teilweise mit zusätzlichem kleinem Mast. Im heutigen französischen Sprachgebrauch allgemein gebräuchlich für Frachtkähne, *Schuten* und besonders Klappschuten.

Chalands mit unterschiedlichen Maststellungen

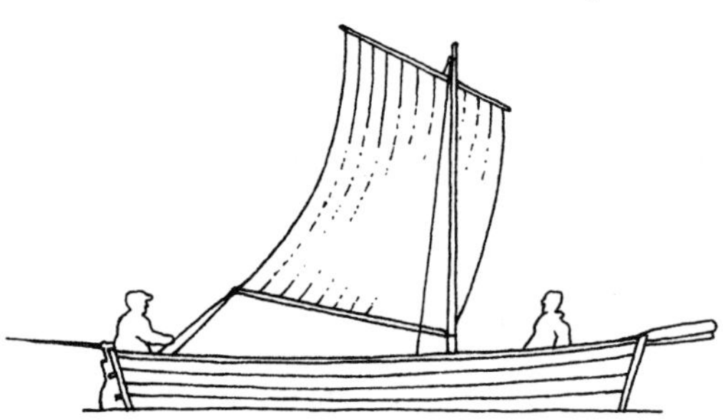

Französischer Chaland

Russischer Chaland

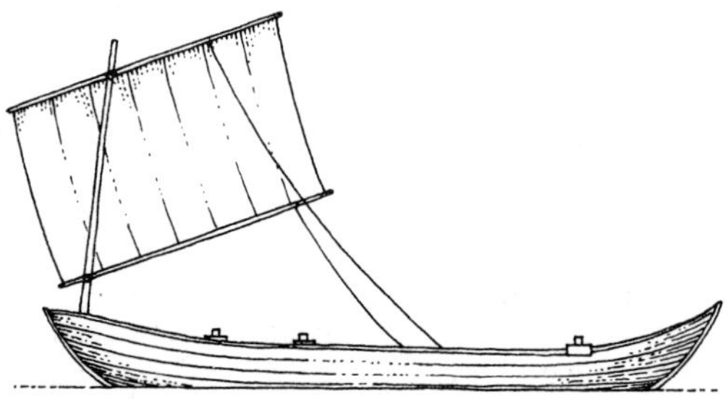

Chaloupe: siehe Schaluppe

Chaloupe canonnière: siehe Schaluppe und Bombarde

Chalutier; *Chaloutière:* französische Bezeichnung für ein mit Netzen fangendes Fischerboot, später auch gebräuchlich für moderne Fischerei-Schiffstypen, wie *Trawler, Seiner* und *Logger*.

Charbrow-Bootsfund: im Jahr 1897 bei Charbrow am Lebasee, dem heutigen Czarnowsko in der Volksrepublik Polen, gefundene Reste eines geklinkerten Kielbootes mit Riemenantrieb, dessen Länge 13,76 m und Breite 3,35 m betrug. Das Boot hatte eine Tragfähigkeit von 6 t und stammt aus dem 10. bis 11. Jh.

Chasse-marée: französisches zwei- und auch dreimastiges, scharf gebautes Segelschiff mit durchgehendem Deck, das sowohl als Frachtschiff in der Küstenschiffahrt als auch als Fischereischiff, insbesondere im Bereich der Bretagne, verwendet wurde. Die Chasse-marées fuhren aber auch bis zu den Antillen. Die Tragfähigkeit der Schiffe betrug in ihrer Blütezeit im 18. und 19. Jh. bis zu 50 Lasten (ca. 100 t). Bei dreimastigen Schiffen wies der mittlere Mast eine starke Neigung nach hinten auf und führte ein ungewöhnlich großes Luggersegel, das bei schlechtem Wetter auf Deck gefiert wurde. Darüber wurde ein Toppsegel gefahren. Der Fockmast stand fast lotrecht sehr weit vorn und führte bei gleicher Takelungsart eine bedeutend kleinere Segelfläche. Die Ursprünge dieses Schiffstyps gehen bis in das 14. Jh. zurück. Die französische Bezeichnung bedeutet soviel wie »Gezeitenjäger«. Die Schiffahrt in der Bretagne muß sich infolge der in den Küstenhäfen starken Niveauunterschiede zwischen Flut und Ebbe beim Ein- und Auslaufen unbedingt nach den Gezeiten richten.

Chat: im 11. Jh. und während der Kreuzzüge ein galeerenähnliches Schiff des Mittelmeeres. Das Fahrzeug hatte bis zu 100 Ruderer, die jeweils zu zweit einen Riemen handhabten.

Chatte: im 17. Jh. in Frankreich ein Leichterfahrzeug und Küstensegler von etwa 60t Tragfähigkeit. Das dem französischen *Chasse-marée* ähnelnde Schiff wurde im 18. und 19. Jh. vorwiegend in Norwegen ein gebräuchliches Küstenschiff mit flachem Boden, Rudern an beiden Schiffsenden, einem großen Mittelmast und einem Vor- und Achtermast. An allen Masten wurden Rahsegel gefahren. Die übliche Länge lag zwischen 20 und 25 m, die Breite zwischen 6 und 7 m und der Tiefgang bei etwa 2,5 m.

Chatte, Anfang 19. Jh.

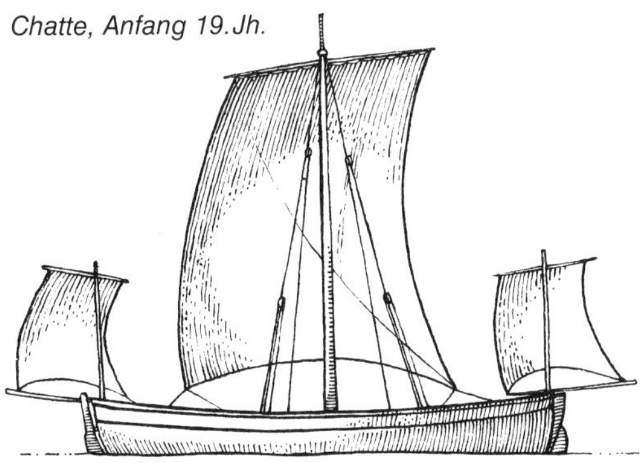

Chebeke: siehe Schebeke

Chelinge: einfaches Ruderboot von 10 bis 12 m Länge und bis zu 3 m Breite für Personen und Güter der indischen Coromandelküste. Die Plankengänge waren mit Kokosfasern abgedichtet, und der Vortrieb erfolgte durch bis zu 12 Ruderer.

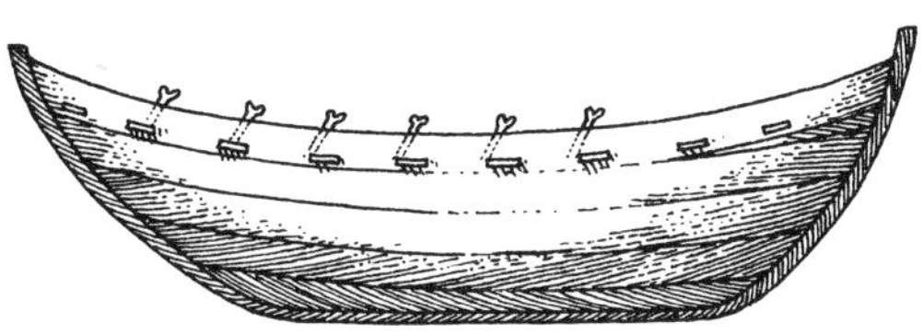

Chelinge, Indien, 19. Jh.

Cheops-Bestattungsschiff: bisher ältestes bekanntes erhalten gebliebenes Schiff der Erde, 1954 an der großen Cheopspyramide in Gizeh entdeckt. Es wurde vor mehr als 4600 Jahren in der Zeit um 2650 v. u. Z. als Bestattungsschiff des Pharao CHEOPS (2. Pharao der 4. Dynastie) erbaut. Dieser für die frühe Schiffbaugeschichte besonders bedeutungsvolle Schiffsfund ist gleichzeitig ein gewichtiges Zeugnis zur frühen Hochkultur am Nil, den religiösen Auffassungen der Ägypter über ein ewiges Leben, der Sonnenverehrung und den entsprechenden Bestattungssitten. So wurden Könige und andere hochgestellte Persönlichkeiten mit Grabbeigaben irdischer Güter beigesetzt, die im kommenden Leben benutzt werden sollten. Mit besonderer Sorgfalt errichtete man massive steinerne Königsgräber, teilweise ergänzt durch weitere Nebenbauten, und stattete sie mit Schmuck, Geräten, Gemälden, Reliefs, Schiffsmodellen und in besonderen Fällen auch mit Originalschiffen aus. Drei an der Ostseite der Cheopspyramide gelegene Schiffsgräber waren bereits länger bekannt, sie enthielten jedoch nur noch Holz- und Tauwerkreste. Bei Bauarbeiten und Ausgrabungen, die 1952 an der Südseite der Pyramide begannen, entdeckte man eine lange niedrige Mauer, unter der sich zwei weitere Gräber befanden. Die Gräber waren mit sorgfältig zugehauenen und eingepaßten, je 15 bis 20t schweren Kalksteinblöcken abgedeckt. Eine zusätzliche Gipsabdichtung und der auf den Gräbern ruhende Sand hatten über vier Jahrtausende wasser- und luftdichte Räume mit wenig veränderten Temperatur- und Feuchtigkeitsverhältnissen entstehen lassen. Nachdem eines der Gräber von 31,2 m Länge, 2,6 m Breite und 3,5 m Tiefe geöffnet war, fand man – einem Original-Bauteilsatz ähnlich – insgesamt 407 teilweise bereits demontiert hineingelegte oder weiter auseinandergefallene Schiffsteile, wie Planken, Balken, Ruder, Riemen, Türen sowie Reste von Trossen aus Halfagras, Stoffen und Teppichen. Die weitere Demontage während der Restaurierungsarbeiten zeigte, daß das Schiff insgesamt aus 1224 Holzteilen gefügt war. Zum größten Teil wurde Zedernholz aus dem Libanon verwendet, das gut erhalten geblieben ist und sogar noch den für getrocknetes Holz fast normalen Feuchtigkeitsgehalt von 10% aufwies. Verschiedene kleinere Teile bestehen aus Maulbeerfeigenholz. Die größten Schiffsplanken sind 22,72 m lang, 52 cm breit und 10 cm dick, die kleinsten Stücke sind nur 10 cm groß.

Die Enden der Planken wurden miteinander durch Langlaschen mit Einkerbungen verzahnt, Boden- und Seitenplanken durch jeweils gegenüberliegende Löcher und eingeleimte Holzstücke verbunden. Diese Methode ähnelt sehr dem heute noch gebräuchlichen Holzdübeln. Bei der Bergung stellte man erstaunt fest, daß der Leim an diesen Holzpflöcken trotz der langen Lagerung noch klebrig war. Es ist wohl auch möglich, daß der hohe Harzgehalt des verwendeten Holzes das völlige Austrocknen verhinderte. Bei ägyptischen Schiffen dieser Epoche waren die einzelnen Plankengänge durch Seile zusammengespannt. Dazu befinden sich an den Innenseiten der Planken V-förmige Aushöhlungen mit Stegen, durch die Seile und Trossen hindurchgezogen wurden. Dieser wellenförmige Verlauf der Spanntrossen hat sicher das Nachspannen erleichtert. Zur besseren Abdichtung der Längsnähte zwischen den Planken und zur Vergrößerung der Seilspannung band man auf den Fugen einseitig abgerundete Holzstäbe mit ein; die aufgefundenen Dichtleisten weisen daher von den Trossen herrührende Einkerbungen auf. Es ist anzunehmen, daß die Plankennähte und Dichtleisten auch mit Harzen verklebt wurden, dennoch drang wohl bei Schiffsfahrten noch Wasser in den Schiffsinnenraum ein, um ein Quellen des Holzes sowie ein Durchnässen und Spannen der Trossen und damit einen verstärkten Zusammenhalt zu bewirken. Diese Art der Planken- und Seilbindung wies beträchtliche Vorzüge auf. So werden die Planken an ihrer Außenseite nicht durchbrochen, an der Innenseite ergaben sich trotz Verwendung durchlaufender Seile gute Nachspannmöglichkeiten und günstige Bedingungen für das Einbinden anderer Bauteile. Einige Planken, die oberen Seitenplanken, weisen zusätzliche Ausnehmungen für die Auflage der ebenfalls mit Seilen eingebundenen Decksbalken auf. Ein zentraler Mittellängs-Unterzug (Balkweger) bestand mit seiner Länge von 26 m aus 2 miteinander verbundenen Teilen. Er stützte die Decksbalken in ihrer Mitte ab und ruhte selbst auf Stützen, die über querspantähnliche Hölzer an den Bodenplanken festgebunden wurden. Die Decksbalken wurden außerdem weiter seitlich in einigem Abstand von beiden Bordseiten nochmals durch Seitenweger abgestützt, die der Höhe nach in Unter- und Oberweger unter-

Chasse-marée, 19. Jh.

teilt und mit den Querspanten bzw. Planken verbunden waren. Insgesamt sind 12 solcher Querspanten vorhanden. Die Decksplatten lagen lose auf den Decksbalken auf. In der Schiffsmitte hat ein Deckshaus oder Deckshausgerüst mit einer Länge von 9,1 m, einer vorderen Breite von 4,15 m und einer hinteren Breite von 2,7 m gestanden, das vielleicht mit Matten, Teppichen oder anderen Geweben überspannt war.
Man fand im Grab auch 6 Paar Riemen, das längste Paar von 7,8 m und das kürzeste von 6,8 m Länge. Diese Riemen dienten vornehmlich zum Steuern des von Ruderbooten geschleppten Schiffes. Ruderbänke oder andere Ruderausrüstungen waren nicht vorhanden. Ein Mast, Mastbefestigungen oder andere Anzeichen, die auf eigene Besegelung schließen lassen, konnten nicht festgestellt werden, da die kultische Verwendung auch keinen eigenen Antrieb erforderte, obwohl die Bauweise des Schiffkörpers eine Ausrüstung als Ruder- oder Segelschiff ermöglicht hätte. Die fachgerechte Rekonstruktion dieses Schiffsfundes stellte eine schwierige Aufgabe dar. Nach der Konservierung wurden die Originalteile exakt vermessen und im Modellmaßstab 1 : 10 maßstabgerecht nachgebildet. Bei der Montage des Schiffsmodells wurden die unterschiedlichen Anordnungsmöglichkeiten der einzelnen Teile sorgfältig geprüft. Im Restaurierungsatelier bei der Pyramide ist heute das nahezu vollständig rekonstruierte und teilmontierte Originalschiff aufgestellt. Es zeigt einen schlanken Schiffskörper mit hochgezogenen Schiffsenden und flachem Kiel. Das Schiff ist 43,6 m lang, 5,9 m breit und hatte eine Wasserverdrängung von ca. 40 t.
Der Fund und die Rekonstruktion des Cheops-Bestattungsschiffes haben die Kenntnisse über den frühen ägyptischen Schiffbau und die ägyptische Schiffahrt bedeutend erweitert und auch dazu beitragen, daß einige vorhergehende Auffassungen sich änderten. So lassen die hohe technische Reife und die handwerklich ausgereifte Bauweise erkennen, daß es bereits einen vorhergehenden längeren Entwicklungsabschnitt gegeben haben muß, in dem Kenntnisse und Werkzeuge zur Bearbeitung von Einzelteilen aus Holz, ihrer Montage zu größeren Bauwerken und zum Holzschiffbau gewonnen und vervollkommnet wurden. Dem Bau dieses Schiffes ist somit bereits eine längere Entwicklungsgeschichte des ägyptischen Schiffbaus vorausgegangen. Die weitgehende Verwendung von Zedernholz beweist weiter, daß mindestens seit 2650 v. u. Z. für besondere Vorhaben die Möglichkeit bestand, auf dem Landwege oder wahrscheinlicher auf dem Seewege Zedernholz aus dem Libanon oder anderen Gebieten des Mittelmeeres zu transportieren. Dieser Holztransport so großer Baumstämme über See erforderte bereits seegehende Schiffe oder stark gebaute Ruderboote zum Schleppen des Holzes. Damit kann Ägyptens Flotte bereits früher als bisher angenommen nicht nur den Nil, sondern auch das östliche Mittelmeer und das Rote Meer befahren haben.

Chitiha: arabische Bezeichnung für *Pinke*.

Chitik: siehe Schitik

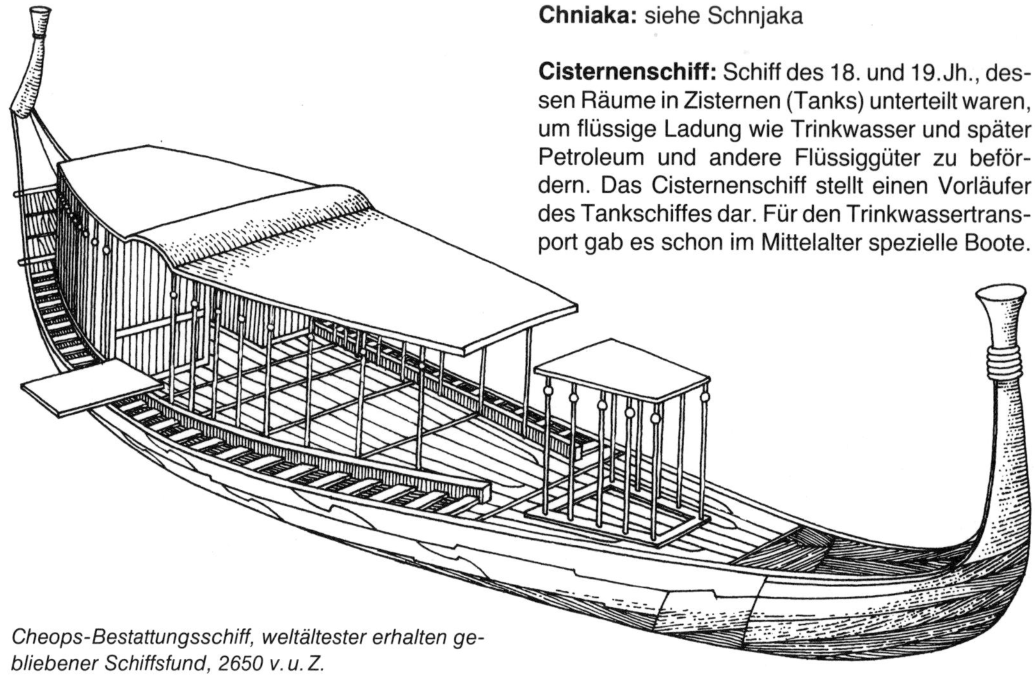

Cheops-Bestattungsschiff, weltältester erhalten gebliebener Schiffsfund, 2650 v. u. Z.

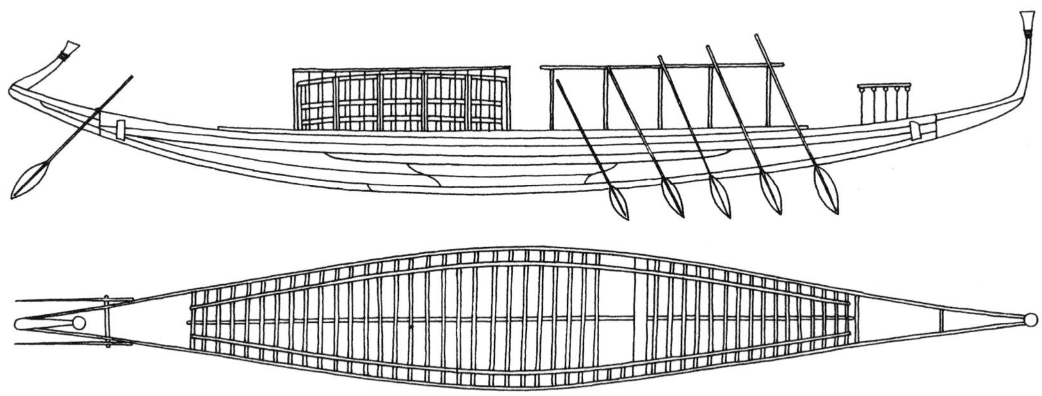

Riß des Cheops-Bestattungsschiffes, Rekonstruktion

Querschnitt und Bindungen des Cheops-Bestattungsschiffes, Rekonstruktion

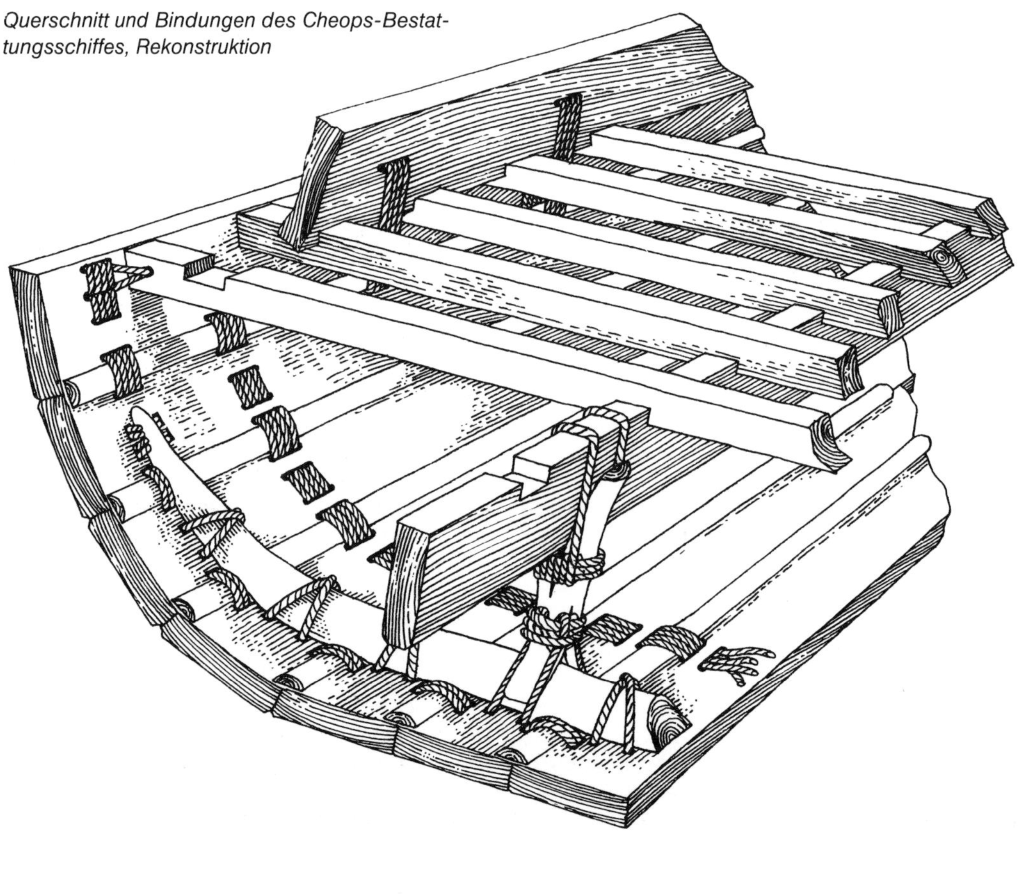

Chniaka: siehe Schnjaka

Cisternenschiff: Schiff des 18. und 19. Jh., dessen Räume in Zisternen (Tanks) unterteilt waren, um flüssige Ladung wie Trinkwasser und später Petroleum und andere Flüssiggüter zu befördern. Das Cisternenschiff stellt einen Vorläufer des Tankschiffes dar. Für den Trinkwassertransport gab es schon im Mittelalter spezielle Boote.

Clipper: siehe Klipper

Coaster: englische Bezeichnung für ein Segel-Küstenfrachtschiff. Diese Bezeichnung wurde später auf maschinengetriebene Schiffe übernommen. Auch für größere Sport-Segelkreuzer und -yachten, die in ortsnahen Küstengewässern operieren, findet die Bezeichnung Verwendung.

Cogge: siehe Kogge

Compositschiff: siehe Kompositschiff

Convictschiff: Anfang des 18. bis Ende des 19.Jh. in England und Frankreich verwendete Bezeichnung für ein außer Dienst gestelltes Kriegsschiff, das als Gefängnisschiff verwendet wurde (engl. convict, Sträfling).

Convoischiff: siehe Konvoischiff

Coracle, *Korb-, Fellboot:* ein in Irland und England über lange Zeit gebräuchliches, fast kreisrundes Gerüstboot aus Holz und Weidengeflecht und einer Bespannung aus Fellen oder Leder. Dieser Bootstyp war bei den Kelten als hautbespanntes Flußboot bekannt. Bereits CÄSAR berichtetet über Coracles, aber es gab sie auch noch zu Anfang dieses Jahrhunderts. Das Gerippe wurde vorwiegend aus biegsamen Weidenruten geflochten, die vorher durch längere Wasserlagerung schmiegsam gemacht wurden. Nach der Überspannung mit Tierfellen erfolgte eine Abdichtung durch Pech oder Teer. Das Boot war innen durch Sitze ausgesteift und wurde durch Paddel fortbewegt. Formen und Größen der Fahrzeuge waren sehr verschieden. Es gab zugespitzte oder muldenartige Coracles bis zu 6 m Länge. Infolge der allgemeinen Verfügbarkeit der benötigten Strauch- oder Weidenruten entwikkelte sich diese Bauweise unabhängig voneinander an vielen Orten der Erde.

Corbita: römisches Frachtschiff um die Zeitenwende, dessen Bezeichnung auf lat. corbis (Korb) hinweist. Es waren gedrungen und rund gebaute einmastige Lasten-Segelschiffe. (lat. naves onerariae; onus, Last) von 100 bis 200 t Tragfähigkeit, die vorwiegend für den Getreidetransport zur Versorgung Roms verwendet wurden. Die Schiffsgröße war vor allem durch die Bedingungen in Roms Hafen Ostia begrenzt. Nach Ausbau dieses Hafens in der Zeit unter Kaiser CLAUDIUS (41 zum Kaiser ausgerufen) nahmen die Schiffsgrößen weiter zu. Das auf dem *Torlonia-Relief* dargestellte Frachtschiff ist wahrscheinlich eine Corbita von mittlerer Größe. Kleinere Corbitae, die eventuell auch auf Flüssen für den Getreidetransport verwendet wurden, sind auf dem *Ostia-Fresko* und dem *Salerno-Relief* dargestellt.

Corocore: siehe Caracora

Corsar: siehe Korsarenschiff

Corvette: siehe Korvette

Coter, *Cotre:* siehe Kutter

Coracle aus Irland (1) und Wales (2)

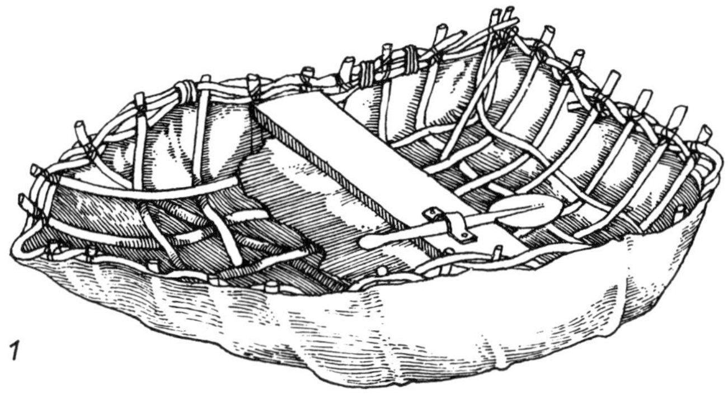

1

2

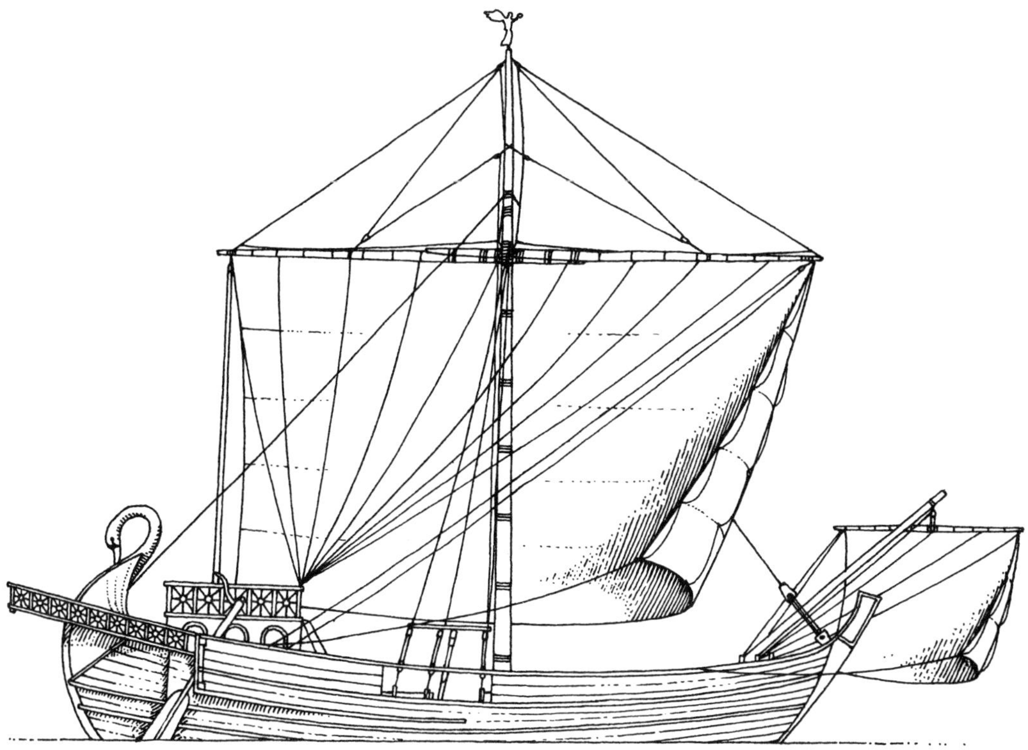

Corbita, römisches Frachtschiff, 1. bis 3.Jh.

Cruiser-Racer-Klassenboot: frühere internationale Bezeichnung für einen Hochseesegelkreuzer mit einem Segelzeichen, das den errechneten Formelwert der Konstruktionsklasse mit dem Zusatz »CR« trägt. Die bekanntesten Klassen waren der 7-m-Cruiser-Racer »7CR« mit einer Länge in der Wasserlinie von etwa 7,20 m, einer Länge über alles von 10,50 m, einer Breite von 2,30 m, einem Tiefgang von rund 1,7 m, einer Verdrängung von etwa 4 t und 40 m^2 Segelfläche sowie der 8-m-Cruiser-Racer »8CR« mit einer Länge in der Wasserlinie von 8,40 m, einer Länge über alles von 12 m, einer Breite von etwa 2,60 m, einem Tiefgang von etwa 1,85 m, einer Verdrängung von 6,5 t und etwa 53 m^2 Segelfläche.

Csaike: siehe Tschaike

Curagh: leichtes Holzgerippeboot, das früher mit Tierfellen, später mit anderen wasserdichten Materialien überzogen wurde. Das vorwiegend geruderte Boot war zum zusätzlichen Segeln eingerichtet. Es wurde ähnlich wie das irische *Coracle*, insbesondere an der Westküste Irlands, aber auch in Schottland und Wales für den Fischfang benutzt. Das Boot hatte eine Länge von 4,5 bis 5,5 m, eine Breite von etwa 1 m und konnte bis

Curagh von den irischen Araninseln um 1920

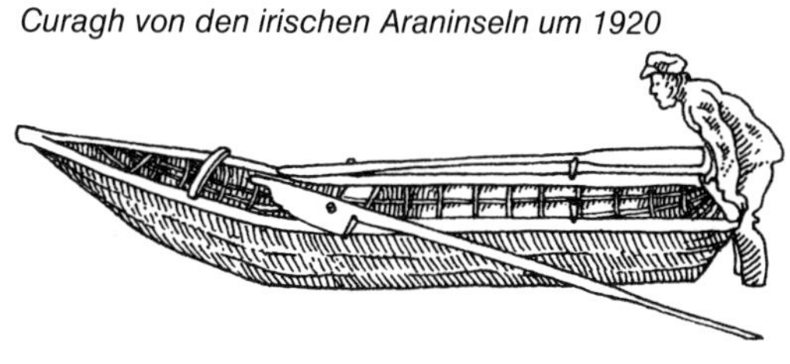

zu 4 Personen aufnehmen. Curaghs gab es noch zu Anfang des 20. Jh.

Cutter: siehe Kutter

Cymba: *Beiboot* der Koggen in der Hansezeit.

* * *

»CONSTITUTION«: historische *Fregatte*, eines der berühmtesten Traditionsschiffe der US-Marine, entworfen von J. HUMPHREY. Die »CONSTITUTION« hatte am 21. Oktober 1797 auf der Bauwerft in Boston Stapellauf. Ursprünglich bestand die Bewaffnung aus 28 langen 24-Pfündern und zehn 12-Pfündern auf Back- und Quarterdeck. Die ersten Einsätze erfolgten gegen die französischen Kaper in der Karibik und 1804 gegen die Korsaren im Mittelmeer.
Nach einer Generalüberholung und Umrüstung bestand das Schiff während des Krieges gegen Großbritannien am 19. August 1812 das siegreiche Gefecht mit der britischen Fregatte »GUERRIERE«, aus dem der von der eigenen Besatzung gegebene Name »OLD IRONSIDE« stammt, da viele der britischen Geschosse die gepanzerten Seiten der »CONSTITUTION« nicht durchschlagen konnten. Im Dezember 1812 wurde die Fregatte »JAVA« aufgebracht und zerstört. 1815 gelang es, zugleich 2 britische *Sloops* zu nehmen. Nach einer langen Mittelmeerfahrt wurde die »CONSTITUTION« 1828 aus dem aktiven Dienst gezogen. Das Schiff entging dem Abwracken 2 Jahre später durch ein Gedicht »OLD IRONSIDE« von O. W. HOMES, da Mittel für die Erhaltung aufgebracht wurden. 1844/45 unternahm die »CONSTITUTION« eine Weltreise. Nach umfangreichen Restaurierungsarbeiten in den Jahren 1927 bis 1931 wurden erneut zahlreiche Häfen der USA besucht, und 1934 fand das Schiff in der Marinewerft Boston seinen endgültigen Liegeplatz. Die Hauptabmessungen des Schiffes sind: Länge zwischen den Steven 62,2 m, Breite 13,6 m, Seitenhöhe 6,85 m. Die Besatzung bestand aus 22 Offizieren und 378 Unteroffizieren und Mannschaften.

* * *

»CUTTY SARK«: das letzte erhalten gebliebene Segelschiff, das an den Teeklipperrennen in den Jahren 1870 bis 1880 teilnahm und noch heute in Greenwich im Dock zu besichtigen ist. Der *Klipper* wurde, ausdrücklich als Herausforderung an die »THERMOPYLAE«, mit nahezu gleichen Abmessungen in Kompositbauweise von H. LINTON entworfen und 1869 in Dumbarton vom Stapel gelassen. Das Schiff machte 8 Tee-Reisen, konnte jedoch die von früheren Klippern erreichten Überfahrtszeiten nie unterbieten. Ein aufsehenerregendes Rennen machte sie mit der »THERMOPYLAE«. Die »CUTTY SARK« lag über 400 Seemeilen in Führung, als im Sturm das Ruder brach, so daß sie mit Notruder für die Rennstrecke eine Woche länger brauchte als die »THERMOPYLAE«, die für die Reise 115 Tage benötigte. Von 1883 bis 1895 war die »CUTTY SARK« in der Australien-Wolle-Fahrt eingesetzt und wurde dann von den Portugiesen aufgekauft. Sie fuhr zeitweilig auch als *Barkantine* getakelt. 1922 kaufte sie Kapitän W. DOWNMAN, er ließ sie restaurieren und wieder mit der Originalklippertakelung versehen. Nach seinem Tode 1936 fand die »CUTTY SARK« bis 1949 als Kadettenschiff Verwendung. 1954 wurde im Greenwich ein Dockplatz für diesen Veteranen eingerichtet, wo das Schiff zur Erinnerung an die große Zeit der schnellen Hochseesegler zur Besichtigung steht. Die Hauptabmessungen sind: Länge zwischen den Steven 65 m, Breite 12 m, Seitenhöhe 6,50 m, Vermessung 963 BRT; die Segelfläche betrug 2980 m^2.

Fregatte »CONSTITUTION«, USA, von Stapel 1797; seit 1934 Traditionsschiff in Boston (USA) [1]

Klipper »CUTTY SARK«, England, von Stapel 1869; seit 1957 Traditionsschiff in London-Greenwich, Modell

Vorschiff der im Trockendock liegenden »CUTTY SARK« [18]

D

Dahabiye: siehe Dehabiya

Dahschur-Bootsfund: im Jahre 1893 bei Ausgrabungen in der Nähe von Dahschur bei der Pyramide SESOSTRIS' III. (1878 bis 1844 v.u.Z.) in Ägypten gefundene 6 Boote, von denen 3 noch relativ gut erhalten waren. Von diesen Booten befinden sich gegenwärtig 2 im Museum in Kairo. Die beiden sehr ähnlichen Boote sind 9,90 m bzw. 10,20 m lang und 2,28 m bzw. 2,24 m breit. Die Seitenhöhe beträgt mittschiffs 0,74 m bzw. 0,85 m. Das dritte Boot steht im Field Museum of Natural History in Chicago. Dieses Boot ist 9,74 m lang, 2,45 m breit und 1,20 m hoch. Die aus Holz gebauten Boote ähneln in ihren Abmessungen und Formen den ägyptischen Papyrusfahrzeugen. Wahrscheinlich trugen die Dahschurboote ebenfalls aufgesetzte, papyrusähnliche Stevenköpfe mit den charakteristischen stilisierten Papyrusblüten. Die Bootskörper bestehen aus kurzen, bis zu 9 cm dicken Planken aus Akazienholz, die in der altägyptischen Kraweel-Bauweise (mauersteinartige Plankenlagen) zusammengefügt wurden. Die Untersuchungen führten zu der interessanten Feststellung, daß für den Bau der Boote nicht ausschließlich neue, sondern teilweise bereits früher für andere Fahrzeuge benutzte Hölzer wiederverwendet wurden. Die sorgfältig zusammengepaßten Plankenstücke verband man an ihren Enden durch besonders eingearbeitete doppelschwalbenschwanzartige Holzstücke. Diese Verbindung der Plankenstöße ist wesentlich schwieriger herzustellen als die bereits 1000 Jahre vorher bekannte Verbindungsart mit einfachen rechteckigen Dübeln. Sie stellt somit einen handwerklichen Fortschritt des ägyptischen Schiffbaus dar. Zur Aussteifung der Bootskörper und als Auflage für lose aufgelegte Decksplanken dienten Querbalken, deren Enden mit den Seitenplanken durch Holzdübel verstiftet wurden.

Dahschur-Boot um 1850 v.u.Z., Spantquerschnitt, Seitenansicht und Plankenverband

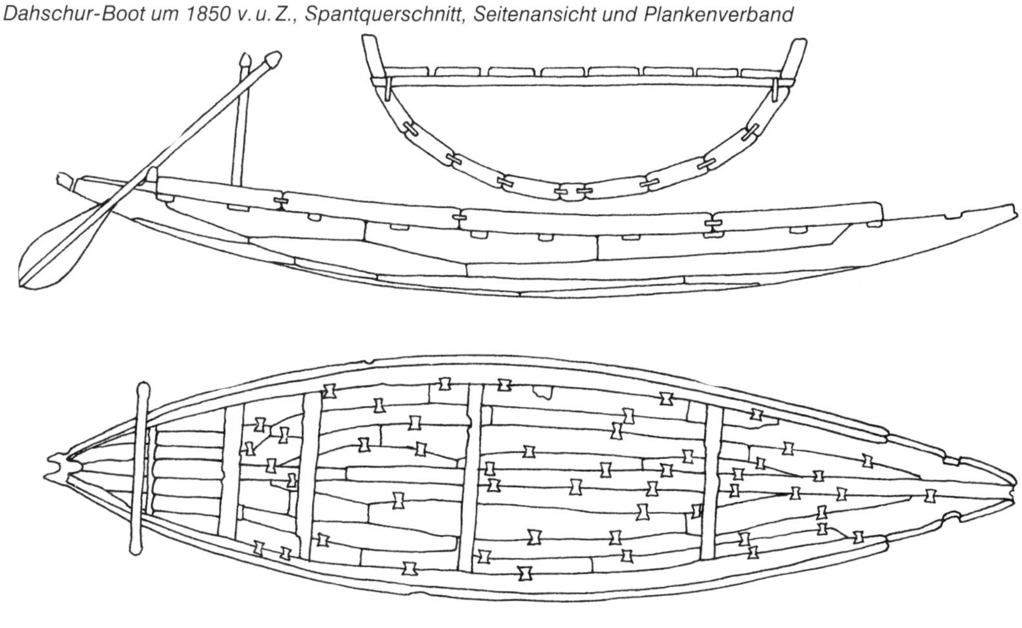

Dak: schnelles Post- und Depeschenboot des 19. Jh., das auf dem Ganges verwendet wurde. Vor- und Hinterschiff waren gleich geformt. Der Bootskörper war bei 16 m Länge häufig kupferplattiert. Das Fahrzeug hatte ein Deck, die Segel wurden an 2 umlegbaren Masten gefahren.

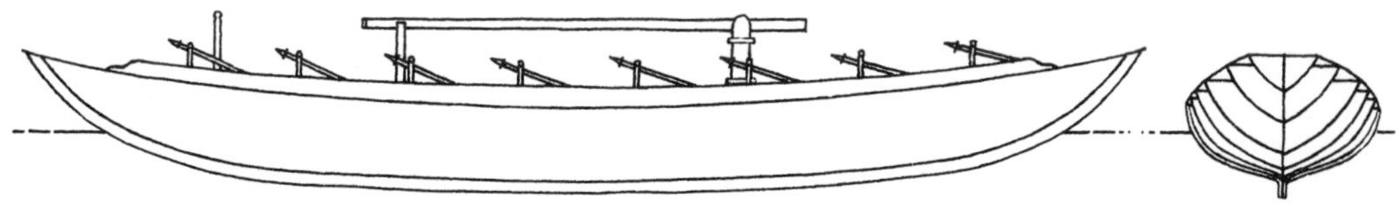

Dak, indischer Doppelender, 19. Jh.

Dalca: begrenzt seetüchtiges Boot an der chilenischen Küste. Ursprünglich wurde die Dalca aus Rindenstücken zusammengenäht. Später baute man sie als einfaches Plankenboot vorwiegend aus dem Holz der Araukarie.

Damlooper: im 17. und 18. Jh. auf den Kanälen und Flüssen Hollands übliches Fähr- und Transportschiff sehr völliger Bauart von 14 bis 18 m Länge mit einem Deck, auf dem der umlegbare Mast mit Sprietsegel aufgesetzt war.

Mtepe von der Lamuküste, etwa 16. bis 19. Jh. Ein sehr alter Dautyp, dessen Anfänge in das 11. Jh. und früher zurückreichen [13]

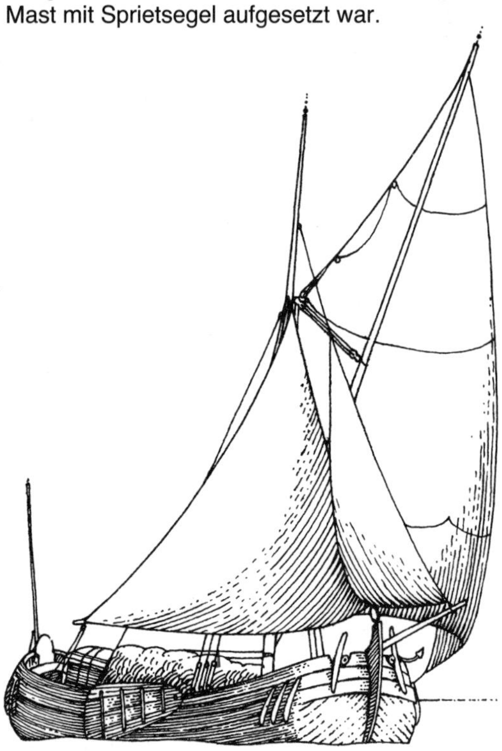

Holländischer Damlooper, Ende des 18. Jh.

Dau, *Dhau, Dhow:* Sammelbezeichnung für verschiedene arabische und indische Segelschiffstypen mit ähnlichen charakteristischen Rumpfformen, Mast- und Segelanordnungen. Dazu gehören die älteren arabischen Schiffe wie *Doni*, *Manché* und *Mtepe* und Schiffstypen wie *Bagalla*, *Batella*, *Bum*, *Dungiyah*, *Ghanja*, *Khalissa*, *Mahaila*, *Maschwa*, *Nurih*, *Pattamar*, *Sambuk* und *Zaruk*.
Die Anfänge dieser arabischen Schiffstypen können in den ersten Jahrhunderten u. Z. angenommen werden; über sichere Kenntnisse verfügen wir erst seit dem 15. und 16. Jh., als sich die endgültige Rumpfform herausbildete, deren Grundprinzip, kurzer Kiel, weit ausfallender scharfer Bug und weniger stark ausfallender Achtersteven, bei allen Varianten beibehalten wurde. Die entsprechend ihrer unterschiedlichen Größe (bis zu 200 t Wasserverdrängung) ein- bis zweimastigen Schiffe fuhren an relativ kurzen, nicht durch Stengen verlängerten, teilweise stark nach vorn geneigten Masten an langen schrägstehenden Rahen die typische Dau-Takelung mit den trapezförmigen arabischen Dausegeln. Schiffe vom Dautyp waren über viele Jahrhunderte an der über 3000 Seemeilen langen Route an der Ostküste Afrikas bis zum Roten Meer und zum arabischen Golf und auch an indischen Küsten vorherrschende Transportmittel.
In Sansibar, Daressalam und Mombasa gab es bis in die jüngste Vergangenheit spezielle Dauhäfen, und an den Küsten Kenias, aber auch in anderen Ländern baute und baut man nach althergebrachter Schiffbaukunst immer noch Daus.

Davy: Bezeichnung für ein kahnartiges, jedoch seefähiges Beiboot von Fischereifahrzeugen der nordamerikanischen Küsten zu Ende des vorigen Jahrhunderts.

Daycruiser, *Daysailor:* Segeljolle oder -kreuzer mit Schwert oder Kiel, das vorwiegend für Eintagetörns verwendet wird und mit einer dementsprechend kleinen Kajüte nur für Behelfsübernachtungen versehen ist.

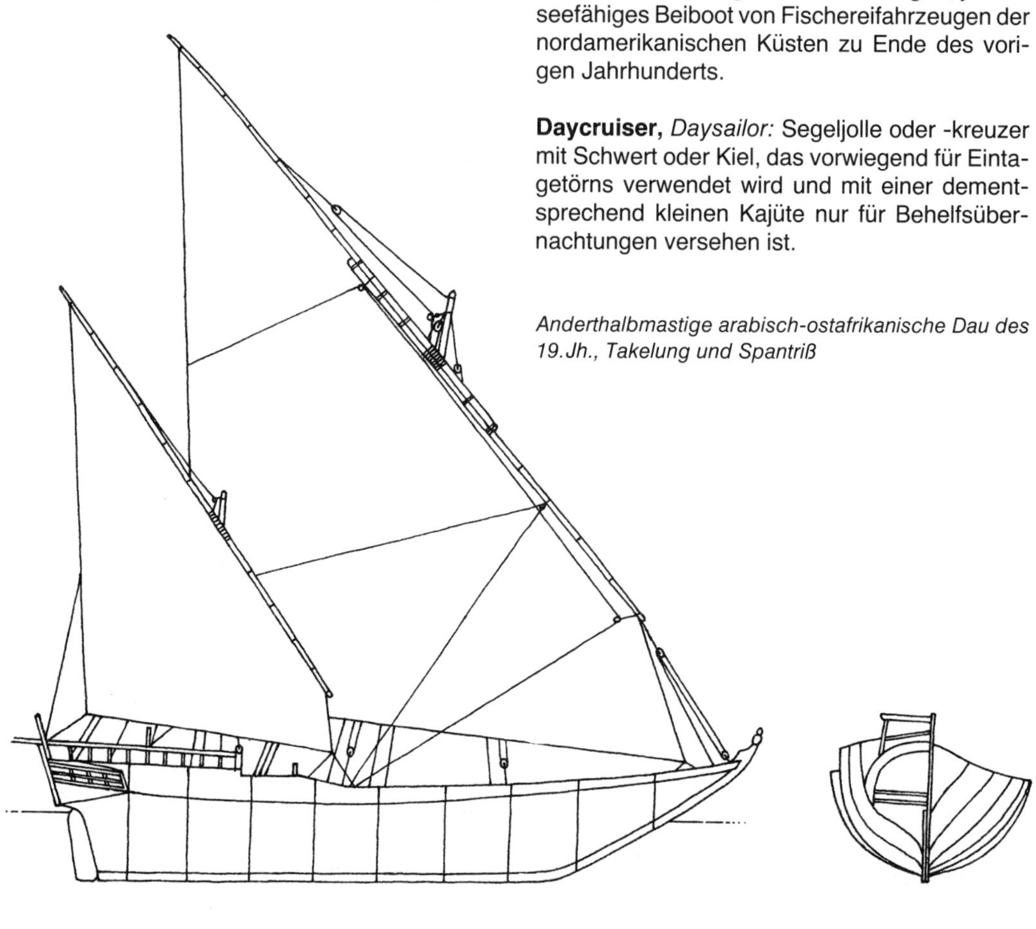

Anderthalbmastige arabisch-ostafrikanische Dau des 19. Jh., Takelung und Spantriß

Nurih von 1830, Modell, ältester Typ der westarabischen Dau, dessen Anfänge bis in das 13. Jh. zurückreichen [13]

Day-Tauchboot: vom Engländer DAY gebautes Tauchboot, mit dem dieser im Hafen von Plymouth Tauchversuche unternahm. Bei solchen Versuchen versanken im Jahre 1774 das Boot und die Besatzung mit dem Erfinder. Dieser Untergang wird in der Entwicklungsgeschichte der Tauchboote als der erste bekannt gewordene Totalverlust angesehen.

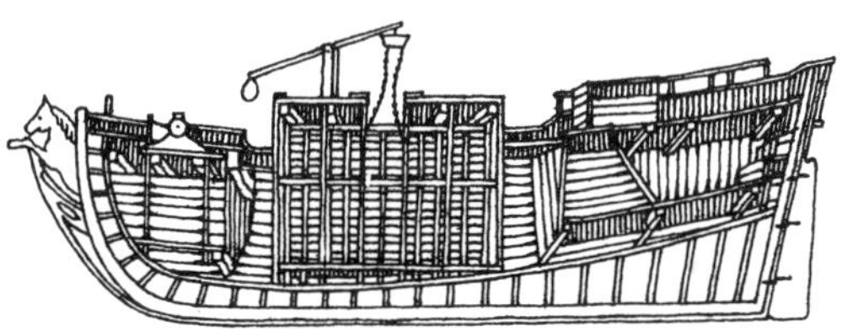

Day-Tauchboot, 1774

Deal-Kutter: englischer Fischkutter des 18. Jh. mit 3 Masten, an denen Sprietsegel gefahren wurden (Deal, Stadt an der Ostküste der Grafschaft Kent).

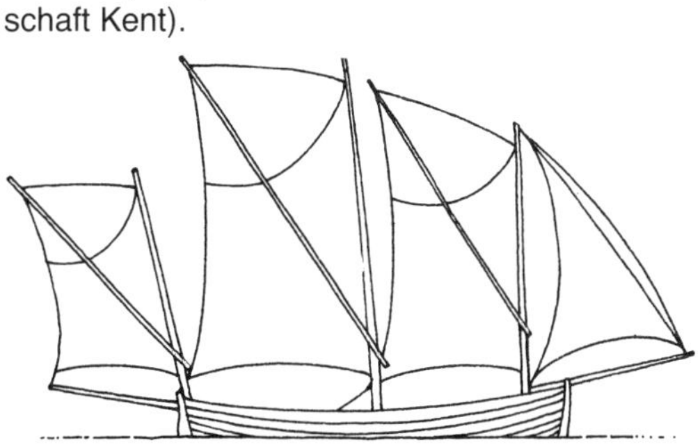

Englischer Deal-Kutter Mitte des 18. Jh.

Dehabiya, *Dahabiye:* ein in der Zeit von 1820 bis etwa 1920 häufig für Passagierreisen auf dem Nil verwendetes anderthalbmastiges Last- und Personen-Segelschiff mit weit auseinanderstehenden Masten, das bei Bedarf auch zusätzlich gerudert wurde. Nach dem mißglückten Feldzug NAPOLEONS in Ägypten wuchs in Europa das Interesse an diesem alten Kulturland. Für die Nilreisen vieler wohlhabender Europäer bis Assuan entstand ein Schiffstyp, in dem alte ägyptische Überlieferungen und Elemente der europäischen Flußschiffe miteinander verschmolzen.
Der Rumpf der Dehabiya war zu Überwindung der Sandbänke im Nil flach und entsprach außerdem der schlankeren europäischen Bauweise. Die Dehabiya hatte eine Länge bis zu 15 m und war etwa 3,5 m breit. Auf dem Hinterschiff war ein langer geräumiger Kabinenaufbau für 8 bis 10 Personen und darüber noch eine leichte schattenspendende Überdachung als Sonnensegel für den Decksaufenthalt. Für das Segeln stromauf mit dem meistens aus nördlicher Richtung kommenden Wind wurde an dem weit vorn stehenden Pfahlmast ein großes Lateinsegel an einer sehr langen schrägen Rah gefahren, die zuweilen das 1,5fache der Rumpflänge erreichte. Am kleineren Heckmast war der besseren Manövrierfähigkeit wegen ein kleineres dreieckiges Gaffelsegel angebracht.

Ägyptische große Dehabiya um 1870, Modell [13]

Dekere: großes Ruderkampfschiff in der Zeit ALEXANDERS DES GROSSEN von Makedonien (356 bis 323 v. u. Z.). Auf diesen Fahrzeugen sollen 10 Ruderknechte (daher die vom griechischen deka für 10 stammende Bezeichnung) jeweils an einem Riemen nebeneinander sitzend gerudert haben. vom Typ her war es somit ein Einreihen-Ruderer, also eine *Monere*.

Dibaik: indisches Ruderfahrzeug mit 30 bis 40 Ruderern.

Dichtfloß: Anfang des 20.Jh. noch übliche Bezeichnung für ein niedriges Floß, von dem aus die Nähte der hölzernen Schiffe gedichtet (kalfatert) wurden.

Dielenboot, *Dielenschiff:* Fischerfahrzeug mit plattem Bugsteven, vorzugsweise auf der Unterweser vom 18. bis Anfang des 19.Jh. verwendet. Die Seiten dieser Fahrzeuge bestanden jeweils aus mindestens 3 Planken (Dielen, Delen). Die kleineren, 5 bis 6m langen Fahrzeuge bezeichnete man mit Dielen- oder Delenboot. Das größere Dielenschiff führte 3 Masten, war etwa 8m lang und 2,5m breit mit ausfallenden Seitenwänden.

Diere: griechisches schnelles Ruder-Kampfschiff, bereits bekannt um 500 v. u. Z., mit 2 Riemenreihen an jeder Bordseite. Dieren hatten bis zu 100 Ruderer, für besondere Fälle konnte ein Segel an einem einsteckbaren Mast gefahren werden. Noch größere Kampfschiffe wurden als *Trieren* gebaut. Bei den Römern bezeichnete man die nach griechischen Vorbildern nachgebaute Diere als *»Bireme«*.

Dinga: ein in den indischen Küstengewässern und auf dem Ganges im 18. und 19.Jh. für Spazierfahrten und im Handel eingesetztes, gerudertes oder gewriggtes etwa 6m langes Boot. Das Hinterschiff war zum Teil gedeckt, oder die Fahrzeuge hatten auch Teilüberdachungen.

Dingi, *Dinghi, Dinghy:* ursprünglich in Ostindien (Bengalen) als Dinghi bezeichnetes einfaches *Plankenboot* ohne Kiel und Spanten oder sonstige Einbauten. Die Planken wurden anfänglich gebunden und später durch Krampen zusammengehalten. Ende des 19.Jh. bürgerte sich in der englischen und deutschen Marine diese Bezeichnung für das kleinste Beiboot in einfacher Knickspantbauweise ein. Es wurde von einem Mann gerudert und diente zur Beförderung einzelner Personen. Anfang des 20.Jh. wurde das Dingi zu einem beliebten Kleinsportboot, insbesondere für Jugendrudern oder -segeln. Das Segeldingi ist einmastig, der Mast mit einem Lugger- oder Gaffelsegel steht sehr weit vorn. Die kleinsten Dingi sind zum Rudern und Segeln eingerichtet, ein Boot für 3 Personen ist etwa 3m lang und weniger als 1,5m breit. Die Eigenmasse liegt bei modernen Baustoffen und Bauarten bei etwa 60kg, die Segelfläche beträgt nur etwa 4m². Gesegelt wird mit Seitenschwertern an seitlich herausragenden Querholmen.
Zu den beliebten Fahrzeugen für gelegentliche Wasserwanderungen gehört auch das Faltboot-Dingi. Bei diesem zusammenlegbaren Fahrzeug ist häufig der Trittboden in Luftzellen unterteilt, so daß durch einen zusätzlichen Auftrieb von etwa 60kg das unverletzte unbesetzte Boot unsinkbar wird. Bekannte Segelsportboote der Dingi-Klasse sind die 12-Fuß-(3,65m) und 14-Fuß-(4,26m)-Dingi (1 Fuß = 304mm). Das 12-Fuß-

Griechische Diere unter Segel, auf einer etruskischen Vase aus dem 6.Jh. v. u. Z.

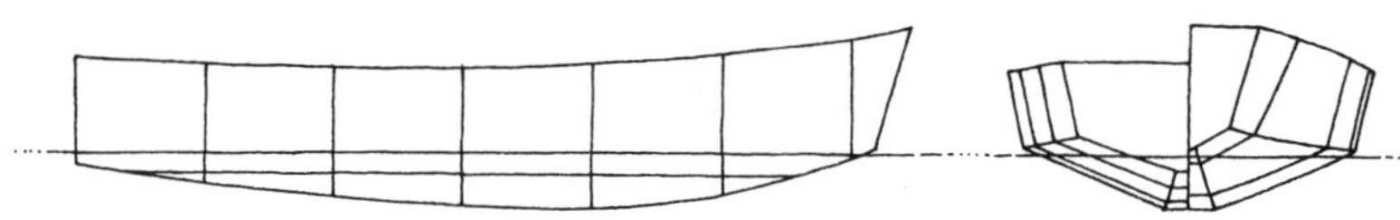

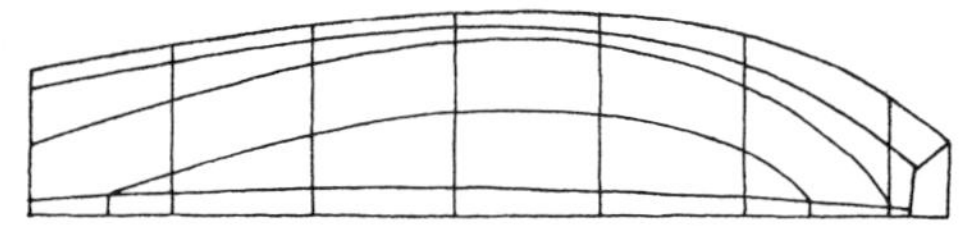

Knickspant-Sportdingi, Linienriß

Dingi ist ein Boot der Einheitsklasse mit Schwertkiel und Knickspantbauweise nach einheitlichem Linienriß. Bei dem ebenfalls mit Schwertkiel gebauten 14-Fuß-Dingi sind vorgegebene Konstruktionsrichtlinien einzuhalten; weitere Einzelheiten können unterschiedlich gestaltet werden.

Djalor: Segelboot mit 2 Masten, das für Kriegszwecke im Norden Sumatras Mitte des vorigen Jahrhunderts verwendet wurde.

Djerme: ein- oder zweimastiges Handelsschiff mit ungewöhnlich großer Lateinsegeltakelung, die den Fahrzeugen eine hohe Geschwindigkeit ermöglichten, vorwiegend im östlichen Mittelmeer und im Nildelta schon im 16.Jh. anzutreffen. Typisch war ein stark nach vorn geneigter Fockmast und die sehr große Rutenlänge (die Schrägrah des Lateinsegels), die etwa doppelte Mastlänge erreichte.

Doghboot, *Dogboot, Doggerboot:* schon 1400 erwähntes und seit 1540 allgemein bekanntes holländisches Fischerboot. RÖDING gibt eine Begründung für die Bezeichnung: »Wenn ein solches Fahrzeug das Netz zum Fischen ausgeworfen hat, oder auch die Wandhuken, woran sich viele Fischangel mit Lockspeise befinden, so sagt man von demselben, es doggert oder es liegt zu doggern.« Außer den ursprünglich kleinen Booten gab es bis zum 19.Jh. bis zu 8 Lasten (16t) fassende Fischereifahrzeuge und bis 30 Lasten tragende Frachtsegler unter der gleichen Bezeichnung.

Doghboot um 1600, holländisches Fischerboot

Dollbaumewer, *Dollbordewer:* Übergangsform des norddeutschen Ewers vom offenen zum gedeckten Fahrzeug. Am offenen *Ewer* wurden die Schiffsseiten an den oberen Seitenplanken über die ganze Schiffslänge durch kräftige Kanthölzer, »Dollbaum« genannt, verstärkt. Diese Seitenlängs- und Deckseitenstringer stellten einen Ansatz zur späteren Bauweise mit Decks dar. Sie trugen zur höheren Festigkeit sowie zur günstigeren Wantenzurrung bei und schützten die oberen Seitenplanken vor Beschädigung beim Ladungsumschlag oder Fischfang.

Dollenboot: siehe Ruderboot

Donga, *Ektha:* ein *Einbaum*, der am Unterlauf des Ganges und in verschiedenen Gegenden Ostindiens verwendet wird. Zum Bau wird der

Stamm der besonders in Ostindien wachsenden Palmyrapalme, einer Fächerpalme (brossus flabelliformis) mit über den Wurzeln stark verdicktem unterem Stammende, benutzt. Das Holz ist relativ hart; daher vermeidet man ein Entfernen des Stammendes. Das verdickte Ende bildet den Bug, so daß die Donga vorn einen entsprechend großen Halbkreisquerschnitt hat und nach hinten fischartig schlank ausläuft. Am Ganges wurden auch Doppel-Dongas benutzt, und in Kaschmir dienen Dongas als Wohnboote. Letztere sind jedoch keine Einbäume, sondern bis zu etwa 15 m lange, mit Flechtmattensegel und durch Staken und Rudern fortbewegte Kähne.

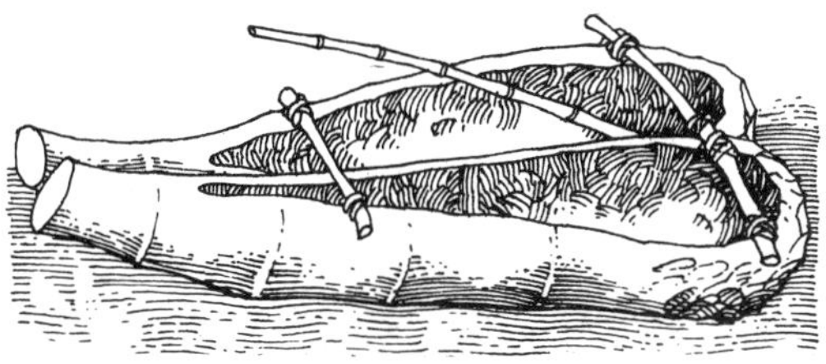

Doppeldonga vom Ganges

Doni um 1900, Modell, ältester Typ der indisch-arabischen Dau, dessen Anfänge bis ins frühe Mittelalter zurückgehen [13]

Doni: ein aus Indien stammender Ursprungstyp der indisch-arabischen Dau-Schiffstypengruppe *(Dau)* mit genähten Plankengängen, weit ausfallendem Vorsteven und Spitzgatt. Der balkenartige Vorsteven verlief bis zum Schiffsboden und hatte im unteren Bereich eine größere Höhe, um die Abdrift zu verringern und die Kursstabilität zu verbessern. Das Achterschiff lief infolge des hochgezogenen Achterstevens schlank aus und endete in einem Stevenholz, das ebenfalls zur Verbesserung der Segeleigenschaften beitrug und als Ruderpfosten diente. Die ursprüngliche Doni war ungedeckt. Der Schiffskörper wurde von einigen durch die Außenhaut geführte Decksbalken ausgesteift; die neueren Varianten hatten ein durchlaufendes Deck. Aus der anfänglich mit trapezförmigen Luggersegeln am Groß- und Besanmast fahrenden Doni entwickelte sich die neuere Mastanordnung mit Fock- und Großmast, Latein- und Stagsegel.

Doppelauslegerboot: im Pazifik und Indischen Ozean das weitverbreitetste Verkehrsmittel zwischen den zahlreichen Inseln, das seit Jahrhunderten in nahezu unveränderter Form verwendet wird. Parallel zum Bootskörper werden an quer über das Boot gelegten Stangen die Ausleger befestigt, die das Kentern verhindern. Die Ausleger sind meistens an den Enden zugeschärfte Stämme oder Bambus. Die Befestigung der einzelnen Teile miteinander geschieht durch Bindungen.

Doppelboot: zum Anfang des 18. Jh. bei den Polynesiern, besonders auf Tahiti, Hawaii sowie den Tonga- und Fidschiinseln gebräuchliche Urform des *Katamarans*. Die beiden Bootskörper wurden in einem bestimmten Abstand parallel zueinander durch Querstangen oder Plattformen verbunden. Auf dieser Plattform befanden sich ein Segelmast und vielfach auch eine Überdachung oder Hütte.

Doppelbugboot: Segelboot für begrenzte Gewässer oder für besondere Navigationsaufgaben mit schwierigen Manövrierbedingungen. Im Unterschied zum *Doppelender*, der gleiche Bug- und Heckformen, jedoch das Ruder nur an einem Schiffsende hat, sind beim Doppelbugboot an beiden Fahrzeugenden Rudereinrichtungen vorhanden, so daß in beide Richtungen gesegelt werden kann. Zu den bekanntesten Doppelbugbooten gehörte eines der schnellsten *Ausleger-Segelboote* der Südsee aus dem Bereich der Gilbertinseln (Südostmikronesien). Aus Stabilitätsgründen wurde bei diesen Booten jedoch stets so gesegelt, daß der Ausleger sich auf der Luvseite (dem Wind zugerichtete Seite) befand. Die Bootskörper wurden wegen des ausmittigen Angriffspunktes des Wasserwiderstandes zum Teil auch mit asymmetrischen Spantquerschnitten gebaut.

Doppelboot aus Polynesien

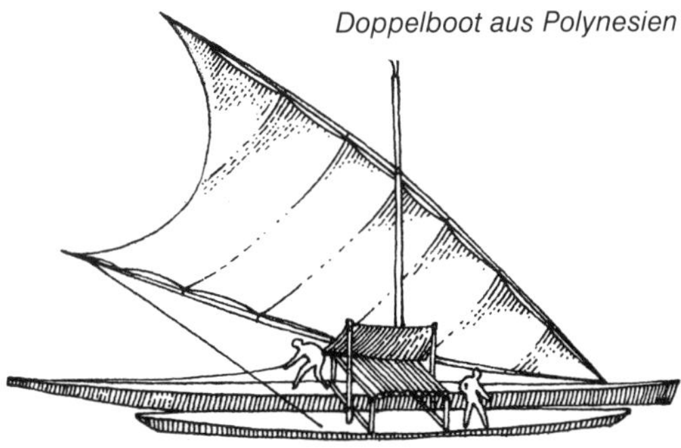

Doppelender: Bezeichnung für Wasserfahrzeuge, die in Längsrichtung symmetrisch gebaut sind oder zumindest an Bug und Heck, also an den Schiffsenden, gleiche Formen haben. In der Frühzeit der Schiffahrt waren u. a. ägyptische Papyrusfahrzeuge und auch die Wikingerschiffe Doppelender. Bei Booten wurden später häufiger sogenannte Spitzender mit spitzem Bug und Spitzgatt gebaut. Moderne Fahrzeuge, wie Flußfähren, die über kurze Strecken in beiden Richtungen fahren, sind bevorzugt Doppelender mit gleichem Bug und Heck.

Doppelvierer, *Doppelzweier:* Kurzbezeichnung für ein Renn-Ruderboot (Skuller) für 4 bzw. 2 Personen, von denen jeder mit einem Paar Skulls (2 Skulls) rudert. Der Doppelvierer hat zusätzlich zu den 4 Ruderplätzen einen Steuermann, der Doppelzweier fährt demgegenüber ohne Steuermann.

Doriboot, *Dorie, Dory:* kleines ruder- und segelbares Fischereihilfsboot. Nachweisbar wurden Doriboote seit 1760 als plattbodige 3,5 bis 5 m lange Arbeitsboote gebaut. Die Fahrzeuge hatten einen sehr breiten, aus 3 oder 4 Bodenplanken bestehenden flachen Boden und seitlich etwa 30° ausfallende Bordseiten, so daß mehrere Doriboote an Deck der Fangschiffe ineinander gestapelt mitgeführt werden konnten, wenn die Duchten (Sitzbretter) herausgenommen waren. Besonders bekannt waren die portugiesischen »Bankfischer«, die mit vielen Doribooten auf den Neufundlandbänken fischten.
Mit den Doribooten ruderten oder segelten 1 oder

2 Personen vom Mutterschiff sternförmig zu den besten Kabeljau-Fangplätzen zum Handangel- oder Langleinenfang. Gesegelt wurden die Doriboote mit einem Dreieckssegel und einer kleinen Fock an einem herausnehmbaren Mast. Zur Steuerhilfe wurde ein Riemen benutzt. Auf ein fest eingebautes Schwert oder Ruder mußte wegen der Transportbehinderung verzichtet werden. Für den modernen Fischfang hat das Doriboot in veränderter Form insbesondere beim Seinerfischfang *(Seiner)* weiterhin Bedeutung.

Doriboot, 19.Jh.

Doschanik: am Schwarzen Meer im 19.Jh. gebräuchliches Wohnboot mit einem Mast und einem Segel.

Doschanik, 19.Jh.

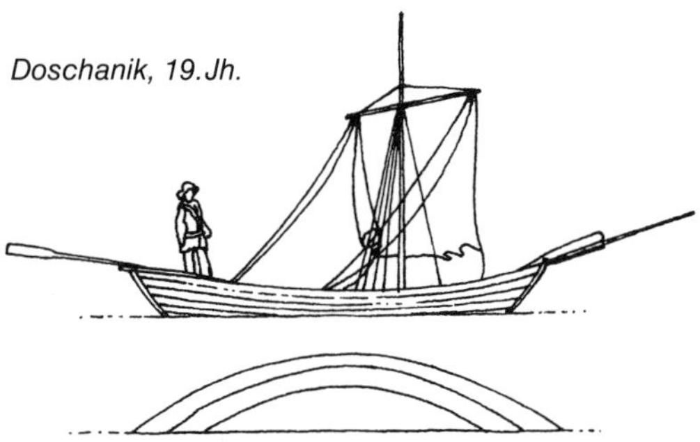

Dougre: siehe Doghboot

Drachen-Klassenboot: ein 3-Mann-Kielboot der Internationalen Einheitsklasse, das im Jahr 1929 vom norwegischen Bootskonstrukteur J. ANKER im Auftrage des Königlichen Yachtklubs von Göteborg entworfen wurde. Das Boot wurde bald in Skandinavien, Deutschland und England unter der Bezeichnung »Drachenboot« sehr beliebt. Dieser Name entstand durch Abwandlung der Bezeichnung »Draggen« für einen bestimmten Ankertyp.
Der Drachen ist ein Rundspantboot, das auch in Küstengewässern gut segelbar ist. Während die Form des Bootskörpers ständig beibehalten werden konnte, wurde die Takelage 1946 verbessert. Die hochgezogene Takelage des Drachens ist verhältnismäßig klein und erlaubt außer Großsegel (23,6 m^2) und 3 verschiedenen Vorsegeln beim Rennen einen zusätzlichen Spinnaker; das Segelzeichen ist ein großes schwarzes »D«. Die Vermessungskontrolle wird von der »International Yacht Racing Union« durchgeführt. Das Boot hat eine Länge über alles von 8,90 m, in der Konstruktionswasserlinie ist es 5,70 m lang. Die Breite beträgt 1,90 m, und bei voller Verdrängung von 2 t geht es 1,20 m tief. Der 1936 gestiftete Internationale Drachen-Goldpokal wurde jährlich in England, Norwegen, Schweden und Dänemark ausgesegelt. 1948 stiftete Frankreich den Herriot-Pokal, 1949 England den Edinburgh-Pokal für Wettfahrten, und von 1948 bis 1972 war das Drachenboot ein Olympiaklassenboot. Seit den Olympischen Spielen 1976 wurde der Drachen durch die 470er-Jolle abgelöst.

Drachenschiff: Die größten und prächtigsten nordischen *Langschiffe*, die »skeids«, wurden von den Wikingern als Drachenschiffe (altnord. »dreki«) bezeichnet. Darüber hinaus werden nordische und fernöstliche bzw. indonesische Drachenschiffe unterschieden. Die Skeids unterschieden sich von den anderen Langschiffen insbesondere durch größere Breiten und Mittschiffs-Seitenhöhen sowie den auf dem Vorsteven aufgesteckten Drachenkopf.
Die Mehrzahl der Wikingerschiffsfunde zeigt allerdings andere tierkopfartige Stevenköpfe, wie z.B. beim *Oseberg-Schiffsfund* einen Pferdekopf oder bei anderen Funden aufgerollte Schlangen mit Kopf. Diese Tierskulpturen dachte man sich als Träger der Schiffsseele, später erfolgte eine symbolische Übertragung auf die Galionsfigur. Sie sollten alle Gefahren zur See abwenden. Wurde gegen eigenes Land gesegelt, so nahm man unbedingt solche zur Abschreckung gedachten Stevenköpfe (wie Drachenköpfe) ab, um nicht die gutgesinnten Landgeister, die »landvettir«, zu erschrecken oder zu erzürnen. Drachenköpfe waren offensichtlich weniger häufig als andere Tierköpfe. Einen aufsteckbaren Original-Drachenkopf fand man in der Scheldemündung bei Dendermonde. Dieser Stevenkopf stammt aus dem 8. oder 9. Jh., er befindet sich in London im British Museum.

Drachen-Klassenboot, 3-Mann-Kielboot

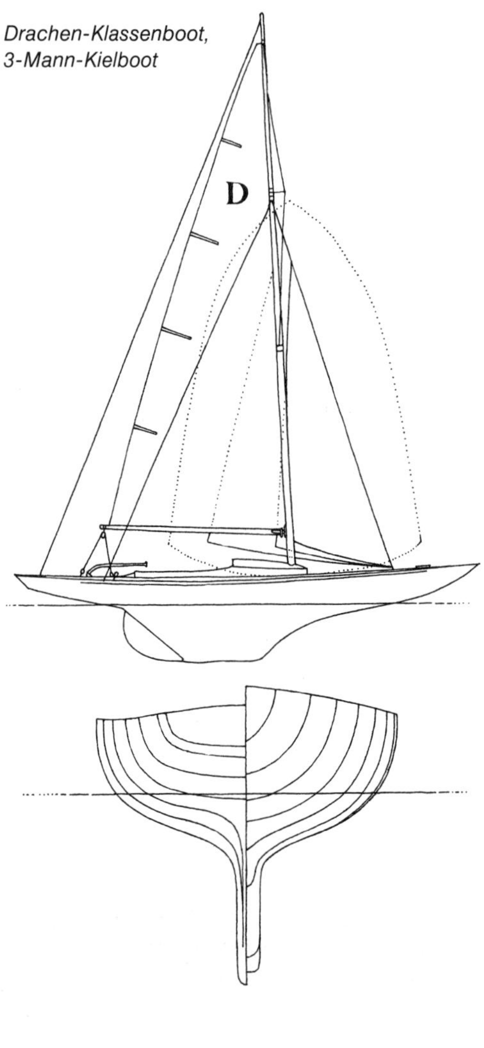

Drachenschiffe wurden auch allgemein »Königsschiffe« genannt, weil sie von den Königen unterhalten wurden. Es sollen Dreißigbänker oder noch größere Fahrzeuge gewesen sein. Von besonders großen Schiffen berichtet SNORRI STURLUSON, ein isländischer Geschichtsschreiber. Er schildert aus der Seeschlacht bei Svolder (1020 u.Z.) ein Schiff »ORMEN LANGE« (die lange Schlange) des OLAV TRYGVASON mit einer Länge von 50 m, 34 Paar Ruderern und weit über 100 Mann Besatzung. Das Schiff von JARE HAAKON (1200 u.Z.) soll sogar 40 Paar Ruderer gehabt haben. Zur Erinnerung an die Blütezeit der Wikingerschiffe trugen später insbesondere hansische Kriegsschiffe Namen, in denen »drake« für Drache vorkamen wie z.B. »MARIENDRAKE« oder »JÜRGENDRAKE«.
Im Unterschied zum nordischen Drachenschiff bezeichnete man im Fernen Osten, z.B. in Hongkong, ein 25 bis 30 m langes schmales Festfahrzeug als »Drachenschiff« oder »Drachenboot«. Diese Fahrzeuge waren am Bug mit einem geschnitzten farbigen Drachenkopf und am Heck mit einem Drachenschwanz verziert. Am Bug dieser Schiffe saß der Schlagmann, der auf einer kleinen Trommel die Schlagfolge für die Stechpaddel der in Fahrtrichtung zu zweit nebeneinanderstehenden Bootsleute gab. Ähnliche Drachenboote soll es auch in Ostindonesien, besonders auf Banda im Molukkengebiet, gegeben haben. Nach der Darstellung auf einer alten Bronzetrommel von Salajar bei Celebes müßten diese Fahrzeuge bereits vor 2000 Jahren bekannt gewesen sein.

Drachenschiff-Stevenköpfe nordischer Langboote

Dragon, *Drake, Drakon, Drakkar, Drakker:* siehe Drachenschiff

Drebbel-Tauchboot: nach dem aus Alkmaar stammenden holländischen Arzt DREBBEL benanntes Tauchgerät, mit dem dieser im Jahre 1620 in England Tauchversuche mit lederbespannten Fässern machte. Einige Jahre später soll von ihm ein Tauchboot aus Holz für 12 Ruderer und einige weitere mitfahrende Personen für eine Tauchtiefe von 4 bis 5 m gebaut worden sein und eine Probefahrt vor dem englischen König stattgefunden haben. In einem zeitgenössischen Bericht heißt es: »Das Schiff konnte unter Wasser rudern und steuern von Westminster bis Greenwich, was 2 holländische Meilen sind. In dem Boot konnte man unter Wasser ohne Kerzenlicht soviel sehen, daß man die Bibel oder sonst ein Buch hätte lesen können.«

Dreidecker, *Dreideckschiff:* Linien-Segelschiff mit 3 gedeckten Batterien. Der erste Dreidecker

Fernöstliches Drachenschiff

der englischen Marine war der 1637 von Stapel gelaufene *»SOVEREIGN OF THE SEAS«* mit etwa 1700 t Wasserverdrängung (durch spätere Berechnungen ermittelt), 104 Kanonen und 600 Mann Besatzung. Die *»VICTORY«*, NELSONS *Admiralschiff* bei Trafalgar im Jahre 1805, war ebenfalls ein Dreidecker; sie hatte etwa 3000 t Verdrängung (ebenfalls durch spätere Nachrechnungen bestimmt), 104 Kanonen und 850 Mann Besatzung. Den letzten englischen Dreidecker »DUKE OF WELLINGTON« baute man 1852 als Segelschiff; später wurde dieser Dreidecker zum Schrauben-Dampfschiff umgebaut. Die letzten französischen Dreidecker waren noch größer: die »VILLE DE PARIS« hatte etwa 5000 t Verdrängung (Nachrechnung) und 120 Geschütze. Als Linienschiffe fuhren diese großen, schweren Dreidecker wegen ihrer mittelmäßigen Segel- und Manövriereigenschaften in der Schlachtlinie als Führungsschiffe. Außerdem waren die langen Bauzeiten, hohen Bau- und Unterhaltungskosten Gründe für eine begrenzte Anzahl großer Dreidecker. Meistens wurden in den Kriegsflotten kleinere Dreideckschiffe mit etwa 90 Kanonen eingesetzt.

Dreimaster, *Dreimastvollschiff:* Segelschiff mit 3 Masten. Nach der Art der Takelung werden Dreimast-Vollschiffe, bei denen alle 3 Masten rahgetakelt sind, von der Dreimast-Bark, die Rahsegel nur an beiden vorderen Masten und am hintersten Mast Gaffel- oder Lateinsegel führt, unterschieden. Weiter gab es Dreimast-Gaffelschoner mit Gaffelsegeln an allen 3 Masten, Dreimast-Toppsegelschoner mit Rahsegeln über den Gaffelsegeln der beiden vorderen Masten sowie Dreimast-Schoner mit Rahsegeln am vorderen und Gaffelsegeln an den beiden hinteren Masten. Schiffstypen des Mittelalters wie *Hulk, Karacke, Karavelle* und *Nao* waren Dreimaster.

Dreiruderer: siehe Triere

Englischer Dreidecker *»SOVEREIGN OF THE SEAS«*, 1637 von Stapel. Nach einem Stich von J. PAYNE [2]

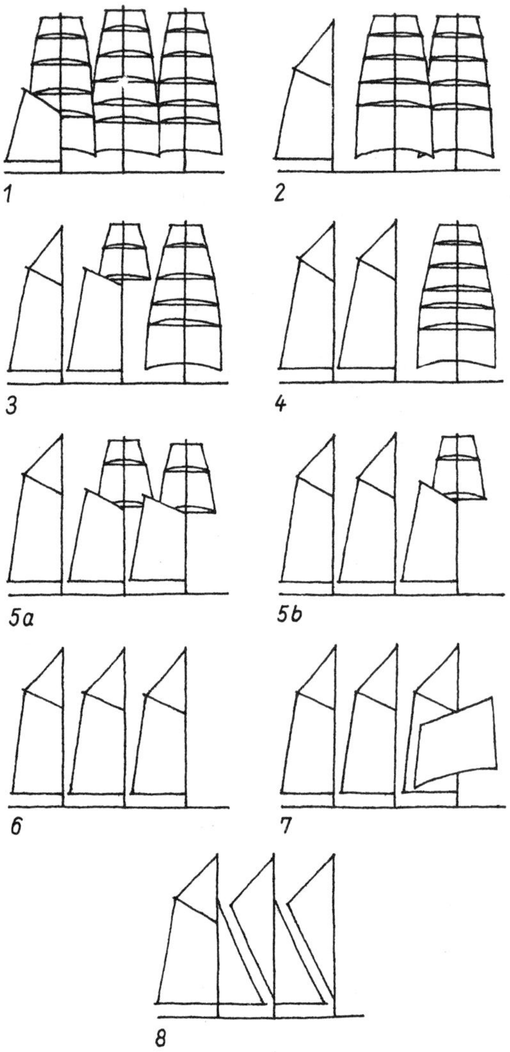

Dreimaster-Segelanordnungen

1 Dreimast-Vollschiff bzw. Fregatte
2 Dreimastbark
3 Dreimast-Barkantine
4 Dreimast-Schonerbark
5 Dreimastschoner mit Fock- und Großrahtopp
6 Dreimast-Gaffelschoner
7 Dreimast-Gaffelschoner mit Breitfock
8 Dreimast-Stagsegelschoner

Dreimastschonerbark unter Segel

Dreimastvollschiff »CHRISTIAN RADICH«, norweg. Schulschiff

Dreirumpfboot: siehe Trimaran

Dromone: bedeutendstes byzantinisches Ruderkriegsschiff, das im Kampf um die Seeherrschaft zwischen Byzanz und Arabien im 9. und 10. Jh. im östlichen Mittelmeer eingesetzt war. In bestimmten Merkmalen setzte dieser Schiffstyp die Entwicklung der griechischen *Triere* und der spätrömischen *Liburne* fort. Die Kampfschiffe hatten eine Verdrängung von ungefähr 100 t, eine Länge von 36 m bei einer Breite von 4,40 m und einem Tiefgang von etwa 1,10 m. Der Bug-Rammsporn war häufig mit Metallplatten gepanzert. Die Oberseite lag teilweise so in der Schwimmwasserlinie, daß er auch zusätzlich als Enterbrücke diente. Die Dromone hatte 2 höhen-

versetzte Ruderreihen mit je 25 Einmann-Riemen an jeder Bordseite, also insgesamt 100 Ruderer. Das Schiff hatte ein durchlaufendes Deck, und die Ruderreihen wurden so angeordnet, daß jeweils die Hälfte der Ruderbänke unter und auf dem Deck waren. In der Schiffsmitte und am Heck waren Kampftürme für 30 bis 50 Kämpfer, besonders Bogenschützen und Werfer des »byzantinischen Feuers«, einer Mischung aus Schwefel, Teer und anderen Stoffen, die schwer zu löschen waren. Außerdem wurden Wurfmaschinen mitgeführt.
Bis zum 12.Jh. wurden noch vereinzelt größere Dromonen bis zu 50 m Länge mit zusätzlicher Besegelung durch ein großes Lateinsegel an einem mittschiffs stehenden Mast gebaut. Aber auch diese letzten Dromonen wurden allmählich von den schnelleren *Galeeren* der italienischen Städte verdrängt.

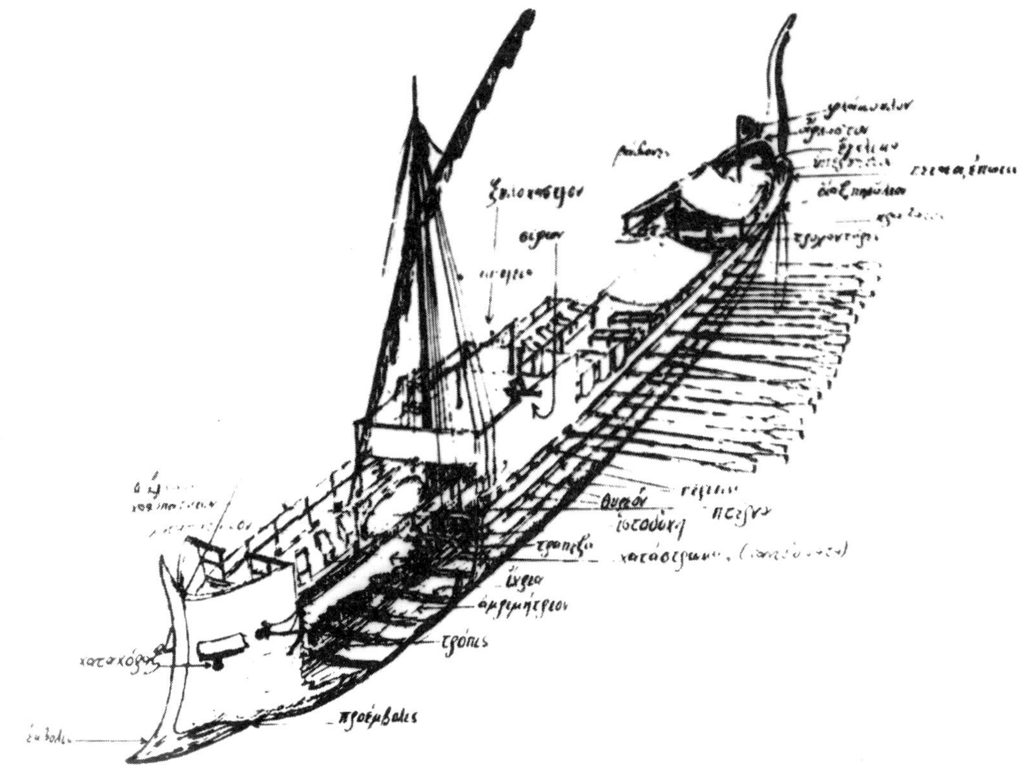

Dromone um 850, byzantinisches Kampfschiff. Darstellung aus einem byzantinischen Kodex [11]

Dscherm: siehe Djerme

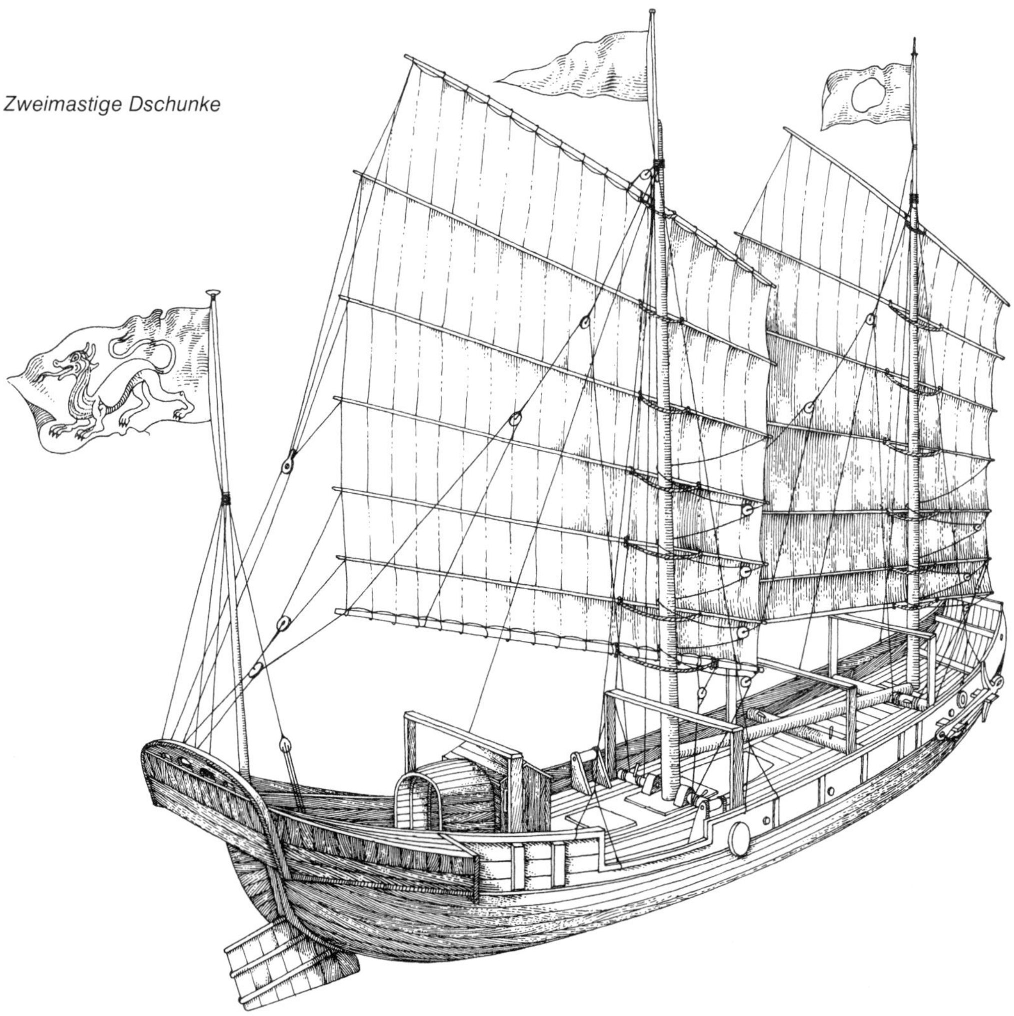

Zweimastige Dschunke

Dschunke: europäische Bezeichnung für die Vielzahl ein- bis dreimastiger chinesischer Segel-Lastschiffe für die Fluß- und Seeschiffahrt, auch spezialisiert als Kriegs-, Handels-, Piratensowie Fischereifahrzeug eingesetzt, neben China auch in Korea, Japan und den Philippinen verbreitet. Die Grundmerkmale dieses Schiffstyps entstanden schon vor Jahrtausenden im ostasiatischen Raum. Im südlichen Teil Chinas war der Binnenschiffsverkehr auf den großen Strömen und Nebenflüssen im Vergleich zu Europa sehr frühzeitig hoch entwickelt. Etwa 1000 Jahre vor der Zeitrechnung wurden in China bereits erste schiffbare Kanäle gebaut. Zu den frühen Kanalbauten gehört auch der »Kaiserkanal«, der unter dem Kaiser YANG-TI (605 bis 618 u.Z.) angelegt wurde.
Die besonders für die Flußschiffahrt vorgesehenen Dschunken baute man meistens etwas schmaler und rüstete sie mit nur einem, wegen der windbehindernden Uferböschung aber hohen Mast aus. Die besonderen Bedingungen der schwierigen Seegebiete an den langen gegliederten Küsten Chinas mit den vielen vorgelagerten Inseln und die ostasiatische Monsunzone spiegeln sich in der zweckmäßigen Konstruktion und Takelung der Dschunken für die Mündungsgebiete der großen Flüsse und wichtigsten Seegebiete wider. In den Einzelheiten sind bei den verschiedenen Dschunkenarten und -größen der räumlich weiter entfernten Landesteile deutliche Unterschiede festzustellen; das Grundprinzip ist aber über viele Jahrhunderte unverändert geblieben. So unterscheiden sich die Fahrzeuge im Norden von denen im Süden durch eine etwas schwerfälligere plumpere Form, den stumpfen löffelförmigen Bug, den Ansatz eines Spiegelhecks und den gradlinigen und weniger bogenförmigen Segelumriß. Einheitliches Merkmal der Dschunken ist der flache und breite Schiffsboden mit hochgezogenen Enden und fast senkrecht aufgesetzten Seitenwänden. Jahrhunderte früher als in Europa versteifte und unterteilte man den Schiffskörper durch Querschotte in wasserdichte Abteilungen. Eine Besonderheit stellt auch die geklinkerte Bauweise der Dschunke dar. Die Beplankung wurde nicht wie bei der europäischen Klinkerbauweise durch dachziegelartige Überlappungen der Planken vom Schiffsboden nach oben fortlaufend, sondern in umgekehrter Richtung von der oberen Seitenplanke ausgehend mit nach unten angesetzten Planken ausgeführt. Bei dieser Arbeitsfolge mußte zunächst das Spantengerüst oder zumindest ein behelfsmäßiges Gerüst errichtet werden. Die größeren Fahrzeuge wurden mit Deck gebaut. Die Decksbauweise unterscheidet sich von der europäischen dadurch, daß die Decks-

Dreimastige chinesische Seedschunke zwischen Hongkong und Macao [11]

balken i. allg. oberhalb der Decksbeplankung und nicht darunter eingebaut wurden, so daß eine klobige Holzkonstruktion entstand.
Während im nördlichen Europa das Heckruder erst zu Anfang des 13. Jh. nachgewiesen werden kann, baute man chinesische Dschunken schon im 4. Jh. v. u. Z. mit Heckruder. Des weiteren sind Mastanordnung und Segelart auffällige Schiffstypenmerkmale. Die kurzen Pfahlmaste waren üblicherweise nicht durch Stengen verlängert oder durch Wanten und Stagen verspannt, so daß bei Bedarf das Segel rundum geschwenkt werden konnte. Damit war ein deutlicher Vorzug gegenüber dem Querrahsegel vorhanden, weil das Segel besser in den Wind drehbar war und das Schiff höher am Wind segeln konnte. Das typische Segel der Dschunke war das chinesische Luggersegel, entweder rechteck- oder trapezähnlich mit gerader bis stark gerundeter Hinterkante. Ursprünglich bestanden die Segel aus einem mattenähnlichen Geflecht, das durch eine große Anzahl leichter Bambus-Querstangen gespreizt (ausgesteift) wurde. Die untere Querstange war gerade oder nur leicht gebogen, die Segelvorkante unten üblicherweise etwas länger als oben und der Oberbaum schräg gestellt, so daß der Segelumriß einem unregelmäßigen Viereck ähnelte. Am fast geraden (nördlicher Typ) oder stark gerundeten (südlicher Typ) hinteren Rand war ein durchlaufender Saum oder eine Leine vorhanden, mit der das Segel wie bei modernen Yachten zum schnellen Manövrieren hochgespannt werden konnte. Jeder der leichten Spreiz-Querrahen war ebenso wie Unter- und Oberbaum mit einem gesonderten Rack so am Mast befestigt und an den Enden durch Schoten belegt, daß das gesamte Segel leicht von Deck aus angestellt, gerefft oder gefiert werden konnte und die Segelkräfte in Höhe der einzelnen Querstangen direkt auf den Mast und über die Schoten an Deck übertragen wurden. Dadurch ergaben sich eine bessere Lastverteilung und ein geringeres Biegemoment gegenüber dem konzentrierten Lastangriff bei einer einzigen Querrah und damit eine größere Sicherheit gegen Mastbruch. Die Vorzüge dieser Kombination von Quer- und Längssegeln (Schratsegel) waren im Fernen Osten schon sehr früh bekannt, zu einer Zeit, als im Mittelmeergebiet und im Norden ausschließlich das fast quadratische Quersegel benutzt wurde.
Es ist sehr wahrscheinlich, daß das chinesische Luggersegel den arabischen Seefahrern als Vorbild für frühe Dau-Schiffstypen diente und allmählich zum arabischen Dau-Trapezsegel und danach zum dreieckigen Lateinsegel des Mittelmeeres abgewandelt wurde.
Trotz ihres etwas schwerfälligen Aussehens waren die Dschunken gute Segler. Als seetüchtige dreimastige Schiffe (in Einzelfällen sogar mit mehr als 3 Masten) fuhren sie von Südchina nach Indien, Ostafrika, dem Persischen Golf und dem Roten Meer. Die Schiffsgröße entsprach dem jeweiligen Verwendungszweck. Es gab viele Fahrzeuge von 400 t Tragfähigkeit, 60 m Länge und etwa 9 m Breite, andere bis 500 t, seltener noch größere bis 800 t Tragfähigkeit.

Dubas: russische Küstenschaluppe *(Schalup-*

pe) um 1850 mit 2 schonergetakelten *(Schoner)* Masten. Als Lastfahrzeug war der Schiffstyp sehr völlig, vorzugsweise aus Eichenholz (russ. dub, Eiche) gebaut.

Dubass: allgemeine Bezeichnung für einen eichenen Trog, jedoch gleichfalls für einen Nachen oder Kahn auf dem Bug (Südukraine).

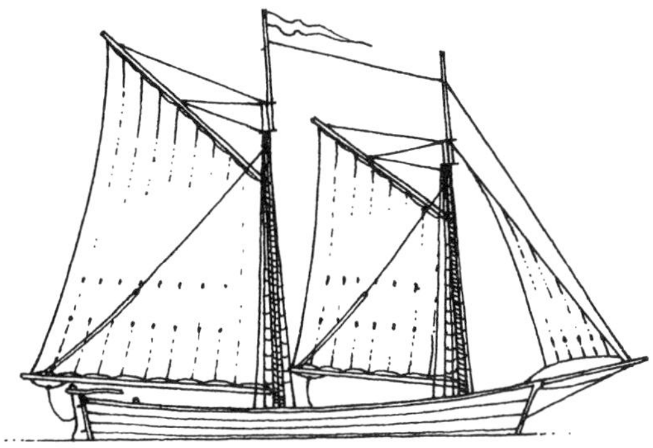

Dubas, russischer Frachtsegler aus der Mitte des 19. Jh.

Dümmersee-Einbaumfund: im Jahre 1937 im Hunte-Bett am Dümmersee in Oldenburg gefundener *Einbaum*, der zu den ältesten Funden in Norddeutschland gehört. Mit Hilfe der Pollenanalyse konnte der Einbaum zuverlässig aus der Zeit etwa um 3000 v. u. Z. bestimmt werden. Das Fahrzeug aus Weichholz ist 5,5 m lang und 0,6 m breit, hat eine Seitenhöhe von 0,25 m und ist von halbrunder Außenform. Die beiden Enden sind löffelförmig, je 1,20 m von den Enden ist je ein 12 cm dicker Steg belassen worden. Die Wandungen sind dünn, so daß der Einbaum relativ leicht gewesen sein muß.

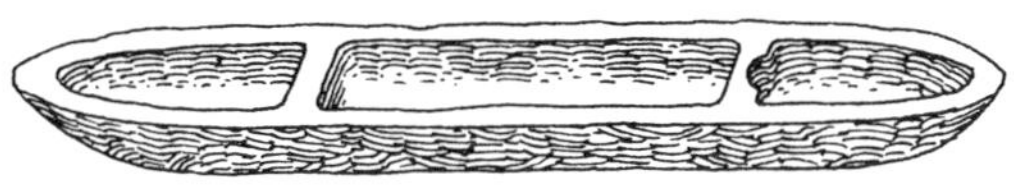

Dümmersee-Einbaumfund, etwa 3000 v. u. Z.

Dungiyah: indisches Segelschiff vom Dau-Typ *(Dau)* vom 17. bis 19. Jh. mit einem Mast, jedoch auch als *Anderthalbmaster* gebaut. Während der Schiffskörper wie bei der Dau einen kurzen Kiel mit weit ausfallendem Vorsteven behielt und auch das typische Trapezsegel am leicht nach vorn geneigten Mast verwendet wurde, übernahm man im 16. Jh. von den portugiesischen Entdeckern, die bei den *Naos*, *Karacken* und *Galeonen* übliche hochbordige Bauweise mit Achterkastellen. Das Heckruder wurde wegen seiner Vorzüge ebenfalls übernommen. Durch diese Kombination von Elementen der schnellen Dau und der schwerfälligen portugiesischen Schiffe konnten die Schiffe bei ihrer geringen Länge (etwa 20 bis 30 m) relativ breit und hoch und damit seetüchtig werden, andererseits verschlechterten sich jedoch die Segeleigenschaften.

* * *

»DAR POMORZA«: Das Dreimast-Vollschiff lief unter dem anfänglichen Namen »PRINZESS EITEL FRIEDRICH« am 12. Oktober 1909 für den Deutschen Schulschiffsverein zur Ausbildung von Kadetten der Handelsmarine vom Stapel und wurde am 8. April 1910 in Dienst gestellt. Die

Spätmittelalterliche Dungiyah aus Oman

»DAR POMORZA« Dreimast-Vollschiff, 1909 von Stapel, Bugansicht, Segelschulschiff der Volksrepublik Polen

technischen Daten sind: Länge zwischen den Loten 72,6 m, Breite 12,6 m, Tiefgang 5,7 m; das Schiff hat 1561 BRT und eine Segelfläche von 1900 m^2. Nach 1918 wurde das Schiff an Frankreich übergeben und erhielt 1921 den Namen »COLBERT«, wurde jedoch nicht, wie vorgesehen, als französisches Schulschiff eingesetzt. Die Staatliche Polnische Seefahrtsschule kaufte 1929 das Schiff als Ersatz für die bislang verwendete, inzwischen aber überalterte Bark »LWOW«. Die Mittel für diesen Ankauf wurden durch freiwillige Spenden in Pomorze aufgebracht, daher erhielt das Schiff den Namen »POMORZA«, der nach einer stürmischen Überführungsfahrt im Schlepp von St. Nazaire nach Polen im Dezember 1929 bis Januar 1930 in »DAR POMORZA« (Gabe der Pomorzer) geändert wurde. Nach Einbau eines Hilfsmotors begannen regelmäßige Schulfahrten; 1939 ging das Schiff in Stockholm in Internierung und wurde nach Kriegsende an die VR Polen zurückgegeben. Danach wurden über viele Jahre jeweils 150 Schüler von den 30 Mann der Stammbesatzung ausgebildet. Die »DAR POMORZA« hat noch einmal als einziger Großsegler Kap Horn umsegelt (nach 1950). Sie hat an den Großseglerrennen und den Seglerparaden »Operation Sail« in Kiel, Gdansk und New York teilgenommen.

»DAR POMORZA« unter Segel

E

East-Indiaman, *East-Indiaship:* siehe Indien-Schnellsegler

Eckernförder Fischerboot: auf Kiel mit spitzen Bootsenden gebautes offenes Fischerboot des 19. Jh. mit 2 oder 3 Masten und Sprietsegeln.

Eiderbojer: seit Ende des 18. Jh. ein kleines Binnen-Lastsegelschiff für die Eiderschiffahrt, bei dem der Rumpf des Unterwasserschiffes tjalkähnlich *(Tjalk)*, das Vorschiff völlig und das breite Heck ähnlich wie bei der *Kuff* waren. Die Länge betrug etwa 12 m bei einer Breite von etwa 2,70 m. Das Fahrzeug hatte Seitenschwerter bzw. später ein großflächiges Platten-Heckruder. An einem umlegbaren Pfahlmast wurden ein Gaffelsegel und eine Stagfock gefahren. Seit etwa 1885 wurde dieser Schiffstyp an der Eider nicht mehr gebaut.

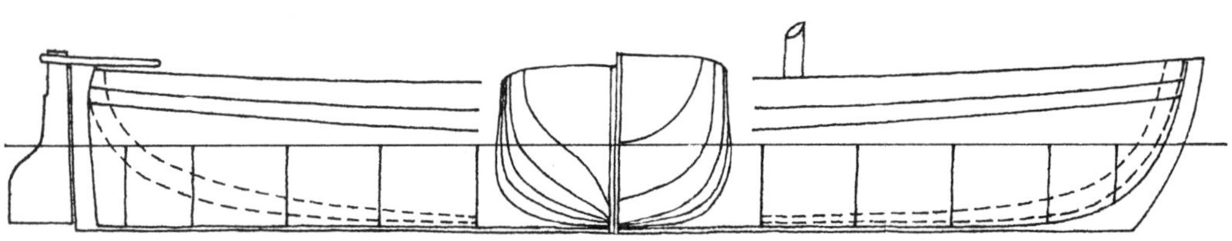

Eiderbojer um 1870, Seiten- und Spantriß

Eiderbulle: siehe Eiderschnigge

Eidergaliot: anderthalbmastiges niedersächsisches Fluß- und Küstenfahrzeug des 19. Jh., nach der *Eiderschnigge* der bedeutendste Frachtsegler des Eidergebietes. Im Unterschied zu den schlankeren ostfriesischen und oldenburgischen *Galioten*, deren Längen-Breiten-Verhältnis über 4 betrug, waren Eidergalioten breiter und völliger im Verhältnis Länge zu Breite von etwa 3,5 gebaut. Längen von 16 bis 17 m und Breiten um 4,5 bis 5 m waren übliche Hauptabmessungen. Eidergalioten waren Kielfahrzeuge mit Rundgatt und großem Deckssprung, Seitenschwertern und seit der Mitte des 19. Jh. mit Platten-Heckruder. Der Anderthalbmaster hatte feststehende Masten, an denen außer Breitfock i.d.R. nur Schratsegel gefahren wurden. Das letzte Fahrzeug dieses Typs wurde im Jahre 1902 gebaut.

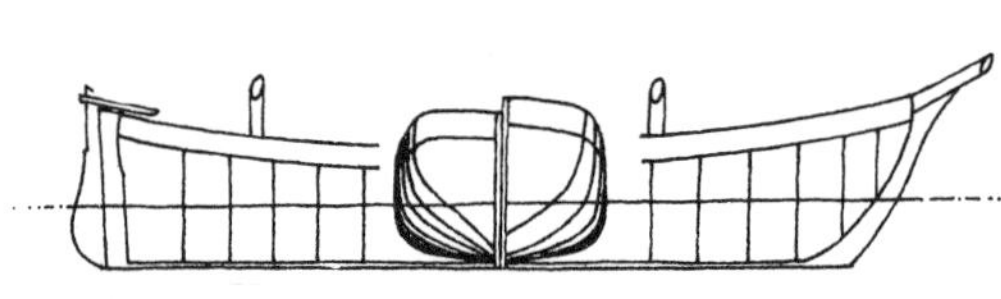

Eidergaliot um 1860, Seiten- und Spantriß

Eiderschnigge: häufigster Frachtsegler des Eidergebietes im 18. und 19. Jh., dem an Bedeutung die etwas größere anderthalbmastige *Eidergaliot* folgte.
Schniggen waren gute Flachwassersegler, sie fuhren auf der Eider und Niederelbe, aber auch bis England und Rußland. 1864 gab es noch etwa 120 Schniggen, von denen 114 an der Eider beheimatet waren. Um 1900 wurden noch 75 und 1913 insgesamt 30 Fahrzeuge gezählt. Die übliche Fahrzeuggröße lag zwischen 20 und 40 RT, bei einer Länge von 14 bis 16 m, Breite von 4,5 bis 5 m und Seitenhöhe von 1,3 m bis 1,8 m. Die Schiffe waren breit und völlig gebaut. Meistens

waren Schniggen einmastig, es gab jedoch auch Anderthalbmaster, die als *»Besanbullen«* bezeichnet wurden. Die Einmaster hatten einen feststehenden Mast mit Gaffelsegel, Gaffeltoppsegel und 3 dreieckigen Schrat-Vorsegeln, Seitenschwerter und Heckruder. Zur Besatzung gehörten 2 bis 4 Mann.

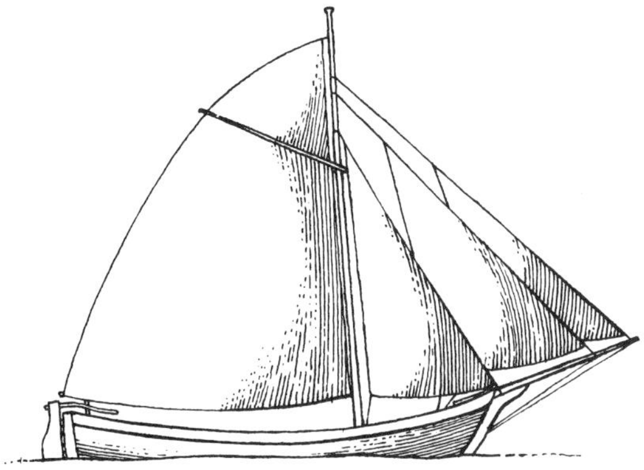

Eiderschnigge mit fester Maststenge, 1875

Einbäume verschiedener Entwicklungsstufen

1 Dickwandiger Einbaum mit einfacher Aushöhlung
2 Dünnwandiger Einbaum mit ausgearbeiteten Quersteifen
3 Einbaum mit aufgesetzten Seitenplanken (Piroge, Setzbordboot)

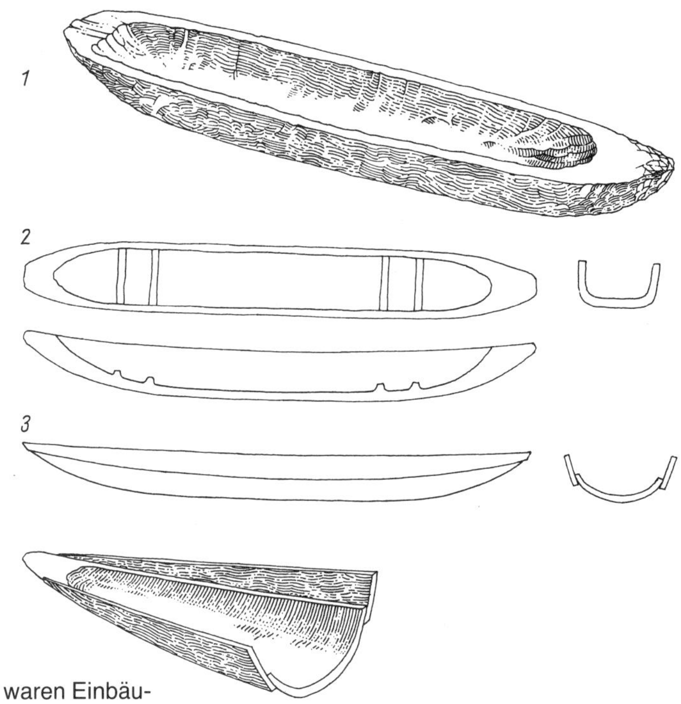

Einbaum: ein aus einem einzigen Baumstamm manuell angefertigter bootsähnlicher Schwimmkörper. Solche Fahrzeuge gab es in fast allen gewässerreicheren bewohnten Erdgebieten. Ursprünglich dürften von Naturvölkern natürlich vorkommende, am Wasser gewachsene hohle Baumstämme gespalten und an den Enden abgedichtet worden sein. Damals nutzte der Mensch auch das Feuer für die Anfänge des Bootsbaues. Durch Naturkräfte entwurzelte Bäume wurden an ihren Stammenden abgebrannt oder auch noch stehende Bäume durch ein über längere Zeit am Stamm unterhaltenes Feuer gefällt. Nachdem ein Teil des Stammes abgespalten war, wurde der restliche Stamm durch glühende Holzstücke, erhitzte Steine und kleinere Brandstellen an verschiedenen Stellen ausgehöhlt und mit den verfügbaren Holz-, Knochen- und Steingeräten weiter vertieft. Bei sehr dünnwandigen Einbäumen hat man beim Ausbrennen die Wandungen durch feuchte Erde, Moos oder Blätter geschützt. In einigen Ländern, z.B. Bengalen, lernte man, ausgehöhlte Einbäume zusätzlich auszuweiten, indem der Innenraum mit kochendem Wasser gefüllt und die Seitenwände durch Querhölzer auseinandergedrückt wurden.
In Europa waren die Einbäume meistens 4 bis 6m lang. In England wurde jedoch bei Brigg in Lincolnshire *(Brigg-Einbaumfund)* im Jahre 1886 ein etwa 3000 Jahre alter Einbaum ausgegraben, der aus einer mächtigen Eiche so herausgearbeitet ist, daß er eine Länge von 14,80m und eine Breite von 1,37m hat. Auch in Rußland und Sibirien war der Einbaum weit verbreitet. Verschiedentlich erhöhte man dort die Bordwände durch zusätzlich aufgesetzte Planken, die mit Lärchenwurzeln oder weidenähnlichen Zweigen angebunden wurden. Die Fugen wurden mit harzartigen Materialien abgedichtet.
In der Regel wurden Einbäume durch Paddel oder in seichten oder sumpfigen Gewässern mit Stakstangen fortbewegt, doch aus alten chinesischen Schriften und Zeichnungen geht hervor, daß in China bereits 2000 v.u.Z. Einbäume mit Mast und Segel bekannt waren.
Im Bootsbau der Südseevölker ist bei fast allen Wasserfahrzeugen der Einbaum als Ursprungsprinzip erkennbar. In der Südsee waren Einbäume mit einem parallel befestigten *Ausleger* auch hochseefähig. Im indonesischen Raum wurde lange Zeit die *Piroge*, ein weniger stark ausgehöhlter Einbaum mit aufgesetzten Seitenplanken, allgemein benutzt. Auch die in Hinterindien, China und Hongkong für Wettfahrten benutzten *Drachenschiffe* waren früher sehr große Einbäume. Um die Tragfähigkeit und Sicherheit gegen Kentern zu erhöhen, wurden in Indien, auf Ceylon (Sri Lanka) und an der Malabarküste zum Teil 2 Einbäume ähnlicher Größe parallel zueinander durch eine Plattform verbunden (s. *Doppelboot*), auf der auch ein Mast mit Segel errichtet werden konnte. Die indianische Urbevölkerung von Haiti baute sogar Einbäume von 30m Länge für 80 Personen. Die für diese Fahrzeuge übliche Bezeichnung »Canoa« *(Kanu)* hatten sie von den Bewohnern der karibischen Inseln übernommen. Der Einbaum ist noch heute auf Flüssen in tropischen Urwäldern gebräuchlich.

Einer: Ein-Mann-Rennruderboot für ein Paar Skulls. Aus Skandinavien rührt die für diese Boote heute gleichfalls übliche Bezeichnung *»Skiff«*.

Einhandyacht: Segelyacht, deren Bezeichnung vom Begriff »Einhand« aus der klassischen Segelschiffszeit hergeleitet wurde. An Bord wurde jeder Mannschaftsangehörige mit »Hand« benannt. Dementsprechend bezeichnet *Ewer* einen Schiffstyp, der durch einen Mann gefahren wird (holl. envarer, envar, Einfahrer). Analog nennt man ein Segelfahrzeug Einhandyacht, das durch eine Person, den Einhandsegler, allein bedient werden kann. Obwohl solche Yachten mit Ausnahme von Rennen nur selten als Ein-Mann-Yacht gesegelt werden, sind sie so ausgerüstet, daß Segelsetzen und -bergen, Ankern und Ankerlichten sowie alle Segel- und Rudermanöver durch eine Person ausgeführt werden können. Auf Einhand-Fahrtenyachten kann damit auf großer Fahrt die Segelmannschaft klein sein, für jede Wache ist unter normalen Bedingungen jeweils nur eine Person erforderlich.
Aus der Entwicklung des Einhandseglers ist bekannt, daß der holländische Wundarzt H. DE VOOGT 1601 vom Prinzen vaon Aremberg die Erlaubnis erhielt, in einem Boot allein von Vlissingen nach London zu reisen. Kapitän CLEVELAND soll um 1800 als Einhandsegler von Kapstadt über den indischen und pazifischen Ozean nach Alaska gesegelt sein. Danach häuften sich bis in die Neuzeit Einhand-Weltumsegelungen. Von den modernen Sportbooten sind u.a. die *Olympia-Jolle* und das *Finn-Dingi* Einhandsegler.

Einheitsboot, *Einheitsklassenboot, Eintyp-Klassenboot:* bestimmte Klasse von Sportsegelbooten, bei denen Abmessungen, Konstruktion und Bauausführung durch einheitliche, für alle Boote dieser Klasse verbindliche Vorschriften festgelegt sind. Dazu gehören z.B. die Jollenklassen *Optimist, Cadet, 420er-Jolle* (Kinder- und Jugendsportboot), die *Olympia-Jolle*, die Olympischen Bootsklassen und die Drachenklasse. Im Unterschied dazu gibt es die *Konstruktionsklassenboote*, bei denen konstruktive Unterschiede zugelassen sind. Vor der Zulassung zu Wettsegelveranstaltungen werden die Boote von einem amtlichen Vermesser nach vorgegebenen Meßrichtlinien auf die Einhaltung der einheitlichen Konstruktionsdaten vermessen, ein Meßbrief ausgestellt und die Bauweise überprüft. Früher erfolgte eine Einteilung der Einheitsklassenboote in Internationale und Nationale Klassen, die heute überholt ist. Man unterscheidet derzeitig zwischen Olympischen Klassen (von der International Yacht Racing Union festgelegt) und weiteren Einheitsklassen, in denen nationale und internationale Segelmeisterschaften ausgetragen werden. Bekannte frühere nationale Einheitsklassenboote waren die 5-m^2-Jugendklasse, die 25-m^2-Einheitskielyacht *(Malteserkreuzer)* und das 30-m^2-Einheitsboot *(Vertenskreuzer)*. Als internationale Klassen waren die Olympiajolle und das 12-m^2-Einheitsscharpie sehr verbreitet. Das Einheitsscharpie ist eine offene Segeljolle in Scharpie-Bauweise mit Schwert. Das Segelzeichen ist eine »12« entsprechend

der 12-m^2-Nennsegelfläche; die Abmessungen sind: Länge über alles 5,99 m; Länge in der KWL 5,40 m; Breite 1,43 m; Tiefgang 0,96 m bei ausgeschwenktem Schwert.
Die Einheitskielyacht ist ein Sportsegelboot für 2 Mann Rennbesatzung mit dem Malteserkreuz als Erkennungszeichen in der 25 m^2 großen Nennsegelfläche und einer Länge über alles von 8,75 m, einer Länge in der KWL von 5,70 m, der Breite von 1,80 m und einem Tiefgang von 1,20 m. Das Boot wurde bereits 1952 der Altersklasse zugeordnet. Im Unterschied zu den Internationalen und Nationalen Einheitsklassen gibt es Sportsegelboote, deren Segeleigenschaften für ein spezielles Segelrevier besonders günstig sind und die deshalb vorwiegend in diesem Revier gesegelt werden. Diese Fahrzeuge werden als Einheits-Revierklassenboote bezeichnet. So war z. B. der 25-m^2-Jollenkreuzer mit einem Stahlschiffskörper und einem Blitz als Segelzeichen (Blitz-Jollenkreuzer) ausschließlich auf der Unterelbe ein Einheits-Revierklassenboot. Das Fahrzeug hatte eine Länge von 8 m, eine Breite von 2,40 m und eine Kajütenhöhe von 1,50 m. Das Vor-und das Achterschiff waren aus Sicherheitsgründen abgeschottet. Mit Eintyp-Klasse werden Sportsegelboote bezeichnet, die in gleicher Konstruktion mit gleichen Werkstoffen und Bauverfahren bevorzugt in größeren Stückzahlen und häufiger in der gleichen Bootswerft hergestellt werden. Setzt sich ein solcher Einheitstyp allgemein durch, so werden nationale bzw. internationale Klassenvereinigungen gebildet, die z. B. Wettkämpfe organisieren und die technische Weiterentwicklung beeinflussen.

Einhüllenboot, *Einhüllen-Tauchboot:* bis zum Ende des 18. Jh. entworfene oder gebaute einschalige Tauchboote. Entwürfe von LEONARDO DA VINCI, C. VAN DREBBEL, D. BUSHNELL, R. FULTON u. a. zählen zu den ersten dieser Art. Alle diese Tauchboote wurden einschalig, d. h. mit einer Bootskörperhülle gebaut, während man später (z.B. MONTURIOL 1862) Zweihüllen-Tauchboote baute.

Eintonneryacht: siehe Tonneryacht

Eisboot: leichtes Boot mit kufenartigen Verstärkungen am Schiffsboden. Eisboote sind für teilweise gefrorene Gewässer geeignet. Auf offenen Strecken dient das Fahrzeug als Boot, und über Eisflächen wird es gezogen oder gesegelt.

Eisenschiff: allgemeine Bezeichnung für Wasserfahrzeuge, die zu Ende des 18. Jh. zunächst vereinzelt und im 19. Jh. zunehmend nicht mehr aus Holz, sondern aus Eisen (noch nicht Eisen-Kohlenstoff-Schiffbaustahl) als damals neuem Schiffbauwerkstoff hergestellt worden sind.

Eisyacht: ein Segelschlitten, der auf 3 Kufen (vorn 2) läuft, von denen die hintere beweglich ist und als Steuer dient. Mit einem Segel (je nach Klasse 8, 12 oder 15 m^2) werden Geschwindigkeiten bis zu 100 km/h erreicht.

Ektha: siehe Donga

Elbewer: norddeutscher Ewer mit der häufigsten Verbreitung auf der Elbe. Man unterschied einen kleineren und einen größeren Typ, die beide als relativ schlanke Binnen- und Küstenschiffe mit verhältnismäßig geringer Seitenhöhe und sehr langer und breiter Großluke gebaut wurden. Die Elbewer fuhren Getreide, Holz, Torf, Baumaterialien und andere Güter zwischen dem Festland und den Inseln. Längen von 14 bis 20 m und Breiten von etwa 4 bis 6 m waren übliche Fahrzeugabmessungen. Vorgängertypen wurden bereits um 1300 als Elbschiffe erwähnt. Im 18. Jh. fuhren Elbewer mit einem umlegbaren Mast mit Rah-, Spriet- oder Gaffelsegel sowie Stagfock. Elbewer gab es auch noch im 19. Jh. bis zum Anfang des 20. Jh.

Einmastiger Elbewer Ende 19. Jh.

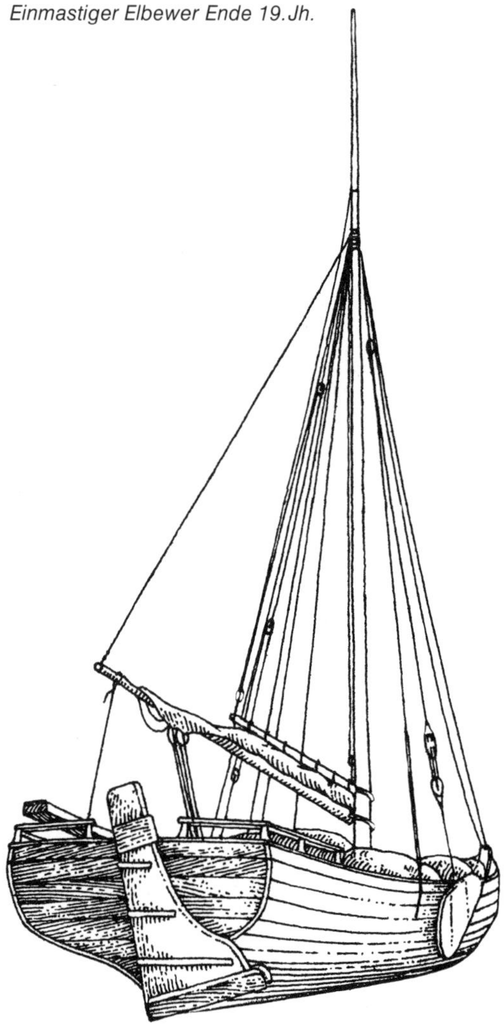

Elbjolle: einmastiges halbgedecktes Rundsteven-Fischerfahrzeug im 19. Jh. von etwa 12 m Länge für den Plattfischfang (Butt, Steinbutt) im Elbmündungsgebiet.

Elbkahn: im 17. und 18. Jh. allgemeine Bezeichnung für einmastige, mit Rahsegeln versehene Flußlastkähne, die stromauf meistens getreidelt wurden. Die Größe schwankte entsprechend der jeweiligen Fahrtgebiete; sie betrug am Oberlauf der Elbe bis zu etwa 50 t Tragfähigkeit und konnte im Unterlauf das Doppelte und mehr erreichen.

Elbschute: flaches, ungedecktes Fahrzeug ohne Eigenantrieb, das in der Schleppfahrt auf der Elbe für den Gütertransport eingesetzt wurde. Derzeit werden Elbschuten nur noch für den Warenumschlag im Hamburger Hafen, z. B. vom Schiff in die Speicher o. ä., verwendet.

Elsässer Kahn: ein aus dem Elsässer Gebiet stammender spezieller Flußprahm des 19. Jh., der an die Bedingungen häufiger Durchfahrten durch enge Schleusen besonders angepaßt war. Da die vorhandenen Schleusen nur eine Schiffslänge von etwa 35 m und eine Breite bis zu 5 m zuließen, baute man etwa 5 m breite prahmartige rechteckige Fahrzeuge mit einer Gesamtlänge von etwa 50 m in 2 gleichlangen schwimmfähigen Teilen. Die beiden Kahnteile wurden in der Fahrzeugmitte mit Ketten zusammengekoppelt. Beim Passieren von Schleusen, die kürzer als die Gesamtfahrzeuglänge waren, löste man die Verbindungen, so daß die Kahnhälften einzeln geschleust werden konnten. Zur besseren Steuerfähigkeit des völligen, rechteckigen Kahnes und infolge der begrenzten Schleusenlänge hatte das Heck des hinteren Kahnteiles statt eines langen Mittelruders insgesamt 3 Ruder. In der Mittelschiffslinie waren ein Hauptruder und an jeder Heckseite ein weiteres, kurzes Ruder.

Emspünte: ein speziell an der norddeutschen Küste, besonders in Haren an der Ems und in Leer gebautes (Pünte, Harener Pünte) einmastiges, für den Tiertransport gut geeignetes Lastschiff. Die Fahrzeuge hatten eine Verdrängung bis zu 120 t bei Längen zwischen 17 und 28 m, 4 bis 5 m Breite und 1,5 bis 2 m Seitenhöhe. Der Boden war flach und lief nach vorn prahmartig breit und überfallend aus. Achtern wurden die Seitenplanken zu einem senkrechten Steven spitz zusammengeführt. Durch den breiten und flachen Bug und den geringen Sprung eignete sich die Pünte gut für den Pferde- und Rindertransport. Häufig befand sich im mittleren Teil des Fahrzeugs auch eine Überdachung zur Unterbringung der zu transportierenden Tiere.
Die Emspünte hatte einen umlegbaren Pfahlmast, der ziemlich weit vorn stand (Treidelmast) und ein sprietähnliches Segel trug. Das Fahrzeug hatte 2 große Seitenschwerter, die Besatzung bestand aus 2 Mann. In geringerer Anzahl wurden an der Ems auch größere Spitzpünten als Ein- und Anderthalbmaster gebaut, bei denen der flache Boden vorn in einen spitzen Bug wie bei den kleineren *Spitzmutten* überging. Um 1900 waren noch über 100 Emspünten in Fahrt, die letzten baute man 1936.

Enotajewka: Flußsegelschiff des 18. und 19. Jh. vom unteren Wolgagebiet. Die Fahrzeuge waren etwa 15 m lang, hatten einen senkrechten Hintersteven und einen etwa 45° ausfallenden Vorsteven. Der Großmast stand auf halber Schiffslänge und der kleinere Treibermast im Heck. Am Großmast wurde ein Rahsegel und am Treibermast ein Gaffelsegel gefahren.

Eridu-Bootsmodell: in Eridu, etwa 60 km südlich der Euphrat-Tigris-Gabelung (im heutigen Irak) gefundenes Bootsmodell aus Ton. In einer Grabstätte in der Nähe des Eridu-Tempels aus der Zeit um 4500 v. u. Z. wurde das Tonmodell von ovaler Form mit leicht angespitzem Bug aus der Zeit der Obed-Kultur (um 3500 v. u. Z.) gefunden. Bedeutsam an diesem Modellfund sind die

Eridu-Bootsmodell, Tonmodell aus der Zeit um 3500 v. u. Z.

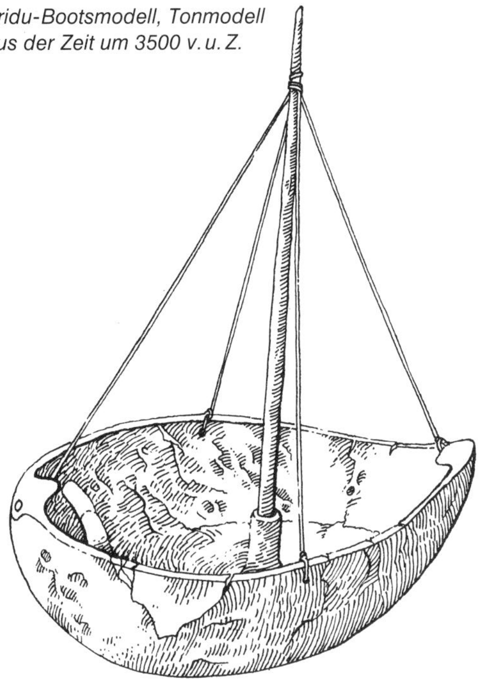

etwa in Rumpfmitte besonders herausgearbeitete Mastspur und die Durchbrüche für Stagen an den Schiffsenden und für Wanten an den Bootsborden. Es handelt sich damit um das älteste bisher bekannt gewordene Segelfahrzeugmodell der Erde. Aus Überlieferungen ist bekannt, daß schon in vorsumerischer Zeit von den Inseln des Persischen Golfes Dattelpalmen zum Festland geholt wurden. Die im Zweistromland seit langem bekannten Rohrgeflechtboote, die, ähnlich den *Guffa*, mit Asphaltmischungen abgedichtet oder mit Fellen überspannt, über Jahrtausende benutzt wurden, könnten hier durch eine größere Küstenvariante ergänzt worden sein.

Escorteur: vorwiegend im 17. Jh. verwendete Aufgabenbezeichnung für Kriegsschiffe, die als Begleitschiffe für Handelsschiffe fuhren (s. a. *Konvoischiff*).

Espink, *Esping:* ursprünglich ein Einbaum aus Espenholz. Im Mittelalter führte man auf Segelschiffen, z. B. den *Koggen*, ein leichtes Boot aus Espenholz an Bord mit oder schleppte es nach. Später bezeichnete man in der Marine (Brandenburg-Preußische Flotte) auch ein mit 2 Sprietsegeln getakeltes Beifahrzeug als Esping.

Ewer, *Ever:* von holl. envarer, Einfahrer, herrührende Schiffsbezeichnung, wahrscheinlich friesischen Ursprungs, die auf das von einem Mann gefahrene Schiff zurückgeführt wird. Der Ursprung läßt sich bis in das 13. Jh. zurückverfolgen (s. a. *Brügge-Schiffsfund*). Die ältesten schriftlichen Überlieferungen liegen in einem Zolltarif aus dem Jahre 1252 von Damme in Flandern und von Kaufverträgen in Hamburg aus dem Jahre 1299 vor, in denen bestimmte Fahrzeuge als »envar« bezeichnet werden.
Auch im 14. Jh. waren es noch relativ kleine, jedoch schon seegehende Fahrzeuge. Während der Hansezeit und im 15. Jh. wurde ein kielloses, flaches und geräumiges Lastschiff für etwa 50 Lasten (100 t) Ewer genannt. Im 18. Jh. behielt man den flachen, kräftigen Boden bei, er wurde jedoch vorn und hinten stärker hochgezogen und lief achtern in ein schlankeres Unterwasserachterschiff mit Bodenkiel und über der Wasserlinie in einen nach hinten geneigten Spiegel aus; das Vorschiff blieb völlig.
Der Ewer des 19. Jh. war ein Mehrzweckschiff, das in großer Zahl gebaut wurde. An der Niederelbe sollen in der Zeit von 1830 bis 1910 mindestens 2000 Frachtewer entstanden sein. Ewer fuhren einmastig als »Pfahlewer« mit einem feststehenden Mast, einem großen Rahsegel oder einem großen Gaffelsegel. Neuere Ewer wurden in größerer Zahl als anderthalbmastige *Besanewer* mit Gaffelsegel an beiden Masten gefahren. Nach der Heckbauweise unterschied man Rund- oder Spiegelgattewer. Nach der Takelungsart bezeichnete man die einzelnen Ewervarianten als Rah-, Spriet- oder Kniepewer, nach dem Verwendungszweck als Fähr-, Torf-, Fischewer u. a. und nach dem Herkunftsgebiet oder Fahrtgebiet als Glückstädter, Lägerdorfer, Elb-, Wattenewer u. a.

Ewerkahn: kleines Mehrzweckboot auf der Unterelbe mit ewerähnlichen Formen.

Extrem-Klipper: siehe Klipper

* * *

»ENDEAVOUR«: barkähnlich getakelter *Dreimaster*, mit dem der englische Forscher und

Anderthalbmastiger seegehender Frachtewer, Mitte 19. Jh.

Frachtewer mit großer Ladeluke aus der zweiten Hälfte des 19. Jh., Modell

Weltumsegler JAMES COOK (1728 bis 1779) von 1768 bis 1771 seine dreijährige Fahrt in den Stillen Ozean, nach Tahiti und Neuseeland unternahm. Das 1764 in Withby für den Kohletransport von England nach Schweden als sogenannte »cat-built-bark« erbaute Schiff hatte zunächst den Namen »EARL OF PEMBROKE«. Nach Ankauf durch die Admiralität am 28. März 1768 erhielt das Schiff den Namen »ENDEAVOUR BARK«; der Zusatz »Bark« erfolgte, da ein Schiff »ENDEAVOUR« bereits in den Listen der Admiralität geführt wurde. Unter »cat-built« verstand man ein Schiff mit sehr völligem Heck in der Wasserlinie und ohne die in der Marine übliche Galionsfigur. Für die geplante Fahrt wurden das Poopdeck verlängert und etwas erhöht, am Besanmast ein Rahtoppsegel gesetzt und 10 Vierpfünder an Bord gebracht. Mit einer Länge des Decks von 30 m und einer Breite von 8,9 m bei einer Tragfähigkeit von 370 t ging die »ENDEAVOUR« am 26. August 1768 mit 94 Personen in See. Neben den Entdeckungen, z. B. der Gesellschaftinseln, kartographierte COOK den gesamten Küstenverlauf (2400 Meilen) Neuseelands sowie die schwierige Fahrtstrecke von 1000 Meilen zwischen der Nordostküste Australiens und dem davorliegenden Großen Barriere-Riff. Nach der glücklichen Heimkehr am 22. Juli 1771 wurden mit dem Schiff noch 3 Reisen nach den Falklandinseln durchgeführt, ehe es verkauft und nach 1775 wieder als Kohletransporter eingesetzt wurde. Im Jahre 1790 diente es als Walfangschiff, geriet beim Verlassen des Hafens Newport (Rhode Island) auf Grund und erlitt schwere Havarie. Die Schäden waren so umfangreich, daß dieses berühmte Schiff nicht erhalten werden konnte.

»ENDEAVOUR«, der Dreimaster von JAMES COOK, 1768 (Modell-Rekonstruktion)

F

Fähre, *Fährkahn, Fährprahm:* Fahrzeug zum Übersetzen von Personen, Gütern und Fuhrwerken ans andere Ufer von Flüssen und Binnengewässern. Die Bezeichnung Fähre ist von »fahren« (altnord. »ferga«, althd. »ferie, ferigo, ferro«) abgeleitet; den Fährmann nannte man auch »Ferge«. Für das Übersetzen von Personen genügten Einbäume oder Kähne. Das Übersetzen von Fuhrwerken erfolgte mit *Kastenfähren* (Fährprahme), bei denen für die Auf- und Abfahrt der Fuhrwerke die beiden Enden flach hochgezogen gebaut sind. In flachen Gewässern wurde gestakt *(Stakfähre)*. Für regelmäßigen Fährbetrieb waren Seil- oder Kettenfähren günstiger, bei denen die Fähre an einem quer zum Fluß liegenden Seil bzw. einer Kette mit Muskelkraft gezogen wurde. Zum Ziehen einer Seilfähre durch Fährleute wurde das über Rollen geleitete Seil so mit Holz-Seilklauen eingeklemmt, daß sich die Schiffer bis zum Nachfassen mit ihrem ganzen Körpergewicht gegen die Mitnehmerklauen stemmen konnten.
Mit Gierfähren wurden solche Fährschiffe bezeichnet, bei denen ein einzelnes Führungsseil oberhalb von Flußoberflächen gespannt war. Die Fähre wurde mit einem Mittelseil und 2 Scherenseilen am Spannseil festgemacht. Durch entsprechendes Verkürzen oder Verlängern der Scherenseile auf der Fähre ergaben sich gegenüber der Strömung der erforderliche Anstellwinkel und die entsprechende Vortriebskraft zur Flußüberquerung.
In Frankreich wurde unter KARL VI. (1388 bis 1422) bei Commines eine erste ständige Fährlinie in Betrieb genommen, und in Deutschland richtete man im 17. Jh. solche Fährlinien insbesondere für die Rheinüberquerungen ein.
Freifahrende größere Fähren mit Ruder- oder Segelkraft gab es schon im Mittelalter. Fähren nehmen auch in der heutigen Schiffstechnik noch einen bedeutenden Platz ein.

Fährewer: speziell für den Fährverkehr ausgerüsteter norddeutscher *Ewer*. Über Jahrhunderte wurde dieser Schiffstyp insbesondere für den Fährverkehr zwischen Hamburg, Harburg, Buxtehude, Stade und Glückstadt eingesetzt. Der Fährewer war ein offenes spitzgattes Fahrzeug, mit einem Rahsegel getakelt und einer vorn liegenden kleinen Kajüte. In der Zeit zwischen 1816 und 1844 hatte die Harburger Schiffergilde insgesamt 17 Fährewer in Fahrt.

Fahrtenboot, *Fahrtenyacht, Fahrtenkreuzer:* im Unterschied zu Regatta-Segelfahrzeugen ein stärker gebauter, höher ausgerüsteter und bequemer eingerichteter *Jollenkreuzer* und spezieller *Seefahrtkreuzer* für längere Reisen mit Segelflächen von 15 bis 250 m^2.

Falsterbo-Prahmfund: in den Jahren 1934 und 1935 in Schweden bei Falsterbo gefundene 6 Wasserfahrzeuge unterschiedlicher Größe von 13 bis 27 m Länge aus der Zeit um 1300 von flacher, floß- bzw. prahmartiger Bauweise. In der Zeit um 1300 wurden bei Falsterbo und Skanør mehrere Burgen gebaut, so daß anzunehmen ist, daß die aufgefundenen Fahrzeuge zum Steintransport sowie für Arbeiten an der Wasserseite der Burgen benutzt worden sind.
Die Prahme haben gut zugepaßte Bodenplanken. Eine Besonderheit zeigen die in ihrem Querschnitt L-förmig bearbeiteten Seitenplanken, die bewirkten, daß am Übergang des ebenen Bodens zu den Seitenwänden kein Spalt entstand. Von den Seitenwänden blieben jedoch nur Reststücke erhalten.

Faltboot, *Faltdingi, Faltjolle:* zusammenlegbares (faltbares) Sportboot zum Paddeln, Rudern oder Segeln. Faltboote ähneln in ihrem Grundprinzip den *Kajaks* der Eskimo. Über ein leichtes, auseinandernehmbares Gerüst aus Metall, Holz oder faserverstärktem Plast wird eine wasserdichte, elastische Außenhaut gespannt. Faltboot-Einer sind bei einer Eigenmasse von etwa 30 kg etwa 4,5 m und Faltboot-Zweier etwa 5,5 m lang. Gesegelt wird mit einem leicht bedienbaren Treibsegel von 2 bis 3 m^2 oder einem Groß- und Vorsegel mit einer Gesamtfläche von etwa 5 m^2. Zum Segeln wird über dem Süllrand des Bootsgerüstes ein Querholm für die beiden hochklappbaren Seitenschwerter befestigt. Gesteuert wird mit einem fuß- oder handbedienten Heckruder. Faltboote, deren Form einem *Dingi* oder einer *Jolle* ähneln, heißen Faltdingi oder Faltjolle.

Fangboot, *Walfangboot:* an Bord von Walfangschiffen zur Segelschiffszeit in größerer Anzahl mitgeführte Fang-Ruderboote ähnlich der *Gig*. Die Boote wurden an den Bordseiten so in Davits (Aussetzvorrichtungen) aufgehängt, daß sie schnell mit ihrer Besatzung zu Wasser gelassen und nach Beendigung des Fanges wieder (unbesetzt) an Bord genommen werden konnten. Fangboote auf Fischereischiffen für Handangel- und Leinenfischerei sowie zum Aussetzen von Ringwadennetzen bezeichnet man als *Doriboote* oder Dorys.

Farella: robust gebautes Segelboot, das im 19. Jh. von den Maltesern für den Fischfang, aber auch als Frachtschiff für Reisen bis nach Tunis verwendet wurde. Für solche Fahrten konnte die Seitenhöhe durch Setzborde vergrößert werden. Kennzeichen des Bootes waren die steil nach oben gezogenen Steven und eine farbenprächtige Bemalung. Die Fahrzeuge waren etwa 5 bis 6 m lang und 2 m breit. Sie führten ein Sprietsegel an einem kurzen Mast.

Fa-Tze-Floß: ein Tierbalgfloß aus Tibet für 1 bis 2 Personen.

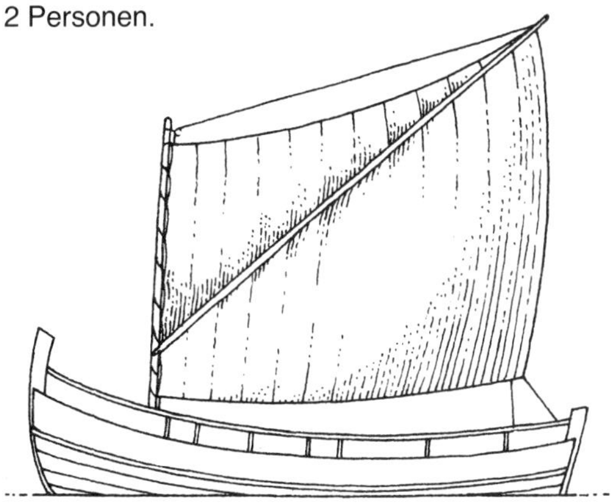

Farella von Malta, 19. Jh.

Fehnmutte: siehe Mutte

Fellboot: korbartig geflochtene, runde, ovale oder längliche Holzgestelle, die so mit Tierhäuten (Fellen) überzogen wurden, daß ein bootsähnlicher Schwimmkörper entstand. Solche Boote mit verschiedenen Bespannungen entstanden unabhängig voneinander in verschiedenen Erdteilen. Griechen und Römer führten auf Feldzügen solche mit Tierhäuten überspannten Boote mit, die sie »carabia«, lateinisch »carabas«, nannten. Bei den Normannen wurden sie, wie auch andere Boote, mit »chuile«, »cyule« oder »ceol« bezeichnet. Älteren Ursprungs ist auch das bis in die jüngere Zeit in Irland und England erhalten gebliebene *Coracle*.

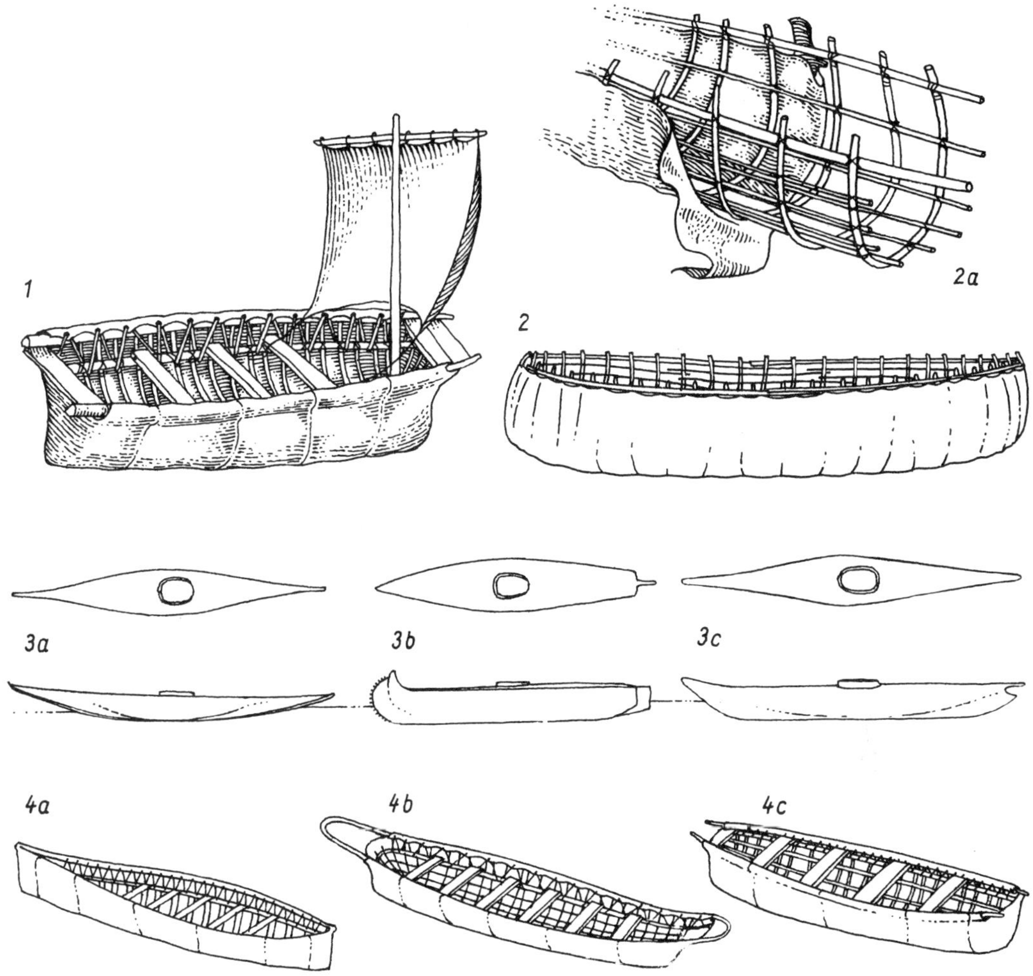

Fellboote

1 Umiak mit Segel
2 Chinesisches Fellboot
2a Flechtgerüst eines chinesischen Fellbootes
3a Kajak von Grönland
3b Kajak von den Inseln der Beringstraße
3c Kajak von Kotzebuesund
4a Grönländer Umiak
4b Umiak aus Ostgrönland
4c Umiak aus Ostsibirien

Feluke: ein galeerenähnliches kombiniertes Ruder-Segelschiff von etwa 150 t Wasserverdrängung für Küstenfahrten im Mittelmeer. Der Schiffstyp hat seinen Ursprung wahrscheinlich in den Berberstaaten Algerien, Tunis und Tripolis, in denen bereits im 16. Jh. Feluken (arab. felukah) als Kosaren- und Sklavenhändlerschiffe verwendet wurden.
Die Fahrzeuge hatten eine Länge von etwa 15 m

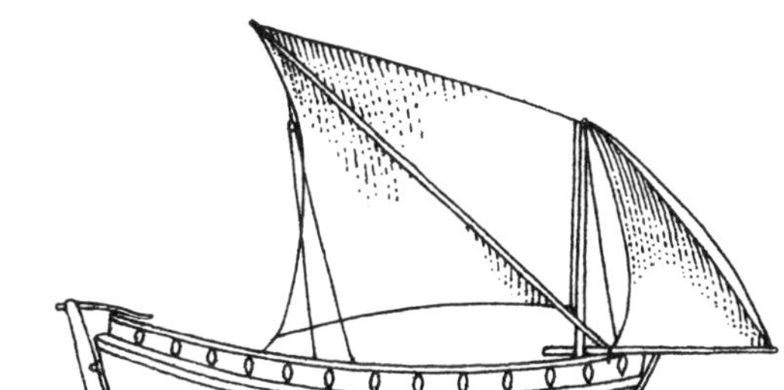

Kleine einmastige arabische Feluke mit Sprietsegel

Anderthalbmastige spanische Feluke mit Lateinsegel, 18. Jh.

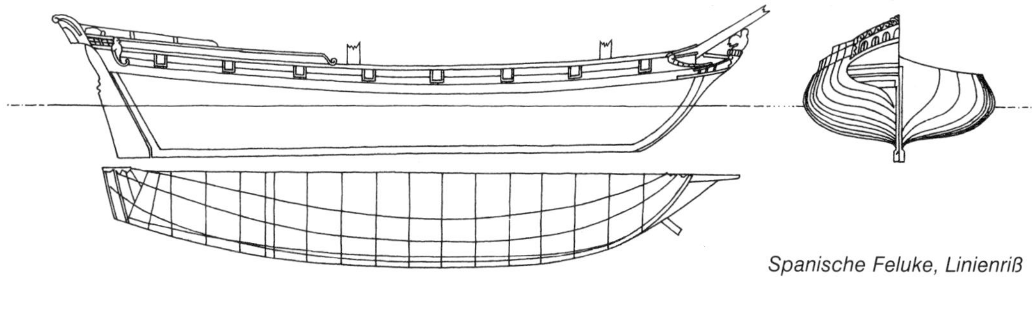

Spanische Feluke, Linienriß

bei 4 bis 4,5m Breite und 2m Seitenhöhe. Feluken fuhren voll ausgerüstet (Ruder und Segel) mit etwa 30 Mann Besatzung. Die beiden nach vorn geneigten Masten waren mit je einem Lateinsegel getakelt, die Gesamtsegelfläche betrug etwa 100m². Dieser wendige Schiffstyp war im westlichen Mittelmeer weit verbreitet (franz. felouque; ital. feluca) und gehörte zu den am weitesten nördlich vorkommenden lateinbesegelten Schiffen. Die noch im 19.Jh. in Spanien als Zollschiffe gebauten Feluken (span. falua) waren nach dem gleichen Prinzip gebaut, jedoch bis zu 20m lang und entsprechend seetüchtiger.

Feuerschiff: stationär verankertes Schiff, das in schwierigen See- und Ansteuerungsgebieten, in denen keine festen Leuchttürme errichtet werden können, als Seezeichen dient. Bereits in der Antike gab es im Mittelmeer neben Landfeuern auch Feuerschiffe, die mit offenem Feuer oder Fackeln bestückt wurden; später erfolgte die Befeuerung mit Kerzen, Laternen, Öl- und Petroleumlampen.
R. STEVENSON vereinigte 1807 mehrere Lampen und Hohlspiegel zu einem Apparat, der eine Säule ringartig umgab. Die franzöischen Physiker A.J. FRESNEL (1788 bis 1827) und D.F. ARAGO (1786 bis 1853) erfanden die nach FRESNEL benannte »Fresnel-Optik«, mit der seitdem auch auf Schiffen Leuchtfeuer von etwa 2m Lampendurchmesser eingebaut wurden. Aus Sicherheitsgründen sind auch heute noch mehrere Beleuchtungsmöglichkeiten erforderlich. Die Leuchtsignale werden von den Feuerschiffen von einem möglichst hohen Punkt, dem Feuerturm, entsprechend den festgelegten Kennungen in gut unterscheidbaren Lichtimpulsen abgestrahlt. Standorte und Kennungen von Feuerschiffen und Leuchttürmen sind in Seekarten eingetragen, so daß bei Sicht mehrerer Leuchtfeuer der Standort exakt ermittelt werden kann.
Bei Feuerschiffen ergibt sich ein besonderes Problem aus dem Seegang und den daraus resultierenden Schiffsbewegungen. Um zu erreichen, daß die Signale stets in der Waagerechten oder im richtigen Winkel dazu abgestrahlt werden, hängt man die Lichtquellen an kardanischen Gelenken auf oder stabilisiert sie mit anderen Mitteln. Unter Beachtung der Erdkrümmung ist bei günstigen Wetterbedingungen ein entsprechend starkes, 16m über dem Wasserspiegel abgestrahltes Lichtsignal noch in einer Entfernung von 28 Seemeilen (52km) zu erkennen.
Da Feuerschiffe ständig allen See- und Witterungsbedingungen ausgesetzt sind, muß ihre Bauweise besonders stabil und seetüchtig sein. Zur Segelschiffszeit wurden meistens zweimastige Schiffe von etwa 45 bis 50m Länge, 8m Breite und 6m Seitenhöhe eingesetzt. Diese möglichst schlanken Schiffe mit Klipperbug und spitz auslaufendem Heck sollten in Längsrichtung der anrollenden See möglichst wenig Widerstand bieten und die See hinter dem Schiff ruhig abfließen lassen. Zur Verminderung der Rollbewegungen erhielt der Schiffsrumpf besonders große Schlingerkiele.
Feuerschiffe werden an langen, auf dem Grund aufliegenden Ankerketten mit einer Länge von etwa dem Zehnfachen der Wassertiefe verankert. Nach größeren Stürmen müssen trotzdem jeweils die Schiffsposition und die Sicherheit der Verankerung überprüft werden. Die Besatzungen der Feuerschiffe führen nach Möglichkeit zusätzliche Signal-, Lotsen- oder Rettungsdienste aus. Wegen der erweiterten Möglichkeiten zur Errichtung fester Anlagen und dank dem Einsatz moderner Navigationsmittel konnte die Anzahl der wartungs- und kostenaufwendigen Feuerschiffe verringert werden.

Filucca: einmastiges, offenes italienisches Segel- und Ruderschiff aus dem 17.Jh. mit Lateinsegel und bis zu 10 Riemen; s.a. *Feluke*.

Finn-Dingi-Klasseboot: vom schwedischen Yachtbauer R. SARBY für die Olympiade 1952 entworfene katgetakelte Einmann-Rundspantjolle, seit 1956 Einheits- und Olympiaklassenboot. Das Boot muß einheitlichen internationalen Bau- und Vermessungsvorschriften entsprechen und als Spezialregattaboot einschließlich Ruder, Schwert, Mast und Segel eine Masse von 150kg haben. Der drehbare Mast ist ohne Wanten und Stagen.
Der aus Holz oder faserverstärktem Plast hergestellte Bootskörper hat die Abmessungen: Länge 4,50m, Breite 1,51m, Tiefgang ohne Schwert 0,16m, Tiefgang mit Schwert etwa 0,85m. Die Segelfläche beträgt 10m², das Segelzeichen besteht aus 2 kurzen blauen Wellenlinien. Bei günstigen Bedingungen werden Geschwindigkeiten um 13kn erreicht.

Finn-Dingi-Klasseboot

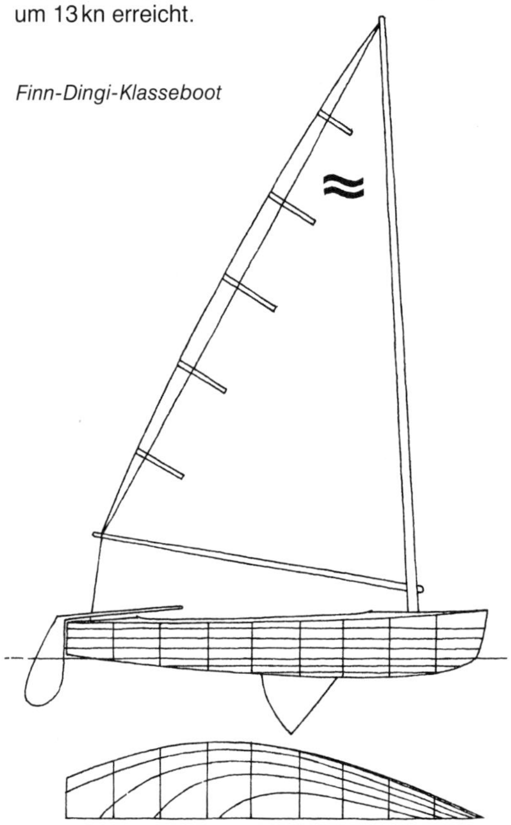

Fischerbarke: im 19.Jh. übliche Bezeichnung für das geruderte Fischerboot.

Fischerboot: allgemeine Bezeichnung für jede Art von Boot (gerudert oder gesegelt), das für die Zwecke der Fischerei sowohl auf Flüssen, Binnen- und Küstengewässern oder auf See verwendet wird. Je nach örtlichen Bedingungen oder auch Gewohnheiten können Bauart, Takelung und Einrichtung der verschiedenen Typen sehr unterschiedlich sein. Wegen der rauhen Einsatz- und Arbeitsbedingungen ist jedoch für nahezu alle Typen eine kräftige, robuste Konstruktion erforderlich.

Fischerei-Ewer: ein *Ewer* mit einem besonders abgeschotteten Schiffsteil, der Bünn, zur Aufnahme lebender Fische. Diese Bünn hat Bohrungen in den Außenplanken, so daß zur Lebenderhaltung der Fische ein ständiger Seewasseraustausch im Fischraum erfolgt.

Fischerei-Ruderschiff und -Segelschiff: speziell für den Fischfang gebautes Fangschiff. Das Sammeln von Muscheln und der Fischfang waren in vielen Gebieten der Erde ebenso wie das Erlegen von Tieren in den frühen Entwicklungsstufen der Menschheit hauptsächlichste Nahrungsquellen. Im nördlichen Europa dauerte die Eiszeit bis etwa 10 Jahrtausende v.u.Z., so daß erst danach eine allmähliche Ansiedlung von Fischer- und Jägervölkern an den noch häufig sich verändernden Küsten möglich wurde. Die ältesten Nachweise menschlicher Ansiedlungen in Verbindung mit dem Fischfang im Norden wurden aus der Zeit um 7000 bis 4000 v.u.Z. in Dänemark und Schweden (Schonen) entdeckt. An Siedlungsplätzen der späten Mittel- und Jungsteinzeit fand man Anhäufungen von Muschelschalen und Gräten von Seefischen, sogenannte »Kjökkenmöddinger«. Zu den ältesten, für den Fischfang benutzten Fahrzeugen gehörten geflochtene Boote *(Korbboote)*, *Einbäume* und Setzbordboote. Das aus der Zeit um 300 v.u.Z. stammende *Hjortspringboot* gehört zu den ältesten erhalten gebliebenen Bootsfunden aus dem Norden. Obwohl nur wenige Nachweise aus den ersten Jahrhunderten u.Z. vorliegen, ist gewiß, daß an der Ost- und Nordsee auch in dieser Zeit Fischfang mit den gegebenen Möglichkeiten betrieben wurde, u.a. seit dem 6.Jh. in Flandern. Schriftliche Nachweise finden sich jedoch erst in den schwedischen Reichsarchiven ab 900 mit Angaben über die Fangmengen einzelner Jahre, aus denen Rückschlüsse auf Anzahl und Art der Fangfahrzeuge möglich sind.
Nachgewiesen ist auch, daß es in der französischen Hafenstadt Dieppe im Jahre 1030 bereits eine regelrechte Fischfangflotte gab. Etwa 100 Jahre später entwickelte sich in Holland sehr schnell eine großzügig betriebene Heringsfischerei, so daß seit der Mitte des 12.Jh. holländischer Hering in fast alle Länder Europas exportiert wurde.
Auch die Hanse betrieb erfolgreich Fischfang und Fischexport. Die erste Heringskompanie wurde 1553 in Emden gegründet. Eine im Jahre 1769 gegründete »Heringsfischereigesellschaft« in Emden erhielt das Privileg zum Fischfang an den preußischen Küsten. Die Flotte dieser Gesellschaft wurde im Laufe der Zeit bis auf 41 *Büsen* vergrößert.
Der zu dieser Zeit führende holländische Schiffbau entwickelte außer Büsen noch andere Fischereischiffstypen, von denen insbesondere der büsenähnliche, aber größere *Huker* allgemeine Bedeutung erlangte. Sehr bekannt wurden in dieser Zeit auch die Herings-Loggerflotten

von Elsfleth an der Weser und Glückstadt. Das Gebiet der Unterelbe wurde etwa ab 1730 zu einem bedeutenden Zentrum der deutschen Hochseefischerei. Nach zeitgenössischen Berichten war der damals dänische Ort Blankenese Heimathafen einer Flotte von etwa 70 seegehenden Fischereiewern (1806 waren es bereits 172 *Ewer*). Diese glattbodig gebauten Fahrzeuge mit geringem Tiefgang hatten eine Länge von etwa 16 m bei einer Breite von 4,5 m. Die Takelage bestand anfänglich nur aus einem Pfahlmast mit großem Rahsegel. Ausgangs des 18. Jh. führten die Blankeneser Ewer neben dem Rahsegel noch ein Focksegel.
In den ersten Jahrzehnten des 19. Jh. überflügelte die Finkenwärder-Fischereiflotte noch die bis dahin führende Blankeneser.
Auch unter den modernen Schiffstypen nehmen Fischereischiffe einen bedeutenden Platz ein.

Fischerei-Segellogger, *Heringslogger:* den *Kutter* an Größe übertreffendes Fischereischiff für den Treib- und Schleppnetzfischfang. Ursprünglich war der Logger für den Treibnetzfang ein Saisonschiff, dessen Einsatz sich auf die Fangzeit für Heringsschwärme beschränkte. Treibnetze sind lange, wandartige Netze, die in bestimmter Höhe unterhalb der Wasseroberfläche an Auftriebskörpern hängen und vom Logger am Fischreep treibend in der Strömung gehalten werden. Außerhalb der Fangsaison lagen die Logger in den Fischereihäfen oder wurden auf den Strand gezogen. Ursprünglich wurden die Fahrzeuge dreimastig mit Luggersegeln getakelt, die modernen Logger fuhren zweimastig mit Gaffelsegel. Zum Schleppnetzfang setzte man am Bug ein Dreieckssegel, das sogenannte Fangsegel, und schleppte das Netz mit zwei Loggern »im Gespann«. 1930 verschwanden die letzten reinen Segellogger. Für den aus dem ursprünglichen Logger hervorgegangenen ähnlichen modernen Fischereischiffstyp wurde jedoch die Bezeichnung Logger beibehalten.

Fischereischoner: spezieller amerikanischer Neufundlandfischer, als Zweimastschoner ohne Klüverbaum getakelt, die auch »knock abouts« (engl. für »Herumtreiber«) genannt wurden.

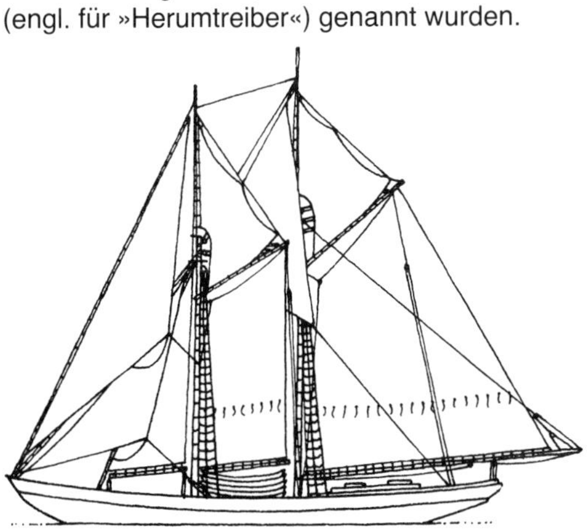

Großer nordamerikanischer Fischereischoner ohne Klüverbaum

Fischhuker: siehe Huker

Fischkutter, *Fischerei-Segelkutter:* ursprünglich im 18. Jh. in England entwickelter Segelkutter

Holländischer Fischerei-Segellogger, Ende des 19. Jh., Modell

Nordamerikanischer Fischereischoner »COLUMBIA«, Modell

Holländischer Fischhuker, Mitte des 19.Jh., Modell

Holländischer Fischhuker aus der Mitte des 18.Jh. (nach CHAPMAN)

unterschiedlicher Größe (bis etwa 12m Länge), mit speziellen Fischfangausrüstungen und einfach handhabbarer Segelfläche. Im Laufe der Zeit wurde die Mast- und Segelanordnung verändert, und der Fischereikutter wurde zu einem hochgetakelten *Anderthalbmaster*, bei dem am vorderen Mast das spitzwinklige Dreieck-Großsegel mit einer langen Kante am Mast anlag und am kleineren, achtern stehenden Treibermast ein kleineres Dreiecksegel hinzukam.
In der norddeutschen Fischerei gewann der *Kutter* im Zusammenhang mit der allgemeinen Einführung der Schleppnetzfischerei um 1870 zunehmend an Bedeutung. Er verdrängte nach und nach die für den Schleppfang weniger geeigneten, völligeren norddeutschen *Ewer*. Den ursprünglich aus Eichenholz gebauten Kuttern folgten Komposit-Kutter mit holzbeplankten stählernen Spanten und Decksbalken. Der Kutter verlor auch in der Zeit des Dampf- und Dieselantriebes nicht an Bedeutung und ist heute in modernen Fischereiflotten ein leistungsfähiger Schiffstyp unterschiedlicher Größe und Ausrüstung.

Flaggschiff: Führungsschiff einer Flotte, eines Geschwaders oder einer sonstigen Formation, auf dem der jeweilige ranghöchste Offizier (Flaggoffizier oder Kommodore) das Kommando ausübt. Der Aufgabenstellung entsprechend hatte das Flaggschiff geeignete Arbeits- und Unterkunftsmöglichkeiten für den Flotten- oder Geschwaderführer sowie dessen Stab; s.a. *Admiralschiff*. In der Handelsmarine wurde diese Bezeichnung für das bedeutendste oder bekannteste Schiff einer Reederei übernommen.

Flambart: im 18. und 19.Jh. ein offenes, bis zu 8m langes Küstenboot der Normandie, das vorwiegend für den Fischfang, aber auch als Lotsenboot und Versorgungsboot verwendet wurde. Das meistens zweimastige Boot fuhr mit Sprietsegel, außerdem gab es auch einmastige, mit Rah- oder Gaffelsegel fahrende Flambarts. Zum Ende des 19.Jh. wurden Flambarts auch als See- und Flußyachten *(Yacht)* verwendet.

Flaschenkürbisfloß: aus einer größeren Anzahl ausgehöhlter, getrockneter Flaschenkürbisse, die durch ein Stangengerüst zusammengehalten werden, bestehendes Floß. Bekannt sind solche

Aufgeslipter, holzgebauter Segel-Fischkutter

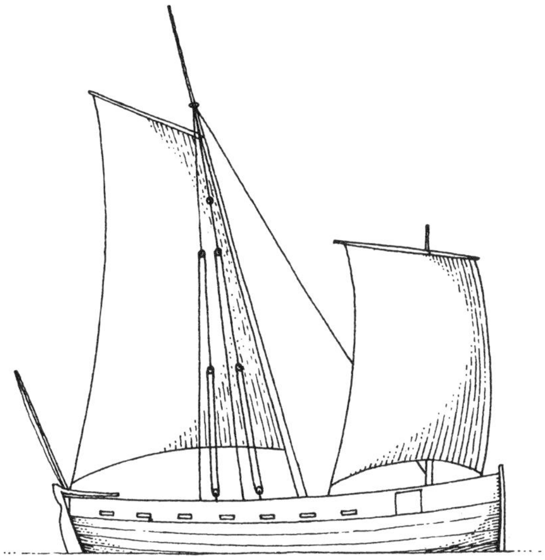

Flambart, französisches Fischerfahrzeug

Flöße aus dem Sudan, vom Tschadsee und auch aus Ägypten.

Flatboot: plumpes, kastenförmiges Fahrzeug mit einem geringen Tiefgang (engl. flat, flach) von etwa 1 m, das etwa 1750 von einem Deutschen auf amerikanischen Flüssen als Fähre eingeführt und auch als *Zille* bezeichnet wurde. Die Seitenwände waren senkrecht auf den flachen Boden aufgesetzt und zu einer gedeckten Kajüte erhöht.
Unter der Bezeichnung Flatboot wurde dieser Bootstyp ein weitverbreitetes amerikanisches Fluß-Frachtschiff bis zum Beginn der Dampfschiffahrt.
Im 18. und 19. Jh. wurden auch die auf Kriegsschiffen mitgeführten flachbodigen Landungs-Ruderboote, die bis zu 30 Personen und leichte Feldgeschütze aufnehmen konnten, als Flatboote bezeichnet.

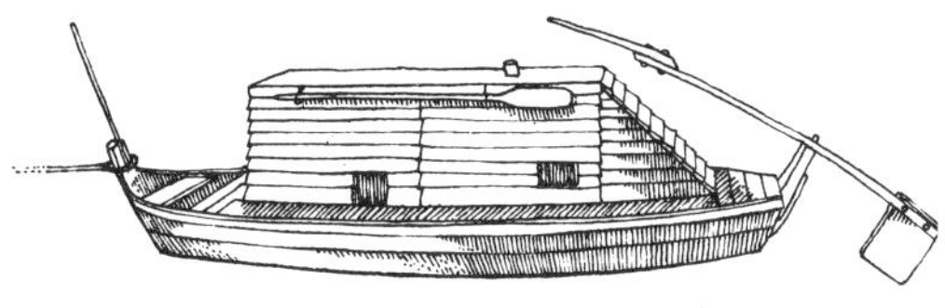

Flatboot, 18. bzw. 19. Jh.

Fleute, *Fluite, Fliete, Vliete:* eines der bedeutendsten holländischen dreimastigen Frachtschiffe. Bereits ausgangs des 15. Jh. und insbesondere nach der Niederlage der spanischen Armada entwickelte sich Holland zum Lehrmeister des Schiffbaues und zum damals führenden Schiffbauland der Welt.
Die Bezeichnungen »Fluite« oder »Vliete« (zu »fließen«) entstanden Ende des 16. Jh. für eine Schiffsform, die in Hoorn im nördlichen Holland entwickelt wurde. Diese strömungsgünstige, »fließende« Form führte im Vergleich zu den damals üblichen gedrungenen Schiffen zu einem gestreckteren Schiffstyp mit relativ geringem Tiefgang. Die Fleuten waren somit für die flachen niederländischen Gewässer besonders vorteilhaft. Wegen seiner Vorzüge verbreitete sich dieser Schiffstyp sehr schnell in den Niederlanden und in den anderen nordeuropäischen Ländern, wo Fleuten bald in ungewöhnlich großer Stückzahl gebaut wurden. Die Fleute nahm in der Handelsschiffahrt Europas bis in das 18. Jh. hinein eine führende Stellung ein.
Die schnelle Entwicklung der holländischen Flotte und ihre große Leistungsfähigkeit wurde u. a. dadurch gekennzeichnet, daß allein im Jahre 1607 bis zu 2000 holländische Schiffe an der Ostseefahrt teilgenommen haben sollen. Im Jahre 1660 schätzte der französische Staatsmann J. B. COLBERT den gesamten holländischen Schiffsbestand auf die unwahrscheinlich erscheinende Zahl von 16000 Einheiten.
Die Fleute erreichte einen Niveauanstieg in den Transport- und Segeleigenschaften, wie er vergleichsweise in den vorhergehenden Jahrhunderten nur bei der Entwicklung der *Kogge* oder beim Übergang zum dreimastigen *Kraweelschiff* erzielt worden war. Auch die bisher mit ihren Hansekoggen führenden Städte gingen bald zum Bau von Fleuten über; so baute Lübeck bereits 1618 die ersten Schiffe dieses neuen Typs.
Verglichen mit den zur damaligen Zeit gebräuchlichen Schiffen waren die Abmessungen und Formen der Fleute sowohl hinsichtlich der Größe als auch in den Proportionen und der Linienführung sehr günstig aufeinander abgestimmt. Bereits zu Anfang der Entwicklung überstieg die Tragfähigkeit dieses von Anbeginn dreimastigen Frachtschiffes die der sonst üblichen Schiffe erheblich. Die größere Tragfähigkeit wurde jedoch

Holländische Fleuten, Radierung von WENZEL HOLLAR, 1647 [22]

nicht durch einen bis dahin üblichen proportionalen Längen-, Breiten-, Tiefgangs- oder Völligkeitszuschlag unter Beibehaltung des üblichen Längen-Breiten-Verhältnisses von etwa 3:1 erreicht, sondern durch eine für diese Zeit außergewöhnliche Vergrößerung der Länge im Verhältnis zur Breite. Auf diesen unmittelbaren Übergang zu einem für Frachtschiffe damals erstaunlich langen Schiff von etwa 45m und mit Längen-Breiten-Verhältnissen von 4,5 bis 6 bei relativ geringem Tiefgang übten sicher auch die gegebenen Tiefgangsbegrenzungen einen Einfluß aus. Durch den langgestreckten, verhältnismäßig schmalen, mit stark gerundeten Spanten gebauten Schiffskörper verringerte sich der Schiffswiderstand beträchtlich. Die veränderten Abmessungs- und Formverhältnisse stellten in gewisser Weise eine Vorstufe zum späteren Schnellsegler dar.

Auch das Überwasserschiff wurde in verschiedener günstiger Weise weiterentwickelt. So nutzte man die Vorzüge der vergrößerten Schiffslänge für günstigere Mastabstände und zum Einbau höherer Masten unter Einbeziehung einer aus dem Jahre 1570 stammenden bedeutsamen holländischen Erfindung zur Konstruktion zusammengesetzter Maste durch aufgesetzte Maststengen anstelle der bis dahin üblichen Pfahlmaste. An den nun höheren Masten wurde die Gesamtsegelfläche in mehrere übereinander gefahrene und leichter handhabbare schmalere, trapezförmige Segel unterteilt. Großmast und Fockmast wurden mit je einem Haupt- und einem Topp-Rahsegel rahgetakelt, später fuhr man bei größeren Schiffen an beiden Masten darüber noch ein drittes Rahsegel. Am Besanmast war ein leicht bedienbares Lateinsegel, später kam bei größeren Schiffen darüber noch ein als Kreuzsegel bezeichnetes Rahsegel hinzu.

Auf dem Bugspriet stand ein zusätzlicher kleiner Mast mit einem weiteren Rahsegel, der Bovenblinde. Außerdem fuhr man unter dem Bugspriet an der Blindrah ein Rahsegel, die Blinde. Groß-, Fock- und Besanmast erhielten damit bereits eine Besegelung, die sich so bewährte, daß sie auch in späteren Jahrhunderten wenig verändert bei den Barkschiffen *(Bark)* wiederzufinden ist.

Bei der Fleute wurde auch der Schiffskörper des Überwasserschiffes günstig verändert und der größeren und höheren Besegelung angepaßt. So erhielt das Deck einen starken Sprung nach vorn und achtern, wodurch die vorher üblichen hoch

Holländische Fleute Mitte des 17.Jh., Modell

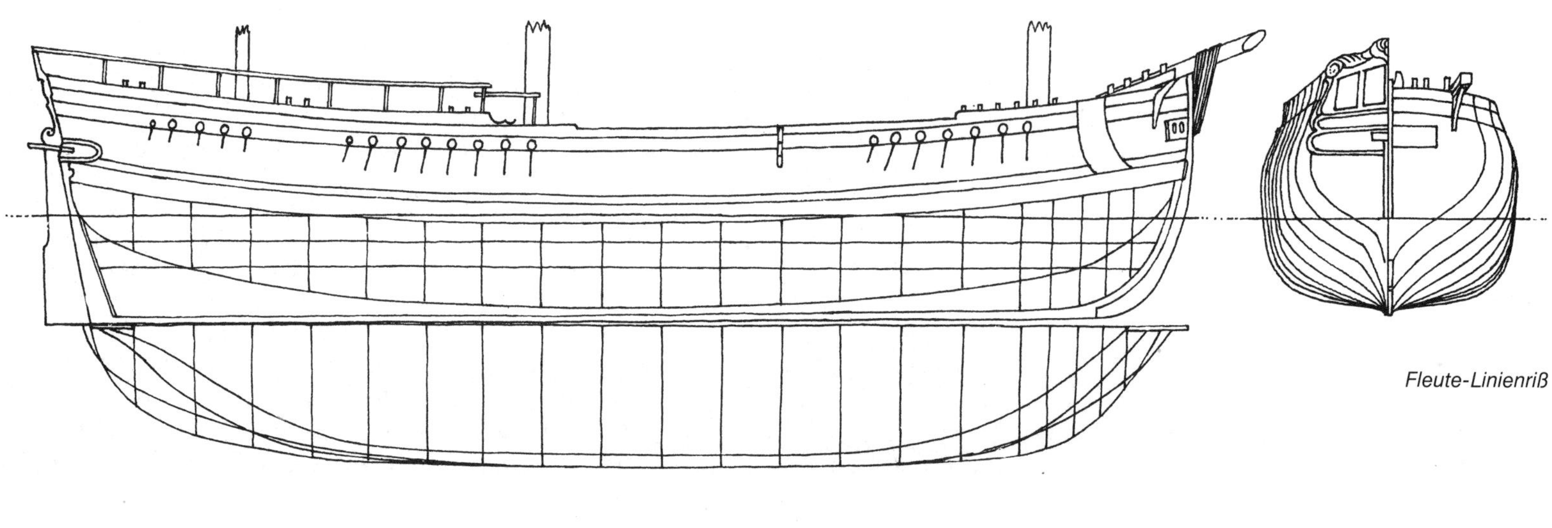

Fleute-Linienriß

»GOUDEN LEEUW« (Goldener Löwe), Admiralschiff des holländischen Admirals CORNELIUS TROMP, 1680 im Hafen Amsterdam. Gemälde von van de VELDE d. J. (1633 bis 1707).
Rijksmuseum, Amsterdam [1]

Gemälde von NICHOLAS POCOCK mit vier englischen Kriegsschiffen und der »VICTORY«, dem dreimastigen Admiralschiff des englischen Admirals HORATIO NELSON (1758 bis 1805), im Bild rechts. National Maritime Museum, Greenwich [1].

Holländischer Dreimaster im Gefecht mit zwei spanischen Schiffen. National Maritime Museum, Greenwich [26]

Das holländische Flaggschiff »AMELIA« vor der holländisch-spanischen Seeschlacht 1639 in den Downs vor Dover.
National Maritime Museum, Greenwich [26]

Blatt aus der Chronik des französischen Miniaturenmalers JEAN FROISSART mit der Schlacht nahe Sluys am 24. Juni 1340 zwischen der englischen und französischen Flotte zu Beginn des Hundertjährigen Krieges (1339 bis 1440). Die einmastigen Schiffe haben ein Deck sowie vorn und achtern kastellartige Aufbauten, in diesen Schiffen vereinigen sich Elemente von Normannenschiff, Nef und Kogge.
Bibliothéque National, Paris.

»GROSSER ADLER VON LÜBECK« (1566), ein Viermaster der Hanse im 16. Jh., Modell Schiffahrtsmuseum Rostock.

Die »ZEVEN PROVINCIEN«, das Flaggschiff des holländischen Admirals de RUYTER (Bildmitte unter rot-weiß-blauer Flagge) in zweiten niederländisch-englischen Krieg während der viertägigen Seeschlacht (11. bis 14. Juni 1666). Gemälde von ABRAHAM STORK. National Maritime Museum, Greenwich [12].
s. a. Admiralschiff

Die »GOUDEN LEEUW« (Bildmitte unter der Admiralitätsflagge am Großtopp) unter CORNELIUS TROMP im dritten niederländisch-englischen Krieg in der Seeschlacht bei Kijkduin am 21. August 1673.
Quelle: Mollema, J. C., Geschiedenis van Nederland ter Zee, Bd. 4, N. V. Uitg. Mij Joost van den Vontel, Amsterdam 1939/42. s. a. Admiralschiff

Baltimore-Kriegsschoner »RAMBLER«, erbaut 1812
in Medford, Massachusetts.
Peabody Museum, Salem [1].

Bark »PETER SUPPICICH«, Rostock. Erbaut von J. H. WILKEN, Ribnitz 1869, 442 RT.
Quelle: Museumsheft, Schiffahrtsmuseum Rostock.

Viermastbark »KRUSENSTERN«, erbaut 1926; 114,5 m Länge über alles bei 14,0 m Breite und 3427 m² Segelfläche.

Dreimast-Schonerbark »MÖNCHGUT« von Thiessow auf Rügen, Ölgemälde 1877.
Quelle: Rudolph, W., Boote – Flöße – Schiffe, Urania-Verlag Leipzig 1974.

Brigg »MARYE UND BETTY«, Rostock 1844.

Branderangriff auf die spanische Armada 1588 vor Calais. AERT VAN ANTUM zugeschriebenes Gemälde.
National Maritime Museum, Greenwich [12]

Zeitgenössischer Druck von der Seeschlacht bei Flamborough Head vor der Ostküste Englands 1779. Links im Bild die englische 44-Kanonen-Fregatte »SERAPIS«, rechts das von Brest ausgelaufene amerikanische Geschwader mit der »BONHOMME RICHARD« (Bildmitte), einem umgerüsteten Ostindienfahrer mit 40 Kanonen.
National Maritime Museum, Greenwich [26]

NAPOLEON III. empfängt die Königin VICTORIA an Bord der »BRETAGNE« im Hafen von Cherbourg. Musée de la Marine, Paris [4]

Schonerbrigg »WILHELM PIECK«, Segelschulschiff der DDR, Neubau aus Stahl 1951, Länge über alles 41,0 m, Breite 7,70, Tiefgang 3,55 m. Mit der Gesamtsegelfläche von 433 m^2 läuft die Schonerbrigg 11 kn.

Bewegte See mit Schiffen. Gemälde von van de VELDE d. J. (1633 bis 1707).

Boote am Abend im Hafen. Gemälde von CASPAR DAVID FRIEDRICH (1774 bis 1840).

Gemälde von HENDRIK CORNELISZ VROOM, 1613. Der Dreidecker »ROYAL PRINCE« läuft unter Fock und Achterbesan in den holländischen Hafen Vlissingen ein. Rechts ein Boot mit Sprietsegel und Seitenschwertern mit gehievtem Luvschwert. Im Vordergrund eine Staatenyacht mit Sprietsegel. Bemerkenswert ist das kleine Boot mit dem weit vorn stehenden gebogenen Mast und dem seinerzeit seltenen dreieckigen Steilsegel.
Franz Hals Museum, Haarlem [1]

Fregattschiff (Vollschiff) »ALT-MECKLENBURG«, 473 RT, erbaut von W. ZELTZ in Rostock 1856.
Quelle: Museumsheft, Schiffahrtsmuseum Rostock.

Fregattschiff, um 1810 geschaffenes Gemälde von CASPAR DAVID FRIEDRICH (1774 bis 1840). Quelle: Rudolph, W., Boote – Flöße – Schiffe, Urania-Verlag Leipzig 1974.

Die »GOLDEN HIND«, Freibeutergaleone von FRANCIS DRAKE, 1577, Nachbau.

Gemälde von HENDRIK CORNELISZ VROOM. Die Vernichtung spanischer Galeeren vor der flämischen Küste am 3. Oktober 1602. Die holländische Galeone »SAMSON« versenkt die spanische Galeere »LA LUCERA«.
Rijksmuseum, Amsterdam [17]

Galeeren in der Schlacht bei Lepanto am 7. Oktober 1571. Die Flotte der »Heiligen Liga« unter DON JUAN d'AUSTRIA besiegt die türkisch-ägyptische Flotte. Gemälde aus der Venezianischen Schule.
National Maritime Museum, Greenwich [12]

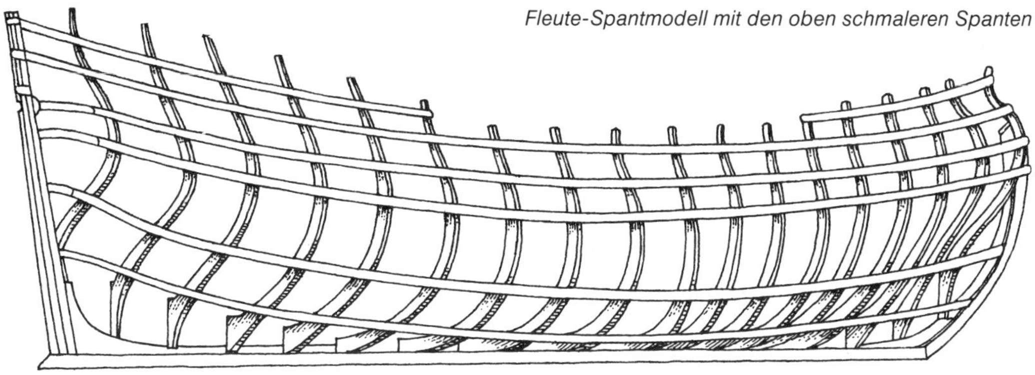

Fleute-Spantmodell mit den oben schmaleren Spanten

aufragenden Aufbauten nahezu vollständig in den Decksverlauf einbezogen wurden und sich die Bedingungen für die Segelhandhabung verbesserten. Das Heck wurde als Rundheck mit einer ovalen Öffnung für die Ruderpinne gebaut und durch einen flachen, spitz auslaufenden Aufbau überragt. Oberhalb der völligen Schwimmwasserlinie waren die Seitenspanten nach innen gerundet und seitlich stark eingezogen, so daß eine bauchige Form und eine gegenüber der Breite des Schiffes in der Wasserlinie verminderte Decksbreite entstand. Das brachte Vorteile aus der größeren Steifigkeit gekrümmter Holzbauten, aber diese Bauweise dürfte auch durch die damaligen Gebührenordnungen beeinflußt worden sein; z. B. wurde der Sundzoll nach der Decksfläche mit der Breite als Basis berechnet.

Flieboot, *Vlieboot:* flachbodiger holländischer Küstensegler, der im 16. Jh. wahrscheinlich aus dem *Doghboot* hervorgegangen ist. Die Bezeichnung stammt vom ursprünglichen Einsatzgebiet, der westfriesischen Insel Vlieland. In größerer Zahl wurden bewaffnete Flieboote in der sogenannten kleinen Flotte des Prinzen von Oranien im Befreiungskrieg gegen Spanien um 1588 eingesetzt. Die Tragfähigkeit der Fahrzeuge lag zwischen 30 und 70 Lasten (60 bis 140 t).

Floß, *Holzstammfloß, Floßfahrzeug:* Schwimmkörper, dessen Auftrieb durch die geringere Dichte des Floßmaterials gegenüber dem Wasser entsteht. Auf größeren Flüssen, die durch waldreiche Gebiete führten, hatte die Holzflößerei zu den Siedlungsgebieten, Stapel- und Hafenplätzen oft größere Bedeutung als die Personen- oder Güterschiffahrt. Noch im 19. Jh. wurden, besonders im Frühjahr nach der Eisschmelze, auf europäischen, amerikanischen und sibirischen Strömen gewaltige Holzflöße bis zu 200 m Länge

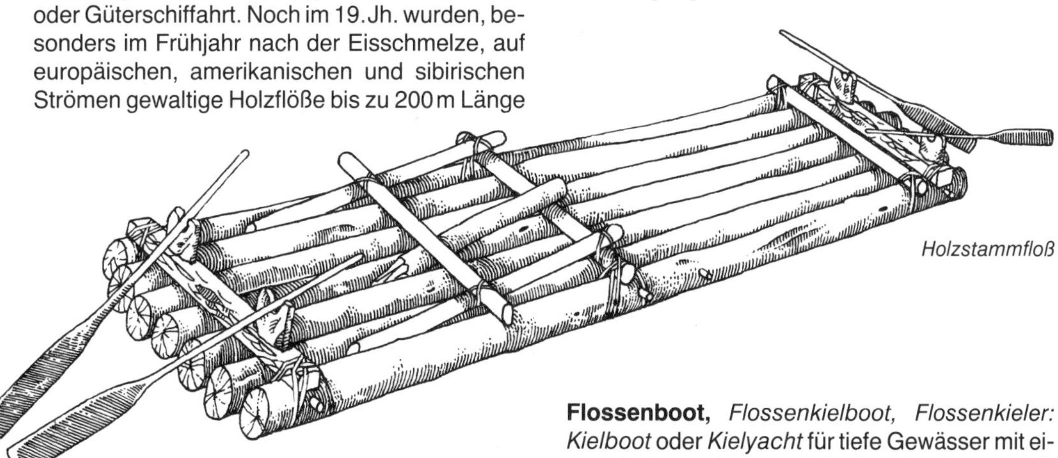

Holzstammfloß

befördert. Je nach den Flußbedingungen entstanden die Flöße dadurch, daß eine bestimmte Anzahl von Baumstämmen, zum Teil zu mehreren Lagen übereinandergeschichtet, durch Querbäume oder Trossen miteinander verbunden wurden. Die Flößer waren sowohl Floßbauer als auch Floßfahrer und lebten oft tagelang auf dem Floß, wo sie auch ihre Kochstelle hatten.
Floßfahrzeuge sind im Unterschied zu den Flößen der Holzflößerei Schwimmfahrzeuge für den Personen- oder Gütertransport, bei denen der erforderliche Auftrieb für die Zuladung durch gebündelte Einzelauftriebskörper erzeugt wird, deren Dichte geringer als die der tragenden Flüssigkeit ist. Baumstammflöße waren in solchen Siedlungsgebieten anzutreffen, in denen ausreichender Bestand schwimmfähiger Hölzer in Fluß- oder Küstennähe den Bau ermöglichte.
Zu den bekanntesten historischen Floßfahrzeugen aus anderen Baustoffen zählen das *Ambatschfloß*, die *Papyrusflöße* auf dem Nil oder die indischen, chinesischen oder Südsee-Bambusflöße. Die Strauch-, Papyrus- oder Bambusflöße haben zum Teil bootsähnliche Formen mit zugespitzten und hochgezogenen Floßenden. An den arabischen Küsten, insbesondere bei Oman, bauten die dort lebenden Fischervölker aus 10 bis 12 Stämmen seefähige Flöße mit Mast und Segel. Auf vielen Flüssen Europas waren Baumstammflöße mit zusätzlichen Auftriebskörpern bis vor wenigen Jahrzehnten als Fähren bei Flußüberquerungen in Gebrauch.
Die Ureinwohner Nordjapans, die Ainu, bauten eine besondere Art leichter, gut abgedichteter Baumstammflöße mit einem zusätzlichen Plankenaufsatz, so daß ähnlich wie bei wenig ausgehöhlten Einbäumen eine Übergangsform zwischen dem Floßauftrieb und dem bootstypischen Verdrängungsauftrieb entstand.

Flossenboot, *Flossenkielboot, Flossenkieler: Kielboot* oder *Kielyacht* für tiefe Gewässer mit einem fest angebauten, tiefgehenden flossenartigen bzw. stromlinienförmigen Kiel in der Mittschiffslinie. Durch den Flossenkiel werden die Unterwasser-Lateralplanfläche und der infolge der Massenverteilung bedingte Stabilitätsanteil vergrößert. Die Flossenkiele erhalten zum Teil am unteren Ende noch zusätzliche, besonders schwere Strömungskörper aus Stahl oder Blei.

Floß-Piroge: von Einwohnern der Karolineninsel Yap gebautes bootsförmiges Holzstammfloß. Als Grundkörper diente ein einzelner großer, an den Enden zugespitzter Baumstamm. An diesem Stamm wurde an jeder Seite ein dünnerer, an den Enden ebenfalls zugespitzter Stamm derart befestigt, daß eine bootsformähnliche Plattform entstand. Der Schwimmkörper trug ein erhöhtes Gerüst aus Babumsstäben und 4 Maste mit Mattensegeln.

Floßsack: ein Sack aus wasserdichtem Segeltuch, der um 1900 der Kavallerie zum Überqueren von Gewässern diente. Der Floßsack wurde mit Stroh, Schilf, Laub o. ä. ausgestopft.

Flußschiff, *Binnenschiff:* ein im Vergleich zum seegehenden Schiff oder zum Küstenschiff den speziellen Anforderungen auf Flüssen entsprechendes Schiff. Die Belastungen aus dem Wellengang sind zwar i. allg. geringer als auf See, infolge der begrenzten Wassertiefen können Flußschiffe jedoch nur einen begrenzten Tiefgang und eine geringere Seitenhöhe erhalten. Zudem müssen bei der Höhe des Schiffes einschließlich der Aufbauten die vorhandenen Durchfahrtshöhen unter Brücken berücksichtigt werden. Um die Längen- und Breitenabmessungen nicht übermäßig zu vergrößern, werden infolgedessen Flußschiffe in ihrer Rumpfform meist sehr völlig gebaut. Gleichzeitig wird angestrebt, die Eigenmasse der Fahrzeuge durch Leichtbauweisen zu verringern, um mehr befördern zu können.
Besondere Probleme bestehen auch hinsichtlich des Widerstandes und der Steuerfähigkeit. Bei geringeren Wassertiefen erhöht sich der Schiffswiderstand, und es verschlechtern sich auch die Steuereigenschaften, insbesondere bei völligen Schiffskörpern, es tritt der sogenannte »Flachwassereinfluß« auf. Flußschiffe benötigen deshalb und wegen der Flußkrümmungen und Brückendurchfahrten besonders wirksame Ruder. In der Segelschiffszeit konnte flußauf unter günstigen Bedingungen gesegelt werden, z. B. in der frühen Flußschiffahrt auf dem Nil. Auf vielen anderen Flüssen wurde das Schiff *(Treidelschiff)* flußauf durch Menschen oder Zugtiere, die auf Treidelpfaden neben den Flüssen gingen, gezogen (getreidelt). Die Treidelleine war am vorderen Treidelmast befestigt, höhere Maste mußten wegen der Brückendurchfahrten klappbar sein. Bei Untiefen wurden die Schiffe geleichtert und nach dem Passieren der flachen Stelle erneut beladen. Trotz all dieser Erschwernisse war die Flußschiffahrt in den meisten Frühkulturen der Erde die bedeutendste und zuweilen sogar einzige Möglichkeit, größere Ladungen über längere Strecken zu transportieren. Auch in der heutigen Zeit hat das Flußschiff für den kostengünstigen Gütertransport und die Personenbeförderung durch meistens schöne Flußlandschaften große Bedeutung, die sich durch zusätzliche geschaffene oder erschlossene Kanäle und Stauseen und den Einsatz kombinierter seegehender Binnenschiffe noch weiter vergrößert.

Flutte: französische Bezeichnung (flûte) für *Fleute* oder für die holländische Fluste. Außerdem werden seit dem 19. Jh. auch offene, ungedeckte Binnenkähne mit durchgehendem Laderaum als Flutte bezeichnet. Mit dem Begriff »armer en flûte« kennzeichnete man im 18. und 19. Jh. ein französisches Kriegsschiff, von dem Geschütze entfernt wurden, um Platz für Ladung oder zur Unterbringung von Truppen zu gewinnen.

Flying Dutchman: eine vom Holländer U. VAN ESSEN konstruierte Rundspant-Jolle *(Jolle)*, ursprünglich nur für europäische Binnengewässer gedacht, später auch in Küstengewässern und zu Regatten eingesetzt. Das *Schwertboot* gehört zur internationalen Klasse, es führt das Segelzeichen »FD« für Flying Dutchman (Fliegender Holländer). Seit 1960 ist das Boot eine olympische Bootsklasse. Die vorgeschriebenen Abmessungen sind: Länge über alles 6,05 m, Breite 1,8 m, Tiefgang mit Schwert 1,1 m und 15 m^2 Segelfläche. Ein Spinnaker von 17,5 m^2 ist erlaubt, eine Takelungshöhe von 6,9 m darf nicht überschritten werden. Die Masse des vollausgerüsteten Flying Dutchman soll 170 kg betragen, bei Rennen wird mit 2 Personen gesegelt.

Flying Junior: eine ebenfalls vom Konstrukteur U. VAN ESSEN entwickelte Zweimann-Jugendjolle der internationalen Klasse mit den Abmessungen: Länge über alles 4,03 m, Breite 1,54 m, Tiefgang mit Schwert 0,85 m, Segelfläche 9,3 m^2; als Segelzeichen wird »FJ« gefahren.

»Flying-P-Liners«: um die Jahrhundertwende international bekannte englische Bezeichnung für die Schnellsegler der Hamburger Segelschiffsreederei LAEISZ. Die fliegenden P-Linienschiffe waren vier- und fünfmastige Segelschiffe mit dem Anfangsbuchstaben P im Schiffsnamen. Zur Hervorhebung der besonderen Segeleigenschaften der *Fünfmaster* wurde der vorletzte Mast auch als »Laeiszmast« bezeichnet. Zu den bekanntesten Schiffen gehörten die »POTOSI«, 4026 BRT, 1895; »PREUSSEN«, 5081 BRT, 1902; »PAMIR«, 3103 BRT, 1905; »PASSAT«, 3183 BRT, 1911; »PRIWALL«, 3185 BRT, 1920 und die »PADUA«, 3064 BRT, 1926. Weniger bekannt waren die Schiffe »PUDEL«, »PANGANI«, »PATRICIA«, »POSEN«, »PENSYLVANIE«, »PRETORIA«, »PARMA«, »PISAGUA«, »PINGUIN« und »PONTOS« sowie einige andere P-Liners (s. a. »PASSAT« bei *Bark* und »PREUSSEN« bei *Fünfmaster*).

Föhringer Ewer: eine spezielle Variante des norddeutschen Ewers für das Gebiet der nordfriesischen Inseln und für die Westküste Schleswig-Holsteins, im 19. Jh. in Wyk auf der Insel Föhr gebaut. Es waren besonders flachgehende einmastige *Ewer* von etwa 14 m Länge und 4,6 m Breite. Das Achterschiff war wegen der für Flachwasser besonders bedeutsamen Steuereigenschaften sehr schmal und scharf gebaut.

Föhrjolle: auf der Insel Föhr gebaute, besonders für das Wattengebiet geeignete Küsten-Segeljolle. Ein besonderes Merkmal sind die sehr großen seitlichen Lufttanks, durch die erreicht wird,

Flying Dutchman

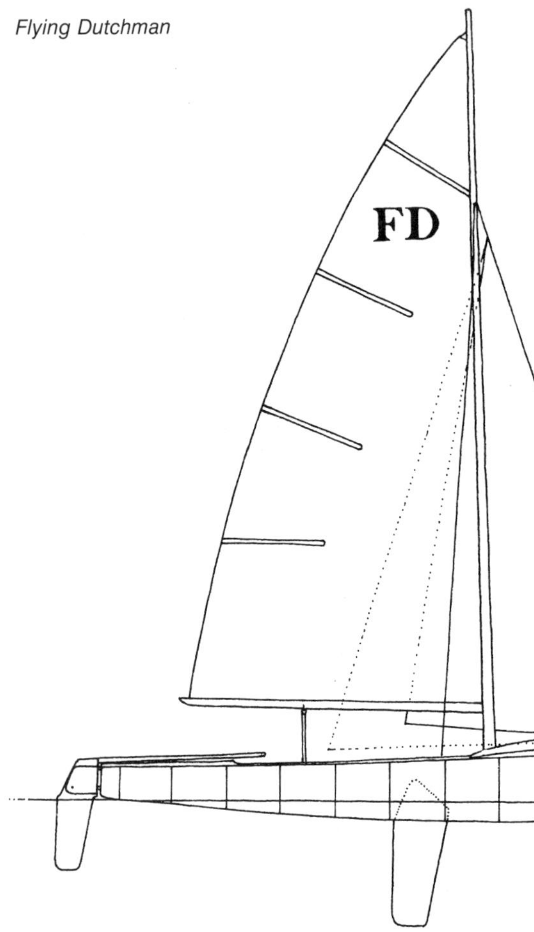

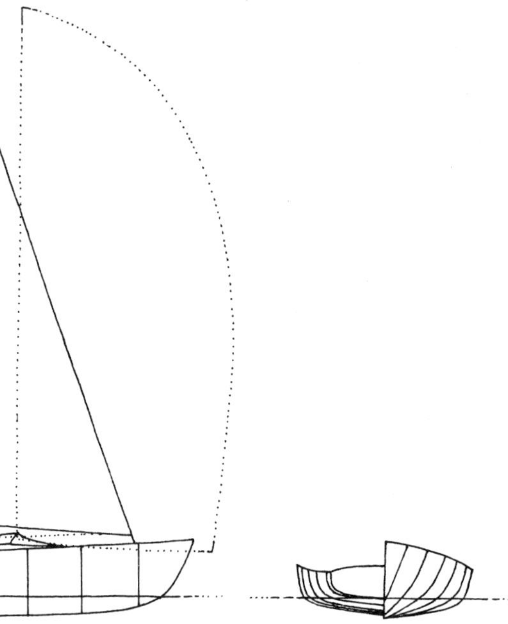

daß nach einem durch Böen verursachten Kentern das Aufrichten und das Abfließen des Wassers erleichtert werden. Die Föhrjolle hat die Abmessungen: Länge über alles 5,60 m, Breite 1,92 m, Tiefgang 0,16 m ohne Schwert und 14,70 m^2 Segelfläche; die Gesamtmasse beträgt etwa 190 kg.

Formelklasseboot: siehe Konstruktionsklasseboot

Forschungsschiff: ein speziell für die Erkundung von Schiffahrtswegen sowie zur Erforschung von Meeres- und Küstengebieten zur Gewinnung hydrologischer, meteorologischer und biologischer Erkenntnisse gebautes, ausgerüstetes und eingesetztes Schiff. Anfängliche Aufgaben waren die Erkundung von Seewegen und die Entdeckung unbekannter Länder. Die dazu benutzten Schiffe waren meistens bewährte und als besonders seetüchtig geltende kleinere oder mittelgroße Schiffstypen mit möglichst guten Manövriereigenschaften und den für längere Reisen notwendigen Vorräten und Ausrüstungen. Zu den bekannten frühen Schiffsfahrten, die der Entdeckung dienten, zählen die Fahrten ägyptischer Segelschiffe zum Lande Punt in der Zeit vom 17. bis 14. Jh. v. u. Z. (s. *Hatschepsut-Schiffsrelief*), griechische und phönizische Mittelmeerfahrten, die wahrscheinliche Umsegelung Afrikas durch die Phönizier oder die Nordfahrten und Atlantiküberquerungen der Wikinger. Am Anfang der mittelalterlichen Entdekkungsfahrten stehen die lange Zeit umstrittenen Fahrten des Venezianers MARCO POLO im 13. Jh. in den Fernen Osten und die portugiesischen Entdeckerfahrten insbesondere zur afrikanischen Nordwestküste unter Prinz HENDRIK DEM SEEFAHRER.

Diesen Reisen folgten im 15. und 16. Jh. auf der Suche nach östlichen und westlichen Seewegen nach Indien die Entdeckerfahrten von BARTOLOMEO DIAZ (1488, Kap der Guten Hoffnung), VASCO DA GAMA (1498 Umschiffung Afrikas und Fahrt nach Goa in Indien), CHRISTOPH KOLUMBUS (1492 »Westindische Inseln«, Bahama, Kuba, 1502 Honduras) und die Fahrt von FERNÃO DE MAGALHÃES (1515 Fahrt durch die Magalhães-Straße in den Stillen Ozean, Mariannen, Philippinen). Anfang des 17. Jh. waren die berühmten Reisen von HENRY HUDSON (1607 Spitzbergen, 1609 Hudsonbay) und von ABEL TASMAN (1642 Umsegelung Australiens, Tasmanien, Neuseeland).

Um 1400 waren etwa 10 % der Erdoberfläche bekannt. Die vielen Entdeckungsfahrten der folgenden zwei Jahrhunderte trugen maßgeblich dazu bei, daß bis zum Ende des 16. Jh. 30 % bekannt wurden. Bis 1700 war nahezu 2/3 der Erdoberfläche, wenn auch noch mit vielen »weißen Flecken«, erforscht. Nach 1700 dienten die besser für Forschungszwecke eingerichteten Schiffe vorwiegend der weiteren Erforschung von See- und Küstengebieten. Kartografen, Botaniker, Meteorologen, Grafiker oder Zeichner nahmen an den Fahrten teil, um die Ergebnisse der Forschungen besser darzustellen und auszuwerten. Beispiele sind die Reisen von J. COOK (1768 auf »ENDEAVOUR«), G. NARES (1872 auf »CHALLENGER«), F. NANSEN (1893 auf »FRAM«), A. v. HUMBOLDT (1799 auf »PIZARRO«, nur für die Überfahrt), Ch. DARWIN (1831 auf »BEAGLE«), v. SCHLEINITZ (1874 auf »GAZELLE«). Grundlagen allgemeiner Art für derartige Forschungsreisen waren u. a. exakte Zeitbestimmung mittels Chronometer (C. HUGGHENS 1660, J. HARRISON 1737) und Navigationshilfen wie Wind- und Strömungskarten, Segelanweisungen und Logbücher (M. F. MAURY 1806 bis 1873).

Das letzte Drittel des 18. Jh. ist reich an verschiedenen, speziell für wissenschaftliche Forschungszwecke ausgerüsteten See-Expeditio-

nen, die durch weitblickende Persönlichkeiten wie BENJAMIN FRANKLIN, CONDE MASSIGHI und später ALEXANDER von HUMBOLDT unterstützt wurden. In dieser Zeit entstanden erste, wissenschaftlich fundierte Anfänge der geografischen Meersforschung. In den folgenden Jahrzehnten gab es außerdem begüterte Förderer verschiedener Forschungsgebiete, wie z. B. den Fürsten ALBERT I. von Monaco (1848 bis 1922), der aus persönlichem Interesse die Tiefseeforschung förderte und in Monaco ein bedeutendes Institut und Museum für Pfanzen und Tiere der Tiefsee begründete.
Zu den bekanntesten historischen Forschungsschiffen der Tiefseeforschung gehören die englische »CHALLENGER« (1872 bis 1876) und die deutsche »GAZELLE« (1874 bis 1876). Im 19. Jh. häuften sich die Forschungsfahrten zur Erkundung nördlicher Seewege und des Nordpolarmeeres. Eine wichtige Grundlage, auf der spätere Forschungsreisen aufbauten, legte in den fünfziger Jahren des 19. Jh. der Kapitän M. F. MAURY. Er führte die heute auf allen Seeschiffen üblichen Logbücher ein, in denen u. a. die wichtigsten See- und Wetterbedingungen eingetragen wurden. Durch Austausch und Auswertung dieser Schiffstagebücher erweiterten sich die Erkenntnisse für das Befahren ozeanischer Gewässer. So erhalten z. B. die Schiffstagebücher deutscher Segelschiffe, die im Seewetteramt Hamburg archiviert sind, etwa 20 Millionen Angaben über Wetterbeobachtungen auf allen Ozeanen wie Luftdruck, Windgeschwindigkeit und -richtung, Luft- und Wassertemperatur, Bewölkung, Wetter und Seegang sowie Sichtweite. Später stationierte man in speziellen Seegebieten auch Wetterbeobachtungsschiffe.
Die große Zeit der Forschungsschiffe begann jedoch erst am Ende der Segelschiffszeit. In der modernen Schiffstechnik gibt es eine große Zahl von Forschungsschiffen für breit gefächerte Forschungsaufgaben.

Frachtsegelschiff, *Frachtsegler:* umfassende Bezeichnung für alle Arten von Frachten befördernden Segelschiffen. Der Begriff war in der Segelschiffszeit wenig gebräuchlich, er wurde erst allgemein üblich, als sich eine strengere Unterscheidung zwischen Fracht- und Personentransporten durchsetzte.

Francisboot: speziell für den Küstenrettungsdienst entwickeltes Ruderrettungsboot, das von verschiedenen Ländern und auch im Rettungswesen an den deutschen Küsten allgemein eingeführt wurde und sich sehr gut bewährt hat.
Als zum Ende des 18. Jh. von England ausgehend die bedeutendsten seefahrenden Länder Küstenrettungsstationen einrichteten, entstanden verschiedene Typen patentierter Rettungsboote, von denen das nach ihren Erfindern benannte amerikanische Francisboot und das englische *Peakeboot* am bekanntesten wurden. In Deutschland entschied man sich für das Francisboot, da es für die Bedingungen der flachen Küstengewässer und zum schnellen Transport durch schwach besiedelte Küstenstriche und über sandige Dünen besonders geeignet war. Das Francisboot war ein Ganzmetallboot aus gewelltem und gesicktem Eisenblech, so daß durch

Francis-Küstenrettungsboot, 19. Jh.

diese Bauweise mit verhältnismäßig dünnem Blech ein leichtes Boot ausreichender Festigkeit entstand. Durch verschiedene, besonders vorn und hinten im Boot eingebaute Luftkästen und einen zusätzlich außen am Boot befestigten Korkwulst war das Boot unsinkbar. Schlug das Boot in der Brandung um, so konnte es mit wenig Kraftaufwand wieder aufgerichtet werden; es hatte als selbstaufrichtbares und selbstentleerendes Boot einen großen Sprung und einen 300 kg schweren Kiel. Infolge des hochgezogenen Bugs und Hecks und des Auftriebs der darin angeordneten Luftkästen kam das Boot nach dem Vollschlagen zunächst in eine Seitenlage, und danach drehte der schwere Kiel es weiter in die Normalschwimmlage. Die Mannschaftsstärke betrug üblicherweise 10 Mann.
Nach Einführung dieses Bootstyps im Jahre 1865 gingen in den 43 deutschen Nordsee- und 57 Ostsee-Rettungsstationen die Bootsunfälle bedeutend zurück, bei insgesamt 22 gefährlichen Rettungsaktionen gab es mit diesem Bootstyp nur noch 3 Unglücksfälle.

Frauenboot: siehe Umjak

Frauenburg-Bootsfund: ein in einem Moor bei Frauenburg (Frombork, VRP) im Jahre 1895 gefundenes Segelfahrzeug aus der Zeit zwischen dem 4. und 5. Jh. Das Boot hat eine Länge von 17,4 m, eine Breite von 2,8 m und eine Seitenhöhe von 0,90 m und ist auf einem kräftigen, T-förmigen Kiel gebaut. Die klinkerbeplankte Außenhaut besteht aus 2,5 bis 3 m langen und 30 mm dicken Planken, die an den Längsüberlappungen durch Eisennieten mit Klinkscheiben zusammengenietet und mit teergetränkten Kuhhaaren abgedichtet wurden. Ausgesteift ist die Schiffsform durch insgesamt 15 Spanten, die in einem Abstand von je 1,04 m dem sägenartigen Plankenverband an den Seiten angepaßt wurden. Die Spanten liegen auch am Boden an, sind jedoch am Kiel nicht befestigt. Zur Aufnahme des Mastes hat der mittlere Spant eine Mastspur.

Fregatone, *Fregatton:* venezianisches Frachtsegelschiff des 17. Jh. für Fahrten im Adriatischen Meer mit 400 bis 500 t Tragfähigkeit. Außer dem Großmast waren ein Besanmast und ein Bugspriet ohne Fock oder Sturmfock vorhanden. Im Unterschied zu ähnlichen Schiffstypen hatte das Achterschiff ein rechteckiges Spiegelheck. Im 18. Jh. wurde auch ein etwa 6 m langes und 2 m breites gerudertes Fischerboot der Provence als »fragaton« bezeichnet.

Fregatte, *Fregattschiff:* ursprünglich im Mittelmeer ein arabisch-algerisches Ruder-Segelschiff mit etwa 15 m Länge und 2 lateinbesegelten Masten, das als »fregata« bezeichnet wurde. Das wendige Schiff versah vorwiegend Kundschafterdienste und Nachrichtenübermittlungen. Als in der Mitte des 17. Jh. der Bau von Kriegsschiffen an Bedeutung gewann, nannte man die ersten größeren und schnelleren, als Zweidecker mit 40 bis 50 Kanonen in einer Batterie bestück-

Französische Fregatte »LE TERRIBLE«, Modell

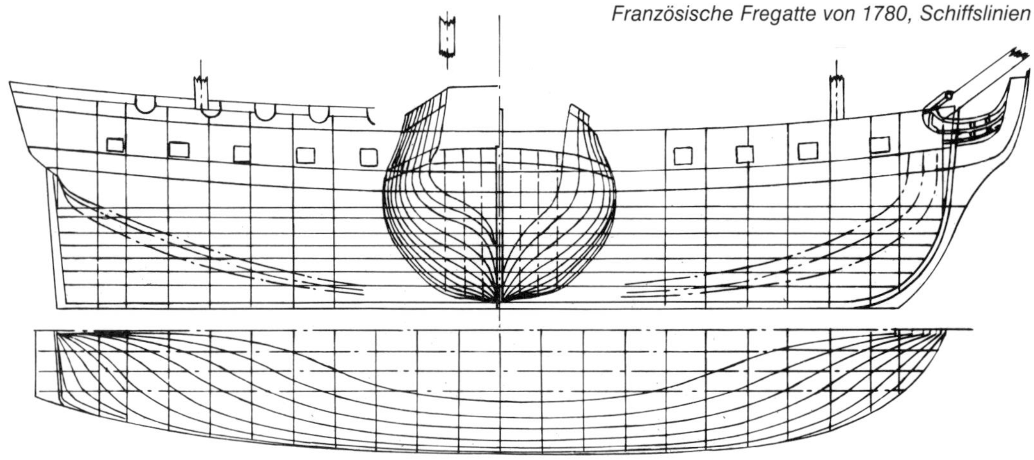

Französische Fregatte von 1780, Schiffslinien

Takelung einer Fregatte

ten Kriegsschiffe ebenfalls »Fregatten«. Um 1650 wurden in England als Fregatten bezeichnete Kriegsschiffe mit bis zu 64 Kanonen (mit einem Teil der Kanonen an Oberdeck) gebaut. Nachdem noch größere Segelkriegsschiffe entwickelt waren, fand der Begriff »Fregatte« vor allem Anwendung auf schnelle Kriegsschiffe mittlerer Größe und Bewaffnung. In Seegefechten operierten Fregatten bevorzugt außerhalb des Feuerbereichs an der Lee-Seite der Linienschiffskiellinie, um beschädigte feindliche Schiffe weiter zu bekämpfen, besiegte Gegner abzuschleppen und um eigene beschädigte Schiffe sowie den Einsatz von *Brandern* zu unterstützen. Außerdem dienten sie zum Erkunden feindlicher Schiffsbewegungen, zum Sichern der eigenen Hauptkräfte und für begrenzte selbständige Operationen zum Stören der Handelsverbindungen und Schiffahrtswege.
Bis zur Mitte des 18. Jh. waren Fregatten entsprechend ihren Aufgaben entweder besonders schnelle Schiffe mit 20 bis 30 Kanonen in einer gedeckten Batterie oder kleinere Kriegsschiffe mit 40 bis 50 Kanonen zunächst in einer, später in 2 gedeckten Batterien. In den Auseinandersetzungen zwischen England und Frankreich erreichte die französische Marine insbesondere durch die konsequente Nutzung der damals erkannten hydromechanischen Gesetzmäßigkeiten einen zeitweiligen Vorsprung in der Entwicklung schneller kampfstarker Kriegsschiffe, deren bedeutendster Typ die Fregatte des 18. und 19. Jh. wurde. Diese französischen Fregatten hatten schlankere Schiffsformen als die übrigen Kriegsschiffstypen und 3 hohe, rahgetakelte Maste, so daß sie in der Geschwindigkeit den Linien-Kriegsschiffen und den Handelsschiffen weit überlegen waren. Hinsichtlich der Größe und Bewaffnungsstärke gab es verschiedene Klassen von 900 bis 1200 t Wasserverdrängung mit 28 bis 44 Kanonen.
Im 19. Jh. wurden auch größere Fregatten mit bis zu 60 acht- bis zehnzölligen Kanonen gebaut, mit denen man auch Überraschungsangriffe auf stärker bewaffnete, aber schwerfälligere *Linienschiffe* ausführte. Seit der Einführung von Panzerschiffen wurde die Verdrängung der Panzer-Fregatten bis auf 4000 t, in Ausnahmefällen sogar auf 6000 t erhöht.
Diese Panzer-Fregatten versahen den Dienst als Kreuzer. Die dreimastige, vollrahgetakelte Takelage blieb bis 1885 das typische Merkmal auch dieser großen Fregatten, danach wurden nur noch Maschinenanlagen für den Antrieb dieses Schiffstyps verwendet; die ersten Dampffregatten gab es seit 1850. Eine in Deutschland besonders bekannte Segelfregatte war das in England gebaute Schulschiff für Seekadetten »NIOBE«. Die »NIOBE« hatte 26 eingedeckte Geschütze an Bord und diente in der Zeit von 1862 bis 1890 der Ausbildung. Noch in der Blütezeit der Segelfregatte als Kriegsschiff fand die typische Fregattentakelung mit den 3 hohen, voll rahgetakelten Masten Nachahmung in der Handelsflotte. Diese schnellen Handelssegler wurden zunächst hauptsächlich als *Auswandererschiffe* sowie für den Walfang bei Grönland und in antarktischen Fanggebieten eingesetzt. Um 1850 fuhren solche Fregattschiffe von etwa 600 Roggenlasten oder etwa 400 Commerzlasten (um 1200 t Tragfähigkeit) in 38 Tagen mit etwa 420 Auswanderern von Häfen Westeuropas nach New York.
Als in der zweiten Hälfte des 19. Jh. die Segel-Kriegsschifffregatte als typischer Schnellsegler von den Weltmeeren verschwand, setzte sich nach und nach für ein vollrahgetakeltes Dreimast-Handelsschiff die Bezeichnung *Vollschiff* anstelle von Fregattschiff durch.

Kurbrandenburgische Fregatte »FRIEDRICH WILHELM ZU PFERDE«, 1684; Ausschnitt aus dem Gemälde von LIEVE VERSCHUIER

Freies Rennklassenboot: Segelboot, das unter bestimmten Bedingungen als freies Rennklassenboot an Wettfahrten teilnehmen darf, obwohl es hinsichtlich des Typs, der Konstruktions- und Baumerkmale, Abmessungen und Baustoffe den verbindlichen Vorschriften nicht mehr entspricht.

Friedeschiff, *Freedekogge:* für die Bekämpfung von Seeräubern zur »Befriedigung« der See ausgerüstete *Kogge* oder *Hulk*, im 15. Jh. wegen der Unsicherheit der Meere ein Geleit-Schutzschiff der Hanse-Kauffahrteischiffe. Die etwa 20 bis 30 am Geleitzug teilnehmenden Handelskoggen wählten einige Schiffsherrn zu Hauptleuten, denen das Kommando übertragen wurde. Der Städtebund der Hanse selbst unterhielt weder solche Friedeschiffe noch andere Kriegsschiffe; die Kosten für die Friedeschiffe wurden von den einzelnen Städten, Befrachtern oder Schiffern getragen.

Fruchtjager: im 19. Jh. schnellsegelnder und relativ scharf gebauter *Schoner* für den Südfruchttransport aus den Mittelmeergebieten nach Nordeuropa.

Fulton-Tauchboot: von R. FULTON (1765 bis 1815), der sich auch mit Dampfantrieben für Schiffe befaßte, konstruiertes und im Jahre 1801 bei Rouen an der Seine gebautes Tauchboot mit dem Namen »NAUTILUS«, dem bald ein größeres Tauchboot unter dem gleichen Namen folgte. Dieses zweite Tauchboot hatte innere eiserne Verstärkungsrippen und einen Holzbelag, der von außen zusätzlich mit Kupferplatten beschlagen war. Der Kommandoturm hatte Glasfenster und ebenso wie die erste »NAUTILUS« einen Segelmast mit Segel zur Überwasserfahrt. Nach Annäherung an feindliche Schiffe sollte das Boot tauchen und mit einem Spiralbohrer eine Mine am gegnerischen Schiff befestigen, die mit einem Uhrwerk-Zeitzünder zur Explosion gebracht wurde. Da dem Erfinder die Anerkennung in Frankreich versagt blieb, ging er 1804 nach England und 1806 nach Amerika.

Fune: für japanische Fischerboote (*Sampans* bis zu 10 m Länge) übliche generelle Typbezeichnung. Die Boote haben einen Flachkiel, sind ohne Spanten gebaut und haben je nach Größe 1 oder 2 Maste, an denen jeweils ein großes Rahsegel gefahren wurde. Der Fang wurde in einer Bünn (von Seewasser durchspülter Fischraum) transportiert. An frühen Booten fiel das seitlich eingehängte Steuerruder auf.

Fünen-Schiffsfund: siehe Ladby-Schiffsfund

Fünfmaster, *Fünfmastschiff:* großes Segelschiff mit 5 Masten, unabhängig von der Art der Takelung. Ein Fünfmast-Vollschiff war »vollrahgetakelt«, d. h., es fuhr an allen 5 Masten Rahsegel, wie z. B. die im Jahre 1902 erbaute »PREUSSEN«, die als eines der größten Segelschiffe der Welt gilt.

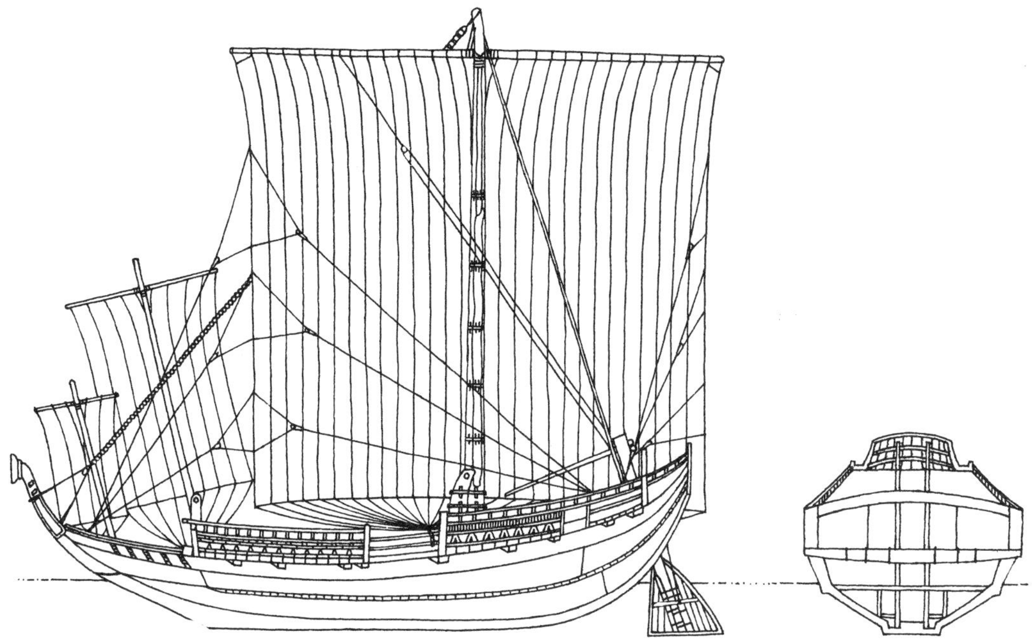

Fune, japanisches Segel-Fischereifahrzeug

Im Unterschied zum Fünfmast-Vollschiff fuhr eine Fünfmast-Bark am hinteren, dem Besanmast, keine Quer- sondern nur Längssegel (Schratsegel); die vorderen 4 Maste waren voll rahgetakelt. Ein Fünfmast-Rahschoner wird auch als Fünfmast-Schonerbark bezeichnet und fährt i. allg. nur am vordersten, dem Fockmast, Rahsegel und an den anderen 4 Masten Gaffelsegel; es gab jedoch auch Fünfmast-Rahschoner mit Rahsegeln an 2 Masten.
Am Fünfmast-Toppsegelschoner waren die Großsegel an allen 5 Masten Gaffelsegel. Über den Gaffel-Großsegeln fuhr man an einem oder mehreren vorderen Masten bis zu 3 Rah-Toppsegel und an den restlichen Masten Gaffel-Toppsegel.
Beim Fünfmast-Gaffelschoner, der besonders in den USA wegen seiner geringen erforderlichen Besatzungsstärke bis zum Anfang des 20. Jh. als großes Frachtsegelschiff beliebt war, hatten alle 5 Maste Gaffelsegel als Groß- und Toppsegel.

Fünfmaster
1 Fünfmast-Vollschiff
2 Fünfmast-Bark
3 Fünfmastschoner mit Fock- und Mittelrahtopp
4 Fünfmast-Gaffelschoner

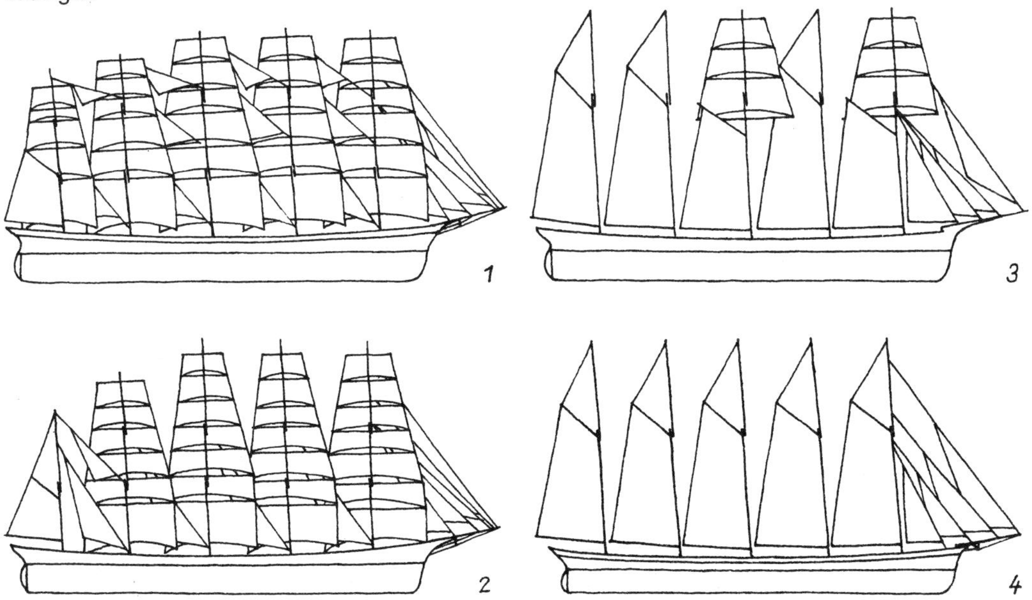

Fuste, *Fusta:* schnelles Ruder-Kriegsschiff des Mittelmeerbereichs im 15. Jh., das häufig für Erkundigungsfahrten verwendet wurde. Nach einem Fresko aus dem Jahre 1470 bestand eine Besonderheit darin, daß bei der Fuste jeweils 2 Riemen durch eine Ducht geführt wurden, also 2 Riemen sich in einer Ducht kreuzten und demzufolge die beiden Ruderer auch dicht beieinander sitzen mußten. Eine solche Rudertechnik ist denkbar, weil dadurch in einem relativ kleinen Fahrzeug mehr Ruderer arbeiten konnten und damals nicht allgemein wie heute der Riemen nach dem Eintauchen lang durchgezogen, sondern nur kurz eingetaucht und ruckartig bewegt wurde, bekannt als »türkisch rudern«.
Als Fuste bezeichnete man kleine *Galeeren* und im 17. Jh. in Venedig auch größere *Gondeln*. In den Fusta-Gondeln bediente eine größere Anzahl stehender Bootsleute die Riemen, so daß sie an Schnelligkeit den sonst üblichen Gondeln überlegen waren.

* * *

»PREUSSEN«: einziger *Fünfmaster* der Welt, der als Fünfmast-Vollschiff (an allen Masten Rahsegel) getakelt fuhr. Die »PREUSSEN« wurde 1902 bis 1904 in Geestemünde auf der Werft von Tecklenborg für die Segelschiffsreederei LAEISZ erbaut. Die technischen Daten dieses Großseglers waren: Länge über alles 133,19 m, Länge z. d. Loten 121,92 m, Breite 16,40 m, Tiefgang 8,23 m, Seitenhöhe 9,90 m, Gesamtsegelfläche 5560 m^2, Besatzungsanzahl 48 Mann, Gewicht des leeren Schiffes 3550 t, Gesamtzuladung 8000 t, Höhe des Großmastes (von Mastfuß bis zum Topp) 68 m, 4765 NRT und 5081 BRT. Das Schiff erreichte mit der relativ geringen Besatzung Geschwindigkeiten bis zu 18 Knoten. Die Segelfläche von insgesamt 5560 m^2 bestand aus 46 Segeln, deren Bedienung über das laufende Gut und die dazu erforderlichen 1200 Blökke, 17 km Tauwerk, 24 km Drahtseile und 700 m

Fünfmast-Vollschiff »PREUSSEN«, erbaut 1902 bis 1904, Länge zwischen den Loten 121,92 m; Deplacement 11550 t; Segelfläche 5560 m²

Ketten nur durch Handwinden erfolgte. Im Sturm mußten bis zu 8 Mann das Ruder bedienen. Die Wirtschaftlichkeit des Schiffes war durch die Nichtauslastung der Tragfähigkeit stark beeinträchtigt. Für die ausgehenden Fahrten gab es keine ausreichenden Ladungsmengen, so daß die Tragfähigkeit nur auf den Rückreisen voll nutzbar war. Die »PREUSSEN« hatte bei ihren auslaufenden Fahrten nur zweimal volle Ladung, u.a. am 6. November 1910 bei Antritt ihrer 14. Reise mit Zielhafen Valparaiso. Auf dieser Reise wurde die »PREUSSEN« im englischen Kanal bei diesigem Wetter von dem englischen Fahrgastschiff »BRIGHTON« gerammt, wobei das Vorgeschirr und ein Teil des Fockmastes verloren gingen und die Manövrierfähigkeit stark beeinträchtigt wurde. Kurz vor Erreichen von Dover kam Sturm auf, die Schleppleinen des Schleppers brachen, und das Schiff trieb an den Molen von Dover vorbei und strandete auf den Klippen. Glücklicherweise war trotz des Totalverlustes des aus Stahl gebauten Seglers kein Menschenleben zu beklagen.

* * *

»HALVE MAEN«: durch die Erkundungsfahrt von HENRY HUDSON nach einer nordwestlichen Durchfahrt berühmt gewordene holländische Jaghd bzw. Kleine Galeone. Die »HALVE MAEN« (Halbmond) war eines der kleineren dreimastigen holländischen Segelschiffe, die bis zur Mitte des 17. Jh. noch als Jaghd bezeichnet wurden. Am Fock- und Großmast fuhren sie jeweils übereinander 2 Rahsegel und am Besanmast ein Lateinsegel. Da keine Originalpläne der »HALVE MAEN« erhalten geblieben sind, konnte nur aus Berichten und den detaillierten Darstellungen ähnlicher holländischer Schiffe eine recht zuverlässige Rekonstruktion vorgenommen werden. Die Tragfähigkeit wird etwa 40 Lasten (80 t) betragen haben. Zur Bewaffnung gehörten hauptsächlich 4 kleinere Kanonen, die an den Schiffsseiten paarweise auf dem Zwischendeck im Bereich zwischen dem Großmast und der Back aufgestellt waren. Das Ruder wurde mit dem bekannten »Kolderstock« von einem etwas erhöhten (um 0,4 bis 0,5 m) Quarterdeck aus betätigt, von dem der Rudergast freien Ausblick nach vorn und auf die See hatte.

H. HUDSON (1575 bis 1611) stach mit der »HALVE MAEN« am 6. April 1606 in See, um einem Kontrakt mit der vereinigten Ostindischen Companie entsprechend eine »Nördliche Durchfahrt« zum Pazifischen Ozean zu entdecken. Er geriet am Nordkap in schweren Sturm, Schnee und Eis. Über die Große Neufundlandbank folgte er der Küste von Kap Sable bis zum Delaware, und im Juli segelte er um Manhattan und an Long Island entlang auf dem später nach ihm benannten Hudson River bis Albany, um festzustellen, daß dort keine Durchfahrtsmöglichkeit besteht.

Nach Beendigung der Reise und Rückkehr nach Holland wurde das Schiff 1611 von Amsterdam nach Ostindien geschickt und ging 1611 bei Java nach einem Feuergefecht mit englischen Schiffen durch Feuer verloren.

Zum 300jährigen Jubiläum der Fahrt H. HUDSONS erfolgte 1909 unter Verwendung zeitgenössischer Darstellungen entsprechender Schiffe in Holland ein Nachbau der »HALVE MAEN«. Dieser Nachbau wurde als Decksladung von Amsterdam nach New York verschifft. Nach der Vorführung fuhr dann die »HALVE MAEN II« mit

»HALVE MAEN« (Halbmond) 1609, das Schiff von HENRY HUDSON nach dem Modell des Nachbaues

18 Mann Besatzung unter eigenen Segeln auf dem Hudson.

* * *

»FRAM«: Dreimast-Toppsegelschoner, berühmt durch die Polarfahrten des norwegischen Polarforschers FRIDTJOF NANSEN; s.a. *Forschungsschiff*. Das Schiff wurde 1893 nach den Ideen von F. NANSEN (1861 bis 1930) speziell für die Polarfahrt von C. ARCHER erbaut. Das Fahrzeug war mit einer Länge in der Wasserlinie von 34,5 m, einer Breite ohne zusätzliche Eis-Außenhautverstärkung von 11,0 m, einer Raumtiefe von 5,20 m, einem Tiefgang von 4,70 m und einem Deplacement (voll ausgerüstet) von 800 t sowie 307 t Tragfähigkeit relativ klein, es hatte jedoch eine Anzahl bemerkenswerter Besonderheiten. Die Spantformen waren stark gerundet gestaltet, so daß das Fahrzeug bei Eispressung aus dem Eis herausgedrückt und nicht zerquetscht werden sollte. Die seitlichen hölzernen Außenhautverbände waren mit etwa 75 cm extrem dick und wurden außerdem durch zusätzliche horizontale Querträger gegen Eisdruck verstärkt. Das Schiff hatte bereits elektrische Beleuchtung, wobei der Generator entweder durch ein großes Windrad oder durch eine Dampfmaschine angetrieben werden konnte. Die Wohnräume waren durch mehrere Isolierschichten gegen Kälte geschützt. Das Ruder und die Schraube des Hilfspropellers konnten bei Fahrt im Eis in einen Schacht eingezogen werden.

Der ursprüngliche *Schoner* wurde 1909 als *Toppsegelschoner* mit 600^2 Segelfläche getakelt. Die erste Reise erfolgte von 1893 bis 1896, wobei beinahe 3 Jahre im Eis eingeschlossen verbracht werden mußten. Die Besatzung bestand aus 13 Mann. Ein Ziel der Reise war es, so dicht wie möglich am Nordpol bzw. am Franz-Josef-Land vorbeizudriften. Die zweite Reise von 1898 bis 1902 war eine Expedition unter SVERDRUP in das Gebiet nordwestlich Grönlands. Die dritte Reise erfolgte 1910 bis 1912 unter R. AMUNDSEN in die Antarktis. Die »FRAM« war damit das Segelschiff der Welt, das am weitesten nach Norden und Süden gefahren ist. Nach der Antarktisfahrt wurde die »FRAM« aufgelegt und liegt seit 1935 als Museumsschiff bei Oslo.

* * *

Fleute »DERFFLINGER«: die bis 1684 als »WOLKENSÄULE« fahrende bewaffnete Fleute wurde im Auftrag des Großen Kurfürsten 1681 von B. RAULE in Danzig erworben und 1685 zu Ehren des preußischen Marschalls DERFFLINGER (Schlacht bei Fehrbellin) in »DERFFLINGER« umbenannt. Die bewaffnete Fleute war 110 Fuß (33,5 m) lang, 23 Fuß (7 m) breit und hatte eine Tragfähigkeit von 170 Lasten (340 t). Gebaut war sie als Zweidecker mit dem für die Fleute typischen großen Hennegatt im Heck für den Durchgang der Ruderpinne. Zur üblichen Bewaffnung gehörten zwei 6-Pfünder-Kanonen auf dem Zwischendeck am Heck und 4 Kanonen mittleren Kalibers auf der Back sowie je nach Aufgabe eine unterschiedliche Anzahl mittlerer Geschütze auf dem Hauptdeck, so daß die stärkste Bewaffnung aus insgesamt 16 Kanonen bestehen konnte. Die Besatzungsstärke betrug 15 bis 20 Mann.

Die »DERFFLINGER« fuhr wie die Mehrzahl der Fleuten am Fock- und Großmast je 2 Rahsegel und am Besanmast ein Lateinsegel. Von 1686 bis 1693 machte die »DERFFLINGER« Fahrten

»FRAM«, Forschungsschiff von FRIDTJOF NANSEN, Überwinterung im Eis 1895 [11]

nach Westafrika und Indien, wurde 1693 von einem französischen Kaper genommen, danach von einer englischen Fregatte aufgebracht, gegen Bergelohn an Preußen zurückgegeben und 1694 in Emden an einen neuen Eigner verkauft.

Fleute »DERFFLINGER«, Modell

G

Gabarre, *Gabare:* seit dem 17. Jh. schutenähnliches, breites und flachgehendes Ruderboot bis zu 8 m Länge sowie ein- oder zweimastiges Segelschiff bis zu 30 m Länge.
In französischen Häfen wurde auch das Zollwachtschiff mit Gabarre bezeichnet, und zu Beginn des 19. Jh. verstand man darunter in der französischen Marine armierte dreimastige Transportschiffe von etwa 400 t Tragfähigkeit.

Dreimastige Französische Gabarre

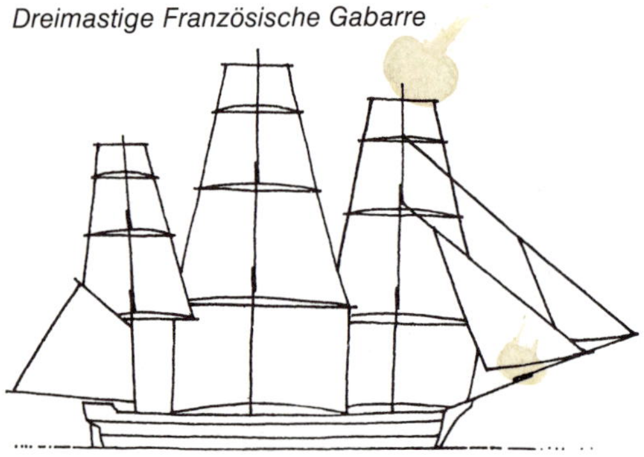

Besegelung

Gaffelschoner: Segelschiff mit mindestens 2 Masten, das an allen Masten Schratsegel (Längssegel) als Gaffel-, Gaffeltopp-, Zwischenstag- und Vorstagsegel fuhr.
Nachdem die ursprünglichen *Schoner* mit Breitfock mit Ausnahme der *Schonerbrigg* und *Schonerbark* (um die Mitte des 19. Jh.) durch ausschließlich gaffelgetakelte Schiffe außer Gebrauch gekommen waren, bezeichnete man Gaffelschoner allgemein nur noch als Schoner. Beim Zweimast-Gaffelschoner war der hintere Mast höher als der vordere Mast, demgegenüber waren bei drei- und mehrmastigen Gaffelschonern sämtliche Maste von gleicher Größe und Takelung. Am häufigsten wurden Zwei- und Dreimast-Gaffelschoner gebaut; besonders bekannt waren die an der nordamerikanischen Westküste für die China- und Japanfahrt entwikkelten Dreimast-Gaffelschoner. Wegen der einfachen Segelhandhabung von Deck aus und der damit möglichen geringeren Besatzungsstärke setzten sich noch größere und wirtschaftlichere Gaffelsegler besonders schnell in der nordamerikanischen Frachtschiffahrt bis zum Siebenmaster durch. Insbesondere wurden in den USA gegen Ende des 19. Jh. viele Fünfmast-Gaffelschoner *(Fünfmaster)* gebaut, wie z. B. die »WILLIAM C. CARNEGIE« mit einer Verdrängung von 4500 t, 88 m Länge, 14 m Breite und nur 10 Mann Besatzung. Ein Sechsmast-Gaffelschoner war die *»WYOMING«* mit einer Länge von 107 m. Im Jahre 1902 wurde in den USA als eines der größten Segelschiffe der Siebenmast-Gaffelschoner *»THOMAS W. LAWSON«* mit einem 117 m langen und 12,25 m breiten Stahlschiffskörper mit 5218 t Verdrängung gebaut.

Galea, *Galee, Galeo:* kleineres Ruderkriegsschiff (spätlat. galea, Galeere, Ruderschiff; dem griech. gelee, Wiesel, nachgebildet), in einigen Mittelmeergebieten auch als *Monere* bezeichnet. Die Galea ähnelte der im 5. Jh. im Mittelmeer häufigen schnellen *Dromone* und setzte in gewisser Weise die Entwicklung des Schnelläufer-Ruderschiffes fort. In einem Bericht aus dem Jahre 1189 ist die Galea als langes, schmal und niedrig gebautes schnelles Kriegs-Ruderschiff mit Rammsporn in Höhe der Wasserlinie beschrieben. Die Mannschaften einer Galea nannte man Galeoten. Von der Bezeichnung Galea oder Galee leiteten sich verschiedene Schiffstypenbezeichnungen wie *Galeere, Galeote*, Galezza, Galiette u. a. ab.
Im Unterschied zur Galea war die Galee ein der *Pamphile* ähnliches byzantinisches Ruderkriegsschiff mit bestimmten Merkmalen eines Nachfolgetyps der römischen *Liburne*. Diese schnellen mittelgroßen Ruderschiffe wurden weniger als direkte Kampfschiffe, sondern bevorzugt für Erkundungen benutzt.
Im 17. Jh. bezeichnete man mit Galea, Galiotta und Galezza italienische Segelschiffe und mit Galiette ein italienisches Ruderschiff. Die Galeotta (in älterer Bezeichnung auch *Fusta*) war ein Kriegsschiff mit 15 bis 18 Ruderduchten, das einige leichte Geschütze führte.

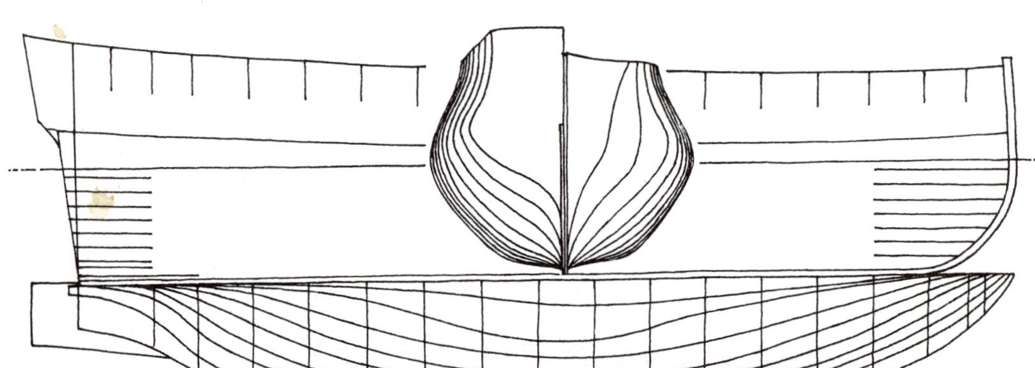

Linienriß

Zweimast-Gaffelschoner »FALKEN«, schwedisches Segelschulschiff von 39,3 m Länge über alles und 519 m² Segelfläche, 1947 in Karlskrona erbaut.

Dreimast-Gaffelschoner »ISKRA«, polnisches Segelschulschiff von 50,7 m Länge über alles und 680 m² Segelfläche, 1917 in Holland erbaut.

Viermast-Gaffelschoner »CORDELIA E. HAYES« vor dem Stapellauf in Bath, USA, 1901 [18]

Fünfmast-Gaffelschoner, 80,7 m Länge über alles, Stapellauf 1901

Sechsmast-Gaffelschoner »WYOMING« von 107 m Länge über alles und damit längstes holzgebautes Schiff der Welt, erbaut 1907 in Bath, USA [18]

Siebenmast-Gaffelschoner »THOMAS W. LAWSON«, Modell, Tragfähigkeit 5218t, erbaut 1902, gekentert und gesunken 1907

Galeasse: Übergangstyp von der *Galeere* als vorwiegend gerudertes Kriegsschiff mit Hilfsbesegelung zum großen Segelkriegsschiff mit noch beibehaltenem zusätzlichem Riemenantrieb. Um Kriegsschiffe mit einer größeren Zahl schwerer Geschütze bestücken zu können, wurden in Venedig und durch andere Seemächte im Mittelmeerbereich zunächst immer größere Galeeren gebaut, »Galea grossa« genannt, bis die Grenze der Ruderbarkeit der schweren Schiffe über größere Stecken selbst mit einigen hundert Ruderknechten erreicht war.

Die Entwicklung der Galeasse aus der Galea grossa wird dem venezianischen Schiffbauer FRANCESCO BRESSAN zu Anfang des 16. Jh. zugeschrieben. Im Jahre 1550 war die Galeasse schon ein bekannter, baulich durchentwickelter Schiffstyp, der sich im 16. und 17. Jh. als größtes Segel-Ruder-Kriegsschiff der Mittelmeerländer behauptete. Dieses dreimastige Segelschiff mit zusätzlichem Riemenantrieb wurde damit auch zu einem der bedeutendsten Übergangstypen vom flachbordigen und flachgehenden Ruderschiff zum hochbordigen, vollgetakelten Segelschiff mit großem Tiefgang. Gegenüber der Galeere war die Galeasse bedeutend seetüchtiger, die Mannschaft besser geschützt sowie die Feuerkraft und die Beweglichkeit in größeren Seegebieten entscheidend vergrößert. Die Galeasse wurde zum Großkampfschiff des Mittelmeeres und bildete den Kern der Hauptkampfkraft von Ruder-Kriegsflotten. Die Kampfkraft einer Galeasse setzte man der von 5 Galeeren gleich.

An der Seeschlacht 1571 bei Lepanto, die als eine der größten Galeerenschlachten angegeben wird, waren auf beiden Seiten über 100 Schiffe beteiligt, die hier eingesetzten 26 Galeassen entschieden den Sieg. Auch in der spanischen Armada befanden sich 1588 vier Galeassen aus Neapel, die zu den stärksten Schiffen der Flotte zählten. Das Galeasse-Flaggschiff führte 18 schwere Kanonen (18- bis 60-Pfünder mit den entsprechenden Rohrweiten von 13,5 bis 20 cm) und 26 leichtere Geschütze. Die Mittelmeer-Galeassen hatten eine Wasserverdrängung von etwa 600t, wurden aber auch bis zu 1000t Verdrängung gebaut. Ihre Länge betrug etwa 50 bis 60 m; mit galeerenähnlichem, schlankem Schiffskörper behielten sie eine relativ geringe Breite, die größere Verdrängung wurde überwiegend durch einen vergrößerten Tiefgang erreicht. Infolge des größeren Tiefganges, der erhöhten Schiffsseiten und der zusätzlichen Verdrängung wurden die Fahrzeuge beim Rudern schwerfälliger und langsamer, dagegen verbesserten sich die Segeleigenschaften mit den 3 vergrößerten, lateinbesegelten Masten erheblich. Die Riemen wurden vorzugsweise nur noch im Gefecht eingesetzt. Es befanden sich an jeder Bordseite 25 bis 30 Riemen, die durch je 5 bis 8 Mann bedient wurden. Zur Besatzung gehörten außer den Ruderern weitere 200 bis 300 Matrosen, Soldaten und Offiziere. Ihr Platz im Kampf waren die Vor- und Achterkastelle und die Laufstege hinter den erhöhten Bordseiten über den Ruderbänken.

Mit der Vervollkommnung der Segeltechnik und wegen der erforderlichen außerordentlich gro-

Zweimastige Mittelmeergaleasse, Modell

Mittelmeergaleasse des 17. Jh. unter Riemen, Modell

Französische Galeasse »LA ROYAL« [16]

ßen Besatzungsstärke kam dieses große Segel-Ruderschiff zum Ende des 17. Jh. außer Gebrauch.

Galeaß, *Yacht-Galeaß, Galeaßschiff:* seit Mitte des 18. Jh. die Bezeichnung für ein anderthalbmastiges Küstenfracht- und Fischereischiff im Bereich der pommerschen Ostseeküste. Es waren meistens auf Balkenkiel, mitunter auch mit flachem Boden und Seitenschwertern gebaute, etwa 20 m lange Schiffe mit einer Verdrängung bis zu 200 t. Im Unterschied zu der ähnlichen, aus dem Nordseeraum stammenden kleineren *Galiot* mit Spitzgattheck hatte die Galeaß im 19. Jh. ein leicht überhängendes yachtähnliches Spiegelheck, so daß sie auch als »Yacht-Galeaß« bezeichnet wurde. Der yachtähnliche Eindruck wurde noch durch einen schärfer gebauten Bug oder ausfallenden Klippersteven und ein langes Bugspriet betont.
Getakelt waren die Schiffe ähnlich dem *Schoner* mit Gaffel- und Gaffeltoppsegel, jedoch mit dem Unterschied, daß an dem wesentlich kürzeren hinteren Mast nur ein kleines Gaffelsegel an einer relativ kurzen Gaffel als ausgesprochenes Besansegel gefahren wurde.
Größere Schiffe mit einem runden, dem aufkommenden Dampfschiff nachgebildeten überstehenden Heck bezeichnete man auch als »Galeaßschiff«.

Anderthalbmastige Galeaß mit Rah-Toppsegel und kurzer Besangaffel

Galeaßewer: *Ewer* mit einem schärferen, der *Galeaß* ähnlichem Unterwasserschiff, das jedoch in der Schwimmwasserlinie eine stabilitätsgünstige größere Breite hatte und in ein völliges, der Ewerform entsprechendes Überwasserschiff überging. Getakelt wurden diese Schiffe wie der *Besanewer*, und es gab Varianten mit und ohne Seitenschwerter. Entfielen die Seitenschwerter, wurde der Schiffskörper mit größeren Kimmkielen gebaut. Diese Mischform aus Galeaß und norddeutschem Ewer wurde in den 20er Jahren des 19. Jh. im Ostseeraum entwickelt. Die bis zum Jahre 1904 an der Elbe gebauten Galeaßewer von etwa 16 bis 20 m Länge und 5 bis 6 m Breite mit etwa 40 bis 60 t Tragfähigkeit fuhren nicht nur in der Nord- und Ostsee, sondern auch zum Zitrusfruchttransport von Sizilien nach Hamburg bis ins Mittelmeer.

Galeere: langes, schmales, niedrig gebautes und wendiges Ruderschiff, das infolge seiner geringen Breite und des kleinen Tiefganges nur eine begrenzte Stabilität und Seetüchtigkeit hatte. Obwohl mit Zusatzbesegelung ausgerüstet, waren die Ruderer an den Riemen das wichtigste Antriebsmittel. Durch die Anzahl der Ruderbänke, die Stärke der Rudermannschaft und die Sitzordnung unterscheiden sich Galeeren zu verschiedenen Zeiten sowie entsprechend den unterschiedlichen Schiffsgrößen. Üblicherweise waren die schräg zur Schiffsachse an Oberdeck stehenden Ruderbänke nur durch eine Brustwehr geschützt, so daß die Ruderer dem Wetter und dem gegnerischen Beschuß direkt ausgesetzt waren.
In der Galeere erreichte das schnelle, große Ruder-Kriegsschiff mit Zusatzbesegelung seine höchste Entwicklungsstufe und seine Entwickungsgrenze. Galeeren waren im Mittelalter über viele Jahrhunderte die bedeutendsten Kampfschiffe der Mittelmeermächte, bis infolge der größeren Tragfähigkeit und stärkeren Bestückung sowie der größeren Seefähigkeit und Weitendistanz-Geschwindigkeit bei kleinerer

Ostseegaleasse »LUCIA VON ANKLAM«, 1827 [22]

Bemannung die führende Posititon an Segel-Kriegsschiffe überging.
Der Schiffstyp Galeere hatte als hauptsächlich gerudertes Schiff viele und auch sehr frühe Vorläufer, zu denen insbesondere die *Dromone* und die *Gelea*, aber auch die spätrömische *Liburne* und die byzantinische Gelee gehören. Im Unterschied zu vorhergehenden älteren Mittelmeerfahrzeugen hatten die Galeeren im 14. und 15. Jh. nur eine Ruderreihe an jeder Bordseite. So saßen bei der »Galeere à la Zencile« je 3 Ruderknechte auf einer schräg gestellten Ruderbank und arbeiteten jeder jeweils an einem Riemen. Es gab auch Rudersitzordnungen, wie auf der »Galeere à la Scaloggio«, bei der je 5 Ruderknechte mit einem Riemen ruderten. Diese großen Riemen waren bis zu 12 m lang und hatten eine Masse bis zu 300 kg. Um diese schweren Riemen überhaupf handhaben zu können, mußten sie in ihrem Massemittelpunkt balanciert aufgehängt werden. Die Art des Ruderns mehrerer Ruderknechte an dem schweren Riemen unterschied sich bedeutend von den heute auf leichten Ruderfahrzeugen üblichen langen Ruderzügen. Mit den unhandlichen schweren Riemen führte man in einem im Verhältnis zur Riemenlänge genau eingehaltenen Takt kurze, stoßartige Ruderschläge aus. Durch den exakten Rudertakt, ein hohe Schlagfolge und kurze Ruderschläge verringerte man den Längsabstand zwischen den Riemen soweit wie möglich und drängte die Ruderer entsprechend zusammen, um bei den begrenzten Schiffsabmessungen eine möglichst große Ruderleistung zu erreichen. Bei voller Fahrt wurden 22 Ruderschläge und bei Höchstleistung 26 Schläge je Minute erreicht. Die Durchschnittsgeschwindigkeit für längere Strecken lag bei 4,5 kn (2,3 m/s); bei Höchstleistung kamen Galeeren für kurze Zeit bis auf die doppelte Geschwindigkeit. Ursprünglich wurden die Schiffe von freien Bürgern und halbfreien Ruderknechten gerudert. Im frühen Mittelalter begannen die mächtigen Stadtstaaten Genua und Venedig, Gefangene und Sklaven zum Rudern zu zwingen. Die später in fast allen Mittelmeerstaaten unmenschliche Behandlung der Gefangenen machte die Galeere zum wohl berüchtigtsten Schiffstyp.
Auf der sogenannten »Galee bastarde« der Venezianer waren 240 Ruderer zusammengedrängt; es gab sogar Galeeren mit mehr als 500 Mann Besatzung, in einzelnen Fällen arbeiteten bis zu 8 Mann an einem Riemen.

Mittelmeergaleere des 17. Jh., Modell

In Venedig kam die Galeere hinsichtlich Bau, Instandhaltung, Ausrüstung und Rudertechnik zur höchsten Entwickungsstufe. Im 14. Jh. wurde der Galeerenbau bereits serienmäßig betrieben und ein gewaltiges Arsenal mit einem vollständigen Ersatzteil- und Ausrüstungssortiment aller Teile angelegt, so daß innerhalb von 2 Tagen 38 Galeeren kriegsmäßig ausgerüstet werden konnten.
Bereits im Jahre 1571 sollten der Galeerenbau und das Arsenal die für damalige Verhältnisse gewaltige Zahl von 16000 Beschäftigten erreicht haben, die schichtweise Tag und Nacht durcharbeiteten. Im 16. Jh. begann in den bedeutenden europäischen Staaten der Nachbau der größeren venezianischen Galeeren mit 32 Ruderbänken an jeder Bordseite. Aus diesen großen Fahrzeugen wurde später die *Galeasse* entwickelt. Es gab auch verschiedene kleine Galeerenarten, zu denen insbesondere die *Brigantine* des Mittelmeeres, die *Fuste*, die *Galeot* und die *Sagitte* gehören. Dennoch blieb die Galeere bis in das 18. Jh. hinein in Gebrauch.
In den Machtkämpfen und Seekriegen des 17. Jh. waren Galeeren auch an den spanischen und französischen Küsten und im Kanal anzutreffen. Einige dieser Fahrzeuge wurden teilweise von den italienischen Städten für Kriegsdienste gegen Entgelt geliehen oder in Spanien, Frankreich oder England nachgebaut. Auch in Schweden und Rußland gab es Galeeren-Nachbauten.
Frankreich unterhielt bis 1749 in Marseille eine von der allgemeinen Hochseekriegsflotte unabhängige Galeerenflotte mit eigenem Offizierskorps und Budget; im Jahre 1802 gab es im Marseiller Arsenal noch 15 Galeeren.
Normalgroße Galeeren hatten etwa 200 t Wasserverdrängung bei etwa 50 m Länge, 6 m Breite und 1,5 m Tiefgang. Der Schiffskörper war i. allg. aus leichteren Hölzern (vorwiegend Nadelhölzern wie Tanne u.a.) langgestreckt gebaut. Ein über dem Wasser weit ausladender Bugsporn

war dazu bestimmt, die Riemen des Gegners zu zerstören und ihn damit bewegungsunfähig zu machen, feindliche Schiffe zu rammen oder über den Sporn zu entern. Die ursprünglich vorhandenen großen Seitenruder ersetzte man im 14. Jh. durch kräftige Heckruder. Der schlanke Schwimmkörper trug einen verhältnismäßig plump wirkenden, kastenartigen, nahezu rechteckigen Aufbau, der auch »talar« genannt wurde. Erst im 15. Jh. erhielt der Aufbau einen größeren Sprung und wurde dem eigentlichen Schiffskörper etwas mehr angepaßt. Das Vorschiff trug eine Plattform mit Schleudern und Wurfmaschinen; später bei Geschützbewaffnung wurden mittschiffs die stärkste Bugkanone und seitlich davon je 3 weitere kleinere Kanonen aufgestellt. Weitere leichtere Drehbassen konnten an den Bordseiten durch Lücken zwischen den Riemen feuern.

Die Vorschiffsplattform war durch einen über den Riemen liegenden Laufsteg (ital., span. corsia; franz. coursie) mit dem Achterdeck verbunden. Für längere Fahrten und zur Unterstützung der Ruderer führten die Galeeren üblicherweise 2, später auch 3 Maste mit Lateinsegel. Das größte dieser als Hilfsantrieb angesehenen Segel nannte man nach römischem Vorbild »Artimon« und das kleinere Segel »Terzaruolo«.

Spanische (links) und Holländische Galeone (rechts) zu Anfang des 17. Jh., Aquarell von MONLEON

Flämische Galeone 1593, Modell

Englische Galeone um 1600, Modell

In der preußischen Kriegsflotte bezeichnete man im 18. Jh. einen völlig anderen Schiffstyp als Galeere. Es handelte sich um für Kriegsdienste umgebaute Haff- oder Zeesen-Fischereikähne *(Zeese)* mit 2 Masten und Rahsegel.

Galeone, *Galione:* in der römischen Antike ein kleineres Ruder-Segelschiff; zu Anfang des 16. Jh. in Spanien als *Galea* oder Gaulus ein kleineres Segelschiff, das auch gerudert wurde. Die damals dominierenden portugiesischen und spanischen Schiffstypen waren *Nao* und *Karavellen*. Jedoch genügten zur Zeit der spanischen Eroberungen in Amerika diese ursprünglich für das Mittelmeer entstandenen Karavellen und Naos nicht mehr den Anforderungen der umfangreichen Truppen- und Gütertransporte über den Atlantik. In dieser Übergangszeit verschmolzen verschiedene Merkmale dieser beiden Schiffstypen in der Galeone zu einem neuen Mischtyp und damit zu einem Hochseefrachtschiff für weite Seereisen. Über lange Zeit fuhren Galeonen als die größten Schiffe der Welt über den Atlantik nach Mittel- und Südamerika. Bei ihren Rückfahrten, beladen mit Beutegütern und wertvollen Metallschätzen, waren sie eine begehrte Seeräuberbeute. Diese spanischen Galeonen hatten i. allg. 4 Maste, von denen 2 rahgetakelt wurden; dreimastige Galeonen waren selten.
Im Vergleich zur Nao und Karavelle waren die Schiffe nicht nur proportional vergrößert, sondern hatten relativ größere Längen und auch schlankere Unterwasserformen. Die Galeonen hatten mehrere durchgehende Decks, jedoch einen übermäßig hohen achteren Aufbau mit bis zu 7 übereinanderliegenden Decks. Zum Schutz gegen Seeräuber führten sie auf verschiedenen Decks, dem vorderen Kastell und dem hinteren Aufbau zahlreiche leichte Geschütze. Sehr große Galeonen hatten bis zu 2000 t Verdrängung bei etwa 8 m Tiefgang. In besonderen Fällen waren bis zu 2000 Mann an Bord.
Viermastige Galeonen gehörten auch 1588 zur spanischen Armada bei der Seeschlacht im Kanal zwischen Dover und Calais. Im Vergleich mit den englischen Schiffen zeigten die großen schwerfälligen Galeonen wesentlich schlechtere Segel- und Manövriereigenschaften.
Mitte des 16. Jh. hatte man in England, aufbauend auf den Erfahrungen aus der englischen *Karacke*, mit der Entwicklung leichterer Galeonen begonnen, die »Galionen« genannt wurden. Diese Schiffe waren mit 500 bis 600 t Wasserverdrängung und etwa 50 bis 60 m Länge wesentlich kleiner. Bedeutend niedriger gebaut als die spanischen Galeonen und besser besegelt, konnten sie schneller und wendiger operieren. Die Bestückung mit größeren Kanonen von erhöhter Treffsicherheit machte sie im Kampf überlegen. Wegen ihrer Vorzüge behauptete sich die englische Galione etwa 200 Jahre lang.

Galeote, *Galeotta:* kleinere mittelalterliche *Galeere* mit 16 bis 20 Riemen an jeder Seite. Im Unterschied zu den großen Galeeren wurde jeder Riemen i. allg. nur von einem Mann, selten von 2 bis 3 Ruderknechten bedient. Gerudert wurden diese Schiffe hauptsächlich durch mit Musketen bewaffnete, freie oder halbfreie Bürger oder Soldaten. Zur Bewaffnung gehörten noch eine größere oder mehrere kleinere Buggeschütze.
An Geschwindigkeit und Wendigkeit waren Galeoten den Galeeren überlegen. Deshalb verbreiteten sie sich schnell als Handels- und Piratenschiffe, insbesondere in Algerien und Tunesien. Später übernahmen die nordischen Seemächte die Bezeichnung Geleote für ihre kleineren, schnellen schonergetakelten Segelschiffe.

Galiot: ein im 17. Jh. in den Niederlanden neu entstandener anderthalbmastiger Schiffstyp für die Nordsee- und Küstenfahrt. Die Bezeichnung wurde wahrscheinlich aus dem romanischen Sprachgebiet übernommen, da zu dieser Zeit kleinere italienische Segelschiffe als »Galiotta« bezeichnet wurden.
In der Form des Schiffskörpers der holländischen Galiot bestanden deutliche Ähnlichkeiten zum damals im Nordseebereich gebräuchlichen seegehenden *Bojer*. Der Schiffsrumpf war im Vorschiff gerundet, und der Achtersteven stieg steil an, das Unterwasserschiff hatte bedeutend schärfere und schlankere Formen, so daß die Galiot einen Übergangstyp zum *Schoner* darstellt.
Die Anderthalbmast-Galiot des 18. Jh. hatte durchschnittlich etwa 65 Lasten (130 t) Tragfähigkeit bei 18 bis 30 m Länge und 4 bis 7,5 m Breite. Die Schiffe fuhren mit je einem Gaffelsegel an dem hohen Großmast und dem viel kleineren Besanmast. Am Großmast konnten über dem Gaffelsegel noch bis zu 3 Rahsegel und am Vorstag ein großes Stagfocksegel gefahren werden. Am langen Bugspriet setzte man bis zu 3 Stag-Vorsegel.
Bis zur Mitte des 19. Jh. war die anderthalbmastige Galiot in Norddeutschland der am häufigsten gebaute und insbesondere in der Nordseefahrt bevorzugte Schiffstyp. Die vorwiegend als Frachtsegler gebauten Galioten erreichten zwar ebenfalls die Tragfähigkeit bis etwa 120 Lasten (240 t), dennoch waren es auch für die damalige Zeit relativ kleine Schiffe. Ihr Einsatz blieb jedoch nicht auf die Küsten- und Nordseefahrt begrenzt. So sind u. a. Atlantikfahrten von kleineren Galioten mit etwa 65 Lasten Tragfähigkeit nach Amerika und weite Reisen ums Kap der Guten Hoffnung nach Ostindien bekannt. Häufig waren auch regelmäßige Reisen im Liniendienst nach Mittel- und Südamerika. Galioten segelten außerdem zur Wal- und Robbenjagd ins Eismeer.
Für Kriegszwecke gab es mit schweren Kanonen bestückte Galioten, die man in Frankreich als »Galiotes à bombes« bezeichnete. In den Ost-

seemarinen bevorzugte man Galioten mit Schonertakelung, auch als »Schoner-Galiote« bezeichnet.
Zu Anfang des 19. Jh. gab es auch seltener vorkommende dreimastige Galioten mit Fregatt-Takelung (alle 3 Maste rahgetakelt) ohne grundlegende Veränderungen am Schiffskörper.
Die zur gleichen Zeit auf diese Grundlage entwikkelte moderne und schnellere Dreimast-Galiote hatte demgegenüber ein schärfer geformtes, strömungsgünstigeres Unterwasserschiff und eine ausgereifte Vollschiffstakelung.
Durch Kombinationen mit anderen seinerzeit gebräuchlichen Schiffstypen und unter verschiedenen örtlichen Gegebenheiten entstanden aus dem Galiot-Grundtyp Mischtypen wie *Schoner-Galiot, Kuff-Galiot* oder die *Eider-Galiot*. Die i. allg. auf ebenem Kiel gebaute Galiot fuhr ohne Seitenschwerter, in einigen Fällen kamen auch Schiffe mit Seiten- oder Mittelschwertern vor.
Im Jahre 1873 zählte die deutsche Handelsflotte 129 Galioten, 121 Schoner-Galioten und 6 Kuff-Galioten. 1913 gab es noch 26 Galioten, 4 Schoner-Galioten und 7 Eider-Galioten, von denen 1934 noch 4 Fahrzeuge in Betrieb waren.

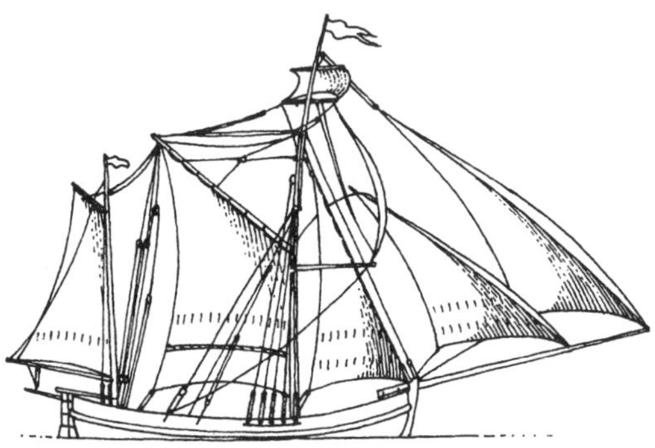

Holländische Anderthalbmast-Galiot, 18. Jh.

Galiotewer: an der Elbe um 1890 gebaute breite *Galiote* mit ewerähnlichem flachem Boden, schärferen Schiffsenden und Seitenschwertern.

Galiotta, *Galiote:* siehe Galeote

Galley: ein durch Riemen angetriebenes, im Heck mit einer Kajüte versehenes Personenverkehrsboot, besonders auf der Themse im 17. Jh. Im 18. und 19. Jh. wurde in der englischen Marine ein für das Matrosenpressen verwendetes offenes Ruderboot mit 6 bis 8 Riemen als Galley bezeichnet. Diese Bezeichnung wurde auch für Boote mit 2 Latein- oder Luggersegeln, meistens als Kapitänsboote eingesetzt, verwendet.

Galtabäk-Bootsfund: im schwedischen Bezirk Halland 1928 bei Traaker gefundene Reste eines Bootes von 13,10 m Länge, 3,60 m Breite und 1,16 m Seitenhöhe aus dem 12. bis 13. Jh. Der Fund wird im Göteborger Museum aufbewahrt. Mit dem relativ steil hochgezogenen und nahezu gleichen Steven ähnelt das Fahrzeug der Darstellung auf dem Siegel von Dunwich um das Jahr 1200. Ein Maststumpf kennzeichnet den Fund als Segelfahrzeug, und 4 durch die Außenhaut stoßende Decksbalken lassen zumindest auf eine teilweise Abdeckung schließen.

Garneelenschute: kleine *Bomme* mit flachem Spiegel und einer mehr eiförmigen Schiffsform. Der Bereich vor dem Mast war gedeckt, dahinter befand sich ein abgeschotteter Raum, manchmal auch eine Bünn. Die Takelung bestand aus Großsegel, Stagfock und Klüver. Die letzte Segel-Garneelenschute wurde 1940 abgewrackt.

Holländische Zweimast-Galiot, Mitte des 19. Jh., Modell

Dreimastige rahgetakelte Galiot, Anfang des 19. Jh., Modell

Garoo-Kuh: kleineres im Gebiet des indischen Ozeans beheimatetes, ein- oder zweimastiges Boot von besonderer Kielbauweise. Der waagerecht liegende Kielbalken ist nur von etwa ein Drittel Bootslänge. Der Kielbalken im vorderen Drittel der Bootslänge ist zum Steven hochgezogen, und der hintere Kielteil steigt weniger stark an. Der größte Spantquerschnitt liegt bedeutend hinter der halben Bootslänge. Im 19. Jh. gab es Fahrzeuge von 15 bis 25 m Länge bei einer dem Lateinsegel ähnlichen Takelung insbesondere für den Fischfang.

Gaulos: in der Antike griechische, aus dem Phönizischen übernommene Bezeichnung für Frachtschiffe.

Gay-Bao: ein Fischerei- und Küstenfahrzeug des Südchinesischen Meeres im 19. Jh. von etwa 10 m Länge mit eigentümlicher Takelung. Von den vorwiegend 3 Masten mit Huaritakelung *(Huari)* waren die beiden vorderen Maste wesentlich kürzer als der dritte Mast. Die größeren Fahrzeuge dieses Typs hatten nahezu kreisförmige Spantformen. Die kleineren Schiffe baute man schlanker mit stark weggeschnittenen Vor- und Hintersteven als ausgezeichnete Segler.

Gay-Yus: dschunkenähnliches, ein- und mehrmastiges Segelschiff im Süden Vietnams. Wie bei der chinesischen *Dschunke* sind auf dem flachen, kiellosen Schiffsboden hochbordige Seitenwände nahezu senkrecht aufgesetzt. Zur Aussteifung des Schiffskörpers und der Seitenwände stoßen die Decksquerbalken seitlich durch die Außenbeplankung. An dem bei Einmastern auf halber Schiffslänge stehenden Mast – bei Zweimastern sind beide Maste in der vorderen Schiffshälfte angeordnet – wird ein großes luggerähnliches Rechtecksegel gefahren. Ursprünglich hatte das Fahrzeug außerdem eine aus dem malayischen Einflußgebiet herrührende Besonderheit, denn zur Vergrößerung der Querstabilität war ein zusätzlicher Ausleger vorhanden, der so mit einem verschieblichen schweren Stein beschwert wurde, daß je nach Wind- oder Böenstärke der Abstand vergrößert oder verkleinert werden konnte. Die Fahrzeuge waren etwa 15 bis 20 m lang und wurden bis in die jüngere Zeit vorwiegend in der Fischerei genutzt.

Gedeckte Schiffe: Schiffe mit durchlaufendem Deck über der gesamten Schiffslänge, d. h., das Deck reicht vom Vor- bis zum Hintersteven.
Im Unterschied dazu bezeichnete man *Korvetten* mit mehr als 24 Kanonen als gedeckte Korvetten, wenn die Schiffe zusätzliche kurze leichte Oberdecks vorn (Back) und achtern (Schanze) für das Aufstellen leichter Geschütze erhielten. Die wie bei der Glattdeck-Korvette auf dem obersten, glattdurchlaufenden Deck (Hauptdeck) frei stehenden Kanonen blieben jedoch ungedeckt.

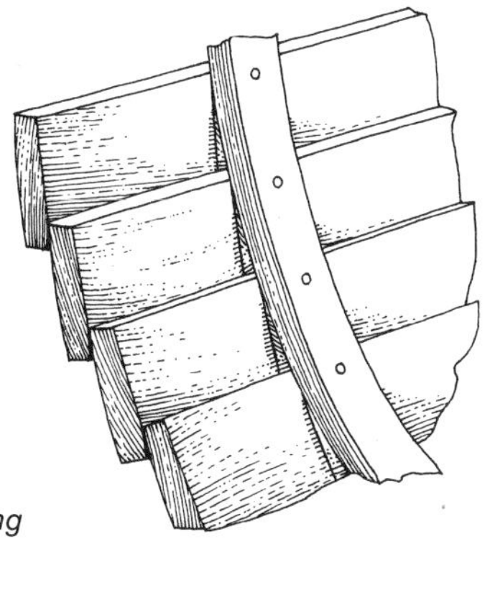

Klinkerbeplankung

Gefangenenschiff: aus dem Seedienst gezogenes Schiff, das vom 18. bis 20. Jh. für die Unterbringung von Strafgefangenen in Frankreich, Großbritannien und Spanien verwendet wurde.

Geklinkertes Boot: Boot mit dachziegelartig überlappenden, längslaufenden hölzernen Außenhautplanken. Die Längsplanken sind an den Längsseiten miteinander durch Bolzen, Niete oder Nägel oder bei *genähten Booten* durch gezwirnte Fasern, Sehnen oder Lederbänder verbunden.

Genähtes Boot: Sammelbegriff für Boote, bei denen die Außenhautplanken durch Nähen oder Binden zusammengefügt werden. Flechten, Bündeln, Schnüren oder Nähen gehören in vielen Gebieten der Erde zu den ältesten Verbindungsmöglichkeiten für Schiffsteile. In gewisser Weise stellen gebündelte bootsähnliche ägyptische *Papyrusflöße*, geflochtene und fellüberspannte assyrische Flußboote, genähte *Fellboote* und *Rindenboote*, die genähten kraweelbeplankten ägyptischen Holzboote und -schiffe oder die an vielen Orten entstandenen *Einbäume* mit aufgesetzten und angebundenen Seitenplanken Vorläufer zum »genähten« klinkerbeplankten Boot dar, obwohl alle diese Verbindungsverfahren und Fahrzeugarten wahrscheinlich in den verschiedenen Kulturen völlig unabhängig voneinander entstanden.
Im nördlichen Europa gehört der *Hjortspring-Bootsfund* von der dänischen Insel Alsen aus der Zeit um 300 v. u. Z. zu den ältesten Nachweisen eines Bootes mit genähten Planken. Bei diesem Boot wurden an beiden Seiten einer muldenartig hohlgearbeiteten Kielbohle je 2 Lindenholzplanken an ihren Längsseiten überlappt angebunden bzw. angenäht. Die dazu verwendeten Lederstreifen, Sehnen, Bastfasern, Wurzeln oder Weiden sowie die Durchbrüche und die Fugen dichtete man mit Harzen ab.
Beim englischen *North-Ferriby-Bootsfund* aus der Zeit um 150 v. u. Z. wurden im Unterschied zum Hjortspring-Boot die Kraweelbauweise und eine andere Nähweise angewendet. In den an ihren Längskanten direkt zusammenstoßenden Planken sind gleich weit vom Plankenrand gegenüberliegende Löcher vorhanden. An den Plankeninnenseiten baute man, ähnlich wie bei den altägypischen Holzbooten, auf der Kraweelfuge eine Eschenholzleiste zur zusätzlichen Abdichtung mit ein.
Im nordischen Bootsbau war bis ins frühe Mittelalter das Nähen von Bootsplanken allgemein üblich. Zahlreiche Schiffsnamen aus Wortverbindungen mit dem germanischen Ausdruck »sud« für Naht erinnern daran, wie z. B. bei den Schiffsnamen »MARIASUDIN« (1182), »OLAFSUDIN« und »KROSSUDIN« (1252) oder »KRISTSUDIN« (1262).
Diese Bauweise blieb nicht auf Skandinavien und Westeuropa begrenzt. So wird im Königsbuch des Isländers SNORRE STURLUSON (1179 bis 1241) berichtet, daß der Diakonus SIGURD SLEMBI von Lappen 2 Schuten aus naturgewachsenen Krummhölzern und Weidenruten als Spanten und mit Holzplanken, die durch Tiersehnen miteinander verbunden wurden, bauen ließ, ohne einen einzigen Nagel zu verwenden. Die Fahrzeuge sollen groß genug gewesen sein, um an jeder Seite 12 Ruderern Platz zu geben.
Auch im 14. und 15. Jh. wurden in Flandern noch genähte Boote gebaut. Hinweise dazu sind in der Antwerpener Wenzelbibel (1402), der Reimbibel des RUDOLF VON HOHENEMS 1400 bis 1420), der Gothaerbibel von 1460 oder der Furtmeyerbibel von 1468 bis 1472 enthalten.
In Lappland und Nordrußland gab es noch zu Anfang des 20. Jh. sehr leichte, elastische genähte Plankenboote. Nach einer Schilderung von G. HALLSTRÖM wurden in wasserreichen Gebieten Lapplands und Finnlands sehr dünne Planken klinkerartig überlappt durchbohrt und zickzackförmig mit Rentiersehnen oder dünnen Wurzeln vernäht. Die fest durch die Bohrung gezogenen Sehnen wurden mit Holzpfropfen in den Löchern verkeilt, mit Wachs, Harz oder Pech abgedichtet und haltbar gemacht. Diese Boote waren so leicht, daß ein einzelner Mann sie über längere Strecken tragen konnte. Im Frührussischen waren solche Boote als »Wolok« bekannt.
Auch in Afrika, insbesondere am Tschadsee, waren Boote aus zusammengenähten Planken als Fischereifahrzeuge in Gebrauch. Durch die Planken brannte man Löcher, um mit haltbaren langen Sumpfpflanzenstengeln die Planken zu nähen.

Plankennaht des Hjortspringbootes

Ghanja: zur Dauart *(Dau)* gehörendes, hochseetüchtiges zwei- oder dreimastiges schnelles westarabisches Piraten- und Kriegsschiff, später auch ein mittlerer Frachtsegler im östlichen Mittelmeer. Der Entstehungszeitpunkt dieses Schiffstyps ist ungewiß. Bekannt ist jedoch, daß RICHARD LÖWENHERZ auf seinem dritten Palästina-Kreuzzug 1191 einen Seekampf mit einem großen, dreimastigen Sarazenenschiff hatte, das der Beschreibung nach eine Ghanja oder eine *Dromone* gewesen sein kann. Ghanjas waren schlanker und länger gebaut als andere Dautypen.
Auf der Dreimast-Ghanja war der Großmast nach vorn geneigt, der Bonaventurmast hatte Neigung nach achtern, und der Besanmast stand senkrecht. Alle 3 Maste waren mit dem typischen trapezartigen Dausegel an einer oberen schräggestellten Rah getakelt.
Bei den zweimastigen Ghanjas, die hauptsächlich seit der Mitte des 18. Jh. gebaut wurden, hat-

ten beide Maste einen parallelen Vorfall von ungefähr 7 Grad. Die Segelfläche betrug etwa 300 m². Im Mittelmeer gab es diesen Schiffstyp noch im 19. Jh. Im Laufe der Zeit suchte man durch verschiedene Änderungen am Schiffsrumpf die Tragfähigkeit als Frachtensegler zu erhöhen, obwohl sich der Schnellsegler dazu vom Grundprinzip wenig eignete.
Der Schiffskörper hatte eine gefällige Linienführung, wobei die schlanke Form noch durch einen weit vorragenden Vorsteven und den ungewöhnlich überragenden Hintersteven mit Spiegelheck besonders betont wurde. Bei üblichen Kiellängen von 15,5 m erreichte die Schwimmwasserlinie eine Länge von 20,5 m, und die Länge über alles betrug etwa 30 m. Bei einer Hauptspantbreite von 5,4 m betrug das Längen-Breiten-Verhältnis 1:3,8, jedoch das Gesamt-Längen-Breiten-Verhältnis erreichte 1:5,7. Durch die relativ leichte Bauweise bei geringer Seitenhöhe hatten die Schiffe den für Segelschiffe dieser Größe kleinen Tiefgang von etwa 2 bis 2,5 m.

Giek-Ewer: *Ewer* mit besonderer Takelung, bei der ein gaffelgetakelter Ewer einen am Mast gelenkartig befestigten Giekbaum zum Ausholen des Segel-Schothorns fuhr; die Takelung setzte sich im 19. Jh. durch, nachdem ursprünglich die Ewer nur ein Sprietsegel und seit Anfang des 19. Jh. ein Gaffelsegel ohne Giekbaum, ein sogenanntes Schotsegel, geführt hatten.

Gig: ein leichtes, schlank mit spitz zulaufenden Enden geklinkert gebautes Ruder-Beiboot der Segelschiffszeit mit Hilfsbesegelung. Bei einer durchschnittlichen Länge von 8 bis 9 m waren die Boote etwa 1,6 m breit. Wegen der geringen Breite wurden die üblicherweise 6 Ruderbänke nur jeweils mit einem Ruderer besetzt. Die Riemen des Gigs waren im Vergleich zu anderen Beibooten länger, damit ausgesuchte Ruderer über kürzere Strecken höhere Geschwindigkeiten erreichen konnten. Im Unterschied zu anderen Beibooten *(Barkassen, Pinassen, Schaluppen, Jollen)* auf Kriegs- und Handelsschiffen stand das Gig hauptsächlich dem Kommandanten oder Kapitän zur Verfügung (Kapitänsgig). Am mittelgroßen Segelschiff fuhr man das Gig am Heckbalken oder Heckdavit hängend, so daß es schnell aussetzbar war. Auf Walfangschiffen verwendete man Gigs als Fangboote. Einsatzbereit hingen dann mehrere Boote an beiden Bordseiten in den Bootsaussetzvorrichtungen (Davits).

Kapitänsgig an Heckdavits

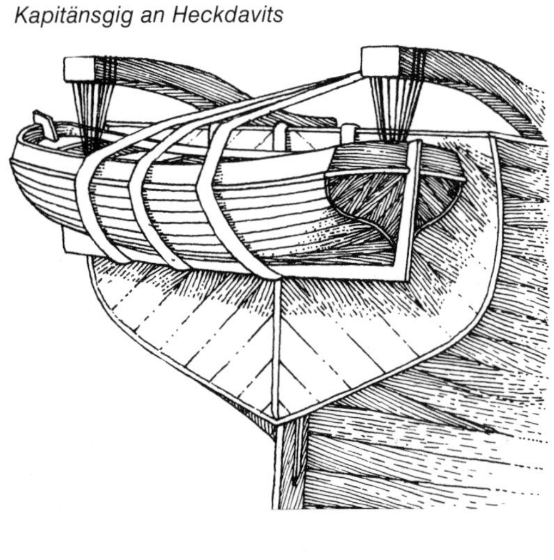

Zweimastige westarabische Piratenghanja zu Anfang des 19. Jh., Modell [13]

Deutsches Marine-Gig mit Huari-Steilgaffeln

Für Sportzwecke ist das Gig ein Einer-, Zweier-, Dreier-, Vierer-, Sechser- und Achter-Riemen- oder Skull-Übungsboot. Bei den Riemenbooten arbeitet jeder Ruderer mit beiden Händen an einem größeren Riemen, und bei den Skullbooten benutzt er ein leichteres Riemenpaar, die Skulls. Dementsprechend sind die Auslegerarme auch verschieden angebracht. Hinsichtlich der Bauweise werden geklinkerte und glatte Boote unterschieden. Das Einergig ist überlicherweise 6,50 m lang und 0,60 m breit, das Zweiergig hat 8,50 m Länge und 0,78 m Breite, der Vierer mit Steuermann ist 10,50 m lang und 0,78 m breit und der Achter mit Steuermann ist 17,50 m lang und 0,85 m breit. See-Übungsboote sind etwas breitere und kürzere Seegigs.
Das schlanke klinkergebaute Gig gab es auch als ruderbares Segelboot mit 2 Masten für Binnen- und Küstengewässer, bis es durch die modernen Segeljollen abgelöst wurde. Das segelbare Seegig war auf Kiel gebaut und hatte einen durchlaufenden Dollbord.

Glattdeckschiff, *Glattdeckyacht, Glattdecker:* Schiff mit glatt durchlaufendem oberen Deck ohne vordere (Back), mittlere (Hütte, Brücke) oder hintere (Poop) Aufbauten oder Deckshäuser. Als Glattdecker bezeichnet man auch größere Segelyachten, bei denen eine genügend große Kajütenstehhöhe unter Deck ohne Kajütenaufbau erreicht wird. Das Deck wird nur durch Oberlichter und Niedergänge unterbrochen.

Gleit-Segelboot: Segelsportboot, bei dem der Bootskörper im Boden- und Seitenbereich so gestaltet ist, daß die Boote bei höheren Geschwindigkeiten (etwa 6 bis 9 m/s) zur Gleitfahrt übergehen wie Katamarane und Trimarane. Mit gewissen Einschränkungen sind auch übliche Segelsportboote wie *Finn-Dingi*, *Flying Dutchman* oder auch die *470er Jolle* zur Gleitfahrt geeignet.

Gloucester-Schoner: ein nordamerikanischer Fischerei-Schonertyp in der Mitte des 19. Jh., speziell für den Kabeljaufang bei den Neufundlandbänken. Gloucesterschoner waren Schnellsegler mit einem auf Kiel gebauten schlanken, yachtähnlichen, aber stärker versteiften Schiffskörper, damit der leicht verderbliche Fang auch bei schlechteren Wetterbedingungen schnell angelandet werden konnte. Auf den Schonern wurde eine größere Anzahl von Fangbeibooten, sogenannte Doris oder *Doriboote* an Deck gefahren, mit denen auf dem Fangplatz je 1 bis 2 Fischer mit Hand- oder Langleinen fischten.
Getakelt waren die zweimastigen Schiffe wie *Schoner* mit Gaffelsegel. Am Bug fuhr man am Klüverbaum Fock, Klüver und Flieger. Über dem Gaffel-Hauptsegel konnten noch zusätzlich Toppsegel an aufgesetzten Maststengen gefahren werden.

Gobelette: Leinenfischerboot von etwa 7 m Länge und 2 m Breite mit Rahsegel an einem abgestagten Mast, das im 18. Jh. vorwiegend im Bereich der Sommemündung benutzt wurde.

Goélette: französische Bezeichnung für den schnellen, relativ schlank gebauten, vorwiegend in Nordamerika Anfang des vorigen Jahrhunderts verwendeten Zweimast-Gaffelschoner von etwa 20 m Länge, den es teilweise auch als Toppsegelschoner gab.

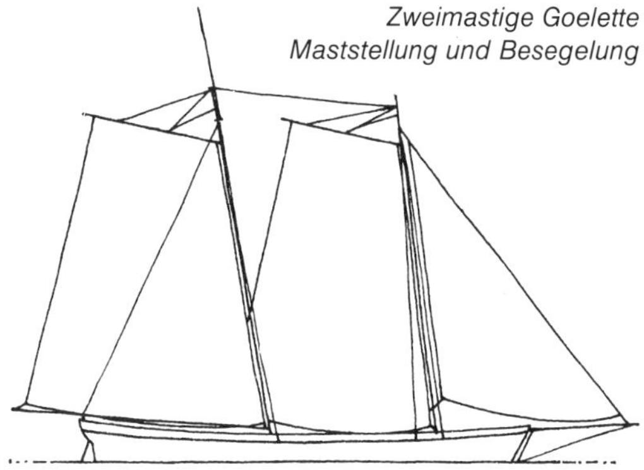

Zweimastige Goelette Maststellung und Besegelung

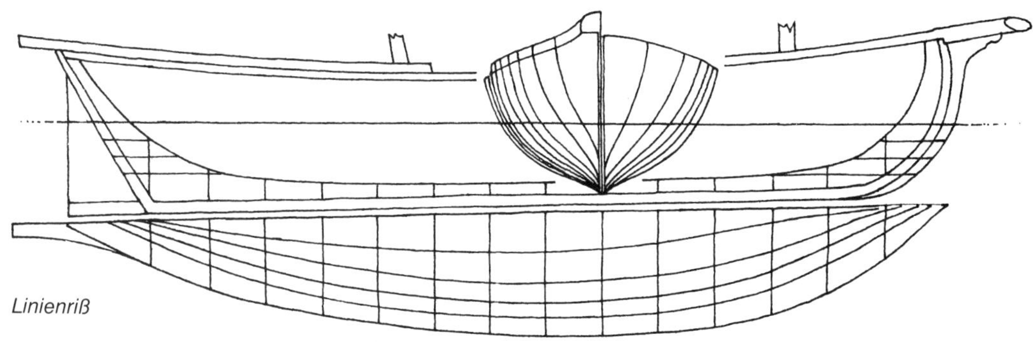

Linienriß

Das restaurierte Gokstad-Schiff, Blick von Steuerbord achtern [3]

Gokstad-Schiffsfund: ein typisches Wikinger-Langschiff, das im Jahre 1880 am Oslofjord bei Sandelfjord in einer Begräbnisstätte der Familie des Königs OLAF GEIRSTADA-ALF aus der zweiten Hälfte des 9. Jh. gefunden wurde. Es besaß eine Segeleinrichtung für eine Segelfläche von etwa 70 m². Der etwa 13 m hohe Mast war umlegbar und wie die Rah aus Eichenholz. Das Schiff konnte bei Windstille mit 16 Riemen an jeder Seite gerudert werden. Die Riemen wurden dabei durch Löcher in der Bordwand geführt; fuhr das Schiff unter Segel, so gaben aufgesteckte Schilde etwas Schutz.
Bei diesem Schiff von 23,80 m Länge, 5,10 m Breite, 1,75 m Seitenhöhe und 0,92 m Tiefgang ist der Unterwasserteil wie auch beim *Nydamboot* wesentlich stärker gebaut als das Überwasserschiff. Auf jeder Seite waren 11 Planken an herausgearbeiteten Klampen mit insgesamt 17 krummgewachsenen Spanten in einem Spantabstand von etwa 90 cm verbunden. Die Planken waren miteinander vernietet und durch Rindshaar abgedichtet. Oben auf den Spanten ruhten festgelaschte Querbalken, auf denen kurze Bretter von Querbalken zu Querbalken als Abdekkung lagen.
Das Überwasserschiff bestand aus 5 Plankengängen je Seite, die zusätzlich durch kurze Spanten mit dem Unterwasserschiff und mit den Querbalken durch Holzknie verbunden waren.

Die oberen Planken wurden mit Holznägeln an die kurzen aufgesteckten Spanten genagelt. Im dritten Plankengang von oben sind zum Durchstecken der Riemen 16 gerundete, mit einem Ausschnitt versehene Löcher angeordnet gewesen. Der Mast ruhte etwas vor der halben Schiffslänge in einer schweren Mastspur auf dem Kiel. In Höhe der Decksbalken stützte ihn eine breite, dicke, fischschwanzähnlich auslaufende Planke. Für den umlegbaren Mast mit der Rah war ein T-förmiger Träger vorhanden. Gesteuert wurde wie bei allen Wikingerschiffen mit einem Riemen an der Steuerbordseite.
Das Gokstadschiff konnte in einem verhältnismäßig gut erhaltenen Zustand geborgen werden, es ist im Museum von Bygdøy bei Oslo ausgestellt. Zur Demonstration der Seefähigkeit wurden 2 Fahrzeuge nachgebaut und auf Überfahrten von Norwegen nach Amerika erprobt. Der erste Nachbau fuhr 1893 zur Weltausstellung nach Chikago. Der zweite Nachbau trug den Namen »THE VIKINGS«, war zur Sicherheit mit Hilfsmotor und Propeller ausgerüstet und fuhr die Strekke Bergen – New York in 22 Tagen.

Goleta: spanische Bezeichnung für *Schoner*.

Gölle: im 19.Jh. ein vorwiegend für den Holztransport eingesetztes flaches Flußfahrzeug von etwa 25 m Länge und 3 bis 5,5 m Breite. Es hatte auf dem Vorschiff ein kleineres Verdeck und achtern eine Kajüte.

Gokstad-Schiff – Ansicht der Spantkontur von vorn

Gokstad-Schiff – Setzspanten und Querbalken

Gokstad-Schiff – Mastfuß und Decksdielen

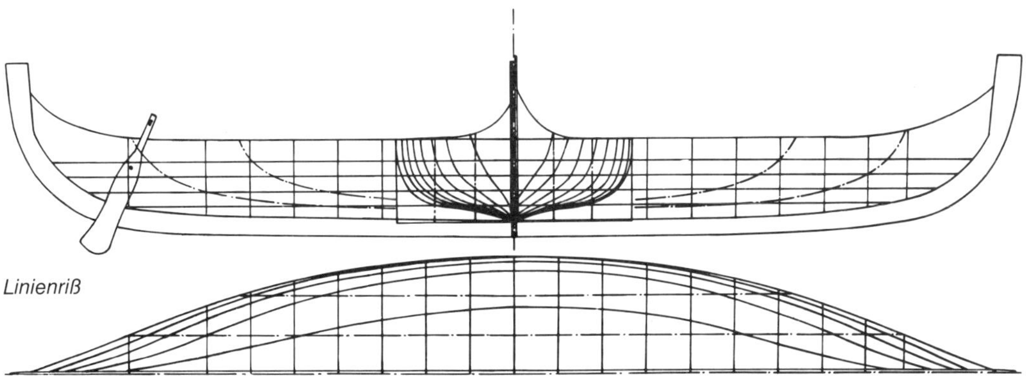

Linienriß

Gondel, *Gondolo, Gondole:* ein besonders aus Venedig bekanntes, leichtes und schmales Ruderboot bis zu 10 m Länge, vorwiegend für die Personenbeförderung, das mit einer speziellen einseitigen Rudertechnik stehend vom »Gondoliere« gerudert wird. Zum Ausgleich des einseitigen Vortriebes ist der Bootskörper zur Mittellängsebene unsymmetrisch gebaut, so daß i. allg. bei normalgroßen Fahrzeugen die halbe Bootsbreite an der Steuerbordseite um etwa 0,25 m geringer war als an der Backbordseite. Unter der typischen mittschiffs angeordneten Überdachung befanden sich Sitzplätze für 2 bis 4 Personen.
Eine weitere Besonderheit der venezianischen Gondel ist ihr schwarzer Anstrich. Da die früheren Adels- und Patrizierhäuser sich gegenseitig in der prunkvollen und kostspieligen Ausstattung der Gondeln zu überbieten suchten, untersagte der Senat von Venedig diese Prunksucht durch einen Erlaß und schrieb allgemein einen schwarzen Anstrich vor.

Grabstein-Schiffsdarstellung: die gesellschaftliche Bedeutung des Schiffs reflektierende, in Stein gehauene Darstellungen von Booten und Schiffen vom Altertum bis ins Mittelalter. Aus der Zeit 1000 bis 500 v. u. Z. stammt die Darstellung eines größeren geruderten Segelschiffes mit Rah-Quersegel von einer altrömischen etruskischen Grabstelle in Pesaro.
Sehr aufschlußreiche Grabsteine fand man auch bei Ausgrabungen an der Landstraße nach Trier bei der alten Winzerstadt Neumagen. Die Darstellungen auf den Steinen stammen aus der Zeit des römischen Kaisers KONSTANTIN (337 bis 280 v. u. Z.) und zeigen mit Weinfässern beladene Moselschiffe. Die Schiffer rudern nicht sitzend, sondern »frickeln« im Stehen, dazu führen sie mit dem Riemen kurze ruckartige Schläge aus. Die gefundenen Grabsteine befinden sich im Museum von Saint Germain-en-Laye.
Zu den bekanntesten nordeuropäischen Grabsteinen mit Schiffsdarstellungen gehören die aus der Wikingerzeit des 8. und 9. Jh. stammenden Gotlandsteine. Bevorzugte Szenen wie auf dem Lörbro-Tängelgarda-Stein sind Schiffe, Kampf- und Opferhandlungen. Insbesondere sind die Darstellungen für die Entwicklung des Segels und seiner Handhabung am altnordischen Schiff aufschlußreich.

Grippa: im 15. und 16. Jh. im nördlichen Mittelmeergebiet ein der Mittelmeer-Brigantine ähnliches Ruder-Segelschiff von etwa 17 m Länge und 3 bis 4 m Breite für den Lastentransport und die Fischerei. Die mit 8 bis 14 Riemen je Seite ausgestatteten Fahrzeuge waren zum Teil auch bewaffnet.

Grönlandschiff: Segelschiff, das speziell für die Nordfahrt nach Grönland zum Robbenschlag und zum Walfang ausgerüstet war und auch »Grönlandfahrer« genannt wurde. Die frühesten Walfänge sind aus dem 12. und 13. Jh. aus dem Baskenland bekannt. Nachgewiesene Fahrten vom deutschen Küstengebiet aus in arktische Gewässer und zur Jagd nach Grönland gab es seit 1611. Im Jahre 1674 entstand in Bremen als deutsches Walfangunternehmen die »Grönlän-

Gondeln in Venedig [11]

dische Kompagnie«. Für die Nordfahrt eigneten sich die fest gebauten rundlichen *Fleuten, Galioten* und *Huker*, da sie höheren Belastungen bei Fahrten in Treibeisgebieten und teilweise sogar dem Eisdruck beim Einfrieren verhältnismäßig gut standhielten. Grönland-Walfangschiffe waren insbesondere an den mitgeführten Booten zu erkennen, die im Jagdgebiet einsatzbereit in Davits an den Bordseiten hingen. Die entdeckten Wale wurden mit diesen kleinen Fangbooten gejagt, mittels geworfener Handharpunen harpuniert und getötet. Die erbeuteten Tiere wurden am Walfangschiff ausgeschlachtet oder ganz bzw. stückweise an Deck gebracht. Den an Bord durch Auskochen des Walspecks gewonnenen flüssigen Tran füllte man in mitgebrachte oder aus Faßdauben vorher zusammengeschlagene Fässer. Diese gefährliche Jagd kostete viele Walfänger Leben und Gesundheit. Daß man auch mit hohen Gerätverlusten rechnete, geht aus der Ausrüstungsliste eines Grönlandfahrers aus dem Jahre 1827 hervor. Dieses Schiff nahm an Fanggeräten 60 Harpunen, 39 Wal-Lanzen, 5 Walroßlanzen, 10 Robbenharpunen und 50 Robbenschläger mit. Mit der Erfindung der Granatharpune und der Harpunengeschütze durch den Norweger SVEN FOYN im Jahre 1868 begann der moderne Walfang, der beinahe zur Ausrottung dieser großen Säugetiere geführt hätte.
Kleinere Schiffe fuhren speziell zum Robbenschlag. Besonders erfolgreiche Robbenschläger, die z.B. 1850 mehrmals ausfuhren, töteten allein mit einer Schiffsbesatzung in einem Jahr bis zu 5000 Robben. Auch hier waren bald dringende Schutzmaßnahmen geboten, um diese Tierart zu erhalten.

Grundel: holländischer Yachttyp des 18. und 19.Jh. für die Fischerei (mit Bünn) aber auch für den Transport auf Binnengewässern, der auch noch in der heutigen Zeit in gewandelter Form als Vergnügungsyacht in Gebrauch ist. In diesem Fall fährt er jedoch meistens mit kleiner Kajüte und Besantakelung. Die 6 bis 10m langen, 2,5 bis 3,5m breiten und nur etwa 0,30m tiefgehenden Boote führen eine Segelfläche bis zu 20m^2.

Guffa: ein etwa 5000 Jahre altes mesopotamisches Gerüst-Rundboot, meistens fellüberspannt, das noch zu Anfang dieses Jahrhunderts auf Euphrat und Tigris sowie verschiedenen Nebenflüssen Indiens in Gebrauch war. Darstellungen solcher Rundboote *(Fellboote)* aus dem 7.Jh. v.u.Z. sind auf einer Reliefplatte aus der alten Assyrier-Hauptstadt Ninive überliefert.
Auch der Geschichtsschreiber HERODOT von HALIKARNASSOS (484 bis 420 v.u.Z.) sah bei einer Reise nach Babylon Rundboote auf dem Euphrat. Es schildert, daß die nach Babylon fahrenden Boote in dem flußauf gelegenen Armenien aus Weiden korbartig geflochten wurden. An den runden Fahrzeugen seien Bug und Heck nicht zu unterscheiden gewesen. Diese korbartigen Fahrzeuge wurden mit Häuten überspannt und der Boden mit Stroh oder sonstigem Tierfutter ausgelegt. Waren die Händler in Babylon angekommen, so verkauften sie die Fracht, das Bootsgerippe und das Stroh. In ihrer Guffa brachten sie flußab Esel mit, um die Fellbespannung für weitere Fahrten nach Armenien zurück-

Schiffsdarstellung auf dem Lärbro-Grabstein

zubringen. Wo die Möglichkeit bestand, verzichtete man auf die Fellbespannung und dichtete das Korbgeflecht mit heimischem Naturbitumen. Die Guffa war in den verschiedenen Größen vorzugsweise ein Lasten- und Personenfahrzeug auf Flüssen, es wurde jedoch auch von Fischern in Küstennähe benutzt. Infolge der einfachen Bauart waren hauptsächlich Fahrzeuge für 1 oder 2 Personen in Gebrauch, es gab jedoch auch Guffas für 10 Personen und einige Pferde. Man kannte auch die Möglichkeit, mehrere Rundboote mit Plattformen zu größeren Fahrzeugen zu verbinden und nutzte sie so auch für schwimmende Brücken.

Guffa, mesopotamisch-indisches Gerüstrundboot

Die verhältnismäßig leichten Fahrzeuge waren bei entsprechend tiefer Standfläche der Personen oder Lasten auch bei Stromschnellen sehr sicher gegen Kentern. Der hohe Widerstand und die kaum vorhandene Steuerfähigkeit störten bei Flußfahrten mit der Strömung demgegenüber kaum.

Gundelo: schaluppenähnliches Fluß-Segelkriegsschiff aus dem 18.Jh., das insbesondere in Nordamerika gebaut wurde. Bei dem Seegefecht auf dem Champlainsee nördlich von New York zwischen den Engländern und Amerikanern kämpften in den Befreiungskriegen auf amerikanischer Seite 3 *Schoner*, eine *Schaluppe*, 5 *Galeeren* und 8 Gundelos. Die Engländer setzten 4 *Fregatten*, 2 Schoner, ein Radeau, 20 *Kanonenboote*, 4 *Langboote* und ein Gundelo ein.
In den dreißiger Jahren dieses Jahrhunderts wurde aus 18,5m Tiefe im Champlainsee eine der gesunkenen Gundelos geborgen und für die Smithsonia Institution restauriert.
Das Schiff ist 17,4m lang und 5,2m breit. Es führte auf jeder Bordseite eine Kanone und ferner eine Relingbüchse. Der eine, durch eine Maststenge verlängerte hohe Mast führte übereinander 2 relativ große Rahsegel und Stagfock. Es gab auch Gundelos, die ein Latein-Großsegel mit einer langen oberen Lateinrah und einem ausbalancierten, kurzen unteren Teil fuhren.

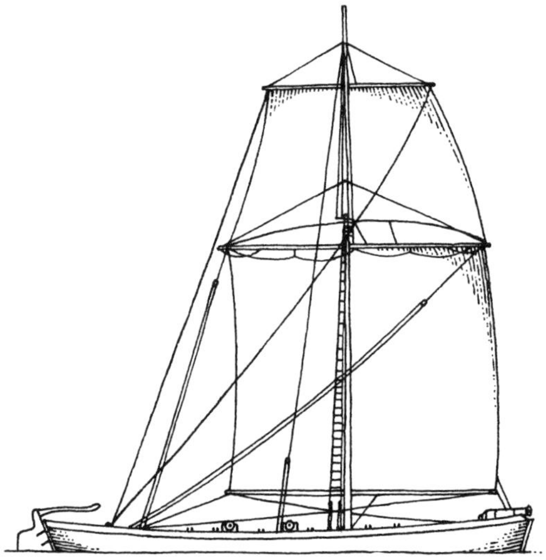
Gundelo, nordamerikanisches Fluß-Segelkriegsschiff

Gyassa: vom Ende des 18.Jh. bis in das 20.Jh. bedeutendes großes ein- bis dreimastiges Frachtsegelschiff auf dem Nil, im südwestlichen Mittelmeer und auf dem Roten Meer. Nach Art der ägyptischen Fracht-Flußschiffe wurde der breite Schiffskörper mit flachem Boden kraweelgebaut und am Bug mit einem kurzen steilen Sprung hochgezogen.
Bei der häufig verwendeten zweimastigen Gyassa stand der Großmast sehr weit vorn und der Besanmast etwa auf ein Drittel der Schiffslänge. Beide Maste hatten eine leichte, parallele Neigung nach achtern. Ein typisches Merkmal waren die besonders langen, aus Spieren zusammengesetzten Rahen, mit Lateinsegel getakelt. Die Großrah erreichte etwa das 1,7fache und die Besanrah etwa das 1,2fache der Länge des Schiffes.

Gyassa, Frachtsegler auf dem Nil

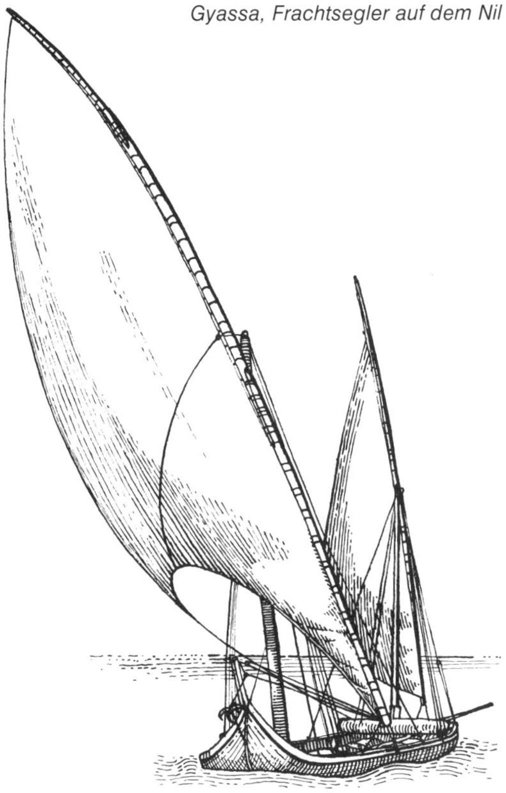

* * *

»GOLDEN HIND«, ex »PELIKAN«: durch die abenteuerliche Freibeuterfahrt und Weltumsegelung des englischen Freibeuterkapitäns FRANCIS DRAKE in aller Welt bekannt gewordene kleine englische Galeone aus der Zeit ELISABETHS I. (1558 bis 1603). F. DRAKE (etwa 1543 bis 1596) lief am 13. Dezember 1577 zu seiner von der Königin und einflußreichen Kreisen unterstützten Fahrt mit einem kleinen Geschwader von 5 kleinen bewaffneten Handelsschiffen und 164 Mann Besatzung zu einer angeblichen Handelsreise ins Mittelmeer nach Alexandrien aus. Die tatsächliche Absicht, trotz des Friedens zwischen England und Spanien die Schiffahrtswege des spanisch-portugiesischen Welthandels zu erkunden, das Welthandelsmonopol zu stören sowie Häfen und Schiffe in der neuen Welt zu plündern, wurden den durch F. DRAKE selbst ausgewählten Mannschaften erst auf hoher See bekanntgegeben. Außerdem ließ F. DRAKE das Aussehen und den Anstrich seines Schiffes ändern, damit es den spanischen Galeeren ähnelte, und gab dem Schiff den neuen Namen »GOLDEN HIND« (Goldene Hirschkuh). Die Begleitschiffe »MARIGOLD« (etwa 30 tons, 16 Kanonen), das Versorgungschiff »SWAN« (etwa 50 tons, 5 Kanonen) und die Pinasse »BENEDICT« (etwa 15 tons, 1 Kanone) gingen noch vor der Ausfahrt der Magellanstraße zum Stillen Ozean durch See und Feuer verloren.

Das 4. Begleitschiff, die »ELISABETH«, von etwa 80 tons mit 16 Kanonen, kehrte, nachdem es den Kontakt mit der »GOLDEN HIND« verloren hatte, unter Kapitän JOHN WINTER nach England zurück. Nur die »GOLDEN HIND« konnte unter F. DRAKE nach Passieren der Magellanstraße die Reise an der amerikanischen Westküste fortsetzen.

Obwohl keine exakten Daten und Darstellungen des Schiffes überliefert sind, gibt es vielfältige Rekonstruktionsmodelle, die hauptsächlich auf Angaben beruhen, die entstanden, als die »GOLDEN HIND« nach ihrer Rückkehr über 100 Jahre in einem aus Ziegelsteinen erbauten Trockendock in Deptford als Traditionsschiff lag, bis es infolge mangelnder Wartung zerfiel. Zu den zuverlässigsten Daten gehören DRAKES Angaben über den Tiefgang des Schiffes. Auf seinem Plünderungszug an der Westküste Amerikas von Kap Horn bis etwa zur Höhe des heutigen San Francisco erbeutete er so viele Schätze, daß das Schiff statt des normalen Tiefganges von 9 engl. Fuß (etwa 2,75 m) einen Tiefgang von 13 engl. Fuß (etwa 3,97 m) hatte. Dennoch suchte der wagemutige Freibeuterkapitän einen direkten Rückreiseweg um Nordamerika zu finden, wobei er die Höhe des heutigen Vancouver (etwa 43° nördl. Breite) erreichte, bis er zur Umkehr gezwungen war. Nach einer Überholung des Schiffes in einer Bucht nahe San Francisco entschied sich DRAKE für eine Rückreiseroute durch Überquerung des Stillen Ozeans. Stationen dieser im Juni 1579 begonnenen Rückfahrt waren die Palauinseln, Bali, Java, im Juni 1580 das Kap der Guten Hoffnung, danach Sierra Leone. Am 3. November 1580 lief die »GOLDEN HIND« mit einer Restbesatzung von 54 Mann und einer Beute im angeblichen Wert von 2225000 Goldpfund nach fast dreijähriger Fahrt in Plymouth ein. Etwa ein halbes Jahr später wurde das Schiff zur Besichtigung in Deptford im Dock aufgelegt. Zu den Abmessungen des Schiffes gibt es unterschiedliche Angaben. Danach kann die Länge über alles zwischen 23 und 25 m betragen haben. Die wahrscheinlichsten Maße dürften den Angaben des Science Museum in London entsprechen mit einer Länge über alles von 75 engl. Fuß (22,88 m), Länge zwischen den Steven von 60 engl. Fuß (18,30 m) und einer Breite von 19 engl. Fuß (5,80 m). Damit kann eine Tragfähigkeit zwischen 100 und 150 tons als zutreffend angesehen werden. Die dreimastige Galeone war an Fock- und Großmast jeweils mit Fock- bzw. Groß- und Bramsegeln getakelt und fuhr am Kreuzmast Lateinsegel und am Bugspriet eine Blinde; sie war mit 18 Kanonen bewaffnet.

Im Jahre 1973 entstand ein Nachbau der »GOLDEN HIND« in Appledore, Devon.

* * *

»GREAT HARRY« oder »HENRY GRACE Á DIEU«: der Bau dieses seinerzeit sehr großen Kriegsschiffes wurde auf Anordnung HEINRICHS VIII. am 3. Oktober 1512 vom Schiffbaumeister W. BOND begonnen und im Juni 1514 in Wolwich, Grafschaft Kent, vom Stapel gelassen. Dem Typ nach war die »GREAT HARRY«, die offiziell als »HENRY GRACE Á DIEU« geführt wurde, eine viermastige Karacke mit 8 Decks. Das

»GOLDEN HIND«, Freibeutergaleone von FRANCIS DRAKE, 1577, Modellrekonstruktion

»GREAT HARRY« bzw. »HENRY GRACE À DIEU«, erbaut 1512 bis 1514, Kupferstich von P. C. CANOT 1736 nach dem Gemälde von HOLBEIN [22]

Schiff war an beiden vorderen Masten mit je 3 Rahsegeln, an den beiden hinteren Masten mit Lateinsegel und am Bugspriet mit einer Blinde getakelt.
Die ursprüngliche Bestückung bestand aus 184 Kanonen, davon 43 Stück mit schwerem Kaliber. Die Kiellänge wird etwa 38 m und die Länge über Deck etwa 50 m bei einer Breite von etwa 12,5 m betragen haben. Da keine exakteren Baudaten überliefert sind, kann die Verdrängung aufgrund der bekannten Angaben mit etwa 1500 t angenommen werden. Für zeitgenössische Begriffe entsprachen diese Abmessungen der Forderung HEINRICHS VIII., »ein Schiff zu bauen, wie es bisher in England nicht gesehen wurde«. Die Besatzung bestand aus 700 Mann, zu denen 301 Seeleute, 349 Soldaten und 50 Kanonniere gehörten. Bemerkenswert soll auch der äußere Schmuck durch Bemalungen der Schiffsseiten und des Hecks und der Flaggenschmuck gewesen sein; zeitgenössischen Berichten zufolge soll das Schiff sogar golddurchwebte Segel gehabt haben. In den Jahren 1535 und 1536 wurde das Schiff umgebaut und die Bewaffnung auf 122 Kanonen reduziert. Der kriegsmäßige Einsatz der Karacke erfolgte nur einmal 1545 bei Spithead. Als Handwaffen befanden sich 500 Eibenbögen, 10 Dutzend Bogensehnen, 200 Piken, 200 Entermesser sowie eine große Anzahl von Pfeilen und Spießen an Bord. Für günstigen Wind beim Kampf führte man 120 Töpfe mit ungelöschtem Kalk an Bord, um damit dem Gegner die Augen zu blenden.
Die »GREAT HARRY« wurde im August 1553 in Wolwich durch einen Brand zerstört. Eine zeitgenössische Darstellung, die das Schiff nach dem Umbau zeigt, blieb in den als »ANTHONY ROLL« bekannten Bildern erhalten.

H

Haffkahn: im 19. Jh. und noch Anfang des 20. Jh. ein völliges Frachtschiff mit einer großen Fock und 3 kräftigen Pfahlmasten mit je einem großen viereckigen Sprietsegel für Fahrten auf dem Oderhaff. Im 13. und 14. Jh. nannte man die Oderhaff-Fischereifahrzeuge »hafcane«, und Frachtkähne, die nicht nur auf dem Haff verkehrten, wurden als »cane« bezeichnet.
Um 1800 waren die Haffkähne etwa 23 bis 30 m lang; im 20. Jh. betrug die Länge etwa 40 m bei einer Breite von etwa 4,5 m und 2,0 m Bordhöhe.

Dreimast-Haffkahn mit Sprietsegel

Haiboot: ein aus Finnland stammendes, zur *Konstruktions-Einheitsklasse* gehörendes Sport-Segelkielboot mit 1,9 t Wasserverdrängung und Kajüte, das als Segelzeichen einen Hai führt. Das Boot hat 19 m^2 Segelfläche und ist 1,90 m breit. Die Überhänge vorn und achtern

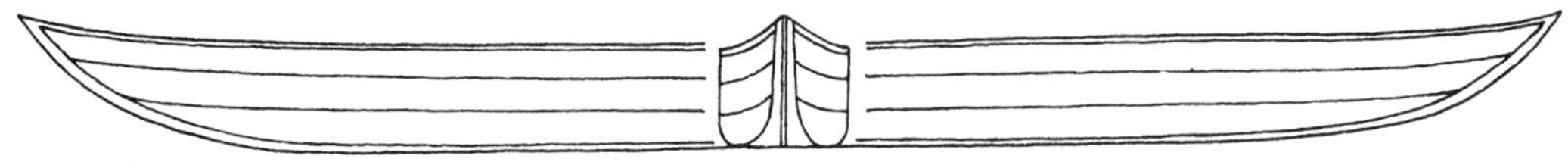

Hale, französisches Langboot

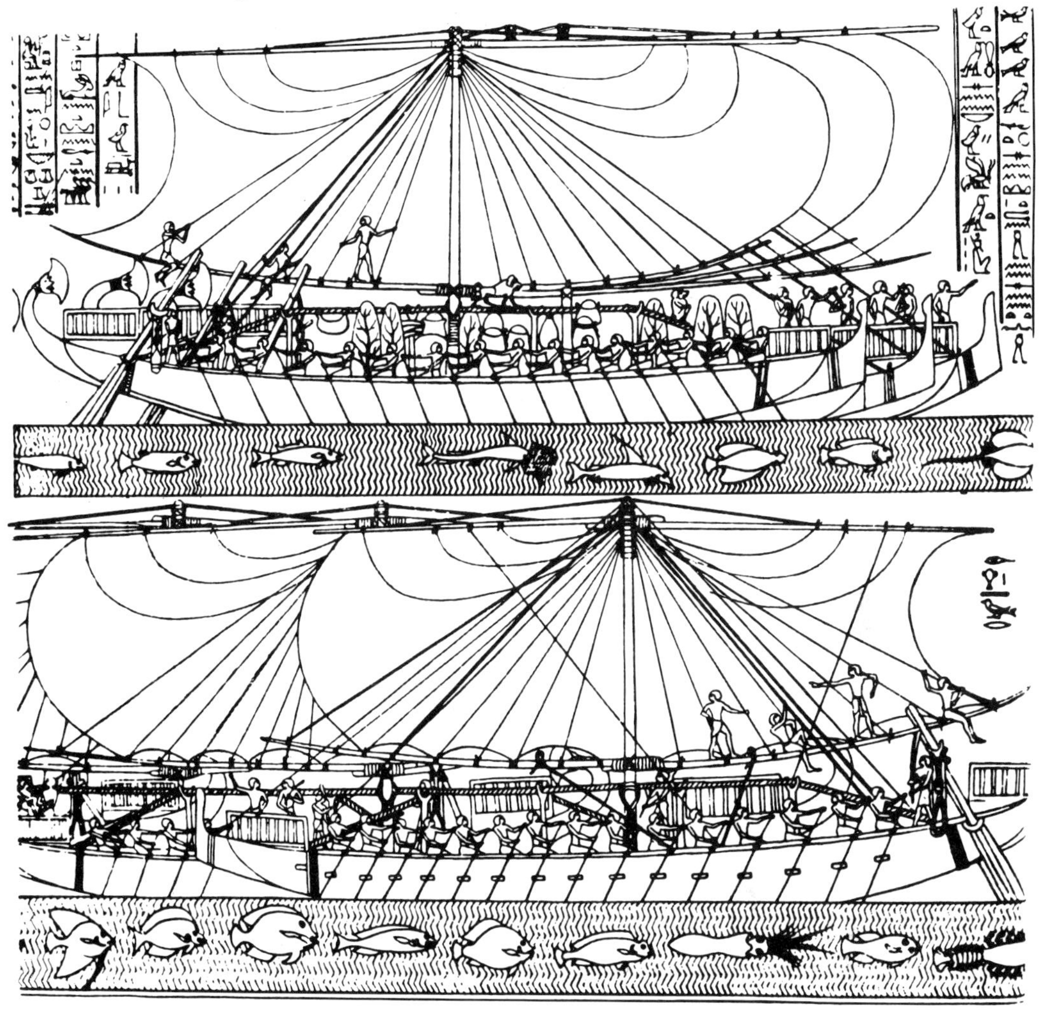

Ägyptisches Seeschiff um 1480 v. u. Z.. aus der Zeit der Königin HATSCHEPSUT, Relief

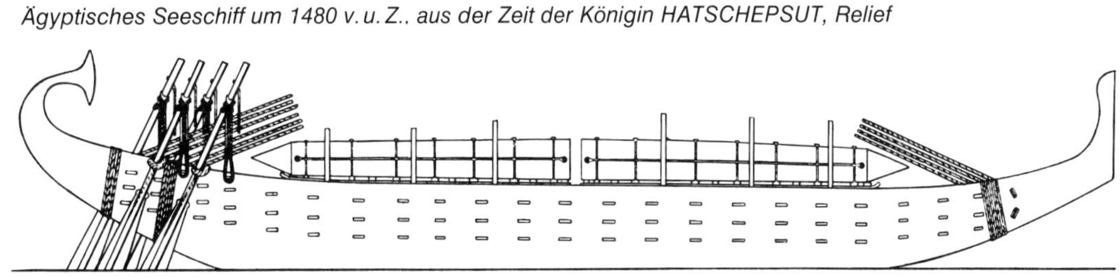

Ägyptisches Obelisken-Transportschiff aus der Zeit der Konigin HATSCHEPSUT, s. a. Antike Großschiffe

sind relativ groß; bei einer Länge in der KWL von 5,70 m beträgt die Länge über alles 9,60 m.

Haithabu-Schiffsfund: im Hafen von Haithabu an der Schlei im Haddebyer Moor im Jahre 1953 gefundene Wrackteile eines etwa 16m langen Schiffes aus der späten Wikingerzeit.

Halbklipper: in Nordamerika nach Art der *Klipper* Mitte des 19.Jh. gebaute und getakelte, jedoch im Vergleich zum Klipper kleinere Segelfrachtschiffe für Nebenhandelsrouten.

Hale: ein pirogenähnliches Boot von 10 bis 16m Länge und nahezu rechteckigem Querschnitt, das an der südfranzösischen Atlantikküste vorwiegend für den Getreidetransport verwendet wurde.

Halsnöy-Bootsfund: im Jahre 1896 in Sunnfjordland in Norwegen aufgefundene Überreste eines Bootes aus dem 1. oder 2.Jh. Die Spanten sind wie beim *Nydam-Boot* an Knaggen der einzelnen Plankengänge der Außenhaut befestigt.

Handelsschiff: Sammelbegriff für unterschiedliche, oft spezialisierte Nutz-Wasserfahrzeuge, die – im Unterschied zu Kriegs-, Fischerei-, Hilfs- oder Forschungsschiffen – für den Transport von Gütern oder die Beförderung von Personen eingesetzt werden. Der Begriff *Kauffahrteischiff* ist eine entsprechende ältere Benennung.

Hansa-Jolle: kleines gedecktes *Kiel-Schwertboot* mit einer Segelfläche von 15 m^2 und einem Hanse-Kreuz als Segelzeichen. Die Abmessungen sind: Länge über alles 5,85m, Breite 1,61m und Tiefgang ohne Kiel- oder Seitenschwert 0,50m.

Hatschepsut-Schiffsreliefs: Reliefs am terrassenartig angelegten Felsentempel Deir el-Bahari (arab., Nordkloster) im altägyptischen Theben stellen ausführlich und detailliert in Wort und Bild Einzelheiten einer um 1480 v. u. Z. in der Regierungszeit der Königin HATSCHEPSUT unternommenen erfolgreichen Seereise nach dem Lande Punt dar. Das Land Punt lag wahrscheinlich am Golf von Aden an der Somaliküste in der Nähe des Kaps Guardafui. Aus der altägyptischen Geschichte ist bekannt, daß bereits eine noch frühere Puntexpedition mit 3000 Mann in der 11. Dynastie unter Pharao MENTUHOTEP II. (um 2040 v. u. Z.) unter Leitung des hohen Beamten HENEAU unternommen wurde. Von Koptos am Nil wurden auseinandergenommene Schiffe durch das Whadi Hammanat bis zur Küstenstadt Kosser geschafft, von der die eigentliche See-Expedition zum Lande Punt begann.
Auf den Schiffsreliefs von Deir el-Bahari sind sehr sorgfältig 5 zum Teil unter Segel stehende Schiffe sowohl bei der Abfahrt oder Rückkehr als auch beim Beladen vor dem Hintergrund aus Strandszenen und Pfahlbauten des Volkes der Hamiten dargestellt. Die Reliefs zeigen eindeutig mit Kiel gebaute ägyptische Schiffe. Die typische Bauweise mit Decksquerbalken, die die oberen Seitenplanken durchstoßen und den Schiffskörper in Querrichtung aussteifen, ist hier schon dargestellt. An diesen Schiffen konnte durch diese Aussteifung jedoch schon auf die Umschlingung des Schiffskörpers durch einen Trossengürtel verzichtet werden. Die der Längsversteifung dienende Spanntrosse über Deck wurde demgegenüber noch beibehalten und auch bei der Reliefdarstellung berücksichtigt.

Hausboot: als zeitweilige oder ständige Wohnstätte verwendetes Boot oder ein Ponton bzw. Floß mit Wohnaufbau. In verschiedenen dichtbevölkerten Gebieten Ostasiens ist auch heute noch auf Flüssen, Binnen- und Hafengewässern und geschützten Buchten das Haus- oder Wohnboot sowohl in den einfachen Bauweisen als Floß mit Wohnhütte oder als Einbaum mit aufgesetzten Seitenplanken *(Piroge)* bzw. als *Plankenboot* mit mehr oder weniger behelfsmäßigen Überdachungen als ständige Wohnstätte für die ganze Familie anzutreffen.
Moderne Hausboote dienen als Erholungs- und Wassersportunterkünfte.

Havelkahn, *Havelzille:* siehe Kahn, Zille

Hebebock: pontonförmiger Schwimmkörper mit Spill oder Winde und Bockgerüst zum Heben schwerer Lasten.

Hebefloß: ein Floß im 19.Jh., das zum Transport, auch zum Versenken und Heben von Minen und für das Sperren von Häfen verwendet wurde.

Hebeschiff: speziell bei der Bergung gesunkener Schiffe, aber auch zum Transport von Lasten

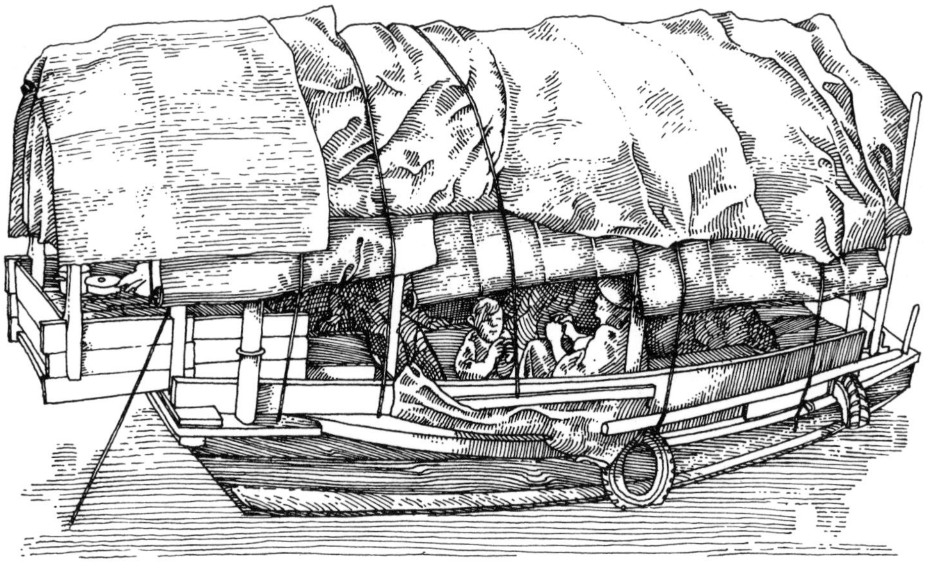

Hausboot in Hongkongs Bootssiedlungen

und Schiffen, die zum Transport angehoben werden müssen, eingesetztes Wasserfahrzeug. Als älteste Hebeschiffe sind die ägyptischen Obelisken-Transportschiffe um 1500 v.u.Z. bekannt, die durch Steinballast möglichst tief abgeladen und in speziell ausgehobenen Kanälen unter schwere Obelisken gebracht wurden. Nach Entladen des Steinballastes hob der Auftrieb dieser Hebeschiffe die Obelisken (s.a. *Antike Großschiffe*).
Später sind bereits aus der Zeit um 1100 Versuche des Arabers ABUL SALT bekannt, ein gesunkenes Schiff zu heben.
Im Werk »Historia de gentibus septentrionalibus«, Rom 1555, stellte OLAUS MAGNUS dar, wie ein Wrack von 4 Schiffen mittels Seilen gehoben werden kann. Er schrieb dazu sinngemäß: Man legt zwei oder vier besonders gute Schiffe zu beiden Seiten des Wracks, füllt sie mit Wasser und verbindet sie mit Balken, worauf man geschickte Taucher starke Seile unter das Schiff, das man heben will, legen läßt und sie oben an den Balken befestigt. Dann schöpft man das Wasser wieder aus den Schiffen, was zur Folge hat, daß sie sich allmählich, so, wie sie entleert werden, in die Höhe heben und das gesunkene Schiff gleichzeitig an die Oberfläche kommt.
Ähnlich wie diese Hebeschiffe wirkten auch die holländischen »*Kamele*«, dockähnliche Auftriebsschwimmkörper, die zu beiden Seiten der zu leichternden Schiffe zur Überwindung von Untiefen befestigt wurden.
Der italienische Baumeister PETRINI hob 1698 ein auf der Trave gesunkenes Schiff mit Hebeschiffen und Winden. Die ersten Patente zur Anwendung von komprimierter Luft in abgesenkten Hebeballons wurden 1837 an den Engländer EDWARD AUSTIN, zum Heben von Schiffen mit abgesenkten, durch Luft entleerte Fässer 1861 an WILHELM BAUER (s.a. *Brandtaucher*) und zur Nutzung der Verdampfung flüssiger Kohlensäure 1879 an den Oberlehrer WILHELM RAYDT aus Hannover erteilt.
In der modernen Schiffstechnik sind Hebeschiffe hochausgerüstete Spezial-Hilfsschiffe.

Heckboot: Ende des 17.Jh. eine im nordeuropäischen Raum übliche Bezeichnung für ein dreimastiges Frachtschiff, das als Mischtyp aus einer *Fleute* und einer *Pinasse* entstand. Das Heckboot war etwas flacher im Boden als eine *Fregatte*, aber etwas schärfer als eine *Bark* gebaut und führte die Ruderpinne durch eine Hecköffnung wie *Hecktjalk* oder *Heckyacht*. An Fock- und Großmast waren Rahsegel, der Besanmast fuhr mit Latein- oder auch Gaffelsegel, und am Bugspriet wurde die Blinde gefahren. Die übliche Länge des Schiffes war etwa 32 m bei 9 m Breite. Später bezeichnete man das am Heck von Schiffen in Davits hängende Boot auch als Heckboot.

Hecktjalk, *Heckyacht:* eine größere *Tjalk* oder Tjalkyacht, bei der der Helmstock (Ruderpinne) nicht, wie sonst bei der Tjalk üblich, über den Achtersteven geführt wurde, sondern durch eine Hecköffnung, das »Hennegatt«, hindurchging, so daß der Rudergast besser geschützt stand. Das Hennegatt entstand durch eine Heckbauweise, bei der die oberen Plankengänge am hinteren Ende unter scharfem Winkel nach oben abgebogen wurden.

Heckboot, Dreimaster zu Ende des 17. Jh.

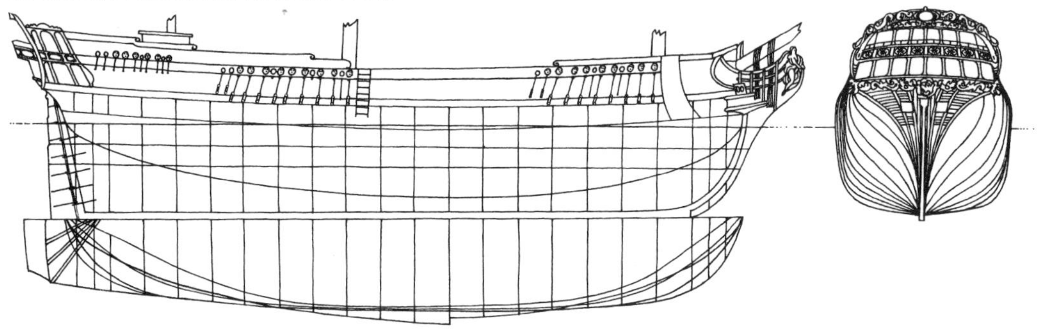

Hecktjalk, 1714, Modell

Heckyacht, Ende des 17.Jh., Modell

Helgoländer Fischerschlup: ein kleines, halbgedecktes Boot, das für den Fang von Schellfisch mit Langleinen verwendet wurde. Diese Fangmethode wird seit Anfang des 20.Jh. nicht mehr angewendet.

Helgoländer Schnigge: seit dem Ende des 18.Jh. eingesetzte anderthalbmastige Frachtschnigge *(Schnigge)* mit Seitenschwertern und niedrigem Kiel, großem Deckssprung und Kajütendeck, die zwischen dem Festland und Helgoland verkehrte.

Hemmema: ein Mischtyp zwischen *Galeere* und *Fregatte*, entworfen vom schwedischen Schiffbauingenieur FREDERIK HENDRIK AF CHAPMAN, ein Versuch, die Eigenschaften der Galeeren mit denen der Segelfregatten zu kombinieren. Von diesem Schiffstyp wurden jedoch in Schweden um 1790 nur insgesamt 3 mit Kanonen ausgerüstete Schiffe von 43m Länge mit 20 Paar Riemen gebaut.

Hengst: niederländisches plattbodiges Fischereifahrzeug, das sich auch für den Warentransport und den Fährverkehr eignete. Die älteren Typen waren offene Fahrzeuge und fuhren mit Spriettakelung. Ein auffälliges Typmerkmal ist der stark vorgeneigte Vorsteven. Der teilgedeckte Einmaster wird seit dem 18.Jh. auf den holländischen Binnengewässern und an der Nordseeküste mit Gaffel- und Focksegel gesegelt. Zu Ende des 19.Jh. wurden die etwa 10 bis 12m langen und 3 bis 4m breiten Fahrzeuge von der Back bis zum Mast gedeckt, und die Takelung bestand aus Gaffelsegel, Stagfock und Klüver.

Heptere: ein sehr großes Ruderschiff aus dem Altertum im Mittelmeerraum. Die Bezeichnung soll auf einen Siebenruderer und die Endung »ere« auf die Anzahl der Ruderdecks hinweisen. Ob es solche Schiffe je gegeben hat, ist recht zweifelhaft. Selbst bei *antiken Großschiffen*, wie sie beispielsweise unter Anleitung des ARCHIMEDES erbaut wurden, wären auch bei sehr niedrigen Deckshöhen die Ruder kaum handhabbar gewesen. Dennoch sind verschiedene Möglichkeiten einer größeren Zahl von höhenversetzten Ruderreihen mit kurzen und schmalen, höhen- und längsversetzten Ruderplätzen teils für sitzende oder stehende Ruderer bei der damals üblichen kurzen Ruderschlagtechnik denkbar. Im Unterschied zu den heutigen langen Ruderzügen war vom Altertum bis zu den Galeeren eine kurz eingetauchte, schlagartige Ruderhandhabung üblich. Unter anderem war es damit möglich, den Bewegungsraum der Ruderer klein zu halten und größere Ruderkraft durch mehr Ruderer bei gleicher Schiffsgröße zu erreichen.

Heringslogger: spezieller Fischereilogger für den Heringsfang mit Treibnetzen. Die Länge der Heringslogger betrug zwischen 19 bis 24m bei etwa 6m Breite. Kennzeichnend waren eine scharfe Spantform bei völligem Überwasserschiff, plattem Heck und hohem Schanzkleid. Die anderthalbmastigen Segelschiffe setzten mehrere Kilometer lange und etwa 15m tiefe, aus einzelnen Netzabschnitten, den sogenannten Fleets, bestehende Treibnetze aus. Je nach Strom- oder Windrichtung blieb das Treibnetz an einem Ende mit dem *Logger* verbunden und konnte entweder am ausgesetzten Standort von dem am Luvende ankernden Schiff gehalten oder mit an der Leeseite festgemachtem Schiff mit dem Logger treiben. Die letzten hölzernen Logger wurden um 1910 gebaut, danach gab es nur noch aus Stahl gebaute Segellogger. Der Heringslogger war auch während der Übergangszeit zur Schleppnetz- und Ringwadenfischerei noch ein häufig gebautes Fischereischiff.

Hermaphrodit-Segelschiff: zwei- und mehrmastige Segelschiffe mit kombinierten gemischten Rah- und Schratsegelanordnungen, bei denen die Zuordnung zu Rah- und Schratseglern nicht eindeutig ist und die eine Zwitterstellung einnehmen wie *Jakassbark* oder *Vinnen-Segelschiff.*

Heuer: bis in das 20.Jh. allgemein gebräuchlicher einmastiger mecklenburgischer Küstenfischerkahn, den es auch im Bereich der Odermündung gab. Die Fahrzeuge mit schmalem, in

»Hengst« mit Gaffelsegel um 1800, Modell

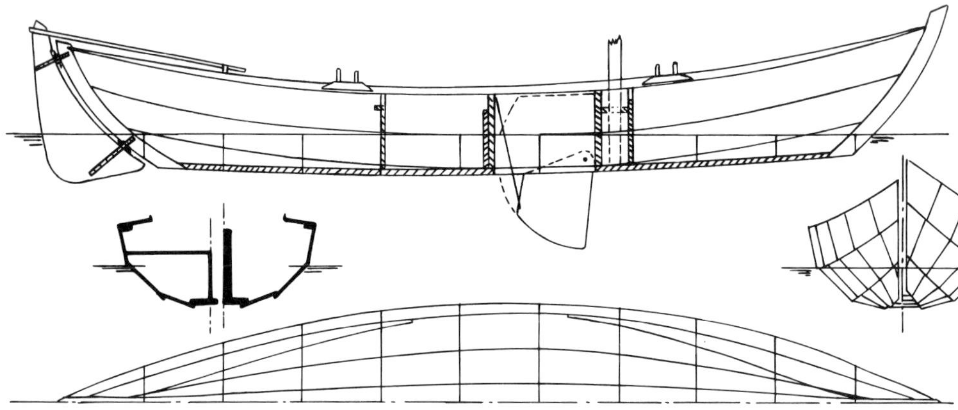

Mecklenburgischer Heuer, Linienriß

Längsrichtung leicht gerundetem Flachkiel und schrägen, ebenfalls gerundeten Balkensteven wurden mit wenigen breiten Boden- und Seitenplanken geklinkert gebaut, so daß ein knickspantähnlicher Querschnitt entstand. Weitere Merkmale sind der relativ große vordere und achtere Sprung, das gewölbte vordere Teildeck und das um etwa 0,5 m ausschwenkbare Mittelschwert. Mit eingeschwenktem Schwert gingen Heuer etwa 0,5 m tief bei einer Länge bis zu 10 m und etwa 2 bis 2,5 m Breite. Zur Aufbewahrung des Fanges war eine unterteilbare Bünn vorhanden. Gesegelt wurde meistens mit einem Spriet-Großsegel von 10 bis 15 m^2 und einem Vorsegel von 5 m^2.

Hexere: antikes Ruderschiff, dessen Länge etwa 50 m betragen haben soll. Angeblich saßen die Ruderer in 6 Reihen nebeneinander.

Hjortspring-Bootsfund, *Alsen-Bootsfund:* in den Jahren 1921 und 1922 auf der dänischen Insel Alsen aus der Zeit 300 v. u. Z. geborgenes Boot, das zu den ältesten schiffbaulichen Funden in Nordeuropa gehört. Unter Beachtung der damaligen Möglichkeiten ist das Hjortspring-(Hirschsprung-)Boot insbesondere wegen seiner schnittigen Form, des Doppelstevens und der sorgfältigen Bauausführung ein Zeugnis frühgermanischer Bootsbaukunst. Das Boot ist 13,28 m lang und 2 m breit. Der Bootsboden besteht aus einer nahezu geraden, muldenartig hohlgearbeiteten Bodenplanke ohne vorspringenden Kiel. An Bug und Heck geht die Bodenplanke in an beiden Enden gleich bearbeitete schlittenkufenähnlich hochgezogene untere Stevenhölzer über. Die gleich gebauten Stevenenden überragen an jedem Ende die eigentliche Körperlänge um etwa 2 m. Diese typische Doppelender- bzw. Doppelstevenbauweise entspricht den bekannten nordischen Bildsteindarstellungen und den Felsritzungen, den Hällristningar, aus dem 1. und 2. Jahrtausend v. u. Z. Diese beidseitig gleiche Form eines gepaddelten Bootes ohne Riemen und festes Ruder vereinfachte den Bau und vergrößerte die Manövriermöglichkeiten ohne Wenden. Die weit vorragenden Steven dienten gleichzeitig dem Schutz der Kielbohle und des ganzen Bootskörpers bei vorsichtigen Fahrten in Gewässern mit Treibeis oder flachem, felsigem Untergrund. Die kufenartige Form sowie die vertikale Verbindung und Aussteifung des unteren Schutzstevens mit dem oberen Stevenholz erleichterten auch das An- land- oder Aufeisziehen des Bootes nach Gebrauch sowie das erneute Zuwasserbringen. Außerdem konnten mehrere Personen an den verlängerten Bootsenden das Boot leichter anheben und ziehen.

An den Rändern der Kielbohle wurden an jeder Bootsseite je zwei 0,5 m breite Seitenplanken aus Lindenholz geklinkert angebracht und mit der Bodenplanke und untereinander mit Bastfasern vernäht. Dazu führte man im Abstand von 20 bis 25 mm von den Plankenkanten und etwa 70 mm Längsabstand bohrungsähnliche Löcher durch das Holz. Die Planken wurden so gelegt, daß die untere Kante der oberen Planke jeweils dicht an der Außenseite der Bohrungslinie der unteren Planke – also etwa 20 bis 25 mm überlappt – anlag. Die Durchbrüche, Nähte und Verbindungen dichtete man sorgfältig mit Harzen ab. Zur Aussteifung hat der Bootskörper in einem Abstand von jeweils etwa einem Meter insgesamt 10 eingebundene Spanten aus etwa 35 mm dicken naturgewachsenen Haselnußzweigen. Um die Seitenplanken mit den Spanten zu verbinden, ließ man beim Aushauen der Planken Klampen stehen, ähnlich wie später beim *Nydam-*, *Oseberg*-und *Gokstadschiff*. Die obere Planke hat an der oberen Außenseite einen stehengelassenen, etwas verdickten Dollbord. Das Boot hat einen verhältnismäßig kleinen Sprung von etwa 90 mm. Der Spantenanzahl entsprechend sind 10 decksbalkenähnliche Queraussteifungen vorhanden, die nur an den Bootsseiten zu Sitzflächen für die Ruderer – in Duchten – ausgearbeitet und über den Spanten angebracht wurden. Zum Bootsboden hin sind die Querhölzer durch senkrechte Steifen abgestützt.

Zum Antrieb dienten Stechpaddel; man fand davon insgesamt 16 Stück, 1 bis 1,5 m lang mit rechteckigem Blatt. Gesteuert wurde mit einem losen Seitenruder von 50 mm Profildicke, dessen Blatt auf der einen Seite eben und an der anderen Seite gewölbt war.

Hochsegel-Schoner: *Schoner* mit dreieckigem Hochsegel, das bis zum Topp spitz hochgeführt wird, anstelle der älteren Gaffel- und Gaffeltoppsegel. Hoch- oder Bermudasegel sind heute allgemein bei Segelbooten und -yachten üblich.

Holzfloß: siehe Floß

Hoogaars: ein Fracht- und Fischereischiff mit flachem Boden und mit Seitenschwertern aus den Niederlanden, das ähnlich dem *Schokker*

Hjortspring-Bootsfund, Bootsform und Plankenbindungen

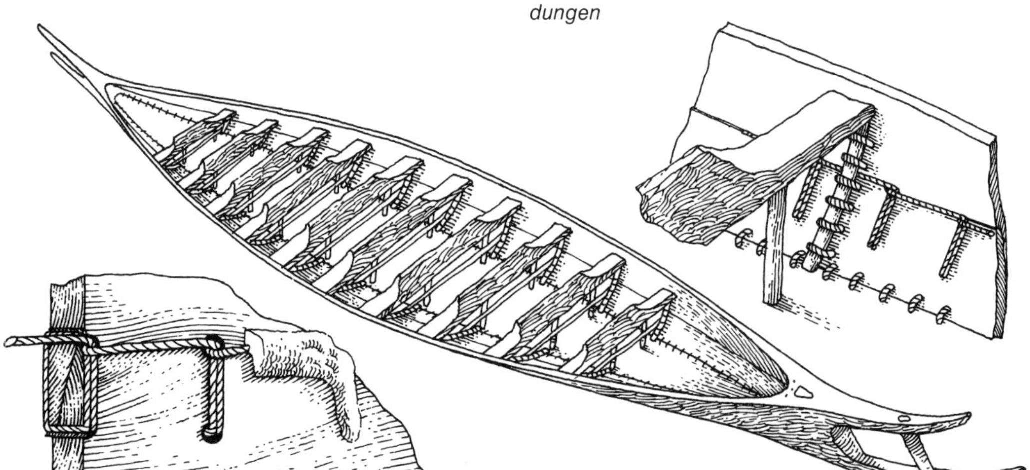

Hjortspring-Bootsfund, Linienriß

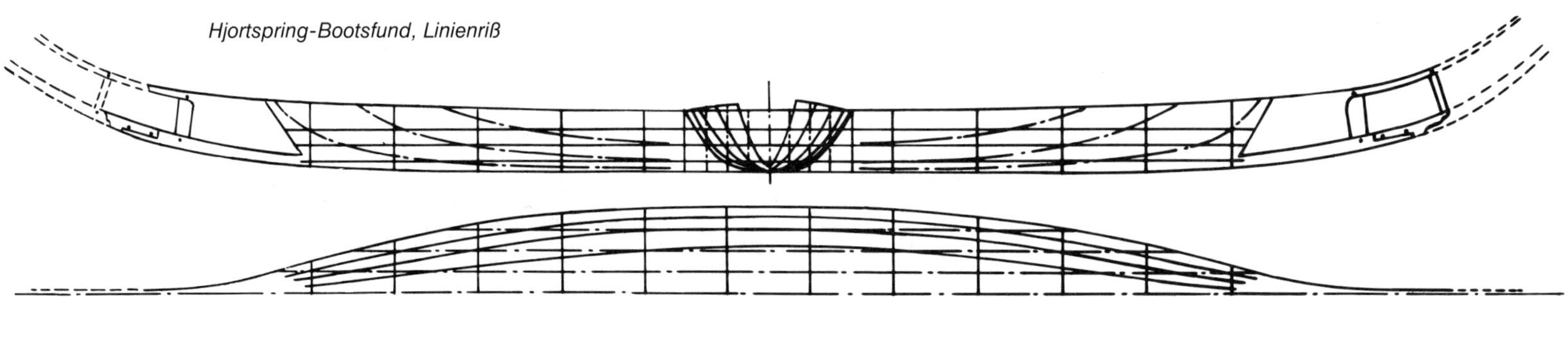

aus besonders breiten Planken gebaut wurde. Die Bezeichnung gab es bereits im 16. Jh. für ein offenes Frachtschiff der Maas von 30 bis 40 t. Wegen des geringen Tiefgangs (wobei der Tiefgang vorn größer war als achtern) und der günstigen Raumnutzung infolge des flachen Bodens werden bis in die Gegenwart ähnliche Plattbodenyachten gebaut. Übliche Plattbodenyachten sind etwa 13 m lang und 4,20 m breit, die Segelfläche kann bis zu 80 m^2 betragen.

Houari, *Huari:* ursprünglich Bezeichnung für ein Fährboot *(Fähre)*, teilweise auch für ein gedecktes Fahrzeug, das im Fischfang verwendet wurde. Bei den Sportsegelbooten der Neuzeit wurde die Steilgaffeltakelung früher als Huari-Takelung bezeichnet, s. a. *Gig.*

Hoy, *Heu, Heude:* niederländisches Küstenfrachtschiff im Bereich der Nordsee und des Kanalgebietes, zunächst im 16. Jh. mit einem Mast und Sprietsegel, später zum Teil auch mit 2 Masten und Seitenschwertern. Die Größe betrug bis zu 20 Lasten. Hoys wurden im 17. Jh. auch für den Personenverkehr eingesetzt, wobei dann hinter dem Mast vielfach eine Kajüte als abgedeckter Raum für die Reisenden vorhanden war.

Hoy, niederländischer Küstenfrachtsegler

Huissier, *Usciere:* im frühen Mittelalter, insbesondere zur Zeit der Kreuzzüge im Mittelmeer verwendete französische und italienische Pferdetransportschiffe. Die Benennung kann auf den französischen Begriff »Huis« für Tür oder Türenschiff sowie auf »Usciere« für Pferdetransportschiff zurückgeführt werden.
Die Fahrzeuge waren breit gebaut und hatten über dem untersten Deck eine türähnliche seitliche Ladepforte zum Verladen von Pferden, Rindern und Schafen; die Pforte wurde auch für den Langholztransport genutzt. Das unterste Deck wurde zuerst beladen und die Pforte mit einem schweren Deckel von außen verschlossen und abgedichtet, da sie bei voll beladenem Schiff und bei Seegang teilweise unter Wasser lag. Die sizilianischen Schiffe führten einen Landungssteg mit und waren groß genug, um 40 Ritter mit Pferden, Waffen und Knechten zu laden; s. a. *Usciere.*

Huker, *Hukker, Hoeker:* neben der *Büse* bedeutendster Fischereischiffstyp an den niederländischen und friesischen Küsten im 17. und 18. Jh., Huk oder Hoek bedeutete vorspringende Ecke oder Landzunge, im übertragenen Sinne waren Huker Schiffe, die um Landzungen segelten, also seetüchtige Fahrzeuge.
Wegen seiner günstigen Eigenschaften war der

Einmastiger Kauffahrtei-Huker aus der zweiten Hälfte des 18. Jh., Modell

Dreimastiger bewaffneter Huker

breit und völlig gebaute Huker ebenso wie ähnliche, ursprünglich holländische Schiffstypen bis in die Mitte des 19. Jh. auch in den deutschen Seestädten heimisch. Das völlige Schiff eignete sich auch gut für Eismeer- und Grönlandfahrten zum Robbenschlag (s. a. *Grönlandschiff*). In der zweiten Hälfte des 19. Jh. verdrängten die schärfer auf Kiel und Steven gebauten Schnellsegler die völligeren Schiffstypen. Die hauptsächlichste Verwendung fand der Huker jedoch im Nordsee-Heringsfang. Ein zeitgenössischer Bericht sagt dazu: »Die Fischerei dauert gewöhnlich vom 20. Juni bis zum 1. November. Jährlich laufen 90 bis 100 Huker aus, davon allein aus Vlissingen gegen 60. Bei vollem Ertrage bringt jedes Schiff 900000 bis eine Million Heringe nach Hause . . .«
Der Huker war ein *Anderthalbmaster* mit einer

Hukergaleasse »GREIFF« von Greifswald, 1782 [23]

Tragfähigkeit von 50 bis 60 Lasten (100 bis 120t). Der vordere Großmast führte 3 Rahsegel und der kleinere Besanmast ein Gaffelsegel. Am Bugspriet fuhr man ein oder mehrere Stag-Vorsegel. Bei größeren Schiffen war auch eine brigg-ähnliche Takelung üblich. Die völlige Bauweise des Schiffskörpers wurde am Überwasserschiff besonders durch das rundgebaute Vor- und Achterschiff mit Verstärkungen im Ankerklüsenbereich (Klüsenbacken) und größeren Rundungen des Achterschiffes (Billen) hervorgehoben.

Huker-Galeasse: siehe Galeasse, Huker

Hulk, *Holk:* im Mittelalter ein nordeuropäisches Segelschiff von gerundeter Form und flachem Boden ohne Kiel. Dieser Schiffstyp hat eine besonders lange Entwicklungsgeschichte mit vielen Zwischenstufen hinsichtlich seines Verwendungszweckes, seiner Größe, Bauweise und des Antriebes bis zu seiner letzten Entwicklungsstufe als dreimastiges *Kraweelschiff* durchlaufen. Die Ursprünge von »Hulk« kommen in den Worten hulec, hoele, holcas und Holk zum Ausdruck und sind wahrscheinlich während der Römerherrschaft nach Nordeuropa gebracht worden, als Bezeichnung für ein von Land aus geschlepptes Schiff. Außerdem wurden bereits in der frühgermanischen Zeit in Südskandinavien Einbäume mit »holker« bezeichnet.

Am holländischen *Utrecht-Schiffsfund*, einem Hulk aus der Zeit um 800, ist die weit vorn liegende Mastspur eines Treidelmastes ein sicheres Kennzeichen eines von Land durch Menschen oder Zugtiere geschleppten *Treidelschiffes*. Römische Fresken zeigen bereits ähnliche Mastanordnungen an römischen Schiffen; s.a. *Ostia-Fresko*.

In den folgenden Jahrhunderten blieb die Typbezeichnung nicht auf Flußschiffe begrenzt. So geht aus englischen Listen über Hafenzölle aus der Zeit um 1000 hervor, daß mit »Hulk« zu dieser Zeit bereits mittelgroße seegehende Schiffe bezeichnet wurden. Die Gebühren betrugen sowohl für *Keels* als auch für Hulks 4 pence, also waren diese beiden Schiffstypen auch ungefähr von gleicher Größe. Damals zahlte man für sehr kleine Schiffe einen Halfpenny und für kleine Schiffe einen Penny.

Im lothringisch-niederrheinischen Gebiet war demgegenüber um 1200 ein Hulk weiterhin ein kleines Flußschiff mit etwa 10 Lasten (20t) Tragfähigkeit. Gute Darstellungen des Hulks zu Ende des 12.Jh. sind in Stein-Reliefs der Taufaltare von Zeedelgen bei Brügge und aus der Kathedrale zu Winchester erhalten geblieben.

Interessant für die Bedeutung des Hulks im 13.Jh. ist das Siegel der englischen Stadt Hulkesmouth von 1295, auf dem ausdrücklich das dargestellte Schiff als Hulk bezeichnet wird.

Im 13.Jh. hatte der Hulk etwa die Größe von 50 bis 60 Lasten (etwa 100 bis 120t Tragfähigkeit). Erst zu Ende des 14.Jh. entsprach der Schiffstyp in seiner Größe den damaligen *Koggen*, die er danach überholte, so daß er im 15.Jh. etwa 150 Lasten (etwa 300t) Tragfähigkeit erreichte.

Ursprünglich hatte der Hulk stets einen flachen, kiellosen Boden und eine gerundete Form. Die Schiffsenden waren vorn meistens stark gerundet und achtern nur flach hochgezogen. Diese flache achtere Kaffe entstand wie beim *Kaffenkahn* durch das bogenförmige bis über die Wasserlinie reichende Hochziehen des flachen Schiffsbodens.

Im Nord- und Ostseebereich entwickelten sich bis in das 14.Jh. die 3 bedeutendsten größeren Schiffstypen, die französischen *Nefs*, die hansischen *Koggen* und flämischen Hulks relativ eigenständig nebeneinander. Danach entstanden Mischtypen und setzten sich hinsichtlich der Schiffskörperformen, der Aufbauten und Besegelungen die bewährtesten Varianten bei verschiedenen Schiffstypen durch.

So kann der einmastige Hulk um 1400 als eine Verschmelzung mit der Kogge und als eine kombinierte Hulk-Koggen-Weiterentwicklung zu einem beträchtlich größeren und seetüchtigen Schiff mit Tragfähigkeiten über 200t angesehen werden. Viele Siegelbilder vom 13. bis 17.Jh. zeigen rundgebaute ein- und mehrmastige Schiffe mit und ohne Kastelle. Im Unterschied zu den bei frühen Koggen vorhandenen gerüstartigen vorderen und hinteren Kastellen waren beim Hulk die Seitenplanken bereits im Bereich des Vor- und Achterkastells bogenförmig nach oben gezogen, so daß die Aufbauten mit dem Schiffskörper direkt verbunden waren. Obwohl für den Hulk der flache Boden und für die Kogge die Klinkerbauweise mit Kiel typisch waren, gab es in der Übergangszeit zum dreimastigen Kraweelschiff auch Mischtypen von hulkähnlicher Form, klinkerbeplankt und auf Kiel gebaut, wie das Danziger Siegel von 1400 zeigt. Die Bezeichnungen aus dieser Zeit sind daher auch weniger einheitlich, so daß sehr ähnliche Schiffe in verschiedenen zeitgenössischen Darstellungen und an verschiedenen Orten sowohl als Kogge als auch als Hulk bezeichnet werden.

In dem aus Hulk und Kogge hervorgegangenen neuen Hulktyp wurden solche für die Stabilität und Tragfähigkeit günstigen Merkmale wie ein flacher und breiter, aber seitlich gerundeter Boden und dementsprechend eine völligere Schiffsform mit den Vorzügen der späteren Koggenentwicklung (Kiel, vorgebauter Vorsteven, Heckruder in Kiellinie, Aufbauten, günstige Segeleigenschaften) vereinigt. Beide Schiffstypen waren noch klinkergebaut. Als ein äußeres Unterscheidungsmerkmal der beiden in ihrer Endphase sehr ähnlichen Schiffe kann die konstruktive Gestaltung der vorderen und hinteren Aufbauten und ihre Einbeziehung in den Schiffskörperverband durch hochgezogene Seitenplanken angesehen werden. Mit seiner Schiffsgröße erreichte der Schiffstyp die Grenzen der geklinkerten Beplankung hinsichtlich des steigenden Aufwandes zum Anpassen der Spanten, der notwendigen festen Verbindung der Planken mit den Spanten zur Aufnahme der aus den vertikalen Querkräften und der Biegung herrührenden

Hulk um 1550, Modell

Beanspruchung sowie der Abdichtung zwischen den Plankengängen. Zur Überwindung dieser Schwierigkeiten vollzog sich im Nord- und Ostseebereich, begünstigt durch die Seeverbindungen mit der Bretagne und dem Mittelmeer, der Übergang zu der im Mittelmeer von Anbeginn üblichen Kraweelbauweise für die damalige Zeit sehr schnell, etwa in der Zeit von 1460 bis zum Jahrhundertende.
Im Zusammenhang mit den größeren Schiffen war eine weitere Entwicklungsschranke in der Besegelung zu überwinden. Die für große Schiffe entsprechend notwendige größere Segelfläche erreichte unter Beibehaltung eines einzigen Rahsegels Abmessungen, die an einem einzigen naturgewachsenen Mast nur noch schwierig handhabbar waren. So vollzog sich in der Besegelung auch im Norden der Übergang vom einmastigen zum mehrmastigen Schiff, wobei dreimastige Schiffe bevorzugt wurden.
Dreimastige *Kraweelschiffe*, auch »Kraweel« oder »Karweel« genannt, die aus dem einmastigen Hulk durch die Übergänge zur Kraweelbeplankung und Mehrmastanordnung hervorgingen, wurden auch als Dreimaster-Hulk oder nur als Hulk bezeichnet. Ein gemeinsames Kennzeichen der 3 Frachtschiffstypen des Nordens, Kogge, Hulk und Kraweel, blieb weiterhin die völlige und breite Schiffsform, bei der das Verhältnis von Schiffslänge zur Breite des Schiffes etwa 3:1 betrug.
Später wurde die Bezeichnung Hulk auch in ganz anderem Sinne gebraucht. Nicht mehr seetüchtige und abgetakelte, aus der Liste der fahrtüchtigen Schiffe gestrichene, ausgediente Kriegs- oder Handelsschiffe wurden als Hulk bezeichnet, wenn sie noch als schwimmende Kohlenbunker, Frischwasserschiffe, Lager-, Wohn-, Kasernen- oder Gefängnisschiffe (Kohlen-, Wasser-, Wohn-, Kasernen- oder Gefängnishulk) verwendet wurden. Anderweitig nicht mehr brauchbare Hulks dienten auch als geschleppte Seeziele bei Übungsschießen.

Hunley-Tauchboot: während der Zeit des amerikanischen Bürgerkrieges (1861 bis 1865) von Kapitän H. C. HUNLEY, unterstützt durch die Marineingenieure J. R. MC CLINTOCK und B. WATSON für die Südstaaten gebaute, durch menschliche Muskelkraft angetriebene Tauchboote, die in einigen Fällen feindliche Schiffe versenkten, jedoch insbesondere durch die hohen eigenen Verluste von 32 Mann bekannt wurden. Als Sprengkörper dienten an langen Leinen nachgeschleppte Minen und an Spieren vor dem Tauchboot befindliche sogenannte »Spierentorpedos«. Unter anderem versenkte das Hunley-Tauchboot »DAVID« die 1400t große »HOUSATONIC« am 17. Februar 1864 mit einem Spierentorpedo, dabei wurde das Tauchboot selbst zerstört und sank mit der Besatzung.
Die Tauchboote bestanden aus etwa 11 m langen umgebauten Eisenkesseln von etwa 1,8 m Durchmesser. Sie hatten eine Tiefensteuerung mit 1,5 m langen Tauchflossen, Ballasttanks und aushängbare äußere Ballastgewichte, so daß die Fahrzeuge knapp unter der Wasseroberfläche gehalten werden konnten. Der Kommandant hatte in einer nicht getauchten erhöhten Kuppel durch ein Glasfenster die notwendige Sicht. Der Antrieb erfolgte durch die Kräfte von 8 Mann über eine in Längsrichtung liegende Kurbelwelle auf die Propellerwelle und den für die geringe Drehzahl entsprechend großen Propeller. Das Boot erreichte die Geschwindigkeit von etwa 4 kn (2,1 m/s) und konnte eine halbe Stunde ohne Luftzufuhr getaucht fahren.

Lübecker Hulk, 16. Jh., Modell. Länge über alles um 30 m, Breite etwa 8 m, Tiefgang bis zu 3 m, 150 bis 200 t Tragfähigkeit, etwa 300 m^2 Segelfläche

Hurke: im 15. und 16. Jh. ein spanisch-portugiesisches, aber auch in den Niederlanden gebautes kleineres Frachtschiff, das auch für Kriegszwecke als Transportschiff in größerer Anzahl um 1520 von Holland, Zeeland und Brabant eingesetzt wurde; s. a. *Hulk*.

I

Ilmenau-Ewer: bis Ende des 19. Jh. ein spezieller Segel-Ewertyp für Elbfahrten, besonders im Gebiet der Oberelbe. Den Fahrtbedingungen entsprechend baute man die klinkerbeplankten *Ewer* flachbodig, mit spitzem Bug und Heck als ungedeckte (offene) Frachtsegler. Die Länge über alles betrug üblicherweise etwa 24 m bei einer Breite von 4,5 m und einer Seitenhöhe von 1,30 m; s. a. *Ewer*.

Indien-Schnellsegler, *Indiaman:* in der Segelschiffszeit eine Bezeichnung für bewaffnete Handelsschiffe, die regelmäßig zwischen West- und Nordeuropa und Indien fuhren. Eigentlich handelte es sich jedoch um die Schiffe der englischen »East India Company«, die in der Zeit von 1660 bis 1858 durch staatliche Handelsprivilegien eine Vorrangstellung in der Ostindienfahrt einnahm. Diese Schiffe wurden auch East-Indiamen, Ostindienschiffe und Ostindienfahrer genannt.

Internationales Klassenboot: im Unterschied zu *Nationalen Klassenbooten* sind bei Internationalen Klassenbooten die Merkmale der *Einheits-* und *Konstruktionsklassen* für Sportsegelboote und Rennyachten international gemäß den Festlegungen der International Yacht Racing Union (IYRU) verbindlich; s. a. *Sportsegelboote*.

Island-Schoner: schonerähnlich getakeltes Fischereischiff für die englische, französische, deutsche und in geringem Maße isländische Hochseefischerei in isländischen Gewässern und in der Nordsee. Im Unterschied zu den größeren und meistens dreimastigen *Neufundland-Schonern* fuhren die kleineren Anderthalb- und Zweimaster am Fockmast Rahsegel anstelle der Gaffeltoppsegel. Ein von E. PARIS gezeichneter Riß eines Islandschoners aus der Bretagne, der 1866 aufgenommen wurde, hatte eine Länge über alles von 20,4 m und in der Konstruktionswasserlinie von 18,5 m, eine Breite von 6,5 m, einen vorderen Tiefgang von 1,5 m, einen hinteren Tiefgang von 2,0 m und einen Laderaum von 9,8 m Länge. Fock- und Großmast des Zweimasters hatten jeweils aufgesetzte Stengen und waren mit Gaffelgroß-, Gaffelfock-, Fockmars-, Fockbram-, Großtopp- und Stengenstagsegel getakelt. Das Vorgeschirr bestand aus einem festen Klüverbaum und einem Bugspriet mit kleinem und großem Klüver. Die gesamte Segelfläche lag damit zwischen 300 und 390 m^2, die Besatzung bestand aus 8 Personen.

Nach 1890 gab es auch einige ausländische, in England gebaute Zweimastschoner von 15 bis 20 m Länge, 4,0 bis 5,5 m Breite und 20 bis 50 BRT Rauminhalt.

Ixylon-Segeljolle: eine der bekanntesten, vom Yachtkonstrukteur U. CZERWONKA entwickelten, vom VEB Yachtwerft Berlin in großer Serie mit dem Segelzeichen ᛉ gebauten und vom BDS der DDR als Einheitsklasse anerkannten Segeljollen. Die aus glasfaserverstärktem Polyesterharz im Auflegeverfahren hergestellte slupgetakelte *Jolle* hat mit 2 seitlichen Schwertkästen gute Segeleigenschaften und entsprechend der Bootsgröße eine günstige Bootsraumnutzung. Die Jolle ist 5,10 m lang und 1,82 m breit, der Tiefgang mit Schwertern beträgt 0,77 m. Gefahren wird üblicherweise eine Segelfläche von 12 m^2; durch einen Spinnaker vergrößert sich die Segelfläche um weitere 15 m^2.

Englischer Ostindienfahrer, Mitte 18. Jh, Modell

Indienschnellsegler, Schiffslinien

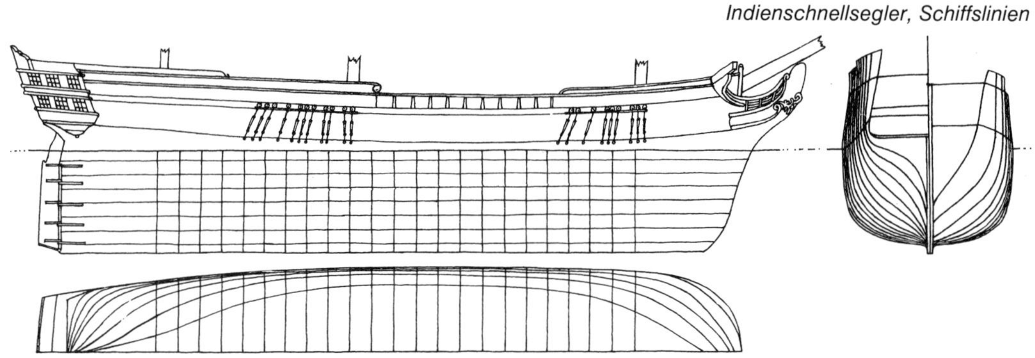

Französischer Island-Schoner aus der Mitte des 19. Jh., Modell

J

Jacht: von der holländischen Bezeichnung *Jagt* bzw. Jaghd übernommene deutsche Schreibweise. International ist jedoch die aus dem englischen stammende Schreibweise *Yacht* üblich.

Jackassbark: ein der *Barkantine* verwandter *Dreimastsegler*, der jedoch am Untermast des Großmastes Schratsegel und an den Stengen Rahsegel fährt. Solche Schiffe wurden im späten

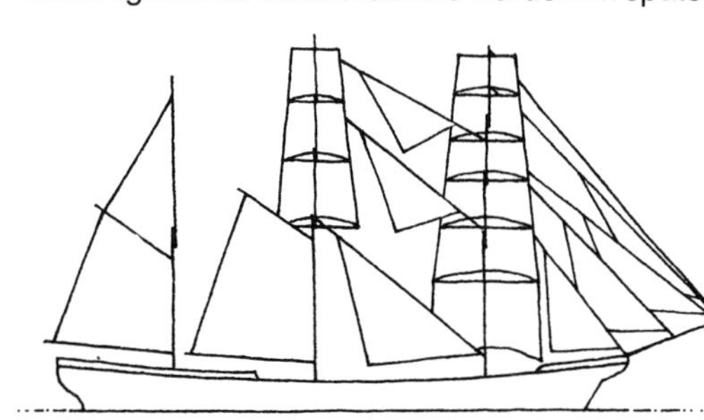

Jackassbark mit Gaffel-Großsegel am Großmast

Island-Schoner, Takelung und Schiffslinien

12-m^2-Werftklasse-Jolle »IXYLON« mit dem Segelzeichen
Quelle: Dewag Berlin

19. Jh. auch als *Viermastschiffe* in der Kap-Horn-Fahrt eingesetzt, wobei die beiden vorderen Maste rahgetakelt waren und die beiden hinteren Maste Schratsegel führten.

Jaganda, *Jangada, Jangade:* ein südamerikanisches Floßfahrzeug mit Dreiecksegel, aber auch ein an der portugiesischen Küste benutztes Floß ohne Segel. Diese Fahrzeuge bestanden nur aus einer Lage miteinander verbundener Stämme.

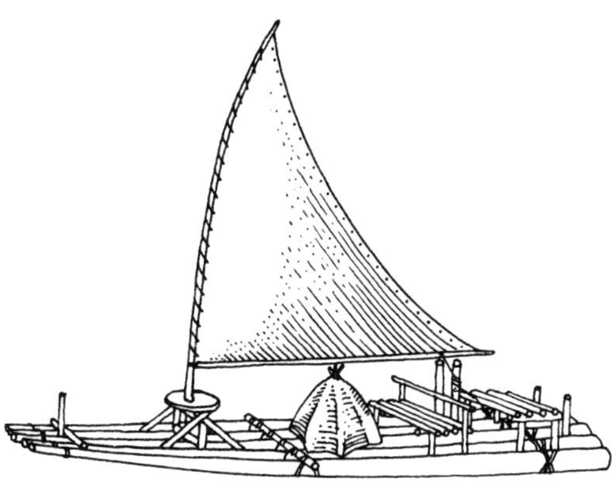

Südamerikanisches Jaganda-Floß

Jaghd, *Jagt*: im 16. und zu Beginn des 17. Jh. eine in Holland entstandene Bezeichnung für einen damals neuartigen dreimastigen holländischen Schiffstyp, der barkähnlich getakelt fuhr (mit Rahsegel an den beiden vorderen Masten und Schratsegel am hinteren Mast). Zu den bekanntesten Jaghden dieser Zeit gehören *»DE HALVE MAEN«* (1607) und die *»MAYFLOWER«* (um 1620).
Für den Verkehr auf den engen Kanälen sowie auf den Flüssen und den Küstengewässern Hollands kamen im 17. Jh. außerdem einmastige kleinere und wendigere Segelfahrzeuge auf, deren Entwicklung teilweise auf bereits gebräuchliche Typen, wie z. B. bei der Bojerjaghd (*Bojeryacht*), aufbaute. Diese Jaghden fuhren meistens mit Gaffel und Spitzsegel, Breitfock und kleinerem Rahtoppsegel. Auch die Admiralsjaghd (s. *Admiralitätsyacht*), die Staatenjaghd (*Staatenyacht*) und die Treckjaghd (s. *Treckyacht*) sind holländischen Ursprungs. Um 1660 erhielt der englische König KARL II. zwei holländische Staatsjaghden, die »BEZAN« mit 35 ts und die »MARY« mit 92 ts Verdrängung zum Geschenk. Beide Jaghden hatten gerundete völlige Bugbereiche und wegen der flachen holländischen Gewässer Seitenschwerter. An Bord befanden sich einige kleine Kanonen in mit Schnitzerei und Goldmalerei verzierten Stückpforten. Bug, Heck und die bei allen holländischen Jaghden typischen zierlichen Heckkajüten mit Fenstern waren ebenfalls reich

»MAYFLOWER«, dreimastige Jaghd um 1620, Modell (s. auch S. 144)

Holländische einmastige Jaghd zu Ende des 17.Jh., Modell

Holländische hochgetakelte Jaghd um die Mitte des 18. Jh., Modell

mit bemalten Schnitzereien geschmückt.
Die »MARY« hatte eine Takelung mit einem baumlosen Großsegel und einer langen hochstehenden, »Halbspriet« genannten Gaffel. Im Unterschied dazu fuhr die »BEZAN« mit der Bezan-Takelage, einem baumlosen Großsegel mit einer sehr kurzen Gaffel. Die heute international übliche Schreibweise Yacht wurde aus dem Englischen übernommen, nachdem der englische Yachtbau eine führende Position erlangt hatte.

Jalibut: ein dreimastiges indisches Handelsschiff.

Jigger: ein mit einem Jiggersegel gefahrenes Fischerboot.

Jolle, *420er Jolle, 470er Jolle:* kleines, i. allg. rundspantiges Boot ohne Balkenkiel; die Bezeichnung Jolle ist vom norwegischen Wort »jöll« (ausgehöhlter Trog) abgeleitet. Bis zum 19.Jh. wurden Jollen als Spitzgattboote, danach mit dem typischen Spiegelheck gebaut. Bei der Marine war die Jolle ein kleines, rundgebautes Beiboot im Unterschied zur größeren, völligeren *Barkasse* und zum schnellen, schlanken *Gig*.
Die Segeljolle ist als Wander- und Rennjolle insbesondere auf Binnengewässern sehr beliebt. Neben der Rundspantjolle sind auch verschiedene andere Spantformen üblich. Als Segelsportboote sind Jollen i. allg. formstabile, offene Schwertboote ohne Balkenkiel und ohne festen Ballast. Ältere Binnenjollen hatten meistens einen geraden Steven, moderne Jollen werden demgegenüber üblicherweise mit geschwungenem, vorgeneigtem Bug gebaut.
Größere *Schwertjollen* (nicht *Kielschwertboote*) mit Kajütenaufbau werden als *Jollenkreuzer* bezeichnet.

Lühejolle von 10m Länge mit kippbarem Pfahlmast, Gaffelsegel und Stagfock, 1949

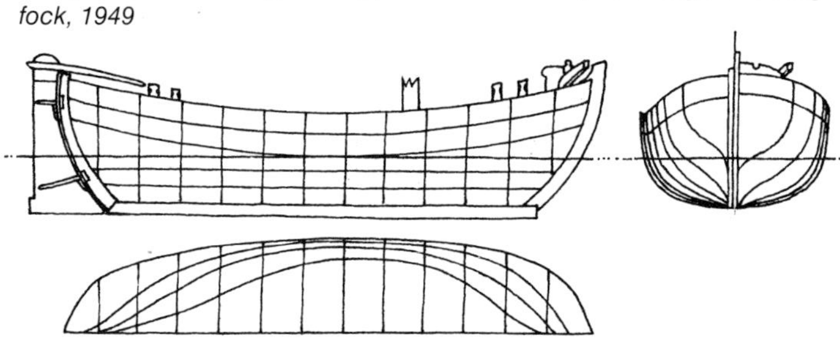

Lühejolle von 1949, 10m Länge über alles, Linienriß

Die 420er Jolle ist ein von der IYRU international anerkanntes Zweimann-Jugendklasse-Schwertboot von rund 100kg Eigenmasse, 10,25 m^2 Segelfläche, einer Länge von 4,20m, 1,64m Breite und einem Tiefgang mit Schwert von 0,97m, entworfen vom französischen Bootskonstrukteur CHRISTIAN MAURY. Mit Bezug auf die Bootslänge führt die Jolle als Segelzeichen die schräg geschriebene Zahl »420«.
Die 470er Jolle ist ebenfalls ein von der IYRU inter-

national anerkanntes Zweimann-Jugendklasse-Schwertboot, das außerdem ab 1976 zu den Olympischen Spielen zugelassen ist. Das Boot ist 4,70 m lang, 1,68 m breit, hat einen Tiefgang mit Schwert von 1,05 m und eine Segelfläche von 12,70 m^2. Die Konstruktion stammt aus dem Jahre 1963 vom Bootskonstrukteur A. CORNU. Als Segelzeichen führt die Jolle eine auf die Bootslänge hinweisende Zahl »470«, s. a. Tafel *Sportsegelboote*.

Lühejolle »DER JONGE HINRICH«, 1832

Jollenkreuzer: mit Wohn- und Schlafkajüte versehene größere *Schwertjolle* für längere Fahrten auf Binnengewässern. Zu den bekanntesten gehören der 15-m^2-, 20-m^2- und 30-m^2-Jollenkreuzer. Der 15-m^2-Jollenkreuzer gehört als Touren- und Regattaboot für Binnengewässer zur Konstruktionsklasse mit dem Segelzeichen »P«, entworfen wurde er vom Konstrukteur W. KESSLER. Das Boot kann in Rund- und Knickspantbauweise 6,50 m lang, 2,08 m breit mit einer Verdrängung von 0,8 m^3, einer Nennsegelfläche von 15 m^2 und einer Takelungshöhe bis zu 7,50 m gebaut werden. Die Kajüte hat zwei Schlafplätze, zu Regatten sind 2 Personen zugelassen. Weiter gehört zur *Konstruktionsklasse* der 20-m^2-Jollenkreuzer, der für Binnen- und Küstengewässer zugelassen ist und als Segelzeichen ein großes schwarzes »R« trägt. Dieser Jollenkreuzer ist 7,75 m lang, 2,15 bis 2,50 m breit bei einer Verdrängung von etwa 1 m^3, einer Nennsegelfläche von 20 m^2 und einer Takelungshöhe bis zu 8,50 m. Die Kajüte hat üblicherweise ebenfalls 2 Schlafplätze, die zugelassene Stärke der Rennbesatzung beträgt jedoch 3 Personen.
Zur Konstruktionsklasse gehört als drittes Boot der 30-m^2-Jollenkreuzer mit einer Länge bis zu 9 m und 2,6 m Breite sowie einer Nennsegelfläche von 30 m^2 bei Takelungshöhen bis zu 10,5 m. Dieser Jollenkreuzer trägt als Segelzeichen das »B« und wird bei Regatten von 4 Personen gesegelt. Aus der großen Gruppe der Werft- oder *Revierklassen* ist insbesondere ein Jollenkreuzer

Sport-Segeljolle »YOXY«, Länge über alles 5,0 m, Breite 1,77 m, Tiefgang Rumpf 0,18 m, Großsegel 8,4 m^2, Fock 4,3 m^2, Spinnaker 12,0 m^2 [5]

mit einem Stahlbootskörper von 8 m Länge und 2,4 m Breite, einer Segelfläche von 25 m^2 und einem Blitz als Segelzeichen unter der Bezeichnung *»Blitz-Jollenkreuzer«* auf der Unterelbe besonders bekannt geworden; s. a. Tafel *Sportsegelboote*.

Jollyboot: ein besonders in England und den USA gebräuchliches Einheits-2-Mann-Sportsegelboot mit dem Segelzeichen »J«, entwickelt vom Konstrukteur U. FOX. Das Boot ist 5,49 m lang, 1,57 m breit, es hat einen Rumpftiefgang von 0,20 m und einen Tiefgang mit ausgeschwenktem Schwert von 1,42 m.

Jot-Yachtklasse, *J-Yachtklasse*: große Segel-Rennyachten mit dem Segelzeichen »J« der *Internationalen Klasse*, nahmen insbesondere an den bei England und Irland ausgetragenen Regatten um den Americacup teil. Der Rennwert R errechnete sich nach einer 1906 aufgestellten »Universalformel« $R = 0{,}18L \cdot \sqrt{S} / \sqrt[3]{D}$ mit L für die Länge, D für Deplacement und S für die Segelfläche.
Bekannte J-Yachten der Amerika-Pokalsegler waren die »ENTERPRISE«, »RAINBOW« und »RANGER« sowie die englischen »SHAMROCK V« »ENDEAVOUR« und »ENDEAVOUR II«. Die große amerikanische J-Rennyacht »RANGER« gewann 1937 im letzten großen Rennen vor dem

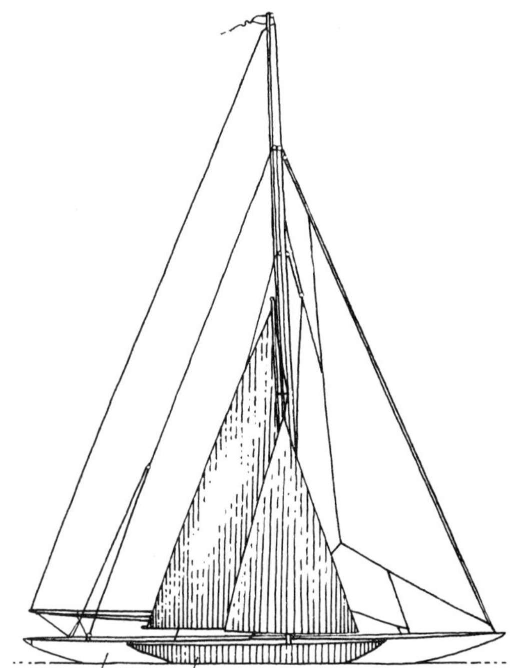

Größenvergleich der J-Klasse (1) und der 12-m-R-Klasse (2)

Zweiten Weltkrieg den Pokal. Sie hatte eine Länge über alles von 41,54 m, in der Wasserlinie war sie 26,51 m lang. Die Breite betrug 6,36 m und der

Tiefgang 4,57 m. Der 50 m hohe Leichtmetallmast trug eine Gesamtsegelfläche von 701 m^2. Der ebenfalls aus Leichtmetall gebaute Großbaum war von dreieckigem Querschnitt, seine obere Fläche war breit genug zum Begehen und um das Großsegel aerodynamisch günstig gewölbt festzumachen. Eine weitere Neuerung waren trapezartige Vorsegel mit 2 Schothörnern bzw. Schoten zum Steifhalten der Großfock. Durch Krieg und Nachkriegszeiten wurden die Rennen der Großyachten für Jahrzehnte unterbrochen. Um für weitere Rennen die Yachtgrößen sinnvoll zu begrenzen, gab es seit 1957 geänderte Vorschriften, nach der die teilnehmenden Yachten einer J-12-Regattaklassenyacht entsprechen mußten. Für die J 12 war die Länge auf etwa 21 m und die Segelfläche auf 180 bis 200 m^2 festgelegt. 1958 fand das erste Rennen dieser Klasse um den Amerikapokal mit neuentwickelten Yachten statt.

Jugendklassenboote: zu den gebräuchlichsten Sportsegelbooten der Jugendklasse gehören die *OK-Jolle*, die *Cadettklasse* und die 420er-Jolle. Als Sportsegelboot für Kinder ist wegen der einfachen Bedienung als Jüngstenboot die *Optimist-Jolle* besonders beliebt; s. a. Tafel *Sportsegelboote*.

Jugend-Kutter: offenes seetüchtiges Ausbildungs-, Ruder- und Segelboot von etwa 8,5 m Länge für 10 Ruderer und einen Steuermann. Beim üblichen Kutterrudern wird eine Wettkampfstrecke von 1000 m und beim Langstreckenrudern mindestens 5000 m gerudert. Zur Besegelung für das Kuttersegeln gehören 2 Maste, früher mit Luggersegeln, heute mit Gaffeltakelung. Neben Rudern und Segeln gehören notwendige seemännische Verrichtungen zur Ausbildung.

Junke: siehe Dschunke

* * *

»MAYFLOWER«: berühmter dreimastiger, barkähnlicher bzw. in der Art der dreimastigen holländischen *Jaghd* getakelter Segler, mit dem im Jahre 1620 insgesamt 105 Puritaner, die »Pilgerväter«, und die Besatzung von etwa 25 Personen England verließen, um sich in den Neuenglandstaaten anzusiedeln. Die »MAYFLOWER« war eine im Vergleich zu den spanischen Galeonen nicht mehr so schwerfällig gebaute englische Galione mit einer Tragfähigkeit von etwa 180 t, so daß durchaus holländische Einflüsse möglich sind. Das Schiff erreichte nach einer Überfahrt von 67 Tagen unter Kapitän CHRISTOPHER JONES glücklich die nordamerikanische Küste. Die Pilgerväter gründeten nach ihrer Ankunft in Provincetown Harbour am 11. November 1620 die erste Dauerkolonie im Bereich des heutigen Plymouth/Massachusetts, USA. Auf Initiative des Vereins »Plimoth Plantation« in Plymouth erfolgte 1955 ein Nachbau, der als Museumsschiff dienen sollte. Trotz fehlender Originalunterlagen war man um einen originalgetreuen Nachbau durch Nutzung zeitgenössischer Angaben bemüht, mußte jedoch einige Veränderungen, insbesondere größere Deckshöhen zulassen, um heutige Stehhöhen zu erreichen und das Schiff als Museumsschiff nutzen zu können. Der Nachbau wurde mit folgenden Daten erbaut: Länge über alles etwa 40,0 m, Länge in der Wasserlinie 24,2 m, größte Breite über Barghölzer 7,8 m, Tiefe im Raum 3,3 m, Seitenhöhe 5,5 m, Segelfläche insgesamt 470 m^2. Der Fock- und Großmast wurden rahgetakelt mit jeweils Unter- und Marssegel. Der Besanmast erhielt ein Lateinsegel; außerdem war eine Blinde am Bugspriet. Bei der Überfahrt von England nach New York im Jahre 1957 wurden 53 Tage für die 5420 gefahrenen Seemeilen benötigt. Der endgültige Liegeplatz der »MAYFLOWER II« ist seit 1958 Plymouth (Mass.) in den USA. Bild S. 141

J-Klasseyacht »ENDEAVOUR II«

J-Klasseyacht »RAINBOW«

K

Kaag: ein bereits im Mittelalter an der Nordseeküste bekannter flachbodiger, einmastiger Schiffstyp mit ausfallendem Vorsteven, rechteckiger Kimm und Seitenschwertern. Die etwa 15m langen Fahrzeuge wurden noch im 17.Jh. auch auf Flüssen in der Frachtfahrt und für die Fischerei genutzt. Ursprünglich fuhren sie mit Sprietsegeln und seit dem 18.Jh. mit Gaffelsegeln getakelt. Noch bis zur Mitte dieses Jahrhunderts gab es einen größeren Kaagtyp von 80 bis 100t Tragfähigkeit in etwas modernerer Form in Dänemark.

Holländischer Kaag mit Sprietsegel um 1760, Modell

Kaffen-Flußlastschiff: kleines bis mittelgroßes Frachtschiff für die Fluß-, Binnen- und Wattenschiffahrt mit flachem oder leicht gerundetem Schiffsboden ohne Kiel und Steven. An den Schiffsenden ging der Schiffsboden in stevenähnlich hochgezogene Ausläufe über, die als »Kaffen« bezeichnet wurden. Je nach Breite und Form der Schiffsenden unterschied man Spitz- und Rundkaffenfahrzeuge.
Begünstigt durch die einfache Schiffsform war die Kaffenbauweise schon sehr frühzeitig (bereits im 12.Jh.) verbreitet. Siegeldarstellungen aus dem Mittelalter zeigen Flußlastschiffe, deren Kaffen mit zusätzlichem Tauwerk umschnürt waren, um die Planken an den Schiffsenden zusätzlich zusammenzuhalten und Wasserschläge bei Schiffsbewegungen zu dämpfen. Für einfache Lastschiffe auf Binnenwasserstraßen war die Kaffenbauweise auch noch bis ins 19.Jh. üblich, letzte Kaffenkähne wurden an der Uecker z.B. noch um 1900 gebaut.

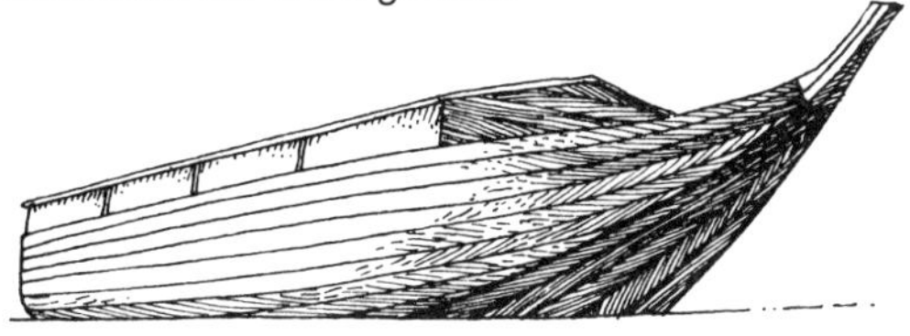

Flußschiff mit Spitzkaffe

Kahn: allgemeine Bezeichnung eines für Flüsse, Binnen- und Hafengewässer einsetzbaren kleinen, flachbodigen ungedeckten Ruderbootes. Aber auch bis zu mehreren hundert Tonnen Fracht tragende, ungedeckte flachbodige Binnen- und Küstenschiffe, zum Teil mit Segelantrieb, werden als Kähne bezeichnet.
Der Begriff Kahn, auch kane, cane u.a., gehörte z.B. im deutschen Küstengebiet der Ostsee zu den ältesten urkundlich bezeugten Bootsbezeichnungen. So war der »Boomkahn« ein einbaumähnliches Boot, der »hafcan« lt. Anklamer Zollrolle aus dem Jahre 1302 ein Getreidetransportschiff für die Haffgewässer oder der »can« in der Hansezeit ein *Leichter*. Segel-Lastkähne, sogenannte Stevenkähne, waren noch bis zum Anfang des 20.Jh. im Ostseegebiet weit verbreitet. Die großen Haffkähne hatten bis zu 3 hohe Pfahlmasten ohne Wanten, große Viereck- oder Gaffelsegel und schwenkbare Seitenschwerter. Die Fischerei benutzte in Mecklenburg und Pommern ebenfalls Haff- oder Stevenkähne. So ist bis in unsere Zeit der im Raum Stralsund/Rügen um 1449 erstmals erwähnte *Zeeskahn* für den Schleppnetzfischfang und auch der Tuckerkahn erhalten geblieben. Die Bezeichnung Kahn blieb

Anderthalbmastiger Segel-Lastkahn des 19.Jh., Modell

nicht auf den Ostseeküstenraum begrenzt.
Auf den in die Nordsee mündenden Flüssen wurden verschiedene Kahntypen verwendet. Besondere Bedeutung hatten wegen der regen Hochseeschiffahrt nach Bremerhaven, Vegesack und Bremen die auf der Weser als Leichterfahrzeuge verwendeten Weserkähne. Ein kleinerer Lastkahntyp (um 1820 betrug die Tragfähigkeit etwa 6 Lasten, d. h. 12t), der als *»Stecknitzkahn«* bezeichnet wurde, verkehrte auch zwischen Hamburg und Lübeck. Bedeutend größer (bis zu 240t Tragfähigkeit) waren die »Rheinkähne«, die im holländischen Gebiet auch als »Kahnaak« bezeichnet wurden. Noch größere rheinische Fahrzeuge (z. B. 265t Tragfähigkeit) nannte man allgemein »Kahnschiff«. Die langen, schmal und flach gebauten rheinischen Lastkähne und Kahnschiffe segelten als *Anderthalbmaster*. Übliche Abmessungen waren: Länge etwa 42m, Breite etwa 6m, Seitenhöhe 1,6m und Tiefgang ungefähr 1m. Der flache, kraweel gebaute Schiffsboden stieg an den Schiffsenden leicht gekrümmt und zugespitzt an, die Seitenwände waren klinkerbeplankt.
Ein weiterer Kahntyp ähnlicher Bauweise, jedoch von geringerer Größe war der »Maaskahn« für die Schiffahrt auf der Maas. In Europa bekannt war weiter die Bezeichnung »Treidelkahn« für Fahrzeuge, die von Treidelpfaden an den Flüssen bei stärkerer Strömung oder bei Windstille durch Zugtiere oder Menschen stromauf getreidelt (gezogen) wurden. (s. a. *Aak*)

Kahnschlitten: kleiner Gleitkasten (etwa 2m lang und 0,6m breit), der als Hilfsmittel zum Überqueren von Sumpf- und Schlickgelände benutzt wird. Wattenfischer, Muschelsammler und -züchter verwenden Kahnschlitten während der Ebbe, um über den weichen Wattenboden zu den Fang- oder Sammelstellen oder Zuchtanlagen zu gleiten. Mit einem Bein stehen oder knien sie auf dem Gerät und stoßen sich mit dem anderen Fuß ab.
Der Kahnschlitten kann zu den ältesten europäischen Vorrichtungen gerechnet werden, die der Mensch seit Jahrtausenden zur Nahrungsgewinnung an Stränden benutzte. Aus dem Mittelalter wird u. a. berichtet, daß die reichlichen Muschelvorkommen an den französischen Küsten schon sehr früh zur Muschelzucht anregten. So soll 1235 der Ire PATRIK WALTEN nach Schiffbruch mit seiner Barke an der französischen Küste pfahlbauartige Miesmuschelkulturen angelegt haben.

Kaik, *Kaike, Kaiak, Kajik:* ein im Schwarzen Meer und östlichen Mittelmeergebiet seit dem 16. Jh. bekanntes Ruderboot in Planken-, Kiel- und Spantenbauweise. Die Ruderer auf einem Kaik nannte man »Kajiktschi«. Größere Boote ähnelten der arabischen *Dau*, sie konnten gerudert und als *Anderthalbmaster* mit Lateinsegel gesegelt werden.
Im 17. und 18. Jh. (auch als »Halbgaleere« bezeichnet) wurden die wendigen Fahrzeuge häufig von Türken- und Kosakenkorsaren im Schwarzen Meer als »Caique« benutzt. Anfang des 19. Jh. verwendete man die Bezeichnung für eine Galeerenschaluppe, die auch häufiger als *»Barke«* bezeichnet wurde.

Türkische Kaik mit Rah- und Lateinsegel

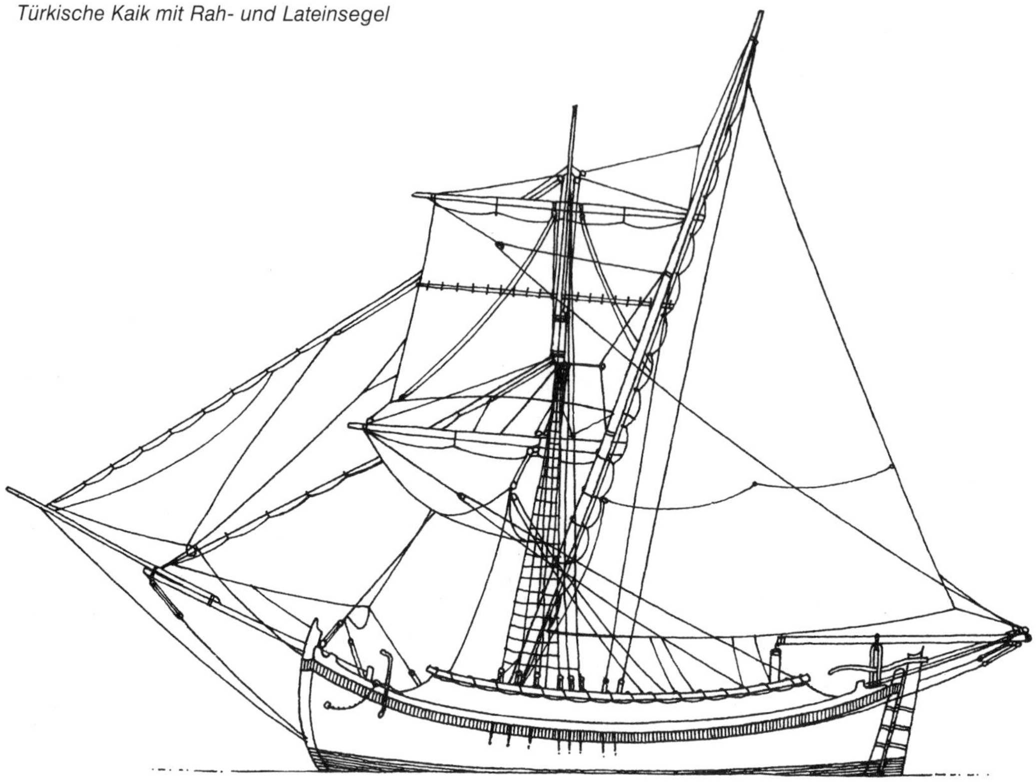

Kajak: Jagdboot in den Polargebieten Amerikas und Grönlands, bis hin zu den Aleuten sowie im nordöstlichen Sibirien bis zu den Tschuktschen gebräuchlich. Die bekannteste Verbreitung haben die aus Grönland stammenden Eskimoboote gefunden. In seiner ursprünglichen Form war der Kajak ein Fell- oder Lederboot mit einem Gerippe aus Treibholz, Wal- und Seehundknochen sowie Fischgräten und einem wasserdichten Überzug aus Seehund- und Walroßleder. Die Bespannung des Bootes wurde mit Lederriemen so vernäht, daß nur eine dem Körperdurchmesser angepaßte runde Öffnung verblieb. Der im Boot sitzende Jäger trug eine aus Häuten und Fellen gefertigte anorakähnliche Oberbekleidung. Durch Verschnüren der manschettenartigen Bootsöffnung am Körper wurde nahezu ein wasserdichter Verschluß erzielt. Zur Ausrüstung gehörten das Doppelpaddel und die in Griffweite am Boot mit Lederriemen angebundenen Jagdgeräte wie Harpune, Fangspeer und Schwimmblase. Die runde bzw. U-förmige Spantform des Kajaks und die Abdichtung ermöglichten auch eine besondere Technik des Wiederaufrichtens gekenterter Boote, die sogenannte »Kajakrolle«, ohne daß der Insasse das Boot verläßt.
Die übliche Länge des Eskimokajaks betrug etwa 5 Meter. In einigen Gegenden der Aleuten und Südalaskas gab es auch Kajaks für 2 oder 3 Personen. Noch heute entsprechen teilweise Kajaks der Eskimo und Tschuktschen – auch bei Einsatz moderner Werkstoffe für Spanten und Außenhaut – dem ursprünglichen Kajak-Prinzip.
Mitte des 19. Jh. diente der Eskimokajak als Vorbild für die Entwicklung von Sportkajaks. Diese Sportart entwickelte sich im Laufe der Jahrzehnte zu verschiedenen Disziplinen, zu denen alle Boote zählen, in denen die Sportler in Blickrichtung stehen, sitzen oder knien und Stech-, Einfach- oder Doppelpaddel benutzen, im Unterschied zum Ruderrennsport, bei dem Riemen und Skulls verwendet werden. 1934 wurde der Kajaksport vom Olympischen Komitee als olympische Disziplin anerkannt, und es fand bereits im gleichen Jahr der erste Kajakslalom in Österreich auf der Donau statt. Besondere Beliebtheit errang auch der Kanuten- und Wildwassersport. Der allgemeine Sportkajak ist als Faltboot in Schalen- oder Plastbauweise hergestellt. Für offizielle Sportwettkämpfe sind jedoch kleine Faltkajaks zugelassen. Gebräuchliche Klassen und Abmessungen von Sportkajaks sind der Einerkajak mit einer maximalen Länge von 5,20m, einer minimalen Breite von 0,51m und einer Bootsmasse von 12kg, der Zweierkajak mit einer maximalen Länge von 6,50m, einer minimalen Breite von 0,55m und einer Bootsmasse von 18kg sowie der Viererkajak mit einer maximalen Länge von 11m, einer minimalen Breite von 0,60m und einer Bootsmasse von 30kg.

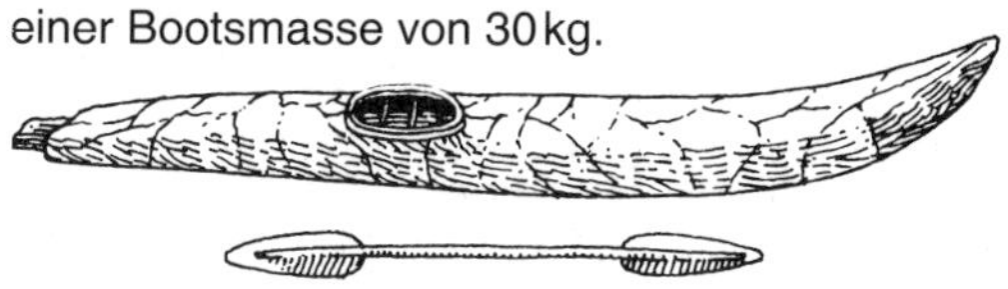

Kajak von den Aleuten

Kalabassen-Kellek: eine aus zusammengekoppelten Flaschenkürbissen gebildete schwimmende Floßplattform, die vorwiegend in Vorder- und Hinterasien und an der Westküste Amerikas verwendet wurde; s. a. *Kürbisfloß*.

Kalakkufloß: ein bereits im Altertum in Babylon bekanntes Tierbalgfloß. Aufgeblasene Hammelhäute wurden gebündelt und durch ein Rutenholzgeflecht verbunden.

Kalmar-Bootsfund: Reste von mehreren Booten und Schiffen, die in der Nähe des Schlosses

Grönländischer Eskimokajak [11]

Kalmar an der schwedischen Südostküste gefunden wurden und für die Rekonstruktion eines offenen Segelbootes aus der Mitte des 13. Jh. trotz des fehlenden Mastes ausreichten. Das Boot hat eine Länge von 11,2 m und eine Breite von 4,6 m und damit das relativ kleine L/B-Verhältnis von 2,45 m.
Der Fund bestätigt die aus anderen Quellen bekannte Bauweise solcher Boote im Mittelalter. So sind am Kalmar-Boot die Decksquerbalken durch die Seitenwände durchgezogen, wie aus vielen Schiffsdarstellungen aus gleicher Zeit (Dunwich um 1200; Danzig um 1300; Hythe 13. Jh.; Rye um 1400; Southampton um 1400) bekannt ist. Zusätzlich sind diese Decksbalken an der Bordwand mit Winkelhölzern befestigt. Eine besondere Einzelheit ist eine am Bug vorhandene hölzerne Gabelstütze zur Aufnahme des umgelegten Mastes. Das Segelboot von Kalmar hat, wie zu dieser Zeit alle nördlichen Boote, einen geklinkerten Rumpf und ist fast ganz aus Eiche hergestellt. Die Spanten sind entsprechend der Klinkerbauweise angepaßt und mit den Planken vernietet.

»Kamel«: schwimmdockartige Hebepontons, die zum Verringern des Tiefgangs von Schiffen dienten. Die 2 hölzernen Schwimmkörper, zwischen denen das anzuhebende Schiff so eingeschwommen wurde, daß sich längsseits je 1 Ponton befand, mögen an das Kamel als Lasttier mit seinen beiden Höckern erinnert haben. Mit Hilfe zusätzlicher Auftriebskörper Untiefen zu überwinden, gehört zu den bedeutenden holländischen Erfindungen des 17. Jh. Infolge der Untiefen und Versandung der Flußmündungen konnten größere Segelschiffe die damaligen holländischen Häfen nur noch geleichtert oder mit Hilfe von »Kamelen« anlaufen. Die dazu benötigten »Kamele« waren stabile Holz-Hohlbauten, ausgesteift und in Abteilungen unterteilt. Die lichte Breite zwischen den inneren Seitenwänden mußte etwas größer als die Breite des Schiffes sein, die Pontonlänge betrug etwa 40 bis 50 m. Das Absenken des Hebedocks erfolgte durch Fluten der Abteilungen. Zum Anheben wurden starke Trossen unter dem Schiff oder unter Balken, die durch die Geschützpforten durchge-

Das Kalmar-Boot an der Fundstelle

Rekonstruiertes Kalmar-Boot

steckt wurden, hindurchgezogen. Nach Aufnahme des Schiffes wurden mit Hand-Lenzpumpen die Pontons soweit geleert, bis Dock und Schiff ausreichend aufschwammen. Das erste »Kamel« soll 1688 in Amsterdam gebaut worden sein, »Kamele« waren bis 1825 in Betrieb.

Kanadier: leichtes offenes Sportboot mit bauchigen Spantformen und eingezogenem Steven, ähnlich den *Kanus* der kanadischen Eingeborenen, die ihre Boote in Schalenbauweise, in einigen Gebieten Nordamerikas auch aus geeigneter Baumrinde, mit großem handwerklichen Geschick herstellten. An den Enden vernähten sie die Bootshüllenteile geschickt miteinander, so daß eine günstige Form mit scharfen Schiffsenden, hohlen Wasserlinien, geschwungenem Seitbord und verhältnismäßig hohem Sprung vorn und achtern entstand. Die Fortbewegung und das Steuern erfolgte ähnlich wie bei den heutigen modernen Sportkanadiern in Fahrtrichtung kniend oder sitzend mit dem Stechpaddel. Für Wettkampfkanadier sind besondere Disziplinen, Abmessungen und Massen vorgegeben:

RCI – Rennkanadier-Einer: Länge 5,20 m, Breite 0,75 m, Masse 20 kg
SIC I – Slalomkanadier-Einer: „ 4,00 m, Breite 0,80 m,
WRC I – Wildwasserrennen-Einer: „ 4,30 m, Breite 0,80 m,
RC II – Rennkanadier-Einer: „ 5,20 m, Breite 0,75 m, Masse 20 kg
WRC II – Wildwasserrennen-Zweier: „ 5,00 m, Breite 0,80 m,
RMC – Renn-Mannschaftskanadier: „ 11,00 m, Breite 0,95 m.

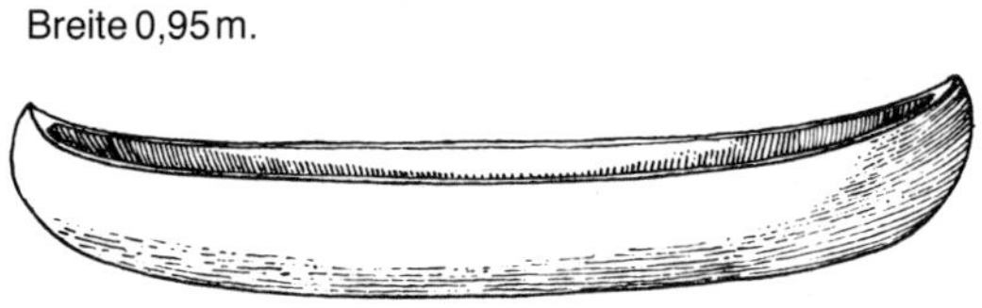

Kanadier, Urform des offenen kanadischen Kanus

Kan-Ch'wan: chinesisches Segel-Flußboot mit einer Tragfähigkeit von 30 bis 40 t, das für ein Befahren von Flüssen mit größerer Strömung, Wirbeln und Stromschnellen geeignet war. Das Boot war schmal gebaut, hatte bauchige Spanten, und die Schiffsenden waren ähnlich wie bei großen kanadischen *Kanus* scharf gebaut mit eingezogenen Steven und großem Sprung. Gesegelt wurde als Anderthalb- oder Zweimaster. Der kleinere Mast stand sehr weit hinten. Die gesamte Länge zwischen den beiden Masten war meistens durch eine gedeckte Hütte überbaut.

Kanonenboot, *Kanonenjolle, Kanonenschaluppe:* im 18. und bis zur Mitte des 19. Jh. die Bezeichnung für offene, flachgehende und relativ breit gebaute Ruderboote, die mit 1 oder 2 leichten Geschützen für den Schutz der Küsten, Buchten und Häfen bestimmt waren. So besaß u. a. die preußische Marine 1840 bis 1848 Kanonenjollen von etwa 15 m Länge bei etwa 3,2 m Breite mit 20 Riemen und einer 60-Pfünder-Bombenkanone. Für längere Fahrten hatten die Boote zwei umlegbare Maste mit Luggertakelung. Schwedische Kanonierschaluppen um 1810 führten 2 Stück 24-Pfünder und hatten eine

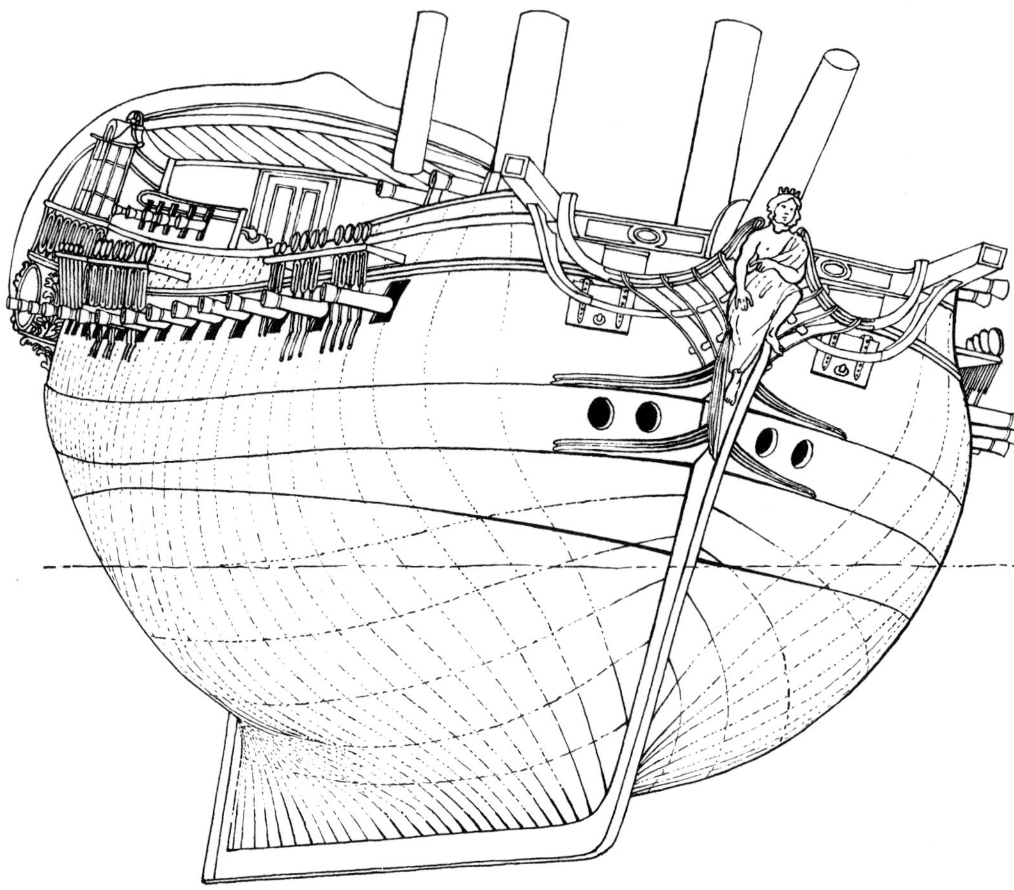

Bugansicht eines dreimastigen Kaperschiffes um 1700 bis 1750

Länge von etwa 20 m bei 4,5 m Breite. Ihr Antrieb erfolgte durch 12 Riemen.
Die in den Jahren 1848 bis 1849 in Holzkraweel- und auch schon in Eisenbauweise verwendeten Kanonenschaluppen Preußens hatten etwa 40 t Verdrängung bei 19,2 m Länge und 3,4 m Breite. Der Antrieb erfolgte durch 26 Riemen für je 2 Mann und Luggertakelung mit 3 umlegbaren Masten mit insgesamt etwa 120 m^2 Segelfläche. Die Bewaffnung bestand aus 1 Stück 24-Pfünder- und 1 Stück 25-Pfünder-Karronade. Kanonenboote waren jedoch nur bis etwa Windstärke 4 einsetzbar, und die Besatzung konnte nachts nicht an Bord bleiben. Der Begriff Kanonenboote wurde auch für dampfgetriebene Fahrzeuge verwendet.

Kanu: einbaumartiges Boot der Naturvölker aus dem karibischen Raum. Diese Einbäume wurden »canoa« genannt, eine Bezeichnung, die für spätere Einbäume, aber auch Nichteinbäume, wie das kanadische Kanu, übernommen wurde. Bei der Urbevölkerung auf Haiti waren Boote mit einer Länge bis zu 30 m für rund 80 Ruderer bekannt. Das kanadische Kanu wurde als Sportboot *(Kanadier)* in der ganzen Welt bekannt und gehört seit der Jahrhundertwende auf Flüssen und Seen Europas zu den beliebtesten Wassersportfahrzeugen. In Deutschland wurde 1914 der erste deutsche Kanuverband gegründet. Der Begriff Kanusport umfaßt heute den Kanu-, Faltboot- und Kajaksport. Beim Kanusport werden gegenüber dem Rudersport die Boote durch Stech-, Einfach- oder Doppelpaddel fortbewegt.

Kaperschiff, *Kaper:* zum Kapern, d. h. zum Erbeuten oder Aufbringen gegnerischer Schiffe oder zum Stören von Schiffahrt, Wirtschaft, Versorgung und Nachschub des Gegners eingesetztes kleineres schnelles Schiff oder zum Hilfskriegsschiff umgerüstetes Handelsschiff, das unter Umständen besonders getarnt war. Berühmtheit erlangten einige von verschiedenen Regierungen in Auseinandersetzungen um politische und ökonomische Vormachtstellungen geförderte und durch Kaperbriefe zur Seeräuberei im Frieden bevollmächtigte Freibeuter, wie Sir FRANCIS DRAKE oder PIERRE LE TURE (1782). Gekaperte Schiffe wurden überfallen, gestoppt, durchsucht und bei lohnender Beute sowie günstigem Aufbringungsort durch ein Prisenkommando in von den Kaperern beherrschte Gebiete gebracht oder, wenn das nicht möglich war, versenkt. Seit der Pariser Deklaration von 1856 ist die Kaperei völkerrechtlich unzulässig.

Karacke: vom 14. bis zum 17. Jh. einer der bedeutendsten Segelschiffstypen des Mittelmeeres. In der ersten Hälfte des 14. Jh. wird der Schiffstyp als »carraca« erstmals in Genua erwähnt. Im Verlaufe des 15. bis Anfang des 17. Jh. gab es diese Schiffe im Gebiet des Mittelmeeres, der iberischen Halbinsel und auch in nördlichen europäischen Gewässern als Handelsfahrzeug und als Kriegsschiff. Ursprünglich waren die Karacken mit jeweils einem großen Rahsegel an Fock- und Großmast getakelt, spätestens in der ersten Hälfte des 16. Jh. wurden jedoch bereits Marssegel gefahren. Vom Typ her waren die Karacken schwer gebaut mit einem kastellartigen Aufbau im Vorschiff und einem relativ langen Heckaufbau, der meistens schon in Höhe des

Karacke

1 *Karacke aus Breydenbachs »Pilgerreise« 1486*
2 *Schiffsrumpf einer »Carrack« nach B. Bonfigli, Perugia, Mitte 15. Jh.*
3 *Bestückung im 16. Jh. – Hinterladerkanone in Holzbettung*
4 *Karacke nach Meister W✝ um 1475*
5 *Mars einer Karacke*
6 *Bretonische »Caracca«, 16. Jh.*

1

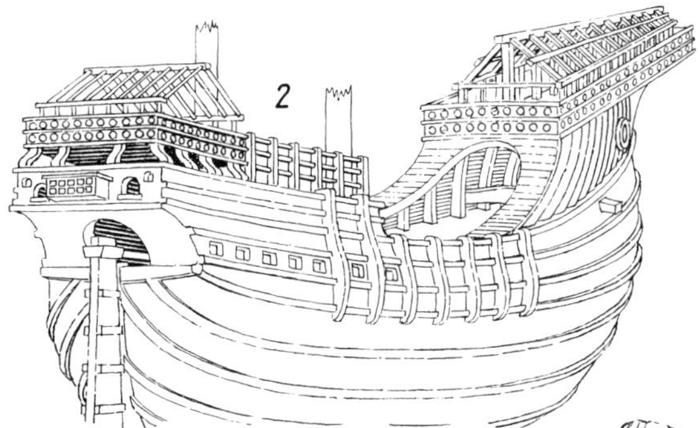
2

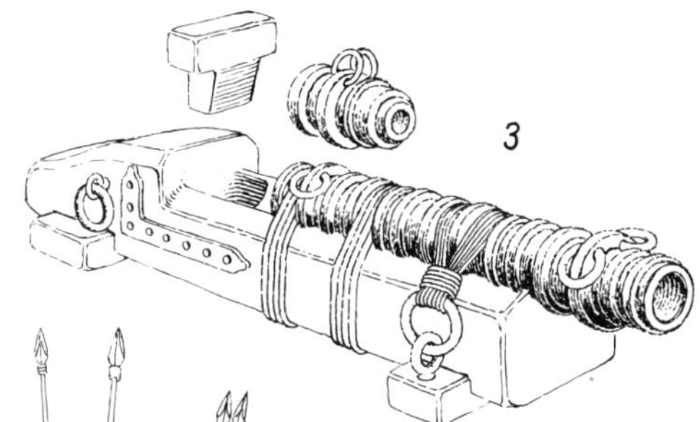
3

4

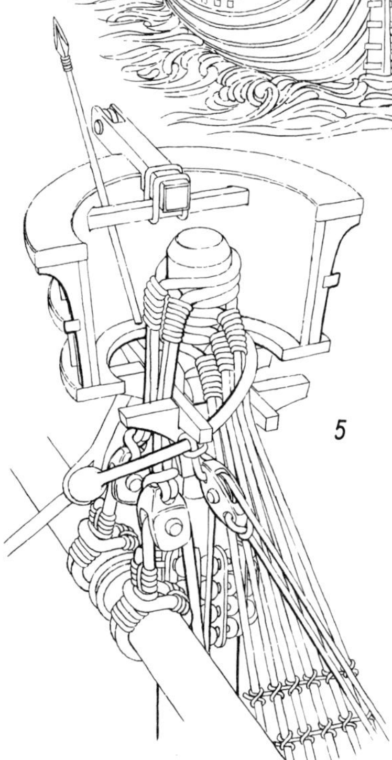
5

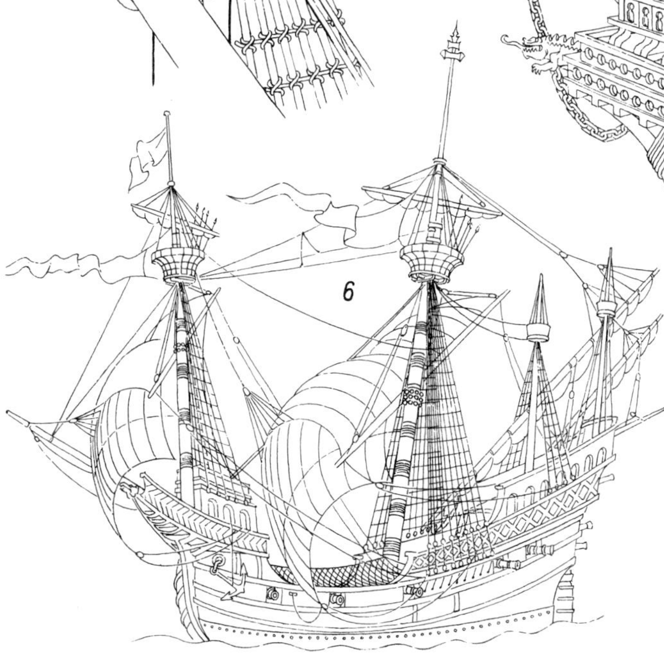
6

Karavelle

1 Französische Karavelle nach Jacques Devaulx 1583
2 Schwedische Karavelle um 1560
3 Bonnet, Antuchung mit Reihleine
4 Spanische Karavelle, Arquivo de Sevilha
5 Lateinkaravelle 1520, nach einer portugiesischen Karte von Lopo Homen
6 Portugiesische Karavelle, 1492, mit Quer- und Lateinsegel, nach Fernando Colombo
7 Quersegelkaravelle nach einer portugiesischen Seekarte, 15. Jh.
8 Portugiesische Karavelle 1492, nach Fernando Colombo
9 Karavelle »Redonda« 1570 aus dem Atlas »Theatrum Orbis Terrarum« des Abraham Ortelius
10 Eine Karavelle Kaiser Karls V. vor Tunis 1535
11 Kiel, Spanten und Arcasse einer Karavelle nach Fernandes, 1616
12 Lateinsegelkaravelle 1490 nach Simão Bening
13 Längsschnitt durch eine Lateinkaravelle
14 Rack einer Lateinrah nach Quirino de Fonseca
15 Lateinsegelkaravelle nach de Cosa's Atlas 1500

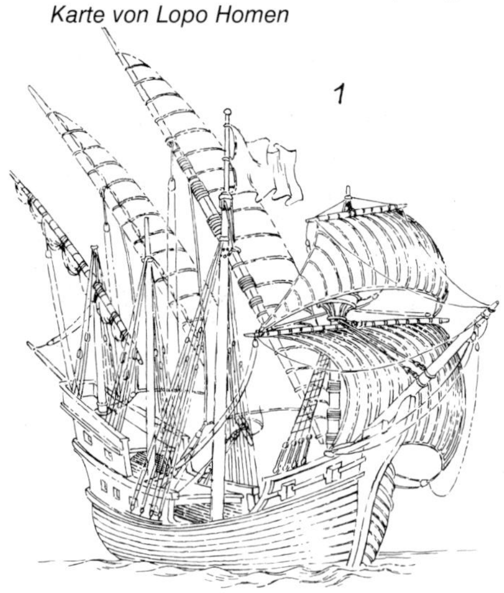
1

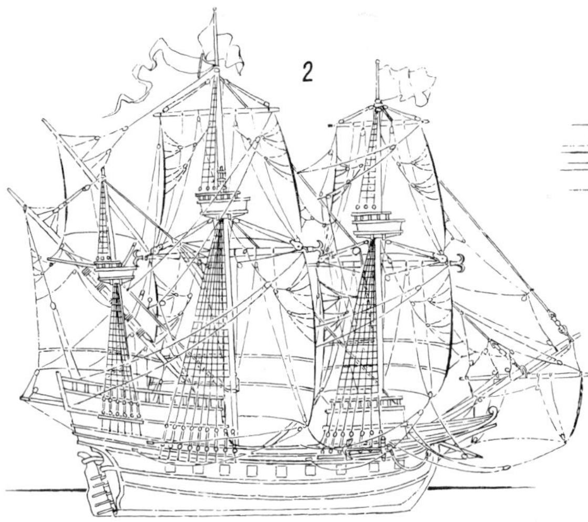
2

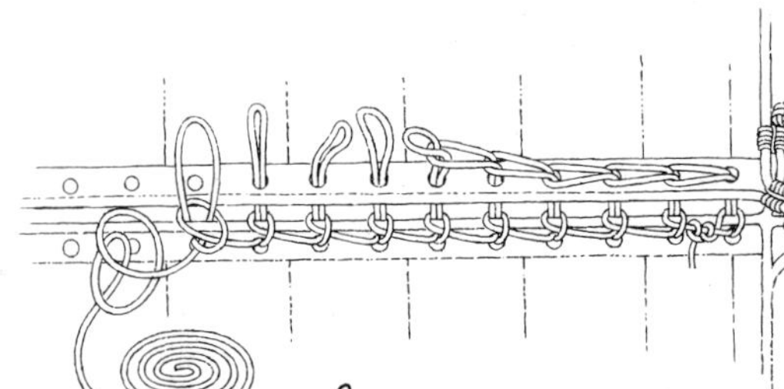
3

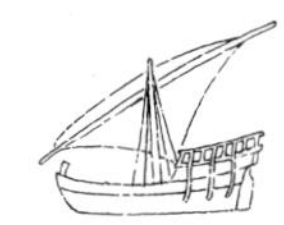
4

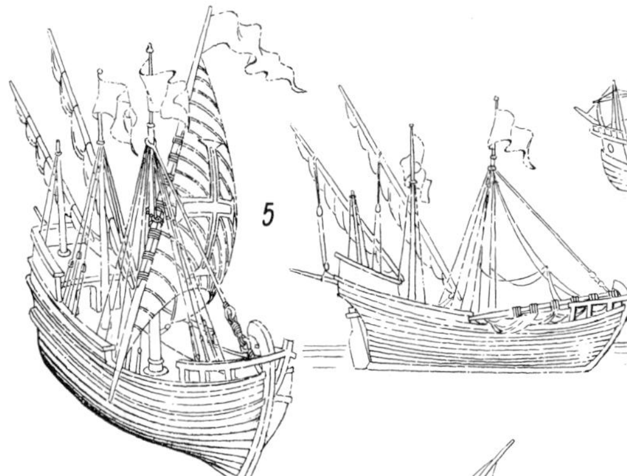
5

6

10

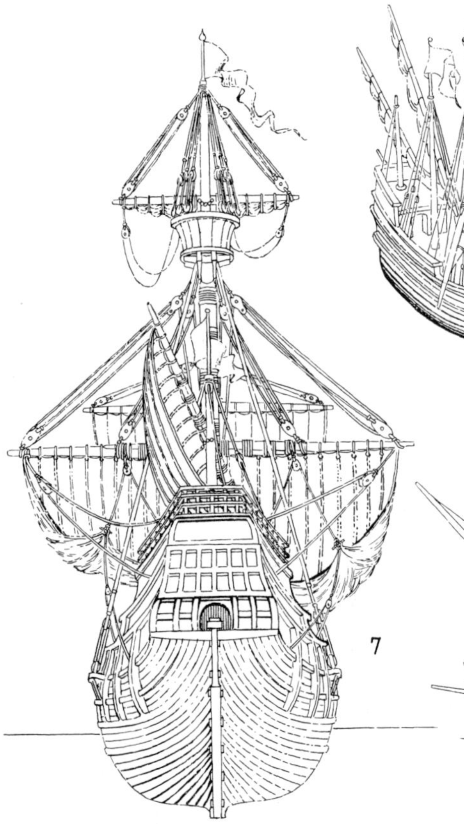
7

8

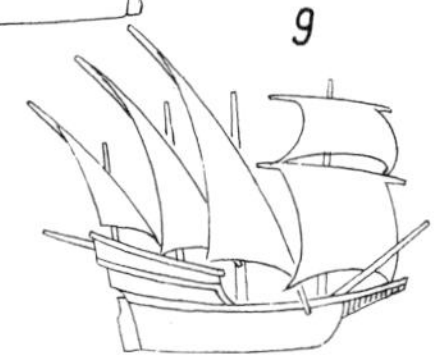
9

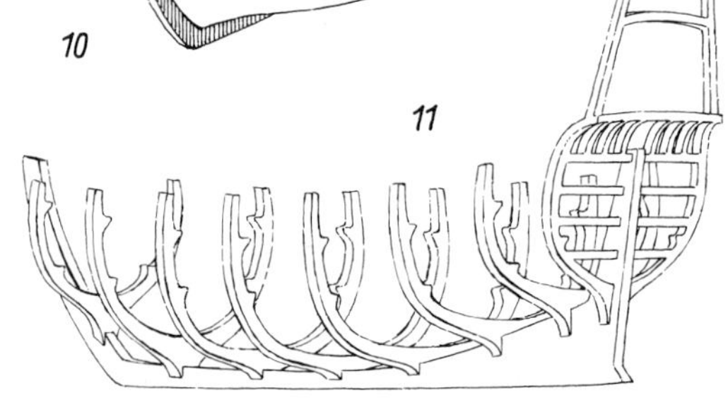
11

12

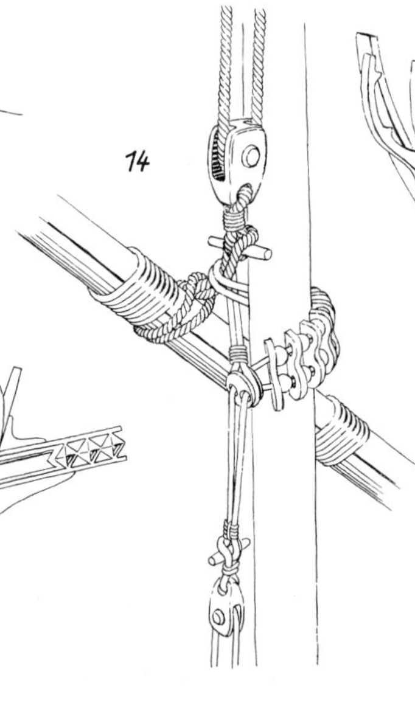
14

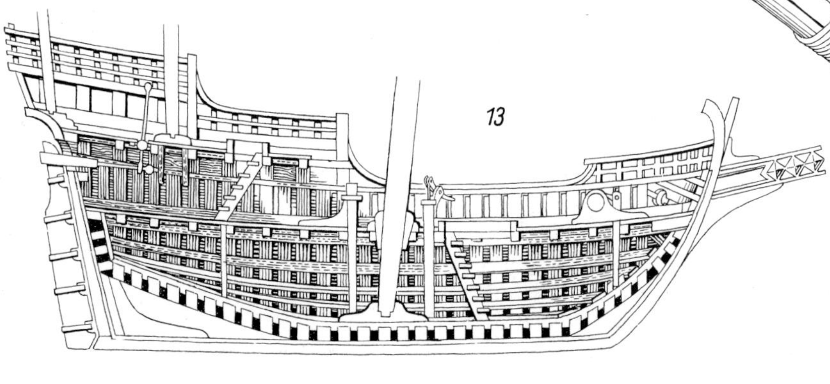
13

15

Großmastes begann und in einer Galerie über dem geraden Achtersteven abschloß. Im Vergleich zur *Karavelle* waren Karacken länger und breiter und erheblich schwerer mit der für ein Mittelmeerschiff typischen Kraweelbeplankung gebaut. Der Takelage nach waren es vorwiegend *Dreimaster* – im 16. Jh. auch *Viermaster* – mit Rahsegeln am Fock- und Großmast und einem hauptsächlich als Steuersegel dienendem Lateinsegel am Besanmast. War ein vierter Mast vorhanden, so führte man an diesem Bonaventure-Mast auch ein Lateinsegel. Karacken fuhren üblicherweise jedoch keine Blinde (Rahsegel) auf dem Bugspriet. Aus verschiedenen Quellen geht hervor, daß es sich bei den Karacken um einen der großen, wenn nicht den größten Schiffstyp seiner Zeit handelte. Es ist berechtigt, diesen Schiffstyp – zumindest soweit es die Dreimast-Karacken betrifft – als den eigentlichen Vorläufer der großen Dreimastschiffe zu betrachten, die bis zur Mitte des 19. Jh. entwickelt wurden.
So werden z. B. für die »LA CHARENTE« im Jahre 1501 eine Zahl von 1200 Kriegsleuten (ohne Bedienstete, Pagen u. a.) sowie eine Bewaffnung von 200 Stück verschiedener Kaliber angegeben. Unabhängig von den regionalen Unterschieden wird um 1450 von dem portugiesischen Schiffbaumeister F. OLVEIRA betont, daß von der Mitte des 15. Jh. an portugiesische »Caracas« (Karacken) portugiesisch-spanische »*Naos*« oder »Nave« und deutsche »*Hulk*« oder »Holk« sehr ähnliche Schiffe gewesen seien. Die Transporte der Portugiesen und Spanier zwischen ihren Heimatländern und Brasilien sowie Indien erfolgten im 16. Jh. im wesentlichen mit Karacken.

Karavelle: im 13. Jh. in Portugal ein Fischerboot mit Lateinsegeln. Zu Beginn des 14. Jh., noch vor der Zeit der großen portugiesischen Entdeckungen, wird die gleiche Bezeichnung für ein zweimastiges, lateinbesegeltes Kauffahrteischiff mit Back und Hütte in der Mittelmeer- und Küstenfahrt verwendet. Nachdem durch türkische Besetzungen die Landverbindungen nach Indien unterbrochen waren und die Mittelmeerfahrt an Bedeutung verloren hatte, wurde Portugal zu der Nation, die intensiv einen südlichen Seeweg nach Indien suchte. Prinz HEINRICH, genannt HEINRICH DER SEEFAHRER (1394 bis 1460), förderte weitsichtig Schiffbau und Schiffahrt. Ihm gebührt das Verdienst, nicht nur die Weiterentwicklung der Karavelle veranlaßt, sondern auch sehr frühzeitig ein staatlich unterstütztes Observatorium und eine Navigationsschule gegründet zu haben.
Aus den zweimastigen Karavellen gingen zunächst die für längere Reisen besser geeigneten relativ schlanken dreimastigen Lateinsegelkaravellen (caravela latina) hervor, die an allen 3 Masten ausschließlich Lateinsegel führten. Ein typisches Merkmal, auf das auch der Schiffstypenname zurückgeführt wird, war die Kraweelbauweise, bei der die Schiffsplanken an ihren Längsnähten unmittelbar zusammenstoßen, so daß außen und innen an den Schiffsseitenwänden glatte Flächen entstehen. Die Nähte wurden kalfatert, so daß die Schiffe auch im Seegang nur wenig Wasser nahmen. Außerdem konnte die glatte Außenhaut besser gegen Bewuchs und

Spanische Längssegelkaravelle des 16. Jh., Aquarell von MONLEON [13]

Wurmfraß geschützt werden. Ein weiteres Merkmal der Karavelle waren die verhältnismäßig hohen Achterkastelle.
Unter dem Einfluß und in Fortsetzung römischer Traditionen mit unterteilten Rahsegeln verlief die Entwicklung zur ebenfalls dreimastigen Quersegelkaravelle (caravela redonda), bei der am Bugspriet, am Fock- und am Großmast Rahsegel gefahren wurden. Über dem Großsegel am Großmast war ein weiteres Rahsegel, das Marssegel. Am Besanmast führten Quersegelkaravellen wegen der günstigen Steuereigenschaften weiterhin stets Lateinsegel. Karavellen gehörten vom 14. bis in das 16. Jh. zu den seetüchtigsten Segelschiffen, unter denen es auch viermastige Karavellen gab.
Auch die Schiffe des VASCO DA GAMA waren Karavellen. Von den 3 Schiffen »SANTA MARIA«, »NINA« und »PINTA«, mit denen KOLUMBUS 1492 Amerika entdeckte, waren wahrscheinlich die »PINTA« und die »NINA« Karavellen, die »SANTA MARIA« ist wahrscheinlich eine etwas völliger und breiter gebaute *Nao* gewesen. Die Geschwindigkeit gab KOLUMBUS in seinem Tagebuch mit bis zu 15 italienischen Meilen in der Stunde an, das entspricht etwa 11 Knoten.
Übliche portugiesische Karavellen hatten 50 bis 100 t, später auch eine wesentlich darüber liegende Tragfähigkeit. So gehörten zu den Schiffen des F. MAGALHÃES auch größere viermastige Karavellen.
Die Kraweelbauweise wurde wegen ihrer Vorzüge über Holland bald in ganz Europa zur bestimmenden Bauweise für Holzschiffe. So wurden 1460 in Holland die ersten »Karvielscheepen« in beachtlichen Größen für 400 Lasten (800 t) Tragfähigkeit mit einer Länge von etwa 43 m und einer Breite von 12 m gebaut. In der ersten Hälfte des 16. Jh. nahmen Lübeck und Danzig einen führenden Platz beim Bau großer Kraweelschiffe ein.

Karbasse: nordrussisches Ruderboot für etwa 10 Personen. Das Boot konnte auch mit Mast und Segel ausgerüstet werden.

Karfe: ein nordischer Schiffstyp im frühen Mittelalter. Die Karfe war kleiner und leichter als die nordischen Langschiffe, besaß bis zu 16 Ruderbänke und einen umlegbaren Mast. Die altnordische Bezeichnung »karfafötr« deutet darauf hin, daß es sich um schmal gebaute Schiffe handelte. Der *Oseberg-Schiffsfund* (15 Riemen je Seite), der *Gokstad-Schiffsfund* (16 Riemen je Seite) sowie das *Tuneschiff* (12 Riemen je Seite) können zu diesem Schiffstyp gehören.

Karlstad-Schiffsfund: in der Nähe der schwedischen Stadt Karlstad am Vänersee aufgefundene Reste eines Wikingerschiffes. Die Bedeutung dieses Fundes entspricht der des *Oseberg-Schiffes*.

Kartellschiff: ein Parlamentärschiff, d. h. ein Schiff, das zu Verhandlungen oder zum Austausch von Kriegsgefangenen benutzt wurde. Die Kartellschiffe fuhren unter Parlamentärflagge und führten nur eine Kanone, aber keine Kriegsvorräte oder Waren an Bord mit.

Katamaran: ursprünglich ein aus 3 bis 5 zusammengebundenen Baumstämmen bestehendes Wasserfahrzeug. Der mittlere Baumstamm war länger als die seitlichen und am Bug nach oben gekrümmt, 2 oder 3 solcher Flöße konnten auch miteinander verbunden als Küsten- oder Brandungsfahrzeuge benutzt werden. Als besegelte Wasserfahrzeuge sind Katamarane an der Westküste Indiens, in Sri Lanka, Polynesien und anderen südostasiatischen sowie südamerikani-

Ein- und zweimastige russische Karbassen

schen Seegebieten gebräuchlich. Das Wort Katamaran stammt aus der Tamilensprache (Indien) und bedeutet soviel wie »gebundenes Holz«. Seit einigen Jahrzehnten bezeichnet man jedoch mit Katamaran Zweirumpf-Wasserfahrzeuge. Entsprechend dem Verwendungszweck als Sport-, Transport-, Hebe- und Fischereifahrzeug werden die beiden Schwimmkörper in geeigneter Weise durch eine Plattform miteinander verbunden. Auch bei günstigen schlanken Formen und Abständen der beiden Rümpfe tritt ein größerer Wasserwiderstand im Vergleich zu Einrumpfschiffen auf. Andererseits wird eine wesentlich größere Querstabilität erreicht, so daß größere Segelflächen oder größere krängende Momente möglich sind. Für Fähren oder Fischereischiffe kann durch die Katamaranbauweise die Decksfläche bedeutend vergrößert werden.

Baumstammkatamarane von der indischen Koromandelküste

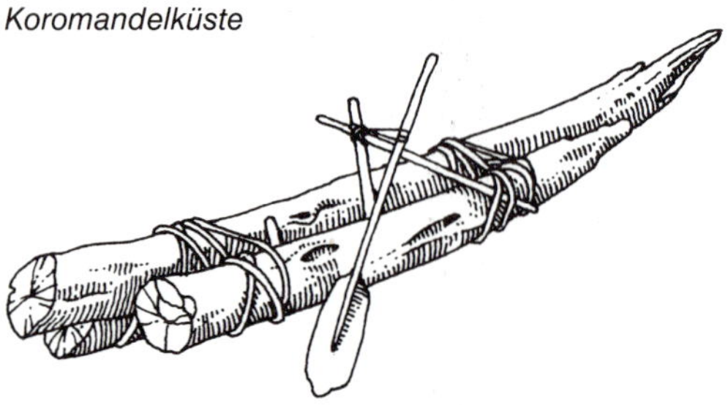

Sportsegelkatamaran

Kataphrakte Schiffe: altgriechische Ruderschiffe mit festem Schanzkleid, aber ohne festes Deck auf den Querbalken. Die Balken waren in den ungedeckten Schiffen gleichzeitig Ruderplätze. Decksbereiche, die nicht für das Rudern benötigt wurden, waren mit losen Decksplanken belegt.

Kat, *Katschiff, Katboot:* im 17. und 18.Jh. ein Frachtschiff (Kat oder Katschiff) der Niederlande, Englands und Skandinaviens, als Mischtyp von *Bojer* und *Fleute* mit steilem Steven, flachem Boden und eckiger Kimm. Die Takelung der meistens 3 Pfahlmaste bestand bei den beiden vorderen aus Rahsegeln (ohne Bramsegel), während der Besanmast mit Besansegel ohne Baum gefahren wurde. Zu Ende des 18.Jh. und im 19.Jh. wurden auf den 35m langen Fahrzeugen zusätzlich Mars- und Bramsegel an Stengen gesetzt.
Das Katboot wurde Mitte des 19.Jh. in Nordamerika für den Fischfang in flachen Gewässern entwickelt. Durch eine große Bootsbreite und ein

Segelkatamaran

großes absenkbares Mittelschwert hatte es besonders geringen Tiefgang. Danach entstand ein derzeit nicht mehr gebräuchlicher einmastiger Sport-Segelbootstyp mit einem sehr weit vorn, oft nahezu direkt am Vorsteven stehenden Mast und großer Segelfläche. Dieses Katboot führte Gaffel- und Hochsegel, aber keine Fock. Infolge der sehr großen Segelfläche und der Mastanordnung waren die Segel- und Manövriereigenschaften beeinträchtigt und zusätzliche ortsveränderliche Ballastmassen erforderlich. Der Ballast wurde an Deck gefahren und mußte von der Mannschaft bei Segelmanövern, z.B. beim Wenden, jeweils zur Luvseite des Bootes hinübergebracht werden.

Katorga: russische Bezeichnung für *Galeere*.

Katze: kleines altbyzantinisches Ruderschiff für Aufklärungs- und Kurierdienste.

Kauffahrteischiff, *Kauffahrer:* verallgemeinernder Sammelbegriff für verschiedenartige Seeschiffstypen, in der Handelsschiffahrt der Segelschiffszeit besonders für *Kogge*, *Hulk*, *Bark*, *Brigg*, *Schoner* u.a. gebräuchlich. Fischereischiffe wurden in den Begriff »Kauffahrteischiff« nicht einbezogen.

Keel, *Keelmen, Kiel:* ursprünglich ein kleines tierhautbezogenes Boot, von den Normannen mit »chiule«, »cyule« oder »ceol« bezeichnet. Die abgewandelte Bezeichnung Kiel ist wahrscheinlich bis im 7. oder 8.Jh. für kleine Last-Segelschiffe übernommen worden. Im Beowulflied, einer altenglischen Heldendichtung aus dem 8.Jh., wird u.a. die Schiffsbezeichnung »Kiel« erwähnt. Des weiteren erscheint um 1000 im Londoner Zolltarif auch die Schiffsbezeichnung »ceol«. Es muß sich hier schon um größere Schiffe gehandelt haben, da sie mit dem vierfachen Zollsatz der gewöhnlichen kleinen Segelschiffe ebenso wie ein *Hulk* bewertet wurden.
Auch in der Edda, einer nordischen Dichtung aus dem 13. und 14.Jh., wird im Völuspalied der Schiffstyp »Kiel« genannt. Im 12.Jh. war Kiel ein Schiffstyp mit einer Tragfähigkeit von 10 Lasten (etwa 20t). Auf den Flüssen Nordenglands blieb der Keel vom 14. bis ins 18.Jh. ein einmastiges, mit einfachen Rahsegeln fahrendes Flußlastschiff mit plattem Boden und völliger Bauweise, das hauptsächlich Kohle fuhr. Auf den englischen Flüssen Tyne und Humber war der Keel in etwa gleicher Größe bis in das 19.Jh. anzutreffen. Die Tragfähigkeit dieser Fahrzeuge wurde in England zu einem speziellen Einheitsmaß für etwa 20t Steinkohle (1 Keel). Der größte Keeltyp war der Humber-Keel mit einer Länge von 17 bis 19m bei etwa 4,5m Breite und einer Tragfähigkeit bis zu 100t. Der kleinere Tyne-Keel von etwa 13m Länge und bis zu 6m Breite trug etwa 20t

Englischer Humber-Keel

und wurde ursprünglich durch 3 Mann gewriggt, später jedoch mit Rah- und Stagsegeln gefahren. Seit der Mitte des 19. Jh. wurde das Rahsegel durch ein Sprietsegel ersetzt. Aus der Bezeichnung Keel bzw. Kiel entstand mit Beginn der industriellen Kohleförderung in England die allgemeine Bezeichnung »Keelman« für ein englisches Steinkohle-Binnenfrachtschiff.

Keitelkahn: ein flachbordiges, kraweelbeplanktes Segel-Fischerboot mit eckiger Kimm des 18. bis 19. Jh. von 9 bis 13 m Länge und 2,5 bis 3 m Breite für Haffgewässer. Mit dem Keitelkahn wurde ein Grundschleppnetz geschleppt, das durch eine Baumspreize, die man als »Keitel« bezeichnete, offen gehalten wurde. Der Großmast trug Gaffel- oder Spierensegel, ein vorn stehender kleiner Mast führte Sprietsegel. Typisch waren auch die offenen Feuerstellen im Achterschiff.

Kelek: ein frühzeitiges und vereinzelt auch heute noch vorkommendes assyrisches Tierbalgfloß, das aus einer Anzahl aufgeblasener und zusammengebundener Häute und einem verbindenden, gerüstartigen Flechtwerk besteht. Die Assyrer bedienten sich dieser Flöße, auch »Burdjuks« genannt, zur Flußüberquerung und zum Transport auf Flüssen.

Kent-Bootsfund: Reste eines Wikingerschiffes, die im Jahre 1971 in Südostengland im Marschland der Grafschaft Kent gefunden wurden. Obwohl der obere Teil des eichenen Fahrzeuges im Verlauf der Jahrhunderte verwittert war, konnte eine Rekonstruktion des etwa 12 m langen Bootes vorgenommen werden. Das Boot stammt aus der Zeit zwischen 600 und 1100 und gehört zu den ältesten Schiffsfunden in England.

Ketsch, *Ketch:* ein um die Mitte des 17. Jh. in England und Nordamerika für die Fischerei und die Küsten-Frachtschiffahrt entwickelter *Anderthalbmaster* mit Tragfähigkeiten bis zu 50 t. Der Schiffstyp ist durch eine besondere Mastanordnung, die »Ketschtakelung«, gekennzeichnet, bei der der größere Mast im Bereich der vorderen Schiffshälfte steht und der kleinere Mast, der Besan- oder Treibermast, ziemlich weit hinten, aber noch vor dem Ruder des Schiffes angeordnet wird. Bei der Ketschtakelung unterscheidet man die ältere Gaffeltakelage mit Einfach-Gaffel bzw. Gaffel mit Gaffeltoppsegel von der etwa seit 1920 üblichen modernen Hochtakelung für Sportyachten. Eine weniger verbreitete Takelung hatte die Stagsegel- oder Spreizgaffelketsch.
In den englischen, skandinavischen und deutschen Gewässern fuhr die Ketsch noch während des gesamten 19. Jh. bis in die Zeit um etwa 1920, danach behauptete sich dieser Schiffstyp noch ein bis zwei Jahrzehnte mit einer ketschähnlichen Hilfsbesegelung. In Skandinavien bezeichnete man ketschgetakelte Anderthalbmaster auch als *Galeassen*. Der Ketsch ähnlich getakelt ist die *Yawl*, jedoch steht dort der kleinere Mast weiter achtern hinter dem Ruderschaft.

Khalissa: einmastiges Segelschiff aus der Gruppe der westarabischen Dautypen *(Dau)*, das im Roten Meer und Arabischen Meer sowie in den Golfgebieten von Aden und Oman verbrei-

Anderthalbmastige Ketsch mit Rah-Toppsegeln um 1760

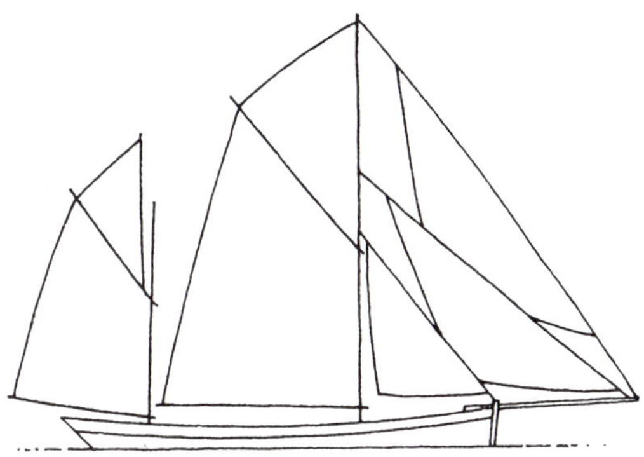

Gaffelgetakelte Ketsch

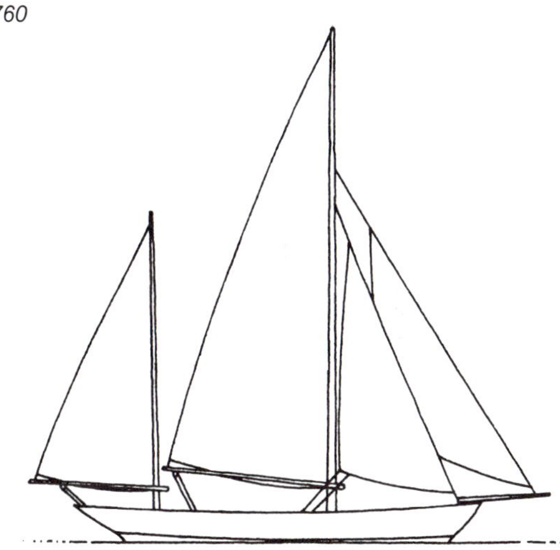

Hochgetakelte Ketsch

Einmastige arabische Khalissa mit Dausegel, Modell [13]

tet war. Hinsichtlich der typischen schlanken Schiffsform mit kurzem Kiel und hochgezogenen schlanken Schiffsenden bestanden besondere Ähnlichkeiten zu den älteren Dautypen *Nurih* und *Mahaila*. Oberhalb der Schwimmwasserlinie zeigte das Heck jedoch den Ansatz eines Plattgatts. Größere Fahrzeuge hatten ein durchlaufendes Deck; kleinere Khalissa wurden auch hinter größeren Dautypen wie *Sambuk* und *Ghanja* als Beiboote nachgeschleppt.

Khorsabad-Relief-Schiffsdarstellung: assyrische und phönizische Transportschiffe, dargestellt auf den 1843 bis 1845 entdeckten Flachreliefs der Palastruinen des assyrischen Königs SARGON II. (721 bis 705 v. u. Z.). Auf dem Relief sind die Verladung von Holzstämmen in die Schiffsräume und nachgeschleppte Stämme in verschiedenen Positionen zu erkennen. Heute befinden sich die Reliefs im Louvre in Paris.

Kielboot, *Kielyacht:* ein Sportsegelboot oder eine Segelyacht mit einem festen, tiefliegenden Kiel, um den aus der Bootsmasse resultierenden Stabilitätsanteil zu erhöhen und damit eine größere Sicherheit gegen Kentern sowie infolge der vergrößerten Lateralfläche eine geringere Abdrift und eine bessere Kursstabilität bei größeren Segelkräften zu erzielen. Der fest mit dem Bootskörper verbundene Kiel kann zur weiteren Masseerhöhung noch durch strömungsgünstige Zusatzkörper aus Stahl, Blei oder anderen Werkstoffen hoher Dichte beschwert werden. Bei einer entsprechend großen Kielmasse werden Kielboote bzw. Kielyachten auch als »gewichtsstabile Yachten« im Unterschied zu den kiellosen »formstabilen Jollen« bezeichnet. Renn-Kielyachten werden – sofern es für größere Klassen und bestimmte Fahrtgebiete nicht vorgeschrieben ist – wegen der leichteren Bauweise auch ohne Kajüten, jedoch grundsätzlich mit einer wasserdichten Plicht (Steuermannsraum achtern) gebaut.

Kielewer: *Ewer* mit flachem Boden und aufgesetztem Balkenkiel. Der erste Kielewer entstand 1876 durch den Unterbau eines Kiels unter den an sich platten Boden der bisherigen Ewer, wodurch der Lateralplan bedeutend vergrößert wurde und in Verbindung mit einem eingebauten Senkschwert günstigere Manövrierverhältnisse erreicht wurden. Damit konnte eine Vergrößerung der Segelfläche auf mehr als 180 m^2 erfolgen. Anlaß für den Bau dieser Kielewer war, daß die ursprünglich für die Übernahme der Fänge auf See vorgesehenen englischen *Smacks* für die nordwestdeutsche Küste und für die Elbe zu großen Tiefgang und außerdem keine Bünn (seewasserdurchspülter Fischraum für lebende Fische) hatten.

Kielschwertyacht: Kombination einer Kielyacht und eines *Schwertbootes*. Durch den beschwerten, fest angebauten, jedoch weniger tief als bei einer Kielyacht gehenden Kiel wird ein schwenkbares Schwert so geführt, daß bei eingeschwenktem Schwert auch flachere Gewässer befahrbar sind. Trotz der verringerten Kielhöhe ist für seegehende Kielschwertyachten ausreichende Kentersicherheit erforderlich, so daß der Rumpf einer Kielschwertyacht zur Erhöhung des Formstabilitätsanteils entsprechend breiter gebaut wird.

Kimmschwertboot: ein Boot, bei dem in der Kimm an jeder Bordseite ein Schwertkasten mit Schwert angeordnet ist anstelle eines einzelnen Schwertkastens in der Mitschiffsebene (wie bei

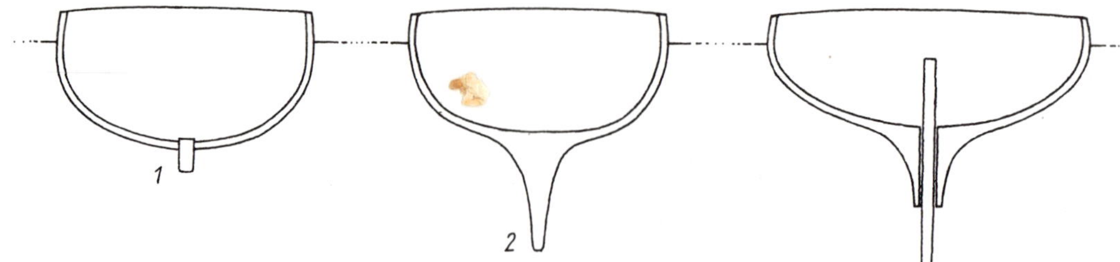

Kielboot (1), Kielyacht (2) und Kielschwertyacht (3)

der *Kielschwertyacht*) oder des Schwertes bei einem *Schwertboot*. Dadurch kann die wirksame Schwertfläche vergrößert und der Bootsraum besser genutzt werden. Die Schwerter werden im Unterschied zu äußeren Seitenschwertern so angebracht, daß sie auch bei größeren Krängungen wenig austauchen. Durch die beiden Schwerter erhöht sich jedoch der Bootswiderstand gegenüber einem Einzelschwert.

Kimmschwertboot

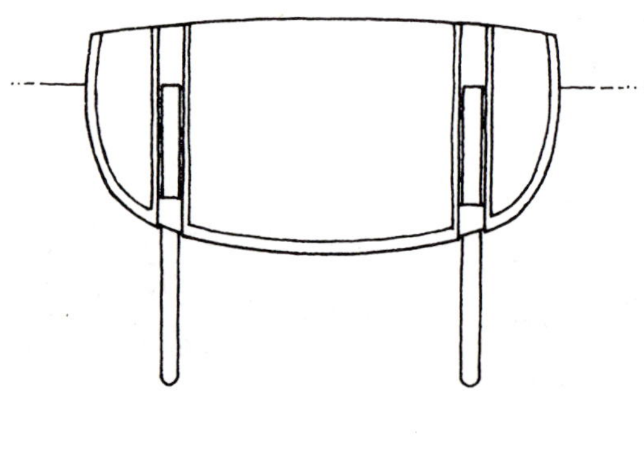

Kirjime: ein genähtes Holzboot einfacher Formgebung, das teilweise mit oder ohne Rahsegel noch in der Mitte des vorigen Jahrhunderts auf der Wolga fuhr.

Russische Kirjime

Kits: kleineres, gedecktes englisches Segelfahrzeug, das im 18. Jh. yachtähnlich oder wie eine *Ketsch* getakelt fuhr. Während der Mitte des 19. Jh. verstand man darunter sowohl kleine Segler für Repräsentationszwecke als auch für den Kriegsfall mit Bomben beladene kleine Transportsegler.

Klassenboot: ein Sportsegelboot, das insbesondere für Kurzstreckenregatten auf Binnen- und Küstengewässern wegen der notwendigen Leistungsbewertung hinsichtlich bestimmter Abmessungen und konstruktiver Merkmale klassifiziert und einer bestimmten Klasse zugeordnet ist. Man unterscheidet *Einheitsklassen*, bei denen möglichst keine Unterschiede zwischen den Booten bestehen sollen und daher alle feststehenden Daten verbindlich und einheitlich vorgeschrieben werden, von den *Konstruktionsklassen*, für die zur Förderung der weiteren Entwicklung eigenständige Lösungen erlaubt sind.
Die Regeln für internationale Klassenboote werden durch die International Yacht Racing Union (IYRU) erlassen. Zur Kennzeichnung der jeweiligen Klasse sind für internationale Regatten anerkannte Klassenzeichen im oberen Teil des Segels gut erkennbar zu zeigen.

Klinkerboot, *Klinkerschiff:* Boot oder Schiff, bei dem die Planken am gesamten Rumpf oder zumindest an den Seiten dachziegelartig überlappt miteinander verbunden sind, im Unterschied zu kraweelgebauten Fahrzeugen, die einen mauerwerkähnlichen außen glatten Plankenverband haben.
Im Norden Europas war von den ersten Anfängen des Schiffbaues bis zum 15. Jh. nur die Klinkerbauweise üblich. Wie die historischen nordischen Schiffsfunde zeigen, wurden im Norden auch sehr lange Schiffsplanken ausschließlich mit Axt und Dechsel bearbeitet. Sägen zum Herstellen gerader Plankennähte kannte man in Nordeuropa erst sehr spät. Die geklinkerte Bauweise war entsprechend den verfügbaren Werkzeugen und Kenntnissen günstiger, da die Planken nicht an ihren Längskanten, sondern an ihren überlappenden Flächen zusammengefügt wurden und auch mit dünneren oder leicht unebenen Planken durch geeignete wasserunlösliche elastische Dichtungsmassen ausreichend wasserdicht wurden. Üblicherweise wurden Klinkerboote und -schiffe so gebaut, daß von unten beginnend Planke für Planke aufgesetzt und in Längsrichtung die Überlappungen zusammengenäht oder mit Holzdübeln oder später Eisennägeln oder -nieten vernietet wurden.
Eine besondere Bauweise ist demgegenüber u. a. von der chinesischen *Dschunke* bekannt, bei der die Klinkerung in umgekehrter Weise von oben nach unten erfolgte, was nur möglich war, wenn vorher das Spantengerüst zur Plankenbefestigung errichtet war. Bei der nordischen Bauweise wurden anfänglich relativ wenige Spanten aus gewachsenem Krummholz nachträglich eingefügt, auch verstärkten die Doppelungen an den Plankennähten die Festigkeit des Rumpfes.
Für größere Schiffe war, nachdem in den Niederlanden um 1460 die ersten *Kraweelschiffe* gebaut wurden, die Klinkerbauweise überholt. Bessere Verbindung mit den Spanten, günstigere Erhaltungs- und Abdichtungsmöglichkeiten und der geringere Wasserwiderstand der kraweelgebauten Schiffe boten überzeugende Vorteile.

Klipper, *Clipper, Klipperschiff:* berühmter Handels-Schnellsegelschiffstyp aus der Blütezeit der Segelschiffahrt. Der Aufschwung des Seehandels zu Beginn des 19. Jh. erforderte schnellere Schiffe für größere Seereisen. So entstand etwa in der Zeit von 1815 bis 1830 an der amerikanischen Ostküste in Werften bei New York und Boston, ausgehend von den Erfahrungen des Baues von schnellen *Schonern*, ein neuartiger, besonders für höhere Fahrtgeschwindigkeiten entworfener Frachtschiffstyp, der amerikanische Klipper.
Zu den markantesten Merkmalen dieses schnellen Frachtseglers gehören der konsequente Verzicht auf größere Seitenhöhen und Aufbauten, so daß die Abmessungen und Formen des Unterwasserteils des Schiffskörpers strömungsgünstig gestaltet werden konnten. Das Längen-Brei-

Klipper »LIGHTNING« 1854, Modell

ten-Verhältnis L: B betrug bei den anfänglich aus Holz gebauten Schiffen 5:1 bis 6:1. Mit dem Übergang zur Holz-Eisen-Kompositbauweise und zum späteren Eisen- bzw. Stahlschiffbau konnten die Schiffe noch schlanker, bis zu einem L: B-Verhältnis von 8:1, gebaut werden.
Mit diesen widerstandsgünstigen Proportionen der Hauptabmessungen bei gleichzeitig vergrößerter Unterwasserlateralplanfläche konstruierte man besonders schlanke, im Vorschiffsbereich teilweise eingezogene, strömungsgünstige Wasserlinien. Der diesen Schiffstyp besonders kennzeichnende, weit vorragende, schwungvolle scharfe Klippersteven trug zum schnittigen Aussehen bei, minderte den Wellenbrechungswiderstand durch Teilen oder Schneiden der Welle (engl. to clip, schneiden; auch clipper, Rennpferd) und verlängerte insbesondere die für die Segelführung nutzbare Schiffslänge bei kurzem Bugspriet. Bis heute ist der Klipperbug eine architektonisch beliebte Stevenform für Yachten und Passagierschiffe. Schlank auslaufende Wasserlinien im Hinterschiff und ein schmales, abgerundetes Heck fügten sich harmonisch in die ausgereiften Formen des Schnellseglers ein. Wohl noch ausgeprägter und augenfälliger war die übergroße Segelfläche. Üblicherweise waren die Klipper *Dreimaster*, vereinzelt wurden auch viermastige Klipper gebaut. Vom Grundtyp her

Klipper »LIGHTNING« unter Leesegeln

ähnelte die Takelage dem *Vollschiff*, an allen Masten wurden Rahsegel gefahren. Der Klipper hatte jedoch höhere, aus mehreren Stengen (bis zu 4 Stengen) gebaute Maste mit einer Länge bis zu 3/4 der Länge des Schiffes. Beim dreimastigen Typ stand der Fockmast näher zur Schiffsmitte, der Bugspriet war verkürzt und die Anzahl der Stagsegel zwischen den Masten zugunsten der Rahsegel verringert. Die Anzahl der Rahsegel an den Masten erhöhte man durch ein weiteres Toppsegel, das »Skysegel« oder den »Moonscraper«, so daß über den bereits bekannten 6 Rahsegeln (Groß-, Großuntermars-, Großobermars-, Großunterbram-, Großoberbram- und Großroyalsegel) ein weiteres, siebentes Rahsegel gefahren wurde. In der Breite wurde die Segelfläche durch Leesegel an beiderseitigen Verlängerungsspieren sehr stark vergrößert.

Der von JOHN GRIFFITH entworfene und 1845 gebaute 750-BRT-Klipper »RAINBOW« (Regenbogen) gilt als einer der ersten Klipper, in dem alle typischen Merkmale des Schnellseglers verwirklicht wurden. Um diese Zeit begannen amerikanische Klipper, die Weltmeere mit Tee, Wolle und Weizen zwischen Indien, China, England und Amerika zu befahren. In schneller Folge entstand eine größere Anzahl leistungsfähiger Klipper, die wegen ihrer außerordentlichen Segelgeschwindigkeit und des beeindruckenden Anblicks unter vollen Segeln in der ganzen Welt berühmt wurden.

Der amerikanische Schiffbaumeister DONALD MCKAY baute auf seiner 1845 in East Boston gegründeten Werft in zwei Jahrzehnten von 1850 bis 1869 eine große Anzahl erfolgreicher und berühmter Klipper, zu denen die *»FLYING CLOUD«* (1851), die *»LIGHTNING«* (1854) und die *»GREAT REPUBLIC«* (1853) oder die »GLORY OF THE SEAS« (1853) gehören.

Die »FLYING CLOUD« (Fliegende Wolke) war 1783 BRT groß und segelte 433 Seemeilen (rd. 800 km) in 24 Stunden. Die »GREAT REPUBLIC« hatte 4000 BRT bei 4500 t Tragfähigkeit, eine Länge von 325 Fuß (100 m) und führte vollgetakelt 1500 Quadratyards (1253 m^2) Segelfläche. Die »LIGHTNING« (Blitz) lief 18 kn (33,3 km/h bzw. 9,25 m/s). Eine Rekordleistung stellte auch der Klipper »ORIENTAL« auf, der die Fahrt von New York nach Hongkong in 81 Tagen bewältigte. Berühmte Klipper dieser Zeit waren auch die »SOVEREIGN OF THE SEAS« und die »WESTWARD-HO«.

Mit dem Übergang zum Eisen- und Stahlschiffbau verlagerte sich, begünstigt durch die Fortschritte der Stahlerzeugung und -verarbeitung, der Schwerpunkt des Klipperbaues nach England, und der amerikanische Schiffbau verlor an Bedeutung. Die Klippergrößen waren je nach Baujahr, Bauland, Mastanzahl und Einsatzzweck unterschiedlich. Übliche Durchschnittswerte des Klippers waren 1200 bis 2000 BRT, 60 bis 70 m Länge und 10 bis 12 m Breite, sie erreichten Durchschnittsgeschwindigkeiten von etwa 14 kn.

Die vorwiegend in Londoner Docks gebauten Klipper wetteiferten auf den bedeutenden Schifffahrtslinien mit den amerikanischen Klippern und untereinander in viel beachteten Segelrennen. Eines solcher berühmten Rennen fand 1866 vom chinesischen Hafen Fu-tschou aus statt. Fünf

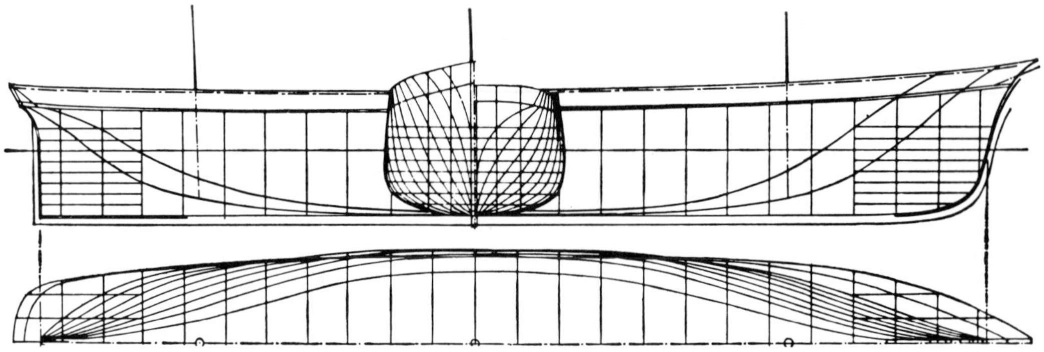

Klipper »LIGHTNING«, Länge der Konstruktionswasserlinie um 75 m (228 feet), Schiffslinien

Viermast-Klipper »GREAT REPUBLIC« 1853, Modell [25]

Rennen der Klipper »ARIEL« und »TAEPING«, 1866 [18]

große Klipper verließen fast gleichzeitig den Hafen und erreichten in 99 bis 101 Tagen London, wobei die beiden Klipper »ARIEL« und »TEAPING« mit einem geringen Abstand in einem spannenden Endspurt in London einliefen.
Dank der Weitsicht der englischen Admiralität ist ein bekannter Klipper aus der zweiten Hälfte des 19. Jh., die »CUTTY SARK«, als Museumsschiff zur Erinnerung an die Segelschiffszeit hergerichtet worden und in Greenwich zu besichtigen.
Die Bezeichnung Klipper übertrug man verschiedentlich auch auf andere Schiffstypen, wenn einzelne charakteristische Klippermerkmale übernommen wurden, z. B. bei der »Klipper-Bark« oder »Klipper-Aak«. In der russischen Marine nannte man im 19. Jh. besonders scharf gebaute schnellsegelnde Kriegsschiffe je nach Größe und Takelung »Klipper-Fregatte« oder »Klipper-Korvetten«. Auch bei schnellsegelnden Fischereischiffen für den Thunfischfang mit Handangel oder Leinen übernahm man den Klipperbegriff und bezeichnete diese Fahrzeuge als »Thun-Klipper«. Zuweilen erfolgte die Bezeichnung auch entsprechend der vorwiegend gefahrenen Ladung, wie z. B. beim Teeklipper für die Teefahrt Indien – China – England oder für verbotene Ladung, die durch Schmuggelschiffe gefahren wurde, wie beim Opium-Klipper. siehe Vorsatz

Knickspantboot: Boot mit einer Spantform aus geraden, ungekrümmten Spantabschnitten, im Gegensatz zu den sonst üblichen, ohne Knicke verlaufenden Spantkonturen. Eine ältere Bezeichnung für diese Art ist *»Schipjackboot«*. In der einfachsten Ausführung hat ein Knickspantboot einen ebenen Boden, an dem die Bootsseiten und -enden knickartig ansetzen. Ist ein zusätzlicher Knick am Kiel, d. h. eine Aufkimmung vorhanden, so entstehen V-förmige Spantquerschnitte. Von den einfachen Sportsegelbooten sind *Starboot* und *Pirat* Knickspantboote.

Kniep-Ewer: ein niederdeutscher *Ewer* zu Ende des 18. bis Anfang des 19. Jh. mit einer besonderen älteren Takelungsart, dem »Kniepsegel«. Es handelte sich um ein kleines Luggersegel von etwa 10 m^2, das zur Ruderunterstützung an einem kleinen 3 bis 4 m hohen Mast, der in Rudernähe stand, gefahren wurde. Der Kniep-Ewer wurde durch den etwa um 1820 in Gebrauch gekommenen *Besan-Ewer* verdrängt.

Knorr, *Knorre:* skandinavisches Segel-Lastschiff, das bereits in Skaldenversen über die Schlacht bei Hafrsfjord im Jahre 872 genannt wird. Hinsichtlich der typischen Bauweise mit vorn und hinten spitz gebauten Schiffsenden und den mit Tierkopf-Schnitzereien versehenen Steven sind sie den nordischen Langschiffen, den langgebauten *Drachenschiffen* der Wikinger, ähnlich. Im Unterschied zu den Langschiffen wurden jedoch Knorren wesentlich breiter, kürzer, völliger, mit größerem Tiefgang und höherem Freibord (größerer Seitenhöhe) gebaut. Die Länge eines mittelgroßen Schiffes betrug etwa 50 Fuß (15 m) und die Breite etwa 16 bis 17 Fuß (5 m); in der Biskupasøgar wird eine Länge von etwa 21 m für ein Knorr angegeben. Der *Brösen-Schiffsfund* entspricht etwa diesen Abmessungen. Wegen der auffallend rundlichen, bauchigen Form der Schiffe und der zurückgebogenen Steven bezeichnete man diesen Typ auch mit »knarrarbringa«, was soviel wie knorrbusig bedeutete. Im 9. Jh. hatten Knorren schon einen bedeutenden Anteil an den Wikingerflotten. Infolge seiner größeren Seetüchtigkeit ist dieser Schiffstyp auch vorwiegend für die Auswanderung nach Island benutzt worden, da mehrere isländische Ansiedlungen Namen wie Knarrarnes, Knarrarsund u. ä. tragen.
Knorren wurden gesegelt und nur ausnahmsweise zusätzlich gerudert. Die übliche Bemannung wird etwa 15 bis 30 Personen betragen haben, für Ausnahmefälle werden jedoch auch 50 bis 60 Mann genannt. Der Zeit, dem Typ und der Bauweise nach waren Knorren in gewisser Weise für größere Seetransporte Vorläufer der *Kogge*. Einen besonderen Knorrentyp, der etwas kleiner war und vorwiegend für Fahrten in Ostgebiete, insbesondere nach Rußland benutzt wurde, bezeichnete man mit »austrfararknorr«. Das Danziger Siegel vom Jahre 1299 stellt wahrscheinlich eine zur Kogge weiterentwickelte Knorr dar.

Knots: im 19. Jh. und zu Anfang des 20. Jh. völlig gebautes belgisches Boot für die Garnelenfischerei, etwa 10 bis 12 m lang und etwa 3,5 m breit und damit kleiner als die *»Otter«*, ein ähnliches belgisches Fischereifahrzeug.

Kogge: über Jahrhunderte in verschiedenen Entwicklungsstufen einer der bedeutendsten frühen Segelschiffstypen Nordeuropas. Erste Vorläufer entstanden während der Übergangsstufen vom schlanken geruderten und gesegelten Wikingerschiff zum völligeren und breiteren Segellastschiff. So gehörten zu den Wikingerflotten des 9. Jh. bereits in größerer Anzahl *Knorren* als vorwiegend gesegelte, breitere Segellastschiffe. Im Frühgermanischen kann »Kuggon« oder »Kukkon« ein gekrümmtes, gewölbtes Gefäß oder gewölbtes Schiff bedeutet haben. Eine frühe Kunde entstammt einem Bericht des englischen Königs ALFRED (871 bis 900), aus dem hervorgeht, daß sich friesische Schiffe in ihrer Bauart von den bis dahin bekannten skandinavischen und englischen Schiffen unterschieden. Erstmalig erschien 948 in Schiffsvermerken von Muiden bei Amsterdam die Bezeichnung Kogge. Die ein

Kogge, Modellrekonstruktion 1956 von Prof. TH. MACKLIN nach den Koggensiegeln von Stralsund (1329) und Elbing (Elblag) von 1350

Kogge

1 Einmaster vom Siegel La Rochelle um 1200
2 Siegel von Hythe, 13. Jh.
3 Heck einer Kogge, unvollständig beplankt
4 Frühform der Kogge um 1250
5 Kogge vom Siegel der englischen Stadt Rye, 15. Jh.
6 Kogge nach dem Elbinger Siegel von 1350, Rekonstruktion Th. Macklin
7,8 Koggensiegel
9 Linien einer Kogge um 1350
10 Heck einer Kogge, Innenansicht
11 Kogge mit Achterkastell von vorn
12 Klinker- und Kraweelbeplankung
13 Hulk um 1480

1

2

3

4
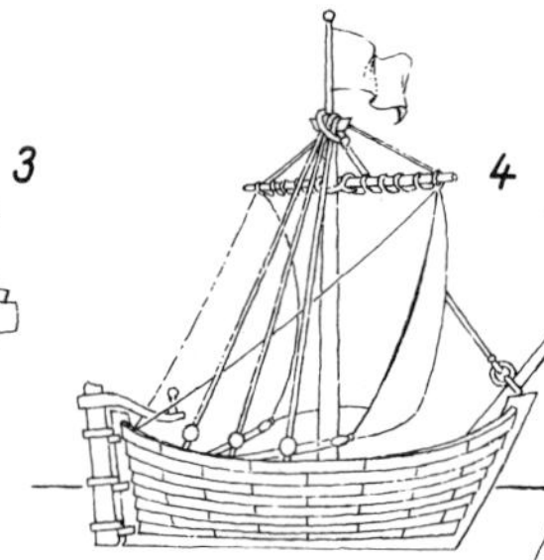
5
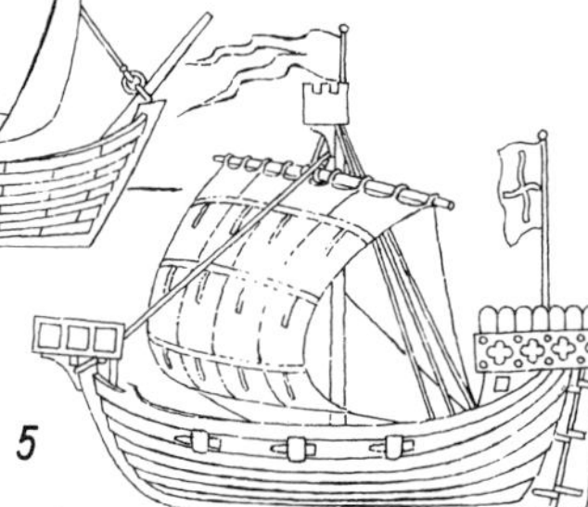
6
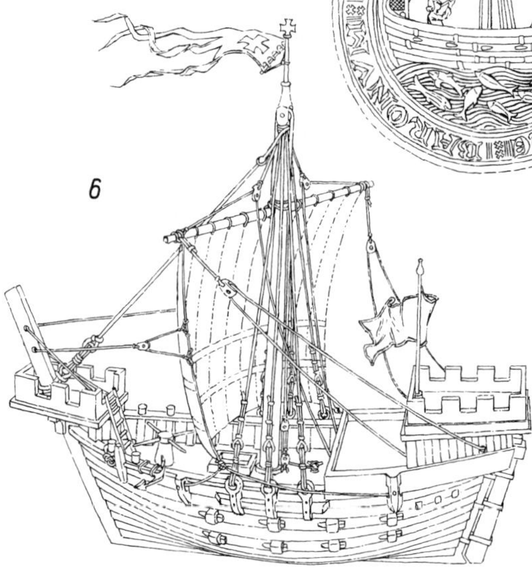
7
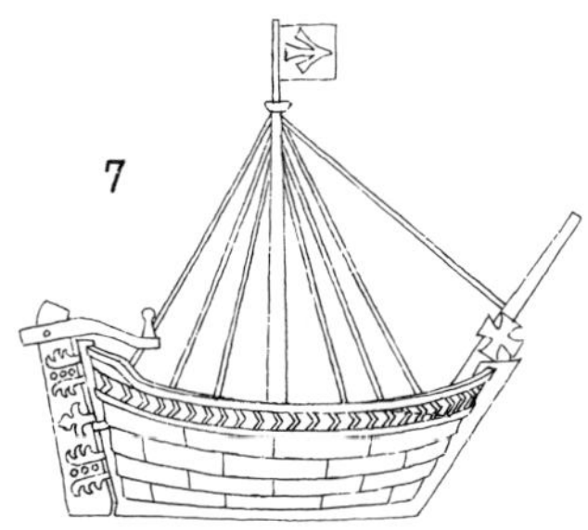
8

9
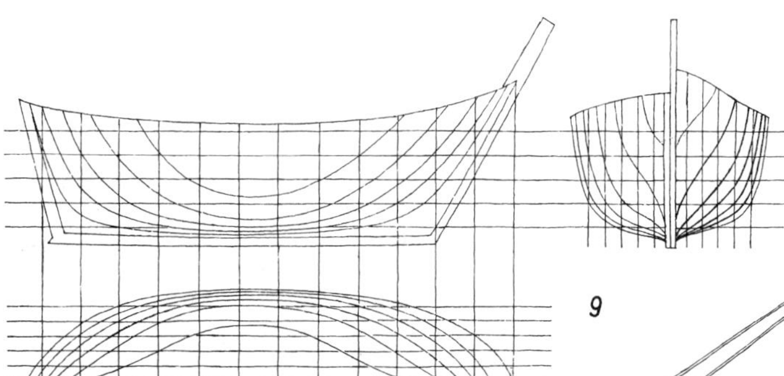
10
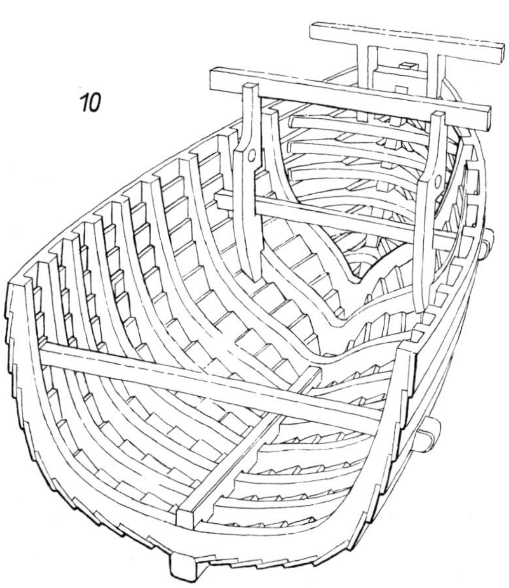
11
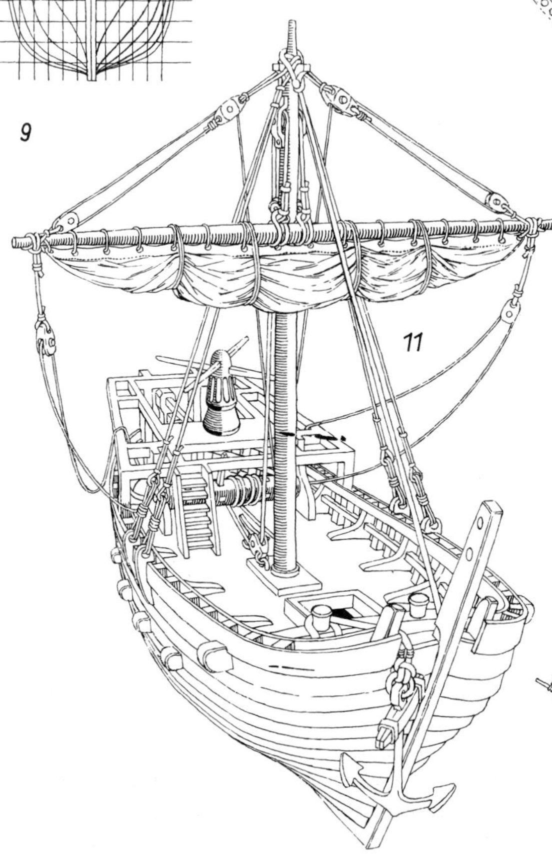
12
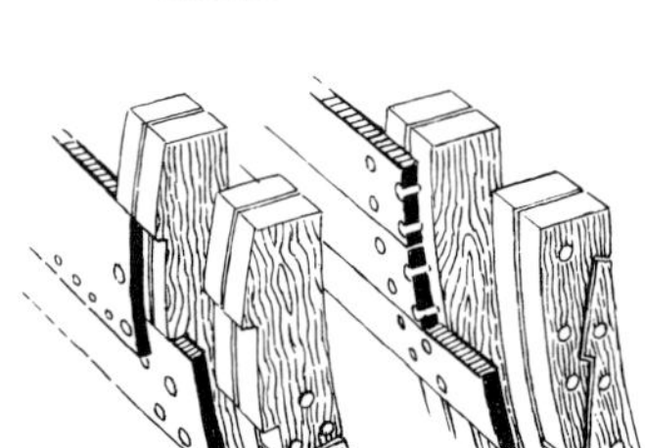
13
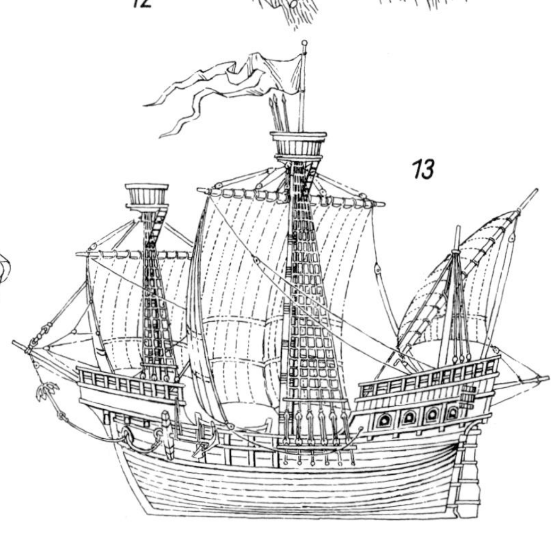

Jahrhundert später aus der Invasion Englands durch WILHELM DEN EROBERER (1066) in Europa berühmt gewordene, aus breiten, vorwiegend gesegelten Normannenschiffen bestehende große Flotte dürfte nicht ohne Einfluß auf die Koggenentwicklung geblieben sein. Anfänglich entwickelten sich zwei unterschiedliche Grundtypen. Während an der westfranzösischen Küste aus dem Normannenschiff ein als *»Nef«* bezeichneter, in verschiedenen Merkmalen der anfänglichen Kogge ähnlicher klinkergebauter, jedoch runder und völliger Schiffstyp entstand, bildete sich die typische friesische Kogge als eigenständiger Typ heraus.

Im Anfangsstadium waren der gerade Kiel, der gedrungene kurze Schiffskörper mit gerundeten Spantformen und einem Verhältnis Kiellänge zur Schiffsbreite von 3:1, die fast geraden, ziemlich steilen Steven und der hochbordige, klinkerbeplankte Schiffskörper markante äußere Merkmale der seetüchtigen einmastigen Kogge, obwohl noch längere Zeit Einrichtungen zur gelegentlichen Riemenbenutzung beibehalten wurden. Infolge der großen Breite und Seitenhöhe verbesserten sich die Stabilitätseigenschaften bedeutend. Es konnte ein festes durchlaufendes Deck eingebaut werden, so daß die Ladung zuverlässiger vor Witterungseinflüssen geschützt wurde. Diese Veränderungen kennzeichnen den schrittweisen Übergang vom noch ruderbaren Schiff zum Segel-Lastschiff. In dieser Anfangsform war die Kogge ein einmastiges Segelschiff mit einem kräftigen Mast, an dem ein großes viereckiges Rahsegel gefahren wurde. Zum Schutz des Schiffes wurden gerüstartige, später dann kastellartige Aufbauten am Bug und am Heck für Bogenschützen errichtet. Anfangs wurde auch noch mit dem derzeit gebräuchlichen Seitenruder an der Steuerbordseite gesteuert.

Zu den bedeutenden Neuerungen, die von der Kogge ausgingen, gehört auch das erstmalig 1242 an diesem Schiffstyp nachgewiesene Heckruder. Es wurde durch eine Drehachse schwenkbar in Kiellinie am Heck angeordnet. Mit dem Heckruder konnten die Segel- und Steuereigenschaften und damit die Sicherheit der Koggen erheblich verbessert werden. Das Heckruder ist bis heute (in weiterentwickelter strömungsgünstiger Form und Anordnung) das wirksamste Mittel zum Steuern von Schiffen.

Mit der Entwicklung der Kogge zu einem zuverlässigen Segellastschiff entstand eine der wichtigsten technischen Grundlagen des Städtebundes der Hanse und der Ausweitung des Handels in der Ost- und Nordsee. Über die Schiffsgrößen sind Angaben aus Abrechnungen und Zollvermerken, so z. B. aus der Lübecker Zollrolle bekannt. Danach wurden Koggen im Jahre 1227 in 3 Größenklassen eingeteilt: Klasse 1 bis zu 5 Lasten (10t), Klasse 2 von 5 bis 12 Lasten (10 bis 24t) und Klasse 3 über 12 Lasten (über 24t) Tragfähigkeit. Die einmastigen Koggen erreichten bei günstigen Windverhältnissen Geschwindigkeiten von 5 bis höchstens 8kn. Schon damals gab es kleinere Koggen für den Fischfang. Anfang des 14. Jh. war die Normalgröße bereits auf 40 Lasten (80t) gestiegen. Eine Größeneinteilung vom Jahre 1358 unterscheidet nur noch die beiden Gruppen unter und über 60 Lasten (120t). Mit der Zunahme der Schiffsgrößen erfolgten im Laufe der Zeit verschiedene Weiterentwicklungen, die teilweise auch von anderen Schiffstypen, insbesondere dem ursprünglich holländischen *Hulk* übernommen wurden. So ist eine besonders starke Konzentration und Vergleichsmöglichkeit der beiden Schiffstypen unter anderem von einem Kriegszuge WILHELMS III. von Holland aus dem Jahre 1315 bekannt, zu dem die friesischen und Ijsselstädte ihr gesamtes Kontingent durch Koggen und die niederrheinischen Verbündeten durch Hulks einbrachten.

Durch die rege Handelstätigkeit der Hanse, der in ihrer höchsten Entwicklung etwa 90 Städte angehörten, fuhren Koggen im gesamten Ostseegebiet, nach Skandinavien, Flandern, Frankreich, England, Spanien und gelegentlich bis ins Mittelmeer. Koggen wurden zu dieser Zeit in verschiedenen Ländern in größerer Zahl gebaut. Aus dem damals bedeutenden Hansehafen Lübeck liefen allein im Jahre 1386 insgesamt 846 und aus Hamburg 598 Schiffe, vorwiegend Koggen, aus. Die Hansekoggen fuhren bei größeren Fahrten zum Schutz vor bewaffneten Überfällen im Geleitzug und verteidigten sich durch Bogenschützen, Steinschleudern und Wurfgeräte für Steine (Blyden). Am Ende des 13. Jh. führten die Hansekoggen eine Flagge, den Flüger, in der Farbe ihrer Heimatstadt, für Lübeck wurde ein rot-weißer, für Hamburg ein roter, für Rostock ein blau-weißroter und für Riga ein schwarzer Flüger mit weißem Kreuz gezeigt. Um 1360 versah man die Kastelle mit leichten Karonaden.

Bis Anfang des 14. Jh. wurden Koggen geklinkert gebaut, d. h., die Schiffsplanken wurden dachziegelartig übereinandergelegt und vernietet. Die 1962 bei Baggerarbeiten entdeckte »Bremer Kogge« *(Bremer Koggenfund)* gehört zu den wenigen erhalten gebliebenen Originalnachweisen. Es handelt sich um eine größere Kogge wahrscheinlich aus den letzten zwei Jahrzehnten des 14. Jh. Die Länge beträgt 23,5m, die Breite 6,20m und die Deckshöhe über Kiel 3,50m. Der Schiffskörper ist seitlich geklinkert, jedoch im Bodenbereich kraweel aus Eichenholzplanken gebaut. 5 kräftige Decksbalken sind durch die seitliche Außenhaut geführt und steifen den Schiffskörper aus. Der Kiel ist 15,6m lang und verstärkt den im Mittelbereich fast ebenen Schiffsboden.

Übliche Abmessungen einer Kogge für 100 Lasten (200t) Tragfähigkeit waren etwa 15 bis 16m Länge, die Breite betrug etwa 6 Ellen oder 12 Fuß, das sind ungefähr 3,7m. Zur Besatzung gehörten bis zu 20 Mann. In der Zeit um 1400 gab es eine weitere Größenzunahme. Aus der einmastigen Kogge entstand als Weiterentwicklung der einmastige *Hulk* oder Holk als noch seetüchtigeres Schiff mit Tragfähigkeiten über 200t.

Im Hulk wurden die für Stabilität und Tragfähigkeit günstigen Merkmale wie flacher und breiter Schiffsboden mit völligen, seitlich gerundeten Spantformen des ursprünglich niederrheinischen Schiffstyps mit den Vorzügen der späten Koggenentwicklung vereinigt (Kiel, vorgebauter Vorsteven, Heckruder in Kiellinie, Aufbauten, günstige Segeleigenschaften). Als ein äußeres Unterscheidungsmerkmal der beiden in dieser Phase sehr ähnlichen Schiffstypen kann die konstruktive Gestaltung der vorderen und hinteren Aufbauten und ihre Einbeziehung in den Schiffskörperverband durch entsprechend hochgezogene Seitenplanken angesehen werden. Beide Schiffstypen waren noch klinkerbeplankt. Mit ihren Abmessungen erreichten sie die Grenzen der geklinkerten Beplankung hinsichtlich des Aufwandes zum Anpassen der Spanten zur notwendigen festen und wasserdichten Verbindung. Die im Mittelmeer allgemein übliche Kraweelbauweise war durch die Seeverbindungen zur Bretagne, nach Spanien und Südfrankreich sicher schon früher bekannt, wie aus Berichten des Brügger Kontors von 1412 hervorgeht. Der schnelle Übergang zur Kraweelbauweise im Norden vollzog sich jedoch erst in der zweiten Hälfte des 15. Jh.

Zum Ende des 15. Jh. wird die Anzahl der Hanseschiffe auf etwa 1000 Schiffe mit einer Gesamttragfähigkeit von 60000 bis 80000t geschätzt. Bei 3 oder 4 kürzeren Reisen im Jahr mit voller Ladung konnten jährlich bereits um 200000t Güter transportiert werden. So wurden allein aus Schonen jährlich bis zu 300000 Faß Fisch abgefahren. 1481 liefen z. B. 1100 Schiffe mit Getreide von Danzig nach Holland und Flandern aus.

Nach dem Vorbild des »GROTEN KRAWEELS«, (s. *Kraweel*) war dieser späte Koggentyp zu dieser Zeit eigentlich schon als Zwei- oder Dreimaster, wobei dreimastige Schiffe bevorzugt wurden, ein *Hulk*. Bei diesen dreimastigen Schiffen stand der Hauptmast auf halber Schiffslänge und der Fockmast auf dem Vorkastell, an den beiden vorderen Masten wurden Rahsegel gefahren. Der auf dem Achterkastell stehende Kreuzmast führte ein Lateinsegel.

Kojer, *Koyer, Koier:* im 19. Jh. die Bezeichnung für einen Fischerkahn, in dessen mittlerem Bereich durch Abschottung ein mit dem Außenwasser in Verbindung stehender Raum für den Fang vorhanden war.

Kolding-Schiffsfund: Wrackteile eines Schiffes aus dem 13. oder 14. Jh., die im Jahre 1943 in Dänemark im Kolding-Fjord gefunden wurden. Das etwa 18m lange und ungefähr 6m breite Schiff hatte einen flachen, kraweel gebauten Schiffsboden. Die Seitenwände waren geklinkert gebaut. Größe und Bauart, insbesondere der gerade Kiel und der gerade Vorsteven, entsprechen den Merkmalen einer frühen *Kogge*.

Kompositschiff, *Kompositklipper:* ein Schiff, für dessen Bau Holz und Eisen oder Stahl in kombinierter Bauweise verwendet wurde. Etwa in der Zeit um 1820 begann man zögernd, für einige Bauteile des Schiffskörpers Eisen zu verwenden. Ursachen für den relativ späten und allmählichen Übergang zum Eisen als Schiffbaumaterial dürften in der begrenzten Verfügbarkeit, den notwendigen weitgehenden Umstellungen der Werftausrüstungen und Arbeitsverrichtungen, der hochentwickelten konkurrierenden Holzbauweise und dem geringen Nutzen für kleinere Segelschiffe bestanden haben.

Um 1820 verwendete erstmalig der Engländer R. SEPPINGS eiserne Eckverbindungen, die sogenannten Kniebänder oder Kniebleche für Holzbalken zusätzlich zu den seit längerer Zeit üblichen Nägeln, Nieten, Schrauben, Laschen, Ringen, Ösen und anderen kleineren Beschlägen und Verbindungselementen. Danach ent-

standen verschiedene Varianten der Kompositbauweise. Entweder wurden Kiel, Spanten und Decksbalken aus Eisen gebaut und die Außenhaut und die Decks weiterhin mit Holz beplankt, oder es wurde die hölzerne Außenhautbeplankung wegen der besseren Dichtigkeit und zum Schutz gegen Fäulnis und Wurmfraß durch Eisenplatten ersetzt, dann waren die Spanten zunächst noch weiter aus Holz. Da erst in der Jahrhundertmitte das Holzbiegen mit Dampfwärme gebräuchlich wurde (vorher konnte Holz nur über offenem Feuer erwärmt gebogen werden), naturgewachsene Krummhölzer nur begrenzt zur Verfügung standen, die Eisenproduktion aber ständig stieg, setzte sich der Eisen- und Stahlschiffbau auch im Segelschiffbau bei größeren Segelschiffen durch. Der härteste Wettbewerb zwischen dem traditionellen Holzbau und dem Kompositbau entwickelte sich zwischen den amerikanischen und englischen Klipperschiffswerften zu Beginn der zweiten Jahrhunderthälfte.
Bei den leichten Schnellseglern wirkte sich jede Verringerung der Schiffseigenmasse, jede schärfere Linienführung und jede Stabilitätsverbesserung besonders stark auf die Segeleigenschaften aus. Begünstigt durch die unmittelbare Nutzung des englischen Vorsprungs in der Stahlerzeugung und -verarbeitung überflügelte der englische Schiffbau bald seine amerikanischen Konkurrenten. Aus dieser Zeit ist der 1869 in Dumbarton (Schottland) gebaute Kompositklipper *»CUTTY SARK«* erhalten geblieben.

Konvoischiff: frühere Bezeichnung für ein Kriegsschiff, das einer Flotte von Kauffahrteischiffen zum Geleitschutz beigegeben wurde. Mit der zunehmenden Handelsschiffahrt führten insbesondere die Hanseaten, die Venezianer und die Genuesen im 14. und 15. Jh., später Frankreich und England Konvoischiffe ein. Im 17. und 18. Jh. unterhielt Hamburg noch mehrere Konvoifregatten. Nach Überwindung des Seeräuberunwesens gegen Ende des 18. Jh. und mit dem Beginn des weltweiten Seehandels erübrigten sich die Konvoischiffe.
In den beiden Weltkriegen erlangten Konvoischiffe erneut große Bedeutung, allerdings werden derzeitig neben den Kriegsschiffen auch alle im Geleitzug (Konvoi) fahrenden Schiffe als Konvoischiffe bezeichnet.

Hamburger Konvoischiff 1688 mit dem Bildnis des Kapitäns Tamm

Korbboot, *Rundboot, Lederboot, Fellboot:* ein aus Weidenruten, Wurzeln u.ä. geflochtenes, rundes oder längliches Bootsgerüst. Da das Flechtwerk nicht wasserdicht wird, erfolgt entweder ein Überzug durch Häute oder Felle oder ein Abdichten mit harzigen Stoffen. Infolge seiner einfachen Bauweise und der verfügbaren Sträucher und Häute entwickelte sich sehr frühzeitig das Korbboot gleichzeitig in verschiedenen Gebieten der Erde. Die Kelten nannten ihre fellüberzogenen Korbboote »curiogle«. Der römische Feldherr JULIUS CÄSAR (100 bis 44 v. u. Z.) benutzte bei seinen Feldzügen ähnliche leichte Korbboote zur Flußüberquerung.
Die bis in die Neuzeit in Schottland und Wales verwendeten *Coracles* werden vorwiegend unter Verwendung von Roß- oder Jungochsenleder gebaut. Größere Boote dieser Art waren auch in Skandinavien und bei den Normannen unter der Bezeichnung »cyule«, »ceol« bekannt.
Auf den griechischen und römischen Schiffen wurden bereits leichte Korbboote mitgeführt, die als »carabia« bezeichnet wurden. Die runden oder ovalen, aus Weidengeflecht bestehenden Korbboote der Nordamerikaner wurden vorwiegend mit Bisonhäuten überzogen und daher »Bullboot« genannt. In Südamerika entstanden nach Einführung der Rinderzucht ähnliche Boote unter der Bezeichnung »Pelota«.
In Vorderasien und im Irak wurden sowohl lederbezogene Boote als auch mit Naturasphalt abgedichtete Korbboote sehr frühzeitig verwendet. In der Nähe des Persischen Golfes waren auch längliche Korbboote bekannt. Von den Mongolenzügen ist ebenfalls bekannt, daß die Krieger lederüberzogene kleine Boote mitführten. In Südtibet bestand das Rundkorbgeflecht aus Fichtenzweigen und wurde mit Yakhäuten überzogen. Aus Vietnam ist ein altertümliches Korbboot aus Bambusstreifengeflecht mit lehmähnlicher Innenabdichtung bekannt.
Die gedeckten *Kajaks* (Männerboote) und die offenen *Umjaks* (Frauenboote) der Eskimos gehören zu den haut- und fellbezogenen Booten, die bis in die neuere Zeit verwendet werden. Sie bestehen jedoch nicht aus Korbgeflecht, sondern aus einem leichten Spantengerüst ohne Kiel aus Walknochen, Fischgräten und Treibholz. Ähnlich ist das größere in Ostsibirien gebräuchliche lederüberzogene Fellboot, die *Baidara*.

Korbuis: ein japanisches Ruderschiff des 17. und 18. Jh. mit bis zu 30 Riemen.

Korennaja: Bezeichnung für ein auf Oka und Wolga gebräuchliches einmastiges und grob gebautes Flußfrachtschiff des vorigen Jahrhunderts.

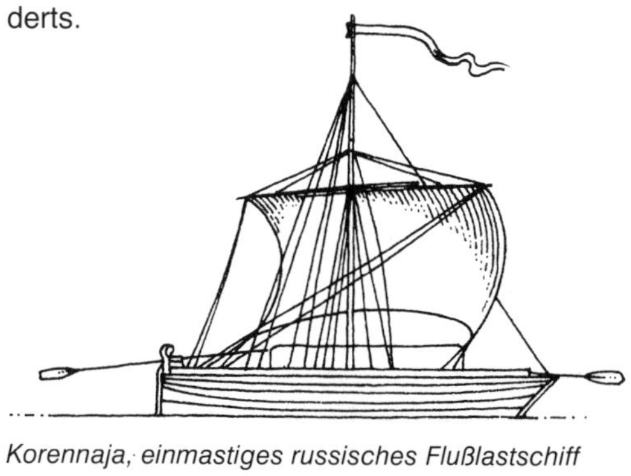

Korennaja, einmastiges russisches Flußlastschiff

Korsarenschiff: allgemein ein Seeräuberschiff; speziell wurden unter diesem Begriff jedoch die Raubschiffe der ehemals vorwiegend von Algier, Tunis und Marokko aus operierenden Seeräuber des Mittelmeeres verstanden. Ursprünglich handelte es sich dabei um Schiffe, die von ihren Eignern ausgerüstet wurden, um mit einem legitimen »Kaperbrief« (s. a. *Kaperschiff*) ihrer Regierung die Handelsschiffahrt der Gegner zu stören.

Korsarenschiff des Mittelmeeres

Korvette: ein schnellsegelndes dreimastiges vollgetakeltes Kriegsschiff mit 6 bis 32, meistens jedoch mit 18 bis 24 Kanonen. Die Bezeichnung gab es bereits im 17.Jh. für Segelschiffe, die auch gerudert wurden. Zu Anfang des 18.Jh. war der Name in den Flotten für die kleinsten Schiffe mit 3 Masten üblich. Im Unterschied zur ebenfalls vollgetakelten *Fregatte* war die Segelkorvette kleiner, ihre Wasserverdrängung betrug normalerweise 500 bis 600t. Der Schiffskörper war schärfer gebaut und der Tiefgang geringer, so daß Korvetten auch in Küstennähe operieren konnten. Die Kanonen standen auf dem obersten glatten Deck, dem Hauptdeck. Wegen des Fehlens von Schanze und Back wurde dieser Korvettentyp auch als »Glattdeckkorvette« bezeichnet. Sollte eine Korvette mehr als 24 Kanonen führen, so wurden die Schiffe mit leichten kurzen Oberdecks vorn (Back) und achtern (Schanze) gebaut. Auf diesen kurzen Decks wurden die zusätzlichen Kanonen oder Karonaden gefahren; der größte Teil des Hauptdecks und damit die Hauptbatterie wurden jedoch nicht wie bei der Fregatte überbaut, sie blieben ungedeckt. Als gedeckte Korvetten wurden im 19.Jh. solche Korvetten bezeichnet, die eine Lage Geschütze unter Deck und zusätzlich noch einige ungedeckte Geschütze auf dem freien Deck fuhren.
Wegen ihrer Schnelligkeit und Wendigkeit wurden Korvetten in Seekämpfen als Tirailleure, d. h. in aufgelöster Ordnung kämpfend, eingesetzt. Korvetten wurden auch als Depeschenfahrzeuge, Aufklärer (Observateure) und Kreuzer verwendet. Die Bemannungsstärke lag zwischen 100 und 130 Mann.
Segelkorvetten hatten eine große Bedeutung in der französischen Marine. In der englischen Marine gab es sowohl die Korvette als auch die ähnliche *Sloop*. In Rußland bezeichnete man am Ende des 19.Jh. besonders schnell segelnde scharf und schnittig gebaute *Korvetten* als »Klipper« und »Klipperkorvetten«.
Die Typenbezeichnung Korvette wurde um 1940 in abgewandelter Form für maschinengetriebene Geleitfahrzeuge, später auch für leichte Kreuzer übernommen. Tafel S. 166

Kragejolle: ein dänisches *Spitzgattboot* mit sehr weit ausfallenden Spanten, die das Deck gegen überkommendes Wasser schützen.

Kraweelschiff, *Karweelschiff, Kraweelboot:* Wasserfahrzeuge mit einer Bauweise des Holzschiffsrumpfes, bei der die Längsnähte der Außenhautplanken nicht übereinandergelappt liegen wie bei der Klinkerbauweise *(Klinkerboot)*, sondern stumpf aufeinandergefügt sind. Im Mittelmeergebiet, insbesondere in Ägypten, war diese Bauweise bereits vor viertausend Jahren bekannt. Die Kraweelbeplankung ermöglicht die Verwendung kürzerer und dickerer Planken und, wenn nötig, eine doppelte Beplankung (s. a. *Boot*). Häufiger wird in verschiedenen Quellen darauf hingewiesen, daß beim Bau der altägyptischen Schiffe die Spantbauweise noch nicht bekannt war. Darüber bestehen jedoch Zweifel, da die Kraweelbauweise besonders günstige Möglichkeiten für die Verbindung von Spanten und Beplankung aufweist. (s. *Cheops-Bestattungsschiff*). In den nordeuropäischen Schiffbau hat die Kraweelbauweise sehr spät (1459 in Seeland) Eingang gefunden. Das erste Auftauchen eines großen Kraweelschiffes während der Hansezeit in der Ostsee bereitete großes Aufsehen und leitete einen schnellen Übergang vom Klinker- zum Kraweelbau ein.
Von der üblichen Parallelkraweelbeplankung werden im 19. Jh. die Diagonal- und die Doppeldiagonalkraweelbeplankung unterschieden. Bei der Diagonalkraweelbeplankung verlaufen die an der Außenhaut liegenden Planken horizontal und die Innenplanken unter einem bestimmten Winkel, z. B. 45°. Bei der Doppeldiagonalbeplankung werden auch die Außenplanken entgegengesetzt zur Innenbeplankung unter einem Winkel angebracht. Die Diagonalbauweisen wurden insbesondere in bestimmten Außenhautbereichen größerer Holzschiffe, hauptsächlich bei hochbeanspruchten Booten und Schiffen, angewendet.
Erstes großes kraweelgebautes Schiff in der Ostsee war »DAT GROTE KRAWEEL«, auch »DAT GROTE KRAFEL« oder »DAS GROSSE KRAWEEL«. 1462 lief in Danzig die »PETER VON ROSSEEL« als Salztransporter aus La Rochelle ein. Sie war von bretonischen Schiffbauern als eines der ersten großen kraweelgebauten Schiffe im nordeuropäischen Raum gebaut worden. Wegen durchzuführender Reparaturen, wie der Erneuerung des in einem Gewitter durch Blitzschlag zerstörten Großmastes, verbunden mit der Zahlungsunfähigkeit des Eigners wurde das Schiff am 19. Mai 1464 an Danziger Bürger verpfändet. Das Inventar wurde nach und nach zur Deckung der angefallenen Kosten verkauft, wie die zur Ausrüstung gehörenden 6 Anker; um das Schiff selbst kümmerte sich bis zum Jahre 1470

Kraweelschiff um 1480, Modell [28]

Korvette

1 *Korvette unter Segel*
2 *Korvette von 1765, Vorderansicht und Hauptspantquerschnitt*
3 *Ankerbalken mit Stockanker*
4 *Schiffskörper einer Korvette von 22 Stücken auf der Helling, 1818*
5 *Carronade auf Drehbettung*
6 *Linienriß einer Korvette*
7 *Vorschiff einer Korvette mit Spantquerschnitt*

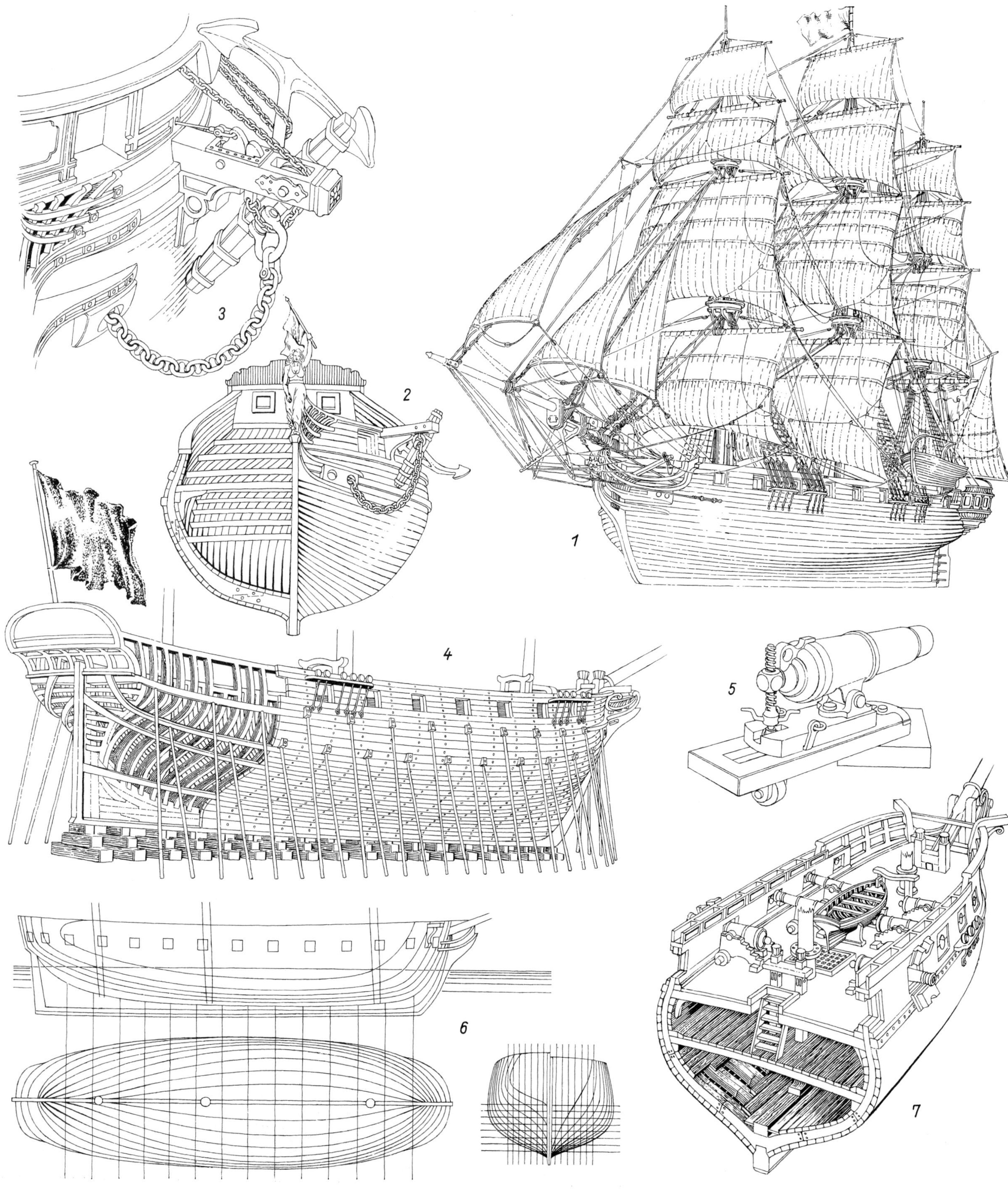

kaum jemand. Dann wurde es auf der Lastadie gründlich aufgezimmert und kalfatert und für die Unterbringung von Kriegsvolk eingerichtet. Am 19. August 1471 ging »DAS GROSSE KRAWEEL« als »PETER VON DANZIG« nach Brügge in See, um gegen die Behinderung des hansischen Handels durch Engländer und Franzosen vorzugehen. 1472 übernahm PAUL BENEKE das Schiff und führte erfolgreiche Kaperfahrten durch. 1478 wurde die »PETER VON DANZIG« nach Schiffbruch abgewrackt. Nach überlieferten Angaben und den Daten der Inventarlisten ergeben sich folgende Daten für »DAS GROSSE KRAWEEL«: Länge über Deck etwa 43 m, Breite auf Oberdeck etwa 12 m, Ladefähigkeit etwa 400 Lasten (800 t), Seitenhöhe bis zum untersten Deck etwa 5,5 m, bis zum Oberdeck etwa 9 m. Eine kennzeichnende Größe für Schiffe dieser Zeit war i. allg. die Länge des Kiels, die bei der »PETER VON DANZIG« 31,0 m betrug, während sie bei den sonst üblichen Schiffen unter 28 m lag. 1488 wurde erstmalig ein Schiff gebaut, das die Kiellänge des »GROSSEN KRAWEELS« um einen halben Meter übertraf. Die Gesamtsegelfläche, bestehend aus Großsegel, Fock und Besan, betrug etwa 760 m^2. Die Zahl des Kriegsvolks und der Besatzung betrug etwa 350 Mann. Die Bewaffnung bestand nach den Inventarlisten aus 17 Geschützen, 15 Windearmbrüsten, einer sogenannten Wallbüchse sowie einer Bleibüchse und Spießen für den Enterkampf.

Kreyer, *Kraier:* seetüchtiges Lastschiff des 14. bis 16. Jh., vorwiegend für die Verwendung im Ostseegebiet, aber auch an der friesischen Küste sowie für Bergen- und Flandernfahrten. Die Tragfähigkeit konnte bis zu 60 Lasten (120 t) betragen. Die meistens dreimastigen Schiffe fuhren mit Rahsegeln und hatten 12 Mann Besatzung.

KR-Klasseboot: siehe Klassenboot

Kuff: ein hauptsächlich im 18. und 19 Jh. an den holländischen und belgischen sowie seit Beginn des 19. Jh. nordwestdeutschen Küsten häufig gebautes anderthalbmastiges Küstenfrachtschiff. Der Schiffskörper war völlig, er hatte einen Kiel und einen breiten, flachen Schiffsboden. Die Schiffsenden waren stark gerundet, jedoch Bug und Heck durch verhältnismäßig großen Sprung hochgezogen, so daß das Schiff trotz der plump wirkenden Form für die Küstenfahrt gute Seeeigenschaften hatte. Die übliche Schiffsgröße lag zwischen 40 und 90 BRT. Die größeren Fahrzeuge hatten ein Heckruder, die Wasserlinien des Schiffsrumpfes liefen in einer Achterpiek aus, die bis zum Ruder reichte.
Demgegenüber hatte die der Kuff ähnliche *Tjalk* (mit Seitenschwertern) früher einlaufende Wasserlinien und damit einen runderen Auslauf, der in einen vorgebauten Achtersteven überging.
Nur wenige kleinere Kuffen hatten Seitenschwerter. Der Anderthalbmaster fuhr am vorderen Großmast ein Gaffelsegel und je nach Schiffsgröße darüber an der Maststenge 1 oder 2 Rahsegel. Am Bugspriet waren bis zu 3 Dreieck-Schratsegel. Der achtern stehende Besanmast hatte keine Maststenge und führte nur ein Gaffelsegel.
Die kleineren Fahrzeuge waren als »Pfahlmast-

Kuff mit Rah-Toppsegeln um 1790

Kuff um die Mitte des 19. Jh., Modell

kuff« oder »Toppsegelkuff« getakelt. Es gab auch einige größere als *Schoner* getakelte Fahrzeuge, die »Schonerkuff« genannt wurden. Ganz selten wurden auch *Dreimaster* mit Barktakelung, die sogenannte »Barkkuff« gebaut. Weiter entstanden einige Kombinationen hinsichtlich der Schiffskörperformen wie die *Kufftjalk* und die *Kuffgaliot*.
Im ostfriesischen Hauptverbreitungsgebiet wurde die Kuff in der zweiten Hälfte des 19. Jh. wegen der besseren Segeleigenschaften durch *Galioten* verdrängt. Dennoch behauptete sich die Kuff über ein ganzes Jahrhundert. Im Jahre 1805 gab es allein in Emden 138 Kuffen, 16 Galioten und 70 Tjalken und in Nordwestdeutschland noch 1873 insgesamt 201 Kuffen. 1895 wurden die letzten Kuffen an der Weser gebaut, und 1913 waren keine in Fahrt befindlichen Kuffen mehr in den Schiffsregistern zu finden.

Kuff, Ende des 19. Jh., Modell

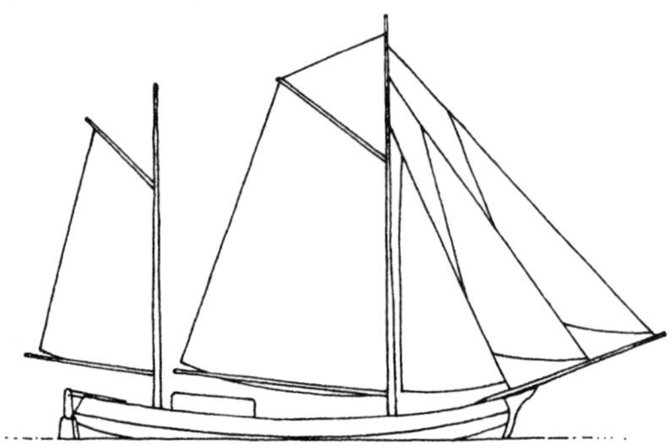

Gaffelgetakelte Kuff

Linienriß einer Kuff um 1850

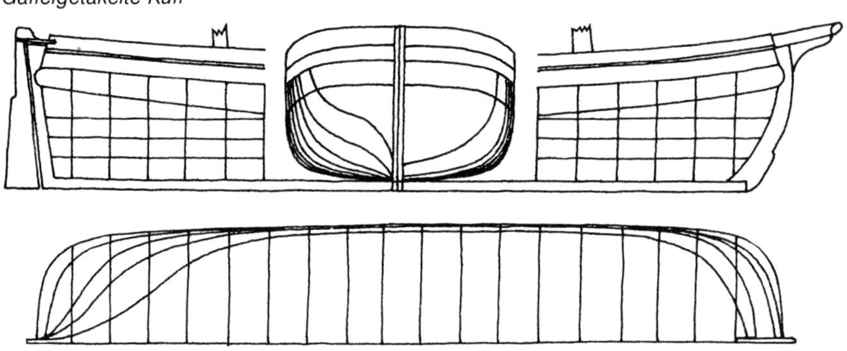

Kürbisfloß, *Kalebassenfloß:* ein aus Kalebassen hergestelltes Floß, das jedoch nur im alten Mexiko, in Nikaragua und bei den Inkas in Gebrauch war.

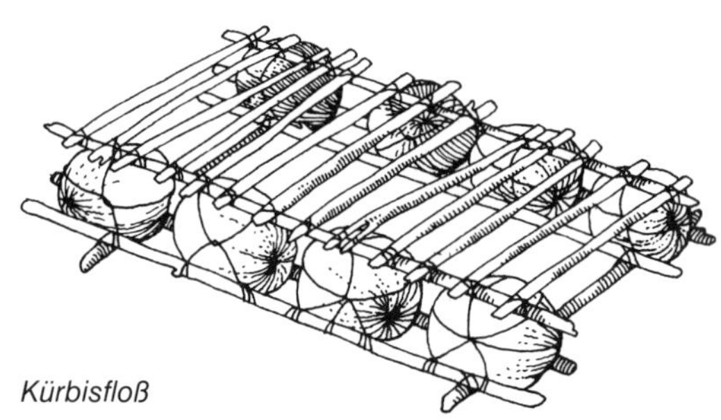

Kürbisfloß

Kuffgaliot: Mitte des 19. Jh. besonders auf ostfriesischen Werften gebaute *Galioten* mit kuffartigem Achterschiff und ausfallendem Vorschiff.

Kufftjalk: von Anfang bis zur Mitte des 19. Jh. ein Schiff mit einer Kombination typischer Merkmale von *Kuff* und *Tjalk*. Das Vorschiff war der Kuff ähnlich, wobei der Schiffskörper jedoch schlanker als bei der Kuff gebaut wurde. Das löffelförmige Achterschiff übernahm man demgegenüber von der Tjalk. Dieser kombinierte Schiffstyp entstand in den Niederlanden und wurde später häufig in Niedersachsen nachgebaut. Die Kufftjalk gab es sowohl mit als auch ohne Kiel, meistens jedoch mit 2 großen Seitenschwertern. Kleinere Fahrzeuge fuhren mit Tjalktakelung, die größeren Schiffe demgegenüber als Toppmastkuff. Die Tragfähigkeiten dieses Schiffstyps lagen zwischen 30 und 75 t, die Schiffslängen zwischen 15 und 23 m, die Breiten bei 4 bis 5,5 m und die Seitenhöhen zwischen 1,5 bis 2 m. Gesegelt wurde mit einer Besatzungsstärke von 2 bis 4 Mann. Eine letzte deutsche Kufftjalk ist noch aus dem Jahre 1902 bekannt.

Kujundschikrelief-Schiffsdarstellung: assyrische Flußboote in Jagd- und Kampfszenen, dargestellt an der Tempelruine von Kujundschik am Tigrisufer in der Nähe des antiken Ninive. Die Tempelruine stammt aus dem 8. Jh. v. u. Z.

Linien einer Kufftjalk um 1860

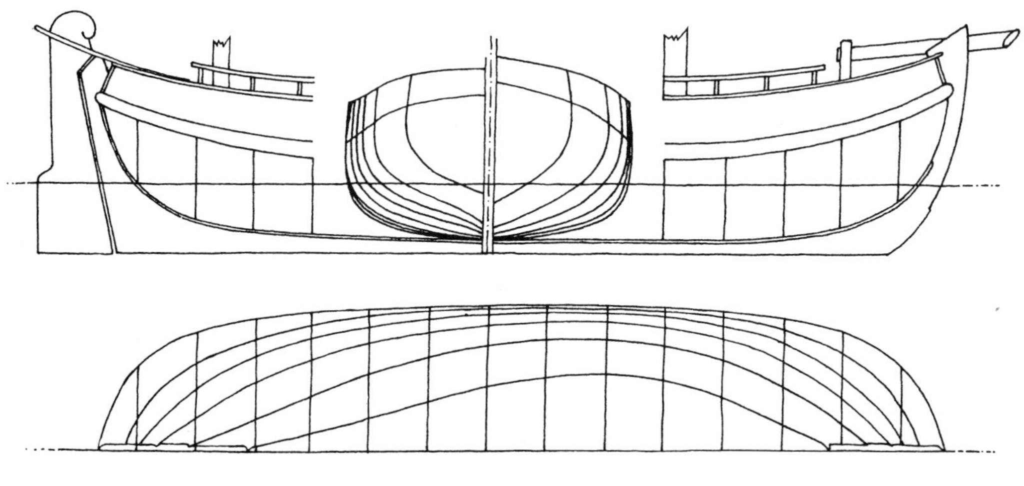

Kurrenkahn: *Kahn* von etwa 10 bis 12 m Länge und 3 m Breite zum Fischen mit Schleppnetz, bei dem ursprünglich mit dem Baumschlepp- und später mit dem Scherbrettnetz gefischt wurde, auf dem Kurischen Haff auch als »Bradderkahn« bezeichnet.

Küstenjolle: eine für Fahrten in offenen Gewässern in Küstennähe geeignete *Jolle*. Küstenjollen erhalten zur Verbesserung der Stabilität i. allg. zusätzlichen festen Außenballast. Außerdem werden zur erhöhten Sicherheit und zum leichteren Aufrichten gekenterter Boote Lufttanks fest eingebaut. Eine typische Küstenjolle ist die *Föhr-Jolle*, die im Küsten- und Wattengebiet der Nordseeinsel Föhr an der Westküste Schleswig-Holsteins häufig benutzt wird. Die Jolle hat eine Länge von 5,60 m, ist 1,92 m breit und hat einen Tiefgang von nur 0,16 m, die Segelfläche beträgt 14,70 m^2.

Küstenrettungsboot: Schwere Ruderboote mit Hilfssegel waren bis in die 30er Jahre des 20 Jh. das wichtigste Hilfsmittel zur Unterstützung gestrandeter Schiffe von Land aus. Ihre Entwicklung ist eng mit dem gesamten Schiffsrettungswesen verknüpft, so gab es bereits in London im Jahre 1786 erste Versuch, ein Boot unsinkbar zu machen. Eine besondere Veranlassung zur Gründung einer »Gesellschaft zur Rettung Schiffbrüchiger« war im Jahre 1798 der Untergang des Segelschiffes »ADVENTURE« in der englischen Tynemündung, bei der trotz Landnähe die gesamte Besatzung ums Leben kam. Dennoch blieb einige Jahrzehnte das Rettungswesen ohne Bedeutung, bis am 24. März 1824 eine staatliche britische Gesellschaft gegründet wurde, die sich ab 1854 »Royal National Life-Boat Institution for the Preservation of Life from Shipwrecks« nannte. Diese Gesellschaft betreute 1884 bereits 284 Küstenrettungsboote.
In Frankreich wurden seit 1825 von Privatgesellschaften Rettungsboote unterhalten und seit 1846 Mörser zum Abschießen von Rettungswurfleinen zur Rettung Schiffbrüchiger benutzt; eine der englischen Rettungsboot-Institution ähnliche Gesellschaft wurde 1865 gegründet.
In Deutschland wurde am 29. Mai 1865 die »Gesellschaft zur Rettung Schiffbrüchiger« in Kiel gegründet. Im Jahre 1885 bestanden an den deutschen Küsten 99 Rettungsstationen, darunter 35 Stationen, die mit den beiden damaligen Hauptrettungsmitteln (Booten und Rettungsleinen) ausgerüstet waren.
Für die besonderen Bedingungen der Küstenrettung wurden das nach dem englischen Entwickler benannte *»Peakeboot«* und das nach dem amerikanischen Konstrukteur FRANCIS benannte *»Francisboot«* bevorzugt, in Deutschland entschied man sich für den damals neuesten Typ des Francisbootes.
Küstenrettungsboote waren besonders stabil und fest gebaut, mußten sehr seetüchtig und durch zusätzlichen Auftrieb (Korkeinbauten, Luftkästen u. a.) unsinkbar sein. Die in den Rettungsstationen geschützt auf fahrbaren Untersätzen bereitstehenden Boote wurden mit Pferdegespannen in die Nähe der Strandungsstelle befördert, die meistens freiwilligen Rettungsmannschaften setzten bei den gefahrvollen Rettungsaktionen häufig ihr eigenes Leben ein.
Heute gehört der Seenotrettungsdienst zu den staatlichen Aufgaben. Für die Seenotrettung sind jetzt verschiedenartige Rettungsschiffe mit starken Maschinenanlagen verfügbar.

Küstensegelschiff: allgemeine Bezeichnung für die in der Küstenfahrt eingesetzten und demzufolge meistens flachgehenden Segelfrachtschiffe. Da bei Küstenfahrten mehr oder minder kurze Strecken befahren wurden, konnten die Küstensegler relativ kleine und einfach ausgerüstete Schiffe sein.

Kutiyah: ein zweimastiges indisches Handelsschiff.

Kutter: kleineres, einmastiges seetüchtiges Segelschiff englischen Ursprungs (to cut, schneiden; cutter, wellendurchschneidendes Schiff). Der Schiffstyp wurde in England etwa Mitte des 18. Jh. entwickelt, etwa zu der Zeit, in der in Frankreich der *Logger* (Lougre) entstand. F. H. CHAPMAN zeichnete 1768 einen Kutter der englischen Kriegsmarine. Das einmastige Fahrzeug fuhr ein großes Gaffel-Großsegel, dazu an einer Rah in Höhe der Gaffel ein großes Vierkantsegel, die Breitfock, und über diesen beiden Segeln an einer Maststenge 2 weitere Rahsegel. An dem langen, fast waagerecht herausragenden einholbaren Klüverbaum wurde ein großes Dreieckschratsegel gefahren. Diese sicher schwierige und nur auf Kriegsschiffen mit größerer Besatzungszahl bedienbare Takelage wurde in den folgenden Zeiten vereinfacht. Nach und nach verschwanden die Quersegel, an dem verhältnismäßig hohen, durch eine Maststenge auf über 20 m verlängerten Mast wurde um 1900 nur noch das Gaffel-Großsegel und darüber ein größeres Viereck-Gaffeltoppsegel gefahren. Am kürzeren Klüverbaum wurden 3 Schrat-Vorsegel eingeführt, die Fock, der Klüver und der Flieger.
Der im Vergleich zu anderen Segelschiffstypen kleintonnagige kurze Kutter hatte einen Kiel und einen verhältnismäßig großen Tiefgang, die Spantformen von geringer Völligkeit, einen geraden senkrechten Vorsteven und ein überhängendes Spiegelheck. In der Kriegsmarine diente der Kutter wegen seiner guten See- und Segeleigenschaften zum Nachrichten- und Wachdienst besonders in Küstennähe. Häufiger wurden Kutter auch als Kaper- und Seeräuberschiffe verwendet.
Nach Vereinfachung der Takelage wurde der Schiffstyp wegen seiner besonders großen, nun einfach zu bedienenden Segelfläche, der günstigen Segeleigenschaften infolge des großen Tiefganges und der widerstandsgünstigen Spantformen und nicht zuletzt durch die mit relativ kurzer Schiffslänge erreichten günstigen Manövriereigenschaften allgemein beliebt, zumal diese Vorzüge mit verhältnismäßig geringen Baukosten erzielbar waren.
So waren bald alle englischen Segel-Fischereischiffe, die *»Smaks«*, grundsätzlich kuttergetakelt. Bei den anderen Anliegern der Nord- und Ostsee wurden Fischerei-, Lotsen-, Zoll-, Fracht- und Sportkutter zum gebräuchlichsten Nutzfahrzeug. Auch während der Übergangszeit zum Dampf- und Motorenantrieb konnte dieser Schiffstyp an die veränderten Bedingungen an-

1

1 Kutter nach CHAPMAN um 1768
2 Kutter um 1900
3 Kutter mit Gaffelsegel

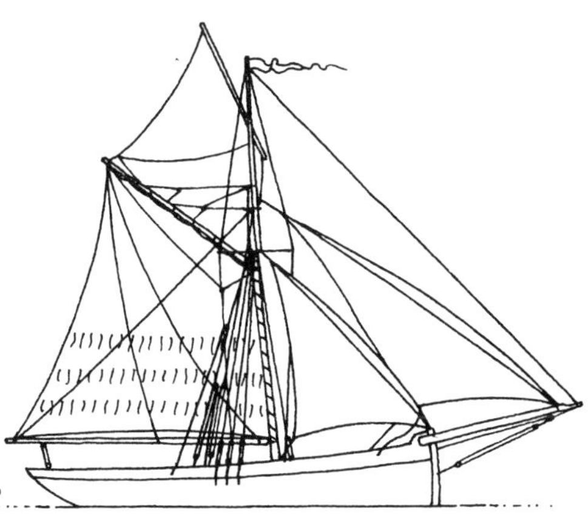
2

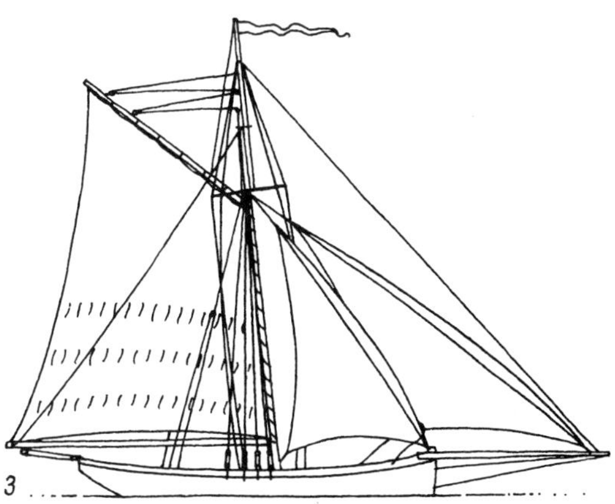
3

Linienriß eines Segelkutters

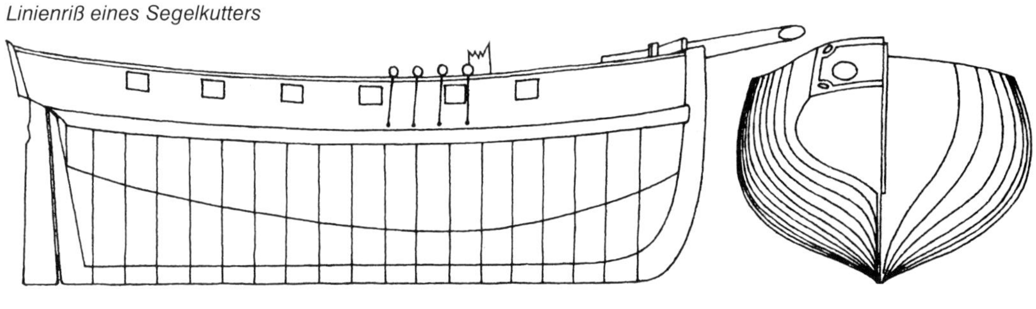

gepaßt werden. Der Kutter wurde in gewisser Weise auch zu einem Vorläufer der Rennyachten. Mitunter bezeichnet man hochgetakelte *Yachten*, wenn sie mehr als ein Vorsegel fahren, auch als »Kutter-Yacht«. Mitte des 19.Jh. war auch die Bezeichnung »Schoner-Yacht« gebräuchlich. Für Kutter mit einem zusätzlichen kleinen Treibermast mit Heckspiegel ist die englische Bezeichnung *»Yawl«* üblich.
Mit Kutter bezeichnete man auf Kriegsschiffen auch die drittgrößten an Bord mitgeführten zum Rudern und Segeln geeigneten Beiboote. Wegen ihrer guten Seefähigkeit dienten diese Kutter als Rettungsboote. Diese Kutter hatten eine schnell aufzurichtende Hilfsbesegelung, waren 7 bis 10 m lang und konnten 30 bis 40 Personen aufnehmen. Bis heute werden Kutter für Ausbildungszwecke und Trainingszwecke oder Kutterregatten benutzt.

Kvalsund-Schiffsfund: stark vermoderte Wrackteile von 2 Schiffen unterschiedlicher Größe, die im Jahre 1920 in der Nähe der norwegischen Schäreninsel Nerlandsoi gefunden wurden. Das größere Schiff hatte eine Länge von 18 m, eine Breite von 3,2 m und eine Seitenhöhe von 0,80 m sowie einen wahrscheinlichen Tiefgang von 0,35 m. Es handelt sich um ein dem 7.Jh. zugeschriebenes 20-Rojer-Schiff, d. h. um ein Schiff mit 10 Ruderbänken für je 2 Ruderer. Der Schiffskörper war in Klinkerbauweise hergestellt und hatte einen hochgezogenen Vor- und Achtersteven. Die Bodenbeplankung wies an der Unterseite eine kleine kielartig herausgearbeitete Verdickung auf, die über die ganze Kiellänge ging und damit Anfänge einer Kielbauweise darstellt. Die Planken waren aus Eichenholz gehauen und hatten herausgearbeitete Klampen zum Einbinden der Spanten. Die obere Dollbordplanke besteht aus Kiefernholz; sie war angenietet und hatte keine Klampen zum Einbinden. Das Schiff ist auch deshalb besonders interessant, weil außer dem Einbinden mit Naturfasern und Weiden hier alle damaligen in Nordeuropa bekannten Befestigungsarten zur Anwendung kamen, wie Hartholznägel, eiserne Rundknopfnieten mit Klinkscheiben und Eisennägel mit Kopf. Die Eichenplanken sind durchschnittlich 28 mm dick und 250 bis 300 mm breit. Die ebenfalls eichene Kielplanke weist wie die Planken herausgearbeitete Klampen auf, die aber nur zur Auflage der daran festgenagelten Spanten dienen. Außer den üblichen Querspanten ist das Schiff der Länge nach durch Schotthölzer (senkrechte, querliegende, versteifte Planken, sogenannte »Schottspanten«) vorn und hinten unterteilt. Die hintere Schottwand wurde zum Anbringen eines festen Seitenruders besonders verstärkt. Die Riemen bestanden aus Kiefernholz. Die Dollen waren mit Holznägeln am Dollbord befestigt und sind denen des *Nydam-Schiffsfundes* ähnlich.
Das zweite, kleinere Boot stammt ebenfalls aus dem 7.Jh. Es hat eine Länge von 9,56 m, eine Breite von 1,50 m und eine Seitenhöhe von 0,62 m. Es ist ein Ruderboot für 4 Personen. Der T-förmige Kiel ist aus Eiche und geht vorn und hinten in geschwungene Eichensteven über. An jeder Seite sind am Kiel 4 Eichenplankengänge angesetzt. Ein fünfter Plankengang, jedoch aus Kiefernholz, weist eine verdickte Dollbordkante

Fischkutter »FRANZ« von 1867, Modell

auf, endet etwa 1 m vor den Steven und geht vorn und hinten in besonders bearbeitete kurze Planken über. Die Stöße der einzelnen Planken sind mit Eisennieten und Klinkscheiben verbunden und in Klinkerbauweise aufeinandergesetzt. Die Ruderdollen sind nicht erhalten geblieben. Erkennbar sind noch die Nagellöcher. Alle Planken weisen niedrige, vorstehende Klampen auf, an denen die insgesamt 5 Kiefernholzspanten mit Holznägeln befestigt wurden. Der vordere und der hintere Spant sind zu Schottspanten verstärkt. Der hintere Schottspant hat an der Steuerbordseite eine weitere Verstärkung für das außen angesetzte Steuerruder. Von den aus Kiefernholz gefertigten Riemen sind nur Bruchstücke erhalten, die aber eine außergewöhnlich schmale Blattfläche erkennen lassen.

Kyreneia-Schiffsfund: griechisches Frachtschiff von rund 15 m Länge aus dem 4. Jh. v. u. Z., das im Jahre 1967 nordöstlich der Stadt Kyreneia in Nordafrika gefunden wurde. Von dem Schiff sind insbesondere Teile der äußeren und inneren Beplankung sowie weitere Bauteile erhalten geblieben. Die in der Nähe des Wracks aufgefundenen Ladungsreste ermöglichten eine recht genaue Zeitbestimmung. Das Schiff hatte vorwiegend Wein in Amphoren und Mandeln geladen. Erstaunlich ist, daß von den zur Ladung gehörenden Mandeln die Mandelschalen die mehr als 2000 Jahre überdauert haben. Die 400 an der Backbordseite gestauten, mit Wein gefüllten Amphoren wurden nahezu unbeschädigt und in geordneter Stauung vorgefunden; die Amphoren entstammten unterschiedlichen Herkunftsorten und ermöglichen somit eine gute Bestimmung der Reiseroute des Schiffes. Eine Kochstelle, wie bei anderen aufgefundenen Schiffen aus der gleichen Zeit, war nicht vorhanden. Das läßt darauf schließen, daß dieses Schiff seine Reisen, wie damals üblich, am Tage und in Küstennähe ausführte und abends an Land ankerte.

* * *

»Kolumbusschiffe«: Sammelbegriff für die aus den 3 Schiffen »SANTA MARIA«, »PINTA« und »NINA« bestehende kleine Flotte, mit der 1492 CHRISTOPH KOLUMBUS Amerika erreichte. Sein Flaggschiff »SANTA MARIA« wird i. allg. als *Nao*, die beiden weiteren Schiffe des kleinen Geschwaders »PINTA« und »NINA« werden mei-

Linienriß des Kvalsundschiffes

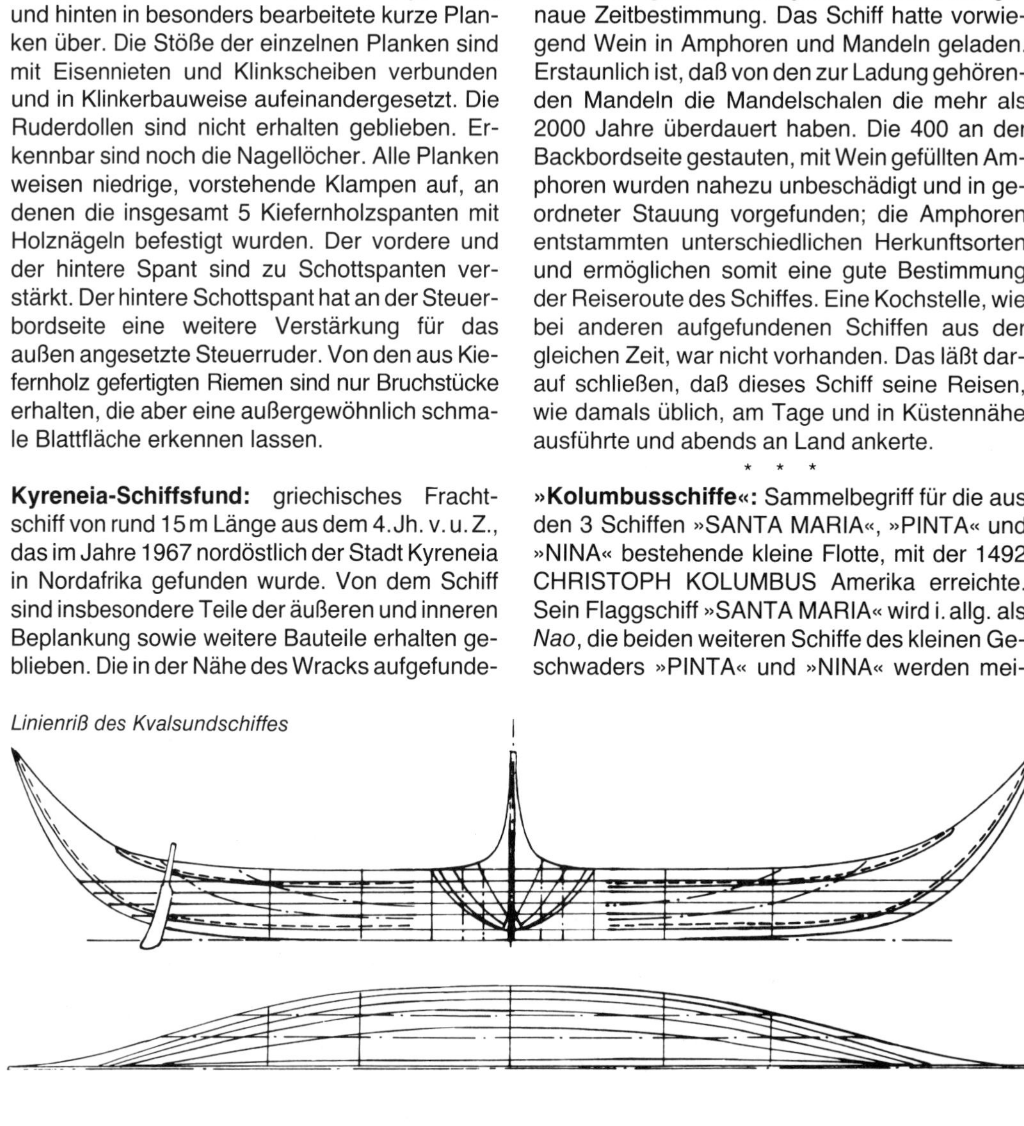

stens als *Karavellen* bezeichnet. Authentische Unterlagen über die Schiffe und ihre Takelung liegen außer einigen Tagebuchvermerken des KOLUMBUS nicht vor. Die übliche zeitgenössische portugiesisch-spanische Bezeichnung »Nao« (lat. navis, Schiff) umfaßte seinerzeit alle *Dreimaster* schwerer Bauart, während Karavellen Schiffe unter etwa 100t Tragfähigkeit waren. Zeitgenössische Darstellungen und sonstige Recherchen waren Grundlage für verschiedene Rekonstruktionen und Nachentwürfe, zu denen als die bekanntesten die spanischen und italienischen Entwürfe gehören.

Den verschiedenen Entwürfen liegen wegen mangelnder authentischer Angaben verschiedene Abmessungen zu Grunde. Bei der »SANTA MARIA« kann die geringste Länge zwischen den Loten (hier als Länge der Wasserlinie von Steven zu Steven) etwa 16,0m und die geringste Länge über Deck etwa 20m betragen haben, als Größtwerte gelten für die entsprechenden Längen 24m und 30m. Für die »PINTA« werden 18,5m als Kleinstwert und 23,6m als Größtwert für die Länge zwischen den Loten sowie 23m bzw. 28m als kleinste bzw. größte Länge über Deck angenommen. Entsprechende Abmessungen der »NINA« können 16,0m bzw. 22,5m und 20m bzw. 27m gewesen sein, so daß die Schiffe hinsichtlich ihrer Größe sich nicht sehr unterschieden.

Laut Nachforschungen handelte es sich bei den Karavellen um sogenannte »Quersegelkaravellen«, wahrscheinlicher jedoch schon um Kombinationen von Lateinsegeln und Rahsegeln. Es gibt sowohl Entwürfe mit Lateinsegel am Groß- und Besanmast und mit Rahsegel am Fockmast als auch mit Rahsegeln an Fock- und Großmast und dem Lateinsegel nur am Besanmast.

Eine zeitgenössische Darstellung aus dem Jahre 1500 zeigt verschiedene Schiffe der Flotte des C.CABRAL für die Indienfahrt. Die beiden, im oberen Teil des Bildes dargestellten Dreimaster dürften etwa der »SANTA MARIA« entsprechen.

* * *

»FLYING CLOUD«: berühmter amerikanischer *Klipper*. D.MCKAY (1810 bis 1880) war der Konstrukteur und Erbauer dieses schnellen Klippers, dem es als einzigem Segelschiff der Welt gelang, die Strecke New York – Kap Horn – San Francisco zweimal in weniger als 90 Tagen zurückzulegen. Mit einer Länge von 68,5m und einer Breite von 12,5m war die »FLYING CLOUD« 1851 zum Zeitpunkt der Fertigstellung mit einer Verdrängung von 1728t eines der größten Schiffe ihrer Zeit. Der Topp des Großmastes befand sich 49m über Deck, der Großuntermast war 27m lang und die Großrah 25m. Der vollständig aus Holz hergestellte Schiffskörper war mit Holznägeln und eisernen, zum Teil auch kupfernen Schrauben zusammengebaut und unterhalb der Wasserlinie mit Kupferplatten beschlagen. Einige der markanten Reisen, die seinerzeit viel Beachtung fanden und die natürlich sowohl auf die gelungene Konstruktion als auch auf den Einsatz der Schiffsführung und Besatzung zurückzuführen waren: 1851 von San Francisco nach New York in 76 Tagen, 1852 von San Francisco nach Honolulu in 8 Tagen und 8,5 Stunden, von New York über San Francisco nach Hongkong in 126 Tagen. In den Jahren 1857 bis 1859 lag das Schiff

»SANTA MARIA«, Modellrekonstruktion, Liverpool

Nachbau der »SANTA MARIA« im Hafen von Barcelona [11]

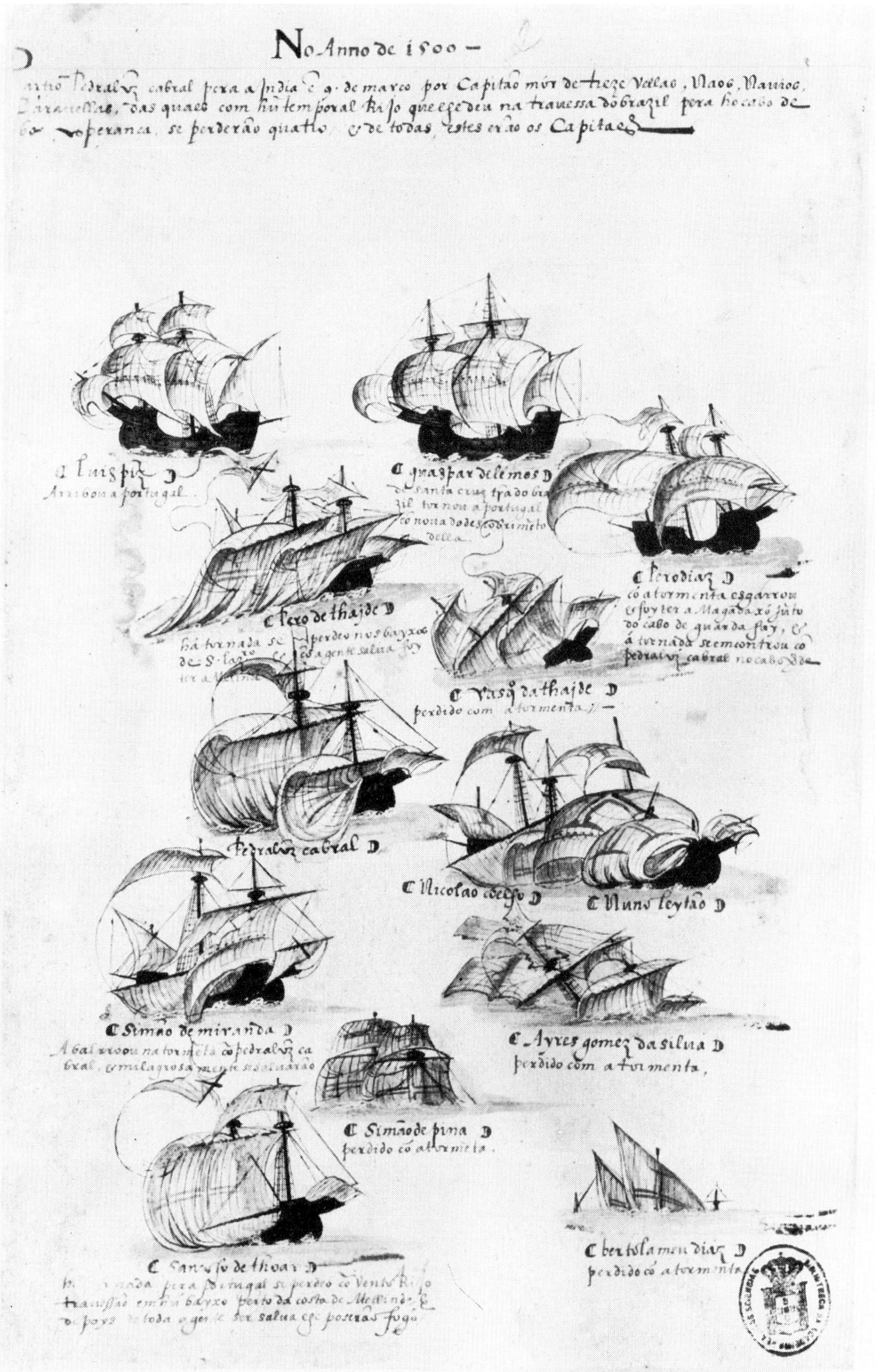

Tafel portugiesischer Schiffe [1]

ohne Beschäftigung im Hafen und wurde 1862 nach England verkauft. Die »FLYING CLOUD« ging 1874 im Sturm unter.

* * *

»GREAT REPUBLIC«: im Oktober 1853 in Boston vom Stapel gelassener *Klipper*, der von dem wohl berühmtesten Schiffbauer seiner Zeit, D. MCKAY, stammte. Die »GREAT REPUBLIC« war damals das größte Handelsschiff der Welt: Es hatte bei 102 m Länge, 16 m Breite und 11,50 m Seitenhöhe eine Tonnage von 4555 RT. Um bei dieser für hölzerne Schiffe großen Länge ein »Durchhängen« zu verhindern, wurden eiserne Diagonalbänder eingebaut. Ursprünglich als Viermastbark entworfen, wurde das Schiff noch vor der Jungfernfahrt ein Raub der Flammen. Das schwer beschädigte Schiff wurde später praktisch neu gebaut, allerdings mit nur 3 anstelle der bisherigen 4 Decks, einer etwas geringeren Segelfläche und 3357 RT; trotzdem war es auch damit immer noch das größte Schiff, und ein sehr schnelles dazu. Nach Einsatz als Truppentransporter im Krimkrieg, dann in der Getreidefahrt USA – England, erfolgten 1869 eine Umtakelung zum *Dreimastvollschiff*, der Verkauf nach England und die Umbenennung in »DENMARK«, die 1872 beim Sinken auf See verlassen wurde.

L

Ladby-Schiffsfund: ein Wikinger-Schiffsgrab mit den Resten eines 22 m langen und etwa 3 m breiten Handelsschiffes aus der Zeit 900 bis 950, das im Jahre 1934 auf der Insel Fünen am Kertenminder Moor bei Ladby unter einem Grabhügel entdeckt wurde. Der aus Eichenholz geklinkerte Schiffskörper war jedoch nur durch den Abdruck im Boden zu erkennen. Es handelt sich um ein schmales, flach gebautes Schiff, das sowohl gesegelt als auch gerudert werden konnte. An den Mittelschiffsspanten befanden sich außen 4 schwere Eisenringe, die wahrscheinlich zum Befestigen der Wanten benutzt wurden, außerdem waren im vorderen und hinteren Schiffsteil Riemenlöcher vorhanden. Die Planken waren nicht mehr – wie bei älteren Schiffen – an die Spanten angebunden, sondern an die klinkerbeplankten Außenplanken angepaßt und mit den Spanten bzw. Wrangen vernagelt. Der Steven war zusätzlich besonders verstärkt.
Als Ausrüstung lag beim Bug ein großer eiserner Anker mit einer etwa 9 m langen Kette. Von den Bestattungsbeigaben lagen im Vorderteil des Schiffes noch Knochenreste von 11 Pferden und einigen Hunden sowie – trotz einer frühen Grabplünderung – im Mittelteil des Schiffes einige silberne, bronzene und eiserne Gebrauchsgegenstände und Schmuck, u. a. 12 eiserne Spiralen und ein eisernes Beil.

Ladija: russische Bezeichnung im 18. und 19. Jh. für eine *Sloop*, die als gedecktes Lastfahrzeug auf Flüssen eingesetzt war, einen flachen Boden und nur einen Mast hatte.

Lägerdorfer Ewer: ein für die Zementfahrt ab 1870 auf der Niederelbe bis über das Ende des 19. Jh. hinaus besonders in Wilster, Burg, Wewelsfleth und Itzehoe gebauter *Ewer*, dessen Schiffsbreite begrenzt war, um auf der Fahrt zur niederelbischen Zementindustrie nach Lägerdorf die etwa 4,20 m breite Breitenburger Stördeichschleuse bei Münsterburg passieren zu können. Infolge seiner geringen Breite und des relativ tief liegenden Massemittelpunktes der Zementladung waren die Lägerdorfer Ewer mit etwa 15 m verhältnismäßig lang bei einer Breite von nur etwa 4 m. Sie hatten umlegbare Maste und wurden als Giek- oder als Besanewer getakelt.

Laibacher Flußschiffsfund: in einem Moor bei Laibach (Ljubljana, Slowenien) gefundene Reste eines kraweelgebauten Flußlastschiffes aus der Zeit um etwa 800 v. u. Z. Das Fahrzeug hatte einen völlig flachen Boden und war damit ein sogenanntes »Sohlboot« mit nur 0,50 m hohen Seitenwänden, die mit Lindenbast abgedichtet waren. Bemerkenswert ist die Gesamtlänge des Fahrzeuges von 40 m bei einer Breite von 4,5 m. Damit kann eine Tragfähigkeit von etwa 30 bis 40 t erreicht worden sein.

Die Bodenplanken aus Fichtenholz sind 30 bis 35 cm breit, sie werden durch 40 quergelegte Ulmenholzbalken und Nägel aus Weißdornholz zusammengehalten. Die Seitenwände wurden mit dem Boden durch mehrere zwischengesetzte naturkrumme Eichenspanten und Holznägel verbunden, an wichtigen Verbindungsstellen fand man jedoch schon eingeschlagene Eisennägel.

Lakana: ohne Ausleger fahrendes Baumstammkanu an der Ostküste Madagaskars und auf Binnenseen der afrikanischen Ostküste. Die größeren Fahrzeuge waren 8 bis 10 m lang. Sie wurden vorwiegend für die Fischerei verwendet und hatten hochgezogene Kanuenden.

Lakatoi: in den Küstengewässern Neuguineas bei den Papuas gebräuchliches Segelfahrzeug, dessen Schwimmkörper aus 3 oder 4 *Pirogen* besteht. Diese sind parallel zueinander durch Querbalken mit einer rahmenähnlichen Plattform aus Bambusstäben verbunden, auf der die Handels- und Tauschwaren während der jährlichen Handelsreisen lagern. Typisch sind die krebszangenförmigen Mattensegel aus Flechtwerk und Blättern des Sagobaumes, jedoch waren auch Segel von viereckiger und elliptischer Form gebräuchlich; nicht selten waren auch Lakatoi mit 5 oder 6 solcher Mattensegel anzutreffen, die jeweils zwischen gaffelähnlichen Ruten gefahren wurden.

Zweimastiger Lakatoi mit krebsscherenförmigen Segeln von Neuguinea, Anfang des 20. Jh. [18]

Lampeduse: italienisches Fischerboot, das von der südlich Siziliens gelegenen Insel Lampedusa stammt. Die Boote wurden auch durch ihre Verwendung im italienisch-türkischen Krieg (1911) für Truppentransporte und als Landungsboote an der libyschen Küste bekannt.

Lancha, *Lanchia:* ein sehr breit und besonders flach gebautes, großen Flußkähnen ähnliches zweimastiges (seltener dreimastiges) Segelschiff des 19. und 20. Jh. für die Fluß- und Küstenschiffahrt in Mittel- und Südamerika. Der Fockmast stand aufrecht und relativ weit vorn, und der hintere Mast war sehr stark nach hinten geneigt und ragte über das Schiffsende hinaus. An jedem Mast führte das gut segelnde Fahrzeug ein viereckiges Segel. In Brasilien gab es auch Lanchas, die mit 10 bis 18 Riemen an jeder Seite gerudert wurden.

Die Schiffe wurden meistens für Viehtransporte verwendet, bei Personentransporten und zum Schutz für die Besatzung befand sich achtern eine Hütte oder ein Sonnendach. Für die Flußschiffahrt, insbesondere auf Flüssen mit stark wechselnden Wasserständen und verhältnismäßig hohen Strömungsgeschwindigkeiten – wie auf dem Rio Apure – war die flache und leichte Bauweise günstig. Beim Auflaufen auf Untiefen oder auf Sandbänke konnte die Besatzung das Fahrzeug dadurch wieder frei bekommen, daß sie an Deck von Bord zu Bord laufend oder im flachen Wasser stehend, das Schiff in Rollbewegungen brachte.

In Spanien wurden kleine Fischerboote mit 2 Luggersegeln, die für die Haken- und Langleinenfischerei benutzt wurden, als Lancha bezeichnet. Unter der gleichen Bezeichnung gab es auch portugiesische Fahrzeuge mit Lateinsegeln

Einmastiger Lakatoi mit Ausleger und krebsförmigem Segel [18]

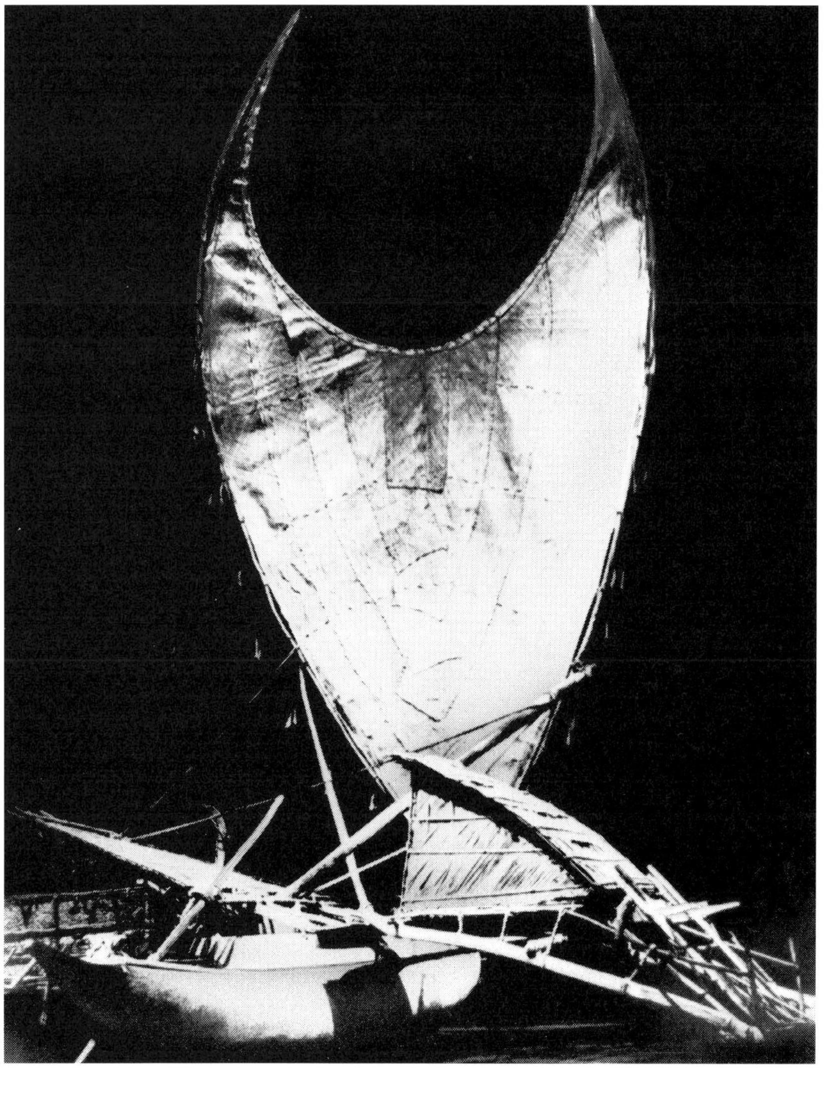

oder trapezförmigen Schratsegeln mit mastfestem Segelhals. Der Schiffstyp war auch an der nordafrikanischen Mittelmeerküste heimisch.

Landfjärden-Schiffsfund: von schwedischen Sporttauchern im Jahre 1959 in der 35km von Stockholm entfernten Landfjärdenbucht entdeckte und fotografierte Wracks von 3 Wikingerschiffen, die bisher jedoch noch nicht geborgen werden konnten.

Landungsboot: im 19. und 20. Jh. eine allgemeine Bezeichnung für die zur Landung von See aus eingesetzten Boote der Kriegsschiffe. Die Boote wurden gerudert oder zum Ende des 19. Jh. von Barkassen ins Schlepp genommen. Moderne Landungsboote mit Maschinenantrieb gehören seit dem zweiten Weltkrieg zum Bestand der Seekriegsflotten.

Langschiff: allgemeine Bezeichnung für langgebaute *Wikingerschiffe*. Größere Langschiffe der Wikingerzeit (bis zu Dreißigbänker) waren im 9. Jh. die »skeids«. Ebenso wie die kleineren »snekkjas« (s. *Schnigge*) hatten sie eine geringe Breite. An den Steven waren sie höher gebaut, trugen jedoch an den Stevenköpfen meistens keine Verzierungen. Den Skeids ähnlich, aber länger und breiter waren die »dreki«, die *Drachenschiffe* der Wikinger mit den Pferde- und Drachenköpfe darstellenden Stevenenden.

Lanta, *Lantea:* großes chinesisches Last-Ruderschiff mit einer Tragfähigkeit bis zu 800t und mit 8 Ruderbänken auf jeder Seite. Lantas wurden von Portugiesen benutzt, die von Macao aus den Handel mit Kanton unterhielten. Die Fahrzeuge mußten auch zum Wohnen während der Marktzeit eingerichtet sein, da Fremden während der Nacht der Aufenthalt an Land nicht erlaubt war.

Laoutelle: bis zum Ende des 19. Jh. gebräuchliches sizilianisches Fischerschiff mit Latein- und Dausegel, Stagfock sowie Treibermast. Ein typisches Merkmal war der zurückfallende Vorsteven. Die größten Fahrzeuge waren bis zu 20 m lang und fuhren mit 6 Mann Besatzung.

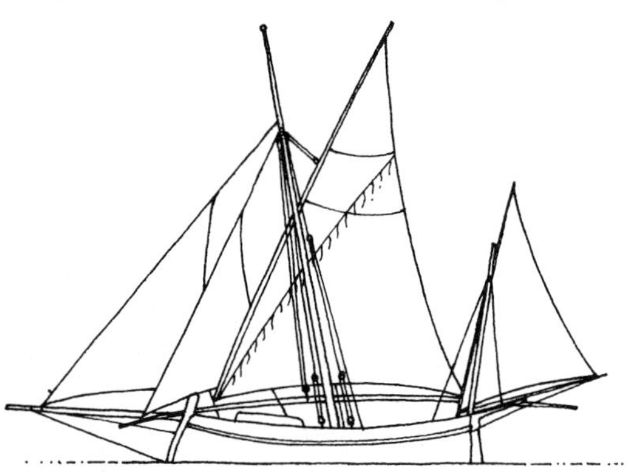

Sizilianische Laoutelle

Ledingschiff: in den skandinavischen Ländern war »Leding« im Kriegsfall die Flottenstellungspflicht aller Orte und Gebiete. Besondere Bedeutung erlangten Ledingschiffe im 10. Jh., als der norwegische König HAAKON (931 bis 951) eine gewaltige Ledingflotte schuf, zu der 30000 bis 40000 Mann gehört haben sollen. Die norwegischen Ledingschiffe waren Rojer-Kriegsschiffe, meistens als Zwanzig- und Fünfundzwanzigbänker, seltener auch als Dreißigbänker gebaut. Die Schiffe wurden jeweils mit bis zu 100 Mann besetzt.

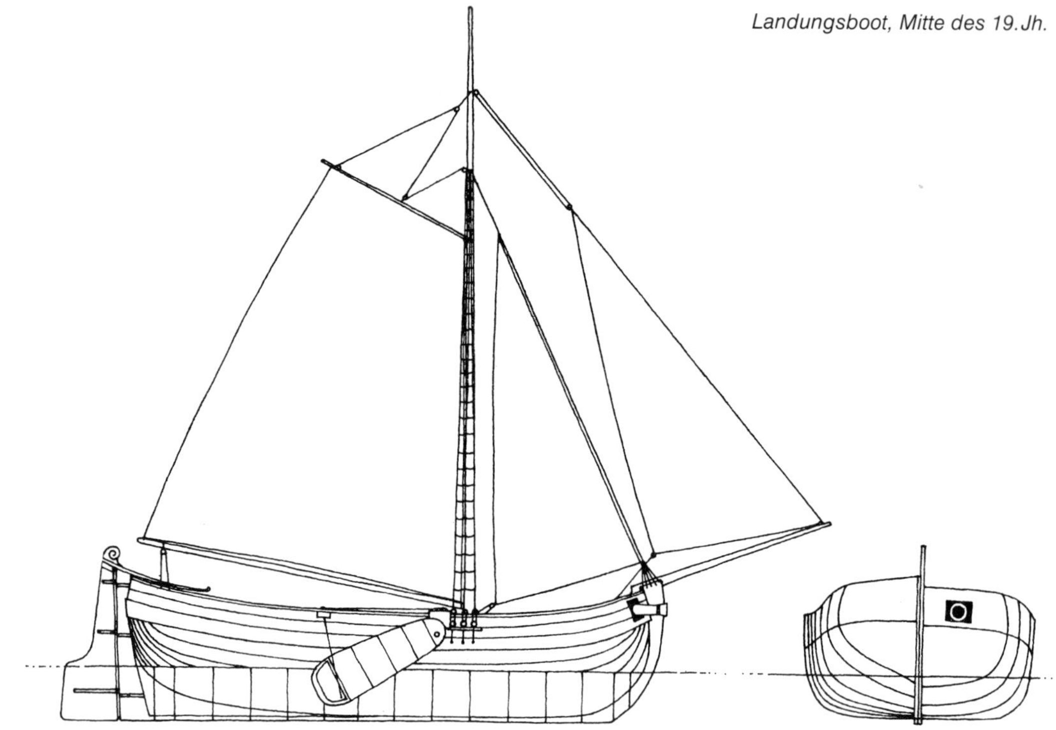

Landungsboot, Mitte des 19. Jh.

Leichter: Sammelbegriff für verschiedene offene oder gedeckte Wasserfahrzeuge mit oder ohne Besegelung oder andere Antriebe. Diese Schiffsgruppe entstand, um tiefgehenden größeren Schiffen das Einlaufen in Flußmündungen oder Häfen zu ermöglichen, auf Reede liegende Schiffe voll zu beladen oder auf Grund geratene Schiffe freizubekommen. Seit dem 15. Jh. nahm die Größe der Segelschiffe bedeutend zu; es bestanden jedoch nur sehr begrenzte Möglichkeiten, entsprechend vertiefte Fahrrinnen zu schaffen und zu erhalten. Neben der Verwendung von Hebepontons zum Überwinden von Untiefen in flachen Flußmündungen, wie der *»Kamele«* in den Niederlanden, fanden Leichter allgemein als kleinere Fahrzeuge mit glatten Boden zum Ladungstransport von und zu den größeren Schiffen Verwendung. In der modernen Fluß- und Seeschiffahrt werden schwimmfähige Großbehälter ebenfalls als Leichter bezeichnet.

Gedeckter Kahnleichter
Dreimastiger Segelleichter

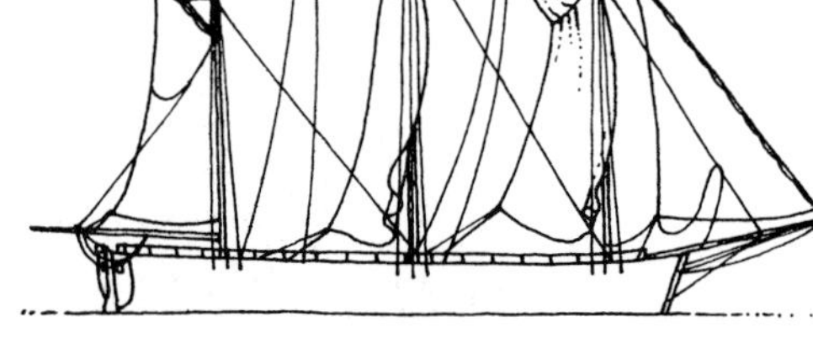

Lemster Aak, *Lemmer Aak:* ein friesländisches Fischereifahrzeug im 1900. Wie bei den meisten aus den Niederlanden übernommenen Typen lag auch bei diesem Fahrzeug die größte Breite am Ende des vorderen Drittels der Schiffslänge. Die erste aus Stahl gebaute Aak lief in Ijlst um 1898 von Stapel. Die Länge betrug etwa 15m bei dem Längen-Breiten-Verhältnis von 3 bis 3,3:1.

Liburne: ein dalmatinisches Kampf- und Seeräuberschiff, das in dem als »Liburnia« benannten Gebiet zwischen Istrien und Dalmatien an der adriatische Küste entstand. Zur Zeit der Punischen Kriege (um 240 v. u. Z.) diente die illyrische Liburne als Vorbild für leichte und schnelle römische Ruderkampfschiffe.
Die römische Liburne hatte bis zu 3 Riemenreihen und an jedem Riemen ruderten 2 oder 3 Ruderer. Damit wurden höhere Geschwindigkeiten als mit anderen zu jener Zeit bekannten Kampfschiffen erreicht. Aus der Liburne wurde die *Dromone* und schließlich die *Galeere* entwickelt.

Ligger: bis in die ersten Jahrzehnte des 20. Jh. an Flüssen und Flußmündungen der Ostsee, insbesondere in Pommern gebräuchlicher pontonartiger hölzerner Bootskörper mit durchlöcherten Außenwänden, um lebende Aale längere Zeit aufbewahren zu können. In den Liggern, die im fließenden Wasser oder an Schleusen festmachten, konnten jeweils einige hundert Zentner Aal für die Wintermonate gehalten werden.

Linienfahrtschiff: ein Fracht- oder Fahrgastschiff, das regelmäßig oder nach Fahrplan eine bestimmte Route befährt. Für kürzere Seeverbindungen fanden zwar seit mehreren Jahrhunderten regelmäßige Fahrten statt, die Linienfahrt gewann aber erst im Überseeverkehr Europa – Nordamerika mit der 1816 eröffneten »Paketfahrt« zur Postbeförderung an Bedeutung.
Bis zur Mitte des 19. Jh. versahen nahezu ausschließlich Segelschiffe den Liniendienst. Nach-

Dalmatinische Liburne mit 2 Riemenreihen

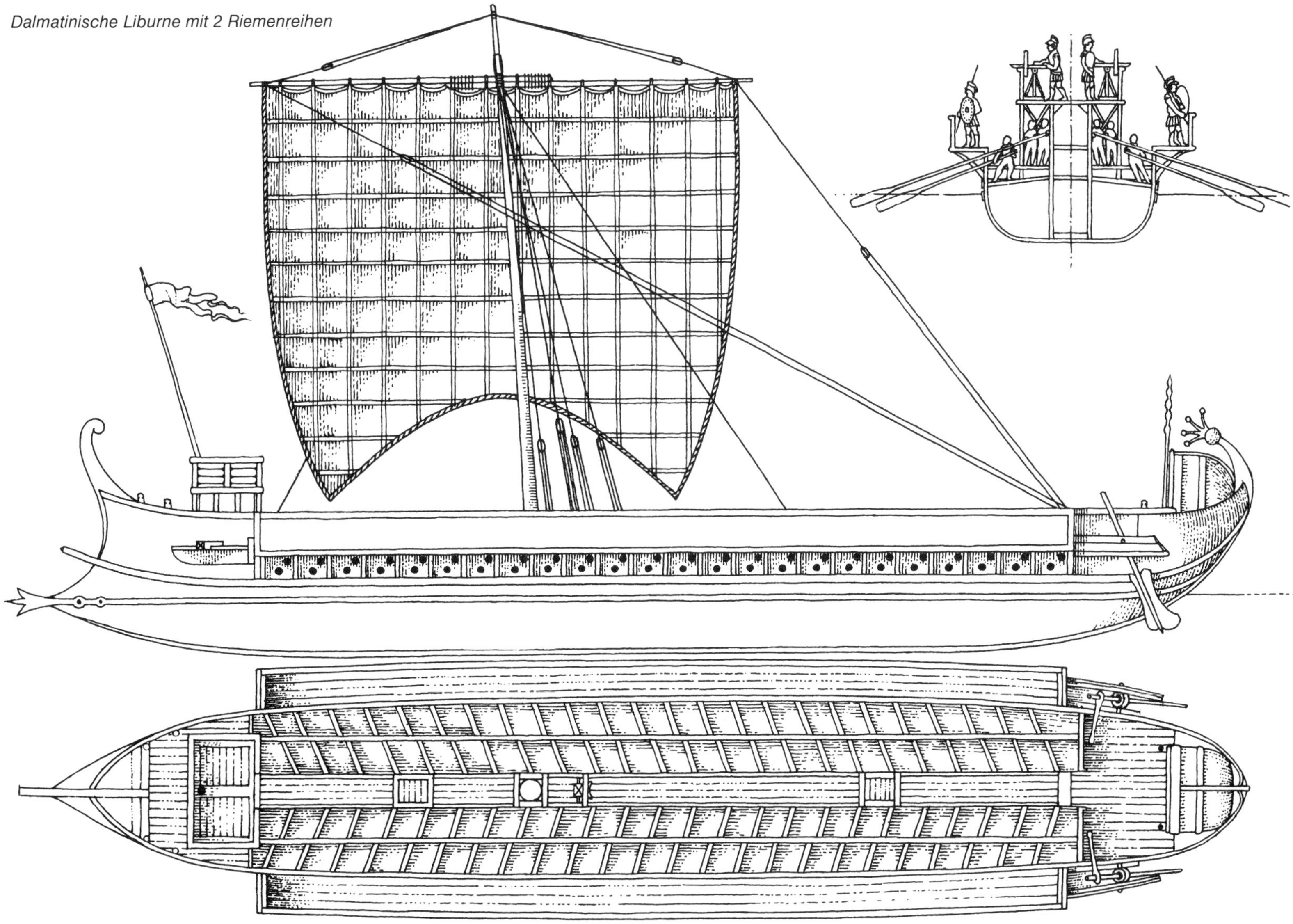

dem im Jahre 1847 das erste in der Linienfahrt eingesetzte Dampfschiff, die »WASHINGTON«, von Bremen nach New York abgegangen war, begann der fast ein Jahrhundert andauernde Wettbewerb schneller maschinenangetriebener Linienfahrtschiffe. Im heutigen Seetransport ist die Linienschiffahrt hoch entwickelt.

Linienschiff: die Bezeichnung entstand in der Mitte des 17.Jh., als sich eine bestimmte, in Kiellinie fahrende Gefechtsanordnung der breitseits mit Kanonen bestückten Kriegsschiffe herausbildete. Diese Gefechtstaktik wendeten zuerst der englische Admiral BLAKE und der niederländische Admiral DE RUYTER an. Vom 18. bis zur Mitte des 19.Jh. waren Linienschiffe meistens Kampfschiffe mit etwa 1200t Verdrängung, später wurden Schiffe von 2000 bis 3000t Verdrängung bevorzugt. Kennzeichnend für die Linienschiffe war die Anordnung und Verteilung der Batterien. Je nachdem, ob die Vorderladerkanonen auf 2, 3 oder 4 Decks übereinander aufgestellt wurden, unterschied man Zwei-, Drei- oder Vierdecklinienschiffe. Die Besatzungsstärke konnte auf Linienschiffen bis zu 1300 Mann betragen.

Ende des 18.Jh. war in den Kriegsflotten das 70-Kanonen-Schiff als Linienschiff vorherrschend, danach wurde die Zahl der Kanonen weiter auf 90 bis 120 Stück erhöht.

Linienschiffe in der Schlacht bei Abukir, 1798. Gemälde von NICHOLAS POCOCK (1741 bis 1821) [26]

Zu den ersten englischen Linienschiffen mit 3 durchlaufenden Batteriedecks gehörten die 1610 erbaute »PRINCE ROYAL« mit 1200t Verdrängung, bestückt mit 64 Kanonen, und »THE SOVEREIGN OF THE SEAS«, erbaut 1657, mit etwa 1630t Verdrängung und 100 Kanonen.

In der Seeschlacht bei Kap Trafalgar standen sich 1805 die schweren Segel-Linienschiffe letztmalig in großer Anzahl mit 15 spanischen und 18 französischen gegen 26 englische Schiffe im Gefecht gegenüber. Aus dieser Seeschlacht, in der England über die vereinigte spanisch-französische Kriegsflotte siegte, ist das Flaggschiff von NELSON, Admiral und Befehlshaber der englischen Flotte, die »VICTORY« (s. *Admiralschiff*), der Nachwelt erhalten geblieben. Dieses berühmte Schiff wurde zum Museumsschiff und steht in einem Trockendock in Portsmouth zur Besichtigung. Die eigentlich letzte Schlacht unter Beteiligung von Segel-Linienschiffen (4 englische, 4 französische und 4 russische gegen 7 türkische Linienschiffe) war 1827 bei Navarino.

Zu Ende des 18. bzw. Anfang des 19. Jh. unterschied die englische Admiralität 3 Rangeinheiten von Linienschiffen:

Zum I. Rang gehörten die Schiffe mit 2000t und mehr Verdrängung, 100 bis 130 Geschützen und 850 bis 900 Mann Besatzung.

Der II. Rang umfaßte Schiffe von 1650 bis 1950t, 84 bis 90 Geschützen und 750 bis 850 Mann.

Zum III. Rang zählte man kleinere Linienschiffe mit 1200 bis 1600t Verdrängung, 64 bis 80 Geschützen und 520 bis 750 Mann. Alle Geschütze waren noch Vorderlader, die schwersten Geschütze waren 32- bis 48-Pfünder, die wegen ihrer großen Masse so tief wie möglich auf dem untersten Geschützdeck standen, so daß die Geschützpforten nur knapp über der Schwimmwasserlinie des Schiffes lagen. Nach einer Salve dauerte es etwa eine halbe Stunde, bis die schweren Geschütze nachgeladen und wieder in Stellung gebracht waren. Für jede Kanone benötigte man bis zu 10 Mann Bedienung. Die Reichweite betrug ungefähr einen Kilometer. Die zweite Batterie mittelschwerer Kanonen stand an Oberdeck. Bei Dreideckern befanden sich darüber die leichteren Geschütze, die Karonaden und Büchsen für den Nahkampf auf einem laufbrückenähnlichen Halbdeck.

Englisches Linienschiff »H. M. S. NELSON« 1814, Modell

Linienschiffe mit Dampfantrieb gewannen in der Mitte des 19. Jh. größere Bedeutung, und erst am Ende des 19. Jh. wurde gänzlich auf die zusätzliche Besegelung für Marschfahrten verzichtet. Mit der Erfindung der Sprenggeschosse, Hinterladergeschütze, der Schiffsaußenhautpanzerung und der Anordnung drehbarer Geschütztürme erfuhr das Linienschiff bedeutende Wandlungen. Obwohl die Gefechtstaktik des Linienschiffes damit überholt war, verschwand die Bezeichnung erst allmählich.

Ljungström-Yacht: ein zu Ende des 19. Jh. vom schwedischen Konstrukteur LJUNGSTRÖM entwickeltes Segelboot mit drehbarem Mast ohne Stagen und Wanten. Das aus 2 Teilen bestehende Segel konnte durch Drehungen des Mastes am Mast aufgerollt werden. Bei beiderseitig voll ausgebrachter Segelfläche für Fahrt vor dem Wind ähnelte die Besegelung ausgebreiteten Schmetterlingsflügeln, so daß auch die Bezeichnung »Schmetterlingssegler« für diese Yacht verwandt wurde. Die Idee des drehbaren Mastes wurde häufig unabhängig voneinander aufgegriffen, sie ist aber bisher konstruktiv noch nicht befriedigend gelöst.

Lodka, *Lodje:* im östlichen Ostseebereich zur Hansezeit ein im Vergleich zur *Kogge* kleines gedecktes Segelschiff für die Flußschiffahrt mit 3 bis 4 Mann Besatzung. Die Fahrzeuge waren ein- oder anderthalbmastig und zum Teil auch für die Küstenschiffahrt geeignet. Vor allem war es die Aufgabe einer Lodka, von den Koggen, die bestimme See- und Flußgebiete wegen ihres Tiefgangs nicht mehr befahren konnten, Waren zu übernehmen und weiter zu befördern. Eine interessante bauliche Besonderheit weist der Fund eines Wracks auf, das am Ufer der Aa bei Treyden in Livland entdeckt wurde und wahrscheinlich eine Lodka war. Das Deck bestand aus einer doppelten Bohlenlage, zwischen der dicke wollene Gewebe eingelegt waren, um das Eindringen von Deckswasser zu verhindern. Im Russischen ist »Lodka« die allgemeine Bezeichnung für Boot, Kahn oder Nachen. Demzufolge findet sich unter der Bezeichnung »Lodka« eine große Gruppe unterschiedlicher Fluß- und Küstennutzfahrzeuge für Güter- und Personentransporte

Kanonenaufstellung auf einem Zweideckerlinienschiff

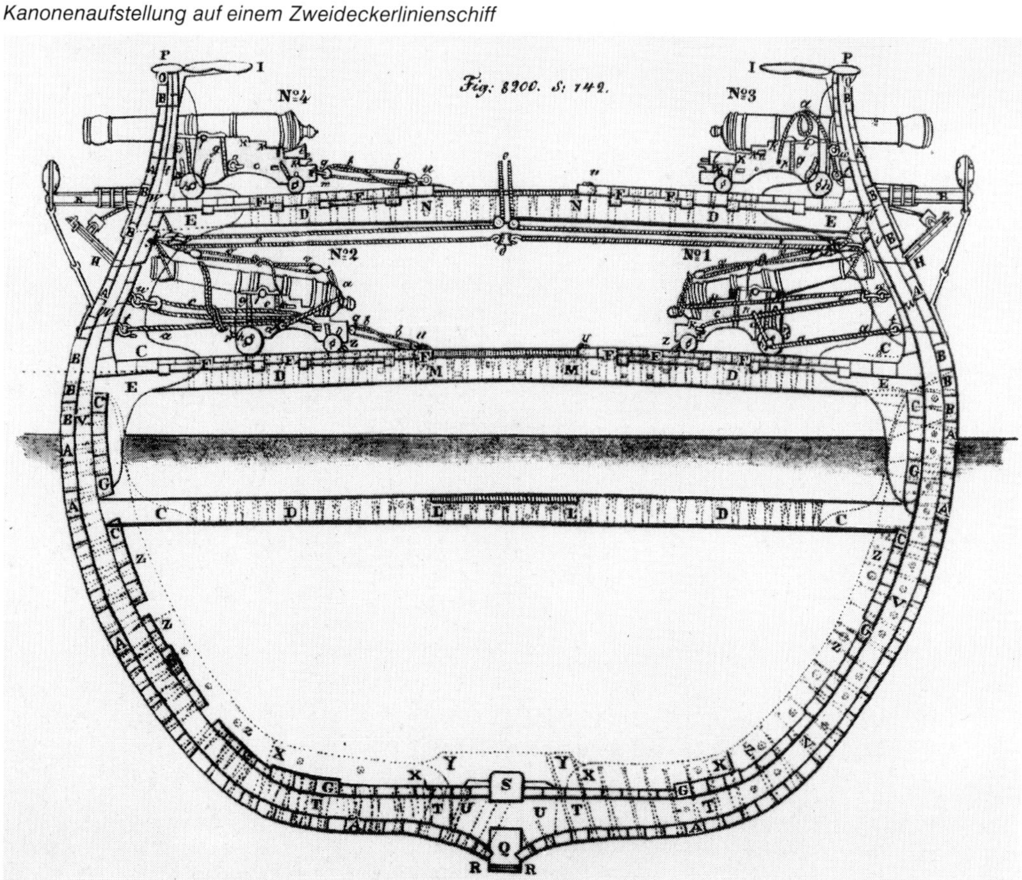

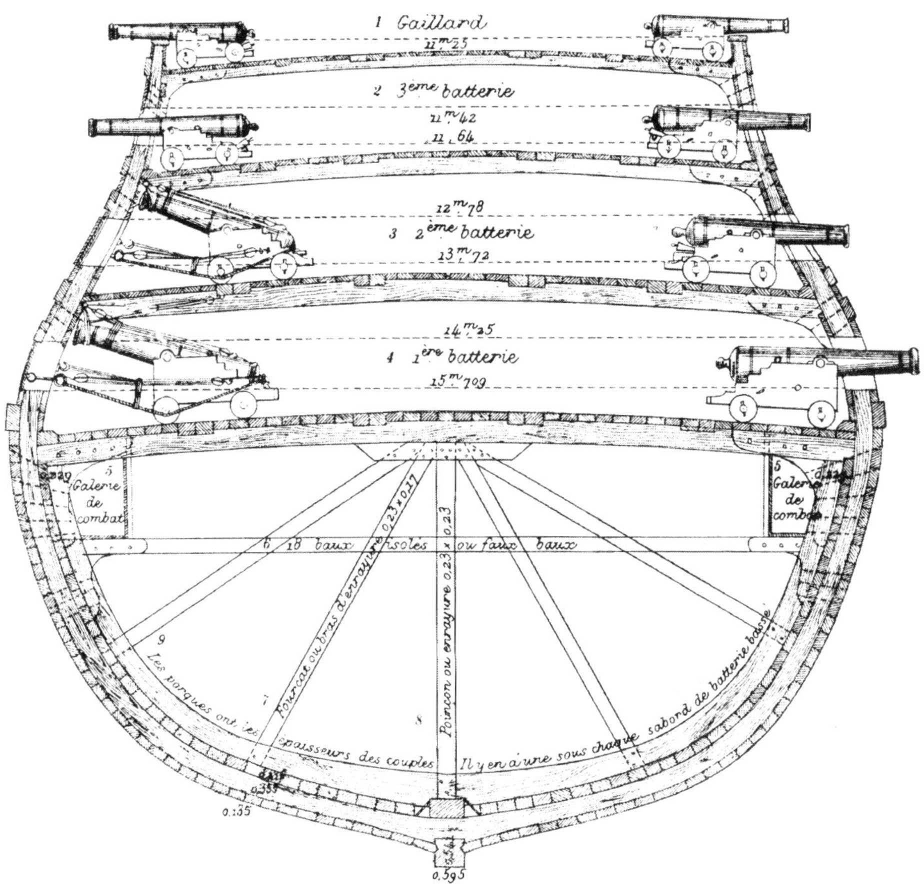

Anordnung der Kanonen auf einem Vierdeckerlinienschiff

und für die Fischerei; beispielsweise gab es diesen Schiffstyp auch an den Flußmündungen des Schwarzen Meeres und des Kaspischen Meeres.

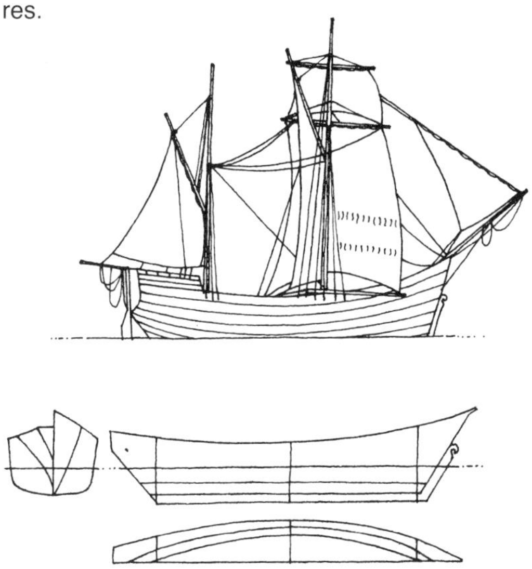

Russische Lodka

Löffelbugschiff, *Löffelbugyacht:* eisgehendes Schiff und große *Yacht* mit lang vorgebautem Vorsteven, der löffelähnlich konvex gerundet ist. Dieser Löffelbug unterscheidet sich vom ebenfalls weit vorragenden Klippersteven.

Unter bestimmten Seebedingungen, wie bei langer Dünung, verringert der vorgelagerte Verdrängungsanteil des Löffelbugs das zu tiefe Eintauchen des Vorschiffes bei Stampfbewegungen. Außerdem verbessern die größeren Wasserlinienbreiten im Vorschiff die Stabilitätseigenschaften. Löffelbugyachten waren in der Zeit um 1895 noch im Vergleich zu anderen Bauweisen durch ältere Vermessungsformeln begünstigt, bei denen nur die Länge der Yacht in der Konstruktionswasserlinie berücksichtigt wurde.

International bekannte Löffelbugyachten wurden erstmals vom amerikanischen Yachtkonstrukteur N. A. HERRESHOFF entworfen und gebaut.

Log Canoe: in der Chesapeak-Bay (USA) benutzter, 8 bis 11 m langer und 1,6 bis 2,7 m breiter *Einbaum*, dessen Bezeichnung von »log« für Holzbock (Stamm) abgeleitet war. Die häufig mit 2 kleineren Masten und Segeln versehenen Fahrzeuge wurden vorwiegend zum Austernsammeln und zum Fischfang benutzt.

Logger, *Lugger, Lougre:* aus Frankreich stammender, mit »Lougre« bezeichneter Schiffstyp, der dort im 18. Jh. als kleines schnellsegelndes Depeschen-, Kanonen- oder Kaperfahrzeug diente sowie als ein vielseitig verwendbares Küstenfrachtschiff unterschiedlicher Größe für 20 bis 70 Lasten (40 bis 140 t Tragfähigkeit) eingesetzt wurde. Die Fahrzeuge waren relativ scharf und auf Kiel gebaut.

Eine Besonderheit, die auch zur Bezeichnung »Lougre« führte, stellten Mastanordnung und Besegelung dar. Der ursprüngliche Lougre führte

Französischer dreimastiger Logger um 1775

Schiffslinien eines französischen Kanonenloggers um die Mitte des 19. Jh.

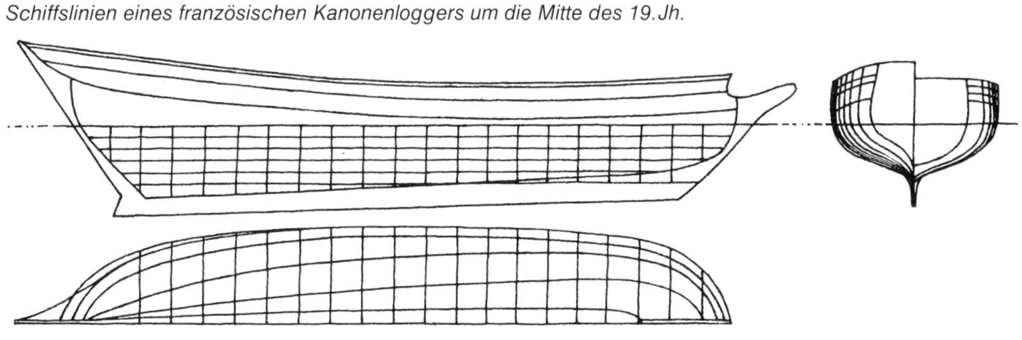

3 nicht sehr hohe Maste, die beiden vorderen, etwa gleich großen Maste waren umlegbar, und der dritte, kleinere Besanmast stand relativ weit hinten am Heck. An allen 3 Masten wurde eine besondere vereinfachte Form des Gaffelsegels, das sogenannte Luggersegel gefahren. Das Luggersegel war trapezförmig und wurde mit einer oberen schrägen fierbaren Rah gefahren, die jedoch nicht in der Mitte, sondern auf etwa einem Drittel ihrer Länge mit einem Ring am Mast befestigt und geführt wurde.
England übernahm den Schiffstyp unter der Bezeichnung Lugger als zwei- bis dreimastigen Schnellsegler, insbesondere für den Postdienst, wobei die typischen, trapezförmigen Segel beibehalten wurden.
Etwa um 1865 wurde der Schiffstyp über Holland in Norddeutschland allgemein in der Küstenschiffahrt, Fischerei und im Lotsendienst üblich. Mit der im 19.Jh. erfolgten Ausweitung der Treibnetzfischerei entstand aus dem vielseitig verwendbaren Grundtyp des dreimastigen Segelloggers der anderthalbmastige *Segel-Fischereilogger*.

Englischer Fischereilogger (Hastingslugger) Ende des 19.Jh.

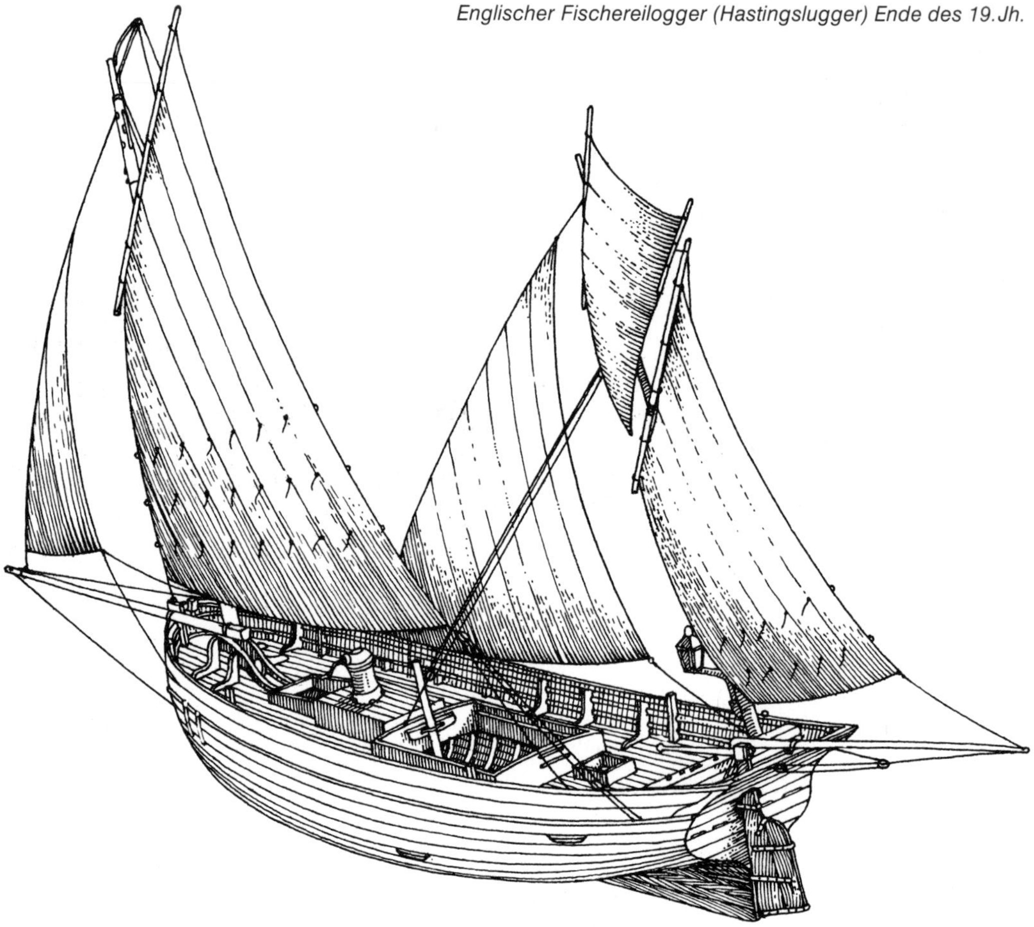

Luggersegel

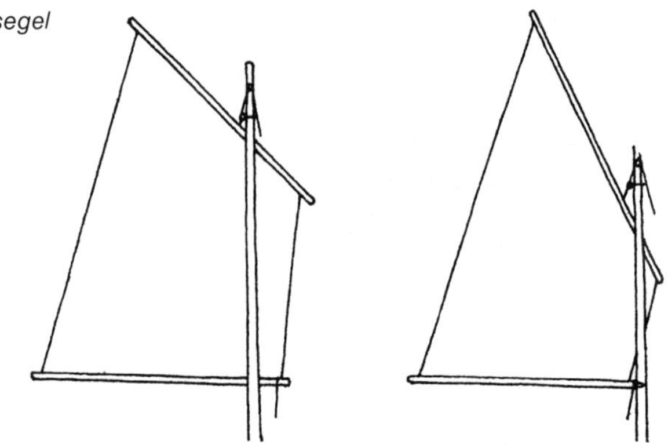

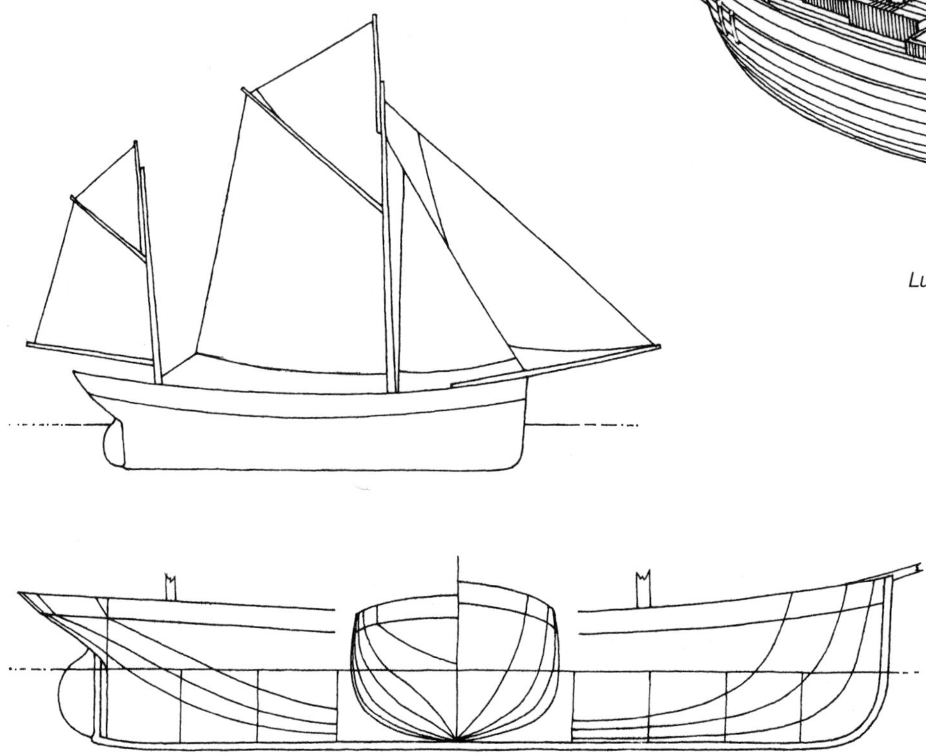

Anderthalbmastiger eiserner Logger zu Anfang des 20.Jh. von 24m Länge, 6,5m Breite und 3,5m Seitenhöhe

Lomme: Flundernboot oder allgemeines Fischerboot auf dem Frischen Haff (Wislahaff) von 5 bis 7m Länge, das mit 2 Sprietsegeln getakelt war, wobei der vordere Mast eine sehr starke Neigung nach vorn hatte. Außerdem gab es Küstenfrachtsegler unter der gleichen Bezeichnung, die auf dem Haff bereits im 18.Jh. bekannt waren. Es handelte sich um sehr völlige und breite Fahrzeuge in starker Bauart mit Spiegelheck, meistens mit Heckdavits für ein Beiboot. Die sogenannten »Lommenyachten« führten früher nur einen Mast, seit der Mitte des 19.Jh. hatten die größeren Lommen Groß- und Besanmast mit Gaffelsegeln und am Großmast ein leichtes Rahsegel. Am Bugspriet waren 1 bis 2 Klüver gesetzt. Die Fahrzeuge hatten Seitenschwerter und waren trotz der völligen Bauart mit der hohen Takelung gute Segler.

Londra, *Londrus, Londre:* vom 13. bis zu 15.Jh. kleines galeerenähnliches Ruder-Segel-Schiff des Mittelmeeres. Im 17.Jh. war es demgegenüber ein niedrigbordiges, relativ schwerfälliges Ruder-Segel-Schiff mit Lateinsegeln und mit 25 Ruderbänken an jeder Seite. Die Fahrzeuge waren mit leichten Kanonen bestückt.

Longboot: ein schmales Langboot auf den Samoainseln für traditionelle Wettkämpfe. Die üblicherweise mit 48 Mann besetzten Boote wurden nach dem Takt einer Trommel durch Stechpaddel angetrieben.

Loskielschiff: Schiff in Holzbauweise mit einem festen Balkenkiel, unter dem ein zusätzlicher, abnehmbarer Kielbalken aufgeschraubt wurde. Dieser »Loskiel« schützte den eigentlichen Kiel vor Beschädigungen und wurde, falls erforderlich, nach Bodenberührungen erneuert.

Lotsenboot; *Lotsenbarkasse, Lotsenkutter:* speziell für den Lotsendienst ausgerüstetes und gekennzeichnetes Fahrzeug, auch als »Lotsenversetzboot« bezeichnet. Es dient dem Lotsen als Beförderungsmittel zwischen der Lotsenstation oder Lotsenschiffen und den ein- bzw. auslaufenden Schiffen. Lotsenboote sind durch Beschriftungen, Lotsenflaggen und ringsum scheinendes Lotsentopplicht gekennzeichnet.
Die kleineren Lotsenboote waren Ruderfahrzeu-

ge, die durch Korkeinbauten oder wasserdichte Luftkästen unsinkbar gemacht wurden. Lotsenboote mußten auch bei stürmischem Wetter und schwerer See für Hilfeleistungen einsetzbar sein. Lotsenboote können verschiedenen Typs sein, zur Segelschiffszeit wurden insbesondere ruderbare Segelbarkassen, Segelkutter und kleinere Schoner *(Lotsenschoner)* verwendet. Als Takelage wurde die einfach handhabbare Kuttertakelung bevorzugt. Lotsenboote mußten unter allen Umständen imstande sein, für die Schiffe Lotsendienste zu leisten oder Hilfe zu bringen; deshalb wurde besonderer Wert auf das Seeverhalten, die Kursstabilität und die Steuereigenschaften gelegt. Die Lotsenboote mußten sich gut wenden lassen, dicht am Wind liegen und leichte Anlegemanöver ermöglichen. Eine bevorzugte Größe dieser wendigen und seetüchtigen Fahrzeuge lag zwischen 10 und 15 m.

Warnemünder Lotsenboot unter dem Kommando von STEPHAN JANTZEN, Lotsenkapitän von 1866 bis 1903

Warnemünder Lotsenkutter unter Segel

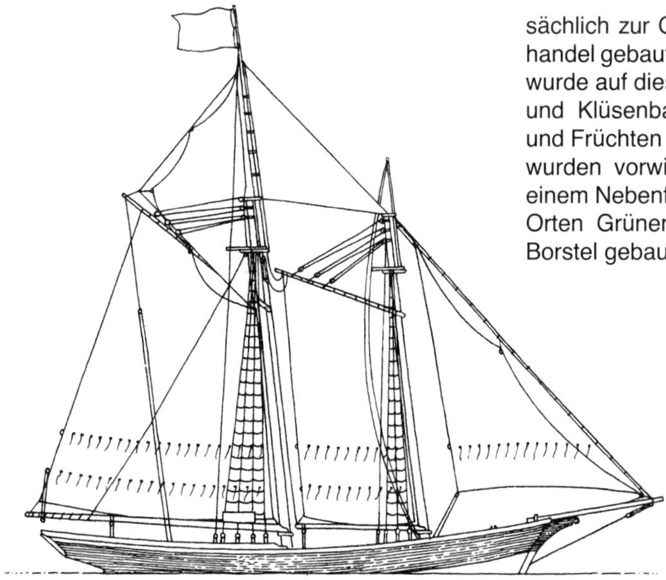

Nordamerikanischer Lotsenschoner Ende des 19. Jh.

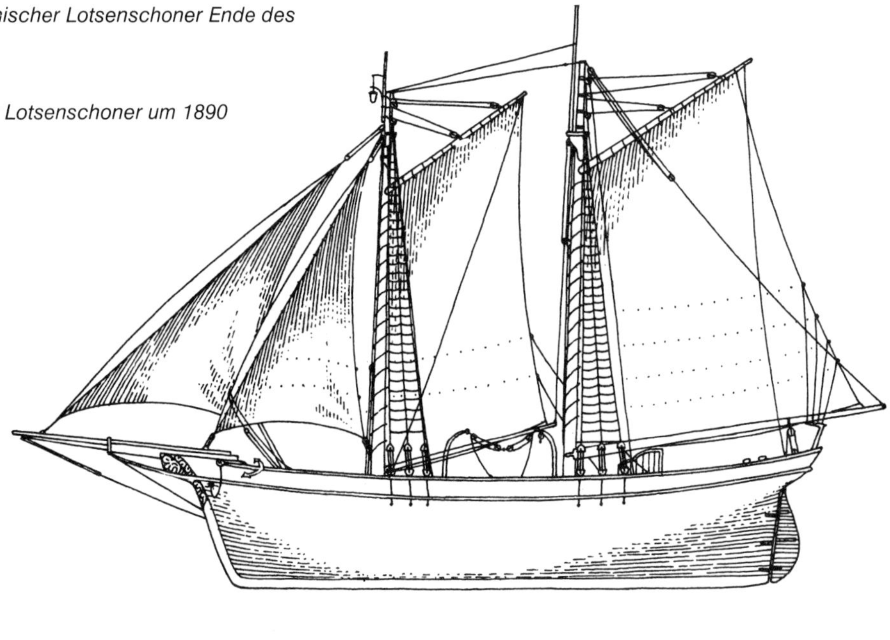

Holländischer Lotsenschoner um 1890

Lotsenschoner: für den Lotsendienst zunächst an der amerikanischen Ostküste entstandener schneller und seetüchtiger *Schoner*, der auch einen längeren Aufenthalt mehrerer Lotsen an Bord möglich machte. Dieser Typ versah bis in die dreißiger Jahre des 20. Jh. seinen Dienst. Nach Anlaufen der zu lotsenden Schiffe wurde jeweils ein Lotse mit einem kleineren Ruder-Lotsenboot übergesetzt. Der amerikanische Lotsenschoner wurde zu einem Vorläufer der modernen *Schoneryacht*. Wegen der besonderen Vorzüge der leicht handhabbaren Schonertakelung waren bis zum Ende der Segelschiffszeit auch die Mehrzahl aller nordeuropäischen Lotsenfahrzeuge schnelle Zweimast-Schoner.

Loude: eineinhalbmastiges arabisches Fischereischiff des 19. Jh. mit stark nach achtern geneigten Masten und Luggersegeln. Die Loude war bei einer Breite von 2 m bis zu 11 m lang und hatte eine Tragfähigkeit bis zu 4 t.

Lühe-Ewer: ein norddeutscher *Ewer*, der hauptsächlich zur Obstbeförderung und für den Obsthandel gebaut und ausgerüstet wurde. Äußerlich wurde auf diese Besonderheit durch bunte Bug- und Klüsenbackenbemalung mit Obstzweigen und Früchten aufmerksam gemacht. Lühe-Ewer wurden vorwiegend im 19. Jh. an der Lühe – einem Nebenfluß der Elbe bei Hamburg – in den Orten Grünendeich, Mittelkirchen, Höhen und Borstel gebaut.

Lühe-Jolle: ein bis ins 20. Jh. häufig auf der Niederelbe, hauptsächlich für den Obsttransport verwendeter Bootstyp, auch als *»Altenlanderjolle«* oder »Kirschenjolle« bekannt. Das Boot war im Verhältnis zur Länge sehr breit und wurde ohne Seitenschwerter auf relativ hohem Kiel gebaut. Die Lühe-Jolle war etwa 9 bis 12,5 m lang und 3,2 bis 4,2 m breit. Bei einer Raumtiefe von 1,3 bis 1,8 m ergab sich ein Raum von 7 bis 17 RT. Ein umlegbarer Pfahlmast trug ein Gaffelsegel und eine Stagfock. Das Fahrzeug konnte von 2 Mann bedient werden. Ein zusätzlicher Klüver am Bugspriet wurde nur an größeren Jollen gefahren, die auch als *»Seejollen«* bezeichnet wurden.

M

Mahaila: zur Gruppe der arabischen *Dau* gehörender kleiner einmastiger Küstensegler. Der Rumpf hatte nur im Vorschiff ein kurzes Deck und auf dem Hinterschiff eine gedeckte Poophütte. An dem etwa auf halber Fahrzeuglänge stehenden, vorgeneigten Pfahlmast fuhr man das trapezförmige Dausegel an einer Schrägrah. Vereinzelt verkehren derartige Segler auch heute noch im Roten Meer und an den Ostküsten Afrikas.

Mahaila von der Lamuküste, Modell [13]

Malteserkreuzer: siehe Einheitsboot

Manche: zu den Frühtypen der arabischen *Dau* gehörender anderthalbmastiger Schnellsegler in arabischen Seegebieten und im Indischen Ozean. Der noch aus genähten Plankengängen, jedoch bereits durch Spanten ausgesteifte, aber ungedeckte Rumpf hatte einen im Verhältnis zur Gesamtlänge des Fahrzeuges kurzen Kiel mit weit vorgeneigtem Vorsteven, etwas steilerem Achtersteven und Spitzgatt. Der Großmast und der um ein Drittel kleinere Besanmast waren Pfahlmaste mit einem parallelen Vorfall von etwa 20 bis 23 Grad. Seit dem 16. Jh. wurden an beiden Masten die typischen trapezförmigen Dausegel an Schrägrahen gefahren. Zu Ende des 18. Jh. kamen noch Bugspriet und ein Stagsegel am Großmast hinzu.

Manche mit genähten Plankengängen [13]

Man-Boot: ein auslegerloses *Plankenboot* der Salomoninseln mit hochgezogenen Bug- und Heckteilen. Als Kriegsfahrzeuge konnten die Boote bis zu 90 Mann aufnehmen.

Man of war: traditionelle englische Bezeichnung für *Kriegsschiff*.

Maona: im 16. und 17. Jh. der *Galeasse* ähnliches großes türkisches Lasttransportschiff mit Ruder- und Segelantrieb. An jedem Riemen arbeiteten 5 oder 6 Ruderer. Im Unterschied zu den im Mittelalter gebräuchlichen dreieckigen Lateinsegeln hatten die nicht in großer Zahl vorhandenen Fahrzeuge Vierecksegel.

Marinekutter: siehe Kutter

Marketenderboot: im 19. Jh. Bezeichnung für Boote, mit denen Lebensmittel, Früchte und andere Versorgungsgüter an eingelaufene Schiffe auf Reede herangebracht wurden.

Marktschiff: ein Schiff von zweckmäßiger Bauweise für den Personentransport an Markttagen oder mit Einrichtungen für den Warentransport und -verkauf. Die ersten relativ regelmäßig fahrenden Marktschiffe verkehrten zwischen verschiedenen Marktorten an europäischen Flüssen etwa Anfang des 12.Jh. Zu Beginn des 15.Jh. wurde z.B. zwischen den Städten Mainz und Frankfurt eine spezielle Ordnung zur Benutzung von Marktschiffen vereinbart.
Auf den Marktschiffen war ein jahrmarktähnliches Treiben, Musiker spielten, und es wurden Wein und andere Waren angeboten. Auf den an den Landungsplätzen festgemachten Fahrzeugen befanden sich zeitweilig mehr als hundert Menschen. Auf dem Rhein verkehrten bis zur Französischen Revolution Marktschiffe von Mainz nach Bingen, Oppenheim, Nierstein oder Mannheim-Worms. Auf der Donau verkehrten Marktschiffe bis vor wenigen Jahrzehnten. Sehr beliebt waren die zwischen Wien und Regensburg fahrenden, als »Ordinarischiffe« bezeichneten Marktschiffe.

Marssegelschoner: siehe Toppsegelschoner.

Maschhuf: ein irakisches *Plankenboot* mit hochgezogenem, schnabelähnlichem Bug. Dieser hochgezogene Bug eignete sich besonders gut zum Fahren durch mit Schilf bewachsene Gewässer. Das Boot wurde aus einer breiten Bodenplanke und je einer Seitenplanke gebaut, innen war es mit Spanten und kräftigen Querhölzern ausgesteift.

Maschwa, *Mashuw, Muchwa:* allgemeine Bezeichnung für ein kleineres, teilgedecktes Ruder- und Segelboot von 5 bis 9 m Länge mit Spiegelheck und stark vorgeneigtem Vorsteven an der arabischen und indischen Küste. Zur Fortbewegung dienten 2 oder 3 Paar Riemen oder trapezförmige Dausegel *(Dau)* an einer Schrägrah und einem stark nach vorn geneigtem Mast.
Unter der gleichen Bezeichnung gab es im Gebiet von Bombay außerdem größere zweimastige Fahrzeuge von 18 m Länge und bis zu 35 t Tragfähigkeit, die ebenfalls mit trapezförmigen Schratsegeln in der Küstenfahrt und Fischerei fuhren. Diese Schiffe waren als schnelle Segler bekannt. Sie hatte einen stark vorgeneigten Vorsteven, ein scharf gebautes Vorschiff und ein relativ völliges Hinterschiff mit gerundetem Heck.

Mastschiff: ein spezielles Schiff für den Transport von Holzstämmen zum Anfertigen von Untermasten und Stengen. Diese Fahrzeuge hatten in Bug und Heck rechteckige Pforten, um die langen Hölzer innenbords fahren zu können. Im 17. und 18.Jh. wurde zunächst aus den waldreichen Ostseeanliegerstaaten Mastholz nach England, Frankreich und Spanien transportiert, später im 19.Jh. von Nordamerika nach Europa. Es wurden Versuche, die allerdings fehlschlugen, unternommen, um die für den Mastbau benötigten Hölzer floßähnlich zu einer groben Schiffsform zusammenzufügen und mit Segelhilfe über den Atlantik zu befördern.

Mator: im südöstlichen Irak verwendetes, der *Maschhuf* ähnliches, kleineres Plankenboot für 2 bis 3 Personen mit hochgezogenem, schnabelähnlichem Bug. An der Bodenplanke waren je 2 Seitenplanken angesetzt und durch Spanten versteift.

Westarabische Maschwa, Modell [13]

Mehrdeckschiff: ein Schiff, bei dem im Unterschied zum »Eindeckschiff« zusätzlich zum Wetterdeck noch ein weiteres Deck oder mehrere über die gesamte Schiffslänge durchlaufende feste Zwischendecks vorhanden sind. Das oberste durchlaufende Deck ist meistens das für die Schiffsfestigkeit, Decksladung und Seetüchtigkeit wichtigste Deck und wird daher als »Hauptdeck« bezeichnet.

Mehrrumpfschiff: siehe Katamaran, Trimaran

Meshejmok: im 19.Jh. die Bezeichnung für einen auf der Wolga verwendeten Frachtkahn, dessen Vortrieb durch ein großes Rahsegel erfolgte.

Milchewer: ein auf der Niederelbe (bereits 1634 erwähnter) und bis zum Ende des 19.Jh. anzutreffender kleiner und schneller Segler, speziell für den Milchtransport nach Hamburg. Dieser *Ewer* war mit Sprietsegel getakelt und meistens

Russischer Meshejmok

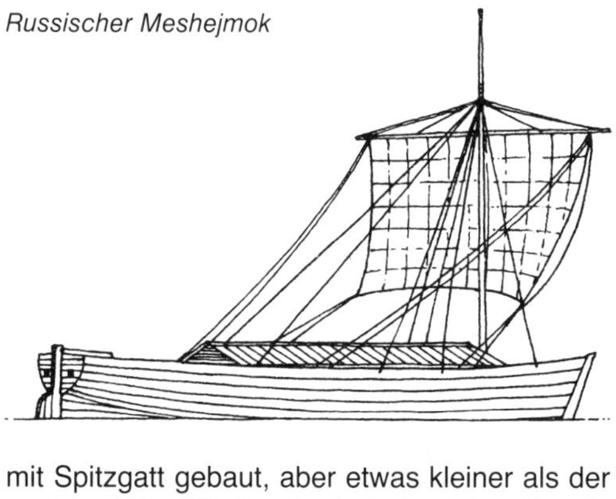

mit Spitzgatt gebaut, aber etwas kleiner als der auch auf der Niederelbe beheimatete »Gemüseewer« (s. *Lühe-Ewer*).

Mistico, *Mistique:* im 18. und 19.Jh. zwei- und auch dreimastiger Küstenfrachtsegler des Mittelmeeres, insbesondere an den katalanischen und tunesischen Küsten gebräuchlich. Die Schiffe wurden jedoch auch bewaffnet und häufiger von Seeräubern benutzt. Es gab sie mit reiner Lateintakelung und auch mit Rahsegeln und kombinierter Besegelung, wobei stets 2 Fockstagsegel gefahren wurden. Auf dem Hinterschiff war häufiger ein erhöhtes Halbdeck mit aufgesetzter Schanz-

Mistico mit Lateinsegel

verkleidung und Durchbrüchen für Ruder- und gegebenenfalls auch für Geschützpforten. Die Bezeichnung wurde im Mittelmeer außerdem für eine Vielzahl ähnlicher Fahrzeuge gebraucht, die sich zum Teil in der Bauweise und der Takelung deutlich unterschieden.

Mokschana: ein auf der Mokscha (Zufluß der Oka, UdSSR) übliches Boot des 19. Jh.

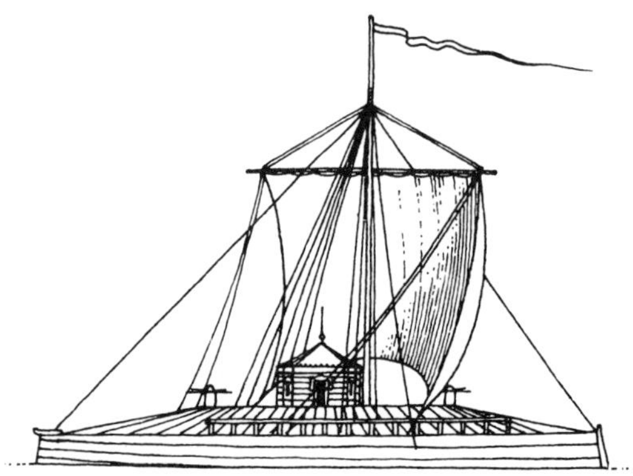

Russische Mokschana

Monere: in der Antike bei Griechen und Römern die allgemeine Bezeichnung eines Schiffes, auf dem an jeder Seite eine Reihe Riemen vorhanden war.

Mor-Pankhee: ein mit Stechpaddeln fortbewegtes Vergnügungsfahrzeug mit tempelartigem Aufbau und stark hochgezogenem Hintersteven, von dem aus das Boot mit Hilfe eines großflächigen Steuerriemens gelenkt wurde.

Mor-Pankhee aus Burma

»Moses-Boot«: im seemännischen Sprachgebrauch während der Segelschiffszeit das kleinste an Bord von Schiffen oder Yachten mitgeführte Beiboot, das analog zum jüngsten Schiffsjungen als »Moses« bezeichnet wurde. Es kann vermutet werden, daß damit auf die biblische Darstellung des kleinen Moses in einem schwimmfähigen Körbchen Bezug genommen wurde.

Mtepe: ein Frühtyp der arabischen *Dau* aus der Zeit zwischen dem 6. und 10. Jh. mit kurzem Kiel, weit vorfallendem Vorsteven, etwas weniger geneigtem Achtersteven, scharfem Achterschiff und Spitzgatt. Bei der Frühform war der ungedeckte, aus vernähten Plankengängen bestehende Bootskörper ohne Spanten gebaut, die Queraussteifung erfolgte durch Rundhölzer zwischen den Bordwänden oder durch Hölzer, die querbalkenähnlich die Außenhaut durchstießen. Das Ruder, seit dem 15. Jh. ein Heckruder, war an Tauschlingen aufgehängt. Der Mast war etwas nach vorn geneigt und hatte bereits den für die späteren Dautypen charakteristischen Mastzurrung, jedoch noch ein Kokosmattensegel an einer Querrah und noch nicht das typische Dausegel. An der ostafrikanischen Küste, insbesondere im Bereich der Insel Lamu, gab es bis zur Mitte des 20. Jh. eine einmastige Mtepe bis zu 20 m Länge und 30 t Tragfähigkeit, die bis zu 20

Griechische Monere auf einer rotfigurigen Vase aus dem 5. Jh. v. u. Z. mit dem Schiff des ODYSSEUS und den Sirenen

Mtepe, älterer Dautyp [13]

Mann Besatzung hatte. Die Plankengänge des scharf gebauten Rumpfes waren noch miteinander vernäht, jedoch waren zusätzliche Spanten eingebunden. Am Mast wurde auch noch das viereckige Mattensegel gefahren. Hinter dem Mast befand sich eine bambusgedeckte Hütte.

Mufferdeibrigg: siehe Schonerbrigg

Muleta: ein portugiesisches Fischerboot mit besonders stark gerundetem Vorsteven und nur etwas weniger rundlichem Hintersteven. Das Schiff fuhr Lateinsegel. Eine typische Besonderheit waren das weit über den Vorsteven hinausragende Bugspriet und ein achtern bedeutend über die Bootslänge reichender Baum oder Schrägmast und damit die für Boote dieser Größenordnung beachtliche Gesamtsegelfläche. So hatte z.B. 1888 eine Muleta von 13 m Länge eine Segelfläche von 170 m².

Museumsschiff: schwimmendes oder gedocktes Traditionsschiff, das zur Besichtigung und zu musealen Zwecken zur Verfügung steht. Bekannte Museumsschiffe sind u.a. die *»VICTORY«* (*Admiralschiff, Linienschiff,* 1765) und die *»CUTTY SARK«* (*Klipper, Vollschiff,* 1869) in Großbritannien; die *»CONSTITUTION«* (*Fregatte,* 1797), die »CHARLES W. MORGAN« (Vollschiff, 1841), die »EMERY RICE« (*Bark,* 1876) und die »FALLS OF CLYDE« (Viermast-Vollschiff, 1878) in den USA; die »SEUTE DEERN« (Bark, 1919) in der BRD; die »JYLLAND« (Vollschiff, 1860) und die »GRÖNLAND« (Rahschlup, 1867, zeitweise noch in Fahrt) in Dänemark; die »AF CHAPMAN« (Vollschiff, 1888), die »GERDA« (*Brigg,* 1869), die »JARAMAS« (Vollschiff, 1900) in Schweden und die »POMMERN« (Viermast-Bark, 1903) in Finnland.

Mutte: in Ostfriesland und Oldenburg sehr kleines einmastiges, mit flachem Boden und relativ schmal gebautes Fluß- und Kanalschiff für Frachtgut- und Torffahrt. Alle Mutten hatten als flachgehende Schiffe Seitenschwerter, einen umlegbaren Mast mit Gaffelsegel und -baum, Gaffeltoppsegel und Stagfock; gesegelt wurden sie von 1 oder 2 Personen. Nach Bauweise und Verwendungszweck wurde zwischen den rundgebauten, tjalkähnlichen Torfschiffen *(Tjalk)* und den für Personen- und Frachtfahrt an den Schiffsenden spitzgebauten Spitzmutten unterschieden. Im 17. Jh. waren die üblichen Abmessungen 11 bis 14 m Länge und 2,5 bis 3,5 m Breite. Der Raumgehalt stieg von 8 bis 16 RT bis zur zweiten Hälfte des 19. Jh. auf 15 bis 18 m Länge und 4 bis 4,5 m Breite bei einem Raumgehalt von 20 bis 40 RT.

Portugiesische Muleta mit langen Sprietbäumen an Bug und Heck

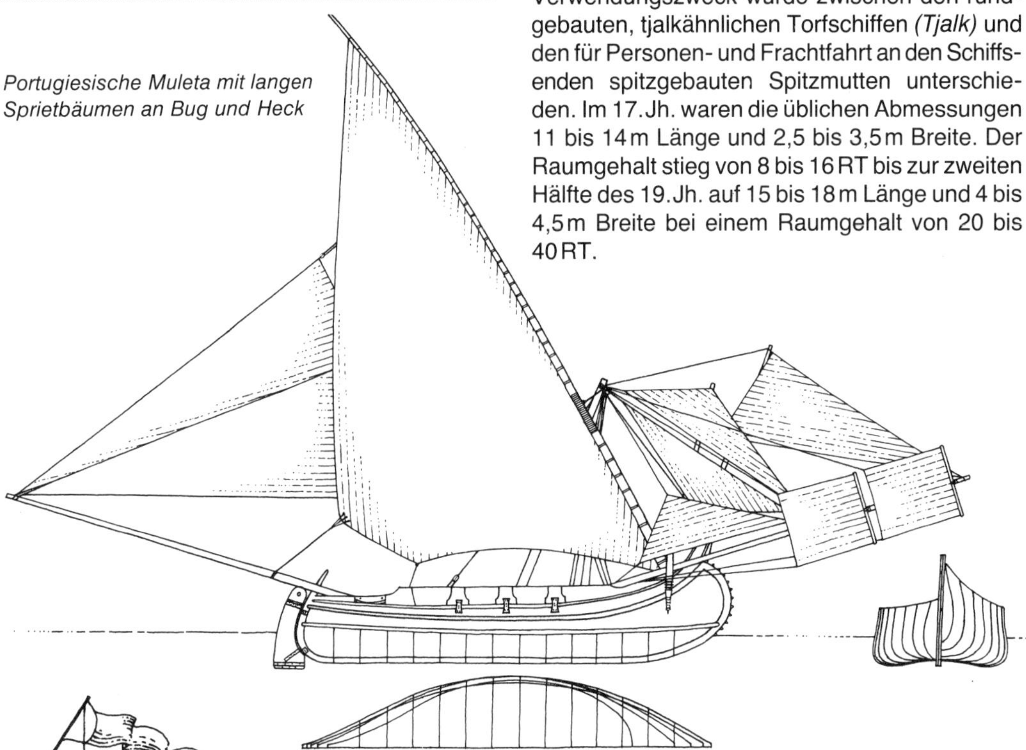

Portugiesische Muleta des Tejodeltas vor dem ausgesetzten Schleppnetz treibend

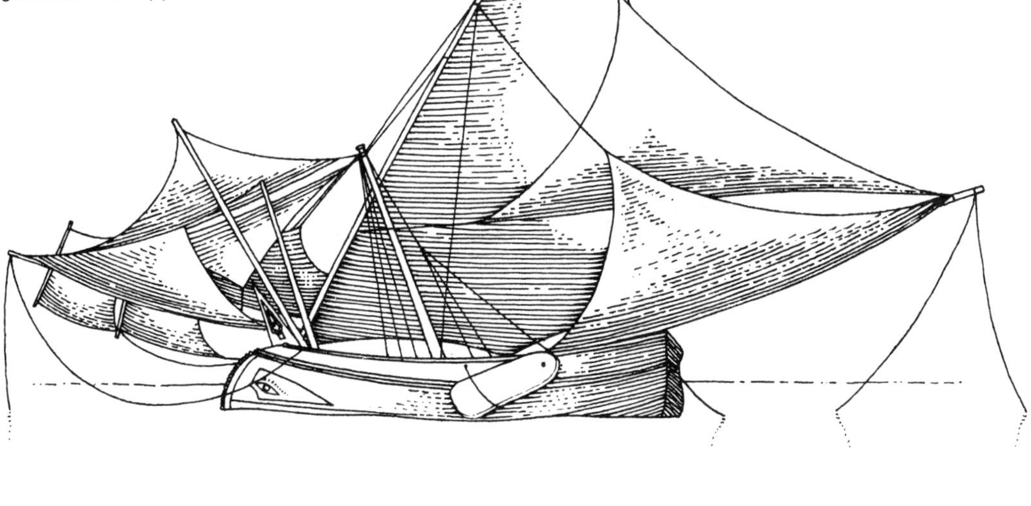

Ostfriesische Mutte

Naboinaja: allgemeine russische Bezeichnung für einen kleinen *Kahn* oder *Nachen*.

Russische Naboinaja

Katalonische Nao um 1450, Modell des Prins Hendrik Museum, Rotterdam

Nachen: kleiner flachbodiger Kahn, der durch Staken oder Ruder fortbewegt wird. Im Althochdeutschen wurde mit »nacho« ein kleines, muldenförmiges Boot bezeichnet; der Begriffsursprung kann bis zu den kleinen Einbäumen zurückgehen.

Nähe: größere, flachgehende *Fähre* mit ebenem Boden zum Übersetzen von Personen und Tieren, im 15.Jh. insbesondere an Rhein und Neckar verwendet.

Nao, *Nave, Nau:* ein portugiesisch-spanischer Segelschiffstyp mit einer längeren Entwicklungsgeschichte. Während der Kreuzzüge gingen im 11. und 12.Jh. Einflüsse von der als Kreuzfahrerschiff bevorzugten *Nef* aus, die aus Nord- und Westfrankreich stammt. Außerdem gab es vielfältige Vergleiche mit italienischen Schiffstypen, so daß im Laufe der Zeit die Bezeichnungen *»Nef«*, »Nao«, *»Nave«* oder *»Nau«* zu einem allgemeinen Begriff für größere völlige und mehrmastige Schiffe wurden. Im 14.Jh. gab es die Nao als zweimastiges Schiff und danach meistens als Dreimaster. Bevor Spanien als Seemacht Weltgeltung erlangte, hatten die ausgedehnten portugiesischen Seefahrten und Entdeckungen zur Entwicklung dieses Schiffstyps geführt. Eines der ältesten aus dieser Zeit der überseeischen portugiesischen Fahrten erhalten gebliebenen Schiffsmodelle aus dem 15.Jh. ist die »KATALANISCHE NAO«. Das Originalmodell befindet sich im Maritimen Museum »Prins Hendrik« in Rotterdam.
Das Modell läßt verschiedene Konstruktionen erkennen, die sonst nur aus Beschreibungen und Abbildungen bekannt sind. Im 15.Jh. war die Nao ein häufig anzutreffendes spanisches Schiff, das etwas schwerer und größer als eine *Karavelle* gebaut war. In seinem Tagebuch sprach KOLUMBUS bei der *»SANTA MARIA«* stets von einer Nao, während er die beiden anderen Schiffe, die »NINA« und »PINTA«, Karavellen nannte.

Nationale Jolle, *Nationale Binnenjolle, Nationale Küstenjolle:* als Nationale Jolle wurde in Deutschland die erste Renn-Jollenklasse mit 22 m^2 Segelfläche entwickelt. Diese Jolle hat sich schnell durchgesetzt und als 22 m^2 Rennjolle unter dem Klassezeichen »J« im Segel internationale Bedeutung erlangt. Die Nationale Binnenjolle weist demgegenüber einige fahrtgebietsbedingte Besonderheiten auf. Vom Deutschen Seglerverband wurde gleichzeitig für die Küstenfahrt eine stärker gebaute Segeljolle mit Lufttanks und Außenballast als sogenannte »Nationale Küstenjolle« entwickelt, die heute jedoch nur noch selten gesegelt wird.

Nationale Kreuzerklasse: verschiedene, in der Zeit vor 1914 in Deutschland sehr beliebte Segelkreuzer mit Segelflächen von 35 und 45 m^2 und dem Segelzeichen »P«. Die noch größeren Segelkreuzer hatten 75 m^2 und das Segelzeichen »O« und die Binnenkreuzer 60 m^2 mit dem Segelzeichen »A«. Die wenigen heute noch segelnden Kreuzer dieser Größe werden den *Altersklassen* zugeordnet.

Nationale Sportsegel-Klassenboote: im Unterschied zu *Internationalen Klassenbooten* sind Nationale Klassen nur in einzelnen Ländern zum Regattasegeln zugelassen. Zu den bekanntesten in Deutschland entwickelten und zur Nationalen Klasse zugelassenen Sportsegelboote gehören: Rennjollen mit 10, 15, 20 und 22 m^2 Segelfläche; Wanderjollen mit 10 und 15 m^2 Segelfläche; Jollenkreuzer mit 15, 20 und 30 m^2 Segelfläche; Renn-Kielklasse mit 30 m^2 Segelfläche; Seefahrtskreuzer mit 30, 40, 50, 60, 80, 100, 150 und 250 m^2 Segelfläche; die Jugendklasse mit 5 und 10 m^2 Segelfläche; die Einheitskielyacht mit 25 m^2 (s.a. *Malteserkreuzer*, *Altersklasse*) und das Einheitsboot mit 30 m^2 Segelfläche (s.a. *Vertenskreuzer*).
Bis 1945 gab es in Deutschland etwa 80 Segel- und Motor-Sportbootstypen der Nationalen Klasse. Für die DDR wurden später vom Deutschen Segelsportverband und dann vom Bund Deutscher Segler die folgenden 8 Segel-Bootstypen für den Massen- und Leistungssport ausgewählt: Konstruktionsklassen 4 KR; 4,5 KR; 5 KR und 5,5 KR; Jugendklasse 10 m^2 (*Piratenjolle*, *Einheitsklasse*); Wanderjolle 15 m^2 *(Konstr.-klasse)*; Jollenkreuzer 15 und 20 m^2 (Konstr.-klasse).
Der internationalen Entwicklung folgend, werden heute vom Bund Deutscher Segler der DDR die Jollen-Klassen *Optimist*, *Cadet*, *420er*, *Pirat*, H-Jolle, *Y-Jolle*, *O-Jolle*, die 15- und 20-m^2-Jollenkreuzerklassen, das Delta-Segelbrett sowie die nach IOR vermessenen Seekreuzer der Klassen I bis VII, sowie die Vierteltonner neben den Olympischen Bootsklassen gefördert.

Nau, *Naue, Nauen:* vom lat. »navis« stammende allgemeine Bezeichnung für größere Wasserfahrzeuge, die mit den Römern nach dem Norden gekommen, jedoch in Westeuropa für unterschiedliche Boote verwendet worden ist. So war in der Schweiz die Naue ein kleines Fischerboot. Im 15. und 16.Jh. wurde im bayrisch-schwäbischen Gebiet ein kleiner Kahn mit »Naffe« und im Elsässischen mit »Naf«, »Nawe«, oder »Naue« bezeichnet. Im Donaugebiet war es die Bezeichnung für ein kleines Fährboot. Man sprach dort von der Naufahrt, wenn die Talfahrt ohne eigenen Antrieb gemeint war. Auf dem Vierwaldstätter See war »Nauen« die Bezeichnung für einen großen hölzernen Kahn, der ursprünglich durch Riemen und Segel und im 20.Jh. durch Propeller angetrieben wurde.

Nave: vom lat. »navis« stammende Bezeichnung für große Segelschiffe, die im Mittelmeergebiet während des Mittelalters fuhren. Vom 11. bis 13.Jh. galt z.B. ein Kreuzfahrerschiff als groß, wenn die Ladefähigkeit etwa 90 Personen erreichte. HEINRICH VON LETTLAND beschrieb 1227 aus eigener Anschauung in einer Chronik Fahrten und Schiffe des Ostseegebietes. Obwohl im nordeuropäischen Sprachgebrauch die Bezeichnung nicht allgemein üblich war, bezeichnete er mit »naves« oder »naviculae« vorwiegend Schiffe, die auch stromaufwärts fahren konnten, also gesegelt wurden.

Navis: lateinische allgemeine Bezeichnung für größere Schiffe und Boote. Entsprechende Zusätze erläutern jeweils die Charakteristik oder den Typ des Fahrzeuges, wie *»navis longa«* oder »navis constrata« (Schiff mit Verdeck).

Navis longa: vom Altertum bis in das Mittelalter verwendete lateinische Bezeichnung für Kampfschiffe. deren Kennzeichen eine relativ lange und schmale Bauweise war. So hatten die geruderten griechischen und römischen Kriegsschiffe (*Moneren*, *Dieren* und *Trieren*), die nordischen Kriegsschiffe der Wikinger und die Galeeren große Längen und relativ geringe Breiten, das Verhältnis Länge zur Breite einer attischen Triere betrug 10:1 und das einer Galeere aus Venedig über 8:1 (s.a. *navis oneraria*).

Navis oneraria: im Unterschied zu einer *»navis longa«* ebenfalls bis ins Mittelalter hinein verwendete lateinische Bezeichnung für eiförmige, kurze, rund und völlig gebaute Lastschiffe. Mit dem Übergang vom geruderten zum gesegelten Schiff und der damit erforderlichen größeren Querstabilität wurden die Schiffe breiter und kürzer gebaut. Charakteristische Schiffstypen waren u.a. die römischen Getreidetransportschiffe. So besaß die römische *Corbita* ein Längen-Breiten-Verhältnis von etwa 3,6:1.

Nef: allgemeine französische Bezeichnung für »Schiff«, speziell für ein einmastiges Frachtschiff, das sich vom 11. bis zum 16.Jh. in verschiedenen Entwicklungsstufen wandelte. Als Nef wurden an der westfranzösischen Küste vom 11. bis 13.Jh. koggenähnliche Schiffe bezeichnet, die sich als Mischtyp aus Normannenschiffen und völligeren Schiffstypen romanischer Länder entwickelten.
Während der Kreuzzüge wurden Nefs häufig als Kreuzfahrerschiffe benutzt, so daß sie im Mittelmeer mit verschiedenen Schiffstypen und an den Küsten Nordfrankreichs mit der ursprünglichen Kogge in Berührung kamen. Daß es sich um einen weit verbreiteten Schiffstyp handelt, zeigt sich an den bildlichen Darstellungen auf den Stadtsiegeln von La Rochelle 1308, Lübeck 1230, Sandwich 1238, Dunwich 1269, Dover 1281, Pool 1315 u.a. Miniaturen aus der Biskaya, von Portugal und Spanien sowie aus dem 13.Jh. auch auf Island.
Obwohl, zeitlich und örtlich bedingt, Unterschiede auftraten, war das Nef nach jahrhundertalter Gepflogenheit ein auf Kiel in Klinkerbauweise

Darstellung einer Nef auf dem ältesten Siegel der südenglischen Hafenstadt Winchelsea, 13. Jh. [9]

Bergung des in den Jahren 37 bis 41 u.Z. erbauten Nemisee-Prunkschiffes des römischen Kaisers CALIGULA

breit und bauchig gebautes Schiff. Gegenüber der nordischen *Kogge* waren stärker gerundete Stevenformen üblich. Der oberste Plankengang verlief über den größten Teil der Schiffslänge fast ohne Sprung, stieg aber an den Schiffsenden zu den Steven steil empor.
Nach dem 11.Jh. bekam das Nef vorn und hinten größere balkengerüstartige Aufbauten (Kastelle), die im Laufe der Zeit beplankt und in den Schiffskörperverband einbezogen wurden. Das einmastige Schiff fuhr mit einem Rahsegel; zu Ende des 13.Jh. kam ein Bugspriet hinzu. Nach dem Beispiel der Kogge wurden die ursprünglich vorhandenen 1 oder 2 Seitenruder ebenfalls um diese Zeit durch das Heckruder ersetzt. Obwohl bis zum 15.Jh. das Nef der Kogge sehr ähnelte, blieben die Bezeichnungen »Nef«, *»Nao«*, *»Nave«* und *»Nau«* allgemein für größere völlige Schiffe üblich. Die Abmessungen lagen etwa bei 18 bis 20 m Länge, 6 bis 7 m Breite und 2,5 bis 3 m Seitenhöhe.
In seiner Blütezeit hatte auch Venedig Anteil an der Weiterentwicklung des Nefs zum Großschiff. Die in Venedig gebauten Nefs erreichten die für die damaligen Verhältnisse beachtliche Tragfähigkeit von 200t bei einer Länge bis zu 42 m, 13 m Breite und 7,5 m Seitenhöhe. Im 16.Jh. wurden die Nefs von der *Galeasse* verdrängt.

Nemisee-Schiffsfund: prunkvolles Haus- oder Wohnschiff, das der Nachfolger des römischen Kaisers TIBERIUS, der Kaiser CALIGULA, in den Jahren 37 bis 41 zu seiner Verwendung auf einem Kratersee in den Albanerbergen, dem Nemisee unweit Roms, erbauen ließ. Ähnliche große Hausschiffe, *»Thalamegi«* genannt, die wie Paläste mit Säulenhallen, Tempeln, Speisesälen, Schlafgemächern, künstlichen Gärten und Teichen erbaut waren, hatte es schon vor CALIGULA gegeben. Der an Verfolgungswahn leidende Kaiser wählte seinen schwimmenden Palast als Zufluchtsstätte. Ein zweites, weniger reich geschmücktes Schiff diente zum Aufenthalt des Gefolges und der Dienerschaft. Trotz dieser Vorsichtsmaßnahmen wurde der Kaiser nach nur vierjähriger Herrschaft ermordet.
Wie Darstellungen aus aufgefundenen Bleistempeln mit dem Namen CALIGULAS zeigen, müssen die Schiffe von besonderer Größe und Pracht gewesen sein. Dennoch sind sie wohl bald nach seinem Tode ohne Wartung leck geworden und gesunken. Nach dem Wiederauffinden der Schiffe stellten Taucher fest, daß offensichtlich schon erfolglos versucht worden war, das größere Schiff an Land zu ziehen.
Erste Hebeversuche wurden danach um die Mitte des 15.Jh. unternommen. Kardinal PROSPERO COLONNA wollte die Schiffe heben lassen und wieder nutzbar machen. Er beauftragte das berühmte Universalgenie LEON BATTISTA ALBERTO aus Florenz, einen vor LEONARDO DA VINCI lebenden Meister, mit diesem Unternehmen. ALBERTO ließ aus Genua Taucher kommen und erbaute ein großes, auf leeren Fässern ruhendes Floß, auf das er Hebewerkzeuge aufstellte. Es konnten mehrere Teilstücke gehoben werden, beim Versuch, das Hauptschiff herauszuheben, zerbrach jedoch der Schiffskörper, und der Versuch mußte aufgegeben werden.
Hundert Jahre später unternahm der Festungsingenieur FRANCESCO DE MARCHI einen erneuten Versuch, den er sorgfältig ausarbeitete und beschrieb. Auch er konnte mit seinen Winden nur Stücke aus dem Schiffsrumpf reißen, ohne das Schiff zu heben. Ein dritter erfolgloser Versuch wurde 1828 durch den Ingenieur ANNESIO FUSCONI unternommen. Danach ließ der italienische Fürst ORSINI im Jahre 1895 durch Taucher einige Stücke des bronzenen Schiffsschmuckes bergen. Dazu gehörten ein Medusenhaupt, mehrere Löwen- und Wolfsköpfe, die einst die Enden großer Schiffsbalken schmückten, sowie vom zweiten Schiff eine bronzene Platte zur Balkenverzierung mit einer darauf dargestellten ausgestreckten Hand, die als Abwehrzeichen gegen den »bösen Blick« galt. Außerdem wurden ein bronzenes Gitter, Marmorteile und Intarsien geborgen. Die Funde befinden sich heute im römischen Museo Nazionale. Erst im Jahre 1928 konnte endlich die Bergung der Schiffswracks beginnen. Einige Jahre davor hatte der frühere Generaldirektor der Künste, CORRADO RICCI, einen Plan ausgearbeitet, um das Wasser des Nemisees bis zu einer Tiefe von 22 m durch einen 2 km langen antiken Entwässerungsstollen in den 31 m tieferen Albanersee ab-

Dreimastiger französischer Neufundland-Schoner um 1930 mit mehreren Rahsegeln am Fockmast [24]

zuleiten. Am 20. Oktober 1928 begannen elektrisch angetriebene Pumpen zu arbeiten. Jeden Tag konnte der Wasserspiegel des Nemisees um 5 cm abgesenkt werden. Nach 170 Tagen kamen die Überreste des Kaiserschiffes zum Vorschein. Das zweite Schiff lag noch etwa 6 m tiefer im Schlamm.

Mit vielen Vorsichtsmaßnahmen wurde das Kaiserschiff in Teile zerlegt, konserviert und in einem eigens dazu eingerichteten Museum in der Nähe des Nemisees wieder zusammengefügt. Das Prunkschiff hatte eine Länge von 70 m und eine Breite von 17,5 m. Beide Schiffsrümpfe sind kraweelbeplankt, die Planken wurden durch Holzdübel verbunden. Soweit erforderlich, wurden die Spanten nach der Beplankung eingesetzt. Die Außenhaut wurde mit geteertem Wollstoff und darüber aufgenagelten Bleiplatten verkleidet. Die Decksstützen für das obere Deck bestanden aus gebrannten Tonrohren. Das Kaiserschiff war außen besonders reich mit Bronzefiguren und wertvollen Hölzern und Schnitzereien zur Verehrung der Göttin DIANA geschmückt. Innen waren mehrere Räume reich ausgestattet und mit Marmor ausgelegt. Vom einstigen Mosaikschmuck waren nur noch Bruchstücke vorhanden. Sie zeigten vorwiegend die heiligen Farben der Göttin DIANA: Grün, Weiß und Rot.

An Ausrüstungen und Teilen wurde ein 1400 kg schwerer Anker, eiserne Querbalken, eine auf Rollen bewegliche Plattform, Blei- und Bronzeplatten, Ziegel, Tonröhren, Türen mit bronzenen Angeln, Gitter, Nägel, Münzen und verschiedene andere Einzelteile wie tönerne Lampen und Gefäße oder Angelgeräte gefunden. Des weiteren waren Reste eines hölzernen Wasserbehälters mit einem gut erhaltenen bronzenen Wasserhahn sowie Teile eines Schöpfwerkes und einer hölzernen Pumpe erhalten geblieben. Zu den künstlerisch wertvollen Großbronzen gehören mehrere Löwenköpfe, ein Wolfskopf und der Kopf eines Panthers. Das gefleckte Pantherfell ist eindrucksvoll durch verschiedene Metalle nachgebildet. Durch Kriegseinwirkungen wurde leider ein Teil der Fundstücke zerstört.

Neufundland-Schoner: zweimastiger Hochseefischereischoner mit einem Rahsegel im Vortopp. Da die Mehrzahl dieser Schoner in Gloucester (Massachusetts, USA) gebaut und beheimatet waren, wurden sie auch als »Gloucester-Schoner« bezeichnet. Weitere Teile der Schonerflotte hatten in Halifax (Neuschottland) und St. Jones (Neufundland) ihre Heimathäfen. Von diesen Häfen segelten die relativ schnellen Neufundland-Schoner mit ihren Beibooten *(Doriboot)* zu den fischreichen Schelfgebieten, den Neufundlandbänken oder Großen Bänken. In den kalten Gewässern des Labradorstromes wurden seit Jahrhunderten in den Monaten April bis Oktober reiche Kabeljau-, Herings- und Makrelenfänge gemacht. Auch europäische Länder fischten seit langem vor Neufundland. So fuhren jährlich aus Nordfrankreich die Bretonen zu den Neufundlandbänken. Auch die portugiesische »Große Bankfischerei« hatte eine jahrhundertelange Tradition.

New-Guy's-House-Bootsfund: Fragmente eines römisch-britischen Flußbootes der Zeit römischer Besetzung Englands aus dem 2. Jh., die nahe der London Bridge beim Guy's Hospital gefunden wurden. Durch gleichfalls gefundene Münzen konnte das Alter des Bootes zuverlässig bestimmt werden. Es war ein kraweelgebautes, flaches Eichenholzboot von etwa 12 m Länge und 4,20 m Breite. Die Seitenhöhe betrug auf halber Bootslänge etwa 1,20 m. Verwendet wurden sehr breite, 2,5 cm dicke Eichenplanken, die untereinander mit Haselnußzweigen verbunden und abgedichtet waren. Von außen war das Boot durch Pechanstrich geschützt. Hinsichtlich der Bauweise bestehen viele Ähnlichkeiten mit dem *Blackfriars-Schiffsfund*.

Nike-Diere-Statue von Samothrake mit Rumpf und Ausleger der griechischen Diere aus der Zeit um 300 v. u. Z.

Niederelbe-Ewer: Sammelbezeichnung für die relativ große Zahl verschiedener Ewertypen, die an der Niederelbe entstanden und dort beheimatet waren, wie *Lühe-Ewer*, *Milchewer* u.a.

Nike-Diere-Statue: auf der griechischen Insel Samothrake gefundene Statue, die als Botin des Zeus die Siegesgöttin Nike auf dem vorderen Teil einer *Diere* stehend darstellt. Schiffsgeschichtlich ist dieser Fund durch die Darstellung der Vorschiffsform einer Diere mit den seitlichen Auslegern für die Riemen sehr aufschlußreich. Seit 1879 befindet sich die Statue in Paris im Louvre. Da es ein Siegesdenkmal war, wird angenommen, daß DEMETRIUS POLIOKETES (336 bis 283 v.u.Z.), der als Städteeroberer bekannt war, zur Erinnerung seines im Jahre 306 v.u.Z. über MENELAUS in Zypern errungenen Sieges das Standbild errichten ließ.

Nimrud-Schiffsrelief: eine Reliefplatte etwa aus dem 8.Jh. v.u.Z. mit der Darstellung der phönizisch-assyrischen Flotte. Die Platte wurde im Ruinenhügel der alten assyrischen Stadt Kalach, etwa 40km südlich der früheren Hauptstadt Ninive des Königs SANHERIB (705 bis 681 v.u.Z.), gefunden. (s.a. *Ninive-Schiffsrelief* und *Phönizierschiffe*).

Ninive-Schiffsreliefdarstellung: das Bruchstück einer Reliefplatte aus dem 8.Jh. v.u.Z. mit dem Bug eines phönizischen zweireihigen Ruder-Kampfschiffes im assyrischen Dienst; zur Zeit der Darstellung auf der Reliefplatte waren die am Mittelmeer lebenden Stämme der Phönizier von den Assyrern unterjocht. Die Hauptstadt Assyriens Ninive unter dem König SANHERIB (705 bis 681 v.u.Z.) lag am Ostufer des Tigris gegenüber dem heutigen Mosul und wurde 612 v.u.Z. von den Babyloniern total zerstört. Ausgrabungen in den Ruinen begannen bereits 1820, die Reliefplatte wurde 1843 gefunden.

Nordisches Volksboot: ein *Kielboot* der *Einheitsklasse* in Klinkerbauweise mit einer Segelfläche von 22m^2 und einem großen »F« als Segelzeichen. Die Länge über alles betrug 7,64m und die Länge in der Konstruktionswasserlinie 6m bei einer Breite von 2,2m. Mit 1,2m Tiefgang hatte das Boot 2,2t Verdrängung.

Normannenschiff: Zwischenstufe vom offenen geruderten und gesegelten schlanken *Wikingerschiff* zum gedeckten völligen Frachtschiff. Die Schiffsform war völliger, ähnelte jedoch mit den hochgezogenen Schiffsenden noch deutlich dem Wikingerschiff, demgegenüber war jedoch die Breite bereits wesentlich größer, das Segel hatte an Bedeutung gewonnen, und die Riemen waren schon mehr ein Hilfsantrieb. Besonders bekannt wurde das Normannenschiff während der Regierungszeit WILHELMS DES EROBERERS (1027 bis 1087), Herzogs der Normandie, später Königs von England. Für seine Eroberungsfahrt zur Invasion in England im Jahre 1066 ließ er eine große Flotte von Normannenschiffen bauen, die für die Überfahrt neben den Kriegsleuten auch Pferde und Kriegsgerät tragen konnten. Eine sehr eindrucksvolle Darstellung der Flotte während der Überfahrt vermittelt der berühmte Wandteppich von Bayeux *(Bayeux-Schiffsdarstellung).* Das Normannenschiff stellte bereits eine Zwischenstufe zu den späteren Kreuzfahrerschiffen, insbesondere zum Schiffstyp *Nef* dar.

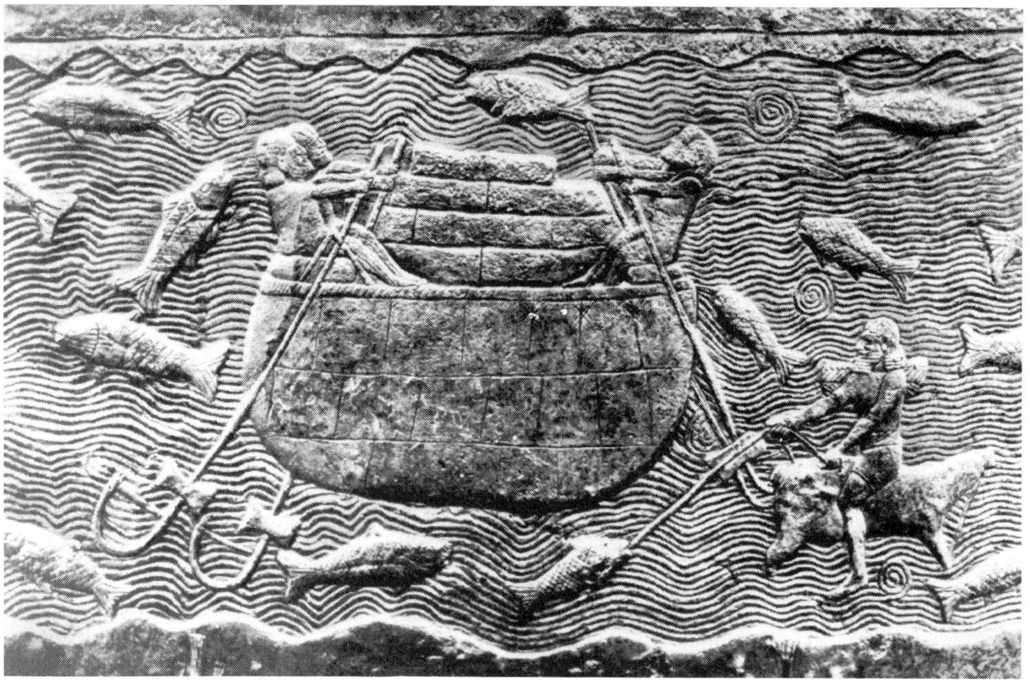

Assyrisches Rundboot, etwa aus dem 8.Jh. v.u.Z. auf der Nimrud-Reliefplatte

Phönizisch-assyrisches Zweiriemenreihen-Ruderkriegsschiff (Diere) aus dem 8.Jh. v.u.Z. auf der Ninive-Reliefplatte

North-Ferriby-Schiffsfund: Reste von Booten, die an der englischen Humbermündung in den Jahren 1938, 1940 und 1963 in North Ferriby gefunden und untersucht wurden. Das 1940 gefundene Boot stammt aus der frühen nordeuropäischen Eisenzeit um 150 v.u.Z. Es handelt sich um ein Flußfahrzeug von 15m Länge und 2,6m Breite mit einem flachen, aus 3 Planken bestehenden Boden. Die mittlere, längere Planke wurde an den Enden nach oben gebogen. Die Bordwände bestanden je Seite aus 3 Planken. Die Planken stoßen an ihren Längsseiten kraweel gefügt stumpf aufeinander. Sämtliche Planken wurden in kleinen Abständen durch Bänder aus dem elastischen und gleichzeitig sehr festen Eibenholz zusammengezogen. An den Innenfugen wurden jeweils Leisten aus Eschenholz mit eingebunden. An den Schiffsenden waren zusätzliche Tauwerksumwicklungen angebracht, wie sie ähnlich noch auf verschiedenen mittelalterlichen Siegelbildern dargestellt sind. Um ein Abgleiten der sehr weit hinten liegenden Heckumwicklung am halbrunden Schiffsende mit der runden Kaffe zu verhindern, war unten am Heckauslauf eine Klampe vorhanden.

Normannenschiffe nach den Städtesiegeln Dam (1226) und Dover (1281)

Rekonstruiertes Nydam-Boot [3]

Nydam-Bootsfund: Reste von 2 Booten, die im Jahre 1863 in Schleswig-Holstein am Westufer des Alsensundes in einem Moor bei Nydam gefunden wurden. Das Alter des größeren Bootes konnte durch den Beifund von Bronze-Gewandnadeln auf das 3. Jh. bestimmt werden. Das kleinere Boot soll aus Fichtenholz gewesen sein und einen Doppelsteven gehabt haben, ähnlich dem Boot des *Hjortspringsfundes*. Die Reste dieses Fundes sind jedoch im preußisch-österreichisch-dänischen Krieg 1864 verloren gegangen.
Das erhalten gebliebene Boot ist aus Eichenholz. Es hat eine Länge von 22,84 m, eine Breite von 3,26 m, und die Seitenhöhe beträgt 1,06 m. Die Außenhülle besteht aus 10 durchgehenden, nicht zusammengesetzten Eichenplanken von 35 bis 45 cm Breite und 2,2 bis 2,5 cm Dicke. Die Planken sind untereinander mit eisernen Rundkopfnägeln und innenliegenden, viereckigen Niet-Unterlegscheiben in etwa 14 bis 18 cm Abständen in Klinkerbauweise vernietet. Die Fugen wurden mit harzgetränktem Moos abgedichtet.
An die kürzere Kielplanke von 14,32 m Länge sind an den Enden die leicht gekrümmten Steven von je 5,40 m Länge mit 2zölligen Holznägeln angelascht. Das Boot hat keinen Balkenkiel oder Mastschuh, es wurde demnach ausschließlich gerudert. Die Aussteifung des Bootskörpers erfolgt durch 19 Querspanten aus naturgewachsenem Eichen-Krummholz in Abständen von etwa 1 Meter. Die Spanten sind mit den Boden- und Seitenplanken nicht durch Nägel, sondern durch Bastschnüre verbunden. Zum Anbinden sind bei der Bearbeitung an den Planken hervorstehende Stege oder Klampen stehen gelassen worden. Die 40 cm langen und etwa 7 bis 8 cm hohen Klampen sind nahe den Spanten quer durchbohrt. Die zum Anbinden verwendeten Bastschnüre wurden durch diese Klampenbohrungen und entsprechende Löcher in den Spanten hindurchgezogen. Die obersten Planken haben an jeder Bootsseite außerdem eine verstärkte Dollbordkante, auf der zwischen den Spanten die Ruderdollen oder Keipen (altnord. Keipr) mit Lederriemen angebunden wurden. Gerudert wurde mit 14 je 3,5 m langen Riemen an jeder Seite, also mit insgesamt 28 Rojern. Die Rojer (Ruderer) saßen dazu auf lose auf den einzelnen Querspanten aufgelegten Brettern. Das Seitenruder ist 3,20 m lang, und das Ruderblatt hat eine strömungsgünstige Form. Am oberen Ende des Ruderschaftes befindet sich ein Vierkant, auf dem ein besonderes Holz mit Quer- und Längsgriff aufgesetzt ist, das »Helmholz« oder der »Ruderhelm«. Der Nydam-Bootsfund wird im Schloß Gottorp in Schleswig aufbewahrt; auf der Yachtwerft Abeking & Rasmussen wurde 1934 ein Nachbau des Nydambootes hergestellt.

Linienriß des Nydam-Bootes

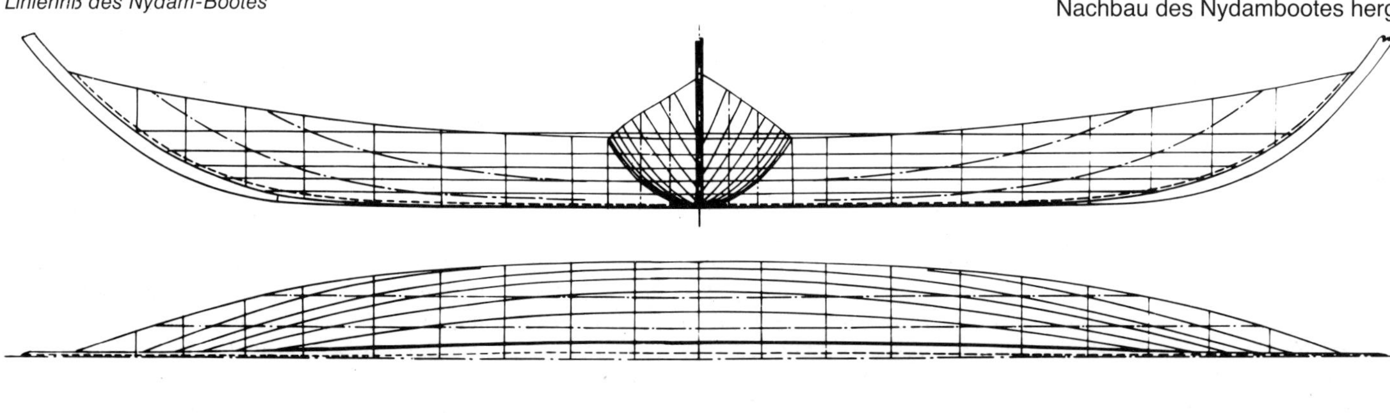

Oar: englische Bezeichnung für den hölzernen Riemen, aber auch für ein kleines einfaches Ruderfahrzeug noch im Anfang des 20. Jh. zum Übersetzen über die Themse.

Obelisken-Transportschiff: siehe Antike Großschiffe

Oblassa: eine Barke, die auf der nördlichen Dwina im 19. Jh. verwendet wurde.

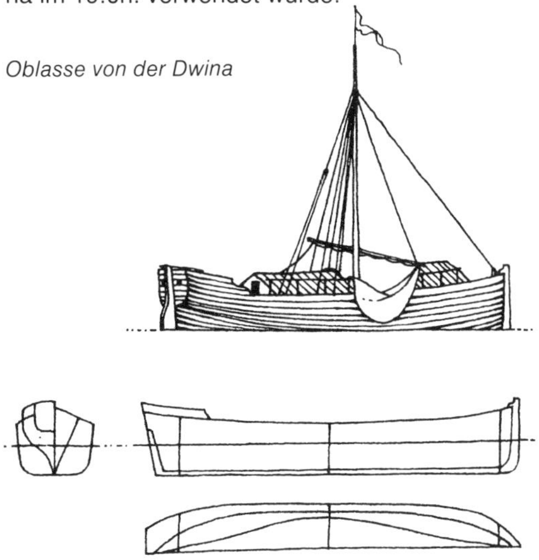

Oblasse von der Dwina

Oeresundboot: Fischereiboot, das zunächst offen, zu Ende des 19. Jh. jedoch auch gedeckt für die Garn- und Treibnetzfischerei eingesetzt wurde. Die einmastigen Fahrzeuge waren mit rechteckigem Sprietsegel, mit Dreiecktoppsegel, einer Stagfock sowie einem Klüver am losen Klüverbaum getakelt. Die etwa 9 m langen und 3,5 m breiten Boote hatten runde Vor- und Achtersteven, waren klinkerbeplankt und hatten eine Bünn.

Ohra-Bootsfund: Reste von 3 slawischen Ruderbooten aus dem 10. und 11. Jh., die in einem Moor bei Danzig-Ohra (Gdańsk-Orunia) im Jahre 1933 gefunden wurden. In ihrer Bauweise entsprachen die geborgenen Boote den Wasserfahrzeugen der Wikinger, da der Fundort im damaligen See- und Handelsbereich der Ostseewikinger liegt. Die flachen Bootskiele deuten auf die vorwiegende Verwendung für Haffahrten hin. Die Bootslängen betragen 11,0, 12,30 und 12,76 m; die entsprechenden Breiten sind 2,27, 2,46 und 2,37 m.
Zwei der gefundenen Boote waren schnelle Mannschaftsschiffe mit je 20 Ruderplätzen. Ein Boot hatte nur 6 Ruderplätze, es dürfte für den Transport von Frachten bis etwa 3,5 t benutzt worden sein.

O-Jolle: siehe Olympiajolle

OK-Jolle: ein vom dänischen Yachtkonstrukteur K. OLSEN entworfenes und seit 1966 allgemein anerkanntes Einheits-Nachwuchsausbildungsboot und Jugendregattaboot. Die OK-Jolle ist 4 m lang und 1,42 m breit, hat ein ausschwenkbares Schwert und einen ziemlich weit vorn stehenden Mast. Je nach Altersklasse werden 5,0 m² oder 8,5 m² Segelfläche gesetzt.

Olympia-Jolle: eine vom deutschen Yachtkonstrukteur STRAUCH im Jahre 1936 entworfene Einmann-Rundspantjolle, die später zur *Internationalen Einheitsklasse* gehörte und 1952 letztmalig bei den Olympischen Spielen gesegelt wurde. Das Schwertboot hatte 5 m Länge und 1,66 m Breite, bei einer Masse von 140 kg betrug der Tiefgang 1,06 m. Die Olympia-Jolle führte als Segelzeichen einen roten Ring in dem 10 m² großen Segel.

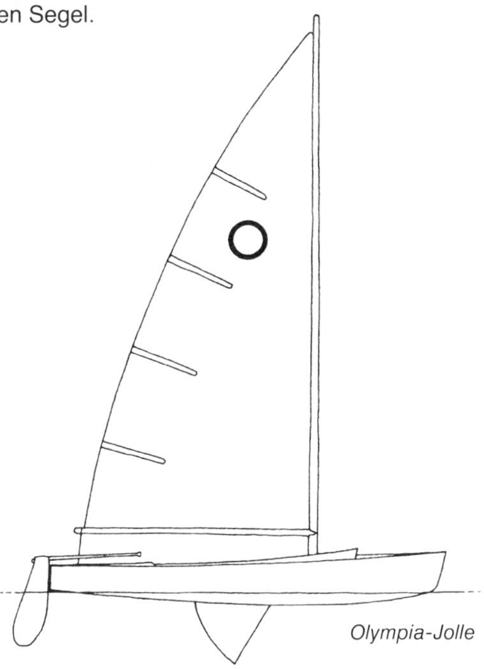

Olympia-Jolle

Olympia-Klassenboot: Sammelbezeichnung für Segelboote, die für olympische Segelwettkämpfe durch die IYRU zugelassen sind. Zu den neueren Olympia-Schwertbooten gehören die *Finn-Dingi-Klasse*, *Flying-Dutchman-Klasse* und die *470er Klasse*.
Die Finn-Dingi segelten erstmalig bei den Olympischen Spielen 1952 in Finnland als Einmannjolle und lösten danach die bis dahin zugelassene Olympiajolle ab.
Die Flying-Dutchman-Klasse ist seit den Olympischen Spielen in Rom (1960) anstelle der vorhergehenden 12-m²-Scharpie-Jolle zugelassen. Für die Olympischen Spiele 1972 und 1976 kam durch Beschluß der IYRU 1969 als sechste Bootsklasse die Tempest-Klasse hinzu.
Zu den zugelassenen Kielbooten gehören die Starklasse und die Solingklasse. Die Starklasse ist die älteste Olympische Bootsklasse und von 1932 bis 1972 und wieder seit 1980 bei den Olympischen Spielen vertreten. Mit dem Wegfall dieser Bootsklasse für die Olympiade 1976 wurde der Katamaran *Tornado* als Olympische Bootsklasse bestätigt. Da die IYRU nach der Olympiade 1976 die *Tempestklasse* wieder aus dem Programm strich, kam es erneut zur Bestätigung der Starklasse für 1980 und 1984.
Von 1948 bis 1972 war die *Drachenklasse* eine olympische Kielbootklasse. Sie hatte die bis 1936 als Olympiaklasse bestätigte 6-m-Kielyacht abgelöst. Für 1976 wurde statt der Drachenklasse eine weitere Jolle, die *470er Jolle*, olympische Bootsklasse wegen der relativ hohen finanziellen Aufwendungen, die für die Drachenklasse erforderlich waren und um den sportlichen Wert der Wettfahrten zu erhöhen.
Die Solingklasse ersetzte die von 1948 bis 1968 als Olympiaklasse anerkannte 5,5er Kielyacht. Die 5,5er Kielyacht hatte die 1936 noch als Olympiaklasse bestätigte 8-m-Kielyacht abgelöst.
1980 wurde für die Olympiade 1984 das Surfen (Brettsegeln) olympische Sportart. Die IYRU entschied sich für den Typ »Windglider« des Konstrukteurs OSTERMANN (BRD).

Opiumklipper: siehe Klipper

Optimist-Jolle: eine Kleinjolle für die Besetzung mit nur einem Jugendlichen, in Scharpiebauweise gebaut. Die Jolle ist nur 2,3 m lang und 1,3 m breit und hat mit ausgeschwenktem Schwert 0,77 m Tiefgang. Die Optimistjolle gehört zur Einheitsklasse mit dem Segelzeichen »O« in der 3,5 m² großen Segelfläche. Das segelbare, aus Sperrholz oder glasfaserverstärkten Polyesterharzen hergestellte Boot hat eine Masse von 32 kg. Über die Vorgeschichte der Optimist-Jolle wird berichtet, daß der dänische Architekt A. DAMGARD die Anregung für ein kleinstes Segelsportboot für Kinder ab 6 Jahre aus Clearwater (Florida) von damals dort üblichen Straßenrennen mit Kisten und kleinen Segeln sowie Wettbewerben mit sehr kleinen Booten nach Dänemark brachte.

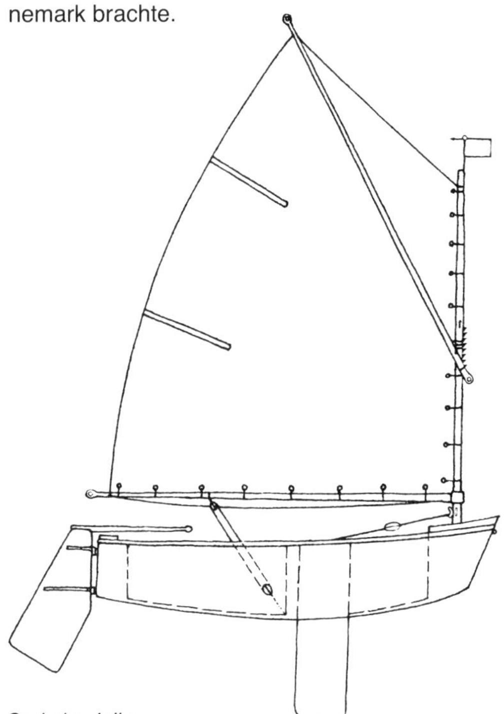

Optimist-Jolle

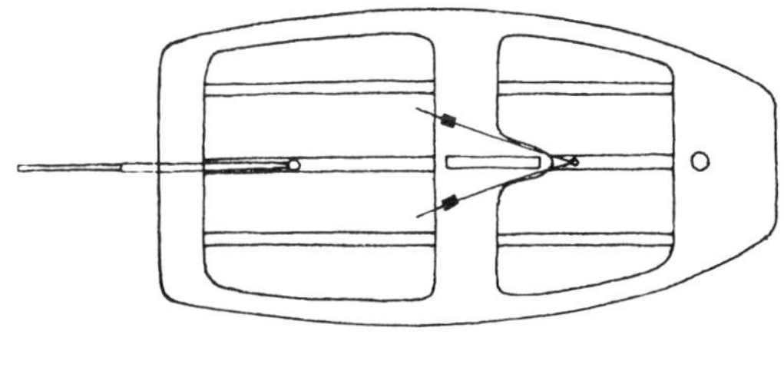

Orembai: auf den Molukken noch heute übliches Verkehrs- und Fischereifahrzeug mit Riemen- und Segelantrieb. An den Planken des Bootskörpers waren Klampen zum Anbinden der nachträglich eingebogenen Spanten mit Palmbast. Auffällig waren auch die stark hochgezogenen verzierten Steven. Bei der Takelung, insbesondere dem Gaffelsegel mit Baum und Stagfock sowie dem Klüver am Bugspriet, zeigte sich bereits der europäische Einfluß. Kleinere Fahrzeuge faßten etwa 10 und größere bis zu 30 Fahrgäste.

Orlogschiff, *Orlogsman:* vom 17. bis Anfang des 19.Jh. eine allgemeine holländische und englische Bezeichnung für Kriegsschiffe und Kriegsflotten (Orlogflotten). Obwohl kein bestimmter Schiffstyp damit gekennzeichnet wurde, nannte man bevorzugt Kriegsschiffe I. Ranges »Orlogschiffe«.

Oseberg-Schiffsfund: im Jahre 1903 aus einem Hügelgrab am Westufer des Oslo-(Kristania-)Fjordes geborgenes großes fürstliches Ruder-Segel-Wikingerschiff (eine *Karfe*). Das Schiff hatte eine Länge über alles von 21,4m, eine Kiellänge von 17,7m, eine Breite von 5,1m und 1,3m Seitenhöhe.
Mit diesem Schiff wurde in der Zeit um etwa 850 der Leichnam der Königin ÅSA, Tochter des Königs HARALD ROTBART, bestattet. Gemäß dem Brauchtum beim Anlegen von Schiffsgräbern lag der Kiel in Nord-Süd-Richtung, mit dem Bug nach Süden weisend. So, wie Schiffe an Land festgemacht wurden, war auch dieses Schiff mit einem dicken Tau an einem großen Stein vertäut.
Die umgebende Torferde hatte einen nahezu luftdichten Abschluß und damit die Erhaltung des Schiffes, seiner Ausrüstungen und Beigaben über mehr als ein Jahrtausend bewirkt. Obwohl das Grab im Laufe der Zeit verfallen und sein Inhalt zusammengedrückt war, gelang aus den Originalteilen in sorgfältiger Kleinarbeit eine eindrucksvolle Rekonstruktion. Der Osebergfund gilt als Zeugnis sowohl der schiffbaulichen Fähigkeiten der Wikinger als auch ihres allgemeinen handwerklichen Könnens.
Die Hauptteile des Schiffes sind bis auf den Fichtenmast aus Eichenholz gebaut. Die Bauart entspricht der des *Gokstad-Schiffsfundes*. An einem T-förmigen, aus einem einzigen Eichenstamm gehauenen Kiel sind an jeder Schiffsseite 12 Planken angesetzt. Der Kiel ist jedoch nicht gerade, sondern so gekrümmt, daß auf halber Schiffslänge ein Durchhang von 0,30m und ein entsprechend vergrößerter Tiefgang vorhanden ist. Ob dieser Kielverlauf absichtlich oder durch Zufall entstand, ist nicht eindeutig bestimmbar, er bewirkte jedoch gute Manövriereigenschaften.
Die obersten Planken beider Bordseiten haben jeweils 12 Riemenlöcher mit Ausklinkungen für die Ruderblätter. Die Planken liegen geklinkert übereinander, sind vernietet und an 17 krummgewachsene Spantenhölzer angebunden. Zum Anbinden wurden beim Aushauen der Planken Befestigungsklampen wie beim *Nydam-Bootsfund* oder bei anderen nordischen Schiffen stehen gelassen. Die Fugen waren mit gesponnener Schafwolle abgedichtet.
Zur Queraussteifung und als Auflage für die frei aufliegenden und teilweise angenagelten kurzen Decksplanken sind an den oberen Spantenden Querbalken angesetzt. Die Eckverbindung zwischen Spanten und Querbalken erfolgte durch Kniehölzer, die jeweils über 2 Außenhautplanken reichen und durch Nägel aus Eichenholz festgenagelt sind.
Gesteuert wurde mit einem um seine vertikale

Oseberg-Schiff am Ausgrabungsort

Hintersteven des Osebergschiffes

Das teilrekonstruierte Osebergschiff

Achse auf einem Zapfen drehbaren Seitenruder von 3,18 m Länge. Der Ruderschaft wurde zusätzlich mit Weidenruten am Schiffskörper angebunden und außerdem an einer besonderen Klampe unten am Achterschiff befestigt.
An Ausrüstungen und Werkzeugen befand sich im Vorderteil des Schiffes ein 1,2 m langer und 9,8 kg schwerer stockloser eiserner Anker. Außer dem Tau, an dem das Schiff symbolisch festgemacht lag, war noch etwa 100 m verhältnismäßig guterhaltenes Tauwerk vorhanden. Eine 6,9 m lange Fichtenbohle mit eingearbeiteten Rillen diente als Verbindungssteg zwischen dem Schiff und der Anlegestelle. Weiter waren im Schiff ein hölzerner Schöpfbottich mit Griff (ein Ösfaß) zum Wasserausschöpfen, sowie Dechsel, Messer, Kehlmesser, Stechbeitel und Ahle waren dem Schiff beigegeben.
Etwas hinter der Schiffsmitte befand sich die überdachte Grabkammer mit den Grabbeigaben, zu denen u. a. mehrere eichene Truhen gehörten. Für ihre letzte Reise gab man der toten Königin außerdem einen zweiachsigen Wagen, 4 reichverzierte Schlitten sowie Opferreste von 15 Pferden und mehreren Hunden mit.
In Anbetracht der kulturhistorischen und schiffsgeschichtlichen Bedeutung des Fundes wurde auf der Halbinsel Bygdøy bei Oslo ein Schiffsmuseum errichtet, in dem der Oseberg-Fund mit dem Gokstad-Schiffsfund und anderen bedeutsamen historischen Objekten ausgestellt ist.
Zur Rekonstruktion wurden die Einzelteile systematisch fotografiert und außerdem maßstabgerechte Zeichnungen, Gipsabdrücke oder Kopien angefertigt. Der Zusammenbau erfolgte weitgehend aus den Original-Holzteilen, Eisenteilen und Beschlägen. Entsprechend dem Zustand und den einzelnen Holzarten waren unterschiedliche Konservierungsmethoden erforderlich. Während für die Eichenholzteile meistens ein Bedampfen mit anschließender Kreosatbehandlung genügte, erwies sich bei Buchen-, Tannen-, Fichten- und Lindenhölzern nach sorgfältigen Experimenten eine 12- bis 16stündige Alaunkochung und nach anschließender Trocknung die Konservierung mit Leinöl und Mattlack als günstigste Lösung.

Ostfriesische Mutte: siehe Mutte

Ostia-Fresko-Schiffsdarstellung: ein etwa um die Zeitenwende entstandenes Fresko einer Grabstätte mit der Darstellung eines kleineren römischen Handelsschiffes mit dem Namen »ISIS GIMINIANA«. Das Fresko wurde in der Nähe von Ostia, dem zweiten Hafen Alt-Roms, entdeckt, der im Jahre 335 v. u. Z. an der einstigen Tibermündung für den Getreideumschlag und für Truppenverschiffungen angelegt wurde. Mit der Versandung der Tibermündung verlor er an Bedeutung und verfiel im 5. Jh.
Die Dauerhaftigkeit der Freskobilder ist darauf zurückzuführen, daß die Malerei auf frischem Kalkputz und mit Kalkwasser angesetzten Farben ausgeführt wurde, damit die Farbe tief in den Putz eindrang und sich unlöslich verband. Durch diese Malweise blieben insbesondere aus der ägyptischen und römischen Zeit verschiedene Freskomalereien bis in die heutige Zeit erhalten.
Bei dem auf dem Ostia-Fresko dargestellten Schiff handelt es sich wahrscheinlich um ein Schiff, das für den Getreidetransport auf dem Tiber von Ostia nach Rom bestimmt war. Der Mast des Schiffes ist ziemlich hoch und weit vorn aufgestellt, ein Anzeichen dafür, daß es zum Treideln, d. h. für das Ziehen vom Flußufer aus durch Zugtiere oder Menschen eingerichtet war. Das Zugseil wurde beim Treideln in entsprechender Höhe am Mast befestigt, damit es durch den Bewuchs an den Ufern nicht festkam.
Das Fresko veranschaulicht die Besitzverhältnisse und das Laden von Getreide. Wahrscheinlich ist der auf dem Bild dargestellte ARASCANTUS der Eigentümer des Schiffes, zu dessen Ehren das Grabfresko gemalt wurde. Der Kapitän des Schiffes ist FARNACAS, und ein Träger sagt gerade »Feci«, d. h. »Ich habe die Arbeit getan«.

Ostindienfahrer: für die Ostindienfahrt gebaute Schiffe, auch »Ostindische Kompanieschiffe« genannt (s. a. *Indien-Schnellsegler*), wie sie von einzelnen Staaten für den Handel mit Indien durch privilegierte »Ostindische Kompanien« eingesetzt wurden. An Ostindischen Kompanien gab es die Holländische Ostindische Kompagnie. (1602 bis 1795), die Englische (1600 bis 1858), die Französische (1664 bis 1770), die Schwedische (1731 bis 1806), sowie auch Dänische, Österreichische und Preußische Kompanien.
Dem Typ nach waren Ostindienfahrer kombinierte Kanonen- und Frachtschiffe mit 1 oder 2 Decks, die zu ihrem eigenen Schutz entsprechend den damaligen Möglichkeiten vorzüglich bestückt waren. Die Schiffe hatten eine Verdrängung von 1100 bis 1200 t bei einer durchschnittlichen Länge von etwa 40 m; getakelt waren sie wie *Pinaßschiffe* oder *Fregatten* mit besonders hohen Masten und großen Segelflächen, so daß etwa eine Schiffsbreite von 10 m erforderlich wurde.
Nach den niederländischen und englischen Vorbildern der Orlogschiffe wurden die Schiffshecks reichlich durch Schnitzwerk verziert.

Ostsee-Ewer: siehe See-Ewer

Otter: ein belgisches pleit- oder tjalkähnliches Binnen-Frachtschiff mit etwa 100 t Verdrängung bei einer Schiffslänge von rund 18 m und 5 m Breite. Der Otter wurde einmastig oder als

Otter, Seiten- und Decksansicht

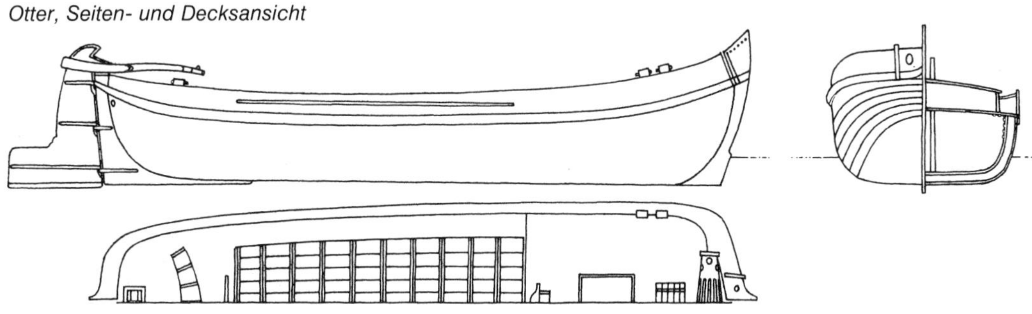

Otter von der Schelde, 19.Jh., Modell

Anderthalbmaster mit Gaffelsegel gefahren. Die Bezeichnung gab es bereits zu Anfang des 17.Jh., zu Anfang des 20.Jh. fuhren noch einige Hundert aus Holz gebaute »Otter«.

Outriggerboot: aus der englischen Sprache übernommene seemännische Bezeichnung für Ruder-Sportboote mit seitlichen Auslegern für Riemen und Skulls.

P

Paddelboot: kleines, leichtes Wasserfahrzeug, in dem die Insassen in Fahrtrichtung stehend, kniend oder sitzend ein- oder zweiblättrige Paddel benutzen, die im Unterschied zu Riemen oder Skulls freihändig bewegt werden. Paddelboote sind besonders für das Befahren von schlecht schiffbaren, flachen und schmalen sowie stark strömenden Wasserläufen geeignet.

Padoucann: zwei- oder dreimastiges malayisches Segelschiff. Die zweimastigen Fahrzeuge waren gewöhnlich 15m lang und hatten bis zu 50t Tragfähigkeit, während die dreimastigen bei einer üblichen Länge von etwa 23m bis zu 100t trugen. Die im Moluckengebiet segelnden Schiffe hatten im 18. und 19.Jh. zum Kampf mit Seeräubern vorn und hinten je 2 Kanonen.

Paketboot, *Paketschiff:* ein besonders für die Postbeförderung eingesetztes Boot oder Schiff. Im 18.Jh. waren es hauptsächlich schnelle *Avisos*, die im Staatsdienst oder von Privatpersonen betrieben den Postdienst zu den Kriegsschiffen versahen. Die transatlantische »Paketfahrt« nahm ihren Anfang im Februar 1836, als erstmals ein für die Paketbeförderung bestimmtes Segelschiff von Hamburg nach New York fuhr. Die Bezeichnung Paketschiff ist darauf zurückzuführen, daß die zu befördernde Briefpost damals – ebenso wie andere Sendungen – nicht in Postsäcken, sondern zu Paketen gebündelt befördert wurden. Die von R.M.SLOMAN organisierte Postbeförderung über den Atlantik erfolgte bereits 1837 in einem regelmäßigen Dienst mit 4 Schiffen und 14täglichen Abfahrten. Die Anzahl der in der Paketfahrt von der Slomann-Reederei eingesetzten und als Paketboote oder Paketschiffe bezeichnenten Segler erhöhte sich bis 1845 auf 7 Schiffe. Obwohl bereits 1847 die »WASHINGTON« als erstes Dampfschiff von Bremen nach New York abging, fuhren noch über mehrere Jahrzehnte Segelschiffe in der Paketfahrt nach New York, anderen amerikanischen und auch australischen Häfen. Später bezeichnete man insbesondere in Deutschland und England allgemein schnellsegelnde Post- und *Auswandererschiffe* als Paketschiffe.

Palme: anderhalbmastiges Kauffahrteischiff für die Ostindienfahrt mit niedrigem Vor- und Achterschiff, das zur Verteidigung auch mit Kanonen bestückt wurde und bis in das 19.Jh. in Fahrt war. Am Großmast wurden das Großsegel, ein Mars- und ein Schratsegel und am sehr kleinen Besanmast ein Besansegel gefahren. Außerdem hatte die Palme einen Klüver und ein Stagfocksegel.

Pamban-Manchés: ein sehr leichtes an der indischen Westküste aus Baumrinde hergestelltes, bis zu 20m langes Boot. Ein solches leichtes Fahrzeug konnte mit 30 bis 40 Paddlern infolge der schlanken Bootsform kurzzeitig Geschwindigkeiten von 10 bis 12kn erreichen.

Pamphile: byzantinischer Kriegsschiffstyp des 9.Jh. mit 1 Reihe Ruderer an jeder Bordseite. Die Pamphile stellt einen Nachfolgetyp der *Liburne* dar; sie war mit etwa 20m Länge etwas kleiner als die zur selben Zeit häufigere *Dromone*.

Papyrusfloß: ein aus Paryrusbündeln geformtes Floß, das infolge der geringeren Dichte des zum Bau verwendeten Papyrus schwimmfähig ist. Anstelle der auch gebräuchlichen Bezeichnung »Papyrusboot« ist der Begriff »bootsförmiges Papyrusfloß« zutreffender, da die Schwimmfähigkeit nicht wie bei einem Boot durch die Verdrängungswirkung einer Bootshohlform, sondern infolge der geringeren Dichte des Floßmaterials entsteht. Bootsförmige Papyrusflöße für Fahrten auf dem Nil zählen zu den ältesten, seit Jahrtausenden von Menschen ständig genutzten Wasserfahrzeugen.

Die damals in großen Mengen am Nil wildwachsende Papyrusstaude (Cyperus papyrus) ist ein binsenähnliches Halbgras, das mehr als 3m hoch wird. Der dreiecksähnliche Halmfuß kann Dicken bis zu 15cm erreichen. Neben der Verwendung der Papyrusstaude für den Bau von Hütten und Flößen nutzten die Ägypter auch das Mark der Schilfpflanze, indem sie es kreuzweise zusammengelegt zu Papyrusbogen preßten, so daß es sich zum Beschriften eignete. Wildwachsend kommt die Papyruspflanze kaum noch vor.

Papyrusfahrzeuge konnten einfach und mit nur wenigen Werkzeugen gebaut werden. Je nach Dicke der Halme und Größe des beabsichtigten Fahrzeuges wurde eine bestimmte Anzahl (10, 20 oder mehr) Pflanzen an den Spitzen fest zusammengebunden. Vor der nächsten Abbindung schob man weitere Halme in das erste Büschel hinein. In entsprechender Weise fuhr man fort, bis eine ausreichende Dicke des ellipsenförmigen Bündels erreicht war, um danach durch weniger und in umgekehrter Richtung eingebundene Halme einen ebenso schlanken Auslauf des spindelförmigen Schwimmkörpers zu erhalten. Durch weitere, auf den elliptischen Mittelkörper seitlich oder oben aufgesetzte Bündel vergrößerte sich die Seitenhöhe, und es entstand eine geschützte decksähnliche Nutzfläche. Um dem

Gemälde von VITTORE CARPACCIO (um 1465 bis 1522), Detail aus dem Ursula-Zyklus 1459, Venedig. Dreimastige Karacke des Mittelmeeres mit Mastkorb und kleiner Marsstenge.
Gallerie dell' Accademia, Venedig [17]

Bug eines englischen Kriegsschiffes zu Ende des 17. Jh., Modell.
Quelle: Hansen, H.-J., Kunstgeschichte der Seefahrt, Verlag Stalling, Oldenburg/Hamburg 1966.

Kogge, Modellrekonstruktion von Prof. TH. MACKLIN nach den Koggensiegeln von Stralsund (1329) und Elbing von 1350.
Quelle: Universität Rostock.

Siegel der Städte Lübeck, Wismar, Rostock und Stralsund an einer Urkunde vom 19. Mai 1361.
Quelle: Ewe, H., Schiffe auf Siegeln, Hinstorff, Rostock 1972.

Großes Koggensiegel der Stadt Stralsund. Abdruck vom Originalstempel des Jahres 1329, Stadtarchiv Stralsund.
Quelle: Ewe, H., Schiffe auf Siegeln, Hinstorff, Rostock 1972.

Zweites Siegel der Stadt Wismar um 1350 an einer Urkunde vom 19. Mai 1361, Stadtarchiv Lübeck.
Quelle: Ewe, H., Schiffe auf Siegeln, Hinstorff, Rostock 1972.

Heck des holländischen Admiralschiffes »ZEELANDIA« von 1662, Modell.
Quelle: Hansen, H.-J., Kunstgeschichte der Seefahrt, Verlag Stalling, Oldenburg/Hamburg 1966.

Gemälde von WILHELM van de VELDE d. J. (1633 bis 1707). Stille See mit Schiffen (1653).
Museum der Bildenden Künste, Budapest [17]

Bildtafel aus dem »Livro das Armadas« der Lissaboner Akademie der Wissenschaften mit den 12 Schiffen der portugiesischen Expeditionsflotte, die nach Erkundung des Seeweges durch VASCO da GAMA am 9. März 1500 unter CABRAL nach Indien ausliefen und von denen 5 Schiffbruch erlitten.
Horacio de Sousa, Lissabon [1]

Ostindienfahrer »OOSTRUST«, Amsterdam 1721, Modell.

Fregatte »MADAGASKAR« der holländischen Ostindischen Kompagnie um 1820.

Die glückliche Heimkehr von JACOB CORNELISZ van NEXKS zweiter Expedition von Ostindien am 15. Juli 1599«, Gemälde von HENDRIK CORNELISZ VROOM. Rijksmuseum, Amsterdam [1]

Gemälde von ANTOINE ROUX 1801. Die »BELLA AURORA«, ein griechischer Polacker mit schlankem Körper, gemischter Takelung und tiefliegenden Marsrahen vor Marseille.
Jos Mel, Marseille [1]

Nachbau der »SANTA MARIA« 1492, Flaggschiff des CH. COLUMBUS.

Schiffe und Boote zu Ende des 17. Jh. vor Amsterdam. Hinter der Ruderyacht eine Staatenyacht der Admiralität und ein Kriegsschiff. Gemälde von A. STORK. Quelle: Crone, Nederlandsche Jachten, Swets und Zeitlinger, Amsterdam 1926.

Schiffe und Boote zu Ende des 17. Jh. auf der Maas vor Rotterdam. In Bildmitte eine englische Yacht vom Typ der holländischen Staatenyachten. Links ein dreimastiges holländisches Kriegsschiff unter Staatsflagge. Quelle: Mollema, J. C., Geschiedenis van Nederland ter Zee, Bd. 1, N. V. Uitg. Mij Joost van den Vondel, Amsterdam 1939/42.

Yacht »HEINRICH«, 20 Lasten, 30 NRT, erbaut 1862, Heimathafen Barth.

Vollschiff »ENNERDALE«, 1233 RT, Rostock. Erbaut von W. H. POTTER & CO. Liverpool 1874. Quelle: Museumsheft, Schiffahrtsmuseum Rostock.

Japanisches Schleppnetzfischerboot unter Rahsegel. Quelle: Rudolph, W., Boote – Flöße – Schiffe, Urania-Verlag Leipzig 1974.

Gemälde von LOUIS LE BRETON, einem Seemann und Künstler, gest. 1866. Amerikanischer Walfänger mit Fangbooten, rechts im Bild eine mit halbem Wind ablaufende Fregatte.
National Maritime Museum, Greenwich [1]

Ankunft der Staatenyachten in Rotterdam. Gemälde von L. VERSCHUIER (1630 bis 1686).
Quelle: Kunstsammlung Weimar.

Seestück mit Fischern. Gemälde von P. UMBIER (verst. 1670).
Quelle: Museum für Bildende Kunst, Leipzig.

Das schwedische Linienschiff »CARL XIII« und das dänische Linienschiff »DANNEBORG« 1853 beim Geschwindigkeitsvergleich.
Quelle: Hägg, E., Under Tretungard Flagga, Aktiebolaget Svensk Litteratur, Stockholm 1941.

Gemälde von WILLIAM JOHN HUGGINS (1781 bis 1845). Die »ASIA«, ein Ostindienfahrer der englischen Ostindienkompanie vor Hongkong.
National Maritime Museum, Greenwich [17]

Schwedisches 68-Kanonenschiff »PRINS GUSTAV« im Gefecht mit russischen Schiffen am 17. Juli 1788 bei Hoghland.
Quelle: Hägg, E., Under Tretungard Flagga, Aktiebolaget Svensk Litteratur, Stockholm 1941.

Schwedisches 60-Kanonenschiff »VASA«. Das 1778 gebaute Schiff hatte bei 49 m Länge, 14 m Breite und 6 m Tiefgang etwa 1800 t Verdrängung.
Quelle: Hägg, E., Under Tretungard Flagga, Aktiebolaget Svensk Litteratur, Stockholm 1941.

Die auf der kleinen Insel Onrust nahe Batavia gelegene Schiffswerft im Jahre 1699. Vom 17. bis zum 19. Jh. war diese mit Bauplätzen, Holzsägemühlen, Kranen und einem Zeughaus ausgerüstete Werft ein mächtiger Flottenstützpunkt der Ostindischen Kompagnie.
Quelle: Mollema, J. C., Geschiedenis van Nederland ter Zee, Bd. 4, N. V. Uitg. Mij Joost van den Vondel, Amsterdam 1939/42.

Eine japanische Darstellung der »SCHALLACH«, eines 1736 gebauten Ostindienfahrers der holländischen Ostindischen Kompagnie, der zwischen 1741 und 1744 Japan anlief.
Quelle: Mollema, J.C., Geschiedenis van Nederland ter Zee, Bd. 4, N.V. Uitg. Mij Joost van den Vondel, Amsterdam 1939/42.

durch Wasseraufnahme bedingten Absinken der Fahrzeugenden vorzubeugen, die Steuereigenschaften zu verbessern und das Floß besser an Land und über seichte Stellen ziehen zu können, wurden die Floßenden hochgezogen und bei größeren Fahrzeugen durch ein nachspannbares Tauwerk gehalten.
Die Fortbewegung erfolgte durch Paddel, Staken oder durch Segel an einem Zweibeinmast.
In neuerer Zeit untersuchte der Norweger THOR HEYERDAHL, ob in der Antike Atlantiküberquerungen und die Überwindung anderer weiter Seestrecken mit den damaligen Wasserfahrzeugen möglich waren. Zu diesem Zweck ließ er mit Unterstützung durch Afrikaner bzw. Aymara-Indianer vom Titicacasee (Peru), die noch heute Binsenfahrzeuge *(Balsa-Floß)* herstellen und benutzen, 2 bootsähnliche Papyrusflöße bauen. Nach der altägyptischen Sonnengottheit nannte er die Fahrzeuge »RA I« und »RA II«. Jedes der Fahrzeuge hatte eine Masse von etwa 15t, einen Zweibeinmast mit Segel und bestand aus etwa 200000 Papyrushalmen, die durch Hanftaue zusammengehalten wurden. »RA I« war 15m lang und 5m breit; die Fahrt mußte jedoch wegen Schäden am Fahrzeug vorzeitig abgebrochen werden. Mit der 12m langen und 5m breiten »RA II« gelang es HEYERDAHL, von Mai bis Juli 1970 mit einer Gruppe von 7 Personen die Seestrecke von 6300km von Marokko zur Insel Barbados vor der Küste Venezuelas in 57 Tagen zu überwinden.

Paranzella: einmastiges italienisches Fischereifahrzeug des 18. und 19.Jh. von etwa 12m Länge mit Lateinsegel, abgerundetem Steven und besonders auffälligem, hochgezogenem Bug. Häufig erhielten diese Fahrzeuge schmückende Bemalungen der Steven und Segel.

Paredgia: zu Ende des 19.Jh. ein anderthalbmastiges italienisches Schiff mit Lateinsegel.

Italienische Paredgia

Patache: französisches und englisches Schutz- oder Wachtschiff für die Zollaufsicht in den Küsten- und Hafengewässern, meistens eine große *Sloop* oder ein größerer *Kutter* mit einigen Kanonen. Jedoch werden unter dieser Bezeichnung bereits zu Anfang des 17.Jh. ein türkisches Kriegsfahrzeug und Ende des 16.Jh. ein kleines Schiff von bis zu 60t in der spanischen Armada erwähnt.

Patilè: indisches Transportschiff im Flußgebiet des Ganges im 19. bis Anfang des 20.Jh.

Papyrusfloß

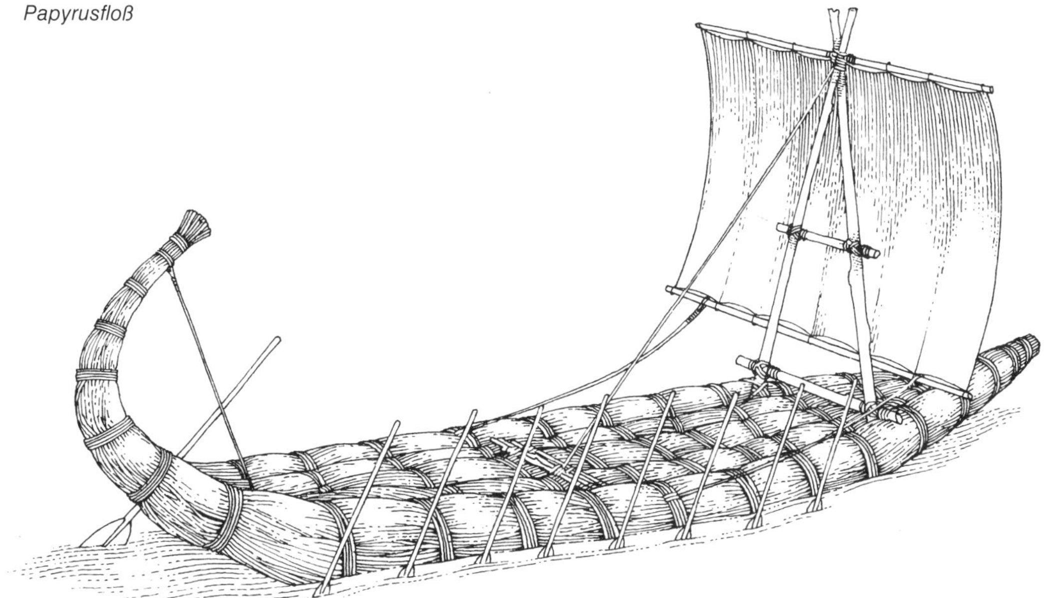

HEYERDAHLS Papyrusfloß »RA I« im Hafen von Safi

Pattamar: ein zur Gruppe der *Daus* zählender Segelschiffstyp aus dem beständigen Teakholz der indischen Malabar- und Koromandelküste, das früher auch an den Küsten Burmas beheimatet war. Kleinere Pattamars ohne Deck oder mit Halbdeck waren wegen ihrer guten Segeleigenschaften besonders in der Küstenfahrt und Fischerei geschätzt. Mittelgroße und große Pattamars hatten Tragfähigkeiten von 200 bis 300t und wurden mit einem durchgehenden Deck und teilweise zusätzlichem Achterdeck gebaut. Es waren hochseetüchtige Schiffe mit ausgezeichneten Segeleigenschaften, die aber vornehmlich in Küstennähe segelten. Sie gefährdeten nur selten das mit arabischen *Bums*, *Bagallas* und *Sambuks* errichtete arabische Handelsmonopol durch größere Seereisen.
Wie bei allen Dau-Arten wiesen die Schiffsform und die Besegelung charakteristische Besonderheiten auf. Das Verhältnis der Länge in der Wasserlinie zur Breite am Hauptspant wurde bei den Pattamars in dem günstigen Verhältnis 3,8 : 1 gewählt. Gemessen an der Gesamtlänge und der Kiellänge des Schiffes hatte der sehr lange vorfallende Bug einen geraden Vorsteven, der bis unter die Kiellinie heruntergezogen wurde. Durch Anschluß an den nach oben gekrümmten Kiel entstand im Vorschiffsbereich ein schlankes, schwertähnliches Profil, das eine besonders gute Kursstabilität bei geringer Abdrift und geringen Rollbewegungen bewirkt. An den vom mittleren Schiffsbereich wieder nach unten gezogenen Kiel schloß der gerade, weniger geneigte und unten ebenfalls sehr schlanke Achtersteven an. Am Überwasserschiff war das Achtergatt relativ völlig und abgerundet.
Gesegelt wurden kleinere und mittelgroße Schiffe als Anderthalbmaster, es gab jedoch auch große dreimastige Fahrzeuge. Die Masten standen um etwa 20° (und darüber) parallel nach vorn geneigt, und die typischen trapezförmigen Dausegel fuhr man an langen Schrägrahen, die teilweise aus mehreren zusammengesetzten Spieren bestanden. Üblicherweise betrug die Länge der Besanrah etwa 2/3 der Großrahlänge.
Wegen seiner vorzüglichen Segeleigenschaften

Große indische Pattamar, Modell [13]

wird dieser Schiffstyp an den indischen Küsten auch heute noch gesegelt, und in besonderen Fällen findet sich die Pattamar-Rumpfform und -Besegelung auch noch bei Segelyachten.

Peakeboot: ein vom Engländer PEAKE besonders für den Rettungsdienst an den englischen Steilküsten entwickeltes schweres, aus Holz gebautes Küstenrettungsboot. In der zweiten Hälfte des 19. Jh. wurde in England nahezu ausschließlich dieser schwere Typ verwendet. Infolge der relativ großen Masse von 1500 bis 2000 kg erforderte das Zuwasserbringen der Boote in den Rettungsstationen vorbereitete Ablaufbahnen oder genügend Personen oder Zugkräfte. Für die flachen deutschen Küsten war deshalb das leichtere *Francisboot* geeigneter; s. a. *Rettungsboot*.

Pehenukarelief-Schiffsdarstellung: auf einer Reliefplatte vom Grabe des PEHENUKA (Altägyptisches Reich, 5. Dynastie, 2770 bis 2270 v. u. Z.) dargestelltes größeres ägyptisches Reiseschiff. Das Relief befindet sich im Berliner Vorderasiatischen Museum. Das Schiff muß etwa 80 ägyptische Ellen (etwa 42 m) lang gewesen sein. Es handelt sich um ein aus Holz gebautes Plankenschiff mit geradem, ebenem Schiffsboden und geraden Schiffsenden, ähnlich dem Schiffsrumpf auf dem *Sakkararelief*. Das ebenfalls dargestellte Deckshaus für mitreisende Beamte oder Kaufleute gilt als typisches Merkmal eines Langreisefahrzeuges. Die an jeder Seite sichtbaren 30 Ruderer und 5 Steuerleute sowie der Zweibeinmast (Bipodmast) mit schmalem hohem Segel kennzeichnen ein schnelles Ruder-Segel-Schiff des alten Reiches.

Peitschenmast-Boot: Sportsegelboot – insbesondere Nationaler Kreuzer und Schärenkreuzer –, das in den dreißiger Jahren dieses Jahrhunderts relativ hohe Maste fuhr, dessen oberes Teil peitschenähnlich derart nach hinten gebogen war, daß die Steilgaffel für das hochgetakelte Großsegel entfallen konnte. Das Achterliek des Großsegels verlief bei dieser Takelung fast geradlinig. In gewisser Weise stellte dieser Bootsmast eine Vorstufe zur modernen Bermudatakelung dar, bei der an einem noch höheren, geraden Mast das Mastliek gerade hochgeführt wird, jedoch das Achterliek bogenförmig verläuft und das Segel durch Segellatten ausgesteift wird.

Pelota: südamerikanisches *Fellboot* oder *Korbboot*, das insbesondere auf den Gewässern der Pampas bis hin nach Matto Grosso verwendet wird. Das aus Weiden oder anderen Zweigen bestehende Boot ist mit Rindsfellen überspannt. Kleinere Fahrzeuge werden zuweilen nicht gepaddelt oder gerudert, sondern vom schwimmenden Benutzer gezogen oder geschoben.

Pentekontere: ein nach dem Vorbild der phönizischen Ruderschiffe etwa um 500 v. u. Z. gebauter griechischer Fünfzigruderer, d. h. 25 Riemen an jeder Seite. Antike Autoren wie HERODOT, THUKYDIDES, DIODORUS u. a. berichten von diesem Typ.

Pentekore: griechisches Ruderkampfschiff aus der Zeit der trojanischen Epoche etwa 1000 v. u. Z. Das floßartige, mit flachem Boden, vorn und hinten verjüngt gebaute Fahrzeug wurde mit 50 Ruderern besetzt. Vom griechischen Dichter HOMER wurde es als »langes unsinkbares Schiff« bezeichnet; es soll durch zahlreiche wasserdichte Schotte unterteilt und versteift gewesen sein. Die Länge kann etwa das Siebenfache der Breite betragen haben.

Pentere: zuerst wahrscheinlich von DIONYSIUS I. von Syrakus Anfang des 4. Jh. v. u. Z. gebautes Schiff mit 5 Ruderreihen oder 5 Ruderern je Riemen. In den Punischen Kriegen (240 v. u. Z.) errang Syrakus damit die Überlegenheit über die gegnerischen dreireihigen *Trieren*. Die Römer bauten diese Penteren nach und rüsteten sie zusätzlich mit Enterbrücken aus, um ihre Erfahrungen und Überlegenheit im Landkampf auch im Schiffsgefecht zu nutzen.

Peotta, *Peota:* schneller Segler und Avisschiff in der Blütezeit der italienischen Seestädte bis ins 17. Jh. Die Peotta war eine schwach bemannte, kleine und leichte *Schaluppe*. Es ist auch die Bezeichnung für ein plattbodiges Fahrzeug zum Weintransport mit nahezu rundem Bug und Heck und kleinem Segel. Außerdem wurden die gondelähnlichen, jedoch größeren und breiteren Begleitfahrzeuge des *Bucintoro* so bezeichnet.

Peramo: nur im Mittelmeer (Ägäis) für den Personen- und Warentransport in den Häfen sowie für Küstenfahrten und Fischfang noch Anfang des 19. Jh. verwendetes kleines Segelfahrzeug.

Petroleum-Klipper: Segelschiffe der Nordatlantikroute, die um 1860 erstmals eine verhältnismäßig kleine Anzahl von Petroleumfässern (Barrels) von den nordamerikanischen Häfen Philadelphia, New York und Baltimore nach Europa fuhren. In Deutschland wurde das erste Petroleum im Jahre 1862 über Bremen eingeführt. Der europäische Petroleumbedarf nahm insbesondere für Beleuchtungszwecke sehr schnell zu, so daß bereits in den 70er Jahren des 19. Jh. Petroleum zu einem bedeutenden Frachtgut wurde. Eine größere Anzahl von Segelschiffen war ausschließlich für den Transport von Petroleumfässern eingesetzt. Jedes dieser Schiffe fuhr dann als Ladung meistens ausschließlich mehr als 1000 Barrel Petroleum. Infolge des Petroleumsgeruchs wurden die verwendeten Fahrzeuge für die meisten anderen Ladungen bis auf Holz, Kohle oder Koks unbrauchbar. Aus diesem Grunde benutzte man selten neu gebaute Schiffe, sondern möglichst preisgünstig aufgekaufte, bereits ein oder zwei Jahrzehnte alte Fracht- oder Auswandererschiffe. Obwohl zu den Petroleumfahrern neben einer größeren Anzahl von Klippern auch verschiedene andere Segelschiffstypen gehörten, war im seemännischen Sprachgebrauch der letzten 3 Jahrzehnte die Bezeichnung Petroleum-Klipper unabhängig von Bauweise und Takelung für alle Faßpetroleum fahrenden Segelschiffe gebräuchlich.
Zu den echten Petroleum-Klippern gehört u. a. der amerikanische Originalklipper »DONALD MCKAY«, der von der Bremer Reederei BARTLING aufgekauft wurde und im Mai 1879 mit der seinerzeit größten Ladung von 14450 Barrel fuhr, das sind 728365 amerikanische Gallonen (1 amerik. Gallone entspricht 3,785 Liter) und somit 2756862 Liter bzw. 2756,862 m^3. Da die Ver-

frachtung in Barrels sehr arbeits- und zeitaufwendig war und außerdem viel Schiffsraum erforderte, begannen die ersten Transportversuche in fest eingebauten Tanks und damit die Entwicklung des Segeltankers bereits 1877.

Petschili: eine seetüchtige, chinesische *Dschunke*, die im Unterschied zur allgemein üblichen Dschunkenbesegelung einen kleinen Fockmast, einen Großmast mit Großsegel und einem darüber befindlichen kleinen Toppsegel sowie auf dem achtern lang überhängenden Deck 2 Besanmaste fuhr.

Pfahlewer, *Pfahlgaleasse, Pfahlkuff:* einmastiger *Ewer* mit einteiligem Mast (Pfahl), der nicht durch aufgesetzte Maststengen verlängert war. Die Pfahlewer fuhren noch bis zum Ende des 19. Jh. mit der einfachen Takelung, die aus einem großen Rahsegel bestand. Bei anderen Schiffstypen, wie der *Galeasse* und der *Kuff*, die ebenfalls mit unverlängerten Masten fuhren, war der Zusatz »Pfahl« gebräuchlich, weil er auf die einfache Mastbauweise hinwies.

Phönizier-Schiffe: seetüchtige Ruder- und Segelschiffe der Phönizier. Das uns als Phönizier bekannte Volk bezeichnete sich selbst mit Kanaanäer bzw. Sidonier nach ihrer Hauptstadt, von den Griechen wurden sie nach HOMER Phoinikes und von den Römern Phoenices oder Poeni, d. h. Punier, genannt. Die Phönizier waren ein semitisches Bauern- und Handelsvolk, das um 2000 v. u. Z. die Küstengebiete des heutigen Libanons und Nordisraels bis nach Syrien hinein besiedelte. Es gibt nur wenige, unmittelbar von den Phöniziern stammende historische Funde von Schiffen oder Schiffsdarstellungen, die wesentlichsten Kenntnisse über die phönizischen Schiffe kommen aus ägyptischen, assyrischen und griechischen Nachweisen.
Gestützt auf historische Berichte und Funde trug insbesondere C. BUSLEY die Kenntnisse über phönizische Schiffe zusammen, die wahrscheinlich als erste Schiffe der Welt für Reisen benutzt wurden, die mehrere Jahre dauerten. So schildert HERODOT (484 bis 425 v. u. Z.), daß phönizische Schiffe im Auftrage des ägyptischen Königs NECHO (609 bis 595 v. u. Z.) innerhalb von drei Jahren ganz Afrika umschifften. Aus ägyptischen Darstellungen kann als erwiesen angesehen werden, daß in den Siedlungsgebieten der Phönizier für den Schiffbau geeignetes Holz, insbesondere die Zeder, in reichlichem Maße wuchs. Ägypten beschaffte sich für seinen Schiffbau und andere Bauwerke das begehrte Holz und transportierte es auf dem Seewege, dadurch lernten die Phönizier frühzeitig ägyptische Schiffe kennen und überboten schließlich die Ägypter im Bau von seegehenden Schiffen und in der Schiffahrt.
Die Phönizier kannten wahrscheinlich frühzeitig verschiedene Schiffsarten und unterschieden völligere Handelschiffe und schlankere Kriegsschiffe mit Rammsporn. Die durchschnittliche Länge der Transportschiffe kann etwa 30 bis 33 m betragen haben, da die Mehrzahl der im Schiff verladenen und bei ägyptischen Schiffsfunden nachgewiesenen Längen der Zedernstämme etwa bei 20 m lag. Diese Transportschiffe hatten eine Breite von etwa 10 m und gingen ungefähr 2 m tief, so daß die Verdrängung zwischen 200 und 300 t betrug.
Es wird angenommen, daß die Schiffe in Schalenbauweise, d. h. durch Herstellung des Schiffsrumpfes mit Kraweelbeplankung und nachträglichem Spanteneinbau hergestellt waren. Die Beschaffung von ausreichenden Mengen naturkrummer Hölzer, z. B. der reichlich vorkommenden krummgewachsenen Mangroven und anderer Holzarten, erscheint infolge der weitreichenden Handelsbeziehungen und Seeverbindungen durchaus möglich. Die noch häufig anzutreffende Vorstellung, daß die Ägypter weder Spanten noch Kiel kannten, ist nicht sicher belegt und wahrscheinlich auch nicht zutreffend. Unter anderem geht aus den Beschreibungen des griechischen Historikers HERODOT hervor, daß ihm »Schiffsrippen« (Spanten) durchaus bekannt waren. Im Unterschied zu ägyptischen Schiffen, die hauptsächlich für die Schiffahrt auf dem Nil vorgesehen waren und deshalb nur in besonderen Fällen Kiel und Aussteifungen benötigen, waren phönizische Schiffe hauptsächlich für Küstenfahrten gebaut und mußten entsprechend seetüchtig sein. Obwohl eindeutige Nachweise fehlen, kann angenommen werden, daß die Phönizier auf dem Entwicklungsstand des ägyptischen Schiffbaues aufbauten und die bei ägyptischen Lastschiffen und anderen Fahrzeugen gelegentlich angewendete Aussteifung durch Spanten zu einer bei ihren Schiffen allgemein angewendeten Kiel- und Spantenbauweise weiterentwickelten.
Die phönizischen Seeschiffe waren trotz ihrer Größe noch ruderbare Segelschiffe, sie hatten einen Mast mit einem großen Rahsegel und an jeder Heckseite einen angebauten Steuerriemen. Nach griechischen Darstellungen unterschieden sich die phönizischen Schiffe in Lastschiffe (Gauloi) und Kampf- bzw. Kriegsschiffe, (Hippoi, Pferd, Kampfpferd). Die auf dem assyrischen *Khorsabadrelief* und dem ebenfalls assyrischen *Nimrudrelief* dargestellten bottichähnlichen Schiffe sind wahrscheinlich phönizische Handelschiffe, und die auf dem Nimrudrelief und auf dem *Ninive-Relief* mit Rammsporn dargestellten Fahrzeuge somit phönizische Kampfschiffe. Da zur Zeit der Reliefdarstellungen die Phönizier von den Assyriern beherrscht wurden,

Phönizisch-assyrische Flotte auf der Nimrud-Schiffsreliefplatte aus dem 8. Jh. v. u. Z.

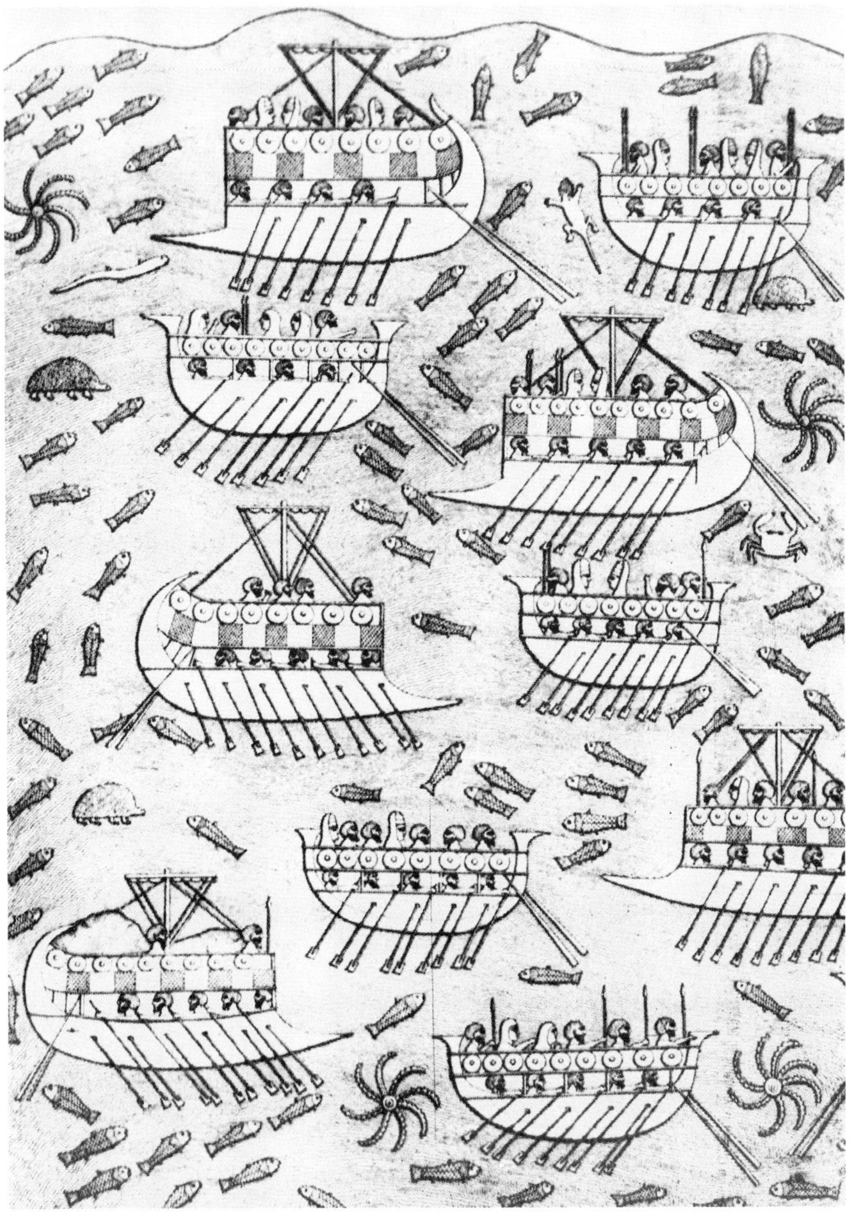

nimmt man an, daß die Darstellung dieser phönizisch-assyrischen Flotte eine gemeinsame erfolgreiche Unternehmung würdigen sollte. Nach der fortgesetzten Unterjochung durch die Assyrier siedelten die Phönizier in verschiedene, an den Mittelmeerküsten neu geschaffene Ansiedlungen um, vor allem in das 814 v.u.Z. entstandene Karthago (phöniz. Karthada, Neustadt).

Piahiap: leichtes zweimastiges Seeräuberboot des Molukkengebietes von 20 bis 40 Fuß (etwa 6 bis 12 m) Länge und 25 bis 75 Mann Besatzung, das dem größeren *Balour* auf Raubzügen folgte. Der Rumpf war schlank gebaut, so daß bei ruhiger See das Boot mit den beiden wie bei der *Chasse-marée* gesetzten Segeln schnell war. Der Fockmast war etwas nach vorn und der Großmast etwas nach hinten geneigt.

Pielsteert-Galiot: seemännische Bezeichnung für eine meistens niedersächsische *Galiote* mit Schonertakelung aus der Zeit des Aufkommens von Dampfschiffen um 1860, die ähnlich wie die größeren *Briggs*, *Barken* und *Vollschiffe* mit einem auffällig überragenden Heck (plattdt. Pielsteert, steil in die Höhe stehender Schwanz) gebaut war.

Pinasse: eine wahrscheinlich zu lat. pinus, Fichte, gehörige Bezeichnung für ein aus Fichtenholz gebautes Wasserfahrzeug. Im Mittelmeerraum war »pinacea« ein kleines, aus Fichte gebautes Ruderboot mit 5 bis 6 Duchten (Ruderbänken). Bei der französischen und deutschen Marine gab es die Pinasse als zweitgrößtes Beiboot, etwa vom Typ einer schnellen *Schaluppe*. Die Größen waren den jeweiligen Rängen der Kriegsschiffe angepaßt, die Pinassen waren i. allg. kleiner und schlanker gebaut als die *Barkassen*. Ruderpinassen konnten bei einer Länge von 10 bis 12 m bis zu 90 Personen befördern. Die meisten Pinassen hatten zusätzlich eine einfache Besegelung. Im Unterschied zu den Bootspinassen wurde in der Mitte des 19. Jh. in Indien ein mittelgroßes Segelschiff ebenfalls als Pinasse bezeichnet, wahrscheinlich handelt es sich um eine Kurzbezeichnung für das *Pinaßschiff*.

Pinaßschiff: im 16. und 17. Jh. in Holland, Frankreich und England eine Sammelbezeichnung für kleinere, etwa 35 m lange und bewaffnete Dreimastschiffe, bestückt mit anfangs 18, später bis etwa 30 Geschützen. Die größten Pinaßschiffe von etwa 45 m Länge stellten den Hauptteil der holländischen *Ostindienfahrer*. Der Schiffskörper ähnelte dem der unbewaffneten *Fleute*, war jedoch schlanker, hatte ein bis unter die Schwimmwasserlinie heruntergezogenes Spiegelheck, und die Heckgalerie schloß achtern meistens mit einer überhohen und pompösen Tafel ab, es waren 2 durchlaufende Decks sowie eine Back und achtern ein Halbdeck vorhanden. Getakelt fuhren die beiden vorderen Maste mit je 2 Rahsegeln, der Besanmast hatte ein Rah-Marssegel und an der Besanrute ein Lateinsegel. Unter dem Bugspriet befand sich ein kleines Rahsegel (die Unterblinde) und darüber die Bovenblinde (Oberblinde), ebenfalls ein kleines Rahsegel, das an einem senkrechten Kurzmast auf der Nock des Bugspriets gesetzt wurde.

Syrisch-römisches Lastschiff aus dem römisch besetzten Libanon auf einem sidonischen Sarkophag (2. bis 3. Jh.)

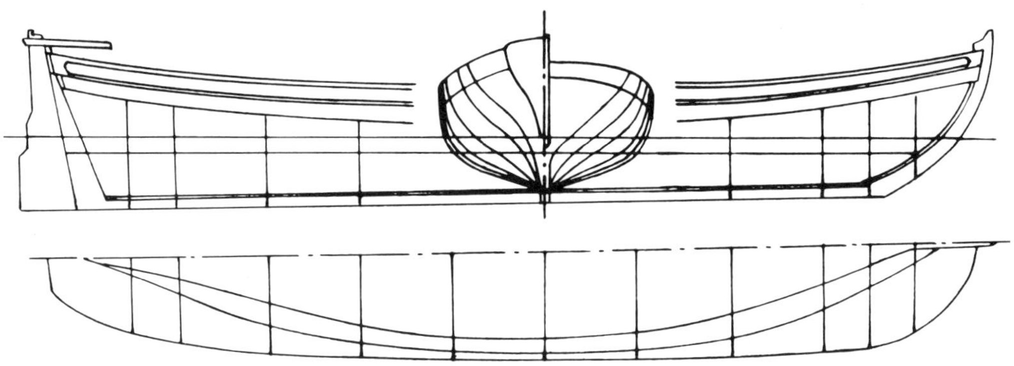

Ruderpinasse um 1760

Pinaßschiff aus dem 17. Jh., bereits mit 3 übereinandergefahrenen Rahsegeln

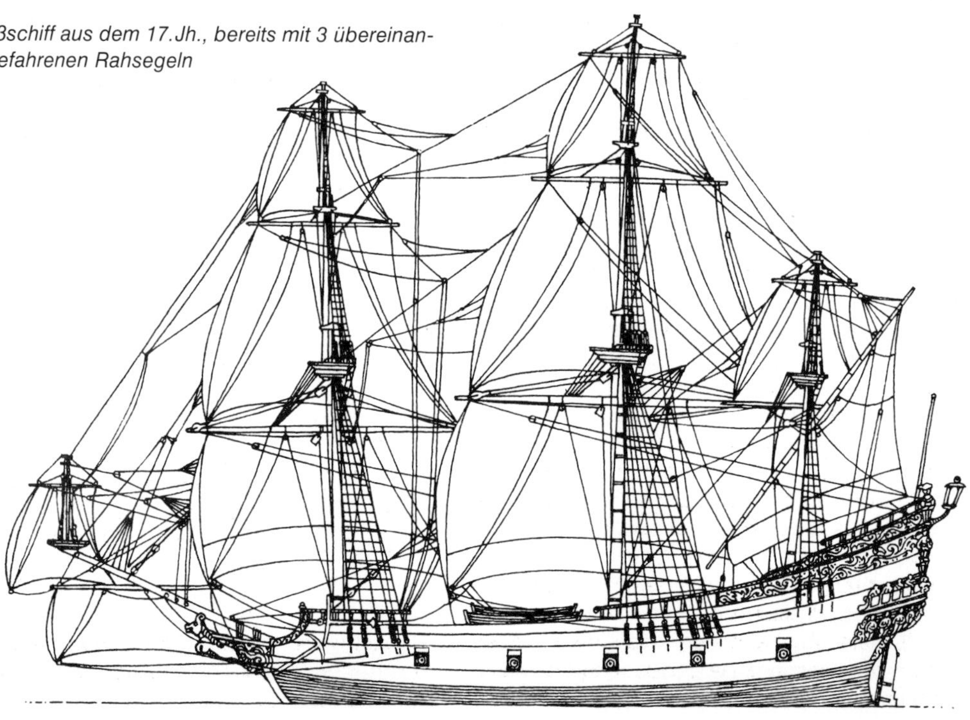

Im Hafen ankerndes Pinaßschiff, Gemälde von BONAVENTURA PEETERS, 1636 [22]

Pinke, *Pinkschiff:* im westlichen Mittelmeergebiet etwa im 15. Jh. zur gleichen Zeit mit der *Karavelle* entstandener dreimastiger 200 bis 300 t großer Küstensegler, den es bis zum Ende des 19. Jh. gab. Das Vorschiff lief an Deck besonders spitz aus, und auf dem Achterschiff waren besonders ausgedehnte hohe Aufbauten, die die Hütte und eine geschlossene Kajüte einbezogen. Vor- und Hintermast hatten auseinanderstrebenden Mastfall, die langen Ruten der üblicherweise gefahrenen Lateinsegel konnten für weite Fahrten an Deck gelegt und durch Querrahen ersetzt werden.

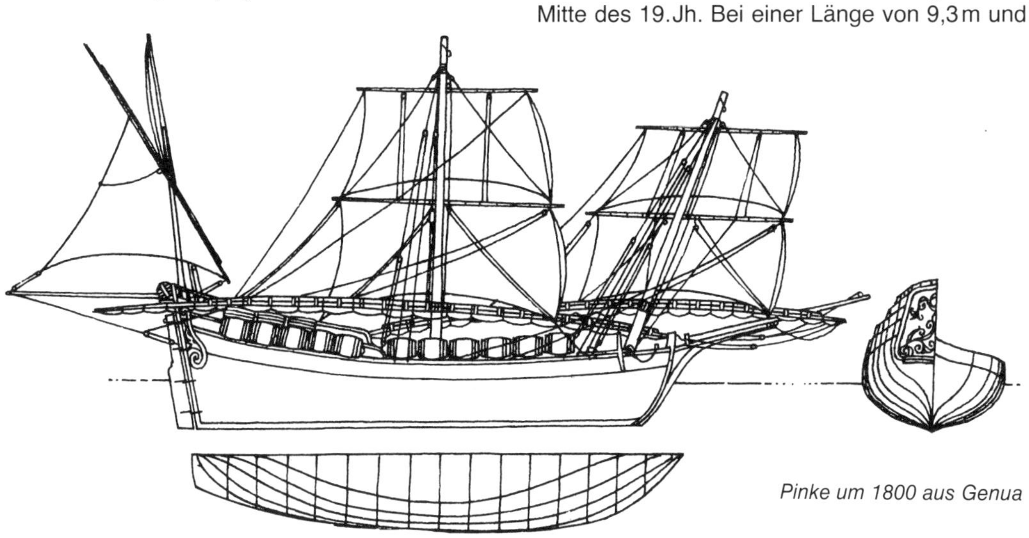

Pinke um 1800 aus Genua

Piragua: siehe Piroge

Piraten-Jolle: als Jugend-Sportsegelboot mit Knickspanten vom deutschen Bootskonstrukteur C. MARTENS 1938 entwickeltes Holzboot für 2 Mann Besatzung. Die Piraten-Jolle ist für Wander- und Regattasegeln gut geeignet und beliebt. Sie gehörte mit 10 m² Segelfläche und dem roten Enterbeil als Segelzeichen zur deutschen *Einheitsklasse*. Bei Regattasegeln und Rennen ist der Spinnaker erlaubt. Die Länge des Bootes beträgt 5 m bei 1,6 m Breite. Die Jolle geht mit gefiertem Schwert 0,85 m tief.

Piroge, *Piragua, Pirogua, Pirogue:* Einbaum, dessen Seitenwände durch aufgesetzte Plankengänge erhöht wurden. Diese einfache Bootsbauart gab es unabhängig voneinander in verschiedenen holz- und gewässerreichen Erdgebieten, u. a. in Europa, in Mexiko, der amerikanischen Nordwestküste, den Santa-Barbara-Inseln, auf den Kleinen Antillen, den Salomoninseln, den Tongainseln und allgemein in der Südsee. Das Aufsetzen und Befestigen der Seitenplanken erfolgte in unterschiedlicher Weise. Relativ häufig ließ man, wie bei den nordischen Booten (s. a. *Nydam-Bootsfund* und *Wikingerschiff*), beim Aushauen der Planken Klampen stehen, durchlöcherte sie und band Spanten und Planken zusammen. Auf den Tongainseln war es üblich, jeweils eine kleinere und eine größere Piroge in einem bestimmten Abstand parallel zueinander durch eine Plattform zu verbinden, so daß eine Art Zweirumpffahrzeug entstand. Kriegspirogen der Südseeinsulaner waren häufig am Bug durch holzgeschnitzte Menschenköpfe und manchmal außerdem an den Seiten reichlich verziert. Fortbewegt wurden sie durch 30 bis 40 Personen, die schaufelförmige Paddel im Gleichtakt benutzten.

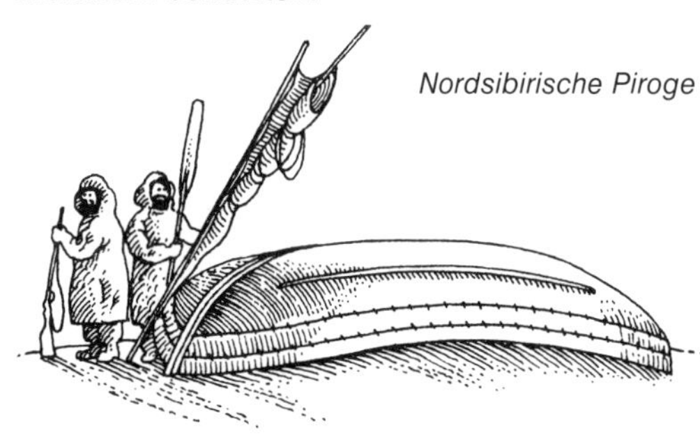

Nordsibirische Piroge

Plankenboot: einfache Form eines Bootes, wie es u. a. lange Zeit in Südostasien benutzt wurde. Das Plankenboot bestand aus einer Bodenplanke und mindestens 2 Seitenplanken. Diese ohne Kiel und Spanten gebauten Fahrzeuge hatten meistens nur am oberen Bootsrand einfache Quersteifen. Bei Lastbooten, Fähren und Fischerbooten setzte man auch einen Mast mit einem einfachen Segel.
Neben den einfachen Plankenbooten gab es, besonders auf Flüssen und Binnengewässern, eine Vielzahl unterschiedlich großer, aus vielen Planken gebauter Plankenboote und -schiffe. Dem Bauprinzip nach gehört auch die seetüchtige, über Jahrhunderte bewährte chinesische *Dschunke* mit ihrem flachen Boden zu den Plankenbooten (s. a. *Boot*).

Plattboot: nordfranzösisches militärisches Wasserfahrzeug aus der Mitte des 18. Jh. für den Transport von Infanterie- und Kavallerieeinheiten. Das etwa 30 m lange und 8 m breite Fahrzeug hatte einen ganz flachen Boden; die Seitenhöhe betrug etwa 2,5 m.

Platte: völlig gebautes, flachgehendes anderthalbmastiges, mit Lugger- und Vorsegel fahrendes nordfranzösisches Fischerfahrzeug aus der Mitte des 19. Jh. Bei einer Länge von 9,3 m und 3,1 m Breite hat es etwa 10 t Verdrängung. An der französischen Atlantikküste waren solche Fahrzeuge auch noch im 20. Jh. für die Austern- und Muschelfischerei in Gebrauch.

Plätte: im salzburgischen Gebiet noch bis Ende des 19. Jh. auf Gebirgsflüssen gebräuchliches einfaches Transportmittel für den Transport des Steinsalzes von hochgelegenen Abbaurevieren. Die prahmähnlich mit flachem Boden gebauten, vorn und hinten spitz auslaufenden Fahrzeuge wurden ähnlich wie Holzflöße durch Bootsleute mit langen riemenartigen Stangen talwärts gesteuert. Außer der Ladung wurde am Ankunftsort auch das Bootsholz verkauft.

Plattgattschiff: Schiff mit plattem Heck (Gatt), das meistens, wie z. B. bei den *Fregatten* des 17. Jh., mit einem eckigen Übergang zum Heckspiegel, dessen unterer Rand in den Achtersteven übergeht, gebaut wurde. Neben der einfacheren Bauweise entsteht am Schiffsende eine meistens erwünschte breitere Decksfläche. Bei begrenzter Eintauchtiefe des Spiegels kann sich außerdem die hydrodynamisch wirksame

Schiffslänge vergrößern und damit die Strömungsablösung am Hinterschiff beeinflußt werden.

Pleit, *Pleyt:* zur Zeit der Hanse, insbesondere im 15.Jh. ein Küsten-Frachtsegler bis etwa 80 Lasten (160t). In den Niederlanden und in Belgien waren die Bezeichnungen Flämischer und Brabanter Pleit wohl noch älter. Während die großen Pleiten seegehend, zumindest in der Küstenfahrt eingesetzt wurden, waren die kleineren, bereits im 13.Jh. urkundlich erwähnten Fahrzeuge Binnenschiffe. Ende der dreißiger Jahre dieses Jahrhunderts wurde eine Pleit vor dem Abwrakken mit einer Länge von 23,5 m vermessen. Die Pleit war der niederländischen *Tjalk* ähnlich, aber kleiner, jedoch größer als der belgische *Otter*.

Pluut: Variante des kleinen holländischen *Schokkers* oder des *Punt-Bootes*. Das Boot hatte eine Länge über alles von 8 bis 10m; in der holländischen Yachtflotte gab es diesen Bootstyp noch vereinzelt bis in die jüngere Zeit.

Pollacca, *Polacka, Polacker:* ein im Mittelmeer im 16. und 17.Jh. gebräuchliches italienisches Segelschiff mittlerer Größe, dessen Großmast ein Pfahlmast (Pollaccamast, Pfahlmast ohne Maststengen) war, an dem ein Rahsegel gefahren wurde, während an den anderen Masten noch bis ins 19.Jh. Lateinsegel blieben. Über viele Jahrhunderte fuhren die Mittelmeerschiffe grundsätzlich mit lateingetakelten Masten. Der Abgang vom ausschließlich üblichen Lateinsegel und der Übergang zu einer Mischtakelung mit den aus Nordeuropa übernommenen Querrahsegeln vollzog sich nur allmählich. Der rahgetakelte Pfahlmast wurde in dieser Übergangszeit bevorzugt, da am glatten Mast (ohne Eselshaupt für die Stengen) die obere Rah von Deck aus ähnlich wie bei der Lateinertakelung fast bis an die Unterrah gefiert werden konnte.
Dreimastige Schiffe, deren Untermasten aus einem Stück bestanden, die im übrigen jedoch wie eine Bark getakelt fuhren, wurden als »Polackabark« bezeichnet. Dementsprechend nannte man zweimastige Schiffe mit Pfahlmasten und Briggtakelung »Polackabrigg«. In neuerer Zeit wurden durchgehende Pfahlmaste aus Metall ebenfalls als »Polackamasten« bezeichnet.

Polka-Bark: eine seemännische Bezeichnung für einen dreimastigen *Schoner* mit Rahsegeln am Fockmast, Rah- und Gaffelsegeln am Mittelmast sowie Gaffelsegel am hinten stehenden Kreuzmast. Unter dem Einfluß der amerikanischen Schonerentwicklung entstanden etwa um 1840 solche kombinierten Takelungen, um die Segelhandhabungen zu vereinfachen.

Polt, *Pult:* auf der Insel Rügen bekanntes einfaches Knickspantboot unterschiedlicher Länge zwischen 3 und 6m. Das Boot hat einen flachen Boden, ist fast ohne Sprung und mit einem leicht nach hinten geneigten Spiegelheck oder auch mit Spitzgatt gebaut. Das Boot wird gerudert, gewriggt *(Wriggboot)* oder auch gestakt *(Stakboot)*.

Polyere: altgriechische Schiffe mit mehreren Reihen Ruderbänken, sogenannte »Mehrreihenruderer«, im Unterschied zur *Monere*, dem griechischen Schiff mit einer Ruderbankreihe.

Dreimastige Pollacca um 1650

Pomorboot, *Pomorschiff:* im 19.Jh. entstandene Bezeichnung für russische Segelschiffe, die sich auf den Handel mit nordnorwegischen Fischern spezialisiert hatten. Dieser »Pomorhandel« war vorwiegend ein Tauschhandel von russischen landwirtschaftlichen Produkten gegen Trocken- und Salzfisch im nordnorwegischen Hafen Hammerfest.

Pompejisgraffito-Schiff: Darstellung eines Segelfrachtschiffes mit einem nachgeschleppten Beiboot auf einer Sgraffito-Dekoration an der Hauswand eines römischen Kaufmanns. Pompeji war eine seit Ende des 5.Jh. v.u.Z. bekannte, am Vesuv bei Neapel gegründete italische Stadt, die im Jahre 79 durch einen Ausbruch des Vesuvs zerstört und verschüttet wurde. Bereits seit 1748, verstärkt seit 1806 gab es Ausgrabungen in Teilen der Stadt. Die Funde gaben einen ungewöhnlich tiefen Einblick in die Lebensgewohnheiten und die Kultur der römischen Kaiser-

Russisches Pomorschiff um 1890 im Hafen von Hammerfest

zeit. Zu den für den Schiffbau bedeutendsten Funden gehört auch die Sgraffito-Dekoration aus der Zeit um etwa 50 v. u. Z. Sgraffito (ital. sgraffiare, kratzen) ist eine Wandputzdekoration, bei der verschiedenfarbige, fast frische Kalkputzschichten übereinander aufgebracht werden, so daß durch unterschiedlich tiefe Abtragungen oder Ritzungen mehrfarbige Bilder entstehen.
Das dargestellte römische Last-Segelschiff ist wahrscheinlich eine *Corbita*, die eingeritzte Beschriftung »Europa« könnte der Name des Schiffes gewesen sein. Die Besegelung entspricht der damals üblichen Art; am Großmast ist ein Viereck-Großsegel und am Bug an einem kleinen, vorgeneigten Mast ein viereckiges Vorsegel, das Artemon.

Ponto: gallisches Schiff des frühen Mittelalters, das hochbordig und schwer gebaut war.

Ponton, *Schwimmponton:* Wasserfahrzeug mit einem nahezu kubischen Schwimmkörper mit flachem Boden, senkrechten Seitenwänden und ebenflächigen senkrechten oder geneigten Bug- und Heckteilen. Bei Pontons wird vorwiegend die Tragfähigkeit genutzt, wie bei Anlegestegen, Pontonbrücken oder Hebepontons, und weniger Wert auf die Fahreigenschaften gelegt.

Poon: Sammelbezeichnung für tjalkähnlich gebaute südholländische Binnen-Frachtsegelschiffe wie die Seeländische Zeeuwsche Poon, die Paviljoen Poon und andere Poontypen. Die Rumpfform entspricht der *Tjalk* mit der völligen Bauweise und dem flachen, fast kiellosen Boden, jedoch mit Seitenschwertern. Die Fahrzeuge hatten im Vergleich zur Tjalk einen stärkeren Sprung und große Ladeluken. Sie fuhren einmastig, ursprünglich mit Spriet-, später mit einem großen Gaffelsegel und vorn mit einem oder zwei Dreiecks-Schratsegeln; ältere Schiffe hatten keinen Bugspriet.
Nach einer Darstellung von LECOMTE (1831) wurden diese Schiffe in Alblasserdam, Boskoop, Dortrecht, Ijsselmonde, Willemstad und verschiedenen kleineren Orten an der Ijssel in Größen von 16 bis 60 t Tragfähigkeit gebaut. Ein mittlerer Poon hatte etwa eine Länge von 15 m bei einer Breite von 4,5 m.

Poon ohne Bugspriet mit Gaffelsegel

Prahik: ein Zweirumpffahrzeug Tahitis aus 2 parallel nebeneinander liegenden *Pirogen*, dessen beide Bootskörper durch eine Plattform mit

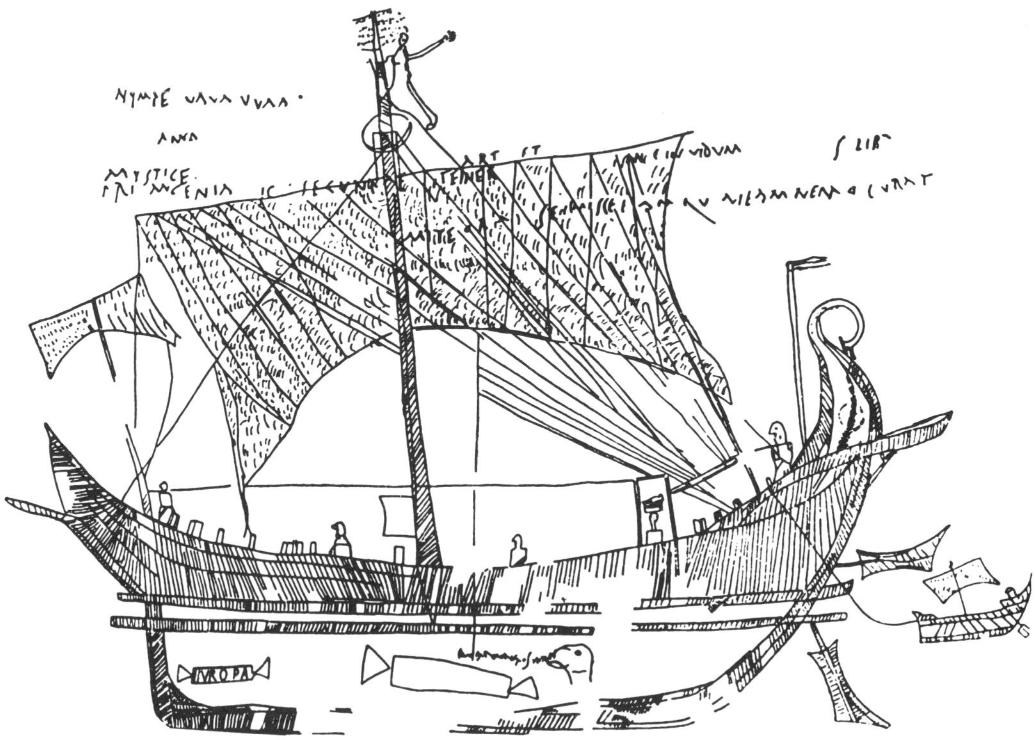

Pompeji-Sgraffito, römisches Frachtschiff um 50 v. u. Z.

aufgesetzter Hütte verbunden wurden. Das Prahik wurde ähnlich wie die neuseeländischen Pirogen am Bug, teilweise auch am Heck durch Holzschnitzereien verziert.

Prahm, *Pram:* pontonähnliches, meistens ungedecktes Fahrzeug. Mehrere Fundorte von frühen pontonähnlichen Fahrzeugen *(Ponton)* belegen, daß die relativ einfache Prahmbauart unabhängig voneinander in verschiedenen Siedlungszentren auch für größere Fahrzeuge bekannt war. So ergaben die auf Falsterbo *(Falsterbo-Prahmfund)*, in Dänemark aufgefundenen Reste eines eichenen Prahms, daß das Fahrzeug etwa 13,5 m lang und 3,5 m breit war.
In der Hansezeit wurden Prahme häufig als Leichterfahrzeuge verwendet. So finden sich die Bezeichnungen »präm« und »praam« bereits in der Stralsunder Hafenordnung von 1278 und anderen Hafenpapieren für flache Fahrzeuge mit niedrigem Bord. Die Bezeichnung und der Schiffstyp waren im gesamten Ostseegebiet und

Poon mit Bugspriet und Sprietsegel, Ende 18. Jh., Modell

Paviljoen-Poon mit Gaffelsegel, 19. Jh., Modell

an der Nordseeküste in Holland und in Frankreich verbreitet. In Holland verwendete man die Bezeichnung u. a. für ein einmastiges, mit flachem Boden und an den Schiffsenden besonders völlig gebautes Frachtschiff mit Seitenschwertern für flache Gewässer, insbesondere für die Wattenfahrt.
Später entfiel die Besegelung, und der Prahm wurde allgemein zu einem vielfach verwendeten pontonähnlichen Hilfsfahrzeug, das besonders völlig, breit und niedrig, ohne Schanzverkleidung und mit einfach geformten Schiffsenden ohne Eigenantrieb gebaut ist.

Präneste-Schiffsrelief: in der Ruine des Fortunatempels bei Präneste unweit Roms erhaltenes Flachrelief, das etwa 30 Jahre v. u. Z. gestaltet wurde. Das Relief stellt ein Ruderschiff dar, von dem angenommen wird, daß es das *Admiralsschiff* des römischen Feldherrn und Staatsmannes MARCUS ANTONIUS (82 bis 30 v. u. Z.) war. Auf dem Schiff sind römische Legionäre mit Kurzschwertern kampfbereit dargestellt. Bisher wurde das Reliefbild als römische *Bireme* gedeutet. Neuere Forschungen deuten das Relief als *Trireme*. Diese Version stützt sich darauf, daß auf dem seitlichen Ausleger (parodos, Beiläufer) 2 stehende Krieger dargestellt sind, zu deren Füßen die Blätter der eingeholten dritten Ruderreihe liegen könnten. Da Admiralsschiffe i. allg. besonders kampffähige große Schiffe waren und die Römer über weitgehende Kenntnisse vom griechischen Kampfschiff verfügten, kann diese Annahme durchaus zutreffen. Am Bug des Schiffes ist ein Krokodil dargestellt; es könnte das Emblem einer ägyptischen Legion sein, da Ägypten sich vom Jahre 30 v. u. Z. bis um 395 u. Z. unter römischer Herrschaft befand.

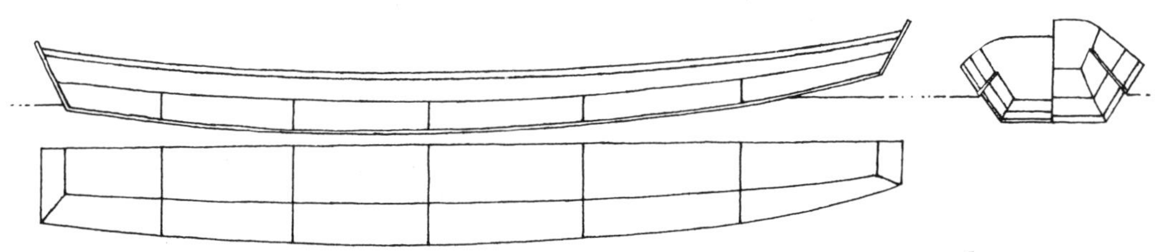
Kleiner schwedischer klinkerbeplankter Prahm um 1760

Prau, *Proa:* im Malayischen »perahu«, im Englischen »prow« und im Niederländischen »prauw« genanntes Auslegerboot im Malayischen Archipel. Die Prau fand bei den europäischen Seeleuten allgemeine Bewunderung; sie war ein etwa 10 bis 12 m langes, ungewöhnlich schmales, etwa nur 0,8 m breites Boot mit bogenförmigen Bug- und Heckformen. Der Boden des Bootes bestand aus einem spindelförmig bearbeiteten Baumstamm aus leichtem Holz, an dem man Bordseiten aus Baumrinde anband bzw. annähte. Häufig hatten die Boote einen spindelförmigen Ausleger aus massivem leichtem Holz, der beim Segeln stets auf der Luvseite (Windseite) gefahren wurde, damit die Windquerkraft eine möglichst geringe Eintauchtiefe und entsprechend geringen Fahrwiderstand bewirkte. Außerdem war die Leeseite des Bootskörpers häufig flacher und weniger gerundet als die andere Seite gebaut, um die Abdrift zu mindern. Größere und langsamere Fahrzeuge hatten auch Ausleger an jeder Bootsseite; die Verbindungsstangen zu den Auslegern wurden dann durch zusätzliche Bambusstangen und Mattengeflechte zu einer Plattform, auf der eine kleine überdachte Hütte stand.
Durch den Ausleger konnte ein ungewöhnlich großes Flechtmatten- oder Basttuchsegel gefahren werden. Das nach oben krebsscherenähnlich auseinandergespreizte, spitz auslaufende Segel wurde zu einem Symbol für schnelle *Südseeschiffe*, die bei Praurennen Spitzengeschwindigkeiten bis zu 20 kn erreicht haben sollen. Es gab auch Fahrzeuge mit Segeln, die dem Lateinsegel ähnelten. Gesegelt wurde nur bei günstigem Wind, die leichten Fahrzeuge wurden bei Windstille oder widrigen Winden gepaddelt (s. a. *Südseeschiffe*).

Prise, *Priseschiff:* ein im Kriege als Seebeute aufgebrachtes Schiff und dessen Ladung, das mit einem an Bord gesetzten Prisenkommando für Zwecke des Aufbringers (Versorgung u. ä.) genutzt wurde. Ebenso wurden Schiffe eines neutralen Staates als Prisen beschlagnahmt, wenn sie Konterbande an Bord führten.

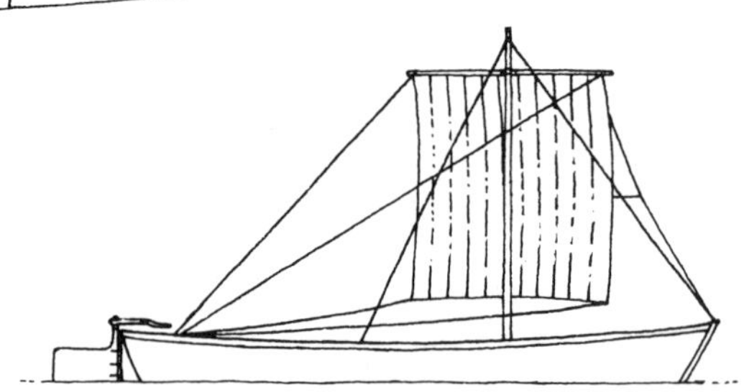
Rostocker Prahm mit Rahsegel

Punt-Boot: kleines, flachbodiges Paddel-Sportboot, das ursprünglich gestakt wurde. Die Schwimmwasserlinie ist fast rechteckig, sie verjüngt sich nur unmittelbar an den Bootsenden. Der flache Bootsboden verläuft über der halben Länge gerade und ist vorn und achtern fast in voller Breite über je ein Viertel der Bootslänge schräg ansteigend, so daß eine flachgehende kaffenartige (s. *Kaffenkahn*) Form entsteht.

Holländischer Segelprahm um 1800, Modell

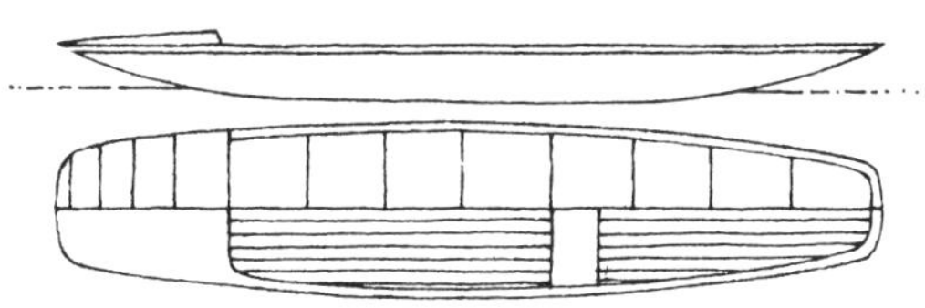

Paddelsport-Puntboot

Pünte: relativ flachgehendes, fast rechteckig gebautes Küsten- oder Flußschiff mit Rahsegeln an einem oder zwei Masten. Die Schiffsenden waren entweder rund (Rundpünte) oder spitz (Spitzpünte) gebaut. Spitzpünten waren im Unterschied zu den rund gebauten Flußpünten für die Küstenfahrt auf Kiel gebaut. Mit Kuttertakelung fuhren die bis 150t großen Schiffe in der Nord- und Ostsee.

Puschenboot: zur *Einheitsklasse* gehörendes, auch als »Mickyboot« bekanntes Jugend-Sportsegelboot mit 8 m² Segelfläche und einer Mickymaus als Segelzeichen. Konstruiert wurde es von E. LEHFELD für den Bau aus Sperrholz mit einer Länge von 3,8 m, von 1,35 m Breite und einer Masse von 92 kg. Als Rennbesatzung sind 2 Jugendliche zugelassen.

Q

Quadergha, *Quadirgha:* türkische Bezeichnung für die *Galeere*.

Quadrireme: römisches antikes Ruderkriegsschiff mit 4 Mann je Riemen oder entsprechend lat. quadri, vier, und remus, Riemen, sowie analog zu *Bireme (Diere)* und *Trireme (Triere)*, ein Schiff mit 4 übereinanderliegenden Ruderreihen; s. a. *Quinquereme*.

Quaiq: sehr leichtes und schnelles Boot für den Personenverkehr, insbesondere im Bosporus. Der Vortrieb erfolgte durch 1 oder 2 Riemenpaare. Da die Boote nur geringe Formstabilität hatten, mußten die Fahrgäste auf dem Bootsboden Platz nehmen; s. a. *Kaik*.

Quarterboot: meistens ein leichtes Schiff-Beiboot, das auf dem hinteren Deck, dem Quarterdeck, gefahren wurde. Bei Segelschiffen handelt es sich oft um das Kapitänsgig (s. a. *Gig*).

Quase: ein noch bis Ende des 19. Jh. besonders in der Kieler und Flensburger Förde gebräuchliches zwei- bis dreimastiges Fischerfahrzeug von 9 bis 10 m Länge und etwa 3 m Breite mit Sprietsegeln, seltener mit Gaffelsegeln.

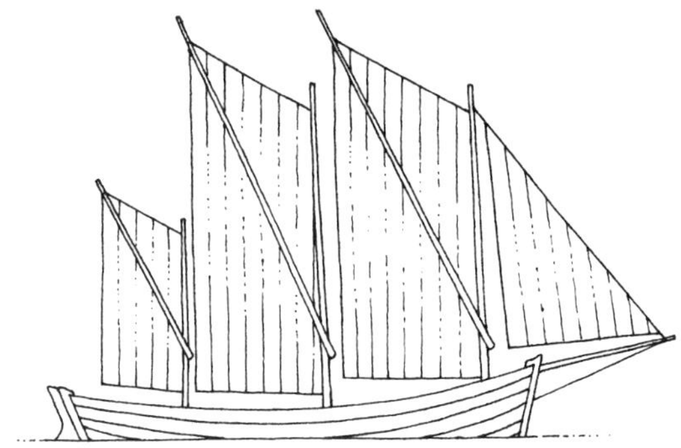

Quase von 1885 mit Spriettakelung

Quatze, *Quatz, Seequatze:* bis in das 20. Jh. auf Rügen und an der Pommernküste benutztes sehr breit gebautes, offenes, halb- oder ganzgedecktes Segelfahrzeug für die Aufbewahrung und den Küsten- und Seetransport lebender Fische.
Die Schiffe hatten eine geklinkerte Außenhaut. In der durch Querschotte abgegrenzten 5 bis 8 m langen Bünn (dem Lebendfischraum) befanden sich in der Außenbeplankung Durchbrüche, so daß die Bünn ausreichend vom frischen Seewasser durchströmt wurde. Nachgewiesen ist diese Art der Fischaufbewahrung seit dem Anfang des 17. Jh. Lebendfischtransporte von der Insel Rügen sind seit 1860 bekannt. Mit der Quatze wurden insbesondere Zander, Plötzen, Barsche und Hechte zu den Hauptbinnenmärkten Stralsund, Greifswald, Wolgast und Barth gebracht, aber auch von Dänemark und Schweden, bisweilen sogar von Norwegen und Finnland nach Aufkauf von den dortigen Fischern geholt.
Gebaut wurden die etwa 12 bis 17 m langen Quatzen in Wolgast, Ueckermünde, Neuwarp und Wollin. Die Takelung bestand aus einem dikken Pfahlmast und einem Gaffelsegel ohne

Quatze vom Oderhaff, Anfang 20. Jh.

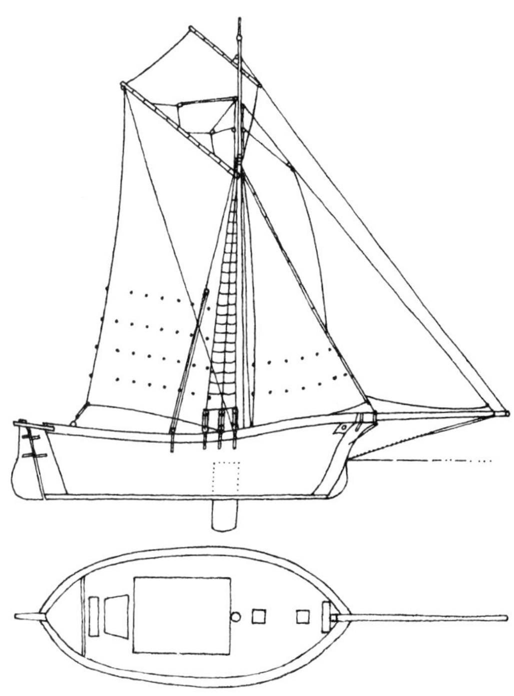

Giekbaum. Besonders bekannt wurde die kleine bewaffnete Quatze »COLBERG« ex »SPECULANT«, die im Juli 1812 als Festungswachschiff für Kolberg (Kolobrzeg) angekauft wurde. Die »COLBERG« war 12m lang und 4m breit, die Raumtiefe betrug nur 0,78m, so daß etwa 7 Commerzlasten Tragfähigkeit erreicht wurden. Das einmastige Fahrzeug wurde 1812 mit 2 Sechspfündern und 1813 mit 2 Dreipfündern Vorderlader bestückt. Obwohl nach 1918 einige Quatzen mit Hilfsmotoren gebaut wurden, gibt es den Schiffstyp seit etwa 1930 nicht mehr.

Quesche: kleines Segelschiff mit einem Deck und Gabelmast.

Quinquereme: römisches Schiff mit 5 Ruderkechten an jeden Riemen. Die wörtliche Übersetzung »Fünfriemenschiff« kennzeichnet ein Ruderschiff mit 5 höhengestaffelten Riemenreihen, analog zu *Bireme*, *Trireme*, *Quadrireme*. Nur mit der damals sehr kurzen, ruckartigen Riemenhandhabung und höchstens um etwa eine halbe Körperhöhe versetzten Ruderbänken waren solche »Fünfdecker« möglich; s.a. *Römisches Schiff.*

R

Rahschoner, *Rahsegelschoner:* zwei- oder mehrmastiger Rahsegelschoner, der am Fockmast und bei einigen Schiffstypen auch an weiteren Masten im Unterschied zum ausschließlich gaffelgetakelten Schoner Rahsegel führt, wie beispielsweise das *Vinnen-Segelschiff.* Auch sogenannte Toppsegelschoner, die an einem oder mehreren Masten an den Stengen nicht Gaffeltoppsegel sondern Rahtoppsegel fuhren, zählen zu den Rahschonern.

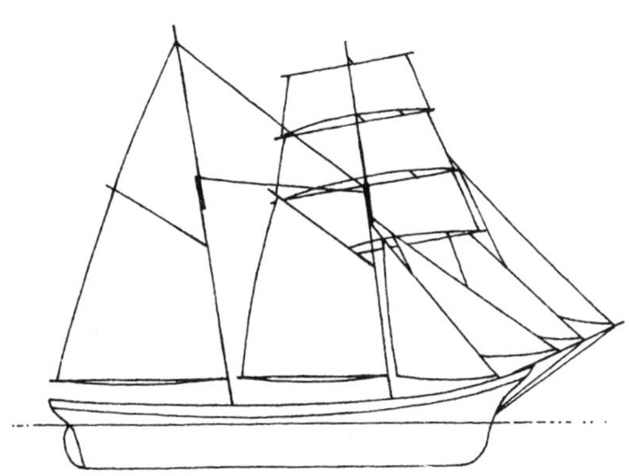

Zweimast-Focktopp-Rahschoner

Rahsegelschiff, *Quersegelschiff:* allgemein gebräuchliche Bezeichnung für Segelschiffe, bei denen die segeltragenden Rundhölzer (Rahen) sowie Spieren in Ruhestellung quer zur Schiffslängsebene angebracht sind. Den markantesten Unterschied zu dieser Segelanordnung stellt das Längs- oder *Schratsegelschiff* dar, dessen Segel sich in der Schiffslängsebene befinden.
Bis zum Mittelalter wurden im Mittelmeer Schratsegel (Lateinsegel) und in Nordeuropa Querrahsegel bevorzugt. Danach setzten sich nach und nach vorteilhaftere Kombinationen von Quer- und Schratsegeln durch, so daß in der Blüte der Segelschiffszeit kaum ein größeres Schiff ausschließlich Querrahsegel fuhr. Unabhängig von den zusätzlichen Schratsegeln wird bei überwiegender Rahtakelung die Bezeichnung »Rahsegelschiff« beibehalten und zuweilen zu einer eigenständigen Schiffsbezeichnung wie bei »*Raseyl*«.

Rammsporn-Ruderkriegsschiff: Ruder- und teilweise Segelkriegsschiff der Phönizier, Griechen, Karthager und Römer, das i.allg. mit Rammsporn gebaut wurde. Die Rammsporne waren mehr oder weniger spitze oder abgestumpfte, unter der Schwimmwasserlinie liegende Verlängerungen des Vorstevens aus Hartholz mit oder ohne Metallbewehrung.
Konnte der Gegner nicht schnell genug ausweichen, so durchbrach der Sporn beim Auftreffen die feindliche Bordwand. Bei schrägem Aufprall bestand die Taktik darin, durch Zerstören der Riemen das gegnerische Schiff manövrierunfähig zu machen. Anfang der zweiten Hälfte des 19.Jh. fand der Rammsporn bei den Panzerschiffen erneute Anwendung.

Raoul-Schwammfischereitauchboot: vom französischen Abbé RAOUL um 1910 entwickeltes Tauchboot von 5m Länge und 1,6m Breite, das handangetrieben mit Rädern auf dem Meeresboden fahren sollte, um den Schwammfischern an der Mittelmeerküste die Arbeit zu erleichtern. Es sollten sich jeweils 2 Personen im Tauchboot befinden, die aus dem Bootsinnenraum mit mechanischen Greifgeräten die Schwämme in Behälter zu sammeln hatten.

Raseyl: auf die vorwiegende Besegelung mit Rahsegeln bezogene Bezeichnung für die dreimastigen Hanseschiffe des 15. und 16.Jh. Insbesondere wurde auch der etwa 100 bis 125 Lasten (200 bis 250t) fassende, um 23m lange und 7 bis 8m breite *Hulk* als Raseyl *(Rahsegelschiff)* bezeichnet. Diese im Vergleich zur *Kogge* größeren, mehrmastigen Schiffe unterscheiden sich auch in der Beplankungsart und der Heckform. Sie waren kraweelbeplankt und hatten ein Spiegelheck, während die Kogge klinkerbeplankt mit Spitz- oder Rundgatt gebaut war.

Regatta-Boot: an offiziellen Bootswettfahrten teilnehmendes Wettkampfboot. Die Bezeichnung »Regatta« hängt mit dem italienischen »riga« zusammen, das sinngemäß »Reihe« (in einer Reihe starten) bedeutet. Bereits im 14.Jh. veranstaltete Venedig Wettfahrten mit *Gondeln*. Wegen der begrenzten Gewässerbreite starteten nicht alle Gondeln gleichzeitig, sondern nacheinander Reihe für Reihe. Auch heute werden alle Sportfahrzeuge (Ruder-, Segel- und Motorboote), die an Wettbewerbsfahrten (Regatten) teilnehmen, als Regatta-Boote bezeichnet, obwohl sich die Wettkampfbedingungen wesentlich verändert haben.

Remenboot, *Rojerboot:* ältere seemännische Bezeichnung für Ruderboote mit seitlich in Dollen geführten Riemen (Remen). Die Bezeichnung »Rojerboot« war insbesondere bei den Wikingern gebräuchlich. In den verschiedenen Siedlungsgebieten entstanden sehr verschiedenartige Formen, Anordnungen und Handhabungen der Ruder. Für das Remenboot ist sowohl das Pullen (engl. pull, ziehen, reißen) mit dem Einmann-Einzelriemen als auch mit dem Einzelmann-Riemenpaar (Skull) charakteristisch.

Rennjolle: eine für möglichst hohe Segelgeschwindigkeiten konstruierte, rundspantige offene oder halbgedeckte Segeljolle, die anfänglich mit 10, 15 und 20 m^2 Segelfläche als »freie«, d.h. nicht durch Konstruktionsvorschriften gebundene *Jolle*, speziell für Binnengewässer entstand, später aber auch als Küstensegler gebräuchlich wurde.
Die 20-m^2-Rennjolle führt das Segelzeichen »Z«, hat eine zugelassene Nennsegelfläche von 20 m^2 (ohne Spinnaker, der aber bei Rennen erlaubt ist), ist 8,5m lang, 1,8m breit und wird von 3 Personen als Rennbesatzung gesegelt.
Eine der ältesten, etwa seit 6 Jahrzehnten bewährten deutschen Binnenjollen war die frühere »Nationale Jolle« mit 22 m^2 Segelfläche, die heute noch als 22-m^2-Rennjolle anzutreffen ist. Zu den Rennjollen gehören insbesondere die *Olympiajolle*, die *Piratenjolle* u.a., die in ihrer Ausführung vollständig den Vorschriften der *Einheitsklasse* entsprechen müssen.

Rennklasse-Yacht: zu jeweils einer Rennklasse zählende, untereinander annähernd gleichwertige Yachten, die ohne Zeitvergütung bewertet werden. In der Regel sind solche Yachten nach den für die jeweilige Klasse verbindlichen Bauvorschriften gebaut und entsprechen der *Einheitsklasse*. Unter bestimmten Bedingungen können jedoch auch sogenannte »Freie Yachten«, d.h. solche, die nicht nach Vorschrift gebaut sind, und »Beschränkte Rennklassen« an Rennen der Rennklasse-Yachten teilnehmen.

Renn-Ruderboot: seit dem Altertum bekanntes Sportboot, das früher insbesondere bei Volksfesten und anderen gesellschaftlichen Anlässen an Wettfahrten teilnahm. Aus dem Mittelalter sind die in Venedig um 1300 bis 1500 sehr beliebten Gondelwettfahrten weithin bekannt geworden. Das moderne sportliche Rudern entstand aus den Skullen der Schiffer, Fischer und Fährleute und wurde zunächst besonders in England gefördert. Aus dem Englischen stammt auch die Bezeichnung »scull« für kurzes Rudern. Bereits seit 1715 wurden in England regelmäßig Rennen im *Einer* ausgetragen.
Die frühe Entwicklung des Riemenruderns zur Mannschafts-Sportdisziplin sind durch die englischen Universitäten maßgeblich beeinflußt worden; das erste Achterrennen wurde im Jahre 1811 in Eaton ausgetragen. Seit 1823 findet das inzwischen weltbekannt gewordene Achterrennen der Universitäten Oxford und Cambridge regelmäßig statt.
Erster deutscher Sportverein war der 1836 gegründete »Hamburger Ruder-Club«. Die erste deutsche Regatta fand 1844 in Hamburg statt, und 1867 starteten anläßlich der Pariser Weltausstellung die ersten deutschen Ruderer im Ausland. In Berlin wurde der Rennrudersport erst ab 1876 populär. Nach 1883 war der Deutsche

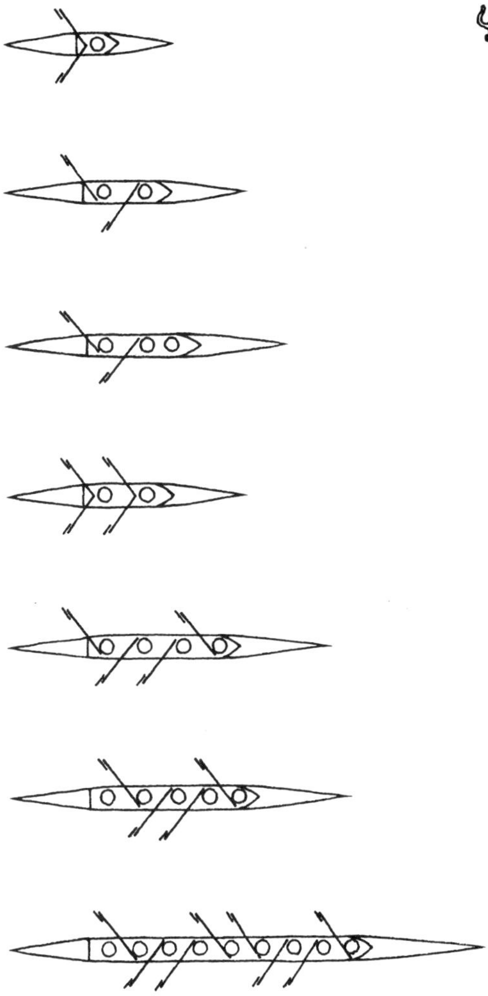

Riemen- und Skullboote

Ruderverband (DRV) bestrebt, die Wettkampfregeln und Bootsarten der verschiedenen Rudervereine zu vereinheitlichen.
Die internationale Vereinigung, in der die nationalen Rudersportverbände Mitglieder sind, ist die »Fédération Internationale des Sociétés d'Aviron« (FISA). Von der FISA werden die jährlichen Europa- und Weltmeisterschaften organisiert sowie die olympischen Ruderwettbewerbe vorbereitet.
Im Verlaufe der mehr als ein Jahrhundert währenden Suche nach Bootstypen und -formen mit möglichst geringem Widerstand, hoher Kursstabilität und besten Rudereigenschaften für Ruderregatten bildeten sich 2 unterschiedliche Bootsgruppen heraus, das *Gig* und das eigentliche Ruder-Rennboot.
Das Gig dient im Rudersport bevorzugt als Ausbildungs- und Übungsboot. Es ist klinkerbeplankt und mit Außenkiel gebaut und überträgt mit dieser Bauweise und auch hinsichtlich der Bootsform einige Konstruktionsprinzipien der Wikingerboote auf den modernen Rudersport. Die Bootskörper werden bevorzugt aus leichten Hölzern wie Fichte, Zeder oder Lärche gebaut.
Die Gig-Übungsboote werden in Riemen- und Skullboote, Boote mit oder ohne Steuermann sowie nach Anzahl der Ruderer eingeteilt. Riemenboote sind als Gig-Zweier, Gig-Vierer und Gig-Achter alle mit Steuermann.
Zu den Skullbooten gehören der Gig-Einer ohne und mit Steuermann, der Gig-Doppelzweier ohne und mit Steuermann sowie der Gig-Doppelvierer und der Gig-Doppelachter, beide mit Steuermann. Die Unterschiede zwischen Riemen und Skull bestehen in der Handhabung sowie in den Abmessungen und Massen. Mit dem Riemen erfolgt jeweils ein einseitiger Bootsantrieb, der Einzelriemen wird mit beiden Armen bewegt. Beim Skullen werden jeweils 2 Skulls benutzt, so daß der Antrieb an beiden Seiten gleichförmig erfolgt.

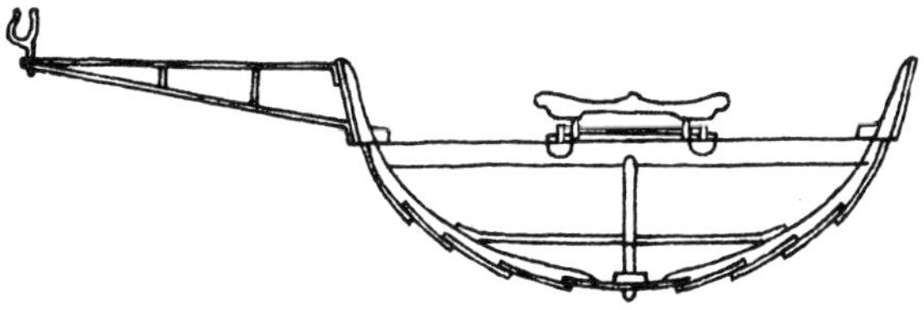

Querschnitt eines Renn-Ruderbootes

Um beide Ruderarten zu trainieren, sind Gigs teilweise mit Doppeldollen zur Benutzung von Riemen oder Skulls je nach Übungsart versehen. Übliche Maße eines Riemens sind 3,75 m Länge, 14 bis 16 cm Blattbreite und 4 kg Masse. Ein Skull ist demgegenüber 2,95 m lang mit einer Blattbreite von 15 cm und einer Masse von 2 kg.
Zu den bekanntesten Ruder-Rennbooten gehören die Riemenboote: Zweier mit und ohne Steuermann, Vierer mit und ohne Steuermann sowie Achter mit Steuermann. Skullboote sind: Einer (skandinavische Bezeichnung: »Skiff«), Doppelzweier, Doppelvierer mit und ohne Steuermann.
Der Bootskörper eines Ruder-Rennbootes ist sehr leicht aus Sperrholz oder Plaste, sehr schmal und schlank gebaut. Die aufrechte Schwimmlage wird infolge der geringen Breite und hohen Massemittelpunktslage des besetzten Bootes nur durch die Einwirkung (Querstabilität und Trimm) der Insassen ermöglicht. An die Formsteifigkeit, die Außenhautdicke von wenigen Millimetern und die Oberflächenbeschaffenheit werden besondere Anforderungen gestellt. Die Dollen sind auf leichten Auslegerstreben befestigt. Der Ruderer sitzt auf einem längsverschieblichen Rollsitz und stemmt die Füße gegen ein fest eingestelltes Stemmbrett, so daß durch Vorrollen und Rückstemmen der Ruderschlag verlängert wird. Inzwischen gibt es auch schon Sportboote mit feststehendem Sitz und längsverschieblichen Auslegern. Während die Ruderer mit dem Rücken zur Fahrtrichtung sitzen, liegt bei Booten mit Steuermann der möglichst leichte Steuermann meistens hinten mit Blick nach vorn.
Übliche Schlagzahlen liegen zwischen 32 und 36 Schlägen in der Minute, können jedoch auch bis auf 44 pro Minute erhöht werden. Zwischen den Bootstypen, Schlagzahlen und Geschwindigkeiten bestehen etwa folgende Zusammenhänge:

Bootstyp	Schlagzahl je min.	Geschwindigkeit in km/h
Einer (Länge 6 ··· 7 m)	25 ··· 30	13,5
Zweier (Länge etwa 10 m)	28 ··· 32	15
Vierer (Länge etwa 12 ··· 13 m)	30 ··· 34	16
Achter (Länge etwa 16 ··· 18 m)	35 ··· 40	17,5

Rettungsboot: traditionelles Hauptrettungsmittel an Bord von Schiffen, wobei bis zum 18. Jh. die unterschiedlichsten Beibootstypen zusätzlich als Rettungsboote bei Seenot dienten. Das erste, mit Luftkästen und Korkeinlagen ausgerüstete spezielle Rettungsboot war eine 1784 vom Engländer L. LUKIN mit einem eisernen Kiel versehene *Jolle.* 1786 wurde ebenfalls von LUKIN das erste spezielle Rettungsboot für die Tyne-Mündung gebaut. Im Jahre 1810 meldete der Franzose ROUAN ein kentersicheres Rettungsboot in Paris zum Patent an. Die Entwicklung selbstlenzender und selbstaufrichtender Rettungsboote, die Möglichkeiten des Aussetzens bei Seenot und die Vorschriften zur Ausrüstung der Schiffe mit einer ausreichenden Anzahl einsatzbereiter Rettungsmittel zur Rettung von Besatzung, Passagieren und Schiffbrüchigen wurden seitdem ständig vervollkommnet.

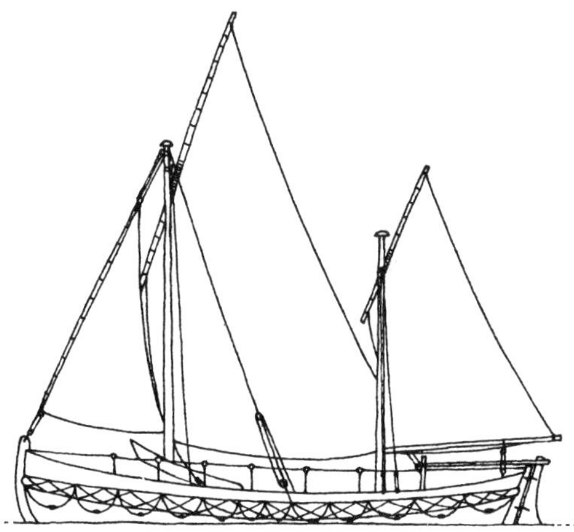

Englisches Segel-Rettungsboot um 1900

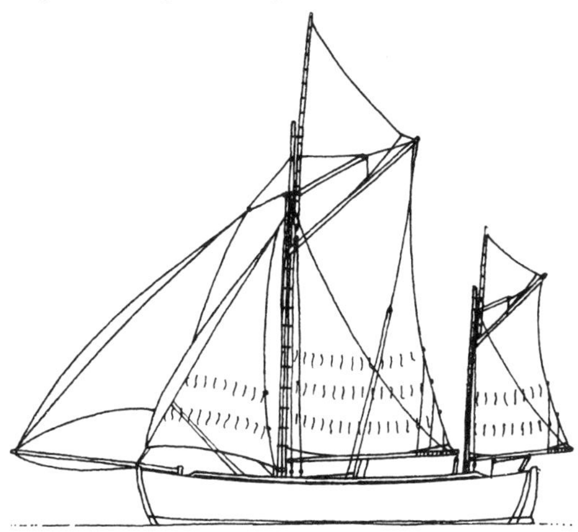

Norwegisches Segel-Ruderboot, 1893

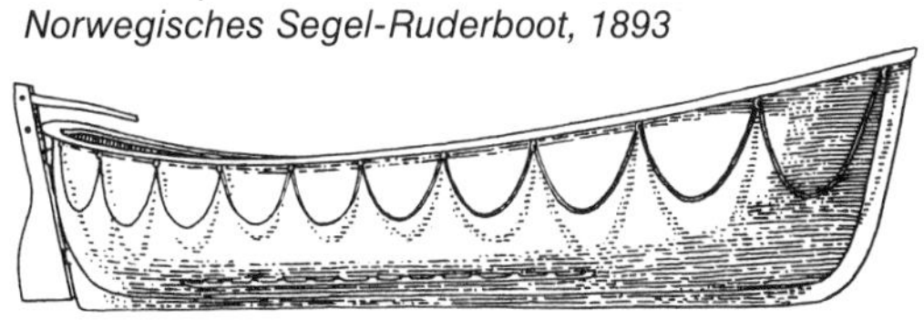

Ruder-Rettungsboot um 1940

Revierklasse-Boot: Sportsegelboot, dessen Bauweise speziellen Bedingungen eines bestimmten Segelreviers besonders angepaßt wurde und das auch nur in diesem Revier als *Klasseboot* gilt.

Rheinschiffe, *Historische Rheinschiffe:* zusammenfassende Bezeichnung der auf dem Rhein für den Handel und die Personenbeförderung dienenden Wasserfahrzeuge. Obwohl es auf dem Rhein bereits relativ früh eine recht bedeutende Schiffahrt gab, stammen die meisten erhalten gebliebenen Nachweise erst aus dem späten Mittelalter. So sind auf einem Stadtbild von Köln aus dem Jahre 1548 plump wirkende geruderte Rheinschiffe mit Mast dargestellt. Aus dem Jahre 1615 stammende Abbildungen lassen demgegenüber bereits eine schlankere Bauweise erkennen. Auf zeitgenössischen Städtebildern von Blaeu aus dem Jahre 1640 sind verschiedene kleinere Rheinsegelschiffe, u. a. auch als *Anderthalbmaster*, dargestellt.

Der Amsterdamer Bürgermeister NICOLAS WITSEN (1641 bis 1717) nennt in seinem 1671 erschienenen Werk über den damaligen Schiffbau »Aeloude en hedendaagsche scheepsbouw en bestier« als Schiffstypen des Rheins die »Samoreuzen« *(Samoreusen)* und »Beitelschepen« *(Beitelschiffe)* ohne detaillierte Angaben. 1697 zählt VAN IJK in einem Kapitel »Die Binnenschiffe des Rheins« Brabants *Pleiten* sowie die Overijsselschen und Gelderschen Samoreusen zu den größten Rheinschiffen.

1831 gab LE COMTE eine ausführliche Beschreibung historischer Rheinschiffe und stellte ebenso wie 160 Jahre vor ihm N. WITSEN fest, daß die Rheinschiffe besonders lang und niedrig gebaut waren. Er unterschied die älteren Rheinschiffe nach ihrer Tragfähigkeit in die 3 Gruppen mit 100, 150 und 300 Lasten (200, 300 und 600 t). Außerdem vermerkte er, daß Rheinschiffe auch nach der Anzahl der Plankengänge größenmäßig unterschieden wurden, wobei i. d. R. 9 bis 12 Plankengänge je Schiffsseite üblich waren. Die häufigsten Schiffslängen lagen zwischen 20 und 24 m, die Breiten betrugen 3 bis 4 m, und die Raumtiefe (Innenraumseitenhöhe) war etwa 2 bis 2,4 m.

Historische Rheinschiffe

1 Rheinschiff auf dem Stadtbild von Köln aus dem Jahre 1548

2 Ein Samoreus aus »Binnenschiffe des Rheins«, veröffentlicht 1697 von VAN IJK

3,4,5 Rheinschiffe auf dem Stadtbild von Blaeu aus dem Jahre 1640

Rhin-Ewer: norddeutscher *Ewer* des 18. Jh. und noch des 19. Jh., der besonders am Hershorner und Kremper Rhin, bei Elmshorn und in Glückstadt an der Niederelbe für den Gemüsetransport als flachgehendes, relativ niedrig und schmal gebautes, schnellsegelndes Fahrzeug von 12,5 bis 15 m Länge und 3,5 bis 4 m Breite gebaut wurde. Die Rhin- oder Gemüseewer waren häufig durch Bugbemalungen, die Blüten oder Zweige darstellten, kenntlich gemacht.

Riddarsholmen-Schiffsfund: bei Baggerarbeiten in Nordberg (Schweden) aufgefundene Schiffsreste aus der Zeit um 1375. Es handelt sich um ein klinkergebautes Fahrzeug von 15 m Länge und 4,5 m Breite mit Planken und Spanten aus Eiche. Im Unterschied dazu war das etwa 7 m lange Kielschwein (der auf dem Kiel innen aufgesetzte Längsbalken) aus Kiefernholz.

Rindenboot: in vielen waldreichen Gebieten der Erde von der einfachsten bis zur handwerklichen kunstvollen Ausführung infolge seiner einfachen Herstellung mit vielerorts verfügbaren Mitteln weit verbreitetes Flußboot von Naturvölkern. Rindenboote wurden wie Einbäume gepaddelt, gestakt oder zuweilen auch gesegelt. Als Baumaterial diente die in einem Stück von geeigneten Baumarten als Halbrundschale gewonnene Baumrinde. Mehrere Rindenstücke und die Bootsenden wurden mit präparierten Wurzeln, Bastfasern oder Lederriemen zusammengenäht (s. a. *Genähtes Schiff*) und die Nähte mit Harz, Asphalt oder anderen wasserdichten Stoffen abgedichtet.

Die indianischen Volksstämme im Norden Amerikas verwendeten die Rinde der Kiefer und der Tanne, die weiter südlich siedelnden nordamerikanischen Indianer bevorzugten Birkenrinde. Die Algonkinindianer im Gebiet der Hudsonbay und auf Labrador bauten ihre Boote ebenfalls aus Birkenrinde, nähten mit präparierten gespaltenen Kiefernwurzeln und dichteten die Nähte mit Harz ab. Von den Irokesen ist bekannt, daß sie ihre Boote kunstvoll aus der Rinde der Ulme bauten. Die bei den indianischen Booten durch das seitliche Zusammenziehen hochgezogene Bug- und Heckpartie wurde zum Vorbild für moderne *Kanadierboote*.

Im Nordosten Sibiriens zwischen dem Jenissej und dem Ochotskischen Meer sowie im Amurgebiet war das Rindenboot allgemein gebräuchlich. Hinsichtlich der Bauweise bestehen Ähnlichkeiten zu den nordamerikanischen Rindenbooten, die sibirischen Boote wurden jedoch meistens mit einem aussteifenden Spantengerüst und mit Längsleisten gebaut; genäht oder gebunden waren sie mit Weidengeflecht.

In Afrika kam das Rindenboot in einfacher Form in den Gebieten des Sambesi, des Kuneno und in Seengebieten Ostafrikas vor. An den Küsten Moçambiques baute man auch größere Rindenboote mit Spanten, Ruderbänken, Mast und Segel. Auch für die Gebirgsflüsse der Insel Borneo und im Nordwesten Australiens bauten die Ureinwohner Boote aus Baumrinden. Die leichten Rindenboote – ein Einmann-Rindenboot aus Birkenrinde wog etwa 20 kg – konnten über größere Landstrecken getragen werden und boten Schutz vor Witterungsunbilden.

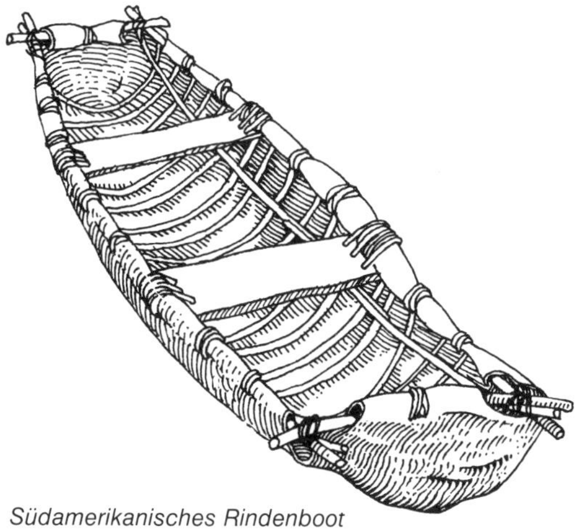

Südamerikanisches Rindenboot

Nordische Felszeichnung aus Ekensberg, Ostgotland [11]

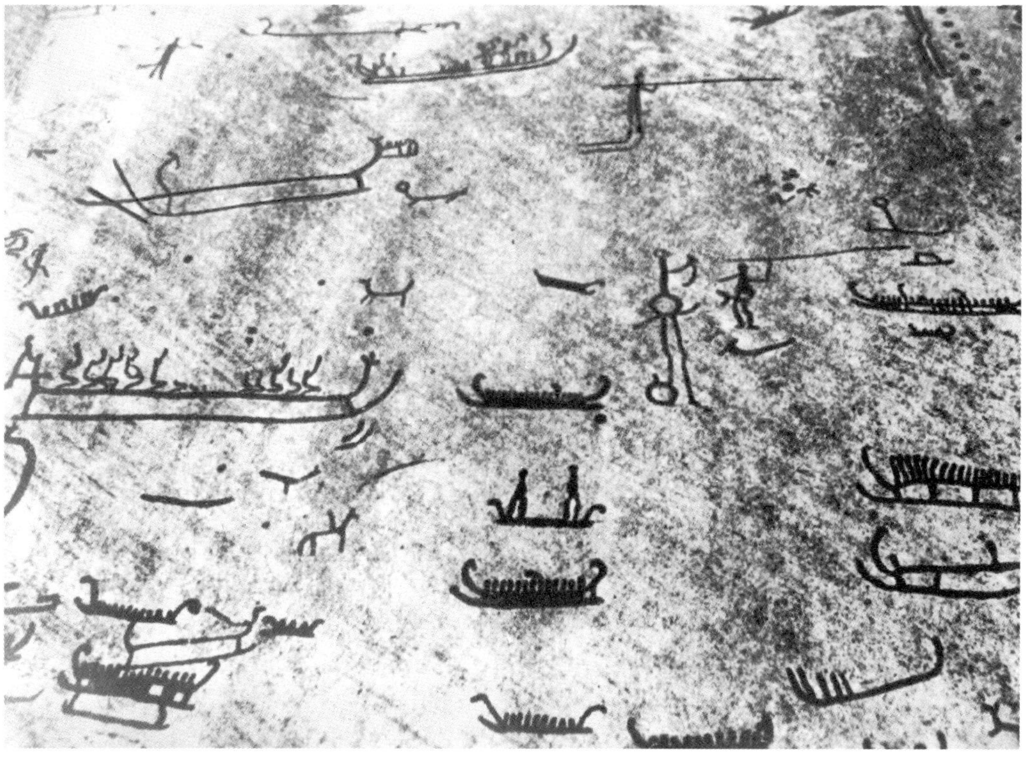

Felsritzungen aus Bohuslän, Südschweden [11]

Ringwaden-Logger: ein speziell für die Ringwadenfischerei ausgerüsteter Fischereilogger *(Logger)* mit einer dem *Seiner* ähnlichen Fangmethode. Die Ringwade wird beim Ringwadenlogger über die Bordseiten an Deck genommen (Seitenfang).

Ritzzeichen-Bootsdarstellungen, *Felsritzungen, Felszeichnung, Steinritzungen:* Darstellungen kultischer Symbole, Szenen und Schiffe durch Ritzungen auf Steinen oder Felsen aus frühen menschlichen Siedlungsgebieten. Für die frühgeschichtliche Erforschung auch des nordeuropäischen Siedlungsraumes gehören Steinritzungen zu den bedeutendsten erhalten gebliebenen Nachweisen, da es selbst aus dem ersten Jahrtausend der Zeitrechnung und den nachfolgenden Jahrhunderten nur wenig schriftliche Überlieferungen gibt. Zu den bedeutendsten Berichten mit Anmerkungen zur frühgeschichtlichen Entwicklung gehören die Darstellungen des römischen Geschichtsschreibers TACITUS in der »Germania« (98 u. Z.), die des arabischen, aus Cordova stammenden Kaufmannes AT-TARTUSCHI, der seinen Aufenthalt in Haithabu um 950 beschreibt, des Domherrn ADAM V. BREMEN, gestorben 1085, und der altnordischen Skaldenpoetik »Edda« aus dem 13. Jh.

Der skandinavische Siedlungsraum ist reich an Felsritzungen, von denen einige bereits aus der jüngeren Steinzeit stammen können, die Mehrzahl entstand jedoch in der Bronze- und frühen Eisenzeit etwa 2000 bis 800 v. u. Z. Besonders häufig sind Felsritzungen im westlichen Schweden nördlich Göteborg in der Provinz Bohuslän zu beiden Seiten der Seestraße (Bohuslän hieß in älterer Zeit Alfheimar und war von dem als Seeräuber berüchtigten Elfragrimar bewohnt). Weitere Felszeichnungen, schwedisch »hällristningar«, finden sich hauptsächlich im südöstlichen Schonen, in Ostgotland und auf der dänischen Insel Bornholm.

Die skandinavischen Ritzungen befinden sich stets auf fast ebenen Flächen von Felsplateaus, die von Gletschern glattgeschliffen wurden und wahrscheinlich als Kultstätten dienten, niemals jedoch auf senkrechten Felswänden. Die Annahme, daß es sich um Kultstätten handelte, stützt sich darauf, daß auf den Felsplateaus Brandstellen von Opferfeuern oder Totenverbrennungen nachgewiesen wurden. Neben Sonnenriten, rituellem Pflügen, Opfer- und Kampfszenen, Waffen, Wagen, Tieren, Menschen und Göttergestalten, die Vorstellungen und Leben der Bauernstämme symbolisieren, sind Hunderte unterschiedliche Schiffsbilder eingeritzt, die von der Verbundenheit der Menschen mit dem Meer zeugen. Da es sich um kultische Darstellungen handelt und diese außer den irdischen Objekten eine große Anzahl runder Punkte zeigen, die wahrscheinlich Sterne symbolisieren sollen, vermuten Historiker, daß die Schiffe als zwischen den Gestirnen fahrende »Gestirnschiffe« gedacht waren. Die Vorstellung, daß Sterne ihre eigenen Schiffe hätten, war im Altertum in Europa allgemein verbreitet. Eine Felsritzung aus Backa (Bohuslän) zeigt ein großes Himmelsbild mit Mond und Sonnenrädern und ein flaches Schiff mit 36 aufragenden Zeichen, die Personen oder Spanten darstellen sollen.

Besonders auffällig sind der häufig dargestellte Doppelsteven sowie die kultischen Bug- und Heckköpfe. Eine andere Ritzung stellt ein Gestirnschiff mit höherem Bord dar, das ein Gestirn trägt und von Sterngeistern getrieben wird, und ein weiteres Gestirnschiff aus dem Kirchspiel Bradstad (Bohuslän) zeigt an jedem Schiffsende eine ham-

merschwingende Göttergestalt und in der Schiffsmitte eine sich überschlagende Figur. Andere Darstellungen heben das Schiffsgerüst besonders hervor.
Ähnliche Darstellungen mit einfachen Felsritzungen vom Norden der Insel Bornholm beim Allinge enthalten die entsprechenden Elemente der Darstellungen von Bohuslän.
In Brandskogen am Mälarsee bei Stockholm blieb eine Felsritzung aus der Zeit um 1000 bis 800 v. u. Z. erhalten. Dieses als Brandskogboot bekannt gewordene Fahrzeug stellt ein Boot mit Doppelsteven und 6 in Fahrtrichtung stehenden Personen mit Paddeln, wahrscheinlich je Bootsseite gedacht, dar. An den hochgezogenen geschwungenen Stevenenden sind elchskopfähnliche Stevenköpfe zu erkennen. Unter dem Hintersteven ist symbolisch die Gestalt einer helfenden Gottheit dargestellt. Eine jüngere Ritzdarstellung, nicht auf Stein, sondern auf Holz aus dem 13. Jh., die bei Ausgrabungen bei Bergen geborgen wurde, befindet sich im Historisk Museum im norwegischen Bergen und stellt ein typisches nordisches *Drachenschiff* dar.
In der Kirche von Fide auf Gotland befindet sich ein erst vor einigen Jahrzehnten entdeckter Stein mit einer Ritzung aus der Mitte des 13. Jh., auf dem eine Frühform der *Kogge* bereits mit Heckruder dargestellt ist. Im Vergleich zu den nordeuropäischen Ritzdarstellungen gibt es in anderen frühen Siedlungszentren Ritzungen, die mehrere Tausend Jahre früher entstanden. Zu den ältesten Ritzzeichnungen der Welt zählt die etwa 8000 Jahre alte Darstellung eines Fahrzeuges mit Segel im südlichen Teil der heutigen Nubischen Wüste. Es stellt wahrscheinlich ein Papyrusfahrzeug dar, wie es auf dem Nil noch Jahrtausende später gebräuchlich war.

Verschiedene wiederkehrende Ritzsymbole

R-Klasse-Yacht: internationale Klasse von Segelsportyachten der *Konstruktionsklasse* mit festem, tiefgehendem Kiel, deren Bewertung nach einer im Jahre 1906 anläßlich der Gründung der IYRU eingeführten Rennwertformel

$$R = \frac{L + B + 1/2G + 3d + 1/3\sqrt{S} - F}{2}$$

erfolgte. Es bedeuten: L – Länge zwischen festgelegten Umfangsmaßen; B – Breite; G – Umfang im Bereich der größten Breite; d – Differenz zwischen der Länge eines straff um den Umfang gespannten Drahtes und dem tatsächlichen Umfang an gleicher Stelle; S – Segelfläche; F – ein Freibordmaß. So wurden die Yachten so ausgelegt, daß sich jeweils Rennwerte für R nach der Rennwertformel gerade unter 6, 8 oder 12 ergaben. Eine spätere Vermessungsformel wurde 1920 festgelegt mit $R = \frac{L + 2d + \sqrt{S} - F}{2{,}37}$
die als »International Rule« (engl. rule, Regel, Vorschrift) bekannt ist. Der von 1/2,0 auf 1/2,37 veränderte Faktor sollte die Veränderungen in den Konstruktionswasserlinienlängen berücksichtigen. Yachten einer Rennklasse sollen so gleichwertig sein, daß sie ohne Zeitvergütung (im Unterschied zu Ausgleichsklassen) starten und bewertet werden.
Bekannte R-Klassen waren die 5-, 5,5-, 6-, 8-, 10-, 12- und 14,5-m-R-Klasse. Der Rennwert einer Yacht ergibt sich unter Berücksichtigung von m in Meter und dem errechneten Formelwert R. Von der 8-m-R-Klasse aufwärts handelt es sich um Yachten mit Kajüte und Schlafplätzen. Im Laufe der Zeit setzten sich insbesondere die 3 Größen 6-, 8- und 12-m-R-Klassen durch. Die 14,5-m-R-Größe hatte noch bei der Regatta um den Amerika-Pokal Bedeutung, wegen ihrer Größe (20 m bzw. 65 Fuß Länge in der KWL) schied sie nach 1950 aus den Rennen aus. Die 12-m-R-Yacht als nunmehr größte R-Klasseyacht hat in der KWL etwa eine Länge von 13,5 m (44 Fuß), so daß auch die Boote der CR-Klasse (Cruiser-Racer) an Yachtrennen mit der R-Klasse teilnehmen können. Das internationale Segel-Klassezeichen der R-Klasse ist eine große schwarze Zahl, die den Rennwert angibt. Die Zahl gibt jedoch nicht direkt die Länge der Yacht in Metern an, sondern die Umrechnung nach der Rennwertformel. So hat z. B. ein 6-m-R-Boot das Segelzeichen »6«, eine Länge über alles von 10,5 bis 11,8 m und eine Länge in der KWL von 6,5 bis 7,2 m. Die Breite liegt zwischen 1,8 und 2,08 m, der Tiefgang bei 1,56 bis 1,68 m und die Verdrängung zwischen 3,6 und 4,3 t. Zur Rennbesatzung gehören 5 Mann, die Segelfläche beträgt 42 bis 44,3 m^2. Seit 1956 gehört das 6-m-R-Boot nicht mehr zur Olympiaklasse. Eine Yacht der 8-m-R-Konstruktionsklasse fährt mit 6 Mann Rennbesatzung, die Länge über alles beträgt 15 m und die Länge in der KWL 9,5 m. Bei einer Breite von etwa 2,5 m und etwa 2 m Tiefgang wird eine Segelfläche von etwa 80 m^2 gefahren.

Römisches Schiff, *Altrömisches Schiff:* klassisches römisches Seeschiff der Antike. Die Entwicklung des römischen Reiches zu einer das Mittelmeergebiet umfassend beherrschenden Seemacht drückt sich in der römischen Bezeichnung »mare internum« (inneres Meer) für das Mittelmeer aus. Dieser Entwicklung war der Niedergang der athenischen Vormachtstellung im östlichen und mittleren Teil des Mittelmeeres nach den Niederlagen in den Landkämpfen gegen ALEXANDER DEN GROSSEN vorangegangen. Mitte des 13. Jh. v. u. Z. begann Rom, die vorher von den Phöniziern, Griechen und Karthagern beherrschten Seeverbindungen auszubauen. Obwohl Rom wenige Jahre vor Ausbruch des 1. Punischen Krieges im Jahre 264 v. u. Z. mit Karthago (der letzte Punische Krieg fand 148 bis 146 v. u. Z. statt) kein nennenswertes Seewesen besaß, errang eine vom griechischen Geschichtsschreiber POLYBIOS (210 bis 127 v. u. Z.) beschriebene, aus 100 *Penteren* und 20 *Triremen* bestehende römische Kriegsflotte bereits im Jahre 260 v. u. Z. in der Seeschlacht bei Mylae, dem heutigen Milazzo (Sizilien), gegen die Karthager einen bedeutenden Sieg und versenkte bzw. eroberte 50 karthagische Schiffe. Die Landmacht Rom vollbrachte damit die erstaunliche Leistung, innerhalb weniger Jahre ohne eigene Erfahrungen eine schlagkräftige Kriegsflotte zu schaffen. Die im römischen Machtbereich verfügbaren Schiffe und fremde Seeleute wurden in römische Dienste übernommen und vor allem für Truppentransporte genutzt. Ebenso konsequent übernahm man von den in Jahrhunderten entstandenen griechischen Schiffstypen insbesondere die wendigen *Trieren*, die in der römischen Flotte »Triremen« genannt wurden. Es ist anzunehmen, daß die von POLYBIOS erwähnten 20 Triremen keine Neubauten, sondern vorhandene Schiffe süditalienischer Städte waren.

Ausschlaggebend für den Seesieg bei Mylae war jedoch die von den Römern aus den Landkämpfen auf den Seekrieg übertragene Kampftaktik. Um die vielfach erprobte Landkriegsstrategie des konzentrierten Einsatzes römischer Krieger auch in Seegefechten anwenden zu können, waren jedoch Schiffe mit im Vergleich zu den Trieren größerer Tragfähigkeit für mehr Fußsoldaten erforderlich.

Vorbild für diesen größeren Schiffstyp wurde die karthagische *Pentere*. Von einem auf dem Festland gegenüber Messina gestrandeten feindlichen Schiff wurden die Abmessungen und Bauweisen übernommen und Penteren (von den Römern *»Quinqueremen«* genannt) in kurzer Zeit in einer größeren Anzahl nachgebaut. Hinsichtlich der Schiffstypen glich man damit die fehlenden eigenen Erfahrungen durch den Nachbau bewährter fremder Schiffstypen aus. Den Mangel an erfahrenen Schiffszimmerern konnte Rom durch die in Süditalien ansässig gewordenen Griechen und Etrusker, aber auch durch eigene Zimmerleute aus dem Brücken- und Gebäudebau schnell überwinden.

Für die damaligen Verhältnisse erscheint auch die an Land erfolgte Vorausbildung der erforderlichen Ruderer bemerkenswert. So berichtet POLYBIOS, daß die Ruderer zur Ausbildung an Land auf Rudergerüsten saßen, die dieselbe Anordnung der Sitze wie die auf den Schiffen selbst hatten. In ihre Mitte stellten sie den Rudermeister und übten allen ein, sich zugleich zurückzulegen und dabei die Hände an sich zu ziehen und dann wieder sich vorzubeugen, die Arme zu strecken und nach dem Takt des Rudermeisters zu beginnen und aufzuhören.

Als bedeutendste von den Römern eingeführte technische Neuheit ist eine auf den Quinqueremen angebrachte schwere, drehbare Enterbrücke von etwa 9 m Länge und 1,20 m Breite, der sogenannte »Corvus« (lat., Brechstange), anzusehen. Die Erfindung wird dem römischen Konsul und Flottenführer G. DUILIUS zugeschrieben, der mit seiner Flotte den Seesieg über die Karthager errang. Diese Enterbrücke war um einen auf dem Vorschiff stehenden Pfosten (Pfahl) drehbar, während das vordere Ende, an dem sich ein Dorn befand, durch ein Takel hochgefahren wurde. Hatte eine römische Quinquereme sich einem feindlichen Schiff ausreichend genähert oder versuchte ein feindliches Schiff zu rammen, so ließ man die Enterbrücke auf das Deck des Gegners fallen, und der spitze Dorn bohrte sich ein. Über diese Brücke erstürmte das römische Fußvolk das feindliche Schiff und war dann dem Gegner meistens im landähnlichen Nahkampf überlegen.

Römisches Frachtschiff aus der Kaiserzeit auf dem Ostia-Torlonia-Relief [11]

Nach den Punischen Kriegen erforderte die sich schnell ausweitende römische Handelsschiffahrt den Schutz gegen das im Mittelmeer stark angestiegene Seeräubertum. Im 1. Jh. v. u. Z. wurden deshalb die als schnelle Piratenschiffe der illyrischen Liburner bekannte Liburnen mit einer Ruderreihe auf einem durchgängigen geschlossenen Deck nachgebaut.

Später entstand aus der *Liburne* die *Diere* (Zweireiher), von den Römern *»Biremen«* genannt. Auf den verschiedenen römischen Kriegsschiffen wurden auch erstmalig gefechtsturmähnliche Aufbauten oder Deckshäuser errichtet. Zeitliche Datierungen von Veränderungen der römischen Kriegsschiffstypen sind jedoch relativ unsicher, da Rom im Unterschied zu den Landheeren, auf die sich das mächtige Imperium stützte, nur selten eine ständige Kriegsflotte über mehrere Jahrzehnte unterhielt. Es gilt jedoch als sicher, daß die Flotte des OCTAVIAN, die in der Seeschlacht bei Actium die Flotte des ANTONIUS schlug, hauptsächlich aus Liburnen bestand.

Die römischen Kriegsschiffstypen (Liburne, Diere, Trireme, Quinquereme) waren Ruderschiffe mit zusätzlicher Besegelung und im Unterschied zu den vorwiegend gesegelten völligeren Lastschiffen relativ schmal gebaut, mit geringer Seitenhöhe und geringem Tiefgang, als »naves longae«, d. h. als »Langschiffe« – wie die Kriegsschiffe bezeichnet wurden – gebaut. Nach der Ausdehnung der römischen Macht auf den gesamten Mittelmeerbereich hatte die römische Handelsschiffahrt bedeutende Verbindungs- und Versorgungsaufgaben wahrzunehmen. Allein für die Versorgung der immer größer werdenden Stadt mit Weizen, Fleisch, Wein, Früchten und

Edelhölzern, aber auch für die Sklaventransporte baute Rom den Hafen Ostia und benötigte eine ganze Flotte. Infolge der großen Anzahl von Frachtschiffen und ihrer schweren Bauweise sind bedeutend mehr Nachweise von römischen Frachtschiffen gegenüber den leicht gebauten Kriegsschiffen erhalten geblieben. Verschiedene Quellen, u.a. J. HAUSEN, geben mehr als 40 nachgewiesene Funde römischer Frachtschiffe an, meistens mit Datierungen sowie Angaben zu Schiffsgröße, Abmessungen und Beladung.
Römische Frachtschiffe hatten demnach Tragfähigkeiten zwischen 60 und 300t. Bevorzugt wurden Schiffe mit 200 bis 300t Tragfähigkeit, deren Länge etwa 20m bei 6m Breite und 3m Tiefgang betrug. Die völlig gebauten Lastschiffe mit gerundetem Spantprofil hießen »naves onerariae« (lat. onerarius, Last tragend). Die Bauweise der Schiffe entspricht der des östlichen Mittelmeergebietes. Der auf Kiel gebaute Rumpf war grundsätzlich kraweelbeplankt, auf Spanten und mit durchgesteckten Decksbalken gebaut. Ob die Spanten vor oder nach dem Zusammenfügen der Außenhautplanken eingebaut wurden, ist nicht sicher bekannt. So zeigt z.B. ein Grabstein aus Ravenna einen Zimmermann beim Behauen eines Spantteiles vor einem fertig beplankten Schiff. Im durchgehenden, für den Getreidetransport sorgfältig abgedichteten Deck befanden sich Ladeluken. Am Vorschiff war ein vorstehender Balken für die Ankerhandhabung bzw. als Standplatz zum Loten, mitunter war auch ein kleines Vorstevengerüst vorhanden. Auf dem Achterschiff befand sich ein Deckshaus, zuweilen mit einer Galerie für die Schiffsführung und mitreisende Kaufleute oder Passagiere sowie zur kultischen Götterehrung häufiger ein geschwungener Schwanenhals mit vergoldetem Schwanenhaupt. Die beidseitigen Steuerruder waren durch eine gangbordähnliche Verschalung etwas geschützt und konnten bei schwerem Seegang gehievt werden, damit sie nicht zerschlugen.
Wenn die Gegebenheiten es erlaubten, verliefen auch die römischen Seewege hauptsächlich in Küstennähe, so daß häufiger an Land übernachtet werden konnte. Für das Kochen an Bord gebrauchte man transportable Kohlepfannen. Von der Zeitdauer solcher Seereisen und den Verhältnissen auf römischen Schiffen berichtet u.a. der Apostel PAULUS. So schildert er eine ungünstige Reise mit einem römischen Schiff von Phönizien (etwa dem heutigen Libanon) nach Rom, die 5 Monate dauerte. Die Größe des Schiffes und die beengten Verhältnisse kann man daran ermessen, daß insgesamt 276 Reisende mit ihrer Habe und mit Haustieren auf dem Schiff reisten. Neben den Schiffsfunden zeigen verschiedene Darstellungen, u.a. Mosaikbilder in einem Hause bei Ostia *(Ostia-Schiffsrelief, Torlonia-Schiffsrelief)* aus dem 1.Jh., die Besegelung der römischen Handelsschiffe. Die hochbordigen, völligen, von altersher als *»Corbitae«* bezeichneten Schiffe waren bereits reine Segelschiffe, bei denen Riemen nur noch als Manövrierhilfe benutzt werden konnten. An einem abgestagten Pfahlmast wurde ein großes viereckiges Rahsegel und über dem Großsegel ein kleines Dreieckssegel gefahren. An einem kurzen Schrägmast trug das Vorschiff ein weiteres, kleineres Rahse-

Roskilde-Lastschiff, Länge 15,5m, Breite 4,5m

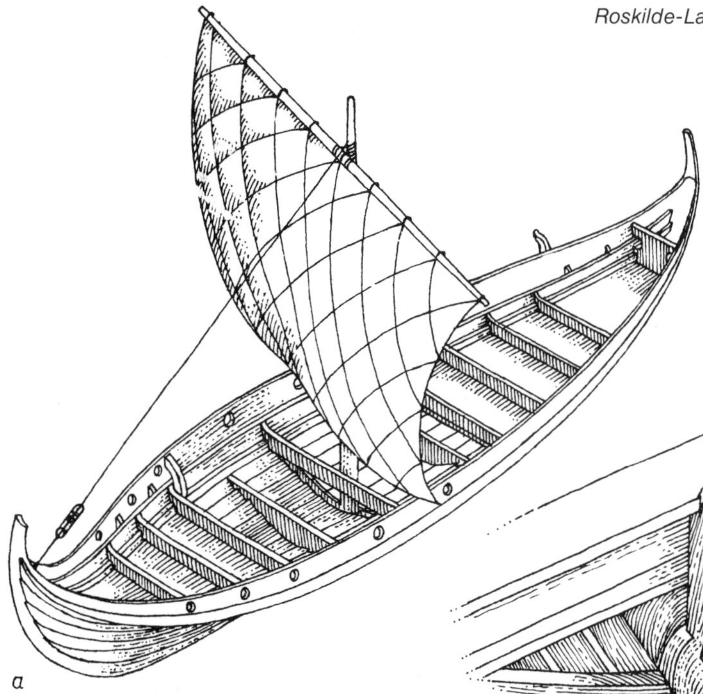

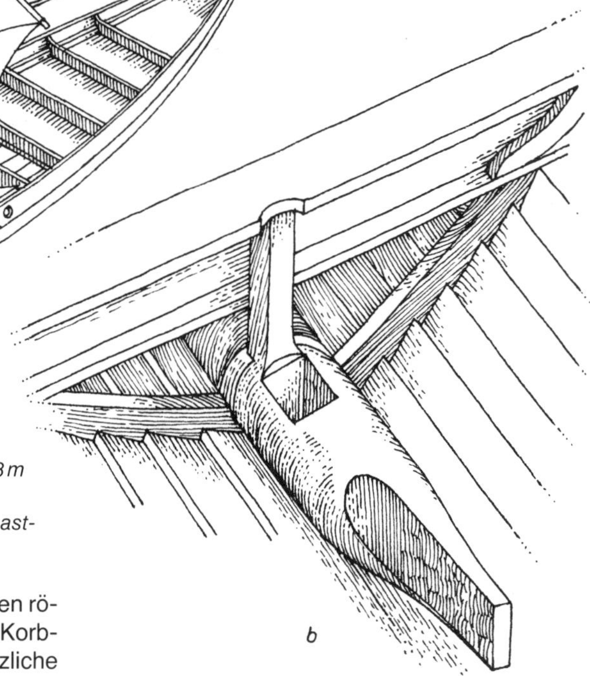

a) Roskilde-Lastschiff, Länge 13,3m, Breite 3,3m

b) Abgestützter Mastschuh auf den Roskilde-Lastschiffen

gel, das Artemon. Als kleine Beiboote führten römische Schiffe an Deck lederbezogene Korbboote mit, die sie »Carabi« nannten. Zusätzliche Einsichten in das schiffbauliche Können der Römer vermittelt auch der *Nemisee-Schiffsfund*.

Roskilde-Schiffsfund: Schiffsfund in der Fahrrinne des Roskildefjords bei Skuldelev in der Nähe des historischen Roskilde auf der dänischen Insel Seeland, der aus Wrackteilen einer sich aus 5 im 8. bzw. 9.Jh. versenkten Wikingerschiffen zusammensetzenden Schiffssperre besteht. Während der Wikingerzeit um 1000 bis 1100 war Roskilde eine bedeutende Handelsstätte mit einem Königshof und einer Domkirche. Um feindliche Schiffe an der Einfahrt zu hindern, hatte man eigene Schiffe mit Steinen beladen und neben und teilweise übereinander versenkt.
Das dänische Nationalmuseum begann 1957 mit den archäologischen Untersuchungen und veranlaßte, daß 1962 die Fundstelle von etwa 1600 m^2 durch eine Spundwand umgrenzt und trockengelegt wurde, da durch starke Strömungen Taucherbergungen nicht möglich waren. Unter Leitung von O. OLSEN und O. CRUMLIN-PEDERSEN untersuchten und bargen etwa 20 Archäologen in mühevoller Kleinarbeit ungefähr 50000 vorwiegend aus Eichenholz bestehende Einzelstücke. Um die Teile zu erhalten, wurden sie zunächst feucht gehalten, danach mit einer Formalinlösung besprüht, in Plastfolien verpackt und anschließend je nach Größe zwischen 6 Monaten und 2 Jahren in Polyäthylenglykol-Konservierungsbädern gelagert. Für die Aufstellung der rekonstruierten Schiffe wurde am Roskildefjord ein modernes Museum errichtet. Bei allen 5 Fahrzeugen handelt es sich um typische Wikingerschiffe aus dem 8. bzw. 9.Jh., ähnlich den *Nydam-*, *Oseberg* oder *Gokstad-Funden.*
Das größte der Wracks war ein Dreißigbänker-Langschiff (Kriegsschiff) für 50 bis 60 Krieger von etwa 28m Länge. Dieses typische Schiff für ausgedehnte Wikinger-Entdeckungs- und -Raubfahrten hat als Ruderschiff Riemenlöcher über die ganze Schiffslänge und ist zusätzlich zum Segeln ausgerüstet.
Zu den Funden gehört weiter ein kleineres, ebenfalls schlank gebautes Kriegsschiff, wie es für küstennähere Fahrten in der Ost- und Nordsee häufiger benutzt wurde. Es ist 18m lang und etwa 4,0m breit; Riemenlöcher sind für insgesamt 24 Ruderer eingearbeitet.
Außerdem gehören auch 2 Lastschiffe zu den Funden. Das größere hat eine Länge von 15,5m und ist 4,5m breit, die Bordhöhe (Seitenhöhe) beträgt 1,9m. Über etwa ein Drittel der Schiffs-

länge sind die Schiffsenden jeweils durch einen weiteren, nicht durchgehenden Plankengang verstärkt. Es handelt sich um einen der *Knorr* (Vortyp der *Kogge*) entsprechenden Segel-Ruder-Schiffstyp, der sich durch seine Bauweise bereits gut für den Transport einer größeren Personenzahl mit Hausrat und Haustieren über größere Seestrecken, zum Beispiel nach Island und Grönland, eignete.
Das zweite Lastschiff ist mit 13,3 m Länge, 3,3 m Breite und 1,6 m Bordhöhe kleiner; in der Bauweise bestehen keine wesentlichen Unterschiede. Es ist ebenfalls segelbar und könnte im Ostseebereich als Küstensegler benutzt worden sein. Das fünfte Wrack war wahrscheinlich ein Fischer- oder Fährboot von 12 m Länge, 2,5 m Breite und 1,2 m Bordhöhe. Es ist ebenfalls segelbar, Anzeichen für Riemenführungen wurden nicht festgestellt.
Gegenüber früheren, etwa 100 Jahre älteren Wikingerschiffen sind einige Verbesserungen vorhanden. Die Planken der klinkerbeplankten Schiffe sind ähnlich wie bei früheren Wikingerfahrzeugen miteinander vernietet, die Spanten sind an der Plankeninnenseite jedoch bereits sägenartig dem Plankenprofil angepaßt und fest angenietet. Diese Bauweise findet sich auch beim *Ladby-Schiff* (Fünen, Dänemark, 9. bis 10. Jh.), dem *Baumgarth-Boot* (ehemals Westpreußen, 10. bis 11. Jh.) oder am *Kalmar-Boot* (Südschweden, Mitte 13. Jh.).
Auch die Mastaufstellung zeigt Fortschritte. Der Mast steht nicht mehr frei in einem großen Mastschuh, sondern wird an seinem Unterteil durch eine mit dem Schiffsverband fest verbunden ausgearbeiteten Dwarsbalken abgestützt. Statt der Kniehölzer wurde der Querbalken durch Längshölzer an den oberen Plankengängen befestigt.

Ruderboot: Sammelbezeichnung für alle Arten mittels Riemen (Remen) oder Skulls geruderter Boote. Für Ruderer ist auch der ältere Ausdruck »Rojer« noch gebräuchlich. Das Rudern wird seemännisch auch als »Pullen« (engl. to pull, ziehen, reißen) bezeichnet, »Pullen« wird jedoch nicht auf das Sportrudern angewandt.
Beim Rudern sitzt der Ruderer mit dem Rücken zur Fahrtrichtung im Unterschied zum Paddeln oder Wriggen. Der Riemen wird mit beiden Armen bewegt, beim Sportrudern ist er etwa 3,75 m lang und hat eine Masse von ungefähr 4 kg. Im Unterschied zum Riemen gibt es die paarweise je mit einem Arm bewegten kleineren Skulls, deren Länge etwa 2,95 m bei einer Masse von ungefähr 2 kg beträgt. Das Auf- oder Einlegen der Riemen oder Skulls auf die Bordwand kann in Dollen oder Einschnitten (Dollen- oder Inriggerboot) oder auf seitlichen Auslegern (Auslegeroder Outriggerboot) erfolgen.
Beim modernen Rudern werden die Riemen oder Skulls lang durchgezogen. Diese Rudertechnik war aber im Altertum und auch im frühen Mittelalter auf Fahrzeugen mit vielen Ruderern nicht üblich. Die Ruderer saßen auf dicht angeordnteten Ruderbänken und bewegten die Riemen in kurz anreißender Bewegungsart, die auch als »Türkisch Rudern« bezeichnet wird. Bei der Längenbeurteilung der türkischen, arabischen oder römischen Ruderschiffe aus der Anzahl der Ruder in einer Ruderreihe ist diese Besonderheit zu beachten. Auch bei Wikingerschiffen und Galeeren wurde noch kurz gerudert.

Ruderkanonenboot: siehe Kanonenboot

Rundgattschiff, *Rundgattewer:* allgemeine Bezeichnung für Schiffe, bei denen das Heck im Unterschied zum Spitzgattschiff und *Plattgattschiff* mit Spiegelheck im hinteren Decksbereich stark abgerundet ist. So war z. B. der Rundgattewer einer der jüngsten Frachtewertypen. Durch den Eisen- und Stahlschiffbau und den späteren Propellerantrieb wurde das sogenannte »Rundgatt« (»Rundheck« bzw. »Dampferheck«) gebräuchlich. Die in der bisherigen Holzbauweise mit dem weniger arbeitsaufwendigen Spiegelheck gebauten *Ewer* wurden diesem Stil angepaßt oder neuere Stahl-Frachtewer mit Rundgatt gebaut. Zahlreiche Holzewer mit Rundgatt baute man von 1900 bis 1909 in Stade und in Gräpel (Oste).

Rundspantboot: auf die Spantform bezogene Bootsbezeichnung. Rundspante werden bei den meisten Sportbooten angewendet. Im Unterschied zum Rundspant gibt es weitere Spantformen, wie Knickspante beim *Knickspantboot*.

Rybniza: russische Bezeichnung für einen kleinen Fischerkahn ohne Mast und Segel oder mit einem Luggersegel an einem kurzen Mast.

Russische Rybniza

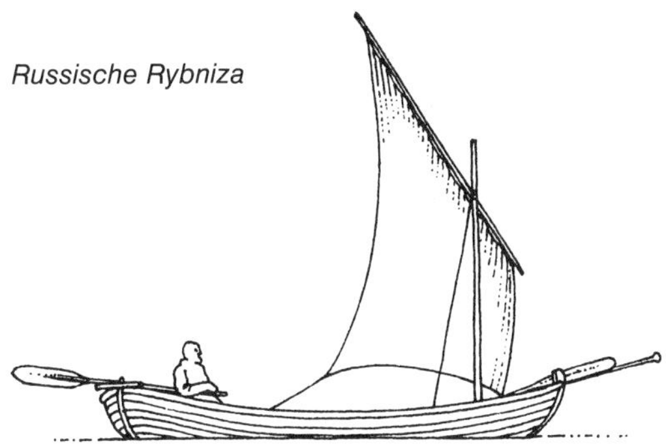

S

Sachsenschlupp: siehe Sprietkahn

Sacksicken, *Fischsicken:* an der südlichen Ostsee ein mit Sprietsegeln fahrendes zweimastiges Sohlenkielboot *(Kielboot)* von 5 bis 7 m Länge, 1,5 bis 2,5 m Breite. Je nach Größe des Bootes bestand die geklinkerte Außenhaut aus 3 oder 4 Plankengängen. Der kürzere Mast stand sehr weit vorn. Der Sicken, ein mit dem Außenwasser in Verbindung stehender Fischbehälter (s. a. *Bünnboot*), befand sich im mittleren Bootsteil.

Sackspantboot: siehe U-Spantboot

Sadka: im 19. Jh. die Bezeichnung für eine große russische *Barke* (russ. sadok, Behälter) zum Holztransport in das damalige St. Petersburg (Leningrad). Die grob und klobig gebauten Fahrzeuge fuhren mit einem großen Rahsegel.

Saetta, *Saettia:* arabisch-algerisches Ruder-Segelboot von etwa 15 m Länge mit einem lateinbesegelten Mast.

Sagitta, *Sagittia:* im 12. und 13. Jh. ein im Vergleich zu den *Galeeren* relativ kleines schnelleres Schiff, dessen Antrieb sowohl durch Segel als auch durch Riemen erfolgte. In den genuesischen und sizilianischen Flotten wurde es als Kurier- und Aufklärungsschiff eingesetzt, aber auch allgemein als Handels- und Fischereischiff verwendet. In den zeitgenössischen Berichten wird von 48 und 58 Ruderern gesprochen; es werden jedoch keine speziellen Unterscheidungsmerkmale zur Galeere genannt.

Sahu-Re-Relief-Schiffe: detaillierte Darstellungen damaliger seegehender ägyptischer Schiffe auf Reliefplatten und Inschriften des 1907/08 durch die Deutsche Orient-Gesellschaft bei Abussir gefundenen Grabtempels des Pharao SAHU-RE aus der 5. Dynastie (etwa 2500 v. u. Z.). Teile der Reliefs befinden sich in Berliner und Hamburger Museen.
Die Schiffe waren mit den ermittelten Abmessungen von etwa 18 m Länge, 4 m Breite und 1,2 m Tiefgang verhältnismäßig klein im Vergleich zu anderen Nachweisen der gleichen Epoche, wie den Hatschepsut- oder den etwa 42 m langen Pehenukaschiffen. Aus den Inschriften geht hervor, daß mit diesen Schiffen im dreizehnten Regierungsjahr des SAHU-RE eine erfolgreiche Fahrt nach dem Lande Punt unternommen wurde, von dem sie mit 80000 Maß Myrrhe, 6000 Maß Elektrum (Goldlegierung) und 2600 Stämmen einer seltenen Holzart zurückkehrten. Möglicherweise erklärt dieses Reiseziel die geringe Schiffsgröße, da andere Quellen besagen, daß man Schiffe in Einzelteile zerlegte und über Land vom Nil an die Küste des Roten Meeres brachte.
Im Unterschied zu den schlank auslaufenden, den bootsförmigen Papyrusflößen ähnlichen Bootsenden der Nilfahrzeuge sind die Steven pallusartig senkrecht aufsteigend, so daß sich die Schiffslänge und damit die Belastung an den Enden bei Seegang entsprechend verringert. Zur Entlastung des Schiffskörpers, insbesondere um das Absenken der Schiffsenden zu vermeiden, diente eine dicke Trosse, die als Spanntau über 2 gabelartige Stützen vom Bug zum Heck führte und durch einen Drehknüppel gespannt wurde. Um den Schiffsrumpf war außerdem der von früheren ägyptischen Schiffen bereits bekannte doppelte Trossengürtel mit der zickzackförmig verlaufenden dünneren Abstandstrosse gelegt. Der ebenfalls übliche Bipodmast (A- bzw. Zweibeinmast) ist niedergelegt dargestellt, da die Schiffe während der Abreise und nach der Heimkehr gezeigt werden.

Sakkara-Relief-Schiffe: auf Grabreliefs des hohen Beamten TI aus der 5. Dynastie (2480 bis 2350 v. u. Z.) nahe der altägyptischen Stadt Memphis entdeckte detaillierte Darstellungen von Schiffen, die sich noch im Bau befanden. Die Reliefs zeigen verschiedene Schiffsgrößen und Bauweisen mit flachem Boden und einfachen Schiffsenden sowie schlankere, abgerundete Schiffskörper. Außerdem werden Handwerker bei schiffstypischen Holzarbeiten, wie Zurechtsägen von Balken, Einarbeiten von Dübellöchern, Aufsetzen der Planken und glättendem Behauen des fertigen Schiffsrumpfes mit dechselähnlichen Werkzeugen, dargestellt. Auf dem Relief sind verschiedene handwerkliche Einzelheiten erkennbar, so eine an einem Seil

Ägyptische Mittelmeerschiffe um 2500 v. u. Z., Relief aus dem Pyramidengrab des Pharao Sahu-Re

Ausschnitt aus dem Sakarra-Relief vom Grabe des hohen Beamten TI, Bau ägyptischer Holztahrzeuge um 2500 v. u. Z.

hochgezogene Planke mit 7 Dübeln, die durch 2 Arbeiter und den anleitenden Vorarbeiter angesetzt wird. Wie auf ähnlichen Darstellungen üblich, sind die Personen im Vergleich zu den Schiffen überproportional groß dargestellt.

Sakoleva: schlankes zwei- bis dreimastiges mittelgroßes Segelschifff des östlichen Mittelmeeres. In abweichender Bauweise und Takelung gab es diesen Schiffstyp bis zum Ende der Segelschiffszeit bei den Griechen, Ägyptern, Türken und Syriern. Allen Arten gemeinsam waren der auffällig große Sprung und die beibehaltenen Pfahlmaste. Beim dreimastigen Schiff stand der größte Mast auf halber Schiffslänge mit Neigung nach vorn und führte an Querrahen Mars- und Bramsegel. Die anderen beiden Maste oder zweimastige Schiffe fuhren mit Schrägrah- oder Gaffelsegeln.

Zweimastige Sakoleva

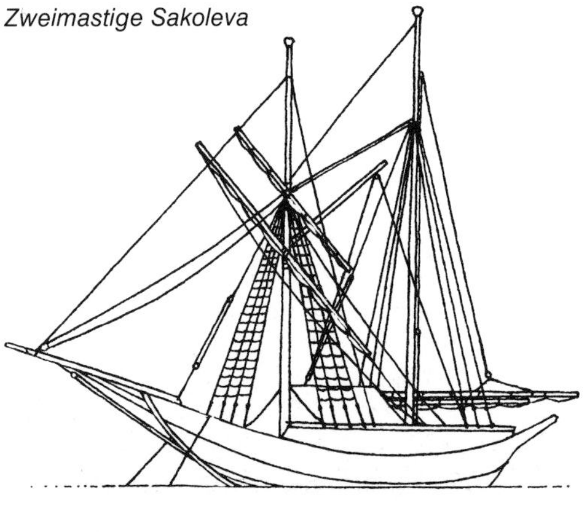

Salerno-Corbitarelief

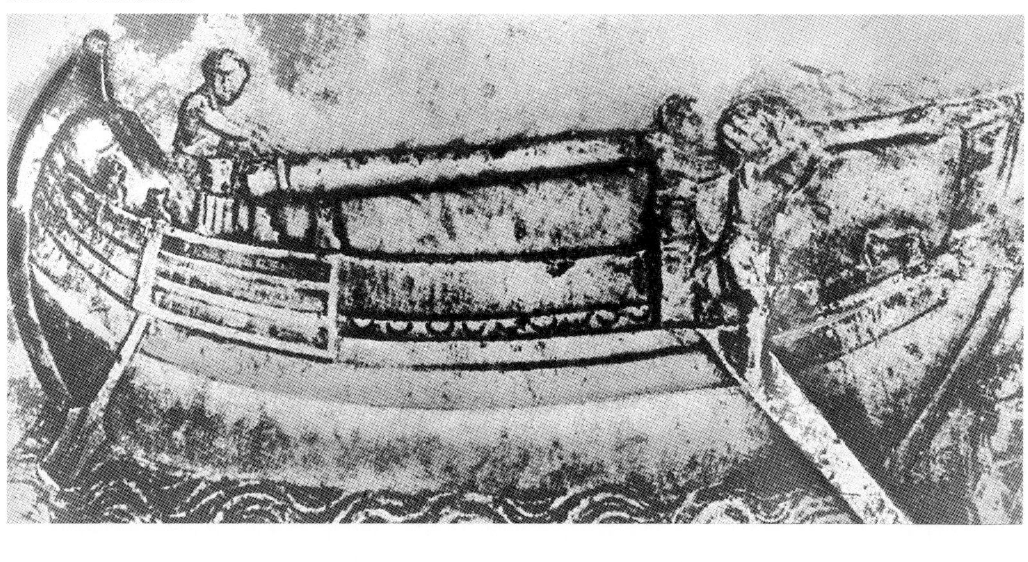

Salamba: ein Floß aus Bambusstämmen auf Manila, auf dem ein schräg ausladendes Zweinbeingerüst montiert ist, mit dem die Fischer das an langen Bambusstengen eingehängte Netz aufholen.

Salerno-Corbitarelief: Flachrelief in der Kathedrale von Salerno nahe Venedig, das das römische Frachtschiff, die *Corbita*, beim Löschen einer Sackladung zeigt. Eine Besonderheit ist an dem umgelegten Mast zu erkennen: Er ist beidseitig mit Holzklötzen zur Erleichterung des Mastbesteigens versehen.

Sambuk, *Sambuke:* zu den arabischen Dautypen zählendes zweimastiges schnelles Segelschiff. Neben *Baggala* und *Bum* gehört die Sambuk oder Sambuke noch heute zu den bekanntesten Dauarten *(Dau)* an den arabischen, ostafrikanischen und indischen Küsten. Der hochseetüchtige Segler hat einen scharf gebauten, niedrigen Schiffsrumpf, dessen Länge über alles das 4,2fache der Schiffsbreite beträgt. Die Länge in der Schwimmwasserlinie hat etwa die 3,7fache Schiffsbreite. Die Fahrzeuge hatten Tragfähigkeiten zwischen 15 und 50t. Hinsichtlich der Schiffslinien ähnelt die Sambuk sehr der viel kleineren *Khalissa*. Das Heck endet beim Unterwasserschiff in einem Spitzgatt und verbreitert sich oberhalb der Wasserlinie zum Plattgatt. Ein durchgehendes Deck erstreckt sich bis an die achtern stehende kurze Poophütte mit dem tiefer liegenden Hüttenboden. Der in der Höhe des Hauptspants stehende Großmast ist etwa um 10° nach vorn geneigt und trägt an der aus 2 oder 3 Spieren zusammengesetzten schrägen Großrah das trapezförmige Dau-Großsegel. Der wesentlich kleinere Besanmast mit dem kleineren Besan-Dausegel hat im Unterschied zum Großmast keinen oder nur geringen Vorfall. Zwischen der Sambuke und der portugiesischen *Karavelle* des 15.Jh. sind hinsichtlich der Schiffsformen einige Ähnlichkeiten unverkennbar. Während die größeren westeuropäischen Segelschiffe bis zur Mitte des 15.Jh. besonders kurz, breit und völlig mit hohen Vor- und Achterkastellen wie die *Nao* oder die *Karacke* gebaut waren, kam mit der Karavelle ein völlig anderer Typ des leichteren und wendigeren Schnellseglers in Westeuropa auf, der sich gut für Entdekkungsfahrten eignete. Da die iberische Halbinsel über viele Jahrhunderte von arabischen Mauren beherrscht war und sich erst im 15. Jh. die Rückeroberung (Reconquista) durch Christen vollzog, kann die arabische Sambuke in verschiedener Hinsicht als Vorbild für die Karavelle angesehen werden.

Samoreus: siehe Rheinschiffe

Sampan: dem malayischen Raum entstammende Bezeichnung, die aus dem chinesischen Ausdruck »shan-pan« entstanden ist, der sinngemäß soviel wie »drei Planken« bedeutet. Diese Bezeichnung charakterisiert treffend die Bauweise der auf chinesischen Flüssen weit verbreiteten, aber auch in Indien, Malaya und Japan vorkommenden 3 bis 10 m langen und einfach gebauten Plankenboote mit flachem Boden und vorn spitz ohne Spanten zusammengeführten Seitenplanken. Am breiten, ungedeckten Heck waren i. allg. die oberen seitlichen Planken länger als der eigentliche Bootskörper, so daß ein Überhang entstand, an dem ein relativ langer Wriggriemen befestigt war, mit dem gleichzeitig gesteuert wurde. Im seemännischen Sprachgebrauch wurde später daraus eine zum Teil abwertende Bezeichnung für alle Arten einfacher Wasserfahrzeuge.
Außer der chinesichen Grundform gab es größere Sampans in ähnlicher Bauweise als Wohn- und Transportboote. Die größeren Sampans hatten meistens ein geschlossenes Deck mit Aufbauten und wurden durch Riemen und Segel an 1 oder 2 Masten angetrieben oder durch Ruderboote geschleppt bzw. durch Menschen und Zugtiere auf Treidelpfaden neben den Flüssen gezogen. Die typischen Matten- oder Baumwollsegel wurden mit Ober- und Unterbäumen sowie dazwischenliegenden Bambusstangen am freistehenden Mast ohne Wanten und Stagen gefahren. Der etwas schräge Oberbaum, die Stangen und der Unterbaum waren rackähnlich am freistehenden Pfahlmast je nach Windeinfall und -stärke schwenk- und reffbar. Angeregt durch europäische und nordamerikanische Schiffe mit maschinenangetriebenen Schaufelrädern gab es auf chinesischen Flüssen auch einige Plankenschiffe mit Schaufelrädern, die durch »Tretmühlen« von Menschen angetrieben wurden.

Sambuke, ein schnellsegelnder jüngerer Dautyp, Modell [13]

Bei Kanton gefundenes Tonmodell eines Sampan aus dem 1. Jh. u. Z.

Sandale: ein- oder zweimastiges, mit Lateinsegeln getakeltes arabisches Fischerei- und Frachtfahrzeug des 19. und 20. Jh. von etwa 12 m Länge und 3 m Breite.

Chinesischer Sampan zur Personenbeförderung mit Wrigg-Riemen

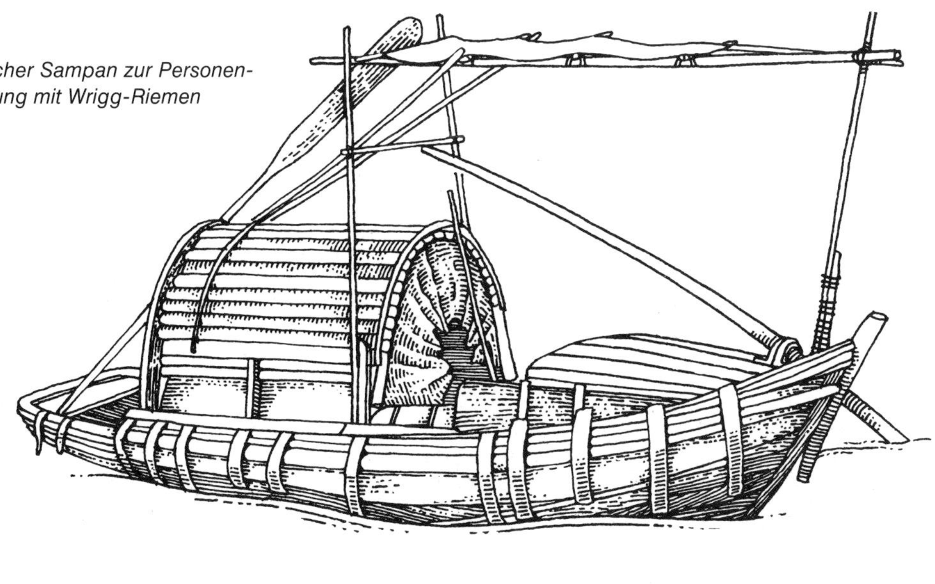

Einmastige arabische Sandale

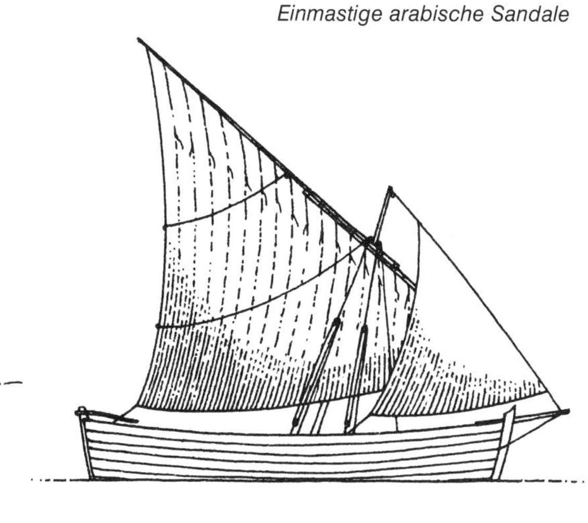

Zweimastige arabische Sandale

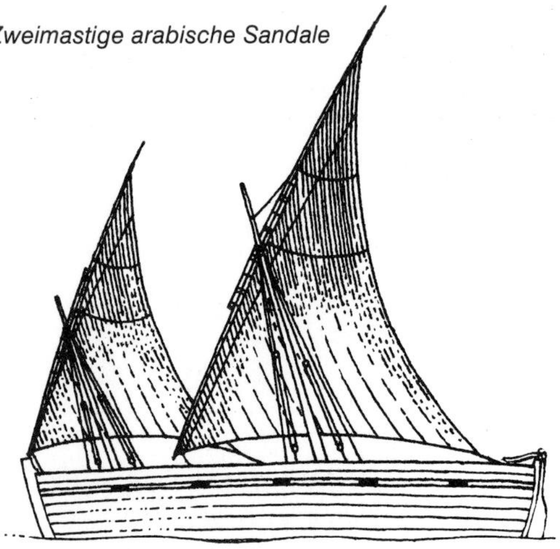

Sandboot, *»Sandbagger«:* um die Mitte des 19. Jh. gefahrene übertakelte Segelyacht, die zur Verringerung der aus dem übermäßigen Segeldruck resultierenden Krängung an Deck als Ausgleichsballast handliche Säcke mit je 25 kg Sandfüllung geladen hatte. Bei Segelmanövern mußten auf diesen als »Sandboote« bezeichneten Seglern die Sandsäcke durch die Mannschaft jeweils auf die Luvseite (Windseite) gebracht werden. Im seemännischen Sprachgebrauch war wegen dieses Umstauens auch die Bezeichnung »Sandbagger« üblich. Da es zu häufigen Kenterunfällen bei plötzlichen Änderungen der Windrichtung kam, wurde ab 1885 auf Yachten das Fahren von transportablem Ballast untersagt.
Als Sandboote wurden an der mecklenburgischen Küste außerdem Boote bezeichnet, die für die Kies- und Sandgewinnung aus der See verwendet wurden. Diese Boote waren von sehr unterschiedlicher Bauart, und ihre Tragfähigkeit konnte 2 t, aber auch 25 t betragen. Die meistens von 2 Personen gefahrenen Boote waren mit Sprietsegel, später auch mit Gaffelsegel ohne Giekbaum getakelt.

Sangara: an der Küste des Roten Meeres ein aus Baumstämmen hergestelltes Fahrzeug, das noch im 19. Jh. Personen und Lasten beförderte.

Sanitätsboot: besonders gekennzeichnetes Boot, das im 19. Jh. in Häfen und auf Reede zur Beförderung der Hygieneaufsichten und des medizinischen Personals an Bord der einlaufenden Schiffe diente.

Santorin-Schiff: siehe Thêra-Fresko-Schiffsdarstellung

Sayke, *Sayken:* siehe Tschaike

Scamparia: im 19. Jh. die italienische Bezeichnung für ein kleines, ungedecktes Paketboot, das jedoch zum Schutz vor Seeräubern mit einer Kanone versehen war.

Scapha: aus dem Griechischen übernommene lateinische Bezeichnung für Kahn, Boot oder Nachen; im wesentlichen also ein kleines Fahrzeug, dessen Antrieb durch Riemen oder Paddel erfolgte. Das germanische »Schiff« ist etymologisch mit diesem Wort verwandt.

Schachtur: ein auf dem Euphrat (Irak) gebräuchliches 7 bis 10 m langes, einfaches kastenförmiges Bretterboot mit flachem Boden und geraden Seiten- und Stirnwänden.

Schaluppe: Bezeichnung aus der Segelschiffszeit, insbesondere um die Mitte des 19. Jh. für das größte oder zweitgrößte an Bord mitgeführte ruderbare oder mit 1 oder 2 niedrigen Masten gesegelte Beiboot. Andere Beiboote waren *Barkasse*, *Jolle* und *Gig* sowie später der *Kutter*, der die Schaluppe infolge seiner günstigeren Eigenschaften ersetzte. Auf Kauffahrteischiffen diente die Schaluppe zur Verbindung mit dem Land, zur Übernahme von Wasser und Proviant und zum Ankerausbringen. Grönlandfahrer hatten 6 bis 7 Schaluppen an Bord, und Kriegsschiffe fuhren je nach Größe mehrere Schaluppen. In der deutschen Marine hieß das größte Beiboot »Labberboot« und auf englischen Kriegsschiffen »barge«. Außerdem unterschied man die dem Kapitän und den Offizieren vorbehaltene Kapitänsschaluppe von den für allgemeine Aufgaben und Mannschaftsfahrten eingesetzten Travaljeschaluppen.
Nach ihrer Form und Bauweise waren es relativ kurze und breite, auf Kiel mit aufkimmendem Boden und mittelscharfen Spanten kraweel- oder klinkergebaute Boote. Der Vorsteven war senkrecht oder leicht vorfallend, und das Achterschiff lief in ein spitzes, gerundetes oder abgeplattetes Heck aus. Neben den Schaluppen-Beibooten gab es verschiedene selbständig operierende Schaluppentypen für Häfen-, Küsten- und Zollzwecke oder als Badeschaluppen. Eine gewisse Bedeutung erlangten die Kanonenschaluppen. Es waren schwer gebaute Ruderboote mit 30 bis 40 Rudern und Hilfsbesegelung, die ein relativ großes Buggeschütz (i.d.R. einen 24-Pfünder) führten, wie die französische Chaloupe-Canonnière im Mittelmeer. Durch ihre Wendigkeit, Schußrichtung und -weite konnten sie selbst größeren Schiffen gefährlich werden.
Außerdem gab es einmastige Schaluppen als Fischereischiffe bis etwa 40 t Verdrängung in der Nordsee und als Frachtsegler bis zu 50 t Tragfähigkeit im Ostseeraum. Im Unterschied zum Kutter waren die Schiffe gröber gebaut und einfacher ausgerüstet und besegelt. Sie fuhren statt der 2 oder 3 Vorsegel des Kutters meistens nur ein Vorsegel an dem nach hinten geneigten, durch eine Stenge verlängerten Mast.
Aus den verschiedenen Formen der Schaluppe wurde für Sportzwecke die einfache Sluptakelung für Slupyachten übernommen. In der ersten Jahrhunderthälfte gab es auch noch modernere, als »Slup«, »Slop« oder »Sloop« bezeichnete Schaluppen-Frachtsegler.

Schärenkreuzer: eine für die ostschwedischen und finnischen Küstengewässer mit den vielen vorgelagerten flachen Felseninseln (Schären) entwickelte schwere Kreuzeryacht mit langen Überhängen und einer auffallend großen Länge im Verhältnis zur Schiffsbreite. Ausreichende Querstabilität erhielt der Schärenkreuzer durch einen schweren, tiefgehenden Ballastkiel, so daß eine besonders hohe, aber schmale Takelage gefahren werden konnte. Dieses zwischen 1920 und 1935 für schnelle Segelyachten neue Konzept beeinflußte nachhaltig den Yachtbau der Ostseeanlieger. Mit den Schärenkreuzern (22 m^2, 30 m^2, 40 m^2, 55 m^2 und 75 m^2 Segelfläche) entstand eine vollständige Schärenkreuzer-Klasse. Davon gehört der 30-m^2-Schärenkreuzer der Internationalen *Konstruktionsklasse* an und trägt das Segelzeichen »30« für 30 m^2 Segelfläche. Seine Verdrängung beträgt 2 t bei 11,35 m Länge über alles und 7,65 m in der Konstruktionswasserlinie, 2 m Breite und 1,35 m Tiefgang. Gesegelt wird mit 3 Mann Besatzung.

Scharpie, *Sharpie:* Knickspant-Segelboot mit plattem Boden, eckiger Kimm sowie senkrechten oder schräg ausfallenden Seitenwänden. Bei einer

Segelregatta deutscher 30-m^2-Schärenkreuzer

Schaluppe

1 *Chaloupe Canonnière*
2 *Österreich-ungarische Schaluppe, 17. Jh.*
3 *Schaluppe mit geteiltem Rahsegel, nach Tiedemann 1880*
4 *Chaloupe-Pilote*
5 *Französische Lotsenschaluppe*
6 *Kleine Schaluppe mit Doppelriemen, 1880*
7 *Kleine Schaluppe mit Einzelriemen, 1880*
8 *Draufsicht und Seitenansicht einer Schaluppe nach Pâris*
9 *Schaluppe 1768 nach Chapman*
10 *Duchten und Dollen von Beiboot-Schaluppen*
11 *Spantbauweise einer Schaluppe*
12 *Aussetzen und Anbordnehmen einer Schaluppe mit Stag-Ladetakel*
13 *Angeschlagener Violinblock, Teil der Aussetztakelung*

Schebecke

1 *Spanische Schebecke von 1735*
2 *Französische Pinke nach Lascallier, 1790*
3 *Französische Polacker-Schebecke nach Jean Jouve, 1679*
4 *Verschiedene Masttoppen*
5 *Wantentakel mit Knebel*
6 *Masttopp mit Fall für die Lateinrah, Rack, obere Blöcke der Pardunen sowie Gordings-Leitblöcke*
7 *Französische Schebecke, 18.Jh.*
8 *Rumpfschnitt in Hauptmastnähe*
9 *Riß einer französischen Schebecke, 18.Jh.*

anderen Bauweise ist der Boden des Bootes V-förmig. Beide Bauformen sind einfach herstellbar, eignen sich jedoch nur für kleine und leichte Binnenfahrzeuge. Unter »Leicht-Scharpie« (L-Scharpie) wird ein Segelsportboot in Knickspantbauweise für 3 Mann Besatzung verstanden.

Scharpie-Knickspantformen:

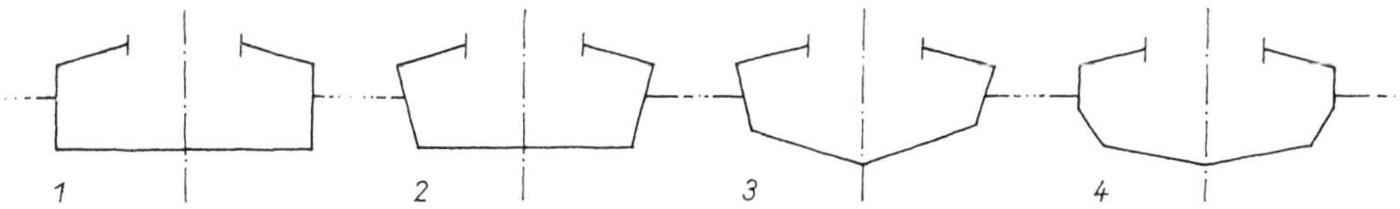

Schebecke, *Chebec:* ein noch ruderbares dreimastiges Segelschiff des Mittelmeeres von arabisch-türkischem Ursprung, das später auch an der algerischen Küste als Piratenschiff und in der französischen Marine sowie als französisches und portugiesisches Handelsschiff verwendet wurde. »Chebec« bedeutet soviel wie »kleines Schiff«, obwohl sie als Kriegs- oder Piratenschiffe auf dem durchgehenden Deck mit 20 bis 40 Kanonen mit dazwischenliegenden Ruderbänken bestückt waren. Eine Kanonen-Schebecke war bis zu 40 m lang und 10 m breit, so daß sie bei einem Tiefgang von 3 m und leichter, schlanker Bauweise etwa 300 t Geschütze und Mannschaften aufnehmen konnte. In der Schebecke finden sich verschiedene unverkennbare Merkmale der Mittelmeergaleere wieder, die sie in gewisser Weise als einen Galeere-Nachfolgetyp charakterisieren. Gegenüber der *Galeere* war jedoch die länger und stärker gebaute Schebecke wesentlich seetüchtiger, stärker bewaffnet und besegelt. Obwohl das Prinzip der Galeerentakelung beibehalten wurde, galten Schebecken infolge ihrer ausgereiften Schiffsformen und Takelung als schnellste und wendigste Segler des Mittelmeeres. Wegen dieser entscheidenden Vorteile in Seegefechten ließ der »Sonnenkönig« LUDWIG XIV. (1643 bis 1715) in Frankreich Schebecken nachbauen. Eine authentische Modellnachbildung einer französischen Schebecke aus der Zeit um 1650 bis 1700 befindet sich im Pariser Marinemuseum. Noch im 18. Jh. galt es in der französischen Marine als besonders ehrenhaft, wenn ein Offizier auf einer Schebecke gefahren war. Sowohl der arabisch-türkische als auch der frühe französische Typ fuhren an 3 Pfahlmasten Lateinsegel. Ab 1750 gab es auch Schebecken mit gemischter Besegelung von Latein- und Rahsegeln an verlängerten Masten. Bei diesen als Schebekken mit *Polacker*-Takelage oder als Halb-Schebecken bezeichneten Schiffen wurden entweder nur am Großmast oder an den beiden vorderen Masten Rahsegel gefahren, unterstützt durch ein Rah-Toppsegel am Besan. Als typisches Merkmal aller Schebecken gilt der weit vorragende Vorsteven-Vorbau, der später durch einen Bugspriet mit Klüverbaum ergänzt wurde. Dadurch konnte der Fockmast sehr weit vorn in der Nähe des Vorstevens aufgestellt werden. Der vordere Mast war außerdem zur Ausnutzung der Schiffslänge sehr stark nach vorn geneigt. Eine erhöhte, weit ausladende Heckgalerie ermöglichte in entsprechender Weise die Aufstellung des kleineren achteren Mastes und eine günstige Segelhandhabung. In der Ostsee gab es einige schwedische Schebecken und nach dem Jahre 1789 auch von Schweden erbeutete russische Schebecken sowie russische Nachbauten von 120 Fuß Länge, 40 Rudern und 32 bis 50 Kanonen. Außerdem wurden sogenannte »Halb-Schebecken« von etwa 76 Fuß Länge gebaut.

Algerische Schebecke des 18. Jh., Modell [14]

Scheik: urspünglich im 17. Jh. ein einmastiges Ruder- und Segelschiff von etwa 15 m Länge und 3,5 m Breite für Truppentransporte auf dem Schwarzen Meer. Das Fahrzeug fuhr mit einem Rahsegel an einem Pfahlmast und konnte bis zu 70 Personen befördern. Zu Anfang des 19. Jh. war die Scheik ein kurzes, völlig gebautes Boot mit Sprietsegel und einem Fockstagsegel, das zum Fischfang und zur Austernfischerei diente.

Schelch: im 17. und 18. Jh. flachbodiger, offener Binnenlastkahn für Warentransporte auf dem Main. Es gab die beiden Größen von etwa 28 m und 12 m Länge.

Schifazzo: zwei- bzw. dreimastiges italienisches und sizilianisches Segelschiff des 19. Jh. mit besonders steilen (fast lotrechten) Vor- und Achtersteven, das mit Lateinsegeln und zum Teil mit einer Stagfock fuhr. Es diente vor allem zum Getreide- und Weintransport, war aber auch in der Fischerei eingesetzt. Die Schiffe waren 10 bis 15 m lang, 3,5 bis 5 m breit und hatten Tragfähigkeiten bis zu 35 t.

Schiff: Sammelbezeichnung für die verschiedenartigen, unter Ausnutzung des Auftriebs (Archimedisches Prinzip) schwimmfähigen größeren Wasserfahrzeuge, ausgenommen Flöße, Boote und einfache Auftriebskörper. Die Hauptgliederung der Vielzahl von Schiffstypen erfolgt vorwiegend nach Verwendungszweck, Schiffsgröße, Antriebsart, Bauweise und Fahrtgebiet. Weitere Feingliederungen berücksichtigen die Vielfalt spezifischer Merkmale wie Ladungsarten bei Frachtschiffen oder Fangtechniken bei Fischereischiffen, Unterteilungen des Gesamtschiffes u. a. Die Entstehungsgeschichte des Schiffes ist eng mit der Entwicklungsgeschichte der Menschheit in den frühen Entwicklungszentren verbunden. In der Hochkultur am Nil führte der Weg vom gebundenen bootsförmigen Papyrusfloß zum gebundenen bzw. genähten, kraweelbeplankten Holzschiff, wie eine Vielzahl von Reliefdarstellungen und Schiffsfunden (z. B. *Cheops-Bestattungsschiff* u. a.) zeigt. Es gilt heute als sicher, daß auf dem unteren Nil und im östlichen Mittelmeer bereits im 3. Jahrtausend v. u. Z. aus Holz gebaute Schiffe fuhren. An den Flüssen und Küsten Nordeuropas mit seinen härteren klimatischen Bedingungen setzte der Entwicklungsprozeß mehrere Jahrtausende später ein und vollzog sich vom Einbaum (*Dümmersee-Einbaumfund*, etwa 3000 v. u. Z.; hällristningar, 2000 bis 800

v.u.Z.; *Hjortspring-Bootsfund*, 300 v.u.Z. u.a.) über das Setzbordschiff zum klinkerbeplankten Holzschiff. Die verschiedenen Kulturkreise schrieben die Entstehung des Schiffes mythologischen Gottheiten zu, wie GILGAMESCH bei den Babylonern, PALLAS ATHENE bei den Griechen oder ODIN bei den Germanen. Sie betrachteten ihre Schiffe als lebendige Wesen und gaben ihnen entsprechende Eigennamen. Das den Schiffen zugedachte Wesen spiegelt sich auch eindrucksvoll in den Sagen der Völker wider. Nach den Sagen sprachen die Schiffsführer zu ihren Schiffen, wie ORPHEUS zu dem Schiff »ARGO«, das die menschliche Sprache verstand und selbst antworten konnte. Ähnliches wird in nordischen Sagen berichtet, nach denen FRIDHIOFR seinem Schiff nur zuzurufen brauchte, was es tun sollte, oder in der altenglischen Sage vom König HORN, der seinem Schiff die Erlaubnis zur Heimkehr gibt und ihm Gruß und Botschaft aufträgt.
Seit den Anfängen des Schiffes bis in unsere heutige Zeit war die vieltausendjährige Geschichte des Schiffes in seinen jeweiligen Entwicklungsstufen stets von einem besonderen Verhältnis des Menschen zu seinen Schiffen begleitet. Auch heute sind der Stapellauf und die Taufe eines Schiffes durchaus etwas Besonderes, und auch der moderne Mensch kann sich dem imposanten Eindruck eines Schiffes auf See oder im Hafen nicht verschließen.
Seit dem Ende des 16.Jh. verstand man unter dem Begriff Schiff im engeren Sinne eine Kurzbezeichnung für Vollschiff, d.h. für große seegehende Fahrzeuge mit voller Rahtakelung an allen Masten. In entsprechender Weise war Schiff auch eine Kurzbezeichnung für große *Linienschiffe* mit etwa 100 Kanonen.

Schiffsboot: siehe Beiboot

Schiffsbrücke: behelfsmäßiger brückenähnlicher Flußübergang, bei dem Flöße, Boote, Pontons oder Schiffe im Flußlauf dicht oder in Abständen nebeneinander durch Land- und/ oder Stromanker festgemacht und in geeigneter Weise mit Fahrbahnen belegt werden.

Schiffsfähre: siehe Fährschiff

Schiffsjolle: siehe Beiboot und Jolle

Schiffsmühle: in strömenden Gewässern verankertes Wasserfahrzeug, das zur Ausnutzung der Wasserkraft für den Antrieb von Getreidemühlen verwendet wurde. Erstmalig sollen Schiffsmühlen im Jahre 536 während der Belagerung Roms nach Zerstörung der Zuflüsse und der an Land befindlichen Mühlen durch die Goten verwendet worden sein. Danach wurden auf Befehl des römischen Feldherrn BELISAR Mühlräder und Mahlwerke auf großen Schwimmkähnen aufgebaut, um so die Bevölkerung mit gemahlenem Getreide zu versorgen. Bis ins späte Mittelalter gab es auf vielen Flüssen der Erde Schiffsmühlen. Die Schiffsmühle bestand i.d.R. aus 2 in der größten Strömung fest verankerten prahmartigen Schwimmkörpern. Auf dem größeren »Hausschiff« befanden sich der Mühlenmechanismus, die Vorräte und die Bootsanlegestelle, während auf dem zweiten Schwimmkörper das äußere Ende der Schaufelradwelle gelagert war. Zwischen beiden Schiffen befand sich das entsprechend breite, halbgetauchte Schaufel-Wasserrad. Eine Schiffsmühle war bis 1920 auf der Mulde bei Eilenburg in Betrieb, bis sie durch Feuer zerstört wurde. Ende der 30er Jahre dieses Jahrhunderts waren noch in der Nähe von Budapest auf der Donau einige Schiffsmühlen zu sehen. Die letzte deutsche Schiffsmühle war die Bergschiffsmühle bei Bad Düben-Alaunwerk. Sie wurde noch nach 1945 benutzt, danach an Land genommen, restauriert und als Mühlenmuseum bei Bad Düben aufgestellt. In Rumänien wurden im Jahre 1957 noch 29 in Betrieb befindliche Schiffsmühlen gezählt.

Schiffsmühle um 1700

Schiffspost: spezielles Beiboot größerer Segelschiffe, das für den regelmäßigen Posttransport eingesetzt wurde. Mit dem Postboot, der »Schiffspost«, wurden eilige Sendungen vor dem zeitaufwendigen Einlaufmanöver des Schiffes an Land gebracht.

Schikarra: Wassertaxi aus Kaschmir, auch als schwimmender Verkaufsstand für Händler oder schwimmende Werkstätte genutzt.

Schilffloß, *Schilfboot:* aus neben- und übereinander verschnürten Schilfbündeln bestehendes bootsförmiges *Floß* mit spitzen, hochgezogenen Floßenden und muldenförmigem Mittelteil. Da der Auftrieb nicht durch die Verdrängungswirkung einer teilgetauchten wasserdichten Außenschale, sondern infolge der geringeren Masse der getauchten Schilfrohre gegenüber dem Wasser entsteht, handelt es sich dem Prinzip nach um bootsförmige Flöße.
Schilfflöße gab es und gibt es auch heute noch wegen ihrer Einfachheit in verschiedenen wasserreichen, aber holzarmen Erdgebieten Ostafrikas, am Persischen Golf, auf dem Ganges und anderen indischen Gewässern.
Zu den bekanntesten frühen bootsförmigen Schilfflößen gehören das ägyptische *Papyrusfloß*, die *Totoras* auf dem Titicacasee oder die altperuanischen *Caballitos*. Älteste fernöstliche Darstellungen solcher bootsförmigen Schilfflöße wurden in Mohendscho Daro am unteren Indus auf einem Siegelamulett und einer Topfscherbe aus der Zeit um 3000 bis 2500 v.u.Z. entdeckt. Das eine der dargestellten Schilfflöße zeigt bereits eine kleine Deckshütte und das andere sogar einen Mast mit 2 Rahen. Tragfähigkeit und Haltbarkeit der Schilfflöße sind wegen der Saugfähigkeit und Fäulnis des Schilfes gering. Aufgrund dieser Nachteile wurden verschiedentlich bootsförmige Schilfflöße mit Tierfellen überspannt. Für diese Fahrzeuge ist die Bezeichnung Schilfboot eher zutreffend, da sie durch die Bespannung zu Verdrängungsfahrzeugen wurden. So berichtete bereits der Geschichtsschreiber HERODOT von häuteüberzogenen ägyptischen Papyrusbooten.

Schipjackboot: Boot mit speziellen Knickspanten, bei denen durch 3 oder mehr Knicke gekrümmte Spanten vermieden und durch gerade Spant-

»RA I«, Nachbau eines großen Papyrus-Schilffloßes von 15m Länge, 5m Breite und 15t Eigenmasse zur Atlantik-Überquerung im Jahre 1969 von THOR HEYERDAHL [29]

stücke ersetzt werden. Gegenüber der einfachen Scharpie-Spantform mit nur 2 Knicken bzw. Ecken im Spantverlauf ist eine bessere Annäherung an hydrodynamisch günstige Formen möglich.

Schitik: russischer Flußlastkahn des 19. Jh. auf Wolga und Don von etwa 15 m Länge mit einem Mast, großem Rahsegel und einer hüttenähnlichen Überdachung des Laderaumbereiches. Ursprünglich waren es »genähte« Fahrzeuge (russ. schitj, nähen); s. a. *Genähte Schiffe*. Bei den Kosaken wurde ein bis etwa 1930 benutztes leichtes Setzbordboot, ähnlich der *Piroge*, ebenfalls als Schitik bezeichnet. Der Bootsboden bestand aus einem muldenartig ausgehöhlten Stamm der Pappel. Zur Vergrößerung der Seitenwände wurden seitlich zusätzliche Plankengänge aufgesetzt und mit dem Boden und untereinander durch Lederriemen verbunden.

Schitik, Wolgalastkahn des 19. Jh.

Japanisches Schleppnetz-Fischereischiff mit Oberleinen an der Rah [18]

Schleppnetz-Fischereischiff: Fischereischiff, das im Unterschied zur Langleinen-, Stellnetz- oder Ringwadenfischerei hauptsächlich für den Fischfang mit Schleppnetzen ausgerüstet ist. Zu den wichtigsten Segelschiffen der Schleppnetzfischerei gehörten *Ewer* und *Kutter*. Die mit entsprechend großer Segelfläche ausgelegten Fangschiffe schleppten das aus seitlichen Netzflügeln und einem trichterförmigen Netzsack (Steert) bestehende Schleppnetz quer- oder längsschiffs hinterher. Die Netzflügel wurden dementsprechend durch Bug- und Heckspriet oder seitliche Bäume (Kurren) gespreizt. Das moderne Grund- und Pelagial-Schleppnetz mit Scherbrettern für Einzel- und Gespannfischerei wurde in der modernen Hochseefischerei zum Hauptfanggerät der Fischereitrawler.

Schlepp-Segelkahn: Fluß-Lastkahn oder Lastschiff mit Segeleinrichtung, das flußauf oder wegen Behinderung durch Brücken streckenweise geschleppt wurde. Jahrhundertelang stellten die Binnenwasserstraßen die Hauptverbindungswege für den Warentransport zwischen den Hafenstädten und den an Flüssen gelegenen Binnenstädten dar. In den nordeuropäischen Ländern wurden die verschiedenen Kahntypen (s. a. *Aak*, *Kahnaak*, *Haff-Kahn*, *Steven-Kahn*, *Tjalk*) zum Haupttransportmittel für Erzeugnisse des Landesinnern (Getreide, Kohle, Torf, Holz, Erze, Salze, Fertigprodukte) und ausländische Waren. Das Schleppen (Treideln) der Lastkähne erfolgte durch Zugtiere oder Menschen von den Treidelpfaden an den Flußufern. Das Schleppseil mußte wegen des Uferbewuchses und zur Verhinderung des Eintauchens oben an einem relativ weit vorn stehenden Mast festgemacht werden. Die Abmessungen der Schlepp-Segelkähne ergaben sich aus den jeweiligen Schiffahrtsbegrenzungen wie Wassertiefen und Schleusenbreiten. So hatte die Tjalk meistens eine Tragfähigkeit von 140 t bei 1,80 m Tauchtiefe, 25 m Länge über alles und 5,0 m Breite. Die Haremer *Punte* trug 180 t bei 1,75 m Tiefgang, 26 m Länge über alles und 5,7 m Breite, und das Lahnschiff faßte 220 t bei 1,90 m Tiefgang, 34 m Länge und 5,2 m Breite.

»Schlickrutscher«: auch als *»Kahnschlitten«* bezeichnetes kleines Boot der Watten- und Muschelfischer mit plattem Bootsboden, der zum Vorsteven hin flach hochgezogen ist, damit das Boot leicht über den Grundschlamm (Schlick) gezogen werden kann. Im seemännischen Sprachgebrauch wurde die Bezeichnung bald abwertend für alle sehr einfach gebauten Küsten- und Flußschiffe verwendet.

Schlup: siehe Slupgaleasse

Schmack, *Schmackschiff, Smak:* einmastiger, flachbodiger holländischer Küstensegler aus dem 16. bis 19. Jh. mit Klüverbaum. Getakelt fuhr die Schmack i. d. R. mit Gaffelsegel und Breitfock am Mast sowie Stagfock, Klüverfock und Jager am Klüverbaum. In einigen Fällen wurde achtern ein relativ kleiner Besanmast mit kleinem Gaffelsegel gesetzt, womit ein Übergangstyp zur *Kufftjalk* entstand.

»Schmetterlingssegler«: bildhafte Bezeichnung für ein zweimastiges arabisches Segelschiff mit Lateinsegel. Optisch ähneln die beiden nach den Schiffsseiten geneigten langen Ruten (Schrägrahen) mit ihren dreieckigen Segeln, von vorn oder

Holländische Schmack nach CHAPMAN um 1768

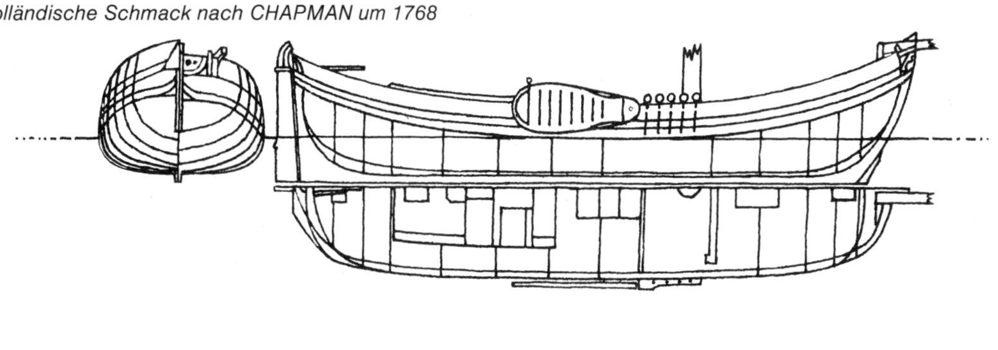

Anderthalbmastige Schmack mit Breitfock und Gaffelsegel um 1676, Modell

achtern gesehen, überdimensionalen ausgebreiteten Schmetterlingsflügeln.

»Schnabelschiff«: auf die spornartige, schnabelförmige und weit vorragende Gestaltung des oberen Bugteils hinweisende Sammelbezeichnung mittelalterlicher Schiffstypen wie *Galeere*, *Schebecke* oder *Feluke*. Auf dem auffällig langen und schmalen hochgelegenen Vorbau ruhte lediglich der Bugspriet; er konnte weder als Rammsporn noch als Enterbrücke dienen.

Schnau, *Schnaumastschiff:* nordeuropäisches zweimastiges Rahsegelschiff aus dem 18. und 19. Jh. mit etwas schärferen Vorschiffsformen als bei der *Brigg* und mit briggähnlicher Takelung. Unmittelbar hinter dem Großmast, an dem das achtere Gaffelsegel ohne Giekbaum gefahren wurde, befand sich jedoch der zusätzliche Schnaumast, ein leichter Hilfsmast für das Gaffelsegel. Wegen der einfacheren Segelhandhabung wurden des öfteren verschiedene Typen von Schratsegelschiffen mit Schnaumasten gebaut.

In der brandenburgischen Marine gab es im 17. und 18. Jh. als Schnau bezeichnete dreimastige vollgetakelte leichte *Fregatten* bis zu 20 m Länge und 5 m Breite, die im Vergleich zu den größeren Fregatten schlanker gebaut waren, kein erhöhtes Halbdeck und keine erhöhte Back hatten.

Auch in der russischen Marine gab es im 18. Jh. als Schnau bezeichnete, leichte und scharf gebaute Glattdecker. Diese leichten Fregatten waren jedoch voll rahgetakelte Zweimaster von 25 bis 30 m Länge, die 10 bis 18 Kanonen an Bord hatten.

Schnigge, *Schnikke, Snigge:* ein in Nordeuropa vom 10. bis zum 19. Jh. in verschiedenen Formen vorkommendes schnelles Ruder- bzw. Segelschiff. Der Schiffstyp hatte bereits im 10. bis 12. Jh. weite Verbreitung gefunden, wie die ähnlichen Bezeichnungen aus verschiedenen Sprachräumen, z. B. mittelhochdt. »snegge« oder »snekke«, Schnecke, erkennen lassen. Nicht die Langsamkeit, sondern die Art der Fortbewegung der Schnecken, das Gleiten, wurde zum Namensgeber für diese Schiffe, die schnell über das Wasser »glitten«.

An den skandinavischen Küsten war die »Snekkja« meistens ein schnelles, scharf gebautes Zwanzigbänker-Ruderschiff mit 90 Mann Besatzung und zusätzlicher Besegelung. Im Mittelalter verstand man unter Schnigge allgemein ein kleines Ruder-Segelboot, während in der Hanse die Schnigge ein kleineres schnellsegelndes Depeschen- und Kriegsschiff für etwa 30 bis 50 Lasten (60 bis 100 t) war.

Noch im 18. und 19. Jh. gab es den Schiffstyp als kleineren Frachtensegler, häufig mit zusätzlichen örtlichen Bezeichnungen wie *Eiderschnigge*, *Helgoländer Schnigge* u. a. An der deutschen Nordseeküste gab es Schniggen auch als einmastige, seltener anderthalbmastige Fischerfahrzeuge.

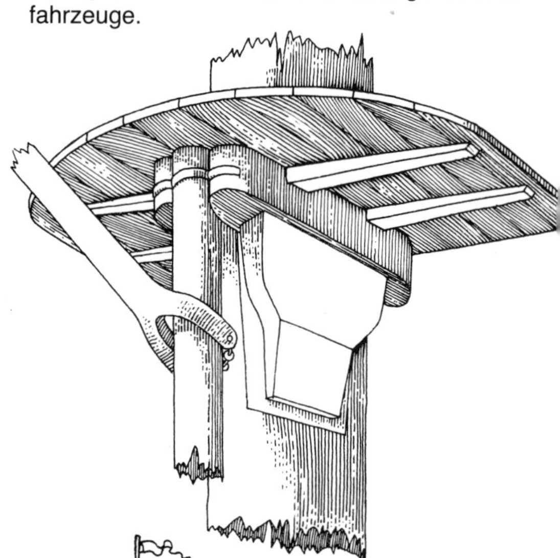

Untermast mit Saling, Schnaumast und Gaffel

Schnaumastschiff nach CHAPMAN 1768

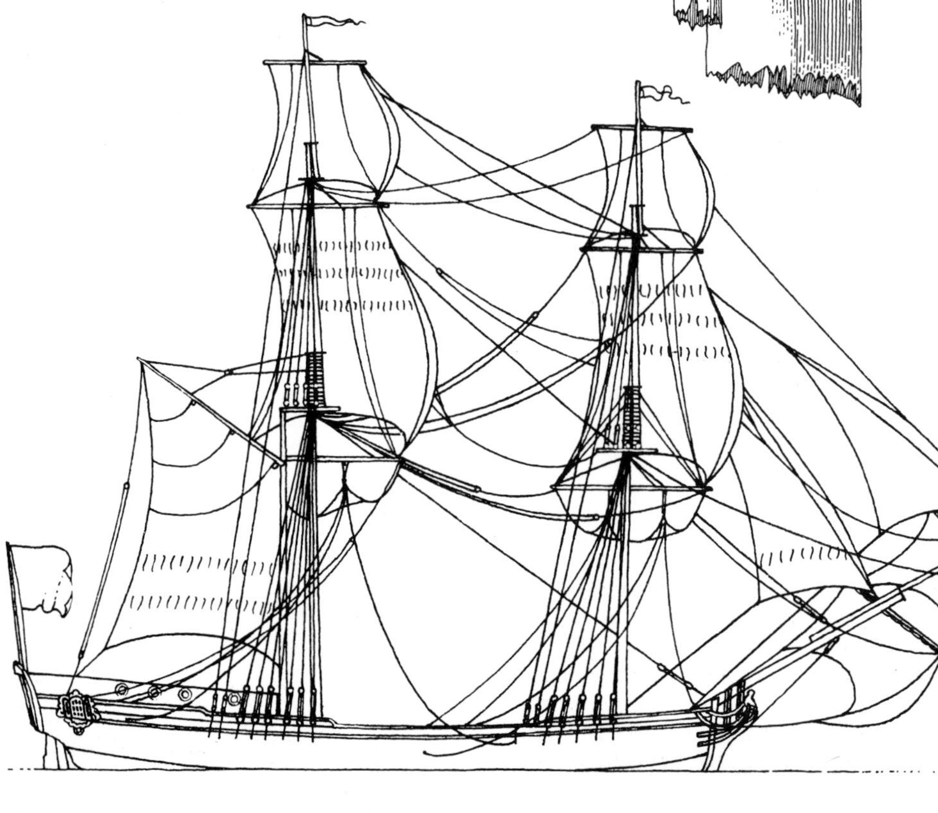

Schnigge um 1800, Modell

Schnjaka, *Chniaka:* russisches Segellastschiff des 19. Jh. aus dem Gebiet des Weißen Meeres. Das Schiff fuhr am Großmast ein großes Rahsegel und am kleineren Treibermast ein Gaffelsegel.

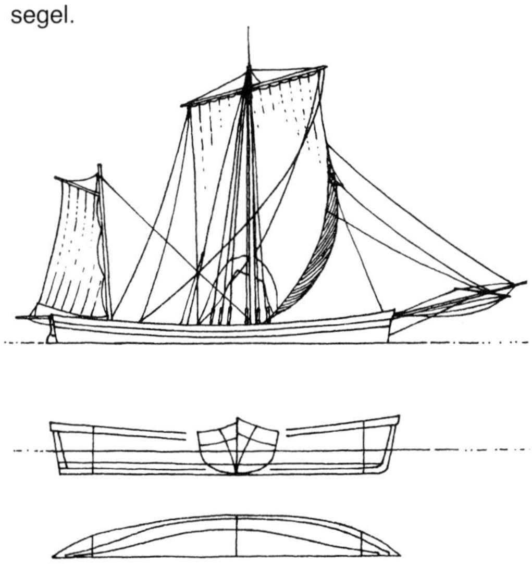

Russische Schnjaka des 19. Jh.

Schokker: niederländisches Fischereisegelschiff verschiedener Entwicklungsstufen vom 13. bis ins 19. Jh. Der Schokker entstand ursprünglich für den Fischfang in der Zuidersee, wobei die Bezeichnung von der in der Zuidersee gelegenen Insel Schokland herrühren kann. Ein typisches späteres Merkmal war der Schokkerbaum, ein seitlich über die Schiffsseite hinausschwenkbarer Baum für den Fang mit Schleppnetzen. Aus dem 13. und 14. Jh. ist der ursprüngliche Schokker hauptsächlich aus Siegelbildern bekannt. Darstellungen aus dem Jahre 1600 wurden zusammen mit einigen anderen Schiffstypen ähnlicher Art auf einer Totenbahre von Workum in Friesland gefunden.

In den Archiven von Groningen wird im Jahre 1789 auch ein Schokker erwähnt. In den 40er Jahren dieses Jahrhunderts wurde ein damals etwa 70 Jahre alter plattbodiger Schokker aus Vollenhove vom Holländer SOPERS vermessen und aufgezeichnet. Während die früheren Schokker i. allg. sprietgetakelt waren, handelt es sich bei dem vermessenen Schiff um ein einmastiges gaffelgetakeltes Fahrzeug mit einem leicht nach hinten geneigten Mast von 10 m Masthöhe über Deck, einem 5,16 m langen Giekbaum und 2,15 m langen Gaffelbaum. Die Länge des Schiffskörpers betrug 10,75 m über alles und 8,5 m in der Schwimmwasserlinie bei einer Breite von 3,6 m. Der starke Vorsteven hatte an der Steuerbordseite einen Einschnitt (snoes) mit einer Rolle für das Ankertau.

Aus den Abmessungen dieses vermessenen Fahrzeuges kann allerdings nur bedingt auf die vorhergehenden Größen dieses Schiffstyps geschlossen werden.

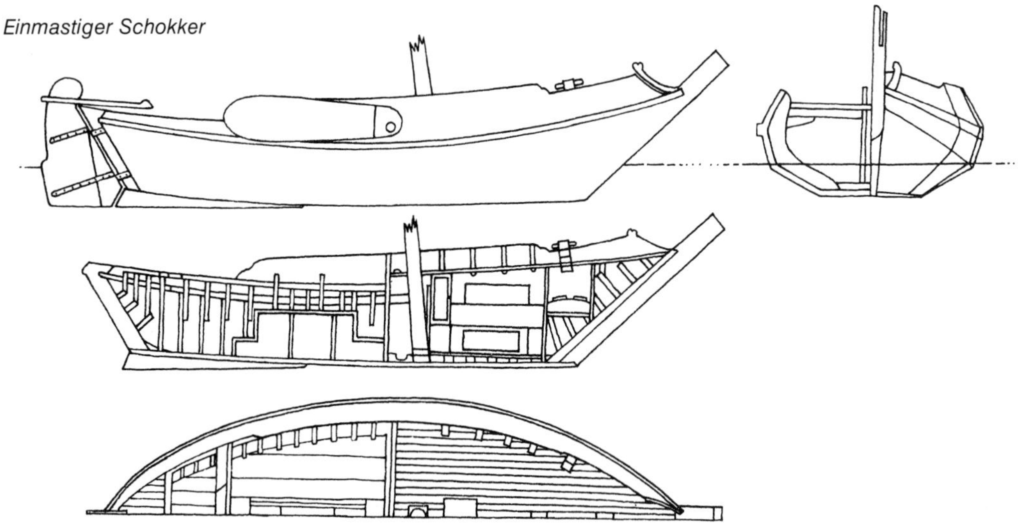

Einmastiger Schokker

Schonenfahrer: im 15. und 16. Jh. von den Hansestädten des Ostseeraums vorwiegend für den Heringstransport in Fässern von der schwedischen Provinz Schonen eingesetzte Schiffe. Obwohl dazu verschiedene Schiffstypen verwendet wurden, waren es hauptsächlich dreimastige Schiffe, insbesondere *Hulks*.

Schoner, *Schooner, Schuner:* vorwiegend mit Längssegeln (im Unterschied zu Quer- bzw. Rahsegeln) getakelte Segelschiffstypen. Die Schonerentwicklung wurde 1713 im nordamerikanischen Gloucester (s. a. *Gloucesterschoner*) durch den Schiffbauer A. ROBINSON eingeleitet. Der nach seinen Plänen gebaute kleine Schnellsegler war ein zweimastiges Schiff von etwa 30 bis 32 m Länge. Das Schiff erhielt eine im Vergleich zu Rahsegeln außerordentlich leichte Takelage mit 2 leicht nach hinten geneigten Masten, wobei der hintere Mast höher als der vordere war. An beiden Masten wurden große Gaffelsegel statt der sonst üblichen Rahsegel gefahren, um die Segelhandhabung zu vereinfachen und trotz reduzierter Segelmannschaft die Manövrierfähigkeit und Wendigkeit zu verbessern. Zusätzlich erhielt der vordere Mast eine Breitfock oder 2 einfache Rahsegel über dem Gaffelsegel. Die Segeleigenschaften, insbesondere Kursstabilität, Abdrift und Schnelligkeit, wurden wirkungsvoll durch den im Verhältnis zur Schiffslänge bis dahin ungewöhnlich großen Tiefgang bei besonders schlanken Schiffslinien sorgfältigster Formgebung beeinflußt. Durch diese Verbesserungen konnte der relativ kleine Segler Geschwindigkeiten bis zu 18 kn erreichen und erwies sich auch bei größeren Windstärken überlegen.

In den folgenden Jahren entstand wegen der

Schokker von Vollenhoven, Ende des 19.Jh., Modell

Kombination von Gaffel- und Rahtoppseglern die Bezeichnung *Rahsegelschoner*. Um 1760 trugen außerdem beide Maste obere Rahsegel, und zu dem noch schnittiger nach vorn vorragenden Klüverbaum führten 3 bis 4 Vorsegel. Gaffeltoppsegler waren damals noch nicht gebräuchlich, sie kamen erst um 1880 auf.
In den 30er Jahren des 19.Jh. wurde der von den Schiffbauern der nordamerikanischen Chesapeake Bay entwickelte *Baltimore-Schoner* weltweit berühmt, auch als Virginia-Schoner bzw. Virginia-Lotsenschoner bekannt. Insbesondere war die Weiterentwicklung der Schiffskörperformen für den damaligen Entwicklungsstand revolutionär und richtungweisend. Durch die weit überragenden Vor- und Achtersteven wurde die nutzbare Deckslänge bedeutend vergrößert, das Schiff erhielt einen Kielfall und somit einen größeren achteren Tiefgang mit nach hinten verschobenem Mittelpunkt der Lateralplanfläche (der Projektionsfläche des Unterwasserschiffes) zur besseren Übereinstimmung mit dem Segelmittelpunkt sowie eine starke Aufkimmung im Mittelschiffsbereich mit entsprechend veränderten, mehr V-förmigen Spantquerschnitten statt der bisher meistens bevorzugten Rund- oder U-Spanten. Diese konstruktiven Merkmale wurden auch für die später entwickelten *Schoneryachten* übernommen.
Dank seiner vorzüglichen Eigenschaften und der geringeren Bedienungsmannschaft wurde der Schoner bald auf allen Meeren zu einem beliebten Schnellsegler für wertvolle oder leicht verderbliche Frachten. Auch für den Passagiertransport als Küsten- und Hochseesegelschiff eignete er sich wegen seiner schnellen Einsatzfähigkeit und Anpassung an veränderte Witterungsbedingungen. Auch als hochseefähiges Fischereisegelschiff bewährte sich der Schoner über viele Jahrzehnte bis in die neuere Zeit. Berüchtigt wurden Schoner als Opiumschmuggler, Sklavenjäger und Freibeuter.
Nach der Anzahl der Masten gab es den zweimastigen Schoner-Grundtyp sowie drei- bis fünfmastige Schoner sowie sechsmastige und sogar einen siebenmastigen Gaffelschoner. Ursprung oder Verwendungszweck werden durch die Zusätze wie Gloucesterschoner, Baltimoreschoner, Lotsenschoner u.a. gekennzeichnet. Schließlich weisen kombinierte Typenbezeichnungen wie *Schonergaliot* oder *Schonerkuff* auf Mischvarianten der Schiffskörperformen hin. siehe Vorsatz
Um die Vorzüge der Rahsegler mit denen der Schoner zu kombinieren, entstanden aus dem Grundtyp des anfänglich zweimastigen Schoners viele Kombinationen von Rah- und Längssegelriggs mit ebenso vielen unterschiedlichen Bezeichnungen. Deshalb nannte man z.B. in Nordamerika – dem Entstehungsland des Schoners – vereinfachend alle Schoner mit irgendwelchen Rahsegeln über den Längssegeln »Toppsegelschoner«.
Etwa um 1880 hatte sich das Schratsegel (Längssegel) so weit durchgesetzt, daß die Zwei- und Mehrmaster mit einem überwiegenden Anteil an Schratsegeln bevorzugt wurden und die anderen Rah-Schoner nach und nach an Bedeutung verloren. Bei den Zweimastern dominierte die *Schonerbrigg* mit ihrem voll rahgetakelten Fockmast einschließlich Mars- und Bramstenge und dem voll gaffelgetakelten Großmast.
Bei den Mehrmastern war es die *Schonerbark* mit nur voll rahgetakeltem Fockmast einschließlich Mars- und Bramstenge und mit Schratsegeln an allen anderen Masten. Dem gegenüber wurden die *Brigantine*, die auch an der Großmaststenge noch Rahsegel fuhr und auch die *Toppsegelbrigg* (auch »Fock- und Großrahtopp-Schoner« wegen der Rahsegel an den Fock- und Großmaststengen) nicht mehr so häufig gebaut. Schließlich wurde die Bezeichnung Toppsegelschoner noch für Zweimaster gebräuchlich, die nur noch an der Fockstenge Rahsegel und sonst ausschließlich Längssegel führten. Nach Größe und Unterteilung der Mars- und Bram-Fockrahsegel unterschied man »Marssegelschoner« und »Bramsegelschoner«.
Bei den Drei- und Mehrmast-Rahschonern gab es noch die *Barkantine* (Fockmast mit Mars- und Bramstenge voll rahgetakelt sowie rahgetakelte Großstengen, alles andere Schratsegel). Weiter waren noch Rahschoner mit voll rahgetakeltem Fock- und Großmast und sonst nur Schratsegel bekannt. Eine weitere Kombination mit Rahtoppsegeln nur an den Stengen des Fock- und Mittelmastes eines Fünfmasters trug die Bezeichnung »Vinnentakelung«.

Schonerbark, *Rahschoner:* drei- oder mehrmastiger Rahschoner, bei dem der vordere Mast, der Fockmast, voll mit Rahsegeln getakelt ist und kein Gaffelsegel fährt. I.d.R. hat der Fockmast eine Mars- und Bramstenge. An den anderen Masten und Stengen werden Schratsegel (Gaffel- und Gaffeltoppsegel) gefahren, s. S.52 Schonerbark »CARL MAX«. Die Schonerbark gab es als Drei- und Viermaster, *Fünfmaster* und *Sechsmaster*. Der als *Barkantine* bezeichnete Rahschoner unterschied sich von der Schonerbark durch weitere Rahtoppsegel an den Großmaststengen anstelle von Gaffeltoppsegeln.
Ein mindest dreimastiger Rahschoner mit Gaffelsegeln an allen Untermasten, Rahtoppsegeln nur an den Fockstengen und Gaffeltoppsegeln an den anderen Masten wäre ein Focktopp-Rahschoner. Weitere Rahschonervarianten waren *Polka-Bark* und *Jakassbark*.

Schonerbrigg, *Halbbrigg:* Schonerbrigg und Brigg sind Zweimaster, s.a. *Brigantine*. Die Bezeichnung Halbbrigg verdeutlicht die unterschiedliche Takelung der Schonerbrigg im Vergleich zur Brigg. Bei der Schonerbrigg ist wie bei der Brigg der Fockmast (vordere Mast) voll rahgetakelt, der Großmast (hintere Mast) führt jedoch keine Rah- sondern Gaffelsegel. Mit dieser »halben« Rahtakelung gehört die Schonerbrigg als Rahschoner zu den Mischtypen von Rahseglern und Schonern, zuweilen auch als Hermaphrodit-Brigg (Zwitterbrigg) bezeichnet.
Schonerbriggs, die als Frachtsegler relativ völlig gebaut waren, gab es in Holland bereits im 17.Jh. Bis zur Mitte des 19.Jh. wurden in großer Zahl Schonerbriggs von 100 bis 300 BRT in Europa und Nordamerika gebaut.

Schonergaliot: eine *Galiot* mit schärfer gebautem Schiffsrumpf, vorfallender Bugform und Schonertakelung. Dieser Schiffstyp wurde um 1830 in Holland entwickelt und auch in Ostfriesland und Oldenburg gebaut. Die zweimastigen Schiffe fuhren entweder mit Toppsegelschoner- oder Schonerbriggtakelungen. Im Unterschied zu den Galioten war der hintere Mast wie beim

Schoner größer als der vordere Mast. Zur deutschen Handelsflotte gehörten nach SZYMANSKI im Jahre 1873 insgesamt 121 Schonergalioten und 1913 gab es nur noch 4 im Dienst befindliche Schiffe dieses Typs.

Schoneryacht: Weiterentwicklung des in den dreißiger Jahren des 19. Jh. entstandenen nordamerikanischen *Baltimore-Schoners* (auch als *»Virginia-Lotsenschoner«* bekannt). Während diese Vorgängertypen noch teilsweise mit Rahtoppsegel fuhren, wurden Schoneryachten nur mit Schratsegel getakelt. Nach Einführung der Hochsegel entfielen die bis dahin gebräuchlichen Gaffel- und Gaffeltoppsegel, und der Großmast erhielt ein Hochsegel. Neben den zumeist zweimastigen Schiffen mit einer Gesamtsegelfläche von etwa 1000 m² gab es auch dreimastige Schoneryachten wie die *»ATLANTIC«* mit einer Segelfläche von 1720 m². Von den zweimastigen Schiffen wurde die nordamerikanische Schoneryacht *»AMERICA«* (s. a. *Yacht*) durch ihre überragenden Segeleigenschaften und die Erringung des Amerika-Pokals seit 1851 weltweit berühmt.

Schonerkuff: eine *Kuff* mit entsprechend völlig gebautem Schiffskörper und Schonertakelung. Bei den zweimastigen Schiffen war gegenüber der Kuff wie beim *Schoner* der hintere Mast höher als der vordere. Dieser Schiffstyp entstand in den zwanziger Jahren des 19. Jh. im holländischen Groningen und wurde bevorzugt als Toppsegelschoner getakelt (s. *Schoner*). In Deutschland wurden nach SZYMANSKI Schonerkuffen nur bis 1868 in Papenburg, Leer und Emden gebaut.

Schratsegelschiff: Sammelbezeichnung für alle Segelschiffstypen, die mit längsschiffs stehenden Segeln (Längs- oder Schratsegler) gefahren werden im Unterschied zu Schiffen mit querschiffs stehenden Segeln (Quer- oder Rahsegler). Zu den bekanntesten Schratsegelschiffstypen gehören *Ewer*, *Gaffelschoner*, *Galiot*, *Ketsch*, *Kutter*, *Logger* und *Tjalk*. Alle Stagsegel wie Stagfock, Klüver, alle Gaffel- und Gaffeltoppsegel sowie Spitz- und Hochsegel sind Schratsegel.

Schratz-Boot: süddeutsches Sportsegelboot der Einheits-Revierklasse in Rundspant- sowie in Flachbodenbauweise mit einer Segelfläche von 15 m². Die Abmessungen des Bootes sind: 6 m Länge über alles, 5,20 m in der Konstruktionswasserlinie, 1,68 m Breite und etwa 1 m Tiefgang. Die Segelfläche trägt als Segelzeichen den Piranhafisch.

»Schuhboot«: im Küstenbereich Ostindiens übliches Segelboot mit einem Rahsegel, dessen Name auf die eigentümliche, schuhähnliche Formgebung hinweist. Der Mast steht auf etwa einem Viertel der Bootslänge, von vorn gehaltert von dem bis dahin reichenden Deck. Auf dieser Länge hat das Boot auch seine größte Breite.

Schulschiff: siehe Segelschulschiff

Schuner: siehe Schoner

Holländische »Wasserschute« für Frischwassertransporte zu Brauereien oder Solefahrten zu Salzsiedereien [6]

Besanschute, Mitte 19. Jh., Modell

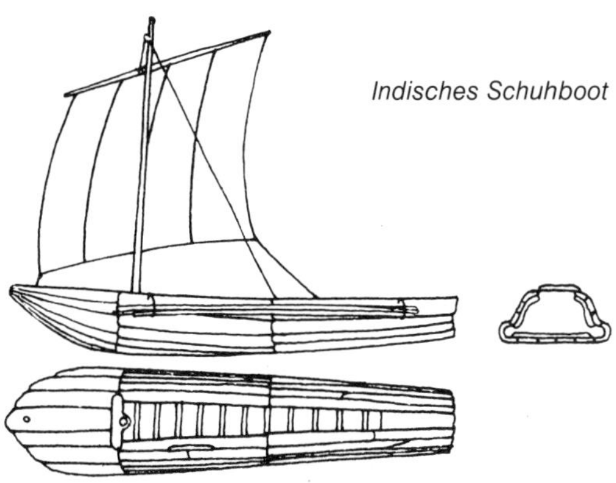

Indisches Schuhboot

Schute, *Schuite, Schüte:* prahmartiges, meistens ungedecktes Wasserfahrzeug ohne Eigenantrieb, das in See- und Binnenhäfen und auf geschützter Reede vorwiegend zur Aufnahme und Zwischenlagerung von Schüttgütern sowie zum Bord-Bord-Umschlag verwendet wird; dementsprechend ist auch die Bezeichnung Hafenschute gebräuchlich. Im Unterschied dazu dienen die verschiedenen Baggerschuten zur Aufnahme und zum Transport des Baggergutes (s. a. *Schimmbagger*).
Unter »Schute« verstand man zu verschiedenen Zeiten unterschiedliche Boots- und Schiffstypen. Ursprünglich tauchte der Begriff um 900 in Nord-

Amsterdamer Modder-Mole (Schlamm- oder Moddermühle) mit Handspillrad um 1600 [6]

Kratzer, Handbaggerschaufel, erste Baggermaschinen

europa, vom altnordischen »skuta« herrührend, für ein Remenboot auf. Im späteren Mittelalter wurde daraus ein Sammelbegriff für schnellsegelnde Depeschen-, Aufklärungs-, Proviant-, Versorgungs- und Begleitfahrzeuge der Orlogflotten; diese Begriffsverwendung ist mit »Schott«, »Schutt« und »Schießen« verwandt, das Fahrzeug »schießt« schnell voran, und schließlich wurden auch Leichter- und Fischerfahrzeuge so genannt. Die in der Hansezeit an den deutschen und holländischen Küsten gebräuchlichen Schuten, bei den Holländern als »Schyte«, »Schuite« oder auch »Scheute« bezeichnet, waren wie die meisten Vorgängertypen geklinkert, flachbodig und ungedeckt. Im 19. Jh. war Schüte in Nordeuropa eine übliche Bezeichnung für die in der Binnenschiffahrt eingesetzten Frachtkähne. Sie waren meistens ohne Eigenantrieb, es gab jedoch auch solche mit einem Mast und einfachem Rahsegel. Im Ostseegebiet bezeichnete Schüte auch einen breiten, vorn und hinten spitz zulaufenden marslosen Dreimaster.

Schwertboot, *Schwertyacht:* flachbodiges Segelboot, das zur Verringerung der Abdrift und verbesserten Kursstabilität oder Kentersicherheit mit höhenveränderlichen plattenähnlichen »Schwertern« versehen ist. Durch diese Zusatzflächen wird bei ausgefahrenen Schwertern die Lateralplanfläche vergrößert und der Flächenmittelpunkt nach unten verschoben. Durch Einziehen oder Einklappen der Schwerter bleibt der geringe Tiefgang der Schwertboote zum Befahren flacher Gewässer erhalten. Es gibt Seitenschwertboote mit außenbords liegenden Schwertern und Kimmschwertboote mit binnenbords angeordneten Schwertern. Die binnenbords liegenden Schwerter befinden sich in sogenannten »Schwertkästen«, die bis zur Seitenhöhe bzw. zu den maximalen Tiefgängen des Bootes wasserdicht sein müssen.
Von einem Kielschwertboot oder Kielschwertkreuzer spricht man, wenn bei einem auf Kiel gebauten Boot zusätzlich ein schwenkbares oder ausfahrbares Schwert hindurchführt. Eine gleiche Anordnung der Schwerter hat die Schwertyacht, sie unterscheidet sich von den kleineren Fahrzeugen hauptsächlich durch den yachtähnlichen Schiffskörper mit auffälligen vorderen und achteren Überhängen. Im Unterschied zur Schwertyacht hat die *Kielyacht* kein bewegliches Schwert, sondern einen festen Kiel, der i. allg. zusätzlichen Ballast erhält.

Schwertkielboot, *Schwertkielyacht:* siehe Schwertboot, Schwertyacht.

Schwimmbagger, *Muskel-, Wind-* und *Wasserkraftbagger:* Schwimmfahrzeug mit muskel- oder naturkraftbetriebenen Geräten zur Reinigung und Vertiefung von Fahrrinnen und Liegeplätzen bzw. zur Förderung von Kies, Ton, Torf u. a. Rohstoffen. Infolge der Versandung mußten die Fahrrinnen schiffbarer Flüsse bereits im Mittelalter vertieft werden. Dazu bediente man sich zunächst bei genügender Strömung eiserner Rechen (Baggerrechen, Kratzer), die von Schiffen oder auch von Land mit einfachen Seiltrommeln über den Flußgrund gezogen wurden, um den Boden aufzulokkern, wie eine zeitgenössische Darstellung aus dem Jahr 1550 zeigt. Für sandigen Grund benutzte man auch sogenannte »Sackbagger«, muldenförmige Schaufeln, die an entsprechend langen Stangen so befestigt waren, daß man mit ihnen nach dem Aufsetzen durch Seilzug schürfen konnte. Handbagger und lange Stangen mußten wegen der ständigen Bildung und Verlagerung von Untiefen außerdem von allen Binnenschiffen mitgeführt werden.
Die Bezeichnung »Bagger« bzw. »Backert« kommt aus dem niederländischen Sprachgebiet. Die älteste Nachricht über Baggermaschinen stammt aus einer Veröffentlichung des Italieners VERANTIUS aus dem Jahre 1617. Im Jahre 1724 beschrieb LEUPOLD im »Theatrum machinarium hydrotechnicarum« einen holländischen Hafenräumer, genannt »Modder Mole« (Moddermühle), der als Vorläufer des Eimerkettenbaggers anzusehen ist.
Der windgetriebene Radbagger und wasserradgetriebene »Vertiefungsmaschinen« traten nachweisbar erst in der Mitte des 18. Jh. auf. Die erste Baggermaschine, angetrieben durch eine Dampfmaschine von Boulton & Watt, gab es im Jahre 1796. In der zweiten Hälfte des 19. Jh. gab es noch das Baggertretrad. Während sich auf einem prahmartigen Fahrzeug ein drehbar gelagertes Tretrad für 2 Arbeiter mit Trommel und Seilgreifer befand, wurde der Greiferinhalt jeweils in einen zweiten Transportprahm entleert.

Schwimmkran, betätigt mit Muskelkraft: schleppbares, schwimmendes Fahrzeug mit speziellen Hubeinrichtungen zur Ausnutzung physikalischer Hebelgesetze durch Muskelkraft ist zumindest seit ARCHIMEDES (210 v. u. Z.) bekannt. So benutzte man *Hebeschiffe* zur Bergung gesunkener Fahrzeuge durch Überbordgeben von Steinballast. Des weiteren waren Rollen, Blöcke und Flaschenzüge an geeigneten Kranbalken, Masten oder Bäumen der Segelschiffe zur Be- und Entladung schwerer Güter bekannt. Nachdem in bedeutenden Umschlaghäfen der Fluß- und Seeschifffahrt die ersten Hafenkrane mit Trettrommeln in Betrieb genommen worden waren, gab es auch prahmartig breite Wasserfahrzeuge mit aufgebauten Kranwerken, angetrieben durch Trettrommeln. So sind u. a. auf einem Holzschnitt der Stadt Köln aus dem Jahre 1499 mehrere solcher schwimmenden Krane dargestellt.

Scow: englische Bezeichnung für *Leichter* oder *Prahm*. Die mit flachem Boden und nahezu eckiger Kimm gebauten Fahrzeuge wurden im 19. Jh. sowohl zum Leichtern seegehender Schiffe als auch für den Fährverkehr und Personentransport in Küstennähe als geschleppte oder geruderte Fahrzeuge verwendet. Außerdem ist die Bezeichnung für ein prahmartiges, mit plattem Boden, geradem flachem Bug und Heck sowie relativ breit gebautes, aus Nordamerika stammendes *Kimmschwertboot* gebräuchlich. Infolge der gleitbootähnlichen flachen Bauweise sind vor dem Wind hohe Segelgeschwindigkeiten erreichbar. Auffällig ist auch der Decksverlauf mit negativem Sprung, d. h. mit zu den Schiffsenden leicht abfallender Deckslinie.

Scow, zweimastiger englischer Leichter des 19. Jh.

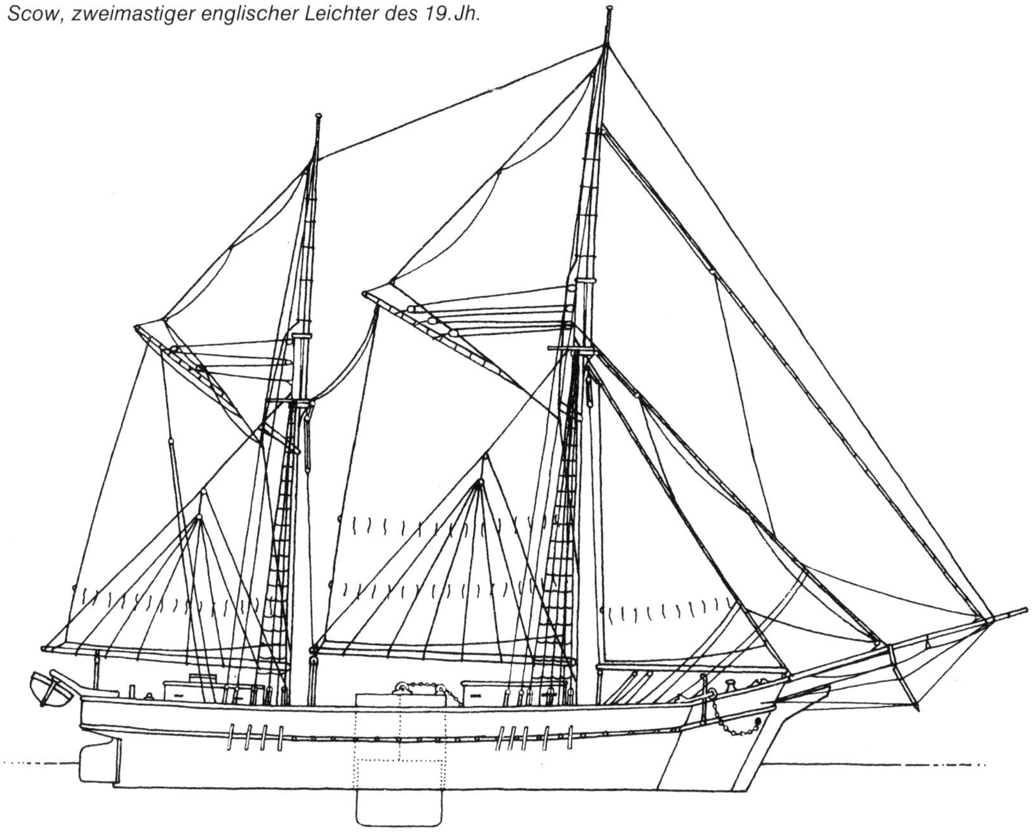

Kreuzeryacht »IDUNA«

Sechsmaster: Oberbegriff für die sich durch ihre Takelung unterscheidenden großen Segelschiffe mit 6 Masten. Sie wurden als *Schonerbark* oder *Gaffelschoner* getakelt. Dabei führte die *Schonerbark* an den 5 hinteren Masten Schratsegel und am Fockmast Rahsegel; die Schonerbark mit 6 Masten kam erst 1918 auf. Der Sechsmastgaffelschoner fährt an allen Masten Schratsegel; s. Tafel S. 22.

See-Ewer: auch als »Ostsee-Ewer« bezeichneter norddeutscher *Ewer*. Der Schiffstyp entstand Anfang des 19. Jh. und fuhr als *Besanewer* getakelt. Das Längen-Breiten-Verhältnis lag zwischen 3 und 3,5. Ebenso wie der Binnen- und Küstenewer führte der See-Ewer Seitenschwerter, war jedoch in den Verbänden des Schiffskörpers bedeutend stärker gebaut.

Seefahrtskreuzer: ein veralteter Typ der hochseefähigen, schweren, schlank mit langen Überhängen gebauten nationalen Kreuzeryachten. Bis 1940 waren in Deutschland 30-m^2-, 40-m^2-, 50-m^2-, 60-m^2-, 80-m^2-, 100-m^2-, 150-m^2- und 250-m^2-Seefahrtskreuzer gebräuchlich.

Seekadetten-Schulschiff: siehe Segelschulschiff

Seekreuzer, *Seekreuzeryacht:* hochseefähiger *Kreuzer* der Yachtgruppe, der für längere Fahrten auf See konstruiert und ausgerüstet ist. Im Vergleich mit Rennyachten ist der Seekreuzer den Langzeitbeanspruchungen auf See durch eine stabilere Bauweise, weniger ausladende Vor- und Achtersteven sowie einfachere Takelung besser angepaßt.

Seeleichter: ein antriebsloser *Leichter*, der im Unterschied zur Hafenschute oder zum Hafenleichter auf Reede und unter bestimmten Bedingungen auch auf See infolge der größeren Seitenhöhe bzw. eines größeren Freibords einsetzbar ist. Außerdem sind meistens die Lukenöffnungen durch seefeste Lukenabdeckungen gesichert.

Seenot-Ruderboot: speziell für den Seenot-Küstenrettungsdienst gebautes und ausgerüstetes größeres Ruderboot; s. a. *Küstenrettungsboot*.

Seeschlup, *Seeslup:* siehe Slup

Segelboot: Sammelbezeichnung für alle Segelbootstypen bis zu einer bestimmten Größe (etwa 12 m Länge) in offener, teil- und vollgedeckter Bauweise. Entwurf, Konstruktion und Ausrüstung der einzelnen Segelbootstypen sind insbesondere den jeweiligen Fahrtgebietsbedingungen (Binnengewässer oder Seegebiete) bzw. internationalen Regeln anzupassen. Ein optimaler Leichtbau des Bootskörpers aus Stahl, Holz, Plast oder in Kompositbauweise bei genügender Festigkeit, hydrodynamisch günstige Bootsfor-

Kleine Tourenyacht »CATALINA« [29]

men zur Verringerung des Schiffswiderstandes bei hoher Kursstabilität und ausreichender Querstabilität, guten Steuereigenschaften und Bewegungen des Bootes sowie vor allem die effektivste Ausnutzung der Windkraft bei den hauptsächlich vorkommenden Segelbedingungen mit jeweils angemessenem Bedienungsaufwand sind in ihrer Kombination nicht maximal erfüllbar. Der Flächenmittelpunkt der Segel und des Lateralplanes (Orthogonalprojektion des Unterwasserteils des Bootskörpers) müssen bestimmte Proportionen und Lagen zueinander haben. Aus Gründen der Querstabilität kann der Segelmittelpunkt nicht beliebig hoch liegen, andererseits ergeben aber hochgelegene Segel mehr Vortrieb. Hinsichtlich der Kursstabilität sind Boote luvgierig, d. h., sie drehen in den Wind, wenn der Segelmittelpunkt hinter dem Lateralmittelpunkt liegt, und sie sind leegierig, wenn der Segelmittelpunkt vor dem Lateralmittelpunkt liegt. Die notwendige Querstabilität (seitliches Wiederaufrichtvermögen) kann durch entsprechend breite Bootskörperformen, wie bei *Jollen*, oder durch zusätzliche tiefgelegene Massen, wie bei *Kielbooten*, erfolgen. Die Abdrift wird entweder durch Schwerter (s. a. *Schwertboot*) oder durch Kiele oder Flossenkiele begrenzt.

Bei heutigen Segelbooten ist die früher allgemein übliche Kuttertakelung mit Gaffelsegel, Toppsegel, Fock und Klüver nur noch selten anzutreffen, so daß die »Hochtakelung« in verschiedenen Formen dominiert. Durch die weniger unterbrochenen, aufeinander abgestimmten Segelflächen der Hochtakelung kann sich der durch die Anströmung erzeugte Überdruck auf der Luvseite (Windseite) und der Unterdruck auf der Leeseite (dem Wind abgekehrte Seite) ungestörter ausbilden. Um die Ausbildung aerodynamisch günstig gewölbter Segelflächen zu unterstützen, verlaufen bei modernen Segelschnitten bestimmte Segelkanten (Lieks) nicht gerade, sondern gekrümmt.

Stimmen Fahrtrichtung des Bootes und Windrichtung völlig überein oder weichen nicht sehr voneinander ab, so segelt man »vor dem Wind«. Bei Fahrt vor dem Wind setzen Sportsegelboote, soweit es die Wettbewerbsbedingungen zulassen, zusätzlich ein Vorsegel, den Spinnaker (engl. to spinn, rollen, strömen). Erstmalig wurden Versuche mit einem Vorwindsegel 1866 auf der englischen Segelyacht »SPHINX« gefahren. Aus diesem relativ breiten und kurzen Vorwindsegel entstand der heute noch gebräuchliche hohe und schmale Spinnaker.

Bei schräg von achtern einfallendem Wind segelt man mit »raumem Wind«, und von »halbem Wind« spricht man bei seitlich einfallendem Wind. Spezielle Spinnaker werden heute auch für diese Windrichtungen gefahren. Trifft der Wind spitzwinklig von vorn auf das Boot, so segelt man »am Wind« oder »beim Wind«. Je nach der Art des Bootes und der Takelung können Segelboote bis zu 30° und weniger gegen den Wind ansegeln. Dabei muß im Zickzackkurs gegen den Wind in Kreuzschlägen, kurze Schläge genannt, und Wenden gesegelt werden.

Segelgig: siehe Gig

Segelkatamaran: ursprünglich nur ein Fahrzeug aus 2 Schwimmkörpern, die durch eine Plattform verbunden waren. In der einfachen Form wurde dieses Fahrzeug schon sehr frühzeitig im Gebiet des Pazifischen Ozeans mit Segeln versehen. In den letzten Jahren wurde dieser Segelkatamaran ein Sportfahrzeug. Bei den Doppelrumpfbooten brauchen die einzelnen Rümpfe nicht unbedingt getrennt zu sein, sondern werden auch als Bodenlängswülste unterhalb einer Plattform ausgebildet.

Segelschiff: Sammelbegriff für die Mehrheit aller Typen von Wasserfahrzeugen, deren Antrieb hauptsächlich durch Windkraft in Verbindung mit Segeltakelage erfolgt und die sich hinsichtlich ihrer Größe und Bauweise von den meistens kleineren *Segelbooten* unterscheiden. Die Vielzahl der Segelschiffstypen läßt sich verschiedenen charakteristischen Merkmalen, wie Hauptverbreitungsgebiet, Verwendungszweck und -zeitraum, Formgebung und Bauweise von Schiffskörper, Steuerorganen und Aufbauten, Anzahl der Maste und Art der Takelung, zuordnen. Nach Art und Stellung der Segel lassen sich Segelschiffe in die beiden Hauptgruppen *Rahsegler* und *Schratsegler* einteilen. Rahsegel (auch Quersegel genannt) werden an schwenkbaren Quer- oder Schrägrahen gefahren und durch Brassen in die erfoderliche Segelstellung gebracht. Demgegenüber sind Schratsegel (auch Längssegel genannt) in Ruhestellung in der Längsmittelschiffsebene des Segelschiffes aufgespannt. Schratsegel werden an Masten, Gaffeln, Stagen oder Stagleitern gefahren und durch Schot, Läufer und Leinen in den Wind gebracht. Auf »Vollschiffen«, d. h. voll rahgetakelten Schiffen und größeren Segelschiffen, sind beide Segel-Grundarten anzutreffen und so miteinander kombiniert, daß entsprechend den unterschiedlichen Windbedingungen jeweils die bestmögliche

Ausnutzung der Windkraft bei günstiger Segelhandhabung erreicht wird.
Zu den ältesten Darstellungen des Segels gehört eine Felszeichnung aus dem Süden der Nubischen Wüste aus der Zeit um etwa 6000 v.u.Z., auf der als Rumpf eines Fahrzeuges ein Stierkörper gezeigt wird, auf dem sich ein Mast und ein Segel befinden. Wie spätere altägyptische Funde zeigen (Cheopsschiff u.a.) vollzog sich unter den günstigen Bedingungen der frühen ägyptischen Hochkultur die Entwicklung zum Segelschiff über das besegelte bootsähnliche *Papyrusfloß* zum gebauten bzw. »gebundenen« oder »genähten« Plankenboot und Plankenschiff. Im nordischen Sprachraum sind die Wörter für geruderte Boote und Schiffe bedeutend älter als die Ausdrücke für Mast und Segel. Der erste schriftliche Nachweis eines Segels bei germanischen Stämmen stammt von TACITUS (55 bis 120) aus dem Jahre 70, der Zeit des Aufstandes der an der Rheinmündung ansässigen Bataver. TACITUS berichtet, daß die Barbaren ihre bunten wollenen Kriegsmäntel zu Segeln zusammennähten. Etwa aus der gleichen Zeit schildert der römische Gelehrte PLINIUS, daß germanische Frauen Segeltuch webten. Im Norden entstand, aus dem Romanischen übernommen, altnord. »mastr«, auch »mazdo«, russ. »mačta« für Mast, und für Segel gehören roman. »sigla« und altnord. »segl« zu den ältesten Bezeichnungen. An den nordischen, insbesondere skandinavischen Bootsfunden ist das Segel erst aus der Zeit des Beginns größerer Fahrten über See, etwa ab 400 u.Z., allgemein nachweisbar.
Bis in das 16.Jh. hinein gehörte die Kunst des Baus hölzerner Segelschiffe zu den hochgeschätzten Leistungen erfahrener Zimmermannsmeister. Die überlieferten Bauerfahrungen wurden von Generation zu Generation übernommen und waren streng gehütete Geheimnisse. Erst mit der im 16.Jh. beginnenden Darstellung der Schiffsformen, des Kiel-, Steven- und Decksverlaufs, einiger Abmessungen und Details verbreiteten sich die Kenntnisse, entstanden Vergleichs- und Entwicklungsmöglichkeiten. Bis zum Anfang des 19.Jh. beschränkte sich jedoch die Darstellung zumeist auf die Hauptabmessungen, Formen und hauptsächlichsten Zimmermannsarbeiten am Schiffsrumpf. Für einzelne Schiffstypen, wie venezianische Schiffe (s. *Galeere*) oder Kriegsschiffe, die in größerer Zahl unter zentraler Regie gebaut wurden, gab es aber bereits wesentlich früher exaktere Aufzeichnungen der Holzbauteile, Verbindungen, Ausrüstungen und der Takelung. Für den hölzernen Schiffsrumpf, für Maste und Rundhölzer wurden je nach Anforderungen bis zu 20 Holzarten verwendet. Die Dauerhaftigkeit der aus Eiche gebauten Schiffskörper wurde nur noch vom indischen Teakholz übertroffen. Solche gegen Fäulnis sehr widerstandsfähigen Schiffe waren bei guter Pflege zwischen 30 und 50 Jahren in Betrieb, während bei Verwendung von Buche oder leichteren Nadelhölzern bereits nach 15 Jahren die Verbindungen und damit die Festigkeit und Dichtigkeit nachließen. Für das Oberdeck eigneten sich besonders harzreiche Kiefernhölzer, wie das Holz der nordamerikanischen Pitchpine. Mit der Größenzunahme der aus Holz gebauten Segelschiffe konnten die höheren Belastungen des Schiffskörpers und der hölzernen Verbände nur noch durch den völligen Übergang von der Klinker- zur Kraweelbauweise, durch den Ersatz naturgewachsener Krummhölzer durch gebogene und entsprechend stark gebaute Spanten und Eckverbindungen in einer hochentwickelten Holzbauweise beherrscht werden. Die zeitweilig führende Position des Segelschiffbaues der Niederlande (s.a. *Fleute*) oder des nordamerikanischen Schiffbaues (s.a. *Klipper*) in der Entwicklung neuer Schiffstypen bedingte einen entsprechend hohen Stand des Schiffszimmererhandwerks.
Mit der von England ausgehenden Einführung der Kompositbauweise, bei der eiserne Spanten und Decksbalken mit Schiffsplanken aus Holz beplankt wurden, vereinfachten sich die Anforderungen an die Holzverarbeitung auch für größere Segelschiffe, und es erhöhten sich die Festigkeit und Dichtheit, so daß gut gebaute Kompositschiffe ca. 40 Nutzungsjahre erreichten.
Der um die Mitte des 19.Jh. einsetzende Übergang zur Verwendung von Eisen und später von Schiffbaustahl auch für die Beplattungen hatte tiefgreifende Umstellungen der Bauweisen und Schiffbautechnologien von Holz auf Stahl und den Niedergang einer Vielzahl früher im Holzschiffbau führender Werften zur Folge.

Segelschulschiff: ein vorzugsweise für die Ausbildung des seemännischen Nachwuchses von Kriegs- und Handelsmarinen dienendes Segelschiff. In Deutschland wurde in Bremen im Jahre 1900 der »Deutsche Schulschiff-Verein« gegründet, dem für die Ausbildung 3 eigene Segelschulschiffe zur Verfügung standen, die vollgetakelten (Rah- bzw. Vollschiffe) »GROSSHERZOGIN ELISABETH«, »PRINZESS EITEL FRIEDRICH« und »GROSSHERZOG FRIEDRICH AUGUST«. In der Zeit von 1901 bis 1925 wurden auf diesen Schiffen fast 5000 Seeleute für die Handelsflotte ausgebildet. Die vielseitige Ausbildung umfaßte alle vorkommenden Segel- und Bootsmanöver, den Sicherheitsdienst, Verhalten bei Havarien und Unfällen sowie alle sonstigen seemännischen Arbeiten. Für den seemännischen Nachwuchs der DDR dient viele Jahre das Segelschulschiff *»WILHELM PIECK«*, eine *Schonerbrigg* der Gesellschaft für Sport und Technik.

Segelsurfer: siehe Windsurfer

Segeltanker: erster Typ des Öltankschiffes, auch als Tanksegler bezeichnet. Im Unterschied zu den *»Petroleumklippern«*, die Petroleum in Fässern fuhren, waren Tanksegler Segelschiffe mit fest eingebauten, untereinander mit Rohrleitungen verbundenen größeren Blechbehältern (Tanks). Als einer der ersten Segeltanker gilt der amerikanische Segler »CHARLES«, der in den Jahren von 1869 bis 1872 zwischen den USA und Europa fuhr.

Seilfähre: siehe Seilschiff und Fährschiff

Seilschiff: eine spezielle Vorgängervariante des späteren maschinengetriebenen Kettenschleppschiffes. Seilschiffe wurden bereits von J. MARIANO 1438 skizziert und auch von K. KYESER in Eichstädt erwähnt. Auf dem Seilschiff befand sich eine querschiffs liegende Welle mit großen Schaufelrädern an jeder Bordseite. Die teilgetauchten Schaufelräder wurden wie bei unterschlächtigen *Schiffsmühlen* angeströmt und bewirkten, meistens unterstützt durch Muskelkraft, ein Auftrommeln des in Fahrtrichtung voraus festgemachten Seiles auf die Welle und so eine Fortbewegung des Schiffes gegen den Strom.

Seiner: Fischfangschiff, das hauptsächlich für den Gebrauch von Ringwadennetzen (engl. purse seine) ausgerüstet ist. Ringwadennetze ähneln großen Schwimm- oder Treibnetzen, werden jedoch ringförmig als Umschließungsnetz um einen Fischschwarm ausgesetzt und danach an der Unter- und Oberleine korbförmig zusammengezogen, so daß der Fischschwarm am Entweichen gehindert und räumlich konzentriert wird. Das Aussetzen des Netzes wird durch an Bord mitgeführte *Doriboote* unterstützt. Auf den älteren Seinern werden die Ringwaden seitlich neben dem Schiff zusammengeholt und je nach Größe des Fanges durch Handkescher ausgeschöpft oder an Bord gezogen. In der modernen Fischerei sind Seiner, Trawler und ihre Kombination die bedeutendsten Fangschiffstypen.

Seitenfänger, *Seitenfangschiff:* aus der Netzhandhabung auf Fischereischiffen herrührende Bezeichnung für alle Fischereifahrzeuge, die Netze an den Bordseiten ausbringen und einholen im Unterschied zu der erst wenige Jahrzehnte gebräuchlichen Heckfangtechnik. Die auf Trommeln oder Winden an Deck aufgetrommelten Kurrleinen (Trossen) laufen über Umlenkrollen und sogenannte »Fischgalgen« – das sind über die Bordseite hinausragende Ausleger mit Rollen – zum Netz. Nach dem Aussetzen und Schleppen des Netzes und Einholen des Vorgeschirrs wird das an die Bordwand herangezogene Netz zum größten Teil von Hand oder durch handgetriebene Netztrommeln über die Reling gezogen. Diese besonders auf kleinen Fischereischiffen seit Jahrhunderten zu verrichtende schwere körperliche Arbeit konnte erst in der ersten Hälfte des 20.Jh. durch Netztrommeln mit Maschinenantrieb abgelöst werden. Zu den bedeutendsten Segel-Fischfangschiffen mit Seitenfangausrüstung gehörte der *Fischkutter*.

Seitenfang-Kutter: siehe Seitenfänger

Seitenfang-Trawler: siehe Seitenfänger

Seitenschwertboot: holländische und norddeutsche Küsten-Segelschiffe, Wattenfahrer, Boote und Flußkähne, wie *Aaken*, *Bojer*, *Ewer*, *Kuffen*, *Mutten*, *Ottern*, *Poons*, *Prahme*, *Pünten*, *Schniggen* sowie weitere Typen, bei denen aus Gründen der Tiefgangsbegrenzung außen an beiden Bordseiten drehbare Seitenschwerter gefahren wurden. Die Seitenschwerter bestanden aus mehreren miteinander zu einer Platte verbundenen Planken. Die drehbare Befestigung erfolgte durch Schwertbolzen oder Tauverbindungen etwa auf halber Fahrzeuglänge an Deck. Durch Ketten oder Taue wurde entsprechend der Stärke des Seitenwindes bzw. Abdrift das an der Leeseite befindliche Seitenschwert auf die erforderliche Tiefe eingestellt, so daß der Fahrtwiderstand des Schiffes möglichst wenig anstieg. Infolge der Größe und der auffälligen seitlichen Anordnung beeinflußten Seitenschwerter in erheblichem Maße die Seitenansicht der Schiffe, sie wurden deshalb häufig durch Schnitzereien und Bemalungen verziert. Die moderne Form sind innenliegende ausschwenkbare oder absenkbare Schwerter bei Kimm- bzw. *Kielschwertbooten*.

Selander, *Schelander:* im 9. Jh. ursprünglich ein byzantinischer Mischtyp von *Dromone*, *Pamphile* und *Galee*, den Nachfolgern der byzantinischen *Liburne*. Wie die meisten Kampfschiffe des antiken Seewesens wurden die Selandertypen als kombinierte Ruder- und Segelfahrzeuge vorwiegend gerudert, das vorhandene Lateinsegel benutzte man bei günstigem Wind und längeren Seereisen. Während der Kreuzzüge diente der in den italienischen Seestädten als Selander gebaute Schiffstyp als Transport- und Kampfschiff. Im 13. Jh. entsprach die Schiffsgröße etwa einer Rudermannschaft von 22 bis 26 Personen.

Senkkasten: siehe Taucherglocke

Setzbordschiff: Einbaum mit seitlich auf beiden Bordseiten aufgesetzten Plankengängen, dem Setz- oder Schälbord. Das Setzbordschiff stellt somit eine höhere Entwicklungsstufe gegenüber dem Einbaum in Richtung auf das aus Planken erbaute Schiff dar, obwohl die Seitenplanken meistens noch nicht an durchgehenden Spanten befestigt waren. Das Setzbordschiff gab es in verschiedenen Erdteilen, insbesondere in Nordeuropa, Ostasien und der Südsee; s. a. *Piroge*. An älteren Ruderbooten findet man heute zuweilen noch Setzbordplanken als obersten Plankengang mit den ausgearbeiteten Ausklinkungen (Rundseln) für die Riemen. Auch auf halbgedeckten Booten sind die oberen Abschlußplankengänge manchmal noch Setzborde.

Sidonische Sarkophag-Schiffsdarstellung: aus dem 2. und 3. Jh. stammende Flachreliefdarstellung eines auf Kiel und Spanten gebauten syrisch-römischen Lastsegelschiffes auf einem Sarkophag. Der Sarkophag (in der Antike und in frühchristlicher Zeit ein steinerner Sarg zur Beisetzung der Begüterten) wurde in der Stadt Saida (früher Sidon) an der libanesischen Küste aufgefunden und stammt aus der Zeit, in der Libanon unter römischer Herrschaft stand.

Siebenmast-Gaffelschoner: einziges, 1902 in den USA mit 7 Masten gebautes Schiff mit dem Namen »THOMAS W. LAWSON«. Das 117 m lange und 15 m breite Schiff hatte 5218 BRT, war aus Stahl und fuhr mit 16 Mann Besatzung.

Skagenboot: ursprünglich offenes, zweimastiges Fischerboot, das zum Ende des 19. Jh. auch gedeckt gebaut wurde und zur Fischerei mit Fangleinen und Treibnetzen diente.

Skiff: schlankes und leichtes Einmann-Rennruderboot ohne Steuermann. Die Bezeichnung stammt aus Skandinavien und entspricht der altengl. Bezeichnung »scip«. Die Bezeichnung »Skiff« ist außerdem noch in verschiedenen Ländern für andere leichte Boote gebräuchlich. So wird z. B. ein kleines offenes, geklinkertes Segelboot als »Orkney-Skiff« bezeichnet; in Nordamerika gibt es u. a. die Bezeichnung »Delaware-Sturgeon-Skiff« für ein 7,5 m langes Fischerboot für den Störfang. Es handelt sich um ein zweimastiges Kielboot mit gerundeten Spanten und einem Heckspiegel, das i. allg. mit Sprietsegeln gefahren wird.

Aufbringung des Sklavenschiffes »SUNNY SOUTH« (ex »EMANUELA«) durch H. M. S. »BRISK«, 1860 Holzstich von G. SMITH

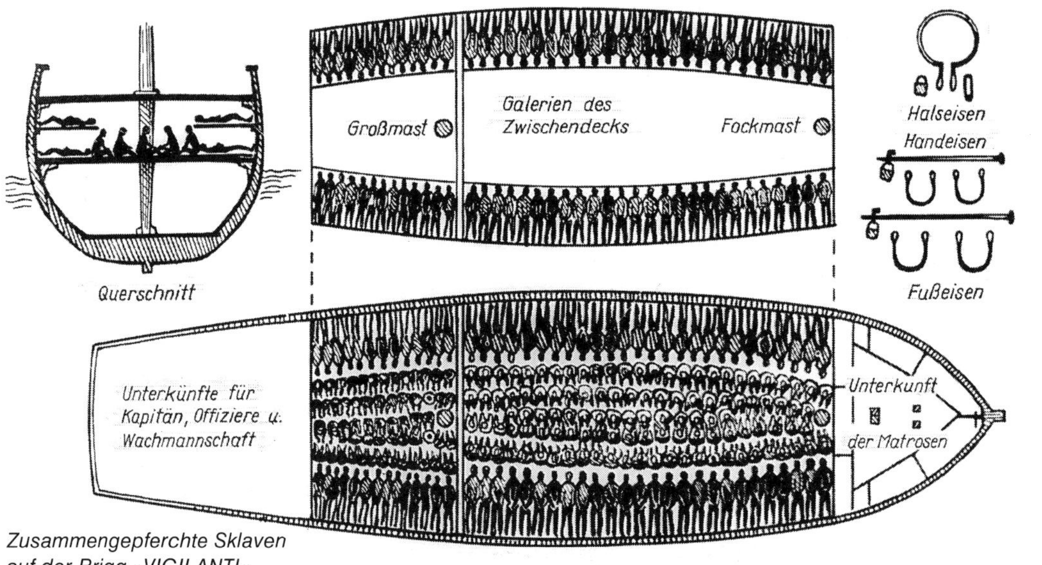

Zusammengepferchte Sklaven auf der Brigg »VIGILANTI«, aufgebracht 1822

Sklavenschiff: leichtgebaute schnelle *Briggs* oder *Schoner*, die noch im 19. Jh. aus Afrika Sklaven nach Amerika verschleppten, obwohl der Sklavenhandel bereits von allen Staaten verboten war und Kriegsschiffe vor der Küste patrouillierten. Schiffe von etwa 250 t Tragfähigkeit pferchten unter Deck bis zu 500 Sklaven eng zusammen, so daß für jeden einzelnen nur ein schmaler Liegeplatz blieb. Da außerdem die Verpflegung unzureichend war, starben in vielen Fällen bis zu 50 % der Sklaven bereits während der Überfahrt.

Skuldelev-Schiffsfund: siehe Roskilde-Schiffsfund

Skullboot, *Skuller:* Renn-Ruderboot, bei dem jeder Ruderer ein Paar kurze leichte Riemen (2 Skulls) benutzt. Im Unterschied zum Skull wird ein Riemen von einem Mann mit beiden Armen bewegt. Ein Skull für Sportzwecke ist etwa 2,95 m lang und hat eine Eigenmasse von 2 kg.

»Skyscraper«: allgemein gebräuchliche englische Bezeichnung für den *Klipper* mit seinen hohen, »wolkenkratzenden« Masten. Außerdem war es die Bezeichnung für das auf rahgetakelten Schiffen bei Schönwetter oberhalb des Skysegels gefahrene kleine Dreieckssegel.

Slof: großes, etwa 45 m langes, ungedecktes Rheinschiff des 19. Jh. von einfacher Konstruktion mit einem umlegbaren Mast. Um im beladenen Zustand das Überkommen von Wasser zu vermeiden, wurden hohe Setzborde gefahren.

Sloop, *Marinesloop:* im 18. Jh. besonders in der englischen Marine als »Navy sloop«, »Sloop of war« (Kriegssloop) verwendeter *Zweimaster*. Diese Schiffe fuhren bis etwa 1760 an beiden Masten entweder Schnau-, Ketsch- oder Brigantine-Takelung und hatten bis zu 12 Stück 6-Pfünder, so daß sie dem Range nach hinter den Schiffen 6. Ranges eingeordnet wurden. Nachdem 1760 dreimastige vollgetakelte kleine Fregatten gebaut und zunächst als »Fregatten mit 16 Lafettenkanonen« bezeichnet wurden, gab es bald die Bezeichnung »Sloop« mit einem Nachsatz, der die Anzahl der Kanonen angab. Als um 1780 Briggs in den Marinen eingeführt wurden, unterschied man in den Schiffslisten der Marine Schiffe von etwa 20 bis 35 m Länge in Sloops, die vollgetakelt fuhren, und solche, die eine Briggtakelung hatten, (s. a. *Slupgaleasse*).

Slup, *Schlup:* einmastiges Sportsegelboot, dessen Bezeichnung von dem Schiffstyp *Schaluppe* (engl. sloop) stammt. Kennzeichen der Slup ist die Slup-Takelung, bestehend aus nur einem Groß- und einem Vorsegel, der heute für kleine Sportboote allgemein üblichen Takelung. Das Großsegel kann ein Hochsegel (auch als Spitzsegel bezeichnet) oder ein Gaffelsegel sein. Das Hochsegel hat seinen Ursprung in den Segeln der Bermudaboote und fand um 1920 in Europa Eingang. Daher gibt es auch die noch bei größeren Yachten anzutreffende Bezeichnung Bermuda- oder Marconisegel. Die Gaffel wird mitunter auch zur Steilgaffel, d. h., sie reicht nahezu lotrecht noch über den Masttopp hinaus.

Slups gab es bereits im 16. Jh., wobei zu dieser Zeit sowohl reine Riemenboote als auch kombinierte Riemen-Segelboote so bezeichnet wurden. Entsprechend den späteren vielseitigen, zeitlich und örtlich verschiedenen Verwendungen für Handels-, Fischerei- und Kriegszwecke waren die Fahrzeuge unterschiedlich getakelt. In der Nord- und Ostsee war die Bezeichnung »Slop« und »Sloop« insbesondere für kleinere Fischereifahrzeuge gebräuchlich, und in der britischen Marine nannte man ein kleines seetüchtiges Geleit- und Bewachungsfahrzeug *Sloop*.

Sluptakelung mit Steilgaffel

Ältere Takelung mit Gaffeltoppsegel

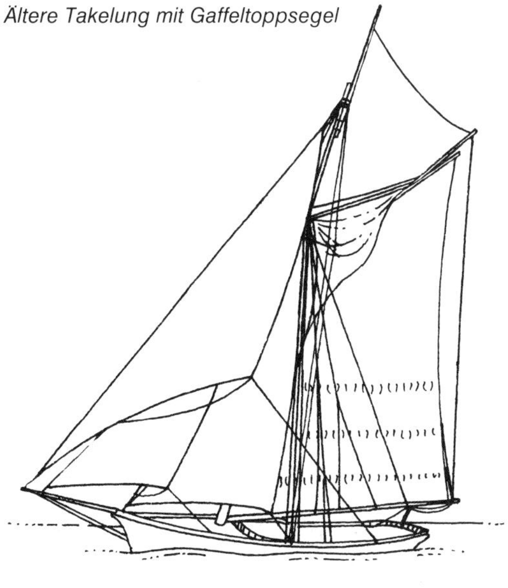

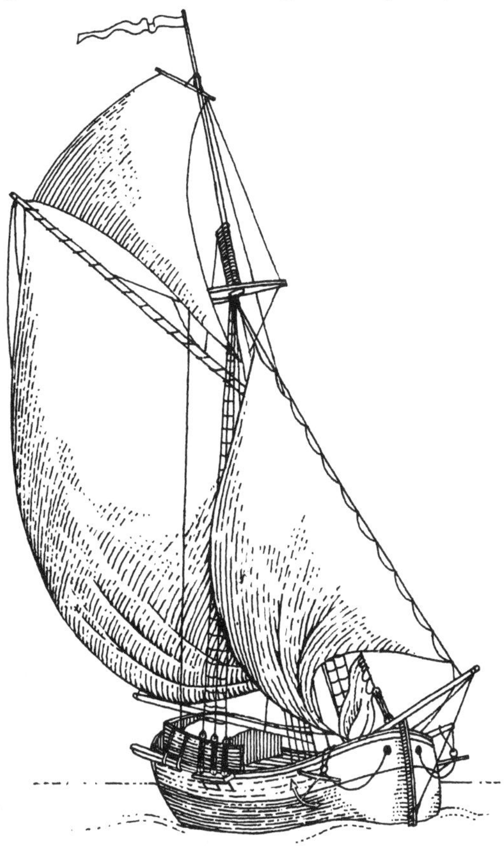

Handelsslup mit Gaffeltoppsegel

Slupgaleasse: im ersten Drittel des 19. Jh. mit einem kleinen Besanmast versehene *Slup*, aus der sich um 1850 die Slupgaleasse entwickelte. In der Form der Slup führte sie außer dem Slupmast einen hohen, weiter vorn stehenden Besan mit langer Stenge. An den beiden Masten waren große Gaffelsegel und Gaffeltoppsegel, ferner am Großmast 3 Rahsegel, eine Stagfock und am Bugspriet mehrere Klüver. Im Ostseebereich war die Slupgaleasse ein seltener Schiffstyp.

Smake: siehe Schmack

Snape-Bootsfund: in England bei Suffolk gefundenes typisches klinkerbeplanktes Lastboot aus dem 6. bis 7. Jh. Das Boot war 14,5 m lang und 3 m breit. Es hatte eine Seitenhöhe von 1,2 m und war mit flachem Boden ohne Kiel gebaut.

Snekkja: im nordeuropäischen Raum vom 10. bis 14. Jh. verwendeter Schiffstyp mit relativ scharfen Formen, mit dem als Ruderfahrzeug schnelle Fahrten gemacht werden konnten. Die Snekkjas wurden vielfach als Kampffahrzeug, unter anderem in England, eingesetzt. Ihre Größe entsprach im 13. Jh. etwa derjenigen der *Koggen*. Bereits im 14. Jh. ging die Bedeutung stark zurück; so wurden Snekkjas als Beischiffe im Kriegsfalle mitgeführt.

Snipeboot: ein 1931 entwickeltes nordamerikanisches Sportsegelboot in Knickspantbauweise mit einer Schnepfe als Segelzeichen. Die Bootslänge beträgt 4,73 m über alles und 4,12 m in der Konstruktionswasserlinie bei einer Breite von 1,52 m. Das Boot gehört zur Internationalen Einheitsklasse, hat 10 m^2 Segelfläche und wird von 2 Mann Rennbesatzung gesegelt.

Snurrewadenboot: Fischerboot zum Plattfischfang. Die Snurrewade oder Schnurwade ist ein Zugnetz speziell zum Fang von Plattfischen. Um 1875 ging man an der Nordseeküste zum Schollenfang mit der Snurrewade über und baute zu diesem Zweck einen neuen Schiffstyp mit rundem Vorsteven und rundem, spiegellosem Heck, um eine besonders große Decksfläche zu erreichen. Die Boote besaßen eine große Bünn. Die Anderthalbmastertakelung bestand aus Gaffelgroß- und Gaffeltoppsegel, Stagfock, Klüver und Flieger sowie Besan mit Besantoppsegel. Die Fahrzeuge waren etwa 15 bis 20 m lang und 4,5 m bis 5,5 m breit.

Sohlboot, *Flachboot:* Fahrzeug mit geringem Tiefgang und flachem ebenem Boden für flache Gewässer, geeignet als Wattenfahrer.

Soling-Klassenboot: Sportsegelboot (Kielboot) der Einheitsklasse, entworfen vom norwegischen Bootskonstrukteur J. LINGE. Seit 1972 gehört die Soling zur Olympia-Klasse und trägt als Segelzeichen den stilisierten griechischen Buchstaben »Ω« (Omega). Das Boot ist 8,15 m über alles und 6,10 m in der Konstruktionswasserlinie lang, 1,90 m breit, hat eine Verdrängung

Soling, Einheits-Kielboot der Olympia-Klasse, Seiten- und Takelriß

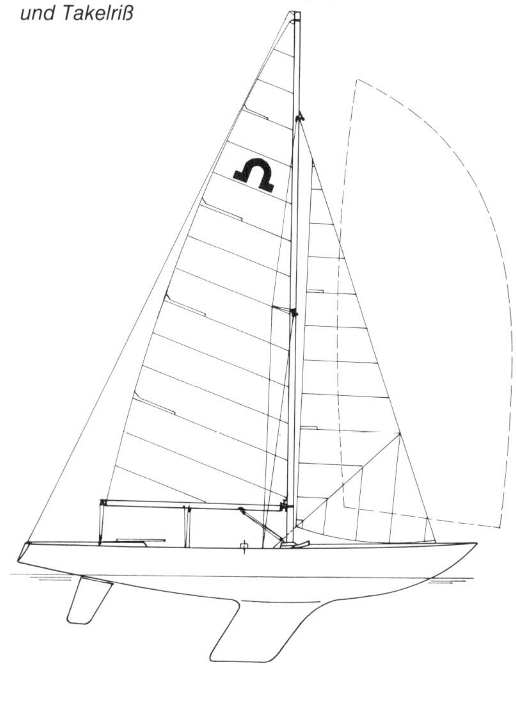

von 1000 kg bei 580 kg Kielballast. Der Tiefgang beträgt 1,30 m; die Rennbesatzung besteht aus 3 Mann. Das Großsegel hat 15,95 m^2, die Fock 8,35 m^2 und der Spinnaker 32,65 m^2. Das moderne Einheitsklassenboot soll nur in Plastbauweise nach der von der IYRU (International Yacht Racing Union) entwickelten Mutterform mit erhöhter Sinksicherheit durch abgeschottete und ausgeschäumte Hohlräume an den Bootsenden gebaut werden. Der Segelmast besteht meistens aus höherfesten Leichmetallegierungen.

Somp: niederländisches einmastiges und flachbodiges Fracht-Segelfahrzeug. Bei einer Länge von 12 bis 15 m betrug das Verhältnis Länge zur Breite etwa 5. Es gab diesen Typ mit völlig ebenem Schiffsboden, eckig angesetzten und auffällig an den Schiffsenden hochgezogenen Seiten seit dem 17. Jh. Um trotz der geringen Seitenhöhe im Mittelschiffsbereich den nutzbaren Tiefgang zu vergrößern, wurden beidseitig auf dem oberen Plankengang zusätzlich senkrecht stehende breite Platten als Setzbord aufgesetzt. Diese Platten waren an ihrer Unterkante dem Deckssprung angepaßt und entsprechend den jeweiligen Spantbreiten einfach gekrümmt. Neben der Erhöhung der Seitenhöhe dienten sie auch zur Lagerung der Seitenschwerter. Am lotrechten Hintersteven befand sich das verhältnismäßig große Ruder. Der Vordersteven verlief gekrümmt mit zurückgezogenem oberen Steventeil. Als Somp wurde ebenfalls ein schwedisches Seefischerboot aus dem Stockholmer Gebiet bezeichnet, für das Zeichnungen von CHAPMAN 1768 veröffentlicht sind. Es waren sowohl größere Fahrzeuge von 13 m Länge und 3,75 m Breite als auch kleinere von nur 5,4 m Länge und 1,8 m Breite. Beide Bootsgrößen waren mit Spitzgatt auf Kiel gebaut und infolge der achteren auf halber Schiffslänge angeordneten *Bünn* (schwedisch somp) häufig hecklastig. Die Besegelung bestand aus Gaffelsegel und Stagfock. Der große Somp hatte das mit Haken am Dollbord einsetzbare lose Setzbord gegen überkommendes Spritzwasser, war im vorderen Teil gedeckt und hatte um den Mast herum eine kleine Kajüte.

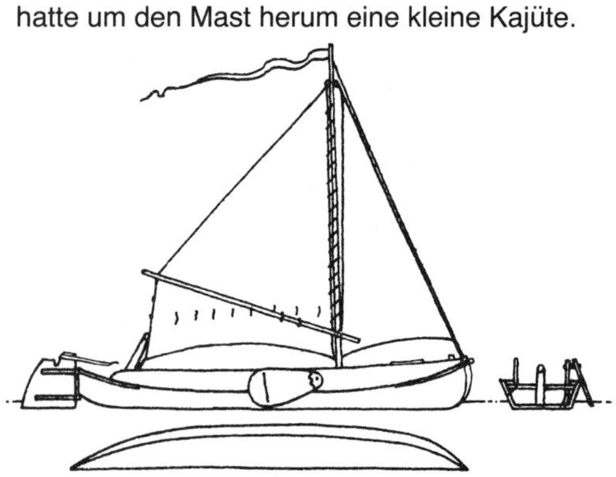

Flachbodiger niederländischer Somp

Sonderklasse-Boot: eine um 1900 in Deutschland entwickelte und vor dem ersten Weltkrieg sehr bekannte *Yacht* der *R-Klasse*. Es waren flachbodige kajütenlose Fahrzeuge, die zur Zulassung an Rennen drei Konstruktionsbedingungen erfüllen mußten. Erstens durfte der Summenwert von Länge, Breite und Tiefgang nicht den Wert 9,75 überschreiten ($L_{KWL} + B + T \leqq 9{,}75$), zweitens betrug die maximale Segelfläche 51 m^2, und drittens war eine Mindestmasse von 1830 kg gefordert. Entsprechend diesen Forderungen ergaben sich sehr schmale, lange Yachten, die zwar bei Glattwasser hohe Geschwindigkeiten erreichten, bei böigem Wind und Seegang jedoch unbrauchbar waren. Die Konstruktionsforderungen des Sonderklasse-Bootes gelten daher als Beispiel unzulänglicher Vermessungsfestlegungen.

Speronare: ein mit Sprietsegel an einem weit vorn stehenden Mast versehenes kleines, ungedecktes Segelboot, dessen Ursprünge weit zurückreichen und das noch im 19. Jh. an den Küsten Siziliens und Maltas verwendet wurde. Außerdem gab es noch zweimastige Speronaren, die sogenannten »Drahisfas«.

Spiegelschiff: allgemeine Bezeichnung vor allem im 16. und 17. Jh. für diejenigen Schiffe, deren Achterschiff unterhalb des Hecks oder Heckbordes durch eine Fläche aus horizontal glatt verlegten Planken, die den »Spiegel« bildeten, abgeschlossen wurde. Die Bezeichnung wurde auch direkt für das *Pinaßschiff* verwendet.

Spielyacht: Bezeichnung für die in den Niederlanden zu Beginn des 17. Jh. aufkommenden Vergnügungsfahrzeuge. Sie wurden meistens als Zweimaster gefahren, wobei der vordere Mast direkt im Bug stand. Die Takelung bestand aus Besansegeln mit sehr kurzer Gaffel, Stagsegel wurden noch nicht gefahren. Ein stark hochgezogener Spiegel schützte mit den ebenfalls hochgezogenen Bordseiten gegen Wind und See von achtern, während vorn ein Teildeck bis zum Mast reichte. Die Spielyachten hatten schmale, meistens verzierte Seitenschwerter.

Spitzgattboot: Boot mit spitz bis zum Achtersteven auslaufenden Wasser- und Deckslinien. Beim typischen Spitzgattboot schließt das Ruder unmittelbar an den ebenfalls spitz auslaufenden Achtersteven an. Neben dem Spitzgatt gibt es das Rundgatt und das Platt- oder Spiegelgatt.

Spitzmutte, *Fehnmutte, «Halbe Mutte«:* siehe Spitzgattboot und Mutte

Spitzpünte: siehe Spitzgattboot und Pünte

Sport-Katamaran: in die »Divisionen« A bis C eingeteilte Segelkatamarane *(Katamaran)*. Die Gruppe (Division) »A« umfaßt alle Einmann-Katamarane, zu »B« gehören alle Zweimann-Katamarane mit 6,10 m Länge und 21,83 m^2 Segelfläche, und die Gruppe »C« umfaßt alle Zweimann-Katamarane von 7,62 m Länge und 27,88 m^2 Segelfläche. Außerdem gehören zur Gruppe »C« alle Dreimann-Katamarane bis zu 46,43 m^2 Segelfläche.
Ein derzeit moderner Segelkatamaran ist die zur Division »B« zuzuordnende Olympische Bootsklasse »Tornado«. Seegehende Katamarane nehmen heute an zahlreichen Seeregatten, wie z.B. an Transatlantikregatten, teil.

Sportsegelboot: siehe Tafel »Sportsegelboote« und die alphabetisch eingeordneten Sportsegelbootstypen

Spreekahn: noch heute auf der Spree, insbesondere im Spreewaldgebiet, für Personenbeförderungen und Rundfahrten sowie Kleintransporte, mit Stakstangen fortbewegte flachgehende Kähne. Ursprünglich dienten sie dem Transport von Gemüse, Obst und anderen Erzeugnissen nach Berlin.

Spreizgaffelschiff: siehe Vamarie-Schiff

Sprietewer, *Sprietkahn:* mit Sprietsegel fahrender *Ewer* bzw. *Kahn*. Sprietewer wurden erstma-

Sport-Tourenkatamaran »EILAND-HOPPER«

Olympische Sportsegelbootsklassen seit 1936

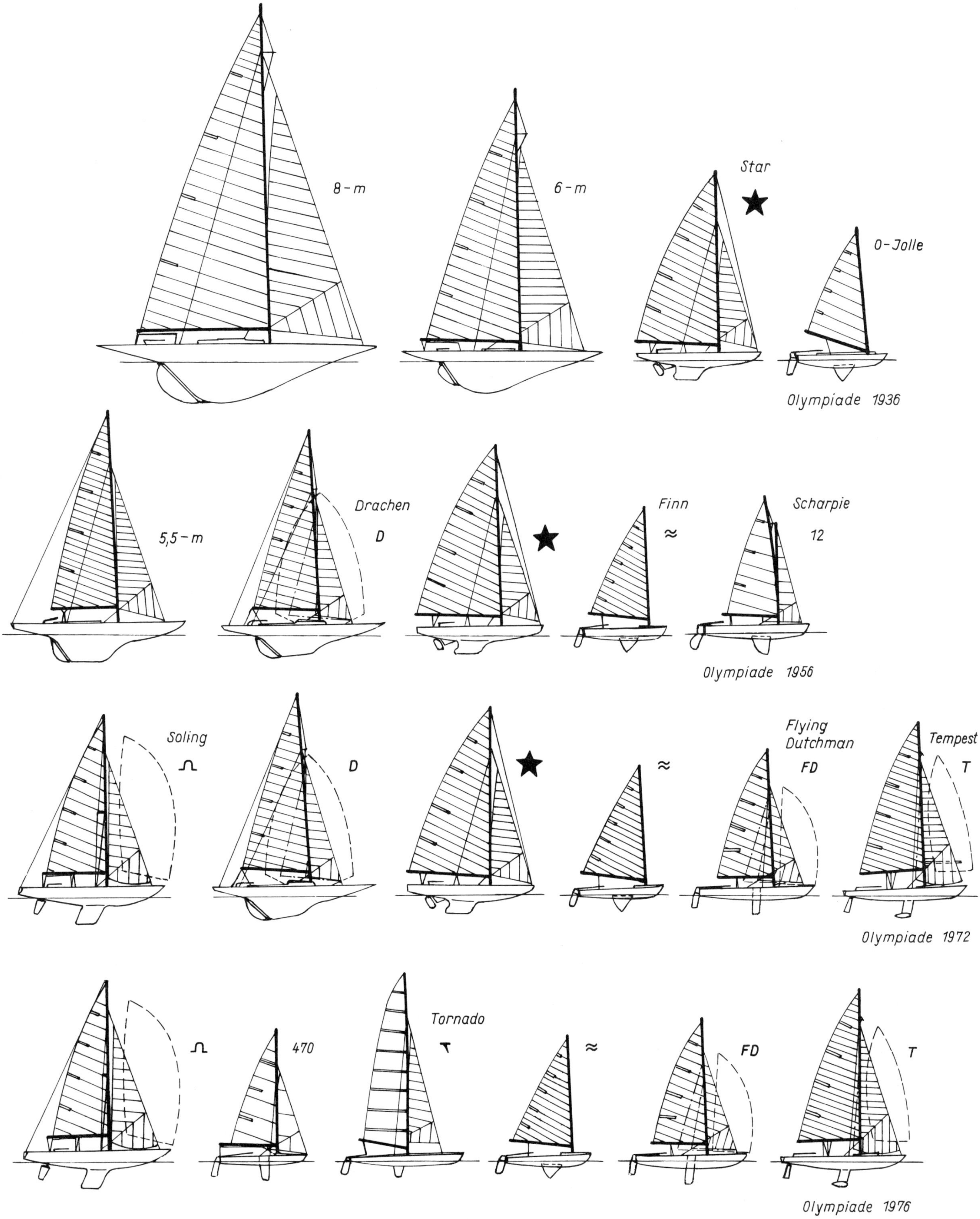

lig zu Ende des 17. Jh. in Holland erwähnt. Auf der Elbe gab es Sprietewer erst zu Ausgang des 18. Jh. Das Spriet, auch als »Spreize« bezeichnet, ist eine Stange oder auch ein Rundholz, mit dem nahezu rechteckige Segel ausgespannt bzw. gespreizt werden. Es führt vom Mastunterteil diagonal zur oberen äußeren Segelecke. Viereckige Sprietsegel mit Sprietbaum gab es im Mittelmeerraum etwa gleichzeitig mit dem dreieckigen Lateinsegel. Wegen der einfacheren Segelhandhabung im Vergleich zu den bis zur Mitte des 19. Jh. in Nordeuropa gebräuchlichen Rahsegeln wurden zunehmend Küsten-und Flußschiffe, wie Ewer und Binnenlastkähne, mit Sprietbäumen und Sprietsegeln ausgerüstet. Besonders bekannt waren die auf Elbe und Oder mit Kohleladung fahrenden Spriet-Lastkähne von etwa 200 t Tragfähigkeit. Die leeren Kähne wurden stromauf getreidelt und benötigten vollbeladen bei der Talfahrt unter den unsicheren Wasserverhältnissen nur geringe Segelunterstützung und schnelle Segelhandhabung. Da es eine öffentliche Fahrrinnenkennzeichnung noch nicht gab, wurden für jede Fahrt Lotsen benötigt. Der »Lotser« (»Haupter« oder »Mummenstecker« genannt) fuhr jeweils mit einem kleinen Boot voraus und steckte die passierbare Strecke mit Wegstangen (den »Mummen«) ab. Ein »Stockpflücker« fuhr mit einem zweiten Boot den Lastkähnen nach und zog die Mummen heraus. Da sich der Fahrrinnenverlauf häufig änderte, hütete jeder Lotse die neuesten Fahrwasserkenntnisse als Berufsgeheimnis. Um die anteiligen Lotsengebühren klein zu halten, fuhren Sprietlastkähne häufig im Verband. Es wurden auch 5 bis 8 Sprietkähne so zusammengekoppelt, daß die Kähne etwa um halbe Längen versetzt an ihren Bordseiten verbunden waren. Infolge des zeitraubenden Kennzeichnens des Fahrwassers konnte nur langsam gefahren werden, so daß in solchen gekoppelten Verbänden (»Elb-Kompanien«) nur auf den vorderen und hinteren Kähnen Segel gesetzt wurden.

Staatsbarke: staatlichen Repräsentationen dienende *Barke*, die das Staatswappen führt und die zu entsprechenden Anlässen durch Matrosen in Galauniformen gerudert wurde. Einzelne, noch in jüngerer Zeit benutzte Staatsbarken waren meistens Nachbauten historischer Barken mit reichlichem Schnitzwerk und Malereien.

Staatsie-Poon: siehe Poon

Stagsegelketsch: siehe Ketsch

Stagsegelschoner: siehe Schoner

Stahlkutter: siehe Kutter

Stakkahn: durch Staken fortbewegter Fischer- und Binnenlastkahn. Für kleine Boote und geringe Wassertiefen genügen zum Staken einfache dünne Stangen, wobei der Stakmann meistens auf einem festen Platz im Kahn steht. Demgegenüber werden für schwere Lastkähne lange und kräftige Schubbäume benötigt, an deren oberem Ende sich ein Querholm befindet, gegen das der Stakmann sich mit der Schulter stemmt. Damit durch den Einsatz der Stakstange der

Spree-Lastkähne

Spree-Touristenkähne

Stakkahn möglichst weit vorangetrieben wird, befinden sich auf dem Lastkahn fast über die ganze Länge beidseitig Laufplanken für den Stakmann. Um auch bei unterschiedlichem Grund ein sicheres Ansetzen der Stakstangen bzw. Stakbäume zu gewährleisten, ist das untere Ende mit Spitzen und tellerähnlichen Widerlagern versehen, die den Spitzen und Schneetellern am Skistock ähneln.

Stak- und Ruderfähre: vom Mittelalter bis in das 19. Jh. in Mitteldeutschland zur Überquerung von Flüssen mit relativ geringem Wasserstand gebräuchliche Flußfähren. In der *Fähre* saßen vorn in Fahrtrichtung gesehen an jeder Seite mehrere Ruderer, die der achtern stehende Steuermann, meistens der Fähreigner, mit einer langen Stakstange unterstützte und die Richtung hielt.

Starboot: offenes *Wulstkielboot* der Internationalen Einheitsklasse in Knickspant-Scharpiebauweise. Die Konstruktion des Erstbootes von Yachtkonstrukteur W. GARDNER wurde in der Bootswerft von J. SMITH bei New York gebaut. Das Erstboot hatte nur eine Länge von 6 m, so daß es infolge des relativ geringen Verhältnisses Länge zur Breite spöttelnd als »Wanze« bezeichnet wurde. Seit 1911 hat das Boot die auch heute noch gültige Länge über alles von 6,90 m. Das heutige Starboot ist in der Konstruktionswasserlinie 4,72 m lang, 1,73 m breit und geht mit seinem Wulstkiel von 400 kg Masse 1,015 m tief. Anfangs hatte es ein niedriges Gaffelsegel. Im Jahre 1921 erhielten die Starboote die damals neue Hochtakelung, und 1929 wurde das Rigg bei verlängertem Mast und höher gesetztem Segel nochmals modernisiert. Seitdem hat die Segelfläche 26 m^2, wobei besonders erwähnenswert ist, daß die Fock in allen Entwicklungsstufen unverändert blieb. Als Segelzeichen führt das Boot einen großen roten, fünfzackigen Stern (engl. star). Die Rennbesatzung besteht aus 2 Personen; bei Rennen wird ohne Spinnaker und Genuafock gesegelt.
Das Starboot setzte sich international allgemein durch, so daß bereits 1922 eine weltweite eigene

Organisation der Starbootsegler, die International Star Class Yacht Racing Association (ISCYRA), gegründet wurde. 1923 wurde die erste Weltmeisterschaft in der Starbootsklasse ausgetragen. Das Starboot gehört zu den langjährigsten Sportsegelbooten der Olympia-Klasse. Es nahm erstmalig 1932 an den Olympischen Spielen in Los Angeles teil und war bis 1972 an allen Olympischen Spielen beteiligt. 1979 wurde dem Starboot wiederum der Status einer Olympia-Klasse erteilt.

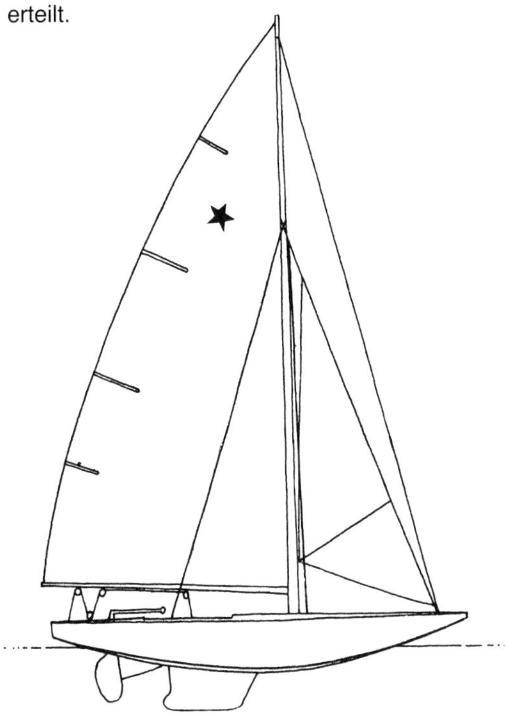

Star, Zweimann-Einheitskielboot der Olympia-Klasse

Starrsegelschiff: Sammelbezeichnung für verschiedene neuzeitliche Versuchsschiffe, die zur Nutzung der Windenergie für den Schiffsantrieb nicht die konventionellen nichtstarren Tuchsegel, sondern fest eingespannte Segel oder profilierte Tragflügel oder andere Starrsegelformen verwenden. Zu den einfachsten Varianten gehört das in Rahmen fest eingespannte und mit dem Rahmen entsprechend der Windrichtung schwenkbare Tuchsegel (Festtuchsegel). Bei einer anderen Variante werden profilierte, mit Segeltuch oder ähnlichen Bezügen überspannte, den Flugzeugflügeln ähnlich profilierte und anstellbare Tragflügel verwendet. Zu den modernsten Lösungen zählen profilierte, nicht völlig starre Plastsegel, die mit geringem Bedienungsaufwand und Verschleiß einen relativ günstigen Vortrieb ergeben.

Staverse Jol, *Staverse Jolle:* seetüchtige holländische Segeljolle mit plattem Boden und besonders breitem Bug, aber ohne Seitenschwerter. Die *Jolle* ist 5,50 bis 8,50 m lang, 2,40 bis 3,00 m breit und hat eine Segelfläche von insgesamt etwa 25 m^2. Sie entwickelte sich aus einem seit etwa 1870 gebräuchlichen holländischen Herings- und Sardellenfischerboot. Um 1950 gab es keine Staverse Jollen mehr.

Stecknitzkahn: Lastkahn für 6,25 Lasten (12,5 t) Tragfähigkeit, dessen Bauweise und Abmessungen den besonderen Fahrwasserverhältnissen

Eine der gemauerten Schleusenkammern des Stecknitzkanals [7]

des Stecknitzkanals speziell angepaßt waren. Der Stecknitzkanal wurde auf Kosten der Stadt Lübeck in den Jahren 1391 bis 1398 als Wasserverbindung zwischen Hamburg und Lübeck bzw. zwischen der Nord- und der Ostsee erbaut. Der Kanal verbindet Elbe und Trave; er ist insgesamt 59 km lang, jedoch nur 4,66 m breit und 0,9 m tief und hat 13 Schleusen. Der Gütertransport über diesen Kanal mit Stecknitzkähnen ist bis zum Jahre 1820 nachweisbar. Wegen der besonderen Bedeutung einer kurzen Wasserverbindung zwischen Nord- und Ostsee wurde in der Zeit von 1525 bis 1550 von hamburgischer Seite eine gegenüber dem Stecknitzkanal noch kürzere Verbindung unter Nutzung der Alster und Beste geschaffen. Unter dem Dänenkönig CHRISTIAN VII. entstand 1777 bis 1785 der 45 m lange Eiderkanal. Er verband Rendsburg mit der Kieler Bucht bei Holtenau und konnte von Schiffen bis zu 32 m Länge und 3 m Tiefgang benutzt werden.

Steilgaffelboot, *Steilgaffelyacht: Boot* oder *Yacht* mit einem dreieckigen Großsegel, das an einer nahezu senkrechten Gaffel bis zum Masttopp geheißt wird. Die steil gefahrene Gaffel wirkt wie eine Verlängerung des Mastes. Zu den bekannten Sportsegelbooten mit Steilgaffel gehört u. a. die *H-Jolle*. Die Steilgaffeltakelung hatte ihr Vorbild in den auf indianischen Segelkanus *(Kanu)* und *Dingis* gebräuchlichen Huarisegeln. In Europa entstand daraus zunächst eine Takelungsart, die als »Sliding-Gunter-Hochtakelung« bzw. »Gunter-Rigg« bekannt wurde. Die Bezeichnung nimmt Bezug auf den Mathematiker E. GUNTER (1581 bis 1626), dem die Erfindung des Rechenschiebers (Sliding rule) zugeschrieben wird. Das Gunter-Rigg verwendete ein ähnliches Schieberprinzip. An einem relativ kurzen Mast wurde ein senkrecht stehender langer Baum (Stenge) gefahren, der mit dem daran befestigten Hochsegel hochgezogen wurde. Wegen des bei dieser Takelung umständlichen Reffens größerer Dreieckssegel setzte sich mehr und mehr die am Mast gleitende Steilgaffel durch und verdrängte die vorher dominierenden Gaffel-Toppsegel und Gunter-Riggs.

Steinewer: norddeutscher *Ewer*, der speziell für den Transport von Mauersteinen gebaut wurde und wegen der kompakten, schweren Ladung und des Aufsitzens auf Grund besonders starke Holzverbände benötigte. Im Vergleich zu anderen Ewertypen war der Steinewer kurz und gedrungen mit relativ großem Tiefgang. Die Fahrzeuge mußten so fest gebaut sein, daß sie bei Ebbe in beladenem Zustand auf Grund aufliegen konnten, ohne undicht zu werden. Die zweimastigen Steinewer von 15 bis 16 m Länge, etwa 5,2 m Breite und 1,6 m Raumtiefe wurden im 19. Jh. in größerer Zahl besonders in Dornbusch, Wischhafen, Gauensiek, Stade und Cranz gebaut. Wegen der Brückendurchfahrten waren die Maste zuweilen umlegbar.

Steinfischer: kleineres Hafen- und Küstenfahrzeug, das mit Hebebäumen und Greifzangen zum Heben von Steinen aus dem Hafenbecken oder dessen Zufahrten ausgerüstet war, so daß es sich um einen speziellen Vorläufer des *Schwimmkrans* handelt.

Sternboot: siehe Starboot

Stevenkahn: flachbodiger Plankenkahn mit längsverlaufenden Bodenplanken ohne Balkenkiel, bei dem die mittlere, meistens an den Enden etwas hochgezogene Bodenplanke vorn und achtern mit Balkensteven verbunden ist.

Stintewer: ein- oder zweimastiger Fischerewer der Niederelbe für den Stintfang, der auch als Hamenewer bezeichnet wurde. Diese Ewer waren etwa 14 m lang und 4,5 m breit.

Störprahm: für den Holztransport auf der Stör im 18. und 19. Jh. gebräuchlicher flachbodiger und besonders stark gebauter Segelprahm. Das Fahrzeug hatte sehr große Seitenschwerter und einen umlegbaren Pfahlmast. Gefahren wurden Sprietsegel, Stagfock und Klüver. Das letzte Fahrzeug wurde 1911 abgewrackt.

Strandboot: bis etwa 1930 besonders im Küstengebiet Vorpommerns gebräuchliches gedecktes Küstenfischereifahrzeug, das auch als »Schörboot« oder »Schörer« bezeichnet wurde, bis der Begriff *Kutter* bzw. *Fischkutter* üblich wurde. Die Takelung war örtlich und entsprechend den Fahrzeuggrößen unterschiedlich, es wurden bis zum Anfang des 19. Jh. sowohl lose Luggersegel (z.B. auf Usedom) als auch feste Luggersegel und in der neueren Zeit Sprietsegel (z.B. auf Rügen) oder Gaffelsegel gefahren.

Strohewer: *Ewer* mit Seitenschwertern aus dem hannoverschen Elbgebiet, der zu Anfang des

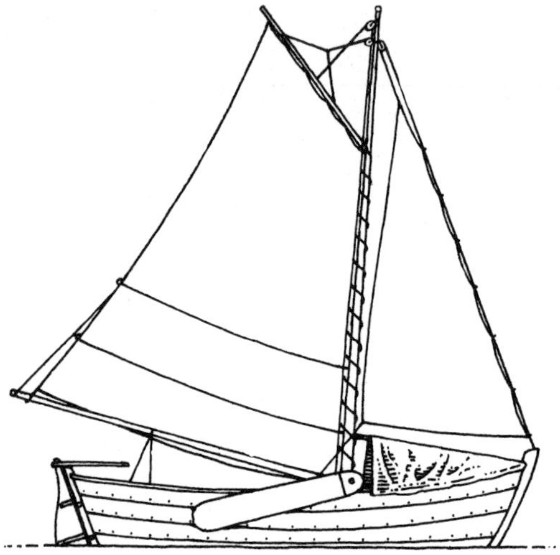

Strandboot mit Gaffelsegel um 1900 von Usedom

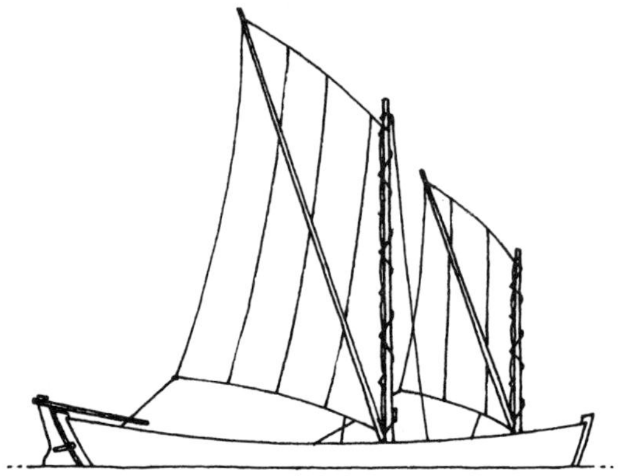

Strandboot mit Sprietsegeln von Rügen

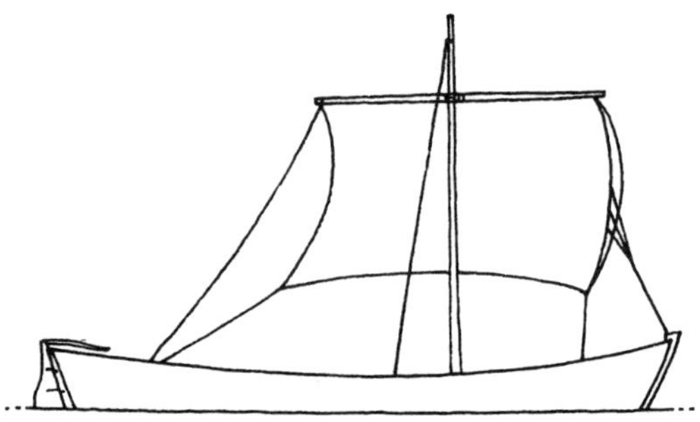

Usedomer Strandboot mit fierbarem Rahsegel

19. Jh. aufkam und von Neuland (Harburg) bis Hoopte neben anderen landwirtschaftlichen Erzeugnissen hauptsächlich Stroh und Heu nach Hamburg-Altona fuhr. Angepaßt an die spezielle Ladung, hatte der Strohewer vorn und hinten jeweils nur ein kurzes Deck, im Mittelbereich war er offen. Die Fahrzeuge waren bis zu 20 m lang und fuhren mit einem Gaffelsegel bzw. niedrigem Gieksegel und Stagfock.

Struse: Schiff der Hansezeit, besonders auf der Düna bekannt. Es diente dem Transport von Getreide und anderen feuchtigkeitsempfindlichen Ladungen; deshalb war das Deck zusätzlich durch eine Lehmschicht abgedichtet. Gesteuert wurde es mit 2 großen, lose eingehängten Riemen. Auch in der schwedischen Flotte gab es um 1630 mehrere Strusen von etwa 16 m Länge und 20 bis 36 Lasten, die zumeist mit 6 bis 9 Mann Besatzung fuhren. Außerdem gab es unter der gleichen Bezeichnung größere seegehende Schiffe wie z.B. das aus Danzig (Gdansk) stammende englische Kriegsschiff »STRUSE OF DAWSKE« von 450 ts, angekauft im Jahre 1544.

Strujok: ein im 18. und 19. Jh. auf der Wolga verwendeter kleiner Kahn, der stehend mittels Doppelpaddel mit lanzenförmigen Paddelblättern fortbewegt wurde.

Strujok, russischer Flußkahn im 18. und 19. Jh.

Südseeboote: Wasserfahrzeuge (Boote und Schiffe) des südlichen Teils des Stillen Ozeans, das die Hauptgebiete Melanesien (Schwarzinselgebiet), Mikronesien (Kleininselgebiet) und Polynesien (Vielinselgebiet) mit etwa 3000 Inseln von rd. 250000 km^2 Landfläche umfaßt und sich von Neuguinea bis zu den Osterinseln und von Hawaii bis Neuseeland erstreckt. Bis zur Berührung mit den Europäern kannten die Boots- und Schiffbauer der Südsee nur steinzeitliche Werkzeuge und Hilfsmittel für den Bau ihrer Wasserfahrzeuge. Sie verwendeten ein Querbeil (ähnlich dem europäischen Dechsel), an dem vorn eine drehbare Muschel-Hohlklinge als Schneide (meist Schalen der Riesenmuschel Tridacna gigas) eingeklemmt wurden. Gebohrt wurde mit Drillbohrern, deren Spitze aus länglichen Schneckengehäusen bestanden. Während des gemeinschaftlichen Baues größerer Boote hatte eine Person ständig die Werkzeuge neu zu schärfen. Auf holzreichen Inseln wurden die 8 bis 12 m langen Bootskörper hauptsächlich als Einbäume mit oder ohne angenähte Seitenplanken gebaut. Demgegenüber baute man auf den holzarmen Atollen Polynesiens, wie den Tuamotu-Inseln oder den zu Mikronesien zählenden Marshallinseln die Rümpfe aus dünneren und kürzeren Einzelstämmen. Die einzelnen Bauteile wurden dabei meistens so paßgerecht bearbeitet und die Plankenstücke und -gänge mit Kokosfaserschnüren so sorgfältig zusammengebunden, daß die Fugen ohne zusätzliche Dichtmittel und ohne Kalfatern dichtquollen (s.a. *Genähtes Schiff*). Häufiger wurden die sonst offenen Bootskörper auch mit hölzernen Abdeckplatten völlig wasserdicht verschlossen. Das geschah ohne Verwendung von Nägeln mittels hölzerner Abdeckplatten und untergelegter Pandunasblattstreifen, die bis auf eine Abschlußplatte von innen mit Seilen aus Kokos-, Lygodium- oder Rotanfasern und Knebeln angepreßt wurden. Vor jeder großen Fahrt wurde der Schiffsrumpf mit einer aus kalkhaltigen Algen gewonnenen Flüssigkeit zum Schutz vor Bewuchs und aus kultischen Gründen weiß gestrichen.
In der Südsee waren der *Einbaum* und das *Auslegerboot* die gebräuchlichsten Wasserfahrzeuge. Bis auf einige Gebiete Indonesiens, die nördlichen Salomoninseln und Westneuguinea, wo der Doppelausleger bevorzugt wurde, fuhr man die Auslegerboote mit Einzelauslegern. Zur besseren Seetüchtigkeit wurden die Seiten der Einbäume durch aufgesetzte und mit Fasern angebundene und mit Harzen abgedichtete Seitenborde *(Setzbordboot)* erhöht. Da der Wasserwiderstand des Auslegers bewirkt, daß die Boote mit einseitigen Auslegern nicht auf geradem, sondern leicht gekrümmtem Kurs laufen, wurden auf verschiedenen Inseln (z.B. Mariannen-, Palau-, Sandwich- und Gilbertinseln) auch unsymmetrische Bootskörper gebaut. Dabei war jeweils die vom Ausleger am weitesten entfernte Bootsseite zum Ausgleich ebener und weniger gekrümmt als die Innenseite, eine im Bootsbau nicht häufige Lösung, die von guter Beobachtungsgabe zeugt. Zu den Südseebooten gehört weiter das aus dem Auslegerboot entstandene Doppelboot. Bei diesen Fahrzeugen tritt an die Stelle des zur Stabilisierung dienenden Auslegerstammes ein zweiter auftriebsfähiger Einbaum, dessen Abmessungen meistens geringer waren als die des Hauptbootes. Außerdem gab es die als *Katamarane* bekannten Boote mit 2 gleich großen, in einem Abstand miteinander verbundenen Bootskörpern. Die Plattform, die durch die Querstangen des Doppelbootes oder Katamarans entsteht, diente für Personen und Fracht oder trug bei größeren Fahrzeugen auch eine Hütte. Die Fortbewegung erfolgte je nach Bootsgröße und Zweck durch Paddel oder Segel. Dabei weist insbesondere das Einzel-Auslegerboot eine Reihe von Besonderheiten auf. Da der Ausleger wegen des möglichst geringen Wasserwiderstandes stets auf der Luvseite (der dem Wind zugekehrten Seite) gefahren wird, damit er nur wenig eintaucht, unterscheidet sich die Segelhandhabung grundsätzlich von allen anderen Booten. Es muß jeweils die mit einem Gabelende versehene schräge Rahspiere auf das andere Bootsende umgesteckt und angebunden und auch das Steuerpaddel an das andere Bootsende umgesetzt werden. Für die Kreuzfahrt wechseln somit jeweils das vordere und das hintere Bootsende. Die Segel bestanden hauptsächlich aus Flechtmatten von Fasern und Blattstreifen der Pandunaspalme und des Sagobaumes.
Hinsichtlich der Segelformen lassen sich 3 Hauptformen, das dreieckige (oder ozeanische Lateinsegel), das typische krebsscherenförmige in verschiedenen Formen und das rechteckige Rahsegel unterscheiden. Beim Rechteck-Rahsegel besteht die Möglichkeit, daß es erst später nach europäischen Vorbildern entstand. Als Steuer dienten meistens seitenruderähnliche, an den Fahrzeugenden beweglich eingehängte größere Paddel.
Die Seefahrtkunst sowie die Stern-, Wetter- und Meereskenntnis der Südseevölker, insbesondere der Mikronesier und Polynesier, waren relativ hoch entwickelt. So gab es frühzeitig auf den Marshallinseln einheimische Navigationsschulen. Unter anderem dienten aus Palmblattrippen geknüpfte Karten als Lehrmittel, die durch aufgebundene Seeschneckenschalen die Lage der Inseln und Atolle des Marshallarchipels, die Entfernungen und die einzuhaltenden Kurse zeigten. Zu den erstaunlichsten seefahrerischen Leistungen der Südseevölker ist auch zu rechnen, daß bereits im 13. Jh. zwischen Tahiti und Hawaii über eine offene Seestrecke von fast 4000 km regelmäßig Fahrten unternommen wurden. Daß verschiedene Südseevölker auch den Bau größerer Fahrzeuge beherrschten, geht u. a. aus den Be-

richten G. FORSTERS über die Entdeckungsfahrten J. COOKS (um 1770) hervor. So berichtet G. FORSTER über Kriegsboote mit 144 Ruderern, 8 bis 10 Steuerleuten und ca. 30 Kriegern.

Surfing: siehe Windsurfer

Sutton-Hoo-Schiffsfund: in einer Reihe von 11 Hügelgräbern 1938/39 bei Sutton-Hoo 120 km nordöstlich von London aufgefundenes Schiffsgrab eines Königs der Angeln. Es handelt sich wahrscheinlich um das Grab des Angelnkönigs READWALD, der im Jahre 630 beigesetzt wurde. Trotz der nahezu völligen Vermoderung ließen sich durch systematische Untersuchungen die Abmessungen und Formen des Schiffes insbesondere aus den in der ursprünglichen Lage abgezeichneten Nieten rekonstruieren. Das Schiff war etwa 27,4 m lang, 4,3 m breit und hatte eine Raumtiefe von etwa 1,4 m. Es war aus Eiche mit einer Kielplanke (ohne Balkenkiel) und 26 Querspanten gebaut. Der Antrieb erfolgte durch Riemen, deren Klampenaufleger noch erkennbar waren. Die Schiffsformen lassen sich als Zwischenstufe zwischen *Nydamboot* und *Wikingerschiffen* einordnen. Mit den reichlichen Grabbeigaben, zu denen insbesondere Waffen, Gold- und Edelsteinschmuck gehören, zählt dieser Schiffsfund zu den wertvollsten Funden Englands und wird im National Maritime Museum in Greenwich bei London aufbewahrt.

Sutton-Hoo-Schiffsfund, Fundstelle und Abdruck eines Schiffes aus der ersten Hälfte des 7. Jh. [3]

Svoiskaja Lodka: im 19. Jh. auf den westlichen russischen Flüssen verwendeter, zweimastiger offener Lastkahn, dessen 2 Pfahlmaste jeweils ein fierbares einfaches Schräg-Rahsegel fuhren. Die Steuerung erfolgte durch Ruder mit Pinne, die gegebenenfalls vom Bug und Heck durch Staken oder lange Riemen unterstützt wurde.

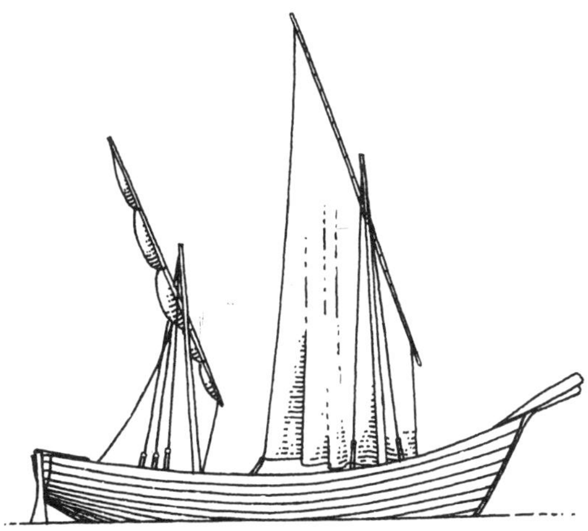

Svoiskaja Lodka, russischer Fluß-Lastkahn des 19. Jh.

T

Tafahanga: *Auslegerboot* von 6 bis 9 m Länge, mit aufgesetzten Seitenplanken *(Piroge)* und an den Enden gedecktem Rumpf im polynesischen Inselgebiet Tongatupu.

Tafahanga, polynesisches Auslegerboot

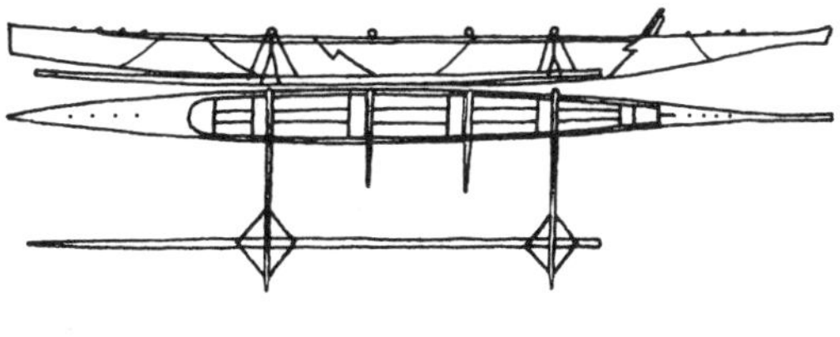

Taforea: im 15. und 16. Jh. für verschiedene Aufgaben verwendeter Schiffstyp, der sowohl auf der Iberischen Halbinsel wie auch in Frankreich und Italien bekannt war. Außer dem üblichen Warentransport diente er auch zur Beförderung von Pferden und Artillerie. Ein besonderes Merkmal war die geringe Bordhöhe; so soll die Taforea keinen höheren Bord als eine *Galeere* oder eine *Galiote* gehabt haben.

Taglerpolten, *Tagler:* für die kleine Tuckfischerei eingesetzter einmastiger Haff-Fischerkahn. Es gab die 3 Größen von 11,5 bis 15 m Länge und 5 bis 6 m Breite, von 10 m Länge und 4 bis 4,2 m Breite, und der kleinste war etwa 8 m lang und 3 m breit. Der Vorsteven war S-förmig; ein Mittelschwert war meistens nur bei den großen Taglerpolten vorhanden. Am Pfahlmast wurde ein baumloses Gaffelsegel und darüber ein Gaffeltoppsegel gefahren. Außerdem gab es die Stagfock und an einem langen Klüverbaum einen relativ großen Klüver.

Tanka: kleines Boot auf den Gewässern Kantons für den Ausflugsverkehr, ähnlich der *Gondel* in Venedig. Im mittleren Bootsteil befindet sich eine kleine Überdachung für 4 oder 5 Fahrgäste. Der stehende Bootsmann bewegt das Boot mit Riemen vorwärts.

Tanka, chinesisches Ausflugsboot

Tanksegler: siehe Segeltanker

Tanqua, *Tankwa:* einfaches *Papyrusfloß* am äthiopischen Tanasee. Die leichten Flöße tragen 3 bis 4 Personen und werden mit Bambusstangen gestakt. Größere Flöße werden bis zu 10 m Länge und etwa 3 t Tragfähigkeit gebaut.

Taride, *Tareta, Tareda, Tarta:* ein Ruder-Segel-Schiff des Mittelmeeres vom frühen Mittelalter bis in das 14. Jh., das anfänglich in größerer Anzahl für die Kreuzzüge gebaut wurde. So wurden 1246 für LUDWIG DEN HEILIGEN 12 Tariden mit je 3 Segeln und 40 Riemen in Auftrag gegeben. Außerdem sollte Platz für 20 Pferde an Bord sein. Die Länge der Fahrzeuge wurde mit etwa 36 m angegeben und die Breite des flachen Bodens mit etwa 3,3 m. 30 Jahre später wurden für den Bau einer Taride in Genua die Kiellänge mit 17 m, die Länge über alles mit 26,8 m und die Breite mit 8,7 m genannt. Die stärker als *Galeeren* und mit größerer Tragfähigkeit gebauten Schiffe gab es auch in der sizilianischen Flotte.

Tartane: im Mittelmeer und in arabischen Seegebieten vom 17. bis in das 19. Jh. häufig für Schiffahrt und Fischerei verwendetes zweimastiges und später auch einmastiges Segelschiff. Das aus dem Arabischen ins Italienische übernommene Wort »tartana« (kleines Schiff) nimmt Bezug auf die geringe Schiffsgröße. F. H. CHAPMAN stellt die Tartane um 1768 als kleines zweimastiges Schiff mit stark abgerundetem Bug dar, das an beiden Pfahlmasten Lateinsegel führt und dessen vorderer, kleinerer Mast auffällig weit nach vorn geneigt ist. Die etwa 100 Jahre spätere Zeichnung von E. PARIS (1882) zeigt demgegenüber schnittiger gebaute einmastige italienische Tartanen mit weit vorragendem Klüverbaum, 3 Vorsegeln und 1 großen Lateinsegel.

Tauchapparat, *Taucherglocke, Senkkasten:* seit dem 16. Jh. bekannte und ständig verbesserte Apparate, glocken- oder kastenförmige Hohl-

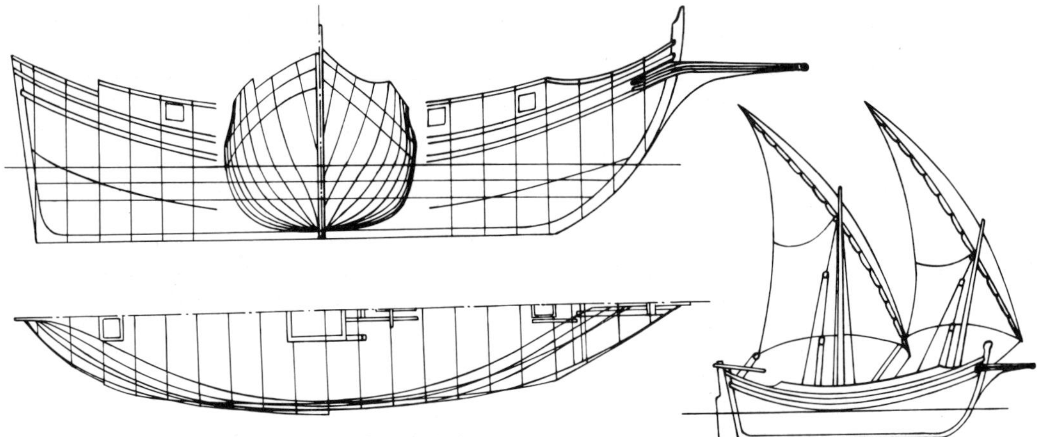

Französische Tartane um 1770 nach CHAPMAN, 62 1/4 Fuß Stevenlänge, 17 7/12 Fuß Breite auf Spant und 6 2/3 Fuß Tiefgang

körper mit unterer Öffnung, aus denen beim Absenken in das Wasser die Luft nicht entweichen kann, wodurch ein zeitweiliger Aufenthalt von Personen ermöglicht wird. Die luftdichte Taucherglocke, deren Masse größer sein muß als die verdrängte Wassermasse, wird mit der unteren Öffnung auf das Wasser gesetzt und abgesenkt, wobei infolge der in der Glocke befindlichen Luft das Wasser von unten nur entsprechend der vom Außendruck abhängigen Luftkompression eindringen kann. Der Taucher kann im Bereich des Glockenbodens Verrichtungen vornehmen oder die Glocke verlassen. Die älteste bekannte Konstruktion einer Taucherglocke stammt aus dem Jahre 1535 vom Italiener G. DI LORENA. Ein anderer Tauchapparat in Glockenform wurde 1662 nach dem Entwurf des englischen Zimmermanns WILLIAM PHIPPS aus Holz gebaut, zusätzlich beschwert und an einer Kette abgesenkt.

Um den Luftvorrat und damit die Aufenthaltsdauer der Personen unter Wasser zu verlängern, verwirklichte man im folgenden Jahrhundert den 1716 vom englischen Mathematiker und Astronomen E. HALLEY (1656 bis 1742) unterbreiteten Vorschlag, zusätzlich Luft in gesonderten und beschwerten sowie durch Schläuche mit der Glocke verbundenen Fässern auf den Grund abzusenken. Durch den auf die Fässer wirkenden Wasserdruck strömte der Taucherglocke die durch das Wasser verdrängte Luft zu. Nachdem man in der Lage war, Druckluft durch Pumpen zu erzeugen, wurde diese Methode durch die direkte Frischluftzuführung über Schläuche abgelöst. Der englische Wasserbauingenieur JOHN SMEATON baute 1778 eine als »Senkkasten« bezeichnete, verbesserte Taucherglocke, deren Konstruktionsprinzip bis ins 19. Jh. beibehalten wurde. So war z. B. bis zur Mitte des 19. Jh. für Hafenarbeiten in Hamburg noch ein Senkkasten mit einem gußeisernen kastenartigen Hohlkörper von 2 m Höhe sowie 1,75 und 1,25 m Seitenlänge in Gebrauch. Der Innenraum des Senkkastens reichte für 2 Arbeiter aus, die auf Grätingen am unteren Kastenrand standen. Die Luftzufuhr zum Senkkasten und die Druckregelung erfolgten entsprechend der Tauchtiefe durch handbetätigte Luftpumpen und Schläuche von Land oder vom *Taucherprahm*.

Zur Vergrößerung des Arbeitsbereiches der Taucher war seit Anfang des 18. Jh. bereits der »englische Tauchapparat«, ein lederner Ganzkörperanzug mit Kopfteil und Augengläsern, bekannt. 1797 verbesserte der deutsche Ingenieur KLINGERT den Einstieg und die Dichtigkeit dieses Taucheranzugs durch einen von ihm entwickelten abnehmbaren Metallhelm. Diesem Prinzip entsprechen auch die heutigen Schlauch-Taucheranzüge, die Skaphander, mit denen ein Aufenthalt von mehreren Stunden bis etwa 40 m Wassertiefe möglich ist. Für größere Tauchtiefen bis 90 oder in besonderen Fällen kurzzeitig bis 140 m wird der schlauchlose Skaphander, der sogenannte »Dräger-Tauchapparat« (1912 entwickelt von den deutschen Ingenieuren B. und H. DRÄGER) und für noch größere Tiefen bis etwa 200 m der druckfeste »Gallsche Tauchpanzer« benutzt. Für den Einsatz einer größeren Zahl von Arbeitern bei Bau- und Räumungsarbeiten in geringen Wassertiefen entwickelte sich aus der Taucherglocke bzw. dem Senkkasten um die Mitte des 19. Jh. der *Taucherschacht*.

Taucherglocke im 17. und 18. Jh.

Taucherglocke im 19. Jh.

Tauchboot: erste Entwicklungsstufe von Unterwasserfahrzeugen, deren Antrieb hauptsächlich durch Muskelkraft als Vorläufer für maschinengetriebene Unterseeboote und Unterseeschiffe erfolgte, wie z. B. beim *»Brandtaucher«*.

Taucherprahm, *Taucherboot:* prahmartiger *(Prahm)* schwimmender Stützpunkt mit niedrig gelegenem Arbeitsdeck für Taucherarbeiten in geschützten Gewässern. Zur Ausrüstung gehören neben den unmittelbaren Taucherausrüstungen wie Taucheranzügen und Luftpumpen spezielle Winden, Hebemittel und Werkzeuge für Unterwasserarbeiten.

Taucherschacht, *Hersent-Taucherschacht:* Weiterentwicklung der Taucherglocke bzw. des Senkkastens *(Tauchapparat)*. Das Prinzip des ersten Taucherschachtes wurde im Jahre 1850 in Frankreich von CAVE entwickelt. Dazu wurde an einem größeren Schiff ein schachtähnlicher äußerer Anbau oder ein Innenschacht angeordnet, dessen untere freie Öffnung bis unter die Schwimmwasserlinie reichte und der zur Führung und Aufnahme des eigentlichen, an Ketten absenk- und aufholbaren Senkkastens diente. Durch diese Anordnung wurden das Besteigen und Verlassen des Senkkastens sowie die gesamte Handhabung sicherer, und die Abmessungen konnten vergrößert werden.

Für den Bau des Hafens in Brest entwarf der französische Ingenieur H. HERSENT 1879 den ersten selbstschwimmenden Taucherschacht; dieser bestand aus einem pontonähnlichen Schwimmkörper, der durch Fluten verschiedener Tanks absenkbar war und dessen Boden durch heruntergezogene Seiten-, Vorder- und Hinterwände einen größeren Unterwasser-Arbeitsraum bildete. Im Arbeitsraum des erstgebauten Hersent-Taucherschachtes von 10 m Länge und 8 m Breite, der für 12 m Wassertiefe eingesetzt wurde, konnten 20 bis 25 Personen arbeiten. Arbeitsraum und freies Deck waren durch 3 Schächte mit Luftschleusen für Mannschaften und Materialtransporte verbunden.

Teeklipper: siehe Klipper

Tempest-Klassenboot: offenes Sportsegel-Kielboot von 6,70 m Länge über alles, 5,87 m Länge in der KWL, 1,92 m Breite, 1,10 m Tiefgang und 23 m^2 Segelfläche und einem Spinnaker von 18,8 m^2. Das vom englischen Konstrukteur J. PROCTOR entworfene Boot war von 1969 bis 1976 von der IYRU (International Yacht Racing Union) als *Olympisches Klassenboot* mit dem großen schwarzen »T« als Segelzeichen und 2 Mann Rennbesatzung bestätigt. Beim Tempest-Klassenboot läßt sich der Kiel ähnlich einem Schwert hochholen, bei Rennen ist das jedoch nicht erlaubt. Zur Gewährleistung gleicher Wettbewerbsbedingungen werden die Boote nach einer Einheitsform aus glasfaserverstärktem Plast hergestellt.

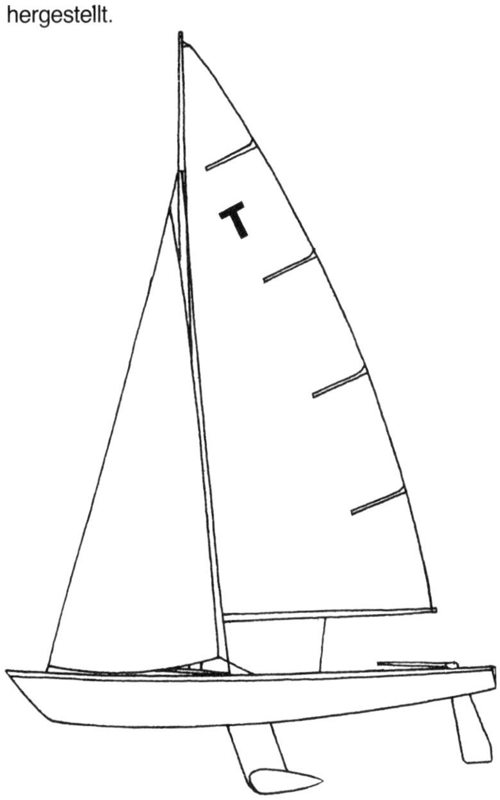

Tempest, 2-Mann-Kielboot der Olympia-Klasse, 1952 und 1976

Terrada: nordafrikanisches *Plankenboot*, ähnlich gebaut wie ein *Maschhuf*. Diese Bootsbezeichnung ist bereits seit dem 16. Jh. für kleine Fahrzeuge bekannt. Die Planken der sorgfältig gebauten Boote wurden mit Naturasphalt abgedichtet, Fahrzeuge von Stammeshäuptlingen hoben sich durch Holzschnitzereien und eingeschlagene Ziernägel besonders hervor.

Tessarakontere: antikes griechisches Großschiff, das etwa um 250 v. u. Z. unter dem makedonischen Heerführer PTOLEMÄOS als 40-Reiher erbaut worden sein soll. Dieses Schiff soll 124 m lang und 17 m breit gewesen sein, und die Höhe soll vorn 21 m und hinten 23,5 m betragen haben. Obwohl diese Abmessungen nicht belegbar sind, müssen sie infolge der notwendigen Mindest-Längsabstände zwischen den Ruderbänken von etwa 1 m bedeutend über denen üblicher Schiffe der damaligen Zeit gelegen haben.

Thalamegus: großes und prunkvolles römisches Hausschiff wie das des römischen Kaisers CALIGULA; siehe *Nemisee-Schiffsfund* und *Antike Großschiffe*.

Thera-Fresko-Schiff: nach der griechischen Kykladeninsel Thera (heute Santorin) benanntes Schiff auf Freskenzeichnungen.
Durch ein Erdbeben mit vulkanischem Ausbruch in der Zeit um 1500 v. u. Z. senkte sich ein Teil der Insel unter den Meeresspiegel, die Stadt wurde verschüttet, und ein Ascheregen machte viele Inseln bis Kreta für längere Zeit unbewohnbar. In der teilweise wieder ausgegrabenen Stadt fand man in einem Gebäude, von dem angenommen wird, daß es Flottenführer bewohnten, ein etwa 2,5 m langes und 0,4 m hohes Fresko. Dargestellt sind mehrere gleichartig gebaute, festlich mit Girlanden geschmückte Schiffe verschiedener Größe während einer wahrscheinlich kultischen Szene.
Die Fahrzeuge haben spitz hochgezogene Vorsteven, ähnlich den altgriechischen Darstellungen der Schiffshecks. Vier größere Fahrzeuge fallen durch eine weitere Besonderheit auf. Sie haben am Achtersteven eine spornartige Verlängerung mit seitlich an den Schiffsrumpf geführten Balken. Die Bedeutung dieser Verlängerung ist nicht eindeutig geklärt, für den Transport nachgeschleppter Baumstämme könnte er nützlich gewesen sein. Die größeren Fahrzeuge wurden von etwa 20 Mann an jeder Seite in paddelnder Stellung fortbewegt, an einem kleineren Boot sind jedoch deutlich Ruderer zu erkennen. Auf dem Deck sind ähnlich den ägyptischen Reiseschiffen Sonnendächer für mitreisende Priester, Beamte oder Kaufleute dargestellt.

Tierbalgfloß, *Tierhautkellek:* unter Verwendung von aufgeblasenen und ausgestopften Tierbälgen hergestellte Schwimmbehelfe und Flöße. Solche Schwimmkörper waren bereits vor Jahrtausenden von Vorderasien bis China allgemein gebräuchlich. Die abgezogenen Tierbälge wurden mit der Innenseite nach außen gekehrt, mit Salz und Fetten wasserdicht gemacht, mit leichtem Füllmaterial ausgestopft oder nach Abbinden der Balgöffnungen aufgeblasen. Auf verschiedenen Nebenflüssen des Euphrat und des Tigris waren bis in die jüngere Zeit aufgeblasene Schaf- und Ziegenbälge gebräuchlich, wie sie u. a. auf dem *Khorsabad-Relief* aus dem assyrischen Reich um 880 v. u. Z. dargestellt sind. Auf dem oberen Tigris wurden auch große Tierbalgflöße zum Waren- und Viehtransport benutzt, die aus vielen (bis zu mehreren Hundert) mit Binsen- oder Rohrstroh ausgestopften und durch Stangengerüste zusammengehaltenen Tierbälgen bestanden.
In Zentral- und Nordtibet gab es noch im 20. Jh. besonders große Tierbalgflöße aus 600 bis 700 Schafbälgen und bis zu 150 Ochsen- oder Yakbälgen. Auf ihnen beförderte man Wolle, Häute, Pelze und Salz in drei- bis vierwöchiger Fahrt zur etwa 700 km entfernten Eisenbahnlinie Paotow – Peking. Am Ende der Floßfahrt trocknete man die Tierbälge und brachte sie mit Tragtieren zurück.
In Afrika waren Tierbalgflöße nicht sehr verbreitet. Die hauptsächlich am Roten Meer von Strandfischern benutzten Fahrzeuge werden auf Einflüsse der benachbarten arabischen Länder zurückgeführt.

Tigari: Boote und Flöße auf dem Ganges, die aus halbkugelförmigen gebrannten Tongefäßen von etwa 1 m Durchmesser hergestellt werden. Diese einfachen Schwimmkörper werden stromauf gepaddelt, bei Talfahrt läßt man sie mit der Strömung treiben. In den Flußdörfern dienen diese Fahrzeuge für alle Arten des Wassertransportes, sie werden u. a. auch von Kindern für den Schulbesuch benutzt.

Tikwinka: einmastiger russischer Lastsegler des 19. Jh., der mit einem relativ schmalen und

Tierbalgfloß aus Tibet

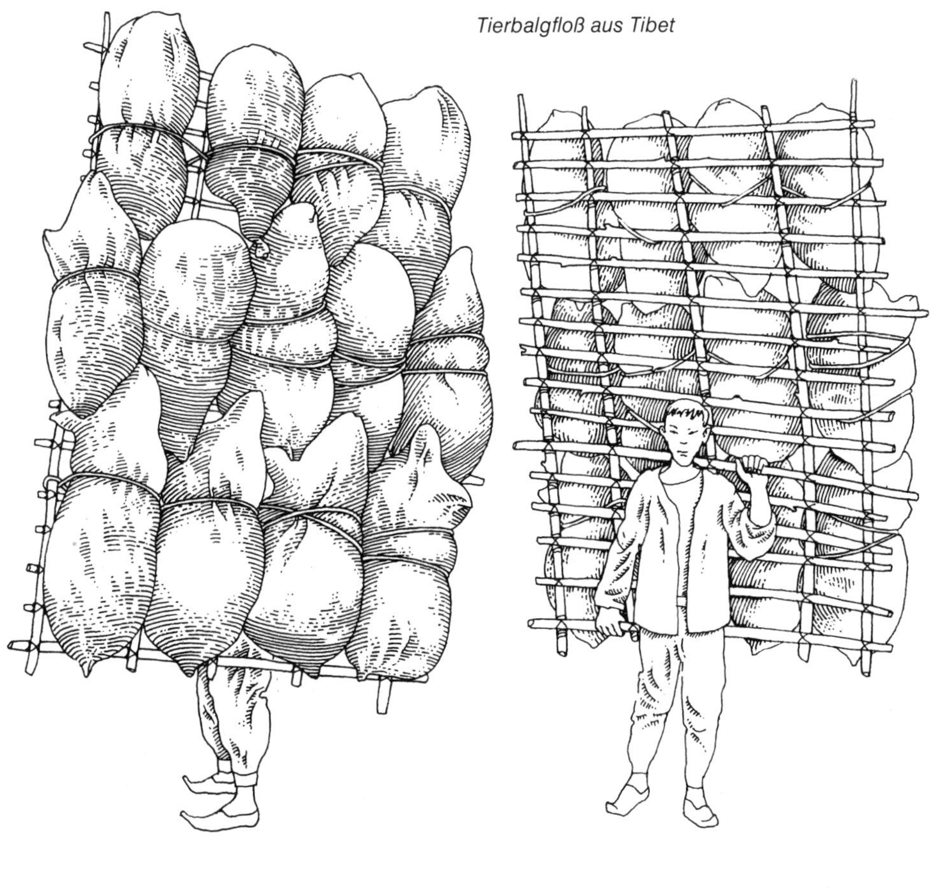

hohen Rahsegel am weit vorn stehenden Pfahlmast auf den Zuflüssen des Schwarzen Meeres fuhr.

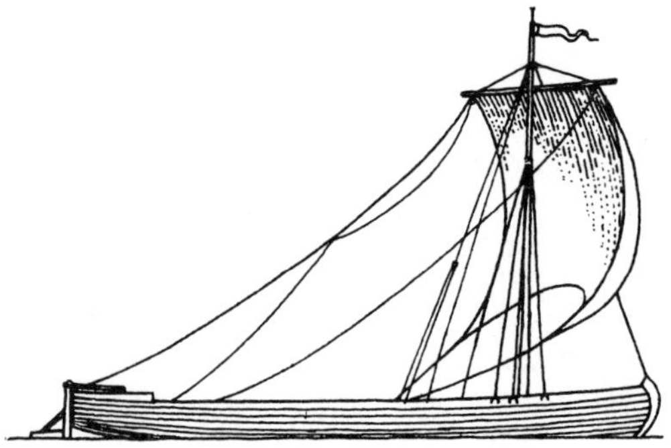

Tikvinka, russischer Lastsegler des 19. Jh.

Tjalk: typischer holländischer Wattensegler, dessen Ursprung auf den älteren, ebenfalls holländischen *Bojer* zurückgeführt wird und dessen Hauptmerkmale sich bei den nachfolgenden Schiffstypen, wie *Kuff-Tjalk, Kuff, Poon* und *Huker*, wiederfinden. Die Tjalk war ebenso wie der Bojer völlig und mit gänzlich flachem Boden ohne Balkenkiel zum »Trockenfallen« bei Ebbe, d.h. zum stabilen Aufsitzen auf Grund, gebaut. Durch ihre im Verhältnis zu den anderen Hauptabmessungen große Breite und ihre Völligkeit hatte die Tjalk nur geringen Tiefgang und eignete sich gut zum Befahren seichter Kanäle und Priele. Die Bezeichnung »tjalk« tauchte erstmals 1673 in einem friesischen Dokument und 1690 im Werk »Architectura Navalis« des Holländers N. WITSEN auf. Die häufige Darstellung auf Karten, Städte- und Landschaftsbildern sowie Gemälden des 16. und 17. Jh. zeigt die Tjalk als oft verwendetes, robustes und einfach gebautes Vielzweckschiff. Zur eigentlichen Tjalktakelung mit dem großen Gaffelsegel, einer auffällig kurzen Gaffel und einem langen Großbaum kamen bis zum 19. Jh. verschiedene andere Varianten. So zeigt F. CHAPMAN eine holländische »Chalk« aus der Zeit um 1768 mit Spriettakelung. Im 19. Jh. wurde eine kleinere Tjalk besonders häufig im ostfriesischen und oldenburgischen Emsgebiet gebaut. Die völligen, flachbodigen Schiffe waren mit etwa 12 Registertonnen vermessen und hatten einen relativ weit vorn stehenden, umlegbaren Pfahlmast.
Das zu Anfang des 19. Jh. gefahrene Sprietsegel wurde etwa in Jahrhundertmitte durch das große Gaffelsegel mit kurzer Gaffel und langem Giekbaum, einem Gaffeltoppsegel sowie mehreren Vorsegeln abgelöst. Neben den kleineren Fahrzeugen gab es auch seetüchtige See-Tjalken mit größerem Sprung oder *Hecktjalken* mit einer Hecköffnung für den Ruderholm.
Nach H. SZYMANSKI gab es um 1900 in Norddeutschland etwa 160 hölzerne und 28 eiserne See- und Binnentjalken. Die ausschließlich auf holländischen Werften gebauten eisernen Tjalken bewährten sich sehr gut; im Jahre 1928 gehörten noch 189 eiserne Tjalken mit einer durchschnittlichen Tragfähigkeit von 140 t zur deutschen Binnenflotte.

Tjalk mit Sprietsegel und Rah-Toppsegel um 1768 nach CHAPMAN

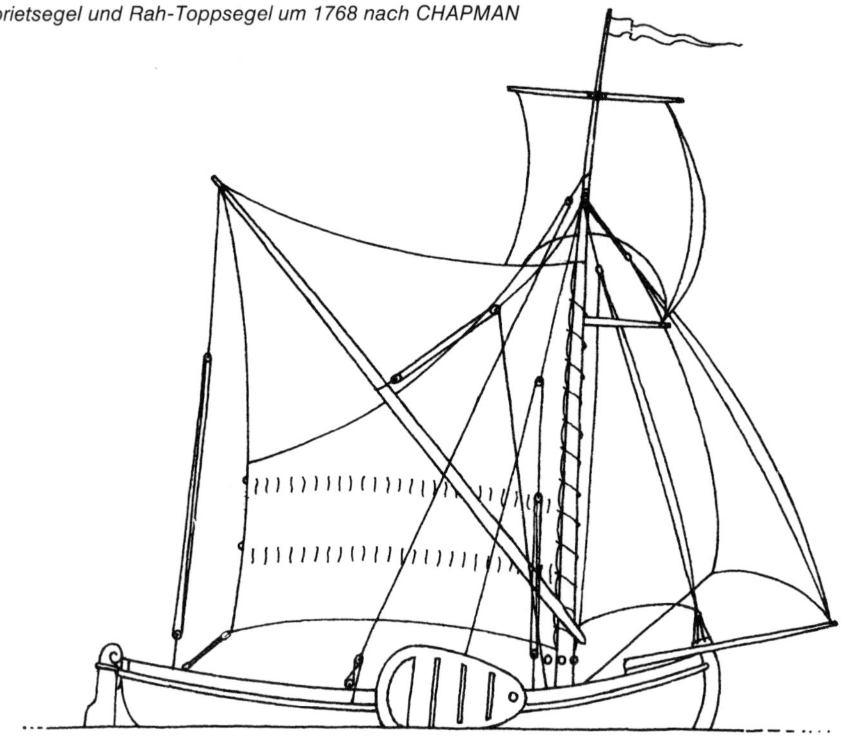

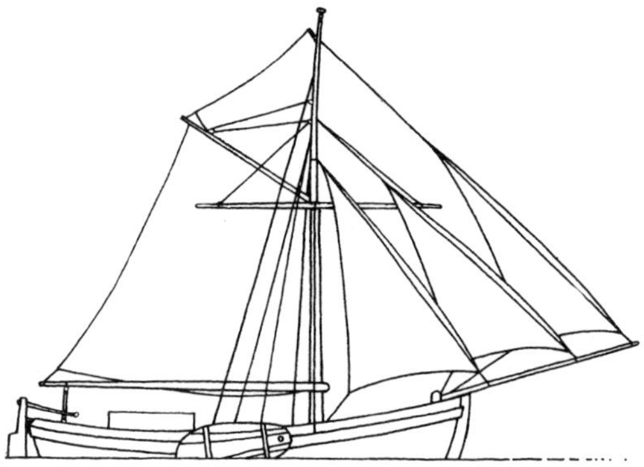

Tjalk mit Gaffelsegel um 1860 nach MIDDENDORF

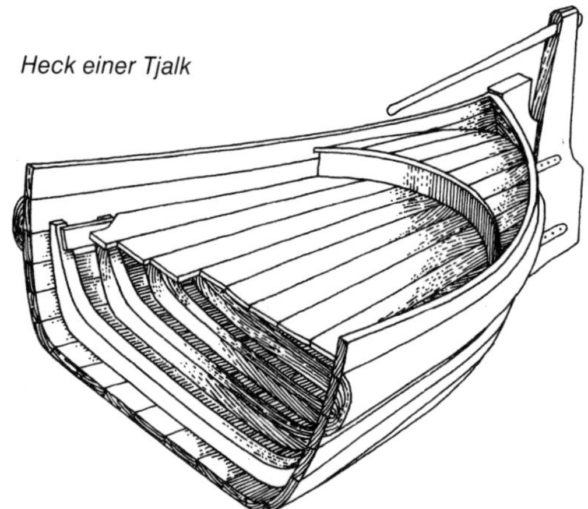

Heck einer Tjalk

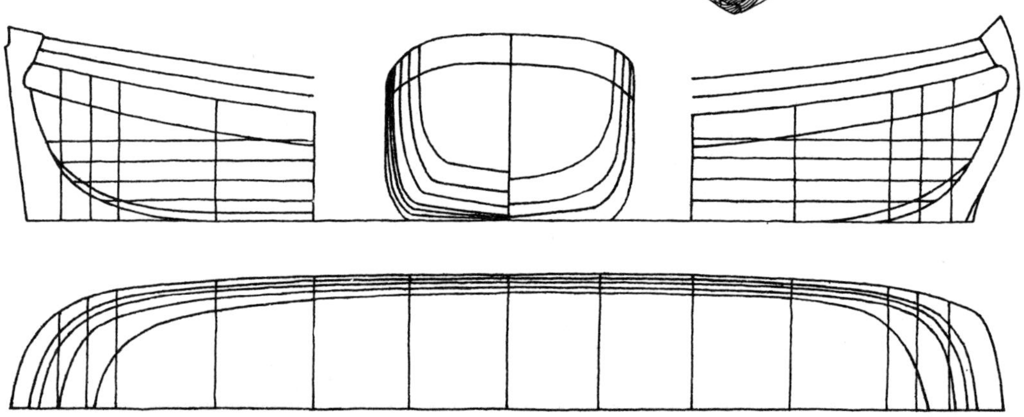

Schiffslinien einer Tjalk um 1907

Tjalkyacht: einmastige tjalkartige *(Tjalk)* holländische Yacht, die als repräsentatives Gebrauchsfahrzeug wohlhabender Holländer zur Personenbeförderung, für Kirch-, Besuchs-, Einkaufs- und leichte Frachtfahrten verwendet wurde. Die in großer Anzahl gebauten Tjalkyachten waren bis zu 15 m lang, hatten völlige breite Formen mit abgerundeten und verzierten Schiffsenden und fuhren mit Gaffel-, Besan- und Dreieckssegel. Wegen der pavillonähnlichen Aufbauten bezeichnete man sie als »Paviljoenyacht« *(Pavillonyacht)*.
Größere und bedeutend reicher verzierte Tjalkyachten mit entsprechenden Aufbauten dienten vorwiegend der Repräsentation als *Staatenyacht* oder Prunkyacht.

Tjotter: plattbodige, einmastige holländische Sportsegelyacht mit langem Klüverbaum, die etwa seit 1900 gebaut wird und einem seit Anfang des Jahrhunderts bekannten Fischerboot ähnelt. Traditionsgemäß fuhr die mit 4,80 m Länge und

Tjalk mit Krummgaffel, 19. Jh., Modell

Holländische Tjalkyacht

2,50 m Breite sehr kurz und breit gebaute *Yacht* Seitenschwerter und eine relativ große Segelfläche von 25 m^2.

Tonkrug-Kellek: Floß aus dem Gebiet des Zweistromlandes (Euphrat und Tigris), bei dem Tonkrüge als Schwimmkörper in ein Floßgerüst aus Holzstangen eingebunden werden. Fahrzeuge dieser Art wurden bereits vor mehreren Tausend Jahren verwendet, und es gibt sie auch heute noch vereinzelt.

Tonner-Yacht: ursprünglich eine Rennsegelyacht mit einer Verdrängung von 1 t. Diese relativ kleinen Yachten von etwa 17 Fuß (5,2 m) in der Leichtwasserlinie segelten erstmals 1899 um einen eigens gestifteten Pokal, den »One Ton Cup«. Die Regatten fanden im Wechsel bei Cowes oder in der Seinemündung statt. Mit der Einführung der IYRU-International-Rule segelten 6-m-R-Yachten bis 1962 um die Trophäe. 1965 wurde der Pokal neu ausgeschrieben und festgelegt, daß Yachten mit einem maximalen IOR-Rennwert von 27,5 Fuß um diesen Pokal segeln dürfen. Das entspricht im metrischen System einem Rennwert von 8,38 m. Für Yachten, die diesen Rennwert erreichen, wurde der Begriff »Eintonner« beibehalten. Eine Eintonner-Yacht hat beispielsweise bei einer Länge über alles von 11,13 m, 8,35 m in der Wasserlinie und 6,32 t Verdrängung eine vermessene Segelfläche von 54,80 m^2.
Der Sinn dieser Festlegung bestand darin, im Seesegeln Einheitsklassen zu schaffen, die ohne Zeitvergütung gegeneinander segeln. Dieses Ziel ist nicht erreicht worden. Heute gibt es neben dem Eintonnerpokal solche für Halbtonner mit einem Rennwert von 21,6 Fuß (6,58 m), Vierteltonner 18 Fuß (5,49 m) und auch Zweitonner.

Topfboot, *Topffloß:* halbkugelförmiges größeres Tongefäß für Einzelpersonen bzw. aus mehreren Tongefäßen und Bambusgerüsten bestehendes Floß (eigentlich Mehrrumpf-Boot infolge der offenen Auftriebskörper). Derartige Wasserfahrzeuge gab es besonders in Gebieten, in denen aus religiösen Gründen die Verwendung von Rinderhäuten oder anderen Tierbälgen (s. *Tierbalgfloß*) unzulässig ist, wie in verschiedenen Gebieten Indiens oder auf dem unteren Ganges.

Toppmastkuff: siehe Kuff

Toppsegelkuff: siehe Kuff

Toppsegelschoner, *Marssegelschoner:* siehe Schoner, Schonerbark, Schonerbrigg

Torfewer: offener, sehr flach und breit gebauter *Ewer* unterschiedlicher Größe, der besonders im 19. Jh. in großer Anzahl die an Flüssen gelegenen Großstädte, wie Hamburg und Bremen, mit Torf versorgten. Einige Torfewer hatten für den Schiffer entweder achtern oder vorn eine kleine Kajüte.

Torfkahn: ein in niederländischen Fluß- und Kanalgebieten eingesetzter, teilweise mit Sprietsegel fahrender Binnenkahn für den Transport von Torf.

Torloniarelief-Schiffsdarstellung, *Ostia-Relief:* im Hafen des antiken Rom, Ostia (gegründet 335 v. u. Z., seit dem 5. Jh. versandet), gefundenes Marmorrelief aus dem 1. bis 2. Jh., genannt nach dem Besitzer, der römischen Familie Torlonia (18. bis 19. Jh.). Das Relief zeigt ein typisches römisches Frachtsegelschiff sowie im Hintergrund Hafenanlagen und Leuchtfeuer. Bei dem dargestellten Schiff handelt es sich um eine *Corbita*, eines der sogenannten »Rundschiffe«, die vorwiegend der Getreideversorgung Roms dienten. An der Schiffsseite sind durch die Bordwand reichende Decksbalken als Merkmal des für den Getreidetransport notwendigen Decks über dem Laderaum zu erkennen.
Nach den Proportionen und Details des Reliefs handelt es sich um ein Schiff von etwa 25 m Länge und 6 bis 7 m Breite mit einer Tragfähigkeit von 80 bis 100 t und damit um eine Corbita mittlerer Größe. Am Achterschiff ist ein schweres Ruder an einer Talje erkennbar. Diese Talje war nötig, um das Ruder bei schwerer See hochzuziehen, damit es nicht zerschlagen wurde. Der Platz des Rudergängers befand sich auf dem hinteren, hüttenähnlichen Aufbau. Die Art der Besegelung entspricht mit einem großen Rahsegel und einem darüber gefahrenen dreieckigen Toppsegel am Großmast anderen bekannten römischen Schiffsdarstellungen, wie z. B. der auf dem *Sidonischen Sarkophag*. Die Fläche beider Segel kann etwa 150 bis 180 m^2 betragen haben. Der schräg nach vorn geneigte Fockmast führte auf See ebenfalls ein Rahsegel. Wie die Reliefdarstellung zeigt, wurde der Fockmast im Hafen mit einem Flaschenzug am Topp außerdem für die Be- und Entladung genutzt.
Auf römischen Schiffen kam zur Gesamtsegelfläche noch das am Bug als Rahsegel gefahrene Artemon mit einer Segelfläche um 15 m^2 hinzu. Auf dem großen Rahsegel des Reliefs sind die legendären Brüder ROMULUS und REMUS mit der sie säugenden Wölfin dargestellt (s. *Ostia-Fresko-Schiffsdarstellung*).

Tornado: aus England stammendes Katamaran-Sportsegelboot, das von der IYRU seit 1968 als Boot der internationalen Einheitsklasse anerkannt ist. Die Bezeichnung nimmt Bezug auf das spanische Wort für Wirbelsturm. Der Tornado wurde 1976 als Olympia-Bootsklasse anerkannt.

Er hat eine Länge über alles von 6,10 m und ist in der Konstruktionswasserlinie 5,85 m lang. Das 3,05 m breite Fahrzeug hat eine Rumpfmasse von 127 kg, eine Segelfläche von 21,80 m^2 und wird von 2 Mann Rennbesatzung gesegelt (s. *Sportsegelboot*, Tafel *Olympia-Klassenboote*).

Totenschiff: Sammelbegriff für Originalschiffe und Boote, Schiffs- und Bootsmodelle oder Nachahmungen für die kultische Totenehrung durch Schiffsbeisetzungen, Schiffsgräber, Grabbeigaben oder letzte Schiffsfahrten.
Symbolische Totenschiffsbestattungen gehörten in verschiedenen Frühkulturen bei hochgestellten Toten zu den kultischen Handlungen für ihre Fahrt ins Jenseits und das dortige Weiterleben. Zu diesem Zweck gab man den Toten zum Geleit Rüstungen, Waffen, Zugtiere, Hausgeräte, Schmuck und Nahrung mit auf den Weg. Zu den ältesten gefundenen Königsgräbern mit Schiffsbeigaben gehört das 5000 Jahre alte sumerische Königsgrab bei Ur. Es handelt sich um ein Grab zur Bestattung eines Königs mit seinen gefallenen Kriegern. Neben 74 Skeletten von Menschen, die vor ihrer Bestattung reich mit goldenen, silbernen und edelsteinbesetzten Gegenständen geschmückt waren, fand man zwei etwas über 60 cm lange Schiffsmodelle. Das eine, aus Kupfer hergestellte Modell war völlig zerstört, das andere aus Silber jedoch gut erhalten. Dieses 5000 Jahre alte Modell zeigt einen schlanken Bootskörper mit hochgezogenem Bug und Heck, Ruderbänken und einer Überdachung in Fahrzeugmitte, außerdem ist noch ein Blattruder erhalten geblieben. Das Modell ist damit bereits den Fahrzeugen ähnlich, die es bis in die Neuzeit auf dem Unterlauf des Euphrats gab.
Viele aufschlußreiche Totenschiffe und Modelle aus Holz, Ton oder Metall entstammen altägyptischen Grabstellen. In der altägyptischen Religion der Sonnenanbetung kam Totenschiffen die Aufgabe zu, die Seele des Verstorbenen am Tage im Dunstkreis der Sonne von Osten nach Westen über die Erde zu tragen und bei Nacht von Westen nach Osten unter der Erde hindurchzuführen. Eine große Sammlung der reichlich aufgefundenen ägyptischen Grabbeigaben, auch als Sonnenschiffe oder Sonnenbarken bezeichnet, befindet sich im »Sonnenbarken-Museum« in Kairo. Die ältesten oberägyptischen Gräbern entstammenden Modelle sind aus rotem Ton gebrannt und wurden etwa 4200 v. u. Z. den Toten beigegeben. Die noch roh und plump wirkenden Boote haben teilweise bereits eine Art Baldachin oder Hütte. Ein anderes, etwa um 3000 v. u. Z. einem ägyptischen Grab beigelegtes Totenschiff ist ein aus Knochen geschnitztes Modell eines bootsförmigen Papyrusfloßes.
Zu den bedeutendsten aufgefundenen ägyptischen Original-Totenschiffen gehören das *Cheops-Bestattungsschiff* (um 2650 v. u. Z.) und der *Dahschur-Bootsfund* (um 1850 v. u. Z.)
Auch in der germanischen Mythologie ging die Fahrt ins Jenseits über das Meer nach Walhall (Aufenthaltsort für die im Kampf gefallenen Krieger). Zu den bekanntesten germanischen Totenschiffen, die in Grabhügeln beigesetzt sind und infolge günstiger Bodenbeschaffenheit zumindest teilweise erhalten blieben, gehören u. a. das *Oseberg-* und das *Gokstadschiff*. Die Lage des

Ägyptisches Totenschiff, etwa um 1300 v. u. Z., Modell

Totenschiffes war in allen nordischen Schiffsgräbern gleich, Bug und Kurs mußten stets nach Süden weisen, denn dort lag Walhall.
In Nordwestborneo wurden in einer Kalksteinhöhle 18 kunstvoll bearbeitete Holzflöße aus dem 3. Jh. gefunden, die einen Menschenkörper tragen konnten. Für die Fahrt in die Ewigkeit wurden die Toten auf die Flöße gelegt, und bei einer nächtlichen Bestattungszeremonie trieben sie auf den in Brand gesetzten Flößen auf das Meer hinaus. Aus Kalimantan und Sumatra sind außerdem kleine Totenschiffe bekannt, die man mit der Asche der Toten die Flüsse hinabtreiben ließ.

Totora-Floß: bootsförmiges Binsen- oder Schilffloß *(Floß)* der indianischen Stämme am Titicacasee. An diesem Hochgebirgssee (3812 m ü. NN) gibt es kaum noch Baumwuchs, so daß seit langem nur Schilffahrzeuge für den Fischfang möglich sind. Der Bau der Flöße erfolgt aus vorher getrockneten und gebundenen Totoraschilfbündeln, die nachfolgend zu einer bootsähnlichen Floßform mit einer Mulde und zugespitzten Enden zusammengezogen werden (s. a. *Balsafloß* und *Binsenfloß*). Die Ähnlichkeit mit den bootsförmigen Papyrusflößen auf dem Nil ist sicher ausschließlich auf das ähnliche Baumaterial zurückzuführen. Größere Flöße hatten einen zweibeinigen Mast und ein viereckiges, aus Schilfgeflecht bestehendes Segel.

Trabakel, *Trabaccolo:* adriatisches, speziell dalmatinisches zweimastiges Segelschiff mit »Halbrahsegeln« im 17. und 18. Jh., ein Allzwecksegler für die Küstenfahrt und den Fischfang zwischen den vorgelagerten Inseln und dem Festland. Ähnlichkeiten bestehen zwischen diesem Schiffstyp und der kleineren *Brazzera*. Halbrahsegel waren große Rechtecksegel, die an Pfahlmasten und einer oberen waagerechten, jedoch nur einseitigen Rah (halbe Rah), einer horizontal stehenden Gaffel ähnlich, gefahren wurden. Über dem Halbrahsegel befand sich an jedem Mast noch ein kleines Rah-Toppsegel, und am Bugspriet wurde ein großer Klüver gefahren. Die Fahrzeuglänge betrug etwa 30 m und die Breite etwa 6 m, ein typisches Merkmal war der einfallend gebogene Vorsteven. Küstensegler hatten zwischen den Masten ein durchlaufendes Deck mit großer Luke.

Trebisonde: im 19. Jh. nach der türkischen Handelsstadt Trapezunt (Trebisond) benanntes, einmastiges und mit Rahsegeln fahrendes Frachtschiff für die Fahrt zwischen Konstantinopel (Istanbul) und den Häfen des Schwarzen Meeres.

Treckschute, *Treckyacht:* Flußboot, -schute oder -yacht, die vorwiegend durch Trecken (Ziehen) und nicht durch Ruder oder Segel bewegt wird. Die Treckschuten bis zu 15 m Länge hatten insbesondere für den Lasttransport und für die

Personenbeförderung in Kajütbooten auf den vielen schmalen Binnenwasserstraßen der Niederlande größere wirtschaftliche Bedeutung. Sie wurden entweder durch Menschenkraft (Treckeknechte) oder durch Zugtiere gezogen.
Im 16., 17. und 18. Jh. gab es auf den Wasserläufen der meisten europäischen Großstädte Treckschuten, -boote oder staatliche und private Treckyachten mit unterschiedlichen Ausstattungen und Verzierungen. So gab es auch für den Personenverkehr in und um Berlin Treckschuten holländischer Art, fest, flachgehend und völlig gebaut. Der jetzige Berliner Schiffbauerdamm hieß vor 1738 Treckschutendamm. Zeitgenössische Schilderungen aus der Mitte des 18. Jh. berichten z. B. von täglichen mehrmaligen Treckschutenpassagen zwischen Berlin und Charlottenburg.

Holländische Treckschute, 19. Jh., Modell

Holländische Treckyacht, 2. Hälfte des 18. Jh.

Größere holländische Treckyacht Ende des 18. Jh., Modell

Treidelschiff: durch Zugtiere oder Menschenkraft von Treidelpfaden aus gezogene größere Fluß-Lastschiffe; s. a. *Treckschute*.

»Die Wolgatreidler«, Gemälde von ILJA REPIN

Ein Treidel-Postschiff auf dem Rhein um 1815, das auch Passagiere beförderte

Tretboot: einfaches, für Vergnügungsfahrten auf geschützten Binnengewässern über Tretkurbel und Schaufelräder angetriebenes Wassergefährt. Zwischen 2 katamaranähnlich *(Katamaran)* angeordneten rohr- oder kastenförmigen Auftriebskörpern befinden sich die Sitzbank und der Pedalantrieb.

Triakontere: um 500 v. u. Z. ein griechischer Dreißigruderer. Zur Anordnung der Ruderreihen und Ruderbänke gibt es verschiedene Auslegungen. Da i. allg. auf die größtmögliche Zahl Bezug genommen wurde, ist die Annahme berechtigt, daß die Schiffe von je 15 Ruderern je Bordseite und damit von 30 Ruderern insgesamt gerudert wurden.

Triere, *Attische Triere:* altgriechisches Ruder-Kriegsschiff mit Hilfsbesegelung und 3 übereinanderliegenden Ruderreihen. An der Entwicklung des altgriechischen Seewesens und Schiffbaues waren verschiedene frühe griechische Stadtstaaten beteiligt, unter denen Athen eine führende Stellung einnahm. Zur Zeit des athenischen Politikers THEMISTOKLES (524 bis 459 v. u. Z.) veränderte der Schiffbauer AMENOKLES aus Korinth die Konstruktion der seinerzeitigen großen griechischen Ruder-Pentekonteren durch die Anordnung von 3 Reihen Ruderern bzw. 3 in der Höhe gestaffelt liegenden Ruderbänken, so daß sich die Schnelligkeit und Kampfkraft bedeutend erhöhte.
Aus Rekonstruktionen, Bootshäuserabmessungen und anderen indirekten Nachweisen kann man die wahrscheinlichen Abmessungen der Trieren heute mit 40 bis 45 m Länge, 4,5 bis 5,0 m Breite und etwa 1 m Tiefgang angeben. Die Ruderer der obersten Reihe wurden »Thraniten«, die der mittleren »Zygiten« und die zuunterst sitzenden »Thalamiten« genannt.
Den Kiel der Triere baute man aus Steineiche und die Planken aus dem leichteren Rotbuchen- oder Lindenholz. Das Vorschiff war besonders kräftig und ging in einen mit Bronze oder Eisen beschlagenen Rammsporn über, der »Embolon« genannt wurde. Oberhalb des Rammsporns befand sich ein kleinerer Sporn und zwischen beiden eine Querbohrung zur Durchführung eines Taues, der kräftige Vorsteven endete in einer oberen Verzierung. Der Hintersteven war löffelförmig und dessen oberer Abschluß, das »Aphlaston«, nach vorn gezogen. Gesteuert wurde die Triere mit Hilfe von Steuerrudern an beiden Seiten des Hinterschiffes.
Ursprünglich waren Trieren offene Schiffe; zum Schutz der Ruderer gegen Sonne und Unwetter dienten zusammenrollbare Matten an beiden Schiffsseiten. Später wurden Trieren mit einem festen Schanzkleid und einem über die höchste Ruderreihe verlegten festen Deck gebaut, auf dem die an Bord befindlichen Soldaten ihren Platz hatten. Für längere Reisen hatte die Triere eine zusätzliche Besegelung mit einem Großsegel an einem senkrecht stehenden Mast und einem kleineren Segel an dem nach vorn geneigten kleineren Bugmast. Maste und Segel wurden vor dem Kampf niedergelegt oder von Bord entfernt.
Die Trieren bewährten sich als Kampfschiffe im Mittelmeer über Jahrhunderte. Anfänglich bestand die Besatzung aus etwa 170 Ruderern, ungefähr 20 Matrosen und Führungskräften sowie etwa 10 Seesoldaten. Die Ruderer setzten sich zumeist aus »Theten« zusammen, verarmten Freien ohne Grundbesitz, die sich um Lohn zu Sklavenarbeiten verdingten, also auch als Ruderer; im Kriege dienten sie als Leichtbewaffnete. Schwerbewaffnete, »Hopliten«, bildeten den kleineren Teil der Soldaten; es waren meistens Grundbesitzer, die sich eine eigene Rüstung leisten konnten: den großen Schild, den ehernen Helm und den Harnisch, Beinschienen, einen kurzen Säbel und einen langen Speer.
Dem griechischen Trierenkapitän, dem »Trierarchen«, standen der Erste Offizier, der »Kybernetes« (griech., Steuermann) und der »Keleustes« (griech., Rudermeister) zur Seite. Im Kampf suchten Trieren hauptsächlich die unmittelbare Begegnung mit dem gegnerischen Schiff. Die Kampftaktik bestand im wesentlichen darin, entweder durch nahes Vorbeifahren die Riemen des feindlichen Schiffes zu zerbrechen und es damit bewegungsunfähig zu machen oder es seitlich zu rammen. Aus der Kenntnis über die Bauweise und die Rudererzahl ist zu schließen, daß Trieren bis zu 6 kn, also 11 km/h, erreichen konnten.
In den folgenden Jahrhunderten wurde die Triere auch von anderen Mittelmeervölkern nachgebaut. Nachbauten der Römer bezeichnete man als *»Trireme«*.

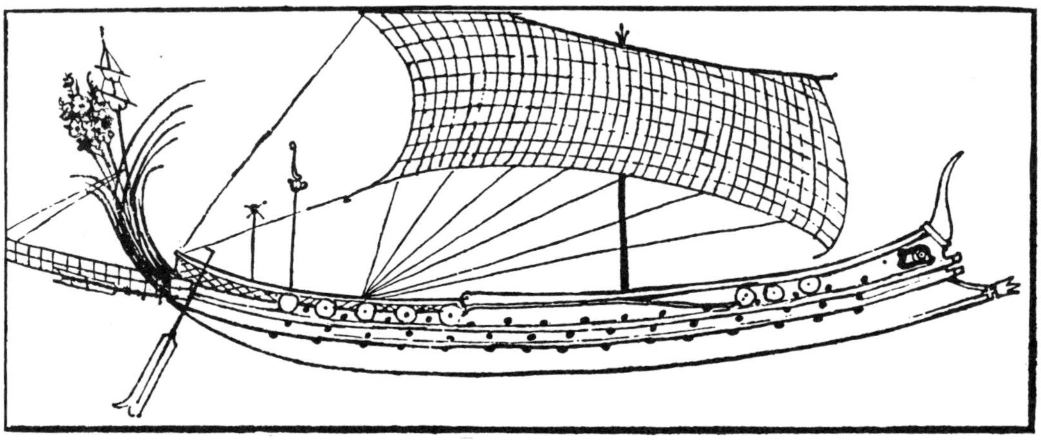

Triere von Delos, im Jahre 88 v. u. Z. dargestellt

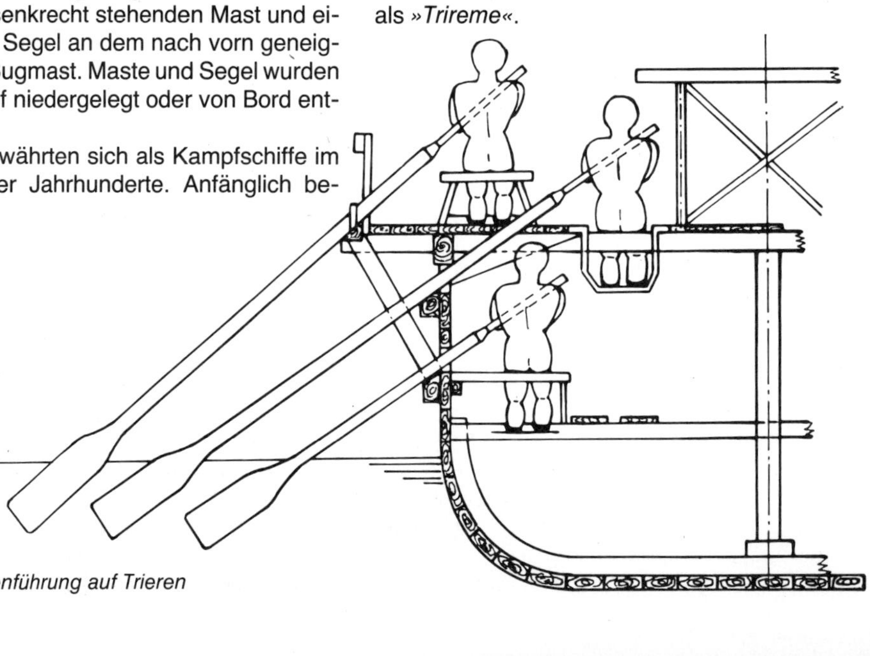

Mögliche Riemenführung auf Trieren

Trimaran: Dreirumpf-Fahrzeug, ursprünglich von Neuguinea stammend. Trotz des gegenüber Zweirumpf- und besonders Einrumpfschiffen und -booten größeren Wasserwiderstandes können in besonderen Fällen die geringen Roll- und Schlingerbewegungen und die günstigere Festigkeitsverbindung gegenüber Zweirumpfschiffen vorteilhaft sein. Sport-Segeltrimarane wurden versuchsweise in verschiedenen Ländern gebaut, wobei entweder alle 3 Rümpfe gleich oder unterschiedlich groß sein können. Unter den nicht sehr häufigen modernen Segeltrimaranen haben sich solche mit einem mittleren größeren Rumpf und kleineren seitlichen Rümpfen am besten bewährt.

Trireme: eines der ersten römischen größeren Kampfschiffe mit 3 Riemenreihen je Bordseite nach dem Vorbild der griechischen *Triere*. Der Aufbau einer bedeutenden römischen Kriegsflotte setzte erst im Zusammenhang mit den Kämpfen um Karthago (146 v. u. Z.) ein. Trotz der geringen eigenen Erfahrungen wurden in kurzer Zeit die im Mittelmeer bewährten griechischen Trieren in großer Zahl nachgebaut und an den römischen fortgeschrittenen Holzbau und an die bei den Landtruppen bewährte Kampftechnik angepaßt. Die Trireme war auf Spanten gebaut, kraweel beplankt und erhielt einen Mast mit großem Rahsegel. Als römische Neuerung kam die Enterbrücke hinzu, die auf dem Vorschiff an einem starken Mast drehbar gelagert war. Bei Annäherung an das gegnerische Schiff ließ man die Enterbrücke mit dem am äußeren Ende befindlichen Dorn auf das feindliche Schiff herabfallen, so daß die in Landkämpfen Mann gegen Mann erprobten römischen Krieger über die fest eingerammte Enterbrücke zum Nahkampf stürmen konnten. Die römischen Triremen wurden nicht von Sklaven, sondern von freien römischen Bauern und Plebejern gerudert.

Troinik: kleines nordrussisches gerudertes oder gesegeltes Fischerboot mit stark gerundetem Vor- und Achtersteven.

Troinik, russisches Fischerboot

Trimaran »PEN DUICK IV« [29]

Römische Trireme mit Enterbrücke

Tschaike, *Czaike, Zayke:* leichte österreichische *Galeere* für den Schutz der österreichisch-ungarischen Flußgrenzen an Donau, Save und Theiß gegen die Türken. Im 16. Jh. wurden bereits etwa ab 1530 bis 1547 in Gmunden in Oberösterreich für die österreichischen Donaustreitkräfte nach dem Vorbild der ungarischen Nassaden Tschaiken gebaut. Während des 17. Jh. und bis zur Mitte des 18. Jh. gab es »Ganztschaiken« von etwa 24 m Länge, 2,4 m Breite und etwa 0,5 m Tiefgang mit 26 Riemen sowie »Halbtschaiken« von 12,3 m Länge und etwa 2 m Breite mit 20 Riemen und außerdem »Doppeltschaiken« von etwa 27 bis 28 m Länge. Im 18. Jh. kamen »Vierteltschaiken« hinzu, die bis 1763/64 in Gmunden gebaut wurden. Ab 1766 erfolgte der Bau von Musterschiffen für die österreichische Marine in Klosterneuburg und der Serienbau im Tschaikistenbataillon in den Größengruppen:

- Ganztschaiken von 20,2 m Länge, 3,9 m Breite und 0,37 m Tiefgang beladen, mit 24 bis 26 Riemen und einem teilweise klappbaren Mast,
- Halbtschaiken von 11,2 m Länge, 2,45 m Breite und 0,37 m Tiefgang beladen sowie
- Doppeltschaiken von 27,23 m Länge, 3,76 m Breite und 0,57 m Tiefgang beladen, mit 32 bis 34 Riemen und 2 Masten.

Die letzten Typen von Tschaiken wurden etwa ab 1832/35 gebaut in den Größengruppen:

- zweimastige Ganztschaike von 20,2 m Länge, 4,07 m Breite, 0,65 m Tiefgang und 11,1 t Tragfähigkeit, angetrieben durch 30 Riemen,
- ein- oder zweimastige Halbtschaiken von 14,81 m Länge, 2,71 m Breite und 0,60 m Tiefgang mit 5,4 t Tragfähigkeit,
- einmastige Vierteltschaiken von 10,35 m Länge, 2,35 m Breite und 0,51 m Tiefgang mit 2,6 t Tragfähigkeit; außerdem gab es
- Vedettentschaiken von 10 m Länge, 1,6 m Breite und 0,4 m Tiefgang.

Die Tschaiken fuhren teils mit Rah-, Lugger- oder Sprietsegel, im Gefechtseinsatz wurde ausschließlich bei umgelegten Masten gerudert. Ihre Bewaffnung bestand hauptsächlich aus leichten Geschützen, die in der charakteristischen Bullgabel gelagert waren, und aus ein oder zwei 7- bis 10pfündigen Drehlafetten-Haubitzen.

Tschikirne, *Tchektirme:* einmastiger, völliger türkischer Küstenfahrer, der vorwiegend im Bosporus und in den Dardanellen verkehrte. Die kleineren Fahrzeuge fuhren eine Bermudatakelung, dazu als Vorsegel Stagfock, Klüver und Außenklüver. Größere hatten einen Mast mit aufgesetzter Stenge. Außer 2 Rahsegeln und einer Stagfock war hinter dem Mast ein großes Sprietsegel gesetzt. Wegen des niedrigen Mittelschiffes war ein Setzbord aufgesetzt.

Tsernik: einmastiges griechisch-türkisches Segelschiff zu Ende des 19. Jh., das an einem langen Sprietbaum ein sehr großes Sprietsegel und darüber ein Rahsegel fuhr.

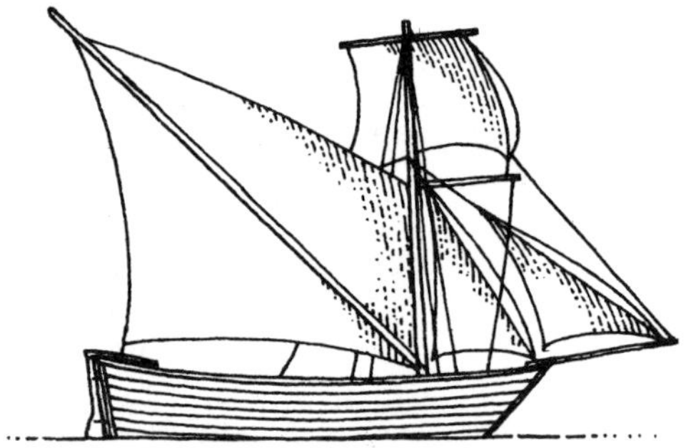

Tsernik, griechisch-türkischer Segler des 19. Jh. mit großem Sprietsegel

Tuckzeese, *Tuckerkahn:* ein klinkergebautes Schleppnetz-Fischerboot für Haffgewässer. Meistens waren es gedeckte Fahrzeuge bis zu 21 m Länge, 6,5 m Breite und 2 m Seitenhöhe. Beide Steven waren mit Knien auf den Balkenkiel aufgesetzt. In der hinteren Schiffshälfte befanden sich ein trockner und ein wasserdurchspülter Fischbehälter. Die Takelung bestand aus einem Luggersegel, dessen Rah nur wenig nach vorn geneigt war, sowie einem Stagfocksegel. Die Tuckzeesenfischerei läßt sich urkundlich bis in das erste Viertel des 16. Jh. nachweisen und gehört somit zu den ältesten Methoden der Schleppnetzfischerei (s. a. *Zeesenboot*).

Tuna-Bootsfund: 1952 in Schweden bei Badelunda in der Nähe des Mälarsees in einem älteren bekannten Gräberfeld in sieben Schiffsgräbern aufgefundene Bootsreste aus dem 8. Jh. Eines der geborgenen Boote befindet sich im Museum der Stadt Västeras. Die Fundteile zeigen ebenso wie das *Osebergschiff* und andere *Wikingerschiffe* kunstvoll geschnitzte Tierornamente im sogenannten Vendelstil aus dem 7. und 8. Jh., so benannt nach dem nördlich von Upsala gelegenen Ort Vendel.

Tune-Schiffsfund: im Jahre 1867 an der Ostküste des Oslofjords auf der Insel Rølvsøy unter einem 5 m hohen Grabhügel gefundene Reste eines Wikingerschiffes aus dem ausgehenden 9. Jh., das dem *Gokstadschiff* ähnelt. Trotz starker Vermoderung der oberen Schiffsteile war die vollständige Rekonstruktion möglich. Das rekonstruierte Schiff ist gemeinsam mit dem Gokstadschiff und dem *Osebergschiff* im Wikingermuseum bei Oslo auf der Halbinsel Bygdøy ausgestellt. Der aus Eichenholz gebaute Rumpf ist 19,8 m lang und 4,27 m breit. Der Tiefgang war wie bei allen Wikingerschiffen relativ gering. Das Schiff konnte gesegelt werden und war für 11 Paar Riemen ausgerüstet.

Tune-Schiffsfund, Wikingerschiff aus dem 9. Jh., erhalten gebliebene Teile

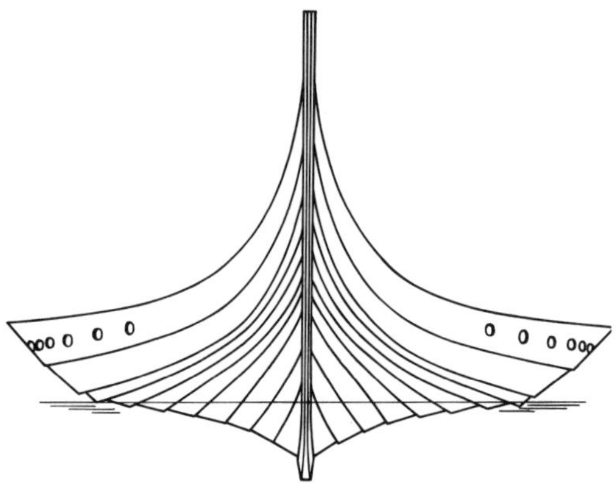

Bugansicht des rekonstruierten Tune-Schiffs

U

Udema: in der zweiten Hälfte des 18. Jh. in den schwedischen und finnischen Schärengebieten eingesetztes Kriegsschiff mit einer Art Dreimast-Polackertakelung *(Polacker)*, bei der jeweils 2 Rahsegel an Fock- und Großmast und ein Gaffelsegel am Besanmast gefahren wurden. Die etwa 37 m langen und 9 m breiten Schiffe konnten notfalls auch durch 20 Paar Riemen fortbewegt werden. Die Bewaffnung bestand aus 2 Stück 18-Pfündern, 11 Stück 12-Pfündern, 2 Stück 8-Pfündern sowie mehr als 20 Stück 3-Pfündern.

Umjak, *Umiak:* eine typische Fellbootart Grönlands, die auch in den Polargebieten Nordamerikas bis zu den Aleuten gebräuchlich war. Das ähnliche *Fellboot* Nordsibiriens wurde mit *»Baidara«* bezeichnet. Der Umjak, auch als Eskimo-Frauenboot im Unterschied zum *Kajak* (Männerboot) bekannt, und die Baidara waren relativ große offene Boote von 7 bis 10 m Länge und etwa 1,5 m Breite. Sie wurden bei Fahrten, mit denen ganze Familien oder Sippen die Wohnplätze wechselten, oder bei anderen Transportaufgaben häufig von Frauen gepaddelt oder gerudert, zuweilen war vorn ein kleiner Mast mit einem aus Renntierfellen genähten viereckigen Segel aufgestellt. Die Umjaks wurden von Männern in den leichten, schnellen Kajaks begleitet.
Außerdem benutzte man die großen Fellboote zum Robbenfang und zur Waljagd. Das Bootsgerippe mit innen liegendem Kiel bestand aus Zweigen und Walknochen, die durch Lederriemen oder Sehnen zusammengebunden und danach mit Seehundfellen oder Walroßleder bespannt waren. Das relativ leichte Boot konnte 12 Personen aufnehmen, und an Land vermochten es 6 Personen zu tragen.

Grönländisches Fellboot Umjak (Umiak), das Frauenboot der Eskimo

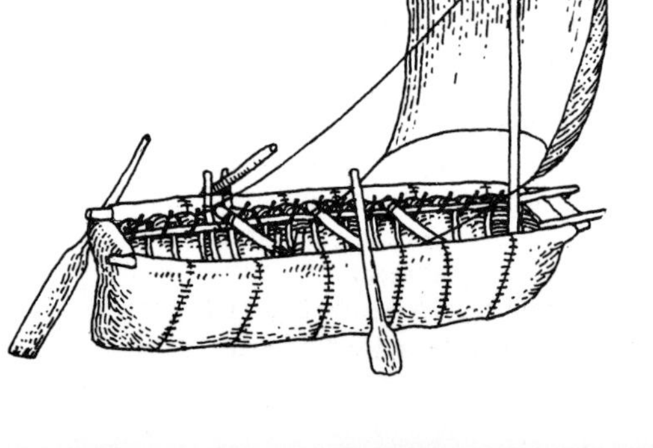

Eskimo-Sommerquartier unter einem Umjak

Usciere, *Hussiers:* völlig gebautes Segel-Lastschiff des Mittelmeeres, dessen Vorbild die römischen Pferdetransporter (lat. hippagogoe) waren. Am Heck und an den Schiffsseiten der zweimastigen Schiffe befanden sich verschließbare Öffnungen für das Ein- und Ausladen der Pferde. Zum Anlanden wurde eine Art Landungssteg an Bord mitgeführt. Die meistens als Zweidecker gebauten Schiffe konnten bis zu 100 Pferde transportieren. Häufiger fuhr man jedoch nur auf einem Deck Pferde und auf dem anderen Wagen und Kriegsgerät.

Utrecht-Schiffsfund: im Jahre 1930 bei Bauarbeiten am Van-Hoorne-Kai bei Utrecht in Holland im Flußbett eines ehemaligen Rheinarmes gefundene Reste einer Hulk-Ursprungsform, die konserviert und im Städtischen Zentralmuseum Utrecht ausgestellt wurden. Die C-14-Analyse ergab, daß es sich um einen Fund aus der Zeit um 790 u. Z. handelt.
Die Gesamtlänge des rekonstruierten Schiffes beträgt 17,20 m bei einer Breite von 3,60 m und 1,34 m Seitenhöhe. Hinsichtlich der Schiffsform und der Bauweise unterscheidet sich das Utrechtschiff wesentlich von bekannten Wikingerfahrzeugen aus gleicher Zeit. Der untere Teil des Utrechtschiffes hat weder Kiel noch Steven, sondern besteht aus einem ausgehöhlten Eichen-Einbaum von 14,30 m Länge und 1,95 m Breite, an dessen Enden Verlängerungen angelascht wurden. Auf jeder Seite des Einbaumes sind 3 etwa 0,5 m breite Planken aufgesetzt; die mittleren Planken unterscheiden sich von den anderen durch halbrundförmige Querschnitte, die nach außen bargholzähnlich vorstehen.
In der Seitenansicht und in der Draufsicht verlaufen alle Planken zwischen den Schiffsenden bogenförmig. Der obere Abschluß der Seitenborde erfolgt durch Halbrundhölzer von 14 × 8 cm, die sogenannten »Reehölzer«.
Zur Verbindung der Seitenplanken mit dem Boden-Einbaum wurden nach der Beplankung insgesamt 38 Spanten eingesetzt und mit Holznägeln befestigt. Die Spanten reichen nicht über den ganzen Querschnitt, sondern sind abwechselnde Halbspante, so daß auf einem vom Boden bis etwas über die halbe Seitenhöhe reichenden Spant ein anderer Halbspant folgt, der von der oberen Seitenplanke über die halbe Bordhöhe hinunterreicht. In einem 4,80 m von vorn gelegenen Spant befindet sich ein Spurloch für einen kleinen Mast. Neben den anderen baulichen Merkmalen deutet diese sehr weit vorn vorgesehene Maststellung auf den Verwendungszweck des Fahrzeuges als Flußschiff hin, um das Zugseil zum Flußaufwärtsziehen festzumachen.
Beim Utrecht-Schiffsfund handelt es sich damit um eine Ursprungsform der im Mittelalter in Westeuropa weit verbreiteten Art von Flußschiffen, die als *»Hulk«* bezeichnet wurde und aus verschiedenen bildlichen Darstellungen bereits vor dem Fund bekannt war. So wurden unter dem französischen Herrscher LUDWIG DER FROMME (814 bis 840) in Dorestad Münzen mit einem hulkähnlichen Schiffsbild geprägt. Einige Jahrhunderte später war offensichtlich der Schiffstyp auch in England bekannt, denn er ist auf einem Taufstein der Kathedrale von Winchester aus dem Jahre 1180 dargestellt.

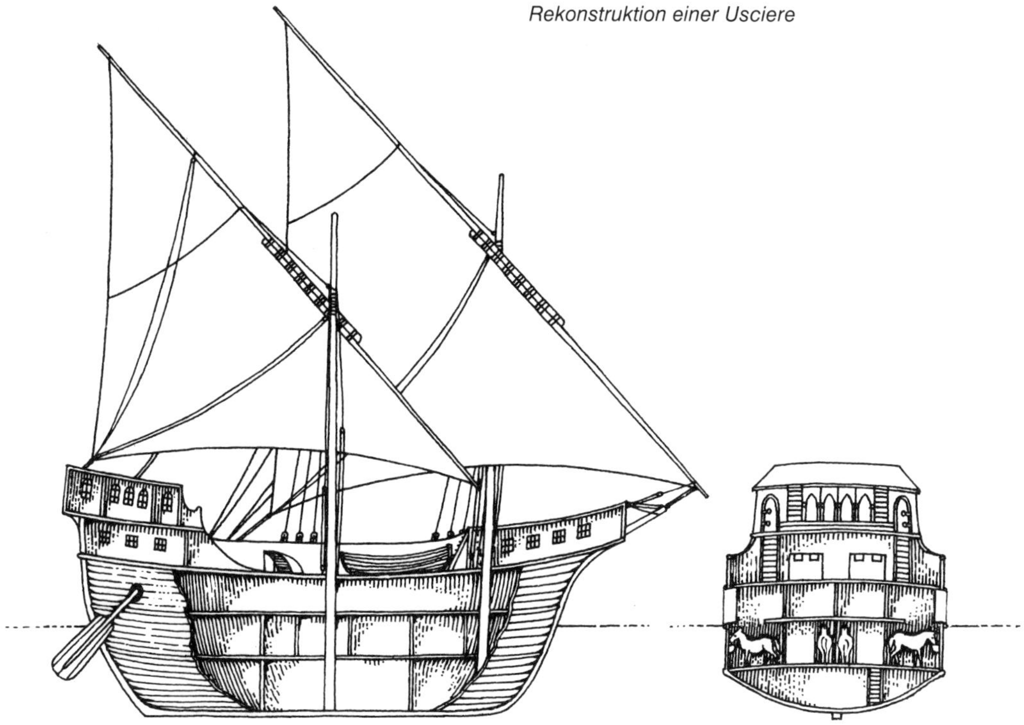

Rekonstruktion einer Usciere

Uxel: Bezeichnung eines maurischen Schiffes, das um 1340 in den Kämpfen gegen die Spanier eingesetzt wurde. Das Schiff war 50 m lang und 10 m breit und konnte mit 50 Pferden beladen werden. Vermutlich war es ein Ruder-Segel-Schiff und hinsichtlich seiner Bauweise ein Vorläufer der Mittelmeer-Galeasse (s. *Galeasse*) mit Aufbauten in Schiffsmitte sowie an Bug und Heck. Die Tragfähigkeit dieser Schiffe war für etwa 280 Bewaffnete zusätzlich zur Besatzung ausreichend.

V

Vaaler Einbaumfund: in einem früheren Wasserlauf durch das Vaaler Moor am Elbenebenfluß Wilsterau im Jahre 1878 gefundener, an beiden Enden spitz auslaufender *Einbaum* von 12,29 m Länge, 1,3 m Breite und 0,62 m Seitenhöhe. Der Stamm war am Boden bis auf eine Dicke von 5 cm und an den Seiten bis auf 4 cm dicke Seitenwände ausgehöhlt. Zur Aussteifung des Einbaumes waren 11 Spanten stehen gelassen. Am Dollbord waren zwischen den Spanten Verdickungen im Holz belassen worden, die durchbohrt waren. Es kann sich dabei um einfache, dollenähnliche Widerlager für Riemen handeln.

Vamarie-Stagsegelschiff, *Spreizgaffelsegler, Wishbone-Segler:* erstmalig 1933 an der amerikanischen *Yacht* »VAMARIE« ausgeführte Takelung mit Spreizgaffeln (Spreizgaffelsegler), der im seemännischen Sprachgebrauch auch als »Wishbone-Segler« bekannt ist (im Engl. bedeutet »wishbone« etwa »Geflügelbrustknochen«). Spreizgaffeltakelungen gibt es nur auf zweimastigen Längssegelschiffen (Schrat- oder Stagseglern) wie Stagsegelschonern oder Stagsegelketschs. Bei der üblichen Takelung werden die Schratsegel hauptsächlich an den Stagen gefahren. Oberhalb des Großstags befindet sich dann ein Gaffeltoppsegel, ein Flieger o. ä.
Auf den Vamarie-Seglern, wie z. B. der Spreizgaffel-Ketsch, liegt die lange Segelkante vom Mastfuß bis zum Topp am Großmast an. Die etwa auf halber bis zwei Dritteln Großmasthöhe befindliche Spreizgaffel führt seitlich an dem aus einem Stück bestehenden Großsegel mit den leicht gebogenen Einzelgaffeln vorbei. Die Toppenden der Gaffel laufen wieder zusammen. Mit dem durch die Spreizgaffel aufgespannten Großsegel kann besonders hoch am Wind gesegelt werden.

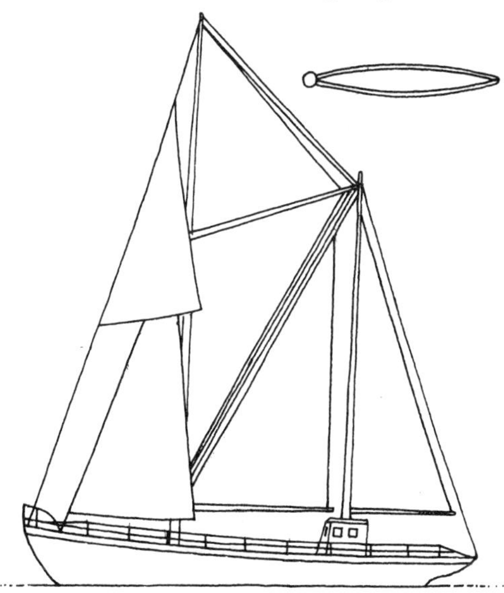

Ketsch mit Spreizgaffel-Vamarietakelung

Vaurien-Boot: eine 1952 in Frankreich von I. HERBULOT entwickelte *Knickspantjolle* mit einer Segelfläche von 8,1 m^2, 4,8 m Länge und 1,47 m Breite. Als Sportsegelboot fand das Vaurien-Boot (franz., »Taugenichts«) größere Verbreitung und wurde in verschiedenen Ländern z. B. in den Niederlanden 1963 als nationale Bootsklasse anerkannt.

V-Bodenboot, *V-Spantboot, V-Spantschiff:* typische Bauweise für Boote oder Schiffsbereiche, bei der die Spantformen von der Mittschiffs-Bodenlinie V-ähnlich nach oben ansteigen. V-Spanten werden häufiger mit der Knickspantbauweise kombiniert, so daß die gerade ansteigenden Bodenlinien in Kimm- oder Schwimmwasserlinienhöhe durch einen oder mehrere Knicke an die mehr senkrechten Spantabschnitte anschließen. Aus der vereinfachten Knick- oder Mehrfachknickbauweise ergeben sich ungünstigere hydrodynamische Eigenschaften.

Verdrängungsschiff, *Verdrängungsboot:* Verdrängungsschiffe unterscheiden sich von Wasserfahrzeugen, bei denen der Auftrieb überwiegend durch dynamische Wirkungen wie bei Tragflügel-, Gleit-, Stufen- oder Luftkissenfahrzeugen entsteht, hauptsächlich dadurch, daß ihre Schwimmfähigkeit auf dem hydrostatischen Auftrieb beruht. Das erstmalig durch ARCHIMEDES formulierte und nach ihm benannte »Archimedische Prinzip« besagt, daß ein ganz oder teilweise in eine Flüssigkeit getauchter Körper eine der Schwerkraft entgegengesetzt gerichtete Auftriebskraft erfährt, deren Größe der Gewichtskraft = Masse m · Dichte ϱ · Erdbeschleunigung g der verdrängten Flüssigkeit entspricht.

Vertenskreuzer: von der Vertenswerft entwickelte *Kielyacht* der Nationalen Einheitsklasse von 9,50 m Länge über alles, 6,45 m Länge in der KWL, 2,0 m Breite, 1,30 m Tiefgang und 2,5 t Verdrängung. Die Segelfläche unterteilt sich in 23 m^2 Großsegel, 8,3 m^2 Vorsegel und 21 m^2 Spinnaker. Der unter dem Segelzeichen Karo-As zugelassene Kreuzer wird in Rennen von 3 Mann gesegelt.

Vierdecker: ein nur selten gebautes großes *Linien-Kriegsschiff* mit 4 gedeckten im Schiffsrumpf übereinander angeordneten Batteriereihen, wobei die Kanonen auf dem offenen Deck nicht einbezogen waren. Ein bekannter spanischer Vierdecker war die »SANTISSIMA TRINIDAD«, die 1805 bei Kap Trafalgar gegen die englische Flotte kämpfte. Viele der großen Kriegsschiffe dieser Zeit waren jedoch Dreidecker.

Vierer: Kurzbezeichnung eines Rennruderbootes für 4 Ruderer. Den Vierer gibt es ohne Steuermann und auch als Vierer mit dem zusätzlichen Steuermann (Riemenvierer mit oder ohne Steuermann). Im Unterschied zum *Riemenboot* werden *Skullboote* als »Doppelvierer« bezeichnet.

Vierhundertzwanziger-(420er-)Jolle: international beliebte *Segeljolle*, deren Länge über alles 420 cm beträgt.

Viermaster, *Viermastschiff:* Kennzeichnung für alle Segelschiffstypen mit 4 Masten. Nach der Art der Takelung unterscheiden sich Viermast-Vollschiff, Viermast-Bark, Viermast-Schonerbark, Viermast-Rahschoner, Viermast-Jakassbark, Viermast-Gaffelschoner und Viermast-Schoner. Während nur das Viermast-Vollschiff mit 4 voll rahgetakelten Masten (Fock-, Groß-, Mittel- oder Hauptmast und Kreuzmast) fährt, haben alle anderen Viermaster eine Kombination von Quer- und Längssegelanordnungen bzw. ausschließlich Längssegel. Während der langen Zeit der aus Holz, Eisen und Stahl gebauten Viermastschiffe war die Bezeichnung der Masten in den verschiedenen Ländern nicht völlig einheitlich. Bei 3 vollgetakelten Masten (Viermastbark) waren auch die Bezeichnungen Vorderer und Hinterer Fockmast, Großmast und (für den vierten hinteren Mast) Besanmast üblich.

Viermast-Vollschiff

Viermast-Bark

Viermast-Schonerbark

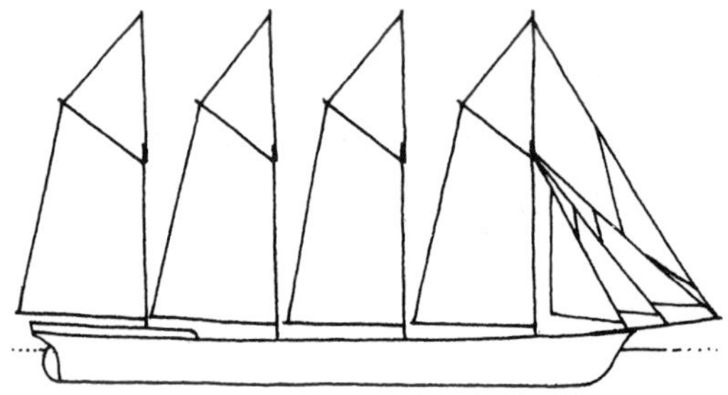

Viermast-Gaffelschoner

Vinnen-Segelschiff: eine nach der Reederei F. A. Vinnen & Co, Bremen, bezeichneter jüngerer Typ großer Segelschiffe, bei dem in besonderer Weise Rah- und Schratsegel kombiniert wurden. Die Vinnen-Reederei ließ 1922 5 Fünfmast-Gaffelschoner bauen, die zusätzlich 3 Rahsegel nach der Art des Toppsegelschoners am Fock- und Mittelmast fuhren.

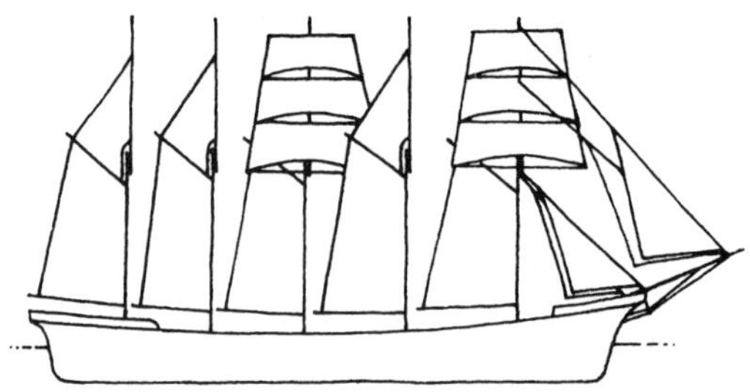

Vinnen-Takelung, kombinierte Rah- und Gaffelsegel

Vollenhovense Bol: um 1900 im holländischen Vollenhove (Hafenstadt an der Zuidersee) erbaute Bootskombination des *Schokkers* und *Botters*. Vom Schokker übernahm man den platten Boden und vom Botter den gekrümmten Vorsteven, so daß eine entsprechende Vorschiffsform entstand. Die zwischen 8 und 10 m langen Segelboote mit Seitenschwertern waren vorwiegend Fischerboote, es gab jedoch bis in die neuere Zeit auch einige holländische Bol-Yachten.

Viermast-Vollschiff »PETER RICKMERS«, 4500 t Tragfähigkeit, 1889 von RUSSEL für RICKMERS gebaut.

Vollschiff, *Vollgetakeltes Schiff, Vollrigger:* ein mindestens dreimastiges Segelschiff, auf dem alle Maste vollgetakelt sind. Die Bezeichnung »Vollschiff« entstand in der zweiten Hälfte des 19.Jh. vorwiegend für dreimastige vollgetakelte Handelsschiffe nach dem Vorbild der vorhergehenden, im 17.Jh. entstandenen *Fregatte* und dem Fregattschiff.
Im seemännischen Sprachgebrauch ist die Bezeichnung »Vollrigger« gleichbedeutend. Als vollgetakelt wird ein Mast bezeichnet, der aus Untermast, Marsstenge, Bramstenge und auf den größten Segelschiffen noch aus der Skysegelstenge besteht und mit einem vollständigen Satz Rahsegel ausgerüstet ist. Je nach Größe des Schiffes trägt damit jeder Mast 4 bis 8 Rahsegel.
Die 3 Maste des Vollschiffes heißen Fockmast (der vordere Mast), Groß- und Kreuzmast. Der achtern stehende Kreuzmast fährt außer Rahsegel noch ein Gaffelsegel, das Besansegel.
Beim Übergang zum Vollschiff wurde das bis dahin am achteren Mast vorhandene Lateinsegel durch ein Gaffelsegel ersetzt, so daß zusätzliche Rahsegel in höherer Segellage darüber gefahren werden konnten. An die Stelle des kleinen Vormastes mit der Bovenblinde trat der verlängerte Bugspriet (der Klüverbaum) mit den Stagsegeln. Das bisher unter dem Bugspriet gefahrene kleine Rahsegel, die Unterblinde oder Blinde, wurde noch eine Zeitlang beibehalten. Durch die unterstützende Wirkung geeigneter Schratsegel zwischen den Masten wurde das Vollschiff zu einem der schnellsten Segelschiffe der Welt.
Außer dem typischen dreimastigen Vollschiff gab es in der Blütezeit der Segelschiffszeit eine Anzahl Viermast-Vollschiffe sowie ein einziges Fünfmast-Vollschiff, die *»PREUSSEN«*.

Vollschiff »ORSONO« um 1900, Tragfähigkeit 3000 t, aus Stahl in der Werft Tecklenborg gebaut

Votivschiffe, *Weiheschiffe:* Schiffsmodelle, die den Kirchen als Geschenk übergeben wurden und dort zum Teil über Jahrhunderte erhalten geblieben sind.
Votiv- und Weihegaben haben ihren kultischen Ursprung in der frühgeschichtlichen Götterverehrung (Weiheopfer). Griechen und Römer erbaten vor Beginn eines Unternehmens, vor Schlachten und Gefahren oder bei Krankheiten den Beistand der Götter und legten Gelübde zur Besänftigung des göttlichen Zorns oder für die erbetene Hilfe ab. Im Christentum gehen Votiv- und Weihegeschenke bis in das 5.Jh. zurück. Neben kostbaren Gaben aus Silber und Gold wurden auf Holz oder Gewebe gemalte Bilder (sog. Votivgaben) z.B. von Seeleuten, Fischern oder Kaufleuten nach gelungener Reise oder überstandenen Schiffskatastrophen als Opfergaben gespendet. Historisch aufschlußreicher als diese bildlichen Darstellungen sind jedoch die Votiv- oder Weiheschiffe. Zu den weltbekanntesten Votivschiffen gehört die *»KATALONISCHE NAO«* aus dem Jahre 1450. Es ist das älteste bisher bekannte Modellschiff aus der Zeit zu Beginn

Votivschiff, Modell eines Vollschiffes in der Marienkirche zu Rostock

Votivgemälde eines unbekannten Meisters vom Ende des 15.Jh. im Artushof von Gdansk

der überseeischen portugiesischen Entdekkungsfahrten. Es wurde einem Heiligen geweiht und befand sich, bis es Ende der zwanziger Jahre dieses Jahrhunderts entdeckt wurde, an der katalonischen Küste in der Kapelle San Simòn von Matarò. Heute befindet sich das 123 cm lange und 45 cm breite Modell als ein bedeutender historischer Nachweis im Prins-Hendrik-Museum in Rotterdam.

An den Küsten seefahrender Länder und teilweise bis tief ins Binnenland hinein gehören Votivschiffsmodelle aus verschiedenen Jahrhunderten zum Kirchenschatz. Votivschiffe gehörten auch zu Grabbeigaben. So wurden in einem Grab in Nordjütland ungefähr 100 ineinanderlegbare, kajakähnliche Weiheschiffchen aus der Zeit um 1200 v. u. Z. gefunden, die aus dünnem Goldblech getrieben und mit Sonnensymbolen verziert waren.

Auch in den Kulturkreisen Afrikas sowie im Nahen und Fernen Osten gehörten Weiheschiffe zum kultischen Gebrauch. So läßt man seit altersher in Japan Mitte Juli zum buddhistischen Allerseelenfest kleine Schiffchen mit angezündeten Papierlaternen ins Meer hinaustreiben, s. a. *Totenschiff*.

Vollgetakeltes Walfangschiff

W

Wachtboot, *Wachtkutter, Wachtschiff:* Wasserfahrzeuge für den Aufsichtdienst der Hafenpolizei, des Zolls oder anderer Behörden. Für den Küstenschutz wurden häufig umgerüstete Fischkutter von etwa 70 t Verdrängung als Wachtkutter eingesetzt. U. a. hatte Preußen 1812 als Zollwachtschiffe die »SCHWALBE«, einen Rahschoner von 16,3 m Länge und 5 m Breite, leicht bewaffnet mit 3- und 4-Pfünderkanonen, sowie den dreimastigen Lugger »ADLER«.

Zum Schutz gegen das Einschleppen der Cholera von See setzte die Regierung 1831 auch angemietete Schiffe als Wachtschiffe ein, wie z. B. die Schlup »DER JUNGE CARL« von 33 Lasten, die Schlupgaleaß »LENA«, 45 Lasten, und die Brigg »FANNY« mit 61 Lasten. Diese Schiffe hatten alle einlaufenden Fahrzeuge zu stoppen und auf die Quarantäneliegeplätze zu bringen.

Wai-Pi-Ku: chinesisches Flußboot ohne Mast und Segel auf den stromschnellenreichen Flüssen. Eine Besonderheit waren 2 unterschiedlich große Steuerruder für ruhiges Wasser und für Stromschnellen. Das große Stromschnellenruder war ein bis zu 15 m langer Baum, wie er auch auf großen Holzflößen üblich war. Der Steuermann stand mittschiffs auf einer erhöhten Brücke oberhalb der Hütte. Stromaufwärts wurde das Boot vom Ufer mit Tauen gezogen.

Walboot: eine heute zur Altersklasse gehörende Einheitsklassen-Kielyacht in Knickspantbauweise mit 27 m² Segelfläche und 23 m² Spinnaker mit dem Wal als Segelzeichen. Die Yacht ist 8,5 m lang über alles, 7,2 m in der KWL, 2,20 m breit und hat 1,3 m Tiefgang. Die Bezeichnung und das Segelzeichen haben keinen Bezug zum Walfangboot vergangener Zeiten oder zu einer dem Walfangboot ähnlichen schlanken Spitzgatt-Kielschwertyacht für Küstengewässer.

Amerikanischer Walfänger »ALICE MANDEL« von 1851 mit der Trankocherei unter dem Back-Schutzdeck, Modell [14]

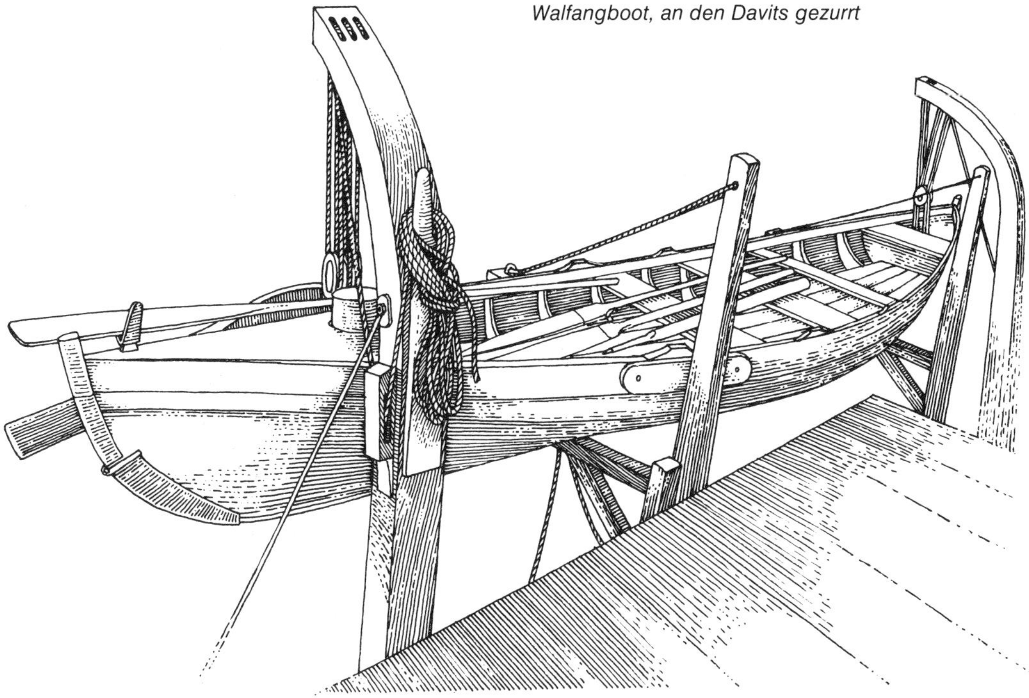

Walfangboot, an den Davits gezurrt

Walfänger, *Walfangboot, Walfangschaluppe:* in der Segelschiffszeit für den Walfang mit der Handharpune verwendete kleine Ruderboote, teilweise mit Hilfssegel (s.a. *Fangboot* bzw. *Grönlandfahrer*). Nach der Erfindung der Granatharpune durch den Norweger SVEN FOYN im Jahre 1868 und der Verwendung von Harpunenkanonen und mit der Vervollkommnung der Schiffsmaschinen entstand das maschinengetriebene 30 bis 60m lange Walfangboot.

Wanderboot, *Wanderfaltboot:* für Wasserwanderungen auf Binnengewässern geeignetes Boot. Bei Wanderfaltbooten werden *Einer* (Abk. WF I) und *Zweier* (Abk. WF II) unterschieden; s. a. *Faltboot*.

Wanderjolle: insbesondere für Wanderfahrten entwickelte kräftig gebaute 10-m²- und 15-m²-Jolle der deutschen Jollenklasse, die zur *Konstruktionsklasse* gehörten und mit 2 Mann Rennbesatzung und zusätzlichem Spinnaker an Rennen teilnehmen konnten.
Die 10-m²-Wanderjolle hat 10 m² Segelfläche ohne Spinnaker, eine Takelungshöhe von etwa 6m, ist 5,25m lang und 1,50m breit und fuhr unter dem Segelzeichen »z«. Auf der größeren 15-m²-Wanderjolle beträgt die Takelungshöhe etwa 7,50m, die Länge 6,20m und die Breite 1,70m. Als Segelzeichen fuhr man ein schwarzes »H«; daher war auch die Bezeichnung H-Jolle gebräuchlich.

Warnemünder Jolle: *Jolle* mit der sogenannten »Twei-Smacker«-Takelung, bei der der höhere Großmast vorn auf etwa 1/4 der Schiffslänge und der niedrigere Achtermast etwa auf halber Schiffslänge stand. Beide Maste fuhren Sprietsegel. Am Vorstag und Klüverbaum wurde ein Klüver gefahren. Die Bezeichnung Jolle war bereits zu Anfang des 16. Jh. üblich.

Warnowprahm: ein seit dem 13. Jh. auf den Flüssen der mittleren Ostsee bekannter Leich-

Warnemünder Jolle mit Sprietsegeln

terprahm *(Prahm)*, der anfänglich getreidelt wurde, später ein einmastiger Segelprahm auf der Warnow. Noch zu Ende des 19Jh. wurden Warnowprahme mit einfachem Rahsegel gesegelt, aber auch getreidelt oder mit Staken fortbewegt. Um 1900 wurde der bis dahin übliche Querplankensteven durch einen Balkensteven ersetzt.

Warpschiff: besondere Art der Seil-Schleppschiffahrt über kürzere, stromschnellenreiche Flußstrecken oder häufig sich verlagernde Untiefen, bei der durch Boote Anker und Ankertrossen ausgebracht und versetzt wurden. Die Fortbewegung des Warpschiffes erfolgte danach jeweils durch Einholen der ausgebrachten Trossenlängen. Im Unterschied zum hauptsächlichen Antrieb beim Warpschiff führten alle Segelschiffe Warpanker und Warpleinen zum gelegentlichen Verholen auf Reede oder an Landungsstellen an Bord mit.

Wasserboot, *Wasserprahm:* ein meistens völlig oder prahmähnlich gebautes Hilfsfahrzeug mit fest eingebauten Tanks für die Versorgung der im Hafen und auf Reede liegenden Schiffe mit Frischwasser. Wasserboote hatten zuweilen auch eigene Besegelung und übernahmen auch andere Versorgungsdienste ähnlich den *Bumbooten*.

Wasserdiligence: von franz. diligence (Schnelligkeit) abgeleiteter Begriff, etwa gleichbedeutend mit Eilwagen oder »Eilschiff«. Die Bezeichnung entstand im 18. Jh. für Personentransporte auf den größeren westeuropäischen Flüssen und besonders in der Rheinschiffahrt. Die Schiffe waren segelbar, bei ungünstigen Stromverhältnissen und Fahrten gegen den Strom wurden sie von Zugtieren an den Ufern getreidelt (s. a. *Treidelschiff*) oder auch durch Ruderboote gezogen.

Wasserlinien-Schiffsmodell, *Halbmodell:* maßstabgerecht (vorzugsweise 1:25, 1:50 oder 1:100) verkleinertes Überwasserschiff im Unterschied zum ganzen Schiffsmodell oder Schiffskörpermodell. Die Modelle werden i.d.R. auf einer den Wasserspiegel darstellenden Grundplatte aufgestellt, die zuweilen ein nachgebildetes Wellenprofil zeigt. Hauptzweck solcher Halbmodelle ist die Demonstration der Bewaffnung oder der Decks- und Aufbautengestaltung sowie der Ausrüstung.

Wattenfahrer, *Wattenewer:* besonders flach gebautes Boot oder Schiff der Küstenschiffahrt, besonders geeignet für die Wattenmeerfahrt. Das von Holland bis Schleswig-Holstein der Nordseeküste vorgelagerte Schelfgebiet ist über größere Bereiche nur bei Flut oder in den Flutgräben (Prielen) mit sehr flachgehenden Schiffen (Wattenfahrern bis höchstens 2m Tiefgang) befahrbar. Zu den an der Nordseeküste entstandenen typischen Wattenfahrern zählen insbesondere die Schiffstypen *Tjalk*, *Kuff*, *Schmake* und *Schnigge*. Bei Ebbe kommen die Wattenfahrer dennoch mit ihrem flachen Schiffsboden auf Grund fest, so daß sie mit flachem Boden gebaut sein müssen. Außerdem gab es im 19. Jh. an der Westküste von Schleswig-Holstein und auf den nordfriesischen Inseln den Wattenewer als speziellen, besonders flachgehenden und meistens einmastigen Typ des norddeutschen *Ewers*. Relativ selten wurden Wattenewer auch als *Besanewer* gebaut.

Wegerechtschiff: Wasserfahrzeug, das infolge begrenzter Steuereigenschaften, seiner Größe oder seines Tiefgangs einem anderen auf Kollisionskurs entgegenkommenden Fahrzeug nicht auszuweichen braucht, also »Wegerecht« hat. Das Wegerechtschiff führt nach international abgestimmten Seewasserstraßen- und Wegerechtordnungen besondere Kennzeichen. Bei Tageslicht ist z.B. am Vortopp ein gut sichtbarer schwarzer Zylinder und nachts an gleicher Stelle ein rundum scheinendes rotes Licht zu fahren.

Werftklasse-Boot: bewährte Eigenentwicklung einer Yacht- oder Schiffswerft, die von Segelverbänden bei besonderer Eignung als Klassebootstyp anerkannt werden kann. Man spricht dann von einer Eintyp-Klasse, einem Werftmodell oder einer Werftklasse. Solche Werftklassenboote wurden häufiger zum Ausgangstyp für Nationale und Internationale Klassenboote.

Weserkahn, *Bremer Kahn:* der Weser- oder Bremer Kahn war ein typisches Leichterfahrzeug für größere Schiffe auf der Unterweser, insbesondere für den Warentransport zwischen Bre-

men, Vegesack und Bremerhaven. Einige größere Weserkähne fuhren auch als Küstenschiffe. Nach H. SZYMANSKI gab es 1840 in Bremen 173 Weserkähne, und 1866 wurden in Oldenburg 252 gezählt, im Jahre 1934 waren nur noch wenige veraltete Weserkähne vorhanden.
Der Weserkahn war ein Ein- oder auch *Anderthalbmaster* mit großen Seitenschwertern und 12 bis 25 m Länge, 4 bis 7 m Breite und 1,25 bis 2,75 m Raumtiefe bei 20 bis 120 BRT Schiffsraum. Die Fahrzeuge hatten einen flachen Spiegel, einen auffällig großen vorderen Sprung und große Ladeluken mit spitzdachähnlichen Lukenabdeckungen. Die Besatzung bestand je nach Schiffsgröße aus 2 bis 4 Personen.

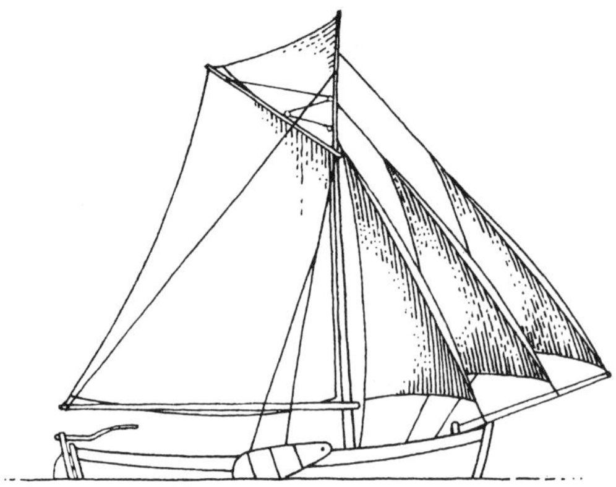

Weserkahn mit großem Gaffelsegel und 3 Vorsegeln

Wikingerschiff, *Wikingerboot:* kombiniertes Ruder- und Segelschiff der skandinavischen Wikingerstämme. Als Wikingerzeit wird etwa der Zeitraum vom Ende des 8. Jh. bis in das 11. Jh. hinein bezeichnet. Die in Südskandinavien auf Seeland, Schonen, Halland und Jütland lebenden Volksstämme waren schon viele Jahrhunderte vorher als gute Seefahrer bekannt, wie u. a. TACITUS in der »Germania« um 98 v. u. Z. berichtet. Vom Beginn des 4. Jh. bis in das 8. Jh. sind eine Vielzahl von Raubfahrten, insbesondere zur englischen Küste bekannt. Nach der im 8. Jh. vollzogenen Bildung von Königtümern auch in den südskandinavischen Siedlungsräumen landeten größere Wikingerheere in England (825), plünderten erstmals London (836) und Hamburg (845, 857 und 861).
Wikinger siedelten um 800 auf den Färöer- und bereits im Jahre 802 auf den Orkney- und Shetlandinseln. Die Entdeckung und Besiedelung Islands begann 861. Nach der isländischen Erik-Raude-Saga (um 1200 von HAUK ERLENDSON aufgeschrieben), gelangt ERIK RAUDE 983 nach Grönland, und sein Sohn LEIF ERIKSON erreicht im Jahr 1000 Nordamerika in der Höhe des heutigen Boston etwa am 42. Breitengrad. Die für diese Zeit außergewöhnlichen Unternehmungen erforderten ungewöhnliche Tatkraft und eine große Zahl seetüchtiger Schiffe. In der Wikingerzeit erreichte die in vielen vorhergehenden Jahrhunderten entstandene Geschicklichkeit im Bau von Booten und Schiffen einen Höhepunkt der nordischen Schiffbaukunst. Neben dem geruderten Langschiff, das als Kriegsschiff besonders lang und schmal gebaut war, kannten und bauten sie breitere Ruderschiffe mit zusätzlicher Besegelung und auch wesentlich breitere Segel-Lastschiffe.

Die »VIKING«, ein Nachbau des Gokstadschiffes im Hafen von Sandefjord vor der Atlantik-Überquerung im Jahre 1893 [3]

»ORMEN FRISKE«, ein schwedischer Nachbau des Gokstadschiffes, nach mehreren erfolgreichen Hochseefahrten 1950 auf einer Fahrt von Stockholm nach Rotterdam verschollen

Wikingerschiffe waren i. d. R. zwischen 10 und 30 m lang. Als Kriegsschiffe faßten sie mehr als 100 Mann Besatzung. Die Rojermannen saßen in dem flachbordigen Schiff dicht hintereinander und ruderten mit relativ leichten und kurzen Riemen in ruckartigen Bewegungen, wie es um diese Zeit und auch noch bei den *Galeeren* auf den Schiffen des Mittelmeeres üblich war, dort auch als »türkisch rudern« bezeichnet. Gesteuert wurden die Wikingerschiffe mit einem profilförmigen Seitenruder an der Steuerbordseite. Bei einer Verdrängung von durchschnittlich 50 t hatten die Schiffe infolge der großen Länge einen verhältnismäßig geringen Tiefgang, so daß auch seichte Küstengewässer und kleinere Flüsse befahren werden konnten. Eine Besonderheit war außerdem der in Längsrichtung auf halber Schiffslänge um etwa 30 cm durchhängend gebaute Kiel. Die hochgezogenen Schiffsenden und der größere Tiefgang des Mittelschiffs wirkten sich günstig auf die Wendigkeit der Schiffe aus.
Die für nordische Schiffe typische geklinkerte

Wikingerschiffe

1 *Rekonstruktion des Gokstad-Schiffsfundes unter Segel*
2 *Aufhängung der Schilde*
3 *Plankenknaggen und Spantbindung beim Gokstad-Schiffsfund*
4 *Deckel für die Riemenpforten*
5 *Befestigung der Wanten*
6 *Lochblock*
7 *Dollbord des Nydam-Schiffes mit Keipe und obere Planken mit Knaggen*
8 *Hjortspring-Boot*
9 *Nydam-Schiff*
10 *Oseberg-Schiff*
11 *Steuerruder des Gokstad-Schiffes*
12 *Plankennaht und Abdichtung beim Hjortsspring-Boot*
13–16 *Kielformen*
13 *Nydam-Schiff*
14 *Hjortspring-Boot*
15 *Kvalsund-Schiff*
16 *Oseberg-Schiff*
17 *Steuerruder des Nydam-Schiffes*
18 *Riemenpforte und Riemenblatt beim Oseberg-Schiff*
19 *Mittelteil des Gokstad-Schiffes mit Mastfischung*

Bauweise mit Spanten findet sich bei allen Schiffsfunden aus der Wikingerzeit. Zu den bedeutendsten gehören das 1880 gefundene *Gokstadschiff*, das 1904 entdeckte *Osebergschiff*, das *Tuneschiff* sowie die Funde bei Kvalsund und Skuldelev. Von den verschiedenen originalgetreuen Nachbauten wurde besonders die »ORMEN FRISKE«, ein norwegischer Nachbau des Gokstadschiffes, durch ihre Fahrt im Jahre 1893 unter Kapitän MAGNUS ANDERSEN von Bergen nach Nordamerika zur Weltausstellung bekannt.
Ein späterer schwedischer Nachbau unter gleichem Namen unternahm mehrere erfolgreiche Hochseefahrten, strandete aber 1950 auf einer Fahrt von Stockholm nach Rotterdam aus ungeklärter Ursache bei der Insel Pellworm. Dabei kamen 15 Besatzungsmitglieder ums Leben.

Wildwasserboot: Spezialboot für Fahrten auf Wildwasser, wie Gebirgsbächen und -flüssen mit natürlichen starken Gefällen und Hindernissen, oder für Wettkämpfe auf entsprechend angelegten Gewässern. Wildwasserrennen werden über Strecken zwischen 4 und 15 km im Kanadier-Einer und -Zweier (WRC I und WRC II) und im Faltboot-Einer (WRF I) ausgetragen (s. a. *Kanadier*).

Wilsterau-Ewer: einer der kleinsten norddeutschen *Ewer*, der vorwiegend in Wilster für den Frachtverkehr auf dem kleinen Fluß Wilsterau relativ breit und flachgehend gebaut wurde. Diese Ewer waren etwa 11 bis 15 m lang, 3 bis 3,5 m breit und hatten einen umlegbaren Mast.

Windjamer, *Windjammer, Windjamber:* seemännische Bezeichnung für größere Segelschiffe, die vom englischen »to jam the wind« herrührt und svw. Wind stauen, sich gegen den Wind stemmen oder Wind pressen bedeutet. Von den Engländern wurden die um 1500 allgemein aufkommenden Rahsegler »Windjamer« genannt, weil sie mehr Segelfläche setzten und auch besser gegen den Wind ankreuzen konnten als Segler mit Lateinsegel.
Auf Initiative des internationalen Segelschiffsverbandes »Sail Training Association« findet in zweijährigen Abständen jeweils an verschiedenen Orten ein sportliches Wettsegeln der in der Welt noch vorhandenen Großsegler statt. An dieser »Windjammerparade« nehmen derzeitig noch etwa 60 bis 80 Segelschiffe teil. Zu den bekanntesten Schiffen gehören u. a. die Schonerbrigg »BLACK PEARL« (USA), »DUENNE« (GB) und »WILHELM PIECK« (DDR); die Dreimast-Barken »TOWARISCHTSCH (UdSSR), »EAGLE« (USA), »GLORIA« (Kolumbien) und »GORCH FOCK« (BRD); der Dreimast-Gaffelschoner »BELLE ESPOIR« (Frankreich); die Ketsch «SEUTE DEERN« (BRD); die Viermastschonerbark »ESMERALDA« (Chile); die Vollschiffe »CHRISTIAN RADICH« (Norwegen), »DANMARK« (Dänemark) und das Viermast-Vollschiff »DAR POMORZA« (VRP).

Windsurfer, *Segelbrett:* brettähnlicher, meistens aus glasfaserverstärktem Plast hergestellter bootsförmiger Floßkörper mit festgelegten Abmessungen und Auftriebswerten und einem drehbaren, mit einem Gelenk am Mastfuß versehenen unverstagten Steckmast. Die Wassersportart Windsurfing oder Brettsegeln hat ihren Ursprung im Brandungswellenreiten und verbreitete sich seit etwa 1970 sehr schnell und weltweit. An der Unterseite des Segelbrettes befindet sich eine kleine feste oder einstellbare Heckflosse. Die Kursstabilität wird außerdem durch ein Steckschwert in Brettmitte verbessert. Das am Mast befestigte Segel wird mit einem Gabelbaum, einer Spreizgaffel ähnlich, getrimmt. Mast und Gabelbaum sind i. d. R. ebenfalls aus glasfaserverstärktem Plast oder aus Leichtmetallegierungen hergestellt. Der auf dem Segelbrett quer zur Segelrichtung stehende Segler reguliert die Segelstellung mit dem Gabelbaum und muß durch Verlagerungen seiner Eigenmasse eine stabile Schwimmlage erreichen. Dabei wird der auf dem Brett allseitig schwenkbar gelagerte, etwa 4,25 m hohe Mast gestützt und mit der Spreizgaffel das etwa 5 m^2 große Dreieckssegel in die beabsichtigte Segelstellung gebracht. Die Gesamtmasse von Segelbrett, Mast und Segel beträgt etwa 25 bis 30 kg. Zum Ansegeln gibt es verschiedene Möglichkeiten; meistens liegen Mast und Segel auf dem Wasser und werden beim Besteigen des Segelbretts mit einer am Gabelbaum angebrachten Leine aufgerichtet. Geübte Surfer überquerten bei niedrigen Windstärken (1 bis 3) ohne größere Schwierigkeiten den 33 km breiten Ärmelkanal. Es gibt auch Doppelsurfer für 2 hintereinanderstehende Personen mit 2 Masten und etwa 7 m langen Schwimmbrettern. Diese Tandemform kann bei geeigneten Windverhältnissen Geschwindigkeiten bis zu 50 km/h erreichen, erfordert jedoch bedeutend höhere sportliche Leistungen.
International gibt es eine große Vielfalt von Segelbretttypen. Die IYRU erkannte dem Typ »WINDGLIDER« des Konstrukteurs OSTERMAN (BRD) den Status einer Olympia-Klasse für 1984 zu. Der »WINDGLIDER« hat bei einer Länge von 3,89 m eine Beite von 0,64 m und einen Tiefgang mit Schwert von 0,46 m, die Segelfläche beträgt 5,8 m^2.

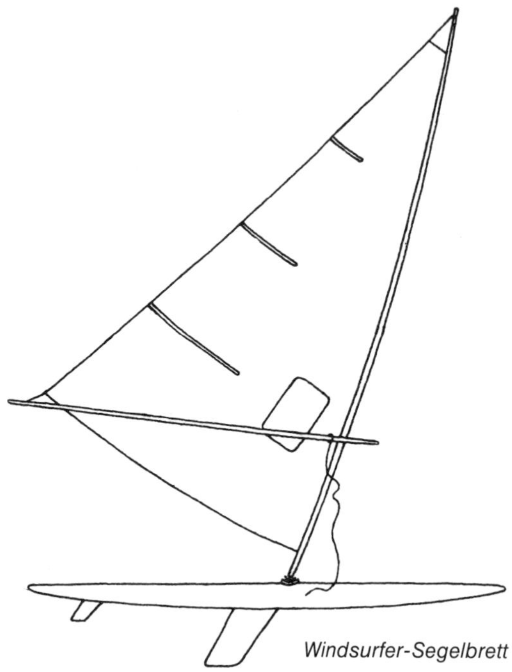

Windsurfer-Segelbrett

Windsurfing, Brettsegeln auf der Müritz

Wrack-Feuerschiff: auf stark befahrenen Schiffahrtswegen aus Sicherheitsgründen gut sichtbares *Feuerschiff*, das zeitweilig in der Nähe schiffahrtsgefährdender Wracks stationiert wird. Wrack-Feuerschiffe sind durch große weiße Buchstaben W und meistens zusätzlich durch den Namen des gesunkenen Schiffes gekennzeichnet. Weniger die Schiffahrt gefährdende Wracks werden durch verankerte Wrackbojen oder Wracktonnen gekennzeichnet; Kardinalseezeichen bei größerer und Einzelgefahrseezeichen bei kleinerer Ausdehnung.

Wracksuchschiff: insbesondere während der

Segelschiffszeit zur Suche nach gesunkenen Silber- und Goldtransportschiffen der spanischen Atlantikflotte ausgerüstetes und ausgesandtes Schiff. Heute richtet sich das Interesse stärker auf die Entdeckung und Bergung historischer Schiffswracks. Während die früheren Suchschiffe hauptsächlich mit Taucherglocken ausgerüstet waren, befinden sich auf den modernen Suchschiffen verschiedene Ortungsgeräte und Bergungsmittel.

Wriggboot: kleines Binnen- oder Küstenboot, vielfach eine *Jolle*, die mittels Wriggriemens von einer stehenden Person bewegt wird. Der Wriggriemen ist am Spiegelheck des Bootes in einer Wriggdolle oder einem Wriggrundsel eingehängt. Mitunter ist die Halterung ausmittig angebracht, so daß bei rechtshändigem Wriggen die Dolle etwas nach Backbord versetzt angeordnet ist. Die Wriggtechnik zur Führung des Riemenblattes auf der Bahn einer liegenden 8 erfordert einige Übung. Durch die rhythmische Hin- und Herbewegung unter Beachtung der in den verschiedenen Riemenstellungen unterschiedlichen Schubwirkung wird die Vorwärtsbewegung ähnlich wie bei der Schwanzflossenbewegung des Fisches (Fischpropulsion) erreicht.

Wulstkiel-Boot, *Wulstkiel-Yacht:* Segelboot oder Segelyacht mit flachem, jollenförmigem Rumpf, an den zur Vergrößerung der Lateralplanfläche und des Außenballastes seit etwa 1900 zusätzlich ein Wulstkiel angebaut wurde. Dieser bestand im Unterschied zum hydrodynamisch mit der Schiffsform eine Einheit bildenden Flossenkiel aus einer ebenen schweren Platte (meistens Stahlplatte), die durch geeignete Winkel am Bootsboden angeschlossen wurde. An der unteren Plattenkante befand sich ein Wulst aus Gußeisen, Stahl oder Blei. Eines der bekanntesten Sportsegelboote, das sich über Jahrzehnte mit dem Wulstkiel gut bewährt hat, ist das *Starboot*.

Die »WASA« nach der Bergung auf dem 56m langen und 21m breiten Betonponton

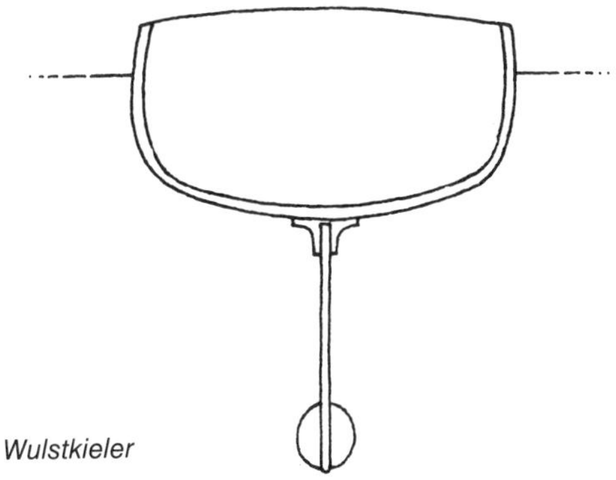

Wulstkieler

* * *

»WASA«: durch Untergang während seiner ersten Fahrt berühmt gewordenes schwedisches Kriegsschiff des 17.Jh. Am 24.April 1961 konnte nach 333 Jahren und schwierigen Bergungsarbeiten das am 10.August 1628 auf der Jungfernfahrt gesunkene schwedische Realschiff »WASA« (größtes Schiff der Kriegsflotte) gehoben werden. Damit wurde erstmalig ein Originalschiff des frühen 17.Jh. geborgen, dessen Rumpf noch nahezu erhalten ist und einen ausgezeichneten Einblick in den Schiffbau der damaligen Zeit ermöglicht. Das Schiff hatte 4 Decks, von denen das 2. und das 3. Deck als Batteriedecks für die

Längsschnitt der »WASA«, Rekonstruktion [12]

48 Stück 24-Pfünder dienten. Außerdem waren an Kanonen und leichteren Stücken noch vorhanden: 8 Stück 3-Pfünder, 2 Stück 1-Pfünder, 1 Stück 16-Pfünder, 2 Stück 62-Pfünder und 3 Stück 35pfündige sogenannte Sturmstücke. Alle Kanonen waren aus Bronze. Für ein Schiff von 57,0 m Länge, 11,7 m Breite, etwa 8,5 m Seitenhöhe und einer Segelfläche von etwa 380 m^2 bei einer Höhe des Großmastes über Kiel von etwa 49 m hatte das Schiff eine für die damalige Zeit sehr schwere Bewaffnung. Die Besatzung bestand aus 133 Mann und etwa 300 Seesoldaten. Die unteren Geschützpforten lagen nur etwa 1,2 m bis 1,5 m über dem Wasserspiegel, so daß in der Seegerichtsverhandlung im September 1628 festgestellt wurde, daß bei starker Krängung nach Lee und einer zusätzlichen Krängung durch eine einfallende Bö die unteren Pforten zu Wasser kamen und durch das eindringende Wasser das Schiff kenterte. Bei dieser Verhandlung wurde kein Schuldiger festgestellt. Es kam auch der gefahrene Ballast zur Sprache. Der bei der Bergung noch vorgefundene Ballast war offensichtlich nicht ausreichend, um dem Schiff die nötige Kentersicherheit zu geben; das Schiff hatte keine ausreichende Querstabilität.

Die »WASA« hatte 3 Maste und fuhr am Fock- und Großmast je 3 Rahsegel. Der Besanmast hatte nur 1 Rahsegel über dem Lateinsegel. Am Bugspriet wurden die Ober- und Unterblinde gesetzt. Am Heck des Schiffes befand sich auf dem Oberdeck ein Aufbau mit den Wohnräumen der Offiziere. Entsprechend dem vorgesehenen Rang war die »WASA« reichlich mit Skulpturen und Schnitzereien versehen, die vor allem auf Galerien des Achterschiffes, auf Geschützpforten und die Galionsfigur verteilt waren. Die Funde von Werkzeugen, Bekleidung, persönlichen Gegenständen und Ausrüstungen vermitteln ein anschauliches Bild der damaligen Lebensumstände auf großen Kriegsschiffen.

Eine 24pfündige Kanone auf dem unteren Batteriedeck der »WASA«

Holländische Yacht um 1800, Modell

Y

Yacht: in der zweiten Hälfte des 17. Jh. von England, ausgehend von dem Geschenk der beiden holländischen Staatsjagden »BEZAN« und »MARY« im Jahre 1660 an den englischen König KARL II. (s. a. *Jaghd*), einsetzende Entwicklung spezieller Schnellsegler.

Englische Yachten und Segelwettbewerbe erlangten in den folgenden Jahrhunderten Weltberühmtheit. Begünstigt durch ausreichende Wassertiefen bauten die Engländer ihre Yachten auf Balkenkiel und ohne Seitenschwerter, verwendeten sie als schnellsegelnde Post-, Melde- und Depeschenfahrzeuge in der Marine und für kommerzielle Aufgaben und entwickelten die Anfänge des Yachtsports. Bereits 1775 gründete der Herzog von Cumberland die »Cumberland Fleet or Sailing Society« und stiftete die Pokale für Regattasieger. Das Regattasegeln war im 19. Jh.

Yacht, Ende 17. Jh., Modell

ein weit verbreiteter internationaler Sport von allgemeinem Interesse.
In der Mitte des 19. Jh. traten die Nordamerikaner ebenso wie bei den schnellen Großseglern, den *Klippern*, auch im Yachtbau mit kleineren Schnellseglern in Erscheinung, die eine Weiterentwicklung der *Lotsenschoner* bzw. *Kutteryachten* von der amerikanischen Ostküste darstellten. Der nordamerikanische Schiffbauer GEORGE STEERS konstruierte und baute eine besonders gelungene zweimastige *Schoneryacht* »AMERICA«, die mit einem großen Vorsprung von 20 Minuten am 15. August 1851 die bei England um die Insel Wight ausgetragene Regatta um den Amerika-Pokal (Pokal der Queen) gewann. Neben der günstigeren Formgebung zeigte sich bei diesem Rennen erstmalig ein neues, haltbares und leichtes Baumwollsegeltuch den bis dahin benutzten Segeln aus Flachsleinen überlegen.
Ab 1895 wurden in Deutschland mit einigen Unterbrechungen in Kriegszeiten in den Sommermonaten Segelregatten wie die »Kieler Woche«

Zweimast-Schoneryacht »AMERICA« 1851, Modell

Dreimast-Schoneryacht »CREOLE«

Yacht I

1 *Niederländische Statenyacht um 1680*
2 *Niederländische Statenyacht mit Spreizgaffel, Anfang des 17. Jh.*
3 *Heck einer Statenyacht*
4 *Besanyacht*
5 *Einziehbarer Bugspriet einer Kutteryacht*
6 *Steuerrad mit Seilwinde und losen Rollen*
7 *Kutteryacht*
8 *Längsschnitt einer Kutteryacht*

1

2

4

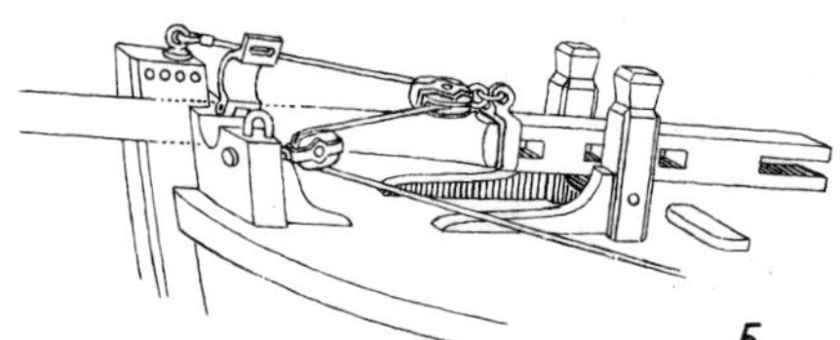
5

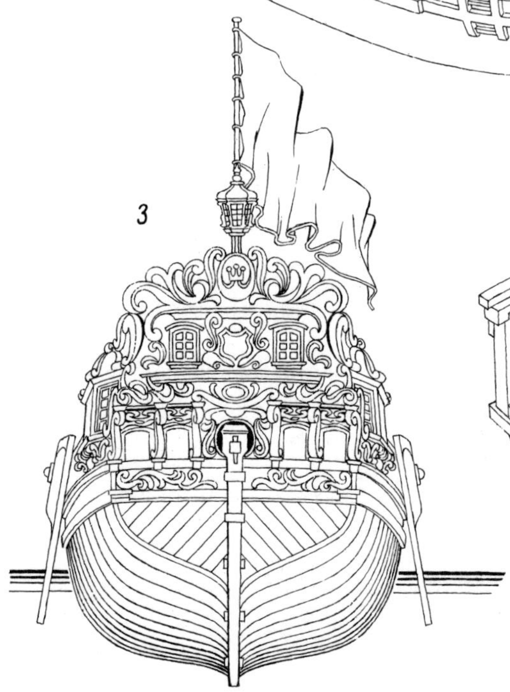
3

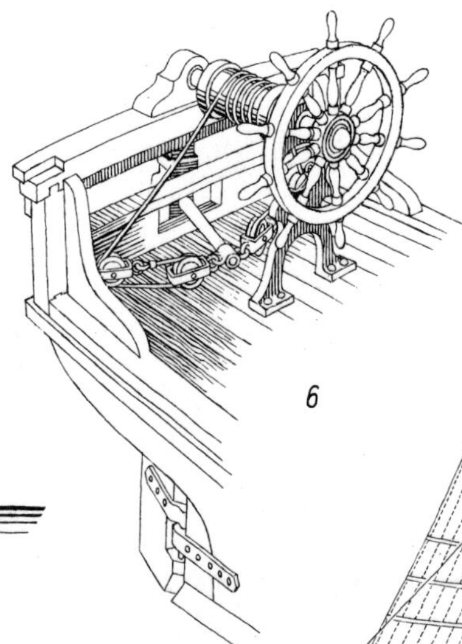
6

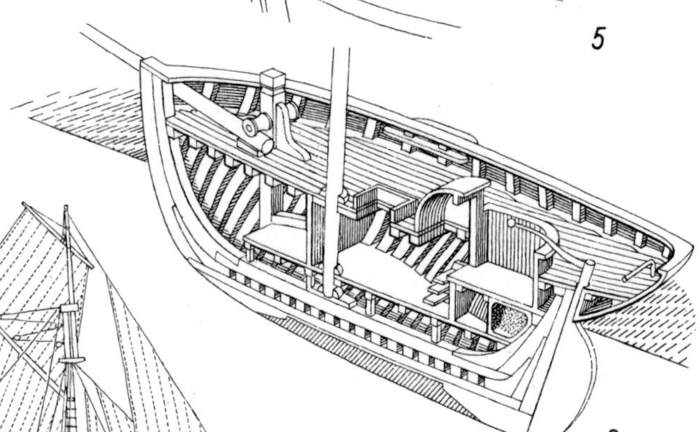
8

7

Yacht II

1 *Skandinavische Handelsjagt um 1840, Rumpfansicht*
2 *Skandinavische Handelsjagt mit voller Besegelung*
3–6 *Risse von Yachten (Entwicklung der Linien)*
3 *»SHORT FOOT«, England Anfang 19. Jh.*
4 *Schoneryacht »AMERICA«, USA 1851*
5 *»JULIANAR«, England 1875*
6 *»GLORIANA«, Entwurf Herreshoff, um 1900*
7 *Segelriß der Schoneryacht »METEOR V«*
8 *Neuzeitliche Yacht mit Sluptakelung*
9 *Gaffel- und Sluptakelung im Vergleich*
10 *Britische Yacht »CREOLE« 1890 mit Gaffeltakelung*
11 *Schwertboot mit Schwertkasten*
12 *Längsschnitt einer Luxus-Hochseeyacht, 19. Jh.*
13–17 *Einzelheiten von Hochsegel und Baum moderner Yachten*
13/14 *Halshorn*
15 *Führung der Lieken in Hohlkehle*
16 *Führung mit Rutschern auf einer Schiene*
17 *Lagerung des Baumes*

America-Cup-Yacht »SHAMROCK V« [29]

12-m-Regatta-Hochseeyacht, Länge in der Wasserlinie etwa 14,20 m, 3,80 m Breite, 2,75 m Tiefgang, 27 m^3 Verdrängung, 165 m^2 Segelfläche [29]

Tourenyacht »MONSUN«, Länge über alles etwa 8,0 m, 2,35 m Breite, 1,25 m Tiefgang, 2,5 m^3 Verdrängung, 31,5 m^3 Segelfläche [29]

mit Yachten unterschiedlicher Größe ausgetragen. Auch nach der Übergangszeit zum Maschinenantrieb behielt der Yacht-Segelsport weiterhin seine allgemeine Beliebtheit. So finden u. a. in englischen Gewässern seit 1925 regelmäßig Hochseeregatten unter der Bezeichnung »Fastnet-Race« um den »Admiral's Cup« von einem englischen Kanalhafen aus um die Fastnet-Rock-Felseninsel an der Südspitze Irlands und zurück statt.

Während an früheren Segelregatten vorwiegend große Yachten von 30 bis 300 t Verdrängung teilnahmen, ist die neuere Yachtentwicklung durch Begrenzungen der zugelassenen Größen gekennzeichnet. So empfehlen die neueren Richtlinien seit 1957 als obere Grenze etwa 21 m lange Yachten mit einer Gesamtsegelfläche von 180 bis 200 m^2.

Moderne Segelyachten sind auffällig schnittige, nicht mehr ruderbare und meistens eingedeckte Sport- oder Erholungsfahrzeuge mit einer Deckslänge, die üblicherweise größer als 8 m ist. Verglichen mit gleichgroßen anderen Segelschiffstypen ist die Unterwasserform i. allg. schnittiger, die Segelfläche größer, und die Segeleigenschaften sind für höhere Geschwindigkeiten ausgelegt.

Nach der Bauform des Kieles werden Kielyacht und *Kielschwertyacht* unterschieden. Die Kielyacht hat durch ihre besonders beschwerte, tiefgehende Kielflosse eine günstige Stabilität, so daß die Breite klein gehalten werden kann. Es ist eine große Unterwasserlateralplanfläche gegen Abdrift vorhanden; wegen des größeren Tiefganges kann die Kielyacht jedoch nicht in flachen Gewässern segeln. Bei der Kielyacht sind – außer der älteren Form mit geradem Kiel – weitere, nach Form und Befestigung des Kiels unterschiedliche Kielformen sowie speziell geformte Flossenkiele und Wulstkiele vorhanden.

Bei der für flache Gewässer besser geeigneten Kielschwertyacht kann der Ballast nicht so tief angeordnet werden, so daß eine größere Breite des Schiffskörpers erforderlich ist. Zur Vergrößerung der Lateralplanfläche wird der feste Kiel durch ein ausklapp- oder einziehbares Schwert ergänzt.

Hinsichtlich der Überwasserform sind der heute bevorzugte löffelartig vorragende »Löffelbug«, der scharfe gerade »Yachtsteven« oder der der-

zeitig nicht mehr so häufige hohlgeschwungene »Klippersteven« anzutreffen. Als Heckform ist i.d.R. das Yachtheck dominierend, bei skandinavischen Fahrtenyachten ist auch das Spitzgattheck gebräuchlich.
Als *Kreuzeryacht*, Kreuzer, See- oder *Seefahrtskreuzer* werden Segel- oder Motoryachten für Kreuzfahrten bezeichnet.

Yachtewer: siehe Ewer

Yachtgaleaß: ein Segelschiffs-Mischtyp, der hinsichtlich des Schiffskörpers yachtähnlich war, jedoch wie eine *Galeaß* getakelt fuhr.

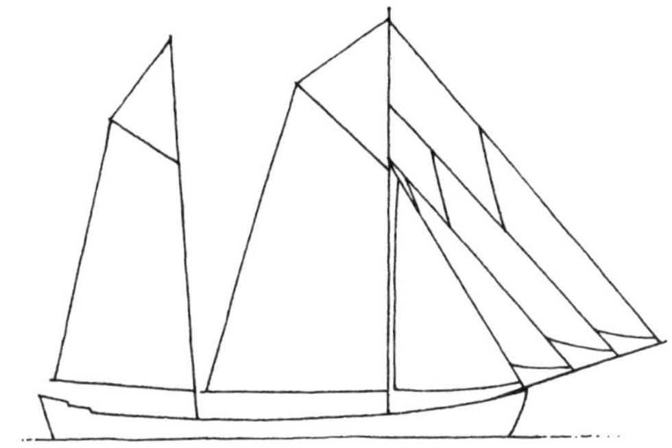

Yachtgaleaß, eine Yacht mit Galeaßtakelung

»Yacht-12«-Regattaklassenyacht: eine Regattayacht, deren Rennwert nach der Vermessungsformel einen Wert von 12 m ergibt. Diese Zahl wird auch als Segelzeichen geführt. Die Yacht hat eine Länge von 21 m, ist 4 m breit, geht 2,7 m tief, und die Segelfläche beträgt rund 180 bis 200 m^2. Seit 1957 wurden diese Yachten anstelle der größeren *Jot-Yachten* für die America-Cup-Regatten zugelassen, und 1958 startete diese Klasse erstmalig um diesen Pokal zu neuen Großyachtrennen, die seit 1937 unterbrochen waren. Die Engländer starteten mit dem 1958 fertiggestellten Yachtneubau »SCEPTRE« des Konstrukteurs DAVID BOYD. Von den ebenfalls erst 1958 neu gebauten amerikanischen Yachten nahmen die »COLUMBIA«, konstruiert von OLIN STEPHENS, die »WHEATHERLY« vom Konstrukteur PHIL ROODES und die »EASTERNER«, entwickelt vom Konstrukteur RAYMOND HUNT, teil.

Yassi-Ada-Schiffsrekonstruktion: rekonstruiertes Wrack eines byzantinischen Transportschiffes aus dem 7. Jh. v. u. Z. Nachdem bereits im Jahre 1958 im Mittelmeer bei Yassi-Ada ein Schiffswrack aus dem 4. Jh. v. u. Z. entdeckt worden war, untersuchte und rekonstruierte eine Archäologengruppe der University of Pennsylvania von 1961 bis 1964 das in der Nähe aufgefundene weitere Schiff. Die Rekonstruktion ergab, daß dieses Schiff mit 18,9 m Länge und 5,2 m Breite und somit bei einem Längen-Breiten-Verhältnis von 3,6 recht völlig gebaut war. Aus den Fundstücken schloß man auch auf ein festes durchgehendes Deck, das oberhalb eines Kochraumes gegenüber dem Decksniveau um 0,7 m erhöht und mit flachen, teilweise zum Rauchabzug durchlöcherten Ziegeln dachartig abgedeckt war. Aus den aufgefundenen Teilen der Kochstelle konnte gefolgert werden, daß auf einer dicken, durch Eisenstangen verstärkten Tonschicht eine aus Ziegeln errichtete Feuerstelle stand.

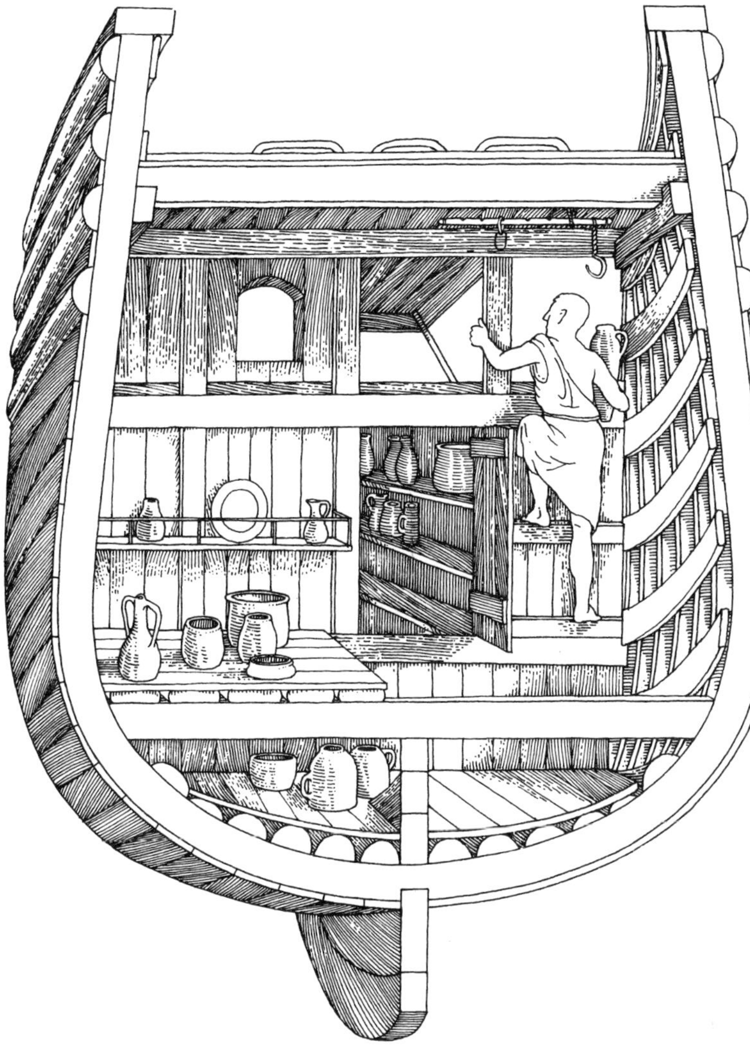

Rekonstruktion eines byzantinischen Transportschiffes aus dem 7. Jh. v. u. Z. nach dem Wrackfund bei Yassi-Ada

An Hausgerät fand man verschiedene Gegenstände aus Stein, Terrakotta (porös gebrannter Ton), Glas und Metall, darunter Mörser und Stößel, Töpfe verschiedener Größen und Formen, Kupferkessel und Eßgeräte.
Zu den interessanten Fundstücken gehörte auch eine metallene Laufgewichtswaage, die auf ein Handelsschiff hindeutet. Diese Waage hing wahrscheinlich unter dem Deck, ihre Aufschrift »NAUKLEROS GEORGIOS« kennzeichnet sie als Eigentum des Schiffspatrons GEORGIOS. Die von der Forschergruppe aus den Fundstücken rekonstruierte Darstellung zeigt die Bauweise des Schiffsrumpfes und der Queraussteifungen im Bereich der Kochstelle. Infolge der relativ wenigen aufgefundenen Holzteile konnten die Vorstellungen hinsichtlich des Schiffskörpers nur teilweise historisch fundiert belegt werden.

Yawl: auch als »Heckmaster« bezeichnetes anderthalbmastiges Segelfahrzeug, bei dem der Großmast im vorderen Drittel der Schiffslänge und ein kleiner Heckmast (Besan- oder Treibermast)

Yawl mit dem kleinen, weit hinten stehenden Heckmast

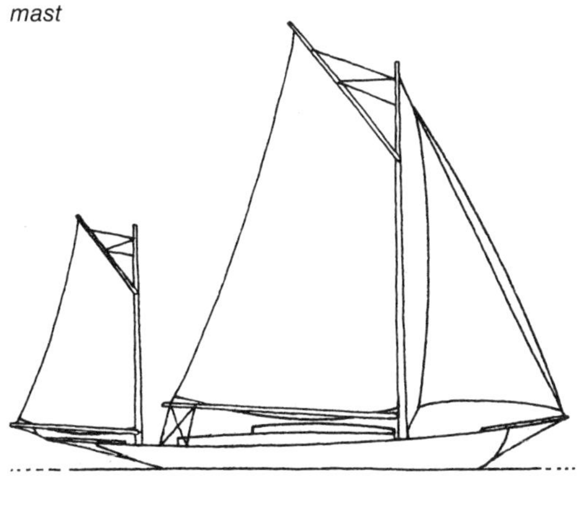

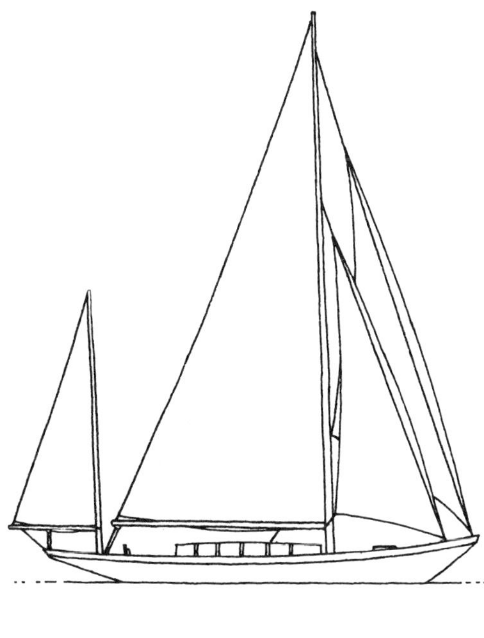

ganz achtern, noch hinter der Ruderachse oder außerhalb der Schwimmwasserlinie steht. Im Unterschied zur Yawl steht bei einer *Ketsch* der Besanmast vor dem Ende der Wasserlinie. Bei der Yawl trägt der Großmast die aus dem Großsegel und ein bis zwei Vorsegeln bestehende Hauptsegelfläche, während das kleinere Besan- oder Treibersegel und zuweilen noch ein Besanstagsegel haupsächlich als Steuersegel wirken. Auf Yachten wird die ältere Yawl-Gaffeltakelung mit Gaffelsegel am Großmast und Besanmast von der neueren Yawl-Hochtakelung unterschieden, bei der sowohl das Groß- als auch das Besansegel ohne Gaffel als Dreiecksegel bis zum Masttopp geführt wird.

Z

Zaruk, *Zaruke:* ein zur Gruppe der arabischen *Dau* gehörendes einmastiges Segelschiff, das häufig im Roten Meer und im Golf von Oman vorkam. Die älteren Bauformen zeigten typische Daumerkmale wie den nur etwa über ein Drittel der Schiffslänge ebenen Kiel, der nach den Schiffsenden in die weitausladenden aufwärts gezogenen Vor- und Achterbalkensteven übergeht und an die Bauweise früher ägyptischer Seeschiffe erinnert. Das Verhältnis Länge in der Wasserlinie zur Breite beträgt etwa 4,4.
Während die kleineren Zaruken überwiegend als Fracht- und Fischerfahrzeuge in Küstennähe benutzt wurden, waren größere Schiffe dieses Typs bis in das 19.Jh. hinein auch berüchtigte Schmuggler- und Sklavenhändlerschiffe.
Der Mastfuß des um 10 bis 15 Grad vorgeneigten Mastes stand auf etwa halber Schiffslänge, er war durch 2 oder 3 Wanten paare und bei größeren Zaruken auch durch Vor- und Achterstage abgespannt. An der stets aus 2 Spieren zusammengesetzten Schrägrah fuhr man ein großes trapezförmiges Dausegel. Ein arabische Besonderheit stellte auch die Bedienung des Ruders ohne Ruderpinne mit dem hinten angesetzten Rudersporn und den beiden Seitentauen dar. Bei neueren Bauweisen kleinerer, etwa 15m langer Fahrzeuge sind unter europäischem Einfluß einige charakteristische Dau-Merkmale nicht mehr so stark ausgeprägt. Das zeigt sich insbesondere an dem längeren ebenen Kiel und dem zusätzlichen Totholz am Achterschiff zur Vergrößerung des Lateralplanes.

Kleine Zaruk jüngerer Bauart

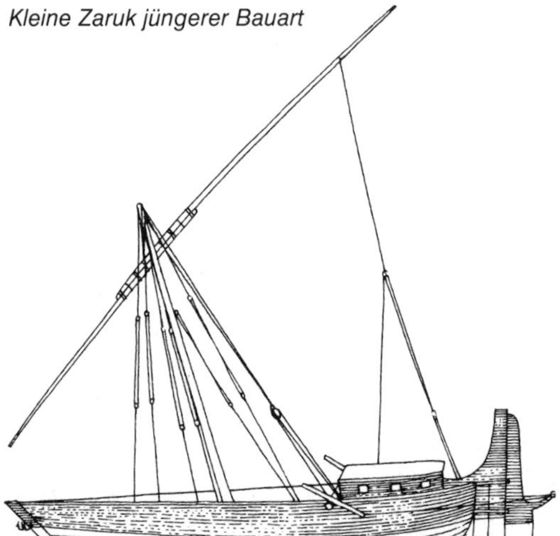

Große Zaruk aus dem Golf von Oman

Noch heute segelnde Zaruk [29]

Zeesenboot, *Zeesboot*, *Zeeskahn***:** an der Ostsee auf Haff- und Boddengewässern eines der bekanntesten und bis in die Mitte des 20. Jh. noch benutzten motorlosen Fischerei-Segelfahrzeuge von etwa 10 m Länge zum Schleppnetzfang von Zander und Aal. Die relativ schwer gebauten Holzboote führen am Bug einen etwa 6 m langen ausladenden Bugspriet und außerdem einen etwa gleich langen Ausleger (den Driftbaum) am Heck.

Gefischt wurde mit der Zeese, einem Schleppnetz ohne Scherbrett, wobei 3 unterschiedliche Arten des Zeesenschleppens gebräuchlich waren. Bei der Schleppzeese befand sich das Zeesenboot vor dem Netz und schleppte es in Längsrichtung. Demgegenüber legte sich bei der Treib- oder Driftzeese das Boot mit seiner Breitseite vor den Wind und trieb mit der an den Auslegerenden festgemachten Zeese von etwa doppelter Schiffslänge seitlich (dwars) ab. Als weitere Methode der Zeesen-Segelfischerei war auch bereits die Tuckzeese gebräuchlich, bei der das Netz von 2 Zeesenbooten geschleppt wurde.

Hinsichtlich der Besegelung unterschieden sich insbesondere die Zeesenboote des Darßer Boddens und Rügens von den Zeeskähnen des Oderhaffs.

Die Zeeskähne des Oderhaffs fuhren meistens feste Luggersegel am Groß- und Besanmast, im Unterschied zu den mit Gaffelsegeln am Großmast und festem Luggersegel am Besanmast fahrenden mecklenburgischen Zeesenbooten.

Aus Gründen der Traditionspflege, aber auch wegen der guten Segeleigenschaften der robusten, breit und geräumig aus Holz gebauten Zeesenboote wurden die noch erhalten gebliebenen Fahrzeuge zu beliebten Sportbooten auf dem Darßer und Bodstetter Bodden.

Jüngeres Zeesenboot mit Toppsegel

Zeeskahn mit festen Luggersegeln vom Oderhaff

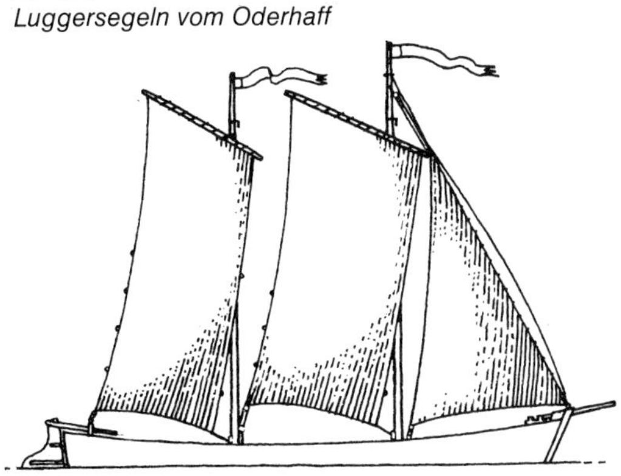

Zeesenboot des Darßer Boddens mit Gaffel- und festem Luggersegel

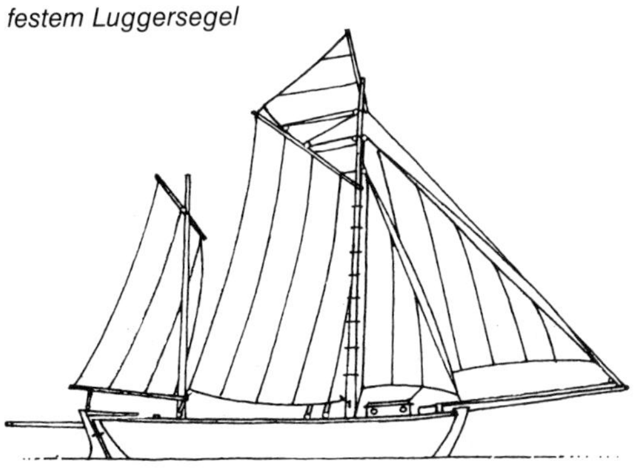

Sportsegeln mit Zeesenbooten auf dem Darßer Bodden [8]

»Ziege«: Bezeichnung eines einmastigen Flußschiffes der polnischen Weichselfahrt des 16. Jh. bis 18. Jh., das unter dem Namen »Koza« (Ziege) bekannt war. Die Fahrzeuge waren bei 7 und 10 m Länge völlig gebaut und fuhren mit einem Rahsegel.

Zille: völlig gebauter, seit Jahrhunderten gebräuchlicher Lastkahn für Binnengewässer. Die mit flachem Schiffsboden aus Holz gebauten, offenen oder nur hinten mit kurzen Decks versehenen Fahrzeuge hatten meistens keine eigene Besegelung, sondern waren Schleppkähne. Über die Herkunft der Schiffsbezeichnung gibt es verschiedene Deutungen; so soll eine Wortverwandschaft zum angelsächsischen und normannischen »ciula« (s. a. *Keel*) bestehen oder die Bezeichnung aus dem Donaugebiet stammen, wo flachbodige Handkähne von Donauschiffen »Zülen« und später lange Donauschiffe »Zeile« genannt wurden.
In einem 1696 im Frankfurt/Main erschienenen »Dictionarium« beschreibt HULSIUS Zillen als Schiffe, die aus 80 Schuh langen Bäumen gemacht werden; er weist die Bezeichnung »Züllen« bis in das 6. Jh. (Schlacht bei Ravenna) nach. Heute wird die Zille noch zuweilen auf der Havel und Elbe als Wohnschiff, sehr selten als Lastfahrzeug genutzt.
Eine Besonderheit gab es beim Transport von Stammhölzern mit Zillen, wobei ein Teil der Stämme nur grob behauen zu Zillen zusammengefügt und mit den restlichen Stämmen beladen wurden. Am Ankunftsort wurden diese provisorischen Schiffskörper zerlegt und das Holz ebenfalls verkauft, diesen Vorgang nannte man »Zillenschlächterei«.

Zisternenschiff: Bezeichnung für die ersten Tank-Segelschiffe mit fest eingebauten Tanks (Zisternen) für Petroleum (s. a. *Petroleumklipper*), Speiseöl u. a. Im Unterschied zum Transport in losen Fässern. Zuweilen wurden auch Wassertanker als Zisternenschiff bezeichnet.

Zuidersee-Q-75-Bootsfund: bei der Trockenlegung der Zuidersee im Planquadrat Q 75 vom holländischen Archäologen VAN DER HEIDE gefundene Reste eines aus dem 12. Jh. stammenden Bootes. Obwohl nur Teile des Bootsbodens erhalten geblieben waren, konnten aus den Spuren im Erdreich ein völlig flacher Boden und die Klinkerbeplankung der Bordwände nachgewiesen werden. Die Bordwände waren nicht durch Spanten ausgesteift, die den Bootsboden verbindenden Bodenwrangen waren abwechselnd an der Backbord- oder Steuerbordseite höher geführt. Diese Bauart unterscheidet sich von der aus Utrecht bei einem Hulkfund (*Utrecht-Schiffsfund*) bekannten Ausführung und den skandinavischen Funden.

Zuli: ein um 1880 eingeführtes schottisches Fischereifahrzeug mit 2 luggergetakelten Masten. Der Rumpf hatte scharfe Vor- und Achterschiffsform, einen senkrechten Vorsteven und einen unter etwa 45 Grad geneigten Hintersteven. Am langen Bugspriet wurde ein Klüversegel gefahren. Die Schot des Besansegels war an einem über das Heck hinausragenden Heckbaum oder

Zuli, schottisches Fischereifahrzeug mit Luggersegeln, Modell

Zweimaster – Schonerbrigg »PHÖNIX

einem Heckspriet, dem »Papageienstock«, festgemacht.

Zweier: Kurzbezeichnung eines Rennsport-Ruderbootes für 2 Ruderer. Es werden Riemen-Zweier mit und ohne Steuermann und Skull-Zweier (Doppelzweier) unterschieden.

Zweimaster, *Zweimast-Schiff, Zweimast-Yacht:* im Unterschied zum *Anderthalbmaster* sind bei einem zweimastigen Segler die Größenunterschiede beider Maste wesentlich geringer. Beide Maste können gleich hoch sein, oder der etwas größere Mast kann als Fockmast oder als zweiter Mast gefahren werden.
Typische Zweimaster sind die an beiden Masten rahgetakelte *Brigg*, die gemischt getakelte *Schonerbrigg*, der Zweimast-Gaffelschoner *(Gaffelschoner)* oder die zweimastige Schoneryacht *(Yacht)* mit dem achteren, höheren Großmast und dem vorderen, kleineren Schonermast.

»Zweimaster im Hafen«, Grafik von CASPAR DAVID FRIEDRICH, um 1815 [22]

Brigg »FRANZ und LUISE« vor Neapel, 1855 von H. DIERLING in Damgarten erbaut, 89 Lasten, 154 RT

ÅKERLUND, H.: Fartygsfynden i den forna hamnen i Kalmar. Uppsala 1951
ÅKERLUND, H.: Nydamskeppen. En studie i tidig skandinavisk skeppsbyggnastkonst. Göteborg 1963
ANGELUCCI, E.; CUCARI, A.: Ships. MacDonald and Jane's. London 1977
ARCHENHOLZ, J.W. von: Die Geschichte der Flibustier. Tübingen 1803
ARCHIMEDES: Werke, mit modernen Bezeichnungen, herausgegeben und mit einer Einleitung versehen von Sir T. L. Heath. Berlin 1914
ARENHOLD, L.: Die allmähliche Entwicklung des Segelschiffes von der Römerzeit bis zur Zeit der Dampfer. In: Jahrbuch der Schiffbautechnischen Gesellschaft, 7. Bd., Berlin 1906
ARENHOLD, L.: Die historische Entwicklung der Schiffstypen vom römischen Kriegsschiff bis zur Gegenwart. Verlag von Lipsius und Tischer. Kiel und Leipzig 1891
ASSMANN, P.: Seewesen. In: Denkmäler des klassischen Altertums. München 1887

BAASCH, E.: Hamburgs Convoyschiffahrt und Convoywesen. Hamburg 1896
BALLARD, G.A.: The Egyptian Obelisk Lighter. In: The Mariner's Mirror 33 (1947), University Press Cambridge. S. 158–164
BALLARD, G.A.: The Transporting of the Obelisks at Karnak. In: The Mariner's Mirror 6 (1970), S. 246–273 und 307–314
BALMER, H.: Die Romfahrt des Apostels Paulus und die Seefahrtkunde im römischen Kaiserzeitalter. Bern, Münchenbuchsee 1905
BARNETT, R.D.: Early Shipping in the Near East. In: Antiquity 32 (1958) 57, S. 220–230
BATHE, B., u. a.: Der Segelschiffe große Zeit. Hrsg. v. J. Jobé. Delius, Klasing & Co. Bielefeld, Berlin 1967
BAUMGARTEL, E. J.: The Cultures of Prehistoric Egypt. Edinburgh 1947
BELL, C. D. J.: The Obelisk Barge of Hatshepsut. In: Ancient Egypt, 1934, S. 107–114
BELL, C. G. J.: Ancient Egyptian Ship Design; Based on a Critical Analysis of the XIIth Dynasty Barge. In: Ancient Egypt, 1933, S. 100–111
BERQUEMAN, A.: Les Musées Belges de Marine. Librairie Encyclopédie. Brüssel 1943
BETHGE, H.-G.: Der Brandtaucher. Ein Tauchboot – von der Idee zur Wirklichkeit. VEB Hinstorff Verlag. Rostock 1968
BEYLEN, J. van: Schepen van de Nederlanden. Van de late middeleeuwen tot het einde van de 17e eeuw. Amsterdam 1970
BILDLEXIKON, NAUTISK. Tre Tryckare (Cagner & Co.). Göteborg 1963
BI-TASCHENLEXIKON SCHIFFBAU/SCHIFFFAHRT. VEB Bibliographisches Institut. Leipzig 1982
BOECKH, A.: Urkunden über das Seewesen des attischen Staates. Berlin 1840
BOTTA, S. E.: FLANDIN, E.: Monuments des Ninivé. 5 Bände. Paris 1849
BREUSING, L.: Die Lösung des Trieren-Rätsels. Bremen 1889
BRIX, A.: Praktischer Schiffbau. Bootsbau. Hrsg.: Akademischer Verein »Hütte«. Ernst & Sohn. Berlin 1921
BRØGGER, A.W.; SHETELIG, H.: The Viking Ships. Their Ancestry and Evolution. Oslo 1951
BRØGGER, A.W.: Winlandfahrten. o. O. 1939
BUSLEY, C.: Schiffe des Altertums. In: Jahrbuch der Schiffbautechnischen Gesellschaft. 20. Bd., Berlin 1919, S. 187–279
BUSLEY, C.: Schiffe des Mittelalters und der neueren Zeit. In: Jahrbuch der Schiffbautechnischen Gesellschaft. 21. Bd., Berlin 1920, S. 602–699

CANBY, C.: Geschichte der Schiffahrt. Editions Recontre u. Erik Nitsche, Inernational. Lausanne 1962
CATALOGUE of the Henry Huddleston Rogers Collection of Ship Models. Annapolis, Maryland, 1954
Beschrijvende CATALOGUS der Scheepsmodellen en scheepsbouwkundige Teckningen 1600–1900 in het Nederlandsche Historisch Scheepvaart Museum. Scheepvaart Museum. Amsterdam 1943
CHAPELLE, H. I.: The History of the American Sailing Navy. New York 1949
CHAPMAN, F. H.: Architectura Navalis Mercatoria. Stockholm 1768
CHAPMAN, F. H. af: Architectura Navalis Mercatoria. Robert Loef Verlag. Burg bei Magdeburg 1957
CHAPMAN, F. H. af: Architectura Navalis Mercatoria. Nachdruck. VEB Hinstorff Verlag. Rostock 1970
CHAPMAN, F. H. af: Tractat om skepps-byggeriet tillaka med förklaring och bevis öfver Architectura Navalis Mercatoria. Stockholm 1775
CHATTERTON, E. K.: Sailing Models Ancient & Modern. London 1934
COUSTEAU, J.-Y.; DIOLÉ, P.: Silberschiffe. Tauchen nach versunkenen Schätzen. München, Zürich 1972
CRAEMER, H. A.: 5000 Jahre Segelschiffe. München, Berlin 1938
CRONE, G. S. E.: Nederlandsche jachten, binnenschepen, vischervaartuigen en darmee verwannte kleine zeeschepen 1650–1900. Swets & Zeitlinger. Amsterdam 1926
CRUMLIN-PEDERSEN, O.: Cog – Kogge – Kaag. Froek af en frisisk skibstypes historie. Helsingør 1965
CULVER, H. B.: The Book of Old Ships and Something of their Evolution and Romance. Garden City Publishing Comp., Inc. New York 1935
CULVER, H. B.; GRANT, G.: Forty Famous Ships. Doubleday, Doran & Comp. New York 1936
CURTI, O.: Schiffsmodellbau. Eine Enzyklopädie. VEB Hinstorff Verlag. Rostock 1972
CUTLER, C.: Greyhounds of the Sea. The Story of the American Clipper Ships. Annapolis, Maryland; United States Naval Institute, Menasha, Wisconsins, Georg Banta Company, Inc. 1960

DAENELL, E.: Die Blütezeit der deutschen Hanse. Hansische Geschichte von der zweiten Hälfte des 14. bis zum letzten Viertel des 15. Jahrhunderts. 2 Bände. Berlin 1905/06
DEBUS, K., u. a.: Kreuzersegeln. Sportverlag. Berlin 1965
DELBRUECK, R.: Südasiatische Seefahrt im Altertum. In: Bonner Jahrbücher 155/6, 1955/56, S. 8–58 u. 229–308
DUDSZUS, A.: Schiffe des Altertums und der Antike. In: Seewirtschaft 14 (1982) 1–11
DUDSZUS, A.; DANCKWARDT, E.: Schiffstechnik – Einführung und Grundbegriffe. VEB Verlag Technik. Berlin 1982
DÜMICHEN, J.: Die Flotte einer ägyptischen Königin aus dem 17. Jahrhundert v. Chr. Leipzig 1868
DUHAMEL DE MONCEAU, H. L.: Eléments de l'architecture navale ou traité practique de la construction des vaisseaux. Paris 1752 (dt. Ausg.: Anfänge der Schiffbaukunst. Berlin 1791)
DURON, M.; ROUGERON, R.: Encyclopédie des bâteaux. o. O. 1978

ECK, O.: Seeräuberei im Mittelalter. München, Berlin 1940
EDEY, M. A.: Anfänge des Seehandels. Amsterdam 1974
EICH, L.; WEND, J.: Schiffe auf druckgraphischen Blättern. Ausgewählte Meisterwerke des 15. bis 17. Jahrhunderts. VEB Hinstorff Verlag. Rostock 1980
EICHLER, C.: Vom Bug zum Heck. Seemännisches Hand- und Wörterbuch. Klasing & Co. Bielefeld, Berlin 1954
EICHLER, C.: Yacht- und Bootsbau für Bootsbauer, Konstrukteure und Segler. 2 Bände. Delius, Klasing & Co. Bielefeld, Berlin 1966
EINBAUM – DAMPFLOK – DÜSENKLIPPER. Urania-Verlag. Leipzig, Jena, Berlin 1969
EISENLOHR, A.: Ein mathematisches Handbuch der alten Ägypter. Lepzig 1877
ENCYKLOPEDIE, MARITIEME. Redaktion J. v. Beylen. 7 Bände. De Boor. Bussum 1970/73
ERBRACH, R.: Forschungen aus der Blütezeit des Baues hölzerner Segelschiffe im 19. Jahrhundert. In: Jahrbuch der Schiffbautechnischen Gesellschaft, Band 45, Berlin 1951, S. 288–299
EWE, H.: Schiffe auf Siegeln. VEB Hinstorff Verlag. Rostock 1972

FALK, H.: Altnordisches Seewesen. Heidelberg 1912
FAULKNER, R. O.: Egyptian Seagoing Ships. In: The Journal of Egyptian Archaeology 26 (1940), S. 3–9
FELDHAUS, F. M.: Die Technik der Vorzeit, der geschichtlichen Zeit und der Naturvölker. Leipzig, Berlin 1914; unveränderter Nachdruck 1970
FIMMEN, D.: Die kretisch-mykenische Kultur. Leipzig 1921
FINK, G.: Die Hanse. Leipzig 1939
FIRCKS, J. von: Wikingerschiffe. Über ihren Bau, ihre Vorgänger und ihre eigene Entwicklung. VEB Hinstorff Verlag. Rostock 1979
FLAMM, O.: Schiffbau. Seine Geschichte und seine Entwicklung. Berlin 1907
FLIEDNER, S.: Die Bremer Kogge. Bremen 1968
FONSECA, Q. da: A caravela portugesa e a prio-

ridade técnica des navegaçoes Henriquins. Imprensa da Universidade. Coimbra 1934

FRANZ, K.: Die ägyptische Gestaltung des Seeschiffes. Berlin 1927

FRANZÉN, A.: The Warship Wasa. Stockholm o. J.

FRIEDERICI, G.: Die Schiffahrt der Indianer. Stuttgart 1907

FRIEDRICHSOHN, J.: Geschichte der Schiffahrt. Hamburg 1800

FURTTENBACH, J.: Architectura navalis / Das ist von dem Schiffsgebäuw / Auf dem Meere und den Seekusten zu gebrauchen. Ulm 1629 (Germanischer Lloyd 1956)

GELOICH, I.: Studien über die Entwicklungsgeschichte der Schiffahrt. Laibach 1882

GEORGEN, O.: Geschichte des Kriegsschiffbaues vom Altertum bis zur Einführung der Dampfkraft. Der Zirkel. Architekturverlag GmbH. Berlin 1919

GERDS, P.; GEHRKE, W.-D.: Und am Bug der Greif. Ein Beitrag zur Geschichte der Rostocker Schiffahrt. VEB Hinstorff Verlag. Rostock 1977

GJESSING, G.: Die Wikinger-Schiffsfunde. Oslo 1951

GOEDEL, G.: Etymologisches Wörterbuch der deutschen Seemannssprache. Verlag von Lipsius und Tischer. Kiel, Leipzig 1902

GRAESER, B.: Seewesen der alten Ägypter. Berlin 1869

GÜNTHER, H.: Die Eroberung der Tiefe. Stuttgart 1928

HAACK, R.: Über attische Trieren. In: Zeitschrift des Vereins deutscher Ingenieure 39 (1885), S. 165–174

HABACHI, B.: Two Graffiti at Sehel from the Reign of Queen Hatshepsut. In: Journal of Near Eastern Studies 16 (1957), S. 88–104

HACKNEY, N. C. L.: Mayflower. VEB Hinstorff Verlag. Rostock 1978

HÄGG, E.: Under tretungad flagga. Vår seglande orlogsflotta och dess män 1750 – 1900. Aktiebolaget Svens Litteratur. Stockholm 1941

HÄPKE, R.: Der Untergang der Hanse. Bremen 1923

HAGEDORN, B.: Die Entwicklung der wichtigsten Schiffstypen bis ins 19. Jahrhundert. (Veröffentlichungen des Vereins für Hamburgische Geschichte, Bd. 1) Verlag von Karl Curtius. Berlin 1914

HAHN, E.: Die Entwicklung des Schiffes und der Schiffahrt nach wirtschaftsgeschichtlichen Gesichtspunkten dargestellt. In: Zeitschrift des Verbandes deutscher Diplom-Ingenieure 2 (1911), S. 617–624

HARDEN, D.: The Phoenicians. London, New York 1962

HARDY, A. C.: The Book of the Ship. London 1947

HAUSEN, J.: Schiffbau in der Antike. Beitrag zur Geschichte des Schiffbaus. Konstruktion und Festigkeit der Schiffe in der Antike. Koehlers Verlagsgesellschaft m. b. H. Herford 1979 (zugleich Diss. TH Aachen 1977)

HEINSIUS, P.: Das Schiff der hansischen Frühzeit. (Quellen und Darstellungen zur hansischen Geschichte. Hrsg. vom Hansischen Geschichtsverein. Neue Folge, Band XII). Verlag Hermann Böhlaus Nachf. Weimar 1956

HENNIG, R.: Abhandlungen zur Geschichte der Schiffahrt. Jena 1928

HENRIOT, E.: Geschichte des Schiffbaues. Urania-Verlag. Leipzig, Berlin 1955

HENRIOT, E.: Kurzgefaßte illustrierte Geschichte des Schiffbaus von den Anfängen bis zum Ausgang des 19. Jahrhunderts. VEB Hinstorff Verlag. Rostock 1971

HENRIOT, E.: Kratkaja illjustrirovannaja istorija sudostroenija. Izdatel'stvo Sudostroenie. Leningrad 1974

HERMAN, F.: Seeräuberei im Mittelmeer. Lübeck 1815

HEYERDAHL, T.: Expedition Ra. Im Papyrusboot über den Atlantik. Verlag Volk und Welt. Berlin 1975

HEYERDAHL, T.: Kon-Tiki. Verlag Volk und Welt. Berlin 1949

HISTROIRE DE LA MARINE. Illustration. Paris 1939

HOBBS, E. W.: How to Make Clipper Ship Models. Brown, Son & Ferguson, Ltd. Glasgow 1938; reprinted 1948 and 1952

HOECKEL, R.: Fleute »Derfflinger« 1675. Robert Loef Verlag. Burg bei Magdeburg 1947

HOECKEL, R.: Fregatte »Berlin« 1674. Robert Loef Verlag. Burg bei Magdeburg 1947

HOECKEL, R.: Jacht »Bracke« 1678. Robert Loef Verlag. Burg bei Magdeburg 1948

HOECKEL, R.: Hamburgisches Konvoischiff »Wappen von Hamburg« 1667–1683. Robert Loef Verlag. Burg bei Magdeburg 1958

HOECKEL, R.: Modellbau von Schiffen des 16. und 17. Jahrhunderts. VEB Hinstorff Verlag. Rostock 1965

HOECKEL/JORBERG: Amerikanische Kriegsbrigg 1810. Robert Loef Verlag. Burg bei Magdeburg 1957

HÖHLER, F.: Das Brandskogen-Boot und der Versuch seiner Nachbildung. In: Mannus. Zeitschrift für deutsche Vorgeschichte 30 (1938), S. 193–203

HÖHLER, F.: »Plankenschiff« oder »Spantenschiff«? In: Schiffbau, Schiffahrt und Hafenbau 37 (1936), S. 289–294

HÖVER, O.: Von der Galiot zum Fünfmaster. Unsere Segelschiffe in der Weltschiffahrt 1780 bis 1930. Angelsachsen-Verlag GmbH. Bremen 1934

HÖVER, O.: Deutsche Hochseefischerei. Oldenburg 1936

HÖVER, O.: Von der Kogge zum Klipper. Zur Entwicklung des Segelschiffes. Karl F. Wede Verlag. Hamburg 1948

HÖVER, O.: Deutsche Seegeschichte. Rütten & Loening Verlag. Potsdam 1942

HÖVER, O.: Älteste Seeschiffahrt und ihre kulturelle Umwelt. Hamburg 1948

HORNELL, J.: The Boats of the Ganges. The Fishing Methods of the Ganges. In: Memoirs of the Asiatic Society of Bengal. Vol. VIII, No. 3, Calcutta 1924, S. 171–230

HORNELL, J.: Water Transport, Origins and Early Evolution. Cambridge 1946

HORNSTEIN, A. von: Schiffe und Schiffahrt. (Hallwa-Taschenbücherei, Bd. 53). Bern 1957

HOWARTH, D.: Sovereign of the Seas – The Story of British Seapower. London 1974

JAHNKUHN, H.: Haithabu. Ein Handelsplatz der Wikingerzeit. o. O. 1954

JAL, A.: Glossaire nautique. Firmin Didot Frères. Paris 1848

JOHNSON, G.: Ship Model Building. Cornell Maritime Press. o. O. 1953

KAHLER, P.: Das türkische Seehandbuch des Piri Reis (Bahrije) für das mittelländische Meer vom Jahre 1521. Berlin, Leipzig 1926

KATZEW, M. L.: Das Schiff von Kyrenaia. In: G. F. Bass: Taucher in die Vergangenheit. Unterwasserarchäologen schreiben die Geschichte der Seefahrt. Luzern, Frankfurt 1972, S. 49–53

KEMP, P. K.; KEMP, P.: Famous Ships of the World. Frederick Müller, Ltd. London 1956

KERCHOVE, R. de: International Maritime Dictionary. Nostrand. Princeton, New Jersey 1961

KLEBS, L.: Die Reliefs des Alten Reiches. Heidelberg 1920

KLEBS, L.: Die Reliefs und Malereien des Mittleren Reiches. Heidelberg 1922

KLEBS, L.: Die Reliefs und Malereien des Neuen Reiches. Heidelberg 1924

KLEM, K.: De Danske Vey. Host & Sons. København 1941

KLOESS, H. K.: Über Schiffsformen und ihre Entwicklung. In: Jahrbuch der Schiffbautechnischen Gesellschaft. Band 45 (1951), S. 33ff.

KOEHLER, P.: Die Basler Rheinschiffahrt vom Mittelalter bis zur Neuzeit. (Schriftenreihe der Basler Vereinigung für Schweizerische Schiffahrt, Bd. 1). Basel 1944

KÖSTER, A.: Modelle alter Segelschiffe. Verlag Ernst Wachsmuth AG. Berlin 1926

KÖSTER, A.: Seefahrten der alten Ägypter. In: Meereskunde, Heft 175

KÖSTER, A.: Das antike Seewesen. Berlin 1923

KÖSTER/NISCHER: Das Seekriegswesen bei den Griechen. Das Seekriegswesen bei den Römern. In: Handbuch der Altertumswissenschaft, begründet von Iwan v. Miller, hrsg. von Walter Otto. 4. Abt., 3. Teil, 2. Band: Heerwesen und Kriegsführung bei Griechen und Römern. München 1928

KOHLHAUER, E.: Die griechischen und römischen Schiffe. Leipzig 1903

KONIJENENBURG, E. van: Der Schiffbau seit seiner Entstehung. Internationaler ständiger Verband der Schiffahrtskongresse. Brüssel 1913

KOPECKY, J.: Die attischen Trieren. Leipzig 1890

KORTH, J. W. D.: Die Schiffbaukunst oder die Kunst, den Bau der Kriegs-, Kauffahrtey- und anderer Schiffe nach theoretischen und praktischen Regeln auszuführen. Paulische Buchhandlung. Berlin 1826

KOZÁK, J.; POSPIŠIL, P.; RADA, M.: Taschenatlas der Schiffe. Werner Deusien. Hanau 1975

KRÄMER, W.: Die Geschichte der Entdeckungen unserer Erde. Leipzig, Berlin 1971

KRÁSA, M.: Das Lächeln von Angkor. Artia Verlag. Prag 1962
KUNSTGESCHICHTE DER SEEFAHRT. Hrsg. v. Hans-Jürgen Hansen. Gerh. Stalling Verlag. Oldenburg, Hamburg 1966

LAAS, W.: Die großen Segelschiffe. Verlag von Julius Springer. Berlin 1908
LÄCHLER, P.; WIRZ, H.: Die Schiffe der Völker. Traum, Geschichte, Technik. Walter-Verlag. Olten/Freib. 1962
LAIRD CLOWES, G. S.: Sailing Ships. Their History and Development. Ministry of Education, Science Museum, Her Majesty's Stationery Office. London 1932
LAMBOGLIA, N.: Albenga. In: J. du Plat Taylor: Marine Archaeology. London 1965, S. 33–66
LANDSTRÖM, B.: Das Schiff. Vom Einbaum zum Atomboot. Rekonstruktionen in Bild und Wort. C. Bertelsmann Verlag. Gütersloh 1961
LANDSTRÖM, B.: Die Schiffe der Pharaonen. Altägyptische Schiffbaukunst von 4000 bis 600 v. u. Z. C. Bertelsmann Verlag. Gütersloh 1974
LANDSTRÖM, B.: Segelschiffe. Von den Papyrusbooten bis zu den Vollschiffen in Wort und Bild. Bertelsmann Lexikon-Verlag Reinhard Mohn. Gütersloh 1969
LANITZKI, G.: Amphoren, Wracks, versunkene Städte. VEB F. A. Brockhaus Verlag. Leipzig 1980
LA RONCIÈRE, C. de; CLERC-RAMPAL, G.: Histoire de la Marine Française. Librairie Larousse. Paris 1934
LAUGHTON, L. G.: Old Ships, Figure-Heads and Sterns. London 1925
LA VARENDE, J. de: Die romantische Seefahrt. Rowohlt Verlag. Hamburg 1957
LECHLER, J.: Die Entdeckung Amerikas vor Kolumbus. Leipzig 1939
LEIF, H.: Bordbuch des Satans. Eine Chronik der Freibeuter vom Altertum bis zur Gegenwart. München 1959
LEMKE, H.: Die Reisen des Venezianers Marco Polo im 13. Jahrhundert. (Bibliothek wertvoller Memoiren, hrsg. von Dr. D. Schultze, Band 7). Hamburg 1907
LEWIS, E. V.; O'BRIEN, R.: Schiffe. Rowohlt Taschenbuch Verlag GmbH. Reinbek bei Hamburg 1973
LLOYD, C.: Schiffe und Schiffsvolk. Eine Bildgeschichte von den Winkingern bis zur Gegenwart. Hamburg 1962
LOON, H. W. van: Männer und Meere. Siebentausend Jahre Seefahrt. Ullstein Verlag. Berlin 1936
LUBBOCK, B.: The China Clippers. Brown and Ferguson, Ltd. Glasgow 1919
LUBBOCK, B.: The Colonial Clippers. Brown and Ferguson, Ltd. Glasgow 1924
LUBBOCK, B.: The Opium Clippers. Brown and Ferguson, Ltd. Glasgow 1933
LUBBOCK, B.: The Down-Easters. Brown and Ferguson, Ltd. Glasgow 1930
LUBBOCK, B.: The Blackwall Frigates. Brown and Ferguson, Ltd. Glasgow 1924
LUBBOCK, B.: The Last of the Windjammers. 2 Bände. Brown and Ferguson, Ltd. Glasgow 1927/29; auch 1948
LUČININOV, S. T.: Junyj modellist-korablestroitel' (Der junge Modellschiffbauer). Sudpromgiz. Leningrad 1963
LUSCHAN, F. von: Über Boote aus Baumrinde. In: Aus der Natur. Zeitschrift für alle Naturfreunde. III. Jahrgang, 1. Halbband. Leipzig 1907

MACINTYRE, D.; BATHE, B. W.: Kriegsschiffe in 5000 Jahren. Verlag Delius, Klasing & Co. Bielefeld, Berlin o. J.
MARSDEN, P.: A Roman Ship from Blackfriars. London 1966
MARTIN, J. H.; BENNETT, G.: Das große Buch der Schiffe. Südwest-Verlag. München 1978
MAYDORN, D.: Der Brandtaucher. Das erste deutsche Unterseeboot Wilhelm Bauers. (Meereskunde, Bd. 15, Heft 167). Verlag Mittler & Sohn. Berlin 1926
MICHAELSEN, H.: Riesenschiffe. In: Meereskunde, Heft 3, Berlin 1914
MIDDENDORF, F. L.: Bemastung und Takelung der Schiffe. Springer Verlag. Berlin 1903; Manualdruck 1921
MOELLER, C.; ROELOFFS, R.: Cyclus von Schiffen aller seefahrenden Nationen. Hamburg 1839/40; Nachdruck 1954
MOLL, F.: Das Schiff in der bildenden Kunst. Vom Altertum bis zum Ausgang des Mittelalters. Kurt Schweder Verlag. Bonn 1929
MOLL, C.; SZYMANSKI, H.: Zur Vorgeschichte des germanischen Schiffbaues. In: Beiträge zur Geschichte der Technik und Industrie. Jahrbuch des Vereins deutscher Ingenieure. 11. Band. Berlin 1921
MOLLEMA, J. C.: Geschiedenis van Nederland ter Zee. 4 Bände. N. V. Uitg. Mij. »Joost van den Vondel«. Amsterdam 1939/42
MONDFELD, W.: Die arabische Dau. VEB Hinstorff Verlag. Rostock 1979
MONDFELD, W.: Die Schebecke und andere Schiffstypen des Mittelmeerraumes. VEB Hinstorff Verlag. Rostock 1974
MONDFELD, W. zu: Historische Schiffsmodelle. Das Handbuch für Modellbauer. Mosaik Verlag. München 1978
MOORE, A.: Sailing Ships of War 1800–1860, including the Transition to Steam. Halton & Truscott Smith, Ltd. London; Minton, Balch & Comp. New York 1926
MORRISON, J. S.: The Greek Trireme. In: The Mariner's Mirror 27 (1941), S. 14–44
MOSCATI, S.: Die Phöniker. Zürich 1966
MÜLLER, C. G. D.: Anfangsgründe der Schiffbaukunst. Hamburg 1791
MULACH, G. A.: Die Schiffahrt im Bild. 2 Bände. Dieck & Co. Stuttgart 1925/26
MULACH, G. A.: Die Schiffahrt im Wandel der Zeiten. Dieck & Co. Stuttgart 1925
MULACH, G. A.: Das Segelschiff im Bild. Dieck & Co. Stuttgart 1926

NANCE, R. M.: Sailing Ship Models. A Selection from European and American Collections with Introductory Text. Halton & Truscott Smith, Ltd. London 1924
NEUKIRCHEN, H.: Häfen und Schiffe. VEB Hinstorff Verlag. Rostock 1974
NEUKIRCHEN, H.: Krieg zur See. Deutscher Militärverlag. Berlin 1966
NEUKIRCHEN, H.: Seefahrt gestern und heute. transpress VEB Verlag für Verkehrswesen. Berlin 1971
NEVERMANN, H.: Schiffahrt exotischer Völker. Druck- und Verlagsanstalt H. Wigankow. Berlin 1949
NÖRLUND, P.: Die Wikingersiedlungen in Grönland. o. O. 1937
NOOTEBOOM, C.: Eastern Diremes. In: The Mariner's Mirror 35 (1949) 4, S. 272–275
NORDÉN, A.: Brandskogs-skeppet. In: Fornvännen, 1925, S. 376–391
NORDÉN, A.: Die Schiffbaukunst der nordischen Bronzezeit. In: Mannus. Zeitschrift für deutsche Vorgeschichte 31 (1939), S. 347–398
NORDÉN, A.: Bronsalderns skeppsbyggnadskonst i Norden. In: Teknisk tidskrift 1925, S. 45ff
NOUR, M. Z.; ISKANDER, Z.; OSMAN, M. S.; MOUSTAFA, A. Y.: The Cheops Boats. Part I. Cairo 1960

OLECHNOWITZ, K.-F.: Der Schiffbau der Hansischen Spätzeit. (Abhandlungen zur Handels- und Sozialgeschichte, Bd. 3). Hermann Böhlaus Nachfolger. Weimar 1960
THE OXFORD COMPANION to Ships & the Sea. Edited by Peter Kemp. Oxford University Press. London, New York, Melbourne 1976

PAGEL, K.: Die Hanse. Georg Westermann Verlag 1952
PÂRIS, E.: Segelkriegsschiffe des 17. Jahrhunderts. Von der »Couronne« zur »Royal Louis«. VEB Hinstorff Verlag. Rostock 1975
PÂRIS, E.: Souvenirs de Marine. 6 Bände. Gauthiers & fils. Villach 1882/1908
PÂRIS, E.: Souvenirs de Marine 1882–1892. 1. Auswahl. Hrsg. v. H. Winter. Robert Loef Verlag. Burg bei Magdeburg 1956
PÂRIS, E.: Souvenirs de Marine 1882–1908. 2. Auswahl. Hrsg. von E. Henriot. VEB Hinstorff Verlag. Rostock 1962
PÂRIS, E.: Die große Zeit der Galeeren und Galeassen. Hrsg. v. L. Eich, E. Henriot und L. Langendorf. VEB Hinstorff Verlag. Rostock 1973
PATAKY, D.; MARJAI, J.: Schiffahrt und Kunst. Corvina-Verlag. Budapest 1973
PETREJUS, E. W.: Ships of All Ages. A Set for Sixteen Marine Drawnings. Series A–D (Nbrs. 1–64). »De Esch«, Ltd. Hengelo o. J.
PLASSMANN, J. O.: Wikingerfahrten und Normannenreiche. Jena 1929
PLEYTE, C. M.: Het Schip van Brugge. In: Abhandlungen der Société d'Emulation. Brügge 1936
PLISCHER, H.: Christoph Columbus. Leipzig 1926
PLISCHER, H.: Entdeckungsgeschichte vom Altertum bis zur Neuzeit. (Wissenschaft und Bildung. Band 290) Leipzig 1933
PLISCHER, H.: Vasco da Gama. Der Weg nach Ostindien. (Alte Reisen und Abenteuer) Leipzig o. J.
PLISCHER, H.: Fernão de Magelhães. Die erste Weltumseglung. Leipzig 1922

PÖRTNER, R.: Die Wikinger Saga. Düsseldorf, Wien 1971

POLYBIOS: Historien. In: J. Rehork: Geschichte im Altertum I–XII. V. Hamburg 1944, S. 27 bis 126

RABBENO, G.; SPEZIALE, G.-S.: Die Forschungen im Nemi-See in ihrer Bedeutung für die Geschichte der Schiffbaukunst. In: Jahrbuch der Schiffbautechnischen Gesellschaft 33 (1932), S. 248–279

RADUNZ, K.: Vom Einbaum zum Linienschiff. Streifzüge auf dem Gebiet der Schiffahrt und des Seewesens. Urania-Verlag. Leipzig, Berlin 1912

RAHDEN, H.: Die Schiffe der Rostocker Handelsflotte 1800–1917. Hinstorff Verlag. Seestadt Rostock 1941 (Veröffentlichungen aus dem Rostocker Stadtarchiv, Bd. 2)

REHM, A.: Schiff und See. Seestadt Bremerhaven. Eine fröhliche Verklarung für Küstenbewohner und Landratten. Nordwestdeutscher Verlag Ditzen & Co. Bremerhaven 1971

REINCKE, H.; SCHULZE, B.: Das Hamburgische Konvoyschiff »Wappen von Hamburg III«. Hamburg 1952

RISSE VON SCHIFFEN des 16. und 17. Jahrhunderts. Hrsg. von L. Eich. VEB Hinstorff Verlag. Rostock 1979

RITTER, H.: Mesopotamische Studien. Arabische Flußfahrzeuge auf Euphrat und Tigris. In: Der Islam. Zeitschrift für Geschichte und Kultur des Islamischen Orients. Band IX, Heft 2, S. 121–143. Straßburg 1918

RITTMEISTER, W.; MAHLAU, A.: Die Schiffsfibel. L. Staackmann Verlag. Leipzig 1939

RÖDING, J. H.: Allgemeines Wörterbuch der Marine. In allen europäischen Seesprachen nebst vollständigen Erklärungen. 4 Bände. Licenciat Nemnich. Hamburg; Adam Friedrich Böhme. Leipzig 1793/94

ROGERS, H. H.: Collection of Ship Models. Anapolis, Maryland; United States Naval Academy Museum, United States Naval Institute 1954

ROMALA/ANDERSON: The Sailing Ship. Sixthousand Years of History. London 1926

ROSENBERG, G.: Hjortspringfundet. (Nordiske Fortidsminder. III. Bind, 1. Hefte) Nordisk Forlag. København 1937

RUDOLPH, W.: Boote, Flöße, Schiffe. Edition Leipzig. Leipzig 1974

RUDOLPH, W.: Handbuch der volkstümlichen Boote im östlichen Niederdeutschland. Akademie-Verlag. Berlin 1969

RUDOLPH, W.: Die Insel der Schiffer. Zeugnisse und Erinnerungen von rügischer Schiffahrt. Vom Beginn der Entwicklung bis 1945. VEB Hinstorff Verlag. Rostock 1962

RUDOLPH, W.: Segelboote der deutschen Ostseeküste. (Deutsche Akademie der Wissenschaften zu Berlin. Veröffentlichungen des Instituts für deutsche Volkskunst. Band 53) Akademie-Verlag. Berlin 1969

SALONEN, A.: Die Wasserfahrzeuge in Babylonien. In: Studia Orientalia 8 (1939) 4

SCHÄUFFELEN, D.: Die letzten großen Segelschiffe. Delius & Klasing. Bielefeld, Berlin 1969

SCHARFF, A.: Das Schiff im vorgeschichtlichen Ägypten. In: Der Erdball. Illustrierte Zeitschrift für Länder- und Völkerkunde 5 (1931), S. 412–418

SCHELTEMA, A. von: Der Osebergfund. Leipzig 1938

Alte SCHIFFSMODELLE aus dem Hause der Schiffergesellschaft in Lübeck. 12 Tafeln mit Erläuterungen herausgegeben von Professor Dr. Franz Schulze. Verlag von Bernhard Nöhring. Lübeck o. J.

SCHIFFSRISSE ZUR SCHIFFBAUGESCHICHTE. 1. Teil: Holländische und deutsche Schiffe 1597–1680. Hrsg. v. R. Loef. Robert Loef Verlag. Burg bei Magdeburg 1956

SCHIFFSRISSE ZUR SCHIFFBAUGESCHICHTE. 2. Teil: Englische und amerikanische Schiffe 1577–1810. Hrsg. v. R. Loef. Robert Loef Verlag. Burg bei Magdeburg 1956

SCHLETTE, F.: Germanen zwischen Thorsberg und Ravenna. Urania-Verlag. Leipzig, Jena, Berlin 1977

SCHMÖKEL, H.: Ur, Asur und Babylon. Drei Jahrtausende im Zweistromland. Zürich 1955

SCHWABE, H. R.: Die Entwicklung der schweizerischen Rheinschiffahrt 1904–1954. (Schriftenreihe der Basler Vereinigung für schweizerische Schiffahrt. Band 4) Basel 1954

SCHWARZ, T.: Die Entwicklung des Kriegsschiffbaues vom Altertum bis zur Neuzeit. 2 Bände. Leipzig 1909/12

SEEFAHRT. NAUTISCHES LEXIKON IN BILDERN. Delius, Klasing & Co. Bielefeld, Berlin 1963

Der geöffnete SEEHAFEN . . . Hamburg 1902; Nachdruck der Seiten 29–175, besorgt von der Schiffbautechnischen Gesellschaft. Schiffbautechnische Gesellschaft. Hamburg 1954

SEEMANNSSPRACHE. Wortgeschichtliches Handbuch deutscher Schifferausdrücke älterer und neuerer Zeit. Hrsg. v. F. Kluge. Halle (Saale) 1908

SPENGEMANN, F.: Petroleumklipper. Bremen/St. Magnus 1951

SPENGEMANN, F.: Von Vegesacker Reedern, Schiffen und Kapitänen. Schiffsgeschichtliche Beiträge. Bremen/St. Magnus 1956

SPENGEMANN, F.: Aus der Segelschiffahrtszeit. Landbotenverlag. Bremen 1948

SPENGEMANN, F.: Bremens Segelschiffe. Bremen 1956

STEIN, P.: Zur Geschichte der Piraterie im Altertum. Bernburg 1894

STEINDORFF, G.: Das Grab des Ti. Leipzig 1913

STEINHAUS, C. F.: Die Schiffbaukunst in ihrem ganzen Umfange. 2 Bände. Hamburg 1848

STEINMANN, A.: Das kultische Schiff in Indonesien. Zürich 1939

STENZEL, A.: Seekriegsgeschichte in ihren wichtigsten Abschnitten mit Berücksichtigung der Seetaktik. 6 Bände. Hahn-Verlag. Hannover, Leipzig 1907/11

STENZEL, A.: Deutsches seemännisches Wörterbuch. Mittler & Sohn. Berlin 1904

STEVENS, J. R.: Old Time Ships. Toronto 1949

SUDER, H.: Vom Einbaum und Floß zum Schiff. Die primitiven Wasserfahrzeuge. (Veröffentlichungen des Instituts für Meereskunde an der Universität Berlin. Neue Folge. B.: Historisch-volkswirtschaftliche Reihe. Heft 7.) Berlin 1930

SVENSSON, S.; MACFIE, G.: Segel durch Jahrhunderte. Delius, Klasing & Co. Bielefeld, Berlin 1961

SZYMANSKI, H.: Der Ever der Niederelbe. Hansischer Geschichtsverein. Lübeck 1932

SZYMANSKI, H.: Alte Schiffstypen Niedersachsens. In: Neues Archiv für Niedersachsen, Heft 13, S. 667–711. Walter Dorn Verlag. Bremen 1949

SZYMANSKI, H.: Deutsche Segelschiffe. Die Geschichte der hölzernen Frachtsegler an den deutschen Ost- und Nordseeküsten vom Ende des 18. Jahrhunderts bis auf die Gegenwart. (Veröffentlichungen des Instituts für Meereskunde an der Universität Berlin. Neue Folge. B.: Historisch-volkswirtschaftliche Reihe. Heft 10) Berlin 1934; Reprint: Verlag Egon Heinemann. Norderstedt – Hamburg 1972

SZYMANSKI, H.: Die Segelschiffe der deutschen Kleinschiffahrt. In: Pfingstblätter des Hansischen Geschichtsvereins. Blatt XX. Lübeck 1929

TARN, W. W.: The Greek War Ship. In: Journal of Hellenic Studies 25 (1905), S. 76–93

TENNE, A.: Kriegsschiffe zu Zeiten der alten Griechen und Römer. Oldenburg 1915

THIEL, H.: Vom Wikingerboot zum Tragflügelschiff. Verlag Junge Welt. Berlin 1966

TIMM, W.: Kapitänsbilder. Schiffsporträts seit 1872. VEB Hinstorff Verlag. Rostock 1971

TIMM, W.: Vom Koggen zum Fünfmaster. Schiffsdarstellungen aus 10 Jahrhunderten nordeuropäischer Segelschiffahrt. Verlag der Kunst. Dresden 1962

TIMM, W.: Schiffe und ihre Schicksale. Maritime Ereignisbilder. VEB Hinstorff Verlag. Rostock 1976

TIMM, W.: Kleine Schiffskunde. Segelschiffsdarstellungen aus zehn Jahrhunderten. Verlag der Kunst. Dresden 1968

TIMMERMANN, G.: Vom Einbaum zum Wikingerschiff. Vergleichende Betrachtung der Bodenfunde von Schiffen als Grundlage der Schiffsgeschichte. In: Schiff & Hafen 8 (1956), S. 130–138, 218–226, 336–342, 403, 412, 431, 545–549, 602–612

TIMMERMANN, G.: Entwicklung des Schiffbaus seit den ältesten Zeiten. In: Jahrbuch der Schiffbautechnischen Gesellschaft 49 (1955), S. 110–118

TIMMERMANN, G.: Zeichnerische Festlegung der Schiffsform in der Vergangenheit. In: Schiff & Hafen 13 (1961), S. 43–47

TIMMERMANN, G.: Vom Pfahlewer zum Motorkutter. (Schriften der Bundesforschungsanstalt für Fischerei, Hamburg. 3. Band) Westliche Berliner Verlagsgesellschaft Hennemann KG. Berlin 1957

TIMMERMANN, G.: Schiffsmodelle. Eine Geschichte der Schiffbaukunst. Urbes Verlag. Hamburg 1958

TIMMERMANN, G.: Die nordeuropäischen Fischereifahrzeuge, ihre Entwicklung und ihre Typen. (Handbuch der Seefischerei Nordeuropas. Band XI, Nachtragsband, Heft 4.)

E. Schweizerbart'sche Verlagsbuchhandlung (Nägele und Obermiller). Stuttgart 1962
TIMMERMANN, G.: Deutsche Seemannsausdrücke. Hamburg 1953
TRANSPRESS-LEXIKON SEEFAHRT. transpress VEB Verlag für Verkehrswesen. Berlin 1977
TREBITSCH, R.: Fellboote und Schwimmsäcke und ihre geographische Verbreitung in der Vergangenheit und Gegenwart. In: Archiv für Anthropologie, hrsg. v. J. Ranke und G. Thilenius. Neue Folge, Band XI. Braunschweig 1912

VOCINO, M.: La Nave nel Tempo. Max Bretschneider. Rom 1942
VOGEL, W.: Geschichte der deutschen Seeschiffahrt. I. Band: Von der Urzeit bis zum Ende des XV. Jahrhunderts. Georg Reiner. Berlin 1915
VOGEL, W.: Zur nord- und westeuropäischen Seeschiffahrt im frühen Mittelalter. o. O. 1917
VOIGT, C.: Von den Kriegsschiffen Kurbrandenburgs. In: Schiffbau, Schiffahrt und Hafenbau 31 (1930), S. 394–397
VOIGT, C.: Niederländischer Schiffbau im 18. Jahrhundert. In: Schiffbau, Schiffahrt und Hafenbau 27 (1926), S. 739–742
VOIGT, C.: Schiffs-Ästhetik. Die Schönheit des Schiffes in alter und neuer Zeit. Verlag der Zeitschrift »Schiffbau« Reinhold Strauss KG. Berlin 1922

WÄTJEN, H.: Aus der Frühzeit des Nordatlantikverkehrs. Studien zur Geschichte der deutschen Schiffahrt und deutschen Auswanderung nach den Vereinigten Staaten bis zum Ende des amerikanischen Bürgerkrieges. Felix Meiner Verlag. Leipzig 1932
WAGNER, W.-D.: Die Fregatten »Peter und Paul« und »Heiliger Paul«. VEB Hinstorff Verlag. Rostock 1965
WARNER, O.: Große Seeschlachten. Gerhard Stalling Verlag. Oldenburg, Hamburg 1963
WENZEL, H.: Mare aeternum. Edition Leipzig. Leipzig 1969
WESTPHAL G.: Lexikon der Seefahrt. Hamburg–Kl. Flottbek 1968
WINTER, H.: Das Hanseschiff im ausgehenden 15. Jahrhundert. VEB Hinstorff Verlag. Rostock 1968
WINTER, H.: Die Kolumbusschiffe von 1492. VEB Hinstorff Verlag. Rostock 1960
WINTER, H.: »Wappen von Hamburg I« (1669) und »Berlin«. VEB Hinstorff Verlag. Rostock 1961
WINTER, H.: Der holländische Zweidecker von 1660/1670. VEB Hinstorff Verlag. Rostock 1967
WITSEN, N.: Aeloude en hedendaegsche Scheeps-Bouw en Bestier. Christoffel Cunradus. Amsterdam 1671
WOSSIDLO, R.: Reise, Quartier, in Gottesnaam. Das Seemannsleben auf den alten Segelschiffen im Munde alter Fahrensleute. VEB Hinstorff Verlag. Rostock 1952

YK, C. van: De neederlandsche Scheepsbouw-Konst opengestellt. C. B. G. Müller. Amsterdam 1697

ZIEBARTH, E.: Beiträge zur Geschichte des Seeraubs und Seehandels im alten Griechenland. (Hamburgische Universität. Abhandlungen zur Auslandskunde. Band 30) Hamburg 1929
ZIMMERMANN, P.: Rheinschiffahrt. Zürich 1950

Verzeichnis der Bildquellen

Wir bedanken uns besonders bei den Verlagen, Institutionen, Museen und Autoren, die freundlicherweise aus verschiedenen Quellen Bildreproduktionen gestatteten, die durch folgende Quellenhinweise gekennzeichnet sind:

[1] Bathe, B.W. u.a.: Der Segelschiffe große Zeit, Delius, Klasing & Co, Bielefeld 1967
[2] Beylen, J. van u. a.: Maritieme Encyclopedie, Bussum de Boor jr. 1970/73
[3] Brøgger, A.W.; Shetelig, H.: The Viking Ships, Dreyers Verlag, Oslo 1951
[4] Canby, C.: Geschichte der Schiffahrt, Editions Recontre und Erik Nitsche, Geneve/Lausanne 1962
[5] DEWAG Berlin
[6] Eich, L.; Wend, J.: Schiffe auf druckgraphischen Blättern, Hinstorff Verlag, Rostock 1980
[7] Einbaum–Dampflok–Düsenklipper, Autorenkollektiv, Urania-Verlag, Leipzig 1969
[8] Eschenburg, Fotohaus Warnemünde
[9] Ewe, H.: Schiffe auf Siegeln, Hinstorff Verlag, Rostock 1972
[10] Hansen, H.J.: Kunstgeschichte der Seefahrt, Stalling-Verlag, Oldenburg–Hamburg 1966
[11] Lächler, P.; Wirz, H.: Die Schiffe der Völker, Walter Verlag, Olten 1962
[12] Macintyre, D.u.a.: Kriegsschiffe in 5000 Jahren, Delius, Klasing & Co, Bielefeld–Berlin 1969
[13] Mondfeld, W.: Die arabische Dau, Hinstorff Verlag, Rostock 1979
[14] Mondfeld, W.: Historische Schiffsmodelle, Mosaik-Verlag, München 1978
[15] Museumsheft, Schiffahrtsmuseum Rostock
[16] Pâris, E.: Die große Zeit der Galeeren und Galeassen, Hinstorff Verlag, Rostock 1973
[17] Pataky, D.; Marjai, I.: Schiffahrt und Kunst, Corvina-Verlag, Budapest 1973
[18] Rudolph, W.: Boote–Flöße–Schiffe, Urania-Verlag, Leipzig 1974
[19] Schäuffelen, D.: Die letzten großen Segelschiffe, Delius, Klasing & Co, Bielefeld 1969
[20] Schlette, F.: Germanen zwischen Thorsberg und Ravenna, Urania-Verlag, Leipzig
[21] Timm, W.: Kapitänsbilder, Hinstorff Verlag, Rostock 1971
[22] Timm, W.: Kleine Schiffskunde, Verlag der Kunst, Dresden 1968
[23] Timm, W.: Vom Koggen zum Fünfmaster, Verlag der Kunst, Dresden 1962
[24] Timmermann, G.: Die nordeuropäischen Fischereifahrzeuge, E. Schweizerbart'sche Verlagsbuchhandlung, Stuttgart 1962
[25] Timmermann, G.: Schiffsmodelle, Urbes Verlag, Gräfeling 1958
[26] Warner, O.: Große Seeschlachten, Stalling Verlag, Oldenburg–Hamburg 1963
[27] Wenzel, H.: Berlin 1972
[28] Winter, H.: Das Hansesschiff, Hinstorff Verlag, Rostock 1968
[29] Yacht, Redaktion Hamburg

Besonders herzlich bedanken wir uns bei den Herren Autoren H. Ewe, Wolfram Mondfeld und Dr.O.Schäuffelen.

Originale der Schiffsmodelle und Gemälde befinden sich vorwiegend in den nachfolgend genannten Museen und Institutionen:
- Altonaer Museum, Hamburg
- Anklam, Heimatmuseum
- Antikvarish-Topografiska Archivet, Stockholm
- Bibliotheque National, Paris
- Britisches Museum, London
- Franz Hals Museum, Haarlem
- Gallerie dell'Accademic, Venedig
- Musée de la Marine, Paris
- Museo Torlonia, Rom/Florenz
- Museum für Bildende Kunst, Leipzig
- National Maritime Museum, Greenwich
- Peabody Museum, Salem
- Rijksmuseum Amsterdam
- Rostock, Archiv der Wilhelm-Pieck-Universität
- Rostock, Schiffahrtsmuseum
- Science Museum, London
- Staatliches Seehistorisches Museum, Stockholm
- Stralsund, Kulturhistorisches Museum
- Warnemünde, Heimatmuseum

Wind- und Seegangsstärken

Windstärke nach der Beaufortskala	Windgeschwindigkeit in m/s	Seegang nach Petersen	Bezeichnung und Art von Wind und Seegang
0	0···0,2	0	Windstille, spiegelglatte See
1	0,3···1,5	1	Leiser Zug, ruhige gekräuselte See. Kleine schuppenförmige Kräuselwellen ohne Schaumköpfe.
2	1,6···3,3	1	Leichte Brise, gekräuselte See, kleine noch kurze Wellen mit ausgeprägteren glasigen Kämmen, die noch nicht brechen.
3	3,4···5,4	2	Schwache Brise, schwach bewegte See, Kämme beginnen zu brechen, Schaum glasig und vereinzelte kleine weiße Schaumköpfe.
4	5,5···7,9	3	Mäßige Brise, leichtbewegte See. Wellen noch klein aber länger, verbreiteter weiße Schaumköpfe.
5	8,0···10,7	4	Frische Brise, mäßig bewegte See. Mäßige Wellen von ausgeprägter langer Form. Allgemein weiße Schaumköpfe, vereinzelt schon Gischt.
6	10,8···13,8	5	Starker Wind, grobe See. Beginn der Bildung großer Wellen mit brechenden Kämmen, größere weiße Schaumflächen, etwas Gischt.
7	13,9···17,1	6	Steifer Wind, sehr grobe See. Die See türmt sich mit brechenden Wellen, der weiße Schaum beginnt sich in Streifen in Windrichtung zu legen.
8	17,2···20,7	6	Stürmischer Wind, sehr grobe See. Mäßig hohe Wellenberge mit langen Kämmen, von denen Gischt abzuwehen beginnt. Der Schaum legt sich in stärker ausgeprägten Streifen in Windrichtung.
9	20,8···24,4	7	Sturm, hohe See. Hohe Wellenberge, dichte Schaumstreifen in Windrichtung. Die See beginnt zu »Rollen« und die Sicht kann schon durch Gischt vermindert sein.
10	24,5···28,4	8	Schwerer Sturm, sehr hohe See. Sehr hohe Wellenberge mit langen überbrechenden Kämmen. Die See ist schaumbedeckt weiß. Schweres stoßartiges Rollen der See. Gischt beeinträchtigt die Sicht.
11	28,5···32,6	8	Orkanartiger Sturm, sehr hohe See. Außergewöhnlich hohe Wellenberge. Durch Gischt herabgesetzte Sicht.
12	über 32,7		Orkan, außergewöhnlich schwere See. Die See ist vollständig weiß. Die Luft ist voller Schaum und Gischt. Die Sicht ist stark herabgesetzt, Fernsicht ist nicht mehr möglich.

Kennzeichnende Wellenhöhen und charakteristische Wellenperioden

Windstärke in Beaufort (Bft)	Kennzeichnende Wellenhöhe in m			Charakteristische Wellenperiode in s		
	westliche Ostsee	Nordsee	Nord-atlantik	westliche Ostsee	Nordsee	Nord-atlantik
3	0,45	1,00	1,70	2,9	4,6	6,3
4	0,60	1,40	1,95	3,4	4,9	6,5
5	0,85	2,00	2,40	3,8	5,4	6,9
6	1,20	3,00	3,10	4,4	6,1	7,4
7	1,60	4,00	4,00	4,8	6,8	8,0
8	1,95	5,60	5,25	5,3	7,7	8,5
9	2,50	6,60	6,45	5,8	8,4	9,1
10	3,15	7,20	7,45	6,0	9,0	9,6
11	3,80	7,50	8,40	6,3	9,6	10,1
12	4,30	7,70	9,20	6,5	10,3	10,6

Entwicklung der Hauptabmessungen, Tragfähigkeiten, Besegelungen und Besatzungsstärken typischer Viermastschiffe in 50 Jahren im Vergleich zwischen der 1854 erbauten »GREAT REPUBLIC« und einer 1904 erbauten Viermastbark.

	GREAT REPUBLIC	Viermastbark
	1854	1904
Länge in der Ladewasserlinie	89,0 m	95,0 m
Größte Breite	15,35 m	14,0 m
Seitenhöhe	12,0 m	8,5 m
Bruttoregistertonnen	4000 BRT	3054 BRT
Verdrängung	5375 m^3	6500 m^3
Tragfähigkeit	3000 t	4500 t
Völligkeitsgrad der Verdrängung	0,458	0,7
Hauptspantfläche unter Wasser	80,4 m^2	88,5 m^2
Hauptspantvölligkeitsgrad	0,837	0,94
Segelfläche am Fockmast	1191 m^2	854 m^2
Segelfläche am Großmast	1286 m^2	855 m^2
Segelfläche am Kreuzmast	923 m^2	866 m^2
Segelfläche am Besanmast	263 m^2	207 m^2
Segelfläche am Bugspriet	457 m^2	241 m^2
Gesamtfläche ohne Stag- und Leesegel	4120 m^2	3023 m^2
Stagsegel	561 m^2	–
Leesegel	700 m^2	–
Gesamtfläche	5381 m^2	3023 m^2
Segelmittelpunktslage über KWL	25,0 m	24,0 m
Segelmittelpunktslage vor Hauptspant	4,0 m	5,10 m
Segelfläche/m^2 Hauptspantfläche	66,92	34,2
Besatzungsstärke in Personen	115	32
Segelfläche pro Mann	47 m^2	95 m^2

Segelfläche und Deplacement wichtiger Segelschiffstypen

Segelschiffstyp	Segelfläche in m^2	Deplacement in t
Zweimast-Rahschoner	um 400	200···400
Zweimast-Gaffelschoner	300···650	200···400
Schonerbrigg	500···600	250···550
Brigg	600···800	400···1000
Dreimast-Schonerbark	1000···1500	700···2300
Dreimastbark	1500···2000	1400···4500
Dreimast-Vollschiff	1800···2500	2500···6500
Viermastbark	2500···3000	4300···8500
Viermast-Vollschiff	3000···4000	6000···10000
Fünfmastbark	3500···5200	8000···10000
Fünfmast-Vollschiff	um 6000	10800
Sechsmast-Gaffelschoner	um 3200	5500···9000
Siebenmast-Gaffelschoner	um 3800	10000

Liste der 1891 und 1892 verschollenen und aufgegebenen Viermast-Segelschiffe
(nach Rundschreiben Nr. 2104 des Internationalen Transportversicherungsverbandes vom 20. Januar 1893)

Schiff Nr.	Name	Reederei	Bauwerft	Baujahr Baumaterial	Abmessungen in engl. Fuß L	B	D	BRT	
1	ROMSDAL	J. & A. ALLAN Glasgow	R. Steele Greenock	1877 Eisen	275,9	41,1	23,5	1887	Auf der Reise: Chittagong–Dundee, Ladung Jute; seit 31. Oktober 1891 verschollen
2	BEN DOURAU	WATSON BROS.	H. Mourray & Co., Pt. Glasgow	1881 Eisen	280,4	40,2	23,6	1950	Auf der Reise: San Francisco – Kanal, Ladung: Getreide; seit 24. April 1892 verschollen
3	FALLS OF EARN	Ship Falls of EARN Co. (Lim.) (Wright a. Breakenridge, Glasgow)	Russel & Co., Greenock	1884 Eisen	302,6	42,1	24,5	2386	Auf der Reise: Penarth–Acheen, Ladung: Kohlen; Juli 1891 im Olehleh-Hafen verloren
4	DUNKERQUE	A. D. BORDERS ET FILS, Bordeaux	Russel & Co., Glasgow	1889 Stahl	329,8	46,2	24,9	3152	Auf der Reise: Cardiff–Rio de Janeiro, Ladung: Steinkohlen; 1891 verschollen
5	STANLEY	SHIP STANLEY Co. (Lim.) G. M. Steeves	Russel & Co., Glasgow	1889 Stahl	278,1	41,9	24,4	2210	Auf der Reise: Philadelphia–Hiogo, Ladung: Petroleum; verschollen
6	INVERTROSSACHS	D. BRUCE & Co., Dundee	Russel & Co., Glasgow	1891 Stahl	305,0	43,2	25,3	2710	Auf der Reise: Philadelphia–Calcutta, Ladung: Petroleum; März 1892 auf See verlassen
7	NATION	W. THOMAS & Co., Liverpool	W. Boxford & Sons, Sunderland	1891 Stahl	294,0	43,0	24,0	2540	Auf Reise: Rangoon–Bremen, Ladung: Reis; seit 24. März 1892 verschollen
8	ASHBANK	A. WAIR &Co., Glasgow	Russel & Co., Greenock	1891 Stahl	278,6	42,0	24,2	2292	Auf der Reise: Algoa-Bay–Newcastle N. S. W., Ladung: Ballast; seit 31. Mai 1892 verschollen
9	THRACIA	W. THOMSON & Co., Liverpool	R. Duncan & Co., Pt. Glasgow	1892 Stahl	282,0	42,0	24,0	2000	Auf der Reise: Greenock–Liverpool, Ladung: Ballast; August 1892 bei Port Erin gekentert
10	MARIA RICKMERS (5 Masten)	RICKMERS REISMÜHLEN, Reederei und Schiffbau A.-G., Bremerhaven	Russel & Co., Greenock	1892 Stahl	375,7	48,0	25,4	3822	Auf der Reise: Saigon–Bremen, Ladung: Reis; seit 24. Juli 1892 verschollen

Anzahl der deutschen Segelschiffe im Jahre 1928 (im Vergleich mit 1914)

Typ	Hölzerne Segler		Eiserne Segler		Insgesamt	
	Anzahl	BRT	Anzahl	BRT	Anzahl	BRT
Viermastbark	–	–	7	22201	7	22201
Vollschiff	–	–	4	6722	4	6722
Bark	–	–	1	2470	1	2470
Fünfmast-Schoner	–	–	4	7404	4	7404
Viermast-Schoner	2	3062	2	808	4	3870
Dreimast-Schoner	15	2285	52	10181	67	12467
Schoner	30	2313	62	7392	92	9705
Logger	30	2849	114	12499	144	15348
Galeasse	19	866	91	7249	110	8115
Galiot	12	667	–	–	12	667
Kufftjalk	1	61	–	–	1	61
Tjalk	36	916	189	12079	225	12995
Ever	130	3900	421	20429	551	24329
Everkahn	12	726	2	118	14	844
Aak	–	–	25	2686	25	2686
Schnigge	3	71	1	71	4	142
Yacht	6	167	–	–	6	167
Mutte	5	114	–	–	5	114
Schlup	5	123	–	–	5	123
Lomme	45	1554	–	–	45	1554
Insgesamt:	351	19674	975	112310	1326	131984
Anzahl im Jahre 1914	1131	56190	1060	370556	2191	426746

Rangeinteilung der Kriegsschiffe um 1800

Rang	Verdrängung in t	Anzahl der Geschütze	Anzahl der Besatzung	Abmessungen in Fuß Länge, 1. Deck	Breite, 1. Deck	Tiefe, 1. Deck bis Kiel
1.	2000···2164	100···130	850···900	178···186	50···52	20···24
2.	1650···1950	84···90	750···850	164···178	48···50	19···21
3.	1200···1660	64···80	520···750	148···170	42···48	16···20
4.	700···1000	44···60	380···500	124···156	36···46	14···18
5.	650···730	32···40	200···300	120···144	32···38	12···15
6.	400···630	20···28	150···200	108···124	28···24	10···12

Klipper I

1 *Linienriß des Klippers »GREAT REPUBLIC«, 1853*
2 *Hauptspant der »GREAT REPUBLIC«*
3 *Seitenansicht der »GREAT REPUBLIC«*
4 *»RAINBOW« 1845, Seitenansicht*
5 *Linienriß der »RAINBOW«*
6 *Erste Blackwall-Fregatte »SERINGAPATAM«, 1837*
7 *Nordamerikanischer Klipper*
8 *Cunningham-Patentreff*
9 *Baltimore-Klipper unter vollem Zeug*
10 *Spannschraube zum Steifsetzen der Wanten, 19. Jh.*

Klipper II

1 Klipper »PALGRAVE«, erbaut 1888 in Glasgow
2 Komposit-Schiffskörper, Holz – Eisen
3 Mars mit Beschlägen
4 Stagsegel mit Stagbügeln
5 Holzkiel
6 Eselshaupt und Rackbeschläge
7 Spant, Balkweger und Decksbalken an einem hölzernen Klipper
8 Marssaling
9 Marssegel mit vergrößerten Details
10 Leesegel – Spiere

RADDAMPFER AUS DEN ANFÄNGEN DER DAMPFSCHIFFAHRT (I)

1 *»SAVANNAH« überquerte 1819 als erstes Dampfschiff den Atlantik*

2 *Antriebsmaschine der »SAVANNAH«. Die Schaufeln konnten bei Fahrt unter Segeln aus dem Wasser nach oben geklappt werden*

3 *»CURACAO«, 1825 in Dover erbaut, fuhr 1827 als erstes Schiff unter Dampf nach Westindien*

4 *»KURA«, erstes Dampfschiff auf dem Kaspischen Meer*

5 *Die »WESER« verkehrte um 1817 zwischen Bremen und Brake*

6 *»AARON MANBY« war 1821 das erste Dampfschiff mit Eisenrumpf*

7 *»FRIEDRICH WILHELM«, erbaut 1826/27*

8 *»JAMES WATT«, größter europäischer Dampfer um 1820, fuhr in der Küstenfahrt London–Leith*

9 *»FRANZ I«, 1832*

10 *Die »SIRIUS« überquerte 1838 als erstes Dampfschiff in ununterbrochenem Dampfbetrieb den Atlantik*

11 *Das Morgan-Schaufelrad, ein Steuergestänge brachte die jeweils eintauchenden Schaufeln in die günstigste Stellung*

1 »BRITANNIA«, 1840 erster transatlantischer Dampfer
2 »CYCLOPS«, 1839 erste Dampffregatte der britischen Flotte
3 »GREAT WESTERN« 1838
4 Mississippi-Seitenraddampfer um 1870
5 Mississippi-Heckraddampfer 1884
6 Mississippi-Dampfer, Spantenriß
7 »WASHINGTON« eröffnete 1847 die Dampfschiffslinie Bremerhaven–New York des Norddeutschen Lloyd
8 »ADRIATIC«, 1856 erbautes letztes Fahrgastschiff auf dem Atlantik mit Holzrumpf und Schaufelradantrieb
9 »SCOTIA« 1861, aus Eisen gebaut, letzter Raddampfer der Cunard-Line im Atlantikdienst bis 1875
10 »STADT ROSTOCK«, erster Raddampfer zwischen Rostock und Warnemünde
11 »KÖNIGIN MARIA«, Dresden 1836

Teil 2
Dampfschiffe, Motorschiffe, Meerestechnik

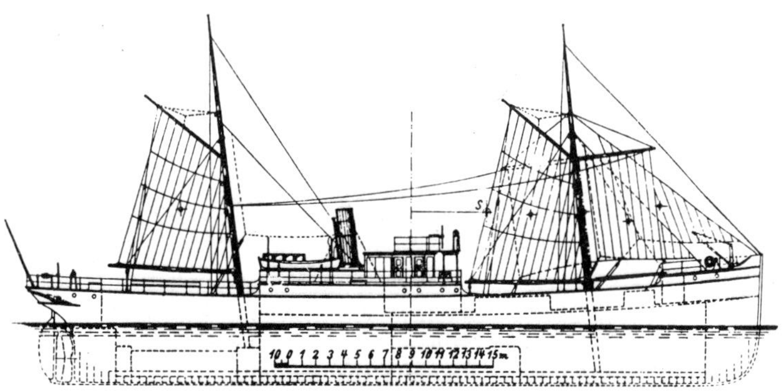

ROSTOCK

Chronologie 1618–1800

Vorstufen zum Dampfschiff

ab 1618
Verschiedene Patente auf Dampfmaschinen in Britannien erteilt.
um 1620
Giovanni Brancho von Loretto macht Versuche mit einem Dampflaufrad mit Triebstockgetriebe.
1623
Eine britische Parlamentsakte gestattet die Gewährung von Erfinderpatenten auf die Dauer von vierzehn Jahren. Der Schutz erfinderischer Leistungen fördert endlich den technischen Fortschritt.
1634
Colbert veranlaßt die Gründung der »Academie des Sciences« in Paris sowie die Modernisierung und Erweiterung der französischen Flotte.
1661
Versuche des Marquis v. Worchester (Brit.) zum Bau von Dampfmaschinen.
1669
Duquet (Frankr.) macht Versuche mit 4 kreuzweise angeordneten Schaufeln in einer drehbaren Walze.
1673
Erste Modellschleppversuche in Frankreich.
1675
Sternwarte Greenwich am 10. August gegründet.
1677
In Paris erscheint die »Architecture Navalis« von Dassie, eines der ersten theoretischen Werke über den Schiffbau.
1681
Denis Papin veröffentlicht seinen Vorschlag, mit Dampf Schiffe anzutreiben.
1683
Vorschlag von Robert Hooke für einen 4flügeligen Schiffspropeller.
1687/93
Schleppversuche von Duquet in Le Havre.
1695
Denis Papin baut und experimentiert mit Dampfzylinder mit Kolben und Kolbenstange.
1696
Edward Lloyd gibt dreimal wöchentlich die »Lloyds News« heraus.
1698
Thomas Savery (Brit.) baut Modell eines durch Schaufel- oder Ruderräder angetriebenen Schiffs.
1705
Ecole unique des Ingenieurs Constructeurs in Paris gegründet.
1707
Denis Papin versucht auf der Fulda ein Schaufelrad-Boot zu erproben bzw. nach England zu bringen; das Boot wird jedoch in Minden von Schiffern zerstört.
1708
Erstes Trockendock in Liverpool eröffnet.
1714
Erste funktionsfähige Dampfmaschine in Britannien gebaut.
1720
Von der Academie des Sciences, Paris, werden Preise für bedeutende Leistungen zur Stabilitäts- und Widerstandstheorie des Schiffs und deren Hilfswissenschaften ausgesetzt.
1724
Der Schwede Scheldom baut in Karlskrona eines der ersten Trockendocks, das die seinerzeit größten Schiffe aufnehmen konnte.
1726
Bisher handschriftliche Listen von Lloyds Coffee House werden gedruckt veröffentlicht.
1729 bis 1736
Jonathan Hull (Brit.) entwickelt die Idee eines Schleppdampfers mit Schaufelrädern und erhält am 21. Dezember 1736 das Patent Nr. 556 zur Anwendung der Newcomenschen atmosphärischen Dampfmaschine zum Antrieb von Schleppdampfern mit Heckschaufelrädern. Die Kraftübertragung sollte durch Seiltrieb erfolgen.
1752
Daniel Bernoulli (Frankr.) unterbreitet Vorschläge zu einer 8flügligen Schiffsschraube.
1760
- Lloyds Register of Shipping (sog. Underwriters Register oder Greenbook) gegründet.
- Systematische Schleppversuche werden in Frankreich durchgeführt.

1763
- William Henry experimentiert in Pennsylvanien mit einem Dampfboot.
- Der russische Mechaniker Polsunow befaßt sich mit dem Bau von Dampfmaschinen als Antriebsmaschine für Blasebälge an Hochöfen; er gilt als einer der ersten Dampfmaschinenbauer Rußlands.

1763/71
Schleppversuche von Borda und Thevenard in Lorient.
1764
- Erstes Klassezeichen von Lloyds Register.
- Die erste Dampfmaschine von James Watt (Schottl.) ist funktionstüchtig.

1767
Das britische Nautische Jahrbuch, der »Nautical Almanac«, erscheint.
1768
Jean Pierre Paucton schlägt gewindeförmige eingängige Schiffsschraube vor.
1769
Erster Dampfbagger gebaut.
1769/72
James Watt führt die doppeltwirkende Dampfmaschine allgemein ein.
um 1770
Francis Egerston, Herzog von Bridgewater, macht Vorschläge für Dampfboote.
1771
In Britannien wird die Ingenieurorganisation »Society of Civil Engineers« gegründet.
1773
Christoffer Colls baut das erste Dampfschiff Nordamerikas in Philadelphia.
1774
Graf Auxiron und Ingenieur Perrier (Frankr.) experimentieren mit zwei Dampfbooten auf der Seine, es gelingt jedoch noch nicht die Fahrt stromaufwärts.
1775
- Frederic Hendrik af Chapman (Schweden) führt Untersuchungen zum Widerstand von Rotationskörpern durch.
- Benjamin Franklin (Nordam.) entwickelt die Idee von Dampfschiffen in den USA.
- Gautier (Frankr.) baut ein Dampfboot mit einer Dampfmaschine von 1 PS (0,736 kW) Leistung und führt es auf der Seine vor.
- James Watt gründet in Soho bei Birmingham seine Fabrik für Dampfmaschinen »Boulton & Watt«, nachdem er am 25. April 1769 das Patent Nr. 913 für seine »Feuermaschine« erhalten hatte.

1776 bis 1781
Cloude de Jouffroy de Abbans (Frankr.) macht Versuche mit einem Dampfboot auf der Doubs. 1780 baut er Schaufelräder ein und erprobt 1781 ein 42,5 m langes Dampfschiff, die *»PYROSCAPHE«*, in Lyon auf der Saone.
1783
d'Arnal (Frankr.) macht Versuchsfahrten mit einem Dampfboot auf der Seine.
1783 bis 1788
John Fitch (USA) entwickelt Trimaran mit 2 zwischen den 3 Schiffskörpern liegenden handangetriebenen Schaufelrädern; 1786 erhält er ein Patent auf ein Dampfboot mit 12 seitlichen, mechanisch angetriebenen Stechpaddeln. Bei einem 1788 gebauten Versuchsboot versagte jedoch der Kessel durch Kesselexplosion.
1785
- Ein englisches Patent beschreibt die Schiffsschraube.
- Bramah (Brit.) erhält ein (nicht ausgeführtes) Patent für eine rotierende Dampfmaschine für den Schiffsantrieb.
- Christopher Watson baut das erste eigentliche Schwimmdock. Die Urform des Schwimmdocks entstand durch Umbau des alten britischen Segelschiffs »CAMEL«, indem man das Heck abschnitt und durch ein Holztor wasserdicht verschließbar machte.

1787
John Wilkinson (Brit.) baut das erste eiserne Hafen- bzw. Kanalboot »TRIAL« von 23,3 m Länge und 2,05 m Breite in Willey.
1787 bis 1789
Patrik Miller veröffentlicht eine Schrift über Schiffe mit Schaufelrädern, baut ein Doppelrumpfboot von 18,5 m Länge mit einem handgetriebenen Schaufelrad, entwickelt und baut 1787 mit dem Mechaniker W. Symington einen Raddampfer. Die Maschine und der Kessel sind getrennt in beiden Schiffsrümpfen eingebaut. 1789 werden die Fahrten auf dem Forth- und Clydekanal wiederholt und eine Geschwindigkeit von 4 Meilen in der Stunde (6,5 km/h) erreicht.
1788
Lagrange veröffentlicht in Paris die »Mecanique analitique« als erste theoretische Grundlage der Schwingungsmechanik.
1788 bis 1790
John Fitch (USA) entwickelt das Dampfschiff *»EXPERIMENT«* mit Heckstechpaddeln für die Fahrt New York–Trenton und erreicht eine Geschwindigkeit von 8 Meilen (12,8 km/h) in der Stunde.
1789
Erstes britisches Rettungsboot an der Tynemündung stationiert.
1791
Clarke (Brit.) baut an der Clyde ähnliche Dampfschiffe wie P. Miller.
1793
J. Rumsay (USA) führt auf der Themse Versuche mit einem Reaktionsantrieb durch, nachdem er

ein erstes Boot mit einem solchen Antrieb auf dem Potomac erprobte (1786). Mit einer handbetriebenen Hubpumpe von 1,8 m Hub wird eine Geschwindigkeit von 4,8 km/h erreicht.

1793 bis 1798
Der Physiker Marc Beaufoy führt reproduzierbare Modellschleppversuche in London durch.

1794
Der Londoner Kaufmann William Littleton experimentiert mit einem »aquatic propeller«; der Propeller ist in einem Rahmen am Heck aufgehängt.

1795
Samuel Bentham baut erstmalig im europäischen Schiffbau wasserdichte Querschotte in ein holzgebautes Schiff, dem Kutter »TRIAL«, ein.

1796
de Blanc (Frankr.) erhält Patent für ein Dampfschiff.

1797
Robert Fulton übergibt der französischen Admiralität das Projekt für ein Unterseeboot *»NAUTILUS«*.

1799
Lloyds Register of British and Foreign Shipping (LR) in London gegründet.

Chronologie 1801–1850
Anfänge der Dampf- und Eisenschiffe

1802
Der mit einer Symington-Dampfmaschine angetriebene Dampfschlepper *»CHARLOTTE DUNDAS«*, erbaut von A. Hart mit einer Einzylinder doppeltwirkenden liegenden Dampfmaschine, wird mit Erfolg zum Schleppen von Kanalbooten auf dem Clyde-Kanal in Schottland erprobt und erreicht 5,3 km/h (3 1/4 Miles/h).

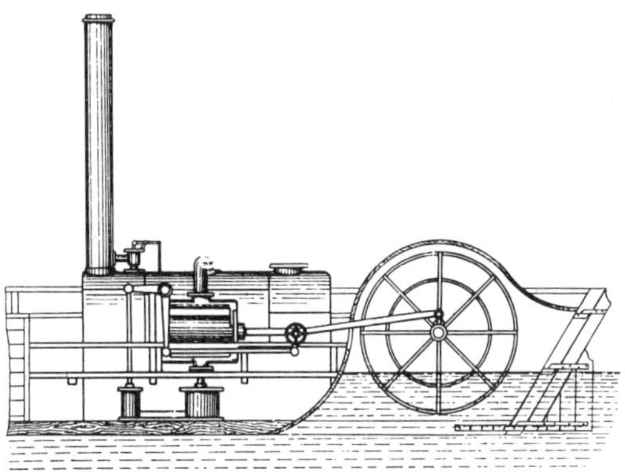

1803
Robert Fulton baut mit J. P. Perrier in Paris ein Schaufelrad-Dampfschiff von 20,3 m Länge und 3,2 m Breite mit einer einzylindrigen doppeltwirkenden Dampfmaschine von 8 PS (5,9 kW), das auf der Seine auch gegen den Strom flußaufwärts fahren kann.

1804
- Die *»PHOENIX«*, das erste von J. C. Stevens in New York konstruierte Dampfschiff, unternimmt die erste Fahrt.
- Das erste deutsche Küstenrettungsboot wird in Swinemünde stationiert.

1804/07
J. C. Stevens (USA) erbaut das Schraubendampfboot *»LITTLE JULIANE«* für Fahrten von Hoboken nach New York. Das ursprünglich mit oszillierender Dampfmaschine, später mit Wattscher Dampfmaschine ausgerüstete Schiff erreicht Geschwindigkeiten bis zu 12,8 km/h.

1805
Der britische Admiral Beaufort entwickelt die 13stufige Beaufort-Skala zur Einteilung der Windstärken nach ihren Auswirkungen.

1806/07
R. Fulton und R. Livingston (USA) erbauen und führen das erste funktionstüchtige, für die Küstenfahrt geeignete Seitenrad-Dampfschiff »THE STEAMBOAT« am Hudson bei New York vor. Stapellauf im Frühjahr 1807 mit erster Fahrt im Oktober gleichen Jahres. Die Wattsche Dampfmaschine leistet 18 PS (13,2 kW). Das Schiff wird in »RIVER OF CLERMONT« bzw. *»CLERMONT«* umbenannt. Es hat eine Verdrängung von 160 t, eine Länge von 40,5 m und eine Breite von 5,5 m.

1807
- Der erste Kursus der Lübecker Seefahrtsschule wird am 27. Juli eröffnet.
- Die erste eiserne Ankerkette ohne Steg (Brit. Fa. Robert Flimm, Northshields) wird hergestellt.

1809
Robert Fulton (USA) erbaut das Dampfschiff »CAR OF NEPTUNE« mit selbst konstruierter Maschine und das Dampfschiff »ACCOMODATION« für die Fahrt auf dem St.-Lorenz-Strom.

1810
- Robert Fulton (USA) erbaut das Dampfschiff »MARITAN«.
- Erste Versuche zum Bau von Holz/Eisen-Kompositschiffen.

1811
- Erstes Dampfschiff Fultons auf dem Mississippi, die »NEW ORLEANS«.
- School of Naval Architecture in Porthmouth eröffnet.

1812
Henry Bell (Brit.) erbaut mit dem Seitenrad-Dampfschiff *»COMET«* das erste Dampfschiff für den Personenverkehr in Europa. Die »COMET« erreicht mit der 4-PS-(3-kW-)Dampfmaschine von J. Robertson die Geschwindigkeit von 4 kn bei den Fahrten Glasgow–Greenwich.

1813
- Robert Buchanan (Brit.) erfindet bewegliche Schaufelblätter für Radschiffe.
- Das erste russische Dampfschiff wird in St. Petersburg gebaut.
- Patenterteilung an Th. Brunton (London) für eine eiserne Ankerkette mit Steg.

1814/15
Robert Fulton (USA) erbaut das erste dampfgetriebene Kriegsschiff der Welt, die *»DEMOLOGOS«*, ein Doppelrumpfschiff mit zwischen den Rümpfen liegendem Antriebsrad, Geschwindigkeit 4,65 kn.

1814/15
Raddampfer *»CALEDONIA«* für die Fahrt auf dem Humber erhält eine Dampfmaschine von 32 PS (23,5 kW).

1815
- Der erste russische Holzraddampfer »ELISABETH« eröffnet Dampfschiffs-Fährverbindung St. Petersburg–Kronstadt. Das Schiff von 18,3 m Länge; 4,6 m Breite und 0,61 m Tiefgang erreicht 9 km/h bei einer Maschinenleistung von 16 PSi.
- In Berlin, Mauerstraße 34, entsteht die erste Dampfmaschinenfabrik Preußens. Eine erste Maschine lief von 1816 bis 1902 in der Gold- und Silbermanufaktur von Heusel und Schumann in Berlin; seit 1902 befindet sich diese Maschine im Deutschen Museum München.
- Das erste Dampfschiff verkehrt auf der Themse.

1816
- Erste Kanalüberfahrt von London bis Le Havre mit Dampfschiff *»ELISE«* ex »MARGERY«, einem Themse-Raddampfschiff.
- Indienststellung der *»DEFIANCE«*, ein britisches Seitenrad-Dampfschiff für die Rheinschiffahrt, Leistung 25 kW (34 PS).
- Samuel Owens (Schweden, Engl.) entwickelt erste Schiffspropeller, und baut das erste schwedische Dampfboot »WITCH« mit einer 8-PS-(5,9 kW)-Maschine und vierflügliger Holzschraube.
- Hölzerner Seitenraddampfer *»WESER«* nach Plänen des engl. Schiffbauers Droop von Johann Lange in Vegesack für den Norddeutschen Lloyd erbaut. (L 24,6 m; B 4,3 m; B Räder 6,95 m; Wattsche Dampfmaschine mit 14 PS bzw. 10,3 kW).
- John Humphrey (Deutschl.) erbaut in Pichelsdorf an der Havel bei Spandau das Doppelrumpf-Dampfschiff *»PRINZESSIN CHARLOTTE VON PREUSSEN«* von 39,6 m Länge für den fahrplanmäßigen Verkehr Berlin–Potsdam mit Wattscher Dampfmaschine von 30 PS.
- Erstes Dampfboot (24 PS bzw. 17,7 kW).
- Erstes deutsches Feuerschiff auf der Elbe.
- Robert Stirling (schott. Pfarrer) experimentiert mit dem Heißgasmotor.
- In einer Patentschrift wendet sich der Engländer Richard Wright besonders gegen die Anwendung »hohen« Dampfdruckes in Zylindern von ungleichem Rauminhalt. Die spätere Entwicklung der Dampfmaschine, besonders der Verbundmaschine, nutzte jedoch gerade dieses Prinzip.

1817
- James Watt fährt mit der *»CALEDONIA«* über Schelde, Maas und Rhein bis Koblenz.
- 131 Dampfboote und Dampfschiffe fahren bereits auf den Flüssen Nordamerikas.

1818
- Bau des Seitenrad-Dampfschiffs *»CITY OF SAVANNAH«*, Indienststellung 22. August 1818, zusätzliche Takelung als Dreimast-Vollschiff.
- Beginn der Dampfschiffahrt auf der Elbe zwischen Hamburg und Harburg.
- Die »ROB ROY«, erbaut von Denny, erhält eine Napiersche Dampfmaschine von 30 PS für Fahrten Dover–Calais.
- Im Schiffbau werden die ersten elliptisch geformten Hecks eingeführt und Rettungsboote außenbords hängend gefahren.

1819
- Beginn der Überfahrt der *»CITY OF SAVANNAH«* am 18. Juni 1819 über den Atlantik. Nur zeitweiliger Maschinenantrieb, da der Brennholzvorrat nach 17 Tagen verbraucht war. Überfahrtdauer Savannah–Liverpool 29 Tage und 11 Std., danach Vorführungsfahrten in europäischen Häfen.

- Ein erstes Balanceruder, bei dem ein Drittel der Fläche vor und zwei Drittel der Fläche hinter der Drehachse liegen, wird patentiert.

um 1820

Der britische Schiffbaumeister Seppings verwendet wegen des Mangels an gewachsenen Kniehölzern erstmals im Schiffbau eiserne Kniebleche.

1821

- Indienststellung der *»AARON MANBY«*, erstes eisernes, in England erbautes Dampfschiff, andere Quellen geben auch das Jahr 1823 an.
- Aviso »COMET«, erstes militärisch als Depeschenboot genutztes Dampfschiff (Brit.).
- In Frankreich fährt der erste eiserne Flußdampfer auf der Seine.

1822

Napier fährt mit einem eisernen Dampfer von London nach Paris.

1823

- 300 Dampfschiffe in den USA.
- Erste Versuche mit ölgefeuerten Schiffskesseln.

1824

- Die erste britische Dampfer-Schiffahrtgesellschaft für den Seeverkehr, die »General Navigation Company«, wird eröffnet. Die ersten Raddampfschiffe der Gesellschaft für den Fahrgast- und Frachtverkehr zwischen London und den größten Häfen Europas sind »CITY OF EDINBURGH«, *»JAMES WATT«*, »EARL OF LIVERPOOL« und »MONARCH«.
- Die *»ENTERPRISE«* macht ihre erste Reise unter Dampf nach Indien.
- Die schwedische Postyacht »CONSTITUTIONEN« und die »ADLER« fahren als erste Dampfschiffe auf der Ostsee, Linie Stralsund–Ystad.

1827

- Tretgold (Brit.) formuliert mathematisch-theoretische Begründungen und Empfehlungen zur Schiffsschraube.
- Erste Reise des Dampfers *»CURACAO«* von Rotterdam nach Curacao.
- Joseph Ressel (Österr.) erhält für 2 Jahre ein Patent auf eine Schiffsschraube.

1828

Die französische Klassifikationsgesellschaft »Bureau Veritas« wird von Charles Bal in Antwerpen als ein Büro für Seeversicherer gegründet, 1832 Übersiedlung nach Paris.

1829

- Galloway (Engl.) konstruiert ein verbessertes Schaufelrad mit beweglichen Schaufeln, das »neunschauflige Polygonrad«.
- Vorführung des Schraubendampfboots *»CIVETTA«* in Triest durch Joseph Ressel.
- Weitere Entwicklungen für Schiffsschrauben von Smith (Brit.) und Ericsson (Schweden).
- Stapellauf des ersten französischen Dampf-Kriegsschiffs, des Raddampfers »SPHINX«.

1830

Die erste deutsche Schiffbauschule wird in Grabow bei Stettin eröffnet.

um 1830

- Die ersten Oszillations-Dampfmaschinen (Maschinen mit kippbeweglichem Zylinder) werden entwickelt und gebaut; sie finden auch für den Schiffsantrieb Verwendung.

1831

Erste deutsche Ankerkettenfabrik in Grabow gegründet.

1832

- Bau des ersten eisernen Seedampfers »LADY LANSDOWN« (146 t) auf einer Eisenschiffswerft in Birkenhead (Brit.).
- Auf der Ischorskom-Werft wird für die russische Marine das erste Dampfschiff der Welt, die »HERKULES«, mit einer Dampfmaschine ohne Balanciers gebaut. Die Leistung beträgt 250 PS (184 kW).
- Gründung der Seefahrtsschule in Elsfleth.

1834

- Bei Lloyd's Register sind 100 Dampfschiffe registriert.
- Jacob Sulzer gründet das Werk Gebrüder Sulzer AG in Winterthur/Schweiz.
- Indienststellung der »GARRY GOWEN«, Verdrängung 263 ts, erstes Schiff mit eisernen wasserdichten Schotten.
- Der kleine amerikanische Dampfer »MIDAS« mit Propellerantrieb fährt von New York nach China.
- Erstes deutsches Trockendock von Friedrich Wenke in Bremerhaven erbaut.
- Erste holländische eiserne Schiffe »ETNA« und »STRELA« gebaut.
- Erster eiserner Flußraddampfer der USA »JOHN RANDOLPH« (122 ts) gebaut.
- Gründung der Rickmers Werft Bremerhaven.

1834/35

Der erste eiserne in Deutschland gebaute Dampfer *»PRINZ CARL«* wird auf der Werft der Königlichen Preußischen Seehandlungssozietät in Berlin Moabit in Zusammenarbeit mit dem Königlichen Hüttenwerk zu Neustadt und Eberswalde gebaut.

1835

- Erstes eisernes Längsspantenschiff von J. Scott erbaut.
- S. O. Buratschek veröffentlicht eine Theorie über Holz und Metall im Schiffbau.
- Die erste Bergungsgesellschaft, die auch Bergungsdampfer unterhält, ist die Em. Z. Zvitzers Bjergnings Entreprise in Kopenhagen.

1836

- »FRANCIS B. OGDEN«, der erste mit einer Ericsson-Schraube ausgerüstete Schraubenschlepper.
- Francis Smith führt erfolgreich ein Schraubenpropeller-Dampfboot auf der Themse vor.
- Erteilung von Patenten für Schiffsschrauben an F. Smith und den schwedischen Ingenieur Ericsson.
- Erste Herausgabe der »Shipping Gazette«.
- Johann Andreas Schubert veröffentlicht seine Schrift »Andeutung über Dampfschiffahrt auf der Oberelbe«.

1837

- Indienststellung der »RAINBOW«, des ersten seegehenden Eisendampfschiffs für die Linie London–Antwerpen; Größe 500 BRT.
- Gründung der Werft Schichau in Elbing (Elblag).
- Die preußisch-rheinische Dampfschiffahrtsgesellschaft in Köln befährt den Rhein mit 9 Flußraddampfschiffen, von denen 4 in Holland und die weiteren auf der Ruhrorter Werft und der Werft Sterkrade gebaut sind.
- Bau der »GROSSHERZOG LEOPOLD« als Kompositschiff mit eisernen Spanten und Verbänden und Außenhaut-Holzbeplankung, Maschinenleistung 118 PS (86,8 kW).
- August Borsig gründet in Tegel bei Berlin eine Maschinenbauanstalt und eine Eisengießerei, die zu einer der bedeutendsten deutschen Maschinenfabriken wird.
- Der Amerikaner Burne rüstet den Dampfer »DON JUAN« mit einer Dampfüberhitzung aus. Der Dampf wird nun »Heißdampf« genannt.
- Der Ingenieur Ferdinand Schichau gründet in Elbing (Elblag) eine Maschinenfabrik, der eigentliche Werftbetrieb entstand 1852.

1838

- Moritz Hermann von Jacobi macht mit dem ersten Elektroschiff Fahrten auf der Newa (Narwa); mit 14 Personen besetzt erreicht das Fahrzeug eine Geschwindigkeit von 2,5 km/h.
- In Deutschland wird der erste eiserne Schaufelrad-Seedampfer »WILLEM I« in Hamburg auf der Gleichmann & Busse-Werft für einen holländischen Auftraggeber gebaut.
- Erstes eisernes Dampfschiff für den Rheinverkehr eingesetzt.
- *»ROBERT F. STOCKTON«*, das zweite von Ericsson gebaute schonergetakelte Schraubenschiff, erreicht mit 50 PS (37 kW) die Geschwindigkeit von 11,5 kn. Es überquert den Atlantik als erstes eisernes Schraubenschiff, das nach Amerika gelangt.
- Indienststellung der *»ARCHIMEDES«*, erstes Schrauben-Dampfschiff von Smith, mit guten Ergebnissen. Deplacement 232 t, Maschinenleistung 58 kW (80 PS), Geschwindigkeit 9,5 kn mit der patentierten Schiffsschraube von Francis Petit Smith.
- Rennie führt Versuche mit einem vierflügligen Schraubenpropeller durch.
- Indienststellung der »SIRIUS«, 700-t-Seitenrad-Postdampfer der British and American Steams Navigation Company; erste Atlantiküberquerung eines Segel-Raddampfschiffs von Liverpool nach New York nur unter Dampf, Geschwindigkeit 9 kn; Ankunft in New York 4 Std. vor Eintreffen der *»GREAT WESTERN«*. Beginn einer regelmäßigen überseeischen Dampfschiffahrt mit Raddampfern, Überfahrtszeit 17 Tage.
- Indienststellung der *»GREAT WESTERN«*, 1340-t-Seitenrad-Dampfschiff der Great Western Company, Transatlantikreisen Bristol–New York, Reisedauer 12 Tage, 10,5 Std.
- Indienststellung der »IRON SIDE«, erstes größeres Seeschiff aus Eisen.
- Tretgold (Brit.) unternimmt Versuch einer rechnerischen Erfassung des Schiffswiderstands.

1839

- Der erste transatlantische Schraubendampfer *»GREAT BRITAIN«* wird mit Schlingerkielen und Balanceruder ausgerüstet.
- Die »CYCLOPS« ist die erste Dampffregatte der britischen Marine.

1839/40

Die Werft von Klawitter in Danzig (Gdansk) baut das erste eiserne Dampfschiff für den Weichselverkehr.

1840
- Gründung der Werft H. C. Stülcken Sohn in Hamburg.
- Der Dampfer *»BRITANNIA«*, erster Dampfer der Cunard Line (British and North American Royal Mail Steam Packet Co.), eröffnet den regelmäßigen Dienst von Dampfschiffen zwischen Europa und Nordamerika.
- Samuel Cunard gründet in Halifax (Nova Scotia) die Cunard-Dampfschiffahrtsgesellschaft, die sich bald zu einer berühmten Passagierlinie entwickelt.
- Henry R. Worthington erfindet die direktwirkende Dampfpumpe, die später auf allen Schiffen als Standardpumpe eingeführt wird.
- MAN-Werksgründung in Augsburg durch Ludwig Sander.

um 1840
- Erster Rostocker hölzerner Seitenraddampfer.

1841
- Der erste eiserne Leichterkahn auf dem Rhein wird von einer niederländischen Schiffahrtsgesellschaft in Betrieb genommen.
- Der Schaufelraddampfer »PRESIDENT« (1863 t) ist der erste Dampfer, der auf dem Atlantik blieb.

1842
»MICHIGAN«, das erste eiserne Schiff der US-Marine.

1843
- Die russischen Flüsse werden für die Dampfschiffahrt freigegeben.
- Indienststellung der *»GREAT BRITAIN«*, 3840 t DW, 3450 BRT, Länge 87 m, Antriebsleistung 2000 PS (1450 kW). Das nach den Plänen des brit. Schiffbauingenieurs Isambard K. Brunel erbaute Schiff ist das erste vollständig aus Eisen gebaute Fahrgast-Frachtschiff für 60 Fahrgäste und 600 t Ladung im Transatlantikverkehr Liverpool–New York, Reisedauer 14 Tage.
- Gründung der Werft AG Weser in Bremen.
- John Ericsson konstruiert die drei Kofferkessel der »PRINCETON« aus Eisenblech anstelle des bisher verwendeten Kupferblechs.
- H. H. Baumgarten richtet in Kopenhagen eine mechanische Werkstatt ein. Unter Beteiligung seines Kompagnon C. C. Burmeister entstand später daraus die Firma Burmeister & Wain, Kopenhagen, heute eines der größten Industrieunternehmen in Dänemark.

1844
- Erstes in Niedersachsen gebautes Dampfschiff.

1845
- Die britische Admiralität veranlaßt den Zugversuch zwischen dem Schaufelradschiff *»ALECTO«* und dem mit gleicher Leistung entgegengesetzt ziehenden Schwesterschiff, dem Schraubendampfschiff »RATTLER«. Beide Schiffe haben 800 ts und 200-PS-(147 kW)-Dampfmaschinen. »RATTLER« zieht »ALECTO« mit 2,8 kn rückwärts.
- Erstes eisernes Versuchsschiff der britischen Marine »BIRKENHEAD«.

um 1845
Einführung des erhöhten Quarterdecks.

1846
- Die Schichau-Werft baut den ersten Dampfbagger.
- Mit deutscher und amerikanischer Staatsunterstützung wird die erste regelmäßige Dampfschiffsverbindung zwischen Europa und Amerika von der »Ocean Steam Navigation Co.« in Bremen aufgenommen, aus der 1857 der »Norddeutsche Lloyd« hervorgeht.
- In Wustrow auf dem Fischland entsteht die »Mecklenburgische Seefahrtsschule« zur Ausbildung von Steuermanns- und Schiffsschülern.

1847
- Hamburg-Amerika-Linie in Hamburg gegründet.
- Werner von Siemens gründet mit zehn Mitarbeitern in einer Hinterhofwerkstatt die »Telegraphen Bau-Anstalt Siemens & Halske«.

1848
- Gründung der United States Naval Academy in Annapolis.
- Für die Cunard-Line werden vier neue Seitenraddampfer für je 140 Fahrgäste und 450 t Fracht, die »AMERIKA«, »CANADA«, »NIAGARA« und »EUROPA« gebaut. Die hölzernen barkgetakelten Dampfschiffe haben ein Deplacement von 3100 ts bei 1825 BRT und 984 NRT, eine Länge Lpp von 76,5 m, Breite 11,6 m, Tiefgang 5,4 m und Raumtiefe 7,7 m. Die Schiffe erreichen mit vier eisernen Kesseln und einer Maschinenleistung von 1400 PSi eine Geschwindigkeit von 10 kn.
- Die »FRANKLIN«, erstes Schiff der amerikanischen »New York and Havre Steam Navigation Comp.« mit vier Rettungsbooten. Das holzgebaute barkgetakelte Schiff erreicht mit 1250 PSi (920 kW) Maschinenleistung und zwei Seitenrädern von 9,9 m Durchmesser mit je 28 Radialschaufeln die Geschwindigkeit von 10,5 kn.
- Die Schleswig-Holsteinische Regierung gibt bei Schweffel & Howaldt die Maschine für das erste Schrauben-Kanonenboot Europas »VON DER TANN« in Auftrag.

1849
- Aufhebung der britischen »Navigationsakte«; Schiffe jeder Flagge können nunmehr von allen europäischen und überseeischen Ländern Waren nach England ein- und ausführen. Damit wird die Ausweitung des Welt-Seeverkehrs mit den Massengütern der Weltwirtschaft (Getreide, Kohle, Eisen, Salpeter, Baumwolle u. a.) bedeutend gefördert.
- Der erste eiserne deutsche Schraubendampfer »HELENA SLOMAN«, 800 BRT, wird in Hamburg gebaut.
- Bau eiserner Flußdampfer bei Buckau & Berliner in Magdeburg.
- Das erste Schiff der amerikanischen Collins-Line, der hölzerne Raddampfer *»ATLANTIC«*, ist auch das erste Schiff mit geradem Vorsteven ohne Bugspriet. Die Holzverbände sind durch eiserne Diagonalbinder verstärkt, die Kabinen für die 200 Fahrgäste durch Dampf beheizt, und die Rettungsboote sind aus galvanisch geschütztem Eisenblech gebaut. Depl. 5200 ts, 2860 BRT, 1559 NRT L_{oA} 91,5 m, L_{pp} 80,5 m, B 13,7 m, B Räder 22,3 m, T 6,05 m, T Raum 9,6 m, Maschinenleistung 800 PS (590 kW), Geschwindigkeit 11,75 kn, 140 Mann Besatzung.

1850
- Liberalisierung der holländischen Schiffahrtspolitik und Öffnung der indonesischen Häfen.
- Schiffsbestand an Seedampfern/Binnendampfern in den vier größten seefahrenden Ländern Europas: Großbritannien 700/600, Frankreich 170/250, Deutschland 77/180, Rußland 56/92.
- Die Cunard-Line stellt als letzte hölzerne Seitenraddampfer die »AFRICA« und »ASIA« in Betrieb, die bis 1868 in Fahrt bleiben. Die für 160 Fahrgäste und 500 ts Ladung ausgelegten Schiffe (Depl. 3620 ts, 2226 BRT, 1214 NRT, L_{oA} 88,5 m, L_{pp} 81,5 m, B 12,2 m, B Räder 19,5 m, T 5,75 m, Seitenraddurchm. 10,7 m) fahren 12 kn mit 2400 PSi, 100 ts Kohleverbrauch/Tag und 38 Mann Maschinenpersonal. Die »ASIA« gewinnt 1850 mit 12,12 kn das »Blaue Band«.
- Preußen schließt mit der britischen Werft von Robinson u. Russel einen Vertrag über die Lieferung von Schiffsmaschinen und Bauplänen für ein Kriegsschiff. Der junge Edinburgher Konstrukteur John Scott Russel erwirbt dazu in Danzig (Gdansk) ein Baugelände und beauftragt den Schiffbaumeister Klawitter mit dem Bau der 1851 fertiggestellten Radkorvette »DANZIG«.
- Eisen wird zum hauptsächlichen Schiffbau-Werkstoff. Die Blütezeit des »Eisenschiffbaus« wird jedoch schon nach drei Jahrzehnten durch den »Stahlschiffbau« beendet.

Dampfschifffahrt
zwischen
Copenhagen und Rostock.
Das schöne, mit allen erforderlichen Bequemlichkeiten versehene, kupferfeste dänische Dampfschiff
„Själland,"
geführt vom Capt. D. M. Beck,
wird in diesem Sommer wöchentlich eine regelmäßige Fahrt zwischen den obengenannten Plätzen über Nyköbing auf Falster unterhalten und zwar in jeder Woche am
Montag, Morgens 5¼ Uhr
von Copenhagen auf hier abgehen und am
Dienstag Nachmittag
von Rostock nach Copenhagen zurückkehren.
(Die erste Fahrt von Copenhagen auf hier wird am Montag den 20. April, und die Rückfahrt am Dienstag den 21. April stattfinden.)
Nähere Auskunft über die höchst billig gestellte Passagier- und Güterfracht wird ertheilt in der Expedition des Schiffes bei
Rostock den 11. April 1846.
C. H. Brockelmann.

Chronologie 1851–1900
Die Blütezeit der Schiffe mit Kolbendampfmaschinen

1851
- Die »BALTIC« der amerikanischen Collins-Line, Schwesterschiff der *»ATLANTIC«*, erringt 1851 mit 13,17 kn das »Blaue Band« des Nordatlantiks.
- Die »TUBALCAIN« (787 BRT) wird als erstes Schiff von Lloyd's Register als Kompositschiff klassifiziert.
- Erstes Eisenbahnfährschiff in der Geschichte der Schiffahrt auf dem Firth of Forth.

- Die Hamburger Ingenieure Früchtenicht und Brock gründen 1851 in Bredow bei Stettin die erste deutsche Eisenschiffswerft, von der aus der Eisenschiffbau in Deutschland Eingang findet.
- Erstes Unterseekabel verlegt.
- Schiffbaumeister K. Scheffer (Österr.) baut Schwimmdock für Triest.

1852
- Die »DIVELOW«, das erste eiserne Schiff auf der Ostsee, erbaut von der Werft Früchtenicht & Brock.
- Palmer baut an der Tyne den ersten Kohledampfer »JOHN BROWN« mit Wasserballasttanks.
- Staatsgesetz zur Regelung des Rettungswesens in Dänemark erlassen, 1854 folgt Schweden.
- Das erste von Ericsson in Amerika mit einer Heißluftmaschine ausgerüstete Schiff geht auf Probefahrt. Diese kann sich jedoch nicht gegen Dampfmaschinen durchsetzen und wird wieder durch eine herkömmliche Dampfmaschine ersetzt.

1852/57
- Bau des Großschiffs *»GREAT EASTERN«* nach Plänen von Kingdom Isambard Brunel aus Stahl in Millwell bei London, Deplacement 27500 t, Länge über Alles 211 m, Breite 25 m, Tiefgang 8 m, Schaufelradpaar mit 14,6 m Durchmesser, Radantrieb 2900 kW (4000 PS), Segelfläche 5200 m^2, Geschwindigkeit mit allen Antrieben 14···15 kn, 4000 Fahrgäste und 400 Mann Besatzung.

1853
- Die *»BORUSSIA«*, erster Dampfer der Hamburg-Amerika-Linie, wird in Dienst gestellt.
- A. Tischbein baut in Rostock das erste deutsche seegehende eiserne Schraubenschiff *»ERBGROSSHERZOG FRIEDRICH FRANZ«*; Länge 40,5 m, 200 t Tragfähigkeit, Maschinenleistung 70 PS (52 kW).

1853/56
- Im Krimkrieg beweisen Dampfkriegsschiffe und gepanzerte Kanonenboote ihre Überlegenheit.

1854
- Erste Entwicklungsstufe des Doppelbodens in McIntyre-Bauweise.
- Lambert (Frankr.) baut in Paris das erste Eisenbetonboot.
- Mit dem »Merchant Shipping Act« wird die Moorsom-Schiffsvermessung eingeführt.
- Lloyd's Register gibt erste Bauvorschriften für eiserne Schiffe heraus.
- Erstes deutsches Schiffsdock, Länge 76,2 m, Breite 19,9 m, bei W. Klawitter in Danzig (Gdansk) erbaut.
- John Elder, Glasgow (Brit.), baut die erste Verbund-Dampfmaschine (HD-Zylinder, ND-Zylinder, Kondensator) in das Schiff »BRANDON« ein.
- In Rostock wird die »Landesnavigationsschule« eröffnet. 1911 »Navigations- und Schiffsingenieurschule« (1921 aufgelöst).

1855
- Erster eiserner Seedampfer von der Schichau-Werft.
- Compagnie Generale Transatlantique gegründet.

1856

Die Schweizer Firma Escher Wyss GmbH. in Ravensburg wird gegründet.

1857
- Bau des ersten Ozeanschiffs in Britannien aus Puddel- und Bessemerstahl.
- American Universal Register in New York gegründet.
- Gründung des Norddeutschen Lloyd, Bremen.
- Erstes hölzernes Schimmdock für die Elbe erbaut von H. C. Stülken, Hamburg.

1858
- Bureau Veritas gibt erste Bauvorschriften für eiserne Schiffe heraus.
- Bureau Veritas Austro-Ungarico in Triest gegründet.
- Ecole du G'enie Maritime Paris gegründet.
- Stapellauf der *»GREAT EASTERN«* am 31. Januar 1858.
- Erste Meldung durch das Atlantikkabel.
- 5 USA-Dampfschiffe in der transatlantischen Fahrt.
- Die *»BREMEN«*, barkgetakelter erster Dampfer des Nordd. Lloyd, verläßt die Weser zu seiner ersten Fahrt nach New York. Kessel und Dampfmaschinen der »BREMEN« sind kennzeichnend für den Entwicklungsstand der Schiffsmaschinen; vier Kofferkessel mit 1,25 kp/cm^2 Überdruck (0,225 MPa), Niederdruckdampfmaschinen mit Einspritzkondensation, Kohleverbrauch 2,2···2,5 kg/PSih, Leistung 1300 PSi; bei einer Durchschnittsleistung von 1000 PSi, einer Schiffsgeschwindigkeit von 8···9 kn und einer Reisedauer von 20 Tagen sind 1300···1400 t Kohle zu Lasten der Nutztragfähigkeit mitzuführen.

1859
- Probefahrt der *»GREAT EASTERN«* (8. September), mit 27500 t Deplacement das größte Schiff des Jahrhunderts.
- Das erste französische Hochsee-Panzerschiff, die *»GLOIRE«* von de Lomes, läuft von Stapel. Es erhält im Wasserliniengürtel eine 12 cm dicke Panzerung, 2537 PS (1870 kW) Antriebsleistung, läuft 12,8 kn und wird mit 36 × 16-cm-Kanonen bestückt.
- Erstes Patent auf eine Steuerung von Schiffen durch Dampfkraft (Pat. Nr. 2410 des Patentamts in London) als Vorstufe zur Dampfrudermaschine.
- Humphry führt den neuen Oberflächenkondensator ein und leitet damit entscheidende Fortschritte im Schiffsmaschinenbetrieb ein.
- Colonel Drake bringt bei Titusville (USA) die erste fündige Ölbohrung nieder.

1860
- Frankreich öffnet die Häfen seiner Kolonien für Schiffe unter fremder Flagge.
- Das erste gepanzerte eisengebaute Schiff Britanniens, die *»WARRIOR«*, läuft von Stapel.
- Erste wirksame Schiffsbodenfarbe gegen Korrosion und Bewuchs in Bremerhaven hergestellt.
- Bessemerstahl wird allgemein im britischen Schiffbau eingeführt.
- Der Donau-Schraubenfrachtdampfer *»NAPREDAK«* erhält für seine langsam drehende Dampfmaschine ein Zahnrad-Vorgelege,
- Die *»AMERIKA«* des Nordd. Lloyd legt die Strecke New York – Southampton in 11 Tagen und 3 Std. zurück; Leistung 1800 PSi, Kesselüberdruck 2,0 kp/cm^2 (0,3 MPa). Der Kohleverbrauch beträgt 1,6 kg/PSih; bezogen auf 1000 PSi und 20 Tage ist noch ein Kohlevorrat von 850···900 t erforderlich.
- Die später weltbekannte Neptune-Werft in Newcastle upon Tyne wird gegründet.

1860/65

Allgemeine Einführung des Oberflächenkondensators anstelle des Einspritz-Kondensators auf Dampfschiffen.
- Erste Schiffsladung Petroleum in Holzfässern über den Atlantik von USA nach England.
- Registro Italiana in Genua gegründet.
- Registre Maritime in Bordeaux gegründet.
- Ludgeon baut den ersten Zweischrauber mit direktem Antrieb jedes Propellers durch eine 60-PS-(44-kW-)Dampfmaschine; das Schiff ist nur 45,7 m lang.

1862
- Underwriters Registry for Iron Vessels in Liverpool gegründet.
- Das erste Seegefecht zwischen Schiffen mit Eisenpanzerung; die *»MERRIMAC«* der Konförderation und die *»MONITOR«* der Union kämpfen bei Hampton Roads während des Bürgerkriegs.
- Erste Patente für Ölfeuerungseinrichtungen an Schiffskesseln in den USA.

1863
- I. S. Russel veröffentlicht die Schrift »On the longitudinal system of iron shipbuilding«.
- In Rostock wird der Germanische Lloyd gegründet, ab 1872 Sitz in Berlin.
- In London wird die »FAR EAST«, 1258 t, 150 PS (110 kW), als erstes seegehendes Doppelschraubenschiff noch mit Vollschiffstakelung erbaut.
- *»LE PLONGEUR«*, ein Unterseeboot mit Druckluftantrieb, wird von Bougois und Brun in Frankreich gebaut.
- Erstes Registerbuch des »Registro Italiano«.

1864
- Rankine entwickelt die Stromlinientheorie.
- Det Norske Veritas gegründet.

1865
- Die Wirtschaftlichkeit von Dampfschiffen wird durch die Verwendung von Verbunddampfmaschinen erhöht; das Fahrgastschiff *»AJAX«* legt mit einer Verbunddampfmaschine 14000 km von Liverpool bis Mauritius zurück, ohne auf dieser Strecke Kohle nachzubunkern.
- Deutsche Gesellschaft zur Rettung Schiffbrüchiger (DGzRS) gegründet.
- Alfred und Edwin Paul erhalten das erste englische Patent auf eine hydraulische Steuervorrichtung.

1866

Beginn der Kettenschleppschiffahrt auf deutschen Flüssen.

1867
- Erste Bauvorschriften für Kompositschiffe von Lloyd's Register herausgegeben.

1868
- Erstes eisernes Schwimmdock (Länge 56,83 m, Breite 24,38 m) in Deutschland für die Norddeutsche Marine, von A. Borsig in Tegel erbaut; es ist ab 1869 in Kiel stationiert.
- Dupuy de Lome unternimmt weiteren Versuch zur formelmäßigen Erfassung des Wider-

stands; seine ersten Schleppversuche erfolgten 1840 in Toulon mit der »SPHINX«.
- In Dresden wird die Elbschiffahrtsgesellschaft »Kette« gegründet.
- Der Seebäderdienst von Cuxhaven nach Helgoland wird eröffnet.

1869
- Eröffnung des unter Leitung von Ferdinand de Lesseps erbauten Suezkanals; dadurch Verkürzung der Seestrecke London–Bombay fast um die Hälfte.
- Gründung der White Star Line, Liverpool.

1870
- Radinger veröffentlicht ein Buch über Dampfmaschinen und klärt den Begriff Massenwirkung.
- Kirk führt die Dreifach-Expansionsmaschine (HD-Zylinder, MD-Zylinder, ND-Zylinder, Kondensator) zur weiteren Verringerung des Kohleverbrauchs ein.
- William Froude (Brit.) führt systematische Schleppversuche in seiner Versuchsanstalt in Chelston Cross bei Torquay durch.
- Die Welthandelsschiffstonnage erreicht 15 Mill. BRT mit einem Anteil der Dampfschiffe von 3,5 Mill. BRT (23 %).

um 1870
- Einführung des Brückenaufbaus zur Sicherung der Maschinenraumoberlichter gegen Seeschlag.
- Entwicklung der sog. »Sturmdecker«, wobei das Stahldeck jedoch erst ab 1877 in das obere, als Sturmdeck bezeichnete Deck verlegt wird; die Schiffsseiten hatten den Vorschriften für Aufbauten zu genügen.
- Veritas Hellenique in Athen gegründet.
- Der russische Marineoffizier Popow konstruiert das erste Rundschiff *»NOWGOROD«*. Die Rundschiffe werden später Popowkas genannt.
- Die ersten Fischdampfer werden in Frankreich, England und den USA gebaut und mit geringem Erfolg eingesetzt.
- Die Schiffskessel (Kofferkessel) ermöglichen jetzt 4,2 kp/cm^2 Überdruck (0,52 MPa), so daß die Einfach-Expansionsmaschinen als »Mitteldruckmaschinen« gebaut werden können.

1871
- Froudescher Schleppversuch der Korvette »GREYHOUND«.
- Erster deutscher Eisbrecherdampfer »EISBRECHER I«; Länge 40,5 m, Leistung 592 PS (436 kW) von F. C. Steinhaus auf der Reiherstieg Werft in Hamburg gebaut.
- Gründung der Hamburg-Südamerika-Dampfschiffahrtsgesellschaft in Hamburg.

1872
- Flensburger Schiffbau-Gesellschaft gegründet.
- Gründung der Maschinenfabrik »Weise & Monski« in Halle an der Saale. Sie bringt als erste deutsche Firma die in den USA entwikkelte Duplex-Dampfpumpe auf den Markt.
- Gründung der Maschinenfabrik »De Limon Fluhme & Co.« in Düsseldorf. Sie ist die erste Spezialfirma für Schmiereinrichtungen von Dampfmaschinen.
- Die »HANSA« läuft als erste in Deutschland gebaute Panzerkorvette in Danzig (Gdansk) von Stapel.

1872/77

In der Weltdampferflotte wird die Einfach-Expansions-Niederdruckmaschine durch die verbesserten Zweifach-Expansions-Mitteldruckmaschinen, den sog. »Compoundmaschinen« abgelöst. Der durchschnittliche Kohleverbrauch liegt jetzt bei 1 ··· 1,1 kg/PSih. Ein Dampfer mit 1000 PSi Leistung benötigt für 20 Tage Fahrt noch einen Kohlevorrat von 500 ··· 600 t.

1873
- Als erstes Schiff der HAPAG erhält die »POMERANIA« eine Dampfsteuermaschine der Firma »Muir & Caldwell« aus England.
- Johann Renk gründet seine mechanische Werkstatt, heute bedeutender Getriebehersteller (BRD).

1874
- Register of Australian and New-Zealand Shipping in Melbourne gegründet.
- Die »FARADAY« (4917 BRT) wird als Vorläufer für spätere Kabelleger nach Plänen von Wilhelm Siemens auf einer britischen Werft erbaut.
- Bau des zweiten Rundschiffs *»VIZEADMIRAL POPOW«*.
- Mit der »LA FRIGORIFIQUE« durch Tellier (Frankr.) beginnt die Entwicklung des Kühlschiffs. Das Schiff erhält eine Kompressor-Ladekühlanlage für den Fleischtransport von Argentinien nach Europa.

1875
- Erste Avisos der britischen Marine »MERCURY« und »ISIS« aus Stahl erbaut.
- Gründung der Firma Lürssen Werft in Bremen.
- Einführung der Unterteilung des Doppelbodens durch Doppelbodenzellen.
- Bau der Schraubenfregatte *»GENERALADMIRAL«* mit zwei Schrauben in Rohrtunneln über die ganze Schiffslänge, in denen jeweils auf halber Länge eine Schraube angeordnet ist.
- Versuche zum Dampfschiff *»BESSEMER«* mit rollstabilisierender Aufhängung des Passagierraums.

1876

Die königliche Werft in Amsterdam nimmt eine Schlepprinne in Betrieb.

1877
- Erste deutsche gedruckte Bauvorschriften des Germanischen Lloyd herausgegeben.
- Erstmals wird im Handelsschiffbau Stahl verwendet.
- Gründung der Werft Blohm & Voss in Hamburg.
- Finnland setzt seinen ersten Eisbrecher, die »EXPRESS« in Fahrt, er ist mit seinen 400 PS (294 kW) noch eine Art eisbrechendes Frachtschiff mit Dampfantrieb.

1878
- Erstes See-Tankschiff *»ZOROASTER«* (Länge 55,9 m, Breite 8,2 m, Geschwindigkeit 10 kn) nach Idee von L. E. Nobel für das Kaspische Meer in Schweden erbaut.
- Für Schiffsneubauten werden 8 % Stahl und 92 % Eisen verwendet.
- Edisons erste praktikable Glühlichtbeleuchtung auf dem USA-Dampfschiff *»COLUMBIA«*.

1879
- Einrichtung des Lehrstuhls für Schiffbau an der Technischen Hochschule Berlin.
- Erste elektrische Glühbirnenbeleuchtung auf dem Schleppdampfer »HANNOVER«.

1880
- Fortschritte in der Schiffstypenspezialisierung. Entwicklung spezieller Dampf-Passagierschiffe als erste große Einzweck-Typengruppe ausschließlich für den Passagiertransport.
- Erste Bauvorschriften für Stahlschiffe mit 20 % Minderung gegenüber Eisenschiffen von Lloyd's Register herausgegeben.
- Russische Zarenyacht *»LIVADIA«* mit überbreitem Unterwasserschiff in Britannien nach Plänen des Ingenieurs Guljajew gebaut. Länge 71,6 m, Breite 46,6 m, Tiefgang 2,1 m, Deplacement 4500 t, 8 Kessel und 3 Dampfmaschinen und 3 Propeller mit insgesamt 10 500 PS (7730 kW), Geschwindigkeit 14 kn; erster tödlicher Unfall durch elektrischen Strom an Bord eines Schiffs.
- Das britische Kühlschiff »STRATHLEVEN« (2257 t) eröffnet die Linienschiffahrt im Übersee-Fleischtransport Australien–London.
- Für die Maschinisten der Dampfschiffe wird die Staatsprüfung vorgeschrieben; später entstehen Ingenieurklassen mit Abschluß als Schiffsingenieur.

um 1880
- De Laval beginnt mit den Arbeiten zur Entwicklung seiner Aktionsturbine.
- Einführung von dreizylindrigen Mitteldruck-Compoundmaschinen mit 6,3 kp/cm^2 (0,73 MPa) Kesseldruck für Leistungen bis 6000 PSi.

1881
- Erste britische Glühlichtbeleuchtung mit 144 Glühbirnen auf HMS *»INFLEXIBLE«*.
- Gründung der Deutschen Dampfschiffahrtsgesellschaft »HANSA« in Bremen.
- N. N. Benardas unternimmt erfolgreiche Versuche zum elektrischen Schweißen.

1882
- De Lavals erste Patentanmeldung zur Aktionsturbine.
- Erste vollständige Glühlichtbeleuchtung für das dänische Kriegsschiff »NORDENSKJÖLD«.
- Mit einer 22 km langen Kette betreibt die »Berliner Krangesellschaft« von 1882 bis 1892 mit drei Schiffen eine Kettenschleppschiffahrt in Berlin.

1883
- Departement of Naval Architecture an der Universität Glasgow eingerichtet.
- Erste einstufige Laval-Turbine einfacher Bauart erprobt.
- Der spätere Chefkonstrukteur der britischen Marine, Sir Philipp Watts, berichtet über Versuche mit »offenen Wasserkammern« zur Schlingerdämpfung auf dem HMS *»INFLEXIBLE«*.
- Die »A. B. Separator« wird in Stockholm gegründet. Damit wird der Grundstein für die späteren De-Laval-Separatoren gelegt.
- Der Schwede Thorsten Nordenfeld entwickelt eine Antriebsvariante für U-Boote, bei der Dampf für die Unterwasserfahrt gespeichert wird.

1884
- Denny (Brit.) errichtet ersten Versuchstank.
- C. A. Parsons erhält zwei Patente auf seine Reaktionsturbine.

- Die mittlere Ortszeit des Königlichen Observatoriums in Greenwich wird anläßlich einer internationalen Konferenz als Weltzeit festgelegt.

1885
- Der erste deutsche Fischdampfer *»SAGITTA«*, erbaut auf der Werft F. W. Wenke in Geestemünde, Länge 33 m, Breite 6,5 m, 148 BRT, 275 PS (203 kW), geht am 7. Februar auf seine erste Fangreise.
- Für Schiffneubauten werden 48 % Stahl und 52 % Eisen verwendet.
- Gründung der Werft I. G. Hitzler, Lauenburg/Elbe.
- Reichspostdampfer-Gesetz in Deutschland.

um 1885
- Einführung der »Halbschotte«, die später zu »Rahmenschotte« und »Rahmenspante« weiterentwickelt werden.
- Bau erster, elektrisch angetriebener Kleinunterseeboote von Goubets.

1886
- R. E. Froude (Engl.) errichtet einen größeren Versuchstank.
- Erstes Einhüllen-Übersee-Tankschiff *»Glückauf«* mit 2300 BRT in Dienst gestellt; bis 1900 erreicht die Welttankerflotte 0,4 Mill. BRT (1,5 %) der Weltflotte.
- Zweiter einfacher Versuchstank der Admiralität in Haslar.
- Gründung der AG Weser Seebeckwerft, Bremerhaven.
- Franz Tacke beginnt mit fünf Mitarbeitern mit der Herstellung von Transmissionsanlagen; später bedeutendes Getriebewerk.
- Kaufmann Heinrich Garbe und Ingenieur Wilhelm Lahmeyer gründen die »Deutsche Elektrizitäts-Werke zu Aachen-Garbe Lahmeyer u. Co.«; später ein bedeutendes Werk des Elektromaschinenbaus.
- In Deutschland wird der »Nordische Bergungs-Verein« gegründet, der u. a. auch vier Bergungsdampfer im Mittelmeer unterhält.
- Der Norddeutsche Lloyd erteilt erstmals einer deutschen Werft einen Schiffbauauftrag.
- Vom Stettiner »Vulcan« fertiggestellte Reichspostdampfer erhalten hydraulische Steuereinrichtungen der Firma »Brown Brother« aus Edinburgh; als Druckmedium dient Preßwasser.
- Die Firma Haselwander baut in Deutschland den ersten Drehstromgenerator.

1887
- Grundsteinlegung zum Kaiser-Wilhelm-Kanal (Nord-Ostsee-Kanal) Einweihung 1895.
- Deutsche Seeberufsgenossenschaft gegründet.

1888
- Erstes deutsches Zweischraubenschiff *»AUGUSTE VICTORIA«*, 8471 BRT, Länge 140 m, Leistung 12500 PS (9200 kW). Geschw. 18···20 kn.
- Indienststellung der »PARIS«, 13000 t Wasserverdrängung, 20,5 kn.
- De Laval erhält ein Patent auf seinen Dampfeinströmkanal (Vorgänger der heutigen Lavaldüse) für rotierende Dampfmaschinen.

um 1888
- Weitere Einführung der Dreifach-Expansionsmaschinen mit 10 kp/cm^2 Kesseldruck (1,1 MPa) und einem Kohleverbrauch von 0,8 kg/PSih. Als Vorrat für eine 20tätige Reise bei 1000 PSi sind somit nur noch 430···450 t erforderlich.
- Gründung der Lanke-Werft in Berlin.

1889
- C. A. Parsons errichtet seine Turbinenfabrik C. A. Parsons and Co.
- Erster italienischer Schleppversuchstank in La Spezia.
- Indienststellung der »TEUTONIC« und »MAJESTIC«, erste Zweischrauben-Dampfschiffe der White-Star-Line ohne jede Hilfsbesegelung.
- Der finnische Elektroingenieur Gottfried Strömberg gründet in Helsinki eine Werkstatt für Elektromaschinen; 1897 entsteht der erste Elektromotor für den Schiffsbetrieb. Der Strömberg-Konzern wird später ein bedeutendes Elektrounternehmen in Skandinavien.
- Erste Schiffssicherheitskonferenz in Washington.

1890
- Beginn des Serienbaus von »Reichspostdampfern« in Deutschland; von 1890 bis 1898 werden im Staatsauftrag verschiedene Schiffsserien mit jeweils bis zu 10 Schiffen gebaut.
- British Corperation for the Survey and Registry of Shipping in Glasgow gegründet.
- Schiffbaulehre an der Cornwell University, Ithaco USA.
- Für Schiffsneubauten werden 92 % Stahl und 8 % Eisen verwendet.
- Die Kreuzerkorvette »KAISERIN AUGUSTA« ist das erste Dreischraubenschiff der Kaiserlichen Marine.
- Der britische »Kanonenkönig« Hiram S. Maxim erhält ein Patent auf ein Flossen-Stabilisierungssystem, das dem Patent des deutschen Ingenieurs Anton Flettner entspricht (DRP 398710).
- Das erste betriebssichere deutsche Motor-Passagierboot wird auf dem Hollersee in Bremen vorgeführt.
- Die Firma Ostermann & Flüs Metallwerke wird in Köln gegründet, später bedeutender Propellerproduzent.
- Wilhelm Anton Riedemann, A. N. Schütte und die Rockefeller Standard Oil gründen die »Deutsch-Amerikanische Petroleum-Gesellschaft«.
- Auf der Werft »Bergsunds Mekanniska Verkstad« in Stockholm wird der erste finnische Eisbrecher »MURTAJA« (47,5 m Länge, 10,98 m Breite, 4,75 m Tiefgang, 1790 PSi, 12,5 kn) gebaut, seinerzeit stärkster Eisbrecher Europas.

1890/93

Herbert Stuart entwickelt den Glühkopfmotor (Ölmotor mit Selbstzündung durch Glühkopf).

1891
- Taylor beschäftigt sich in »The Causes of Vibration of Screw Steamers« mit Schiffsschwingungen.
- Der Schweizer Elektroingenieur Charles Brown und der in Bamberg geborene Ingenieur Walter Boverí gründen in Baden in der Schweiz das heute weltbekannte Unternehmen »Brown, Boveri & Cie. AG«.
- Der Germanische Lloyd erläßt erste Vorschriften über den Einbau und den Betrieb von elektrischen Anlagen.
- Die Schnelldampfer der Hamburg-Amerika-Linie (HAL) richten »Seeposten« (Postbüros) an Bord ein, um den Postverkehr weiter zu beschleunigen.

1892
- Erste ständige Eisenbahn-Fährschiffsverbindungen Hälsingborg–Hälsingör (1907 Saßnitz–Trelleborg).
- W. Doxford baut die »TURRET« (1970 BRT), das erste Turmdeckschiff für Schüttgutladungen. Erste Turmdeck- und Walrückendampfer kommen auf den nordamerikanischen Großen Seen in Fahrt.
- Die belgische Star Steamship Company, Antwerpen, läßt in Britannien das erste und einzige kombinierte Tank-Fahrgast-Schiff bauen, um Leerfahrten USA–Europa zu vermeiden; die Personenbeförderung wird jedoch nicht genehmigt.
- Parsons erster größerer Turbo-Dynamo hat bei 4800 U/min eine Leistung von 200 HP (etwa 150 kW).
- Britannien hat sieben neue Kriegsschiffe der »Royal Sovereign« Klasse.
- Rudolf Diesel erhält Patentrechte für seinen Motor.
- Erste Patente für Kompaß-Fernanzeigen in Deutschland.

1893
- Erster Motor Rudolf Diesels in der Maschinenfabrik Augsburg montiert, der praktische Betrieb bereitet noch Schwierigkeiten.
- Frankreich baut mit dem Schlachtschiff »CHARLES MARTEL« eine der größten »schwimmenden Festungen« der französischen Marine.
- Stapellauf des französischen U-Boots *»GUSTAVE ZEDE«*.
- Institute of Technologie, Massachusetts, USA gegründet.
- Erstes Schiff mit einer Ammoniak-Kompressionskälteanlage; die »PERTHSHIRE«.
- Der Tankdampfer »DEUTSCHLAND« (3700 BRT) der Deutsch-Amerikanischen Petroleum-Gesellschaft ist der erste auf einer deutschen Werft gebaute Tankdampfer.
- Gustaf de Laval gründet seine Turbinenfabrik A/B de Laval's Ångturbin.

1894
- Brown & Hood in Wallsend beginnt mit dem Bau des ersten Turbinenschiffs der Welt, der *»TURBINIA«*.
- O. Schlick veröffentlicht seine Arbeit »Einfluß der Aufstellung von Dampfmaschinen auf das Vibrationsverhalten von Schiffen«.
- Nach dem Umbau des »ersten Dieselmotors« zum zweiten Motor wird der Leerlauf, jedoch noch keine Nutzenergieabgabe erreicht.

1895
- Technikum Bremen gegründet.
- Technikum Hamburg gegründet.
- Föppl entwickelt Lösungen zur Vermeidung von Unwuchtschwingungen.
- Guglielmo Marconi beginnt Versuche mit den von Heinrich Hertz entdeckten elektromagnetischen Wellen.
- Ernst Sachs gründet seine Kugellagerfabrik.

- Der Nord-Ostsee-Kanal wird eröffnet.
- Untergang des Schnelldampfers *»ELBE«* (NdL.) Der Untergang war Anlaß zur Entwicklung der ersten Unterteilungsvorschriften für Passagierschiffe, die bereits 1896 vom Germanischen Lloyd ausgearbeitet und von der Seeberufungsgenossenschaft (SBG) erlassen wurden.
- Stapellauf der neuen russischen Zarenyacht »SCHTANDART« bei Burmeister & Wain in Kopenhagen. 1948/49 Umbau zum Schulschiff »OKA« auf der Schiffswerft »Neptun« in Rostock, Ende der 50er Jahre außer Dienst gestellt.
- Gründung der Kühlmaschinenfabrik »Thomas Ths. Sabroe & Co. AS.« in Aarhus, Dänemark; später ein führendes Unternehmen der Kältetechnik, insbesondere für Schiffskühlanlagen.

1895/96

Erster 17tägiger Dauerbetrieb des Dieselmotors in Augsburg.

1896

- Erste Vorschriften über Schiffssicherheit in Deutschland veröffentlicht.
- American Bureau of Shipping in New York gegründet.

1897

- Der Dieselmotor erreicht seine Produktionsreife, es folgt ein offizieller Prüfstandnachweis.
- Indienststellung der *»TURBINIA«*; Einführung mehrstufiger Reaktions-Dampfturbinen, Rekordfahrt Parsons mit der »TURBINIA« (44,5 t Wasserverdrängung) während der Flottenparade vor Spithead. Mit drei Turbinen und drei Schraubenwellen erreicht das Schiff 34,5 kn.
- *»KAISER WILHELM DER GROSSE«* wird in Dienst gestellt. Mit 20000 t Deplacement und 14350 BRT fährt das Schiff 23 kn, es ist das schnellste Schiff seiner Zeit und Inhaber des »Blauen Bandes«.
- Die Titan Separator A/S in Kopenhagen beginnt mit der Herstellung von Separatoren, zunächst für die Molkereiindustrie, nach Einführung des Dieselmotors auch für den Schiffbau.
- Die A/S Atlas wird in Kopenhagen gegründet. 1968 entwickelt sie als erste Firma der Welt einen Frischwassererzeuger, der die Abwärme des Dieselmotor-Kühlwassers ausnutzt.
- Der Amerikaner H. Spiller erhält vom Patentamt der Vereinigten Staaten ein Patent auf eine pneumatische Steuervorrichtung. Eine annähernd ähnliche Steuerung erhält erstmals der USA-Monitor »TERROR«, der am 13. Februar in Dienst gestellt wird.
- Das Elektroboot »GERMANIA« wird auf der Germaniawerft in Kiel gebaut.
- Mirless Watson Yaryan Co. in Glasgow baut den ersten britischen Dieselmotor als »dritten Dieselmotor der Welt«.
- Der russische Torpedobootzerstörer »WIBORG« erhält als erstes Schiff eine Ölfeuerung für die Kessel.

1898

- Gründung einer Schiffs-Versuchsanstalt in Dresden-Übigau.
- Krylow berichtet über seine grundlegende Arbeit »Theorie über die Rollbewegung im Seegang«.
- Die Turbinen-Torpedobootzerstörer »VIPER« und *»COBRA«* mit 10000 PS bzw. 7350 kW Antriebsleistung werden gebaut und befinden sich in der Erprobung.
- Die Maschinenfabrik Burmeister & Wain erwirbt Patentnutzungsrechte für den Dieselmotor.
- Die Frederikshavn Jernstoberi og Maskinfabrik, heute Alpha-Diesel A/S, wird in Frederikshavn (Dänemark) gegründet und baut anfangs 4-PS-Glühkopfmotoren.
- Der erste Dieselmotor bei Sulzer in Winterthur/Schweiz steht auf dem Prüfstand und leistet als Einzylinder-Viertaktmotor 14,7 kW (20 PS).
- In Anbetracht seiner großen Vorzüge wird der Hall-Anker allgemein bei der Kaiserlichen Marine eingeführt.
- Der Braunsche Sender des Physikprofessors Ferdinand Braun von der Universität Straßburg wird zum Patent angemeldet. Im Juni 1899 erreicht er von Cuxhaven aus die Insel Neuwerk (12 km).

1898/99

Erste deutsche Tiefsee-Expedition im Atlantischen- und Indischen Ozean mit dem Dampfer »VALDIVIA«.

1899

- Gründung einer Versuchsanstalt in Washington.
- Die *»OCEANIC«* erreicht mit einer Länge von 215 m, Deplacement 28500 t und 17200 BRT die Größe der *»GREAT EASTERN«*.
- Imperial Japanese Marine Corperation in Tokio gegründet.
- Die einstufige Laval-Aktionsturbine erreicht 30000 U/min. Laval konstruiert und baut Untersetzungsgetriebe und die »elastische Welle«.
- Das Küstenpanzerschiff *»AEGIER«* erhält als erstes deutsches Schiff Laval-Turbinen für den Generatorantrieb von je 30 kW, die Turbinen werden in der Maschinenanstalt Humbold in Kalk bei Köln gebaut.
- Die Schiffbautechnische Gesellschaft wird an der TH Berlin gegründet.
- Gründung der FIAT-Motorenwerke (Italien).
- Gründung der Vacuum Oil Company zu Hamburg; Albert Ballin erwirbt als einer der ersten den neuen Schmierstoff für die HAPAG.

1900

- Sommerfeld und Reynolds entwickeln die hydrodynamische Gleitlagertheorie, sie ermöglicht leistungsfähige Druck- und Wellenlager.
- Die Welttonnage (kommerziell und nicht kommerziell) zählt 28000 Schiffe (von mehr als 100 BRT) mit 28 Mill. BRT mit einem Anteil der Dampfschiffe von 21 Mill. BRT (75 %). In Deutschland gibt es 947 Redereien mit 2543 Schiffen über 50 t, darunter 1223 Dampfer.
- Zweiter deutscher Versuchstank in Bremerhaven.
- Die *»DEUTSCHLAND«* wird in Dienst gestellt, Deplacement 23200 t, von 1900 bis 1902 Inhaber des »Blauen Bandes«.

um 1900

- Anfänge des Übergangs von Kohlefeuerung zur Ölfeuerung.
- Laval, Frahm, Föttinger, Melleville, Malcapine u. a. suchen nach Möglichkeiten für Schiffsuntersetzungsgetriebe und Umsteuergetriebe.

ab 1900

- Weiterentwicklung des Stahlschiffbaus, anstelle der engstehenden Stützen an jedem zweiten Spant werden Unterzüge und größere Stützenabstände vorgesehen.
- Großbrand in New York, zwei deutsche Dampfer brennen aus, einer sinkt. Die Katastrophe wird zum Anlaß von verbessertem Brandschutz und für Feuerbekämpfungsvorschriften.
- Überhitzter Dampf wird erstmals zum Antrieb von Schiffen verwendet, die Schiffe fahren auf dem Genfer See und auf dem Bodensee, ab 1904 gibt es auch in der Elbe- und Oderschifffahrt Kessel mit Dampfüberhitzung.
- Die Reederei Rickmers, Hamburg, stellt das erste ölgefeuerte Handelsschiff Deutschlands in Dienst.

Chronologie 1901–1985

Das 20. Jahrhundert

1901

- Untersuchung von Torsionsschwingungen in Wellenanlagen.
- Erster MAN-Einzylinder-Viertakt-Tauchkolbenmotor mit 51,5 kW bei 160 U/min.
- Erstes Turbinen-Passagierschiff *»KING EDWARD«*, Leistung 3500 PS (2570 kW), das Schiff blieb bis 1951 in Betrieb.
- Stapellauf des ersten Eisenbahnfährschiffs Deutschlands »FRIEDRICH FRANZ IV« für die Route Warnemünde–Gedser bei der Schichau-Werft in Elbing (Elblag).
- Die ersten Funk-Notrufe gehen über den Atlantik.

1902

- Erster deutscher Kabeldampfer »STEPHAN«, 4600 BRT, 2400 PS (1766 kW) von Stettiner Vulcan-Werft erbaut.
- Gründung des Technikums Kiel.
- Das deutsche Versuchs-U-Boot »FORELLE« läuft auf der Germaniawerft in Kiel von Stapel.
- Das erste deutsche Fischereiforschungsschiff, die »POSEIDON«, läuft auf der Bremer-Vulkan-Werft von Stapel.
- Die Firma »Alpha Diesel A/S« in Dänemark beginnt mit der Herstellung von Umsteuerpropellern.

1903

- Indienststellung des Naphta-Transportschiffs *»VANDAL«*, erstes Dieselmotorschiff, erbaut in St. Petersburg bei Nobel mit dreizylindrigem Motor 120 PS (88 kW) A/B Diesel Motorer Stockholm, für Fahrten auf dem Ladogasee.
- Erste Freibordvorschriften in Deutschland veröffentlicht.
- Erster MAN-einfachwirkender Vierzylinder-Viertakt-Schiffsdieselmotor von 103 kW bei 400 U/min.
- Die Wichmann Motorfabrik A/S in Norwegen stellt ihren ersten Glühkopfmotor her, Leistung 2 PS.
- Amundsen beginnt seine Fahrt mit der »GJÖA« zur Erkundung der Nord-West-Passage.
- Gründung der Versuchsanstalt für Wasserbau und Schiffbau in Berlin.

1904

- Erster englischer Turbinenkreuzer und erster

Torpedobootzerstörer (»EDEN«).
- Lehrstuhl für Schiffbau an der Technischen Hochschule Danzig (Gdansk) eröffnet.
- Einbau eines Sulzer-Zweizylinder-Viertaktmotors mit 29,4 kW in ein Schiff für Fahrten auf dem Genfer See.
- Die »BALTIC«, Deplacement 40000 t, Geschwindigkeit 20 kn, wird in Dienst gestellt.
- Erste deutsche Turbinen-Kriegsschiffe; das Torpedoboot »S 125« erhält als Versuchsboot der Kaiserlichen Marine eine Turbinenanlage, es folgt der Kleine Kreuzer *»LÜBECK«*.
- Erster deutscher Turbinen-Bäderdampfer *»KAISER«*.
- Autogenes Brennschneiden in Deutschland auf den Werften eingeführt.
- Durch VDE-Beschluß wird die Bordspannung auf allen deutschen Schiffen einheitlich auf 110 V festgelegt.

1905
- Fortschritte der Schiffstypenspezialisierung durch zunehmenden Anteil von Tankschiffen.
- Prof. Laas berichtet über fotogrammetrische Messungen von Meereswellen.
- Die Cunard-Line stellt mit »CARMINIA«, Deplacement 29800 t, Geschw. 20 kn das erste große Passagier-Turbinenschiff in Dienst, die Leistung beträgt 15435 kW (21000 PS).
- Die *»VICTORIAN«* macht die erste Turbinendampffahrt über den Atlantik.
- Hermann Föttinger meldet sein hydrodynamisches Getriebe (Transformator) zum Patent an.
- Bau erster doppeltwirkender Zweitakt- und Viertaktmotoren bei Krupp.
- Dr. Hermann Anschütz-Kaempfe gründet am 23. September 1905 in Kiel seine Firma Anschütz & Co., nachdem er auf sein »Gyroskop« (Kreiselkompaß) ein Patent erhalten hatte, gleichzeitig Versuche auf dem Kreuzer »UNDINE«.
- Der Italiener Enrico Forlanini testet auf dem Lago Maggiore ein Boot mit verstellbaren Unterwassergleitflächen.
- Edouard Branly steuert erstmals drahtlos von Land ein besatzungsloses Schiffsmodell auf telemechanischem Wege.
- Die Motorenwerke »FIAT« in Turin nehmen die Motorenproduktion auf.
- Paul Leistritz gründet in Nürnberg eine Spezialfabrik und fertigt die in großer Zahl benötigten Dampfturbinenschaufeln.
- Die erste »Logis-Verordnung« tritt in Deutschland in Kraft als »Bekanntmachung betreffend die Logis-, Wasch- und Baderäume sowie Aborte für die Schiffsmannschaft auf Kauffahrteischiffen«. Diese Verordnung sicherte den Seeleuten verbesserte Lebensbedingungen an Bord.

1906
- Stapellauf des ersten britischen turbinengetriebenen Schlachtschiffs *»DREADNOUGHT«* Leistung 16905 kW (23000 PS).
- »U 1« läuft als erstes deutsches Unterseeboot von Stapel und wird am 16. Dezember in Dienst gestellt, es wird von Petroleummotoren angetrieben.
- F. F. Maier (Österr./Schweiz) entwickelt die sog. »Maierschiffsform«, die jedoch erstmalig 1928 gebaut wird.
- Blohm & Voss in Hamburg erwirbt von Parsons die Lizenz für Dampfturbinen.
- Großfunkstelle Nauen geht als erste deutsche Seefunkstelle in Betrieb.
- In Hamburg wird die »Getreideheber-Gesellschaft« gegründet; vorher löschten etwa 6 Gänge zu je 7 Hafenarbeiter mit Körben, Kübeln und Säcken etwa 800 t pro Schicht.
- Ein Rennboot der Lürssen-Werft in Bremen-Vegesack erreicht 65 km/h (1927 werden 107 km/h erreicht).
- Als Ergebnis der Brüsseler Seerechtskonferenz von 1905 wird in Deutschland erstmals eine Seestraßenordnung (SSO) verabschiedet.

1907
- Der Seebäderdampfer »SILVANA« (804 BRT, 1030 kW) erhält einen Schlingerdämpfungskreisel nach dem Patent von O. Schlick.
- Erste Turbinenschnelldampfer *»LUSITANIA«* und *»MAURETANIA«*; Stapellauf der »MAURETANIA« erstmals in New York, sie hält danach über 22 Jahre das »Blaue Band« des Atlantik mit 24···26 kn, nach Umbau 1929 auf Ölfeuerung erreicht das Schiff 27,2 kn.
- Taylor projektiert das amerikanische Kriegsschiff »DELAWARE« mit Bugwulst.
- Weltweit sind 50 Turbinenschiffe schon gebaut oder im Bau.
- Die »TURBINIA« macht ihre letzte Fahrt.
- I. Isherwood entwickelt eine Längsspantbauweise für Tankschiffe, die außer in Deutschland allgemein als Patent anerkannt wird.
- Verband Deutscher Reeder gegründet.
- Die ersten Meerwasserentsalzungsanlagen (Brüdenkondensatoren) werden an Bord installiert.
- Panzerkreuzer *»SCHARNHORST«*, letzter Panzerkreuzerneubau der Kaiserlichen Marine mit Kolbendampfmaschine.
- Am 8. September 1907 erhält Hermann Frahm für seine Schlingerdämpfungseinrichtung das Patent Nr. 227134.
- Der italienische Professor A. Artom erhält erstes Patent auf einen Funkpeiler.
- Der Atlantik-Funkverkehr wird für die Öffentlichkeit freigegeben.
- Marinebaumeister Kenter entwickelt den nach ihm benannten Kenterschäckel.
- Das U-Boot Hebeschiff *»VULCAN«*, erstes Schiff mit turbo-elektrischem Antrieb in Deutschland und für fast 30 Jahre einzigstes Schiff mit diesem Antrieb.
- MAN baut für die französische Marine vier U-Bootsdieselmotoren für die Boote »CIRCE« und »CALYPSO«, die noch 1917 in Dienst sind.

1908
- »PAUL PAUX«, Deplacement 6400 t, wird als erstes Tankschiff mit Isherwood-Längsspantensystem gebaut.
- In der Weltflotte gibt es bereits 171 Turbinenschiffe mit insgesamt 1.435.271 kW (1.952.750 PS).
- Dem in spanischen Gewässern kreuzenden Linienschiff »DEUTSCHLAND« gelingt es erstmals, sich mit dem 4-kW-Poulsen-Sender mit dem Heimathafen Kiel zu verständigen.
- Im deutschen Schiffs-Dampfmaschinenbau erhält erstmals der Marinetender »DRACHE« eine ventilgesteuerte Lentz-Einheits-Schiffsmaschine (LES).
- Der russische 5700-t-Tanker »DJELO«, erstes seegehendes Handelsschiff mit Dieselmotorantrieb (2 × 400 kW); es fährt im Kaspischen Meer.

1910
- Föttinger entwickelt das Strömungsgetriebe.
- Parsons setzt erstes Zahnradgetriebe in einer Schiffsturbinenanlage ein.
- Taylor entwickelt den Taylor-Bugwulst weiter.
- Föttinger beginnt mit den Probefahrten seines Versuchsdampfers *»FÖTTINGER TRANSFORMATOR«*.
- Der Dampfer *»CORCOVADO«* (erbaut 1907) 8099 BRT, 4500 PS bzw. 3312 kW wird mit einem Frahm-Schlingertank zur Erprobung ausgerüstet.
- Erster umsteuerbarer MAN-6-Zylinder-Viertaktmotor mit 625 kW bei 450 U/min.
- Der Amerikaner Eugen Ely startet erstmals mit einem Flugzeug von Bord des Kreuzers »BIRMINGHAM«. Am 18. Januar 1911 glückt die erste Landung auf dem Kreuzer »PENNSYLVANIA« in der Bucht von San Francisco. Es beginnt die Zeit der trägergestützten Flugzeuge.
- Baubeginn des italienischen Linienschiffs »GULLIO CESARE«, auf dem erstmals die Hauptartillerie in Drilling-Türmen aufgestellt wird.

1911
- Frahm erprobt den Schlingertank.
- Holzwarth erprobt einen ersten Vorläufer der Gasturbine.
- Die »Deutsche Betriebsgesellschaft für drahtlose Telegrafie mbH« wird gegründet; unter dem Kurznamen DEBEG wird sie bald weltbekannt.
- Das Rennboot »LÜRSSEN-DAIMLER« der Lürssen-Werft gewinnt die »Meisterschaft des Meeres«.
- Der englische Ingenieur Humphrey zeigt auf der Weltausstellung in Brüssel eine Humphrey-Gaspumpe, eine Art Vorläufer der späteren Gasturbine.
- Christian Wirth aus Nürnberg stellt sein unbemanntes Fernlenk-Motorboot »FRIDA» auf dem Wannsee vor.

1912
- Indienststellung des dänischen Zweischraubenschiffs *»SELANDIA«*, als erstes Hochsee-Dieselmotorschiff am 17. Februar 1912.
- Die *»TITANIC«* der White-Star-Linie sinkt am 15. April 1912 nach einer Kollision mit einem Eisberg im Nordatlantik, die Sicherheitsmaßnahmen derartiger Schiffe erweisen sich als unzureichend.
- Erste Versuche zur Aufladung von Motoren durch Sulzer.
- Der englische P & O Liner »OCEANA« sinkt nach einem Zusammenstoß mit der deutschen Viermastbark »PISAGUA«, 46 Kisten Gold, 9 Kisten Silbermünzen und 1567 Silberbarren im Zeitwert von 747610 Pfund versinken, werden aber später geborgen.
- Das erste, von der österreichischen Staatstelegraphenverwaltung errichtete »K. u. K. Bordtelegraphenamt« wird am 8. Mai 1912 auf dem Dampfer »KAISER FRANZ JOSEF I« der

»Austro-Americana-Linie« in Betrieb gesetzt.

1913

- Die »IMPERATOR« (52117 BRT, 22,5 kn) wird als erster Vierschrauben-Turbinenschnelldampfer in Dienst gestellt. Die Turbinen leisten 55860 kW (76000 PS), ihre Masse beträgt 2910 t, die Turbinen sind insgesamt mit 1500000 Turbinenschaufeln bestückt.
- Der Kanaldampfer »PARIS« erhält das seinerzeit größte Rädergetriebe für 10290 kW, Raddurchmesser 1,5 m, Ritzelbreite 800 mm.
- Der Seebäderdampfer »KÖNIGIN LUISE« der Hamburg-Amerika-Linie wird mit einem Föttinger-Transformator ausgerüstet. Im gleichen Jahr folgt das Turbinen-Passagierschiff *»ADMIRAL VON TIRPITZ«*, Leistung 2 × 7350 kW.
- Der Norddeutsche Lloyd befördert den zehnmillionsten Passagier nach Amerika (der Ungar Ferencz Vaszily erhielt aus diesem Anlaß als Ehrengast eine kostenfreie Passage III. Klasse).
- Auf Initiative von Hermann Blohm und Otto Schlick wird die Hamburger Schiffbau-Versuchsanstalt (HSVA) als GmbH gegründet.
- Am Altonaer Fischmarkt erscheint der damals größte Fischdampfer der Welt, die aus Grimsby stammdende »PASSING« der englischen Reederei A. L. Black.
- Mit 657 Personen an Bord brennt auf dem Atlantik der englische Passagierdampfer »VOLTURNO«. Bei fast 50stündigem Funkverkehr eilen 11 Schiffe zu Hilfe und retten 521 Menschen, 136 Menschen fanden den Tod.
- Auf der Schiffsüberfahrt der »DRESDEN« von Antwerpen nach Harwich endet das Leben Rudolf Diesels, er verschwindet auf ungeklärte Weise in der Nacht vom 29. zum 30. September 1913 von Bord.

1914

- Die deutsche Handelsflotte ist mit rund 5600000 BRT die zweitgrößte der Welt.
- Die *»VATERLAND«* (54282 bzw. 56000 BRT) Schwesterschiff der *»IMPERATOR«*.
- Die *»BISMARCK«* (56551 BRT) Schwesterschiff der »VATERLAND« und »IMPERATOR«.
- Die Turbinen des britischen Schlachtkreuzers »REPULSE« leisten 82320 kW (112000 PS).
- Das Fahrgastschiff »AUSONIA« erhält die erste in Deutschland gebaute Turbinenanlage mit Untersetzungsgetriebe.
- Erste Konferenz zum Schutz menschlichen Lebens auf See.
- Eröffnung des Panamakanals.
- Erstmals gelingt es, Stähle durch den Zusatz von Chrom und Nickel säurebeständig herzustellen und damit die Anwendungsmöglichkeiten im Schiff- und Maschinenbau zu erweitern.

1914/15

Die beiden ersten Kühlschiffe Deutschlands werden fertiggestellt; die *»PUNGO«* wird im Krieg zum Hilfskreuzer »MÖWE«.

1915

- Die Zahnradfabrik Friedrichshafen AG beginnt den Getriebebau.
- Die Versenkung der *»LUSITANIA«* (7. Mai 1915) durch Torpedotreffer des deutschen U-Boots »U 20« in der Irischen See mit fast 2000 Menschen an Bord ruft weltweite Empörung hervor, 1198 Menschen finden den Tod.
- In Entwürfen stellt C. W. Linscott eine Doppel-Heckstrahlanlage (Querstrahlruder) vor, die Realisierung bleibt jedoch noch aus.
- Die in Britannien gebaute »AZTEC« ist ein erster Entwicklungsschritt zum Produktentanker.

1916

- Erste Schweißversuche im deutschen U-Bootbau.
- Die ersten Kohlenstaubmotoren von Rudolf Pawlikowski kommen auf den Markt.
- Schiffbautechnische Versuchsanstalt in Wien eröffnet.

1917

- Der erste Flugzeugträger »FURIOS« wird in Dienst gestellt
- Ingenieur Brase aus Berlin entwickelt ein Stufengleitboot, das eine Geschwindigkeit von 40 kn erreicht.

1918

- Durch den zögernden Beginn des Turbinenbaus in Deutschland sind in deutschen Schiffen bisher nur 1249500 kW (1700000 PS) Turbinenleistung installiert.
- Der Amerikaner Alexander Graham Bell fährt mit seinem Pionier-Tragflächenboot »HD-4« Weltrekord mit 114 km/h.

1918/20

Die *»FULLAGAR«* (Länge 50 m, 420 BRT) wird als erstes elektrogeschweißtes Schiff bei Cammellaird & Co, Birkenhead, gebaut.

1919

- Bei den Stettiner Oderwerken läuft nach dem ersten Weltkrieg der 933-BRT-Dampfer »E. RUSS« von Stapel. Er braucht als einziger Neubau des Jahres 1919 nicht für Reparationsleistungen abgeliefert werden und wird somit zum ersten Schiff der neuen deutschen Handelsflotte. Bis zum 30. Juni sind 176 Schiffe mit 1025388 BRT an die Alliierten übergeben.
- Zusammenschluß aller deutschen Seelotsen im Deutschen Lotsenbund.
- Dr. Pungs und Dr. Gerth entwickeln die drahtlose Telefonie weiter. Von Berlin nach Moskau kann bereits über 1700 Kilometer telefoniert und Musik drahtlos gehört werden, ab 1923 erstmalig auch für Schiffe eingesetzt.
- Der für die Standard Shipping Co. (USA) gebaute 11205-t-DW-Turbinentanker »S. B. HUNTER« ist der erste Benzintanker.

1920

- Die »URUNDI« der Deutsch-Ostafrika-Linie erhält als erstes deutsches Frachtschiff eine Getriebeturbine.
- Die ersten großen Diesel-Fahrgastschiffe mit Sammeluntersetzungsgetrieben für 4×1103 kW »MONTE SARMIENTO« und »MONTE OLIVIA« werden von der Hamburg-Süd-Linie in Auftrag gegeben.
- Die D. D. G. Hansa stellt mit »FRAUENFELS« ihren ersten Nachkriegsneubau in Dienst.
- Bis September 1920 sind Schiffe mit 1944565 BRT an die Alliierten übergeben.
- Beginn der allgemeinen Ausrüstung der Schiffe mit Funkgeräten, Funkpeilern und Echoloten.
- Das Kühlschiff »FRIGIDO«, ausgerüstet auf der Wiltons-Schiffs-Werft in Rotterdam, erhält als erstes Schiff ein strombetätigtes Flettnerruder mit angelenkter Klappe.
- Dr. Wagner erhält ein Patent für sein Star-Contra-Ruder.
- Kohlensäure-Feuerlöschanlagen erstmals an Bord.

1921

- Josef Becker gründet in Niederspay am Rhein eine Bootswerft; heute Produzent der bekannten Schottel-Ruderpropeller und des Schottel-Navigators.
- Indienststellung des turbinengetriebenen Passagier- und Frachtdampfers »USARAMO« der Deutschen Ostafrika Linie.
- Die Deutsch-Australische DG stellt als erstes reines Frachtschiff mit Turbinenantrieb die »HANNOVER« in Betrieb.
- Die »G. HARRISON SMITH« (Länge 168 m, Breite 22 m) wird zu einem der ersten Erz-Öl-Frachtschiffe.
- Die Hamburg-Südamerikanische DG kauft von Shipping Controller ihren Schnelldampfer *»CAP POLONIO«* zurück; das Schiff wird damit das größte deutsche Nachkriegs-Handelsschiff.
- Die Hamburg-Amerika Linie stellt den Passagierdampfer *»DEUTSCHLAND«* (16376 BRT), der zwischenzeitlich »VICTORIA LUISE« hieß, als »HANSA« in den Transatlantikdienst.
- Der Schwede Dr.-Ing. Carl Montelius (1881–1954) erhält ein Patent auf seine Schraubenspindelpumpe.

1922

- Stapellauf des Schnelldampfers *»ALBERT BALLIN«* (20815 BRT), später »HANSA«, nach 1945 »SOVJETSKY SOYUS«, erster deutscher Nachkriegsneubau über 20000 BRT bei Blohm & Voss.
- Lloyds Register gibt Bauvorschriften für Tankschiffe mit Längsspanten heraus.
- Beginn der Schiffbaulehre an der Nippon Kaiyi Kyokai Universität Tokio.
- Indienststellung des ersten US-Flugzeugträgers »LANGLEY«.
- Mit der Ablieferung des HAPAG-Schnelldampfers *»BISMARCK«* (mit 56551 BRT seinerzeit größtes Schiff der Welt) an die White Star Line Liverpool endet die Ablieferung deutscher Schiffe.
- Im Schiffbau beginnt die Verwendung von Aluminium.
- Das holländische U-Boot-Mutterschiff »PELIKAAN« ist das erste diesel-elektrische Schiff, das nach dem ersten Weltkrieg wieder in Europa gebaut wird.
- Durch den Germanischen Lloyd werden erstmals Stahl-Lukendeckel zugelassen.

1922/23

Ein neues Getriebe mit Föttinger-Transformator wird erprobt.

1923

- Der Norddeutsche Lloyd nimmt mit der »ERFURT« (4201 BRT) sein erstes großes Frachtmotorschiff in Betrieb.
- In Danzig (Gdansk) wird (nach zehnjähriger Bauzeit infolge des Krieges) der Passagierdampfer *»COLUMBUS«* fertiggestellt, jedoch nicht in Fahrt gebracht.
- Der 1918 gebaute 6205-t-DW-Kohlefrachter »RONA« wird zum ersten Melasse-Tanker umgebaut.
- Der Amerikaner Elmar Sperry erhält auf sei-

nen Kreiselstabilisator das USA-Patent Nr. 1452482.

1924

- Die deutsche Handelsflotte (ohne Schlepper, Leichter, Fischereifahrzeuge) besteht aus 1306 Schiffen mit 2614271 BRT und nimmt den zwanzigsten Platz in der Welt ein, gegenüber dem zweiten Platz mit 5,6 Mill. BRT vor dem ersten Weltkrieg.
- In Kiel wird das erste Rotorschiff »BUCKAU« vorgeführt.
- Mit der Bildung der Schiffahrtsorganisation »Sovtorgflot« wird in der Sowjetunion der Wiederaufbau der Handelsflotte eingeleitet. Im Oktober 1925 läuft der Neubau »TOWARISCH STALIN« als erstes Neubauschiff der UdSSR-Handelsflotte von Stapel.

1925

- Entwicklung der Abdampfturbine (erster Einsatz 1927 auf Fischdampfer »SIRIUS«) und Entwicklungsbeginn schnellaufender Dieselmotoren.
- Spezielle Erztransportschiffe »SVEALAND« und »AMERIKALAND« mit 21000 t DW in Deutschland gebaut.
- Die ersten kombinierten Zahnrad-Hydraulikgetriebe werden als Vulcan-Getriebe auf MS »DUISBURG« und MS »ALTENFELS« eingebaut.
- Für den Walfang werden erste Heckslip-Konstruktionen entwickelt.
- Der Erfinder Walter Douglas La Mont nimmt in New York seinen Versuchskessel in Betrieb.
- Der österreichische Elektro-Ing. Ernst Schneider aus Wien erhält ein Grundpatent auf sein Flügelgittersystem, dem späteren Voith-Schneider-Antrieb.

1925/26

Erster doppeltwirkender MAN-Zweitaktmotor mit 3238 kW.

1926

- Register der UdSSR (RS) in Leningrad gegründet.
- Für die Norddeutschen Seekabelwerke wird der erste große Kabelleger der Nachkriegszeit, die »NEPTUN« (7250 BRT), von Blohm & Voss fertiggestellt.
- Für die Reichsmarine wird bei der AG Weser das Flettner-Rotorschiff *»BARBARA«* (2097 BRT) in Dienst gestellt.
- Der »Andresen-Ring« (DRP 4905356) nach Dr.-Ing. Andresen ist als Vorläufer der Kort-Düse in der Versuchsphase.
- Auf dem Rhein kommen die ersten Motor-Fahrgastschiffe in Fahrt.
- Die ersten »Westfalia«-Ölseparatoren werden eingesetzt, erstes damit ausgerüstetes Schiff ist der Turbinenfrachter »SIMON VON UTRECHT«.
- Der bei Armstrong, Witworth & Co. gebaute Tanker »ARTHUR VON SEWALL« wird einer der ersten Asphalt-Tanker.

1927

- Die Hamburg-Südamerikanische DG stellt den Schnelldampfer *»CAP ARCONA«* (27560 BRT) in Betrieb.
- Der amerikanische Marine-Ingenieur Arthur Butterworth aus San Francisco meldet seine Tankwaschmaschine zum Patent an.
- Der Fischdampfer »SIRIUS« erhält die erste Bauer-Wach-Abdampfturbine.
- Erster Spiegelabtaster von Dr. Hell, Vorläufer für den heutigen Wetterkartenschreiber.
- Speziell zur Probefahrt der *»BREMEN«* entwickelt Prof. Lerbs einen Staudruckmesser zur Geschwindigkeitsbestimmung.

1928

- Rettungsaktion des sowjetischen Eisbrechers *»KRASSIN«* zur Bergung der Nobile-Expedition.
- Die »Columbuskaje« in Bremen wird in Betrieb genommen.
- Der vom Bremer »Vulkan« für die »International Petroleum Company Ltd.« in Toronto gebaute »C. O. STILLMANN« ist mit 23078 t DW seinerzeit der größte Tanker der Welt.

1929

- Stapellauf des Gefriertrawlers »VOLKSWOHL«; Beginn der Kältekonservierung des Fangs an Bord.
- Versuche zur Schlingerdämpfung mit beweglichen Festkörpermassen nach Siemens auf den Schiffen »CORDILLIERA« und »EUROPA«.
- Ludwig Kort erhält das Reichspatent Nr. 484315 auf seine erste Düsenkonstruktion, die später zur Ruderdüse weiterentwickelt wird.
- Sulzer erprobt die direkte Brennstoffeinspritzung.
- *»BREMEN«*, 51731 BRT und 28,5 kn, in Dienst gestellt (bis 1934 Inhaber des »Blauen Bandes« ostwärts), die Turbinen leisten 66150 kW (90000 PS).
- »FEHMARN« und »USEDOM« (Länge 40,6 m, 75 PS), erste geschweißte Frachtschiffe in Deutschland, von den Deutschen Werken in Kiel erbaut.
- Der Voith-Schneider-Propeller wird erstmals in Postdam der Öffentlichkeit vorgestellt.
- Die von der Firma Gustav Winkler entwickelten »MÖWE«-Floßboote (Schlauchboote) werden erstmals von den deutschen Behörden als Hilfsbootsraum zugelassen.
- Die Firma Siemens erprobt auf dem Versuchsboot »FUCHS« die Dämpfung mit elektrisch gesteuerter Massenverlagerung.
- Der Dampfer »LEUNA« der Hamburg-Amerika-Linie (HAL) erhält zur Verringerung des Widerstands des Hinterstevens einen aufgesetzten Kegel; Vorläufer der sog. »Costa Birne«.
- Die »ST. LOUIS«, 16732 BRT, 973 Passagiere, 16,5 kn, seinerzeit Deutschlands größtes Motorschiff.
- Zollkreuzer »BREMSE« in Dienst gestellt, 1931 folgt der Zollkreuzer »BRUMMER«; beide Schiffe dienen der Erprobung von leichten und wirtschaftlichen Dampfturbinen für die deutsche Kriegsmarine.
- Friedrich Wilhelm Pleuger gründet in Berlin eine Fabrik für Unterwasserpumpen.
- Der 10000-t-DW-Frachter »LICHTENFELS« der DDG HANSA erhält als erstes Schiff einen Schwergut-Ladebaum von 120 t Tragfähigkeit, der eine Ladeluke von 23 m × 7,4 m bestreicht.

1930

- Entwicklung der Tragflügeltheorie für Schiffsschrauben, Schiffsdüsensysteme und erster Verstellpropeller.
- Festigkeitsversuche und -berechungen am Schiff und an einzelnen Bauteilen, Beanspruchungen am fahrenden Schiff, Entwicklung erster automatischer ölgefeuerter Kessel.
- Schnelldampfer *»EUROPA«*, 49746 BRT und 28,5 kn, bis 1934 »Blaues Band« westwärts.
- Erste Klimaanlagen an Bord von Schiffen.
- Die internationale Lademarkenkonvention tritt in Kraft.

1931

- Oberingenieur Adolf Lüchau von der Hitzler-Werft in Lauenburg/Elbe entwickelt sein patentiertes Hitzler-Ruder für Binnenschiffe.
- Die »AGNITA«, erster Schwefelsäuretanker.

1932

- Schweden baut mit der »YMER« den ersten Eisbrecher mit dieselelektrischem Antrieb.
- Dr. Meint Harms meldet ein Navigationsverfahren zum Patent an, welches nach dem zweiten Weltkrieg zum Decca-Verfahren entwickelt wird.
- Mit dem Schnellboot »S 6« wird der schnellaufende Dieselmotor als Antriebsmaschine eingeführt.

1933

- Die Viermotoren »Vulcan«-Getriebeanlagen von 20000 kW für die deutsche Kriegsmarine sind die seinerzeit größten Schiffsmotoren-Getriebeanlagen der Welt.
- Die »WESTFALEN« (5637 BRT) wird erster schwimmender Flugstützpunkt der Deutschen Lufthansa AG im Atlantik, als weitere Schiffe folgen »SCHWABENLAND«, »OSTMARK« und »FRIESENLAND«.

1934

- Untergang des Frachtschiffs/Eisbrechers »TSCHELJUSKIN« auf der Fahrt von Murmansk nach Wladiwostok.
- Erste Objektortung durch Rückstrahlung als Anfang der Funkmeßortung in der Reichsmarine-Versuchsanstalt.

1935

- *»NORMANDIE«*, 83423 BRT; Länge 300 m; 29 kn, in Dienst gestellt; sie wird 1935/36 und 1937/38 Inhaber des »Blauen Bandes«.
- FIAT erreicht mit seinem doppelwirkenden Zweitaktmotor 14720 kW, die bis dahin höchste Leistung eines Motors.
- Erweiterter Einsatz der Schweißtechnik und der Sektions-Vorfertigung.
- Versuchsluftkissenboot »L-1« in der UdSSR erprobt.
- Erste Deutsche Walfang Gesellschaft gegründet, der HAPAG-Dampfer »WÜRTTEMBERG« wird zum Mutterschiff *»JAN WELLEM«*.
- Schubschiff »UHU« fährt mit einem Voith-Schneider-Antrieb.
- Doppel-Düsenschlepper »MACHNOW« fährt mit festen Düsen.
- Die Firma Denny Brown in Edinburgh baut die ersten Flossenstabilisatoren.
- Erstmalige Aufstellung der Hauptartillerie in Vierlingstürmen auf dem französischen Schlachtkreuzer »DUNKERQUE«.
- Die Werft Svan Hunter (Brit.) baut mit der »MOIRA« (2240 t DW), den ersten vollgeschweißten Tanker für die Hochseefahrt.

1936
- USA-Kongreß veranlaßt durch den »Merchant Marine Act« die langfristige Entwicklung von Standard-Frachtschiffen.
- »MISS AMERICA X« wird mit 201 km/h schnellstes Motorboot der Welt (4×12-Zyl.-Packard-Motoren mit insgesamt 6400 PS).
- Erster dieselelektrischer Antrieb auf einem Frachtschiff (6000-t-HAPAG-Frachter »WUPPERTAL«).
- Feuerschiff »*ELBE 1*« gesunken.
- Auf dem Schlachtschiff »TIRPITZ« werden erstmals 3000 m PVC-Rohre verlegt.

1938
- Der Fischdampfer »VOLKSWOHL« wird zum ersten deutschen Fischmehlschiff umgebaut und geht unter dem Namen »KEHDINGEN« auf Fang; er wird im zweiten Weltkrieg als Wetterbeobachtungsschiff der Marine versenkt.

1939
- Die Welthandelsflotte zählt etwa 30000 Schiffe (mehr als 100 BRT) mit etwa 70 Mill. BRT.
- Der britische Passagierdampfer »ATHENIA« (13581 BRT) wird als erstes Schiff im zweiten Weltkrieg, 8 Std. nach Kriegserklärung, Opfer eines deutschen U-Boots.
- Dr. E. Kramer von der Lorenz AG entwickelt das Consol-Funkfeuersystem »Sonne«; einzelne Stationen waren für die Marine- und Luftnavigation noch 1975 in Betrieb.

1939 bis 1945

Auf den USA-Werften und in Kanada werden auf der Grundlage von 3 Schiffbauprogrammen (Peace Program, War Energency Program, Victory Program) insgesamt 5700 Schiffe in Serie gebaut.

1940
- Die »*QUEEN ELISABETH*« (83637 BRT, Geschw. 31 kn) wird als Truppentransporter in Dienst gestellt, nach 1945 hält sie das »Blaue Band« bis 1952. Die Turbinen haben mit 147000 kW (200000 PS) die bislang größte je auf einem Handelsschiff installierte Leistung.
- Beförderung von Kriegsmaterial als »rollende Ladung« auf Schiffen mit Rollrampen.
- »PATRICK HENRY«, das erste Liberty-Schiff, läuft am 26. September in den USA von Stapel, ihm folgen bis 1945 insgesamt 2750 Liberty-Schiffe.

1941
- Vernichtung des britischen Schlachtkreuzers »*HOOD*« durch das deutsche Schlachtschiff »*BISMARCK*«, das 3 Tage danach durch britische See- und Luftstreitkräfte versenkt wird.
- Erster Flugzeugträger zur Begleitung von Geleitzügen im Einsatz; Umbau des ehemaligen MS »HANNOVER« (5725 BRT) des NdL.
- Einsatz erster CAM-Ships (Catapult Aircraft Merchantman), also von Handelsschiffen, die zur U-Boot- und Fliegerabwehr mit Katapult und Flugzeug ausgerüstet werden.

1942
- Erster ungarischer Versuchs-Lastkahn mit dem sog. »Asboth«-Aggregat, einem Motor mit Rotorblättern.
- Die »*NORMANDIE*« sinkt nach einer Brandkatastrophe im Hafen von New York.

1943

In Großbritannien werden erste Versuche unternommen, um aus Flugzeugtriebwerken Schiffsgasturbinen zu entwickeln, 1944 erstmals auf einem Kanonenboot eingebaut. 1951 wird Tanker »AURIS« erstes Gasturbinen-Handelsschiff.

1944
- Untergang des japanischen Großschlachtschiffs »*MUSASHI*« (72800 t).
- Stapellauf der »VANGUARD« als letztes größtes Schlachtschiff, das jemals in Britannien gebaut wurde, bereits 1960 verschrottet.
- Erprobung von »Walter-Sauerstoffturbinen« auf U-Booten der deutschen Kriegsmarine.

1945

Unterzeichnung der japanischen Kapitulationsurkunde an Bord des Schlachtschiffs »*MISSOURI*« in der Bucht von Tokio Ende des zweiten Weltkriegs.

1946
- Die Direktive Nr. 37 der Alliierten Kontrollbehörde in Potsdam vom 26. September 1946 gestattet nach dem zweiten Weltkrieg Schiffsneubauten bis 1500 BRT in Deutschland.
- Erster Neubauauftrag der UdSSR nach dem zweiten Weltkrieg an eine deutsche Werft. Die seinerzeitige Binnenwerft Brandenburg beginnt dementsprechend mit dem Bau von Seinern für die Ringwadenfischerei im Schwarzen Meer.

1947

Die Bildung einer Reparaturwerft in Warnemünde leitet den Aufbau zu einer Großwerft, der heutigen Warnowwerft, ein.

1948
- Abschluß des Londoner Schiffssicherheitsvertrags.
- Einführung der funktionssicheren Stevenrohrabdichtung im Seeschiffbau, später entstand daraus u. a. die »Simplex-Compact-Abdichtung«.
- In den USA wird zu Forschungszwecken ein »Liberty«-Schiff an jeder Bordseite mit 2 Turboprop-Flugzeugantrieben ausgerüstet, Gesamtleistung 17652 kW (24000 PS).
- Der erste Tanker für den Transport von Butan, die »NATALIA O. WARREN« (Kapazität 3000 t) wird in den USA in Dienst gestellt.
- Beginn der Errichtung einer Spezialwerft für Fischereischiffe, der heutigen Volkswerft Stralsund.

1949
- Stapellauf des ersten Loggers auf der Volkswerft Stralsund, Beginn des Serienbaus von insgesamt 594 Loggern im Taktverfahren.
- Fertigungsbeginn von Dieselmotoren in Rostock.

1950
- Erste »Generation« von Bugstrahlrudern als Voith-Schneider-Flügelradpropeller im quadratischen Querkanal entwickelt und im Schiffbau eingeführt; ein erster »Voith-Wassertrekker« wird in Dienst gestellt.
- Die Welthandelsflotte besteht aus etwa 30000 Schiffen (mit mehr als 100 BRT) mit etwa 84 Mill. BRT, Anteil der Tankschiffe an der Gesamttonnage erreicht 20 %. In der einsetzenden beschleunigten Schiffstypenspezialisierung entstehen Massenschüttgutschiffe, Kühlschiffe, technische Fahrzeuge u. a. Der Anteil der Motorschiffe erreicht 50 % an der Gesamtzahl und 30 % an der Gesamttonnage.
- Erster MAN-Sechszylinder-Viertaktmotor mit Hochaufladung.
- Gründung der DSRK als Deutsche Schiffsrevision und -klassifikation, der heutigen DDR-Schiffsrevision und -klassifikation.

1951
- Das schwedische Torpedoboot »T 38« ist mit 50 kn das schnellste Kriegsschiff der Welt.
- Eröffnung der »technischen Fakultät« an der Universität Rostock; die Errichtung einer Technikfakultät stellt ein Novum an einer deutschen Universität dar.
- Stapellauf des ersten Trawlers auf der Volkswerft.

1952
- »*UNITED STATES*«, 53329 BRT, Länge 302, Leistung 246000 PS (181056 kW), Geschw. 36 kn, wird in Dienst gestellt und erhält das »Blaue Band«.
- Auf dem Frachter »LUISE LEONHARDT« wird erstmals ein von der Fa. BHS Getriebetechnik AG Sonthofen entwickeltes »Planetengetriebe« eingebaut.
- Burmeister & Wain (Dänem.) gelingt erstmalig in der Welt, einen Zweitakt-Dieselmotor mit Hochaufladung in Betrieb zu nehmen.
- Erste Versuche in den USA, um Flüssiggas über See zu transportieren.

1952/53

Übergang zur allgemeinen Verwendung von Schweröl für Dieselmotoren

1953
- Erstes Echolot als »Fischlupe« für Fischereischiffe.
- Erstes Versuchs-Luftkissenboot in der DDR.
- Der VEB Schiffswerft »Neptun« Rostock leitet als erste Werft der DDR mit der Übergabe des kohlegefeuerten Frachters »*KOLOMNA*« an die Seeflotte der UdSSR den serienmäßigen Neubau von Frachtschiffen nach dem zweiten Weltkrieg ein. Von diesem Typ werden 19 Schiffe gebaut.
- Gründung der Schiffbauversuchsanstalt Potsdam/Marquardt.

1954
- Stapellauf des U-Boots »*NAUTILUS*«, USA, des ersten Schiffs mit Kernenergieantrieb; in Dienst ab 22. April 1955, heute USA-Marinedenkmal.
- Erste funktionsfähige Kernreaktoren stehen dem Schiffbau zur Verfügung; die Entwicklung kernkraftgetriebener Schiffe beginnt.
- Die britischen Trawler »FAIRFREE« und »FAIRTRY« erhalten als erste Fangschiffe eine Heckaufschleppe.
- Die Fertigstellung des 200. Loggers auf der Volkswerft Stralsund.

1955
- Der schwedische Schüttgutfrachter »JAKARA« erhält als erstes Schiff zusätzliche Hängedecks für den Autotransport.
- Die Howaldtswerft, Kiel, beginnt mit dem Bau der ersten Serie von Fang- und Verarbeitungsschiffen mit Heckfangausrüstung Typ »PUSCHKIN« für die UdSSR.

1956
- Das »True-Motion«-Radargerät wird in der Schiffahrt eingeführt.
- Erste Glattdeckluke von MacGregor auf dem Vorschiff des MS »TRANSSYLVANIA«.

- »ANDREA DORIA« sinkt nach Kollision mit der »STOCKHOLM« infolge der ersten schwerwiegenden Fehlauswertung des Radarbilds.
- Die Firma Karl Jastram (BRD) bietet erstmals Querschubanlagen mit gegenläufigen Propellern an.
- Stapellauf des ersten 10000-t-DW-Frachtschiffs (Typ IV), der »FRIEDEN«, auf der Warnowwerft; Indienststellung durch die Deutsche Seereederei Rostock im Folgejahr.
- Fertigstellung des 400. Loggers auf der Volkswerft Stralsund.

1957
- Der erste sowjetische Kernenergie-Eisbrecher »LENIN« läuft von Stapel.
- Erste Schubeinheit auf dem Rhein mit dem Schubboot »WASSERBÜFFEL«
- Der erste Bohrinselversorger »HOWARD B. COLEJR« wird als Neubau in Dienst gestellt.

1958
- Die Kernenergie-U-Boote »NAUTILUS« und »SKATE« kreuzen unter der Polareisdecke vom Atlantik in den Pazifik.
- Erster FIAT-Zwölfzylinder-Dieselmotor mit 12880 kW.
- Fertigstellung des ersten Seefahrgastschiffs 8000 PS, Typ »Michail Kalinin« (Serie 18 Schiffe) auf der Mathias-Thesen-Werft, Wismar.

1959
- Die »SAVANNAH«, erstes Kernenergie-Handelsschiff der USA, in Dienst gestellt.
- Der Raketenkreuzer »LONG BEACH« ist das erste Überwasserkriegsschiff mit Nuclearantrieb.
- Das erste britische Luftkissenboot S. R. N.-1 macht seine erste Kanalüberquerung.
- Ab 26. Juli müssen die Schiffe laut internationalen Übereinkommen mit Entölern ausgerüstet sein.
- Bildung der Vereinigung Volkseigener Betriebe (VVB Schiffbau) und des Instituts für Schiffbau in Rostock.
- Aufnahme der Großmotorenproduktion in Rostock.

1960
- Die »FRANCE«, 66800 BRT, 31 kn, mit 315,47 m längstes Passagierschiff der Welt, läuft von Stapel und wird 1962 in Dienst gestellt.
- Meereskundliche Anwendung von Wettersatelliten zur Untersuchung der Eisverhältnisse auf den Meeren.
- Fertigstellung des Umbaus des 22400-BRT-Fahrgastschiffs »HAMBURG« zum Walfangmutterschiff *»JURI DOLGORUKI«* als letzter Auftrag eines Reparaturprogramms, bei dem auf DDR-Werften insgesamt 430000 BRT Schiffsraum wiederhergestellt bzw. umgebaut werden.

1961
- Die *»ENTERPRISE«*, USA-Kernenergie-Flugzeugträger, in Dienst gestellt, mit 340 m Länge, 77 m Breite, 35 kn Geschwindigkeit, einer Maschinenleistung von über 300000 PS (220800 kW) und einer Aktionsweite von etwa 350000 Seemeilen derzeit größtes Kriegsschiff der Welt.

1962
- Das amerikanische FLUME-Tanksystem wird patentiert.
- Der Konstrukteur Gerhard Hoffmann von der Warnowwerft erhält ein Patent auf die durch ihn entwickelte Strömungsleitkammer zur Schiffserprobung.

1963
- Erster FIAT-Zwölfzylinder-Motor mit 23920 kW.
- Die Bugwulstkonstruktion des Ingenieurs Ernst Eckert von der »Esso«-Tankschiffs-Reederei wird zum Patent angemeldet.
- Das US-Atom-U-Boot »THRESHER« (3747/4300 t) gesunken; 129 Besatzungsmitglieder finden den Tod.
- Inbetriebnahme der »Vogelfluglinie« zwischen Puttgarden (Fehmarn) und Rodby (Dänemark).

1964

Fertigstellung des ersten Typschiffes für 750 Fahrgäste *»IVAN FRANKO«* (21000 PS) auf der Mathias-Thesen-Werft.

1965

Auf der Werft AG Weser entsteht mit der »NAESS NORSEMANN« der erste OBO-Typ (Ore-Bulk-Oil).

1966
- Erste Elektromotoren mit supraleitenden Wicklungen werden gebaut.
- Das Doppler-Sonar wird als Ortungsverfahren in der Hochseeschiffahrt genutzt.
- Der Konstrukteur Friedrich Wilhelm Jenckel von der Elbewerft Boizenburg erhält ein Patent für das durch ihn entwickelte Mehrflächenruder für Binnenschiffe.
- Unterwasserfahrt einer Gruppe sowjetischer Atom-U-Boote um die Erde ist erfolgreich abgeschlossen.
- Das seinerzeit größte Motorschiff der Welt, der norwegische 143396-t-DW-Tanker »BERGEBIG« wird in Dienst gestellt.
- Die »ABERTHAW FISCHER«, erstes Spezial-Schwergut-Ro/Ro-Schiff.

1967
- MAN erprobt den seinerzeit größten einfachwirkenden Zweitakt-Kreuzkopfmotor der Welt mit einer maximalen Zylinderleistung von 3773 kW.
- Die erste uferentfernte Bohrung wird im Golf von Mexiko in 6 m Wassertiefe niedergebracht. Seitdem werden aus dem Meeresuntergrund viele Milliarden Tonnen Erdöl und Erdgas weltweit erschlossen.
- Gründung der Sektion Schiffstechnik der Universität Rostock.
- 1000. Neubau der Volkswerft Stralsund: das Fischerei Fang- und Verarbeitungsschiff *Atlantik* 7120 »ASURIT«.
- Fertigstellung eines neuen Fischereischiffstyps, eines Transport- und Verarbeitungsschiffes *»JUNGE WELT«*, auf der Mathias-Thesen-Werft in Wismar für die Flottillenfischerei mit Zubringertrawlern.
- Fertigstellung des Frachtmotorschiffes *»ROSTOCK«* als Typschiff einer Serie von 16 teilautomatisierten Schiffen.
- Der Zug- und Schubschlepper »JANUS« wird als erster mit zwei Schottel-Ruderpropellern ausgerüstet.

1968
- *»OTTO HAHN«*, deutsches Kernenergie-Versuchsfrachtschiff, wird in Dienst gestellt.
- Seinerzeit größter Viertakt-Dieselmotor der Welt von MAN mit der maximalen Zylinderleistung von 736 kW.
- Lloyd's Register beginnt mit der Erteilung von Klassezeugnissen für Container.
- Erstes vollgeschweißtes Leichtmetall-Seeschiff (1200 t) in den USA.
- Die »MOUNTBATTEN«, das seinerzeit größte Luftkissenfahrzeug der Welt, wird eingesetzt.
- Containerpremiere im Hamburger Hafen, Ankunft der »AMERICAN LANCER« mit 1200 Containern.
- Als 100. Hochseefrachtschiff seit Gründung der Warnowwerft läuft am 24. Mai das 12500-t-DW-Stückgutfrachtschiff »VOSTOCHNY« von Stapel.
- Erstes Teilcontainerschiff auf der Schiffswerft »Neptun« erbaut.
- Das True Motion AC-Radargerät (AC Anti Collision), eine Weiterentwicklung des einfachen True Motion-Radargeräts, wird in der Schiffahrt eingeführt.
- Im ersten Halbjahr 1968 wird die bisher größte Neubautonnage in der Geschichte der Weltschiffahrt mit 1294 Schiffen und 8 Mill. BRT neu in Fahrt genommen.
- Der Lotsenversatz aus der Luft wird erörtert und wenig später im Bereich der großen Nordseehäfen von der KLM eingeführt. Erste Versetzung am 7. April 1975 beim Weser-Feuerschiff zur »ESSO-MILANO«.

1969
- *»QUEEN ELISABETH (2)«* wird mit der für moderne kommerzielle Schiffe weltgrößten Turbinenanlage von 81000 kW gebaut.
- Das erste Lash-Schiff der Welt, die *»ACADIA FOREST«* wird in Dienst gestellt.

1970
- FIAT baut einen 29440-kW-Dieselmotor.
- Bau des 100. Fischerei Fang- und Verarbeitungsschiffes »ARGUNJ« Typ Atlantik in der Volkswerft Stralsund.
- Erstes Kühl- und Transportschiff Typ »Polar« von der Mathias-Thesen-Werft in Dienst gestellt.
- Erste neuentwickelte Diesel-Gas-Motoren erprobt. Ein Sulzer-Diesel-Gasmotor von 14940 kW (20300 PS) geht 1973 in Bordbetrieb.
- Zusammenschluß von HAPAG und Norddeutscher Lloyd zur HAPAG-Lloyd-AG.
- Dr. Diethard Weicker, Konstrukteur in der Neptun-Werft, Rostock, entwickelt einen patentierten Wulstbug.

1970/71

Das erste computergesteuerte Navigationssystem von »Norcontrol« wird auf dem norwegischen Frachter »TAIMYR« eingebaut.

1971
- Erstes Seabee-Schiff »DOCTOR LYKES« der Lykes-Linie in Fahrt, Mitte 1972 erstmals in Europa.
- Das sowjetische Tragflächenboot »KOMETA M« beginnt seine Fahrt.
- An der australischen Küste in Point Danger wird ein laserbetriebener Leuchtturm in Betrieb genommen.
- Stapellauf des ersten Fang- und Verarbei-

tungsschiffs vom Typ *Atlantik-Supertrawler* »*PROMETEY*« in der Volkswerft Stralsund.
- Stapellauf des ersten Universal-Frachtschiffs vom Typ *OBC* (Ore, Bulk, Container), Tragfähigkeit 23200 t, in der Mathias-Thesen-Werft, Wismar.

1972
- Zweitaktmotoren werden von MAN bis zu 35350 kW gebaut.
- Die »DOCKLIFT 1«, erstes wie ein Dock absenkbares Schwergutschiff.

1973

Eine Tankexplosion macht den 216000-t-DW-Tanker »GOLAR PATRICIA« zum größten gesunkenen Schiff in der Geschichte der Seefahrt.

1973/74

Dieselmotoren-Schiffsgetriebe werden bis zu den höchsten benötigten Übertragungsleistungen von mehr als 30000 kW gebaut.

1974
- Erstes BACAT-Schiff »BACAT 1« in Dienst gestellt.
- Fa. Renk in Augsburg baut derzeit größte Getriebe der Welt für 33810 kW (46000 PS).
- Auf der Welt gibt es etwa 1000 Tragflächenboote, davon sind ungefähr 800 in der UdSSR gebaut.

1975
- Der US-Flugzeugträger »NIMITZ« (95000 t), das größte Kriegsschiff der Welt, Besatzung 6000 Mann.
- Der LNG-Tanker »HILLI« ist der erste mit Kugeltanks gebaute Flüssiggastanker, der die 125000 m^3 Ladevolumengrenze überschreitet.
- Der 18000-t-DW-Turbinen-Frachter »TRIFELS« erhält ein Stülken-Schwergut-Ladegeschirr von 2 × 320 t Ladebäumen.
- Versuche in Großbritannien, um durch angeströmte rotierende Zylinder (Rotoren) Ruderwirkungen zu erreichen. Ein Rotor-Ruder wird von der Firma Jastram 1977 in Produktion genommen.
- Die Jansen-Werft (BRD) baut mit der »SEAWAY FALLON« ein erstes dynamisch positioniertes Taucherbasis- und Feuerlöschschiff.

1976
- Die Tanker »*BATILLUS*« und »BELLAMYA«, Deplacement 550000 t, 274310 BRT, 414,2 m Länge, 63 m Breite, werden derzeit als größte Schiffe der Welt in Dienst gestellt.
- Das neuseeländische Gasturbinenschiff »SEAWY PRINCE«, erstes Gasturbinenschiff mit elektrischer Kraftübertragung.
- Mit der »OCEAN SERVANT II« entsteht das halbtauchende Schwergutschiff als Schiffstyp.
- Erster elektronischer Kreiselkompaß der Welt entwickelt.
- Mit Satelliten-Kommunikationsanlagen ausgerüstete Schiffe können erstmals während der Atlantikfahrt über einen Satelliten als Relaisstation mit den USA telefonieren und fernschreiben.

1977
- Der Tanker »PIERRE GUILLAUMAT«, Deplacement 554000 t, 274650 BRT, wird als größtes Schiff der Welt in Dienst gestellt.
- Der sowjetische Atomeisbrecher »*ARKTIKA*« erreicht am 17. August 1977 als erstes Überwasserschiff den geographischen Nordpol.
- Die »SIBIR« geht am 22. Oktober 1977 auf Probefahrt und wird am 5. Januar 1978 offiziell in Dienst gestellt.
- Die finnische Ostseefähre »*FINNJET*», schnellste Jumbo-Fähre der Welt, geht in Fahrt.
- Die griechische 22852 t große »SEASPEED ARABIA« ist das derzeit größte Ro/Ro-Schiff der Welt.
- Die Tonnage der Welthandelsflotte hat sich seit 1967 mehr als verdoppelt, sie erreicht 393,7 Mill. BRT.

1978
- Der liberianische Supertanker »AMOCO CADIZ« läuft vor der nordwestfranzösischen Küste auf Grund und bricht am 17. März 1978 auseinander, 230000 t Öl verschmutzen über 200 km Küste.
- Der Weltschiffahrtstag wird zum 17. März eingeführt.
- Nach Lloyd's Register zeigen 176 Länder auf See ihre Flagge. Zur Jahresmitte (1. Juli 1978) hat die Welthandelsflotte 69020 Schiffe (über 100 BRT) mit 406 Mill. BRT und 670 Mill. t DW.
- Die französische Kanalfähre »INGENIEUR BERTIN«, derzeit größtes Luftkissenfahrzeug der Welt.
- Das Bremer Lash-Schiff »MÜNCHEN« (37100 BRT) sinkt am 12. Dez. 1978 im Orkan 420 Seemeilen nördlich der Azoren.
- Der britische Supertanker »BRITISH PIONEER« (226000 t DW) befährt als bislang größtes Schiff die Ostsee.

1979
- Die britische »PRINCESS MARGARET« wird das gegenwärtig größte Luftkissenschiff.
- Ein Ro/Ro-Schiff der norwegischen Skaugen-Gruppe ist mit 42000 t DW das größte Schiff dieses Typs der Welt.
- Der letzte der 2750, während des zweiten Weltkriegs gebauten Liberty-Frachter, die 1943 in Fahrt gekommene »JEREMIAH O'BRIAN«, wird am 6. Oktober 1979 außer Dienst gestellt, überholt und geht in San Francisko als Museumsschiff vor Anker.
- Nach Lloyd's Register gibt es Mitte 1979 auf den Weltmeeren 19609 Fischereifahrzeuge über 100 BRT mit einer Gesamttonnage von 8,9 Mill. BRT.
- Der Forschungseisbrecher »OTTO SCHMIDT« verläßt Murmansk zu seiner ersten Fahrt in die Kara-See.

1980
- MAN-B & W-Großdieselmotor 12 L 90 GFCA, Leistung 34800 kW, Masse 1395 t, Länge 23,33 m, Breite 4,78 m, Höhe 12,75 m.
- Der italienische Luxusliner »*MICHELANGELO*« im Juli gesunken.
- Nach dem Bruch einer Schwimmersäule kentert im schweren Orkan die norwegische Hotelinsel »ALEXANDER KIELLAND«; bei der Katastrophe kommen 123 Menschen ums Leben.
- BRD-Taucherschiff »STEPHANIE TURM« wird bei der Bergung von 5,5 t Goldbarren des Kreuzers »EDINBURGH« eingesetzt.

1981
- »SUPERJUMBO« größtes Tragflächenboot im Mittelmeer, es fährt mit 200 Passagieren, 2×1862 kW, 70 km/h die Linie Neapel–Palermo.
- Das erste auf einer DDR-Werft gebaute Ro/Ro-Schiff MS »GLEICHBERG«, läuft auf der Mathias-Thesen-Werft Wismar von Stapel.

1982
- Die Kawasaki-Heavy-Industries fertigt den bislang größten Propeller der Welt mit 11 m Durchmesser und einer Masse von 60 t.
- Die größte kombinierte Eisenbahnfähre der Welt, die schwedische »TRELLEBORG«, wird am 22. Juni des Jahres in Dienst gestellt.
- Das Seitenradschiff »STADT WEHLEN« wird 100 Jahre alt, es ist seinerzeit das älteste Dampfschiff in Europa, das noch voll im Dienst steht.
- Die »FERNCARRIER« ist mit 45000 t Hebekapazität und 4900 m^2 Decksfläche das größte Schwergutschiff der Welt.
- Die 107902 BRT große japanische »SHINO MARU« ist der derzeit größte Erzfrachter der Welt, mit ihm entsteht in Analogie zu den großen Tankern die Bezeichnung »Very Large Bulk Carrier« (VLBC).
- Das bereits 1969 in London geschlossene Internationale Schiffsvermessungs-Übereinkommen tritt völkerrechtlich in Kraft (Schiffsvermessungsreform).

1983
- In der schwedischen Hafenstadt Malmö wird die Weltschiffahrtsuniversität eröffnet.
- Die traditionsreiche britische Chatham Marinewerft bei London, die Geburtsstätte der königlich britischen Marine (gegründet vor 436 Jahren, Bau der »GRACE DIEU«, »VICTORY« u.a. berühmter Schiffe), wird geschlossen.

1984
- Ein unbeladener 423000-t-Tanker passiert als bisher größtes Schiff den Suez-Kanal.
- Als letztes von ursprünglich mehr als 100 Feuerschiffen vor den USA-Küsten und auf den Großen Seen wird das vor New York liegende »NANTUCKET«-Feuerschiff eingezogen.
- In der Schwarzmeerstadt Kertsch, UdSSR, wird mit dem Bau des ersten kernenergiegetriebenen Leichterträger- und Containertransportschiffs für zivile Einsatzzwecke begonnen.
- Kranschiffe des Wärtsilä-Konzerns für 600 t Traglast werden als größte Katamaranschiffe der Welt gebaut.
- Nach achtjähriger Bauzeit wird der Donau-Schwarzmeerkanal für den Verkehr freigegeben.
- Das größte Schleppmanöver der Seegeschichte wird erfolgreich abgeschlossen. Die mit 835000 t Masse als größte Bohrinsel der Welt geltende Plattform »STRATFJORD C« wird durch 8 Schlepper über 290 Seemeilen an ihren Standort geschleppt.
- Die ersten beiden weltgrößten Containerschiffe der dritten Generation werden in Dienst gestellt; es sind gleichzeitig die ersten Panmax-Containerschiffe; Kapazität: 2129 Stück 40″-Container, Tragfähigkeit 57800 t DW.
- Seinerzeit größtes Eisenbahn-Güterfährschiff der Welt, »RAILSHIP II« für 95 Waggons von je 20 m Länge, geht in Fahrt.

1985

Die zwischen Helsinki und Stockholm eingesetzte Auto-Fahrgast-Fähre »MARIELLA« ist mit 36400 BRT das weltgrößte Fährschiff.

Allgemeines

Anliegen dieses Buches ist es, die Entwicklung der wichtigsten Schiffstypen und Schiffsanlagen von den Anfängen der Dampfschiffahrt bis in die Gegenwart allgemein verständlich einem interessierten Leserkreis in Wort und Bild vorzustellen.
Deshalb wurden nur unerläßliche Fachbegriffe verwendet und nach Möglichkeit sogleich im Text erläutert. Hinsichtlich der Grundbegriffe: Hauptabmessungen, Völligkeitsgrade, Verdrängung und Deplacement gibt es zwischen dem maschinengetriebenen Schiff und dem in »Das große Buch der Schiffstypen 1« behandelten Segelschiff keine grundlegenden Unterschiede, so daß dafür eine nachfolgende kurze Zusammenstellung häufig verwendeter Termini und Kurzzeichen ausreicht. Bei den dargestellten Einzelschiffen, die einen bestimmten Entwicklungszustand veranschaulichen oder historisch interessant sind oder aber durch besondere Ereignisse berühmt wurden, ist jedoch zu beachten, daß die Angaben verschiedener Quellen unterschiedlich sein können. Das rührt daher, daß bei den Längenangaben zuweilen statt der Länge zwischen den Loten (Lpp) Wasserlinienlängen bei unterschiedlichen Tiefgängen genannt sind und die Verdrängung nicht immer auf den Konstruktionstiefgang bezogen ist bzw. Umbauten erfolgt sein können.
Da bis in unsere Zeit im Schiffbau das englische Maßsystem noch nicht vollständig durch das metrische bzw. internationale Maßsystem abgelöst ist und um auch die jeweils zeitgemäßen Angaben erkennen zu lassen, sind bei diesen Schiffen die Daten in engl. Fuß (1 foot = 0,3048 m; 1 m = 3,2808 foot); bzw. Zoll (1 inch = 2,54 cm; 1 cm = 0,3937 inch) bzw. Flächen in Quadratfuß (1 square foot = 0,09290 m^2; 1 m^2 = 10,7639 square foot) und Volumen in Kubikfuß (1 cubic foot = 0,028317 m^3; 1 m^3 = 35,3148 cubic foot) sowie zusätzlich in metrischen Werten angegeben.
Bei den Massenangaben ist ferner zu beachten, daß insbesondere bei Kriegsschiffen und älteren britischen Schiffen das Deplacement nicht in metrischen Tonnen zu 1000 kg sondern in long tons zu 2240 engl. Pfund = 1016 kg bzw. 1,016 t angegeben wird.
Die meisten Unterschiede in den Grundbegriffen gegenüber dem Segelschiff resultieren aus dem Maschinenantrieb sowie der Vermessung und dem Freibord. Die dazu gehörenden Begriffe sind deshalb nachfolgend etwas ausführlicher zusammengestellt. Demgegenüber erschien es trotz der umwälzenden Fortschritte bei den Schiffstypen bzw. Typensystematik, Schiffsgrößen, Schiffskörperkonstruktionen, Schiffsausrüstungen und Schiffssystemen nicht notwendig, die Vielfalt der Begriffsbezeichnungen voranzustellen und gesondert zu erläutern.

Zu den Hauptabmessungen, Völligkeitsgraden, Verdrängung, Deplacement und Tragfähigkeit

L Länge des Schiffs allgemein
L_{OA} Länge über Alles (over all)
L_{PP} Länge zwischen den Perpendikeln (Loten), wobei das vordere Lot durch den Schnittpunkt des Vorstevens mit der KWL gebildet wird und das hintere Lot in der Mitte des Ruderschafts bzw. an der Hinterkante des Hinterstevens liegt
L_{KWL} Länge Wasserlinie bei Konstruktionstiefgang
L_{WL} Länge der Wasserlinie beim jeweiligen Tiefgang
L_K Länge des geraden Kiels
B Breite des Schiffs allgemein
B_{OA} Breite über Alles (over all)
B_{SPT} Breite zwischen den Spanten, d. h. über Außen- bzw. Mallkante Spant
B_{KWL} Breite in der Konstruktionswasserlinie
B_{WL} Breite in der jeweiligen Wasserlinie
B_D Breite an Deck auf Seitenhöhe D
D Seitenhöhe des Schiffs (engl. depth, frühere deutsche Kurzbez. H) gemessen auf halber Schiffslänge ($L_{PP}/2$) an Seite Schiff von Unterkante Hauptdeckbeplattung bis Oberkante Kiel
D_{DB} Höhe des Doppelbodens
D_{DF} Höhe des Freibord, um den die Bordwände bei voller Abladung bei Glattwasser noch auf halber Schiffslänge ($L_{PP}/2$) »frei«, also nicht getaucht sein müssen, gemessen von T_{KWL} bis zur Höhe des »Freiborddecks«
T Tiefgang des Schiffs allgemein, bei älteren Schiffen zuweilen »Tiefe des Raums«
T_{KWL} Tiefgang bis KWL
T_{WL} Tiefgang bis zur jeweiligen Wasserlinie
C_M früher β, Völligkeitsgrad der Hauptspantfläche $A_{HSPT}/B \cdot T$
C_{KWL} früher α, Völligkeitsgrad der KWL = $A_{KWL}/L \cdot B$
C_B früher δ, Völligkeitsgrad der Verdrängung = $\nabla / L \cdot B \cdot T$
C_P früher φ, Prismatischer Koeffizient = $\nabla / A_{HSPT} \cdot L$
∇ Volumenverdrängung, kurz Verdrängung in m^3, entspricht dem Rauminhalt des unter Wasser befindlichen Schiffskörpers ohne »Anhänge« (Ruder, Propeller), bei Stahlschiffen auf Mallkante (Außenkante) Spant gemessen; $\nabla = L \cdot B \cdot T \cdot C_B$
$M_\triangle$ Masse Deplacement, kurz Deplacement in t; früher Kurzzeichen D; entspricht der Masse der vom Schiff insgesamt verdrängten Wassermenge unter Berücksichtigung des Außenhautfaktors k und der Anhänge. $M_\triangle = \nabla \cdot 1{,}025 \cdot 1{,}006 = 1{,}031 M_\triangle$ in t
M_{LS} Masse des leeren Schiffs
DW Tragfähigkeit (engl. Deadweight all told). Zur Tragfähigkeit gehören die Masse der Nutzladung (M_{LN}) sowie die Masse aller Schmier- und Treibstoffe (M_{OT}) sowie aller Vorräte (M_{VO}) und die besatzungs- und fahrgastbedingten Massen

Zu Schiffsmaschinen und Schiffsdampfkessel

P Maschinenleistung allgemein (engl. power) $P = M_d \cdot \omega$; d. h. die Leistung ergibt sich aus dem Drehmoment und der Winkelgeschwindigkeit $\omega = 2\pi n$
n Maschinen- bzw. Propellerdrehzahl in U/min bzw. U/s; d. h. Umdrehungen pro Minute bzw. pro Sekunde, auch in der entsprechenden Schreibweise min^{-1} bzw. s^{-1}
kn Knoten, Maßeinheit der Schiffsgeschwindigkeit 1 kn = 1 sm/h = 1852 m/h = 1852 m/3600 s = 0,5144 m/s
PS Pferdestärke (horse power), ältere Leistungseinheit 1 PS = 75 kg · m/s = 0,736 kW = 0,986 HP
1 Ch. V = 1 cheval vapeur – franz. Bez. für 1 PS
PSi Mit dem Indikator durch Druck-Wegmessung direkt an der Maschine ohne deren mechanische Verluste ermittelte Dampf- bzw. Gasleistung
PSn Nominelle Leistung, anfänglich für Kolbendampfmaschinen gebräuchliche Leistungsangabe, wie sie in Lloyd's Register üblich war. Der Wert wurde aus dem Zylinderdurchmesser, dem Kolbenhub und der Drehzahl errechnet
HP Horse power; ältere engl. Leistungsangabe, vergleichbar mit PS, wobei 1 HP = 1,0139 PS = 0,7457 kW entspricht
P_e effektive Leistung, Nennleistung (power effective), die von der Schiffsmaschine am Abtriebsflansch abgegebene Dauer-Nutzleistung $P_e = P_i \cdot \eta m$, wobei ηm der mechanische Wirkungsgrad der Kraftmaschine ist
P_B Bremsleistung (brake power), die mit einer Wasserwirbelbremse auf dem Prüfstand abgegebene Dauerleistung, sie entspricht i. allg. P_e, früher auch BHP (brake horse power)
P_D Propellerdrehleistung (power delivered at propeller), frühere Bez. Wellenleistung PS_W bzw. shaft horse power SHP. Es ist $P_D = P_B \cdot \eta s$, wobei ηs den Wirkungsgrad der Leistungsübertragung vom Abtriebsflansch des Antriebsmotors über die Wellenleitung (shaft) an den Propeller darstellt
j Joule, internationale Einheit der Wärmemenge bzw. Energie
$1 J = 1 W = 1 N \cdot m = 1 m^2 \cdot kg \cdot s^{-2} = 0{,}2388$ cal
1 cal = 4,1868 J
W Watt, Kilowatt, internationale Einheit der Leistung
$1 W = 1 N \cdot m \cdot s^{-1} = 1 J \cdot s^{-1} = 1 m^2 \cdot kg \cdot s^{-3}$
kW 1 kW = 1000 W = 1,360 PS
N Newton, internationale Einheit der Kraft
$1 N = 1 kg \cdot 1 m \cdot 1 s^{-2} = 1/9{,}81 kp = 0{,}1019$ kp
1 kp = 9,80665 N ≈ 10 N;
1 Mp = 9,806,65 kN ≈ 10 kN
Pa Pascal, internationale Einheit des Drucks bzw. mechanischer Spannungen
$1 Pa = 1 N/m^2 = 1 m^{-1} \cdot kg \cdot s^{-2}$
1 kPa = 10^3 Pa; 1 MPa = 10^6 Pa
1 mWs = 9,86665 kPa bzw.
1 mm WS = 9,86665 Pa
1 kp/mm^2 = 9,80665 · 10^6 Pa
= 9,80665 MPa
1 kp/cm^2 = 9,80665 · 10^4 Pa
= 98,0665 kPa ≈ 0,1 MPa
1 kp/m^2 = 9,80665 Pa
Der Kesseldruck wurde früher i. allg. als Überdruck gegenüber dem atmosphärischen Druck in kp/cm^2 angegeben; damit

entsprechen z. B. 14 kp/cm^2 Überdruck in Pa bei Angabe des Absolutdrucks 0,15 MPa.

Zur Schiffsvermessung

Die »Vermessung« eines Schiffs soll den Rauminhalt und seine wirtschaftliche Nutzbarkeit kennzeichnen, den Vergleich mit anderen Schiffen ermöglichen sowie eine angemessene Berechnungsgrundlage für Versicherungs-, Hafen-, Kanal- und Lotsengebühren und andere Abgaben bilden. Das älteste Gesetz zur »Schiffsvermessung« wurde 1590 in Spanien erlassen, als sich der überseeische Schiffsverkehr zwischen Europa und Amerika rege entwickelte.

Die dazu benutzte Maßeinheit war die »tonelada«. Der Begriff ist ebenso wie die »Tonne« (altengl. tun, später ton) durch die Verschiffung von Weinfässern aus den Mittelmeerhäfen entstanden. Aus tun bzw. ton bildeten sich so die englischen Bezeichnungen tunnage bzw. tonnage für die Lade- und Tragfähigkeit von Schiffen und Flotten. In Britannien war noch lange die »Standard-Frachttonne« bzw. »Ocean-ton« zu 40 Kubikfuß bzw. 1,1327 m^3 (1 engl. Fuß = 0,3048 m, 1 cbf = 0,028317 m^3 bzw. 28,317 l; 1 m^3 = 35,3148 cbf) gebräuchlich.

Dieses ursprüngliche Raummaß ist danach über die Masse des Faßinhalts von 2240 lbs (1 lbs = 1 engl. Pfund von 0,45359 kg; 2240 lbs = 1 long ton zu 1016,0 kg = 1,016 metrische t zu 1000 kg/t) zur Einheit für die Gewichtstonne geworden. Zur Kennzeichnung der Lade- und Tragfähigkeit gab man somit die Anzahl der vollen Fässer an, die ein Schiff laden konnte. Später wurden die Schiffe und ihre Tonnen-Tragfähigkeit in Listen erfaßt, die schließlich zum »Schiffsregister« wurden. Aus der »Tonne« war die »Registertonne« geworden.

Mit der weiteren Schiffsentwicklung entstand das Bedürfnis, die Schiffsgröße genauer zu erfassen. Da in der ursprünglichen »Tonnage« Hauptabmessungen der Schiffe wie Länge, Breite und der Tiefgang nicht ausgewiesen waren, ging man zu einer Berechnungsformel aus

$$\frac{\text{Länge des Kiels} \times \text{größte Breite} \times 0{,}5 \text{ größte Breite}}{94}$$

über, in der anstelle des beim beladenen Schiff schwierig zu messenden Tiefgangs die halbe Schiffsbreite eingesetzt wurde. Ebenso konnte statt der schwierig ermittelbaren Kiellänge die Deckslänge L, vermindert um 3/5 der größten äußeren Breite B, eingesetzt werden. Diese Berechnungsformel war von 1720 bis 1835 in England in Kraft und ist als »Builder's Old Measurement Rule« (BoM) in die Geschichte eingegangen.

Der Übergang vom Segel- zum Dampfschiff sowie vom Holz- zum Eisenschiffbau fand auch in der Schiffsvermessung seinen Niederschlag. In die Vermessungsformel wurde erstmals 1819 ein Abzug für den »Treibkraftraum«, also für den Kessel- und Maschinenraum als Verringerung der Kiellänge um die Maschinenraumlänge aufgenommen. Diese Formel trat 1835 allgemein in Kraft. Dabei wurden die unmittelbar neben Kesseln und Maschinen gelegenen Räume »als nicht für andere Zwecke geeignet« angesehen und später auch Abzüge für die Kohlebunker anerkannt. Ein »Treibkraftraum« von 13 ··· 20 % ohne Bunker (13 % Regel) wurde auf Vorschlag des britischen Schiffbauers GEORGE MOORSOM vom British Board of Trade 1854 zum Gesetz erhoben und als Moorsomsche Regel bekannt. Die Regel beruhte auf einer Innenvermessung mehrerer Schiffsquerschnitte und Tiefen sowie ihrer Berechnung nach der Simpson-Regel. Neben Abzügen für den Maschinenraum wurden Abzüge für die Mannschaftsräume, Licht- und Luftschächte sowie Niedergänge, die Kombüse und das Ruderhaus sowie Sanitärräume gestattet. Von Moorsom stammt auch der gleichzeitig unterbreitete Vorschlag, die »Raumtonne« mit 100 Kubikfuß als Vermessungseinheit festzulegen. Seitdem ist bis in unsere Zeit 1 Registertonne (RT) = 100 Kubikfuß (cbf) = 2,832 Kubikmeter (m^3). Diese Schiffsvermessungsregel konnte aber auch nicht die vielen unterschiedlichen Vermessungsbelange generell lösen. Zwar war das Schiff nunmehr vermessen, aber damit waren noch keine Vorschriften über die zulässige Abladung oder Tiefgangsbegrenzung verbunden. Um 1855 wurden noch keine Tiefgangsmarken (Ahminge) am Schiff gefordert und es gab auch keine Lade- oder Freibordmarken. Je nach Ladungsangebot konnte der Kapitän oder Reeder sein Schiff soweit abladen, wie er es aus Rentabilitätsgründen für richtig hielt oder wie das Schiff nach seiner Meinung noch »gut in der See lag«. Auch sah man insbesondere Fracht-Segelschiffe durch die Vermessung als benachteiligt an, weil die Vermessungsabzüge der maschinengetriebenen Schiffe nicht in Anspruch genommen werden durften. Tatsächlich konnten Dampfschiffe mit kleinen Maschinen, Kesseln, Kohlebunkern u. a. Abzügen im Raumbedarf unterhalb der zugestandenen Abzugsgröße bleiben und so einen Teil des abgabefreien Raums für »zahlende Ladung« nutzen. Obwohl in der zweiten Hälfte des 19. Jh. die vermessungstechnische Benachteiligung des Frachtseglers als ein bedeutsamer Faktor für den Rückgang des Segelschiffs angesehen wurde, war dies sicher nicht die maßgebende Ursache für die allgemeine Ablösung des Segelschiffs durch das Dampfschiff.

Weitere Probleme traten auf, als die Kanalverwaltungen spezielle Vermessungsforderungen stellten. So erhoben die Suez- und Panamakanalverwaltungen Gebühren nach der sog. »Donauregel«, die 1860 international für das seinerzeit neugeschaffene Fahrwasser im mittleren Mündungsarm der Donau vereinbart wurde. Der auf Grundlage der Moorsom-Regel (II) ermittelte Abzug für Maschinen- und Kesselräume wurde mit dem Faktor 1,75 für Brennstoffbunker multipliziert. Die Tonnage der Schiffe, die zum ersten Mal den Suezkanal durchfahren wollten, wurde jeweils von Beamten der Kanalverwaltung nach der 1873 in Konstantinopel international abgestimmten Regel ermittelt, wonach die Durchfahrtsgebühr nicht nach dem Gewicht des Ladeguts sondern entsprechend dem Rauminhalt bestimmter Schiffsräume ermittelt wurde. So ist bis in unsere Zeit die »SCNRT« als Suez-Kanal-Netto-Registertonne zu 2,85 m^3 gebräuchlich geblieben.

Die Bestrebungen zur Herausnahme von Schiffsräumen aus der Abgabenpflicht oder die Erzielung einer möglichst großen Differenz zwischen Bruttoregistertonnen (BRT) und Nettoregistertonnen (NRT) machte die Vermessungen immer uneinheitlicher und unübersichtlicher. So durften später auf dem Oberdeck liegende Mannschaftsräume von der Vermessung abgezogen werden. In Deutschland betrachtete man ab 1888 den Doppelboden eines Schiffs als nicht vermessungspflichtig, da er vorwiegend der Schiffssicherheit diente und für »zahlende Ladung« ungeeignet war. Nach dem Übergang von der Kohle- zur Ölfeuerung wurde jedoch diese Regelung dazu ausgenutzt, um extrem hohe Doppelböden als Ölbunker zu bauen.

Noch einschneidender wirkten sich Regelungen hinsichtlich der oberen Begrenzung des vermessenen umbauten Schiffsraums auf die Schiffsentwicklung aus. So führte die ursprüngliche Absicht, auf Schiffen einen besseren Schutz für Deckspassagiere und Decksladung dadurch zu schaffen, daß der Raum unter einem Deck, das an zwei Stellen unterbrochen wurde, nicht in den Bruttoraum einzubeziehen war, zu »offenen« Räumen und zum nicht vermessungspflichtigen »Schutzdeck« mit negativen Auswirkungen auf die Sicherheit der Schiffe. Die extreme Ausnutzung derartiger vermessungstechnischer Vorteile zur Erzielung einer geringstmöglichen Nettotonnage hatte sogar Schiffsverluste zur Folge. Von den Suez- und Panamakanalgesellschaften wurden diese »Schutzdecker« nicht abgabenbegünstigt.

Erst durch den Völkerbund konnte 1939 der Entwurf einheitlicher internationaler Vorschriften für die Vermessung von Seeschiffen zur Ratifizierung der sog. »Oslo-Konvention« (Belgien, Dänemark, Finnland, Frankreich, Großbritannien, Island, Norwegen, Schweden, USA) vorgelegt werden. Den Vorschriften lagen zum Abzug der Treibkrafträume jedoch noch die Verhältnisse älterer Dampfmaschinenantriebe mit Kohlefeuerung zugrunde, obwohl seinerzeit moderne Maschinenanlagen bereits bedeutend weniger Raum benötigten. Um weiterhin die Vergünstigung der 13-%-Klausel zu nutzen, wurde so der »effektive Maschinenrauminhalt« von mindestens 13 % der Bruttotonnage praktisch beibehalten. Durch verschiedene Auslegungen der Vorschriften ergaben sich immer noch mehrere unterschiedliche BRT-Vermessungen für die Mehrzahl der Schiffe.

Der zweite Weltkrieg verhinderte weitere Arbeiten zur Vereinheitlichung der Vermessungsvorschriften. Im Jahr 1947 machten die Niederlande als erstes Land die Osloer-Konvention zum Gesetz. In der Weltflotte gab es aber weiterhin den Typ des Schutzdeckers, und es entstanden unter Ausnutzung der Vorschriften neue sog. »Paragraphenschiffe« von 299 BRT, 999 BRT und 1599 BRT in großer Stückzahl. Hätte man z. B. 1954 alle Schutzdeckerschiffe nach den Regeln für Volldecker vermessen, so hätte die Welttonnage statt seinerzeit 90 Mill. BRT eine Größe von 126 Mill. BRT erreicht.

Der BRT-Wert gibt daher den Bruttorauminhalt des seefest umschlossenen Innenraums an einschließlich der Aufbauten aber mit Ausnahme der Räume für Antriebsanlagen, Hilfs- und Verarbeitungsmaschinen, Kombüsen, Sanitärräume, Licht- und Luftschächte u. ä. Der Nettorauminhalt in NRT umfaßt demgegenüber den Rauminhalt

des für Ladung bzw. Fahrgäste nutzbaren Raums. Die Verminderung gegenüber BRT ergibt sich somit aus Abzügen in voller Höhe oder teilweise für Besatzungs-, Schiffsführungs- und Navigationsräume, Vorräte und Ballast.
Die 1948 gegründete IMCO (Intergovernmental Maritime Consultative Organization), ab 22. Mai 1982 IMO (International Maritime Organization) setzte nach ihrer endgültigen Konstituierung u. a. die Vereinheitlichung der Schiffsvermessung auf die Tagesordnung ihrer ersten Sitzung. Am 18. Juli 1982 trat das bereits 1969 in London beschlossene internationale Schiffsvermessungs-Übereinkommen völkerrechtlich in Kraft, 24 Monate nachdem mindestens 25 Staaten mit mehr als 65 % der BRT-Welthandelstonnage das Abkommen ratifiziert hatten. Seitdem ist die Regel für Neubauten verbindlich und ab 18. Juli 1994 sollen alle fahrenden Schiffe den neuen Schiffsmeßbrief (Vermessungszeugnis) haben. In diesem Uniforme Measurement System (UMS) werden die Bruttoraumzahlen (BRZ) als Gross Tonnage GT und die Nettoraumzahlen (NRZ) als Netto Tonnage NT angegeben. Während die frühere Vermessung eine Reihe von Schiffsräumen nicht erfaßte und die Maße auf Innenkante oder Schalung der Räume bezogen war, sind in die neue Vermessung der gesamte Inhalt der geschlossenen Schiffsräume V in m^3 auf Mallkante (Innenkante) Außenhaut nach der Formel $GT = K_1 \cdot V$ einbezogen. Der Faktor K_1 ist so festgelegt, daß die neue Bruttoraumzahl GT eines üblichen Volldeckers etwa der Größe der vorherigen BRT-Tonnage entspricht.
Die Nettoraumzahl (NT) ist abhängig vom Rauminhalt der Laderäume (Vc), dem Tiefgang (T), der Seitenhöhe (D) sowie der Anzahl der Fahrgäste (N), sofern diese 12 Personen übersteigt.

Zum Freibord

Der Freibord kennzeichnet bei einem Schiff das Maß, um das die Bordwände mittschiffs bei voller Beladung noch frei, d. h. über der Wasseroberfläche noch sichtbar sein müssen für eine notwendige Reserveschwimmfähigkeit im Seegang, im Leckfall, bei Vereisung und anderen Einflüssen. Da die Überladung der Schiffe zu allen Zeiten eine der gewichtigsten Ursachen für viele Schiffsuntergänge war, gibt es seit dem Mittelalter im Zusammenhang mit Schiffsversicherungen verschiedene Festlegungen zum größten Tiefgang, über den hinaus Schiffe nicht abgeladen werden sollten. Zu Ende des 17. Jh. wurde die Größe des Freibords z. B. in Britannien derart festgelegt, daß je Fuß Raumtiefe einige Zoll Freibord einzuhalten waren. Dennoch wurden die Schiffe oft überladen, und es kam weiter zu vielen Schiffsverlusten.
Um 1835 unterbreitete ein britisches »Comittee of Lloyd's Underwriting Association«, das zahlreiche Schiffsunfälle untersuchte, den Vorschlag, für bestimmte Schiffsklassen einen Freibord von 3 Zoll je Fuß Raumtiefe als Richtwert einzuführen. Die Freibordhöhen wurden nur für Schiffe zur Beförderung von Auswanderern, Truppen und Regierungsmaterial gesondert festgelegt. Diese Regelung wurde als »Lloyd's Rule« bekannt. Obwohl noch keine Besonderheiten hinsichtlich der Größe und Bauweise der Schiffe berücksichtigt werden konnten, war die Regel bis in die 80er Jahre des 19. Jh. allgemein Grundlage für Schiffbau, Schiffahrt, Versicherungen und Verhandlungen über Seeunfälle.
Die Kontrolle des Freibords war jedoch noch unzureichend, weil es zu dieser Zeit noch keine Bestimmungen gab, wonach jedes Schiff achtern und vorn eine Tiefgangsskala, die sog. »Ahminge« haben mußte. Abhilfe kam mit einem britischen Gesetz aus dem Jahr 1870, dem »Merchant Shipping Code Bill«, das für jedes Schiff vorn und achtern Tiefgangsmarken verlangte und den »Board of Trade« mit der Überwachung beauftragte. Seit 1870/71 forderte auch Lloyd's Register die Kennzeichnung einer vom Hauptdeck zu messenden Tiefladelinie für die Klassifizierung der sog. »Spardeck-« bzw. »Glattdeckschiffe«.
Besondere Verdienste zur Verbesserung der Schiffssicherheit erwarb sich der britische Politiker und Sozialreformer Manuel Plimsoll (1824 bis 1898), der von 1868 bis 1880 Mitglied des britischen Parlaments war. Der Verlust von Schiffen, die u. a. wegen Überladung, zu schwerer Decksladung oder schlechter Stauung sanken, stieg in dieser Zeit gewaltig an. So gingen von 1873 bis 1880 allein 1965 britische Schiffe verloren, darunter 1171 Segelschiffe. Insgesamt verloren 10827 Seeleute dabei ihr Leben. Durch die Bemühungen Plimsolls kam 1875 ein Gesetz zustande, nach dem jedes britische Schiff die Lage seiner Decks außenbords markieren mußte. Eine weitere Marke, die bald »Plimsoll-Marke« genannt wurde und aus einem Kreis bestand, der durch einen waagerechten Strich geteilt wurde, sollte den zulässigen Tiefgang anzeigen. Da jedoch der Mindestfreibord, d. h. der geringste erlaubte Abstand zwischen der Tieflade-Wasserlinie und dem Schottendeck noch nicht für die jeweiligen Schiffstypen detailliert festgelegt war, wurde diese Marke noch recht willkürlich und häufig zu hoch angebracht.
Zur Berechnung der Tiefladelinie entstanden ab 1875 daher verschiedene Tabellen, so von Mr. Benjamin Martell, Sir Digby Murray und Lloyd's Register, bis es 1890 zu einheitlichen Regeln kam. Da diese Regeln jedoch nur für britische Schiffe verbindlich waren, gab es in der folgenden Zeit viele Probleme mit Schiffen unter ausländischer Flagge, die britische Häfen anliefen. So liefen u. a. in England gebaute Schiffe, die ins Ausland verkauft wurden, weil sie den Anforderungen der englischen Gesetze nicht mehr genügten, mit ein Viertel mehr Ladung total überladen britische Häfen an. Deutsche Schiffe waren jedoch nicht darunter, da eine Angliederung an die englischen Vorschriften vorgenommen wurde.
Der tragische Untergang der *»TITANIC«* vom 15. April 1912 war Anlaß zur Einberufung einer ersten internationalen Schiffssicherheitskonferenz im Januar 1914 in London. Durch den ersten Weltkrieg war jedoch die Ratifizierung des Vertrags unmöglich. Erst 1929 konnte die zweite internationale Schiffssicherheitskonferenz in London die Aufgabe neu in Angriff nehmen und 1930 eine weitere Schiffahrtskonferenz die »Freibordkonvention« als Internationales Übereinkommen über den Freibord der Kauffahrteischiffe (Freibordvertrag London 1930) für Schiffe über 150 BRT verabschieden. Diese Konvention hat sich bewährt, so daß auf einer weiteren, 1966 einberufenen Konferenz praktisch kaum Veränderungen für ältere Schiffstypen, die es 1930 schon gab, erforderlich wurden.
Die neue »Internationale Freibord-Konvention 1966« (Ladelinien-Vertrag) und die darauf beruhenden Vorschriften enthalten die notwendigen Berechnungsregeln zur Freibordberechnung für die verschiedenen Schiffstypengruppen und Schiffskonstruktionen zur Bestimmung des Mindestfreibords. Danach benötigen Tankschiffe und ähnliche Spezialschiffe sowie Holzfrachtschiffe einen geringeren Freibord als Schiffe anderer Bauart. Die Festlegungen regeln auch die Verfahrensfragen. Jedes Schiff, das gemäß der Freibord-Konvention von den zugelassenen Behörden beaufsichtigt und mit Freibordmarken versehen ist, erhält seitdem ein »Internationales Freibordzeugnis«. Der Freibord wird an beiden Seiten des Schiffs mittschiffs durch eine markierte und gut sichtbar gemachte Freibord- und Lademarke angezeigt. Sie besteht aus einem Ring mit einem waagerechten Mittelstrich und ist mit der Kurzbezeichnung der erteilenden Klassifikationsgesellschaft versehen, die im Auftrag ihrer Regierung das Zeugnis erteilt. Neben der Freibordmarke befindet sich üblicherweise die Lademarke mit den Mindestfreibordzeichen für die Freibordzonen, die für Fahrtgebiete, Jahreszeiten und Holzfracht verschieden sind. Die Kurzzeichen an den Lademarken bedeuten:

S – Sommerfreibord für Seewasser mit der Dichte $\rho = 1{,}025\ t/m^3$
T – Tropenfreibord für Seewasser mit gegenüber dem Sommerfreibord um 1/48 verminderten Tiefgang
W – Winterfreibord für die Winterzone in Seewasser mit 1/48 gegenüber dem Sommerfreibord vergrößerten Tiefgang
WNA – Winter-Nordatlantikfreibord, wobei nur Schiffe unter 100 m Länge einen um 50 mm gegenüber dem Winterfreibord vergrößerten Freibord haben müssen
F – Frischwasserfreibord für die Fahrt in Frischwasser mit der Dichte $\rho = 1{,}000\ t/m^3$
FT – Frischwasser-Tropenfreibord

Schiffe, die häufig Holzdecksladung fahren, haben links von der Freibordmarke zusätzliche Holzlademarken, die durch einen Vorsatz (H) gekennzeichnet sind und wegen des möglichen Zusatzauftriebs der Ladung etwas höher als die allgemeinen Lademarken liegen.

»AARON MANBY«: erstes ausschließlich aus Eisen gebautes Dampfschiff größerer Abmessungen, das den englischen Kanal (Ärmelkanal) überquerte. Die Eisenplatten wurden 1821 in den Horseley-Iron-Works in Tripton bei Birmingham hergestellt und bearbeitet. Danach erfolgte der Transport mit Flußschiffen nach London, wo das Schiff in den Surrey-Docks zusammengebaut und genietet wurde. Nach dem Einsetzen der ebenfalls im Industriebezirk hergestellten, von H. BELL gebauten Kessel und Dampfmaschine von 44 kW (60 PS) trieb die Maschine die aus 4 einfachen Gelenkschaufeln bestehenden Seitenräder an, mit denen eine Geschwindigkeit von 7 kn erreicht wurde. Der 14 m hohe Schornstein konnte bei Bedarf als Segelmast verwendet werden. Die »AARON MANBY« hatte eine Länge von 32,55 m und eine Breite auf Spanten von 5,24 m (anderen Angaben nach 36,6 m Länge und 5,5 m Breite). Die Tiefe im Raum betrug 2,19 m und die Tragfähigkeit 118 t. Die Dicke der Beplattung betrug 6 mm, der Boden war flach und das Heck eckig gestaltet. Das Ruder wurde über eine Pinne bedient.
Nach der Probefahrt am 9. Mai 1822 auf der Themse wurde das Schiff zunächst in der Kanalfahrt und auf der Seine bis nach Paris eingesetzt. Nach einigen Fahrten auf dieser Route fuhr das Schiff in Frankreich für den Vergnügungsverkehr und Postdienst bis 1830 auf der Seine und später bis 1855 auf der Loire.

Abiso: siehe *Aviso*

»ACADIA FOREST«: erstes Leichtertransportschiff, das als *Barge-Carrier* nach dem *LASH*-System (**L**ighter-**A**board-**S**hips) in Dienst gestellt wurde. Das für die norwegische A/S Moslash Shipping Co. in Tokio von der Werft Sumitomo Shipbuilding & Machinery Co., Ltd gebaute Schiff hatte am 3. Dezember 1968 Kiellegung, am 3. April 1969 Stapellauf, war am 27. September 1969 fertiggestellt und wurde von der Reederei Central Gulf Steamship Corp. in Dienst gestellt.
Die »ACADIA FOREST« kann 73 Schwimmcontainer von je 380 t Tragfähigkeit, 18,74 m Länge, 9,50 m Breite und 3,96 m Seitenhöhe, 2,66 m Tiefgang und 563 m^3 Stückgutladerauminhalt mit einem über den ganzen Ladebereich verfahrbaren Portalkran mit 21,34 m Breite und 19,96 m Höhe für 510 t Lasten über Heck an Bord nehmen. Der Ladezyklus für einen Leichter benötigt etwa 15 min. Von den 73 Leichtern können 49 in den Laderäumen unter Deck in Zellen und 24 Leichter an Deck gestaut werden.
Das *Leichterträgerschiff* ist 261,40 m lang über Alles, 234,0 m zwischen den Loten, 32,5 m breit auf Spanten und hat 18,29 m Seitenhöhe und 11,28 m Tiefgang bei 43000 t Tragfähigkeit. Der Laderauminhalt beträgt 50350 m^3 und die Vermessung 20635 NRT bzw. 36862 BRT. Die Vorräte sind für eine Seestrecke von etwa 19500 sm bemessen. Durch einen langsamlaufenden Zweitakt-Dieselmotor mit 16265 kW (22100 PS) bei 116 U/min und einen 5flügeligen Propeller von 6,32 m Durchmesser hat das Schiff eine Dienstgeschwindigkeit von 19,1 kn bei 8,53 m Tiefgang.

»AARON MANBY« 1821 – erstes voll aus Eisen gebautes Dampfschiff

»ACADIA FOREST«, 1969 erstes Schiff des LASH-Systems (Lighter-Aboard-Ships)

»ADMIRAL GRAF SPEE«: deutsches Panzerschiff (Projektbezeichnung »C«). Die Bezeichnung Panzerschiff geht auf die im Text des Versailler Vertrags enthaltene französische Typbezeichnung »Cuirasse« für das Panzerschiff zurück. In Deutschland durften dem Vertragstext entsprechend keine Großkampfschiffe, sondern nur Panzerschiffe mit einer Deplacementbegrenzung von 10000 ts gebaut werden. So entstanden die »Pocket-Battleships« (Westentaschen-Schlachtschiffe) der Reichsmarine und späteren Kriegsmarine. Bei dieser Bezeichung ist es bis zur Umklassifizierung 1940 geblieben. Die Bezeichnung »Panzerkreuzer« entstand in den Reichstagsdebatten zur Bewilligung der Gelder für das Projekt »A«; siehe *»DEUTSCHLAND«*.
Im Zeitraum 1928 bis 1936 wurden 3 Panzerschiffe gebaut. Typschiff war die »LÜTZOW« ex »DEUTSCHLAND« (Projekt »A«), gefolgt von der »ADMIRAL SCHEER (Projekt »B«) und »ADMIRAL GRAF SPEE« (Projekt »C«). Die beiden erstgenannten Schiffe wurden ab Februar 1940 als Schwere Kreuzer bezeichnet.
Die »ADMIRAL GRAF SPEE« lief am 30. Juni 1934 auf der Kriegsmarine-Werft in Wilhelmshaven von Stapel und wurde am 6. Januar 1936 in Dienst gestellt. Die Baukosten beliefen sich auf 82 Mill. Mark. Bei einem Deplacement von 16200 ts war das Schiff über Alles 186,0 m und zwischen den Loten 181,7 m lang, 21,70 m breit und hatte einen Tiefgang von 7,34 m. Die Besatzungsstärke betrug 1150 Mann. Die Bewaffnung bestand aus 6×28-cm-, 8×15-cm- und 3×8,8-cm-Geschützen sowie 8×3,7-cm-Schnellfeuerkanonen und 10 bis 28 Flakgeschützen des Kalibers 2 cm. 1935 und 1938 wurde die Mittelartillerie mehrfach in der Anzahl verändert. Ferner waren an Deck 8 Torpedorohre (53,3 cm) sowie ein Katapult und 2 Bordflugzeuge vorhanden.
Als Antriebsanlage dienten 4 Satz von je 2 MAN-Neunzylinder-Dieselmotoren mit einer Gesamtleistung von 41800 kW (56800 PS), mit denen das Schiff eine Geschwindigkeit von maximal 28,5 kn erreichte. Diese Panzerschiffe waren trotz ihrer begrenzten Größe seinerzeit dennoch die größten motorgetriebenen Kampfschiffe der Welt. Die beiden anderen Schiffe besaßen im wesentlichen die gleichen technischen Parameter. Alle 3 wurden im zweiten Weltkrieg vernichtet.

»ADMIRAL GRAF SPEE« – deutsches Panzerschiff, 1936 in Dienst gestellt, 1939 vernichtet

Die »ADMIRAL GRAF SPEE« hatte bereits am 21. August 1939 den Auslaufbefehl zum Kaperkrieg im Atlantik erhalten. Nach einem Gefecht mit britischen und französischen Überwassereinheiten mußte sie beschädigt den Hafen von Montevideo zur Notreparatur anlaufen. In aussichtsloser Lage wurde das Panzerschiff am 17. Dezember 1939 in der La Plata-Mündung von der Besatzung gesprengt. Die Abbrucharbeiten begannen 1942/43, jedoch waren noch 1965 Reste sichtbar.

Die »ADMIRAL SCHEER« beschoß am 31. Mai 1937 die spanische Stadt Almeria als »Vergeltung« für den Bombenangriff vom 29. Mai 1937 auf das Panzerschiff »DEUTSCHLAND«. Mitte 1942 war der Schwere Kreuzer neben anderen Einheiten in Nordnorwegen zur Bekämpfung von Geleitzügen eingesetzt. Später kenterte nach einem schweren Luftangriff auf Kiel in der Nacht vom 9. zum 10. April 1945 der Kreuzer an der Einfahrt zum Dockhafen der Deutsche Werke, Kiel AG.

Die »LÜTZOW« ex »DEUTSCHLAND« wurde am 16. April 1945 südlich Swinemünde bei einem Bombenangriff schwer beschädigt auf Grund gesetzt und am 4. Mai 1945 von der Besatzung gesprengt. 1947 wurde das Schiff gehoben und abgewrackt.

Admiralschiff: historisch übernommener, dem *Flaggschiff* entsprechender, besonders großer, schneller und modern ausgerüsteter Schiffstyp in den Marinen für Flottenleitaufgaben auf See. In der englischen und französischen Marine waren es in der Übergangszeit zum Segel-Dampf-Kriegsschiff und zum Dampfschiff die großen Dreidecker-Linienschiffe, wie die noch nahezu voll getakelte englische »AGAMEMNON« (1852), das als erstes großes englisches Linienschiff (90 Kanonen) mit einem Schraubenantrieb gebaut wurde. Bereits 4 Jahre früher wurde das französische Schrauben-Linienschiff »NAPOLEON« (90 Kanonen) gebaut, welches unter Dampf schon 14 kn lief.

In der preußischen Marine wurde für den Oberbefehlshaber der Marine der Admiralstitel am 30. März 1855 eingeführt. Erster Admiral war Prinz Adalbert. Namhafte Admiralschiffe waren in der österreichisch-italienischen Seeschlacht bei Lissa die Panzerschiffe »ERZHERZOG FERDINAND MAX« (Admiral Tegetthoff) und »RE d'ITALIA« (Admiral Persano). In der japanisch-chinesischen Schlacht an der Yalū-Mündung der Kreuzer »MASUSHIMA« (Admiral Ito) und das Panzerschiff »TING YUEN« (Admiral Ting).

Das größte Kriegsschiff der am 1. Oktober 1867 gebildeten Norddeutschen Bundesmarine war das 1869 in Dienst gestellte, bei den Thames Iron Works bei London erbaute Panzerschiff »KÖNIG WILHELM«. Im Krieg 1870/71 war es Admiralschiff und während einer Übungsfahrt im Mai 1878 das Geschwader-Flaggschiff des Verbandchefs Admiral Batsch. Im ersten Weltkrieg war S.M. Großer Kreuzer »SCHARNHORST« (11600 t Deplacement, Geschwindigkeit 23,8 kn, 8×21-cm-, 6×15-cm-, 18×8,8-cm-Geschütze) das Geschwaderflaggschiff des Kreuzergeschwaders Ostasien. Es ging 1914 unter Graf Spee in der Seeschlacht bei den Falklandinseln verloren.

»ADMIRAL VON TIRPITZ«: umbenannt in »TIRPITZ« im Februar 1914. Erstes Turbinen-Passagierschiff der Welt mit einer Turbinen-Föttingergetriebeanlage. Das von der A.G. »Vulcan« in Stettin (Szczecin) am 20. Dezember 1913 zu Wasser gelassene Schiff war für die Hamburg-Amerika-Linie bestimmt. Es sollte 1975 Passagiere aufnehmen können bei einer Besatzung von 500 Mann. Die Länge über Alles betrug 187,4 m, die Breite 22,9 m und die Vermessung ergab 21498 BRT bzw. 11737 NRT. Das bei Kriegsausbruch 1914 nahezu fertige Schiff kam jedoch nicht mehr für den vorgesehenen Zweck zum Einsatz.

Völlig neu war die Übertragung der Turbinenleistung an die Propeller mit sog. »Föttinger-Transformatoren«. H. FÖTTINGER hatte bereits 1905 ein hydrodynamisches Getriebe zum Patent angemeldet, das als Untersetzungs- und Umsteuereinrichtung die hohen Turbinendrehzahlen für den Propeller herabsetzte und die sonst erforderlichen Rückwärtsturbinen ersetzen sollte. Als erstes Versuchsschiff baute die Stettiner Vulcan-Werft 1909 den kleinen Versuchsdampfer »FÖTTINGER TRANSFORMATOR« von 29,38 m Länge mit 368 kW (500 PS) Antriebsleistung bei 1750 U/min und einer Untersetzung von 5,5 für eine Propellerdrehzahl von 318 U/min. Der Bau des großen Zweischrauben-Passagierschiffs mit 2 Dampfturbinen von je 7350 kW (10000 PS) für 17 kn Geschwindigkeit stellte damit durch den enormen Leistungssprung ein ingenieur-technisch kühnes Wagnis dar. Die Aufgabe wurde jedoch erfolgreich gelöst, und die Erprobung übertraf mit einem Übertragungswirkungsgrad von 88 % positiv anderweilige Vorhersagen von nur 70 %.

Die Antriebsanlage der »TIRPITZ« und der »KÖNIGIN LUISE« wurden zum Vorbild für mit Föttingergetrieben untersetzte Antriebsanlagen des 1915 von Stapel gelassenen Kreuzers »WIESBADEN« und für Torpedoboote sowie für die späteren ab 1925 als Vulcan-Getriebe weltbekannten Zahnradgetriebe mit hydrodynamischer Kupplung. Das Schiff selbst hatte eine wechselvolle Geschichte. Nach der endgültigen Fertig-

»ADMIRAL VON TIRPITZ«, Turbinen-Passagierschiff mit Föttingergetriebeanlage (1914/20)

stellung im November 1920 wurde es am 1. Dezember 1920 als Reparationsleistung an England abgeliefert. Die englische Regierung verkaufte es am 25. Juli 1921 an die »Canadian Pacific Railway Co«, London, bei der es in »EMPRESS OF CHINA« umbenannt wurde und von August 1921 bis Mai 1922 bei den Werften Vulkan-Hamburg und J. Brown-Clydebank umgebaut und neu mit 21860 BRT vermessen wurde.
Am 2. Juni 1922 war eine erneute Umbenennung in »EMPRESS OF AUSTRALIA«, und anschließend folgte der Einsatz im Pazifik-Dienst von Vancouver nach Yokohama. Beim großen Erdbeben am 1. September 1923 befand sich das Schiff in Tokio. Ein erster Erdstoß zerstörte die Pier von der das Schiff gerade ablegen wollte. Das Schiff wurde förmlich durch das Hafenbekken gewirbelt, kam danach wieder unter Kontrolle und ließ die Rettungsboote zu Wasser. Beim Rückwärtsmanöver gerieten die Schrauben jedoch in die Ankerketten eines Frachters. Das nunmehr manövrierunfähige Schiff kollidierte mit einem japanischen Frachter, trieb dann mit über 2000 Menschen an Bord auf ein brennendes Ölfeld zu, funkte SOS und wurde schließlich von dem holländischen Tanker »IRIS« ins freie Wasser geschleppt.
Von August 1926 bis Juni 1927 wurden neue Parsons-Turbinen bei Fairfield in Glasgow eingebaut. Mit diesen Turbinen von insgesamt max. 20000 PS Wellenleistung erreichte das Schiff 20 kn Geschwindigkeit. Eine erste Reise ging am 25. Juni 1927 von Southampton nach Quebec, danach folgten Kreuzfahrten. 1933 wurde ein nochmaliger Umbau der Kabinen vorgenommen und ab 1939 – auch nach 1945 – fuhr die »EMPRESS OF AUSTRALIA« als Truppentransporter. Am 7. Mai 1952 wurde das Schiff an die British Iron & Steel Corp. verkauft und in Inverkeithing abgewrackt.

»AEGIR«: Küstenpanzerschiff der Kaiserlichen Marine. Wegen der Verwendung als Versuchsschiff für elektrische Anlagen bekam es in der Flotte den Beinamen »Elektrische Anna«.
Nach dem Stapellauf am 3. April 1895 auf der Kaiserlichen Werft in Kiel und der Indienststellung am 15. Oktober 1896 wurden bis 1904 laufende Umbauten und Ausrüstungen mit neuen Elektroanlagen vorgenommen. Das Schiff hatte ein Deplacement von 4150 t. Es war 86,15 m lang, 15,4 m breit und ging 5,60 m tief. Zur Besatzung gehörten 306 Mann. Die Bewaffnung bestand aus 3×24-cm- und 10×8,8-cm-Geschützen, 3 Torpedorohren des Kalibers 45 cm und 4 Maschinengewehren. Die Antriebsanlage von 2 Dreifach-Expansionsmaschinen mit einer Leistung von 4050 kW (5500 PS) gab dem Schiff eine Geschwindigkeit von 15,4 kn.
Ende der 90er Jahre wurde die »AEGIR« mit elektrischen Geschützschwenkwerken ausgerüstet. Dazu wurden 3 Turbo-Dynamoaggregate von je 30 kW Leistung eingebaut. Für den Dynamoantrieb lieferte die Maschinenbauanstalt Humboldt in Kalk bei Köln 3 Laval-Turbinen, die ersten Dampfturbinen, die an Bord eines deutschen Schiffes eingebaut wurden.
Der Beiname »Elektrische Anna« nimmt Bezug auf den auf der Internationalen Elektrizitätsausstellung 1881 in Paris von Edison vorgeführten Generator, der wegen seiner respektablen Höhe von 1,9 m den Beinamen »Marianne mit der langen Taille« erhielt.
Von 1914 bis 1915 diente das Schiff im Küstenschutz und war ab 1916 Wohnhulk in Wilhelmshaven. Am 17. Juni 1919 wurde es aus der Flottenliste gestrichen und 1922 zum Motorfrachtschiff für die Fa. A. Bernstein, Hamburg, umgebaut. Bei einer Frachtfahrt ist es am 8. Dezember 1929 vor Gotland in der Nähe des Leuchtturms Karlsö gestrandet und verlorengegangen.

Geschützaufstellung auf dem Küstenpanzerschiff »AEGIR«

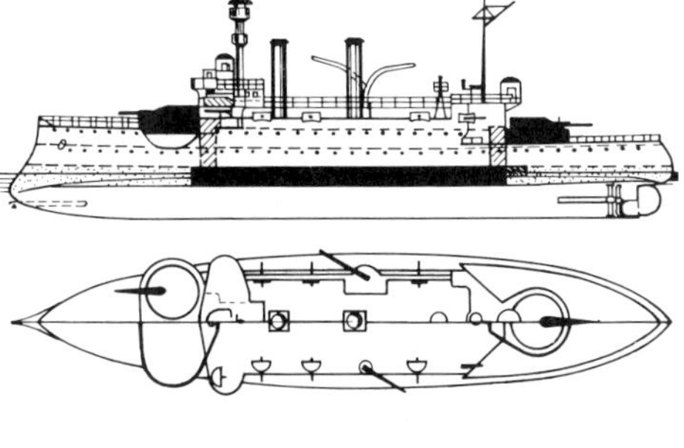

Englisches Aircraft-boat SRN 4

Aircraft-boat, *Aeroglisseurs, Naviplanes, Hovercraft, Ground-effect vessel, surface-effect vessel:* auf einem technisch erzeugten und durch elastische »Schürzen« abgerenzten Luftpolster über Wasserflächen, Sümpfen oder Eisflächen schwebendes Wasser- oder Amphibienfahrzeug; siehe *Luftkissenschiff*. Bekannte Typen sind u. a. der insbesondere für vereiste Flächen konzipierte sowjetische Typ »RADUGA«, das größere sowjetische Passagier-Luftkissenschiff »SORMOWITSCH« sowie die britischen Boote SR.N 4 und SR.N 6 der Firma Saunders-Roe Ltd.

Akkumulatorenboot: Überwasserfahrzeug oder Tauchboot, das mit speziellen Speichern für Elektroenergie (Akkumulatoren) für den Fahrantrieb oder andere Funktionen ausgerüstet ist. Angewendet wird diese Energiespeicherung insbesondere bei Sportbooten, für die zur Gewässerreinhaltung der Antrieb durch Verbrennungsmotoren nicht zulässig ist. Der elektromotorische Antrieb geschieht in elektrolytischen Blei-Schwefelsäure- oder Nickel-Eisen-Kalilauge-Akkumulatoren; siehe auch *Elektroboot*. Andere weniger gebräuchliche Energiespeicher sind hochkomprimierte Luft bzw. kinetische Energie schnell rotierender Massen.

»ALBERT BALLIN«, später *»HANSA«* und *»SOVETSKY SOYUZ«:* Doppelschrauben-Fracht- und Fahrgastschiff der Hamburg-Amerika-Linie. Das zu Ehren des langjährigen verdienstvollen Generaldirektors der HAPAG – »ALBERT BALLIN« – benannte Schiff wurde 1922/23 auf der Werft von Blohm & Voss in Hamburg gebaut und war der erste deutsche Nachkriegsneubau über 20000 BRT, der außerdem erstmals mit einem Kreuzerheck gebaut wurde. Am 17. Juni 1923 wurde das Schiff in Dienst gestellt und machte seine Jungfernfahrt auf der Route Hamburg–New York.
1934 wurde die »ALBERT BALLIN« um 12 m verlängert (»vorgeschuht«) und mit einem Bulbbug (Halbwulststeven) versehen und 1935 in »HANSA« umbenannt.
Am 6. März 1945 sank die »HANSA« nach Minentreffer in der Nähe des Gedser-Feuerschiffs auf 19 m Wassertiefe. Mit Hilfe abgesenkter Schwimmdocksektionen wurde das Schiff aufgerichtet, schwimmfähig gemacht und am 15. Dezember 1949 in den Hafen von Warnemünde eingeschleppt. Vom 11. August 1950 bis zum 8. Juni 1951 kam der Schiffskörper zur Reparatur nach Antwerpen. Vier Jahre beanspruchte die Rekonstruktion der Maschinenanlage sowie der Um- und Ausbau der Einrichtungen zum Fahrgastschiff »SOVETSKY SOYUZ« im VEB Warnowwerft Warnemünde. Im Dezember 1955 wurde das Schiff von der Seeflotte der UdSSR übernommen und nach Odessa überführt. Ab März 1957 wurde es in Wladiwostok stationiert und seit dem 29. Mai 1957 fuhr es als Flaggschiff auf der Route Petropawlowsk–Kamtschatka. Es legte als »SOVETSKY SOYUZ« eine Million Seemeilen zurück, beförderte neben 660000 Fahrgästen 1,5 Mill. t Fracht und war gleichzeitig Ausbildungsstätte für 3000 Seefahrtsschüler in der Kurilen-See. Nach über 25jähriger Dienstzeit wurde die »SOVETSKY SOYUZ« am 5. Dezember 1980 außer Dienst gestellt.
Nach dem Neuausbau war das Schiff über Alles 205,20 m und zwischen den Loten 196,80 m

»ALBERT BALLIN« erstes nach dem ersten Weltkrieg in Deutschland gebautes Schiff über 20000 BRT geht auf die erste Reise. Sie wurde später die »HANSA« und die »SOWJETSKY SOJUS«

Verlängerung durch »Vorschuhen« eines Schiffs vom Typ »ALBERT BALLIN«

lang, auf Spanten 24,04 m breit und hatte eine Seitenhöhe bis zum A-Deck von 19,45 m. Das mit 23009 BRT (11337 NRT) vermessene Schiff besaß ein Deplacement von 31500 t, eine Tragfähigkeit von 11170 t und beladen 9,6 m Tiefgang. Das Laderaumvolumen für Stückgut betrug 5714 m^3. Für den Ladeumschlag waren zwölf 5-t-Ladebäume und ein 30-t-Schwergutbaum vorhanden. Das Schiff fuhr eine Besatzung um 418 Mann und war für die Beförderung von 1669 Passagieren eingerichtet, davon 413 in der I. Klasse, 553 in der II. Klasse und 703 Passagiere der Luxus- und Touristenklasse. Die beiden Getriebe-Dampfturbinen leisteten insgesamt 15666 kW (21300 PS) und gaben dem Zweischraubenschiff eine Geschwindigkeit von 19 kn.

»ALECTO« und **»RATTLER«:** zwei durch den historischen Leistungsvergleich des Schaufelrads und Schraubenpropellers bekannt gewordene Dampffregatten der britischen Admiralität. Unter besonderer Förderung von Prinz Albert, des Gemahls der Königin Victoria, ließ die englische Regierung 1843 zu Versuchen mit dem neuen Schraubenpropellerantrieb von FRANCIS PETTIT SMITH ihr erstes Schraubenkriegsschiff, die »RATTLER«, in etwa gleicher Größe und gleich starker Maschine wie die Raddampffregatte »ALECTO« bauen. Die »RATTLER« hatte 888 t bei 176,5 Fuß Länge und wie die »ALECTO« 800 t Verdrängung; die Dampfmaschinen beider Schiffe leisteten je 147 kW (200 PS). Der 2flüglige Schraubenpropeller der »RATTLER« von 10 Fuß 1 Zoll Durchmesser bei 11 Fuß Steigung war aus Kanonenbronze hergestellt.
An einem windstillen Tag im Frühjahr 1845 wurde zunächst zwischen beiden Schiffen ein »Rennen« über eine Distanz von 100 Seemeilen in der Nordsee ausgetragen, bei dem die Schraubendampffregatte »RATTLER« mit großem Vorsprung siegte. Noch eindrucksvoller zeigte sich der Schraubenpropeller beim zweiten Versuch dem Schaufelradantrieb überlegen. Beide Schiffe wurden Heck gegen Heck durch Schlepptrossen verbunden. Auf Signal brachten sie beide ihre 200-PS-Dampfmaschinen mit Volldampf auf höchste Leistung. Das Ergebnis war überzeugend. Die Schraubendampffregatte »RATTLER« schleppte die Seitenraddampffregatte »ALECTO« rückwärts über Heck mit einer Geschwindigkeit von etwa 2,5 kn. Die erfolgreichen Versuche wurden bereits 1845 beim Bau des Schraubendampfschiffes »DWARF« und 1847/48 bei der »MINX« verwertet.

»ALEXANDRA«, ex *»SUPERB«:* stärkstes Zentralbatterie-Panzerschiff der englischen Kriegsflotte Ende der 1870er Jahre. Das 1877 erbaute barkgetakelte Dampfschiff entsprach mit seiner mächtigen Artillerie, einer damals für große Kriegsschiffe beachtlichen Geschwindigkeit und einem Kohlevorrat von 550 t für eine Aktionsweite von 2000 Seemeilen sowie einem mittleren Panzerschutz dem seinerzeitigen Konzept des Panzerschiffs. Das Deplacement betrug 9492 t und die Geschwindigkeit etwas über 16 kn bei der Maschinenleistung von insgesamt 5888 kW (8000 PS), erreicht wurden 8600 PS bei 67 U/min. Die beiden voneinander unabhängigen Zwillings-

Schaufelradschiff »ALECTO« und Schraubenpropellerschiff »RATTLER« beim Schleppversuch

Compound-Maschinen nach dem Dampfhammerprinzip hatten je einen Hochdruckzylinder von 70″ und zwei Niederdruckzylinder von 90″ Durchmesser bei 4 Fuß Hub. Der Oberflächenkondensator war bereits mit gezogenen Messingrohren von $^3/_8$″ Durchmesser mit einer Kühlfläche von 16500 Quadratfuß[1] bestückt. Insgesamt 12 Ovalkessel von 21900 Quadratfuß Heizfläche erzeugten den Dampf von 4,2 kp/cm^2 (60 Pfd/square inch) Überdruck.[2] Die beiden Kasematten mit den Geschützpforten und abgeschrägten Ecken lagen übereinander etwa auf halber Schiffslänge und hatten eine Panzerdicke von 305 mm. Armiert war die »ALEXANDRA« mit zwei 12zölligen und zehn 10zölligen Kanonen, von denen 6 für Breitseiten, 4 für Bug- und 2 für Heckfeuer einsetzbar waren. Um aus beiden Kasematten sowohl Breitseiten- als auch Bugfeuer geben zu können, war die Breite des davor liegenden Schiffsrumpfs beidseitig in Höhe beider Decks verringert. Aus der oberen, kürzeren Kasematte konnte durch die Breitenänderung auch in Heckrichtung geschossen werden.

Aluschiff, *Aluminiumschiff:* Wasserfahrzeug, das unter Verwendung von Aluminium oder Aluminiumlegierungen besonders leicht gebaut ist; siehe auch *Leichtmetallschiff.* Bleche und Profile aus Aluminium können seit Ende des 19. Jh. für technische Zwecke in den entsprechenden Mengen und mit noch vertretbarem Aufwand erzeugt werden. Der Einsatz im Schiffbau setzte jedoch erst um 1922 ein. Da der Vertrag von Washington das zulässige Deplacement von Kriegsschiffen begrenzte, wurde nach Möglichkeiten gesucht, um durch den sog. »Stoffleichtbau« die Masse der Einbauten zu verringern und einen möglichst großen Anteil des Deplacements für den Antrieb, die Bewaffnung und die Panzerung verwenden zu können. Für die Verwendung von Aluminium auf Schiffen lagen jedoch noch keine Konstruktionserfahrungen vor. Der zunächst auf britischen Kriegsschiffen um 1922 begonnene versuchsweise Einbau ergab bereits nach kurzer Zeit bei einem britischen Zerstörer erhebliche Korrosionsschäden, da die Kontaktkorrosion von Aluminium und Stahl bzw. die notwendige Isolierung noch nicht erkannt war. Das Aluminium war auch nicht seewasserbeständig.

Um 1930 entwickelte das britische Unternehmen Birmingham Aluminium Casting Co. patentierte seewasserbeständige Alu-Legierungen und gründete in Southampton die Versuchswerft »Birmal Boats« zur Erprobung dieser Legierung. Bis 1938 wurden auf dieser Bootswerft über 200 Kleinfahrzeuge gebaut, die sich gut bewährten. Mit der Einführung kombinierter Niet- und Schweißkonstruktionen setzte sich die »Leichtmetall-Bauweise« für schnelle Sportfahrzeuge, leichte Fahrgastschiffe und schnelle leichte Kriegsschiffe allgemein durch.

Etwa ab 1950 werden höher gelegene Aufbauten, Deckshäuser und Ausrüstungen (Fenster, Maste, Verkleidungen u. a.) besonders auf Binnenschiffen mit begrenztem Tiefgang aber auch auf großen Schiffen eingesetzt. Der Anteil ist gegenüber dem Schiffbaustahl jedoch relativ gering, so daß der 1959/60 für den Benzintransport auf dem Rhein gebaute Benzin-Binnentanker »ALUMINIA« trotz seiner Vorzüge auch gegen Funkenbildung zu den Ausnahmen als Ganz-Aluminiumschiff gehört. Eine entsprechende Seltenheit war daher auch die Indienststellung eines 1200-tdw-Aluminiumschiffes am 4. Januar 1968 in den USA zum Einsatz zwischen Miami und San Juan. Die zum Teil auch für die Ausrüstung von Großschiffen technisch vorteilhafte Verwendung von Aluminium bzw. Aluminiumlegierungen ist noch wegen der höheren Materialkosten stark begrenzt.

1) 1 Quadratfuß (engl. square foot) = 0,0929 m^2

2) 1 engl. Pfund/square inch = 0,073876 kp/cm^2

Englisches Zentralbatterie-Panzerschiff »ALEXANDRA« um 1870

»AMAZONE«: Kleiner deutscher Kreuzer von 2600 t Verdrängung des von 1897 bis 1904 erbauten sog. Typs »Gazelle«, zu der die Kleinen Kreuzer der Kaiserlichen Kriegsmarine »ARIADNE«, »ARCONA«, »AMAZONE«, »FRAUENLOB«, »GAZELLE«, »MEDUSA«, »NIOBE«, »NYMPHE«, »THETIS« und »UNDINE« gehörten.

Mit einer Antriebsleistung von 5888 kW (8000 PS) erreichten die 105 m langen, 12 m breiten und 5,4 m tiefgehenden Kreuzer rund 21,5 kn Geschwindigkeit. Die Bewaffnung bestand aus 10,5-cm-Geschützen sowie 2 Deckstorpedorohren für 50-cm-Torpedos. Der Kreuzer hatte 257 Mann Besatzung. Die »AMAZONE« lief am 6. Oktober 1900 auf der Germania-Werft in Kiel von Stapel und ging am 15. November 1911 in den Flottendienst. Ab 1914 war der Kreuzer im Küstenschutz eingesetzt und diente ab 1916 der U-Bootschule als Zielschiff. Ab 1917 wurde er als Wohnschiff in Kiel verwendet und 1923 in die Reichsmarine übernommen. Am 31. März 1931 wurde die »AMAZONE« aus der Flottenliste ge-

»AMAZONE« Kleiner deutscher Kreuzer der »Gazellen«-Klasse

Doppelschraubenpostdampfer »AMERIKA« der Hamburg-Amerika-Linie, Seitenansicht

Die »AMERIKA« der HAPAG vor dem Stapellauf am 20. April 1905, Bugansicht

strichen. Nach 1945 diente das Schiff noch als Wohnhulk für Umsiedler in Bremen und wurde dann 1954 in Hamburg abgebrochen.

Ambulanzschiff: siehe *Lazarettschiff*

»AMERIKA«: Doppelschrauben-Passagierdampfer der Hamburg-Amerika-Linie (HAPAG). Wegen der Größe und der komfortablen Ausstattung ließ die HAPAG dieses Schiff noch auf der um die Jahrhundertwende führenden englischen Werft Harland & Wolff in Belfast bauen. Es war gleichzeitig das erste Passagierschiff der Welt, das mit einem Personenaufzug ausgestattet war. Das 22620 BRT und 13637 NRT große Schiff hatte ein Deplacement von 42420 t. Es war 203,60 m lang, 22,60 m breit und hatte eine Raumtiefe von 15,9 m. Der Stapellauf fand am 20. April 1905 statt. Das Schiff hatte 577 Mann Besatzung und war für die Beförderung von 3085 Passagieren eingerichtet, davon 386 in der I. Kajütklasse, 150 in der II. Kajütklasse, 222 in der III. Klasse und 1750 in der IV. Klasse.

Die Antriebsanlage bestand aus 2 Vierfach-Expansionsmaschinen mit einer Gesamtleistung von 11400 kW (15500 PS), die auf die beiden 4flügligen Schrauben von 6,55 m Durchmesser arbeiteten und dem Schiff eine Geschwindigkeit von 18 kn gaben. 8 Kessel mit je 6 Feuern erzeugten den Dampf.

Im Oktober 1905 ging das Schiff auf seine Jungfernreise. 1917 wurde es in den USA beschlagnahmt, in »AMERICA« umbenannt und fuhr unter US-Flagge. 1939 folgte von der Newport News Shipbuilding and Dry Dock Company für die United States Lines eine weitere »AMERICA«. Dieses 35440 ts große und 220 m lange Schiff erreichte eine Geschwindigkeit von 22 kn. Es war in seiner Linienführung einschließlich der markanten Aufbauten und Schornsteine Vorbild für die am 23. Juni 1952 von Stapel gelaufene 53000 BRT große »UNITED STATES«, der letzten Trägerin des »Blauen Bandes«.

Ammoniak-Tanker: spezieller Flüssiggastanker für den Ammoniaktransport; siehe auch *Tanker*. Die Vorteile des Flüssiggastankers beruhen auf einer Verflüssigung der Gase bei tiefen Temperaturen, wodurch eine Volumenminderung auf 1/300 bis 1/600 des Gasvolumens erreicht wird. Die Verflüssigung der verschiedenen Gase erfordert unterschiedlich niedere Temperaturen. Für Ammoniak genügt eine Abkühlung auf −33 °C, während für Methan −162 °C, Äthylen −104 °C oder Butan −43 °C erforderlich sind. Die Tanks von Ammoniak-Tankern werden somit für −33 °C ausgelegt und isoliert; in Spezialtankern können sie auch für Normaltemperaturen als Drucktanks ausgebildet sein.

Das derzeit vorwiegend bei der Verarbeitung von Erdgas gewonnene Ammoniak ist ein wichtiger Rohstoff der chemischen Industrie und wird in größeren Mengen besonders zur Herstellung von Düngemitteln verwendet.

Ein modernerer Gastanker für Ammoniak, Butan, Butadien, Propan und Propylen, der Gastanker »BUSSEWITZ« der DDR-Deutfracht/Seereederei (Bauwerft Howaldtwerke – Deutsche Werft AG. Kiel) hat eine Tragfähigkeit von 12550 t DW und 4840 kW Antriebsleistung. Die 4 Tanks fassen 17000 m^3. Für die Be- und Entladung sind spezielle Pumpen und Schutzmaßnahmen entsprechend der IMCO-Resolution A 328 (IX) vorhanden. U. a. kann auf dem Schiff ein Teil des hinteren Aufbaus zum Schutz der Besatzung im Gefahrenfall als Überlebensbereich hermetisch abgeschlossen werden.

Amphibienfahrzeug: spezielles kombiniertes Schwimm-, Schwebe- oder Bodeneffektfahrzeug für besondere Einsatzzwecke. Die aus der griechischen Wortkombination abgeleitete Bezeichnung Amphibion (amphi für Zweifach bzw. bios für Leben) wurde somit von Lebewesen, die im Wasser und auf dem Lande leben können, auf Fahrzeuge übertragen, die für beide Medien geeignet sind. Die vielfältigen Lösungen erfordern jedoch gegenüber den Einzweckfahrzeugen höhere technische Aufwendungen und sind somit nur für Verwendungen vorteilhaft, bei denen übliche Schwimmfahrzeuge nicht einsetzbar sind.

Die Mehrzahl aller Amphibienfahrzeuge ist daher für militärische Aufgaben ausgelegt, um mit Schwimmwagen, Schwimmpanzern oder amphibischen Transportfähren Wasser-, Sumpf- und Eishindernisse sowie besonders steile, sandige, steinige oder anderweitig unbefahrbare Uferböschungen oder Strände zu überwinden. Die Schwimmfahrzeuge haben für diese Zwecke spezielle Raupen- oder Radsätze oder sind Luftkissenfahrzeuge *(Luftkissenschiffe)*.

Neuerdings entsteht im Zusammenhang mit der Meerestechnik ein weiteres Einsatzgebiet durch Unterwasserfahrzeuge, die für Unterwasserbauten, zur Bodenerkundung oder für Kontroll- und Hilfsaufgaben bei der Verlegung von Unterwasserpipelines, -kabeln bzw. bei Bohr- oder Abbauarbeiten von Bodenschätzen auf dem Meeresgrund verwendet werden können. Für größere Wassertiefen sind solche Amphibienfahrzeuge unbemannt, fern- oder durch eigene Informationsverarbeitungen mit Hilfe von Sensoren gesteuert. Beim Einsatz vom Trägerschiff werden die Tauch- und Fahrprogramme sowie die Arbeitsprogramme am Boden durch Fernseheinrichtungen überwacht und gesteuert.

Von wirtschaftlicher Bedeutung sind insbesondere die Typen von Amphibienfahrzeugen, die Transportaufgaben in sonst nicht zugängigen Gebieten ermöglichen. Dazu gehören die für arktische Gebiete entwickelten Amphibienfahrzeuge für Schiffsbeladungen und Schiffsentladungen mit Hilfe von Schwimmleichtern, die im eisfreien Wasser ausgesetzt oder an Bord der Trägerschiffe (siehe *LASH-Schiff* bzw. *Leichterträgerschiff*) genommen werden, dünnere Eisdecken vor der Küste selbst brechen, auf tragfähige Eisdecken auffahren und auch über sumpfiges Gelände fahren können. Zu dieser Gruppe von Amphibienfahrzeugen gehören auch spezielle Amphibien-Holztransporter mit leistungsfähigen Winden und Hebeanlagen, um Stammholz zu den Flüssen zu befördern, zu Flößen zusammenzustellen und Flöße an Land zu bringen.

Amphibions dock ship: siehe *Barge-Carrier-Schiff*

Angled-Deck-Schiff: *Flugzeugträger* mit spezieller Winkel-Start- und Landedeckform. Im Jahr 1917 wurde der britische Flugzeugträger »ARGUS« erstmals mit einem durchgehenden Flugdeck versehen. Diese Bauform wurde allgemein bis kurz nach dem zweiten Weltkrieg beibehalten. Die Schornsteine waren, wie auf den späteren japanischen Trägern seitlich oder die Abgase wurden seitlich ausgeblasen, um thermische Strömungen auf dem Flugdeck durch Luftwirbel und das Deck überragende Aufbauten zu vermeiden.
Später zeigte sich, daß die Start- und Landeoperationen schneller Flugzeuge auf Flugzeugträgern schneller und mit größerer Sicherheit möglich sind, wenn das Flugdeck nicht parallel zur Längsachse des Trägers, sondern in einem bestimmten Winkel dazu verläuft. Aus verschiedenen Gründen, u. a. wegen der Lage der Schiffsführungszentrale und hafentechnischer Belange, erwies sich eine nach Backbord um etwa 8° gegenüber der Schiffsachse schräg verlaufende Richtung als günstig. 1952 wurde der US-Flugzeugträger »ANTITAM« als erster mit einem solchen Winkeldeck gebaut. Auf den Decks älterer Träger markierte man nachträglich die schräge Startbahn.

Angled Deck (Winkeldeck) eines Flugzeugträgers

Ankerboot: Spezialfahrzeug, um Anker auszubringen bzw. auszusetzen. Kleine Ankerboote, sog. »Ankerversetzboote« übernehmen beispielsweise die Halteanker eines Eimerkettenbaggers (siehe *Bagger*) und setzen diese aus. An diesen Ankern zieht sich der Bagger dann mittels Winden in die jeweilige Position, die genau dem zu baggernden Profil entspricht. Die Ankerboote können auch einen Wasserstrahlantrieb haben, damit sie seichte Gewässer in Landnähe befahren können, ohne Schaden an der Schraube zu nehmen. Auf Eisbrechern wird ein sog. »Ankerkutter« zum Ausbringen der Eisanker mitgeführt.

Ankerziehschlepper: Spezialfahrzeug für den Offshore-Bereich zum Setzen der schweren Anker von Bohrinseln, mit denen sich diese auf Position halten. Ein Vertreiben der Bohrinsel würde zum Bruch des Bohrgestänges führen und Schaden in Millionenhöhe zur Folge haben. Wenn erforderlich, werden die Anker vom Schlepper auch wieder »gezogen« und versetzt, wenn es der Einsatz der Bohrinseln erfordert. In jüngerer Zeit werden *Bohrinselversorger* für diese Aufgaben zusätzlich ausgerüstet. Andere Bohrinseln sind nicht mehr fest verankert, sondern halten sich auf ihrer Position mit computergesteuerten Ruderpropellersystemen.

Antimagnetisches Schiff: ein Schiff, dessen Eigenmagnetfeld durch die weitgehende Verwendung nichtmagnetischer Baustoffe klein gehalten ist oder dessen Magnetfeld durch andere Maßnahmen kompensiert wird. Genaue Messungen des erdmagnetischen Feldes bezüglich Intensität, Richtung und geographischer Ortsbestimmung werden schon seit Jahrhunderten auf den Weltmeeren vorgenommen. Die praktischen Ergebnisse sind für die Meeresforschung, die Erkundung von Erzlagerstätten und für die Navigation von Bedeutung. Mit derartigen Messungen begann EDMUND HALLEY 1700 auf dem Atlantischen Ozean. GEORG ADOLF ERMAN hat bei seiner Erdumseglung von 1828 bis 1830 ebenfalls die dabei vorgenommenen magnetischen Messungen aufgezeichnet. Eine systematische magnetische Vermessung der Ozeane konnte erst in diesem Jahrhundert erfolgen, seitdem das »Departement of Terrestrial Magnetism« der Carnegie-Institution in den Jahren 1905 bis 1908 mit dem Schiff »GALILEE« und seit 1909 mit einem eigens für diesen Zweck erbauten eisenfreien Segler mit Hilfsmotor »CARNEGIE« umfassendes erdmagnetisches Beobachtungsmaterial gesammelt hat. Da die Magnetnadel in der Nähe von ferromagnetischen Massen gestört bzw. abgelenkt wird, mußte beim Bau des Schiffes auf Eisen und Stahl vollkommen verzichtet und das Schiff aus Holz gebaut werden. Die Anker bestehen bei derartigen Schiffen aus Bronze, die Motoren aus Buntmetallen wie Messing und Kupfer, ebenso alle Bolzen, Nägel und Metallteile der Takelung.
Die »CARNEGIE« hat in jahrelangen Reisen nahezu eine halbe Million Kilometer zurückgelegt und dabei viele Fehler in den Angaben der Seekarten über Mißweisungen der Magnet-Kompaßnadel festgestellt. Im Jahre 1923 ließ Estland in Kiel eine ehemalige hölzerne Barkasse der Kriegsmarine, die »CECILIE«, von 14 m Länge und 3,8 m Breite umbauen. Auch hier wurde der Antriebsmotor durch einen anderen aus Messing und Bronze ersetzt.
Die UdSSR verfügt mit dem Dreimastgaffelschoner »SARJA« über ein antimagnetisches Schiff und setzt es erfolgreich als *Forschungsschiff* zur Messung der Schwankungen des Erdmagnetfelds ein. Bei der »SARJA« sind ebenfalls alle Metallteile einschließlich der Sportgeräte aus nichtmagnetischen Metallen hergestellt. Auf der »SARJA« wurden verschiedene Meßgeräte des »Internationalen Verbandes für geometrische Forschungen« installiert. Die Angaben dieser Geräte werden mit denen der Apparaturen verglichen, die sich im wissenschaftlichen Zentrum des Verbands in Dänemark befinden. Die Forschungsergebnisse dienen der Schiffahrt, dem Flugwesen, der Topographie und allen, die Kompaß und Karte benötigen. Die »SARJA« hat seit ihrer Indienststellung in zwei Jahrzehnten eine Seestrecke befahren, die einer mehr als zehnmaligen Erdumrundung entspricht.
Künftige größere antimagnetische Schiffe werden kaum noch aus Holz gebaut werden können. Sie werden Kompositbauten aus nicht ferromagnetischem Chrom-Nickelstahl, Leichtmetallen, Buntmetallen, Plastwerkstoffen und Holz sein.
Bis in die heutige Zeit wurden Schiffe im Brückenfrontschott vor dem Magnetkompaß mit einer Platte aus Messing, später aus Leichtmetall oder nichtmagnetischem Stahl gebaut, um die Ablenkung der Kompaßnadel durch eiserne Verbände des Schiffs so klein wie möglich zu machen.
Während des zweiten Weltkriegs wurden zum Schutz gegen Magnetminen, die auf das Magnetfeld des Schiffs ansprachen, Entmagnetisierungsmöglichkeiten für Stahlschiffe entwickelt. Dabei wurde durch Stromkreise im Schiffskörper das Magnetfeld des Schiffs zum Mineneigenschutz kompensiert.

Aquaglider: siehe *Gleitboot*

Aquamobile: Naß-Unterwassertauchboot für Sport und Forschungszwecke. Als *Akkumulatorenboot* erfolgt die Speicherung der Antriebsenergie für den Elektro-Propellermotor sowie für Scheinwerfer und Hilfszwecke mit entsprechend ausgelegten Trockenbatterien für eine Einsatzdauer von maximal einer Stunde bei mäßiger Geschwindigkeit von etwa 5 km/h. Die Fluttanks werden entsprechend der gewünschten Tiefe automatisch geflutet oder entleert. Die Größe solcher Aquamobile ist i. allg. für 2 vollausgerüstete Taucher ausreichend, die nur durch geeignet geformte Klarsicht-Plastscheiben oder Klarsichtkuppeln geschützt sind: siehe auch *Tauchboot.*

»ÄQUATOR«: Mehrzweck-Containerschiff, Gemeinschaftsentwicklung 1985 des VEB Warnowwerft Warnemünde und des VEB Schiffswerft Neptun in Rostock. Der Schiffstyp ist für den Transport von Containern sowie Stück- und Schüttgut, Schwergut und Industrieausrüstungen universell einsetzbar und in 4 Varianten modifizierbar. Die Länge über Alles der Grundvariante beträgt 158,05 m und zwischen den Loten 146,00 m, die Breite auf Spant 23,05 m, die Seitenhöhe bis Hauptdeck 13,40 m und der Konstruktionstiefgang 10,12 m. Bei einer Vermessung von 12000 GT besitzt das Schiff eine Tragfähigkeit von 17370 t und einen Aktionsradius von 17000 Seemeilen. Die 4 Laderäume mit einem Inhalt von 25320/23671 m^3 sind durch eine Normalluke und 3 Doppelluken zu bedienen. Die Umschlagsausrüstung besteht wahlweise aus 4×40-t-Schwingbäumen, 4×10-t-Bäumen, 1×125-t-Schwergutbaum bzw. 3 × je 2×12,5-t-Bordkranen oder 3 × je 2×25-t-Bordkranen oder 3×35-t-Einzelkranen oder 1×40-t-Einzelkran und 2×25-t-Einzelkranen oder 2×40-t-Einzelkranen oder 3×40-t-Einzelkranen. Containerstellplätze sind für 696 TEU (bzw. 812 TEU bei Variante Äquator-NW) vorhanden, davon 348 TEU unter Deck. Der Antrieb des Schiffs erfolgt durch einen Dieselmotor vom Typ K 5 SZ 70/125 BL (MAN-Lizenz) mit einer Leistung von 7600 kW, mit dem das Schiff ohne Wellengenerator 16,6 kn und bei Leistungsabnahme durch den Wellengenerator von 1250 kVA 16,1 kn erreicht. Ein 800 kW Bugstrahlruder gewährleistet gute Manövriereigenschaften auch bei Langsamfahrt. An Bord bestehen Unterbringungsmöglichkeiten für 36 Personen.

»AQUITANIA«: britischer Turbinenschnelldampfer der Cunard-Line. Das 45647 BRT (44786 ts) große Schiff wurde im Dezember 1910 bei John Brown & Co.; Clydebank bestellt und lief 1913 vom Stapel. Es wurde das Flaggschiff der Cunard-Line und war für die Beförderung von 3258 Passagieren eingerichtet. Am 10. Mai 1914 begann das Schiff seine erste Reise, bis zum Ausbruch des ersten Weltkrieges konnten nur 3 Reisen durchgeführt werden.
Die Parsons-Dampfturbinen leisteten 41216 kW (56000 PS) und gaben dem Vierschraubenschiff eine Geschwindigkeit von maximal 23,5 kn. 1914 war das Schiff zur Umrüstung als Hilfskreuzer vorgesehen, wurde jedoch überwiegend als Truppentransporter und Lazarettschiff im östlichen Mittelmeer eingesetzt. 1921 wurde es modernisiert und mit ölbeheizten Kesseln ausgerüstet. Danach war das Schiff im Schnelldampferdienst Southampton–New York eingesetzt.
Im zweiten Weltkrieg wurde es erneut als Truppentransporter verwendet. Die »AQUITANIA« hat während des Kriegs insgesamt 300000 Soldaten befördert. Nach Rekonstruktion 1947/48 machte das Schiff noch 25 Rundreisen nach Halifax bzw. New York und wurde dann 1950 abgewrackt.

Die »AQUITANIA«, MAJESTIC«, »HOMERIC«, »BERENGIA« und »MAURETANIA« (von links nach rechts)

Arcformschiff: Schiff mit ausgeprägt bogenförmig abgerundeten Spanten (Arcform) im Mittelschiffsbereich. Diese spezielle Schiffskörperform wurde Anfang der 1930er Jahre von J. ISHERWOOD besonders für Stückgutfrachtschiffe entwickelt (siehe auch *Isherwood-Längsspantenschiff*). Im Unterschied zu den allgemein gebräuchlichen Mittelschiffs-Spantformen mit ebenen vertikalen Seitenwänden, einer relativ kleinen Kimmrundung und ebenem Schiffsboden ging bei der Arcform der Kimmradius in bogenförmig gekrümmte Schiffsseiten über. Bei gleichem Schiffsquerschnitt vergrößerten sich dadurch die Schiffsbreite in der Konstruktionswasserlinie und die Stabilität. Wenn das Schiff nicht voll abgeladen ist und geringere Stabilitätswerte ausreichen, vermindert sich die entsprechende Breite in der Schwimmwasserlinie und ruft einen geringeren Fahrwiderstand hervor. Der Fortfall der kleinen Kimmrundung senkt ebenfalls den Widerstand, jedoch dämpft der bogenförmige Spant die Rollschwingungen des Schiffs bedeutend schlechter. Neben dem höheren Bauaufwand und der ungünstigen Raumnutzung war das ein Hauptgrund, weshalb sich die Arcform nicht allgemein durchsetzen konnte.

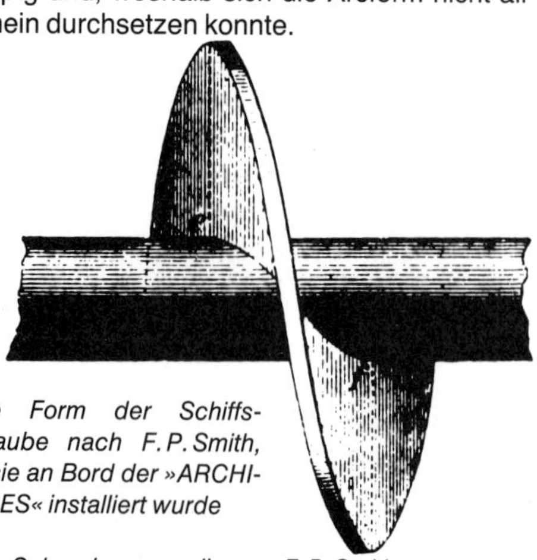

Erste Form der Schiffsschraube nach F. P. Smith, wie sie an Bord der »ARCHIMEDES« installiert wurde

»ARCHIMEDES« – 1839 erstes größeres Dampfschiff mit einem Schraubenpropeller von F. P. Smith

Flächengleiche Vertikal- und Arcformspante

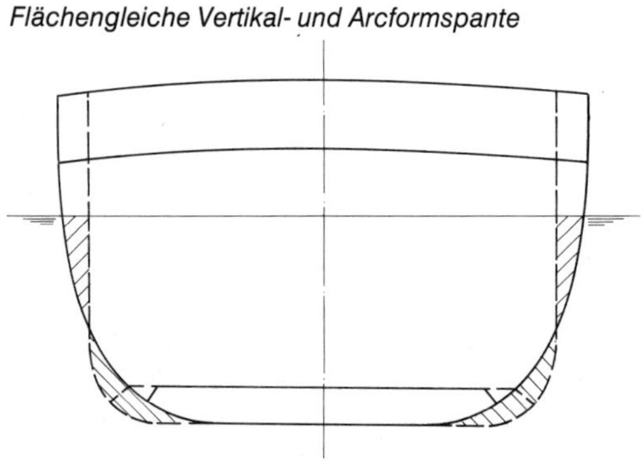

»ARCHIMEDES«: eines der ersten, 1838/39 mit Unterstützung der englischen Admiralität mit einer Heckschraube nach dem Patent von F. P. SMITH durch I. BRUNEL ausgerüsteten Schrauben-Dampfschiffe. Die Erfolge bewogen I. BRUNEL noch im Mai 1839 das nachfolgende Schiff, die »MAMMOTH«, wie die »GREAT BRITAIN« vor diesem Zeitpunkt heißen sollte, anstelle der ursprünglich vorgesehenen Seitenräder ebenfalls mit einem Smith-Heckpropeller auszurüsten. SMITH hatte 1836 zunächst ein kleines 10-t-Fahrzeug für den Propellerantrieb gebaut, das mit Erfolg Reisen an der Küste Kents ausführte. Erst als die Forderungen der Admiralität nach Anwendung des Propellers auf einem größeren Schiff vorgetragen wurden, konnte eine Gesellschaft für den Bau der etwa 237 t großen, 125 Fuß langen »ARCHIMEDES« gegründet werden. Das Schiff fuhr die Strecke von Gravesend nach Portsmouth am 14. Mai 1839 in 21 Std. bei »steifer Brise aus West«, also gegenan. Die »ARCHIMEDES« hatte 2 stehende Dampfmaschinen mit insgesamt 59 kW (80 PS) mit obenliegender Kurbelwelle und 2 Stirnradvorgelegen von G. & J. Rennie in London, die eine Vorausgeschwindigkeit von etwa 8 kn ermöglichten. Die Maschinendrehzahl von 25 U/min wurde durch das Vorgelege auf die Propellerdrehzahl von $133^1/_3$ U/min gebracht. Die größte Geschwindigkeit soll 9,75 kn betragen haben. Ursprünglich hatte die Admiralität die Mindestforderung von 4···5 kn gestellt, um den Schraubenpropeller bei Schiffen der Marine einzuführen. Die Steigung des 2gängigen Schraubenpropellers von 5 Fuß 9 Zoll Durchmesser war 8 Fuß. In der Rückwärtsfahrt wurden 4···5 kn erreicht.

Die »ARCONA« am 17. März 1864 im Gefecht bei Jasmund, von links: »LORELEY«, »NYMPHE«, »SKIOLD«, »ARCONA«, »SJALLAND«

Flugzeugträger »ARC ROYAL« auf Reede

»ARCONA«: vollgetakelte Schraubenfregatte der preußischen Flotte. Das Schiff lief am 19. Mai 1858 auf der Königlichen Werft in Danzig von Stapel und wurde am 15. April 1859 In Dienst gestellt. Der Querspant-Eichenholzkraweelbau von 1928 t (max. 2391 t) erhielt einen Kupferbeschlag. Das Schiff war über Alles 71,95 m und zwischen den Loten 63,55 m lang und 13,0 m breit. Der Tiefgang lag zwischen 5,55 und 6,35 m. Die Baukosten wurden mit 588900 Talern angegeben. Die Besatzungsstärke belief sich auf 380 Mann. Bis 1870 bestand die Bewaffnung aus 6×68-Pfündern sowie 20×36-Pfündern, danach aus 17 und zuletzt aus 8 Kanonen des Kalibers 15 cm.
Die liegende Zweizylinder-Einfach-Expansionsmaschine war von J. Cockerill in Seraing/Lüttich (Belgien) gebaut und leistete 1004 kW (1365 PSi). Sie gab dem Schiff eine Geschwindigkeit von 12,4 kn. 4 Kofferkessel mit insgesamt 16 Feuern erzeugten den erforderlichen Dampf bei 1,33 atü (0,23 MPa) Dampfdruck. Außerdem besaß das Schiff eine Segelfläche von 2200 m^2 und eine hievbare Schraube.
Die »ARCONA« war von 1859 bis 1862 im Auslandsdienst. Hier war sie u. a. das Flaggschiff eines Geschwaders, das mit dem preußischen Gesandten und späteren Innenminister Graf zu Eulenburg nach Ostasien kommandiert wurde, um mit Japan, China und Siam Schiffahrts- und Handelsverträge abzuschließen. Das aus 4 Schiffen bestehende Geschwader, die Schraubenfregatte »ARCONA«, die Segelfregatte »THETIS«, der Schoner »FRAUENLOB« und das Transportschiff »ELBE«, hatten bereits in der Nordsee (»ARCONA«) und am Kap der Guten Hoffnung (»ELBE«) in Orkanen größere Seeschäden und gerieten unweit der japanischen Küste in einen Taifun, in dem der Schoner »FRAUENLOB« unterging, so daß von der 800 Mann starken Expedition fast 100 Menschen umkamen.
Am 17. März 1864 nahm die »ARCONA« als Flaggschiff, begleitet von der Glattdeckkorvette »NYMPHE« (1202 t) und dem kleineren Radaviso »LORELEI« (470 t), am ersten Seegefecht der preußischen Flotte bei Jasmund (Rügen) gegen 6 dänische Kriegsschiffe teil. Von 1869 bis 1871 war die »ARCONA« erneut im Ausland als Kadettenschulschiff eingesetzt. Ab 1876 wurde es Wachtschiff in Kiel, am 18. März 1884 aus der Flottenliste gestrichen und schließlich als Zielschiff verwendet. Wenig später wurde das Schiff verkauft und in Kiel abgebrochen.

»ARC ROYAL«: britischer Flugzeugträger vor dem zweiten Weltkrieg. Zum Bau des Trägers wurden die Mittel 1934 bewilligt, so daß der Bau 1935 begonnen und am 12. April 1937 der Träger auf der Werft Cammel Laird von Stapel laufen konnte. Die Indienststellung geschah 1938.
Der 22600 t große Flugzeugträger war 220 m lang (über Flugdeck 240 m), 28,7 m breit und besaß einen Tiefgang von 7,0 m. Die Besatzungsstärke lag bei 1600 Mann. Die Bewaffnung des Trägers bestand aus 16×11,4-cm-Geschützen, 32×4-cm-Kanonen sowie 32 Maschinengewehren. Panzerung: Gürtel 114 mm, Oberdeck 64 mm, Unterdeck 89 mm. Für den Flugbetrieb standen 2 Dampfkatapulte zur Startunterstützung der 60 Radflugzeuge zur Verfügung. Die Antriebsanlage bestand aus 3 Satz Parsons-Turbinen mit einer max. Leistung von 75072 kW (102000 PS). Mit 3 Schrauben erreichte der Flugzeugträger eine Geschwindigkeit von 30,7 kn. Die »ARC ROYAL« wurde im April 1940 von dem deutschen U-Boot »U 39« angegriffen. Der Torpedo war jedoch ein »Frühdetonierer« und vernichtete dabei das deutsche U-Boot selbst. Am 13. November 1941 wurde die »ARC ROYAL« östlich von Gibraltar von »U 81« versenkt.

»ARKONA« ex *»ASTOR«:* Kreuzfahrtenschiff, seit 1985 als Urlauberschiff »ARKONA« unter DDR-Flagge.

Für die Baufinanzierung des Schiffs wurde die »Kymo Verwaltungsgesellschaft für Schiffsbeteiligungen mbH. & Co. KG.« gegründet, die über ein Kapital von 34 Mill. Mark verfügte. Ferner beteiligten sich die Hamburger Landesbank sowie ein Bananenhändler und ein Kaffeehaus. Für den Bau konnten dadurch 100 Mill. Mark beschafft werden. Mit der neu gegründeten »HADAG Cruise Line GmbH & Co. KG.« kamen weitere Finanzierungsquellen hinzu. Am 15. August 1979 wurde mit der Hamburg-Kieler-HDW-Werft der Bauvertrag abgeschlossen. Mit dem Schiffsnamen »ASTOR« sollte gleichzeitig Werbung für eine gleichnamige Zigarettenmarke betrieben werden. Nach Indienststellung wurde das Schiff von der »Kymo« für einen Tagessatz von 150000 Mark an die HADAG verchartert, doch das Unternehmen ging in Konkurs und das Schiff wurde zwischenzeitlich an die Reederei »Safmarine« in Kapstadt verkauft. 1985 erwarb die DDR das Schiff von der »Deutsche Afrika-Linien Kiel« und stellte es am 29. August 1985 für den FDGB-Feriendienst unter dem Namen »ARKONA« in Dienst.

Das 1981 bei den Howaldtwerken-Deutsche Werft AG. in Hamburg fertiggestellte Schiff ist mit 18591 BRT (6719 NRT) vermessen. Es ist 164,35 m lang, 22,60 m breit und hat bei einer Seitenhöhe von 8,10 m einen Tiefgang von 6,11 m. Die Tragfähigkeit beträgt 3245 t. Das Schiff ist mit 10 Decks gebaut. Bei einer Besatzungsstärke von 240 Mann ist es für die Beförderung von 654 (580) Passagieren eingerichtet. Zur Schlingerdämpfung sind AEG-Denny Brown Flossenstabilisatoren eingebaut.

Die Antriebsanlage besteht aus 4 einfach wirkenden Viertakt-MAN-Dieselmotoren des Typs 6 GL 40/45 mit einer Gesamtleistung von 13200 kW (18000 PS). Mit zwei 5flügligen Verstellpropellern erreicht das Schiff eine Geschwindigkeit von 20,5 kn. Das mit Bugwulst gebaute Schiff hat ein 880-kW-(1200-PS)-Bugstrahlruder sowie 2 Heckruder, die zu einer besonders guten Manövrierfähigkeit beitragen. Um die freien Decks von den Dieselabgasen und Maschinengeräuschen frei zu halten, wurde eine strömungsgünstige Schornsteinkonstruktion entwickelt. Das Schiff besitzt Einrichtungen zur Satelliten-Navigation und fährt unter der Klasse DSRK KM/2/Eis 3 aut 24 Fahrgastschiff.

Das Kreuzfahrtenschiff »ASTOR« – seit 1985 Urlauberschiff »ARKONA«

»ARKTIKA« bzw. **»LEONID BRESHNEW«:** sowjetischer nuklear angetriebener Polar-Eisbrecher. Als Nachfolgetyp des ersten Eisbrechers »LENIN« mit Kernantrieb (32400 kW, 28000 t Deplacement) lief der Polareisbrecher »ARKTIKA« am 26. Dezember 1972 in Leningrad von Stapel. Nach der Fertigstellung und Erprobung wurde er am 25. April 1975 von der Reederei »Murmanskoje parochodstwo« in Murmansk als neues Flaggschiff der sowjetischen Eisbrecherflotte In Dienst gestellt. Es blieb über mehr als ein Jahrzehnt das leistungsstärkste kernenergiegetriebene nichtmilitärische Schiff der Welt und wurde zu Ehren der berühmten Nordpolfahrt 1977 und des Staatsoberhaupts der UdSSR LEONID BRESHNEW nach dessen Ableben in »LEONID BRESHNEW« umbenannt.

Das auf der Leningrader Baltischen Werft gebaute Schiff wurde speziell entwickelt, um auf dem nördlichen Seeweg die Schiffahrtsperiode zu verlängern und eine schnellere Passage zu ermöglichen. Der Polareisbrecher hat, bezogen auf den Konstruktionstiefgang von 11,0 m, eine Länge in der Konstruktionswasserlinie von 136,0 m (über Alles 148,0 m) und eine Breite auf Spanten von 28,0 m sowie 17,20 m Seitenhöhe. Das Deplacement beträgt leer 19300 t und bei voller Zuladung 23460 t.

Die durch Atomenergie im Kernreaktor erzeugte Wärme leistet in 2 Turbinensätzen insgesamt 55200 kW (75000 PS). Das Dreischraubenschiff wird turboelektrisch angetrieben, d. h. über Turbogeneratorsätze und Elektro-Propellermotoren. Bei voller Leistung wird eine Freifahrtgeschwindigkeit von 21 kn erreicht. Das Schiff ist weitgehend automatisiert, mit modernsten Navigations- und Funkausrüstungen ausgestattet, und die Besatzungseinrichtungen sind für längere Einsätze zweckmäßig und komfortabel.

Die »ARKTIKA« hat als erstes Überwasserschiff den geografischen Nordpol erreicht. Sie lief für diese weltbekannte Fahrt am 9. August 1977 von Murmansk aus und erreichte am 17. August 1977 um 4.00 Uhr Moskauer Zeit den geografisch nördlichsten Punkt der Erde. Nach Hissung der Flagge der UdSSR an einem 10 m hohen Stahlmast ging die »ARKTIKA« um 19.05 Uhr auf Heimatkurs. Als der Polareisbrecher am 23. August 1977 wieder in Murmansk eintraf, hatte er in 13 Tagen 3852 Seemeilen zurückgelegt, davon 1609 Seemeilen durch stärkste Eisfelder.

»ARKTIKA» bzw. »LEONID BRESHNEW«, Kernenergie-Polareisbrecher der UdSSR

Die Turmschiffe »ARMINIUS« und »PRINZ ADALBERT« der Norddeutschen Flotte

Arktis-Frachtschiff: siehe *Polar-Frachtschiff*

»ARMINIUS«: gepanzertes zweimastiges Turmschiff mit Dampfmaschinenantrieb der am 1. Oktober 1867 gebildeten Norddeutschen Bundesmarine.
Das in den Jahren 1863 bis 1865 in der für den Eisenschiffbau renommierten englischen Werft der Gebrüder SAMUDA in Poplar bei London gebaute Schiff wurde mit einem Ergebnis von 700000 Talern aus der sogenannten Flottensammlung finanziert. Das aus Eisen und mit einfachem Boden aus $^3/_4$zölligen Platten mit 5 wasserdichten Querschotten gebaute Schiff hatte eine Panzerung um das gesamte Schiff von 3 Fuß unter der Wasserlinie bis zu dem nur 4 Fuß über der Wasserlinie liegenden Deck von 4 $^1/_2$ Zoll auf einer Teakholzfütterung von 9 Zoll. Ein abgerundeter Sporn von 6 Fuß Länge lag 3 Fuß unter der Wasserlinie. Die Länge war 70 m (200 Fuß), die Breite 11 m (36 Fuß) und der Tiefgang 4,27 m (14 Fuß). Mit der Dampfmaschine von 220 kW (300 PS) wurde in ruhiger See eine Geschwindigkeit von 10,5 kn erreicht. Der Dampf von 1,33 kp/cm^2 wurde in 4 querschiffs stehenden Kofferkesseln erzeugt. Für schwere See war die »ARMINIUS« wegen des geringen Freibords und der schnellen Rollbewegungen infolge der tiefen Lage des Massemittelpunkts nicht gut geeignet, so daß ihr Vorteil hauptsächlich auf der Küsten- und Häfenverteidigung beruhte.
In zwei jeweils $^1/_3$ von den Schiffsenden entfernt aufgestellten drehbaren Geschütztürmen von 16 Fuß Innendurchmesser und 7 Fuß Höhe (davon 3 Fuß über und 4 Fuß unter Deck) standen jeweils 2 gezogene 72-Pfünder. Die Drehtürme ermöglichten das Schießen sowohl von Breitseiten als auch unter spitzen Winkeln. Die mit dem Turm drehbaren Geschütze waren auf den Lafetten so angeordnet, daß der Rohrabstand nur 2 $^1/_2$ Fuß betrug und die Höhenrichtung, das Laden, Feuern und Verholen in jedem Turm durch 9 Mann erfolgte, während bei Batteriestellung noch allgemein 32 Mann erforderlich waren.
Das Drehen der jeweils 30 t schweren Türme geschah durch 4 Mann unter Deck mit Kurbeln, Zahnritzel und Zahnkranz innerhalb von 2 $^1/_2$ Min. für eine volle Umdrehung. Die Türme hatten über Deck auf einem 9zölligen Teakholzfutter ebenfalls eine 4 $^1/_2$zöllige Panzerung mit Verstärkungen in der Nähe der Geschützpforten bis auf 7 $^1/_2$ Zoll.
Erwähnenswert ist noch eine Eigentümlichkeit des Schiffs. Infolge schiffbaulicher Bauabweichungen lief das Schiff nur auf geradem Kurs, wenn das Ruder auf dem ungewöhnlich großen Stützwinkel von 15° nach Backbord lag. Dennoch erreichte die »ARMINIUS« eine lange Dienstzeit, so wurde sie noch 1892 im Kieler Hafen als Eisbrecher eingesetzt.

Artillerieschiff: Überwasserkriegsschiff mit der Hauptbewaffnung durch Schiffsartillerie. Bis zur Mitte des 20. Jh. waren die großen Überwasserkriegsschiffe wie *Linienschiffe*, *Schlachtschiffe* und *Kreuzer* (Große Kreuzer, Panzerkreuzer, Schlachtkreuzer, Schwere Kreuzer, Leichte Kreuzer u.a.) typische Artillerieschiffe. Weiter gab es Fluß- und Küstenmonitore (siehe *Monitor*) mit zum Teil sehr schweren Geschützen und auch spezielle Artilleriefähren.
Das Artillerieschulschiff dient auch in modernen Flotten der praktischen artilleristischen Bordausbildung und ist i. allg. mit verschiedenen Zielsuchsystemen und Geschützen für See- und Luftziele mit unterschiedlichen Feuergeschwindigkeiten, Reichweiten und Kalibern bewaffnet. Zum Seezielschießen schleppten ältere *Aviso*, *Kanonenboote* o.a. schnellere Hilfsschiffe als sog. Artillerietender die Zielscheiben oder Zielobjekte. Zur Erprobung neuer Schiffsgeschütze mit größeren Kalibern, Rohrlängen, Reichweiten und Schußgeschwindigkeiten wurden als Artillerie-Versuchsschiffe meistens große *Kreuzer* eingesetzt.
Modernere Artillerieschiffe sind i. allg. von Zerstörergröße mit 1600 t Verdrängung, haben 130 Mann Besatzung und laufen etwa 30 kn. Neben der Hauptbewaffnung sind sie mit ergänzenden Waffensystemen wie Werfern, Torpedos, Flugkörpern, Raketen u.a. ausgerüstet. Vorgesehene Einsatzoperationen sind der Geleitschutz, der Küstenschutz und die Unterstützung von Kriegshandlungen in Küstengebieten sowie bei Seelandungen. Zu solchen noch in den 80er Jahren des 20. Jh. existierenden Artillerieschiffen gehören Schlachtschiffe, Artillerie-Kreuzer *(Kreuzer)*, Artilleriezerstörer *(Zerstörer, Fregatten)* und Artillerie-Küstenschutzschiffe. Weiter gibt es Artillerie-Schnellboote *(Schnellboote)*.

»ASBOHTKAHN«: siehe *Rotorkahn*

Asphalt-Tankschiff: Spezialtankschiff für den Transport von Teer und Asphalt. Im Unterschied zu Tankern für Flüssigkeiten ist Teer und Asphalt bei Normaltemperaturen nicht flüssig und pumpfähig sondern fest. Asphalt-Tankschiffe sind deshalb mit isolierten und gut beheizbaren Tanks ausgerüstet, um die Temperatur des Ladegutes für kurze Strecken über der Schmelztemperatur von 120···150 °C zu erhalten oder für Langstrecken die erstarrten Teerprodukte erneut bis zur Pumpfähigkeit zu erwärmen.
In größerem Umfang begann die Hamburger Atlantic-Tank-Reederei GmbH (ART) 1925 den Teertransport von England nach Frankreich. Zu den moderneren Asphalt-Tankschiffen gehört die in Schweden gebaute »VIBIT« mit 19200 t Tragfähigkeit für den Asphalttransport von Westindien nach Europa. Die 10 Asphalttanks haben zusammen ein Fassungsvermögen von 20000 m^3. Für die Beheizung sind 2 Sattdampfkessel mit einer Dampfleistung von 18 t/h bei 12,5 kp/cm^2 Kesseldruck erforderlich. Die Beheizung der Tanks erfolgt über großflächige in den Tanks ver-

Die »ATHENIA« nach der Torpedierung

tikal angeordnete Rohrheizschlangen entsprechend der Schmelztemperatur auf 120···150 °C.

»ATHENIA«: britisches 13581 BRT großes Passagierschiff, das als letztes Schiff vor Ausbruch des zweiten Weltkriegs aus einem britischen Hafen auslief und das als erstes Schiff im zweiten Weltkrieg versenkt wurde. Das Schiff gehörte der britischen Reederei »Donaldson Atlantic Line« und fuhr unter Kapitän J. Cook. Es verließ am 2. September 1939 um 4.30 Uhr den Hafen von Liverpool mit Kurs auf Montreal. An Bord befanden sich insgesamt 1102 Passagiere, so daß 200 Passagiere zusätzlich zur vollen Belegung unterzubringen waren, in der Mehrzahl waren die Passagiere Bürger der USA und Kanadas sowie 150 Emigranten, darunter 34 Deutsche. Acht Stunden nach der Kriegserklärung befand sich die »ATHENIA« etwa 200 Seemeilen westlich Belfast (Position 56,42 Nord und 14,05 West), als das Schiff am 3. September 1939 um 19.32 Uhr völkerrechtswidrig von einem Torpedo des deutschen U-Boots »U 30« (Kommandant Oberleutnant Lemp) im Achterschiff getroffen wurde. »U 30« war bereits am 22. August 1939 zur sogenannten »Alarmübung Nordsee« ausgelaufen und operierte in diesem Seegebiet. Der Untergang forderte 128 Menschenleben. Weit nach Mitternacht rettete der herbeigerufene norwegische Tanker »KNUT NELSON« die ersten Überlebenden.
In England und in den USA wurde die Versenkung der »ATHENIA« als eine Parallele zum Untergang der »LUSITANIA« am 7. Mai 1915 gebrandmarkt. Die deutsche Kriegsführung hingegen versuchte die Schuld zu verschleiern und behauptete, daß englische Agenten in die »ATHENIA« eine »Höllenmaschine« eingebaut hätten und damit die Passagiere opferten.
Den später zum Kapitänleutnant beförderten ehemaligen Kommandanten von »U 30« ereilte mit einem anderen Boot ebenfalls das Schicksal. Das von ihm befehligte Boot »U 110« mußte nach Wasserbombentreffern am 1. April 1941 östlich Cap Farewell auftauchen, wurde von britischen Einheiten aufgebracht und sank im Schlepp eines britischen Zerstörers.

Äthylen-Tankschiff: spezielles Flüssiggas-Tankschiff (siehe auch *Tanker*) für verflüssigtes Äthylengas. Die Einzeltanks oder Tankbatterien sind aus tieftemperaturbeständigen Werkstoffen gebaut und isoliert aufgestellt, da die Flüssiggastemperatur von Äthylen bei −104 °C liegt. Im allg. ist außer Äthylen auch der Transport von Äthan, Propylen, Propan, Butan und Ammoniak möglich. Bei kleineren Äthylen-Tankschiffen kann der Flüssiggastank isoliert zum Schiffskörper in einem entsprechend gestalteten Laderaum eingebaut sein. Bei größeren Schiffen wird demgegenüber der Schiffsraum weitergehend an die Tanks angepaßt.

»ATLANTIC«: ab 1849 einer der ersten amerikanischen Transatlantik-Raddampfer der Collins-Linie. Obwohl Mister EDWARD KNIGHT COLLINS eine Paketseglerlinie leitete, erkannte er schon um 1840, daß die Zukunft dem Dampfschiff gehörte. Nachdem er 1847 über die erforderlichen Mittel verfügen konnte, gründete er die

Die »ATLANTIC« und ihre 3 Schwesterschiffe »ARCTIC«, »BALTIC« und »PACIFIC« waren mit ihrem hohen Freibord und guter Seetüchtigkeit richtungsweisend für den Schiffbau ihrer Zeit um 1850

»New York and Liverpool United States Mail Steamship Company«, die dann als Collins-Linie in die Schiffsgeschichte einging. COLLINS ließ in den Jahren 1848/49 4 größere Raddampfer aus Holz bauen, die »ARCTIC«, »ATLANTIC«, »BALTIC« und »PAZIFIC«. Sie galten als die schönsten und komfortabelsten Schiffe jener Zeit, doch waren die 1272-kW (2000-PS)-Dampfmaschinen für die Holzrümpfe der Raddampfer zu stark, so daß an den Schiffsrümpfen häufige Schäden auftraten und die Schiffe bei den Werften zur Reperatur lagen. Mit der vollen Leistung brachen die 4 Collins Raddampfer, unter ihnen die »ATLANTIC«, jedoch seinerzeit mit 13,25 kn alle auf dem Atlantik vorher bestehenden Geschwindigkeitsrekorde. Das Schwesterschiff »BALTIC« errang 1851 mit 13,17 kn das »Blaue Band« des Nordatlantik.

ATLANTIK-Fabriktrawler: Großtrawler aus der Volkswerft Stralsund. Der Prototyp einer Serie von 30 Fabriktrawlern kam unter dem Namen »MOONSUND« für die UdSSR in Fahrt. Der Schiffstyp verkörpert die siebente Generation von Fang- und Verarbeitungsschiffen dieser Spezialwerft. Der ATLANTIK-Fabriktrawler ist der bisher größte Schiffstyp der Werft. Er kann sowohl für die Grundschleppnetz- als auch für die pelagische Schleppnetzfischerei in Wassertiefen bis zu 2000 m eingesetzt werden. Die Kurrleinen haben bei 36 mm Durchmesser 4000 m Länge.
Der Fabriktrawler ist für den autonomen Einsatz von etwa 100 Tagen oder für den Flottilleneinsatz mit Übergabe der Ladung und Übernahme von Vorräten und Ausrüstungen auf See und unbegrenzte Fahrt ausgelegt. Das Typschiff »MOONSUND« lief am 30. April 1985 von Stapel, wurde am 30. Juni 1986 in Dienst gestellt und am 2. Juli 1986 dem Estrybprom-Kombinat in Tallinn übergeben. Das Schiff ist über Alles 120,70 m und zwischen den Loten 107,00 m lang, auf Spanten 19 m breit und besitzt eine Seitenhöhe bis zum ersten Deck von 12,22 m. Bei einem Konstruktionstiefgang von 6,40 m ist es mit 7656 GT und 2297 NT vermessen. Die Tragfähigkeit beträgt 3312 t. Die beiden Kühlräume (−28 °C) haben ein Fassungsvermögen von ca. 2670 m³. Der Laderaum und die Fischölbunker besitzen einen Inhalt

Der Prototyp »ATLANTIK«-Fabriktrawler geht auf Probefahrt

von etwa 3900 m^3. Die Kapazität der beiden Gefrierapparate beträgt 60 t/24 h, die der Leberölanlage 200 kg/h und die Fischkonservenproduktionslinie hat eine Kapazität von 26000 Dosen pro Tag.
Die Hauptantriebsanlage besteht aus 2 Dieselmotoren vom Typ 6 VDS 48/42 AL-2 SKL, die über Untersetzungsgetriebe und Schaltkupplungen einen Verstellpropeller antreiben, mit dem das Schiff eine Dienstgeschwindigkeit von 15 kn erreicht. Bei einer Geschwindigkeit von 5,5 kn beträgt der Trossenzug 294 kN. An Bord sind Unterbringungsmöglichkeiten für 115 Personen vorhanden.

»ATLANTIK«-Fang- und Gefriertrawler: Großserien-Fischerei-, Fang- und Gefriertrawler für die pelagische und Grundschleppnetzfischerei mit Be- und Verarbeitungseinrichtungen. Das Typschiff der Serie »ATLANTIK«-Fang- und Gefriertrawler wurde am 7. Juni 1966 durch den VEB Volkswerft Stralsund für die Hochseefischerei der UdSSR fertiggestellt. Bis zum 31. Dezember 1973 wurden 160 Schiffe, darunter 7 Schiffe mit Forschungseinrichtungen und 7 Schiffe für die Praktikantenausbildung in Serie gebaut. Ab 1974 wurde die Serie durch den VEB Mathias-Thesen-Werft für die UdSSR, SR Rumänien und in die Republik Kuba fortgeführt. Die Ausrüstung des Schiffstyps berücksichtigt besonders die Bedingungen in tropischen Gewässern, in denen der Schiffstyp vorwiegend im Flottenverband in Verbindung mit Mutterschiffen operiert.
Das Schiff ist über Alles 82,20 m und zwischen den Loten 73,00 m lang, auf Spanten 13,60 m breit und hat bei einer Seitenhöhe von 9,55 m einen Tiefgang von 5,00 m. Es ist mit 2657 BRT vermessen und besitzt ein Fangdeck von 36 m Länge, einen Kühlladeraum von 1040 m^3 für −25 °C und einen für Fischmehl von 165 m^3. Die Besatzung besteht aus 80 Mann, die übliche Einsatzzeit beträgt 60 Tage. Die Antriebsanlage besteht aus 2 Dieselmotoren vom Typ 8 NVD 48.2 Au des VEB Schwermaschinenbau Karl Liebknecht, Magdeburg, von je 854 kW (1160 PS), die über ein Getriebe auf einen Verstellpropeller arbeiten. Die Dienstgeschwindigkeit beträgt 13,6 kn, und bei der Schleppgeschwindigkeit von 6 kn wird ein Trossenzug von 167 kN (16,7 Mp) erreicht. Weitere Besonderheiten des Schiffs sind: Fernsteuerung aller Fischereiwinden von der Brücke aus, Wechselnetzfangtechnik für das wechselweise Fischen mit 2 Netzen, mechanisierter Scherbrettwechsel, 4 Auffangbunker mit Vorkühleinrichtung, 2 Bandgefrierapparate mit einer Leistung von 45 t/Tag, Fischmehlanlage mit einer Verarbeitungskapazität von 35 t/Tag, kombinierter Fischortungsstand für die Fischsuche.

»ATLANTIK«-Supertrawler: bekannter Großserien-Großtrawler der weltgrößten Spezialwerft für Fischereischiffe, des VEB Volkswerft Stralsund, für die Flottillenfischerei im Verband mit *Fischerei-*, *Kühltransport-* und *Versorgungsschiffen* der UdSSR, Rumäniens und der DDR. Der um 1970 entwickelte Schiffstyp wurde über ein Jahrzehnt in einer Großserie von mehr als 200 Schiffen mit etwa 2jährlichen Weiterentwicklungsstufen gebaut. Durch das Zusammenwirken mit Kühltransport- und Versorgungsschiffen

Das erste Schiff der Großserie »ATLANTIK«-Fang- und Gefriertrawler, 2657 BRT, L_{OA} 82,20 m, in Fahrt

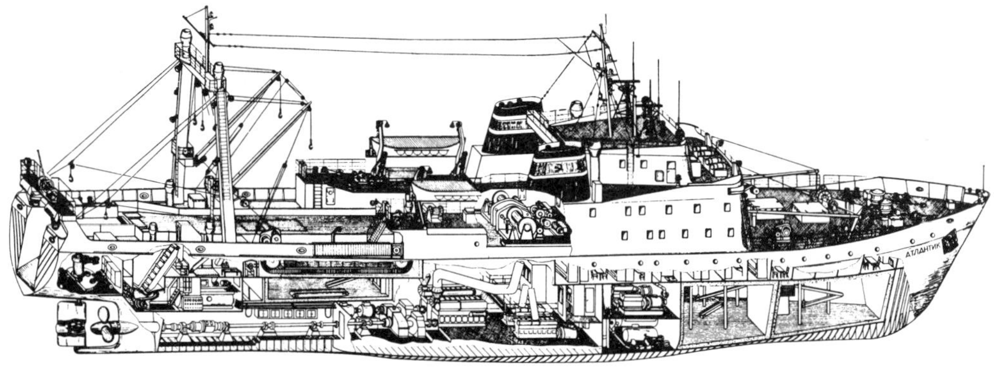

Räume und Ausrüstungen des Großserien-Fang- und Gefriertrawlers Typ »ATLANTIK«

Der erste »ATLANTIK«-Supertrawler geht auf Probefahrt

kann der Großtrawler während der gesamten Fangperiode oder auch ganzjährig auf den entfernten Fangplätzen der Weltmeere verbleiben, so daß nur die etwa 90 Mann starke Besatzung abgelöst und ausgetauscht wird. Hinsichtlich der Arbeits- und Lebensbedingungen sowie der Langzeitzuverlässigkeit und Funktionssicherheit der Versorgungseinrichtungen, der Antriebs-, Ruder-, Fang-, Decks-, Kälte-, Ortungs- und Navigations- sowie der Be- und Verarbeitungsanlagen müssen daher solche Schiffe die höchsten Anforderungen erfüllen.
Die Fischereiausrüstung ist für eine Tagesfangmenge von 50···80 t und eine potentielle Jahresfangmenge um 10000 t Fisch ausgelegt. Täglich können bis 65 t Fisch zu Fischfilet, Ganzfisch, Fischöl und Fischmehl verarbeitet, bei Tieftemperaturen schockgefrostet und in den 1680 m^3 fassenden Laderäumen bei −28 °C gelagert werden. Der Übergabe der Frostware an Transportschiffe dienen spezielle Ausrüstungen.
Die Länge über Alles ist 102,0 m und die Länge zwischen den Loten 91,8 m. Bei einer Breite von 15,2 m, dem Konstruktionstiefgang von 5,2 m und 9,7 m Seitenhöhe bis Hauptdeck hat der Schiffstyp um 2100 t Tragfähigkeit und ist mit 3930 BRT vermessen. Das Einschraubenschiff hat einen direktwirkenden Zweitakt-Dieselmotor aus dem Dieselmotorenwerk Rostock von 2855 kW bei 214 U/min, der auf einen Verstellpropeller mit Ruderdüse wirkt und dem Schiff eine Fahrtgeschwindigkeit von 15 kn gibt. Bei der Schleppfahrt mit 6 kn wird ein Schub von 280 kN (28 Mp) erreicht. Die Bordstromversorgung wird durch 3 Dieselgeneratoren mit je 530 kW sowie einen direkt in der Wellenleitung angeordneten Wellengenerator gewährleistet.

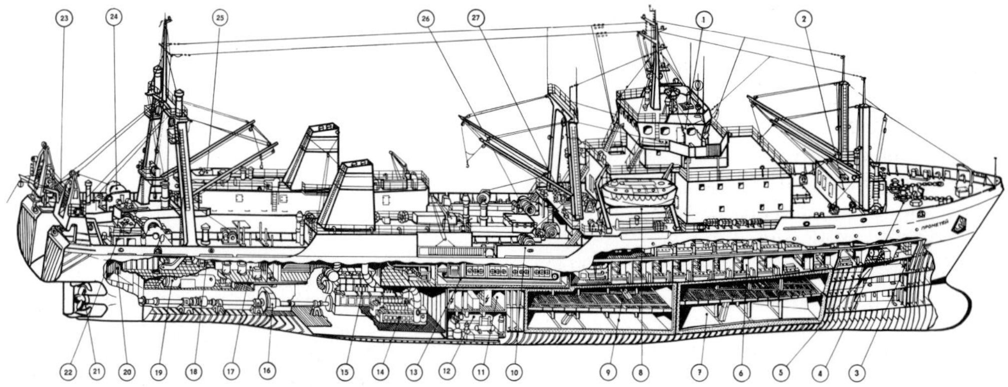

Räume und Ausrüstungen des Großserien-Großtrawlers Typ »ATLANTIK«-Supertrawler

Die Dampf-Glattdeckkorvetten »AUGUSTA« und »NYMPHE« der Norddeutschen Flotte um 1865

Atomschiff, *Atomeisbrecher, Atom-U-Boot:* siehe *Kernenergieschiff* bzw. *Nuklearschiff*

Aufklärungsschiff: Kriegsschiff zur Beobachtung gegnerischer Flottenbewegungen und Operationen. Bevor die Aufklärung durch Ballons, Flugzeuge und Hubschrauber, Satelliten sowie optische, funktechnische und elektronische Ortungssysteme möglich war, wurden in den Kriegsflotten spezielle, besonders schnelle Aufklärungsschiffe eingesetzt, um die Standorte, Bewegungen und eventuelle Absichten des Gegners oder vermeintlichen Gegners aufzuklären; siehe auch *Aviso*.
Der Einsatz erfolgte auch, um gegnerische Aufklärungsschiffe zu bekämpfen, kleinere feindliche Einheiten wie Schnell- und Torpedoboote abzuwehren, Minensperren zu erkunden, die beabsichtigten Operationen der eigenen Hauptkräfte zu verschleiern und den Gegner zu täuschen. Wegen der vielfältigen Aufgaben waren Aufklärungsschiffe jeweils mit den modernsten Ortungs- und Navigationsanlagen ausgerüstet und besonders schnell. Im Grundtyp entsprachen sie besonders ausgerüsteten Leichten *Kreuzern*, *Korvetten* und größeren *Zerstörern*.
In den modernen Kriegsflotten gibt es in abgewandelter Form »Aufklärungsschiffe«zur Beobachtung von Manövern anderer Streitkräfte, zur Überwachung und Begleitung fremder Kriegsschiffe in der Nähe der Hoheitsgewässer und zur Erkundung ihrer Beobachtungsanlagen, Bewaffnung, Ausrüstung, Schnelligkeit und Reaktionsfähigkeit.

Aufliegerschiff, *Aufliegerflotte:* Schiff bzw. Schiffsgruppe oder Teilflotte, die wegen Veränderungen im Weltseeverkehr oder Binnenwassertransport (zeitweilig) wegen Unterbeschäftigung nicht in Fahrt gehalten werden kann. Aufliegerschiffe werden hauptsächlich bei vermindertem Transportbedarf und Überangebot an Schiffsraum von den Reedereien aus dem Transportprozessen herausgezogen (aufgelegt), um sie bei steigenden Transportangeboten oder Frachtraten wieder einzusetzen. Zu den typischen Aufliegerschiffen zählen die US-amerikanische Reserveflotte mit den Schiffstypen »LIBERTY« und »VICTORY« von 1945 bis etwa 1960 und die Tankerauflieger von 1975 bis 1985.

Augmentationsschiff: Handelsschiff, das in Spannungssituationen und zu Kriegszwecken auf der Grundlage gesetzlicher Bestimmungen von den Reedereien der Regierung zur Verfügung zu stellen und für besondere Transport-, Versorgungs- und Kampfhandlungen umzurüsten und einzusetzen ist. Für kleinere Schiffe wie Fischereifahrzeuge und Küstenmotorschiffe geschieht der Einsatz als Wach- und Küstenschutzschiffe, Wohnschiffe und Versorger sowie als Troß- und Begleitschiffe. Passagierschiffe, schnelle Frachtschiffe und moderne *Ro/Ro-*, *Lo/Ro-* und *Bargecarrier* dienen hauptsächlich als Truppentransporter und zur Verschiffung von Kriegsmaterial.

»AUGUSTA«: Glattdeckkorvette der preußischen Marine. Die »AUGUSTA« und das Schwesterschiff »VICTORIA« waren als Spekulationsbauten der französischen Werft L'Arman Freres in Bordeaux für die Konförderierten Staaten für den Sezessionskrieg begonnen und zwischenzeitlich von Japan aufgekauft worden. Wegen nicht erfüllter Abnahmebedingungen wurde der Kauf jedoch rückgängig gemacht. Ein erneutes Anbieten führte zum Verkauf an Preußen.
Das Schiff lief am 13. Mai 1864 von Stapel, wurde am 31. Mai 1864 in »AUGUSTA« umgetauft und am 3. Juli in Dienst gestellt. Der Querspant-Holzkraweelbau war mit Kupfer beschlagen, und der Kaufpreis betrug 1,7 Mill. Mark. Die Besatzungsstärke war 230 Mann. Zum vorgesehenen Einsatz im preußisch-dänischen Krieg von 1864 kam es jedoch nicht mehr.
Bei einem Maximaldeplacement von 2272 t war das Schiff 81,50 m lang; 11,1 m breit und hatte 5,03 m Tiefgang. Ebenso wie die früheren Segel-Glattdeckkorvetten führte die »AUGUSTA« nur auf dem Oberdeck Geschütze, zu denen 8 gezo-

gene 24-Pfünder von 3,5 t Rohrgewicht für 3 kg Pulverladung und 6 lange 12-Pfünder mit 1,4 t Rohrgewicht für 1,25 kg Pulverladung gehörten. Ab 1872 führte das Schiff 4×15-cm-, 6×12-cm- und 1×8-cm-Geschütze.

Die liegende Zweizylinder-Einfach-Expansionsmaschine der Firma Mazeline, Le Havre, leistete 957 kW (1300 PSi) und gab dem Schiff eine Geschwindigkeit von 13,5 kn. Für den erforderlichen Dampf sorgten 4 querstehende Kofferkessel mit insgesamt 8 Feuern und 1,75 atü (0,275 MPa) Dampfdruck. Mit einem Kohlevorrat von 340 t und einer Geschwindigkeit von 12 kn konnten 2500 Seemeilen gefahren werden. Als Vollschiff getakelt besaß die Korvette eine Segelfläche von 1600 m^2.

Die »AUGUSTA« war überwiegend im Ausland eingesetzt. Am 2. Juni 1885 geriet das Schiff auf der Heimreise im Golf von Aden in einen Orkan und ging verloren. Es waren 223 Tote zu beklagen. Zur späteren Norddeutschen Flotte, die 1867 aus der preußischen Flotte hervorging, gehörten noch die beiden kleineren, vollschiffsgetakelten Glattdeckkorvetten »NYMPHE« und »MEDUSA«, die 1862 bis 1865 auf der Königlichen Werft in Danzig gebaut wurden.

»AUGUST CORDS«, deutscher Frachtdampfer mit hinten liegender Maschine um 1910

»AUGUST CORDS«: Rostocker Frachtdampfer aus dem Jahr 1910. Der seinerzeit in Stettin ansässige Kaufmann H. Köster ließ unter seinem Namen eine Firma in das Handelsregister eintragen und erteilte der A. G. »Neptun« in Rostock einen Bauauftrag über 4 Dampfer gleichen Typs, die für den Transport von Zellulose aus Finnland zur Feldmühle A. G. in Stettin bestimmt waren. Kurz vor der Fertigstellung der Schiffe kam die Firma in Zahlungsschwierigkeiten, und die 4 Schiffe wurden 1910 nacheinander von der Reederei August Cords übernommen, der bekanntesten und größten Rostocker Reederei in den ersten Jahrzehnten des 20. Jh. Cords hatte bereits in der Zeit von 1903 bis 1910 auf der Rostocker A. G. »Neptun« eine Reihe von Schiffen bauen lassen.

Für die »AUGUST CORDS« war unter der Baunummer 301 und dem ursprünglich vorgesehenen Namen »RHEINGOLD« 1909 auf der A. G. »Neptun« der Bau begonnen worden; am 5. August 1910 wurde das Schiff dann mit dem Namen »AUGUST CORDS« von der gleichnamigen Reederei übernommen. Das 902 BRT große Schiff war 70,50 m lang; 10,30 m breit und besaß einen Tiefgang von 3,67 m. Die Tragfähigkeit betrug 1450 t. Um einen recht großen Laderaum zu erhalten, war die Maschine im Achterschiff angeordnet, zu dieser Zeit nicht nur ein fortschrittlicher Gedanke, sondern auch noch ein technisches Wagnis. Die Dreifach-Expansionsmaschine leistete 405 kW (550 PS) und gab dem Schiff eine Geschwindigkeit von 11 kn.

Im Jahr 1945 lag das Schiff im Rostocker Hafen und wurde von der UdSSR übernommen. Als »MECHANIK GERASIMOW« wurde der Dampfer 1946 auf der heutigen Mathias-Thesen-Werft Wismar überholt. Die anfängliche Werftanlage war seinerzeit eine »Schiffsreperaturbasis des Ministeriums der Handelsmarine der UdSSR«. Am 22. Mai 1947 war die Übernahme des Schiffes in die sowjetische Handelsflotte. Das Schiff stand noch bis 1961 im Dienst und wurde dann aus Lloyd's Register gestrichen.

»AUGUSTE VICTORIA«: erster deutscher Doppelschrauben-Schnelldampfer der Reederei HAPAG, erbaut auf der Vulcan-Werft Stettin. Mit der »CITY OF PARIS« und »CITY OF NEW YORK« von der Inman & International Steam Navigation Company gehörte er zu den drei ersten Doppelschraubendampfern der Welt.

Das in den Jahren 1888/89 erbaute 110 m lange und 17 m breite Schiff hatte 1889 Stapellauf und lief am 10. Mai 1889 zur Jungfernreise aus. Es

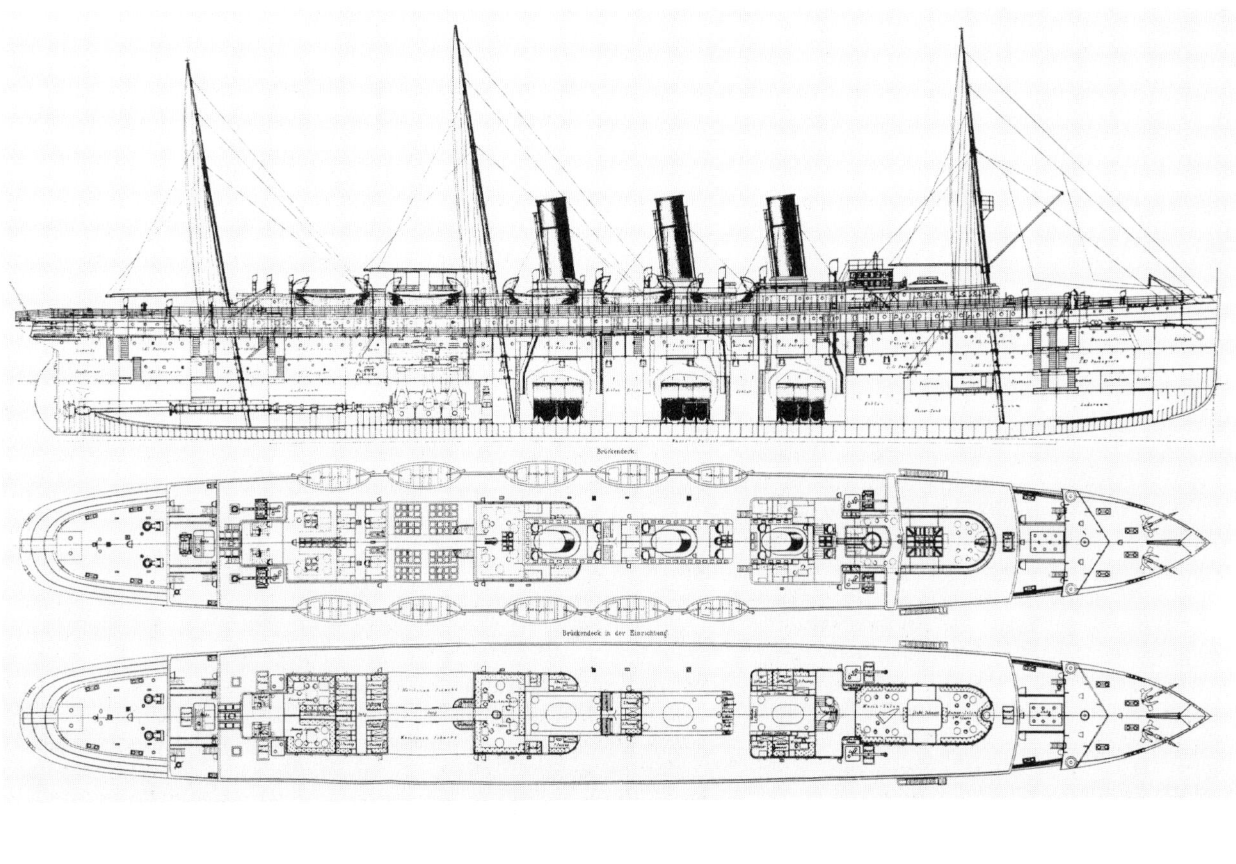

»AUGUSTE VICTORIA«, 1889 erster deutscher Doppelschraubendampfer und erstes Schiff mit Dreifach-Expansionsdampfmaschinen

war mit 7250 BRT bzw. 7661 BRT nach anderen Angaben vermessen, für 1000 Passagiere und 250 Mann Besatzung sowie einer Maschinenanlage mit 2 direkt auf die Propeller wirkenden Dreifach-Expansionsmaschinen mit insgesamt 9568 kW (13000 PS) ausgerüstet.
Die »AUGUSTE VIKTORIA« hatte als Hilfsbesegelung dreieckige Schratsegel, bereits mechanisch verschließbare Schottentüren und elektrische Beleuchtung. Die Strecke Southampton–New York wurde in 16 Tagen und 21 Std. befahren. 1891 machte die »AUGUSTE VIKTORIA« die erste reine Vergnügungsreise in der Geschichte der Weltschiffahrt, ein damals vielbeachtetes Ereignis. Später verkaufte die HAPAG das Schiff an die russische Flotte, in der es als armierter Hilfskreuzer »KUBAN« fuhr.

»AURIS«: eines der ersten Gasturbinen-Frachtschiffe der Welt. Der 1948 mit dieselelektrischem Antrieb durch 4 Diesel-Generatoraggregate von je 810 kW (1100 PS) und einem gemeinsamen E-Propellermotor von 2760 kW (3750 PS) für 12 kn Geschwindigkeit gebaute britische 12290-t DW-Tanker erhielt 1951 anstelle eines Diesel-Generatoraggregats ein 920-kW (1250-PS)-Gasturbinen-Generatoraggregat. Im Jahre 1952 wurde die gesamte Maschinenanlage vollständig auf Gasturbinenantrieb umgestellt und eine 4270-kW (5800-PS)-Gasturbine eingebaut, mit der das Schiff bei 4120 kW (5600 PS) eine Geschwindigkeit von 13,2 kn erreichte. Nach Abschluß der Erprobungen wurde das Schiff 1960 wegen des für die modifizierten Gasturbinen notwendigen Brennstoffverbrauchs an hochwertigen und teueren Brennstoffen außer Dienst gestellt.

»AURORA«: ein durch seinen Einsatz bei der Einleitung der Großen Sozialistischen Oktoberrevolution weltberühmt gewordener russischer Geschützter Kreuzer. Seine Besatzung gab am 25. Oktober 1917 durch einen Schuß des Buggeschützes das Signal zum Sturm auf das Winterpalais im damaligen Petrograd (1914 wurde St. Petersburg umbenannt in Petrograd). Von Bord des Kreuzers wurden in den Tagen der Oktoberrevolution die Befehle und die Anordnungen Lenins sowie der historische Funkaufruf »An Alle« der Welt gesendet. Heute liegt das 1984/87 überholte Schiff als Gedenk- und Schulstätte ständig in Leningrad am Newa-Ufer vertäut.
Das Schiff wurde 1900 bis 1902 auf der Galernij-Werft in Petersburg erbaut (Stapellauf 27. Mai 1900, Fertigstellung 1902) und hat bei einer Wasserverdrängung von 6731 t folgende Hauptabmessungen: Länge 126,8 m; Breite 16,8 m; Tiefgang 6,4 m. Mit der Maschinenleistung von 8540 kW (11610 PS) wurde über 3 Propeller eine Geschwindigkeit von 19 kn erreicht. Den Dampf erzeugten 24 Kessel, deren Abgase durch 3 Schornsteine abgeführt wurden. Mit dem maximalen Kohlevorrat von 1400 t konnte bei langsamer Fahrt von etwa 10···12 kn eine Gesamt-Dampfstrecke von 3700 Seemeilen ohne Nachbunkerung gefahren werden, für den Naheinsatz wurden etwa 600 t Kohle gebunkert. Die Bewaffnung bestand ursprünglich aus 14 Stück, später aus 12 Stück 15-cm- sowie 20 Stück 7,5-cm- und 4 Stück 3,7-cm-Geschützen sowie 3 Torpedo-

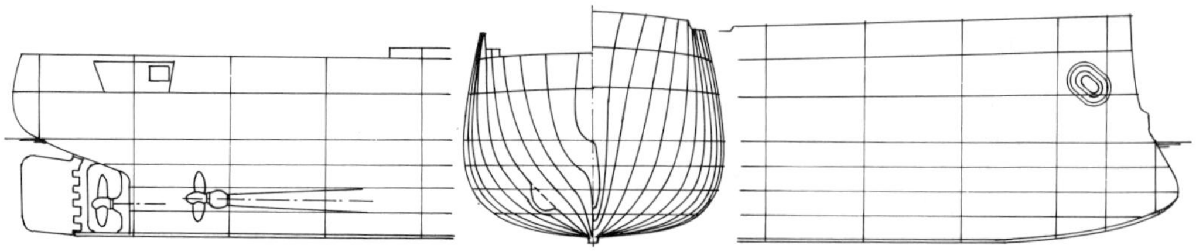

Linienriß der »AURORA«

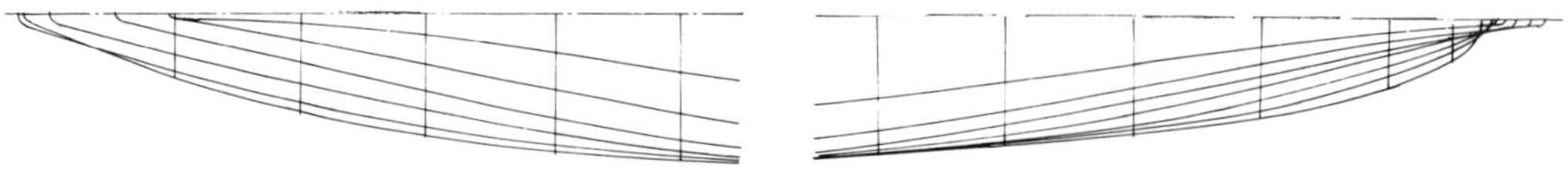

rohren. Die Besatzungsstärke der »AURORA« betrug 420 Mann, zeitweilig bis zu 500 Mann.
Da es sich um einen Geschützten Kreuzer handelte, war das Deck im Mittelschiff mit 76 mm, an den Enden mit 50 mm gepanzert. Das Schiff entging als eines der wenigen russischen Fahrzeuge der Vernichtung durch die Japaner in der Seeschlacht bei Tsushima am 27. Mai 1905. Das zum Ostseegeschwader gehörende Schiff fuhr mit der Flotte des Admirals ROJESTWENSKI nach Fernost, entkam in das neutrale Manila und kehrte 1906 in den Heimathafen zurück. Entsprechend der Konstruktionstendenz zu Ende des 19./Anfang des 20. Jh. bei Kreuzern und auch bei Linienschiffen war das Schiff noch mit einem Rammbug nach den Erfahrungen der Seeschlacht von Lissa 1866 gebaut. Noch bis zum ersten Weltkrieg war der Rammbug in fast allen Marinen üblich, er wurde jedoch nach Lissa in keiner Seeschlacht mehr kampfentscheidend eingesetzt.

Ausbildungsschiff: für die Ausbildung des seemännischen Nachwuchses in Handels- und Fischereiflotten speziell ausgerüstete und eingesetzte Schiffe. In der Mehrzahl handelt es sich um kombinierte aktiv in Fahrt befindliche Schiffe der jeweiligen Flotte mit zusätzlichen Unterkünften und Lehrräumen sowie Ausrüstungen für eine relativ begrenzte Anzahl von Ausbildern und Auszubildenden. Die Aus- und Weiterbildung des nautischen und technischen Personals bzw. der Komplexbesatzung erfolgt auf diesen Ausbildungsschiffen während des praktischen Schiffsbetriebs für neuentwickelte Transport-, Umschlag- und Lagerungstechnologien sowie an neu in der Flotte einzuführenden Geräten und Systemen, wie Bordrechner, Beladungsrechner, Automatisierungssysteme, Anlagenüberwachungssysteme oder Schiffsführungszentralen. Größere Reedereien unterhalten außerdem nur für die Ausbildung eingesetzte Ausbildungsschiffe. Diese Ausbildungsschiffe können mit doppelten Besatzungen besetzt sein, so daß wie in der großen Hochseefischerei die Zweitbesatzung auf speziellen *Schulschiffen* auf dem Fangplatz unter realen Bedingungen ausgebildet wird. Als Ausbildungsschiffe der Transportflotte werden i. allg. bewährte Typschiffe verwendet, die an einem festen Liegeplatz verbleiben und mit zusätzlichen Simulationseinrichtungen, Lehrbrükken, EDV- und Automatisierungsanlagen ausgerüstet werden; siehe auch *»J. G. FICHTE«*.

Ausfallkorvette: flachgehende Dampf-Panzerkorvette für den Ausfall aus blockierten Kriegshäfen und Operationen in Küstennähe. In den Jahren 1875 bis 1882 liefen in Deutschland 4 Ausfall-Panzerkorvetten des sog. Sachsentyps: »SACHSEN«, »BAYERN«, »WÜRTTEMBERG« und »BADEN« von Stapel. Entsprechend der seinerzeitigen deutschen Marinepolitik sollten sie hauptsächlich zur Unterstützung der Küstenverteidigung, in erster Linie zu offensiven Operationen vor den eigenen Kriegshäfen gegen eine eventuelle Blockadeflotte und außerdem zur Unterstützung der Küstenbatterien bei einer Beschießung von See, dienen. Nach diesen Gesichtspunkten waren die Schiffe mit einem geringen Tiefgang von 6,4 m entworfen, der ihnen das Navigieren in Küstenbatterienähe ermöglichen sollte. Der geringe Tiefgang wurde durch völligere Schiffsformen und durch Beschränkung der Kohlevorräte erreicht. Die Ausfallkorvetten hatten einen Gürtelpanzer von 40,6 cm, während zu dieser Zeit vergleichbare Schiffe eine Panzerung von etwa 21 cm hatten.
Die Bestückung bestand aus sechs 26-cm-Ge-

Ausbildungsschiff »J. G. FICHTE«, Modell

schützen, von denen 2 in einem vorderen und 4 im hinteren festen, oben offenen Turm aufgestellt waren, um mit zwei auch nach vorn feuern zu können. Die Sachsenklasse hatte die Hauptabmessungen: Länge zwischen den Loten 93 m; Breite 18,4 m sowie eine Seitenhöhe vom Oberdeck bis zum Kiel von 8,3 m und zwischen 7400 und 7900 t Deplacement. Der Antrieb erfolgte durch 2 Dampfmaschinen von zusammen 4120 kW (5600 PS) über 2 Schrauben; die Schiffe erreichten damit eine Geschwindigkeit von 12 kn. Die Ausfallkorvetten waren noch mit einem Rammsporn gebaut, der am Bugsteven 3,5 m unter Wasser lag, um den Gegner unterhalb seiner Schwimmwasserlinie zu rammen. Der Sporn war kurz und keilförmig konstruiert, daß beim Rammstoß das eigene Schiff nicht leck werden sollte. Gegen aus Holz gebaute Schiffe war seinerzeit der Rammsporn noch ein einsetzbares Mittel. Ein auffälliges äußeres Merkmal der ersten 4 Korvetten waren die 4 paarweise an den Schiffsseiten angeordneten Schornsteine, aus denen bei Fahrt mächtige Rauchwolken quollen. Im Volksmund wurden daher diese Ausfallkorvetten wegen der seinerzeit ebenso stark qualmenden neuerrichteten Fabrikschlote als »Zementfabrik« betitelt. Um 1900 wurden die Schiffe modernisiert und erhielten nur noch einen Schornstein.

Ausfallkorvette »WÜRTTEMBERG«, Länge über Alles 98 m, Indienststellung am 9. Nov. 1878

Auslands-Kriegsschiff: für den langzeitigen Einsatz im Auslandsdienst speziell ausgerüstetes und eingesetztes Kriegsschiff. Zur Kolonialzeit waren es besonders *Kanonenboote*, *Avisos*, *Korvetten* und Kleine *Kreuzer*; siehe u.a. *»EMDEN«*.
In der zweiten Hälfte des 20. Jh. unterhalten noch die USA, Großbritannien und Frankreich Auslands-Kriegsschiffe in ständigen Auslandsflotten im Mittelmeer sowie in den Stützpunkten im Nahen Osten und Fernen Osten. Hauptsächlich werden von den USA *Flugzeugträger*, große raketenbestückte Überwasserschiffe und die entsprechenden Begleitkriegsschiffe verwendet.

Aussichtsboot: modernes Kurzstrecken-Passagierfahrzeug. Für Hafenrundfahrten, Küstenfahrten, Flußfahrten oder andere Kurzstrecken bis zu Tagesfahrten ist das Aussichtsboot zu einer Alternative zur konventionellen Motorbarkasse (siehe *Barkasse*) geworden. Dem Fahrgast wird ein bedeutend höherer Komfort hinsichtlich der Raumgestaltung, der Sicht und der Sitzanordnung dadurch geboten, daß der gesamte Aufbau ausschließlich für Fahrgastzwecke genutzt wird. Der Maschinenraum und andere Anlagen sind unter dem Fahrgastdeck angeordnet. Moderne leichte Vollsichtüberdachungen mit großen Öffnungsmöglichkeiten begrenzen die Aussicht des Fahrgastes so wenig wie möglich.

Ausstellungsschiff: für schwimmende ortsveränderliche Industrie- und Handelsausstellungen besonders ausgerüstetes Schiff. Zur Werbung und Ausweitung seiner Handelsbeziehungen mit Europa und Nordamerika griff insbesondere Japan alte Traditionen der Flußschiffahrt mit schwimmenden Schiffsläden auf und entwickelte sie weiter. Unter anderem wurde ein 13900 t großes kombiniertes Fracht- und Passagierschiff »SAKURA MARU« als Ausstellungsschiff für die zehnte Japan Industry Floating Fair ausgerüstet. Andere Länder rüsten zu besonderen Anlässen geeignete kleinere Schiffe zu Ausstellungsschiffen um. Im allg. beschränken sich jedoch die Ausstellungsobjekte auf Schiffsausrüstungen und den maritimen Bereich.
Weitere Ausstellungsschiffe waren die »INDUSTRIA I« (Deutschland 1924), die »PETER WESEL« (Norwegen 1951), die »THALATTA« (Norwegen 1952) und die »LEVANTE« (BRD 1953).

Auswandererschiff: ein vorzugsweise zur Beförderung von Auswanderern nach Nordamerika und andere überseeische Länder bestimmtes und demgemäß eingerichtetes und ausgerüstetes Schiff. Nachdem 1819 der als Vollschiff getakelte Seitenraddampfer *»SAVANNAH«* als erstes teilweise unter Dampf fahrendes Schiff in 26 Tagen den Atlantik ostwärts von Savannah nach Liverpool überquerte, folgten 1833 das kanadische Dampfschiff »ROYAL WILHELM« und danach vereinzelt weitere kombinierte Segel-Dampfschiffe für die Beförderung von Auswanderern vorwiegend nach Amerika. Als erstes ausschließlich für Auswanderer eingesetztes Auswanderer-Dampfschiff wird der englische Dampfer »INDIANA« angesehen, der ab 1854 unter englischer Flagge fuhr und auf dem die Zustände noch schlechter als auf den Segel-Auswandererschiffen waren.
Mitte des 19. Jh. war noch der französische Hafen Le Havre der Hauptauswandererhafen, der wegen der Verschlechterung der Verhältnisse in Deutschland nach 1850 in der Auswandererzahl von den Häfen Bremen und Hamburg übertroffen wurde. Etwa Mitte der 80er Jahre war ein Gleichstand zwischen Segel- und Dampf-Auswandererschiffen erreicht, und um die Jahrhundertwende befuhr bis auf Ausnahmen nur noch das Dampfschiff die Auswandererlinien nach Nord- und Südamerika und nach Ostindien. In den Jahren von 1901 bis 1910 wanderten jährlich durchschnittlich 280000 Personen aus Deutschland aus. In den Anfängen der kombinierten Segel-Dampf-Auswandererschiffe verbesserten sich die Zustände auf den Schiffen nur wenig. Der Platzbedarf für Kessel, Maschine und Kohlevorräte ging teilweise zu Lasten der Auswandererunterkünfte. Erst in den 60er und 70er Jahren des 19. Jh. setzten sich allgemeine Verbesserungen durch. So wurden für den Bau und die Einrichtung der Schiffe Verordnungen und Gesetze erlassen, die den Raumbedarf je Passagier, die Schlafplätze, Ventilatoren, Beleuchtung, sanitäre Einrichtungen, Verpflegung, medizinische Betreuung, Rettungsausrüstungen und die wasserdichte Unterteilung der Schiffe vorschrieben.

Autoboot: siehe *Motorboot*

Auto-Containerschiff: siehe *Containerschiff*

Autofähre: siehe *Fährschiff*

Automatisiertes Schiff: Schiff mit teil- oder vollautomatisiertem 16- oder 24stündigen wachfreien Schiffsmaschinenbetrieb. Die Automatisierung der Schiffsanlagen begann Mitte der 20er Jahre. Zunächst wurden Kesselanlagen mit automatischen Regelungen ausgerüstet, um den Manövrieranforderungen besser als bei Handregelung zu genügen und wirtschaftlicher und sicherer zu betreiben.
Zielschiffe, die mit scharfen Granaten beschossen wurden, erforderten ebenfalls einen teilweisen automatischen Betrieb. Anfang der 60er Jahre setzte eine Welle technischer Neuerungen zur Automatisierung ein, um die Rentabilität in der Schiffahrt durch einschneidende Reduzierungen der Besatzungsstärken zu verbessern. Innerhalb eines Jahrzehnts konnten bei der

Mehrzahl der Frachtschiffstypen die Besatzungen etwa auf halbe Stärke reduziert werden. Das bedeutete von vorher etwa 45···50 Personen auf 22···25 Mann Besatzung. So erhielt der bei Mitsui Shipbuilding & Engineering Co. Ltd. gebaute japanische 9800-tDW-Motorfrachter »KINKASAU MARU« einen schalldichten Kontrollraum, von dem aus die Maschinen überwacht und ferngesteuert wurden. Bald danach gab es auf verschiedenen Schiffen die Maschinenfernsteuerung von der Brücke, eine revolutionierende Veränderung in der Hochseeschiffahrt.
Eine erste komplex computergesteuerte Schiffsüberwachungsanlage wurde 1970 versuchweise auf dem norwegischen MS »TAIMYR« eingeführt. Ein anderer Computer an Bord der »QUEEN ELISABETH II« verarbeitete – neben den aus der Automation resultierenden Überwachungsfunktionen – zahlreiche Aufgaben des Bordbetriebs von der Navigation bis zu den Abrechnungen der Verwaltung und der Vorräte.
Heute ist es möglich, vollautomatische Schiffe für den Betrieb mit einer Mindestbesatzungszahl von etwa 12 Mann zu bauen und zu betreiben.

Ein Autotransportschiff mit den typischen hohen Aufbauten

Die Fünfmastbark »R. C. RICKMERS«, 1906 mit Auxiliar-Hilfsdampfantrieb gebaut

Dampf-Brassenwinden auf dem Fünfmast-Vollschiff »PREUSSEN«

Autonomes Fischereischiff: siehe *Fischereischiff*

Autotransportschiff, *Autotransporter, Car carrier:* Spezialfrachtschiff für den Transport von Kraftfahrzeugen, insbesondere PKW nach dem Ro/Ro-Prinzip; siehe *Ro/Ro-Schiff*. Die Entwicklung dieses Schiffstyps begann erst zu Beginn der zweiten Hälfte dieses Jahrhunderts, als sich der Handel in Nordeuropa (Skandinavien – England) sowie auf den Mittelmeer- und Schwarzmeerrouten und auf den Überseestrecken zwischen Europa, Nord- und Südamerika und Japan mit Kraftfahrzeugen, insbesondere PKW, bedeutend erweiterte. Die traditionelle Be- und Entladung mit Kranen und die Stauung in Laderäumen und an Deck wurde durch das Prinzip der rollenden Be- und Entladung abgelöst, die Anzahl der Decks vergrößert und die Aufbauten verlängert.
Die ersten Autotransporter mit rollender Be- und Entladung durch Bug-, Heck- und/oder Seitenpforten, Lade- und Zwischenrampen zwischen den Decks entstanden ab 1963. Sie konnten auf 3 oder 6 Decks insgesamt bis zu 500 PKW befördern. Die Schiffslänge lag unter 100 m, und der Einsatz geschah vorwiegend zwischen Schweden und Großbritannien.
Anfang der 70er Jahre hatte sich der internationale Automarkt bereits derartig entwickelt, daß Autotransporter in den Abmessungen der größeren Stückgutfrachtschiffe entstanden, wie der 1971 bei Blohm & Voss für eine norwegische Reederei gebaute Autotransporter »LAURITA« mit 158,9 m Länge über Alles; 24,5 m Breite; 22,4 m Seitenhöhe und 6,8 m Tiefgang. Mit der Tragfähigkeit von 5740 t befördert dieses Schiff auf 10 Ladedecks von nur 1,65 m Raumhöhe auf 21510 m^2 3100 PKW.
Anfang der 80er Jahre entstanden die derzeit größten Autotransporter für den weltweiten Einsatz mit Ladefähigkeiten über 6000 PKW oder den kombinierten PKW-Nutzfahrzeugtransport. Ein Prototyp ist der 1981 bei der Kokumswerft für die schwedische Wallenius Lines gebaute Autotransporter »MADAME BUTTERFLY«. Bei einer Länge über Alles von 198,0 m; 32,3 m Breite (Panamakanalbreite); 31,2 m Seitenhöhe und 9,5 m Tiefgang hat das Schiff eine Tragfähigkeit von 17560 t, ist mit 18730 BRZ vermessen, läuft 20,3 kn und kann 6120 PKW oder 2600 PKW und 520 Nutzfahrzeuge auf 13 Ladedecks mit insgesamt 52030 m^2 befördern. Bei Bedarf kann durch Hängedecks die Deckshöhe von 1,65 m auf 3,3 m bis 6,2 m verändert werden. Die vollständige Be-

und Entladung über die Rampensysteme des Schiffs ist innerhalb von 15 Std. möglich. Von den im Jahrzehnt 1980 bis 1990 jährlich durchschnittlich weltweit produzierten 40 Mill. Autos werden etwa $^1/_4$ mit Schiffen transportiert.

Auxiliarschiff: Segelschiff mit Hilfsmaschinen und frühere Segelschiffe mit Propeller und Dampfmaschinen-Hilfsantrieb kleiner Leistung. Im weitesten Sinne gehört die Mehrzahl aller kombinierten Segel-/Dampfschiffe, die in der Übergangszeit zum Dampfschiff noch das Segel als Hauptantrieb fuhren, zu dieser Gruppe mit maschinellem Hilfsantrieb.
In der letzten Blütezeit des Segelschiffs um die Jahrhundertwende wurde insbesondere die Segelhandhabung bei den Großseglern, wie bei dem 1902 gebauten Fünfmast-Vollschiff »PREUSSEN«, durch Dampfwinden rationalisiert und die Besatzungsstärke durch den Einsatz von dampfbetriebenen Brassenwinden bedeutend vemindert.
Bei den letzten Großseglern, wie bei der 1906 gebauten Fünfmastbark »R.C. RICKMERS«, wurde neben den Dampfwinden i. allg. der Einbau einer Hilfsdampfmaschine und eines Propellers für den Schiffsantrieb vorgenommen. Die »R.C. RICKMERS« war mit einem Deplacement von 11350 t und 8000 t Tragfähigkeit das größte Segelschiff seiner Zeit. Die Dampfhilfsmaschine hatte eine Leistung von 736 kW (1000 PS) und gab dem vollbeladenen Schiff eine Geschwindigkeit von 6···7 kn. Unter Segel lief das Schiff bei günstigem Wind mehr als die doppelte Geschwindigkeit.
Auxiliarschiffe mit Hilfsantrieb zeigten sich wegen der günstigen Manövriereigenschaften und zur Überwindung von Flauten dem reinen Segelschiff auch ökonomisch wegen des relativ geringen Kohle- und Raumbedarfs überlegen. Die Hilfsantriebe hatten aber für schweres Wetter eine zu geringe Leistung.
Die heute noch fahrenden Segelschiffe haben überwiegend einen Dieselmotoren-Hilfsantrieb und elektrohydraulische Winden.

Aviso: von schnellen kleineren Segel-Kriegsschiffen übernommene, jedoch nicht mehr allgemein gebräuchliche Bezeichnung von Kriegsschiffen für Aufklärungs- und Sonderaufgaben, wie Kleine *Kreuzer*, die der Flottenleitung und dem Stab zur Verfügung stehen.
Ursprünglich dienten Avisos als schnellfahrende Depeschenschiffe, um Weisungen von der Flottenführung an die Einheiten zu übermitteln. Im Seegefecht hatten sie die Aufgabe, eine solche Position einzunehmen und die Signale des Flaggschiffs so oft zu wiederholen, bis sie von allen Kampfschiffen gesehen wurden.
Während der Übergangszeit vom Segel- zum Dampfschiff gab es Radavisos (siehe Raddampfer), die auch noch mit voller Takelage fuhren. Die preußische Marine kaufte 1851 ihre beiden Radavisos »NIX« und »SALAMANDER« in England. Durch die Seitenräder konnten die Schiffe besonders schnell stoppen und erreichten bei Rückwärtsfahrt fast die Vorwärtsgeschwindigkeit. Wegen dieses Vorzugs hat die englische Admiralität wenige Jahre später für den Krimkrieg die beiden Avisos zurückerworben und dafür die Segelfregatte »THETIS« an Preußen gegeben.
Im zweiten deutsch-dänischen Krieg 1864 wurde der 1858 gebaute preußische Aviso »GRILLE« besonders bekannt; er griff bei Jasmund mit Erfolg 2 dänische Schiffe an. Weitere bekannte deutsche Avisos waren die »LORELEY« (1859), »FALKE« (1866), »BLITZ« (1883), »PFEIL« (1884) und »GREIF« (1886).
Nach der allgemeinen Einführung der Schiffsschraube verschmolz der Schiffstyp Aviso mit dem Typ *Kleiner Kreuzer* zu einem leicht bewaffneten schnellen Kriegsschiff für Sonderaufgaben insbesondere im Auslandsdienst.

Leichterträgerschiff »BACAT 1«

B

BACAT: Abkürzung für ein **Ba**rge-**Cat**amaran-**T**ransportschiff, dessen Schiffskörper über der ganzen Länge oder am Hinterschiff so als Doppelrumpf gestaltet ist, daß Bargen (Schwimmleichter) zwischen die Rümpfe eingeschwommen und über Hebebühnen auf Stellplätze in die Laderäume oder an Deck gebracht werden können. Der Schiffstyp wurde erstmals im Zusammenhang mit der Entstehung von *Bargecarriern* bzw. *Leichterträgerschiffen* nach dem LASH-Prinzip (**L**ighter **A**board **Sh**ip) 1967 konzipiert und 1973 von der Frederikshavn Vaerft unter der Bezeichnung »BACAT« als Zubringerschiff für Kurz- und Mittelstrecken gebaut. »BACAT 1« wurde so ausgelegt, daß bei 103,5 m Länge über Alles mit 4,47 m breiten Katamaran-Schwimmkörpern, 20,70 m Decksbreite und 10,50 m Seitenhöhe bis zum ersten Deck 10 BACAT-Bargen von je 120 t Tragfähigkeit auf dem ersten Deck und 3 LASH Bargen von je 376 t Tragfähigkeit zwischen den Doppelrümpfen aufgenommen werden. Innerhalb von 6 Stunden. kann die gesamte Ladung von etwa 2600 t umgeschlagen werden.

Deutsches Linienschiff »BADEN«, eines der letzten großen Linienschiffe der »Bayern«-Klasse

Backdeckkreuzer: allgemein gebräuchliches kleines oder mittelgroßes Kajüt-Motorboot mit langer und im Verhältnis zur Decks-Seitenhöhe verhältnismäßig hoher Back, unter der die Kajüte oder andere Räumlichkeiten liegen. Im hinteren Bereich des Kajütboots befinden sich i. allg. keine höheren Aufbauten. Die Bezeichnung ist auch für ähnlich gebaute Sportsegel-Kajütboote gebräuchlich.

»BADEN«: eines der letzten großen Linienschiffe der sogenannten »Bayern«-Klasse (»BAYERN«, »BADEN«), deren Bau für die deutsche Marine 1913 bzw. 1914 begonnen wurde. Das auf der Schichau-Werft gebaute Schiff hatte am 30. Oktober 1915 Stapellauf und wurde am 19. Oktober 1916 zu Probefahrten und am 14. März 1917 als Flottenflaggschiff in Dienst gestellt. Das Konstruktionsdeplacement betrug 28600 t bei einer Länge zwischen den Loten von 179,4 m, einer Breite von 30 m und einem Tiefgang von 9,31 m. Mit der Antriebsleistung von 41418 kW (56275 WPS) wurden 22 kn erreicht. Für eine Aktionsweite von 4000 Seemeilen bei 18 kn Marschfahrt war ein Normalvorrat von 900 t Kohle und 200 t Heizöl erforderlich. Der spezifische Kohleverbrauch der 11 Marinekessel von 16 atü betrug durchschnittlich 0,531 kg je PS·h bei 3 Satz Turbinen. Außerdem waren 3 Ölkessel vorhanden. Innerhalb des Typs kamen auch Antriebsanlagen mit 2 Satz Turbinen und einem MAN-6-Zylinder-Zweitaktdieselmotor sowie 8 Dieselgeneratoren 220 V mit insgesamt 2400 kW zum Einsatz.
Die Bewaffnung bestand aus 8 Schnellfeuergeschützen von 38 cm in Doppeldrehtürmen, die damit erstmals in der deutschen Flotte eingeführt wurden, 16 Schnellfeuergeschützen von 15 cm und 5 Torpedorohren für 60-cm-Torpedos. Die größte Dicke der Seitenpanzerung und Türme ging bis 35 cm. Zur Besatzung als Flaggschiff gehörten 1271 Mann, sonst 1171 Mann. Der Baupreis wurde mit 49 bis 50 Mill. Reichsmark angegeben. Ab 14. Dezember 1918 in Scapa Flow interniert, unternahm die Besatzung am 21. Juni 1919 einen Selbstversenkungsversuch, bei dem das Schiff teilweise kenterte. Das völlige Sinken konnte durch englische Einheiten jedoch verhindert werden. Nach der Verwendung als englisches Zielschiff ist die »BADEN« am 16. August 1921 gesunken.

Bäderdampfer, *Bäderraddampfer, Seebäderschiff:* Vorgängerschiffstyp des modernen *Kurzfahrten-Küstenfahrgastschiffs*. Das Schiff kann für Kurzfahrten von wenigen Stunden vom Seebad in See auslaufen und wieder an seinem Liegeplatz anlegen, Halbtags- oder Tagesfahrten ausführen oder bestimmte Routen zwischen den Seebädern befahren. Bei relativ kleiner Schiffsgröße werden große freie Decksflächen vorgesehen, um bei günstigen Witterungsbedingungen möglichst vielen Fahrgästen Sitzplätze auf dem freien Deck zu bieten. Ein Bäderdampfer muß außerdem verschiedene Sicherheitsvorschriften erfüllen und insbesondere eine ausreichende Stabilität haben, damit bei interessanten Begegnungen durch das plötzliche Zusammendrängen der Fahrgäste an einer Bordseite kein zu großer Krängungswinkel eintritt. In den Aufenthaltsräumen bzw. Restaurants unter Deck müssen die an Bord befindlichen Fahrgäste bei schlechtem Wetter ausreichend Sitzplätze vorfinden.

Großer Dieselmotor-Eimerkettenbagger um 1960

See-Eimerkettenbagger 750 m³/h; 18···24 m Baggertiefe mit Eigenantrieb, Typ »Neptun«

Bagger, *Schwimmbagger; Naßbagger:* schwimmendes Wasserfahrzeug mit eigenem Antrieb oder Fremdantrieb, das mit speziellen Ausrüstungen und Anlagen zur Reinhaltung von Fahrwasserstraßen von Schlick und Schwemmsand sowie zur Vertiefung von Einfahrten, Wendebecken, Häfen, Schiffsliegeplätzen und anderen Wasserstraßen sowie zum Abbau von Bau-, Heiz- und Rohstoffen aus Binnen- und Küstengewässern ausgerüstet ist. Während in Europa hauptsächlich Torf und Kies mit Naßbaggern gewonnen werden, schürfen in tropischen Gewässern Naßbagger mit Baggerleistungen bis zu 800 t stündlich auch auf Korallenbänken. Die Korallen werden zermahlen zu Zement verarbeitet.
Die Bezeichnung ist von dem niederländischen »baggeren« übernommen, was etwa »aufholen vom Boden, vom Grund« bedeutet.
Die Entwicklung des maschinenangetriebenen Schwimmbaggers oder »Naßbaggers« begann unmittelbar mit der Verwendung von Dampfmaschinen im Schiffbau. Die erste Dampfbaggermaschine wurde 1786 bei der englischen Firma Boulton & Watt von Ingenieur GRIMSHAW konstruiert und gebaut. Zu den ersten Baggern gehörten sog. Stiel- oder Löffelbagger, deren handbaggerähnliche Kratzer, Rechen, Schaufeln oder Löffel mechanisch bewegt wurden. Moderne schwimmende Löffelbagger werden i. allg. nur für Sonderzwecke gebaut. In den USA werden große Löffelbagger auch als Dipperdredger bezeichnet, und es wurden einige Großgeräte mit Löffelinhalten von etwa 30 m³ gebaut. Die Schürfkante des Baggerlöffels wird mit Hartstahl bewehrt, so daß der Einsatz sogar bei bröckligem Fels möglich ist.
Eine weitere Gruppe der diskontinuierlich arbeitenden Bagger, die bis heute in modernen Varianten besonders für große Wassertiefen Bedeutung hat, ist der Greif- oder Kranbagger. Bei diesem Baggertyp ist der Baggerponton oder ein geeignetes Wasserfahrzeug mit Schwenk- oder Drehauslegern, Winden oder Kranen sowie leichten oder schweren Seilgreifern entsprechend der jeweiligen Beschaffenheit des Baggergrunds ausgerüstet. Die beiden Haupttypen des modernen Schwimmbaggers (Eimerkettenbagger und Saugbagger) sind i. allg. zusätzlich mit Greiferkranen ausgerüstet, um bei steinigem oder felsigem Untergrund größere Felsbrocken zu zertrümmern oder zu heben.
Die kontinuierlich fördernden Schwimmbagger haben das Wasserschöpfrad bzw. den Radbagger als Ausgang, bei denen am teilgetauchten Rad an der Peripherie Schöpfeimer, Schöpfkörbe oder Schöpfkästen befestigt sind. Schaufelradbagger größerer Leistung gibt es etwa seit 1918, bei denen an einem Ausleger ein senkrecht rotierendes angetriebenes Schaufelrad angeordnet ist. Er wird vorwiegend als Trockenbagger im Braunkohle-Tagebau und seltener als Naßbagger wegen der begrenzten Baggertiefe eingesetzt. Die Baggerschaufeln an der Radperipherie sind mit verschleißgeminderten Schürfzähnen bewehrt. Das Baggergut wird durch die Radrotation zur Achsmitte geschoben und über Fördereinrichtungen (Bänder, Förderrohre) weitertransportiert.

Für Wassertiefen bis 30 m und schweren Baggergrund entwickelte sich aus dem Radbagger der Eimerkettenbagger, bei dem eine »Eimerkette« mit Schürfeimern, die bis zu 1 m^3 und mehr Baggermasse fassen können, über eine absenkbare »Eimerleiter«, Obertrommel (Oberturas) und untere Umlenktrommel (Unterturas) angetrieben wird.
In Deutschland wurde der erste nach diesem Prinzip arbeitende Dampfbagger im Jahre 1842 bei Schichau für den Elbinger Hafen gebaut. 1907 baute Schichau bereits einen Großbagger für Wilhelmshaven mit einer Baggerleistung von 24000 m^3 Boden pro Tag. Der Großbagger war 80 m lang und 14,5 m breit. Mit Eigenantrieb fuhr der Bagger 10 kn. Der Antrieb von der Dampfmaschine an den Oberturas erfolgte vor dem heutigen elektrohydraulischen Antrieb über Seile, Ketten, Gestänge und Zahnräder bzw. Flach- oder Keilriemen. Wegen der stoßweisen Belastung bei der Bodenaufnahme durch die Eimer und des Aufschlagens der Leiterglieder auf die Mitnahmeflächen (i. allg. Sechskant) des Oberturas wurden bis zur Mitte dieses Jahrhunderts der Dampfmaschinenantrieb und die Flachriemenübertragung bevorzugt. Danach setzte sich allgemein der dieselelektrische und dieselelektrohydraulische Antrieb mit Eimergrößen von 0,1 ··· 1,5 m^3, Baggerleistungen bis zu 1500 m^3/h und Baggertiefen zwischen 15 und 30 m durch.
Zur Klasse mittelgroßer Schwimmbagger gehört der in Großserie von der Elbewerft Roßlau gebaute Eimerkettenbagger mit 400 m^3/h Baggerleistung bei 12 ··· 15 m Wassertiefen.
Ein großer Eimerketten-Schwimmbagger ist der von der Schiffswerft Neptun in Rostock ebenfalls in Großserie gebaute Eimerketten-Schwimmbagger mit 750 m^3/h Baggerleistung für Wassertiefen bis 24 m.
Bei modernen Eimerkettenbaggern bestehen die Eimer aus verschleißgemindertem Stahlguß oder verformtem Stahlblech mit durch Auftragsschweißung besonders bewehrten Schneidkanten bzw. Schneidzähnen. Die endlose Eimerkette befindet sich in einem Schlitz des in diesem Bereich katamaranähnlichen Schiffskörpers. Die Eimerkette ist für die jeweilige Baggertiefe einstellbar. Die in Baggerrichtung laufende Eimerkette wird so geführt, daß die in der unteren Lage befindlichen Eimer etwas durchhängen und eine Strecke auf dem Boden entlang schürfen bevor sie am Unterturas voll greifen. Während des Baggerns ist der Bagger an mehreren schweren Seitenankern, Ankerketten und Seilen so verankert, daß durch Winden die Bewegungen des Baggers so gesteuert werden, daß der Bagger ohne Unterbrechungen Rinne neben Rinne auf der gesamten Bodenfläche kontinuierlich baggern kann.
Die Mehrzahl der Bagger schütten über sog. »Schüttrinnen« das Baggergut in *Baggerprahme*, *Baggerschuten*, *Klappschuten* oder *Spüler*. Außerdem gibt es auch sog. Hopperbagger (engl. hopper: Bunker, Laderaum) mit eigenem Schüttraum und/oder bordeigenem Spüler.
Ein weiterer Haupttyp des modernen Schwimmbaggers ist der Saugbagger, Schneidkopfbagger bzw. Cutterdredger (engl. to cut schneiden). Am vorderen Teil des tiefenabsenkbaren Saugrohres mit Förderschnecke befindet sich der angetriebene Schneidkopf mit den Reißzähnen. Zur Nutzung der erforderlichen starken Förderpumpen gibt es auch Kombinationen als kombinierte Saugbagger/Schutenentleerer, Saugbagger/Spüler und bei eigenem Baggergutraum als Hopperdredger, d. h. als Bagger/Baggerguttransporter.

Baggerboot: zumeist kleines hölzernes Beiboot eines kleineren Baggers für küstennahe Baggerungen, das als Verkehrsboot für den Besatzungsverkehr, die Kontrolle der zu baggernden Fahrrinne und deren spätere Kennzeichnung mit Pricken (Bäume) und Stangen (Mummen, Bloßen) für die Binnen-, Bodden-, Haff- oder Wattschiffahrt. Die Boote werden auf Pallungen an Deck mitgeführt und mit einem Ladebaum, Schwenkdavit o. ä. ausgesetzt.

Baggergut-Transportschiff: siehe *Bagger, Hopperbagger, Baggerprahm*

Baggerschute, *Baggerprahm:* für die Aufnahme und den Transport von Baggergut (siehe *Bagger*) geeignetes prahmartiges Wasserfahrzeug. Über die Schüttrinnen von Eimerkettenbaggern oder die Spülrohre von Saugbaggern werden die Schuten gefüllt und, da sie i. allg. ohne Eigenantrieb gebaut werden, durch Schlepper zu den *Spülern* bei Landaufspülungen oder zu Baggerschüttstellen im tieferen Wasser gebracht. Für das Entleeren an Schüttstellen sind sogenannte »Klappschuten« besonders geeignet, bei denen der Laderaumboden durch Bodenklappen geöffnet wird. Eine andere Möglichkeit ist das Aufklappen des ganzen Laderaumbereiches. Hauptsächlich sind Baggerschuten aus Stahl gebaut, es hat jedoch auch immer wieder Versuchsbauten aus Stahlbeton gegeben. Moderne Klappschuten haben i. allg. Motor-Eigenantrieb.

Baggerschuten im Rostocker Stadthafen

»BAHIA«: Fracht- und Passagierdampfer der

Klappschute mit zweiteiligem aufklappbarem Schüttraum

HAPAG-Dampfer »BAHIA«, einer der ersten Dampfer mit einer Dreizylinder-Dampfmaschine

Hamburg-Südamerikanischen Dampfschifffahrts-Gesellschaft, 1886 bei Armstrong, Mitchell & Co. in Newcastle gebaut. Das Schiff war 93,7 m lang, 11,0 m breit und mit 2172 BRT vermessen. Es war für die Beförderung von 320 Passagieren eingerichtet, davon 40 Passagiere I. Klasse sowie 280 Zwischendeckpassagiere. Die Besatzung zählte 47 Mann. Eine Dreifach-Expansionsmaschine leistete 1030 kW (1400 PSi) und gab dem Schiff eine Geschwindigkeit von 11,5 kn. 1897 wurde das Schiff als »LAUENBURG« nach Kiel verkauft, fuhr 1903 unter dem Namen »MOBILE« und 1918 als »SIDI MABROUCK«, bevor es 1930 abgewrackt wurde.

Bahn-Ortungsschiff: siehe *Satelliten-Ortungsschiff*

BAKER-Unterseeboot: vom Nordamerikaner BAKER 1892 entwickeltes Unterseeboot mit Dampf- und Elektroantrieb über Akkumulatoren, die bei der Überwasserfahrt aufgeladen wurden. Eine Besonderheit stellte die bewegliche Anordnung der Antriebsschrauben dar, die außer dem Vortrieb auch als Tiefen- und Seitensteuer wirken sollten. Die Schrauben waren dazu in einem Kreisausschnitt beweglich, so daß ihr Schub in entsprechenden Winkeln zur Horizontal- und Vertikalebene des Boots wirken konnte. Im April/Mai absolvierte es erste Versuchsfahrten, denen sich nach Verbesserungen 1893 weitere Versuche anschlossen.

Balancedock: ältere Bezeichnung für *Schwimmdock*

Baleiner: französischer *Walfänger*, siehe auch *Walfangboot*.

Bananentransportschiff, *Bananendampfer:* Spezial-Kühlfruchtschiff für den Bananentransport. In der ersten Hälfte des 19. Jh. wurden Südfrüchte i. allg. wegen der notwendigen Belüftung als Decksladung gefahren. Zu günstigen Jahreszeiten nutzte man den schnellen Klipper über kürzere Entfernungen für den Transport von Citrusfrüchten (Zitronen, Orangen) und auch vereinzelt für Bananenverschiffungen. Die günstigste Temperatur für den Bananentransport beträgt etwa +12 °C. Die Verluste durch Deckssladung und den Reifeprozeß waren jedoch wegen See- und Temperaturschäden sehr groß.
Nachdem die ersten Frachtschiffe mit wärmeisolierten und durch Kältemaschinen gekühlten Laderäumen, die Vorläufer der heutigen *Kühlschiffe*, entwickelt waren, wurde auch der Bananentransport in größerem Maße möglich. Im Jahr 1882 konnten dann erste planmäßige Bananentransporte in gekühlten Laderäumen von den Kanarischen Inseln nach Großbritannien beginnen. Um die Jahrhundertwende mußten jedoch noch bis auf Ausnahmen Citrusfrüchte und Bananen zur Verminderung der Ladungsschäden auf sog. *Fruchtschiffen* in ungekühlten, nur durch Windhuzen belüfteten Laderäumen gefahren werden. Die United Fruit Company setzte um die Jahrhundertwende bereits 75 Schiffe für den Bananentransport von Jamaika nach Boston ein. Ab 1901 begann der regelmäßige Bananentransport durch Schiffe mit gekühlten Laderäumen zwischen Mittelamerika und den Häfen Großbritanniens.
Zu den ersten, speziell für den Bananentransport gebauten Schiffen gehört die 1904 in Belfast gebaute »SAN JOSE«. Der Bananendampfer war 100,6 m lang; 13,6 m breit und hatte eine Seitenhöhe von 9,6 m. Der Dampfer hatte 3 durchgehende Decks und eine Tragfähigkeit von 3296 t. Die durch eine Linde-Kältemaschinenanlage gekühlten isolierten Laderäume wurden durch Seitenpforten be- und entladen.
Bis etwa zur Mitte des 20. Jh. vollzog sich eine Parallelentwicklung von Fruchtschiffen für Plusladungen (0···15 °C) und Gefrierschiffen für Minusladungen (−6···−32 °C). Dann entstanden Mehrzweck-Kühlschiffe mit 10000···20000 m^3 Laderaumvolumen, deren Kühlräume i. allg. für Temperaturen zwischen +12 und −25 °C ausgelegt sind. Die empfindlichen Bananen werden meistens verpackt. Über Elevatoren und Pforten werden die Laderäume be- und entladen. In jüngerer Zeit erfolgt der Bananentransport auch verstärkt mit Paletten und Kühlcontainern.

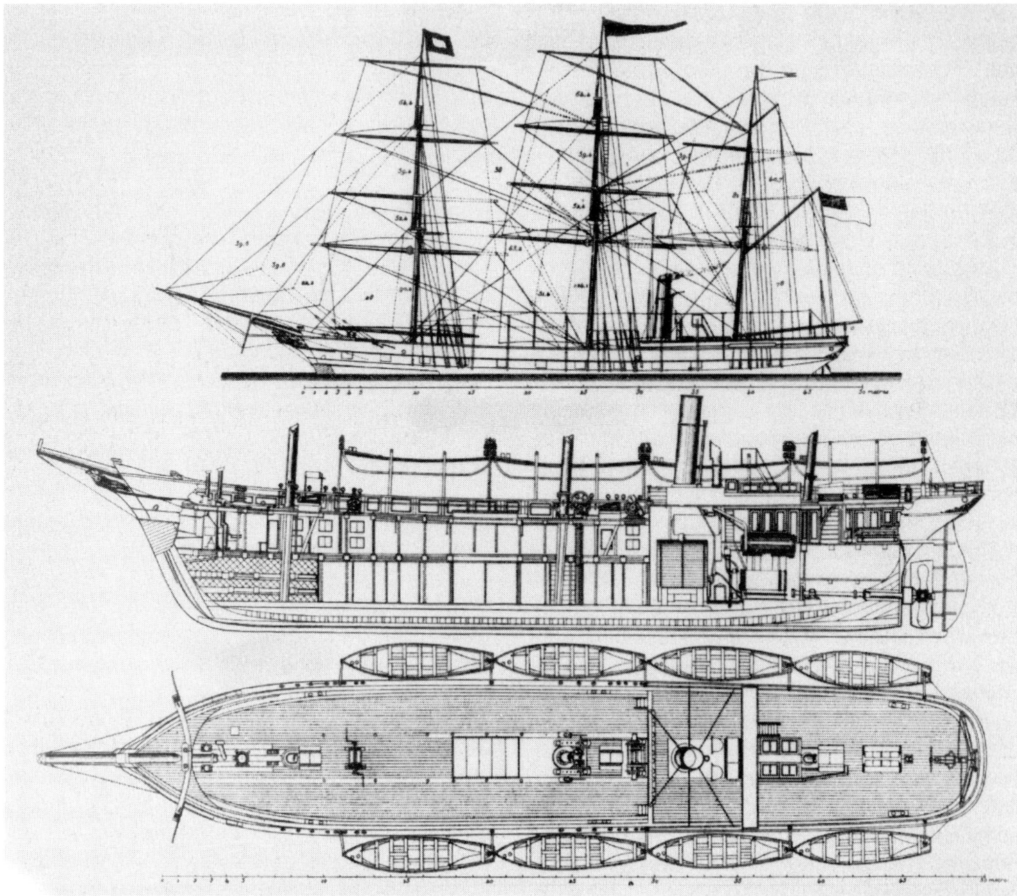

Baleiner – ein französisches Walfangschiff

Die »BARBARA« 1925 mit einem Motorschiff im Dock der Stülken-Werft

Die 1896 bei Blohm & Voss für den Nordd. Lloyd gebaute »BARBAROSSA« (10984 BRT, 7000 PS)

»BARBARA«: zweites *Rotorschiff* nach dem Prinzip von A. FLETTNER, Nachfolger der *»BUCKAU«*, 1926 mit 3 Rotoren im Auftrag der deutschen Reichsmarine bei der Werft AG Weser erbaut. Das Schiff war mit 90 m Länge und 13 m Breite bedeutend größer als die »BUCKAU« und hatte eine Tragfähigkeit von 3000 t DW. Ursprünglich war nur ein Rotor von 7 m Durchmesser und 27 m Höhe vorgesehen. In Auswertung der Versuchsergebnisse mit der »BUCKAU« wurde die Antriebsleistung der Rotoren vergrößert, um auch bei höheren Windgeschwindigkeiten die entsprechend höhere Umfangsgeschwindigkeit an den Rotorzylindern zu ermöglichen. Des weiteren wurden die Lagerreibungsverluste der Rotoren durch Rollenlager anstelle der Gleitlager und die Luftreibungsverluste innerhalb der Rotoren durch günstigere Versteifungsanordnungen und die Rotormasse durch den Einsatz von Aluminiumblechen anstelle des Stahlblechs für den Rotormantel vermindert.
Da es zu dieser Zeit noch keine großen Rollenlager oder Kugeldrehverbindungen für einen Rotor mit 7 m Durchmesser gab, kamen 3 Rotoren mit Aluminiummänteln, 4 m Durchmesser und 17,1 m Höhe zum Einbau. Jeder Rotor wurde durch einen Motor von 25,8 kW (35 PS) angetrieben. Die 3 Rotoren hatten zusammen eine Masse von 40 t; für gleiche Leistungen benötigte ein Segelschiff etwa die viereinhalbfache Takelagemasse. Bei günstigem Wind von etwa 10 m/s fuhr das Schiff mit seinen Rotoren 10,5 kn. Erfolgte der Antrieb bei stillstehenden Rotoren durch die beiden Dieselmotoren von insgesamt 780 kW (1060 PS) über ein hydraulisches Getriebe an den Propeller, dann erreichte das Schiff eine Geschwindigkeit von 10 kn. Die Kombination von Rotor- und Propellerantrieb war somit insbesondere für die Dienstgeschwindigkeit von etwa 10 kn günstig, weil entsprechend den jeweiligen Windverhältnissen nur ein Teil der Propellerleistung in Anspruch genommen werden mußte.
Die »BARBARA« fuhr in Charter der Reederei Slomann jr. als Südfrucht-Transportschiff auf der Route Deutschland – Italien.
Trotz der Vorteile gegenüber kombinierten Segel-Motorschiffen konnten sich Rotorschiffe gegenüber Schiffen mit ausschließlichem Propellerantrieb nicht durchsetzen.
1933 wurde das Schiff wieder zum Schraubenmotorschiff umgebaut und fuhr als MS »BIRKENAU« für die »Bugsier-Reederei- und Bergungs-AG«; Hamburg. 1946 wurde es bei den Kieler Howaldtwerken als »ELSE SKOU« für den dänischen Reeder Ove Skou, Kopenhagen, hergerichtet. Unter diesem Namen ging es am 2. September 1946 auf die erste Reise. 1963 wurde das Schiff an die Greek Lybian Lines (Griechenland) weiterverkauft und fuhr hier unter dem Namen »FOTIS P.« bis 1967. Dann wurde die »FOTIS P.« nach Saudi-Arabien verkauft. Hier fuhr sie nun unter dem Namen »STAR OF RIYADTH«, der weitere Verbleib ist unbekannt.

»BARBAROSSA«: Typschiff der »Barbarossa«-Klasse von kombinierten Passagier- und Frachtschiffen des Norddeutschen Lloyd.
Parallel zu den Schnelldampfertypen für die kombinierte Passagier- und Postfahrt begann Ende der 1890er Jahre die Entwicklung größerer ökonomischer Schiffstypen um 10 000 BRT mit mäßigen Geschwindigkeiten zwischen 13 und 15 kn, die außer einer großen Passagierzahl in 3 Klassen mehr gewinnbringende Frachtgüter befördern konnten. Durch die kombinierte Fahrgast-/Frachtbeförderung bei ökonomischen Geschwindigkeiten konnten die Überfahrtspreise vermindert und die Wirtschaftlichkeit gegenüber schnellen Passagierschiffen verbessert werden.
Der Typ des kombinierten Fahrgast-/Frachtschiffs nutzte hauptsächlich den unteren Schiffsraum der vorderen und hinteren Schiffsbereiche für Laderäume, die durch Luken und Ladegeschirre be- und entladen wurden. Im Bereich des Mittelschiffs befanden sich die Kessel- und Maschinenräume und darüber die langgestreckten Decksaufbauten mit 3 übereinanderliegenden Passagierdecks (Bootsdeck, Promenadendeck, A-Deck). Ebenso wurden die 4 durchlaufenden Decks (B-Deck, C-Deck, D-Deck, E-Deck) für Passagierkabinen und Mannschaftsunterkünfte eingerichtet.

Geschützaufstellungen vom Batterieschiff über das Barbette-Drehturmschiff zu den Türmen des Schlachtschiffs

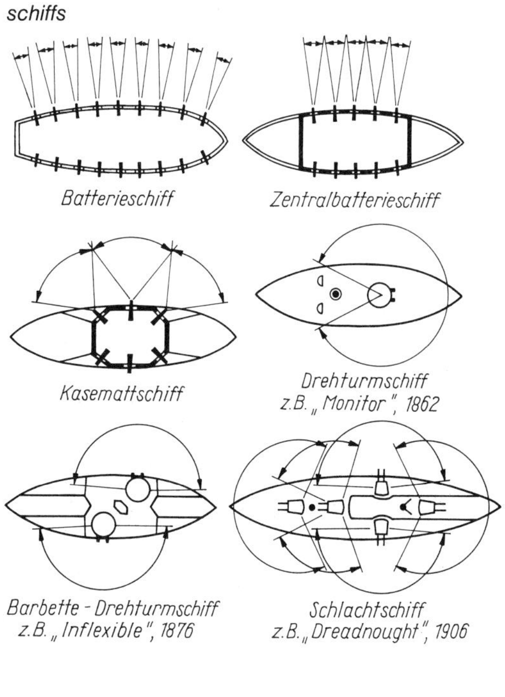

Zu dieser sowohl für die New Yorker Route als auch für die Australienfahrt verwendbaren Schiffsklasse gehörten die Norddeutschen Lloyddampfer »BARBAROSSA«, »FRIEDRICH DER GROSSE«, »KÖNIGIN LUISE« und »BREMEN« sowie die nachfolgenden Reichspostdampfer »KÖNIG ALBERT«, »PRINZESS IRENE« und »PRINZESS ALICE«.
Das Typschiff war der 1896 bei Blohm & Voss gebaute Reichspostdampfer »BARBAROSSA« mit 10984 BRT.

Barbarossatyp: siehe *»BARBAROSSA«*

Barbetteschiff: Panzerschiff, bei dem die Geschütze in besonderen Drehtürmen, den »Barbettetürmen« aufgestellt waren.
Ursprünglich wurde mit »Barbette« eine Erhöhung in einer Bastion bezeichnet, auf der die Kanonen erhöht standen, damit die Rohre über die Brustwehr ragten. In Verbindung mit den Übergängen vom Segel- zum Maschinenantrieb sowie vom ungepanzerten Holzschiff zum gepanzerten Eisen- bzw. Stahlschiff und der Geschützentwicklung wurde auch die Aufstellungsart der Geschütze verändert.
Die ursprüngliche Aufstellung der Geschütze an beiden Schiffsseiten über die volle Schiffslänge beim *Batterieschiff* wurde zunächst durch das Zentralbatterieschiff, dann durch das *Kasemattschiff* und schließlich durch das gepanzerte Drehturmschiff abgelöst, siehe auch *Turm-Panzerschiff.* Eines der ersten gepanzerten Drehturmschiffe war die »MONITOR« 1862. Die Konstruktion des Drehturms, in dem zwei 28-cm-Kanonen standen, die in jeweils 7 Min. eine Salve feuern konnten, entwickelte J. ERICSSON. Das Konzept des gepanzerten Drehturms wurde danach in England und Frankreich weiterentwickelt. So erhielt das englische Panzerschiff »INFLEXIBLE«, das von 1874 bis 1876 in Portsmouth gebaut wurde, an jeder Schiffsseite je einen versetzt angeordneten Barbette-Drehturm mit je 2 Kanonen, von denen jede 81 t Masse hatte. Auf die anfänglich oben offenen Barbette-Türme folgten um 1890 geschlossene Barbette-Geschütztürme und schließlich ab 1906 die Panzerkuppeln der »Dreadnoughts«.

Barge, *Leichter:* aus der Binnen-, Häfen- und Reedereischiffahrt übernommene Bezeichnung für flachbodige, nicht selbstfahrende und unbemannte schwimmende Leichter unterschiedlicher Größe und Ladefähigkeit.
Ursprünglich wurden Leichter hauptsächlich zum »Leichtern«, d.h. zur Ladungsübernahme von seegehenden Schiffen verwendet, um den Tiefgang zu vermindern und das Einlaufen in Flußmündungen und Häfen mit begrenzter Wassertiefe zu ermöglichen. Unter Schwimmbargen verstand man besonders für Schüttgüter (Kohle u.a.) im Einzelschlepp geeignete prahmartige Schleppfahrzeuge. Mit der Erweiterung der Schlepp- und Schubschiffahrt in »Schlepp- bzw. Schubverbänden« wurden insbesondere die Schiffsenden für eine sichere Koppelung verändert.
Mit dem Entstehen von *Barge-Carriern* vollzog sich in der zweiten Hälfte des 20. Jh. eine weitere Verflechtung des Binnen- und Seetransportes mit Bargen. Bei den verschiedenen Typen der Barge-Carrier werden Bargen zu großen Schwimmcontainern, mit denen umschlagsfrei Güter von Binnenhäfen über Binnenwasserstraßen zum Seehafen und von dort über See in oder auf Barge-Carriern zum Empfangs-Seehafen und von dort zum Empfangs-Binnenhafen transportiert werden.
Die verschiedenen Bargetypen werden zunehmend an das Containerraster durch ein Mehrfaches der 8 Fußbreite und 40 Fußlänge als auch an die schleusenbedingten Einheitsabmessungen der Binnenschiffahrt angepaßt.
So sind die 26 Bargen des sowjetischen Barge-Carriers *»JULIUS FUČIK«* mit einer Länge von 38,25 m; Breite 11,4 m; Seitenhöhe 3,9 m; Laderaumvolumen 1263 m^3 und Tragfähigkeit 1070 t besonders an die Schiffahrtsbedingungen der Donau angepaßt.
Auf der *»ACADIA FOREST«* haben die 73 Leichter ein Laderaumvolumen von 565 m^3 und eine Tragfähigkeit von 375 t bei 2,7 m Tiefgang. Länge, Breite und Seitenhöhe betragen 18,75 m; 9,5 m und 3,96 m.
Der Barge-Carrier Typ Seabee »DOCTOR LYKES« kann 38 Bargen mit je 1135 m^3 Laderaum und 850 t Tragfähigkeit bei 3,25 m Tiefgang mit einer Länge von 29,75 m, Breite von 10,67 m und 3,8 m Seitenhöhe laden.

Moderne Schubleichter und Barge-Carrier

Barge-Carrier mit Heck- und Hubplattform vom Seabee-Typ

Barge-Carrier, *Lighters Aboard Ship (LASH), Barges on Board (BOB), Leichterträgerschiff, Schwimmcontainer-Trägerschiff:* neuzeitliches Transportsystem der Hochseeschiffahrt zum Transport von »Schiffen im Großschiff«, bei dem Schwimmbehälter bzw. Schwimmcontainer, sog. Bargen oder Leichter unterschiedlicher Tragfähigkeit und Ladung, im Versandhafen oder auf Reede schwimmend über Heck-, Bug- oder Seitenpforten des Trägerschiffes aufgenommen, auf Stapelplätze in der Schiffslänge eingeschwommen oder verfahren, quer- oder längsschiffs gestaut und über See transportiert werden. Im Bestimmungshafen werden die Leichter wieder ins Wasser entladen und einzeln oder in Schubverbänden zu den Hafen- oder Verbraucherplätzen bzw. auf Binnenwasserstraßen weitertransportiert. Nach der Beladungsart der Barge-Carrier werden als Haupttypen unterschieden: Lighter Aboard Ship *(LASH)*; Barge-Carrier mit Hebebühne *(SEABEE)*; Barge-Catamaran mit Katamaranheck und Hebebühne *(BACAT)*; Barge-Dockschiff mit Heck- und/oder Bugpforten *(Float-on/Float-off)*; Barge-Dockschiff mit Seitenpforten (Float on Side).
Bei einer Masse der beladenen Leichter bis zu etwa 500 t werden die Leichter mit Hilfe von bordeigenen Schwergutladeausrüstungen an Bord genommen und auf die Stauplätze transportiert. Die Krängung und der Trimm des Schiffs werden zum Aufrechterhalten des Kranbetriebs mittels einer Krängungs- und Trimmstabilisierungsanlage begrenzt.
Bei noch größeren Massen der beladenen Leichter bis 1000 t und darüber erfolgt die Beladung i. allg. horizontal oder vertikal über das Heck. Die Aufbauten solcher Schiffe und der Maschinenraum sind deshalb im Vorschiff und der Maschinenraum halbhinten angeordnet. Bei vertikaler Beladung werden die Leichter mit Hilfe eines über Heck hinausragenden Kranes gehoben, längsverfahren und in Querschiffsrichtung gestaut. Die Laderaumabmessungen sind i. allg. für den Transport sowohl von Leichtern als auch von Containern ausgelegt. Bei horizontaler Beladung kann statt des Portalkrans auch eine Heckhubplattform verwendet werden, die unter den Tiefgang der zu ladenden Bargen abgesenkt wird. Solche Hubanlagen können gleichzeitig 2 Bargen bis zum Beladungsdeck heben und durch Trossenzug längsschiffs verschieben. Eine horizontale Beladung ist auch möglich, wenn das Trägerschiff wie ein Schwimmdock absenkbar ist, so daß die Leichter vom Heck her in den Schiffskörper eingeschwommen werden können. Das erste Barge-Carrier *»ACADIA FOREST«* wurde 1969 gebaut. Es erhielt eine Tragfähigkeit von 43000 t und konnte 73 Schwimmcontainer von je 380 t mit einem Portalkran für 510 t Lasten an Bord nehmen. Weiter wurden Trägerschiffe – ähnlich dem LASH-System – pro-

jektiert, bei denen die Beladung durch eine im Mittelschiffsbereich angeordnete Docksektion erfolgt. Diese Mittelschiffssektion wird durch 2 wasserdichte Querschotten begrenzt und mit Seitenpforten versehen, durch die die Leichter eingeschwommen und danach zu den Stellplätzen gefahren werden. Solche Varianten der Leichterträgerschiffe werden als Barges on Board (BOB) bezeichnet. Vorteile des BOB-Systems sind kürzere Wege bei der Be- und Entladung und bessere Bedingungen für das Löschen und Beladen in bewegter See, da die Mittelschiffs-Docksektion gegenüber den Schiffsenden nur geringe Stampfbewegungen aufweist. Hauptvorteile des Barge-Carriers sind der Schwerlasttransport mit Großschiffen, Umschlagsmöglichkeiten außerhalb der Häfen sowie sehr kurze Umschlagszeiten. Das Umschlagen eines Leichters dauert etwa 15 Min., so daß bei einer Tragfähigkeit der Einzelleichter von 250···1000 t Umschlagleistungen von 1000···4000 t/h erreicht werden. Mit dem weiteren Ausbau der Binnenwasserstraßen, der Erschließung weiterer Seewege und des künftigen Kernenergieantriebs für kommerzielle Großschiffe gehören Barge-Carrier zu den zukunftsträchtigen Seetransportsystemen; siehe auch »JULIUS FUČIK«.

Barkasse, *Hafenbarkasse:* für den Hafen- und Reedebetrieb robust gebautes, gut manövrierfähiges größeres halbgedecktes Verkehrsboot zum Personen-, Güter- und Arbeitsmitteltransport sowie für leichte Verholaufgaben.
Die Bezeichnung der Dampf- oder Motorbarkasse knüpft an das auf Segelschiffen gefahrene schwere Beiboot an. Aus dem an den Hafenbereich gebundenen Einsatz ergab sich eine besonders gute Wartung und Überholung auch älterer Dampfbarkassen durch erfahrene Maschinisten, so daß einige Dampfbarkassen bis zu 50 und mehr Jahren zuverlässig ihren Dienst versahen. Die heutigen Barkassen haben Motorenantrieb.

»BASILISK«: Dampfkanonenboot I. Klasse der Königlich-Preußischen Marine. Die »BASILISK« wurde 1861/62 auf der Werft von Lübke in Wolgast aus Eichenholz in Kraweelbauweise gebaut und war mit Kupferbeschlag versehen. Das 353 t große Boot war 41,02 m lang, 6,96 m breit und hatte 2,67 m Tiefgang. Die Boote fuhren mit 71 Mann Besatzung. Die Bewaffnung bestand aus

Kesselraum des Dampfkanonenboots »BASILISK« (1862)

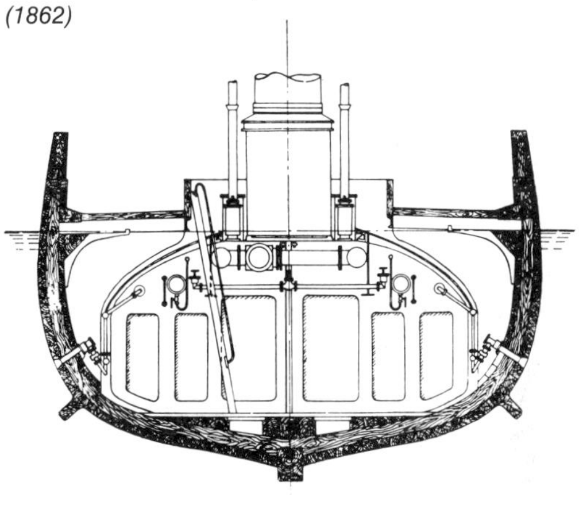

Dampfbarkasse der Jahrhundertwende

einem gezogenen 24-Pfünder (15 cm) und einem Deckstorpedorohr 38,1 cm. Neben der Takelung als Dreimastschoner mit etwa 350 m^2 Segelfläche war das Boot durch ein paar liegende Einzylinder-Einfachexpansionsmaschinen von J. Penn & Son aus Greenwich mit einer Leistung von 235,5 kW (320 PSi) angetrieben, die auf einer Schraube von 1,9 m Durchmesser arbeiteten. Es wurden etwa 9 kn Geschwindigkeit erreicht. Den erforderlichen Dampf von 0,27 MPa (1,66 atü) erzeugten 2 Kofferkessel mit 4 Feuern.
Von 1862 bis 1864 war die »BASILISK« im Auslandsdienst im Mittelmeer eingesetzt. Im preußisch-dänischen Krieg von 1864 nahm sie am 9. Mai 1864 zusammen mit dem Kanonenboot »BLITZ« und dem Aviso »ADLER« am Gefecht bei Helgoland teil, das zwischen den österreichischen Fregatten »SCHWARZENBERG« und »RADETZKY« gegen die dänischen Fregatten »NIELS JUEL«, »JILLAND« und der Korvette »HEIMDAL« geführt wurde. Gegen Ende des Kriegs trugen »BASILISK« und »BLITZ« wesentlich zur Gefangennahme des in den westlichen Gewässern Schleswigs operierenden dänischen Kapitäns Hammer bei. Ab 1873 diente die »BASILISK« als Torpedokanonenboot und wurde am 28. Dezember 1876 aus der Flottenliste gestrichen. Als »MINENPRAHM Nr. 1« wurde sie nach einigen Jahren abgebrochen.

Basisschiff: siehe *Mutterschiff* und *Versorgungsschiff*

Bathyplane, *Bathyscaph, Bathysphere, Mesoscaph:* Spezialtauchschiff oder -gerät (griech. bathýs – tief, sphere – Kugel, mesos – mittel, skáphos – Schiff) für Tiefseeaufgaben der Fischereiforschung, Meeresforschung und Meerestechnik.
Mit der modernen Hochseefischerei wurden vielfältige Tauchfahrzeuge zur direkten Beobachtung des Schwarmverhaltens von Fischen bis etwa 200 m Wassertiefe entwickelt. Bis zu dieser Tiefe können entsprechend dem tiefenabhängigen Wasserdruck noch übliche Werkstoffe und Antriebe verwendet werden, oder die bemannten oder unbemannten Tauchboote können mit Seilen und Kabeln von Überwasserfahrzeugen geführt werden. Zu den bekanntesten ersten Typen dieser Gruppe gehört ein vorwiegend in der sowjetischen Hochseefischerei entwickelter und eingesetzter »Bathyplan«, ein durch verstellbare Höhen- und Seitentragflächen steuerbares bemanntes Beobachtungsfahrzeug, das geschleppt oder eigenangetrieben sein kann und in Tiefen bis zu 200 m eingesetzt wird.
Durch die Höhen- und Seitenruder in Verbindung mit einem Propellerantrieb sind flugzeugähnliche Unterwasserbewegungen möglich. Für größere Wassertiefen ist ein Bathyscaph, d. h. ein Tauchfahrzeug erforderlich, das aus hochfesten Druckkörpern für Geräte und Personen und gesonderten Auftriebskörpern besteht. Für die Konstruktion war der vom Schweizer Prof. A. PICCARD (1884–1962) entwickelte Bathyscaph »TRIESTE I« richtungweisend. Prof. A. PICCARD erreichte mit der »TRIESTE I« 1953 bei der Insel Ponza im Tyrrhenischen Meer erstmals eine Tiefe von 3150 m. Etwa 10 Jahre danach (1960) tauchte die von der USA-Marine angekaufte und modifizierte »TRIESTE II« im tiefsten Graben des Stillen Ozeans, im Marianengraben, auf die bisher größte Tauchtiefe von 10916 m.
Der Bathyscaph »TRIESTE I« hatte eine druckfe-

Tauchkugel »NEMO« (1970) aus gepreßten Acryl-Elementen

ste Kugel von etwa 2 m Durchmesser aus Nickel-Chrom-Molybdän-Stahl bei einer Wanddicke von etwa 90 mm, derartige Tauchkugeln können aus 2 Hälften bestehen, die durch Schweißen, Kleben oder Schrauben verbunden werden. Der Druckkörper »TRIESTE I« hatte eine Masse von etwa 10 t, so daß zur Massenverminderung auch nach Möglichkeiten zur Verwendung von Titan oder Verbundwerkstoffen gesucht wird. Die Druckkugel ist durch eine Einstiegluke besteigbar und bietet 2 Personen Arbeitsmöglichkeiten. Mit Hilfe starker Scheinwerfer, die durch außen angehängte Batterien gespeichert werden und die im äußersten Notfall abwerfbar sind, und ein 150 mm dickes, gewölbtes Acrylglasfenster von 200 mm Durchmesser werden die Unterwasserbeobachtungen durchgeführt.

In der Druckkugel befinden sich Entfeuchtungsanlagen, Barometer, Hygrometer, Tiefen- und Dichtemesser, Sauerstoff- und Luftgeneratoren, ein Echolot sowie die Steuereinrichtungen zur Regulierung der Sinkgeschwindigkeit und der verschiedenen Propeller für horizontale Eigenbewegungen. Die Verständigung mit dem Mutterschiff geschieht über ein Ultraschall-Unterwassertelefon.

Der erforderliche Auftrieb kann bei einem Bathyscaph nicht durch die relativ kleine aber schwere Druckkugel erzeugt werden. Dazu ist ein gesonderter Schwimmkörper erforderlich, der aus relativ dünnem Material (z.B. 5 mm Stahlblech) gebaut sein kann und der in Kammern unterteilt ist, die mit Leichtbenzin (z. B. Heptan mit ($\approx$ 0,7 g/cm^3) gefüllt sind und so untereinander und in Verbindung mit dem Außendruck stehen, daß sich jeweils ein gleich großer Innendruck einstellt.

Die Sinkgeschwindigkeit des Bathyscaph von etwa 1 m/s kann geregelt werden, indem die Besatzung die Abgabe von Metallschrott aus Außenbehältern steuert. Zusätzlich zur hydroakustischen Ortung soll eine längere vom Tauchboot herabhängende Kette oder Trosse ein elektrisches Signal bei Bodenberührung geben, damit das Einsinken in Bodenschlamm oder im Grund verhindert wird. Das Tauchboot würde dann auch bei Abgabe allen Ballastes nicht wieder auftauchen. Prof. PICCARD und sein Sohn haben diese Erfahrung persönlich beinahe mit dem Leben bezahlt, als sie bei einem Tauchversuch in 3000 m Tiefe 2 Stunden auf Grund festlagen.

Unter den Tiefseeforschern gebührt Prof. PICCARD die höchste Anerkennung. Die Anregung für sein Lebenswerk führt er selbst auf die von CHUNS 1899 in dem Buch »Leben der Tiefsee« veröffentlichten Ergebnisse der Forschungsreise des Forschungsschiffes »VALDIVIA« zurück. In der Weltöffentlichkeit wurde AUGUSTE PICCARD zunächst durch seinen Ballonaufstieg 1931 in die Stratosphäre bekannt. Erst 1948 gelang es ihm, durch Spenden und Institutionen die nötigen Mittel zum Bau seines ersten Bathyscaph zu beschaffen. Das 20 m lange und 30 t schwere Forschungstauchboot »FRNS II« (mit »FRNS I« hatte PICCARD seinen Stratosphärenballon bezeichnet) wurde in Triest (Italien) gebaut.

Unter den vielen Tauchversuchen mit »FRNS II« verdienen die unbemannten Tauchversuche

UdSSR Fischereiforschungs-Tauchboot »ATLANT-1«

Piloten-Cockpit des Tauchboots »DSRV-1«

1948 mit einem automatischen Piloten bis 1380 m Tiefe und 1951 bis 1500 m besonders hervorgehoben zu werden. Die »FRNS« wurde 1952 an Frankreich verkauft und tauchte mit einigen Verbesserungen u. a. am 15. Februar 1954 im Atlantischen Ozean bei Dakar mit dem Franzosen HOUOT und WILLM auf 4050 m.

1953 baute Prof. PICCARD mit Unterstützung der italienischen Marine den Bathyscaph »TRIESTE I«. Am 30. September des gleichen Jahres tauchten er und sein Sohn JACQUES PICCARD im Tyrrhenischen Meer bis zum Grund auf 3150 m und kamen am Boden fest, von dem sie sich erst nach 2 Stunden lösen konnten. Nach weiteren mehr als 60 Abstiegen in 3000···4000 m Tiefe erwarb die US-Marine für 200 000 Dollar die »TRIESTE I«.

Das Tiefsee-Tauchboot wurde in San Diego (Kalifornien) für größte Tiefen umgebaut und erhielt die Bezeichnnung »TRIESTE II«. Unter anderem wurde die Tauchkugel durch eine dreiteilige Kugel von 2 m Durchmesser und 120 mm Wanddicke von Krupp (BRD) ersetzt. Die 3 Kugelsegmente wurden nicht miteinander verschweißt, sondern mit einem Spezialkleber verklebt. Die 12 t schwere Kugel erhielt 2 kegelige Fenster mit 400 mm Innen- und 60 mm Außendurchmesser. Die Leichtbenzinfüllung des Auftriebskörpers wurde auf 100 m^3 erhöht.

Am 16. November 1959 tauchten J. PICCARD und der amerikanische Projektleiter im Mariannengraben mit »TRIESTE II« auf 5580 m. Es folgten am 8. Januar 1960 das Abtauchen von J. PICCARD und dem amerikanischen Marineoffizier DONALD WALSH auf 7200 m und am 23. Januar 1960 an der selben Stelle auf 10916 m. 1963 wurde die »TRIESTE II« erfolgreich zur Suche nach dem gesunkenen U-Boot »THRESKERE« eingesetzt.

Um 1960 baute Frankreich ein größeres Tiefsee-Tauchboot vom vergrößerten Typ FRNS III, die »ARCHIMEDES«, für 3 Mann Besatzung, einem Kugeldurchmesser von 2,1 m und 162 t Leichtbenzinfüllung. Nach ersten Tauchungen 1961 im Mittelmeer auf 2500 m wurden 1962 im Kurilen-Graben die Tiefe von 9525 m, 1964 im Puerto-Rico-Graben 8000 m und 1967 im Japan-Graben 9300 m erreicht.

Als Bathysphere werden seilgebundene kugelförmige Tauchkörper bezeichnet, die von einem Trägerschiff mit Spezial-Tiefseeseilwinden bewegt werden. Der Amerikaner Dr. WILLIAM BEEBE begann 1926 Versuche mit einer an einem Stahlseil abgesenkten Druckkugel und erreichte 1934 die Tiefe von 923 m. Der amerikanische Ingenieur OTIS BARTON konnte 1948 mit einer Bathysphere 1370 m Tiefe erreichen.
Im Zusammenhang mit der Reinhaltung der Meere, der Verlegung von Tiefseekabeln und Pipelines auf dem Meeresgrund, der Suche nach Schiffswracks (siehe *»TITANIC«*), der Offshoretechnik und des Meeresbergbaus wurden verschiedene Typen von bemannten und automatischen Tauchfahrzeugen für mittlere Tauchtiefen entwickelt, die als »Mesoscaph« bezeichnet werden. U. a. gehört zu dieser Gruppe der von J. PICCARD und JACQUES YVES COSTEAU konstruierte Mesoscaph für 800 ··· 4000 m Wassertiefe.

»BATILLUS«: einer der größten Tanker der Welt. Der im August 1975 auf Kiel gelegte und am 26. Juni 1976 bei der Werft Chantiers l'Atlantique St. Nazaire für die Societé Maritime Shell, Paris, fertiggestellte *ULCC* (Ultra Large Crude Carrier) wurde in Größe und Abmessungen für die maximalen Möglichkeiten der französischen Ölhäfen Fos bei Marseille und Antifer bei Le Havre ausgelegt. Das Schiff war dementsprechend für die Versorgung dieser beiden Ölhäfen auf der Route um Afrika zum Arabischen Golf eingesetzt. Die BATILLUS fuhr mit 44 Mann Besatzung.
Die Länge über Alles war 414,22 m und die zwischen den Loten 401,08 m. Es war auf Spanten 63,00 m breit, hatte eine Seitenhöhe bis Oberdeck von 35,90 m und beladen einen Tiefgang von 28,60 m. Die Tragfähigkeit betrug dabei 553 662 t, das Ladetankvolumen 667 300 m^3 und die Bruttovermessung 273 550 RT. Die Ladetanks waren in 9 Mittel- und 14 Seitentanks unterteilt. Der größte Mitteltank hatte 34 941 m^3 Tankvolumen. Das Zweischraubenschiff wurde durch 2 Dampfturbinensätze von je 23 800 kW über Untersetzungsgetriebe durch die mit 86 Umdrehungen/Min. arbeitenden 5flügligen Propeller von 8,5 m Durchmesser angetrieben.

Batterieschiff: Kriegsschiff mit sog. »voller Batterie« bei der möglichst viele Geschütze an den Bordseiten fast über der ganzen Deckslänge zum Abfeuern von Breitseiten aufgestellt waren. Die bei den Segelschiffen durch die Takelage bedingte Geschützaufstellung wurde zunächst auch noch beim maschinengetriebenen Schiff beibehalten, solange eine Schiffsbesegelung benötigt wurde. Mit der Weiterentwicklung der Geschütze wurde das Batterieschiff zunächst durch das *Zentralbatterieschiff* ersetzt, auf das dann das *Kasemattschiff* und später das *Turm-Panzerschiff* folgten; siehe auch *Barbetteschiff*.

Bauxit-Transportschiff: siehe *Massengut-Frachtschiff*

Bedeckungsschiff: bewaffnetes Kriegsschiff zum Schutz (Bedeckung) von Handelsschiffen; siehe *Geleitschutzschiff*.

»B 111«: deutscher Torpedobootzerstörertyp der Werft Blohm & Voss; Typschiff war »B 97«. Torpedoboote und Torpedobootzerstörer wurden auf verschiedenen Werften in Serie gebaut. Die Buchstaben vor den Ziffern kennzeichnen die Bauwerft. So bedeutet A: von verschiedenen Werften, B: von Blohm & Voss, G: von Germaniawerft Kiel, H: von Howaldt-Werft Kiel, S: von Schichau-Werft Elbing, V: von Vulkan-Werft Stettin, T: ältere Torpedoboote von verschiedenen Werften.
Die aus Stahl nach dem Quer- und Längsspantensystem gebauten B-Boote von Blohm & Voss waren über Alles 98 m und zwischen den Loten 96 m lang, 9,35 m breit und hatten bei einem Tiefgang von 3,39/3,83 m ein Deplacement von 1374/1843 t. Die Besatzung bestand aus 4 Offizieren und 110 Mann.
Der Torpedobootzerstörer »B 111« hatte am 8. Juni 1915 Stapellauf und wurde am 10. August 1915 in Dienst gestellt. Zwei Satz Marine-Turbinen, deren Bau schon 1914 begonnen wurde, waren direkt mit der Schraubenwelle gekuppelt und leisteten zusammen 29 955 kW (40 700 PS). Mit 2 Schrauben von 2,9 m Durchmesser erreichte das Boot eine Höchstgeschwindigkeit von 37,4 kn. Der Dampf wurde in 4 ölgefeuerten Marine-Doppelkesseln mit einem Druck von 18,5 atü (1,95 MPa) erzeugt, wofür in den Bunkern 527 m^3 Heizöl gefahren wurde. Bei einer Geschwindigkeit von 20 kn konnten mit dem Heizölvorrat 2620 Seemeilen gefahren werden. Alle Boote des Typs B von Blohm & Voss waren mit Frahmschen Schlingerdämpfungstanks ausgerüstet.
Die Bewaffnung bestand bei der Indienststellung aus 4 × 8,8-cm- und ab Sommer 1916 aus 4 × 10,5-cm-Torpedobootskanonen sowie 6 Torpedorohren des Kalibers 50 cm mit 8 Torpedos. Außerdem konnten 24 Minen an Bord genommen werden. Zur Stabilisierung des Kurses bei Torpedoangriffen besaßen die Boote ein Bugruder, daß für die normale Fahrt einziehbar war. Nach dem Flottendienst wurde »B 111« am 22. November 1918 ausgeliefert, in Scapa Flow interniert und am 21. Juni 1919 hier von der Besatzung versenkt. Am 8. März 1926 wurde das Boot gehoben und anschließend in Granton abgewrackt.

Supertanker bzw. Ultra Large Crude Carrier »BATILLUS« (1976)

Deutscher Torpedobootzerstörer im ersten Weltkrieg »B 111«

Begleitschiff: einer Marineeinheit zugeordnetes, i. allg. nur leicht bewaffnetes Hilfs-, Versorgungs- oder Werkstattschiff. Bekannte Begleitschiffstypen gibt es für Schnellboote, Minensuchboote, Torpedoboote, Zerstörer und kleine U-Boote. Sie können Unterkünfte für die Besatzungen kleiner Kampfschiffe haben, Nachschub an Treibstoffen, Munition, Torpedos und Raketen im

Einsatzgebiet bereithalten und mit ihren Instandsetzungseinrichtungen (Werkstätten, Bergungseinrichtungen, Taucherausrüstungen) beschädigten Schiffen Hilfe leisten.

Begleitzerstörer: siehe *Escorter* und *Geleit-Zerstörer*

Behälterschiff: Sammelbegriff für Schiffstypen, die in ihren Laderäumen und an Deck die Ladungsgüter in Großbehältern (Container, Bargen, mobile Tanks) fahren; siehe auch *Containerschiff*, *Barge Carrier.* Eine spezielle Form des Behälterschiffs stellt das kombinierte Massengut-Behälterschiff dar; siehe auch *Massengut-Frachtschiff.* Dieser Schiffstyp entstand mit den weltweiten Containerdiensten zur zumindest teilweisen nutzbringenden Auslastung während der Ballastfahrt. Im Unterschied zu den üblicherweise kleineren Luken des *Schüttgutschiffs* ermöglichen beim Behälterschiff große Luken wie beim Containerschiff die Containerstauung in den Laderäumen und an Deck. Wegen der großen Lukenöffnungen sind die oberen Seitenverbände besonders verstärkt. Die Einsatzflexibilität dieses Schiffstyps ist außerdem durch bordeigene Containerkrane gegeben.

Beischiff: Hilfs-, Versorgungs-, Basis- oder Nachschubschiff. Im ersten Weltkrieg wurden die auf See befindlichen deutschen Handelsdampfer angewiesen, den Auslandskreuzern zu folgen, um sie mit Kohlen aus den jeweiligen Kohlestationen zu versorgen sowie Proviant und wehrpflichtige Besatzungsmitglieder zu übergeben. Zusammen mit aufgebrachten Prisen fuhren diese Schiffe zu den mit den Kriegsschiffen vereinbarten Treffpunkten. Nach Verlust der Kohlestationen der ehemaligen Schutzgebiete und dem Untergang der Kreuzer *»EMDEN«,* »KÖNIGSBERG«, »KARLSRUHE« und *»DRESDEN«* sowie weiterer Schiffe des Auslandsgeschwaders des Grafen Spee wurden auch die Beischiffe versenkt.
Schon vor Beginn des zweiten Weltkriegs wurden Tanker in verschiedene Seegebiete beordert, um die bei Kriegsbeginn im Atlantik vorgesehenen Operationen deutscher Kriegsschiffe (siehe auch *»ADMIRAL GRAF SPEE«*) mit Brennstoff zu versorgen. Einigen dieser Versorgungsschiffe gelang danach die Rückkehr in die Heimat, andere wurden aufgebracht und versenkt. Im weiteren Kriegsverlauf war der Einsatz solcher Beischiffe nicht mehr möglich.
Moderne Beischiffe sind spezielle Nachschub-Versorgungsschiffe (siehe *Begleitschiff*) für Großkampfschiffe oder Kampfverbände, die Verbrauchs- und Brennstoffe, Proviant, Raketen, Torpedos, Artillerie und Munition übergeben.

Bemannter Torpedo: in den verschiedenen Flotten als Vorläufer des Klein-U-Boots entwickeltes Waffensystem, bei dem ein Torpedo durch Taucher an das Ziel herangeführt wird. Bei der zuerst von der italienischen Marine entwickelten Variante handelte es sich um ein sog. »Naßfahrzeug«, bei dem die Torpedoreiter im Tauchanzug mit dem Luftvorrat rittlings auf dem Fahrtorpedo saßen. Die Kampftaucher konnten so den Fahrtorpedo unter das Ziel steuern und den Gefechtskopf mit Zeitzünder anbringen, um sich mit dem Fahrtorpedo zurückzuziehen und danach zum Ausgangsort oder zum Träger-U-Boot zurückzukehren.
Für den Einsatz über vergrößerte Distanzen wurden später Torpedos mit leichten Unterwasser-Trägerfahrzeugen kombiniert. Diese als »Trägertorpedos« bezeichneten Schwimmkörper hatten einen kanzelähnlichen, mit Acrylglasfenster versehenen wasserdichten Raum. Die japanische Marine entwickelte auch den sog. »Kaiten-Torpedo«, bei dem der Kampfschwimmer den Torpedo nicht verließ, sondern sich selbst mit der Sprengladung ins Ziel steuerte.

Bereisungsboot: für Kontrollfahrten ausgerüstetes und eingesetztes kleineres Wasserfahrzeug, wie das *Stromaufsichtsboot* der Binnenwasserstraßenämter bzw. der Wasserschutzaufsicht zur Kontrolle der Binnenwasserstraßen, Uferanlagen, Gewässerreinhaltung und der Einhaltung der Binnenwasserstraßenordnungen. Das *Seezeichenkontrollboot* der seehydrografischen Dienste ist entsprechend zum Kontrollieren, Warten, Instandhalten und Auswechseln schwimmender Seezeichen eingesetzt.

Bereitschaftsboot: Rettungsboot auf Schiffen, besonders auf Fahrgastschiffen, das besonders schnell bei notwendigen »Mann-über-Bord-Manövern« zu Wasser gebracht werden kann.

Bergungsdock: vom nordamerikanischen Kapitän SIMON KRONHAUS aus Los Angeles um 1960 konstruiertes dockähnliches Schiff zur Bergung kleinerer, in Flachwasser liegender Wracks. Der extrem breite oder katamaranähnliche zweiteilige Schiffsrumpf mit Endsektionen bildet einen stählernen Caisson. Das Bergungsdock wird über das zu hebende Objekt gebracht und so abgesenkt, daß die Unterkanten des Caissons sich in den Untergrund eindrücken. Der so gebildete Raum mit dem Wrack kann dann leergepumpt werden und das Objekt gehoben oder wieder schwimmfähig gemacht werden. Das Bergungsdock ist wegen seiner Mobilität auch für Unterwasserbauten und Unterwasseruntersuchungen in begrenzten Wassertiefen einsetzbar.

Bergungsschiff: speziell ausgerüstetes Schiff einer Bergungsflotte, zu der außerdem *Hebeschiffe*, *Hebepontons*, *Taucherprahme*, *Taucherschächte*, *Taucherschlitten*, *Werkstattschiffe* und Bergungsschlepper (siehe *Schlepper*) gehören können. Moderne Bergungsschiffe sind i. allg. zusätzlich mit verschiedenen Bergungsausrüstungen versehene seetüchtige und leistungsstarke Bergungsschlepper oder Hebeschiffe.
Sie versehen ihren Dienst in besonders schwierigen Seegebieten, um jederzeit bereit zu sein, mit ihren erweiterten Funkausrüstungen Hilferufe zu empfangen und mit modernen Navigationsanlagen und starken Maschinen den Standort des Hilfesuchenden auch bei ungünstigen Seebedingungen zu erreichen.
Bei havarierten, aber noch schwimmfähigen Schiffen ist wie beim Bergungsschlepper die Schleppverbindung herzustellen und das Objekt abzuschleppen. Handelt es sich um einen Wassereinbruch oder Ladungsverlagerung, so leistet das Bergungsschiff mit seinen starken Lenzpumpen Hilfe, bringt Lecksegel an und setzt andere Mittel zur ersten Abdichtung des Lecks ein, erzeugt mit seinen Luftkompressoren Zusatzauftrieb in geschlossenen Tanks oder bringt andere Auftriebskörper wie aufblasbare Behälter bzw. aufgeschäumte leichte Stoffe wie Polystyrol in das gefährdete Schiff ein.
Für die Bergung gestrandeter oder gesunkener Schiffe wird mit automatischen oder von Tauchern geführten Strahlrohren das Schiffswrack freigespült. Bei Wassertiefen bis etwa 50 m können Lecks am Schiffskörper durch Unterwasserschweißung abgedichtet werden. Bei Wassertiefen, in denen kein Tauchereinsatz mehr möglich ist, können mit Hilfe von Tiefseetauchbooten (siehe *Bathyscaph*) Hebetrossen unter dem Schiff angebracht werden, um das Wrack mit Hilfe von Hebepontons, aus denen das Wasser herausgedrückt wird, stufenweise zu heben und in flacheres Wasser zu bringen. Eine erst in neuerer Zeit entwickelte Methode ermöglicht das Einbringen von druckfesten Hohlkörpern aus hochfestem Stahl oder faserverstärkter Plaste zur Auftriebserzeugung auch bei größeren Wassertiefen.
Für die U-Bootsbergung gab es in einigen Flotten spezielle U-Boot-Hebeschiffe. Es waren i. allg. Doppelrumpf- oder Dockschiffe mit starker Hebeausrüstung, wie das im ersten Weltkrieg eingesetzte deutsche U-Boot-Hebeschiff »VULKAN«.

Hochsee-Bergungsschlepper um 1960

Bergungsschlepper: siehe *Schlepper*

»BERLIN«: kombiniertes Doppelschrauben-Passagier- und Frachtschiff der verbesserten BARBAROSSA-Klasse des Norddeutschen Lloyd, der »RHEIN« und »MAIN« ähnlich, jedoch bedeutend größer. Das auf der A. G. Weser gebaute Schiff hatte am 7. November 1908 Stapellauf. Es war für die Beförderung von 3230 Passagieren in drei Klassen und für 400 Mann Besatzung eingerichtet. Zu den Verbesserungen gehörte die zentrale Lage aller Gesellschaftsräume im mittleren Deckshaus, dessen lichte Höhe auf 3 m vergrößert wurde.
Bei einer Länge von 179,8 m (590,2 Fuß), Breite 21,2 m (69,7 Fuß), Seitenhöhe bis Hauptdeck 11,7 m (38,5 Fuß) hatte das Schiff eine Verdrängung von 28700 t und war mit 9834 NRT bzw. 17324 BRT vermessen. Mit der Maschinenleistung von 8832 kW (12000 PS) fuhr das Schiff 18 kn.
Im ersten Weltkrieg wurde die »BERLIN« als Hilfskreuzer eingesetzt. Durch die von der »BERLIN« gelegten Minen sank am 27. Oktober 1914 das britische Linienschiff »AUDACIOUS«.

Die »BERLIN« im Bau auf der AG Weser Werft

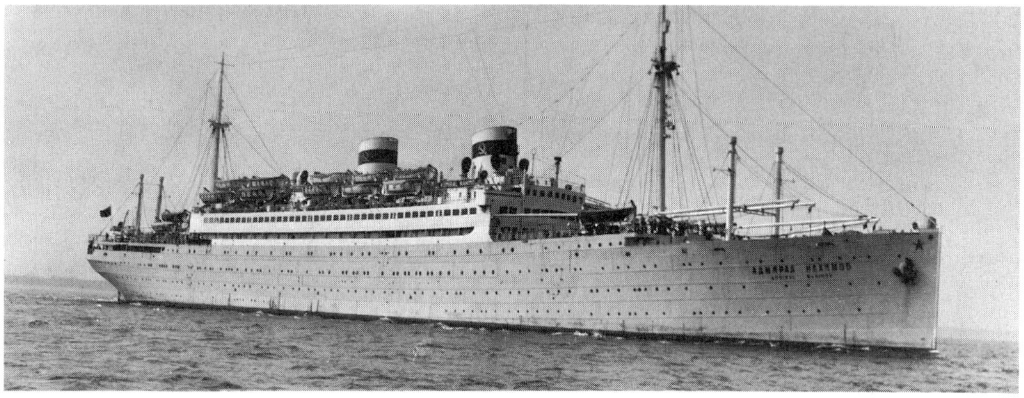

Die »ADMIRAL NACHIMOV« ex »BERLIN« nach dem Umbau

»BERLIN«: deutsches Fahrgastschiff, 1925 auf der Bremer Vulkan-Werft für den Norddeutschen Lloyd gebaut. Es war über Alles 174,30 m und zwischen den Loten 167,00 m lang; 20,98 m breit; hatte eine Seitenhöhe von 14,22 m und einen Tiefgang von 9,04 m. Das Schiff war mit 15286 BRT (8988 NRT) vermessen. Die Tragfähigkeit betrug 9050 tDW und das Deplacement 23480 t. Mit 326 Mann Besatzung war es für die Beförderung von 879 Passagieren eingerichtet.
Die Antriebsanlage bestand aus 2 Dreifach-Expansionsmaschinen von je 4416 kW (6000 PSi) Leistung, die auf 2 Wellen mit 84 U/min arbeiteten. Vier Doppelender-und 2 Einender-Zylinderkessel mit einem Dampfdruck von 14,25 atü (1,52 MPa) und 2820 m^2 Heizfläche versorgten die Maschinen mit Dampf.
Am 1. Februar 1945 wurde das Schiff im Hafen von Swinemünde durch Bombentreffer versenkt, 1946/47 gehoben und am 3. September 1951 zwecks Generalreparatur zur Warnow-Werft; Warnemünde überführt. Am 2. Mai 1957 wurde die »BERLIN« als »ADMIRAL NACHIMOV« von der Sowjetunion neu in Dienst gestellt.
Nach vielen erfolgreichen Fahrten als Fahrgastschiff traf die »ADMIRAL NACHIMOV« das schwerste Unglück der sowjetischen Seefahrtsgeschichte. Nach einem Zusammenstoß mit dem sowjetischen Getreidefrachter »PJOTR WASSEW« etwa 8 Seemeilen vor dem Schwarzmeerhafen Noworossisk in der Nacht vom 31. August zum 1. September 1986 sank die »ADMIRAL NACHIMOW« innerhalb von 15 Min. auf die dortige Wassertiefe von 43 m. Es gab 336 Tote und weitere 62 Vermißte, 836 Menschen konnten gerettet werden.

»BESSEMER«: Kanal-Raddampfer mit einem rollgedämpften Passagiersalon nach einem Patent des englischen Ingenieurs und berühmten Erfinders der Stahlerzeugung aus Roheisenschmelzen in Konvertern mittels Preßlufteinblasung zur Verbrennung des überschüssigen Kohlenstoffs, Siliziums und Mangans, H. BESSEMER. Er selbst war ungewöhnlich anfällig gegen Seekrankheit, so daß er beispielsweise bei einer Kanalüberfahrt 1868 von Calais nach Dover ärztlicher Hilfe bedurfte und erst 24 Std. nach der Landung die Seekrankheit überwunden hatte. Bessemer entwickelte daraufhin die Idee eines Schiffs mit einem beweglich in das Schiff eingebauten Hauptsalon. Dieser sogenannte »Schwingende Salon« sollte nach der ersten Idee in seinem Mittelpunkt aufgehängt oder gelagert und so beweglich sein, daß er sowohl Roll- als auch Stampfbewegungen des Schiffs ausgleichen konnte. Nach verschiedenen Versuchen an kleineren Modellen ließ Bessemer bei

Prinzip des rollgedämpften Passagiersalons der »BESSEMER« (1875)

den Schiffbauern MAUDSLAY, SONS & FIELD einen kleinen Versuchsdampfer mit seinem patentierten »seekrankheitssicheren Salon« ausrüsten. Das Fahrzeug war jedoch für diesen Zweck zu klein und Bessemer verkaufte es noch unfertig für 1000 Pfund, einem Drittel der aufgewendeten Kosten. Die weiteren Vorversuche führte er 1869 mit einem originalgroßen Schlingersalon auf einem speziell erbauten Prüfstand 6×6 m in seinem Wohnsitz in Denmark Hill bei London durch. Der Salon von 4,2 m Länge und 3,6 m Breite wurde so durch eine Dampfmaschine zum Schlingern gebracht, daß er bis zu 15° Schräglagen in Längs- und Querrichtung erfuhr.

Das hohe Ansehen des genialen Erfinders genügte, um trotz der technisch noch unausgereiften Lösung eine »Bessemersalonschiffahrtsgesellschaft« mit einem Aktienkapital von 250000 Pfund zu bilden, die Dampfer zwischen England und Frankreich mit »schlingersicheren Salons« verkehren lassen wollte.

Als erstes Schiff, dem jedoch keine weiteren folgen konnten, erteilte die Gesellschaft der Earles Shipbuilding and Engineering Company in Hull 1875 den Auftrag zum Bau der »BESSEMER«. Das Schiff von 113,5 m Länge, 13,0 m Breite und 6,2 m Seitenhöhe hatte ein Deplacement von 1868 t und sollte 18 kn erreichen. Die Stampfbewegungen sollten durch die besonders groß gewählte Schiffslänge, niedrigen Bug- und Heckfreibord und hohe Geschwindigkeit durch den leistungsstarken Antrieb mit 2 oszillierenden Dampfmaschinen von 2944 kW (4000 PS) vermindert werden, die auf 4 paarweise an den Schiffsseiten angeordnete Schaufelräder von 9,75 m Durchmesser wirkten.

Man verzichtete deshalb auf eine zweiachsige Beweglichkeit und lagerte den Salon von 22,75 m Länge und 11,3 m Breite einachsig gegen Rollbewegungen drehbar zwischen den Schaufelradpaaren. Durch einen Kreisel, der durch eine schnellaufende Dampfmaschine angetrieben wurde, erfolgte die Steuerung der Ventile der hydraulischen Ausgleichsvorrichtung so, daß der Salon seine vertikale Lage in Schiffsquerrichtung bei Rollbewegungen des Schiffes beibehielt.

Bereits bei der ersten Fahrt am 8. Mai 1875 zeigten sich trotz ruhiger See bedeutende schiffbauliche Mängel besonders im Antrieb und im Steuerverhalten. Das Schiff erreichte statt der vorgesehenen 18 kn nur 11 kn bei glatter See, weil bei den vorderen und hinteren Schaufelrädern die verschiedenen Anströmungsgeschwindigkeiten nicht berücksichtigt wurden. Außerdem steuerte das Schiff wegen seiner großen Länge schlecht, und es waren in Calais nach der ersten Fahrt 3 Anlegemanöver erforderlich. Dabei rammte das Schiff die Kai, so daß die französischen Behörden 2800 Pfund Schadenersatz forderten. Bei den folgenden Fahrten kam es in Dover wegen der schlechten Steuereigenschaften zweimal zu Beschädigungen der Radgehäuse und des Bollwerks.

Spätere Fahrten bei Seegang zeigten, daß die gewählten Hauptabmessungen und die Schiffsform die Stampfschwingungen nicht genügend dämpften und daß durch die einachsige Rolldämpfung des Salons kein wesentlicher Fortschritt gegenüber anderen Schiffen erreichbar war.

Betonschiff: ein Schiff mit einem Schiffskörper aus armiertem Beton. Die ersten Schiffskörper aus Beton mit Eisendrahtarmierung wurden schon um 1850 gebaut. Graf LAMBOT (Frankreich) ließ nach seinen Plänen 1854 ein Betonboot bauen, das noch nach 60 Jahren in Betrieb gewesen sein soll. Um 1850 stellte der Pariser Gärtner JOSEPH MONIER (1823 bis 1906) größere Blumenschalen aus mit Eisendraht verstärktem Beton her. Er soll auch kleinere Boote nach diesem Prinzip hergestellt haben. Monier erhielt 1867 das Patent für den mit Eisendraht verstärkten Beton, und noch heute ist die Bezeichnung »Moniereisen« gebräuchlich.

1887 wurden in Holland die Schaluppe »SEEMÖWE« und 1892 in den USA ein 20 m langer Küstenschoner als Betonschiffe gebaut. In der Zeit von 1896 bis 1910 baute der Italiener CARLO GABELLINI Fahrzeuge bis zu 150 t Tragfähigkeit aus Beton. Um 1908 begann Deutschland mit Betonlastschiffen, -schuten und -pontons.

Während des ersten Weltkriegs übernahmen England und Frankreich die Führung im Betonschiffbau und bauten Betonschiffe bis zu 1000 t Tragfähigkeit.

Das bis dahin weltgrößte Betonschiff wurde dann 1917/18 für 900000 Dollar in den USA gebaut. Das Betonschiff »FAITH« war 102 m lang; 13,7 m breit und hatte bei einer Verdrängung von 7900 t eine Tragfähigkeit von 4500 t. Mit der installierten Maschinenleistung von 1290 kW (1750 PS) lief das Schiff 10 kn. Nach dem ersten Weltkrieg gab es auch in Europa einige größere Betonschiffe. 1920 baute man in Kopenhagen das Betonschiff »BARTELS« mit einer Länge von 70,4 m, Breite 11,7 m und einer Tragfähigkeit von 1800 t. Die Außenhaut bestand aus 9 cm dickem Stahlbeton. Mit einer Maschinenleistung von 440 kW (600 PS) wurden 7,5 kn erreicht.

Das ebenfalls 1920 gebaute größte deutsche Betonschiff war das Frachtmotorschiff »GÖTAÄLV«. Der Bau erfolgte auf der Werft Sternemann & Co. in Wewelsfleth von der Zementbaugesellschaft Johannes Müller, Marx & Co., Berlin. Das im Oktober 1920 zu Wasser gelassene Schiff war 56 m lang und 8,64 m breit. Es hatte eine Verdrängung von 1500 t und 433 t Tragfähigkeit. Der Antrieb erfolgte durch 2 Dieselmotoren mit je 368 kW (500 PS). Die geforderte Tragfähigkeit konnte wegen minderer Betonqualität und zu schweren Aufbauten nicht voll erreicht werden. Bis auf die Probefahrt kam das Schiff praktisch nicht zum Einsatz und lag im Hamburger Hafen.

Im zweiten Weltkrieg gab es erneute Bestrebungen im Betonschiffbau. Der italienische Schiffbauer NERVI verwendete mehrlagige Maschendrahtnetzarmierungen und den besseren, damals neuen Ferrozement. In Großbritannien, den USA und Deutschland wurden von 1939 bis 1945 in größeren Stückzahlen Schuten, Leichter, Schlepper und Küstenmotorschiffe aus Beton gebaut.

Wegen der Mindestdicken der Betonhüllen ist erst bei Booten von mindestens 12···15 m Länge der Betonbau sinnvoll. Mit der Entwicklung der Bootsgrößen in der Küsten- und kleinen Hochseefischerei wurden 1965 besonders in Italien und Kuba einige hundert Fischerboote dieser Größe nach dem Ferro-Zement-Verfahren mit mehreren Lagen verschweißter Stahlnetze in Gußformen gebaut. Die Schiffskörper solcher Betonboote sind i. allg. spantenlos, und ihre Wanddicke konnte auf etwa 40 mm vermindert werden. An den für den Beton verwendeten Kies werden besondere Anforderungen gestellt. Er muß gewaschen und von gleicher feiner Körnung sein. Zur Unterbindung von Poren wird der Betonmischung »Zuzzolon« aus fein gemahlenem Bimsstein zugesetzt. Nach dem Guß härtet der Beton in 3 Wochen aus, während der er feucht gehalten wird, damit keine Risse auftreten. Um die Haltbarkeit von Betonschiffen noch zu erhöhen, kann in einer Kompositbauweise auf die trockene Hülle noch Glasfasergewebe mit Epoxidharz aufgebracht werden.

Derzeitig werden Betonschiffe besonders in tropischen Gewässern als kostengünstige Alternative zu Holzfahrzeugen verwendet, da sie auch ohne Konservierung von tierischen Schädlingen nicht zerstört werden.

Ein weiterer Einsatz sind ortsfeste Pontons, bei denen die größere Masse zuweilen sogar einen Vorteil bringt. So liegt das gehobene schwedische Flaggschiff »WASA« auf einem eigens dafür hergestellten Betonponton.

Die italienische Werft Cantieri Navali Riuniti besitzt das größte Beton-Schwimmdock der Welt mit 350000 t Tragfähigkeit.

Beton hat sich auch bei schwimmenden Speichern für Tieftemperaturladungen bewährt. In den USA wurde 1977 das derzeit größte Betonschiff von 65000 t Tragfähigkeit, 140 m Länge, 41,4 m Breite und 17,2 m Seitenhöhe mit einer Wanddicke von 230 bis 350 mm gebaut, in das 12

Baggerprahm aus Eisenbeton

metallische Flüssiggastanks von je 51,2 m Länge und 11,6 m Durchmesser eingesetzt sind.
Mit der Offshore- und Meerestechnik entstanden verschiedene neue Möglichkeiten des Betonschiffbaues, deren bedeutendste derzeitig Stützen und Schwimmkörper von *Bohrinseln* und anderen Plattformen sind.

»BILLWÄRDER«: typischer deutscher Fischdampfer aus der Zeit um 1900, ein Dampf-Seitentrawler mit Stützsegel-Hilfsbesegelung.
Auf der Backbord-Seite befanden sich vorn und hinten die beiden Fischgalgen, die der Umlenkung der Kurrleine zur Netzwinde dienten. Am Genickstag zwischen beiden Masten waren 2 Blöcke angeordnet, mit deren Hilfe die vollen Fischkörbe von Deck in den Fischraum gefiert wurden. Auf dem Vorschiff standen die zu dieser Zeit noch üblichen »Leuchttürme« mit den 3 Fenstern, die von der Segelschiffahrt übernommen wurden. Der Fischdampfer führte zu dieser Zeit noch nicht die später üblichen Laternenkästen. Der Anstrich war zur besseren Erkennbarkeit auf See stets schwarz. Diese Vorschrift entsprach einer internationalen Regelung aus dem Jahr 1882, um bei Zwischenfällen auf dem Fangplatz (Netzhavarie) den Verursacher in Sicht zu behalten. Des weiteren wurden Kennungen eingeführt, wodurch z. B. die »BILLWÄRDER« als Cuxhavener Fischdampfer zu identifizieren war. Bekannte deutsche Kennungen waren: A. E. Emden, A. L. Leer (Ostfriesland), B. B. Bremen, B. V. Vegesack, B. X. Bremerhaven, H. C. Cuxhaven, H. H. Hamburg, O. E. Elsfleth, S. C. Büsum, S. D. Altona.
Da die Elbinsel Finkenwärder durch eine Grenze in hamburgisches und preußisches Gebiet geteilt war, ergaben sich hier zwei verschiedene Kennungen, nämlich H. F. für Hamburg Finkenwärder und P. F. für Preußen Finkenwärder, des weiteren noch P. G. für Preußen Geestemünde. Die »BILLWÄRDER« wurde von der Werft »Deutsche Werke« in Spandau gebaut, wahrscheinlich nach den Vorschriften des Englischen Lloyd, worauf die Tiefgangsmarke an der Bordwand hinweist. Diese Tiefgangsmarke bestand aus einem auf die Spitze gestellten Vierkant mit Querbalken sowie den Buchstaben LR.

Binneneisbrecher: spezieller Eisbrecher für den Eisaufbruch auf Binnengewässern und Aufrechterhaltung der Schiffbarkeit und der Verminderung von Eisstau und Hochwasser. Tiefgang, Größe und Durchfahrthöhe von Binneneisbrechern sind stärker beschränkt als bei anderen Eisbrechertypen. Die Spantformen sind gerundet, die Außenhaut besonders verstärkt und die Propeller eisgeschützt. Durch Aufschlinger- und Stampfanlagen sowie spezielle Vorschiffsformen kann die Brechwirkung verstärkt werden.

Binnen-Fahrgastschiff: siehe *Binnenschiff* und *Fahrgastschiff*

Binnen-Güterschiff: siehe *Binnenschiff*

Binnenkreuzer: Motor- oder Segelyacht mit Kajüte für Fahrten auf Binnengewässern.

Binnenschiff: Sammelbezeichnung aller Schiffstypen der Binnenschiffahrt zum Befahren der Innen- bzw. Binnengewässer und Binnenwasserstraßen, wie Flüsse, Kanäle, Binnenseen, Haffs, Buchten, Flußmündungen, Seehäfen und geschützte Reeden.
Binnenschiffe sind historisch die ältesten Boots- und Schiffstypen (Euphrat, Tigris, Nil), die mit Muskel- und Strömungskräften des Wassers und des Windes bewegt wurden. Sie stehen auch am Anfang des maschinengetriebenen Schiffes, wie die *»PYROSCAPHE«* (1781) von CLOUDE de JOUFFROY de ABBANS, die *»EXPERIMENT«* (1790) von JOHN FITCH, die *»CHARLOTTE DUNDAS«* (1802) oder die *»CLERMONT«* (1807) zeigen. Der Transport von Gütern (Holz, Kohle, Erze, Getreide, Salz, Düngemittel, Baustoffe, Tiere, Obst u. a.) sowie von Personen war von den Anfängen der Schiffahrt auf den unregulierten Flüssen noch günstiger als auf Lasttieren und den damaligen Landwegen.
Da seit dem 17. Jh. verstärkte Anstrengungen zur Flußregulierung und zum Kanalbau in nahezu allen europäischen Ländern einsetzten, behielt das Flußschiff auch seine Konkurrenzfähigkeit für spezielle Aufgaben gegenüber dem Schienen- und Straßentransport bis in unsere Zeit. Seit den Anfängen des Schiffsmaschinenantriebs hat das Binnenschiff bedeutende Entwicklungsstufen und Erweiterungen der Typenvielfalt erfahren. Im Unterschied zum Seeschiff behielt die Schleppschiffahrt weiter ihre Bedeutung, bei der ein Binnenschlepper (siehe *Schlepper*) andere antriebslose Schleppkähne (siehe auch *Leichter*) als Anhang zieht. Auch das Schaufelrad (siehe *Radschiff*) war bis in die zweite Hälfte des 20. Jh. besonders für Binnenschiffe mit geringem Tiefgang der gebräuchlichste Antrieb, da die Belastungen durch Wellen wesentlich geringer sind, und Gefährdungen durch Treibholz kaum noch vorkommen. Neben den Schleppschiffen entstanden selbstfahrende Dampf-Binnengüterschiffe und danach die heutigen Motor-Binnengüterschiffe. Als Alternative zu den Schleppschiffen wurde die heute bedeutungsvolle Schubschiffahrt mit antriebslosen Schubprahmen (siehe *Barge* und *Barge-Carrier*) und Schubeinheiten entwickelt.
Infolge der unterschiedlichen Schiffbarkeit und anderer Personen- und Güterströme entstanden für die großen europäischen und nordamerikanischen Flüsse charakteristische Binnenschiffsgruppen, wie die *Elbdampfer, Rheindampfer,*

»BILLWÄRDER«, deutscher Fischdampfer um 1900 aus Cuxhaven

Kleines sowjetisches Binnenfahrgastschiff um 1960

Donauschiffe, Wolgaschiffe und *Mississippidampfer*. Die Passagier-Flußschiffahrt erfuhr besonders auf den großen Flüssen, Stauseen und Binnenmeeren der UdSSR mit Großbauten zur Bewässerung und Wasserkraftnutzung sowie zur Erschließung von Rohstoffvorkommen einen neuen Aufschwung.
Die Entwicklung des Binnenschiffs wird derzeit maßgeblich durch Schiffstypen bestimmt, die als Schub- und Schleppzüge, selbstfahrend oder als Bargen auf Barge-Carriern den ununterbrochenen Ladungstransport vom Versand- zum Empfangsort auf Binnenwasserstraßen und über See im kombinierten Binnen-/See-Transport ermöglichen. Einen Einblick in die Anpassung der Schleppkahntypen an die jeweiligen Flußbedingungen und zur Größenentwicklung vermittelt die Übersicht »Deutsche Schleppkahntypen und -abmessungen von 1845 bis 1900« (Finow-Maßkahn, ursprünglich 225 t, um 1890 Berliner Maßkahn 350 t, Saale Maßkahn 380 t, Plauer Maßkahn 650 t).
1934 beförderte die deutsche Binnenschiffahrt mit 78 Mill. t etwa ¼ des Eisenbahn-Gütertransports. Zur deutschen Binnenflotte gehörten zu dieser Zeit 17833 Schiffe mit 6442000 t Tragfähigkeit. Die Länge der schiffbaren Wasserstraßen betrug um 11000 km einschließlich der insgesamt 2300 km der großen und kleinen Kanäle. Um 1941 wurden für die deutschen Wasserstraßen neue Abmessungen für die wichtigsten Binnenschiffstypen entsprechend der Übersicht »Abmessungen genormter deutscher Binnenschiffstypen für Neubauten nach 1941« festgelegt. In anderen Ländern, wie z. B. in den Niederlanden, hat die Binnenschiffahrt traditionell eine noch größere Bedeutung.
Zur Flotte der modernen Binnenschiffe gehören die verschiedenen antriebslosen Schlepp- und Schubeinheiten, die Binnenschlepper und *Schubschiffe*, die Binnen-Motorgüterschiffe wie »CBK 1700«, *Binnenfahrgastschiffe* wie Typ *»TSCHAKALOW«* und Typ *»WLADIMIR ILJITSCH«, Wohn-, Versorgungs-* und *Tankschiffe, Bagger, Kranschiffe, Werkstattschiffe* und *Binneneisbrecher;* siehe *Eisbrecher*. Um bei begrenztem Tiefgang eine möglichst große Tragfähigkeit zu erhalten, stellen moderne Binnenschiffe i. allg. hochentwickelte Stahlleichtbaukonstruktionen mit ebenfalls masseverminderten Antriebsanlagen dar. Die Hauptbelastung resultiert wie beim Seeschiff i. allg. nicht aus der schlanken Schiffsform bzw. der differenzierenden Auftriebs- und Ladungsverteilung oder aus dem Seegang sondern aus der noch strenger begrenzten Seitenhöhe und dem ausgeprägteren Leichtbau. Verschiedene Typen, wie Binnenfahrgastschiffe, erfordern für die Flußschiffahrt Hochleistungsruder und andere Einrichtungen zur zuverlässigen Steuerfähigkeit.

Binnenschlepper: siehe *Schlepper*

»BISMARCK«: Turbinen-Schnelldampfer der Hamburg-Amerika-Linie. Die HAPAG-Schnelldampfer *»IMPERATOR«* (52117 BRT), *»VATERLAND«* (54282 BRT) und »BISMARCK« (56551 BRT, 26370 NRT) waren seinerzeit die größten Schiffe der Welt. Den Entwurf und die Konstruktion der bei Blohm & Voss in Hamburg gebauten

1750-kW-Zweischrauben-Binnenschlepper um 1960

Schiffe »BISMARCK« und »VATERLAND« leitete der erfolgreiche Konstrukteur Fritz Nordhausen, eine Persönlichkeit, dem die Werft viel zu verdanken hatte.
Die »BISMARCK« wurde im April 1913 auf Kiel gelegt und beim Stapellauf am 20. Juni 1914 von der Enkelin des Fürsten Bismarck getauft. Während die »VATERLAND« im Mai 1914 noch der HAPAG übergeben werden konnte, wurden die Arbeiten an der »BISMARCK« während des Kriegs eingestellt. 1918 erhielt Britannien das Schiff als Reparation zugesprochen und der Weiterbau kam unter britische Aufsicht. Im Oktober 1920 verzögerte ein Großbrand die endgültige Fertigstellung bei Blohm & Voss in Hamburg. Die britische Regierung verkaufte deshalb im Februar 1921 das immer noch nicht fertige Schiff an die White-Star-Line; London, die es im März 1922 nach Southampton überführen ließ. Am 1. April 1922 war nach der endgültigen Fertigstellung eine 10tägige Probefahrt und die Umbenennung in »MAJESTIC«.
Endlich konnte das Schiff am 10. Mai 1922 seine Jungfernreise auf der Route Southampton–New York antreten. Im Februar 1936 wurde die »MAJESTIC« aufgelegt und am 15. Mai 1936 an die Abbruchfirma T. W. Ward verkauft. Von dort wurde sie jedoch an die Marine weiterverkauft,

HAPAG-Turbinen-Schnelldampfer »BISMARCK« nach dem Stapellauf

Die »BISMARCK« unter Dampf

die sie auf der Thornycroft-Werft in Southampton zum Schulschiff für 2000 Kadetten umbauen ließ und am 23. April 1937 in Rosyth als »CALEDONIA« in Dienst stellte. Am 29. September 1939 sank das Schiff nach einem Großbrand auf ebenem Kiel und wurde danach abgewrackt. Erst im Juli 1943 wurde der Rest des Rumpfes gehoben und in Inverkeithing verschrottet.
Die Hauptdaten des Schiffs waren: Länge über Alles 291,40 m, Länge zwischen den Loten 278,00 m, Breite 30,48 m und Seitenhöhe 19,20 m. Die Tragfähigkeit betrug 14467 t und die Besatzungsstärke lag bei 1000 Mann. Die Passagierkapazität betrug 2550 Personen, davon I. Klasse 900 (750), II. Klasse 500 (545), III. Klasse 570 (850) und in der Touristenklasse 580 (0). Die Klammerwerte gelten nach dem Umbau und der Verringerung der Plätze auf 2145. Der Frachtraum hatte 1080 m^3 Rauminhalt. Die Antriebsanlage bestand aus 4 Parsons-Getriebeturbinen mit einer Leistung von insgesamt 47840 kW (65000 PSe), die dem Vierschraubenschiff eine Höchstgeschwindigkeit von 24,75 kn verliehen. Erst 1935 wurde die Größe dieses Schiffs wieder übertroffen.

Blockadebrecher: Frachtschiffe, aber auch U-Boote, die feindliche Blockaden umfahren oder notfalls durchbrechen sollen, um kriegswichtige Güter, wie Rohstoffe und Metalle, zu beschaffen. Als Blockadebrecher wurden im ersten und zweiten Weltkrieg überwiegend Neubauten verwendet, da ein guter Zustand von Schiff und Maschine Voraussetzungen für eine oft über viele tausend Meilen gehende Reise ohne Havarie war. Als Kapitän fuhr meistens ein Reserveoffizier, der mit seiner Besatzung militärischen Dienststellen unterstellt wurde. Die Schiffe versuchten, mit ihrer Fracht weitab von den sonst üblichen Schiffahrtsrouten auf wenig befahrenen Schiffahrtswegen den Zielhafen zu erreichen.

»BLÜCHER«: Doppelschrauben-Passagier- und Frachtdampfer der Hamburg-Amerika-Linie (HAL), 1901 erbaut bei Blohm & Voss in Hamburg. Die Hamburg-Amerika-Linie stellte 1901 die 12335 BRT (7629 NRT) großen Schnelldampfer »BLÜCHER« und »MOLTKE« für die kombinierte Passagier- und Frachtfahrt auf dem Nordatlantik in Dienst. Die »BLÜCHER« war 160,2 m lang, 19,0 m breit und hatte bei 10,84 m Tiefgang ein Deplacement von 21800 t. Die 2 Vierzylinderdampfmaschinen mit insgesamt 6625 kW (9000 PSi) gaben dem Schiff eine Höchstgeschindigkeit von 16 kn. Zur Besatzung gehörten 268 Personen. 1914 wurde die »BLÜCHER« in Pernambuco interniert, 1917 beschlagnahmt und unter dem neuen Namen »LEOPOLDINA« unter brasilianischer Flagge in Fahrt gebracht.

BOB: Abkürzung für **B**arge **o**n **B**oard, siehe *Barge-Carrier.*

Bohrinsel, *Bohrplattform, Bohrhubplattform:* mit der Offshore- bzw. Meerestechnik entstanden Anlagen zur Erkundung und Erschließung der unter dem Meeresboden lagernden Erdöl- und Erdgasvorkommen. Die meisten der Bohrinseln werden als schwimmfähige Einheiten gebaut, um sie mit Schlepperhilfe zu den vorgesehenen Bohrfeldern zu bringen. Das Hauptgebiet der Bohrinseln sind die Kontinentalschelfe bis zu einer Tiefe von 200 m. Ortsfeste Plattformen eignen sich vorwiegend für Binnengewässer und flache Randmeere. Bohrinseln werden entweder ohne oder mit hochgehievten Standsäulen an den Einsatzort gebracht. Bei absenkbaren Bohrinseln sind die Standsäulen von veränderlicher Länge am Schwimmkörper befestigt; nach dem Fluten stehen die Schwimmkörper auf dem Meeresgrund.
Bei der Bohrhubplattform sind Standsäulenlängen von 50 m und darüber aus Stahl bzw. Stahlbeton möglich. Für größere Tiefen werden Halbtaucher eingesetzt. Solche Halbtaucher haben Schwimmkörper, auf denen die Plattform an den Einsatzort geschleppt wird. Am Bohrplatz werden die Schwimmkörper geflutet, etwa 20···25 m tief abgesenkt und nach allen Richtungen gegen Abtreiben durch Ankertaue und -winden verankert. Infolge der hohen Masse und den tiefgetauchten Schwimmern sind bei Halbtauchern die Eigenbewegungen bei Seegang vermindert. Bei der Mehrzahl der Plattformen sind die Schwimmer und die Plattform durch 3 oder mehr ausfahrbare Hohlsäulen verbunden, eine Ausnahme macht nur das »Monoped« mit nur einer turmförmigen Säule, die alle Ausrüstungen aufnimmt.
Bei Bohrinseln besteht die eigentliche Plattform i. allg. aus einem pontonförmigen Schwimmkörper mit mehreren Decks zur Aufnahme der Maschinenanlage, der Mannschaftsräume, der Schlammpumpen und der sonstigen Anlagen und Betriebsräume. Auf der Plattform befinden sich die Arbeitsfläche mit Bohrturm, die Aufbauten sowie der Hubschrauber-Landeplatz. Außer-

Doppelschrauben-Passagier- und Frachtdampfer »BLÜCHER« (1901)

Abschleppen der Bohrinsel »STATFJORD A«

Bohrinseln im Bau auf einer norwegischen Werft

Bohrinselversorger im Einsatz

dem gibt es Versuchs-Bohrinseln als Unterwasserstationen. Dazu werden versenkbare Bohreinheiten als Produktionsplattformen mit Bohrrobotern ausgerüstet und durch spezielle UW-Fahrzeuge versorgt und gesteuert. Solche Anlagen sind für Wassertiefen bis zu 600 m einsetzbar in Kombination mit entsprechenden *Bohrschiffen bzw. Bohrinsel-Versorgern* für den Transport der Rohre, Bohr- und Zementierungsmittel.

Bohrinselversorger: für die Materialversorgung von Bohrinseln konzipierte Transport- und Schleppfahrzeuge. Bohrinselversorger entstanden vor dem zweiten Weltkrieg, als amerikanische Ölgesellschaften im Golf von Mexiko und in den seichten Gewässern vor Venezuela begannen, von festen Plattformen aus nach Ölvorkommen unter dem Meeresboden zu bohren.

Nach dem zweiten Weltkrieg verlagerten sich diese Offshore-Bohrungen in Seegebiete weiter vor der Küste. Die Arbeitsplattformen konnten jedoch nur begrenzte Mengen des zum Bohren benötigten Materials wie Bohrgestänge, Schwerspat, Zement, Frischwasser und Treibstoff aufnehmen, so daß ein laufender Nachschub von der Landbasis nötig wurde. Eine Versorgung mit Materiallagern und Versorgungsschiffen wurde erforderlich, um das für einzelne Bohrungen bis zu 1000 t benötigte Material jeweils rechtzeitig bereitzustellen. Diese Transporte übernahmen zunächst relativ kleine, technisch einfache Versorgungsschiffe, die bei Bedarf abgerufen wurden.

Als man 1964 im britischen Teilgebiet der Nordsee mit den Explorationsbohrungen begann, wurden zunächst die erforderlichen Bohrinselversorger der »Gulf of Mexico« in die Nordsee verlegt. Da die Schiffe nicht für die Wetterbedingungen in der Nordsee gebaut waren, ergaben sich bei dem rauhen Wetter, starken Stürmen und entsprechend hoher See größere Schwierigkeiten, so daß geeignetere Schiffe entworfen und gebaut wurden. Dabei traten amerikanische und europäische Versorgungsschiffsreedereien miteinander in Konkurrenz.

Moderne Bohrinselversorger müssen monatlich 3000···4000 t Ladung auf eine Bohrinsel bringen. Dazu gehören Treibstoff, Zement in Drucktanks für die pneumatische Übergabe, Proviant in Deckscontainern, Wasser, Schwerspat, Bohrgestänge und Rohre. Außerdem kommen mehr spezielle Rohrtransporter zum Einsatz. Das Ablösepersonal für die Bohrinsel wird i. allg. mit Hubschraubern übergesetzt. Daneben erfüllt der Versorger noch Schlepp- und Bugsieraufgaben, Hilfeleistungen bei schwerem Wetter sowie beim Ankerverlegen als Ankerziehschlepper. Moderne Bohrinseln haben häufiger Einrichtungen zum dynamischen Positionieren, so daß sie meist nicht durch Anker in Position gehalten werden.

Bohrinselversorger werden wegen der Einsatzbedingungen besonders robust und als Zweischrauber von etwa 800 t DW Tragfähigkeit mit einer hohen Trossenzugkraft und guter Manövrierfähigkeit gebaut, um auch unter extremen Wetterbedingungen die Versorgung der Bohrinsel sicherzustellen. Sie erhalten auch häufig Bugstrahlruder, Verstellpropeller, Schwenkantriebe und Rundsichtbrücken. Ein großes freies Achterdeck dient der Aufnahme der Ladung an Deck, wobei meist auf ein Ladegeschirr verzichtet wird. Im allgemeinen wird mit landseitigen Einrichtungen geladen und mit dem Kran der Bohrplattform gelöscht. Bohrinselversorger werden der jeweils neuesten Offshore-Technologie angepaßt.

Bohrschiff: Schiffstyp zur Erkundung und Er-

Bohrschiff mit Bohrturm und Hubschrauberplattform

schließung von Rohstoffvorkommen aus dem Meeresuntergrund sowie zur Erforschung des Erdmantels. Für Bohrungen bei größeren Wassertiefen über 200 m bis 1000 m ist der Einsatz von verankerten schwimmenden Bohrinseln nur bei besonders günstigen Bedingungen und in der Tiefsee nicht mehr möglich. Für Versuchsbohrungen zur Erschließung eines größeren Ölvorkommens vor der Kalifornischen Küste in 1600 m Wassertiefe wurde 1958 erstmalig ein 85 m langes Frachtschiff umgebaut und ein 30 m hoher Bohrturm über eine Art offener Taucherglocke errichtet. Es folgten dann weitere erste Bohrschiffe durch den Umbau einiger Tanker.
Ein Bohrschiff wird über dem Bohrgrund an mehreren fest verankerten Bojen vertäut oder durch Propeller- und Querschubanlagen sowie durch spezielle Schwenkantriebe wie »Schottel-Ruderpropeller« mit einem computergesteuerten System exakt auf seiner Position gehalten. Das Führungsrohr für das Gestänge wird fast bis zum Meeresboden niedergebracht. Um das Bohrgestänge wird ein schwerer Rahmenkasten abgesenkt, der auf dem Meeresboden verbleibt und an dem die Führungstrossen befestigt sind, die zum Herabsenken der Gestänge-Kupplung dienen. Danach wird der Bohrkopf zurückgezogen und die Rohrleitung nachgesenkt. Die Rohrleitung hat den üblichen Bohrlochaufsatz mit Armaturen und Geräten, die zur Bohrung benötigt werden. Das Bohrgestänge ist so gebaut, daß die Bewegungen und Positionsveränderungen des Schiffes das Bohren nicht beeinflussen. Der Bohrvorgang wird mit UW-Fernsehkameras beobachtet. Während des Bohrvorgangs werden wie bei Oberflächenbohrungen Bohrproben nach oben befördert. Das über der Bohrung schwimmende Bohrschiff ist mit den erforderlichen Hebezeugen, Schlammpumpen, Tanks, den für die Bohrtiefe erforderlichen Gestängelängen u.a. ausgerüstet.
Ein weiteres Versuchsschiff (1958) erhielt den Namen »CUS I« (Continental-Union-Superior I), es hatte 4 zusätzliche Außenbord-Steuerpropeller, um das Schiff über dem Bohrloch zu positionieren. 10 Jahre später entstand das Bohrschiff »GLOMAR CHALLANGER« mit einem 45 m hohen Bohrturm und einem 7000 m ausfahrbaren Bohrgestänge. Das Bohrschiff »SEDKO 445« erreichte vor Westafrika 1973 die Bohrtiefe von 639 m und 1975 von 697 m.
Die »DISCOVERER 534« bohrte 1976 vor Thailand 1055 m tief und erreichte später eine maximale Bohrtiefe von 4000 m. Das Niederbringen der Bohrung dauerte fast 3 Monate, die Tageskosten betrugen etwa 100000 Dollar. Der Preis eines solchen Bohrschiffs lag zu dieser Zeit bei 20 Mill. Dollar.
Um das Schiff an der Bohrstelle zu positionieren, werden mehrere Unterwassersender auf den Meeresboden gebracht, nach deren Lage das Schiff mit Hilfe eines Bordrechners ständig seine Lage kontrolliert und korrigiert. Außer der Suche nach Erdöl unter dem Meeresgrund dienen Bohrschiffe der Erforschung der tieferen unteren Schichten der Erde und ihres Aufbaus. Da die Erdkruste unter dem Meer weniger dick ist als auf dem Festland, gelangt man auf dem Meeresgrund schneller zum Erdkernmantel. Durch Bohrschiffe werden daher nach einem weltweiten Plan am Meeresboden in verschiedenen Gebieten Unterwasserbohrungen vorgenommen. Die »WESTERN OFFSHORE NR. 1« (USA) gehört u.a. zu den größten Bohrschiffen der Welt. Das Schiff hat eine Länge von 115,25 m, ist 22,86 m breit, hat 6395 t Tragfähigkeit, 60 Mann Besatzung und einen Hubschrauber-Landeplatz. Der Bohrturm ist 50 m hoch und das Bohrgestänge führt im Schiff durch einen Schacht von 4,8× 7,3 m. Neueste Bohrschiffe mit automatisierten Bohranlagen können den Bohrbetrieb bis zu Wellenhöhen von 6 m, Windstärken bis 60 km/h und bei Wasserströmungen bis zu 3 km/h aufrechterhalten.

»BORUSSIA« (2) und »HAMMONIA«, 1856 die ersten Dampfer der Hamburg-Amerika-Linie

Bojenbereisungsboot: siehe *Bereisungsboot* und *Seezeichenkontrollboot*

Bojenboot: siehe *Walfangboot*

Bojenleger, *Bojenleg-* und *Versetzschiff, Tonnenleger:* Fahrzeug der Technischen Flotte zum Legen von Bojen (Tonnen) zur Fahrwasserbegrenzung bzw. -kennzeichnung, zur Wartung der in der Tonne befindlichen elektrischen Anlagen und zum Einholen zur Überprüfung oder Reparatur. Sie haben die exakte Lage der Tonnen insbesondere bei starker Eisdrift zu kontrollieren.
Um die Tonnen auf See zu bergen, verfügen die Fahrzeuge über ein starkes Hebegeschirr oder einen Bordkran, damit sie die Tonnen auf dem freien Achterdeck ablegen können. Die eigentliche Überholung der Seezeichen wird i.allg. auf dem sog. »Tonnenhof« vorgenommen. Außerhalb der eigentlichen Einsatzzeit können Tonnenleger auch für kleinere Schleppaufgaben eingesetzt werden.

Boot: ursprünglich ein kleineres Wasserfahrzeug ohne Verdeck. Im Laufe der Entwicklung wurde die Bezeichnung zunächst auch für kleinere maschinengetriebene Schiffe wie *Dampfboot*, *Motorboot*, *Bojenbereisungsboot*, *Fangboot*, *Fischerboot*, Hafenboot, *Zollkreuzer* u.a. übernommen. Mit der Erweiterung der Schiffstypen bezeichnete schließlich die Marine mit Boot nicht nur kleinere Schiffe wie das *Schnellboot*, sondern übertrug die Bezeichnung auch auf größere Kampfschiffe wie *Torpedoboot*, *U-Boot* u.a., die dem ursprünglichen Sinne nach, als Schiffe zu bezeichnen wären.

»BORUSSIA« (1): erstes in Preußen auf der Werft von F. Schichau in Elbing 1854 erbautes eisernes Seedampfschiff mit Schraubenpropellerantrieb. Die »BORUSSIA« (1) war etwa 40 m lang und fuhr als Toppsegelschoner getakelt; sie hatte 86 Lasten Tragfähigkeit. Am 13. November 1874 ist sie nach Kollision vor Stolpmünde gesunken.

»BORUSSIA« (2): erstes kombiniertes Dampf-Segel-Schiff der Hamburg-Amerika-Linie HAPAG für die Transatlantikfahrt. Mit dem 1855 in England auf der Werft Caird & Co. in Greenwich gemeinsam mit dem Schwesterschiff »HAMMONIA« gebauten Schiff nahm die HAPAG 1856 den transatlantischen Dienst mit Dampfschiffen auf. Vorher war die erste Reise der »BORUSSIA« als gecharteter Truppentransporter für den

»BRAZILIAN«, »SANTOS« und »RIO«, 1871 die ersten Schiffe der Hamburg-Südamerika-Dampfschiffahrtsgesellschaft

Krimkrieg , die der Reederei einen Reingewinn von 236000 Mark einbrachte.
Zur ersten Fahrt auf der Linie Hamburg–New York lief das Schiff daher erst am 1. Juni 1856 aus. Gegenüber den Segelschiffen konnte die Durchschnittsgeschwindigkeit nahezu verdoppelt werden, so daß sich die Überfahrt auf etwa 15 Tage verkürzte. Die kombinierte Dampf-Dreimastbark mit Mittschiffsmaschinenanlage und -aufbauten war 85 m lang; 11,7 m breit und mit 1867 BRT (bzw. 2026 BRT) vermessen. In der I. Klasse waren Plätze für 57 Passagiere, in der II. Klasse für 136 und in der III. Klasse 310 Schlafplätze für Zwischendeckspassagiere, so daß insgesamt etwa 500 Passagiere befördert werden konnten.
Am 1. Dezember 1879 sank das Schiff in einem Sturm auf dem Atlantik; von 184 Menschen an Bord konnten nur 15 gerettet werden.

Erster transatlantischer Lloyddampfer »BREMEN«, erbaut bei Caird & Co. in Greenock 1857/58

Bourgeois-Brun-Unterseeboot: französisches erstes Versuchs-Unterseeboot. Der französische Seeoffizier BOURGEOIS und der französische Marineingenieur BRUN bauten 1863 als eines der ersten französischen Unterseeboote die »PLONGEUR«. Der zigarrenförmige Bootskörper war ohne Spierentorpedo 42,6 m lang und 6 m breit. Er hatte eine Verdrängung von 450 m^3, eine 12 Mann starke Besatzung und sollte für etwa 12 m Tauchtiefe eingesetzt werden. Das Tauchen erfolgte durch Aufnahme von Wasserballast und der Antrieb durch eine 59 kW (80 PS) starke Druckluftmaschine. Die Rettung der Mannschaft sollte im Notfalle mit einem an Deck befindlichen druckfesten Rettungsboot erfolgen. Bei den Versuchen konnten jedoch die Tauchtiefe sowie insbesondere die Längsstabilität nicht zuverlässig eingehalten werden, so daß das fahrende Boot entweder mit dem Bug auftauchte oder zu tief ging.

»Brandenburg«-Klasse: Klasse erster deutscher Linienschiffe. Zu diesem ersten, 1895 in Dienst gestellten Linienschiffsgeschwader gehörten die Linienschiffe »BRANDENBURG«, »WEISSENBURG«, »WÖRTH« und »KURFÜRST FRIEDRICH WILHELM«. Die Schiffe hatten je etwa 10040 t Verdrängung und erreichten eine Durchschnittsgeschwindigkeit von 16 bis 17 kn. Jedes Linienschiff hatte als Hauptbewaffnung 6 Stück 28-cm-Geschütze in je 3 Türmen. Der Schiffskörper war erstmals aus S-M-Stahl hergestellt; Dicke des Panzergürtels 400 mm.

»BRAZILIAN«: mit der »SANTOS« und »RIO« eines der ersten Schiffe der Hamburg-Südamerikanischen Dampfschiffahrtsgesellschaft. Am 4. November 1871 gründeten 11 Hamburger Handelshäuser die »Hamburg-Südamerikanische Dampfschiffahrtgesellschaft Eggert & Amsink«, in der Folgezeit kurz HDSG oder auch Hamburg-Süd genannt, die 25 Tage später in das Handelsregister der Hansestadt eingetragen wurde. Das Anfangskapital betrug 1 ¼ Mill. Taler, der Taler zu 3 Mark. Die neue Reederei kaufte von der Hamburg-Brasilianischen Dampfschifffahrtsgesellschaft die Schiffe »BRAZILIAN« (1315 BRT), »SANTOS« (961 BRT) und »RIO« (1688 BRT) und begann mit monatlichen Abfahrten von Hamburg nach Rio, Bahia und Santos. Die »BRAZILIAN« fuhr mit 471 kW (640 PS) Durchschnittsgeschwindigkeiten von 10 ··· 11 kn. Ab 1872 erweiterte die Reederei ihre Linie nach Argentinien und bediente Rio Grando do Sul und den La Plata. Bald danach ließ die Hamburg-Süd in England 3 neue Dampfer bauen, die »ARGENTINIA«, »BUENOS AIRES« und »MONTEVIDEO«, jedes Schiff über 2000 BRT groß, mit mehr als 736 kW (1000 PS) Maschinenleistung. Im Mai 1873 lief auf der Reiherstieg-Werft in Hamburg die »VALPARAISO« für die Hamburg-Süd als das erste in Deutschland gebaute größere Dampfschiff von Stapel. Mit 2247 BRT und 1160 PS war sie zu ihrer Zeit das stärkste Schiff der Hamburg-Süd. Auch in der Folgezeit förderte die Hamburg-Süd im besonderen Maße den schiffstechnischen Fortschritt. So ließ sie 1886 den Dampfer »BAHIA« als eines der ersten Dampfschiffe mit einer Dreizylinder-Dampfmaschine bauen. Diese Reederei setzte ihre progressive Konzeption auch später fort und nahm u. a. schließlich 1927 die *»CAP ARCONA«* als eines der schönsten Schiffe seiner Zeit in Dienst.

Breitseitenschiff: bis in das 19. Jh. vom Segel-Linienschiff übernommene Bezeichnung für ein Kriegsschiff, bei dem die Kanonen oder Geschütze auf fast der ganzen Länge des Batteriedecks (siehe *Batterieschiff*) verteilt aufgestellt waren, um »Breitseiten« abfeuern zu können. Im letzten Viertel des 19. Jh. war das Breitseitenschiff mit dem Dampf-Kriegsschiff ohne zusätzliche Besegelung und weitreichende, schneller feuernde Geschütze technisch veraltet. Es folgte das *Kasemattschiff*, bei dem die in der Anzahl verminderten schweren Geschütze mittschiffs in gepanzerten Kasematten standen.

»BREMEN« (1): erster transatlantischer barkgetakelter Schraubendampfer und das Flaggschiff des Norddeutschen Lloyd, Bremen. Die am 20. Februar 1857 in Bremen durch Fusion von 3 Flußschiffahrtgesellschaften und einer »Asse-

Kombinierter Passagier- und Fracht-Doppelschraubendampfer »BREMEN« (10881 BRT) des Nordd. Lloyd 1922

Stapellauf des Norddeutschen Lloyd-Vierschrauben-Turbinenschnelldampfers »BREMEN« am 16. April 1928

kuranzanstalt für Oberweserschiffahrt« gegründete Transatlantikreederei »Norddeutscher Lloyd« erteilte der englischen Werft Caird & Co. in Greenock die Bauaufträge für den Bau der Schiffe »BREMEN« und »NEW YORK« und ließ außerdem bei Palmer-Brothers & Co. die »HUDSON« und »WESER« bauen. Die »BREMEN« und die anderen 3 Schiffe waren mit 97,5 m Länge und 11,8 m Breite sowie einer Verdrängung von 1378 Roggenlasten (etwa 2500 t Deplacement und 1710 BRT) relativ große Schiffe. Nach dem Vorbild der seinerzeitigen HAPAG-Dampfer wurden sie als Dreimastbarken getakelt. Die »BREMEN« konnte etwa 1000 t Ladung und die für die Kessel erforderlichen 850 t Kohle aufnehmen.

Für die insgesamt 643 Passagiere gab es 60 Kajütenplätze I. Klasse und 110 II. Klasse, der Rest waren Zwischendeckspassagiere. Die »BREMEN« eröffnete die Transatlantikfahrten des Norddeutschen Lloyd von Bremerhaven nach New York mit ihrer ersten Ausreise am Nachmittag des 19. Juni 1858 unter Kapitän H. Wessels mit 22 Kajüts- und 93 Zwischendeckspassagieren sowie 150 t Fracht und Briefpost. Die Hinfahrt dauerte 14 Tage und 13 Std. und die Rückreise 12 Tage und 5 Std.

In den USA fand die »BREMEN« mit ihrer großzügigen Decks-, Salons- und Kabinengestaltung allgemeine Anerkennung als eines der schönsten Dampfschiffe seiner Zeit. Im Januar 1859 hatte die »BREMEN« einen Kurbelwellenschaden, durch den das Schiff mehrere Monate die Fahrten unterbrechen mußte, danach fuhr sie weiter beim Norddeutschen Lloyd bis zum Verkauf 1874 an England.

»BREMEN« (3): Doppelschraubendampfer des Norddeutschen Lloyd für den kombinierten Passagier- und Frachttransport bis zur Indienststellung des Vierschrauben-Turbinenschnelldampfers *»BREMEN«* (4). Der beim Norddeutschen Lloyd vor dem ersten Weltkrieg als »PRINZESS IRENE« fahrende Dampfer mußte 1919 abgeliefert werden und führte unter amerikanischer Flagge den Namen »POCAHONTAS«. 1922 kam das Schiff wieder in Besitz des Norddeutschen Lloyd, wurde in »BREMEN« umbenannt und befuhr die Linie Bremen–New York, bis 1928 die neue *»BREMEN«* (4) in Dienst gestellt werden konnte. Sie erhielt danach den Namen »KARLSRUHE«.

Das Schiff hatte eine Länge über Alles von 166,0 m und war zwischen den Loten 160,0 m lang. Die Breite betrug 18,30 m und die Seitenhöhe 11,58 m. Bei einer Vermessung von 10881 BRT erfolgte nach dem Rückkauf ein Umbau der ehemaligen Kabinen I. und II. Klasse zu einer neuen Mittelklasse für 355 Passagiere und eine verbesserte Ausstattung der 520 Schlafplätze der III. Klasse. Die beiden Vierfach-Expansionsdampfmaschinen mit Massenausgleich (Patent Schlick) und Oberflächenkondensator hatten

Vierschrauben-Turbinenschnelldampfer »BREMEN« des Norddeutschen Lloyd 1930

eine Leistung von 6625 kW (9000 PSi) und gaben dem Schiff die 15 kn Geschwindigkeit.

»BREMEN« (4): Vierschrauben-Turbinenschnelldampfer des Norddeutschen Lloyd, Bremen, Schwesterschiff der *»EUROPA«*. Für das im Dezember 1926 der Deutschen Schiff- und Maschinenbau AG Weser in Bremen in Auftrag gegebene Schiff wurde am 15. Juni 1927 der Kiel gelegt. Der Stapellauf fand mit einer Taufrede des damaligen Reichspräsidenten Hindenburg am 16. April 1928 und die Probefahrt und Übernahme durch den Norddeutschen Lloyd am 5. Juli 1929 statt. Zur ersten Reise lief die vollbesetzte »BREMEN« am 16. Juli 1929 aus und überquerte mit einer Durchschnittsgeschwindigkeit von 27,83 kn den Nordatlantik in 4 Tagen, 17 Std. und 42 Min. Sie war damit 1,8 kn schneller als die britische »MAURETANIA« und hatte somit bereits auf der Jungfernfahrt das »Blaue Band« des Nordatlantiks westwärts errungen.
In den USA und in Deutschland fanden der mit der »BREMEN« errungene technische Fortschritt große Beachtung und Anerkennung. Die Rückreise dauerte 4 Tage, 14 Std. und 30 Min., so daß für die Atlantikfahrt ostwärts der neue Durchschnittsrekord von 27,91 kn erreicht war, als der Schnelldampfer am 2. August 1929 wieder am Columbuskai in Bremerhaven anlegte. Bis zum 16. November 1934 fuhr die »BREMEN« 100 Rundreisen Bremen–New York–Bremen und damit eine Seestrecke von 735000 Seemeilen, also das 34fache einer Erdumrundung, beförderte 232195 Fahrgäste und hatte insgesamt über 1 Mill. t Brennstoff (1019088 t) verbraucht. Nach der Fertigstellung übernahm die »EUROPA« 1930 das »Blaue Band«. 1933 machte die »BREMEN« noch eine Rekordfahrt von 28,51 kn, danach übernahm die italienische »REX« das »Blaue Band«.
Vom Ende der 1920er bis zur Mitte der 30er Jahre verkörperte die »BREMEN« den seinerzeit fortgeschrittensten Stand des großen Passagier-Turbinenschnelldampfers. Bei einer Länge über Alles von 286,10 m, der Länge zwischen den Loten 273,90 m, einer Breite von 31,10 m, Seitenhöhe bis Hauptdeck 16,40 m und 10,33 m Tiefgang war das Schiff mit 51656 BRT (später 51731 BRT) und 55600 t Wasserverdrängung vermessen. Für die Dienstgeschwindigkeit von 26,3 kn bis 27,8 kn bzw. einer Höchstgeschwindigkeit von 28,5 kn leisteten die aus 4 Turbinensätzen und 4 Propellern (jeder hatte eine Masse von 17 t) bestehende Antriebsanlage bei Dienstgeschwindigkeit 61820···71250 kW (84000···96800 WPS) und bei Höchstgeschwindigkeit 77280 kW (105000 WPS). 11 ölgefeuerte Doppelwasserrohrkessel und 9 Einfachwasserrohrkessel mit einer Heizfläche von insgesamt 17050 m^2 erzeugten die stündlich benötigte Dampfmenge von 500 t bei 23 atü (2,4 MPa) und 375 °C. Die 4 Kondensatoren wurden mit 320 t/h Kühlwasser gekühlt.
Die ursprünglich relativ niedrigen Schornsteine wurden 1933 auf die doppelte Höhe verlängert, um die Rußbelästigung auf dem Achterdeck zu vermindern. Die Bordstromversorgung wurde durch 3 Dieselgeneratoren mit einer Gesamtleistung von 450 kW vorgenommen, einer Leistung, die seinerzeit dem Energiebedarf einer europäischen Stadt von etwa 60000 Einwohnern entsprach. Zur Elektroausrüstung gehörten 420 Elektromotoren, 30000 Beleuchtungsquellen und 1000000 m Elektrokabel.

Schnelldampfer »BREMEN«, Speisesaal der Kajütenklasse

Das Schiff war für 2147 (später 2236) Passagiere und 990 (später 1013) Mann Besatzung ausgerüstet. In den ersten Jahren hatte die »BREMEN« noch ein Postflugzeug und eine Katapulteinrichtung an Bord, das etwa 1000 km vor der Ankunft gestartet werden konnte. In 4 bis 5 Std. legte das Flugzeug die Strecke zurück, so daß sich die Postbeförderung bis zu 2 Tagen verkürzte. Nachdem 1936 der transatlantische Flugverkehr aufgenommen wurde, konnte auf das Bordflugzeug und die Katapulteinrichtung verzichtet werden. Bis 1939 fuhr die »BREMEN« weiter im Liniendienst zwischen Bremerhaven und New York. Bei Ausbruch des zweiten Weltkriegs konnte das Schiff den sowjetischen Hafen Murmansk erreichen, in dem es bis Anfang Dezember 1939 blieb. Unter dem Schutz der Polarnacht kehrte es in den Heimathafen zurück und diente in Bremerhaven als Wohnschiff. Am 18. Februar 1941 brannte die »BREMEN« vollständig aus und wurde abgewrackt.

»BRENNUS«: französisches Linienschiff zum Ausgang des 19. Jh. Das 1891 von Stapel gelaufene Schiff hatte eine Länge zwischen den Loten von 114,2 m, eine größte Breite von 20,4 m und bei 8,0 m Konstruktionstiefgang eine Verdrängung von 11370 t. Die Besatzung war 660 Mann stark. Mit einer Maschinenleistung von 10300 kW (14000 PSi) erreichte das Schiff eine Geschwindigkeit von 17 kn. Der Kohlevorrat von 600 t (max. 800 t) reichte für eine Fahrt mit 10 kn für eine Strecke von 4000 Seemeilen. Die Bewaffnung bestand aus 3 Stück 34-cm-Geschützen sowie 10×16,4-cm-, 4×6,5-cm- und 14×4,7-cm-Schnellfeuer-Kanonen. Außerdem waren noch 17 »Maschinenkanonen« (kleineren Kalibers) sowie 4 Torpedorohre an Bord. Bei diesem Schiff wurde erstmalig im französischen Kriegsschiffbau für die Hauptartillerie ein Doppelturm verwendet. Der Gürtelpanzer war 45 cm dick, und das Deck war mit einer Panzerung zwischen 5 cm und 12 cm versehen.
Das Linienschiff »BRENNUS« war das letzte französische Schiff, das mit einer Galionsfigur, dem Kopf eines Gallierfürsten, versehen war.

»BRITANNIA«: erster hölzerner transatlantischer Seitenraddampfer, der für einen regelmäßigen monatlichen Postdienst zwischen Liverpool nach Halifax und Boston für die British and North American Royal Mail Steam Packet Co. – spätere Cunard-Linie – gebaut wurde. Es war das erste Schiff, welches direkt für den Posttransport zwischen Großbritannien und den Vereinigten Staaten von Amerika vorgesehen war.
Das Schiff hatte eine wechselvolle Geschichte. Zunächst fuhr es als Post- und Fahrgastbeförde-

Französisches Linienschiff »BRENNUS« 1891

rungsschiff bis zum Jahre 1848. Während dieser Zeit überquerte es den Atlantik 40mal in Überfahrten von 10 bis 15 Tagen. Mit der Bestleistung von 280 Seemeilen pro Tag wurde das Schiff zu dieser Zeit zum Träger des »Blauen Bandes«. Dann wurde die »BRITANNIA« am 19. März 1849 nach entsprechenden Umbauten und Verstärkungen für den Einbau von Geschützen vom Frankfurter Parlament für die deutsche Bundesflotte angekauft und unter dem Namen »BARBAROSSA« als Dampffregatte in Dienst gestellt. Als Flaggschiff dieser Bundesflotte nahm sie am 4. Juni 1849 an dem Gefecht vor Helgoland gegen die dänische Korvette »VALKYRIEN« teil, dem einzigen Gefechtseinsatz der Frankfurter Bundesflotte. Nach Auflösung der Bundesflotte wurde die »BARBAROSSA« am 5. April 1852 von der preußischen Marine übernommen. Das Schiff kam jedoch nach Ausbau der Maschine und Veränderung der Takelage nur noch als »nicht seegehendes Wachtschiff« zur Ausbildung und zur Winterunterbringung von Matrosen als Kasernenschiff zum Einsatz.

Die letzte Verwendung nach der 1880 erfolgten Streichung aus der Liste der Kriegsschiffe fand der Schiffskörper als Zielobjekt für scharfes Torpedoschießen. Der Hulk wurde dabei im Juli 1880 aus 4 km Entfernung durch Torpedotreffer versenkt.

Die Hauptdaten der »BRITANNIA« waren: L_{OA} 69,5 m; L_{pp} 63,0 m; Breite 10,8 m; Breite über Radkästen 17,05 m; Tiefe im Raum 6,87 m; Tiefgang 5,12 m. Die Vermessung betrug 1156 BRT und 619 NRT bei einer Verdrängung von 2080 t. Das Schiff hatte eine Besatzung von 89 Offizieren und Mannschaften und konnte 115 Fahrgäste befördern. Angetrieben wurde es durch eine Napier'sche Seitenbalanciermaschine von 297 kW (403 PS) mit 2 Zylindern von 1,83 m Durchmesser und 2,08 m Hub. 4 Kessel von insgesamt 250 m^2 Heizfläche mit einem Kohleverbrauch von etwa 37 t pro Tag lieferten den Dampf. Die Seitenräder hatten einen Durchmesser von 8,53 m und waren mit 21 feststehenden Blättern von 2,66 m Länge versehen. Bei 16 Umdrehungen pro Minute betrug die Geschwindigkeit etwa 8,5 kn. Die ursprüngliche Barktakelung wurde später auf Briggtakelung reduziert.

Brunnendeckschiff: siehe *Welldecker*

Brustwehr-Monitor: Vorläufer des *Panzerschiffes*. Der britische Chefkonstrukteur der Marine REED entwarf um 1870 Kriegsschiffe mit einer stark gepanzerten Brüstung und starker Gürtelpanzerung zum Schutz der Basis der Geschütztürme, der Niedergangsluken und der unteren Schornsteinbereiche, um die vor ihm von COLES und ERICSSON gebauten *Turmschiffe* weiter zu vervollkommnen. Der erste Brustwehr-Monitor »CERBERUS« leitete einen neuen Entwicklungsabschnitt des Panzerschiffes ein. Als nächstes wurden die großen *Schlachtschiffe »DEVASTATION«* und »THUNDERER« nach dem gleichen System gebaut.

Ein 1871 von der britischen Admiralität eingesetztes Komitee begutachtete das Konstruktionsprinzip und befürwortete es als richtungsweisend für die Schlachtschiffe der Folgezeit. Die neuen Schlachtschiffe waren gleichzeitig die ersten ohne Takelung, mit einem großen Kohlevorrat für längere Fahrten und einer für die damalige Zeit bei Kriegsschiffen hohen Geschwindigkeit von 14 kn.

Raddampfer »BRITANNIA« eröffnete 1840 den ersten regelmäßigen Nordatlantikdienst mit Dampfschiffen

»BUCKAU«: erstes *Rotorschiff* (Zweirotoren-Motorschiff) nach dem am 29. August 1923 von A. FLETTNER angemeldeten und am 4. November 1925 erteilten Patent: »Verfahren zur Erzeugung des Quertriebs an Quertriebskörpern, zum Beispiel an Segeln von Schiffen«. Die »BUKKAU« war wie die Schwesterschiffe »GAARDEN«, »DATTELN«, »HAMM« und »ANNEN« ursprünglich als Dreimast-Toppsegelschoner mit Diesel-Hilfsmotor von 118 kW (160 PS, anderen Angaben zufolge 220 PS) und Wendeschraube gebaut. Der Stapellauf erfolgte am 4. September 1920 und die Indienststellung bei der »Hanseatische Motorschiffahrts AG« Dönitz, Witt & Co. Hamburg, noch im Jahre 1920.

Das Schiff von 51 m Länge über Alles, 45 m zwischen den Loten, 8,99 m Breite und 3,84 m Tiefgang hatte eine Tragfähigkeit von 625 t DW und war mit 455 BRT vermessen. Es war für Fahrten in der Ost- und Nordsee sowie auf dem Rhein bis Duisburg vorgesehen, die 28 m hohen Maste waren deshalb umlegbar. Die Gesamtsegelfläche betrug 880 m^2 und die Masse der Takelage 35 t. Bei entsprechenden Windverhältnissen wurde eine Höchstgeschwindigkeit von etwa 7,5 kn erreicht.

Der Dreimast-Toppsegelschoner ging 1922 für den beabsichtigten Umbau zu einem Flettner-Starrsegelschoner an die Germania-Werft in Kiel. Das Vorhaben wurde dann jedoch zugunsten des Rotorantriebs verändert, und der Umbau wurde von August bis Oktober 1924 vorgenommen. Die 28 m hohen Klappmaste und die gesamte Takelage mußten entfernt und anstelle des Fock- und Besanmastes 13 m hohe verspannungslose Pivots für die Rotoren montiert werden. Die Rotoren hatten einen Durchmesser von

Das Flettner-Rotorschiff »BUCKAU« bei langsamer Fahrt in ruhiger See

2,80 m, eine Höhe von 15,6 m, eine Manteldicke von 1 mm Stahlblech, und beide Rotoren ergaben eine Gesamtprojektionsfläche von 87,4 m^2, das war etwa 1/10 der ursprünglichen Segelfläche, bei einer Masse von 7 t. Als Antrieb für die Rotoren bzw. den Propeller diente ein Dieselmotor mit Generator von 33 kW (45 PS). Die Rotoren wurden jeweils durch einen über Deck im Innern der Pivots angeordneten drehrichtungsumkehrbaren 220 V Gleichstrommotor von 11 kW bei 750 U/min angetrieben, die von der Kommandobrücke ein- und ausschaltbar, drehzahl- und drehrichtungsänderbar waren. Die Fernsteuerung des gesamten Antriebs von der Brücke ermöglichte, die Besatzungsstärke auf 10 Personen zu reduzieren. Die Versuchsfahrten auf der Kieler Fjörde im Winter 1924/25 zeigten die Vorzüge des Rotorschiffs; mit den Rotoren fuhr die »BUCKAU« 7,8 kn und mit Rotoren und Propeller 9,6 kn. Das Schiff zeigte außerdem bedeutend verbesserte Manövriereigenschaften, konnte unter kleinerem Winkel, d. h. höher am Wind fahren, die Geschwindigkeit durch veränderte Rotordrehzahlen fernbedient regeln und durch Drehrichtungsänderung auch »Rückwärtssegeln«. Auch die Seefähigkeit bei schlechtem Wetter war infolge der verminderten Takelage, der geringeren Masse und des niedrigen Kraftangriffs besser.
Im Februar 1925 ging die »BUCKAU« mit einer Holzladung von Danzig nach Grangemouth in Schottland und kam in schweres Wetter. Sie bewährte sich auch auf dieser leider einzigen europäischen Frachtfahrt und erreichte nach 4 Tagen ihr Ziel. Danach charterte der Stralsunder Reeder K. Frenck aus Altefähr im Sommer 1925 das Schiff für eine Ostsee-Werberundfahrt, zu der der Laderaum zu einer Gaststätte mit Tanzbar umgerüstet wurde. Auf der Ostseefahrt wurden Stralsund, Greifswald-Wieck, Warnemünde, Rostock, Travemünde, Saßnitz, Stettin und Stockholm angelaufen.
Am 31. März 1926 kam die »BUCKAU« in den Besitz der neugegründeten »Flettnergesellschaft«. Sie wurde in »BADEN-BADEN« umbenannt und ging am gleichen Tag nach New York in See. Nach einem Zwischenaufenthalt zur Maschinenreparatur in Las Palmas war am 9. Mai 1926 die Ankunft in New York. Während einer Besichtigungszeit von 2 Wochen erregte der neuartige Schiffsantrieb Aufmerksamkeit.
Ende Mai 1926 ging das Schiff zur Weltausstellung nach Philadelphia. Im September 1928 erwarb die Reederei »CAPE-Navigation-Corporation« das Schiff. Während einer Reise in südamerikanischen Gewässern wurde einer der Rotoren durch Blitzeinschlag beschädigt. Danach ging es in Besitz zweier Deutsch-Amerikaner über, die die Rotoren entfernten und es wieder als Segler mit Hilfsmotor in Betrieb setzten.
Ab Oktober 1929 wurde die zuletzt in Panama beheimatete »BADEN-BADEN«, ex »BUKKAU«, nach Costarica verkauft. Das Schiff soll 1934 in einem Sturm vor dem berüchtigten Cap Hatteras verloren gegangen sein.

Bugsier- und Hafenschlepper: Schlepper mit begrenztem Fahrtbereich und starker Antriebsanlage (bis etwa 2200 kW) zum Schleppen von Wasserfahrzeugen. Der Einsatz dient zum Einschleppen großer Seeschiffe in enge Fahrwasser

Bugsierschlepper im Wendebecken

wie Flußmündungen und Hafenbecken, zum Verholen (Bugsieren) innerhalb der Häfen, zum Verholen von Schiffen nach dem Stapellauf oder zum Ein-und Ausdocken bzw. Verholen an Ausrüstungskais.
Die meisten Schlepper haben einen Schraubenantrieb mit Verstellpropeller und Ruderdüse bzw. Schottel-Schwenkantriebe. Schlepper mit Voith-Schneider-Propeller sind als *»Wassertrekker«* bekannt. Vereinzelt sind sie auch mit Wasser- oder Schaumwerfern zur Bekämpfung von Schiffs- und Hafenbränden ausgerüstet. Hafenschlepper und Bugsierer, bei deren Arbeit häufig ein Schrägzug oder Querzug auftritt, der die

Keilförmiger Bugwulst an einem Mehrzweckfrachtschiff des VEB Schiffswerft »Neptun«, Rostock

Zylindrischer Bugwulst am Schnellfrachter »KARL MARX« des VEB Warnowwerft, Warnemünde

Steuerfähigkeit beeinträchtigt und die Gefahr des Kenterns hervorruft, werden meistens mit einem Radial-Schleppgeschirr ausgerüstet. Dabei ist der Schlepphaken an einem langen Schwenkarm befestigt, der auf halbkreisförmigen Schienen gleitet, so daß der Kraftangriffspunkt bei allen Hakenstellungen gleich ist. Die Schlepptrosse liegt achtern auf einem die ganze Schiffsbreite überspannenden sog. »Schlierbügel«, dessen Seitenteile losnehmbar sind, um bei der Fahrt ohne Anhang die Decksarbeiten nicht zu behindern.

Bugsier- und Schubschiff: siehe *Schubschiff*

Bugwulstschiff: Schiff mit einem wulstartig verdickten Vorsteven (engl. bulb). Die ersten Bugwulstschiffe wurden durch R. E. FROUDE Ende des 19. Jh. und D. W. TAYLOR Anfang des 20. Jh. entwickelt, getestet und gebaut. Als antikes Vorbild kann der Rammsporn gelten, der über die Mitte des 19. Jh. bei Kriegsschiffen beibehalten wurde. Zu Froude's und Taylor's Zeiten war jedoch die Theorie und Meßtechnik zur Schiffsumströmung noch nicht so weit entwickelt, um für die verschiedenen Schiffstypen, Völligkeiten, Schiffsformen und Geschwindigkeiten sowie Tiefgänge die günstigsten Wulstgrößen, Wulstquerschnitte und Anordnungen am Vorschiff vorausbestimmen zu können. Bis etwa 1960 wurden daher Bugwulstschiffe nicht allgemein sondern hauptsächlich bei schnellen Kriegsschiffen und einigen schnellen Frachtschiffen verwendet, um den Wellenwiderstand dieser Schiffe zu vermindern.
Unter anderem wurden die großen Schnelldampfer des Norddeutschen Lloyd wie die 1928 erbaute »*BREMEN*« mit einem noch nicht vor dem Vorsteven hervorragenden sog. Y-Wulst gebaut. Kleinere Bugwulstschiffe blieben eine Ausnahme, wie die ebenfalls mit einem Y-Wulst 1935 erbaute »*IRIS*«.
Mit dem Bau von völligen Großschiffen, wie *Tanker* und *Bulker*, wurden die Vorzüge des Bugwulstes allgemein erkannt. Bei einem ausreichenden Querschnitt am vorderen Lot bis zu 10% der Hauptspantquerschnittsfläche, der günstigsten Tieflage und Form sowie einem etwa 2···4% der Schiffslänge vorragenden Wulst erzeugt der Bugwulst ein vorgelagertes Druckfeld und leitet die Vorschiffsumströmung derart ein, daß die Bugwellenhöhe vermindert und das Vorschiff günstiger umströmt wird. Bei gut gestalteten Bugwulstschiffen kann gegenüber guten wulstlosen Schiffen der Widerstand um 10% und mehr vermindert werden.

Bulker, *Bulkcarrier, Schüttgutschiff, Massenschüttgutschiff:* Trockenfrachtschiff für den Transport unverpackter schüttfähiger Massengüter, wie Erze, Kohlen, Getreide, Industriesalze, Düngemittel, Baustoffe, Chemikalien u. a. Rohstoffe (engl. bulk, lose Ladung; carrier, Beförderer; im nd. bulke, Schütte). Wegen der möglichst geringen Frachtkosten solcher Massengüter dürfen Bulker nur niedrige Bau- und Betriebskosten haben. Die Anpassung der Schiffsgrößen und der Umschlagleistungen an die jeweiligen Transportrelationen ist deshalb besonders wichtig.
Die anfangs für die »Großen Seen« Nordamerikas entwickelten Spezial-Erzbulker erreichten mit Hilfe von Erzschüttanlagen bereits Beladungsrekorde. So übernahm der Bulkdampfer »D. G. KERR« 12508 t Erz in 16 1/2 Min. Bei der Kohlverschiffung entlud einer der ersten Kohle-Bulker, die »LEONHARD C. HANNA« innerhalb von 8 Std. seine Ladung von 10073 t.
In den jüngsten Jahrzehnten wurden moderne Bulker von etwa 20000 bis über 200000 t Tragfähigkeit zu den größten Frachtschiffstypen neben den Tankern entwickelt. Die Dienstgeschwindigkeit dieser Bulker entspricht etwa der von Tankern und liegt im Bereich von 12···16 kn um mehrere Knoten unter der Dienstgeschwindigkeit des *Stückgutfrachtschiffes*. Durch die geringere Geschwindigkeit und die für den Einsatzzweck maximale Schiffsgröße können die Schiffe im Vergleich zu den Hauptabmessungen schnellerer Schiffstypen für eine höhere Tragfähigkeit völliger gebaut werden. Da die Mehrzahl aller schüttfähigen Massengüter im Vergleich zu Stückgütern ein geringeres Staumaß (m^3/t) und keine besonderen Begrenzungen in der Stauhöhe aufweisen, ist bei Bulkern mit voller Beladung insbesondere die Tragfähigkeit voll ausgenutzt, während bei Stückgütern die Raum- bzw. Stellflächenausnutzung entscheidend ist. Übliche Staumaße häufiger Massengüter sind: Chromerze 0,28···0,34 m^3/t; Eisenerze 0,34 bis 0,51 m^3/t; Manganerze 0,51···0,70 m^3/t; Bauxit 0,90···1,27 m^3/t; Getreide 1,20···1,35 m^3/t; Kohle 1,27···1,40 m^3/t.
Für die Hauptarten von Schüttgütern sind deshalb die Laderäume in der Höhe nicht durch Zwischendecks unterteilt, so daß Bulker Eindeckschiffe sind, die die gesamte Ladung auf dem Doppelboden fahren. Durch eine größere Anzahl von Querschotten sowie Seiten- und Hochtanks für Ballastwasser neben und zwischen den Laderäumen ist das Seegangsverhalten des vollbeladenen bzw. des in Ballast fahrenden Schiffes beeinflußbar. Aus Festigkeitsgründen, zur Aufnahme von Ballastwasser bei Leerfahrten und zur »selbsttrimmenden« Restentladung sind größere Doppelbodenhöhen erforderlich. Der Doppelboden wird außerdem für den Krangreiferbe-

Ore Carrier SS »VENORE« mit Mittschiffsbrücke, Baujahr 1945, Länge 170 m; Breite 23,8 m; Tiefgang 13,3 m

72030-t DW-Bulker »HAESS PARKGATE«, Baujahr 1967

trieb besonders ausgesteift und hat schräg zu den Bordwänden und zu den Querschotten ansteigende Bodentanks zum selbsttätigen Nachrutschen der Ladung aus dem Unterstaubereich in den Arbeitsbereich des Greifers. In Längsrichtung des Schiffes ist der Ladungsbereich der einzelnen Bulkertypen durch wasserdichte Querschotte derart in Laderäume unterschiedlicher Länge unterteilt, daß durch eine »alternierende« Beladung, d.h. abwechselnd volle und leere Laderäume, die Ladungsmassen so verteilbar sind, daß keine zu großen Längsbiegemomente aus einer örtlichen Massenkonzentration auftreten. Eine Verteilung der Ladung auf alle Laderäume würde bei Schüttgütern mit freier Oberfläche das Übergehen durch Ladungsverschiebung und eine geringere Höhe des Ladungs-Massenmittelpunkts zur Folge haben.
Um bei den voll beladenen Laderäumen das Übergehen von Ladung zu begrenzen, wird die freie Oberfläche durch schräge Hochtanks, sog. »Toppseitentanks«, verringert. Bulker benötigen in der Regel keine bordeigenen Umschlagausrüstungen, da sie bei ausreichend großen Luken durch leistungsfähige hafengebundene Schütt- und Entladeanlagen zur Vermeidung längerer Hafenliegezeiten ähnlich wie Tanker in wenigen Stunden be- und entladen werden. Dabei werden i.allg. bei Beladungen Größen bis zu 15000 t/h und bei Entladungen bis zu 7000 t/h erreicht. Bordeigene Umschlagausrüstungen mit längsverfahrbaren Portal-Greifkranen, Förderbrücken oder Bord-Wippdrehkranen zwischen den Luken bzw. Förderbändern in den Laderäumen werden nur für einige Umschlagplätze benötigt.
Hinsichtlich der Größe und Ladungsmenge werden Bulker unterschieden in Klein-Bulker bis etwa 25000 t Tragfähigkeit für begrenzte Wassertiefen; Mittel-Bulker bis etwa 80000 t Tragfähigkeit für die weltweite Fahrt durch den Suez- und Panama-Kanal und Groß-Bulker bis zu 350000 t Tragfähigkeit für unbegrenzte Fahrt und Hafenverhältnisse ohne Breiten-Tiefgangs-Begrenzungen. Nach der Ladungsuniversalität gibt es Universal-Bulker für die wahlweise Ladung der unterschiedlichsten Schüttgüter (Erz, Getreide, Rohzucker), Mehrladungs-Bulker für die wahlweise Ladung mehrerer ausgewählter ähnlicher Schüttgüter (Erz, Zement, . . .) und Einladungs-Bulker mit spezieller Auslegung für eine Gutart (Erz, Zement, schüttbare Holzrohstoffe für die Papier- und Zelluloseindustrie, . . .).
Die Ökonomie der verschiedenen Bulkertypen für den aussschließlichen Transport von schüttfähigen Ladungen wird in den meisten Fahrtrelationen dadurch beeinträchtigt, daß Schüttgüter i.allg. nur in einer Fahrtrichtung zu befördern sind, und somit in der anderen Fahrtrichtung eine Leerfahrt nötig ist. Es entstand deshalb eine Vielzahl von kombinierten Massengutschiffen, die auch Stückgüter und Flüssigladungen befördern können. Zu solchen Kombinierten Bulkern gehören Ore/Oil-Carrier für Erz und Öl; MBO-Carrier (Multibulk-Ore) für Multischüttgut-Erz; OBC-Carrier (Ore-Bulk-Container) für Erz-Schüttgut-Container. Zur Ausnutzung des Schiffraums in beide Fahrtrichtungen werden bei vorhandenem Ladungsangebot auch Bulker mit sog. »Hängedecks« in den Laderäumen für den Transport von Kraftfahrzeugen ausgerüstet. Bei der Schüttgutfahrt befinden sich die Hängedecks in hochgezogener Lage unter dem Hauptdeck.
Als ersten Bulkertyp gab es den Erzfrachter, dessen Prototyp um 1882 für die Fahrt auf den Großen Seen in Nordamerika und für das aus skandinavischen Häfen in Europa zu verschiffende Erz entstand. Der Anteil der Bulker an der Weltflotte blieb aber bis zur Mitte dieses Jahrhunderts relativ klein und erreichte z.B. 1955 erst etwa 1,8 Mill. t Tragfähigkeit. Mit der Steigerung der Schüttguttransporte über See, dem Ausbau der Binnenwasserstraßen, dem Anstieg der Energiekosten und der Ausnutzung der Vorzüge dieser Schiffsgruppe gab es 1972 bereits eine Welt-Bulkerflotte von 2596 Schiffen mit insgesamt 90,1 Mill. t Tragfähigkeit. Der Anteil an der Tragfähigkeit der gesamten Welthandelsflotte betrug damit 22%. Von den Bulkern waren 1253 Klein-Bulker von 10000···25000 t DW, 1182 Mittel-Bulker von 25000···80000 t DW, 159 Groß-Bulker von 80000···200000 t DW und 2 Super-Bulker mit je über 200000 tDW Tragfähigkeit.
Bis 1985 vergrößerte sich die Welt-Bulkerflotte auf 4856 Schiffe mit insgesamt 187,8 Mill. t Tragfähigkeit. Die Entwicklung der Bulker und Kombinationstypen verläuft weiter progressiv mit einem steigenden Anteil an der Weltflotte.

282450-t DW-Erz-Öl-Bulker/Tanker »SVEALLAND« (1973), L_{OA} 338,2 m; B 54,6 m; T 21,7 m; 30170 kW, 16 kn

Bunkerboot: kleineres Hafen- und Reedefahrzeug zur Schiffsversorgung mit pumpfähigen Vorräten. Die auf Reede oder an Hafenumschlagplätzen liegenden Schiffe brauchen nicht zur Wasser-, Treib- und Schmierölübernahme an gesonderte Liegeplätze verholt werden. Das Bunkerboot pumpt die benötigten Flüssigkeiten über flexible Verbindungen durch die schiffseigenen Übernahmestationen in die Schiffsbunker.

Butan-Tanker: Spezial-*Flüssiggastanker* zur Beförderung von verflüssigtem Butangas. Hauptkennzeichen sind die in größerer Zahl teilweise über Deck sichtbaren wärmeisolierten kugelförmigen Druckbehälter. Im Unterschied zu einigen anderen Flüssiggasen wird Butan nicht bei atmosphärischem Druck, sondern bei einem Überdruck um 1,8 MPa (18 kp/cm^2) und einer Temperatur von − 45°C transportiert. In einem der ersten Butan-Tanker, dem französischen Schiff »GALILEO«, konnten in 14 kugelförmigen Drucktanks insgesamt 1000 t Flüssigbutan und in weiteren Tanks 440 t Flugbenzin geladen werden.

C

Cable Layer: siehe *Kabelleger*

Cadet Trainingship: siehe *Schulschiff*

Caisson, *Schwimmcaisson:* schwimmfähiger, flut- und lenzbarer Ponton aus Stahl oder Ponton mit oder ohne Eigenantrieb durch Unterwasser-Elektromotoren, ähnlich dem ursprünglichen unten oder seitlich offenen Caisson (frz. für Senkkasten) für Unterwasserarbeiten, der nach dem wasserdichten Absetzen auf dem Untergrund oder an beschädigten Seitenwänden gelenzt wurde.
Der Schwimmcaisson als allseitig geschlossener Ponton wird im Schlepp oder mit Eigenantrieb i.allg. leer an den Einsatzort gebracht und entsprechend Verwendungszweck und Ausrüstung voll oder teilweise, ständig oder zeitweilig abgesenkt. Er dient als Unterkonstruktion für Wasserbauten, Bohrinseln, Landungsbrücken (z.B. bei

der Landung der Alliierten Verbände 1944 in der Normandie) oder schwimmende Kais bzw. abgesenkte Schleusen oder auch als Hebeponton bei Schiffsbergungen oder als Unterwassertank für Erdöl oder Treibstoffe.

»CALEDONIA«: Dampf-Versuchsschiff von J. WATT. Die »CALEDONIA« hatte eine Dampfmaschine von 36,8 kW (50 PS) und Schaufelräder. J. WATT fuhr 1817 mit dem Schiff über den Ärmelkanal in die Schelde und Maas und auf dem Rhein bis nach Koblenz bzw. Ruhrort. Die Fahrt verlief nicht befriedigend, so daß er sein Vorhaben vorerst noch nicht verwirklichen konnte, die Dampfschiffahrt auf dem Rhein einzuführen. Auf der Fahrt mußte ein beschädigtes Balancier seiner Dampfmaschine repariert werden. Die Reparatur führte die Gutehoffnungshütte in Sterkrade aus, ein Zweigbetrieb der »Hüttengewerkschaft und Handlung Jacobi, Haniel & Huyssen«, wie sich das Unternehmen seit 1808 nannte.

Die »CALEDONIA«, Dampf-Versuchsschiff von JAMES WATT 1817

CAM-Ship (**C**atapult **A**ircraft **M**erchantman): mit Katapult und Flugzeug während des zweiten Weltkriegs ausgerüstetes Handelsschiff der Alliierten zur U-Boot- und Flugzeugabwehr. Als erstes von mehr als 50 Schiffen lief am 31. Mai 1941 die »EMPIRE RAINBOW« (6942 BRT) von Stapel. Ausgerüstet mit einem Bordflugzeug kam sie ab 1. November 1941 zum Einsatz. Die mit Hilfe des Katapults abgeschossenen Flugzeuge konnten nicht auf dem Trägerschiff landen. Nach dem Einsatz mußten sie einen Flugplatz erreichen, oder der Pilot versuchte sich durch Absprung zu retten.

Canal Ship, Channel Ferry, *Kanalschiff:* Kurzstreckenschiff für Personen, Straßen- und Schienenfahrzeuge und allgemeine Ladungen über den englischen Kanal zwischen Dover und Calais. Als erstes maschinenangetriebenes Kanalschiff gilt das Dampfschiff *»ELISE«*, das 1816 die erste Kanalüberfahrt unter Dampf machte. Dem ständig steigenden Verkehr zwischen dem Inselreich Großbritannien und dem Festland entsprechend, entstanden im 19. und 20. Jh. eine Vielzahl von Kanal-Schiffstypen.
Ein ungewöhnliches Schiff, die »CALAIS-DOUVRES« wurde u. a. als Katamaranschiff von 1924 t Deplacement 1877 auf der Werft Hawthorn Leslie & Co. in Newcastle für die English Channel S. S. Co. gebaut. Das Schiff hatte in den Rümpfen die Kessel und die Compoundmaschinen von je 250 PS (180 kW) und 4 Schornsteine. Es war um 87 m lang, 18 m breit und ging etwa 4,3 m tief.
Seit längerer Zeit gibt es Projekte für Kanalbrükken und Kanaltunnels. Erst 1987 konnte jedoch

Schleusencaissons werden an den Einsatzort geschleppt

gemeinsam durch Großbritannien und Frankreich der Bau eines Eisenbahntunnels in Angriff genommen werden.

»CAP ARCONA«: zweites Fahrgast- und Frachtschiff der »Cap«-Klasse. Der Doppelschrauben-Schnelldampfer »CAP ARCONA« wurde 1926 von der »Hamburg-Südamerikanischen Dampfschiffahrtsgesellschaft« bei Blohm & Voss in Auftrag gegeben. Am 14. Mai 1927 war Stapellauf des neuen Reedereiflaggschiffes und im November 1927 die Indienststellung. Das Schiff war für 15tägige Überfahrten von max. 1434 Fahrgästen projektiert. Kennzeichen des Schiffes waren die für tropisches Gebiet vorteilhafte Anordnung hoher und luftiger Speiseräume nicht unter Deck, sondern auf dem Bootsdeck und der entsprechend den geringen Fahrwassertiefen des La-Plata-Flusses relativ geringe Tiefgang. Im In- und Ausland wurde die »CAP ARCONA« als das schönste Schiff seiner Zeit gefeiert. Infolge der Tiefgangsbeschränkung wurden folgende Hauptparameter gewählt: Länge über Alles 205,90 m, Länge zwischen den Loten 195,00 m, Breite 25,70 m, maximaler Tiefgang 8,67 m, Seitenhöhe 16,90 m. Das Verhältnis Breite zu Tiefgang hatte somit den bei anderen Schiffen nicht üblichen Wert von 3,0. Zwei 4stufige Turbinenanlagen leisteten 17650 kW (24000 PS), mit denen das Schiff eine Geschwindigkeit von 20 kn erreichte. Das Schiff hatte bei 27561 BRT eine Tragfähigkeit von 11500 t.
In den ersten Betriebsjahren 1928/1929 war die »CAP ARCONA« maßgeblich an den von der Reederei nach Südamerika verschifften 60000 Auswanderern beteiligt. Danach während der Weltwirtschaftskrise und der faschistischen Aufrüstung Deutschlands wurde es schwieriger, das Schiff rentabel einzusetzen. Schließlich gab es 1939 vor dem Beginn des zweiten Weltkriegs

Doppelschrauben-Schnelldampfer »CAP ARCONA«, Baujahr 1927, Vermessung 27561 BRT

noch eine Sonderfahrt. Nach nahezu 100 glücklichen Reisen auf der Südamerikaroute wurde die »CAP ARCONA« nach Gdingen (Gotenhafen) verlegt, um es den Luftangriffen zu entziehen und als Wohnschiff der Kriegsmarine zu verwenden.
In den letzten Wochen des zweiten Weltkriegs wurde die »CAP ARCONA« sowie der Schnelldampfer »DEUTSCHLAND« und die beiden Frachtdampfer »ATHEN« und »THIELBECK« in die Lübecker Bucht beordert, in der Hitlernachfolger Dönitz die Reste der Kriegsmarine zusammengezogen hatte. In den letzten Kriegstagen ereignete sich hier eine ungeheure Tragödie. Um die Beweise ihrer schweren Verbrechen in den Konzentrationslagern in letzter Minute zu beseitigen, hatten die Faschisten die noch in ihrem Machtbereich befindlichen KZ-Insassen, insbesondere aus dem KZ Neuengamme bei Hamburg, nach Schleswig Holstein getrieben. Die Transportschiffe sollten dann mit ihrer lebenden Fracht in der Ostsee versenkt werden. Am Abend des 28. April 1945 waren etwa 4600 Häftlinge an Bord gebracht, unter Deck eingeschlossen und durch etwa 500 Mann bewacht. Für die Häftlinge gab es weder Trinkwasser noch Verpflegung. Täglich starben 15 bis 30 Menschen, die an Deck gestapelt werden mußten. Nach der Einnahme Lübecks verließ der Rest der Kriegsflotte bis auf einige Wachfahrzeuge die Lübecker Bucht. Am 3. Mai 1945 gegen 14.30 Uhr erfolgte ein Angriff britischer Jagdbomber. Die »CAP ARCONA« wurde von mehreren Bomben getroffen und geriet in Brand. Erstickender Rauch und Hitze breiteten sich aus. Lebenden Fackeln gleich irrten die Häftlinge auf der Suche nach Ausgängen durch das brennende Schiff. Im Haupttreppenhaus stürzte die brennende Decke herab.
Die wenigen endlich nach außen gelangten Gefangenen kamen an Deck in direkten Beschuß der Jagdbomber. Gegen 15.30 Uhr kenterte das Schiff in der relativ flachen Neustädter Bucht. Das unvorstellbare Ende überlebten weniger als 350 Menschen.

Die »CAP POLONIO« der Hamburg-Süd im Hamburger Hafen

Luxusappartement auf der »CAP POLONIO«

»CAP POLONIO«: ein erster Dreischraubendampfer der Bauwerft Blohm & Voss, ein Fahrgast- und Frachtdampfer der Hamburg-Südamerikanischen Dampfschiffahrts-Gesellschaft. Das Schiff erhielt einen seinerzeit ungewöhnlichen Antrieb. Die beiden Außenpropeller wurden von Kolbendampfmaschinen und der Mittelpropeller von einer Abdampfturbine angetrieben. Der Stapellauf erfolgte am 25. März 1914 und die Fertigstellung 1916. Nach Kriegsschluß wurde die »CAP POLONIO« auf die Reparationsliste gesetzt und fuhr unter britischer Flagge als Truppentransportschiff, später für Ferienreisen auf der Indienroute via Kapstadt. Das Schiff lief trotz verschiedener Versuche während dieser Zeit nur etwa 12 kn, obgleich vorher 16 kn erreicht worden waren. Die Antriebs- und Propulsionsprobleme mögen ein Grund dafür gewesen sein, daß das Schiff bereits 1921 zurückgekauft werden konnte. Nach einigen Monaten Werftliegezeit wurde die »CAP POLONIO« ihrer ursprünglichen Bestimmung entsprechend auf der Südamerika-Route nach dem La Plata eingesetzt. Nach der Überholung leistete die Maschinenanlage 13 138 kW (17 850 PS), mit dem das Dreischraubenschiff 18 kn Geschwindigkeit erreichte.
Die *Hauptdaten* waren: 20 572 BRT, 1565 Fahrgäste, Lpp 193,77 m, B 21,95 m, B_{max} 24,35 m, D 13,34 m. Von den Passagieren konnten 220 in der I. Klasse und 250 in der II. Klasse reisen. Für die Frachtbeförderung hatte das Schiff 1943 m^3 Frachtraum bei einer Tragfähigkeit von 8250 t DW. Das architektonisch schöne, seinerzeit luxuriöseste und zeitweilig größte deutsche Schiff erlebte auf dieser späten Jungfernfahrt begeisterte Ovationen. Nach vielen erfolgreichen Südamerikafahrten wurde das Schiff 1935 abgewrackt.

»CAPTAIN«: erste Panzerfregatte mit gepanzerten drehbaren Geschütztürmen. Als sechstes Schiff dieses Namens in der englischen Marine war die »CAPTAIN« das erste Kriegsschiff, das im Unterschied zur vorhergehenden Bestückung mit einer großen Zahl von Geschützen in Geschützbatterien, mit wenigen schweren Geschützen – nur vier 30,5-cm-Kanonen in 2 drehbaren gepanzerten Türmen – gebaut wurde. Die beiden 23-cm-Kanonen im Bug und die 18-cm-Kanone im Heck waren dagegen nicht drehbar. Die grundlegende Idee der Geschützaufstellung in drehbaren gepanzerten Türmen hat sich in der Folgezeit bei den Kriegsschiffen aller Nationen durchgesetzt. Captain C. P. COLES hatte den Entwurf des Schiffs für einen Dampfantrieb und volle Besegelung mit 2416 m^2 Segelfläche an 3 Masten wegen der seinerzeit noch nicht ständig gewährleisteten Zuverlässigkeit der Antriebsmaschinen der Admiralität 1866 eingereicht. Ein weiterer Grund für die volle Besegelung war die vorgesehene Verwendung auch als Hochseemonitor, da sonst diese Schiffe nur als ausgesprochene Küstenverteidiger dienten. Durch die Dreibein-Untermaste konnte der Feuerwinkel der Geschütze vergrößert werden. Dreibeinmaste wurden für die späteren Großkampfschiffe richtungsweisend.
Trotz mancher Einwände, insbesondere zur Stabilität und zum Seeverhalten infolge des vorge-

sehenen Freibords von nur 2,44 m, wurde das Schiff gebaut. Nach Fertigstellung ergab sich gegenüber den ursprünglichen Berechnungen außerdem noch eine Mehrmasse von 800 t und ein Deplacement von 7769 t. Dieser zu geringe Freibord wurde dem Schiff zum Verhängnis. Eine einfallende Bö brachte das unter vollen Segeln fahrende Schiff in der Nacht des 7. September 1870 zum Kentern. Die »CAPTAIN« sank mit nahezu der gesamten Besatzung und dem an Bord befindlichen Konstrukteur, es gab 473 Tote.

»CAPTAIN«, 1869 die erste Panzerfregatte mit gepanzerten drehbaren Geschütztürmen von Captain C. P. COLES

»CAP TRAFALGAR«: einer der im ersten Weltkrieg 1914 als Hilfskreuzer eingesetzten Doppelschrauben-Schnelldampfer. Das 1913 als Fahrgast- und Frachtschiff der Hamburg-Südamerikanischen Dampfschiffahrts-Gesellschaft erbaute Schiff befand sich Mitte August 1914 in Buenos Aires. Zur Ergänzung der Vorräte lief das Schiff nach Montevideo. Die Ausrüstung und Indienststellung als Hilfskreuzer mit einer Bewaffnung von zwei 10,5-cm- und sechs 3,7-cm-Geschützen erfolgte Ende August durch das Kanonenboot »EBER« bei der Insel Trinidad. Bei einer ergänzenden Kohlenübernahme wurde das Schiff durch den englischen Hilfskreuzer »CARMANIA« versenkt, der mit acht 12-cm-Geschützen bestückt war.
Die »CAP TRAFALGAR« war 179,8 m lang, 21,9 m breit, hatte eine Verdrängung von 23640 t und war mit 18710 BRT bzw. 9854 NRT vermessen. Der Dreischrauben-Schnelldampfer lief bei voller Fahrt 18 kn.

Car Ferry: ursprünglich einfache pontonähnliche Flöße, Boote und Schiffe zum Übersetzen von Landfahrzeugen über Flußläufe oder Meeresengen. Mit der Zunahme des rollenden Verkehrs auf Straße und Schiene entstanden zunächst in Britannien erste spezielle Autofährschiffe (siehe *Fährschiff* und *Autotransportschiff*) sowie *Eisenbahnfährschiffe*.

Cargo Ship, *Cargo Vessel:* Sammelbezeichnung für alle Typen von Handelsfrachtschiffen für die verschiedenen festen, schüttfähigen und pumpfähigen Seetransportgüter; siehe *Frachtschiff*.

»CARL«: kleiner deutscher Frachtdampfer, 1883 in Kiel für die Kieler Reederei Sartori & Berger gebaut. Der 270,35 BRT (166,24 NRT) große Frachtdampfer war 38,46 m lang, 6,44 m breit und hatte 3,73 m Tiefgang. Die Besatzung bestand aus 10 Mann. Die Zweifach-Expansionsmaschine (Compoundmaschine) leistete 73,6 kW (100 PSi) und gab dem Dampfer eine Geschwindigkeit von 8 kn. Zur Unterstützung der Maschine hatte die »CARL« noch eine Segelausrüstung.

»CARL ALBERT«: deutscher Frachtdampfer, 1891 von einer englischen Werft in South Shields für den Eigner William Sprenger in Stettin (Szczecin) erbaut. Das Zeichen »S« am Schornstein bezieht sich auf den Eigner Sprenger. Das mit 1704,46 BRT (1060,67 NRT) vermessene Schiff war 78,63 m lang, 11,16 m breit und fuhr

Doppelschrauben-Schnelldampfer »CAP TRAFALGAR« der Hamburg-Süd 1913

mit 5,11 m Tiefgang. Die Besatzung bestand aus 18 Mann. Eine Dreifach-Expansionsmaschine mit einer Leistung von 662 kW (900 PSi) gab dem Schiff eine Geschwindigkeit von 9 kn.

»CARNOT«: französisches Panzerschiff Ende des 19. Jh. Das mit einer Länge zwischen den Loten von 116,5 m, 21,5 m Breite, 8,3 m Konstruktionstiefgang und 12146 t Verdrängung gebaute Schiff lief 1894 von Stapel. Die Höchstgeschwindigkeit betrug 17,9 kn bei einer Maschinenleistung von 12020 kW (16340 PSi). Bei 10 kn Fahrt konnte mit einem Normal-Kohlevorrat von 700 bis max. 900 t eine Dampfstrecke von 4000 Seemeilen gefahren werden. Zur Bewaffnung gehörten 2 Stück 30,5-cm- und 2 Stück 27,4-cm-Geschütze sowie 8 Stück 13,8-cm-, 4 Stück 6,5-cm-, 18 Stück 4,7-cm- und 6 Stück 3,7-cm-Schnellfeuerkanonen, des weiteren 4 Torpedorohre. Der Gürtelpanzer hatte eine Dicke von 25···45 cm und der Deckpanzer von 7 cm.

»CARPATHIA«: britischer Passagierdampfer. Das 13603 BRT (8660 NRT) große Schiff der Cunard-Line wurde 1903 gebaut. Es war 540 Fuß (164,6 m) lang, 64,5 Fuß (19,66 m) breit und hatte bei einer Raumtiefe von 37,4 Fuß (11,4 m) eine Verdrängung von 23243 t. Das Zweischraubenschiff fuhr mit 15 kn.
Die »CARPATHIA« rettete beim Untergang der »TITANIC« am 15. April 1912 um 2.20 Uhr 675 Überlebende des Unglücksschiffs. Mit dem Abstand von etwa 58 Seemeilen stand die »CARPATHIA« der »TITANIC« – außer dem 6000-t-Postdampfer »CALIFORNIA«, der die Notsignale für ein Feuerwerk hielt – am nächsten. Sie war mit 725 Passagieren an Bord auf dem Weg ins Mittelmeer. Kapitän Rostron nahm sofort Kurs auf die sinkende »TITANIC«, konnte aber trotz höchster Fahrt erst nach knapp 4 Stunden den Unglücksort erreichen. Die »CARPATHIA« konnte am Vormittag des 18. April 1912 in New York am Pier 34 die Geretteten an Land bringen.

Kleiner deutscher Frachtdampfer »CARL« (1883)

Kleiner deutscher Frachtdampfer »CARL ALBERT« (1891)

Französisches Panzerschiff »CARNOT« (1894)

»CASTOR«: erstes französisches Dampf-Kriegsschiff. Die »CASTOR« war einer der ersten Schaufelrad-Kriegsdampfer der französischen Marine. Er wurde um 1830 aus Holz gebaut. Der Aufbau zwischen den Radkästen weist auf den Antrieb durch eine Balancier-Dampfmaschine mit ihrer großen Bauhöhe hin. Wie es seinerzeit allgemein üblich war, wurden die Boote noch außenbords hängend gefahren.
Ab 1860 wurde das Schiff nur noch als Rad-Avisodampfer II. Klasse in den französischen Kriegsschiffslisten geführt. Zu den Abmessungen, der Maschinenleistung und zur Bewaffnung gibt es keine verläßlichen Angaben mehr.

Catamaran: siehe *Katamaran*

Cattle Carrier: siehe *Viehtransporter*

»CBK 1700«: **C**ontainerschiff für **B**innen- und **K**üstenschiffahrt mit 1700 t Tragfähigkeit. Eine vom VEB Elbewerften Boizenburg/Roßlau seit 1977 entwickelte Typenreihe von Fracht- und Kühlschiffen für die sowjetische Binnen- und Küstenschiffahrt. Der ab 1983 in Serie gebaute Typ

Britischer Passagierdampfer »CARPATHIA« (1903)

CBK 1700 ist neben der üblichen Flußschiffahrt für den Einsatz in Flachwassergebieten und bei Fahrten in gebrochenem Eis hinter Eisbrechern sowie auf See bis zu einer Entfernung von 50 Seemeilen vom nächsten Hafen und bis Windstärke 5 geeignet. Das in Zweihüllen-Bauweise gebaute 1408 BRT große Schiff hat eine Länge über Alles von 82,00 m, die Länge zwischen den Loten ist 78,10 m. Die Breite auf Spanten beträgt 11,60 m, die Seitenhöhe bis Hauptdeck 4,00 m und der Konstruktionstiefgang 3,44 m bzw. 2,50 m mit der entsprechenden Tragfähigkeit von 1700 t bzw. 952 t. Das Schiff besitzt 2 Laderäume mit 9140 m^3 Rauminhalt. Die Ladeluken (Öffnung 20 × 9,4 m) werden mit Faltlukenabdeckungen verschlossen. Es können 76 Container (TEU Twenty feet units) geladen werden.
Zwei Dieselmotoren des Typs 8 VDS 36/24 A-1 SKL mit einer Leistung von 2×441 kW (2×600 PS) und 2 Propeller geben dem Schiff eine Dienstgeschwindigkeit von 20,75 km/h. Eine Vierflächenruderanlage System »Jenckel« bewirkt eine besonders gute Manövrierfähigkeit. Bei einer Besatzung von 11 Personen (2 Reserveplätze) hat das Schiff eine Ausrüstungsdauer von 15 Tagen. Alle funktionswichtigen Bauteile und Anlagen ermöglichen ein Überwintern des Schiffes bei Temperaturen bis − 50 °C.

Die »CASTOR«, 1830 ein erster Raddampfer der französischen Marine

Binnencontainerschiff »CBK 1700« in Fahrt

»CERBERE«: französischer Küstenverteidiger, später auch als Küstenpanzerschiff bezeichnet. Das 1868 gebaute 3590 t große Schiff war noch aus Holz. In der Wasserlinie hatte es einen 22 cm dicken Panzergürtel, der bis 0,6 m über die Wasserlinie reichte.
Das Schiff war 66 m lang, 16,19 m breit und hatte einen Tiefgang von maximal 5,80 m. Die Aufbauten waren vorn und achtern stark gerundet und zu den Schiffenden hin geneigt. Der vordere Aufbau ging am Vorsteven in einen vorragenden Rammsporn über. Die Bewaffnung bestand aus 2×24-cm-Geschützen französischen Fabrikats, die in einem 18 cm dick gepanzerten Drehturm zusammengefaßt waren, der im ersten Drittel der Schiffslänge angeordnet war. Die Dampfmaschi-

nen leisteten 1251 kW (1700 PSe). Mit seinen Zwillingsschrauben erreichte das Schiff eine Geschwindigkeit von 12,3 kn. Zur »CERBERE« gab es die Schwesterschiffe »BELIER«, »BOULE DOGNE« und »TIGER«.

Chaland: französische Bezeichnung für *Schute*, siehe auch *Baggerschute*.

»CHALLENGER«: erstes für ozeanographische Forschungsaufgaben speziell ausgerüstetes und eingesetztes *Forschungsschiff*. Die »CHALLENGER« wurde als Glattdeck-Schrauben-Dampfkorvette (1500 t Deplacement) von der britischen Marine 1858 in Wollwich gebaut. Im Auftrage der Royal Society wurde sie für ihren wissenschaftlichen Auftrag mit zusätzlichen Unterkünften, Ausrüstungen und Arbeitsmöglichkeiten für Wissenschaftler versehen. Unter wissenschaftlicher Leitung von Sir Charles Wyville Thomson und Kapitän George Nares durchkreuzte das Schiff von 1872 bis 1876 in 727 Seetagen alle Weltozeane auf einer Strecke von 68890 Seemeilen. Die Ergebnisse dieser bedeutendsten ozeanographischen Forschungsexpedition des 19. Jh. wurden in einem 50teiligen Bericht »Report of the scientific results of the voyage of HMS »CHALLENGER« der Weltöffentlichkeit zugängig gemacht. Die gewonnenen Erkenntnisse zur Dichte-, Temperaturverteilung, zu Salzgehalt, Schichtungen, Strömungen und den biologischen Verhältnissen in der Tiefsee waren von grundlegender Bedeutung für die weitere ozeanographische Forschung.
Ein zweites ozeanographisches Schiff »CHALLENGER« wurde 1931 in Dienst gestellt. Es versah den Dienst auch während des zweiten Weltkriegs und danach bis 1949 unter wissenschaftlicher Leitung von T. Gaskell und unter Kapitän Ritchie.

»CHALLENGER« (LNG): Flüssiggastanker von 76496 BRT für verflüssigtes Erdgas (engl. liquified natural gas, Abk. LNG) sowie verflüssigtes Erdölgas (engl. liquified petroleum gas, Abk. LPG). Da Erdgas vorwiegend Methan enthält, ist für LNG-Tanker auch die Bezeichnung Methantanker zutreffend.
Der LNG/LPG-Tanker »CHALLENGER« wurde 1976 auf der norwegischen Werft Moss Rosenberg in Stavanger gebaut. Die 5 Kugeltanks sind als separate Tanks in den Schiffskörper eingesetzt und nur am Oberdeck isoliert mit dem Schiffskörper verbunden. Der volle Tankinhalt von 87600 m³ wird bei −163 °C von an Land befindlichen Verflüssigungsanlagen innerhalb von 12 Std. übernommen und kann auch in derselben Zeit entladen werden.
Das Schiff ist 261,55 m über Alles und 237 m zwischen den Loten lang und 40 m breit. Die Seitenhöhe beträgt 23 m. Bei vollem Tiefgang von 10,64 m ist die Tragfähigkeit 50746 t DW. Die 22000-kW-Turbine gibt dem Schiff 19 kn Geschwindigkeit.

»CHARLOTTE DUNDAS«: im Jahr 1801 aus Holz gebautes Heckraddampferschleppschiff, das als erstes kommerziell nutzbares Wasserfahrzeug mit Dampfantrieb gilt. WILLIAM SYMINGTON, Maschinenbaumeister einer Kohlengrube, erhielt den Auftrag vom Gouverneur des Forth- und Clyde-Kanals, dem Grundbesitzer und Großaktionär Lord DUNDAS, anstelle des Treidelpferdbetriebs der Kähne auf dem Kanal ein Dampf-Schleppfahrzeug zu bauen. Das Schleppfahrzeug hatte eine Länge von 17 m bei 5,5 m Breite. Der Antrieb des Heckrads erfolgte durch eine 7,36-kW-(10-PS-) Dampfmaschine mit einem liegenden doppeltwirkenden Zylinder von 55 cm Durchmesser. Vom Kolben und der Kolbenstange führte die Pleuelstange direkt zur Kurbelwelle des Heckschaufelrads. Der Zylinder war an Backbord, der Kessel an Steuerbord eingebaut, und das Schleppschiff war mit 2 Steuerrudern versehen. Im März 1802 wurde die Probefahrt mit 2 Kähnen von 70 t Tragfähigkeit im Schlepp durchgeführt. Es gelang bei starkem Gegenwind die Kähne in 6 Std über eine Strecke von 31,4 km zu schleppen.
Trotz dieses Erfolgs forderten die Eigner und Anlieger des Kanals, die Fahrten mit dem Dampfschiff zu unterlassen, da sie befürchteten, daß die entstehenden Wellen die Ufer des Kanals unterspülen und beschädigen würden. Nach dem Tode Lord DUNDAS wurde das Projekt eingestellt. Die »CHARLOTTE DUNDAS« wurde infolge dieser Umstände nicht mehr eingesetzt, in einem Seitenarm des Kanals stillgelegt und später abgewrackt. Erst ab etwa 1812 setzte sich auf dem Clyde-Kanal die Dampfschiffahrt endgültig durch.

Die französischen Küstenwachtschiffe »CERBERE« und »BELIER« (1869)

»CHALLANGER« LNG-Flüssiggastanker 1976 von 76496 BRT

Charterschiff: für eine Reise (Tripcharter) oder einen Zielort (Spotcharter) oder mehrere Reisen bzw. eine bestimmte Zeitdauer (Timecharter) voll oder teilweise vom Eignerreeder an andere gegen Entgelt zur Nutzung überlassenes (gemietetes) betriebsfähiges Schiff. Für Teil- und Vollcharterschiffe stellt der Eignerreeder i. allg. das Schiff mit der Besatzung zur Verfügung und trägt auch die Versicherungs- und Reparaturkosten.
Ein Bareboatcharterschiff (bare – nackt, unbe-

Modell der »CHARLOTTE DUNDAS«

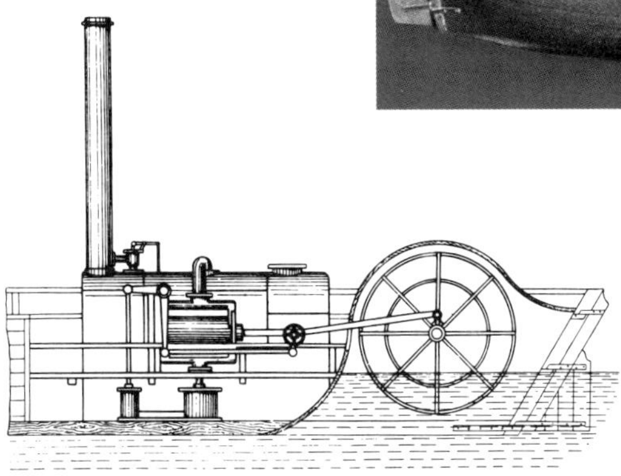

Schema des Schaufelradantriebs der »CHARLOTTE DUNDAS«

mannt) wird dagegen ohne Mannschaft und ohne Übernahme der Versicherungs- und Reparaturkosten vom Eignerreeder gegen Nutzungsentgelt überlassen.

Chatulier: französische Bezeichnung für *Fischereischiff*

Chemikalientanker: Spezialtankschiff (siehe *Tanker*) zum Transport flüssiger bzw. pumpfähiger Chemikalien. Ähnlich wie andere Tanker (Erdöltanker, Erdölproduktentanker, Flüssiggastanker u. a.) wird der Chemiekalientanker i. allg. als Eindeckschiff mit einem durch Zellen unterteilten Schiffskörper mit losen oder festen Tanks aus nichtrostendem Stahl oder Leichtmetall gebaut oder mit Werkstoffen ausgekleidet, die durch Chemikalien nicht zerstört werden. Wichtigste Chemikaliengruppen sind Bitumen, Asphalte, Leime, Latex, Säuren, Laugen, Flüssigdünger, Flüssigschwefel und verflüssigte Gase wie Ammoniak. Um Ladungen, wie Bitumen, pumpfähig zu machen, sind Beheizungen der Tanks erforderlich. Andere Chemikalien, wie Ammoniak, werden verflüssigt in isolierte Tanks übernommen. Andere explosionsgefährdete Ladungen müssen besonders belüftet, schutzgasgefüllt oder gekühlt werden. Kombinationen von Chemikalien-Gastankern können je nach Ladungsaufkommen auch Flüssiggas transportieren.

Chemikalien-Verbrennungsschiff: Spezialschiff zur Verbrennung umweltschädlicher Chemikalienrückstände, die neben Härtesalzen, Quecksilber- und Zyankaliverbindungen u. a. als flüssige oder feste chlorierte Kohlenwasserstoffe insbesondere in der Petrolchemie bei der vollsynthetischen Herstellung von Polyvinylchlorid (PVC) in größeren Mengen entstehen. Obwohl die Regeneration (Rückgewinnung von Chlor) in Rückgewinnungsanlagen umweltschonender ist, verbleiben verschiedene chemische Abfälle. Die nahezu rückstandslose Verbrennung auf See kann bei entsprechender Ausrüstung des Verbrennungsschiffs nur bei geringstmöglicher Belastung der Atmosphäre und des Meeres erfolgen. Hauptsächlich entsteht aus der Verbrennung Salzsäure, die in entsprechend geringer Konzentration die Meeresfauna und -flora nicht negativ beeinflussen darf.

»CHINA«: deutscher Frachtdampfer von 1741 BRT, 1885 von der Flensburger Schiffbau-Gesellschaft gebaut. Das Schiff wurde am 29. Juni 1891 von einem Flensburger Kapitän erworben, der es am 30. August 1895 an die Dampfschiffs-Gesellschaft Swatow in Hamburg (später Chinesische Küstenfahrt-Gesellschaft, Hamburg) weiter verkaufte. Am 24. September 1901 ging das Schiff an die Reederei Menzell in Hamburg.
Die »CHINA« war 77,74 m lang, 10,11 m breit und hatte 7,07 m Tiefgang. Die Zweifach-Expansionsmaschine leistete als Verbund- bzw. Compoundmaschine 530 kW (720 PS) und gab dem Schiff eine Geschwindigkeit von etwa 10 kn. Wie bei Dampfern dieser Zeit üblich, war außerdem eine Hilfsbesegelung vorhanden. Am 16. Juli 1904 ging das Schiff verloren.

»CINCINNATI«: Post- und Passagierdampfer der HAPAG. Der Doppelschrauben-Post- und Passagierdampfer wurde 1908 von der Fa. Schichau in Danzig für die Hamburg-Amerika-Linie gebaut. Das 16 339 BRT (9733 NRT) große Schiff war 183,9 m lang, 19,9 m breit und hatte eine Verdrängung von 25300 t bzw. 27500 t. Die Geschwindigkeit betrug 16 kn. Es war für insgesamt 4000 Passagiere eingerichtet. 1917 wurde das Schiff in den USA beschlagnahmt und fuhr dann als »COVINGTON« unter amerikanischer Flagge.

Cisternenschiff: Bezeichnung für erste Tankschiffe mit größeren abgeteilten Wasser- oder Ölbehältern (Cisternen, Zisternen). Auf den anfänglichen Überseetransport von Petroleum in Fässern (barrels) im Jahr 1861 folgten verschiedene Cisternenschiffe mit besonders eingebauten großräumigen, durch Rohrleitungen füll- und leerbaren Behältern. Nachdem die Schiffskörper allgemein aus Stahl gebaut wurden, konnte der Schiffskörper direkt durch Zellen unterteilt und als Tanks genutzt werden. Als erstes Tankschiff dieser Art gilt das Tankschiff »GLÜCKAUF« (1886, 3000 t DW).

Citadellschiff: Kriegsschiff aus den Anfängen des Panzerschiffs, dessen Seitenwände nur im mittleren Schiffsbereich etwa über ein Drittel der Schiffslänge bis zum Oberdeck zusätzlich in einer sog. Mittelcitadelle gepanzert waren, während die vorderen und hinteren Schiffsbereiche einen Panzergürtel hatten. Der Panzer der Mittelschiffscitadelle schloß an beiden Schiffsseiten unmittelbar an die Seitenpanzer an. Zu den Citadellschiffen gehörten insbesondere die Kasematt- und Turmschiffe.

»CITY OF NEW YORK«: britischer Doppelschrauben-Schnelldampfer. Die 10499 BRT große »CITY OF NEW YORK« wurde auf der Werft von J. & G. Thomson in Clydebank (England) gebaut und lief am 15. März 1888 von Stapel. Das Schiff war über Alles 170,6 m und zwischen den Loten 160,8 m lang, 19,3 m breit und in 15 wasserdichte Abteilungen unterteilt. Es hatte 3 Schornsteine und 3 Masten sowie bereits Einrichtungen zur Schlingerdämpfung. Für die 1740 Passagiere (540 I. Klasse, 200 II. Klasse und 1000 Zwischendeckpassagiere) standen eine Bibliothek und ein Raum für Gottesdienste zu Verfügung.
Die beiden Dreifach-Expansionsmaschinen leisteten 13616 kW (18500 PSi) und gaben dem Schiff eine Geschwindigkeit von 20 kn. Das Schiff galt ». . . als das Beste, was bis dahin schwamm.« Am 1. August 1888 schickte die In-

Der Post- und Passagierdampfer »CINCINNATI«, Baujahr 1908

Britischer Doppelschrauben-Schnelldampfer »CITY OF NEW YORK« (1888)

man-Line (ab 1889 Inman and International Steam Navigation Company) das Schiff auf seine Jungfernreise von Liverpool nach New York. Die Fahrtdauer über den Atlantik wurde mit der »CITY OF NEW YORK« ab 1889 auf weniger als 6 Tage reduziert. Zusammen mit dem Schwesterschiff »CITY OF PARIS« war es der erste Nordatlantik-Schnelldampfer mit 2 Schrauben.
Entsprechend einem Abkommen vom 10. Mai 1892 wurde das Schiff dann auf der Linie Southampton–New York eingesetzt und lief ab 23. Februar 1893 als »NEW YORK« unter USA-Flagge. Während des spanisch-amerikanischen Kriegs wurde das Schiff 1898 von der US-Regierung als Truppentransporter requiriert und in »HARVARD« umgetauft. Danach kehrte es als »NEW YORK« wieder in den Atlantikdienst zurück. Von 1917 bis 1919 fuhr das Schiff als US-Truppentransporter unter dem Namen »PLATTSBURG«. 1922 wurde es an die »Polish Navigation Co.« verkauft und 1923 abgewrackt.
Mit dem Übergang zum Zweischrauber waren die Einschrauben-Schnelldampfer der Cunard-Line, des Norddeutschen Lloyd und der Compagnie-Generale Transatlantique sowie anderer Linien technisch überholt. Der Zweischrauber ermöglichte eine größere Sicherheit des Schiffsantriebs, zumal die noch gefahrenen Hilfssegel bei den immer größeren und schnelleren Schiffen kaum noch Nutzen brachten. Die auch in Rückstand geratene HAPAG bestellte unverzüglich einen Doppelschrauben-Schnelldampfer, die »COLUMBIA« bei Laird Brothers in Birkenhead und einen zweiten bei der »Vulcan«-Werft in Stettin (Szczecin). Die diesem Auftrag entsprechende *»AUGUSTE VICTORIA«* trat am 10. Mai 1889 ihre erste Reise über den Atlantik an.

»CIVETTA«: Versuchsschiff von JOSEPH RESSEL, einem der ersten Erfinder der Schiffsschraube. Eine erste Zeichnung der Schiffsschraube hat RESSEL wahrscheinlich bereits im Jahre 1812 ausgeführt. Nach mehreren Versuchen mit handgetriebenen Propellerbooten beantragte er und erhielt am 11. Februar 1827 das Patent für eine »Schraube ohne Ende zur Fortbewegung der Schiffe«.
Schließlich gelang es ihm, den italienischen Kaufmann OTTAVIO FONTANA zur Mitfinanzierung eines Segel-Schraubendampfschiffs für den Personenverkehr zwischen Triest und Venedig zu gewinnen. Im Jahre 1829 wurde der 17,5 m (60 Fuß) lange, 4 m (11 Fuß) breite Zweimast-Gaffelschoner »CIVETTA« mit 48 t Verdrängung bzw. 33 t Tragfähigkeit auf der Triester Werft Panfili fertiggestellt und konnten die Probefahrten beginnen. Die für eine Leistung von 6 PS (4,4 kW) und 6 kn ausgelegte Dampfmaschine österreichischer Herkunft bedurfte jedoch zur Ingangsetzung jedesmal Muskelkraft und erreichte nicht die erforderliche Betriebszuverlässigkeit. Außerdem gab es beim Probelauf mehrere, mit dem eigentlichen Propellerversuch nicht zusammenhängende Havarien. Unter anderem platzte eine weichgelötete Verbindung der Dampfleitung. Trotz der Schwierigkeiten mit der Maschine stimmte der Partner RESSELS dem Ankauf einer besseren englischen Maschine nicht zu. Schließlich erfolgte im Herbst 1829 die amtli-

Nachbau des Modells der »CIVETTA«, 1829 Versuchsschiff von JOSEPH RESSEL, Schiffahrtsmuseum Rostock

Schnittplan der »CIVETTA« (nach Ch. Geyer)

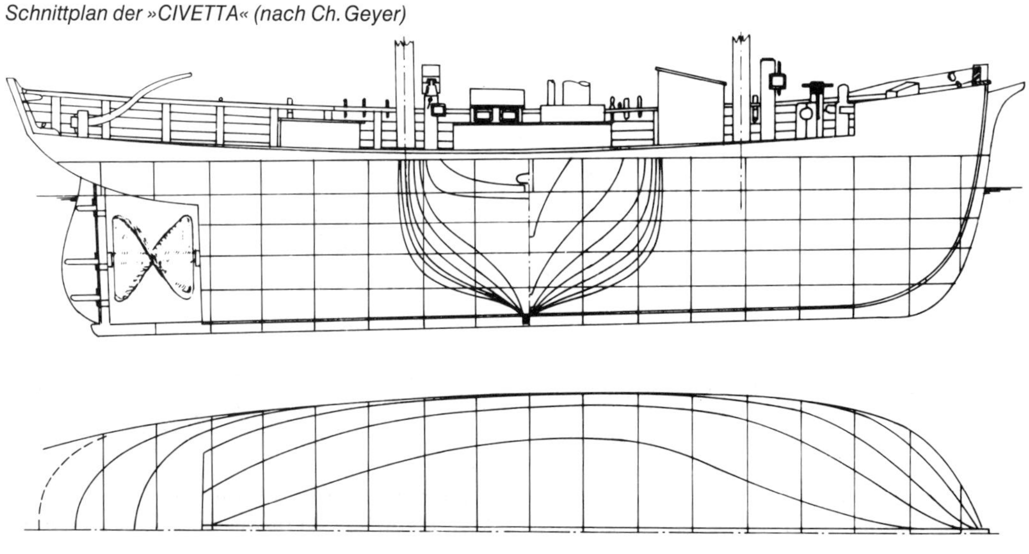

che Probefahrt bei Triest. Wegen der technisch unsicheren Kessel- und Maschinenanlage und der bereits vergebenen Konzession für den Personenverkehr mit Raddampfschiffen konnte RESSEL in Triest für die »CIVETTA« nicht die Fahrtgenehmigung erwirken und mußte das Schiff noch im gleichen Jahr nach Sibenik überführen.

Obwohl die eingängige Heckschraube mit 1,5 Kreisumgang und 5 Fuß Steigung einen beachtlichen technischen Fortschritt darstellte, konnte sich der erfinderische Gedanke unter den unzureichenden technisch-ökonomischen Bedingungen noch nicht durchsetzen und das Schaufelrad ablösen. Wie die Entwicklungsgeschichte in der Chronologie zeigt, brachte erst die schöpferische Arbeit einer ganzen Erfindergeneration schließlich den Erfolg.

Seitenansicht der »CLERMONT«

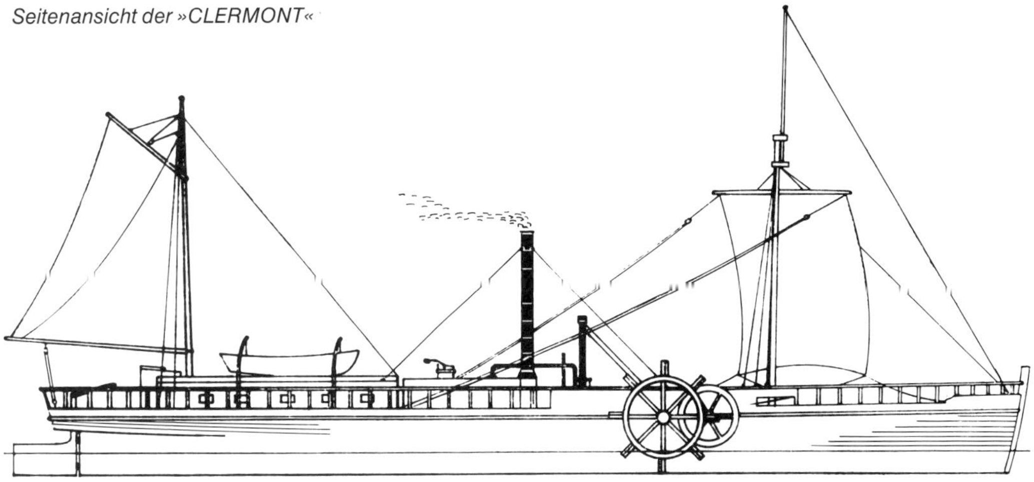

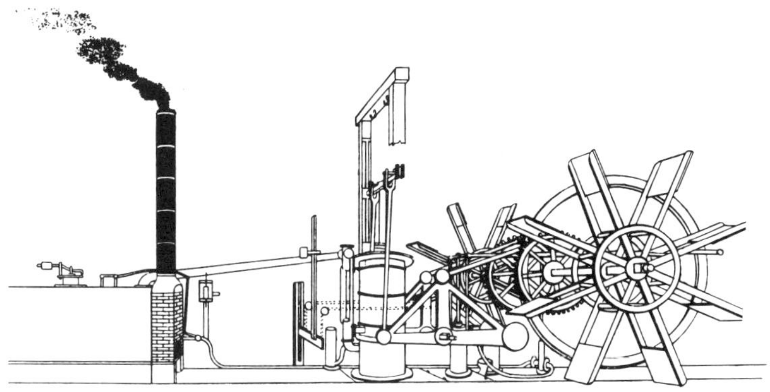

Die Schiffsmaschine der »CLERMONT«

»CLERMONT«: das erste kommerziell erfolgreiche, von R. FULTON, 1765 bis 1815, geb. in Little Britain (später in Fulton umbenannt), Pennsylvanien, entwickelte Seitenraddampfschiff der Welt – zunächst ohne Schiffsnamen als »THE STEAM BOAT« – dann als »NORTH RIVER CLERMONT« und schließlich allgemein als »CLERMONT« bezeichnet. R. FULTON benutzte auf seinen Originalaufzeichnungen die Schreibweise »Claremont«, da er das Schiff ursprünglich nach dem Landsitz seines Förderers Livingstone benannte. ROBERT FULTON, gelernter Goldschmied und Uhrmacher, ließ nach seinen Ideen während seines Aufenthalts in Frankreich 1800 das Unterseeboot »NAUTILUS« bauen. Er hat den Versuchen SYMINGTONS mit der *»CHARLOTTE DUNDAS«* (1802) mit großem Interesse als Augenzeuge beigewohnt und sich über Konstruktionsdetails informiert. Diesem Mann war es beschieden, die vielen Vorbehalte zu überwinden und zum Bahnbrecher des Dampfschiffs zu werden. Sein 1804 mit finanzieller Unterstützung des amerikanischen Gesandten in Frankreich geschaffenes Dampfboot war jedoch noch nicht funktionstüchtig.

Nach dem unzureichenden Erfolg seines ersten Dampfboots auf der Seine und dem erfolgreicher verlaufenden Test des zweiten Fahrzeugs in Paris hat FULTON die »CLERMONT« in Nordamerika entworfen und auf der Werft Ch. Brown in New York bauen lassen. Die Dampfmaschine war britischer Herkunft von Boulton & Watt in Soho bei Birmingham. Der hölzerne Rumpf wurde 1807 von Ch. Browne am East River mit der ursprünglichen Länge von 43,28 m und der Breite auf Spanten von 4,27 m erbaut. Noch im Winter des gleichen Jahres wurde das Fahrzeug um 3 m auf 46 m verlängert und auf 6,90 m verbreitert, so daß sich das Deplacement von 160 t auf 180 t erhöhte. Der Dampf-Kofferkessel war 6,1 m (20 Fuß) lang, 2,4 m breit (8 Fuß) und 2,1 m (7 Fuß) hoch und wie ein Landkessel von Mauerwerk umgeben. Der Schornstein hatte 9,14 m (30 Fuß) Höhe. Mit dem auf einem gemauerten Fundament stehenden Kupferkessel wurde Dampf von 0,35 atü erzeugt. Der Antrieb geschah durch eine Einzylinder-Dampfmaschine von 14,7 kW (20 PS) bei 20 Umdrehungen pro Min. mit einem vertikalen Zylinder von 61 cm (24 Zoll) Durchmesser bei 122 cm (48 Zoll) Hub. Die Seiten-Schaufelräder hatten jeweils 8 starre Schaufelblätter von je 1,2 m Breite und 0,6 m Länge bei einem Außendurchmesser von 4,57 m (bzw. 5 m). Die »CLERMONT« führte 2 Maste. In der Höhe der Seitenräder stand ein Mast für ein großes Rahsegel und vor der Achterkajüte ein kleinerer Mast für ein Gaffelsegel. Der Bau des Schiffs hat 20 000 Dollar gekostet.

Nur 10 Tage nach den ersten Erprobungen machte die »CLERMONT« am 17. August 1807 mit etwa 30 Fahrgästen an Bord die erste Reise über 150 Seemeilen von New York nach Albany. Die Reise begann mittags um 13.00 Uhr, bei Gegenwind wurde die rund 200 km lange Reise auf dem Hudson mit $7\frac{1}{2}$ km/h begonnen und in 32 Std. bewältigt und für die Rückfahrt – ebenfalls mit Gegenwind, so daß keine Segelunterstützung möglich war – benötigte FULTON sogar 2 Std. weniger. Im September 1807 wurde der regelmäßige Fahrgast- und Frachtdienst zwischen den beiden Orten aufgenommen, eine Hin- und Rückreise kostete 7 Dollar.

Bei dem im Winter 1807/08 durchgeführten Umbau und Einbau eines Verdecks für mehr Fahrgäste wurden u. a. auch Radkästen für die bislang freiumlaufenden Schaufelräder eingebaut. Neben der offiziellen Version des Schutzes der auf 100 Personen erweiterten Fahrgastkapazität gegen Spritzwasser war ein weit gewichtigerer Grund die Sicherung der empfindlichen Antriebsorgane gegen mehr oder minder gewollte »Unfälle« durch konkurrierende Segelpostschiffe. Allen Widerständen zum Trotz erhielt FULTON eine langjährige Monopolkonzession für die Flußschiffahrt mit Dampfschiffen in den USA. Die »CLERMONT« versah bis 1814 ihren Dienst.

»CLEVELAND«: Doppelschrauben-Postdampfer der Hamburg-Amerika-Linie. 1909 stellte die Hamburg-Amerika-Linie den 16 960 BRT (10 267 NRT) großen Schnelldampfer in Dienst. Das Schiff war 185,0 m lang, 19,9 m breit und hatte eine Verdrängung von 26 780 t. Das Doppelschraubenschiff erreichte eine Geschwindigkeit von 16 kn. Die Fahrgastkapazität betrug 2934 Personen. 1919 wurde das Schiff ausgeliefert und fuhr dann als »KING ALEXANDER« für eine Londoner Reederei.

Coal Carrier, *Coaling Ship, Coal Steamer:* siehe *Bulker* und *Massen-Schüttgutschiff*

Coaster, *Küstenfrachtschiff:* für die kleine oder große Küstenfahrt zugelassenes, i. allg. kleines Frachtschiff, dessen Bauweise, Ausrüstung, Vorräte und Bemannung nur den für die Küstenfahrt vorkommenden Seebedingungen und Jahreszeiten entsprechen muß.

»COBRA«: britischer Torpedobootzerstörer und Versuchsschiff zur Einführung der PARSONS-Dampfturbine. Nach den erfolgreichen Fahrten der *»TURBINIA«* erteilte 1897 die britische Admiralität zunächst den Auftrag zum Bau des Torpedobootzerstörers *»VIPER«*, der die gleichen Abmessungen wie die bereits im Bau befindlichen 30-Knoten-Zerstörer erhalten (Länge 64,0 m, Breite 6,4 m, Deplacement 376 ts, 4 Wellen mit je 2 Schrauben), jedoch anstelle der Dampfmaschinen durch Dampfturbinen angetrieben werden sollte.

Kurz danach übernahm ARMSTRONG 1898 für die Haxthorn Leslie & Co Maschinenfabrik im Auftrag der durch PARSONS gegründeten Marine Steam Turbine Company den Bau der »COBRA«. Im Unterschied zur »VIPER«, wurden auf der »COBRA« 4 Wellen mit je 3 Propellern vorge-

Der Doppelschrauben-Postdampfer »CLEVELAND« (1908) der Hamburg-Amerika-Linie

sehen. Auf jeder Schiffsseite kam ein Turbinensatz derart zur Aufstellung, daß die inneren Wellen von den Niederdruckturbinen angetrieben wurden und außerdem je eine Rückwärtsturbine erhielten und die Hochdruckturbinen auf die äußeren Wellen wirkten. Die Gesamtleistung aller 4 Turbinen sollte 7360 kW (10000 PS) betragen. Als Höchstgeschwindigkeit sollten 37 kn erreicht werden. Endgültige Leistungen und Geschwindigkeiten konnten jedoch nicht ermittelt werden, da auf einer der Vorerprobungen an der Tyne-Mündung wenige Monate nach der Indienststellung der Schiffsrumpf infolge zu leichter Bauweise durchbrach. Die »COBRA« ging mit der gesamten Besatzung unter.

»CÖLN« (I): Kleiner Kreuzer der »Kolberg-Klasse«, als sog. ungeschützter Kreuzer für die Kaiserliche Marine in den Jahren 1908 bis 1911 mit den Schwesterschiffen »KOLBERG«, »MAINZ« und »AUGSBURG« erbaut. Die »CÖLN« lief am 5. Juni 1909 auf der Germaniawerft in Kiel von Stapel und wurde am 16. Juni 1911 in den Flottendienst übernommen. Die Baukosten betrugen 8,356 Mill. Reichsmark. Bei 130 m Länge, 14 m Breite und 5,38 m Konstruktionstiefgang betrug das Deplacement 4362 t. Das Deck hatte eine maximale Panzerung von 4 cm, die Schilde der Geschütze waren 5 cm dick und die Bordseiten blieben ungepanzert.
Die ursprünglich eingebauten Zoelly-Turbinen wurden noch vor der Probefahrt gegen 2 Satz Germania-Turbinen ausgewechselt, die zusammen 21370 kW (29036 PSw) leisteten und eine Geschwindigkeit von max. 26,8 kn mit 4 Schrauben erreichten. Zur Bewaffnung gehörten 12×10,5-cm- und 4×5,2-cm-Geschütze sowie 2 Torpedorohre des Kalibers 45 cm, die seitlich unter Wasser lagen.
Der Kleine Kreuzer hatte 349 Mann Besatzung und war als Flaggschiff des Führers der Torpedoboote eingesetzt. Am 28. August 1914 erging der Befehl, zur Unterstützung der vor Helgoland kämpfenden Torpedoboote zur Vorpostensicherung auszulaufen. Im Gefecht mit schweren britischen Seestreitkräften brach um 13.30 Uhr zunächst die Funkverbindung ab und um 14.35 Uhr ging die »CÖLN« mit der gesamten Besatzung unter, nur ein Mann überlebte. Gleichzeitig sanken bei diesem Einsatz das Schwesterschiff »MAINZ«, bei dem es 89 Tote gab und der ältere Kleine Kreuzer »ARIADNE«, auf dem 64 Mann umkamen, so daß mit diesen 3 Schiffen 502 Mann ihr Leben verloren. Admiral v. Tirpitz legte seine Auffassung am gleichen Tage in einem überlieferten Brief wie folgt nieder: »Ich bin in großer Sorge wegen der Affäre bei Helgoland. Mir scheint, man hat sich überraschen lassen. Unsere leichten Streitkräfte sind nicht ausreichend für solche Scharmützel. Wenn das so fortgeht, werden sie bald zerrieben sein.«

»CÖLN«: Fracht- und Passagierdampfer des Norddeutschen Lloyd; Bremen. Das 7409 BRT und 4666 NRT große Schiff wurde 1899 in Geestemünde aus Eisen gebaut. Es war 130,74 m lang, 16,56 m breit, besaß eine Raumtiefe von 12,00 m und fuhr mit 105 Mann Besatzung. Die Bauart dieses Schiffes ist für den Übergang vom reinen Frachtdampfer über den Fracht- und Passagierdampfer zum Passagier-Schnelldampfer kennzeichnend. Derartige Schiffe wurden daher auch oft als Postdampfer eingesetzt. Die Antriebsanlage bestand aus 2 Dreifach-Expansionsmaschinen mit einer Leistung von 2429 kW (3300 PSi).

»COLUMBUS«: deutscher Schnelldampfer. Kurz vor dem ersten Weltkrieg bestellte der Norddeutsche Lloyd bei der Schichau-Werft in Danzig (Gdansk) einen großen Schnelldampfer für die Route Bremen–New York. Der noch vor 1914 begonnene Bau ruhte jedoch während des Kriegs. Da es 1918 noch unvollendet und in Danzig in Bau war, fiel das Schiff nicht unter die Reparationsleistungen. Die »COLUMBUS« lief erst am 17. Juni 1922 von Stapel und wurde Anfang Dezember zur völligen Fertigstellung und Ausrüstung nach Bremerhaven geschleppt. Sie wurde nach der Fertigstellung das seinerzeit größte Handelsschiff Deutschlands. Das Schwesterschiff war an England abgeliefert worden und fuhr als »HOMERIC« bei der White Star Line.
Die Jungfernfahrt begann am 21. April 1924 und führte von Bremerhaven nach New York. Als am 28. August 1928 in Bremerhaven der große »Seebahnhof« eingeweiht wurde, machte die »COLUMBUS« als erstes Schiff an der neuen »Columbuskaje« fest.
Das 32565 BRT große Schiff verdrängte 40000 t und war durch 14 Querschotte unterteilt. Die 18 Laderäume hatten ein Fassungsvermögen von 5558 m^3 Schüttgut bzw. 4805 m^3 Stückgüter. Es war 236,20 m lang, 25,30 m breit und hatte bei einer Seitenhöhe von 16,50 m einen Tiefgang von 10,00 m. Das Schiff fuhr mit einer Besatzung von 667 Mann und konnte 1800 Passagiere befördern, davon 707 I. Klasse, 436 II. Klasse, 199

Deutscher Kleiner Kreuzer »CÖLN« (I) 1909

Touristenklasse und 490 III. Klasse. Die Maschinenanlage bestand ursprünglich aus 2 Dreifach-Expansions-Kolbendampfmaschinen mit einer Gesamtleistung von 22080 kW (30000 PS). Über 2 Wellenleitungen von 65 cm Durchmesser wurden 2 dreiflüglige Propeller angetrieben, von denen jeder eine Masse von 39 t hatte. Den Dampf lieferten 12 Doppelkessel mit einem Druck von 14,5 atü (1,55 MPa). In der Zeit von Juli bis Dezember 1929 wurde das Schiff bei Blohm & Voss in Hamburg umgebaut, wobei die beiden Kolbendampfmaschinen gegen 2 Turbinensätze von etwa gleicher Leistung ausgetauscht wurden. Am 19. Dezember 1939 wurde das Schiff während der Heimreise auf dem Atlantik von dem britischen Zerstörer »HYPERION« gestellt, nachdem dieser ständig durch den amerikanischen Kreuzer »TUSCALOOSA« über den Standort der »COLUMBUS« informiert worden war. Die Besatzung setzte das Schiff in Brand und am Morgen des 20. Dezember 1939 sank die »COLUMBUS«.

Die »COLUMBUS« als vielfältiges Demonstrationsobjekt

Combined Ship: siehe *Mehrzweck-Frachtschiff*

»COMET«: das erste europäische Seitenrad-Dampfboot, das im regelmäßigen Fahrgastdienst eingesetzt wurde. Der Name erinnert an den 1811 in Erdnähe gesichteten Kometen. Der Schotte H. BELL, Schiffbaumeister und Hotelbesitzer nebst Badeanstalt, ließ 1812 auf der Werft J. Ward & Sohn im Hafen von Glasgow ein Dampfboot von 12,2 m (40 ft) Länge und 3,4 m (11,25 ft) Breite sowie 1,7 m (5,6 ft) Tiefgang mit einer Einzylinder-Dampfmaschine von Watt mit 3 kW (4 PS) bauen, das zuerst mit einem Paddelkreuz, später jedoch mit Seitenschaufelrädern eine Geschwindigkeit von 9,2 km/h erreichte. Am Schornstein konnte noch ein Hilfssegel gesetzt werden. Am 16. Januar 1812 eröffnete das Dampfboot den Linienverkehr zwischen Bell's Hotel und der Stadt Glasgow. Am 5. August 1812 erfolgte mit der »COMET« die Aufnahme eines regelmäßigen Fahrgast- und Frachtdienstes auf dem Clyde zwischen Glasgow, Greenock und

Backbord-Mehrscheiben-Drucklager und Laufwelle des Schnelldampfers »COLUMBUS«

Die »COMET« (1812) von HENRY BELL, das erste europäische Dampfboot im regelmäßigen Fahrgastverkehr

Originalmaschine der »COMET« von HENRY BELL

Helensburgh, wodurch der Personenverkehr erheblichen Auftrieb erhielt und außerdem 30 t Lasten befördert werden konnten. Ab 1816 fuhr die »COMET« auch auf der offenen See und als erstes Dampfboot in der Firth-of-Fourth-Bucht. Ab 1819 wurde der Fahrdienst in den Bereich der West-Highlands bis nach Tarbert und Olban ausgedehnt. Bei einer Rückfahrt von Fort William geriet die »COMET« im Dezember 1820 in einen Sturm und wurde auf die Küste getrieben. Aus dem wrackgewordenen Schiff konnte nur die Maschine gerettet werden. In Europa war die »COMET« das erste kommerzielle Passagier-Dampfschiff und Vorbild für weitere bedeutende Fortschritte des englischen Dampfschiffbaues.

Compositschiff: aus mehreren Hauptbaustoffen, insbesondere aus Holz und Stahl bzw. anfänglich aus Holz und Eisen gebautes Schiff. Compositschiffe wurden ab Mitte 19. Jh. häufig auf englischen Werften gebaut, als sich der Holzmangel in England verstärkte und das Eisen schon verfügbar war. Nach und nach wurden zur Verstärkung hölzerner Schiffe mehr eiserne Verbände wie Kniebleche, Winkelbeschläge, Bodenwrangen, Spanten und Decksbalken eingebaut, jedoch blieben der Kiel, die Vor- und Achtersteven sowie die Beplankung und das Deck noch weiterhin aus Holz.
Der Großsegler »GREAT REPUBLIC« (1853) ist eines der ersten großen Compositschiffe der Welt. Mit fast 100 m Länge war die Grenze des reinen Holzschiffbaus erreicht, und es wurden Verstärkungen des Rumpfes durch eiserne Verbände erforderlich. Weiter gab es Compositschiffe mit hölzernen Spanten und einer Außenhaut aus Eisenplatten, um eine wasserdichte Außenhülle zu schaffen, die bei Holzbeplankung nur durch häufiges kalfatern zu erreichen war. Der weltbekannte Schiffsversicherer Lloyd übernahm für Compositschiffe eine Versicherung nur dann, wenn die Masse aller zum Bau verwendeten Metallteile nicht mehr als 10···12% der hölzernen Eigenmasse des betreffenden Schiffes ausmachte.
In der Binnenschiffahrt wurden Compositschiffe bis in unsere Tage als Schleppkähne mit Holzböden gebaut, da bei Grundberührungen der Holzboden nachgibt und Beschädigungen einfacher auszubessern waren. Mit den Fortschritten im Stahlbau verlor die Compositbauweise an Bedeutung.

CONDOCK: universelles Zubringer-Frachtschiff für Container, Ro/Ro-, Leicht- und Schwergut sowie Schwimmleichter (Bargen) mit einem dockähnlichen Be- und Entladesystem.
Ein erstes Schiff dieses Typs wurde 1979 von der Schiffswerft Nobiskrug (BRD) gebaut und von einer Hamburger Küstenschiffahrtsreederei in Betrieb genommen. Das 93,1 m lange und 19,6 m breite Schiff kann entweder 383 20′-Container oder 3 Lash- oder 2 Seabee-Leichter oder 25 Trailer mit 40′-Containern laden bei 3400 t Tragfähigkeit. Die für den universellen Einsatz erforderliche vielseitige Ausrüstung erhöhte jedoch bei der begrenzten Schiffsgröße den Schiffspreis und die Schiffsbetriebskosten bedeutend.

CONFLOW-Selbstentlader: ein selbstentladbarer *Bulker* mit spezieller bordeigener Entladeausrüstung mit continuierlichem Ladefluß (**Con**tinuous **Flow**). Die CONFLOW-Anlage mit Schaufelrädern, Förderbändern und Becherwerk wurde 1966/67 von der Fa. Orenstein & Koppel und der Lübecker Maschinenbau A.G. entwickelt und erstmalig auf MS »RUGIA« für den Hamburger Reeder P. Döhle eingesetzt. Die Anlage wird auf die Lukensülle aufgesetzt, ist verfahrbar und auf die Luken umsetzbar und wird jeweils an die verschiedenen Fördergüter angepaßt. Zum Entladen wird das Verladeband quer über die Bordseite ausgeschwenkt und in Ruhestellung wird die Anlage auf den Lukenabdeckungen gefahren. Bei einer Antriebsleistung von etwa 200 kW hat die Conflow-Anlage eine Eigenmasse von etwa 100 t.

CONHOP-Schiff (Container-Cargo-Helicopter Operation): Spezial-Containerschiff insbesondere für militärische Nachschuboperationen, bei denen Hubschrauber an Bord mitgeführt werden, die zur Entladung außerhalb von Häfen eingesetzt werden. Die Projekte derartiger Schiffe sind zur schnellen Entladung durch einen besonders hohen Anteil von Deckscontainern gekennzeichnet bzw. fahren sogar alle Container auf Deckscontainerplätzen.

CONRO-Schiff: kombinierter Schiffstyp für den Transport von Containern und Rollender Ladung, ein Container-Ro/Ro-Schiff, siehe auch *Lo/Ro-Schiff*. Das Vollcontainerschiff, siehe *Containerschiff*, ist infolge fest eingebauter Staugerüste in den Laderäumen und teilweise auch an Deck fast ausschließlich auf die Containerfahrt spezialisiert. Für verschiedene Linien- und Zubringerdienste sind dadurch die Transportmöglichkeiten für nichtcontainerisierte Ladungen und insbesondere rollende Ladungen eng begrenzt. Durch die Kombination zweier Ladungsprinzipe, des Vertikalumschlags von Containern (Lift on, Lift off: siehe *Lo/Ro-Schiff*) und des rollenden Horizontalumschlags (Roll on, Roll off: siehe *Ro/Ro-Schiff*) erhöht sich die Ladungsflexibilität. Der Anteil von Containerstellplätzen und der von Stellplätzen für rollende Ladungen resultiert aus dem Ladungsaufkommen. Die Decksfläche wird i. allg. wegen der üblichen mehrlagigen Containerstauung mit Containern belegt, und der Unterdecksraum ist ganz oder teilweise durch Zwischendecks für rollende Ladung unterteilt.

Containerzurrungen für Deckscontainerstapel

Die rollende Be- und Entladung wird wie bei Ro/Ro-Schiffen meistens über Heckrampen vorgenommen, so daß insbesondere die hinteren Laderäume für Trailer (siehe *Trailerschiff*) oder andere Ro/Ro-Ladungen vorgesehen werden.

Container-Katamaranschiff: *Containerschiff* in Doppelrumpfbauweise. Für das schnelle Be- und Entladen von Containerschiffen ist ein möglichst großer Anteil von Deckscontaineren in Staugerüsten günstig. Durch die Katamaran-Bauweise können mehr Decksstellplätze und eine größere Querstabilität erreicht werden. Infolge der Doppelrümpfe oder des katamaranähnlichen Hecks vergrößert sich jedoch der Widerstand und erhöht sich die erforderliche Antriebsleistung, so daß die Vorteile hauptsächlich bei geringer Dienstgeschwindigkeit nutzbar sind. Eine andere Kombination für den Container- und Bargentransport vergrößert die Einsatzflexibilität, wie beispielsweise beim Barge-Catamaran, siehe *BACAT*.

Container-Palettenschiff: Containerschiff, bei dem ein oder mehrere Laderäume durch Zwischendecks unterteilt und durch Seitenpforten mit Standard- oder Spezialpaletten be- und entladbar sind. Durch solche Kombinationen können auf bestimmten Routen mit stabilen Güterströmen zusätzliche Rationalisierungseffekte, z. B. beim Transport von Papier- oder Kabelrollen, Stammholz oder Blechrollen u. a. ohne Verpackung oder Containerbenutzung auf Paletten, erreicht werden. Die Paletten werden durch Hubwagen oder Gabelstapler auf die Kai gebracht und durch Pforten der jeweiligen Decks an Bord gegeben. Andere Fördermittel transportieren innerhalb des Schiffes die Paletten auf die Stellplätze. Spezialpaletten können auch selbstrollend auf den Decks verfahren werden.

Containerschiff: modernes Eindeck-Frachtschiff für den See- und Binnenwasserstraßentransport von wiederverwendbaren unifizierten und in den Abmessungen und Beschlägen international standardisierten Lade- und Transportbehältern, den sog. »Containern«, i. allg. im Vertikalumschlag (Lift on/Lift off). Das Containerschiff entwickelte sich seit den ersten kommerziellen Fahrten weltweit zum Hauptnachfolgetyp des konventionellen Mehrzweck-Stückgutfrachtschiffs für unifizierte Stückguteinheiten.
Nach dem zweiten Weltkrieg versuchte man zunächst in den USA, die bei der Truppenversorgung mit Großbehältern entwickelten Technologien für zivile Transporte im inneramerikanischen Seeverkehr zu nutzen. Neben anderen begann die Pan Atlantic Steamship Corporation 1955 mit 2 umgebauten Tankern den Behälterverkehr. Das erste Zellencontainerschiff »GATEWAY CITY« entstand 1957 im Auftrag der Sea – Land Service Inc. (USA) durch Umbau eines 1943 gebauten Stückgutfrachtschiffs. Das 143,0 m über Alles lange Schiff hatte nach dem Umbau 5945 t DW und konnte in den Laderäumen ohne Unterstau 170 Stück und an Deck 60 Stück 35 Fuß lange Container stapeln.
1966 eröffnete das erste Vollcontainerschiff »FAIRLAND« mit 300 Containern die Nordamerika-Nordeuropafahrt, und bereits ein Jahr danach überraschten die USA-Reedereien ihre europäischen Konkurrenten durch den schlagartigen Containereinsatz auf den Nordatlantiklinien. Das Containerschiff erhöht die Transportkapazität bzw. Transportleistung gegenüber dem heterogenen Stückguttransport auf mehr als das doppelte und vermindert Transportkosten, Güterverluste, Lade- und Löschzeiten.
Zwischenzeitlich gab es verschiedene Versuche, um den Rücktransport leerer Container durch zusammenlegbare, sog. »Collapsible Container« oder »Coltainer« zu rationalisieren. Obwohl diese Containertypen nur etwa 20 % des sonst für Leercontainer notwendigen Raums einnahmen, war der Aufwand der Montage und Demontage zu groß, und die Steifigkeit war nicht gleichermaßen gewährleistet.
Nach dem Containerladungsteil werden Semicontainerschiffe, Vollcontainerschiffe und kombinierte Containerschiffe unterschieden. Entsprechend den Fahrtgebieten gibt es Binnen-, Küsten-, Zubringer- und Hochsee-Containerschiffe. Bezüglich der Anzahl der Containerstellplätze von Hochsee-Containerschiffen werden Schiffe mit weniger als 1000 TEU (**T**wenty **E**quivalent **U**nits; 20-Fuß-Container) als kleine bzw. mittelgroße Containerschiffe, bis zu 3000 TEU als Großcontainerschiffe und noch größere als Supercontainerschiffe bezeichnet. Des weiteren unterscheiden sich Containerschiffe im Umfang und in der Art der bordeigenen Umschlagmittel für unterschiedliche Fahrtlinien. Die Vorzüge der Unifizierung vorher heterogener Transportgüter zu Ladungseinheiten von Waggon- und Schwerlastzuggröße sowie der witterungsgeschützte Transport in stabilen Behältern mit einheitlichen Beschlägen zum Verladen und Festsetzen sind bei den großen Ladungsmengen im Schiffstransport besonders wirksam. Vorwiegend werden Standardcontainer von 20 Fuß Länge (6,055 m) und 40 Fuß Länge (12,190 m) mit der einheitlichen Breite 8 Fuß (2,435 m) mit der gleichen Höhe oder 8 ½ Fuß Höhe gefahren. Je nach Belastbarkeit der Container und der Schiffsgröße können in den Laderäumen 6 ··· 9 Containerlagen übereinander direkt ohne seitliches Versetzen durch große Luken in Containerstaugerüsten auf festen Stellplätzen abgesetzt und entladen werden; siehe auch *Offenes Schiff*.
Dadurch entfallen insbesondere beim Vollcontainerschiff zusätzliche Zwischendecks zur Ladungsseparierung und -zurrung. Der bei konventionellen Stückgutschiffen nur begrenzt nutzbare freie Decksraum wird weitgehend für Containerladungen nutzbar. Moderne Containerschiffe fahren unter Ausnutzung nahezu der vollen Schiffslänge auf entsprechenden breiten Decks 3 oder 4 Lagen Deckscontainer, so daß etwa die Hälfte der Container an Deck meistens auf Pontonlukendeckeln gestapelt wird. Von den verschiedenen kombinierten Containerschiffen haben besonders Kombinationen mit dem *Ro/Ro-Schiff* zum sog. *Lo/Ro-Schiff* Bedeutung, bei denen der Decksraum für Container in festen Staugerüsten und ein Teil oder der gesamte Unterdecksraum für rollende Ladung genutzt werden. Siehe auch *CBK 1700*, *»MERCUR«* und *»SATURN«*.
Zu den weltgrößten Containerschiffen mit einer Stellplatzkapazität über 4000 TEU für den »Rund um die Welt Dienst« gehören die Containerschiffe der United States Lines mit einer Länge über Alles um 290,0 m und etwa 280,0 m zwischen den Loten, 32,2 m Breite (Panama-Kanal-Maximalbreite), 21,5 m Seitenhöhe, 11,5 m Tiefgang. Bei einer Tragfähigkeit um 58 000 t können diese Schiffe mit 3 Parallelluken unter Deck 2464 und an Deck 1794 TEU, d. h. insgesamt 4258 TEU in und auf 19 Laderäumen von 12,7 m (2×20′ bzw. 1×40′) fahren. Diese modernen Einschraubenschiffe werden durch einen Langhub-Dieselmotor von 20 600 kW angetrieben, ihre Dienstgeschwindigkeit liegt bei 18 kn.

Convoischiff: siehe *Konvoischiff* und *Geleitschiff*

»CORCOVADO«: Doppelschrauben Passagier- und Frachtdampfer. Das Schiff wurde 1907 für die Hamburg-Amerika-Linie (HAL) auf der Kieler Werft gebaut und war mit 8099 BRT (4898 NRT) vermessen. Die später auch als »Großer Postdampfer« bezeichnete »CORCOVADO« war 136,34 m lang, 16,84 m breit und hatte einen Tiefgang von 8,54 m; die Besatzung bestand aus 136 Mann.
Die Vierfach-Expansionsmaschinen des Doppelschraubendampfers leisteten je 3312 kW (4500 PS). Auf der »CORCOVADO« sowie auf dem Schwesterschiff »YPIRANGA« ließ die HAL erst-

Post- und Passagierdampfer »CORCOVADO« (1907)

mals Frahmsche Schlingerdämpfungstanks einbauen, die im Frühjahr 1910 ihre »vorzügliche Wirksamkeit« bewiesen. Es waren die ersten Passagierschiffe mit den von H. FRAHM entwikkelten Schlingerdämpfungseinrichtungen.
Im ersten Weltkrieg diente die »CORCOVADO« in einem türkischen Hafen der sog. »Mittelmeerdivision« (»GOEBEN«, »BRESLAU« sowie einer U-Boot-Halbflottille) als Wohnschiff. 1917 wurde das Schiff an die Türkei verkauft, erhielt den Namen »SUEH« und wurde noch 4 mal weiterverkauft.

Die »CURACAO« ex »CALPE«, erstes holländisches Raddampfschiff, das 1827 den Atlantik überquerte

Corvette: siehe *Korvette*

Cruising Liner: siehe *Kreuzfahrtenschiff*

»CURACAO« ex »CALPE«: erstes Dampfschiff der niederländischen Marine. Der hölzerne Seitenradampfer wurde 1825 ursprünglich unter den Namen »CALPE« für den Frachtdienst zwischen Großbritannien, Amerika und Westindien gebaut. Im Oktober 1826 wurde das Schiff dann jedoch unter dem neuen Namen »CURACAO« als erstes Dampfschiff in die niederländische Marine übernommen. Die Bewaffnung bestand zunächst aus 2 eisernen 12-Pfünder-Karronaden, die jedoch später auf fünf 36-Pfünder und zwei 6-Pfünder erhöht wurde.
Die Hauptdaten des Schiffs waren: Länge über Deck 39,80 m; Länge zwischen den Loten 38,82 m; Breite 8,20 m; Breite über Seitenräder 13,69 m; Tiefgang etwa 4,10 m; Tiefe im Raum 5,02 m; vermessen mit 438 BRT und 239 NRT. Die »CURACAO« fuhr mit 3 schonergetakelten Masten und einer 2-Zylinder-Dampfmaschine von etwa 150 PSi (etwa 100 kW). Die Bunkerkohle befand sich in eisernen Bunkern beidseitig des Maschinenraums und einem weiteren hinteren Bunker. Der Gesamtkohlevorrat wurde später durch 2 weitere oberhalb des Kessels eingebaute hölzerne Bunker auf etwa 95 t erhöht. Die Seiten-Schaufelräder hatten je 14 radial angeordnete feststehende Schaufelblätter von etwa 2,15 m Länge und 0,60 m Breite.
Bei 22 Umdrehungen pro Minute gaben sie dem Schiff eine Geschwindigkeit von etwa 8 kn. Wenn nur unter Segel gefahren werden sollte oder Reparaturen an der Maschine oder an den Kesseln erforderlich wurden, konnten die Schaufelräder frei auf der Radwelle drehen. Die Zweckmäßigkeit erwies sich bereits 1827 auf der ersten Überfahrt von Rotterdam nach Guyana. An den Schaufelrädern mußten verlorene Schaufelblätter ersetzt und die Feuer unter den Kesseln gelöscht werden, um die mit Salz verkrusteten Kessel zu reinigen und Leckagen zu beseitigen. Trotz dieser Schwierigkeiten wurde die Überfahrt von 4000 Seemeilen in 28 Tagen mit zeitweilliger Maschinenunterstützung bei einer durchschnittlichen Geschwindigkeit von 6 kn bewältigt. Bei der zweiten Überfahrt, die nur 25 Tage dauerte, konnte bereits die ersten 13 Tage kontinuierlich unter Dampf gefahren werden. Nach der dritten Fahrt auf dieser Route wurde die »CURACAO« in heimischen Gewässern unter anderem für Fahrten nach London eingesetzt. 1840 erfolgten noch weitere Fahrten im westindischen Gebiet, bevor das Schiff 1846 außer Dienst gestellt und 1850 abgewrackt wurde.

»CUSTOZZA« (1872) österreichisch-ungarisches Panzerschiff

»CUSTOZZA«: österreich-ungarisches Panzer-Kasematt-Schiff. Zusammen mit der »ERZHERZOG ALBRECHT« gehörte die »CUSTOZZA« zu den ersten eisernen Kriegsschiffen der österreich-ungarischen Flotte, die ab 1872 gebaut wurden. Das mit Rammsporn und ausfallendem Heck bei der AG. »Stabilimento tecnico Triestino« von S. ROCCO gebaute und am 20. August 1872 von Stapel gelassene Schiff hatte ein Deplacement von 7060 t. Die Doppelkasematten und der Gürtel waren gepanzert. Die Panzerstärke betrug 17,8 cm. Das Schiff hatte eine Länge über Alles von 95 m, zwischen den Loten von 92 m, war 17 m breit und hatte einen achteren Tiefgang von 8 m. Die Dampfmaschine mit einer Leistung von 4640 PSe (3415 kW) aus der Maschinenbauwerkstatt von S. ANDREA bei Triest verlieh dem Schraubenschiff eine Geschwindigkeit von 14 kn. Die Bewaffnung bestand aus 8×26-cm-Krupp-Geschützen, die in 2 Kasematten übereinander als sogenannte doppelte Centralbatterie angeordnet waren. Die Bordwand vor den Kasematten war stark eingezogen, so daß Bugfeuer in Kielrichtung aus Geschützen möglich war. Außerdem waren noch 6×9-cm- und 2×7-cm-Geschütze der leichten Artillerie an Bord.

D

Dampfbagger: siehe *Bagger*

Dampfbarkasse: durch eine Dampfmaschine angetriebene *Barkasse* oder kleineres Verkehrsboot, wie es besonders bei der Marine in der Dampfschiffszeit üblich war. Mit der Funktionsreife des Dieselmotors wurde die Dampfbarkasse unwirtschaftlich und durch die Motorbarkasse ersetzt.

Dampfbeiboot: durch Dampfmaschine und Propeller angetriebenes Beiboot der Kriegsschiffe in der Dampfschiffszeit, wie die *Dampfbarkasse* als

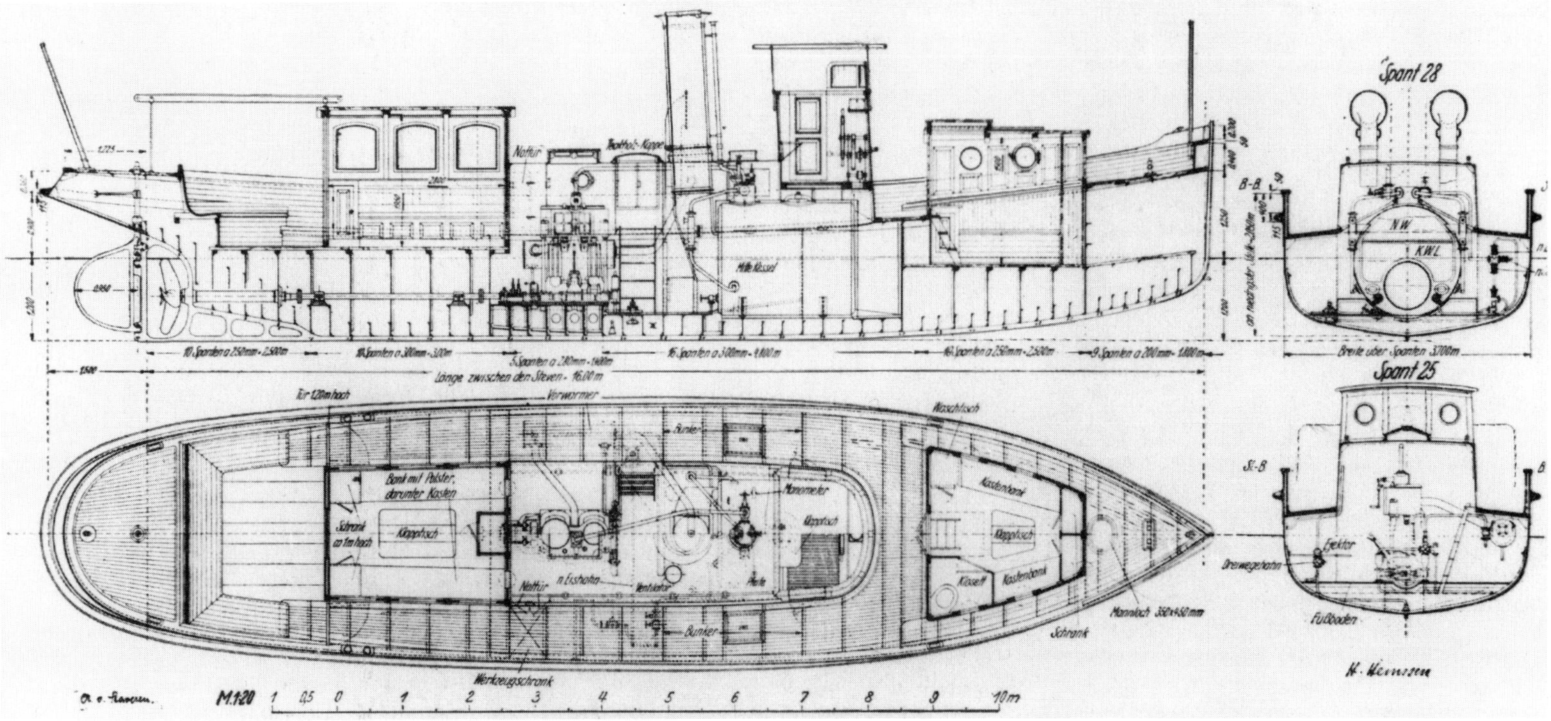
Generalplan der Dampfbarkasse »OBERELBE«

das größte Beiboot und die *Dampfpinasse* sowie der *Dampfkutter* als kleinere Beiboote. Für Dampfbeiboote mußten die Kessel und Dampfmaschinen besonders klein und leicht gebaut sein. Äußeres Kennzeichen waren der meist blank polierte unverkleidet im Boot stehende Kupferkessel, der die Seitenhöhe des Bootes überragte und der kurze Schornstein. Mit der Entwicklung des Motorantriebs waren Dampfbeiboote technisch überholt.

Dampfboot: kleines Boot mit Dampfantrieb. Schon bald nach ihrem Erscheinen erfreuten sich die »Dampfböte« wie sie damals genannt wurden, größter Beliebtheit, auch wenn man sie hier und dort noch mit Argwohn beobachtete. Dampfboote gab es bald allerorts als sog. »Lustfahrzeuge« mit Sonnensegel, Kajüte und auserwähltem Mobilar.
Für Expeditionen, Forschungsreisende, Gouverneure und Missionare war es ein Fortbewegungsmittel für einen oft mehr oder weniger guten Zweck. Mit ihnen konnte man mit geringer Mühe mit allem Gepäck auf den großen Strömen bis weit in das Landesinnere vordringen, zumal die ersten Dampfkessel noch mit Holz gefeuert werden konnten. Verschiedene Firmen bauten auch leicht zerlegbare Boote, die längere Strekken über Land transportiert und wieder zusammengebaut werden konnten. Solche Dampfboote spielten besonders bei der Kolonialisierung Afrikas eine Rolle.
Dampfboote mit den inzwischen zum schnellaufenden »Dampfmotor« weiterentwickelten Dampfmaschine standen in den ersten Jahrzehnten nach der Jahrhundertwende in harter Konkurrenz mit den neu auf den Markt gekommenen Bootsmotoren.

Dampfer: siehe *Dampfschiff*

Dampffähre: siehe *Fährschiff*

Die »CYCLOPS«, 1839 erste britische Rad-Dampfkorvette

Dampffregatte: im Unterschied zur ausschließlich durch Segel angetriebenen Segelfregatte eine *Fregatte* während der Übergangszeit von der Segel- zur Dampfschiffahrt, die ausschließlich durch Dampfmaschinen angetrieben wurde oder unter vollständiger oder teilweiser Beibehaltung der Fregattentakelung unter Dampf und Segel fuhr. Wie bei der ursprünglichen Segelfregatte bestand die Bestückung aus einer gedeckten Batterie und einer Oberdecksbatterie.

Dampfkanonenboot: *Kanonenboot* während der Übergangszeit vom Segel- zum Dampfschiff, das durch Dampfmaschinen über Schaufelräder und nach der allgemeinen Einführung des Propellers durch Schraubenpropeller angetrieben wurde.

Dampfkorvette: *Korvette* während der Übergangszeit vom Segel- zum Dampfschiff. Die durch eine Dampfmaschine angetriebene Dampfkorvette wurde anfänglich durch seitliche Schaufelräder bewegt und als »Radkorvette« bezeichnet. Nach der allgemeinen Einführung des

Schraubenpropellers geschah der Antrieb durch eine Schraube, und diese Korvette wurde »Schraubenkorvette« genannt. Beide Dampfkorvettentypen fuhren noch mehrere Jahrzehnte nach der Einführung des Dampfantriebs außerdem noch unter voller oder teilweiser Besegelung.
Die Dampfkorvette war entweder eine Gedeckte Korvette mit einer gedeckten Batterie und einer Oberdecksbatterie oder eine Glattdeck-Korvette, die nur auf dem Oberdeck Geschütze führte. Von der *Dampffregatte* unterscheidet sich die Dampfkorvette hauptsächlich durch ihre geringere Größe.

Dampfkutter: kleineres Gebrauchsboot und *Dampfbeiboot* auf Kriegsschiffen während der Übergangszeit vom Segel- zum Dampfantrieb, wie die *Dampfpinasse* oder die größere *Dampfbarkasse*. Der Segelkutter hatte sich mit seiner Schnelligkeit, Wendigkeit und einfachen Besegelung gut bewährt, so daß für den Dampfantrieb für die damalige Zeit hohe Anforderungen hinsichtlich einer geringen Masse und einer ausreichenden Leistung gestellt werden mußten. Außerdem behielt man noch über längere Zeit die Besegelung zusätzlich bei. Nach der Entwicklung geeigneter Motoren wurde der Dampfkutter durch den Motorkutter abgelöst.

Dampflogger: ein *Logger* für den Triebnetzfang, der durch eine Dampfmaschine angetrieben wurde. Wie bei anderen maschinenangetriebenen *Fischereischiffen* leitete der Dampflogger die Entwicklung zum modernen motorgetriebenen *Fangschiff* ein.

Dampfmaschinen-Hilfsschiff: *Hilfsschiff, Ponton* oder *Schute* während der Dampfschiffszeit, ausgerüstet mit einer oder mehreren Dampfmaschinen nicht für den eigenen Schiffsantrieb, sondern für Hilfeleistungen in Häfen oder auf Reede. Eingesetzt wurde dieses Hilfsschiff beispielsweise zur Dampfübergabe an Dampfschiffe während der Säuberung oder Instandsetzung der Kessel, zum Pumpen flüssiger Ladung oder zum Lenzen von Tanks bzw. Heben oder Aufrichten gesunkener oder gekenterter Schiffe als »Pumpenschiff« oder *Bergungsschiff*.

Dampfpinasse: kleines Verkehrs- und Beiboot aus der Übergangszeit vom Segel- zum Dampfantrieb bis in die ersten Jahrzehnte des 20. Jh., ähnlich dem *Dampfkutter*; siehe auch *Dampfbeiboot*.

Dampfprahm: dem Prahm oder der Schute ähnliches Fahrzeug mit großen offenen Laderäumen für Schüttgüter, jedoch mit eigenem Dampfmaschinenantrieb. Dampfprahme einfacher Bauart bewährten sich besonders für den Transport von Baggerschüttgut (siehe *Bagger*), Bau- und Heizstoffen auf Binnenwasserstraßen und in Küstennähe. Der Dampfprahm steht am Entwicklungsbeginn des Binnengüterschiffs mit Eigenantrieb durch Dampfmaschinen bis zum heutigen Binnen-Motorgüterschiff.

Dampfschiff: durch Dampfkraft angetriebenes Schiff. Zur Entwicklung des Dampfschiffs gab es bereits in den früheren Jahrhunderten verschiedene Ansätze, die vorangestellte Chronologie enthält dazu die bekanntesten Beiträge.
Die ersten funktionsfähigen Dampfschiffe entstanden um die Wende vom 18. zum 19. Jh., wie die *»CHARLOTTE DUNDAS«*, *»CLERMONT«*, *»COMET«*, *»ELISA«*, *»DEFIANCE«*, *»SAVANNAH«* und andere. Während des gesamten 19. Jh. gab es außer dem Segelschiff nur das *Dampf-Segelschiff* und das durch Kolbendampfmaschinen angetriebene Dampfschiff. Das *Dampfturbinenschiff* (TS) und das *Motorschiff* (MS) gibt es erst seit dem Ausgang des 19./Anfang des 20. Jh.
Die Bezeichnung Dampfer (D); Dampfschiff(DS) bzw. Steamship (SS) wurden mit der zunehmenden Zahl von Dampfschiffen in den 40er Jahren des 19. Jh. allgemein gebräuchlich und bezogen sich seinerzeit ausschließlich auf Schiffe mit Kolbendampfmaschinen.
Nach den Patenten von JAMES WATT war die britische Fabrik »Boulton & Watt« in den Anfangsjahrzehnten des Dampfschiffs führend im Bau der ersten Raddampfermaschinen. Diese Räderschiffsmaschinen wurden mit Schwinghebeln (Balancier), Schwingzylindern, stehenden, liegenden bzw. schräggestellten Zylindern und später für den Propellerantrieb nur noch in stehender Bauweise mit Gleitbahnführung und unten liegender Kurbelwelle gebaut.
In vielen Entwicklungsschritten konnte der Dampfdruck vom anfangs atmosphärischen Druck bis zum Hochdruck gesteigert und die Kohlefeuerung durch Ölfeuerung abgelöst wer-

Die erste, 1881 außerhalb Englands konstruierte und gebaute Dreifach-Expansionsmaschine von Carl H. ZIESE, Schichau

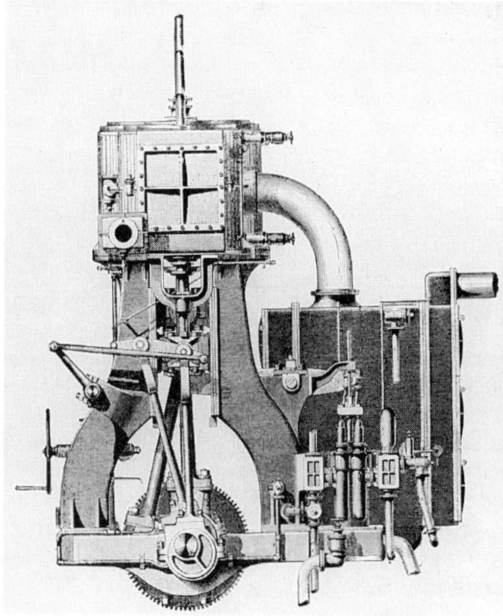

Compoundmaschine des Schraubendampfers »LY-EE-MOON« (1874) mit Hilfseinrichtungen und Kondensator

Dampf-Schraubenschlepper »ALBATROS« auf der Elbe

den. Die Entwicklung der Dampferzeuger vom kupfernen Kofferkessel (siehe u.a. *»GREAT EASTERN«*) über den Zylinder-Flammrohr-/Rauchrohrkessel zum Wasserrohrkessel mit Zwangsumlauf verminderte den Brennstoffverbrauch entscheidend.
Mit den Fortschritten des Maschinenbaus vollzog sich auch der Übergang von der Einfachexpansion (bei der der Dampf vom Anfangs- bis zum Enddruck nur in einem Zylinder entspannt wird) zur Verbund- oder Compoundmaschine mit zweifacher Expansion.
Um 1870 entwickelte A.C.KIRK die später am meisten gebaute Dreifach-Expansionsmaschine mit Hoch-, Mittel- und Niederdruckzylinder. Die größten Dampfmaschinen mit Vierfachexpansion gab es für die Schnelldampfer der Jahrhundertwende. Neben der Steigerung des Dampfdrucks, der Mehrfachexpansion und der Dampfsteuerung konnte die Wirtschaftlichkeit der Kolbendampfmaschine schließlich noch durch eine bessere Ausnutzung des Vakuums mit Hilfe verbesserter Kondensatoren und Luftabsaugung erhöht werden.
Nachdem es die Dampfturbine gab, wurden für die letzte Dampfstufe nach dem Prinzip von BAUER/WACH Abdampfturbinen mit Getrieben den Dampfmaschinen nachgeschaltet.
Die Kolbendampfmaschine war für ein Jahrhundert die ausschließliche Alternative für den Antrieb von Dampfschiffen. Für ein weiteres halbes Jahrhundert bis etwa Mitte 1950 wurden trotz der Konkurrenz durch Dampfturbine und Motor noch die Mehrzahl aller Schiffe von Kolbendampfmaschinen angetrieben. In der zweiten Hälfte des 20.Jh. verdrängte der Dieselmotor mit seiner höheren Wirtschaftlichkeit bei kommerziellen Schiffen auch die Dampfturbine.

Dampfschlepper: aus der Dampfschiffszeit, vereinzelt bis über die Mitte des 20.Jh. hinaus bewährter *Schlepper* mit Dampfmaschinenantrieb. Er wurde zum Schleppen auf Flüssen und Seen sowie zum Bugsieren und Verholen in Häfen, auf dem Revier und auch auf offener See eingesetzt. Bei Radschleppern mit liegender Maschine oder Diagonal-Maschine mit schrägliegendem Zylinder erreichte man eine geringe Bauhöhe und vor allem eine günstige Lage zur Schaufelradwelle. Die Schornsteine waren wegen der Brückendurchfahrten mit Seilzug und Kontergewichten zum schnellen Niederlegen eingerichtet. Besonders in der Flußschiffahrt hat sich der Dampf-Radschlepper wegen der oft niedrigen Pegelstände gut bewährt.
In tieferem Wasser hatte der Schrauben-Dampfschlepper seine Vorteile, hier verdrängte er den Radschlepper. Die Dampfmaschine wurde der optimalen Drehzahl des Propellers angepaßt, man benötigte kein Getriebe und die Maschine war zudem noch überlastbar. Die Nachteile des Dampfschleppers waren aber seine geringere Wirtschaftlichkeit gegenüber dem Motorschlepper, er belastete die Umwelt mit Rauch und Ruß und er war wegen des langen »Dampfaufmachens« nicht schnell genug betriebsbereit.

Dampf-Segelschiff: Dampfschiff, bei dem im Unterschied zum *Auxiliarschiff* der Dampfantrieb bereits der Hauptantrieb war, jedoch wegen der noch nicht jederzeit gewährleisteten Zuverlässigkeit des Dampfantriebs die Segelausrüstung vollständig oder in vereinfachter Form beibehalten wurde. Die Mehrzahl aller maschinengetriebenen Schiffe waren Dampf-Segelschiffe bis in die 80er Jahre des 19.Jh. Parallel zum Segelschiff und Dampfschiff behauptete sich das Dampf-Segelschiff aus wirtschaftlichen Gründen auch noch über die Jahrhundertwende mit unterschiedlichen Bemastungen und Takelungen bei verschiedenen kommerziellen Transport- und Fischereischiffen. In jüngerer Zeit kommt die Nutzung der Windkraft auch für moderne Schiffstypen wieder als zusätzlicher Antrieb in Betracht, siehe dazu *Windkraftunterstütztes Schiff*.

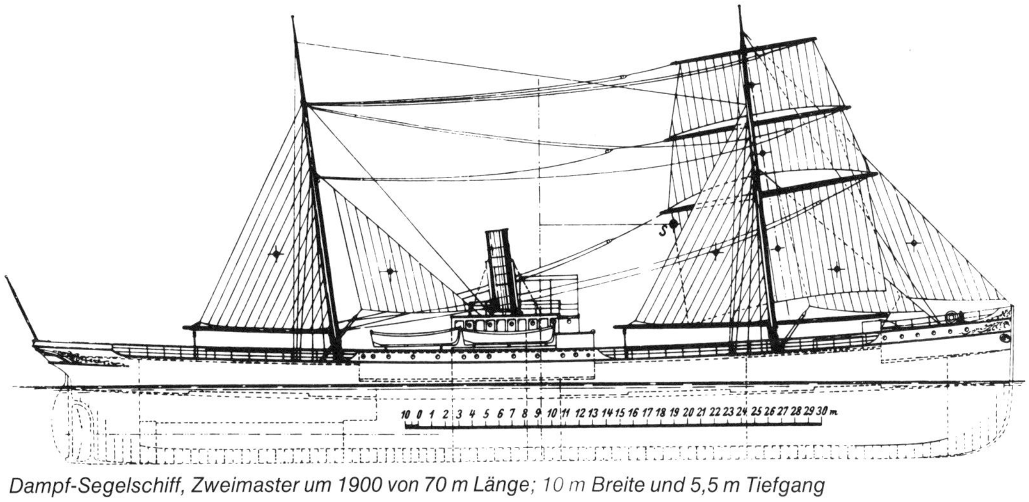

Dampf-Segelschiff, Zweimaster um 1900 von 70 m Länge; 10 m Breite und 5,5 m Tiefgang

Dampfturbinenschiff: *Dampfschiff* mit Antrieb durch Rotations-Dampfturbinen im Unterschied zu Kolbendampfmaschinen. Die erste Dampfturbinenanlage von CHARLES ALGERNON PARSONS wurde 1894 auf dem Versuchsschiff *»TURBINIA«* eingebaut, das anfänglich 44,5 t Deplacement hatte und nach Umbauten 1897 bei einem Deplacement von etwa 54 t mit etwa 1472 kW (2000 PS) die Geschwindigkeit von 34,5 kn erreichte. Kurz danach (1898 bis 1901) wurden die beiden Torpedobootzerstörer *»VIPER«* und *COBRA«* mit Turbinenantrieb gebaut, und 1901 gab es bereits das erste Turbinen-Passagierschiff *»KING EDWARD«*. Im gleichen Jahr ging die »VICTORIAN« der kanadischen Allan-Linie als erstes Turbinenschiff über den Atlantik.
1905 wurde der deutsche Bäderdampfer *»KAISER«* (1916 BRT) als Versuchsschiff für die späteren Schnelldampfer *»IMPERATOR«* und *»VATERLAND«* mit Turbinen ausgerüstet und erreichte mit 4416 kW (6000 PS) um 20 kn. Wenig später waren die wichtigsten Neubauten der britischen Marine Turbinenschiffe, und die berühmte *»MAURETANIA«* setzte Maßstäbe für die weitere Entwicklung des Dampfturbinenschiffs. Die Dampfturbine wurde mit ihren Vorzügen zum Inbegriff hoher Leistung und Geschwindigkeit. Fracht- und Passagierschiffe sowie Kriegsschiffe wurden zunehmend mit Turbinen des Systems Parsons und später auch mit dem Prinzip von DE LAVAL ausgerüstet.
Die direkte Kupplung der Turbine mit der Propellerwelle war jedoch noch nachteilig, da die Dampfturbine im Bereich hoher Drehzahlen und der Propeller bei niedrigen Drehzahlen ihre höchsten Wirkungsgrade haben. Erst das Untersetzungsgetriebe zwischen der Turbine und der Propellerwelle brachte hier Abhilfe.
Eine andere Variante stellt der turbo-elektrische Antrieb dar. Von den beiden größten deutschen Reedereien Norddeutscher Lloyd und HAPAG

Sir CHARLES ALGERNON PARSONS

Aufsetzen des Leitschaufel-Oberteils

wurden 1934/35 fast gleichzeitig 3 Schiffe für den Liniendienst zu Versuchs- und Vergleichszwekken in Dienst gestellt, um die seinerzeit günstigste Antriebsanlage für Schnelldampfer zu ermitteln.
Als Vergleichsschiffe für Großschiffe in der Handelsschiffahrt dienten die *»SCHARNHORST«*, Baujahr 1934 mit 18184 BRT und turbo-elektrischen Antrieb sowie die »GNEISENAU«, Baujahr 1935 mit 18160 BRT und Getriebe-Turbinenanlage. Das dritte Schiff war die »POTSDAM«. Die Maschinenanlagen der Schiffe leisteten jeweils 95680 kW (130000 WPS). Aus dem Vergleich entstand ein Schnelldampferprojekt von 50000 BRT mit turbo-elektrischem Antrieb mit 5×44160 kW (5×60000 WPS), das jedoch aus technisch-ökonomischen Gründen und wegen des Kriegsausbruchs nur ein Projekt blieb. Die größte, bis zu diesem Zeitpunkt ausgeführte turbo-elektrische Antriebsanlage, hatte das französische Fahrgastschiff *»NORMANDIE«* mit 4×29440 kW (4×40000 WPS).
Einen neuen Höhepunkt hatte das Dampfturbinenschiff während des Ausklangs großer Transatlantik-Passagierschiffe wie der *»UNITED STATES«*, beim Bau großer Flugzeugträger und auch bei den Supertankern und großen Containerschiffen. Durch höhere Leistungen und bessere Wirtschaftlichkeit wurde die Schiffsdampfturbine etwa ab 1970 auch bei großen Frachtschiffen vom Dieselmotor abgelöst.

Dampfyacht: Repräsentationsschiff mit Dampfantrieb. Mit der Entwicklung des Dampfantriebs hielten zunächst die Kolbendampfmaschine und später die Dampfturbine neben dem Petroleummotor und dem Dieselmotor Einzug auch auf Schiffen, die vornehmlich Repräsentationszwecken dienten, wie Staatsyachten, oder die von vermögenden Herrscherhäusern und Unternehmern zu Reisen und zu Vergnügungszwecken genutzt wurden. Ob als Rad- oder Schraubenschiff, stets war die Dampfyacht ein Schiff von besonderer Eleganz, Formschönheit und Schnelligkeit. Mit Luxus und verschiedenen technischen Neuerungen ausgestattet, sollte die Yacht den Reichtum oder die Macht des Besitzers repräsentieren. Staatsyachten waren zudem oft bewaffnet, so daß ihr Einsatz als *Aviso* im Flottendienst möglich war. Einige bekannte Dampfyachten waren die *»GRILLE«* als Königliche und Kaiserliche Yacht, Baujahr 1857, 738 PSi, 13,2 kn, 491 t Deplacement; die »LENSAHN«, Dampfyacht seiner Königlichen Hoheit Grossherzog von Oldenburg, 1000 PSi, 14,5 kn, 420 BRT; die »QUEEN ALEXANDRA«, britische Königsyacht, Baujahr 1902, 4400 HP, 21,5 kn, 750 t Deplacement oder die *»HOHENZOLLERN«*, Dampfyacht des Kaisers Wilhelm II., Baujahr 1892, 9000 PSi, 21,5 kn, 4280 t Deplacement.
Um die Jahrhundertwende folgte man in Deutschland einer Konzeption des Generaldirektors der HAPAG, Albert Ballin, der zahlungskräftigen Erholungssuchenden ein Höchstmaß an Komfort auf einem Schiff mäßiger Größe bieten wollte. Die beiden gebauten Yachten der HAPAG »PRINZESSIN VICTORIA LUISE«, Baujahr 1900, 3600 PSi, 15 kn, 4409 BRT und »METEOR«, Baujahr 1904, leiteten eine Ära ein, die sich bis in die heutige Zeit bis zum Kreuzfahrtschiff entwickelt hat.
Dampfantriebsanlagen waren für Yachten sehr günstig, da sie einen besonders ruhigen Lauf hatten. Aus diesem Grunde ließ sich u. a. in den Nachkriegsjahren auch der griechische »Tankerkönig« Onassis einen ausgedienten amerikanischen Zerstörer zur Privatyacht umbauen.
Während die »PRINZESSIN VICTORIA LUISE« schon 1906 vor Jamaica strandete, fuhr die bei Blohm & Voss gebaute »METEOR« (Länge 100,2 m, Breite 13,5 m, 1550 PSi-Dreifach-Expansionsmaschine, 2 Schrauben, 15 kn) 4 Jahrzehnte, bis sie am 9. März 1945 im seinerzeitigen Pillau als Lazarettschiff von Bomben getroffen wurde und sank.

Eine Dampfyacht im Hafen von Bergen

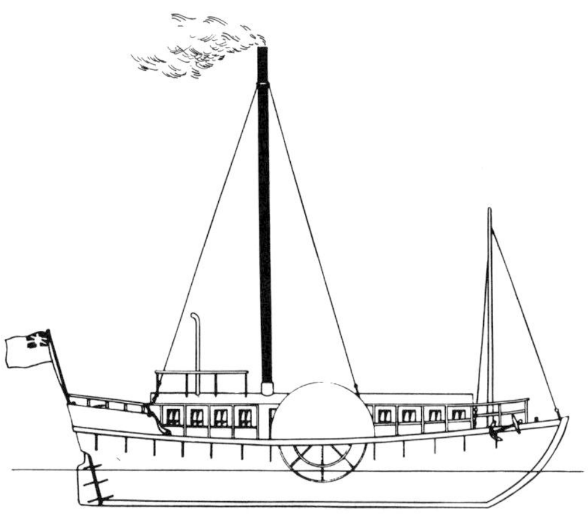
Die »DEFIANCE« fuhr 1816 auf dem Rhein bis Köln

»DEFIANCE«: erstes englisches Dampfboot, das 1816 von Margate kommend nach Rotterdam und von dort den Rhein aufwärts fuhr. Das Eintreffen des ersten Dampfboots am 12. Juni 1816 in Köln stellte ein großes Ereignis dar. Fünf Tage danach konnte bereits die »LADY OF THE LAKE«, ebenfalls in England gebaut, den Dampfschiffsverkehr zwischen Hamburg und Cuxhaven aufnehmen. Die Fahrt auf dieser Bäderlinie mußte jedoch wegen mangelnder Rentabilität nach einem Jahr wieder eingestellt werden.

»DEMOLOGOS«: 1814 erstes Kriegsschiff der Welt mit Dampfantrieb. Die Pläne zu diesem Schiff entwickelte ROBERT FULTON, obwohl seitens der Marine der Vereinigten Staaten eine große Skepsis vorherrschte. Das Schiff sollte zur Verteidigung von New York von See aus eingesetzt werden. Den Bauauftrag erhielt die Werft Charles Brown am East River in New York, die 1814 das Schiff auf Kiel legte. Durch den Krieg zwischen England und den USA und der Blokkade verteuerten sich die Baustoffe und verzögerte sich der Bau. Nach 4 Monaten auf der Helling lief das Schiff als »DEMOLOGOS« am 29. Oktober 1814 von Stapel, zu Ehren von FULTON wurde es jedoch auf Vorschlag der Regierung »FULTON« genannt. Die Weltöffentlichkeit nannte das Schiff »Die gewaltigste Kriegsmaschine, die der menschliche Geist erdacht hat«.
Zwischen 2 Holzrümpfen lief ein Schaufelrad von 4,9 m Durchmesser, das von einer 88-kW-(120 PS-)Dampfmaschine angetrieben wurde. Die Maschinenanlage war in dem einen Rumpf und der kupferne Koffer-Dampfkessel im anderen eingebaut. Bei Friedensschluß am 24. Dezember 1814 war das Schiff jedoch noch nicht fertiggestellt. Die erste erfolgreiche Probefahrt war am 1. Juni 1815, die FULTON selbst nicht mehr erleben konnte. Im Juli 1815 erreichte das Schiff auf weiteren Fahrten 6 kn. In die Flotte wurde die »FULTON« erst im Juni 1816 übernommen. Die »DEMOLOGOS« bzw. »FULTON« sollte den Küstenschutz übernehmen bzw. die englische Blockade durchbrechen, doch sie brauchte nicht mehr eingesetzt werden. Das Schiff war somit nie im Gefecht. Am 4. Juni 1829 wurde es jedoch durch eine Pulverexplosion zerstört, bei der 25 Mann ihr Leben verloren. Erst Jahre danach ließ 1834 die US-Marine ihren zweiten Kriegsdampfer »FULTON THE SECOND« bauen.

Übergabe von Depeschen während der Fahrt durch ein kleines Torpedoboot

Depeschenboot: kleiner *Aviso* oder kleines Torpedoboot, daß vor der Funktelegrafie oder anderen modernen Nachrichtenübermittlungen in den Geschwadern der Kriegsmarine oder anderen Verbänden zur Überbringung von Depeschen oder anderen Nachrichten eingesetzt wurde.

»DERFFLINGER«: deutscher Zweischrauben-Reichspostdampfer (Fracht- und Passagierdampfer) von 12000 t Deplacement, 9144 BRT und 5148 NRT. Das Schiff wurde 1907 von der Werft F. Schichau in Danzig für den Norddeutschen Lloyd Bremen gebaut. Als Zweischrauber erreichte es die Geschwindigkeit von 14,5 kn. Bei Ausbruch des Kriegs befand sich die »DERFFLINGER« in Port Said, durfte jedoch nicht in der neutralen Zone des Suezkanals bleiben. Es mußte die seinerzeit neutrale Dreimeilenzone verlassen und wurde außerhalb dieser Zone, ebenso wie zwei weitere Schiffe des Norddeutschen Lloyd, von einem bereitliegenden Kriegsschiff beschlagnahmt. Nach Kriegsende konnte die Reederei das Schiff zurückkaufen.

Destroyer: siehe *Zerstörer*

»DEUTSCHLAND« (1): Die deutsche Panzerfregatte wurde unter Leitung des ersten Konstrukteurs der englischen Admiralität, SIR REED, konstruiert und bei Samuda Brothers in Poplar bei London am 12. September 1874 von Stapel gelassen. Der Chef der Kaiserlichen Admiralität, General der Infanterie von STOSCH förderte zu dieser Zeit bereits den deutschen Schiffbau, so daß die beiden Panzerfregatten »DEUTSCHLAND« und »KAISER« die letzten in England gekauften großen Kriegsschiffe wurden.
Die 89,34 m lange und 19,1 m breite »DEUTSCHLAND« war als Vollschiff getakelt und besaß bei einem Tiefgang von 7,65 m eine Verdrängung von 7319 t. Das Schiff hatte eine Besatzung von 600 Mann und war schon mit pneumatischen Alarmglocken und einem Forcester Steuerapparat ausgerüstet. Eine liegende 2-Zylinder-Einfach-Expansionsmaschine der Firma J. Penn & Sons in Greenwich mit einer Leistung von 4150 kW (5637 PSi) gab dem Schiff eine Geschwindigkeit von 14,5 kn. Acht Kessel mit 40 Feuern erzeugten den nötigen Dampf. Die Schornsteine waren in der Höhe veränderlich. Die Bewaffnung bestand aus 8 Stück 26-cm-Krupp-Kanonen mit einer Masse von je 22 t und einer 21-cm-Krupp-Kanone als Heckgeschütz von 18 t Masse. Der Gürtel hatte 25,4 cm Dicke, und die Kasematte sowie das Heck waren ebenfalls gepanzert.
1895–1897 wurde das Schiff auf der Kaiserlichen Werft in Wilhelmshaven modernisiert und ging als Großer Kreuzer in den Auslandsdienst. Es wurde zum Flaggschiff des Prinzen HEINRICH VON PREUSSEN in Ostasien. Am 3. Mai 1904 wurde es als Hafenschiff eingesetzt und in »JUPITER« umbenannt. Am 21. Mai 1906 aus der Flottenliste gestrichen, wurde es als Zielschiff genutzt. 1908 erfolgte für 120000 Mark der Verkauf zum Abbruch in Hamburg.

»DEUTSCHLAND« (2): Doppelschrauben-Schnelldampfer. Das 1900 von der Stettiner Werft »Vulcan« für die Reederei HAPAG gebaute Schiff wurde zu Ende des 19. Jh. direkt mit der Zielstellung in Auftrag gegeben, das »Blaue Band« des Nordatlantik für Deutschland zu gewinnen. Es erhielt die beiden größten überhaupt jemals gebauten Vierfach-Expansions-Dampfmaschinen. Diese Maschinen und die später noch entwickelten Fünffach-Expansionsmaschinen brachten aber keine grundlegenden Fortschritte mehr gegenüber der Dreifach- und Vierfach-Expansion, so daß ihre Anwendung beschränkt blieb. Die Maschinen hatten je 6 Zylinder und 12495 kW (17000 PS) Leistung. Das Deplacement betrug 23200 t. Die Probefahrt war am 27. Juni 1900, und die Jungfernreise begann am 5. Juli 1900. Das 202,36 m lange, 20,42 m breite und mit 16502 BRT vermessene Schiff lief damit bei 8 m Tiefgang im Juli 1900 zunächst 22,4 kn und erreichte 1901 die Höchstgeschwindigkeit von 23,36 kn. Damit konnte die Reederei 1901 das »Blaue Band des Atlantik« ostwärts mit einer Fahrzeit von 5 Tagen, 7 Stunden und 38 Minuten erringen.
Aber bereits 1902 führten starke Vibrationen im Hinterschiff zu Überbeanspruchungen der Schiffsverbände bei hoher Fahrt, und es kam im Atlantik am 22. April 1902 zum Bruch des Hinterstevens und Verlust des Ruders. Das Schiff konnte mit eigener Kraft seinen Heimathafen erreichen, mußte jedoch die gesamte Sommersaison bei Blohm & Voss in Hamburg zur Reparatur liegen, wo eine neue Achtersteven-Stahlgußsektion eingebaut wurde. Dieser und andere Schäden waren Anlaß, Fragen der Schiffsschwingungen und des Masseausgleichs bei Kolbenmaschinen intensiv zu untersuchen, bis sie schließlich durch OTTO SCHLICK (1906) zumindest teilweise gelöst werden konnten.

Die deutsche Panzerfregatte »DEUTSCHLAND« um 1878 (vorn) und die »KÖNIG WILHELM« schießen Salut

Die »DEUTSCHLAND« wurde dann aus dem Atlantik-Liniendienst herausgenommen und nach einem Umbau auf der Stettiner Werft »Vulcan« als Luxusdampfer für 500 Passagiere der I. Klasse für Kreuzfahrten eingesetzt. Gleichzeitig wurde die Maschinenleistung auf 11 040 kW (15 000 PSi) reduziert. Damit wurde die HAPAG zur ersten Reederei, die Kreuzfahrtdienste im Winter anbot, wenn für die eigentlichen Liniendienste eine verminderte Auslastung eintrat.
Am 5. August 1911 ging die »DEUTSCHLAND« unter ihrem neuen Namen »VICTORIA LUISE« wieder in Dienst und machte Kreuzfahrten bis zum Ausbruch des ersten Weltkriegs. Ein erneuter Namenswechsel in »HANSA« war am 25. November 1920. Zum Abwracken wurde das Schiff dann 1925 verkauft, als der Bau einer neuen *»HANSA«*, der späteren »SOWJETSKI SOJUS« erfolgt war.

Heckansicht der »DEUTSCHLAND« auf Kielpallung mit Steuerbordpropeller, Wellenhose, Heckwulst und Plattenruder

»DEUTSCHLAND«, Handelsunterseeboot: siehe *»U-DEUTSCHLAND«*

»DEVASTATION«: erstes englisches Dampfpanzerschiff mit Geschütztürmen, bei dem vollständig auf die Besegelung verzichtet wurde. Die britische Admiralität löste sich damit nach dem Beispiel der Monitore als erste europäische Macht vom Segelpanzerschiff, um bei jedem Wetter im Kanal, Atlantik oder Mittelmeer ihre Großkampfschiffe einsetzen zu können.
Die 1871 von Stapel gelassene »DEVASTATION« erhielt eine 7 Fuß hohe gepanzerte Brüstung von 10 bis 12 Zoll Panzerdicke zum Schutz der Maschinenschächte und unteren Schornsteinbereiche. Den Abschluß der Brüstung bildete vorn und hinten je ein schwer gepanzerter Geschützturm, jeder mit zwei 12zölligen, 35 t schweren Geschützen bestückt, die Granaten von 272 kg feuerten. Die besonders sorgfältig ausgeführte Turmpanzerung bestand aus 9″ dikken äußeren Panzerplatten, darunter 9″ Eichenbohlen zwischen eisernen Spanten. Es folgten darunter 6″ dicke Panzerplatten auf 6″ Eichenbohlen zwischen eisernen Spanten, dann eine innere Hülle von 2 übereinandergenieteten Blechen von je $^{3}/_{4}$″ Dicke auf 10″ hohen eisernen Spanten und einer Innenverkleidung mit Taumatten zum Schutz gegen abplatzende Nieten oder andere Teile bei Treffern. Beim Schiffskörper

Die um die Jahrhundertwende gebaute größte Kolbendampfmaschine mit 12 510 kW (17 000 PS), Länge 23 m; Höhe 12 m; Eigenmasse 250 t

Die »DEUTSCHLAND« auf Reede

verfolgte man das Konzept eines möglichst kurzen Schiffs mit möglichst niedrigem Überwasserteil. Die lange Bauzeit – das Schiff wurde bereits 1869 auf Kiel gelegt – deutet auf die beim Bau dieses neuartigen Schiffstyps aufgetretenen vielfältigen Schwierigkeiten hin. Das 86,87 m lange und 18,97 m breite Schiff hatte bei 8,14 m Tiefgang immerhin schon ein Deplacement von 9480 t und eine Maschinenleistung von 4785 kW (6650 PS).
Es wurde 1873 fertiggestellt. Die entfernte Takelage verbesserte vor allem die Stabilität des Schiffs und erhöhte wegen der fehlenden Masten, Wanten und Stagen wesentlich den Schwenkbereich und den Bestreichungswinkel der Geschütze. Das Schwesterschiff der »DEVASTATION« war die »THUNDERER«.

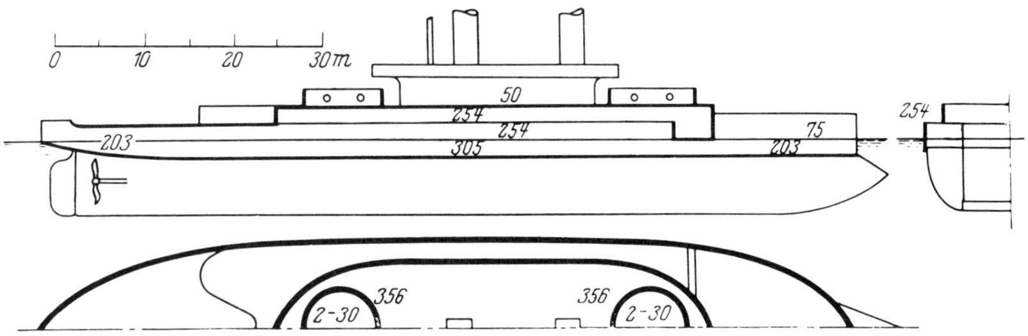

Geschütztürme und Panzerung der britischen »DEVASTATION«

Das französische Segel-Dampf-Großkampfschiff »DÉVASTATION« beim Trocknen der Segel vor Anker liegend

»DÉVASTATION«: französisches dreimastgetakeltes Zentralbatterie-Panzerschiff; stärkstes Segel-Dampf-Großkampfschiff um 1880. Zu dieser Zeit waren große Zentralbatterie-Panzerschiffe mit möglichst großem Kaliber, für damalige Möglichkeiten hohen Geschwindigkeiten und auf die Zentralbatterie konzentriertem Panzerschutz die entscheidenden Kriegsschiffstypen der Hauptmächte. Frankreich ließ die »DÉVASTATION«, »REDOUTABLE« und »FOUDROYANT«, England die *»ALEXANDRA«* und ebenfalls eine *»DEVASTATION«* sowie die »THUNDERER« u. a. bauen, Deutschland bestellte die *»KAISER«* und die *»DEUTSCHLAND«* und Österreich die *»TEGETTHOFF«*.
Die französische »DÉVASTATION« hatte 9650 t Deplacement. Die Gesamtleistung der von J. Penn & Sons aus Greenwich gelieferten Dampfmaschinen war 4420 kW···4900 kW (6000···6660 PS), der Kohlevorrat wurde für 2800 Seemeilen bei 10 kn Marschfahrt bemessen. Das Schiff soll 14 kn Fahrt gemacht haben.
In der mit 38 cm dicken Panzerplatten geschützten Zentralbatterie befanden sich 4×32-cm-Geschütze. 2×27-cm-Geschütze standen oberhalb der Zentralbatterie in Halbtürmen. Durch die stark eingezogenen Schiffsseiten konnten 4 Geschütze nach vorn und 2 nach hinten feuern, Breitseitenfeuer konnten 3 Geschütze abgeben.

Diesel-Elektroschiff: Schiff, bei dem Dieselmotoren den Propeller nicht direkt über Kupplungen und Wellenleitungen sondern über Generatoren und Propellermotoren antreiben. Trotz verschiedener Vorzüge in der möglichen Leistungsaufteilung auf mehrere Dieselmotoren, des geringeren Raumbedarfs sowie durch die Kombination der Haupt- und Hilfsenergieerzeugung oder durch die günstige Leistungsregelung und Umsteuerung ist der Aufwand größer und der Wirkungsgrad kleiner als beim Dieselmotorschiff. Diesel-Elektroschiffe sind daher hauptsächlich Spezialschiffe für Einsatzzwecke, bei denen besondere Anforderungen hinsichtlich der Fahreigenschaft bei kleinen Geschwindigkeiten bzw. Überlastungen in der Eisfahrt oder besondere Navigationsaufgaben zu erfüllen sind. Neben dem dieselelektrischen Antrieb gibt es den Elektro-Akkumulatorenantrieb wie beim *U-Boot* sowie den turboelektrischen Antrieb mit Dampf- oder Gasturbinen.
1903 wurden in St. Petersburg die Naphtha-Tankschiffe »VANDAL« und »SARMAT« der »Soc. Nobel freres Gesellschaft« als erste Schiffe mit einem dieselelektrischen Antrieb gebaut. 1904 schlug der russische Ingenieur-Leutnant Philippow vor, große Linienschiffe mit 30 Dieselmotoren nebst Dynamo anzutreiben, welche die Energie für 4 Elektromotoren von je 4000 PS Leistung liefern sollten, die paarweise auf je eine Schraubenwelle arbeiten sollten. Solche großen Fahrmotoren ließen sich jedoch damals noch nicht bauen. Erst 1922 wurde das Prinzip beim holländischen U-Boot-Mutterschiff »PELIKAN« wieder verwendet.
Schweden baute als erstes Land einen dieselelektrischen *Eisbrecher*, der 1932 als »YMER« von Stapel lief. Das erste Kriegsschiff mit dieselelektrischen Antrieb war das finnische Panzerschiff »WAINÄNMÖINEN«, das ebenfalls 1932 in Dienst gestellt wurde und dem 1939 der dieselelektrische Eisbrecher »SISU« folgte.
In Deutschland war man dieser Antriebsvariante gegenüber noch zurückhaltend. Die erste dieselelektrische Anlage kam erst 1936 auf dem Australien-Frachter »WUPPERTAL« (6000 t) der HAPAG zum Einbau. 1938 folgte dann das erste dieselelektrische Fahrgastschiff *»PATRIA«* der HAPAG, seinerzeit das größte Elektroschiff.
Es vergingen weitere 17 Jahre, bis neue Diesel-Elektroschiffe in Fahrt kamen. 1955 waren es 2 Hafenschlepper der Reederei Petersen & Alpers in Hamburg, gefolgt vom sowjetischen Eisbrecher *»ERMAK«* (20 100 t, 36 000 PS) sowie weltweit einige Kabelleger, Fährschiffe und Fischereischiffe (siehe *»JUNGE WELT«*), neuerdings einige weitere sowjetische Eisbrecher und Spezialfrachter. Das zur Zeit größte Schiff, das nach Umbau einen dieselelektrischen Antrieb erhielt, ist die britische *»QUEEN ELIZABETH II«* mit 130 000 PS Antriebsleistung. Der Antrieb erfolgt über Dieselmotor, Generator und E-Fahrmotor. Der Vorteil besteht darin, daß die Antriebsmaschine weit achtern im Schiff angeordnet werden konnte. Betreffs der Geschwindigkeit ist sie gut regelbar, der Nachteil besteht in der doppelten Energieumwandlung.

Dieselmotorschiff: See- oder *Binnenschiff* mit Dieselmotorantrieb, der Hauptantriebsvariante von Schiffen seit der Mitte des 20. Jh. und des derzeit bis auf Ausnahmen allgemein verwendeten Schiffsantriebs. Der deutsche Ingenieur RUDOLF DIESEL (1858 bis 1913) entwickelte das Arbeitsprinzip der Kolbenmaschine mit der Brennstoffeinbringung und der Selbstzündung

von den Anfängen bis zur Funktionsreife und zur allgemeinen Anwendung.
Seit dem Probelauf des ersten Dieselmotors auf dem Prüfstand der MAN in Augsburg 1895 und der Fahrt eines ersten französischen Kanalboots mit einem Dieselmotor vergingen noch 8 Jahre. 1903 wurden auch in St. Petersburg die *»VANDAL«* und »SARMAT« mit Dieselmotoren gebaut. Bald gab es eine ganze Anzahl von Transportschiffen, Güter- und Dienstbooten, und 1910 war das italienische Post- und Fahrgastschiff »ROMAGNA« 589 kW (800 PS) das erste größere seegehende Dieselmotorenschiff. Mit der Indienststellung der dänischen *»SELANDIA«* im Jahr 1912 zeichnete sich bereits ab, daß das Motorschiff dem Dampfschiff mit seinen Dampfmaschinen oder Dampfturbinen in den folgenden Jahrzehnten überlegen sein würde. In einer Veröffentlichung von 1913 hieß es: »Mit der Indienststellung der ersten Motorseeschiffe ist die Seeschiffahrt in eine neue Phase der Entwicklung eingetreten, und man wird gespannt darauf sein dürfen, welche Umwälzungen in der Seeschiffahrt dieses neue Antriebsmittel hervorzurufen imstande sein wird«.
Nach dem ersten Weltkrieg waren die Vorzüge des Dieselmotors offensichtlich. Der bessere Wirkungsgrad, der Raumgewinn durch Fortfall der Dampfkessel und Kohlebunker, die Einsparung des Heizerpersonals und die saubere Brennstoffübernahme, die Belästigungsminderung durch Rauch und Asche und die jederzeitige Betriebsbereitschaft überzeugten.
Zunächst wurden übriggebliebene U-Boot-Motoren in der Nachkriegszeit auf Handelsschiffen eingebaut. Der Dieselmotor wurde zur rationellsten Wärmekraftmaschine und bei kommerziellen Schiffen zur dominierenden Schiffsantriebsmaschine. 1923/24 wurde das erste große Vierschrauben-Passagier-Motorschiff »AORANGI« mit 20000 t Deplacement und einer großen Maschinenleistung von 9570 kW (13000 PSe) gebaut. Es war seinerzeit das größte, schnellste und stärkste Dieselschiff der Welt.
Anfang 1960 konnten bereits Einzelmotoren bis 20000 PS und 1965/66 bis 30000 PS und um 1970 bis 40000 PS gebaut werden. Der Dieselmotor ist heute für alle erforderlichen Leistungen als Ein- oder Mehrmotorenanlage verwendbar und erreicht bei Großmotoren mit über 50%iger Ausnutzung der Primärenergie den besten Wirkungsgrad aller derzeitigen Wärmekraftmaschinen. Schnellaufende Dieselmotoren mit 750 bis 1500 U/min werden hauptsächlich für den Antrieb von Generatoren eingesetzt und als Viertakter gebaut. Auch bei den mittelschnellaufenden Motoren von 400···600 U/min wird das Viertaktverfahren bevorzugt, die Untersetzung auf die Propellerdrehzahl geschieht durch Getriebe. Moderne mittelgroße und große Schiffe werden etwa ab 1980 nahezu ausschließlich durch langsamlaufende Zweitakt-Kreuzkopfmotoren von 70···140 U/min angetrieben, die direkt auf die Schiffswelle wirken, hochviskose Schweröle verbrennen und mit einem spezifischen Brennstoffverbrauch um 175 g/kWh auskommen.

Dieselmotorschlepper: siehe *Schlepper*

Dipper-Dredger: englisch-amerikanische Bezeichnung für einen Schwimmbagger, der nach dem Prinzip des »Löffelbaggers« arbeitet; siehe *Bagger*.

Rudolf Diesel (1858 bis 1913) und sein zweiter Versuchsmotor, der ab Oktober 1896 eine Leistung von 14,7 kW bei 175 U/min abgab

Dieselschiffsmotor von 220 kW (300 PS) aus den Jahren 1905/08 für die französische Marine

Divisionsboot: in der deutschen Marine ein großes Torpedoboot, von dem aus eine Torpedobootsdivision kleinerer Torpedoboote geführt wurde.

Dock: siehe *Schwimmdock*

»DOCKEXPRESS 11«: Dockschiff für schwimmfähige Schwergüter. Das Schwergutdockschiff wurde 1979 bei der Verolme Heusden Werft für »Dockexpress Shipping B. V.« in Rotterdam gebaut, weiter gibt es dazu die Schwergutschiffe »10« und »12«.
Das Schiff ist über Alles 153,8 m und zwischen den Loten 116,0 m lang, 25,0 m breit und hat bei einer Seitenhöhe von 15,0 m einen Tiefgang von 8,9 m. Die Tragfähigkeit beträgt dann 13000 t DW. Bei geöffnetem Hecktor betragen der Tiefgang 6,5 m und die Tragfähigkeit 4000 t DW. Der 8 m hohe Dockraum bietet bei 116 m Länge und 20,2 m Breite eine Ladefläche von 2130 m^2. Zum Eindocken schwimmender Ladung bis 2000 t Einzelmasse kann das Schiff soweit abgesenkt werden, daß die Wassertiefe im Dockraum 5 m beträgt. Die den Dockraum nach hinten abschließende Heckklappe von 20,9 m Breite und 9,5 m Höhe kann bei Bedarf auch als Rampe für den Ro/Ro-Umschlag mit bis zu 600 t schweren Einzelkollis benutzt werden. Für den Lo/Lo-Umschlag hat das Schiff 2 fahrbare Portalkrane von je 500 t Tragfähigkeit, die gekoppelt bis zu 1000 t heben. Der Dockraum kann durch 14 Ponton-Lukendeckel abgeschlossen werden, auf denen ebenfalls Schwergutladung gefahren werden kann. Schiffe dieses Typs werden auch zum Transport von Bohrplattformen und anderen sperrigen Gütern auf dem Oberdeck eingesetzt.
Die Antriebsanlage besteht aus 2 Stork Werkspoor Dieselmotoren mit einer Leistung von 6250 kW, die über ein Untersetzungsgetriebe auf 2 Verstellpropeller arbeiten, mit denen das Schiff eine Geschwindigkeit von 16 kn erreicht.

Docklandungsschiff: im zweiten Weltkrieg erstmals entwickeltes Spezialschiff für den Transport und die Anlandung kleiner Landungsboote oder amphibischer Kampftechnik, wie Schwimmpanzer, Schwimmschützenpanzer oder anderer Schwimmwagen. Das Docklandungsschiff kann zum Ein- und Ausschwimmen der Schwimmeinheiten seinen Tiefgang ähnlich wie ein *Schwimmdock* so weit vergrößern, daß ein fast über die ganze Oberdeckslänge reichendes Transportdock durch ein Schleusentor geflutet wird. Für den Transport werden die Fluttanks des Docklandungsschiffes und das Transportdock entleert, so daß das Schiff mit seinem Normaltiefgang fährt. Der U-förmige Schiffsquerschnitt stellt eine Vorentwicklung für die späteren Leichtertransportschiffstypen, wie *LASH*, *BACAT* oder *SEABEE* dar. Zu Beginn des zweiten Weltkriegs besaßen die meisten Flotten, mit Ausnahme von Japan, nur wenige spezielle Landungsschiffe. Docklandungsschiffe kamen in größerer Anzahl 1944 bei den Landungen der Alliierten im Stillen Ozean bei Guam, Saipan und Tinian zum Einsatz. Sie transportierten in einem Dockraum kleinere Landungsmittel mit eingeschränktem Aktionsradius und geringer Seefähigkeit in das Landungsgebiet.

Dockschiff: *Schwimmdock* mit Eigenantrieb, das ortsveränderlich z. B. zum Heben gesunkener Schiffe einsetzbar ist. Dockschiffe wurden besonders in den Anfangsjahren der Unterseebootsentwicklung zur schnellen Hilfe für gesunkene Boote in den Kriegsmarinen gebraucht, wie in der Kaiserlichen Marine das Dockschiff »VULCAN«. Dockschiffe können einen katamaranähnlichen Doppelrumpf haben und das gesunkene Fahrzeug in den Raum zwischen den beiden Schwimmkörpern heben, oder sie können wie ein Schwimmdock an den Enden mit öffnungsbaren wasserdichten Docktoren versehen sein. Dockschiffe haben außerdem Ausrüstungen, Werkstätten und Personal zur Ausführung erster Instandsetzungen.

Donau-Dampfschiff: den besonderen Fahrtbedingungen auf der Donau angepaßtes Dampfschiff. Am 18. März 1829 wurde in Wien die »K. K. privilegierte I. Donau-Dampfschiffahrtsgesellschaft« (DDGS) gegründet. Die österreichische Regierung und der ungarische Graf Istvan Széchenyi waren die Pioniere der Donau-Schiffahrt. Der Kaiser erteilte an die englischen Schiffbauer John Andrews und Joseph Prichard entsprechende Schiffahrtspatente.

Das erste Donau-Dampfschiff war der 318 t große Schaufelraddampfer »FRANZ I«, der am 19. April 1831 auf seine Jungfernfahrt ging. Er war über Alles 48,0 m und zwischen den Loten 43,6 m lang, 6,20 m breit im Rumpf und über beide Radkästen 12,32 m breit und hatte bei einer Seitenhöhe von 2,89 m einen Tiefgang von 1,1 m. Die Dampfmaschine war von der Firma Boulton & Watt aus Soho bei Birmingham und wurde in den späteren Jahren mehrfach durch neuere Maschinen ersetzt. Die »FRANZ I« verkehrte zwischen Raab und Pest.

Auf der kleineren der beiden Obudaer Inseln wurde die Obudaer-Schiffswerft errichtet, deren erster Neubau 1836 der hölzerne Dampfer »ARPARD« war. Die Kessel und Schaufelräder wurden nicht selbst gebaut, sondern aus England bezogen. 1838 war die »GALATHEA« das letzte Holzschiff der Werft, 1844 folgte als erstes eisernes Schiff die »SOPHIA«. Beim Stapellauf der »SZECHENYI« (1844) erklang zum ersten Mal öffentlich die ungarische Nationalhymne. Im Jahr 1848 wurde »FRANZ I« von der DDSG verkauft und zum Kriegsschiff »MESZAROS« umgebaut. 1849 kam das Schiff aber wieder an die DDSG zurück und wurde zum Schleppdampfer »SCHLICK« umgebaut. 1895 besaß die Werft bereits ein Schwimmdock für Schiffe bis 600 t, das erste Schwimmdock, das es an der Donau gab. 1912 entstanden auf der Obudaer-Werft auch die ersten Donau-Gesellschaftsdampfer »WIEN«, »BUDAPEST« und »SCHÖNBRUNN«!

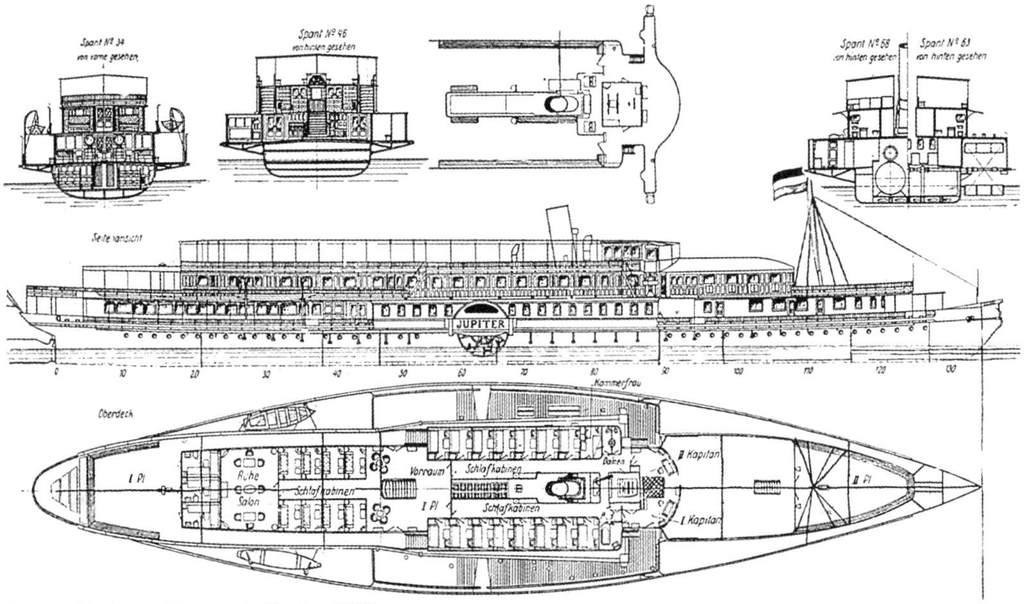

Donau-Seitenraddampfschiff »JUPITER«

Die während des ersten Weltkriegs gebauten 736-kW-(1000-PS-)Schlepper »CYKLOP«, »CENTAUR«, »GOLIATH« und »VULKAN« waren die derzeit leistungsstärksten Schlepper auf der Donau. Gegen Kriegsende begann der Bau der großen Donau-Passagierschiffe »JUPITER« und »URANUS«. Die 1922 gebauten Schiffe »SATURNUS« und »HELIOS« waren mit 78 m Länge die größten auf der Donau.

Der 1927 gebaute Schlepper »ÖSTERREICH« war das letzte Dampfschiff der Werft für die DDSG. Mit seiner Maschinenleistung von 1840 kW (2500 PS) war er der stärkste Schlepper, der jemals im Donaubereich eingesetzt war. Alle Schiffe – besonders aber die Dampfschlepper – waren wegen der besonderen Fahrtverhältnisse, Stromschnellen und engen Durchfahrten der Donau mit besonders starken Maschinen ausgerüstet. Für die Donauschiffe war die Durchfahrt am »Eisernen Tor«, wo sich die Donau auf 100 km Länge einen Weg durch die Ausläufer der Südkarpaten gebahnt hat, sehr schwierig. Bereits 1898 konnte ein 1,7 km langer und 60 m breiter Kanal in die Felsenbarriere gesprengt werden. Strömungsgeschwindigkeiten bis zu 5,5 m/s erforderten aber auch danach starke Schleppdampfer, wenn Kähne bis zu 1000 t Tragfähigkeit durch den Kanal gezogen werden sollten. Schleppdampfer benötigten etwa 40 Min., um mit einem Kahn und äußerster Kraft durch den Kanal zu fahren. Um auch schwachen »Remokören« (Zugdampfer/Schleppdampfer) die Möglichkeit einer Kanalpassage zu geben, errichtete Rumänien Ende 1899 eine Kabelschiff-Schleppanlage mit dem Drahtseilschiff »VASKAPU«. Nach einer Idee des französischen Ingenieurs Lombard Gevin aus Lyon wurde eine Seiltrommel von 2,5 m Durchmesser von einer 221-kW-(300-PS-) Dampfmaschine angetrieben. Die Seillänge betrug 6 km, der Seildurchmesser 31,5 mm und die Zugkraft 150 kN (15 Mp.) Neben modernen Treidellokomotiven versah die »VASKAPU« noch bis etwa 1938 mit einigen Unterbrechungen den Dienst.

Heute befinden sich entlang der Donau, einer der bedeutendsten Wasserstraßen Europas, in allen

Seitliche Doppelhülle eines Frachtschiffs (VEB Schiffswerft »Neptun«)

Anliegerstaaten Werften, die verschiedene Binnenschiffstypen, kombinierte Binnen- und Seeschiffe, Schubschiffe, Schwimmkrane und technische Fahrzeuge bauen. Auch für die Bargen der Schiffahrtsorganisation »Interlighter« ist die Donau ein wichtiger Wasserweg.

Doppel-Centralbatterie-Kasemattschiff: siehe *Kasemattschiff*

Doppelhüllenboot: siehe *Zweihüllenboot* und *Unterseeboot*

Doppelhüllenschiff: mit doppelter Außenhülle gebautes Schiff. Parallel zu den Seitenbordwänden werden hauptsächlich im mittleren Schiffsbereich Längsschotte angeordnet, die durch ihre Versteifungen mit der Außenhülle Raumzellen bilden, die als Seitentanks oder für Betriebsgänge genutzt werden. Moderne *»Offene Schiffe«* wie *Containerschiffe*, bei denen ebenflächig begrenzte Laderäume vorteilhaft sind und bei denen die erforderliche Biege- und Torsionsfestigkeit wegen der großen Decksöffnung zusätzliche Verbände erfordert, werden i. allg. als Doppelhüllenschiffe gebaut. Bei Tankern vermindert die Doppelhülle die Umweltgefährdung durch Ölausfluß bei Kollisionen. Für andere Ladungen kann eine wirksame Tankisolierung erreicht und die Ladung pumpfähig gehalten werden. Bei Massengutschiffen (siehe *Bulker*) erstreckt sich die Doppelhülle i. allg. nicht über die gesamte Seitenhöhe, sondern wird durch schräge Längsschotte am Boden und Decksbereich gebildet, um entsprechend dem Schüttwinkel der Ladung am Boden ein selbsttätiges Nachrutschen bei der Entladung und durch eine verminderte obere Ladungsbreite das Übergehen, d. h. seitliche Verschieben von Ladung bei Schiffsbewegungen, zu verhindern.
Bei anderen Schiffen, wie Kernreaktorschiffen, erhöht die Doppelhülle die Schiffssicherheit bei Kollisionen besonders im Bereich des Kernreaktors, oder bei Eisbrechern wird eine höhere Sicherheit bei Außenhautschäden erreicht.

Doppelrumpfschiff: siehe *Katamaran*

Doppelschraubenschiff: siehe *Zweischraubenschiff*

Doriboot, *Dory:* vom ursprünglichen Ruderboot mit Hilfssegel für den Kabeljaufang auf den Neufundlandbänken übernommene Bezeichnung für ein motorgetriebenes Boot, das auf einem Fischereischiff für die Ringwadenfischerei (siehe auch *Seiner*) mitgeführt wird. Ein solches Doriboot ist etwa bis 10 m lang. In der Bootsmitte befindet sich der Netzraum und an den Bordseiten, am Heck oder Bug sind Netzrollen, Netzwinden und Netzrutschen.
Auf dem Fangschiff wird das Doriboot i. allg. in der Nähe oder auf der Heckaufschleppe gefahren, um es zum Aussetzen der Ringwade einfach zu Wasser bringen zu können.

Dreadnought (engl. Fürchtenichts): gepanzerter Großkampfschiffstyp der letzten Jahrzehnte des 19. Jh. und der ersten Jahrzehnte des 20. Jh. Die Entwicklung der Panzerdicken und der Durchschlagskraft der Geschütze hatte einen solchen Stand erreicht, daß die Geschützkaliber und Panzerdicken möglichst groß sein sollten. Beides war aber nicht gleichzeitig bei den üblichen Kampfschiffen erreichbar, ohne dabei eine beträchtliche Massenzunahme hinzunehmen. Damit ergab sich ein neues Hauptziel der Projektanten, möglichst viele großkalibrige Rohre jeweils auf einer Bordseite zum Einsatz zu bringen. Dazu wurde entweder, wie in Deutschland, die gesamte Mittelartillerie oder, wie in England bei der Klasse »KING EDWARD«, nur ein Teil der Geschütze auf schwere Kaliber umgerüstet. In der »LORD NELSON«-Klasse brachte man schließlich die gesamte Mittelartillerie auf ein Kaliber von 23 cm und kam damit der schweren Artillerie mit 28···30-cm-Kaliber sehr nahe. Die Entwicklung führte dann dazu, daß die britische Admiralität 1905 mit der »DREADNOUGHT« (II) ein Schiff auf Stapel legen ließ, das keine Mittelartillerie mehr hatte. Die Verdrängung mußte auf fast 18000 t erhöht werden. Die gleichzeitige Steigerung der Geschwindigkeit um weitere 3 kn machte die »DREADNOUGHT« (II) so überlegen, daß alle Seemächte sich veranlaßt sahen, Schiffe von möglichst gleicher Kampfkraft zu bauen. Ständig versuchte man, Geschwindigkeit und Armierung weiter zu erhöhen, wobei jedoch der daraus resultierende Verdrängungs- und Kostenanstieg Grenzen setzte.
Mit der weiteren Entwicklung der Torpedoboote, die auch auf hoher See operieren konnten, mußte später zu deren Abwehr die Mittelartillerie wieder eingeführt werden. Unterliefen Torpedoboote den toten Winkel im Schußbereich der schweren Artillerie, so hätten sie ungehindert auf günstige Positionen an das Großkampfschiff heranfahren können. Deutschland brachte daher auf seinem ersten Schiff des Dreadnought-Typs, der »NASSAU«, neben 12×28-cm-Geschützen wieder 12×15-cm-Schnellfeuerkanonen und 16× 8,8-cm-Torpedoboots-Abwehrgeschütze zur Aufstellung.

»DREADNOUGHT« (I): seegehendes englisches Zweischrauben-Turmpanzerschiff. Nach dem Untergang der »CAPTAIN« infolge unzureichendem Freibord wurden von der englischen Admiralität neue Richtlinien und Vorschriften herausgegeben, wodurch sich der Bau der »DREADNOUGHT« verzögerte. So fand der Stapellauf erst 1875 statt. Am 9. Oktober 1876 traf dann das Schiff von der Marinewerft Pembroke kommend in Portsmouth ein, um hier fertiggestellt und ausgerüstet zu werden.
Das aus Eisen gebaute 97,5 m lange, 19,5 m

Britisches Zweischrauben-Turmpanzerschiff »DREADNOUGHT« (I) 1877

Panzerschutz und Geschützanordnung von »DREADNOUGHT« (II)

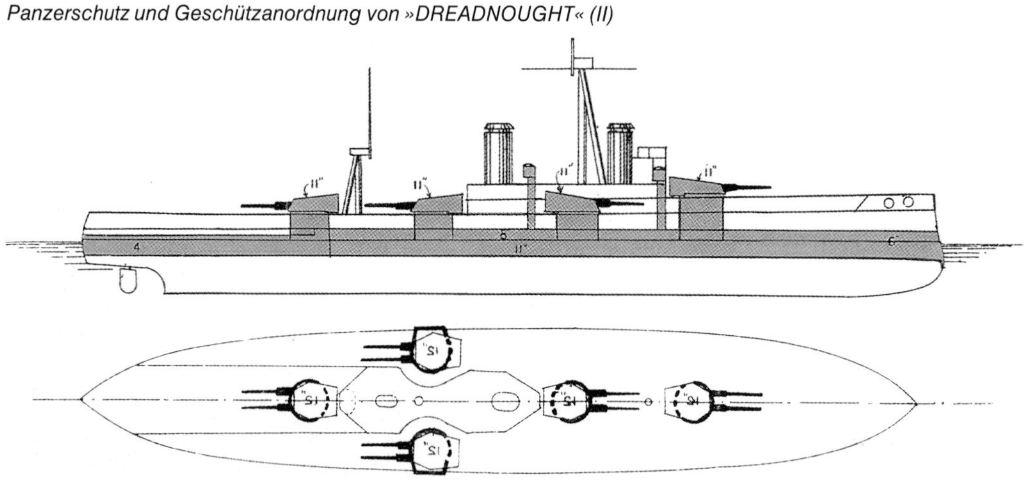

breite und 8,8 m tief gehende Schiff hatte ein Deplacement von 10950 t. Die Maschinenanlage, hergestellt von »Humphrey & Tennant«, leistete 5888 kW (8000 PSe). Auf der Probefahrt am 16. Januar 1877 erreichte das Schiff damit eine mittlere Geschwindigkeit von 15 kn.
Die Kosten für den Schiffskörper dieses Zweischraubers beliefen sich auf 401395 Pfund, während die Maschinenanlage nochmals 107000 Pfund erforderte.
Der Gürtel hatte eine Panzerung von 35,5 cm Dicke, die Türme, Turmdecken und die Brustwehr waren ebenfalls gepanzert. Die Hauptbewaffnung bestand aus 4×12″-Geschützen in 2 Türmen.

»DREADNOUGHT« (II): britisches Schlachtschiff zu Anfang des 20. Jh. Dieses erste turbinengetriebene Schlachtschiff der Welt und gleichzeitig stärkstbewaffnete Schiff aller seinerzeitigen Kriegsflotten entstand unter der Initiative des Admirals Lord Fisher und des Chefkonstrukteurs W. H. GARD. Dieses Schiff wurde für etwa 35 Jahre zum Vorbild für die Entwicklung von Großkampfschiffen aller Länder. Das Schlachtschiff wurde in einer Rekordzeit von 14 Monaten gebaut und kostete 1,784 Millionen Pfund. Am 2. Oktober 1905 war die Kiellegung auf der Bauwerft Naval Dockyard in Portsmouth und bereits am 10. Februar 1906 lief das Schiff von Stapel. Die Indienststellung war schon am 3. Dezember 1906.
Bei einem Deplacement von 17850 ts war das Schiff 149,4 m lang, 25,3 m breit und hatte 8,2 m Tiefgang. Die größten Panzerdicken waren an den Seiten bis 279 mm, im Panzerdeck bis 102 mm und an den Barbetten und Türmen bis 279 mm. Die Bewaffnung bestand aus 10× 30,5-cm-Geschützen in 5 Türmen, 22×7,6-cm-Geschützen und 4×7,6-cm-Schnellfeuergeschützen sowie aus 5 Unterwasser-Torpedorohren, davon 4 seitlich und 1 Rohr am Heck. Die Geschoßmasse einer Breitseite erreichte 3085 kg.
4 Parsons-Turbinen mit einer Leistung von 16900 kW (23000 WPS) trieben 4 Schrauben, mit denen das Schiff eine Geschwindigkeit von 21 kn erreichte. Auf der Probefahrt wurden 24,4 kn mit 18180 kW (24700 WPS) erreicht. Den erforderlichen Dampf erzeugten 18 Babcock-Kessel. Außer der Hauptturbinenanlage waren noch 2 Turbinen für die Marschfahrt und für jede der 4 Wellen eine gesonderte Rückwärtsturbine vorhanden. Trotz dieser Zusatzanlagen konnten gegenüber einer vergleichbaren Anlage mit Kolbendampfmaschinen noch etwa 1000 t an Masse eingespart werden. Die im Oktober 1906 begonnenen Versuchsfahrten stellten für den Turbinenantrieb auf Schiffen einen bahnbrechenden Fortschritt dar.
Von Januar bis März 1907 führte eine Erprobungsreise in das Mittelmeer, bevor das Schiff von der Flotte übernommen wurde. Während des ersten Weltkriegs rammte und versenkte die »DREADNOUGHT« bei der Abwehr eines deutschen U-Bootangriffs auf die englische Schlachtflotte in der Nähe von Scapa Flow am 18. März 1915 »U 29«, das unter dem Kommando von Kapitänleutnant Otto Weddigen fuhr. Weddigen hatte zu Kriegsbeginn am 22. September 1914 mit »U 9« innerhalb kurzer Zeit die 3 englischen Panzerkreuzer »ABOUKIR«, »HOGUE« und »CRESSY« versenkt. Mitte 1916 wurde das Schlachtschiff wegen zu geringer Geschwindigkeit aus der Grand Fleet herausgezogen und war einige Zeit Flaggschiff des III. Linienschiffsgeschwaders in Sherness. Am 31. März 1920 wurde das Schiff aus der Flottenliste gestrichen und im Mai 1921 für nur 44000 Pfund an eine Abwrackwerft verkauft, die am 2. Januar 1923 mit dem Abwracken begann.

Dredger: siehe *Bagger*

Drehturmschiff: siehe *Turmschiff*

Dreiabteilungsschiff: nach den früher üblichen »Abteilungsfaktoren« ein Schiff, das durch wasserdichte Unterteilung durch Schotte im Falle eines Lecks noch schwimmfähig bleibt, wenn 3 Abteilungen (Abteilungsfaktor 0,33) vollaufen. Der Abteilungsfaktor war hauptsächlich von der Schiffslänge, der Länge der Abteilungen und dem Verwendungszweck abhängig. In den neueren Sicherheitsvorschriften ist der Abteilungsfaktor durch die »Wahrscheinlichkeit des Überstehens von Verletzungen« ersetzt. Dabei wird ein vom Schiffstyp und seiner Länge abhängiger Unterteilungskennwert R zu einem aus der Wahrscheinlichkeit des Leckwerdens bestimmter Abteilungen unter Berücksichtigung des Ladezustands und anderer Daten ermittelten Vergleichswert ins Verhältnis gesetzt.

Dreiinselschiff: *Volldecker* mit 3 charakteristischen Aufbauten; der vorderen erhöhten Back, der mittschiffs liegenden Brücke und der hinten gelegenen Poop. Alle 3 Aufbauten reichen von Bord zu Bord, insbesondere die erhöhte Poop und Back verbessern die Seefähigkeit beim Stampfen des Schiffes.
Die Bezeichnung nimmt auf die Silhouette des Schiffes in langer Dünung bezug, bei der von einem Schiff mit 3 Aufbauten diese wie 3 Inseln sichtbar werden. Das Dreiinselschiff kennzeichnete über Jahrzehnte die typische Aufbauanordnung der meisten maschinengetriebenen Schiffe. Der mittlere Aufbau lag über den etwa auf Mitte Schiff aufgestellten Maschinen und Kesseln, schützte die entsprechenden Räume vor Wassereinbrüchen von Deck und wurde für die Brücke, Wohn- und Wirtschaftsräume genutzt. Ab 1880 wurde es dann üblich, die Mannschaftsräume in der Back unterzubringen.

Dreipunktboot: siehe *Gleitboot*

Dreirumpfboot, *Dreirumpfschiff:* siehe *Trimaran*

Dreischraubenschiff: Schiff mit 3 Antriebsmaschinen, von denen jede über eine eigene Propellerwelle auf je einem Schraubenpropeller wirkt. Die in den letzten Jahrzehnten des 19. Jh. bei den großen Schnelldampfern und bei Kriegsschiffen erforderlichen hohen Antriebsleistungen konnten nicht mehr durch einen einzigen Propeller in Schub umgewandelt werden, so daß *Zweischrauber*, Dreischraubenschiffe und auch Vierschraubenschiffe gebaut wurden.
Eine noch größere Anzahl von Schrauben hatten nur die »Popowkas«, die Rundschiffe des russischen Vizeadmiral POPOW, von denen z. B. die »NOWGOROD« mit 6 Dampfmaschinen und 6 Schrauben fuhr. Nachdem seit 1861 mehrere Zweischrauber gebaut waren, entstanden um 1882 die ersten Dreischraubenschiffe. Als erstes Dreischraubenschiff der deutschen Marine wurde 1892 der Kreuzer »KAISERIN AUGUSTA« gebaut. Danach waren die meisten neugebauten Großschiffe Dreischraubenschiffe, bei langsamer Marschfahrt fuhren sie mit der mittleren Maschine. Britannien, die USA, Japan und Italien bauten ihre *Schlachtschiffe* und *Kreuzer* überwiegend als Zweischrauber. Das erste Vierschraubenschiff war die *»IMPERATOR«*.

»DR. FRIEDRICH WITTE«: Rostocker Frachtdampfer 1887 bis 1903. Die Rostocker A. G. für Schiff- und Maschinenbau baute 1887 für den Eigner Friedrich Petersen unter der Baunummer 92 das Frachtschiff aus Eisen und Schiffbaustahl mit der Klasse des Germanischen Lloyd. Rostock blieb der Heimathafen dieses typischen kleinen Glattdeckfrachters mit mittschiffs liegender Maschine und Mittschiffsdeckshaus.
Das Schiff war mit 237 BRT und 167 NRT vermessen bei 37,5 m Länge, 6,7 m Breite und 2,8 m Tiefgang. Mit der Dampfmaschine von 118 kW (160 PS) fuhr es 8 kn. 1903 verkaufte Petersen das Schiff an den Rostocker Reeder Otto Zelk, der es jedoch bald an einen Lübecker Reeder weiterverkaufte.

Dry cargo vessel: siehe *Trockenfrachtschiff*

Rostocker kleiner Frachtdampfer »DR. FRIEDRICH WITTE«, Baujahr 1887

»DUGUAY TROUIN«, französischer Geschützter Kreuzer 1926

»DUGUAY TROUIN«: erster französischer Kreuzerneubau nach dem ersten Weltkrieg. Der Bau des Kreuzers wurde mit dem französischen Haushaltsetat von 1922 bewilligt. Der Stapellauf fand am 15. August 1923 auf der Staatswerft in Brest statt. Die Indienststellung folgte 1926.
Der 7249 t große Kreuzer war über Alles 181 m und zwischen den Loten 175,3 m lang, 17,5 m breit und hatte einen Tiefgang von nur 4,4/5,3 m. Die Besatzungsstärke belief sich auf 600 Mann. Die Bewaffnung bestand aus 8×15,5-cm-sowie 4×7,5-cm-Geschützen, 2×4,7-cm-Schnellfeuerkanonen sowie 12 Stück 55-cm-Torpedorohren in Dreiersätzen. Außerdem waren 2 Wasserflugzeuge an Bord. Über die Panzerung des Kreuzers wurden keine Angaben veröffentlicht. Die Antriebsanlage bestand aus 4 Satz Parsonsturbinen mit einer Gesamtleistung von max. 79488 kW (108000 PSi), die aus 8 Kesseln mit Dampf versorgt wurden. Mit 4 Schrauben erreichte der Kreuzer eine Geschwindigkeit von 34 kn. Mit 15 kn Geschwindigkeit betrug die Dampfstrecke 4000 Seemeilen.

Dummy-Ship: Schiffsattrappen im ersten und zweiten Weltkrieg, besonders von der britischen Marine in größerer Zahl eingesetzt. Britannien ließ während des ersten Weltkriegs 16 Handelsschiffe zu Schlachtschiff-Attrappen umbauen. Ihre Tarnung mit Geschützen, Masten, Schornsteinen, Aufbauten, Bug und Heck wurde sehr gründlich durchgeführt. Es sollte mit den Attrappen eine Streitmacht vorgetäuscht werden, die in Wirklichkeit an ganz anderer Stelle operierte.
Das größte umgebaute Schiff war der erbeutete deutsche Schnelldampfer »KRONPRINZESSIN CECILIE«, der zum Double des Schlachtschiffs »AJAX« und zum Verbands-Flaggschiff bestimmt wurde. Elf andere Dampfer von 4000 bis 8000 BRT wurden ebenfalls zu Schlachtschiffs-Attrappen hergerichtet. Chef dieser Special Service Squadron wurde Captain Haddock. Aus einiger Entfernung konnte nur ein Fachspezialist diese Attrappen von echten Schiffen unterscheiden. Die Flotte erlangte jedoch niemals größere Bedeutung, da durch die amerikanische Presse die deutsche Marine frühzeitig von ihrer Existenz erfuhr. Man war nur unsicher über den Hauptzweck dieser Schiffe. Während des zweiten Weltkriegs sollte das damalige Zielschiff »CENTURION« als Attrappe den Schlachtkreuzer »ANSON« vortäuschen. Weiter wurden aus Holz, Segeltuch und Leichtmetall 2 Kühlschiffe als Attrappen der Schlachtschiffe »REVENGE« und »RESOLUTION« und ein drittes als Attrappe des Flugzeugträgers »HERMES« hergerichtet. Wegen der ab 1941 immer bedrohlicher werdenden Handelsschiff-Verluste wurden aber die Schiffe wieder für andere Aufgaben umgerüstet.

Deck der »VESUVIUS« mit den Rohrmündungen

Dynamitkreuzer: ein mit sog. »Dynamitkanonen« bewaffneter Kreuzer. In den USA wurde 1888 der Dynamitkreuzer »VESUVIUS« von 76,8 m Länge, 8,7 m Breite und 2,9 m Tiefgang gebaut. Mit seinen Zwillings-Dampfmaschinen von 3000 kW (3800 PSi) Leistung soll das Schiff eine Geschwindigkeit von 20 kn erreicht haben.
Die Bewaffnung bestand aus 3 vom Konstrukteur Salinski entwickelten pneumatischen 38-cm-Dynamitkanonen, die starr im Vorschiff eingebaut waren und deren Dynamitgeschosse mit Preßluft abgeschossen wurden. Das Geschoß selbst war 6 m lang, davon waren 2,81 m mit 227 kg Pyroxilien gefüllt. Die Reichweite betrug 1850···3700 m. Mit den pneumatischen Kanonen wollte man verhindern, daß die Dynamitfüllungen der Granaten bereits beim Abschuß explodierten. Die Schießversuche mit diesen Geschützen fielen aber nicht besonders aus, da die Treffsicherheit beim bewegten Schiff mit den starren Geschützrohren und den erforderlichen hohen Flugbahnen der Geschosse gering war. So hat sich der Dynamitkreuzer im spanisch-amerikanischen Krieg auch nicht bewährt. Er wurde danach umgebaut und mit anderen Geschützen ausgerüstet.

Dyna-Schiff, Starrsegelschiff: siehe *Windkraftunterstütztes Schiff*

E

Easytrimmer (engl. easy, leicht): *Trockenfrachtschiff* mit großen Luken und geringem Unterstau, so daß die Be- und Entladung erleichtert ist und Massenschüttgüter durch Seitenschrägen »selbsttrimmend« in den Arbeitsbereich der Krangreifer nachrutschen. Außerdem können bordeigene Fördereinrichtungen vorhanden sein, um besonders kurze Entladezeiten zu erreichen.

Der dänische Postdampfer »EDDA«, 1894

»EDDA«: dänischer Postdampfer der Linie Warnemünde–Dänemark. Die Zustimmung zur Errichtung einer täglichen Dampferverbindung zwischen Warnemünde und Nyköbing (Dänemark) gab der Großherzog FRIEDRICH FRANZ von Mecklenburg am 28. Juli 1871. Knapp 2 Jahre später, am 19. Mai 1873, nahm zunächst der Dampfer »Rostock« der »Rostock-Nyköbing-Dampfschiffahrts AG« den Betrieb auf dieser Linie auf. Nach größeren Aus- und Umbauten der Hafenanlagen in Gedser und Warnemünde übernahm der »Deutsch-Nordische Lloyd« 1886 von der »Rostock-Nyköbing-Dampfschiffahrts AG« die Betriebsführung. Der Dampfer »ROSTOCK« wurde aufgelegt und später nach Neapel verkauft.

Unter der Flagge des »Deutsch-Nordischen Lloyd« kamen am 26. Juni 1896 die Raddampfer »KAISER WILHELM«, »KÖNIG CHRISTIAN« und »GROSSHERZOG FRIEDRICH FRANZ« in Fahrt. Von dänischer Seite war die »Förende Damskibsselskab Kopenhagen« mit den beiden fast gleich großen Raddampfern »FREYA« und »EDDA« der Partner auf dieser Linie.

Die 1894 gebaute »EDDA« war 58 m lang, 7 m breit und besaß einen Tiefgang von 2,10 m. Es konnten 500 Fahrgäste befördert werden. Eine Dampfmaschine mit einer Leistung von 612 kW (850 PS) verlieh dem Raddampfer eine Geschwindigkeit von 9···12 kn.

»EDGAR QUINET«: französischer Panzerkreuzer des ersten Weltkriegs. Der Bau dieses Panzerkreuzers wurde mit dem französischen Rüstungsetat 1904/05 als letzter Typ einer Serie von Panzerkreuzern bewilligt. Die Kiellegung war im November 1905 und der Stapellauf am 21. September 1907 in Brest. Im Herbst 1910 konnte der 14100 t große Panzerkreuzer in Dienst gestellt werden.

Das Schiff war 157 m lang, 21,5 m breit und hatte 8,2 m Tiefgang. Die Besatzungsstärke betrug 859 Mann. Die Bewaffnung bestand aus 14×19,4-cm- und 20 × 6,5-cm-Geschützen sowie 2 Unterwasser-Torpedorohren. In Bug- oder Heckrichtung konnten jeweils 6 der 19,4-cm-Geschütze schießen. Bei einer Breitseite konnten 9 der 19,4-cm-Geschütze feuern und ein Torpedorohr eingesetzt werden. Die gesamte Geschoßmasse einer solchen Breitseite betrug 1035 kg. Die Panzerung war im Deck 5 cm, in der Wasserlinie 13 bis 17 cm, am Kommandostand 20 cm und an den Geschütztürmen 12 bis 15 cm dick. Die Kolbendampfmaschinenanlage leistete 29440 kW (40000 PSi) und wurde aus 40 Kesseln mit Dampf versorgt. Mit seinen 3 Schrauben erreichte das Schiff eine Geschwindigkeit von max. 23,9 kn. Bei einem maximalen Kohlevorrat von 2300 t konnte der Panzerkreuzer 1820 Seemeilen mit 23 kn oder 11000 Seemeilen mit 10 kn Geschwindigkeit fahren.

»EDGAR QUINET«, französischer Panzerkreuzer, Indienststellung 1910

Eimerbagger, *Eimerkettenbagger:* Schwimmbagger (siehe *Bagger*) mit eimerähnlichen Baggereimern von 0,5···1,5 m^3 Inhalt, die an einer endlosen Eimerkette über einen Unter- und Oberturas auf einer Eimerleiter geführt werden, das Baggergut vom Boden losbrechen und am oberen Umkehrpunkt der endlosen Eimerkette in eine Schüttrinne entleeren.

Einabteilungsschiff: Schiff mit keiner oder einer solchen Raumunterteilung durch wasserdichte Schotten, daß bei Flutung einer Abteilung im Leckfalle die Leckstabilität und die Schwimmfähigkeit noch gewährleistet sind; siehe auch *Zweiabteilungsschiff* und *Dreiabteilungsschiff*.

Eindeckschiff: Schiff mit nur einem oberen von vorn bis achtern durchlaufenden Deck (engl. Single-Decker). Dazu gehören im Unterschied zu den *Mehrdeckschiffen* mit Zwischendecks, wie *Passagierschiff*, *Autotransporter*, *Kühlschiff*, Schiffe für homogene oder Einheitsladungen, wie *Schüttgutschiff*, *Tanker* oder *Containerschiff*, bei denen die Ladungsseparierung auf mehreren Decks nicht erforderlich ist oder die stapelfähige Ladung auf dem Innenboden oder auf Deck und Luken fahren.

Britisches Kleinst-U-Boot der Typ-X-Reihe, von dem 1943 die »TIRPITZ« schwer beschädigt wurde

Einhüllenboot, *Einhüllentauchboot: Tauchboot* oder *Unterseeboot* mit nur einer Außenhülle. Das 1902 gebaute deutsche Versuchs-U-Boot »FORELLE« war ein solches Einhüllenboot. Noch im ersten Weltkrieg wurden von beiden Seiten Einhüllenboote eingesetzt, bis sich das *Zweihüllenboot* durchsetzte.

Einmann-U-Boot: Untersee-Kleinkampfmittel für den Naheinsatz. Wegen der begrenzten Aktionsweite operieren Einmann-U-Boote in Küstennähe oder werden von Trägerschiffen zum Einsatzgebiet gebracht. Die Entwicklung von Einmann-U-Booten begann schon vor dem ersten Weltkrieg und wurde im zweiten Weltkrieg von den meisten seekriegführenden Staaten fortgeführt. Als Kleinst-U-Boote haben alle Typen von Einmann-U-Booten einen geschlossenen Tauchkörper, wie z. B. der deutsche Typ BIBER. Im Unterschied dazu handelt es sich bei den *Bemannten Torpedos* (z. B. Typ NEGER und als Weiterentwicklung Typ MARDER) um zwei Torpedos. Bei dem Doppeltyp dient der obere als Transportmittel, um nach dem Einsatz dem Bedienungsmann die Rückkehr zu ermöglichen. Der untere Torpedo ist dann der eigentliche Gefechtstorpedo. Von ähnlicher Art waren die Torpedoreiter der italienischen Marine, mit 2 Mann in Taucherausrüstung auf einem sog. »Lenktorpedo« vom Typ SCL »MAIALE« (SCL, Siloro a lenta Corsa, langsam laufender Torpedo). Ein solcher Lenktorpedo war 6,7 m lang, hatte einen Durchmesser von 0,55 m, erreichte eine Höchstgeschwindigkeit von 2,5 kn und hatte eine Reichweite von 10 Seemeilen. Die maximale Tauchtiefe betrug 30 m. Unter Wasser lösten die Torpedoreiter den 1,8 m langen Torpedokopf mit Zeitzünder, der mit 300 kg Sprengstoff gefüllt war, und befestigten ihn an einem nicht fahrenden gegnerischen Schiff. Die Torpedoreiter konnten i. allg. nicht mit dem SCL zur Ausgangsbasis zurückkehren. Sie mußten ihn versenken und als Kampfschwimmer an Land gehen.

Einschraubenschiff, *Einschrauber:* Schiff mit nur einem Heckschraubenpropeller. Bis auf sehr schnelle, sehr große und besonders manövrierfähige Schiffe sind zahlenmäßig die meisten modernen Schiffe Einschrauber. Der Vorteil liegt in der Einfachheit des Schiffsantriebs bei gleichzeitig günstigstem Energierückgewinn aus der Schiffsumströmung im Propellerzustrom.
Durch die Weiterentwicklung des Schraubenpropellers für höhere Leistungsaufnahmen und Wirkungsgrade bei größeren Durchmessern und geringeren Drehzahlen und die verminderte Kavitationsbelastungen sowie der erhöhten Zuverlässigkeit der Antriebsmaschinen vergrößert sich der Anteil der Einschraubenschiffe auch weiterhin zu Lasten der Mehrschraubenschiffe. Seit 1977 war der 508731 t DW-Tanker »ESSO ATLANTIK« von der japanischen Werft Hitachi Zosen das größte Einschraubenschiff der Welt.

Einstufen-Gleitboot: siehe *Gleitboot*

Eisbrechender Tanker: siehe *Tanker*, *Eisbrecher* und *»MANHATTAN«*

Eisbrecher: Spezialschiff mit besonders geformtem und verstärktem Schiffskörper sowie leistungsstarkem Schiffsantrieb und besonderen Ausrüstungen zum Eisaufbruch von Fahrrinnen und für Versorgungs- und Hilfsfahrten. Mit der Dampfkraft wurde es möglich, auch Schiffe für den Eisaufbruch zu schaffen. So wurden in den USA bereits 1802 erste Versuche mit dem Dampfschiff von W. SYMINGTON durch den Anbau eines Eisbrechbugs unternommen. Es gab auch sog. »Eisbrechmaschinen«, bei denen z. B. auf einem breiten prahmförmigen Fahrzeug am Bug an mehreren Kranbalken schwere Klötze hochgezogen und auf das Eis fallen gelassen wurden, um eine Fahrrinne aufzubrechen. Die Eisplatten zog man auf eine offene Bugslip, zerkleinerte sie und warf sie seitwärts auf das Eis. In Deutschland baute 1854 der Schiffbaumeister Elbertzhagen in Bredow den ersten brauchbaren Eisbrecher für die Elbe. In Kronstadt ließ Britnew 1864 das kleine Dampfschiff »PILOT«, das eine Dampfmaschine von 63 kW (85 PS) hatte, zu einem Eisbrecher umbauen, der sich auf das Eis schieben konnte, um es zu brechen. 1871 entstand im Ergebnis einer öffentlichen Ausschreibung, zu der 24 Entwürfe eingingen, nach dem Projekt des Hamburger Schiffbauingenieurs Carl Ferdinand Steinhaus der »EISBRECHER I« für den Hamburger Unterelbebereich. Das Schiff wurde für 259650 Mark auf der Reiherstieg-Werft in Hamburg mit einer Antriebsleistung von 436 kW (592 PS) gebaut und hatte am 8. Dezember 1871 Probefahrt. 1876 folgte von der gleichen Werft der »EISBRECHER II«.
Finnland brachte Mitte 1878 seinen ersten Eisbrecher, den 298 BRT großen eisverstärkten Dampfer »EXPRESS« mit 295 kW (400 PS) Antriebsleistung in Fahrt, mit dem Kapitän Carl Korsmann über 15 Jahre das Eis zwischen Hanko, Finnland, und Stockholm aufbrach.

Der sowjetische Eisbrecher »ARKTIKA«

Die von der Stockholmer »Bergesunds Mekaniska Verkstad« als Eisbrecher gebaute und am 1. April 1890 in finnischen Dienst gestellte »MURTAJA« wurde mit 47,5 m Länge, 10,98 m Breite, 4,75 m Tiefgang und 1318 kW (1790 PS) der seinerzeit stärkste und mit 12,5 kn auch schnellste Eisbrecher Europas. Er wurde erst nach 68 Dienstjahren, nach Abschluß der Eiskampagne 1957/58, zum Abbruch verkauft.
Rußland ließ auf Vorschlag des Admirals und Arktisforschers Stepan Ossipowitsch Makarow (1848 bis 1904) zu Ende des 19. Jh. einen ersten großen Arktiseisbrecher bauen, die *»ERMAK«* (1). 1898 ließ Finnland erstmals in Europa seinen Eisbrecher »SAMPO« mit einem Bugpropeller ausrüsten, der Wasser und Eis vor dem Bug des Eisbrechers absaugt und so den Eisaufbruch beim Aufschieben des Bugs unterstützt.
Die Arktisschiffahrt der jüngeren Jahrzehnte unter ihren besonderen klimatischen und hydrologischen Bedingungen wurde erst durch Arktiseisbrecher möglich. Derzeit leben nördlich des Polarkreises bereits ständig 20 Mill. Menschen, die vorwiegend auf dem Luft- oder Seeweg versorgt werden. Rund um das Nordpolarmeer befinden sich Kohlenwasserstofflagerstätten, Erdöl-, Erdgas- und Kohlevorräte von vielen Milliarden Tonnen sowie beträchtliche Nichteisen- und Eisenerzvorkommen. Ihre Erkundung, Erschließung und Nutzung ist nahezu ausschließlich auf dem Seewege möglich. Polareisbrecher müssen unter extrem niedrigen Temperaturen von −40° bis −50°C und schlechten Sichtverhältnissen in Polareisgebieten Eisdicken bis zu 6 m brechen und entsprechend ihrer Fahrtroute für ausreichende Einsatzzeiten von 100 und mehr Tagen bevorratet sein. Zur Erkundung des günstigsten Seewegs sind Eisbrecher mit den modernsten Navigations- und Nachrichtensystemen, mit Hubschraubern zur Erkundung günstiger Eisverhältnisse und eventueller Eisrinnen sowie starken Scheinwerferanlagen ausgerüstet. Nach der Einsatzart lassen sich Linien- und Hilfseisbrecher unterscheiden. Der meist größere Linieneisbrecher öffnet mit einer sich aus der Eisdicke ergebenden möglichst ununterbrochenen Fahrt eine ausreichend freie Fahrrinne für den ihm nachfolgenden Schiffskonvoi, so daß die Breite des Eisbrechers und die Fahrrinnenbreite ausschlaggebend für die Breite der nachfolgenden Transportschiffe sind. Beim Hilfseisbrecher wird demgegenüber größerer Wert auf eine höhere Fahrgeschwindigkeit bei dünneren Eisdicken und höhere Manövriereigenschaften gelegt, um schneller Hilfe für eisgefährdete Schiffe bringen zu können und durch Eisrammungen mit wiederholtem Auflaufen Eisbarrieren zu überwinden.
Hilfseisbrecher begleiten daher vorwiegend Konvois von *Polartransportschiffen* auf besonders schwierigen Routenabschnitten und übernehmen Alleinfahrten für Versorgungs- und Hilfeleistungen. Zum Abschleppen havarierter Schiffe und um den Fahrwiderstand des geschleppten Schiffes zu vermindern, hat das Heck des Hilfseisbrechers häufiger eine elastisch ausgekeidete Bugsierbucht, in die der Vorsteven des geschleppten Schiffes hineingezogen und beide Schiffe gekoppelt vertäut werden.
Für die unterschiedlichen Eis- und Einsatzbedingungen wurden Eisbrecher mit speziellen Abmessungen, Schiffskörper-, Bug- und Heckformen entwickelt. Das Verhältnis von Schiffslänge

zur Schiffsbreite liegt i. allg. bei den kleineren Eisbrechern bei 3,5 bis 4 und bei den größeren Eisbrechern bei 4 bis 5. Eisbrecher sind damit wesentlich kompakter und manövrierfähiger gebaut als Transportschiffe. Sie haben meist nur relativ kleine Laderäume für Eigenvorräte, so daß der Schiffskörper vorwiegend zur Aufnahme der Maschinenanlagen und der für die Eisfahrt erforderlichen speziellen Ausrüstungen sowie der i. allg. für die Schiffsführung und Besatzung räumlich großzügig ausgelegten und wegen der Sichtverhältnisse hohen Aufbauten dient.

Der Schiffskörper des Eisbrechers hat trapezförmige oder gerundete Spantformen mit großen Kimmrundungen ohne Schlingerkiele zur Dämpfung von Rollbewegungen und nur ein kurzes paralleles Mittelschiff, so daß sich trotz der relativ großen Schiffsbreite eine kleine Querstabilität im Bereich anfänglicher Querneigungen ergibt. Um die Eisreibung am Schiffskörper zu vermindern, die Fahrrinne zu verbreitern und das gebrochene Eis unter die seitlichen Eisdecken zu verdrängen sowie bei Eisbarrieren die Gefahr des Festlaufens zu mindern, sind Eisbrecher i. allg. zusätzlich mit Schlingeranlagen ausgerüstet, die in der Rollperiode des Eisbrechers dynamische wechselseitige Querneigungen um etwa 10 bis 15° erzeugen. Das »Aufschlingern« wird durch leistungsstarke Luftdruckanlagen bewirkt, die periodisch innerhalb weniger Sekunden große Wassermassen zwischen den seitlichen Schlingertanks hin- und herpressen. Die Wirkung ist somit umgekehrt zur Schlingerdämpfungsanlage.

Der gesamte Schiffskörper ist in seiner Stahlkonstruktion und Aussteifung stärker dimensioniert. Wegen der großen Temperaturunterschiede zwischen der Wasser- und Lufttemperatur und der hohen Eisbelastungen werden das Überwasserschiff und ein besonderer Gürtel der Eisdruckzone aus hochfestem speziellen Schiffbaustahl gebaut, der auch bei niedrigen Temperaturen und den Temperaturdifferenzen eine ausreichende Zähigkeit und Festigkeit behält. Außer stärkeren Außenhautbeplattungen sind sehr kleine Abstände der Querverbände (Querspanten), Schotte und der aussteifenden Längsverbände (Längsträger, Stringer, Längsschotte) sowie Doppelhüllen notwendig. Als Beispiel hat der mit Kernenergie angetriebene Eisbrecher *»LENIN«* bei einer Länge von 134 m, einer Breite von 27,5 m und 16000 t Deplacement im Eisgürtel 30 mm und im Bugbereich 50 mm dicke Stahlbeplattungen.

Die Eisbrechereigenschaften werden sehr wesentlich von der günstigsten Trimmlage (Längsneigung gegenüber der Wasserlinie) sowie der Vorsteven- und Vorschiffsform mitbestimmt. Damit sich der Eisbrecher mit seinem Vorschiff entweder auf das Eis aufschieben oder das Eis von unten brechen kann, sind im Vor- und Hinterschiff große umpumpbare Trimmtanks notwendig. Mit dem typischen, stark nach vorn geneigten »Eisbrechersteven«, der in ein löffelförmiges Vorschiff übergeht, kann sich der Eisbrecher auf das Eis aufschieben und es so von oben durch die Wirkung der Schiffsmasse brechen. Dieser »Löffelbug« ist heute nicht mehr gebräuchlich. Bei einem anderen Prinzip erfolgt der Eisaufbruch von unten durch einen sog. »Eiswulst«, der bei noch ausreichend schneller Fahrt Eisdecken bis zu 2 m durch einen starken Druckberg unter dem Eis bricht. Eine der neuesten Varianten ist ein spezielles sehr breites Vorschiff, das das Eis bricht und es durch seine Umströmung unter die seitlichen Eisdecken bringt.

Weitere Besonderheiten bestehen beim Schiffsvortrieb, der Ruderausrüstung und dem Hinterschiff, um die Propelleranströmung eisfrei zu halten, den vollen Vorausschub auch bei ganz langsamer Fahrt an Eisbarrieren und einen großen Rückwärtsschub zum Freikommen von Eispressungen bei sicherer Ruderwirkung zu erzeugen. Besonders große Anforderungen ergeben sich hinsichtlich der Zuverlässigkeit und Leistungen der Schiffsantriebsanlagen. Im Vergleich mit anderen Schiffstypen ist eine spezifische Maschinenleistung in Kilowatt je Kubikmeter Verdrängung oder je Tonne Deplacement von 2 bis 4 kW/t und somit eine 4 bis 6fach größere Leistung als bei normalen Frachtschiffen erforderlich. Moderne Eisbrecher erhalten deshalb vorwiegend leistungsstarke Schiffsdieselmotorenanlagen oder Kernenergieantriebe, Propeller mit veränderlicher Steigung, besonders geschützte Heckruder und Querschubanlagen im Vorschiff. Zu den speziellen Hilfseinrichtungen gehören u. a. Hochdruckwasserstrahlwerfer, mit denen bei Drücken um 10 MPa Eis geschnitten werden kann sowie Möglichkeiten zur Ausblasung von Luft am Unterwasserschiff zur eisfreien Schiffsumströmung. Dazu gehören u. a. das von der finnischen Werft Wärtsilä entwickelte »Airbubbling-System« oder das »Jastram-System« (BRD). Die modernen und größten Eisbrecher der Welt sind derzeitig die sowjetischen *»ERMAK II«* mit 26500 kW und die »L. BRESHNEW« (*»ARKTIKA«*) mit 55000 kW-Kernenergieantrieb sowie der »POLAR STAR« (USA) mit einer 57330 kW kombinierten Dieselmotoren-Gasturbinenanlage. 1984 gehörten zur sowjetischen Eisbrecherflotte 37 Eisbrecher mit insgesamt 235988 BRT.

Eisenbahnfährschiff: für den kombinierten Personen- und Waggontransport oder ausschließlich für den Transport von Eisenbahngüterwagen spezialisiertes *Fährschiff*. Die schnelle Entwicklung der Technik in Britannien brachte im 19. Jh. auch einen rasanten Aufschwung im Verkehrswesen. So wurde das Eisenbahnnetz in schneller Folge erweitert und bis nach Schottland ausgedehnt. Die tief in das Land einschneidenden Buchten waren jedoch für eine ökonomische Streckenführung sehr hinderlich und mußten mit Personen- oder Wagenfähren überquert werden. Das Umsteigen und Umladen der Güter vom Schienen- auf den Wasserweg war recht umständlich. Der geplante Bau von Eisenbahnbrükken stieß aber auf den Widerstand der Admiralität, weil sie die Einschnitte und Buchten als Schutzhäfen für die Flotte beanspruchte. Das traf auch auf den Firth of Forth nahe Edinburgh und für den Einschnitt des Tay River bei Dundee zu. Trotz allem war die »Edinburgh, Perth and Dundee Railway« gezwungen, den Fährdienst und besonders den Güterverkehr auf diesen Strekken zu verbessern. 1849 stellte die Bahngesellschaft den Ingenieur Thomas Bouch ein, der sofort die bestehenden Verbindungsprobleme erkannte und Möglichkeiten zur Verbesserung mit einem Fährschiff für den umladungsfreien Waggontransport entwickelte.

1849 wurde das erste Eisenbahn-Fährschiff der Welt, der 389 BRT große, aus Eisen gebaute Schaufelraddampfer »LEVIATHAN« für den Verkehr über den Firth of Forth fertiggestellt. Das Doppelendschiff mit je einem Ruder vorn und achtern war 52,4 m lang, über die Radkästen 16,5 m breit und hatte einen Tiefgang von 2 m. Das erste Fährschiff hatte noch viel Ähnlichkeit mit einem Übersetzponton: glattes Deck, auf dem 3 Parallelgleise bündig mit dem Deck verlegt waren, so daß auch Fuhrwerke übergesetzt werden konnten.

Zwei Dampfmaschinen mit einer Leistung von je 77 kW (105 PS) trieben die Schaufelräder mit einem Durchmesser von 6,7 m an und gaben dem Schiff eine Geschwindigkeit von 5 kn. Zwei Kessel mit 0,56 atü Dampfdruck versorgten die Maschinen mit Dampf. Auf 3 Gleisen konnten 30···34 Zweiachswagen des damaligen Waggontyps befördert werden. Die Brücke bestand lediglich aus einem Laufgang von Radkasten zu Radkasten, auf dem ein Steuerstand montiert war. Auch das Problem des um etwa 4,9 m unterschiedlichen Wasserstandes durch Ebbe und

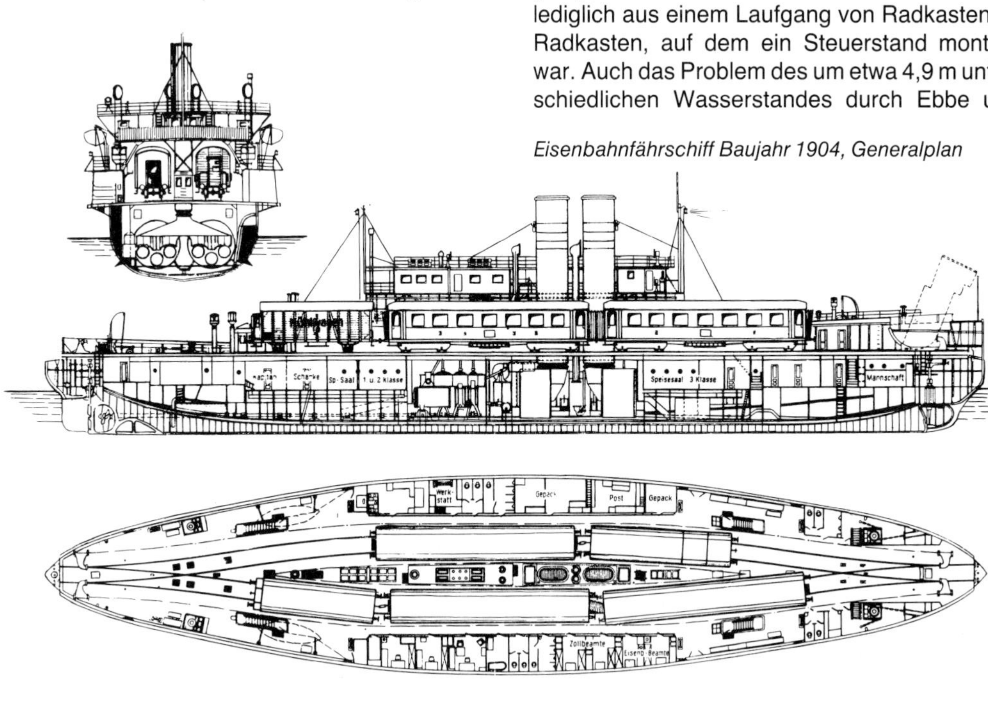

Eisenbahnfährschiff Baujahr 1904, Generalplan

Flut im Firth of Forth löste Thomas Bouch genial durch eine schiefe Ebene, auf der sich eine Art bewegliche Gleisplattform befand.
Am 3. Februar 1850 nahm die »LEVIATHAN«, beladen mit einem Personenwagen und 12 Güterwagen, den Betrieb auf und bewältigte die etwa 4,5 Seemeilen lange Strecke von Granton nach Burntisland über den Firth of Forth in 56 Min. Fahrtzeit. Bei einer Beladezeit von 15···18 Min. wurden jährlich etwa 75000 Wagen übergesetzt. Die Fähre war bis 1890 in Betrieb, bis die Firth-of-Forth-Brücke fertig wurde.
Am 28. Februar 1851 wurde mit der zweiten Eisenbahnfähre der Betrieb über die Tay-Mündung (Firth of Tay) aufgenommen. Für diese Linie hatte die Firma »Robert Napier and Sons« das 216 BRT große Fährschiff »ROBERT NAPIER« gebaut. Der Raddampfer war 42,7 m lang, über die Radkästen 12,4 m breit und hatte einen Tiefgang von 1,67 m. Zwei oszyllierende Dampfmaschinen mit einer Leistung von je 82 kW (112 PS) gaben der Fähre eine Geschwindigkeit von 8 kn. Zwei Kessel mit 0,7 atü Dampfdruck versorgten die Maschinen mit Dampf. Auf 2 Gleisen konnten ebenfalls 15···18 Güterwagen befördert werden, wobei die Be- und Entladung jedoch nur über das Heck möglich war. Jährlich wurden mit dieser Fähre etwa 56340 Wagen transportiert. Nach der Fertigstellung der Tay-Brücke im Mai 1878 wurde der Fährdienst zunächst eingestellt. Im Dezember 1878 kam es zu dem weltbekannten Einsturz der Brücke, als ein Zug darüberfuhr. Erst nachdem die neue Brücke am 20. Juni 1887 fertig war, konnte der Fährverkehr endgültig eingestellt und ein Jahr später die »ROBERT NAPIER« abgewrackt werden.

Die »SCHWERIN« während des Ablegens

Das Eisenbahnfährschiff »SCHWERIN«, ab 1926 Ersatzfähre für »FRIEDRICH FRANZ IV«; L_{OA} 106,8 m; Deplacement 4400 t; Geschw. 15,5 kn

Waggondeck des Eisenbahnfährschiffs »SCHWERIN«

Das Beispiel der britischen Eisenbahnfährschiffe machte im Ausland bald Schule, und es entstanden neue Fährschiffslinien, wie die Dampf-Eisenbahnfähre über den Rhein (1865), der erste dänische Fährdienst über den Großen Belt nach Schweden (1872), die Fährlinie Warnemünde–Gedser (1903), die Eisenbahnfährlinie zur Insel Fehmarn (1904) sowie die Eröffnung der Fährlinie Saßnitz–Trelleborg (1909). Der letztgenannte 107,4 km lange Seeweg Saßnitz–Trelleborg wurde später auch als »Königslinie« bekannt, weil die von schwedischer Seite eingesetzten Fährschiffe Namen des schwedischen Königshauses erhielten.
Bei den seinerzeitigen Fährschiffen erwies es sich noch als nachteilig, daß sie nur über Heck be- und entladen werden konnten. Das 1926 in Dienst gestellte Fährschiff »SCHWERIN« erhielt daher bereits eine Bug- und Heckauffahrt mit den entsprechenden Bug- und Heckklappen, es stellte damit einen Prototyp zur modernen Doppelendfähre dar.
Moderne Eisenbahnfährschiffe gibt es als Ein- und Zweideckfähren mit jeweils bis zu 5 Gleisen nebeneinander. Es sind meistens Zweischraubenschiffe mit zusätzlichen Bug- und Heckquerschubanlagen sowie Krängungsausgleich- oder Schlingerdämpfungsanlagen, siehe auch *»MUKRAN«*.

Eisenfreies Schiff: Spezialschiff für Forschungsaufgaben, bei denen kein schiffseigenes Ferromagnetfeld vorhanden sein darf. Derartige *Forschungsschiffe* werden aus Holz, Plaste oder Nichteisenlegierungen (Leichtmetalle oder antimagnetische Legierungen) gebaut und ausgerüstet; s. a. *Alu-Schiff* und *Antimagnetisches Schiff*. Zu den bekannten eisenfreien Schiffen gehört u. a. auch das antimagnetische sowjetische Forschungsschiff »SARJA«.

Eisenschiff: vom ersten Schiff aus Eisen, der 1821 gebauten »AARON MANBY«, bis in die ersten Jahrzehnte des 20. Jh. aus Eisen und noch nicht aus Schiffbaustahl (Eisen-Kohlenstoffverbindung) gebautes Schiff. Nachdem um 1860 in Britannien der Bessemerstahl verfügbar war und 1873 der erste Siemens-Martin-Stahl hergestellt werden konnte, wurde 1877 erstmals im Handelsschiffbau Kohlenstoffstahl anstelle von Eisen verwendet. Ab 1880 durften Schiffe aus Stahl mit 20 % Minderung der Materialdicken im Vergleich zu Eisenschiffen gebaut werden. 1890 betrug jedoch der Anteil der Eisenschiffe über 100 ts Trag-

Die »ELISE«, 1816 erstes Dampfschiff, das den englischen Kanal überquerte

Schaufelraddampfer um 1840

Radaviso »PREUSSISCHER ADLER«, bis 1849 Postdampfer mit 947 t DW

Schraubenaviso »GRILLE«, 1857 erbaut als königliche Yacht

Preußisches Dampfkanonenboot »VON DER TANN«, 1849

Raddampfer »ARTI ET AMICITAE«, um 1850

Schraubendampfer »BORUSSIA«

Die »LE PARIS«, 1855 eines der ersten französischen Schraubendampfschiffe für die Le Havre–Hamburg-Linie

»LE NAPOLEON« III, 1866 kurz vor der Ankunft in New York

Die »GREAT EASTERN«, das 1854/58 erbaute größte Handelsschiff des 19. Jh.

Die »EUGENE KROHN«, ein kleiner deutscher Frachtdampfer, Baujahr 1883

Die 1903 erbaute »GRETE CORDS«, 1950 als »VORWÄRTS« erstes DDR-Handelsschiff

Aufmarsch der britischen Marine um 1900

Aufmarsch der kaiserlichen deutschen Marine um 1900

Frachtdampfer »LUISE HORN«

Tanker »WASHINGTON«

Kombinierter Fracht- und Passagierdampfer »YORK«, Baujahr 1906

Dampfer »OSIRIS«

Die Fracht- und Fahrgastschiffe »UBENA« und »WATUSSI« der Deutsch-Ostafrika-Linie und der Woermann-Linie um 1935

Werbung der Hamburg-Amerika-Linie um 1900

Werbung für den Schnelldampfer »CAP ARCONA« zur ersten Ausreise 1927

»GEORGE WASHINGTON«, Fracht- und Passagierdampfer des Norddeutschen Lloyd, Baujahr 1908/09

Der französische Vierschrauben-Schnelldampfer »PARIS«, Bauzeit 1913–21 wegen des ersten Weltkriegs

»TITANIC«, 1912 mit 46329 BRT das größte Schiff

Schnelldampfer »NORMANDIE«, 1931 bis 35 erbaut

Fischkutter in einem isländischen Fischereihafen

Ein »ATLANTIK«-Supertrawler auf rollendem Stapelwagen, Volkswerft Stralsund

»ATLANTIK«-Supertrawler in langsamer Fahrt

Ein »ATLANTIK«-Supertrawler läuft zur ersten Reise aus

Fangdeck eines Trawlers

Die »MOONSUND«, eines der weltgrößten Fischerei-Fang- und Verarbeitungsschiffe aus der Serie ATLANTIK 488 der Volkswerft Stralsund

fähigkeit anzahlmäßig noch 79 %, sank aber bis 1900 auf 45 %, bis 1910 auf 24 % und bis 1930 auf 6 %.

Eispatrouille-Schiff: Hilfsschiff zur Beobachtung treibender Eisberge und zur Eiswarnung. Eisberge lösen sich von den Eisschichten der nördlichen Gebiete durch das Nachdrängen von wandernden Gletschern und treiben mit den Meeresströmungen, dem Ost-Grönlandstrom und der Labradordrift an Grönland vorbei in den Atlantik. Vor Grönland werden jährlich rund 16000 Eisberge gezählt. Nach einer Drift von etwa 3000 km nähern sie sich auf der Höhe von Neufundland den Hauptschiffsrouten des Nordatlantik, an der jährlich noch bis zu 400···1000 Eisberge gezählt werden, die eine große Gefahr für die Schiffahrt darstellen. 1926 driftete ein Eisberg sogar bis 250 km südlich der Bermuda-Inseln.

Um die Gefahr des Zusammenstoßens von Schiffen mit Eisbergen zu mindern, unterhalten die seefahrenden Nationen für die Nordatlantikroute eine »Internationale Eispatrouille«. Die Kosten werden entsprechend einer Vereinbarung aus dem Jahr 1956 von den Ländern getragen, deren Schiffe auf der gefährdeten Route verkehren. Die Überwachung des Seegebiets geschieht durch Eispatrouille-Schiffe gemeinsam mit Flugzeug- und Hubschrauberpatrouillen, die im Packeis festsitzenden Eisberge vor Beginn der Drift orten und der Küstenwache melden.

Eispatrouille-Schiffe sind relativ schnelle Fahrzeuge der »US Coast Guard« (Küstenwacht) von mittlerer Größe, deren eisverstärkte Schiffskörper mit Eisbrecherbug ein Operieren im Packeis erlauben. Sie besitzen neben Einrichtungen zur Warnung der Schiffahrt auch Technik zum Anbohren und Sprengen von Eisbergen. In Sonderfällen werden die driftenden Eisberge von den Eispatrouille-Schiffen abgeschleppt, um so die Schiffahrtsrouten freizuhalten.

Elbdampfer: erste Dampfschiffe auf der Elbe. Im nördlichen mitteleuropäischen Raum sind Elbe, Havel, Oder und Weichsel (Wisla) seit altersher wichtige Wasserstraßen der Binnenschiffahrt. Die Elbe, die bei einer Länge von mehr als 1600 km heute auf über 1300 km schiffbar ist, hat auch derzeitig für alle Anliegerstaaten große Bedeutung als Verkehrsträger.

Als erstes Dampfschiff fuhr 1816 die 1814 von John Gray in Kincardine (Schottland) erbaute »THE LADY OF THE LAKE« auf der Elbe zwischen Hamburg und Cuxhaven. Es erhielt das erste, nach vielen Prüfungen durch den Hamburger Senat gegebene Privileg für ein Dampfschiff. Die erwarteten Gewinne blieben jedoch aus, so daß das Schiff am 24. Juni 1817 wieder nach Yarmouth zurückfuhr. Am 14. September 1816 lief in Pichelsdorf bei Spandau die von John Barnett Humphreys erbaute »*PRINZESSIN CHARLOTTE VON PREUSSEN*« von Stapel, und sie machte am 27. Oktober 1816 mit 160 Passagieren ihre Fahrt auf der Havel von Spandau nach der Pfaueninsel.

Am 15. März 1817 lief der Seitenraddampfer »KURIER« von Stapel und machte in der Zeit vom 5. bis 8. April seine erste erfolgreiche Fahrt

Elbdampfschiff »KÖNIGIN MARIA« der Sächsischen Dampfschiffahrtsgesellschaft, erbaut 1836

von Pichelsdorf nach Hamburg. Es folgte der Fracht-Schleppdampfer »MAGDEBURG«, der am 22. November 1817 seine Probefahrt absolvierte. Ein weiteres Dampfboot war die »FRIEDRICH WILHELM III«, die am 3. August 1818 auf der Baustelle in Potsdam von Stapel lief. Das größte Dampfschiff war dann die »FÜRST BLÜCHER«, die am 16. Oktober 1819 von Stapel lief und mit 2 Stück 14,7-kW-(20 PS-)Maschinen ausgerüstet war.

Alle 5 Schiffe waren überwiegend in der Relation Berlin–Hamburg oder Magdeburg–Hamburg in der Fracht-Schleppschiffahrt eingesezt, nahmen aber auch Passagiere mit. Die weitere Entwicklung der Dampfschiffahrt auf der Elbe stagnierte jedoch, bis im Jahr 1836 der vielseitige und erfolgreiche Ingenieur Johann Andreas Schubert (1808 bis 1870) seine Schrift »Andeutung über Dampfschiffahrt auf der Oberelbe« veröffentlichte, in der er die Möglichkeit eines billigen Dampfschiffsverkehrs auch auf der Oberelbe entwickelte. Daraufhin gründeten 14 unternehmungsmutige Dresdener Kaufleute die Elbdampfschiffahrts-Gesellschaft, für die die Regierung am 8. Juli 1836 das Privilegium erteilte. Im März 1836 reiste J. A. Schubert nach Frankreich, um die dort auf der Seine verkehrenden Dampfschiffe zu studieren, und im September 1836 begann er in den Werkstätten des kurz zuvor gegründeten »Übigauer Aktien-Maschinenbau-Vereins« den Bau der beiden ersten Elb-Personendampfschiffe, der eisernen Raddampfer »KÖNIGIN MARIA« und »PRINZ ALBERT«. Die Schiffskörper der beiden Schiffe wurden noch auf der »Alten Vogelwiese« in Dresden zusammengebaut, während der Innenausbau sowie die Montage von Kessel und Maschine in Übigau erfolgte. Die 36,1 m lange und 3,92 breite »KÖNIGIN MARIA« bekam eine Niederdruck-Seitenbalanciermaschine der Firma Egells; Berlin, die aber später durch eine solche von John Penn ersetzt wurde.

Am 23. September begann der regelmäßige Personenverkehr von Dresden aus in beide Fahrtrichtungen. Auch das zweite Personen-Dampfschiff »PRINZ ALBERT« erhielt eine Egells'sche Seitenbalancier-Maschine und einen in Übigau erbauten kombinierten Wasserrohrkessel. Diese Schiffe hatten jedoch für die damaligen Wasserverhältnisse der Elbe noch einen zu großen Tiefgang. Zahlreiche Untiefen, Stromschnellen, Sandbänke, Schlammbänke und Klippen machten besonders nach Hochwasser ein Befahren der Elbe gefährlich. Bei der Thürmsdorfer Stromschnelle in der Nähe von Königstein mußten die Personen-Dampfschiffe lange Zeit durch vorgespannte Pferde vorübergezogen werden.

Von 1840 bis 1842 wurden die beiden Dampf-

Das neue Feuerschiff »ELBE 1« 1980

schiffe in Hamburg umgebaut und konnten dann in einem Tag von Dresden nach Tetschen und zurück fahren. Sie bildeten den Beginn der Elb-Dampfschiffahrt, die sich bis heute zu einer der größten Flußschiffahrts-Unternehmungen mit einem erheblichen Güter- und Personenverkehr entwickeln konnte. Eine besondere Rolle spielte auch das *Kettenschleppschiff* auf der Elbe.

»ELBE« (1): Raddampfer, 1879 erster Neubau für fremde Rechnung der Werft Blohm & Voss (vorher Kuhwerder Schiffswerft), den die Stade-Altländer-Dampfschiffahrts-Gesellschaft 1879 bestellt hatte. Das 138 BRT große Schiff war zwischen den Loten 43,28 m lang, 5,79 m breit und hatte eine Seitenhöhe von 2,44 m, ausgerüstet mit einer 202 kW (275 PS) Dampfmaschine. Überliefert ist, daß bei der Probefahrt im September 1879 der Reeder persönlich den Kohleverbrauch an den vorher abgewogenen Kohlesäkken kontrollierte, um sich zu überzeugen, daß der vertraglich festgelegte Kohleverbrauch nicht überschritten wurde.

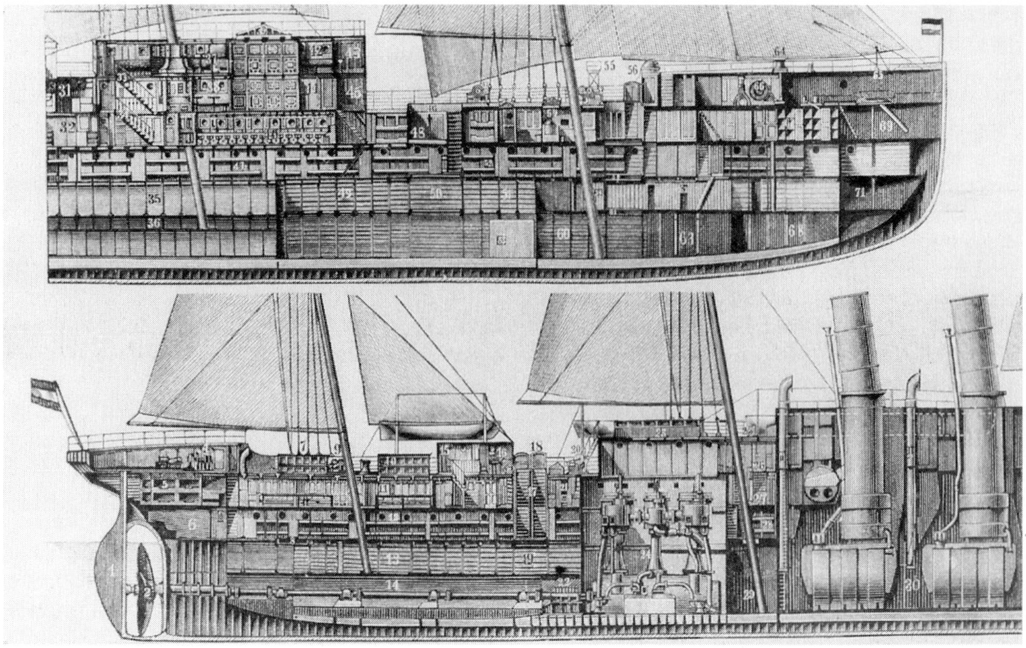

Die »ELBE«, Prototyp des deutschen Schnelldampfers 1881

»ELBE 1«: Feuerschiff. Oftmals war man gezwungen, weit vor der Hafeneinfahrt Feuerschiffe als Ansteuerungspunkte zu positionieren, damit den ankommenden Schiffen der Weg gewiesen wurde. Zu den bekanntesten Feuerschiffen gehörte um 1823 das vor der amerikanischen Ostküste stationierte Feuerschiff »SANDY HOOK«. Etwa 56 Seemeilen vor der Küste, auf der Einfahrt nach New York, lag seit 1854 das »NANTUCKET«-Feuerschiff. Oft entschieden sich hier die Rennen der Atlantikliner im Kampf um das »Blaue Band«. An einer bis zu 250 m langen Ankerkette verankert, an deren Ende sich ein großer Pilzanker befand, blieben diese Schiffe bei jedem Wetter auf Position. Bei Orkan oder Steiler Grundsee rollten sie tagelang bis zu 30 Grad nach jeder Seite. Nicht selten wurden sie von anderen Schiffen im Nebel überlaufen, gerammt oder strandeten durch den Bruch der Ankerkette, da sie im allgemeinen über keinen eigenen Antrieb verfügten. Viele Seeunfälle und Totalverluste künden vom selbstlosen Einsatz der Besatzungen dieser Schiffe, für die es nur eine Möglichkeit gab: Aushalten auf der Position.
Feuerschiffe gaben jedoch vielen anderen Schiffen Hilfe in der Not. Bereits 1899 wurde von einem Schiff der erste Notruf gesendet, der vom »EAST-GODWIN«-Feuerschiff nach South Foreland weitergeleitet wurde. Dieser Dienst erwies sich als Rettung aus höchster Not. So wurde noch im Mai 1934 das »NANTUCKET«-Feuerschiff auf seiner Position vom britischen Passagierschiff »OLYMPIC« im Nebel überlaufen und in 2 Teile zerschnitten, 7 Besatzungsmitglieder fanden den Tod. Ein schweres Schicksal traf auch die *»ELBE 1«*. Bereits 24 Jahre war das Feuerschiff »ELBE 1« in Dienst, als es am 27. Oktober 1936 bei einem schweren Nordweststurm quer zur See gedrückt wurde und kenterte. 16 Mann der Besatzung fanden dabei den Tod. Da Bergungsversuche keinen Erfolg hatten und das Wrack nun selbst zum Schiffshindernis geworden war, mußte das Wrack im April 1937 gesprengt werden.
In unserer Zeit hat die Verkehrsdichte auf den Schiffahrtswegen derart zugenommen, daß man aus Sicherheits- und Kostengründen bestrebt ist, so viele Feuerschiffe wie möglich durch unbemannte schwimmende Seezeichen mit automatisch ausgestrahlter Kennung oder Leuchttürme zu ersetzen. So blieben Feuerschiffe nur noch vereinzelt typische Zeugen einer frühen Seefahrtsgeschichte, auf wenigen Positionen, wie »BORKUM RIFF« vor der Emsmündung.

»ELBE«: Prototyp des Schnelldampfers (1881). Der Norddeutsche Lloyd leitete mit diesem ersten als »Schnelldampfer« angekündigten Schiffstyp den Übergang zum spezialisierten Fahrgastschiff ein. Die »ELBE« gilt so als der erste Schnelldampfer der Welt. Weil die deutschen Werften einen solchen Auftrag noch nicht realisieren konnten, ging der Auftrag zum Bau des Schiffes nach England. Im Jahre 1881 wurde auf der Werft von John Edler & Co. in Glasgow die 4510 BRT große »ELBE« auf Kiel gelegt. Das Schiff war 128 m lang, 13,7 m breit und bot 1117 Passagieren Platz. Wie alle Schiffe aus dieser Zeit trug die »ELBE« ebenfalls noch Beseglung an ihren 4 Masten. Mit der Maschinenleistung von 4121 kW (5600 PS) erreichte das Schiff die Geschwindigkeit von 15 kn. Sie machte bereits 1882 die schnellste Reise von Southampton nach New York in 8 Tagen und einer Stunde.
Dieser erste deutsche Schnelldampfer fand jedoch ein tragisches Ende. Mit dem Schiff verbindet sich eine der großen Schiffskatastrophen der internationalen Fahrgastschiffahrt. Unter Führung von Kapitän GOESSEL war das Schiff am 29. Januar 1895 mit 181 Mann Besatzung und glücklicherweise nur 195 Passagieren an Bord auf seiner 168. Ausreise. Um 5.17 Uhr wurde die »ELBE« im Englischen Kanal von dem englischen Frachtdampfer »CRATHIE«, der sich auf der Reise von Rotterdam nach Aberdeen befand, querschiffs gerammt. Es entstand an der Backbordseite unmittelbar hinter dem Maschinenraum ein sehr großes Leck, durch das der Maschinenraum und eine weitere Abteilung voll geflutet wurden. Nach 25 Minuten war die »ELBE« gesunken, wobei 332 Menschen den Tod fanden. Nur ein Rettungsboot mit 20 Insassen konnte nach 6 Stunden von einem englischen Fischkutter gesichtet und die Insassen in Lowestoft an Land gebracht werden.
Während der Seeamtverhandlung in Bremerhaven wurden dem Schiff keine Mängel in der Bauart nachgewiesen. Von 7 wasserdichten, bis zum Oberdeck reichenden Schotten, war ein Schott so stark beschädigt worden, daß 2 benachbarte Abteilungen gleichzeitig voll Wasser liefen, wodurch das Schiff in kurzer Zeit eine starke Schlagseite erhielt und sank.
Die hohe Zahl der Opfer hatte im Reichstag erregte Erörterungen über die Sicherheitsverhältnisse auf anderen deutschen Passagierdampfern zu Folge. In Deutschland gab es zu dieser Zeit so gut wie keine Fürsorge des Staates für die Sicherheit der Seeschiffe, insbesondere der Passagierdampfer hinsichtlich der Schottenanordnung und anderer Vorschriften. Staatliche Vorschriften wurden meistens nur »aus gegebenem Anlaß« erarbeitet und herausgegeben. Schließlich wurde der Germanische Lloyd von der Seeberufsgenossenschaft aufgefordert, ein Gutachten über nötige Veränderungen, zum Beispiel der Schottenabstände einzureichen. Vom Germanischen Lloyd wurden dementsprechend bereits 1896 erste Unterteilungsvorschriften ausgearbeitet und von der Seeberufsgenossenschaft erlassen. In der Folgezeit entstand daraus das »Zweiabteilungsschiff«, d. h. die Gewährleistung der Schwimmfähigkeit des Schiffes auch noch bei 2 vollgelaufenen benachbarten Abteilungen. Der »ELBE«-Katastrophe sollten leider noch viele folgen, von denen die *»TITANIC«*-Katastrophe wohl die weitreichendste Bedeutung hatte.

Elektroboot: durch Akkumulatoren oder durch Einspeisung über Oberleitungen bei der Kanal- oder Flußschiffahrt von Elektromotoren und Schrauben angetriebenes Schiff. Ein erstes Elektroboot, erbaut von M. H. von Jacobi (1801 bis 1874), fuhr im September 1838 im damaligen St. Petersburg mit 14 Personen besetzt auf der Newa mit etwa 1,4 kn gegen den Strom.

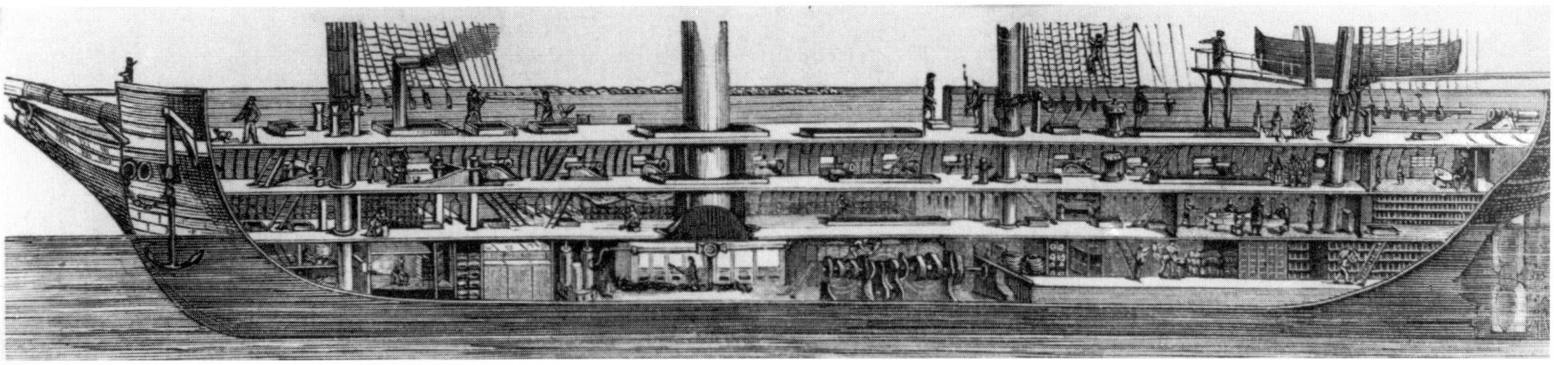

Längsschnitt der »ELISABETH«

In Deutschland widmete sich WERNER VON SIEMENS dem Bau von Elektrobooten, von denen das 1881 gebaute Elektroboot »ELEKTRA« und das 1897 gebaute Elektro-Luxusboot »GERMANIA« besonders bekannt wurden.
Die Akkumulatorenboote konnten durchschnittlich etwa 6 Std. mit 6,5 kn oder 20 Std. mit 4,8 kn fahren. Um 1906 gab es zwischen Zehdenik und Berlin verschiedene elektrisch betriebene Ziegeltransportkähne, die mit ihren Akkumulatoren bei 5 km/h eine Strecke von etwa 100 km fahren konnten. Um größere Zugkräfte zu erreichen, wurden Elektro-Kanalschleppschiffe entwickelt, die mit Motor und Generator ausgerüstet, über Kabel die Elektroenergie den E-Motoren weiterer Kähne des Schleppzugs zuführten. So wurden mit dem Schlepper »TELTOW« 1907 Versuche auf dem Teltow-Kanal unternommen, um über Stromabnehmer Energie aus Oberleitungen zu entnehmen. Besondere Bedeutung erlangte der Elektroantrieb für U-Boote während der Unterwasserfahrt. So konnten die im zweiten Weltkrieg gebauten deutschen U-Boote vom Typ XXI mit ihrer vergrößerten Batteriekapazität von 3×124 Zellen mit insgesamt 33900 Amperestunden getaucht etwa 2 Std. lang mit 17 kn fahren.

Elevatorschiff, *Elevatorponton:* Schüttgutschiff mit bordeigenem Elevator zum Selbstentladen von körnigen Gütern, wie Getreide oder anderen Schüttgütern, oder als schwimmender Elvatorponton. Für Getreide werden hauptsächlich Saugförderanlagen und für schwere Güter Becher- oder Bandförderer eingesetzt.

»ELISABETH«: fünfte, gedeckte Schraubenfregatte der Königlich-Preußischen Marine (1867 bis 1871). Beim Bau dieser Fregatte verwendete die Königliche Werft in Danzig die mit den vorangegangenen Bauten »ARCONA«, »GAZELLE«, »VINETA« und »HERTHA« von 1855 bis 1865 gewonnenen Erkenntnisse. Die »ELISABETH« wurde am 1. Mai 1866 auf Kiel gelegt und lief am 18. Oktober 1868 von Stapel. Am 29. September 1869 wurde der 2,066 Mill. Taler kostende Neubau in Dienst gestellt.
Der mit Kupfer beschlagene Eichenholzkraweelbau besaß eine Verdrängung von 2454 t, war 71,5 m lang, 13,2 m breit und hatte einen Tiefgang von 6,4 m. Die Besatzung bestand aus 380 Mann. Bis 1869 waren als Bewaffnung 28-bis 68-Pfünder an Bord, danach bis zu 17×15-cm- und später 8×15-cm-Kanonen. Die liegende Zweizylinder-Einfach-Expansionsmaschine der Firma Maudslay Son & Field, London, leistete 1795,8 kW (2440 PS) und arbeitete auf eine hievbare Schraube von 4,8 m ∅, mit der die Schraubenfregatte eine Geschwindigkeit von 9···12,1 kn erreichte. Vier Kofferkessel mit insgesamt 16 Feuern erzeugten den erforderlichen Dampf. Mit einem Bunkerinhalt von 240 t Kohle konnten bei 10 kn Geschwindigkeit 1900 Seemeilen gedampft werden. Die Segelfläche der als Vollschiff getakelten »ELISABETH« betrug ungefähr 2200 m^2.
Anläßlich der Eröffnung des Suez-Kanals am 17. November 1869 führte die »ELISABETH« als Flaggschiff die preußischen Schiffe an. Die Einweihung des Kanals stand ganz im Zeichen monarchistischen Gepräges und wurde vom prunkliebenden Chediven ISMAIL PASCHA von Ägypten zu einer großen internationalen Veranstaltung gemacht. Preußen war mit 3 Kriegsschiffen und der Königlichen Yacht *»GRILLE«* vertreten, die mit dem Kronprinzen FRIEDRICH WILHELM den Kanal passieren sollte. Die »ELISABETH« mußte jedoch erst Munition, Ballasteisen, schwere Rundhölzer sowie einige Geschütze von Bord geben, um den seinerzeit nur 6 m tiefen Kanal passieren zu können. So war das Flaggschiff erst nach 11 Tagen in Suez.
Am 20. September 1887 wurde das Schiff aus der Flottenliste gestrichen und in Kiel als Maschinenhulk für die Heizer- und Maschinistenausbildung verwendet. 1904 wurde es für 83000 Mark verkauft und in Stettin abgebrochen.

»ELISE« ex »MARGERY«: das erste Seitenrad-Dampfschiff, das am 17. März 1816 den Kanal von Newhaven, Großbritannien, nach Le Havre überquerte und damit den Nachweis der Seefähigkeit des Dampfantriebs erbrachte. Das 19,2 m lange und 3,7 m breite Fahrzeug von etwa 38 t Deplacement lief 1814 in Dumbarton unter dem Namen »MARGERY« von Stapel und fuhr unter Segel an dem hohen Schornstein von Dumbarton nach London. Der Einsatz als Fährschiff zwischen Gravesend und London scheiterte infolge des Widerstandes der dortigen Fährschiffer, die das Anlegen des Dampfschiffes durch Anordnung verbieten ließen. Durch Verkauf nach Frankreich für den Fährdienst auf der Seine kam unter dem neuen Namen »ELISE« die erste Kanalüberquerung zustande. Die Fahrt über dem Kanal dauerte bei stürmischen Wetter 17 Stunden, obgleich mit der 7,36 kW (10 PS) Dampfmaschine von W. DENNY bei ruhiger See etwa 6 kn erreichbar waren.
Der Kapitän konnte seine Besatzung nur durch Drohungen dazu bewegen, die begonnene Fahrt bei diesem Wetter fortzusetzen. Die Seitenräder hatten 6 Radialschaufeln bei einem Durchmesser von 2,70 m. Der mit Salutschüssen angekündigten Ankunft folgte kein kommerzieller Erfolg, so daß das Fährunternehmen aufgelöst wurde. Die Spanten des Schiffs sollen noch nach 70 Jahren am Ufer der Seine gelegen haben.

»EMDEN« (I): Kleiner Kreuzer der Kaiserlichen Marine. Dieser Kleine Kreuzer wurde von 1906 bis 1909 auf der Kaiserlichen Werft in Danzig gebaut und lief am 26. Mai 1908 von Stapel. Die Baukosten beliefen sich auf 5,96 Mill. Mark. Die Hauptdaten waren: L_{OA} 118,3 m; L_{PP} 117,9 m;

Deutscher Kleiner Kreuzer »EMDEN« (I), Baujahr 1906/09

B 13,5 m; T 4,80 m; Deplacement 3664 t; Besatzung 361 Mann. Die Bewaffnung bestand aus 10×10,5-cm- und 8×5,2-cm-Geschützen sowie 2 Torpedorohren des Kalibers 45 cm.

Während das Typschiff dieser Klasse, der Kleine Kreuzer »DRESDEN«, schon mit Dampfturbinenantrieb fuhr, erfolgte der Antrieb der »EMDEN« durch 2 Dreifach-Expansionsmaschinen. Die volle Maschinenleistung betrug 12063 kW (16390 PSi), die Höchstgeschwindigkeit 24,1 kn. Das Schiff machte im Sommer 1910 eine schon bei der Indienststellung am 10. Juli 1909 vorgesehene Langstreckenfahrt, um die unter Einsatzbedingungen möglichen Daten für den Auslandsdienst zu ermitteln. Im Kriegsfalle war die »EMDEN« als Auslandskreuzer zur Störung der gegnerischen Schiffahrt vorgesehen. Mit 1100 t Kohle wurden in 20 Tagen 4200 Seemeilen bei einer Durchschnittsgeschwindigkeit von 11,5 kn durchlaufen.

Bei Kriegsbeginn 1914 gehörte die »EMDEN« unter dem Kommando von Fregattenkapitän Karl von Müller zum ostasiatischen Kreuzergeschwader des Vizeadmirals Graf von Spee, das seine Basis im damaligen Tsingtau hatte. Der Kreuzer versenkte im Indischen Ozean und im Golf von Bengalen in 2 Monaten 16 britische Handelsschiffe mit über 70000 BRT und brachte 7 weitere Dampfer auf, mit deren Fracht und Vorräte er die eigenen Vorräte ergänzte, zerstörte das Öllager in Madras, versenkte den russischen Kreuzer »SCHEMTSCHUG« und am 28. Oktober 1914 das französische Torpedoboot »MOUSQUET«. Die »EMDEN« wurde damit zum erfolgreichsten Überwasserkriegsschiff der Kaiserlichen Marine im ersten Weltkrieg, bevor sie selbst am 9. November 1914 durch den australischen Kreuzer »SIDNEY« kampfunfähig geschossen und von der Besatzung bei den Cocos-Inseln auf Strand gesetzt wurde. Das Gefecht forderte 133 Tote auf der »EMDEN«, 202 Überlebende nahm die »SIDNEY« an Bord. Das als Trophäe demontierte Namensschild der »EMDEN« wurde 19 Jahre später von der australischen Regierung an Deutschland zurückgegeben. 1950 begann eine japanische Firma mit dem Abbruch des Wracks, wobei Reste noch 1963 sichtbar waren. Im Victoria-Park von Sidney steht noch heute zur Erinnerung an dieses Gefecht ein Bugstück der »EMDEN« als Denkmal.

Die »ENTERPRISE« fuhr 1824 als eines der ersten Segel-Dampfschiffe nach Indien

Die »ENTERPRISE«, erster USA-Flugzeugträger mit Kernenergieantrieb

»ENTERPRISE«: USA Flugzeugträger mit Kernenergieantrieb. Der Flugzeugträger wurde 1958 auf der Newport News Shipbuilding Werft auf Kiel gelegt, lief am 24. September 1960 von Stapel und kam 1961 zur Flotte. Es war der erste Flugzeugträger mit Kernenergieantrieb und seinerzeit das größte Kriegsschiff der Welt. Der Bau dieses Schiffes kostete die enorme Summe von etwa 475 Mill. Dollar. Das Schiff hat eine Verdrängung von 85350 t bei 11,3 m Tiefgang, ist 336 m und über Flugdeck 374 m lang und 40,5 m bzw. über Flugdeck 76,8 m breit. Zur Besatzung gehören 4600 seemännisches und flugtechnisches Personal. Für den Flugbetrieb der insgesamt 100 an Bord befindlichen Flugzeuge gehören Aufzüge von 26,9×15,8 m sowie 4 Katapulte, so daß in Abständen von 15 Sekunden eine Maschine starten kann.

Die Antriebsanlage mit Westinghouse Turbinensätzen leistet über 147200 kW (200000 PS) und gibt dem Träger eine Geschwindigkeit von 36 kn. Bei einer Dienstgeschwindigkeit von 33 kn können 300000 Seemeilen zurückgelegt werden. Für die Dampferzeugung sorgen 8 Reaktoren und 32 Dampfkessel.

Die erste »ENTERPRISE« war ein Dampf-Segelschiff. Diese »ENTERPRISE« (1) fuhr im Jahr 1824 als eines der ersten Schiffe teilweise unter Dampf von London nach Kalkutta. Sie legte die 11450 Seemeilen lange Strecke in 103 Tagen zurück und fuhr davon 69 Tage mit Dampf.

Entfernungs-Meßschiff: siehe *Schulschiff*

»ERBGROSSHERZOG FRIEDRICH FRANZ«: erster in Deutschland gebauter seegehender eiserner Schraubendampfer. Eine Rostocker Reederei-Gesellschaft, die den regelmäßigen Dampfschiffsverkehr zwischen Rostock und St. Petersburg aufnehmen wollte, die Rostock-St. Petersburg-Dampfschiffahrtsgesellschaft, gab dem Schiffszimmermeister WILHELM ZELTZ in Rostock den Auftrag zum Bau von 2 Schraubendampfern. Mit Hilfe des Maschinenbau-Ingenieurs ALFRED TISCHBEIN ließ ZELTZ zusätzlich zu seiner am Strande gelegenen Holzschiffswerft einen Betriebsteil zum Bau von eisernen Schiffen errichten, aus dem später die heutige VEB Schiffswerft »Neptun« hervorging. In diesem Betriebsteil wurden die ersten deutschen seetüchtigen eisernen Schraubendampfschiffe gebaut.

Im November 1851 konnte der Auftraggeber den ersten Dampfer unter dem Namen »ERBGROSSHERZOG FRIEDRICH FRANZ« und im Mai 1852 den zweiten Dampfer mit dem Namen »GROSSFÜRST CONSTANTIN« in Dienst stellen. Beide Schiffe waren als kombinierte Dampf-Segelschiffe mit Bugspriet und Klüverbaum zweimastige Schonerbriggs. Den Hauptantrieb besorgte eine Dampfmaschine von 44 kW (60 PS)

»ERBGROSSHERZOG FRIEDRICH FRANZ« (1), 1853 erster in Deutschland (Rostock) gebauter seegehender eiserner Schraubendampfer

Die Nachfolge-Schraubendampfschiffe gleichen Namens 1857, »ERBGROSSHERZOG FRIEDRICH FRANZ« (2) und »GROSSFÜRST CONSTANTIN« (2)

Leistung. Auf ihren Fahrten mit Passagieren und Ladung nach London und St. Petersburg erwiesen sich beide Schiffe als hervorragend seetüchtig. Ihre Geschwindigkeit von 9,5 kn war für damalige Verhältnisse überdurchschnittlich schnell. Sie konnten 70 Lasten (1 Last hatte 4000 mecklenburgische Pfund, das sind heute etwa 2 t) tragen und waren mit 140 RT vermessen. Die Schiffe fuhren bis 1855 für Rostock und wurden dann nach Antwerpen verkauft. Zwei Jahre danach wurden 1857 erneut 2 Dampfer unter dem gleichen Namen von der neu gegründeten Rostocker See-Dampfschiffs-Gesellschaft in Dienst gestellt. Sie waren bereits bedeutend größer, hatten 242 RT und waren als Dreimast-Schonerbarken getakelt.

Erdgastanker: siehe *Flüssiggas-Tanker* und *LNG-Tanker*

Erdöl-Bohrinsel: siehe *Bohrinsel*

»ERMAK« (1): erster Polareisbrecher der Welt zum Ende des 19. Jh. und Prototyp des Polareisbrechers als Vorgänger zum Großeisbrecher. Nach Ideen und Projekten des russischen Admirals und Forschers S. O. MAKAROW erteilte im Jahr 1897 die Petersburger Geographische Gesellschaft der englischen Werft W. G. Armstrong, Withworth & Co. Ltd., in Newcastle den Auftrag zum Bau eines großen Eisbrechers von 8500 t Deplacement.
Das Schiff wurde 1899 fertiggestellt und auf den

Der Eisbrecher »ERMAK« (1) 1898, Prototyp des Polareisbrechers

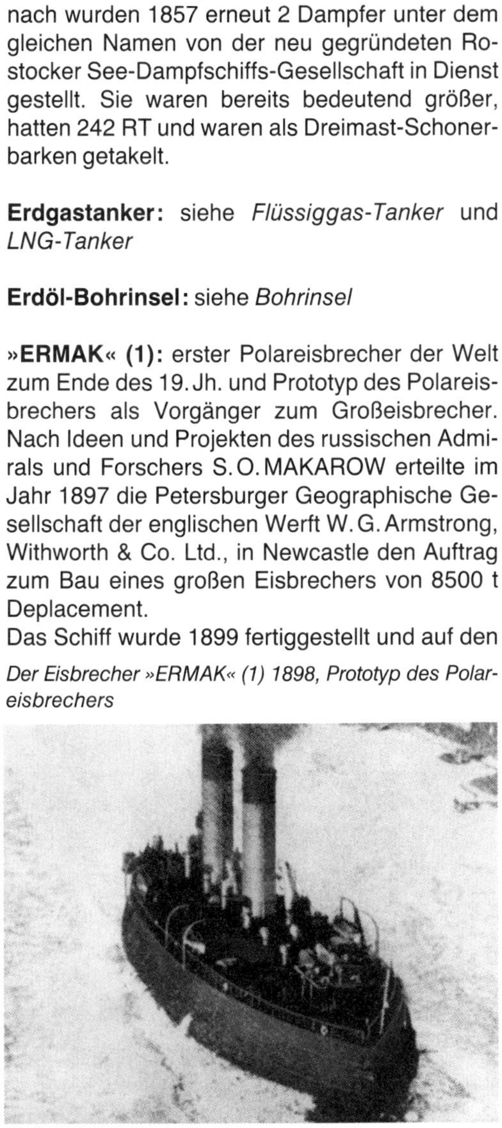

Namen »ERMAK« getauft. Im Februar 1899 verließ es Newcastle in Richtung Kronstadt. Bereits bei den ersten Einsätzen 1899 in der Ostsee bewährte sich der neue Eisbrecher. Im Herbst des Jahres wurde eine große Zahl von Fischereifahrzeugen im finnischen Meerbusen von der Eisbildung überrascht und eingeschlossen. Die »ERMAK« öffnete in dieser Zeit für einen Schiffskonvoi eine Fahrrinne zur Fahrt in die freie Ostsee. Der bereits mit einer Funkausrüstung versehene Eisbrecher konnte über Funk informiert und zur Hilfe entsandt werden. Unter Kapitän WASSILJEW befreite die »ERMAK« die Fischerboote, alle Fischer konnten gerettet werden. Anfang 1918 war die »ERMAK« mit 2 anderen Eisbrechern an der Überführung eines Großteils der Baltischen Flotte, dem sog. »Eismarsch der Baltischen Flotte«, von Reval nach Helsingfors sowie an Fahrten von Linienschiffen und Kreuzern beteiligt. Im zweiten Weltkrieg nahm die »ERMAK« (I) an der Verteidigung Leningrads teil.
Die »ERMAK« hatte 3 Dampfmaschinen von je 1840 kW (2500 PSi) Leistung, die auf je eine Heckschraube arbeiteten, sowie eine Bugschraube mit ebenfalls 1840 kW (2500 PSi) Antriebsleistung. Bei einer Eisfahrt in der Polarregion wurde die vordere Schraubenwelle nach innen geschoben, riß die Dampfmaschine aus ihrem Fundament und beschädigte sie schwer. Dabei wurde auch der Bug beschädigt. Die »ERMAK« erhielt daher in der Bauwerft einen neuen verstärkten Bug. Die Bugschraube wurde wegen der Beschädigungsgefahr später entfernt.

»ERMAK« (2): moderner Dreischrauben-Polareisbrecher der UdSSR. Die »ERMAK« wurde als erstes Schiff einer Serie von 3 Polareisbrechern mit 26500 kW (36000 PS) starken dieselelektrischen Antriebsanlagen 1973/74 von der »Wärtsilä Werft« in Helsinki im Auftrag der UdSSR gebaut. Die »ERMAK« und ihre Schwesterschiffe wurden speziell für den Einsatz auf dem nördlichen Seeweg entwickelt. Bei einer Länge über Alles von 135 m und 130 m zwischen

Polareisbrecher »ERMAK« (2), Bezwinger des Nordpolareises

den Loten beträgt die maximale Breite 26 m und die Breite in der Konstruktonswasserlinie 25,6 m. Der Polareisbrecher hat 11 m Tiefgang und 16,7 m Seitenhöhe. Das Deplacement beträgt 20241 t.
Der dieselelektrische Antrieb besteht aus 9 Dieselgeneratoren von je 3385 kW (4600 PS) Leistung und die Hilfsenergieanlage aus 6 Dieselgeneratoren von je 883 kW (1200 PS) sowie 2 weiteren 883-kW-Dieselgeneratoren für das Luftausblasesystem. Mit der Leistung der Propeller-Elektromotoren von 3×12000 PS erreicht der Polareisbrecher als sogenannten Pfahlzug einen Schub von 3100 kN (310 Mp) an Eisbarrieren bzw. eine Freifahrtsgeschwindigkeit von 19,5 kn. Zum Schleppen anderer Schiffe dient eine Schleppwinde von 900 kN (90 Mp) und für Hilfeleistungen sind ein Hubschrauber sowie die erforderliche Landeplattform und ein Hangar vorhanden.
Der mit modernen Automatisierungsanlagen, Datenüberwachungen, Navigations- und Kontrollsystemen ausgerüstete Polareisbrecher hat eine Besatzungsstärke von 118 Personen. Wegen der besonders harten klimatischen und betrieblichen Bedingungen und der langen Einsatzdauer während der Navigationsperiode oder bei Hilfeleistungen sind die Besatzungsunterkünfte und Freizeiträume zweckmäßig und besonders komfortabel eingerichtet.

Erzfrachter: für den Erztransport spezialisiertes Schüttgutschiff, siehe auch *Bulker*, *Bulkcarrier*. Der Erzfrachter gehört zu den ersten auf nur eine Schüttgutart spezialisierten Schiffstypen. Erste Prototypen gab es bereits in der zweiten Hälfte des 19. Jh. auf den Großen Seen Nordamerikas (siehe dazu *Great-Lakes-Ship*) und für den europäischen Erztransport von Schweden und Norwegen. Wegen der hohen Dichte der Erze können die Laderäume relativ klein sein. Um eine günstige Lage des Massenmittelpunkts der Ladung zu erreichen, wird der Doppelboden erhöht ausgeführt und die Laderäume werden seitlich durch Tanks begrenzt, in denen bei der Leerfahrt Ballastwasser gefahren wird.
Nach dem zweiten Weltkrieg wurden zunächst Erzfrachter von mittlerer Größe und ab 1960 zunehmend große Erzfrachter gebaut. Um 1960 hatte der größte Erzfrachter noch eine Tragfähigkeit unter 50000 t und 1970 gab es bereits einige Schiffe von 120000 t DW. Seit den 80er Jahren ist die 200000-t-DW-Grenze, wie beim japanischen Erzfrachter »SHINHO MARU« mit 209000 t DW überschritten.
Alle modernen Erzfrachter sind Eindeckschiffe mit hinten angeordneten Maschinenanlagen und Aufbauten. Der Laderaumbereich ist durch Querschotte unterteilt und durch zwei seitliche Längsschotte eingegrenzt. Die Schiffskörperkonstruktion ist entsprechend der Belastungskonzentration und für den Greiferbetrieb verstärkt und für den schnellen Umschlag mit großen Luken versehen. Wegen der beim ausschließlichen Erztransport unvermeidlichen Leerfahrten gibt es verschiedene kombinierte Erzfrachter wie Erz-Bulk-Container-Frachtschiffe (siehe *OBC*), Erz-Bulk-Öl-Frachtschiffe (siehe *OBO*).

Erz-Öl-Massengutschiff: siehe *OBO* (Oil-Bulk-Ore-Carrier)

Erzfrachter mit 72500 t Tragfähigkeit

Escort Destroyer: siehe *Geleitzerstörer* und *Zerstörer*

»EUGENE KROHN«: kleiner Frachtdampfer für die Nord- und Ostseefahrt der Rostocker Handelsflotte in den letzten Jahrzehnten des 19. Jh. Die 475 RT große »EUGENE KROHN« wurde 1883 von der Werft Henry Koch in Lübeck für den Rostocker Reeder W. Fischer noch aus Eisen gebaut, fuhr bis 1905 unter Rostocker Flagge und wurde danach nach Newcastle verkauft.
Ein weiteres Rostocker Schiff aus dieser Zeit war die 1882 ebenfalls noch aus Eisen von der Werft Stettiner »Vulkan« für den Reeder Martin Petersen gebaute 935 RT große »HANS KROHN«. Dieses Schiff wurde 1903 nach Alborg verkauft.

»EUROPA«: Vierschrauben-Turbinenschnelldampfer mit einer Leistung von 77280 kW (105000 PS), 49746 Bruttoregistertonnen, einer Länge von 270,70 m, einer Breite von 31,00 m und einer Seitenhöhe von 16,40 m. Die Abmessungen ermöglichten die Unterbringung von 2300 Fahrgästen.
Am 14. Dezember 1926 wurden 2 Transatlantik-Schnelldampfer vom Norddeutschen Lloyd für die gestiegenen Komfort- und Geschwindigkeitsanforderungen des Personenverkehrs in Auftrag gegeben.
Der Kiel wurde im Juli 1927 gelegt, der Stapellauf erfolgte am 15. August 1928. Nach einer Fertigstellung von etwa 75 % brach im März 1929 ein Brand aus, dessen Ausdehnung vom vorderen Mast bis ins hintere Schiffsdrittel reichte und großen Schaden verursachte. Das Schadensausmaß – die Versicherungssumme betrug 18,2 Mill. Mark – ist u. a. daraus zu erkennen, daß nahezu 7000 t Stahl gewechselt werden mußten. Im März 1930 fand die Jungfernfahrt nach New York statt. Mit einer durchschnittlichen Geschwindigkeit von 27,9 kn wurde das »Blaue Band« gewonnen. Trotz der Wirtschaftskrise der dreißiger Jahre erzielte die »EUROPA« eine relativ gute Auslastung. Ab September 1939 lag das Schiff als Wohnschiff in Wesermünde. Die deutsche Kriegsführung hatte es zum Einsatz für ihre geplante Operation »Seelöwe« zur Invasion auf England vorgesehen. 1942 wurden noch Umbaupläne zum Flugzeugträger mit 42 Flugzeugen und 2 Katapulten ausgearbeitet. Nach Kriegsende 1945 wurde die »EUROPA« zunächst von der US-Navy als Truppentransporter »AP 177« für den Rücktransport von Truppen aus Europa nach Nordamerika eingesetzt, bevor das Schiff im Mai 1946 als Kriegsbeute von Frankreich übernommen und in »LIBERTE« umbenannt wurde. Während des Umbaues riß das Schiff von der Vertäuung und trieb auf das Wrack der »PARIS«. Die Außenhaut wurde beschädigt, so daß infolge Wassereinbruchs Kentergefahr bestand und das Schiff auf Grund gesetzt werden mußte. Es wurde am 15. April 1947 gehoben und danach bei Penhoet in St. Nazaire repariert. Die neue Vermessung war 51839 BRT und 21001 NRT. Die erste Reise im Liniendienst Le Havre–New York begann für das Schiff danach am 17. August

Stapellauf des Vierschrauben-Schnelldampfers »EUROPA« am 15. Aug. 1928 in Hamburg auf der Werft Blohm & Voss

Bootsdavit

Die »EUROPA« geht auf Fahrt

1950 unter dem Namen »LIBERTE« bei der »Compagnie Générale Transatlantique. Von 1950 bis 1961 tat das Schiff als Flaggschiff der französischen Gesellschaft Dienst und wurde 1962 in La Spezia abgewrackt.

»EUROPA«: Kreuzfahrtenschiff der 80er Jahre.

Die »EUROPA« (1981) ist als Kreuzfahrtenschiff bereits das fünfte Schiff mit dem selben Namen. Am 23. November 1978 wurde zwischen der Kommanditgesellschaft MS »EUROPA« und dem Bremer Vulkan A. G. Schiffbau und Maschinenfabrik in Bremen-Vegesack der Bauvertrag über den Neubau abgeschlossen.

Die neue »EUROPA«, das Kreuzfahrtenschiff der 80er Jahre

Der Stapellauf fand am 22. Dezember 1980 statt, und bereits am 8. Januar 1982 konnte das Schiff unter der Flagge der HAPAG-Lloyd A. G. Hamburg/Bremen seine Jungfernreise antreten, die von Genua aus rund um Afrika und zurück nach Genua führte.

Das Schiff ist über Alles 199,92 m und zwischen den Loten 170,50 m lang, die Breite auf Spanten beträgt 28,50 m, die Breite über die Brückennokken 30,00 m. Die größte Seitenhöhe bis zum Sonnendeck ist 25,97 m. Das etwa 34500 BRT große Schiff besitzt bei einem Tiefgang von 7,85 m eine Tragfähigkeit von 4500 t, die sich bei dem Konstruktionstiefgang von 8,35 m auf 6500 t erhöht. Zur Besatzung gehören 295 Mann. Das Schiff bietet Platz für max. 758 Fahrgäste, auf Kreuzfahrten werden die 316 Kabinen höchstens mit 600 Fahrgästen belegt.

2 MAN-Dieselmoteren vom Typ K 7 SZ 70/125 B mit einer max. Dauerleistung von 2×10640 kW (2×14460 PS) verleihen dem Schiff bei 7,85 m Tiefgang eine Geschwindigkeit von 22 kn. Der gesamte Maschinenbetrieb ist wachfrei. Ein Querstrahlruder erzeugt einen Schub von 170 kN zur erforderlichen guten Manövrierfähigkeit in engen Hafenrevieren. Der Aktionsradius richtet sich nach der Einsatzvariante des Schiffes. Er beträgt im allgemeinen 14 Tage, davon 7 Tage mit 21 kn bei Tiefgang von 8,35 m und 7 Tage mit der Kreuzfahrtgeschwindigkeit von 17,5 kn.

Europakahn: siehe *Binnenschiff*

Expeditionsschiff: seit Mitte des 19. Jh. Bezeichnung für ein Schiff, das autonom oder in einem Expeditionsgeschwader längere Auslandsreisen mit politischen oder kommerziellen Zielen und leider auch zu Annexionen und Strafexpeditionen unternahm. Es waren seinerzeit hauptsächlich bewaffnete Segel- oder *Dampffregatten*. Für deutsche Unternehmungen fand u. a. eine Expedition von 4 Schiffen *»ARCONA«* (Dampffregatte, 27 Geschütze, 319 Mann Besatzung), »THETIS« (Segelfregatte, 38 Geschütze, 333 Mann), »FRAUENLOB« (Schoner, 1 Geschütz,

41 Mann) und ein Transportschiff »ELBE« (6 kleine Geschütze, 47 Mann Besatzung) statt. Die Expedition sollte Afrika umschiffen und in Japan, China und Siam den Abschluß von Handelsverträgen sichern helfen.
Vom Oktober 1859 bis März 1860 wurde das Expeditionsgeschwader zunächst in einem englischen Kriegshafen für eine Tropenfahrt ausgerüstet, da England für eine derartige Fahrt bereits Erfahrungen hatte. Die Expedition hatte jedoch keinen glücklichen Verlauf, siehe *»ARCONA«*. Zu den erfolgreichsten wissenschaftlichen Forschungsexpeditionen mit Dampfkraft gehört u. a. die Südatlantik-Expedition mit der »METEOR« von 1925 bis 1927; siehe auch *Forschungsschiff*, »FRAM«, *»CHALLANGER«*.
Heutige Expeditionsschiffe sind spezielle Forschungsschiffe insbesondere für Langzeiteinsatz in der Arktis und Antarktis. Sie sind für besondere Bedingungen mit Eisverstärkung, ausreichendem Transport-, Aufenthalts- und Arbeitsraum zur Beförderung und Unterbringung des Personals und der Ausrüstungen oder zeitweiligen bzw. ständigen Beobachtungsstationen, Hubschraubern und anderen Hilfsanlagen gebaut.

»EXPERIMENT«: Versuchs-Dampfboot mit Heckruderriemen von JOHN FITCH 1792. Am 27. September 1785 legte FITCH der Amerikanischen Philosophischen Gesellschaft in Philadelphia ein Modell und eine Beschreibung eines kleinen Dampfboots vor. Es sollte einen hochliegenden Gestängerahmen erhalten, in dem auf jeder Bordseite 6 lange Ruderriemen beweglich angeordnet werden sollten. Eine Dampfmaschine sollte eine Welle in Bewegung setzen, um die Ruderriemen in der Art von Kanupaddeln abwechselnd wirken zu lassen. Es handelte sich damit um einen Entwurf für ein Dampf-Ruderboot. Das Boot von 15 m Länge und 4 m Breite sollte die Geschwindigkeit von 3 kn erreichen. Nach dem Bau und einigen Versuchen mit diesem Boot auf dem Delaware erkannte J. FITCH um 1787, daß der Bewegungsmechanismus zu anfällig war und begann mit Experimenten, die dem Schaufelradantrieb schon näher kamen.
Im Jahr 1792 entstand das zweite Boot, die »EXPERIMENT«, das eine Geschwindigkeit von 8 kn erreicht haben soll. Anstelle der seitlichen Ruderriemen waren bei diesem Boot am Heck 3 vertikale Ruderriemen angeordnet, die maschinell abwechselnd nach hinten gezogen, herausgehoben und über Wasser wieder nach vorn gezogen wurden. Das Boot hatte die Abmessungen von 18,3 m Länge und 3,65 m Breite. Mit diesem ersten, als »Commerzielles Service Dampfboot« bezeichneten Fahrzeug begann J. FITCH ab Sommer 1792 regelmäßige Fahrten zwischen Philadelphia und Trenton. Das Unternehmen war jedoch noch unrentabel und die Dampfschifffahrtsgesellschaft ging in Konkurs.
1796 entstand noch ein drittes Boot von FITCH, das 6 m lang war und mit einer Art Schraubenpropeller angetrieben wurde. Es fehlte ihm jedoch an der finanziellen Unterstützung, um seine Entwicklungsarbeiten zum Erfolg zu führen. Verbittert durch das allgemeine Unverständnis gab er schließlich auf und schied 1798 durch Selbsttötung aus dem Leben.

Erstes Versuchsboot (1786/87) von JOHN FITCH mit Seiten-Ruderriemen-Dampfantrieb

Experimentsschiff: Versuchsschiff, das unter zeitweiliger Zulassung experimentelle Erprobungen von Neuentwicklungen durchführt. Solche Schiffe werden von großen Schiffbauvereinigungen, Reedereien und Forschungsinstitutionenbetrieben, um Schiffsanlagen zu erproben, für die noch keine generelle Zulassung erteilt wurde. Dazu gehören insbesondere Kernreaktoranlagen, spezielle Schiffbauwerkstoffe und Konstruktionen sowie neuartige Schiffsformen, Propeller, Ruder, Rettungsausrüstungen, Umschlagsysteme oder Fischereiausrüstungen.

Express-Schiff: kommerzielles schnelles Schiff in der Linienfahrt. Bereits zur Zeit der Dampfschiffahrt gab es auf den größeren Flüssen und Strömen Express-Schaufelraddampfer, die im Unterschied zur Schleppschiffahrt im direkten schnellen Verkehr zwischen 2 Häfen Personen und Eilfracht beförderten. Sie fuhren fahrplanmäßig im Linienverkehr und beförderten auch die innerstaatliche Post. Aus den Anfängen der Paketfahrt über den Atlantik entwickelten sich die heutigen Express-Liniendienste, die bei der Container-Schiffahrt einen hohen Stand erreicht haben, wie beispielsweise mit den Containerschiffen der dritten Generation, wie *»FRANKFURT EXPRESS«*. Verschiedene Großreedereien unterhalten weltweite Express-Dienste »Round the world« (rund um die Welt) mit wöchentlichen Abfahrten in beiden Richtungen.

F

Fabrikmutterschiff: Basisschiff einer Flottille zur Fangübernahme und fabrikmäßigen Verarbeitung. Die Typenbezeichnung wurde vom früheren *Walfangmutterschiff* für große Fischereimutterschiffe mit Verarbeitungseinrichtungen übernommen. Das weltgrößte Fabrikmutterschiff ist die für die sowjetische Hochsee-Expeditions-Fernfischerei gebaute *»WOSTOK«*. Weitere Fabrikmutterschiffe sind u. a. die *»JUNGE WELT«* und *»JUNGE GARDE«* (DDR) und die in der Volksrepublik Polen für die UdSSR gebauten Schiffe von 11 500 t DW mit 8 Fabriklinien für die Verarbeitung von 380 t Fisch pro Tag zu Frostfisch, Salzware, Konserven, Leberöl, Fischöl und Fischmehl.

Fabrikschiff: ein Schiff oder schwimmendes Fahrzeug mit fabrikmäßigen Produktionseinrichtungen. Im weitesten Sinne sind Fabrikschiffe schwimmende Meerwasserentsalzungsanlagen, Kraftwerkschiffe, Meereswärmekraftwerke oder schwimmende Chemie- oder Rohstoffaufbereitungsanlagen. Im engeren Sinne ist die Bezeichnung für Fischereischiffe mit größeren Fabrikeinrichtungen zur Fischbe- und Verarbeitung gebräuchlich, wie z. B. *Fabrikmutterschiff*, Verarbeitungsschiff, Konservenfabrikschiff u. a. Das Fischereifabrikschiff ist wegen seiner Größe und umfangreichen Fabrikanlagen i. allg. nicht mehr mit eigenen Fangausrüstungen versehen, sondern übernimmt die Fänge von Fangschiffen oder von Land zur Be- und Verarbeitung. Zur Fabrikausrüstung gehören Wasch-, Sortier-, Köpf-, Entweidungs-, Filetier- und Konservierungsanlagen sowie Gefrier-, Verpackungs- und Transporteinrichtungen. Die Innereien, Abfall und Beifang werden zu Leberkonserven, Leberöl, Fischöl und Fischmehl verarbeitet.

Fabriktrawler: größeres Fischerei-Fang- und Verarbeitungsschiff, das jedoch noch mit eigenen Fangausrüstungen für die Schleppnetzfischerei (Trawl) ausgerüstet ist und außerdem Fabrikanlagen für die Fischbe- und Verarbeitung hat. Der Einsatz kann in der Fernfischerei autonom oder in der Flottillenfischerei erfolgen. Bei der Flottillenfischerei übernimmt der Fabriktrawler außerdem zusätzlichen Fang von begleitenden Fangeinheiten. Ein moderner, in Großserie gebauter Fabriktrawler ist der Typ *»ATLANTIK«-Fabriktrawler* der Volkswerft Stralsund.

Fahrgastschiff, *Passagierschiff:* Wasserfahrzeug spezieller Konstruktion, Ausrüstung und Einrichtung zur Beförderung und Versorgung von Personen (Fahrgäste, Passagiere, Kabinen- und Luxuskabinenpassagiere, Deckspassagiere, Ausflügler, Tagespassagiere, Pilger, Touristen) auf Binnenwasserstraßen (Binnen-Fahrgastschiff), Küstengewässern (Küsten- bzw. Bäder-Fahrgastschiff) oder über See (See- bzw. Hochsee- oder Übersee-Fahrgastschiff). Nach der Einsatzart werden Linien-Fahrgastschiffe mit fahrplanmäßigen Abfahrten und Ankünften auf Kurz- und Weitstrecken, Urlauber-Fahrgastschiffe und Kreuzfahrten-Fahrgastschiffe für Erholungs- und Vergnügungsreisen unterschieden.

Die ersten Dampfschiffe, die über den Atlantik fuhren, beförderten hauptsächlich Passagiere mit ihrem Begleitgepäck. Über etwa 100 Jahre von Beginn der Fahrgastschiffahrt um die Mitte des 19. Jh. bis zur Mitte des 20. Jh. war das Fahrgastschiff das hochausgerüstetste, schnellste und größte kommerzielle Seeschiff (1838 Raddampfer *»SIRIUS«*, 9 kn; Raddampfer *»GREAT WESTERN«*, Bristol–New York 12 Tage 10,3 Std.; 1857 *»GREAT EASTERN«*, 4000 Fahrgäste; 1889 *»CITY OF PARIS«* 10500 BRT, 13500 kW; 1891 *»FÜRST BISMARCK«* 8430 BRT, 12000 kW, 19 kn).

Die mit Segelschiffen begonnenen Auswandererfahrten erreichten im 19. Jh. ihren Höhepunkt. Der Güteraustausch über See war zu dieser Zeit noch relativ gering. So lange der Auswandererstrom anhielt, war nur die Passagierschiffahrt gewinnbringend. Um die Jahrhundertwende nahm das Frachtaufkommen zu, und es entstand das kombinierte Fracht- und Passagierschiff. Diese kombinierten Schiffe waren jedoch wie die meisten Postdampfer i. allg. nicht auf der Hauptroute des Passagierverkehrs Europa–Amerika, sondern auf anderen Routen eingesetzt.

Amerikanischer Flußdampfer um 1910

In den letzten Jahrzehnten des 19. Jh. verschärfte sich der Konkurrenzkampf in der Atlantik-Passagierschiffahrt in einer bis dahin nicht gekannten Härte zwischen den führenden britischen, französischen und deutschen Reedereien. Die Schiffsgrößen, Geschwindigkeiten und der Komfort wurden schnell gesteigert. Rekordfahrten, verbunden mit dem Kampf ums »Blaue Band des Nordatlantiks« für die schnellste Überfahrt sollten zahlungskräftige Passagiere für die jeweilige Reederei gewinnen.

Mit den immer aufwendigeren Schiffen stiegen auch die Kosten enorm an. Die 1907 in Fahrt gesetzte *»MAURETANIA«* mit 32000 BRT, 50000 kW Antriebsleistung und 25 kn Geschwindigkeit erreichte in dieser Entwicklungsphase des Fahrgastschiffs ein seinerzeit kaum noch überbietbares Niveau und zeigte damit auch die seinerzeitigen ökonomischen Grenzen hinsichtlich Größe und Geschwindigkeit.

Kurz vor dem ersten Weltkrieg sollte mit der Indienststellung der *»TITANIC«* der Bau von Passagier-Schnelldampfern durch noch mehr Komfort und erlesenen Luxus eine neue Richtung erhalten; der tragische Untergang dieses Schiffs und der erste Weltkrieg unterbrachen jedoch die weitere Entwicklung solch komfortabler Schnelldampfer. Erst die 30er Jahre brachten eine Wiederbelebung des großen Schnell-Passagierdampfers, die mit der Indienststellung der beiden deutschen Schnelldampfer *»BREMEN«* (1929, 51825 BRT; 66250 kW; 26,5 kn) und *»EUROPA«* begann und mit der britischen *»QUEEN MARY«* (1939; 80773 BRT; 117760 kW: 28,5 kn) bei Ausbruch des zweiten Weltkriegs endete.

Nach dem zweiten Weltkrieg schien es zunächst, als würde auf dem Nordatlantik die Passagierschiffahrt ihre frühere Bedeutung wiedererlangen. So wurden 1954 mehr Passagiere von Europa nach New York befördert als im seinerzeitigen Rekordjahr 1931 und die Reeder stellten

Seefahrgastschiff für 750 Kabinenfahrgäste »SHOTA RUSTAVELI« vom Typ »IVAN FRANKO«, VEB Mathias-Thesen-Werft, Wismar

attraktive neue Passagierschiffe in Dienst. Den Beginn machte das britische Spitzenschiff *»QUEEN ELIZABETH«*, das während des Kriegs als Truppentransporter gedient hatte und nun erstmals der eigentlichen Verwendung zugeführt wurde. Mit 83673 BRT war es damals das größte Schiff der Welt.

1961 setzte Frankreich die *»FRANCE«* ein. Dieses Schiff war mit 66348 BRT und einer Länge von 315 m das längste Passagierschiff der Welt. Bereits 1952 hatte die Reederei United States Lines Co. (USA) die *»UNITED STATES«* (53229 BRT; 198720 kW; 35,5 kn) in Dienst gestellt. Sie gewann sofort das »Blaue Band« mit einer Geschwindigkeit von durchschnittlich 34,51 kn und brauchte für die Strecke von Ambrose-Feuerschiff bei New York bis Bishops Rock an der britischen Küste nur 3 Tage, 12 Std. und 12 Min. Vier Jahre später wurde bekannt, daß die Maschinenanlage dabei noch nicht mit Vollast gefahren wurde. Bei voller Leistung hätte sie 42 kn laufen und als Truppentransporter 14000 Mann mit Ausrüstung in 3 Tagen über den Atlantik bringen können. Jedoch Mitte der 50er Jahre wurde das Langstrecken-Flugzeug ein Konkurrent der Passagierschiffahrt insbesondere über den Nordatlantik, und bereits 1957 überquerten 594000 Passagiere mit dem Flugzeug den Atlantik, und nur noch 453000 fuhren auf einem Fahrgastschiff. Die führenden Reedereien versuchten durch einen noch größeren Komfort und mit Hilfe staatlicher Subventionen durch weitere Passagierschiffsbauten sich zu behaupten.

So stellte 1969 die »Italia Lines«, Genua die beiden 45000-t-Schiffe »MICHELANGELO« und »RAFFAELO« für die Linie Genua–New York mit dem letzten Stand der Innenarchitektur in Dienst. Im Jahr 1968 kam die neue *»QUEEN ELIZABETH II«* der Cunard-Line in die Nordatlantikfahrt, doch bei ihrer ersten Ankunft in New York machte sie kaum noch Schlagzeilen.

Viele der großen Ozeanliner gibt es heute nicht mehr. Sie sind aufgelegt, abgewrackt oder für Kreuzfahrten umgebaut. Nur die UdSSR und die Volksrepublik Polen haben ihren Passagierschiffsliniendienst auf dem Nordatlantik vornehmlich in die USA und nach Kanada aufrechterhalten. Sowjetische Passagierschiffe haben von 1972 bis 1977 insgesamt 240 Mill. Fahrgäste befördert, damit nimmt die UdSSR den dritten Platz in der Welt ein. Die »Far Eastern Shipping Company« ist Reeder der sowjetischen Passagierschiffe im Fernen Osten. Ihre Schiffe verkehren u.a. zwischen Nachotka, Yokohama und Hongkong und machen Kreuzfahrten auf dem Pazifik. Weitere Schiffe sind im Ostseeraum und im Schwarzen Meer eingesetzt.

Durch Langstrecken-Großflugzeuge verliert das große Weitstrecken-Linienfahrgastschiff zunehmend an Bedeutung, aber das Kreuzfahrtenschiff entwickelt sich progressiv. Bereits 1900 erbaute die HAPAG mit der »PRINZESSIN VICTORIA LOUISE« ihr erstes reines Kreuzfahrtenschiff. Diese Gruppe der Fahrgastschiffe für Urlaubs-, Kur-, Erholungs-, Konferenz-, Exkursions- und Weltreisen ist mit 20000···30000 BRT für heutige Schiffsgrößen ein mittelgroßes Schiff mit einem dem jeweiligen Einsatzzweck angepaßtem Komfort für etwa 750 bis 1000 Passagiere.

Die Entwicklung des Fahrgastschiffs wurde über fast ein Jahrhundert maßgeblich durch die großen Transatlantik-Liner und ihren Kampf um das »Blaue Band« für die schnellste Atlantiküberquerung beeinflußt. Offiziell wurden von 1838/40 bis 1952 insgesamt 121 jeweils schnellste Fahrten westwärts registriert. Im 19.Jh. gab es jedoch noch unterschiedliche Start- und Zielpunkte. Bis etwa 1884 galt die Zeit vom Ausgangshafen in Nordamerika bis zum Bestimmungshafen in Europa.

Da in den letzten Jahrzehnten der Schiffsverkehr beträchtlich zunahm, vereinbarten die führenden Reedereien für die vielbefahrene Route New York–Englischer Kanal bestimmte Kurse, deren Seestrecken zwischen 2750 und 2900 Seemeilen lagen. Als Meßstrecke für englische Dampfer galt zu dieser Zeit: »Wenn Fastnet Rock am Horizont verschwindet bis zu dem Moment, wenn Sandy Hook-Feuerschiff sichtbar wird«. Die ausschließlich seemännisch-optische Einschätzung mit den durch Witterungsbedingungen und subjektive Auslegungen behafteten Fehlern war für exakte Messungen unzureichend. Die für die Irland-Route ebenfalls seit 1884 gültige Festlegung vom Ambrose-Feuerschiff bis nach Queenstown (Cork) in Irland oder in umgekehrter Richtung war demgegenüber objektiver meßbar.

Sie eroberten das Blaue Band

Jahr	Schiff	Land	von	nach	Zeit	Knoten
1838	»SIRIUS«	Brit.	Cork	New York	18d, 10h, 00min	6,7
1838	»GREAT WESTERN«	Brit.	Avonmouth	New York	15d, 10h, 30min	8,7
1839	»GREAT WESTERN«	Brit.	Avonmouth	New York	13d, 6h, 00min	9,6
1841	»COLUMBIA«	Brit.	Liverpool	Halifax	10d, 19h, 00min	9,7
1848	»EUROPA«	Brit.	Liverpool	New York	11d, 3h, 00min	11,52
1850	»ASIA«	Brit.	Liverpool	Halifax	10d, 17h, 00min	12,12
1850	»PACIFIC«	USA	Liverpool	New York	10d, 4h, 00min	12,5
1851	»BALTIC«	USA	Liverpool	New York	9d, 18h, 00min	13,05
1861	»ADRIATIC«	Brit.	Galway	St. Johns (Neufundland)	5d, 2h, 00min	13,75
1866	»SCOTIA«	Brit.	Queenstown	New York	8d, 4h, 35min	14,51
1872	»ADRIATIC«	Brit.	Queenstown	New York	7d, 23h, 17min	14,52
1875	»CITY OF BERLIN«	Brit.	Queenstown	New York	7d, 18h, 2min	15,21
1876	»BRITANNIC«	Brit.	Queenstown	New York	7d, 13h, 11min	15,43
1877	»GERMANIC«	Brit.	Queenstown	New York	7d, 11h, 37min	15,76
1882	»ALASKA«	Brit.	Queenstown	New York	7d, 6h, 43min	16,04
1883	»ALASKA«	Brit.	Queenstown	New York	6d, 23h, 48min	16,54
1884	»AMERICA«	Brit.	Queenstown	New York	6d, 15h, 22min	17,6
1884	»OREGON«	Brit.	Queenstown	Sandy Hook	6d, 9h, 42min	18,16
1885	»ETRURIA«	Brit.	Queenstown	Sandy Hook	6d, 5h, 31min	18,87
1887	»UMBRIA«	Brit.	Queenstown	Sandy Hook	6d, 4h, 42min	18,90
1888	»ETRURIA«	Brit.	Queenstown	Sandy Hook	6d, 1h, 55min	19,57
1889	»CITY OF PARIS«	Brit.	Queenstown	Sandy Hook	5d, 23h, 7min	19,95
1889	»CITY OF PARIS«	Brit.	Queenstown	Sandy Hook	5d, 19h, 18min	20,01
1891	»TEUTONIC«	Brit.	Queenstown	Sandy Hook	5d, 16h, 31min	20,35
1892	»CITY OF PARIS«	Brit.	Queenstown	Sandy Hook	5d, 14h, 24min	20,70
1893	»LUCANIA«	Brit.	Queenstown	Sandy Hook	5d, 13h, 45min	20,75
1894	»CAMPANIA«	Brit.	Queenstown	Sandy Hook	5d, 9h, 29min	21,49
1894	»LUCANIA«	Brit.	Queenstown	Sandy Hook	5d, 8h, 38min	21,66
1894	»LUCANIA«	Brit.	Queenstown	Sandy Hook	5d, 7h, 48min	21,75
1894	»LUCANIA«	Brit.	Queenstown	Sandy Hook	5d, 7h, 23min	21,81
1898	»KAISER WILHELM«[1)]	Dtsch.	Needles	Sandy Hook	5d, 20h, 00min	22,29
1900	»DEUTSCHLAND«	Dtsch.	Eddystone	Sandy Hook	5d, 15h, 46min	22,42
1900	»DEUTSCHLAND«	Dtsch.	Cherbourg	Sandy Hook	5d, 12h, 29min	23,02
1901	»DEUTSCHLAND«	Dtsch.	Cherbourg	Sandy Hook	5d, 16h, 12min	23,06
1902	»KRONPRINZ WILHELM«	Dtsch.	Cherbourg	Sandy Hook	5d, 11h, 57min	23,09
1904	»KAISER WILHELM II«	Dtsch.	Cherbourg	Sandy Hook	5d, 12h, 44min	23,12
1907	»LUSITANIA«	Brit.	Queenstown	Ambrose-F.	4d, 19h, 52min	23,99
1908	»MAURETANIA«	Brit.	Queenstown	Ambrose-F.	4d, 20h, 15min	24,86
1908	»LUSITANIA«	Brit.	Queenstown	Ambrose-F.	4d, 15h, 00min	25,01
1909	»LUSITANIA«	Brit.	Daunts Rock	Sandy Hook	4d, 10h, 51min	26,06
1929	»BREMEN«	Dtsch.	Cherbourg	Ambrose-F.	4d, 17h, 42min	27,83
1930	»EUROPA«	Dtsch.	Cherbourg	Ambrose-F.	4d, 17h, 06min	27,91
1933	»BREMEN«	Dtsch.	Cherbourg	Ambrose-F.	4d, 16h, 15min	28,51
1933	»REX«	Ital.	Gibraltar	Ambrose-F.	4d, 13h, 58min	28,92
1935	»NORMANDIE«	Frz.	Bishops Rock	Ambrose-F.	4d, 3h, 2min	29,98
1936	»QUEEN MARY«	Brit.	Bishops Rock	Ambrose-F.	4d, 0h, 27min	30,14
1937	»NORMANDIE«	Frz.	Bishops Rock	Ambrose-F.	3d, 23h, 2min	30,58
1938	»QUEEN MARY«	Brit.	Bishops Rock	Ambrose-F.	3d, 21h, 48min	30,99
1952	»UNITED STATES«	USA	Bishops Rock	Ambrose-F.	3d, 12h, 12min	34,51

1) vollst. Name: »KAISER WILHELM DER GROSSE«

Rad-Dampffährschiff »KAISER WILHELM«

Ein erst 1934 gegründetes Internationales Komitee »Blaues Band des Atlantiks« legte als einheitliche Regel für die Ost-West-Richtung fest: »Sieger nach dem neuen Reglement ist das Passagierschiff, welches die 2971 Seemeilen lange Distanz zwischen Bishops Rock auf den Scilly-Inseln am Westausgang des Ärmelkanals und dem Ambrose-Feuerschiff bzw. Leuchtfeuer vor der Einfahrt New York in der kürzesten Zeit zurücklegt und diesen Rekord für mindestens 3 Monate hält.« Von 1838 bis 1894 errangen ausschließlich britische Schiffe das »Blaue Band« mit Ausnahme der Jahre 1850 und 1851, in denen die »PACIFIC« und die »BALTIC« der US-Collins-Line die schnellsten Schiffe waren.
Deutschland übertraf von 1898 bis 1907 mit den Schiffen *»KAISER WILHELM DER GROSSE«*, *»DEUTSCHLAND«*, *»KRONPRINZ WILHELM«* und *»KAISER WILHELM II«* nur kurzzeitig die schnellsten britischen Schiffe, bis Britannien mit der *»LUSITANIA«* und der *»MAURETANIA«* die Führung bis 1929 wieder übernahm.
Inzwischen waren die Turbinenleistungen und die Schiffsgeschwindigkeiten derart gesteigert worden, daß eine 4-Tage-Reise über den Atlantik realisierbar erschien. Zunächst wurden die deutschen Schiffe *»BREMEN«* und *»EUROPA«* von 1929 bis 1933 Inhaber des Blauen Bandes, 1933 folgte die italienische *»REX«* und 1935 die französische *»NORMANDIE«*. Bereits auf ihrer Jungfernfahrt kam die »NORMANDIE« der 4-Tage-Grenze mit 4 Tagen, 3 Std. und 2 Min. mit 29,98 kn Durchschnittsgeschwindigkeit schon sehr nahe. 1936 war die britische *»QUEEN MARY«* noch schneller, aber 1937 unterschritt die *»NORMANDIE«* mit 3 Tagen, 23 Std. und 2 Min. erstmals die 4-Tage-Grenze.
Als letztes Schiff vor dem zweiten Weltkrieg fuhr wieder die *»QUEEN MARY«* mit 31,6 kn im Wechsel mit der »NORMANDIE« neuen Rekord. Nach dem zweiten Weltkrieg ließ die USA für 79,2 Mill. Dollar, von denen $^2/_3$ durch das Pentagon getragen wurden, die *»UNITED STATES«* als weltgrößtes und schnellstes Passagierschiff bauen. Am 3. Juli 1952 passierte die »UNITED STATES« das Ambrose-Feuerschiff bei New York und erreichte nach 2949 Seemeilen, die es mit der Durchschnittsgeschwindigkeit von 35,39 kn fuhr, nach 3 Tagen, 10 Std. und 40 Min. Bishops Rock. Dabei war die Maschinenleistung der »UNITED STATES« noch nicht voll ausgefahren. Der Prestigekampf um das schnellste Passagierschiff auf dem Atlantik hatte damit wegen der hohen Kosten und der dennoch schnelleren Flugverbindung seinen Abschluß gefunden.

Fährschiff: Spezial-Transportschiff, um die durch Flüsse, Seen oder Randmeere unterbrochenen Landverbindungen als Passagierfähre für den Personenverkehr oder als Passagier- und Autofähre, sowie als Trailer-Fähre für Personen und schwere Straßenfahrzeuge und als Eisenbahnfähre für Schienenfahrzeuge zu ermöglichen. Die Fährschiffe unterscheiden sich weiter für die Fahrt auf Binnengewässern als Fluß- oder Binnenseefähre, für Meeresengen als Kanal- und Küstenfähre und für die Randmeere, wie Ostsee, Nordsee, Mittelmeer und Schwarzes Meer, als See-Fähre.
Abfahrtsintervalle, Größe, Antriebsanlage, Geschwindigkeit und Ausrüstung sind den jeweiligen Fahrgast-, Fahrzeug- und Güterströmen der Fährlinien und Fährhäfen angepaßt, so daß es Fährschiffe in allen Größenklassen bis zu 20000 BRT und 25 kn Dienstgeschwindigkeit gibt. Mit der Freizügigkeit des Reiseverkehrs, der Zunahme der Straßenfahrzeuge und günstiger Eisenbahn-Schnellverbindungen erneuert sich das Typenprofil der Fährschiffe ständig. Für den Gütertransport auf der Schiene und auf Eisenbahnfährschiffen sind die kurzen Hafenliegezeiten vorteilhaft, da moderne Eisenbahn-Güterfähren mit etwa 100 Waggons innerhalb weniger Stunden ent- und wieder beladen werden können, wie die Großraum-Eisenbahnfähre *»MUKRAN«* bzw. die *»RÜGEN«*. Für den Kurzstreckenverkehr von einigen Stunden bis zu Tagesreisen verdrängte die kostengünstigere, kombinierte Passagier- und Autofähre allmählich das traditionelle Kurzstrecken-Fahrgastschiff.
Moderne Fährschiffe haben für die schnelle Be- und Entladung Bug- und Heckpforten, meistens mehrere Wagendecks, Aufenthaltsräume für Tagespassagiere und eine begrenzte Anzahl von Fahrgastkabinen sowie verschiedene Räume für die gastronomische Betreuung.
Neben der hauptsächlichsten Antriebsanlage mit mittelschnellaufenden Dieselmotoren und Untersetzungsgetrieben gibt es auch erste Fährschiffe mit wirtschaftlichen langsamlaufenden Kreuzkopfmotoren. Wegen der häufigen Anlegemanöver in den Fährbecken, die auch bei ungünstigeren See- und Witterungsverhältnissen schnell und risikolos ausgeführt werden müssen, werden Fährschiffe i. allg. als Zweischrauber und mit Verstellpropelleranlagen gebaut. Schlingerdämpfungseinrichtungen, Trimm- und Krängungsausgleichsanlagen sowie Querschubanlagen verbessern außerdem die See-, Manövrier-, Anlege- und Beladungseigenschaften; siehe auch *Eisenbahn-Fährschiff*.
Das Fährschiff hat mit der weiteren Zunahme des Tourismus mit eigenem Kraftfahrzeug (siehe *»FINNJET«*) und der Modernisierung und Elektrifizierung der Eisenbahnverbindungen (siehe *»MUKRAN«*) in den jüngsten Jahrzehnten eine progressive Entwicklung erfahren und offensichtlich auch eine Perspektive.

Fangboot: in den früheren Walfangflotten bzw. in den Kriegsmarinen verwendete kleinere Dampf- oder Motorschiffe zur Waljagd (Walfangboot) bzw. zum Auffangen abgelaufener Übungstorpedos (Torpedofangboot). Abgelaufene Übungstorpedos können durch das Torpedofangboot aufgenommen werden, weil ihre Steuerung so eingestellt ist, daß sie nach einer gewissen Laufstrecke an die Wasseroberfläche kommen.

Fangschiff: Sammelbezeichnung für verschiedene Typen und Größen von Fischereischiffen, die hauptsächlich für den Fischfang ausgerüstet sind und ihre Fänge i. allg. nicht selbst an Bord verarbeiten, sondern Frisch- oder Kühlfisch anlanden oder an Fabrikschiffe übergeben.

Fang- und Gefrierschiffe: *Fischereischiff* für den Eigenfang oder mit zusätzlicher Fangübernahme von Fangschiffen, auf dem der Fang i. allg. nur sortiert und gewaschen sowie in Blöcken um −28 °C tiefgefroren wird. Die Rohware wird in Tiefkühlräumen gelagert und später an Land weiter verarbeitet. Teilweise sind Fang- und Gefrierschiffe auch bereits mit einigen Be- und Verarbeitungsanlagen ausgerüstet, siehe *»ATLANTIK«-Fang- und Gefriertrawler.*

Fang- und Verarbeitungsschiff: siehe *Fabriktrawler*

Federgelenkschiff: aus mehreren schwimmfähigen Sektionen bestehendes Schiff, dessen Sektionen in vertikaler Richtung gelenkartig und federnd miteinander verbunden sind. Die Idee des *»Gelenkschiffs«* wurde wiederholt aufgegriffen, und es wurden einige Versuchsschiffe gebaut. Um die Beanspruchungen des Schiffskörpers klein zu halten und entsprechend leichter

Zwei- und dreiteiliges Federgelenkschiff

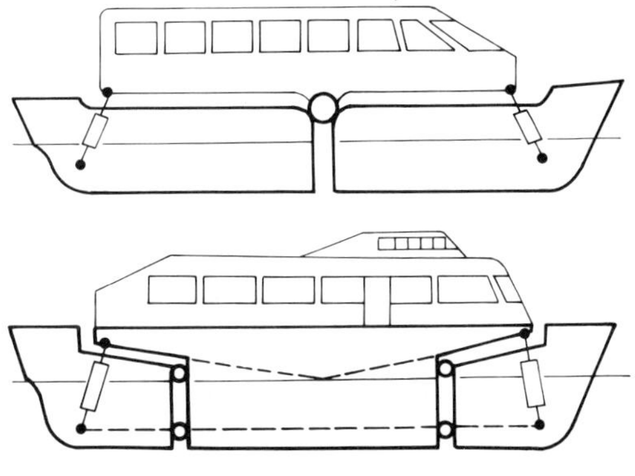

bauen zu können, soll örtlich die Ladungs- und Eigenmasse entsprechend dem jeweiligen Auftrieb sein.
Ein solches Federgelenkschiff, die »TELEFUNKEN«, bei dem ähnlich wie bei einzelnen Leichtern oder Bargen nicht der gesamte Schiffskörper sondern nur die einzelnen Sektionen durch die Längsbiegung und Stampfbewegung beansprucht werden, wurde u. a. 1949 in Mannheim gebaut. Es machte in den folgenden Jahren mehr als 1000 Fahrten auf dem Rhein und fuhr als Passagierschiff hauptsächlich zwischen Heidelberg und Köln. Der Schiffskörper der »TELEFUNKEN« wurde in zwei Teillängen zweiteilig gebaut. In der hinteren Sektion befand sich der Dieselmotorantrieb von 258 kW (350 PS) und die vordere Gelenksektion war von der hinteren völlig getrennt. Verbunden waren beide Gelenksektionen nur durch die ähnlich einem »Sattelträger« über den beiden Schiffskörpersektionen mit einer Gelenkverbindung in der Mitte aufgesetzte Passagierkabine. Die beiden Schiffskörpersektionen und die Kabine blieben so vertikal frei beweglich. An den Längsenden war die Kabine federnd auf Dämpfungsaggregate auf den Schiffskörperhälften gelagert, so daß die Schiffsbewegungen nur gedämpft auf die Kabine übertragen wurden.

Feederschiff (to feed engl., füllen, füttern): Bezeichnung für ein Zubringerschiff, insbesondere für kleine und mittelgroße Containerschiffe, die von großen Containerhäfen und -diensten Ladungen abfahren und zubringen.

»FERNCARRIER«: um 1983 größtes Schwergutschiff der Welt. Im Herbst 1982 entstand bei den Götawerken Cityvavret für die Fearnley & Eger Gesellschaft dieses Spezialschiff »FERNCARRIER« durch Umbauten des 1975 bei Eriksberg fertiggestellten 135 000 t DW Tankers »KOLIBRIS«. Das Schwerlastschiff eignet sich für übergroße Lasten wie Bohrinseln u. a. Es hat eine Hebekapazität von 45 000 t und eine Decksfläche von 4900 m^2. Die Ladung wird nach Abtauchen des Schiffs bis max. 7 m zwischen Deck und Wasseroberfläche über das Schiff eingeschwommen und durch Lenzen des Balastwassers auf das Deck des aufschwimmenden Schiffs abgesetzt. Die »FERNCARRIER« kann z. B. Halbtaucher-Plattformen des Typs Aker H-3 übernehmen und transportieren.
Bei den Umbauarbeiten wurde eine Mittschiffssektion von 55 m Länge entfernt, das Hauptdeck um 0,10 m abgesenkt und 2 m über dem Hauptdeck ein neues Ladedeck eingebaut. Außerdem wurden noch große Trimmtanks sowie je ein Querstrahlruder im Vor- und Achterschiff eingebaut.

Feuerlöschboot: Hilfsschiff zur Brandbekämpfung auf Schiffen, Bohrinseln, Hafen- und Flußanlagen sowie wassernahen Bauten. Moderne Feuerlöschboote haben leistungsstarke Dieselmotoren-Antriebsanlagen sowie Verstellpropeller oder schwenkbare Z-Antriebe wegen der notwendigen Manövriereigenschaften. Mit mehreren starken Feuerlöschpumpen und schwenkbaren Wasserwerfern, die auch auf ausfahrbaren Löschtürmen angeordnet sein können, werden mit hohem Druck Reichweiten bis etwa 100 m erreicht. Zur Bekämpfung von Ölbränden oder Bränden anderer brennbarer Flüssigkeiten haben Feuerlöschboote Schaumfeuerlöscheinrichtungen und/oder CO_2-Anlagen. Zum Eigenschutz gegen Wärmestrahlungen von den Brandherden erzeugen Sprühdüsen um das Löschfahrzeug einen Wasserschleier. Um während der Brandbekämpfung die Schwimmfähigkeit bzw. Stabilität schwimmender Löschobjekte nicht zu gefährden, kann das eingedrungene Löschwasser durch Bergungspumpen wieder abgesaugt werden.

Älteres Feuerlöschboot

Feuerlöschinseln: schwimmende Feuerlöscheinrichtungen zur Brandbekämpfung im Hafen. Im Unterschied zum Feuerlöschboot wird bei der Feuerlöschinsel i. allg. auf eine besonders hohe Fahrgeschwindigkeit und Wendigkeit verzichtet und dafür eine größere Höhe, Löschmenge und Reichweite des Löschstrahls angestrebt. Feuerlöschinseln haben deshalb i. allg. einen turmartigen hohen Aufbau mit mehreren Plattformdecks und einer größeren Anzahl von Strahlrohren auf Ponton- oder Katamaranschwimmkörpern. An Deck des Schwimmkörpers sind jeweils mehrere leistungsstarke Feuerlöschpumpen mit Eigenantrieb und Zusatzeinrichtungen aufgestellt.

Feuerschiff: Feuerschiffe wurden an verkehrsreichen Ansteuerungspunkten und anderen wichtigen Stellen stationiert, so z. B. die Schiffe »BORKUMRIFF«, »NORDERNEY«, »WESER« und »ELBE I« vor den Mündungen von Elbe und Weser, »AMRUMBANK« und »AUSSENEIDER« zwischen Helgoland und Amrum und die Schiffe »FLENSBURG«, »KIEL«, »FEHMARNBELT« und »ADLERGRUND« in der Ostsee.
Feuerschiffe waren bei sehr ähnlicher Konstruktion durchschnittlich 46 m lang, 8 m breit und hatten bei einer Seitenhöhe von 5,5 m einen mittleren Tiefgang von 4,3 m, Besan- und Fockmast waren besegelt. Die Besatzung bestand aus einem Schiffsführer, einem Maschinenmeister, einem Funker und 10 Mann für den Maschinen- und Schiffsdienst.
Der Antrieb durch einen Dieselmotor von 200 bis 300 kW diente nur als Hilfsmotor und zur Entlastung der Ankerkette durch den Propellerschub bei schwerer See. Die Ankerkette für den Halteanker war mindestens 10mal so lang wie die entsprechende Stationswasserstiefe, so daß sie durchschnittlich 200···300 m lang sein mußte. Durch ihre Länge vergrößerte sie die Haltekraft und dämpfte etwas das Stampfen des Schiffs. Weithin erkennbar zeigte der rotgestrichene Schiffskörper die Stationskennung in weißer Schrift.
Der von innen besteigbare Laternenmast trug die

Längsschnitt eines Feuerschiffs

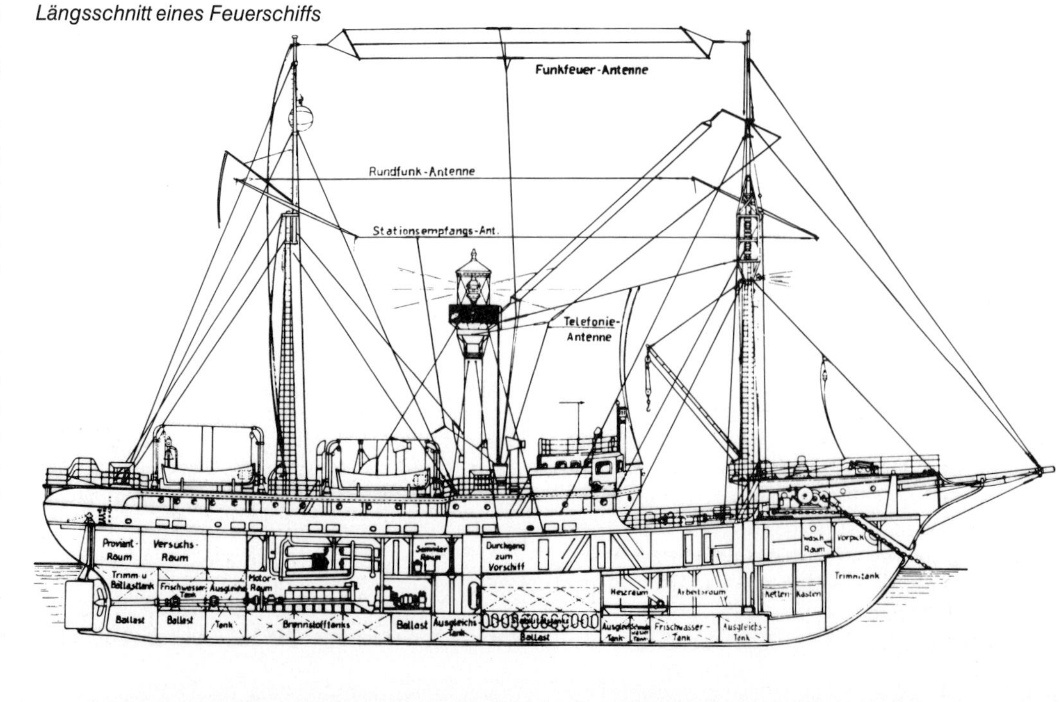

Leuchtfeuerlaterne von 2 m Durchmesser. Die Laternen, aus Batterien oder auch mit Gas gespeist, waren kardanisch aufgehängt, damit sie bei jedem Seegang ihre Lage beibehielten. Sie befanden sich etwa 16 m über Wasser und waren etwa 28 Seemeilen weit zu sehen. Bei Tage waren die Feuerschiffe durch aufgezogene Bälle oder Kegel zu unterscheiden, bei Nacht oder Nebel durch die verschiedenen Kennungen ihrer Licht- und Nebelsignale. An Signalarten gab es das Leuchtfeuer als elektrisches Blitzfeuer mit Gruppen von 2 Blitzen; weiter Nebelsignale als Luftnebelsignale mit elektrischen Membransendern alle 30 s sowie Warnnebelsignale alle 60 s mit den Morsebuchstaben der jeweiligen Station. Des weiteren das Funkfeuer zur Abgabe von Funkpeilsignalen in Verbindung mit Warnnebelsignalen für Richtungs- und Abstandsbestimmungen.
Die Bordfunkanlage diente i. allg. nur dem beschränkten öffentlichen Verkehr. Feuerschiffe wie die »ELBE II« und »ELBE IV« waren gleichzeitig Signal- und Rettungsstation; »ELBE III« gleichzeitig auch noch Lotsenstation. Demgegenüber gehörte die »AMRUMBANK« noch zu den älteren Feuerschiffen aus der Dampferzeit.

Feuer-Unterstützungsschiff: Kriegsschiff, das bei Landeunternehmen durch sein Geschützfeuer die Landeeinheiten unterstützen und das gegnerische Feuer niederhalten soll. Um in Küstennähe operieren zu können, sind die Schiffe meistens von begrenzter Größe (um 1000 t Deplacement) und flachgehend. Durch ein relativ kurzes hinten liegendes Deckshaus wird möglichst viel Decksfläche zur Aufstellung der Decksgeschütze, Flak, Werferbatterien und Raketen angestrebt. Für eine längere Feuerunterstützung bzw. für den Nachschub der Landeeinheiten wird der Schiffsraum weitgehend für Munitionsbunker genutzt. Im ersten Weltkrieg wurden vorwiegend Fluß- und Küstenmonitore zur Feuerunterstützung küsten- und flußnaher Landstreitkräfte eingesetzt.

»FINNJET«: finnische Ostsee-Großfähre für Personen und PKW, erbaut von der Wärtsilä-Werft in Turku und 1977 bei der Reederei Finnlines, Helsinki, in Dienst gestellt. Zum Zeitpunkt der Indienststellung war die »FINNJET« die schnellste und größte Fähre der Welt bei einer Länge über Alles von 212,80 m, 200,00 m Lpp, 24,40 m Breite, 6,50 m Tiefgang, 23000 BRT bzw. 11500 NRT und 30,5 kn Höchstgeschwindigkeit. Ende der 70er Jahre reichte die Fährschiffskapazität auf der seit 1962 von Finnlines unterhaltenen Fährverbindung zwischen Travemünde und Helsinki nicht mehr aus, so daß der Übergang auf eine neue Fährschiffsgeneration mit 25000 t Tragfähigkeit für 1500 ··· 1800 Passagiere bei 150 Mann Besatzung vollzogen wurde. Mit voller Dienstgeschwindigkeit beträgt die Rundreisedauer der »FINNJET« 2 Tage im Sommer und 3 Tage im Winter. Für die Winterfahrt wurde eine spezielle Schiffsform durch Modellversuche im Eistank entwickelt. Der Antrieb erfolgte bei Indienststellung durch 2 Gasturbinen Typ FT 4C – 1 DLF Pratt & Whitney mit einer Leistung von je 27570 kW (37500 PS) bei 8300 U/min.

Personen- und PKW-Fährschiff »FINNJET«

Das Schiff ist mit einer Fahrautomatik und einer rechnergesteuerten Datenverarbeitungsanlage zur Überwachung des Maschinenbetriebs sowie 2 Bugstrahlrudern von je 736 kW (1000 PS) ausgerüstet. Zu den Einrichtungen für die Passagiere gehören Restaurants, Grillbar, Tanzsalon, Nachtklub, Bierbar, Mehrzwecksalon, Skybar, Diskothek, Kinderspielzimmer, Sauna und Schwimmbad.
Für schnelle Hilfeleistungen ist eine Hubschrauberplattform auf dem Achterdeck eingerichtet. Die Brandgefahr wurde durch den Einbau schwer entflammbarer Materialien stark reduziert. Die ursprünglich nur von Gasturbinen angetriebene »FINNJET« wurde nach dem überproportionalen Anstieg der Treibstoffkosten für leichte Kraftstoffe teilweise auf Schwerölbetrieb und für verminderte Geschwindigkeiten im Herbst 1981 in Amsterdam mit 2 Dieselmotoren von je 5700 kW Leistung umgebaut. Mit diesen Dieseln fährt sie in verkehrsarmen Zeiten mit etwa 18,5 kn. Für die Fahrt von Travemünde nach Helsinki werden dann 36 Stunden benötigt. Die Aufstellung der Motoren in 2 separaten Räumen auf dem hinteren Autodeck erforderte eine Einschränkung der PKW-Stellflächen.

Finowmaß-Kahn, *Groß-Finowmaß-Kahn:* Binnenlastkahn für die Fahrt auf dem Finowkanal mit festgelegten einheitlichen Hauptabmessungen. Um Schäden an den Schleusen zu vermeiden, legte bereits 1845 eine königliche Verordnung in Preußen die Abmessungen des Finowmaß-Kahns auf 40,2 m Länge und 4,60 m Breite; 1,60 m Tiefgang und 225 t Tragfähigkeit fest. Es folgten in den 80er Jahren des vorigen Jahrhunderts das Berliner Maß mit 350 t, das Saalemaß mit 400 t und das Plauermaß mit 650 t Tragfähigkeit. Die später zugelassenen Abmessungen des Groß-Finowmaß-Kahns waren 41,5 m Länge; 5,1 m Breite; 1,60 m Tiefgang und 250 t Tragfähigkeit.

Fischdampfer: *Fischereischiff* mit Dampfantrieb. Mit der allgemeinen Einführung der Dampfkraft setzte sich auch in der Hochseefischerei allmählich der Fischdampfer durch. Damit konnten weiter entfernte Fischgründe aufgesucht und die Abhängigkeit vom Wind vermindert werden. Die steigende Bevölkerungszahl erforderte eine entsprechend intensivere Nutzung der Fischvorkommen. Um 1870 gab es in den USA, Britannien und Frankreich die ersten Fischdampfer. Ihr Einsatz brachte anfänglich jedoch nur geringe Ergebnisse. Es mußten neue Fanggründe erschlossen, alte Fanggewohnheiten überwunden und neue Fangmethoden entwickelt werden.
1884 baute die Werft von Friedrich W. Wenke in Bremerhaven den ersten deutschen Fischdampfer. Am 7. Februar 1885 ging die 151 BRT große *»SAGITTA«* auf ihre erste Fangreise. Der rau-

Hochsee-Fischdampfer »NEPTUN«, (Stahl, Lpp 34,65 m; B 6,55 m; D 3,60 m) 1904 von der Stülkenwerft erbaut

chende Fischdampfer hatte im Volksmund schnell den Spottnamen »Smeukewer«, d.h. rauchender Ewer.

Am 22./23. Dezember 1894 erlitt die noch junge deutsche Hochseefischerei einen schweren Schicksalsschlag, als während eines Orkans in der Nordsee bei Horns-Rev 7 deutsche Fischdampfer mit 73 Mann Besatzung verloren gingen. Zu dieser Zeit waren die Fischdampfer noch ganz auf sich gestellt. Erst 1899 konnte das ehemalige Torpedoversuchsboot »ZIETEN« als Fischereischutzboot für die Nordsee Rettungsdienste leisten, dennoch waren die Verluste groß. Im Zeitraum von 1899 bis 1913 verlor die deutsche Hochseefischerei 65 Fischdampfer.

Als erstes deutsches Fischereiforschungsschiff lief die »POSEIDON« 1902 auf der Bremer Vulkanwerft von Stapel. Die Hochseefischerei änderte im Verlaufe der Zeit ihre Fangmethoden über Angelleinen, Stellnetze und Baum-Schleppnetze zur Scherbrett-Schleppnetzfischerei und zur Ringwade. Die »PRÄSIDENT HERWIG« versuchte schon 1892 die Fangmenge durch Unterwasserleuchten zu vergrößern, das war ein Anfang für die spätere Lichtfischerei. 1895 führte die »Cranzer Fischdampfer AG«; Hamburg, Scherbretter zum Öffnen und Spreizen ihrer Netze ein. Diese aus England kommende Neuerung verdrängte die Baumkurre, bei der durch ein herausgeschwenkten, bis zu 20 m langen seitlichen Auslegerbaum das seitlich ausgebrachte Netz offengehalten wurde. Die Scherbrettnetze erforderten den sog. »Fischgalgen«, seit dieser Zeit ein typisches Merkmal aller Seitentrawler. Mit der Entwicklung der ersten Grundschleppnetze mit Höhenscherbrettern begann ab 1921 die Herings-Trawlfischerei.

Weitere Meilensteine in der Hochseefischerei waren die Einführung der drahtlosen Telegrafie und des Echolots 1925, erster Fischortungsgeräte 1936, die Verwendung synthetischer Fasern für die Fangnetze ab 1937/38, das vollständig aus synthetischen Fasern bestehende Netz 1951, die Entwicklung von Schwimmschleppnetzen für die Gespannfischerei mit 2 Schiffen seit 1948 und für die Einzelfischerei mit Großfahrzeugen 1949 bis 1959. Anfang der 50er Jahre gab es in Großbritannien erste Versuche mit sog. »Heckfängern«, und um 1957 gab es dann in der BRD den ersten Hecktrawler. Danach folgte als neue Fangmethode die Anwendung der in Norwegen entwickelten Ringwadenfischerei.

Nach dem ersten Weltkrieg gab es von den etwa 263 deutschen Fischdampfern nur noch 80. Im zweiten Weltkrieg gingen sogar 244 von den etwa 400 Fischdampfern vorwiegend als Vorpostenschiffe der Kriegsmarine verloren.

Die letzten Fischdampfer wurden noch vereinzelt bis etwa 1960 gebaut. Fast 90 Jahre nach der ersten Fangreise der *»SAGITTA«* wurde in der BRD der letzte deutsche Fischdampfer außer Dienst gestellt, der überlegene Motorenantrieb hatte sich allgemein durchgesetzt.

Ältere Standort-Identitätszeichen deutscher Nordsee-Fischereischiffe sind A.E. Emden, A.L. Leer, B.B. Bremen, B.V. Bremen-Vegesack, B.X. Bremerhaven, H.C. Cuxhaven, H.F. Hamburg-Finkenwärder, H.H. Hamburg, O.E. Elsfleth, P.F. Preußisch-Finkenwärder, P.G. Preußisch-Geestemünde, S.C. Busum, S.D. Altona.

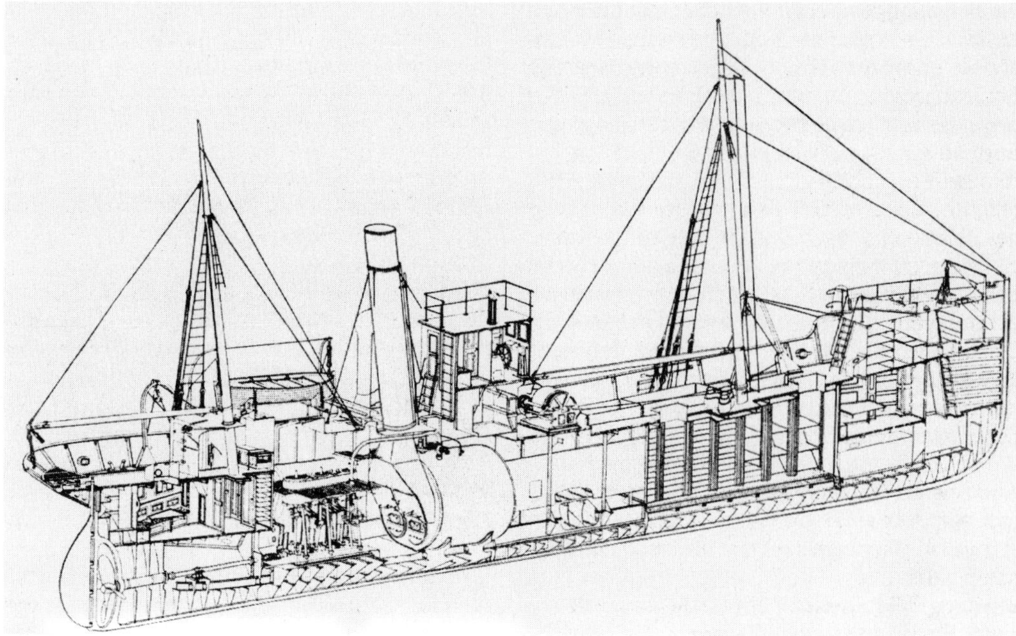

Perspektivischer Längsschnitt eines Fischdampfers um 1920 von der Werft Tecklenborg

Fischerboot: für die Fischerei ausgerüstetes motorangetriebenes Fangboot aus Holz, Stahl oder glasfaserverstärkter Plaste.

Fischereifabrikschiff, *Fischfabrikschiff:* siehe *Fabrikschiff*

Fischereifahrzeug: siehe *Fischereischiff*

Fischereiforschungsschiff: siehe *Forschungsschiff*

Fischerei-Hilfsschiff: für die medizinische Hilfeleistung und/oder für die Versorgung der Fangeinheiten einer Fischereiflottille ausgerüstetes und eingesetztes Schiff. Außer den zahnärztlichen Behandlungsmöglchkeiten hat ein Hilfsschiff Röntgen- und Operationsräume und Einrichtungen zur ersten Hilfeleistung und zur Aufnahme von Schiffbrüchigen oder für Quarantänefälle. Es begleitet die Fischereiflottillen und verfügt über zusätzliche Ausrüstungen und Werkstätten zur technischen Hilfeleistung bei Havarien, Eisgefährdungen u.a.

Häufiger werden auch Teilaufgaben der Fischereiforschung wahrgenommen, wie zur Erkundung der Fangbedingungen, Nachrichtenübermittlung oder zur Erprobung neuartiger Fanggeräte und Fischereiausrüstungen unter realen Seebedingungen.

Der 500ste der insgesamt von 1949 bis 1958 in der Volkswerft gebauten 594 Fischereilogger

Fischereilogger: *Fischereischiff,* ursprünglich für den Fang mit dem Treibnetz, heute auch für andere Fangmethoden mit Ringwaden und Schleppnetzen. Der ursprüngliche Logger für den Treibnetzfang war ein Saisonschiff, dessen Einsatz auf die Zeit beschränkt war, in der der Hering sich zu Schwärmen anhäufte. Der Fischereilogger war zu dieser Zeit ein anderthalbmastiger Segellogger, auch »Heringslogger« genannt. Während des Übergangs vom Segelschiff zum Dampfschiff vergrößerte sich dieser Schiffstyp von etwa 22···24 m Länge auf etwa 40 m Länge. Die ersten *Fischdampfer* waren dem Typ nach Logger und hauptsächlich für den Treibnetzfang ausgerüstet. Es konnten jedoch wesentlich größere Netze bis zu 5000 m Gesamtlänge verwendet und entferntere Fangplätze befischt werden. Nach dem zweiten Weltkrieg wurde weltweit eine große Anzahl von Motorloggern mit Fangausrüstungen für Treibnetze, Ringwaden und Schleppnetze gebaut.

Zu den größten Serien gehörte die in der Volkswerft Stralsund gebaute Großserie von insgesamt 594 vollgeschweißten Loggern.

Die seinerzeitigen Motorlogger waren bei etwa 40 m Länge mit 250 BRT vermessen. Die Antriebsleistung lag bei 295 kW (400 PS). Sie hatten etwa 18 Mann Besatzung. Für den Treibnetzfang war zum Halten des Treibnetzes auf dem Vorschiff ein Gangspill und für den Schleppnetzfang vor dem Deckshaus eine Netzwinde mit einer Zugkraft um 40 kN (4 Mp). Der Fahrtbereich der um 10 kn laufenden Logger konnte mehrere tausend Seemeilen betragen und die Ausrüstung war i. allg. für etwa 20 Tage ausreichend.

Bei der Nahfischerei wurde der Fisch in Horden im mitgeführtem Eis gelagert. Die Laderäume hatten anfangs nur eine Deckenkühlung, um eine zu schnelle Schmelze des Eises zu verhindern. Der Kühllogger mit einer bordeigenen Kühlanlage und voll gekühlten Laderäumen stellte bereits den Übergang zum *Fang- und Gefrierschiff* dar, und es erübrigte sich die Mitnahme von Stückeis oder Schuppeneis.

Fischerei-Mehrzweckschiff: für den Einsatz auf verschiedenen Fangplätzen und für verschiedene Fangarten gleichzeitig mit mehreren bzw. austauschbaren Fangsystemen ausgerüstetes Fischereischiff. Neben der Hauptausrüstung für die Schleppnetzfischerei einzeln oder im Gespann von 2 Schiffen kann Langleinenfischerei, Ringwadenfischerei oder Stellnetzfischerei betrieben werden.

Fischereimutterschiff: siehe *Fabrikmutterschiff*

Fischereischiff, *Fischereifahrzeug:* Spezialschiff für Aufgaben und Einsatzgebiete des Küsten- und Hochseefischfangs, der Fangbe- und verarbeitung, des Transports, der Versorgung, Hilfe der Flottensteuerung und Aufsicht. Dementsprechend gliedern sich die wichtigsten Fischereischiffstypen nach ihren Hauptfunktionen und ihrer Ausrüstung in Fangschiffe, Fang- und Gefrierschiffe, Fang- und Verarbeitungsschiffe, Fang- und Fabrikschiffe, Fabrikmutterschiffe, Verarbeitungs-Versorgungs- und Transportschiffe, Kühltransportschiffe sowie verschiedene Typen von Fischereiforschungs-, Fischereihilfs-, Fischereischutz- und Aufsichtsschiffe.

Die reinen *Fangschiffe* unterscheiden sich durch ihre Größe und Fangeinrichtung in kleine Fangschiffe wie *Fischkutter*, *Thunfischfänger* u. a. und mittlere Fangschiffe wie *Logger*, *Seiner*, Mitteltrawler u. a. und große Fangschiffe für die Schleppnetz- bzw. Ringwadenfischerei wie *Trawler*, Großtrawler (»*ATLANTIK*«), Großseiner, *Seiner/Trawler* u. a.

Fang- und Gefrierschiffe fangen noch selbst und übernehmen dazu in der Flottillenfischerei die Fänge von Fangschiffen, gefrieren den Fang und landen ihn an oder übergeben ihn an Kühltransportschiffe, siehe *»ATLANTK«-Fang- und Gefriertrawler*.

Fang- und Verarbeitungsschiffe sind ebenfalls noch für den Eigenfang ausgerüstet, haben aber außer den Gefriereinrichtungen Anlagen zur Fischbe- und verarbeitung (waschen, köpfen, ausweiden, enthäuten, filetieren, konservieren, frosten, verpacken sowie zur Fischöl- und Fischmehlherstellung), siehe *»ATLANIK«-Supertrawler*.

Fang- und Fabrikschiffe haben zusätzlich zu den Anlagen der Fang- und Verarbeitungsschiffe eine noch höhere Ausstattung mit Be- und Verarbeitungslinien zur Konservenherstellung, Trokkenfrostung u. a.

Fabrikmutterschiffe sind Basisschiffe einer Flottille und fangen nicht mehr selbst. Sie übernehmen die Fänge von den begleitenden Fangschiffen und verarbeiten ihn fabrikmäßig an Bord zu Fertigwaren und Konserven, siehe *»JUNGE WELT«*.

Verarbeitungs-Versorgungs- und Transportschiffe sind Kombinationen des Fabrikmutterschiffs und des Kühltransportschiffs. Sie übernehmen sowohl Frischfischfänge wie auch bereits gefrosteten Fisch von Fang-, Fang- und Gefrierschiffen sowie Fang- und Verarbeitungsschiffen. Außerdem versorgen sie die Flottille mit Kraft- und Verbrauchsstoffen, lagern die verarbeitete Ware in Tiefkühlräumen und transportieren sie ab.

Kühltransportschiffe übernehmen i. allg. bereits gefrostete Ladungen. Sie versorgen die Flottille und transportieren die Ladung. Zu den Aufgaben der breit gefächerten Gruppe von Fischereiforschungsschiffen, Fischereihilfsschiffen, Fischereischutzschiffen und Aufsichtsschiffen gehören die Fangplatzerkundungen, der Schutz der Fischbestände und der Umwelt, Hilfs- und Versorgungsleistungen sowie Kontrollfunktionen.

Entwicklungsstufen des Fischereischiffs in Nordeuropa:

4000 v. u. Z. bis 800 u. Z.	Küstenfischerei an der Nord- und Ostsee. Nachweise durch Reste von Hochseefischen in den »Kjökkenmöddinger« (Siedlungsabfällen) auf Schonen (Schweden) und in Dänemark.
seit 900 u. Z.	erste schriftliche Nachweise über Fangmengen der einzelnen Jahre in schwedischen Reichsarchiven
um 1030	in der französischen Hafenstadt Dieppe gibt es nachweislich eine größere Fischfangflotte
seit 1050	erste Bemühungen der Hanse in der Heringsfischerei
um 1150	die holländische Heringsfangflotte entwickelt sich besonders schnell, so daß um die Mitte des 12. Jh. bereits von der »berühmten holländischen Fischerei« gesprochen wurde
1553	Gründung der ersten deutschen Heringskompanie in Emden, Heringsfang mit Büsen (Buisen)
1730	Entwicklung der deutschen Fischerei an der Unterelbe
1750	An der Unterelbe im seinerzeit dänischen Blankenese gibt es bereits eine Fischereiflotte von etwa 70 seegehenden Ewern (1806 waren es bereits 172)
1769	Neugründung der »Heringsfischereigesellschaft« in Emden, die auch das Fangprivileg Preußens erhält. Die Flotte vergrößert sich nach und nach bis auf 41 Büsen
1800 bis 1820	Entwicklung der hamburgischen Hochseefischerei. Um 1820 hat die Finkenwärder Fischereiflottille die Führung in der Seefischerei an der deutschen Nordseeküste. Die Finkenwärder Fischer mit ihren Fangbooten mit den braunen Segeln, die das H.F. und die Schiffsnummer tragen, sind zu allen Fischmärkten der Nordsee von Hamburg, Dänemark, Holland bis England und Schottland zu finden
um 1850 bis Ende 19. Jh.	Entwicklung des Grundnetzes und der Trawlfischerei in England. Büse, Ewer, Kutter, Smaks, Logger und Kutterewer bleiben bis zur Entwicklung des »Fischdampfers« die Haupttypen des Segel-Fischereischiffs
um 1870	in den USA, in Britannien und Frankreich werden erste Fischdampfer gebaut, in Deutschland wird die Haltbarkeit des Fangs durch mitgeführtes Eis verlängert
1870	der »Deutsche Fischerei Verein« wird gegründet
1875	Bildung der »Sektion für Küsten- und Hochseefischerei«, die 1894 zum selbständigen »Deutscher Seefischerei Verein« unter Leitung ihres ersten Präsidenten, Geheimrat Herwig, wird.
1885	am 7. Februar 1885 geht der erste deutsche Fischdampfer, die 148 BRT große »*SAGITTA*«, auf die erste Fangreise
1886	erste deutsche Fischauktion am 20. November in der Hamburger St.-Pauli-Markthalle
1892	erste Versuche der Lichtfischerei mit »PRESIDENT HERWIG«
1894	7 deutsche Fischdampfer mit 73 Mann Besatzung gehen in einem Orkan in der Nordsee verloren
1895	die »Cranzer Fischdampfer AG«

Hamburg übernimmt aus England die Fangmethode mit Scherbrettern. Damit wird die Baumkurren-Fischerei abgelöst, es entsteht der erste Dampftrawler mit den typischen seitlichen »Fischgalgen« und Rollen

1898 erste Fischereischutzschiffe zur technischen Hilfe für die steigende Zahl der Fischdampfer und zur Aufsicht auf den Fangplätzen

1899 bis 1913 in dieser Zeit gingen 65 deutsche Fischdampfer auf See verloren

1899 erstes deutsches Fischereischutzboot, das ehemalige Torpedoversuchsboot »ZIETHEN« in Dienst gestellt

1900 der Jahresfang der Weltfischerei an Seefisch erreicht 4 Mill. t

1902 das erste deutsche Fischereiforschungsschiff, die »POSEIDON«, läuft auf der Bremer Vulkanwerft von Stapel

1908 Eröffnung des Fischereihafens Cuxhaven und eines großen Fischmarkts (23. Februar 1908)
Einsatz erster Gas-, Petroleum- und Glühkopfmotoren in Fischereibooten und -kuttern
erste Kutter und Logger mit Diesel- und Petroleummotorantrieb

1913 zum Altonaer Fischmarkt erscheint der seinerzeit größte Fischdampfer der Welt, die in Grimsby beheimatete »PASSING« der englischen Reederei A. L. Black

1914 erster Fischdampferverlust im ersten Weltkrieg: der Emdener Dampflogger »ROMULUS«

1921 Einführung der Höhenscherbretter an Grundschleppnetzen für die Herings-Trawlfischerei

1925 der erste deutsche Motorlogger für die große Heringsfischerei, die 305 BRT große »GROHM«, macht im Mai 1925 die erste Fangreise; sie und weitere Fischdampfer erreichten die doppelte BRT-Zahl der »SAGITTA« (148 BRT) von 1885.
Einführung der drahtlosen Telegrafie und des Echolots

1929 erste Versuche auf dem Fischdampfer »VOLKSWOHL« mit Solekühlung

1930 weitere Größenzunahme der Fischereischiffstypen, Jahresfang der Weltfischerei 10 Mill. t

1936 erste hydroakustische Fischortungsgeräte

1937/38 Beginn des Einsatzes von synthetischem Netzmaterial

1939 erster Fischdampferverlust im zweiten Weltkrieg: der als Vorpostenboot eingesetzte Fischdampfer »ETA«

1941 erste Frosttrawler mit Kühlanlagen

1948 Gespannfischerei mit pelagischen Netzen (Schwimmschleppnetze)

1951 erste vollsynthetische Netze

1949 bis 1959 allgemeine Einführung der pelagischen Einschiff-Schleppnetze

1950 erste Versuche mit Hecktrawlern in Großbritannien

1957 erster Hecktrawler in Dienst gestellt

um 1960 die letzten »Fischdampfer« werden gebaut, der Motorantrieb hat sich als der bessere Antrieb allgemein durchgesetzt

1960 die ersten Fang- und Verarbeitungsschiffe und Fangflottillen mit Zubringertrawlern kommen zur höheren Verarbeitung auf See zum Einsatz
Die Jahresfangmenge der Weltfischerei erreicht 29,3 Mill. t

1970 spezielle Kühl- und Transportschiffe ermöglichen den längeren Verbleib der Fang- und Verarbeitungseinheiten am Fangplatz

1971 die Weltfischereiflotte umfaßte bereits 13881 Schiffe (über 100 BRT) mit insgesamt 6,1 Mill. BRT
der Weltjahresfang ist auf 70,2 Mill. t angestiegen

1979 Weltfischereiflotte mit 19609 Schiffen (über 100 BRT) und 8,9 Mill. BRT
Der Weltjahresfang stagniert um 70 Mill. t (69,8 Mill. t 1979)

1980 große Fabriktrawler für den autonomen Einsatz werden als autonome Einheiten auf neuen Fangplätzen eingesetzt.
Weltjahresfang kann trotz Überfischung traditioneller Fangplätze und Einführung der 300-Seemeilen-Wirtschaftszone bei rd. 70 Mill. t (71,3 Mill. t 1980) gehalten werden

Fischerei-Schutz- und Aufsichtsschiff: Hilfsschiff zum Schutz und zur Beaufsichtigung der Fischereischiffe in den eigenen Wirtschaftszonen und in anderen Fanggebieten. Die Nordsee-Anliegerstaaten haben bereits am 6. Mai 1882 beschlossen, das Fischereiwesen in der Nordsee zu beaufsichtigen. Seinerzeit ging es hauptsächlich um einen bewaffneten Schutz gegen Übergriffe fremder Staaten im eigenen Hoheitsgebiet. Dazu wurden hauptsächlich Schutzboote durch Marinestreitkräfte eingesetzt, die auch als »Fischereikreuzer« bezeichnet wurden. Vor dem ersten Weltkrieg entfiel die Bestückung mit Kanonen, und neben der Fischereiaufsicht wurden weitere Funktionen des *Fischerei-Hilfsschiffs* übernommen. Das hauptsächliche Einsatzgebiet des Fischerei-Schutzschiffs war die Hochsee- und die des Aufsichtsschiffs die Küstenfischerei.

Fischgefrierschiff: ein Fischereischiff, das als kleines *Fischereimutterschiff* eine Fangflottille aus Fangschiffen ohne bordeigene Gefriereinrichtungen auf den Fangplatz begleitet. Das Fischgefrierschiff übernimmt die Frischfischfänge und gefriert sie mit leistungsfähigen Kälteanlagen, Plattenfrostern, Band- oder Rotorgefrieranlagen und lagert sie in den Kühladeräumen. Zur Ostseefischereiflotte der DDR gehören u. a. die auf der Grundlage des Schiffstyps »TROPIK« der Volkswerft Stralsund zu Fischgefrierschiffen umkonstruierten Schiffe »STUBNITZ« und »GRANITZ«. Bevor es Kühl- und Gefrieranlagen auf Fischereischiffen gab, konnte der Fisch an Bord nur für einige Tage durch mitgeführtes Eis frisch gehalten oder durch Salz konserviert werden. An Land (wie Island) gab es noch die Möglichkeit, den Fisch auf Horden zu trocknen.

Fischkonservenschiff: für die sofortige Be- und Verarbeitung von Frischfisch zu Konserven ausgerüstetes *Fischereischiff*. Die Konservenherstellung an Bord ist für solche Fischarten besonders vorteilhaft, bei denen durch Tiefgefrieren, Lagerungen in Kühlräumen und Umschlag Quali-

12-m-Kutter um 1950

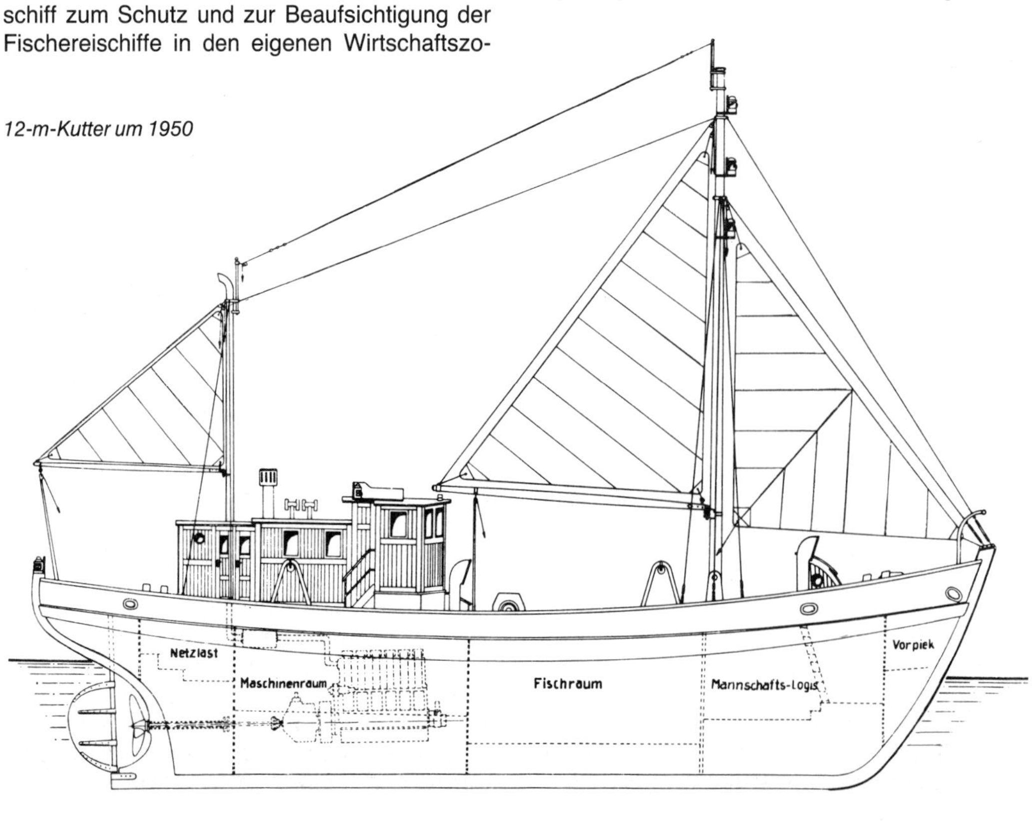

tätsverluste auftreten und die Konserven nur einfache Zutaten wie Kochsalz, Wasser, Gewürzsoßen, Öl u. a. erfordern. Nachteilig ist der noch relativ große Raumbedarf für die Konservenproduktionslinien und der ebenfalls noch große Arbeitskräftebedarf. Mit der Weiterentwicklung und Automatisierung der Fischbearbeitungs- und Konservenmaschinen werden jedoch größere *Fischerei-Fang- und Verarbeitungsschiffe* und sog. »Fabriktrawler« (siehe *ATLANTIK-Fabriktrawler*), die in der Fernfischerei autonom eingesetzt werden, mit Konservenproduktionslinien ausgerüstet.

Fischkühl- und Transportschiff: siehe *»KRISTALL«*- Kühl- und Transportschiff

Fischkutter: ursprünglich etwa ab Mitte des 18. Jh. einmastiges seetüchtiges Segel-Fischereischiff. Mit der Einführung des Schleppnetzes in der norddeutschen Fischerei verdrängte der Kutter wegen seiner widerstandsgünstigen Schiffsform den vorher dominierenden völligeren Ewer. Auch nach Einführung des Dampf- und Motorkutters konnte die traditionelle Holzbauweise insbesondere für die kleineren Kutter beibehalten werden. In Britannien, Dänemark und Deutschland gibt es den aus Holz oder in Kompositbauweise gebauten Motorkutter seit dem letzten Jahrzehnt des 19. Jh. Der Größenbereich des Fischkutters reicht von den kleinsten, um 10 m langen Typen bis zu Schiffen über 40 m Länge.
Fischkutter sind die kleinsten hochseefähigen *Fischereischiffe*. Es ist gebräuchlich, die Schiffslänge als Unterscheidungsmerkmal zu nennen. So gibt es z. B. 17-m-, 21-m-, 26,5-m- oder 35-m-Kutter u. a. bis zu 200 m^3 Rauminhalt; z. B. reicht die Tragfähigkeit eines 26,5-m-Kutters für 84 t Fisch, 21 t Eis und Salz, und 23 t Dieselöl, Wasser und Proviant. Ausgerüstet werden solche Kutter i. allg. für eine Fahrdauer von 18 Tagen, sie können aber auch für einen Fahrbereich von 3500 Seemeilen eingesetzt werden. Moderne größere Kutter sind aus Stahl gebaut und werden auch als »Stahlkutter« bezeichnet. Es gibt auch Versuchsbauten aus glasfaserverstärktem Polyesterharz, dessen Vorzüge aber bisher nicht für eine allgemeinere Einführung ausreichte.
Die Antriebsleistung liegt bei den unterschiedlichen Kuttergrößen zwischen 100 und 400 kW; die höchste Geschwindigkeit zwischen 8 und 12 kn. Die hauptsächlichste Fangmethode ist die Trawlfischerei als Seiten- oder Heckfänger mit dem Grundschleppnetz oder in Gespannfischerei (Tuckfischerei), bei der 2 Kutter ein Grundnetz schleppen. Das Netz wird seitlich oder über Heck an Bord genommen. Als *Heckfänger* gebaute Kutter haben i. allg. keine Heckslip sondern Heckrollen und Hievvorrichtungen.

Flachboden-Rennboot: siehe *Gleitboot*

Flaggschiff: Leit- oder Repräsentationsschiff einer Flotte. Es ist fast immer das größte, neueste und ggf. kampfstärkste Schiff. Die Bezeichnung wird i. allg. für das Führungsschiff einer Flotte, auf dem sich der Kommandierende Admiral eingeschifft hat (Flottenflaggschiff), eines Geschwaders (Geschwaderflaggschiff), einer Division (Divisionsflaggschiff im ersten Weltkrieg), einer Kampfgruppe von Kriegsschiffen oder in kleinen Flotten für das des Marinebefehlshaber gebraucht. Der Ausdruck »Flaggschiff« rührt daher, daß jedes Schiff, auf dem ein Admiral (Vize- oder Konteradmiral) eingeschifft ist, nicht wie die anderen Kriegsschiffe einen Wimpel führt, sondern als Kommandozeichen eine Flagge, die Admiralsflagge. In einigen Flotten werden auch Flagge, Stander oder Wimpel des Admirals oder Befehlshabers geführt.
Auch die Expeditions- und Entdeckerflotten der Seefahrtsgeschichte wurden durch Admiralsschiffe oder Flaggschiffe geleitet. Deshalb gibt es die Bezeichnung Flaggschiff auch noch heute in der zivilen Schiffahrt. Bekannte neuere Flaggschiffe der sowjetischen Flotte sind u. a. »AKADEMIEMITGLIED SCHIRSCHOW« als Flaggschiff der Verwaltung des Premorje Wetter- und Wasserstandsdienstes, »KOSMONAUT JURI GAGARIN« als Flaggschiff der Expeditionsflotte zur Beobachtung der oberen Atmosphäre, »AKADEMIK KOROLJEW« als Flaggschiff bei Expeditionen für meterologische Beobachtungen, »LEONID BRESHNEW« als Flaggschiff der Polar-Eisbrecherflotte oder »MICHAIL SOMOV« als Flaggschiff der Antarktis-Flotte.

Flak-Fregatte: im Unterschied zur Fregatte mit unterschiedlicher Bewaffnung sollte die Flak-Fregatte ein Spezial-Kriegsschiff für die Luftabwehr werden. Die Bewaffnung bestand deshalb überwiegend aus Flakgeschützen verschiedenen Kalibers, und die andere Bewaffnung mit Werfern und Torpedos war nur zur Selbstverteidigung vorgesehen. Eine derartige Spezialisierung der Fregatte, wie sie nach dem zweiten Weltkrieg hauptsächlich in Großbritannien begonnen wurde, hat sich aber nicht allgemein durchsetzen können.

Flak-Kreuzer: spezieller Kreuzertyp, der hauptsächlich mit Flugabwehrwaffen bestückt und vorwiegend als Begleitschiff für Flugzeugträger und zur Sicherung des Luftraums bei Landungsunternehmen eingesetzt war. Der Entwicklungsbeginn dieses Kriegsschiffstyps geht auf den ersten Weltkrieg zurück, als man Kriegsschiffe mit Ballon- und Flugzeugabwehrkanonen ausrüstete, die steiler als die Schiffsgeschütze nach oben feuern konnten. Mit der Entwicklung der Kampfflugzeuge vollzog sich auch die Weiterentwicklung der Bordflak. Bis zum Beginn des zweiten Weltkriegs war es jedoch nicht üblich, auf Kriegsschiffen Flugzeugabwehrwaffen konzentriert anzuordnen.
Großbritannien baute während des Kriegs 1940 die ersten Flak-Kreuzer mit 8×13,2-cm-Flakkanonen in Doppeltürmen, und in den USA wurden ab 1942 alle Leichten Kreuzer als Flak-Kreuzer gebaut. Gegen Ende des zweiten Weltkriegs besaßen auch Schlachtschiffe bis zu 120 Flakkanonen, um sich der gegnerischen Luftangriffe zu erwehren.
Die faschistische Marine besaß in der »NIOBE« ein zum Flak-Kreuzer umgebautes Schiff, welches hauptsächlich in der Ostsee zur Geleitsicherung und zum Kriegsende zum Schutz der Küstenstädte vor Luftangriffen vorgesehen war. Durch die weiterreichenden Raketen hat der Flak-Kreuzer an Bedeutung verloren.

Flettner-Rotorschiff: siehe *Rotorschiff* sowie *»BARBARA«* und *»BUCKAU«*

Float on/float off-Schiff: siehe *Bargecarrier* und *Dockschiff*

»FLORIDE«: französisches Schrauben-Paketboot. Die aus Eisen gebaute »FLORIDE« versah 1862 den Liniendienst zwischen Frankreich und Mexiko. Sie war 85,44 m lang, 11,90 m breit und mit 1900 BRT vermessen. Die stehende Zweizylinder-Verbundmaschine leistete 331 kW (450 PSi) und gab dem Schiff eine Geschwindigkeit von 11 kn. Entsprechend der damaligen Zeit besaß das Schiff noch eine Hilfsbesegelung und war barkähnlich getakelt. Im Jahre 1874 wurde die »FLORIDE« in »COLOMBIE« umbenannt und 1897 abgewrackt.

Flottillen-Fischereischiff: siehe *Fischereimutterschiff*, *Fischereischiff* und *Zubringertrawler*

Flugbootmutterschiff, *Flugbootstützpunkt:* schwimmendes Flugstützpunktschiff ohne Fluglandedeck in den 30er Jahren des 20. Jh. Für die Flugboote der »Deutsche Lufthansa AG« gab es bis 1939 auf dem Atlantik die schwimmenden Flugstützpunkte »OSTMARK«, »SCHWABENLAND«, »WESTFALEN« und »FRIESENLAND«. Seinerzeit hatte ein Flugboot des Typs »Dornier Wal« erst eine Reichweite von 2000 km. Da es diesen Flugbooten damit noch nicht möglich war, den Atlantik im Nonstopflug zu überqueren, wurden Hilfsschiffe oder Katapultschiffe ab 1933 für die Luftpostverbindung nach Südamerika zum Einsatz gebracht und etwa auf der halben Flugstrecke zwischen Europa und Amerika stationiert. Sie wurden zum Nachtanken benötigt und sollten bei Havarien Hilfe leisten.
Das Flugbootmutterschiff »SCHWABENLAND« machte außerdem eine besondere Reise im September 1938, als sie mit 2 Dornier-Wal-Flugbooten (D-ALEX-»Passa« und D-AGAT-»Boreas«) an Bord zu kartographischen Aufnahmen in die Antarktis auslief. Aus 3000···4000 m Flughöhe wurde ein Gebiet von 350 000 km^2 vermessen.
Mit den Fortschritten des Radflugzeugs verlor

Flugzeugbergungsschiff, 2×1620-kW-Voith-Schneider- Propeller

das Flugboot seine Bedeutung, und im militärischen Bereich löste der *Flugzeugträger* das Flugbootmutterschiff ab. Von den 4 deutschen schwimmenden Flugbootstützpunkten gingen die »OSTMARK«, »SCHWABENLAND« und »WESTFALEN« gleich 1939 bei Kriegsbeginn verloren.

Flugzeugbergungsschiff; *Flugsicherungsschiff:* Hilfsschiff während der Anfangszeit der Seefliegerei. Solche Schiffe waren bis in die 30er Jahre bei fast allen Flotten im Einsatz. Die deutsche Kriegsmariene setzte u. a. das Flugzeugversuchs- und Bergungsschiff »GREIF« ein. Sie hatten Wasserflugzeuge der Marinefliegereinheiten und auch landgestützte Flugzeuge, die bei Flügen über der offenen See in Not geraten waren, zu bergen und die Flugbesatzung zu retten. Dazu waren sie entsprechend schnell und mit einem Bordkran zur Aufnahme der Flugzeuge ausgerüstet, die auf dem freien Achterdeck abgesetzt wurden. Mit zunehmender Flugfähigkeit der Flugzeugtypen und der Erhöhung ihrer Kampfkraft und Reichweite konnten die Bergungsschiffe mit anderen Hilfsaufgaben innerhalb der Flotte betraut werden.

Flugzeugmutterschiff: für den anfänglichen Einsatz von Schwimmerflugzeugen auf See zum Hilfskriegsschiff umgebautes Handelsschiff. Am 10. November 1910 startete der Amerikaner Eugen Ely erstmals mit einem Flugzeug von Bord des Kreuzers »BIRMINGHAM«, und am 18. Januar 1911 glückte ihm in der Bucht von San Francisco die erste Landung auf dem Kreuzer »PENNSYLVANIA«. Damit begann die Ära der trägergestützten Flugzeuge. Durch die Erfolge des Amerikaners ermutigt, begannen britische Versuche am 10. Januar 1912, um mit Flugzeugen auf Schiffen zu landen und auch wieder zu starten. Im ersten Weltkrieg wurden die Versuche fortgesetzt, wobei es vorrangig um den Einsatz von Radflugzeugen ging, während andere Länder zunächst das Wasserflugzeug bevorzugten. Zu Beginn des ersten Weltkriegs wurden in der Kaiserlichen Marine erste Flugzeugmutterschiffe verwendet. Dazu baute man die Handelsschiffe »SANTA ELENA« (7415 BRT) der Hamburg-Süd und »ANSWALD« (5401 BRT) der Hamburg-Afrika-Linie um. Sie erhielten auf dem Vor- und Achterdeck je ein großes Schutzhaus von 17 m Länge und 12 m Breite, in denen je ein großes Schwimmerflugzeug untergebracht wurde. Beide Schiffe waren dem Kommando der Hochseeflotte unterstellt und an der Nordseeküste so lange stationiert, bis die Landflugstationen auf den Friesischen Inseln fertiggestellt waren. Die »ANSWALD« wurde danach von Ende 1914 bis August 1918 dem Oberbefehlshaber der Ostsee unterstellt. Ab August 1915 folgte die »SANTA ELENA« in die Ostsee und wurde hier als schwimmende Flugstation zur Sundüberwachung und Meldung von feindlichen U-Booten eingesetzt. Im Sommer 1915 bekamen die Schiffe größere Flugzeughallen, so daß die »ANSWALD« 3 und die »SANTA ELENA« 4 Wasserflugzeuge aufnehmen konnten. Gleichzeitig erhielten die Schiffe eine militärische Besatzung, je zwei 8,8-cm-Geschütze, einen Tonnenschutz zur Verbesserung der Schwimmfähigkeit bei Unterwasserschäden durch Minen oder Torpedos; sie wurden von »Hilfsbeischiffen« in »Hilfskriegsschiffe« umbenannt. Durch die Flugzeughallen hatten die Schiffe jedoch eine große Windangriffsfläche, und sie manövrierten daher schlecht, so daß sie bei starkem Wind nur mit Hilfe von Vorsegeln gedreht werden konnten. Der Typ dieser Flugzeugmutterschiffe bewährte sich nicht und die Zukunft gehörte dem trägergestützten Radflugzeug. Erste Versuche mit »Halbflugzeugträgern« liefen ab 1917 in der britischen Flotte. Der Bau der eigentlichen Flugzeugträger setzte erst nach dem Washington-Abkommen vom 6. Februar 1922 ein, als durch die Flottenbegrenzung einige im Bau befindlichen Schlachtschiffe der USA und Großbritanniens zu Flugzeugträgern umgebaut wurden.
Als Bordflugzeug auf Kriegsschiffen fand das Wasserflugzeug zu Aufklärungszwecken jedoch weite Verbreitung. Im ersten Weltkrieg besaßen der Hilfskreuzer »WOLF« und der Schlachtkreuzer »GOEBEN« je ein Flugzeug, das jeweils mit einem Ladebaum oder durch Hochschwenken eines Geschützrohrs wieder an Bord genommen oder ausgesetzt werden konnte. Später wurde es dann üblich, an Deck oder auf den drehbaren Geschütztürmen Katapulte zu montieren. In der Folgezeit fand das Wasserflugzeug vereinzelt auch auf U-Booten Verwendung, wo es in einer druckfesten Kammer untergebracht war. Das Wiederaufnehmen der Bordflugzeuge war besonders bei Seegang sehr schwierig. Eine Verbesserung brachte ein nachgeschlepptes oder seitlich an Spieren mitgeschlepptes Landesegel (Patent Kiwull) und ein Bordkran mit ausreichender Ausladung am Heck bzw. am Mittschiff. Das querversteifte, schwimmfähige Landesegel wurde bei schneller Fahrt des Schiffs mitgeschleppt und dadurch tragfähig gemacht. Das Flugzeug glitt durch seinen Propellerschub auf das Landesegel bis in die Reichweite des Krans hinauf und konnte so an Bord genommen werden. Bei ruhiger See und gestopptem Schiff konnte das Flugzeug direkt aus dem Wasser gehoben werden. Landesegel waren auch noch auf den Kampfschiffen des zweiten Weltkriegs vorhanden.

Flugzeugmutterschiff »SANTA ELENA« der kaiserlichen Marine 1915

Landung eines Doppeldekkers auf einem nachgeschleppten Kiwull-Landesegel

Flugzeugträger: Kriegsschiff mit Start- und Landedeck für Radflugzeuge. Die ersten Versuche, von einem Schiff Radflugzeuge starten und landen zu lassen, begannen während des ersten Weltkriegs in Großbritannien. Dazu wurden 1916 einige größere Handelsschiffe umgebaut und mit einem Plattformdeck ausgerüstet. Diese Schiffe konnten je etwa 20 Radflugzeuge aufnehmen.
Eine weitere Zwischenstufe zum heutigen Flugzeugträger entstand Mitte der 20er Jahre durch umgebaute Kreuzer, die eine Start- und Landebahn erhielten und als »Flugdeckkreuzer« oder »Flugzeugkreuzer« bezeichnet wurden. Die heutigen Flugzeugträger sind Spezialschiffe und die größten Kriegsschiffe der Welt. Ihr Deplacement geht bis zu 75000 t, und das Flugdeck ist ca. 350 m lang. Das Flugdeck ist ein sog. *»Angled-Deck«*, d. h. ein im Winkel zur Schiffslängsachse liegendes Deck, weil wegen der Bewegungen des Schiffs dadurch günstigere Start- und Landeverhältnisse erreicht werden. Gestartet wird i. allg. über den Bug des Trägers, wobei nur noch eine relativ kurze Startbahn nötig ist. Die Triebwerke erzeugen einen so starken Schub, daß nach dem Freilassen die vorher abgebremsten Maschinen in etwa 2 s auf etwa 300 km/h beschleunigt werden. Die Landebahn ist demgegenüber bedeutend länger, da die Landegeschwindigkeit ebenfalls bei etwa 300 km/h liegt.
Je nach dem Einsatzzweck ergibt sich der Anteil an Jagdflugzeugen, Jagdbombern, Raketen- und Torpedoflugzeugen, schweren Kampfflugzeugen und Spezialflugzeugen zur U-Bootbe-

kämpfung. Die Flugzeuge werden durch Aufzüge unter oder an Deck befördert.
Um ein von Abgasen und Aufbauten möglichst unbehindertes Flugdeck zu schaffen, sind relativ kleine und nicht sehr hohe Aufbauten grundsätzlich an einer Schiffsseite angeordnet, meistens der Steuerbordseite. Der Schutz derartig großer Flugzeugträger ist äußerst schwierig, und die Bau- und Betriebskosten sind enorm hoch. In jüngerer Zeit gibt es deshalb vielfältige Projekte und Prototypen, um kleinere Flugzeugträger mit etwa 20000 t Deplacement und mit weniger kurzstartenden und -landenden Flugzeugen zu schaffen. Eine andere Variante ist der *Hubschrauberträger*, der mit seinen Hubschraubern insbesondere Geleitzüge vor U-Booten schützen soll, oder zusätzlich ausgerüstet mit Landungsbooten für Landungsoperationen gedacht ist.
Im Auftrag der US-Navy gibt es auch Projekte der Fa. Bell und der Fa. Lockheed, Aircraftboote, d. h. schnelle Luftkissenschiffe von etwa 2000 t Tragfähigkeit, mit einem Flugdeck für Senkrechtstarter oder Hubschrauber auszurüsten.

Flußbagger: siehe *Bagger*

Flußeisbrecher: siehe *Eisbrecher*

Flußfähre: siehe *Fährschiff*

Flüssigasphaltschiff: siehe *Asphalt-Tankschiff*

Flüssiggastanker: siehe *Tanker*

Füssigschwefel-Transportschiff, *Schwefeltanker:* Spezialtanker für verflüssigte Schwefelladung. Neben der Verschiffung als Trockengut für kleinere Mengen, wird für den Massentransport Schwefel durch Erwärmen auf etwa 130°C verflüssigt und durch dampfbeheizte Rohrleitungen in beheizte und wärmeisolierte Kugel- oder Zylindertanks (siehe auch *Gastanker*) aus korrosionsbeständigen Werkstoffen gepumpt. Die durch die Tankerwärmung bedingte Ausdehnung darf dabei nicht auf den Schiffskörper übertragen werden. Größere Schwefelvorkommen gibt es hauptsächlich in Italien (Sizilien) sowie in den USA, der UdSSR und Japan.

Flußschiff: siehe *Binnenschiff*

Fluß-See-Schiff: siehe *seegehendes Binnenschiff*

Förderinsel, Förderplattform: siehe *Bohrinsel*

Forschungsboje: verankert oder treibend schwimmendes teilgetauchtes Hochsee-Laboratorium. Der Schwimmkörper, der bis zu 100 m langen röhrenförmigen Forschungsboje hat eine solche Tankunterteilung, daß er wie ein geschlepptes Schiff durch Schlepper zu seinem Standort gebracht wird und dort durch Fluten von einseitigen Endtanks eine vertikale Lage einnimmt. Das obere, etwa 20 m aus dem Wasser ragende Bojenteil wird für die Unterkunfts- Aufenthalts- und Forschungsräume sowie für die Funk- und Nachrichtenstation genutzt. Das Deck kann zu einer Hubschrauberlandeplattform erweitert sein. Die Maschinenräume, Verbrauchsstoffe und Unterwasserbeobachtungsräume befinden sich im getauchten Teil der Forschungsboje.

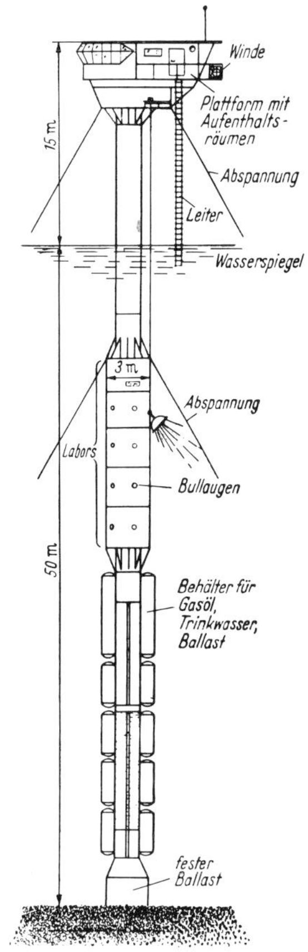

Bemannte Forschungsboje für 50 m Wassertiefe

Eine vom bekannten Unterwasserforscher Costeau entwickelte Forschungsboje von 65 m Länge und 250 t Masse wurde bei Monaco an einem 4500 m langen Halteseil verankert und erprobt. Durch die Verankerung und die Anordnung von Ballast sowie der Wasser- (7,5 t) und Kraftstoffvorräte (12 t) hatte die im getauchten Teil 3 m Durchmesser betragende Boje auch bei schwerer See eine derart stabile Schwimmlage, daß sich nur Neigungen von 1° einstellten. In den verschiedenen Tiefen waren Beobachtungsfenster und Probenentnahmemöglichkeiten. Die Boje wurde durch zwei 25-kW-Dieselgeneratoren mit Engerie versorgt und war bis 1965 in Betrieb.

Forschungsplattform: einer *Bohrinsel* ähnlich teilgetaucht schwimmend oder mit Stützen auf dem Meeresboden stehende Forschungsstation. Durch sie können unterschiedliche Aufgaben erfüllt werden, wie die Vermessung von Strömungen, Wind und Seegang. So wurden z. B. nach der verheerenden Sturmflut von 1962 in Hamburg 1975 durch die »Ingenieurgemeinschaft Meerestechnik und Seebau GmbH« 75 km nördlich von Helgoland eine Forschungsplattform und weitere Meßbojen zur Überwachung des Seezu-

Antennen von Satellitleitschiffen

Antennen von Satellitleitschiffen

stands und zur Warnung vor Sturmfluten stationiert. Andere Forschungsplattformen werden für Versuchsbohrungen, seismographische Messungen oder zur Kontrolle der Meeresverschmutzung eingesetzt.

Forschungsschiff, *Erkundungsschiff, Expeditionsschiff:* Für Erkundigungsaufgaben oder wissenschaftliche Forschungen eingesetztes und ausgestattetes Spezialschiff zur Erforschung von Seewegen, der Meeresbeschaffenheit einschließlich des Meeresbodens und -untergrunds sowie der Wechselwirkungen des Meeres mit der erdnahen Atmosphäre und zur Beobachtung von Schichten und Objekten. Vorläufer des Forschungsschiffs für Entdeckungsfahrten gab es schon im frühen Mittelalter und verstärkt im 14. und 15. Jh. Dazu zählen insbesondere die durch Prinz HENDRIK von Portugal im 15. Jh. veranlaßten Entdeckungsfahrten zu afrikanischen Küsten, die Entdeckungsreisen des BARTOLOMEO DIAZ (1488), des CHRISTOPH COLUMBUS (1492), VASCO DA GAMAS (1498) und andere.

Die Fahrten von JAMES COOK (1768) auf der »ENDEAVOUR« hoben die ozeanischen Forschungen bereits auf ein bedeutend höheres Niveau. Mit dem maschinenangetriebenen Schiff entstanden weitere Möglichkeiten einer systematischen weltweiten Erforschung der Meere, an der sich verschiedene Staaten mit unterschiedlicher Intensität beteiligten.

Am Anfang der systematischen wissenschaftlichen Meeresforschung steht die am 21. Dezember 1872 begonnene Forschungsreise durch die drei Ozeane der britischen Forschungskorvette *»CHALLENGER«*. Die nachfolgende Zusammenstellung enthält eine Auswahl der bekanntesten Forschungsschiffe aus der Zeit von 1872 bis 1938 und zeigt die seinerzeit führende Rolle Großbritanniens und der europäischen Staaten.

Zeiten der Forschungsreisen	Forschungsschiff	Heimatland	Fahrtgebiete
1860	»BULLDOG«	Großbritannien (GB)	Atlantik
1872–1876	»CHALLANGER«	GB	alle drei Ozeane
1874–1876	»GAZELLE«	Deutschland (D)	alle drei Ozeane
1873–1876	»TUSCARORA«	USA	nördl. Stiller Ozean
1885–1914	versch. Yachten	Monaco	Mittelmeer und Nordatlantik
1886	»BUCANEER«	GB	Mittelatlantik
1886–1889	»WITJAS«	Rußland	Atlantik und Pazifik
1889–1904	»ALBATROSS«	USA	nördl. Stiller Ozean und Atlantik
1889	»NATIONAL«	D	Nordatlantik
1890–1900	»INVESTIGATOR«	GB	nördl. Indischer Ozean
1891–1903	»PENGUIN«	GB	Pazifik
1893–1896	»FRAM«	Norwegen	Nordpolarmeer
1898–1899	»VALDIVIA«	D	Atlant. und Indischer Ozean
1898	»BELGICA«	Belgien	Bransfield Meer
1901–1903	»GAUSS«	D	Antarktis
1902–1903	»ANTARCTIC«	Schweden	Antarktis
1903–1904	»SCOTIA«	GB	Antarktis
1903–1905	»THOR«	Dänemark	Nordatlantik
1906	»PLANET«	D	Atlant. und Indischer Ozean
1909–1910	»POURQUOI PAS«	Frankreich	Antarktis
1910	»MICHAEL SARS«	Norwegen (NOR)	europäisches Nordmeer
1912	»ARMAUER HANSEN«	NOR	europ. Nordmeer
1918–1925	»MAUD«	NOR	Nordpolarmeer
1924–1933	»SHINTOKU MARU«	Japan	Pazifik
1925–1935	»METEOR«	D	Atlantik
1925	»MANSYN«	Japan	westl. Pazifik
1925	»DISCOVERY« II	GB	Antarktis
1925	»WILLIAM SCORESBY«	GB	Antarktis
1928–1930	»DANA«	Dänemark	alle drei Ozeane
1928–1931	»NORVEGIA«	NOR	Antarktis
1928	»MARION«	USA	Baffin Meer
1928–1929	»CARNEGIE«	USA	Pazifik
1932	»CHALLANGER« II	GB	Atlantik und Pazifik
1933–1938	»ATLANTIS«	USA	Nordatlantik und Golf von Mexiko
1938	»ALTAIR«	D	Nordatlantik

Nach dem zweiten Weltkrieg nahm die Meeresforschung neue Dimensionen an; das Forschungsschiff wurde zu einem hochausgerüsteten Spezialschiff für das jeweilige Forschungsgebiet mit veränderter Beteiligung der verschiedenen Staaten.

Die derzeit in der Welt fahrenden, etwa 1000 modernen Forschungsschiffe unterscheiden sich hinsichtlich des Einsatzzwecks und der Ausstattung in ozeanografische und hydrologische Forschungsschiffe zur Erforschung und Messung von Meeresströmungen, Wasserschichtungen, -zirkulationen, Austauschverhältnissen, Drücke, Temperaturen, Salzgehalte und Konzentrationen sowie Seegangsprofile, Profil des Meeresbodens und Meeresuntergrunds sowie von Bodenablagerungen. Es gibt weiterhin geophysikalische Forschungsschiffe zur Vermessung des Erdmagnetfelds und zur Erforschung von Anomalien mit unmagnetischen Schiffen. Die meeresbiologischen Forschungsschiffe dienen zur Erforschung der speziellen Entwicklungsbedingungen und der Bestände des Planktons, der Meeresalgen sowie der Pflanzen- und Tierwelt des Meeres.

Ichthyologische Forschungsschiffe bzw. Fischereiforschungsschiffe werden zur Erforschung von Fangplätzen, Fangtechnologien und Fanggeräten sowie der Ressourcen und Reproduktionsbedingungen eingesetzt. Meteorologische Forschungsschiffe erforschen die Einflüsse des Meeres auf das Klima und die Wetterentwicklung, unterschieden in fest stationierte »Wetterschiffe« und Wetterstationen.

Vermessungs-Forschungsschiffe, insbesondere Satellitenortungsschiffe, vermessen die Satellitenbahnen, übermitteln Nachrichten und dienen der Beobachtung von erdfernen Objekten. Allgemeine Vermessungs-Forschungsschiffe werden für kartographische Aufgaben in bestimmten Seegebieten mit bemannten und unbemannten Vermessungs-Forschungsbojen zur Informationsgewinnung und -übertragung eingesetzt.

Tiefsee-Forschungsschiffe werden für die Erforschung großer Wasertiefen durch speziell ausgerüstete Überwasser- und tieftauchende Unterwasserfahrzeuge verwendet.

Ein modernes Forschungsschiff verfügt entsprechend dem vorgesehenen Einsatz über spezielle Schiffsanlagen, Schiffsführungs-, Navigations- und Ortungseinrichtungen, Bordrechenstationen, Laboratorien und Geräte zur Wasseruntersuchung, Temperatur-, Salzgehalt- und Strömungsbestimmung u. a. Für die Meeresforschung werden unterstützende *Forschungsbojen* und Meßstationen benutzt.

Zur Tiefseeforschung haben Forschungsschiffe spezielle Tiefseewinden und Kabelwinden mit Trossen und Kabeln bis zu 12 km Länge, um auch in Tiefseegräben Geräte bis zum Meeresboden absenken zu können. Für die Erforschung des Meeresbodens gibt es Probenentnahmegeräte und Bohreinrichtungen. Zur Erforschung der Atmosphäre und der Ionosphäre dienen Radiosonden, Ballons, Raketen u. a. Ausrüstungen.

Bei Einsatz in Eisgebieten haben Forschungsschiffe spezielle Eisverstärkungen und besondere Schiffsformen, Trimm- und Schlingertanks sowie erweiterte Transportmöglichkeiten zur Versorgung von Polarstationen und ein Hubschrauberdeck.

Die letzten Jahrzehnte des 20. Jh. sind neben besonderen Fortschritten in der Eisforschung und der Entwicklung von Forschungsschiffen für die Eisfahrt und Antarktisforschung durch die Aufgaben der Weltraumforschung geprägt. Am 12. April 1961 um 7.07 Uhr MEZ startete Juri Gagarin an Bord des Raumschiffs »Wostok 1« in Baikonur. Auf einer parabolischen Bahn zwischen 181 km und 327 km Erdentfernung umrundete er einmal die Erde und landete nach 108 Min. wohlbehalten in der Nähe von Saratow. Noch im gleichen Jahr startete German Titow mit der »Wostok 2« zu 17 Erdumrundungen. Mit der Weltraumfahrt entstand das Satellitenortungsschiff, um von allen Punkten der Erde die Funkverbindung zu Weltraumkörpern aufrecht zu erhalten. Da die Ozeane und Randmeere etwa 70 % der Erdoberfläche bedecken, kann eine

ständige Funkverbindung zwischen einem Raumflugkörper und der Leitzentrale nur über landfeste und schwimmende Relaisstationen verwirklicht werden.
Die ersten dafür eingesetzten Schiffe, wie die »BOROWITSCHI«, »MORSHOWEZ« und »NEWEL« (Deplacement zwischen 6000 t und 9000 t) wurden auch als »Satellitenbeobachtungsschiffe« bezeichnet und nur zeitlich für diese Aufgaben eingesetzt. Diese Typenbezeichnung erfaßte aber nur einen Teil ihrer Aufgaben, deshalb spricht man heute bereits von »Weltraum-Relaisstationschiffen«, sie stehen über Nachrichtensatelliten ständig mit der Leitzentrale in Kontakt und halten die Funkverbindung auch dann aufrecht, wenn sich Raumkörper zur Leitzentrale im Funkschatten der Erde befinden. Die sowjetische Akademie der Wissenschaften verfügt heute über eine stattliche Flotte von Weltraum-Relaisstationschiffen unterschiedlicher Größe. Flaggschiff der Weltraum-Relaistationschiffe und zugleich größtes Forschungsschiff der Welt ist die 45000 t DW große »KOSMONAUT JURI GAGARIN«, gefolgt von »AKADEMIK SERGEJ KOROLJOW« (21250 t DW) und »KOSMONAUT WLADIMIR KOMAROW« (17850 t DW).
Das Flaggschiff »KOSMONAUT JURI GAGARIN« entstand auf der Baltischen Werft in Leningrad und wurde 1971 in Dienst gestellt. Die technischen Daten des Schiffskörpers entsprechen denen der Tankerserie vom Typ »SOFIA«, die dort seit 1963 gebaut wurden. Die Back wurde verlängert sowie das Brücken- und Maschinenhaus durch 2 Aufbaudecks miteinander verbunden. Auffälligstes Merkmal sind die 4 Parabolreflektoren von 12 m bzw. 25 m Durchmesser und einer Gesamtmasse von etwa 1000 t. Den 212 Wissenschaftlern stehen 86 Laboratorien für die unterschiedlichsten Aufgaben zur Verfügung. Bei einem Einsatzzeitraum von 5···6 Mon. und einer Aktionsweite von 20000 Seemeilen kann das Schiff auf allen Weltmeeren eingesetzt werden. Das Schiff ist über Alles 231,0 m lang und 31,0 m breit. Es hat einen turboelektrischen Antrieb mit einer Leistung von 13975 kW (19000 PS) und fährt damit 18 kn. Auf 11 Decks sind 1250 Arbeits- und Wohnräume, davon 86 Laboratorien untergebracht. Die Besatzungsstärke beträgt 136 Mann Schiffspersonal und 212 Wissenschaftler.

Modell des Frachtdampfers »ROSTOCK«, L_{OA} 102,40 m; Tragf. 2264 t DW; 1260 kW

Blick in den Laderaum eines Stückgutfrachtschiffs

Forschungstauchboot: siehe *Tauchboot*

Frachtdampfer: Frachtschiff mit Dampfmaschinen- oder Dampfturbinenantrieb, siehe *Dampfschiff* und *Frachtschiff*

Frachter, ***Frachtschiff:*** Sammelbezeichnung für alle Schiffstypen der Binnen- und Seeschiffahrt zur Beförderung von allgemeinen und unifizierten Stückgutfrachten, Schüttgütern und Flüssiggütern bei begrenzter Beförderung von Fahrgästen (12 oder weniger Personen). *Stückgut-Frachtschiffe* und *Schüttgutschiffe* sind die Haupttypen der *Trockenfrachtschiffe*. Universelle Stückgut-Frachtschiffe haben i. allg. wegen der für Ballen-, Kisten-, Rollen-, Fässer-, Sack- und Schwerladungen erforderlichen Stellflächen und der Separierbarkeit der Ladung vertikalen Ladungsumschlag. Semicontainer-Frachtschiffe

Moderner Semicontainerfrachter von 7500 t DW für die Mittelmeerfahrt vom VEB Schiffswerft Neptun, Rostock

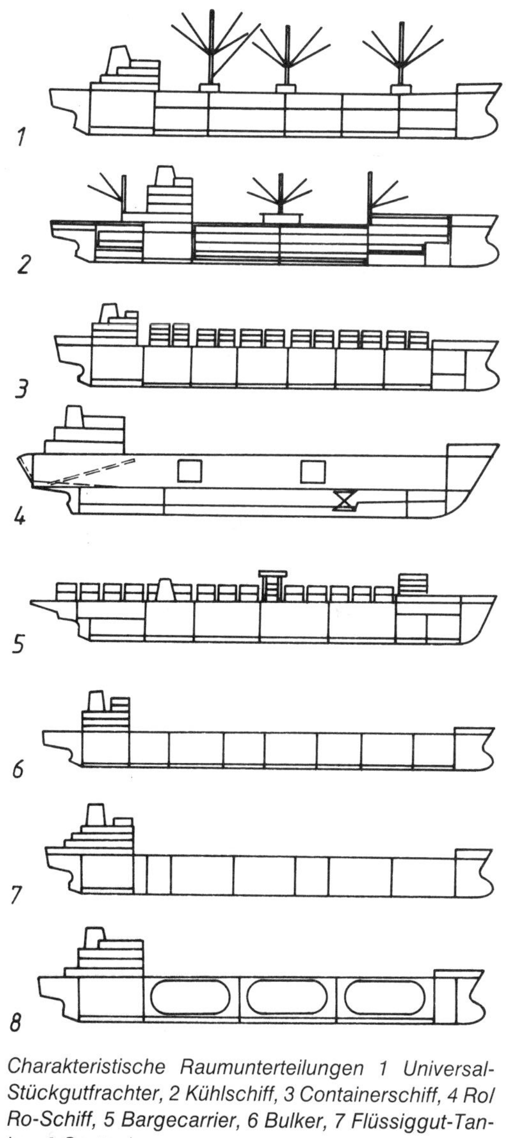

Charakteristische Raumunterteilungen 1 Universal-Stückgutfrachter, 2 Kühlschiff, 3 Containerschiff, 4 Ro/Ro-Schiff, 5 Bargecarrier, 6 Bulker, 7 Flüssiggut-Tanker, 8 Gastanker

sind Stückgut-Frachtschiffe, die zumindest teilweise für den Containertransport geeignet sind.
Mehrzweck-Frachtschiffe gibt es in verschiedenen Kombinationen, wobei kombinierte Stückgut- bzw. Container-/Schüttgut-Frachtschiffe überwiegen.
Ro/Ro-Schiffe sind Ein- oder Mehrdeck-Stückgut-Frachtschiffe für die horizontale rollende Be- und Entladung.Bei *Lo/Ro-Frachtschiffen* geschieht die Be- und Entladung teilweise im vertikalen bzw. rollenden Umschlag. Weiter gehören zu den Stückgut-Frachtschiffen die *Containerschiffe*, *Schwergutschiffe*, *Bargecarrier*, *Polarfrachtschiffe*, *Kühlschiffe* und weitere Spezial-Frachtschiffe. Andere Haupttypen des Frachtschiffs sind *Bulker* und *Tanker*.

Fracht-Fahrgastschiff: kombiniertes Schiff für den Fracht- und Fahrgasttransport. Seit ihren Anfängen beförderten Hochseeschiffe sowohl Personen als auch Handelswaren. Mit der Ausweitung der Güterströme betrachteten die Reedereien die Mitnahme von Fahrgästen zunächst als eine Quelle für Nebeneinnahmen. In den 30er Jahren des 20. Jh. wandelte sich die Situation. So beförderten die großen Passagier-Schnelldampfer auch beträchtliche Ladungsmengen zur Rentabilitätsverbesserung. Hatte ein Schiff Unterbringungsmöglichkeiten für mehr als 12 Passagiere, so galt es als ein Fracht-Fahrgastschiff und unterlag entsprechend höheren Sicherheitsforderungen. Zwölf zusätzliche Fahrgastplätze zu den Besatzungsunterkünften galten daher über einen langen Zeitraum als Standard für den Entwurf von Frachtschiffen.
Bei einer größeren Zahl von Passagieren sprach man von kombinierten Fracht-Fahrgastschiffen. Sie waren vor allem an den längeren und höheren Mittschiffsaufbauten oder Mittschiffsdeckshäusern zu erkennen, die der Unterbringung der Fahrgäste dienten. In ihrer Laderaumkonzeption unterschieden sie sich nicht grundsätzlich von den Stückgutfrachtern.
Auch die ersten, von der kanadischen Allan-Line auf dem Atlantik eingesetzten Turbinenschiffe »*VICTORIAN*« und »VIRGINIAN« waren Fracht-Fahrgastschiffe für 800 t Fracht und 1650 Passagiere. Obwohl der Passagierdampfer zwischen Europa und Amerika dominierte, fand das Fracht-Fahrgastschiff auf Linien mit gemischtem Güter- und Personenverkehr stärkere Verbreitung, wobei die Passagierkapazität von etwa 350 Plätzen um 1908 auf etwa 700 Plätze und mehr um 1925 anstieg. Diese Schiffe bis zu einer Größenordnung von etwa 10 000 t DW wurden als Kombi-Schiffe bezeichnet und waren vor dem zweiten Weltkrieg in größerer Zahl in Fahrt. Sie besaßen neben der Passagierkapazität Laderäume mit dem erforderlichen Ladegeschirr und Schwergutbäumen. Wegen ihrer universellen Einsatzmöglichkeit wurden sie im zweiten Weltkrieg von beiden kriegführenden Seiten als Truppentransporter eingesetzt.
Nach 1945 wurden nur noch wenige Kombi-Schiffe gebaut. Sie konnten mit den schnellen und komfortablen Passagierschiffen nicht mehr konkurrieren. Außerdem verminderte der ständig zunehmende Luftverkehr die Anzahl der an Langsamreisen interessierten Fahrgäste. Kombinierte Schiffe waren im Bau erheblich teurer und erreichten im Gütertransport nicht die Effektivität eines reinen Frachtschiffs. Heute gibt es solche Kombi-Schiffe nur noch als Lehr- und Ausbildungsschiffe.

Die »FRANCE« (1) bei der ersten Ausfahrt nach New York am 20. April 1912

Bugansicht der »FRANCE« (2) vor dem Stapellauf am 11. Mai 1960

Das französische Vierschrauben-Passagierschiff »FRANCE« (2), mit 66 000 BRT; 117 760 kW und über 30 kn eines der größten und schnellsten Passagierschiffe der Welt

Frachtmotorschiff: Frachtschiff mit Dieselmotorenantrieb, siehe *Dieselmotorschiff* und *Frachtschiff*

»FRANCE«: französisches Vierschrauben-Passagierschiff. Das Schiff wurde 1960 auf der Werft Chantiers de l'Atlantique (Penhoet-Loire); St. Nazaire für die Reederei Compagnie Génèrale Transatlantique auf Kiel gelegt, lief am 11. Mai 1960 von Stapel und erreichte auf seiner ersten Fahrt am 8. Februar 1962 New York. Mit mehr als 66 000 BRT (verschiedene Vermessungen 66 348, 66 378, 66 800 BRT) und einer Länge von 315, 47 m gehört die »FRANCE« zur Gruppe der größten Passagierschiffe der Welt. Es wurde für die Beförderung von 2000 Passagieren eingerichtet, 500 in der I. und alle anderen in der Touristenklasse.
Die Antriebsanlage mit 4 Getriebeturbinen von insgesamt 117 760 kW (160 000 PS), 8 Wasserrohrkessel mit 65 atü bei 480 °C, Masse der gesamten Maschinenanlage 8000 t, Tagesverbrauch an Heizöl etwa 650 t, gab dem Schiff 31 kn Dienstgeschwindigkeit bzw. 34 kn Höchstgeschwindigkeit.
Im Juni 1979 wurde die »FRANCE« nach Norwegen an die Kloster's Rederi, Oslo für 18 Mill. Dollar verkauft. Der Verkäufer war zu diesem Zeitpunkt die französische Gesellschaft Technique d'Avant Gard (TAG), eine Schweizer Gesellschaft und ein arabischer Teilhaber. Von Juli 1979 bis Ende April 1980 wurde ein Umbau zum Kreuzfahrtenschiff »NORWAY« auf der Hapag-

Lloyd-Werft GmbH in Bremerhaven durchgeführt. Zwei der 4 Turbinensätze und zwei der 4 Schrauben wurden stillgelegt, so daß sich Antriebsleistung, Geschwindigkeit und Brennstoffverbrauch stark reduzierten. Zusätzlich wurden 3 Bug- und 2 Heckstrahlruder mit insgesamt 7800 kW Leistung eingebaut; Flossenstabilisatoren waren bereits vorhanden. Die Besatzungsstärke von 1160 Personen wurde auf 550 Personen reduziert, die Zahl der Passagierplätze erhöht und Raum für 15 Bars geschaffen. Die Umbaukosten sollen etwa 55 Mill. Mark betragen haben.
Bei der Reederei Compagnie Generale Transatlantique hatte es bereits einen Vierschrauben-Turbinenschnelldampfer »FRANCE« (1) gegeben. Dieses Vorgängerschiff war 1910 für die Route Le Havre – New York in Bau gegeben worden und hatte seine erste Abfahrt nach New York am 20. April 1912.
Mit 23666 BRT, 240 m Länge über Alles bzw. 218 m Lpp, 23,08 m Breite, 4 Dampfturbinen mit insgesamt 34600 kW (47000 PS) und 24,5 kn Probefahrtsgeschwindigkeit gehörte schon die »FRANCE« (1) zu den größten und schnellsten Passagierschiffen der Welt.

Freedom-Typ: vom japanischen Schiffbau in den 1960er Jahren entwickelter und in Großserie von etwa 200 Schiffen gebauter Universal-Frachtschiffstyp als Ersatz für den *Liberty-Typ*.
Das Universal-Motorfrachtschiff hat bei einer Länge über Alles von 141,7 m und 134,1 m zwischen den Loten 19,8 m Breite und 12,3 m Seitenhöhe. Vermessen ist der Schiffstyp mit etwa 10000 BRT. Bei voll ausgenutzter Tragfähigkeit von 14093 t DW beträgt der Tiefgang 8,6 m. Die 4 Laderäume sind je durch ein Zwischendeck unterteilt und haben 18849 m^3 Gesamtvolumen. Zwei Laderäume sind mit einer Länge von mehr als 30 m besonders für lange und sperrige Güter geeignet. Durch schräge Toppseitentanks und Trimmluken im Zwischendeck ist das Schiff auch für den Transport von Schüttgütern geeignet. In der Getreidefahrt werden keine zusätzlichen Kornschotte benötigt. Die Stahl-Lukenabdeckungen auf dem Wetterdeck werden mechanisch geöffnet und geschlossen, und die Zwischendecks haben Glattdeckluken.
Das Einschraubenschiff hat als Antriebsanlage einen mittelschnellaufenden Viertakt-Dieselmotor Fabrikat »Pielstick« von 3330 kW mit Untersetzungsgetriebe und fährt damit 14 kn.

Fregatte: modernes schnelles Kriegsschiff. Für die verschiedenen Konzeptionen existieren spezielle Typvarianten. So sind Raketenfregatten in erster Linie für die U-Bootbekämpfung und Luftabwehr im Geleit vorgesehen. Sie können aber auch als Mehrzweckfregatten der Kampfverbände ausgerüstet sein.
Moderne Fregatten sind zwischen 130 m und 145 m lang, 15···16 m breit und haben ein Deplacement zwischen 3500 bis 4600 t. Sie sind leicht gebaut, jedoch unter Verzicht auf Aluminiumlegierungen. U. a. hat sich im Falkland/Malwinen-Konflikt 1982 erwiesen, daß solche Leichtbaustoffe bei den hohen Temperaturen infolge Treffer und Brände versagen. Als Antriebsanlage dienen Gasturbinen bis zu 21000 kW oder schnellaufende Dieselmotoren für etwa 30 kn Fahrt sowie 2 weitere Antriebe je 3000 kW für die Marschfahrt von 18 kn, mit der etwa 4500 Seemeilen zurückgelegt werden können. Auf Geräuscharmut und Schwingungsdämpfung wird wegen der U-Boot-Suche besonderer Wert gelegt.
In einem Hangar befinden sich 1 oder 2 Hubschrauber für die U-Boot-Abwehr und für die Zielerkennung »hinter dem Horizont«. Die weitere Bewaffnung besteht aus Drillings-Torpedorohrsätzen für Torpedos mit hydroakustischem Zielsuchkopf, Container-Startanlagen für Luftabwehrraketen, Container-Startanlagen für Schiff-Schiff-Raketen mit einem kombinierten Lenksystem für Flugweiten bis 40 km und einer Marschgeschwindigkeit von 1130 km/h sowie aus Geschützen kleineren Kalibers mit Feuergeschwindigkeiten von 120 Schuß je Minute. Die Besatzung besteht aus 150 bis 280 Mann.

Deutscher Schaufelrad-Salonschnelldampfer »FREIA«, Baujahr 1885

Fracht- und Passagierdampfer »FREIBURG«, Baujahr 1923

»FREIA«: deutscher Salon-Schnelldampfer. Der Schaufelrad-Salon-Schnelldampfer wurde 1885 auf der Werft von Blohm & Voss für eigene Rechnung gebaut und befuhr für die Hamburger Reederei Morris & Co. die Bäderlinie Hamburg–Helgoland–Wyk/Föhr.
Der aus Eisen gebaute Schaufelraddampfer war 71,54 m lang, 8,21 m breit und besaß eine Tiefe von 4,04 m. Er war mit 858,46 BRT bzw. 337,40 NRT vermessen und hatte schon eine elektrische Beleuchtungsanlage. Die Besatzung bestand aus 41 Mann.
Die Compound-Dampfmaschine mit einer Leistung von 1178 kW (1600 PS) verlieh dem Schiff eine Geschwindigkeit von 15 kn. 1891 wird die Stettiner Dampfschiff-Gesellschaft I. F. Braeunlich GmbH. als neuer Eigner genannt, die den Dampfer auf der Linie Stettin (Szczecin), Swinemünde, Zinnowitz–Insel Rügen–Insel Bornholm einsetzte. Nach 47jähriger Dienstzeit wurde das Schiff als letzter hochseefähiger deutscher Schaufelraddampfer verschrottet.

»FREIBURG«: Fracht- und Passagierdampfer. Die Werft Blohm & Voss in Hamburg baute 1923 für die Deutsche Australien-Linie, die 5165 BRT große »FREIBURG« für die Fahrt nach Niederländisch-Indien. Die Tragfähigkeit betrug 8120 t DW und das Schiff war für die Beförderung von 24 Passagieren eingerichtet. Die Maschine mit einer Leistung von 2061 kW (2800 PS) verlieh dem Schiff eine Geschwindigkeit von 12 kn.

Freidecker: siehe *Schutzdeckschiff*

Freikolben-Gasturbinen-Motorschiff: siehe *»FRITZ HECKERT«*

»FREYA«: vollgetakelte deutsche Glattdeck-Dampfkorvette. Die Korvette wurde im Zeitraum 1872/76 auf der Kaiserlichen Werft in Danzig fertiggestellt, lief am 29. Dezember 1874 von Stapel und kam am 21. August 1876 in den Flottendienst. Die Baukosten beliefen sich auf 2,137 Mill. Mark.

Das 2406/1997 t große Schiff war im Querspant-Holzkraweelbauweise mit Kupferbeschlag und eisernen Decksbalken gebaut. Es war 85,35/83,60 m lang, 10,80 m breit und besaß einen Tiefgang von 4,60/5,60 m. Die Besatzung betrug 233 Mann. Die Bewaffnung bestand aus 8×15-cm-Geschützen (zeitweise 4×17-cm-Geschütze) an Deck, wozu ab 1882 noch 6 Revolverkanonen hinzukamen.
Angetrieben wurde die »FREYA« durch eine liegende Dreizylinder-Zweifachexpansionsmaschine der Firma Egells, Berlin, mit einer Leistung von maximal 2060 kW (2800 PS). Sie trieb eine Schraube von 5,34 m Durchmesser an, womit die Korvette eine Geschwindigkeit von 15,2 kn erreichte. Das als Vollschiff getakelte Schiff besaß zudem eine Segelfläche von 1582 m^2, der Schornstein war absenkbar. Vier Kofferkessel mit insgesamt 8 Feuern sorgten für den erforderlichen Dampf von 3 atü. Der Kohlevorrat von 264 t ermöglichte eine Fahrtstrecke von 2500 Seemeilen bei 10 kn und 1060 Seemeilen bei 15 kn Geschwindigkeit.
Die Korvette war bis 1884 im Auslandsdienst eingesetzt. Sie wurde am 14. Dezember 1896 aus der Flottenliste gestrichen und für 65160 Mark zum Abbruch nach Kiel verkauft.

Die vollgetakelte Glattdeck-Dampfkorvette »FREYA« (1874)

Frachtschiff Typ »FRIEDEN«

»FRIEDEN«: Typschiff der ersten größeren Motorfrachtschiffsserie des DDR-Schiffbaus. Die »FRIEDEN« wurde als erstes Schiff einer Serie von 15 Einheiten eines neuentwickelten Typenprogramms vom VEB Warnow-Werft in Warnemünde unter der Typbezeichnung »TYP IV« gebaut. Die Serie eröffnete den in der Folgezeit systematisch fortgführten Bau von Trockenfrachtschiffen in der DDR. Zwölf Schiffe dieses Typs wurden im Auftrag der damaligen VEB Deutsche Seerederei Rostock gebaut und vorwiegend im Ostasiendienst eingesetzt.
MS »FRIEDEN« wurde am 13. Oktober 1954 auf Kiel gelegt, lief am 14. Januar 1956 von Stapel und wurde am 23. Juni 1957 in Dienst gestellt. Der Einsatz konnte wahlweise als Volldecker oder als Schutzdecker erfolgen. Die technischen Daten des Volldeckers waren: 9645,89 BRT, Länge über Alles 157,6 m und zwischen den Loten 142,0 m; Breite 20,0 m. Das Schiff hatte eine Seitenhöhe bis zum Oberdeck von 12,8 m und beladen einen Tiefgang von 9,67m. Äußeres Kennzeichen dieses Typs waren seine relativ hohen paarweisen Lademaste, der hinten liegende Maschinenraum mit darüber liegendem hinteren Aufbau und der gesonderte, vorn hinter Laderaum 1 liegende Brückenaufbau. Bei einem Laderaumvolumen von 16327 m^3 in 5 Räumen betrug die Tragfähigkeit 13000 t. Der Schiffskörper war geschweißt mit genietetem Kimm- und Schergang, besaß 2 Zwischendecks, 7 Querschotte und 5 Luken. Die ersten 6 Schiffe dieses Typs waren zusätzlich mit Getreideschotten ausgerüstet. Außerdem waren eine Kühllast (408 m^3) und Süßöltanks (926 m^3) vorhanden. Die Lukenabdeckung auf dem Wetterdeck entsprach dem damaligen Standard-System »Single-Pull«, während die Zwischendeckluken und die Hauptdeckluke 5 noch manuell abzudecken waren.
Das umfangreiche Ladegeschirr bestand aus 10×3,5-t- und 4×5,8-t-Ladebäumen, einen 50-t-Schwergutbaum und 2 Stück 3-t-Krane für die Luken 1 und 5. Die Besatzung bestand aus 57 Mann. Außerdem konnten noch 12 Passagiere befördert werden.
Als Antriebsanlage waren 4 einfachwirkende Viertakt-Dieselmotoren des Typs 8 SV 66 Au mit einer Gesamtleistung von 5296 kW (7165 PS) vom VEB Maschinenbau Halberstadt eingebaut, die jeweils über Induktionskupplungen und Sammel-Untersetzungsgetriebe dem Doppelschraubenschiff eine Geschwindigkeit von maximal 15 kn gaben. Nachdem das Schiff über ein Jahrzehnt sich gut bewährte, wurde es im Zuge einer Flottenmodernisierung am 9. August 1978 verkauft. Das fünfte Schiff der Typ IV-Serie, die MS *»DRESDEN«*, wurde nach seiner Außerdienststellung zum Traditionsschiff und Schiffbaumuseum mit ständigem Liegeplatz in Rostock-Schmarl.

»FRISIA«: deutscher Passagierdampfer, der 1872 bei Caird & Co. in Greenock für die HAPAG gebaut wurde und bei seiner Indienststellung das größte deutsche Dampfschiff war. Das 3256 BRT große Schiff besaß ein Deplacement von 3500 t und war über Alles 110 m und zwischen den Loten 106,5 m lang sowie 12,2 m breit. Es konnte 100 Passagiere der I. Klasse, 140 der II. Klasse sowie 580 Zwischendeckpassagiere befördern. Die Besatzung bestand aus 115 Mann. Das Schiff fuhr noch mit offener Brücke, und das kleine Steuerhaus war ganz achtern direkt über dem Ruderschaft. Die Zweifach-Expansionsmaschine leistete 2700···3200 PS und gab dem Schiff eine Geschwindigkeit von 13 kn. Fünf querschiffs stehende Oval-Kessel mit insgesamt 10 Feuern versorgten die Maschine mit Dampf. Außerdem war noch eine Hilfsbesegelung mit Groß- und Fockmast vorhanden. 1888 wurde das Schiff nach England und ein Jahr später weiter nach Italien verkauft, wo es als »TEMERARIO« fuhr. 1890 wurde es in »ARNO« umbenannt und 1902 in Italien abgewrackt.

»FRITZ HECKERT«: kombiniertes Gasturbinen-Motorfahrgastschiff. Das auf Initiative des Freien Deutschen Gewerkschaftsbundes (FDGB) von der Mathias-Thesen-Werft in Wismar 1960/61 gebaute und nach den revolutionären deutschen Arbeiterführer Fritz Heckert (1884 bis 1936) benannte Urlauberschiff des FDGB wurde am 15. April 1961 in Dienst gestellt. Bei einer Länge über Alles von 141,47 m und zwischen den Loten von 125,00 m; 17,60 m Breite auf Spanten; 5,57 m Tiefgang; 8,30 m Seitenhöhe bis Hauptdeck und 10,70 m bis Oberdeck beträgt die Vermessung 8115 BRT bzw. 3646 NRT.
Eingerichtet wurde das Schiff für 379 Urlauber und 190 Mann Besatzung. Die Antriebsanlage

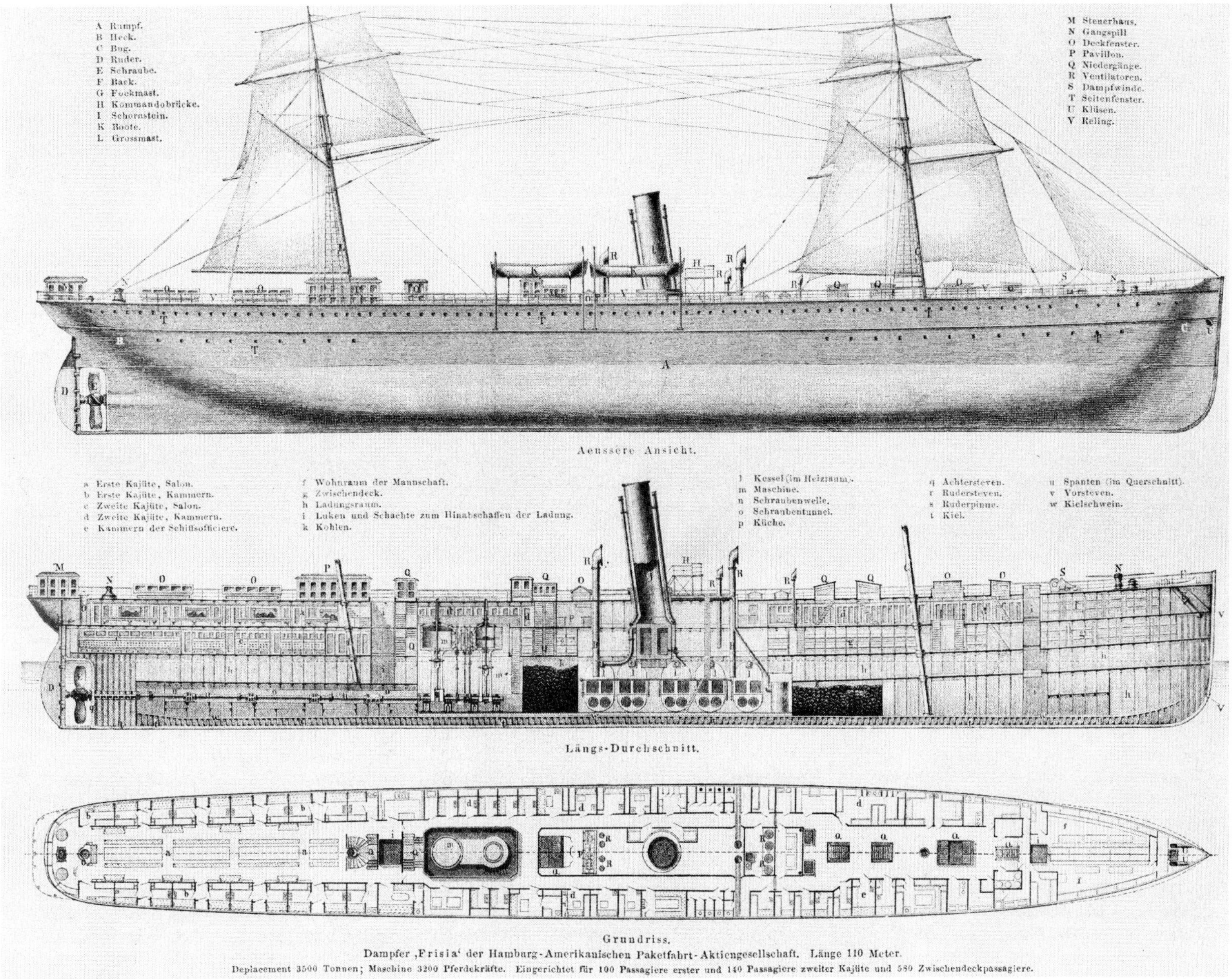

Passagierdampfer »FRISA«, Baujahr 1872; 3256 BRT

dieses Fahrgastschiffs stellte zum Zeitpunkt der Indienststellung eine Besonderheit dar. Um 1960 befanden sich der mittelschnellaufende Tauchkolbenmotor und die Gasturbine in ihrer entscheidenden Entwicklungsphase. Wegen der verminderten Eigenmasse und Schwingungserregung bei solchen Motoren und Turbinen sollte ihre Eignung für Fahrgastschiffe und andere Schiffstypen erprobt werden, für die leichte Antriebe vorteilhaft sind. Das Zweischraubenschiff erhielt deshalb für die Normalfahrtgeschwindigkeit von 14 kn 2 jeweils direkt über eine Elektromagnetkupplung auf die Propeller wirkende Zweitakt-Tauchkolbenmotoren des seinerzeit neuentwickelten Typs 8 NZD 72 mit je 1693 kW (2300 PS) bei 221 U/min. Für eine erhöhte Fahrtgeschwindigkeit bis zu 19 kn konnte über ein Getriebe und eine Strömungskupplung an jeder Bordseite eine Gasturbine von 2083 kW (2830 PS) zugeschaltet werden. Das erforderliche Antriebsgas wurde jedoch nicht, wie sonst bei Gasturbinen üblich, in Brennkammern erzeugt. Zur Erreichung eines besseren Turbinenwirkungsgrads bei Temperaturen unter 500 °C erzeugten insgesamt 6 Freikolbengaserzeuger das Treibgas für die fünfstufigen, mit 3500 U/min laufenden Überdruckturbinen.

Mit dieser Kombination der Gasturbine mit Freikolbengaserzeuger konnte der Wirkungsgrad auf etwa 33 % erhöht werden. In den Folgejahren erreichte der schnellaufende und mittelschnellaufende Dieselmotor in der Wirtschaftlichkeit bedeutende höhere Fortschritte als die Gasturbine und stieg im Wirkungsgrad bis zu 50 %, so daß die Gasturbine nur noch für den Antrieb sehr leichter und schneller Schiffe Bedeutung hat. Die »FRITZ HECKERT« wird seitdem noch als Wohnschiff genutzt.

Gasturbinen-Motorfahrgastschiff »FRITZ HECKERT«

Frosttrawler: *Fischereischiff* für Fang und

Fischfrostung an Bord. Mit dem *Fischdampfer* konnte die Hochseefischerei ausgeweitet werden, aber besondere Probleme bereitete noch die Frischhaltung des Fangs während der längeren Reisen, um den Fisch in guter Qualität anlanden zu können. Die Fangreisedauer und die befischbaren Fanggründe wurden dadurch begrenzt. Anfangs gab es nur die Möglichkeit, den Fisch als Ganzfisch oder geköpft und ausgeweidet durch mitgeführtes Brucheis für kurze Zeit frisch zu halten. Man suchte deshalb schon früh nach Verfahren, um den Fisch länger kühl zu halten oder ihn einzeln bzw. in Blöcken einzufrosten. In Deutschland lief dann 1929 der erste Gefriertrawler »VOLKSWOHL« von Stapel, ausgerüstet mit Anlagen zur Kältekonservierung. Der bei »Deutsche Werke« in Kiel gebaute 493 BRT große Trawler war 48,9 m lang, 8,8 m breit und erreichte mit einem 442-kW-(600 PS)-Dieselmotor eine Geschwindigkeit von 10 kn. Schwierigkeiten mit dem Kühlverfahren führten jedoch zur Einstellung des mit staatlichen Mitteln geförderten Experiments. Die »VOLKSWOHL« wurde deshalb im Mai 1938 zum ersten deutschen Fischmehlschiff umgebaut und unter dem neuen Namen »KEHDINGEN« auf Fang geschickt. Es verarbeitete allen Beifang zu Fischmehl und am Ende der Fangreise wurden die letzten Fänge als Frischfisch geladen. Die »KEHDINGEN« ging im zweiten Weltkrieg im Oktober 1944 als Wetterschiff der Kriegsmarine im hohen Norden verloren. Die Verarbeitung des Fangs zu Frostware verlagerte sich in der Folgezeit auf größere Schiffe der Fernfischerei. Eine der ersten größeren Gefrierschiffe war der 1941 umgebaute Frachtdampfer »HAMBURG« (5532 BRT, 8810 t DW), der auf See die Fänge von Trawlern übernahm und zu Tiefkühlfilet verarbeitete. Das Schiff ging jedoch schon im März 1941 durch Kriegseinwirkungen bei den Lofoten verloren.

Die Typen des mittelgroßen und kleinen Frosttrawlers entstanden erst nach 1950. Die als Seiten- oder Heckfänger gebauten Schiffe wurden sowohl für nahe gelegene Fangplätze wie auch für mehrwöchige Fangreisen zu entfernten Saisonfanggründen projektiert. Leistungsstarke Kälte- und Frosteranlagen ermöglichten die Frostung des gesamten Eigenfangs und i. allg. auch noch zusätzliche Frischfischübernahme von anderen Fangschiffen.

Eine neue Generation des Frosttrawlers stellte der vom VEB Elbewerft Boizenburg entwickelte Typ »NORDSEE« dar, von dem 15 Schiffe von 1966 bis 1968 für das Fischkombinat Saßnitz gebaut wurden. Dieser Frosttrawler wurde als Heckfänger speziell für den ganzjährigen Eigenfang von Hering und heringsartigen Fischen auf mittelweit entfernten Fangplätzen sowie mit Zusatzeinrichtungen für die Ringwadenfischerei von Schwarmfischen entworfen. Der 48,96 m über Alles und 44,30 m zwischen den Loten lange Frosttrawler erhielt eine Breite von 10,0 m bei 5,50 m Seitenhöhe und 3,90 m Tiefgang. Das Deplacement beträgt 1150 t, die Vermessung 644 BRT bzw. 260 NRT und der Kühlladeraum hat eine Größe von 540 m^3. Das Schiff ist für 35 Tage Einsatzdauer ausgerüstet. Der Hauptmotor Typ SKL 8NVD48 Au mit 736 kW Leistung bei 375 U/min ist im Hinterschiff angeordnet und gibt dem Schiff über einen Verstellpropeller bei Freifahrt 12 kn und bei Schleppfahrt 4,5 kn Geschwindigkeit. Durch ein 23 m langes Fangdeck und eine fernbediente 4-Trommel-Netzwinde von 80 kN (8 Mp) Trossenzug bei 100 U/min Trossengeschwindigkeit ist die Netzarbeit rationalisiert und wird das Schleppnetz in nur 2 Hieven an Deck gebracht. Auch die weiteren Prozesse wurden bereits teilautomatisiert, so daß nur insgesamt 23 Mann Besatzung erforderlich sind.

Frosttrawler »SKAGERRAK« vom Typ »NORDSEE« geht auf Fangfahrt

Der Fisch gelangt in zwei je 15 m^3 Auffangbunker, wird dort vorgekühlt und mit Airliftpumpen über Sortierbänder werden 3 Vertikalplattenfroster zu je 7 t/d automatisch beschickt.

Nach dem Frosten durchlaufen die auf -22 °C Kerntemperatur gefrosteten $400 \times 800 \times 80$-mm-Pakete einen Glasierautomaten und eine Verpackungsmaschine und werden über Förderbänder in den Laderaum von -28 °C transportiert und dort durch Stauwagen gestapelt.

Fruchtsafttankschiff: Spezialtankschiff. Die 1985 in Norwegen gebaute »ORANGE BLOSSOM« ist das erste Tankschiff der Welthandelsflotte, das ausschließlich für den Transport von Fruchtsaft gebaut wurde. Das 145 m lange und 21,5 m breite Schiff transportiert in 6 Spezialtanks 12000 t Fruchtsaftkonzentrat. Eine derartige Ladung hatte zum Zeitpunkt der Indienststellung des Schiffs einen Wert um 25 Mill. US-Dollar. Um die Qualität der wertvollen Ladung zu erhalten, wird der Fruchtsaft ständig auf -12 °C gekühlt und mit Stickstoff begast. Das Laden und Löschen erfordert jeweils nur 22 Std.

Fruchtschiff: siehe *Kühlschiff*

»FRUNDSBERG«: österreich-ungarische Korvette. Die ungedeckte Korvette lief 1872 als Kompositbau mit einem Deplacement von 1340 t von Stapel. Nach dem Typschiff »ZRINYI« war es ein verhältnismäßig kleines Schiff von 59 m Länge bei einem Tiefgang von 5 m. Die Maschine leistete 230 nominelle PS (170 kW) und gab dem

Österreichisch-ungarische Korvette »FRUNDSBERG«, Baujahr 1872

Schiff eine Geschwindigkeit von 11 kn. Die Bewaffnung bestand aus 4 gußeisernen 24-Pfündern.

»FULLAGAR«: erstes geschweißtes seegehendes britisches Versuchs-Frachtschiff ohne Nietverbindungen am Schiffskörper. Die bereits 1917 im Bau begonnene 420 BRT große »FULLAGAR« lief erst 1920 auf der Werft Cammellaird & Co. in Birkenhead (England) von Stapel. Die »FULLAGAR« war über Alles 50,00 m und in der Konstruktionswasserlinie 45,70 m lang, 7,22 m breit und besaß eine Seitenhöhe von 3,88 m. Sie gilt als das erste vollständig geschweißte seegehende Schiff und verkehrte zwischen Liverpool und Belfast. Zum Bau wurden die Außenhautplatten jedoch noch in der bislang üblichen Form gejoggelt und anstelle der Nietung elektrisch verschweißt. Diese Neuerung war der allgemeinen Entwicklung im kommerziellen Schiffbau weit voraus. Erst mehrere Jahrzehnte später wurden Fracht- und Fischereischiffe vollständig geschweißt. Bei Eisbrechern konnte erst 38 Jahre später die elektrische Schweißung voll angewendet werden. Auf der AG »Weser« entstand zu dieser Zeit mit dem Eisbrecher »GENERAL SAN MARTIN« (5900 kW) der erste vollgeschweißte Eisbrecher der Welt für antarktische Gewässer.

Die »FULLAGAR«, das erste vollgeschweißte seegehende Schiff im Bau

FVS: Abkürzung für *Fang- und Verarbeitungsschiff.*

G

Vierzylinder-Schiffsgasmaschine mit Gasgenerator um 1910

Gasgenerator-Schlepper: durch Gasmotor angetriebener *Schlepper*, auf dem das Gas in Gasgeneratoren selbst erzeugt wird. Zum Ende des 19. Jh. suchte man mit Gasmotoren nach einer Möglichkeit der direkten Verbrennung von brennbaren Gasen im Motorbrennraum. Der Franzose Emil Capitaine und der Deutsche Nikolaus August OTTO, der Schöpfer des Verbrennungsmotors, gehören zu den ersten, die sich um den Einsatz von Gasmaschinen auf Binnenschiffen bemühten. In der französischen Flußschiffahrt begann man zunächst Gasmotoren zu betreiben, die aus mitgeführten Preßgasflaschen gespeist wurden. Wegen des häufigen Nachfüllens an stationären Füllstationen gewannen sie aber keine größere Bedeutung.
Es folgten weitere Versuche, bei denen Gasmotoren und Gasgeneratoren zur Gaserzeugung in Frachtkähne eingesetzt wurden. Die Schraube konnte über Riemenscheiben oder Kegelräder angetrieben werden. Im Sommer 1902 baute die Gasmotorenfabrik »Deutz« ihre erste 11,8 kW-(16-PS-)Generator-Gasmaschine in den Frachtkahn »HALDY I« der Firma Gebrüder Haldy; Saarbrücken ein. Dieser Antrieb bewährte sich bereits sehr gut. 1908 verkehrte ein anderes mit einem Gasmotor angetriebenes 500-t-Lastschiff »HOFFNUNG LENGFURT« bereits regelmäßig zwischen Karlstadt a. M. und Rotterdam. Es folgte der 368 kW-(500 PS-)Sauggas-Schlepper »JOH. KNIPSCHEER« NO.2«, der 1909 vom Dampfschlepper zum Gas-Schlepper umgebaut wurde.
Während der Probefahrt zog der Gasgenerator-Schlepper 2 Kähne mit 1600 t Last gegen den Strom mit 5 km/h Geschwindigkeit. In der Zeit nach dem ersten Weltkrieg war es aus wirtschaftlichen Gründen in Deutschland notwendig, heimische Brennstoffe wie Kohle und Koks mit hohem Wirkungsgrad in der Binnenschiffahrt zu verwenden. So wurde 1924 auf der Meidericher Schiffswerft in Duisburg eine neue Serie Gasgenerator-Schlepper entwickelt, von denen der erste, die »HARPEN I«, 1925 den Dienst aufnahm. Im Jahr 1938 gab es auf dem Rhein noch 12 Gasgenerator-Schlepper mit insgesamt 3532,8 kW (4800 PSe) Maschinenleistung.
Die Gasmaschine war nicht nur leichter als eine Dampfmaschine gleicher Leistung, sondern sie benötigte auch nur noch die Hälfte der Brennstoffmenge. Als Motor mit innerer Verbrennung benötigte sie keine hohen Schornsteine sondern nur ein Auspuffrohr, und es gab kaum noch Belästigung durch Qualm und Rauch. Auch der erforderliche Raum für den Gasgenerator war kleiner als der Raum für eine Kesselanlage gleicher Leistung, das bedeutete noch einen Gewinn an Laderaumvolumen.
Im Gasgenerator wurde ein Gemisch aus Luft und Wasserdampf durch eine glühende Schicht aus Koks, Kohle oder Braunkohle geleitet. Die durch die Verbrennung des Sauerstoffs der Luft erzeugte Kohlensäure wurde zu Kohlenoxyd reduziert und aus einem Teil des Wasserdampfs entstand Wasserstoff. So konnte ein fast teerfreies Gas erzeugt, in einem Zentrifugalwäscher gereinigt und über einen Wasserabscheider in einem Gaskessel gespeichert werden, aus dem es dann vom Gasmotor abgesaugt wurde.
Die Leistungsgrenze der Gasmaschinen lag bei etwa 736 kW (1000 PS) und reichte nur für den Antrieb von kleineren Schiffen. Man versuchte daher, Anthrazitkohle zu verwenden und die

Methan-Tanker »JULES VERNE«, Längsschnitt

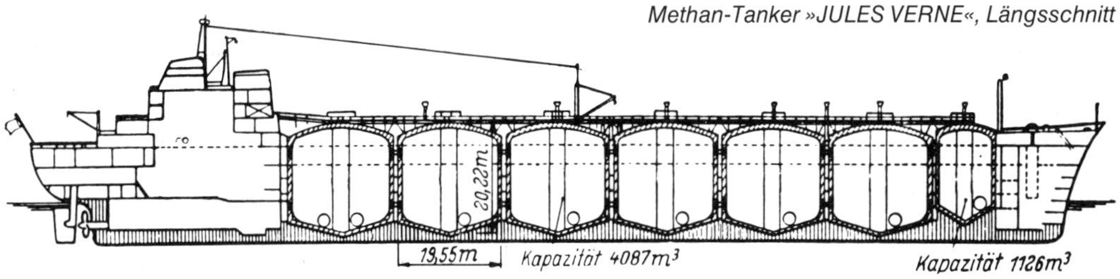

Dicke der Kohlenschicht zu erhöhen. Dennoch mußte der Gasgenerator auf 3 m Durchmesser und 4,5 m Höhe vergrößert werden, und die Masse der Anlage stieg auf 40 t an. Der Gasgenerator mußte häufig von Rückständen gereinigt werden. Wurde gestoppt, so sank die Temperatur im Generator ab, und der Motor konnte nicht sofort die volle Leistung bringen. Schließlich zeigten sich der Dampfschlepper und der Motor-Schlepper doch dem Gasgenerator-Schlepper überlegen.

Gastanker: *Tanker* für den Transport verflüssigter Gase. Als erstem gelang es 1877 dem Franzosen Cailletet, Methan durch Verdichtung, Kühlung und Entspannung zu verflüssigen. 1917 wurde erstmals Erdgas, dessen Hauptanteil aus Methan besteht, in ökonomisch verwertbaren Mengen verflüssigt und kurz darauf im US-Staat West Virginia die erste kommerzielle Erdgas-Verflüssigungsanlage der »Liquid Fuel Company« in Betrieb genommen. Ab 1940 wurde verflüssigtes Erdgas in verschiedenen Industriebereichen der USA in größeren Umfang genutzt.
Der Wassertransport von verflüssigtem Erdgas, als »Liquefied Natural Gas« (LNG) bezeichnet, begann um 1952; als die »Constock Methan Corporation« (USA) mit einem Leichter LNG von der Golfküste nach Chikago beförderte. Aus wirtschaftlichen Gründen mußte jedoch dieser Transport bald wieder eingestellt werden. 1957 wurde der LNG-Transport erneut in Angriff genommen und bei der »Alabama Dry Dock & Shipbuilding Co.« in Mobile ein Frachtschiff zum ersten LNG-Tanker umgebaut. Die 5180 t große »METHANE PIONIER« erhielt 5 Tanks für insgesamt 5123 m^3 Flüssiggas. Von 1959 bis 1960 transportierte das Schiff auf 7 Reisen zwischen Lake Charles (Lousiana) und Canvey Island (Themsemündung) insgesamt 14299 t LNG. Danach wurde der erste LNG-Tanker nach Panama verkauft und dort eingesetzt.
Als man 1956 in der Sahara große Erdgasvorkommen fand und zu erschließen begann, bekam der Gastanker auch für Europa Bedeutung. Zunächst baute die Werft »Chantiers de l'Atlantique« das regierungseigene *Liberty-Schiff* »BEAUVAIS« für den LNG-Transport um. 1964 folgte der Auftrag einer französischen Reederei an eine Werft in Le Havre zum Neubau eines ersten speziellen LNG-Tankers der Welt, der nur 630 m^3 fassenden »PYTHAGORE«.
Danach nahm der Gastanker eine schnelle Entwicklung. Im Jahr 1965 lief der französische Gastanker »JULES VERNE« zur ersten Fahrt zum algerischen Hafen Arzew aus. Das 200 m lange Schiff konnte 15000 m^3 Flüssiggas in seinen Tanks laden und in einem Jahr mit 53 Fahrten 450000 m^3 Sahara-Erdgas von Arzew nach Le Havre befördern. Am seinerzeit erschlossenen Erdgasvorkommen von Hassi R'Mel wurde das Erdgas durch Verflüssigung (um -170 °C) auf etwa $^1/_{600}$ seines Gasvolumens vermindert und durch isolierte Rohrleitungen zur Tankstation nach Arbas geleitet.
Um die Ausdampfverluste während des Schiffstransports klein zu halten und den Schiffskörper vor den tiefen Temperaturen zu schützen, wird Flüssiggas ohne Überdruck in besonders isolierten Tanks aus tieftemperaturbeständigen Werkstoffen befördert. Große Gastanker für 125000 bis 175000 m^3 Ladefähigkeit haben i. allg. eine entsprechende Anzahl Kugel- oder Zylindertanks von bis zu 40 m Durchmesser bei etwa 700 t Eigenmasse; sie gehören zu den teuersten kommerziellen Schiffstypen. Die auch bei bester Isolierung unvermeidliche Verdampfungsmenge von etwa 0,25 % je Tag wird i. allg. abgefangen und in Kesseln oder Motoren genutzt.
Neben dem LNG-Tanker haben besonders Tanker für Liquefied Petrol Gas (LPG) größere Bedeutung für den Transport der bei der Erdölverarbeitung anfallenden Petroleumgase, siehe *Petrol-Tanker*, weiter *Propan-Tanker* und auch *Ammoniak-Tanker* für die Düngemittelproduktion.

Gasturbinenschiff: verschiedene Versuchs- und Spezialschiffe sowie leichte, schnelle Kriegsschiffe, die durch Gasturbinen angetrieben werden. Ab 1943 begannen in Britannien Versuche, um die ersten Flugzeug-Düsentriebwerke mit Axial-Kompressor als Gaserzeuger für Schiffsgasturbinen zu nutzen. Die Gasenergie wurde mit einer Nutzleistungsturbine in mechanische Arbeit für den Propellerantrieb umgewandelt. Neben anderen technischen Veränderungen mußte für den Schiffsbetrieb Gasöl oder Dieselöl anstelle des teuren Kerosins verwendbar werden. Die Gasaustrittsgeschwindigkeit betrug dabei etwa 100 m/s und die Abgastemperatur aus der Turbine stieg auf 500 °C an. Als erste wurde eine von der Firma Rover Motor Comp. gebaute 147 kW (200 PS) Gasturbine als Antriebsmaschine in ein Hafenboot eingebaut, doch sie erreichte nur 90 Betriebsstunden.
Danach baute die Metropolitan-Vickers die »Gatrix«-Gasturbine, die mit Axial-Kompressor 1840 kW (2500 PS) leistete. Fünfzig Jahre nach der Premiere der Dampfturbine in Parsons *»TURBINIA«* wurde im Jahr 1947 die Gatrix-Gasturbine in das Schnellboot »MGB 2009« der britischen Marine als Antriebsmaschine für die mittlere Schraubenwelle eingebaut und auf See erprobt. Sie erreichte schon 600 Betriebsstunden, und man entschloß sich, eine weitere Gasturbine zu bauen, wobei von einem Beryl-Flugzeugtriebwerk ausgegangen wurde. Die von der gleichen Firma gebaute »Gatrix-G2« erhielt ein Untersetzungsgetriebe und leistete 3312 kW (4500 PS). Es gab eine Reihe von Rückschlägen durch Lagerschäden und Ermüdungserscheinungen an den Turbinenschaufeln. Auch die ebenfalls neuentwickelte Gasturbine RM60« als Leichtbaueinheit der Firma Rolls Royce mit einer Leistung von 3974 kW (5400 PS) und einer Lebensdauer von 1000 Betriebsstunden, zeigte noch die gleichen Mängel. Die Marine wünschte weiterhin leichte und hochleistungsfähige Antriebe für kleine und mittlere Schiffseinheiten, um wegen der weiter erhöhten Ausrüstungsmassen der Schiffe die Antriebsleistung zu steigern. Auch die schnelle Startbereitschaft und das Hochfahren auf volle Leistung machte die Gasturbine für Kriegsschiffe geeignet.
Die weitere Entwicklung verlief in 2 Richtungen. Für Kriegsschiffe wurde die »Leichte Gasturbine« bevorzugt, deren Ursprung in Flugtriebwerken lag und die für Schiffsbedingungen »navalisiert« wurde. Die sog. »Schwere Gasturbine« stellte demgegenüber eine Modifikation der Industrieturbine für kommerzielle Schiffstypen dar.
Für die Belange der Marine gibt es außerdem noch eine spezielle Antriebskombination zur Erreichung von Höchstgeschwindigkeiten sowie für die Marschfahrt im Verband, wofür jeweils Dampfturbinen und/oder Gasturbinen und Dieselmotoren eingesetzt werden. Man unterscheidet: combined steam and gas (COSAG); combined diesel and gas (CODAG) und combined diesel or gas (CODOG).
In der Handelsschiffahrt verlief der Schritt zum Gasturbinenschiff wesentlich zögernder als in der Kriegsmarine, da ökonomische Vor- und Nachteile sorgfältiger abzuwägen sind. Die Nachteile waren vor allem der hohe spezifische Brennstoffverbrauch im Vergleich zum Dieselmotor, die höhere Brennstoffqualität und die erforderliche Rückwärtsstufe wegen der nicht möglichen Umsteuerbarkeit. Da sich der Verstellpropeller noch nicht allgemein durchgesetzt hatte, waren Umkehrgetriebe, Rückwärtsbeschaufelung oder die Drehrichtungsänderung durch Elektro-Fahrmotore erforderlich.
1951 wurde auf dem 1948 gebauten britischen dieselelektrischen 12290-t DW-Shell-Tanker »AURIS« für einen der 4 Dieselmotoren eine 920-kW-(1250-PS-)Gasturbine eingebaut und 1956 die gesamte Maschinenanlage der »AURIS« als 4269-kW-(5800-PS-)Gasturbine ausgeführt. Aus Sicherheitsgründen war noch eine 331-kW-(450-PS-)Dampfturbine vorhanden, die über ein Getriebe auf die Welle geschaltet werden konnte.
Im Oktober 1956 ging das bereits 1942 gebaute »Liberty«-Schiff »JOHN SERGANT« nach einem Umbau als Gasturbinenschiff mit 4637 kW (6300 PS) Turbinenleistung auf die erste Reise.
1964 erhielt das sowjetische Frachtschiff »PARISCHKAJA KOMMUNA« 2 Gasturbinen mit je 3901 kW (5300 PS) Leistung, die über ein Getriebe auf einen Verstellpropeller arbeiteten.
Ende 1967 war die »ADMIRAL WILLIAM M. CALLAGHAN« mit 20 Mill. Dollar Baukosten »The World's largest Jet«. Die beiden Turbinen entstammten einer eigens für den Bordbetrieb abgewandelten Type JT4, wie sie in der »Boeing 707« verwendet wurden, ihre Normalleistung lag bei etwa 15460 kW (21000 PS). Das Schiff erreichte damit die beachtliche Geschwindigkeit von 25 kn, die bis dahin höchste Durchschnittsgeschwindigkeit eines transatlantischen Frachtschiffs.
Bei der 1976 für Neu-Seeland gebauten »SEAWAY PRINCE« handelte es sich um das erste Gasturbinen-Elektroschiff.
Die sowjetische Werft in Nikolajew baute 1979 noch ein Gasturbinen-Lo/Ro-Containerschiff für 1200 TEU, die »KAPITÄN SMIRNOV« für die Baltische Reederei in Leningrad. Bei einer Länge über Alles von 227,3 m und 204,0 m zwischen den Loten, 30 m Breite; 21,0 m Seitenhöhe bis Oberdeck; 9,87 m Tiefgang; 35500 t Deplacement; 20270 t DW; 14345 BRT bzw. 7475 NRT fährt das Schiff 25 kn. Der Antrieb besteht aus 2 Gasturbinen mit Rückwärtsteil vom Typ M25 mit je 18388 kW, Getriebe und Festpropeller.
Zu den größten Schiffen mit Gasturbinen zählt u.a. auch das Fährschiff *»FINNJET«*. Um den Wirkungsgradunterschied zwischen der Gasturbine und dem Dieselmotor zu vermindern, sind möglichst hohe Eintrittstemperaturen und mög-

lichst niedrige Austrittstemperaturen aus den Turbinen nötig. Das führt aber einerseits zu sehr hohen Temperatur- und Korrosionsbelastungen der Turbinenteile.
Es entstand daher noch eine andere Variante des Gasturbinenschiffs, bei der das Treibgas nicht in Brennkammern, sondern in einem motorischen Verbrennungsprozeß in Freikolbengaserzeugern als Verbrennungsgas-Luftgemisch gebildet wird. Der Freikolbengaserzeuger ähnelt im Arbeitsprinzip dem schon 1911 von Junkers vorgeschlagenen und erstmals 1936 auf der Leipziger Messe gezeigten Freikolben-Druckluft-erzeuger. Der Grundaufbau entspricht einem triebwerklosen Zweitakt-Gegenkolbenmotor, dessen beide Arbeitszylinder mit gleichachsigen Kompressorkolben verbunden sind. Es wird ein Verbrennungsgas-Luftgemisch als Treibgas von 450···550 °C und 3···4 atü erzeugt und den Gasturbinen zugeleitet.
In der Welthandelsflotte gab es um 1960 schon 26 bekannte Gasturbinenschiffe mit Freikolbengaserzeugern und einer Gesamtleistung um 44000 kW. Dazu gehörten die 1954 gebauten französischen Frachter »CANTANAC« und »MERIGNAC« mit je 850 t DW und 1325 kW Turbinenleistung.
Der US-Frachter »WILLIAM PATTERSON« (1957; 8970 t DW; 6 Freikolbengaserzeuger zu je 905 kW und 2 Gasturbinen von je 2208 kW); der BRD-Frachter »SAGITTA« mit einer Turbine von 1472 kW und Verstellpropeller; der UdSSR-Frachter »PAWLIN WINOGRADOW« (4 Gaserzeuger und eine Gasturbine mit 2944 kW) sowie das DDR-Fahrgastschiff *»FRITZ HECKERT«* mit 6 Gaserzeugern und 2 Zuschalt-Gasturbinen, siehe dort auch »Freikolben-Gaserzeuger«.
Mit dem überproportionalen Anstieg der Brennstoffkosten und der höheren Wirtschaftlichkeit des Dieselmotors ist das Gasturbinenschiff derzeit nur für ganz spezielle Einsatzfälle geeignet.

»GAUSS«: deutsches Expeditionsschiff mit Dampf-Hilfsantrieb. Auf den internationalen Geographenkongressen 1895 in London und 1899 in Berlin entstanden Pläne zur gleichzeitigen Erkundung der Antarktis durch mehrere Expeditionen. Die wissenschaftlich erfolgreichste von den 5 zwischen 1901 und 1905 durchgeführten Expeditionen war die unter Leitung von E. v. Drygalski stehende erste Deutsche Südpolar Expedition von 1901 bis 1905 mit dem hierzu gebauten Expeditionsschiff »GAUSS«.
Die »GAUSS« wurde 1900/01 als Schonerbark (Marssegelschoner) von der Howaldt Werft in Kiel aus Holz gebaut. Die Länge über Bugspriet betrug 64,80 m, die Länge des Rumpfes 51,15 m und die Länge zwischen den Loten 46,00 m. Die Breite auf Spant war 10,70 m und die Breite auf Außenhaut 11,27 m, so daß die Bordwandstärke 28 cm betrug. Bei einem Konstruktionstiefgang von 4,80 m war das Deplacement 1442 t. Eine Dampfmaschine mit einer Leistung von 238 kW (324 PS), die von 2 Flammrohrkesseln mit Dampf versorgt wurde, sowie ein zweiflügeliger Propeller sorgten bei Flauten für den Vortrieb.
Auf die Konstruktion des Schiffes hatten die von NANSEN mit der *»FRAM«* gemachten Erfahrungen maßgeblichen Einfluß. Auch der weiße Anstrich wurde für die Südpolarexpedition durch

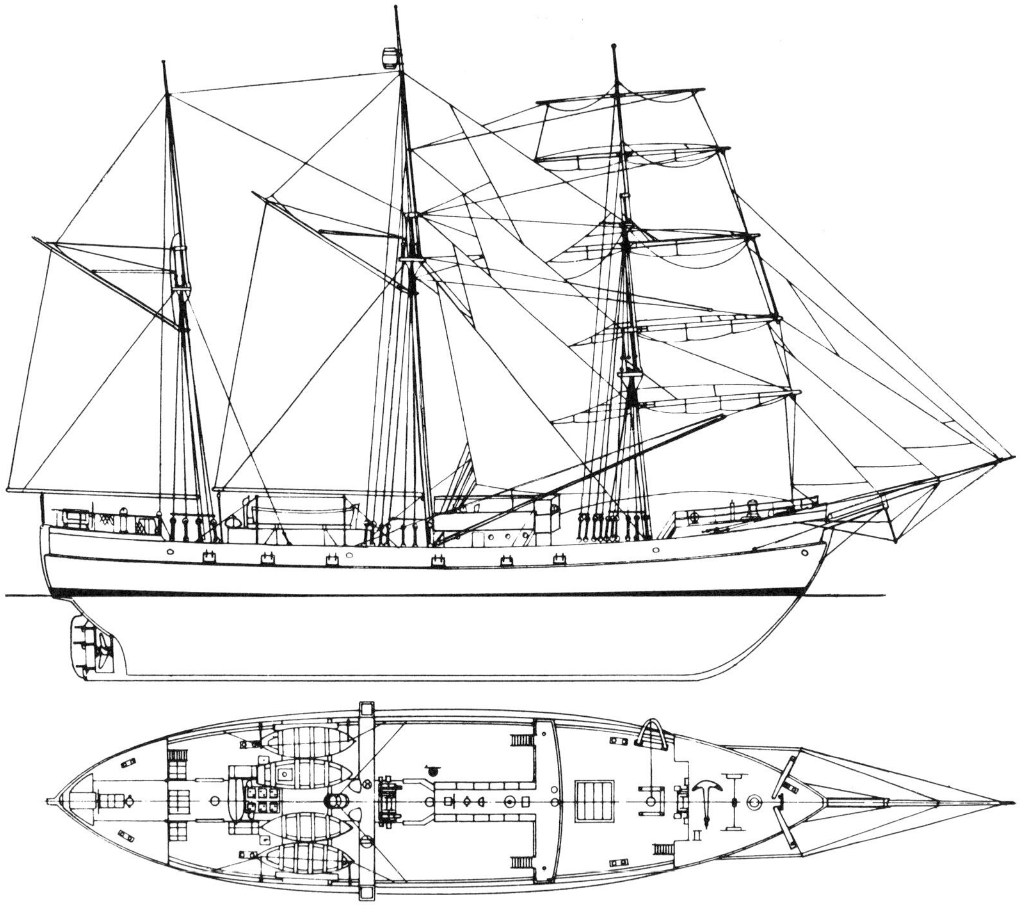

Deutsches Expeditionsschiff »GAUSS«, Baujahr 1901

einen schwarzen, weniger reflektierenden Anstrich ersetzt. Die Schonerbark widerstand ohne größere Beanstandungen allen Beanspruchungen durch Eis und Kälte. Die Expedition begann am 11. August 1901 in Kiel und führte über Kapstadt zu den Kerguelen. Hier wurde zwischen dem 2. und 31. Januar 1902 eine Station für magnetische und meteorologische Messungen errichtet und danach die Fahrt nach Südosten in Richtung auf das vermutete Terminationsland fortgesetzt. Vom 22. Februar 1902 bis zum 29. Februar 1903 war das Schiff vom Eis eingeschlossen. Diese Zeit wurde für ein breit angelegtes Forschungsprogramm genutzt. Bei Fahrten mit dem Hundeschlitten wurde u. a. der Gaussberg entdeckt und erkundet. Nachdem das Schiff nicht weiter nach Süden vordringen konnte, kehrte v. Drygalski am 1. Juni 1903 nach Südafrika zurück, um für eine erneute Expedition zu rüsten. In Deutschland war inzwischen schon ein Schiff für eine Suchexpedition beschafft worden. Die »GAUSS« wurde nach Kiel zurückbeordert, wo sie im November 1903 eintraf. Die Expedition hatte die bis dahin umfangreichsten wissenschaftlichen Ergebnisse einer Polarexpedition erzielt, die nach mehrjähriger Auswertung in 20 Großbänden und 2 Atlanten auswertbar waren.
Das Ausbleiben spektakulärer geographischer Entdeckungen hatte in dem damaligen, um seine Weltgeltung bemühten kaiserlichen Deutschland das Interesse und die Begeisterung für die Expedition schnell versiegen lassen. Die wissenschaftlichen Ergebnisse waren dabei von zweitrangiger Bedeutung, die »GAUSS« wurde Anfang 1904 nach Kanada verkauft, wo sie den Namen »ARCTIS« erhielt.

»GAZELLE«: Schraubenfregatte mit Holzrumpf. Die Schraubenfregatten »GAZELLE« und »ARCONA« wurden im Zeitraum 1855 bis 1861 auf der Königlichen Werft in Danzig in Querspant-Eichenholz-Kraweelbauweise mit Kupferbeschlag gebaut und kosteten je 588900 Taler. Sie waren als Vollschiff mit 2200 m^2 Segelfläche getakelt, über Alles 71,95 m und zwischen den Loten 63,55 m lang, 13 m breit und hatten einen Tiefgang von 5,55 m bis 6,35 m bei 7,48 m Seitenhöhe. Die Besatzung war 380 Mann stark.
Die Bewaffnung bestand bis 1870 aus 6×68-Pfünder und 20×36-Pfünder, danach 17 und zuletzt 8×15-cm-Revolverkanonen. Eine liegende Zweizylinder-Einfachexpansionsmaschine von 972 kW (1320 PSi) und eine heißbare Schraube von 4,8 m Durchmesser trieben das Schiff an. Den Dampf lieferten 4 Kofferkessel mit 16 Feuer bei einem Dampfdruck von 1,33 atü. Der Kohlevorrat betrug 176···220 t. Bei einer Geschwindigkeit von 11 kn konnten 1150 Seemeilen gefahren werden. Die »GAZELLE« kam am 22. April 1861 in den Flottendienst und wurde meistens im Auslandsdienst eingesetzt. Nach der Streichung aus der Flottenliste 1884 diente sie als Wohnschiff in Wilhelmshaven und wurde erst 1906 für 36000 Mark verkauft und abgebrochen.

Gedeckte Schraubenkorvette: kleines bis mittelgroßes Kriegsschiff bis zu 80 m Länge mit Besegelung und Schraubenantrieb um 1870/80, dessen Kanonen (etwa 16) auf einem Kanonendeck unterhalb des Oberdecks, also »gedeckt« aufgestellt wurden.
Eine typische Schraubenkorvette war zu dieser Zeit i. allg. noch aus Holz gebaut, war im Kiel etwa

66 m und über Alles 77 m lang, 12,8 m breit und hatte etwa 12,8 m Seitenhöhe. Der Tiefgang lag zwischen 5,5 und 5,8 m. Die auf dem Kanonendeck unter dem Oberdeck stehenden 16 Kanonen feuerten durch verschließbare Geschützpforten. Zwei querstehende Kessel mit 8 Feuern und einem darüberstehenden gemeinsamen hohen Schornstein erzeugten den Dampf für die liegende Dreizylinder-Dampfmaschine. Wegen der mittschiffs liegenden Wellenleitung, die einen zweiflügligen Propeller antrieb, wurden Groß- und Kreuzmast mit ihren Mastspuren auf dem zweiten Zwischendeck abgestützt, der Fockmast stand weiterhin auf dem Kielschwein.

»G 137«: großes deutsches Serien-Hochseetorpedoboot, dessen Prototyp auf der Germaniawerft in Kiel unter dem Typzeichen G (für Germaniawerft) 1906/07 gebaut wurde. Der Stapellauf des ersten Typs war am 24. Januar 1907 und die Indienststellung am 24. Juli des gleichen Jahres. Die Baukosten betrugen 1,760 Mill. Mark.
Das Schiff wurde durch Parsons-Turbinen mit insgesamt 7950 kW (10 800 WPS) über 3 Propeller mit 1,6 m Durchmesser angetrieben und erreichte eine Geschwindigkeit von maximal 33,9 kn. Den Dampf erzeugten 4 Marinekessel (17 atü, 1735 m^2Heizfläche). Der Schiffskörper war in Querspantbauweise aus Stahl ausgeführt, die Außenhautplatten waren unterhalb der Konstruktionswasserlinie verzinkt. Bemerkenswert ist ferner, daß das Torpedoboot außer dem Heckruder mit einem allerdings flächenmäßig kleinerem Bugruder versehen war. Die Bewaffnung bestand aus 3 Deckstorpedorohren, 1 Stück 8,8-cm- und 3 Stück 5,2-cm-Schnellfeuerkanonen. Zur Besatzung gehörten 3 Offiziere sowie 78 Unteroffiziere und Mannschaften. Die Hauptparameter der »G 137« waren: L_{OA} 71,5 m; L_{pp} 68,5 m; B 7,65 m; T_{max} 3,22m. 1914 erfolgte der Einsatz als Schulboot, und danach, am 27. September 1916, wurde es im Zusammenhang mit dem Flotteneinsatz in »T 137« umbenannt.

»GEFION«: Kleiner Kreuzer der Kaiserlichen Marine, Amtsentwurf noch als Kreuzerkorvette bzw. Kreuzer III. Klasse. Die 1893 auf der Schichau-Werft in Danzig gebaute »GEFION« lief am 31. Mai 1893 von Stapel und wurde am 27. Juni 1894 in Dienst gestellt. Die Baukosten beliefen sich auf 5,171 Mill. Reichsmark. Der 3746 t große Kreuzer war ein Stahlbau mit Stevenunterteilen aus Bronze. Der Rumpf war bis 1 m über der Konstruktionswasserlinie mit zusätzlichen Holzplanken geschützt, die einen Muntzmetallbeschlag trugen. Der Deckspanzer war 3 cm stark. Der Kreuzer war 109,2 m lang, 13,20 m breit und hatte 6,27 m Tiefgang. Zur Besatzung zählten 302 Mann.
Ebenso wie bei den folgenden Baureihen Kleiner Kreuzer bestand die Bewaffnung hauptsächlich aus 10,5-cm-Schnellfeuergeschützen in seitlicher Aufstellung, eine Ausnahme machte nur die 1895 gebaute »HELA« als Prototyp einer veränderten Geschützaufstellung. Die »GEFION« besaß 10×10,5-cm- und 6×5,0-cm-Schnellfeuerkanonen sowie 2 Deckstorpedorohre Kaliber 45 cm.
Zwei stehende Dreizylinder-Dreifach-Expansionsmaschinen mit einer Leistung von 6624 kW (9000 PSi) arbeiteten auf 2 Schrauben von 4,2 m Durchmesser und verliehen dem Kreuzer eine Geschwindigkeit von max. 19,3 kn. Sechs Doppelkessel mit 32 Feuern erzeugten den erforderlichen Dampf. Der Kohlevorrat von 860 t erlaubte bei 10 kn Geschwindigkeit eine Dampfstrecke von 6500 Seemeilen.
Von 1897 bis 1901 war der Kreuzer im Auslandsdienst eingesetzt, ab 1916 diente er als Wohnschiff in Danzig und wurde am 5. November 1919 wegen Verkaufs an die Norddeutsche Tiefbau Gesellschaft Berlin aus der Flottenliste gestrichen. Diese ließ den Kreuzer 1920 in Danzig zu einem Motorschiff umbauen. Dabei wurden 2 seinerzeit für »U 116« bestimmte MAN-Dieselmotoren, die noch nach Kriegsende auf der Schichau-Werft lagerten, von je 1200 Pse verwendet. Als MS »ADOLF SOMMERFELD« kam das Schiff in Fahrt, wurde jedoch bereits 1923 in Danzig abgebrochen.

Großes deutsches Torpedoboot »G 137« um 1907

S. M. Kreuzerkorvette »GEFION«, Baujahr 1893/94

Gefrierschiff: *Fischereischiff* zur Übernahme von Frischfisch zum Gefrieren und zum Abtransport von den Fangplätzen, siehe auch *Kühlschiff*. Das eine Flotte kleinerer Fangfahrzeuge ohne eigene Gefrieranlagen auf nahegelegenen oder mittelweit entfernten Fangplätzen begleitende Gefrierschiff übernimmt die Fänge, um sie nach dem Sortieren und Waschen als Ganzfisch einzufrieren. Kleinere Gefrierschiffe können 100 t Fisch gefrieren und die größten haben Kühlräume, die bis zu 600 t Gefrierfisch aufnehmen können. I. allg. werden jedoch für weiter entfernte Fangplätze größere Transport- und Verarbeitungsschiffe eingesezt, die durch eine Teilverarbeitung des Beifangs und der Innereien eine günstigere Ausnutzung der Gefrieranlagen und der Ladefähigkeit erreichen, siehe auch *»JUNGE WELT«*.

Gefriertrawler: siehe *Fischereischiff* und *Frosttrawler*

Geleit-Flugzeugträger: kleiner *Flugzeugträger,* der im zweiten Weltkrieg in den USA für die britische und amerikanische Marine in größerer Stückzahl zum Schutz von Geleitzügen im Atlantik und Pazifik gebaut wurden. Ihr Einsatz ab April 1943 im Nordatlantik hat entscheidenden Anteil an der Vernichtung der deutschen U-Boot-Flottillen.

Geleit-Schutzschiff: schnellfahrende Kriegsschiffe und kleinere Flugzeugträger zum Schutz von Geleitzügen gegen feindliche U-Boote, Überwasserkriegsschiffe und Flugzeuge. Die Geleitzüge wurden daher hauptsächlich durch *Geleit-Zerstörer* (Escort Destroyer), Geleit-Fregatten, Hochsee-Torpedoboote und *Geleit-Flugzeugträger* gesichert.
In den verschiedenen Marinen ist die Bezeichnung der Geleit-Fregatte nicht einheitlich. In den USA und Britannien wird sie »Fregatte«, in Frankreich »Geleiter«, in der BRD »Geleitboot«, in der UdSSR »Wachtschiff« und in Dänemark »Patrouillen-Zerstörer« genannt.
Die Geleitzüge des zweiten Weltkriegs wurden von den USA und Kanada in verschiedenen Häfen der Ostküste zur Fahrt über den Nordatlantik nach Großbritannien, Island und Murmansk zusammengestellt. In mehreren Kiellinien nebeneinander fuhren dann etwa 15 bis über 50 Schiffe im Geleitzug, dem meistens ein *Kreuzer*, Flakkreuzer oder *Hilfskreuzer* voranfuhr, auf dem die

Kleiner Geleit-Flugzeugträger im zweiten Weltkrieg

Flagge des Geleitzugskommodore wehte. Hinter diesem Kreuzer fuhren als nächstes die wichtigsten und wertvollsten Schiffe, wie große Truppentransporter, Munitionstransporter und Tanker. Britische und US-Schiffe fuhren in der Mitte des Geleitzugs, neutrale Schiffe und solche mit weniger wertvoller Ladung bekamen die gefährlicheren Außenpositionen des im Geleitzug fahrenden Konvois zugewiesen.
In Gefahrengebieten wurden zum Schutz gegen U-Bootangriffe nach Weisung des Geleitzugkommodore Zickzackkurse ebenso von den Transportschiffen und den außen fahrenden Geleit-Schutzschiffen gefahren. Schnelle Schutzschiffe hatten neben den Zerstörern den Schutz des Geleits mit Wasserbomben gegen U-Boote und durch Flakfeuer gegen Kampfflugzeuge zu übernehmen. Vom Schiffstyp waren u. a. *Korvetten* durch ihre Seetüchtigkeit und Schnelligkeit vor allem zur U-Bootjagd geeignet und konnten auch mitten im Geleitzug verteilt fahren. Unterstützt wurden sie noch durch mitfahrende Fischdampfer, die ebenfalls mit Wasserbomben ausgerüstet waren. Am Schluß des Geleits fuhr der sog. »Feger«, ein Zerstörer, der säumige Dampfer anzutreiben und für Ordnung innerhalb des Konvois zu sorgen hatte. Schwere Überwassereinheiten wie Schlachtschiffe und Flugzeugträger, die häufiger im Murmanskgebiet eingesetzt waren, bildeten meistens eine außerhalb des Geleits laufende Kampfgruppe für sich, die jederzeit eingreifen konnte, wenn das Geleit gefährdet war.
Zusätzlich geleiteten auch große »Sunderland«-Flugboote, die mit Spezialwaffen zur U-Bootbekämpfung ausgerüstet waren, den abgehenden Geleitzug bis weit in den Atlantik hinein. Fesselballons und »Rigids«, kleinere lenkbare Luftschiffe, von den im Geleit fahrenden Transportschiffen aufgelassen, standen zuweilen ebenfalls über den Geleitzügen und sollten den Anflug feindlicher Kampfflugzeuge erschweren. Ab Mitte 1941 wurden auch erste *CAM-Ships* (Catapult Aircraft Merchantman), ein mit Katapult und Bordflugzeug ausgerüstetes Handelsschiff, zur U-Boot- und Flugzeugabwehr eingesetzt. Ab 1942 und in großer Zahl ab 1943 kamen dann spezielle *Geleit-Flugzeugträger* zum Einsatz. Näher zur Küste klärten Aufklärer über und um den Geleitzug auf, Jäger und Kampfflugzeuge aller Typen sicherten den einkommenden Konvoi.

Geleit-Zerstörer: für den Geleitschutz von Transportschiffen im zweiten Weltkrieg speziell entwickelter *Zerstörer*, siehe auch *Geleitschutzschiff*. Hinsichtlich der Fahrtgeschwindigkeit ist ein Geleit-Zerstörer der gemäßigten Geleitzuggeschwindigkeit angepaßt, muß aber zur U-Bootsabwehr kurzzeitig bedeutend höhere Geschwindigkeiten entwickeln können. Mit hoher Fahrtgeschwindigkeit mußte er das Seegebiet um den Geleitzug nach sich annähernden oder auf Lauer liegenden feindlichen U-Booten absuchen und so das Gebiet für U-Boote gefährlich machen. In der Ausrüstung hat er gegenüber dem allgemeinen *Zerstörer* meistens eine reduzierte Artilleriebewaffnung, aber erweiterte Horch- und hydroakustische Ortungsanlagen sowie Salvenwerfer für Wasserbomben. Im zweiten Weltkrieg wurden in den USA Geleit-Zerstörer in großer Stückzahl gebaut und als Escorter oder »Escort Destroyer« bezeichnet.

Gelenkschiff: *Gliederschiff:* in einzelne schwimmfähige Sektionen unterteiltes Schiff, die gelenkartig miteinander verbunden sind. Die Idee, ein Schiff so zu bauen, daß es sich dem Seegang anpassen kann, damit die Belastungen kleiner werden, stammt schon aus der Mitte des 19. Jh. Wenn außerdem die schwimmfähigen Sektionen so miteinander gekoppelt würden, daß sie leicht getrennt und wieder verbunden werden könnten, versprach man sich auch Vorteile hinsichtlich einer zügigen Be- und Entladung wie bei *Leichtern*. 1863 wurde in Blackwell als erstes Gelenkschiff die »CONNECTOR« als Küstendampfer für den Kohletransport von Newcastle an der Tyne nach London an der Themse gebaut und erprobt. Das Gelenkschiff war so in 3 selbständig schwimmfähige Längssektionen geteilt, daß die Hecks der beiden vorderen Teilstücke in Ausnehmungen des folgenden Teilstücks paßten. Miteinander gelenkartig beweglich gekoppelt wurden die 3 Teilstücke durch schwere Eisenfingerlinge, die auf schmiedeeisernen, ins Spantenwerk eingebauten Plattformen ruhten.
Das Abkoppeln der Teilstücke geschah durch Umlegen eines Hebels. Jede der Sektionen erhielt einen Pfahlmast und Segel, damit sich nach der Entkopplung jedes der 3 Fahrzeuge auch selbständig bewegen konnte. Die hintere Sektion nahm den Kessel, die Dampfmaschine und den Propeller für den Antrieb des gesamten Gelenkverbands auf.
Obwohl es seinerzeit wegen der noch unzureichenden Gelenkkonstruktion nur bei diesem einen Versuchsbau blieb, stellt das Gelenkschiff doch in gewisser Weise einen Vorläufer der heutigen Schubverbände aus mehreren miteinander gekoppelten *Schubprahmen* und *Schubschiffen* dar.

»GELLERT«: deutscher Passagierdampfer, Baujahr 1875. Die Werft Stephen & Sons in Glasgow baute das Schiff für die Adler-Linie, Hamburg, bei der es aber nicht mehr in Fahrt kam, weil diese Linie inzwischen von der HAPAG übernommen wurde. Das 3533 BRT vermessene, 113,7 m lange und 12,2 m breite Schiff machte im Mai seine erste Reise Hamburg – New York unter der Flagge der HAPAG. Angetrieben durch eine Zweifach-Expansionsdampfmaschine von 2200 kW, (3000 PSi) lief das Schiff 13 kn. Es beförderte 90 Passagiere in der I. und 100 in der II. Klasse und 800 im Zwischendeck. Die Besatzung zählte 110 Mann. 1881 wurde das Schiff umgebaut und erhielt zusätzliche Deckshäuser und einen zweiten Schornstein. 1895 wurde die »GELLERT« verkauft und 1897 in Hamburg abgewrackt.

»GENERAL-ADMIRAL«: russische Panzerfregatte mit Strahlkanalantrieb, Baujahr 1873. Das

Der deutsche Passagierdampfer »GELLERT« der Hamburg-Amerika-Linie 1875 unter Dampf und Segel

am 8. Oktober 1873 in St. Petersburg von Stapel gelassene Schiff war das erste Schiff der Welt, das eine Seitenpanzerung erhielt. Es wurde später als Kreuzer eingestuft. Auf Vorschlag des Admirals Popow bekam es einen ungewöhnlichen Antrieb durch 2 innenbords auf halber Schiffslänge angeordnete archimedische Schrauben, die das Wasser durch 2 vom Bug bis zum Heck führende quadratische Kanäle drückten. Das Schiff erreichte bei einem Deplacement von 4650 t die Geschwindigkeit von 13 kn. Die Bewaffnung bestand aus 4 Stück 20,3-cm-Geschützen in einer Kasematte und je einem 15-cm-Geschütz am Bug und am Heck. Entsprechend dem einerzeitigen Stand führte das Schiff außerdem noch 3 vollgetakelte Maste.

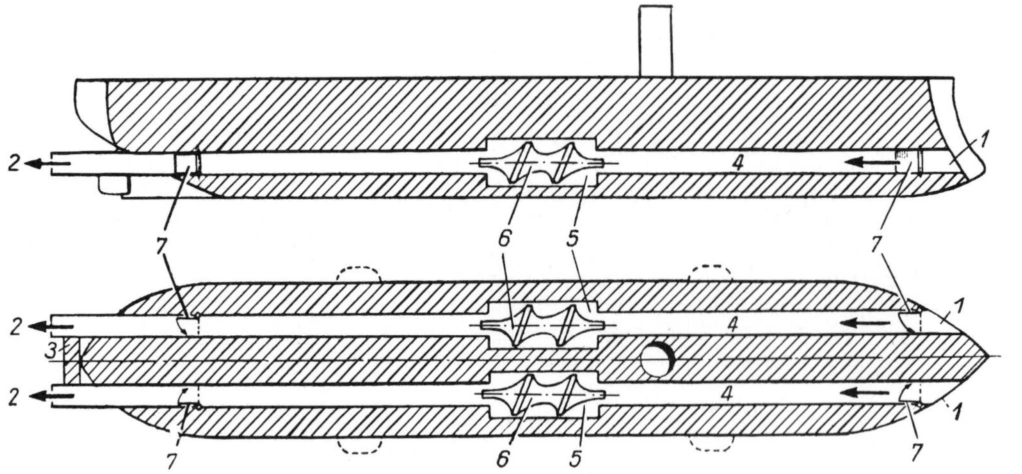

Der Antrieb der »GENERAL-ADMIRAL« mit 2 in Tunneln angeordneten archimedischen Schrauben

»GEORGE WASHINGTON«: Norddeutscher Lloyd-Doppelschrauben Fracht- und Passagierdampfer. Die »GEORGE WASHINGTON« war vor 1913 der größte Dampfer der Lloydflotte und verkörperte einen neuen kombinierten Schiffstyp. Ein noch größeres und weiter verbessertes Schwesterschiff sollte die »COLUMBUS« werden, die im August 1914 in Dienst gestellt werden sollte und dann jedoch als »HOMERIC« unter englischer Flagge fuhr.

Unter der Baunummer 286 lief das Schiff am 10. November 1908 auf der AG »VULCAN«-Werft in Stettin von Stapel und wurde am 2. Juni 1909 in Dienst gestellt. Das mit 25570 BRT/15379 NRT vermessene Schiff besaß eine Tragfähigkeit von 23000 t, war 220,2 m lang und 23,8 m breit. Die Besatzungsstärke betrug 585 Mann. An Passagierkapazität waren in der I. Klasse 568, in der II. Klasse 435, in der III. Klasse 455 und im Zwischendeck 1230 Plätze. Die Antriebsanlage bestand aus 2 Vierfach-Expansionsmaschinen mit einer Leistung von 14720 kW (20000 PS), mit der das Schiff 18,5 kn fuhr. Am 12. Juni 1909 war die Jungfernreise von Bremerhaven nach New York. 1914 wurde es in New York aufgelegt und im April 1917 von den USA beschlagnahmt, um bis Ende des Krieges als Truppentransporter eingesetzt zu werden. Nach dem Rücktransport der Truppen aus Europa wurde das Schiff 1920 in Boston erneut aufgelegt, danach überholt und umgebaut. Verchartert an die »US Mail Lines«; New York fuhr es ab August 1921 auf der Route New York–Bremerhaven. Von 1931 bis 1940 war das Schiff wiederholt aus dem Dienst genommen und fuhr nur kurze Zeit als »CALTIN« für die US-Navy. 1941 als »GEORGE WASHINGTON« an Großbritannien übergeben, kam es schon 1942 wieder an die US Maritime Commission zurück und wurde zum US-Truppentransporter umgebaut, u. a. wurde ein Schornstein entfernt. 1947 lag das durch einen Brand stark beschädigte Schiff in Baltimore fest, bis es schließlich nach einem weiteren Brand im Januar 1951 endgültig verschrottet wurde.

Passagier- und Frachtdampfer »GEORGE WASHINGTON«, Baujahr 1910

Dampfladewinden und Ladebäume der »GEORGE WASHINGTON«

»GEORG MAHN«: typischer Rostocker Frachtdampfer, Baujahr 1893. Die Werft Neptun A. G., Schiffswerft und Maschinenfabrik in Rostock erbaute unter der Baunummer 140 das 1081 BRT und 674 NRT große, 71 m zwischen den Loten lange und 10,4 m breite Schiff aus Stahl für den Eigner H. Podeus. Die Maschine leistete 295 kW (400 PS) und gab dem Schiff die Geschwindigkeit von 8,7 kn. 1911 hat der Rostocker Reeder F. W. Fischer das Schiff angekauft.

Gepanzertes Schiff: siehe *Panzerschiff*

»GERMANIA«: erster Transatlantikdampfer der HAPAG mit dem später typischen steilen Dampfersteven anstelle des bei Segelschiffen vorragenden Vorstevens. Das noch mit 3 Dampfermasten ausgerüstete Schiff wurde 1863 von der britischen Werft Caird & Co. in Greenock gebaut und erhielt eine Zweizylinder-Expansionsdampfmaschine von 957 kW (1300 PSi) mit der es 11 kn

Kapitänsbild des Frachtdampfers »GEORG MAHN«, Baujahr 1893

fuhr. Es war 97,8 m über Alles lang, 12,0 m breit und konnte 80 Passagiere in der I. Klasse, 136 in der II. Klasse und 310 Zwischendeckspassagiere befördern.
Am 16. April 1868 hatte die »GERMANIA« eine Kollision mit der holländischen Bark »PAULINE CONSTANCE ELEONORE«, die danach sank. Die »GERMANIA« ging schon im folgenden Jahr verloren, als sie im Nebel vor Cape Race strandete. Glücklicherweise konnten die Passagiere und die 70 Mann Besatzung gerettet werden.
Die gleiche Werft baute 1870 ein Nachfolgeschiff gleichen Namens von 2876 BRT, 100,6 m Länge und 11,9 m Breite mit gleicher Leistung und Geschwindigkeit für 150 Passagiere in der I., 70 in der II. und 150 in der Zwischendeckklasse. Diese »GERMANIA« erhielt als erstes deutsches Handelsschiff die seinerzeit neue zweizylindrige Verbunddampfmaschine von 1100 kW (1500 PSi).
Das Schicksal dieser zweiten »GERMANIA« ist dem der ersten ähnlich. Nach 2 Jahren in der HAPAG-Nordatlantikfahrt wurde sie in der Hamburg-Westindienroute eingesetzt. In Charter der Reederei Hamburg-Süd lief das Schiff während einer Reise nach Brasilien am 10. August 1876 nahe Bahia auf eine Untiefe und sank.

Geschlossener Schutzdecker: siehe *Schutzdeckschiff*

Geschützter Kreuzer: siehe *Kreuzer*

Geschwader-Flaggschiff: siehe *Flaggschiff*

Getreidetransporter: universeller, Mehrzweck- oder Spezial-Bulkcarrier für die Verschiffung von Getreide als Schüttgut. Da Getreide feinkörnig ist und die verschiedenen Getreidesorten unterschiedliche Stauräume von 1,3 ··· 1,6 m^3/t benötigen, haben spezielle Getreidetransporter häufiger zur Verhinderung des Übergehens der Ladung in den Laderäumen Längsschotte als sog. »Getreideschotte«. Außerdem können die Ladeluken wegen der Beladung durch Schüttrohre und der Entladung durch Saugbagger relativ klein sein. Infolge des saisonbedingten Getreidetransports sind ausschließlich auf den Getreidetransport spezialisierte Schiffe jedoch selten, und die Verschiffung erfolgt i. allg. mit kombinierten Kohle-, Erz- und Getreide-Bulkcarriern; siehe *Bulkcarrier*. Dabei werden in der Getreidefahrt die Topptanks häufig zusätzlich für den Getreidetransport genutzt.

»GIRGENTI«: typischer Frachtdampfer um 1900. Die Werft in Stockton on Trent in Britannien baute 1889 für die Reederei Robert M. Sloman jun., Hamburg, den Frachtdampfer »GIRGENTI«. Das mit 2184,06 BRT und 1366,51 NRT vermessene Schiff war 82,65 m lang, 11,86 m breit und fuhr mit 5,80 m Tiefgang. Die Besatzung bestand aus 23 Mann. Der Antrieb erfolgte durch eine Dreifach-Expansionsdampfmaschine mit 589 kW (800 PSi), die dem Schiff eine Geschwindigkeit von 10 kn gab. Für die »GIRGENTI« wurde 1923 ein Nachfolgeschiff gleichen Namens für die selbe Reederei gebaut.

»GJÖA«: Forschungsschiff von ROALD AMUNDSEN. Im August 1903 verließ ROALD AMUNDSEN (1872 bis 1928) Grönland mit der »GJÖA«, einem als Motorsegler hergerichteten 47 t großen Heringslogger mit Vorräten für 4 Jahre an Bord. Nach einer Kollision mit einem unmarkierten Riff mußte AMUNDSEN auf fast 5 Tonnen Proviant verzichten, dennoch wurde die Fahrt fortgesetzt. Im Winter 1903/04 führte die Mannschaft wissenschaftliche Forschungen rund um den magnetischen Nordpol durch, am 17. August 1904 ging die »GJÖA« vor dem Kap von Colborne vor Anker. Die Nordwest-Passage war von Osten nach Westen gelungen. Noch trennten AMUNDSEN tausend abenteuerliche Meilen von seinem eigentlichen Ziel, das er erst ein Jahr später erreichte. Am 30. August 1906 passierte die »GJÖA« die nördliche Einfahrt der Beringstraße und beendete damit eine Forschungsreise, die in die Geschichte eingehen sollte.

Glattdeckkorvette: siehe *Kreuzerkorvette*

Glattdeckschiff: Schiff ohne das Oberdeck überragende Aufbauten und Deckshäuser. Die aus der Segelschiffszeit für die Segelhandha-

»GIRGENTI« – typischer Frachtdampfer der Jahrhundertwende

bung günstige Bauweise ohne erhöhte Back, Poop und Hütte wurde zunächst in der Übergangszeit für kombinierte Segel-/Dampfschiffe übernommen, später jedoch zugunsten der besseren Seefähigkeit und zum Schutz der Kessel- und Maschinenschächte nicht mehr beibehalten. Im übertragenen Sinne werden moderne Schiffe, deren Decks ohne Sprung und Bucht, d. h. ohne Anstieg oder Wölbung in Längs- und Querrichtung, als »Glattdecker« bezeichnet.

Gleitboot: durch hydrodynamische Effekte teilweise oder vollständig ab einer bestimmten Fahrtgeschwindigkeit auf der Wasseroberfläche gleitendes Boot, im Unterschied zum »Verdrängungsboot« mit hydrostatischem Auftrieb. Zum Gleiten ist ein ziemlich flacher Bootsboden erforderlich, der abschnittsweise durch eine oder 2 Stufen unterteilt sein kann. Man nennt das Gleitboot deshalb auch »Flachbodenboot«. Je leichter und kürzer das Boot ist, desto eher geht es bei Geschwindigkeitsanstieg vom Verdrängungszustand in den widerstandsverminderten Gleitzustand über. Näherungsweise tritt der Gleitzustand ein, wenn das Verhältnis von der Geschwindigkeit V in m/s zum Wert der Wurzel aus dem Produkt der Erdbeschleunigung g in m/s^2 und der Länge der Schwimmwasserlinie L in m größer als 0,9 wird. Das entspricht der sog. Froude-Number $Fn = V/\sqrt{g \cdot L}$ mit $Fn > 0{,}9$.
Gleitboote werden hauptsächlich als Sportboote und Rennboote aus leichten Baustoffen wie Holz, faserverstärkter Plaste und Leichtmetallen gebaut. Ein 1949 gebautes Flachbodenboot erreichte bereits eine Geschwindigkeit auf gerader Strecke von mehr als 162 kn, also über 300 km/h bei 1250 kW Antriebsleistung. Bei hohen Geschwindigkeiten berührt nur noch etwa 1/3 der Bodenfläche das Wasser. Zur Gewährleistung einer stabilen Schwimmlage muß das Heck über Wasser entsprechend große Leitflossen ähnlich dem Flugzeug-Seitenleitwerk haben, um ein Drehen des Bootes um die Längsachse zu verhindern.
Außer dem Einstufen- und Zweistufengleitboot hat noch der »Dreipunktgleiter« Bedeutung. Die sonst über die gesamte Breite des vorderen Schiffsbodens verlaufende Stufe ist beim Dreipunktgleiter nur noch als kufenähnliche Stufe an den beiden Bodenseiten vorhanden. Den dritten Auftriebspunkt bildet das Heck mit Propeller.

Gliederschiff: siehe *Gelenkschiff*

»GLOIRE«: 1859 erstes französisches Panzerschiff mit voller Batterie. Im Dezember 1856 gab der »Conseil des travaux« der französischen Marine ein Programm für Panzerungsprojekte heraus, in dem gefordert wurde, daß die Flotte eine gründliche Umgestaltung durch Einführung neuer gepanzerter Kriegsschiffstypen erfahren müsse. Im Juli 1857 lagen bereits 18 Entwürfe vor. Es entstand das erste seegehende eisengepanzerte Kriegsschiff der Welt, das aufgrund der Erkenntnisse des Krimkriegs durch den französischen Konstrukteur Stanislas Dûpüy de Lôme als Batterieschiff entwickelt und 1860 in Dienst gestellt wurde.
Das noch aus Holz gebaute 5618 t große, 76,8 m lange; 17,0 m breite und 8,49 m tiefgehende

Das erste französische Panzerschiff »GLOIRE« 1859

Schiff lief 1859 von Stapel. Äußerliche Merkmale waren der steile senkrechte Bug, der unter Wasser »beilartig« hervortrat, eine erhöhte Back und das damals neue Dampferheck«. Im Vorsteven befand sich eine sog. »Jagdpforte«. Die Schiffsseiten einschließlich Ruderstamm (Ruderschaft) waren durch eine auf dem Holzrumpf mit dicker Holzbeplankung aufgesetzte 12 cm starke Eisenpanzerung geschützt. Eine Dampfmaschine von 1870 kW (2537 PS) trieb die Schraube und gab dem Schiff eine Geschwindigkeit von 12,8 kn. Die Bewaffnung bestand aus 36 Stück 16-cm-Kanonen französischen Fabrikats, aufgestellt in einer gedeckten Batterie auf dem Hauptdeck (Main Deck) und dem Oberdeck (Upper Deck). Später bekam das Schiff 6 × 24-cm-Kanonen.
Die britische Admiralität antwortete ihrem französischen Rivalen darauf mit dem Bau der *»WARRIOR«*, um mit der »GLOIRE« zu konkurrieren. Im Unterschied wurde bei dem britischen Schiff jedoch alles der Geschwindigkeit untergeordnet und nur die Schiffsmitte gepanzert, während Bug, Heck und das Ruder ungeschützt blieben. Die »GLOIRE« blieb so der »WARRIOR« in den entscheidenden Belangen überlegen.

»GLORIA VIRENTIUM«: Lo/Ro-Schwergutschiff, 1977 bei der Schiffswerft C. Lühring in Brake (BRD) für den Holscher Scheepvärtbedrijf; Rotterdam gebaut. Bei der Indienststellung war es das Schiff mit der größten Schwergut-Hebekapazität.
Das Schiff ist über Alles 80,3 m und zwischen den Loten 74,2 m lang, 20,0 m breit und besitzt bei einer Seitenhöhe von 7,6 m einen Tiefgang von 4,2 m. Es ist mit 1599 BRT vermessen, wobei die Tragfähigkeit 2500 t beträgt. Sowohl Brückenhaus als auch Ladegeschirr sind einseitig auf der Steuerbordseite angeordnet, wodurch eine nutzbare ununterbrocherne Decksfläche von 75×15 m möglich wird. Sie kann über eine 8,8 m breite Heckrampe mit rollenden Schwergütern bis zu 1000 t befahren werden. Die beiden Ladebäume haben eine Tragfähigkeit von je 400 t, so daß nach dem Lo/Lo-Prinzip gekoppelte Lasten bis zu 800 t an Bord genommen werden. Deck, Luken und Rampe erlauben eine Flächenbelastung von 6 t/m^2. Am vorderen Lademast befindet sich ein zusätzliches Steuerhaus für die Revierfahrt. Zur Bewegung der schweren Heckrampe dient ein kleineres Ladegeschirr hinter dem Deckshaus. Zum Ausgleich der beim Lo/Lo-Umschlag auftretenden krängenden Momente sind Ballasttanks und eine Krängungsausgleichanlage mit leistungsstarken Pumpen vorhanden.
Die Antriebsanlage besteht aus 2 SKL-Dieselmotoren mit einer Leistung von 1940 kW, womit das Einschraubenschiff eine Geschwindigkeit von 11,5 kn erreicht.

»GLÜCKAUF«: erster deutscher Tankdampfer. In der atlantischen Petroleumschiffahrt war im Jahre 1886 eine entscheidende Veränderung. Schweden und England hatten in diesem Jahr fast gleichzeitig die seegehenden Tankdampfer »PETROLEA« und »GLÜCKAUF« fertiggestellt. Während die »PETROLEA« am 25. August 1886 ihre erste Reise nach Rußland antrat, lief die »GLÜCKAUF« zunächst nach Geestemünde und ging nach Komplettierung der Besatzung im November im Auftrag Wilhelm Anton Riedemann's auf ihre erste Fahrt nach New York. Dem Riedemann'schen Projekt waren bereits erfolgreiche Versuche mit dem Großsegler »ANDROMEDA« vorausgegangen: der Segler transportierte die erste Ladung Petroleum in Tanks, die der Schiffsform angepaßt waren. Dennoch mußte Riedemann zunächst die Ablehnung seines Bauauftrags durch die deutsche Werftindustrie hinnehmen, bevor am 25. November 1885 bei Armstrong, Mitchel & Co. in Newcastle mit dem Bau der »GLÜCKAUF« begonnen wurde. Diese Werft mit ihrem technisch weitschauenden Konstrukteur Henry T. Svan hatte bereits Erfahrungen beim Bau von Binnentankern für die Gesellschaft der Gebrüder Nobel gesammelt und kannte auch das schwedische »PETROLEA«-Projekt.
Die 2145 BRT große »GLÜCKAUF« war 97 m

Der erste deutsche Tankdampfer »GLÜCKAUF«, Baujahr 1885/86

Deutscher Schlachtkreuzer »GOEBEN«, Baujahr 1909/12

lang, 11,4 m breit und hatte einen Tiefgang von 5,8 m bei der Tragfähigkeit von 3000 t. Eine Dampfmaschine gab dem Schiff 9···11 kn Geschwindigkeit, und es war bereits eine elektrische Beleuchtungsanlage an Bord.
Der Eisen-Stahl-Kompositbau hatte 2 Decks, 9 Tanks für 21000 Barrel Petroleum (1 Barrel sind 35 Gallonen oder 159 Liter), 11 Querschotte und 1 Längsschott. Die Maschine und die Kessel waren aus Sicherheitsgründen achtern hinter den Ladetanks angeordnet und durch ein feuerfestes Querschott von diesen getrennt. Außerdem wurde eine horizontale Rahmenversteifung im Inneren der Tanks erstmalig eingeführt. Das Schiff wurde von der französischen Klassifikationsgesellschaft Bureau Veritas in Paris klassifiziert. Der 1867 gegründete Germanische Lloyd besaß seinerzeit noch wenig Erfahrungen in der Bauaufsicht und in der Klassifizierung von eisernen Schiffen, während das Bureau Vertias seit 1858 und Lloyd's Register seit 1854 eiserne Schiffe klassifizierten. Wegen der Gefährlichkeit des Petroleumtransports in Tankschiffen wurde das Schiff in Schiffahrtskreisen in den Anfangsjahren statt »GLÜCKAUF« auch des öfteren mit dem Spottnamen »FLIEG AUF« bedacht. Das Schiff fuhr jedoch glücklich für Riedemann bis 1890 und danach für die Deutsch-Amerikanische Petroleumgesellschaft. Am 24. März 1893 ist die »GLÜCKAUF« im Nebel nach einem Navigationsfehler an der Küste von Fire-Island gestrandet und auseinandergebrochen.
Innerhalb von knapp 3 Jahren hatte sich der Übergang vom Faß- zum Tanktransport vollzogen. In Amerika mußten als Folge dieses Fortschritts Faßfabriken stillgelegt werden, so daß tausende Küfer und Verlader ihren Arbeitsplatz verloren.

»GOEBEN«: deutscher Schlachtkreuzer des ersten Weltkriegs. Der Schlachtkreuzer bzw. Große Kreuzer war das dritte Schiff eines neuen Typs, als Gegner der britischen Schiffe der »Invincible«-Klasse gedacht. Die Werft Blohm & Voss begann 1909 mit dem Bau und ließ das Schiff am 28. März 1911 von Stapel. Es hatte eine Länge von 186,00 m; war 29,4 m breit und verdrängte 22979 t bei 9,19 m Tiefgang. Es hatte 4 Schrauben von 3,74 m Durchmesser, die durch 2 Satz Parsons-Dampfturbinen von 38270 kW (52000 PS) bei 25,5 kn Fahrt bzw. 62560 kW (85000 PSw) bei der Maximalgeschwindigkeit von 28,0 kn angetrieben wurden. Den Dampf für die Turbinen lieferten 24 Kessel. Das mit einer Gürtelpanzerung von 25···30 cm Dicke geschützte Schiff war mit 10×28-cm-Geschützen, 12×15-cm- und 12×8,8-cm-Schnellfeuerkanonen und 4 Topedorohren bewaffnet. Die Baukosten betrugen 41,564 Mill. Reichsmark. Am 18. August 1914 wurde die »GOEBEN« zusammen mit dem Kreuzer »BRESLAU« von der türkischen Regierung angekauft. Der Verkauf dieser beiden Schiffe begünstigte so den Kriegseintritt der Türkei auf deutscher Seite. Als »JAWUS SULTAN SELIM« (GOEBEN) und »MIDILLI« (BRESLAU) wurden die Kreuzer bei der Verteidigung der Dardanellen und für Kampfaufgaben im Schwarzen Meer eingesetzt, wobei die »MIDILLI« verlorenging.
1918 ging die ehemalige »GOEBEN« im Golf von Izmir nahe Konstantinopel vor Anker und sollte ausgeliefert werden. Durch den Vertrag von Lausanne vom 2. November 1918 durfte die Türkei jedoch das Schiff behalten. Von 1919 bis 1926 war es nicht verwendungsfähig, so daß von 1926 bis 1930 eine Grundüberholung in Izmir durch die französische Werft Penhoet St. Nazaire in einem von den Flenderwerken in Lübeck für Izmir gebauten Dock erforderlich wurde. Ab 28. März 1930 ging die »JAWUS SELIM« wieder in den aktiven Dienst der türkischen Marine. 1936 wurde erneut der Name geändert in »YAVUZ«, und ab 1948 folgte die Verwendung als stationäres Ausbildungsschiff und später als Museumsschiff im Golf von Izmir. Ein 1963 beabsichtigter Rückerwerb durch die BRD als Museumsschiff kam nicht zustande, so daß die »YAVUZ« ex »GOEBEN« 1973 abgewrackt wurde.

»GOMER«: große französische Raddampffregatte aus dem Jahre 1844. Das Schiff war 70,95 m lang, auf Spanten 12,50 m und über beide Radkästen 19,83 m breit. Bei einem Tiefgang von 5,54 m betrug die Verdrängung 1474 t. Das war bereits eine Schiffsgröße, die für Raddampfschiffe nicht wieder überschritten wurde.
Die Dampfmaschine mit einer Leistung von 331 kW (450 PS) trieb 2 Schaufelräder von 9,13 m Durchmesser an, mit denen die Fregatte eine Geschwindigkeit von 10 kn erreichte. Wie bei anderen ersten Dampfschiffen verzichtete man noch nicht auf volle Besegelung.

»GRAF WALDERSEE«: Doppelschrauben-Fracht- und Passagierdampfer der HAPAG. Unter der Baunummer 131 lief das Schiff am 10. Dezember 1898 auf der Werft von Blohm & Voss in Hamburg von Stapel und wurde am 18. März 1899 in Dienst gestellt. Das mit 12830 BRT und 8157 NRT vermessene Schiff besaß eine Tragfähigkeit von 14500 t, es war 178,6 m lang und 18,9 m breit. Die Besatzungsstärke betrug 250 Mann. Für die Passagiere gab es in der I. Klasse 162, in der II. Klasse 184 und im Zwischendeck 2200 Plätze.
Die Antriebsanlage bestand aus 2 Vierfach-Expansionsmaschinen mit einer Leistung von 3975 kW (5400 PS), mit der das Schiff eine Geschwindigkeit von 13 kn erreichte.
Am 2. April 1899 trat das Schiff seine Jungfernreise nach New York an. Von 1914 bis März 1919 war es in Hamburg aufgelegt und wurde dann an die USA abgeliefert, um als Truppentransporter eingesetzt zu werden. 1920 wurde das Schiff an Großbritannien übergeben und bereits 1922 in der Köhlbrand-Werft in Hamburg verschrottet.

»GREAT BRITAIN«: erster eiserner Transatlantik-Schraubendampfer, der nach 127 Jahren als Museumsdampfer von den Falkland-Inseln nach Bristol zurückgeholt wurde. Als zweiter erfolgreicher Entwurf des berühmten Konstrukteurs ISAMBARD KINGDOM BRUNEL entstand das erste eiserne und gleichzeitig das erste durch Schraubenpropeller angetriebene größere Schiff für den Transatlantikverkehr. Stapellauf war am 18. Juli 1843 in Bristol. Mit diesem Schiff wurde ein grundlegend neues Niveau im Weltschiffbau erreicht und ein bedeutsamer Schritt auf dem Wege Großbritanniens zur bedeutendsten Schiff-

»GRAF WALDERSEE«, Doppelschrauben-Fracht- und Passagierdampfer, Baujahr 1898/99

baunation vollzogen. In diesem Schiff hat BRUNEL erstmalig verschiedene Neuheiten verwirklicht, die seinem Lande einen weiteren technischen Vorsprung und dem Schiffbau seiner Zeit die Orientierung gaben.
Er konstruierte das Schiff aus Eisen und errichtete eine Werft, die in der Lage war, eiserne Schiffe zu bauen, gab ihm einen Doppelboden und wasserdichte Schotten und machte die Maste absenkbar zur Verminderung des Windwiderstands bei Andampfen gegen den Wind. Mit 3270 t Deplacement (nach anderen Angaben 2936 t bzw. 2984 t) und 98,5 m Länge war die »GREAT BRITAIN« etwa dreimal so groß, wie die seinerzeit üblichen Handelsschiffe. Der ursprüngliche Entwurf sah zusätzlich zum Propellerantrieb 6 Masten vor; später wurde das Schiff dann jedoch zum Fünf-, danach zum Vier- und schließlich zum Dreimaster umgetakelt. Im ersten Entwurf BRUNELS waren zum Antrieb noch Seitenräder vorgesehen. BRUNEL erkannte die Bedeutung der ersten Versuche mit Schraubenpropellern und befaßte sich mit den Ergebnissen am kleinen Schraubendampfer *»ARCHIMEDES«*. Er erwarb die »ARCHIMEDES« und führte eigene Versuche durch. Die Erfolge bewogen ihn, den schon gebauten Schiffskörper noch teilweise zu verändern, so daß anstelle der Seitenräder ein Schraubenpropeller eingebaut werden konnte. Durch seinen kombinierten Segel-Propellerantrieb konnte es mit den schnellen Klippern konkurrieren. Eine weitere Neuerung zur höheren Sicherheit des Schiffes war die Unterteilung des Schiffskörpers in 6, durch wasserdichte Schotte abgeteilte Abteilungen.
Die Dampfmaschine von 1500 PSi bzw. 1014 PS Nennleistung hatte 4 paarweise um 33° zur Senkrechten geneigten Zylinder. Bei Einfachexpansion wurde die Kraft auf seitliche Kurbelzapfen eines rotierenden Rundkörpers, einer Trommel von 5,5 m Durchmesser, übertragen. Die Verbindungen zur zweiten auf der Propellerwelle angeordneten Trommel erfolgte durch 4 Sätze flacher Zahnketten bei einer Übersetzung von 18 Umdrehungen pro Minute der Kurbelwelle auf 53 Umdrehungen der Propellerwelle. Der Dampfantrieb reichte aus, um bei normalen Witterungs- und Seebedingungen nur unter Dampf ohne Segelunterstützung eine Geschwindigkeit von 9,25 kn zu erzielen.
Die Hauptdaten der »GREAT BRITAIN« waren: Länge über Alles 98,5 m; Länge zwischen den Loten 88,08 m; Breite 15,39 m; Tiefgang 4,85 m; Seitenhöhe 9,90 m; der Propellerdurchmesser betrug 4,65 m. Das Schiff war für 260 Passagiere eingerichtet. Auf der ersten Reise nach New York

Zeichnung der »GREAT BRITAIN«

Die geborgene »GREAT BRITAIN«

fuhr es mit 60 Fahrgästen 1. Klasse in Luxuskabinen sowie einer vollen Belegung mit den sog. »Steerage«, den Zwischendeck-Fahrgästen, die nicht in Einzelkabinen sondern im Unterdeckraum in Gemeinschaftsunterkünften untergebracht waren. Weiter wurden auf dieser Fahrt 600 t Fracht befördert. Ein unfreiwilliger Beweis besonderer Art für die ausgezeichnete Festigkeit der Schiffskonstruktion wurde schon nach der ersten Überfahrt erbracht, als die »GREAT BRITAIN« auf die Felsen der Dundrum Bay auflief und erst nach 11 Monaten abgeborgen werden konnte, ohne ernstlichere Beschädigungen aufzuweisen.

Das Schiff machte viele Atlantiküberquerungen, wurde später im Fracht- und Passagierverkehr und für Auswanderer nach Australien eingesetzt und mit Truppen zur Krim und nach Indien geschickt.

Das Ende des fast 4 Jahrzehnte fahrenden Schiffes schien gekommen, als es 1882 zum reinen Segelschiff umgebaut und 1886 nach einem schweren Sturm vor Kap Hoorn teilweise entmastet und durch Feuer beschädigt Port Stanley auf den Falkland-Inseln als Nothafen anlaufen mußte. Die Reederei verkaufte die »GREAT BRITAIN« an die Falkland Islands Company, die es bis 1937 als Lagerschiff für Wolle benutzte. Danach setzte man das Schiff unweit von Port Stanley in einer einsamen Bucht auf Grund.

Aber 1970 gelang es einem Londoner Komitee, Spenden aufzubringen und den Millionär Jack Hayward als Geldgeber für die Bergung und die Überführung nach Bristol zu gewinnen. Die Hamburger Bergungsfirma Ulrich Harms führte die erfolgreiche Bergung aus und brachte das traditionsreiche Schiff in 2 Monaten auf einem Schwimmponton über den Atlantik an seinen Entstehungsort zurück. Die »GREAT BRITAIN« legte das letzte Ende der Fahrt auf eigenem Kiel schwimmend zurück, als sie am 23. Juni 1971 in Bristol eintraf.

»GREAT EASTERN« im Bau

Die »GREAT EASTERN« bei der Überholung 1867

»GREAT EASTERN«: größtes Handelsschiff und in vieler Beziehung ein einmaliges Schiff des 19. Jh. Die Entwürfe und Baupläne wurden bereits 1851/52 durch die berühmten englischen Schiffbauingenieure I. K. BRUNEL und I. S. RUSSEL erarbeitet. Das Riesenschiff entstand in den Jahren 1854 bis 1858 auf der Werft Scott, Russel & Co. in Milwall bei London. Das Großschiff – ein »Leviathan« – wie auch der ursprünglich vorgesehene Name lautete, war hinsichtlich der Größe und Konstruktion der Zeit weit voraus.

»GREAT EASTERN« nahm mit einer Länge über Oberdeck von 211 m die Entwicklung des Schiffbaus und der Schiffahrt sogar um ein halbes Jahrhundert vorweg. Die Abmessungen betrugen: Länge zwischen den Loten 207,25 m; Länge des Kiels 192,00 m; Breite auf Spanten 25,10 m; Breite über Seitenradkästen 36,00 m; Tiefe im Raum 14,80 m; Tiefgang 9,15 m; Verdrängung 32000 t; Vermessung 18915 BRT bzw. 13344 NRT. Die Form des Schiffskörpers war nach dem von RUSSEL entwickelten »waveline«-System mit einem parallelen Mittelschiff von etwa 37 m Länge entwickelt.

Erstmalig wurde ein seitlich bis zum untersten Deck hochgezogener Doppelboden gebaut und eine Längsträgerbauweise eingeführt. 35 Längsspanten bis zum unteren Deck verliefen vom Achter- bis zum Vorsteven. Die Längsträger reichten in ihrer Höhe von der Außenhaut bis zum Innenboden, dem sog. Doppelboden. Um die Längsfestigkeit und die wasserdichte Unterteilung zu gewährleisten, waren 2 Längsschotte von 104 m Länge und 10 wasserdichte Abteilungen mit Querschotten im Abstand von etwa 18,5 m angeordnet. Die Längsschotte reichten bis zum Oberdeck, dem vierten der vorhandenen Decks. Auch das Oberdeck war als »Doppeldeck« analog dem Boden ausgebildet. Zwischen den beiden Decksplatten waren an jeder Seite 3 Längsträger eingebaut.

Die Kiellegung erfolgte am 1. Mai 1854, der Querstapellauf fand nach mancherlei Schwierigkeiten am 31. Januar 1858 statt. Das Schiff hatte zum Stapellauf eine Eigenmasse von 12000 t und sollte quer von Stapel laufen. Da jedoch keinerlei Erfahrungen für den Stapellauf derartiger Schiffe vorlagen, lief es nicht selbst ab sondern mußte in fast dreimonatiger Arbeit mit Hilfe von Pressen zu Wasser gebracht werden. Aufgerieben durch übermäßige Arbeit erlitt der geniale Erbauer ISAMBARD KINGDOM BRUNEL einen Nervenzusammenbruch, die Gesellschaft ging in Konkurs und eine neue mußte gegründet werden.

Die Probefahrt war im September des Folgejahres. Dabei explodierte ein Kessel und 10 Menschen wurden dabei getötet. Wenige Tage danach verstarb BRUNEL an den Folgen eines Schlaganfalls. Auf der Reede von Holyhead zerschlug noch während der Reparatur eine Sturmflut die Fenster des Salons und verdarb die teure Inneneinrichtung. Zum Unglück ertranken auf einer Bootsfahrt zum Hafen der Kapitän und 2 Passagiere, so daß bei dem Aberglauben dieser Zeit es schon ein Unglücksschiff war, bevor es die erste Reise machte.

Das Schiff wurde durch Segel, Schaufelräder und Propeller angetrieben. Ein vierflügeliger Propeller von 7,20 m Durchmesser wurde durch eine liegende Dampfmaschine mit 3600 kW (4890 PSi) Leistung angetrieben. Auf das Seitenradpaar von 17,10 m Durchmesser mit jeweils 30 feststehenden Schaufeln von 3,95 m Breite und

0,92 m Tiefe wirkten 2 oszillierende Dampfmaschinen mit insgesamt 2510 kW (3410 PS). Bei Antrieb nur durch die Schaufelräder konnte bei 10,7 Umdrehungen pro Minute eine Geschwindigkeit von 7,25 kn erreicht werden. Mit Propeller fuhr das Schiff etwa 9 kn und bei gleichzeitiger voller Leistung von Propeller und Schaufelrädern etwa 14 kn. Der normale Kohleverbrauch pro Tag betrug 330 t, die Kohlebunker konnten 12000 t fassen. Der Dampf wurde in 10 Kesseln mit insgesamt 100 Feuerlöchern erzeugt, davon gaben 4 den Dampf für die Schaufelradmaschinen und 6 für die Propellermaschinen. Die »GREAT EASTERN« hatte außer 5 Schornsteinen von 1,84 m Durchmesser noch 5 eiserne und einen hölzernen Mast. 2 dieser Maste waren vollgetakelt und 4 mit Schonertakelung versehen. Die Gesamtsegelfläche betrug 5300 m^2.
Das Schiff war als Auswandererschiff für 4000 Fahrgäste – davon 800 in der I. Klasse, 2000 in der II. Klasse und 1200 in der III. Klasse – oder als Truppentransporter für 10000 Soldaten oder für den Transport von 6000 t Fracht nach Indien oder Australien projektiert.
Die erste Ausfahrt von Southampton nach New York fand am 17. Juni 1860 nach achtjähriger Bau- und Erprobungszeit statt, und die von vielen Zuschauern erwartete Ankunft in den USA war am 28. Juni 1860. Insgesamt machte die »GREAT EASTERN« bis zum August 1862 11 Hin- und Rückfahrten über den Atlantik. Wirtschaftliche Erfolge konnten mit dem Schiff jedoch nicht erreicht werden. Für die volle Auslastung durch Passagiere und Ladung waren die Voraussetzungen noch nicht vorhanden, und für Schiffe derartiger Größe fehlte es an Liegemöglichkeiten und Reparatureinrichtungen. Überdies verstärkte eine ganze Reihe von Unglücksfällen auf den durchgeführten Fahrten den Widerstand gegen das Riesenschiff. Obwohl auf der zweiten Überfahrt das Schiff im Sturm vor New York auf einen Felsen auflief, der eine bis zu 25 m lange Beschädigung des Bodens verursachte, war es dank der Anordnung des Doppelbodens aber nicht gefährdet. Auf der dritten Reise zerschlugen Brecher die Schaufelräder und das Ruder, so daß das Schiff mehrere Tage steuerlos war. Die Kosten überschritten schließlich die Einnahmen derart, daß die Great Eastern Steam Ship Company in Konkurs ging.
Erst in den Jahren 1865 bis 1873 konnte die »GREAT EASTERN« nach Umbauten bei der Verlegung von Seekabeln wieder verwendet werden. Drei riesige Kabelbehälter von 6,25 m Tiefe wurden eingebaut, von denen der vordere bei 15,7 m Durchmesser für 693 Seemeilen, der mittlere bei 17,8 m Durchmesser für 899 Seemeilen und der hintere bei 17,7 m Durchmesser für 898 Seemeilen Kabel aufnehmen konnte. 4 Seekabel wurden im Atlantik und eines von Aden nach Bombay mit der »GREAT EASTERN« verlegt.
Nach einem wechselvollen Vierteljahrhundert wurde das Schiff bei New Ferry, Cheshire, 1888 aufgelegt und bis 1891 abgewrackt. Auch wenn dieser Meisterleistung BRUNELs und RUSSELs kein kommerzieller Erfolg beschieden war, ist der Fortschritt nicht hoch genug zu werten. Mit diesem Schiff haben bleibende Fortschritte in den Schiffbau Eingang gefunden.

Die »GREAT WESTERN«, erster transatlantischer Passagierdampfer mit regelmäßigen Abfahrten

Great-Lakes-Ship: *Laker, Große Seenfahrt-Schiff: Bulkcarrier* mit Breitenbegrenzung und Selbstentladeeinrichtung für die Fahrt auf den nordamerikanischen »Großen Seen«: Oberer See (83300 km^2), Huron See (59500 km^2), Michigansee (58100 km^2), Eriesee (25426 km^2) und Ontariosee (18760 km^2) und dem St. Lorenz-Strom (1240 km Länge). Die durch Kanäle verbundenen Großen Seen stellen insgesamt das größte zusammenhängende Süßwasserreservoir der Erde dar. Nach dem Ausbau der 293 km langen Strecke zwischen Montreal und dem Ontariosee von 1954 bis 1959 können Seeschiffe mit einem Tiefgang bis zu 9,4 m diese Wasserstraße befahren. Die Großschiffahrts-Wasserstraße vom Oberen See bis zum Atlantik hat eine Gesamtlänge von 3500 km.
Die Transportkapazität der USA und Kanadas für die Große Seenfahrt hat bereits eine Gesamttragfähigkeit von 0,5 Mill t. Durch sie wird ein bedeutender Teil der an den Großen Seen gelegenen Industriezentren mit Rohstoffen wie Baustoffe, Phosphate, Kohle, Getreide u. a. versorgt und werden Fertigerzeugnisse abtransportiert.
Die Navigationsperiode auf dem St. Lorenzstrom und den Großen Seen beträgt nur 8 Monate im Jahr, so daß diese Zeit möglichst effektiv für den Transport und Umschlag genutzt werden muß.
So wurde schon 1902 in einem hölzernen Schüttgutfrachter von 65 m Länge eine erste Selbstentladeanlage nachträglich eingebaut und für Kiestransporte eingesetzt. Ein größerer um 100 m langer Neubau mit ca. 5000 t Tragfähigkeit und Entladeeinrichtung für Kies und Kohle mit einer Löschleistung von etwa 1200 t/h entstand bereits 1908. Von 1920 bis 1960 erhöhte sich der Anteil der Schüttgutfrachter mit Selbstentladeeinrichtung auf den Großen Seen allmählich. Ab 1965 werden die Schüttgutfrachter der Großen Seen, auch als »Laker« bezeichnet, fast ausschließlich mit Selbstentladeeinrichtungen gebaut.
Unter den Laderäumen sind in Längsschiffsrichtung laufende Förderbänder installiert, auf die das Fördergut durch trichterförmige Öffnungen oder Fallklappen fällt. Im Vor- und Hinterschiff schaffen Becherwerke oder Steigförderbänder das Fördergut an Oberdeck und auf querschiffs stehende, bis zu 100 m lange schwenkbare Auslegerförderbänder. Damit kann das Fördergut unabhängig von hafenseitigen Förderanlagen an den Verbrauchsorten zu hohen Halden aufgeschüttet werden.

»GREAT WESTERN«: erstes reguläres Transatlantik Seitenrad-/Segel-Passagierschiff. Nach den Plänen von ISAMBARD KINGDOM BRUNEL wurde es 1837 als hölzerner Seitenraddampfer gebaut. Das Schiff war außerdem noch mit 4 schonergetakelten Masten und zusätzlichen Rahsegeln am vorderen Mast ausgerüstet. Das Schiff war für die schweren See- und Wetterverhältnisse des Atlantik mit besonders verstärkten Festigkeitsverbänden versehen. Die Abmessungen der einzelnen Spanten entsprachen denen der zeitgenössischen Linienschiffe, und es wurden außerdem eiserne und hölzerne Diagonalbänder als zusätzliche Längsverbände eingebaut.
Die »GREAT WESTERN« war für die Unterbringung von 120 Passagieren in der I. Klasse sowie 20 Passagieren in der II. Klasse eingerichtet. Sofern erforderlich, konnten noch Unterbringungen für weitere 100 Personen geschaffen werden. Zusammen mit der Besatzung von 60 Offizieren und Mannschaften waren dann bis zu 300 Personen an Bord. Der »große Salon« mit einer Länge von 23,0 m war 6,4 m breit und 2,75 m hoch. Er wurde seinerzeit als der größte und luxuriöseste an Bord eines Passagierschiffs bezeichnet.
Der Antrieb der Seitenräder mit 15 Umdrehungen pro Minute bei einem Durchmesser von 8,8 m und feststehenden Schaufeln von 3 m Breite erfolgte durch eine »side-lever« Maschine von 450 PS (etwa 330 kW). Die Dampfmaschine hatte 2 Zylinder von 1,87 m Durchmesser und 2,15 m Kolbenhub. Bedeutenden Schiffsraum nahmen die 4 Kessel von je 3,5 m Länge, 2,9 m Breite und 5,1 m Höhe ein. Hervorzuheben ist die Vorsorge hinsichtlich der Vorräte. Obwohl für eine Überfahrt etwa 600 t Kohle notwendig waren, reichten die Bunker für die Unterbringung von 800 t, damit waren Schwierigkeiten der ersten Dampfschiffe, daß die Reserven für einen durch Schlechtwetter bedingten längeren Dauerbetrieb nicht ausreichten, bei diesem Schiff vermieden.
Die »GREAT WESTERN« hatte folgende Hauptparameter: Länge über Alles 72,0 m; Länge zwischen den Loten 64,9 m; Länge des Kiels 62,7 m; Breite auf Mallkante Spant 10,4 m; größte Breite des Schiffskörpers 10,8 m; Breite über Schaufel-

radkästen 17,8 m; mittlerer Tiefgang 5,1 m; Tiefe im Raum 7,1 m; Vermessung 1321 BRT und 680 NRT.
Die Jungfernfahrt von Bristol nach New York fand vom 8. bis 23. April 1838 statt. Die Atlantiküberquerung von 3223 Seemeilen geschah mit einer durchschnittlichen Geschwindigkeit von 8,8 kn. Die Nordatlantikroute wurde von der »GREAT WESTERN« bis 1846 regelmäßig mit insgesamt 64 Atlantiküberquerungen befahren. Im Jahre 1847 wurde das Schiff an die »Royal Mail Steam Packet Co.« die (Königliche Paket-Dampfschiff-Companie) verkauft und von dieser bis zur Abwrackung im Jahre 1857 auf der Linie Southampton–Westindien eingesetzt.

»GREIFSWALD«: ex *»ARKONA«* ex *»WOLLINER GREIF«*: Ostsee-Bäderraddampfer. Der 94 t große Eindeck-Raddampfer wurde 1865 auf der Werft von Möller & Hollberg (Stettin/Szczecin) für die Aktien-Gesellschaft des Schiffers Ehmke aus Wollin gebaut und auf den Namen »WOLLINER GREIF« getauft. Das Schiff war aus Eisen gebaut und mit Zement belegt. Es war 39,6 m lang und 4,9 m breit. Es hatte eine Raumtiefe von 2,35 m und beladen 1,83 m Tiefgang.
Die Dampfmaschine zum Antrieb der Schaufelräder leistete 46,5 kW (63 PSi) und gab dem Schiff eine Geschwindigkeit von 7 kn. In der Folgezeit wurde das Schiff in »ARKONA« umbenannt, und danach fuhr es als »GREIFSWALD« bei der Saßnitzer Dampfschiffahrtsgesellschaft. In schwedischem Besitz fahrend ist das Schiff Ende 1922 als Spritschmuggler gestrandet und gesunken.

»GRETE«: Hamburger Frachtdampfer, Baujahr 1923. Die A. G. Neptun, Rostock erbaute den Frachtdampfer für die Carl Wohlenberg Reederei GmbH. in Hamburg. Das Schiff war 134,10 m lang, 17,39 m breit und hatte einen Tiefgang von 9,09 m. Der Stapellauf des mit 6570 BRT und 4005 NRT vermessenen Schiffes fand im April 1923 statt. Die Dreifach-Expansionsmaschine mit Abdampfturbine wurde ebenfalls von der Bauwerft hergestellt und leistete 2355 kW (3200 PS), womit das Schiff eine Geschwindigkeit von 12 kn erreichte. Die 3 Kessel mit einem Druck vom 15 atü (1,6 MPa) lieferten den erforderlichen Dampf.

»GRETE CORDS«: Rostocker Frachtdampfer für die Nord- und Ostsee der Rostocker Reederei Cords & Schmidt, später Reederei August Cords, siehe »VORWÄRTS«.

»GRILLE«: deutscher Aviso. Das Schiff wurde 1856 auf der Werft von Normand in Le Havre (Frankreich) auf Kiel gelegt, lief am 9. September 1857 von Stapel und wurde am 3. Juni 1858 in Dienst gestellt. Der Querspant-Mahagoni-Diagonal-Kraweelbau war mit Kupfer beschlagen und als Dreimastschoner mit 436 m^2 Segelfläche getakelt. Das 491 t große Schiff war 56,68 m lang; 7,38 m breit und besaß bei einer Seitenhöhe von 4,12 m einen Tiefgang von 2,84 m. Der Neubau kostete 648 000 Taler. Die Besatzungsstärke lag zwischen 70 und 78 Mann.
Die Bewaffnung bestand ursprünglich aus 2 langen 12-Pfündern. 1898 waren 6 Revolverkanonen an Bord, in den letzten Jahren jedoch nur

Schiffe der Reederei August Cords 1929 im Rostocker Hafen

noch 2 mit etwa 1280 Schuß. Die Antriebsanlage bestand aus einer liegenden Zweizylinder-Einfachexpansionsmaschine der Firma John Penn & Sons; Greenwich mit einer Leistung von 543 kW (738 PSi). Mit der Schraube von 2,74 m Durchmesser erreichte das Schiff 13,2 kn. Zwei Zylinderkessel mit 4 Feuern erzeugten den Dampf mit einem Druck von 1 atü. Mit einem Kohlevorrat von 65 t und einer Geschwindigkeit von 7 kn konnte 3230 Seemeilen gefahren werden.
Das Schiff wurde 1885 bis 1889 auf der Kaiserlichen Werft in Danzig und noch einmal 1897/98 auf der Kaiserlichen Werft in Kiel modernisiert, erhielt neue Kessel und neue Maschinen sowie eine veränderte Bewaffnung, wodurch sich die technisch-taktischen Daten wiederum änderten. Es diente zunächst als Königliche und Kaiserliche Yacht, war dann Flaggschiff der Kanonen- und Panzerkanonenboote sowie Fischereischutzschiff. Ab 1892 diente es als Schulschiff für Admiralstabsreisen. 1914 war es Schulschiff für Seekadetten. Am 7. Januar 1920 wurde es aus der Flottenliste gestrichen, verkauft und in Hamburg-Moorburg abgebrochen. Mit 62 Dienstjahren war es das langlebigste Schiff der Kaiserlichen Marine, und bei der Freigabe zum Verkauf und Abbruch war es noch funktionstüchtig.

»GRILLE«: deutscher Flottentender, Aviso und deutsche Staatsyacht. Das Schiff wurde 1934 unter der Baunummer 500 bei Blohm & Voss in Hamburg gebaut, lief am 15. Dezember 1934 von Stapel und wurde am 19. Mai 1935 in Dienst gestellt.
Der 3430/2560 t große Neubau war insgesamt zu 95 % (Doppelboden zu 76 %) geschweißt. Das Schiff war über Alles ohne Bugspriet 135 m und zwischen den Loten 115 m lang. Die Seitenhöhe betrug 8,15 m; die Breite 13,5 m und der Tiefgang lag zwischen 3,40 m und 4,20 m. Die Besatzung

S. M. Aviso »GRILLE« vor der letzten Modernisierung 1897/98

Staatsyacht und Erprobungsträger für Hochdruck-Turbinenanlagen »GRILLE«

bestand aus 8 Offizieren und 240 Mann. Im Kriegseinsatz bestand die Bewaffnung aus 3×12,7-cm-, 4×3,9-cm- und 4×2,0-cm-Geschützen. Die Antriebsanlage aus 2 Satz B & V-Turbinen hatte eine Leistung von maximal 19430 kW (26400 PSw). Mit den beiden Schrauben von je 2,32 m Durchmesser fuhr die Yacht 26 kn. Bei 19 kn Fahrt konnte eine Strecke von 9500 Seemeilen durchlaufen werden. Vier Kessel mit einem Kesseldruck von 55···80 atü mit Überhitzer und vollautomatischer Askania-Kesselregelung erzeugten den Dampf.
Mit der Maschinenanlage diente das Schiff nur formell als Staatsyacht und überwiegend der Erprobung neuer Hochdruck-Turbinenanlagen für die im Aufbau befindliche Kriegsmarine.
Im zweiten Weltkrieg diente es als Minenschiff und Stabsschiff und wurde 1945 von der britischen Marine übernommen. 1946 wurde die »GRILLE« nach Libanon verkauft, machte einige Kreuzfahrten im östlichen Mittelmeer und wurde nach einer Kollision 1947 in Beirut aufgelegt. Danach wurde das Schiff für 100000 Dollar an die USA verkauft, aber schon 1951 in Bordenstown im Bundesstaat New Jersey abgewrackt.

Großer Kreuzer: siehe *Kreuzer* und *Panzerkreuzer*

Groß-Finowmaß-Kahn: siehe *Finowmaß-Kahn* und *Motorgüterschiff*

H

»Habsburg-Klasse«: Linienschifftyp der österreich-ungarischen Marine mit den 3 Schiffen »HABSBURG«, »ARPAD« und »BABENBERG«, die in den Jahren 1900, 1901 und 1902 von Stapel liefen. Bei einem Deplacement von je 8340 t waren die Linienschiffe 108 m lang, 20 m breit hatten 7,1 m Tiefgang. Der Wasserliniengürtel hatte 20···22 cm, die Kasematte 13,5 cm und das Panzerdeck eine bis zu 6 cm dicke Panzerung. Die Schiffe erreichten 19 kn Geschwindigkeit.

Hafenarztboot: dem Hafenarzt und der ihm unterstellten Hafenhygieneinspektion zur Verfügung stehendes und dementsprechend gekennzeichnetes Boot zur Wahrnehmung der Hygiene-, Seuchen- und Infektionskrankheitskontrollen. Bei Ankunft seuchenverdächtiger oder verseuchter Schiffe müssen die Schiffe auf Reede bleiben, der Hafenarzt hat dann die Einklarierung und Schutzmaßnahmen schon auf der Reede vorzunehmen und für die Isolierung und Pflege infizierter Personen zu sorgen. Das Hafenarztboot wird auch auf Anforderung für gelegentliche ärztliche Hilfeleistung für die Besatzungsmitglieder der auf Reede liegenden Schiffe benötigt.

Hafenbarkasse: siehe *Barkasse*

Hafenbugsierer: siehe *Schlepper* und *Hafenschlepper*

Dieselelektrische Hafenfähre auf der Warnow, Baujahr 1955

Hafeneisbrecher: kleiner, besonders manövrierfähiger *Eisbrecher* zum Eisaufbruch im Hafengebiet, um die Kailiegeplätze, die im Hafen befindlichen Schiffe und die Wendebecken bei Eisgefahr offen zu halten. Da im ruhigen Wasser der geschützten Häfen auch zwischen den Schiffen starke Eisbildung auftreten kann, werden dazu auch gut manövrierfähige *Hafenschlepper* als Hilfseisbrecher eingesetzt. Sie werden dazu für den Einsatz in eisgefährdeten Häfen mit entsprechenden Verstärkungen im Vorschiff gebaut. Den Aufbruch der Fahrrinnen bei dickerem Eis übernehmen größere *Eisbrecher.*

Hafenfähre: spezielles *Fährschiff*, das als Verkehrsmittel bei Fahrten in größeren Häfen dient. Teilweise verkehren Hafenfähren zu festgelegten Abfahrtzeiten zwischen verschiedenen Hafenbereichen, Kais und Landanlagen, um Hafen- und Werftarbeiter, Schiffsversorger, Makler, Schiffsbesatzungen und Versorgungsgüter zwischen festen Hafenanlegeplätzen zu befördern. Hafenfähren sind von unterschiedlicher Größe und Tragfähigkeit, so daß sie auch für die gleichzeitige Beförderung mehrerer hundert Personen ausgelegt sein können.

Hafenleichter: siehe *Leichter*

Hafenschlepper, *Hafenbugsierer:* kleinerer *Schlepper* zum Schleppen, Bugsieren und Verholen von Seeschiffen in Häfen und Hafenzufahrten. Um bei begrenzter Schiffsgröße und Antriebsleistung (200···1100 kW) den erforderlichen Propellerschub bzw. Trossenzug zu erreichen, werden Hafenschlepper i. allg. mit Verstellpropeller und Ruderdüsen, schwenkbaren Propellerantrieben oder Drehflügel-Propellern, wie dem Voith-Schneider-Propeller, gebaut.

Hafenschute: siehe *Schute*

Hafenverkehrsboot: der *Barkasse* ähnliches offenes oder teilgedecktes Motorboot für den Personentransport in Hafengewässern.

Hafenwachtschiff: Kriegsschiff zur Beobachtung und Überwachung aller Schiffsbewegungen im Hafen. Es untersteht i. allg. dem Hafenkapitän, dem Hafenkommandanten oder dem Hafenadmiral und hat fremden Kriegsschiffen gegenüber entsprechend den Vorschriften das Grußzeremoniell zu erwidern. Durch Kontrollfahrten hat es die Einhaltung der Hafenordnung und -sicherheit zu gewährleisten.

Hafen-Wasseromnibus: spezielles schnelles und i. allg. kleineres Fährschiff für den Personenverkehr im Hafen.

Haff-Eisbrecher: kleinerer flachgehender *Eisbrecher* für den Eisaufbruch in Haffs und anderen flachen Binnengewässern.

Japanischer Schwerer Kreuzer »HAGURO«

»HAGURO«: japanischer Schwerer Kreuzer, Typschiff von 4 Einheiten. Dieser 10000 t große Kreuzer wurde als erster Schwerer Kreuzer Japans nach dem Washington-Abkommen von 1922 unter Ausnutzung der Obergrenze des Kalibers der Schweren Artillerie von 203 mm projektiert. Mit dem japanischen Staatshaushalt von 1923 wurde der Bau bewilligt und das erste Schiff 1924 auf der Mitsubishi-Werft in Nagasaki auf Kiel gelegt. Der durch Streiks verzögerte Bau lief erst am 24. März 1928 von Stapel und wurde 1929 fertiggestellt.
Der Kreuzer war über Alles 192 m und zwischen den Loten 184 m lang; 19,0 m breit und hatte einen Tiefgang von 5,0 m. Die Besatzungsstärke betrug 773 Mann. Die Bewaffnung bestand aus 10×20,3-cm- und 8×12-cm-Geschützen sowie aus diversen Flakgeschützen und Maschinengewehren. Zur Torpedobewaffnung gehörten 8 Rohre des Kalibers 53,3 cm in 2 Vierer-Sätzen. Außerdem befanden sich noch 2 Katapulte und 4 Wasserflugzeuge an Bord. Die Panzerdicken waren an Deck 51…76 mm und in der Wasserlinie mit Torpedowülsten sowie an den Geschütztürmen der schweren Artillerie 76 mm.
Die beiden Dampfturbinensätze hatten eine Maximalleistung von je 9568 kW (13000 PS) und gaben dem Kreuzer mit 2 Schrauben eine Geschwindigkeit von 33 kn. Für die 12 Kessel standen 2000 t Heizöl zur Verfügung, die bei einer Geschwindigkeit von 14 kn eine Fahrtstrecke von 14000 Seemeilen ermöglichten.
In den Folgejahren wurde der Kreuzer mehrfach und 1936 grundlegend moderniesiert. Noch 1944 erhielten die Kreuzer dieses Typs Radargeräte. Am 14./15. Mai 1945 wurde die »HAGURO« im Pazifik von dem der »British Eastern Fleet« angehörigenden ehemaligen französischen Schlachtschiff »RICHELIEU« verfolgt und in der Malakka-Straße durch alliierte Seestreitkräfte versenkt.

Halbgleiter: schnelles Sport-, Verkehrs- und Marineboot, das ab einer bestimmten Geschwindigkeit nicht mehr vollständig als *Verdrängungsboot* sondern infolge einer speziellen Gestaltung des Bootsbodens teilweise in den Gleitzustand übergeht, siehe auch *Gleitboot*. Der Übergang zum Gleiten kann auch durch verstellbare Tragflossen unterstützt werden. Im zweiten Weltkrieg wurden mit Maschinengewehren bewaffnete Halbgleiter der sowjetischen Dnepr-Flottille, als »Poluglisser« bezeichnet, von den Sturmtruppen u.a. beim Vormarsch über Oder, Oder-Spree-Kanal und Hohenzollern-Kanal eingesetzt.

Halbponton: Spezialponton, insbesondere für Behelfsbrückenbauten und Behelfsfähren. Zur Erleichterung des Landtransports und wegen begrenzter Transportlängen werden die jeweils auch einzeln schwimmfähigen Halbpontons auf den Transportfahrzeugen i. allg. übereinander gestapelt transportiert und nach dem Zuwasserbringen mit ihren einseitig ebenen End-Querschotten zusammengekoppelt.

Halbtaucher, *Halbgetauchte Plattform:* siehe *Bohrinsel*

Handelsschiff: Sammelbegriff für unterschiedliche, oft spezialisierte kommerzielle Transport- und Versorgungsschiffe für Handelsgüter und Fahrgäste im Unterschied zu Kriegsschiffen, Fischereischiffen, Forschungsschiffen, Hilfsschiffen und den Schiffen der sog »Technischen Flotte«. Die anzahlmäßig größten Handelsschiffsgruppen sind Frachtschiffe und Fahrgastschiffe. Alle Handelsschiffe zusammen ergeben die Welthandelsflotte, zu der 1985 weltweit 34037 (Stichtag 1. April 1985, Schiffe über 100 BRT) mit 376 Mill. BRT bzw. 630 Mill. t Tragfähigkeit gehörten.

Handelsstörer: siehe *Hilfskreuzer* und *Kaperkreuzer*

Handels-U-Boot: unbewaffnetes Unterseeboot, das für den Unterwassertransport strategisch wichtiger Handelsgüter bzw. Rohstoffe gedacht war, um die Versorgung der Rüstungsindustrie auch bei Blockaden der Seewege zu sichern. Zu den bekanntesten zählt das im ersten Weltkrieg in Deutschland entwickelte Handels-U-Boot »U-DEUTSCHLAND«.
Bei einer Länge von 65 m und 8,9 m Breite betrug die Tragfähigkeit 750 t. Bei Überwasserfahrt war der Tiefgang 4,5 m. Der Druckkörper war durch wasserdichte Querschotte unterteilt in den Heckraum, Maschinenraum, hinterer Laderaum, Zentrale, hinterer und vorderer Akkumulatorenraum, vorderer Laderaum und Bugraum. Durch die Laderäume führte ein Tunnel zur Zentrale, in der sich alle für die Unterwasserfahrt erforderlichen Einrichtungen befanden. Oberhalb der Akkumulatorenräume sowie im Heck- und Bugraum waren die Wohnräume für die 27 Mann starke Besatzung. Derartige Handels-U-Boote haben sich wegen der geringen Größe und der nur möglichen Fahrt zu neutralen Häfen nicht bewährt.
In neuerer Zeit entstanden jedoch verschiedene Ideen und Konzepte, große Unterwasser-Tanker zu entwickeln, um durch Tauchfahrten unter der Eisdecke des Nordpolarmeers große Mengen von Flüssiggas oder Erdöl von Alaska nach Europa zu verschiffen.

Hebedock: siehe *Bergungsdock*, *Schwimmdock* und *»VULKAN«*

Hebeleichter: siehe *Hebeschiff*

Hebeponton, *Hebezylinder:* durch Fluten absenkbare und durch Lenzen auftriebserzeugende ponton-, tonnen- oder/und zylinderförmige schwimmfähige druckfeste Hohlkörper. Nach dem Absenken und Befestigen der gefluteten Hebepontons an dem zu hebenden Objekt wird das Wasser durch Druckluft herausgepreßt und entsprechend der gelenzten Wassermasse Auftrieb erzeugt.

Hebeschiff: zur Bergungsflotte (siehe auch *Bergungsschiff*) gehörendes Spezialschiff für Schiffsbergungen, Wasserbauten und zur Rohstoffgewinnung vom Meeresboden. Ältere Hebeschiffe waren relativ kleine, völlig bis prahmartig und breit gebaute Schiffstypen mit flachem Schiffsboden und schweren, über die Bordseiten, Bug- oder Heck hinausragende, geneigt stehende Auslegermasten (Derricks) zum Bergen schwerer Ladungen aus havarierten Schiffen oder zum Heben von Schiffsteilen. Eine spezielle Variante mit tragfähigen Heckauslegern und Heckrollen, über die Ketten oder Seile durch starke Winden gezogen und das zu bergende Fahrzeug auch teilweise aufslipbar war, bezeichnete man als »Hebeleichter«.
Vorgänger schwimmender Hebeleichter oder absenkbarer Hebepontons gab es bereits im Mittelalter. Auch bei modernen Hebeleichtern werden parallel neben dem zu hebenden Objekt die Leichter plaziert, auf den größten Tiefgang gebracht bzw. abgesenkt und verbunden. Nach Leerpumpen oder Leerpressen der Leichter bewirkt der Auftrieb das Anheben des Objekts um die Tiefgangsänderung, so daß es in flaches Wasser gebracht und dort der Hebevorgang wiederholt werden kann. In den Anfängen der U-Bootsentwicklung entstanden auch spezielle Hebeschiffe zur U-Bootsbergung wie das katamaranähnliche Hebeschiff *»VULKAN«*.
Moderne Hebeschiffe sind mit verschiedenen Ausrüstungen zum Ausgleich von Krängung und Trimm und Kranen bzw. Winden wie ein *Schwergutschiff* ausgerüstet. Der VEB Schiffswerft »Neptun«, Rostock gehört zu den langjährigen Entwicklern und Produzenten von Hebeschiffen.

Heckfänger: Sammelbegriff für verschiedene

Fischereischiffstypen wie *Hecktrawler*, *Kutter* oder *Trawler-Seiner*, die ausschließlich oder kombiniert für eine »Heckfangtechnologie« mit Heckslip, Heckrollen o.ä. sowie der entsprechenden Leinenführung und Windenanordnung versehen sind, im Unterschied zum »Seitenfänger«, bei dem die Netze über die Bordseite ausgesetzt und eingeholt werden, siehe auch *Fischereischiff.*

Heckradschiff: siehe *Raddampfer* und *Heckradschlepper*

Heckradschlepper: *Schlepper,* der durch ein Schaufelrad am Heck des Fahrzeugs angetrieben wird. Erste Ideen für Heckradschlepper mit Dampfantrieb entwickelte Jonathan Hull (Britannien) bereits 1729. Er erhielt am 21. Dezember 1736 das Patent Nr. 556 zur Anwendung der Newcomen'schen atmosphärischen Dampfmaschine zum Antrieb von Schleppdampfern mit Heckschaufelrädern.
Der 1802 gebaute Dampfschlepper *»CHARLOTTE DUNDAS«* gilt als der erste funktionsfähige Heckradschlepper.
Bei der weiteren Entwicklung zum *Schaufelradschiff* bzw. zum *Raddampfer* setzte sich wegen der einfachen Leistungsübertragung von der Kurbelwelle der Kolbendampfmaschine hauptsächlich das Seitenradschiff durch, bei dem 2 Schaufelräder an den Schiffsseiten angeordnet sind, obwohl verschiedene Gründe, wie die am Heck günstigere Nutzung des Nachstroms, die Gefährdung der Seitenräder bei Seegang und beim Anlegen u.a., für das Heckrad sprachen. Bei Schleppern und insbesondere bei Flußschleppern und bei begrenztem Tiefgang wurde jedoch das Heckrad dann bevorzugt, wenn Seitenradschlepper wegen ihrer größeren Breite über die Seitenräder infolge Breitenbegrenzungen der Fahrwasser nicht einsetzbar waren. Die weitere Entwicklung des Heckrads trat schließlich durch die Fortschritte des Schraubenpropellers in den Hintergrund.

Hecktrawler: *Fischereischiff,* das als Trawler für die Schleppnetzfischerei die Netze über das Heck aussetzt und einholt.
Im. allg. haben Hecktrawler oberhalb der Schwimmwasserlinie einen nach hinten überragenden Überhang des Schiffskörpers mit einer schrägen Rutsche, die als Heckslip oder Heckaufschleppe bezeichnet wird, oder es sind Rollen oder Hebeeinrichtungen am Heck vorhanden.
1954 wurden erstmals die britischen Trawler »FAIRFREE« und »FAIRTRY« mit einer vorher nur bei Walfangmutterschiffen üblichen Heckaufschleppe gebaut und die neue Heckfangtechnologie praktisch erprobt, die dann in den 60er Jahren dieses Jh. allgemein gebräuchlich wurde. Über die Heckslip oder Heckrollen wird ein Netz zum Aussetzen so weit vorgezogen, bis es im Wasser genügend Widerstand findet, um bei der Fahrt des Hecktrawlers selbst von Deck gezogen zu werden.
Das Netz mit seinen Scherbrettern und Kurrleinen wird, während es in Fangstellung ist, von den Kurrleinenwinden gehalten und durch hieven oder fieren dieser Winden bzw. durch eine veränderte Schiffsgeschwindigkeit in die erwünschte Fangstellung gebracht. Das volle Netz wird mit weiteren Winden an Bord gezogen und über Fischluken entleert, wodurch die beim Seitenfänger noch erforderliche schwere körperliche Arbeit zum Teil entfällt. Zur effektiven Ausnutzung der Fangzeit wurde die »Wechselnetzmethode« entwickelt. Dabei liegt jeweils das zweite Netz, das »Wechselnetz«, klar zum Aussetzen an Deck, so daß es unmittelbar nach Einholen des Netzteerts des aktiven Netzes ausgebracht werden kann. Hecktrawler, die mit dieser »Wechselnetzmethode« arbeiten, benötigen dazu ein entsprechend breites und langes Fangdeck und haben dementsprechend auf diesem Deck keine oder nur schmale bzw. einseitige Deckshäuser.

2366-BRT-Hebeschiff Typ »KIL«, VEB Schiffswerft »Neptun«, Rostock

Für den wahlweisen Einsatz in der Schleppnetz- und Ringwadenfischerei gibt es auch Hecktrawler mit zusätzlichen Ausrüstungen für die seitliche Netzhandhabung.
Im Unterschied zum Hecktrawler gibt es noch den älteren *Seitentrawler* aber auch einige modernere kleinere Trawler und Kutter, bei denen das Netz über sog. »Fischgalgen« ausgesetzt und eingeholt wird, die über die Bordseite hinausragen.

Hecktrawler-Seiner, Trawler-Seiner: Fischereischiff mit kombinierter Fischereiausrüstung für Schleppnetz- und Ringwadenfischerei über Heck bzw. über Heck und Seiten. Im. allg. wird das pela-

Heckansicht eines Hecktrawlers

gische (in einer bestimmten Wassertiefe geschleppte) Netz bzw. Grundschleppnetz (das durch Grundrollen dicht über Grund bewegt wird) über die schräge Heckaufschleppe ausgesetzt und eingeholt. Die Handhabung der Ringwaden kann in unterschiedlicher Weise erfolgen. Entweder wird die Ringwade über einen seitlich oder achtern über Bord reichenden Ausleger, an dem sich eine angetriebene große Rolle befindet, die Kraftblock (Powerblock) genannt wird, ausgebracht und zusammengezogen, oder es wird die breite Heckaufschleppe benutzt.

Heckwulstschiff: Schiff mit einer wulstähnlichen Verdickung des Schiffskörpers im Zuströmbereich des Propellers zur Lenkung der außenhautnahen Grenzschichtströmung und zur Vergleichmäßigung des Nachstroms. Ebenso wie beim Bugwulst waren erst ausreichende Kenntnisse erforderlich, um für die verschiedenen Schiffstypen und Schiffsformen die für den Schiffswiderstand und die Propulsion jeweils günstige Wulstform und Lage zu entwerfen. Erste Versuche machten Fresenius (1920), Kempf (»Kielwulst« 1930), Hogner (1932) und andere. Die Einführung in die Projektierungspraxis vollzog sich jedoch erst ab dem Ende der 50er Jahre zunächst bei völligen Schiffen, wie der von Nitzki für den Turbinentanker »HADRIAN« entwickelte Heckwulst Typ AG Weser, dann bei schnellen Schiffstypen und allmählich bei anderen Typen.

»HEDWIG WOERMANN«: kleiner deutscher Fracht- und Passagierdampfer um die Jahrhundertwende. Die »HEDWIG WOERMANN« wurde 1890 auf der Werft Low Walker/Tyne (England) für die Woermann-Linie AGmbH in Hamburg gebaut und am 30. Oktober 1890 in Dienst gestellt. Das 1289 BRT (801 NRT) große Schiff war 69,90 m lang; 9,79 m breit und hatte 6,43 m Tiefgang. Die Dreifach-Expansionsmaschine leistete 368 kW (500 PS) und gab dem Schiff eine Geschwindigkeit von 9,5 kn. Am 21. April 1907 ist die »HEDWIG WOERMANN« gestrandet und verlorengegangen.

Helicopterboot: siehe *Hubschrauberboot*

»HENRY FÜRST«: typischer Frachtdampfer der kleinen Rostocker Reedereien zu Anfang des 20. Jh. für den Nord- und Ostseeverkehr. 1905 baute die Osborne Graham & Co. in Sunderland (England) für den Reeder Otto Zelk in Rostock den 948-NRT-Frachter aus Stahl. Das Schiff wurde bei Kriegsausbruch 1914 in Großbritannien (in Dunston an der Tyne) beschlagnahmt. Weitere Schiffe des Reeders Otto Zelk waren »CLARA ZELK« (Baujahr 1904, 1326 NRT), »JOACHIM ZELK«, »JULIUS ZELK« und IDA ZELK«.

Heringsfabrikschiff: *Fischereifabrikschiff* mit speziellen Ausrüstungen für die Übernahme der Heringsfänge von Fangbooten und Fangschiffen und die sofortige Bearbeitung des Frischfisches. Die übernommenen Heringsfänge werden gewaschen und sortiert. Ein Teil kommt in die Gefrieranlagen zur Tieffrostung und danach in Tiefkühlladeräume. Besonders während der Heringsfangsaison werden größere Mengen zur sog.

Modell des kleinen deutschen Fracht- und Passagierdampfers »HEDWIG WOERMANN«, Baujahr 1890

Kapitänsbild des kleinen Frachtdampfers »HENRY FÜRST«, Baujahr 1905

»Faßware« als Salz- oder Gewürzhering verarbeitet. Das Heringsfabrikschiff hat dafür in großer Zahl leere Fässer sowie Pack- und Rüttelmaschinen, Salzungs- und Gewürzdosiereinrichtungen und Elevatoren für den Faßtransport in speziellen Laderäumen an Bord.

Heringslogger: siehe *Fischereischiff* und *Logger*

Herings-Ringwadenboot: siehe *Ringwadenboot*

»HERMES«: einer der ersten deutschen Motor-Bergungsschlepper. In den ersten Jahren nach dem ersten Weltkrieg war der Dieselantrieb für Hochseeschlepper noch völlig neu, obwohl wegen der geringen Brennstoffvorräte damit ein bedeutend größerer Fahrbereich als mit Dampfschleppern möglich wurde. Außerdem gab es den Beschluß der Kontrollratsbehörde; die ursprünglich für U-Boote gebauten Dieselmotoren ausschließlich für zivile Objekte zu verwenden.
Der Doppelschrauben-Bergungsschlepper »HERMES« wurde auf der Norderwerft AG in Hamburg für die Bugsier-Reederei- und Bergungs AG in Hamburg gebaut, lief im Dezember 1922 von Stapel und wurde im April 1923 in Dienst gestellt. Der Schlepper war mit 275 BRT (89 NRT) vermessen; 40,60 m lang; 6,92 m breit und besaß einen Tiefgang von 3,71 m und eine Seitenhöhe von 4,08 m. Die beiden einfachwirkenden Viertakt-Dieselmotoren der AEG. Berlin leisteten zusammen 1295 kW (1760 PSe). Der Schlepper ist am 19. Juli 1944 im Hafen von Saint Malo durch Bombentreffer gesunken, wurde nach der Befreiung Frankreichs geborgen, repariert und in der französischen Marine unter dem Namen »TENACE« in Dienst gestellt.

Hilfsflugzeugträger: siehe *Flugzeugträger*

Hilfskreuzer: schnelles, bewaffnetes Handelsschiff, das im Seekrieg die in Übersee befindlichen Auslandskreuzer (siehe *Kreuzer*) unterstützen sollte. Besonders vor dem ersten Weltkrieg wurde von führenden Seemächten der Bau neuer *Schnelldampfer* staatlich subventioniert, um sie bei Kriegsausbruch für militärische Aufgaben einsetzen zu können. Die Hilfskreuzer sollten die gegenerische Versorgung aus Übersee im sog. »Handelskrieg« stören. Die Bewaffnung der Hilfskreuzer war sehr unterschiedlich. Wurde im ersten Weltkrieg ein Schnelldampfer auf See zum Hilfskreuzer umgerüstet, so konnten von den Auslandskreuzern wegen der eigenen relativ schwachen Bewaffnung i. allg. nur wenige Geschütze übernommen werden. So hatte beispielsweise der in Eile umgerüstete Hilfskreuzer »*KAISER WILHELM DER GROSSE*« nur 4× 10,5-cm-Geschütze. Einige Auslandskreuzer hatten aber auch schon vor dem Krieg zusätzliche Geschütze, den sog. »Hilfskreuzerzuschlag«, zur späteren Bestückung von Hilfskreuzern in ihrer Last an Bord.
Die Silhouetten der zu Hilfskreuzern umgerüste-

ten Schnelldampfer waren jedoch unverkennbar und der Kohleverbrauch sehr groß, so daß keiner dieser Schnelldampfer/Hilfskreuzer länger als 2 Monate operieren konnte. Demgegenüber waren unauffällige, zu Hilfskreuzern umgerüstete Trampdampfer besser geeignet und in ihren Laderäumen konnten sie zusätzliche Kohlevorräte unterbringen und so eine verlängerte Einsatzdauer erreichen.
Die aus der Heimat auslaufenden Hilfskreuzer waren dagegen stärker bewaffnet, besser ausgerüstet und auf ihre Aufgaben besser vorbereitet. Die Sinksicherheit wurde u. a. durch eine Ladung leerer Fässer erhöht, die Geschütze mit Tarnklappen versehen und das Aussehen des Schiffs dem eines gegnerischen Frachters angeglichen. Im zweiten Weltkrieg wurde beispielsweise die 1936 von AG »Weser« für die DDG »Hansa« gebaute 7766 BRT große »KANDELFELS« (Deplacement 16000 t, Geschwindigkeit 16 kn) zum Hilfskreuzer »PINGUIN« mit der Tarnbezeichnung »Schiff 33« umgerüstet. Die Bewaffnung bestand aus 6×15-cm-, 1×7,5-cm-, 2×3,7-cm- und 2×2,0-cm-Geschützen, 4 Torpedorohren mit insgesamt 25 Torpedos, 420 Minen und 1, zeitweise 2 Bordflugzeugen. In anderen Fällen waren auch kleine Motor-Schnellboote an Bord.
Am 8. Mai 1941 wurde der Hilfskreuzer »PINGUIN« im Indischen Ozean vom britischen Kreuzer »CORNWALL« gestellt und in ein Gefecht verwickelt. An Bord befanden sich zu dieser Zeit noch 130 Minen, die nach einem Treffer explodierten und das Schiff zerrissen. Unter den 554 Toten waren 231 gefangene Seeleute von vorher gekaperten Schiffen.

Hilfsschiff: Sammelbezeichnung für verschiedene Schiffstypen, die Hilfsdienste verschiedener Art für die Schiffahrt und für den Hafenbetrieb sowohl im zivilen als auch im militärischen Bereich leisten. Die Unterscheidung zur sog. »Technischen Flotte« ist dabei nicht immer eindeutig. Zu den Hilfsschiffen des zivilen Sektors gehören insbesondere solche Schiffstypen, deren Einsatz unmittelbar an Aufgaben der Navigationshilfe, der Manövrierhilfe, der Ver- und Entsorgung und der Gefahrenbekämpfung gekoppelt sind. Des weiteren gehören Fischereiaufsichts- und Schutzboote, Bergungsschiffe und Bohrinselversorger, Restölübernahmeprahme, Tankreinigungsschiffe und Taucherboote zu den Hilfsschiffen. Im weiteren Sinne sind auch Typen der Technischen Flotte wie *Eisbrecher*, *Feuerschiffe*, Feuerlöschschiffe, *Leichter*, *Tonnenleger* usw. Hilfsschiffe für andere Objekte. Sie führen die Handels- oder Dienstflagge.
Im militärischen Bereich dienen Hilfsschiffe zur Unterstützung der Kampfschiffe als Begleitschiffe (Troßschiff) mit Nachschub- und Versorgungsfunktionen und zur Ausbildung. Sie können selbständig operieren oder als Troßschiff einem Verband zugeordnet sein. Sie haben i. allg. nur eine leichte Bewaffnung und führen die Dienstflagge oder im Krieg die Kriegsflagge. Im zweiten Weltkrieg wurden sie auch als Handelsschiffe getarnt eingesetzt. Zur Gruppe der *Begleitschiffe* gehörten früher die *Aviso* (veraltet) sowie die U-Boot- und Schnellboot-Begleitschiffe. Ferner können noch schwimmende Minen-, Torpedo-, Artillerie- und Raketentransporter in Dienst sein.

Doppelschrauben-Motorbergungsschlepper »HERMES«

Für Ausbildungszwecke sind noch Segelschulschiffe, Artillerieschulschiffe, Zielschiffe und Torpedofangboote in Dienst.

»HOCHE«: französisches Panzerschiff. Das um 10900 t große Panzerschiff lief 1886 in Lorient von Stapel. Das Schiff war 102,4 m lang; 20,0 m breit und hatte 8,3 m Tiefgang. Die Besatzung bestand aus 610 Mann.
Die Maschinenanlage mit einer Leistung von 8540 kW (11300 PSi) verlieh dem Schiff eine Geschwindigkeit von 16 kn. Mit dem maximalen Kohlevorrat von 800 t konnten bei 10 kn 3000 Seemeilen gefahren werden. Die Bewaffnung bestand aus zwei 34-cm- und zwei 27-cm-Geschützen. Die »HOCHE« stellt entwicklungsgeschichtlich einen Übergang vom Barbette-Panzerschiff zum Turm-Panzerschiff dar. Im Unterschied zu ihren 3 Schwesterschiffen erhielt sie für das vordere und achtere Geschütz versuchsweise je einen Panzerdrehturm und war damit kein »echtes« Barbette-Schiff, aber auch noch kein »volles« Turmschiff. Weiter waren noch acht 14-cm-Geschütze an Bord. Der Gürtelpanzer war bis zu 45 cm dick, und das Deck hatte eine 8 cm dicke Panzerung.
Im Jahr 1900 wurde das Schiff umgebaut und danach als Linienschiff geführt. Neben den beiden Turmgeschützen bestand die neue Bewaffnung aus 12×14-cm-, 4×6,5-cm- und 4×3,7-cm-Schnellfeuerkanonen, außerdem waren noch 3 Torpedorohre vorhanden.

»HOCHE« französisches Turmpanzerschiff

Hochsee-Bergungsschlepper: hochseetüchtiger *Schlepper* mit leistungsstarker Maschinenanlage zur Bergung havarierter oder fahruntüchtiger Schiffe. Der Hochsee-Bergungsschlepper muß auch bei schwerem Seegang und über größere Entfernungen einsetzbar sein. Er besitzt im Vergleich zu anderen Schleppertypen i. allg. einen höheren Freibord und ein relativ weit vorn angeordnetes höheres Deckshaus bzw. entsprechende Aufbauten. Bergungsschlepper haben i. allg. ein langes und seitlich freies Schleppdeck sowie eine dazu günstige Aufstellung der Schleppwinde mit Seegangsfolgeeinrichtungen nahe dem Verdrängungsmittelpunkt, um bei schwerem Seegang die stoßartigen Belastungen auf die Schlepptrosse klein zu halten und bei seitlichen Bewegungen wie Gieren oder Ausscheren des geschleppten Anhangs auch ein seitliches Ausweichen der Schlepptrosse zu ermöglichen.
Die Ausrüstungen zur Navigation und Nachrichtenübermittlung sowie zur Leck- und Brandbe-

kämpfung bzw. für Arbeiten an Wracks, Bohrinseln oder Seezeichen unterscheiden sich hauptsächlich nur hinsichtlich der Leistungsparameter von denen des *Bergungsschleppers*.

Hochsee-Feuerlöschkreuzer: hochseefähiges *Feuerlöschboot*. Mit der Offshore- und Onshoretechnik in Küstennähe und in küstenferneren Gebieten zur Erdöl-, Erdgas- und Rohstoffgewinnung entstanden vorher nicht aktuelle Brandgefahren in Schelfzonen und auf hoher See. Das Feuerlöschboot muß für diese Einsatzfälle dafür von entsprechender Größe und Schnelligkeit sein und über leistungsstarke Navigations-, Funk- und Ortungseinrichtungen verfügen. Es muß Ölbrände aus größerer Entfernung auf den hohen Bohrinseln und ausgebreitete Brände auf dem Wasser durch leistungsstarke Löschwasser/Schaumwerfer (Monitore) löschen und Ölsperren errichten, Rettungsinseln übernehmen und erste Hilfe leisten können.

Hochseeschiff: im Unterschied zum *Binnenschiff*, *Küstenmotorschiff* oder anderen Schiffen mit begrenztem Fahrtbereich hochseefähiges Schiff ohne Fahrbeschränkungen.

Hochsee-Torpedoboot: *Torpedoboot* für den Hochsee-Einsatz. Die Entwicklung der Torpedoboote begann mit kleinen Einheiten, die noch mittels Heißaugen an Bord genommen werden konnten. 1877 hatten die Torpedoboote erst ein Deplacement von 28 t und eine Geschwindigkeit von 18,5 kn. Die nächste Generation hatte ab 1886 bereits ein Deplacement von 95 t und fuhr 25 kn. Diese Vorläufer des Hochsee-Torpedoboots waren nur in Küstennähe und nur bei mäßigem Seegang einsetzbar. Die ersten Hochsee-Torpedoboote erhielten ein Deplacement von etwa 200 t, und waren i. allg. mit 3 Torpedorohren und 3 Schnellfeuer-Kanonen bestückt; siehe weiter *Torpedoboot*, *Torpedobootzerstörer*, *»B 111«* und *»G 137«*.

»Holland«-U-Boot: von 1875 bis 1903 von Ingenieur John P. Holland (USA) entwickelte Baufolge von U-Booten. Das erste 1875 von Holland gebaute Boot war noch manuell über Trittpedale angetrieben und entsprach bei 4,88 m Länge und 0,6 m Durchmesser in Form und Länge einem Torpedo. Die Wirkung sollte durch 5 am Boot befestigte Sprengkörper erzielt werden.
1889 bildete Holland die »The John P. Holland Torpedoboat Company« mit der er verschiedene U-Boote, darunter 1895 die »PLUNGER« mit 168 t Deplacement als sein erstes durch eine Dampfmaschine (1100 kW) angetriebenes U-Boot baute. 1898 baute Holland mehrere Boote mit je 74 t Deplacement. Erst 1900 wurde jedoch eines seiner U-Boote, es war bereits das 8. seiner Versuchsboote, von der US-Marine anerkannt und übernommen. Es war das erste als »autonom« bezeichnete Boot und hatte bei 26 m Länge 3 m Durchmesser. 1901 gelang mit dem Versuchsboot »FULTON« eine 15 Std. währende Tauchung ohne Frischlufterneuerung, für die damalige Zeit ein bedeutender Fortschritt in der Entwicklung des U-Boots.
Das 10. Holland-U-Boot wurde 1901 von Stapel gelassen und 1902 von der britischen Marine erworben, zur Werft »Vickers, Sons and Maxim« gebracht und dort ausgerüstet.
Auf das von der britischen Marine erworbene und als »HOLLAND 1« bezeichnete Boot folgten 1902 in einer Serie die Boote Nr. 2···5 von je 100 t und bis 1905 weitere 13 größere und verbesserte »Holland«-U-Boote $A_1 \cdots A_{13}$. Das erste Boot ist 1913 bei Tauchversuchen an der Küste von Cornwall gesunken. Das Wrack dieses ersten militärisch einsatzbereiten britischen U-Boots wurde 1982/83 – also 69 Jahre nach seinem Untergang – vor Plymouth geborgen und als technisches Denkmal restauriert.

Hochsee-Bergungsschlepper »OCEANIC« Baujahr 1969; Länge 82,6 m; B 14,34 m; T 6,3 m; Trossenzug 950 kN

Eine Flottille von Hochsee-Torpedobooten von der Werft F. Schichau in voller Fahrt

Holzfrachter, *Holzfrachtschiff:* Spezialfrachtschiff für den Holztransport oder Mehrzweck-Frachtschiff mit Zusatzausrüstungen. Ausschließlich für Rundholz-Transporte vorgesehene Spezial-Holzfrachter können entweder nach dem Dockprinzip be- und entladen werden oder das Rohholz durch bordeigene Krane laden und durch Krängung des Schiffs entladen.
Die Mehrzahl der Holzfrachter sind jedoch sowohl für den Rundholz- als auch für den Schnittholztransport geeignet. Es sind i. allg. Einschrauben-Stückgutfrachtschiffe mittlerer Größe ohne Zwischendeck, mit langen Laderäumen, großen Luken und Zurreinrichtungen für Holz-Deckladungen. Für Holzfrachter ist ein geringerer Freibord zulässig, da zuverlässig gestaute und gezurrte Decksladung bei größeren Krängungswinkeln des Schiffs zusätzlichen Auftrieb und aufrichtende Stabilitätsmomente erzeugen kann. Schiffe, die häufig Holz-Deckladungen fahren,

dürfen daher links von der Mittschiffs-Freibordmarke eine besondere »Holzfreibordmarke« mit dem Vorsatz »H« anbringen, die höher liegt als die Normal-Freibordmarke und damit einen größeren Tiefgang erlaubt.
Zu dieser Gruppe von Holzfrachtern gehört u. a. das vom VEB Schiffswerft »Neptun« 1972 in einer Großserie für den seinerzeitigen VEB Deutsche Seereederei gebaute M. S. »ZEULENRODA«. Neben dem Holztransport eignet sich das mittelgroße mit kurzer Back und langer Poop gebaute Stückgutschiff auch für den Stückgut-, Container-, Getreide- und Halbzeugtransport. Das Schiff ist 104,42 m über Alles und zwischen den Loten 95,74 m lang, 14,64 m breit und hat bis Hauptdeck 7,20 m Seitenhöhe und ist mit 3089 BRT bzw. 1904 NRT vermessen. Der Tiefgang liegt entsprechend den verschiedenen Ladelinien zwischen 5,79 und 6,12 m mit der entsprechenden Tragfähigkeit von 4631 bis 5121 t. Die beiden Laderäume haben 6121 m^3 Stückgut- und 6233 m^3 Schüttgut-Rauminhalte und lichte Lukenabmessungen von je 25,96 m × 10,60 m. In der Holzfahrt können 1477 Standards (1 m^3 Festholz entspricht 0,21 402 Standards) geladen werden. Die Laderaumhöhen des Eindeckschiffs liegen zwischen 4,20 m und 5,60 m. Die Beladung kann durch 4 bordeigene Schwingbäume des Systems »Velle« von 2×10 t, einem Baum von 20 t und einem Schwergutbaum von 50 t Traglast vorgenommen werden. Anstelle der Holzladung sind 122 TEU-Container ladbar, davon 32 an Deck. Das Schiff wurde noch für 27 Mann Besatzung ausgerüstet. Als Antrieb dient ein direktwirkender Zweitakt-Tauchkolbenmotor des Typs 8 NZD 72 A-1 des Dieselmotorenwerks Rostock mit 2355 kW Leistung bei 221 U/min. Das Einschraubenschiff fährt damit 14,6 kn.

»HOOD«: britischer Schlachtkreuzer. Dieser britische Schlachtkreuzer war seinerzeit das größte Kriegsschiff der Welt. Das 45000 t Schiff wurde 1916 auf Kiel gelegt und war erst 1920 fertig. Es war 261 m lang und 32 m breit. Mit einer Maschinenleistung von 111136 kW (151000 PS) erreichte das Schiff eine Geschwindigkeit von 31 kn. Die Bewaffnung bestand aus 8×38,1-cm- und 2×12-cm-Geschützen sowie 4×10,2-cm-Flakkanonen, 6 Torpedorohren sowie diversen Maschinenwaffen.
Der Schlachtkreuzer »HOOD« (Captain R. Kerr) sowie das seinerzeit neueste Großkampfschiff der Royal Navy, »PRINCE OF WALES« (Captain L. C. Leach) und weitere 6 Zerstörer operierten unter dem Kommando von Vizeadmiral L. E. Holland mit weiteren Verbänden unter Admiral Sir John Tovey am 23./24. Mai 1941 in der Dänemarkstraße, um den Durchbruch des Schlachtschiffs *»BISMARCK«* und des Schweren Kreuzers *»PRINZ EUGEN«* in den Atlantik zu verhindern. Am Morgen des 24. Mai 1941 kam es zum Gefecht, in dessen Verlauf der Schlachtkreuzer nach schweren Treffern und weiteren Explosionen gegen 5.53 Uhr sank. Das Feuergefecht hatte nur 5 Min. gedauert.
Bereits am 26. Mai 1941 wurde die »BISMARCK« 400 Seemeilen westlich von Brest durch Lufttorpedotreffer bewegungsunfähig gemacht und sank am 27. Mai 1941 im Feuer von 16 britischen Kriegsschiffen.

Das Schlachtschiff »HOOD«, lange Zeit das größte Kriegsschiff der Welt, am 24. Mai 1941 nach dem Gefecht mit »BISMARCK« und »PRINZ EUGEN« in der Dänemarkstraße durch Explosion gesunken

Die zu schwache Panzerung der »HOOD« war ein bekannter Mangel, den man bei Modernisierungen mit wenig Erfolg zu beseitigen versucht hatte. Die Granaten der wesentlich stärker gepanzerten »BISMARCK« konnten den Panzer der »HOOD« bis in die Munitionsbunker durchschlagen.

Hopperbagger, Schachtbagger: siehe *Schwimmbagger*

»Hotchkiß«-U-Boot: um 1885 vom französischen Ingenieur Hotchkiß entwickeltes U-Boot mit Preßluft-Dampfantrieb. Das Boot sollte nicht völlig, sondern nur soweit tauchen, daß der Turm noch aus dem Wasser ragte. Dazu waren Korkschwimmer beweglich an den Bordseiten angebracht. Wenn die Verbindung zwischen den Korkschwimmern und dem Bootskörpern verlängert wurde, hing das Boot auf der entsprechenden Tiefe zwischen den beiden nicht ganz getauchten Kork-Auftriebskörpern.
Das »Hotchkiß«-Boot stellt damit als sog. »Überflutungsboot« – bei dem möglichst viel vom Bootskörper überflutet sein sollte – eine relativ eigenständige Entwicklungsstufe zum ersten funktionsfähigen Tauchboot dar; siehe auch *»Holland«-U-Boot*.

Hotelschiff (Botel): Hotelschiffe sind Fahrzeuge, die entsprechend ihrer Bestimmung wie Wohnschiffe überwiegend mit Räumlichkeiten für die Nutzer (Touristen) ausgestattet sind. Während Wohnschiffe i. allg. mit einem geringeren Komfort ausgestattet sind und oft keinen eigenen Antrieb besitzen, verfolgt man mit dem Hotelschifff andere Ziele. Derartige Hotelschiffe verkehren z. B. im Auftrag der ägyptischen Hotelgesellschaft Egoth auf dem Nil zwischen Luxor und Assuan. Hier wird eine größere Anzahl von Passagieren (192 Passagiere) zwischen zwei Basishäfen durch eine landschaftlich reizvolle Gegend geführt, ohne auf die Annehmlichkeiten des Hotellebens verzichten zu müssen. Neben allen hierzu erforderlichen Einrichtungen verfügen die Schiffe über relativ große Seitenfenster und einen »Dachgarten« auf dem oberen Deck, der mit einem Sonnenschutz versehen ist.
Infolge der Tiefgangsbegrenzung auf Flüssen ist der Antrieb zumeist in Schraubentunneln angeordnet und zur Erhöhung der Manövrierfähigkeit des Schiffs schwenkbar. Da die Bordseiten dem

Wind große Angriffsflächen bieten, wodurch die Manövrierfähigkeit ebenfalls eingeschränkt wird, ist außerdem noch ein Bugstrahlruder vorhanden. Für eine erforderliche Brückendurchfahrt sind die Masten klappbar. Hauptabmessungen: L = 71,80 m; Seitenhöhe = 3,28 m; Tiefgang = 1,50 m; Antrieb 2×335 kW (2×465 PS), weiter siehe *Fahrgastschiff*, *Binnenschiff*, *Wohnschiff*. Für die Mannschaften von küstenferneren Bohrinseln gibt es auch sog. »Hotelinseln«, die auf Stützen stehen oder halbgetaucht schwimmen und im Komfort einem Hotel entsprechen.

Auch ein *Fahrgastschiff*, das zeitweise oder ständig aus der Passagierfahrt genommen und als Hotel an einem geeigneten Liegeplatz genutzt wird, bezeichnet man als »Hotelschiff«.

Hovercraft:siehe *Luftkissenschiff*

Hubplattform: siehe *Bohrinsel*

Hubschrauberboot: um 1960 erstmalig auf Motorbootsschauen vorgestelltes Sportfahrzeug als kombiniertes Motor-Hubschrauberflugboot. Der einem kleinen Gleitboot ähnliche Bootskörper aus Leichtmetall und glasfaserverstärkter Plaste hat einen Schraubenpropeller und über Wasser am Heck 2 Stabilisierungsflossen. An einer dieser Flossen befindet sich eine Luftschraube ähnlich der Hubschrauber-Heckschraube. Das Boot fliegt mit einem motorgetriebenen Rotor, dessen Rotorblätter etwa 5 m lang sind. Nach dem Flug ist der Rotorantrieb auf die Schiffsschraube umschaltbar.

Hubschrauberträger: modernes Kriegsschiff mit einem Flugdeck für Hubschrauber. Wegen des für diese Maschinen nur erforderlichen kleineren Flugdecks können Trägerschiffe kleiner sein als konventionelle *Flugzeugträger* und zur Unterstützung von Landeoperationen oder in begrenzteren Seeräumen eingesetzt werden, wie der sowjetische Hubschrauberträger »MOSKWA«. Derartige Träger können größere gegnerische Einheiten, See- und Landziele mit raketenbestückten Hubschraubern bekämpfen und Kampfhubschrauber mit Ortungsgeräten und Wasserbomben gegen U-Boote einsetzen.

Huckepack-Schiff: Trägerschiff, das als Mutterschiff kleinere schwimmfähige Fahrzeuge befördert. Die Bezeichnung wird hauptsächlich für Fischereimutterschiffe verwendet, die ihre Fangboote an Deck zu den Fangplätzen und zurück bringen (siehe auch »WOSTOK«) sowie für *Seiner* und *Thunfänger* mit ihren Dorybooten. Im weitesten Sinne gehört auch das *Leichterträgerschiff* zu dieser Schiffsgruppe.

Hurricanedeckschiff: siehe *Sturmdeckschiff*

Hydrographisches Schiff: siehe *Forschungsschiff*

»Hydrostat«: zylindrischer Tieftauchapparat bzw. Tieftauchturm; wobei die Abkürzung von »statarisch« auf den im Wasser aufrecht stehenden Tauchapparat hinweist.

Die ersten zylindrischen Tieftauchapparate dieser Art wurden in der Zeit um 1927/28 vom US-Forscher Dr. William Beebe entwickelt. Die deutsche Fa. Krupp/Essen baute 1931 nach den Plänen des deutsch-amerikanischen Tiefseeforschers Dr. Hans Hartmann einen Tieftauchapparat für 2 Personen. Der Stahlzylinder hatte 3 m Durchmesser und wurde an einem Stahlseil von einem Trägerschiff in die entsprechende Tiefe abgesenkt. Über ein Versorgungskabel konnte Elektroenergie zugeführt und mit dem Schiff telefoniert werden. Im Zylinder befanden sich Sauerstoff- und Luftflaschen, Luftreiniger und die erforderlichen Meßinstrumente. Durch druckfeste Fenster, Scheinwerfer und Kameras wurde beobachtet und dokumentiert. Am unteren Boden des Hydrostat befanden sich 2 kleine Propeller, um das am Seil hängende Gerät selbständig zu drehen.

Im Notfall konnte ein Zusatzgewicht abgeworfen und zusätzlich Auftrieb durch Ausblasen von Druckluft erzeugt werden. Der ursprünglich für den Einsatz bis 3000 m Tiefe vorgesehene zylindrische Tauchapparat wurde jedoch nur in Tiefen bis zu 500 m zur Erkundung antiker Unterwasserfunde im Mittelmeer eingesetzt. Wegen der höheren Druckfestigkeit kugelförmiger Tiefsee-Tauchkörper sind i. allg. auch modernere zylindrische Tauchkörper nur für begrenzte Tauchtiefen geeignet.

I

»ICTINEO«: spanisches Tauchboot um 1860. Der Spanier Narciso Monturiol (1819 bis 1885) baute mit finanzieller Unterstützung seiner Freunde 2 Tauchboote für die Korallenfischerei, die er beide »ICTINEO« (Fisch-Schiffe) nannte.

Mit dem Bau des ersten Boots wurde Anfang 1859 begonnen, der Stapellauf war am 28. Juni 1859. Das aus Olivenholz gebaute Boot hatte einen elliptischen Querschnitt und besaß eine Verdrängung von etwa 8 t. Es war 7,0 m lang; 2,5 m breit und maß von Unterkante Kiel bis Oberkante Kuppel 3,5 m. Es war eine Tauchtiefe von 40 m vorgesehen, erreicht wurden aber nur 20 m. Mit Handantrieb des Propellers durch 4 Mann erreichte das Boot über Wasser eine Geschwindigkeit von 0,9 kn.

Mit den Mitteln einer öffentlichen Sammlung konnte Monturiol mit dem Bau eines zweiten Boots beginnen. Das Boot wurde 1866 fertig, jedoch war die durch Muskelkraft erreichte Geschwindigkeit zu gering, so daß sowohl für Überwasser- als auch für Unterwasserfahrt ein geeigneter Dampfantrieb erforderlich war.

Das zweite Boot »ICTINEO« hatte einen kreisförmigen Querschnitt und besaß eine Verdrängung von etwa 65 t. Es war 17,0 m lang; 3,5 m breit und maß von Unterkante Kiel bis Oberkante Kuppel ebenfalls 3,5 m. Unter Wasser verdrängte das Boot 73 t. Die Spanten waren aus 10 cm dickem Olivenholz, auf denen 6 cm starke Eichenplatten befestigt waren. Die Beplankung war zusätzlich mit 2 mm starkem Kupferblech beschlagen. Am Druckkörper befand sich vorn ein Bronze-Gußstück mit Sichtfenster. Hinten diente ein ähnliches Gußstück zur Aufnahme der Schraubenwelle. Mittschiffs war oben eine Kuppel aus Bronze mit Einstiegluke und Fenster vorhanden, die einen Rundblick ermöglichten. Weitere Sichtkuppeln befanden sich an den Seiten, in denen später Greifarme für die Korallenfischerei montiert wurden. Der äußere Bootskörper bestand ebenfalls aus Holz und war mit dem eigentlichen Druckkörper durch Bodenwrangen aus Bronze verbunden. Dazwischen befanden sich vorn und achtern jeweils 2 Tauchtanks, die aus Kupferblech gefertigt waren. Die »ICTINEO« (2) gilt somit als erstes Zweihüllen-Tauchboot. Es erreichte eine Tauchtiefe von 20 m. Für die Überwasserfahrt wurden 2 oszillierende Maschinen mit obenliegender Kurbelwellen eingebaut, die zusammen 4,5 kW (6 PS) leisteten. Ein Zahnradvorgelege erlaubte das Fahren in 2 Drehzahlbereichen und die Rückwärtsfahrt. Der Abdampf wurde in einen Oberflächenkondensator geleitet, der zwischen Außenhaut und Druckkörper montiert war.

Für die Unterwasserfahrt war eine Einzylinder-Dampfmaschine mit einer Leistung von etwa 1,5 kW (2 PS) vorgesehen, die über einen Kegelradantrieb auf die Schraubenwelle arbeiten sollte. Diese Maschine konnte nur noch in der Werkstatt erprobt werden. Der Kessel mußte zerlegt in Einzelteile durch die Einstiegluke in das Boot transportiert werden. Er war so ausgelegt, daß er bei Tauchfahrt durch Heizpatronen genügend Dampf erzeugen sollte. Bei Überwasserfahrt wurde mit Koks gefeuert. Der Kesseldruck betrug 0,5 MPa (4 atü). Die Geschwindigkeit betrug bei Überwasserfahrt 3,5 kn.

»ILE DE FRANCE«: französischer Schnelldampfer. 1926/27 baute die Chantiers et Ateliers de St. Nazaire, Penhoet für die Compagnie Generale Transatlantique; Paris, als Flaggschiff der Reederei den Schnelldampfer »ILE DE FRANCE«. Das 43153 BRT große Schiff war 241,4 m lang und 28 m breit, hatte eine Tragfähigkeit von 11685 t und war auf der Route Le Havre–New York eingesetzt. Die Dampfturbinen leisteten 38272 kW (52000 PS), womit das Vierschraubenschiff eine Geschwindigkeit von 23···24 kn erreichte. Das Schiff war für 1345 Passagiere eingerichtet und hatte auch die Spitznamen »Kahn der Prominenten« und wegen seines Komforts den der berühmten Pariser Straße »Rue de la Paix des Ozeans«. Im Sommer 1928 erhielt das Schiff nach dem Vorbild des Schnelldampfers *»BREMEN«* zur Beschleunigung des Postverkehrs ein Bordflugzeug, wurde 1932 modernisiert und für die Beförderung von 1500 Passagieren eingerichtet. Im September 1939 wurde die »ILE DE FRANCE« in New York zunächst aufgelegt und dann zum Truppentransporter umgerüstet. Nach dem Krieg ist das Schiff erneut modernisiert worden. Von 1927 bis 1959 befuhr es 620mal die Route Le Havre–New York. Es war Inhaber des »Ritterkreuz für Verdienste zur See« sowie von 85 Diplomen und des »St. Bernhard der Meere«. 1959 wurde das Schiff aus dem Verkehr gezogen und für 1,2 Mill. Dollar an Japan zum Abwracken verkauft. Im Indischen Ozean wurde das leer nach Japan fahrende Schiff von einem amerikanischen Filmproduzenten für 4000 Dollar pro Tag gechartert, um Szenen für den Film »Die letzte Reise« zu drehen.

Während der Überführung trug die »ILE DE FRANCE« den Namen »FURANSU MARU«. Die Nachfolgerin wurde dann die *»FRANCE«*.

Die »ILE DE FRANCE« beim Auslaufen aus New York am 1. Mai 1940 mit einer Ladung von US-Flugzeugen nach Marseille

S. M. Kanonenboot »ILTIS«, erbaut 1898 von F. Schichau, Danzig

»ILTIS«: *Kanonenboot* der Kaiserlichen Marine. Kanonenboote wurden vorwiegend in den Kolonien und sog. »Schutzgebieten« zur Repräsentation der Macht und für Patrouillenfahrten an den Küsten und Flüssen eingesetzt. Das erste Kanonenboot mit dem Namen »ILTIS« lief 1878 in Danzig von Stapel. Es hatte 570 t Deplacement und 2×12,5-cm- sowie 2×8,7-cm-Kanonen. Ab 1880 im Auslandsdienst, strandete diese »ILTIS« am 23. Juli 1896 in einem Taifun vor Shanghai und ging mit dem größten Teil der Besatzung verloren. Für die erste »ILTIS« wurde am 21. November 1898 in Shanghai ein Denkmal errichtet. Das Nachfolge-Kanonenboot gleichen Namens wurde 1898 ebenfalls in Danzig gebaut. Es war 63,9 m in der KWL lang; 9,1 m breit und ging 3,3 m tief. Das Deplacement betrug 1048 t. Mit den beiden liegenden Dreizylinder-Dreifach-Expansionsmaschinen wurden 957 kW (1300 PSi) und 13,5 kn erreicht. Bei 10 kn Marschgeschwindigkeit betrug die Dampfstrecke ohne Nachbunkern 2000 Seemeilen.

Das mit 126 Mann besetzte Schiff erhielt 4×8,8-cm-Geschütze sowie 6×3,7-cm-Maschinenkanonen und wurde ab 1. Dezember 1898 in Tsingtau stationiert. Die »ILTIS« nahm an der Bekämpfung des sog. »Boxeraufstands« und an der Beschießung der chinesischen Taku Forts am 17. Juni 1900 teil.

Dieses Kanonenboot »ILTIS« (2) war das einzige Schiff der Kaiserlichen Marine, das mit dem Orden »Pour le mérite« ausgezeichnet wurde. Am 28. Sept. 1914 wurde es in Tsingtau gesprengt, weil die Lage nach Abzug des Auslandsgeschwaders unter Graf Spee aussichtslos war.

»IMPERATOR«: Typschiff der 3 großen HAPAG-Schnelldampfer: »IMPERATOR«, »BISMARCK« und »VATERLAND«; erstes Turbinen-Fahrgastschiff Deutschlands mit 4 Propellern für »große Fahrt«.

Im ersten Jahrzehnt des 20. Jh. hatten sich im transatlantischen Passagierverkehr 2 Hauptrichtungen herausgebildet. Die Cunard-Line und der Norddeutsche Lloyd kämpften mit ihren Schnelldampfern um die schnellste Übrfahrt und das »Blaue Band«, während die HAPAG sich auf wirtschaftlichere großräumige Schiffe und nicht auf extrem schnelle Schiffe orientierte. Nachdem die Cunard-Line und White-Star-Line große Turbinenschnelldampfer wie die »MAURETANIA« und »LUSITANIA« bauen ließen, stellte der Bauauftrag der HAPAG eine günstige Kombination des Großraumschiffs und des Schnelldampfers dar.

Der Bau kostete 40 Mill. Reichsmark und wurde von den Vulkan-Werken, Hamburg übernommen. Nach dem Baubeginn 1910 war am 23. Mai 1912 Stapellauf und am 11. Juni 1913 die erste Ausfahrt nach New York. Die »IMPERATOR« war bis April 1914 das größte Schiff der Welt. Es hatte besonders komfortable Unterbringungs-, Gesellschafts- und Aufenthaltsräume für insgesamt 4594 Passagiere und eine Ladefähigkeit von 12000 t. Die Fahrgäste waren in 4 Klassen untergebracht: in der 1. Klasse waren 714 Betten und 194 Sofabetten, in der 2. Klasse 972 Plätze, in der 3. Klasse 942 Plätze und im Zwischendeck 1772 Plätze.

Mit einem Frahm'schen Schlingertank von 500 m^3 Seewasser, einer leistungsstarken Funkausrüstung und besonderen Feuerlöschausrüstungen erreichte das Schiff neben dem Komfort auch ein neues Niveau in der Schiffssicherheit.

Für die Versorgung waren 8 Küchen vorhanden, alle mit Dampfkochtöpfen und doppelseitigen Kochherden ausgerüstet. Neben den Speisesälen für jede Klasse gab es ein Restaurant und einen Wintergarten, einen Fest- und Ballsaal, einen Damensalon mit Bibliothek und ein Schreibzimmer für die 1. Klasse; für die 2. Klasse einen Speisesaal, einen Rauch- und Damensalon und eine Gesellschaftshalle und schließlich für die 3. Klasse einen Speisesaal und je ein Rauch- und Lesezimmer. Für sportliche Betätigung standen eine Schwimmhalle mit einem Schwimmbecken von 11,9×6,6 m sowie für die 1. und 2. Klasse je eine Turnhalle von etwa 70 m^2 zur Verfügung.

Die Fahrgäste wurden durch 118 Köche und Küchenpersonal, etwa 400 Stewards und Stewardessen, Servierer, Aufwäscher und Verwalter versorgt.

Das Schiff stand unter dem Kommando eines Kommodores, dem 4 Kapitäne, 7 nautische Offiziere, 1 Oberingenieur, 3 erste Ingenieure sowie 25 Ingenieure und Elektriker für die Schiffsführung unterstanden. Die Besatzung zählte insgesamt 1180 Personen.

Zur Schiffssicherheit war auf etwa ⅓ der Schiffslänge von vorn ein 1,5 m breiter Wallgang vom Doppelboden bis über die Schwimmwasserlinie angeordnet. Als zusätzliche Novität für die Sicherheit der Fahrgäste und Besatzung im Seenotfall hatte das Schiff unter den 80 Rettungsbooten mit einer Bootskapazität für insgesamt 5400 Personen 2 Barkassen mit Motorenantrieb. Auf diesem Handelsschiff wurde außerdem erstmalig ein unmagnetischer Kreiselkompaß installiert. Die Hauptparameter dieses Schiffsriesen seiner Epoche vor 1914 waren: 280,18 m Länge über Alles; 268,20 m Länge in der KWL; 29,87 m Breite; 19,20 m Seitenhöhe bis Hauptdeck; 30,60 m Seitenhöhe bis Bootsdeck und 10,80 m

Die »IMPERATOR« im Hamburger Hafen

»IMPERATOR«, oben: Restaurant I. Klasse; unten: Blick vom Wintergarten in das Restaurant

Tiefgang. Die Neubauvermessung betrug 52117 BRT und 29881 NRT bei 57000 t Konstruktionsdeplacement. Es wurden 25000 t Schiffbaustahl, 1500 t Nieten und 5600 m^3 Holz für den Bau gebraucht. Die Stapellaufmasse erreichte 26500 t. Die Geschwindigkeit von 22,5···24 kn wurde mit 45630/52200 kW (60000/75000 PS) durch Getriebedampfturbinen von AEG/Vulkan und 46 Wasserrohrdampfkesseln mit 1,7 MPa (16 atü) über 4 Wellen mit 4flügligen Propellern von 5 m Durchmesser mit etwa 175 U/min. erreicht. Die mittleren Propeller wurden jeweils durch eine Hochdruck- und Mitteldruckturbine angetrieben. Der Kohleverbrauch betrug etwa 1000 t/Tag,

»IMPERATOR«, Bugansicht

»IMPERATOR«, Seitenansicht

so daß der maximale Kohlevorrat von 8500 t für 8 ½ Tage Höchstverbrauch reichte, für die Betriebsbunkerfüllung genügten 5660 t. Zum Maschinenpersonal gehören 422 Mann, davon 340 Heizer und Kohlentrimmer. Als Steuerorgan diente ein in 5 Fingerlingen aufgehängtes Einplattenruder mit einer Masse von 90 t.

Für die Ausreise nach New York wurden an Bord gegeben: 22,5 t Frischfleisch, 4,25 t Wild und Geflügel, 4 t Frischfisch, Hummer, Krebse, Austern, 7,5 t Brot, 0,5 t Hefe, 48000 Stück Eier, 12,5 t Frischgemüse, 6,0 t Früchte, 150 Kisten Zitronen und Apfelsinen und u. a. 1500 Schachteln Eiskrem. An Dauerproviant für die Aus- und Heimreise 50,0 t Kartoffeln, 0,2 t Zwiebeln, 31,5 t Mehl, 1,5 t Essigsprit, 4,5 t Salz, 250 kg Senf, 75 kg Pfeffer, 1500 Gläser und 150 kg diverse Gewürze, 12,0 t gesalzenes Fleisch und Fleisch in Dosen für Mannschaften und Zwischendeckfahrgäste, 4,15 t Schinken, Wurst, Zungen, Speck, 25 Faß Heringe zu je 650 Stück, 2000 Dosen und 100 Faß Fischkonserven, 375 kg geräucherte Fischkonserven, 2750 kg Käse, 6500 l Milch und Rahm, 2,5 t Butter, 2,75 t Margarine und weitere Gemüsekonserven, getrocknete Früchte, Kompotte sowie 5 t Zucker und vieles andere mehr.

An Getränken wurden jeweils übernommen: 10000 Flaschen Wein, 5000 Flaschen Champagner, 2200 Flaschen Liköre und Cognac, 2800 l Bier und 1500 Flaschen Mineralwasser. Für die Unterbringung des Proviants waren 2830 m^2 Vorrats- und Kühlräume vorhanden.

Letztlich seien noch einige Wäscheausstattungen erwähnt: für die Ausreise bei voller Belegung und einer 50 %igen Belegung während der Rückreise wurden für alle Klassen 2500 Badelaken, 4900 Badetücher, 9700 Bettlaken und Bezüge, 800 Gläsertücher, 30000 Handtücher, 950 Rollhandtücher, 12250 Kissenbezüge, 45300 Servietten, 13800 Serviertücher sowie 6870 Tischtücher aller Größen und 1550 Schürzen an Bord gegeben.

Für die Dauer des ersten Weltkriegs war das Schiff ab 1. August 1914 in Hamburg aufgelegt. Nach Kriegsende kam es an die USA und lief am 27. April 1919 zur Übergabe von Hamburg nach New York aus.

Nachdem es zunächst als US-Truppentransporter eingesetzt war, erwarb 1921 die Cunard-Line das Schiff, benannte es um in »BERENGARIA«, ließ es 1921/22 umbauen und setzte es gemeinsam mit der White-Star-Line auf der Amerika-Route ein. Unter britischer Flagge machte die »BERENGARIA« 1922 die schnellste Überfahrt mit 23,5 kn Durchschnittsgeschwindigkeit.

Das britische Turmpanzerschiff »INFLEXIBLE«, 1876

Am 3. März 1938 wurde das Schiff bei einem Großbrand in New York schwer beschädigt, danach aufgelegt und an die Yarrow Shipbreaking Company verkauft, die im Januar 1939 eine 10tägige Auktion zum Verkauf der Inneneinrichtungen veranstaltete.

Der endgültige Abbruch ging langsam vor sich, erst 1946 wurde der noch schwimmfähige Doppelboden nach Rosyth geschleppt und dort verschrottet. Zur Erinnerung an dieses imposante Schiff steht ein Modell aus Silber im Museum für Deutsche Geschichte in Berlin. Die Cunard-Line übergab 1984 der Stadt Hamburg die Schiffsglocke der ehemaligen »IMPERATOR«.

»INFLEXIBLE«: britisches *Turmpanzerschiff*. Das 11880 ts große Schiff hatte 1876 Stapellauf und wurde 1881 in Dienst gestellt. Die Bewaffnung bestand aus 4×40,6-cm-Geschützen in 2 Türmen. Ab Oktober 1881 gehörte es als größte und kampfstärkste Einheit zu einem Mittelmeergeschwader von 8 britischen Panzerschiffen sowie 6 Kanonenbooten unter dem Kommando von Vice-Admiral Sir Frederick Beauchamp Seymour. Ein erster Einsatz war bei der Beschießung von Alexandria am 11. Juli 1882, es ging um die britische Vorherrschaft über den Suezkanal. Die »INFLEXIBLE« wurde von einer gegnerischen 25,4-cm-Granate getroffen, die vom Panzer nach oben abglitt, das darüberliegende Deck durchlöcherte und einen Offizier und einen Schiffszimmermann tötete.

In den Jahren 1883 bis 1885 berichtete der spätere Chefkonstrukteur der englischen Marine Sir Ph. Watts in Vorträgen über Versuche mit der »INFLEXIBLE«, die vor Alexandria mit sog. »offenen Wasserkammern« zur Dämpfung der Schlingerbewegung durchgeführt wurden. Sie hatten die Wirkung des Systems bewiesen, wurden aber noch nicht für die folgenden Kriegsschiffsneubauten übernommen. Von den Fahrgastschiffen erhielten die beiden Atlantikliner *»CITY OF NEW YORK«* (1888) und »CITY OF PARIS« (1889) jedoch schon ähnliche Schlingerdämpfungstanks, aber erst HERMANN FRAHM (1867 bis 1939) vervollkommnete das Tanksystem zur Schlingerdämpfung.

Inspektionsboot: für die Aufsicht bzw. Inspektion von Wasserstraßen, Fahrwasserbegrenzungen, Seezeichen, Gewässerreinhaltung sowie zur Fischereiaufsicht eingesetztes Kontrollboot.

Instrumententräger: für verschiedene Meß- und Forschungsaufgaben automatisch registrierende schwimmfähige Apparatur. Instrumententräger werden i. allg. am Meßort stationär zur Bestimmung von Strömungen, Temperaturen, Salzgehalten, Niederschlägen, Wellenhöhen und Windstärken sowie Eisbildungen und Eisdrücken verankert oder driften, ausgerüstet mit Funkreflektoren und -sendern mit der Strömung; siehe auch *Forschungsschiff* und *Forschungsboje*.

»INVINCIBLE«: britischer Schlachtkreuzer. Das Schiff entstand im Bauetat von 1905 bei Armstrong in Elswick. Die Kiellegung war am 2. April 1906, der Stapellauf am 13. April 1907 und die Indienststellung am 20. März 1908. Die Bauzeit betrug somit 40 Monate, die Baukosten beliefen sich auf 1,635 bis 1,677 Mill. Pfund. Die »INVIN-

Schema der Decks- und Geschützanordnung auf der »INVINCIBLE«

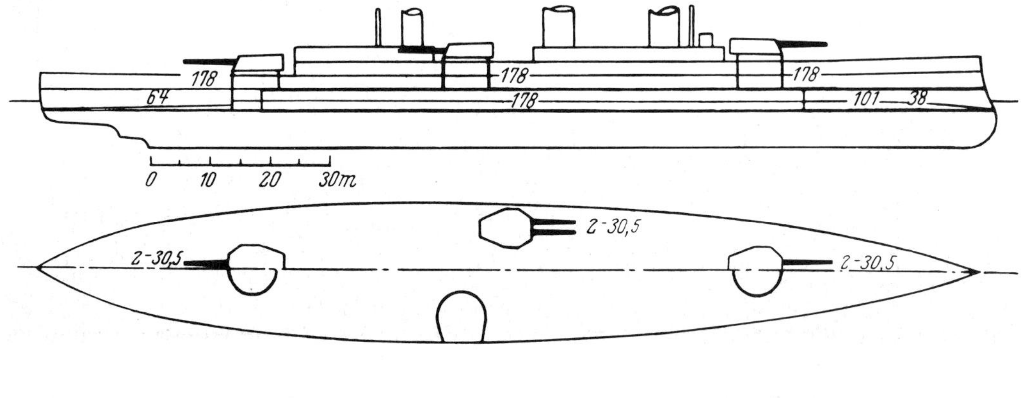

CIBLE« wurde zur »Mutter der Schlachtkreuzer«, denn ab diesem Schiff wurden die Panzerkreuzer (engl. armoured Cruiser) Schlachtkreuzer (battle Cruiser) der »Invincible«-Klasse genannt. Der Bau wurde deshalb unter noch größerer Geheimhaltung als beim *»DREADNOUGHT«* durchgeführt.
Das Schiff hatte ein Deplacement von 20300 t. Es war über Alles 170,0 m und zwischen den Loten 161,5 m lang, 23,9 m breit und hatte 8,0 m Tiefgang. Die Besatzung bestand aus 780 Mann in Friedenszeiten. Zur Bewaffnung gehörten 8× 30,5-cm-Geschütze in 4 Türmen, 16×10,2-cm-Geschütze sowie 5 Unterwasser-Torpedorohre des Kalibers 45,7 cm, davon ein Rohr am Heck. Die Geschoßmasse einer Breitseite erreichte 3084 kg.
Die Panzerdicken betrugen im Deck 7,6 cm, am Kommandoturm bis zu 30,5 cm sowie in der Wasserlinie und an den Barbetten und Schilden der schweren Artillerie 17,8 cm.
Die Antriebsanlage bestand aus 4 Parsons-Turbinen mit einer Leistung von insgesamt 33000 (44875 WPS), die auf 4 Schrauben arbeiteten und dem Schlachtkreuzer eine Geschwindigkeit von 26,2 kn verliehen. 31 Yarrow-Kessel erzeugten den Dampf. Bei einem maximalen Kohlevorrat von 2500 t sowie 500 t Öl konnte das Schiff mit 25 kn eine Strecke von 3000 Seemeilen zurücklegen. Bei Kriegsausbruch 1914 gehörte das Schiff zur *Home-Fleet*, wurde aber ab 11. November 1914 zur Jagd auf das deutsche Ostasien-Kreuzergeschwader angesetzt. In der Falklandschlacht am 8. Dezember 1914 vernichtete es den deutschen Panzerkreuzer *»SCHARNHORST«* und erhielt dabei selbst 23 Treffer. In der Skagerrak-Schlacht (engl. Battle of Jutland) am 31. Mai 1916 war die »INVINCIBLE« Flaggschiff des III. britischen Schlachtkreuzergeschwaders unter Admiral Beaty. Nach den Treffern des Schlachtkreuzers »LÜTZOW« kam es zu einer Explosion und das Schiff zerbrach in 2 Teile, es gab auf der »INVINCIBLE« 1026 Tote und nur 5 Überlebende.

»IRON-DUKE«-Klasse: britische Klasse von 4 Dreadnought-Linienschiffen für 21 kn, die als erste Großkampfschiffe 1912 wieder mit Mittelartillerie armiert wurden und erstmalig Fla-Geschütze erhielten. Neben der »IRON-DUKE« gehörten »EMPEROR OF INDIA«, »MARLBOROUGH« und »BENBOW« zu dieser Klasse, die zehn 34,3-cm- und sechzehn 15,2-cm-Geschütze erhielt.

Isherwood-Längsspantenschiff: um 1907/08 vom Schiffbauingenieur Joseph W. Isherwood – später geadelt Sir Joseph – zunächst speziell für *Tanker* und Erzschiffe entwickelte Schiffskörperbauweise mit Längsspanten am Schiffsboden, an den Schiffsseiten und unter Deck. Im Unterschied zur Querspantenbauweise entfielen die eng gestellten Querspanten und verblieben neben den Querschotten nur in größeren Abständen Rahmen-Querspante. Das Isherwood-System griff dabei das bei der »GREAT EASTERN« ein halbes Jahrhundert vorher angewandte ähnliche Prinzip auf. Das durch Isherwood 1908 öffentlich vorgestellte »New system of ship construction« wurde zur Grundlage für Tanker, Erzschiffe und für alle Schiffstypen mit besonders hohen Längsfestigkeitsbelastungen. Es hatte bereits hochliegende seitliche »Topptanks« zur Ballastaufnahme bei Leerfahrten und zur Beeinflussung der Stabilitätseigenschaften. Ein außerdem vorgesehenes Mittellängsschott entfiel im Laufe der Weiterentwicklung. Neben einer erhöhten Längsfestigkeit konnten die seinerzeit noch genieteten Schiffskörper um 10···12 % leichter gebaut werden bei gleichzeitiger bedeutender Arbeits- und Bauzeiteinsparung.
Das in Britannien erteilte und anerkannte Patent wurde jedoch vom Kaiserlichen Patentamt in Deutschland nicht anerkannt. Auch von seiten der Klassifikation wurde in Deutschland bestenfalls die »Versuchsklasse« erteilt.
Die AG-Weser baute dennoch für die Hamburg-Bremen-Afrika Linie den Dampfer »ARNFRIED« als erstes Schiff dieser Bauart in Deutschland. 1911 entstand auf der gleichen Werft für die DDG »Hansa« in Bremen der Frachter »STEINTURM« als zweites Schiff mit dem Isherwood-Längsspantensytem. Erst 1925 gab Lloyd's erste Bauvorschriften für Längsspantensysteme heraus und erkannte damit das Bauprinzip als allgemein anwendbar an.

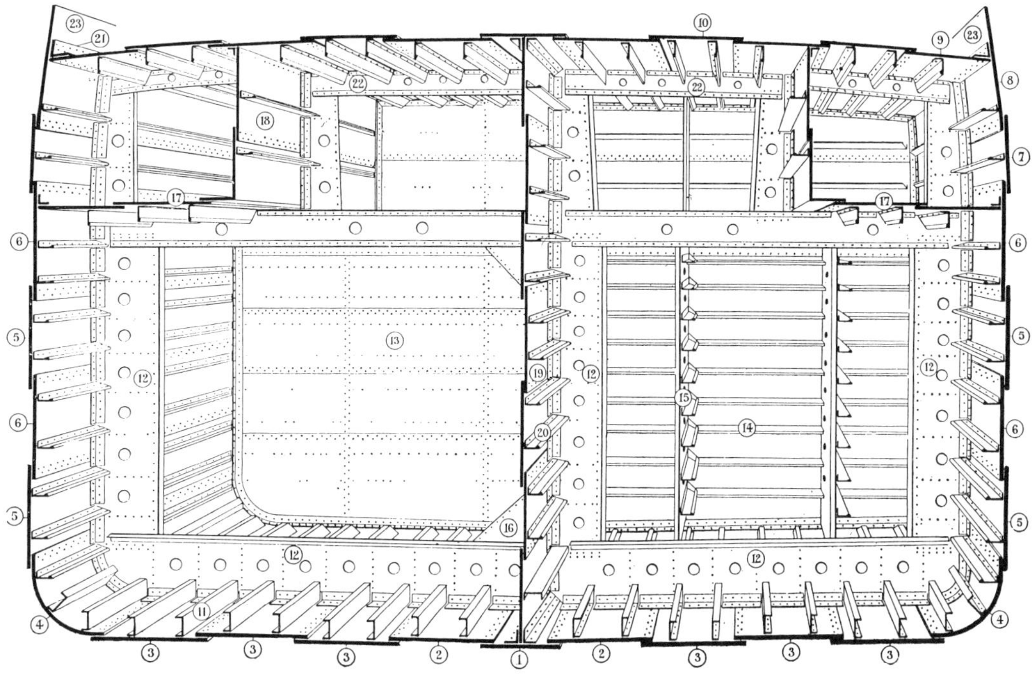

Querschnitt eines ohne Kniebleche genieteten Tankers mit einem Längsspantensystem nach Sir Isherwood:

1 Flachkiel
2 Kielgang
3 Bodengänge
4 Kimm
5 Abliegender Gang
6 Anliegender Gang
7 Unter-Scheergang
8 Scheergang
9 Decksstringer
10 Decksbeplattung
11 Längsspant
12 Rahmenspant
13 Schott
14 Horizontale Schottsteifen
15 Vertikale Schottsteifen
16 Kniebleche
17 Unteres Deck
18 Oberes Seitenlängsschott
19 Mittellängsschott
20 Horizontalsteifen
21 Stringerwinkel des Oberdecks
22 Verstärkter Decksbalken
23 Schanzkleid

»IVAN FRANKO«: sowjetisches Fahrgast- und Kreuzfahrtenschiff. Die »IVAN FRANKO« wurde als Typschiff einer Serie von 5 Schiffen auf der Mathias-Thesen-Werft in Wismar für die UdSSR gebaut. Der Serienbau von 5 größeren Fahrgast-

Die »IVAN FRANKO«, Typschiff einer Serie von 5 Fahrgast- und Kreuzfahrtenschiffen von der Mathias-Thesen-Werft, Wismar

schiffen von 1963 bis 1972 war seinerzeit einmalig im Fahrgastschiffbau. Gleichzeitig waren es die ersten größeren Fahrgastschiffe, die nach 1945 in beiden deutschen Staaten gebaut wurden, und die bis dahin größten Neubauten des DDR-Schiffbaus.
Die »IVAN FRANKO« wurde am 14. November 1964 fertiggestellt und von der sowjetischen Schwarzmeerreederei übernommen. Das 19860 BRT und 10613 NRT große Schiff mit einem Deplacement von 19018 t und einer Tragfähigkeit von 6007 t ist über Alles 176,10 m und zwischen den Loten 155,00 m lang. Die Breite auf Spanten beträgt 23,60 m, die Seitenhöhe bis Oberdeck 13,50 m und der Freibordtiefgang 8,16 m. Es besitzt 3 durchgehende und 2 partielle Decks (Oberdeck, 2. bis 5. Deck). Darüber liegen das Promenadendeck, Salondeck, Bootsdeck, Sonnen- und Brückendeck. Ferner hat das Schiff 3 Laderäume einschließlich einer Garage mit einem Rauminhalt von insgesamt 2600 m^3. Sie werden durch 3,2-t- sowie durch 1,6-t-Krane bedient. Bei 242 Mann Besatzung ist das Schiff für die Beförderung von 750 Kabinenpassagieren und 550 Deckspassagieren eingerichtet. Die Kabinen gliedern sich in 4 Luxuskabinen für 6 Personen, Einbett-Kabinen für 22 Personen, Zweibett-Kabinen mit Einzelkojen für 92 Personen, 302 Pätze in Zweibett-Kabinen mit Doppelkojen, 312 Plätze in Vierbett-Kabinen mit Doppelkojen und 16 Plätze in 4 Kabinen für Mütter mit Kindern. Außerdem sind gut eingerichtete Gesellschaftsräume wie Musiksalon, Tanzcafe, Imbiß- und Eiscafe, Bar, Bibliothek, Leseraum, Kino, Spielzimmer und Restaurants vorhanden. Auf dem Salondeck befindet sich ein Schwimmbad. Für Dienstleistungen und medizinische Einrichtungen stehen weitere Räume zur Verfügung, darunter ein Operations- und ein Röntgenraum.
Die Antriebsanlage besteht aus 2 Dieselmotoren des Typs 7 RD 76 der Ciegielski-Werke; Poznan/Lizenz Sulzer mit einer Leistung von je 7723 kW, die 2 Festpropeller von je 5,19 m Durchmesser antreiben. Das Schiff erreicht bei einer Aktionsweite von 8000 Seemeilen eine Geschwindigkeit von 20 kn.
Die mehrfach modernisierte »IVAN FRANKO« mit Heimathafen Odessa wird heute im weltweiten Kreuzfahrtendienst eingesetzt.

Die 1821 erbaute »JAMES WATT« fuhr 5 Jahre im Linienverkehr zwischen London und Aberdeen

Die zum Walfangmutterschiff »JAN WELLEM« umgebaute ehemalige »WÜRTTEMBERG«

J

Jacht: siehe *Yacht*, *Dampfyacht* und *Motorboot*.

»JAMES WATT«: Dampfschiff. Im Jahr 1821 eröffnete als erste englische Dampfer-Schifffahrtsgesellschaft für den Seeverkehr die »General Navigation Company« ihren Dienst. Die ersten Rad-Dampfschiffe der Gesellschaft für den Fahrgast- und Frachtverkehr fuhren im Linienverkehr zunächst zwischen London und Leith, danach bis Aberdeen und bald bis zu den großen europäischen Häfen. Es waren die »CITY OF EDINBURGH«, »JAMES WATT«, »EARL OF LIVERPOOL« und die »MONARCH«.
Die 1821 gebaute »JAMES WATT« fuhr mit Dampf und voller Takelung 5 Jahre auf der Linie London – Aberdeen. Der alleinige Dampfantrieb war noch zu unsicher, die Dampfmaschine befand sich noch in ihrem ersten Jahrzehnt im Schiffseinsatz und war noch sehr störanfällig. Der Kohleverbrauch war sehr groß und für den natürlichen Zug der Kessel war ein hoher Schornstein nötig. Um bessere Sicht zu haben, gab der Kapitän seine Kommandos oft auf dem Radkasten stehend. Die etwa 50 m lange, 14 m breite (über Radkästen) und 4 m tiefgehende »JAMES WATT« hatte 2 Dampfmaschinen von Boulton & Watt, von der jede 36,8 kW (50 PS) leistete. Das Schiff fuhr damit 8,7 kn. Es wurde 1826 von der »Nederlandsche Stoomboot Maatschappij« angekauft, erhielt neue Dampfmaschinen und wurde unter dem Namen »KEULEN« als Fracht- und Schleppschiff eingesetzt.

»JAN WELLEM«: deutsches Walfangmutterschiff. Von der Firma Henkel & Co., Düsseldorf wurde 1935 die »Erste Deutsche Walfang-Gesellschaft mbH« gebildet. Sie erwarb von der HAPAG den 1921 in Bremen gebauten Dampfer »WÜRTTEMBERG« und ließ ihn bei Blohm & Voss in Hamburg zum Walfangmutterschiff »JAN WELLEM« umbauen. Im September 1936 trat das Schiff mit 6 Fangbooten die erste Fangreise an. Von Norwegen waren noch die Mutterschiffe »SKYTTEREN« und »C. A. LARSEN« gechartert worden.
Zur Fangreise 1937/38 liefen bereits die Mutterschiffe »UNITAS«, »WALTER RAU«, »JAN WELLEM«, »SÜDMEER« sowie die »SKYTTEREN« und die »C. A. LARSEN« aus. 1938 wurde dann noch die »WIKINGEN« angekauft, doch die Saison 1937/38 wurde zur Letzten.
Nach dem Ankauf der »WÜRTTEMBERG« wurde das Schiff auf einer Mittelschiffslänge von 65 m um 4 m verbreitert und eine Heckaufschleppe sowie ein 5 m über dem Hauptdeck lie-

gendes Schlachtdeck eingebaut. Das nach dem Umbau 11766 BRT (6440 NRT) große Schiff hatte ein Deplacement von 23000 t und eine Tragfähigkeit von 15500 t. Es war über Alles 147,0 m lang; 21,7 m breit, die Seitenhöhe bis Hauptdeck betrug 10,8 m und der Tiefgang 9,4 m. Eine 3680 kW (5000 PS) starke Kolbendampfmaschine mit Abdampfturbine verlieh dem Schiff eine Geschwindigkeit von 11 ··· 12 kn.
Die Besatzung bestand aus 240 Personen, darunter 16 Offiziere, 77 Seeleute, 82 Mann für den Schlachtbetrieb, 35 Mann für die Kocherei sowie mehrere Chemiker und einem Arzt.
Im zweiten Weltkrieg diente die »JAN WELLEM« der deutschen Kriegsmarine in Norwegen als Stützpunkttanker. Nach 1946 wurden die Anlagen des Schiffs bei der Howaldt Werft in Kiel teilweise demontiert und der Rumpf danach zunächst in der Heikendorfer Bucht zum endgültigen Abbruch 1947 auf Grund gesetzt.

Jolle, *Motorjolle:* breit gebautes und flachgehendes offenes Motorboot als Arbeitsboot in Häfen und auf Flüssen sowie zur Erholung.

»JULIUS FUČIK«: Leichterträgerschiff für die Donau-Indien-Route. Das 35877 BRT große Leichterträgerschiff wurde 1978 im Auftrag der Sowjetunion auf der finnischen Werft Valmet Oy in Helsinki für die Schiffahrtsgesellschaft »Interlighter«, Budapest, – einem Gemeinschaftsunternehmen der Sowjetunion, Ungarns, Bulgariens und der ČSSR – gebaut. Das Schiff entspricht dem System *SEABEE*, jedoch mit Modifikationen, wie sie für das Einsatzgebiet zwischen Donaumündung und Indien erforderlich wurden.
Die »JULIUS FUČIK« ist über Alles 266,5 m und zwischen den Loten 209,6 m lang, 35,0 m breit und hat bei 22,95 m Seitenhöhe einen Tiefgang von 11,0 m. Die Tragfähigkeit beträgt 37850 t, und die Besatzung ist 36 Mann stark. Die Antriebsanlage besteht aus 4 Pielstick-Dieselmotoren des Typs 16 PC 2,5 - V 400 mit einer Gesamtleistung von 26500 kW (36 040 PS). Das Zweischraubenschiff erreicht damit eine Geschwindigkeit von 19 kn. Die Aktionsweite beträgt 12000 Seemeilen.
Ein ebenfalls in Dienst befindliches Schwesterschiff der »JULIUS FUČIK« ist die »TIBOR SZAMUELI«.
Das Trägerschiff besitzt Stellplätze für 26 Donau-Leichter oder 52 LASH-Leichter beziehungsweise 1552 Container von 20 Fuß. Von den Donau-Leichtern werden je 8 im Unter- und Hauptdeck und 10 auf dem Oberdeck gefahren. Zur Gewährleistung einer ausreichenden Stabilität kann im Doppelboden ein Wasserballast bis zu 22200 t gefahren werden. Die Hubbühne hat eine Tragfähigkeit von 2700 t. Zwei Schutentransporter unterfahren auf der Hubplattform die Leichter, heben sie hydraulisch an und fahren sie in das jeweilige Ladedeck. Die theoretische Ladezeit beträgt 13 Std. Während der Reise wird das untere Deck durch 2 vertikal verschiebbare Tore verschlossen. Die Leichter sind 38,25 m lang; 11,4 m breit, haben 3,9 m Seitenhöhe und 1070 t Tragfähigkeit. Die Eigenmasse beträgt 230 t.

»JUNGE WELT«: Transport- und Verarbeitungsschiff der DDR-Hochseefischerei für den Flottillenfang im Nordatlantik. Das für die Fernfischerei der DDR 1967 vom VEB Mathias-Thesen-Werft Wismar entwickelte und gebaute Schiff ist ebenso wie das Schwesterschiff »JUNGE GARDE« 141,40 m über Alles und 130,00 m zwischen den Loten lang, geht 7,80 m tief und hat eine Breite von 21,20 m sowie eine Seitenhöhe bis zum Schutzdeck von 14,10 m. Bei 14200 t Deplacement ist es mit 10130 BRT vermessen.
Das als Mutterschiff für je 8 Zubringertrawler ausgelegte Schiff fängt nicht mehr selbst, sondern begleitet die Fangflottille auf dem Fangplatz und übernimmt die von den Fangtrawlern von Bord gegebenen, gefüllten und schwimmfähig gemachten Netzsteerte über eine 4 m breite Heckaufschleppe. Die Fangübernahme ist bis zu Windstärke 8 möglich. Der übernommene Fang gelangt in 4 gekühlte Vorratsbunker für insgesamt 150 t Fisch und von dort zu den verschiedenen Schlacht- und Filetieranlagen sowie in die Gefrieranlagen für 120 t Fisch pro Tag. Die auf −28 °C gekühlten Laderäume fassen mit 6050 m^3 insgesamt 3800 t Frostware. Innereien und Beifang werden in einer Fischmehlanlage mit 250 t/Tag Leistung zu Fischmehl verarbeitet und in den Fischmehlbunker von 1820 m^3/1079 t befördert. Außerdem werden Fisch- und Leberöl hergestellt und in Tanks von 542 m^3/500 t gepumpt.
Das für eine Einsatzdauer von jeweils 80 Tagen ausgerüstete und mit 170 Personen bemannte Schiff versorgt die Flottille gegebenenfalls mit Treibstoff und Trinkwasser und nimmt die medizinische und technische Betreuung auf dem Fangplatz wahr.
Das Schiff besitzt einen dieselelektrischen Antrieb mit 4 Dieselmotoren des Typs 8 NZD 48 A vom VEB Dieselmotorenwerk Rostock mit einer Leistung von je 1288 kW (1750 PS), von denen jeder einen Gleichstromgenerator für den Gleichstrom-Propellermotor von 3800 kW antreibt. Drei von den 4 Dieselmotoren sind außerdem mit je einem Drehstrommotor für die Bordstromversorgung gekoppelt.

Das Transport- und Verarbeitungsschiff »JUNGE GARDE«, Schwesterschiff der »JUNGE WELT«

Der Kohleversorger »JUPITER« vor dem Umbau zum Flugzeugmutterschiff »LANGLEY«

»JUPITER«: Hilfsschiff der US-Marine, ursprünglich zur Kohle-Nachbunkerung. Das 1912 gebaute Turbinenschiff hatte ein Deplacement von 19670 t und erreichte mit seinem turboelektrischen Drehstromantrieb mit einer Leistung von 4048 kW (5500 PSw) die Geschwindigkeit von 14 kn. Es konnte eine Ladung von 10500 t Kohle und 1000 t Heizöl zur Versorgung der Hochseeflotte mit Kesselbrennstoffen an Bord nehmen. Hierzu hatte es mechanische Einrichtungen zum Bekohlen anderer Schiffe während der Fahrt auf hoher See an Bord. Zur Selbstverteidigung dienten 4×7,6-cm-Geschütze. Während man auf den vorherigen Kohle-Nachschubschiffen wie bei der »NEPTUNE« die Drehzahl der Turbinen mit Macalpine'schen Zwischengetrieben untersetzte, benutzte man hier Neptune-Westinghouse Turbinen für einen turboelektrischen Antrieb, statt des seinerzeit noch störanfälligen Getriebes. Nach einem Umbau 1921 zum Flugzeugmutterschiff »LANGLEY« konnte es 16 Wasserflugzeuge an Bord nehmen und wurde mit 4 × 12,7-cm-Geschützen ausgerüstet. Es folgte 1932/33 ein erneuter Umbau zum ersten US-Flugzeugträger. Das Schiff war danach 165,2 m über Alles und 158,5 m zwischen den Loten lang; 19,8 m breit und ging 8,4 m tief. Das Flugdeck war 165 m lang und 19,8 m breit. Der Flugzeugträger hatte 410 Mann Besatzung und erhielt 34 Radflugzeuge. Gleichzeitig wurde der turboelektrische Antrieb durch Getriebeturbinen ersetzt. 1937 wurde das Schiff ein weiteres Mal umgerüstet, danach war es ein Seeflugzeugtender. Es ist 1942 bei Kampfhandlungen im Pazifik gesunken.

»JURI DOLGORUKI«: ehemaliges Fahrgastschiff »HAMBURG«, das von 1951 bis 1960 zu einem Walfangmutterschiff umgebaut wurde. Das Walfangmutterschiff entstand aus dem ehemaligen Turbinenschiff »HAMBURG« der Hamburg-Amerika-Linie. Nach dem Bau auf der Werft von Blohm & Voss in Hamburg wurde es am 28. März 1926 als drittes Schiff der »Albert-Ballin«-Klasse in Dienst gestellt und verkehrte im Liniendienst zwischen Cuxhaven und New York. Das 22400 BRT große Schiff hatte ein Deplacement von 31500 t und eine Tragfähigkeit von 14750 t. Es war 182,40 m lang; 24,00 m breit; der Tiefgang betrug 9,98 m. Im Jahr 1933 wurde die »HAMBURG« um 12 m durch ein neues Vorschiff verlängert und erreichte danach die Geschwindigkeit von 19,5 kn. Im März 1945 sollte die in Gdynia als Wohnschiff liegende »HAMBURG« mit rund 10000 Menschen an Bord nach Wilhelmshaven fahren. Am 7. März 1945 lief sie 1,5 Seemeilen vor Saßnitz auf eine Mine und kenterte in 18 m Wassertiefe. Nach Kriegsende wurde das der UdSSR als Reparation zuerkannte Wrack aufgerichtet und gehoben. Am 7. November 1950 erreichte das Wrack die Warnowwerft in Warnemünde, um hier für die Überführung zur Docksreparatur in Antwerpen hergerichtet zu werden. Nach der Rückkehr aus Antwerpen am 3. Dezember 1951 begann zunächst der Wiederausbau zum Fahrgastschiff. Im Juli 1955 wurden jedoch die Arbeiten gestoppt, da der Eigner das Schiff als Walfangmutterschiff einsetzen wollte. Das erforderte umfangreiche Veränderungen am Schiffskörper, wie Einbau einer Walslip, Vergrößerung des Deplacement auf rund 40000 t, Einbau eines durchlaufenden Decks und Erneuerung des Brückendecks. Es wurde zum arbeitsintensivsten Objekt des neuentstandenen DDR-Schiffbaus, auf dem zeitweilig 1800 Werktätige arbeiteten.
Am 12. Juli 1960 konnte das auf den Namen des Begründers von Moskau umgetaufte Schiff dem Auftraggeber übergeben werden. Mit Heimathafen Kaliningrad war es Basisschiff für 17 Walfangschiffe mit dem Einsatzgebiet in der Antarktis.
Das Schiff war nach dem Umbau 207,40 m lang; 24,00 m breit und hatte bei einer Seitenhöhe bis zum A-Deck von 19,37 m einen Tiefgang von 12,05 m. Bei der Bruttovermessung von 25377 t ergab sich ein Deplacement von 39980 t und eine Tragfähigkeit von 16960 t. Die Besatzung bestand aus insgesamt 521 Mann. Die Tanks und Laderäume besaßen eine Kapazität für 13500 t Walöl, 3400 t Walmehl, 1500 t Walfleisch und 500 t sonstige Produkte.
Die beiden Dampfturbinen mit Untersetzungsgetriebe ergaben eine Antriebsleistung von je 9164 kW (12460 PS), womit das Doppelschraubenschiff eine Reisegeschwindigkeit von 14 kn erreichte. Die Aktionsdauer lag bei 180 Tagen. Zwei ölgefeuerte Wasserrohrkessel mit einer Dampfleistung von 45 t/h sorgten für den erforderlichen Dampf. Im Einsatzgebiet konnten täglich 60 Wale geschlachtet und verarbeitet werden. Die Fabrikanlagen waren weitgehend mechanisiert und automatisiert. So waren allein für die Versorgung des Bordnetzes vier 1900-KVA-Turbogeneratoren erforderlich. Je Fangsaison von etwa 7,5 Monaten wurden zwischen 1400 und 2200 Wale verarbeitet. 1976 wurde die »JURI DOLGORUKI« außer Dienst gestellt und 1977 verschrottet.

K

Kabelfähre, *Seilfähre:* siehe *Fähre*

Kabelleger: Spezialschiff zum Verlegen, Überprüfen und Instandsetzen oder Auswechseln von Seekabeln. Die ersten Unterwasser-Kabellegversuche wurden 1842 von Prof. Samuel Finley Breese Morse (1791–1872) im New Yorker Hafenbecken unternommen. Weitere Versuche folgten von Wheatstone (GB) und Ezra Cornell (USA). Sie benutzten zum Transport der Kabelrollen noch Hafenpontons, die von Schleppern gezogen wurden. Später wurden zum Legen von Flußkabeln speziell ausgerüstete Kabelpontons entwickelt, die keinen eigenen Antrieb hatten und durch Schleppwinden bewegt wurden. Außer den Winden und Kabelrollen erhielten sie Spüleinrichtungen, mit denen man vor dem Verlegen des Kabels eine Rinne im Untergrund ausspülte die danach wieder eingeebnet wurde.
Das erste Übersee-Tiefseetelegraphenkabel wurde 1857/58 unter Leitung des nordamerikanischen Ingenieurs Cyrus Field zwischen Nordamerika und Europa verlegt. Für die Verlegung dieses ersten Transatlantikkabels gab es noch keine speziellen Kabelleger. Großbritannien stellte dafür das Linienschiff »AGAMEMMNON« und die USA das Kriegsschiff »NIAGARA« für die Umrüstung und das Verlegen zur Verfügung.
1865 wurde das größte Schiff des 19. Jh., die *»GREAT EASTERN«* zum Kabelleger umgebaut. Das über Alles 211 m lange Schiff mit 32000 t Deplacement und über 6000 kW Antriebsleistung kann somit als erster Kabelleger angesehen werden. Um Raum für 3 große Kabelbehälter von 6,25 m Tiefe zu schaffen, wurden 2 Kessel und 1 Schornstein entfernt und die Antriebsleistung entsprechend gemindert. Das erste mit der »GREAT EASTERN« verlegte Kabel hatte einen Durchmesser von 27 mm. Auf der vorderen Kabeltrommel von 15,7 m Durchmesser war eine Kabellänge für 693 Seemeilen, auf der mittleren für 899 Seemeilen bei 17,8 m Durchmesser und auf der hinteren für 898 Seemeilen.
1866 konnte das Transatlantikkabel in Betrieb genommen werden. Die »GREAT EASTERN« war am 13. Juli 1866 in See gegangen und 14 Tage später konnte über das Kabel eine erste Verbindung zwischen Königin Victoria und dem

Das seinerzeit größte Kriegsschiff, die »AGAMEMNON« legte 1857 das erste Überseekabel Irland – Neufundland

Kabellegerdampfer »GROSSHERZOG VON OLDENBURG«, der gemeinsam mit der »STEPHAN« jährlich 10000 km Seekabel verlegte

amerikanischen Präsidenten hergestellt werden. Dieses nun schon zuverlässig funktionierende Kabel war aber noch ein Telegraphenkabel zum Senden und Empfangen von Morsezeichen. Mit der »GREAT EASTERN« wurden im Atlantik insgesamt 4 Seekabel und ein weiteres von Aden nach Bombay verlegt.
Als erster bereits als Kabeldampfer entworfener Neubau gilt die 1872 in Kopenhagen mit 3 Kabeltanks von insgesamt 228 m^3 Fassungsvermögen und 497 BRT vermessene »H. C. OERSTED«.
1874 baute die Werft Mitchel & Co in Newcastle für die Siemens Brothers & Co Ltd., London, den Kabelleger »FARADAY«. Dieser 120 m lange und 16 m breite Zweischrauber erhielt bereits ein zusätzliches Bugruder. Das Schiff war bis 1920 im Dienst und hat insgesamt 60000 km Kabel verlegt.
Um 1900 begann sich auch Deutschland für das Verlegen von Überseekabel zu interessieren. Bis 1904 wurden 2 Kabel von Emden über Vigo (Spanien) und die Azoren nach New York verlegt.
Deutsche und holländische Finanzgruppen gründeten am 19. Juli 1904 die »Deutsch-Niederländische Telegraphengesellschaft«, nachdem beide Regierungen einen Unterstützungsbeitrag von insgesamt 1,8 Mill. Mark bereitgestellt hatten. Der erste deutsche Kabelleger, die »STEPHAN« der Norddeutschen Kabelwerke AG, begann am 23. März 1905 mit der Kabelverlegung, unterstützt durch das Kabelreparaturschiff »VON PODBIELSKI«.
Zu Beginn der 20er Jahre stagnierte zunächst mit dem Aufkommen der Funktelegraphie die weitere Verlegung von Überseekabeln. Mit der Erfindung des Koaxialkabels um 1930 in den USA und der damit möglich gewordenen direkten Telefonverbindung für eine größere Anzahl gleichzeitiger Gespräche, erhielt das Überseekabel erneute Bedeutung.
Nach 1950 wurden in mehreren Ländern Kabelleger gebaut und eingesetzt. Der britische Kabelleger »MONARCH« legte 1956 ein Zwillings-Koaxialkabel von Schottland nach Neufundland in durchschnittlich 5000 m Tiefe, mit dem gleichzeitig 36 Telefongespräche geführt werden können. Das Zwillingskabel war seinerzeit noch wegen der Röhrenverstärker notwendig, die nur jeweils eine Gesprächsrichtung zuließen. Die »MONARCH«, vermessen mit 8184 BRT, kann in den Kabeltanks 2600 km Koaxialkabel aufnehmen.
Frankreich baute etwa gleichzeitig den Kabelleger »AMPERE«, die USA die »LONG LINES«, die BRD den Kabelleger »KABELJAU« und die UdSSR den Kabelleger »DONEZ« u. a. Die auf der Schlieker Werft in Hamburg gebaute und 1963 von der American Telephone & Telegraph Company N. Y. in Dienst gestellte »LONG LINES« ist derzeit der größte Kabelleger der Welt. Das mit 11320 BRT vermessene Schiff hat 3 Kabeltanks für eine Kabellänge von 1880 Seemeilen (3982 km) und arbeitet mit einer Verlegegeschwindigkeit von 7 ··· 8 kn. Es hat einen turboelektrischen Antrieb von 6250 kW und 166 Mann Besatzung.
Bei den modernen Kabellegern werden die Kabel nicht mehr aufgetrommelt, sondern liegen ringförmig in dem zylindrischen Kabeltank. Aus dem Tank läuft das Kabel über Rollen an Deck zu Kabellege- und Hievwinden und von dort über große hinausragende Bug- oder Heckrollen von Bord. Während des Auslegens wird ständig die Leitfähigkeit und Isolation des Kabels überprüft. Für die Schadenssuche an früher verlegten Kabeln haben Kabelleger i. allg. Fehlermeßgeräte großer Reichweite oder Tiefsee-Beobachtungsmöglichkeiten. Zum Heraufholen eines auf Grund liegenden Kabels wird ein besonderer Kabelanker – ein Greif- oder Dregganker – benutzt. Aufgenommene schadhafte Kabel müssen an Bord zuverlässig repariert oder durch neue Kabelstücke bei gewährleisteter Leitfähigkeit und Isolation der Verbindungsstellen ersetzt werden.

Kadetten-Schulschiff: siehe *Schulschiff*

Kahn: aus der Segelschiffszeit übernommene Bezeichnung für ein kleineres, einfaches, ohne Deck und mit flachem Boden gebautes Binnenfahrzeug. Zu den Schleppkähnen gehören der *Lastkahn*, *Leichter* und *Prahm*; siehe auch *Maßkahn*, während *Binnenschiffe* mit Eigenantrieb wie das *Motorgüterschiff* heute i. allg. nicht mehr als Kähne bezeichnet werden.

»KAISER«: Panzerfregatte der Kaiserlichen Marine. Die beiden Panzerfregatten »KAISER« und *»DEUTSCHLAND«* waren die letzten in England für die Kaiserliche Marine gekauften großen Schiffe. Durch die Förderung des deutschen Schiffbaus hatte der Chef der Kaiserlichen Admiralität von Stosch maßgeblich zur Entwicklung des deutschen Kriegsschiffbaus beigetragen. Das von dem bekannten englischen Marineingenieur SIR REED entworfene und bei Samuda Brothers in Poplar bei London gebaute Schiff lief am 19. März 1874 von Stapel. Es hatte 7645 t Deplacement, war 89,34 m lang, 19,1 m breit und besaß einen Tiefgang von 7,93 m. Als Vollschiff

Preußische Panzerfregatte »KAISER«, 1875

getakelt betrug die Segelfläche 1623 m^2. Besondere Merkmale des Schiffs waren der Rammsporn und die seitlich vorragende Kasematte mit nach vorn eingezogener Bordwand.
Die liegende Zweizylinder-Einfach-Expansionsmaschine von John Penn & Sons in Greenock mit einer Leistung von 4253 kW (5779 PSi) gab dem Einschraubenschiff eine Geschwindigkeit von 14,5 kn. Acht Kofferkessel mit 40 Feuern erzeugten den Dampf. Beide Schornsteine waren absenkbar. Die Bewaffnung bestand aus 8×26-cm- und 1×21-cm-Krupp-Kanonen sowie 5 Torpedorohren. Der Gürtel, die Kasematten und das Heck waren gepanzert. Die stärkste Panzerung aus Schmiedeeisen auf Teakholz betrug 25,4 cm.
Das Schiff kam am 13. Februar 1875 zur Flotte. Es nahm 1877 an der Demonstration vor Soloniki teil, um Genugtuung für den Mord am deutschen Konsul zu fordern, und war an der Besitznahme Helgolands am 9. August 1890 beteiligt.
Nach einer Modernisierung 1891/95 auf der Kaiserlichen Werft in Wilhelmshaven wurde es im November 1897 als Flaggschiff zur Besetzung des Kiautschou-Gebiets eingesetzt. Ab 1904 folgte die Verwendung als Hafenschiff, 1905 eine Umbenennung in »URANUS«, 1906 die Streichung aus der Flottenliste und Verwendung als Wohnschiff und 1920 der Abbruch in Hamburg/ Harburg.
Von 1909 bis 1912 baute die Kaiserliche Werft in Kiel für 44,997 Mill. Mark ein großes Linienschiff »KAISER« von 24724 t Deplacement, das mit 40600 kW (55187 WPS) 23,6 kn lief. Diese »KAISER« wurde 1919 in Scapa Flow selbstversenkt, 1929 gehoben und danach abgebrochen.

S. M. Linienschiff »KAISER«, Baujahr 1912

»KAISER«: Doppelschrauben-Seebäderdampfer der Hamburg-Amerika-Linie für Fahrten nach Helgoland und Sylt. Während in England die Dampfturbine ihren Siegeszug als Schiffsantriebsmaschine bereits angetreten hatte, diskutierte man im wilhelminischen Deutschland noch längere Zeit über die Brauchbarkeit dieser neuen »rotierenden Dampfmaschine« oder den »rotierenden Schiffstreibapparat«, wie man anfänglich auch noch die Turbine nannte. Allzulange wollte man aber nicht gegenüber dem britischen Vorsprung in Rückstand kommen. So bestellte die Hamburg-Amerika-Linie 1904 bei der Stettiner Vulcanwerft einen Doppelschrauben-Seebäderdampfer mit Turbinenantrieb von 96,30 m Länge über Alles und 92,4 m Länge zwischen den Loten, 11,7 m Breite und 2,97 m Leertiefgang und 4,1 m Ladetiefgang für 2000 Deckspassagiere bei 75 Mann Besatzung, um die Brauchbarkeit des Turbinenantriebs für ihre geplanten Schnelldampferneubauten zu testen.
Bei den von der AEG-Berlin nach dem System »Curtis« gebauten beiden Turbinen von je 2208 kW (3000 PSw) handelt es sich um sog. »Einzelwellenturbinen«, die als Erstausführung beide innerhalb von 7 Monaten gebaut wurden. Sie waren 5,6 m lang und hatten einen Durchmesser von 2,7 m. Die Masse betrug insgesamt 114 t, einige Quellen geben auch 157 t an. Es handelte sich noch um sog. »Direktturbinen«, d. h. sie waren direkt ohne Getriebe mit der Propellerwelle gekuppelt, woraus sich auch die großen Abmessungen und Massen ergaben. Sie trieben jeweils einen 3flügligen Bronzepropeller an. Diese Bauweise hatte noch einen schlechten Wirkungsgrad, da Turbinen erst bei hohen Drehzahlen wirtschaftlich arbeiten, was aber durch das Fehlen von Untersetzungsgetrieben vorerst noch nicht möglich war. Immerhin erreichte der Bäderdampfer mit seinen Turbinen eine Geschwindigkeit von 16 kn. Der Turbinen-Seebäderdampfer »KAISER« und der Kleine Kreuzer »LÜBECK« waren die ersten Turbinenschiffe Deutschlands.
1914 wurde die »KAISER« (1912 BRT, 724 NRT) unter dem Kommando von Korvettenkapitän von Bülow als Hilfsminenleger (180 Minen) eingesetzt. Mit dem Minenkreuzer *»ALBATROS«* und *»NAUTILUS«* legte das Schiff am 9. September 1914 eine große Minensperre in der Nordsee. Wegen der als Kriegsschiff zu geringen Geschwindigkeit wurde die »KAISER« danach als Führerschiff der Elbe-Vorpostenflottille unter dem Kommando des Fregattenkapitäns Graf Zeppelin eingesetzt.
Das nach Ende des ersten Weltkriegs als Reparationsleistung an Britannien abgelieferte Schiff wurde von der Nordsee-Linie GmbH zurückgekauft und später wieder von der HAPAG erworben.
Das Schiff existierte auch noch nach dem zweiten Weltkrieg und war 1945 erneut an Britannien abzuliefern. Von Britannien wurde es an die UdSSR übergeben und erhielt dort den Namen »NEKROSOV«. Die UdSSR gab das Schiff an die Volksrepublik Polen weiter, wo es noch einige Zeit als »BENIOWSKI« in Fahrt war.

Doppelschrauben-Turbinen-Schnelldampfer »KAISER« (1905)

»KAISERIN AUGUSTE VIKTORIA«: Schnelldampfer der HAPAG. Das Schiff wurde 1905 auf der Werft des Stettiner »Vulcan« gebaut und hatte am 29. August 1905 Stapellauf. Bei 213 m Länge über Alles und 206 zwischen den Loten, 23,5 m Breite und 16,40 m Seitenhöhe war es mit etwa 24600 BRT vermessen. Eingerichtet war es für 3071 Passagiere und Mannschaft, davon 472 I. Kajütklasse, 174 II. Kajütklasse, 212 III. Kajütklasse und 1608 IV. Klasse. Zur Besatzung gehörten 605 Personen.
Das als Zweischrauber gebaute Schiff wurde durch 2 Vierfach-Expansionsmaschinen mit insgesamt 12880 kW (17500 PS) über 2 vierflüglige Propeller von 6,7 m Durchmesser angetrieben. Es erreichte die Geschwindigkeit von 18 kn. Zur Kesselanlage gehörten 9 Kessel mit insgesamt 51 Feuern.
Bei der Schreibweise des Schiffsnamens gab es verschiedene Probleme. So soll schon am Neubau der Name nicht richtig geschrieben worden sein. Später gab es weitere Unklarheiten, ob es »AUGUSTA VICTORIA« oder »AUGUSTE VIKTORIA« hieß. Letzteres ist richtig, da die am 22. Oktober 1858 geborene Namensgeberin Auguste Viktoria Friederike Luise Feodora Jenny hieß.

Das Schiff wurde 1920 an Britannien abgeliefert und fuhr noch einige Zeit als »EMPRESS OF SCOTLAND« mit Heimathafen London.

»Kaiser«-Klasse: von 1897 bis 1907 im Auftrag des Norddeutschen Lloyd gebaute Klasse von Schnelldampfern, die nach den Namen der kaiserlichen Familie benannt wurden. Zu dieser Schnelldampferklasse, die bis 23,5 kn lief, gehörten *»KRONPRINZ WILHELM«*, *»KRONPRINZESSIN CECILIE«*, *»KAISER WILHELM II«* und *»KAISER WILHELM DER GROSSE«*.

»KAISER WILHELM DER GROSSE«: Schnelldampfer des Norddeutschen Lloyd um die Jahrhundertwende und erstes Nordatlantik-Fahrgastschiff mit einer Bord-Funkanlage. Zu dieser Zeit trat Deutschland mit seinem Schiffbau und den führenden Reedern in den Kampf um die Vormachtstellung im Atlantik-Passagierverkehr ein. Noch waren die beiden Cunard-Dampfer »LUCANIA« und »CAMPANIA« die Rekordschiffe in der Atlantikfahrt. Der NDL erteilte dem Stettiner »Vulcan« den Auftrag für ein Superschiff. Getauft auf den Namen »KAISER WILHELM DER GROSSE« lief das Schiff am 4. März 1897 von Stapel. Bereits am 9. September 1897 konnte die Reederei das Schiff übernehmen. Schon auf der Jungfernreise erreichte man mit den beiden Dreizylinder-Expansionsmaschinen mit 20600 kW (28000 PS) eine Geschwindigkeit von 21,39 kn und im November des gleichen Jahres sogar 22,35 kn. Die Kessel brauchten täglich 500 t Kohle, so daß der Bunkervorrat von 4550 t reichlich bemessen war. Damit waren die beiden britischen Rekordschiffe überboten und das begehrte »Blaue Band« erkämpft. Mit 22000 t Deplacement und 14350 BRT war es seinerzeit das größte Schiff der Welt. Im Volksmund wurde das Schiff daher auch »Dicker Wilhelm« oder »Der große Kaiser« genannt. Das Schiff war über Alles 198 m und zwischen den Loten 191 m lang; 20,1 m breit und hatte vom Kiel bis zum Hauptdeck eine Seitenhöhe von 13,2 m. Der Schiffskörper war durch ein Längsschott und 16 Querschotte in 18 wasserdichte Abteilungen unterteilt. Es hatte 480 Mann Besatzung und war für die Beförderung von 1550 Passagieren eingerichtet, davon 400 in der I. Klasse, 350 in der II. Klasse und 800 Passagiere in der III. Klasse. Die Gesellschaftsräume an Bord waren teils im Stil italienischer Frührenaissance, teils im Rokoko-Stil und im Queen Anne Stil eingerichtet.

Bei Ausbruch des ersten Weltkriegs wurde das Schiff zum Hilfskreuzer umgerüstet. Mit der schwachen Bewaffnung von 4×10,5-cm-Kanonen mußte Fregattenkapitän Reimann das Schiff in eine ungewisse Zukunft steuern. Vor Westafrika versenkte er 3 britische Dampfer mit insgesamt 10000 BRT. Während der Kohleübernahme aus 2 deutschen Schiffen (»MAGDEBURG« und »BETHANIA«) nahe der Küste der spanischen Kolonie Rio de Oro wurde das Schiff am 26. August 1914 vom britischen Kreuzer »HIGHFLYER« gestellt. Nach einem halbstündigen Artilleriegefecht ließ Reimann das Schiff sprengen. Es kenterte zur Steuerbordseite und blieb dort aus dem Wasser ragend liegen. Ein Teil der Besatzung gelangte mit Rettungsbooten an Land und begab sich zum 12 km entfernten

Schnelldampfer »KAISERIN AUGUSTE VIKTORIA«

Heckwulst, Propeller und Plattenruder des Schnelldampfers »KAISER WILHELM DER GROSSE«

Schnelldampfer »KAISER WILHELM DER GROSSE« in langsamer Fahrt, 1897 Inhaber des »Blauen Bands«

spanischen Fort, von dem sie später nach Las Palmas gelangten. Erst 1952 verschrottete man die letzten Reste dieses großen Schnelldampfers.

»KAISER WILHELM II«: Schnelldampfer des Norddeutschen Lloyd. Im Jahr 1900 hatte der Schnelldampfer *»DEUTSCHLAND«* der Hamburg-Amerika Linie den Durchschnitts-Geschwindigkeitsrekord gebrochen. Der NDL setzte sich darum das Ziel, das »Blaue Band« wieder zurückzuerobern und gab der Vulcan-Werft in Stettin den Auftrag, einen Luxus-Schnelldampfer zu bauen, der unter dem Namen »KAISER WILHELM II« am 12. August 1902 von Stapel lief. Das 19350 BRT und 6353 NRT große Schiff wurde durch 2 Sechszylinder-Vierfach-Expansionsmaschinen angetrieben, die zusammen 33120 kW (45000 PSi) leisteten und dem Doppelschraubendampfer eine Geschwindigkeit von 23,5 kn gaben. Bei Höchstgeschwindigkeit verbrauchten die 12 Doppel- und 7 Einender-Zylinderkessel mit ihren 124 Feuern um 760 t Kohle pro Tag. An den Kesseln arbeiteten 12 Oberheizer, 99 Heizer und 118 Kohlentrimmer. Für eine Reise Bremerhaven – New York wurden 5600 t Kohle verfeuert.
1906 errang das Schiff mit 23,58 kn Durchschnittsgeschwindigkeit das »Blaue Band«. Im Hafen von New York wurde das Schiff vom Kriegsausbruch überrascht. Nach Kriegseintritt Amerikas am 6. April 1917 wurde es beschlagnahmt und unter dem Namen »AGAMEMNON« als Truppentransporter für Fahrten nach Europa eingesetzt. Danach war es als »MONTICELLO« nur noch selten in Fahrt, wurde später aufgelegt und Ende 1940 in Baltimore abgewrackt.

»Kaiten-Torpedo«: bemanntes japanisches maritimes Kleinkampfmittel des zweiten Weltkriegs. Ähnlich den sich selbst aufopfernden »Kamikadse«-Fliegern sollte der Kaiten-Steuermann mit dem Kampfmittel den Gegner und sich selbst vernichten. Die Länge der »Kaiten-Torpedo« betrug 14,75 m bzw. 16,5 m bei einem Durchmesser von etwa 1 m. Der Gefechtskopf trug die 1000-kg-Sprengladung. Größere U-Boote konnten als Trägerschiffe 4···6 solcher Torpedos in das Einsatzgebiet bringen. Der Steuermann lag im Mittelteil des mit 30 kn laufenden Torpedos und konnte durch ein Sehrohr beobachten. Zum Großeinsatz dieser Kampfmittel ist es nicht mehr gekommen.

Kanaldampfer: Sammelbezeichnung für verschiedene Schiffstypen, die fahrplanmäßig den Ärmelkanal zwischen Großbritannien und Frankreich überqueren. Wegen der besonderen Bedeutung dieser Meeresenge für die europäische Schiffahrt bezeichnete man ihn schon frühzeitig als den »Kanal«. 1816 machte der Raddampfer *»ELISE«* ex »MARGERY« die erste Kanalüberfahrt von London nach Le Havre. Bereits 1824 entstand in Britannien die »General Steam Navigation Company«, deren erste Kanaldampfer »CITY OF EDINGURGH« (800 t) und »EARL OF LIVERPOOL« (1200 t) bereits regelmäßig fuhren; siehe auch *Canal Ship*.

Kanalschubschiff: siehe *Schubschiff*

Schnelldampfer »KAISER WILHELM II« geht auf Fahrt

Schnelldampfer »KAISER WILHELM II«, Speisesaal der I. Klasse

Kanonenboot, *Dampfkanonenboot:* Weiterentwicklung der bis über die Mitte des 19. Jh. gebauten Kanonenjollen und Kanonierschaluppen, die gerudert wurden und eine niederlegbare Segeltakelage besaßen. In Anlehnung an diese Vorgängertypen waren die *Dampfkanonenboote* als die seinerzeit kleinsten Kriegsschiffe zunächst ebenfalls für den Einsatz in Flußmündungen und flachen Küstengewässern gedacht. In der Übergangszeit vom Segel- zum Dampfkanonenboot wurden in vielen Ländern Entwürfe des britischen Schiffbauers Rendel nachgebaut. Mit dem Bau des Schleswig-Holsteinischen Schrauben-Kanonenboots »VON DER TANN« auf der Conradi'schen Werft in Kiel (Maschine von Schweffel & Howaldt; Kiel) entstand 1848/50 das erste Schrauben-Kanonenboot Europas. Es folgten ab 1860 Dampfkanonenboote I. und II. Klasse, die auf verschiedenen Werften gebaut wurden. Das Deplacement stieg von 283 t (1860) auf 1048 t (1898), die Bewaffnung von 2···3 gezogenen 12···24-Pfündern auf 4×8,8-cm-Geschütze und 6 Maschinenkanonen. Die Antriebsleistungen wurden von 162 kW (220 PS) auf 1030 kW (1400 PS) und damit die Geschwindigkeit von 9 kn auf etwa 15 kn erhöht.
Ab 1870 orientierte sich Deutschland kurzzeitig auf ein Flußkanonenboot vom Monitortyp (siehe *Monitor*) für die Rheinverteidigung und auf sog. »Panzerfahrzeuge« für den Küstenschutz. Diese größeren Kanonenboote hatten bei 1100 t Deplacement bereits eine 30,5-cm-Bugkanone. Der Einsatz in den Kolonien und sog. »Schutzgebieten« erforderte auf den versandeten Flüssen besonders flachgehende Fluß-Kanonenboote. Diese und andere Typen dienten zur Repräsentation der Macht und zu Patrouillefahrten an den Küsten, um die Interessen des Mutterlandes notfalls mit Gewalt durchzusetzen. So nahm das Kanonenboot *»ILTIS«* an der Niederschlagung des sog. »Boxeraufstandes« und an der Beschießung der chinesischen Taku-Forts am 17. Juli 1900 teil. Bei dem als »Panthersprung nach Agadir« bezeichneten Einsatz, bei dem das Kanonenboot *»PANTHER«* eine Rolle spielte, kam es am 1. Juli 1911 zur zweiten Marokkokrise. Der Begriff »Kanonenbootpolitik« kennzeichnet eine Periode in der Kolonialgeschichte.
Die deutschen Auslandskanonenboote befanden sich bei Ausbruch des ersten Weltkriegs in einer ausweglosen Lage und wurden i. allg. gesprengt oder versenkt.
Durch seinen Einsatz im zweiten Weltkrieg wurde besonders das als kleiner *Monitor* klassifizierte sowjetische Flußkanonenboot »SHELESNJAKOW« bekannt, das heute als Marine-Denkmal am Dnepr-Ufer liegt.
Die Klasse der Hochsee-Kanonenboote gab es

bis 1945 noch in einigen Marinen. Sofern sie nicht anderweitig Verwendung fanden, wurden sie vielfach zum Geleitfahrzeug umklassifiziert oder abgewrackt; siehe auch *»BASILISK«*, *»ILTIS«*, *»MÖWE«* und *»PANTHER«*.

Kaperkreuzer: Sammelbegriff für verschiedene Schiffstypen, die im Krieg vorwiegend die gegnerische Handels-, Versorgungs- und Nachschubschiffahrt durch Aufbringen von Transportschiffen stören oder lahmlegen sollten.
Das Kaperunwesen als staatlich autorisierte Form des Piratentums hatte seinen Höhepunkt vom 16. bis 18. Jh., als sich die Gütertransporte mit den überseeischen Kolonien schnell entwickelten und Spanien, die Niederlande, Frankreich und Britannien um die Vormachtstellung auf den Weltmeeren kämpften. Diese Form der Kaperei mit bewaffneten nichtstaatlichen Schiffen, deren Kapitäne für eine bestimmte Zeit durch einen »Kaperbrief« bevollmächtigt wurden, gegnerische Schiffe zu kapern und als Prise aufzubringen, ist seit der in der Pariser Seerechtsdeklaration 1856 verkündeten Abschaffung völkerrechtlich untersagt.
Im Unterschied zum nichtstaatlichen Kaperschiff ist der Kaperkreuzer ein legales Kriegsschiff. Der Einsatz der legalen Kaperkreuzer unterschied sich jedoch in den beiden Weltkriegen nicht grundlegend von den vorherigen Kaperschiffen. Feindliche Handelsschiffe wurden gestoppt, untersucht und, wenn möglich, mit einem Prisenkommando in einen eigenen Hafen oder einen Unterschlupf gebracht oder versorgungs- und kriegswichtige Ladung übernommen und das gekaperte Schiff versenkt. Häufig wurden wegen der eigenen Sicherheit Maßnahmen unterlassen, die für die Gesundheit und das Leben der Besatzung gekaperter Schiffe notwendig gewesen wären.
Als Kaperkreuzer im Kriegsfall wurden insbesondere die Kreuzer der Auslandsgeschwader vorgesehen. Sie wurden bereits für den Ferneinsatz mit Vorräten für eine möglichst lange Selbstständigkeitsdauer, der entsprechenden Reichweite, Geschwindigkeit, Zuverlässigkeit der Maschinenanlagen und sparsamen Kohleverbrauch entworfen und auf der Reise zum Geschwader-Standort gründlich getestet.
Die Admiralität der Kaiserlichen Marine war sich vor dem ersten Weltkrieg bewußt, daß es nicht möglich sein würde, das Fernost-Auslandsgeschwader des Grafen Spee im Kriegsfalle zurückzuführen oder ausreichend mit Munition und Brennstoff zu versorgen. Die einzelnen Kaperkreuzer, wie die *»EMDEN«*, konnten sich somit nur von aufgebrachten Schiffen mit Kohle und Proviant versorgen. Außerdem wurde ein Teil der zu Kriegsausbruch im Ausland befindlichen Schiffe als *Hilfskreuzer* bewaffnet und als Kaperkreuzer eingesetzt.

»KARL MARX«: DDR-Schnellfrachter aus der Übergangszeit vom traditionellen Stückgutfrachtschiff zum Vollcontainerschiff. Der Schnellfrachter wurde 1971 vom VEB Warnowwerft in Rostock/Warnemünde erbaut und im gleichen Jahr vom VEB Deutfracht/Seereederei im Liniendienst für Stückgüter und Container auf der Relation Rostock–Ferner Osten eingesetzt. Das

Schnellfrachter »KARL MARX«

Schiff ist 166,40 m über Alles und 156,67 m zwischen den Loten lang und 23,0 m breit. Das Dreideckschiff hat 12 Luken, eine Seitenhöhe von 13,30 m und 9,55 m Tiefgang. Mit 6453 NRT und 11023 BRT vermessen beträgt die Tragfähigkeit 13100 t DW. Neben einem durchschwenkbaren Schwergutbaum für 120 t gehören 4×8-t-, 1×3,2···8-t- sowie 2×3,2···5-t-Bäume zur bordeigenen Umschlagausrüstung.
Die Typbezeichnung »Schnellfrachter« nimmt bezug auf die für Stückgut- und Semicontainerschiffe überdurchschnittliche Geschwindigkeit von 22 kn. Der Einschrauber wird durch einen langsamlaufenden Zweitakt-Kreuzkopfmotor vom Typ Sulzer 7RND 90 mit einer Leistung von 14941 kW angetrieben.
Der Typ des »Schnellfrachters« schließt in gewisser Weise eine Entwicklungsrichtung des universellen Stückguttransports ab, bei dem durch relativ hohe Schiffsgeschwindigkeiten die Hafenzeiten beim Umschlag nicht unifizierter Ladung ausgeglichen werden sollten.
Gleichzeitig steht er am Anfang der durch Automatisierung des Schiffsmaschinenbetriebs besatzungsreduzierten Frachtschiffe. Durch den 24stündigen wachfreien Maschinenbetrieb, wahlweise Fernbedienung aus einem schallisolierten Maschinenkontrollraum oder von der Brücke und weitere automatisierte Maschinen und Ausrüstungen wurde die Besatzungsstärke auf 28 Mann verringert.

Die »KARL MARX« im Heimathafen

Kasemattschiff: Kriegsschiffstyp ab 1860 bis in das letzte Jahrzehnt des 19. Jh. mit Geschützbatterien in einer gepanzerten Kasematte, franz. auch »Reduite«. Nach dem Zentralbatterieschiff entstand das Kasemattschiff. Für die Entwicklung waren sowohl technische als auch taktische Gründe ausschlaggebend. Die Änderung der Taktik, die im Unterschied zu dem bisherigen Breitseitenfeuer die Axialwirkung der Geschütze hervorhob, um die zahlenmäßig verringerten Geschütze größerer Reichweite durch größere Bestreichungswinkel besser einsetzen zu können, führte in den Jahren 1860 bis 1880 zu einer vollständigen Änderung der Geschützaufstellung und damit auch der Form des Überwasserschiffs. Vorher waren Kampfentscheidungen durch die Schiffsartillerie noch relativ selten herbeizuführen, so daß noch immer der Rammstoß als die erfolgversprechendste Angriffstaktik angesehen wurde. Daher wurde auch teilweise von der Gefechtsformation der Kiellinie abgegangen und zu der den Rammstoß begünstigenden Form der Dwarslinie und Keilform übergegangen. Die Rammtechnik grenzte aber den Einsatz der Breitseit-Bewaffnung erheblich ein, und das sog. »Überendfeuer« bekam eine größere Bedeutung.
Die zunehmende Wirkung der Geschütze erforderte außerdem eine größere Panzerdicke und damit bei den damals als gegeben angesehenen Grenzen der Schiffsgröße eine Einschränkung der gepanzerten Flächen. Zunächst wurde die Geschützaufstellung noch durch die Notwendigkeit beeinflußt, den Segelantrieb beizubehalten. Nach dem vom britischen Marineingenieur REED entwickelten Panzerungs- und Armierungsprinzip stellte die Kasematte einen über dem Gürtelpanzer liegenden stark gepanzerten Abschnitt im mittleren Seitenbereich des Schiffs dar, in dem die Geschütze konzentriert wurden. Außer dem Gürtelpanzer und der Kasematte blieben die anderen Schiffsbereiche ungepanzert.
Ein, wenn auch geringes Bug- und Heckfeuer (Überendfeuer) wurde zunächst durch Aufstellung besonderer Geschütze hinter gepanzerten Schilden ermöglicht, doch wurden die Buggeschütze bei Seegang und Fahrt gegenan stark behindert. Infolgedessen wurden bei den folgenden Konstruktionen durch verschiedene Mittel, wie seitliches Überstehen der Kasematte über die Bordwände, z. B. bei dem deutschen Kasemattenschiff *»KAISER«*, vor und hinter der Kasematte stark eingezogene Bordwände (französische *»DÉVASTATION«*) und schließlich Anordnung der Kasematte in 2 übereinander liegenden

Decks (britische *»ALEXANDRA«*) eine Verstärkung des Überendfeuers angestrebt. Die Bestreichungswinkel für die Bug- und Heckgeschütze wurden so auf einen Winkel von etwa 100 Grad gebracht.
Schiffe mit einer eingebauten Kasematte wurden als »Einfach-Centralbatterie-Kasemattschiff« und solche mit 2 übereinanderliegenden Kasematten als »Doppel-Centralbatterie-Kasemattschiff« bezeichnet. Dazu gab es noch die speziellere Bezeichnung »Kasemattschiff mit eingezogenen Pforten«, wenn die Geschützpforten gegenüber den Schiffsseiten weiter innen lagen. Das Kasemattschiff stellte einen geeigneten Ausgleich der verschiedenen Anforderungen dar. Die Seetüchtigkeit war durch den meistens großen Freibord recht gut, die Bedienung der Geschütze auch bei stärkerem Seegang möglich und die Handhabung der Takelage durch die Geschützaufstellung nicht wesentlich beeinträchtigt. Bezogen auf den Aufwand war die Kampfkraft der Schiffe jedoch relativ begrenzt. Dennoch konnte sich diese Bauweise recht lange behaupten; das letzte Kasemattschiff – die deutsche *»OLDENBURG«* – lief am 20. Dezember 1884 von Stapel. Das Kasemattschiff war eine Entwicklungs-Zwischenstufe des Panzerschiffs vom *Batterieschiff*; siehe auch *Zentral-Batterieschiff*.

»KAT«: Ölabschöpfschiff in Katamaran-Bauweise, ein BRD-Projekt von 1983. Die Reinigung der Wasseroberflächen von ausfließendem Öl bei Tankerunfällen oder sonstigen Havarien erfordert Spezialgeräte und Ölabschöpfschiffe, um größere Umweltschäden zu verhüten. Für die verschiedenen Ölverschmutzungen und Seebedingungen werden universell verwendbare technische Mittel benötigt. So entstand 1982/83 als Gemeinschaftsprojekt des Krupp-Forschungsinstituts und der Krupp-Ruhrorter Schiffswerft GmbH in Duisburg ein Ölabschöpfschiff in Katamaran-Bauweise.
Der Katamaran von etwa 35 m Länge hat zwischen den Rümpfen 10 m und über beide Rümpfe 18 m Breite. Vorn zwischen den Rümpfen befindet sich ein höhenverstellbares Wehr und dahinter ein Ölsammel- und Abscheidebehälter. Leistungsstarke Pumpen erzeugen im Sammelbehälter eine Niveauabsenkung gegenüber dem umgebenden Meeresspiegel, damit verschmutztes Oberflächenwasser zufließen kann.
Das Öl wird abgepumpt und in Tanks geleitet. Ein mechanischer Rechen fördert auf der Oberfläche schwimmende Feststoffe und klumpiges Öl in einen Bunker. Wellenbrecher und seitlich ausfahrbare Leitbleche sollen die Wirksamkeit des Katamaran erhöhen. In jedem Rumpf ist eine Anlage installiert. Die Abschöpfkapazität sollte 600 m^3/h erreichen.

Katamaran, *Doppelrumpfschiff:* modernes Wasserfahrzeug für Spezialzwecke, dessen Auftrieb im Unterschied zu den Schiffen mit einem Rumpf durch 2 parallele und durch eine Plattform verbundene Schiffskörper erzeugt wird.
Bei gleicher Schiffslänge hat das Doppelrumpfschiff eine größere Tragfähigkeit, größere Decksflächen und bei begrenzter Größe eine höhere Querstabilität. Der Schiffswiderstand, der Bau- und Unterhaltungsaufwand sind jedoch ungünstiger als bei Einrumpfschiffen. Nach einigen frühen Versuchsbauten für Fährschiffe u. a. (siehe *Canal Ship*) werden seit etwa 1960 Doppelrumpfschiffe häufiger als Forschungsschiffe, Bohrschiffe, Bergungsschiffe, Bagger, Schwimmkrane, Schubschiffe, Feuerlöschschiffe, Auto- und Fahrgastfähren sowie für die Fischerei gebaut. Eine besondere Bedeutung erhielt das Doppelrumpfschiff durch den Schwimmleichtertransport und die damit verbundene Entwicklung des Schiffstyps *BACAT* (Barge-Catamaran).

Katapultschiff: siehe *Flugzeugmutterschiff*

Kauffahrteischiff: ältere Sammelbezeichnung für alle Handels-Seeschiffe der kommerziellen Personen- und Güterfahrt. Die gesetzliche Definition lautete: »Unter Kauffahrteischiff sind die zum Erwerb durch Seefahrt dienenden Schiffe zu verstehen«. Die Schiffe der sog. »Technischen Flotte«, Fischereischiffe, Kriegsschiffe und Sportfahrzeuge gehörten nicht dazu. Die neuere Bezeichnung *»Handelsschiff«* umfaßt dementsprechend die Vielfalt der kommerziellen Transportschiffe.

Kaufhausschiff: Flußschiff für die mobile Versorgung von Großbaustellen in Erschließungsgebieten insbesondere an den großen sibirischen Flüssen. Die Hauptmenge aller Industriewaren und Versorgungsgüter wird über den nördlichen Seeweg oder die transsibirische Eisenbahn herangeschafft und in den Flußmündungen oder Verkehrsknoten von den Kaufhausschiffen oder Versorgungsschiffen übernommen. Die Schiffe von etwa 70 m Länge, 8 m Breite und 3 m Seitenhöhe haben Eigenantrieb, Kühl- und Lagerräume, Verkaufseinrichtungen und Unterkünfte für die Schiffsbesatzung und das Verkaufspersonal. Auf ihren Fahrten versorgen sie an Flüssen gelegene Industriebaustellen und Siedlungen. U. a. baute die Magdeburger Binnenwerft »Edgar Andre« bis 1970 eine größere Serie von Kaufhausschiffen für die UdSSR.

K-Boot: schnelles, leichtes und wendiges Motorboot in Holz-Knickspantbauweise für die seemännisch-technische Grundausbildung. Der Bootskörper wird durch kombinierte Längs- und Querspanten ausgesteift und hat ein Spiegelheck. Bis 1945 war die Bezeichnung außerdem in der Kaiserlichen Marine auch für *Kanonenboote* gebräuchlich.

Kernenergie-Schiff, *kernkraftgetriebenes Schiff, Atomschiff:* Dampfturbinenschiff mit Kernenergie-Dampferzeugungsanlage für den Einsatz als U-Boot, Überwasserkriegsschiff, Eisbrecher und für Prototypen von Frachtschiffen. Im Vergleich zum Nutzungsstand der Kernenergie in stationären Kernkraftwerken sowie für den Antrieb von großen Kriegsschiffen wie Flugzeugträgern, schnellen großen Überwasserschiffen und U-Booten, befindet sich das Kernenergie-Frachtschiff noch in den Entwicklungsanfängen. Hinsichtlich der Reaktor- und Umweltsicherheit, der flexiblen Dampferzeugung sowie des Raum- und Massebedarfs und hinsichtlich der Anlagekosten entsprechen die bisher entwickelten Kernreaktor-Dampferzeuger noch nicht den Anforderungen eines ökonomischen Schiffseinsatzes. Zu den Haupttypen von Kernenergie-Reaktoren gehören der gasgekühlte graphitmoderierte Reaktor (AGR), der gasgekühlte, mit schwerem Wasser moderierte Reaktor (GCHW), der mit organischer Flüssigkeit gekühlte und moderierte Reaktor (OLMR), der Siedewasser-Reaktor (BWR) und der Druckwasser-Reaktor (PWR).
Die druckfeste Sicherheitsummantelung der Primärsysteme erfordert beim Einbau in Kernenergie-Schiffe wegen der begrenzten Raumverhältnisse einen bedeutenden Mehraufwand. Um den Strahlenschutz zu gewährleisten, sind zusätzliche Verstärkungen der Schiffskörperverbände im Reaktorbereich, größere Doppelbodenhöhen und Doppelhüllenkonstruktionen, Kofferdämme u. a. erforderlich, die mit der größeren Eigenmasse des Reaktors die Vorteile der mitzuführenden geringeren Brennstoffvorräte für Frachtschiffe bedeutend vermindern. Für einen allgemeinen Einsatz kommerzieller besatzungsreduzierter Kernenergie-Schiffe sind auch die aufwendigen Entsorgungen von ausgebrannten Brennstäben und radioaktiven Reaktorbauteilen ebenso noch zu lösen wie verschiedene Automatisierungs- und Sicherheitsfragen, bis eine Schiffsbesatzung üblicher Qualifikation die Anlage zuverlässig betreiben kann.
In den bisherigen Kernenergie-Schiffen kommt hauptsächlich der Druckwasser Reaktor (PWR – press water reactor) zum Einsatz. Durch eine Anordnung von Spaltstoff und Brennmedium kommt eine regelbare Kettenreaktion von Kernspaltprozessen zustande. Als Moderatormedium und zur Wärmeabfuhr dient im Primärkreislauf Druckwasser unter einem Druck von 12···20 MPa (120···200 kp/cm^2), um das Verdampfen zu verhindern. Das Druckwasser gibt über Wärmetau-

Vereinfachtes Gesamtschaltbild der Dampferzeugungs- und Turbinenanlage

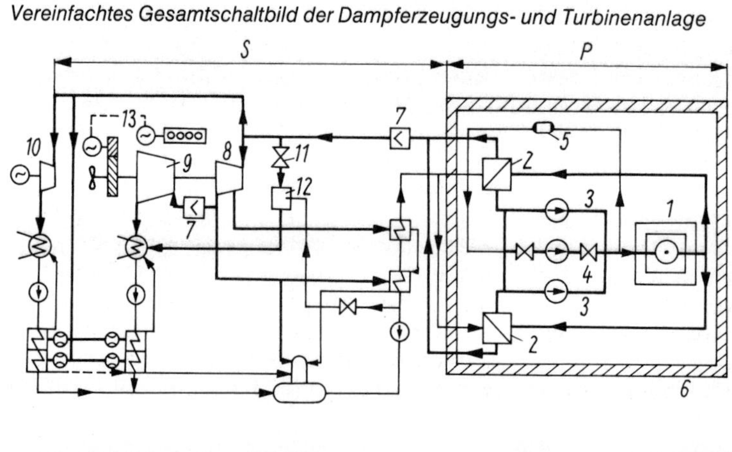

1 Reaktor mit Sicherheitsbehälter
2 Wärmeübertrager
3 Reaktor-Kühlwasserpumpe
4 Reserve-Kühlwasserpumpe
5 Filter
6 Abschirmung
7 Dampftrockner
8 HD-Turbine
9 ND-Turbine
10 Turbogenerator
11 Überschlußventil
12 Einspritzkühler
13 Notantrieb

scher einen Teil der Wärme an den hermetisch dichten Sekundärkreislauf zur Dampferzeugung für den Antrieb der Dampfturbinen und zur anschließenden Kondensation ab. Als erstes kernkraftgetriebenes Schiff der Welt entstand das Kernkraft-U-Boot *»NAUTILUS«* (USA, Indienststellung 22. April 1955), es folgte als erstes ziviles Kernenergie-Schiff der sowjetische Eisbrecher *»LENIN«* (Indienststellung 15. September 1959), die *»SAVANNAH«* als zweites ziviles Kernenergie-Schiff (USA, Indienststellung 1962, Stillegung 1970), die *»OTTO HAHN«* (BRD, Indienststellung 1968, Stillegung 1979), die *»MUTSU«* (Japan, Indienststellung 1970, zeitweise Stillegung bis 1970 und endgültig 1973) sowie die Kernenergie-Eisbrecher »LEONID BRESHNEW« ex *»ARKTIKA«,* »SIBIR« und »ROSSIJA«.

Die beiden bisher in Fahrt gekommenen Versuchsschiffe *»SAVANNAH«* und *»OTTO HAHN«* konnten trotz eines praktisch unbegrenzten Aktionsradius und der sehr geringen Masse mitzuführender Brennstoffvorräte infolge der noch nicht auszuschließenden Gefährdung der Anlaufhäfen sowie der relativ großen Eigenmasse des Reaktors und seines Raumbedarfs und Wartungsaufwands noch nicht rentabel eingesetzt werden. Dennoch konnten hinsichtlich der Betriebsstabilität der Reaktoren bei Schiffsschwingungen, der Anlagensicherheit und der Sicherung des Reaktors sowie der Schiffskörperkonstruktion wertvolle Ergebnisse erzielt werden.

Demgegenüber ist das kernkraftgetriebene Spezialschiff, das seine Funktionen entfernt von direkt besiedelten Hafengebieten wahrnehmen kann, und einen größeren Leistungsbedarf bei hoher Autonomie und Einsatzdauer hat, heute bereits bei großen Spezialschiffen zu den ölgefeuerten Dampfkesseln und Turbinenanlagen und teilweise auch den Schiffen mit Dieselmotorenantrieb ökonomisch gleichwertig geworden. Dazu hat die UdSSR mit dem ersten kernenergiegetriebenen Eisbrecher *»LENIN«* Pionierarbeit geleistet. Der seit 1960 eingesetzte Eisbrecher ist wie die meisten Kernenergie-Schiffe mit Druckwasserreaktoren ausgerüstet.

Der um 1985 in der UdSSR begonne Bau großer Kernenergie-Leichterträgerschiffe (siehe *LASH*) für den nördlichen Seeweg stellt einen weiteren Meilenstein in der Entwicklung des Kernenergie-Schiffs für friedliche Zwecke dar. Im Vergleich dazu ist die Anzahl der Kernenergie-Kriegsschiffe, insbesondere der Kernenergie-Flugzeugträger und der *Kernenergie-U-Boote* noch bedeutend größer.

Kernenergie-U-Boot: *U-Boot* mit Kernenergie-Reaktoren (siehe auch *Kernenergie-Schiff*) zur Dampferzeugung für den Dampfturbinenantrieb. Von allen Schiffstypen, bei denen bisher die Kernenergie für den Schiffsantrieb genutzt wurde, vollzog sich beim U-Boot der größte Entwicklungssprung.

Das konventionelle U-Boot benötigte zum Aufladen seiner Batterien für die Unterwasserfahrt jeweils eine längere Überwasserfahrt mit den Dieselmotoren. Eine andere Möglichkeit war die Fahrt dicht unter der Wasseroberfläche mit einem speziell hierfür entwickelten, ausfahrbaren »Luftschnorchel«, durch den die Verbrennungsluft für die Dieselmotoren angesaugt wurde. Bei der Überwasserfahrt und auch nahe der Wasseroberfläche fahrend war das U-Boot mit modernen Ortungsgeräten aus der Luft leicht zu entdecken.

Schema Kernenergie-U-Boot mit Raketen und Torpedos

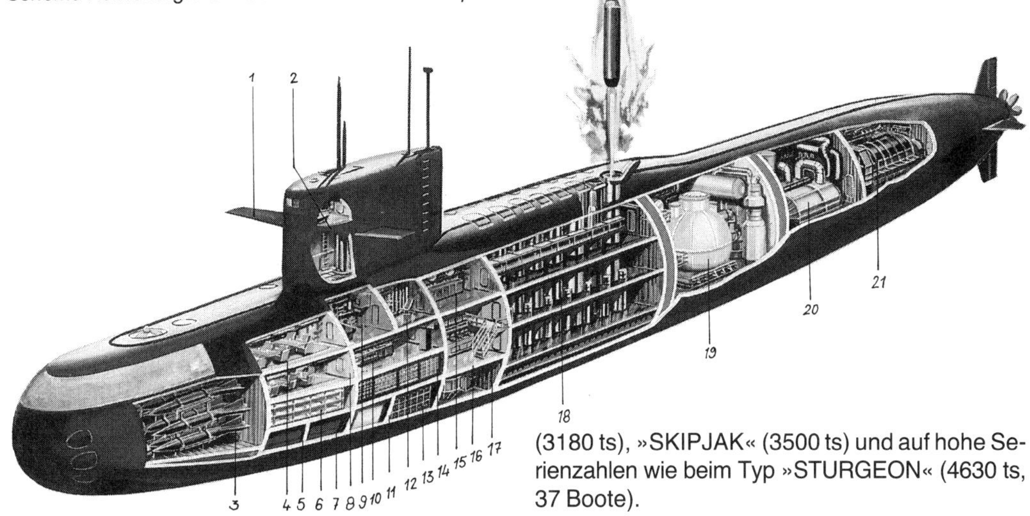

Unter Wasser war es dann, wenn es einmal gesichtet war, wegen seiner relativ geringen Geschwindigkeit leicht zu verfolgen, zu orten und zu vernichten. Gegen Ende des zweiten Weltkriegs sollte das mit der sog. »Sauerstoff«-Turbine ausgerüstete *»Walter«-U-Boot* diese Nachteile der vorhergehenden U-Bootstypen vermindern.

Das erste Kernenergie-U-Boot, die *»NAUTILUS«* der USA, lief am 31. Januar 1954 von Stapel, der Reaktor wurde erstmals am 30. Dezember 1954 in Betrieb genommen, und am 17. Januar lief das Schiff zur ersten Seeerprobung aus. Mit dem Kernenergie-U-Boot waren sehr lange Zeiten für die Unterwasserfahrt, weite Tauchstrecken mit Unterwassergeschwindigkeiten von 30 kn und darüber möglich geworden, die um mehr als den halben Erdball reichten.

Um der Besatzung einen mehrwöchigen Aufenthalt unter Wasser zu ermöglichen, mußten verschiedene Probleme gelöst werden. So fuhr u. a. die 100 Mann starke Mannschaft im Kernenergie-U-Boot »SEAWOLF« ununterbrochen 30 Tage getaucht. Wenn auch der Kernreaktor zur Energieerzeugung keinen Sauerstoff mehr benötigt, so brauchen die Menschen Atemluft. Die Luft an Bord muß ständig gereinigt und durch elektrolytische Verfahren erneuert werden. Nachdem das Problem der Kohlensäure aus der Atemluft gelöst war, zeigten sich verschiedene andere Erscheinungen, die bei kürzeren Unterwasserfahrten nicht beobachtet wurden. So riefen tierische Bratfette und geringe Mengen Kühlmittel Reizungen der Schleimhäute hervor und einige Waschmittel dürfen wegen des Chlorgehalts nicht verwendet werden. Auch der Einsatz der sonst auf U-Booten gebräuchlichen fluoreszierenden Leuchtzifferanzeigen waren wegen der dadurch in geringen Mengen entstehenden radioaktiven Gase, die bei langem Unterwasseraufenthalt nicht entweichen können, nicht mehr möglich.

Neben der Enwicklung sehr großer raketenbestückter Kernenergie-U-Boote, wie z. B. »OHIO« (18 700 ts), zielen die Bestrebungen militärischer Kreise auch auf die Entwicklung von Typen begrenzter Größe wie bei den Typen »NAUTILUS« (3180 ts), »SKIPJAK« (3500 ts) und auf hohe Serienzahlen wie beim Typ »STURGEON« (4630 ts, 37 Boote).

Kettenschleppschiff; *Elbkettenschiff:* an einer im Flußbett liegenden langen eisernen Kette über Winden und Maschinenkraft gegen den Strom fahrendes Schiff.

Kettenschleppversuche mit Muskelkraft machte man schon 1732 bei Straßburg. In den 20er Jahren des 19. Jh. wurden dazu in Frankreich erstmals Dampfwinden mit gutem Erfolg benutzt. In Deutschland verwirklichte 1866 die »Vereinigte Dampfschiffahrtskompanie« die Elbkettenschiffahrt. 1868 wurde in Dresden die Elbschiffahrtsgesellschaft »Kette« gegründet und von hier ab datiert eine durchgreifende Neugestaltung des gesamten Elbstrom-Verkehrs und Pünktlichkeit der Fahrzeiten. Die Kette ermöglichte eine Fahrt stromauf zu jeder Zeit. In der Elbe bei Magdeburg legte man zwischen Buckau und Neustadt eine Kette, an der sich das Kettenschleppschiff mit 2 dampfgetriebenen Kettenwinden flußaufwärts zog. Das war ein bedeutender Fortschritt gegenüber den Treidel- und Segelschiffen, die jährlich nur 2 Fahrten zwischen Hamburg und den Oberelbehäfen schafften. Von 1882 bis 1892 betrieb auch die »Berliner Krangesellschaft« eine Kettenschleppschiffahrt. Eine 22 km lange Kette war an einem Pfeiler der Kronprinzenbrücke befestigt, während das andere Ende im Pichelsdorfer Gemünd lag.

Das Kettenschleppschiff war besonders auf den seinerzeit öfter versandeten, seichten Flüssen und bei treibendem Unrat dem *Radschiff* und dem *Schraubenschiff* überlegen, da sich bei Sandbarrieren die Wassertiefe zuweilen auf weniger als 1 m verminderte und sich bei der Flußfahrt die Schäden an den Schaufelrädern und Schrauben häuften. Fortschreitende Flußregulierungen und Kanalisierungen, das Wandern der im Strombett liegenden Kette, der hohe Kettenverschleiß durch häufiges Reißen der Kette und die Versandung nach jedem Hochwasser waren Ursachen, welche die Kettenschleppschiffahrt schließlich unrentabel machten. Jedoch wurde der Betrieb der Kettenschleppschiffe erst eingestellt, als genügend starke Radschlepper zur Verfügung standen. Nur im Übersetzverkehr von Ufer zu Ufer konnte sich die Kettenfähre noch längere Zeit behaupten. Einer der letzten dieses Schiffstyps versah bis Ende der 50er Jahre den Übersetzverkehr zwischen Rostock-Warnemünde und dem Ortsteil Hohe Düne. Die Behin-

derung der durchgängigen Schiffahrt zum Überseehafen war jedoch zu groß, die Kettenfähre mußte der Motorfähre weichen.
Auf anderen deutschen Flüssen waren statt Ketten auch Seile verlegt, an denen sich nach dem gleichen Prinzip das *Seilschiff* flußaufwärts zog; siehe auch Drahtseilschiff »VASKAPU«

Sowjetischer Hubschrauberträger »KIEW«

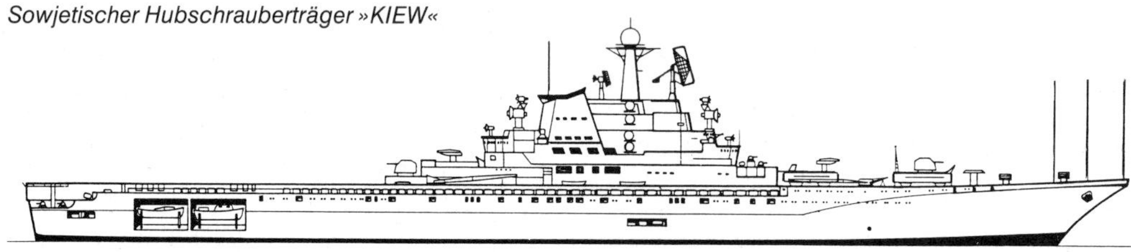

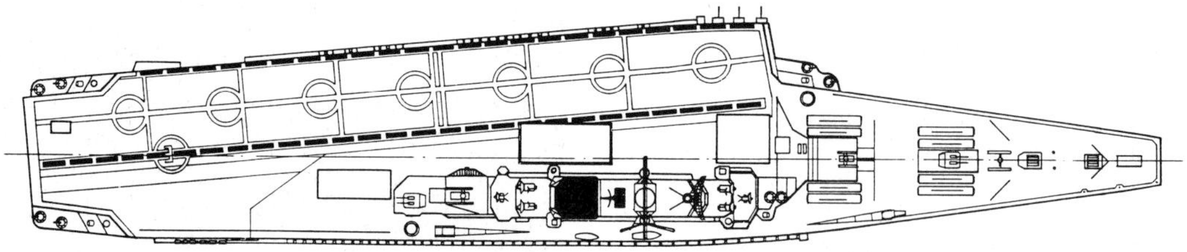

»KIEW: sowjetischer Flugdeckkreuzer. Das Schiff wurde 1975 in Dienst gestellt. Die »KIEW« ist in erster Linie für die U-Bootbekämpfung mit einem Flugdeck und raketenbestückten Flugzeugen konzipiert.
Bei etwa 42 000 ts Verdrängung hat das Schiff 11 m Tiefgang, etwa 275 m Länge und 48 m Breite an Deck. Die Besatzungsstärke liegt bei 1200 Mann. 4 Dampfturbinensätze mit einer Gesamtleistung von 125 000 kW (170 000 PS) arbeiten auf 4 Schrauben und geben dem Schiff 32 kn Geschwindigkeit.
Das Flugdeck von 189×20 m ist als sog. »angled deck« (Winkeldeck) angelegt. Die Längsachse dieses Decks ist zur Schiffslängsachse um 4,5° schräg nach Backbord. Da weder Katapulte noch Abfangvorrichtungen vorhanden sind, müssen die Flugzeuge Senkrecht- oder zumindestens Kurzstarteigenschaften haben. Im Hallendeck werden die Flugzeuge, Hubschrauber und Flugkörper vorbereitet und mit Aufzügen von unterschiedlicher Größe (max. 20×10,4 m) und Tragfähigkeit zum Flugdeck transportiert. Mitgeführt werden etwa 12 Kampfflugzeuge und 25 Hubschrauber. In den oberen Aufbauten befinden sich das Rundsicht- und Flugleitzentrum.
Die Raketenbewaffnung besteht weiter aus Startbehältern für große Seezielraketen, Doppelstarter für Schiff-Luft-Raketen, sowie Raketenstartvorrichtungen für die Nahziel- und U-Bootbekämpfung. Zur Rohrartillerie gehören automatische Universalgeschütze mittleren und kleinen Kalibers.
Als UAW-Raketen-Kampfschiff ist die »KIEW« mit hydroakustischen Systemen zur U-Bootsuche ausgestattet. Die auffällige Zahl der Antennen deutet auf hochentwickelte Anlagen für die Luftraumüberwachung, für Navigationsfunkmeßgeräte, für Rakentenleitsysteme sowie für Feuerleitgeräte der Rohrartillerie hin.

»Killer«-U-Boot: schnelles kleines kernkraftgetriebenes Unterseeboot der US-Marine. Wegen der zunehmenden Kampfkraft und Größe der Unterwasser-Kriegsschiffe wurde mit dem Untersee-Jagdboot eine Gegenwaffe geschaffen.

»KING EDWARD«: erstes Turbinen-Passagierschiff. Nach der aufsehenerregenden Fahrt der »TURBINIA« von Sir CHARLES ALGERNON PARSONS war 1901 die »KING EDWARD« das erst kommerzielle turbinengetriebene Handelsschiff der Welt. Das Schiff war eine Gemeinschaftsentwicklung des Kapitäns John Williamson, der Parson'schen »Marine Steam Turbine Company« in Newcastle und der »W. Denny and Brothers of Dumbarton«. Dieses Konsortium gründete auch das »Turbine Steamers Syndicate«, welche die »KING EDWARD« auch bereederte.
Der 650-Tonner hatte eine Länge von 74,4 m (250,5 ft), eine Breite von 9,17 m (30,1 ft) und einen Tiefgang von 3,05 m (10,0 ft). Eine Hochdruck- und 2 Niederdruckturbinen leisteten insgesamt etwa 2576 kW (3500 WPS). Die Masse der Turbinenanlage betrug 120 t. Das Schiff hatte 3 Schrauben, wobei die mittlere größer war und vom Hochdruck-Turbinenteil angetrieben wurde. Das Schiff erreichte 20,48 kn Höchstgeschwindigkeit.
Nach der Probefahrt im Juni 1901 wurde die »KING EDWARD« im Passagierverkehr zwischen Fairlie und Campbeltown in der Clyde-Mündung eingesetzt. Im ersten Weltkrieg fuhr sie als Truppentransporter über den Ärmelkanal und wurde erst 1951 verschrottet.

»King-Edward«-Klasse: siehe *Dreadnought*

Klappschute: offene *Baggerschute* mit Entladung durch Öffnen der Bodenklappe. Die vom Bagger, Spüler oder von Land übernommene Baggermasse bis zu 1000 m³ wird durch geschleppte Schuten oder Klappschuten mit Eigenantrieb zum Baggerschüttplatz auf See gebracht und dort durch Boden- oder Seitenklappen bzw. durch ein Aufklappen des gesamten Laderaums »verklappt«. Die Schwimmfähigkeit bleibt während der Laderaumöffnung durch Seiten-, Bug und Hecktanks erhalten.

Kleiner Kreuzer: aus der *Kreuzerkorvette* des 18. und 19. Jh. hervorgegangener *Kreuzer*, wobei die gepanzerte Kreuzerkorvette eine Zwischenstufe darstellte. In Deutschland waren die Aviso »BLITZ« (1881) bis »HELA« (1893) Vorläufertypen, die eine Doppelfunktion erfüllen sollten. Bei Auslandsaufgaben war ein lange Seeausdauer erforderlich und als Begleiter von Torpedobootsverbänden eine hohe Geschwindigkeit und Wendigkeit. Ein erster Kreuzer zur Kombination dieser Eigenschaften war die »GAZELLE« (1897), ein letzter Kleiner Kreuzer die »NÜRNBERG (III)« des Jahres 1929.
Zum Ende des 19. Jh. hatte der Kleine Kreuzer ein Deplacement zwischen 2500 und 3500 t. Deutsche Kleine Kreuzer führten 10,5-cm-Geschütze. Diese Bewaffnung erwies sich schon bei Ausbruch des ersten Weltkriegs als zu schwach, da britische Kreuzer bereits das 15-cm Kaliber führten. Mit der relativ hohen Geschwindigkeit von 21···23 kn übernahm der Kleine Kreuzer Aufklärungs- und Sicherungsaufgaben sowie die Abwehr feindlicher *Torpedoboote* oder diente als Flaggschiff eigener Torpedoflottillen; siehe auch *»GEFION«, »LÜBECK«, »NOWIK«, »STRALSUND« und »UNDINE«.*

Kleinst-U-Boot: *U-Boot* für 1 bis 4 Mann Besat-

Britisches Kleinst-U-Boot der »Midget«-Klasse, Baujahr 1955

zung. Zu Beginn des zweiten Weltkrieges wurde die Entwicklung von Kleinst-U-Booten besonders in Japan und Großbritannien vorangetrieben. So wurden 1943 sechs britische Kleinst-U-Boote der »Midget«-Klasse mit einer Wasserverdrängung von 15 ts und 4 Mann Besatzung von Hochsee-U-Booten bis zur norwegischen Küste geschleppt, wobei die Boote X-6 und X-7 das im Kafjord liegende Schlachtschiff »TIRPITZ« schwer beschädigten.

Ab 1944 wurde auch in Deutschland die Entwicklung von Kleinst-U-Booten der verschiedenen Typen forciert betrieben und noch in größerer Zahl fertiggestellt. Der Typ »Hecht« hatte eine Verdrängung von 11,85/12,25 t, war 10,5 m lang und 1,30 m breit. Die Tauchtiefe lag bei 2,5 m. Angetrieben wurde das Boot durch einen E-Motor mit 8,8 kW Leistung, der von einer Batterie gespeist wurde. Die in einer Kortdüse laufende Schraube von 0,45 m Durchmesser ermöglichte eine Überwassergeschwindigkeit von maximal 6 kn. Die Bewaffnung bestand aus einem am Bootskörper angehängten Torpedo des Kalibers 53,3 cm oder einer Mine. Die Boote hatten 2 Mann Besatzung und konnten nur bis Windstärke 4 mit mäßigem Seegang eingesetzt werden. Die Ausrüstung bestand aus einem Sehrohr, einer Lufterneuerungsanlage und einem Kreiselkompaß.

Nach dem zweiten Weltkrieg wurden Kleinst-U-Boote verschiedentlich auch in der Fischereiforschung eingesetzt, siehe *Tauchboot*. Ein neues Betätigungsfeld brachte die Offshore- und Meerestechnik, wo Kleinst-U-Boote zur Erkundung, Überwachung und Reparatur von Unterwassereinrichtungen und Pipelines sowie für Rettungsaufgaben bei verunglückten Tauchern benötigt werden. Derartige Boote sind bis zu 18 m lang, verdrängen zwischen 60 bis 80 m^3 und können bis 100 m Tiefe tauchen. Ihre Aktionsweite kann bis zu 50 Seemeilen betragen bei einer Tauchdauer bis zu 20 Std.

KMS: in der Bundesrepublik Deutschland gebräuchliche Abkürzung für Küsten-Minensuchboot.

»KNUDSHOVED«: dänisches Eisenbahnfährschiff der Det Danske Statsbaner (DSB). Die unter der Baunummer 352 auf der Helsingör Skibsvarft, AS Helsingör am 7. Oktober 1960 von Stapel gelaufene und am 15. März 1961 abgelieferte Fähre hat eine Länge über Alles von 109,18 m und zwischen den Loten von 108,03 m, ist über die Scheuerleisten 17,23 m breit, und hat eine Seitenhöhe von 7,12 m und 4,59 m Tiefgang.

Der Antrieb erfolgt durch zwei 7-Zylinder-Zweitakt-B & W-Dieselmotoren mit insgesamt 5819 kW Leistung. Bei 3 Parallelgleisen ist die Gesamtgleislänge 245 m. An Decks-Passagieren können maximal 1500 Personen befördert werden. Ursprünglich war die Fähre für den Autotrajektdienst Halskov–Knudshoved vorgesehen, wurde jedoch bereits mit einem Eisenbahndeck gebaut, so daß der Einsatz auch auf der Linie Nyborg/Fynen-Korsör/Sjaelland erfolgen konnte. Heute fährt die »KNUDSHOVED« auf der »Vogelfluglinie» Rödbyhavn–Puttgarden/BRD und als Reserveschiff im Routendienst Gedser–Warnemünde. Das Vorschiff ist ohne die sonst übliche Bugklappe gebaut, die Bugöffnung wird durch Schiebetore verschlossen, die ähnlich den Rollukendeckeln seitwärts einrollen.

Eisenbahnfährschiff »KNUDSHOVED« bei der Einfahrt in Warnemünde

Kofferdeckschiff: *Bulker, Schüttgutschiff* älterer Bauweise im Bereich der Ladeluken. Um die freie Oberfläche und das Übergehen der Ladung im Seegang zu verhindern, wurden die seitlichen Lukensülle erhöht und das Deck im Bereich der Luken höhergelegt, so daß schmalere und höhere Lukenschächte entstanden, siehe auch *Turmdeckschiff.*

Kohle-Erz-Frachter: *Bulker* für den wahlweisen Transport von Kohle oder Erz. Infolge der unterschiedlichen Dichte dieser beiden Massen-Schüttgüter sind solche Unterteilungen des Laderaumbereichs in einzelne Laderäume erforderlich, die bei dem schwereren Erz eine alternierende Beladung ermöglichen, bei der nur jeder zweite Laderaum beladen wird. Außerdem müssen die Verbände des Stahlschiffskörpers verstärkt und Tanks angeordnet sein, um ein annehmbares Stabilitätsverhalten zu erreichen.

Kohlefrachter: *Frachtschiff* für den Kohletransport. Neben Getreide gehört Kohle zu den ältesten Massenschüttgütern der Fluß- und Seeschiffahrt. Die Entwicklung des Kohlefrachters ist besonders durch die Be- und Entladetechnik charakterisiert. Die anfänglich rein manuelle Be- und Entladung konnte nach und nach durch das mit Greifern versehene Ladegeschirr sowie durch Landanlagen übernommen werden, je nach Größe und Hafengegebenheit haben Kohlefrachter auch Selbstentladeeinrichtungen.

Kombischiff: modernes kombiniertes *Fracht- und Fahrgastschiff* für Fahrtrouten, auf denen weder das Ladungsaufkommen noch die Fahrgastanzahl für sich ausreicht, um spezialisierte Fracht- oder Fahrgastschiffe einzusetzen.

Längsschnitt und Decksansicht eines Kohle-Frachtdampfers um 1910

1 *Laderäume*
2 *Wasserdichte Querschotte*
3 *Holz-Trennschott*
4 *Kohlebunker*
5 *Kesselraum*
6 *Maschinenraum*
7 *Vorpiek*
8 *Doppelbodenzellen*
9 *Speisewassertank*
10 *Kurze Back*
11 *Brückendeck*
12 *Kurze Poop*
13 *Hellegat*
14 *Wasserpforten*
15 *Ladebäume*
16 *Ladepfosten, Lademaste*
17 *Lüfter*
18 *Rettungsbote*
19 *Schornstein*
20 *Wellenleitung*
21 *Lukendeckel*
22 *Ladeluken*
23 *Rudermaschine*
24 *Ankerspill*
25 *Ankerklüsen*
26 *Hinterpiek*
27 *Wellentunnel*
28 *Tunnelrezess*

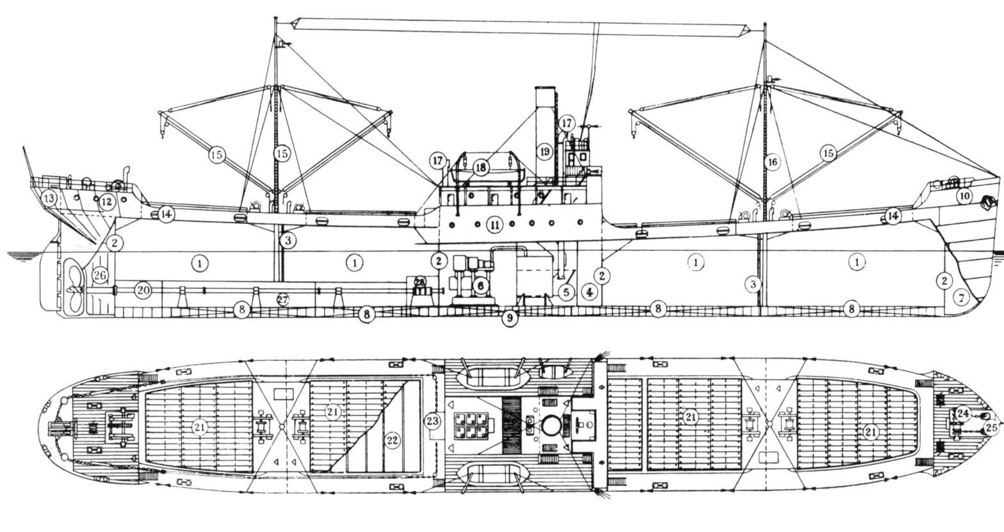

Kompositschiff: während der Übergangszeit vom Holz- zum Eisen- und Stahlschiffbau mit eisernen Spanten, Decksbalken mit Unterzügen und Holzbeplankung gebautes Schiff.

»KONGO«: japanischer Schlachtkreuzer (jap. »Junyo Senkan« für schnelles Schlachtschiff). Der japanische Rüstungsplan von 1911 sah den Bau von 4 Schlachtkreuzern vor. Da Japan zu dieser Zeit noch keine eigenen Erfahrungen im Bau derart großer Kriegsschiffe hatte, mußte man ein »Modellschiff« im Ausland bauen lassen. So wurde die »KONGO« gemäß Bauvertrag vom November 1910 bei Vickers in Barrow am 17. Januar 1911 auf Kiel gelegt, lief am 8. Mai 1912 von Stapel und wurde am 13. August 1913 in Dienst gestellt. Der Schlachtkreuzer wurde damit zeitgleich mit der britischen »Lion«-Klasse gebaut. Den Entwurf erarbeitete Sir George Thurston. Bei der Ablieferung repräsentierte die »KONGO« den kampfstärksten Typ eines Schlachtkreuzers und war das letzte japanische Kriegsschiff, das im Ausland in Bau gegeben wurde.

Der japanische Super-Dreadnought-Schlachtkreuzer »KONGO«

Bei einem Deplacement von 28000 t war das Schiff 214,6 m lang, 28,0 m breit und hatte 9,0 m Tiefgang. Die Besatzungsstärke betrug 1100 Mann. Die 2 Parsons-Turbinen leisteten 55000 kW (64000 WPS an den Propellerwellen) und gaben dem Vierschraubenschiff eine Geschwindigkeit von 27,8 kn. Der Dampf wurde in 36 Yarrow-Kesseln erzeugt. Die Masse der Antriebsanlage betrug 4750 ts. Neben 1000 t Öl war ein Kohlevorrat von maximal 4000 t für die gemischte Kohle-Ölfeuerung an Bord. Mit diesem Vorrat konnte das Schiff bei 15 kn Geschwindigkeit 10000 Seemeilen dampfen.

Die Panzerstärken betrugen im Deck 5,1 cm, am Kommandoturm 27,9 cm, in der Wasserlinie 10,2···22,9 cm, an den Türmen der schweren Artillerie 25,4 cm und bei der mittleren Artillerie 15,2 cm. Die Bewaffnung bestand aus 8×35,6-cm-Geschützen in je 2 übereinander angeordneten Türmen, 16×15,2-cm- und 16×7,6-cm-Geschützen sowie 5 Maschinengewehren. Hinzu kam die Torpedobewaffnung von 8 Stück 53,3-cm-Rohren, die seitlich unter Wasser in jeweils 2 Vierersätzen angeordnet war. Jeweils in Bug- und Heckrichtung konnten 4×35,6-cm- und 4×15,2-cm-Geschütze feuern. Bei einer Breitseite kamen 8×35,6-cm- und 8×15,2-cm-Geschütze sowie 4 Torpedorohre zum Einsatz. Die Geschoßmasse einer solchen Breitseite betrug 5763 kg.

Vom September 1929 bis März 1931 wurde das Schlachtschiff modernisiert. Damals hatte das Schiff nur noch 16 Kessel, davon 6 mit Kohle- und 10 mit Ölfeuerung, wodurch die Masse der Antriebsanlage auf 3943 ts sank. Die Bewaffnung wurde verändert, 4 Torpedorohre entfernt und Torpedowülste angebaut und die Geschwindigkeit auf 25,9 kn vermindert. Deshalb lautete die Bezeichnung nunmehr »Senkan« (jap. Schlachtschiff). Von Januar 1936 bis Januar 1937 war eine erneute Modernisierung. Das Heck wurde um 8 m verlängert, alle Torpedorohre wurden ausgebaut und ein Katapult mit 3 Wasserflugzeugen kam an Bord. Neue Turbinen mit nur noch 8 Kesseln ergaben eine Masse der Antriebsanlage von nur noch 2929 ts und ermöglichten dem Schiff eine Geschwindigkeit von 30 kn. So lautete die Bezeichnung nunmehr wieder »Schnelles Schlachtschiff«.

Im zweiten Weltkrieg wurde das Schiff im Pazifik eingesetzt, wofür die Bewaffnung mehrmals verändert wurde. So waren 1944 nicht weniger als 118×2-cm-Flakkanonen an Bord. Am 21. November 1944 ist die »KONGO« nordwestlich Formosa durch Torpedotreffer des US-U-Boots »SEALION« gesunken.

»KÖNIGIN LUISE«: Seebäderdampfer der Hamburg-Amerika-Linien mit Föttinger-Transformator. Das Schiff wurde nach der Königin Luise von Preußen (1776 bis 1810) benannt. Sie kam aus dem Hause Mecklenburg-Strelitz und war die Gemahlin des preußischen Königs Friedrich Wilhelm III. und Mutter des Kaisers Wilhelm I. Sie wirkte politisch auf ein Bündnis mit Rußland hin und unterstützte die Reformen des Freiherrn von Stein. 1806 flüchtete sie nach Königsberg und traf 1807 auf Anraten der preußischen Regierung in Tilsit mit Napoleon I. zusammen.

Der 2163 BRT große Bäderdampfer wurde 1913 beim Stettiner »Vulcan« gebaut. Die Dampfturbinen leisteten 4489,6 kW (6100 PS) und gaben dem Schiff eine Geschwindigkeit von 18 kn. Einen Fortschritt brachte der eingebaute Föttinger-Transformator, der dem Schiff die Rückwärtsfahrt ohne Rückwärtsturbine ermöglichte.

Am 1. August 1914 wurde das Schiff sogleich als »Hilfs-Streuminendampfer« mit zwei 3,7-cm-Revolverkanonen ausgerüstet und ging am 4. August 1914 um 19.30 Uhr unter dem Kommando von Korv. Kapt. Biermann von Cuxhaven aus in See, um am 5. August in der Themsemündung Minen zu »streuen«. Die »KÖNIGIN LUISE« zeigte damit als erstes deutsches Schiff im ersten Weltkrieg die Kriegsflagge vor der britischen Küste und gab auch den ersten Schuß des Seekriegs ab, als sie beim »Minenstreuen« von 16 englischen Zerstörern und einem Kreuzer angegriffen wurde. Nach 90 Minuten sank das Schiff, wobei es 73 Tote gab. Es war der erste Schiffsuntergang des ersten Weltkriegs. Auf der Minensperre sank am 6. August früh der englische Kreuzer »AMPHION« mit 150 Mann der Besatzung und 18 geretteten der »KÖNIGIN LUISE«.

»KÖNIG WILHELM«: Panzerfregatte der preußischen Marine und der späteren Norddeutschen Bundesflotte. Das vom ersten Konstrukteur der englischen Admiralität SIR REED konstruierte Schiff war ursprünglich für die türkische Marine bestimmt. Zahlungsschwierigkeiten veranlaßten die Türkei jedoch, den mit den Thames Iron-Works bei London bestehenden Bauvertrag zu lösen, und so ging das bereits in den Spanten stehende Schiff 1867 in die Hände der später zur Norddeutschen Bundesflotte[1)] gewordenen preußischen Marine über. Man wollte schnell den Vorsprung einholen, den England und Frankreich in der Seerüstung hatten. Der Kauf des Schiffs wurde zum Anfang einer heftigen Polemik der demokratischen Kräfte gegen die Militarisierung Preußens. Immerhin beliefen sich die Kosten » . . . dieses colossalen Schiffes einschließlich seiner vollständigen Armatur (Geschütze) auf nahe 3,5 Mill. Taler«. Außerdem fehlten vorerst noch »Etablissements«, um es zu docken und zu reparieren. Aber Preußen wollte das seinerzeit größte und zugleich stärkste Panzerschiff der Welt besitzen.

Das am 25. April 1868 von Stapel gelaufene Schiff kam am 20. Februar 1869 zur Flotte. Es war 112,2 m lang; 18,3 m breit und besaß einen Tiefgang von 8,65 m. Das Deplacement betrug 9603 t. Eine liegende Zweizylinder-Einfach-Expansionsmaschine mit einer Leistung von 5888 kW (8000 PSi) verlieh dem Schiff eine Geschwindigkeit von 14,7 kn, die Segelfläche betrug 2600 m^2. Für die Dampferzeugung sorgten 8 Kofferkessel mit 40 Feuerstellen. Die Bunker faßten 900 t Kohle. Die Schornsteine waren absenkbar.

[1)] Bezeichnungen der deutschen Marine von 1848 bis 1945: 1848 bis 1852 »Reichs- und Bundesmarine«; 1853 bis 1866 »Preußische Marine«; 1867 bis 1870 »Marine des Norddeutschen Bundes«; 1871 bis 1918 »Kaiserliche Marine«; 1919 bis 1933 »Reichsmarine«; 1933 bis 1945 »Kriegsmarine«.

Bei einem größtmöglichen Kohlevorrat von 1130 t konnte das Schiff bei 10 kn Fahrt 2000 Seemeilen dampfen. Von der 700 Mann starken Besatzung waren 80 Mann Maschinenpersonal.

Die Bewaffnung bestand aus 18×24-cm-Krupp-Geschützen mit je 17 Mann Bedienung sowie 5×21-cm-Krupp-Geschützen. Der Gürtel, die Batterien, 2 Halbreduits und die Traverse für die Jagdgeschütze waren gepanzert. Die Gürtelpanzerung bestand aus 25 cm dicken Panzerplatten, hinter denen sich eine 30 cm dicke Fütterung aus Teakholz, das von Eisenstangen durchzogen war, befand.

Im deutsch-französischen Krieg 1870/71 gehörte das Schiff zu den 3 Panzerschiffen, die zur Sicherung der norddeutschen Küste gegen Angriffe der weit überlegenen französischen Flotte eingesetzt waren.

1878 verursachte die »KÖNIG WILHELM« eine tragische Kollision. Während einer Übungsfahrt nach Gibraltar rammte am 31. Mai 1878 die »KÖNIG WILHELM« im Ärmelkanal bei einem Ausweichmanöver infolge eines falsch verstandenen Ruderkommandos die Panzerfregatte »GROSSER KURFÜRST«. Der Rammstoß der »KÖNIG WILHELM« traf die Seite von »GROSSER KURFÜRST« mit 9 kn Geschwindigkeit. Innerhalb weniger Minuten kenterte »GROSSER KURFÜRST« und riß 269 Mann der Besatzung mit sich in die Tiefe.

1895/96 wurde »KÖNIG WILHELM« nochmals umgebaut und im Zusammenhang mit den Flottengesetzen als *Großer Kreuzer* umklassifiziert. Ab 1904 wurde er als Wohn- und Exerzierschiff für 850 Schiffsjungen in Kiel und Mürwik verwendet. 1921 folgte die Streichung aus der Flottenliste und die Abwrackung.

Konvoischiff: siehe *Geleit-Schutzschiff*

Korvette: von der Segelkorvette übernommene Schiffsbezeichnung für ein schnelles, leicht bewaffnetes, noch relativ kleines und wendiges Überwasser-Kriegsschiff für Aufklärungs- und Geleitschutzaufgaben. In Deutschland unterschied man in der Übergangszeit zur Dampfkorvette die Glattdeckskorvette mit auf dem freien Deck stehender »ungedeckter« Batterie, wie die erste »NYMPHE« (925 t; 17 Geschütze), und die Gedeckte Korvette mit der Hauptbatterie unterhalb des Wetterdecks, wie die erste »ARCONA« (1612 t; 28 Geschütze). Mit der Weiterentwicklung der Dampfkorvette wurden die Bezeichnungen Glattdeckskorvette und Gedeckte Korvette zunächst 1884 in Kreuzerkorvette und Kreuzerfregatte und 1893 in Kreuzer II. Klasse und Kreuzer I. Klasse verändert. Außerdem benutzte man in Deutschland die Bezeichnung »Panzerkorvette« für kleinere gepanzerte Kriegsschiffe, die aber im Unterschied zu anderen Korvettentypen nicht als Kreuzer klassifiziert waren. Die Panzerkorvetten der »Sachsen«-Klasse nannte man auch *»Ausfallkorvette«*.

Im ersten und besonders im zweiten Weltkrieg wurden Korvetten in großer Anzahl gebaut und als Schiffstyp zur Bekämpfung von *U-Booten* und als *Geleit-Schutzschiff* eingesetzt.

»KOSMONAUT JURI GAGARIN«: siehe *Forschungsschiff*

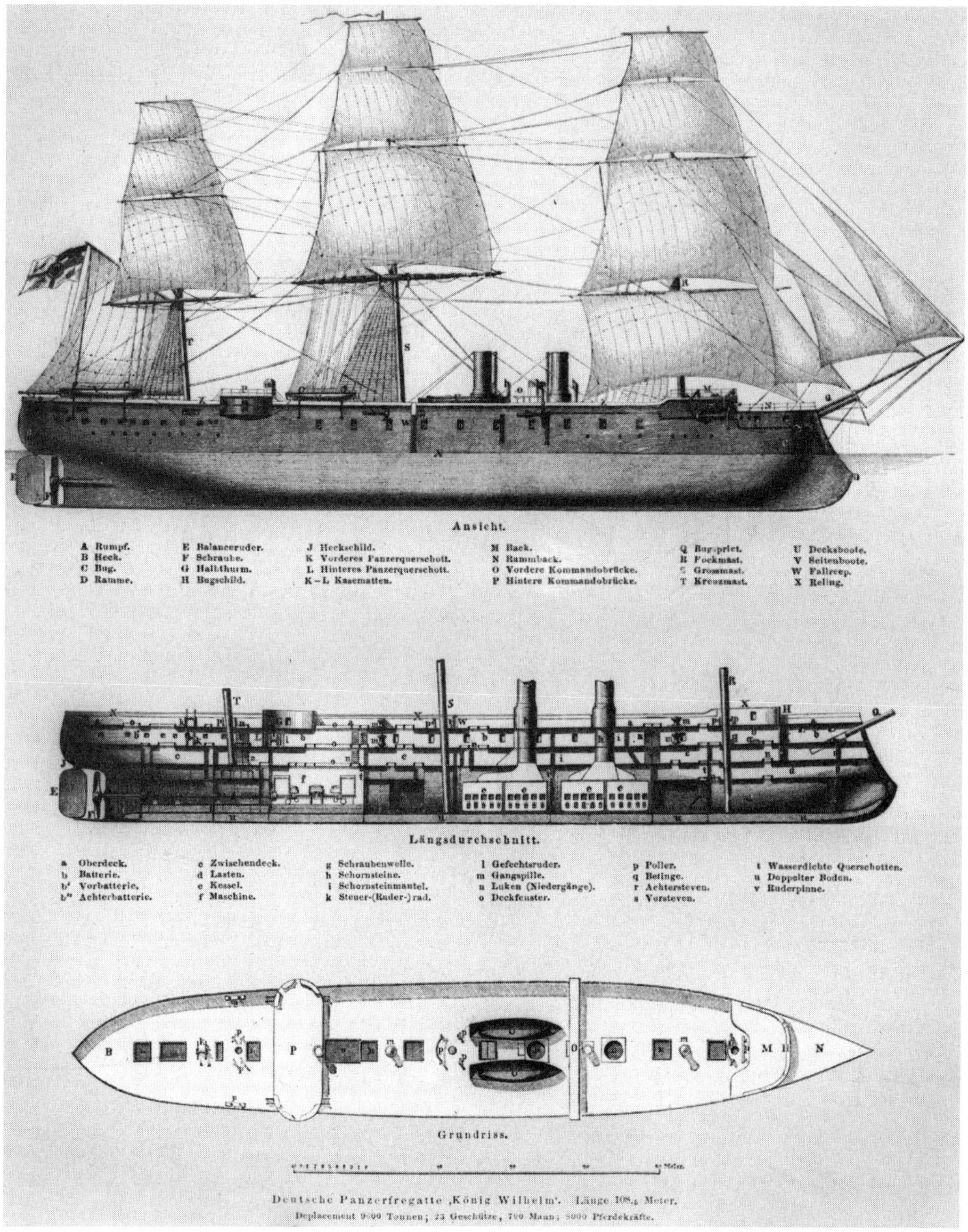

Die »KÖNIG WILHELM«, Seitenansicht, Längsschnitt und Deck

Krabbenkutter: kleines *Fischereischiff* der Küstenfischerei für den Krabben- bzw. Garnelenfang. Die Krabbe (lat. crangon vulgaris fabricia) ist ein kleiner schwarmartig in Rückenlage schwimmender Krebs. Der Krabbenkutter schleppt i. allg. die Netze seitlich an Baumkurren. Die Krabben werden sofort an Deck durch Sortiermaschinen vom Beifang getrennt und häufig auch sogleich gekocht.

Kraftwagen-Fähre: Kurzstreckenfähre, siehe *Fähre*, *Fährschiff*, deren stützenlose Decks sowie deren Außen- und Innenrampen vorwiegend für selbstfahrende Straßenfahrzeuge wie PKW, LKW und Fernlastzüge ausgelegt sind.

Kraftwerkschiff: schwimmendes und damit ortsveränderliches pontonartiges Wasserfahrzeug mit Anlagen zur Energieerzeugung. Zusätzlich zur behelfsmäßig kurzzeitigen Abgabe von Elektroenergie an andere Schiffe, Hafeneinrichtungen oder Baustellen durch Schiffe mit dieselelektrischem Antrieb (siehe *Diesel-Elektro-Schiff*) oder Bordstromaggregate können auf schiffbaren Gewässern spezielle Kraftwerkschiffe, auf denen eine entsprechende Anzahl von Dieselgeneratoren installiert ist, in die Nähe länger dauernder Bauvorhaben geschleppt werden.

Eine andere Gruppe von Kraftwerksschiffen, für die es erst wenige Prototypen gibt, soll alternative Energiequellen, wie die Wind- und Sonnenenergie oder die Wärmeenergie des Meeres, nutzen. So unternahm eine Gruppe französischer Forscher mit einem dazu umgebauten Frachtschiff »TUNISIE« (10000 t DW) den Versuch, das Wärmegefälle zwischen dem kühleren Tiefenwasser tropischer Meere und dem Oberflächenwasser zur Energiegewinnung zu nutzen. Mit 2 Rohren von je 2,5 m Durchmesser wurde aus 650 m Tiefe Seewasser von 4 ··· 5 °C angesaugt. Die Temperatur des Oberflächenwassers lag bei 25 ··· 26 °C. Die Wärmeenergie aus der Temperaturdifferenz entspricht etwa der Fallenergie der gleichen Wassermasse eines 50 m

Selbstentladendes kanadisches Krängungsschiff für den Holztransport

Start des Luftschiffs »NORGE« 1926 zum Flug über den Nordpol

Die »KRASSIN« nach der Modernisierung in der Mathias-Thesen-Werft, Wismar

hohen Wasserfalls. Mit den bisher verfügbaren Maschinen- und Geräten ist jedoch der technische Aufwand zur Seewasserentsalzung, Kühlung, Dampf- oder Elektroenergieerzeugung noch zu hoch.

Krängungsschiff: Spezialschiff für den Wassertransport von Holzstämmen. Derartige Holztransporter werden i. allg. nur auf Fahrwasserstraßen z. B. in Kanada eingesetzt, auf denen wegen eines regen Schiffsverkehrs, zu großer Fahrstrecken oder zu schmaler Kanäle oder Schleusen das Holz nicht in Flößen selbstschwimmend transportierbar ist. Die in hohen Stapeln querschiffs an Deck liegenden Baumstämme werden durch eine Krängung des Schiffs (seitliche Querneigung), die durch Fluten seitlicher Tanks erzeugt wird, von Bord gekippt. Es handelt sich somit um ein selbstentladendes Schiff wie die *Baggerschute* oder das *Dockschiff*.

Kranschiff: Spezialschiff für die Offshoretechnik oder Hochsee zur Errichtung von *Bohrinseln* bzw. Unterwasser-Förderplattformen, zur Verlegung von Unterwasser-Rohrleitungen oder für den Abbau von Erzvorkommen auf dem Meeresboden und -untergrund bzw. für andere Einsatzgebiete, für die der *Schwimmkran* nicht mehr ausreicht. Die Hebemittel des Kranschiffs können für ungewöhnliche Lasten bis zu 1500 t ausgelegt sein, und die Ausleger erreichen Längen bis zu 100 m; siehe auch *Hebeschiff*.

»KRASSIN« ex *»SWIATOGOR«*: berühmter russischer Eisbrecher. Während des ersten Weltkriegs erteilte im März 1915 die russische Regierung englischen Werften Aufträge zum beschleunigten Bau von 6 Eisbrechern, um damit vor allem den wichtigen Hafen von Archangelsk eisfrei zu halten. Als letzter dieser Eisbrecher kam 1917 die bei Armstrong Whitworth in Newcastle gebaute »SWIATOGOR« nach Rußland. Der Eisbrecher wurde 1917 von den revolutionären Matrosen in Archangelsk besetzt und zur Blockierung der Dwina versenkt, 1919 von den britischen Interventionstruppen wieder gehoben und nach England überführt.
Der Volkskommissar für Handel und Versorgung, L. B. Krassin, führte mit großer Beharrlichkeit Gespräche zur Rückgabe des Eisbrechers mit der britischen Regierung. Das Schiff wurde jedoch erst 1922 zurückgegeben und erhielt 1924 den Namen des Volkskommissars »KRASSIN«. Im Mai 1928 wurde die »KRASSIN« zur Rettung der Nobile-Expedition eingesetzt. Nachdem der schwedische Flieger Lundberg am 23. Juni 1928 Nobile gerettet hatte, wurden die restlichen 8 Überlebenden durch den sowjetischen Flieger Tuchnowsky an Bord der »KRASSIN« gebracht.
Auf der Rückreise von der Suche nach Überlebenden der Nobile-Expedition erhielt die »KRASSIN« im Juli 1928 den Notruf der »MONTE CERVANTES« (Hamburg-Süd), die unter Führung von Kapitän Meyer mit 1517 Passagieren an Bord nahe der Bären-Insel während ihrer Nordlandfahrt auf einem vorher unbekannten Unterwasserriff aufsaß. In der schützenden Recherche-Bay leistete »KRASSIN« Hilfe, und nach 6 Tagen konnte die »MONTE CERVANTES« auf Heimreise gehen.
Im Winter 1928/29 brachte der Eisbrecher auch Hilfe in der Lübecker Bucht und im Nord-Ostsee-Kanal und rettete alle Schiffe, die in den Eisbarrieren vor Warnemünde festlagen. Der damalige Oberbürgermeister von Rostock gab aus diesem Anlaß für eine Abordnung der Besatzung einen Empfang im Rathaus.
Im Winter 1933 brachte die »KRASSIN« erstmalig Versorgungsgüter nach Nowaja Semlya. Während der Kriegsjahre des zweiten Weltkriegs geleitete das Schiff zahlreiche Frachter durch die Arktis und das Weiße Meer.
Nach einem Umbau auf der Mathias-Thesen-Werft in Wismar vom August 1953 bis zum 30. Juli 1960 war die »KRASSIN« bis 1972 wieder im Polarmeer eingesetzt. Seitdem wird das Schiff in Murmansk bzw. Barentsburg als schwimmendes Kraftwerk genutzt. Nach dem Umbau hatte die »KRASSIN« eine Länge über Alles von 99,80 m und zwischen den Loten von 97,54 m. Die Breite auf Spanten betrug 21,59 m, die Seitenhöhe bis Hauptdeck 12,61 m und der Tiefgang 8,70 m. Bei einem Deplacement von 10800 t und einer Tragfähigkeit von 4115 t war der Eisbrecher mit 6048 BRT und 1687 NRT vermessen. Die Besatzung bestand aus 112 Mann. Die neue Antriebsanlage bestand aus 3 Dreifach-Expansionskolbendampfmaschinen mit insgesamt 8385 kW Leistung, die von 4 ölgefeuerten Kesseln (vor dem Umbau 10 kohlegefeuerte schottische Kessel) mit Dampf versorgt wurden. Die Freifahrtsgeschwindigkeit betrug 15,5 kn und die Aktionsweite 6800 Seemeilen.

Kreuzer: Bezeichnung für ein Kriegsschiff, das zur Erkundung und ersten Feindberührung oder zum Aufbringen von Handelsschiffen Seegebiete absuchte und dazu »kreuzte«. Im 19. Jh., seit dem nordamerikanischen Unabhängigkeitskrieg gegen Britannien, wurden für diese Aufgaben spezielle Schiffstypen gebaut. In der Übergangszeit vom Segel- zum Dampfschiff behielt man bei den frühen Kreuzertypen noch die Segeltakelage bei, bis der alleinige Dampfmaschinenantrieb zuverlässig genug war. Aus der seinerzeitigen Glattdeckskorvette ging die *Kreuzerkorvette* hervor, wobei die gepanzerte Kreuzerkorvette eine Zwischenstufe zum *Panzerkreuzer* darstellte. Nach dem Verzicht auf die Besegelung, dem Übergang zum Stahlschiff und der zusätzlichen Panzerung entwickelten sich zu Ende des 19. Jh. die Typen *Kleiner Kreuzer* (ungeschützter Kreuzer) und danach *Großer Kreuzer* als geschützter Kreuzer. In Deutschland waren die Aviso »BLITZ« (1881) bis »HELA« (1893) Vorläufertypen, die eine Doppelfunktion erfüllen sollten. Für Auslandsaufgaben waren die Seeausdauer und als Begleiter von Torpedobootsverbänden hohe Geschwindigkeit und Wendigkeit erforderlich. Ein erster Kreuzer zur Kombination dieser Eigenschaften war die »GAZELLE« (1897). Die Vorderlader-Geschütze der Segel-Kriegsschiffe, die noch unter dem Wetterdeck standen, wurden durch moderne Geschütze abgelöst, die an Deck hinter Schutzschilden standen. Zum Ende des 19. Jh. hatte der deutsche Kleine Kreuzer ein Deplacement von 2500···3500 t und führte 10,5-cm-Geschütze. Schon bei Ausbruch des ersten Weltkriegs erwies sich diese Bewaffnung als zu schwach, da britische Kreuzer bereits 15-cm-Kaliber führten. Mit der relativ hohen Geschwindigkeit von 21···23 kn übernahm der Kleine Kreuzer Aufklärungs- und Sicherungsaufgaben, diente den schweren Einheiten als »Fühlungshalter« zum Feind während der Kampfhandlungen, wehrte feindliche *Torpedoboote* ab und diente selbst als Flaggschiff eigener Torpedobootsflottillen. Die Geschwindigkeit wurde auf 27 kn gesteigert, nachdem der Dampfturbinenantrieb möglich war; siehe auch *Dampfturbinenschiff*. Zu Beginn der 1920er Jahre hatte der Kreuzer ein Deplacement bis zu 6000 t und 8×15-cm-Geschütze in Zwillingstürmen, bis der Drillingsturm üblich wurde. Das Washington-Abkommen von 1922 prägte dann die Begriffe *Leichter Kreuzer* (Geschützkaliber unter 15 cm) und *Schwerer Kreuzer* (Geschützkaliber über 15,5 cm).

Nach dem zweiten Weltkrieg verschwanden auch diese Typenbezeichnungen. Stattdessen wurde die Klassifizierung nach Art der Bewaffnung, wie z. B. Artillerie- oder Raketenkreuzer vorgenommen. In der Vergangenheit auf strategische bzw. taktische Aufgaben orientierte Kreuzertypen, wie Torpedo-, Minen- oder Flak-Kreuzer wurden außer Dienst gestellt oder umgerüstet. Konventionelle Artillerie-Kreuzer mit einem Deplacement von 15000 bis 20000 t und 15···20-cm-Geschützen sind in modernen Flotten die Ausnahme und werden hauptsächlich noch für Schulzwecke und Flottenbesuche verwendet, wie der sowjetische Kreuzer »SWERDLOW«.

Kreuzerfregatte: Kriegsschiff aus der Übergangszeit vom Segel- zum Dampfschiff, bei dem die Geschützbatterie im Unterschied zur *Korvette* nicht ungeschützt auf dem Oberdeck, sondern als »gedeckte Batterie« unter Deck angeordnet wurde. Durch eine Kabinettsorder vom 25. November 1884 wurde in Deutschland statt der bis dahin üblichen Bezeichnung »Gedeckte Korvette« die Bezeichnung »Kreuzerfregatte« angeordnet.

Anfänglich führte die Kreuzerfregatte zusätzlich zur gedeckten Batterie an Oberdeck ein oder 2

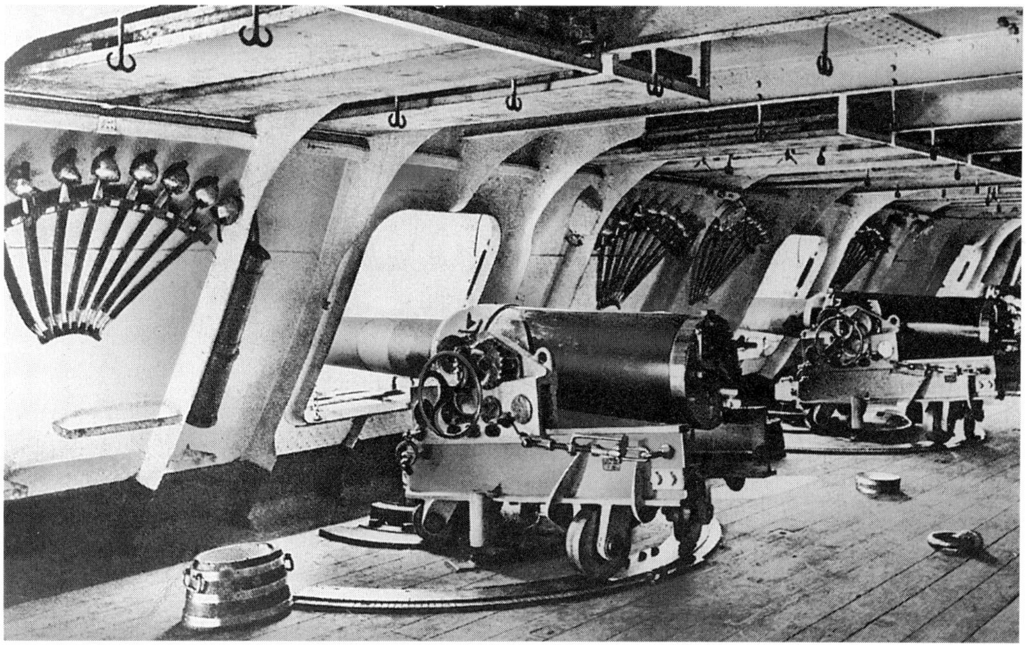

Batterie von 14-cm-Geschützen eines französischen Kreuzers aus der Zeit 1875/85

schwere Geschütze auf Rahmenlafetten. Die kleineren Kreuzerfregatten erhielten die Namen bekannter deutscher Generale und Admirale. Nach dem endgültigen Verzicht auf die Besegelung und dem Übergang von der Segel-/Dampffregatte zur Dampffregatte entstanden aus der Kreuzerfregatte die *Gepanzerte Kreuzerfregatte*, der große *Geschützte Kreuzer* und schließlich der *Panzerkreuzer*.

Kreuzerheckschiff: vom Kriegsschiffstyp *Kreuzer* auf Handelsschiffe während der Übergangszeit zum Dampfschiff übernommene gerundete Heckform, die eine günstigere Ruder- und Ruderschaftanordnung sowie eine gute Hinterschiffsumströmung auch bei hecklastig vertrimmten Schiff brachte. Mit den weiteren Fortschritten der Schiffsformgestaltung, Decksnutzung sowie der Festmache- und Verholeinrichtung wird statt des Kreuzerheck- das Spiegelheckschiff bevorzugt.

Kreuzerkorvette: eine *Korvette* aus der zweiten Hälfte des 19. Jh., deren leichte Geschütze ungedeckt in einer Batterie an Oberdeck standen und die zunächst als »Glattdeckkorvette« bezeichnet wurde. Die Bezeichnung dieses Schiffstyps als »Kreuzerkorvette« geht in Deutschland auf eine Kabinettsorder vom 25. November 1884 zurück. Die danach noch gebauten Glattdeckskorvetten, wie die »ALEXANDRINE« (1885), wurden mit einer Anzahl stärkerer Geschütze ausgerüstet, so standen auf der »ALEXANDRINE« 10×15-cm-Geschütze an Deck. Diese Korvetten wurden bereits mit Stahlspanten gebaut und holzbeplankt. Ein Zinkplattenbeschlag schützte die

Tankanordnung auf der »KRIM«

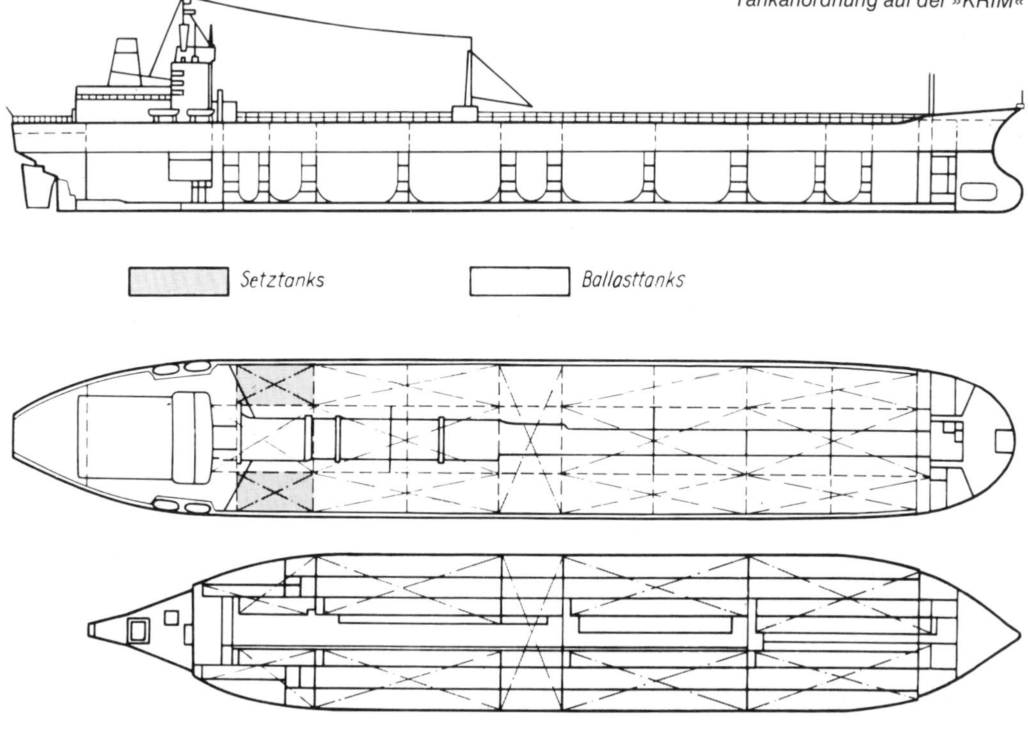

Außenhautplanken gegen Bewuchs. Die Korvetten hatten noch Segel- und Dampfantrieb. Um während des Segelns keinen zusätzlichen bremsenden Widerstand zu haben, konnte die Schraube aus dem Wasser geheißt werden.

Kreuzfahrtschiff: *Fahrgastschiff,* das im Unterschied zum fahrplanmäßigen Linien-Fahrgastschiff Erholungsfahrten in interessante Seegebiete, wie die Karibik, die Südsee, im Nord-, Mittel- oder Schwarzen Meer unternimmt und dort mit mäßiger Geschwindigkeit »kreuzt« bzw. häufig auf geschützten Reeden oder in Häfen verweilt. Neben besonders attraktiven Unterhaltungs-, Wohn- und Versorgungsbereichen unterscheiden sich Kreuzfahrtschiffe von den i. allg. schnelleren Linien-Fahrgastschiffen auch hinsichtlich der Antriebsleistung und Maschinenanlage, da höhere Geschwindigkeiten nur auf der Hin- und Rückreise und wirtschaftliche Langsamfahrten im Kreuzgebiet vorteilhaft sind. Kreuzfahrtschiffe stellen seit etwa 1970 den größten Anteil an der Passagierschiffahrtsstonnage.

»KRIM«: Sowjetischer Großtanker. Einer der ersten 5 Großtanker, die in der UdSSR mit EDVA-Unterstützung projektiert und in einem Trockendock in Kertsch gebaut wurden. Zur Jahreswende 1974/75 kam der Tanker zur Noworossisker Schwarzmeerreederei. Das Glattdeckschiff ist ohne Poop mit kurzer Back, Wulstbug und hinten angeordneter Maschine und Deckshaus gebaut. Es ist über alles 295,2 m und zwischen den Loten 277,1 m lang; 45,0 m breit; hat eine Seitenhöhe von 25,4 m und einen Tiefgang von 17,0 m. Die Tragfähigkeit beträgt 150000 t DW. Mit einer Antriebsleistung von 22000 kW erreicht das Schiff eine Geschwindigkeit von 17 kn. Den erforderlichen Dampf erzeugt ein Kessel mit einer Dampfleistung von 90 t/h bei 8 MPa (etwa 80 kp/cm^2). Der Verstellpropeller arbeitet in einer nicht schwenkbaren Düse von 7,5 m Durchmesser, durch die eine Geschwindigkeitssteigerung um 0,5 kn erreicht wurde. Je eine vorn und achtern angeordnete Querstrahlanlage von 200 kN Gesamtschub erhöhen die Manövrierfähigkeit des Schiffs. Die Ladepumpen dienen gleichzeitig als Tankwaschanlage, und die gekühlten, gereinigten und getrockneten Rauchgase des Hauptkessels werden als sog. »Inertgas« in die jeweils zu waschenden und in die angrenzenden Tanks geleitet. Das Inertgas wirkt als Sicherheitsgas und vermindert die Gefahr von Tankexplosionen, die auf Tankern durch Tankwaschanlagen beim Reinigen der Ladetanks entstehen können.

»KRISTALL«: Großserien-Kühl-und-Transportschiff. Ein systematisch über mehrere Jahrzehnte in Zusammenarbeit mit dem Ministerium für Fischereiwesen der UdSSR weiterentwickelter Schiffstyp des DDR-Schiffbaus für die speziellen Bedingungen der Flotillenfischerei mit den Grundtypen »POLAR« I/II und »KRISTALL« I/II. In der Typenfolge wurden seit 1970 vom VEB Mathias-Thesen-Werft Wismar mehr als 50 Schiffe gebaut. Die derzeit neueste Bauvariante hat die Bezeichnung KRISTALL III.
Das Schiff übernimmt mit bordeigener Umschlagausrüstung auf See bis zu Windstärke 6

Ein Schiff aus der Großserie »KRISTALL« für die UdSSR von der Mathias-Thesen-Werft, Wismar

Frischfisch, Frostfisch und Fischprodukte sowie Konserven, Faßware und Fischmehlsäcke von den Fangschiffen oder Fang- und Verarbeitungsschiffen und transportiert die Ladung zum Bestimmungshafen. Es übergibt an die Fischereiflotte Betriebsstoffe wie Schweröl, Dieselkraftstoff und Schmieröl sowie Trinkwasser, Proviant, Fischereiausrüstung und Verpackungsmaterial und betreut die Besatzungen der Fangflotte auf den Fangplätzen medizinisch und kulturell.
Das mit 12383 BRT vermessene Kühl- und Transportschiff ist ein vollgeschweißter Freidekker mit kurzer Back und hinterem Deckshaus. Es ist über Alles 152,14 m und zwischen den Loten 142,00 m lang, auf Spanten 22,20 m breit und hat bei einer Seitenhöhe bis Oberdeck von 13,60 m einen Konstruktionstiefgang von 8,02 m. Die Tragfähigkeit beträgt 9350 t. Das Schiff hat 4 Laderäume mit einem Gesamtraum von 470000 cbf (13300 m^3) die jeweils durch ein Zwischen-und ein Grätingdeck unterteilt sind. Die Raumtemperaturen lassen sich für die einzelnen Laderäume unabhängig im Bereich von −8 °C bis −30 °C regulieren. Die Laderäume werden durch isolierte und hydraulisch betätigte Faltdeckel verschlossen. In den Zwischendecks können Gabelstapler für den Horizontaltransport der Ladung eingesetzt werden.
Zur Umschlagsausrüstung gehören 9 Ladebäume, davon 1×5 t/14 m-, 6×5 t/18 m- und 2×10 t/18 m-Ausladung. Die Ladungsübernahme kann je nach Größe der längsseitsliegenden Schiffe in alle 4 Luken erfolgen, so daß je Luke bis zu 250 t in 24 Stunden übernommen werden können. An Kühlladung können 7460 t, an Fischmehl 488 t und an Fischöl 174 t übernommen werden.
An Bord bestehen Unterbringungsmöglichkeiten für 71 Personen. Der Hauptantrieb erfolgt durch einen langsamlaufenden Kreuzkopf-Dieselmotor des Typs K 5 SZ 70/125 BL von DMR Rostock (MAN-Lizenz) mit einer Leistung von 7600 kW. Das Einschraubenschiff hat damit eine Geschwindigkeit 17,4 kn. Der Aktionsradius beträgt 12300 Seemeilen und das Schiff ist für eine selbstständige Einsatzdauer von 120 Tagen ausgerüstet. Entsprechend dem internationalen Übereinkommen über die Verhütung der Meeresverschmutzung hat das Schiff Abfallverbrennungs-, Abwasserbehandlungs- und Bilgenwasserentölungsanlagen.

»KRONPRINZ«: Panzerfregatte der Norddeutschen Bundesflotte. Für eine Verstärkung der Norddeutschen Bundesflotte gab es um 1870 in Deutschland noch keinen eigenen leistungsfähigen Schiffbau, so daß die ersten Aufträge für größere Batterieschiffe an das Ausland vergeben wurden. England baute die beiden Panzerfregatten »KRONPRINZ« und *»KÖNIG WILHELM«* nach den Plänen ihres bewährten Konstrukteurs SIR REED. Das am 6. Mai 1867 bei Samuda Brothers in London von Stapel gelaufene eiserne Schiff hatte ein Deplacement von 5480 t. Es war 89,44 m lang, 15,2 m breit und ging 7,85 m tief. Eine liegende Zweizylinder-Einfach-Expansionsmaschine der Firma John Penn & Sons aus Greenock mit einer Leistung von 3584 kW (4870 PSi) wurde von 8 Kesseln mit 32 Feuern mit Dampf versorgt und gab dem Schiff eine Geschwindigkeit von 14,7 kn. Die Schornsteine waren absenkbar.
Die Bewaffnung bestand aus 16 × 21-cm-Krupp-Geschützen. Außer dem Gürtel, der eine 12,7 starke Panzerung erhielt, waren Bug und Heck sowie die Batterie gepanzert.
Erst am 22. August 1901 wurde das Schiff aus der Flottenliste gestrichen und diente danach als Maschinenhulk in Kiel. Am 3. Oktober 1921 wurde es verkauft und in Rendsburg abgebrochen.

»KRONPRINZESSIN CECILIE«: NDL-Schnelldampfer mit Vierfach-Expansionsmaschinen; er

wurde nach der Herzogin Cecilie Auguste Marie von Mecklenburg-Schwerin benannt, die nach ihrer Vermählung mit Kronprinz Wilhelm von Preußen und Kronprinz des Deutschen Reichs Kronprinzessin Cecilie wurde. Am 6. August 1907 schickte der Norddeutsche Lloyd seinen neuesten Schnelldampfer »KRONPRINZESSIN CECILIE« auf die Jungfernreise. Das 19503 BRT (6584 NRT) große Schiff besaß die größte Kolbendampfmaschinenanlage, die je ein Schiff angetrieben hat. Vier gewaltige Vierfach-Expansionsmaschinen mit einer Gesamtleistung von 33856 kW (46000 PS), die jeweils hintereinander auf 2 Schrauben arbeiteten, gaben dem Schiff eine Geschwindigkeit von 23,6 kn. Während die »KRONPRINZESSIN CECILIE« die größte Kolbendampfmaschinenanlage erhielt, hatte der HAPAG-Schnelldampfer *»DEUTSCHLAND«* (Baujahr 1900) die beiden größten jemals in der Welt gebauten Einzel-Dampfmaschinen. Jede dieser Vierfach-Expansionsmaschinen leistete 12495 kW (17000 PS), war 23 m lang und fast 13 m hoch. Das war eine Glanzleistung in der Geschichte der Kolbendampfmaschine und der Schnelldampfer, doch knapp 2 Monate später wurde sie durch die Turbine und die ersten Turbinenschiffe überboten. Im Oktober 1907 ging der neue Cunard-Liner *»LUSITANIA«* auf die Reise. Mit dem neuen Dampfturbinenantrieb brachte schon die erste Reise den Rückgewinn des begehrten »Blauen Bandes« durch eine britische Reederei. Die Kolbendampfmaschine war durch die Turbine überholt worden.
Am 28. Juli 1914 verließ die »KRONPRINZESSIN CECILIE« mit 1100 Passagieren und einer Goldladung im Wert von 2 Mill. Pfund Sterling den Hafen von New York. Wegen der drohenden Kriegsgefahr ließ Kapitän Pollak jedoch mitten auf dem Atlantik kehrtmachen und erreichte am 4. August 1914 den kleinen Hafenort Bar Harbour im Staat Maine. Von hier aus wurden die Passagiere und das Gold per Bahn nach New York bzw. Boston zurückgebracht. Am 6. November verließ das Schiff den Ankerplatz und verholte unter Geleitschutz in den Hafen von Boston. Nach der Kriegserklärung der USA am 6. April 1917 beschlagnahmte die US-Navy das Schiff und setzte es als »MOUNT VERNON« für Truppentransporte nach Nordfrankreich ein.
Noch auf der letzten Reise von Frankreich nach Amerika wurde das Schiff am 5. September 1918 torpediert, doch mit 15° Schlagseite und 6 kn Fahrt rettete sich das Schiff in den Hafen von Brest. Nach dem Krieg scheiterten alle Versuche, das Schiff wieder im Passagierdienst einzusetzen. An ihrem Liegeplatz in der Chesapeake-Bay rostete es dahin, bis es Ende 1940 in Baltimore verschrottet wurde.

»KRONPRINZESSIN VICTORIA«: dänisches Personen/Kraftfahrzeugfährschiff, 1981 von den Arendal Götaverken, Göteborg, für die SESSAN-Tor-Line AB. Göteborg gebaut. Zusammen mit einem Schwesterschiff befährt es die Route Göteborg–Frederikshavn. Das Schiff ist über Alles 150,0 m, zwischen den Loten 131,0 m lang, 26,0 m breit und hat eine Seitenhöhe bis zum Hauptdeck von 7,8 m, bis zum Oberdeck von 29,0 m und einen Tiefgang von 6,0 m. Bei einer Vermessung von 15 000 BRT beträgt die Tragfähigkeit 3100 t. Es können 70 Trailer von je 18 m Länge oder 700 Kraftfahrzeuge an Bord genommen werden; 2100 Passagierplätze sind vorhanden.
Für den Fahrzeugtransport erhielt das Schiff ein oberes und ein unteres Trailerdeck sowie bewegliche PKW-Decks. Geladen wird über 3 Rampen und Pforten im Hinterschiff. Die Backbord- und Steuerbordrampen sind für die Lastkraftwagen und Trailer, und die mittlere dient den PKW zur Auffahrt in das Schiff. Das Entladen kann auch über eine Bugrampe erfolgen. Für Kabinenpassagiere werden 616 Plätze in 2- und 4-Bettkabinen angeboten. Außerdem stehen allen Passagieren Bars, Restaurants, Cafeterias usw. zur Verfügung.
Die Antriebsanlage besteht aus 4 Nohab-Wärtsilä Dieselmotoren des Typs VASA 12 V 32 A mit einer Leistung von jeweils 3840 kW, die paarweise über Getriebe auf einen Verstellpropeller arbeiten. Das Schiff erreicht mit dieser Anlage 20,4 kn.

»KRONPRINZ WILHELM«: deutscher Schnelldampfer. Der Doppelschrauben-Schnelldampfer »KRONPRINZ WILHELM« des Norddeutschen Lloyd wurde 1901 auf der AG »Vulcan« in Stettin gebaut. Das 14908 BRT und 5162 NRT große Schiff hatte eine Tragfähigkeit von 11300 t DW und war für die Beförderung von 1750 Passagieren eingerichtet. Es war 194 m lang; 20,2 m breit und besaß einen Tiefgang von 8,3 m. Die beiden Vierfach-Expansionsmaschinen leisteten zusammen 22080 kW (30000 PSi), mit denen das Schiff eine Durchschnittsgeschwindigkeit von 23,4 kn erreichte. »KRONPRINZ WILHELM« verließ am 3. August 1914 seinen Liegeplatz Hoboken im New Yorker Hafen und traf sich am 6. August bei den Bahamas mit dem Kreuzer »KARLSRUHE«, wo er in 2 Tagen zum Hilfskreuzer umgerüstet wurde. Kommandant wurde der Navigationsoffizier der »KARLSRUHE« , Kapitänleutnant Thierfelder. Innerhalb von 8 Monaten versenkte der Hilfskreuzer »KRONPRINZ WILHELM« 14 Schiffe mit 55944 BRT.
Anfang April 1915 erkrankte ein Teil der Besatzung an Beri Beri, Proviant- und Kohlemangel kamen hinzu. Unter Wasser war das Schiff stark bewachsen, so daß die Geschwindigkeit stark herabgesetzt war. Die Maschinen und Kessel hatten dringend eine Überholung nötig, und so entschloß sich der Kommandant, den neutralen Hafen Newport News anzulaufen. Newport News wurde am 10. April erreicht und neben dem Hilfskreuzer »PRINZ EITEL FRIEDRICH« festgemacht. Da die Schäden innerhalb der vorgeschriebenen 24 Std. nicht behoben werden konnten, wurde das Schiff interniert. 1917 wurde »KRONPRINZ WILHELM« beschlagnahmt, fuhr noch bis 1919 in der US-Flotte als »VON STEUBEN« und wurde 1923 zum Abwracken verkauft.

Deutscher Doppelschrauben-Schnelldampfer »KRONPRINZ WILHELM« (1901)

KSS: Abkürzung für *Küstenschutzschiff.*

KTS: Abkürzung für Kühl- und Transportschiff, siehe *»KRISTALL«.*

KTS-Boot: Kurzbezeichnung für Kleines Torpedo-Schnellboot.

Kühlschiff, *Fruchtkühlschiff, Gefrierschiff, Kühl- und Transportschiff, Reefer, Refrigerated Ship:* Spezialfrachtschiff mit wärmedämmend isolierten Kühlladeräumen und Kühlanlagen für den Transport von leicht verderblichen Früchten, wie Bananen *(Bananentransportschiff)*, Zitrusfrüchten und Gemüse, bei konstanter Temperatur um +12°C und/oder Gefriergütern, wie Fleisch oder Fisch, bei Temperaturen zwischen −22°C und −40°C.
Einige Vorläufer des heutigen Kühlschiffs gab es bereits in der ersten Hälfte des 19. Jh. Bei günstigen Routen und Lufttemperaturen fuhren schnelle Segelschiffe wegen der notwendigen Belüftung Orangen und Bananen als Decksladung und später bei verstärkter Belüftung durch Windhuzen auch in den Laderäumen, die Ladungsschäden waren jedoch noch erheblich.
Neben der natürlichen Belüftung gab es anfänglich nur die Möglichkeit der Kühlung mit Natureis. 1805 begann Frederic Tudor aus Boston Lebensmittel auf Schiffen mit Hilfe von Eis länger haltbar zu machen. Bald darauf wurden vor allem Passagierschiffe mit isolierten Kammern und Eiskisten ausgerüstet, um den Passagieren länger frische

Verpflegung anbieten zu können. Frischfleisch von Schlachtvieh konnte auf Schiffen nicht lange genug haltbar gemacht werden, so daß es nur gesalzen, geräuchert oder getrocknet transportierbar war. Die Verschiffung von lebendem Schlachtvieh war aufwendig und verlustreich, da viele Tiere durch Seegangseinflüsse, Hitze und Strapazen während der Reise verendeten und auf See über Bord geworfen werden mußten.
1876 entwickelte Karl von Linde (1842 bis 1934) die erste Ammoniak-Kältemaschine und schuf damit Möglichkeiten für die maschinelle Kühltechnik. Die in den letzten Jahrzehnten des 19. Jh. schnell wachsende Bevölkerung Europas erforderte den Import von Nahrungsmitteln, insbesondere von Fleisch. In den damaligen Kolonien waren viele Faktoreien entstanden, die ihre Erzeugnisse nach Europa schaffen wollten. Argentinien, Brasilien, Nordamerika und Australien hatten sich zu großen Fleischproduzenten entwickelt.
1874 erhielt ein Frachtschiff erstmalig eine Linde-Kältemaschine, und 1876 brachte eines der ersten Maschinen-Kühlschiffe, die französische »LA FRIGORIFIQUE« (Länge 63 m, Breite 8,40 m, Geschwindigkeit 6 kn) erstmals eine Fleisch-Kühlladung von Argentinien nach Frankreich. Zu den ersten Fleisch-Kühlschiffen zählt weiter der Dampfer »PARAQUAY«, der 1877 mit 3 NH_3-Kältemaschinen bereits auf −30 °C kühlen konnte.
Von der Jahrhundertwende bis zur Mitte dieses Jahrhunderts gab es die beiden Kühlschiffsgruppen, das Kühl-Fruchtschiff für Ladungen oberhalb des Gefrierpunkts für sog. »Plusladungen« und das Gefrierschiff für Ladungen mit bedeutend niederen Temperaturen für sog. »Minusladungen«. Heute sind die Mehrzahl der Kühlschiffe für beide Ladungen ausgerüstet.
Als Kühlmittel folgten auf Ammoniak (NH_3) das Kohlendioxyd (CO_2) und schließlich die Freone (fluorierte Chlorwasserstoffe) und bei den Verdichtern auf dem Kolbenkompressor der heute bevorzugte Schraubenverdichter.
Bei den Kühlanlagen gab es bald weltweite Konkurrenz. Die 1897 gegründete dänische Firma A/S Thomas Ths. Sabroe & Co. aus Aarhus (heute »Sabroe«) baute ihre erste CO_2-Schiffskühlanlage für das 1902 speziell zum Transport von Butter eingerichtete Schiff »FREJR«. 1904 entwickelte Sabroe den ersten eigenen Ammoniakkompressor, 1937 die erste Frigenmaschine und 1955 den ersten schnelllaufenden Kältekompressor mit V-Zylindern.
In Deutschland begann um 1910 die Brown, Boverie & Cie. AG in Mannheim (BBC) Kältemaschinen zu entwickeln und ab 1914 Maschinen zu bauen, aus denen später der automatisch betriebene Kältesatz »Frigometic« entstand, der 1937 erstmals auf der Leipziger Messe ausgestellt wurde.
1939 stellte die BBC als erstes deutsches Unternehmen ebenfalls auf das Kältemittel »Frigen« um. Freone haben für den Schiffseinsatz Vorteile, insbesondere weil sie ungiftig, unbrennbar und nicht explosiv sind. Der schädliche Einfluß entweichender Gase auf die Ozonschicht wurde erst neuerdings erkannt.
1914/15 stellte die Hamburger Reederei F. Laeisz die beiden ersten Kühlschiffe Deutschlands in Dienst. Die »PUNGO« (Baujahr 1914, 3602 BRT) und die »PIONIER« (Baujahr 1915, 3601 BRT wurden auf der Werft von Tecklenborg in Geestemünde gebaut und waren zugleich die ersten Dampfschiffe dieser renommierten Segler-Reederei. Als Kühlschiffe kamen sie jedoch wegen des Krieges nicht in Fahrt. Auf Veranlassung der Kaiserlichen Marine wurde »PUNGO« 1915 zum Hilfskreuzer »MÖWE« umgebaut. Beide Schiffe wurden 1919 englische Kriegsbeute, jedoch später wieder zurückgekauft. Als »OLDENBURG« und »NORDENHAM« waren sie noch bis zu ihrem Untergang 1945 in Fahrt.
Brauchbare Kühlschiffe hatte Deutschland erst ab 1926. Wegen der Leichtverderblichkeit der Güter fahren Kühlschiffe mit relativ hohen Geschwindigkeiten von 18···22 kn, um schnelle Reisen zu ermöglichen. Zur Vermeidung von stärkeren Wärmeeinstrahlungen haben sie i. allg. einen gut reflektierenden weißen Anstrich. Um die Umschlagzeiten niedrig zu halten, sind bei modernen Schiffen relativ viele Luken und zusätzliche Seitenpforten für den Einsatz von Gabelstaplern vorhanden.
Der Transport von tiefgekühlten fabrikmäßig verarbeiteten Rind- und Hammelfleisch mit Kühlschiffen beseitigte die Transportverluste und verbesserte entscheidend die Nutzung des Transportraums im Vergleich zum *Viehtransporter*. Um die anfänglich noch in Europa vorhandenen Vorbehalte hinsichtlich der Qualitätsminderung durch die Kühlung zu überwinden, wurden in den großen amerikanischen Schlachthöfen die Rinder erst wenige Tage vor der Verladung geschlachtet, um die Kühldauer so gering wie möglich zu halten. Bei modernen Fleisch-Kühlschif-

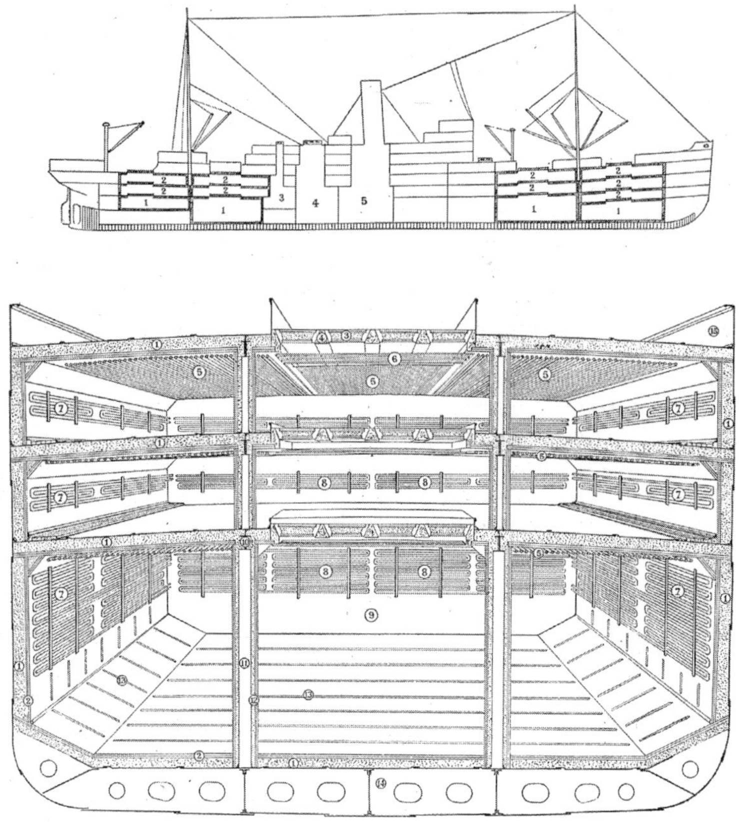

Isolierte Laderäume eines Frachtschiffs für Kühlladungen um 1920

Längsschnitt:
1 Untere Ladekühlräume
2 Ladekühlräume im Zwischendeck
3 Kühlmaschinenraum
4 Maschinenraum
5 Kesselraum:
Querschnitt:
1 Korkisolierung
2 Holzbelag bzw. -verschalung
3 Isolierte Einlege-Lukendeckel
4 Einlege-Lukenlängsbalken
5 Deckenkühlschlangen
6 Lukenkühlschlangen
7 Seitenkühlschlangen
8 Kühlschlangen am Schott
9 Querschott
10 Unterzug
11 Raumstütze
12 Isolierung und Verschalung der Raumstütze
13 Abdeckleisten
14 Bodenwrange
15 Schanzkleid

Kühlcontainerschiff »NEW ZEALAND-CARIBBEAN«

fen wird schockgefrostetes Tiefkühlfleisch übernommen und in den Laderäumen bei konstanten Tieftemperaturen gefahren.
Auf modernen Kühlschiffen, die vorwiegend für den Obst- und Gemüsetransport eingesetzt sind, werden die Laderäume durch leistungsstarke automatische Lüfterventilatoren, Luftkühler und Klimaanlagen auf die jeweils günstigste Temperatur und Feuchte eingeregelt.
Die zunehmende Containerisierung und der Einsatz von Kühlcontainern führte zur Anpassung des Kühlschiffs an das Containertransportsystem. Moderne Kühlschiffe fahren die Ladung zunehmend in Kühlcontainern auf Containerstellplätzen unter und an Deck. Sie erreichen damit kurze Be- und Entladezeiten, eine ununterbrochene Kühlkette vom Verlader zum Empfänger und sind auch für Mehrzweckladungen bei verschiedenen Kühltemperaturen geeignet. Die Wirtschaftlichkeit kann außerdem durch die Mitnahme von Leercontainern oder Normalcontainern bei der Leerfahrt verbessert werden. Traditionell ist bei Kühlschiffen die Angabe des Kühlladeraumvomens in Kubikfuß (100 cbf = 2,83 m^3) üblich. Heutige Kühlschiffe haben einen Kühlrauminhalt von 200000 ··· 600000 cbf.

Kümo: siehe *Küstenmotorschiff*

Kunststoffboot: siehe *Plasteboot*

Küstenmotorschiff: kleineres Frachtschiff mit Dieselmotorenantrieb für begrenzte Fahrbereiche. Das Küstenmotorschiff, abgekürzt Kümo, ist ein im Küstenbereich und auf Randmeeren, wie Ost- und Nordsee, Mittel- und Schwarzmeer u. a. Gewässern eingesetztes Frachtmotorschiff bis zu etwa 1000 BRT. Kümos sind Ein- oder Zweilukenschiffe ohne oder mit einem Zwischendeck in den Laderäumen. Die Maschinenanlage sowie die Aufbauten befinden sich stets im Hinterschiff. Sie werden heute auch als Feeder-Schiffe (siehe *Zubringerschiff*) eingesetzt. Als reine Container-Kümo haben die Schiffe häufiger kein Ladegeschirr. Die als Mehrzweckkümo gebauten Schiffe sind dagegen meistens mit Bordkranen für 20′- und 40′-Container ausgerüstet.

Küstenpanzerschiff: von 1888 bis 1904 in Deutschland in Nachfolge der *Ausfallkorvette* gebauter Kriegsschiffstyp. Im Unterschied zum unmittelbaren Ausfall aus blockierten Häfen sollte die Verteidigung bereits weit vor die Küste vorverlegt werden. Die strategische Flottenplanung der kaiserlichen deutschen Marine sah dazu 8 Küstenpanzerschiffe der sog. »Siegfried«-Klasse vor, und das erste 1888 gebaute Schiff erhielt den Namen »SIEGFRIED«. Die 3500-t- bzw. 4110-t-Panzerschiffe wurden auf den Werften in Wilhelmshaven, Kiel und Danzig gebaut, die Baukosten betrugen 4,77 Mill. bzw. 6,65 Mill. Goldmark. Das Typschiff war 79,0 m lang, 14,9 m breit, hatte 5,74 m Tiefgang, 5150 PSi (3790 kW) und lief 14,9 kn. Die stark gewölbten Schiffsseiten hatten in der Gürtellinie eine bis zu 24 cm dicke gehärtete Nickelstahlpanzerung. Küstenpanzerschiffe gab es auch in dänischen, norwegischen, russischen und schwedischen Marinen. Nach 1945 existierte nur noch ein finnisches Küstenpanzerschiff.

Küstenschutzschiff, *Küstenwachschiff, Küstenwachkreuzer, Küstenwachboot:* leichtes Mehrzweck-Kampfschiff von der Größe eines Wachboots (70 ··· 120 t Deplacement) bis zu einem Deplacement von etwa 2000 t, das hauptsächlich zur Überwachung der eigenen Territorialgewässer bzw. der Fischereizonen eingesetzt wird. Schiffstyp, Geschwindigkeit und Bewaffnung sind daher sehr variabel und entsprechen den Erfordernissen ihrer jeweiligen Einsatzgebiete. Bei der Bewaffnung überwiegt das kleine bis mittlere vollautomatische Universalgeschütz.
In jüngerer Zeit gehört die Überwachung der sog. »Wirtschaftszone« mit zu den Hauptaufgaben, wie es z. B. die isländische Küstenwacht bei Auseinandersetzungen mit ausländischen Fischereischiffen 1982 praktiziert hatte, weil diese Fanggebiete und Fangquoten nicht eingehalten hatten.
In den USA gehören die größeren Fahrzeuge der »Coast Guard« dazu. Sie versehen neben dem Wach- und Aufsichtsdienst auch den Eispatrouillendienst (Ice Patrol Service). Sie sind in der Regel stärker bewaffnet und verfügen über Einrichtungen zur Luft- und Seeraumüberwachung sowie zur Nachrichtenübermittlung. Die modernen Einheiten der Küstenwacht sind universell einsetzbar und können mit zusätzlicher Ausrüstung für Aufgaben in der Flotte verwendet werden.
In der DDR ist der Begriff Küstenschutzschiff (KSS) ein spezifischer Typ der Volksmarine, der in der Sowjetunion als »Wachschiff« und in den Nato-Marinen als »Fregatte« bezeichnet wird.

Kutter, *Fischkutter:* kleiner Fischereischiffstyp. Die mit der Dampfmaschine begonnene Entwicklung des maschinenangetriebenen Kutters bekam mit dem Verbrennungsmotor neuen Auftrieb. Für kleinere Fischereifahrzeuge gut geeignet, schuf der Motor die Möglichkeit, diese vom Wind unabhängiger zu machen und sie wie die Fischdampfer wirtschaftlicher einsetzen zu können.

S. M. Küstenpanzerschiffe in Kiellinie dampfend

Einen ersten Versuch gab es 1891, als der Bremer 21-m-Fischkutter »MATADOR« einen 8,8-kW-(12-PS-)Petroleummotor der Firma R. Langensiepen aus Magdeburg-Buckau erhielt. Obwohl der liegende Einzylinder-Motor dem Kutter eine Geschwindigkeit von 4,5 kn gab, war dem Eigner diese Leistung wohl nicht ausreichend, und er ließ 1893 einen 44-kW-(60-PS-)Petroleummotor der Leipziger Dampfmaschinenfabrik, vormals Ph. Swiderski in Leipzig-Plagwitz, einbauen. Auf der Probefahrt am 2. September 1894 wurde damit die Geschwindigkeit von 8 kn erreicht. Der Sprung in diese Leistungsklasse war jedoch zu groß und der Motor hatte dementsprechend noch verschiedene Mängel. Er mußte bereits im Dezember wieder ausgebaut werden und kam nicht mehr zum Wiedereinbau. 1895 unternahm man in Großbritannien ebenfalls einen Versuch, indem man in die Fischersmak »LESLIE« aus Grimsby einen Zweizylinder-66-kW-(90-PS-) Priestmann-Petroleummotor installierte, mit dem das Fahrzeug 8,5 kn erreichte. Die Verwendung von Petroleum ergab jedoch zu hohe Betriebskosten bei diesem relativ großen Motor.
Führend im Bau erster Motorkutter war zu dieser Zeit Dänemark. In den Jahren 1896 bis 1898 wurden dort etwa 50 Glühkopfmotoren, sog. »Akroyd-Motoren«, gebaut. Dieser Motortyp hatte sich aus Großbritannien kommend schnell den dänischen Markt erobert. 1906 wurden in Dänemark bereits 1200 solcher Motoren gebaut und 1909 gab es bereits 6000 dänische Motor-Fischkutter.
Vielfach versuchte man den Motor nachträglich einzubauen. So benutzte man den Motor der Netzwinde, legte eine Welle über Deck und trieb diese mit einem Flachriemen an. Am Heck wurde dann seitlich ein Rahmen mit einer Schraube eingehängt, die durch eine endlose Kette angetrieben wurde. Dieser nicht sehr zuverlässige Antrieb wurde als »übergehängte Schraube« bezeichnet.
Die deutschen Motorenfirmen beschäftigten sich

zu dieser Zeit kaum mit Entwicklungen für kleine Fischereischiffe sondern hauptsächlich mit dem Bau von Automobilmotoren. Erst ab etwa 1906/07 bekam die deutsche Küstenfischerei Motoren von Swiderski, Leipzig; Deutz, Köln und von der Ottenser Maschinenfabrik GmbH.
Bis in unsere Zeit hat der Kutter, insbesondere der Fischereikutter, ständige Weiterentwicklungen erfahren und bildet anzahlmäßig die größte Gruppe der Fischereischiffe; siehe auch *Fischereischiff* und *Marinekutter.*

L

»LABRADOR«: französisches Paketboot. Das 4517 BRT große Schiff wurde um 1865 als »NOUVEAU MONDE« aus Eisen gebaut. Es war noch ein Seitenradschiff von 120 m Länge und 13,40 m Breite ohne Radkästen. Später wurde das Schiff auf einen Schraubenantrieb umgebaut und erhielt auch eine neue Maschinenanlage. Die Compoundmaschine (Verbundmaschine) leistete 625 kW (850 PS) und gab dem Schiff eine Geschwindigkeit von 13 kn. Die »LABRADOR« war noch bis 1904 in Dienst und wurde dann abgewrackt.

Laderaum-Hopperbagger: siehe *Bagger*

»LAFAYETTE«: französisches Seitenrad-Paketboot. Das um 1864 erbaute eiserne Seitenrad-Paketboot »LAFAYETTE« versah den regulären Postdienst zwischen Le Havre und New York. Es hatte 3200 BRT und war 105,62 m lang, im Deck 13,36 m breit und hatte eine Tragfähigkeit von 2069 t DW.
Eine 700-kW-(950-PS)-Balancier-Dampfmaschine verlieh dem Schiff eine Geschwindigkeit von 11,5 kn. Zusätzlich wurde die Hilfsbesegelung zur Fahrtunterstützung oder für den Notfall, wie damals üblich, beibehalten. Ein brückenähnlicher offener Verbindungsgang zwischen den Radkästen – ein Vorläufer unserer heutigen »Brücke« – diente der Schiffsführung, von hier aus oder auf dem Radkasten stehend gab der Kapitän seine Kommandos. Schon 1868 wurde das Schiff umgebaut. Es wurden die Schaufelräder entfernt, ein Doppelschraubenantrieb eingebaut und die Maschinenanlage modernisiert. Das Schiff war nach seinem Umbau noch bis 1906 in Betrieb und wurde dann zum Abwracken verkauft.

»LAHN«: deutscher Schnelldampfer. Die »LAHN« war der letzte deutsche Schnelldampfer, den der Norddeutsche Lloyd noch im Ausland bauen ließ. Das 1888 (Stapellauf 7. September 1887) bei Fairfield in Glasgow gebaute 5099 BRT große Schiff war über Alles 141 m lang und 14,9 m breit. Bei 190 Mann Besatzung war es für die Beförderung von 224 Passagieren I. Klasse, 104 Passagieren II. Klasse und 600 Zwischendeckspassagieren eingerichtet. Die Dreifach-Expansionsmaschine leistete 6477 kW (8800 PSi) und gab dem Schiff eine Geschwindigkeit von 18 kn. Die »LAHN« wurde damit seinerzeit der drittschnellste Passagierdampfer. Die schnellste Reise machte das Schiff 1891 von Needles nach Sandy Hook in 7 Tagen und 2 Std. mit 18,11 kn

Heckfangkutter »HT 560« aus Roßlau

Die »LABRADOR« um 1890 bei der Ankunft im Hafen von New York

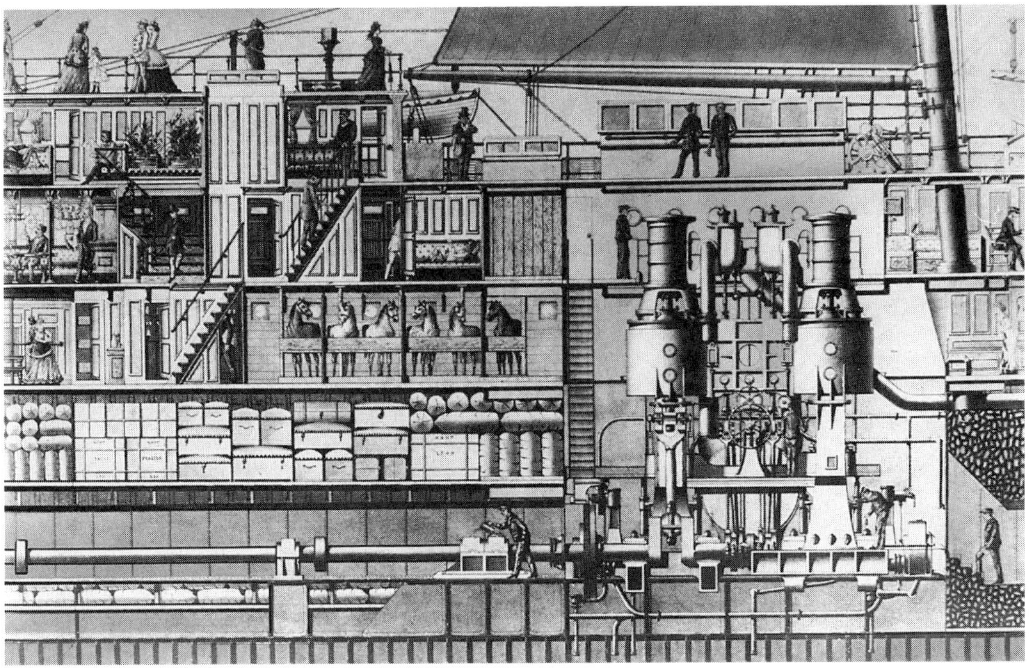

Längsschnitt durch die »LABRADOR« mit der Vierzylinder-Compound-Dampfmaschine

Die »LAFAYETTE« – ein französisches Seitenrad-Paketboot um 1864

Schnelldampfer »LAHN« um 1890, im Nordatlantik Eisberge passierend

Durchschnittsgeschwindigkeit. Der Schnelldampfer war bis 1904 beim NdL in Dienst, wurde dann an die russische Marine verkauft, in Bremen und Libau umgebaut und als Hilfskreuzer »RUSS« in Fahrt genommen.
Die »RUSS« wurde dem II. Fernost-Geschwader zugeteilt. Sie erhielt als erstes Kriegsschiff der Welt 4 Freiballons zur Fernaufklärung sowie 4 Fesselballons und einen Drachen zur Nahaufklärung und zur Artillerieleitung. Die Überführung zum Fernost-Geschwader kam jedoch nicht zustande. Bereits kurz nach dem Auslaufen des aus 45 Schiffen bestehenden Verbands hatte die »RUSS« Kesselschaden und mußte noch in der Ostsee umkehren. Das Schiff wurde 1927 abgewrackt.

Landeplattform: siehe *Flugzeugträger*

Landungsboot, *Landungsschiff:* Spezialschiff für Landungsoperationen. Bereits 1915 ließ die russische Marine Landungsfahrzeuge mit Bugrampen in größerer Zahl bauen. Großbritannien schuf sich speziell für das Gallipoli-Unternehmen im ersten Weltkrieg Landungsleichter verschiedener Typen, um damit Truppen und vor allem bespannte Artillerie anlanden zu können. Diese Entwicklung wurde von Großbritannien 1926 mit dem Typ MLC 1 (16 ts) und 1929 mit dem Typ MLC 10 (20 ts) fortgeführt.
Moderne Landungsfahrzeuge entstanden um 1936 in den USA. Etwa ab 1940/41 zählten die vorhandenen Fahrzeuge und Kampfgruppen zu den amphibischen Streitkräften.
Schlauchboote mit Außenbordmotor, wie sie für Kommandounternehmen und das Übersetzen von Truppen über Flüsse verwendet werden, unterstehen zumeist nicht der Marine und werden nicht als Landungsboote bezeichnet. Größere Landungsboote für 30···50 Mann einschließlich Kampftechnik sind i. allg. aus Stahl, Leichtmetall oder Plaste gebaut und zusätzlich mit ausgeschäumten Auftriebstanks versehen. Sie besitzen eine Tragfähigkeit von 10···15 t und erreichen Geschwindigkeiten bis zu 20 kn. Landungsfahrzeuge bis zu einem Deplacement von etwa 300 t werden auch als Landungsboote bezeichnet. Die Landungsboote können mit Dock-Landungsschiffen bzw. Landungs-Transportschiffen in die Nähe des Operationsgebiets gebracht und dort durch Fluten des Trägerschiffs oder über eine Heckslip zu Wasser gelassen werden. Außerdem gibt es auch Landungsboote für den autonomen Einsatz.
Als Landungsschiff werden i. allg. Fahrzeuge über 300 t Deplacement bezeichnet, die bereits über 100 Mann einschließlich ihrer Kampftechnik oder mehrere Panzer, Panzerfahrzeuge bzw. Geschütze anlanden können. Diese Schiffe besitzen eine verstärkte Bugrampe, die während der Fahrt das Deck nach vorn abschließt und nach dem Auflaufen auf den Strand als Abfahrrampe herabgelassen wird. Größere Landungsschiffe bis etwa 13000 t Deplacement können wegen ihres größeren Tiefgangs nicht mehr anlanden und setzen daher amphibische Fahrzeuge ab oder lassen Bargen ausschwimmen.
In den modernen Flotten gibt es verschiedene Landungsschiffstypen, wobei kleinere und mittlere Schiffe auch mit Minenlege- und Räumein-

richtungen ausgerüstet sind. Die Bewaffnung besteht überwiegend aus Universalgeschützen für See- und Luftziele, Raketen und Bord-Kampfhubschraubern. Eines der größten Landungsschiffe ist die 13100 ts große »IVAN ROGOV« der UdSSR.

Landungsboot-Dock: im zweiten Weltkrieg von der US-Marine entwickeltes Begleitschiff für Landungsflotten. Das Schiff hatte eine Heckaufschleppe, auf der beschädigte Landungsboote zur schnellen Ausbesserung noch im Operationsgebiet an Deck gezogen und danach wieder zu Wasser gelassen wurden.

Längsspantenschiff: siehe *Isherwood-Längsspantenschiff*

»LA PROVENCE«: französischer Doppelschrauben-Schnelldampfer. Im Jahr 1903 gab die Reederei »Compagnie Generale Transatlantique« bei der Werft Chantiers et Ateliers de St. Nazaire für die Route Le Havre–New York den Schnelldampfer »LA PROVENCE« in Auftrag. Mit einem Deplacement von 19160 t war es seinerzeit das größte in Frankreich gebaute Handelsschiff.
Die Kiellegung erfolgte am 1. Dezember 1903, und am 21. März 1905 lief das Schiff von Stapel. Nach der Probefahrt am 13. März 1906 wurde die »LA PROVENCE« im April 1906 in Dienst gestellt. Das Schiff war 191 m lang, 19,8 m breit und hatte bei einer Seitenhöhe von 12,7 m einen Tiefgang von 8,15 m. Die Besatzungsstärke betrug 435 Mann. An Bord befanden sich Einrichtungen für 1547 Passagiere, davon 379 der I. Klasse, 250 der II. Klasse und 900 Passagiere der III. Klasse.
Die Antriebsanlage bestand aus 2 Dreifach-Expansionsmaschinen mit einer Leistung von insgesamt 22080 kW (30000 PS), mit denen der Doppelschrauben-Schnelldampfer eine Geschwindigkeit von 21,6 kn erreichte. Damit blieb das Schiff jedoch unterhalb der Geschwindigkeit, die für durch den französischen Staat subventionierte Schiffe mit mindestens 25 kn gefordert wurde. Im ersten Weltkrieg kam das Schiff als Hilfskreuzer »LA PROVENCE II« zum Einsatz. Das deutsche U-Boot »U 35« torpedierte es am 26. Februar 1916.

Querschnitt durch die »LA PROVENCE«

LASH-Schiff: Abkürzung für Lighter Aboard Ship, ein Leichter-Trägerschiff, daß Schwimmleichter, Schwimmcontainer, Bargen oder Prahme als Ladungseinheiten befördert, siehe *Barge-Carrier*.
Unter anderem befaßte sich Jerome L. Goldmann (USA) intensiv mit der Idee, die im zweiten Weltkrieg für Landungsoperationen entstandene LSD-Landing Ship Docks für die kommerzielle Schiffahrt weiter zu entwickeln. Die Entwicklungsarbeiten dazu begannen um 1952. Der erste, nach den Konstruktionsplänen von J. L. Goldmann gebaute Prototyp, die »DEL RIO« der Delta-Line, New Orleans, wurde 1960 in Dienst gestellt. Erst ein Jahrzehnt danach wurde die Idee in größerem Maßstab realisiert. Im September 1969 ging die beim japanischen Werftkonzern »Sumitomo Shipbuilding & Machinery Co. Ltd. gebaute »*ACADIA FOREST*« auf Probefahrt und wurde im Oktober des gleichen Jahrs von der Central Gulf Line übernommen. Kurz danach folgte das Schwesterschiff »ATLANTIC FOREST«. Beide Schiffe fuhren zunächst für die norwegische Reederei Torry Mosvold unter der Reedereiflagge von A/S Moslash Shipping Co, bis am 1. September 1970 die Central Golf Contramar Line den LASH-Dienst nach Bremerhaven aufnahm.
Der Pionier dieses Systems, J. L. Goldmann, war inzwischen Präsident der Frede & Goldmann Inc., New Orleans und des Tochterunternehmens »Lash-Systems Inc.« geworden. Zu den Pionieren dieses Transportsystems gehört seit 1965 insbesondere auch die US-Reederei »Lykes Brothers Steamship Co« in New Orleans. Das erste LASH-Schiff dieser Reederei war der 1970 gebaute »LYKES SEABARGE CLIPPER« für 24 Schwimmleichter mit je 940 m^3 Laderauminhalt. Nach dem Prinzip des Barge-Dockschiffs wird das Schiff teilgeflutet. Die durch Schubschiffe herangebrachten Leichter werden dann auf den beiden Ladedecks gestaut, wobei das oberste Deck zuerst beladen und danach der Tiefgang durch Tankentleerung soweit vermindert wird, daß die Leichter auf das untere Deck eingeschwommen werden. Wegen des schwimmenden Umschlags ist das Prinzip auch unter der Bezeichnung »Float on/Float off« bzw. »CLASS – Containerised Lighter Aboard Ship System« bekannt.
Im europäischen Schiffbau begann die Cockerill-Werft in Hoboken bei Antwerpen 1971 mit dem Bau der »BILDERDYK« für die Holland-Amerika Linie und 1972 mit der »*MÜNCHEN*« für die Hapag-Lloyd AG. den Bau von LASH-Schif-

fen. 1982 gab es weltweit 26 LASH-Schiffe und 8 weitere waren im Bau.

Lastkahn: siehe *Schleppkahn*

Lastrohrfloß, *Lastrohr-Transporter:* koppelbare offene *Prahme* mit kreisförmigem Querschnitt. Das sog. »Lastrohrfloß« wurde erstmals von Dr.-Ing. Eberhard Westphal von der »Deutsche Bergwerks- und Hüttenbau GmbH«, Berlin, entwikkelt. Das erste Floß kam im Februar 1944 als Schlepp- und Schubverband in Dienst. Jedes einzelne Lastrohr war 24 m lang, der Querschnitt war ein Dreiviertelkreis mit 3 m Durchmesser. Es war durch 5 Schotte unterteilt und hatte an beiden Seiten Versteifungen der Luken, die zusätzlichen Auftrieb erzeugten und als Gangbord dienten. Die Tragfähigkeit des einzelnen Lastrohrs betrug 130 t. Das Lastrohrfloß wurde aus 24 Lastrohren zusammengekoppelt, je 3 Lastrohre nebeneinander, so daß eine Gesamttragfähigkeit von 3120 t entstand. Das Lastrohrfloß wurde durch ein zweimotoriges Schleppschiff mit 2×150 PS (2×110 kW) gezogen und am Verbandsende durch ein Fahrzeug mit gleichen Abmessungen, jedoch nur 2×100 PS (2×73,6 kW) geschoben.
Um 1960 griff Dr. Ganzmüller für das Ruhrgebiet die Idee eines Schwimmcontainers für die Flußschiffahrt als offener Prahm mit rundem Boden, vertikalen Seitenwänden und seitlichen Stabilitätswülsten für Kohle und Erze erneut auf, die durch Schüttanlagen beladen und am Empfangsort in geeigneten Entladebecken durch Querneigung oder Kippanlagen wie Waggons entleert werden. Wird die Entleerung in das Hafenbecken vorgenommen, so fördern Spezialaufbänder das Schüttgut vom Hafengrund auf die Halden. Bei voller Abladung war Freibord hauptsächlich nur durch die seitlichen Stabilitätsröhren vorhanden. Für den Wassertransport wurden ebenfalls mehrere Lastrohre zu Schlepp- oder Schubverbänden mit zusätzlichen strömungsverbessernden Bug- und Hecksektionen gekoppelt. Beim Schienentransport wurde das Lastrohr ähnlich den Tankwagen auf Fahrgestellen befördert und durch Drehen um die Längsachse entleert.

Latex-Tanker: *Tanker* für den Transport von flüssigen Emulsionen des aus tropischen Bäumen und Pflanzen gewonnenen Naturlatex- bzw. Naturkautschuk-Säften.

Laubeuf-U-Boot: nach dem Entwurf des französischen Ingenieurs Maxime Laubeuf 1900 in Frankreich gebautes U-Boot, das zum maßgebenden Vorbild für die folgenden französischen U-Boote wurde, so daß nach den Plänen von Laubeuf 20 weitere U-Boote entstanden. Das U-Boot erhielt den Namen »NARVAL«. Es hatte ein Deplacement von 106 t, für die Überwasserfahrt eine Dreifach-Expansionsdampfmaschine und einen mit Petroleum gefeuerten Kessel und für die Unterwasserfahrt einen Elektromotor. Die »NARVAL« hatte 4 Torpedo-Ausstoßrohre.

Laurenti-U-Boot: ein 1903 gebautes italienisches U-Boot zur Küstenverteidigung, daß schon wesentliche Prinzipe der späteren U-Boote erhielt. Von diesem Typ gab es Nachbauten in Schweden. Auch in Großbritannien wurden versuchsweise neben dem *Laubeuf-U-Boot* Typ 1910 größere Laurenti-U-Boote unter der Klassenbezeichnung F und E gebaut. Bei der Überwasserfahrt hatten sie 900 t bzw. 700 t Deplacement.

Lazarettschiff: Hilfsschiff der Kriegsflotten für die Bergung, den Transport und erste medizinische Versorgung von Verwundeten, Kranken und Schiffbrüchigen auf See. Die weitere Betreuung übernahmen danach stationäre Lazarettschiffe und Landeinrichtungen. Die 3. Konvention der Haager Konferenz vom 29. Juli 1899 legte Grundsätze für den Einsatz von Lazarettschiffen fest. Darin heißt es u. a.: »Lazarettschiffe, die den Verwundeten, Kranken und Schiffbrüchigen Hilfe bringen, sind zu achten und von der Wegnahme ausgeschlossen.« Das Völkerrecht nennt 3 verschiedene Arten solcher Schiffe, die am 18. Oktober 1907 den Status – Lazarettschiff – erhielten. – Lazarettschiff einer der Kriegsparteien selbst mit einem weißen Anstrich über Alles und einem waagerechten 1,5 m breiten grünen Streifen um den Rumpf. – Die von Angehörigen einer Kriegspartei (Privatpersonen oder staatlichen anerkannte Hilfsgesellschaften) ausgerüsteten Schiffe. Sie besitzen ebenfalls einen weißen Anstrich und einen waagerechten roten Streifen um den Rumpf. – Schiffe, die von Angehörigen eines neutralen Staates ausgerüstet und in den Dienst der Fürsorge für die Verwundeten und Schiffbrüchigen gestellt werden. (Weißer Anstrich mit waagerechten roten Streifen.)
Neben der Nationalflagge war die Flagge der Genfer-Konvention (IRK-Flagge) zu setzen. Hierbei führte die Türkei in der Flagge den roten Halbmond, Persien die Sonne und Siam die Flamme. In der Folgezeit erwies sich die IRK-Flagge allerdings als zu klein, um sie auf See auf größere Entfernung ausmachen zu können. So wurde das Rote Kreuz zusätzlich auf beiden Bordseiten aufgemalt und nachts von Scheinwerfern angestrahlt. Im zweiten Weltkrieg kam wegen der zunehmenden Fliegerangriffe das Rote Kreuz auf dem Deck bzw. Peildeck der Schiffe hinzu.
Für den Dienst als Lazarettschiff kamen vorwiegend umgerüstete Bäderschiffe, Fähren, kleine Fahrgastschiffe sowie Fracht- und Passagierschiffe zum Einsatz. So war im ersten Weltkrieg das 8262 BRT große Fahrgastschiff »SIERRA VENTANA« des Norddeutschen Lloyd bis 1918 als Lazarettschiff in Dienst. Im Verlaufe des Kriegs hatte das Schiff 2971 Verwundete an Bord, insgesamt gab es 79722 Behandlungen. Am 4. November 1914, nach dem Untergang des Großen Kreuzers »YORK« infolge eines Minentreffers auf der Jade, wurden 266 und nach der Skagerrakschlacht 271 Verwundete zur Behandlung an Bord gebracht. Derartig große Schiffe erwiesen sich jedoch für diese Aufgaben nicht gut geeignet. Die Übernahme der Verwundeten auf See war schwierig und die stationären Einrichtungen waren für die Übernahme einer großen Anzahl Verwundeter ungenügend. Deshalb konzentrierte man sich in der Folgezeit auf kleine und mittlere Lazarettschiffe. Während des zweiten Weltkriegs gab es auf allen Seekriegsschauplätzen eine ganze Anzahl von Lazarettschiffen bzw. *Verwundetentransportschiffe*, wobei sich in den größeren Flotten entsprechend den Einsatzbedingungen die Schiffe in Marine- und Heereslazarettschiffe (USA und Großbritannien) untergliederten. Trotz der Kennzeichnung wurden Lazarettschiffe häufig durch Luftangriffe beschädigt.

L-Dock: siehe *Dock*

Lehrschiff: siehe *Schulschiff*

Leichter: siehe *Barge*, *Barge-Carrier-*, *LASH-Schiff*, *Prahm*

Leichter Kreuzer: siehe *Kreuzer* und *Kleiner Kreuzer*

Leichterträgerschiff: siehe *LASH-Schiff*

Leichtmetallschiff: aus korrosionsbeständigen Leichtmetall-Legierungen gebautes Schiff. Wegen der höheren Materialkosten handelt es sich i. allg. um Sonderfahrzeuge der Marine, Luftkissen- oder Tragflügelschiffe, Sportfahrzeuge, Fluß- oder Forschungsschiffe, bei denen es auf besonderen Leichtbau oder einen unmagnetischen Schiffskörper ankommt; siehe auch *Aluschiff*.

»LEIPZIG« ex *»THUSNELDA«:* deutsche Gedeckte Korvette. Das als »Kreuzer erster Klasse« bezeichnete Schiff lief am 13. September 1875 auf der Maschinenbau-Aktiengesellschaft AG »Vulcan«-Stettin in Bredow bei Stettin von Stapel. Der mit Quer- und Längsspanten versehene eiserne Schiffskörper erhielt unter Wasser eine doppelte Lage Holz und darauf erst einen Kupferbeschlag, um den Bewuchs und die galvanische Zerstörung der eisernen Beplattung zu verhindern. Das 3980/4626 t große Schiff war 87,5 m lang, 14 m breit, der größte Tiefgang betrug 6,90 m. Die Besatzung bestand aus 39 Offizieren und 386 Mann. An Bord der »LEIPZIG« befand sich bereits ein Destillierapparat zur Trinkwassererzeugung.
Die Bewaffnung bestand aus 12×17-cm-Kanonen, von denen 10 in der Batterie und 2 auf dem Oberdeck vorn und achtern montiert waren. Mit den beiden vorderen und hinteren Kanonen im Batteriedeck konnte das direkte Bug- und Heckfeuer – das sog. »Überendfeuer« – verstärkt werden, wozu die Kanonen von ihren Breitseitenpforten zum Bug oder Heck transportiert wurden.
Für längere Reisen unter Segel hatte das Schiff eine etwa 2600 m^2 Vollschiff-Takelung, wobei die Untermasten aus Eisen waren. Das Bugspriet konnte eingeholt werden. Um die vorhandene Segelfläche gut nutzen zu können, war der Schornstein absenkbar und die Schraube konnte aufgeheißt werden. Die Takelung, Armierung, Ausrüstung und die Kupferung des Unterwasserschiffs wurden auf der Kaiserlichen Werft in Kiel vorgenommen.
Ab 1. Juni 1877 war die »LEIPZIG« überwiegend im Ausland eingesetzt, wo sie 1884 an der Besitzergreifung von Lüderitzland (Südwest-Afrika) teilnahm. Von 1885 bis 1888 wurde das Schiff auf der Kaiserlichen Werft in Wilhelmshaven moder-

nisiert. Es bekam einen festen Schornstein sowie eine feste Schraube. Mit 10 neuen Kesseln leistete die Maschine nach der Modernisierung 4453 kW (6050 PS). An Deck wurden 4 Torpedorohre des Kalibers 35 cm mit 10 Torpedos angeordnet, wobei 2 Rohre am Bug und 2 Rohre seitlich montiert wurden.
Von 1888 bis 1890 nahm die »LEIPZIG« an der Blockade von Ostafrika teil. Weitere Reisen führten nach Sansibar und Ostasien. Am 27. August 1894 wurde das Schiff aus der Flottenliste gestrichen und diente danach als Maschinenhulk in Wilhelmshaven. Hier sank es im Januar 1920, wurde 1921 gehoben und nach Hattingen zum Abbruch verkauft.

»LE MOYNE D'IBERVILLE«: französisches Frachtschiff; hinsichtlich Größe und Typ charakteristischer Stückgutfrachter um 1950 mit mittschiffs liegenden Maschinenraum und Deckshaus. Das Schiff wurde 1949 auf der Forges et Chantier de la Gironde-Werft in Bordeaux gebaut und im Dezember des gleichen Jahres in Dienst gestellt. Mit seinem Schwesterschiff »CAVALIER DE LASALLE« befuhr es die Route zum Golf von Mexiko. Als typisches Frachtschiff dieser Zeit mit begrenzter Passagierzahl war es für die Beförderung von 12 Fahrgästen eingerichtet. Das 6933 BRT große Schiff war 142,23 m lang, 18,80 m breit und hatte 5,8 m Tiefgang. Als Hauptantrieb diente ein Zehnzylinder-Dieselmotor mit einer Leistung von 5152 kW (7000 PS), mit dem das Einschraubenschiff eine Geschwindigkeit von 16 kn erreichte.

»LENIN«: sowjetischer kernkraftgetriebener Eisbrecher. Der Eisbrecher wurde am 25. August 1956 auf der Admiralitätswerft in Leningrad auf Kiel gelegt, lief am 5. Dezember 1957 von Stapel und wurde am 3. Dezember 1959 in Dienst gestellt. Es war das erste kernenergiegetriebene Überwasserschiff der Welt und somit eine Pionierleistung des Schiffbaus der UdSSR. Die »LENIN« zählt heute zu den bekanntesten Schiffen des 20. Jh. und wurde weltweit zu einem Symbol für die friedliche Anwendung der Kernenergie.
Das 16000 t große Schiff ist über Alles 134,11 m lang, 27,6 m breit und hat einen Tiefgang von 9,22 m. Die Seitenhöhe bis Hauptdeck beträgt 16,0 m. Die Plattenstärke der Außenhaut erreicht bis zu 52 mm. Der Eisbrecher fährt mit 210 Mann Besatzung. Die »LENIN« besitzt einen Kernenergie-Turboelektro-Antrieb. Mit der in den Reaktoren freigesetzten Wärme wird Dampf für die 4 Turbo-Generatoren erzeugt, die Elektroenergie für die 3 Gleichstrom-Fahrmotoren liefern. Die Antriebsleistung beträgt insgesamt 32385 kW, das Dreischraubenschiff erreicht damit im freien Wasser eine Geschwindigkeit von 18 kn. Bei einem Einsatz in 2,4 m dickem Eis wird noch eine Geschwindigkeit von 2 kn erreicht.
Für die Dampferzeugung waren ursprünglich 3 gekoppelte Druckwasser-Kernreaktoren eingesetzt. 1972/73 erhielt das Schiff nach einer Modernisierung 2 voneinander unabhängig arbeitende Kernreaktoren, deren Leistung dem Energiebedarf einer mittleren Stadt entspricht. Die Masse der Maschinenanlage wird mit 5767 t angegeben.

Deutsche Gedeckte Korvette »LEIPZIG« um 1877 beim Backbordhalsen scharf am Wind

»LE MOYNE D'IBERVILLE«, typischer Stückgutfrachter um 1950

Sowjetischer Kernenergie-Eisbrecher »LENIN«, 1959 erstes kernenergiegetriebenes Überwasserschiff der Welt

Mit einem täglichen Brennstoffverbrauch von 200 g »Uran-235« kann das Schiff über 40000 Seemeilen zurücklegen, d.h. mehr als einmal die Erde umfahren. Besonders auf dem nördlichen Seeweg, der die Routen Murmansk–Wladiwostok um 6100 Seemeilen bzw. London–Yokohama um 4300 Seemeilen gegenüber der Route durch den Suezkanal verkürzt, bewirkt der Einsatz des Kernenergie-Eisbrechers »LENIN«, daß die Navigationsperiode von jährlich 70···90 Tage auf 160···200 Tage verlängert werden konnte. Während jeder arktischen Saison bahnte die »LENIN« hunderten von Schiffen den Weg durch polare Eisfelder, die teilweise Eisstärken bis zu 3,5 m haben.
Es gibt bereits 3 Folgeschiffe. 1975 entstand die »*ARKTIKA*« 1979 die »SIBIR« und 1985 die »ROSSIJA«, die ihre Vorgängerin in Größe und Antriebsleistung sogar noch übertreffen.

Ein 1943 gebautes Liberty-Schiff »KOLCHOSNIK« ex »CHARLES WILKES«

Leuchtturm-Tender: *Hilfsschiff* zur seeseitigen Versorgung von Leuchttürmen, i. allg. ein zusätzlich ausgerüstetes kleineres Fischereischiff, ein *Lotsenboot* oder ein *Tonnenleger*. In Kanada und den USA gab es auch ausschließlich für die Leuchtturmwartung entwickelte Fahrzeuge.

Liberty-Schiffstyp: Großserien-Transportschiff *(Standardschiff)* der USA, Kanadas und Großbritanniens im zweiten Weltkrieg. Nach dem ersten Weltkrieg gewann die Serienfertigung im Handelsschiffbau, die ab 1917 bereits erprobt worden war, an Bedeutung. Die Ursprungsländer solcher Serienfertigungen waren die USA, Großbritannien und Japan, wobei in der Zeit vor dem zweiten Weltkrieg die Schiffbauindustrie der USA eine besondere Stellung einnahm. 1936 wurde durch den US-Kongreß ein »Merchant Marine Act« beschlossen, der eine langfristige, durch staatliche Behörden zu fördernde Entwicklung von Standardschiffen vorsah. Im Hintergrund dieses Beschlusses standen wirtschaftliche und militärisch-strategische Interessen der USA.
Im Kriegsjahr 1940 ersuchte die britische Regierung die USA und Kanada um den Bau von Transportschiffen, da der deutsche U-Boot-Krieg mehr Schiffsraum vernichtete als ersetzt werden konnte. Die USA übernahm die Baupläne der im britischen »Kriegs-Notprogramm« nach dem Projekt von Henry Kaiser erbauten »EMPIRE LIBERTY«. In den Werften der USA wurden auf der Grundlage der drei Schiffbauprogramme »Peace Programm«, »War Emergency' Programm« und »Victory Programm« insgesamt etwa 5700 Schiffe in Serie gebaut. Den größten Anteil hatte der Liberty-Schiffstyp in einer Stückzahl von 2710 und der Victory-Schiffstyp VC-2-S-AP mit 531 Schiffen. Die Bauprogramme waren nur durch eine radikale Standardisierung realisierbar. Auf mehr als 200, zum Teil neu errichteten Hellingen und Werften wurden in den USA die aus 32 Bundesstaaten angelieferten 30000 Teile je Schiff montiert. Am 27. September 1941 lief auf der Werft »Bethlehem Steel Corporation« nach einer Bauzeit von 245 Tagen mit der Baunummer 1 das erste Liberty-Schiff von Stapel. Die 7176 BRT große »PATRICK HENRY« war über Alles 134,5 m lang und hatte eine Tragfähigkeit von 10865 t. Eine Dreifach-Expansionsdampfmaschine mit einer Leistung von 1840 kW (2500 PS) gab dem Schiff 11 kn Geschwindigkeit. Am 26. Dezember 1941 ging das Schiff auf Probefahrt.
Zu Beginn der Großserie beherrschte man die Schweißtechnologie an den Schiffskörpern noch nicht völlig, so daß im rauhen Nordatlantik einige Schiffe durch Risse verloren gingen. In der Serienproduktion wurden die Bauzeiten ständig verkürzt. Brauchte man für das erste Schiff noch 245 Tage, so wurden für die Baunummer 20 nur noch 120 Tage und für Baunummer 50 nur noch 58 Tage benötigt. Im November 1942 stellten die Werftarbeiter der Werft »Richmond Nr. 2« einen Rekord auf, der bis heute ungebrochen ist. Von der Kiellegung bis zum Stapellauf wurden nur 4 Tage, 15 Std. und 30 Min. benötigt. Allein 1943 wurden von 14 amerikanischen Werften 1238 Liberty-Schiffe ausgeliefert, wobei eine Werft in Kalifornien die Baukosten von 1178000 Dollar beim ersten Schiff auf 692000 Dollar beim 124. Schiff senken konnte.
Im deutschen Frachtschiffs-Ersatzprogramm 1940/44 dem »Hansa-Programm« lassen sich nur etwa 130 Seeschiffe der 3 Typen: HANSA A (3000 t), HANSA B (5000 t) und HANSA C (9000 t) nachweisen, die auf deutschen, dänischen, belgischen, holländischen und schwedischen Werften in Bau waren. Ein Teil der Schiffe sank infolge Kriegseinwirkung nach kurzer Fahrtzeit, der Rest wurde entweder nicht mehr fertiggestellt oder nach 1945 vollendet und als Reparation abgeliefert.
Bald stellte sich die Frage, ob der Liberty-Schiffstyp nach dem Krieg wirtschaftlich sein würde. Die hauptsächlichsten Nachteile für den Einsatz als Handelsschiff waren die geringe Geschwindigkeit und die Ladeausrüstung. Für die Fahrt im Geleitzug war die Geschwindigkeit mit Rücksicht auf ältere Schiffe ausreichend und das Laden und Löschen geschah überwiegend mit der Umschlagtechnik in den britischen und nordamerikanischen Häfen. Um 1955/56 wurden zunächst 4 Liberty-Schiffe umgebaut, um der Marine Administration einen Überblick über die Möglichkeiten einer Modernisierung der großen Zahl dieser Schiffe der Reserveflotte zu geben. Gleichzeitig sollten auch im Interesse der Handelsmarine verschiedene Antriebsvarianten erprobt werden. Die 1840-kW-(2500-PS-)Dreifach-Expansionsmaschine wurde ausgebaut und durch eine 4416-kW-(6000-PS-)Antriebseinheit ersetzt. Die »BENJAMIN CHEW« erhielt eine Getriebe-Turbinenanlage wie der Victory-Schiffstyp und 10-t-Ladebäume; die »THOMAS NELSON« bekam Dieselmotoren mit Untersetzungsgetriebe und 5-t-Bordkrane und wurde um 7,6 m verlängert; in die ebenfalls um 7,6 m verlängerte »JOHN SERGEANT« wurde eine Gasturbine mit Verstellpropeller eingebaut, und die »WILLIAM PATTERSON« wurde mit einer Freikolben-Gasturbinenanlage ausgerüstet. Die meisten an die Handelsschiffahrt abgegebenen Schiffe fuhren jedoch weiterhin mit ihren Dampfmaschinen als Massengutfrachter oder Stückgutschiffe. 1966 waren noch 682 Liberty-Schiffe in Fahrt. Verschiedene Schiffe (etwa 49) wurden auch an ausländische Reeder verkauft.
Unter anderem stellte am 31. Januar 1960 die DDR-Handelsflotte mit der »ERNST MORITZ ARNDT« ex »ARCHON GABRIEL« (Voreigner Griechenland) ein solches, nach einer Havarie abgeborgenes Liberty-Schiff für einige Jahre in Dienst.
Heute gibt es nur noch 2 Schiffe des Liberty-Schiffstyps, die seit 1977 im griechischen Eleisis aufgelegte »ALEXANDER KORYZIS« aus dem Baujahr 1944 und die 1943 in Fahrt gekommene »JEREMIAH O'BRIAN«, die am 6. Oktober 1979 außer Dienst gestellt, auf der Werft von »Bethlehem« in San Franzisko generalüberholt und in der Bucht von San Franzisko als Museumsschiff vor Anker gelegt wurde.
Nach dem zweiten Weltkrieg hat sich die Serienfertigung im internationalen Frachtschiffbau unterschiedlich entwickelt. In der Zeit des starken Anstiegs des Seehandels und der zunehmenden Verschrottung alter Liberty-Schiffe wurden sog. »Liberty«-Ersatzschiffe in mehr als 30 Entwürfen vorgestellt, wobei sich die Typen SD-14 und Freedom besonders durchgesetzt haben. Als *Standardschiffe* wurden seit Ende der 60er Jahre größere Serien in Großbritannien, Japan und in der BRD gebaut. Die Frachtschiffstypen »SD-14«, »Freedom« und »GERMAN LIBERTY« (50 Schiffe) stellten den Hauptanteil des sog. »Liberty«-Replacement dar.

Lighter Aboard Ship: siehe *LASH-Schiff*

Linienfahrt-Schiff: Schiff im regelmäßigen bzw. fahrplanmäßigen Dienst auf einer »Linie«, d.h. Schiffahrtslinie bzw. Route zwischen 2 oder mehreren Häfen, im Unterschied zum *Tramp-Schiff* und zur Spezialschiffahrt. Im Passagier-Seetransport dominiert die Linienfahrt schon seit der Segelschiffszeit. Bei Frachtschiffen sind heute die Mehrzahl aller Stückgutfrachtschiffe und nahezu alle Container- und LASH-Schiffe in »Liniendiensten« eingesetzt.

Linienschiff: bis zur Entstehung des *Schlachtkreuzers* bzw. *Schlachtschiffs* und *Flugzeugträgers* größtes und am stärksten bewaffnetes Kriegsschiff. Nach der Erfindung der Sprenggeschosse begann man in der zweiten Hälfte des 19. Jh. bei großen Kriegsschiffen die Schiffsaußenhaut mit Stahlplatten von ungefähr 2 Zoll Dicke zu panzern, es verschwanden die unteren Geschützdecks, und schwere Geschütze wurden in einer »Batterie« zusammengefaßt; siehe auch *Batterieschiff*. Eines der ersten Batterie-Panzerschiffe dieser Art war die 1858 erbaute französische Panzerfregatte »GLOIRE«.
Die traditionelle Linientaktik im Seegefecht gewann erneute Bedeutung, nachdem die Japaner im chinesisch-japanischen Krieg im Seegefecht vor dem Yalu am 14. September 1894 diese Taktik erfolgreich anwenden konnten und innerhalb von 2 Stunden 5 chinesische Schiffe versenkten. Das Gefecht bewies u. a. vor allem den Wert stark gepanzerter Kriegsschiffe mit schwerer Artillerie bei gleichzeitiger Vergrößerung der gepanzerten Flächen und Verminderung hölzerner Beplankungen, Ausrüstungen und Einrichtungen an Bord. Das Breitseitenfeuer der schweren Artillerie bekam eine noch größere Bedeutung. Das erforderte als neuen Schiffstyp das Linienschiff. Bald stand auch Panzermaterial höherer Festigkeit zur Verfügung, so daß die Panzerung dünner und die gepanzerten Flächen des Schiffs noch größer werden konnten, ohne daß dabei wesentlich höhere Gewichtzunahmen eintraten. Nachdem der neue Schiffstyp in seiner Größe bei den einzelnen Marinen variierte, begann sich ein in Größe, Seetüchtigkeit und Aktionsradius relativ einheitlicher Schiffstyp herauszubilden. Der Bau von Schiffs-Serien, in Großbritannien bis zu 9 Schiffen, verminderte etwas die hohen Baukosten.
In allen Marinen vollzog sich eine ständige Weiterentwicklung der Linienschiffe. Schiffsgröße, Geschwindigkeit und Feuerkraft nahmen weiter zu. Schwerste Geschützkaliber bis 30,5 cm, eine starke Mittelartillerie und ein ausgewogener Panzerschutz aus 24 ··· 28 cm dickem hochfesten Stahl wurden vorherrschend.
Der russisch-japanische Krieg 1904/05 zeigte die ausschlaggebende Wirkung der schweren Artillerie, und Japan baute danach noch größere und kampfstärkere Linienschiffe. Großbritannien zog als führende Seemacht aus diesem Krieg ebenfalls Schlußfolgerungen für einen neuen Schiffstyp mit größten Abmessungen, hoher Geschwindigkeit und stärkstem Panzerschutz bei ausschließlicher Konzentration auf die schwere Artillerie. 1906 war der britische *»DREADNOUGHT«* mit seiner schweren Artillerie aus 10×30,5-cm-Geschützen allen anderen Kriegsschiffen überlegen. Auf die Mittelartillerie hatte man völlig verzichtet. Auch das Deplacement der deutschen Linienschiffe war von 10000 t (um 1900) auf über 28000 t bei den großen Linienschiffen von 1917

Italienisches Linienschiff »REGINA MARGHARITA« 1905

gestiegen. Das Geschützkaliber hatte man von 28 cm auf 38,1 cm erhöht und die Geschwindigkeit von 16 auf 22 kn gesteigert. Größten Wert legte man auf einen sorgfältig ausgebildeten Unterwasserschutz.
Im ersten Weltkrieg war das Torpedoboot zu einer gefährlichen Waffe geworden. Zu Abwehr wurde nun wieder eine starke Mittelartillerie benötigt, die nur zu Lasten der schweren Artillerie möglich war. Ab 1912/13 war bei den Linienschiffen keine unmittelbare Weiterentwicklung mehr erkennbar und auch die Linientaktik dominierte nicht mehr. Der schnellere und gleichstark bewaffnete *Schlachtkreuzer* vereinigte die Feuerkraft des Linienschiffs mit der Schnelligkeit des *Kreuzers*. Nach 1918 verwendete man allgemein die Bezeichnung *Schlachtschiff*, wobei für leichter gepanzerte Schiffe, wie z. B. die französische *»DUNKERQUE«*, der Begriff Schlachtkreuzer beibehalten wurde. Siehe auch *»BADEN«, »BRAUNSCHWEIG«, »BRENNUS«, »ELSASS«, »KAISER BARBAROSSA«, »NAPOLEON«* und *»OCEAN«*.

»LIVADIJA«: Dampfyacht des Zaren Alexander II. von Rußland und zweiter Typ der russischen *Rundschiffe,* der *»Popowka«* von A. A. POPOW. Der Vizeadmiral erhielt 1879 vom Zaren den Auftrag für den Entwurf einer Yacht, die auch in ihrem Aussehen sich deutlich von den Kriegsschiffen unterscheiden sollte. Diese Yacht sollte neben dem bei derartigen Schiffen üblichen Komfort möglichst wenig schlingern und stampfen. Diese erwünschte Eigenschaft war bei den beiden »Popowka«, der *»NOWGOROD«* und der »KIEW« bereits nachgewiesen, auch wenn sie im russisch-türkischen Krieg nicht zum Erfolg kamen. Popow ging somit bei seinem Entwurf von der Rundform aus und berücksichtigte die Geschwindigkeit und gestalterischen Aspekte durch eine interessante Lösung. Das Unterwasserschiff erhielt eine weitgehend der elliptischen Form entsprechende Gestaltung mit einem Längen/Breiten-Verhältnis von 1,55. Auf der gewölbten Oberseite des Unterwasserschiffs wurde dann das Überwasserschiff aufgesetzt.
Die Hauptabmessungen der »LIVADIJA« waren: Länge über Alles 83,0 m; Länge zwischen den Loten 71,60 m und in der Wasserlinie 70,10 m; Breite in der Wasserlinie 46,60 m; Tiefgang 2,14 ··· 2,50 m; tiefster Punkt des Propellers unter Kiel 2,74 m; Seitenhöhe bis Einlaufpunkt Rundteil in den Schiffskörper 5,50 m; Seitenhöhe Hauptdeck 6,22 m; Seitenhöhe oberes Deck 9,34 m; Seitenhöhe Promenadendeck 11,67 m. Das Deplacement des Schiffs betrug 3900 bis 4060 t. Die Konstruktion wurde in Stahl ausgeführt. Im Unterwasserkörper war ein äußerer doppelter Ring von wasserdichten Zellen vorhanden, so daß der Schiffskörper in 80 wasserdichte Abteilungen unterteilt war. Die Silhouette des Überwasserschiffs zeigte 3 Schornsteine und 4 Masten. Die Räume im Aufbaudeck standen ausschließlich dem Hofstaat zur Verfügung, das Personal und die Besatzung waren in dem darunter liegenden Deck untergebracht.
Die Maschinenanlage bestand aus 3 Dreifach-Expansionsdampfmaschinen mit insgesamt 7730 kW (10500 PS), deren Leistung jeweils auf eine der 3 vierflügligen Popeller von 4,88 m Durchmesser übertragen wurden. 8 stählerne Kessel versorgten die Anlage mit Dampf. Die Maschinen und Kessel befanden sich im unteren flachen Teil des Schiffsrumpfs. Mit dieser Leistung sollte das Schiff eine Geschwindigkeit von mindestens 14 kn erreichen, die jedoch bei den offi-

Schnittdarstellung der »LIVADIJA«

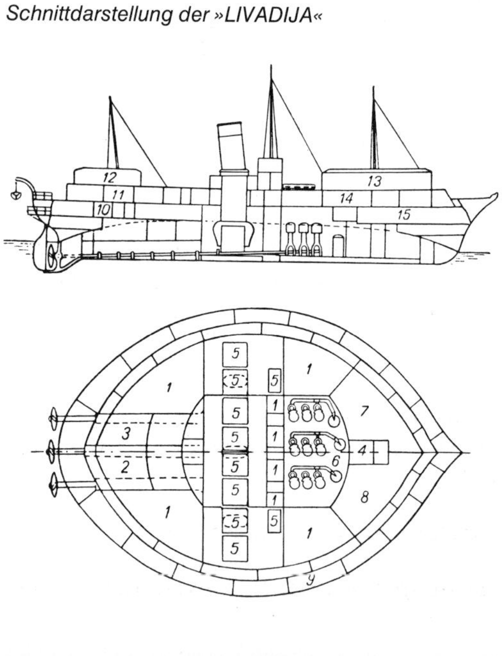

ziellen Probefahrten überboten wurde. Die erste Fahrt fand 1880 von der Clyde nach Brest bei ruhigem Wetter statt. Am 1. Tag der offiziellen Probefahrten wurden bei einer indizierten Leistung von 7500 kW (10200 PSi) während einer Fahrtdauer von 6 Std. 14,8 kn, am zweiten Tag bei 9090 kW (12354 PSi) sogar 15,7 kn erreicht.
Sämtliche Konstruktionen, Berechnungen und Zeichnungen wurden in Rußland unter der Leitung Popows angefertigt, der Bau dieses Schiffs erfolgte jedoch entsprechend den Konstruktionsvorlagen bei der englischen Werft John Elder & Co. in Glasgow unter der Aufsicht des russischen Ingenieurs Guljajew. Die mit großer Spannung erwartete Erprobung bei stürmischer See erfolgte auf der Überführungsfahrt in das Schwarze Meer. Die Biskaya zeigte sich von ihrer härtesten Seite. Trotz größerer Wellen sollen nur relativ kleine Schlingerwinkel von etwa 4° gemessen worden sein. Die mitfahrenden Experten sollen ausdrücklich das bisher noch auf keinem Schiff gleichermaßen günstige Seeverhalten unter derartigen Bedingungen hervorgehoben haben. Allerdings war das Seeschlag-Verhalten (slamming) der »LIVADIJA« in derartiger See sehr ungünstig. Der flache Boden erhielt im vorderen Bereich ständig explosionsartige Schläge, die auch zu entsprechenden Riß- und Beulschäden führten und die Besatzung sehr beanspruchten. Im daraufhin angelaufenen Zwischenhafen Ferrol (Spanien) wurde eine Besichtigung vorgenommen. Danach konnte von den anwesenden Experten bestätigt werden, daß die Schäden die Sicherheit des Schiffs nicht gefährdeten. Die »LIVADIJA« konnte ihre Reise fortsetzen und wurde im Schwarzen Meer als Zarenyacht eingesetzt. Bereits 1883 wurde sie in »OPYT« umbenannt und als Transporter in der Schwarzmeerflotte verwendet, bis sie 1913 als Hulk aufgelegt wurde. Nach der Oktoberrevolution gehörte die »LIVADIJA« zum Schiffsbestand der Schwarzmeerflotte und diente als Werkstattschiff.
Nach 46 Dienstjahren wurde das Schiff erst 1926 abgewrackt. Dieses einmalige Fahrzeug hatte den am Modell erprobten Eigenschaften und der Idee seines Konstrukteurs entsprochen.
Die »LIVADIJA« wurde durch einen tragischen Unfall weltweit bekannt. Ein Matrose berührte beim »Reinschiff« machen eine Lampenfassung und verunglückte dabei tödlich. Es war der erste tödliche Unfall an Bord eines Schiffs durch elektrischen Strom.

Lloydschlepper, *Lloyd-Radschlepper:* Flußschlepper aus der Zeit des Schaufelradantriebs, der zum Erreichen einer möglichst großen Schubkraft sowohl Seitenschaufelräder als auch ein Heckschaufelrad hatte. Derartige Schlepper erzielten mit ihren großen wirksamen Schaufelflächen günstige Wirkungsgrade und waren auch auf Flüssen mit sehr geringem Tiefgang einsetzbar.

LNG-Tanker: Abkürzung für Liquefied Natural Gas; *Tanker* für den Transport verflüssigter Gase bei Kühltemperaturen bis zu −163 °C

Löffelbagger: siehe *Bagger*

Löffelbugschiff: Schiff, insbesondere Yacht, mit ausladendem löffelartig konkav gerundetem Vorsteven im Unterschied zum vertikalen, gerade oder konkav ausfallenden Vorsteven. Durch die löffelähnlich gerundete Form soll das Vorschiff oberhalb der Wasserlinie bei Seegang schon zusätzlichen Auftrieb bei anlaufenden Wellen erzeugen und so das Schiff »auf die Welle schieben« bzw. die Stampfbewegungen dämpfen.

Logger »STEINBUTT«, erbaut 1911 auf der Schiffswerft AG »Neptun«, Rostock

Der 1930 gebaute britische Logger »LYDIA EVA« nach gründlicher Überholung

Logger: aus dem Segellogger zunächst zum Dampflogger und später zum Motorlogger entwickelter Schiffstyp von 30···40 m Länge für verschiedene Verwendungen, hauptsächlich jedoch in der Fischerei siehe auch *Fischereilogger.* Die ersten *Fischdampfer* waren Logger für den Treibnetzfang. Sie stellten neben dem kleineren *Kutter* über ein halbes Jahrhundert einen vielgebauten Schiffstyp und den Kern der Fischereiflotten dar und wurden u. a. in den beiden Weltkriegen in großer Zahl als Marine-Hilfsschiffe im Vorpostendienst und als Minensucher eingesetzt.
Als Traditionsschiff blieb der 1930 in King's Lynn (Brit.) gebaute 143 BRT große Logger »LYDIA EVA« von 31,7 m Länge und 8,07 m Breite erhalten. Einschließlich des kohlegefeuerten Kessels und der Dreifach-Expansionsdampfmaschine wurde das im zweiten Weltkrieg als Minensucher eingesetzte Schiff wieder völlig instand gesetzt und fuhr nach einer Rundfahrt 1978 nach Skandinavien und zum Treffen historischer Schiffe bei den Londoner St. Katharine Docks. In Kooperation mit dem Norfolk Museum kam der Logger als technisches Museum wieder in seinen ehemaligen Heimathafen Great Yarmouth.

Lo/Lo-Schiff: *Frachtschiff* mit vertikalem Ladungsumschlag mit Ladebäumen oder Kranen nach dem Lift on- bzw. Lift in-Beladungsprinzip (engl. herauf- bzw. hereinheben) und der Lift off- bzw. Lift out-Entladung (engl. aus- bzw. herausheben). Die Mehrzahl aller Frachtschiffe entsprechen dem Lo/Lo-Typ im Unterschied zum rollenden (horizontalen) Umschlag des *Ro/Ro-Schiffs* und zur schwimmenden Be- und Entladung des *Float on/Float off-Schiffs.*

»Lord-Nelson«-Klasse: britische Schlachtschiffsklasse des Dreadnought-Typs; siehe *Dreadnought.*

Lo/Ro-Schiff: modernes Mehrzweck-Trockenfrachtschiff, das zu Ende der 70er Jahre entstand und sowohl Ausrüstungen für die vertikale Be- und Entladung nach dem Lift on/Lift off-Prinzip (siehe *Lo/Lo-Schiff*) als auch für den horizontalen rollenden Ladungsumschlag nach dem Roll on/Roll off-Prinzip (siehe *Ro/Ro-Schiff*) hat.
Das kombinierte Lift on/Lift off-Roll on/Roll off-Schiff sucht die Vorzüge des Containertransportsystems, des Ro/Ro-Systems sowie des

Schwer- und Langguttransports miteinander zu verbinden. Beim Lo/Ro-Schiff sind i. allg. alle Laderäume sowohl über Luken als auch über Rampen, Pforten oder Lifte zugängig. Auf dem partiellen Lo/Ro-Schiff, auch als Con-Ro-Schiff bezeichnet, können demgegenüber nur das obere Deck für Container und die unteren Decks für rollende Ladung genutzt werden, oder es werden die vorderen Laderäume und Decksbereiche für den Containertransport und der hintere Schiffsbereich für rollene Ladung ausgerüstet. Trotz des höheren Ausrüstungsaufwands gegenüber den auf eine Ladungsart spezialisierten Schiffstypen bewähren sich Lo/Ro-Schiffe besonders in Fahrtrelationen mit gemischtem Ladungsaufkommen, für die der parallele Einsatz größerer Container- und Ro/Ro-Schiffe nicht lohnend ist. Ein Typenvertreter ist der in einer größeren Serie im VEB Warnowwerft Warnemünde seit 1982 gebaute Schiffstyp Lo/Ro 18 mit 18020 t DW und 15893 BRT. Das über Alles 172,23 m und zwischen den Loten 161,00 m lange Schiff ist 23,1 m breit und hat 10 m Tiefgang und 13 m Seitenhöhe. Es ist für den Transport von Stück- und Schüttgut, Container, Langgut und sperrige Güter sowie leichte und schwere rollende Fahrzeuge und Trailer geeignet.

Auf dem Zweideckschiff kann über eine dreiteilige Winkel-Heckrampe von 25 m Länge, 5,8 m Fahrbreite und 45 t Tragfähigkeit das zweite Deck mit 2370 m² bis zum hinteren Schott des Laderaums 1 als Ro/Ro-Stellfläche für 232 PKW oder 81 LKW oder Trailer mit 89 TEU genutzt werden.

Für den Lo/Lo-Umschlag hat das Schiff 2 Doppelwippdrehkrane mit je 2×12,5 t Tragfähigkeit, 2 Schwingladebäume mit je 25 t und einen Schwergutbaum bis 125 t Tragfähigkeit. Im Lo/Lo-Verfahren können 529 TEU, davon auf Containerstellflächen in den Laderäumen 287 und zusätzlich 42 auf Trailern, geladen werden. Schüttgut wie Kohle und Getreide kann in der Stauung sowie im Zwischendeck und in den Laderäumen 2 bis 4 gefahren werden, wobei im Zwischendeck die geklappten Lukendeckel und die hohen Schächte die Laderäume seitlich begrenzen.

Die Hauptantriebsanlage mit dem Kreuzkopf-Dieselmotor Typ K 5 SZ 70/125B aus dem Dieselmotorenwerk Rostock (MAN-Lizenz) mit 7600 kW gibt dem Schiff 16 kn Dienstgeschwindigkeit.

Lo/Ro 18 der Warnowwerft Warnemünde (Modell)

»LOTHRINGEN«: deutsches Linienschiff. Das Linienschiff wurde in der Zeit von 1902 bis 1906 auf der Schichau-Werft in Danzig gebaut, lief am 27. Mai 1904 von Stapel und wurde am 18. Mai 1906 in Dienst gestellt. Die Baukosten beliefen sich auf 23,301 Mill. Mark.

Das in Längs- und Querspanten aus Stahl gebaute 14394/13208 t große Schiff war über Alles 127,7 m und zwischen den Loten 126,0 m lang, war 22 m an Deck und 25,6 m über die Kasematten breit und hatte einen Tiefgang von 8,10···8,16 m. Die Besatzung bestand aus 35 Offizieren und 708 Mann. Drei Dreizylinder-Dreifachexpansionsmaschinen leisteten zusammen bei Vollast 13332 kW (18114 PSi), mit denen das Schiff über 3 Schrauben angetrieben eine Höchstgeschwindigkeit von 18,7 kn erreichte. 8 Marinekessel und 6 Zylinderkessel mit einem Kesseldruck von 1,45 MPa (13,5 atü) mit insgesamt 38 Feuern versorgten die Maschinen mit Dampf. Der maximale Kohlevorrat belief sich auf 1665 t, wobei mit 10 kn 6500 Seemeilen zurückgelegt werden konnten. Ab Winter 1915 kam eine Ölzusatzfeuerung und eine gemischte Kohle-Ölfeuerung zum Einsatz. Die Bewaffnung bestand aus 4×28-cm-Schnellfeuerkanonen in 2 Türmen, 14×17-cm- und 18×8,8-cm-Schnellfeuerkanonen sowie 4 Maschinenkanonen; die Geschoßmasse einer Breitseite betrug 1690 kg. Die Torpedobewaffnung bestand aus 6 Unterwasserrohren des Kalibers 45 cm mit 16 Torpedos, davon jeweils ein Rohr in Bug und Heck sowie je Bordseite 2 Rohre. Sowohl in Bug- als auch in Heckrichtung konnten 2×28-cm-, 4×17-cm-Geschütze und ein Torpedorohr feuern.

Ab 1917 waren nur noch 10×17-cm-Schnellfeuerkanonen an Bord, und 1918 wurde das Schiff vollständig desarmiert. Die Panzerung bestand aus Krupp-Stahl und hatte die Dicken: an Deck 4 cm, am Kommandoturm 5···30 cm, in der Wasserlinie 22,5 cm auf Teakholz, an den Kasematten 15 cm, an der Zitadelle 14 cm, an den Türmen der schweren Artillerie 5···25 cm, den Türmen der mittleren Artillerie 15 cm und an den Schilden 7 cm. Zum Schutz gegen Torpedo- und Artillerietreffer war das Schiff mit Korkdämmen ausgerüstet.

Nach dem aktiven Dienst wurde die »LOTHRINGEN« 1916 als Sund-Wachtschiff eingesetzt und diente ab 1917 bis Kriegsende als Exerzier- und Maschinen-Schulschiff in Wilhelmshaven. Nach der Übernahme in die Reichsmarine wurde das Schiff 1919 zum Mutterschiff für F-Boote (flachgehende Minenräumboote) umgebaut, kam aber von 1922 bis 1926 nochmals zur Flotte. Am

S. M. Linienschiff »LOTHRINGEN« um 1906

Die »BELORUSSIA«, ein modernes sowjetisches Fahrgastschiff

Die »BIRKA PRINCESS«, ein Kreuzfahrtschiff der Birka Lines für 1500 Passagiere

Kombiniertes Fahrgast- und PKW-Fährschiff »FINNJET«

Die »EUROPA«, das Flaggschiff der Hapag-Lloyd im Rostocker Überseehafen

Eisenbahn-Fährschiffe »SASSNITZ« und »TRELLEBORG« im Fährhafen Saßnitz

Die »QUEEN ELISABETH 2« der britischen Cunard-Lines vor dem letzten Umbau im chinesischen Hafen Quingdao

Die 35000 GT große »EUROPA«, Bauwerft Bremer Vulkan

Sowjetisches Seefahrgastschiff für 750 Passagiere Typ »IWAN FRANKO«, Bauwerft Mathias-Thesen-Werft Wismar

MS »SOVEREIGN OF THE SEAS«, Bauwerft Chantiers de l'Atlantique

Sowjetisches Binnenfahrgastschiff »KOSMA MININ«

Das sowjetische Polar-Frachtschiff »PAWEL WAWILOW« vom Typ UL ESC II der Warnowwerft, Rostock

Die »KOMPOSITOR KARA KARAEW« ein sowjetisches Ro/Ro-Trailerschiff mit 4850 t DW von der Schiffswerft »Neptun«

Kleiner kombinierter Produktentanker in Fahrt

Mehrzweckfrachtschiff von 24000 t DW Typ OBC (Ore-Bulk-Container) von der Mathias-Thesen-Werft Wismar auf Reede

Ein Binnencontainerschiff aus der Elbewerft Roßlau im Hafen Wismar

Containerschiff Typ SATURN von der Warnowwerft in Fahrt

Schwergutschiff mit zwei Schleppern von je 85 t und einem 340-t-Landungsboot an Deck

»DOCKEXPRESS 11« auf der Fahrt von Panama nach Australien, beladen mit einem Schwergutschiff, das an Deck Yachten und Ausrüstungen geladen hat

Das sowjetische Schwergut-Spezialschiff »JULIUS FUČIK«

Feuerlöschboot von der Yachtwerft Berlin

Bergungsschiff »GERAKA« in voller Fahrt

Der Eisbrecher »ERMAK« 2 bei langsamer Fahrt durchs Eis

Japanischer Bugsierschlepper mit Schottel-Antrieb

Bugsierschlepper im Einsatz

Schwimmdock mit 4500 t Tragfähigkeit in einer Reparaturwerft

Eine Bohrinsel wird zum Einsatzort geschleppt

Eine Bohrinsel im Betrieb

Eine Tripod-Bohrinsel im Einsatz

Bohrinselversorger – ein mit der modernen Meerestechnik entstandener neuer Schiffstyp

1 Vormast
2 Poller
3 Festmachpoller
4 Ankerwinden-Kettenführung
5 Ankerwinde
6 Kapitänskajüte (Schlafraum)
7 Kapitänskajüte (Tagesraum)
8 Laufgang
9 Offizierskajüten
10 Suchscheinwerfer
11 Radarantenne
12 Funkpeiler
13 Antennenkupplung
14 UKW- und Einseitenbandantennen
15 Positionslicht
16 Hauptsteuerstand
17 Kartentisch
18 Hinterer Steuerstand
19 Schleppwinden-Steuerkonsole
20 Schleppwinden-Steuerstand
21 Hauptmast
22 Aufblasbares Rettungsfloß
23 Kettenrohr
24 Mannschafts-Kajüten
25 Messe mit Vorraum
26 Deckstoilette
27 Wäscherei
28 4-Mann-Reservekajüte
29 Motoren des Bugstrahlruders
30 Abwasserbehandlungsanlage
31 Bugstrahlruder
32 Schlammtanks
33 Schleppwinde
34 Abgas-Schalldämpfer
35 Kettenkasten
36 Treibstofftanks
37 Ballasttanks
38 Windenrolle
39 Abgasleitung
40 Dieselmotoren
41 Antriebsgenerator
42 Schaltautomatik der Antriebsgeneratoren
43 Schlammkompressoren
44 E-Antriebsanlage
45 Untersetzungsgetriebe
46 Propellerwelle
47 5-flügliger Festpropeller
48 Kort-Festdüse
49 Ruder
50 Steuergestänge
51 Motorenleitstand
52 Schleusenkammer
53 Ladungsreeling
54 Kabelstopper
55 Wasserwerfer
56 Ruderraumzugang
57 Ankerspill
58 Heckrolle
59 Heckstrahlruderantrieb
60 Heckstrahlruder
61 Strahlaustritt

31. März 1931 wurde es aus der Flottenliste gestrichen und in Wilhelmshaven abgebrochen. Der Schiffskörper wurde ohne Panzer für 269650 Mark verkauft.

Lotsenboot, *Lotsenversetzboot:* kleineres navigatorisches Hilfsfahrzeug, um Lotsen für das Befahren beengter Fahrwasserstraßen, wie Hafeneinfahrten oder Kanäle, zur Unterstützung der Schiffsführung über kurze Fahrstrecken an und von Bord zu bringen, d.h. zu »versetzen«. Das Lotsenboot ist entweder an landfesten oder schwimmenden Lotsenstationen stationiert und muß entsprechend den örtlichen Gegebenheiten jederzeit fahrtüchtig sein. Es wird i.allg. durch einen besonderen Anstrich und eine Bezeichnung, wie »Lotse« oder »Pilot«, gut kenntlich gemacht und führt nachts ein rundum scheinendes Topplicht; siehe auch *Lotsenversetzschiff.*

Lotsenversetzschiff, *Lotsenversetzdampfer, Lotsendampfer:* seetüchtige schwimmende Lotsenstation. Als Vorgängertyp kann der Lotsenschoner angesehen werden, der bereits mehrere Lotsen an Bord hatte und den einlaufenden Schiffen entgegenfuhr, um mit kleineren *Lotsenbooten* die Lotsen überzusetzen. Entsprechend dem Schiffsverkehr und den Fahrverhältnissen kann ein modernes Lotsenversetzschiff bis zu 40 Lotsen an Bord haben. Es ist mit zuverlässigen Funk- und Radaranlagen sowie den erforderlichen Lotsenbooten ausgerüstet und liegt auf einer günstigen Position, so daß die Lotsen schnell mit den Lotsenbooten an Bord und von Bord gehen können. Bei schlechtem Wetter und Seegang ist die Übernahme des Lotsen immer noch nicht ungefährlich und auch zeitaufwendig, so daß nach anderen navigatorischen Hilfsmitteln (Magnet-Leitkabel, Laser, Peilstrecken u.a.) gesucht wird, um die Schiffsführung in schwierigen Revieren sicherer zu machen.
Eine neuzeitliche Versetzmöglichkeit von Lotsen wurde durch Hubschrauber möglich. Seit 1968 wurden im Zufahrtsbereich der großen Nordseehäfen Versuche unternommen, um Lotsen mit Hubschraubern auf großen einlaufenden Schiffen abzusetzen und von auslaufenden Großschiffen abzuholen. Die ersten Versetzungen von Elblotsen aus der Luft waren am 7. April 1976 für die Tanker »ESSO MILANO« und »UNION« beim Weser-Feuerschiff.

LPG-Tanker: Abkürzung für Liquefied Petroleum Gas, *Tanker* für bei etwa −50°C verflüssigte Petroleumgase.

LS-Boot: leichtes Schnellboot, siehe *Schnellboot.*

LTS-Boot: leichtes Torpedo-Schnellboot, siehe *Schnellboot.*

»LÜBECK«: Kleiner Kreuzer, erster deutscher Turbinenkreuzer. Der Kleine Kreuzer wurde am 12. Mai 1903 auf der AG »Vulcan« in Stettin auf Kiel gelegt, lief am 26. März 1904 von Stapel und wurde als erster Turbinenkreuzer der Kaiserlichen Marine am 26. April 1905 in Dienst gestellt. Die Baukosten betrugen 5,436 Mill. Reichsmark.

Kleiner Kreuzer »LÜBECK«, 1905 erster deutscher Turbinenkreuzer

Die Backbordpropellerwellen mit je 2 Tandempropellern und das Ruder des Turbinenkreuzers »LÜBECK«

Der 3278/3816 t große Kreuzer war mit Quer- und Längsspanten aus Stahl gebaut, über Alles 111,1 m und zwischen den Loten 110,6 m lang, 13,3 m breit und hatte 5,61 m Tiefgang. Die Besatzungsstärke lag bei 303 Mann. Die Antriebsanlage bestand aus 2 Parsons-Turbinensätzen, hergestellt bei der Firma Brown, Boverie & Cie. Die Maximalleistung lag bei 10600 kW (14403 PSw). Der Kleine Kreuzer erreichte damit die Höchstgeschwindigkeit von 23,1 kn. Während der Erprobungen wurden zeitweilig auf 4 Wellen 8 vierflüglige Schrauben von 1,1 m Durchmesser gefahren. Den Dampf von 1,6 MPa (15 atü) erzeugten 10 Marinekessel mit insgesamt 20 Feuern. Mit einem maximalen Vorrat an Kohle von 860 t konnte bei 12 kn eine Strecke von 3800 Seemeilen gefahren werden.
Die Bewaffnung bestand aus 10×10,5-cm-Schnellfeuerkanonen, wobei zeitweise auch 2×15-cm-Geschütze zum Einsatz kamen. Die Torpedoausrüstung bestand aus 2 Decksrohren des Kalibers 50 cm mit 4 Torpedos. Außerdem konnten noch 50 Minen an Bord genommen werden. Die Panzerung war aus 2 Lagen Stahlplatten und einer Lage Krupp-Panzerplatten an Deck 2···8 cm, an den Süllen 10 cm, am Kommandoturm 2···10 cm und an den Schutzschilden der Geschütze 5 cm. Zum Schutz gegen Torpedos und tiefliegende Artillerietreffer hatte der Kreuzer Korkdämme.
Nach dem Flottendienst wurde die »LÜBECK« 1914 im Küstenschutz eingesetzt und diente ab 1917 einer U-Bootschule als Zielschiff. Am 5. November 1919 wurde sie aus der Flottenliste gestrichen und am 3. September 1920 als Kriegsbeute Großbritannien zugesprochen, jedoch 1922/23 in Deutschland abgewrackt.

Luftabwehr-Kreuzer, *Flak-Kreuzer:* spezielle *Kreuzer* zur Luftabwehr gab es als schwimmende Flak-Batterien im zweiten Weltkrieg in der deutschen Kriegsmarine. So wurden 1942 die *Kleinen Kreuzer* »MEDUSA« und »ARCONA« (Baujahr 1900 bis 1903) zu schwimmenden Flak-Batterien umgebaut und erhielten 5×10,5-cm-, 2×3,7-cm- und 4×2-cm-Flakgeschütze. Sie sollten den Kriegshafen Wilhelmshaven vor Luftangriffen sichern. Einige Beuteschiffe wurden ebenfalls mit einer starken Flakbewaffnung versehen und zur Sicherung von Geleitzügen in der Nord- und Ostsee eingesetzt. Der erbeutete niederländische Kreuzer »GELDERLAND« (Baujahr 1898) operierte u.a. 1944 als Flakschiff »NIOBE« in den finnischen Gewässern, er sank am 16. Juli 1944.

Luftkissenschiff: auf einem Druckluftpolster bzw. »Luftkissen« gleitendes Wasserfahrzeug, siehe auch *Aircraft-boat.* Die Idee der Verwendung eines Luftpolsters oder Luftkissens wurde bereits 1716 von dem schwedischen Wissenschaftler EMANUEL SWEDENBORG erörtert. Auf das Jahr 1853 wird ein Modell eines »Dreikiel-Luftschwimmers« des russischen Kollegiumsassessors IWANOW datiert. In einem Brief vom 23. November 1875 wies WILLIAM FROUDE, der berühmte Pionier des Schiffsmodell-Versuchswesens, bereits auf die Möglichkeit hin, das Luftkissenprinzip speziell für die russischen *»Popowka«* anzuwenden. 1883 erhielt der be-

kannte schwedische Erfinder CARL GUSTAF de LAVAL ein Patent auf eine Vorrichtung, mit der Preßluft unter den Schiffsboden geleitet werden sollte.
Es bedurfte jedoch erst leistungsstarker und leichter Aggregate zur Luftverdichtung, um praktische Resultate zu erreichen. So versuchte der Engländer R. PORTER von 1906 bis 1915 Luftkissenfahrzeuge zu entwickeln und zu erproben, und 1916 experimentierte der österreichische Ingenieur und Linienschiffsleutnant Dagobert Müller von Thomamühl mit einem Torpedoboot als »Hydrokielboot« mit starren getauchten Seitenflächen, zwischen denen sich ein Luftpolster bildete. Um 1927 formulierte K. E. ZIOLKOWSKI das Bewegungsprinzip auf einem Lufkissen und der Aerodynamiker W. I. LEWKOW entwickelte von 1927 bis 1935 das Prinzip und ein Versuchsboot.
Zu dieser Zeit, etwa 1935, erprobte der finnische Ingenieur KAARIO ein spezielles Luftkissenfahrzeug nach dem Stauflügelprinzip, bei dem das Luftpolster durch den aerodynamischen Staudruck erzeugt wurde.
Von verschiedenen Erfindern, u. a. vom englischen Elektro-Ingenieur CHRISTOPHER S. COCKERELL, wurden zwischen 1950 und 1953 Randstrahldüsen und zusätzliche »Schürzen« zur Abströmbegrenzung vorgeschlagen. Darauf aufbauend entstand u. a. das britische Aircraftboat SRN 1, das als erstes Fahrzeug dieser Art den Kanal am 26. Juni 1959 überquerte.
Die Bestrebungen nach größeren Luftkissenschiffen führten mit der »MOUNTBATTAN« vom Typ SRN 6 zum seinerzeit größten Luftkissenschiff der Welt. Das 40 m lange Luftkissenschiff begann am 4. Februar 1968 seine Probefahrten und erreichte noch bei 2 m hohen Wellen 70 kn Geschwindigkeit. Es konnte 254 Passagiere und 30 PKW zwischen Dover und Boulogne befördern. Der um 1977 in Betrieb genommene französische Typ »NAVIPLANE N 500« war 50 m lang, 23 m breit und 17 m hoch. Bei einer Gesamtmasse von 250 t betrug die Nutzladung 85 t, ausreichend für 400 Passagiere mit Gepäck und 45 PKW. Die Randdüsen, das Luftpolster und der Antrieb erforderten 5 Gasturbinen von je 2350 kW (3200 PS) für eine maximale Glattwassergeschwindigkeit von 70 kn, und bei 2,5 m hohen Wellen wurden 53 kn erreicht. Zwei Turbinen erzeugten über die Auftriebsdüsen das Luftpolster und 3 Turbinen dienten über verstellbare Luftschrauben von je 6,4 m Durchmesser dem Vortrieb.
Zu dieser Zeit waren in der Kanalfahrt zwischen Frankreich und Britannien 5 große Luftkissenschiffe und 15 Fahrgast/Fährschiffe beschäftigt. Die Luftkissenschiffe übernahmen bereits pro Jahr um 30 % des dortigen Fahrgastverkehrs.
Die bei der British Hovercraft Corporation Ltd. in Cowes/Insel Wight gebauten Fahrzeuge sind derzeit die größten Luftkissenschiffe der Welt. Die 54,4 m langen Schiffe befördern 416 Passagiere sowie 55 PKW und erreichen eine Geschwindigkeit von 150 km/h. Luftkissenschiffe gibt es derzeit in 100 unterschiedlichen Versionen in über 20 Ländern im Passagierverkehr, in der Marine, als Feuerlösch- und Arbeitsboote, Polizeiboote sowie im Postverkehr und im Krankentransport in unwegsamen Gebieten.

Landungs-Luftkissenschiff der UdSSR

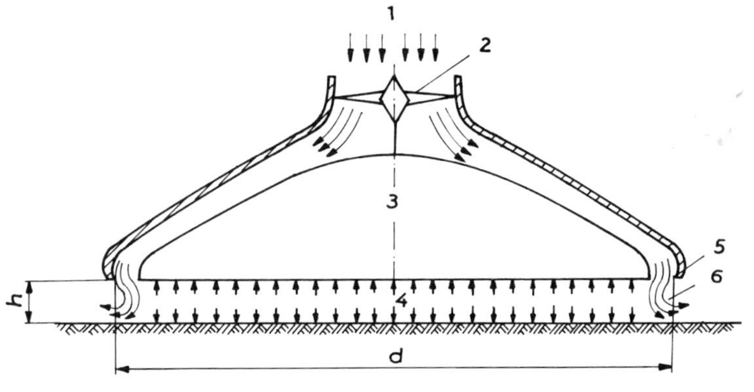

Prinzip des Bodeneffekts beim Luftkissenschiff
1 Lufteintritt
2 Gebläse
3 Schwimmtank
4 Luftkissen
5 Luftaustritt
6 Luftvorhang

Luftschraubenboot: Wasserfahrzeug, dessen Schraubenpropeller den für die Fortbewegung benötigten Schub nicht durch Strahlimpuls im Wasser, sondern in der Luft erzeugt. Wegen des schlechten Wirkungsgrads kommt der Luftschraubenantrieb nur bei Fahrzeugen zur Anwendung, bei denen die Anordnung des Propellers unterhalb der Wasserlinie nicht möglich ist, wie bei eisgehenden Booten, zur Überquerung von Sümpfen oder stark bewachsenen Gewässern sowie bei Gleitbooten oder Aircraft- bzw. Luftkissenfahrzeugen.

»LUISE HORN«: deutscher Tramp-Frachtdampfer um die Jahrhundertwende. Die 1326 BRT und 828 NRT große »LUISE HORN« war ein Frachtschiff der Reederei H. C. Horn aus Schleswig/Lübeck (Schornsteinmarke »H«). Diese um die Jahrhundertwende gebauten Schiffe vom »Dreiinseltyp« (Back-Aufbauten-Poop), waren typische Tramp-Frachtdampfer für den Nord-Ostseeverkehr. Sie hatten 3 Laderäume mit 3 Luken und ein Ladegeschirr mit einer Tragfähigkeit bis maximal 3 t. Die Schiffe waren ohne Steuerhaus, sie fuhren noch mit »offener« Brücke. Diese Bauweise war bei den sog. »Ostseefahrern« noch bis in die 30er Jahre anzutreffen und sollte die Schiffsführung zu hoher Achtsamkeit veranlassen. Die Dampfmaschine leistete um 660 kW (900 PS), womit das Einschraubenschiff 8,5 kn fuhr. Vorn am Mast wurde noch ein Stützsegel gefahren.

»LUSITANIA«: Vierschrauben-Schnelldampfer der britischen Cunard-Line, der 1907 das »Blaue Band« vom vorherigen Inhaber, dem deutschen Schnelldampfer »*KAISER WILHELM II*«, durch die Atlantiküberfahrt von Queenstown nach New York mit 23,99 kn übernahm. Das mit 31 550 BRT vermessene Schiff war 240,0 m lang, 26,8 m breit und hatte eine Seitenhöhe von 18,3 m. Die Besatzung bestand aus 702 Mann. Die Dreifach-Expansionsmaschinen leisteten zusammen 50000 kW (68000 PS). Auch nach dem Kriegsausbruch wurden 1914 die monatlichen Überfahrten mit dem Schiff auf dieser Route nach Fahrplan trotz wachsender U-Boot-Gefahr nicht unterbrochen. Das Schiff brachte Passagiere und Kriegsmaterial nach Britannien.

Während einer Überfahrt von New York nach Liverpool mit annähernd 2000 Menschen an Bord, darunter 1257 Passagiere, wurde die »LUSITANIA« am 7. Mai 1915 um 15.10 Uhr vor der irischen Südküste von einem Torpedo des deutschen U-Boots »U 20« unter Führung von Kapitänleutnant Schwieger auf der Steuerbordseite schwer getroffen und sank in 20 Minuten. 1198 Personen, darunter 270 Frauen und 94 Kinder, verloren dabei ihr Leben. Unter den Opfern befanden sich auch 128 US-Bürger. Die LUSITANIA-Tragödie wurde zu einem Vorfall von höchster politischer Brisanz. Die öffentliche Meinung in den neutralen Staaten und vornehmlich in den USA nahm durch die Versenkung der »LUSITANIA« schlagartig eine anti-deutsche Haltung an. Es kam jedoch nicht zur sofortigen Kriegserklärung, sondern Präsident Wilson griff vorerst nur diplomatisch in den Seekrieg ein. Deutschland, das einen Konflikt mit den USA zu vermeiden hoffte, erfüllte vorerst die amerikanischen Forderungen und gab den seit dem 18. Februar 1915 in dieser Form geführten U-Boot-Krieg vorerst wieder auf. Erst nach dem Kriegseintritt der USA am 6. April 1917 befahl die Seekriegsleitung erneut den uneingeschränkten und somit rücksichtslosen U-Boot-Krieg.

Die von dem Eigner des LUSITANIA-Wracks, John Light, und der britischen Fernsehgesellschaft BBC im Sommer 1982 unternommenen Taucheinsätze dienten einer genauen Inspektion des Wracks. Die britischen Konstrukteure Barousom und Humphry hatten hierzu aus einer Aluminium-Magnesium Legierung Tiefseetauchanzüge entwickelt und diese in 700 m Tiefe getestet. Es sollen drei der vier bronzenen Schiffsschrauben, zwei über 20 t schwere Anker, ein Maschinentelegraph, Schiffsuhren und andere Ausrüstungen geborgen worden sein.

Luxusschiff, *Luxusyacht:* übermäßig ausgestattetes, meistens privates Fahrzeug für Luxusreisen und zur Repräsentation.

M

Magazinschiff: siehe *Kaufhausschiff*

Maierform-Schiff: von 1930 bis 1950 häufig gebautes Seeschiff mit einer vom Wiener Schiffbauingenieur Fritz Franz Maier schon 1902/05 in Modellversuchen getesteten Schiffskörperform, bei der durch über die Wasserlinie ausladene scharfe Vor- und Hinterschiffe mit V-förmigen Spantquerschnitten und kürzeren unteren Wasserlinien die wasserbenetzte Oberfläche vermindert, die Schiffsumströmung verbessert und der Widerstandszuwachs bei Seegang vermindert wurde.

Als erste Maierformschiffe wurden jedoch erst

Die »LUSITANIA«, Schwesterschiff der »MAURITANIA«, läuft aus

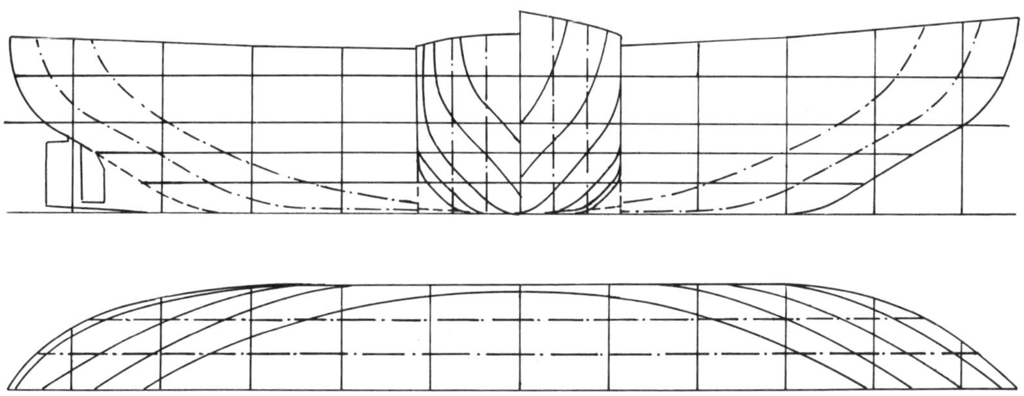

Die ursprüngliche Maierform mit V-förmigen Vor- und Hinterschiffsspanten, schrägem Vorsteven und großer Kimmschräge

Frachtdampfer »MALMÖ«, Baujahr 1919

1928 drei Fischdampfer gebaut, nachdem durch den Schiffbauingenieur Hans Karl Kloß von 1924 bis 1927 weitere Versuche zur praktischen Einführung durchgeführt und F. F. Maiers Sohn, Erich Maier, 1927 das Schiffsentwurfsbüro »Maierform GmbH« gegründet hatte. Nach den Entwürfen dieses in Bremen, Genf und Triest tätigen Büros wurden mehr als 6000 Schiffe gebaut, wobei die neueren Formen gegenüber dem ursprünglichen Patent von F. F. Maier hinsichtlich der Stevenkonturen und der Spantflächenverteilung systematisch weiter verbessert wurden. Mit der allgemeinen Einführung der Bug- und Heckwulste zu Beginn der zweiten Hälfte des 20. Jh. verlor die ursprüngliche Maierform an Bedeutung.

»MALMÖ«: kleiner deutscher Frachtdampfer mit Mittschiffs-Maschinenraum sowie Deckshaus und offener Brücke. Der Frachtdampfer wurde unter der Baunummer 500 auf der Werft H. C. Stülcken Sohn für die Bismarck-Linie GmbH in Hamburg gebaut und lief im April 1918 von Stapel. Als Dampfer »MALMÖ« der Oldenburg-Portugiesischen Dampfschiffsreederei konnte er im November 1919 mit 981 BRT und 468 NRT, 66,19 m Länge, 9,89 m Breite und 3,88 m Tiefgang in Dienst gestellt werden. Die ebenfalls von der Werft gebaute Dreifach-Expansionsmaschine leistete 589 kW (800 PSi) und gab dem Schiff eine Geschwindigkeit von 10 kn. Zwei Kessel mit einem Dampfdruck von 1,4 MPa (13 atü) erzeugten den Dampf.

Mammuttanker: siehe *Supertanker, Tanker, ULCC, VLCC*

»MANHATTAN«: Doppelschrauben-Turbinentanker der USA, der zum ersten eisbrechenden Tanker für die Nord-West-Passage nach Alaska umgebaut wurde. Der am 5. Oktober 1959 im Trockendock der Bethlehem Steel Co. in Quincy (Massachusetts) auf Kiel gelegte Tanker war das größte in den USA je gebaute Handelsschiff. Vom 2. bis 5. Januar 1962 machte er seine Probefahrt. Die Baukosten des durch 45 Ladetanks unterteilten Tankers von 106568 t DW erreichten über 28 Mill. Dollar. Bei einer Länge über Alles von 286,64 m und zwischen den Loten 271,88 m betrugen die Breite 40,23 m, die Seitenhöhe 20,57 m und der Tiefgang 15,05 m. Das Schiff fuhr mit 2 Satz zweistufigen Getriebeturbinen mit insgesamt 31650 kW (43000 PS Wellenleistung) bei 115 U/min der beiden fünfflügligen Propeller von 6,71 m Durchmesser etwa 18 kn.
Der Umbau zum eisbrechenden Tanker wurde 1969 vorgenommen. Den Anlaß zu diesem Unternehmen gaben die fündig gewordenen Ölbohrungen in der Prudhoe-Bucht und am Sag-River, von denen seit März 1968 eine Bohrung pro Tag 365 t Öl lieferte, das 164fache einer Durchschnittsbohrung im Golf von Mexico. Geologen schätzten die entdeckten Ölvorkommen im Norden Alaskas um das Gebiet des North Slope auf etwa 4 bis 5 Mrd. Tonnen. Die Möglichkeit des Abtransports mit Tankschiffen durch die Nordwest-Passage sollte untersucht werden. Auftraggeber für dieses Projekt war die Humble Oil and Refining Company, eine Schwestergesellschaft der Esso AG. Als ein für den Umbau zur Eisfahrt

Der Turbinentanker »MANHATTAN« 1962 in Fahrt

Frachter »MARIE GARTZ« für die Nord- und Ostseefahrt, Baujahr 1901

geeignetes Schiff entschied man sich für den seinerzeit größten Tanker der USA, die »MANHATTAN«. Das Schiff erhielt einen Eisbrecherbug, Verstärkungen der Außenhaut, Eisschutzschilde für Ruder und Schrauben für die Eisfahrt. Es wurde um 20 m auf 306,5 m verlängert und um 4 m auf 44,40 m verbreitert. Bei den Umbauten kamen 9000 t Stahl zusätzlich in das Schiff. Zur Besatzung gehörten ein Projektleiter, 3 Kapitäne sowie 55 Offiziere, Unteroffiziere und Mannschaften. Mit 72 Wissenschaftlern, Technikern, Hubschrauberpiloten, Beobachtern, Journalisten und Fernsehleuten an Bord trat die »MANHATTAN« am 24. August 1969 ihre Reise von Philadelphia aus an und fuhr nordwärts. Im Eis wurde es von 2 Eisbrechern begleitet. Am 11. September traf die »MANHATTAN« im schwierigsten Teil der Nordwest-Passage ein, der Mac-Clure Straße. Die Durchfahrt sollte erzwungen werden, doch der Tanker mußte nach Süden ausweichen und wie die »LABRADOR« 1954 durch die Prince of Wales-Straße fahren. Am 20. September wurde das Reiseziel vor Point Barrow erreicht. Auf der Rückfahrt lief das Schiff mehrmals in starkem Packeis fest und konnte sich nur mit Hilfe der begleitenden Eisbrecher »JOHN MAC DONALD« und »LOUIS ST. LAURENT« befreien. Am 13. November 1969 machte die »MANHATTAN« wieder in New York fest.

»MARIE GARTZ«: kleiner Frachtdampfer für die Nord- und Ostseefahrt um die Jahrhundertwende. Das 1901 auf der Werft »Schömer und Jensen« in Tönning (Schleswig) aus Stahl gebaute Schiff zeigt das für diese Zeit bei kleinen Frachtern typische niedrige Mittschiffs über der Maschine liegende Deckshaus mit der darauf befindlichen offenen Brücke. Es war mit 565 NRT vermessen und fuhr ab 1911 für den Rostocker Reeder F. W. Fischer.

Marinefährprahm, *MFP:* flachbodiger, pontonartiger Transportprahm der Kriegsmarine im zweiten Weltkrieg. Er wurde für Transport-, Geleit- und Sicherungsaufgaben auf allen europäischen Seekriegsschauplätzen eingesetzt und diente in einigen Variationen auch als Tanker, Verwundetentransporter, Sperrbrecher und Minenleger. Der Marinefährprahm war ursprünglich nur als Landungsfahrzeug konzipiert und gebaut worden. Als größere Landungsunternehmen nicht stattfanden, wurden sie auch für die weiter genannten Aufgaben eingesetzt. Eine Bugklapprampe gestattete das Be- und Entladen an flachen Stränden. Das Deplacement lag bei 200···240 t, die Zuladung bei 140 t und die Geschwindigkeit bei 10,5 kn. Zur Standardbewaffnung gehörten ein 7,5-cm-Geschütz und eine 2-cm-Flak.
Eine spezielle Variante war der Artillerieprahm (AFP) für den Einsatz als Geleit- und Sicherungsfahrzeug. Das Deplacement lag zwischen 300 und 380 t. Die Bewaffnung bestand aus 2×8,8-cm-Geschützen, einer 3,7-cm-Kanone,

2×2-cm-Vierlingsflak und einem 15-mm-Flak-MG. Der Steuerstand sowie einige Geschützstände hatten einen 100 mm starken Splitterschutz aus Beton, während die Wasserlinie durch 20 mm starke Stahlplatten geschützt war. Zur Besatzung gehörten etwa 65 Mann. Mit einer Antriebsleistung von 287 kW und 3 Schrauben fuhren Artilleriefährprahme 8···10 kn. Der überwiegende Teil aller Fahrzeuge wurde bei Kampfhandlungen versenkt, andere wurden nach 1945 als Arbeitspontons genutzt oder verschrottet.

Marinekutter, *Marine-Fischkutter, Kriegsfischkutter:* ein für den küstennahen Einsatz besonders in der deutschen Kriegsmarine modifizierter *Kutter* bzw. *Fischkutter*. Um im Krieg den Bedarf an Frischfisch für die Bevölkerung zumindest teilweise zu sichern, drängte die deutsche Marineführung vor dem zweiten Weltkrieg auf den Bau von Holzkuttern, die einerseits zum Fischfang geeignet waren, aber auch innerhalb kürzester Frist für den Marinedienst umgerüstet und als Wachfahrzeug (Hafenwachboote, Sicherungsboote) eingesetzt werden sollten.
Schon 1936/37 wurden deshalb im Auftrag der »Reichsanstalt für Fischerei« bei der »Maierform AG« in Bremen unter der Leitung von Dr. Walter Brühl Projekte für 7 Kuttertypen (Typ A-G) ausgearbeitet, von denen sich der Kuttertyp »G« mit einer Länge von 22···24 m besonders eignete. Er wurde danach in größeren Stückzahlen gebaut und bei Kriegsausbruch sofort von der Kriegsmarine übernommen. Zwischen 1940 und 1945 wurden auf verschiedenen deutschen Werften, in den okkupierten Gebieten und im Ausland etwa 600 solcher Kutter fertiggestellt, die als Kriegsfischkutter (KFK) bekannt wurden. Sie waren über Alles 24 m und zwischen den Loten 20,57 m lang, 6,25 m breit und hatten bei einer Seitenhöhe von 3,00 m einen mittleren Tiefgang von 2,11 m. Das Deplacement betrug 119 t. Als Antrieb diente ein Dieselmotor mit einer Leistung von 127,7 kW. Die Standardbewaffnung bestand aus einem 3,7-cm-Geschütz und bis zu vier 2-cm-Flakgeschützen. Ein Teil dieser Kutter waren noch bis weit nach 1945 in modernisierter Form in der Ost- und Nordsee beim Fischfang anzutreffen.

Mariner-Schiffstyp: schneller *Standard-Schiffstyp* der USA, der in größerer Anzahl für die selbständige Fahrt außerhalb von Konvois als Nachfolgetyp der C_3-Klasse im zweiten Weltkrieg gebaut wurde, siehe auch *Liberty-Schiffstyp*. Das als Shelterdecker ausgelegte Einschraubenschiff hatte 13400 t Tragfähigkeit, eine Hochdruck- und Niederdruckturbine mit insgesamt 12880 kW (17500 PS) Leistung und fuhr 18 kn. Der Tageskohleverbrauch lag bei durchschnittlich 65 t.

»MARS«: deutsches Artillerieschulschiff. Das um 3350 t große Schiff lief am 15. November 1879 auf der Kaiserlichen Werft in Wilhelmshaven von Stapel. Es war über Alles 81 m und zwischen den Loten 80 m lang, 15 m breit und hatte einen Leichttiefgang von 5,30 m und ging voll gebunkert maximal 5,92 m tief. Die Besatzung bzw. Belegungszahl belief sich auf 350···463 Mann. Zwei Maschinen mit einer Gesamtleistung von 1472 kW (2000 PSi) gaben dem Schiff eine Geschwindigkeit von 11 kn. Mit einem maximalen Kohlevorrat von 300 t konnten bei 10 kn 1100 Seemeilen und bei 7 kn 1780 Seemeilen gefahren werden. Als Artillerieschulschiff besaß das Schiff eine ständig wechselnde Bewaffnung, so u. a. 26 Geschütze bzw. 24 Geschütze verschiedenen Kalibers und 12 leichte Geschütze. Als eine Standardbewaffnung waren 2×10,5-cm-, 10×8,8-cm- und 12×5,2-cm-Geschütze an Bord. Das Schiff diente bis 1914 als Schulschiff, war dann Wohnhulk und wurde 1921 abgewrackt.

Deutsches Artillerie-Schulschiff »MARS« (1879 bis 1921)

»MARSCHALL BUDJONNY«, kombinierter 105000-t-DW-Öl/Schüttgut/Erzfrachter

»MARSCHALL BUDJONNY«: kombinierter Großfrachter der UdSSR für Öl, Schüttgüter und Erze. Die »MARSCHALL BUDJONNY« wurde 1975 als Typschiff einer Serie von 4 gleichgroßen OBO-Transportern (Oil-Bulk-Ore) in Dienst gestellt, die auf der Werft »Pariser Kommune« in Gdynia von 1974 bis 1977 für die Sowjetunion gebaut wurden. Der den Namen des »roten Reitergenerals« tragende 105000-t DW-Frachter war sowohl für Polens Schiffbau als auch für die sowjetische Handelsflotte das erste Schiff mit einer Tragfähigkeit von über 100000 t. Das Schiff ist über Alles 245,0 m lang, 38,7 m breit, geht bei 105000 t DW 16,0 m tief und hat eine Höhe bis Oberdeck von 22,0 m. Die Besatzung besteht aus 50 Mann.
Als Hauptantrieb dient ein Dieselmotor mit einer Leistung von 17075 kW (23200 PS), mit dem das Schiff eine Dienstgeschwindigkeit von 16 kn

Die »MAURETANIA« im Dock, Heckansicht

Die »TURBINIA« neben der »MAURETANIA«, beide machten Geschichte in der Entwicklung des Turbinenschiffs

erreicht. Der Aktionsradius wird mit 20000 bis 25000 Seemeilen angegeben. Die 9 Laderäume haben ein Frachtraumvolumen von 107600 m^3. Die Ballast-Tanks können 39000 m^3 Wasser aufnehmen. Beim Einsatz als Tanker gewährleistet das Pumpensystem eine stündliche Lade- und Löschleistung von 4000 m^3. In Häfen, die dem Frachter nicht den vollen Tiefgang ermöglichen, kann das Schiff bei 14,5 m Tiefgang noch 92000 t laden.

Massengut-Frachtschiff: siehe *Bulker*

Maßkahn: siehe *Motorgüterschiff*

»MAURETANIA«: berühmtes britisches Turbinen-Passagierschiff. Auf dem Nordatlantik hatte der Kampf um das »Blaue Band« einen neuen Höhepunkt zwischen den führenden Reedereien erreicht, als die Cunard Steam Ship Company 1906 auf der Werft von Swan, Hunter and Wigham Richardson Ltd. in Wallsend upon Tyne die 31550 BRT große »MAURETANIA« auf Kiel legen ließ. Die »MAURIE«, wie sie von den Briten liebevoll genannt wurde, sorgte dann auch bald für Schlagzeilen. Das Schiff war 232,00 m lang, 26,80 m breit und hatte bei einer Seitenhöhe von 18,40 m einen Tiefgang von 10,20 m. Mit einer Besatzung von 812 Mann bot es 2165 Passagieren und später sogar 2335 Passagieren Platz. 4 Turbinensätze mit einer Leistung von insgesamt 50048 kW bis max. 52200 kW (68000 PS bis 70925 PS) trieben die 4 Schrauben an. Die Jungfernfahrt war am 16. November 1907.
Als das Schiff am 22. November 1907 erstmals in New York festmachte, hatte es mit einer Geschwindigkeit von 23,61 kn bereits auf der ersten Fahrt das »Blaue Band« errungen, das es 22 Jahre lang behalten sollte. 1909 erreichte es nach Erhöhung des Kesseldrucks sogar die Geschwindigkeit von 25,88 kn.
Die »MAURETANIA« besaß noch einen direkten Turbinen-Propellerantrieb mit gleicher Drehzahl, da Untersetzungsgetriebe dieser Größe seinerzeit noch nicht gefertigt werden konnten. Die maximale Turbinenleistung konnte mit den ersten Propellern noch nicht voll genutzt werden. Man rüstete daher das Schiff mit veränderten Propellern aus und stellte außerdem die Kesselfeuerung auf Ölfeuerung um. Nach diesen Veränderungen erreichte die »MAURETANIA« dann 1929 ihre Höchstgeschwindigkeit von 27,22 kn. Außer Dienst gestellt wurde dieses bewährte und fast legendäre große Schiff erst im Oktober 1931.

»MECKLENBURG«: deutsches Eisenbahnfährschiff. Als im Jahr 1886 die durchgehende Bahnverbindung zwischen Berlin und Warnemünde hergestellt war, bestand auch in Dänemark eine Bahnverbindung zwischen Kopenhagen und Gedser. Für den Transport von Eisenbahnwagen auf dem Wasserwege fehlten aber noch wesentliche Voraussetzungen. Zunächst begann ab 26. Juni 1886 ein herkömmlicher Postdampferverkehr. Schließlich kam am 9. Dezember 1900 eine Vereinbarung zustande, eine Trajektroute einzurichten und die Fährschiffe und die Fähranlagen zu bauen. Am 30. September 1903 fanden dann die Eröffnungsfeierlichkeiten statt. Die Reisezeit zwischen Berlin und Kopenhagen ver-

Die »MECKLENBURG« im Originalzustand 1903 in Fahrt

Die »MECKLENBURG« nach dem Umbau 1930

kürzte sich gegenüber der Postraddampferlinie von 12 auf 10 Stunden.
Als oberstes Organ der »Mecklenburgischen Friedrich-Franz-Eisenbahn« hatte die »Großherzoglich Mecklenburgische General-Eisenbahndirektion« in Schwerin zu diesem Zweck bei der Werft von F. Schichau in Elbing die Eisenbahnfähren »FRIEDRICH FRANZ IV« und »MECKLENBURG« in Auftrag gegeben.
Die »MECKLENBURG« lief am 4. April 1903 von Stapel und wurde zu den Eröffnungsfeierlichkeiten in Dienst gestellt. Die Baukosten beliefen sich auf 0,9 Mill. Mark. Das Fährschiff war 86 m lang, 14 m breit und über Scheuerleisten war es 17,70 m breit, besaß eine Seitenhöhe von 7,00 m und einen Tiefgang von 4,12 m. Bei einem Deplacement von 2100 t war es mit 1210 BRT und 532 NRT vermessen. An Deck befanden sich 2 Gleise von insgesamt 125 m Länge für den Transport von 15 Güterwagen, wogegen die »FRIEDRICH FRANZ IV« mehr für die Beförderung von Passagieren eingerichtet war.
Mit der Dampfmaschinenleistung von 1840 kW (2500 PSi) fuhr die Fähre 13,4 kn. Im Jahr 1924 wurde die Fähre umgebaut, wobei sie einen zweiten Schornstein erhielt, um auf dem Gleisdeck mehr Platz zu schaffen. Etwa 1935/36 war nochmals eine Modernisierung. Die »MECKLENBURG« fuhr bis 1945 und wurde 1946 noch als Reparationsleistung abgeliefert und erst 1958 in Gdansk abgewrackt.

Meeresboden-Fahrzeug: schwimmfähiges und fahrbares Gerät zur Erforschung des Meeresbodens oder für die Ausführung von Arbeiten auf dem Meeresgrund. Zu den ersten gebauten Unterwasserfahrzeugen, die auf dem Meeresgrund fahren sollten, gehört u. a. das 1910 in den USA mit 4 ausschwenkbaren Rädern gebaute »Lake«-U-Boot. Seit der Mitte des 20. Jh. wurden verschiedene Typen von Meeresbodenfahrzeugen gebaut, die auch als »Sea Bed Vehicles«, Meeresboden-Trecker oder Bodengerät bezeichnet werden. Die Mehrzahl dieser Fahrzeuge wird von Basisschiffen über Kabel ferngelenkt und in mäßigen Wassertiefen zur Wrackbergung, Schürfen von Mineralien und Erzen, wie Manganknollen, Verlegen von Rohrleitungen oder für Unterwasserarbeiten eingesetzt.
Andere Fahrzeuge können durch Taucher gesteuert werden und wieder andere haben einen druckfesten Aufenthaltsraum zur Bedienung, wie ein von der britischen Fa. Cammellaird & Co. für maximal 180 m Tiefe gebauter Unterwasser-Traktor. Das Fahrzeug hat eine Masse von 40 t, ist 15 m lang und fährt auf dem Grund 2,5 km/Std. Die Mannschaft gelangt über Schleusen in das durch Kabel mit dem Mutterschiff verbundene Gerät.

Mehrdeckschiff: Im Unterschied zu Schiffstypen mit einem Deck wie *Bulker* oder *Containerschiff* haben Mehrdeckschiffstypen mehrere Ladungsdecks. So haben das *Stückgutfrachtschiff* oder das *Ro/Ro-Schiff* i. allg. ein oder mehrere Zwischendecks wegen der erforderlichen Separierbarkeit der Stückgüter bzw. der erforderlichen Stellflächen. *Kühlschiffe* brauchen mehrere Decks, da Kühlgüter nur begrenzt stapelbar sind. *Fahrgastschiffe* und *Autotransporter* benötigen besonders viele Decks für die Fahrgast- und Aufenthaltsräume bzw. Autostellflächen.

Mehrzweckschiff für Stückgüter, Container und rollende Ladung

Mehrrumpfschiff: siehe *Katamaran* und *Trimaran*

Mehrschraubenschiff: Schiff mit mehr als einer Schraube. Wegen des günstigen Propulsionsgütegrads wird bei modernen Schiffstypen der Einschrauber bevorzugt. Das *Fährschiff* und das *Binnenschiff* für die Flußschiffahrt werden jedoch häufig ebenso wie verschiedene Kriegsschiffstypen wegen der besseren Manövrierfähigkeit als Zweischrauber gebaut. Die früheren großen und schnellen Fahrgastschiffe waren vorwiegend Drei- und Vierschrauber. Die größte Schraubenanzahl mit einzeln angetriebenen Propellerwellen hatten die *»Popowka«* mit 6 Schrauben, siehe *»NOWGOROD«*.

Mehrzweck-Frachtschiff, *Multicarrier, Multipurpose vessel:* Frachtschiff für verschiedene Arten von Stückgut- und Schüttgutladungen, seltener kombiniert für Trocken- und Flüssigladung, siehe auch *Oil-ore-carrier.* Zu den häufigsten Mehrzweck-Frachtschiffen gehören Semicontainerschiffe für universelles Stückgut und Container, Massengutschiffe *(Bulker)* für den Containertransport ohne Laderaumstaugerüste sowie neuerdings *Lo/Ro-Schiffe* für den vertikalen und rollenden Umschlag. Siehe auch *OBC*-Mehrzweckschiff für Erz, Schüttgut und Container sowie *»MONSUN«* und *»OZEAN«*.

Melassetanker: ein spezieller *Tanker* zum Transport der dicken und zähflüssigen Rückstände aus der Zuckerindustrie.

»MERKUR II«: Containerschiffsserie des VEB Warnowwerft, Rostock. Als Weiterentwicklung der Schiffsserie »MERKUR I« wurde 1982 vom VEB Warnowwerft für die Seeflotte der UdSSR das erste Schiff der Serie Vollcontainerschiff Typ Mercur II »KAPITÄN GAVRILOW« gebaut. Es ist

Containerschiff 1000 TEU aus der Schiffsserie »MERCUR II« des VEB Warnowwerft Warnemünde

ausschließlich für den Transport von 20- und 40-Fuß-ISO-Containern und für den unbegrenzten Einsatz mit einem extrem hohen Aktionsradius ausgelegt. Die in der Relation Europa–Fernost eingesetzten Schiffe haben eine auf die Hauptabmessungen bezogene hohe Stellkapazität. Im praktischen Einsatz können bis zu 1084 Container gestaut werden.
Das Schiff ist über Alles 173,90 m und zwischen den Loten 163,57 m lang, 24,40 m auf den Spanten breit; es hat bei einer Seitenhöhe von 15,90 m einen Tiefgang von 9,82 m und ist mit 17845 BRT vermessen. Die Tragfähigkeit beträgt 16030 t. In den überwiegend mit Ponton-Doppelluken (12,96 m×10,73 m) abgeschlossenen 5 Laderäumen können 536 TEU in 6 Lagen und 8 Reihen gestaut werden. Die Flexibilität hinsichtlich Containerabmessungen im Bereich der Luken 1 bis 3 ermöglicht, sowohl 20 ft- als auch 40 ft-Container in allen Höhen zwischen 8 ft und $9\frac{1}{2}$ ft zu stauen. An Deck werden die Container in 3 Lagen und eine vierte Lage Leercontainer gefahren. 100 Containerstellplätze haben einen Kühlanschluß. An Deck befinden sich über Leitern erreichbare Podeste, die einen sicheren Zugang zu den gestauten Containern gestatten. Hinter dem Brückenaufbau wurde eine Zellkonstruktion für die Deckscontainer installiert.
Besatzungsunterkünfte sind für 35 Mann sowie zusätzliche 12 Unterbringungsmöglichkeiten vorhanden. Der Hauptantrieb besteht aus einem Dieselmotor des Dieselmotorenwerks Brjansk (UdSSR), einer Lizenz von Burmeister & Wain vom Typ 9 DKRN 80/160-4, mit einer Leistung von 15882 kW (21600 PS), mit dem das Einschraubenschiff eine Geschwindigkeit von 21 kn erreicht. Der Aktionsradius ist außergewöhnlich hoch und beträgt 21000 Seemeilen.

»MERRIMAC«: gepanzerte schwimmende Batterie der Konföderation der USA-Südstaaten, mit der *»MONITOR«* das erste Panzerschiff. Die »MERRIMAC« wurde im nordamerikanischen Sezessionskrieg als schwimmende Panzerbatterie eingesetzt. Als sich die Unionstruppen im April 1861 aus Norfolk zurückziehen mußten, verbrannten und versenkten sie die im Hafen von Gosport liegenden Schiffe einschließlich der »MERRIMAC«.
Die Konföderierten bargen das 1855 als Dampffregatte gebaute Schiff, schnitten alle angebrannten Decksteile und Aufbauten herunter und errichteten eine geschlossene Kasematte aus Eichenbohlen, die mit Eisenplatten und Eisenbahnschienen geschützt wurde. Die 7 engl. Fuß über Deck ragende, gepanzerte Kasematte war 170 Fuß lang, und die Panzerung reichte 2 Fuß unter die Wasserlinie. Die um 45° geneigten Seiten der Kasematte waren durch 20zölliges Fichtenholz, darüber 4zölliges Eichenholz und darauf kreuzweise befestigten Eisenbahnschienen geschützt. Das Schiff hatte keine Masten, sondern nur einen Flaggenstock und den Schornstein, der aus dem Deck herausragte. Auch der Bug wurde verstärkt und bekam nahe der Wasserlinie eine gußeiserne Ramme. Die Bewaffnung bestand aus sechs 23-cm-Vorderladern, zwei gezogenen 16,3-cm- und zwei glatten 17,8-cm-Vorderladern. Es wäre dieser Panzerbatterie sogar möglich gewesen, Washington anzugreifen.

Das Panzerschiff »MERRIMAC« unter Dampf

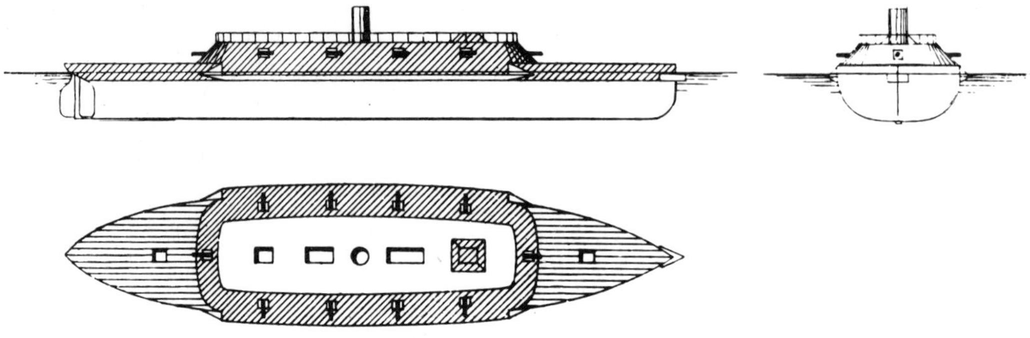

Panzerung und Geschütze der »MERRIMAC«

Am 9. März 1862 kam es zum ersten Panzerschiffs-Gefecht der Geschichte zwischen dem *»MONITOR«* und der *»MERRIMAC«*. Nach stundenlangem Geschützfeuer mußte die »MERRIMAC« schließlich beschädigt das Gefecht beenden. Die »MERRIMAC« hatte noch entscheidende Mängel. Sie hatte als Antrieb die alte störanfällige Dampfmaschine, sie benötigte wegen ihres großen Tiefgangs von 7 m tiefes Fahrwasser und sie war schwerfällig, so daß sie für einen vollen Drehkreis etwa 30 Min. brauchte.
Am 7. Mai 1862 standen sich beide Schiffe erneut gegenüber, doch keines der beiden Schiffe gab einen Schuß ab. Nach der erneuten Einnahme von Norfolk durch die Unionstruppen wurde das Schiff von der Besatzung in Brand gesteckt und versenkt.

Mesoskaph: Tauchboot für mittlere Tauchtiefen (meso, mittel und scapa, Boot), siehe *Bathyplane*, *Bathyscaph*.

Midget-U-Boot: siehe *Kleinst-U-Boot*

Minendampfer: nach der Erfindung der eigentlichen Seemine, anfangs noch »Torpedo« genannt, benötigte man Fahrzeuge, um sie an den Einsatzort zu bringen. Die noch von Land aus zu zündenden Minen, die untereinander durch Kabel verbunden waren, wurden mit kleinen seegehenden Fahrzeugen transportiert und am Einsatzort über Bord geworfen. Die später verwendeten Ankertau-Minen verlangten wegen ihrer größeren Masse schon entsprechende Decks mit sog. »Minenschienen« und ein freies Heck für den Minenabwurf.
Die Minen wurden im feindlichen Gewässer verstreut, für Minendampfer gab es daher auch die Bezeichnung »Streu-Minenleger«. Für diese Aufgaben setzte man zu Beginn des ersten Weltkriegs auch Bäderdampfer, Minenprahme und sogar Eisenbahnfähren ein. Auch Torpedoboote und Zerstörer besaßen Einrichtungen zur Mitnahme von Minen. Anstelle der wahllos gelegten Minen erwiesen sich die nach System gelegten Minensperren wirkungsvoller. Diese Aufgabe übernahmen besonders konstruierte Minenleger mit Unterstützung der Minendampfer, Hilfsminenleger, Minentransporter und anderer ähnlicher Typen, siehe auch *MLR-Schiff*.

Minen-Dampfkutter: ein Vortyp des späteren *Torpedoboots*. Er wurde erstmals im russisch-türkischen Krieg (1877/78) von russischer Seite in größerer Zahl eingesetzt. Die Minen wurden an Stangen (Spieren) vor dem Dampfkutter gefahren und am Ziel durch Berührung mit dem feindlichen Schiff gezündet. Anfänglich bezeichnete man auch See-Sprengkörper als Minen und unterschied noch nicht zum Torpedo, und so waren später auch die Begriffe »Torpedo-Kutter« oder »Spierentorpedoboot« in Gebrauch. Mit der Entwicklung und Einführung des selbstangetriebenen Torpedos durch Robert Whitehead entfiel die Spiere und die Gefechtsentfernung wurde größer, es entstand als neuer Träger das *Torpedoboot*.

Mississippi-Dampfer: großer Seitenrad- oder Heckraddampfer. Bereits 1811 war die »NEW ORLEANS« der erste Schaufelrad-Dampfer auf dem Mississippi und 1816 folgte die »GEORGE WASHINGTON«. Sie hatte schon 2 Decks mit einer verzierten Reling und reichverzierte Balustraden und wurde zum Vorbild für die vielen späteren amerikanischen Flußdampfer, die durch ihre charakteristische Konstruktion bekannt wurden und auf fast allen größeren amerikanischen Flüssen fuhren.
Einer der größten und elegantesten Seitenraddampfer war die »NATCHEZ«. Der flachgehende Schiffskörper mit ebenem Boden war 93,6 m lang und 13,1 m breit. Der Dampfer fuhr für die »Vicksburg Natchez and New Orleans Mail Line« und nahm den Titel »Schnellstes Schiff auf dem Strom« für sich in Anspruch. In einem großen Rennen ging dieser Titel jedoch 1870 an die »ROBERT E. LEE«, die für die Reise flußauf-

wärts v ... eans bis St. Louis nur 3 Tage,
18 St ... ätigte. Bei solchem Ren-
nen ... Um bei Flußkrüm-
m ... zu kommen,
v ... Dunkel-
... uszuschal-
... und Verletzte.
... te herausgeholt,
... Holz wurde in Men-
... sionen waren in der
... ereigneten sich auf dem
... Monat 9 schwere Kesselex-
... 99 Menschen getötet und 6
... ein auf dem Mississippi-
... UR« gab es bei einer Kes-
... Der Dampfer wurde aus-
..., der Rest brannte aus.
... ng des Eisenbahnverkehrs verlor
... er im Passagierverkehr an Bedeu-
... chtverkehr war er jedoch noch lange
dom... d. Begegnungen im engen Fahrwasser und vor allem die im Fluß treibenden Baumstämme und sonstige Hindernisse führten häufig zu Beschädigungen an den Schaufelrädern. Um die Schäden zu vermeiden, ging man zum Heckrad über, das durch seine Breite und Anordnung hinter dem Schiff auch noch einen etwas besseren Wirkungsgrad brachte. Das Heckschaufelrad fand danach auch in Europa u. a. auf der oberen Elbe und der Oder begrenzte Verbreitung. Vereinzelt sind heute wieder einige Mississippi-Dampfer mit Heckrad zur Traditionspflege in Fahrt oder werden als Museumsschiffe erhalten.

Ein typischer flachgehender Mississippi-Dampfer mit Schaufelrädern, hohen Schornsteinen und zwei Aufbaudecks

MLR-Schiff: Abkürzung für Minenleg- und Räumschiff der DDR-Volksmarine. Die Räumung von Minensperren, die während der beiden Weltkriege in großer Zahl vor den eigenen und den feindlichen Küsten gelegt wurden, erforderte einen speziellen Schiffstyp zur Minensuche für den Hochsee-Einsatz und zum Minenräumen in Küstennähe. Ein Vorläufer des MLR, das flachgehende, leicht bewaffnete Minensuchboot des zweiten Weltkriegs besaß Einrichtungen zur Minensuche, wie eine Bugspiere mit Ottern für den Eigenschutz und eine Räumwinde auf dem Achterdeck mit Ottern zum Durchschneiden der Ankertaue der Minen. Die Minen wurden nach dem Aufschwimmen abgeschossen. Außerdem gab es kleinere, aus Holz gebaute Räumboote für den küstennahen Einsatz.
Die akustischen und magnetischen Minen des zweiten Weltkriegs erforderten zusätzliche Mineneigenschutz-Anlagen oder antimagnetische Baustoffe für das MLR-Schiff. In größeren Flotten unterscheidet man die Typen Minenleger und Minensucher. Die Volksmarine der DDR fährt die kombinierten Schiffstypen MLR (Minenleg- und Räumschiff) und MSR (Minensuch- und Räumschiff), die entsprechend den geografischen Gegebenheiten und Aufgaben ausgerüstet sind.

Deutsche Minensuchboote des zweiten Weltkriegs

Mitteltrawler Typ »OCEAN« aus den 50er Jahren aus der Volkswerft Stralsund

Mitteltrawler: Bezeichnung für *Trawler* der Hochseefischerei, die noch vor der Entwicklung der Heckfangtechnik etwa ab 1952 bis 1962 in großer Stückzahl als Seitenfänger mit Dieselmotorenantrieb für die Schleppnetz-Fischerei gebaut wurden.
So baute die Spezialwerft für Fischereifahrzeuge der DDR, die Volkswerft Stralsund, von 1957 bis

Auxiliaryacht »MODWENA« mit 147 kW (200 PS) Gardner-Petroleummotor

Gardner-Schiffsmotor Typ 4 TP

1962 insgesamt 171 Mitteltrawler vom Typ »OCEAN« mit einer Länge über Alles von 50,80 m und zwischen den Loten 44,35 m, Deplacement 750 t, Laderauminhalt 182 m^3 für 125 t Ladung, Antriebsleistung 588 kW (800 PS) und 11 kn Freifahrtgeschwindigkeit. Der Mitteltrawler fuhr mit 26 Mann Besatzung. Der Fang wurde an Bord sortiert und in Fässern im gekühlten Laderaum gestaut.

»MODWENA«: eine als Dreimastbark getakelte Segelyacht mit Petroleum-Hilfsmotor aus der Zeit kurz nach der Jahrhundertwende. Die aus dem englischen stammende Bezeichnung »AUXILIAR« nimmt bezug auf die Maschine als Hilfsantrieb, um sich mit einem Hilfsmotor vom Wind unabhängiger zu machen. Als Auxiliar-Schiffe bezeichnete man dementsprechend auch große Tiefwassersegler, die Dampfmaschinen, Petroleummotoren bzw. Glühkopfmotoren oder erste Dieselmotoren als Hilfsantriebsmaschinen hatten.

»MONITOR«: Kriegsschiff der Nordstaaten der USA im nordamerikanischen Bürgerkrieg (1861/65) und erstes Panzerschiff der Welt mit einem gepanzerten drehbaren Geschützturm. Im Unterschied zur *»MERRIMAC«* der Südstaaten entstand die »MONITOR« nicht durch Umbau einer Dampffregatte sondern wurde in der Greenpoint-Werft der Continental Iron Works in Brooklyn/New York nach Plänen des schwedischen Ingenieurs JOHN ERICSSON in 100 Tagen neu gebaut.
Das am 30. Januar 1862 von Stapel gelaufene Schiff konnte am 6. März 1862 ins Schlepptau genommen und nach Hampton Roads an der Mündung der Chesapeake Bay geschleppt werden, wo es am 8. März in den Abendstunden eintraf. Am 9. März kam es dann zum ersten Panzerschiffs-Gefecht in der Geschichte, bei dem die »MERRIMAC« schließlich aufgab.
Die Verbindung von Dampfantrieb, Panzerschutz und drehbaren Panzertürmen bestimmte die künftige Entwicklung im Kriegsschiffbau. Die »MONITOR« hatte ein Deplacement von 987 ts, war 52,4 m lang, 12,0 m breit und hatte nur 0,60 m Freibord, so daß sie dem Gegner mit einem niedrigen Überwasserschiff eine kleine Trefferfläche bot. Der Tiefgang betrug nur 3,30 m. Die Schiffseiten waren am Deck beginnend mit einem Gürtelpanzer aus 1,52 m breiten und 25 mm starken Eisenplatten in 5 übereinanderliegenden Lagen und das Deck durch 2 Lagen 25 mm Platten geschützt. Im drehbaren Geschützturm von 6 m Durchmesser standen nebeneinander zwei 28-cm-Dahlgreen-Kanonen. Der Geschützturm hatte 8 Lagen der 25 mm starken Platten. Während die »MERRIMAC« 15 Min. brauchte, konnte die »MONITOR« alle 7 Min. feuern.
Am 29. Dezember 1862 wurde die »MONITOR« vom Nordstaaten-Schleppdampfer »RHODE ISLAND« in Schlepp genommen, um nach Beaufort, North Carolina, gebracht zu werden. Der Schleppzug wurde am 31. Dezember 1862 bei Kap Hatteras von einem Sturm überrascht. Es brach eine Schleppleine, Wasser drang in den Maschinenraum und die Pumpen fielen aus. Die »MONITOR« sank am 31. Dezember 1862 gegen 13.00 Uhr 25 Seemeilen südlich des Kaps in 64 m Tiefe. Von den 53 Mann Besatzung fanden 16 Mann beim Untergang den Tod.

Monitor: schwimmende Batterie bzw. Träger schwerer Artillerie für den Einsatz auf Flüssen und im Küstenvorfeld. Der erste Monitor war das Werk des nach Amerika ausgewanderten Schweden JOHN ERICSSON; siehe auch *Schraubenschiff*. Er wollte ein »unbezwingbares« Kriegsschiff mit Dampfantrieb und drehbaren Geschützen schweren Kalibers schaffen. Sein *»MONITOR«* leitete 1862 die Entwicklung des *Panzerschiffs* und die Suche nach dem besten Kompromiß zwischen dem Panzerschutz und der Schlagkraft von Panzerschiffen ein. ERICSSON hatte frühzeitig die Vorzüge des drehbaren Geschützturms gegenüber der klassischen Breitseitaufstellung der Schiffsartillerie erkannt. Bis zum Ende des amerikanischen Bürgerkriegs wurden von der Nordstaaten-Union noch weitere 50 Monitor-Panzerschiffe mit einem

Die 1862 in Brocklyn/New York gebaute gepanzerte »MONITOR« hatte statt der seinerzeit üblichen Kasematte als erstes Kriegsschiff einen drehbaren Geschützturm

bzw. 2 Türmen in Bau gegeben, die jedoch nicht mehr alle fertig wurden. Ein großer seegehender Einturm-Monitor dampfte sogar von New York nach Britannien und von dort nach Rußland. In St. Petersburg hatte der Bau von Monitoren bereits begonnen und auch Schweden und Norwegen legten in der Folgezeit je 3 eintürmige Monitore auf Stapel.
Wegen der mangelnden Hochsee-Eigenschaften waren diese Monitore aber nur bei Marinen mit Defensivaufgaben in flachen Küstengewässern von Interesse. Britannien und Frankreich bauten für Kolonien und Drittländer verschiedene Typen und Österreich/Ungarn und Rußland schufen sich Monitore zum Einsatz auf Flüssen.
Aus dem Brustwehr-Monitor für die Hochseeverwendung gingen in der Folgezeit dann die Linienschiffe fast aller Nationen hervor. Erst 1914 entstanden in England verschiedene Serien seegängiger Monitore für den Küstenkrieg an der flandrischen und palästinensischen Küste, für den Adria-Raum und für die Dardanellen-Unternehmungen, wo große Schiffe nicht eingesetzt werden konnten oder ihr Einsatz mit einem zu hohen Risiko verbunden war. Die größten dieser Monitore waren »EREBUS« und »TERROR«, die 1916 in Dienst gestellt wurden. Mit 123,44 m Länge über Alles und 115,82 m zwischen den Loten; 26,82 m Breite und 3,35 m Tiefgang, 8000 t Verdrängung und 2 × 3000 PSi (2 × 2208 kW) für 12 kn Geschwindigkeit entsprachen sie schon eher *Küstenpanzerschiffen*. Die Bewaffnung bestand aus einem 38,1-cm-Zwillingsturm, 8 × 10,2-cm-Geschützen sowie 2 × 7,6-cm- und 2 × 3,7-cm-Flak sowie Torpedorohren. Die Panzerdicke betrug 33 cm. Beide Schiffe gehörten zur berühmten »Dover Patrol«. Während der westalliierten Invasion im Juni 1944 beschoß der Monitor »EREBUS« die deutschen Befestigungen an der Küste der Normandie und der Bretagne.
Nach dem zweiten Weltkrieg führte die weitere Vervollkommnung der Fliegerkräfte und der Raketenwaffe sowie die Einführung moderner elektronischer Waffen- und Waffenleitsysteme dazu, daß die artillerietragenden großen Kampfschiffe an Bedeutung verloren und allmählich aus den Flotten verschwanden. So gehören auch die Monitore heute einer vergangenen Epoche an.

»MONSUN«: Stückgut-Semicontainerschiffstyp des VEB Warnowwerft, Warnemünde, das durch mehrere Typmodifikationen systematisch an unterschiedliche Einsatzbedingungen angepaßt wurde. Das moderne Mehrzweckschiff wurde für den Transport von Containern, Stückgut, Schwergut und Langgut sowie für Getreide in gemäßigten und tropischen Fahrtgebieten für den kombinierten Einsatz mit spezialisierten Containerschiffen entwickelt.
Es ist über Alles 158,05 m und zwischen den Loten 146,00 m lang und auf Spanten 23,05 m breit. Bei einem Freibordtiefgang von 10,18 m besitzt das Schiff eine Tragfähigkeit von 17300 t bei einer Vermessung von 11730 BRT/7140 NRT. Die 4 vor dem Maschinenraum bzw. Deckshaus liegenden Laderäume fassen 25450 m^3 Schüttgut und 23400 m^3 Stückgut und sind durch je ein Zwischendeck unterteilt. Die Containerkapazität beträgt 642 TEU, davon 342 unter Deck und 300 auf Deckscontainerstellplätzen. Die Umschlag-

Das selbstfahrende Modell des Stückgut-Semicontainerschiffstyps »MONSUN«

ausrüstung besteht aus vier 5/10 t-Ladebäumen, vier 35 t-Schwingbäumen sowie aus einem durchschwenkbaren 125 t-Schwergutbaum. Mit der Antriebsleistung von 6690 kW erreicht das Schiff eine Dienstgeschwindigkeit von maximal 15,9 kn. Die Aktionsweite beträgt 12000 Seemeilen.

Motorbarge: für Kurzstrecken mit einem Motorantrieb ausgerüstete *Barge* bzw. *Leichter*, wie z. B. zum selbständigen Zusammenstellen zu Schubverbänden oder für den Transport zum und vom *Barge-Carrier*. Der Antrieb kann in Bargen eingebaut oder als sog. »Z-Antrieb« (siehe Z-Antriebsschiff) ausgeführt sein.

Motorbarkasse: *Barkasse* mit Dieselmotorantrieb. Die Bezeichnung betont den modernen Antrieb, da wegen der langen Nutzungsdauer ältere Hafen- und Werftbarkassen mit Dampfmaschinenantrieb noch bis in die zweite Hälfte des 20. Jh. in Fahrt waren.

Motorboot, *Motoryacht:* Wasserfahrzeug mit Vergaser- oder Dieselmotorantrieb für Aufsichts- oder Arbeitsaufgaben bzw. für Sport-, Erholungs- oder Repräsentationszwecke.

Motorfrachtschiff, *Motorschiff: Frachtschiff* bzw. Schiff mit Dieselmotorenantrieb im Unterschied zum *Dampfschiff*, das durch Kolbendampfmaschinen oder Dampfturbinen (siehe *Dampfturbinenschiff*) angetrieben wird. Das Motorschiff (siehe *Dieselmotorschiff*) löste in der ersten Hälfte des 20. Jh. die Dampfschiffe mit Kolbendampfmaschinen vollständig und von 1950 bis 1980 das Dampfturbinen-Handelsschiff wegen seiner höheren Wirtschaftlichkeit weitgehend ab.

Motorgüterschiff: Sammelbegriff für alle mit Dieselmotor-Eigenantrieb selbstfahrenden Binnenfrachtschiffstypen. Vorläufer für das Motorgüterschiff gab es insbesondere auf den großen europäischen Flüssen seit der zweiten Hälfte des 19. Jh. mit den Eildampfern mit Dampfantrieb, die aber im schnellen Gütertransport nicht mit der Eisenbahn konkurrieren konnten. Die Tragfähigkeit solcher Eildampfer für die Fahrt auf der Elbe lag zwischen 250 und 450 t.
Größere Bedeutung gegenüber dem Eildampfer und der Schleppschiffahrt gewann das selbstangetriebene Binnenfrachtschiff jedoch erst mit dem dieselmotorischen Antrieb in den 30er Jahren des 20. Jh. Nach dem ersten Weltkrieg und der Weltwirtschaftskriese stimulierte der zunehmende Güterstrom in dieser Zeit auch die Vervollkommnung der Schiffstypen der Binnenschiffahrt. Die Schiffsgröße mußte dabei weitgehend ebenso wie die der antriebslosen Lastschiffe den Breitenbegrenzungen der mitteleuropäischen Kanäle und Schleusen angepaßt bleiben. Der kleinste Typ entsprach damit dem Groß-Finow-Maß und das größte Motorgüterschiff dem Rhein-Herne-Kanalmaß.
Durch den Verzicht auf universellen Einsatz entstanden in jüngerer Zeit die Großraum-Motorgüter-Schiffe mit Tragfähigkeiten bis zu 4000 bzw. sogar 5500 t für Fahrten auf dem Rhein bzw. der Wolga. Besondere konstruktive Merkmale des Motorgüterschiffs sind der im Verhältnis zur Länge und Breite geringe Tiefgang und auch ein geringer Freibord und eine kleine Seiten- und Deckshöhe wegen des teilweisen niedrigen Wasserstands, der auf Binnengewässern geringeren Wellenhöhe und der durch Brücken gegebenen Höhenbegrenzungen. Wegen der Tiefgangsbegrenzungen wird der Propeller i. allg. in einem Tunnel angeordnet. Durch ein großflächiges Profilruder oder Mehrflächenruder muß eine gute Steuerbarkeit gewährleistet sein. Mit der allgemeinen Einführung der Schubschiffahrt auf den Binnenwasserstraßen, siehe *Schubschiff*, ist der Anteil der selbstangetriebenen Motorgüterschiffe rückläufig, siehe auch *Binnenschiff*.

Motorschiff: siehe *Dieselmotorschiff*

Motorschlepper: Schlepper mit Dieselmotorantrieb. Im Jahr 1922 fuhr der erste durch einen Dieselmotor angetriebene Schlepper auf dem Rhein. Seine schnelle Betriebsbereitschaft verdrängte nach und nach den traditionellen, durch Kolbendampfmaschinen angetriebenen *Dampfschlepper*.

Motorsegler: Kombination von Motorboot und Segelyacht. Zur Erhöhung der Sicherheit und Verminderung der Abhängigkeit von den Windverhältnissen erlangte der moderne, mit einer geräumigen Kajüte versehene Motorsegler als »Familienboot« unter den Freizeitbooten größere Beliebtheit für Binnen- und Küstengewässer. Ursprünglich wurden auch die *Auxiliarschiffe* und die seit 1900 mit Petroleummotoren, Glühkopfmotoren und später mit Dieselmotoren ausgerüsteten kleineren Fracht- oder Fischereisegler als Motorsegler bezeichnet.

»MÖWE«: deutsches Vermessungsschiff. Das um 800 t große Vermessungsschiff lief am 2. Juli 1906 auf der Kaiserlichen Werft in Wilhelmshaven von Stapel und war im Winter 1906 dienstbereit. Die »MÖWE« war zwischen den Loten 49,00 m lang; 9,8 m breit und hatte einen Tiefgang von 3,26 m. Zwei Dampfmaschinen mit einer Leistung von insgesamt 258 kW (350 PSi) gaben dem Schiff eine Geschwindigkeit von 9,5 kn. Die Besatzung bestand aus 102 Mann. Zur Bewaffnung gehörten 3×3,7-cm-Maschinenkanonen. Die »MÖWE« war vorwiegend in den Kolonien und ausländischen Gewässern im Vermessungsdienst eingesetzt. Am 20. September 1914 wurde das Schiff in Daressalam von der Besatzung gesprengt. Die Besatzung wurde in der sog. »Schutztruppe« Ostafrikas unter General Lettow-Vorbeck übernommen.

Deutsches Kanonenboot »MÖWE«, Baujahr 1879

»MÖWE«: deutsches Kanonenboot I. Klasse. Das 1005 t große Kanonenboot wurde bei F. Schichau in Elbing gebaut und lief dort 1879 von Stapel. Das auch als Aviso ausgewiesene Schiff war mit einem 15-cm-Geschütz und 4×12-cm-Geschützen bewaffnet.
Die »MÖWE« war überwiegend im Auslandsdienst und bei Kolonialerwerbungen in Afrika eingesetzt. Die erste Kolonie wurde im Golf von Guinea, in der Nähe der Goldküste unweit von den Trümmern des früheren Kurbrandenburgischen Forts Groß-Friedrichsburg, erworben. In Bagaida in Togo hatte Korvettenkapitän Hoffmann am 4. Juli 1884 mit der »MÖWE« geankert und setzte den Reichskommissar Dr. Nachtigal an Land, der hier ». . . nach kurzem Palaver mit den Häuptlingen unter Salutschüssen und Hurrarufen die deutsche Flagge hißte«. Anschließend reiste Dr. Nachtigal mit dem Schiff weiter nach Kamerun und Südwestafrika. 1905 lag die »MÖWE« als Hulk in Tsingtau und wurde 1910 verkauft.
Das Kanonenboot war 59,2 m lang; 8,90 m breit und hatte 3,52 m Tiefgang. Die Besatzungsstärke lag bei 127 Mann. Es war ein Kompositbau mit eisernen Querspanten, die Holzplanken hatten außerdem eine Zinkbeplattung. Eine liegende Dreizylinder-Zweifach-Expansionsmaschine mit einer Leistung von 652 kW (886 PSi) und die heißbare Schraube von 3,23 m Durchmesser erlaubten eine Geschwindigkeit von 11,7 kn. Zwei Zylinderkessel sorgten für den erforderlichen Dampf. Bei einem Kohlevorrat von 100 t und einer Marschgeschwindigkeit von 11 kn konnten 1230 Seemeilen gefahren werden. Die »MÖWE« hatte noch keine elektrische Anlage an Bord, sie war zuletzt als Rahschoner mit 361 m^2 getakelt.

Vermessungsschiff »MÖWE«, (1906)

»MUKRAN«: DDR-Eisenbahnfährschiff für die Fährlinie Mukran (DDR)–Klaipeda (UdSSR). Das Fährschiff wurde 1986 auf der VEB Mathias-Thesen-Werft in Wismar für den VEB Deutfracht/Seereederei Rostock gebaut. Bei der Indienststellung war es die größte Zweideck-Eisenbahnfähre der Welt. die Route Mukran–Klaipeda wird in 20 Stunden durchfahren. Auf dieser Fährlinie sind 6 gleiche Fähren (3 DDR- und 3 UdSSR-Schiffe von der Bauwerft MTW, Wismar) dieses Typs vorgesehen, die jährlich insgesamt mehr als 5,5 Mill. t Güter transportieren.
Das Fährschiff ist über Alles 190,5 m und zwischen den Loten 173,0 m lang und 28,0 m breit. Die Seitenhöhe beträgt 15,2 m und der Tiefgang 6,8 m. Bei einer Vermessung von 22 400 BRT hat es 11 700 t Tragfähigkeit.

Fährschiff »KLAIPEDA«, Schwesterschiff der »MUKRAN«, im Hafen Mukran

Das Leichter-Trägerschiff »MÜNCHEN« voll beladen

Das japanische Schlachtschiff »MUSASHI« (1942 bis 1944)

Auf den beiden Waggondecks sind je 5 Gleise mit einer nutzbaren Gleislänge von insgesamt 1500 m für 103 Güterwagen der Standardlänge 14,73 m und einer Masse von 84 t. Die Gleise haben sowjetische Breitspur, ein Umladen bzw. Umachsen geschieht in Mukran. Beide Decks werden durch eine landseitige Doppelstockbrücke direkt über Heck anstelle der sonst üblichen Bord-Hebebühne be- und entladen. Die Abfertigung im Fährhafen erfordert daher nur 4 Std.

Die Antriebsanlage besteht aus 4 SKL-Dieselmotoren des Typs 6 VDS 48/42 A mit einer Leistung von 10600 kW, die über Getriebe auf 2 Verstellpropeller arbeiten, mit denen die Eisenbahngüterfähre eine Geschwindigkeit von 17 kn erreicht.

Multicarrier: siehe *Frachtschiff* und *Mehrzweckschiff*

»MÜNCHEN«: Leichter-Trägerschiff der BRD, besonders bekannt durch den tragischen Totalverlust. Um 1972 folgte auch die europäische Schiffbauindustrie den amerikanischen Werften mit dem Bau von Leichterträgerschiffen, sog. LASH (*Lighter Aboard Ship*) oder *Barge-Carrier.* Die Cockerrill-Werft in Hoboken bei Antwerpen (Belgien) baute als erstes Schiff MS »BILDERDYK« für die Holland-Amerika-Linie. Als zweites Schiff der gleichen Werft folgte die MS »MÜNCHEN« für die HAPAG-Lloyd AG der BRD. Es entstand die deutsch-holländische COMBI-Linie mit 14tägigem Liniendienst zwischen dem europäischen Kontinent und den amerikanischen Golf- und Südatlantikhäfen. Die »BILDERDYK« lief im März 1972 zur Jungfernreise aus und die »MÜNCHEN« folgte nach dem Stapellauf am 12. Mai 1972 im Oktober 1972. Sie war seinerzeit das einzige LASH-Schiff der BRD. Am 18. Oktober 1972 wurde das Schiff in Dienst gestellt. Die Baukosten beliefen sich auf etwa 80 Mill. Mark ohne dazugehörige Leichter.

Das Schiff war über Alles 261,40 m lang, 32,20 m breit, und die Seitenhöhe betrug 18,29 m. Im beladenen Zustand war der Tiefgang 11,20 m. Die Tragfähigkeit betrug 45300 t DW. Die Besatzung bestand aus maximal 27 Mann.

Es konnten 83 Leichter an Bord genommen werden, davon 4 Lagen unter Deck und 2 Lagen mit insgesamt 34 Leichtern an Deck. Die Masse der Krananlage mit Seegangsfolgeeinrichtung betrug 500 t. Sie hatte eine Höhe von 16,75 m, eine Fahrgeschwindigkeit 60,8 m/min und eine Hievgeschwindigkeit von 4,85 m/min bei einer Beladung von 3 bis 4 Leichtern in der Stunde. Die Leichter bzw. Bargen hatten eine Leermasse von 87···93 t, eine Tragfähigkeit von 370···376 t DW, waren 18,75 m lang, 9,50 m breit und 3,96 m hoch. Da ein Teil der Leichter im Umlauf war, gehörten zum Schiff 205 Leichter. Zur Dämpfung der Rollbewegungen besaß das Schiff eine Sperry-Gyrofin Schlingerdämpfungsanlage mit Flossenstabilisatoren. Das Schiff wurde durch Dieselmotoren mit einer Gesamtleistung von 19210 kW (26100 PS) angetrieben und erreichte 18 kn Geschwindigkeit.

Am 12. Dezember 1978 geriet die »MÜNCHEN« etwa 420 Seemeilen nördlich der Azoren in einen Orkan und gilt seitdem als verschollen. Das Schiff befand sich auf der 62. Reise von Bremen nach Savannah. Am 12. Dezember 1978 um 03.25 Uhr wurde eine erste Seenotmeldung der »MÜNCHEN« aufgefangen. An der internationalen Suchaktion beteiligten sich 127 Schiffe aus 12 Staaten. Über 30 Flugzeuge aus 4 Staaten suchten in einem 107000 km^2 großen Seegebiet. 30 Schiffe und 13 Flugzeuge waren bis zum Sonnenuntergang des 22. Dezembers auf der Suche nach dem Schiff im Einsatz. Die gesamte Besatzung von 25 Seeleuten und 3 mitreisenden Ehefrauen fand den Tod. Am 23. Dezember 1978 läutete bei Lloyd's die Totenglocke, und das Schiff wurde aus dem Register als verschollen gestrichen.

Der Versicherungsschaden belief sich auf 80 Mill. DM für das Schiff, 18 Mill. DM für die Leichter und 25 Mill. DM für die Ladung in den Leichtern.

»MUSASHI«: 1942 eines der japanischen »Super-Schlachtschiffe«, siehe auch *»YAMATO«*. Das Schiff wurde unter besonderen Geheimhaltungsmaßnahmen am 1. November 1940 von Stapel gelassen und am 5. August 1942 in Dienst gestellt. Hinsichtlich der Größe mit einem Deplacement von 72809 t, der Länge über Alles von 263,0 m und zwischen den Loten von 244,0 m, einer Breite von 36,9 m und der Bewaffnung mit 9×46,0-cm-Geschützen sowie zunächst 12×15,5-cm- und dann 6×15,5-cm-Geschützen sowie bis zu 130×2,5-cm-Flakgeschützen. In der schiffbaulichen Konzeption wurden die neuesten Erkenntnisse berücksichtigt. Der Schiffskörper hatte seine größte Breite erst hinter der Schiffsmitte und der Deckssprung hatte einen wellenför-

Japanisches Kernenergie-Versuchsschiff »MUTSU«

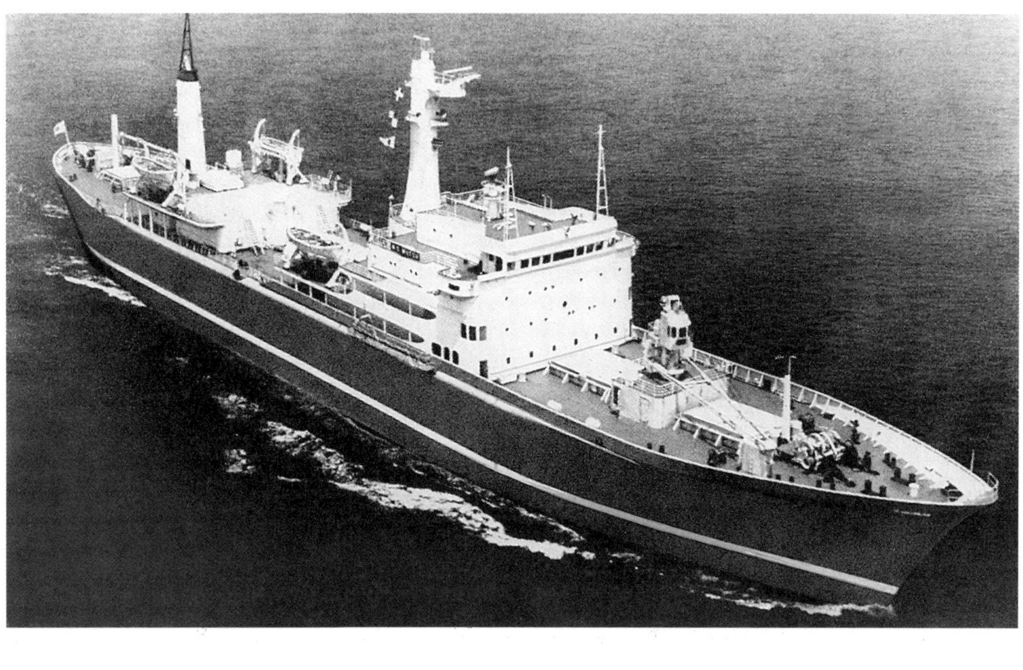

migen Verlauf. Die besondere Schiffsform und Decksgestaltung sollte hohe Geschwindigkeiten und hohe Beanspruchungen ermöglichen. Vier Turbinen arbeiteten mit insgesamt 110400 kW auf 4 Schrauben; die Geschwindigkeit lag über 27 kn. Für eine gute Manövrierbarkeit waren 2 Ruder hintereinander angebracht. Die »MUSASHI« wurde am 24. Oktober 1944 südlich von Luzon von 19 US-Lufttorpedos und 17 Bomben getroffen und sank.

Museumsschiff: Schiff von besonderer Bauweise oder Bedeutung, das als technisches Denkmal der Nachwelt erhalten wird. Solche Schiffsdenkmale sind auch frühe Expeditionsschiffe, wie die *»DISCOVERY«*, oder erste aus Eisen gebaute Schiffe, wie die *»GREAT BRITAIN«*, erste Schiffe mit Dampfturbinenantrieb, wie die *»TURBINIA«*, oder auch Traditionsschiffe zur Dokumentation der Schiffbaugeschichte, wie das Traditionsschiff Typ *»FRIEDEN«* in Rostock.

»MUTSU«: japanisches Kernenergie-Versuchsschiff. Die japanische »MUTSU« war das vierte zivile kernkraftgetriebene Schiff der Welt. Am 13. Juli 1970 wurde in Tokio durch die Ishikawajima-Harima Heavy Industries Co. Ltd. (IHI) das Schiff an die Japan Nuclear Ship Development Agency zur Erprobung übergeben. Am 15. Juli 1970 lief es mit eigenem Antrieb, wobei der Dampf noch durch einen Reservekessel erzeugt wurde, zum vorgesehenen Heimathafen Mutsu aus. Dort wurde dann der Leichtwasserreaktor eingebaut. Das für die Erprobung von Kernenergieantrieben für die Handelsschiffahrt konstruierte Schiff sollte dann im Januar 1972 in Dienst gestellt werden.
Die 8400 BRT große »MUTSU« war über Alles 130,00 m und zwischen den Loten 116,00 m lang; 19,00 m breit und hatte eine Seitenhöhe von 13,2 m und 6,9 m Tiefgang. Die Tragfähigkeit betrug 3003 t DW. Der Reaktor war von der Mitsubishi Atomic Power Industries hergestellt. Die Dampfturbine hatte 7360 kW bzw. 10000 PS Wellenleistung. Mit 16,5 kn Geschwindigkeit und 2,8 t niedrig angereichertem Uranbrennstoff sollte das Schiff eine Strecke von 145000 Seemeilen zurücklegen können. Die Baukosten beliefen sich auf insgesamt 21 Mill. Dollar.
Beim Anfahren des Reaktors zeigte sich jedoch, daß die Abschirmung der oberen Teile des Reaktorbehälters nicht ausreichte, so daß eine zu große Strahlengefährdung auftrat. Als Fehler wurde angegeben, daß ein Ring der Primärabschirmung im oberen Teil des Reaktors aus Stahl statt aus Beton gefertigt worden sei. Zur Abhilfe mußte ein 40 cm dicker Polyäthylen-Ring zusätzlich auf dem Stahlring angebracht werden. Nach einer kurzen Fahrtzeit traten dann aber wiederholt verschiedene Mängel auf. Nicht zuletzt wegen der vielen Proteste japanischer Fischer mußte die »MUTSU« ohne Erprobung in der Frachtschiffahrt wieder außer Dienst gestellt werden.

Mutterschiff: größeres Schiff, das Betreuungs- und Versorgungsfunktionen für kleinere Wasserfahrzeuge auf See wahrnimmt. Nachdem die Bedeutung von Mutterschiffen in den Kriegsflotten für Torpedoboote, U-Boote u. a. Flottillen zurückgegangen ist und die Walfangflotten abgeschafft wurden, hat das Mutterschiff noch eine besondere Bedeutung als Fischerei-Mutterschiff bzw. als *Fabrikmutterschiff* oder *Fischkühl- und Transportschiff.*

Dampfyacht »NAHMA«

Das französische Schrauben-Linienschiff »NAPOLEON« (1848) unter Dampf und Segel

N

»NAHMA«: nordamerikanische Dampfyacht. Die »NAHMA« ist eine typische Luxusyacht der frühen 30er Jahre, wie sie in anderer Form in den Marinen als Führungsschiff, Admiralsyacht sowie als *Aviso* zur schnellen Überbringung von Nachrichten und Depeschen in Dienst waren. Die schnellen und eleganten Schiffe waren auch als Staatsyachten eingesetzt und daher repräsentativ eingerichtet. Als Verbindungsboot hatte sie auch zwischen den Flotteneinheiten und den Kommandostellen an Land zu fungieren.

Naphthaboot: ältere Bezeichnung für die frühen Boote mit Petroleummotor; Naphtha ist die russische Bezeichnung für ungereinigtes Erdöl.

»NAPOLEON«: erstes französisches Schrauben-Linienschiff 1848. Bis in das 19. Jh. bestand der Kern der Seestreitkräfte aus einer Anzahl von hölzernen Segel-Linienschiffen mit bis zu 130 Kanonen auf 3 Decks und bis zu 900 Mann Besatzung. Größe, Geschwindigkeit und Manövrierfähigkeit dieser Linienschiffe waren schließlich nicht mehr steigerungsfähig. Als die Dampfmaschinen in Kriegsschiffen eingesetzt wurden, brauchte man in den Batteriedecks für die Maschinen, Kessel und die Kohlebunker Raum. Außerdem beeinflußten die großen seitlichen Schaufelräder an den Bordseiten die Aufstellung der Artillerie. Mit dem Schraubenpropeller entfiel diese Behinderung.

Als erstes Land baute Frankreich 1848 ein großes Schrauben-Linienschiff, die »NAPOLEON«. Durch den Fortfall der Schaufelräder wurde es möglich, beide Bordseiten voll zur Unterbringung einer großen Anzahl von Kanonen zu nutzen. Die von Dupuy de Lome als Zweidecker konstruierte »NAPOLEON« hatte 90 Kanonen, war 71,7 m lang, 13,04 m breit und lief mit voller Maschinenkraft 13,5 kn. Der noch geringe Wirkungsgrad der Maschinen und der entsprechend große Kohleverbrauch bei begrenzter Bunkermöglichkeit erforderte jedoch, die Maschinenkraft nur sehr sparsam einzusetzen und das Schrauben-Linienschiff für längere Strecken unter Segel zu nehmen. Die Maschinenkraft sollte hauptsächlich im Gefecht eingesetzt werden, um vom Wind unabhängiger manövrieren zu können.

Frankreich konnte zu jener Zeit bereits auf ingenieurtechnische Traditionen im Schiffbau zurückblicken. Französische Wissenschaftler hatten rechnerische Methoden für die Schiffsprojektierung entwickelt und auch auf den Bau von Segel-Kriegsschiffen wie der Fregatte angewandt, mit der Frankreich bei Vollschiffen eine führende Position eingenommen hatte. Für die Entwicklung schlanker und schneller Schiffstypen und für bahnbrechende Untersuchungen im theoretischen Schiffbau gab es von der »Academie des Sciences« in Paris seit Mitte des 18. Jh. Preisausschreiben, an dem sich unter anderen auch der schwedische Admiral F. H. Chapman beteiligte.

Vor 1870 erhielt jedoch die französische Flotte im Vergleich zu Großbritannien nur relativ geringe Mittel, da dem Ausbau der Landstreitkräfte der Vorrang gegeben wurde.

Minenkreuzer »NAUTILUS« der Kaiserlichen Marine

Kombinierter Kabelleger und Tanker »NEPTUN« (1926)

Die »MERKUR BAY«, ein Stückgut/Containerschiff aus der Schiffsserie »NEPTUN« in Fahrt

»NAUTILUS«: Minenkreuzer der kaiserlichen Marine. Der Minenkreuzer wurde von 1905 bis 1907 auf der AG Weser-Werft in Bremen gebaut. Der Stapellauf war am 28. April 1906 und die Indienststellung am 19. März 1907. Die Baukosten beliefen sich auf 2,879 Mill. Mark. In den Jahren 1909/10 wurde das Schiff umgebaut und erhielt u. a. einen 2,7 m langen Hecküberhang. Nach diesem Umbau war das Schiff über Alles 100,90 m und zwischen den Loten 90,20 m lang, 11,2 m breit und hatte einen Tiefgang von 4,42/4,54 m und ein Deplacement von 1975/2345 t. Die Besatzung bestand aus 10 Offizieren und 191 Mann.

Die 2 Dreifach-Expansionsmaschinen wurden von 4 Marinekesseln mit insgesamt 8 Feuern und 15 atü (1,6 MPa) Dampfdruck mit Dampf versorgt und leisteten zusammen 4416 kW (6000 PSi), bei Vollast 4886 kW (6638 PSi). Mit den 2 Schrauben von je 3,2 m Durchmesser erreichte das Schiff 20,7 kn. Bei einem Kohlevorrat von maximal 490 t konnten mit 9 kn Fahrt 3530 Seemeilen zurückgelegt werden.

Die Bewaffnung bestand aus acht 8,8-cm-Schnellfeuerkanonen und 200 Minen. Nach Indienststellung fungierte das Schiff als Minenschule und im ersten Weltkrieg als Minenkreuzer und Küstenschutzschiff. Am 21. März 1919 wurde es aus der Liste der aktiven Schiffe gestrichen, diente ab 1921 noch als Lagerschiff und Hulk und wurde am 18. August 1928 für 180000 Mark nach Kopenhagen zum Abbruch verkauft.

»NEPTUN«: deutscher kombinierter Kabelleger und Tanker. 1926 baute die Werft Blohm & Voss in Hamburg für die »Norddeutsche Seekabelwerke AG« in Nordenham den kombinierten Dampfer »NEPTUN«. Er war zwischen den Loten 132,4 m lang, 17,5 m breit und war bei einem Tiefgang von 9,9 m mit 7250 BRT (3640 NRT) vermessen. Die Besatzung bestand aus 56 Mann ohne Spezialpersonal. Besonderes äußeres Merkmal dieses Schiffs waren die großen Kabelrollen am Bug und Heck. Waren keine Kabelverlegungsarbeiten vorgesehen, so konnte das Schiff auch als Öltankdampfer eingesetzt werden.

Die Dampfmaschinenanlage mit einer Leistung von 1987 kW (2700 PS) verlieh dem Kabeldampfer eine Geschwindigkeit von 12 kn. Die deutsche Kriegsmarine verwendete die »NEP-

TUN« u. a. als Versorger für den Spanieneinsatz der Legion »Condor«. Das Schiff wurde nach 1945 als Reparationsleistung an Großbritannien abgeliefert und lief dort unter dem Namen »THULE«.

»NEPTUN«: Zweideck-Stückgut/Containerschiffsserie des VEB Schiffswerft »Neptun«. Von diesem Schiffstyp baute der VEB Schiffswerft »Neptun« in Rostock von 1977 bis 1980 zunächst eine Serie von 15 Schiffen, davon 5 für den VEB Deutfracht/Seereederei Rostock. Sie dienen dem Transport von Stückgut, Schüttgut, Holz und Containern und wurden wahlweise als Volldecker oder als Freidecker gebaut. Die Schiffe haben zwei durchlaufende Decks, eine lange Back, achtern liegenden Maschinenraum mit darüber befindlichen Aufbauten, Spiegelheck und Wulstbug.
Mehrfach modifiziert war der Typ »Neptun« bis 1984 mit 52 Einheiten einer der erfolgreichsten Frachtschiffstypen der Werft für Reedereien in 10 Ländern. Die Schiffe sind über Alles 150,20 m und zwischen den Loten 140,70 m lang und auf Spanten 21,00 m breit. Die Seitenhöhe bis Oberdeck beträgt 11,30 m. Bei einer Vermessung von ca. 9230 GT und einem Konstruktionstiefgang von 9,05 m beträgt die Tragfähigkeit 12665 t. Das Schiff hat 3 Laderäume mit einem Gesamtraum von 18277 m^3 für Schüttgut und 16950 m^3 für Stückgut. Es fährt mit 34 Mann Besatzung.
Containerstellplätze sind für 445 TEU vorhanden, davon 232 unter Deck. Die 25,92 m langen und je 7,6 m breiten Doppelluken der Laderäume 2 und 3 ermöglichen das Stauen von zwei 40 ft-Containern hintereinander und entsprechen dem Containerraster. Die Luken werden mit hydraulisch betätigten Faltdeckeln verschlossen, die im Zwischendeck für den Gabelstaplerbetrieb in Glattdeck-Bauweise ausgeführt sind. Die Umschlagausrüstung besteht je nach Wahl aus 5×40 t Zweihangerschwingbäumen bzw. 4×40 t und 1×20 t. Ein Dieselmotor des Typs K9Z 60/105 E des SKL-Magdeburg (MAN-Lizenz) mit einer Leistung von 6620 kW (9000 PS) gibt dem Einschraubenschiff eine Geschwindigkeit von 16,6 kn. Der Aktionsradius beträgt 12500 Seemeilen.

Netzleger: Kriegs-Hilfsschiff zum Auslegen von Stahlnetzen zum Schutz der Liegeplätze größerer Kriegsschiffe, Hafeneinfahrten, Buchten und Flußmündungen. Durch Signaleinrichtungen und Kopplung mit Seeminen sollen die Netzsperren das Eindringen feindlicher U-Boote behindern.

Neutrales-Schiff: in Kriegen besonders gekennzeichnetes Handelsschiff eines neutralen Staates. Im Kriegsfall haben nach dem Völkerrecht die gegnerischen Parteien der neutralen Schiffahrt Gelegenheit zu geben, die für die Versorgung des jeweiligen neutralen Landes notwendige Handelsschiffahrt bei Einhaltung bestimmter Vorschriften aufrecht zu erhalten. Es sind bestimmte Zwangswege einzuhalten, Sperrgebiete zu meiden, und die Schiffe haben sich von jeder kriegerischen Handlung fernzuhalten und dürfen keine Nachrichten oder Signale an die feindlichen Gruppierungen übermitteln. Transportiert ein neutrales Schiff Konterbande in ein feindliches Land, so kann es aufgebracht und zur Prise erklärt werden, siehe *Prisendampfer.*
Die neutralen Schiffe sind sowohl an den Schiffsseiten und an Deck deutlich zu kennzeichnen. So hatten sie im ersten Weltkrieg vorn und achtern an beiden Bordwänden eine große gemalte Nationalflagge und dazu den Namen des Landes und meistens auch den Schiffsnamen in großen, sich vom Anstrich gut abhebenden Buchstaben zu führen und beides nachts hell anzustrahlen. Auf den Lukendeckeln waren, für Flieger gut erkennbar, ebenfalls die Landesfarben aufzumalen und auf dem Peildeck oder auf dem Achterschiff war eine große Tafel oder ein entsprechendes Transparent mit dem Namen des Schiffs oder der Landesbezeichnung anzubringen.

»NEW MEXICO«: Schlachtschiff der USA zu Ende des ersten Weltkriegs. Der Bau des Schiffs wurde mit dem »Congress Act« vom 30. Juni 1914 bewilligt und der Bauauftrag am 30. Oktober 1914 erteilt. Die »NEW MEXICO« war zusammen mit der »MISSISSIPPI« und der »IDAHO« ein verbesserter Nachfolgetyp der »NEVADA«- und »PENNSYLVANIA«-Klasse. U. a. war die Vorschiffsform neu, die bis zum Anfang der 30er Jahre das äußere Kennzeichen für alle US-Schlachtschiffe, Flugzeugträger und Schweren Kreuzer werden sollte. Ursprünglich noch für einen direkten Turbinenantrieb vorgesehen, wurde die »NEW MEXICO« der Prototyp für den turboelektrischen Antrieb mit einem Melville-Macalpine-Übersetzungsgetriebe, nachdem man mit dem Versuchsobjekt »LANGLEY« gute Ergebnisse erreicht hatte.
Das 33400 t große Schlachtschiff wurde am 14. Oktober 1915 bei der Navy Yard in New York auf Kiel gelegt, lief am 23. April 1917 von Stapel und wurde am 20. Mai 1918 in Dienst gestellt. Das Schiff war 183 m lang, 29,7 m breit und hatte einen Tiefgang von 9,0 m. Die Besatzungsstärke betrug 1565 Mann.

Die Panzerstärken lagen im Deck bei 76 mm, im Seitenpanzer bis 356 mm, an den Barbetten 343 mm, Kommandoturm 406 mm und an den Geschütztürmen bis zu 457 mm. Die Bewaffnung bestand aus 12×35,6-cm- und 12×12,7-cm-Geschützen, 8×12,7-cm- und 4×5,7-cm-Flakgeschützen sowie 2 Katapulten und 3 Wasserflugzeugen. Beim turboelektrischen Antrieb waren die 2 Turbinen direkt gekuppelt mit 2 Generatoren zu je 12500 KVA bei 4242 Volt, die 4 Propellermotoren zu je 5200 kW speisten. Den Dampf lieferten 9 ölgefeuerte Kessel. Das Schiff erreichte mit dieser Anlage eine Geschwindigkeit von 21 kn. Nachteile dieser Antriebsvariante waren die größere Masse von 55 kg/WPs gegenüber 30···40 kg/WPs bei direktem Turbinenantrieb und der zusätzliche Raumbedarf.
Anfang der 30er Jahre erhielten alle Schiffe dieser Klasse bei einem Umbau 4 Westinghouse-Getriebe-Turbinen mit insgesamt 29440 kW und 4 neue White-Forster-Kessel als Ersatz für den turboelektrischen Antrieb.
Bei verschiedenen Einsätzen im zweiten Weltkrieg erhielt das Schlachtschiff im Pazifik u. a. 2 Kamikaze-Treffer. Am 19. Juli 1946 wurde die »NEW MEXICO« außer Dienst gestellt und 1947/48 in Newarck abgewrackt.

»Nordenfelt«-U-Boot: *U-Boot* mit Dampfmaschinenantrieb und Dampfspeicher für die Unterwasserfahrt nach Konstruktionsplänen des schwedischen Ingenieurs Thorsten Nordenfelt aus den Jahren 1884 bis 1888. Das erste 60-t-Boot hatte eine Spindelform von 2,74 m Durchmesser und einer Länge von 19,5 m. Das Boot lag bei Überwasserfahrt tief im Wasser, so daß es bei unruhiger See teilweise überspült wurde. Der Kessel für die Dampfmaschine von 73,6 kW (100 PS) speicherte ähnlich dem »Garrett«-U-Boot während der Überwasserfahrt überschüssigen Dampf in 2 Dampfbehältern, um ohne Feuer unter Wasser 5 Std. mit rund 3 kn fahren zu können.

Die »NORMANDIE« im Bau 1932

Über Wasser lief das Boot mit der 4flügligen Schraube 6 bis 7 kn. Zwei seitlich angeordnete vertikale Schrauben regulierten mit einem Horizontalruder die Tiefenlage. Das Boot war mit 3 Mann besetzt und hatte außenbords 2 Torpedorohre, die mit selbstangetriebenen Whitehead-Torpedos bestückt waren. Vor dem Schornstein stand ein kleines Geschütz. Das Boot wurde 1886 an Griechenland verkauft.
Nordenfelt und Garrett entwickelten 1887 gemeinsam zwei weitere 160-t-Boote für die Türkei. Sie liefen mit einer 184-kW(250 PS)-Dampfmaschine 11 kn bzw. getaucht 4,5 kn. Ein drittes, 245-t-Boot erhielt 37,5 m Länge, hatte 2 Kommandostände und war mit einzölligem Blech gepanzert. Ein anderes für Rußland gebautes Boot verunglückte auf der Überführungsfahrt im September 1888. Die weltweit in den Dampfspeicherantrieb bei Unterwasserfahrt gesetzten Hoffnungen bestätigten sich nicht. Eine befriedigende Lösung brachten erst die Energiespeicherung in Akkumulatoren und der Elektroantrieb.

»NORMANDIE«: französisches Passagierschiff der Werft Chantiers et Ateliers de Saint Nazaire-Penhoet. Im Jahr 1935 griff die französische Reederei Compagnie General Transatlantique, auch als CGT oder TRANSAT bekannt, großzügig in den Passagierverkehr auf dem Atlantik ein, als sie die 82799 BRT große »NORMANDIE« in Dienst stellte. Die Kiellegung dieses großen Passagierschiffs war bereits im Januar 1931 und der Stapellauf am 29. Oktober 1932. Die Weltwirtschaftskrise und mehrere Streiks verzögerten jedoch die Fertigstellung des Schiffs. Die »NORMANDIE« war 313,75 m lang, 36,00 m breit und hatte einen Tiefgang von 11,60 m. Sie konnte 1975 Passagiere oder 2175 Soldaten befördern.
Der turbo-elektrische Antrieb, der in einem Maschinenraum von 170 m Länge untergebracht war, leistete 121 440 kW (165 000 PS), mit denen das Schiff 31,2 kn fuhr. Die Dienstgeschwindigkeit von 28,5 kn wurde mit einer Turbinenleistung von 95 680 kW (130 000 PS) gefahren. Die Hilfsmaschinen erzeugten für den Schiffs- und Hotelbetrieb 3700 kW.
Gleich nach der Indienststellung im Jahr 1935 errang das Schiff das »Blaue Band« mit 29,98 kn westwärts und 30,35 kn ostwärts. Nach einer Umrüstung 1937 auf 4flüglige Schrauben gab es neue Rekorde. Die »NORMANDIE« war das erste Schiff, das die 4-Tage-Traumgrenze für die Überfahrt unterbot.
Beim Einmarsch der faschistischen Truppen in Frankreich rettete sich das Schiff nach den USA und wurde ab 1941 unter dem Namen »LAFAYETTE« als Truppentransporter vorgesehen. Am 9./10. Februar 1942 brannte das Schiff im Hafen von New York durch ein Großfeuer völlig aus und kenterte danach. Vermutliche Ursachen sind Fahrlässigkeit beim Schweißen oder absichtliche Brandstiftung. 1946 wurde das Wrack für 162 000 Dollar an einen Abwracker verkauft, der 1947 die Arbeiten beendete. Von dem einst so berühmten Schiff sind nur wenige Kleinmöbel, eine Feuertür und die Dampfsirenen erhalten geblieben, die mehrere Jahre in einem Stahlwerk im US-Bundesstaat Pennsylvania das Signal zum Schichtwechsel gaben, bis sie von einem Marinehistoriker 1984 auf einem Schrottplatz entdeckt und einem Museum übergeben wurden.

Die »NORMANDIE« in Fahrt 1935

Popowka »NOWGOROD« nach einer Illustration von 1876

»NOWGOROD«: erstes Rundschiff nach den Plänen des zaristischen Vizeadmirals A. A. POPOW. Nach den Verträgen von Paris wurde der Krimkrieg am 30. März 1856 beendet und das Schwarze Meer zum neutralen Seegebiet erklärt. Das zaristische Rußland hatte sich zum Schutz seiner Küste auf eine Flotte von 6 kleinen Schiffen zu beschränken. Durch die Neubauten Britanniens und Frankreichs von mehr als 10 Panzerfregatten nach 1864, der Stationierung von 2 Kampfschiffen und von Monitoren auf der Donau durch die Türkei und Österreich fühlte sich Rußland erneut an seiner Südflanke bedroht. Das russische Marineministerium beschloß daher den Bau von Panzerschiffen zur weiteren Verteidigung der Südküste. Um die Verträge einzuhalten, sollten die Neubauten ausschließlich dem Schutz des Asowschen Meers dienen, ihr Tiefgang sollte daher nicht größer als 4,3 m sein. Die Panzerung jedoch sollte die der seinerzeitigen Panzerschiffe übertreffen. Vizeadmiral A. A. Popow entwickelte dafür das Projekt eines Rundschiffs, um die gestellten Forderungen zu erfüllen. Er ging dabei von der 1868 von Elder projektierten Kreisform aus, die bei gegebenen Volumen die geringste zu panzernde Oberfläche erfordert. Die auf der Newa durchgeführten Modellversuche brachten gute Ergebnisse. Unter den Auswirkungen des preußisch-französischen Kriegs 1870/71 sah sich das zaristische Rußland nicht mehr an die Pariser Verträge gebunden und gab am 12. Oktober 1870 die Genehmigung zum Bau des ersten Popow'schen Rundschiffs. Da auf der Werft in Nikolajew zu dieser Zeit noch Voraussetzungen für den Bau des Schiffs fehlten, so beschloß das Marineministerium, den Bau vorerst in St. Petersburg zu beginnen. Die 2630 t Deplacement große »NOWGOROD« wurde als erstes *Rundschiff* am 17. Dezember 1871 in St. Petersburg auf Kiel gelegt. Das aus Eisen gebaute Rundschiff hatte einen größten Schiffsrumpfdurchmesser um 30,80 m und im ausgerüsteten Zustand einen mittleren Tiefgang von 4,02 m. Das eiserne Unterwasserschiff erhielt 12 Kiele von je 204 mm Höhe und war zur Verhinderung des Algenbewuchses mit Holz und einer Kupferbeplattung überzogen. Die Panzerstärke betrug 22,8···27,9 cm auf 7zölligem Teakholz. Die Gesamtmasse der Panzerung lag bei 760 t. Die von der Firma Baird in St. Petersburg hergestellte Maschinenanlage bestand aus 6 liegenden Zweifach-Expansionsmaschinen mit einer Leistung von insgesamt 1670 kW (2270 PS). Die Maschinen wurden von 8 Kesseln mit Dampf versorgt, der maximale Kohlevorrat betrug 203 t.

Geschützter Kreuzer »NOWIK«, 1899/1900 für die russische Marine bei Schichau erbaut

Nach der Fertigstellung des Schiffskörpers wurde er zerlegt und mit der Bahn nach Nikolajew transportiert. In Nikolajew begann am 29. März 1873 die Endmontage, die schon am 21. Mai 1873 beendet war. Die Maschinenanlage wurde auf dem Wasserwege durch den Dampfer »ZÄSAREWITSCH« nach Nikolajew gebracht. Mit seinen 6 Schrauben erreichte das Schiff auf der Probefahrt maximal 7,5 kn.
Am 2. September 1873 wurde die »NOWGOROD« zum Aufbau der beiden 28-cm-Hinterladerkanonen in einem oben offenen Barbetteturm nach Sewastopol überführt. Die Besatzung bestand aus 150 Mann. Die Gesamtbaukosten des Schiffs sollen 3 Mill. Rubel erfordert haben; siehe auch *»Popowka«*, *»VIZEADMIRAL POPOW«* und *»LIVADIJA«*.

»NOWIK«: russischer Kleiner Kreuzer. Der Kleine Kreuzer von 3000 t Deplacement wurde 1899/1900 bei Schichau gebaut. Er war über Alles 109,8 m und zwischen den Loten 106,0 m lang; 19,2 m breit und hatte einen Konstruktionstiefgang von 5,0 m. Mit einer Maschinenleistung von 13248 kW (18000 PSi) erreichte er 25,4 kn. Der Kohlevorrat war normal 300 t und maximal 600 t. Der Maximalvorrat reichte bei 10 kn Fahrt für 5000 Seemeilen.
Die Bewaffnung bestand aus 6×12-cm- und 6×4,7-cm-Schnellfeuerkanonen sowie aus 2×3,7-cm-Maschinenkanonen, 3 Maschinengewehren und 6 Torpedorohren. Das Deck hatte einen Deckspanzer von 3···5 cm Dicke. Der Kreuzer ist bei den ersten Gefechten am 28. Juli 1904 noch vor der Schlacht bei Tschuschima am 27./28. Mai 1905 gesunken. Er wurde im Juli 1906 gehoben und als japanischer Kreuzer »SUZUYA« wieder in Dienst gestellt.

Nuklearschiff: siehe *Kernenergie-Schiff*

O

OBC-Frachter: Abkürzung für Ore-Bulk-Container-Frachter, demzufolge ein modernes Universal-Doppelhüllen-Frachtschiff für Erze (Ore), Allgemeine Schüttgüter (Bulk), Container und Stückgüter. Der Schiffstyp stellt eine Weiterentwicklung des traditionellen Mehrzweck-Trockenfrachtschiffs mit einem für den Erztransport verstärkten Schiffskörper sowie für den Containertransport geeigneten Laderäumen und großen Luken dar, auf denen ebenfalls Container gefahren werden. Bevorzugte Schiffsgrößen liegen bei 20000···25000 t DW sowie zwischen 30000 und 40000 t DW. Die größten OBC-Typen haben Tragfähigkeiten um 60000 t DW, ihre Breite ist wegen der Panamakanaldurchfahrt mit 32,2 m begrenzt. Zur ersten Gruppe gehört der in der Mathias-Thesen-Werft in Wismar von 1972 bis 1985 in einer Serie von mehr als 30 Schiffen gebaute OBC-Frachter von 24000 t DW.

Modell des OBC-Universalfrachtschiffs; 24000 t DW, der Mathias-Thesen-Werft, Wismar, für Erz, Allgemeines Schüttgut/Stückgut und Container

Das Schiff ist über Alles 178,00 m und zwischen den Loten 167,40 m lang; 22,86 m breit und geht bis zum Freibordtiefgang 10,09 m tief. Die Seitenhöhe bis Hauptdeck beträgt 14,00 m und die Vermessung 14400 BRT bzw. 9700 NRT. Für den Erztransport in allen 5 Laderäumen ist der Schiffskörper besonders verstärkt. Bei schwerer Erzladung werden die Laderäume 1, 3 und 5 beladen, und die volle Tragfähigkeit bis zum Freibordtiefgang wird bei leeren Laderäumen 1 und 4 erreicht. Bei gemischter Ladung aus schweren und leichten Erzen oder Getreide können alle 5 Laderäume mit ihrem Gesamtvolumen für 24000 m^3 genutzt werden. In der Containerfahrt sind Stellplätze für 863 TEU vorhanden, davon 400 unter Deck und 463 an Deck. Außer Allgemeinem Stückgut kann entsprechend der Laderaumlänge Langgut und Stammholz in den Räumen und an Deck gefahren werden.
Mit einem langsamlaufenden Zweitakt-Kreuzkopfmotor von 8240 kW beträgt die Dienstgeschwindigkeit 15,5 kn.

OBO-Frachter: kombinierter Schiffstyp für schüttfähiges Trockenfrachtgut wie Erz (Ore) und Allgemeines Schüttgut (Bulk) sowie Flüssigfracht von Erdöl (Oil). Im Unterschied zum *Ore-Oil-Carrier* sind größere Laderäume für leichtere Schüttgüter wie Kohle, Getreide, Düngemittel u. a. vorhanden. In der Erzfahrt werden die Trokkenguträume alternierend beladen, so daß ein Teil der Laderäume leer bleibt.

»OCEAN«: französisches Linienschiff um 1870, Panzerschiff mit Zentralbatterie. Das Panzerschiff war eine Konstruktion von DUPUY DE LÔME; es wurde 1876 in Brest auf Kiel gelegt. Der Stapellauf des 7480 t großen, aus Holz ge-

Das französische Linienschiff »OCEAN« um 1880

bauten Schiffs fand 1868 statt. Die Bewaffnung bestand aus 4×27-cm- und 6×24-cm-Geschützen (nach anderen Quellen 4×27-cm- und 4×19-cm-Geschütze) französischen Fabrikats, die zum Teil auf Drehscheiben in über der Bordwand vorspringenden Türmen standen. Auffällig waren auch die mit Brustwehr versehenen Gefechtsstationen in den Masten, die durch einen Panzerdeckel geschützten Ankerklüsen und die am Vorschiff angebrachten Spieren zum Aufspannen des Torpedofangnetzes. Durch die Einführung von Geschützen stärkeren Kalibers in den Kriegsflotten der verschiedenen Staaten wurde bei diesem Schiff die Panzerdicke bis auf 20 cm verstärkt. Vor allem der Gürtelpanzer, die Kasematten und die Barbettetürme wurden stärker geschützt. Die Dampfmaschinenanlage leistete 2870 kW (3900 PSe) und verlieh dem Schiff eine Geschwindigkeit von 14 kn. Für längere Reisen unter Segel war das Schiff als Dreimaster getakelt.

»OCEANIC«: britischer Passagierdampfer um die Jahrhundertwende. Der Doppelschrauben-Passagierdampfer »OCEANIC« wurde 1899 für die White Star Line gebaut und noch im gleichen Jahr in Dienst gestellt. Der Bau gehörte zu den staatlich subventionierten Schiffen, die dafür im Kriegsfall als Hilfskreuzer beschlagnahmt und eingesetzt werden konnten.
Das 17272 BRT (6917 NRT) große Schiff mit einem Deplacement von 28500 t war über Alles 215 m und zwischen den Loten 208,73 m lang, 20,82 m breit und besaß einen Tiefgang von 13,6 m. Erst mit diesem Schiff wurde Brunels *»GREAT EASTERN«* um 4 m in der Länge übertroffen. Die beiden Dampfmaschinen leisteten insgesamt 19872 kW (27000 PS) und arbeiteten mit einem Dampfdruck von 15 atü (1,6 MPa). Das

Mit der »OCEANIC« wurde erst 1899 Brunels »GREAT EASTERN« in der Schiffslänge übertroffen

Doppelschraubenschiff erreichte damit eine Dienstgeschwindigkeit von 19 kn und bei Überlast max. 20,7 kn.

»Offenes« Schiff; *All-Luken-Schiff, all-hatch ship:* modernes Trockenfrachtschiff, bei dem die Lukenbreite bis 80 % und mehr der Schiffsbreite beträgt. Die Luken reichen dann bis dicht an die Bordwand (1,0 bis 1,5 m) und auch an die Querschotte (1,0 bis 1,5 m) heran. Das Deck ist damit weitgehend »geöffnet« und die Laderäume haben nur geringen Unterstau. Das Schiff hat somit günstige Umschlageigenschaften für spotloading, d. h. zum Absetzen der Ladung am endgültigen Platz ohne Quertransport und ohne zusätzliche Stauarbeit. Bevorzugt werden »Offene« Schiffe mit Zentralluken bis zu Lukenbreiten von 16 · · · 20 m. Bei parallelen Doppelluken oder bei 3 Luken nebeneinander wird häufiger zwischen den Luken ein schmaler Längsträger, Längsherft genannt, als kastenförmig gestalteter Decksverband angeordnet.
Außer der Form und den Abmessungen der Luken weisen »Offene« Schiffe verschiedene Besonderheiten auf. Dazu zählt die Doppelhülle, siehe *Doppelhüllenschiff*, in der Seitentanks und Betriebsgänge untergebracht sind. Nachteile der »Offenen« Schiffe sind die größere Schiffseigenmasse, die Notwendigkeit der Beheizung von Seitenhochtanks bei tiefen Außentemperaturen, eine geringe Seitentankbreite und die notwendige Verbindung zwischen den bordseitigen Tanks, um eine nichtsymmetrische Flutung bei Havarien zu vermeiden. Ein weiteres Merkmal sind die Haupt- und Formparameter sowie die Vorschiffs- und Hinterschiffsformen. Trotz der höheren Baukosten werden transport- und energieoptimale »offene« Schiffe bevorzugt.

Offshore-Fahrzeug; *Offshore-Technik, Meerestechnik:* Sammelbezeichnung für in Küstennähe oder im Schelfgebiet eingesetzte Schiffstypen, Geräte und Anlagen zur Erkundung und Nutzung von Öl-, Gas-, Kohle- und Erzvorkommen aus dem Meeresuntergrund, wie *Bohrinseln, Bohrinselversorger* u. a.

Öl-Abschöpfschiff: Hilfsschiff zum Absaugen des auf der Wasseroberfläche schwimmenden Öls aus Leckagen oder Havarien in Ölhäfen, auf Flüssen oder vor den Küsten und auf hoher See. Die verschiedenen Konstruktionen in Katamaran-Bauweise oder durch ausschwenkbare Leitflächen bewirken eine über die übliche Schiffsbreite hinausgehende Verbreiterung der Absaugfläche, so daß bei langsamer Fahrt eine möglichst breite Fläche abgesaugt wird durch Förderpumpen in das Schiff gebra… Wassergemisch wird durch leistungs… paratoren (Zentrifugen) separiert un… spezielle Ölbunker befördert. Weg… wendigen ständigen Unterhaltung s… schließlich für die Beseitigung von Öl… zungen einsetzbaren Schiffe und de… Ölaufnahmetanks bedingten Größe … schiedene Konstruktionen, bei dene… nahme und Separierung mit einem e… prahm erfolgt, der durch ein Schubs… einen Schlepper manövriert wird.

Ölschlengel, *Pontonschlengel:* aus Pontons oder Schläuchen gebildete schwimmende Absperrung gegen Ölausbreitungen auf Gewässern. Aus festen Pontons bestehende Öl- oder Pontonschlengel werden aus einzeln schwimmfähigen und begehbaren Pontons an den Stirnseiten dicht zusammengekoppelt und können auch zur Eingrenzung von Ölbränden auf dem Wasser eingesetzt werden. Flexible Ölschlengel bestehen aus schlauchartig beschichteten Synthesefasergeweben. Sie können bei Bedarf schnell ausgebracht und mit Luft aufgeblasen werden. Ölschlengel werden i. allg. als Sicherungsgürtel bei Ölumschlag-Anlagen verwendet.

Öltanker: siehe *Tanker*

Olympia-Tankerklasse: Bezeichnung für eine Serie von 16 Tankern von 21850 t Tragfähigkeit, die noch vor dem Bau von Großtankern (siehe *Tanker*) für den seinerzeit weltbekannten griechischen Tankerreeder Aristotle Socrates Onassis gebaut wurden.

OMGUS-Schiff: Abkürzung für »Office of the Military Government United States« als Bezeichnung für Schiffe, die nach den Reparationsabkommen 1952 den USA zugesprochen wurden, aber in Deutschland belassen oder an die BRD verchartert wurden.

Ore-Bulk-Containerschiff: siehe *OBC-Frachter*

Ore-Coal-Carrier: kombinierter *Bulker* für den Erz- (Ore) und Kohle-(coal)transport, siehe *Kohle-Erzfrachter*. Die unterschiedliche Dichte von Erz und Kohle bedingt spezielle Gestaltungen der Laderäume. Während die früheren Erz-Kohlefrachter für die Erzfahrt mit Einbauten versehen wurden, ist bei modernen Schiffen aus Stabilitäts- und Festigkeitsgründen die alternierende Beladung üblich, bei der zur Nutzung der vollen Tragfähigkeit abwechselnd ein Laderaum beladen und der angrenzende Raum nicht beladen wird.

Ore-Oil-Carrier: kombinierter *Bulker* für den Erz- und Öltransport, siehe *Erzfrachter* und *Tanker*. Diese kombinierten Schiffstypen sollen entweder die bei der reinen Erz- oder Ölfahrt in einer Fahrtrichtung unvermeidlichen Leerfahrten vermeiden oder flexibler entweder in der Erz- oder Ölfahrt einsetzbar sein. Da für die Erzfahrt wegen der Ladungsdichte nur relativ kleine Laderäume in günstiger Höhenlage erforderlich sind, werden die Öltanks unterhalb und seitlich von den Erzladeräumen angeordnet, Bei einigen Typen kann in der Ölfahrt auch der Erzraum als zusätzlicher Tankraum genutzt werden.

Ortungsschiff, *Satelliten-Ortungsschiff:* siehe *Forschungsschiff*

Ortungs-Schulschiff: *Ausbildungsschiff* bzw. Schulschiff zum Training an Meßgeräten und elektronischen Ortungsgeräten von Kriegsschiffen.

»OSIRIS«: Fracht- und Passagierdampfer. 1889 baute Blohm & Voss den ersten Dampfer »OSIRIS« von 97,85 m Länge, 11,58 m Breite und 2638 BRT. Das durch eine Dreifach-Expansionsmaschine von 957 kW (1300 PS) angetriebene Schiff fuhr ab 1901 als »SOMALI« bei der Deutsch-Ostafrika-Linie zwischen Ostafrika und Bombay. Es wurde am 30. November 1914 im Rufidji-Delta in Brand geschossen.
1902 baute Blohm & Voss in Hamburg für die »Deutsche Dampfschiffahrts-Gesellschaft-Kosmos«, Hamburg unter Baunummer 162 einen größeren Fracht- und Passagierdampfer »OSIRIS« von 5952 BRT (3814 NRT). Das Schiff war 125,20 m lang und 15,51 m breit. Ausgerüstet mit einer Dreifach-Expansionsmaschine mit einer Leistung von 2061 kW (2800 PSi) erreichte das Schiff eine Geschwindigkeit von 10 kn. 1914 auf der Reede von Daressalam liegend, wurde das Schiff mit 1200 t Kohle beladen, erhielt die Funkstation des gesprengten Vermessungsschiffs »*MÖWE*« und diente danach dem Kreuzer »KÖNIGSBERG« als Begleit- und Kohleschiff. Die letzte Kohleabgabe an die »KÖNIGSBERG« war bei der Insel Aldabra nordwestlich von Madagaskar kurz vor der Vernichtung des Kreuzers. Das Schiff wurde 1920 nach Antwerpen ausgeliefert und erhielt den Namen »PAYS DE LIEGE«.

»OTTO HAHN«: Kernenergie-Versuchsschiff der BRD. Ende 1962 wurde von der staatlich geförderten BRD-Gesellschaft für Kernenergie bei den Kieler Howaldtswerken-Deutsche Werft AG das Kernenergie-Frachtschiff »OTTO HAHN« in Auftrag gegeben. Kiellegung war am 17. September 1963 und Stapellauf am 13. Juni 1964. Die Baukosten beliefen sich auf 55 Mill. Mark, davon entfiel etwa die Hälfte auf die Reaktoranlage. Am 11. Oktober 1968 wurde das Schiff von der »Gesellschaft für Kernenergieverwertung in Schiffbau und Schiffahrt mbH« in Hamburg/Geesthacht in Dienst gestellt.
Das 16870 BRT und 7258 NRT große, als Erz-

Deutsches Kernenergie-Versuchsschiff »OTTO HAHN«

frachter konzipierte Schiff hat eine Länge über Alles von 172,02 m und zwischen den Loten von 157,00 m, eine Breite von 23,40 m und eine Seitenhöhe bis zum Hauptdeck von 14,50 m. Der Tiefgang beträgt 9,20 m, das Deplacement 25812 t und die Tragfähigkeit 15000 t DW. Die 6 Laderäume haben ein Volumen von 13328 m^3. Die Besatzung bestand seinerzeit aus 73 Mann sowie 36 Mann Forschungspersonal.
Das Schiff erhielt einen, als »Fortschrittlichen Druckwasserreaktor« bezeichneten Dampferzeuger der Deutschen Babcock & Wilcox Dampfkesselwerke AG; Oberhausen/ Internationale Atomreaktorenbau GmbH; Bensberg. Die Reaktoranlage hatte eine thermische Leistung von 38000 kW. Zur Kernladung gehörten 16 Brennelemente aus Urandioxyd mit einer Kernhöhe von 1,12 m und einer Gesamtmasse von 2,95···2,98 t. Der Sicherheitsbehälter war 13,10 m hoch und hatte einen Durchmesser von 9,50 m. Die Masse der Gesamtreaktoranlage mit 50···60 cm starker Betonabschirmung lag bei 2185 t. Mit einer Kernbrennstoffbestückung konnte das Schiff bis zu 500 Tagen fahren. Innerhalb von 25000 Betriebsstunden wurden 24 kg Uran verbraucht. Die äquivalente Heizölmenge hätte etwa 40000 t betragen. Mit einer Turbinenleistung von 8096 kW bzw. 11000 PS Wellenleistung erreichte das Schiff 15,75 kn. Auf 126 Reisen legte die »OTTO HAHN« insgesamt 642000 Seemeilen zurück, beförderte 776000 t Ladung und verbrauchte dabei 80 kg spaltbares Uran. Nach Sammlung aller Betriebserfahrungen wurde am 12. Dezember 1978 die Stillegung der »OTTO HAHN« beschlossen und das Schiff im Januar 1979 außer Dienst gestellt. Die Stillegungs- und nuklearen Entsorgungskosten waren sehr hoch, sie betrugen für die 3 Liegejahre 22 Mill. Mark. 1982 wurde das Schiff daher nach Ausbau der Reaktoranlage für 2 Mill. Mark an die Rickmers-Reederei GmbH in Bremerhaven verkauft und nach Umbauten zu einem Containerschiff mit konventionellem Dieselmotorenantrieb Ende 1983 wieder in Fahrt gesetzt.

»OZEAN«: Serien-Frachtschiffstyp des VEB Warnowwerft Warnemünde. Von diesem Schiffstyp, der für den Transport von allgemeinem und schwerem Stückgut in gemäßigten und tropischen Zonen geeignet ist, baute die Werft von 1970 bis 1980 insgesamt 35 Schiffe für verschiedene Reeder in Frankreich, VR China, SR Rumänien, SFR Jugoslawien und für die ČSSR. Zum Basistyp »OZEAN« gab es weitere Mehrzweckfrachter-Varianten, die sich in den Hauptabmessungen unterscheiden. Die mit 9160 BRT und 5063 NRT vermessenen Schiffe besitzen eine Tragfähigkeit von 13620 t. Sie sind über Alles 152,75 m lang, auf Spanten 20,30 m breit und haben bei 11,90 m Seitenhöhe bis zum Hauptdeck einen Tiefgang vollbeladen von 9,32 m. Die Schiffe haben 2 durchlaufende Decks und 5 Laderäume für Schüttgut 16610 m^3, Stückgut 15464 m^3, Kühlladung 784 m^3 und Verschlußladung 585 m^3. 600 t Ladung können an Deck gefahren werden. Die Umschlagausrüstung besteht aus acht 5/10-t-Ladebäumen, drei 20-t-Ladebäumen System Velle, einem durchschwenkbaren 80-t-Schwergutbaum sowie einem 5/3,2-t-Bordwippkran. Die Luken sind mit hydraulisch betätigten Falt- und Klappdeckeln verschlossen. Zum Umschlag palettierter Ladung erhielt die Bb-Seite 3 Seitenpforten mit Laufkatzen.
Als Hauptantriebsanlage dient ein 8240-kW-Zweitakt-Dieselmotor vom Dieselmotorenwerk Rostock, Typ K 8Z 70/120 E (Lizenz MAN), der auch von der Brücke aus gefahren werden kann. Das Einschraubenschiff fährt 18,3 kn. Die Aktionsweite beträgt 11500 Seemeilen.

P

»PACIFIC«: Rad-Postdampfer der nordamerikanischen Collins Line. Der Segelschiffsreeder Edward Knight Collins aus New York ließ 1850 seine ersten Dampfer bauen, um durch Konkurrenz zur britischen Cunard-Line die »Cunard-Schiffe aus dem Atlantik herauszudampfen«. Die Schiffe sollten die Passage von New York nach Europa in weniger als 10 Tagen bewältigen. Gefördert durch einen amerikanischen Postvertrag, gründete er mit Geschäftsfreunden die »United States Mail Steam Ship Company«, die danach als Collins-Line bekannt wurde. Laut Vertrag sollte Collins mit 5 Schiffen einen wöchentlichen Dienst zwischen New York und Liverpool aufbauen. Für die Postbeförderung sollte er pro Reise bis zu 33000 Dollar erhalten. Zum Einsatz kamen die Schiffe »ATLANTIC«, »PACIFIC«, »ARCTIC« und »BALTIC«.
Die »PACIFIC« wurde 1850 bei Brown & Bell in New York gebaut. Das mit 2860 BRT und 1559 NRT vermessene Schiff war über Alles 91,4 m und zwischen den Loten 86,0 m lang, im Schiffskörper 13,7 m und über beide Radkästen 22,3 m

breit. In seinen 3 Decks gab es bereits einen Rauchsalon, einen Frisiersalon, Badekabinen, Dampfheizung und eine elektrische Klingel, um den Steward zu rufen. Um den schwarzen Rumpf ging ein rotes Band, ebenso war der schwarze Schornstein ein beabsichtigter Gegensatz zu den Schornsteinfarben der Cunard-Line. Die Zweizylinder-Seitenhebelmaschine mit einer Leistung von 1472 kW (2000 PSi) stammte aus den Allaire Works in New York. Der tägliche Kohleverbrauch betrug 87 t. Die Kohle wurde bereits durch mechanisch betriebene Eimer von den Bunkern vor die Kessel gefahren.
Die Jungfernfahrt von New York nach Liverpool begann am 15. Mai 1850. Im Mai 1851 fuhr die »PACIFIC« von New York nach Liverpool in 9 Tagen, 20 Std. und 10 Min. mit einer Durchschnittsgeschwindigkeit von 13 kn und errang damit das »Blaue Band«. Im Krimkrieg 1854 wurden alle Cunard-Schiffe für Truppentransporte beschlagnahmt und die Collins-Schiffe übernahmen den Postverkehr. Am 23. Januar 1856 ging die »PACIFIC« mit 240 Passagieren von Liverpool aus auf eine weitere Reise nach New York und ist seitdem verschollen.

Die »PACIFIC« der Collins-Line fuhr 1851 in 9 Tagen, 20 Std. und 10 Min. über den Atlantik, Linie New York – Liverpool. Anfang 1856 verließ das Schiff den Hafen von Liverpool und ist verschollen

Paketboot: erste Postschiffe für die regelmäßige Transatlantik-Postbeförderung. Das erste Paketboot mit regelmäßigen Abfahrten speziell für den Posttransport ging im Februar 1836 auf Initiative des Reeders Robert Miles Sloman von Hamburg nach New York, ab 1837 fuhr alle 14 Tage je ein Schiff ab. Die zu befördernden Briefe und Postsendungen wurden seinerzeit nicht wie heute in Postsäcken, sondern zu Paketen gebündelt verschifft, so daß die Bezeichnung Paketboot durchaus die Art der Ladung ausdrückte. Die ursprünglich nur auf die Sloman-Segler bezogene Bezeichnung wurde auch auf die ersten *Postdampfer* übertragen.

Palettenschiff: *Stückgutfrachtschiff* für spezielle Güter wie Papierrollen, Fässer u. a., die zur Rationalisierung des Umschlags vorwiegend auf Palettenuntersätzen verschifft werden. Die Stauung, Be- und Entladung der Laderäume geschieht durch Vertikalumschlag, unterstützt durch Gabelstapler. Mit der allgemeinen Einführung des Containers (siehe *Containerschiff*) hat das Palettenschiff an Bedeutung verloren.

Panmax-Schiff: ein Schiff mit den Maximalabmessungen, die noch die Fahrt durch den Panamakanal gestatten. Der 1914 eröffnete Panamakanal verbindet mit seiner Länge von 44 Seemeilen den Atlantischen Ozean mit dem Pazifischen Ozean, wobei die höchste der insgesamt 6 Schleusen 26 m über dem Meeresspiegel liegt. Die schiffbare Wassertiefe beträgt 12,80 m, und die Breitenbegrenzung der Schiffe liegt wegen der Schleusenbreiten bei 32,2 m.

»PANTHER«: durch seinen Einsatz 1911 berüchtigtes Dampfkanonenboot der Kaiserlichen Marine vom Typ ILTIS. Das *Kanonenboot* wurde von 1900 bis 1902 auf der Kaiserlichen Werft in Danzig als Querspant-Kompositbau mit Münzmetallbeschlag gebaut. Die Baukosten beliefen sich auf 1,675 Mill. Mark. Stapellauf war am 1. April 1901 und die Indienststellung

S. M. S. »PANTHER«, Kanonenboot der kaiserlichen Marine

am 15. März 1902. Das mit 1193/977 t vermessene Boot war über Alles 66,9 m und zwischen den Loten 64,1 m lang; 9,70 m breit und hatte 3,54/3,62 m Tiefgang. Die Besatzungsstärke betrug 130 Mann, und die Bewaffnung bestand aus 2 × 10,5-cm-Schnellfeuerkanonen und 6 Maschinenkanonen. Angetrieben wurde das Kanonenboot durch 2 Dreizylinder-Dreifach Expansionsmaschinen mit einer Gesamtleistung von 1017 kW (1382 PSi), mit der es 13,7 kn fuhr. Den Dampf erzeugten 4 Marine-Kessel mit je 4 Feuern bei 0,14 MPa (13 atü). Bei einem Kohlevorrat von 283 t konnten mit 9 kn 3080 Seemeilen gedampft werden. Nach seiner Indienststellung war das Kanonenboot bis 1914 im Ausland eingesetzt. 1911 kam es mit der provokatorischen Entsendung des Kanonenboots »PANTHER« und des Kleinen Kreuzers »BERLIN« am 1. Juli in den marokkanischen Hafen Agadir zur sog. »zweiten Marokkokrise«. Diese als »Panthersprung« in die Geschichte des deutschen Imperialismus eingegangene Aktion sollte die Interessen deutscher Monopole an Rohstoff- und Profitquellen in Marokko gegenüber Frankreich unterstreichen. Schon während der ersten Marokkokrise 1905/06 hatten sich die Spannungen zwischen den Großmächten verstärkt, nun verschärften sie sich außerordentlich. Die Marokkokrisen waren somit Schritte zur Vorbereitung auf den ersten Weltkrieg. Während des Kriegs diente der »PANTHER« dem Küstenschutz und von 1921 bis 1926 der Reichsmarine für Vermessungsarbeiten. Am 31. März 1931 wurde das Schiff aus der Flottenliste gestrichen, für 37000 Mark auf Abbruch verkauft und in Wilhelmshaven abgebrochen.

Panzerbatterie: siehe *Panzerschiff*

Panzerdeck-Schiff: um die Jahrhundertwende Bezeichnung für ein *Panzerschiff*, das außer dem seinerzeit allgemein üblichen Wasserliniengürtel- und Turmpanzer ein oberhalb der Wasserlinie liegendes, aber nicht so dick gepanzertes Deck hatte. Das Panzerdeck war ein über das ganze Schiff durchlaufendes Deck. Es sollte die Munitionskammern sowie die Maschinen- und Kesselanlagen gegen Einschläge von oben schützen und war nur durch Niedergänge, Munitions- und Kesselschächte durchbrochen.

Panzerdrehturmschiff: siehe *Turmschiff*

Panzerfregatte: siehe *Panzerschiff* und *»GLOIRE«*

Panzerkanonenboot: siehe *Kanonenboot*

Panzerkorvette: siehe *Korvette* und *Panzerschiff*

Panzerkreuzer: um die Jahrhundertwende für Aufklärungs- und Handelskrieg konzipierter schneller, gepanzerter Kreuzer. Die Vorgängertypen des Panzerkreuzers waren die *Panzerkorvette* und *Panzerfregatte*. Der Panzerkreuzer entstand in Vorbereitung von Kampfhandlungen auf größeren Gefechtsdistanzen und im Auslandseinsatz in Kolonien. Besonders wichtig war die Schnelligkeit, mit der man in kurzer Zeit auf den Weltmeeren alle Schiffahrtswege abzuschneiden gedachte. Zunächst baute Rußland die schnelle Panzerfregatte *»GENERAL-ADMIRAL«*, die 1873 von Stapel lief und allgemein als der erste Panzerkreuzer der Welt gilt. Dieses Schiff besaß bei leichter Panzerung und Bewaffnung eine ausreichende hohe Geschwindigkeit und eine größere Seeausdauer. Mit ihm war ein Grundstein zur modernen Kreuzerentwicklung gelegt. Dieser Typ fand schnell in der britischen und französischen Marine Nachfolger, ohne jedoch vorerst die größere Kampfkraft des »GENERAL-ADMIRAL« zu erreichen. Von nun an waren jedoch die hohe Geschwindigkeit, dazu ein leichter Gürtelpanzer, gepanzerte Munitionskammern und leichte Schutzschilde für die Geschütze oder Kasematten bzw. Türme, die unter Panzerschutz standen, allgemein üblich. Vor allem Frankreich förderte den Bau schneller Kreuzer mit großem Fahrbereich, die im Kriegsfall gegen die britischen, aus Übersee kommenden Konvois operieren und so stark gemacht werden sollten, daß sie der Konvoi-Sicherung überlegen waren. So entstand als erster der Panzerkreuzer »DUPUY DE LOME«, der jahrzehntelang als das ideale Vorbild für diese Schiffstypen galt. Obwohl dieses Schiff in seiner Bauform ein Einzelgänger blieb, so folgten doch andere Nationen dieser Entwicklung oder ließen sich den Bau von Panzerkreuzern mehr oder weniger aufzwingen. Nur die Engländer gingen eigene Wege und entwikkelten in der Zwischenzeit den Großen Geschützten Kreuzer, und erst 1899 lief in Großbritannien ein erster Panzerkreuzer von Stapel.
Bald stellte der Panzerkreuzer eine kleinere Variante des schwerbestückten Linienschiffs dar, dem aber noch für die ihm zugedachten Aufgaben die nötige Geschwindigkeit fehlte, die erst ab etwa 1890 schrittweise gesteigert werden konnte. Damit erlangte der Panzerkreuzer einen größeren Wert für die operative Verwendung innerhalb der Flotte. Man verwendete ihn zunehmend für die Belange des Aufklärungsdienstes. Frankreich betrachtete demgegenüber den Panzerkreuzer weiterhin als das Hauptmittel im Handelskrieg und forderte einen möglichst großen Fahrtbereich und eine Geschwindigkeit von mindestens 24 kn. Ähnliche Ansichten wie Frankreich vertrat auch die US-Marine.
Die deutsche Marine war dem französischen Vorbild zunächst gefolgt, dann aber zum Aufklärungs-Panzerkreuzer übergegangen. Hier hießen sie jedoch *Großer Kreuzer* und diese Bezeichnung wurde auch noch beibehalten, als die Entwicklung bereits zum Schlachtkreuzer fortgeführt war. Die Großen Kreuzer *»SCHARNHORST«* und *»GNEISENAU«* waren vor dem ersten Weltkrieg typische Vertreter dieser Klasse.
In drei Kriegen, dem japanisch-chinesischen Krieg 1894/95, dem spanisch-amerikanischen Krieg 1898 und dem russisch-japanischen Krieg 1904/1905, waren bereits mit dem Panzerkreuzer Erfahrungen gesammelt worden. Jedoch in keinem dieser Kriege wurde der Panzerkreuzer als Aufklärer vor dem Gros der Flotte oder im Handelskrieg eingesetzt. Er trat in allen Seeschlachten gewissermaßen als ein »Schlachtschiff zweiten Ranges« auf. Die Japaner zogen als erste daraus die Lehren, armierten die auf Kiel liegenden Schiffe stärker und entwickelten so eine weitere Vorstufe zum Schlachtkreuzer. Der Panzerkreuzer verschwand allmählich aus den Kriegsflotten, siehe auch *Panzerschiff*.
Um 1906 erfuhr der Panzerkreuzer durch den noch größeren britischen »Dreadnought« Linienschiffstyp erneute Veränderungen und wurde ebenfalls als »Großer Kreuzer« und danach als »Schlachtkreuzer« bezeichnet. Der Dreadnought beeinflußte somit auch die Entwicklung zum Schlachtkreuzer. Nach dem ersten Weltkrieg wurde die Bezeichnung Panzerkreuzer nicht mehr verwendet.
Die im deutschen Sprachgebrauch verwurzelte Bezeichnung »Panzerkreuzer« wurde auch publizistisch zur Bewilligung der Mittel für das Panzerschiff »LÜTZOW« ex *»DEUTSCHLAND«* im Reichstag benutzt; siehe auch *»ADMIRAL GRAF SPEE«*.

Panzerschiff: Kriegsschiff, das durch einen Panzer gegen Artillerie, Torpedo- und Minentreffer besonders geschützt ist. In den USA begann man bereits 1842 und in Britannien 1849 vereinzelt, Kriegsdampfer mit Eisenplatten zu panzern. Für den Krimkrieg (1853 bis 1856) ließ die französische Marine zur Beschießung der russischen Befestigungen am Asowschen Meer gepanzerte schwimmende Batterien mit Dampfantrieb und Schaufelrädern bauen. Sie erhielten einen Eisenpanzer von etwa 10 cm Dicke, der von den kugelförmigen Eisengeschossen der russischen Geschütze nicht mehr durchschlagen wurde. Nach dem erfolgreichen Einsatz dieser »Panzerbatterien« wurde die Panzerung auch für größere Kriegsschiffe eingeführt.
In Auswertung des Krimkriegs baute Frankreich als erstes Land 1859 mit der *»GLOIRE«* die erste Panzerfregatte, die mit einem 10···12 cm dicken Gürtel-Plattenpanzer aus Eisen versehen war. Trotz des Dampfantriebs wurde die Besegelung vorerst noch beibehalten, bis etwa um 1885 eine allgemeine Takelungsreduzierung einsetzte. Die Panzerung hatte eine Masse von 810 t und wurde auf die verstärkte Holzbeplankung aufgeschraubt. Britannien folgte unverzüglich mit dem eisernen »WARRIOR«, dessen Panzerung sich aus Gewichtsgründen nur über die Schiffsmitte erstreckte.
Häufig bestand der Panzerschutz der frühen Panzerschiffe aus einer dicken Lage Teakholz und aufgeschraubten Eisenplatten. Man wählte zwischen einem Gürtelpanzer, der den Schiffsrumpf im Bereich der Schwimmlinie umgab und der alleinigen Panzerung der in einer Zentralbatterie zusammengefaßten schweren Geschütze. Durch zusätzliche Abschirmung nach vorn und achtern entstand daraus der Kasemattpanzer. Ein Horizontalpanzer in Höhe der Wasserlinie schützte das Unterwasserschiff gegen schräg einfallende Geschosse, und der Zitadellpanzer bezog funktionswichtige Anlagen wie Maschinen, Kessel und Munitionsräume mit ein.
Im amerikanischen Bürgerkrieg 1861 bis 1865 besaßen beide Parteien erste gepanzerte Kriegsschiffe, von dem der *»MONITOR«* mit seinen gepanzerten und drehbaren Geschütztürmen zum Typschiff einer ganzen Klasse von Nachfolgern in fast allen Marinen wurde.
Die ersten Panzerfahrzeuge der Preußischen Marine waren die nicht sehr seetüchtigen Panzerschiffe *»PRINZ ADALBERT«* und die 1864 aus Britannien angekaufte *»ARMINIUS«*. Es war eine Art Monitor mit einer Panzerstärke von

Panzerschiff »LE HOCHE«

12,5 cm und einem Rammsporn. Es folgten die Panzerfregatten »PRINZ FRIEDRICH KARL«, »*KRONPRINZ*« und schließlich »KÖNIG WILHELM«, das mit einem 30,5-cm-Gürtelpanzer seinerzeit das größte und stärkste Panzerschiff der Welt war. Entsprechend den damaligen Ansichten über die strategischen Aufgaben von Heer und Marine entstanden *Panzerfregatten*, *Panzerkorvetten* sowie *Panzerkanonenboote*.
Die wechselseitige Entwicklung von Artillerie und Panzerung führte zum Übergang vom *Breitseitenschiff* und *Kasemattschiff* zum *Turmschiff*. Da die Geschütztürme auf Deck angeordnet wurden, konnten die tiefer gelegenen Geschützpforten entfallen, und die Schiffe wurden seetüchtiger. Zu den ersten deutschen Turmschiffen gehörten die »*PREUSSEN*«, »FRIEDRICH DER GROSSE« und »GROSSER KURFÜRST« mit einer 23,5 cm starken Gürtelpanzerung.
Seit der Erfindung der Sprenggranate durch den französischen General Paixhans und der Verwendung von gezogenen Geschützrohren erhöhten sich die Geschoßmassen, Geschoßgeschwindigkeiten und die Durchschlagskraft. Eine Granate von 1050 kg Masse, die mit einer Pulverladung von 325 kg abgefeuert wurde, erforderte schließlich eine Nickelstahl-Panzerplatte von ca. 80 cm Dicke.
Der Panzerschiffbau kam zum Abschluß, als Torpedos und Minen den Kampfwert großer Schiffe in Frage stellten. Besonders Frankreich orientierte mehr auf den Kreuzer- und Torpedobootsbau. Es entstand ein Kreuzertyp, der als »Geschützter Kreuzer« bezeichnet wurde. Während er nur eine Deckspanzerung erhielt, waren beim *Panzerkreuzer* Gürtel, Kasematten, Drehtürme und Kommandostände gepanzert.
Nunmehr wurden die Schiffe zur Erhöhung der Sinksicherheit mit einem Doppelboden gebaut und der Schiffsraum wurde durch weitere Quer- und Längsschotte in eine größere Zahl wasserdichter Abteilungen unterteilt. Für derartige »Panzerschiffe« wurde in Deutschland der Begriff *Linienschiff* eingeführt; siehe auch »*ADMIRAL GRAF SPEE*«.

»Paragraphen«-Schiff: ein Schiff, dessen Größe, Aus- und Einrichtungen unter Beachtung bestimmter Vorschriften, Verordnungen bzw. »Paragraphen« solcher Bestimmungen konstruiert ist. Der Sinn solcher speziellen Konstruktionsaspekte liegt in der Verminderung der Abgaben oder auch der Baukosten. Das Grundprinzip reicht bis in das Mittelalter zurück. So waren z. B. zu Zeiten der Königin Elisabeth I (1558 bis 1603) höhere Abgaben zu entrichten, wenn das Schiff mehr als 300 t Ladung nehmen konnte. Außerdem mußte auf größeren Schiffen ein Geistlicher mitfahren, dessen Kosten der Eigner oder Reeder zu tragen hatte.
Bei modernen Schiffen ist entweder die Länge wegen der sonst erforderlichen höheren Anzahl von Querschotten oder der stärkeren Anker- und Ruderausrüstung bzw. die Tragfähigkeit oder der Raumgehalt wegen der Kanal- und Hafengebührengruppen begrenzt. Siehe auch »Zur Schiffsvermessung« im vorangestellten Abschnitt »Grundbegriffe«.

Der französische Schnelldampfer »PARIS« 1921 vor Manhattan

Die »PATRIA« 1938, seinerzeit größtes Diesel-Elektro-Fahrgastschiff

»PARIS«: französischer Schnelldampfer. Im Jahr 1913 bestellte die Compagnie Generale Transatlantique in Paris bei der Werft Societe des Chantier et Ateliers de St. Nazaire (Penhoet) für die Route Le Havre–New York ihren Vierschrauben-Schnelldampfer »PARIS«. Während die Kiellegung noch im gleichen Jahr erfolgte, ermöglichten die Kriegsereignisse den Stapellauf erst 1916 und die Indienststellung erst 1921.
Das 234 m lange Schiff war mit 34569 BRT vermessen und besaß eine Tragfähigkeit von 10800 t DW. Es war für die Beförderung von 3239 Passagieren eingerichtet, davon 2210 in der III. Klasse. Mit der Maschinenleistung von 23552 kW (32000 PS) erreichte das Schiff eine Geschwindigkeit von 22 kn.

Passagier-Fährschiff: siehe *Fährschiff*

Passagierschiff: siehe *Fahrgastschiff*

Paternoster-Bagger: Eimerkettenbagger, siehe *Bagger*

»PATRIA«: deutsches dieselelektrisches Fracht- und Fahrgastschiff. Als die Hamburg-Amerika-Linie (HAL) Anfang 1937 die Deutsche Werft AG in Hamburg mit dem Bau dieses Diesel-Elektroschiffs beauftragte, beschritt man technisch-ökonomisches Neuland und erwartete bahnbrechende Fortschritte im Schiffsantrieb. Die »PATRIA« wurde ein Spitzenschiff der HAL und das größte bis dahin mit einem dieselelektrischen Antrieb ausgerüstete Fahrgastschiff der Welt. Nach einer Bauzeit von nur 14 Monaten ging das Schiff im Juli 1938 auf Probefahrt, der sich eine vierwöchige Nordlandreise bis zum Nordkap anschloß. Schon am 27. August 1938 ging das Schiff auf seine Jungfernreise, um den Schnelldienst zur Westküste Südamerikas aufzunehmen. Die erste Rückkehr nach Hamburg war am 31. Oktober 1938.
Das 16595 BRT und 9292 NRT große Schiff hatte bei einem Deplacement von 20076 t eine Tragfähigkeit von 8500 t. Das Schiff war über Alles 182,15 m und in der KWL 169,0 m lang, die Breite auf Spanten betrug 22,50 m und die Seitenhöhe bis Bootsdeck 20,81 m. Das Schiff besaß 4 Decks, 11 Querschotte und 5 Laderäume, die von 14 Ladebäumen 5/10 t und 4 elektrischen Kränen mit 3 t Traglast bedient wurden. Die Passagierkapazität belief sich auf 185 Passagiere der I. Klasse und 164 Passagiere der II. Klasse und der Touristenklasse. Die Besatzung war 241 Mann stark. Der Passagierbereich wurde durch 5 Klimaanlagen klimatisiert. Aus Gründen des Feuerschutzes wurde als Isoliermaterial erstmals Aluminiumfolie eingesetzt.
Das Besondere an diesem Schiff war jedoch seine Maschinenanlage. 5 Achtzylinder-Einfachwirkende MAN-Dieselmotoren vom Typ GZ 52/70 mit einer Leistung von je 2208 kW (3000 PSe) sowie 1 MAN-Sechszylinder-Dieselmotor vom Typ 52/70 mit einer Leistung von 1398 kW (1900 PSe) ergaben die maximale Dauerleistung von 10040 kW (15000 PS), mit welcher 6 Drehstrom-Synchron-Generatoren von je 2140 KVA ange-

trieben wurden. Die Generatoren speisten zwei 5500-KVA-Propellermotoren, mit denen das Schiff eine Dienstgeschwindigkeit von 17 kn erreichte.
Am 1. Juli 1945 wurde die »PATRIA« als Reparationsleistung an Großbritannien übergeben und in Belfast zum Truppentransporter umgebaut. Als »EMPIRE WELLAND« machte es jedoch nur 2 Fahrten. Im Frühjahr 1946 wurde es an die Sowjetunion übergeben, wo das Schiff unter dem Namen »ROSSIYA« im Schwarzen Meer in Dienst ist.

Patrouillenschiff: siehe *Küstenwachschiff*

Peilboot: Hilfsboot bei einem größeren *Vermessungsschiff.* Zum Vermessen und Kartografieren der Gewässer, Küsten- und Schelfgebiete wird das mit Funkpeil-, Ortungs- und Lotungsanlagen sowie photooptischen Geräten ausgerüstete Peilboot vom Vermessungsschiff besonders im flachen Wasser eingesetzt und auf die jeweiligen Positionen dirigiert.

Pendelfähre: siehe *Fähre*

Personenfähre: siehe *Fähre*

»PHOENIX«: erstes Dampfschiff für die Fahrt an der nordamerikanischen Küste bzw. auf offener See. Colonel JOHN STEVENS ließ 1807/1808 ein Dampfschiff bauen und rüstete es mit einer Zweizylinder-Dampfmaschine von 914 mm Hub und 406 mm Zylinderdurchmesser aus. Wegen Fultons und Livingstones Lizenzen für die Dampfschiffahrt auf dem Hudson und nordamerikanischen Flüssen konnte er es jedoch nicht in der Flußschiffahrt einsetzen. Die »PHOENIX« machte daher vom 10. bis 23. Juni 1808 ihre erste Seereise von New York entlang der Küste New Jerseys bis zum Delaware nach Philadelphia. Danach verkehrte sie in regelmäßigen Abständen zwischen Philadelphia und Trenton bis zum Schiffbruch 1814. Zwischenzeitlich war die erste Dampfmaschine verändert worden, hatte 2 Zylinder von je 610 mm Bohrung und ein Schwungrad zum Drehmomentenausgleich erhalten.

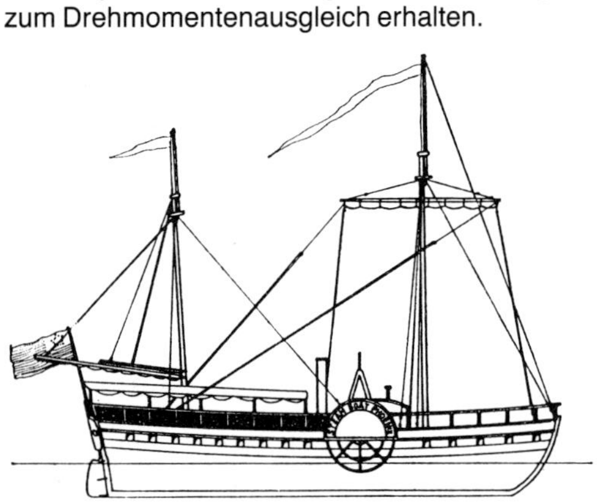
Das nordamerikanische Dampfboot »PHOENIX« von 1808

»PIERRE CHALLEY«: französisches U-Boot. Das U-Boot wurde 1923/24 auf der Normand-Werft in Le Havre gebaut. Es war 70 m lang, 8,0 m breit und hatte bei Überwasserfahrt einen Tiefgang von 4,0 m. Es verdrängte über Wasser 900 t und unter Wasser 1 200 t. Die Besatzung bestand aus 44 Mann. Bewaffnet war es mit einem 10-cm-Geschütz sowie 6 Torpedorohren des Kalibers 53,3 cm. Außerdem war das Boot speziell zum Minenlegen ausgerüstet und konnte etwa 53 Minen an Bord nehmen. 2 Dieselmotoren des französischen Fabrikats Schneider leisteten 1325 kW (1800 PSi) und gaben dem Boot über 2 Schrauben eine Überwassergeschwindigkeit von 16 kn bei einer maximalen Fahrtstrecke von 2800 Seemeilen. Bei Unterwasserfahrt mit Batteriebetrieb wurden 9 kn erreicht.

Französisches Minenlege-U-Boot »PIERRE CHALLEY«

Pinasse: in Anlehnung an das zweitgrößte, ursprünglich geruderte Marine-Beiboot übernommene Bezeichnung für entsprechende Dampf- und Motorboote.

Eine Dampfpinasse wird zu Wasser gelassen

PKW-Transporter: zu Beginn der PKW-Verschiffung für Kurzstrecken umgerüstete kleinere und mittlere Frachtschiffe, bei denen i. allg. die PKW noch auf dem freien Oberdeck und auf zusätzlichen offenen Aufbaudecks gefahren wurden. Die weitere Entwicklung führte zum größeren *Autotransportschiff* mit einer großen Anzahl fester geschützter Autodecks, Rampen und Lifte.

»PLANET«: deutsches Vermessungsschiff. Das 800 t große Vermessungsschiff lief am 2. August 1905 auf der AG Weser-Werft in Bremen als Schwesterschiff der »MÖWE« von Stapel. Das Schiff war zwischen den Loten 49,00 m lang, 9,8 m breit und besaß einen Tiefgang von 2,8 m. Die Besatzung bestand aus 102 Mann. 2 Dampf-

Deutsches Vermessungsschiff »PLANET« (1906)

maschinen mit einer Leistung von insgesamt 258 kW (350 PSi) gaben dem Schiff eine Geschwindigkeit von 9,5 kn. Zur Bewaffnung gehörten 3×3,7-cm-Maschinenkanonen.
Die »PLANET« war wie die »MÖWE« vorwiegend in den Kolonien und in ausländische Gewässer für Vermessungsaufgaben eingesetzt. Am 7. Oktober 1914 ist das Schiff bei der Insel Jap gesunken.

Plastboot: Wasserfahrzeug mit einem Rumpf aus faserverstärkter Plaste. Als hauptsächliche Plastwerkstoffe werden synthetisch hergestellte Epoxid- und ungesättigte Polyesterharze verwendet. Bei den Epoxid- und Polyesterharzen gibt es Kleb-, Gieß- und Laminierharze sowie kombinierte Harze.
Die Gießharzverarbeitung ähnelt dem Metallgießverfahren, wobei eine vorbereitete Form mit Gießharz, das mit Faserstoffen vermischt ist, ausgefüllt wird. Bei der Laminiertechnik werden schichtweise Fasergewebe, vorzugsweise Glasseidengewebe bzw. -matten übereinander geklebt, in dem das Harz eingetupft oder eingepreßt wird.
Im Plastbootbau wird neben der Laminiertechnik die Verbundbauweise bevorzugt. Ähnlich einer »Sandwich-Konstruktion« werden auf einem leichten Waben- oder Schaumstoffkern eine Außen- und Innenhaut aus glasfaserverstärkten Polyester aufgebracht, wobei gleichzeitig Luftkästen, Versteifungen und andere Einbauten entstehen. Der Plastbootskörper ist witterungsbeständig, leicht und korrosionsunempfindlich. Für verschiedene Zwecke werden auch größere Boote und kleinere Schiffe aus glasfaserverstärkter Plaste gebaut, wie die Fangboote des *Fischereimutterschiffs* »WOSTOK«, ein *Fischkutter* von 100 t Deplacement in der BRD (1972) oder ein britisches *Minensuchboot (MLR-Schiff)* von 46,6 m Länge und 450 t Deplacement. Hauptsächlich werden jedoch Sportboote, Motorboote, Rettungsboote sowie kleinere Fischerei- und Nutzfahrzeuge bis zu 20 m Länge aus Plaste gebaut.

Plattgatt-Schiff: Schiff mit plattem Heck, bei dem der Überwasser-Hinterschiffskörper durch eine ebene Fläche abgeschlossen wird. Die moderne Bauweise ist das Spiegelheck-Schiff.

Polar-Eisbrecher: siehe *Eisbrecher*

Polar-Frachtschiff: Spezialtransportschiff zur Versorgung der Bevölkerung in den Polargebieten sowie zum Hintransport der Hilfsmittel zur Erschließung und zum Abtransport der Rohstoffe. Die Suche nach nördlichen Seewegen hat eine jahrhundertalte Geschichte, die von solchen berühmten Forschern wie Hudson (1610), Baffin (1616), Bering (1728) u. a. eröffnet und von John Ross (1818) sowie John Franklin (1818) in der Segelschiffszeit fortgesetzt wurde. Zu Beginn der Dampfschiffahrt begann die britische Admiralität 1843 erneut die Erforschung der Nordwestpassage mit dem damals neuen Propellerantrieb auf den Schiffen »EREBUS« und »TERROR«. Denen folgte bis zur Entwicklung leistungsstarker Hochseeeisbrecher eine Vielzahl mehr oder weniger erfolgreicher Einzel- und Konvoiflotten.
Große ökonomische Bedeutung erlangten die Polar-Frachtschiffe mit der Erschließung Sibiriens auf dem nördlichen Seeweg sowie die Entdeckung bedeutender Gas-, Öl-, Erz- und Kohlevorkommen in Alaska und im Norden Kanadas. Sog. »Frachteisbrecher« wie die berühmten Schiffe »SEDOW«, »SIBIRJAKOW«, »TSCHELJUSCHKIN« wurden zu Vorläufern des Polar-Frachtschiffs. Die von Polartransportschiffen befahrenen wichtigsten Seerouten sind: der nördliche Seeweg entlang der sibirischen Nordküste, der Seeweg von der Nordküste Alaskas durch die Beringstraße in den Pazifik sowie der Seeweg zwischen den vor Nordkanada vorgelagerten Inselgruppen in den Atlantik.
Während diese Seewege mit Unterstützung von *Eisbrechern* i. allg. bereits während einer Navigationsperiode von teilweise mehr als 6 Monaten befahren werden, konnte bisher die Nordwestpassage trotz einiger Durchfahrten vom Atlantik zum Pazifik (Marineschiff »LABRADOR« 1954, Kutter »SPAR« 1957, Turbinen-Polartanker *»MANHATTAN«* 1969/70 mit 108588 t Tragfähigkeit und einer Antriebsleistung von 31650 kW) noch nicht als befahrbarer Seetransportweg erschlossen werden.
Die neuentwickelten Polarschiffe bilden hinsichtlich der Einsatzart 2 Gruppen, je nachdem, ob sie vorwiegend hinter Polareisbrechern in schon gebrochenem Eis fahren oder selbständig als eisbrechendes Polartransportschiff operieren. Aus dieser Unterscheidung resultiert ebenfalls eine Größengruppierung. Infolge der durch Polareisbrecher geschaffenen Fahrrinnenbreite ist die Breite der ersten Gruppe begrenzt, so daß die Tragfähigkeit dieser Polar-Frachtschiffe i. allg. zwischen 15000 t und 30000 t liegt und noch Polarhäfen mit begrenzten Wassertiefen bedient werden können. Diese Schiffsgruppe wird i. allg. in den höchsten Frachtschiffseisklassen der internationalen Klassifikationsgesellschaften mit Eisbrechersteven, verstärkter Außenhaut, Zwischenspanten und Zwischenstringern sowie Doppelhüllen aus Stahl mit gewährleisteten Eigenschaften bei Temperaturen von −40 °C bis −50 °C als Mehrzwecktransportschiff gebaut. Auf der Hinfahrt werden Stückgüter, Versorgungsgüter, Container sowie Industrieausrüstungen und auf der Rückfahrt Erze, Kohle, Holz und auch Erdöl transportiert. Zu dieser Gruppe zählt u. a. der Schiffstyp UL-ESC aus einer Großserie des VEB Warnowwerft für den nördlichen Seeweg der UdSSR mit 19885 t Tragfähigkeit bei einer Länge über Alles von 162,10 m; 22,86 m Breite; 9,88 m Freibordtiefgang; 8238 kW Antriebsleistung und einer Dicke der Außenhautbeplattung am Vorsteven von 27 mm. Außerhalb der Navigationsperiode werden diese Polar-Frachtschiffe auf anderen Routen eingesetzt.
Die zweite Gruppe der autonomen eisbrechenden Polar-Großtransportschiffe steht noch am Anfang der Entwicklung. Bei einer bevorzugten Tragfähigkeit um 60000 t sollen sie vorwiegend für den ökonomischen Abtransport größerer Mengen Massengüter insbesondere für Erz, Erdöl, Kohle und Flüssiggas eingesetzt werden. Diese großen autonomen Polar-Frachtschiffe können in kontinuierlicher Fahrt dickeres Eis bis zu 2 m und unter Umständen auch Packeis überwinden. Da die Masse des Schiffs und die Antriebsleistung dafür maßgebend sind, ergeben sich bei den größeren Schiffen und ausreichenden Wassertiefen günstige Eisbrechereigenschaften bei einem spezifischen Leistungsbedarf, der mit etwa 0,5 kW/t Tragfähigkeit dem kleinerer Normalfrachtschiffe entspricht. Besonders günstige Eigenschaften werden von den in der Entwicklung befindlichen Leichterträgerschiffen aus dem kombinierten Einsatz von Leichtern und Ferntransportschiffen erwartet; siehe auch *Barge-Carrier*.

»POLARSTERN«: eisbrechendes Polarforschungs- und Versorgungsschiff. Das vom Ministerium für Forschung und Technologie der BRD in Auftrag gegebene Schiff entstand in 16 Monaten und kostete 190 Mill. Mark. Das Schiff ging zum Jahresbeginn 1983 auf seine Jungfernreise zur Georg-von-Neumayer-Station in die Antarktis. Als moderner Eisbrecher von der Hamburgischen Versuchsanstalt entworfen, soll es als Versorgungsschiff die BRD-Polarforschungsstation in der Antarktis mit Kraftstoff, Verpflegung und Geräten versorgen. Mit seinen Forschungsausrüstungen und seinen Labors bietet das moderne Schiff außerdem den verschiedenen Wissenschaftlergruppen vorzügliche Arbeitsmöglichkeiten. Die Bauausführung übernahm die Arbeitsgemeinschaft Werft Nobiskrug in Rendsburg mit der Howaldtswerke-Deutsche-Werft-AG in Kiel (HDW), die den Schiffskörper baute. Das Schiff ist über Alles 118,0 m und zwischen den Loten 102,20 m lang, 25,00 m breit und besitzt eine Seitenhöhe bis zum Hauptdeck von 13,60 m. Der

»POLARSTERN« im Eis

Tiefgang beträgt 10,50 m. Das mit 10970 BRT vermessene Schiff hat eine Zuladefähigkeit von 3900 t. Der Schiffskörper entspricht mit Außenhautstärken bis zu 43,5 mm der höchsten kanadischen Eisklasse Arc 7. Ein Jastram-Düsensystem an mehreren Stellen des Vorschiffs, das ein Wasser-Luft-Gemisch ausbläst, verringert den Fahrwiderstand im Eis.
Das Schiff besitzt Unterbringungsmöglichkeiten für 106 Personen, davon 36 Plätze für die Besatzung, 40 Plätze für das wissenschaftliche Personal und 30 Plätze für die zu betreuende Polarstation.
Die Umschlagseinrichtung besteht u.a. aus einem 10-t-Spezialkran auf der Back zum Absetzen der Versorgungsgüter. Er reicht 6,5 m über das Vorschiff hinaus, um das mit dem Vorsteven gegen das Eis drückende Schiff entladen zu können. Ein 25-t-Spezialkran dient dem Umschlag schwerer Schneekettenfahrzeuge und Tankcontainer. Bei einer Reichweite von 22 m können noch 5 t Last gehoben werden. Ein weiterer 15-t-Forschungskran erreicht das Schornsteindeck und den Hubschrauberlandeplatz. Der Kran kann vom Kranführerhaus aus oder mit einem tragbaren Bedienpult gefahren werden. Zum Überbrükken von Eisspalten beim Entladen auf das Eis wurden die Zwischendeck-Lukendeckel schwimmfähig ausgeführt. Auf den Decksplätzen können bis zu 12 Labor- und Gerätecontainer in 20-Fuß-Größen aufgestellt werden.
Als Hauptantrieb dienen 4 Deutz-Dieselmotoren von je 3529 kW (4800 PS) Leistung, die über 2 Doppel-Untersetzungsgetriebe auf 2 vierflüglige Verstellpropeller mit einem Durchmesser von 4,2 m einwirken, die in Kortdüsen laufen. Damit erreicht das Schiff eine Freifahrgeschwindigkeit von 16 kn.
Der Einsatz der »POLARSTERN« ist jährlich für 80 Tage in der Arktis und etwa 180 Tage in der Antarktis vorgesehen. Bei voller Maschinenleistung kann das Schiff 1 m dickes Eis mit 5,5 kn und beim Rammen Eisdicken bis zu 2 m durchfahren. Die Manövrierfähigkeit wird durch je ein vorn und achtern eingebautes Querstrahlruder erhöht. Um auf dem Schiff als schwimmende Forschungsstation gute Arbeitsbedingungen zu schaffen, sind zur Schlingerdämpfung Flossenstabilisatoren sowie eine Rolldämpfungs- und Krängungsausgleichanlage installiert.

Polizeiboot: Aufsichts- und Streifenboot der Wasserschutzpolizei. Das entsprechend den Einsatzbedingungen als Verdrängungs-, Gleit- oder Tragflächenboot gebaute Fahrzeug muß schnell und wendig sein. Es ist mit Sprechfunk, Lautsprechern, Scheinwerfern und Radargeräten und teilweise auch mit Rettungsmitteln ausgerüstet.

Ponton: allseitig geschlossener, quaderförmiger und prahmähnlicher Schwimmkörper, siehe auch *Prahm*. Pontons werden i. allg. nicht für den Gütertransport, sondern als ortsfeste oder nur begrenzt ortsveränderliche schwimmende Plattformen benötigt. Gebräuchlich sind Anlegepontons in der Schiffahrt, als schwimmende Kais an Flüssen und in Tidengewässern mit stark schwankendem Wasserstand sowie als Hafenpontons, um den zuweilen erforderlichen Abstand zwischen den Schiffen und den Kais oder zwischen mehreren Schiffen herzustellen. Kleinere Pontons werden für Anstreicharbeiten benutzt. Zur Schiffsbergung gibt es Hebepontons, die geflutet und zur Auftriebserzeugung leergepumpt oder durch Druckluft entleert werden. Für militärische Zwecke werden mit Pontons Behelfsbrücken über Wasserläufe zusammengestellt.

Pontondock: siehe *Dock*

Pontonschlengel: siehe *Ölschlengel*

»Popowka«: siehe *Rundschiff*, *»LIVADIJA«*, *»NOWGOROD«* und *»VIZEADMIRAL POPOW«*

Postdampfer: speziell für den Post- und Pakettransport ausgerüstetes und durch Vertrag mit den Postverwaltungen eingesetztes Schiff. Vorbild des Postdampfers war das schnelle *Paketboot* bzw. der Paketsegler. Dann begann das Dampfschiff den Schnelldienst auf dem Atlantik zu erobern. Die britische Admiralität erkannte frühzeitig diesen Wandel, als sie im November 1838 Angebote für eine Postbeförderung mit Dampfschiffen einholte. Die Verkehrsbedürfnisse von Handel und Industrie, des Nachrichten- und des Bankwesens in den führenden kapitalistischen Staaten drängten die Postverwaltungen zur Beschleunigung und Erhöhung der Zuverlässigkeit ihrer Beförderungsleistungen. Den Zuschlag der Admiralität erhielt jedoch nicht die bewährte »Great Western Steam Ship Company« sondern Samuel Cunard, ein damals in England noch unbekannter kanadischer Reeder, der am 4. Mai 1839 mit der Admiralität einen entsprechenden Vertrag abschloß. Am 4. Juli 1840 trat dann der neue, bei Robert Napier erbaute 1154 BRT große erste Cunard-Line Raddampfer *»BRITANNIA«* seine Jungfernreise von Liverpool nach Halifax und Boston an, um die Bedingungen des Vertrags zu erfüllen, Post zwischen Großbritannien, Kanada und den Vereinigten Staaten per Dampfschiff zu befördern. Hierfür erhielt Cunard jährlich eine Summe von 55000 englischen Pfund. Das Schiff besaß einen eigenen Postraum, für den ein von der Admiralität eigens kommandierter Marineoffizier die alleinige Verantwortung trug, was sich besonders auf die königliche Post bezog. Im Rechnungsjahr 1851 transportierten Cunard-Schiffe 2613000 Briefe über den Atlantik, während sein schärfster Konkurrent, die amerikanische Collins-Line, es mit ihren Schiffen in der West-Ost Richtung auf 843000 Briefe brachte.
Die erste Postdampfschiffsverbindung zwischen Amerika und Deutschland richtete 1847 die New Yorker Gesellschaft »Ocean Steam Navigation Company« ein, nachdem der USA-Kongreß den amerikanischen Generalpostmeister zuvor ermächtigt hatte, Verträge über Seepostbeförderung abzuschließen. So wurde die Postdampferlinie New York–Bremen ab 1. Juni 1847 mit dem Dampfer *»WASHINGTON«* monatlich befahren. Von der USA-Regierung erhielt die Schiffahrtslinie eine jährliche Beihilfe, zuletzt in Höhe von 858000 Dollar. Als die USA-Regierung keinen Zuschuß mehr zahlte, mußte sich die Gesellschaft nach zehnjähriger Tätigkeit auflösen.
Preußen und Schweden schlossen 1864 einen Postvertrag ab und setzten zwischen Stralsund und Malmö Postschiffe wie die »KÖNIGIN ELISABETH« ein.
Die wichtigsten Postlinien waren aber die Routen über den Atlantik, nach Ostasien und Australien. Um Großbritannien seine Vorherrschaft in Schiffbau und Schiffahrt streitig zu machen, hatte der deutsche Reichstag auf Drängen des »Vereins Norddeutscher Schiffbaumeister« 1885 in seiner Postdampfersubventionsvorlage die Bestimmung aufgenommen: »In dieser Linie einzustellende Dampfer müssen auf deutschen Werften gebaut sein.« Am 30. Juni 1886 eröffnete der nach Ostasien fahrende Frachtdampfer »ODER« die erste der »Reichspostdampferlinien«. Jedoch erst die ab 1886 vom Stettiner »Vulcan« selbstgebauten regulären Postdampfer entsprachen dem Postdampfergesetz für den Dienst nach Australien und Ostasien. Als erstes Schiff kam Ende 1886 der 4579 BRT große NdL-Dampfer *»PREUSSEN«* in Fahrt, gefolgt von der »SACHSEN« und »BAYERN«. Ab 1890 begann dann der Serienbau von Reichspostdampfern zu jeweils 10 Schiffen, die mindestens 16 kn Geschwindigkeit erreichen mußten. Die von der Regierung gewährten hohen Subventionen waren an Bedingungen geknüpft, wie die Verwendbarkeit des Dampfers als Hilfskreuzer im Kriegsfall, die dafür benötigte Geschwindigkeit und die Staatsbürgerschaft der Besatzung, um eine sofortige Rekrutierung vornehmen zu können. Eine weitere Entscheidung kam den Aufrüstungsstrategen entgegen. Als der belgische staatseigene Postdampfer »PARLAMENT BELGE« wegen eines Zusammenstoßes zur Sicherung der Schadensersatzforderung mit Arrest belegt werden sollte, erging durch den britischen Berufungshof der Beschluß, daß solche Schiffe als Kategorie der Staatsschiffe Immunität genießen. Schiffe, die Post beförderten, setzten eine Postflagge, die neben der Nationalflagge im Großtopp oder als Gösch gesetzt wurde. Die deutsche Postflagge enthielt in der Mitte des zweiten Streifens der damaligen Nationalfarben das gelbe Posthorn mit der Krone darüber. Befand sich das Posthorn in der Nationalflagge, so handelte es sich um ein eigenes Hoheitszeichen der Postverwaltungen, was in vielen Häfen zur bevorzugten Abfertigung berechtigte.
Im Atlantikdienst waren die großen Schnelldampfer als »Postschiffe« nicht zu überbieten, denn hier war der Kampf um Minuten ohnehin voll entbrannt. Das Aufteilen der Sendungen auf die einzelnen Züge am Zielort war aber so zeitraubend und umständlich geworden, daß die durch den Schnelldampfer gewonnene Zeit wieder verlorenging. Nach einem Abkommen mit der nordamerikanischen Postverwaltung vom Dezember 1890 verkehrten ab April 1891 zwischen Bremen bzw. Hamburg und New York »Seeposten« als gemeinsame Einrichtung an Bord der Schiffe. Diese schwimmenden Postbüros, die schon in den ersten Monaten ihres Bestehens 250···300 große Postsäcke zu bewältigen hatten, bewährten sich und entsprachen den damaligen Anforderungen an einen neuzeitlichen Postverkehr. Die aufkommende Funktelegraphie brachte weitere Fortschritte. So errichtete die österreichische Staatstelegraphenverwaltung auf dem

Schnelldampfer *»KAISER FRANZ JOSEF«* der Austro-Amerikana ein K.u.K. Bordtelegraphenamt, das auf der Jungfernreise am 8. Mai 1912 in Betrieb genommen wurde. Zwar eilten nun die Depeschen dem Schiff voraus, doch der Brief blieb weiter an Bord. Der deutsche Schnelldampfer *»KRONPRINZ WILHELM«* überbrachte die Post von New York nach London über Plymouth in knapp 146 Std.
Einen erneuten Durchbruch gab es erst in den 30er Jahren, als der Schnelldampfer »BREMEN« des Norddeutschen Llyod mit einem Bordflugzeug ausgerüstet wurde, das lange vor Ankunft des Schiffs im Zielhafen mit Postsäcken von Bord katapultiert wurde. Das war das Mindestmaß an Zeit, das seinerzeit im transatlantischen Postverkehr zwischen Europa und Amerika möglich war. Dann übernahmen erste Postflieger diese Aufgabe. Am Lufttransport konnte auch die Rekordfahrt der amerikanischen »UNITED STATES« mit knapp 85 Std. nichts mehr ändern. Siehe auch *»PERSIA«*, *»PRINZ ADALBERT«* u.a..

Panzerkreuzer »POTEMKIN« bei der Ausschiffung des erschossenen Matrosen vor Odessa

»POTEMKIN«: durch den Aufstand von 1905 berühmtes russisches *Linienschiff*. Das 12784 t große *Panzerschiff* I. Klasse wurde auf der Staatswerft in Nikolajew gebaut und lief am 25. September 1898 unter dem Namen »KNJAS POTEMKIN TAWRISCHESKIJ« von Stapel. Nach der Fertigstellung wurde es in die Schwarzmeerflotte übernommen.
Das Schiff war über Alles 115,30 m und zwischen den Loten 114,90 m lang, 22,3 m breit und besaß einen Tiefgang von 8,2 m. Die Besatzung bestand aus 741 Mann. Zwei Dampfmaschinen mit einer Gesamtleistung von 7802 kW (10600 PSi) und 22 Kessel gaben dem Zweischraubenschiff eine Geschwindigkeit von 16 kn. Der Kohlevorrat wird mit 870 t bzw. 1400 t angegeben, mit der eine Dampfstrecke von etwa 5000 Seemeilen erreichbar war. Die Bewaffnung bestand aus 4×30,5-cm-, 16×15-cm-, 14×7,5-cm-Geschützen sowie 6×4,7-cm- und 2×3,7-cm-Maschinenkanonen und 4 Maschinengewehren. Weiter waren 5 Unterwassertorpedorohre vorhanden, je Bordseite 2 und im Heck 1 Rohr. Die Panzerung aus Kruppstrahl hatte die Dicken: an Deck 3,8···7,5 cm, am Kommandoturm 23 cm, in der Wasserlinie 18···23 cm, an der schweren Artillerie 25,5 cm und an der mittleren Artillerie 13 cm.
Am 14. Juni 1905 bzw. am 27. Juni nach dem neuen Kalender kam es auf dem Schiff auf See zum legendären Aufstand und die Matrosen hißten zum ersten Mal in der Geschichte der Seefahrt auf einem Schiff die rote Fahne der Revolution. Bei den Auseinandersetzungen wurde der Matrose G. Wakulintschuk vom Offizier Giljarowski getötet, worauf die aufständischen Matrosen 7 Offiziere erschossen und das Kommando übernahmen. Dem nach Odessa zurückkehrenden Schiff schloß sich zunächst das ältere Linienschiff »GEORGI POBJEDONOSSEZ« an, das jedoch auf eine Sandbank lief. Ohne Unterstützung, ohne Vorräte an Kohle, Trinkwasser und Proviant versuchte die »POTEMKIN« Rumänien anzulaufen. Die dortigen Behörden verweigerten jedoch die Unterstützung. Nach ergebnislosen Kreuzfahrten in Richtung Batumi und Fedossija entschied der als Kommandant eingesetzte Maschinist Aleksejew am 24. Juni das Anlaufen von Constanza und die Übergabe des Schiffs an die rumänische Regierung. Eine größere Gruppe von Matrosen ging von dort nach Amerika, Kanada und Brasilien, um der Auslieferung an die Zarenherrschaft zu entgehen. Andere siedelten sich in Rumänien an. 54 Matrosen wurden zurückgeführt und zu Zwangsarbeit verurteilt bzw. in Strafbataillone versetzt.
Der Aufstand hat weltweit die unhaltbaren Zustände im zaristischen Rußland sichtbar gemacht. Am 12. Oktober 1905 wurde das Schiff von der russischen Admiralität in »PANTELEJMON« umbenannt, die Erinnerung an Potemkin sollte gelöscht werden. Im Laufe des Jahres 1915 operierten deutsche U-Boote in türkischen Gewässern. In Konstantinopel war eine Unterseeboothalbflottille stationiert, die hauptsächlich im Schwarzen Meer operierte. Von einem dieser Boote wurde die »PANTELEJMON« am 22. Mai 1915 am Eingang des Bosporus bei Mydia torpediert. Das Schiff muß wieder gehoben worden sein, denn als die deutsche »GOEBEN« am 3. Mai 1918 in Sewastopol war, lag die »PANTELEJMON« ex »POTEMKIN« dort, sie wurde 1922 abgebrochen.

»Potsdam-Frachter«: Bezeichnung für abmessungsbegrenzte deutsche Schiffsneubauten nach dem zweiten Weltkrieg. Die Direktive Nr. 37 vom 26. September 1946 der Alliierten Kontrollbehörde in Potsdam verfügte für die damaligen Besatzungszonen für den Schiffsneubau folgende Einschränkungen: Schiffsgröße maximal 1500 BRT, Geschwindigkeit maximal 12 kn, Ladegeschirr-Traglast maximal 3 t, Aktionsradius 2000 Seemeilen. Vorgeschriebene Antriebsart: Kolbendampfmaschine mit Kohlefeuerung. Anzahl der Passagiere: maximal 24 Personen. Die 1950 in der BRD gebauten Schiffe »JUPITER« und »PALLAS« der Flensburger Schiffspartenvereinigung AG. waren entsprechend diesen Begrenzungen »Potsdam-Frachter«. Weiter sind auch »Potsdam-Fischdampfer« in der BRD gebaut worden.

Prahm: ein bereits seit dem Mittelalter in Nordeuropa allgemein bekanntes, völlig gebautes, flachgehendes und flachbordiges Fahrzeug für den Lastentransport auf flachen Gewässern, in Häfen und an geschützten Küsten.
Der heutige Prahm ist vorwiegend ein Arbeitsmittel in der sog. »Technischen Flotte«. Das breit und niedrig aus Stahl und in Ausnahme aus Stahlbeton gebaute Fahrzeug hat keinen Eigenantrieb. Als Glattdeckprahm ist der Schiffskörper durch ein Arbeitsdeck wasserdicht abgeschlossen. Wie bei einem *Ponton* bleibt i. allg. der

Die »PREUSSEN« in voller Fahrt

umbaute Schiffsraum zur Auftriebserzeugung leer. Auf dem Arbeitsdeck können verschiedene Geräte, wie Rammen (Rammprahm), Bagger (Baggerprahm), Taucherausrüstungen (Taucherprahm), Krane (Kranprahm), montiert sein oder schwere Lasten und schwere Fahrzeuge gefahren (Schwerlastprahm) oder Container zwischengelagert werden (Containerprahm). Für den Personentransport gibt es den Fährprahm als Flußfähre seit Jahrhunderten. Für Lastentransporte gleicht der Lastprahm dem antriebslosen *Leichter* und wird zu Schlepp- und Schubverbänden zusammengestellt.

»PREUSSEN«: deutsches Eisenbahnfährschiff. Am 15. November 1907 schlossen Deutschland und Schweden einen Vertrag, der die Eröffnung einer Eisenbahnfährverbindung zwischen beiden Staaten vorsah. Auf der Grundlage des Vertrags beteiligte sich jedes Land zunächst mit 2 Fährschiffen. Deutschland setzte die beiden 1909 auf der Werft von F. Schichau in Danzig neuerbauten Dampffährschiffe »PREUSSEN« und »DEUTSCHLAND« ein, wobei die Erfahrungen mit der Linie Warnemünde – Gedser genutzt wurden. Schweden baute für diesen Zweck das Fährschiff »DROTTNING VICTORIA« und ein Jahr später (1910) die »KONONG GUSTAV V«.
Die »PREUSSEN« und »DEUTSCHLAND« besaßen ein Deplacement von je 4200 t, eine Breite über Alles von 16,26 m, Länge von 113,80 m und einen Tiefgang von 5,20 m. Die Antriebsleistung betrug 3675 kW (5000 PS), mit der die Fähren die Geschwindigkeit von 15,5 kn erreichten. Jede Fähre hatte 2 Gleise mit einer nutzbaren Gleislänge von 172 m für 8 D-Zug-Wagen oder 16 ··· 18 Güterwagen.
Am 16. Juli 1908 kam der schwedische König mit seinen Ministern an Bord des Küstenpanzerschiffs »OSCAR II« nach Saßnitz, wo er von Kaiser Wilhelm II. an Bord seiner Yacht *»HOHENZOLLERN«*, die vom Kreuzer »HAMBURG« begleitet wurde, empfangen wurde. Um 14.00 Uhr setzte sich der Konvoi nach Trelleborg in Marsch, wo Graf Hamilton nach einem Festessen den Fährdienst eröffnete.
Im ersten Weltkrieg konnte der Fährverkehr ungehindert aufrechterhalten werden. Am 15. Oktober 1915 kollidierte das Torpedoboot »T 100« jedoch mit dem Fährschiff »PREUSSEN«, wobei 39 Tote zu beklagen waren.
Das Jahr 1936/37 brachte einen sehr harten Winter. Im dichten Schneesturm strandete die »PREUSSEN« in der Nacht zum 10. Dezember 1937 an der »Teufelsschlucht« vor Stubbenkammer, und konnte erst nach 20 Tagen abgeborgen werden. Fast an der gleichen Stelle war im Jahr 1900 der schwedische Postdampfer »REX« aufgelaufen und von der tobenden See zerschlagen worden.
Im zweiten Weltkrieg mußte im Juni 1943 der Personenverkehr eingestellt werden, und am 26. September 1944 liefen die Fährschiffe zu ihrer letzten Überfahrt aus. Nach 35jährigem Bestehen war die »Königslinie« Saßnitz – Trelleborg unterbrochen. Bis Kriegsende machte die »PREUSSEN« dann noch einige Fahrten als Truppen- und Verwundetentransporter und wurde dann der Sowjetunion als Reparationslieferung übergeben. 1977 lag sie noch als »KRILJON« im Hafen von Wostotschnyi am Golf von Nachodka und diente den Arbeitern des Hafenneubaus als Baustellenunterkunft.

Deutscher Bäderdampfer »PRINCESS ROYAL VICTORIA« (1857)

»PRINCESS ROYAL VICTORIA«: deutscher Raddampfer. Der Küsten-Bäderraddampfer »PRINCESS ROYAL VICTORIA« entstand 1857 für die Reederei I. F. Bräunlich in Stettin. Der aus Holz gebaute Dampfer stellt als Glattdecker eine typische Übergangsform vom Segelschiff zum Dampfer dar, er war mit 99,85 NRT vermessen. Zur Sicherheit hatte der Raddampfer noch eine Segeltakelage für beide Masten. Er besaß eine Zweifach-Expansionsmaschine mit einer Leistung von 48 kW (65 PS) und einen Schaufelradantrieb. Die Maschine erforderte noch einen mittschiffs liegenden Decksaufbau als Vorläufer der heutigen Brücke. Darüber befand sich von Radkasten zu Radkasten der Laufgang, von dem aus der Kapitän, oftmals auch auf dem Radkasten stehend, seine Befehle gab. Da das Schiff noch am ebenfalls offen stehenden Steuerrad gelenkt wurde, gab man Kommandos durch Zuruf, die bei Sturm oft von Mann zu Mann weitergegeben werden mußten.

»PRINZ CARL«: erstes in Deutschland aus Eisen gebautes Dampfschiff. Bis 1834 hatten die ersten in Deutschland gebauten Dampfschiffe, siehe *»PRINZESSIN CHARLOTTE VON PREUSSEN«* u. a., einen hölzernen Schiffskörper. Die Maschinenbauanstalt und Eisengießerei in der Kirchstraße Berlin/Moabit der Preußischen Seehandlung – auf Veranlassung Friedrich II. am 14. Oktober 1772 für den Überseehandel gegründet – baute nach Plänen des Mechanicus Gilbert aus Derbyshire 1834/35 in Deutschland den ersten eisernen Dampfer. Die Eisenbleche stellte das königliche Hüttenwerk Neustadt-Eberswalde her und die beiden Dampfkessel und die Dampfmaschinen kamen aus Berliner Werkstätten.
Die »PRINZ CARL« war über Deck 33,36 m lang und ohne Radkästen von Bord zu Bord 5,63 m und über Radkästen 6,2 m breit. Die schmalen Seitenräder wurden zur Vermeidung von Beschädigungen teilweise durch den Schiffskörper geschützt. Ein besonderer Vorteil war der gegenüber holzgebauten Schiffen geringere Tiefgang von nur 0,5 m, so daß auch bei geringeren Wassertiefen gefahren werden konnte. Mit dem Schaufelradantrieb fuhr es 18,7 km/h. Die Moabiter Werft baute in den Folgejahren weitere ähnliche Schiffe, darunter »ALEXANDRIA« (1844), *»MERCUR«* (1845) und für die Spreefahrt die kleinere *»IRIS«* (1847).
Der Linienverkehr nach Hamburg wurde in diesen Jahren auf 3 Abfahrten wöchentlich verstärkt. Die Dampfer fuhren nach Eintreffen des Morgenzugs aus Potsdam ab und brauchten 2 Tage bis Hamburg, während die Rückfahrt stromauf 3 Tage dauerte. Der Fahrpreis betrug 8 Taler in der Kajüte I. Klasse und 6 Taler in der II. Klasse.

»PRINZESSIN CHARLOTTE VON PREUSSEN«: erstes der 5 Raddampfschiffe der späteren preußischen Patent-Dampfschiffahrtsgesellschaft, die am 1. 1. 1817 gegründet wurde, und erstes der in Deutschland überhaupt gebauten Dampfschiffe. Prinzessin Charlotte (1798 bis 1860) war die älteste Tochter von Friedrich Wilhelm III. und von Luise, geb. Prinzessin von Mecklenburg-Strelitz. Sie wurde 1817 die Gemahlin des Nikolaus I. und ab 1825 russische Zarin. Sie starb am 1. November 1860 als Zarin Charlotte Alexandra Feodorowa. Am 21. Juni 1816 war die Kiellegung dieses ersten auf preußischem Boden von J. HUMPHREYS in Pichelsdorf bei Spandau am 14. September 1816 von Stapel gelassenen Raddampfers mit einem Schaufelrad in der Mitte des Schiffskörpers. Der Bau stand unter Leitung von John Rubie. Da die Maschinenanlage vollständig in Großbritannien bei der Firma Boulton, Watt & Co. in Soho bei Birmingham bestellt und von dort ausgeliefert wurde, konnte das Schiff schnell ausgerüstet werden, und bereits am 27. Oktober 1816 war die erste Fahrt von Spandau zur Pfaueninsel mit 160 Fahrgästen. Das 41,5 m lange und 5,90 m breite und 0,6 m tief gehende Holzschiff hatte eine 22 kW (30 PS) doppelarmige Seitenbalanciermaschine, die das in einem mittschiffs angeordneten Radkasten zwischen den Schiffshälften laufende Schaufelrad antrieb. Die abschließende Erprobung wurde am 1. November mit einer eindrucksvollen Demonstration des Schleppvermögens abgeschlossen. Es konnten 2 Holzschuten, 3 kleine Boote, 1 Oderkahn und 2 unbeladene kleine Fahrzeuge gegen den Strom ohne Zwischenfall von Pichelsdorf nach Spandau geschleppt werden. Danach gab es im Auftrag der »Königlichen Post« 3 regelmäßige Liniendienste zwischen Tiergarten und Charlottenburg, Spandau und Potsdam, deren Hin- und Rückfahrt je 15

Erstes in Deutschland gebautes Dampfschiff »PRINZESSIN CHARLOTTE VON PREUSSEN« (1816)

bzw. 26 und 34 km betrugen. Auf den nachweislich gefahrenen Fahrten bis zur Auflegung des Schiffs im Jahr 1821 wurden etwa 5500 km zurückgelegt.

»PRINZ EUGEN«: deutscher Schwerer Kreuzer, einziges Schiff der Kriegsmarine, dessen Name auf die Tradition der österreichisch-ungarischen Marine Bezug nahm. Der Kreuzer erhielt den Namen des legendären Reichsfeldherrn Prinz Eugen von Savoyen, geb. am 18. März 1663 in Paris, gestorben am 21. April 1736. Bei König Ludwig XIV. in Ungnade gefallen, verließ er in jungen Jahren Paris. Als österreichischer Offizier in der gegen die Türken geschlagenen Schlacht bei Ofen verwundet, erlebte er die Siege bei Zenta (1697) und Belgrad (1717), in denen die Türken endgültig geschlagen wurden. Wie der Sieg bei Höchstädt 1704 Frankreichs Vormachtstellung zerschlug, bedeutete der Sieg bei Turin die Befreiung Oberitaliens, die Siege bei Oudenarde und Malplaquet die Befreiung der Niederlande.
Der Schwere Kreuzer »PRINZ EUGEN« wurde 1936 auf der Germaniawerft in Kiel auf Kiel gelegt, lief am 22. August 1938 von Stapel und wurde am 1. August 1940 in Dienst gestellt. Die Baukosten beliefen sich auf 104,490 Mill. Mark. Das Schiff war über Alles 212,5 m und zwischen den Loten 207,7 m lang, 21,9 m breit und besaß bei einem Deplacement von maximal 19800 t einen Tiefgang von 7,94 m. Die Besatzung bestand aus ca. 1600 Mann. Die Panzerdicke betrug in der Wasserlinie 8 cm, in den Decks 3 cm, am Kommandoturm 16 cm und für die Türme der schweren Artillerie bis zu 14 cm. Zur Bewaffnung gehörten 8×20,3-cm-Geschütze in Doppeltürmen, 12×10,5-cm-Flak in Doppellafetten (ab November 1944 18×4-cm-Bofors-Flak), 8 (bis zeitweise 52) 2-cm-Flak in Einzel- und Mehrfachlafetten und 12 Torpedorohre 53,3 cm in Drillingssätzen. Ferner befanden sich an Bord 3 Flugzeuge, 1 Schleuder, 1 Flugzeughalle.

Die Hauptantriebsanlage mit 3 Satz BBC-Getriebeturbinen hatte eine Gesamtleistung von 97152 kW (132000 PSw), die auf 3 Schrauben von je 3,15 m Durchmesser wirkten. Die Höchstgeschwindigkeit betrug 32 kn.
Den benötigten Dampf lieferten 12 Wagner-La Mont-Kessel mit einem Kesseldruck von 80 atü (8,1 MPa). Bei einem Brennstoffvorrat von 5600 t konnten bei Marschfahrt mit 19 kn etwa 6000 Seemeilen zurückgelegt werden.
Nach verschiedenen Kriegseinsätzen wurde der Schwere Kreuzer 1945 an die USA übergeben und am 14. Dezember 1945 als Kriegsbeute in die USA überführt. Am 17. Juni 1946 diente er beim Bikini-Atombombenversuch als Versuchsobjekt. Infolge Zerstörungen und Leckagen ist er dann am 15. November 1947 bei der zu den Marshalinseln gehörenden Kwajalein-Lagune gekentert und am 16. Dezember 1946 untergegangen. Die Reste des Kreuzers wurden 1962/65 abgebrochen. U. a. wurde ein Propeller geborgen, der heute noch in Laboe steht.

Prisendampfer, *Prise:* im Seekrieg aufgebrachtes feindliches oder Konterbande fahrendes *Neutrales Schiff*. Die Seekriegsführung gegen unbewaffnete Handelsschiffe hielt sich im ersten Weltkrieg anfangs noch teilweise an völkerrechtliche Regelungen. Hatte ein Kriegsschiff, Hilfskreuzer oder U-Boot ein neutrales oder feindliches Handelsschiff aufgebracht, so war es eine »Prise«. Das Wort entstammt dem französischen »pendre« = nehmen, in diesem Falle wegnehmen. Vom Kriegsschiff wurde ein Prisenkommando an Bord des angehaltenen Schiffs geschickt, um festzustellen, ob das Schiff Konterbande an Bord führte und demgemäß aufgebracht oder versenkt werden durfte. Führer des Prisenkommandos war meistens ein mit der Handelsschiffahrt vertrauter Reserveoffizier. Zuweilen gelang es dem Prisenkommando, das aufgebrachte Schiff in einen Hafen des eigenen Macht-

Deutscher Schwerer Kreuzer »PRINZ EUGEN«

Die beiden hinteren 20,3-cm-Geschütztürme

bereichs zu bringen. Bei neutralen Schiffen entschied ein Schiedsgericht (Prisengericht oder Prisenhof) über das eingebrachte Schiff, wenn der Fall der Aufbringung nicht klar gerechtfertigt erschien. Erklärte das Schiedsgericht, daß das Schiff zu Recht genommen wurde, so war es eine »gute Prise«. Andernfalls war das Schiff dem betreffenden neutralen Staat zurückzugeben.

PROBO: Abkürzung für product oil/bulk/ore-carrier, ein i. allg. großer Schiffstyp um 120 000 t DW, der so gebaut und ausgerüstet ist, daß er wahlweise als Produktentanker für Erdölverarbeitungsprodukte bzw. als Massenschüttgutschiff oder als Erzfrachter eingesetzt werden kann.

Produktions-Plattform: siehe *Bohrplattform*

Propan-Tanker: *Tanker* für den Transport von Flüssigpropan, der wahlweise auch Butan oder Ammoniak fahren kann. Das Propan wird i. allg. in verflüssigter Form bei Normaltemperatur und einem Druck von etwa 1,9 MPa (18 atü) in kugelförmigen Druckbehältern oder in Stahlflaschen befördert.

Pulptanker: *Tanker* für den Transport von durch Wasser pumpfähig gemachtem Holzbrei. Das klein zerspante Holz wird durch Rohrleitungen in das Schiff gepumpt. Wasser, das sich über der Ladung absetzt, wird abgepumpt und bei der Entladung den Rührwerken wieder zugeführt. Da diese Art der Ladungsbehandlung eine Produktions-Vorstufe für die Zellstoff- und Papierfabrikation darstellt, ist der Pulptanker in gewisser Weise nicht nur ein Transport- sondern auch ein Fabrikschiff.

»PYROSCAPHE«: frühes französisches Dampfboot 1781 bis 1784. Der französische Marquis Claude Francois Dorothee de Jouffroy d'Abbans begann seine ersten Versuche mit Dampfbooten eigener Konstruktion schon um 1776 auf dem Fluß Doubs. Er gilt daher zu Recht als einer der ersten Pioniere des Dampfboots. Nach einigen Vorversuchen fuhr er am 15. Juli 1781 mit einem durch eine Kolbendampfmaschine angetriebenen Schaufelradboot in der Nähe von Lyon die Saone aufwärts. Obwohl der Antrieb nicht funktionssicher und wirtschaftlich genug war, suchte er seine Konstruktionen zu verbessern und setzte seine Versuche auf der Seine und Saone fort.
Am 3. Juli 1783 führte er sein um 46 m langes und 4,5 m breites Dampfboot »PYROSCAPHE« auf der Saone vor. Die Maschine war jedoch noch nicht leistungsstark genug, um dem Boot gegen die Strömung eine ausreichende Geschwindigkeit zu geben.

Modell eines Dampfboots von Jouffroy d'Abbans von 1784 mit Kessel, Dampfmaschine und Schaufelrädern

Die »QUEEN ELIZABETH« (1) in Fahrt

Q

Quarantäneschiff: Schiff für die zeitweise Isolation (Quarantäne) von Seeleuten und Passagieren. Hat ein ankommendes Schiff eine der quarantäneplichtigen Krankheiten, wie Cholera, Gelbfieber, Pest oder Pocken, an Bord, so ist zur Verhinderung der Ausbreitung dieser Erkrankungen eine besonders strenge Isolierung erforderlich. Das Schiff bleibt dann auf Reede liegen und setzt die Signalflaggen RS für »Keiner darf an Bord kommen«.
Besteht dagegen nur der Verdacht auf die Möglichkeit der Übertragung einer quarantänepflichtigen Krankheit, so wird das Flaggensignal ZU und die Ziffer des zutreffenden Schiffsgesundheitscodes gezeigt. So bedeutet das Signal QQ »Benötige Gesundheitsabfertigung«; es wird nachts als rotes Licht 2 m über einem weißen Licht gesetzt. Bis zur Entscheidung des Hafenarztes darf in beiden Fällen das Schiff nicht betreten werden. Die Flagge Q oder ZS des Internationalen Signalbuches dagegen zeigt an: »An Bord ist alles Wohl, bitte um freie Verkehrserlaubnis«.

Quarterdeckschiff: Schiff mit erhöhtem Achterdeck. Das Quarterdeck (engl. raised quarterdeck vessel) kam etwa um 1845 auf, als bei den Dampfschiffen ein Ausgleich für den Raumverlust im Hinterschiff durch den Wellentunnel benötigt wurde. Dazu wurde das Deck in diesem hinteren Schiffsbereich um eine halbe Deckshöhe angehoben. Ein Mangel dieser Bauweise besteht in der festigkeitsseitigen Unterbrechung des durchlaufenden Decksverbands, wie er beim *Glattdeckschiff* ausgeführt ist. Wegen des Raumgewinns wurde das Quarterdeck bis in die jüngere Zeit jedoch bei kleineren Frachtschiffen und bei Fischereischiffen beibehalten. Verschiedene Varianten hatten auch ein verlängertes Quarterdeck, das später mit den Maschinenschächten und der Brücke kombiniert wurde.

»QUEEN ELIZABETH« (1): britisches Passagierschiff. Die traditionsreiche »Cunard Steam Ship Company« in Southampton machte mit ihrem Gespür für den technischen Fortschritt 1938 erneut auf sich aufmerksam. Bei der Werft von John Brown & Co. in Clydebank bestellte sie für den Nordatlantikdienst Route Southampton–New York mit dem Passagierschiff »QUEEN ELIZABETH« das seinerzeit größte Schiff der Welt. Der Stapellauf der QUEEN war am 27. September 1938.
Das 83 673 BRT große, noch voll genietete Schiff war über Alles 314,24 m lang, 36,00 m breit und hatte fast 12 m Tiefgang. Die Höhe von der Unterkante Kiel bis zur Mastspitze betrug 71 m. Der Schiffsriese hatte 14 Decks mit 24 Aufzügen und konnte 2300 Fahrgäste befördern. Zur Besatzung gehörten 1200 Mann. 4 Dampfturbinensätze, die Dampf von 12 Kesseln erhielten, erzeugten eine Leistung von 147 200 kW (200 000 PS). Das war die größte Maschinenleistung, die bis zu dieser Zeit auf einem Handelsschiff installiert wurde. Mit seinen 4 Schrauben erreichte das Schiff eine Geschwindigkeit von 28,5 kn.
Da die Indienststellung erst nach Kriegsausbruch erfolgte, wurde die »QUEEN ELIZABETH« sofort als Truppentransporter eingesetzt. Sie beförderte seit ihrem ersten Auslaufen aus dem Clyde am 2. März 1940 während des zweiten Weltkriegs 811 000 Soldaten über 493 000 Seemeilen. Erst nach Kriegsende wurde das Schiff seiner vorgesehenen Verwendung, dem Passagierdienst, zugeführt. Durch die schnelle Entwicklung des Flugverkehrs ging der Passagierverkehr auf See erheblich zurück, so daß die Rentabilität nicht mehr gewährleistet war. Die »QUEEN ELIZA-

BETH« wurde 1969 außer Dienst gestellt. Über verschiedene Zwischenkäufer kam das Schiff nach Hongkong, wo der dortige chinesische Großreeder C. Y. Tung das Passagierschiff umrüsten lassen wollte. Ein Großfeuer vernichtete jedoch das Schiff. Als Ursache wurde Brandstiftung angenommen.

QUEEN ELIZABETH« (2): britisches Transatlantik-Passagier- und Kreuzfahrtenschiff. Das mit 67139 BRT vermessene Schiff der Cunard Steam Ship Company für 2025 Passagiere lief am 2. Mai 1967 auf der Bauwerft Upper Clyde Shipbuilders von Stapel und wurde im Februar 1969 in Dienst gestellt. Es ist 293,53 m lang und 32,09 m breit. Die Antriebsleistung bestand aus 2 Turbinensätzen mit einer Leistung von insgesamt 80960 kW. Die Dienstgeschwindigkeit von 28,5 kn erreichte das Zweischraubenschiff mit einer Turbinenleistung zwischen 62560···68920 kW. Das war die größte Maschinenleistung, die in ein modernes Handelsschiff zu Ende der 60er Jahre eingebaut wurde. Für die Dampfversorgung waren 3 Kessel von je 105 t/h Dampferzeugung bei 60 atü und 510 °C installiert, die pro Tag 520 t Brennstoff verbrauchten. Erstmals war auch ein Computer an Bord, mit dem, neben den aus der Automation resultierenden Überwachungsfunktionen, zahlreiche Aufgaben des Bordbetriebs von der Satellitennavigation bis zur Verwaltung und Abrechnung der Vorräte u. a. rationalisiert wurden.

Als das Schiff auf seiner Jungfernfahrt am 8. Mai 1969 nach einer Fahrtzeit von 4 Tagen, 16 Std. und 39 Min. erstmals in New York eintraf, nahm die Weltöffentlichkeit kaum noch Notiz. Das Flugzeug hatte sich im Atlantikverkehr allgemein durchgesetzt. In der Folgezeit wurde das Schiff als Transatlantik-Passagier- und Kreuzfahrtenschiff eingesetzt.

Während des Falklandkriegs wurde das Schiff in Southampton mit 3 Hubschrauberplattformen ausgerüstet und nahm am 12. Mai 1982 mit mehr als 3000 Soldaten und einer großen Menge Waffen an Bord Kurs auf den Südatlantik. Dafür zahlte die Regierung an die Reederei 7 Mill. Pfund Sterling. Die Abrüstung und Wiederherstellung des Schiffs kostete nochmals 7 Mill. Pfund. Großbritanniens Gesamtkosten dieses Kriegs wurden mit 1 Mrd. Pfund angegeben, davon allein 40 Mill. Pfund an Pacht für die Schiffseigner aller beteiligten Schiffe.

Vom Oktober 1986 bis April 1987 wurde das Schiff auf der Lloyd-Werft Bremerhaven GmbH modernisiert und mit mehr Komfort versehen. Es handelte sich um den weltweit größten Umbau-Auftrag für ein Passagierschiff in der Größenordnung um 300 Mill. DM. Die Dampfturbinenanlage wurde ausgebaut und durch eine dieselelektrische Maschinenanlage ersetzt. Die 9 Dieselgeneratorensätze mit je einem Viertaktmotor MAN – B & W L 58/64 von 6810 kW bei 400 U/min und insgesamt 95680 kW Leistung brachten bei einer Dienstgeschwindigkeit von 28,5 kn eine Kraftstoffeinsparung von 250 t/Tag. Hinter den beiden Schrauben wurde zur Propulsionsverbesserung je ein Grim'sches Leitrad angebracht. Die »QUEEN ELIZABETH« hat mit diesem Antrieb wiederum die leistungsstärkste Antriebsanlage eines Handelsschiffs.

»QUEEN ELIZABETH 2« im Hamburger Hafen

Die »QUEEN MARY«

Genietete Laderaumsektion mit Querspantensystem eines Frachtschiffs mit 3 Decks um1900:

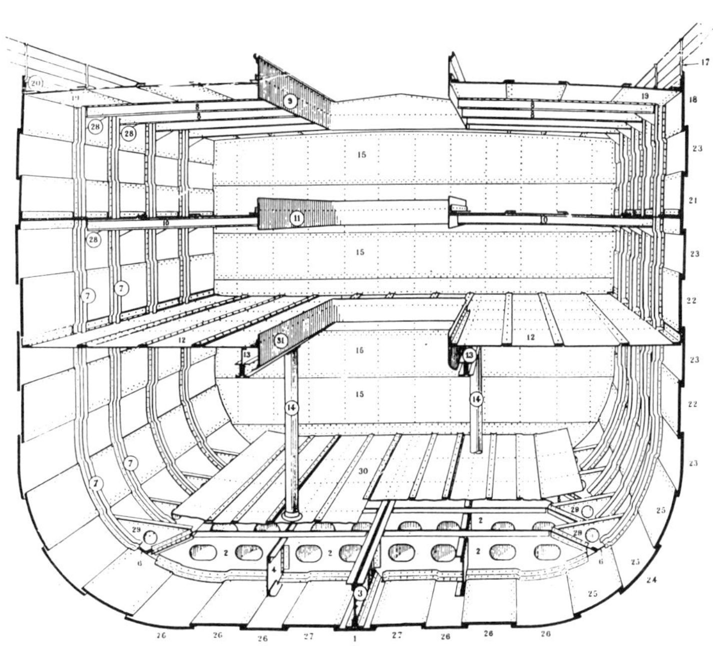

1 *Flachkiel*
2 *Bodenwrangen*
3 *Mittellängsträger*
4 *Seitenlängsträger*
5 *Tankrandplatte*
6 *Tankrandwinkel*
7 *Querspanten*
8 *Oberdecksbalken*
9 *Oberdecks-Lukensüll*
10 *Decksbalken 2. Deck*
11 *Hauptdecks-Lukensüll*
12 *Beplattung 3. Deck*
13 *Unterzüge*
14 *Raumstützen*
15 *Querschott*
16 *Reeling-Durchzüge*
17 *Reelingstützen*
18 *Oberdeck-Scheergang*
19 *Oberdeckstringer*
20 *Stringerwinkel Oberdeck*
21 *Hauptdeck-Scheergang*
22 *Seitenbeplattung*
23 *Außenbeplattung*
24 *Kimm*
25 *Kimmgänge*
26 *Bodengänge*
27 *Kielgänge*
28 *Decksbalkenknie*
29 *Kimmstützplatte*

»QUEEN MARY«: großer britischer Passagierdampfer der Cunard-Line. Das 81237 BRT große Schiff wurde im August 1931 bei John Brown & Company in Clydebank bei Glasgow auf Kiel gelegt. Durch die Weltwirtschaftskrise und erhöhte Baukosten wurde der Bauablauf wiederholt unterbrochen. So mußte die Regierung der Cunard-Line einen Kredit bewilligen. Am 26. September 1934 lief das Schiff in Gegenwart des Königspaars von Stapel. Es war über Alles 310,30 m und zwischen den Loten 306,00 m lang, 36,00 m breit und besaß einen Tiefgang von 12,00 m. Der Schiffskörper hatte 15 Querschotte und 12 Decks. Zur Besatzung gehörten 1050 Personen. Für Schiffe dieser Größe mußten in den Anlaufhäfen neue Piers und in Southampton ein spezielles Trockendock von 365 m Länge und 41 m Breite gebaut werden.

Die »QUEEN MARY« war für die Beförderung von 2139 Passagieren eingerichtet, davon 776 I. Klasse, 784 Touristenklasse und 579 III. Klasse. Die Antriebsanlage bestand aus Getriebe-Turbinen mit einer Gesamtleistung von 132480 kW. Mit 4 Schrauben erreichte das Schiff eine Geschwindigkeit von 28,5 kn. Für den erforderlichen Dampf sorgten 27 Kessel. Am 27. Mai 1936 trat das Schiff seine Jungfernreise an und im August 1936 errang es das »Blaue Band« in West-Ost-Richtung mit einer Überfahrt in 3 Tagen, 23 Std. und 57 Min. bei 30,1 kn Durchschnittsgeschwindigkeit. Danach mußte sie es an die französische *»NORMANDIE«* abtreten, um es dann 1938 erneut zu erobern und bis 1952 zu behalten.

Im zweiten Weltkrieg war das Schiff als Truppentransporter eingesetzt und beförderte australische Truppen noch Nordafrika. In einem Fall waren bei einem solchen Transport 16683 Soldaten an Bord. Im Juli 1947 wurde das Schiff wieder umgerüstet und auf der Route Southampton–New York eingesetzt. Die letzte Reise, es war die 1001 Atlantiküberquerung, führte Ende 1967 nach Long Beach in Kalifornien.

Hier wurde das Schiff umgebaut und dient heute mit einem Hotel, Bars, Restaurants, Vortragssälen sowie einem Museum und einem großen Aquarium als Unterhaltungs- und Kongreßzentrum.

Querspantenschiff: Holz-, Eisen- oder Stahlschiff, bei dem die äußere Hülle vorwiegend durch Querspanten ausgesteift ist. Die Querspantenbauweise ist bis heute die gebräuchlichste Bauart im Unterschied zur Längsspanten-Bauweise (siehe *Isherwood*-Längsspantenschiff) und zur Längsträgerbauart.

R

Radaviso: *Aviso* für Depeschen- und Aufklärungsaufgaben mit Dampfmaschinen- und Schaufelradantrieb. Am Ende des ersten Viertels des 19. Jh. begannen die Kriegsmarinen den neuen Schiffsantrieb versuchsweise zunächst bei kleineren Kriegsschiffen, wie Aviso und Korvetten, einzuführen. Da es zu dieser Zeit noch keine funktionsfähigen Schraubenpropeller gab, wurden traditionelle Segelaviso unter vollständiger oder teilweiser Beibehaltung der Takelage mit Damfmaschinen und Schaufelrädern ausgerüstet. Der erste Radaviso, die »SPHINX«, wurde 1829 in Frankreich mit 777 t Deplacement gebaut und erreichte 7 kn Geschwindigkeit.

Radbagger, *Schaufelbagger, Schwimmbagger:* siehe *Bagger*

Raddampfer, *Schaufelraddampfer:* Dampfschiff mit Mittschiffs-, Heck- oder Seiten-Schaufelrädern. Das Schaufelrad war bis fast zur Mitte des 19. Jh. das erste funktionsfähige Vortriebsorgan des Dampfschiffs, bevor es den Schraubenpropeller gab. Das Prinzip des Wasserrads ist mindestens seit Beginn der Zeitrechnung und wahrscheinlich noch früher als eine der ältesten Maschinen zur Nutzung der Kraft strömenden Wassers für den Mühlenantrieb und bei der sog. »Schiffsmühle« sowie für Bewässerungsanlagen bekannt. Die erste praktische Umkehrung dieses Prinzips, bei der nicht das strömende Wasser, sondern die Muskel- oder Windkraft antreibende Kraft ist, wird auf das Jahr 527 u. Z. zurückgeführt und wurde 1587 von Anonymus de rebus bellicis abgebildet und beschrieben. In dieser Darstellung wird eine römische Liburne durch 3 Schaufelradpaare angetrieben, die jeweils von zwei Ochsen über Göpel gedreht werden. Noch bis zu Ende des 19. Jh. gab es vereinzelt Heck- oder Seitenradfähren, deren Räder durch Pferdetretmühlen angetrieben wurden.

Mit der Einführung des Dampfantriebs konnte auf solchen Vorbildern aufgebaut werden. Ein erstes Patent zum dampfangetriebenen Schaufelradschlepper erhielt JONATHAN HULL 1736 in Britannien. Bis der britische Mechaniker BUCHANAN 1813 ein Schaufelrad mit beweglichen Schaufeln für den stoßfreien Schaufeleintritt vorschlug, waren die einzelnen Schaufeln der Schaufelräder ähnlich einteilig starr wie Blätter an Ruderriemen. Bei den ersten noch unter Segel und Dampf fahrenden Schiffen konnten die durch Seile gehaltenen einzelnen Schaufeln noch eingeholt werden, damit sie die Fahrt des Schiffs beim Segeln nicht hemmten. Die seinerzeit noch kleinen Drehzahlen der ersten Schiffsdampfmaschinen waren für den direkten Antrieb der Schaufelräder mit 20···40 U/min recht günstig, so daß das Schaufelrad schnell zum universellen Vortriebsmittel in der Binnen- und Seeschiffahrt wurde. Das Mittelschiffs-Schaufelrad, das ähnlich wie bei *»CHARLOTTE DUNDAS«* mittschiffs zwischen den beiden Rümpfen eines Doppelrumpf-Dampfboots arbeitete, wandelte sich zum Heck-Schaufelrad, weil es die Schiffsbreite nicht vergrößert und auf Flüssen gegen Treibholz gut geschützt war. Die Mehrzahl aller Schiffe erhielten jedoch Seiten-Schaufelräder.

1829 verbesserten die Briten GALLOWAY und MORGAN das Schaufelrad weiter zum »neunschaufligen Polygonrad«, das sich weiterentwikkelt über mehr als ein Jahrhundert noch in der Flußschiffahrt neben dem Schiffspropeller behaupten konnte. Bei diesem Prinzip tauchen die Schaufeln sowohl stoßfrei ein und behalten die annähernd vertikale Stellung bis zum Austritt bei.

In Deutschland gab es noch das sog. »Nörnberg«-Schaufelrad, das von Ernst Dietze, einem Mitarbeiter der Gebr. Sachsenberg-Werft in Roßlau an der Elbe, weiter verbessert wurde. In der Elbeschiffahrt wurde dieses Rad später als Sachsenbergrad bekannt.

Um 1936 gelang es, den Wirkungsgrad der Schaufelräder durch den Einbau der Süberkrübschen Leitschaufeln, die die Schubkomponente der vom Rad aufgeworfenen Wellen nutzbar machen, um etwa 10 % zu steigern. Diese Konstruktion kam an Schiffen des »Bayrischen Lloyd« zum Einsatz.

In den Kriegsflotten wurde das Schaufelrad zunächst nur zögernd eingeführt, da es nach Meinung der Admirale leicht beschädigt und im Seegang unbrauchbar werden konnte. Im Krim-Krieg hatten die russischen Kanonen die englischen Schiffe zum Teil dadurch kampfunfähig geschossen, daß sie die freiliegenden Schaufelräder unter Feuer nahmen. Gegenüber dem Segel-Kriegsschiff siegte der Schaufelrad-Kriegsdampfer dann schließlich doch mit Ausnahme der Linienschiffe. Der berühmt gewordene Schleppversuch zwischen den beiden englischen Kriegsschiffen »RATTLER« und *»ALECTO«* erwies 1845 die Überlegenheit des Schraubenpropellers.

Im Jahr 1916 gab es in der britischen Marine erneut Schaufelradschiffe. Ihres geringen Tiefgangs wegen wurden Raddampfer für Minenräumaufgaben gebaut. Noch Ende 1956 gab die britische Marine 7 Radschlepper in Auftrag. Die Erfahrungen hatten gezeigt, daß Radschlepper besonders geeignet sind, große und schwere Schiffe durch enge Dockeinfahrten oder in räumlich beengte Hafenbecken zu bugsieren. Die 13-kn-Schlepper erhielten ein Deplacement von 710 t und einen dieselelektrischen Antrieb.

1932 wurde nach 47 Dienstjahren der letzte hochseefähige deutsche Schaufelrad-Salon-Schnelldampfer *»FREIA«* verschrottet. Im Mai 1982 hatte das Seitenradschiff »STADT WEHLEN« des VEB »Weiße Flotte«, Dresden, sein 100. Dienstjahr. Es ist damit eines der ältesten

Die österreichisch-ungarische Fregatte »RADETZKY«, Baujahr 1872

noch funktionsfähigen Dampfschiffe mit Seiten-Schaufelrädern in Europa.
Zu den aus der Entwicklungsgeschichte bekanntesten Raddampfern zählen die *»PYROSCAPHE«* (1783), die *»CHARLOTTE DUNDAS«* (1802), die *»CLERMONT«* (1807), die *»COMET«* und die *»DEMOLOGOS«* (1812), die *»DEFIANCE«* und die *»PRINZESSIN CHARLOTTE VON PREUSSEN«* (1816), die *»SAVANNAH«* (1818), die *»SIRIUS«* (1837), die *»GREAT WESTERN«* (1837) und die *»GREAT EASTERN«* (1858), die neben den Schaufelrädern auch schon einen Schraubenpropeller erhielt.

»RADETZKY« (II): österreichisch-ungarische Schraubenfregatte. Der 3430 t bzw. 3394 ts Einsatz-Verdrängung große Kompositbau der Österreichisch-Ungarischen K.u.K. Marine lief 1872 von Stapel, war über Alles 79,1 m und zwischen den Loten 77 m lang; 14,33 m breit und hatte einen Tiefgang von 7 m. Die Bewaffnung bestand aus 15×15-cm-Krupp-Geschützen. Eine Dampfmaschine mit einer Leistung von 2490 kW (3385 PSi) gab der Fregatte eine Geschwindigkeit von 14,2···15 kn. Zur Durchführung längerer Reisen war das Schiff als Dreimast-Vollschiff getakelt. Die Schraubenfregatte wurde 1897 zum Artillerieschulschiff umgerüstet, 1908 in »ADRIA« umbenannt und diente 1915 als Wohnschiff in Pola.

Radkorvette: kleines Kriegsschiff aus der Anfangszeit des Dampfantriebs mit seitlichen Schaufelrädern, siehe auch *Dampfkorvette* und *Korvette*. Das erste auf einer preußischen Werft mit Dampfantrieb gebaute Kriegsschiff war die Radkorvette »DANZIG«, die im November 1851 in Danzig von Stapel lief.

Radschlepper: siehe *Dampfschlepper* und *Schlepper*

Raketenfregatte: *Fregatte* im Größenbereich von 900···3000 t Deplacement sowie 80···120 m Länge mit der Hauptbewaffnung Schiff-Schiff- und Schiff-Luft-Raketen.

Raketenkreuzer: moderner raketentragender *Kreuzer* von 6000···20000 t Deplacement, der neben einigen universellen Geschützen als Hauptwaffe Abschußeinrichtungen für Schiff-Schiff-Raketen und Schiff-Luft-Raketen hat. Der anfänglich völlige Verzicht auf Artillerie ist bei der Folgegeneration nicht mehr beibehalten worden. Heute haben alle raketentragenden Schiffe zusätzliche Rohrwaffen, wie z.B. der US-Raketenkreuzer »LONG BEACH«, der zwei 12,7-cm-Geschütze hat. Neben Dieselmotoren und Gasturbinen werden moderne Raketenkreuzer zunehmend durch Kernkraft angetrieben.

Rammsporn-Kriegsschiff: Kriegsschiff mit einem beilartig unterhalb der Wasserlinie hervorragenden Rammsporn. Der schon aus der Antike und dem Mittelalter bekannte Rammsporn erhielt mit der Entwicklung der *Panzerschiffe* um die Mitte des 19. Jh. in den Kriegsflotten erneute Bedeutung. So brachte der Rammstoß des Flaggschiffs »FERDINAND MAX« unter der Führung von TEGETTHOFF 1866 im Mittelmeer bei Lissa den Verlust des italienischen Flaggschiffs »RE d'ITALIA« und die Überlegenheit Österreichs. Auch die Kollision der deutschen Panzerfregatte *»KÖNIG WILHELM«*, bei der am 31. Mai 1878 durch einen unbeabsichtigten Rammstoß die deutsche Panzerfregatte »GROSSER KURFÜRST« mit 269 Mann Besatzung verloren ging, zeigte die Wirkung. Schlußfolgernd wurden bis zur Jahrhundertwende noch die großen Kriegsschiffe in allen Ländern mit einem Rammsporn oder Rammsteven gebaut.
Der 2···3 m unterhalb der Wasserlinie liegende Rammsporn sollte gegnerische Panzerschiffe unterhalb des Gürtelpanzers treffen. Als Schutzmaßnahme gegen das Rammen wurden seitdem Kriegsschiffe tiefer gepanzert und stärker durch Längs- und Querschotte unterteilt. In dieser Zeit gab es in Frankreich zur Verteidigung der Küsten und Häfen stark gebaute und schwer gepanzerte flachgehende Kriegsschiffe, sog. »Widderschiffe«, die nur 1 oder 2 Geschütze an Deck hatten und hauptsächlich für den Rammstoß gedacht waren. Mit der Entwicklung weiterreichender Geschütze mit größerer Durchschlagskraft und Wirkung der Sprenggranaten verlor das Rammsporn-Kriegsschiff seine Bedeutung.

Räumboot, Abkürzung R-Boot: in der deutschen Kriegsmarine gebrauchte Bezeichung für ein kleines Fahrzeug zum Räumen von Minen; siehe weiter *MLR* (Minenleg- und Räumschiff).

Reaktionsantrieb-Schiff: siehe *Wasserstrahlantrieb-Schiff*

»REDOUTABLE«: französisches Zentralbatterieschiff, erstes 1876 von Stapel gelassenes Panzerschiff in Voll-Stahlkonstruktion. Bis 1872 waren die Schiffskörper der Panzerschiffe aus Holz oder in Kompositbauweise Holz-Eisen-Stahl gebaut. Stahlerzeugung- und -verarbeitung ermöglichten nunmehr den weitergehenden Einsatz von Eisen und Stahl zum Bau wesentlich festerer Schiffskörper. Der Vorschlag des französischen Marineingenieurs De BUSSY wurde angenommen und die »REDOUTABLE« aus Stahl konstruiert, die Panzerung bestand aus geschmiedeten Eisenplatten. Die damit möglichen Massenverminderungen gegenüber den bisherigen Hauptverbänden kamen wesentlichen Neuerungen zugute. Das Schiff wurde durch Querschotte in wasserdichte Abteilungen und durch einen Doppelboden unterteilt. In Höhe der Schwimmwasserlinie kam ein Panzerdeck von 60 mm Dicke zum Einbau.
Die »REDOUTABLE« hatte ein Deplacement von 9224 ts, war in der KWL 97,13 m lang; 19,66 m breit und ging 7,8 m tief. Mit der Maschinenleistung von 4560 kW (6200 PS) wurden 14,7 kn erreicht. Die ursprünglich vorhandene Vollschiffstakelung mit 2220 m^2 Segelfläche wurde später auf eine Barktakelung reduziert und schließlich ganz entfernt. Die Bewaffnung bestand ursprünglich aus 8×27,4-cm-, 6×14-cm-Geschützen sowie weiteren leichten Waffen und 2×356-mm-Torpedorohren. Das Schiff wurde mehrfach umgerüstet und modernisiert und erst 1910 aus der Flottenliste gestrichen.

Die »REDOUTABLE«, Deplacement 8800 t, 1876 das erste Panzerschiff der Welt in Voll-Stahlkonstruktion

Reinigungsschiff: siehe *Wasserreinigungsschiff*

Renn-Motorboot: siehe *Gleitboot*

Restaurant-Schiff: speziell als schwimmendes

Restaurant für Großstädte oder Erholungsgebiete für feste oder veränderliche Liegeplätze mit pontonförmigen Schiffskörper gebautes Schiff oder ein umgebautes, nicht mehr in Fahrt befindliches *Fahrgastschiff*. Eines der größten Restaurant-Schiffe ist derzeit die 1967 aus der Linienschiffahrt herausgenommene, 82000 BRT große »*QUEEN MARY*« im Hafen Long Beach, Kalifornien.

Rettungsboot: ein zum Schiff gehörendes Boot für Passagiere und Mannschaften im Seenotfall. Das Rettungsboot im heutigen Sinne gibt es auf allen Schiffen erst seit der Mitte des 19. Jh. Die auf Kauffahrteischiffen oder Segelkriegsschiffen mitgeführten Boote dienten in erster Linie dazu, seichte Gewässer auszuloten, Inspektionsfahrten an Land zu unternehmen, Truppen anzulanden oder Arbeiten am eigenen Schiff ausführen zu können. Für den Notfall hätten die an Bord befindlichen Boote nicht alle Leute aufnehmen können, so daß sie nicht vorrangig als Rettungsmittel angesehen wurden. Nachdem Rettungsboote allgemein üblich wurden, unterlag ihre Bauausführung und Ausrüstung bald besonderen Vorschriften, z.B. denen der 1887 gegründeten »Deutschen Seeberufsgenossenschaft«. Mit der Durchsetzung fester Regeln zur Beschaffenheit und zur Anzahl von Rettungsmitteln an Bord von Seeschiffen wurde ein Fortschritt in der Schiffssicherheit erzielt. Mit der fortschreitenden Entwicklung des Schiffbaus bildeten sich dann einige auf den Bau von Rettungsbooten spezialisierte Werften heraus, die typisierte Boote serienmäßig herzustellen begannen.
Die anfänglich aus Holz gebauten Boote erhielten Luftkästen, um sie sinksicherer zu machen. Am Dollbord wurde ein in festes Segeltuch eingenähter Korkfender angebracht, der als Spritzwasserschutz und als zusätzlicher Auftrieb diente und mit Greifleinen versehen war. Die in Pallungen an Bord gelagerten Boote wurden mit einer geteerten Persenning abgedeckt, um im Notfall auch Regenwasser aufzufangen. Die hellgrau oder weiß gestrichenen Boote hatten ein signalrotes Dollbord, um sie in der See besser ausmachen zu können. Zur Fortbewegung waren Riemen und meistens auch ein aufrichtbarer Mast mit Segel vorhanden. Inventar und Seenotproviant hatten den jeweiligen Vorschriften zu entsprechen.
Schiffssicherheitsverträge und internationale Konferenzen regelten nach und nach den vorgeschriebenen Bootsraum für Passagier- und Handelsschiffe. Für Außenbordarbeiten war ein gesondertes sog. »Arbeitsboot« zusätzlich an Bord zu nehmen.
Die Holz- und Stahlblechboote wurden in den 1940er Jahren fast völlig durch Leichtmetallboote abgelöst. Seit 1960 werden Rettungsboote nahezu ausschließlich als *Plastboote* gebaut. Alle Boote waren anfänglich offen. Da Seeschlag und Unterkühlung die Hauptgefahren für Schiffbrüchige sind, haben sich schließlich geschlossene Boote allgemein durchgesetzt.
Ein erstes geschlossenes Rettungsboot entwickelte 1958 der Konstrukteur Gustav Kuhr aus Bremerhaven, dem bald das nach dem Konstrukteur Nicole benannte Boot folgte. Beide Bootstypen blieben zunächst Versuchsboote, da nach

Motor-Rettungsboot auf einem Segelschiff

dem Schiffssicherheitsvertrag von 1948 nur offene Boote zugelassen waren, um ein schnelles und sicheres Einbooten zu ermöglichen. Später waren behelfsmäßige Persenningbezüge erlaubt, die über einsteckbare Bügel gezogen wurden. Erst Anfang der 70er Jahre kam es zur allgemeinen Einführung geschlossener Rettungsboote, die auch selbstaufrichtend sind. Ein gekentertes Rettungsboot nimmt automatisch Wasserballast auf und richtet sich dadurch selbst auf.
Das Rettungsboot bildet auch unter heutigen Bedingungen einen wesentlichen Bestandteil der Seenot-Rettungssysteme. Es wird auch für den Krankentransport u.ä. Aufgaben eingesetzt. Für einen Seenotfall sind schnelles Aussetzen und schnelles Verlassen der unmittelbaren Gefahrenzone, ungefährdetes Aufnehmen von im Wasser treibenden Schiffbrüchigen sowie Sammeln und Abschleppen von Rettungsflößen und Rettungsgeräten wichtig. Die Manövrierfähigkeit und Sicherheit muß auch bei schlechtem Wetter gewährleistet sein.
Auf das Riemen- und Segelboot folgte der Hand-Propeller-Antrieb, und in den Anfängen der Motorisierung von Rettungsbooten kamen verschiedenartige Motorentypen als Einbau- oder Außenbordmotoren zum Einsatz. Aus Sicherheitsgründen ist heute nur der eingebaute Dieselmotor zugelassen, der auch nach Kentern und Wiederaufrichten betriebsklar sein muß. Rettungsboote für Öl- und Chemikalientanker sind völlig geschlossen und haben eine Berieselungsanlage, um brennende Ölteppiche mit einer Breite von mehr als einer Seemeile durchqueren zu können. Luftbehälter versorgen während dieser Zeit die Insassen mit Luft und verhindern durch leichten Überdruck im Raum auch das Eindringen giftiger Gase.
Im Jahr 1978 erarbeitete die internationale Weltschiffahrtsorganisation der Vereinten Nationen – seit 1982 IMO/International Maritime Organisation – weitere Vorschriften, die 1982/83 wirksam wurden und geschlossene, sich selbstaufrichtende und selbstlenzende Rettungsboote sowie verbesserte Aussetzmöglichkeiten vorschreiben.
Zu den neuesten Entwicklungen gehören u.a. das »Freifall«-Rettungsboot und sog. »Rettungskapseln«, die im freien Fall oder über Rutschen mit den Insassen zu Wasser gelassen werden und die Rettungsaussichten bedeutend vergrößern. Moderne Rettungsboote sind zur besseren Standorterkennung mit Radarreflektoren, automatischen Seenotsendern und anderen Hilfsmitteln ausgestattet; siehe auch *Rettungsfloß*.

Rettungsfloß, *Rettungsinsel:* kollektives Rettungsmittel, das auf kleineren Schiffen und Binnenschiffen anstelle der *Rettungsboote* und auf größeren Schiffen als alleiniges oder zusätzliches Rettungsgerät gefahren wird. Die aus elastischen, mit Gummi beschichteten Gewebe bestehenden und durch mehrere Luftkammern unterteilten Flöße bzw. Inseln blasen sich automatisch auf, sobald sie mit ihren Behältern abgeworfen werden oder bei einer Havarie des Schiffs selbst aufschwimmen. Unter dem Floß befinden sich Wassertaschen, die wie Treibanker wirken und somit ein zu schnelles Abtreiben vom havarierten Schiff in schwerer See verhindern. Die Ausrüstung entspricht der von Rettungsbooten und unterliegt internationalen Vorschriften.

Rettungskapsel: modernes kollektives Rettungsmittel auf Schiffen mit gefährlicher Ladung wie Benzin- oder Chemikalientanker (siehe *Tanker*) mit relativ kleiner Besatzung, die bei Explosionen oder Bränden so schnell wie möglich die Rettungskapsel erreichen muß und mit ihr abgeworfen wird.

Rettungskreuzer: siehe *Seenot-Rettungskreuzer*

Rettungsschiff, *Offshore-Rettungsschiff:* Spezialfahrzeug zur Rettung von Schiffsbesatzungen aus Seenot bzw. von Bohrinselbesatzungen und zur Brandbekämpfung an Offshore-Fahrzeugen bzw. Mitteln. Während des zweiten Weltkriegs begleiteten Rettungsschiffe die Geleitzüge, um Besatzungen torpedierter Schiffe aufzunehmen, da die anderen Schiffe im Geleitzug zur Weiterfahrt verpflichtet waren und nicht stoppen oder Hilfe leisten konnten. Diese Rettungsschiffe waren bewaffnet und keine *Lazarettschiffe.* Sie waren u.a. insbesondere zur Behandlung von Unterkühlungen und Verbrennungen eingerichtet. Ein erstes Offshore-Rettungsschiff von 80 m Länge für eine Rettungsmannschaft von 40 Mann Stärke wurde 1975 in der BRD in Leer gebaut. Es hat Taucherausrüstungen, Tauchgeräte für Taucheinsätze bis zu 300 m Tiefe, Löscheinrichtungen zur Bekämpfung von Ölbränden u.a. Anlagen.

Rettungs-U-Boot: siehe *Tiefsee-Rettungsgeräte*

Rhein-Schiff: typisches Flußschiff für den Personen- und Gütertransport auf dem Rhein. Der Rhein, die alte westeuropäische Nord-Südachse des Verkehrs, steht heute noch als Binnenschifffahrtsstraße an der Spitze der großen Ströme Westeuropas. Nach dem Verfall der Römerstraßen kam dem Rhein als Transportweg eine erhöhte Bedeutung zu. Die Dampfkraft im Schiffsantrieb hat das Bild auf dem Rhein dann vielfältig gewandelt.
1816 erschien als erstes Dampfschiff die britische »ORWELL« vor Köln. Im November 1817 erreichte dann James Watts *»CALEDONIA«* Koblenz. Bevor der Rhein stromauf jedoch bis Straßburg von einem Dampfschiff bezwungen werden konnte, vergingen noch weitere sieben Jahre. Zu einem Pionier der Rhein-Schiffahrt wurde die »Nederlandsche Stromboot Maatschappij«, Rotterdam unter der technischen Leitung von Gerhard Roentgen. Roentgen befuhr mit dem 50-PS-Dampfboot »DE ZEUV« (»DER SEELÄNDER«) den Mittelrhein im November 1824 bis unterhalb Bacharach. 1825 fuhr er mit dem Dampfer »DE RIJN« (»DER RHEIN«) bis nach Kehl. Für die Strecke Köln–Kehl benötigte er 74 Std., 28 Min.
Im Oktober 1825 gründete Heinrich Merkens in Köln die »Preußisch-Rheinische-Dampfschifffahrtsgesellschaft«, der 1836 die »Köln-Düsseldorfer-Gesellschaft« folgte. In Mainz bildete sich um die gleiche Zeit eine »Dampfschiffahrtsgesellschaft von Rhein und Main«, der in Baden weitere Gesellschaften folgten. Am 1. Mai 1827 eröffnete dann die »CONCORDIA« (Länge um 57 m, Breite ohne Radkästen 6,1 m, Tiefgang 1,25 m, 80 PS) der Kölner Gesellschaft den regelmäßigen Personen- und Eilgüterdienst zwischen Köln und Mainz. Die 191 Stromkilometer wurden in etwa 24 Std. zurückgelegt. Daneben hatte die niederländische Gesellschaft mit zwei Schiffen einen wöchentlichen Dienst zwischen Rotterdam und Köln in Gang gebracht. Am 7. Mai 1830 lief auf der 1828 gegründeten Gutehoffnungshütte (GHH) die »STADT MAINZ« von Stapel. Es war das erste auf einer deutschen Werft gebaute Rhein-Dampfschiff, jedoch noch kein sonderlicher Erfolg. Die 1837 gebaute »GROSSHERZOG LEOPOLD« war der erste Kompositbau der Werft und schon 1838 folgte der erste eiserne Rhein-Dampfer der GHH, die »GRAF VON PARIS«. Neben englischen und deutschen Schiffsmaschinen wurden solche der Firma Escher, Wyss & Co. aus Zürich eingebaut.
Der 1830 in Dienst gestellte Personendampfer »STADT FRANKFURT« sollte durch eine erfolgreiche Versuchsfahrt in die Geschichte der Rhein-Dampfschiffahrt eingehen. 1832 befuhr er als erstes Dampfschiff die wegen ihrer natürlichen Hindernisse und der geringen Wassertiefe gefürchtete Oberrheinstrecke bis Basel, wo das Eintreffen des Dampfers als ein bahnbrechendes Ereignis gefeiert wurde. Der Verkehr auf dem Oberrhein, den die Baseler Gesellschaft »Die Adler vom Oberrhein« ab 1840 durchführte, kam durch den Bau der Eisenbahnen jedoch bald wieder zum Erliegen.
1839 bestellte die Köln-Düsseldorfer Gesellschaft bei Miller, Ravenhill & Co in London ein eisernes Schiff, das als »VICTORIA« 40 Dienstjahre erlebte. 1896 ließ man mit der »DEUTSCHLAND« erstmals einen Rhein-Dampfer an der Elbe bei den Gebrüdern Sachsenberg in Roßlau bauen. Eine besondere Leistung stellten die Rhein-Schnelldampfer »KAISER WILHELM« und »BLÜCHER« dar, die mit 82 m Länge und einer Maschinenleistung von 957···1104 kW (1300···1500 PS) gegen den Strom eine Geschwindigkeit von 17 km/h erreichten. 1926 setzte dann die Köln-Düsseldorfer Gesellschaft die ersten Doppelschrauben-Motorschiffe ein. Besonders bewährte sich hier die »BEETHOVEN« mit 2 × Deutz-Sechszylinder-Motoren zu je 220,8 kW, deren Typ später weiterentwickelt wurde. Bald gab es auch Versuche mit dem Voith-Schneider-Antrieb, da er gegenüber dem Schraubenantrieb mit einem um 15 cm geringeren Tiefgang auskam, was bei den oft niedrigen Wasserständen von großer Bedeutung war. Trotz der Vorzüge des Voith-Schneider-Antriebs konnte er sich wegen der Beschädigungsgefahren nicht durchsetzen. Dem Motorschiff mit Seitenradantrieb gehörte zunächst die Zukunft, vor allem wegen des besseren Wirkungsgrads der Schaufelräder auf flachen Flüssen.
In der Rhein-Schiffahrt dominierte lange Zeit die Personenbeförderung. Bereits in den ersten Jahren der Rhein-Dampfschiffahrt 1827/28 wurden mehr als 20000 Personen jährlich befördert und bis 1839 stieg die Zahl auf jährlich etwa 800000 Personen an. Die Niederländer hatten mit dem Dampfboot »HERCULES« aber schon frühzeitig Schleppversuche für Frachtfahrzeuge unternommen, insbesondere die »Rhein- und Seedampfschiffahrt Niederländische Gesellschaft«. Der erste Rhein-Dampfschlepper war der 1844 von der Gutehoffnungshütte (GHH) gebaute »DIE RUHR«, der 8 Schleppkähne zog. 1880 gab es erste Versuche mit dem Schrauben-Schleppdampfer »H. A. DISCH«, der in Hamburg auf der Werft von Janssen & Schmilinsky für die »Aktien-Gesellschaft für Handel und Schiffahrt« gebaut wurde. 1922 erschien der erste Doppelschrauben-Motorschlepper »FRANZ HANIEL XXIII« auf dem Rhein, er hatte bereits eine Maschinenleistung von 1177,6 kW (1600 PS). Ein Jahr später übernahm die »Rheinschiffahrtsgesellschaft Fendel« von der Schiffs- und Maschinenbau AG., Mannheim den Turbinen-Schlepper »DORDRECHT«, der zum derzeit stärksten Rheinschlepper wurde. 1924 fuhr das erste Motor-Eilgüterschiff und 1925 erschien mit dem Gasgenerator-Schlepper »HARPEN I« ein interessanter Schiffstyp, von dem es 1938 bereits 12 Stück mit einer gesamten Leistung von 3533 kW (4800 PS) gab.
Auf dem Rhein fuhr auch 1957 das erste Schubboot Europas, der »WASSERBÜFFEL« mit den dazugehörigen Leichtern »RHEINSCHUB I–V« mit insgesamt 5200 t Tragfähigkeit. 1958 folgte das erste Streckenschubboot in Katamaranausführung, der Schubverband »HERKULES« mit 10 Spezialleichtern, und ein Jahr später gab es auf dem Rhein und erstmalig in Europa Versuche mit einer schiebenden Selbstfahrer-Schubeinheit.

»RIGAULT DE GENOUILLY«: französische Dampfkorvette bzw. Kreuzer III. Klasse. Nach Beendigung des Kriegs 1870/71 mit Deutschland überprüfte man in Frankreich die Zusammensetzung der Flotte. Die Kreuzer wurden als der wesentliche Bestandteil künftiger Flotten erachtet und die Zahl der Kreuzer I. und II. Klasse auf 16 und die Kreuzer III. Klasse auf 18 neu festgesetzt. Die Bezeichnung lautete nunmehr z.B. Kreuzer III. Klasse; sie entsprach dem vorhergehenden Schrauben-Aviso I. Klasse bzw. der Dampfkorvette. Die 1643 t große »RIGAULT DE GENOUILLY« war 74 m lang und hatte einen Tiefgang von 4,5 m. Das Schiff war mit einem für diese Zeit noch typischen Rammsporn und mit einem einziehbaren Bugspriet ausgerüstet. Für längere Reisen war es als Dreimastbark getakelt. Die Bewaffnung bestand aus 8 × 14-cm-Geschützen. Eine Dampfmaschine mit einer Leistung von 1398 kW (1900 PS) gab der Korvette eine Geschwindigkeit von 15 kn. Mit dem an Bord befindlichen Kohlevorrat konnten bei 10 kn Geschwindigkeit 3000 Seemeilen gedampft werden.

Ringwadenboot: siehe *Seiner*

»ROBERT F. STOCKTON«: erster seegehender Schraubendampfer des schwedischen Ingenieurs J. E. Ericsson. John Ericsson (1803 bis 1889) hat mit seinen Maschinen- und Schraubenkonstruktionen bedeutende Fortschritte in der Schiffsentwicklung vollbracht. Seine vielseitige Beschäftigung mit technischen Problemen veranlaßte ihn, seine Offiziersstellung in der schwedischen Armee, in der er als Ingenieur-Kapitän diente, aufzugeben und 1826 nach England zu gehen. Hier betätigte er sich beim Bau einer Lokomotive sowie einer Heißluftmaschine, die er 1833 mit einer Leistung von 3,68 kW (5 PS) in London erstmals praktisch vorführte. Mit dieser Heißluftmaschine wollte Ericsson eine vollkommenere und rationellere Maschine als die Kolbendampfmaschine entwickeln. In Braithwaite

bei London ließ er 1833 ein Versuchsschiff »NOWELTY« bauen, mit dem die Heißluftmaschine erprobt wurde. Die Wattschen Kolbendampfmaschinen konnten jedoch nicht überboten werden. Danach befaßte sich Ericsson mit der Konstruktion von Dampfspritzen und ab 1836 mit der Schiffsschraube. Die »FRANCIS B. OGDEN« wurde dazu sein erstes Schrauben-Versuchsschiff. Nachdem er mit dem Schiff die mit der Begutachtung beauftragten Lords von Somerset House nach Blackwall und zurück transportiert hatte, ließ er die 23 m lange »ROBERT F. STOCKTON« bauen, die er bereits mit einer verbesserten Schraube versah. Während einer Probefahrt auf der Themse soll er damit eine Geschwindigkeit von 13 kn erreicht haben. Da er in England nicht die nötige Unterstützung fand, ging er im Frühjahr 1839 mit der »ROBERT F. STOCKTON« nach New York, wo er mit großen Ehren empfangen wurde. Die 40tägige Reise wurde zugleich die erste Atlantiküberquerung eines Schraubenschiffs. Hier wurden nach einigen weiteren Testfahrten Verbesserungen angebracht und das Ruder hinter die Schraube verlegt. Als »NEW JERSEY« tat das Schiff dann noch lange Jahre Dienst auf dem Delaware-Raritan-Kanal.
Bekannt wurde auch Ericssons sog. »halbrotierende Dampfmaschine« für den 1843 gebauten Kriegsdampfer »PRINCETON« und sein späterer *»MONITOR«* mit drehbarem Geschützturm. John Ericsson starb am 8. März 1889 in New York und wurde in seine Heimat Schweden überführt.

Die »ROBERT F. STOCKTON«, 1838 erstes seegehendes Schraubenschiff von Ericsson nach »FRANCIS B. OGDEN«.

Rohöltanker: siehe *Tanker*

Rohrlegeschiff: Spezialschiff für *Bohrinseln* und die Offshore-Technik. Mit dem Niederbringen der ersten uferentfernten Erdölbohrung ergab sich die Aufgabe des Öltransports zum Festland. Die nachfolgende Förderung von Erdgas und Erdöl im offenen Meer verlangte neben der speziellen Fördertechnik verschiedene Spezialschiffe, die es bis dahin nicht gab. Das Rohrlegeschiff verlegt Rohrleitungen für Erdöl und Erdgas von den Fundstätten bis zu den Verarbeitungs- und Lagerstätten an der Küste. An Deck des Schiffs werden in überdachten Räumen die von einem Versorger (siehe *Bohrinselversorger*) angelieferten Rohrenden miteinander verschweißt und nach Prüfung der Schweißnähte sowie Konservierung über eine Heckbühne zu Wasser gelassen und auf dem Untergrund verlegt. Für diese Arbeiten werden auch sog. Halbtaucher-Plattformen mit Schwimmern benutzt, auf denen Stützen und die Arbeitsplattform stehen.
Auf modernen Rohrlegeschiffen wie der »VIKING PIPER« werden die Arbeitsvorgänge durch eine Prozeßrechneranlage gesteuert. Um den Verlegungsvorgang zu beschleunigen, werden an Bord auf Vormontageplätzen 12 m lange Rohre zu 24 m Enden automatisch verschweißt.

Ro/Ro-Schiff, *Roll-on/Roll-off-Frachtschiff, Trailerschiff:* seit Anfang der 70er Jahre neu entstandener Mehrdeck-Trockenfrachtschiffstyp für die selbstrollende (engl. heraufrollen, herunterrollen), nicht schienengebundene Be- und Entladung. Nach dem Vorbild der Eisenbahngüterfähren entstand das Ro/Ro-Schiff mit dem zunehmenden Anteil selbstrollender Seetransportgüter wie LKW, PKW, Schwerlaster, Land- und Baumaschinen sowie der Entwicklung verbesserter Flurfördermittel und unbekranter Umschlag- und Hafenplätze in Wechselwirkung mit dem *Containerschiff.*
Ab 1954 fuhr die von Präsident Eric Rath gegründete Transcaribean Motor Transport Gesellschaft (T.M.T) »Trailer Ferry Inc« aus Miami schon mit 12 Schiffen in der Karibik und hatte bereits 600 Trailer (Lastauflieger) in Umlauf. Am 21. Januar 1957 dehnte die Gesellschaft mit einem in St. Nazaire umgebauten 8039 BRT großen Doppelschrauben-Turbinenschiff ihren Trailerdienst nach Europa (Bremerhaven) aus. Die »CARIB QUEEN« konnte 92 Trailer, 97 PKW, 500 t Ladung und 12 Passagiere befördern. Mit einer Maschinenleistung von 8832 kW (12000 PS) erreichte es eine Geschwindigkeit von 16,5 kn. In Bremerhaven war das Schiff über beide Heckrampen sowie über Seitenrampen innerhalb von 4 Std. ohne hafenseitige Umschlageinrichtungen entladen.
1958 ließ die US-Marine die *»COMET«* als Prototyp eines Spezialschiffs für den reinen Fahrzeugtransport bauen. Für Rampen, Klappen, Pforten und Luken installierte die Firma Mac Gregor in diesem Schiff insgesammt 883 t Ausrüstungen.
Im Vergleich mit dem vertikalen Lift on/Lift off-Umschlag mit Kai- oder Bordkranen ist der horizontale rollende Ladungsumschlag weniger von landseitigen Kai- und Krananlagen abhängig und ermöglicht auch bei ungünstigen Witterungsbedingungen kurze Be- und Entladungszeiten. Hinsichtlich der Verwendung und Größe werden Kurzstrecken-Ro/Ro-Schiffe bis etwa 10000 t Tragfähigkeit mit 2 Ladungsdecks unter dem Wetterdeck für den Einsatz in den Randmeeren (short sea ro/ro vessels) und Übersee-Ro/Ro-Schiffe (oversea ro/ro vessels) bis etwa 40000 t Tragfähigkeit mit 3 und mehr Decks unter dem Wetterdeck für weltweite Seestrecken (round the world) unterschieden. Bei den Kurzstrecken-Ro/Ro-Schiffen sind die durch Querträger ausgesteiften ununterbrochenen Ladungsdecks über der ganzen Schiffsbreite freitragend und nur seitlich mit Seitentanks oder dem äußeren Schiffsverband verbunden, um eine günstige Nutzung der Stellflächen und eine zügige Be- und Entladung zu gewährleisten. Bei der größeren Breite der Übersee-Ro/Ro-Schiffe ist die Anordnung von Decksstützen möglich. Die Deckshöhen ermöglichen i. allg. auch die Containerbeladung von 2 Containerlagen auf Trailern. Die Ladungsdecks erstrecken sich ohne Unterbrechung über die gesamte Schiffslänge, so daß die Sinksicherheit vorwiegend durch die Unterteilung des Doppelbodens und der Seitentanks zu gewährleisten ist. Die Aufbauten, Deckshäuser und Maschinenanlagen sind so angeordnet, daß sie die weitgehende Nutzung der Stellflächen und den rollenden Umschlag unter und an Deck möglichst wenig einschränken. Die Be- und Entladung erfolgt über Heck- und/oder Bugrampen oder Seitenpforten und zwischen den Decks durch bewegliche Zwischendeckrampen oder Lifte. Neben dem Universal-Ro/Ro-Schiff und dem ausschließlich für den PKW-Transport mit einer größeren Decksanzahl und geringen Deckshöhen spezialisierten Schiffen bestimmen insbesondere kombinierte Ro/Ro-Containerschiffe und Ro/Ro-Schwergutschiffe die weitere Entwicklung.
Das Prinzip der rollenden Be- und Entladung erforderte eine Weiterentwicklung der Außenrampen. Zunächst entstand die gerade Heckrampe (Axialrampe) als einteilige kurze Klapprampe, die erst später faltbar gebaut wurde, bis zu 20 m Länge, 5···10 m Breite, ein- und zweispurig mit einer Belastbarkeit bis zu 160 t befahrbar. Sie verschloß das Trailerdeck und wurde im Hafen heruntergeklappt. Das Schiff mußte mit dem Heck an einer Pier festmachen. Außerdem war der in den Atlantikhäfen oft große Tidenhub bei diesem Rampentyp störend.
Als folgende Stufe gab es die Winkelrampe als schräge Heckrampe mit einem Winkel von 30···40° zur Schiffsachse, die auch als »Quarter

Ramp«, Stering Ramp oder Halb-Seitenrampe bzw. Heck-Seitenrampe bekannt wurde. Die erste Winkelrampe baute 1970 die finnische Firma »Navire Cargo Gear International« in Pargas für das Ro/Ro-Schiff »PARALLA« der Reederei A. B. »Transatlantic«. Die bei Eriksberg in Göteborg hergestellte 40-Grad-Rampe wurde so als Paralla-Rampentyp bis zu 36 m Länge und 7 m Breite bekannt. Die Belastbarkeit reicht bis 160 t. Der Einsatz dieser Rampen erfordert eine Steuerbord-Lage des Schiffs am Kai.
Diese Einschränkung sollte die schwenkbare Heckrampe – Slewing Ramp – beseitigen. 1976 entwickelte die Firma »Mac Gregor« mit der »Machbridge 90« eine erste, um 40 Grad nach beiden Seiten schwenkbare Heckrampe. Im September 1977 entstand durch eine Kombination mit der Paralla-Rampe von Navire eine Konstruktion, die auf dem Ro/Ro-Schiff »RABENFELS« der D.D.G. »HANSA« eingebaut wurde. Die Rampenlänge beträgt 34 m, die Spurbreite 7 m und die Belastbarkeit 160 t. Die Eigenmasse dieser Rampe liegt bei 140 t. Mit ihr kann bei einem Niveauunterschied zwischen +4,40 m und −2,10 m über bzw. unter Kaikante sowie bei einer maximalen Schräglage von ±4 Grad Be- und Entladen werden. Sie kann innerhalb von 3 Min. um 33° nach jeder Bordseite geschwenkt werden. Ro/Ro-Schiffe mit diesem Rampentyp können mit jeder Bordseite und auch mit dem Achterschiff anlegen. Hinzu kam dann noch die spreizbare Rampe, so daß die Auffahrbahn der 2 Fahrbahnen vergrößert ist und der Zwischenraum abgedeckt wird.
Die zur Zeit größte Rampe erhielt die Bezeichnung »Jumbo-Rampe«, sie ist als 38-Grad-Winkelrampe ausgeführt, 50 m lang, 24 m breit und kann bis zu 600 t belastet werden.

»ROSS WYNANS«: Versuchsschiff mit spindel- bzw. zigarrenförmigem Schiffskörper. Das bekannteste Schiff mit spindelförmigem Schiffskörper ist die »ROSS WYNANS«, die 1866 auf der Werft von T. & W. L. Wynans in London von Stapel lief. Der bis auf den schmalen Aufbau mit kreisrunden Spanten gebaute Schiffskörper lief vorne und hinten spindelförmig spitz zu, so daß man auch von einem »Zigarrenschiff« sprach.
Es war 78 m (256 Fuß) lang und besaß einen größten Durchmesser von 4,87 m (16 Fuß). Das eigentliche Deck war 39,6 m (130 Fuß) lang und etwa 3 m (10 Fuß) breit. Es befand sich nur 1,52 m (5 Fuß) über der Wasseroberfläche. Der Maschinen- und Kesselraum war 14,6 m (48 Fuß) lang und die Bunker faßten einen Kohlevorrat für 12 Tage. Das Schiff hatte vorne und achtern je eine Schraube und ein Ruder. Um mit den Rettungsbooten zum Rumpf freizukommen, mußten besonders große Davits angeordnet werden. Die Schrauben tauchten jedoch wegen der hochgezogenen Schiffsenden teilweise aus dem Wasser, was sich ungünstig auf die Geschwindigkeit auswirkte.
Obwohl die »ROSS WYNANS« gegenüber den Jahre zuvor in Amerika gebauten ähnlichen Schiffen viele Verbesserungen aufwies, war sie in keiner Weise den traditionellen Schiffsformen überlegen. Es wurde jedoch noch ein Schwesterschiff, die »WALTER SCOTT WYNANS« gebaut. Als der Konstrukteur Ross Wynans starb, endeten die Versuche, und die Schiffe wurden abgewrackt.

Dampfer »ROSTOCK« während der Verschrottung in Griechenland

»ROSTOCK«: Frachtdampfer der ersten Frachtdampferserie des DDR-Schiffbaus. Mit dem Prototyp »KOLOMNA« in einer Serie von 19 Schiffen eröffnete der VEB Schiffswerft »Neptun« in Rostock den Serienbau von Frachtschiffen in der DDR. Der aus dieser Serie stammende Dampfer »ROSTOCK« war das sechste Schiff der Serie. Es lief am 11. Juni 1953 von Stapel und wurde am 11. Oktober 1954 als erstes Neubauschiff dem damaligen VEB Deutsche Seereederei Rostock übergeben.
Das vollständig geschweißte Schiff entstand in Sektionsbauweise und war mit etwa 3310 BRT und 1615 NRT vermessen. Es war 102,40 m lang; 14,40 m breit und besaß bei einer Seitenhöhe bis zum Hauptdeck von 7,90 m einen Tiefgang voll beladen von 6,65 m. Die Tragfähigkeit betrug 4500 t. Die Besatzungsstärke lag bei 43 Mann. Das Schiff war für die Beförderung von Stückgut, Holz und Schüttgut mit Ausnahme von Getreide ausgelegt. Die 4 Laderäume hatten ein Volumen von 5223 m^3 für Schüttgut und 4943 m^3 für Stückgut. Die Luken wurden noch durch Holzdeckel und Persenning verschlossen. Das Ladegeschirr bestand aus 10×5-t- und einem 15-t-Ladebaum sowie einem 35-t-Schwergutbaum.
Als Antriebsmaschine diente eine 1258-kW-(1710-PS-) Doppelverbund-Kolbendampfmaschine des Typs LES 10 (Lenz-Einheits-Schiffsmaschine) vom VEB Schwermaschinenbau »Karl Liebknecht«, Magdeburg, mit einer 544 kW Abdampfturbine. Das Schiff erreichte beladen eine Dienstgeschwindigkeit von 13,3 kn bei einem Aktionsradius von 3500 Seemeilen. Den erforderlichen Dampf erzeugten 2 kohlegefeuerte Wasserrohrkessel mit vollmechanischer, selbstschürender Planrostfeuerung bei automatischer Entschlackung und Beschickung. Die Kohle gelangte vom Bunker über Transportbandanlagen und Kohlebrecher in die Feuerung. Für die Entschlackung waren Schlackenbrecher und Schlackenelevatoren vorhanden, die den Abbrand in einen Schacht bis oberhalb der Wasserlinie beförderten, wo er durch eine Öffnung nach außenbords geschüttet wurde. Auch mit diesen Mechanisierungen war noch ein Maschinenpersonal von 18 Mann erforderlich.
Das Typschiff *»KOLOMNA«* wurde im April 1978 nach 25 Dienstjahren außer Dienst gestellt. Die nach einigen Betriebsjahren von der DSR verkaufte »ROSTOCK« kam 1981 auf einer Werft in Griechenland zur Verschrottung.

»ROSTOCK«: Prototyp einer Frachtmotorschiffsserie des DDR-Schiffbaus. MS »ROSTOCK« wurde 1966/67 unter der Baunummer 201 vom VEB Warnowwerft in Warnemünde für den DEB Deutsche Seereederei; Rostock gebaut. Das Schiff lief am 12. Dezember 1966 von Stapel und wurde am 30. Juni 1967 in Dienst gestellt. Es eröffnete eine Serie von 16 Schiffen vom »Typ XD«, die von 1967 bis 1970 in der DDR-Handelsflotte in Fahrt kamen. MS »ROSTOCK« war zugleich der erste teilautomatisierte Frachter dieses Typs.
Das Schiff hat eine kurze Back und halb achtern angeordnete Aufbauten und ist für den Transport von Stückgut und/oder Getreide sowie kleinere Mengen Kühlladung und Speiseöl in gemäßigten und tropischen Zonen, insbesondere im Liniendienst Europa–Asien–Amerika, wahlweise als Volldecker oder Freidecker projektiert. Es ist über Alles 150,10 m lang; 20,24 m breit und besitzt bei einer Seitenhöhe bis Hauptdeck von 11,70 m einen Volldecker-Tiefgang von 8,22 m. Das als Volldecker mit 8501 BRT vermessene Schiff hat 10130 t Tragfähigkeit. Für die Besatzung waren 32 Plätze und 6 für zusätzliche Passagiere. Die durch Zwischendecks unterteilten 5 Laderäume haben ein Volumen von 14934 m^3 für Stückgut und 16342 m^3 für Schüttgut. Die Laderäume 2 bis 4 konnten mit Getreideschotten versehen werden. Die beiden Kühlräume haben 330 m^3

und die 2 Süßöltanks 511 m^3. Die Lukenbreite beträgt an der vorderen Luke 7 m, im Mittschiffsbereich 11 m und an der hinteren Luke 8 m. Als Decksladung können 400 t gefahren werden. Das Ladegeschirr besteht aus 12 Ladebäumen mit Tragfähigkeiten von 6×3/5 t, 4×5/8 t und 2×8/14 t, einem 3,2/5-t-Bordkran und einem 60-t-Schwergutbaum.
Die Hauptantriebsanlage mit einem Zweitakt-Dieselmotor des Typs K 8 Z 70/120 E vom VEB Dieselmotorenwerk Rostock (MAN-Lizenz) hat eine Leistung von 8237 kW und gibt dem Einschraubenschiff 17,7 kn Geschwindigkeit. Die Aktionsweite beträgt ohne Wechseltanks 10000 Seemeilen.

Rotorschiff: von Prof. FLETTNER mit Unterstützung durch Prof. PRANDTL von der Göttinger Versuchsanstalt erstmalig um 1926 entwickeltes Schiff, bei dem der durch den deutschen Physiker Magnus bereits 1852 entdeckte Effekt genutzt wurde. Danach erfährt ein angeströmter rotierender Zylinder mit senkrecht zur Strömung stehender Drehachse an der Seite, wo die Drehrichtung und Strömungsrichtung übereinstimmen, durch die Strömungsbeschleunigung einen Unterdruck und an der anderen Seite durch den Strömungsstau einen Überdruck. Die resultierende Querkraft steht etwa senkrecht zur Anströmung. Das Rotorschiff blieb trotz verschiedener Vorteile gegenüber dem Segelschiff, wie geringere Masse der Rotoren, einfachere Bedienung, höherer Kurs am Wind und mögliche Rückwärtsfahrt, auf Einzelschiffe begrenzt; siehe *»BARBARA«* und *»BUCKAU«*. In unserer Zeit gibt es wieder erste Versuche zur Verwendung von Rotoren beim *windkraftunterstützten Schiff*.

RS-Boot: Abkürzung für Raketen-Schnellboot. Ähnlich wie seinerzeit beim Torpedo, so begann mit der Rakete eine Umwälzung in der Seekriegstaktik. Anfangs wurde die Rakete auf größeren Schiffen wie Kreuzern und Zerstörern eingeführt. Als schnelle und wendige Abschußmöglichkeit für den variablen Einsatz dieser neuen Waffe bot sich das Schnellboot wie vorher für Torpedos an. Es wandelte sich so vom Torpedo- und Artillerieträger zum Raketenträger, wobei die meisten Eigenschaften der Vortypen in den neuen Bootstyp einflossen. Heute gehören die Raketen-Schnellboote zu den meistgefahrenen Schiffen auch in den kleineren Flotten. Sie sind vorwiegend mit 2···4 Schiff-Schiff-Raketen und den dazugehörigen Feuerleiteinrichtungen ausgerüstet. Zur Selbstverteidigung haben sie 1 oder 2 Universal-Zwillingsgeschütze. Die Bootsgröße entspricht i. allg. einem modernen seegehenden *Schnellboot* mit Torpedobewaffnung.

»RÜGEN«: früher deutscher Bergungsdampfer. Der Bergungsdampfer »RÜGEN« des Eigners Heinrich Spruth aus Greifswald wurde 1885 in Stettin gebaut. Der mit 220,89 BRT (100,55 NRT) vermessene Dampfer war 39,84 m lang, 6,82 m breit und hatte einen Tiefgang von 3,09 m. Die Besatzung bestand aus 12 Mann. Die Zweifach-Expansionsmaschine leistete 191 kW (260 PSi).

»RÜGEN«: traditionsreiches Fährschiff zur Insel Rügen. Eine Fährverbindung über den 1,4 Seemeilen breiten Strelasund zwischen Stralsund und Altefähr auf der Insel Rügen gab es bereits 1883. Der Trajekt-Fährbetrieb begann mit den drei kleinen Einschraubenfähren »PRINZ HEINRICH«, »STRALSUND« und »RÜGEN«, die jede nur ein Gleis hatten und über den Bug befahren wurden. Etwa um 1900 ging die »PRINZ HEINRICH« nach Danzig. Die beiden anderen Fähren gingen in den Fährdienst nach Swinemünde. Die »RÜGEN« erhielt den neuen Namen »SWINEMÜNDE«.
An die Stelle der ersten Dampffähren traten dann auf der Linie Stralsund–Altefähr die drei größeren Doppelend-Fährschiffe »PUTBUS«, »RÜGEN« und »BERGEN«. Sie hatten vorn und hinten Doppelschrauben, angetrieben durch jeweils eine Verbund-Dampfmaschine. Da auch sie nur eingleisig waren, reichte ihre Kapazität nach Inbetriebnahme der Fährlinie Saßnitz–Trelleborg im Jahre 1909 auch nicht mehr aus. So wurden die Zahl der Anlegestellen erhöht und zusätzlich die Fähren »SASSNITZ« und »ALTEFÄHR« in Dienst gestellt. Die Überfahrt zwischen Stralsund und der Insel Rügen dauerte 35 Min. Die internationalen Schnellzüge brauchten somit von Stralsund nach Saßnitz 1 Std. und 40 Min.
Im Jahr 1911 unterzeichneten Stralsunder Bürger und Bewohner der Insel Rügen eine Denkschrift, in der die Notwendigkeit einer Überbrükkung des Strelasundes gefordert wurde, doch erst am 5. Oktober 1936 um 13.25 Uhr konnte ein Sonderzug den neuerbauten Rügendamm passieren. Nach 53 Jahren waren die Strelasundfähren nicht mehr erforderlich, bis sie nach der Zerstörung der Rügendammbrücke im Jahr 1945 bis zu deren Wiederherstellung erneut eingesetzt werden mußten.
Die beiden Fähren »RÜGEN« und *»SASSNITZ«* wurden auf der Schichau-Werft in Elbing gebaut und entsprechend der Einsatzkonzeption sehr einfach konstruiert. Sie besaßen keine Aufbauten, da die Fahrgäste während der Überfahrt in den Reisewagen sitzen blieben bzw. an Deck standen. Zur Sicherung der Wagen dienten die beiklappbaren Prellböcke. Für die Schiffsführung war ein hochgelegener Steuerstand mit Scheinwerfer vorhanden. Als Decksbeleuchtung dienten jeweils vorn und achtern zwei Bogenlampen. Um das Deck möglichst freizuhalten, waren zwei Schornsteine angeordnet. Aus den gleichen Gründen wurden die Rettungsboote mit dem Kiel nach außenbords weisend gefahren.

Bergungsdampfer »RÜGEN«, Baujahr 1885

Die 1909 in Dienst gestellte »SASSNITZ«, Bauwerft Schichau, Elbing

»RÜGEN«: DDR-Eisenbahn-Kraftfahrzeug-Fähre für die Linie Saßnitz–Trelleborg. Als dritte Eisenbahn-Kraftfahrzeug-Großfähre aus der Schiffswerft »Neptun« Rostock, die zuvor bereits die Fährschiffe »SASSNITZ« (1959) und »WARNEMÜNDE« (1963) baute, ist die Fähre »RÜGEN« seit dem 15. September 1972 mit täglich bis zu 6 Fahrten auf der sog. »Königslinie«, der Route Saßnitz–Trelleborg im Einsatz. Die seit 1909 bestehende Fährroute gehört zu den leistungsfähigsten Seeverbindungen zwischen Schweden und dem Kontinent.
Das 6495 BRT große Schiff lief im Juni 1971 von Stapel. Es ist über Alles 152,74 m lang, 18,80 m breit und besitzt eine Seitenhöhe bis zum Boots-

Die »RÜGEN« vor Sassnitz

deck von 17,75 m. Bei einer Tragfähigkeit von 2905 t beträgt der maximale Tiefgang 5,80 m. Die Besatzung besteht aus 95 + 19 Mann, die normale Beförderungskapazität liegt bei 322 Fahrgästen, in Spitzenzeiten wurden jedoch schon 1466 Fahrgäste befördert. Auf dem Eisenbahndeck befinden sich 4 Parallelgleise mit einer Gleislänge von insgesamt 480,5 m, auf denen 42 Güterwaggons transportiert werden können. Auf dem Kraftfahrzeugdeck mit einer Stellfläche von 982 m^2 können 12 Trailer oder 74 Kfz abgestellt werden.
Die Antriebsanlage besteht aus 4 Dieselmotoren mit einer Gesamtleistung von 14720 kW (20000 PS), die über 2 Sammelgetriebe 2 Verstellpropeller antreiben, mit denen das Fährschiff eine Dienstgeschwindigkeit von 21 kn erreicht. Das Schiff ist mit einer Flossenstabilisatoren-Schlingerdämpfungsanlage ausgerüstet.

Rundgattschiff: Schiff mit runder Hinterschiffsform im Unterschied zum älteren Spitzgattschiff mit spitz auslaufenden oberen Wasserlinien und zum Plattgatt- bzw. Spiegelheckschiff.

Rundschiff: Schiff mit rundem oder ovalem Schiffskörper. Das Prinzip des »Rundschiffes«, deren Wasserlinie eine kreis- oder annähernd kreisförmige Gestalt hat, ist seit altersher bekannt, wurde jedoch nur für Fahrzeuge wie die mesopotanischen Guffa und Kellek, die indischen Tigari, die irischen Coracle oder die Bullboote der nordamerikanischen Indianer benutzt. Bei diesen Vorformen handelte es sich um kleinere Beförderungsmittel für Menschen, Tiere und Güter, die unter Benutzung handwerklich verarbeiteter Hölzer, Ruten, Häute, Ton oder Asphalt relativ einfach gebaut werden konnten. Die runde Form wirkt sich günstig auf die relativ ruhigen Bewegungen zur Wasseroberfläche und den geringen Tiefgang im Vergleich zu den Längen-Seiten-Verhältnissen üblicher Boots- und Schiffsformen aus.
In der Zeit des Dampfschiffs entstanden die Rundschiffe des zaristischen Vizeadmirals Andrej Alexandrowitsch Popow, zu denen die »Küstenpanzerschiffe« *»NOWGOROD«* und *»VIZEADMIRAL POPOW«* ex »KIEW« sowie die Zarenyacht *»LIVADIJA«* gehörten. Im Volksmund nannte man diese Schiffe »Popowkas«.
A. A. Popow befaßte sich intensiv mit Schiffsprojekten für die Küstenverteidigung im Schwarzen Meer und ließ um 1870 Versuche mit neuartigen Konstruktionen durchführen. Unterstützt durch den Schiffbauingenieur A. W. Mordwinow ging Popow in seinen Entwürfen vom Vorbild des *Monitor* aus. Die Schiffe sollten im flachen Wasser operieren, eine stabile Schwimmlage haben und durch einen geringen Freibord selbst ein kleines Ziel bieten. Er entschied sich für kreisförmige Wasserlinien mit einem tellerförmigen Unterwasserschiff, das durch speichenartig angeordnete Radialspanten ausgesteift und in eine große Zahl wasserdichter Zellen unterteilt war. Die Zarenyacht *»LIVADIJA«* dagegen erhielt ein Unterwasserschiff in elliptischer Form. Die Nachteile des höheren Fahrwiderstandes und der geringen Manövrierfähigkeit nahm man dabei in Kauf; siehe *»LIVADIJA«*, *»NOWGOROD«* und *»VIZEADMIRAL POPOW«*.

S

Saale-Maß-Kahn: siehe *Schleppkahn*

Sachsen-Klasse: siehe *Ausfallkorvette*

»SAGITTA«: erster deutscher Fischdampfer. Nachdem schon 1881 die ersten britischen und französischen Hochseefischdampfer in See gingen, folgte 1885 mit der »SAGITTA« der erste deutsche Fischdampfer, den der Fischhändler und spätere Reeder Friedrich Busse aus Geestemünde auf der Werft von F. Wenke in Bremerhaven nach dem Vorschriften des britischen Lloyd's Register erbauen ließ.
Der 148 BRT große Fischdampfer war 33,10 m lang und 6,40 m breit. Der Kessel und die Dampfmaschine mit einer Leistung von 191 kW (260 PS) wurden auf der Werft der Gebrüder Sachsenberg in Roßlau an der Elbe gefertigt. Der Fischdampfer erreichte eine Geschwindigkeit von etwa 8,5 kn. Am 7. Februar 1885 lief die »SAGITTA« zu ihrer ersten Fangreise in die Nordsee aus. »Smeukewer« (rauchender Ewer) rief die Menge am Ufer, als das Schiff eine lange Rauchfahne hinter sich, der offenen See zustrebte. Die Hochseefischerei mit Fischdampfern entwickelte sich in den folgenden Jahrzehnten zu einem ganzen Industriezweig, und der Flottenbestand vergrößerte sich ständig. Allein für den Reeder Busse fuhren 15 Fischdampfer.
Die nur mit einfachsten Schiffsführungsgeräten ausgerüsteten Fischdampfer waren auf den oft entfernten Fanggründen noch sehr gefährdet. So sanken am 22./23. Dezember 1899 während eines schweren Orkans in der Nordsee bei Horns-Rev 7 deutsche Fischdampfer, wobei 73 Besatzungmitglieder den Tod fanden. Im schweren Winter 1903 gingen abermals 8 Fischdampfer verloren. Ein besonderes Gefahrengebiet war die Küste Islands, an der auch die »SAGITTA« scheiterte und mit der gesamten Besatzung verloren ging. Die deutsche Hochseefischerei hat von 1899 bis zu Kriegsbeginn 1914 durch Naturereignisse insgesamt 65 Fischdampfer verloren. Die Zahl der Verluste im ersten Weltkrieg erreichte etwa das Dreifache und im zweiten Weltkrieg sogar das Vierfache der durch die See verursachten Verluste.

»SARATOGA«: US-Flugzeugträger. Zum Ende des ersten Weltkriegs bildete sich die neue Schiffsklasse *»Flugzeugträger«* heraus. Die britischen »ARGUS« und »EAGLE« werden als die ersten Flugzeugträger angesehen, bei denen Radflugzeuge zum Einsatz kamen, die imstande waren, von dem großen Deck des Trägers zu starten und auch wieder an Deck zu landen. Vorher hat es verschiedene Versuche gegeben. So startete am 10. November 1910 Eugen Ely (USA) erstmals mit einem Flugzeug von Bord des Kreuzers »BIRMINGHAM«. Bei einem Flug am 18. Januar 1911 glückte ihm eine Landung auf dem Kreuzer *»PENNSYLVANIA«* in der Bucht von San Francisco. Im ersten Weltkrieg gab es jedoch erst einige Hilfskriegsschiffe als Flugzeug-Mutterschiffe, die mit einem Katapult auf dem Vorschiff ausgerüstet waren, von dem aus Wasserflugzeuge gestartet werden konnten. An Bord waren die Flugzeuge in Hallen auf dem Oberdeck untergebracht. In Deutschland wurde der große Kreuzer »ROON« als Flugzeug-Mutterschiff mit vier Wasserflugzeugen geplant und der Kleine Kreuzer »STUTTGART« im Mai 1918 als Seeflugzeugträger eingesetzt, er hatte drei Flugzeuge an Bord.

Durch das Abkommen von Washington 1922 und die folgenden Abkommen von London 1930 und 1936 wurden neben anderen Begrenzungen vor allem die Gesamttonnage an Kriegsschiffen und teilweise auch in den einzelnen Kategorien begrenzt. Es ging vor allem um die Flottengleichheit zwischen Großbritannien und den USA. Das Abkommen von Washington bedingte die Verschrottung zahlreicher, teilweise noch auf den Hellingen oder in der Ausrüstung befindlicher Neubauten. So hatte die USA u. a. die im Bau befindlichen 6 Schlachtschiffe der North-Dacota-Klasse und die 6 Schlachtkreuzer der Constitution-Klasse einzustellen bzw. abzuwracken. Lediglich vom letzten Typ durften die »SARATOGA« und »LEXINGTON« zu Flugzeugträgern umgebaut werden. Ursprünglich als Schlachtkreuzer mit einem Deplacement von 44200 t und einer Antriebsanlage von 132480 kW (180000 PSw) für 33,3 kn Geschwindigkeit entworfen, mußte das Deplacement auf 33000 t verringert werden, um den Vertragsbestimmungen zu genügen. Da die Maschinenanlage beibehalten wurde, stieg die Geschwindigkeit für den Flugzeugträger auf 34 kn an. Das war sehr erwünscht, da der Träger schnell verlegt werden konnte, in schnellen Kampfverbänden fahren und mit seiner hohen Geschwindigkeit den seinerzeit noch schwierigen Start unterstützen konnte, so daß Fahrtwind und Gegenwind beim Start wirkten.

US-Flugzeugträger »SARATOGA« mit 100 Flugzeugen an Deck

Am 1. Juli 1922 wurden die Umbaupläne vom amerikanischen Kongress genehmigt. Die als Schlachtkreuzer 1921 begonnene »SARATOGA« lief am 7. April 1925 auf der Fore River Quincy New York Shipbuilding von Stapel und wurde am 16. November 1927 in Dienst gestellt. Zu dieser Zeit war sie der größte und schnellste Flugzeugträger der Welt. Die Länge in der Konstruktionswasserlinie betrug 270,6 m, die Breite des Schiffskörpers 29,9 m und der Konstruktionstiefgang 9,45 m. In den 10 Decks befanden sich die Flugzeughallen, Werkstätten, Material- und Ersatzteillager sowie die Unterkünfte für die etwa 1900 Mann Besatzung, wovon etwa die Hälfte dem flugtechnischen Personal angehörte. Aus den Hallen führten zwei Aufzüge zum 276 × 32,3 m großen Flugdeck mit einer Fläche von 8915 m^2. Hier konnte ein 21 m langes Katapult selbst Flugboote mit einer Masse bis zu 6 t abschleudern. An Bord befanden sich etwa 90···120 Flugzeuge, davon 40 als Reserve in den Hallen.

Die Bewaffnung bestand aus 8 × 20,3-cm-Geschützen sowie aus 12 × 12,7-cm-Flakgeschützen und 4 Torpedorohren. Die Panzerung war in der Wasserlinie 127···152 mm stark und im Flugdeck 76 mm. Die Türme der Artillerie hatten eine 19-mm-Panzerung. 1939 erhielt das Schiff auf der Bb-Seite einen Torpedowulst als Ausgleich zu den seitlichen Aufbauten. Nach der Modernisierung im Jahr 1942 änderte sich die Bewaffnung zugunsten der Flakgeschütze, der Flugzeugbestand wurde auf 80 reduziert und auch die Steuerbordseite mit einem Torpedowulst versehen. Der Flugzeugträger hatte einen turbo-elektrischen Antrieb von General Electric mit einer Dauerleistung von 132480 kW (180000 PSw) und 154560 kW (210000 PSw) Maximalleistung. Mit seinen vier Schrauben erreichte er 34 kn. Für die Dampferzeugung standen 16 White-Forster-Kessel zur Verfügung. Der Heizölvorrat von etwa 5400 t erlaubte eine Fahrstrecke von 12000 Seemeilen bei 14 kn. Der für die 16 Kessel benötigte Schornstein war 4 m breit, 30 m lang und 19 m hoch.

Im zweiten Weltkrieg war die »SARATOGA« im Pazifik eingesetzt. Sie wurde am 11. Januar 1942 nahe Hawaii vom japanischen U-Boot »I 6« torpediert, erreichte aber noch die US-Westküste. Am 31. August 1942 wurde sie östlich der Salomonen von dem japanischen U-Boot »I 26« erneut torpediert, blieb aber auch dann noch schwimmfähig. Die »SARATOGA« wurde schließlich am 21. Februar 1945 durch 3 Bomben- und 3 Kamikaze-Treffer schwer beschädigt und kam danach nicht mehr zum Einsatz. Sie wurde später als Zielobjekt bei den Bikini-Atombombenversuchen benutzt. Beim Test »Able« am 1. Juli 1946 blieb sie noch schwimmfähig, beim Test »Baker« am 24. Juli 1946 ist der Träger gesunken.

»SASSNITZ«: DDR-Eisenbahnfährschiff. Die »SASSNITZ« wurde in den Jahren 1958/59 im VEB Schiffswerft »Neptun« in Rostock gebaut. Es war das letzte Schiff dieser Werft mit einer teilgenieteten Außenhaut. Am 22. Juni 1959 wurde die Eisenbahnfähre der Deutschen Reichsbahn übergeben und anschließend auf der Route Saßnitz–Trelleborg eingesetzt. Bei einer Fahrtzeit von 3 Std. und 40 Min. wurden jährlich 1600 bis 1700 Überfahrten absolviert.

Die 6164 BRT und 2318 NRT große Fähre ist 137,50 m lang; 18,80 m breit und besitzt bis zum Wagendeck eine Seitenhöhe von 7,50 m. Bei einem Deplacement von 6974 t und einer Tragfähigkeit von 1843 t beträgt der Tiefgang beladen 5,30 m. Zur Besatzung gehören 115 Personen.

Ein Wagendeck mit 4 Gleisen und einer nutzbaren Gleislänge von 398 m ermöglicht die Mitnahme von 40 Güterwagen oder 16 D-Zugwagen. Außerdem können noch 40 PKW und 1000 Fahrgäste in Aufenthaltsräumen, Vestibülen, Rauchsalons, Speiseräumen und einer Bibliothek befördert werden.

Die Antriebsanlage besteht aus 4 umsteuerbaren, aufgeladenen Viertakt-Dieselmotoren des Typs 9 SV 66 Au vom VEB Maschinenbau Halberstadt mit einer Leistung von insgesamt 7060 kW, die paarweise auf 2 Schrauben arbeiten und der Fähre eine Geschwindigkeit von 17,8 kn geben. Zur Verbesserung der Manövriereigenschaften bei Langsam- und Rückwärtsfahrt erhielt die Fähre ein Bugruder sowie das seinerzeit neuartige Bugstrahlruder mit Steuerdrehzylinder.

Nach 27jähriger Einsatzzeit wurde das Fährschiff

im Herbst 1986 außer Dienst gestellt. Seine letzte Fahrt unter DDR-Flagge führte nach Rønne auf der dänischen Insel Bornholm und zurück. Auf den Namen »SILVER PALOMA« umgetauft, fährt das Schiff jetzt unter der Flagge Maltas.

Die »SASSNITZ«, Baujahr 1959

Die »SAVANNAH« in künstlerischer Darstellung

Satelliten-Ortungsschiff: *Forschungsschiff* mit speziellen Einrichtungen zur Bahnbeobachtung, zum Informationsaustausch und zur Steuerung von Flugkörpern und Raumstationen, während sie bei ihrem Orbitalflug um die Erde Ozeane überfliegen. Die i. allg. für den Langzeiteinsatz auf See ausgerüsteten Schiffe benötigen Anlagen zur exakten eigenen Standortbestimmung bzw. zur zeitweise unveränderten Positionierung sowie leistungsfähige Antennenanlagen, die auch bei seegangsbedingten Schiffsbewegungen mit Hilfe von Kreiselstabilisatoren ihre Achslage im Raum exakt beibehalten; siehe auch *Forschungsschiff*.

Saugheberschiff: Wasserfahrzeug mit Anlagen zum Löschen von saugfähigen Schüttgutladungen wie Getreide, Zement u. a. mit Saugrohren, Vakuum-Hebeanlagen und Fördereinrichtungen.

Saug- und Spülbagger: siehe *Bagger*

Säuretanker: siehe *Chemikalientanker*

»SAVANNAH«, *»CITY OF SAVANNAH«:* das erste maschinenangetriebene Schiff, das einen Ozean mit Maschinenunterstützung überquerte. Ursprünglich war das hölzerne kraweelgebaute Vollschiff als Segelschiff für den Paket- und Postdienst New York/Le Havre vorgesehen. Es wurde noch vor der Fertigstellung von der neu gegründeten »Savannah Steam Ship Co« gekauft und für zusätzlichen Dampfantrieb mit Seiten-Schaufelrädern versehen. Der Stapellauf war im September 1818 und die Probefahrten waren im März des Jahres 1819. Am 28. März 1819 verholte die »SAVANNAH« unter Führung von Kapitän Moses Rodger von ihrem Bauplatz in New York nach Savannah im US-Bundesstaat Georgia. Dort traf sie nach sechs Tagen ein und wurde vom seinerzeitigen Präsidenten Monroe besichtigt.
Abweichend von der anfänglichen Absicht wurde das Schiff infolge der schlechten Handelslage nicht wie vorgesehen in der Küstenfahrt eingesetzt, sondern nach Europa gesandt, um dort zum Verkauf angeboten zu werden. Am 22. Mai 1819 verließ die »SAVANNAH« den Heimathafen gleichen Namens mit Bestimmungsort Liverpool unter dem Kommando des Kapitäns M. Rodger. Fahrgäste für die 32 an Bord vorhandenen Plätze hatten sich trotz Angebot auch in New York nicht eingefunden. An Bord waren 75 t Kohle und 25 Klafter Holz (etwa 87,5 m^3) als Brennstoffe gestaut. Die Londoner Times berichtete dann am 30. Juni 1819 nach Ankunft der »SAVANNAH« am 20. Juni 1819 in Liverpool: »Die »SAVANNAH«, ein Dampfschiff, lief kürzlich von Amerika kommend Liverpool an. Das erste Fahrzeug dieser Art, das jemals den Atlantik überquerte, wurde den ganzen Tag vor der Küste Irlands von H. M. Zollkreuzer »KITE« der Station Cork verfolgt, der es irrtümlich als brennendes Schiff angesehen hatte.« Das war am 17. Juni geschehen; am 18. Juni lautete die Eintragung im Logbuch: »Keine Kohle um Dampf aufzumachen«. Wegen des hohen Verbrauchs und der begrenzten Lademöglichkeit reichte der an Bord genommene Vorrat nicht für die gesamte Reisedauer. Dennoch hat das Schiff die übliche Reisedauer der Segler um 10···15 Tage unterboten und sicher Europa erreicht. Die Überfahrt dauerte 27 Tage und 11 Std., von denen insgesamt 85 Std. voll Dampf aufgemacht wurde (nach anderen Angaben 18 Tage), wenn die mit Segeln erreichbare Geschwindigkeit unter 4 kn betrug. Von Liverpool fuhr die »SAVANNAH« nach Kopenhagen, dann nach Stockholm und weiter nach St. Petersburg, wo der Zar von Rußland das Schiff besuchte und bewunderte, aber es fand sich kein Käufer, Kohle war seinerzeit in Europa noch sehr teuer. Auf der Rückreise machte das Schiff im schwedischen Arendal einen Zwischenaufenthalt und erreichte von dort Savannah in 25 Tagen.
Nach der aufsehenerregenden Reise hoffte man, die amerikanische Regierung würde den ersten Atlantikdampfer erwerben, doch auch sie lehnte den Ankauf ab. Die »Savannah Steam Ship Co« ging in Konkurs und der Dampfer wurde 1820 öffentlich versteigert, die Maschine ausgebaut und verkauft und die »SAVANNAH« fuhr als Segelpostschiff und als Güterschiff zwischen New York und ihrem Heimathafen. Am 5. November 1821 strandete das Schiff bei einem Sturm an den berüchtigten Sandbänken vor Long Island und ging verloren.
Die Hauptdaten der »SAVANNAH« waren: Länge 30,5 m, Breite auf Spanten 7,9 m, Breite über Seitenräder 11,0 m, Tiefgang 3,9 m, 320 BRT und 170 NRT, Maschinenleistung der Einzylinder-Dampfmaschine 66 kW (90 PS) mit einem Zylinderdurchmesser von 1,0 m (40 Zoll) und 1,5 m Hub (60 Zoll). Die »SAVANNAH« hatte 2 Kessel. Die Schaufelräder hatten 4,65 m Durchmesser (17 Fuß, nach anderen Angaben 4,88 m), waren 4 Fuß 8 Zoll breit und die 10 durch Ketten in ihrer Lage gehaltenen Radialarme konnten fächerähnlich zusammengeklappt und bei Nichtgebrauch während des Segelns an Bord genommen werden. Die direkt von der Kurbelwelle angetriebenen Schaufelräder machten 16 Umdrehungen

pro Min. und gaben dem Schiff eine Geschwindigkeit von 4···5 kn bei ruhiger oder mäßig bewegter See.
Die bildlichen Darstellungen der »SAVANNAH« weichen voneinander ab. Auf einigen Darstellungen sind Radkästen vorhanden, die jedoch bei der Demontage der Schaufeln kaum angebracht waren und statt der 10 Schaufeln sind zuweilen nur 8 gezeichnet. Auch in der Besegelung und in der Form des Schanzkleids gibt es unterschiedliche Darstellungen. Der Schornstein wird sowohl mit als auch ohne drehbare Hutze gezeichnet, er hatte aber wahrscheinlich wegen der Holzfeuerung und der durchschlagenden Flammen bzw. Funkenflug zum Schutz der Segel ein solches drehbares Oberteil. Zwei Jahre nach der Fahrt der »SAVANNAH« überquerte 1821 die »RISING STAR« erstmals den Atlantik in Westrichtung von Europa nach Amerika. Die Fahrten dieser beiden Schiffe sind Marksteine in der Geschichte der Ozeandampfschiffahrt.

Stapellauf des ersten Kernenergie-Frachtschiffs der Welt, »SAVANNAH«, USA 1962

»SAVANNAH«: erstes Handelsschiff der Welt mit Kernantrieb. Nach Kernenergie-Eisbrecher »LENIN« zweites kernenergiegetriebenes ziviles Schiff der Welt. Die 21840 t große »SAVANNAH« wurde von der amerikanischen Regierung als Versuchs-Fracht-Fahrgastschiff in Auftrag gegeben und lief am 21. Juli 1959 in Camden/New Jersey nach der Taufe durch die Frau des Präsidenten der USA, Mrs. Eisenhower, von Stapel. Die Indienststellung war 1962. Das Schiff hat 166,11 m Länge; 24,77 m Breite; 8,99 m Tiefgang und 9250 t DW. An Bord befanden sich Unterbringungsmöglichkeiten für 60 Fahrgäste.
Die Leistung der Dampfturbinen betrug maximal 16200 kW (22000 PS) mit denen das Schiff die Geschwindigkeit von 21 kn erreichte. Der Druckwasserreaktor der Firma Babcock & Wilcox mit einer Gesamtmasse von 3708 t war für den Betrieb mit Urandioxyd-Stäben gebaut. Der Reaktor erforderte einen Raum von 70000 cub. ft., und die Kosten der Kernreaktoranlage wurden mit 16,5 Mill. Dollar angegeben. Für den Notfall sicherte ein 552-kW(750-PS)-Elektro-Propellermotor, der von 2 Dieselgeneratoren mit Strom versorgt wurde, die Manövrierfähigkeit des Schiffs.
Die »SAVANNAH« war bis 1970 in Fahrt und wurde dann aus wirtschaftlichen Gründen außer Dienst gestellt, da jährlich ein Zuschuß in Höhe von 4 Millionen Dollar erforderlich war. Obwohl das Schiff nur unzureichend für den kommerziellen Frachtbetrieb konzipiert und ausgerüstet war, hat es in den acht Betriebsjahren verschiedene Versuchsergebnisse erbracht; es hat in dieser Zeit 480000 Seemeilen zurückgelegt.

S-Boot: deutsche Kurzbezeichnung für *Schnellboot.*

»SCHARNHORST«: einer der letzten Panzerkreuzer bzw. Großer Kreuzer in der Kaiserlichen Marine. Der Panzerkreuzer lief am 22. März 1906 auf der Werft von Blohm & Voss in Hamburg von Stapel und wurde am 24. Oktober 1907 in Dienst gestellt. Die Baukosten beliefen sich auf 20,319 Millionen Mark. Die Namensgebung ehrte Gerhard Johann David von Scharnhorst (1755 bis 1813), der zunächst als Hannoverscher Artillerieoffizier diente und 1801 in preußische Dienste übertrat. Als General, Chef des Generalstabs und Vorsitzender einer militärischen Reorganisationskommission bewirkte er in Zusammenarbeit mit Gneisenau die preußische Heeresreform. Auf ihn gehen die Einführung der allgemeinen Wehrpflicht, die Landwehr und die Taktik der Schützenlinie zurück. Die Erhebung 1813, das Bündnis mit Rußland und die ersten Feldzugspläne sind im wesentlichen das Werk des Gestalters des »Volksheeres«, das bei Leipzig und Waterloo die preußische Selbständigkeit durchsetzte. Scharnhorst starb an den Folgen einer Verwundung, die er in der Schlacht bei Großgörschen erhalten hatte.

Schlachtschiff »SCHARNHORST« (II) 1939

Das Schiff hatte eine Länge über Alles von 144,6 m und zwischen den Loten 143,8 m und war 21,6 m breit. Der Tiefgang betrug 7,96 m und die Seitenhöhe 12,65 m. Die Besatzung bestand im Frieden aus 764 Mann. Im Unterschied zu den früher gebauten Großen Kreuzern, die mit vier 21-cm-Geschützen als schwere Artillerie bewaffnet waren, hatte die »SCHARNHORST« die doppelte Anzahl 21-cm-Geschütze und als Mittelartillerie 6 × 15-cm- und 18 × 8,8-cm-Geschütze sowie zeitweise 4 Maschinenkanonen. Weiterhin waren 4 Unterwasser-Torpedoausstoßrohre des Kalibers 45 cm vorhanden.
Die Panzerdicken waren im Deck 3,5···6 cm, in der Böschung 4···5,5 cm, in der Konstruktionswasserlinie 15 cm auf 5 cm Teakholz, am Komandoturm vorn 20 cm, an den Kasematten und Zitadellen 15 cm, an den 21er Türmen maximal 17 cm und an den Schilden der Mittelartillerie maximal 8 cm. Als weiterer Schutz waren noch Korkdämme eingebaut.
Die Antriebsanlage bestand aus 3 Dreifach-Expansionsmaschinen mit der Gesamtleistung von 21180 kW (28780 PSi). 18 Kessel mit 36 Feuer erzeugten den erforderlichen Dampf von 1,7 MPa (16 atü). Mit den 3 vierflügligen Schrauben von 4,6 bzw. 5,0 m Durchmesser erreichte das Schiff die Maximalgeschwindigkeit von 23,6 kn. Die »SCHARNHORST« war das letzte Großschiff der Kaiserlichen Marine, das durch Dreizylinder-Dampfmaschinen angetrieben wurde, dann setzte sich nach den Vierzylinder-Kolbendampfmaschinen der Dampfturbinenantrieb für große Kriegsschiffe auch in Deutschland durch.
Nach dem Flottendienst bis 1909 wurde die »SCHARNHORST« Flaggschiff des Auslandsgeschwaders des Grafen Spee in Ostasien. Sie sank am 8. Dezember 1914 mit 860 Mann während der Schlacht bei den Falkland-Inseln. Gegner waren die britischen Schlachtkreuzer *»INFLEXIBLE«* und *»INVINCIBLE«*.
Ein nachfolgender Namensträger war das am 7. Januar 1939 in Dienst gestellte Schlachtschiff »SCHARNHORST«. Es war 234,9 m lang und hatte ein Deplacement von 38900 t, die 9 schweren Geschütze hatten 28-cm-Kaliber. Mit 3 Satz Getriebeturbinen von 121440 kW (165000 PSw) Gesamtleistung erreichte diese »SCHARNHORST« 32 kn Maximalgeschwindigkeit. Die Baukosten betrugen 143,48 Mill. Mark. Das Schlachtschiff ist am 26. Dezember 1943 im

Nordmeer nordöstlich des Nordkaps auf Position 72°16'N und 28°41'O während eines Gefechts mit britischen Seestreitkräften gesunken. Mit dem Schiff gingen 1803 Mann in den Tod.

Schattendeckschiff, *Schattendecker:* veralteter Frachtschiffstyp mit einer »Dreiinsel«-Bauweise, bei der die 3 Aufbauten Back, Brücke und Poop durch ein durchlaufendes Deck so verbunden waren, daß die Räume zwischen den Aufbauten an den Bordseiten offenblieben; siehe auch *Schutzdeckschiff*.

Schaufelradbagger: siehe *Bagger*

Scheibentender: Hilfsschiff der Marine zum Übungsschießen auf Seeziele. Häufig kleinere oder mittlere *Schlepper*, aber auch umgebaute *Zerstörer* älterer Bauart, wenn höhere Schleppgeschwindigkeiten gefordert sind, um den Beschuß auf schnelle Kriegsschiffe zu simulieren; siehe auch *Zielschiff*.

Schiff mit langer Back: Fracht-, Fischerei- oder kombiniertes Fracht-Fahrgastschiff, bei dem zur Erhöhung der Seetüchtigkeit und zur Vergrößerung des Unterdecksraums die umbaute Back weiter nach hinten über das vordere Querschott (Kollisionsschott) reicht und die zuweilen auch erhöht gebaut ist.

Schiff mit langer Poop: zur Vergrößerung des umbauten Schiffsraums sowie zum Schutz der Maschinenschächte und zur Stabilitätsverbesserung bei größeren Neigungswinkeln mit einem Hinterschiffsaufbau versehenes Schiff, bei dem die Poop i. allg. so verlängert ist, daß sie bis zum Brückenaufbau reicht; siehe auch *Quarterdeckschiff*.

Schilfschneideboot: *Boot* mit Mähvorrichtung für die Gewinnung von Schilf, das bis zu 48 % aus Zellulose besteht, als Rohstoff für die Zellwolle- und Papierherstellung. Besonders große Schilfflächen gibt es im Donaudelta, die eine Jahresmenge von mehreren Millionen Tonnen ermöglichen. Ähnliche Boote werden auch auf anderen Binnengewässern eingesetzt, um das Verschilfen zu begrenzen bzw. in Randmeeren zur Gewinnung von Seetang für die Futtermittel- und Arzneimittelindustrie.

Schlachtkreuzer: aus dem *Panzerkreuzer* hervorgegangener größerer Schiffstyp, der im Unterschied zum späteren *Schlachtschiff* i. allg. weniger schwere Geschütze und einen schwächeren Panzerschutz, dafür aber eine höhere Geschwindigkeit und einen größeren Aktionsradius hatte. Schlachtkreuzer sollten in Aufklärungsgeschwadern operieren, erste Gefechte mit dem Gegner aufnehmen und ihn in den Wirkungsbereich der eigenen Hauptkräfte ziehen. Der Schlachtkreuzer und das *Linienschiff* waren im ersten Weltkrieg die größten und kampfstärksten Kriegsschiffe.
Als Ersttyp der Schlachtkreuzer gilt die britische »*INVINCIBLE*«. Als Flaggschiff des III. Schlachtkreuzergeschwaders unter Admiral Hood nahm sie an der Skagerrakschlacht, engl. Battle of Jutland, teil und explodierte nach der dritten Salve des deutschen Schlachtkreuzers »*LÜTZOW*«. Die gesamte Besatzung fand mit ihrem Admiral den Tod.
Die übliche Größe der Schlachtkreuzer lag im ersten Weltkrieg bei etwa 20000 t Deplacement, später stieg die Größe auf etwa 32000 t an. Ein bekannter deutscher Schlachtkreuzer war die »*GOEBEN*« mit 23100 t und 10 × 28-cm-Geschützen. Sie gehörte zu den letzten Schiffen dieser Klasse und wurde erst 1976 in der Türkei abgewrackt. Das letzte noch fertiggestellte deutsche Schiff dieses Typs war die »HINDENBURG«, 26947 t und 8 × 30,5-cm-Geschütze. Das Schiff wurde am 10. Mai 1917 in Dienst gestellt und am 21. Juni 1919 in Scapa Flow versenkt.
Der größte Schlachtkreuzer der Welt war mit 42000 t Deplacement die 1918 gebaute britische »HOOD«. Sie hatte 8 × 38,1-cm-Geschütze. Die Panzerdicke in der Wasserlinie betrug 305 mm; siehe auch *Panzerkreuzer*, *Kreuzer*, *Leichter Kreuzer*, *Schwerer Kreuzer*.

Schlachtschiff: neben dem *Flugzeugträger* größter und kampfstärkster Schiffstyp des zweiten Weltkriegs. Er ging aus dem *Schlachtkreuzer* und dem großen *Linienschiff* des ersten Weltkriegs hervor, hatte jedoch einen noch stärkeren Panzerschutz und schwerste Artillerie. Mit dem Ende des zweiten Weltkriegs war auch die Ära dieser großen Kriegsschiffe zu Ende, da sich kleine kampfstarke und schnelle Kampfschiffe sowie maritime Kleinkampfmittel als flexibler und ebenso wirkungsvoll erwiesen hatten. Viele Schlachtschiffe wurden abgewrackt, oder zu Museumsschiffen oder Gedenkstätten, wie die »ARIZONA« in Pearl Harbour, oder als taktische Reserve aus dem aktiven Dienst genommen. Die Schiffe galten als technisch überholt und als »wehrlos« gegenüber den modernen Raketenwaffen. Nach der Entwicklung der Raketenabwehrwaffen wurden verschiedene der nach 1945 aufgelegten US-Schlachtschiffe reaktiviert und mit modernsten Feuerleitgeräten und Raketen ausgerüstet, ohne auf die konventionelle schwere Artillerie völlig zu verzichten. Sie sind die letzten Zeugen einer Epoche der großen Kriegsschiffe mit Artilleriebewaffnung.

Schlauchboot: seit nahezu einem Jahrhundert ständig weiterentwickeltes, aus elastischem Gewebe bestehendes und durch Schotte in Luftkammern unterteiltes aufblasbares Boot. Eine spezielle Nutzung als Rettungsmittel ist das *Rettungsfloß* bzw. die *Rettungsinsel*. Als Ersttyp unserer heutigen Rettungsboote gilt das Schlauchboot »NONPAREIL«, mit dem am 4. Juli 1868 Kapitän John Mikes und seine Mitsegler George Miller und Jerry Mallene von New York nach England segelten. Drei an den Enden zugespitzte Gummizylinder von je 7,60 m Länge waren durch Streifen aus starkem Segeltuch miteinander verbunden. Darauf befand sich ein Balkengerüst mit einem Zelt, Trinkwasserbehälter, Proviantkasten, Kompaß, Blasebalg, Flickzeug sowie Öllampe für Kochzwecke und zur Beleuchtung. an den beiden Masten befanden sich 3 Segel. Nach einer Überfahrt von 43 Tagen fiel am 25. August 1868 in Southampton der Anker. Anschließend wurde das Floß öffentlich zur Schau gestellt.
Erst 1928 wurden die von Gustav Winkler entwickelten sog. »Möwe«-Floßboote (Schlauchboote) erstmals von den Behörden und der Seeberufsgenossenschaft als Hilfsbootsraum zugelassen, da sie vor dem Einsatz noch erst aufgeblasen werden mußten. Sie bestanden aus einem Leinengewebe mit Gummiüberzug auf Kautschukbasis. Ab 1931 kam dann Neopren und ab 1952 Hypalon zum Einsatz. Mit diesen synthetischen Elastomeren waren witterungsbeständige aufblasbare Rettungsmittel möglich geworden. 1959 schienen die ersten aufblasbaren Neopren-Rettungsflöße bzw. Rettungsinseln mit einsteckbaren Bügeln für ein Persenning-

Einer der letzten Rad-Dampfschlepper auf dem Rhein mit besonders breiten Schaufelrädern

Schutzdach als Vorläufer unserer heutigen automatisch aufblasbaren Rettungsflöße.
Moderne Schlauchboote werden überwiegend für Arbeits- und Sportzwecke eingesetzt. Spezielle Konstruktionen sind auch mit einem Außenbordmotor versehen und werden im Küstenvorfeld auch im Seenotrettungsdienst eingesetzt.

Schlengel: aus gekoppelten Schwimmpontons (siehe *Ponton*) gebildete schwimmende Anlegestelle, Brücke oder Absperrung, die am Ufer oder am Gewässerboden so verankert ist, daß der Schlengel entsprechend den unterschiedlichen Wasserständen schwimmt; siehe auch *Ölschlengel.*

Schleppbehälter: flexible zylindrische Transportbehälter aus elastischem Material, ummantelt durch Zugseile, für den Wassertransport von Flüssigkeiten, deren Dichte kleiner als die des Wassers ist, so daß die Behälter mit ihrer Füllung soviel Auftrieb haben, daß sie selbst schwimmen. Zuerst wurden Mitte der 1950er Jahre in Britannien bei Southampton Schleppbehälter erprobt, die aus Nylon-Polyamidgeweben bestanden, das beidseitig mit synthetischem Kautschuk beschichtet war. Der Schleppbehälter war 60 m lang, hatte einen Durchmesser von 3 m und ein Fassungsvermögen von 450 t Rohöl. Schleppbehälter werden einzeln oder gekoppelt durch *Schlepper* gezogen.
Die Idee des flexiblen Schleppbehälters wurde wiederholt aufgegriffen. Trotz gründlicher Erprobungen auf Flüssen und auf offener See und Kollisionsversuchen mit günstigen Ergebnissen ist beim Öltransport nicht die gleiche Sicherheit gegen Gewässerverschmutzung wie mit *Tankern* erreichbar. Günstige Bedingungen bestehen demgegenüber für einen kostengünstigen Frischwassertransport mit großen Schleppbehältern, wobei die geringere Dichte gegenüber dem Seewasser für den Restauftrieb ausreichend ist.

Schlepper: Wasserfahrzeug zum Bugsieren anderer Schiffe *(Bugsierschlepper, Hafenschlepper)* zum Ziehen (Schleppen) auf Binnenwasserstraßen bzw. in der Küsten- oder Hochseeschifffahrt (Hochseeschlepper, Bergungsschlepper). Kurz nachdem es das erste Dampfschiff für die Flußschiffahrt gab, erprobte man auch die Möglichkeit, Kähne und Boote in Schlepp zu nehmen. Das geschah u.a. schon 1817, als die *»PRINZESSIN CHARLOTTE VON PREUSSEN«* ihre ersten Fahrten nach Spandau machte. Dementsprechend entwickelte sich schnell der spezielle Schiffstyp »Zugschlepper« für die Flußschiffahrt auf den Hauptströmen der Welt. Später entstand der Hafenschlepper, der größere Dampfschiffe an ihre Liegeplätze in den Häfen bugsierte, sie verholte und in freies Fahrwasser schleppte. Die 1842 gegründete Hafen- und See-Schleppreederei Petersen & Alpers wurde zum ersten Bugsierbetrieb im Hamburger Hafen. Am 15. Juli 1907 folgte Jean Louis Meyer, der zusammen mit zwei Gesellschaften das Bugsierunternehmen »Kröpke & Co.« gründete. Als erste Schlepper kamen die »FLINK«, »FLOTT«, »SMART« und »EDITH« in Fahrt. Ab dem 25. Mai 1912 führte die Firma den Namen »Neue Schleppdampfschiffsreederei Louis Meyer«; Hamburg.

Kleiner Motorschlepper »ELDE«, Baujahr 1955

Havarien und Unfälle auf offener See führten zur Entwicklung leistungsstärkerer Hochseeschlepper und Bergungsschlepper. Die älteste Bergungsgesellschaft, die auch Bergungsdampfer besaß, war die 1835 gegründete »Em. Z. Svitzers Bjergnings Enterprise« in Kopenhagen. 1856 wurde dann in Stockholm die »Bergnigs-och Dykerie Aktibolaget Neptun« gegründet. Ein Jahr später fand in Britannien durch Parlamentsakte die Gründung eines staatlichen Instituts, »Thames Conservancy« statt. Es war dazu bestimmt, die Themse von Wracks freizuhalten. Erst 1886 wurde in Deutschland der »Nordische Bergungs-Verein« gegründet, der danach u.a. 4 größere Bergungsdampfer im Mittelmeer unterhielt.
Moderne Hochseeschlepper haben heute vorwiegend die Aufgabe, schwimmende Objekte ohne eigenen Antrieb an ihren Standort zu bringen. So wurde im Juni 1984 unter der Leitung der »Mobil Exploration Norway Inc.« eine wohl größte Schleppaufgabe der bisherigen Seegeschichte durchgeführt. Auf einem Schlepperweg über 290 Seemeilen brachten 8 der stärksten Hochseeschlepper mit insgesamt 84640 kW (115000 PS) die *Bohrinsel* »STATFJORD C« auf ihre Förderposition im norwegischen Teil der Nordsee. Die Plattform mit einer Gesamtmasse von 835000 t war seinerzeit mit 271 m Höhe die größte Bohrinsel der Welt. Sie steht in einer Meerestiefe von 145 m und trägt neben der eigentlichen Bohrausrüstung einen hotelähnlichen Aufbau mit 278 Betten.
In neuerer Zeit gibt es Mehrzweckschlepper, die für Hafen- und Terminal-Bugsierdienste, Küsten-Offshore und Hochseeschleppdienste, für den Bergungseinsatz sowie zur Bekämpfung von Öl- und Gasbränden und als Ölabschöpfschiffe zur Verminderung der Gewässerverschmutzung einsetzbar sind.
Der Bau von Schleppern stellt notwendigerweise einen Kompromiß zwischen sehr unterschiedlichen Eigenschaften dar. Einerseits wird eine ausreichende Freifahrtgeschwindigkeit benötigt, für die ein schlanker Schiffskörper und ein entsprechend ausgelegter Propeller günstig wäre. Andererseits ist für die Bremswirkung in Längsrichtung ein größerer Widerstand vorteilhaft. Um die Kentersicherheit bei Querzug zu erhöhen, sind entsprechend breite Wasserlinien und ein tiefgelegener Kraftangriff der Schlepptrosse erwünscht. Die Konstruktion muß wiederum andere Kriterien erfüllen, wenn der Schlepper sowohl für Hochseefahrten als auch im Hafendienst gut geeignet sein soll. Die unterschiedlichen Fahrtzustände der Freifahrt und des Schleppens bedingen für solche Schlepper spezielle Lösungen hinsichtlich des Antriebs durch Festpropeller ohne Düse mit einem Profilruder oder Verstellpropeller mit einem Ruder bzw. Verstellpropeller mit Kort-Drehdüse oder 2 Festpropellern je in drehbaren Düsen bzw. Verstellpropeller in festen Düsen und Mehrflächenrudern, eine spezielle Vortriebsvariante ist der Voith-Schneider-Propeller; siehe *Voith-Schneider-Propellerschiff.*

Schleppkahn: antriebsloser Lastkahn für Flüsse und Binnengewässer, der einzeln oder in Schleppverbänden durch *Schlepper* gezogen wird. Der ursprüngliche durch Muskel- oder Windkraft bewegte Schleppkahn hatte auch in der Übergangszeit zur Dampf- bzw. Motorkraft noch seine Bedeutung. Die bekanntesten Schleppkahngrößen hatten wegen ihrer Fahrbedingungen und Schleusenbreiten festgelegte Tragfähigkeiten, Längen, Breiten und Tiefgänge. Zu den kleinsten gehörte der Finow-Maßkahn mit 200 t Tragfähigkeit, 40 m Länge, 4,6 m Breite und 1,60 m Tiefgang. Andere Kahntypen sind: Groß-finow-Maß-Kahn (250 t; 41,5 × 5,1 × 1,80 m), Berliner-Maß-Kahn (350 t; 46 × 6,6 × 1,75 m), Saale-Maß-Kahn (380 t; 51 × 6,0 × 1,75 m), Oder-Maß-Kahn (55 t; 55 × 8,0 × 1,80 m), Elbe-Maß-Kahn (950 t; 76 × 10,5 × 1,80 m) und Rhein/Herne-Maß-Kahn (1350 t; 80 × 9,5 × 2,5 m); siehe auch *Motorgüterschiff.*

Schleppnetz-Fischereischiff siehe *Fischereischiff* bzw. *Trawler*

Schlingertank-Schiff: Schiff mit einem Tanksystem, dessen Wasserfüllung durch die Rollbewegungen des Schiffs und die dadurch entstehende Eigenbewegung der Flüssigkeit – oder durch Zusatzkräfte aktiviert – schlingerdämpfend wirkt, d. h. die Schaukelbewegungen des Schiffs mindert.

Schon 1882 erprobte der damalige Chefkonstrukteur der englischen Marine Sir Ph. Watt auf dem Turmpanzerschiff *»INFLEXIBLE«* ein System der »offenen Wasserkammer«, doch führte das zunächst noch nicht zu den Schlingertanks sondern zum Schlingerkiel, den William Froude (1810 bis 1879) bereits bei seinen Versuchen als wirksam erkannt hatte.

Auch die beiden Fahrgastschiffe *»CITY OF NEW YORK«* (1888) und »CITY OF PARIS« (1889) sollen bereits »eine Art Einrichtung zur Dämpfung der Schlingerbewegung« an Bord gehabt haben. Am 8. September 1907 wurde an Hermann Frahm (1867 bis 1939), dem Technischen Direktor der Werft Blohm & Voss, ein erstes Patent für sein später als »Frahm'scher Schlingertank« allgemein bekannt gewordenes System erteilt. Das Schlingertanksystem besteht aus je einem Tank auf jeder Bordseite, die durch einen unteren Überströmkanal und einen oberen Luftkanal verbunden sind. Der Luftkanal ist durch ein Ventil so regulierbar bzw. absperrbar, daß durch das überströmende Wasser jeweils eine Gegenkraft gegen die äußeren, das Schiff krängenden Momente erzeugt wird. Die ersten Schlingertanks wurden 1910 auf den HAPAG-Dampfern »YPIRANGA« und *»CORCOVADO«* eingebaut. Als wirksamer erwies sich aber der tiefere Einbau der Tanks auf dem Dampfer »GENERAL« der »Deutschen-Ostafrika-Linie (DOAL), wie er danach dann auf vielen Passagier- und Kriegsschiffen ausgeführt wurde.

Ab etwa 1930 versuchte man statt des Tankwassers feste bewegliche Massen in Form von Stahlblöcken zu verwenden und vom bisherigen »passiven« zum »aktiven« Dämpfungssystem überzugehen, doch dieser »Wagenstabilisator« bewährte sich nicht. In späteren Anlagen wurde das Tankwasser dann durch Druckluft und Drosselklappen gesteuert. So konnte die Wasserschwingung mit der Schiffsschwingung auch ohne Benutzung des Gebläses in Resonanz gebracht werden. Solche aktivierten Anlagen kamen auf dem HAL-Fahrgastschiff »CORDILLERA« sowie auf Schiffen der deutschen Kriegsmarine, z. B. auf dem Eisbrecher »CASTOR« zum Einsatz. Bei Eisbrechern sollte eine Schlingerbewegung erzeugt werden, um durch das »Aufschlingern« die Brechwirkung zu vergrößern.

In den USA wandte man sich nach 1945 erneut dem passiven Tanksystem zu und führte es 1962 zur patentierten Anlage. Das »Flume«-System ist ein Stabilisierungssystem mit Rolldämpfungstanks freier Oberflächen. Im Sinne der Bezeichnung »Flume«, Gerinne – bewegen sich die Wassermassen von etwa 50 ··· 120 t beim Schlingern des Schiffs durch die in den Trennwänden befindlichen Öffnungen (Schleusen) und erleiden hierbei eine Verzögerung. Die Anlage arbeitet auch bei einem nicht fahrenden Schiff. »Flume«-Anlagen werden neben Flossenstabilisatoren auf Fahrgastschiffen, Fähren, Container- und Ro/Ro-Schiffen sowie auf größeren Fischereischiffen eingesetzt.

Schneidkopf-Saugbagger: siehe *Bagger*

Schnellboot: Hochgeschwindigkeits-Kriegsschiff. Mit der Entwicklung der Vergasermotoren und schnellaufender Dieselmotoren gewann das Schnellboot als Kampfschiff an Bedeutung. Die Entwicklung führte vom Torpedo-Schnellboot (siehe *Torpedoboot*) über das Artillerie-Schnellboot zum heutigen Raketen-Schnellboot.

1915 entwickelte Italien als erstes Land kleine schnelle Motorboote, die etwa 26 kn liefen und mit zwei Torpedo-Abwurfeinrichtungen ausgerüstet waren. Es folgten Britannien mit dem Coast Motor Boat (CMB) sowie Deutschland und Österreich-Ungarn. Zu Beginn des zweiten Weltkriegs erreichten TS-Boote bereits Höchstgeschwindigkeiten von 40 ··· 45 kn. Die deutschen Boote hatten ein Deplacement von 30 ··· 100 t und verfügten über zwei Torpedo-Ausstoßrohre bzw. Abwurfgerüste. Der Ausstoß des Torpedos war i. allg. nach vorn gerichtet. Auf kleinen Booten wurden die Torpedos auch nach hinten ausgestoßen oder abgeworfen. In beiden Fällen dreht das TS-Boot nach dem Abschuß mit Höchstfahrt ab.

Aus dem traditionellen TS-Boot entstanden mehrere Modifikationen, zu denen das Artillerie-Schnellboot (engl. Motor Gun Boat, MGB) gehört. Diese Boote wurden während des zweiten Weltkriegs vor allem in Großbritannien und in den USA gebaut. Anstelle der Torpedobewaffnung erhielt es eine stärkere Artillerie und Wasserbomben in Abwurfvorrichtungen zur U-Boot-Bekämpfung. Die Boote wurden zur Bekämpfung von kleineren See- und Küstenzielen sowie in Flußmündungen eingesetzt, dienten aber auch zur U-Bootjagd. Bald war das Schnellboot universell oder wahlweise als Torpedoträger, für Kommandounternehmen, wie zur schnellen Verlegung von Spezialeinheiten, für Sprengkommandos, Kampfschwimmer, spezielle Transportaufgaben oder mit UAW-Mitteln zur Bekämpfung von U-Booten einsetzbar.

Mit der Weiterentwicklung der Waffen entstand ein weiterer Schnellboottyp, das Raketen-Schnellboot. Die Hauptbewaffnung dieser Boote besteht aus 2 ··· 4 ferngelenkten oder zielsuchenden Schiff-Schiff- bzw. Schiff-Luft-Raketen. Seegehende Schnellboote sind größer als die nur bis etwa Seegang 6 einsetzbaren leichten Schnellboote. Hinsichtlich der Schiffskörperform können Schnellboote als Kielboot, *Gleitboot*, *Tragflächenboot*, oder Luftkissenboot *(Aircraft-boat)* gebaut werden.

Das Kielboot ist hochseetüchtiger, während das Gleitboot bei ruhiger See und gleicher Maschinenleistung höhere Geschwindigkeiten erreicht. Moderne Kielboote fahren etwa mit 45 kn und entsprechende Gleitboote und Tragflächenboote mit 55 ··· 60 kn und mehr.

Schnellboot-Begleitschiff: *Hilfsschiff* der Marine zur Versorgung von Torpedo-Schnellbooten; siehe auch *Schnellboot* und *Torpedoboot*. Mit der Bildung der ersten Schnellbootflottillen entstanden auch die ersten Schnellboot-Begleitschiffe. Die Entwicklung verlief ähnlich wie bei den U-Bootflottillen mit ihren *U-Boot-Begleitschiffen*. Die Aufgaben und Einsatzbedingungen entsprachen sich, sie dienten der Stützpunktversorgung mit Torpedos, Munition und Werkstätten und der Betreuung der Bootsbesatzungen ihrer Flottille.

Schnelldampfer: größere *Fahrgastschiffe*, besonders auf der Nordatlantikroute, deren Geschwindigkeit um mehrere Knoten über der jeweiligen Durchschnittsgeschwindigkeit ihrer Zeit lag. Bis zum vorletzten Jahrzehnt des 19. Jh. gab es in der Atlantikfahrt erst vereinzelt Schiffe, die in weniger als 8 ··· 10 Tagen von Europa nach Nordamerika fahren konnten. Eine Übersicht zu den schnellsten »Atlantiklinern« seit 1838 gibt die Übersicht bei *Fahrgastschiff*. Die Schiffsgrößen und Geschwindigkeiten stiegen jedoch sprunghaft an, als in den beiden letzten Jahrzehnten des 19. Jh. die Kessel und Kolbendampfmaschinen höhere Leistungen ermöglichten und so zuverlässig waren, daß auf die bis dahin noch aus Sicherheitsgründen beibehaltene Besegelung völlig verzichtet werden konnte.

Die ersten Atlantik-Passagierdampfer gänzlich ohne Besegelung waren die 1889 für die White-Star-Line von Stapel gelassenen »TEUTONIC« und *»MAJESTIC«*. Beide waren noch wie alle seinerzeitigen Atlantikdampfer als *Glattdeckschiff* gebaut.

Der Norddeutsche Lloyd ließ 1881 mit der *»ELBE«* das erste Schiff eines neuen Schnelldampfertyps bei der britischen Werft John Elder & Co. bauen, der zum Prototyp der deutschen Schnelldampfer wurde. Dem 4509 BRT großen Schiff folgten die »WERRA« (1883), die »FULDA« (1883), die »EIDER« (1884), die »TRAVE« (1886), die »ALLER« (1886), die *»LAHN«* (1887) und weitere, alle noch bei John Elder in Glasgow gebaute Schiffe. Entsprechend dem deutschen Reichspostdampfer-Abkommen und der gewährten staatlichen Förderung wurden ab 1890 alle folgenden Schnelldampfer des Norddeutschen Lloyd in Deutschland gebaut. Den deutschen Schnelldampferbau eröffnete die Vulcan-Werft Stettin 1890/91 mit den Schiffen »SPREE« und »HAVEL«. Für die HAPAG baute die gleiche Werft die »COLUMBIA« (1889), »NORMANNIA« (1890), *»FÜRST BISMARK«* (1890/91), die *»AUGUSTE VICTORIA«* (1889) u. a.

Die Bauweise des Glattdeckers war inzwischen durch »Aufbaudecks« abgelöst worden. Auf dem Hauptdeck war ein Deckshaus hinzugekommen, das Dach dieses Deckshauses war zu einem neuen Deck geworden und seitlich vom Deckshaus waren an den Bordseiten Promenaden entstanden. Im Deckshaus konnte man I. Klasse- und Luxuskabinen, einen Salon und ein Rauchzimmer einrichten.

In Großbritannien verlief die Schnelldampferentwicklung ebenso, wobei die beiden großen rivalisierenden Reedereien, die Cunard-Line und die White-Star-Line sich gegenseitig zu überbieten trachteten. Bis zur *»LUSITANIA«* und *»MAURETANIA«* (1906) mit Dampfturbinen gab es für die Schnelldampfer nur den Antrieb durch Kolbendampfmaschinen, die gewaltige Abmessungen erhalten mußten. So erhielt der Lloyd-Dampfer *»KAISER WILHELM II«* (1897) 4 Kolbendampfmaschinen mit der Gesamtleistung von 33120 kW (45000 PS), mit der das Schiff 24 kn erreichte. Jede der Dampfmaschinen war 28 m lang und über 13 m hoch. Für die Dampferzeu-

1 Quer- und Längsverbände eines genieteten Dreideckschiffs
2 Ladeluke im Decksverband
3, 4 u. 5 Verschiedene Decksstützen
6 Nietung für einfache Stoßüberlappung
7 Senkkopfniet mit angesenktem Schließkopf
8 Flachkopf-Kesselniet
9 Flachkopfniet mit vorgesenktem Schließkopf
10 Walzprofile und gebaute Profile für den Schiffbau
11 Kreuzungsstelle von Rahmenspant und Längsstringer mit »Diamantplatte«; links Innen-, rechts Außenansicht
12 Anschluß der Decksbalken an die Außenhaut mit Wasserbordblech, Winkel und Fächerplatte
13 Kimmstringer aus zwei Winkelprofilen
14 Kimmstringer aus einem Wulstprofil mit zwei Winkeln
15 Balkenkiele mit durchgehender Bodenwrange und Plattenkielschwein mit Obergurtplatte
16 Flachkiel mit durchgehender Bodenwrange
17 Flacher Kiel und flaches Kielschwein
18 Plattenkiel und flaches Kielschwein
19 Mittelplatte über die Tankdecke hinausragend
20 Mittelkielplatte über der Tankdecke

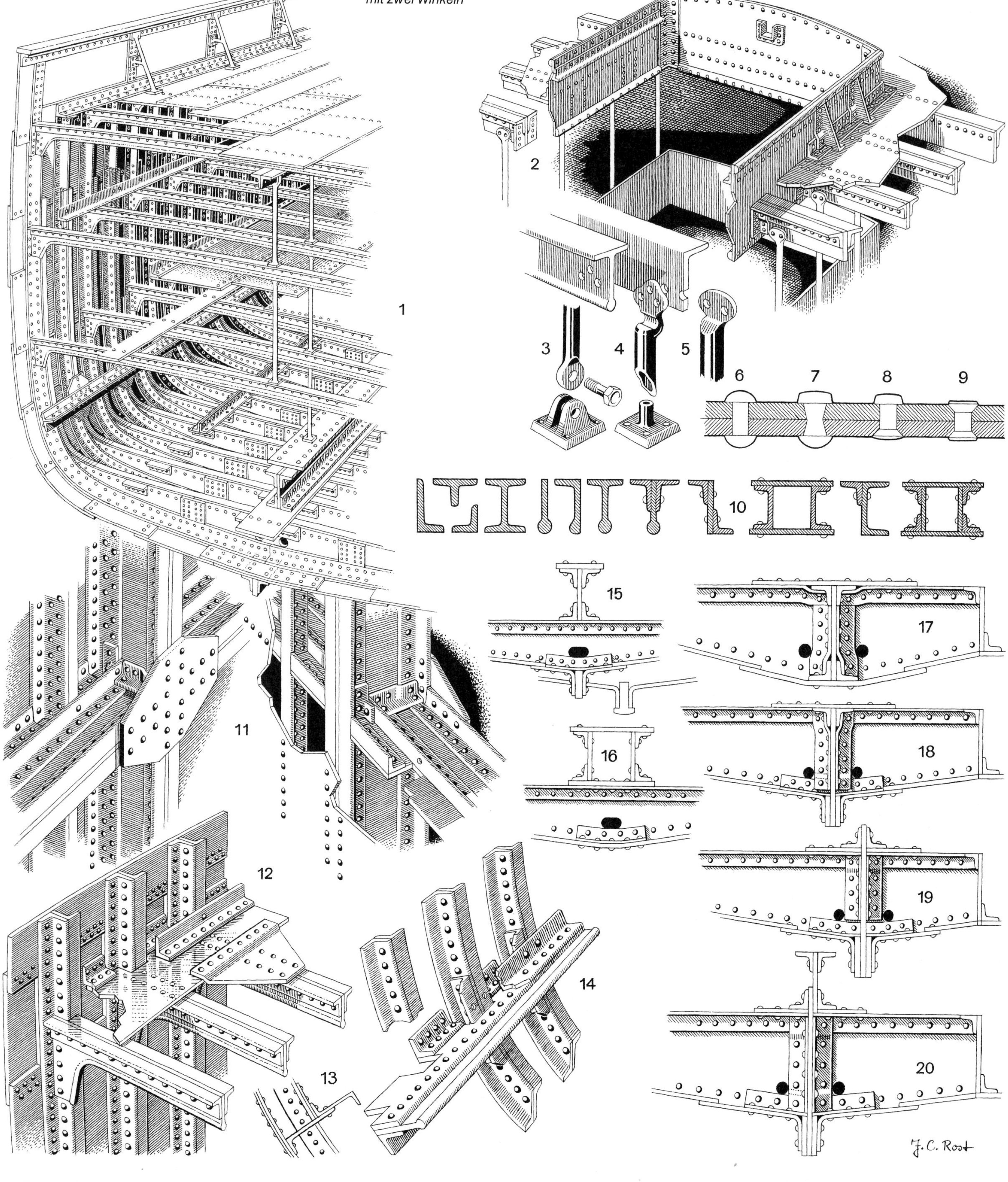

1 Dreideckschiff mit Flachkiel-Hauptspant-Querschnitt bei einem Raumspant
2, 3 u. 4 Varianten der Decksbalken-Knniebleche
5 Kielkonstruktion mit durchlaufender Mittelkielplatte und anstoßenden Bodenwrangen
6 Vorschiffsverbände eines Dreideckers
7 Genieteter Doppelboden mit durchlaufender Mittelkielplatte, interkostalen Seitenträgern und schräger Tankrandplatte
8 Einfachboden eines kleineren Schiffs mit Balkenkiel, durchlaufenden Bodenwrangen und daraufgesetztem Platten-Kielschwein

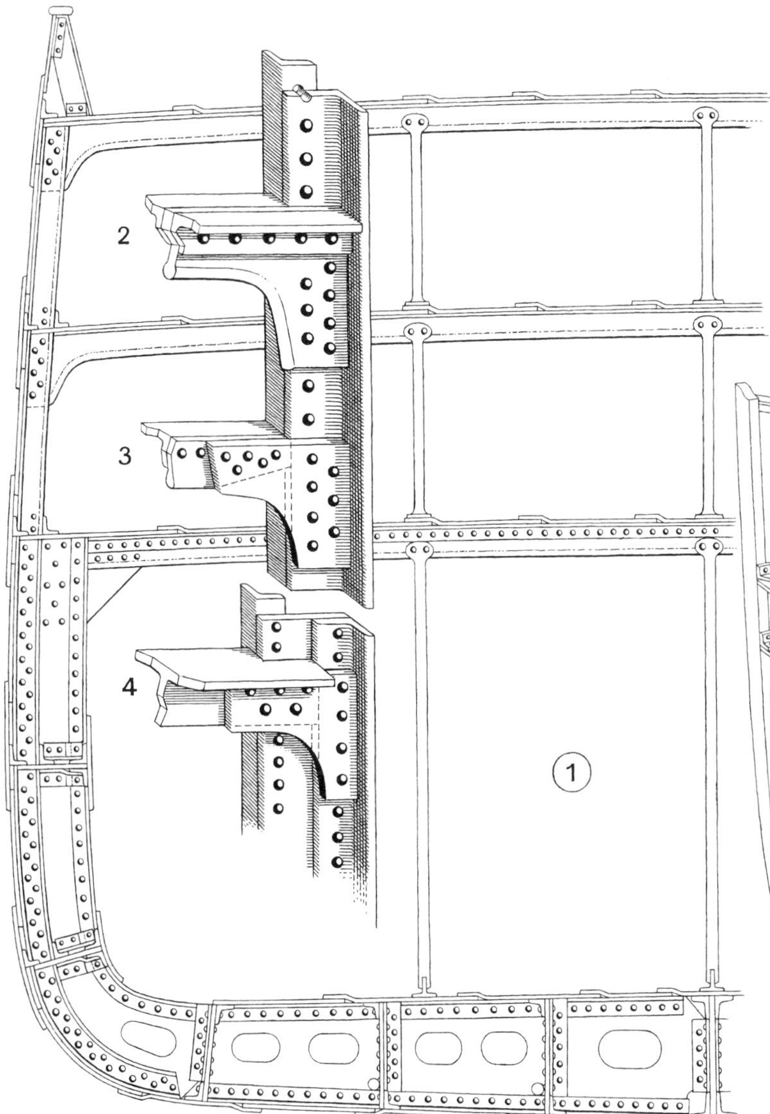

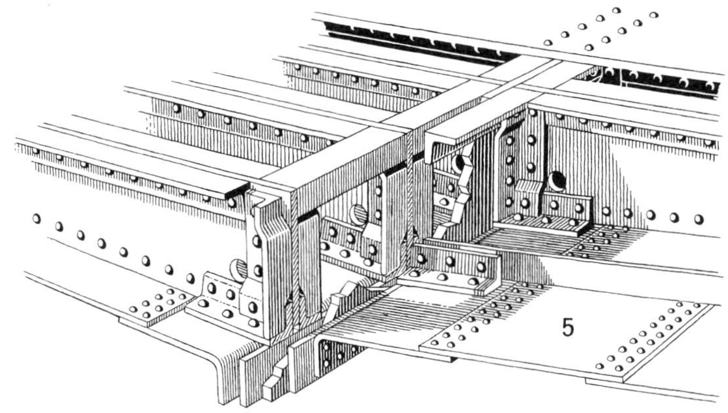

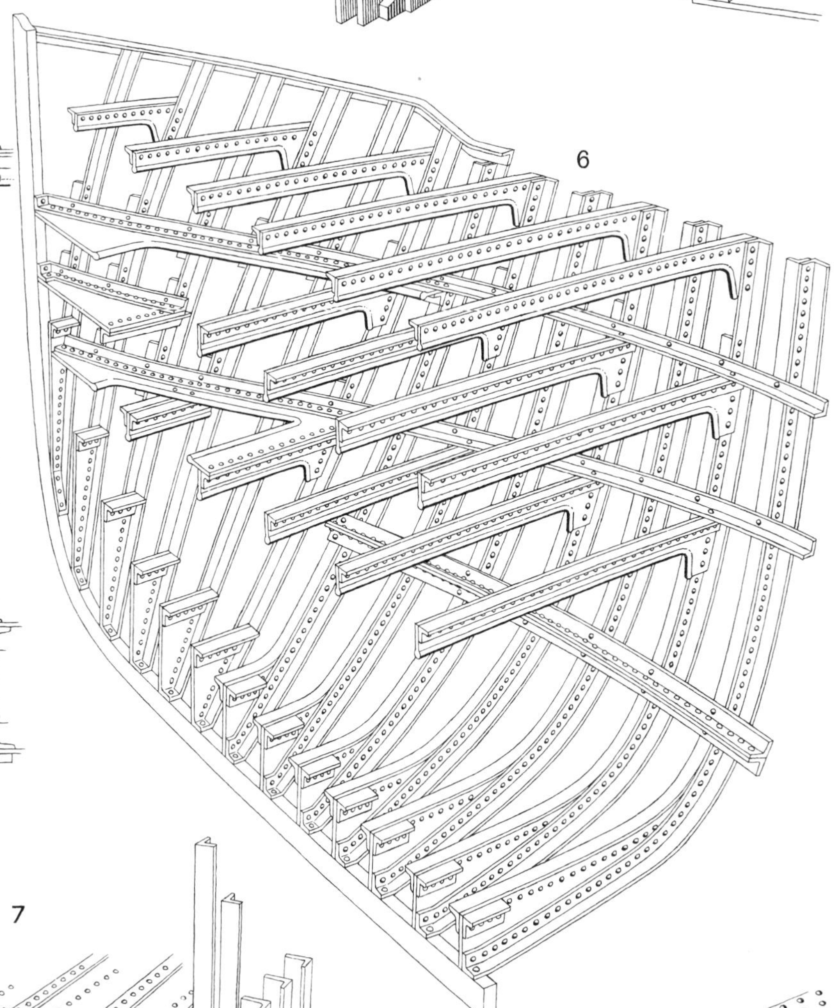

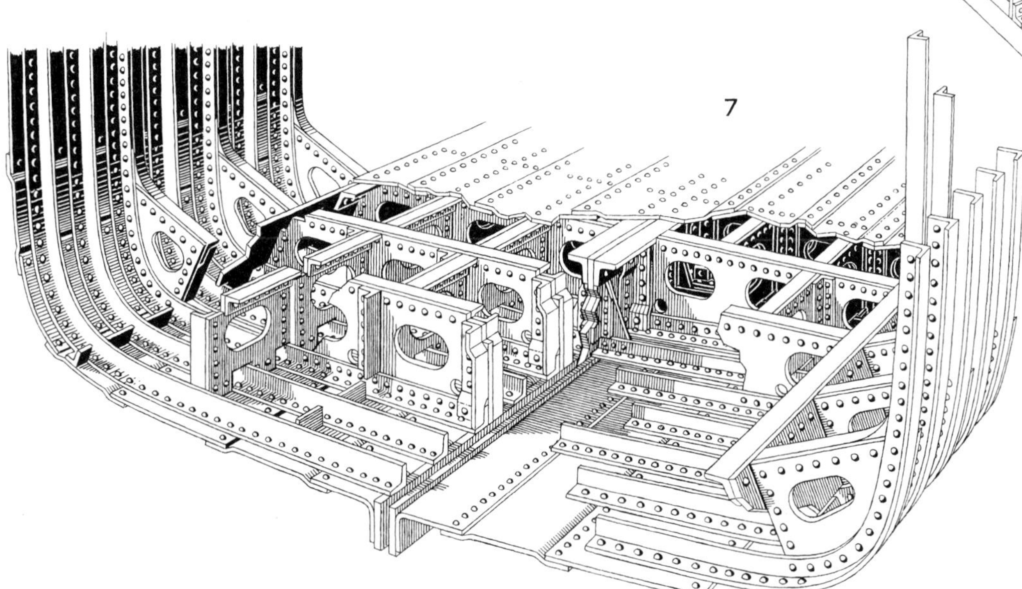

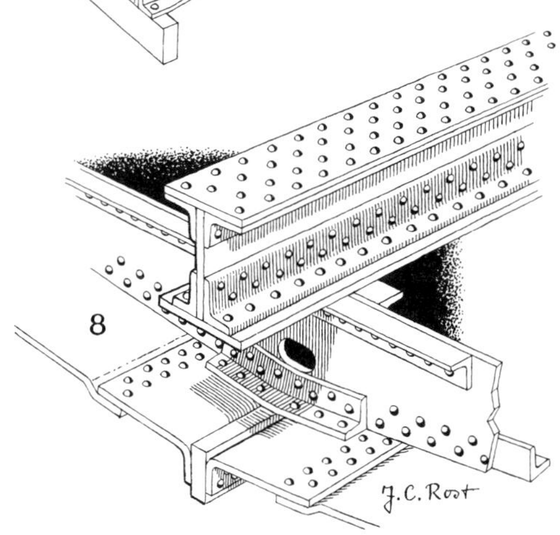

gung waren 19 Thornycroft-Doppelender-Flammrohrkessel erforderlich.
Der große Atlantik-Schnelldampfer war noch in der ganzen ersten Hälfte des 20. Jh. das Symbol für die Leistungsfähigkeit des Schiffbaus und der Schiffahrt der führenden Länder, bis 1952 mit der *»UNITED STATES«* bei einer Überfahrtszeit von 3 Tagen, 12 Std. und 12 Min, Antriebsleistung 198720 kW (270000 PS), und dem inzwischen wesentlich schnelleren Überflug die Entwicklungsgrenzen des großen Schnelldampfers erreicht waren; siehe auch *Fahrgastschiff.*

Schnellfrachter: über dem Geschwindigkeitsdurchschnitt liegendes Stückgut-Frachtschiff in der Übergangszeit vom Stückgutfrachter zum Teilcontainer- und Vollcontainerschiff, siehe auch *Containerschiff*. Die höhere Schiffsgeschwindigkeit bei Stückgutschiffen mit wertintensiver Ladung war insbesondere für lange Seestrecken wie Europa–Ostasien effektiv, konnte jedoch nicht die relativ langen Hafenzeiten beim Umschlag der nicht unifizierten Stückgüter ausgleichen. Nachdem das Containersystem dieses Problem weltweit löste, wurden zwar schnelle Containerschiffe, aber für den Stückguttransport keine Schnellfrachter mehr gebaut, siehe auch Schnellfrachter *»KARL MARX«*.

Schraubenkorvette: Bezeichnung für eine *Korvette* in der Anfangszeit des Schraubenantriebs zur Hervorhebung des seinerzeit neuartigen Antriebs im Unterschied zur älteren Segelkorvette und zur Radkorvette mit Seiten-Schaufelrädern.

Schrauben-Linienschiff: Bezeichnung der ersten durch Dampfmaschinen und Schiffsschrauben angetriebenen *Linienschiffe*. Da die Segeltakelage noch beibehalten wurde, war der äußere Unterschied am Überwasserschiff hauptsächlich durch den Schornstein sichtbar. Linienschiffe mit Schaufelradantrieb wurden wegen der leicht durch Beschuß zu beschädigenden seitlichen Räder und der Verringerung der Geschützanzahl infolge der für den Radantrieb benötigten Deckslänge nicht gebaut.

Schraubenschiff: durch Schraubenpropeller angetriebenes Schiff, siehe auch *Dampfschiff*, *Dampfturbinenschiff*, *Dieselmotorschiff* und Grafik zur Entwicklung des Schiffspropellers. Erste Ideen für schraubenförmige Geräte zum Schiffsantrieb reichen ebenso weit zurück wie für das Schaufelrad. Archimedes beobachtete die Wasserförderung in ägyptischen Bewässerungsanlagen mit Schöpfwerken, bei denen ein in einer schrägen Mulde liegender Holzzylinder gedreht wurde und dabei Wasser hob. Nach diesem Vorbild schuf er die »Archimedische Spirale«, eine Förderschnecke mit einem schraubenförmigen Gang. Die Windmühlen mit ihren Flügeln wurden zum Vorbild für den Schraubenpropeller wie die Wasserräder, die zum Prinzip des Schaufelrads führten. Die praktische Anwendung des Schraubenpropellers (lat. propellere, vorwärts treiben, engl. screw propeller) wurde aber erst durch die Dampfmaschine möglich.
1785 erhielt der Engländer Bramah ein Patent für einen Schiffspropeller »... der nach Art der Windmühlenflügel konstruiert war, und am Hinterteile des Schiffes ruderte.« 1793 beschäftigte sich der französische Mathematiker Paucton mit der »Archimedischen Schraube« als Vortriebsmittel für Schiffe. In Amerika baute John Fitch 1787 die »PERSEVERANCE« mit einer Archimedischen Schraube, die teilweise aus dem Wasser ragte. Bei den Probefahrten auf dem Delaware erreichte er immerhin die beachtliche Geschwindigkeit von 6 kn. 1794 erhielt William Littleton ein Patent für einen Schraubenpropeller mit 3 Blättern. Die Engländer Griffith und Hirsch arbeiteten an dieser Idee und verbesserten sie.
1804 unternahm der nordamerikanische Colonel John Stevens Versuche mit einem angetriebenen Propeller, den er am Heck anbrachte und ihn »Propeller mit windmühlenartigen Flügeln« nannte. Da die Propellerflügel über die Wasserlinie hinausragten, hatte der Propeller einen stark ausmittigen Schub, der das Schiff vom geraden Kurs abdrehte. Stevens veränderte daher den Antrieb so, daß die Dampfmaschine 2 parallele Wellen mit je einem Propeller antrieb. Damit war das erste Zweischraubenschiff »LITTLE JULIANA« entstanden.
Die Möglichkeiten zur Herstellung guter Schiffsschrauben waren aber noch nicht gegeben, so daß die Dampfschiffe der ersten Hälfte des 19. Jh. i. allg. mit Schaufelrädern gebaut wurden. In der Mitte der 1820er Jahre übersiedelte der schwedische Ingenieur John Ericsson von Schweden nach England. Nach seinen ersten erfolgreichen Versuchen mit einer Schiffsschraube an einem kleinen, nur 13,5 m langen Schiff, das damit 4,5 kn fuhr, folgte in den USA das erste Schrauben-Kriegsschiff »PRINCETOWN«, das 2 gegenläufige, hintereinander liegende Propeller erhielt. Im Jahr 1843 gab es auf den nordamerikanischen Flüssen und Seen bereits 41 Binnenschiffe mit Schraubenantrieb.
In den europäischen Ländern bemühten sich verschiedene Erfinder, den Schraubenpropeller weiter zu entwickeln. Zu ihnen gehörte der Österreicher Ressel, der 1829 ein Patent auf die »Anwendung einer Schiffsschraube ohne Ende« erhielt und im gleichen Jahr den Einbau auf dem Dampfschiff *»CIVETTA«* vornahm. Weitere europäische Arbeiten und Studien der ersten 3 Jahrzehnte des 19. Jh. stammen von Millington (1816), Delisle (1823), Perkins (1825), Church (1829) u. a. Schließlich führte Francis Pettit Smith (1808–1874) das Prinzip des Schraubenpropellers zum Erfolg. Sein durch eine Holzschraube und eine 4,4-kW-(6-PS-)Dampfmaschine angetriebenes Schiff fuhr als erstes über den Kanal von Dover nach Frankreich; siehe *»ARCHIMEDES«*.
Einen überzeugenden Beweis der Überlegenheit des Schraubenpopellers über das Schaufelrad brachte der 1845 mit dem Schraubenschiff »RATTLER« (888 t) und dem Seitenradschiff *»ALECTO«* durchgeführte Geschwindigkeits- und Schleppzugvergleich. Beide Schiffe hatten eine gleichstarke 147-kW-(200-PS-) Dampfmaschine. Weitere Schiffe, die u. a. eine besondere Bedeutung durch den neuen Schraubenpropeller erlangten, waren die *»ARCHIMEDES«* (1838), *»GREAT BRITAIN«* (1843), *»ERBGROSSHERZOG FRIEDRICH FRANZ«* (1851), *»BORUSSIA«* und *»HAMMONIA«* (1856).
Nach dem Krimkrieg (1853 bis 1856) hatte sich

Einer der 4 Propeller der »NORMANDIE« 1935, Gesamtleistung 160000 WPS; 4,88 m Durchmesser, Masse 37 t.

Moderner Propeller mit freidrehendem Nachpropeller, dem sog. »Grimschen Leitrad«

bei allen Kriegsschiffs-Neubauten der Propellerantrieb durchgesetzt. Es folgte der Handelsschiffbau, so daß seit den 1870er Jahren der Schaufelradantrieb nur noch für besondere Fahrtbedingungen in der Fluß- und Schleppfahrt sowie der Küstenfahrt verwendet wird.
Mit den leistungsstärkeren Dampfmaschinen und der erforderlichen höheren Funktionssicherheit des Schiffsantriebs sowie wegen der besseren Manövrierfähigkeit wurden etwa ab 1860 zunehmend Zweischrauber (twin screw ships) gebaut, bei denen jeder Propeller einzeln über eine Schiffswelle von einer Dampfmaschine angetrieben war. Fast alle großen britischen, amerikanischen, italienischen und japanischen *Panzer-*

schiffe und *Kreuzer* waren Zweischrauber. Deutschland und Frankreich gaben demgegenüber bei ihren *Linienschiffen* und *Panzerschiffen* dem *Dreischraubenschiff* den Vorzug. Die großen *Schnelldampfer »LUSITANIA«, »MAURETANIA«* u. a. waren wegen der großen Antriebsleistungen Vierschrauber.
Seit der Mitte des 19. Jh. ist somit die Schiffsschraube das dominierende Vortriebsmittel für fast alle Schiffstypen. Durch vielfältige Verbesserungen des Grundprinzips konnten über mehr als ein Jahrhundert die Konstruktionen verbessert, höhere Zuverlässigkeiten, Wirkungsgrade und Leistungsaufnahmen erzielt werden. Außer dem sog. »Festpropeller«, bei dem die Propellerflügel mit der Propellernabe starr verbunden sind, gibt es Verstellpropeller, deren Flügelsteigung während des Schiffsbetriebs veränderlich ist. Für besonders hohe Schubbelastungen werden sog. »Düsenpropeller« eingesetzt, bei denen der Propeller durch eine feststehende Düse oder eine drehbare Ruderdüse umgeben ist. Den höchsten Wirkungsgrad erzielen jedoch Propeller mit großem Durchmesser und kleiner Drehzahl in nachstromangepaßter Anordnung und Auslegung bei entsprechend verbesserten Schiffsformen von Einschraubenschiffen. Der größte Schiffspropeller hat einen Durchmesser von 11,0 m und eine Leistungsaufnahme von 35 000 kW.

Schubleichter, *Schubprahm:* antriebsloser schwimmender Lastbehälter, der i. allg. nicht geschleppt, sondern einzeln oder mit mehreren Leichtern gekoppelt als Schubverband von einem *Schubschiff* geschoben wird. Der pontonförmige Leichter hat i. allg. senkrechte Seitenwände und ist oben bis auf die Schiffsenden und schmale Decksstreifen an der Außenhaut fast völlig für eine schnelle Be- und Entladung offen. Entsprechend dem Einsatzzweck ist der Laderaum für Kies, Kohle, Erz u. a. Schüttgüter nicht durch Lukendeckel verschlossen wie bei der *Barge* im Küsten- und Seeverkehr; siehe *Barge-Carrier* und *LASH-Schiff*. Zur Verminderung des Fahrwiderstands sind die Stirnseiten der Leichter schräg angestellt. Die Vorzüge des Schubleichters liegen in der einfachen Bauweise und dem flexiblen Einsatz. Da kein Eigenantrieb benötigt wird, sind die Eigenmasse des Leichters geringer und die Nutztragfähigkeit und Raumnutzung höher. Das *Schubschiff* bringt die Schubleichter an die vorgesehenen Umschlagplätze und kann während der Be- und Entladung mit weiteren Leichtern operieren. Je nach der Anzahl der zu einem Schubverband zusammengestellten Leichter werden ein Schubschiff und ein Leichter »Einerverband«, 2 Prahme nebeneinander vor einem Schubschiff »Zwillingsverband«, 2 Paar Prahme hintereinander »Tandem-Verband« und 4 Paar Prahme hintereinander »Doppel-Tandem-Verband« usw. genannt.
Hinsichtlich der Abmessungen gibt es verschiedene Standardleichter für Hauptwasserstraßen, z. B. von 32,5 m Länge; 8,2 m Breite und 2 m Seitenhöhe mit 445 t Ladefähigkeit oder für Nebenwasserstraßen die kleineren Standardtypen mit 30 m Länge; 5 m Breite und 1,8 m Seitenhöhe mit rd. 180 t Ladefähigkeit.

Schubschiff: für den Transport von *Bargen*, *Schubleichtern*, *Prahmen* u. a. antriebslosen Lastfahrzeugen ausgelegte selbständige Antriebseinheit, ohne eigene Ladekapazität für Binnen- und Küstengewässer und in Sonderfällen auch in der Seefahrt, die im Unterschied zum *Schlepper* die Lastbehälter nicht zieht, sondern schiebend bugsiert. Vorläufer dieser modernen Transporttechnologie gehen bis auf das Jahr 1863 zurück, als die *»CONNECTOR«* mit einer schwimmfähigen gesonderten Antriebssektion gebaut wurde; siehe *Gelenkschiff*. Aber erst hundert Jahre später, im Jahr 1963 wurden solche Sektionsschiffe in den USA in einem »full integrated tow«-System kommerziell genutzt. Zwischen einer Heck-Antriebssektion und einer strömungsgünstigen Bugsektion wurden pontonförmige Schubleichter als Ladungsträger gefahren. Das Bug- und das Heckteil konnten für die Eigenfahrt direkt zusammengekoppelt werden, so daß dann die Unterwasserform dieser Endsektion einem Schlepper ähnelte. Dieses »Sektions-Schubschiff« hat jedoch keine große Verbreitung gefunden. Zu Anfang des 20. Jh. wurde auf den großen Flüssen Nordamerikas die Schubschiffahrt gebräuchlich, bei der Schubbargen (tug-barges) durch Heckraddampfer geschoben wurden.
Große Bedeutung erlangte demgegenüber der Schubverband ohne gesonderte Bugeinheit. Bereits 1907 hatte das Heckrad-Schubboot »SPRAGUE« in den USA einen Rekord aufgestellt, als es einen Verband von 60 Kohleleichtern mit je 67,3 t Kohle beförderte. Der Verband war 278 m lang und 95 m breit.
Spätere Versuche in den 1930er Jahren in den USA und der UdSSR zeigten die höhere Wirtschaftlichkeit dieses Transportsystems gegenüber dem Schleppverband und dem Binnengüterschiff mit Eigenantrieb. In Europa stellte die Reederei »Bayrischer Lloyd« auf der Donau ihr Schubschiff *»UHU«* 1935 in Dienst. Die Schubleichter waren durch gekreuzte Seile mit dem Schubschiff verbunden und wurden vom Schubschiff gesteuert. Der Vorteil war, daß alle zusätzlichen Schleppwiderstände, die bei angehängten Kähnen durch ungenaues Nachfahren der Kähne sowie durch das Gieren und Ausscheren entstehen, nicht mehr auftraten.
Nach dem zweiten Weltkrieg wurde die Schubschiffahrt auf dem Rhein um 1957 zunächst mit einem umgebauten Schleppschiff und ab Oktober gleichen Jahrs mit dem ersten europäischen Schubschiff »WASSERBÜFFEL« der Raab-Karcher Reederei; Duisburg aufgenommen. Danach wurden verschiedene Schlepper durch den Anbau einer sog. »Schubschulter« zu Schubschiffen umgebaut. Moderne leistungsfähigere Schubschiffseinheiten haben heute den konventionellen Schleppverband weitgehend verdrängt.
Bei der Schubschiffahrt wird weniger Personal benötigt, da die Schubleichter unbesetzt fahren und das Schubschiff nur eine kleine Besatzung braucht. Die Kopplung der einzelnen Schubleichter zu einem Schubverband mit dem Schubschiff benötigt wenig Zeit. Die Manövriereigenschaften sind besser als in längeren Schleppverbänden, vom Schubschiff ist eine bessere Übersicht über den Verband gegeben und der Antriebswirkungsgrad des Schubschiffs ist besser, weil es im Nachstrom der vorangeschobenen Leichter fährt. Die üblichen Fahrtgeschwindigkeiten von Schubverbänden liegen zwischen 6 und 10 kn. Da das Schubschiff selten als Einzelschiff ohne Schubleichter operiert, kann der Schiffskörper kurz und fast pontonförmig gebaut sein. Der Bug des Schubschiffs hat eine Stoßeinrichtung, die sog. »Schubschulter«, damit die geschobenen Fahrzeuge nicht seitlich abgleiten können. Die Schubschulter dient der Besatzung gleichzeitig als Übergang zu den Schubleichtern. Analog zum *Schlepper* muß das Schubschiff einen möglichst effektiven großen Propellerschub erzeugen und besonders manövrierfähig sein. Wegen der Tiefgangsbegrenzung ist aber i. allg. der Propellerdurchmesser und damit die Leistungsaufnahme des Propellers begrenzt. Bei Einschraubern wird deshalb der Propeller in einem Teiltunnel oder in einer Ruderdüse angeordnet. Häufig werden Schubschiffe aber als Zweischrauber und mit schwenkbarem Z-Antrieb (siehe *Z-Antriebsschiff*) gebaut, so daß durch die Schwenkung die nicht ummantelten oder Düsenpropeller auch Querschub erzeugen.
Für den Hauptantrieb kommen leichte schnellaufende Dieselmotoren mit Untersetzungs- und Wendegetriebe zum Einsatz. Obwohl die Maschinenanlage des Schubschiffs den größten Raumanteil einnimmt, sind wegen der geringen Schiffsgröße die verschiedenen Hilfsaggregate, Verdichter, Pumpen, Lenz-, Lösch- und Versorgungseinrichtungen auf engstem Raum unterzubringen. Auch für die kleine Besatzung stehen größenmäßig begrenzte Wohn-, Versorgungs- und Aufenthaltsräume zur Verfügung. Wegen der Brückendurchfahrten ist auch die Bauhöhe des Schubschiffs begrenzt, oder der Steuerstand muß absenkbar sein.

Strom-Schubschiff der Yachtwerft Berlin, 2 × 220 kW; Länge 25,63 m; Breite 8,19 m

Klappschute »DÄNHOLM«

Entsprechend dem Einsatzzweck und der möglichen Größe werden Strom-, Kanal-, Nebenwasserstraßen- und Hauptwasserstraßen-Schubschiffe unterschieden. Der Anteil der Schubschiffahrt an der Binnenlastschiffahrt ist in den letzten Jahrzehnten ständig gestiegen und liegt derzeit auf den europäischen Binnenwasserstraßen bei über 70 %.

Schubschlepper: Kombination von *Schubschiff* und *Schlepper*. Im Unterschied zum pontonförmigen Schiffkörper des Schubschiffs hat der Schubschlepper eine größere Unterwasser-Lateralfläche und ist auf Kiel gebaut, um auch Querzug aufnehmen zu können. Neben dem hauptsächlichen Einsatz im Schubverband muß er in der Lage sein, bei besonders schwierigen Krümmungen oder Verengungen des Strombetts und starken Strömungen oder bei vereisten Fahrstraßen mit Schleppwinde und Schlepptrossen Schubleichter oder den ganzen Verband bei solchen Hindernissen zu ziehen. Eine andere kombinierte Verwendung findet er in Häfen als Schubbugsierer für *Schubleichter* und als Schleppbugsierer zum Bugsieren von Schiffen, ähnlich wie ein *Bugsier- und Hafenschlepper*.

Schulschiff: *Ausbildungsschiff* mit speziellen Ausrüstungen und Einrichtungen zur Heranbildung des seemännischen bzw. maschinentechnischen Nachwuchses für die Handels- und Fischereiflotte sowie der Marine. Neben einigen Segelschulschiffen und ausschließlich für Ausbildungszwecke fahrende *Dieselmotorschiffe* der Seefahrtsschulen dienen zunehmend Fracht-Lehrschiffe mit zusätzlichen Plätzen für Kursanten und Ausbildungspersonal als Schulschiffe, auf denen alle im praktischen Bord- und Hafenbetrieb vorkommenden Fertigkeiten vermittelt werden.

Schute: flachgehendes prahmartiges, offenes Fahrzeug ohne oder mit Eigenantrieb, vornehmlich für Schüttgüter in Häfen und zur Aufnahme und zum Verkippen oder Verspülen von Baggergut, siehe *Baggerschute*, *Baggerprahm*.

Schutenentleerer, *Schutensauger*, *Spüler:* prahmartiges offenes Fahrzeug zur Entladung von *Baggerschuten*, wenn ein »Verkippen« oder »Verklappen« durch Öffnen von Bodenklappen bzw. Aufklappen des Laderaums nicht möglich ist. Der Schutenentleerer ist mit mechanischen Fördereinrichtungen wie Krangreifer, Eimerketten o. a. ausgerüstet, und der Schutensauger hat leistungsstarke Kreiselpumpen, mit denen er über Saugrohre die Baggermasse und Wasser aus den Schuten saugt und über durch Auftriebskörper schwimmend gemachte Rohrleitungen auf Spülfelder aufspült.

Schüttgutschiff: siehe *Bulker*, *Bulkcarrier*

Schutzdeckschiff, *Schutzdecker*, *Schelterdekker:* aus dem »Sturmdecker« hervorgegangene, heute veraltete Bauweise von *Stückgutschiffen* und *Universalfrachtschiffen* mit einem zusätzlichen Deck über dem Hauptdeck, das nicht wasserdicht verschlossen war, sondern sog. offene »Vermessungsluken« hatte, damit der unter dem Schutzdeck liegende Raum bei den Abgaben und Gebühren für das Schiff nicht berücksichtigt wurde. Der »Offene Schutzdecker« hatte eine nicht verschließbare »Vermessungsluke«, die beim »Geschlossenen Schutzdecker« nicht mehr vorhanden war. Bei beiden Schutzdecker-Typen sind die Querschotte nicht bis zum Schutzdeck, sondern nur bis zum Hauptdeck hochgeführt, das deshalb auch als »Schottendeck« bezeichnet wurde. Eine Ausnahme machte das vorderste Schott, das Kollisionsschott, das bis zum obersten Deck reichen durfte. Der Freibord des Schutzdeckschiffs durfte wegen der nur bis zum Schottendeck reichenden Unterteilung in wasserdichte Abteilungen demgemäß auch nur auf das Schottendeck bezogen werden. Der gebührenfreie Schiffsraum war besonders für nicht feuchtigkeitsempfindliches Frachtgut nutzbar, da die Decksöffnungen auf See nur durch hölzerne Lukenabdeckungen und Persennings (geteertes Segeltuch) abgedeckt werden durften. Da diese Vorschriften die Schiffssicherheit beeinträchtigen, wurde die Bauweise des Schutzdeckers Ende der 1960er Jahre durch den *Freidecker* abgelöst; siehe auch »Schiffsvermessung« im vorangestellten Abschnitt »Grundbegriffe« des Schiffbaus und der Schiffahrt.

Schwebekissen-Fahrzeug: siehe *Aircraft-boat* und *Luftkissenschiff*

Schwefel-Tanker: siehe *Flüssigschwefel-Transportschiff*

Schwerer Kreuzer: mit dem Washington-Abkommen vom April 1922 eingeführte Bezeichnung für *Kreuzer*, deren Geschützkaliber über 15,5 cm betrug. Die Kaliber-Obergrenze war mit 20,3 cm begrenzt. Für diese den Bedingungen des Washingtoner Flottenabkommens entsprechenden Kreuzer wurde auch die Bezeichnung

Über 2 Laderäume zwischen den Ladepfosten durchschwenkbarer Schwergutbaum eines Stückgutschiffs

»Washington-Kreuzer« üblich. Vorher wurden solche *Kreuzer Panzerkreuzer* oder *Großer Kreuzer* genannt. Die vorher als *Kleiner Kreuzer* bezeichneten Einheiten hießen seitdem *Leichter Kreuzer*, wenn ihr Geschützkaliber auf 15,5 cm begrenzt war.

Schwergutschiff, *Schwerlastschiff:* übliche Bezeichnung für Schüttgutschiffe für Schüttgüter hoher Dichte wie Erze u. a. (siehe *Bulker*, *Bulkcarrier* und *Erzfrachter*) als auch für schwere Stückgutlasten. Mit dem Ausbau der industriellen Basis in Entwicklungsländern trat der Transport von Schwergütern, Industrieausrüstungen und anderen kompletten Anlagen mehr in den Vordergrund. Fabrikmäßig vorgefertigte Anlagen und Baugruppen waren zu transportieren, deren Massen und Abmessungen die bis dahin üblichen Grenzen im Seetransport überschritten. Durch die Verschiffung kompletter Anlagen verringerten sich die Kosten für Demontage und anschließende Wiedermontage unter den meistens schwierigen Verhältnissen am Einsatzort.
Schwergut-Transporte entwickelten sich zu einer Sonderform des Stückgut-Transports, für besonders sperrige Ladungen und Kollo-Massen, die mit den üblichen Umschlagmitteln nicht mehr be- und entladbar sind. Zunächst wurden spezielle Schwergutladeeinrichtungen auf konventionellen Schiffen installiert, bis Spezialschiffe für den Transport von Schwergütern und Industrieausrüstungen aller Art entstanden, die den spezifischen Anforderungen besser entsprachen.
Schwergutladebäume größerer Tragkraft, Portalkrane, Bug- und Heckpforten mit Rampen, größere Luken, höher belastbare Lukendeckel und Decks für Schwerlasten, hydraulische Stützbeinsysteme u. a. Veränderungen wurden für die neue Umschlagtechnik entwickelt. Der geringe Tiefgang einzelner Spezialschiffe gestattet auch das Anlaufen kleiner Häfen und anderer Landungsstellen und ermöglicht so den Transport vom Hersteller zum Empfänger ohne Zwischenumladung. Einige Schwergutschiffe wurden auch mit einem verstärkten Boden gebaut, um in kleinen Häfen auf Grund aufzusetzen und so die Löscharbeiten zu erleichtern.
Das vorwiegende Umschlagprinzip ist das Lift on/Lift off-Verfahren *(Lo/Lo-Schiff)* mit Übernahme der Schwerlast von der Kaikante. Bevor das Container-Transportsystem weltweit eingeführt war, bezeichnete man bereits Ladegeschirre mit 16 bzw. 20 t Traglast als Schwergutgeschirr. Laststufen der Leichtgeschirre waren 3 t, 5 t, 8 t und 12 t. Da diese Masse eines beladenen 20-Fuß-Containers um 20 t und die eines 40-Fuß-Containers bei 35 t liegt, und demzufolge die Mehrzahl der Schiffe mit Umschlagmitteln dieser Laststufe ausgerüstet wird, liegt derzeit die untere Laststufe für Schwergutgeschirre über 40 t. Die häufigsten Laststufen liegen bei 60 t, 80 t, 120 t und 160 t. Die stärkeren Ladegeschirre können auch auf einer Bordseite angeordnet sein. Für extreme Schwerlasten besteht auch die Möglichkeit, ausfahrbare Stützen auf der Kai aufzusetzen oder mit schwimmfähigen Lukendeckeln zu verbinden, die geflutet als stabilisierender Ausleger wirken. An einem Schwergutschiff konnten so mit 2 Stülcken-Schwergutbäumen von 350 t Tragfähigkeit Lasten bis zu 700 t gehoben und im Laderaum abgesetzt werden. Schwimmfähige Lukendeckel können auch als Transportfloß benutzt werden, um die Last in flache Gewässer zu bringen, die das Schiff nicht mehr befahren kann.
Moderne Schwergutschiffe mit Ladegeschirren bis 800 t Tragfähigkeit haben große Trimmzellen, um der Quer- und Längsneigung entgegenzuwirken. Durch die Aufnahme großer Ballastwassermassen bis 10 000 t und mehr und durch starke Ballastpumpen wird eine große Stabilität und ein schneller Trimm- und Neigungswinkelausgleich möglich.
Eine andere Möglichkeit stellt das Slide on/Slide off-Verfahren dar. Dabei wird die Ladung bei gleicher Niveauhöhe Deck – Kaikante über eine Trägerkonstruktion an Bord gezogen. Das Verfahren ist aufwendig, da die Trägerkonstruktion zum Löschen der Ladung mitgeführt werden muß.
Eine effektivere Variante ist hingegen das Float on/Float off-Verfahren. Die Schiffe haben entweder am Bug oder am Heck Öffnungen und sind wie Docks (siehe *Dockschiff*) absenkbar. Die Ladung wird eingeschwommen und danach werden die Ballasttanks gelenzt und das Schiff hat die Ladung an Bord. Einige Schwergutschiffe können bis zu 7 m tief abgesenkt werden und auch Halbtaucher-Bohrplattformen an Bord nehmen. Das größte bisher gebaute Schiff dieser Art ist die *»FERNCARRIER«* mit einer Hebekapazität von 45 000 t bei einer Decksfläche von 4900 m^2.
Neben dem Lo/Lo-Prinzip hat das Roll on/Roll off-Verfahren *(Ro/Ro-Schiff)* die größte Bedeutung. Schwere und große Kollo werden mit Trailern oder Crawlern (Ketten-Schleppfahrzeuge) über Bug- oder Heckrampen an Bord gebracht.

Schwimmbagger: siehe *Bagger*

Schwimmcontainer: siehe *Barge-Carrier* und *LASH*- bzw. *Leichterträgerschiff*

Kleines Schwimmdock zur Reparatur von Fischereischiffen, Volkswerft Stralsund

Schwimmdock: absenkbare, schwimmende Werftanlage, in die durch Fluten andere Schwimmfahrzeuge eingeschwommen werden und die durch Lenzen mit dem gedockten Objekt angehoben wird. Schwimmdocks werden vorwiegend zur Instandhaltung und Reparatur von Schiffen benötigt. Die über Dockgruben verankerten Schwimmdocks brauchen keinen tragfähigen Baugrund und im Vergleich zum standortfesten Trockendock relativ geringe Bauanlagen an Land. Das erste Trockendock wurde 1708 in Liverpool in Betrieb genommen und die Urform des ersten Schwimmdocks 1785 von Christopher Watson durch Umbau des englischen Segelschiffs »CAMEL« geschaffen.
Die heutigen aus Stahl gebauten Schwimmdocks haben einen durch Raumzellen unterteilten pontonförmigen Boden und aus Stabilitätsgründen seitliche Aufbauten, in denen sich die Pumpen- und Kontrollräume sowie Aufenthaltsräume befinden. Auf diesen Aufbauten sind auch die meistens verfahrbaren Dockkrane installiert. Wegen seines U-förmigen Querschnitts wird dieser Docktyp auch als U-Dock bezeichnet. Docks mit nur einem seitlichen Aufbau bezeichnet man als L–Dock. Diese, zur Kaiseite offenen Docks waren früher sehr verbreitet, sind aber heute nur noch selten anzutreffen. Nach dem Fluten und Absenken des Docks wird das zu dockende Schiff eingeschwommen, und nach dem Auspumpen (Lenzen) des vorher in die Dockzellen gebrachten Wassers hebt sich das Dock mit dem Objekt. Nach dem »Trockensetzen« eines Schiffs im Schwimmdock können am Unterwasserschiff alle erforderlichen Arbeiten einschließlich Bodenanstrich durchgeführt werden.
Die Masse eines leeren unbeladenen *Stückgutfrachters* von 18 000 t DW beträgt etwa 5000 bis 8000 t. Mit der Größenentwicklung der Schiffe mußte auch die Tragfähigkeit der Schwimmdocks gesteigert werden. Für die Mehrzahl der größeren *Fahrgastschiffe* reichen Schwimmdocks bis zu 60 000 t Tragfähigkeit aus. Die der-

zeit größten Schwimmdocks gestatten auch die Aufnahme der größten *Tanker* von 500000 t Tragfähigkeit und darüber. Für diese Superschiffe sind Tragfähigkeiten bis zu 200000 t, Docklängen von über 400 m und Dockbreiten bis zu 80 m erforderlich. Größere Docks werden oft auch aus einzelnen Sektionen mit entsprechenden Abmessungen zusammengestellt und zu Großdocks gekoppelt.
Neuerdings gibt es kombinierte Bau- und Reparaturdocks. Als sog. »Absenkanlagen« ersetzen sie den Stapellauf. Zum Absenken der an Land befindlichen Objekte tauchen sie bis auf das gleiche Höhenniveau aus dem Wasser aus, übernehmen mittels Querbühne den Schiffsneubau und lassen diesen dann zu Wasser.

Schwimmende Batterie: erster Typ eines schwer armierten Kriegsschiffs zum Schutz von Häfen, Flüssen und Küstengebieten. Die wohl erste durch Dampf angetriebene schwimmende Batterie wurde durch ROBERT FULTON (1765 bis 1815) mit der *»DEMOLOGOS«* 1812 zum Schutz des Hafens von New York gebaut. Auf dem Geschützdeck standen zwanzig 32-Pfünder-Vorderlader in einer geschützten Batterie; siehe auch *»DEMOLOGOS«*. Im nordamerikanischen Bürgerkrieg (1861/65) entstand die *»MERRIMAC«* und andere schwimmende Batterien. Die französischen Schiffe vom Typ »Tonnante« und die gleichzeitig gebauten britischen schwimmenden Batterien kamen im Krimkrieg zum Einsatz. Im ersten Weltkrieg waren schwimmende Batterien die häufigsten Flußkriegsschiffe, und sie wurden auch bei den Dardanellen eingesetzt.

Schwimmende Fabrik: siehe *Fabrikschiff*

Schwimmendes Kohlendepot: während der Zeit der kohlegefeuerten Dampfschiffe in den Ausfahrten verschiedener Häfen eingerichtete schwimmende Bunkerstationen mit Fördereinrichtungen. Die an das schwimmende Depot anlegenden Schiffe konnten so schneller bebunkert werden und brauchten nicht am Kai liegen bleiben oder auf Bunkerschuten warten.

Schwimmendes Kraftwerk: siehe *Kraftwerkschiff*

Schwimmende Zellulose-Fabrik: *Fabrikschiff* für die Zellulose- und Papierherstellung. Die erste schwimmende Zellulose-Fabrik wurde vom japanischen Konzern Ishikawajima-Marima-Konzern für die brasilianische Jari Florestal e agropecuaria Ltda gebaut und funktionsfähig als komplette Fabrik einschließlich der Kraftwerksanlage zum Amazonas und 400 km flußauf geschleppt. Die Kosten und die Bauzeit konnten gegenüber der Errichtung einer ortsfesten Anlage im Urwald auf die Hälfte gesenkt werden. Da die schwimmende Fabrik durch Standortwechsel näher an die zu verarbeitenden Holzvorkommen verlegt werden kann, vermindert sich der aufwendige Rohstofftransport. Die Fabrikanlagen und das Kraftwerk wurden auf 2 gekoppelten Pontons von je 230 m Länge, 45 m Breite und 14,5 m Seitenhöhe mit einer Verdrängung von je 150000 t aufgebaut. Die von 150 Arbeitern bedienten Anlagen verarbeiten täglich Rohholz zu 750 t Papiermasse und zu fertigen Papierwaren.

Schwimmgreifbagger: *Bagger* zur Förderung von Baustoffen wie Kies und Sand aus Wassertiefen bis etwa 40 m aus Flüssen, Binnenseen und Kiesgruben mit Baggergreifern, Greiferportal und Winden. Die Schwimmkörper bestehen entweder aus mehreren Pontons, zwischen denen der Greifer abgesenkt und aufgeholt wird oder der Greifer wird seitlich an einem Ausleger geführt. Das Baggergut wird über eine Schütte und Förderbänder weitertransportiert.

Schwimmkran: auf einem ponton- oder katamaranförmigen Schwimmkörper montierter Hebekran in nicht drehbarer Ausleger-Bauweise oder als dreh- und schwenkbarer »Dreh- und Wippkran«. Schwimmkrane werden in Schiffswerften zum Einsetzen schwerer Maschinen und Anlagen und zum Aufsetzen der Aufbauten bei Reparatur- und Neubauschiffen, für den Schwerlastumschlag in Häfen zur Vermeidung von Schiffsverholungen, im Wasserbau und bei der Schiffsbergung benötigt. Neuerdings ist der Einsatz bei der Montage von *Bohrinseln* noch hinzugekommen.
Moderne Schwimmkrane gibt es in den verschiedenen Laststufen oberhalb der für Werft- und Hafenkrane üblichen Laststufe von etwa 40 t. Die Hebekapazität der meisten Schwimmkrane liegt entsprechend der Masse der häufigsten Schwerlasten bei mindestens 100 t. Es gibt auch Schwimmkrane für bedeutend höhere Laststufen bis zu 1000 t und vereinzelt auch bis zu 2000 t. Die meisten Krane haben neben der Hubeinrichtung für die obere Laststufe noch einen Hilfshub für kleinere Lasten mit größerer Hubgeschwindigkeit.
Zur Aufnahme der Kranlasten und der krängenden Momente haben Schwimmkrane einen entsprechend langen und breiten Schwimmkörper. Die Mehrzahl der modernen Schwimmkrane hat Eigenantrieb durch zwei relativ weit auseinander angeordnete Schrauben, schwenkbare Propeller oder Flügelradpropeller (siehe *Voith-Schneider-Propeller-Schiff*) wegen der erforderlichen guten Manövrierfähigkeit. Bei der Übernahme schwerer Lasten kann der Neigung des Krans durch Ballastaufnahme in den entgegenliegenden Bodentanks oder durch Umpumpen von Flüssigkeit entgegengewirkt werden.

Schwimmprahm: pontonförmiger Schwimmkörper, der im Unterschied zum meistens offenen *Leichter* oder zur *Schute* oder *Barge* mit einem tragenden Deck geschlossen gebaut ist. Schwimmprahme dienen vorwiegend als Arbeitsplattformen oder zum Aufbau von Kranen (siehe *Schwimmkran*) und anderen schwimmenden Geräten.

Schwimmramme: zur sog. »Technischen Flotte« gehörendes schwimmendes Baufahrzeug. Auf einem ponton- oder prahmartigen Schwimmkörper befindet sich ein festes oder verfahrbares Gerüst mit einer Ramme zum Einschlagen von Stützpfählen, Festmacherdalben oder Kaibefestigungen.

»SCOTIA«: letzter Neubau als Rad-Postdampfer der Cunard-Line. Um der Konkurrenz der Inman-Line zu begegnen, bestellte die Cunard-Line 1860 bei Robert Napier & Sons in Glasgow den 3871 BRT (1862 NRT) großen Rad-Postdampfer »SCOTIA«. Das Schiff war über Alles 121,9 m und zwischen den Loten 115,5 m lang, 14,5 m im Rumpf und 23,3 m über die Radkästen breit. Es hatte eine Raumtiefe von 9,3 m und konnte 300 Passagiere der Kabinenklasse befördern sowie 1400 t Fracht laden. Die Seitenhebelmaschinen leisteten zusammen 2944 kW (4000 PS) und gaben dem Schiff eine Geschwindigkeit von 14,4 kn. Bei voller Fahrt wurden täglich 164 t Kohle verbraucht. Das 170000 englische Pfund teure Schiff lief am 25. Juni 1861 von Stapel und absolvierte am 5. März 1862 seine Probefahrt, auf der es 16,51 kn erreichte.
Der Ausbruch des amerikanischen Bürgerkriegs hatte inzwischen zu einem Absinken des transatlantischen Fahrgastverkehrs geführt, und so lag die »SCOTIA« fast 2 Monate untätig im Hafen von Liverpool. Erst am 10. Mai 1862 trat sie ihre Jungfernreise an. Im Dezember 1863 gelang es der »SCOTIA« auf einer Reise von New York nach Queenstown (heute Cork) in Irland, in 8 Tagen und 3 Std. mit einer Durchschnittsgeschwindigkeit von 14 kn den Rekord der »PERSIA« zu brechen und das »Blaue Band« zu erobern. Im Juni 1884 sicherte sie sich den Rekord auch in der Westrichtung. Sie lief von Queenstown nach New York in 8 Tagen 4 Std. und 34 Min. mit einer

Die 1861 gebaute »SCOTIA« war der letzte Raddampfer der Cunard-Linie

Durchschnittsgeschwindigkeit von 14,54 kn. Damit war die »SCOTIA« für die nächsten 3 Jahre die unbestrittene »Königin« des Atlantiks. Im November 1867 verlor sie dann das »Blaue Band« an den Cunard-Dampfer »RUSSIA«, der damit als erstes schraubengetriebenes Schiff diese Trophäe errang. 1876 wurde die »SCOTIA« an die »Telegraph Construction Maintenance Co« verkauft und zu einem Doppelschrauben-Kabelschiff umgebaut, wobei ein Schornstein entfernt wurde. 1904 ist das Schiff vor Ladrone Island (Insel Guam) gestrandet und verlorengegangen.

Seabee-Schiff: siehe *Barge-Carrier*, *Dockschiff* und *LASH-Schiff* bzw. *Leichterträgerschiff*

»SECUNDUS«: erster Doppelschrauben-Motorfrachter der HAPAG. Am 12. März 1914 übernahm die HAPAG mit der »SECUNDUS« ihr erstes funktionstüchtiges Motorschiff, obwohl die vorhergehende 1911 in Bauauftrag gegebene »PRIMUS« noch die Schwächen des Motorantriebs gezeigt hatte. Der 4499 BRT große Doppelschrauben-Motorfrachter »SECUNDUS« war unter der Baunummer 210 auf der Werft von Blohm & Voss in Hamburg auf Kiel gelegt worden und lief im Juni 1912 von Stapel. Das Schiff war 121,44 m lang; 16,00 m breit und hatte bei einem Tiefgang von 7,4 m eine Tragfähigkeit von 7900 t. Zwei einfachwirkende Zweitakt-Motoren mit einer Leistung von 2 × 955 kW (2 × 1300 PS) gaben dem Schiff eine Geschwindigkeit von 12,5 kn. Die anfangs eingebauten doppelwirkenden Zweitakt-Motoren arbeiteten noch nicht zuverlässig und wurden während der Bauzeit durch einfachwirkende Zweitakt-Motoren ersetzt.
MS »SECUNDUS« war auch erster Motorschiffsneubau der Werft von Blohm & Voss, da deren zunächst auf eigene Rechnung gebauter Motorfrachter »FRITZ«, Baubeginn 1911, wegen langwieriger Prüfstandsversuche erst 1915 fertig wurde. Im Jahr 1919 wurde die »SECUNDUS« an Frankreich abgeliefert und war hier als »SAGAMI« und »MINDORO«, ab 1933 in Großbritannien als »CONGELLA« der Reederei Andrew Weir & Co. in London weiter in Fahrt. 1941 wurde das Schiff noch in Lloyd's Register geführt.

Die »SECUNDUS«, 1914 erster funktionsfähiger Motorfrachter der HAPAG

Seebäderschiff: kleines bis mittelgroßes *Fahrgastschiff* für den fahrplanmäßigen Personenverkehr zu oder zwischen den Seebädern. Derartige Schiffe haben für die i. allg. kleinen Fahrstrecken bei Eintagefahrten nur wenige Schlafkabinen und vorwiegend Tages- und Salonräume sowie große Promenadendecks. Sowohl im ersten als auch im zweiten Weltkrieg wurden Seebäderschiffe als Minenschiffe, wie der Hilfs-Streuminendampfer *»KÖNIGIN LUISE«*, oder auch als Minenräumschiffe verwendet.

Seebagger: siehe *Bagger*

Seefahrgastschiff: siehe *Fahrgastschiff*

Seefrachtschiff: Sammelbezeichnung für alle *Frachtschiffe* der Hochseefahrt zur Unterscheidung von Küstenschiffen (siehe *Küstenmotorschiff*), Fluß- und *Binnenschiffen*.

Seegehendes Binnenschiff: für Binnenwasserstraßen und Randmeere geeignetes *Binnenschiff*. Mit dem Ausbau der Binnenwasserstraßen und der Erweiterung der rohstoffverarbeitenden Industrie in den Küstenregionen der Randmeere hat dieser kombinierte Schiffstyp für den umladungsfreien Fluß- und Seetransport weitere Bedeutung erlangt. Die Schiffe müssen in ihren Hauptabmessungen und im Tiefgang Binnenwasserstraßen befahren können und hinsichtlich der Seefähigkeit, Stabilität und Festigkeit den Bedingungen der Seegangsbelastung in den befahrenen Randmeeren genügen. Es sind daher flachgehende, breit gebaute Schiffe mit niedrigen Aufbauten und großen Luken, die durch stählerne Roll- oder Schiebeabdeckung wasserdicht verschlossen werden. Sie haben i. allg. keine bordeigene Umschlagausrüstung und fahren in Europa hauptsächlich auf den großen sowjetischen Binnenwasserstraßen, der Ost- und Nordsee sowie im Schwarzen Meer und im Mittelmeer. Auch auf der Donau, dem Rhein und der Seine fahren seegehende Binnenschiffe.
Zu den häufigsten Typen gehört der seit 1961 von der UdSSR gebaute See-Binnen-Frachtschiffstyp »BALTISKIJ« für die Fahrt auf Flüssen und den europäischen Randmeeren bei Wellenhöhen bis zu 5 m. Dieses See-Binnenschiff ist mit Back, Poop, Doppelboden und Doppelseitenhülle gebaut. Es ist über Alles 92 m lang, 13 m breit und hat 5,5 m Seitenhöhe. Bei einer Tragfähigkeit von 2000 t geht es 3,5 m tief. Angetrieben wird der Einschrauber durch einen 970-kW-(1319-PS)Dieselmotor; er fährt 11,5 kn.

Seeleichter: ein *Leichter* bzw. *Prahm*, der im Unterschied zu üblicherweise nur auf Binnengewässern, Reeden oder in Häfen eingesetzten Leichtern seetüchtig ist. Ein Seeleichter hat i. allg. Eigenantrieb, es gibt jedoch auch in der Hochseeschiffahrt Schlepp- und Schubleichter.

Seenot-Rettungskreuzer: seetüchtiges, nahezu unsinkbares schnelles und größeres Rettungsfahrzeug mit verschiedenen Rettungsmitteln. Den Anfang eines gesetzlich geregelten Rettungswesen machte Dänemark am 26. März 1852 mit einem Staatsgesetz. Auf dieser gesetzlichen Grundlage wurde das staatliche »Danske Redningsvaesenet« gebildet und dessen Leitung dem Verteidigungsministerium zugeordnet. Nach dem Studium des dänischen Seenotrettungswesen durch Commodore Klemann begann 1854 auch Schweden einen staatlichen Rettungsdienst aufzubauen, der 1907 durch die Bildung einer privaten Gesellschaft zur Rettung Schiffbrüchiger ergänzt wurde.
Am 29. Mai 1865 wurden unter Leitung von Adolph Bermpohl und Arwed Eminghaus in Kiel die seit längerer Zeit bestehenden privaten Rettungsvereine von Emden, Bremen, Hamburg, Kiel, Lübeck, Rostock, Stralsund und Danzig zu einer einheitlichen »Gesellschaft zur Rettung Schiffbrüchiger« (DGzRS) zusammengeschlossen. In der Zeit von 1884 bis 1888 traten dieser Gesellschaft auch noch die bestehenden staatlichen Rettungsstationen Preußens bei. Die Gesellschaft, heute auf dem Territorium der BRD, rettete nach ihren Angaben bis Ende 1982 40145 Menschen aus Seenot, eine Zahl, die der Bevölkerung einer mittleren Kleinstadt entspricht. 1982 hatte die Gesellschaft 37 Seenotrettungsboote und Seenot-Rettungskreuzer im Dienst.
In der ersten Hälfte der 1950er Jahre entstand das Konzept des modernen Rettungskreuzers mit hoher Geschwindigkeit (20 ··· 30 kn), hoher Festigkeit, großer Seetüchtigkeit und zusätzlicher Ausrüstung mit einem sog. »Tochterboot«. 1956 wurde mit dem Seenot-Rettungskreuzer »THEODOR HEUSS«, Länge 23,20 m, das erste Schiff nach dieser Konzeption gebaut. Der größte Seenotkreuzer war die 1975 gebaute »JOHN T. ESSBERGER« mit 44,20 m Länge. Mit einer Maschinenleistung von 5300 kW (7200 PS) fährt er 30 kn. Er hat ein Hubschrauberdeck und ein Tochterboot, welches achtern in einer Heckwanne liegt und für den Einsatz in flachere Gewässer ausgesetzt und wieder eingeholt werden kann.
In der DDR gibt es seit 1950 ein eigenständiges Seenot-Rettungswesen. An der Küste der DDR sind Seenot-Rettungskreuzer in Warnemünde, Timmendorf, Barhöft, Saßnitz und der Insel Ruden stationiert.

Seeschlepper: siehe *Schlepper*

Seezeichen-Kontrollboot, *Seezeichen-Schute:* ein zur Kontrolle und Wartung von Seezeichen

1 Außenhautbeplattung
2 Mastfischung für einen geneigten Stahlmast. Zwischen Mast und konischer Stahlhülse wurden Holzkeile eingeschlagen
3 Oberdeck mit Schanzkleid und Speigatt
4 Verbindung der schweren Raumspanten mit schwächeren Zwischenspanten
5 Doppelboden mit Kesselfundamenten
6 Genieteter offener Boden: Längsträger und Stützplatten
7 Genieteter offener Boden mit Fächerplatten über den Kimmstützplatten
8 Wasserdichtes Querschott

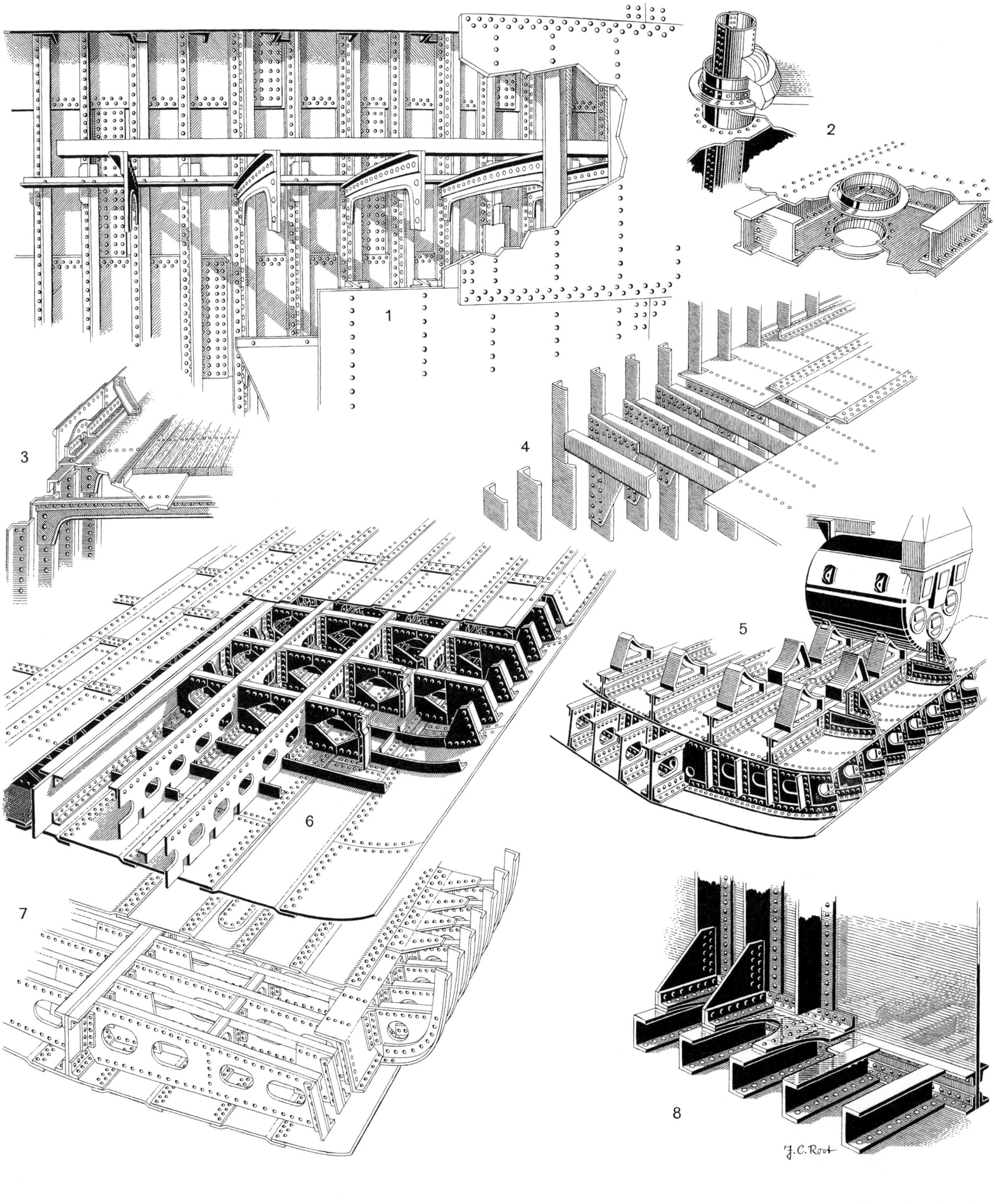

1 Ruder eines Zweischraubenschiffs
2 Achterschiff in Nietbauweise
3 Gegossener Achtersteven aus zwei miteinander vernieteten Teilen, rechts Gestalt der hintersten Spanten
4 Heck eines genieteten Zweischraubenschiffs
5 Ruderrahmen eines Dreischraubenschiffs
6 Hintersteven mit angegossenen Wellenböcken aus 3 miteinander verschraubten Teilen für ein Doppelschraubenschiff
7 Einplattenruder mit Guß-Ruderrahmen
8 Hinterschiff-Längsschnitt eines genieteten Einschraubenschiffs

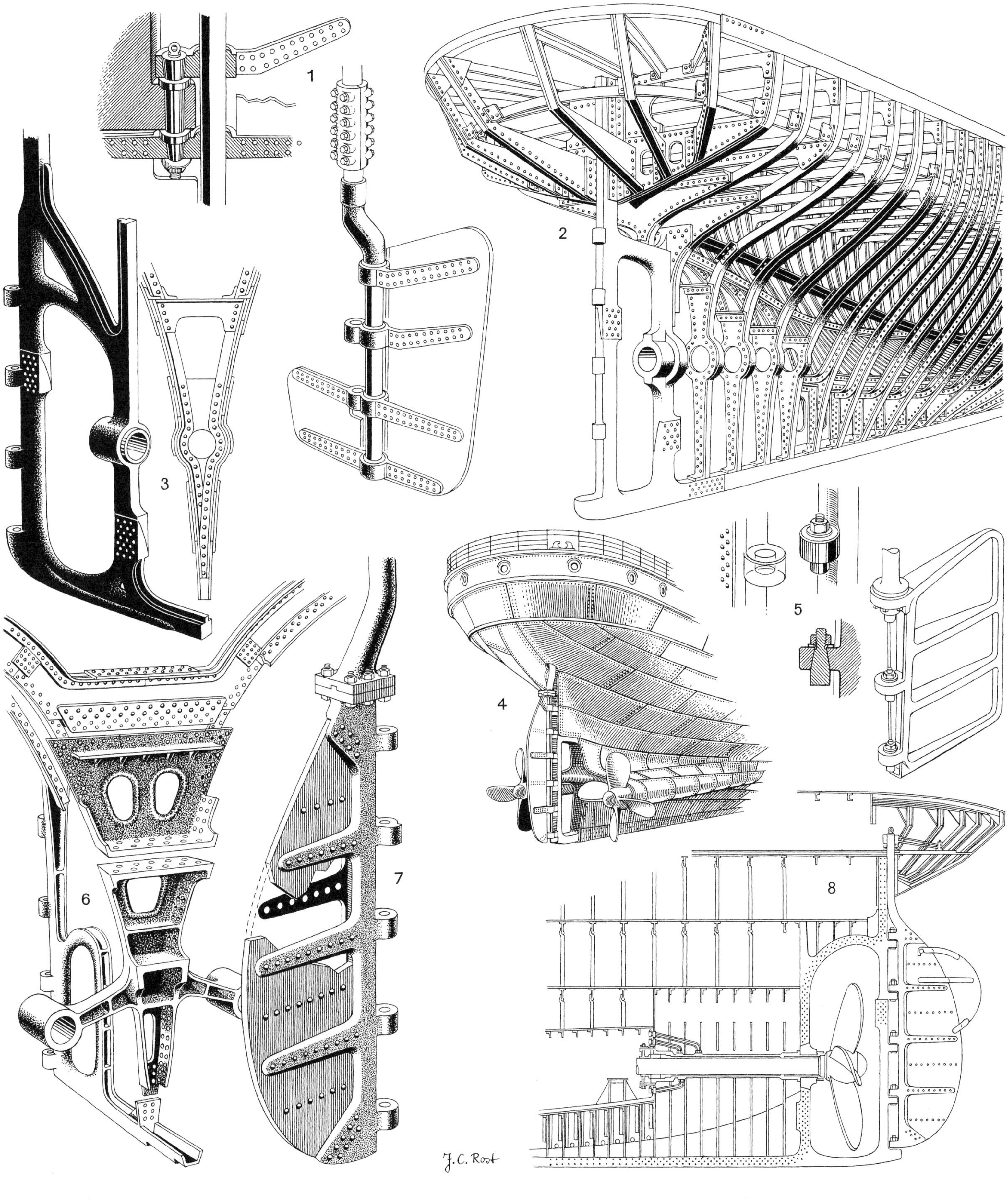

dienendes Motorboot mit Bekranung oder ein größeres Transportfahrzeug für Tonnen und Bojen, auch als Bereisungsboot oder Bojenleger bezeichnet.

Seilschiff, *Seilschleppschiff:* ein ähnlich dem *Kettenschleppschiff* fortbewegtes Flußschiff, das mit Hilfe einer Dampfwinde ein im Flußbett liegendes Drahtseil aufholte und sich daran einschließlich nachgeschleppter Kähne vorwärts zog. In Deutschland wurde 1872 auf dem Finowkanal zwischen Hohensaaten und Liepe zuerst die Seilschiffahrt eingeführt, es folgten weitere Strecken auf der Oder und auf der Havel zwischen Spandau und Deetz. Die bekannteste Seilschiffahrt gab es auf dem Rhein zwischen Bonn und Bingen. Lange vor der Dampfkraft gab es eine andere Art der Seilschiffahrt, die erstmals 1405 von Konrad Kyeser in Eichstädt erwähnt und 1438 von J. Mariano skizziert wurde. Dabei befand sich auf einem Flußschiff eine waagerechte Welle mit 2 Schaufelrädern. Die wie unterschlächtige Wasserräder angetriebenen Schaufelräder brachten durch die Strömung die Welle ins Drehen. Auf der Welle trommelte sich das Seil auf, dessen anderes Ende voraus im Fluß an Pfählen oder Ankern festgemacht war, und das Schiff fuhr langsam durch die Wasserkraft stromauf. Die Art des Seilschiffs kann ein Vorbild für das Radschiff gewesen sein, bei dem die Schaufelräder zunächst durch Muskelkraft und später durch Dampfkraft angetrieben wurden.

Seezeichen werden an Bord genommen

Seiner: *Fischereischiff* für den Fang mit der Ringwade (engl. purse seine, to purse – zuziehen, zusammenziehen). Das Prinzip der Ringwadenfischerei geht bis auf 1828 entsprechend der als »Menhadenfischerei« vor der nordamerikanischen Küste betriebenen Fangtechnik zurück. Im Unterschied zum Schleppnetz ist die Ringwade ein Umschließungsnetz für Fischschwärme. Es ist dem Treib- oder Stellnetz ähnlich, nur bedeutend größer und tiefer reichend und kann ringförmig wie ein Korb zusammengezogen werden. Während mit Treib- oder Stellnetzen »passive« Fischerei betrieben wird, bei der die Fische selbst ins Netz gehen, gehört die Ringwadenfischerei zur sog. »aktiven« Fischerei. Der Seiner umschließt durch eine Kreisfahrt – unterstützt durch Fischereihilfsboote, den Doribooten – den Fischschwarm, zieht mit Hilfe von Winden und angetriebenen Rollen die Schnürleine zusammen und holt die Schleppleine ein.
In Deutschland war die Ringwadenfischerei mit Seinern bis 1945 nicht gebräuchlich. Sie hatte sich aber schon im Mittelmeer beim Sardinen- und Anchovisfang bewährt.
Nach 1947 baute die Werft »Ernst Thälmann« in Brandenburg 3 große Serien von Seinern – Typ Schwarzmeerseiner (65 Schiffe), Typ SO (119 Schiffe) und Typ RS 300 (126 Schiffe) für die UdSSR. Die als Seitenfänger gebauten Seiner waren mit 26···29 m Länge; 6,0···6,20 m Breite; 3,0 m Seitenhöhe; 2,5 m Tiefgang beladen, 30···52 t Tragfähigkeit sowie 102···119 BRT etwa so groß wie *Logger*. Angetrieben durch einen Dieselmotor von 220 kW fuhren sie etwa 10 kn. Sie hatten 9···14 Mann Besatzung. Die Ringwade dieser Seiner hatte etwa 400 m Länge und 20 m Tiefe. Sie bewährten sich besonders gut im Schwarzen Meer beim Fang der Störe, da Störe beim Fang nicht gepreßt werden dürfen, weil sie sonst wertvollen Kaviar ablaichen.
Seit 1965 werden moderne Seiner vorwiegend als Heckfänger mit Heckslip und von Trawlergröße gebaut. In neuerer Zeit hat sich auch die Kombination Trawler-Seiner mit kombinierten Schleppnetz- und Ringwadenausrüstungen verstärkt durchgesetzt.
Die Ringwaden können bis zu 2000 m lang sein und bis zu 200 m Tiefe haben. Unter günstigen Bedingungen kann eine Ringwade Schwärme von mehreren 100 t umschließen. Nachdem das Netz im Durchmesser zusammengezogen und unten korbartig geschlossen ist, wird es mit Hilfe von Mehrtrommelseinerwinden, Powerblocks (angetriebene Kraftblocks großer Durchmesser, die elastisch beschichtet sind) und der Doriboote zur Heckslip bugsiert und durch Portale oder Ladebäume an Deck gehievt. Bei großen Fängen wird die Ringwade unterteilt oder durch Fischpumpen entleert.

Seitenfänger, *Seitentrawler: Fangschiff,* das als *Trawler* für die Schleppnetzfischerei mit seitlichen über die Bordwand reichenden Auslegern, den »Fischgalgen« ausgerüstet ist, über deren Rollen die Leinen des Fanggeschirrs zum Aussetzen und Einholen des Netzes geführt werden. Zum Einholen wird das Netz mit einer Netz- bzw. Kurrleinenwinde bis an die Bordwand gezogen, früher von Hand und heute mit einem Ladebaum an Bord gehievt.

Seitenrad-Schiff: siehe *Raddampfer*

»SELANDIA«: 1912 erstes hochseefähiges Motorschiff der Welt, dänisches Doppelschrauben Fracht- und Passagierschiff. Die dänische »East Asiatic Co Ltd.« in Kopenhagen war schon in den Anfängen von der Überlegenheit des Dieselmotors über die Dampfmaschine überzeugt. 1910 gab sie dann den Bau des ersten Ozean-Dieselmotorschiffs »SELANDIA« bei Burmeisterr & Wain in Kopenhagen in Auftrag. Zu dieser Zeit gab es bereits verschiedene Fluß- und Küstenmotorschiffe, aber noch kein seegehendes Motorschiff. Der Name des Schiffs ist eine abgewandelte Form von Sjaelland, der Hauptinsel Dänemarks mit der Hauptstadt Kopenhagen. Stapellauf war am 4. November 1911 und Indienststellung am 17. Februar 1912. Die Jungfernreise begann am 22. Februar 1912 in Kopenhagen und führte über London und Antwerpen nach Bangkok sowie Japan und zurück über eine Distanz von 22000 Seemeilen. Bis Helsingör fuhr der dänische Kronprinz mit. Kaiser Wilhelm sandte an die dänische Regierung aus Anlaß der Jungfernreise ein Glückwunschtelegramm, zumal der Motor von Burmeister & Wain nach der Lizenz von Rudolf Diesel gebaut war. In London wurde die »SELANDIA« von Marineminister Mr. Winston Churchill, seinerzeit Erster Lord der Admiralität sowie Admiral Prinz Ludwig von Battenberg und weiteren Persönlichkeiten eingehend besichtigt. Auf Churchills Wunsch fuhren einige Mitglieder der Admiralität, darunter der Chef des Schiffbaudepartements Sir Philipp Watt und Admiral Sir Henry Oram bis Antwerpen mit. Hier nahm man u. a. noch 5000 Fässer Zement an Bord und fuhr über Genua via Suezkanal nach Bangkok und

Japan. In Bangkok kam noch die nach Japan reisende Mutter des Königs von Siam an Bord. Die »SELANDIA« traf am 26. Juni 1912 wieder in Kopenhagen ein. Man sprach vom »Dampfschiff mit Großölmotor« und auch vom »Schiff ohne Dampf und Rauch«, denn anstelle eines Schornsteins hatte die »SELANDIA« nur ein Auspuffrohr am Kreuzmast.

Die Bezeichnung »Motorschiff« war seinerzeit noch nicht gebräuchlich, der Begriff »Dampfer« war in der Seefahrt fest verwurzelt. Im ersten Weltkrieg war die »SELANDIA« im Stillen Ozean eingesetzt. Sie befuhr im Dienst der Reederei regelmäßig die Route Kopenhagen–Bangkok, bis sie 1936 an Norwegen verkauft und in »NORSEMAN« umbenannt wurde. Von 1938 bis 1940 lag das Schiff schwerbeschädigt still, wurde dann 1942 an die »Finland-Amerika-Linjen O/Y« in Helsinki verkauft, in den USA registriert und unter dem Namen »TORNATOR« an Japan verchartert. Am 26. Januar 1942, nach fast 30jähriger Nutzung, hatte das Schiff nahe Omaizaka (Omaiski-Bucht) eine Grundberührung. Es sank, nachdem es in zwei Teile zerbrochen war, am 30. Januar 1942.

Die Jahre 1911/12 leiteten einen entscheidenden Wendepunkt im Schiffsantrieb des 20. Jh. ein. Im gleichen Jahr wie die »SELANDIA« fuhr ein erstes Motorschiff, der bei Svan, Hunter und Wigham Richardson Ltd. in Newcastle für die Great Lakes gebaute Getreide-, Kohle- und Erzfrachter »TOILER« von 2600 t DW mit seinen beiden je 133 kW (180 PS)-Polar-Motoren über den Atlantik. Dem Bau der »SELANDIA« folgte vier Monate später von der gleichen Werft ein Schwesterschiff, die »FIONIA«. Ein weiteres Schiff dieser Serie von 7400-t DW-Motorschiffen, die »JÜTLANDIA«, entstand etwa gleichzeitig bei Barclay Curk in Glasgow und wurde im Mai 1912 in Dienst gestellt.

Die »SELANDIA« und die Schwesterschiffe waren Doppelschrauben-Fracht-und-Passagierschiffe von 117,60 m über Alles und 112,60 m zwischen den Loten, 16,22 m Breite und hatten bei 7400 t DW 9,14 m (30′) Tiefgang. Das Deplacement war 9800 t und die Vermessung 4964 BRT und 3172 NRT. Außer der Ladung und dem Brennstoffvorrat von 900 t konnten 26 Passagiere in der I. Klasse befördert werden. Der Schiffskörper war aus Stahl mit Doppelboden, 2 durchlaufenden Decks und 5 Laderäumen gebaut. Auf dem Hauptdeck waren außer der Back und Poop 2 Aufbauten.

Die beiden Einfachwirkenden-Achtzylinder-Viertakt-Dieselmotoren von Burmeister & Wain, Kopenhagen (Lizenznehmer von Rudolf Diesel) hatten bei 140 U/min eine Leistung von je 920 kW (1250 PS). Sie hatten einen Zylinderdurchmesser von 530 mm und einen Kolbenhub von 730 mm. Mit dem Direktantrieb der beiden Propeller (ohne Zwischengetriebe) wurden 11 ··· 12 kn erreicht. Der Hilfsdiesel hatte 184 kW (250 PS). Die »SELANDIA« war außerdem das erste Schiff mit elektrischen Ladewinden von Siemens-Schukkert. Bis 1920 baute Burmeister & Wain insgesamt 16 Ozean-Motorschiffe.

Selbstfahrer: Binnen-Lastschiff mit Eigenantrieb im Unterschied zu geschleppten oder geschobenen *Bargen*, *Leichtern* oder *Prahmen*.

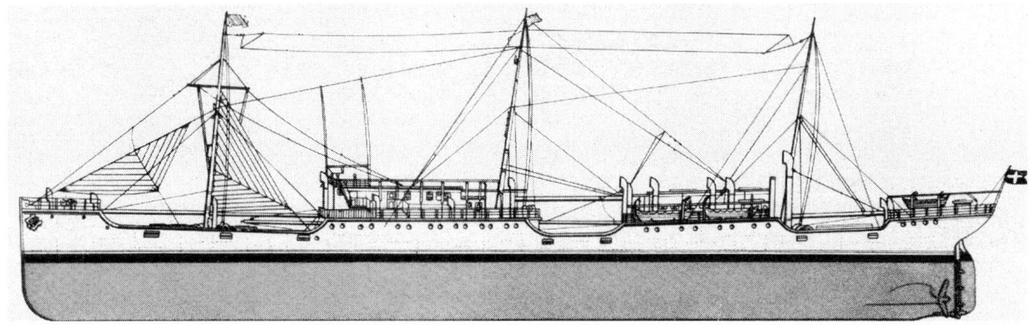

Die dänische »SELANDIA«. Das 1912 erbaute Schiff war das erste Hochsee-Dieselmotor-Frachtschiff der Welt

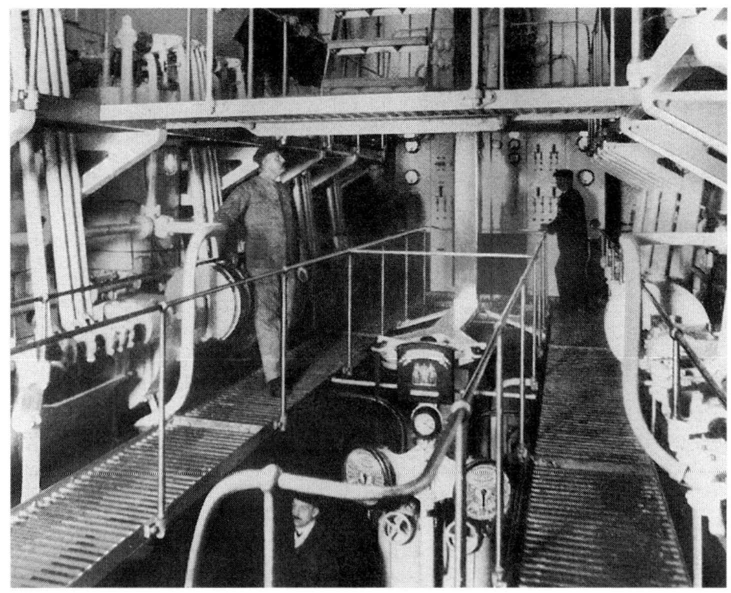

Der Maschinenraum mit den beiden Hauptdieselmotoren der »SELANDIA«

Selbsttrimmer: Schüttgutschiff *(Bulker)* mit großen Luken, so daß im Laderaum allseitig nur wenig Bodenfläche nicht direkt unter der Luke liegt. In diesem »Unterstau« sind schräge seitliche Boden- und Topptanks. Während die oberen Schrägtanks die freie Oberfläche der Schüttgutladung und damit ein Übergehen der Ladung im Seegang einschränken, rutscht bei der Entladung das Schüttgut auf den schrägen Bodentanks »selbsttrimmend« in den Bereich des Krangreifers.

Semi-Containerschiff, *Teilcontainerschiff:* Ein- oder Mehrzweck-Stückgutfrachter, der in Laderäumen wahlweise universelle oder unifizierte Containerladung fahren kann und auf größeren höher belastbaren Lukendeckeln auch Deckscontainer fährt. Im Unterschied zum Voll-Containerschiff sind jedoch in einigen Laderäumen keine festen Container-Staugerüste eingebaut, die keine anderweitige Ladung zulassen. Die Container werden deshalb im Laderaum ebenso wie an Deck auf Containerfußpunkte gesetzt und die Stapel gesondert verzurrt. Die Breite des Schiffs bzw. seine Stabilität müssen für den höheren Anteil Decksladung ausreichend sein.

»SENTINEL«: zwischen 1904 und 1912 in Bri-

Britischer Scout »SENTINEL«, Baujahr 1905

tannien als Scout (Pfadfinder) gebauter Flottenkreuzer. Seinerzeit unterschied die britische Admiralität Auslands- und Flottenkreuzer. Das 2900 t große Schiff lief 1904 von Stapel. Das Typschiff war die »ADVENTURE« (Stapellauf 1904, 2710 t Deplacement, Lpp 109,7 m, Breite 11,7 m, Tiefgang 3,7 m). Die »SENTINEL« war 109,7 m lang; 12,2 m breit und hatte 4,3 m Tiefgang, ihre Besatzungsstärke betrug 270 Mann. Nach der Indienststellung im Juni 1905 wurde das Schiff mit 10 × 7,6-cm- und 8 × 4,7-cm-Geschützen bewaffnet. Später erhielt es 9 × 10,2-cm-Geschütze und zwei 45-cm-Topedorohre. Die Panzerdicke lag im Deck zwischen 19 und 51 mm, Seitenpanzer waren nicht vorhanden. Die beiden Dampfturbinensätze leisteten zusammen 12144 kW (16500 PSi), mit denen das Zweischraubenschiff eine Geschwindigkeit von 25 kn erreichte. Mit 10 kn konnte eine Dampfstrecke von 3000 Seemeilen gefahren werden.

Frachtdampfer »SERAPIS«, Baujahr 1906

»SERAPIS«: typischer Frachtdampfer mit mittschiffs liegender Maschine und Mittschiffsaufbau. Die »SERAPIS« wurde 1906 bei Low Walker in Wallsend/Tyne (Britannien) für die Deutsche Dampfschiffahrts Gesellschaft »Kosmos« in Hamburg gebaut. Das 4755 BRT und 3068 NRT große Schiff war 120,42 m lang, 15,06 m breit und hatte einen Tiefgang von 8,37 m. Die Besatzung bestand aus 43 Mann. Die Dreifach-Expansionsmaschine leistete 1472 kW (2000 PSi) und gab dem Schiff eine Geschwindigkeit von 13 kn. Der Dampfer wurde nach dem ersten Weltkrieg an die USA ausgeliefert.

Shelterdecker: siehe *Schutzdeckschiff*

Sicherungs- und Wachschiff: zu den kleinen Kriegsschiffen zählendes Fahrzeug zur Küstensicherung (Küstenwachschiff), Häfen- und Arsenalsicherung (Hafenwachschiff) oder als Wachschiff für Blockaden. Für diese Aufgaben wurden häufig zivile Schiffe ausgerüstet und eingesetzt.

»Siebel«-Fähre: nach dem Konstrukteur Siebel benannte kleine militärische Fährschiffe. Die »Siebel«-Fähre wurde aus dem schweren Brükkenbaugerät der Pioniere entwickelt und ließ sich daher in Sektionen für den Bahntransport zerlegen. Es handelte sich um eine Entwicklungsreihe der deutschen Luftwaffe zur Vorbereitung des Unternehmens »Seelöwe« im zweiten Weltkrieg. Danach dienten sie bei den Landungsflottillen der Kriegsmarine und bei der Luftwaffe auf großen Binnenseen der okkupierten Gebiete zum Transport von Gütern aller Art, sie waren aber auch in den Küstenregionen im Mittelmeer, Schwarzen Meer sowie in der Ost- und Nordsee eingesetzt. In einfacher Konstruktion waren 2 flachgehende Pontons, bestehend aus je einem Vorschiffs-, sieben Mittelschiffs- und einem Endschiffsponton zu einer etwa 300 m^2 großen Plattform verbunden. Die Abmessungen der Fähre waren 25 × 13,9 × 1,2 m, sie wurde durch 2 oder 3 BMW-Flugmotoren mit Luftschrauben, später auch durch Motoren mit Schiffsschrauben angetrieben. Von diesem Typ wurden etwa 50 Fähren gebaut, über 100 waren in Auftrag gegeben worden.
Als Transportfähren hatten sie eine hinten liegende Brücke und eine Bug-Klapprampe. Artilleriefähren hatten das Brückenhaus mittschiffs und waren mit 2 × 8,8-cm- sowie mehreren 3,7-cm- und 2-cm-Geschützen bewaffnet. Oft wurden auf den Fähren auch Beutegeschütze eingesetzt.

Singledecker: siehe *Eindeckschiff*

»SIRIUS«: das erste Schiff, das den Atlantik nur unter Dampf, ohne Segelunterstützung, überquerte. Die »SIRIUS« war als relativ kleiner, aus Holz gebauter Kanaldampfer mit 2 Masten für den Dienst zwischen London und Cork in Irland und ursprünglich nicht für den Atlantikverkehr vorgesehen. Der vordere Mast führte 3 Rahsegel, der hintere Großmast fuhr Schratsegel. Von der neugegründeten British & American Steam Navigation Co. wurde das Schiff anstelle der nicht rechtzeitig fertiggewordenen »BRITISH QUEEN« für die Atlantikfahrt bestimmt. Die »SIRIUS« wurde von London nach Cork beordert, dort mit Kohle bebunkert und lief am 4. April 1838 mit 40 Fahrgästen an Bord unter dem Kommando von Leutnant R. N. ROBERTS nach New York aus.
Die Seitenräder von 7,32 m Durchmesser wurden durch eine Dampfmaschine von 235 kW (320 PS) angetrieben. Die »SIRIUS« war das erste Schiff auf dem Atlantik, das mit Oberflächenkondensatoren nach dem 1834 durch S. Hall patentierten Verfahren fuhr und damit auf die Einspeisung von Seewasser in die Kessel verzichten konnte. Trotz anfänglicher Erschwernisse durch Stürme wurde der Zielhafen nach einer Überfahrtstrecke von 2961 Seemeilen in 18 Tagen und 10 Stunden am 22. April wohlbehalten erreicht. Zeitungen berichteten: »In New York wird über nichts anderes als die »SIRIUS« gesprochen. Sie ist das erste Dampffahrzeug, das hier von England einlief, und sie ist ein herrliches Schiff. Alle Kaufleute New Yorks gingen gestern an Bord. Leutnant ROBERTS von der Royal

Die »SIRIUS« noch unter Dampf und Segel, Gemälde

Navy ist der erste Mann, der jemals ein Dampfschiff von Europa nach Amerika navigierte,« berichtete der »New York Herald« am 24. April 1838. Die Rückfahrt erfolgte bereits am 1. Mai – ebenfalls in 18 Tagen. Wohl einmalig für ein Handelsschiff war der Salut einer Batterie von 17 Geschützen beim Auslaufen aus dem New Yorker Hafen am 1. Mai 1838. Im Juli machte die »SIRIUS« noch eine Überfahrt nach Amerika, um dann nach der Rückkehr ihrer eigentlichen Bestimmung gemäß in den Küstengewässern Englands eingesetzt zu werden. Auf einer solchen Fahrt lief sie im Januar 1847 auf ein Felsenriff und wurde total wrack.
Die Hauptabmessungen der »SIRIUS« waren: Länge über Alles 63,40 m, Länge zwischen den Loten 54,50 m, Länge des Kiels 51,80 m, Breite über Spanten 7,88 m, Breite über Schaufelradkästen 14,5 m, Tiefe im Raum 5,60 m, Tiefgang 4,58 m, 703 BRT und 412 NRT. Der Dampf mit einem Druck von 0,35 atü wurde in den Kesseln mit einem täglichen Kohleverbrauch von etwa 24 t erzeugt. Da die Vorräte für die erste Überfahrt nicht reichten, wurde alles Brennbare an Bord verheizt, was irgendwie entbehrlich war.

»SOVETSKY SOYUZ«: siehe *»ALBERT BALLIN«*

Spardeck-Schiff: *Stückgutfrachtschiff* veralteter Bauweise, dessen über dem Hauptdeck liegendes Deck besonders leicht gebaut war. Das Spardeck-Schiff stellte einen Vorläufer des *Schutzdeckschiffs* dar und wurde zuerst in der Mitte des 19. Jh. von britischen Werften gebaut. Da die Schotte bis zum Spardeck reichten, ergab diese Bauweise einen erwünschten höheren Freibord. Die Lage und Ausführung des oberen Decks eines Frachtschiffs ist maßgeblich für die Längsfestigkeit des Schiffs. Aus der leichten Bauweise resultierten daher Festigkeitsprobleme, so daß nur kleinere Schiffe in dieser Bauweise zugelassen wurden. Bei Schiffen mit großen Seitenhöhen und mehreren Decks wie bei *Fahrgastschiffen*, die eine hohe Längsfestigkeit haben, ist die Bauweise jedoch allgemein üblich.

Sperrbrecher: ein Handelsschiff, das im Krieg von der Marine übernommen und zum Hilfskriegsschiff, z. B. zu einem Minenabwehrschiff umgebaut wurde, um Minensperren zu durchbrechen und den nachfolgenden Schiffen, wie Handelsschiffskonvois, größeren Kriegsschiffen oder U-Booten eine sichere Fahrt zu ermöglichen. Die Entwicklung des Sperrbrecher wurde notwendig, da nicht alle Minen von speziellen Räumfahrzeugen geräumt werden konnten, weil zu wenig Zeit oder keine Räumfahrzeuge zur Verfügung standen. Dann blieb nur der Einsatz weniger wertvoller Schiffe übrig, die vor dem eigentlichen Geleit das Minenfeld überliefen und entsprechende Lücken in die Sperre »brachen«. Im ersten Weltkrieg wurden die Schiffe durch Kork- oder Holzladungen oder durch leere Fässer sinksicherer gemacht. Im zweiten Weltkrieg hatten die Sperrbrecher schon Minen-Eigenschutz-Anlagen (MES) und durch die Induktionsschleifen einen Vorauseigenschutz (VES). Gegen Luftangriffe erhielten sie eine starke Flakbewaffnung. Häufiger hatten die Sperrbrecher auch zusätzliche Schottensysteme, Verstärkungen der Schiffsverbände und andere Einbauten. In den ersten Nachkriegsjahren setzte man die Sperrbrecher noch zur Vernichtung der während des Kriegs gelegten Minensperren ein.
Die US-Flottenführung ließ um 1960 erneut Sperrbrecher entwickeln. Zu diesem Zweck wurden 5 Liberty-Schiffe (10 800 t) umgerüstet und Mittel zum Schutz der Besatzung gegen Minendetonationen, Schwingungsdämpfer für Anlagen und Geräte sowie Fernbedienungen für Maschinen und andere Anlagen getestet. Auf der Grundlage dieser Experimente entstand in der USA-Marine das Projekt eines gegen Minendetonationen gesicherten Schiffs mit der Bezeichnung »MSS-1«. 1971 wurde das *Liberty-Schiff* »HARRY BLECKMANN« zum Sperrbrecher umgerüstet. Nach der Demontage aller Aufbauten, Anlagen und Einrichtungen erhielt das Schiff zusätzlich Längs- und Querschotte, den Raum unter dem zweiten Deck schäumte man vollständig aus. Die Räume unter dem dritten Deck wurden Ballasttanks. Die Antriebsanlage bestand aus fünf über der Wasserlinie installierten Dieselmotoren, von denen jeder einen Propeller antrieb. Zur Verstärkung des Schiffsmagnetfelds dienten starke Kabel auf dem Oberdeck, die als elektromagnetische Spule wirkten. Im unteren Teil des Schiffs befand sich ein akustisches Räumgerät. Derartige Schiffe sind nahezu unsinkbar.

Spezial-Frachtschiff: für spezielle Ladungen ausgelegtes und ausgerüstetes *Frachtschiff* wie *Schwergutschiff* oder *Schwerlastschiff*, *Autotransportschiff*, *Viehtransporter* u. a.

»SPHINX«: erstes Seitenrad-Dampfschiff der französischen Kriegsmarine, das 1829 in Rochefort nach den Plänen des Marineingenieurs HUBER konstruiert und als Dampfkorvette bezeichnet wurde. Das Schiff erhielt eine englische Zweizylinder-Dampfmaschine von 118 kW (160 PS) mit einem Zylinderdurchmesser von 1,22 m und 1,45 m Kolbenhub. Für die erzielten 7 kn Fahrtgeschwindigkeit betrug der Kohleverbrauch 960 kg/h. Als Bewaffnung befanden sich 2 Stück 30pfündige Haubitzen – je eine vorn und eine achtern – und 9 seitlich angeordnete Karronaden an Bord.
Die »SPHINX« hatte eine Länge von 46,2 m, war 8,0 m breit und ging 3,33 m tief. Die Gesamtsegelfläche des Dreimasters betrug 747 m^2. Die mit diesem Schiff gewonnen Erfahrungen im Einsatz gegen Algier veranlaßten die französische Marine bereits 1830, 6 weitere ähnliche Schiffe auf Stapel zu legen.

Seitenrad-Dampfkorvette »SPHINX«, Baujahr 1829

Spierentorpedoboot: s. *Minen-Dampfkutter*

Sprengboot: ein Überwasser-Kleinkampfmittel mit hoher Geschwindigkeit bis 50 kn und darüber mit großer Sprengkraft. Es war für den massenweisen Einsatz gegen bewegliche Schiffsobjekte und zur Zerstörung von Anlegestellen, Schleusen, Brücken u. ä. feste Objekte gedacht. Neuere Sprengboote werden durch leichte Gasturbinen oder Hochleistungsmotoren angetrieben und durch Fernsteuerung oder Zielsucheinrichtungen zum Ziel geführt. Ferngelenkte Sprengboote wurden zuerst 1917 von deutscher Seite an der flandrischen Küste eingesetzt. Im zweiten Weltkrieg gab es auch japanische und deutsche bemannte Sprengboote, die teilweise randvoll mit Sprengstoff gefüllt wurden. Der Sprengbootfahrer sollte sich nach Festsetzen der Steuerung herauskatapultieren. Wenn er überlebte, hatte er nur geringe Chancen, zu seiner Einheit zurückzukehren oder von ihr aufgenommen zu werden, so daß die Gefangenschaft folgte.

Springboot, *Kletterboot:* kleines italienisches Motorboot im ersten Weltkrieg. Die Fahrzeuge wurden auch Barchini-saltatori genannt und sollten vielseitig als Torpedoträger, Minenleger und

1 *Trockenfrachter in Längsspanten-Bauweise*
2 *Tanker nach dem Millar-System*
3 *Kombinierter Frachter für Erz und Öl*
4 *Stückgutfrachter in Querspanten-Bauweise*
5 *Doppelhüllen-Containerschiff*
6 *Tanker nach dem Isherwood-System*

1

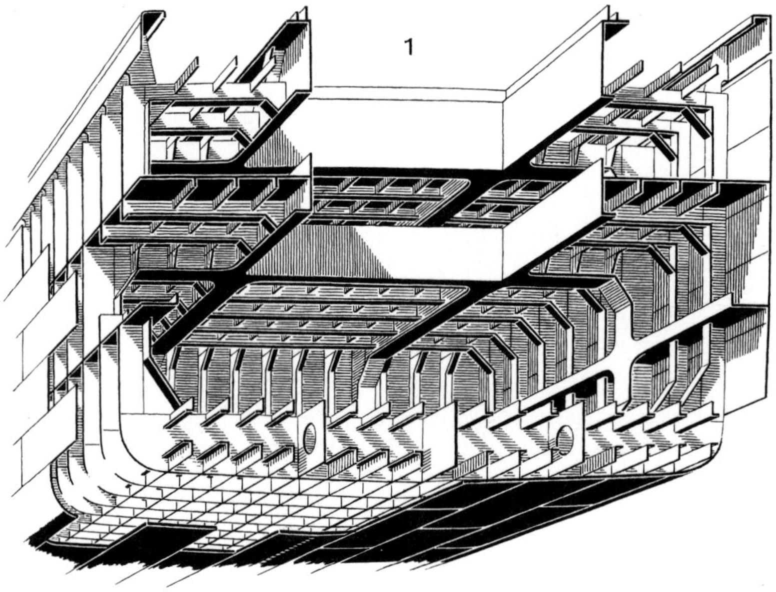

2

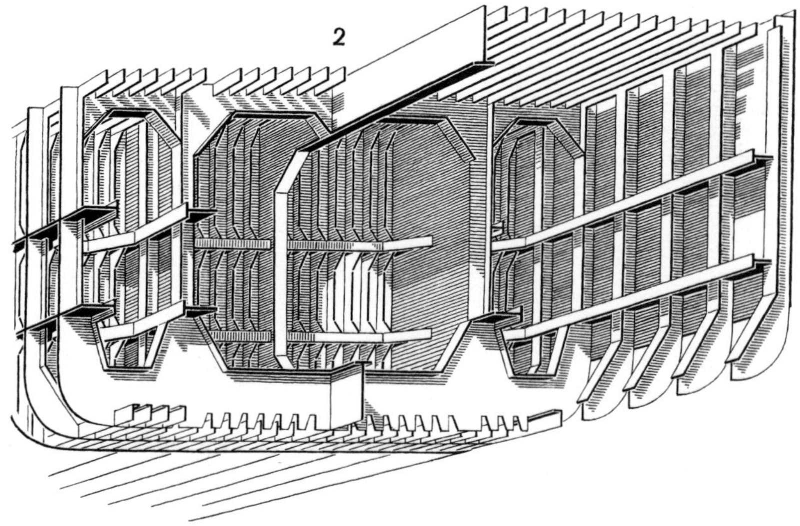

3

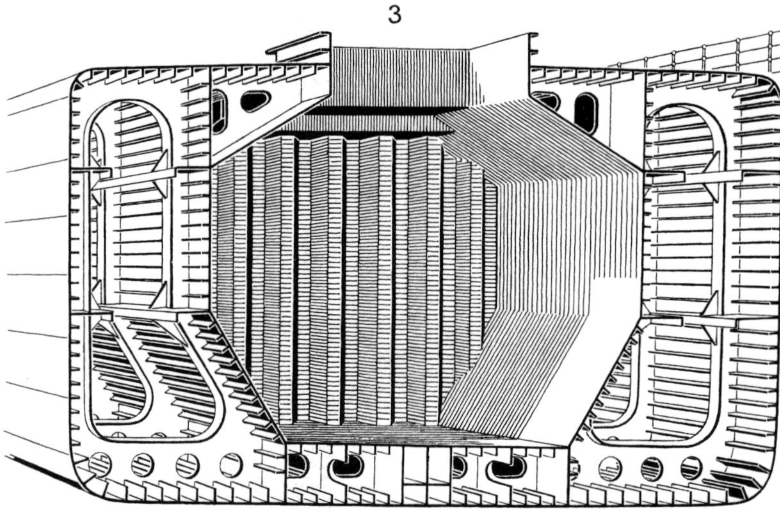

4

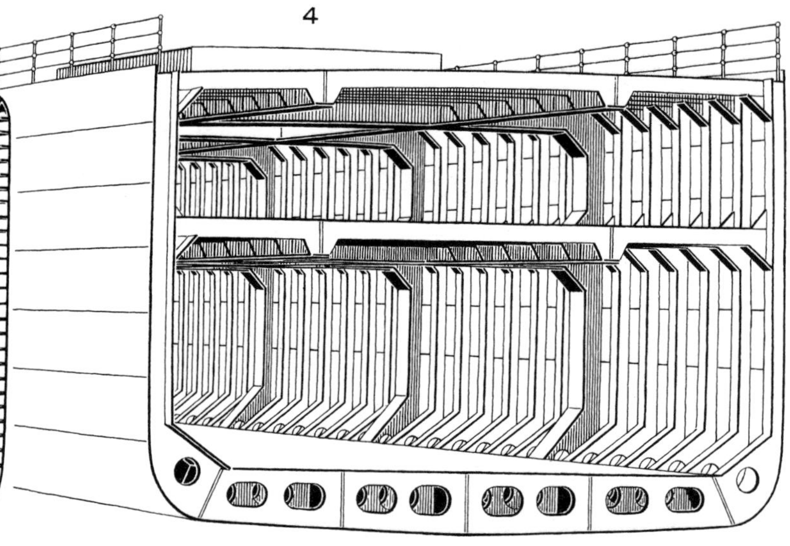

5

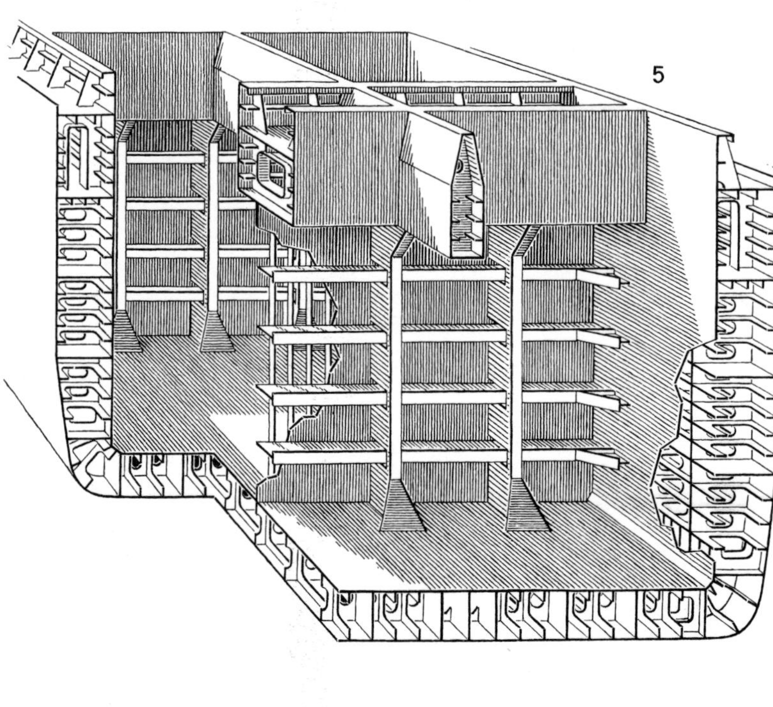

6

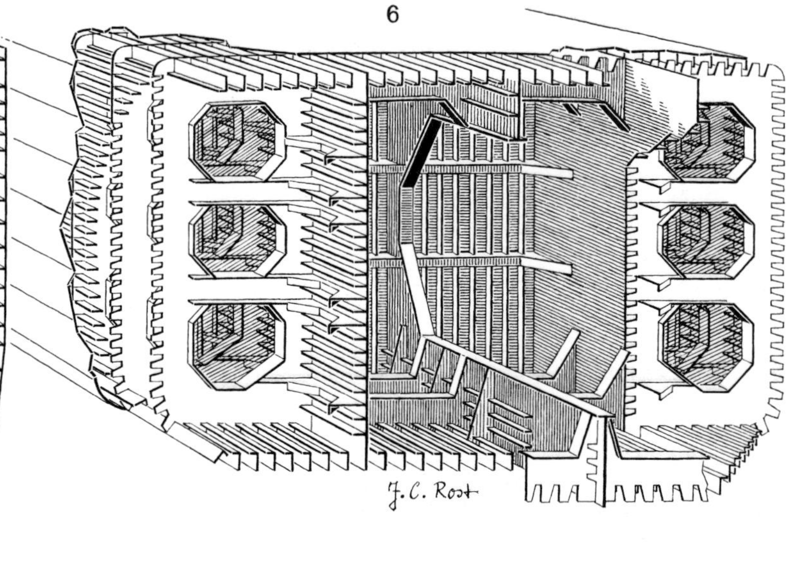

1 Knickschotte – verschiedene Varianten für die Kreuzung von Quer- und Längsschotten
2 Horizontalversteifungen am Knickschott
3 Perspektivischer Aufriß der Spantkonturen eines Frachtschiffs mit 3 Decks und Wulstbug
4 Frachtschiff mit 3 Decks im Querschnitt mit Längsspanten
5 Hauptmaschinenfundament
6 Doppelboden in Längsspantenbauweise; Seitenverband mit Wulstprofil-Querspanten und geflanschten Kimmknien
7 Durchführung von Profilen
8 u. 9 Wasserdichte Durchführungen
10 Moderne »Steckbauweise« bei Quer- und Längsverbänden
11 Doppelboden in Längsspantenbauweise, bei der die Querspanten des Seitenverbandes durch die Tankdecke geführt sind
12 Verschweißen von Durchbrüchen im Doppelboden
13 Doppelboden in Längsträgerbauweise
14 u. 15 Doppelboden mit vollen und offenen Bodenwrangen und abgeknickter Tankrandplatte

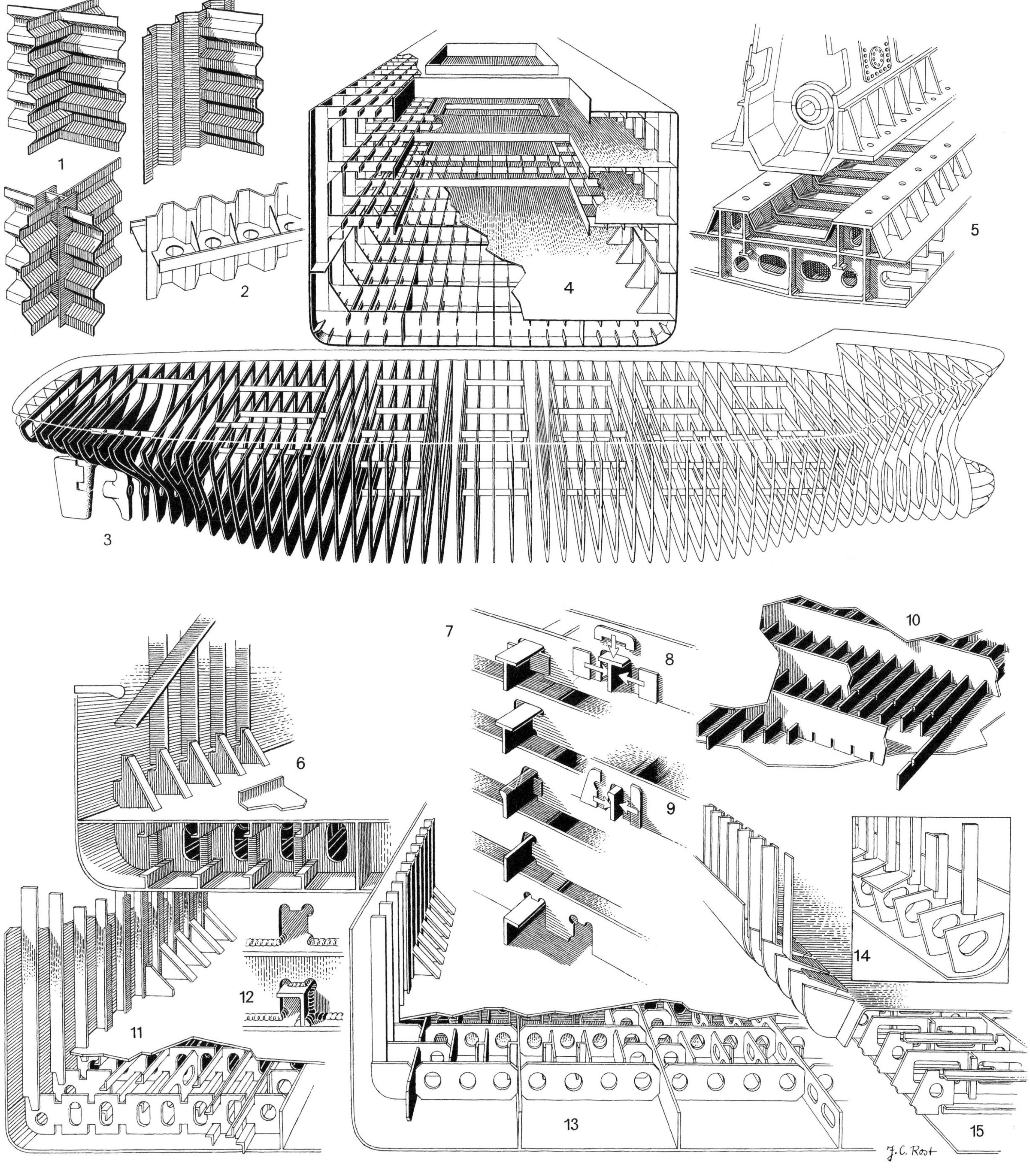

Aufklärer verwendet werden. Sie hatten einen geringen Tiefgang und auf beiden Bordseiten umlaufende Greiferketten, ähnlich einem Panzerfahrwerk, um mit diesem Kletterfahrwerk Balken- und Drahtsperren über Wasser zu überwinden und sodann im Hafen liegende Schiffe mit Torpedos anzugreifen. Das Boot »GRILLO« dieses Typs griff im April und im Mai 1918 gemeinsam mit anderen Motortorpedobooten des öfteren den zentalen Kriegshafen Pola an und zwang so die Österreicher zu umfangreichen Sicherungsmaßnahmen.

Spüler: siehe *Bagger* und *Schutenentleerer*

Spül- und Klappschute: siehe *Baggerschute* und *Bagger*

SS: Abkürzung für Dampfschiff, engl. Steamship.

»STADT ROSTOCK« ex *»ROSTOCK PACKET«:* erster Rostocker Schaufelraddampfer für die Fahrt auf der Warnow. Im Herbst 1833 zeichneten wohlhabende Rostocker Kaufleute Aktien im Wert von 9000 Taler in Gold, um dafür in England ein Dampfschiff für den Passagier- und Schleppdienst auf der Unterwarnow bauen zu lassen. Gleich nach dem Stapellauf des auf den Namen »ROSTOCK-PACKET« getauften Raddampfers begaben sich der aus Wismar stammende Kapitän P.C. Kehrhahn und seine Mannschaft nach Glasgow, um sich mit der Maschine vertraut zu machen. Anfang Mai 1834 war der Dampfer nach erfolgreicher Probefahrt auf dem Firth of Forth seeklar.

Die Abmessungen des aus Eichenholz gezimmerten, geklinkerten und kupferfest verbolzten Rumpfs betrugen nach Stockholmer Maß, bei dem 1 Fuß 0,297 m entsprach: 22 m (74 Fuß) in der Länge über Deck, 4,75 m (16 Fuß) in der Breite von Bord zu Bord, 2,97 m (10 Fuß) in der Tiefe des Raums vom Kielschwein bis zum Quarterdeck. Das 24 Lasten tragende und später mit 35 RT vermessene Schiff hatte einen Tiefgang von 2,15 m ($7\frac{1}{4}$ Fuß). Die einzylindrige Balanciermaschine und den Kessel beschrieb man als: »solide und gut gearbeitet, als einfach mit einem

»STADT ROSTOCK«, erster Rostocker Schaufelraddampfer, Baujahr 1834

Kessel und 4 Feuerstätten und sie hatte 40 Pferdekraft« (29,4 kW).

An Bord gab es Kajüten I. und II. Klasse sowie Sitzplätze auf dem mit einem Sonnensegel überdachten Achterdeck. Nach einer beschwerlichen Fahrt über die Nordsee und entlang der norwegischen Küste, wobei man mehrmals Kohle nachbunkern mußte, kam das Schiff erst nach 5wöchiger Reise in Warnemünde an. Hier lieh sich der Kapitän Kehrhahn von der Großherzoglichen Yacht einige Geschütze und am 24. Juni 1834 passierte der Dampfer »unter fortwährendem Kanonieren um $10\frac{3}{4}$ Uhr den Baum« und machte alsbald von Böllerschüssen empfangen an der Koßfelderbrücke in Rostock fest. Hier hatte sich eine große Menschenmenge versammelt, um das neue »Weltwunder« zu bestaunen, denn ein Dampfschiff hatten die wenigsten von ihnen bisher gesehen. Am 29. Juni 1834 begann das Dampfschiff seine regelmäßigen Fahrten zwischen Rostock und Warnemünde, die etwa $1\frac{1}{2}$ Std. dauerten. Zusätzliche Fahrten führten nach Heiligendamm, Wismar und Kopenhagen, sowie nach Greifswald und Putbus.

Nach einer Werftreparatur in Lübeck kehrte das Schiff am 5. Oktober 1840 wieder nach Rostock zurück, wo man es auf den Namen »STADT ROSTOCK« umtaufte. Im Juni 1847 wurde der Einsatz als Passagierdampfer beendet, das Schiff blieb aber als Schlepp- und Bergungsschiff in Rostock und wurde erst 1885 nach 51 Dienstjahren abgewrackt.

Stahlkutter: ein *Kutter*, der im Unterschied zu den früheren hölzernen Kuttern aus Stahl gebaut ist, siehe auch *Fischkutter* und *Fischereischiff*.

Standardschiff: in großen Serienzahlen mit gleichen Hauptabmessungen und Ausrüstungen gebauter Einheits-Schiffstyp. Besondere Bedeutung erhielt der Bau von Standardschiffen während der beiden Weltkriege und durch die nachfolgenden Ersatzbauten. Im ersten Weltkrieg baute Britannien die Standard-Trockenfrachter A (8175 t DW), B (8075 t DW), C (5050 t DW), C (5400 t DW), D (2980 t DW), E (7020 t DW), F (10795 t DW), F_1 (9000 t DW), G (10800 t DW) H (3860 t DW) und N (10000 t DW) sowie verschie-

Standard-Stückgutschiff, »Typ SD 14«

dene Tankertypen. Die USA beteiligten sich und bauten besonders auf der schnell errichteten Werft Hog Island u. a. bis 1919/20 insgesamt 2500 Schiffe. Im zweiten Weltkrieg wurden in noch größerer Stückzahl das einfache *Liberty-Schiff* in vollgeschweißter Sektionsbauweise (etwa 7200 BRT, 10800 t DW, Dampfmaschine mit 1850 kW, 11 kn) und der schnellere 15,5 kn Standardtyp »VICTORY« (7600 BRT, 4400 kW Dampfturbine, 15,5 kn) mit insgesamt 3300 Schiffen und 23,5 Mill. BRT gebaut. Unter den Standard-Tankschiffen entstand der Tanker T-2 mit 16400 t DW in großer Stückzahl. Im zweiten Weltkrieg versuchte auch Deutschland mit dem »Hansa-Bauprogramm« seine Frachtschiffskapazität zu vergrößern bzw. Verluste auszugleichen; siehe weiter dazu *»Liberty«-Schiffstyp*. In den ersten drei Nachkriegsjahrzehnten folgten verschiedene Standardschiffstypen als »Liberty-Ersatzschiffe« und »Victory-Ersatzschiffe« wie der japanische Typ »FREEDOM«, der US-Typ »MARINER«, der BRD-Typ »GERMAN LIBERTY« oder die britischen Typen »SD 14«, »SD 18« u. a. Mit der Weiterentwicklung der kommerziellen Schiffstypen führte die effektivere Anpassung an die Fahrtrelationen und Frachtaufkommen zu kleineren Seriengrößen gleicher Schiffe.

Kleiner Kreuzer »STRALSUND«, Baujahr 1911

Sto/Ro-Schiff: spezielles »stowable« *Ro/Ro-Schiff* mit möglichst großen Stauflächen auf mehreren geschützten Ladungsdecks. Neben der Eignung für andere Arten von rollender Ladung wurde das Sto/Ro-Schiff zu Anfang der 1980er Jahre mit größeren lichten Deckshöhen von jeweils 6,3 m besonders für den Transport von Papierrollen und Holzprodukten oder von zwei Containerlagen direkt auf Trailern ausgelegt. Das geschützte Oberdeck mit etwa 4,5 m Deckshöhe ist vorwiegend für den Transport gefährlicher Güter in Containern vorgesehen.

Stoßboot: kurzes offenes und kompakt gebautes *Schubboot* von etwa 6 m Länge zum Bugsieren und Schieben antriebsloser Kähne, Schuten u. a. Wasserfahrzeuge auf kurzen Strecken. Die Bootslänge war gering, damit das Stoßboot mit einem Groß-Finow-Maß-Kahn ohne abzukoppeln in eine Finowschleuse einfahren konnte. Es hatte einen Dieselmotor-Antrieb von etwa 40 kW, mit dem es einen Groß-Finow-Maß-Kahn mit 250 t Ladung mit einer Geschwindigkeit von etwa 7 km/h schieben konnte.
Der Bug des Stoßboots schob den Kahn am Heck und konnte auch durch eine Vorrichtung oder ölhydraulische Kupplung mit ihm gekoppelt werden. Zur besseren Übersicht war es auch möglich, das Stoßboot vom Heck des Kahns fernzubedienen. In der DDR wurde 1954/55 eine Serie von 40 Stoßbooten von der seinerzeitigen Volkswerft »Ernst Thälmann« in Brandenburg und der Schiffsreparaturwerft Genthin gebaut. Später wurden weitere Boote von der Schiffs- und Reparaturwerft in Laubegast für die DDR-Binnenschiffahrt geliefert. Mit der Modernisierung der Binnenflotten durch Selbstfahrer, *Motorgüterschiffe* und *Schubschiffe* verschwand das Stoßboot mehr und mehr von den Wasserstraßen.

Strahlantrieb-Schiff: siehe *Wasserstrahlantrieb-Schiff*

»STRALSUND«: deutscher Kleiner Kreuzer der letzten »Städteklasse«, deren äußeres Kennzeichen die 4 Schornsteine waren. Die »STRALSUND« lief am 4. November 1911 bei der AG Weser von Stapel und wurde am 10. Dezember 1912 in Dienst gestellt. Die Baukosten betrugen 7,741 Mill. Mark. Der Kleine Kreuzer hatte anfänglich eine Antriebsanlage als Dreischrauber mit 3 Satz Bergmann-Turbinen und 3 Propellern von 2,75 m Durchmesser und lief mit den 26140 kW (35515 PS) bei der Meilenfahrt 28,28 kn. 1916 wurden in der Kaiserlichen Werft Kiel wesentliche Umbauten vorgenommen, die mittlere Turbine mit Welle und Propeller ausgebaut und die bisher vorhandenen 12 × 10,5-cm-Geschütze durch 7 × 15-cm-Geschütze ersetzt. Außer den 15-cm-Geschützen waren danach noch 2 × 8,8-cm-Flakgeschütze, 2 Decks-Torpedorohre 50 cm Kaliber sowie 120 Minen an Bord. Der Kleine Kreuzer war 138,7 m über Alles und 136,0 m zwischen den Loten lang und 13,4 m breit. Er ging 5,13 m tief und hatte eine Seitenhöhe von 8,2 m. Zur Besatzung gehörten insgesamt 354 Mann.
Die »STRALSUND« war auch einer der ersten Kleinen Kreuzer, der im September 1916 ein Flugzeug an Bord nahm, das im Oktober östlich der Doggerbank erstmals eingesetzt wurde. Nach Kriegsende war das Schiff bis zum 5. November 1919 bei der Reichsmarine, dann wurde es 1920 in Cherbourg an Frankreich übergeben, unter dem Namen »MULHOUSE« in die französische Marine aufgenommen und 1935 in Brest abgewrackt.

Stromaufsichtsboot: Arbeitsboot des Strommeisters zur Beaufsichtigung der Verkehrs- und Sicherheitseinrichtungen von Binnenwasserstraßen.

Stückgut-Containerschiff: siehe *Semi-Containerschiff*

Stückgutfrachtschiff: *Frachtschiff* für den Transport von Stückgütern in Kisten, Fässern, Säcken, Ballen oder als unverpackte feste (nicht schüttfähige oder flüssige) Trockenladung. Bevor es das *Containerschiff*, das *Ro/Ro-Schiff* und das *Lo/Ro-Schiff* gab, war das Stückgutschiff der bedeutendste Trockenfrachtschiffstyp. Auch heute stellt das Stückgutschiff mit vertikaler Be- und Entladung *(Lo/Lo-Schiff)* anzahlmäßig noch den größten Teil der Welt-Trockenfrachtschiffstonnage, verliert wirtschaftlich jedoch wegen der relativ langen Be- und Entladezeiten immer mehr an Bedeutung. Typische Merkmale der verschiedenen Größengruppen von Stückgutschiffen sind die Bauweise als Mehrdeckschiffe wegen des relativ großen Stellflächenbedarfs und der Separierbarkeit der verschiedenen Stückgutladungen und die bordeigenen Umschlagausrüstungen.

Stufenboot: ein schon seit dem 19. Jh. bekannter Bootstyp, bei dem der Bootsboden stufenförmig gebaut ist, um bei höheren Geschwindigkeiten das Boot teilweise austauchen zu lassen und den Widerstand durch eine Verringerung der benetzten Bodenflächen zu senken; *Gleitboot*.

Sturmdeckschiff: veralteter Typ von Fahrgastschiffen und Frachtschiffen, bei dem oberhalb des Hauptdecks noch ein weiteres leichtes Aufbaudeck (Awningdeck) war, das wegen seiner leichten Bauweise aber nicht in den Festigkeitsverband des Schiffs einbezogen war. Dieses Deck schützte das Frachtgut oder die Fahrgäste vor Sturm, Regen und Sonnenbestrahlung. Etwa ab 1870 wurde diese Bauweise aufgegeben und das ehemalige Sturmdeck so dimensioniert, daß es zum obersten Festigkeitsverband wurde und der Freibord von diesem ab zählte. In der Schiffsvermessung wurde es als durchlaufender Aufbau berücksichtigt. Etwa ab 1910 war auch diese Bauweise veraltet; siehe *Schutzdecker* und *Freidecker*.

Supertanker: Bezeichnung für *Tanker*, die die

Modernes Stückgutfrachtschiff

bis zur Mitte des 20. Jh. übliche Größe von 16000···20000 t Tragfähigkeit bedeutend überschritten. Gegenüber den früheren Standardtankern konnten die Betriebskosten eines 50000-t-Tankers auf die Hälfte und die eines 100000-t-Tankers bis auf 38 % infolge der Kostendegression bei steigender Tankergröße gesenkt werden. Die rapide Größenentwicklung der Tanker wurde danach noch durch den israelisch-ägyptischen Suezkonflikt und die mehrjährige Schließung des Suez-Kanals beschleunigt, da die Vorteile bei großen Tankern bei den längeren Seestrecken aus dem arabischen Golf nach Nordeuropa um Südafrika besonders zum Tragen kamen. Siehe auch *Tanker* bzw. *VLCC-Very Large Crude Carrier* und *ULCC-Ultra Large Crude Carrier.*

»SURCOUF«: französischer Untersee-Kreuzer. Die Mittel für diesen U-Kreuzer wurden mit dem französischen Haushaltsplan von 1926 bewilligt. Der Bau wurde 1927 auf der Staatswerft in Cherbourg begonnen. Stapellauf war am 16. November 1929, und die Indienststellung war im Mai 1934. Er war nicht nur der einzige U-Kreuzer (Sousmarin de croisiere) der französischen Marine, sondern damals auch das größte U-Boot der Welt und der schwerste Artillerieträger als U-Boot nach dem Washington-Abkommen.
Die »SURCOUF« war 110 m lang, 9 m breit und hatte einen Tiefgang von 7,2 m. Sie war mit einer leichten Panzerung versehen. Das Deplacement über Wasser betrug 2880 t und bei Tauchfahrt 4300 t. Bis zum vollständigen Abtauchen wurden 2 Min. benötigt. Die Besatzungsstärke betrug 8 Offiziere und 110 Mannschaften. Für Aufklärungszwecke konnte ein Wasserflugzeug vom Typ Besson MB 411 im Hangar hinter dem Turm an Bord genommen werden. Zum Antrieb dienten 2 Sulzer-Dieselmotoren mit einer Gesamtleistung von 5594 kW (7600 PS), mit denen das Boot eine Überwassergeschwindigkeit von 18 kn erreichte. Bei 10 kn Geschwindigkeit konnte eine Fahrstrecke von 12000 Seemeilen zurückgelegt werden. Für die Unterwasserfahrt mit Akkumulatoren standen 2502 kW (3400 PS) zur Verfügung, die eine Geschwindigkeit von 10 kn ermöglichten. Die Geschützbewaffnung bestand aus 2×20,3-cm-Geschützen in Zwillingsanordnung vor dem Turm sowie aus 2×3,7-cm-Fliegerabwehrkanonen und 4 Maschinengewehren. Das Schiff hatte 8 Torpedorohre des Kalibers 55 cm und 2 Rohre Kaliber 40 cm, von denen 6 als Unterwasser-Bugrohre (Kaliber 55) und 1 Vierer-Rohrsatz von 2×55 cm und 2×40 cm an Deck waren.
Während der Besetzung Frankreichs konnte das U-Boot im Mai 1940 nach Großbritannien entkommen und im Hafen von Plymouth einlaufen. Die »SURCOUF« ist am 18. Februar 1942 nach einer Kollision mit dem US-Handelsschiff »THOMAS LYKES« im Golf von Mexiko gesunken.

Der französische Untersee-Kreuzer »SURCOUF«, Bau und Erprobung 1927/32

T

Tankdampfer: Bezeichnung für die ersten, durch Dampfmaschinen angetriebenen Schiffe für den Transport von Rohöl, Petroleum oder »Naphtha«, als lose, d. h. unverpackte Ware in Laderäumen oder fest eingebauten Tanks während der letzten drei Jahrzehnte des 19. Jh. und des ersten Jahrzehnts des 20. Jh., im Unterschied zum vorhergehenden Transport in Fässern (Barrels) mit Segeltankern bzw. »Petroleum-Klippern«. An die Oberfläche getretenes Erdöl war schon seit dem Altertum bekannt und wurde seitdem in geringen Mengen u. a. zu kultischen Zwecken, wie zur Erhaltung der »ewigen Feuer« in Amphoren oder Fässern aufbewahrt und transportiert. Erste größere Transporte nicht in Fässern, sondern direkt in Schiffen, sind vom Beginn des 18. Jh. aus China bekannt. Man verwendete eine um 17 m lange hölzerne Dschunke mit doppelter Außenbeplankung und unterteilte den Laderaum durch ein Längsschott und mehrere Querschotte. Ab Mitte des 18. Jh. gab es im Kaspischen Meer und auf der Wolga einige hölzerne Schuten, in denen loses Erdöl gefahren wurde. Bis über die Mitte des 19. Jh. waren jedoch die jährlichen Fördermengen noch gering, und der Transport wurde vorwiegend in Fässern oder losen hölzernen Tanks an Deck und in den Laderäumen von Schiffen vorgenommen. So betrug 1865 die russische Erdölförderung ganze 16500 t pro Jahr. In Amerika wurde als erster Drake 1859 im Tal von Titusville in Pennsylvania in 23 m Tiefe fündig. Seine Bohrung förderte täglich 4 t Erdöl. 1860 strömten aus den Bohrlöchern der USA jährlich 70000 t Erdöl.
Die danach jährlich ansteigenden Fördermengen erforderten effektivere Transportmöglichkeiten, es entstand der Tankdampfer. Zu den Pionieren dieses seinerzeit neuen Schiffstyps gehörten u. a. die Gebrüder Nobel. Für ihre »Naphtha-Gesellschaft«, die Erdöl aus dem holzarmen Bakuer Revier über die Wolga verschiffte, ließen sie als umwälzende Neuerung 1878 in Norrköpping den ersten eisernen Rohöl-Tankdampfer »*ZOROASTER*« bauen; siehe Einzelheiten dort.

In den nächsten 10 Jahren gab es schon 30 Tankdampfer im Kaspischen Meer und auf der Wolga. Darunter befand sich auch der 1882 in Finnland gebaute Tankdampfer »SPASITEL«, der als erster zur Verminderung der Explosionsgefahr und zur Erhöhung der Tragfähigkeit mit einem wasser- und öldichten Kofferdamm zwischen dem Maschinenraum und dem Öl-Laderaum gebaut wurde. Als ersten Tankdampfer für das Schwarze Meer baute 1885 die schwedische Lindholmen-Werft den Tankdampfer »SVJET«, wobei die fest eingebauten Tanks mit der Schiffsaußenhaut eine doppelhüllenähnliche Konstruktion bildeten, in der die Lade- und Löschleitungen verlegt waren. Die Ladung von 1700 t konnte mit den eigenen Ladepumpen in $5^1/_2$ Std. gelöscht werden.

Für die Atlantikfahrt hielt man zu dieser Zeit die Tanksegler noch für weniger feuer- und explosionsgefährdet als die kohlebefeuerten Dampfer, unabhängig davon, ob das Öl in Fässern, Kanistern oder Tanks gefahren wurde. Bei Tanks aus Holz gab es Undichtigkeiten, und die genieteten eisernen Tanks waren an den Nieten und Nietnähten nur schwer dicht zu bekommen. Die Tanks brauchten wegen der temperaturabhängigen Ausdehnung des Öls Expansionsräume, durften also nicht randvoll gefüllt sein, so daß freie Oberflächen blieben, die zu Stabilitätseinbußen im Seegang führten und über denen sich explosive Öldämpfe bildeten. Die Zwischenräume zwischen den Tanks und zur Außenhaut mußten zugängig bleiben, weil dort ebenfalls gefährliche Leckagen und Öldämpfe entstehen konnten.

Außerdem war die seinerzeit fast ausschließliche Dampferbauweise mit den mittschiffs zwischen den Laderäumen liegenden Kesseln und Dampfmaschinen und einem Wellentunnel für die Wellenleitung zur Propellerwelle durch die hinteren Laderäume für Tankdampfer denkbar ungünstig.

Den entscheidenden Übergang vom seegehenden Tanksegler zum Tankdampfer für die Atlantikfahrt vollzog der deutsche Ölreeder Wilhelm A. Riedemann. Nachdem er noch 1885 einen Dreimast-Tanksegler »ANDROMEDA« mit 2700 t DW mit eingebauten Tanks in Fahrt genommen hatte, ließ er 1885/86 den ersten transatlantischen Tankdampfer »*GLÜCKAUF*« von 3000 t DW in Newcastle bauen, bei dem der Ladebereich des Schiffskörpers erstmalig direkt mit Zellenunterteilungen als Tank diente und der Maschinen- und Kesselraum hinten und nicht zwischen den Laderäumen angeordnet wurde. Zur gleichen Zeit ließ Ludwig Nobel auf der schwedischen Lindholmen-Werft einen ähnlichen Tankdampfer »PETROLEA« bauen, der nur wenige Tage später von Stapel lief. Beide Schiffe wurden hinsichtlich des Prinzips der Tank- und Maschinenanordnung zu Prototypen der schnell danach gebauten Tankdampfer und auch der späteren Tanker mit Dampfturbinen- und Dieselmotorenantrieb; Einzelheiten siehe bei »*GLÜCKAUF*«.

Mitte des Jahres 1887 verkehrten zwischen den USA und Europa bereits 17 Tankdampfer und 1891 gab es schon 80 Übersee-Tankdampfer. Mit der »BAKU STANDARD« überquerte 1894 ein erster ölgefeuerter Tankdampfer den Atlantik. Um 1900 hatte die Welt-Tankdampferflotte mit etwa 180 Schiffen und 0,4 Mill. BRT einen Anteil

Tankdampfer »MANNHEIM« der Deutsch-Amerikanischen Petroleumgesellschaft, Bremen, um 1900

Japanischer Tanker in Fahrt

an der Welthandelsflotte von 1,5 %. Der größte Tankdampfer verfügte über eine Tragfähigkeit von 6000 t DW. Die Weltförderung an Erdöl war ständig gestiegen und erreichte 1902 in den USA 10 Mill. t und in Baku sogar 11 Mill. t jährlich.

Nachdem 1905 mit der »EMANUEL NOBEL« (4665 BRT) der erste Motortanker auf die Reise ging und es praktisch kaum noch Tanksegler gab, wurde der Begriff »Tankdampfer« ungebräuchlich und die Bezeichnung Tankschiff bzw. *Tanker* allgemein üblich.

Tanker, *Tankschiff:* aus dem *Tankdampfer* hervorgegangene Transportschiffsgruppe von Eindeckschiffen mit Zellen- und Tankunterteilungen und hinten liegenden Aufbauten und Maschinenanlagen für flüssige Massengutarten wie Roherdöl, als sog. »schwarze« Ladung, Erdöl-Raffinerieprodukte als sog. »weiße« Ladung, Chemikalien wie Latex, Leime, Säuren, Laugen, Bitumen und Asphalt u.a., siehe *Chemikalientanker*. »Verflüssigte Gase« siehe *Gastanker* wie LNG-Liquefied Natural Gas oder LPG-Liquefied Petrol Gas, siehe *Gastanker*, *LNG-Tanker* und *LPG-Tanker*, Ammoniak sowie für den kombinierten Transport von Schütt- und Flüssiggütern; siehe *Bulker*, *Erz-Öl-Massengutschiff* und *OBO-Frachter*.

Weiter gibt es Spezialschiffe für Pflanzen- bzw. Speiseöle (Leinöl, Fischöl, Sonnenblumenöl, Tangöl und Rizinusöl), Flüssigrohzucker und Melasse *(Melassetanker)*, für Frischwasser, für den Wein- oder Fruchtsafttransport u. a.

Nach dem Einsatzgebiet gibt es Binnentanker und *Tankleichter* für die Binnen- und Sportschifffahrt, hafengebundene Versorgungstanker zur Bebunkerung von Überseeschiffen, Zubringertanker für Kurzstrecken und Hochseetanker für den weltweiten Einsatz.

Der Hochseetanker für den Transport von Erdöl und Erdölprodukten entwickelte sich im 20. Jh. zum größten Schiffstyp der Welt und zur Schiffsgruppe mit dem höchsten Tragfähigkeitsanteil an der Welttransportflotte.

1914 hatten Tanker mit 1,6 Mill. t DW einen Anteil von etwa 3 % an der Welthandelsflotte. Auf der Kieler Howaldt-Werft wurden mit der »JUPITER« (17280 t DW) und »SAN MELITO« (17840 t DW) die seinerzeit größten Tanker der Welt gebaut. 1928 wurde beim Bremer Vulkan für die International Petroleum Company Ltd. Toronto, der Tanker »C. O. STILLMANN« mit 23078 t DW gebaut, der bis 1940 der größte Tanker der Welt blieb.

1935 baute Swan Hunter in Großbritannien mit der 2240 t DW großen »MOIRA« den ersten vollgeschweißten Tanker der Welt. Die Tankerflotte vergrößerte sich kontinuierlich und erreichte 1939 mit 1700 Einheiten und 17 Mill. t DW einen

vorläufigen Höchststand. Zwischenzeitlich hatten sich 2 Transportarten herausgebildet, die sog. »schwarze« bzw. »weiße« Fracht. Als schwarze Fracht tansportierte man Rohöl von den Verladeplätzen am Persischen Golf im Mittelmeer oder im Schwarzen Meer oder aus der Karibik zu den Raffinerien in aller Welt. Als weiße Fracht fuhr man bereits veredelte Produkte wie Dieselöl, Benzin und Kerosin.
Die im zweiten Weltkrieg in den USA gebauten 525 Schiffe der Standardtankerserie T 2-Tanker von etwa 16900 t DW beeinflußten in den ersten Nachkriegsjahren den Tankerbau maßgeblich. Nach 1945 stieg der Rohölbedarf sehr schnell an. Es stieg nicht nur die Zahl der benötigten Tanker, sondern auch ihre Größe nahm enorm zu. 1949 war noch der amerikanische Tanker »TEXAS« mit 28081 t DW der größte Tanker der Welt, doch schon 1953 erhielten die »TINA ONASSIS« mit 45720 t DW und die »AL-MALIK SAUD AL-AWAL« mit 46500 t DW etwa die doppelte Tragfähigkeit.
1965 bestand die Welt-Tankerflotte bereits aus 3000 Schiffen mit insgesamt 83,2 Mill. t DW. Die Welterdölförderung hatte sich von 523,3 Mill. t im Jahr 1950 auf 2,1 Milliarden t im Jahr 1969 mehr als verdreifacht. Etwa die Hälfte dieser riesigen Menge wurde auf dem Seeweg transportiert. Schon 1966 wurden die »Supertanker« der 1950er Jahre in der Übersee-Rohölfahrt vom *VLCC* (Very Large Crude Carrier) mit Tragfähigkeiten bis zu 300000 t abgelöst.
Durch den israelisch-ägyptischen Krieg und die Schließung des Suez-Kanals 1967 mußten die Tanker um die Südspitze Afrikas fahren. Das führte zu noch mehr und noch größeren Tankern. Sie wurden die größten beweglichen technischen Objekte unserer Erde. 1971 transportierte die zu dieser Zeit aus 6300 Tankern mit 96,1 Mill. BRT und 170 Mill. t DW bestehende Welt-Tankerflotte im Jahr etwa 1 Mrd. t Erdöl- und Erdölprodukte.
1972 gab es bereits 8 Tanker von mehr als 300000 t DW, *ULCC* (Ultra Large Crude Carrier) genannt. 1973 wurden die ersten 400000-t-DW-Tanker gebaut, und 1976 wurde schließlich auch die 500000-t-DW-Grenze überschritten; siehe *»BATTILUS«*. Die Größenentwicklung wurde durch den überproportionalen Anstieg der Ölpreise und Umorientierungen in der Energiekonzeption 1973 gestoppt, aber der Schritt zum 1-Mill.-t-DW-Tanker war nicht mehr weit. Die auf den Reißbrettern befindlichen Projekte hätten zu Tankern von 550 m Länge, 100 m Breite und einen Tiefgang von 40 m geführt. Seit 1980 hat die Welt-Tankerflotte etwa 7500 Schiffe mit insgesamt 175 Mill. BRT und 330 Mill. t DW etwa 50 % der Tragfähigkeit der Welthandelsflotte mit einem rückläufigen Anteil der Tanker über 200000 t DW.
Der größte Tanker und zugleich das größte Schiff der Welt, das aber als schwimmendes Tanklager genutzt wird, ist die »SEAWISE GIANT« mit 564736 t DW. Der Tanker ist 458,40 m lang; 68,80 m breit und hat bei einer Seitenhöhe von 29,8 m einen Tiefgang von 24,5 m. Der größte Schiffsverlust in der Geschichte der Seeschifffahrt war ebenfalls ein Tanker. Im November 1973 sank im Atlantik nach einer Tankexplosion die 216000 t DW große »GOLAR PATRICIA«. Moderne Tanker müssen in ihrer Bauweise, Ausrüstung und Betriebsweise besonderen Anforderungen hinsichtlich Sicherheit von Schiff, Ladung und Umwelt genügen. Sie werden daher mit Doppelböden, Doppelhüllen, einer ausreichenden Zahl von Längs- und Querschotten zur Begrenzung der einzelnen Tankgrößen, Ballasttanks, Schutzgasanlagen für Inertgas zur Verhinderung von Gasexplosionen und Bränden und besonderen explosionsgeschützten Ausrüstungen und Ladepumpen großer Leistung gebaut.
In der Höhe sind die Ladetanks i. allg. nicht unterteilt, so daß die Tanker zu den Eindeckschiffen gehören. Mit Beladungsrechnern wird jeweils die für Festigkeit, Stabilität, Trimm, Seegang, Widerstand und Propulsion günstigste Be- und Entladung errechnet. Erdöl- und Produktentanker besitzen Tankheizungen, um die Pumpfähigkeit des Öls bei niedrigen Temperaturen zu gewährleisten. Bei gleichmäßiger Ladungsverteilung und wegen der relativ kleinen Tankluken haben Tanker im Verhältnis zum Tiefgang nur einen kleinen Freibord. Um im Seegang von den achtern liegenden Aufbauten zum Vorschiff gelangen zu können, sind über dem Deck die für diese Schiffe typischen Laufbrücken. Wegen der pumpfähigen Ladung haben Tanker kein Ladegeschirr.
Bis auf Ausnahmen erfolgt der Antrieb moderner Tanker im Geschwindigkeitsbereich unter 14 kn durch hinten angeordnete Dieselmotorenanlagen, einige größere Tanker fahren noch mit Dampfturbinen, wobei die Ladepumpen und die Tankheizung entweder mit Dampf oder Elektroenergie betrieben werden.

Tanker-Eisbrecher: siehe *»MANHATTAN«*

Tankleichter: *Leichter* mit oder ohne Eigenantrieb zur Übernahme eines Teils der Ladung von größeren *Tankern* zur Verminderung ihres Tiefgangs oder Bebunkerung von Schiffen im Hafen und auf Reede.

Tankreinigungsschiff: Arbeitsschiff, Schute oder Prahm in Häfen und Werften zur Reinigung von Öltanks auf Schiffen vor Ladungswechsel und zur Gasfreimachung der Tanks vor Reparaturarbeiten. Tankreinigungsschiffe sind u. a. auch ausklassifizierte Fahrzeuge ohne eigene Antriebsanlage, die nur für den Werft-, Hafen- und Reviereinsatz zugelassen sind. Sie besitzen Einrichtungen zum Spülen und Auswaschen von Öltanks mit chemisch aufbereitetem, heißem Wasser. Das bei der Tankreinigung anfallende Öl-Wasser-Gemisch wird an Bord entölt (separiert) und an Land gegeben. Reparaturen an Tanks, insbesondere Brenn- und Schweißarbeiten, erfordern vorher ihre Entgasung. Das geschieht mit Dampf, so daß das Tankreinigungsschiff auch eine Kesselanlage benötigt. Die Kessel können mit den bei der Tankreinigung anfallenden Ölrückständen beheizt werden.
Neuere Tankreinigungsschiffe übernehmen in den Häfen auch festen Müll zur Verbrennung. Zusätzlich sind sie auch mit Einrichtungen zum Absaugen von auf der Oberfläche des Wassers schwimmenden Ölresten ausgerüstet. Größere Tanker haben eigene, an Bord installierte Tankwaschmaschinen und sog. »Sloptanks« zur Aufnahme des Waschwassers.

Tauchboot: Bezeichnung für die ersten Entwicklungsstufen des U-Boots und für die neuzeitlichen Unterwasser-Forschungs- und Arbeitsfahrzeuge; siehe dazu auch *Bathyplane*.

Taucherprahm, *Taucherboot:* ein prahmartiges Fahrzeug (siehe *Prahm*) mit flachem Deck oder Boden, das mit Taucherausrüstungen wie Tauchanzügen, Luftpumpen, Schläuchen u. a. sowie für Tieftaucharbeiten mit Dekompressionskammer ausgerüstet ist.

Taucherschacht-Schiff: Arbeitsschiff für zeitaufwendige Arbeiten in begrenzten Wassertiefen auf dem Meeresboden, wobei aus dem Schiff ein Taucherschacht abgesenkt wird oder durch einen schiffsfesten Schacht eine bewegliche Taucherglocke geführt wird. Bis zu Wassertiefen von etwa 30 m werden derart ausgerüstete Schiffe hauptsächlich im Hafenbau und in der Offshore-Technik für Unterwasser-Fundamentierungen eingesetzt.

Tauchgleiter, *Tauchschlitten:* geschlepptes oder mit Eigenantrieb versehenes Taucher-Transportgerät für Bodenuntersuchungen in Wassertiefen, für die noch keine druckfesten Tauchboote erforderlich sind. Der Tauchgleiter ist ein sog. »Naßfahrzeug«, bei dem der Taucher vor einem strömungsumlenkenden Halbrundschild sitzt oder hinter einem Schutzschild auf dem Gerät liegt. Mit einem Höhenruder kann die Tauchtiefe und mit einem Seitenruder teilweise auch die Fahrtrichtung verändert werden. Derartige Naßtauchgleiter wurden erst möglich, nachdem die deutschen Ingenieure Bernhard und H. Dräger 1912 den schlauchlosen Tauchapparat erfunden hatten. Üblicherweise kann der Tauchgleiter etwa mit 4 km/h in 30 m Tiefe fahren oder geschleppt werden. Bei normaler Wassertrübung geben Scheinwerfer dabei eine Sicht von 5···6 m.

»TEGETTHOFF« (I): K. u. K. österreich-ungarische Panzerfregatte. Das 7431 ts große Kasemattschiff wurde am 1. April 1876 auf der Werft »Stabilimento tecnico« in Triest auf Kiel gelegt, lief am 15. Oktober 1878 von Stapel und war im Oktober 1881 fertiggestellt. Es war über Alles 92,42 m und zwischen den Loten 89,39 m lang, 21,78 m breit und hatte 7,5 m Tiefgang. Die Maschinenanlage bestand aus einer liegenden Zweizylinder-Dampfmaschine mit einer Leistung von 4935 kW (6706 PSi), die einen zweiflügligen Griffith-Propeller von 7,16 m Durchmesser antrieb und dem Schiff eine Geschwindigkeit von maximal 14 kn gab. Den Dampf erzeugten 4 Kessel mit 0,34 MPa (2,4 atü) bei einer Heizfläche von 2372 m^2. Die Abgase wurden durch 2 Schornsteine abgeführt. Die unter Panzerschutz aufgestellte Artillerie konnte voll in Vorausrichtung feuern. Die Bestreichungswinkel der Geschütze überdeckten sich, während zu dieser Zeit andere Entwürfe noch große »tote Winkel« aufwiesen. Die Munition war direkt unter den Geschützen gelagert, so daß sich kurze Transportwege ergaben.
1891/92 wurde das Schiff umgebaut. Es wurden die Maste entfernt und durch Gefechtsmaste ersetzt. Bei der alten liegenden Dampfmaschine

1 Achter-Mittelsteven eines Dreischraubers wie »CAP POLONIO«
2 Stahlguß-Achtersteven für Einschrauber mit Halbschweberuder
3 Stahlguß-Achtersteven für Einschrauber mit Balanceruder
4 Leitkopf zum Contra-Ruder eines Einschraubenschiffs
5 Mittschiffs miteinander verschraubte Wellenböcke aus Guß für ein Vierschraubenschiff ähnlich der »MAURETANIA« von 1906
6 Maschinenfundament und Durchführung der Schraubenwellen bei einem Zweischraubenschiff
7 Bugwulst in Plattenbauweise
8 Wellenbock wie bei »CAP POLONIO«
9 Geschweißter Platten-Vorsteven
10 Genietete Vorpiek mit Stevenschuh
11 Stahlguß-Vorstevenschuh für Nietverbindung

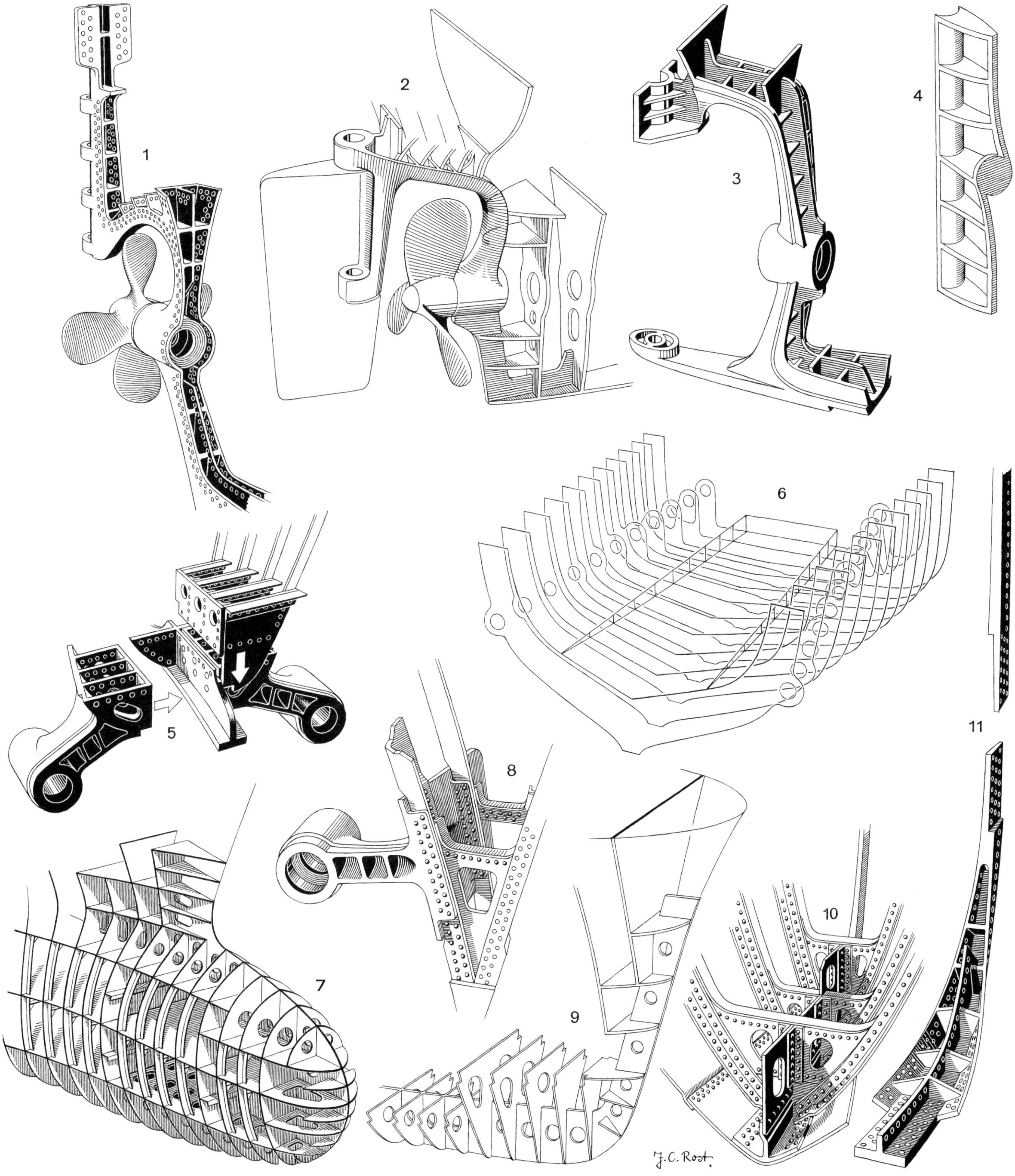

1 Normalruder
2 Balanceruder
3 Balanceruder
4 Halbbalance-Halbschweberuder
5 Balance-Schweberuder
6 Halbbalance-Halbschweberuder
7 Oertz-Ruder
8 Seebeck-Ruder
9 Seebeck-Oertz-Ruder
10 Flettner-Ruder des Einschraubenschiffs »SORRENTO«
11 Becker-Flossenruder
12 Becker-Flossenruder in Backbordstellung
13 Variante für Flossensteuerung
14 Becker-Flossenruder mit ansteuerbarer Flosse
15 Drehbare Kort-Düse mit Becker-Flosse in Backbordlage
16 Aktivruder
17 Jenkel-Dreiflächenruder hinter fester Kort-Düse bei verschiedenen Ruderlagen
18 Ruderdüse
19 Ruderdüse mit fester Flosse
20 Schottel-Ruderpropeller

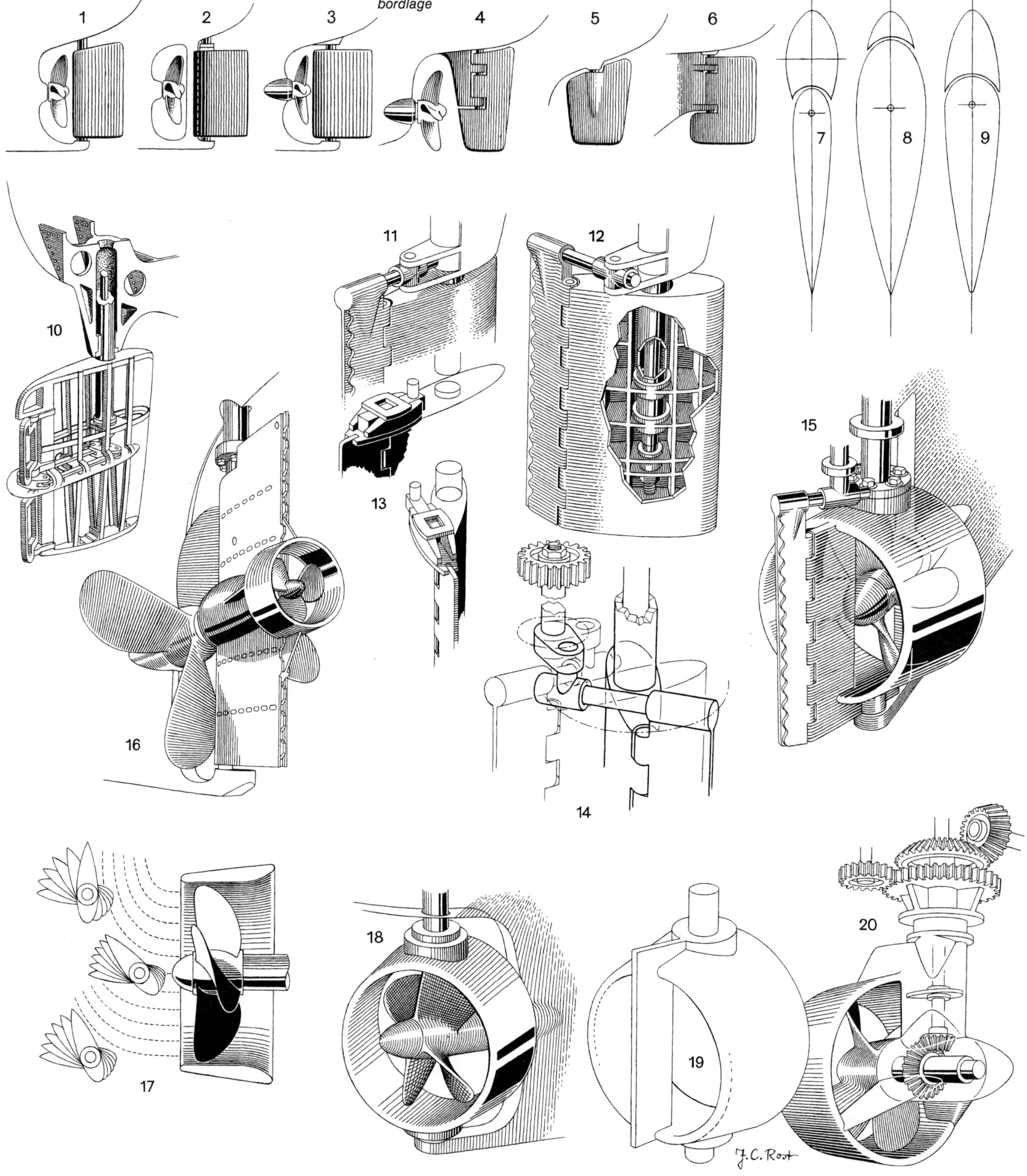

1 Dampfgetriebene Ruderanlage. Ruderpinne und Ruderquadrant sind durch Federn verbunden, die den Wellenschlag vom Ruderblatt aufnehmen
2 Schweberuder (Balance-Ruder)
3 Handsteuerung mit Ruderquadranten und Schnecke
4 Mechanische Schraubenspindel-Steuerrvorrichtung Ende 19. Jh.
5 Halbbalance-Halbschweberuder. Verbindung der Steuerbordplatten durch Lochschweißung

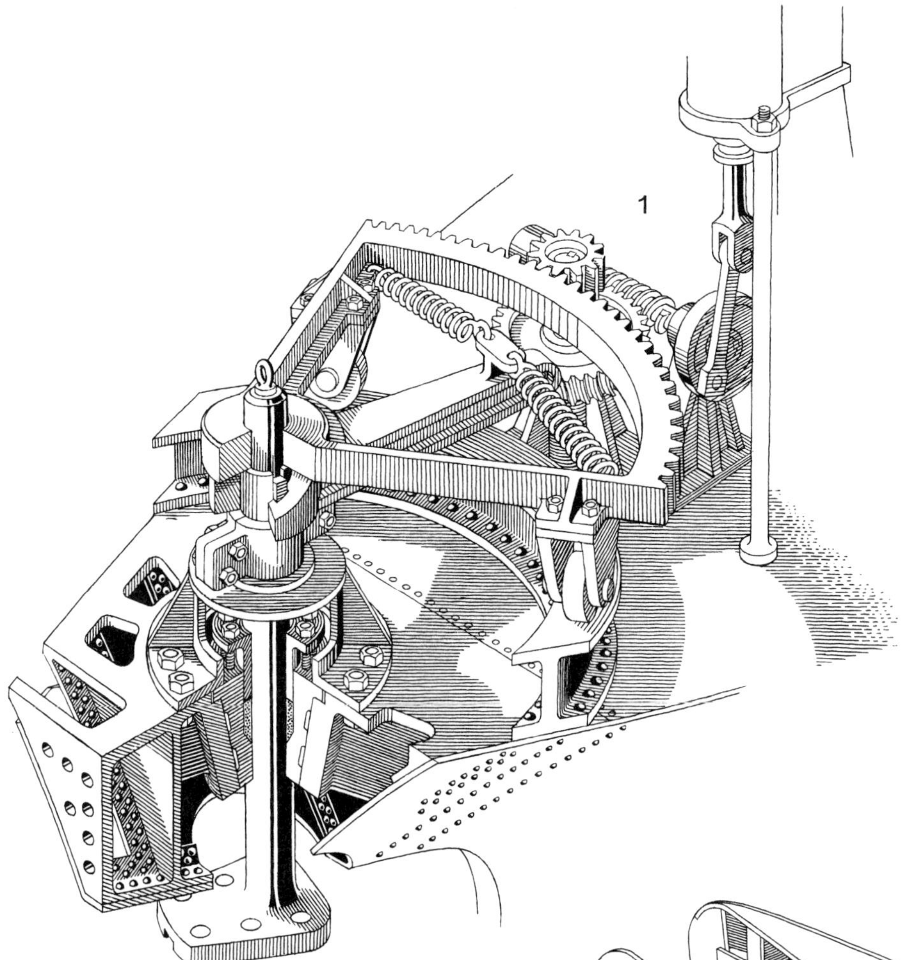

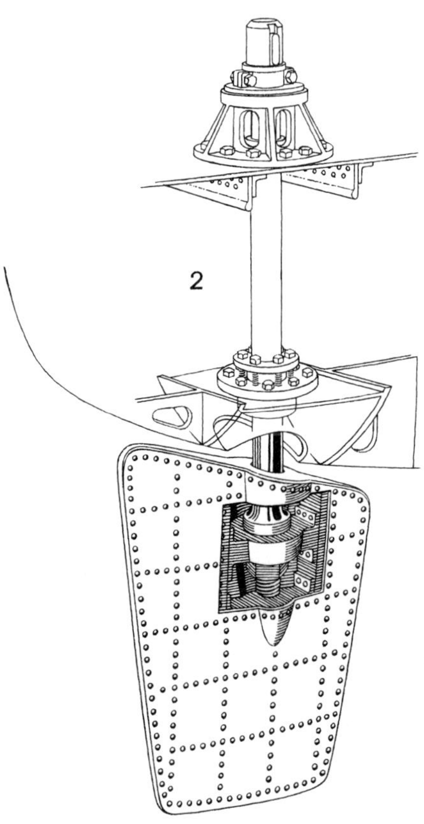

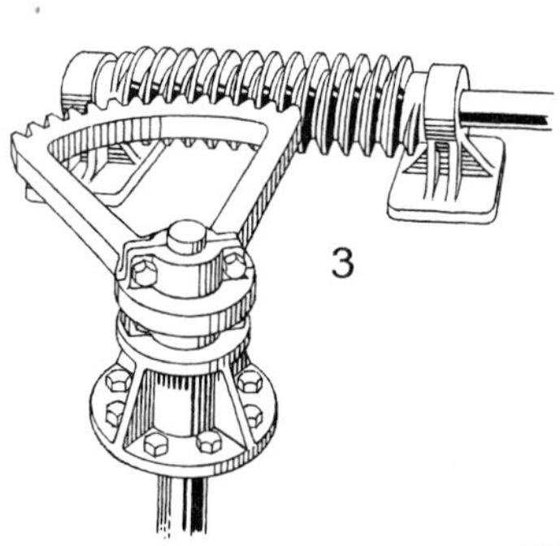

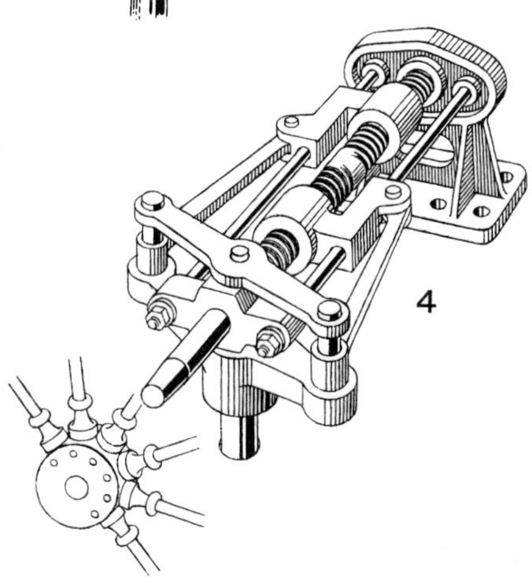

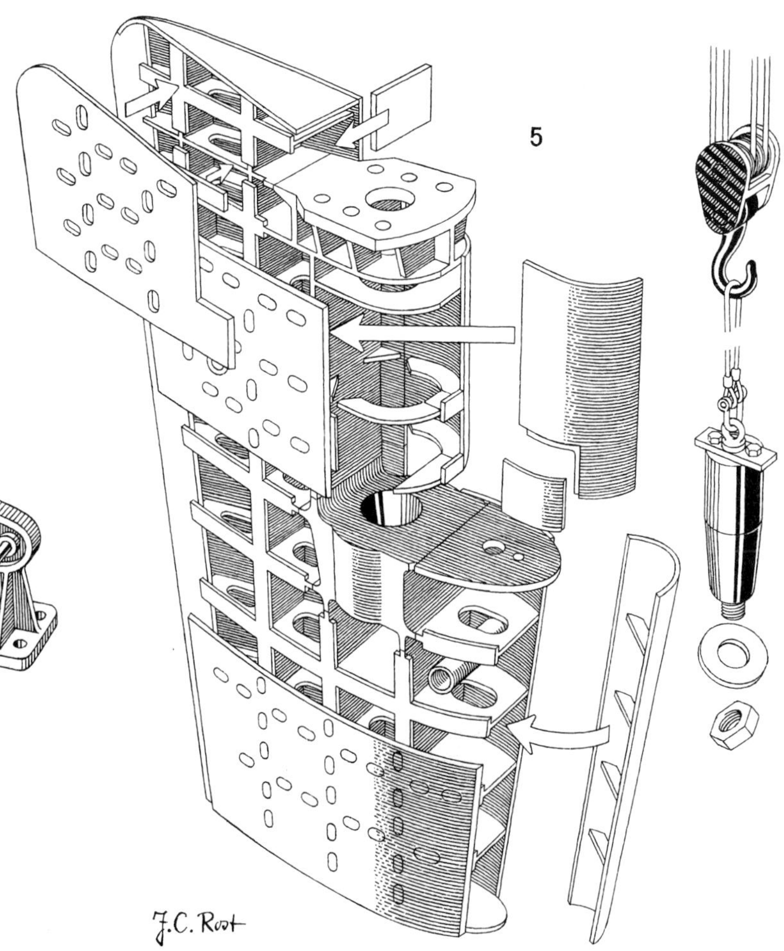

hatte der Niederdruckkolben einen Durchmesser von 3175 mm. Durch die große Masse des Kolbens wurde der liegende Zylinder ständig einseitig abgenutzt und mußte daher mehrmals gewechselt werden. Das Schiff erhielt deshalb von der Firma Schichau in Elbing 2 Doppel-Verbundmaschinen von insgesamt 6624 kW (9000 PS) Leistung, mit denen eine Geschwindigkeit von 15,3 kn erreicht wurde. Durch den Umbau wurde das Schiff gleichzeitig zu einem Zweischrauber. Die Bewaffnung bestand anfangs aus 6 × 28-cm- und 6 × 9,0-cm-Geschützen und ab 1893 aus 6×24-cm-, 5×15-cm- 2×7-cm- und 15×4,7-cm-Geschützen sowie 2 Revolverkanonen und 2 Torpedorohren des Kalibers 35 cm in Bug- und Heckaufstellung. Die »TEGETTHOFF« wurde erst 1920 abgewrackt.

»TEGETTHOFF« (II): *Schlachtschiff* der österreich-ungarischen K. u. K. Marine. Die österreich-ungarische Doppelmonarchie sah sich durch die Stärke der italienischen Marine veranlaßt, ebenfalls über Großkampfschiffe zu verfügen. Ein maßgeblicher Verfechter dieser Idee war Admiral Graf Montecuccoli, ab 1904 Chef der österreichischen Marinesektion. Das Schlachtschiff »TEGETTHOFF« wurde am 24. September 1910 auf der Werft »Stabilimento Tecnico Triestino« auf Kiel gelegt und lief am 21. März 1912 von Stapel. Die Indienststellung war am 14. Juli 1913. Die Bauzeit betrug somit fast 34 Monate. Das 21 370 t große Schiff war über Alles 160,0 m und zwischen den Loten 151,4 m lang; 27,3 m breit und hatte einen Maximaltiefgang von 8,6 m. Zur Besatzung gehörten 988 bis 1046 Mann. Die Panzerstärken waren im Seitenpanzer bis 28 cm, in der Zitadelle 20 cm, Deckspanzer 4,8 cm, Barbetten 28 cm, Türme bis 30,5 cm, Kasematten Mittelartillerie 15 cm und Kommandoturm 25 ··· 35 cm.
Das Schiff gehörte seinerzeit besonders durch seine Drillingsaufstellung der schweren Artillerie zu den modernsten Schlachtschiffen. Die Bewaffnung bestand aus 12 × 30,5-cm-Geschützen in 4 Türmen mit überhöhter Aufstellung, 12×15-cm-Geschützen sowie 18 × 7-cm-TAG/BAG-Geschützen (Torpedoabwehr- und Ballonabwehrgeschütze) auf den Türmen und an Deck. Die Geschützanzahl wurde bis 1918 mehrfach verändert. Später blieben nur noch 2 Geschütze auf den beiden oberen Türmen. Ferner waren 4 unter Wasser angeordnete Torpedo-Ausstoßrohre des Kalibers 53,3 cm vorhanden, davon zwei seitlich und je eins am Bug- bzw. Heck.
Die Antriebsanlage bestand aus 4 Parsons-Turbinen mit einer Leistung von 18 400 kW (25 000 WPS). Mit 4 Schrauben von je 2,75 m Durchmesser erreichte das Schiff eine Maximalgeschwindigkeit von 20,5 kn. Den Dampf erzeugten 12 kohlegefeuerte Yarrow-Kessel, der maximale Kohlevorrat betrug 1871 t.
Am 24. Mai 1915 beschoß das Schlachtschiff den italienischen Hafen Ancona an der Adriaküste. Danach lag es bis 1918 im Hafen von Pola an der Ankerboje und hat den Hafen nur noch zu Probefahrten und zum Übungsschießen verlassen. Nach Kriegsende wurde das Schiff Italien zugesprochen und am 25. März 1919 übergeben. Bis 1923 lag es ohne Verwendung in Venedig und kam nie unter italienischer Flagge in Fahrt. Das veraltete Schlachtschiff wurde 1924/25 in La Spezia abgewrackt.

Die von F. Schichau für die Panzerfregatte »TEGETTHOFF« 1893 gebauten Doppel-Verbundmaschinen

Österreich-ungarisches Schlachtschiff »TEGETTHOFF« (II), 1913

Teil-Containerschiff: *Mehrzweck-Frachtschiff* für den Stückgut- und Containertransport ohne feste Container-Staugerüste in den Laderäumen; siehe *Semi-Containerschiff*.

Tender: Hilfsfahrzeug der Marine, das keine oder nur leichte Bordwaffen führt und verschiedenartige Aufgaben als Versorgungsfahrzeug wahrnimmt, wie Flottentender, Minentender, Zielscheibentender u. a.

TES: Abkürzung für *Turbo-Elektro-Schiff*.

»THÄLMANN-PIONIER«: Frachtschiff, letzter Neubau mit Kolbendampfmaschinen des DDR-Schiffbaus. Das Schiff wurde als Baunummer 216 vom VEB Schiffswerft »Neptun« in Rostock gebaut und am 15. März 1957 dem seinerzeitigen VEB Deutsche Seereederei übergeben. Es war für den Transport von Stückgut, Holz und Schüttgütern (einschließlich Getreide außer Erz) ausgerüstet.
Zusammen mit einem Schwesterschiff für die VR Bulgarien war es als Weiterentwicklung der »Kolomna«-Serie der letzte dampfmaschinenangetriebene DDR-Schiffsneubau. Anstelle kohlegefeuerter Kessel hatte es 2 ölgefeuerte Wasserrohrkessel.
Das 2620 BRT (1140 NRT) große Schiff war über Alles 105,70 m und zwischen den Loten 95,72 m lang, auf den Spanten 14,40 m breit und besaß eine Seitenhöhe bis zum Hauptdeck von 9,00 m. Bei einer Tragfähigkeit von 3947 t ergab sich ein Tiefgang von 6,33 m. Die Besatzung bestand aus 43 Mann, zusätzlich 2 Fahrgäste und 12 Ausbildungsplätze. Das Schiff hatte 4 Laderäume mit einem Volumen von 5938 m^3 für Schüttgut und 5655 m^3 für Stückgut. Die Umschlagausrüstung bestand aus sechs 5/2-t-und 2/3-t-Ladebäumen. Als Hauptantriebsmaschine diente eine Verbund-Dampfmaschine vom Typ LES 10 (Lenz-Einheits-Schiffsmaschine) mit Abdampfturbine. Die Gesamtleistung betrug 2024 kW. Im belade-

nen Zustand erreichte das Schiff eine Geschwindigkeit von 12 kn. Die Aktionsweite lag bei 5000 Seemeilen.
Im Jahr 1958 wurde die vorwiegend im Mittelmeer eingesetzte »THÄLMANN-PIONIER« umgebaut, und 1970 ging das Schiff in den Besitz der Reederei Symmachia Shipping Cia. Navigation in Piräus über und erhielt den Namen »SYMMACHIA«.

Thunfischfänger: kleines bis mittelgroßes *Fischereischiff* für den Thunfischfang mit Langleinen oder/und Ringwaden.

Tiefsee-Forschungsschiff: siehe *Bathyplane* und *Forschungsschiff*

Tiefsee-Rettungsgerät: druckfestes Tauchfahrzeug für U-Boot-Havarien. Derartige Rettungsgeräte haben i. allg. Eigenantrieb, kugelförmige Druckkörper und können bis zu 1500 m Tiefe tauchen. Das Tiefsee-Rettungsgerät der US-Marine »DSRV-1« hat beispielsweise 3 miteinander verbundene Druckkugeln mit einer zylindrischen Verkleidung. Die mittlere Kugel kann mit einem unteren Anschlußstutzen auf die Ausstiegsluke des gesunkenen U-Boots aufsetzen, wasserdicht verbunden werden und 24 Personen aufnehmen, siehe auch *Bathyplane.*

Die »TITANIC« in künstlerischer Darstellung

»TITANIC«: britischer Passagierdampfer, besonders bekannt durch seinen tragischen Untergang. Den Auftrag zum Bau der »TITANIC« erteilte der Präsident der White Star Line Sir Bruce Ismay der Werft von Harland & Wolff in Belfast, deren Direktor Thomas Andrews persönlich die Leitung der Konstruktionsarbeiten übernahm. Das 46329 BRT große Schiff hatte eine Wasserverdrängung von 66000 t. Es war über Alles 267 m und zwischen den Loten 259,50 m lang und 28 m breit. Mit seinen 9 Decks und vor allem mit den 15 wasserdichten Schotten galt das Schiff als »unsinkbar«. Bei einer Besatzung von 891 Mann konnten 2440 Passagiere oder ggf. mindestens 3300 Soldaten befördert werden.
Kolbendampfmaschinen und eine Abdampfturbine leisteten zusammen 37536 kW (51000 PS) und gaben dem Dreischraubenschiff eine Geschwindigkeit von maximal 22,3 kn. Für den Stapellauf, der am 31. Mai 1911 stattfand, waren für die Ablaufbahn 23 t Schmiermittel erforderlich. Knapp ein Jahr später, am 2. April 1912, ging das Schiff auf Probefahrt.
Kapitän Edward Smith, den die Reederei stets bei Jungfernfahrten einsetzte, übernahm das Kommando und ging mit 1316 Passagieren an Bord am 11. April 1912 auf die Jungfernfahrt, die auch gleichzeitig auf tragische Weise die letzte Fahrt werden sollte. Am 14. April 1912 gegen 23.40 Uhr kollidierte das Schiff im Atlantik auf Position 41° 54′ nördlicher Breite und 50° 24′ westlicher Länge mit einem Eisberg und wurde auf der Steuerbord-Seite fast 100 m lang aufgerissen. Am 15. April gegen 02.20 Uhr sank das Schiff. Von den insgesamt 2206 an Bord befindlichen Passagieren und Besatzungsangehörigen fanden 1503 den Tod, darunter 103 Frauen und 52 Kinder. Der Notruf des Schiffs wurde von den am nächsten befindlichen Schiffen nicht gehört, da deren Funkstellen nicht besetzt waren. Andere Schiffe waren zu weit entfernt, um sofort helfen zu können. Nur der Cunard-Dampfer »CARPATHIA« übernahm Stunden später 675 Schiffbrüchige aus den Booten und brachte sie nach New York.
Durch diese Katastrophe wurde 1913 die »TITANIC«-Konferenz ausgelöst, die in der Folgezeit zur internationalen Regelung der Schottenunterteilung und anderer Sicherheitsforderungen im ersten »Internationalen Vertrag zum Schutze menschlichen Lebens auf See« führte. Durch den ersten Weltkrieg wurde dieser Vertrag jedoch erst später wirksam.
1981 konnte von Bord des Forschungsschiffs »H. J. W. FAY« ein Wrack im Nordatlantik in 3658 m Tiefe am vermutlichen Unglücksort geortet werden. Länge, Breite und Fundort ließen den Schluß zu, daß es sich um das Wrack der »TITANIC« handelte. 1985 gingen die ersten Unterwasseraufnahmen um die Welt. Bei den Bergungsabsichten ging es vor allem um Schätze, die das Schiff mit in die Tiefe genommen haben soll, so u. a. etwa 200 Wertpakete mit Diamanten einer Amsterdamer Firma mit einem Wert von rund einer Milliarde Mark, um den berühmten »Blauen Diamanten« der Lady Astor, dem Wittental-Kollier sowie 1500 Pfund Goldbarren.
Mit dem Forschungsunterseeboot »ALUMINAUT« sollte der Vorstoß in die Tiefe unternommen werden, doch Vorhaben wie die früheren Projekte, die »TITANIC« mit Hilfe von Pontons oder mit Auftriebskörpern zu heben, waren bisher nicht realisierbar.
Einen Versuch zur detaillierten Erkundung unternahm Mitte 1986 eine USA-Fotoexpedition unter Leitung von Robert Ballard. Mit dem Forschungsschiff »ATLANTIS« und einem mit 2 Mann besetzten Tiefsee-Tauchboot, von dem aus ein mit Video-Kameras ausgerüsteter Roboter »JASON JR.« ferngesteuert wurde, gelangen aussagefähige Aufnahmen über den Zustand des Schiffs. Demnach liegt das Wrack in drei Teile zerbrochen im Schlamm des Meeresboden. Das über 70 m lange Hinterschiff liegt 600 m entfernt und quer zu den anderen Wrackteilen.

Tochterboot: vom modernen *Seenot-Rettungskreuzer* auf einer Heckslip mitgeführtes, besonders seetüchtiges und speziell ausgerüstetes *Rettungsboot.*

Tonnenleger: siehe *Seezeichen-Kontrollboot*

Torpedoboot: schnelles, Torpedos tragendes Kampfschiff. Das Torpedoboot hat eine längere Vorgeschichte. Schon seit dem Mittelalter suchte man nach einer ortsveränderlichen Unterwasserbombe. Um 1285 bildete der Araber Alrammah Nedschm-eddin in seinem Kriegsbuch bereits eine erste Mine ab. Der Italiener Jeanes Fontana berichtete 1420 über Treib- und selbstbewegliche Minen. In Britannien wurden 1628 unter der Leitung von Cornelius van Drebbel vor La Rochelle die ersten Stangen- bzw. Spierentorpedos angewendet. Robert Fulton entwickelte 1797 eine Unterwassermine, die er nach einer Fischart »Torpedo« nannte. In Britannien wurden die bisher als »machines« oder »infernals« bezeichneten schwimmenden Sprengkörper verbessert. Eine vorne und hinten keilförmige, flache Holzki-

Zwillings-Dreifachexpansionsmaschine der russischen Torpedoboote von F. Schichau, Elbing

D-Boot der Jahrhundertwende

Modernes Torpedoboot

ste wurde mit Blei ausgeschlagen und mit Pulver gefüllt. Ein mechanisches Hebelwerk brachte beim Aufschlag das Pulver zur Entzündung. Am 2. Oktober 1804 wurden die als »Katamarans« bezeichneten Sprengkisten, wenn auch mit wenig Erfolg, bei einem Angriff auf etwa 150 französische Schiffe benutzt. Dieser Einsatz ist unter der Bezeichnung »Katamaran-Expedition« in die Geschichte eingegangen. Später wurde in Britannien von Brennau ein Torpedo mit Eigenantrieb entwickelt, der mit Dampf betrieben wurde. Bei den ersten in Sheerness durchgeführten Versuchen stand der Dampferzeuger auf dem Schiff, es konnte jedoch schon eine Schußweite von 3000 m erreicht werden.

In Amerika befaßte sich der bekannte Hydrograph Maury mit der Entwicklung von Seeminen. Um 1864 gab es 3 Arten von Unterwasser-Angriffswaffen: den Stangen- oder Spierentorpedo an schnellaufenden sog. »Minen-Dampfkuttern«. Weiter gab es den Harvey- oder Otter-Torpedo der Erfinder Gebrüder Harvey, die Kapitäne der britischen Marine waren. Dieser Torpedo war 1,5 m lang und hatte die Form eines Bootsrumpfs. Er wurde mit einer besonderen Vorrichtung von einem Boot aus seitwärts geschleppt und möglichst unter dem Boden eines feindlichen Schiffs zur Explosion gebracht. Die dritte Art war der Fisch- oder Whitehead-Torpedo. Robert Whitehead, Werftdirektor in Fiume, erfand zusammen mit dem österreichischen Kapitän Lupis den ersten funktionstüchtigen Torpedo, der sich dann allgemein durchgesetzt hat. Er wurde durch Druckluft oder mit einer Pulverkartusche aus einem Rohr ausgestoßen, dem Lancierrohr bzw. später Torpedoausstoßrohr, und lief dann mit seiner Druckluft-Kolbenmaschine sowie 2 gegenläufigen Schrauben auf sein Ziel zu.

Da die Bezeichnung »Torpedo« vorher generell für alle ähnlichen Waffen gebraucht wurde, legte u. a. die deutsche Heeresleitung in den 70er Jahren des v. Jh. fest, daß ein festliegender unterseeischer Sprengkörper als »Seemine« und der sich mit eigener Kraft fortbewegende Sprengkörper als »Torpedo« zu bezeichnen wäre. 1870 gab es einen Vorläufer eines ersten deutschen Torpedoboots mit einem Harvey-Torpedo, das sich jedoch nicht bewährte. Als Vorläufer des Torpedoboots baute 1871 Thornycroft die »MIRANDA«, ein 15 m langes Schraubenboot, das 16 kn lief, und 1876 folgte seine »GITANA« mit 20 kn. Erst die 1877 gebaute »LIGHTNING«, die ein Deplacement von 28 t hatte und 18,5 kn lief, wurde zum ersten funktionstüchtigen Torpedoboot. Die Berliner Firma Schwartzkopf wurde später führend in der Entwicklung von Torpedos für die deutsche Marine.

Britannien und Rußland bauten 1878 die ersten Torpedoboote, und um 1883 folgten Frankreich und Deutschland. Die Schiffbau-Aktiengesellschaft »Weser« lieferte die ersten 50-t-Boote. Bei einer Länge von 32 m und einer Breite von 4,9 m sowie einer Geschwindigkeit von 15,5 kn erwiesen sie sich jedoch wie die englischen Boote für den Einsatz auf See als zu klein. Die nächsten ebenfalls noch aus Holz gebauten deutschen Boote hatten bei 17 kn Geschwindigkeit eine Verdrängung von 65···80 t. 1886 erreichte das in Britannien für die österreich-ungarische Marine gebaute 95 t große Torpedoboot I. Klasse »FALKE« mit 25,5 kn die höchste Geschwindigkeit, die bis dahin je ein Dampfschiff erreichte.

1892 gab es in den Seestreitkräften der Welt bereits etwa 1260 Torpedoboote mit Größen bis etwa 200 t. Auch sie waren noch hauptsächlich für den Küstenschutz konzipiert. Um die gegenüber der schweren Schiffsartillerie geringe Reichweite bzw. Laufstrecke des damaligen Whitehead-Torpedos besser zu nutzen, mußte ein Schiffstyp entwickelt werden, der äußerst schnell an den Gegner herankam und ebenso schnell wieder ablaufen konnte. Der Bestreichungsbereich der schweren Geschütze mußte schnell unterlaufen werden. Die als gefährliche Waffe erkannten Torpedoboote wurden daher immer schneller, größer und seetüchtiger. Bis 1892 galt eine Geschwindigkeit von 25 kn als maximal, doch dann überraschte der Engländer Yarrow mit seinen neuen 28,3 kn laufenden Booten die Konstrukteure.

In Deutschland entstanden danach die Torpedo-Divisionsboote (D-Boote) und Hochseetorpedoboote (S-Boote). Sie bekamen Kennungen wie G Germaniawerft, V Vulcan-Werft Stettin und Hamburg, S Schichauwerft Elbing usw. Die 1907/08 gebauten 12 Stück V-Boote (680 t) erreichten bereits eine Geschwindigkeit von 30 kn. Die Bewaffnung bestand aus 3 Torpedoausstoßrohren und zwei 8,8-cm-Geschützen. Anfang 1914 besaß Deutschland 152 große Torpedoboote von 300···350 t und 47 zum Teil veraltete kleine Boote mit 150···180 t Verdrängung.
Durch die Kampfkraft und Anzahl der Torpedoboote waren die Flotten gezwungen, auf den Großkampfschiffen wieder die Mittelartillerie einzuführen bzw. zu verstärken und Schnellfeuerkanonen zu entwickeln, um sich dieser gefährlichen Boote erwehren zu können. Torpedoschutznetze aus Stahldraht sollten die auf Reede liegenden Schiffe schützen. Während der Fahrt waren diese Schutznetze hinderlich und mußten an Bord beigeklappt werden.
Gegen Torpedoboote gab es bald eine wirkungsvolle Gegenwaffe, den Torpedoboot-Zerstörer. Die Größe dieser Torpedoboot-Zerstörer war 1915 bereits auf 975 t gestiegen, ohne jedoch ganz auf die eigene Torpedobewaffnung zu verzichten (2 Rohre, 3 × 8,8-cm-Geschütze). Ihre Geschwindigkeit lag bei 36 kn. Die Orientierung verlagerte sich immer mehr zugunsten der größeren Zerstörer. Der Torpedoboot-Zerstörer trat wieder mehr in den Hintergrund, ohne daß man vorerst völlig auf ihn verzichtete. Das eigentliche Torpedoboot aber behielt zunächst seine dominierende Stellung, bis Mitte der 30er Jahre der leichte schnellaufende Dieselmotor ausgereift war. Danach wurde das traditionelle Torpedoboot mehr und mehr vom Torpedo-Schnellboot als eigentlichen Torpedoträger abgelöst. Es war noch schneller und kleiner und bot damit ein geringeres Ziel bei hoher Wendigkeit; siehe *Schnellboot. Zerstörer* und Torpedo-Schnellboote sind heute Kampfschiffe mit verschiedenen Gefechtsaufgaben. Siehe auch Torpedoboot *»G 137«* und Torpedobootzerstörer *»B 111«*

Torpedo-Divisionsboot: um die Jahrhundertwende in der kaiserlichen deutschen Marine ein größeres Torpedoboot von 230···280 t Deplacement. Die mit D1 bis D10 bezeichneten Boote führten jeweils eine Division von 6 kleineren Torpedobooten mit 80···180 t Deplacement an. Nachdem es allgemein größere Torpedoboote von 400 t Deplacement gab, entfiel diese Bezeichnung.

Torpedo-Fangboot: siehe *Fangboot*

Torpedokutter: Weiterentwicklung der früheren *Minen-Dampfkutter* aus der zweiten Hälfte des 19. Jh. und Vorläufer der zu Anfang des 20. Jh. in großen Stückzahlen gebauten *Torpedoboote*. Torpedokutter waren bereits bedeutend schneller als Minen-Dampfkutter und hatten auf dem Vorschiff ein Torpedo-Lancierrohr. Spätere Torpedo-Schnellboote (TS-Boote) besaßen auf dem Vorschiff starr eingebaute Torpedoausstoßrohre. Bei den gesteigerten Geschwindigkeiten war man gezwungen, die Ausstoßrohre mehr nach seitwärts außen und später sogar nach hinten zu verlegen, um das Boot selbst nicht zu gefährden. Ein modernes mit 50 kn anlaufendes Torpedo-Schnellboot zielt und schießt vor dem Abdrehen.

Britische Schrauben-Segelkorvette »TOURMALINE«

»TOURMALINE«: britische Schrauben-Segelkorvette. Typschiff war die Schraubenkorvette »OPAL«. Der 1864 t große Kompositbau hatte eiserne Spanten und eine doppelte Holzbeplankung. Der Tiefgang betrug etwa 5,0 m. Die Bewaffnung bestand aus 14 Geschützen. Die Dampfmaschine leistete 1546 kW (2100 PSe) und gab dem Schiff eine Geschwindigkeit von 13 kn. Das Dreimastschiff hatte außerdem an allen 3 Masten Rahsegel. Die Rettungsboote befanden sich noch an Auslegern weit außenbords, ein besonderes Kennzeichen dieser Zeit, um an Deck Platz und Schußfreiheit zu haben.

Trägerschiff: siehe *LASH-Schiff, Barge-Carrier, Leichterträgerschiff*

Träger-U-Boot: größeres U-Boot, das *Kleinst-U-Boote, Bemannte Torpedos* oder andere Unterwasser-Kleinkampfmittel in der Regel außenbords an Deck zu Operationen in Einsatzgebiete transportiert.

Tragflächenschiff, *Tragflügelschiff, Tragflügelboot:* leichtgebautes Wasserfahrzeug, das in der Ruhelage durch den hydrostatischen Auftrieb und ab einer bestimmten Fahrtgeschwindigkeit infolge des hydrodynamischen Auftriebs an seinen unter dem Schiffskörper angeordneten Tragflügeln ganz oder teilweise austaucht und dadurch eine höhere Geschwindigkeit ermöglicht.

Tragflächenboot »CYRA« in voller Fahrt

An den Tragflächen wirken ähnliche Strömungsgesetze wie an Flugzeugtragflächen. Bedingt durch die Profilform und Profilanstellung wird die Strömung an der gewölbten Profiloberseite beschleunigt, so daß durch den entsprechenden Unterdruck ein nach oben gerichteter hydrodynamischer Auftrieb entsteht. An der Profilunterseite wird die Strömung verzögert, so daß dort ein Überdruck entsteht, der mit dem Unterdruck auf der Oberseite das Fahrzeug anhebt.
Obwohl infolge der etwa 800fach größeren Dichte des Wassers gegenüber der Luft die Tragflächen im Vergleich zu Flugzeugtragflächen einen bedeutend höheren Auftrieb bei kleineren Abmessungen erzeugen, ist der wirtschaftliche Einsatz auf Schiffe mit begrenzten Massen, Abmessungen und Tragfähigkeiten sowie besonders leicht gebauten Schiffskörpern und Antriebsanlagen begrenzt. Der günstigste Einsatz von Tragflächenschiffen erfolgt für den Fahrgastverkehr auf Binnengewässern und Randmeeren bei Schiffsgrößen bis 100 t Wasserverdrängung (in Ruhelage) und Geschwindigkeiten zwischen 50 und 70 km/h. Technisch sind Tragflächenschiffe bis etwa 1000 t und mehr als 120 km/h möglich.
Die Tragflächen der Tragflächenschiffe für Binnengewässer sind so gestaltet und angeordnet, daß sie den Tiefgang nur im erfoderlichen Maße vergrößern und in der Fahrt mit ihren abgewinkelten Seitenflügeln bei Schiffs- oder Wasserbewegungen eigenstabilisierend wirken. Seegehende Tragflächenschiffe haben wegen des höheren Wellengangs tiefergetauchte Tragflügel und höhere Stützen sowie spezielle Stabilisierungseinrichtungen für die Verstellung von Tragflügelflossen.
Erste Ideen und Versuche mit getauchten Tragflächen gibt es seit den Anfängen des Flugwesens. Nach Entwürfen des französischen Comte de Lamberti erreichte bereits 1892 ein Tragflächenboot 30 km/h. Der italienische Ingenieur Enrico Forlanini (1848 bis 1930) erzielte 1905 mit etagenförmig angeordneten Tragflächen und einem 55-kW-Luftschraubenantrieb sogar schon 70 km/h. Der Italiener Crocco fuhr wenig später schon mit 90 km/h. Die Kanadier A. G. Bell und F. W. Baldwin erreichten 1918 mit ihrem Tragflächenboot mit 2 Flugzeugmotoren von je 258 kW 114 km/h. Ihr Boot hatte ein Paar starre vordere Tragflächenstützen mit je 4 V-förmigen Tragflächen und zum Steuern eine hintere drehbare Hecktragflügel-Stütze mit 3 V-förmigen Flächen.
In Deutschland gab es seit den 1930er Jahren intensivere Arbeiten zu Tragflächenbooten und verschiedene Versuchsboote. Als ab etwa 1950 leichte leistungsstarke Triebwerke, Motoren und später Gasturbinen verfügbar wurden, begannen die führenden Industrieländer mit dem Bau von Tragflächenschiffen für zivile und militärische Zwecke mit unterschiedlichen Tragflügelkonstruktionen. Das relativ einfache Prinzip von Schertel-Sachsenberg wurde von der Schweizer Supramar-AG besonders häufig für den Fahrgastverkehr auf großen Binnenmeeren, den Küsten des Mittelmeeres und auch für die skandinavischen Küsten gebaut. Die Boote haben zwei starre, nicht steuerbare und nicht völlig getauchte V-förmige Flügel in Tandemanordnung.
Eine andere Lösung mit vollgetauchten und steuerbaren Tragflächen verwendete der deutsche Ingenieur Wendel erstmals 1956 an seinem 10 m langen Versuchsboot. Die Tragflächen an den beiden vorderen Stelzen hatten Höhenruder und die Tragflächen an der hinteren Stelze Höhen- und Seitenruder. Das 4-t-Versuchsboot wurde durch 2 Motoren von je 44 kW und 2 Zugschrauben in den Vorschiffstragflächen angetrieben. Der wesentliche Vorzug dieses Prinzips besteht in der höhensteuerbaren Austauchung, so daß der Einsatz auch bei größeren Wellenhöhen möglich ist zum Ausgleich von seegangsbedingten Schiffsbewegungen.
Die USA fand 1961 den Anschluß an die Tragflächenbootsentwicklung mit dem Versuchsboot »DENISON«, auch als »Hydrofoil ship« bezeichnet. Das 80-t-Boot wurde für 80 Passagiere eingerichtet und erreichte mit einer Gasturbine von 15000 kW und einem Propeller von 910 mm Durchmesser in der höhenverstellbaren hinteren Tragfläche 180 km/h. Die beiden vorderen Tragflächen waren vertikal verstellbar, so daß der Körper der »DENISON« bei voller Fahrt 1,5 m aus dem Wasser tauchte.
Die UdSSR ist mit ihrer Vielzahl von Typen (»METEOR«, »KOMETA«, »TAIFUN«, »TSCHAIKA«, »WOLGA«, »STRELA«, »RAKETA«, »AQUABUS«, »AQUATAXI« u. a.) führend in der Entwicklung und im Bau von Tragflächenschiffen für die Personenbeförderung. Weit über 1000 Tragfächenboote sowjetischer Bauart fahren im In- und Ausland.

Trailerschiff: für die schnelle Be- und Entladung nach dem Ro/Ro-Prinzip zur rollenden Beladung mit Sattelaufliegern mit Containern (Trailer) speziell ausgerüstetes *Frachtschiff*; siehe auch *Ro/Ro-Schiff* und *»Trailerschiff 4850 t DW«*.

»Trailerschiff 4850 t DW«: spezielle Ro/Ro-Schiffsserie des VEB Schiffswerft Neptun, Rostock. Das »Trailerschiff 4850 t DW« gehört zu einer größeren Serie von Schiffen für die Sowjetunion, deren Bau 1984 mit dem Typschiff »KOMPOSITOR KARA KARAJEW« auf der Neptun-Werft in Rostock begann. Der Schiffstyp kann sowohl auf See als auch auf den großen sowjetischen Binnenwasserstraßen eingesetzt werden. Wegen der Brückendurchfahrten wurde die Fixpunkthöhe des Schiffs, d. h. die größte Höhe der festen Aufbauten über der Basis, auf 18,4 m begrenzt.
Das Schiff hat 3 Ladedecks. Es ist für den Transport von PKW, LKW, ISO-Containern, 40-Fuß-Straßentrailern, Stückgut und Paletten sowie Kühlcontainern ausgelegt. Das Hauptdeck ist über eine Winkelheckrampe von 7,5 m Länge und 5,5 m Breite für Fahrzeuge bis zu 55 t befahrbar. Zum Unterraum und zum Oberdeck führt je eine Hubplattform von 40 bzw. 45 t Tragfähigkeit. Die Decks haben eine Trailer-Fahrspurlänge von insgesamt 713 m für 96 × 20-Fuß-Trailer oder 37 × 40-Fuß-Trailer. Der Laderauminhalt beträgt 8100 m^3 und ist für 136 TEU bemessen. Das mit 7600 BRT vermessene Schiff ist über Alles 125,3 m und zwischen den Loten 117,5 m lang, 16,2 m breit und hat eine Seitenhöhe bis zum Hauptdeck von 7,3 m. Bei einer Tragfähigkeit von 4850 t ist ein Tiefgang von 5,6 m vorhanden. Für die Besatzung sind 30 Plätze vorgesehen. Der Antrieb besteht aus 2 Dieselmotoren des Typs MH 6 VDS 48/42 AL-2 aus dem VEB Maschinenbau Halberstadt mit einer Leistung von je 2650 kW. Mit seinen beiden Verstellpropellern erreicht das Schiff eine Geschwindigkeit von 15 kn. Der Aktionsradius beträgt 3000 Seemeilen. Zur Verbesserung der Manövrierfähigkeit ist ein Querstrahlruder eingebaut.

Trajektschiff: siehe *Eisenbahnfährschiff*

Trampschiff: *Frachtschiff,* das im Unterschied zum *Linienfahrt-Schiff* nicht regelmäßig auf der gleichen Route, sondern entsprechend dem jeweiligen Frachtangebot auf sehr verschiedenen Routen mit unterschiedlichen Ladungen fährt. Mit der Unifizierung der Ladungen und der Ausweitung der Liniendienste ist diese Form des Seetransports wegen des nicht möglichen Einsatzes effektiver Spezialschiffe seit einigen Jahrzehnten rückläufig. Wegen der nötigen Flexibilität und Ladungsseparierung fahren vorwiegend *Universal-Frachtschiffe* und *Mehrzweck-Frachtschiffe* in der Trampschiffahrt.

Transport- und Verarbeitungsschiff: *Fabrikmutterschiff* der Hochseefischerei; siehe auch *»JUNGE WELT«* und *»KRISTALL«*.

Trapezspant-Schiff: Schiff mit trapezförmigem Spantquerschnitt im Mittelschiffsbereich bzw. am Hauptspant. Die Spantform ermöglicht eine stabilitätsgünstige Breite im Bereich der oberen Schwimmwasserlinien und einen schmaleren Schiffsboden, wobei im Unterschied zu einem *U-Spant-Schiff* gleicher Völligkeit der Kimmradius nicht so groß wird und so eine bessere Rolldämpfung erreicht wird. Eine andere Variante ist der sog. »Halbtrapez-Spant«, bei dem der vertikale Spantverlauf noch fast bis zum halben Tiefgang beibehalten wird, so daß die Bodenbreite weniger vermindert wird.

Trawler: *Fischereischiff* für die Schleppnetzfischerei (engl. to trawl – ziehen, schleppen) mit Grund- und Schwebenetzen für Seiten- oder Heckfangausrüstung. Die Voraussetzungen zur Hochseefischerei mit größeren Schleppnetzen waren um 1880 herangereift, als man in den USA, Frankreich und Großbritannien begann, erste *Fischdampfer* in den Dienst der Hochseefischerei zu stellen. Am 7. Februar 1885 ging der erste deutsche Fischdampfer, die 151 BRT große *»SAGITTA«,* auf seine erste Fangreise. Bis zu dieser Zeit wurde die Fischerei noch vorwiegend mit Stellnetzen, Baumkurren-Schleppnetzen und mit Handangeln betrieben. Mit dem neuen Fischdampfer und dem Befischen entfernterer Fangplätze änderten sich die Fangmethoden grundsätzlich.
1895 führte die »Cranzer Fischdampfer AG« in Hamburg zum Öffnen und Spreizen der Netze die Scherbretter ein. Diese aus England übernommene Neuerung verdrängte die Baumkurre, bei der durch einen herausgeschwenkten bis zu 20 m langen Baum das seitlich ausgebrachte Netz offengehalten wurde. Die Neuerung erforderte den sog. »Fischgalgen«, der seitdem zum typischen Merkmal aller *Seitenfänger* wurde. Die

Einführung von Höhenscherbrettern führte zum hochstauenden Grundschleppnetz, mit dem um 1921 die »Große Heringsfischerei« begann.
1952 ging man mit dem ersten, aus Kunststoff-Garnen hergestellten Grundschleppnetz auf die Reise. In der Fangmethode hatte sich seitdem nichts umwälzendes vollzogen, in den Fischereiflotten war der Seitentrawler noch führend.
Anfang der 1950er Jahre führten die in Großbritannien vorgenommenen Versuche mit ersten *Hecktrawlern* zu einer neuen Fangtechnik. Hecktrawler setzen das Schleppnetz über eine Heckslip oder Heckrolle aus und holen das Vorgeschirr und das Netz sowie den Netzsteert über entsprechende Winden schneller wieder an Bord. Dadurch wurde auch die rationelle Doppelnetzmethode ermöglicht, wobei ein zweites Netz sofort ausgesetzt wird, wenn der Einholvorgang abgeschlossen ist. Vor allem wurde ein Teil der schweren körperlichen Arbeit der Hochseefischer beseitigt. Der erste Hecktrawler wurde um 1957 in der BRD in Dienst gestellt.
Die Trawl- oder Schleppnetzfischerei ist in der modernen Hochseefischerei die am meisten anzutreffende Fangmethode. Durch den Trawler wird das Schleppnetz, das durch Scherbretter, obere Auftriebskörper und untere Beschwerungen offen gehalten wird, entweder über Grund oder im Pelagial durch das Wasser geschleppt. Bei der Grundnetzfischerei auf unmittelbar über dem Grund lebende Rundfische wie Dorsch, Kabeljau, Schellfisch oder Kattfisch oder auf Grund liegende Plattfische wird das Netz durch seine Grundrollen direkt auf dem Meersboden entlang gezogen. Da sich verschiedene Fischarten in unterschiedlichen Wassertiefen aufhalten, wird bei der pelagischen Fischerei das Schwebe-Schleppnetz auf die jeweiligen Tiefen eingestellt.
Trawler gibt es nahezu in allen Größengruppen, als *Kutter*, Kleintrawler, *Mitteltrawler* bis zum Großtrawler und zum Fang- und Verarbeitungsschiff. Zu den modernen Trawlern gehören u. a. die Großserientypen »ATLANTIK«, *ATLANTIK-»Supertrawler«* und *»ATLANTIK«-Fabriktrawler.*

Trichtertank: zu den Offshore-Geräten gehörender schwimmfähiger trichterförmiger Öltank. Ein derartiger Tank hat einen ebenen Boden und keine zylindrische, sondern eine kegelförmig nach oben im Durchmesser kleiner werdende Außenhülle. Er kann leer oder teilgefüllt an verschiedene Bunkerplätze geschleppt und dort so abgesenkt werden, daß nur die obere Öffnung mit Plattform aus dem Wasser ragt. Bei voller Füllung ruht der Trichtertank mit seiner Bodenfläche auf dem Untergrund und der äußere Wasserdruck wirkt dem inneren Füllungsdruck entgegen, so daß relativ geringe Wandungsdicken ausreichen. Die vorwiegend als Ölbunker im Persischen Golf in Betrieb befindlichen Trichtertanks haben ein Fassungsvermögen von je 80000···100000 t bei etwa 15000 t Eigenmasse.

Trimaran: Boot oder Schiff mit 3 Schwimmkörpern. Im Unterschied zum Einrumpfschiff und dem Zweirumpfschiff (Katamaran) sowie dem *Trisec-Schiff* sind bei der normalen Fahrt alle 3 gleichgroßen oder verschieden große parallele Schwimmkörper ganz oder teilweise getaucht. Die größere Decksfläche bzw. höhere Querstabi-

Ein Fang- und Verarbeitungsschiff vom Typ »TROPIK« der Volkswerft Stralsund

lität ist jedoch nur zu Lasten eines höheren Fahrtwiderstands erreichbar, so daß es nur wenige Trimarane für spezielle Zwecke gibt.

Trisec-Schiff: ein aus 3 Baukörpern (Sektionen) bestehendes katamaranähnliches Schiff mit 2 vollgetauchten und hydrodynamisch günstig geformten Schwimmkörpern und einem darauf auf Stützen stehenden Überwasserschiff. Diese noch nicht häufig ausgeführte moderne Bauweise ist hauptsächlich für kleinere seegehende *Aussichtboote* bei hinreichenden Wassertiefen und geringen Wellenhöhen interessant.

Trockenfrachtschiff: Sammelbezeichnung für alle Typen von Frachtschiffen für universelle und unifizierte Stückgüter sowie nichtflüssige oder breiige Schüttgüter; siehe *Stückgutschiff*, *Containerschiff*, *Bulker* u. a.

»TROPIK«: Großserien-Fang- und -Gefrierschiff der Volkswerft Stralsund, von dem von 1962 bis 1965 insgesamt 88 Einheiten für tropische Gewässer gebaut wurden. Nachfolger wurde der Typ *»ATLANTIK«*. Der als Hecktrawler gebaute Typ »TROPIK« erhielt eine Länge über Alles von 79,80 m und zwischen den Loten von 71,00 m; 13,20 m Breite auf Spanten; 7,00 m Seitenhöhe und 4,90 m Tiefgang. Die Vermessung betrug 2435 BRT, das Deplacement 3305 t und die Tragfähigkeit 909 t. Das Einschraubenschiff wurde durch 2 Dieselmotoren vom Typ 8 NVD 48 mit einer Gesamtleistung von 1220 kW über Induktionskupplungen und ein gemeinsames Getriebe durch einen Verstellpropeller angetrieben und erreichte bei der Freifahrt 11,7 kn. Durch ein im Ruder angeordnetes sog. »Aktivruder« erhielt das Schiff besonders gute Manövriereigenschaften.
Die vielseitige Ausrüstung machte diesen Schiffstyp sehr effektiv. Für den Fang von Rundfischen, Heringen, heringsähnlichen Fischen und Sardinen dienten die Grund- und Schleppnetzausrüstungen, für Thunfische Langleinen und Ringwade mit 2 Doribooten und einem Arbeitsboot und für den Sardinenfang war außerdem eine Lichtfischereiausrüstung mit Fischpumpe installiert. Das Gefrieren von Ganzfisch und geschlachtetem Großfisch wurde im Kühlluftstrom und die Lagerung in Tiefkühlräumen vorgenommen.

Troßschiff: Marine-Hilfsschiff für den Nachschub und zur Flottenversorgung. Im russisch-japanischen Krieg 1904/05 gehörten zum russischen Geschwader auf seiner Fahrt von der Ostsee nach Fernost eine ganze Anzahl solcher Troßschiffe. Unterwegs dienten sie der Versorgung mit Proviant, Wasser und vor allem zur Kohlenachbunkerung. Die Kohle wurde in geschützten Buchten oder auch auf See in Säcken von Bord zu Bord gebracht, da die Schiffe noch keine technischen Ausrüstungen für die Übergabe hatten. Später erprobte man mit geringem Erfolg Seilwagen, die auf Seilen fuhren, die zwischen den Schiffsmasten befestigt waren. Erst das Heizöl als flüssiger Brennstoff vereinfachte eine Übergabe von Bord zu Bord; siehe auch *Versorgungstanker*.

Trunkdeckschiff: veraltetes Frachtschiff mit einem im Vergleich zur vollen Schiffsbreite schmaleren, zwischen Poop und Back bzw. nur bis zur Brücke durchlaufenden oberen Deck. Die Bezeichnung Trunk, engl. Koffer, Rumpf, deutet auf die Ähnlichkeit mit dem *Kofferschiff* und dem *Turmdeckschiff* hin.

TS-Boot: Kurzbezeichnung für Torpedo-Schnellboot, siehe *Schnell-Boot* und *Torpedoboot*.

Tunnelheckschiff: Bauweise bei Binnenschiffen und neuerdings auch bei Seeschiffen, um bei begrenztem Tiefgang zur Verbesserung der Propulsionsverhältnisse einen möglichst großen und relativ hoch gelegenen Propeller anordnen zu können. Eine tunnelähnliche Ausbuchtung im Schiffsboden führt dem Propeller die Bodenströmung zu und schirmt ihn gleichzeitig gegen das Freischlagen der Propellerflügel in ihrer oberen Stellung bzw. gegen Lufteintritt von oben ab.

Turbinenschiff: siehe *Dampfturbinenschiff* und *Gasturbinenschiff*

»TURBINIA«: Versuchsboot von Sir CHARLES ALGERNON PARSONS, das er 1894 bei Brown & Hood in Wallsend bauen ließ. Das 44,5 t große Boot war aus Stahl gebaut und 30,48 m lang, 2,74 m breit und ging 0,91 m tief. Die Eigenmasse verteilte sich mit 15 t auf den Schiffskörper und 22 t auf die Turbinenanlage. Es konnten 7,5 t Bunkerkohle an Bord genommen werden. Die Turbinen leisteten 705 kW (960 PS) bei 2400 U/min. Der Doppel-Wasserrohrkessel besaß eine Heizfläche von 11000 Quadratfuß und einen Druck von 210 Pfund/Quadratzoll. Die Probefahrten, die am 14. November 1894 begannen und über 2 Jahre dauerten, befriedigten jedoch zunächst nicht, da die Geschwindigkeit erheblich unter den Erwartungen zurückblieb. Auf mehr als 30 Probefahrten wurden 7 Propellerentwürfe erprobt, doch die Höchstgeschwindigkeit betrug damit nie mehr als 19···20 kn. Die Ursache hatte bereits William Froude (1810 bis 1879) erkannt. Der Propeller drehte sich viel zu schnell, statt Propellerschub erzeugte er Kavitation, d. h. Hohlräume und Wasserdampf. Ein großer Teil der Turbinenleistung ging so durch die Kavitationserscheinungen verloren.
Parsons entwarf danach eine neue Antriebsvariante mit 3 parallel geschalteten Axialturbinen und 3 Schraubenwellen, auf denen er je 3 Schrauben montieren ließ. Im Februar 1896 stellte sich ein erster Erfolg ein. Mit 10 atü Kesseldruck und 2230 U/min erreichte er eine enorme Geschwindigkeit von 34,5 kn.
Am 26. Juni 1897 fand auf der Reede von Spithead eine Flottenparade zu Ehren des 60. Jahrestags der Thronbesteigung durch Königin Victoria statt, an der nicht weniger als 165 Schiffe teilnahmen. Den Abschuß bildete ein Wettrennen der neuesten englischen Zerstörer. Die kleine Yacht »TURBINIA« beachtete zunächst kaum jemand. Zuschauer und Admiralität waren jedoch gleichermaßen verblüfft, als die »TURBINIA« mit 34,5 kn die neuen Zerstörer, die 27 kn liefen, hinter sich ließ. Die »Times« schrieb darüber: »Das ordnungswidrige Verhalten der Yacht »TURBINIA« kann nur entschuldigt werden durch die immense Bedeutung der Erfindung, die in ihrem Inneren verborgen ist.« Der Beweis der erfolgreichen Anwendung der Dampfturbine als Schiffsantrieb war erbracht. Die Premiere war so glanzvoll und überwältigend, daß sich die Admiralität schon 1898 entschloß, den Auftrag zum Bau von 2 turbinengetriebenen Zerstörern, der *»VIPER«* und der »COBRA«, zu erteilen. Erst mit Hilfe der Dampfturbine konnten die ab 1900 geforderten Maschinenleistungen erreicht werden.
Parsons wurde für seine Pionierleistung danach vielfach geehrt. 1898 war er Mitglied der »Royal Society« geworden und 1911 wurde er zum »Knight commander of Bath«, Großmeister des Bath-Ordens, ernannt. 1927 erhielt er den »Order of Merit«. Er starb am 11. Februar 1931 während der Reise an Bord der »DUCHESS OF RICHMOND« bei Kingstons/Jamaica; beigesetzt wurde er in Kirkwhelpington in Nordhumberland.
Die »TURBINIA« hatte auch im Jahr 1900 anläßlich der Pariser Weltausstellung bei Fahrten auf

Die »TURBINIA« in voller Fahrt

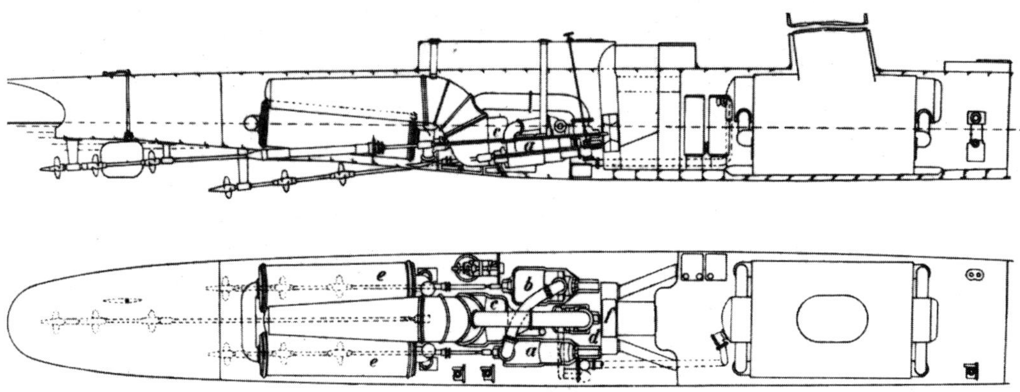

Kessel, Turbinen und Propelleranordnung auf der »TURBINIA«: a) Hochdruckturbine b) Mitteldruckturbine c) Niederdruckturbine d) Rückwärtsturbine e) Kondensatoren f) Kesselgebläse

der Seine auch in Frankreich großen Eindruck gemacht. 1907 machte sie ihre letzte Fahrt und wurde dann als technisches Denkmal auf den Kai der »Parsons Marine Turbine Co. Ltd.« gehoben. Lange fand man keinen geeigneten Raum, um dieses epochemachende Boot auszustellen und so wurde es in 2 Teile geschnitten. Der hintere Teil mit der Turbine und Propellern wurde im »Science Museum of South Kensington« ausgestellt, während das Vorschiff mit Kessel, Steuerhaus und Schornstein 1944 vom »Museum of Science and Engineering« übernommen wurde. Seit 1960 jedoch steht die originalgetreu wiederhergestellte »TURBINIA« in einem speziell dazu errichteten Nebengebäude des »Museums of Science and Engineering« in Newcastle als Erinnerung an einen bedeutenden Fortschritt in der Schiffstechnik und einen berühmten Ingenieur.

Turbo-Elektroschiff: *Dampfturbinenschiff* oder *Gasturbinenschiff*, deren Turbinen direkt Elektro-Generatoren zur Stromerzeugung für den Hauptantrieb und die Bordanlagen antreiben. Der Vorteil liegt bei den für Turbinen und Generatoren gleichermaßen günstigen hohen Drehzahlen, dem ruhigen Lauf der getriebelosen Turbinen, der guten Regelbarkeit und dem Entfall von Rückwärtsturbinen. Für den Schiffsantrieb wird der Gleich- oder Drehstrom höherer Spannung den Propeller- bzw. Fahrmotoren zugeführt. Wegen der bisher noch zu großen Wirkungsgradverluste in den Generatoren und Fahrmotoren wurden Turbo-Elektro-Antriebe nur für einige Kriegsschiffe (siehe *»JUPITER«*, *Eisbrecher, Tanker, Fahrgastschiffe* und *Fährschiffe*) gebaut. Für künftige gasgekühlte Reaktoren und supraleitende Generatoren- und Motorenentwicklungen kann jedoch das Gasturbinen-Elektroschiff im nächsten Jahrhundert eine Perspektive haben.

Turmdeckschiff, *Turmdecker:* veralteter Schiffstyp mit einem durchlaufenden, in den Festigkeitsverband des Schiffskörpers einbezogenen Aufbaudeck (engl. turret-deck), das jedoch geringer als die volle Schiffsbreite war. Der Turmdecker wurde Anfang der 1890er Jahre vom britischen Werft- und Maschinenbau Doxford speziell für Schüttgutladungen entwickelt; siehe *Bulker*. Der mittlere Hauptladeraum wurde in Turmdeckbreite durch Längsschotte eingegrenzt. Dieser schmale und durch Querschotte unterteilte Laderaum konnte mit einer Erzladung bis zur Luke voll gefahren werden, so daß sich jeweils eine günstige Höhenlage des Massemittelpunkts ergab. Die seitlichen Räume waren bei der Erzfahrt leer und bei der Leerfahrt mit Wasserballast gefüllt.

Turmschiff: Kriegsschiff mit drehbaren Geschütztürmen. Mit der größeren Reichweite und Explosivkraft der Geschosse sowie der eingeführten Panzerung, siehe *Panzerschiff*, vollzog sich der Übergang vom *Batterieschiff* über das *Kasemattschiff* zum Turmschiff. Als erstes Turmschiff gilt das 1862 gebaute Panzerschiff *»MONITOR«* der US-Nordstaaten. Der drehbare gepanzerte Geschützturm war nach den Plänen von ERICSSON erbaut. Danach begannen alle anderen Seemächte ihre Kriegsschiffe mit Geschütztürmen zu bauen. Erste deutsche Turmschiffe waren die von 1875 bis 1877 gebauten Schiffe »FRIEDRICH DER GROSSE«, »PREUSSEN« und »GROSSER KURFÜRST« mit je 2 durch Dampfkraft angetriebenen Geschütztürmen, in denen 2 Geschütze von 26-cm-Kaliber standen. Die Panzerdicke des Turms betrug 25,4 cm. Wegen der noch beibehaltenen Takelage hatten die Türme noch einen begrenzten Drehbereich.

Oxford Turmdeckschiff »GRANGEBERGE«, ein Ore-Oil-Carrier von 10000 t DW mit Umschlagausrüstung, 1911

TVS: Abkürzung für Transport- und Verarbeitungsschiff; siehe *Fabrikmutterschiff*, *»JUNGE WELT«* sowie *»KRISTALL«*.

T2-Tanker: in Großserie von 525 Schiffen in den USA im zweiten Weltkrieg gebaute Tanker mit 16400···16900 t Tragfähigkeit. Die vollständige Typenbezeichnung lautete »T2-SE-A1«, 481 der insgesamt gebauten 525 Schiffe entsprachen diesem Standardtyp; siehe auch *Standardschiff*. Eine Besonderheit für eine derart große Serie war die turbo-elektrische Antriebsanlage. Bei diesem in den USA entwickelten Tankertyp wurden erstmals Wellschotte im Unterschied zu den bisherigen Schotten eingeführt, bei denen die Schottbeplattung durch aufgesetzte Steifen verstärkt wurde. Die Well- bzw. Knickschotte ermöglichten erhebliche Material- und Arbeitszeitersparnisse.

U

»U1«: erstes deutsches küstenverwendungsfähiges Zweihüllen-U-Boot. Das U-Boot wurde erst verhältnismäßig spät, am 3. Dezember 1904, in Auftrag gegeben, als andere Staaten schon über eine größere Zahl von U-Booten verfügten. Die kaiserliche Marine führte Neuerungen erst dann ein, wenn sie einen ausgereiften Entwicklungsstand erreicht hatten. Noch am 11. Mai 1904 hatte der Abgeordnete von Kardorff auf seine Anfrage im Reichstag an den Staatssekretär des Reichsmarineamtes von Tirpitz, weshalb die Marine noch nicht den Bau von U-Booten veranlaßt habe, die Antwort erhalten, daß man noch nicht viel von den U-Booten halte. Diese Anfrage hat aber wohl dazu beigetragen, den Stein ins Rollen zu bringen, denn schon einen Monat später begannen erste Bauverhandlungen mit der »Germaniawerft« in Kiel.
Nachdem die Firma Fitzner in Laurahütte den feuergeschweißten Druckkörper in Sektionen angeliefert hatte, wurde das Boot bei der »Germaniawerft« auf Kiel gelegt und die einzelnen Sektionen zusammengenietet. Das Boot war über Alles 42,39 m lang, die größte Breite betrug 3,75 m bei einem Druckkörperdurchmesser von 2,30 m und einem Tiefgang von 3,17 m. Das Boot hatte über Wasser ein Deplacement von 238 t und unter Wasser von 283 t. Die Besatzung bestand anfangs aus 12, später aus 22 Mann. Die maximale Tauchtiefe betrug 30 m, die Tauchzeit lag bei 50···100 Sek. Die Baukosten betrugen 1,905 Mill. Mark. »U 1« lief am 4. August 1906 von Stapel.
Als Besonderheit besaß das Boot im Deckel der vorderen Luke ein drittes Sehrohr sowie zwei Luftmaste, die für die Frischluftzufuhr im Boot sorgten und beim Tauchen niedergeklappt werden mußten. Die Bewaffnung bestand ausschließlich aus einem Bug-Torpedorohr des Kalibers 45 cm und einem Vorrat von 3 Torpedos. Für den Überwasserantrieb waren 2 Körting-Sechszylinder-Zweitakt-Petroleummotoren mit einer Leistung von 2 × 147 kW (2 × 200 PSe) und für den Unterwasserantrieb 2 E-Motoren der Deutschen Elektromotorenwerke Aachen mit gleicher Leistung vorhanden. Mit den beiden Schrauben von je 1,3 m Durchmesser erreichte das Boot über Wasser eine Geschwindigkeit von 10,9 kn und unter Wasser von 8,7 kn. Bei einem Petroleumvorrat von 19,8 t und einer Überwassergeschwindigkeit von 10 kn hatte das Boot einen Fahrbereich von etwa 1500 Seemeilen. Der Treibölbehälter war abnehmbar.
Die Forderungen der Marine und verschiedene technische Schwierigkeiten führten zu einer starken Bauverzögerung, so daß »U 1« erst am 16. Dezember 1906 in Dienst gestellt werden konnte. Dieser Tag gilt daher als Beginn des Aufbaus der deutschen U-Boot-Flotte.
»U 1« war ein Versuchs- und Schulboot für neue Besatzungen. Der vordere Luftmast war gleichzeitig Signalmast. Der Ruderstand mußte für die Überwasserfahrt zum Schutz vor überkommenden Wasser mit einer Persenning verkleidet werden. Im September 1907 machte »U 1« bei schwerem Wetter eine Fahrt von Wilhelmshaven um Skagen nach Kiel über 587 Seemeilen und stellte mit dieser Fahrt eine damals viel beachtete Höchstleistung auf. Am 12. Februar 1919 wurde das Boot aus der Flottenliste gestrichen und als Wrack an die »Germaniawerft« in Kiel verkauft. Es ging danach als Stiftung in den Besitz des Deutschen Museums in München über. Dort wurde es nach den Bombenschäden des zweiten Weltkriegs restauriert.

»UB 49«: deutsches U-Boot zu Ende des ersten Weltkriegs. Dieser U-Bootstyp war für den Einsatz im entfernteren Küstenvorfeld vorgesehen. Er wurde auf verschiedenen deutschen Werften gebaut, »UB 49« auf der Werft von Blohm & Voss in Hamburg. Das Boot lief am 6. Januar 1917 von Stapel und wurde am 28. Juni 1917 in Dienst gestellt. Die Baukosten betrugen 3,276 Mill. Reichsmark.
Bei einer Länge von 55,30 m über Alles und 40,10 m zwischen den Loten sowie einer Breite von 3,90 m (über Tauchtanks 5,80 m) hatte das Boot einen Tiefgang von 3,68 m und ein Deplace-

»U 1«, erstes deutsches küstenverwendungsfähiges Zweihüllenboot mit Petroleummotoren (1906)

1 Dreischeibiger Schwergutblock älterer Bauart
2 Moderner einscheibiger Block
3 Genieteter einscheibiger Ladeblock
4 Leichtgut-Ladegeschirr auf einem älteren Frachtdampfer
5 Ladebaumnock und seefeste Verzurrung
6 Hangerbeschlag
7 Lümmellager mit Lümmelbolzen
8 Ladebaumgabel

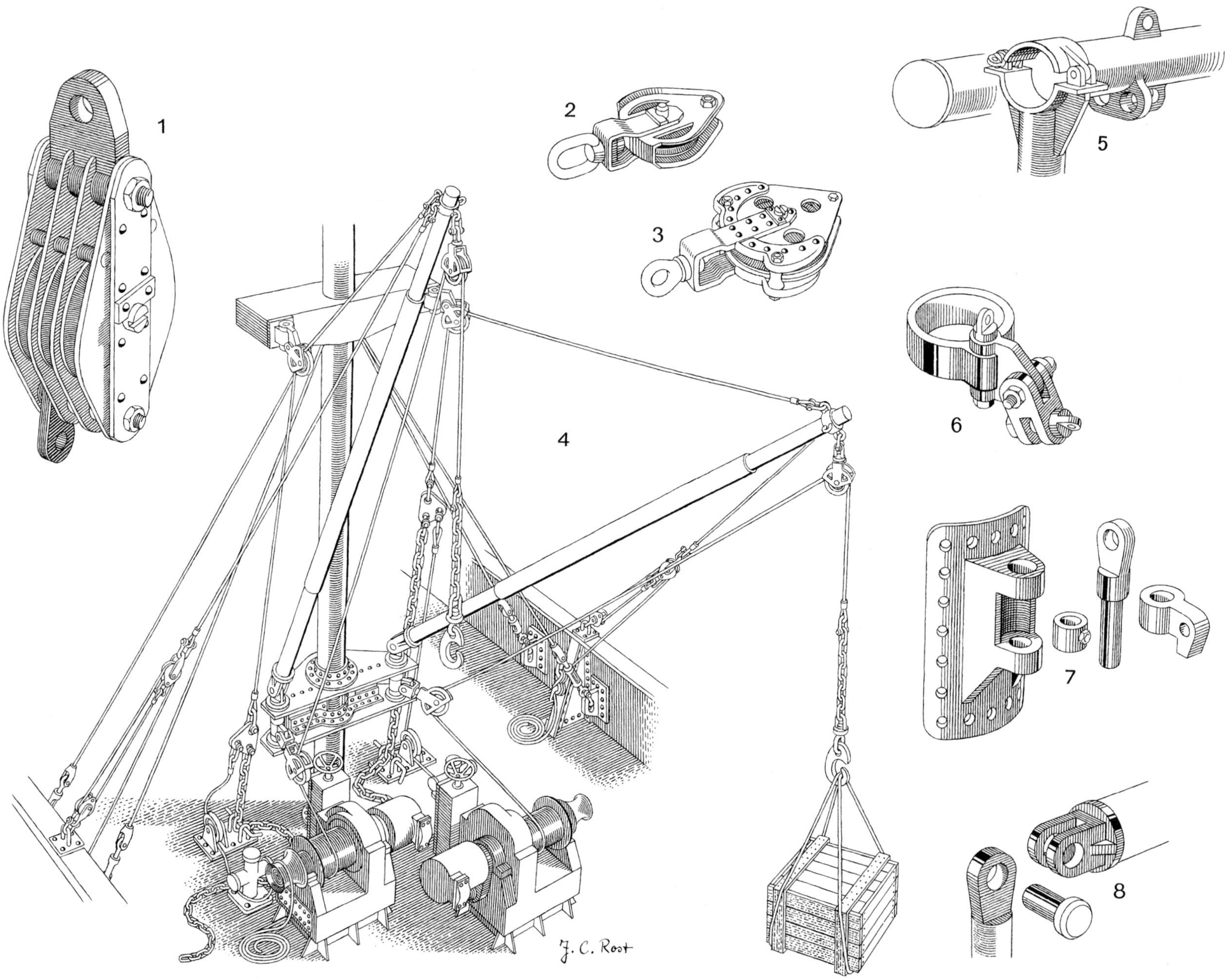

1 Schiffswippkran
2 Ladegeschirr mit Schwenk- oder Schwingbaum
3 Ladegeschirr mit durchschwenkbarem Ladebaum und Doppelhanger
4 Kopfblöcke des Schwergutladegeschirrs
5 Durchschwenken des Ladebaums

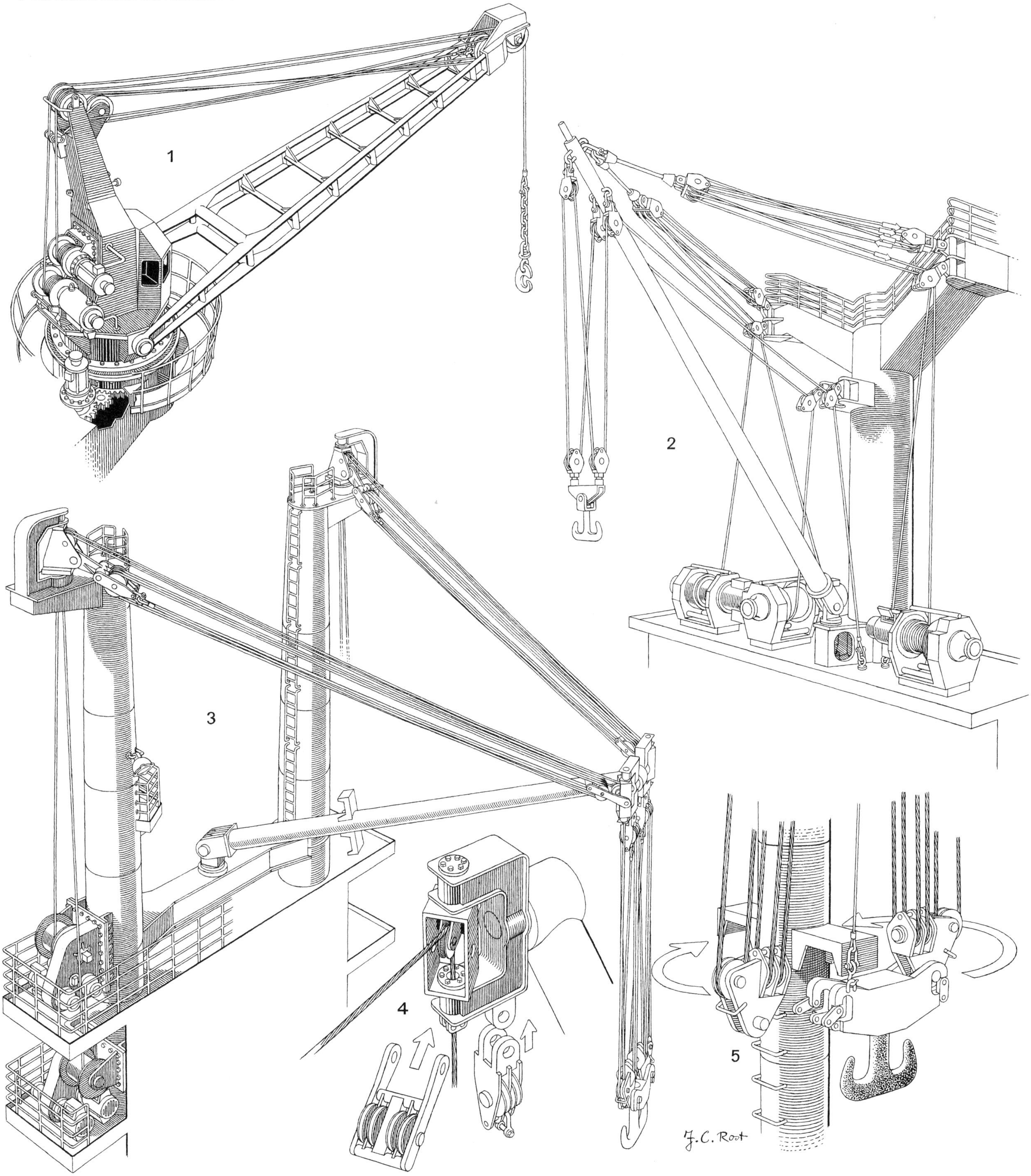

ment über Wasser von 516 t und unter Wasser von 651 t. Die Tauchzeit betrug 30 Sek., die zulässige Tauchtiefe war auf 50 m begrenzt. Die Besatzung bestand aus 3 Offizieren und 31 Mann.
Die 2 Sechszylinder-MAN Viertakt-Dieselmotoren mit einer Gesamtleistung von 810 kW (1100 PSe) trieben 2 Schrauben von je 1,4 m Durchmesser an, die dem Boot eine Überwassergeschwindigkeit von 13,6 kn gaben. Mit 6 kn Fahrt konnten 9040 Seemeilen gefahren werden. In der Unterwasserfahrt leisteten die Batterien 580 kW, mit denen 6 kn erreicht wurden. Mit 4 kn Fahrt konnten unter Wasser 55 Seemeilen gefahren werden.
Das Boot hatte 4 Bugrohre und ein Heck-Torpedoausstoßrohr. Es führte 10 Torpedos mit. Bewaffnet war es mit einer 8,8-cm-U-Boots-Kanone. Nach der Indienststellung wurde es im Mittelmeer eingesetzt und fuhr bei der K. u. K.-Marine als »U 80«. Nach Kriegsende war das Boot am 16. Januar 1919 auszuliefern; es wurde 1922 in Swansea abgebrochen.

»UB 49«, deutsches U-Boot zu Ende des ersten Weltkriegs

Übernahme-, Transport- und Kühlschiff: siehe *Fischerschiff* sowie *»KRISTALL«*

U-Boot, *Unterseeboot, Unterseefahrzeug, Unterwasserfahrzeug:* Sammelbezeichnung für alle bemannten und unbemannten Wasserfahrzeuge, die sich durch Eigen- oder Fremdantrieb unter Wasser aufhalten und operieren können. Die Mehrzahl der Typen sind Tauchboote, die in normaler Schwimmlage als Verdrängungsschiff auf dem Wasser und vollgetaucht über eine bestimmte Zeit in verschiedenen Tauchtiefen unter Wasser fahren können. Die Unterwasserfahrzeuge lassen sich 3 Hauptgruppen zuordnen: Tauchboote mit relativ begrenzter Tauchzeit aus der Zeit vom »BRANDTAUCHER« bis 1954; den neuzeitlichen Tauchbooten für Spezialaufgaben der Forschung, Unterwasserreparaturen, Bergungswesen u. a. in geringen Tauchtiefen und in der Tiefsee (siehe *Bathyplane*), sowie kernkraftgetriebenen Unterseebooten mit extrem langer Tauchzeit.
Der Entwicklungsbeginn der frühen Tauchboote geht bis auf den in England lebenden holländischen Arzt Cornelius van Drebbel zurück, der bereits 1624 ein Tauchboot baute und damit eine Tauchfahrt in der Themse von Westminster bis nach Greenwich unternahm. 150 Jahre später, im Jahr 1774, baute der Engländer Day ein Boot, mit dem er Tauchversuche unternahm und mit dem er unterging. Um die gleiche Zeit (1775) schuf der Nordamerikaner David Bushnell sein Tauchboot »TURTLE«, mit dem ein Jahr später Sergeant Ezra Lee versuchte, das englische Blockadeschiff »EAGLE« in die Luft zu sprengen.
1801 gab es von Robert Fulton das Tauchboot *»NAUTILUS«*, mit dem er und einige Leute sich fast einen halben Tag unter Wasser aufhielten. 1850 entstand von Wilhelm Bauer in Kiel sein »BRANDTAUCHER«, der später bei Tauchversuchen sank.
In den USA wurde das Tauchboot »H. L. HUNLEY« gebaut. Der Captain der Südarmee, Horace L. Hunley, finanzierte es, und die beiden Marineingenieure J. R. Mc. Clintok und Baxter Watson bauten das Boot. In der Nacht des 17. Februar 1864 versenkte die »H. L. HUNLEY« das Kriegsschiff der Nordstaaten »HOUSATONIC«. Das Tauchboot wurde bei der Explosion mit in die Tiefe gerissen.
Bis zu dieser Zeit wurden die Tauchboote durch Muskelkraft bewegt, und es gab nur erste Versuche mit einem maschinellen Antrieb. Um 1862 baute der Spanier Narciso Monturiol ein erstes U-Boot mit Dampfmaschinenantrieb für die Über- und Unterwasserfahrt. Es folgten 1863 in Frankreich Bougois und Brun mit ihrem Tauchboot »LE PLONGEUR« mit einer Druckluft-Kolbenmaschine. Die Druckluft wurde in 20-atü-Behältern mitgeführt. Das Boot hatte einen Spierentorpedo. In den 80er Jahren des 19. Jh. entwarf der Schwede Torsten Nordenfeldt eine Anzahl Tauchboote, die mit gespeichertem Wasserdampf angetrieben wurden und mit dem gerade entwickelten Whitehead-Torpedo ausgerüstet waren. Aufbauend auf diesen Vorentwicklungen vollzog sich um 1880 der Übergang zu den ersten Unterseebooten für längere Tauchfahrten.
1886 konstruierten die Engländer Andrew Campbell und James Ash das Boot »NAUTILUS«, das von 2 durch Akkumulatoren gespeisten 33,2-kW-E-Motoren angetrieben wurde. Mit 8 kn Geschwindigkeit hatte das Boot eine Reichweite von etwa 70 Seemeilen, eine beachtliche Fahrstrecke zu dieser Zeit. Es folgte das U-Boot »GYMNOTE« der beiden französischen Ingenieure Dupuy de Lome und Gustave Zede, das bereits mit einem Tiefenruder versehen war.
Seit etwa 1872 experimentierte der irisch-amerikanische Konstrukteur John Philip Holland mit Unterseebooten (siehe auch *Holland-U-Boot*), gewann 1896 einen Wettbewerb und baute sein U-Boot »PLUNGER«, das durch einen 36,8-kW-(50-PS-)Benzinmotor angetrieben war. Es machte über Wasser 7 kn und unter Wasser mit einem E-Motor 6 kn Fahrt. Kurz vor der Jahrhundertwende kaufte die britische Admiralität ein »Holland«-U-Boot und stellte später fünf solcher Boote in Dienst. Das erste wurde am 2. Oktober 1901 in Dienst gestellt, es befindet sich heute im Museum von Gosport. 1900 bestellten die USA ebenfalls sechs Holland-Boote.
Weitere Konstruktionen aus dieser Zeit sind die von Laubeuf, Romazotti, Lake, Alexandrowski und Drzewiecki, dessen Elektroboot im Marinemuseum in Leningrad steht.
Mit den ersten, von Verbrennungsmotoren angetriebenen Tauchbooten gab es noch einige schwerwiegende Unfälle. Petroleum, Gasolin und Benzin waren als Brennstoff sehr explosibel, und beim Laden der Batterien für die Unterwasserfahrt entwickelte sich Wasserstoffgas. So wurden 1902 allein neun schwere Unfälle durch Gasolindämpfe bekannt, wovon u. a. das französische U-Boot »FULTON« und das englische U-

Japanische U-Boote, 1905 in den USA für den russisch-japanischen Krieg nach Plänen der A-Klasse der 1. US-U-Bott-Flotte gefertigt und in Japan zusammengebaut

Deutsches Unterseebot in einer Werft

Blick in den Motorenraum eines U-Boots des ersten Weltkriegs

Boot »A 1« betroffen wurden. 1905 wurde das französische U-Boot »GYMNOTE« durch eine Knallgasexplosion infolge angesammelten Wasserstoffs zerrissen. Laubeuf hatte daher 1899 sein Tauchboot »NARWAL« mit einer Dampfanlage für die Überwasserfahrt in Dienst gestellt, dem noch verschiedene dampf-elektrische Boote folgten.

Es gab weitere Projekte, wie einen Dampf-Natronbetrieb nach den Ideen des deutschen Moritz Honigmann oder den Patenten des französischen Ingenieurs Raymond d' Equevilley-Monjustin aus der Zeit 1909 bis 1913, die aber bereits technisch nicht mehr erforderlich wurden. Auch die Druckluftmaschine nach einem Vorschlag von Del Proposto konnte das Problem des Antriebs nicht lösen. Abhilfe schuf erst der Einsatz der Dieselmotoren.

Die britische Marine begann 1902 und die Kaiserliche Marine 1905 mit dem Bau von Unterseebooten, läßt man das Versuchsboot »FORELLE« und einige Bauten für das Ausland unberücksichtigt. Am Anfang der deutschen U-Bootentwicklung steht das Boot *»U 1«*, das am 16. Dezember 1906 in Dienst gestellt wurde. Eine besondere, jedoch nur kurzzeitige Entwicklungsrichtung begann mit dem Handels-U-Boot *U-»DEUTSCHLAND«*. Der französische Unterseekreuzer *»SOURCOUF«* war bis zu seinem Untergang im Jahr 1942 das größte Unterseefahrzeug der Welt. Klein-U-Boote wurden im zweiten Weltkrieg von beiden Seiten eingesetzt. Der Schnorchel war im zweiten Weltkrieg eine Erfindung, um in geringer Tiefe mit Dieselmotoren fahren zu können. Er wurde schon vor dem zweiten Weltkrieg für niederländische U-Boote im Kolonialdienst entwickelt und dann von der Kriegsmarine übernommen, nachdem ein solches Boot erbeutet wurde. Eine Reihe von »VII C« und »IX«-U-Booten wurden mit Schnorchel ausgerüstet bzw. nachgerüstet. Die sog. »Elektroboote« des Typs *»XXI«* und »XXIII« besaßen eine höhere Batteriekapazität und erreichten damit im E-Maschinenbetrieb eine Unterwassergeschwindigkeit von 17,5 kn.

Eine technisch neuartige Lösung im U-Bootsantrieb stellte das *Walter-U-Boot* dar, das 1944/45 mit einem Wasserstoffsuperoxyd-Antrieb kurzzeitig auf eine Unterwassergeschwindigkeit von 25 kn kam. 1954 war dann das amerikanische U-Boot *»NAUTILUS«* das erste Kriegsschiff der Welt mit Nuklear-Antrieb.

»U-968«, deutsches U-Boot vom Typ VII C

U-Boot-Abwehrfregatte, *UAW-Fregatte:* im zweiten Weltkrieg durch Großbritannien entwickelte hochseefähige *Fregatte* zur U-Boot-Abwehr. Ein Vorbild war der kleinere, vorwiegend für küstennahe Einsätze schon im ersten Weltkrieg entstandene U-Boot-Jäger (engl. Submarine chaser). Die U-Boot-Abwehrfregatte hatte um 1935 ein Deplacement von etwa 500 ts und wurde 1943 bereits mit 2030 ts gebaut. Die Schiffe hatten damit eine entsprechend verbesserte Seefähigkeit. Die Geschwindigkeit stieg in der gleichen Zeit von 16 kn auf 36 kn. Bei diesem Schiffstyp vollzog sich damit eine Parallelentwicklung zum amerikanischen *Geleit-Zerstörer*. Da die UAW-Fregatte nicht für Gefechte mit gegnerischen Überwasserstreitkräften vorgesehen waren, hatten sie zur Selbstverteidigung nur einige Universalgeschütze mittleren Kalibers und Flak an Bord. Das Hauptgewicht der Ausrüstung lag bei den seinerzeit modernsten akustischen und elektronischen Ortungs-Anlagen und einer verstärkten Bewaffnung mit Wasserbombenwerfern.

U-Boot-Begleitschiff: Hilfsschiff für U-Boot-Flottillen bis Ende des zweiten Weltkriegs. Die in den einzelnen Flotten ständig wachsende Zahl von U-Booten führte zur Bildung von U-Boot Flottillen, denen Hilfsschiffe zugeordnet wurden. Sie waren als schwimmende Stützpunkte Werkstattschiff, Versorgungsschiff sowie Torpedolager und dienten zur Betreuung der Besatzung.

Die ersten, noch als U-Boot-Tender bezeichneten Schiffe waren überwiegend kleine, umgebaute Handelsschiffe. Sie genügten den Anforderungen bald nicht mehr, blieben aber weiterhin in Dienst. Entsprechend der Kriegsvorbereitung Deutschlands auf den zweiten Weltkrieg wurden größere U-Boot-Begleitschiffe gebaut. Als schwimmende Stützpunkte sollten sie die Operationsbasen, zum Beispiel im okkupierten Frankreich, unterstützen, um deren Kapazität zu erweitern. Eine Anzahl dieser Schiffe waren bis 1945 in Dienst; siehe auch U-Boot-Begleitschiff *»WILHELM BAUER«*.

U-Boot-Falle, *Lockschiff:* engl. decoy ship, die auch als »Q-Ship« bezeichneten Fallen erhielten zur Geheimhaltung häufig wechselnde Namen, so hatte »Q 5« nacheinander die Namen »TULIP«, »LODERER« und »FARNBOROUGH«. Es waren sowohl zusätzlich ausgerüstete, äußerlich normal aussehende Trampdampfer oder auch Segelschiffe mit versteckten Geschützen, Torpedorohren und Wasserbomben zur Bekämpfung feindlicher U-Boote, wenn sie sich zur Untersuchung oder Aufbringung dem vermeintlichen Frachtschiff aufgetaucht näherten. Im ersten Weltkrieg schickte allein Britannien 180 solcher U-Boot-Fallen in See, die mindestens 14 deut-

1 Luke in Nietbauweise mit Gurtplatten an den Ecken, verstärkten Lukenendbalken und Lukenlängssüllen

2 Luke mit rollbaren Schiebebalken, erstmals 1929 verwendet. Mitte: Schalklatte mit Keil, Spannschraube und Spannband

3 Abdichten der Stoßkante zwischen einzelnen Lukendeckeln

4 Schiebe-Lukendeckel

5 »Single pull«-Lukendeckel mit fester Kette und Antrieb im Deckel

6 Hydraulisch betätigte Faltlukenpaare

7 Doppel-Faltlukendeckel von außerhalb der Luke hydraulisch betätigt

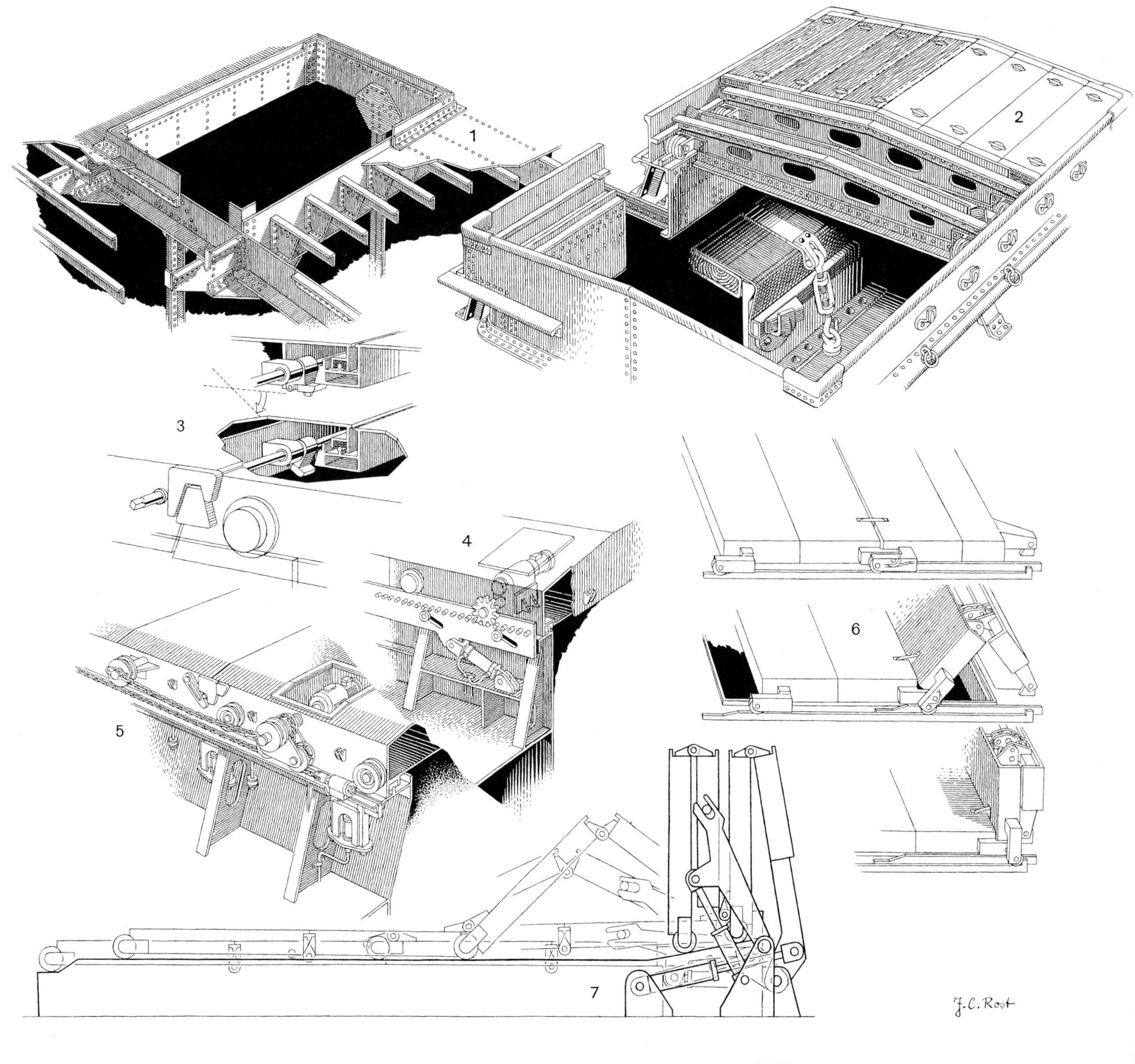

1 Faltdeckel mit hydraulischem Antrieb
2 »Single-pull«-Abdeckung. Einzeldeckel mit Ketten verbunden; Öffnen und Schließen durch Seilzug
3 u. 4 Anheben der »single-pull«-Lukendeckel durch Exzenter an den Rollen; Verzurren mit Spannschrauben
5 u. 6 Hydraulisch bewegter Riegel zum Verzurren
7, 8 u. 9 Durch Spanner wird die Lukenabdeckung verzurrt, der Deckel wird mit seinem Dichtungsgummi fest auf die Dichtungsschiene des Lukensülls gepreßt
10 »Single-pull«-Lukenabdeckung. Antrieb mit endloser Kette, die Deckel sind durch Gestänge verbunden
11 Rollbare Lukendeckel. Die Dichtungsschiene wird durch Federn niedergedrückt und beim Verschieben hydraulisch angehoben
12 Schema der Roll-Lukendeckel

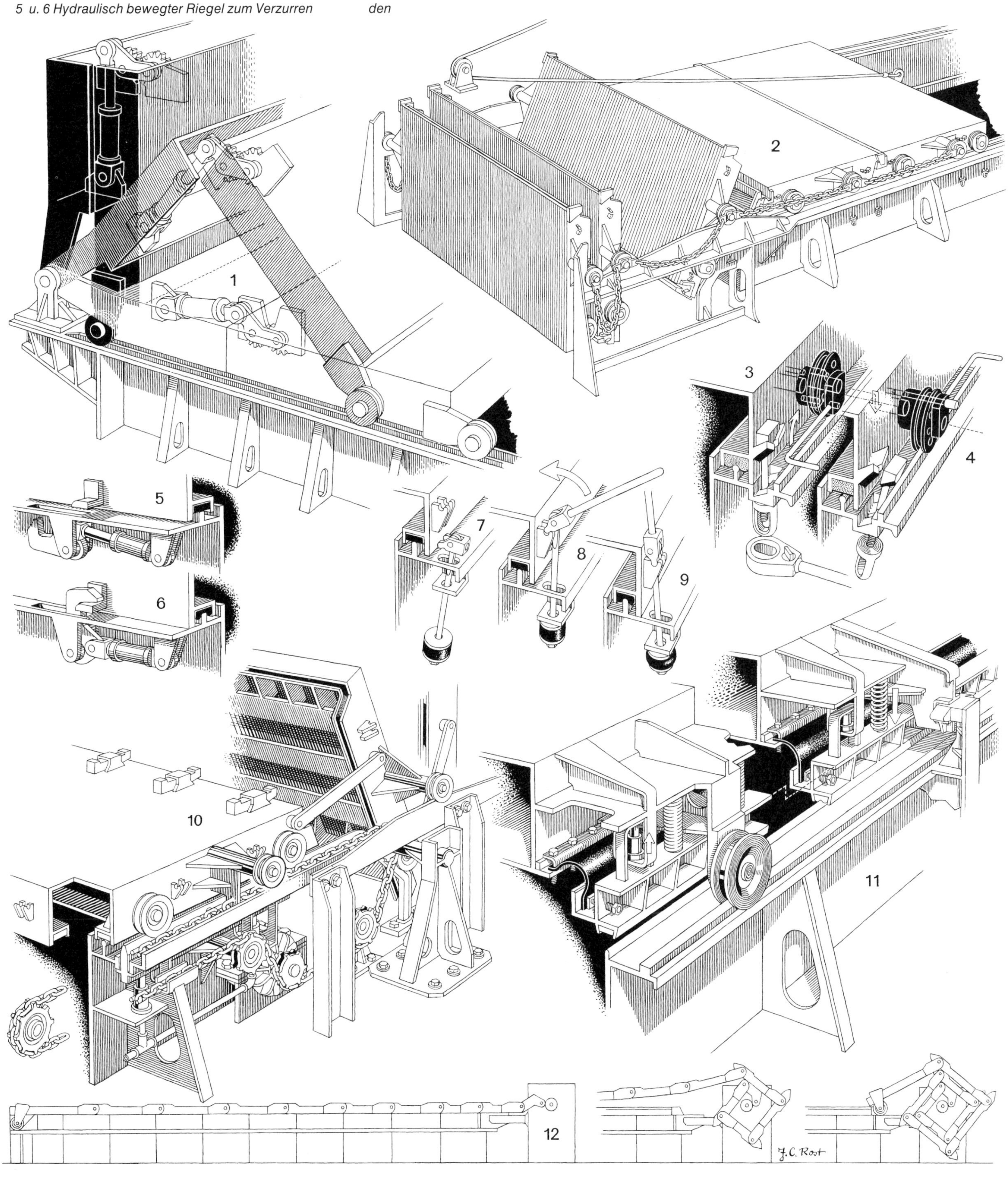

1 Lukendeckel geschlossen
2 Der Deckel wird angehoben
3 Herunterfahren unter den angehobenen zweiten Deckel
4 Der obere Deckel wird auf den fahrbaren abgesenkt, das Deckelpaar kann auf dem Süll verfahren werden
5 u. 6 Antrieb der Lukendeckel durch Ritzel und Zahnstange
7 u. 8 Hydraulische Absenkeinrichtung der Laufschienen
9 u. 10 Einrichtung zum hydraulischen Verzurren der Deckel
11 Wenzel/Bauer-Rolluke der Warnowwerft 1954
12 Faltdeckel mit speziellem Hebelwerk, das die Anordnung der Hydraulikzylinder im Deckel ermöglicht
13 Sliding-Zwischendecksluke während des Schließvorgangs

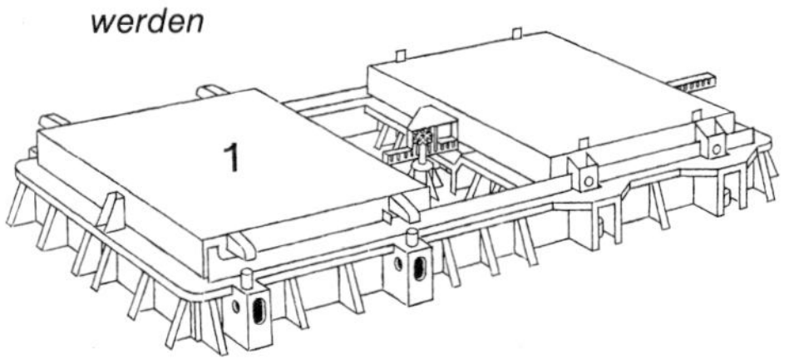

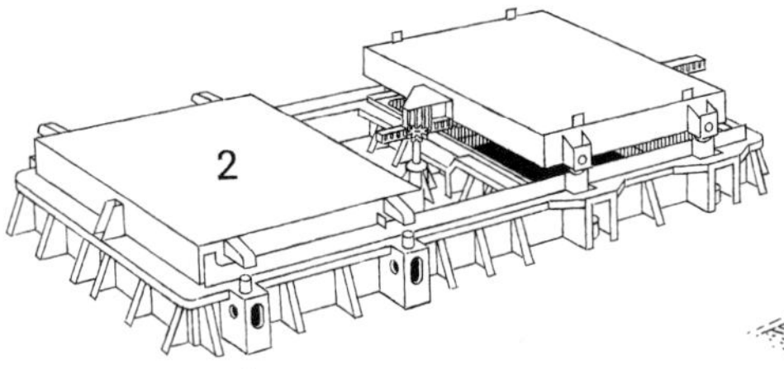

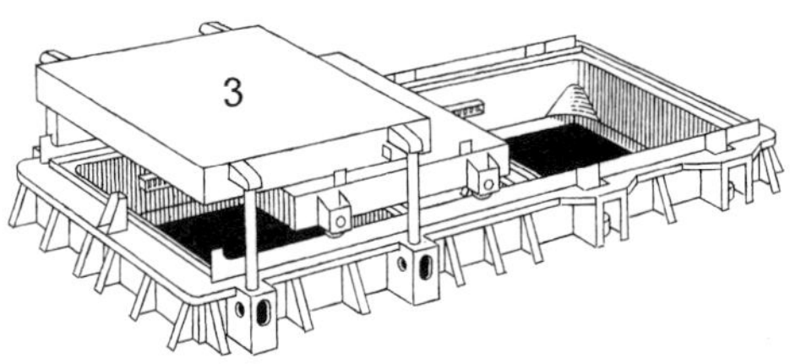

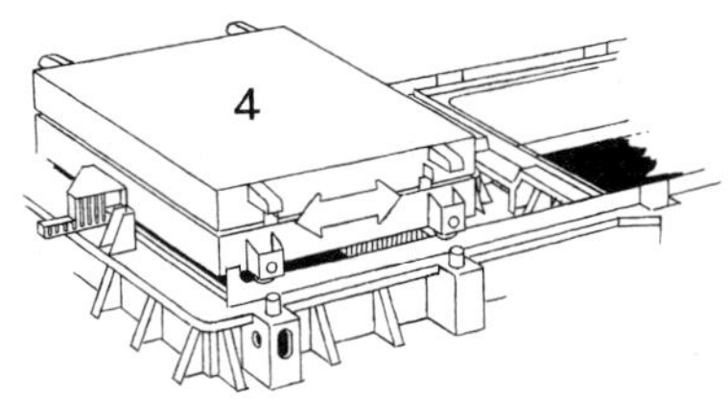

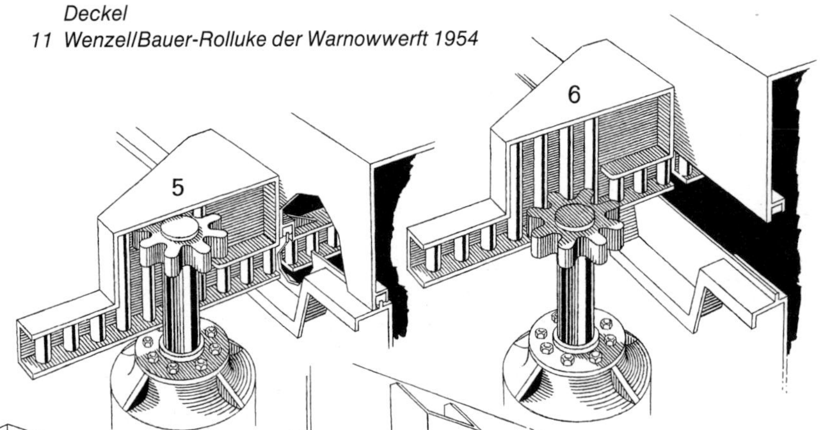

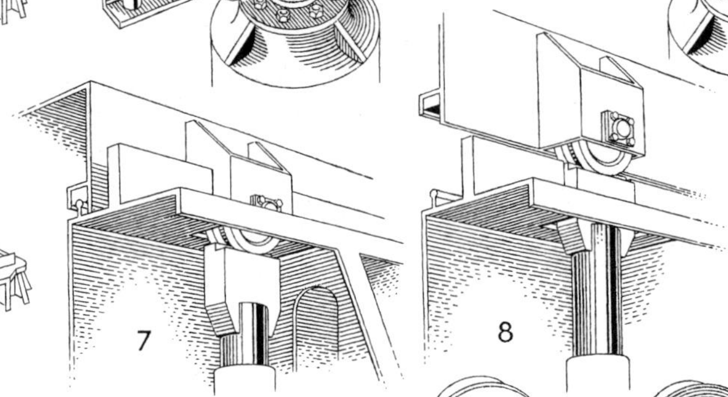

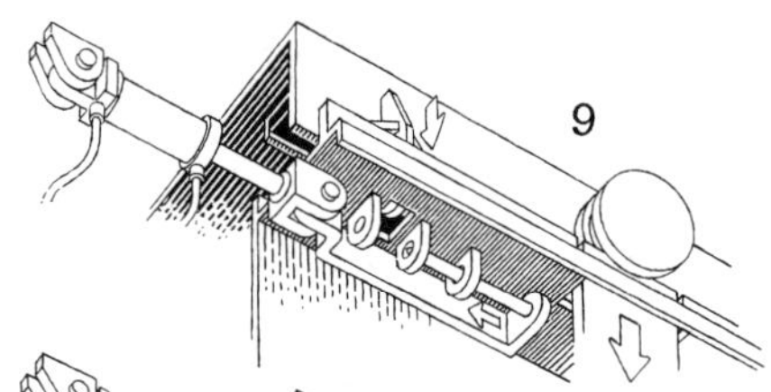

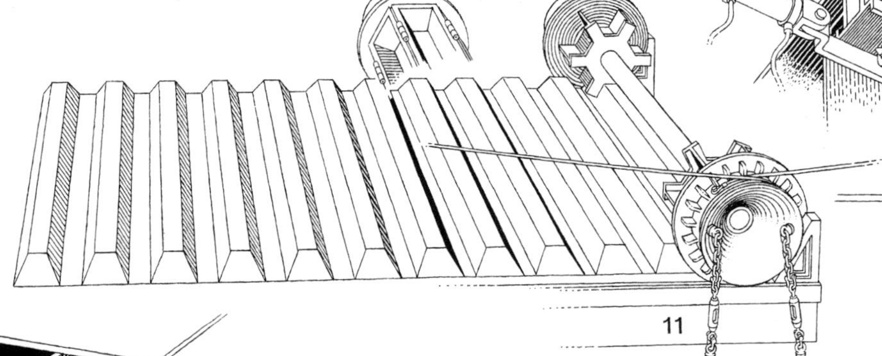

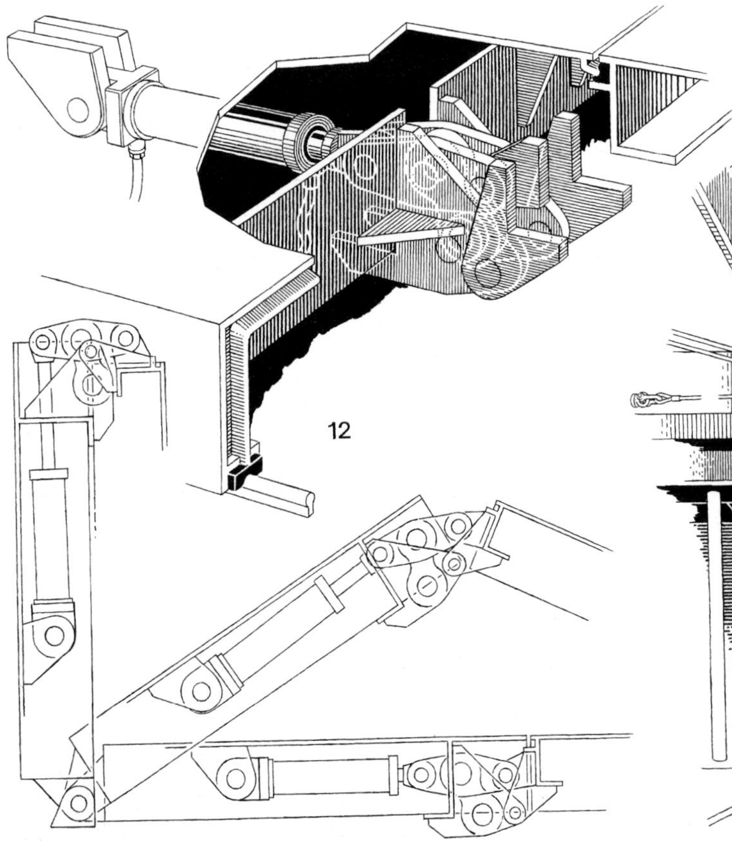

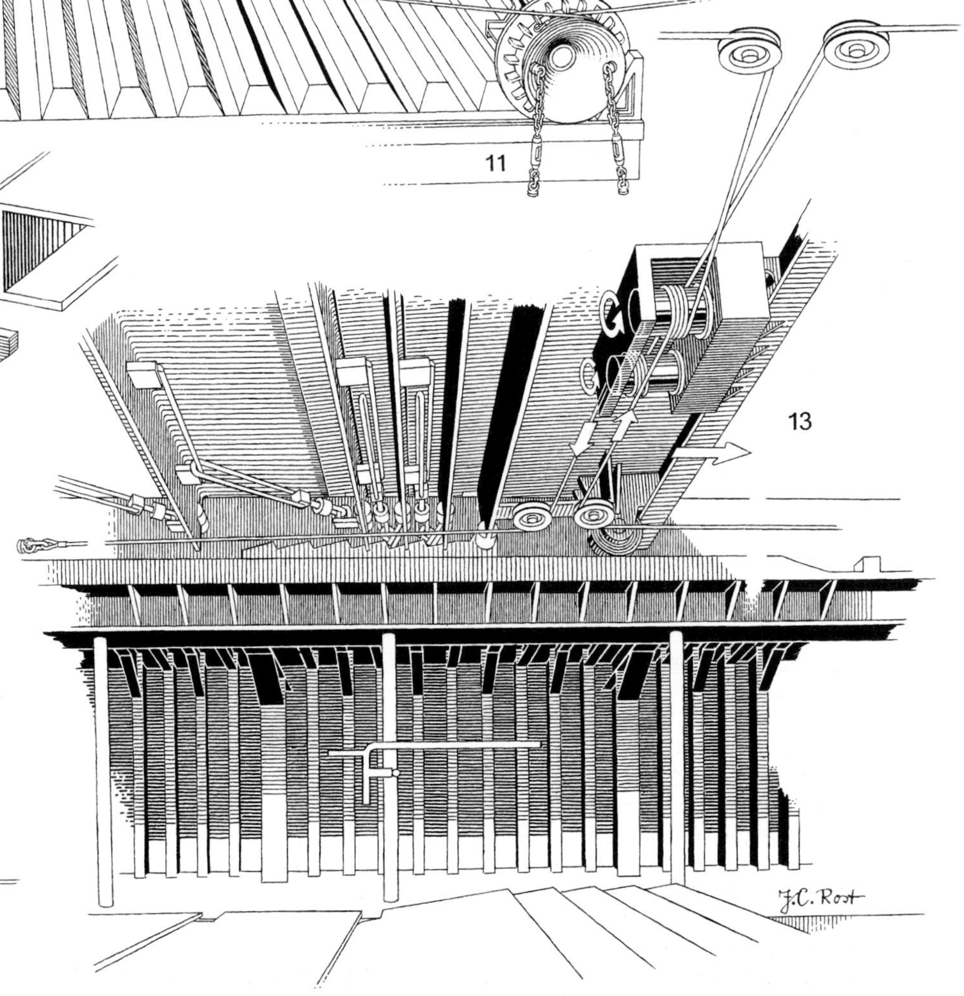

sche U-Boote vernichteten. Weiter gab es spezielle als U-Boot-Fallen gebaute Kriegsschiffe, wie die französischen *Kanonenboote* bzw. *Avisos* der Amiens-Klasse. Der erfolgreichste Fallenkommandant war Commander Campbell, der allein 3 deutsche U-Boote versenkte. Die Falle »STONECROP« unter Commander Morris Blackwood versenkte am 17. September 1917 das von Kapitänleutnant Schwieger geführte Boot »U 88« mit der gesamten Besatzung; Schwieger hatte im Mai 1915 die *»LUSITANIA«* versenkt. U-Boot-Fallen gab es auch im zweiten Weltkrieg, wenn auch nicht in größerer Anzahl.

U-Boot-Hebe- und Bergungsschiff: siehe *»VULCAN«*

U-Boot-Monitor: U-Boot mittlerer Größe mit einem oder zwei schweren Schiffsgeschützen. Zu Ende des ersten Weltkriegs baute Britannien 3 derartige U-Boote, Typbezeichnung M1 bis M3, von denen jedes ein Geschütz mit 30,5-cm-Kaliber und ein zusätzliches 7,5-cm-Fliegerabwehrgeschütz auf dem Hinterschiff hatte. Die U-Boot-Monitore sollten sich unbemerkt an Küstenziele annähern können, um sie dann überraschend zu beschießen; siehe auch *»SURCOUF«*.

U-Boot »WILHELM BAUER« der BRD, ex »U 2540«, Typ XXI, im Dock zur Herrichtung als Marinemuseum

U-Boot »Typ XXI«: vorletzter deutscher U-Bootstyp des zweiten Weltkriegs. Mit der Montage der in verschiedenen ausgelagerten Rüstungsstätten vorgefertigten Sektionen für die Neuentwicklung des ersten Boots U 2540 des Typs XXI wurde noch am 29. Oktober 1944 auf der Werft von Blohm & Voss in Hamburg begonnen. Bereits 53 Tage später, am 13. Januar 1945, war der Stapellauf und am 24. Februar 1945 wurde das Boot in Dienst gestellt und der 31. U-Flottille zugeteilt. Es durchlief seine technischen Erprobungen, kam aber nicht mehr zum Fronteinsatz und endete mit der Selbstversenkung durch seine Besatzung am 4. Mai 1945 in der Nähe des Flensburger Feuerschiffs. Nach der Bergung im Juni 1957 wurde es bei HDW Kiel überholt und am 1. September 1960 als U-Boot »WILHELM BAUER« neu in Dienst gestellt. Es diente danach als tauchender Erprobungsträger für U-Boot-Einrichtungen und U-Boot-Waffen sowie als Ziel- und Ausbildungsschiff unter der Natokennzeichnung »Y 880«.
Am 15. März 1982 wurde das Boot endgültig außer Dienst gestellt und am 27. April 1984 Ausstellungsobjekt im Schiffahrtsmuseum Bremerhaven.
Die internationale marinetechnische Bedeutung des Typs XXI liegt darin, daß es entscheidende Impulse für die U-Boot-Entwicklung nach dem zweiten Weltkrieg gab. Der Typ XXI war ein Zweihüllenboot, das aus 8 vollgeschweißten Sektionen bestand. Die Wanddicke des Druckkörpers lag zwischen 18 und 40 mm. Die äußere Hülle war mit 4···5 mm relativ dünn. Zwischen den beiden Hüllen lagen die Tauchzellen und Tanks. Die 5 druckfesten Schotte teilten das Boot in 6 wasserdichte Abteilungen. Abteilung 1 war der Bugtorpedoraum mit 6 Torpedorohren, Schnelladevorrichtung und einem Magazin für 17 Torpedos. In der Abteilung 2 waren der vordere Wohnraum sowie die Horch-, Funk-, Wasch- und Batterieräume. Abteilung 3 nahm die Zentrale, den Hilfsmaschinenraum, den Turm, die Kombüse und den darunter liegenden Maschinenraum auf. In der Abteilung 4 waren der hintere Waschraum, der Mannschaftswohnraum und die darunter liegenden Batterieräume. Abteilung 5 bildete den vorderen M-Raum mit den Dieselmotoren, Hilfsmaschinen, Kupplung, Getriebe und Kompressoren. Im hinteren Raum der Abteilung 5 waren die Haupt-E-Maschinen, Schleichmotoren und E-Maschinen-Getriebe. Abteilung 6 war der Heckraum mit den Antrieben für das Seiten- und hintere Tiefenruder, die Werkstatt, Bordschleuse und das achtere WC.
Das über Alles 76,70 m lange Boot hat eine Breite von 7,60 m. Die Länge des Druckkörpers beträgt 60,50 m, sein größter Durchmesser ist 5,30 m. Die Seitenhöhe von Unterkante Kiel bis Oberkante Turm beträgt 11,34 m, der Tiefgang auf Mitte Boot 6,32 m. Die Verdrängung liegt über Wasser bei 1621 m^3 und getaucht bei 1819 m^3.
Die Antriebsanlage besteht aus 2 Sechszylinder-MAN-Viertakt-Dieselmotoren von je 1472 kW (2000 PS), 2 Haupt-E-Maschinen von je 1840 kW (2500 PS) und 2 Schleichmotoren von je 82,2 kW (113 PS). Die Elektroenergie wird in 2 Batterien mit je 3 × 62 Zellen gespeichert. Die Geschwindigkeit betrug über Wasser ca. 15,5 kn und unter Wasser ca. 17,5 kn. Die normale Tauchtiefe lag bei 133 m, die Gefechtstauchtiefe betrug 220 m und die Zerstörungstauchtiefe 330 m. Die Bewaffnung bestand aus den 6 Bugtorpedorohren sowie 2 × 2-cm-Flak in Zwillings-Lafetten. Die Besatzung war 58 Mann stark, davon 6 Offiziere.
Die Boote besaßen eine erheblich gesteigerte Kampfkraft gegenüber dem vorherigen U-Boot »Typ VII« und »Typ IX«. Die Alliierten legten daher Wert darauf, Boote des Typs XXI als Kriegsbeute zu nehmen. Nach dem Krieg gab es verschiedene Nachbauten in Ost und West. Die nächste grundlegende technische Neuerung kam 10 Jahre später mit dem kernenergiegetriebenen U-Boot; siehe *»NAUTILUS«*.

U-Boot-Zerstörer: siehe *U-Boot-Abwehrfregatte* und *U-Jäger*

»U-DEUTSCHLAND«: erstes deutsches Handels-Unterseeboot für transatlantische Frachtfahrten. Die deutsche Regierung erteilte im ersten Kriegsjahr dem damaligen Generaldirektor des Norddeutschen Lloyd, Dr. Alfred Lohmann den Auftrag, alle für den Bau und Einsatz von Handels-Unterseebooten erforderlichen Maßnahmen einzuleiten. Verschiedene Werften waren an dem Auftrag interessiert. Unter anderen unterbreitete die »Germania-Werft« in Kiel-Gaarden am 4. Oktober 1915 dazu eine Sonderstudie, die vom Chefkonstrukteur der Werft für U-Boote, Hans Techel, ausgearbeitet war. Die Werft AG »Weser« war bereit, innerhalb von 11 Mon. ein Handels-Unterseeboot mit einer Tragfähigkeit bis zu 500 t zu bauen. Zur Vorbereitung und Koordinierung des Einsatzes wurde am 8. November 1915 die »Deutsche Ozeanreederei GmbH« gegründet. Schließlich baute die Flensburger Werft den Bootskörper für 775 t Tragfähigkeit mit einem 37,0 m langen Druckkörper und einer größten Breite von 5,8 m. Der Stapellauf des ersten Handels-Unterseeboots war am 28. März 1916. Im April absolvierte das Boot erfolgreich die Probefahrt und kam unter dem Kommando des Lloydkapitäns Paul König als erstes Handels-Unterseeboot mit einer Besatzung von 29 Mann in Dienst. Die Hauptdaten des U-Boots waren: Länge über Alles 65,0 m, Länge zwischen den Loten 57,0 m, größte Breite auf Spanten 8,9 m, Tiefgang bei Überwasserfahrt 4,5···5,3 m. Die Verdrängung betrug aufgetaucht 1512 t und getaucht 1857 t und die Vermessung 791 BRT und 414 NRT.
Die Antriebsanlage von 589 kW (800 PS) Leistung bestand aus 2 nicht umsteuerbaren Sechszylinder-Viertaktmotoren von der Motorenwerkstatt der »Germania-Werft« für die Überwasserfahrt und 2 Siemens-Schuckert Doppelmotor-Dy-

namomaschinen mit je 375 kW (510 PS) Leistung für die Unterwasserfahrt. Die Höchstgeschwindigkeit bei Überwasserfahrt lag bei 12,4 kn, die Unterwassergeschwindigkeit bei 6,71 kn, langzeitig bei 5,2 kn. Bei einem Brennstoffvorrat von 328 t hätte mit 5,5 kn eine Fahrtstrecke von 25000 Seemeilen zurückgelegt werden können. Zur ersten Atlantikfahrt lief die »U-DEUTSCHLAND« am 20. Juni 1916 mit einer Ladung Medikamente und Lackfarben aus und machte am 8. Juli 1916 nachts um 23.30 Uhr in Baltimore fest. Die Rückreise nach Bremen dauerte vom 1. bis 25. August 1916, wobei 350 t Gummi, 343 t Nickel, 83 t Zinn und 0,5 t Jute transportiert wurden. Die zweite Reise ging am 10. Oktober 1916 von Bremen nach New London, Connecticut. Die Rückreise wurde am 21. November 1916 angetreten und nach 19 Tagen in Bremen glücklich beendet.
Infolge Kriegseintritt der USA entfielen weitere Frachtfahrten. Das zweite Handels-Unterseeboot »U-BREMEN« wurde bereits bei der ersten Überfahrt von britischen Flotteneinheiten entdeckt und gilt seitdem als verschollen. Der ursprünglich geplante Bau 6 weiterer Handels-U-Boote wurde gestoppt und die U-Boote »U 151«, »U 152«, »U 153«, »U 154«, »U 156« und »U 157« ab Juli 1917 als Kampfboote in Dienst gestellt.
»U-DEUTSCHLAND« wurde ab Februar 1917 zum U-Kreuzer »U 155« umgerüstet. Es wurden zwei 15-cm-Seezielgeschütze und zwei 8,8-cm-U-Bootskanonen sowie sechs Torpedorohre eingebaut. In den ehemaligen Laderäumen konnten außerdem 100 Minen gefahren werden. Nach Kriegsende wurde »U 155« am 24. November 1918 nach England überführt und hier zur Besichtigung freigegeben. 1922 wurde das Boot in Morecambe verschrottet.

Handels-U-Boot »DEUTSCHLAND« nach der Rückfahrt von Amerika auf der Weser

U-Dock: siehe *Schwimmdock*

U-Jäger, *U-Bootjäger:* schnelles kleines Kriegsschiff zur Ortung, Abwehr und Bekämpfung gegnerischer U-Boote. Vor dem ersten Weltkrieg hatten Britannien und Frankreich die Bedeutung der U-Boote noch unterschätzt. Als gleich zu Kriegsbeginn das deutsche U-Boot »U 9« innerhalb weniger Stunden 3 britische Panzerkreuzer versenkte, wurde es schlagartig offenbar, welche gefährliche Waffe hier entwickelt worden war. Die Lage war um so prekärer, da es noch keine wirksame Gegenwaffe gab. Besonders die Versorgung Großbritanniens als Insel war durch den deutschen U-Bootkrieg gefährdet. In größter Eile wurden daher Fischdampfer, Motorboote, Yachten, Kutter und andere Schiffstypen armiert und als U-Bootjäger eingesetzt. Wurde ein U-Boot entdeckt, warf man von diesen ersten U-Bootjägern Wasserbomben über Bord. In den Jahren 1915 und 1916 wurden dann besonders britische Minensucher der »Flower«-Klasse von 1200 t Deplacement und 16 kn Geschwindigkeit zu U-Jägern umgerüstet, die teilweise noch mit geballten Handgranatenladungen angriffen. Eine gezielte U-Bootjagd war erst ab etwa 1917 möglich, als schnelle Torpedoboot-Zerstörer, die mit ersten einfachen Ortungsgeräten ausgerüstet waren, für diese Aufgaben zum Einsatz kamen. Später bildete sich dann ein neuer Schiffstyp »U-

U-Bootjäger

Jäger« als kleiner U-Bootjäger von 20···65 t Deplacement und großer U-Bootjäger von etwa 100 t Deplacement heraus. Beide erreichten im Einsatz bis zu 30 kn. Mit Wasserbomben, leichten Maschinenwaffen und U-Bootdrachen ausgerüstet, wurden die feindlichen U-Boote hauptsächlich in küstennahen Gewässern bekämpft. Der *Zerstörer* als schnelles Kampfschiff führte die U-Bootjagd auf hoher See weiter, da die kleinen U-Jäger dafür nicht seetüchtig genug waren.
Auch im zweiten Weltkrieg wurden verschiedene Schiffstypen zur U-Bootjagd herangezogen. Der moderne U-Bootjäger bildete sich mit den Korvetten und Fregatten erst heraus, als die Aktivität der deutschen U-Boote sich weiter steigerte. Die *Korvette* von etwa 1300 ts und die *Fregatte* von etwa 1600 ts übernahmen die Sicherung der Geleitzüge. Die USA bauten etwa 370 solcher *Geleit-Zerstörer* (destroyer escorts), die mit modernen Mittel zur U-Bootortung und Bekämpfung ausgerüstet waren.

Moderne U-Jäger verfügen über hochempfindliche hydroakustische Ortungsanlagen, funktechnische und elektronische Geräte. U-Jäger fahren parallele Zickzack- und Schlängelkurse und orten gegnerische U-Boote durch deren Geräusche u. a. Effekte, um sie mit Wasserbombenwurf oder den Abschuß reaktiver Sprengsätze mit Werferbatterien zu vernichten. Zur Luftabwehr haben moderne U-Jäger vollautomatische Flak und Raketen. Heute ist der U-Jäger als Mehrzweck-Kriegsschiff für allgemeine Aufklärungsaufgaben, zur Minensuche und als Vorpostenschiff eingesetzt.
U-Jäger werden neuerdings durch die Satellitenbeobachtung und aus der Luft unterstützt. Unter anderem werden Hubschrauber eingesetzt, die hydroakustische Geräte auf eine günstige Eintauchtiefe absenken und so aufgefundene U-Boote selbst bekämpfen oder ihre Position an U-Jäger weitergeben. Hubschrauberträger wie die »*KIEW*« sind so in der Lage, schnell ganze Seegebiete nach U-Booten abzusuchen.

U-Kreuzer: Bezeichnung für einige U-Boote in der Zeit zwischen den beiden Weltkriegen, die die seinerzeit üblichen U-Boote bedeutend an Größe und Bewaffnung übertrafen. 1931 baute Frankreich den seinerzeit größten U-Kreuzer *»SURCOUF«* mit 2888 t Deplacement. Über Wasser fuhr dieser U-Kreuzer 18 kn und getaucht 10 kn. Er war mit 14 Torpedorohren und zwei 20,3-cm-Geschützen bestückt. Die noch 1918 gebauten deutschen U-Kreuzer der Baureihe U 139 bis U 141 hatten 2200 t Verdrängung und 4416 kW (6000 PS) Antriebsleistung. Auch das Handels-U-Boot *»U-DEUTSCHLAND«* wurde noch im ersten Weltkrieg zum U-Kreuzer umgebaut. Großbritannien hatte neben dem *U-Boot-Monitor* seit 1921 einen Versuchsbau X 1 zur Erprobung, der 1936 abgewrackt wurde. Obwohl die modernen Kernenergie-U-Boote bedeutend größer als alle seinerzeitigen U-Kreuzer sind, ist die Bezeichnung nicht mehr gebräuchlich.

ULCC: Abkürzung für Ultra Large Crude Carrier; siehe *Tanker* und *Supertanker*.

U-Minenleger: *U-Boot*, das vorwiegend zum Legen von Minen ausgerüstet ist. Minensperren sind dann besonders wirksam, wenn sie durch Unterwasserfahrzeuge unbemerkt in häufig passierten Einfahrten verlegt werden. Der russische Marineingenieur Naljoton plante 1904 während der Blockade des Hafens Port Arthur durch die Japaner den ersten U-Minenleger, der aber erst 1908 fertig wurde.
In Deutschland entstanden die ersten U-Minenleger im ersten Weltkrieg. Es waren unterschiedlich große Boote mit 168 bis 1163 t Deplacement in Einhüllen- und auch in Doppelhüllenbauweise. Sie führten vor der Bootsbezeichnung ein »U C«. Ein Teil dieser Boote hatte die Minen außerhalb des Druckkörpers und andere innerhalb des Boots, wozu entsprechende Auswurföffnungen nötig waren. Später gab es auch Minen vom Durchmesser der Torpedos, die durch die Torpedorohre ausgestoßen wurden.

Ungeschützter Kreuzer: siehe *Kreuzer*

»UNITAS«: deutsches Walfangmutterschiff. 1937 baute die Werft Deschimag AG. »Weser« für die »Jürgens van den Bergh-Margarine-Verkaufs Union Berlin« mit Sitz in Bremen das Walfangmutterschiff »UNITAS«. Das Schiff wurde in einer Rekordzeit von nur 12 Monaten zur Fangsaison 1937 fertiggestellt. Es lief am 5. Juli 1937 von Stapel und ging bereits im Oktober des gleichen Jahrs auf seine erste Fangreise.
Das 21846 BRT (11841 NRT) große Schiff hatte eine Tragfähigkeit von 30000 t und war das seinerzeit größte Walfangmutterschiff der Welt. Es war über Alles 193 m und zwischen den Loten 183,6 m lang, 24,5 m breit und besaß einen Tiefgang von 12 ··· 15 m. Die Besatzung bestand aus 293 Mann. Zusätzlich waren an Bord Unterbringungsmöglichkeiten für weitere 120 Mann für die Fangboote. Als Besonderheit war ein 120-t-Hebegeschirr an Bord, um die Fangboote bei Reparaturen an Schraube und Ruder mit dem Heck aus dem Wasser heben zu können. Die Dampfmaschinenleistung betrug 4416 kW (6000 PS), mit der das Schiff 11 ··· 12 kn fuhr.

Walfangmutterschiff »UNITAS«

Das Schiff ging 1945 als Reparation an Großbritannien und fuhr hier noch als »EMPIRE VICTORY« und »ABRAHAM LARSEN«. Ab 1957 fuhr es als »NISSHIN MARU No. 2« und wurde 1965 in Japan abgewrackt.

»UNITED STATES«: US-Fahrgastschiff, schnellstes ziviles Schiff der Welt. Die USA hatten, obwohl Haupteinwanderungsland aus Europa, einen relativ kleinen Anteil am Schnelldienst auf der Nordatlantikroute. Außer der Collins-Line, New York, die um 1860 Bedeutung erlangte, war es hauptsächlich die Kapitalbeteiligung an britischen Reedereien wie der Inman- und White-Star Line, die den US-Anteil am Nordatlantikverkehr ausmachte. Erst 1924 schaltete sich die staatlich subventionierte »United States Line« mit der »LEVIATHAN« (ex *»VATERLAND«*) in den Schnelldienst ein. Dieses Schiff lag bei Ausbruch des ersten Weltkriegs in New York und wurde später von den USA beschlagnahmt. In den 30er Jahren kamen dann die in den USA erbauten *»MANHATTAN«* und *»WASHINGTON«* (je 24000 BRT und 22 kn) hinzu. Ein drittes Schiff dieser Art, die »AMERICA« wurde erst im zweiten Weltkrieg fertig und dann unter dem Namen »WESTPOINT« als Truppentransporter eingesetzt.
1926 gab es aber schon Pläne, um ein »4-Tage-Schiff« für die Überfahrt von Pier zu Pier, seinerzeit noch New York–Southampton, zu bauen. Der Entwurf kam jedoch noch nicht zur Ausführung. Obwohl von den Erfolgen der *»BREMEN«* und *»EUROPA«* sichtlich beeindruckt, wurde auch ein weiterer Plan, 6 Schnelldampfer von der Größe der *»MAURETANIA«* (31550 BRT 2335 Passagiere, 27,22 kn) zu bauen, nicht realisiert.
Nach dem zweiten Weltkrieg gaben dann die Leistungen der *»QUEEN ELIZABETH«* und der *»QUEEN MARY«*, die als Truppentransporter mit ihren Fahrten im zweiten Weltkrieg von insgesamt 493000 bzw. 570000 Seemeilen 811000 bzw. 765000 Soldaten befördert hatten, den Anlaß zum Bau der »UNITED STATES«. Die Konstruktionsarbeiten wurden dem Ingenieurbüro Gibbs & Cox übertragen, das auch die Entwürfe für die großen Schiffe und Flugzeugträger der US-Navy geschaffen hatte und so Erfahrungen bei großen schnellen Schiffen, jedoch nicht bei kommerziellen Schiffen hatte.
Die Kiellegung der »UNITED STATES« war am 8. Februar 1951 im Trockendock der »Newport News Shipsbuilding & Drydock Co« in Virginia. Am 23. Juni 1951 schwamm das 53329 BRT große Schiff auf als größtes in den USA gebautes Passagierschiff. Das Schiff ist 301,75 m über Alles und 279,50 m zwischen den Loten lang, 31,10 m breit und hat einen Tiefgang von 10,98 m. Es hat 16 Decks, wobei die 4 oberen sowie die

Die »UNITED STATES«, durch Schlepper assistiert

1 Fähre mit hochklappbarem »Bugvisier« und einer Rampe von 9 m Länge. Die erste Sektion der Rampe dient hochgeklappt als wasserdichter Verschluß

2 Bugöffnung, die mit zwei türähnlichen, hydraulisch betätigten Schalen verschlossen wird

3 Kombinierte Seitenpforten – Deckslukenabdekkung

4 Seitenrampe, die zugleich als wasserdichte Pforte dient

5 Seitenrampe geschlossen, Ansicht von innen

6 Hebelwerk zum Einklappen der zweiten Rampensektion um 180°

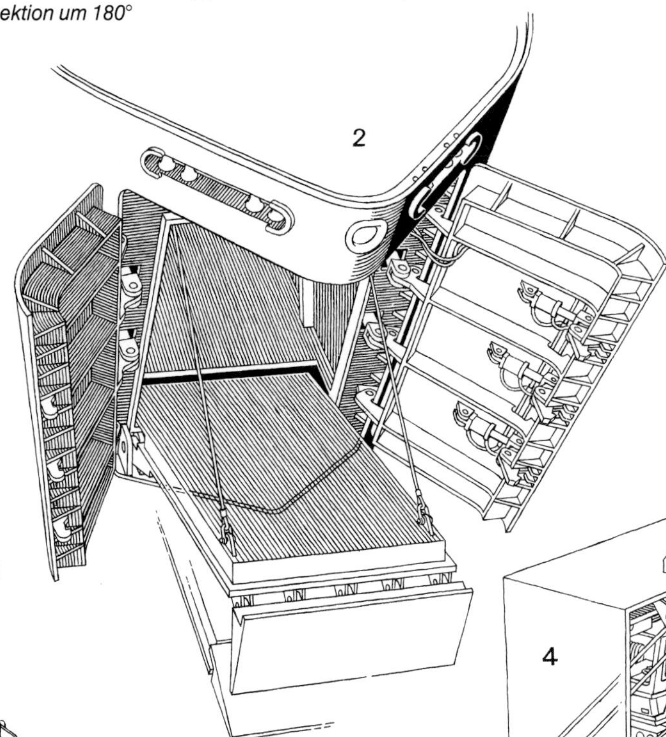

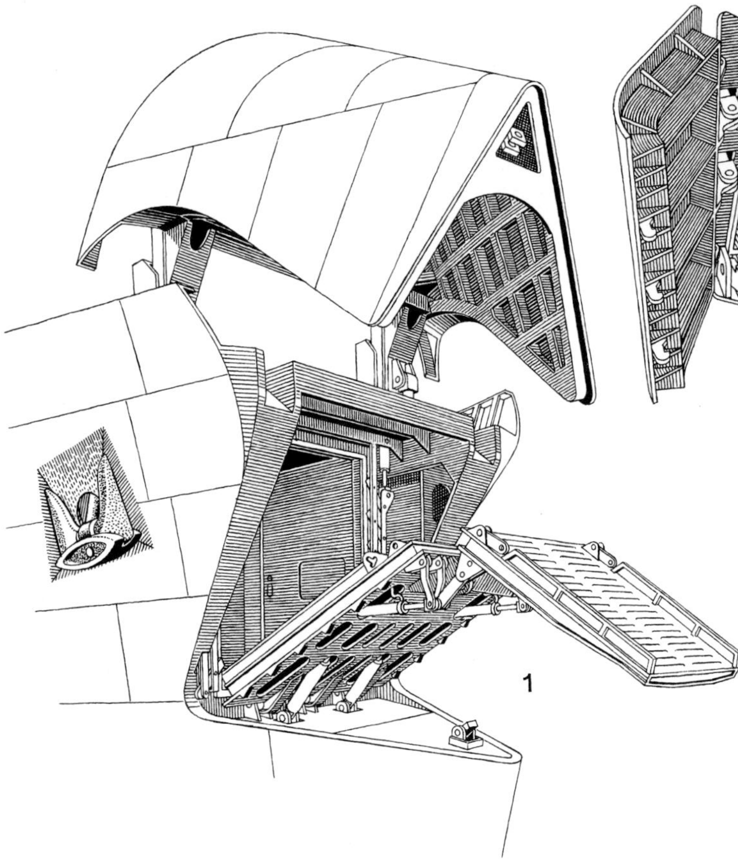

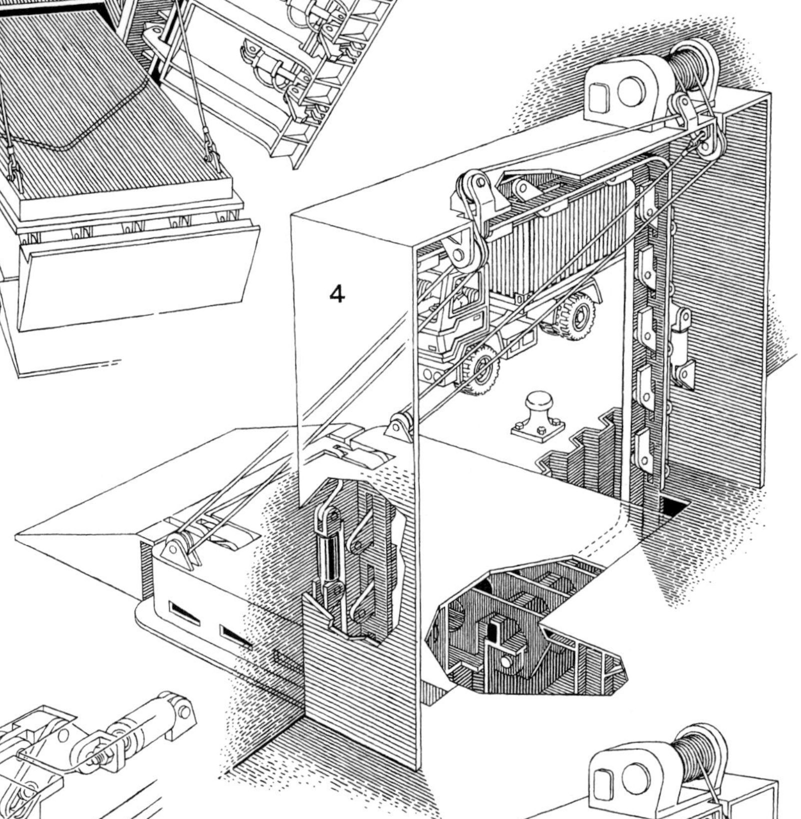

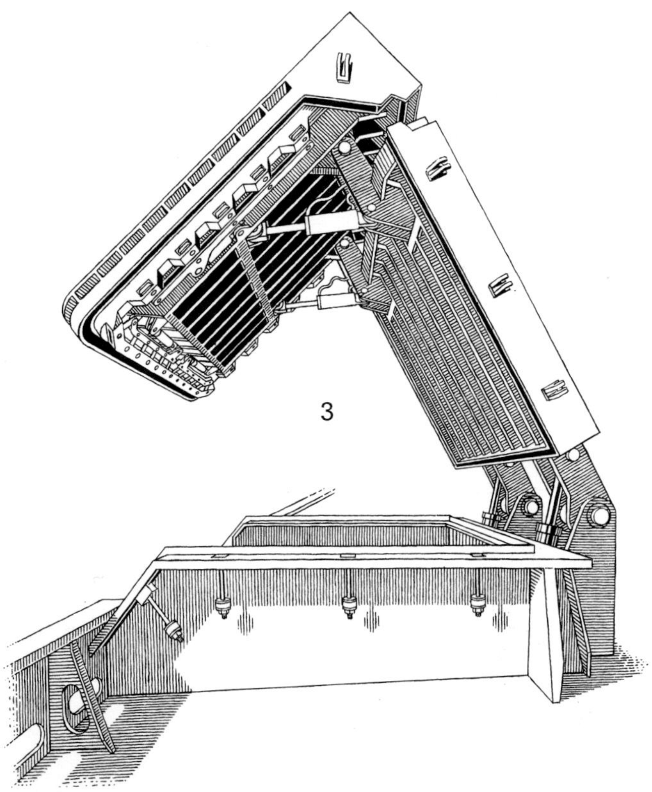

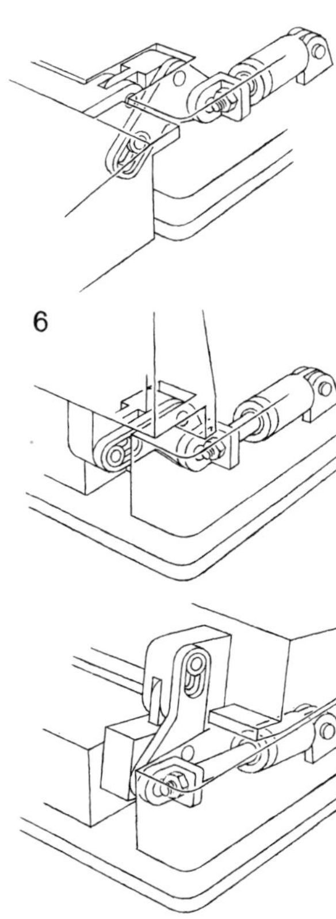

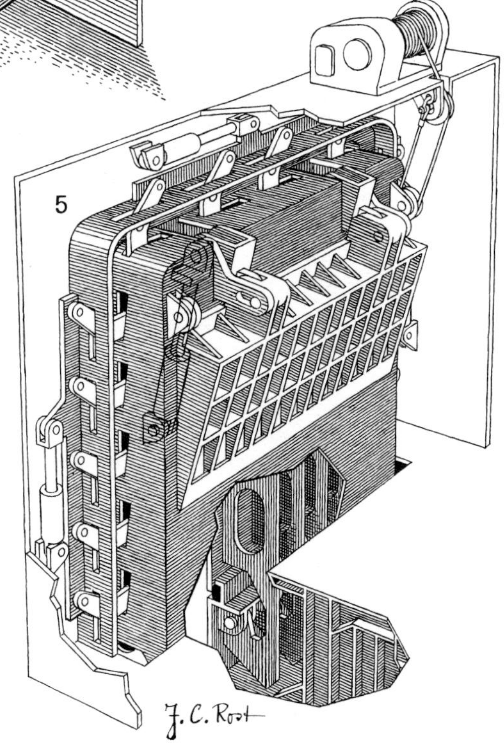

1 Heckwinkelrampe von 45 m Länge. Der Antrieb der zweiten Sektion ist auf der ersten untergebracht
2 Seitlich schwenkbare Heckrampe von 35 m Länge und 7 m Breite
3 Horizontale und vertikale Bewegung der Rampe mit Taljen
4 Heckwinkelrampe einer Fähre

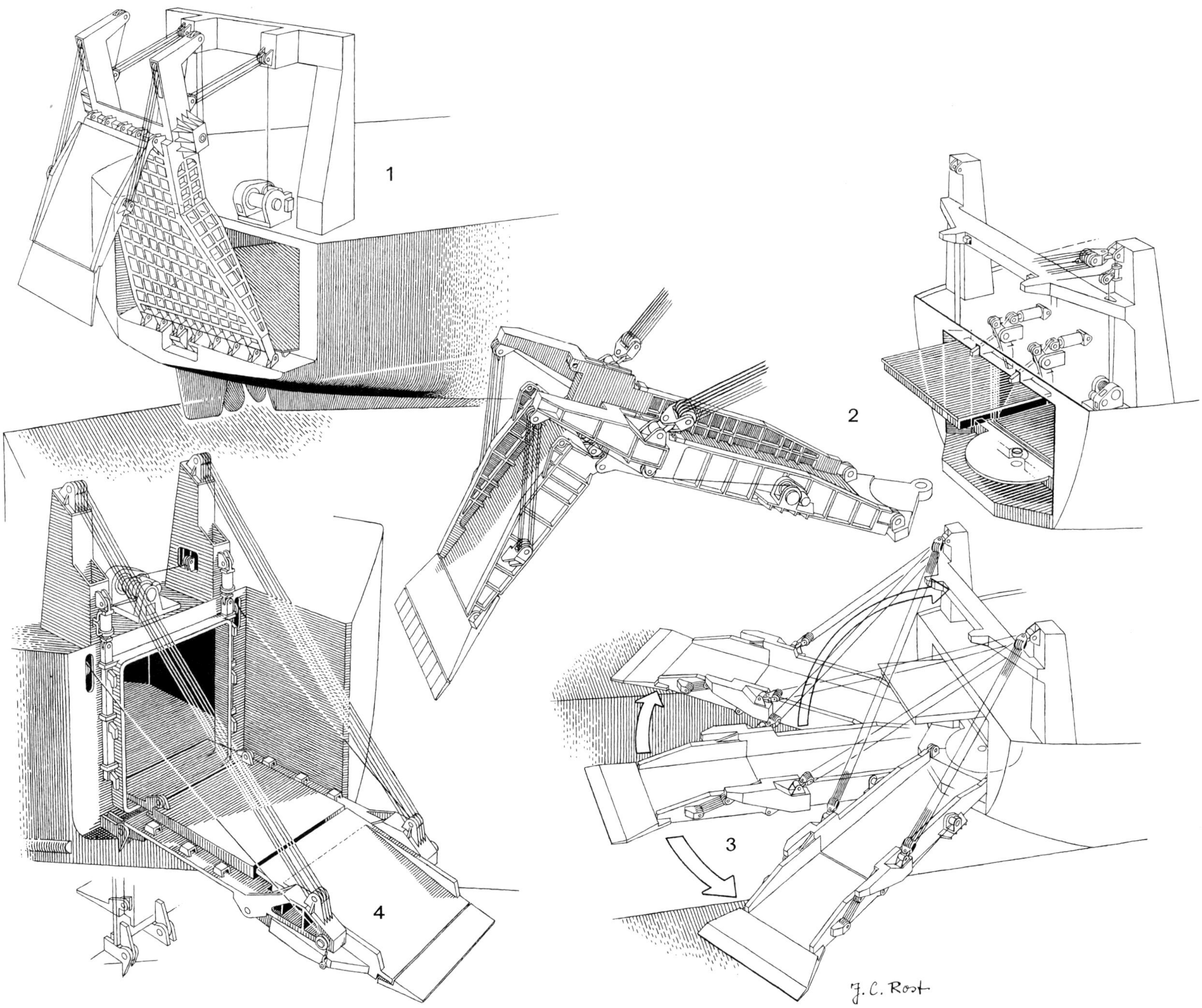

beiden mächtigen Schornsteine und die Masten aus Aluminium gefertigt wurden. Bei einer Besatzung von 1093 Mann konnte das Schiff 2008 Passagiere oder 14000 Soldaten befördern. In einem vorher nie erreichten Umfang wurde die Einrichtung aus nichtbrennbarem Material vorgenommen. In den 60 m langen Maschinenräumen wurden 4 Satz Getriebeturbinen installiert, die maximal 198720 kW (270000 PS) leisten (nach anderen Quellen 240000 PS). Um mögliche Vibrationen zu mindern, bekam das Vierschraubenschiff außen 4flüglige und innen 5flüglige Schrauben, mit denen eine Dienstgeschwindigkeit von 36 kn und eine Maximal-Geschwindigkeit von 42 kn erreicht wurde. Der Kesseldruck betrug 7,1 MPa (70 atü).
Das Schiff kostete 79,5 Mill. Dollar, davon wurden ⅔ vom US-Pentagon getragen. Am 3. Juli 1952 schickte die United States Line das Schiff auf die Jungfernreise nach Europa, auf der es 35,59 kn fuhr und mit einer Reisedauer von 3 Tagen 10 Std. und 40 min. von Ambrose Feuerschiff bis Bishops Rock sofort das »Blaue Band« errang. Die »UNITED STATES« war damit 3,9 kn schneller als die »QUEEN Mary« 14 Jahre zuvor und ist bisher der letzte Träger des »Blauen Bandes«. Seit 1969 war das Schiff an einer Pier im Hafen von Norfolk in Virginia aufgelegt. Zeitweise wurde es als Reserve-Lazarettschiff von der US-Navy beansprucht. Im März 1981 kaufte R. L. Hadley, Präsident der Kreuzfahrtgesellschaft »United States Cruises Inc.« das Schiff für 5 Mill. Dollar.

Universalfrachtschiff: ein *Stückgutfrachtschiff*, das wahlweise alle Arten von Stückgütern, engl. general cargo, oder Schüttgüter einschließlich Getreide (siehe *Bulker*) laden kann. Mit der fortschreitenden Spezialisierung der Schiffstypen, der Größenentwicklung und der Containerisierung hat der traditionelle Universalfrachter an Bedeutung verloren. Die Kombination von Stückgut und Schüttgut ist nur noch auf ganz bestimmten Routen und bei größeren Bulkcarriern effektiv. Dennoch entstanden neue Schiffstypen mit einer größeren Ladungsflexibilität, wie das *Mehrzweckschiff*, *OBC* oder das *Lo/Ro-Schiff*.

»Unsinkbares« Schiff: ein Schiff mit einem derart in kleinere wasserdichte Abteilungen unterteilten Schiffskörper, daß die Wahrscheinlichkeit des Verlustes der Schwimmfähigkeit bei Wassereinbruch sehr gering ist. Durch eine solche Unterteilung würde jedoch die Nutzung sehr erschwert oder sogar unmöglich werden, so daß es ein wirklich unsinkbares Schiff nicht gibt, siehe dazu *Dreiabteilungsschiff*, *Einabteilungsschiff* und *Zweiabteilungsschiff*. Für spezielle Kriegsschiffe wie beim *Zielschiff* wird die Sinksicherheit durch zusätzliche Auftriebskörper oder Ausschäumen vergrößert.

Urlauberschiff: siehe *Fahrgastschiff*, *»ARKONA«*, *»FRITZ HECKERT«* und *»VÖLKERFREUNDSCHAFT«*

»USAMBARA«: Fracht- und Passagierdampfer der Deutschen Ostafrika-Linie (D. O. A. L.), Hamburg, und typischer Repräsentant dieses kombinierten Schiffstyps. Das 8690 BRT und 5104 NRT große Schiff wurde 1922 auf der Werft Blohm & Voss in Hamburg gebaut und war im Ostafrika-Dienst eingesetzt.

Fracht- und Passagierdampfer »USAMBARA«, 8800 BRT, Baujahr 1922

Die »USAMBARA« war 132,1 m lang und 17,8 m breit. Sie fuhr mit 138 Mann Besatzung und war für die Beförderung von 284 Personen eingerichtet. Die Antriebsanlage mit einer Dampfturbine von 2500 kW (3400 PSi) Leistung gab dem Schiff eine Geschwindigkeit von 14 kn. 1945 ist die »USAMBARA« in Stettin nach einem Bombentreffer gesunken und wurde später dort abgewrackt.

U-Spantschiff: ein Schiff, dessen Schiffskörper nicht nur im Mittelschiffsbereich, sondern auch an den Schiffsenden U-förmige Spantquerschnitte hat. Während am Vorschiff wegen der Schiffsumströmung und der besseren Stabilität und Stampfdämpfung V-Spanten und Bugwulste günstiger sind, werden am Hinterschiff zur gleichmäßigeren Propelleranströmung U-Spantformen mit Heckwulsten unterhalb der Propellerwellenachse bevorzugt.

UW-Labor, *Unterwasserlabor:* siehe *Bathyplane*

V

»VANDAL«: russisches Naphtha-Transportschiff, erstes Schiff der Welt mit Dieselmotorenantrieb. Im letzten Jahrzehnt des 19. Jh. begann mit den Erfindungen von RUDOLF DIESEL der Entwicklungsprozeß des Dieselmotors und des Dieselmotorschiffs bis zum heute dominierenden Schiffsantrieb. Nach und nach überholte der Dieselmotor mit seiner höheren Wirtschaftlichkeit die Kolbendampfmaschine, die Dampfturbine sowie die anfänglichen Gasmotoren und Petroleummotoren.
Die »VANDAL« wurde für den Transport von Naphtha (russische Bezeichnung für Rohöl und Petroleum) auf dem Ladogasee 1903 auf der Werft der Gebrüder Nobel in St. Petersburg gebaut. Sie fuhr auch von Baku auf Kaspi und Wolga. Als erstes Schiff der Welt erhielt sie einen Dieselmotor, der nach der Lizenz von Diesel in Stockholm von der A/B Diesels Motorer erbaut wurde. Es war ein Dieselmotor mit 3 Zylindern, der 88 kW (120 PS) bei 240 U/min leistete. Seinerzeit konnte man die ersten Dieselmotoren noch nicht umsteuern. Deshalb wählte man eine Lösung, bei der für die Vorausfahrt über eine Kupplung der Dieselmotor den Propeller direkt antrieb. Die Kupplung war ausrückbar. Für die Rückwärtsfahrt wurde die direkte Kupplung unterbrochen und die Propellerdrehrichtung dadurch umgekehrt, daß der Motor einen Generator antrieb, dessen Strom einen Elektro-Propellermotor speiste.

»VATERLAND«: größter deutscher Fahrgast-Schnelldampfer vor dem ersten Weltkrieg. Die vor dem ersten Weltkrieg stark ansteigenden Transatlantik-Fahrgastziffern waren der Grund für die von ALBERT BALLIN, Generaldirektor der HAPAG, in Auftrag gegebenen großen Fahrgastschiffe. Die zunehmende Schiffsgröße erforderte bei gleichbleibender Geschwindigkeit nur einen bestimmten Prozentsatz Mehrleistung. Außerdem waren großzügige, frei nutzbare Decksflächen und komfortable, bequeme Fahrgasteinrichtungen erwünscht. Ende 1911 wurde der Bauauftrag an Blohm & Voss in Hamburg erteilt, am 3. April 1913 war der Stapellauf und am

Die »VANDAL«, erstes russisches Dieselmotorenschiff

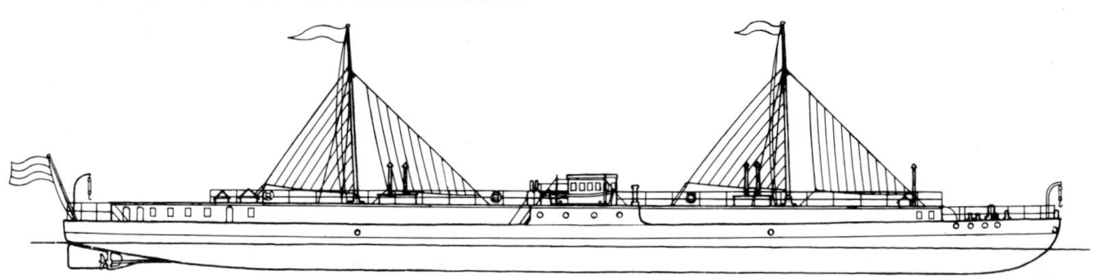

15. Mai 1914 wurde die Übergabe an die Reederei vollzogen.
Der Vierschrauben-Schnelldampfer »VATERLAND« war für 3677 Fahrgäste vorgesehen. Neben Staatszimmern mit jeweils Salon, Schlafzimmer und Bad führte die I. Klasse 752 Betten, in der II. Klasse gab es 535, in der III. Klasse 850 und in der Touristenklasse 1540 Plätze. Die Leitung des Schiffs oblag einem Kommodore und 4 assistierenden Kapitänen. Neben 7 nautischen Offizieren und 29 Ingenieuren befanden sich 1188 Mann Besatzung an Bord.
Dieses Spitzenschiff der damaligen Fahrgastflotte hatte eine Ladenstraße mit Bank und Reisebüro, Festräume, Rauchsalons sowie eine Telefon- und drahtlose Telegrafiezentrale. Der Speisesaal reichte durch mehrere Decks. Durch neu eingeführte einzelne Kesselschächte wurden günstigere Raumunterteilungen möglich. Weiter waren ein Ladungskühlraum und ein Automobilraum vorhanden.
Nach der »TITANIC«-Katastrophe wurden die Sicherheitseinrichtungen besonders erweitert. Das betraf sowohl die Unterteilung durch wasserdichte Schotte mit Schließeinrichtung als auch die Feuerisolierung der Haupttreppenhäuser, elektrische Loteinrichtungen und Unterwasser-Schallempfänger. Für Fahrgäste und Besatzung gab es 34 Rettungsboote.
Die wichtigsten technischen Daten der »VATERLAND« waren: 276,15 m Länge zwischen den Loten, 30,50 m Breite, 25,0 m Seitenhöhe und 11,73 m Tiefgang. Die Verdrängung betrug 55650 m^3, die Vermessung 54282 BRT. Das fahrbereite Schiff hatte eine Eigenmasse von 48900 t. Neben den Fahrgästen konnten 1200 t Fracht sowie 9000 t Kohle für die Kessel gefahren werden. Mit der Leistung von 44160 kW (60000 PS) fuhr das Schiff mit 23,5 kn Dienstgeschwindigkeit. Die Maximalleistung der Turbinen wurde mit 66240 kW (90000 PS) und die Höchstgeschwindigkeit mit 26 kn angegeben. Die Antriebsanlage bestand aus 4 Turbinen für die Vorausfahrt (1 Hochdruck-, 1 Mitteldruck- und 2 Niederdruckturbinen). Für die Rückwärtsfahrt waren ebenfalls 4 Turbinen (2 Hochdruck- und 2 Niederdruckturbinen) installiert. Den Dampf erzeugten 46 Wasserrohrkessel des Systemy Yarrow mit einer Gesamtheizfläche von 19540 m^2 bei 359 m^2 Gesamtrostfläche.
Vor Kriegsausbruch waren nur 3 Reisen möglich. Im New Yorker Hafen wurde die »Vaterland« und ihre Besatzung interniert. Das Schiff wurde 1917 bei Kriegseintritt der USA als Kriegsbeute beschlagnahmt. Unter dem Namen »LEVIATHAN« fuhr es danach als Truppentransporter. Nach dem ersten Weltkrieg wurde es das Flaggschiff der United States Lines. Im Jahr 1938 war die Abwrackung dieses größten Fahrgastschiffs, das jemals unter deutscher Flagge fuhr.

Verarbeitungsschiff: siehe *Fang- und Verarbeitungsschiff* sowie *Fabrikschiff*

Verarbeitungstrawler: siehe *Fabriktrawler*

Verbrennungsschiff: siehe *Chemikalien-Verbrennungsschiff*

Verdrängungsboot, *Verdrängungsschiff:* eine

Die »VATERLAND« am Kai von Cuxhaven

Die »VATERLAND« nimmt langsame Fahrt auf

für alle Boote und Schiffe zutreffende Bezeichnung, deren Schwimmfähigkeit auf dem Prinzip des Archimedes beruht, wobei jeder ganz- oder teilweise in eine Flüssigkeit getauchte Körper einen Auftrieb entsprechend der Masse der verdrängten Flüssigkeit erfährt. Verdrängungsschiffe schwimmen somit infolge des Auftriebs des durch den eingetauchten Teil des Schiffskörpers verdrängten Wassers. Die Größe der Verdrängung wird in Kubikmeter angegeben. Die Größe des Auftriebs, das Deplacement in Tonnen, ergibt sich unter Berücksichtigung der Dichte des Wassers. Die durchschnittliche Seewasserdichte ist für die Ost- und Nordsee etwa 1,015 t/m^3 und für den Nordatlantik 1,025 t/m^3. Im Unterschied zum statischen Auftrieb haben das *Gleitboot*, *Tragflügelboot* oder *Aircraft-boat* bei der Fahrt vorwiegend dynamischen Auftrieb.

Verkehrsboot: hauptsächlich für die Personenbeförderung über kurze Strecken eingesetztes Boot. Die relativ kleinen, motorgetriebenen Fahrzeuge halten im kommerziellen oder staatlichen Betrieb den Verkehr zwischen Küstenorten besonders in Ländern mit einer ausgedehnten Küste aufrecht. Sie verbinden Fjorde, Schären und Inseln, transportieren Post, Gepäck, Fahrgäste und Lebensmittel und bringen auch medizinische Hilfe. Wegen der meistens kurzen Fahrtzeiten sind an Bord i. allg. keine Kabinen, sondern größere Aufenthaltsräume mit Schlafgelegenheiten. Eine Ladeausrüstung dient der Übernahme größerer Gegenstände. In neuerer Zeit können auch einige PKW an Bord genommen werden.
Im Hafen dienen *Barkassen* als Verkehrsboote zum Übersetzen von Werft- und Hafenarbeitern auf Schiffen, die im Nebenwasser an Dalben liegen. Auf Kriegsschiffen unterhalten Verkehrsboote wie *Barkassen* und *Pinassen* den Verkehr zwischen den auf Reede liegenden Schiffen und dem Land.

Vermessungsschiff: ein besonders ausgerüstetes und bemanntes Schiff zum Vermessen von Küsten, Fahrwasserstraßen, Meerestiefen, Strömungen, Magnetfelder u. a. Aufgaben, die zur Ergänzung und Aktualisierung von Seekarten bzw. für die Meeresforschung erforderlich sind; siehe auch *Forschungsschiff* und *»MÖWE«*.

Vermessungs- und Erkundungsbohrschiff: siehe *Bohrschiff*

Versenkbare Plattform: siehe *Bohrinsel*

1 Container-Portalkrane (Portainer) haben Spreader anstelle der Kranhaken, die ein automatisches Anschlagen der Container ermöglichen
2 u. 3 Hydraulisch betätigter Riegel zur Befestigung von Containern am Spreader – Position vor und nach dem Verriegeln
4 Laderaum eines Containerschiffs mit Containerstaugerüsten
5 Verbindungselemente für Deckscontainer

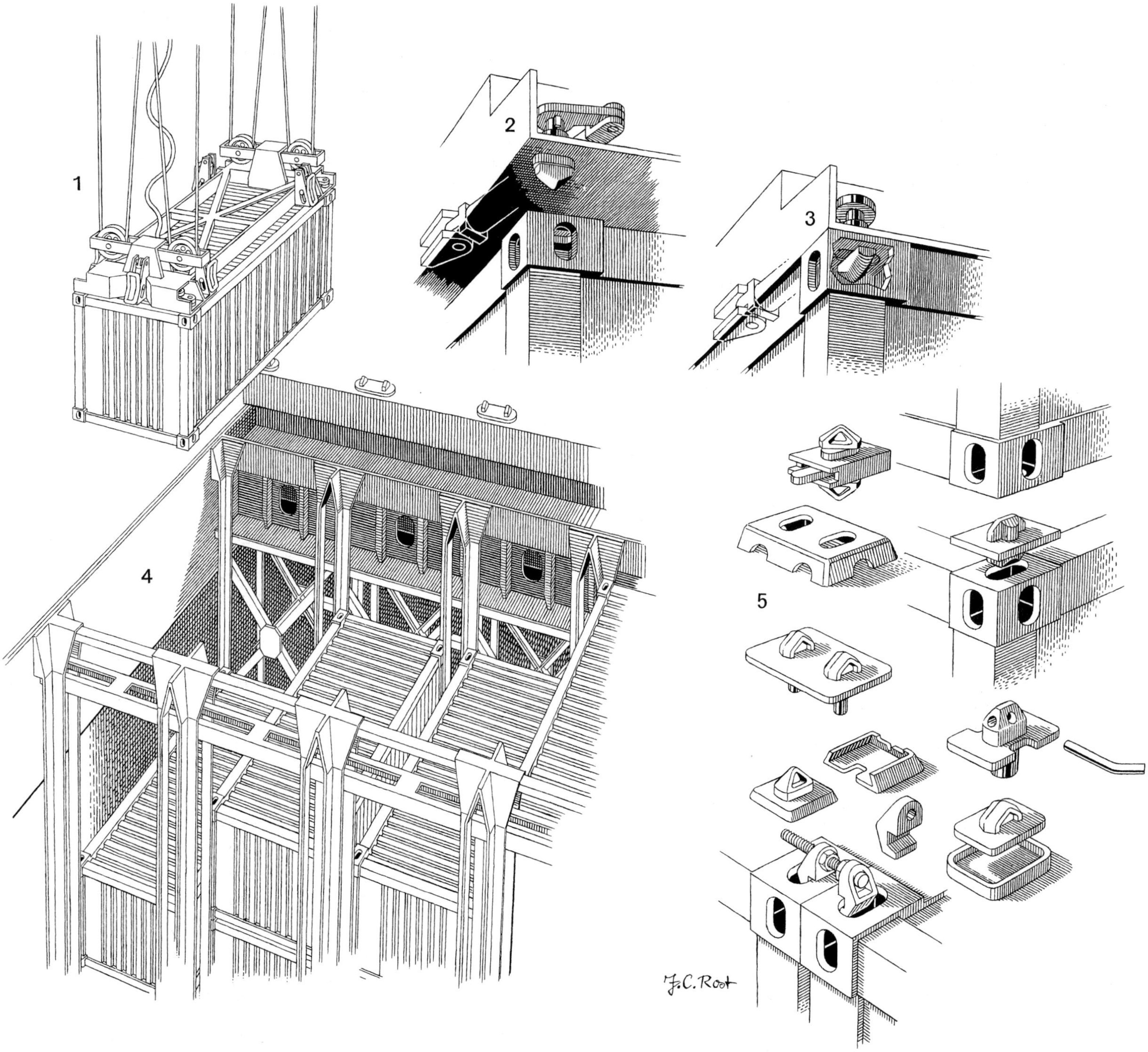

Versorgungsschiff: Hilfsschiff der Marine für unterschiedliche Versorgungsaufgaben zur Truppen-, Brennstoff-, Material-, Munitions- und Torpedoversorgung und für sonstige Versorgungsaufgaben.

Versorgungstanker: ein spezieller *Tanker* der Kriegsflotten zur Versorgung von Kampf-, Hilfskampf- und Hilfsschiffen mit flüssigen Verbrauchsstoffen auf See. Die Treibstoffübergabe geschieht mit Pumpen und flexiblen Schläuchen entweder in der Parallelfahrt, wobei gleichzeitig zwei Schiffe versorgt werden können oder in Kiellinie, wobei in der Regel der Versorgungstanker das zu versorgende Schiff schleppt. Der hohe Treibstoffbedarf der konventionellen Flugzeugträger für den Fahr- und Flugbetrieb erfordert beispielsweise eine Übergabemenge von 1000 bis 1500 t/h Treibstoff verschiedener Sorten.
In der zivilen Schiffahrt sind Versorgungstanker nur bei den Fischereiflotten der Fernfischerei und bei langen Einsatzzeiten konventioneller Eisbrecher nötig. Bei der Flottillen-Fernfischerei werden neben den eigenen Fangeinheiten auch die Fischereischiffe befreundeter Länder mitversorgt. So versorgen sowjetische Versorgungstanker auch Fang- und Verarbeitungsschiffe der DDR oder Polens auf den Fangplätzen mit Treibstoff. Teilweise werden die Aufgaben des Versorgungstankers auch durch kombinierte Schiffstypen wie Kühl- und Transportschiffe wahrgenommen; siehe *»KRISTALL«*.

Verwundetentransportschiff: im zweiten Weltkrieg speziell ausgerüstete Schiffe für die Verschiffung von Verwundeten. Diese Schiffe waren keine *Lazarettschiffe* im Sinne der Haager Konvention und hatten auch nicht deren Status, da sie bewaffnet waren. Sie wurden deshalb öfter angegriffen und versenkt, wobei es dann für die an Bord befindlichen Verwundeten keine Hilfe mehr gab. Ein solches Schiff war u.a. die 9523 BRT große »UBENA«, ein Fracht- und Passagierschiff der Deutschen Ostafrika Linie, Hamburg. Auch die Sowjetunion hatte im Großen Vaterländischen Krieg Verwundetentransporter (Sanitarnyj transport) im Einsatz. Bekannt wurde die »LWOW« durch ihre Transport- und Evakuierungsfahrten bei den Kämpfen um die Halbinsel Krim.

»VICTORIAN«: erstes turbinengetriebenes Fracht-Fahrgastschiff zu Beginn des 20. Jh. Ab 1903/04 setzte die kanadische Allan-Line für die Atlantikroute ihre beiden neuen Fracht-Fahrgastschiffe »VICTORIAN« und »VIRGINIAN« ein. Jedes Schiff konnte 800 t Fracht, darunter Kühlgüter, an Bord nehmen. Von den insgesamt 1650 Fahrgästen mußten 940 als Zwischendeck-Passagiere in Massenquartieren in den unteren Schiffsräumen fahren, während die der II. Klasse im Haupt- und Oberdeck und die der I. Klasse in den darüberliegenden Decks untergebracht waren.
Die Schiffe erreichten mit ihren Dampfturbinen bereits eine Maximal-Geschwindigkeit von 19,5 kn. Sie befanden sich damit in der Übergangsphase zwischen dem Fracht-Fahrgastschiff und den in den Folgejahren dominierenden Passagier-Schnelldampfern.

»Victory«-Schiff: siehe *»Liberty«-Schiff* und *Standardschiff*

Viehtransporter: Spezialfrachtschiff für den Transport von lebendem Schlachtvieh. Insbesondere haben die islamischen Staaten im Nahen Osten durch die Bevölkerungszunahme einen steigenden Fleischbedarf, für den infolge der Religionsvorschrift vorwiegend Hammelfleisch benötigt wird, das zumeist aus Australien als Lebendvieh importiert wird. Dieser Transport erfordert Spezialschiffe, wobei auch *Tanker* oder Containerschiffe speziell dafür umgebaut werden.
Ähnlich dem *Autotransporter* haben Viehtransporter hohe Decksaufbauten, in denen beispielsweise 21000 Schafe auf 12 Ebenen bzw. 2100 Rinder auf 6 Ebenen geladen werden können. Für den Transport von Schafen werden Leichtmetall-Decksplatten verwendet, wobei eine Umrüstung für den Transport von Rindern innerhalb eines Tages möglich ist. Die Stahldecks haben rutschfesten Decksbelag. Über Be- und Entladerampen, die mit einem Deckskran ausgesetzt werden, kommen die Tiere durch Pforten in der Außenhaut an Bord. Das benötigte Futter wird aus den im vorderen Schiffsbereich befindlichen Silofutterraum durch eine Fütterungsversorgungsanlage in die Futter- und Trinkbehälter geführt. Eine Entmistungs- und Reinigungsanlage mit Deckwasch- und Jauchepumpen ist für die Reinhaltung der einzelnen Decks nötig. Das erforderliche Tränkwasser wird i. allg. in zwei Frischwasserverdampfern mit einer Tageskapazität von 60 t erzeugt. Für den Transport der Tiere durch tropische Zonen ist eine gute Durchlüftung der einzelnen Decks unerläßlich. Die Ventilatoren müssen unter Deck einen 35fachen und an Deck einen 15fachen Luftwechsel je Std. gewährleisten. Das Schiff muß außer Besatzungsunterkünften weitere Räume für die Tierpfleger haben.

»VILLE DE SAINT NAZAIRE«: Französisches Paketboot. Das 2673 BRT große Schiff wurde zusammen mit seinen beiden Schwesterschiffen »VILLE DE BORDEAUX« und »VILLE DE BREST« 1871 gebaut. Die »VILLE DES SAINT NAZAIRE« war bereits aus Stahl, hatte aber noch einen Rammsteven, um auf der Fahrtroute im Südpazifik gegen Piraten wehrhafter zu sein. Das Schiff war 88,50 m lang, 12,33 m breit und hatte, wie alle Schiffe aus dieser Zeit, noch eine Hilfsbesegelung, sie war barkähnlich getakelt und besaß noch eine offene »Brücke«. Der Steuerstand mit dem Ruderrad war am Heck direkt über dem Ruder, das noch durch eine Sorgleine gesichert war. Ein kleiner Deckskran diente der Übernahme von schwerem Gepäck. Der Stockanker wurde außenbords gefahren, aber die Ankerkette wurde schon durch eine Klüse geführt. Die Hecklaterne hing nach außenbords. Trotz der Größe von 2673 BRT wurden wegen der seinerzeit üblichen Postbeförderung in gebündelten Paketen auch diese Schiffe noch als *»Paketboot«* bezeichnet.
Die beiden Kolbendampfmaschinen leisteten zusammen 1913 kW (2600 PS) und gaben dem Zweischraubenschiff eine Geschwindigkeit von 12,5 kn. Drei querstehende schottische Kessel mit insgesamt 9 Feuerstellen erzeugten den Dampf. 1897 ging das Schiff durch Schiffbruch verloren; die beiden Schwesterschiffe wurden 1899 zum Abbruch verkauft.

»VIPER«: britischer Torpedobootzerstörer und Versuchsschiff zur Einführung der Parsons-Dampfturbine. Nach den erfolgreichen Fahrten der *»TURBINIA«* erteilte die britische Admiralität 1897 zunächst den Auftrag zum Bau des Torpedobootzerstörers »VIPER«, der die gleichen Abmessungen (Länge 64,0 m, Breite 6,4 m, Deplacement 370···376 ts) wie die bereits im Bau befindlichen 30-kn-Zerstörer erhalten, jedoch anstelle der Dampfmaschinen durch Dampfturbinen über 4 Wellen mit je 2 Schrauben bei 7360 kW (10000 PS) Turbinenleistung angetrieben werden sollten.
Die »VIPER« wurde 1898 bei »Haxthorn Leslie & Co. Maschinenfabrik« gebaut und 1901 in Dienst gestellt. Auf jeder Schiffsseite kam ein Turbinensatz so zur Aufstellung, daß die inneren Wellen von den Niederdruckturbinen angetrieben wurden, die je eine Rückwärtsturbine erhielten, und die Hochdruckturbinen auf die äußeren Wellen wirkten. Die »VIPER« erreichte eine Geschwindigkeit von 33,4 kn, mit Überlast der Turbinen sogar 36,5 kn.

Schnittdarstellung des französischen Zweischraubers mit Rammsteven »VILLE DE SAINT NAZAIRE«, 1871

Gleichzeitig hatte Armstrong den Bau des Torpedobootzerstörers »COBRA« übernommen. Im Unterschied zur »VIPER« wurden bei der »COBRA« die 4 Wellen mit je 3 Schrauben versehen. Damit erreichte die »COBRA« sogar eine Höchstgeschwindigkeit von 37,1 kn. Endgültige Leistungen und Geschwindigkeiten konnten jedoch weder mit der »VIPER« noch mit der »COBRA« ermittelt werden. Die »VIPER« fuhr im Nebel auf einen Felsen und zerschellte, während die »COBRA« infolge zu schwacher Bauweise des Schiffskörpers und ungünstiger Bebunkerung mit Kohle bei Probefahrten in der Tyne-Mündung auseinanderbrach und mit der ganzen Besatzung sank. Die Kollision und die nicht ausreichende Festigkeit waren jedoch nicht auf den Einsatz von Turbinen zurückzuführen.

Der britische Torpedobootzerstörer »VIPER« mit Parsons-Dampfturbinen, 1901

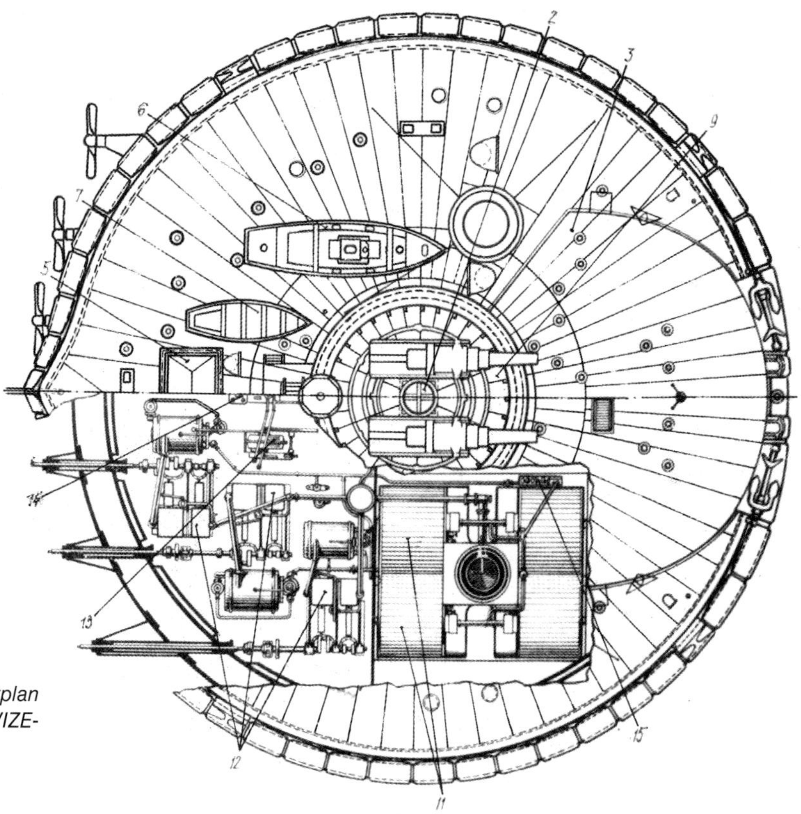

Draufsicht und Schnittplan des Panzerschiffs »VIZEADMIRAL POPOW«

»VIZEADMIRAL POPOW«: zweites Rundschiff nach den Plänen des zaristischen Vizeadmiral A. A. POPOW. Bereits ein Jahr nach der Fertigstellung des ersten Rundschiffs *»NOWGOROD«* ließ das Marineministerium im August 1874 in Nikolajew das zweite *Rundschiff* auf Kiel legen. Das mit 3610 t Deplacement um etwa 1000 t größere Schiff lief 1875 von Stapel, wurde zunächst auf den Namen »KIEW« getauft, jedoch kurz danach zu Ehren seines Konstrukteurs in »VIZEADMIRAL POPOW« umbenannt. Das aus Eisen gebaute Schiff hatte mit seinem größten Schiffsrumpfdurchmesser von 36,90 m einen um etwa 6 m größeren Durchmesser als die »NOWGOROD«. Der Rumpf war in 36 wasserdichte Abteilungen unterteilt. Er ging vorn 3,66 m und hinten 5,18 m tief, so daß sich ein mittlerer Tiefgang von 4,42 m ergab. Der Hauptspant hatte einen Querschnitt von 131,5 m^2, die Höhe im Raum betrug 4,27 m. Der Freibord war mit 0,46 m wie erwünscht sehr gering. Die Panzerung der Schiffsseiten reichte bis 1,47 m unter die Wasserlinie und war 40,6···45,7 cm dick. Das Deck war 7,5 cm dick gepanzert.

Die »VIZEADMIRAL POPOW« war mit 2×30,5-cm-Hinterladerkanonen (Geschützmasse 40 t) bewaffnet, die auf Drehscheiben in einem oben offenen Barbetteturm standen. Außerdem waren 4 kleine 7,5-cm-Geschütze aufgestellt. Der Barbetteturm hatte 10,7 m Außendurchmesser, war wie der Wasserliniengürtel gepanzert und hatte eine Höhe über der Konstruktionswasserlinie von 4,02 m.

Die Maschinenanlage von Baird aus St. Petersburg bestand aus 8 liegenden Zweifach-Expansionsmaschinen mit etwa 3297 kW (4480 PS) Leistung, die auf 6 Schraubenwellen wirkten. Die äußeren Schrauben waren im Durchmesser größer und sollten nur im tiefen Wasser arbeiten. Sie wurden deshalb von 2 Maschinen angetrieben. Das Schiff konnte einen maximalen Kohlevorrat von 254 t an Bord nehmen. Die Besatzung bestand aus 205 Mann.

Wie bei der »NOWGOROD« verliefen die See- und Artillerieerprobungen gleich gut. Es zeigte sich auch ein gutes Seeverhalten. Am 15. Juni 1879 machte die »VIZEADMIRAL POPOW« trotz Seegang 7 noch eine Fahrt von 5,6 kn bei Rollwinkeln von nur 7°. Das Drehvermögen mit Ruderunterstützung war aber wesentlich geringer als bei herkömmlichen Schiffen und ein schnelles Drehen konnte nur mit Hilfe der äußeren Propeller erreicht werden. Die Arbeitsbedingungen in den Räumen waren wegen der schlechten Belüftung ungünstig. Im Maschinenraum entstanden Temperaturen von 43 °C, und im Kesselraum stieg das Thermometer bis auf 62 °C und sogar bis auf 78 °C. Später wurden auf der »VIZEADMIRAL POPOW« die beiden äußeren Maschinen wieder ausgebaut, da sie nur wenig Geschwindigkeitserhöhung gebracht hatten.

VLCC: Abkürzung für engl. Very Large Crude Carrier, also für »sehr große *Tanker*« über 100 000 t Tragfähigkeit. Noch größere Tanker bis zu 500 000 t Tragfähigkeit und darüber werden ULCC, Abkürzung für engl. Ultra Large Crude Carrier, genannt.

Voith-Schneider-Propeller-Schiff, *Voith-Schneider-Wassertrecker:* ein Schiff, das durch einen oder mehrere Drehflügelpropeller nach dem Prinzip von Voith-Schneider angetrieben und gesteuert wird. 1925 machte der österreichische Elektroingenieur Ernst Schneider aus Wien eine Erfindung, die noch heute in der Schiffahrt von Bedeutung ist. Es handelt sich um Propellerflügel, die auf einer sich drehenden Scheibe angeordnet sind und dabei Schwingbewegungen ausführen. Die Erfindung wurde am 7. Dezember 1925 in Österreich unter der Nr. 105723 und am 5. Juni 1926 in Deutschland unter der Nr. 453823 patentiert und der Firma J. M. Voith in Heidenheim und St. Pölten (Nieder-Österreich) als »neuartige Wasserturbine mit verstellbarer Steigung« zur Nutzung angeboten. Die Voith-Werke, die damals große Wasserturbinen, sog. »Kaplanturbinen« bauten, entwickelten die funktionsfähige Konstruktion. Der heutige Voith-Schneider-Antrieb sollte zunächst eine Wasserturbine werden, doch die Untersuchungen ergaben, daß die Schneider'sche Schwingflügelturbine dafür nicht besonders geeignet war. Man hatte aber erkannt, daß das Prinzip als »Antriebsmaschine« für den Antrieb von Schiffen von großer Bedeutung war. Die Schwingflügel gestatteten eine variable Richtung des Schubs, und durch Änderung der Steigung ließ sich auch die Schubgröße regulieren. Dementsprechend wurde die weitere Entwicklung auf das Propeller-Konzept konzentriert. Weitere Verbesserungen konnten übernommen und patentiert werden, bis 1929 die Arbeiten so weit gediehen waren, daß ein VS-Versuchsboot »TORQUEDO I« mit 44 kW (60 PS) Antriebsleistung und 0,8 m Flügelkreisdurchmesser von der Lürssen-Werft in Bremen-Vegesack gebaut und

getestet werden konnte. Die in den Modellversuchen vorausgesagten Eigenschaften fanden ihre volle Bestätigung.
Der Voith-Schneider-Antrieb, damals noch Voith-Schneider-Treibmittel oder Flügelpropeller genannt, hatte seine Premiere an den Reichsbahn-Fahrgastschiffen auf dem Bodensee. Wegen der dortigen schwierigen Hafenverhältnisse suchte man nach neuen Antriebs- und Manövriersystemen. 1930 erprobte die Reederei »Bayrischer Lloyd« mit dem Motor-Schubschiff *»UHU«* als einem der ersten Schiffe die Brauchbarkeit des VS-Antriebs. In der Folgezeit wurden Fähren, Schlepper, Räumboote und Schwimmkrane mit diesem neuen Antriebssystem ausgerüstet. Der zweite Weltkrieg hemmte die Weiterentwicklung der VS-Anlagen und erst in den 1950er Jahren wurde der Propeller häufiger eingesetzt. Auf seegehenden Fährschiffen fand er als Bugsteuereinrichtung zur Verbesserung der Manövriereigenschaften Verwendung, wurde aber bald von den einfacheren Querstrahlanlagen mit Fest- und Verstellpropeller wieder verdrängt. Als kombiniertes Vortriebs- und Lenkmittel ersetzte der VS-Antrieb den Schraubenpropeller und das Ruder.
Die bisher größten VS-Anlagen hatten einen Flügelkreisdurchmesser von 4 m und eine Flügellänge von 2,5 m für ein 12000-t-Bohrschiff einer italienischen Ölgesellschaft. Sie übertrugen Antriebsleistungen von insgesamt 1910 kW (2600 PS). An einem runden Flügelträger, der mit dem Schiffsboden abschließt, befinden sich bis zu 6 verstellbare, senkrecht zum Flügelträger stehende Flügel. Die mit dem Flügelträger in Verbindung stehende Antriebswelle hat im Schiffsinnern eine rechtwinklige Lage zum Flügelträger und wird über Kegelradpaare angetrieben, wobei sie den Flügelträger in Drehung versetzt. Für die Schubrichtungs- und Schubkraftverstellung werden die Flügel über eine Exzentersteuerung in ihrer Steigung während des Umlaufs verändert.
Ein Anwendungsgebiet für VS-Anlagen sind heute noch Hafenschlepper, da an diese Fahrzeuge in engen Hafenrevieren besonders hohe Anforderungen hinsichtlich der Manövrierfähigkeit gestellt werden. Derartige Schlepper sind heute als Voith-Wassertrecker bekannt. Sie sind den konventionellen Schraubenschleppern dadurch überlegen, daß bei ihnen der Antrieb unter dem Vorschiff angeordnet ist und der Schlepphaken im hinteren Schiffsdrittel liegt. Dadurch entsteht eine günstige Lage zwischen dem vorn erzeugten Schub und dem hinten angreifenden Trossenzug. Der Wassertrecker nimmt so selbständig jeweils die Richtung der gestreckten Trosse ein, so daß ein Kentern des Schleppers durch Querzug fast ausgeschlossen ist. Der Schraubenschlepper muß hingegen bei eintretendem Kraftrichtungswechsel seine Position zum Schleppobjekt ständig verändern. Der VS-Antrieb gestattet außerdem die stufenlose Schubrichtungsänderung im gesamten Winkelbereich von 360 Grad. Voith-Wassertrecker haben je nach Einsatzgebiet und Einsatzbedingungen Antriebsleistungen von 2×440 kW bis 2×740 kW (2×600 PS bis 2×1000 PS).

6-flügliger Voith-Schneider-Propeller, Bauform 1938

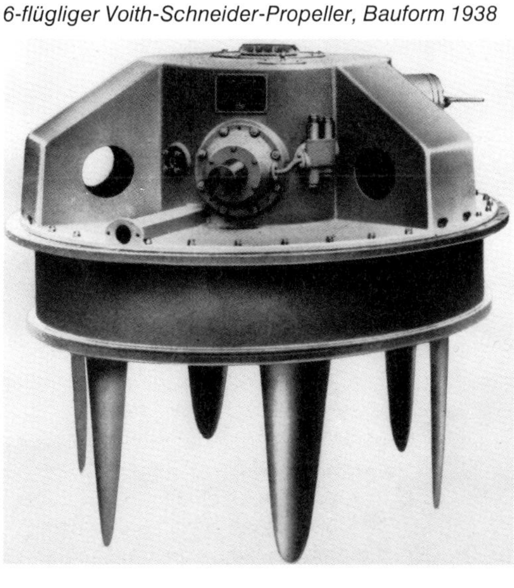

»VÖLKERFREUNDSCHAFT«, ex *»Stockholm«* (3): Urlauberschiff des Freien Deutschen Gewerkschaftsbundes von 1960 bis 1985. Das Schiff wurde im Jahr 1948 als die dritte »STOCKHOLM« bei den Götaverken in Göteborg (Schweden) für die A. B. Svenska-Amerika-Linie gebaut. Als Fracht- und Fahrgastschiff wurde es mit 11650 BRT vermessen. Es erhielt eine Länge von 159,93 m; 21,03 m Breite und 7,55 m Tiefgang. Die Einrichtung ist für 395 Passagiere und 170 Mann Besatzung ausgelegt. Der Schiffskörper wurde bereits weitgehend geschweißt und die stromlinienförmigen Aufbauten unter Verwendung von 32 t Leichtmetall anstelle von 65 t Stahl hergestellt. Die 6 Laderäume einschließlich Kühlladeraum erhielten ein Fassungsvermögen von 8495 m^3. Jede der 6 Luken wird durch zwei 5-t-Ladebäume bedient. Für diese Zeit beachtlich war die Ausrüstung mit Flossenstabilisatoren zur Dämpfung der Rollbewegungen des Schiffs. Als Antriebsanlage dienten 2 langsamlaufende Kreuzkopf-Dieselmotoren von je 4416 kW (6000 PS) Leistung, mit denen das Schiff eine Geschwindigkeit von 18 kn erreichte. Am 26. Juli 1956 um 23.20 Uhr Ortszeit stieß die »STOCKHOLM« auf einer Amerika-Reise vor Nantucket-Island, 45 Seemeilen vor der USA-Küste, mit dem 29083 BRT großen italienischen Luxus-Fahrgastschiff »ANDREA DORIA« zusammen, das sich auf der 101. Überfahrt von Genua nach New York befand. Der Bug der »STOCKHOLM« drang 10 m tief in die Stb.-Seite der »ANDREA DORIA« ein. Die »ANDREA DORIA« sank am 27. Juli um 15.15 Uhr. Es war der erste folgenschwere »Radarunfall« in der Schiffahrtsgeschichte. Bei dem Unglück waren 40 Tote zu beklagen. Die »STOCKHOLM« erreichte mit eigener Kraft New York und wurde mit einem Kostenaufwand von 995000 USA-Dollar bei der Bethlehem Steel Company repariert. Am 5. November 1956 war das Schiff wieder einsatzbereit.
1960 wurde die »STOCKHOLM« vom FDGB-Feriendienst der DDR aus den Mitteln der »Stekkenpferd«-Bewegung angekauft und am 3. Januar 1960 als »VÖLKERFREUNDSCHAFT« in Dienst gestellt. Nach Umbauten und Neuvermessung von 12442 BRT beförderte das Schiff danach mit 230 Mann Besatzung 568 FDGB-Urlauber. Die Einrichtung mit Salons, Klubs, Kino, Schwimmbad und Dienstleistungsbereichen entsprach dem damaligen Stand in der Passagierschiffahrt. Als Urlauberschiff machte es Reisen in das Mittelmeer, Nordmeer, Schwarze Meer, in die Ostsee und nach Kuba. 1985 wurde das Schiff verkauft und durch die *»ARCONA«* ex »ASTOR« ersetzt.

Vollcontainerschiff: ein Schiff ausschließlich für den Containertransport in den Laderäumen und an Deck. Im Unterschied zum *Semi-Containerschiff* befinden sich zur zurrungsfreien Containerstauung in allen Laderäumen und soweit möglich auch auf den Lukendeckeln feste Containerstaugerüste entsprechend dem Containerraster, so daß i. allg. keine anderweitige Ladung gestaut werden kann; siehe *Containerschiff*.

Volldecker, *Volldeckschiff: Frachtschiff* mit einem weiteren durchlaufenden, wasserdichten und in die Festigkeitsberechnung einbezogenen Deck. Die Seitenwände und wasserdichte Schotte des Schiffs reichen bis zu diesem Deck, das als Freibord-Schottendeck bezeichnet wird. Die Bauweise wurde insbesondere beim *Mehrzweckschiff* für den Stückguttransport und Ladungen mit hoher Dichte günstig; siehe auch »Schiffsvermessung« im vorangestellten Abschnitt »Grundbegriffe«.

Vorderkajütboot: Bezeichnung für Motorboote unterschiedlicher Größe, bei denen das Vorschiff bis zum Hauptspant oder noch weiter eine Kajüte hat, deren Deck i. allg. gegenüber der Seitenhöhe des Boots erhöht ist.

Vorpostenboot: kleines Kriegsschiff für den Küstenschutz. In den beiden Weltkriegen bildeten Vorpostenboote im Seegebiet vor der eigenen Küste einen mehrfach gestaffelten Sicherungsgürtel. Sie beobachteten und meldeten als »Vorposten« feindliche Schiffsbewegungen auf See und zogen sich beim Erscheinen stärkerer Kampfverbände auf eine innere Linie zurück. Zur Selbstverteidigung und gelegentlichen U-Boot-Jagd waren sie mit Geschützen mittleren Kalibers, Flakwaffen und Wasserbomben ausgerüstet. Da sie ständig und bei jedem Wetter den Vorpostendienst versehen mußten, eigneten sich für diese Aufgaben *Fischdampfer* besonders gut. Sie wurden mit den Besatzungen in großer Zahl in den Marinedienst übernommen und umgerüstet. In beiden Weltkriegen gab es bei den Vorpostenbooten hohe Verluste. In den modernen Marinen gilt das Vorpostenboot als überholt. Trotzdem wurden nach 1945 noch viele Fischdampfer-Neubauten für diesen speziellen Zweck mit Verstärkungen unter der Back zum späteren Aufbau eines Geschützes entworfen und gebaut. Die deutsche Marine ließ in beiden Weltkriegen spezielle Kriegsfischdampfer entwerfen und bauen, die nach Kriegsende in den Zivildienst übergehen sollten.

»VORWÄRTS«: ex »JOHANN AHRENDS«, ex »GRETE CORDS«; kleiner Rostocker Frachtdampfer und später erstes Schiff der DDR-Handelsflotte. Das Schiff wurde 1903 unter der Baunummer 214 als »GRETE CORDS« von der »Rostocker Actien-Gesellschaft Neptun« Schiffswerft und Maschinenfabrik (heute VEB Schiffswerft »Neptun«) für die Reederei Cords &

Schmidt; Rostock (ab 1904 Reederei August Cords) nach den Vorschriften des Germanischen Lloyd aus Siemens-Martin-Stahl mit der Klasse✠ 100^{A}_{4} L[E] gebaut. Das genietete Schiff war für die Ostsee und Nordsee vorgesehen und erhielt für Fahrten in gebrochenem Eis einen verstärkten Bug. Als Quarterdeckschiff hatte es 4 bis zum Hauptdeck reichende stählerne Querschotte, die den Schiffskörper in 5 wasserdichte Abteilungen so unterteilten, daß die Schwimmfähigkeit noch erhalten blieb, wenn die beiden kleinsten Abteilungen vollgelaufen wären. Zur Ladungssicherung waren eiserne und hölzerne Querschotte vorhanden. Es wurde mit 873 BRT und 538 NRT vermessen (Meßbrief 20. Februar 1905) und hatte eine Tragfähigkeit von etwa 1300 t. Der Frachter lief am 26. März 1903 von Stapel. Die Indienststellung war im Juni des gleichen Jahres.
Er war über Alles 67,0 m und zwischen den Loten 64,30 m lang, hatte eine Breite von 9,75 m über Alles und über Spanten 9,50 m. Die Seitenhöhe bis zum Hauptdeck betrug 4,91 m und die Raumtiefe 4,25 m. Zur vollen Besatzung gehörten 16 Mann. Die beiden Laderäume mit 1530 m³ Volumen wurden über 3 Ladeluken von 3 × 3 t-Ladebäumen und 5 Zweizylinder-Dampfwinden bedient.
Als Antriebsmaschine diente eine in der Bauwerft hergestellte Dreizylinder-Dreifachexpansionsmaschine mit einer Leistung von 331 kW (450 PS), mit der das Schiff mit dem vierflügligen Propeller 8 kn erreichte. Den Dampf erzeugten 2 kohlegefeuerte »schottische« Zylinderkessel, ebenfalls aus der Bauwerft. Sie hatten insgesamt 154 m² Heizfläche und 12 kp/cm² Überdruck (1,3 MPa). Für Bordstrom sorgte ein kleiner 65-V-Dampfdynamo mit 1,7 kW Leistung. Die Aktionsweite des Schiffs lag bei 4000 Seemeilen.
Die »GRETE CORDS« war überwiegend für die Holzfahrt in der Nord- und Ostsee, aber auch für die Stückgutfahrt im Trampdienst eingesetzt. Bei Schiffen aus dieser Zeit war die offene Brücke noch typisch, die auf Ostseeschiffen noch bis zum Ende der 30er Jahre anzutreffen war und höchstens mit einer Schutzpersenning überdacht wurde. Seinerzeit war man noch der Ansicht, daß ein geschlossenes Ruderhaus die Wachsamkeit der Schiffsführung beeinträchtigen würde.
Bei Kriegsausbruch 1914 lag die »GRETE CORDS« mit einer Ladung Eichenholz löschbereit im französischen Hafen Brest und wurde dort beschlagnahmt. Sie durfte jedoch unter Begleitung schließlich zu einem neutralen spanischen Hafen auslaufen und sich dort internieren lassen. In Aviles lag das Schiff dann über 6 Jahre und konnte erst 1920 die Heimreise antreten.
Es kam 1921 wieder in Fahrt und ging später in den Besitz der Rostocker Reederei Erich Ahrends über und erhielt den Namen »JOHANN AHRENDS«. Während der Weltwirtschaftskrise war es wie viele andere Schiffe aufgelegt und kam erst wieder 1933 in Fahrt. 1945 lag der Frachter demoliert in der Wismarer Bucht, wurde im April 1950 nach Stralsund geschleppt und auf der dortigen Staatswerft generalüberholt. Am 13. Oktober 1950 wurde das Schiff unter dem neuen Namen »VORWÄRTS« wieder in Dienst gestellt und lief am 4. November 1950 mit einer ersten Ladung nach Ventspils (Lettische SSR)

Frachtdampfer »VORWÄRTS« ex »GRETE CORDS«

aus. Es wurde so zum ersten Schiff der neuen DDR-Handelsflotte. Damals noch von der »Deutschen Schiffahrts- und Umschlagzentrale« bereedert, wurde die »VORWÄRTS« am 1. Juli 1952 von der Deutschen Seereederei übernommen. Kapitän Willy Beykirch führte das Schiff drei Jahre im Ostseeraum auf 104 Reisen, bis die »VORWÄRTS« im April 1954 wegen wiederholter Kesselschäden endgültig außer Dienst gestellt werden mußte. Am 30. April begann der Umbau zum Pionierschiff der Pionierorganisation »Ernst Thälmann«, die das Schiff am 15. Juni 1955 übernahm. Im Rostocker Stadthafen liegend diente die »VORWÄRTS« bis 1988 als stationäres Ausbildungszentrum der Arbeitsgemeinschaft »Junge Matrosen«, deren Ausbildung auf diesem Schiff am 30. Mai 1957 begann.

V-Spantschiff: Schiff mit V-förmigen Querschnittsflächen im Vor- und/oder Hinterschiff. V-Spanten im Vorschiff erzeugen eine abwärtsgerichtete Umströmung im Bereich des Wasserlinieneintritts und vermindern den Reibungswiderstand sowie die Stampfbewegungen des Schiffs, u. a. war das ursprüngliche *Maierform-Schiff* ein V-Spantschiff. Im Hinterschiff sind V-Spanten wegen der ungleichmäßigen Anströmung des Propellers nicht so günstig. Moderne Schiffe haben am Vorschiff i. allg. einen getauchten Bugwulst und V-Spanten erst oberhalb des Wulstes. Demgegenüber ähneln die Hinterschiffsspanten im Bereich vor dem oberen Propellerhalbkreis stärker dem *U-Spantschiff.* Sie gehen ab Wellenmitte in einen Heckwulst über.

»VULCAN«: deutsches U-Boot-Dock- und Hebeschiff, eines der ersten Schiffe mit turboelektrischem Antrieb. Um 1902 hatte Geheimrat Dr. Emil Rathenau (1838–1915) – Gründer der »Deutschen Edison-Gesellschaft für angewandte Elektricität«, die ab 1887 zur »Allgemeine Elektricitäts Gesellschaft« umgewandelt wurde – als deren Leiter Projekte eines turboelektrischen Schiffsantriebs ausgearbeitet. Er wollte die Dampfturbine nicht mehr direkt als Antriebsmaschine verwenden, da diese nur bei hohen Drehzahlen wirtschaftlich arbeitet und weil es noch keine Untersetzungsgetriebe gab. Die Turbinen sollten Generatoren antreiben und der Strom sollte die E-Motoren der Propellerwelle speisen. Einen weiteren Vorteil sah man in der guten Regelbarkeit des E-Antriebs, um die Manövrierfähigkeit der Schiffe zu verbessern. Zur Erstanwendung dieses neuen Antriebs ließ die

Deutsches U-Boot-Bergungs-Dock- und Hebeschiff »VULCAN« 1907

Kaiserliche Marine für die im Entstehen begriffene U-Boot-Kriegsflotte 1907 das Dock- und Hebeschiff »VULCAN« mit turboelektrischem Antrieb bauen. Bei diesem Schiff waren ungewöhnlich gute Manövriereigenschaften nötig, um ständig die Position über einem gesunkenen U-Boot beizubehalten.
Das Hebeschiff »VULCAN« wurde bei den Howaldtwerken in Kiel gebaut, lief am 28. September 1907 von Stapel und war am 4. März 1908 dienstbereit. Das 1410 BRT große Schiff mit einem Deplacement von 1595 t war über Alles 85,3 m und zwischen den Loten 78,0 m lang, 16,5 m breit und hatte 3,85 m Tiefgang. Die Besatzungsstärke betrug 124 Mann. Den Schiffskörper bildeten 2 parallele Pontons von je 5,0 m Breite, die vorn und achtern durch brückenähnliche Schiffsenden verbunden waren. Aus dem Abstand der Pontons ergab sich gleichzeitig die nutzbare Dockweite von 6,5 m. Die Hebelast des Schiffs betrug 500 t. Die Antriebsanlage bestand aus 2 Zoelly-Turbogeneratoren von 986,3 kW und 2 E-Motoren mit 450 kW. In jedem Ponton war ein Generator und ein Maschinenraum untergebracht. Der Dampf wurde mit 4 Kesseln und insgesamt 8 Feuern mit einem Druck von 1,6 MPa (15 atü) erzeugt. Der Kohlevorrat betrug 130 t. Das Schiff erreichte eine Geschwindigkeit von 12 kn. In der Einsatzzeit hat die »VULCAN« bis 1918 insgesamt 5 gesunkene deutsche U-Boote gehoben: »U 3« durch Unfall gesunken am 17. Januar 1911; »UB 25« durch Havarie gesunken am 19. März 1917, gehoben am 23. März 1917; »UB 84« durch Kollision gesunken am 7. Dezember 1917; »UB 106« durch Unfall gesunken am 15. März 1918, gehoben am 18. März 1918; »UC 91« durch Kollision gesunken am 5. September 1918, gehoben am 10. September 1918.
Das Hebeschiff sank 1919 während der Reparations-Ablieferungsfahrt nach Britannien in der Nähe von Helgoland. Für fast 30 Jahre sollte die »VULCAN« das einzige deutsche Schiff bleiben, das einen turboelektrischen Antrieb besaß.

»VULCANUS«: 1910 erstes von einem Dieselmotor angetriebenes seegehendes Schiff, während die *»VANDAL«* (1903) das erste *Binnenschiff* mit Dieselmotorantrieb war. Die »VULCANUS« wurde als *Tanker* von der Nederlandsche Scheepsbouw Matschappij in Amsterdam für die Nederlandsche-Indische Tank Stoomboot Matschappij gebaut. Sie war ein *Turmdecker* mit Back und Poop und sollte Erdöl und Raffinierieprodukte von Borneo in Niederländisch-Indien verteilen.
Das Schiff von 59,74 m Länge; 11,5 m Breite und 4 m Tiefgang hatte 1216 t Tragfähigkeit und war mit 1180 BRT vermessen. In drei voneinander getrennten Ladetanks, über denen das Turmdeck die Ausdehnungstanks bildete, konnten ohne Vermischung drei verschiedene Erdölprodukte gefahren werden, und es bestand auch noch die Möglichkeit, in einem vorderen »trockenen« Laderaum Faßöl zu fahren. Der neuartige Antrieb bestand aus einem einfachwirkenden Sechszylinder- Werkspoor-Viertaktdieselmotor mit 410 mm Zylinderbohrung und 600 mm Hub. Bei 165 U/min leistete der Motor 368 kW (500 PS). Das Schiff fuhr damit 8 kn. Aus Sicherheitsgründen wurden die Decksmaschinen mit Preßluft angetrieben. Als die »VULCANUS« Ende 1931 abgebrochen wurde, war der Dieselmotor noch voll funktionsfähig.

Das Frachtmotorschiff »VULCAN« mit dem neuentwickelten Föttinger-Vulcan-Getriebe, Baujahr 1924

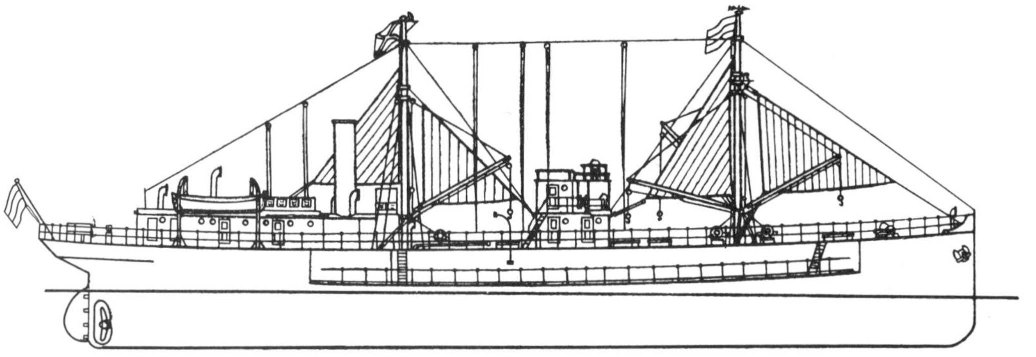
»VULCANUS«, 1910 erster seegehender Motortanker der Welt

»VULKAN«: deutsches Frachtmotorschiff. Das 1314 BRT bzw. 681 NRT große Frachtmotorschiff wurde bei den »Vulkan-Werke AG« in Hamburg für eigene Rechnung gebaut, die Werft war gleichzeitig Eigner und Reeder. Das Schiff diente der Bauwerft vornehmlich als Versuchsschiff für das neuentwickelte »Vulkan«-Getriebe, eine Konstruktion von Hermann Föttinger. Es lief im Februar 1924 von Stapel und war 70,37 m lang und 11,00 m breit. Bei einer Seitenhöhe von 5,20 m und einer Raumtiefe von 4,54 m betrug die Tragfähigkeit ca. 2000 t. Die Antriebsanlage bestand aus zwei einfachwirkenden Viertakt-Gleichdruckdieselmotoren von je 242,8 kW (330 PS) Leistung, die über ein »Vulkan«-Getriebe auf den Propeller arbeiteten.

W

Wachboot, *Wachkutter*, *Wachschiff*: kleineres Marinefahrzeug für die Hafen-, Reede-, Küsten- und Wasserstraßenüberwachung. In den beiden Weltkriegen wurden u.a. viele Fischkutter zu Vorposten-Wachkuttern umgerüstet, leicht bewaffnet und als *Vorpostenboote* eingesetzt. Im britischen Blockadering wurden auch größere Schiffe zu Hilfskreuzern umgerüstet und als Wachschiffe genutzt.

Walfänger mit Beute

Walfangboot, *Walfänger:* ursprünglich gerudertes offenes Boot und danach dampf- und später motorangetriebenes Fahrzeug, das von einem *Walfangmutterschiff* oder einer Landstation aus Wale aufspürte, verfolgte und harpunierte. Mit der Einstellung des kommerziellen Walfangs gibt es nur noch vereinzelte Walfänger.
In der ersten Hälfte des 20. Jh. waren es sehr seetüchtige Fahrzeuge von 30···60 m Länge und 600···800 t Deplacement. Zu einem Walfangmutterschiff konnten bis zu 25 Walfänger gehören, die bei der Jagd bis zu 17 kn fuhren. Auf dem erhöhten Vorschiff stand die Harpunenkanone. Die Granatharpune hatte 1868 der Norweger Sven Foyn erfunden. War der Wal harpuniert, so wurde er mit Druckluft aufgeblasen und mit einem Fähnchen gekennzeichnet. Nach der Jagd schleppten die Walfänger oder spezielle *Walschlepper* die getöteten Wale zur Verarbeitung.

Walfangmutterschiff: *Fabrikmutterschiff* zur Schlachtung von Walen. Walfleisch diente schon früh der menschlichen Ernährung und bekam im 19. Jh. zunehmende Bedeutung bei der Gewinnung von tierischem Eiweiß aus dem Meer. Um die Jahrhundertwende wurde das Walöl dringend gebraucht, nachdem der Deutsche Normann ein Verfahren entwickelt hatte, mit dem durch Hydrieren und Raffination daraus ein hochwertiger Rohstoff für die Margarineherstellung entstand.
Blauwale sind die größten auf der Erde lebenden Tiere. Sie werden bis zu 35 m lang, und ihr Gewicht kann 100 t erreichen. Schon ein mittelgroßer Wal ergab 25···30 t Öl, eine Fettmenge, für die etwa 400 Kühe oder 50 Hektar Raps erforderlich sind. Außer dem Blauwal wurden hauptsächlich Finnwale gejagt. Daneben brachte der Walfang noch viele andere Grundstoffe für die Industrie. Schon in der Frühzeit jagten Phönizier, Karthager, Griechen und Römer den Wal, ihnen folgten die Wikinger, Basken u. a. Die Tiere wurden vom offenen Boot aus erlegt, der Speck in Fässern verstaut und mit Seglern abtransportiert. Um die Mitte des 19. Jh. begann die Südpolarjagd, wobei Vollschiffe und Klipper als Mutterschiffe eingesetzt wurden. Der norwegische Kapitän C. A. Larsen errichtete bereits 1904 auf Südgeorgien eine Landstation, wo der Tran gekocht und zu Lebertran verarbeitet wurde. Das hatte jedoch den Nachteil, daß die Fangboote bzw. Walschlepper die erlegten Tiere über weite Strecken schleppen mußten. Wenig später gab es die ersten Walfangmutterschiffe. Sie konnten als schwimmende Walkochereien den Fangbooten folgen, die Einsatzzeit der Fangboote erhöhte sich, und die Fangergebnisse stiegen sprunghaft an. 1910 waren im Südpolargebiet schon 6 Landstationen und 14 Mutterschiffe.
Vor dem zweiten Weltkrieg beteiligten sich neben Norwegen, Britannien, der Sowjetunion und Japan auch deutsche Unternehmer am Walfang. 1936 begann die Firma Henkel & Cie. GmbH; Düsseldorf, seinerzeit der größte Waschmittelproduzent in Europa, mit dem Aufbau einer deutschen Walfangflotte. Die »Deutsche Walfang GmbH« wurde ein selbständiges Tochterunternehmen mit Sitz in Wesermünde. Zur Teilnahme an der Fangsaison 1936/37 (November bis März) kaufte man von der HAL den Frachter »WÜRTTEMBERG« und ließ ihn bei Blohm & Voss innerhalb 7 Monaten zum Walfangmutterschiff »*JAN WELLEM*« umbauen. Das Schiff wurde auf einer Länge von 65 m um 4 m verbreitert, eine Heckslip und 5 m über dem bisherigen Hauptdeck ein Schlachtdeck eingebaut. Außerdem waren für die 270 Mann Besatzung Unterkünfte zu schaffen. Mit modernsten Anlagen konnte ein Wal von 100 t in etwa 1 Std. abgespeckt und in den Kochern verarbeitet werden. Zum Mutterschiff gehörten die 8 Fangboote »TREFF I« bis »TREFF VIII«, die nach Unterlagen des Norwegers Maartmann schnell auf verschiedenen Werften gebaut wurden. An der Saison 1936/37 konnten jedoch erst 6 Boote teilnehmen. Die Saison begann mit der Fahrt zur brasilianischen Insel Fernando Noronha, wo man sich mit den Fangbooten traf, die etwa 10 Tage später ausliefen. Dann ging es über Südgeorgien in das Wedell-Meer, dem eigentlichen Fanggebiet. Zur Flotte gehörten noch die von Norwegen gecharterten Mutterschiffe »SKYTTEREN« und »C. A. LARSEN« mit insgesamt 12 Fangbooten. In der Fangsaison 1936/37 waren 7 Länder mit 31 Fangflotten auf Walfang. Es wurden 46039 Wale erlegt, die 556722 t Öl brachten. 1938 stand Deutschland im Walfang an dritter Stelle. Die von Großbritannien 1937 angekaufte »SÜDMEER« war eine der größten schwimmenden Walkochereien, die in 90 Tagen 1000 Wale zu Öl verarbeitete, während die anderen Mutterschiffe Fischmehl und Konserven herstellten. In der Saison 1938/39 waren weltweit sogar schon 40 Flotten mit etwa 280 Fangbooten im Einsatz.
Der zweite Weltkrieg beendete den deutschen Walfang. Die Fangboote gingen zum großen Teil als Vorpostenboote der Kriegsmarine verloren, die 5 Mutterschiffe wurden versenkt oder waren als Reparationen 1945 abzuliefern.
Nach 1945 war die Welt-Walfangflotte auf 9 Mutterschiffe und 90 Fangboote vermindert. Durch ein internationales Abkommen in Washington wurde 1946 die jährliche Abschußquote auf 14500 Stück Blauwaleinheiten begrenzt. Doch bereits 1951 gab es schon wieder 19 Kochereien und 230 Fangboote im Südpolarmeer. Ein bekanntes Mutterschiff war die »*JURI DOLGORUKI*«. 1960 stellte die SU noch das seinerzeit modernste Walfangmutterschiff der Welt, die 44000 BRT große »SOWJETSKAJA ROSSIJA« in Dienst, die täglich 75 Wale verarbeiten konnte. Durch eine weit vorn liegende Brücke wurde ein großes Schlachtdeck geschaffen, unter dem die Maschinen- und Dampferzeugerräume sowie Wohnräume für die 500 Mann starke Verarbeitungsmannschafft lagen.
Seit 1970 konnte durch weitere internationale Abkommen der Walfang eingeschränkt werden, so daß er keine größere ökonomische Bedeutung mehr hat und auch die völlige Ausrottung der Wale verhindert wird.

Ein Wal an Deck des Walfangmutterschiffs »C. A. LARSEN«

Walrückenschiff: Frachtschiff mit einem gewölbten Wetterdeck, ähnlich einem Walrücken, insbesondere Schüttgutfrachter für den Transport von losen Gütern wie Erz, Apatit, Getreide und Kohle. Bei schwerer See besteht bei diesen Gutarten die Gefahr des Übergehens der Ladung nach der einen oder anderen Bordseite, wenn die Laderäume nicht vollständig gefüllt sind. Das Schiff kann dann kentern und verlorengehen.
Für den Erztransport auf den Großen Seen in Nordamerika wurden gegen Ende des 19. Jh. deshalb Schiffstypen entwickelt, die diese Gefahren vermindern sollten, engl. whalebacks. Das Walrückenschiff hatte ein gewölbtes Wetterdeck, worauf sich die Bezeichnung dieses Schiffstyps bezog. Die Bauform sollte auch ein Selbsttrimmen der Ladung ermöglichen. Der Nachteil lag aber darin, daß bei stürmischer See die Wellen ungehindert gegen die Aufbauten schlagen konnten, so daß mehrfach Beschädigungen auftraten.
Ein typischer Walrückendampfer war der 1895 bei der American Steel Barge Co. für den Getreidetransport gebaute 30000 t DW große »FRANK ROCKEFELLER«. Der Schiffstyp konnte sich jedoch nicht durchsetzen, so daß seine Anwendung beschränkt blieb. Bei den Kriegsschiffen

gab es unter den *Torpedobooten* ebenfalls eine ähnliche Bauweise.

»WALRUS«: modernes dieselelektrisches U-Boot der königlich niederländischen Marine. Das in Zusammenarbeit mit der Königlichen Marine entworfene U-Boot wurde am 11. Oktober 1979 bei der »Rotterdamse Droogdock Maatschapij« (RDM) auf Kiel gelegt und am 28. Oktober 1985 zu Wasser gelassen.
Das Typboot »WALRUS« (Walroß) ist mit dem Schwesterboot »ZEELEEUW« (Seelöwe) eine Folgeserie der »Zwaardvis«-(Schwertfisch-) Klasse. Die Boote zeichnen sich durch größere Tauchtiefen, größeren Aktionsradius, bessere Manövrierfähigkeit und geringere Geräusche aus. Der Bootskörper ist aus französischem Stahl gebaut und zeichnet sich durch eine günstigere Tropfenform aus. Alle anderen Bauelemente stammen aus der niederländischen Produktion.
Das über Wasser 1900 t und unter Wasser 2450 t verdrängende Boot ist 67,7 m lang, 8,5 m breit und hat 7 m Tiefgang. Die Besatzung besteht aus 49 Mann. Das Boot ist mit den modernsten Kommunikationsmitteln und elektronischen Geräten (Computer und Bildschirm), Sensoren, Datalink, Sonar, Radar sowie mit Geräten zur Satellitennavigation ausgerüstet. Eine Ankopplung von Unterwasser-Rettungsfahrzeugen, wie sie die US-Navy mit dem »Deep Sea Rescua Vehicle« (DSRV) besitzt, ist möglich.
Die Antriebsanlage besteht aus 3 Dieselmotoren mit angekuppeltem Generator und einem 4200-kW-E-Hauptmotor für die Überwasserfahrt und Batterien für die Unterwasserfahrt. Die Geschwindigkeit beträgt über Wasser 13 kn und unter Wasser 20 kn. Der Maschinenraum kann unbesetzt gefahren werden. Die Bewaffnung besteht aus 4 Torpedorohren für Torpedos des Typs MK 48 (Encapsulated Harpoons). Mit dem U-Boot können auch Minen gelegt werden.

Walschlepper: kleines Begleitboot einer Walfangflotte ohne Harpunierkanonen. Die von einem Mutterschiff mitgebrachten Walschlepper wurden im Fanggebiet zu Wasser gelassen. Sie sammelten die von Walfängern harpunierten Wale ein und schleppten meistens mehrere zugleich zum *Walfangmutterschiff* zur Verarbeitung.

Walter-U-Boot: deutsches *U-Boot* mit Turbinenantrieb nach dem Prinzip von H. Walter. Die Entwicklung dieser Antriebsvariante durch Professor Hellmuth Walter (1900 bis 1980) kann als eine Zwischenstufe auf dem Weg vom Motorantrieb zum *Kernenergie-U-Boot* mit Dampfturbinen betrachtet werden. Die erste Walter-Turbine wurde 1935 bei der H. Walter KG in Kiel fertiggestellt und hatte 2940 kW (4000 PS) Leistung. Das Arbeitsprinzip ging von einem geschlossenen, von der Außenluft unabhängigen, hochtourigen Turbinenantrieb aus, der mit einem Gas-Dampfgemisch betrieben wurde. Im geschlossenen Kreislauf wurde mit Hilfe chemischer Katalysatoren das mitgeführte 80···85 %ige Wasserstoffperoxyd H_2O_2 in Wasser und Sauerstoff zerlegt. H_2O_2 wurde als zähflüssige Masse in Tanks gebunkert. Die Herstellung und Lagerung des agressiven H_2O_2 mußte unter besonderen Schutzmaßnahmen vorgenommen werden, da es bereits bei geringen Verunreinigungen oder Erschütterungen unter hoher Wärmeabgabe explosiv zerfällt. Es wurde deshalb nicht in den Brennstoffbunkern, sondern unter dem Druckkörper in einem seewasserdurchfluteten Raum in Mipolan-Schläuchen (einer Art Buna-Gewebe) mitgeführt. Während Verunreinigungen zur Explosion geführt hätten, hätten Undichtigkeiten und das Eindringen von Seewasser zu einer selbständigen chemischen Umsetzung geführt und den Vorratsverlust bedeutet. Der Sauerstoffträger ging im Reaktionskessel eine Reaktion mit Kaliumpermanganat als Katalysator ein. Dabei entsteht Wasserdampf von etwa 600···700 °C und freier Sauerstoff als Gas-Dampf-Gemisch. Dieses Gemisch wurde in eine Brennkammer geleitet, in der Dieselkraftstoff eingespritzt und gezündet wurde und bei hohen Temperaturen von etwa 2000 °C verbrannte. Zusätzlich wurde Kühlwasser eingespritzt, das verdampfte und die Temperaturen auf 500···600 °C verringerte. Das Gas-Dampfgemisch von 35···40 kp/cm^2 wirkte wie Hochdruckdampf und trieb die Turbine an. Das Walter-U-Boot führte somit durch das H_2O_2 für die Tauchfahrt den Sauerstoff mit und konnte so länger tauchen und eine höhere Unterwassergeschwindigkeit entwickeln. Aus den Abgasen wurde der Wasserdampf niedergeschlagen und dem Kreislauf wieder zugeführt. Die entstandene Kohlensäure wurde nach außenbord gedrückt, wo sie sich spurenlos auflöste. Der Maschinenraum war vollkommen abgeschottet, denn Gase von 2000 °C waren äußerst gefährlich.
Die Walter-U-Boote waren relativ klein, erreichten aber eine Unterwassergeschwindigkeit von mehr als 25 kn gegenüber 9 kn der herkömmlichen U-Boote. H. Walter arbeitete seit 1930 an der Entwicklung von Gasturbinen und der Verwendung von Sauerstoffträgern. 1940 stellte die Germaniawerft in Kiel das Versuchs-Boot »V 80« fertig, das mit einer 1470-kW-(2000 PS)Walter-Turbine bei 14000 U/min eine Unterwassergeschwindigkeit von 28,1 kn erreichte. 1941 waren bereits etwa 80 erfolgreiche Versuchsfahrten absolviert. Dabei hatte sich auch gezeigt, daß vom Boot nur geringe Geräusche abgestrahlt wurden, so daß es mit den seinerzeitigen Horchgeräten kaum wahrnehmbar war. 1942 sollten 4 Boote von 250 t als weitere Versuchsträger gebaut und erprobt werden. Ab 1943 sollten dann 300-t-Boote folgen. Am 14. November 1943 stellte die Germaniawerft mit »U 794« das erste und einzige einsatzfähige 300-t-U-Boot des Typs WK 202 fertig, dem zwei Tage später bei Blohm & Voss in Hamburg noch das 236-t-U-Boot »U 792« und Anfang 1944 das Schwesterboot »U 793«, beides Prototypen von Wa 201, folgten. Die 3 Walter-U-Boote hatten je 12 Mann Besatzung und 2 Bugtorpedorohre.
Noch im Mai 1944 beschloß die deutsche Kriegsführung, 100 Walter-U-Boote zu bauen, wozu in Bad Lauterberg/Harz eine Anlage zur elektrolytischen Gewinnung von 15000 t Perhydrol pro Jahr in Betrieb genommen wurde, das aus Tar-

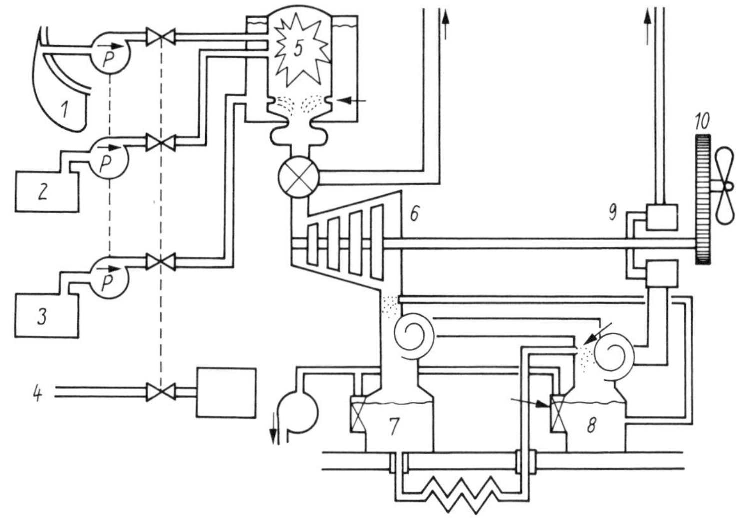

Antriebsschema eines Walter-U-Boots
1 Wasserstoffperoxyd
2 Dieselkraftstoff
3 Frischwasser
4 Seewasser
5 Reaktionskessel / Brennkammer
6 Turbine
7 Heißwasser
8 Kühlwasser
9 Kompressoren
10 Getriebe
P Pumpen

Die »WARNEMÜNDE« läuft in den Heimathafen ein

nungsgründen auch Ingolin, Aurol, Auxilin oder T-Stoff genannt wurde.
Weitere Typen waren geplant oder im Bau, so u. a. ein 1800-t-Atlantikboot, das eine Walter-Anlage von 11025 kW (15000 PS) erhalten sollte. Zum Kriegseinsatz kam keines der Walter-U-Boote mehr. Sie wurden am Ausrüstungskai zerbombt oder endeten durch Selbstversenkung.
»U 1406« und »U 1407« wurden nach dem Krieg gehoben und nach den USA bzw. nach Großbritannien überführt. »U 1407« lief noch bis 1950 als »METEORITE« der britischen Marine und wurde Vorbild der britischen Versuchsboote »EXPLORER« und »ECALIBUR«, die 1954 in Dienst gestellt wurden. Damit war auch die weitere Entwicklung der Walter-Turbine überholt, in den USA wurde zu dieser Zeit das erste Kernkraft-U-Boot *»NAUTILUS«* in Dienst gestellt.
Mit dem Walter-Verfahren wurden auch Torpedos angetrieben. Eine 367,5-kW-(500-PS-)Turbine ermöglichte Geschwindigkeiten von etwa 50 kn. Infolge der hohen Energiekonzentration hatten diese Torpedos beträchtliche Laufstrecken.
In den 50er Jahren entwickelte Professor Walter noch einen verbesserten Antrieb für Tiefseeforschungsboote, bei dem normaler Brennstoff ebenfalls mit H_2O_2 verbrannt wurde. Derartige Energieumwandler erbrachten Leistungen, die zwischen denen konventioneller und atomarer Antriebe lagen. H. Walter verstarb am 16. Dezember 1980 in den USA.

»WARNEMÜNDE«: vom VEB Schiffswerft »Neptun«, Rostock, 1972 für die Fährschiffslinie Warnemünde–Gedser der Deutschen Reichsbahn erbautes dreigleisiges *Eisenbahnfährschiff.* Das Fährschiff mit Bug- und Heckklappe hat insgesamt 136 m Gleislänge und ist über Alles 137,50 m und zwischen den Loten 125,00 m lang, auf Spanten 18,20 m breit und geht bei 7,50 m Seitenhöhe 5,40 m tief. Die Höchstgeschwindigkeit beträgt 18,5 kn. Es fährt als Zweischrauber mit Verstellpropellern und 4×1766-kW-Dieselmotoren innerhalb von 2 Std. und 18 Min. die 22,7 sm lange Strecke Warnemünde–Gedser. Bei einem Deplacement von 6796 t und 6146 BRT beträgt die Tragfähigkeit 1842 t DW.

»WASHINGTON«: eines der letzten für die französische Atlantikfahrt gebauten Schaufelradschiffe. Das Schaufelrad-Paketboot von 105,62 m Länge; 13,56 m Breite; 3204 BRT und 1684 t Tragfähigkeit wurde bei Scott & Co in Greenock in Britannien gebaut. Es eröffnete am 15. Juni 1864 den Liniendienst Le Havre–New York. Es hatte Plätze für 400 Fahrgäste in 3 Klassen. Mit den Schaufelrädern und der 625-kW-(850-PS-) Balancier-Dampfmaschine fuhr die »WASHINGTON« 12 kn. Das 1864 noch als Dreimaster getakelte Schiff wurde 1868 auf 2 Maste umgerüstet und erhielt 1873 eine neue Dampfmaschine; abgebrochen wurde die »WASHINGTON« erst 1899. Vorher gab es andere Schiffe gleichen Namens, wie die »WASHINGTON« von 1847.

Wasserreinigungsschiff: siehe *Öl-Abschöpfschiff*

Wasserstrahlantrieb-Schiff, *Hydroreaktiv-Schiff:* Boot oder Schiff, das nicht durch Schraubenpropeller, sondern durch Pumpen angetrieben wird, die Wasser ansaugen und ausstoßen. Vor mehr als 200 Jahren schon versuchte der Amerikaner Rumsey ein Fahrzeug zu schaffen, das die von Bernoulli entwickelte Theorie »der Reaktionskraft in Röhren fließendes Wassers« nutzen sollte. Die für die Reaktionswirkung erforderliche Pumpe war aber erst 1793 soweit verfügbar, daß ein Fahrzeug auf der Themse »gegen Wind und Flut eine Geschwindigkeit von 5 Knoten« erreichte. Dieses 30 Fuß lange und 6 Fuß breite Boot wurde noch durch Muskelkraft angetrieben. Mit Kolbenhüben von etwa 1,5 m wurde Wasser unter dem Bug durch horizontal angebrachte »Pumpenstiefel« angesaugt und unter dem Heck wieder ausgestoßen.

Die französische »WASHINGTON« 1868 nach dem Umbau

Der königliche britische Mühlenbaumeister James Linaker aus Portsmouth soll 1793 ebenfalls ähnliche Versuche durchgeführt haben, wobei er 8 Mann zur Bedienung der Pumpe benötigte und später eine Dampfmaschine der Firma Fenton, Murray & Wood aus Leeds einbauen ließ.
1856 baute der Schiffbaumeister Alexander Seydell nach den Plänen des Engländers Ruthven einen Dampfer mit Rückstoß-Antrieb. Der Reaktionsdampfer »ALBERT« fuhr für die »Stettiner Dampfschleppschiffahrt-Gesellschaft« und verkehrte einige Jahre zur Zufriedenheit zwischen Stettin und Schwedt. Seine beiden Ausstoß-Röhren waren verstellbar. Bei der vollen Vorausfahrt wurden sie nach hinten gerichtet und bei geringen Fahrtstufen oder Kursänderungen schräg angestellt. Bei vertikaler Stellung stand der Dampfer still, ohne daß die Maschine gestoppt werden mußte. War eine Röhre nach vorn und die andere nach achtern gerichtet, so drehte das Schiff. Es lief rückwärts, wenn beide Ausstöße nach vorn gerichtet wurden.
In Britannien war das 1866 gebaute 1279 ts große *Panzerschiff* »WATERWITCH« das erste »Reaktions-Seeschiff« mit Wasserstrahlantrieb. Das 49,38 m lange und 9,78 m breite Fahrzeug war mit vier 7-Zöllern bewaffnet. 1867 erwiesen Vergleiche zwischen der »WATERWITCH« und dem Doppelschrauben-Panzerfahrzeugen »VIPER« und »VIXEN« die Überlegenheit der Doppelschrauber. Die Geschwindigkeit war fast gleich, doch das Reaktionsschiff benötigte die doppelte Zeit zum Wendemanöver.
1874 besaß die deutsche Marine mit dem Torpedodampfer »RIVAL« ein Fahrzeug mit einer »Wasserschwall«-Maschine, doch auch diese Anlage bewährte sich nicht und man rüstete den Dampfer auf Schaufelradantrieb um.
Nach 1945 gab es international einige neue Impulse. Heute verwendet man Axialpumpen, die eine Stau-Eintrittsdüse zum Ansaugen und eine Ausstoßdüse zur Schuberzeugung haben. Als Pumpen werden Kreiselpumpen oder Propeller benutzt. Die Leistungen solcher Wasserstrahlpumpen erreichen 1 m^3/s und darüber. Leider gibt es einige Nachteile. Der Brennstoffverbrauch ist hoch und der Wirkungsgrad bei mittleren Fahrgeschwindigkeiten noch geringer als der eines schnelldrehenden Propellers, doch treten dafür verminderte Kavitationsprobleme auf.
Für flachgehende Schiffe, kleine Dienstfahrzeuge, Barkassen und Sportboote ist der Wasserstrahlantrieb dennoch geeignet. Die Steuerung erfolgt durch die lenkbare Ausstoßdüse oder herkömmliche Ruder. Die Fahrzeuge lassen sich selbst in derart flachen Gewässern einsetzen, wo propellerangetriebene Boote nicht mehr fahren können.
Das Haupteinsatzgebiet moderner Wasserstrahlantriebe ist der militärische Schiffbau, speziell bei Tragflügelbooten. Mit in den Tragflügeln eingebauten Strahlantrieben werden Geschwindigkeiten bis zu 50 kn erreicht.
Hydroreaktive Antriebe werden vereinzelt auch als Vortriebsmittel bei Torpedos eingesetzt, die eine Geschwindigkeit von 50 ··· 60 kn erreichen. Ein solcher Torpedo soll 360000 Dollar kosten.

Wassertrecker: siehe *Voith-Schneider Propeller-Schiff*

Wechseldecker: *Frachtschiff,* das wahlweise als *Volldecker* oder als *Schutzdeckschiff* vermessen fährt. Diese Regelung gibt es erst seit 1957, um sicherheitsungünstige Öffnungen oder dgl. zu vermeiden. Anfangs wurden für das Schiff zwei gesonderte Meßbriefe als Volldecker bzw. als Schutzdecker ausgestellt, wobei jeweils entsprechend der Abladung nach Freibordvorschriften nur der zutreffende an Bord sein durfte und der andere im Vermessungsamt hinterlegt war. Seit 1967 können beide Vermessungen in einem Vermessungsbrief angegeben werden. Da Tragfähigkeit und Gebühren von der Vermessung abhängig sind, ergeben sich entsprechende Vorteile. Beispielsweise können sich bei einem Frachter von 150 m Lpp; 18,4 m Breite und 11,5 m Seitenhöhe die Werte als Volldecker/Schutzdekker wie folgt unterscheiden: Bruttoraum 8127/5650 BRT; Nettoraum: 4698/3047 NRT; Zulässiger Tiefgang 8,68/5,57 m; Tragfähigkeit 11 430/9050 t.

Weintanker: selten gebauter Spezial-Tanker für den Transport von Wein als unabgefüllte Ware. So kann der 22 000 t große US-Weintanker »ANGELO PETRI« 9,5 Mill. Liter (9500 m^3) Wein in 26 gesonderten Tanks bunkern. Damit keine Qualitätsminderung des Weins eintritt, müssen die Tanks oder Behälter sowie alle Rohrleitungen, Ventile, Pumpen u. a. Teile aus rostfreiem Stahl oder mit Emaille oberflächenbeschichtet sein. Wichtig ist auch, daß die Tanks vollständig gefüllt sein müssen, damit keine freie Oberfläche entsteht, an der der Wein mit Luft in Berührung kommen kann.

Welldecker, *Welldeckschiff:* ein besonders bei älteren *Fahrgastschiffen* noch üblicher Schiffstyp mit langer Poop und langer Back, mit einer vom Oberdeck im Bereich des Vorschiffs bis zum Hauptdeck hinunterreichenden kurzen Decksunterbrechung, der »Well«. Wegen der gefährlichen Wirkung von überkommenden Brechern in der relativ kurzen Well wurde sie seemännisch auch als »Versaufloch« charakterisiert.

Werkstattschiff: ziviles Reparaturschiff oder Hilfsschiff der Marine, das an Küsten, in wenig erschlossenen Gebieten und auf Flüssen im Binnenland stationiert wird. Werkstattschiffe dienen zur technischen Hilfeleistung im Hafen, auf Reede und in küstennahen Gebieten. Sie haben zur Erfüllung dieser Aufgaben einen eigenen Antrieb sowie eine umfangreiche technische Ausrüstung für Schiffsreparaturen. An Bord befindet sich eine Anzahl technisch ausgebildeter Fachkräfte der wichtigsten Schiffbau-Berufe. Binnen-Werkstattschiffe haben sich auch in der Sowjetunion bei der Erschließung von neuen Industriegebieten bewährt. Diese Schiffe brauchen keinen eigenen Antrieb, sie werden durch *Schlepper* an ihren Standort geschleppt, wo sie oft für einige Jahre verankert werden. Um in den abgelegenen Gebieten den Wartungsaufwand so gering wie möglich zu halten, kann der pontonförmige Schiffskörper aus Stahlbeton ausgeführt sein. Die um 70 m langen und 14 m breiten Schiffe sollen jedoch nur einen Tiefgang von etwa 1,8 m haben. An Bord befinden sich Unterkünfte für die Besatzung sowie bis zu 100 Fachkräften.
Werkstattschiffe haben u. a. eine eigene Energie-Erzeugungsanlage, verschiedene Mechanik-Werkstätten, Kesselschmiede, Tischlerei und weitere Einrichtungen für die entsprechenden Aufgaben.

»WESER«: bzw. **»DIE WESER«** eines der ersten in Deutschland gebauten Dampfschiffe. Der Bremer Kaufmann Friedrich Schröder ließ 1816 auf der Werft von Johann Lange in Vegesack sein erstes Dampfschiff, die »WESER« erbauen, die am 30. Dezember 1816 von Stapel lief.

US-Panzerkreuzer »WEST VIRGINIA«, 15 400 t Deplacement; 26 100 PSi; 22 kn

Das Schiff war 25,9 m (85 Fuß) lang und 4,27 m (14 Fuß) breit. Die Höhe vom Kiel bis Oberdeck betrug 2,44 m (8 Fuß) und der Tiefgang war 0,91 m (3 Fuß), der Spantabstand war 0,20 m (8 Zoll). An Bord gab es 2 Kajüten, die hintere für Passagiere der I. Klasse und die vordere für Passagiere der II. Klasse. Es konnten bequem 60···80 Passagiere befördert werden, oft waren aber bis zu 250 Fahrgäste an Bord. An Fracht konnte das Schiff 30 Lasten aufnehmen, wobei für Bremer Schiffe die Roggenlast mit 4000 Pfund galt, d. h. es konnten 60 t geladen werden.
Die Einzylinder-Niederdruckmaschine arbeitete bereits mit einem Kondensator und war von der im Dampfmaschinenbau weltweit führenden Maschinenfabrik Boulton, Watt & Co in Soho bei Birmingham gefertigt worden. Bei einem Zylinderdurchmesser von 55,8 cm (22 Zoll) und einer Drehzahl von 22 U/min leistete sie 10,3 kW (14 PS) und gab dem Schiff eine Geschwindigkeit von 5,5 kn. Die Schaufelräder hatten 2,74 m (9 Fuß) Durchmesser und ließen sich bei wechselnden Tauchtiefen anheben oder absenken. Der 4,2 m lange, 1,2 m breite und 1,9 m hohe Kofferkessel war im Schiff auf der Stb.-Seite untergebracht, die Dampfmaschine stand auf der Bb.-Seite. Am 6. Mai 1817 hatte Kaufmann Schröder zur Jungfernfahrt eingeladen, und unter Führung von Kapitän Zacharias Spilker machte die »WESER« erstmals in Bremen fest. Ein Teil der geladenen Ehrengäste war allerdings nicht zur Eröffnungsfahrt erschienen aus Angst und wegen Vorbehalten gegenüber »... diesen neuen Dampfböten«.
Bis 1833 war die »WESER« auf der Unterweser in Fahrt, abgebrochen wurde sie wahrscheinlich 1834.

»WEST-VIRGINIA«: US-Panzerkreuzer, First Class Cruiser. Die Baufreigabe für die 15 400 t große »WEST-VIRGINIA« wurde 1901 erteilt, und am 18. April 1903 erfolgte der Stapellauf. Das Schiff war 153,6 m lang; 21,2 m breit und hatte einen Tiefgang von 7,3 m. Die Besatzung bestand aus 880 Mann.
Zur Bewaffnung gehörten 4 × 20,3-cm-, 14 mal 15,2-cm- und 18 × 7,6-cm-Geschütze sowie 4 × 4,7-cm- und 2 × 3,7-cm-Kanonen und 4 Maschinengewehre. Zwei Torpedoausstoßrohre mit 45-cm-Kaliber waren seitlich unter Wasser installiert. Die Panzerdicken betrugen im Deck 3,8···10,2 cm, am Kommandoturm 22,9 cm, in der Wasserlinie 8,9···15,2 cm, für die schwere Artillerie 15,2···16,5 cm und für die mittlere Artillerie 12,7 cm.
Die beiden Kolbendampfmaschinen leisteten 19 210 kW (26 100 PSi) und gaben dem Doppelschraubenschiff eine Geschwindigkeit von 22 kn. Den benötigten Dampf lieferten 16 Babcok-Wilcox Kessel. Der Kohlevorrat lag zwischen 900 t und maximal 2000 t. Bei einer Geschwindigkeit von 10 kn konnte eine Dampfstrecke von 5000 Seemeilen gefahren werden. Am 11. November 1916 erhielt es den Namen »HUNTIGTON«. Es wurde 1917 kurzzeitig mit einem Katapult, 4 Flugzeugen und einem Fesselballon ausgerüstet. 1930 kam das Schiff zum Verkauf.

Wetterschiff: speziell für die Wetterbeobachtung eingesetztes *Forschungsschiff*. Für die weltweite Wetterforschung der ICAO – International Civil Aviation Organistion waren 1960 insgesamt 21 Schiffseinheiten ständig im Einsatz, davon ständig 9 Schiffe im Nordatlantik und 6 im nördlichen Pazifik. Zu den Aufgaben des Wetterschiffs gehört die Abgabe von Wettermeldungen sowie Veränderungen der Luft- und Wassertemperaturen in Abständen von 6 Std. an die Küstenstationen und der Funkkontakt mit allen Objekten, die das Beobachtungsgebiet durchfahren. Zusätzliche Informationen werden durch regelmäßig in verschiedene Höhen aufgelassene Pilotballons gewonnen. Wetterschiffe sind i. allg. 3 Wochen ununterbrochen im Meßgebiet, bevor sie durch ein Ablöseschiff ersetzt werden. Das Wetterschiff hat durch die Wettersateliten an Bedeutung verloren. Es wird weitgehend für Aufgaben der Meeresforschung eingesetzt.

Widderschiff: siehe *Rammsporn-Kriegsschiff*

»WILHELM BAUER«: deutsches U-Boot-Begleitschiff. Das 4700 t große Schiff wurde unter der Bau Nr. 759 von 1938 bis 1940 auf der Kriegsmarinewerft in Kiel gebaut. Stapellauf war am 20. Dezember 1938 und die Indienststellung am 30. April 1940. Das Schiff war über Alles 132,7 m und zwischen den Loten 126,2 m lang, 16 m breit und hatte 4,97 m Tiefgang. Die Besatzung bestand aus 289 Mann. An Bord konnten weitere 423 Mann untergebracht werden. Zur Bewaffnung gehörten 4 × 10,5-cm-, 1 × 4-cm-, 2 × 3,7-

Deutsches U-Boot-Begleitschiff »WILHELM BAUER«

cm- und 12 × 2-cm-Geschütze. Die Antriebsanlage mit 4 doppelwirkenden MAN-Zweitakt-Dieselmotoren hatte eine Leistung von insgesamt 9126,4 kW (12400 WPS), die dem Schiff über 2 Schrauben von je 2,4 m Durchmesser eine Geschwindigkeit von 20 kn gab. Bei 15 kn konnten 9000 Seemeilen gefahren werden.

Nach verschiedenen Einsätzen als U-Boot-Begleitschiff und -Mutterschiff wurde die »WILHELM BAUER« am 8. April 1945 vor Travemünde versenkt und im Zeitraum 1950/51 dort abgebrochen.

windkraftunterstütztes Schiff, *Windkraft-Schiff:* modernes Schiff mit Zusatz- oder Hilfseinrichtungen zur Erhöhung der Energiewirtschaftlichkeit durch Windkraftnutzung auf maschinenangetriebenen Schiffen. Bis in die Mitte des 19. Jh. war die Windkraft die fast ausschließliche Möglichkeit des Schiffsantriebs. In der Übergangszeit vom Segelschiff zum maschinenangetriebenen Schiff entwickelte sich der Maschinenantrieb vom Hilfsantrieb über die Gleichwertigkeit zum derzeitigen Alleinantrieb der kommerziellen Schiffstypen. Demgegenüber behauptete sich das Segel weiter als Antrieb für Sport- und Ausbildungsfahrzeuge und als Ausnahme für einige kleine Küsten- und Fischereischiffe. Mit dem überproportionalen Anstieg der Energiekosten, der sinnvollen Hinwendung zur Mitnutzung natürlicher Energiequellen und der Spezifik verschiedener neuer Schiffstypen entstanden verschiedene Projekte und Prototypen des modernen windkraftunterstützten maschinenangetriebenen Schiffs. Für Fahrtrouten in Passatgebieten, langsamfahrende *Bulker* und *Tanker* sowie Kreuzfahrten in küstennahen Erholungsgebieten und bei Fahrzeugen der kleinen Hochseefischerei werden die Vorzüge einer modernen Windunterstützung bereits als erwiesen angesehen, da neben der Energieeinsparung infolge der Stützwirkung der Segel günstigere Dämpfungen der Schiffsbewegungen und bessere Steuereigenschaften erreicht werden. Für größere Frachtschiffe gibt es einige Prototypen mit elastischen, starren und profilierten Segeln, die jeweils automatisch in die günstigste Anstellrichtung gebracht werden. Sofern eine Behinderung der Transport- und Umschlageigenschaften vermieden und die Ausrüstungs-, Instandhaltungs- und Betriebskosten den anteiligen Maschinenkosten entsprechen, wird eine Windkraftunterstützung schon ab 10 % der Maschinenleistung für rentabel erachtet. Außerdem gibt es verschiedene, jedoch wahrscheinlich nicht sehr zukunftsträchtige Konzepte, nach denen das Segel den Hauptantrieb und die Maschine den Hilfsantrieb übernehmen soll.

1967 legte der Hamburger Ingenieur W. Prölls der Schiffbautechnischen Gesellschaft seinen »Dynaschiff«-Entwurf vor, der 1979 eine Reihe von Windkanaltests und Computersimulationen erfolgreich durchlief. Der Entwurf sah einen Rahsegler mit 9600 m² synthetischem Segeltuch vor, das beim Reffen zur Mitte der elliptischen Hohlmasten hin zusammengeschoben und auf Trommeln im Mastinnern aufgerollt werden sollte. Das Segelsetzen und das Reffen sollten mechanisch erfolgen. Um den Umschlagprozeß nicht zu behindern, waren hochklappbare Rahen vorgesehen. Die zu erwartende Durchschnittsgeschwindigkeit wurde mit 11 kn angegeben. Als Besatzung waren 31 Mann vorgesehen. Das »Dynaschiff« kam über ein Projektstadium jedoch nicht hinaus.

Mitte 1979 lief in Japan mit der »MINI-DAIGO« der Prototyp eines 83-BRT-segelunterstützten-Tankers von Stapel. Das Versuchsschiff das im Auftrag der Regierung gebaut wurde, hat mit Windkraft und Hilfsmotor bis 14 kn erreicht.

Ende 1980 ging dann der 700 t große japanische Küstentanker »SHIN AITOKU MARU« auf seine erste Reise. Er war in zweijähriger Arbeit von der jap. Nippon-Werft (NKK) in Zusammenarbeit mit der Japan Marine Machinery Development Association (JAMDA) entwickelt und auf der Imamura-Werft in Kure gebaut worden. Die Baukosten beliefen sich auf 530 Mill. Yen, davon allein 60 Mill. Yen für die Segel. Es war der Prototyp eines Segeltankers mit Maschinenantrieb und gleichzeitig der erste kommerzielle Motorsegler der Nachkriegszeit in der Welt. Das Schiff ist 66,00 m lang; 10,60 m breit und hat eine Tragfähigkeit von 1500 t DW. Die Besatzung besteht aus 10 Mann. Zum Maschinenantrieb dient ein 1177 kW (1600 PS) Dieselmotor. Außerdem hat das Schiff 2 Kunststoffsegel von jeweils 100 m² Fläche (8 m × 12,5 m). Gegenüber Schiffen dieser Größe ohne Segel kann der Tanker jährlich 30 ··· 40 % Brennstoff einsparen. Bei einer Windgeschwindigkeit von 55 km/h kann das Schiff allein mit den Segeln etwa 15 kn erreichen. Die Segel sind in Metallrahmen befestigt und werden von computergesteuerten E-Motoren gespreizt oder gegen die Stahlmaste gefaltet. Der Computer kontrolliert konstant alle Segelmanöver und -einstellungen zur jeweils optimalen Nutzung der Windenergie.

Im November 1985 waren insgesamt 7 japanische Neubauten mit Hilfsbesegelung in Fahrt, davon 2 Küstentanker, 2 Bulkcarrier und 1 Gastanker von je 1500 t DW, 1 Bulkcarrier von 31000 t DW mit 2 × 176 m² Segelfläche und 1 Bulkcarrier von 26000 t DW mit 2 × 640 m² Segelfläche.

Der 26000-t-DW-Bulkcarrier, die »USUKI PIONEER«, wurde auf der Saiki-Werft der Usuki Iron Works in Japan mit Unterstützung der Japan Shipbuilding Industrie Foundation für die Tanaka Industries Ltd.; Oita gebaut. Das am 30. August 1984 von Stapel gelaufene Schiff kam am 18. November 1984 bei der Nakamura Steamship Co. Ltd. in Kobe in Dienst. Diese erste völlige Neukonstruktion einer modernen Hilfsbesegelung eines seegehenden Bulkcarriers ist für die regelmäßige Getreidefahrt zwischen Japan und der amerikanischen Westküste konzipiert. Das Schiff ist über Alles 162 m lang, 25 m breit und hat 14 m Seitenhöhe. Bei der Tragfähigkeit von 26000 t ist der Tiefgang 10,5 m. Die Hauptantriebsanlage besteht aus einem Dieselmotor mit einer Maximalleistung von 2430 kW (3300 PS), mit der das Einschraubenschiff eine Dienstgeschwindigkeit von 13,5 kn erreicht.

Die »USUKI PIONEER« ist mit 2 parallel angebrachten faltbaren Segeln von Aerofoil-Typ mit einer Gesamtsegelfläche von 640 m² ausgerüstet. Die Segel werden über Computer kontrolliert, die sie automatisch in die von Wind und Ge-

Schlanker V-förmiger Bugwulst eines Frachtschiffs, VEB Schiffswerft »Neptun«, Rostock

schwindigkeit abhängige optimale Stellung bringen. Sie sind über Computer außerdem mit der Hauptmaschine koordiniert, die ihre Antriebsleistung automatisch reduziert oder steigert in Übereinstimmung mit der Vortriebskraft der Segel für die Einhaltung der konstanten Dienstgeschwindigkeit.

Wohnschiff: zivile oder militärische schwimmende Wohneinheiten mit Kabinen und Gemeinschaftsräumen, die zur Ergänzung der Landunterkünfte an bestimmten Liegeplätzen festgelegt werden. Für militärische Zwecke wurden häufig ehemalige Passagierschiffe, wie die *»CAP ARCONA«*, aber auch Fracht- und Segelschiffe für Marine- und Luftwaffeneinheiten genutzt. Verschiedene deutsche U-Boot-Flottillen hatten eigene Wohnschiffe mit Freizeit- und Erholungseinrichtungen. Wohnschiffe für zivile Aufgaben benötigen i.allg. keinen Eigenantrieb. Sie werden an die jeweiligen Liegeplätze, z.B. in die Nähe wassernaher Erschließungsgebiete oder Baustellen geschleppt und dort für die Einsatzdauer festgemacht.

Wrack-Feuerschiff: siehe *Feuerschiff*

Wulstschiff: Schiff, dessen Unterwasser-Schiffskörper entweder einen Bugwulst oder Heckwulst oder beide Wulste hat. Die hydrodynamische Wirkung von wulstförmigen Verdickungen am Vorschiff erkannte bereits W. Froude bei seinen Versuchen mit Schiffsmodellen in den letzten Jahrzehnten des 19. Jh. Der US-Admiral und Leiter der Marine-Versuchsanstalt D.W. Taylor machte von 1907 bis 1910 weitere Versuche und schuf den nach ihm benannten »Taylor-Wulst«, der eine mäßige tiefliegende Verdickung des Vorstevens war, jedoch noch nicht zu einer Verlängerung der Vorschiffswasserlinien führte. Der Taylor-Wulst brachte jedoch bereits Verbesserungen und wurde u.a. auch bei den deutschen Schnelldampfern *»BREMEN«* und *»EUROPA«* 1929 ausgeführt. Mit den Fortschritten in Theorie und Experiment der Schiffsumströmung gehören Bug- und Heckwulste der verschiedenen Größen und Formen zu den wichtigsten Effekten, um den Wellen- und Reibungswiderstand von Schiffen zu verringern, die Stampfbewegungen im Seegang zu dämpfen und die Propelleranströmung zu vergleichmäßigen.

Y

YAMATO«: japanisches Schlachtschiff im zweiten Weltkrieg, seinerzeit mit der »MUSASHI« größtes Schlachtschiff der Welt. Unter strenger Geheimhaltung und durch Strohmatten gegen Sicht geschützt, begann Japan 1937/38 zwei Schlachtschiffe zu bauen, die die größten Kampfschiffe der Welt werden sollten. Nach den Vorstellungen der japanischen Admiralität sollten die »YAMATO« und die »MUSASHI« der japanischen Kampfflotte die Überlegenheit im Pazifik gegenüber der USA sichern.
Das Typschiff, die 72809 ts große »YAMATO«, lief am 8. August 1940 auf der Staatswerft in Kure von Stapel. Es war 263 m lang, 38,9 m breit und hatte einen Tiefgang von 10,4 m. Die Besatzung

Zylinderförmiger Bugwulst eines Schnellfrachters, VEB Warnowwerft, Rostock/Warnemünde

bestand aus 2330 Mann. Die größte Panzerdicke betrug 50,8 cm.
Die Bewaffnung bestand aus 9 × 45,7-cm-Geschützen in 3 Drillingstürmen. Das waren die größten Geschütze, die je ein Schlachtschiff an Bord hatte. Hinzu kamen noch 12 × 15,2-cm-Geschütze und 24 × 12,7-cm-Flakgeschütze sowie über 100 leichtere Flakkanonen, 10 Torpedorohre und 6 Bordflugzeuge mit 2 Katapulten.
Die Dampfturbinen leisteten insgesamt 112608 kW (153000 PS) und gaben dem Vierschraubenschiff eine Geschwindigkeit von maximal 27,7 kn, eine im Vergleich mit anderen Schlachtschiffen zu geringe Geschwindigkeit, wie sich später erwies. Das Schwesterschiff »MUSASHI« war im Dezember 1941 kampfbereit. Ein drittes Schiff dieses Typs, die »SHINANO«, wurde zum Flugzeugträger.
Die »MUSASHI« ging am 24. Oktober 1944 in der entscheidenden See- und Luftschlacht um die Philippinen in der Leyte-Bucht verloren. Nach 19 Torpedo- und 17 Bombentreffern kenterte sie gegen 19.35 Uhr und nahm den Konteradmiral Inoguchi sowie den größten Teil der Besatzung mit sich in die Tiefe.
Nach Einsätzen bei den Midway- und den Salomon-Inseln sowie in der Leyte-Bucht wurde die »YAMATO« im Hafen von Kure bei Hiroshima wegen Treibstoffmangels in Reserve gehalten. Während der im April 1945 um die Insel Okinawa tobenden Kämpfe beschloß die japanische Führung, das Schlachtschiff gegen die Invasionsarmee einzusetzen. Begleitet von nur einem Leichten Kreuzer und 8 Zerstörern lief es am 6. April 1945 zu seiner letzten Fahrt aus. Dazu wurden die letzten Treibstoffreserven eingesetzt, die aber nicht einmal mehr für eine Rückkehr gereicht hätten. Die »YAMATO« sollte deshalb bei Okinawa auf Grund gesetzt werden, um mit ihrer überschweren Artillerie die amerikanischen Landungsoperationen zu verhindern. Jedoch schon einen Tag nach dem Auslaufen wurde das Geleit von amerikanischen Aufklärern gesichtet. Die von ihnen alarmierten U-Boote sowie 380 Trägerflugzeuge stürzten sich auf die »YAMATO«. Nach etwa 12 Torpedotreffern und zahllosen Bombeneinschlägen explodierte das Schiff am 7. April 1945, brach auseinander und riß etwa 2070 Mann der 2330 Mann Besatzung mit sich in die Tiefe.
Im Sommer 1985 entdeckten japanische Bergungsspezialisten nach mehrwöchiger Suche das Wrack etwa 200 Kilometer südlich der japanischen Insel Kyushu im Ostchinesischen Meer in 340 m Tiefe. Sie berichteten, daß das Schiff in 2 Teile von jeweils 170 m und 80 m Länge auseinandergebrochen sei.

»YORK«: Passagierdampfer des Norddeutschen Lloyd; Bremen. Das 8909 BRT und 5117 NRT große Schiff wurde auf der Schichau-Werft in Danzig gebaut und lief am 10. April 1906 von Stapel. Die »YORK« war 146,26 m lang; 17,50 m breit und hatte eine Raumtiefe von 10,83 m. Bei einer Besatzungsstärke von 157 Mann, später 175 Mann, konnten 2078 Passagiere befördert werden, davon 108 in der I. Klasse, 112 in der II. Klasse und 1858 Zwischendeckspassagiere. Die Antriebsanlage bestand aus 2 Vierfach-Expansionsmaschinen mit einer Gesamtleistung von 4416 kW (6000 PSi), mit denen das Doppelschraubenschiff die Geschwindigkeit von 15 kn erreichte. Das Schiff wurde im November 1906 in Dienst gestellt und auf der Route Hamburg, Bremen – Ostasien auch als sog. »Reichspostdampfer« eingesetzt. Bei Kriegsausbruch 1914 befand es sich im japanischen Hafen Yokohama. Es wurde voll mit Kohle und ausreichend Proviant versorgt und zur Insel Pagan beordert, wo es am 10. August 1914 eintraf. Dort wurde es von den Schiffen des Auslandsgeschwaders des Grafen Spee erwartet, um die Vorräte zu übernehmen. Bis zum 25. Oktober 1914 blieb es als Troßschiff beim Kreuzergeschwader, wurde dann entlassen und ließ sich im November 1914 im chileni-

Die »YAMATO«, mit der »MUSASHI« größtes japanisches Schlachtschiff im zweiten Weltkrieg

schen Hafen Valparaiso internieren. 1920 wurde die »YORK« nach Europa geschleppt, da die Besatzung die Maschinen unbrauchbar gemacht hatte. Das Schiff kam dann noch bis 1929 für den Norddeutschen Lloyd zum Einsatz, da es entsprechend dem »Columbus-Abkommen« nicht der Ablieferung an die Siegermächte unterlag. Von 1929 bis 1932 war das Schiff aufgelegt. Im November 1932 wurde es an die ehemalige Bauwerft verkauft, die es 1933 abbrach.

»YORKTOWN«: US-Flugzeugträger (Aircraft Carrier). Der Bau des Trägers wurde mit dem Haushaltsplan 1933 bewilligt. Baubeginn war 1934 auf der Newport News Shipbuilding, wo der Träger am 4. April 1936 von Stapel lief. 1939 wurde das 19900 t große Schiff in Dienst gestellt. Es war 232 m lang, 25,3 m breit und hatte einen Tiefgang von 6,6 m. Das eigentliche Flugdeck war 246 m lang und 33,0 m breit. Die Besatzung bestand aus 1216 Mann. Als Geschützbewaffnung waren 8 × 12,7-cm-Geschütze aufgebaut. An Bord befanden sich 60 Flugzeuge.
Die Dampfturbinen-Antriebsanlage hatte eine Gesamtleistung von 88320 kW (120000 PS), die dem Flugzeugträger eine Geschwindigkeit von 34 kn gab. Der Dampf wurde in 9 Kesseln erzeugt.
Bei einem Angriff japanischer Trägerflugzeuge vom Flugzeugträger »HIRYO« während der Seeschlacht bei den Midway-Inseln am 4. Juni 1942 erhielt die »YORKTOWN« mindestens 3 schwere Bomben- und 2 Torpedotreffer. Der Träger bekam eine starke Schlagseite von 26° und wurde relativ früh von der Besatzung verlassen. Noch am 6. Juni befand sich der Träger im Schlepp des Minensuchers »VIRCO«, als er vom japanischen U-Boot »I 168« angegriffen wurde. Ein Torpedo zerriß den längsseits liegenden Zerstörer »HAMMANN«, der die Bergungsmannschaften mit Energie und Druckluft versorgte, ein anderer Torpedo traf den Träger selbst, der am 7. Juni 1942 um 6.00 Uhr auf 2000 m Tiefe sank.
Die Situation war ähnlich der des Trägers *»ARC ROYAL«* im Mittelmeer am 31. Oktober 1941. Die Träger wurden zu früh von der Besatzung verlassen. Bei sofortiger Erkennung der Lage und schnellem Gegenfluten wären sie wahrscheinlich weiter schwimmfähig geblieben.

Yourkewitschform-Schiff: ein Schiff mit speziellen, seinerzeit vom russischen Ingenieur Yourkewitsch entwickelten Schiffsformen mit ausfallendem Vorsteven, konkav gekrümmten Wasserlinien und einem Wulstbug. Einige der bekanntesten Schnelldampfer, wie *»BREMEN«*, *»EUROPA«*, *»NORMANDIE«*, wurden nach der Yourkewitschform gebaut.

Z

»ZÄHRINGEN«: deutsches Linienschiff vor dem ersten Weltkrieg und danach erstes deutsches Zielschiff mit Funk-Fernsteuerung. Das Linienschiff wurde von 1899 bis 1902 auf der Germaniawerft in Kiel gebaut, lief am 12. Juni 1901 von Stapel und wurde am 25. Oktober 1902 in Dienst gestellt. Die Baukosten beliefen sich auf 22,275 Mill. Mark.

Die sinkende »YORKTOWN« am 7. Juni 1942

Es hatte ein Deplacement von 12798/11774 t bei 8,04/7,95 m Tiefgang, war 126,8 m/125,2 m lang und 22,8/20,8 m breit. Die Besatzung bestand aus 683 Mann.
Die Panzerdicken waren an Deck 5 cm, an den Böschungen bis 12 cm, am Kommandoturm vorn 3···25 cm und achtern 3···14 cm, in der KWL bis 22,5 cm auf 10 cm Teakholz, an den Kasematten und der Zitadelle 14 cm, an den 24er Türmen 5···23 cm und den 15er Türmen 15 cm. Die Bewaffnung bestand aus 4 × 24 cm-, 18 × 15-cm- und 12 × 8,8-cm-Geschützen, zeitweise auch noch 12 Maschinenkanonen sowie insgesamt 6 Unterwassertorpedorohren des Kalibers 45 cm, jeweils eins an Bug und Heck und die anderen an den Seiten.
Die 3 stehenden Dreizylinder-Dreifach-Expansionsmaschinen hatten eine Gesamtleistung von 10948 kW (14875 PSi) und gaben über 3 Schrauben von jeweils 4,8 bzw. 4,5 m Durchmes-

Die »ZÄHRINGEN« im Originalzustand als Linienschiff

Die »ZÄHRINGEN« als ferngelenktes Zielschiff

ser dem Schiff eine Geschwindigkeit von 17,7 kn. 6 Marinekessel und 6 querstehende Zylinder-Kessel mit insgesamt 36 Feuerstellen erzeugten den Dampf von 1,6 MPa (15 atü). Der Kohlevorrat betrug 1800 t Kohle und 96 t Öl. Mit 10 kn Geschwindigkeit konnten 5850 Seemeilen gefahren werden.
Auf die Verwendung als Linienschiff folgte der Einsatz als Exerzierschiff (1916) und als Heizerschul- und Zielschiff (1917). Das Schiff wurde am 11. März 1920 aus der Flottenliste gestrichen und zunächst als Hulk in Wilhelmshaven verwendet. Von 1926 bis 1927 wurde es dann auf der Marinewerft in Wilhelmshaven zum ferngelenkten Zielschiff für die Reichsmarine und spätere Kriegsmarine umgebaut. Die mittlere Maschine baute man aus und verringerte die Zahl der Kessel von 12 auf 2, nunmehr ölgefeuerte Wasserrohrkessel mit insgesamt 16 Feuerstellen. Die Leistung der verbliebenen beiden Hauptmaschinen betrug dann noch 3675 kW (5000 PS). Das Schiff wurde mit großen Mengen Kork (man sprach von 2 Jahresernten aus Spanien) nahezu unsinkbar gemacht. Da es als Zielschiff mit scharfen Granaten beschossen werden sollte, konnte keine Besatzung auf dem Schiff bleiben, und es hatten sich besondere Probleme bei der Durchführung von Maschinenmanövern und Kursmanövern ergeben. Das Fernleitboot »KOMET« wurde deshalb ausgerüstet, um die während des Zielschießens besatzungslose »ZÄHRINGEN« telemechanisch zu steuern. Mit einem funktechnisch gesteuerten Aggregat mit automatischer Einrichtung wurde der Bordnetzbetrieb geregelt. Ein elektrisch auslösbares Fallgewicht sperrte auf mechanischem Weg die Dampferzeugung und die Dampfzufuhr zu den beiden Maschinen. Schwieriger gestaltete sich die Speisewasserregelung der Kessel sowie die Einstellung der Ölbrenner für die verschiedenen Lastbereiche. Dazu kamen ferngesteuerte automatische Regelungsanlagen der »Askania«-Werke aus Teltow bei Berlin zum Einsatz, die vorher auf dem Torpedoboot »G 7« erprobt wurden.
Damit wurde die »ZÄHRINGEN« als Zielschiff eines der ersten Schiffe, das lange bevor das Wort Schiffsautomatisierung allgemein geläufig war, teilautomatisiert.
Es gehörte zusammen mit dem Zielschiff »HESSEN« und dessen Fernleitboot »BLITZ« zum Fernlenkverband der Kriegsmarine.
Am 18. Dezember 1944 wurde die »ZÄHRINGEN« in Gdingen (Gotenhafen) durch Fliegerbomben versenkt und dort 1949/50 abgebrochen.

Zéde-U-Boot: vom französischen Konstrukteur Gustave Zéde zu Ende des 19. Jh. entwickeltes *U-Boot*. Gustave Zéde setzte die Arbeit des berühmten französischen Kriegsschiffbauers Dupuy de Lôme fort, der u. a. mit der *»GLOIRE«* 1854 das erste *Panzerschiff* geschaffen hatte und der auch erste Entwürfe für U-Boote erarbeitete. Über Admiral Aube kamen diese Pläne 1886 zu Gustave Zéde. Sein erstes U-Boot, die »GYMNOTE« wurde bereits aus Stahl gebaut, hatte 30 t Deplacement und eine Dampfmaschine mit 40 kW (55 PS). Als eine bahnbrechende Neuerung bekam es als erstes U-Boot ein ausfahrbares Sehrohr an dem Kommandostand. Es hatte aber noch keine Tauchtanks, sondern konnte nur während der Fahrt durch die hydrodynamische Wirkung seitlicher Höhenruder tauchen. Bewaffnet war die »GYMNOTE« mit 2 Torpedorohren für Whitehead-Torpedos. Das zweite, 1893 in Toulon gebaute U-Boot hieß *»GUSTAVE ZEDE«* zu Ehren des kurz zuvor verstorbenen Erbauers. Es hatte bereits 270 t Deplacement und für die Unterwasserfahrt 2 Elektromotoren mit je 265 kW (360 PS). Die größte Tauchtiefe lag bei 17 m. Die Bewaffnung bestand aus einem 18zölligen Bugrohr und 3 Torpedos. Die »GUSTAVE ZEDE« war bis 1901 das erste kriegseinsatzfähige U-Boot.

Zementfrachtschiff: dem *Tanker* ähnliches Spezialfrachtschiff für den Transport von schüttoder pumpfähigem Zement. Der Zement wird in Bunkern gefahren, die denen von Öltankern ähneln. Die Zementbeladung geschieht i. allg. mit einer mittschiffs liegenden Ladeeinrichtung, von der die einzelnen Bunker über Rohrleitungen pneumatisch oder durch Transportschnecken, Kettenförderer o. ä. mechanisch beschickt werden. Auch die Entladung wird pneumatisch oder mechanisch vorgenommen.

Zerstörer: schnelles Kampfschiff in den Streitkräften vieler Staaten. Der Zerstörer entwickelte sich aus dem Torpedoboot-Zerstörer (siehe *Torpedoboot*) des ersten Weltkriegs, dessen Aufgabe es war, angreifende Torpedoboote vom Kern des Kampfgeschwaders fernzuhalten und möglichst zu vernichten. Die ersten Torpedoboot-Zerstörer entstanden in Britannien und wurden als »torpedo-boat-destroyer« bezeichnet. Der Torpedoboot-Zerstörer hatte noch große Ähnlichkeit mit den seinerzeitigen Torpedobooten. Er war aber bedeutend größer, schneller und stärker bewaffnet. Mit dem Zerstörer bildete sich dann ein neuer größerer Schiffstyp auf der Grundlage des früheren Torpedoboot-Zerstörers heraus. Seine Merkmale waren hohe Geschwindigkeit, eine für den Typ ausreichende Kampfkraft und eine starke Torpedobewaffnung in Drillings- und Vierlings-Rohrsätzen an Deck. Der Zerstörer wurde ein nahezu universelles Kriegsschiff für den Schutz eigener Großschiffe, zur Bekämpfung von U-Booten und feindlichen Transportschiffen, für Aufklärungsfahrten u. a. Bis 1914 lag das Durchschnittsdeplacement zwischen 300 und 1200 t.
Im zweiten Weltkrieg erwies sich die Torpedobewaffnung als wenig wirkungsvoll, da es infolge der starken Mittelartillerie der größeren Schiffe nicht möglich war, auf Torpedoschußweite zu kommen. Die Hauptaufgabe bestand daher darin, Kampfverbände zu begleiten und diese gegen U-Boot-Angriffe zu schützen. Für die Geleitzugsicherung bildete sich im zweiten Weltkrieg in den USA aus dem Zerstörer eine Typvariante heraus, der *»Geleitzerstörer«* oder »Escorter«. Die Torpedobewaffnung trat mehr in den Hintergrund. Die Durchschnittsgröße stieg auf 800 ··· 2000 t. Diese Zerstörer hatten 3 ··· 6 Geschütze von 12 ··· 15-cm-Kaliber in Einzel- und Zwillingsaufstellung und zur Luftabwehr mittlere und leichte Flak sowie schwere MG. Sie erreichten Geschwindigkeiten bis 42 kn. Neuzeitliche Zerstörer sind i. allg. mit leistungsfähigen elektronischen Geräten, Feuerleitsystemen, Universal-Schnellfeuergeschützen, reaktiven Wasserbombenwerfern und Schiff-Schiff- und Schiff-Luft-Raketen ausgerüstet. Für den Antrieb werden die leichten Gasturbinen oder schnellaufende Dieselmotoren bevorzugt.

Zielschiff: ausgedientes Kriegs- oder Handelsschiff, das als Zielobjekt für das Seezielschießen der Schiffsartillerie und zur meßtechnischen Erprobung von Waffenleitsystemen und Fernsteuerungsanlagen dient. Um die Schwimmfähigkeit auch noch nach wirksamen Treffern zu gewährleisten, wurden Zielschiffe oft durch eine enge Unterteilung und auftriebserzeugende Beladung, z. B. mit leeren Fässern oder Kork, nahezu unsinkbar gemacht und als erste Schiffe ohne Besatzung gefahren und ferngelenkt. Man unterscheidet daher ferngelenkte Zielschiffe, hauptsächlich für das Artillerieschießen. Sie sind ohne Besatzung und werden über Funk ferngelenkt. Deutsche Zielschiffe waren u. a. die ehemaligen Linienschiffe *»ZÄHRINGEN«* (11 800 t, Baujahr 1901) und »HESSEN« (13 200 t, Baujahr 1903), die jeweils 1927 und 1937 zu Zielschiffen umgebaut wurden. Unbemannte Zielschiffe dienen als Übungsobjekt für U-Boote und sind mit Einrichtungen für die Trefferbeobachtung und -simulation ausgerüstet. Das U-Boot schießt Übungstorpedos mit einem Gefechtskopf ohne Sprengladung ab, oder der Torpedo unterläuft das Schiff und wird nach dem Auslaufen von einem Torpedofangboot aufgenommen. Weiter gibt es Scheibentender. Sie schleppen große schwimmende Scheiben, die von der Schiffsartillerie beschossen werden. Des weiteren werden ausgediente Handels- oder Kampfschiffe sowie Beuteschiffe mit scharfer Munition, Torpedos und Raketen als Zielobjekte für Artillerie und für Bombenabwürfe genutzt. Sie können mehrmals repariert oder gleich versenkt werden. So wurde der deutsche Schwere Kreuzer *»PRINZ EUGEN«* für Atom-Bomben-Versuche im Bikini-Atoll verwendet. In den USA wurden 1945/46 abgelieferte deutsche U-Boote nach Schießübungen versenkt. Einige Zielschiffe anderer Marinen waren die französische »L'IMPASSIBLE« (2500 t), die britischen Zerstörer »CENTURION« (2500 t, Baujahr 1911) und »SABRE« (905 t), das USA-Linienschiff »UTAH« (19800 t, Baujahr 1909) und die ehemaligen Zerstörer »BOGGS«, »DORSEY« und »ELLIOT« als Scheibentender. Italien benutzte den ehemaligen Panzerkreuzer »SAN MARCO« (8600 t, Baujahr 1908) und Japan das ehemalige Linienschiff »SETTU« (16130 t, Baujahr 1911).

»ZIETEN«: deutscher Passagier- und Frachtdampfer um die Jahrhundertwende. Die Schichau-Werft in Danzig baute 1902 für den Norddeutschen Lloyd, Bremen, den Doppelschrauben-Fracht- und Passagierdampfer »ZIETEN«. Das Schiff war 136, 91 m lang, 16,90 m breit und hatte einen Tiefgang von 10,92 m und war mit 8021 BRT (4836 NRT) vermessen. Die Besatzung bestand aus 175 Mann.
Die beiden, für den seinerzeitigen Dampfmaschinenbau dieser Größe typischen Dreifach-Expansionsdampfmaschinen mit einer Gesamtleistung von 4784 kW (6500 PSi) gaben dem Schiff eine Geschwindigkeit von 14,5 kn.

Bei Kriegsausbruch 1914 befand sich die »ZIETEN« auf einer Fernostreise. Kapitän van Senden bekam im August Funkverbindung mit dem Kreuzer »KÖNIGSBERG« und erhielt die Order, seinen restlichen Kohlevorrat an den Kreuzer abzugeben. Beide Schiffe trafen sich am 6. August 1914 im Persischen Golf auf der Reede von Bender Burum. Da der Kohlevorrat der »ZIETEN« fast aufgebraucht war, entließ der Kreuzer »KÖNIGSBERG« das Schiff nach der damals zu Portugiesisch-Ostafrika gehörenden Insel Moçambique, wo das Schiff interniert wurde.

zigarrenförmiges Schiff: Versuchsschiff mit spindelförmigem Rumpf. Besonders bekannt wurde das von den britischen Schiffbauern T. und W. Wynans 1866 in London gebaute zigarrenförmige Schiff; siehe *»ROSS WYNANS«*.

Zisternenschiff: ältere Bezeichnung für die ersten *Tankdampfer*, deren Flüssigladung in schiffsfesten Tanks, den »Zisternen« gefahren wurde.

Zitadellschiff: größeres *Panzerschiff*, bei dem etwa ab 1875 die Mittschiffsgeschütze einen Panzerschutz erhielten, so daß sie in einer »Zitadelle« standen.

Zollkreuzer: schnelles Dienstfahrzeug der Zollbehörden zur Überwachung der seeseitigen Ein- und Ausfuhrbestimmungen. Besonders in den 20er und 30er Jahren war der Zollkreuzer an der Ostseeküste unentbehrlich, um den Spritschmuggel zwischen Schweden und dem Festland zu unterbinden. Neben einer starken Funkanlage und einem Suchscheinwerfer hatten Zollkreuzer zu dieser Zeit für »alle Fälle« ein schweres Maschinengewehr. Besonders bekannt sind aus dieser Zeit der Warnemünder Zollkreuzer »BRUMMER« und der Swinemünder Zollkreuzer »BREMSE«. Diese sehr schnellen Zollkreuzer dienten aber auch der Erprobung von Hochdruck-Heißdampfturbinenanlagen für die im Aufbau begriffene deutsche Kriegsmarine. Beide Zollkreuzer gingen zum Kriegsende 1945 verloren. Heute hat dieser Typ des Zollkreuzers keine Bedeutung mehr. Seine Aufgaben wurden von der Küstensicherung übernommen. Außerdem erlauben die Küstenradarstationen ohnehin keine unbemerkte Annäherung.

»ZOROASTER«: russischer Rohöl-Tankdampfer, 1878 einer der ersten seegängigen Tanker der Welt. Dem Schweden Ludwig Nobel gelang 1878 mit der Indienststellung des Tankdampfers »ZOROASTER« eine umwälzende Neuerung im Seetransport von Erdöl. Es war der erste, speziell für den Öltransport zwischen Baku und der Wolgamündung entwickelte und gebaute Tankdampfer. Nach diesem Durchbruch folgten weitere größere Tankdampfer, so daß 1909 auf der Kaspisee bereits 129 Tanker fuhren. Damit war ein grundlegendes Problem des holzarmen Bakuer Reviers gelöst, daß darin bestanden hatte, für die reichlich geförderten Erdölmengen ausreichende Transportbehälter (Fässer) zu beschaffen. Der Eigner, die Naphtha-Gesellschaft Gebrüder Nobel, ließ die »ZOROASTER« auf der »Lindholmen Varv och Fabriks AB.« in Norrköping bauen.

Zollkreuzer »BRUMMER« der Dienststelle Warnemünde in voller Fahrt, 1934

Längs- und Querschnitt durch den ersten seegängigen Tanker der Welt, den russischen Rohöl-Tanker »ZOROASTER«

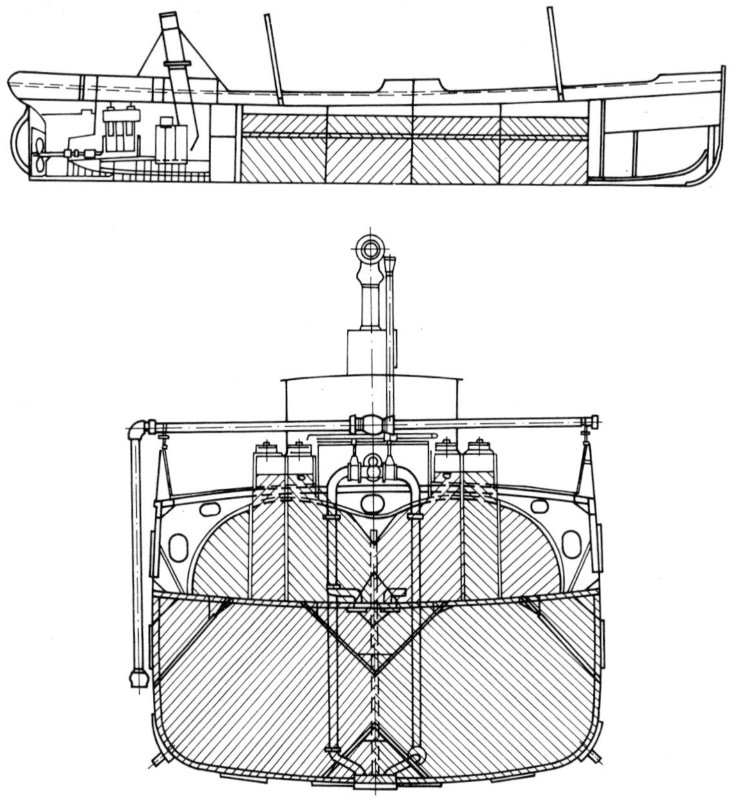

Der Dampfer hatte eine Länge von 56,0 m, eine Breite von 8,2 m und ging 2,8 m tief. Die Tragfähigkeit betrug 240 t. Eine Dampfmaschinenanlage gab dem Schiff eine Geschwindigkeit von 10 kn.

Zubringertrawler: *Fischereischiff* als *Trawler* für die Pelagial- und Grundnetz-Schleppfischerei, bei der der Zubringertrawler seinen Fang einem Verarbeitungsschiff »zubringt«, ohne ihn selbst tiefzufrosten und in eigenen Kühlräumen zu lagern. Diese Art der Arbeitsteilung, bei der Zubringertrawler ausschließlich als Fangschiffe arbeiten und den frischen Fang übergeben, ist ohne Qualitätseinbuße nur für kühlere Fanggebiete, z. B. oberhalb des 30. Breitengrads, und nicht in subtropischen Gebieten geeignet. Der DDR-Schiffbau baute für die Fernfischerei des eigenen Landes von 1966 bis 1968 eine Serie von 22 Zubringertrawlern, von denen jeweils 6···8 Schiffe mit einem Transport- und Verarbeitungsschiff (siehe *»JUNGE WELT«*) eine Fangflotte bilden. Der als *Hecktrawler* gebaute Typ »ARTHUR BECKER« ist mit 991 BRT vermessen, hat eine Länge über Alles von 62,60 m und zwischen den Loten von 54,00 m, ist 10,60 m breit und geht 4,70 m tief. Er hat eine Seitenhöhe von 6,80 m und ein seitliches Maschinenoberlicht sowie ein an der Backbordseite stehendes Deckshaus mit Rundsichtbrücke, Ortungseinrichtungen, Maschinen- und Windenfernbedienung. Mit dem dadurch möglichen langen Fangdeck von 54 % der Schiffslänge ist die Netzhandhabung vereinfacht, und ein gesamter Aussetz- und Einholvorgang erfordert weniger als 30 Min. Der an Deck gezogene Netzsteert wird in einen der 6 Auffangbunker von insgesamt 120 m^3 Bunkerinhalt gebracht und dort in Schuppeneis, das an Bord selbst erzeugt wird, zwischengelagert. Zur Übergabe wird der Bunkerinhalt durch Wasserstrahlpumpen in Übergabesteerts befördert, die mit Auftriebskörpern über die Heckslip zu Wasser gelassen und vom Transport- und Verarbeitungsschiff übernommen werden. Dadurch kann der Zubringertrawler die Zeit auf dem Fangplatz effektiv nutzen. Der Typ »ARTHUR BEK-

KER« hat einen direktwirkenden Zweitakt-Tauchkolbenmotor Typ 6 NZD 72 von 1288 kW (1750 PS) bei 225 U/min aus dem Dieselmotorenwerk Rostock, der auf einem Verstellpropeller mit 2,6 m Durchmesser in einer Ruderdüse arbeitet und dem Schiff eine Freifahrtgeschwindigkeit von 12,5 kn bzw. einen Trossenzug von 120 kN (12 Mp) bei 4,5 kn gibt. Von der Hauptmaschine wird außerdem ein 320-kW-Wellengenerator für die Netzwinde bzw. ein 400-kVA-Generator für das Bordnetz angetrieben. Das mit 22 Mann besetzte Schiff hat eine Selbständigkeitsdauer von mehr als 2 Monaten. In ihrem mehr als 20jährigen Einsatz hat sich diese Variante der Flottillenfischerei gut bewährt.

»ZULU«: schneller britischer Torpedobootzerstörer im ersten Weltkrieg, besonders bekannt durch eine ungewöhnliche Wiederinstandsetzung. Die »ZULU« gehörte mit den 5 Schwesterschiffen »AMAZON«, »CRUSADER«, »NUBIAN«, »SARACEN« und »VIKING« zur sog. »F«-Klasse, die mit dem britischen Verteidigungsetat 1906/07 bewilligt und 1908/09 gebaut wurde.
Bei 2,6···2,9 m Tiefgang hatten die Zerstörer ein Deplacement von 990···1100 t. Sie waren über Alles 85,3 m und zwischen den Loten 82,9 m lang, 7,9 m breit bei Tiefgang von 2,6 m; und 8,4 m breit bei Tiefgang von 2,9 m. Die Besatzungsstärke betrug 71 Mann. Angetrieben durch 3 Parsons-Turbinensätze mit insgesamt 11408 kW (15500 PSi) fuhren die Zerstörer 33,1···34,8 kn. Der maximale Heizölvorrat für die Kessel reichte bei 33 kn Fahrt für 1000 Seemeilen. Die Bewaffnung bestand aus 2 × 10,2-cm-Geschützen und 2 Torpedorohren Kaliber 45 cm.
Bei einem Angriff deutscher Torpedoboote gegen die Einheiten der britischen Kanalsperre Dover–Calais wurde dem Schwesterschiff der »ZULU«, der »NUBIAN« das Vorschiff schwer zerschossen, das noch schwimmfähige hintere Schiffsteil konnte jedoch in einen Hafen geschleppt werden. Wenige Tage später lief die »ZULU« auf eine Mine und verlor das Hinterschiff. Das Vorschiff der »ZULU« und das Hinterschiff der »NUBIAN« wurden in einer britischen Werft wieder zu einem Torpedobootzerstörer zusammengebaut, das neue Schiff erhielt als Kombination beider ursprünglicher Namen den neuen Namen »ZUBIAN«. – Die »ZUBIAN« versenkte am 4. Februar 1918 im Kanal mit Wasserbomben das deutsche U-Boot »UC 50«, auf dem es 29 Tote gab.

Zweiabteilungsschiff: ein Seeschiff, das durch wasserdichte Schotte so unterteilt ist, daß es auch noch dann schwimmfähig bleibt und die international im Schiffssicherheitsvertrag geforderte Leckstabilität behält, wenn zwei benachbarte Schiffsabteilungen leck werden und vollgelaufen sind. Beim *Einabteilungsschiff* ist die Schwimmfähigkeit nur bei Fluten einer Abteilung gewährleistet. Fahrgastschiffe sind zur größeren Sicherheit auch als *Dreiabteilungsschiffe* gebaut, oder sie haben die entsprechende Wahrscheinlichkeit des Überstehens von Außenhautbeschädigungen.

Zweideckschiff: im Unterschied zum *Eindeck-*

Zubringertrawler Typ »ARTHUR BECKER«

schiff, wie *Bulker, Containerschiff* oder Tanker, ein *Frachtschiff* mit 2 übereinanderliegenden Ladungsdecks, wie *Schüttgutschiff, Ro/Ro-Schiff* oder Zweideck-Fährschiffe; siehe *Fährschiff* und *»MUKRAN«*.

Zweihüllenboot: *U-Boot* mit Doppelhülle, im Unterschied zu früheren *Einhüllenbooten* und Eineinhalbhüllenbooten. Die innere Hülle bildet den eigentlichen zylindrischen und durch Spanten sowie Schotte versteiften Druckkörper. Die äußere, dünnwandige Hülle gibt dem U-Boot die strömungsgünstige Form. Zwischen den beiden Hüllen befinden sich die Tauch- und Vorratstanks. Zum Masseausgleich des verbrauchten Brennstoffs wird die gleiche Masse Wasserballast von unten in den teilentleerten Brennstofftanks oder in anderen Zellen aufgenommen. Das erste Zweihüllenboot baute 1862 der Spanier Monturiol.

Zweipunkt-Rennboot: im Unterschied zum *Gleitboot* mit Gleitstufen, ein Rennboottyp mit nur zwei kleineren Stützflächen, den »Stützpunkten«, auf denen das Boot bei hoher Fahrt gleitet.

Zweischrauber: Schiff mit 2 Schraubenpropellern. Als Vorläufer der ersten »Zweischrauber« der Welt gilt die 1804 von John Stevens gebaute »LITTLE JULIANA«; siehe dazu *Schraubenschiff*. Nachdem der Schraubenpropeller und die Dampfmaschine weiterentwickelt waren und größere Antriebsleistungen gebraucht wurden, gab es in der zweiten Hälfte des 19. Jh. Zweischrauber zunehmend für die Atlantikroute. Der Zweischrauber hat sich für verschiedene Schiffstypen mit erhöhten Sicherheits- und Manövrieranforderungen bis in unsere Zeit erhalten, wie bei Fahrgastschiffen, Fährschiffen und Kriegsschiffen sowie bei flachgehenden Binnenschiffen, obwohl der Propulsionsgütegrad wegen der begrenzten Nachstromnutzung geringer ist als bei Einschraubenschiffen.

Zweistufen-Gleitboot: siehe *Gleitboot*

Zwerg-U-Boot: siehe *Kleinst-U-Boot*

Der britische Torpedobootzerstörer »NUBIAN«, 1910

1 *Robert Hooke 1683*
2 *William Lyttleton 1794*
3 *Shorter 1802*
4 *Colonel Stevens, New Jersey 1804*
5 *Delisle 1823*
6 *Josef Ressel 1826*
7 *Bennet Woodcroft 1832*
8 *Ericsson 1836*
9 *Francis Petit Smith 1836*
10 *»LIVERPOOL« 1838*
11 *»ARCHIMEDES« 1839*
12 *Rennie 1839*
13 *Französischer Propeller mit Fischschwanzform 1843*
14 *Napier 1841*
15 *»NAPOLEON« 1842*
16 *»GREAT BRITAIN« 1843*
17 *»RATTLER« 1843*
18 *Zweiflügliger Propeller um 1900*
19 *Vierflügliger Propeller heutiger Bauart*
20 *Fünfflügliger Propeller heutiger Bauart*

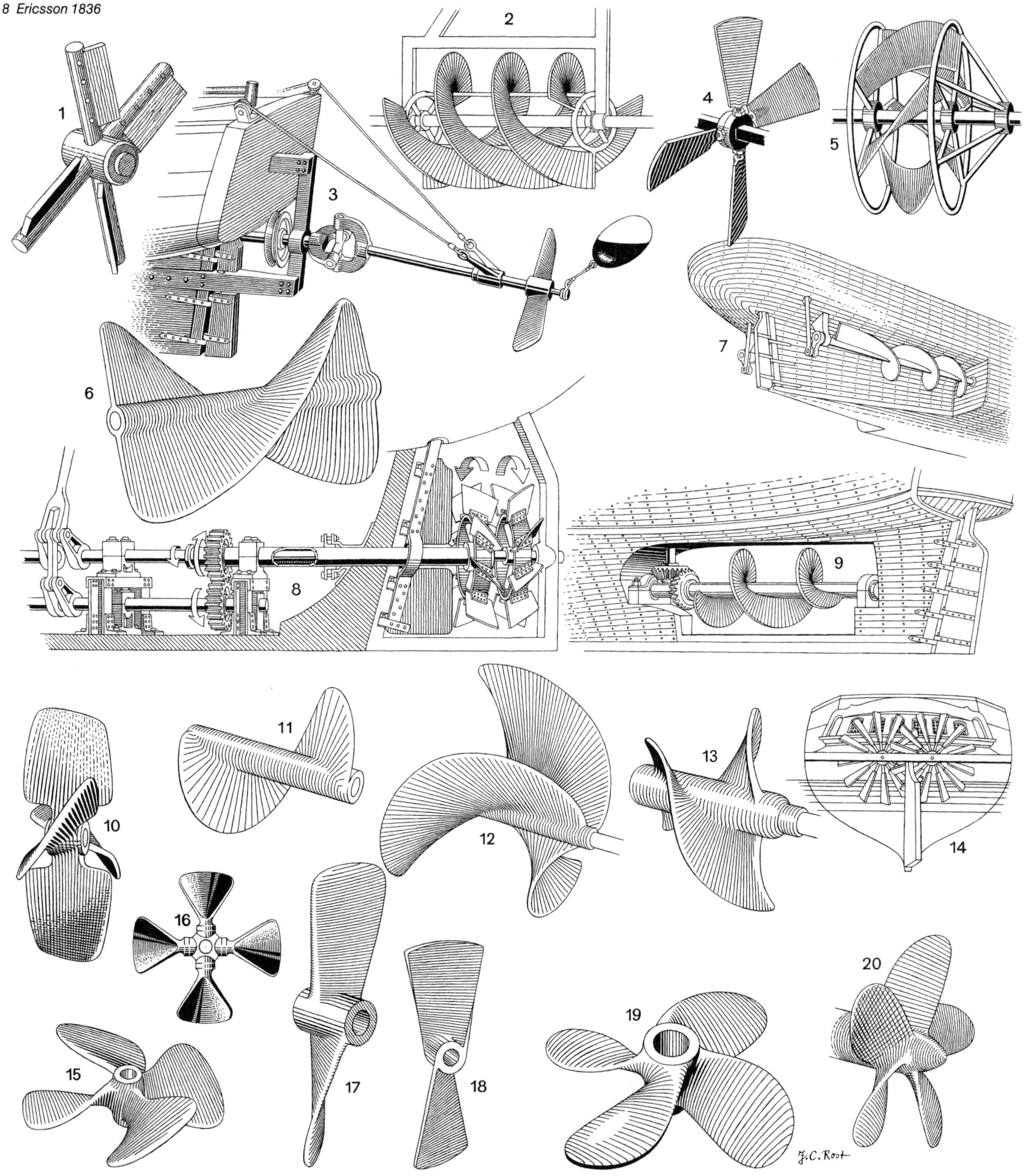

1 Woodcroft 1844
2 Woodcroft 1851
3 Zerlegte Propellernabe mit dem Verstellgetriebe, Woodcroft 1851
4 Griffiths 1849
5 Voith-Schneider-Propeller, er wurde 1926 entwikkelt
6 Voith-Schneider-Propeller in der Stellung »Stop« und »Voll voraus«
7 Dreiflügliger Verstellpropeller
8 Dreiflügliger Verstellpropeller, linksdrehend für Vorausschub
9 Vierflügliger Verstellpropeller, Flügelstellung bei Nullschub
10 Vierflügliger Verstellpropeller, linksdrehend für Vorausschub

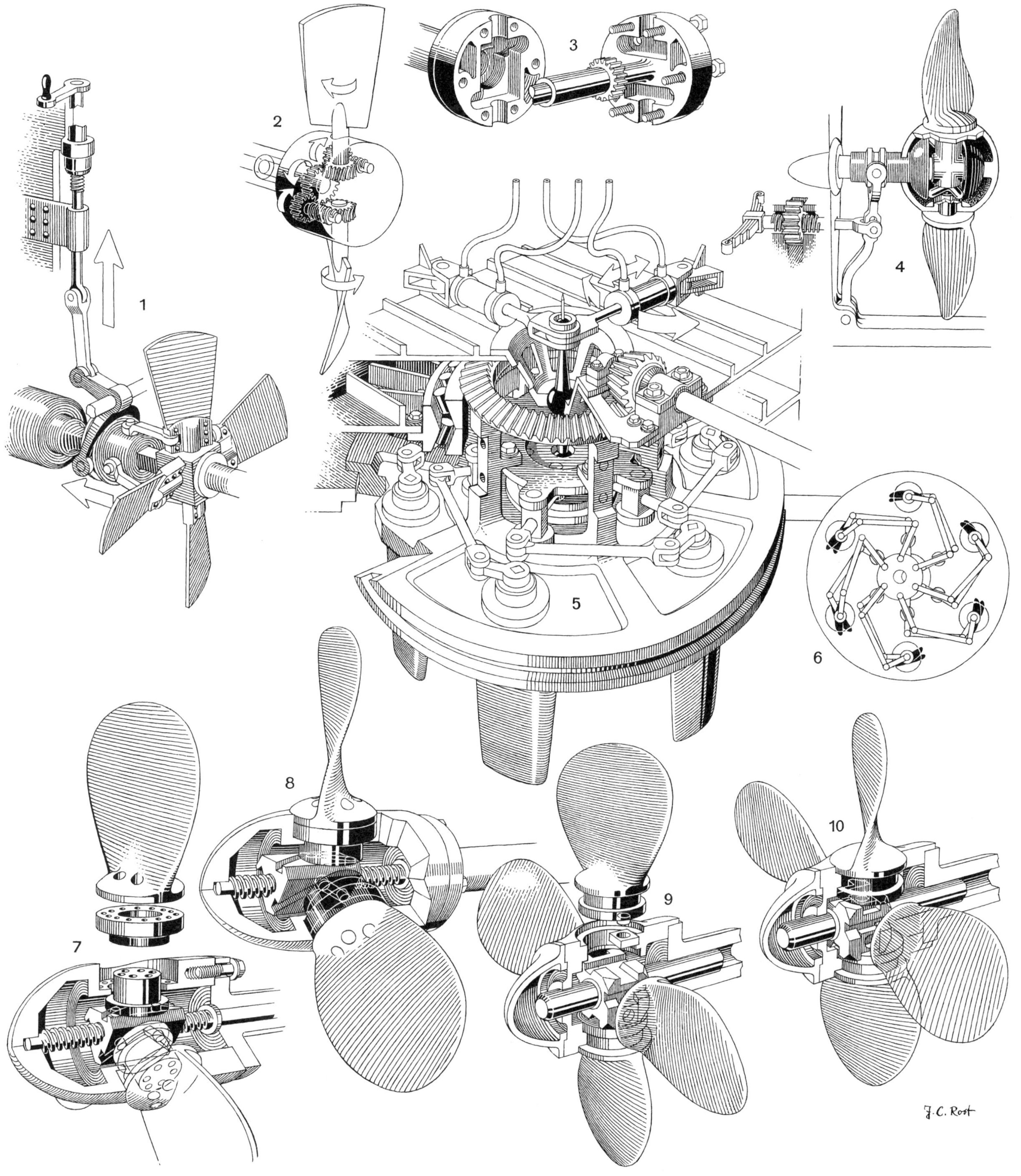

ALTE, R.; MATTHIESEN, H.: Schiffbau kurzgefaßt. Hamburg: Schiffbauverlag »Hansa«, Verlag C. Schroedter GmbH & Co. KG, 1980

ANGELUCCI, E.; CUCARI, A.: Ships. London: Verlag MacDonald and Jane's, 1977

ARENHOLD, L.: Die historische Entwicklung der Schiffstypen vom römischen Kriegsschiff bis zur Gegenwart. Kiel, Leipzig: Verlag Lipsius und Tischer, 1891

AUSGEWÄHLTE SCHWEISSKONSTRUKTIONEN von Schiffen. Berlin: Verlag VDI GmbH, 1933

BAKER, W.A.: Vom Raddampfer zum Atomschiff. Bielefeld/Berlin: Verlag Delius, Klasing & Co., 1967

BENNETT, G.; GEOFFREY, B.: Die Seeschlachten im zweiten Weltkrieg. München: Verlag Wilhelm Heyne, 1975

BENSON, B.; HECK, H.D.; WOLTER, J.: Schiffe. Wiesbaden: Falken-Verlag Erich Sikker, 1972

BEYLEN, J. van: Maritime Encyclopedie. Bussum: Uitgeverij C. de Boor, 1970/73

BILDER-ATLAS, F.A. Brockhaus, Ikonographische Encyklopädie der Wissenschaften und Künste, Leipzig

BI-Taschenlexikon Schiffbau/Schiffahrt. – 2. Aufl. – Leipzig: VEB Bibliographisches Institut, 1982

BLOHM & VOSS: Blohm & Voss, Hamburg 1877–1927. Berlin-Schöneberg, Meisenbach: Verlag Riffarth & Co., 1927

BOER, F.: Das Schiffbuch. Berlin: Weidmannsche Verlagsbuchhandlung, 1943

BREYER, S.: Schlachtschiffe und Schlachtkreuzer 1905–1970. München: J.F. Lehmann Verlag, 1970

BRIX, A.: Praktischer Schiffbau. – 6. Aufl. – Berlin: Akademischer Verein »Hütte«, Ernst & Sohn, 1929

BROMMY, R.; LITTROW, H.: Die Marine. Wien, Leipzig, Pest: A. Hartleben's Verlag, 1878

BUBNOW: Pionier der Entwicklung von U-Booten. Leningrad: Morski Sbornik, 1972

BUSLEY, C.: Schiffe des Mittelalters und der neueren Zeit. – In: Jahrbuch der Schiffbautechnischen Gesellschaft. · Berlin 1920

BUXTON, DAGGIT, KING: Cargo access equiment for merchant ships. Houston, London, Paris: Gulf Publishing Company, Book Division, 1979

CANBY, C.: Geschichte der Schiffahrt. Lausanne: Editions contre u. Erik Nitsche, International 1962

CHATTERTON, E.K.: Sailing Models, Ancient & Modern, London 1934

CLAIRMONT, J.: (Hrsg.): Das Buch der neuesten Erfindungen. Berlin: Verlag W. Herlet GmbH, 1913

CRONE, G.S.E.: Nederlandsche jachten, binnenschepen, vischervaartuigen en darmee verwannte kleine zeeschepen 1650–1900. Amsterdam: Verlag Swets & Zeitlinger, 1926

CSILLAG, M.; VARRO, I.: FRANZ I. Budapest: Közlekedesi Dokumentaries Vallalt, 1968

CULVER, H.B.; GRANT, G.: Forty Famous Ships. New York: Doubleday, Doran & Comp., 1936

CURTI, O.: Schiffsmodellbau. Eine Enzyklopädie. Rostock: VEB Hinstorff Verlag, 1972

DER GEÖFFNETE SEEHAFEN, Hamburg 1902. Hamburg: Nachdruck der Schiffbautechnischen Gesellschaft, 1954

DEUTSCHER SCHIFFBAU 1908. Berlin: Verlag Carl Marsfeld AG, 1908

DEUTSCHE TASCHENBUCHAUSGABE. Reinbeck b. Hamburg: Rowohlt Taschenbuch Verlag, 1969

DIESEL, R.: Die Entstehung der Dieselmotoren. – In: Jahrbuch der Schiffbautechnischen Gesellschaft. – Berlin 1913

DIESEL, E.: Der Mensch, Das Werk, Das Schicksal. Hamburg: Hanseatische Verlagsanstalt, 1937

DIESEL, E.: Das Phänomen der Technik. Leipzig u. Berlin: Philipp Reclam Jun. Verlag und VDI Verlag, 1939/40

DISLERE, P.: Guerre D'Eskadre. Paris: Gauthier-Villars, 1873

DOPATKA; PEREPECKO: Das Buch vom Schiff. Berlin: transpress, 1972

DUDSZUS, A.; DANCKWARDT, E.: Schiffstechnik – Einführung und Grundbegriffe. Berlin: VEB Verlag Technik, 1982

DURON, M.; ROUGERON, R.: Encyclopedia des Bateaux. Editions de la Courtille

EICHLER, C.: Vom Bug zum Heck. Seemännisches Hand- und Wörterbuch. – 3. Aufl. – Berlin: Verlag Klasing & Co., 1954

EINBAUM – DAMPFLOK – DÜSENKLIPPER: Berlin, Leipzig, Jena: Urania Verlag, 1969

ELLACOTT, S.E.: Komm mit an Bord. Stuttgart: Franckh'sche Verlagsbuchhandlung, 1957

ENGELMANN, I.; SCHÜCK, A.; ZÖLLNER, J.: Das Buch der Erfindungen. Leipzig, Berlin, 1879

EVERS, H.: Kriegsschiffbau. Berlin: Springer Verlag, 1943

FELDHAUS, F.M.: Die Technik der Vorzeit, der geschichtlichen Zeit und der Naturvölker. Leipzig, Berlin 1914: unveränderter Nachdruck 1970

FLETTNER, A.: Mein Weg zum Rotor. Leipzig 1926

FOCK; ROHWER: Monitore – ein vergessener Schiffstyp. – In: Marine-Rundschau. – 10 (1984)

FOREST, F.; NOALHAT, H.: Les Bateaux Sous-Marine. Paris: Verlag Ch. Dunod, 1900

FOSS: Marinekunde. Stuttgart, Berlin, Leipzig: Union Deutsche Verlagsgesellschaft,

FREYER, P.H.: Der Tod auf allen Meeren. Berlin: Deutscher Militärverlag, 1970

FRICK, C.: Autofähren und Passagierschiffe der Welt. Zürich und Stuttgart: Classen Verlag, 1975

FUCHS, W.: Cords – Eine Reedereifamilie. Hamburg: Eigenverlag, 1985

FUHLBERG, J.: Auto, Schiff und Flugzeug. Berlin: Ullstein Verlag, 1930

GEORGEN, O.: Geschichte des Kriegsschiffbaues vom Altertum bis zur Einführung der Dampfkraft. Berlin: Der Zirkel, Architekturverlag GmbH, 1919

GERDS, P.; GEHRKE, W.-D.: Und am Bug der Greif. Ein Beitrag zur Geschichte der Rostokker Schiffahrt. Rostock: VEB Hinstorff Verlag, 1977

GIESE, F.E.: Kleine Geschichte des deutschen Schiffbaus. Berlin: Haude & Spenersche Verlagsbuchhandlung, 1971

GROENER, E.: Die deutschen Kriegsschiffe 1845–1936. Berlin 1936

GROGGERT, K.: Spreefahrt tut not. Berlin: Haude & Spenersche Verlagsbuchhandlung, 1972

GÜNTHER, H.: Die Erprobung der Tiefe. Stuttgart 1928

GUTHRIE, I.: High pressure screw steam engines of the 19th and 20th century. – In: Zeitschrift Marine Engineers Review, Blackfriars Press Ltd. – Leicester 1978

HAGEDORN, B.: Die Entwicklung der wichtigsten Schiffstypen bis ins 19. Jahrhundert. Berlin: Verlag Karl Curtius, 1914

HÄGG, E.: Under tretungad flagga. Var seglande orlogflotta och dess män 1750–1900. Stockholm; Aktiebolaget Svens Litteratur, 1941

HANDBUCH DER WERFTEN. Hamburg: Hansa-Verlag, 1956 u. a. Jhrg.

HANDBUCH 1899, Deutsche Levante-Linie Hamburg. Hamburg: Verlagsanstalt und Drukkerei (vormals J. F. Richter)

HANKE, E.: Männer, Planken, Ozeane. Leipzig, Jena, Berlin: Urania-Verlag, 1964

HANSA Zeitschrift für Schiffahrt – Schiffbau – Hafen. Hamburg: Schiffahrtsverlag-Hansa C. Schroedter & Co. versch. Jhrg. (u.a. 107, 108, 109, 111, 115, 120, 121, 122)

HARDY, A.C.: The Book of the Ship. London 1947

HENNING, R.: Abhandlungen zur Geschichte der Schiffahrt. Jena 1928

HENRIOT, E.: Kurzgefaßte illustrierte Geschichte des Schiffbaus von den Anfängen bis zum Ausgang des 19. Jahrhunderts. Rostock: VEB Hinstorff Verlag, 1971

HENSCHKE, W., u.a.: Schiffbautechnisches Handbuch. Bd. 1 ... 6. Berlin: VEB Verlag Technik, 1958

HERBERT, C.: Kriegsfahrten deutscher Handelsschiffe. Hamburg: Verlagsbuchhandlung Brosche & Co., 1934

HISTOIRE DE LA MARINE. Illustration, Paris 1939

HISTOIRE DE LA COMPAGNIE TRANSATLANTIQUE 1855–1955. Paris: Verlag Transatlantique, 1955

HÖVER, O.: Deutsche Hochseegeschichte. Oldenburg 1936

HÖVER, O.: Deutsche Seegeschichte. Potsdam: Rütten & Loening Verlag, 1942

HUGHES, T.: Der Kampf um das Blaue Band. Oldenburg u. Hamburg: Gerhard Stalling Verlag AG, 1974

100 JAHRE BUCKAU-WOLF 1838–1938. Magdeburg: Buchdruckerei A. Wohlfeld, 1938

INDUSTRIE BIBLIOTHEK, Deutschlands Großbetriebe. Berlin: Verlag Max Schröder, 1927, Bd. 15

ISRAEL, U.; GEBAUER, J.: Segelkriegsschiffe. Berlin: Militärverlag der DDR, 1983

JAHRBUCH DER SCHIFFAHRT. Berlin: transpress. WEHNER, H.: Turbinia – Charles Algernon Parsons – Begründer der Turbinenschiffahrt. – In: Jahrbuch der Schiffahrt. – 1980. BIEBIG, P.; LAUE, U.: Weltseewirtschaft. – In: Jahrbuch der Schiffahrt 1979/80 u.a. Jhrg.

JAHRBÜCHER der Schiffbautechnischen Gesellschaft. BESCHOREN, K.: Über das Schleppen in der Binnenschiffahrt. – In: Jb.

1938 sowie weitere Jhrg. (1903, 1904, 1910, 1913, 1914, 1920, 1926, 1932, 1935, 1937, 1941 u. a.)
JAHRBUCH des Norddeutschen Lloyd, Bremen, versch. Jhrg.
KAEGBEIN, A.: Schiffahrt und Schiffbau des In- und Auslandes. Handbuch, Hamburg 1912
KALENDER des deutschen Flottenvereins, Berlin 1913
KEMP, O.K.; KEMP, P.: Famous Ships of the World. London: Frederik Müller, Ltd., 1956
KERCHOVE, R. de: International Maritime Dictionary. Princeton New Jersey: Nostrand 1961
KLOESS, H. K.: Über Schiffsformen und ihre Entwicklung. – In: Jahrbuch der Schiffbautechnischen Gesellschaft. – Bd. 45
KLUDAS, A.: Deutsche Ozean-Passagierschiffe 1850 bis 1895. Moers: Steiger-Verlag, 1983
KLUGER, O.: Elemente des Schiffbaukunde. Wien: Kaiserlich-königliche Staatsdruckerei, 1895
KOEHLER, P.: Die Basler Rheinschiffahrt vom Mittelalter bis zur Neuzeit. – In: Schriftenreihe der Basler Vereinigung für schweizerische Schiffahrt. – Basel 1944
KÖHLERS FLOTTENKALENDER 1910, 1937, 1938 u. a. Jhrg.
KOLBECK, R.: Zukunft der Schiffahrt. Berlin: Safari-Verlag, 1974
KONIJENENBURG, E. van: Der Schiffbau seit seiner Entstehung. Brüssel, 1913
KOZÁK, J.; POSPISIL, P.; RADA, M.: Taschenatlas der Schiffe. – 2. Aufl. – Hanau: Werner Deusien, 1975
KRAMER, H.: Der Mensch und die Erde. Berlin, Leipzig, Stuttgart, Wien, 1918
KRESS, W.: Hamburger Seeschiffe 1889–1914. Hamburg, Museum für Hamburgische Geschichte, 1974
KROSCHEL, G.; EVERS, A. L.: Die deutsche Flotte 1848–1945. Wilhelmshaven: Verlag Lohse-Eissing, 1962
LÄCHLER, P.; WIRZ, H: Die Schiffe der Völker. Traum, Geschichte, Technik. Olten/Freibg.: Walter-Verlag, 1962
LÄNDSTROM, B.: Das Schiff. Vom Einbaum zum Atomboot. Rekonstruktionen in Bild und Wort. Gütersloh: C. Bertelmann Verlag, 1961
LA RONCIERE, C.; CLERC-RAMPAL, G.: Histoire de la Marine Francaise. Paris: Librairie Larousse, 1934
LA VARENDE, J.: Die romantische Seefahrt. Hamburg: Rowohlt-Verlag, 1957
LEDER, W.: Schiffsmaschinenkunde Bd. 1; Schiffsdampfkessel. Leipzig: Fachbuchverlag, 1956
LEDER, W.: Schiffsmaschinenkunde Bd. 2; Schiffskolbendampfmaschine. Leipzig: Fachbuchverlag, 1957
LEITFADEN für den Unterricht im Schiffbau. Berlin: Verlag Mittler & Sohn, 1908
LEWIS, E. V.; O'BRIEN, R.: Schiffe. Reinbek bei Hamburg: Rowohlt Taschenbuchverlag GmbH, 1973
LOHMANN, W.: Die deutschen Kriegsschiffe. Potsdam: Verlag Rütten & Loening, 1941
LOON, H. W.: Männer und Meere. Siebentausend Jahre Seefahrt. Berlin: Verlag Ullstein, 1936
LUSAR, R.: Die deutschen Waffen und Geheimwaffen des 2. Weltkriegs und ihre Weiterentwicklung. München 1964, Bd. 7
LUTSCHINOW: Der junge Modellschiffbauer (russ.) Sudpromgis 1963
MACINTYRE, D.; BATHE, B. W.: Kriegsschiffe in 5000 Jahren. Bielefeld, Berlin: Verlag Delius, Klasing & Co.,
MACMULLEN, J.: Paddle-Wheel Days in California. Stanford: Stanford University Press, 1944
MARCHTALER, H.: Hundert Jahre Stülcken-Werft 1840–1940. Hamburg: Verlag Broschek & Co., 1940
MARINEKALENDER DER DDR 1970, 1976, 1977 u. a.; WACHS, R.: Rundschiffe. – In: Jhrg. 1974
MARTIN, J. H.; BENNETT, G.: Das große Buch der Schiffe. München: Südwest-Verlag, 1978
MATSCHOSS, C.: Die Entwicklung der Dampfmaschine Bd. 1 u. 2. Verlag Julius Springer, 1908
MATSCHOSS, C.: Dr. Ernst Alban. Deutsches Museum, Abhandlungen und Berichte. Berlin: VDI-Verlag GmbH, 1940
MAUEL, K.: Einführung der Dampfturbine als Schiffshauptmaschine. Oldenburg, Hamburg: Stalling Verlag, 1975
MAYER, A.; MANTEY, V.: 1000 Jahre Seefahrt. Berlin: Paul Franke Verlag, 1934
MEHL, H.: Torpedoboote und Zerstörer. Berlin: transpress, 1982
MEYER-BELITZ, F.: Schöne alte Dampfschiffe. Bayreuth: Gondrom Verlag, 1980
MODELLBAU – HEUTE. Berlin: 6/81, 11/81, 11/82, 12/82 u. a.
MULACH, C. A.: Die Schiffahrt im Wandel der Zeiten. Stuttgart: Verlag Dieck & Co., 1925
MULACH, C. A.: Die Schiffahrt im Bild, Bd. 2. Stuttgart: Verlag Dieck & Co., 1925/26
MÜNZ, L.: Bruegel, The Drawings, Bd. 1. London 1961
NAUTICUS, Jahrbuch für Seefahrt und Weltwirtschaft. Berlin/Frankfurt a. Main: Verlag E. S. Mittler & Sohn GmbH, 1905, 1908, 1909, 1912, 1914, 1960 u. a. Jhrg.
NEUDECK, G.: Die Dampfturbine. Kiel: Universitätsbuchhandlung 1904
NEUKIRCHEN, H.: Seefahrt gestern und heute. Berlin: transpress, 1971
NEUKIRCHEN, H.: Krieg zur See. Berlin: Deutscher Militärverlag, 1966
NEUKIRCHEN, H.: Häfen und Schiffe. Rostock: VEB Hinstorff Verlag, 1974
NEUKIRCHEN, H.: Seemacht im Spiegel der Geschichte. Berlin: transpress, 1982
NEUMANN, M.; STROBEL, D.: Vom Kutter zum Containerschiff. Berlin: VEB Verlag Technik, 1981
NORDDEUTSCHER LLOYD: Die Fortschritte des deutschen Schiffbaus. Berlin: Verlag Hobbing & Co., 1909
NORDDEUTSCHER LLOYD, versch. Jahrbücher 1914/15, 1916/17, 1922/23 u. a., Bremen
NORTH EAST COAST INSTITUTION of Engineers & Shipbuilders. London: W. H. Houldershaw Ltd.,
OESTERLE, B.: Die Marine- und Artilleriefährprähme der faschistischen deutschen Kriegsmarine. – In: Marinekalender der DDR. – 1985
PAASCH, H.: Illustrierte Marine Encyclopedia – Vom Kiel zum Flaggenknopf. Antwerpen 1901
PANORAMA-maritim; Mitteilungsblatt des DDR Arbeitskreises für Schiffahrts- und Marinegeschichte. Rostock Schiffahrtsmuseum, 1982, 1984, 1985 u. a. Jhrg. THEUERKAUF, H.: Historische Kriegsschiffe. – In: Jhrg. 1983. PREUSS, K.: »Monitor« – Geschichte eines bemerkenswerten Urahnen der Panzerschiffe. – In: Jhrg. 1978
PARIS, E.: Souvenirs de Marine. Bd. 6. Villach: Gauthier & fils, 1882/1908
PATAKY, E.; MARJAI, J.: Schiffahrt und Kunst. Budapest: Corvina-Verlag, 1973
PETERS, A.: Synchronoptische Weltgeschichte. München-Solln: Universum-Verlag, 1970
PLAUM, W.: Von der Idee zur Wirklichkeit. Der Weg des Dieselmotors in seinen ersten 50 Jahren. – In: Hansa. – 109 (1972) Messesondernummer
POSEIDON. Hrsg: Gesellschaft für Sport und Technik. Berlin: Militärverlag, H. 4/1978, H. 5/1978 u. a. H.
RACKWITZ, E.: Fremde Pfade – unbekannte Meere. Leipzig, Jena, Berlin: Urania-Verlag, 1977
RADUNZ, K.: 100 Jahre Dampfschiffahrt 1807 bis 1907. Rostock: Volkmann Verlag (C. J. E. Nachfolger), 1907
RAHDEN, H.: Die Schiffe der Rostocker Handelsflotte 1800–1917. Seestadt Rostock: Hinstorff Verlag, 1941
RANSOME-WALLIS: Eisenbahnfähren in Westeuropa. Zürich: Orell Füssli Verlag, 1969
REHM, A.: Schiff und See. Seestadt Bremerhaven. Eine fröhliche Verklarung für Küstenbewohner und Landratten. Bremerhaven: Nordwestdeutscher Verlag Dietzen & Co., 1971
RIEDLER, A.: »Über Dampfturbinen« – In: Jahrbuch der Schiffbautechnischen Gesellschaft. 1904
RITTMEISTER, W.; MAHLAU, A.: Die Schiffsfibel. Leipzig: Staakmann Verlag, 1939
RÖDING, J. H.: Allgemeines Wörterbuch der Marine. In allen europäischen Sprachen nebst vollständigen Erklärungen. Hamburg/Leipzig: Adam Friedrich Böhme, 1793/94, Bd. 4
ROGERS, ST.: Wunderliche Schiffe, Leipzig: Brockhaus, 1937
ROTHE, C.: Deutsche Passagierschiffe 1896 bis 1918. Berlin: transpress, 1986
RUDOLPH, W.: Boote Flöße, Schiffe. Leipzig 1974
SCHICHAU-WERKE. Die Schichau-Werke 1837–1912. Berlin-Schöneberg, Meisenbach 1912
SCHIFFBAUTECHNIK, Fachzeitschrift für Schiffbau. Berlin: VEB Verlag Technik, versch. Jhrg.
SCHIFFE der Meerestiefen. Berlin: Verlag des Ministeriums für Nationale Verteidigung, 1958
SCHIFF UND HAFEN, Organ der Schiffbautechnischen Gesellschaft e. V. Hamburg: Seehafen Verlag E. Blumenfeld, versch. Jhrg.
SCHLICK, O.: Handbuch für den Eisenschiffbau. Leipzig: Verlag Arthur Felix, 1901
SCHMELZKOPF, R.: Die deutsche Handelsschiffahrt 1919–1939. Oldenburg, Hamburg: Gerhard Stalling Verlag, 1974
SCHMIDT, F.: Schiffe und Schicksale. Berlin: Verlag Dietrich Reimer/Ernst Vohsen, 1934
SCHMIDT, G.: Der Schiffsanker im Wandel der

Zeiten. Rostock: VEB Hinstorff Verlag, 1982
SCHULTE, D.: »TITANIC«. – In: Jugend und Technik. – Berlin 4(1962)
SCHÜNEMANN, C.: Geschichte des Norddeutschen Lloyd. Bremen: Norddeutscher Lloyd, 1905
SCHWABE, H. R.: Die Entwicklung der schweizerischen Rheinschiffahrt 1904–1954. – In: Schriftenreihe der Basler Vereinigung für schweizerische Schiffahrt. – Basel 1954
SCHWADTKE, K. H.: Die deutsche Handelsflotte und ihr Schicksal. Hamburg: Eckhardt & Messtorf, Verlagsbuchhandlung 1953
SCHWARZ, T.: Die Entwicklung des Kriegsschiffbaues vom Altertum bis zur Neuzeit. 2 Bd. Leipzig 1909/12
SEEFAHRT, Nautisches Lexikon in Bildern. Göteborg (Schweden): Trykare Cagner & Co., 1963
SEEWIRTSCHAFT, Fachzeitschrift für Schiffahrt – Schiffbau – Seefischerei – Meeerestechnik. Berlin: VEB Verlag Technik, 1977, 1979 u. a. Jhrg.
SPENGEMANN, F.: Petroleumklipper. Bremen/St. Magnus 1951
SPENGEMANN, F.: Von Vegesacker Reedern, Schiffen und Kapitänen. Schiffsgeschichtliche Beiträge. Bremen/St. Magnus 1956
STENZEL, A.: Seekriegsgeschichte in ihren wichtigsten Abschnitten mit Berücksichtigung der Seetaktik. 6 Bd. Hannover/Leipzig: Hahn-Verlag, 1907/11
STENZEL, A.: Deutsches seemännisches Wörterbuch. Berlin: Verlag Mittler & Sohn, 1904
SHIPBUILDING and SHIPPING RECORD, Journal of Shipbuilding, Marine Engineering, Docks, Habours and Shipping, London, Westminster versch. Jhrg.
TABELLEN über die Kriegsschiffe der deutschen und ausländischen Marinen. Berlin: Verlag E. S. Mittler & Sohn, 1908
TASCHENATLAS der Schiffe. Prag: Verlag Artia, 1973
TECHEL, H.: Der Bau von U-Booten auf der Germaniawerft. Berlin/Leipzig: Deutsche Bücherei, 1924
THE ILLUSTRATED HISTORY OF SHIPS, New York: Published by Crescent Books, Verlag Cornwell Edward Lewis
THE MOTOR SHIP, Quadrant House, Sutton, Surrey, England, versch. Jhrg.
THE NAVAL ARCHITECT, Surrey: Unwin Brothers Limited Old Working versch. Jhrg.
THE OXFORD COMPANION to Ships & the Sea. London, New York, Melbourne: Edited by Peter Kemp, Oxford University Press 1976
THE SOCIETY OF NAVAL ARCHITECTS AND MARINE ENGINEERS, Construction of Steel Merchant Ships. – In: Jhrg. 1945 und 1955
THIEL, H.: Vom Wikingerboot zum Tragflügelschiff. Berlin: Verlag Junge Welt, 1966
TIMM, W.: Kapitänsbilder. Schiffsportäts seit 1872. Rostock: VEB Hinstorff Verlag, 1971
TIMM, W.: Schiffe und ihre Schicksale. Maritime Ereignisbilder. Rostock: VEB Hinstorff Verlag, 1976
TIMMERMANN, G.: Schiffsmodelle. Eine Geschichte der Schiffbaukunst. Hamburg: Urbes Verlag, 1958
TIMMERMANN, G.: Vom Pfahlewer zum Motorkutter. Berlin: Westliche Berliner Verlagsgesellschaft Hennemann KG.
TIMMERMANN, G.: Die nordeuropäischen Fischereifahrzeuge, Entwicklung und ihre Typen. (Handbuch der Seefischerei). Stuttgart: E. Schweizerbart'sche Verlagsbuchhandlung (Nägele u. Obermiller), 1932
TORKA, J.: Die Wunder der Technik. Eine illustrierte Geschichte der Erfindungen. Berlin: Verlag Deutsche Volksbibliothek A–G.,
TRANSPRESS-LEXIKON SEEFAHRT, Berlin: transpress, 1977
TRUSSOW, G. M.: U-Boote in der russischen und sowjetischen Flotte. Leningrad: Staatlicher Verlag der Schiffbauindustrie, 1957
TUNKL, F.; Freiherr von: Schiffahrt und Seewesen. Wien, Leipzig: A. Hartleben's Verlag, 1913
VERCEL, R.: Histoire de la Compagnie Générale Transatlantique. Paris: Transatlantique, 1955
VOCINO, M.: La Nave nel Tempo. Rom: Max Brettschneider, 1942
VOIGT, C.: Schiffs-Ästhetik. Die Schönheit des Schiffes in alter und neuer Zeit. Berlin: Verlag der Zeitschrift »Schiffbau«, Reinhold Strauss KG, 1922
VOIGT, C.: Von den Kriegsschiffen Kurbrandenburgs. – In: Schiffbau, Schiffahrt und Hafenbau. 31(1930)
WACHS, R.: Die Dampfer der ersten Dampfschiffahrtsgesellschaft. Rostock: VEB Hinstorff Verlag, 1975
WARNER, O.: Große Seeschlachten. Oldenburg, Hamburg: Gerhard Stalling Verlag, 1963
WASSERFURTH, S. u. a.: Fritz Heckert. Unser FDGB-Urlauberschiff. Berlin: VEB Verlag Technik, 1961
WÄTJEN, H.: Aus der Frühzeit des Nordatlantikverkehrs. Leipzig: Felix Meiner Verlag, 1932
WENZEL, H.: Mare aeternum. Leipzig 1969
WERFT-REEDEREI-HAFEN. Berlin: J. Springer-Verlag, versch. Jhrg.
WERNER, R.: Das Buch von der Norddeutschen Flotte. Bielefeld, Leipzig: Velhagen & Klasing, 1869
WESTPHAL, G.: Lexikon der Seefahrt. Hamburg, Klein-Flottenbek 1968
WEYERS Taschenbuch der Kriegsflotte. München: Lehmann's Verlag, versch. Jhrg.
WILDA, H.: Die Schiffsmaschine. Hannover: Verlag Gebrüder Jänecke, 1905
WITTHOFF, H.: Ballins dicke Dampfer. Herford: Köhlers Verlagsgesellschaft mbH., 1974

ISBN 3-613-50313-1
1. Spezialausgabe

Umschlaggestaltung: Peter Engel, München
Gesamtherstellung: Fotolito LONGO, Bozen
Printed in Italy

VORSTUFEN MASCHINENGETRIEBENER SCHIFFE

1 Räderboot, durch zwei Pedale angetrieben. Nach einer Zeichnung von Leonardo da Vinci um 1500
2 Römische Liburne mit Göpelantrieb durch Ochsen und drei Schaufelrad-Paare. Dargestellt bei Stewach 1606
3 Dampfboot von John Fitch 1786/87 in Philadelphia mit 6 mechanischen Stechpaddeln
4 Dampfzylinder mit Arbeitskolben von Denis Papin 1695
5 Dampfboot mit 3 Stechpaddeln am Heck. Nach einer französischen Patentschrift von John Fitch und Vail aus dem Jahr 1791
6 Schleppversuch mit einer Schraubenwelle, die von der Strömung gedreht wird. Du Quet 1729
7 Seitenradschiff mit Windmühlenantrieb. Projekt von Du Quet 1714, zeichnerische Detaildarstellung
8 Antrieb einer Seiltrommel durch Schaufelräder in der Strömung, Projekt von M. Boulogne 1729
9 Erste Darstellung eines Heckrad-Dampfschleppers in einer Patentschrift aus dem Jahr 1736 von Jonathan Hull. Der Antrieb sollte durch eine atmosphärische Dampfmaschine erfolgen.
10 Projekt eines Seitenradschiffs mit Pferdegöpelantrieb des Comte de Saxe 1732